3. Standardisierte Angaben am Ende der Artbeschr...

Blütezeit:

I–XII Januar–Dezember

Wuchsform:

HS	Halbstrauch
HSz	Zwerghalbstrauch
S	Strauch, und zwar: Sp = Spalier- oder Polsterstrauch; Sz = Zwergstrauch; Sk = Kleinstrauch (bis 2 m hoch); Sg = Großstrauch (über 2 m hoch)
B	Baum; und zwar (in Mitteleuropa erreichte Höhen): Bk = kleiner Baum (bis 10 m hoch); Bm = mittelgroßer Baum (10–20 m hoch); Bg = großer Baum (über 20 m hoch)
L	Liane

Frostempfindlichkeit (siehe S. 62–63):

∧	frostempfindlich, ab etwa −18°C stärker geschädigt
∧ ∧	sehr frostempfindlich, schon bei etwa −12 °C geschädigt

Häufigkeit

h	häufig
z	zerstreut
s	selten
ss	sehr selten
BG	Botanische Gärten/Sammlungen

Verbreitungs- und Herkunftsangaben

Siehe hinteres Vorsatz und Tab. 1, S. 52–55.

Giftigkeit

(siehe auch Kap. Giftige Gehölze ab S. 64):

G!	giftig
G!!	sehr giftig

Sind alle behandelten Arten einer Gattung giftig, steht die Angabe am Ende der Gattungscharakteristik, ist die einzelne Art giftig, steht sie am Ende der Artbeschreibung.

Fitschen · Gehölzflora

Fitschen

Gehölzflora

Ein Buch zum Bestimmen der in Mitteleuropa wild wachsenden und angepflanzten Bäume und Sträucher

13., vollständig neu bearbeitete und erweiterte Auflage

Herausgegeben von Peter A. Schmidt und Bernd Schulz

Bearbeiter: Ulrich Hecker, Peter A. Schmidt und Bernd Schulz

Mit Beiträgen von Gregor Aas, W. Bernhard Dickoré, Eike Jablonski, Gerwin Kasperek, Hans-Roland Müller, Ulrich Pietzarka, Christiane M. Ritz, Horst Schaarschmidt und Hartwig Schepker

Quelle & Meyer Verlag Wiebelsheim

Prof. Dr. Peter A. Schmidt
Am Wasserwerk 24
01640 Coswig
peteraschmidt@yahoo.de

Bernd Schulz
Institut für Botanik
TU Dresden
01062 Dresden
bernd.schulz@tu-dresden.de

Dr. Ulrich Hecker
Alexander-Fleming-Str. 1
55130 Mainz
uhecker@arcor.de

Die Angaben in diesem Buch sind von den Autoren und dem Verlag sorgfältig erwogen und geprüft, dennoch kann keine Garantie übernommen werden. Eine Haftung der Autoren bzw. des Verlags und seiner Beauftragten für Personen-, Sach- und Vermögensschäden ist ausgeschlossen.

Bibliografische Information der Deutschen Nationalbibliothek
Die Deutsche Nationalbibliothek verzeichnet diese Publikation in der Deutschen Nationalbibliografie; detaillierte bibliografische Daten sind im Internet über http://dnb.d-nb.de abrufbar.

13., vollständig neu bearbeitete und erweiterte Auflage

www.quelle-meyer.de

Umschlagabbildungen: B. Schulz, W. Willner
Druck und Verarbeitung: Westermann Druck Zwickau GmbH, Zwickau
Printed in Germany/Imprimé en Allemagne
ISBN 978-3-494-01712-9

Inhalt

Frühere Auflagen

1. Aufl. 1920: Jost Fitschen „Gehölzflora. Ein Buch zum Bestimmen der in Deutschland und den angrenzenden Ländern wildwachsenden und angepflanzten Bäume und Sträucher". VI + 221 S., 342 Abb. Leipzig.
2. Aufl. 1925: Bearbeiter Jost Fitschen. VII + 228 S., 342 Abb. Leipzig.
3. erweiterte Aufl. 1935: Bearbeiter Jost Fitschen. VII + 230 S., 342 Abb. Leipzig.
4. Aufl. 1950: Bearbeiter Jost Fitschen. VII + 228 S., 342 Abb. Heidelberg.
5. Aufl. 1959: Bearbeitet und erweitert von Franz Boerner. 391 S., 651 Abb. Heidelberg.
6. überarbeitete Aufl. 1977: von Franz H. Meyer unter Mitarbeit von Ulrich Hecker, Hans Rolf Höster, Hans Scheller und Fred-Günter Schroeder auf der Grundlage der Bearbeitung von Franz Boerner. 396 S., 651 Abb. Heidelberg.
7. Aufl. 1983: von Franz H. Meyer unter Mitarbeit von Ulrich Hecker, Hans Rolf Höster, Hans Scheller und Fred-Günter Schroeder auf der Grundlage der Bearbeitung von Franz Boerner. 396 S., 651 Abb. Heidelberg.
8. völlig neubearbeitete und neugestaltete Aufl. 1987: Geänderter Untertitel: Ein Buch zum Bestimmen der in Mitteleuropa wildwachsenden und angepflanzten Bäume und Sträucher. Bearbeiter Franz H. Meyer, Ulrich Hecker, Hans Rolf Höster & Fred-Günter Schroeder. 732 S., 805 Abb. Mit Früchteschlüssel. Heidelberg, Wiesbaden.
9. überarbeitetete Aufl. 1990: Bearbeiter Franz H. Meyer, Ulrich Hecker, Hans Rolf Höster und Fred-Günter Schroeder. 739 S., 975 Abb. Mit Früchteschlüssel. Wiesbaden.
10. überarbeitete Aufl. 1994: Bearbeiter Franz H. Meyer, Ulrich Hecker, Hans Rolf Höster und Fred-Günter Schroeder. 808 S., 1052 Abb. Mit Früchteschlüssel. Wiesbaden.
11. erweiterte und korrigierte Aufl. 2002: Franz H. Meyer, Ulrich Hecker, Hans Rolf Höster und Fred-Günter Schroeder. VII + 902 S., 1183 Abb. Mit Knospen- und Früchteschlüssel. Wiebelsheim.
12. überarbeitete und ergänzte Aufl. 2007: Bearbeiter Franz H. Meyer, Ulrich Hecker, Hans Rolf Höster & Fred-Günter Schroeder. VII + 915 S., 1428 Abb. Mit Knospen- und Früchteschlüssel. Wiebelsheim.

Zeichner

Christel Adams, Anke Berg, Eberhard Göppert, Hans Scheller, Peter A. Schmidt, Bernd Schulz

Umschlagabbildungen

Vorderseite (Fotos B. Schulz): links oben: Endknospe Berg-Ahorn, *Acer pseudoplatanus*; rechts oben: Blütenzweig, *Abelia × grandiflora* 'Edward Goucher'; unten: Fruchtzweig, Gewöhnliche Mahonie, *Mahonia aquifolium*.
Rückseite (Foto W. Willner, Zeichnungen B. Schulz): oben: Zweigspitzen Berg-Kiefer, *Pinus mugo*; unten: Blüten und Blattdetails Moosheiden, *Phyllodoce empetriformis* und *P. coerulea*, Blüte Berg-Gamander, *Teucrium montanum*.

Übersicht über die behandelten Familien und deren Bearbeiter

Die Familien stehen hier in alphabetischer Reihenfolge, im Kapitel „Schlüssel zum Bestimmen der Gattungen" sind sie dagegen systematisch angeordnet.

Einzelne Gattungen in verschiedenen Familien wurden von anderen bearbeitet – siehe Verzeichnis der Bearbeiter, S. XVII–XVIII, und die Angaben im Lexikonteil ab S. 335.

Vorwort und Einführung

Die „Gehölzflora“, meist kurz „der Fitschen“, genannt, blickt auf eine fast 100-jährige Geschichte zurück. Im Vorwort zur 1. Auflage schrieb Jost Fitschen 1920: *„Die „Gehölzflora“ bildet eine Ergänzung zur der von mir bearbeiteten „Flora von Deutschland“* [gemeint ist der „Schmeil-Fitschen“, 2016 in 96. Auflage als „Flora von Deutschland und angrenzender Länder“ erschienen]. *Sie soll dazu dienen, allen Freunden der Natur eine leichte und sichere Bestimmung der einheimischen und bei uns kultivierten Holzgewächse zu ermöglichen.“*

Die als „Ergänzung“ eines die wildwachsenden Pflanzen Deutschlands behandelnden Florenwerks begründete „Gehölzflora“ entwickelte sich zu einem eigenständigen, beliebten und kompetenten Bestimmungsbuch für Bäume und Sträucher – und dies nicht nur für „Freunde der Natur“, sondern für alle an Gehölzen interessierte und sich mit ihnen beruflich befassende Menschen. Ob Natur- oder Gehölzliebhaber, Studierende, Auszubildende und Beschäftige in Forstwirtschaft, Gartenbau, Baumschulwesen, Landschaftsarchitektur, Landespflege, Botanik u. a. nutzen den „Fitschen“ zur Bestimmung von Bäumen und Sträuchern.

Nachdem die „Gehölzflora“ mit der 5., von Franz Boerner bearbeiteten Auflage 1959 bereits deutlich erweitert wurde, begannen ab der 6. von einem Autorenkollektiv bearbeiteten Auflage 1977 eine ständige Erweiterung des Inhalts und Umfangs sowie Aktualisierungen unter Beachtung neuer Erkenntnisse in Systematik und Nomenklatur. Die vier Autoren Prof. Franz H. Meyer, Dr. Ulrich Hecker, Prof. Hans Rolf Höster und Prof. Fred-Günter Schroeder bearbeiteten die Gehölzflora 30 Jahre lang bis zur 12. Auflage 2007. In dieser Zeit hat sich der Seitenumfang mehr als verdoppelt, und die Zahl der Abbildungen erhöhte sich von Auflage zu Auflage. Neben den Bestimmungsschlüsseln nach Blättern und Blüten kamen solche für Früchte und für Zweig- und Knospenmerkmale sommergrüner Arten im Winterzustand hinzu.

Die vorliegende 13. Auflage dieses Bestimmungsbuches für die in Mitteleuropa einheimischen und kultivierten Baum- und Straucharten (einschließlich Zwerg- und Halbsträucher sowie Lianen) erscheint in einer vollständigen Neubearbeitung, an der ein Team aus 12 Personen mitwirkte (siehe Übersicht über die behandelten Familien und deren Bearbeiter, S. IX–XI, sowie Verzeichnis der Bearbeiter, S. XVII–VIII).

Erfreulicherweise erklärte sich von den bisherigen Autoren Ulrich Hecker bereit, weiter an dem Werk, mitzuarbeiten. Gemeinsam mit Peter A. Schmidt und Bernd Schulz, die die Herausgeberschaft übernahmen, ist er einer der drei Hauptbearbeiter und wirkt damit 40 Jahre am „Fitschen“ mit.

Den unterzeichnenden Herausgebern und Hauptbearbeitern war es eine große Freude und Ehre, die Weiterführung des „Fitschen“ zu übernehmen, zugleich eine Verpflichtung, den guten Ruf dieses Bestimmungsbuches nicht nur zu wahren, sondern weiter zu vertiefen. Für die Neubearbeitung konnten wir außerdem Bearbeiter mit Spezialkenntnissen zu bestimmten Gehölzgruppen gewinnen, so Christiane Ritz (*Rosa*), Gregor Aas (*Salix*), W. Bernhard Dickoré und Gerwin Kasperek (*Cotoneaster*), Eike J. Jablonski (*Quercus, Tilia*), Hans-Roland Müller (*Bambusoideae*), Ulrich Pietzarka und Hartwig Schepker (*Rhododendron*) sowie Horst Schaarschmidt (*Juglandaceae*).

In die neuen Bearbeitungen eingeflossen sind neben aktuellen Erkenntnissen der Forschung die jahrzehntelangen Erfahrungen der Bearbeiter. Nicht vollständig vermeidbar waren trotz allgemeiner Richtlinien teils etwas abweichende Herangehensweisen einzelner Bearbeiter. Bei allen Kapiteln und Schlüsseln werden deshalb der oder die verantwortlichen Bearbeiter bzw. die Bearbeiterin genannt.

Auf die Texte der 12. Auflage wurde, abhängig vom Überarbeitungsbedarf, in unterschiedlichem Ausmaß zurückgegriffen. Teils wurden moderate Veränderungen vorgenommen, in anderen Fällen erfolgte eine vollständige Neuerarbeitung.

Die einführenden Kapitel zur Nomenklatur und Systematik, zur Morphologie und Verbreitung der Gehölze, zu Standortfragen und giftigen Gehölzen sowie die Bestimmungsschlüssel sind gründlich überarbeitet oder neu verfasst worden. Neu aufgenommen wurde ein Kapitel zu Rückgang und Ausbreitung von Gehölzen unter dem Aspekt des Naturschutzes (P. A. Schmidt).

Da, unter anderem auch in Anbetracht des gegenwärtigen Klimawandels, etwa 50 Gattungen und zahlreiche Arten neu aufgenommen wurden (für Empfehlungen zur Aufnahme mediterraner und anderer meridional verbreiteter Gehölze danken wir F.-G. Schroeder), mussten die Hauptschlüssel nach vegetativen und generativen Merkmalen sowie die Familien- und Gattungsschlüssel stark überarbeitet oder neu verfasst werden. Sie wurden aber zudem durch Aufnahme zusätzlicher Merkmale erweitert und verbessert. Da bei diversen Gattungen zuweilen Sorten (Kultivare) häufiger gepflanzt werden als die Arten, zu denen sie gehören, wurde, wenn auch von den einzelnen Bearbeitern in differenziertem Umfang, eine Auswahl an Sorten aufgenommen, diese aber höchstens in Ausnahmefällen verschlüsselt. Meist werden die Sorten im Anschluss an die Arten kurz charakterisiert, bei höherer Zahl auch nach gemeinsamen Merkmalen gruppiert.

Der Umfang des Buches hat sich nicht nur durch genannte Neubearbeitungen deutlich erweitert. Es ist auch die Zahl der Abbildungen wesentlich gestiegen. So verdoppelte sich die Zahl der Zeichnungen auf etwa 2 500. Der größte Teil der neuen Abbildungen sind etwa 1 150 von B. Schulz parallel zur Schlüsselbearbeitung nach lebenden Pflanzen angefertigte, bisher überwiegend nicht publizierte Einzelzeichnungen. Manche Bestimmungsmerkmale (z. B. Größenangaben) lassen sich eindeutig beschreiben oder durch Zahlen wiedergeben, andere hingegen (z. B. Gestalt von Blättern und Blüten) nicht immer in kurzer Form exakt in Worte fassen. Hier unterstützen die zahlreichen Illustrationen den Bestimmungsgang. In der einen Gattung reichen die Blätter zur Unterscheidung der Arten aus, in anderen Gattungen sind die Arten aber nur mithilfe von Blüten- oder Fruchtmerkmalen sicher unterscheidbar. Deshalb bilden wir soweit möglich jeweils die zur Bestimmung notwendigen Merkmale ab.

Abweichend von der 12. Auflage werden die Familien nicht mehr alphabetisch in den lexikalischen Teil der „Gehölzflora" eingeordnet. Die Familien mit den Schlüsseln zur Bestimmung der Gattungen (S. 274–334) sind jetzt – wie bereits in früheren Auflagen – wieder systematisch angeordnet und finden sich vor den aus praktischen Gründen weiterhin alphabetisch angeordneten Gattungen im „Lexikon der Gattungen" mit den Schlüsseln zur Bestimmung der Arten (ab S. 335).

Bei manchen recht umfangreichen oder heterogenen Gattungen erschien es uns im Interesse einer besseren Übersichtlichkeit sinnvoll, auf taxonomische Gliederungen einzugehen. In diesen Fällen wird entweder nach der Gattungsbeschreibung ein Überblick über die Gattungsgliederung gegeben oder die Untergattungen, Sektionen bzw. Untersektionen werden im Bestimmungsschlüssel an entsprechender Stelle aufgeführt.

Zu den weiteren Änderungen gehören die vereinfachten Angaben zur Verbreitung der Gehölze bzw. zu den Herkunftsgebieten kultivierter Gehölze (S. 49–55; P. A. Schmidt), die jetzt mehr geografisch ausgerichtet sind, wobei aus einer Übersichtstabelle der Verbreitungs- bzw. Herkunftsangaben (ab S. 52) auch die Zuordnung zu Klima- bzw. Florenzonen und zusammenfassenden Vegetationseinheiten erkennbar wird.

Neu ist auch der Versuch, Hinweise zur Häufigkeit der Arten in Kultur aufzunehmen. Hierzu flossen neben eigenen Erfahrungen Auswertungen von Datenbanken und Literatur ein, wobei es sich letztlich doch um subjektive Einschätzungen handelt. Damit sich in zukünftigen Auflagen des „Fitschen" diese Angaben den gegebenen Verhältnissen nähern, sind wir den Nutzern des Buches für Hinweise dankbar. Dabei wissen wir wohl, dass es unabhängig von den in einzelnen Gebieten Mitteleuropa stark abweichenden Standortsbedingungen oder der differenzierten Frosthärte der Arten und Sorten auch zu zeitlichen Schwankungen der Häufigkeit gepflanzter Gehölze kommen kann, sei es in Abhängigkeit von der Bevorzugung bestimmter Arten (oder Sorten) zu bestimmten Zeiten („Modegehölze") oder in bestimmten Gebieten (Baumschulangebote).

Bei der Anordnung der Familien, der Umgrenzung und Gliederung der Familien, Gattungen und Arten wurden neue Erkenntnisse der Systematik berücksichtigt, wobei sich in einigen Fällen im Vergleich zur Vorauflage Namensänderungen leider nicht vermeiden ließen. Hier handelten wir nach bestem Wissen und Gewissen. Die Nennung zahlreicher Synonyme (in eckigen Klammern), die auch im Namenregister erfasst sind, erleichtert das Auffinden. Schon im Vorwort zur 12. Auflage wies F. H. Meyer darauf hin, dass sich im Ergebnis molekulargenetischer Forschungen Änderungen ergaben und schrieb: *„Praktiker und Hobby-Dendrologen registrieren dies verständlicherweise häufig mit Unmut, da mit solchen Umstellungen Irritationen und Neulernen verbunden sind."* Dessen sind wir uns bewusst, aber solche auf dem aktuellen Wissenschaftsstand basierenden Erkenntnisse müssen, wenn sie als weitgehend abgesichert gelten, bei einer Neubearbeitung Eingang finden.

Wir hoffen sehr, dass die 13. Auflage des traditionsreichen Gehölz-Bestimmungsbuches gut angenommen wird. Für konstruktive Kritik und Verbesserungsvorschläge sind die Herausgeber jederzeit dankbar.

Freuen würden wir uns, wenn der „Fitschen" dazu dient, sich intensiver mit Gehölzen zu befassen. Bäume und Sträucher sind wichtige und oft tragende Strukturkomponenten natürlicher und vom Menschen gestalteter, gepflegter und genutzter Lebensräume. Sie erfüllen ökologische, ökonomische und ästhetische Funktionen, sind unschätzbar für Forschung und Bildung, Gesundheit und Erholung. Ihre Vielfalt zu erhalten, ist ein wesentliches Anliegen unserer Zeit und angesichts mannigfacher Gefährdungen ein dringendes Erfordernis. Dies betrifft einheimische (in Deutschland etwa 200 Arten, ohne apomiktische „Kleinarten" der Gattungen *Sorbus* und *Rubus*) wie auch eingeführte und in Kultur genommene Gehölze (mehr als 2 000). Dazu ist die Kenntnis der Gehölzarten und ihrer Variationen eine wesentliche Grundlage. Möge der „Fitschen" allen Menschen, die sich entweder aus beruflichen und wissenschaftlichen Gründen oder aus Freude und Erbauung in ihrer Freizeit mit Gehölzen befassen, dazu dienen, Bäume und Sträucher identifizieren zu können und mehr über sie zu erfahren.

Wir danken den vielen Institutionen und Personen, die die Bearbeitung des neuen „Fitschen" wohlwollend mit Rat und Material unterstützten. Besonderer Dank gilt auch den Botanischen Gärten und Arboreten in Deutschland und darüber hinaus, deren Sammlungen wir für die Bearbeitung der Bestimmungsschlüssel nutzen konnten oder die uns für die Anfertigung der Zeichnungen Material überließen. Beispielhaft seien nur die botanischen Gärten der TU Dresden (Botanischer Garten Dresden,

Forstbotanischer Garten Tharandt), der Botanische Garten Mainz oder Botanischer Garten und Botanisches Museum Berlin-Dahlem genannt. Großer Dank gebührt auch unseren Ehefrauen für ihr Verständnis und ihre moralische Unterstützung.

Abschließend ist es uns ein großes Bedürfnis, dem Verlag Quelle & Meyer, insbesondere Herrn Gerhard Stahl, und der Lektorin, Frau Claudia Huber (Erfurt), herzlich zu danken. In Vorbereitungstreffen und Arbeitstreffen mit den Hauptbearbeitern, sei es am Institut für Botanik der TU Dresden oder anderen Orten Deutschlands, wurden mit ihnen das Konzept und die Richtlinien für die Bearbeitung der 13. Auflage in konstruktiver Weise erörtert. Von Frau Huber erfuhren wir während der gesamten Arbeit am „Fitschen" allseitige Unterstützung.

Coswig bei Dresden, Dresden und Mainz

Peter A. Schmidt, Bernd Schulz, Ulrich Hecker

Verzeichnis der Bearbeiter

Hauptbearbeiter

Dr. Ulrich Hecker – Alexander-Fleming-Str. 1, 55130 Mainz – uhecker@arcor.de

Früchteschlüssel – Schlüssel zum Bestimmen sommergrüner Gehölze im Winterzustand

Familien siehe Übersicht S. IX–XI mit Ausnahme Malvaceae: *Tilia*

Gattung: Fabaceae: *Acacia*

Betreuung der Zeichnungen für die bearbeiteten Schlüssel sowie der Neuzeichnungen für die 8.–12. Auflage

Prof. Dr. Peter A. Schmidt – Am Wasserwerk 24, 01640 Coswig – peteraschmidt@yahoo.de

Verbreitung der Gehölze und Herkunftsgebiete kultivierter Gehölze – Rückgang und Ausbreitung von Gehölzarten unter dem Aspekt des Naturschutzes –Standorte und Verwendung der Gehölze – Giftige Gehölze – Hinweise zur Benutzung der Bestimmungsschlüssel – Schlüssel zum Bestimmen der Gattungen nach vegetativen Merkmalen

Familien siehe Übersicht S. IX–XI. Ausnahmen: Fagaceae: *Quercus* – Salicaceae: *Salix*

Gattungen: Betulaceae: *Alnus, Betula* – Oleaceae: *Fraxinus, Osmanthus, Phillyrea* – Lamiaceae: *Thymus* – Rosaceae: *Acaena, Aronia, Cormus, Crataegus,* × *Crataemespilus,* + *Crataegomespilus, Mespilus, Rubus,* × *Sorbaronia, Sorbus, Spiraea*

Zeichnungen: *Picea, Thymus*

Bernd Schulz – Institut für Botanik, TU Dresden, 01062 Dresden – bernd.schulz@tu-dresden.de

Nomenklatur und Systematik der Gehölze – Bau der Gehölze (Morphologie) – Hinweise zur Benutzung der Bestimmungsschlüssel – Schlüssel zum Bestimmen von Familien und Gattungen vorwiegend nach Blütenmerkmalen

Familien siehe Übersicht S. IX–XI. Ausnahmen: Betulaceae: *Alnus, Betula* – Ericaceae: *Rhododendron* – Fabaceae: *Acacia* – Lamiaceae: *Thymus* – Oleaceae: *Fraxinus, Osmanthus, Phillyrea* – Rosaceae: *Acaena, Aronia, Cormus, Cotoneaster, Crataegus,* × *Crataemespilus, Mespilus, Rhododendron, Rosa, Rubus,* × *Sorbaronia, Sorbus, Spiraea*

Erstellung des überwiegenden Teils der Zeichnungen für die bearbeiteten Schlüssel

Bearbeiter einzelner Familien oder Gattungen

Dr. Gregor Aas – Ökologisch-Botanischer Garten, Universität Bayreuth, 95440 Bayreuth – gregor.aas@uni-bayreuth.de

Salicaceae: *Salix*

Dr. W. Bernhard Dickoré – Botanische Staatssammlung München, Menzinger Str. 67, 80638 München – dickore@bio.lmu.de

Rosaceae: *Cotoneaster* (zusammen mit Dr. Gerwin Kasperek)

Dipl.-Ing. agr. Eike Jablonski – LTA, dept. horticole, 76, avenue Lucien Salentiny, 9080 Ettelbruck, Luxemburg – eike.jablonski@education.lu

Fagaceae: *Quercus* – Malvaceae: *Tilia*

Dr. Gerwin Kasperek – Universitätsbibliothek Johann Christian Senckenberg, Bockenheimer Landstr. 134–138, 60325 Frankfurt – g.kasperek@ub.uni-frankfurt.de

Rosaceae: *Cotoneaster* (zusammen mit Dr. W. Bernhard Dickoré)

Hans-Roland Müller – An den Dorfwiesen 9, 01936 Laußnitz – h.r.mueller@greenmedia.de

Poaceae

Dr. Ulrich Pietzarka – Forstbotanischer Garten Tharandt, Am Forstgarten 1, 01737 Tharandt – ulrich.pietzarka@forst.tu-dresden.de

Ericaceae: *Rhododendron* (zusammen mit Dr. Hartwig Schepker)

Dr. Christiane M. Ritz – Senckenberg Museum für Naturkunde Görlitz, Abteilung Botanik, Postfach 300 154, 02806 Görlitz – Christiane.Ritz@senckenberg.de

Rosaceae: *Rosa*

Dr. Horst Schaarschmidt – Lene-Voigt-Str. 2/1084, 04289 Leipzig – ho.scha@t-online.de

Juglandaceae

Dr. Hartwig Schepker – Wilstedter Kirchweg 14, 28870 Ottersberg – postbox@hartwig-schepker.de

Ericaceae: *Rhododendron* (zusammen mit Dr. Ulrich Pietzarka)

Nomenklatur und Systematik der Gehölze

(Bearbeiter: Bernd Schulz)

1 Rangstufen im Pflanzensystem und ihre Benennung

„Nach der abgestuften Ähnlichkeit ihrer Merkmale werden die Pflanzen zu systematischen Einheiten (**Sippen**) verschiedener Rangstufen mit definierter Begrenzung (**Taxa**, Einzahl **Taxon**) zusammengefasst. Diese bilden ein hierarchisch aufgebautes System, das soweit möglich die Verwandtschaft widerspiegeln soll, die durch die gemeinsame Evolution gegeben ist (Natürliches System)."

(Fred-Günter Schroeder in der 12. Auflage der „Gehölzflora")

Die Nähe (der Verwandtschaftsgrad) zweier Taxa (Sippen) hängt vom relativen Alter des letzten gemeinsamen Vorfahren ab. Je jünger der gemeinsame Vorfahre ist, umso näher sind die Taxa miteinander verwandt. Näher verwandte Taxa teilen mehr Merkmale miteinander, als ferner verwandte Taxa, die auf ältere gemeinsame Vorfahren zurückgehen.

Auf ererbten, gemeinsamen Merkmalen beruhende Ähnlichkeiten helfen die Verwandtschaftsnähe zu ermitteln. Aber nur von den letzten gemeinsamen Vorfahren neu erworbene **abgeleitete** (apomorphe) Merkmale begründen die Verwandtschaft, während bereits zuvor vorhandene **ursprüngliche** (plesimorphe) Merkmale keine Aussagekraft besitzen (da diese auch ferner verwandte Taxa erben konnten). Ein auf einer niedrigen Rangstufe ursprüngliches Merkmal, kann auf einer höheren Stufe abgeleitet sein.

Jedes natürliche Taxon ist **monophyletisch** und umfasst alle Nachkommen eines gemeinsamen Vorfahren. Künstlich sind para- und polyphyletische Gruppen. In einer **paraphyletischen** Gruppe stammen zwar alle Nachkommen von einem Vorfahren ab, aber sie umfasst nicht alle seine Nachkommen. Paraphyletische Gruppen sind oft basale Gruppen mit vielen gemeinsamen Merkmalen. [Beispiel 1: Die klassische Familie *Taxodiaceae* gehört heute zu den *Cupressaceae*, sie umfasste zuvor die basalen Gattungen der Familie. Beispiel 2: Die Basalen Bedecktsamer bestehen aus mehreren Taxa, die sich abspalteten bevor sich die Einkeimblättrigen und die Zweikeimblättrigen Bedecktsamer trennten.] **Polyphyletische** Gruppen gehen nicht auf einen gemeinsamen Vorfahren zurück. Namen paraphyletischer Gruppen, z. B. Basale Bedecktsamer, sind mitunter als informelle Bezeichnungen sinnvoll. Dagegen sollten Namen polyphyletischer Gruppen vermieden werden.

Mit der Umgrenzung, Ein- und Zuordnung der Taxa beschäftigt sich die **Taxonomie**. Bis 1998 gab es mehrere, auf klassischen Merkmalen basierende, miteinander konkurrierende Pflanzensysteme. Ende der 1980er Jahre wurde mit neuen Methoden der molekularen Phylogenie begonnen, Merkmale des Genoms zur Klärung der Verwandtschaft zu nutzen. Seit 1998 veröffentlicht die „Angiosperm Phylogeny Group" (APG) eine mehrfach verbesserte Klassifikation der Bedecktsamer von der Familie aufwärts, die heute allgemein anerkannt ist (aktuell APG IV, 2016). Auch unterhalb der Familienebene wird in zahlreichen Untersuchungen versucht, Ordnung in die Vielfalt zu bringen und hier sind in Zukunft weitere Erkenntnisse zu erwarten.

Grundeinheit der Systematik ist die **Art**. Sie besteht aus einer Gruppe von Pflanzen (Population), die sich von Pflanzen anderer Gruppen in wesentlichen, erblich konstanten Merkmalen unterscheiden und diese Unterschiede auch auf Dauer beibehalten, da sie sich unter natürlichen Bedingungen nur untereinander unbegrenzt fortpflanzen. Meist führen räumliche und zeitliche Fortpflanzungsbarrieren bei Pflanzen zur Artbildung und biologische Fortpflanzungsbarrieren entstehen erst später (→ Hybriden). Aber es können auch zuerst biologische Fortpflanzungsbarrieren entstehen (z. B. Entstehung nichtkompatibler Ploidiestufen).

Verwandte Arten werden zu Gattungen, verwandte Gattungen wiederum zu Familien, verwandte Familien zu Ordnungen usw. zusammengefasst. **Monotypisch** sind Gattungen, Familien, Ordnungen usw. die nur eine einzige Art umfassen.

Die **wissenschaftlichen Namen** der Pflanzen-**Arten** bestehen aus zwei Wörtern (**binäre Nomenklatur**). Stichtag für die gültige Benennung ist der 1. Mai 1753, das Erscheinen des Werks „Species Plantarum" von Carl von Linné (1707–1778). Linné beschreibt hier alle ihm zu jener Zeit bekannten Pflanzenarten, wie seine Vorgänger, mit einer längeren lateinischen Phrase nach dem Gattungsnamen. Neu war, dass Linné – außerhalb des regulären Textes – jeder Art ein „Stichwort" zuordnet. Dieses die Art benennende „Stichwort" setzte sich in kaum 20 Jahren als Artepitheton durch.

Im wissenschaftlichen (auch lateinischen oder botanischen) Pflanzennamen bezeichnet das erste Wort die Gattung, das zweite angehängte Wort die Art (Artepitheton). **Gattungsnamen** gibt es bereits seit der Antike. Es sind heute latinisierte Substantive im Singular, mit groß geschriebenem Anfangsbuchstaben. Ursprüngliche Gattungsnamen sind häufig römisch-lateinische oder griechische Eigennamen, später auch Kunstwörter verschiedener Herkunft [Beispiele: *Fagus* ist der römische Name für die Buche; platanos, wissenschaftlich *Platanus*, der griechische Name für die Platane; *Fuchsia* wurde nach Leonard Fuchs (1501–1566) benannt].

Das nachgestellte, immer klein geschriebene Artepitheton bezeichnet gemeinsam mit dem Gattungsnamen die Art. Es kann ein Substantiv oder ein Adjektiv sein; ein adjektivisches Epitheton richtet sich im Geschlecht nach dem Gattungsnamen. Gattungsnamen und Artepitheta werden immer kursiv gesetzt. Einem wissenschaftlichen Art- oder Gattungsnamen werden in einer Publikation wenigstens einmal, in standardisierter, meist abgekürzter Form, die Namen der **Autoren** nachgesetzt, die den Namen in dieser Form aufgestellt haben, z. B. heißt die Linde, *Tilia* L. (L. für Linné), die Winter-Linde, *Tilia cordata* Mill. (Mill. für Philip Miller, 1691–1771). Manchmal war der Name vorher schon in anderer Form vorhanden (z. B. als Artepitheton unter anderem Gattungsnamen oder als Name auf einer niederen Rangstufe). Er wird dann als Grundlage für die neue Namenskombination zum Basionym und die Kürzel der Autoren des Basionyms werden in Klammern vor die Kürzel der Autoren der Neukombination gestellt: Beispielsweise wurde *Magnolia stellata* (Siebold & Zucc.) Maxim. von Philipp Franz von Siebold und Joseph Gerhard Zuccarini 1845 als *Buergeria stellata* (Basionym) benannt, dann 1876 von Carl Johann Maximowicz in die Gattung *Magnolia* versetzt (Neukombination). [Informationen zu konkreten Namen und Autoren finden sich unter www.tropicos.org und www.ipni.org].

Meist entwickeln sich erst sehr lange nach Aufspaltung zweier Taxa biologische Kreuzungsbarrieren und sowohl in der Natur, aber noch häufiger in Kultur können zwischen verwandten Arten oder sogar Gattungen **Hybriden** (Bastarde) entstehen. (Natürliche Hybriden spielen in der Evolution eine große Rolle.)

Hybriden werden durch ein zwischen die Namen bzw. Epitheta der Eltern gesetztes Multiplikationszeichen × gekennzeichnet, z. B. *Vaccinium corymbosum* × *V. angustifolium*. Oft wurde jedoch ein neues Hybridepitheton bzw. ein neuer Hybridgattungsname geschaffen, dem dann das Zeichen × vorgesetzt wird, z. B. *Larix*

×*marschlinsii*, ×*Sorbopyrus*. [Der Übersichtlichkeit halber steht in der „Gehölzflora" nach dem × ein Leerzeichen.]

Chimären, auch Propfhybriden, sind durch Pfropfung zweier verschiedener Arten vegetativ entstandene Mischungen. Im engeren Sinne werden darunter Pflanzen verstanden, deren Vegetationskegel die Gewebe zweier Arten nebeneinander erhalten. Konstante Chimären werden mit dem Zeichen für Plus + markiert, z. B. + *Laburnocytisus*. [Im weiteren Sinne sind alle veredelten Zier- und Obstgehölze Chimären.]

Innerhalb einer Art kann die Variationsbreite der Merkmale so groß sein, dass sie noch in niedere Rangstufen unterteilt werden kann: in **Unterarten, Varietäten** und **Formen**. Sie werden durch zusätzliche lateinische Epitheta bezeichnet, denen eine Abkürzung für die Rangstufe (subsp., var., fo.) voran- und ebenfalls Autornamen nachgestellt werden, z. B. *Pinus ponderosa* subsp. *scopulorum* (ENGELM.) E. MURRAY.

Bei einigen systematisch sehr schwer greifbaren Taxa hat sich ein zweigleisiges Benennungssystem eingebürgert, welches statt die oben genannten Kategorien unterhalb der Art zu verwenden, binäre Artnamen auf zwei Ebenen nutzt. Die höhere Ebene wird als **Aggregat** oder **Sammelart** bzw. Artengruppe bezeichnet. Nach dem binären Namen wird sie mit dem Zusatz **agg.** gekennzeichnet. Sie unterteilt sich in relativ konstante Untereinheiten, so genannte **Kleinarten**, die ebenfalls mit binären Namen bezeichnet werden.

Aggregate können Sippenkomplexe sein, die in starker Evolution begriffen und so überdurchschnittlich variabel und vielfältig sind. Oft entstehen Kleinarten aus ungeschlechtlicher (apomiktischer) Vermehrung, bei der sich die Samenanlagen ohne Befruchtung (agamosperm) zu keimfähigen Samen entwickeln und so die Merkmale der Mutterpflanze unvermischt weitervererben.

Rangstufen unterhalb der Art – Unterart, Varietät und Form – gelten v. a. für wildwachsende Pflanzen als natürliche Taxa. In gärtnerischer, land- oder forstwirtschaftlicher Kultur entstandene oder als Auslese übernommene, oft vegetativ vermehrte Abänderungen werden als **Sorten** (Kultursorten, Kultivare) bezeichnet. Sie erhalten ein **Sortenepitheton**, das großgeschrieben und zwischen zwei hohe Apostrophe gesetzt wird; ein Autor wird nicht angegeben. Es darf aus bis zu 3 Wörtern bestehen und steht gewöhnlich nach dem lateinischen Artepitheton, kann aber auch einem solchen gleichrangig sein, etwa bei hybridogenen Sorten z. B. *Viburnum* 'Eskimo' (*V.* × *carlcephalum* × *V. utile*). Seit dem 1.1. 1959 müssen neu gebildete Sortenepitheta aus einer lebenden Sprache stammen, z. B. *Rubus laciniatus* WILLD. 'Thornless Evergreen'; jedoch werden ältere lateinische beibehalten, z. B. *Viburnum opulus* L. 'Roseum'.

Im Gegensatz zu den innerartlichen Taxa (subsp., var., fo.), die den binären Namen nachgestellt werden, erscheinen Kategorien oberhalb der Art nicht im Artnamen. Das betrifft sowohl die Kategorien **Untergattung, Sektion** und **Serie** zwischen Gattung und Art, als auch alle Rangstufen über der Gattung. Die wichtigsten höheren Rangstufen sind die **Familie** und die **Ordnung**. Noch höhere Stufen, früher als Klasse, Abteilung, Reich (und Zwischenkategorien) bezeichnet, werden weiter angegeben, jedoch verzichten heute viele Autoren, der sogenannten „phylogenetischen Nomenklatur" folgend, auf die Angabe eines Ranges oberhalb der Art. Manchmal ist aber auch hier der ursprüngliche Rang noch in der traditionellen Endung erkennbar.

Grundlage der phylogenetischen Nomenklatur ist die moderne Kladistik, die die natürliche Verwandtschaft der Taxa in Kladogrammen (Stammbäumen) abbildet. Sie generiert deutlich mehr Ebenen, als in Rangstufen benennbar sind und die Ebenen verschiedener Stammbäume unterscheiden sich voneinander.

Alle höheren (Rang-)Stufen sind Pluralformen. Sie sind entweder allgemeine Bezeichnungen, die sich auf charakteristische Merkmale oder Eigenschaften beziehen, oder sie sind von Gattungsnamen abgeleitet. Für einige Familiennamen gibt es Alternativnamen (z. B. Asterngewächse – *Asteraceae* oder Korbblütler – *Compositae*). Wir nutzen, dem allgemeinen Trend in der botanischen Literatur folgend, die auf Gattungsnamen basierenden Familiennamen. Eine an den Namen angehängte Endung kennzeichnet die Rangstufe, oberhalb der Ordnung dient sie aber nur noch der allgemeinen Orientierung. Die Namen der Rangstufen werden wie lateinische Wörter behandelt. Alternativ wird die Endung von Familiennamen im ausschließlich deutschen Sprachgebrauch -aceen geschrieben und gesprochen, also für *Rosaceae* – Rosaceen (gesprochen wie „rosa Zehen").

Als Beispiel eine mögliche hierarchische Einordnung der Japanischen Hainbuche (fett die Hauptrangstufen). Die höheren Rangstufen unterscheiden sich stark zwischen den Autoren.

Reich (regnum):	***Plantae***	**Pflanzen**
Unterreich (subregnum):	*Embryophyta*	Landpflanzen
Abteilung *(divisio, phylum):*	*Tracheophyta*	Gefäßpflanzen
Unterabteilung (subdivisio):	*Spermatophytina*	Samenpflanzen
Klasse (classis):	***Angiospermae***	**Bedecktsamer**
Ohne Rang	*Eudikotyledonen*	Echte Zweikeimblättrige
Ordnung (**ordo**, Endung *-ales*):	***Fagales*** Engl.	**Buchenartige**
Familie (**familia**, Endung *-aceae*):	***Betulaceae*** Gray	**Birkengewächse**
Unterfamilie (Endung *-oideae*):	*Coryloideae* Koehne	Haselgewächse
Gattung (genus):	*Carpinus* L.	**Hainbuche**
Sektion (sectio):	*Distegocarpus* Sarg.	
Art (species):	***Carpinus japonica*** Blume	**Japanische Hainbuche**

Aussprache

Für die wissenschaftlichen Namen gelten lateinische Sprachregeln. Die **Aussprache** lehnt sich an das späte Mittellatein an. Abweichungen sind bei aus lebenden Sprachen entlehnten Eigennamen und Schreibweisen möglich.

Vokale: a, e, i, o, u und y werden, außer in Diphthongen, getrennt gesprochen (Beispiele: *Pice-a, Abi-es*). Zusammengesprochene Diphthonge sind: ae, oe, eu und au (Beispiele: ***Ae**sculus*, ***Oe**mleria*, ***Eu**onymus*, *L**au**rus*). Ae, oe und ue werden etwa wie die Umlaute ä, ö und ü ausgesprochen. Der Buchstabe **i** wird nie wie j gesprochen, **y** zwischen zwei Konsonanten etwa wie ü, vor einem Vokal wie j (Beispiele: *Yucca* „Jukka", *Corylus* „Korülus").

Konsonanten

c wird entweder wie z oder wie k im Deutschen ausgesprochen:

- wie z vor den Vokalen und Diphthongen e, i, y, ae, oe (Beispiele: *Cedrus* „Zedrus", *Cistus* „Zistus", *Cydonia* „Zügoni-a, *Fabaceae* „Fabaze-ä", *coerulea* „zörule-a")

- wie k vor Konsonanten sowie den Vokalen a, o, u und au (*Clematis* „Klematis", *Calluna* „Kalluna", *Cornus* „Kornus", *Cupressus* „Kupressus")

sch gibt es im Lateinischen nicht, **s** und **ch** sind getrennte Phoneme (z. B. *Schisandra* „S-chisandra"). In deutschen Eigennamen bleibt sch ein Phonem, z. B. *schrenkiana*.

s wird auch vor p und t immer als s und nie wie sch ausgesprochen (*Spiraea* „S-piräa", nicht „Schpiräa" und *Staphylea* „S-tafüle-a", nicht „Schtafüle-a").

ti wird in der Wortendung vor Vokal wie zi (wie in Demonstra**ti**on) ausgesprochen.

Bei aus modernen Sprachen abgeleiteten Namen kann, die Aussprache der Ausgangssprache einfließen, z. B. französisch ai [e] in *Decaisnea*, ou [u] *Broussonetia*; englisch ou in *coulteri*, sh [sch] in *mandshurica*; deutsch ck [k] in *maackii*. Kyrillische Buchstaben wurden verschieden übertragen: cz [tsch] in *maximowiczii*; *niedzwetzkiana* (russischer Naturforscher Niedzwiecki), entspricht etwa der deutschen Lautschreibung.

Die **Betonung** mehrsilbiger lateinischer Wörter liegt auf der **vorletzten Silbe**, sofern diese lang ist, sonst auf der **drittletzten**. Die Betonung, die nicht Bestandteil der korrekten Schreibweise des Namens ist, geben wir durch **Unterstreichung** an (z. B. *Andromeda*); nur bei zweisilbigen Namen, wo es immer die erste = vorletzte Silbe betont wird, verzichten wir auf diese Angabe.

Die meisten einheimischen und regelmäßig gepflanzten Gehölze tragen auch **deutsche Namen**. Sie fehlen nur kaum bekannten Kleinarten oder sehr selten in Botanischen Gärten kultivierten Taxa.

Im botanischen Gebrauch wird versucht, der binären Artbenennung zu entsprechen und – entgegen der im Deutschen üblichen Zusammenschreibung – Gattungs- und Artnamen deutlich getrennt zu schreiben, damit die Gattungszugehörigkeit erkennbar bleibt [Beispiele: Die Blumen-Esche, *Fraxinus ornus*, ist eine echte Esche, *Fraxinus*, während die Blasenesche, *Koelreuteria paniculata*, und die Eberesche, *Sorbus aucuparia*, keine Eschen sind]. Die deutschen Namen fremdländischer Arten sind oft Übersetzungen der wissenschaftlichen Artepitheta.

2 Gültigkeit der Namen, Synonyme

Die Form der wissenschaftlichen Namen sowie die Regeln für ihre Aufstellung und Anerkennung sind im *Internationalen Code der Nomenklatur für Algen, Pilze und Pflanzen* (**ICN**) festgelegt. Nach diesen Regeln gibt es für jedes Taxon in den Rangstufen von der Gattung abwärts jeweils nur einen einzigen gültigen Namen. Der ICN unterscheidet 3 Grade der Richtigkeit von Namen: Gültig veröffentlicht, Legitim, Korrekt.

Um **gültig veröffentlicht** zu sein, muss ein Name 1. nach den Regeln für die Form der Namen gebildet sein; 2. von 1906 bis 2011 von einer lateinischen Beschreibung (oder dem Verweis auf eine solche) begleitet sein, seit 2012 ist auch Englisch zugelassen; 3. in gedruckter (ab 2012 auch elektronischer) Form in einer allgemein zugänglichen wissenschaftlichen Veröffentlichung vorliegen.

Zusätzlich ist für Artnamen (und niedere Taxa) ein **Typus** (ein konserviertes Exemplar, meist ein Herbarbeleg, selten eine Abbildung) zu hinterlegen, auf dem in der Beschreibung verwiesen sein muss. Eine Gattung ist über die Typusart, eine Familie über die Typusgattung definiert.

Darüber, ob ein gültig veröffentlichter Name **legitim** ist, entscheidet die **Prioritätsregel**: Legitim ist der erste gültig veröffentlichte Name eines Taxons, vorausgesetzt, dass er nicht schon früher (nach dem 1.5.1753) für ein anderes Taxon veröffentlicht worden war. Namen, die diese Bedingungen nicht erfüllen, sind illegitim (**nomenklatorische Synonyme**).

Ob ein legitimer Name auch **korrekt** ist, hängt nicht von formalen Kriterien ab, sondern von der wissenschaftlichen Auffassung über die Umgrenzung der Taxa, die sich ändern kann. Werden z. B. zwei früher getrennte Gattungen vereinigt, tritt die Prioritätsregel ein und korrekter Name der neuen Gesamtgattung ist der ältere der beiden früheren korrekten Gattungsnamen (der andere ist zwar weiterhin nomenklatorisch legitim, aber taxonomisch inkorrekt und somit ein **taxonomisches Synonym**). Danach lassen sich Namensänderungen auf zwei Ursachen zurückführen:

Formale (nomenklatorische), die Ausmerzung nicht gültig veröffentlichter und illegitimer Namen durch die konsequente Anwendung der Regeln des ICN. Solche Änderungen sind endgültig, wenn die Originalliteratur und der dem Taxon zugrunde liegende Typus unstrittig richtig interpretiert wurden. Um die Stabilität zu gewährleisten, können jedoch in begründeten Fällen (nach Antrag) auf einem Internationalen Botanischen Kongress eingebürgerte Namen konserviert oder vergessene ältere,„wiederaufgetauchte" Namen verworfen werden. [Beispiel: Linné nannte den Essigbaum 1756 *Rhus typhina*. Der Name war lange in Gebrauch und erst 1991 fiel auf, dass Linné die Art bereits 1753 *Datisca hirta* genannt hat und die Art nun korrekt *Rhus hirta* heißen muss. Um die Umbenennung zu vermeiden, wurde das Basionym ***Datisca hirta*** daraufhin verworfen und *R. typhina* ist jetzt der gültige Name. Weitere Beispiele: *Wisteria* Nutt. 1818 wurde gegen *Phaseoloides* Duhamel 1755 und *Diplonyx* Raf. 1817 konserviert. Die Gattung *Euonymus* L. wurde in der Schreibweise mit u statt v und in der männlichen Form konserviert.]

Sachliche (taxonomische), bedingt durch veränderte Umgrenzung und Einordnung von Taxa. Diese haben objektive und subjektive Ursachen. Objektive Ursachen sind neue Erkenntnisse zur Verwandtschaft v .a. durch Methoden der molekularen Phylogenie. [Beispiele: *Styphnolobium japonicum* ist näher mit *Cladrastis* verwandt und gehört, entgegen früheren Annahmen, (anders als *Sophora davidii*) nicht mehr in die Gattung *Sophora*. Die Gattungen *Kolkwitzia* und *Dipelta* sind näher mit *Abelia* verwandt als *Zabelia*, die nach wie vor meist falsch zu *Abelia* gestellt wird.] Hinzu kommen subjektive Betrachtungen: Taxa können mitunter unterschiedlich abgegrenzt, mal weiter, mal enger gefasst werden. [Beispiel: Die Gattung *Prunus* wird heute meist als *Prunus* s. l. (sensu lato, im weiteren Sinne) verwendet, einige Autoren trennen aber Kirschen *Cerasus*, Aprikosen, *Armeniaca*, Pfirsich, *Amygdalus*, u. a. Gruppen als Gattungen von *Prunus* s. str. (sensu stricto, im engeren Sinne), den Pflaumen, ab. Deshalb kann die Süßkirsche je nach Auffassung korrekt *Prunus avium* (L.) L. oder *Cerasus avium* (L.) Moench heißen. Das Basionym für beide Namen ist *Prunus cerasus* var. *avium* L.] Mitunter gibt es auch unterschiedliche Meinungen zur generellen Berechtigung einzelner, niedriger Taxa. [Beispiel: Manche Autoren geben unter *Alangium platanifolium* eine in der Blattform abweichende Varietät *trilobum* (Miq.) Ohwi an, was ich (Schulz 2009) aufgrund der großen beobachteten Variabilität der Blattform an ein und derselben Pflanze nicht nachvollziehen und nicht bestätigen kann.]

Als vorwiegend der Praxis dienendes Buch vermeidet die „Gehölzflora" Aktionismus und übernimmt subjektiv begründete Änderungen der Nomenklatur und Taxonomie nur, wenn sie sich etabliert haben und weitere Gründe für eine Praxis sprechen. [Beispiel: Für den Gebrauch der Gattung *Prunus* im weiten Sinne spricht neben der gängigen Praxis auch, dass nicht alle der alternativen kleineren Gattungen natürliche Verwandtschaften sind.] Objektive, von der Verwandtschaftsforschung begründete Änderungen, werden jedoch konsequent umgesetzt, wenn die statistische Sicherheit der Ergebnisse so hoch ist, dass keine weiteren Änderungen zu erwarten sind.

3 Stellung der Gehölze im Pflanzenreich

Gehölze gibt es nur bei den **Gefäßpflanzen**, den Farn- und Samenpflanzen, die als **Höhere Pflanzen** oder **Kormophyten** den niederen Lagerpflanzen (= Thallophyten), v. a. Moose und Flechten, gegenübergestellt werden. Die Kormophyten unterscheiden sich von den Niederen Pflanzen durch die Gliederung ihres Körpers (= Kormus) in die 3, über Leitbündeln miteinander verbundenen Grundorgane Blatt, Sprossachse und Wurzel (vgl. S. 14).

Eospermatopteris aus dem Mitteldevon (vor ca. 393–382 Mio. Jahren) ist die älteste zzt. bekannte baumförmige Pflanze. Sie gehört zu einer nahe der Basis der Farne stehenden Gruppe. Farne können also zu Recht als älteste Gehölze der Erdgeschichte gelten. Heute haben die Samenpflanzen sie als Gehölze weitgehend abgelöst. Als letzte Zeugen haben nur die in Mitteleuropa nicht winterharten Baumfarne überlebt. Aus farnähnlichen Sporenpflanzen (Progymnospermen) entstanden vermutlich im späten Devon die Samenpflanzen.

Die **Samenpflanzen**, zu denen alle behandelten Gehölze gehören, teilen sich rezent in 4 zuweilen als Unterklassen bezeichnete Gruppen, die 3 Gruppen der Nacktsamer und die Bedecktsamer (Gliederung der Bedecktsamer nach APG III 2009, Reveal & Chase (APG III update) 2011, Kadereit et al. 2014, Stevens, P. F.: Angiosperm Phylogeny Website. 2012, APG IV 2016). Die verschiedenen Publikationen unterscheiden sich nur unwesentlich: Bei Gabelungen im Stammbaum ist bei gleicher Auffassung die Reihenfolge willkürlich. In Kadereit et al. (2014) werden z. B. erst *Magnoliales* und *Laurales*, dann *Canellales* und *Piperales* behandelt, in APG IV (2016) *Canellales* und *Piperales* vor *Magnoliales* und *Laurales* geführt.

Spermatophytina, Samenpflanzen

Nach Bestäubung und (doppelter) Befruchtung entsteht aus der von mütterlichen Gewebe (Integumenten) geschützten Samenanlage der Samen, aus den Integumenten die Samenschale. Die Befruchtung ist, anders als bei den Moosen und Farnen, von Wasser unabhängig. Der reife Samen enthält den bereits in Keimwurzel, Keimblätter und Sprossspitze gegliederten Embryo.

Nacktsamer (Gymnospermen)

Gehölze mit normalem sekundärem Dickenwachstum. Die Samenanlagen liegen frei auf Samen- und Deckschuppen und sind nicht in einen Fruchtknoten eingeschlossen. Fortpflanzungsorgane getrenntgeschlechtig, meist unscheinbar und durch den Wind bestäubt. – Angaben zwischen 850 und über 1 000 rezenten Arten; in früheren geologischen Perioden (v. a. Perm bis Jura) größerer Artenreichtum.

Früher nahm man an, dass die Gnetales eine Schwesterposition zu den Blütenpflanzen einnehmen und die Nacktsamer dadurch paraphyletisch sind. Nach aktuellen Erkenntnissen stehen die Gnetales den Nadelgehölzen nahe und werden ihnen von vielen Autoren (z. B. Kadereit et al. 2014) zugeordnet. Damit sind die Nacktsamer eine monophyletische Gruppe, die innerhalb der Samenpflanzen den Bedecktsamern gegenüber steht.

Cycadidae, Palmfarne

Palmenähnliche Kleinbäume mit endständigen Blattschöpfen aus großen gefiederten Blättern. – 3 Familien mit 11 Gattungen und etwa 200–300 rezenten Arten in tropischen und wintermilden Gebieten; bei uns nicht winterhart.

Ginkgoidae, Ginkgoartige

Sommergrüner Baum mit flächigen, gabelnervigen Blättern. Heute monotypisch; vom Perm bis zur Kreide gab es zahlreiche weitere Arten.

Familie *Ginkgoaceae*

Coniferopsida, Nadelgehölze (incl. Gnetales)

Ordnung *Pinales*

Meist Bäume (selten Sträucher) mit nadel- oder schuppenförmigen Blättern, immer-, selten sommergrün. – 7 rezente Familien mit um 70 Gattungen und 530–620 Arten, überwiegend in den Extratropen.

Familie *Pinaceae*
Familie *Araucariaceae*
Familie *Podocarpaceae*
Familie *Cupressaceae*
Familie *Sciadopityaceae*
Familie *Cephalotaxaceae*
Familie *Taxaceae*

Ordnung *Gnetales*

Niedrige Sträucher, Kleinbäume oder Lianen von sehr unterschiedlichem Habitus. – 3 Gattungen in 3 Familien mit etwa 70 Arten.

Familie *Ephedraceae*

Blütenpflanzen oder Bedecktsamer (Angiospermen)

Gehölze oder krautige Pflanzen. Fortpflanzungsorgane sind ursprünglich zwittrige Blüten mit Blütenhülle und Bestäubung durch Tiere. Die Samenanlagen sind in Fruchtknoten eingeschlossen, die sich (zuweilen unter Beteiligung weiterer Blütenteile) bei Samenreife zur Frucht entwickeln.

Die Blütenpflanzen umfassen nach verschiedenen Schätzungen zwischen 250 000 und 400 000 Arten. Moderne phylogenetische Untersuchungen haben das System der Blütenpflanzen in den letzten Jahrzehnten deutlich verändert. Die früher übliche Zweiteilung in Einkeimblättrige (Monokotyledonen) und Zweikeimblättrige (Dikotyledonen) Bedecktsamer ist phylogenetisch nicht ganz korrekt. Bevor sich die beiden, nach wie vor größten Gruppen, trennten, haben sich bereits mehrere Entwicklungslinien mit insgesamt ca. 8 600 Arten, abgespalten, die im System als Basale Bedecktsamer vorangestellt werden. Sie wurden früher den Zweikeimblättrigen zugeschlagen, weshalb die von den basalen Gruppen „bereinigten" Zweikeimblättrigen (Dikotyledonen) jetzt als Echte Zweikeimblättrige (Eudikotyledonen) bezeichnet werden.

Die für die bessere Übersichtlichkeit eingefügten Überordnungen sind nicht als Hierarchiestufen zu verstehen.

Basale Bedecktsamer

Paraphyletische, künstliche Gruppe, die 5 getrennte, hier als Überordnungen bezeichnete Kladen (Äste im Stammbaum) umfasst. Bis auf die Magnolianae, jeweils nur mit 1 Ordnung. Nur aus den beiden folgenden Überordnungen sind Gehölze in Kultur. Blütenbau sehr ursprünglich (oft 3 zählige oder spiralige Stellung der Blütenblätter), Fruchtblätter meist unverwachsen (chorikarp).

Überordnung Austrobaileyanae

Etwa 3 Familien mit 5 Gattungen und etwa 80–100 Arten, v. a. tropisch verbreitete Lianen und Sträucher.

Ordnung *Austrobaileyales*
Familie *Schisandraceae*

Überordnung Magnolianae (Magnoliiden)

Mit über 8 000 Arten in 18 Familien größte und bedeutendste Überordnung der Basalen Bedecktsamer. Meist Gehölze mit normalem sekundären Dickenwachstum (nur in wenigen Gattungen gibt es Stauden oder Wasserpflanzen); Laubblätter meist fiedernervig.

Ordnung *Magnoliales*
  Familie *Magnoliaceae*
  Familie *Annonaceae*
Ordnung *Laurales*
  Familie *Calycanthaceae*
  Familie *Lauraceae*
Ordnung Piperales
  Familie *Aristolochiaceae*
Ordnung *Canellales*
  Familie *Winteraceae*

Einkeimblättrige Bedecktsamer (Monokotyledonen), Überordnung Lilianae,

Meist krautige Pflanzen. Embryo mit 1 Keimblatt; Laubblätter meist parallelnervig. Blüten oft mit 3-zähligen Wirteln. – Etwa 76 Familien mit 60 000 Arten.

Die Einkeimblättrigen sind meist Kräuter oder Stauden, da sie die Fähigkeit zum regulären sekundären Dickenwachstum verloren haben. Nur wenige Gehölze. Entweder durch primäres Dickenwachstum wie bei Bambusarten und Palmen (der Durchmesser des Vegetationskegels der Sprossachse vergrößert sich, bevor die Pflanze gestreckte Sprossglieder entwickelt) oder wie bei einigen Asparagaceae (z. B. *Dracena*) durch anormales sekundäres Dickenwachstum (das Kambium bildet nach innen ganze Leitbündel mit Phloem und Xylem, anstatt wie beim regulären Dickenwachstum nach innen Xylem und nach außen Phloem).

Durch das fehlende reguläre Dickenwachstum arm an Verzweigungen und mit nur wenigen (bei einstämmigen Palmen nur einem) Sprossvegetationspunkten. Die Verzweigungsarmut wirkt sich auf den Habitus aus, der Mangel an Vegetationspunkten (besonders bei baumförmigem Wuchs) auf die Winterhärte.

Ordnung *Liliales*
  Familie *Smilacaceae*
Ordnung *Asparagales*
  Familie *Asparagaceae*
Ordnung *Poales*
  Familie *Poaceae (Gramineae)*

Echte Zweikeimblättrige Bedecktsamer (Eudikotyledonen)

Ursprünglich Gehölze mit normalem, sekundärem Dickenwachstum. Alle Wuchsformen, in einigen Verwandtschaften ist die Fähigkeit zum sekundären Dickenwachstum ± verloren gegangen (z. B. Asteraceae). Blütenbau sehr vielgestaltig, es dominieren Blüten mit in 4–5-zähligen Wirteln stehenden Blütenblättern, häufig sind extrem abgewandelte Formen. – Etwa 310 Familien, mit über 180 000 Arten. Von Reval & Chase 2011 in 13 Überordnungen geteilt)

Überordnung Ranunculanae
  Ordnung *Ranunculales*
    Familie *Eupteleaceae*
    Familie *Lardizabalaceae*
    Familie *Menispermaceae*
    Familie *Berberidaceae*
    Familie *Ranunculaceae*

Überordnung Proteanae
  Ordnung *Proteales*
    Familie *Sabiaceae*
    Familie *Platanaceae*

Überordnung Trochodendranae
  Ordnung *Trochodendrales*
    Familie *Trochodendraceae*

Überordnung Buxanae
  Ordnung *Buxales*
    Familie *Buxaceae*

Überordnung Saxifraganae
  Ordnung *Saxifragales*
    Familie *Paeoniaceae*
    Familie *Altingiaceae*
    Familie *Hamamelidaceae*
    Familie *Cercidiphyllaceae*
    Familie *Daphniphyllaceae*
    Familie *Iteaceae*
    Familie *Grossulariaceae*
    Familie *Crassulaceae*

Überordnung Rosanae
  Ordnung *Vitales*
    Familie *Vitaceae*

Rosiden (Ordnungen bis Brassicales)
Fabidae (= Rosiden I) Ordnungen bis Rosiden II

  Ordnung *Celastrales*
    Familie *Celastraceae*
  Ordnung *Malpighiales*
    Familie *Euphorbiaceae*
    Familie *Phyllanthaceae*
    Familie *Salicaceae*
    Familie *Passifloraceae*
    Familie *Violaceae*
    Familie *Hypericaceae*
  Ordnung *Oxalidales*
    Familie *Elaeocarpaceae*
  Ordnung *Fabales*
    Familie *Fabaceae (Leguminosae)*
    Familie *Polygalaceae*
  Ordnung *Rosales*
    Familie *Rosaceae*
    Familie *Elaeagnaceae*
    Familie *Rhamnaceae*
    Familie *Ulmaceae*
    Familie *Cannabaceae*
    Familie *Moraceae*

Ordnung *Cucurbitales*
Familie *Coriariaceae*
Ordnung *Fagales*
Familie *Nothofagaceae*
Familie *Fagaceae*
Familie *Myricaceae*
Familie *Juglandaceae*
Familie *Betulaceae*

Malviden (= Rosiden II)

Ordnung *Myrtales*
Familie *Onagraceae*
Familie *Lythraceae*
Ordnung *Crossosomatales*
Familie *Stachyuraceae*
Familie *Staphyleaceae*
Ordnung *Sapindales*
Familie *Anacardiaceae*
Familie *Sapindaceae*
Familie *Rutaceae*
Familie *Simaroubaceae*
Familie *Meliaceae*
Ordnung *Brassicales*
Familie *Brassicaceae (Cruciferae)*
Ordnung *Malvales*
Familie *Thymelaeaceae*
Familie *Cistaceae*
Familie *Malvaceae*

Ende Rosiden

Überordnung Santalanae
Ordnung *Santalales*
Familie *Santalaceae*
Familie *Viscaceae*

Überordnung Caryophyllanae
Ordnung *Caryophyllales*
Familie *Tamaricaceae*
Familie *Polygonaceae*
Familie *Plumbaginaceae*

Asteriden

Überordnung Asteranae
Ordnung *Cornales*
Familie *Hydrangeaceae*
Familie *Cornaceae*
Familie *Nyssaceae*

Ordnung *Ericales*
Familie *Ebenaceae*
Familie *Theaceae*
Familie *Symplocaceae*
Familie *Styracaceae*
Familie *Actinidiaceae*
Familie *Clethraceae*
Familie *Ericaceae*

Asteriden I

Ordnung *Garryales*
Familie *Eucommiaceae*
Familie *Garryaceae*
Ordnung *Gentianales*
Familie *Rubiaceae*
Familie *Apocynaceae*
Ordnung *Solanales*
Familie *Solanaceae*
Ordnung *Boraginales*
Familie *Boraginaceae*
Ordnung *Lamiales*
Familie *Oleaceae*
Familie *Plantaginaceae*
Familie *Scrophulariaceae* (incl.? Familie *Buddlejaceae*)
Familie *Bignoniaceae*
Familie *Verbenaceae*
Familie *Lamiaceae (Labiatae)*
Familie *Paulowniaceae*

Asteriden II (Campanuloiden) (bis Ende)

Ordnung *Aquifoliales*
Familie *Helwingiaceae*
Familie *Aquifoliaceae*
Ordnung *Asterales*
Familie *Argophyllaceae*
Familie *Asteraceae (Compositae)*
Ordnung *Escalloniales*
Familie *Escalloniaceae*
Ordnung *Apiales*
Familie *Pittosporaceae*
Familie *Araliaceae*
Familie *Apiaceae*
Ordnung *Dipsacales*
Familie *Adoxaceae*
Familie *Caprifoliaceae*

Bau der Gehölze (Morphologie)

(Bearbeiter: Bernd Schulz)

Bäume, Sträucher und ausdauernde Lianen sind Wuchsformen der Gehölze i. e. S., einer Lebensform der Höheren Pflanzen, die sich in den gemäßigten Breiten dadurch auszeichnet, dass ihre Knospen für das folgende Jahr oberirdisch, im Luftraum, überwintern. Andere Lebensformen sind die kurzlebigen Kräuter und Stauden. Bei einjährigen Kräutern überdauern nur die Samen den Winter, Zweijährige überstehen den ersten Winter oft als von bodennahen Rosetten gekrönte Rüben. Sie leiten zu den langlebigen Stauden über, die oft mit unterirdischen Sprossen wie Zwiebeln oder Rhizomen überdauern. Zwischen den Stauden und Gehölzen i. e. S. stehen die Zwerg- und Halbsträucher. Ihre Knospen überwintern oberirdisch, aber bodennah, meist von Laub oder Schnee bedeckt. Abhängig vom Grad der Verholzung, werden einige Halb- und Zwergsträucher traditionell in Gehölzfloren mitbehandelt. (Vgl. 11 → Wuchsformen, S. 47.)

Gehölze kommen in vielen Verwandtschaftskreisen der Höheren Pflanzen vor und sind ihrem Namen nach Pflanzen, die Holz ausbilden oder zumindest stark verholzen. Das **Holz** ist der vom Bildungsgewebe → Kambium nach innen gebildete Holzmantel der Zweige, Äste und Stämme bei den Laub- (Bedecktsamer) und den Nadelgehölzen (Nacktsamer). Die meisten einkeimblättrigen Bedecktsamer (z. B. Palmen, Bambus) besitzen kein Kambium, können dadurch nicht sekundär in die Dicke wachsen und bilden nach der Definition kein Holz. Hier können bereits die primär erstarkten Sprossachsen stark verholzt sein: **Verholzung** bezeichnet die Einlagerung des Holzstoffs Lignin in die (verstärkte) Zellwand.

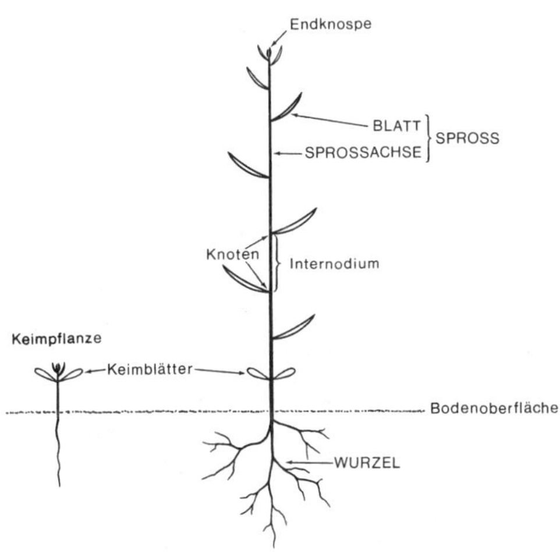

13/1 Grundbauplan der Höheren Pflanzen

1 Grundbauplan

Die Gehölze sind, wie alle Höheren Pflanzen, modulare Organismen. Ihr Vegetationskörper besteht aus sich wiederholenden Modulen, gebildet von den **3 Grundorganen**, Blatt, Sprossachse und Wurzel (*13/1*):

Blatt: Hauptort der Photosynthese: meist flächig und grün (Chloroplasten), sein Wachstum endet nach abgeschlossener Entwicklung.
Sprossachse: trägt die Blätter und verbindet Blätter und Wurzeln (Stofftransport), sie dient besonders der Eroberung des Luftraumes (unterirdische S. → Rhizome).
Wurzel: immer unbeblättert. Sie verankert die Pflanze im Boden, erschließt ihn und entnimmt ihm Wasser und Mineralstoffe.

Wurzeln und vegetative Sprossachsen sind meist ± zylindrisch, wachsen an den Spitzen theoretisch unbegrenzt weiter und können sich verzweigen.

Spross: die beblätterte Sprossachse. Die Blüte ist ein generativer Spross, in dem das Spitzenwachstum erlischt.

Abwandlungen (Metamorphosen, s. S. 22 u. 27): Jedes Grundorgan (oder Teile desselben) kann als Anpassung an eine andere Funktion seine typische Gestalt verlieren. Mehrere Kriterien (nach REMANE 1952) geben Hinweise auf die Abstammung (**Homologie**) eines abgewandelten Organs: 1. seine Stellung im Gesamtorganismus, 2. Übergangsformen und 3. die innere Struktur. Verschiedene Organe können auch dieselbe Funktion (z. B. Dorn oder Ranke) übernehmen (**Analogie**).

2 Die Sprossachse

Die Sprossachse (S) ist längs (*13/1*) gegliedert in **Knoten** (Nodien, Sing. Nodium), an denen ein Blatt oder mehrere Blätter sitzen, und in **Internodien** (Sing. Internodium), die Abschnitte zwischen den Knoten.

Die „Stängel" kleinwüchsiger krautiger Pflanzen sind oft kaum verholzt. Ihre Gewebe bestehen aus dünnwandigen Zellen, die nur der vom Zellsaft erzeugte Zellinnendruck (Turgor) stabilisiert. Verlieren sie zu viel Wasser, welken sie. Bei Gehölzen sind nur junge S. krautig. Nach Abschluss des Längenwachstums verholzt die S., die dann nicht mehr welken kann: Die Stabilisierung übernehmen Festigungs- und Leitgewebe (Xylem), deren Zellen verstärkte Wände mit Lignin-Einlagerungen aufweisen.

Form: Gewöhnlich ist die S. ± **rund**, im Querschnitt kreisförmig, abweichend unrunde S. sind entweder **gefurcht** (mit Einschnitten = Furchen) oder **kantig** (im Querschnitt eckig oder mit Vorsprüngen). Abweichungen von der Kreisform korrelieren meist mit dem inneren Aufbau, dem Leitbündelverlauf und der Blattstellung: spiralig beblätterte S. sind oft 5-, gegenständig beblätterte oft 4-kantig, selten sind 2- oder 3-kantige Sprossachsen. Bei **geflügelt**en S. sind die Kanten zu flachen Säumen (Flügeln) ausgeweitet (Hinweis: geflügelt können auch Blattstiele, Blattspindeln oder Früchte sein).

Der Sprossachsenquerschnitt lässt sich bereits bei makroskopischer Betrachtung in konzentrische Gewebekomplexe gliedern (*15/1*), von innen nach außen:

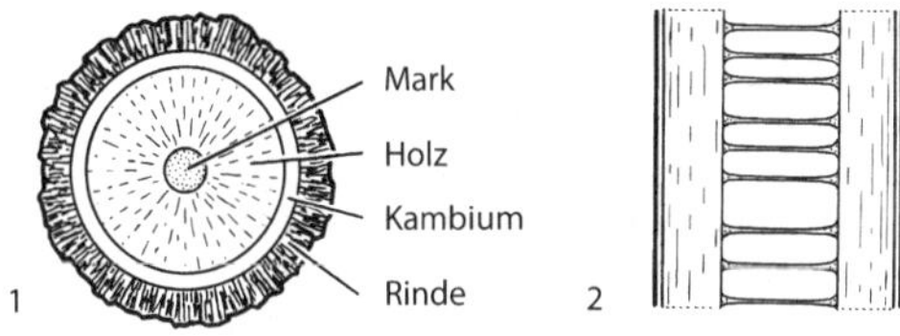

15/1–2: 1 Querschnitt einer (sekundären) Sprossachse; 2 gefächertes Mark im Längsschnitt

Mark: Gewebe (meist lockerzelliges Markparenchym) im Zentrum der **vollen** S. Ist es vollständig degeneriert, entsteht eine **hohle** Achse mit Markhöhle. Gelegentlich ist das Mark leiterartig **gefächert**: Es wechseln (im Längsschnitt sichtbar) quer orientierte Schichten mit Hohlräumen ab (*15/2*). Selten ist das Markparenchym gefüllter S. durch verholzende Querwände (Diaphragmen) unterbrochen.

Holz: vom Kambium neu (= sekundär) nach innen gebildetes Gewebe, bei den Gehölzen, v. a. Bäumen, sich Jahr für Jahr vergrößernd und in älteren S. den größten Teil des Querschnittes einnehmend. Verholzende primäre S., wie beim Bambus, bilden kein Holz i. e. S.

Kambium: für das sekundäre Wachstum verantwortliches Bildungsgewebe zwischen Holz und Rinde. Nur mikroskopisch sichtbar, lassen sich im (weichen) Kambium Holz und Rinde mechanisch leicht voneinander trennen.

Rinde: Gesamtheit der außerhalb des Kambiums liegenden Gewebe. Ihr Charakter wird von den **Abschlussgeweben** (AG) geprägt:

Epidermis (primäres AG): die äußerste, von einer wachsartigen Schicht (Kutikula) überzogene Zelllage der jungen Sprossachse. Ist die E. farblos, prägen die grünen Chloroplasten im tiefer liegenden Rindenparenchym die Erscheinung der S. Oft enthält die E. Farbstoffe (Anthocyane) in den Vakuolen und besonders lichtexponierte Bereiche sind dann deutlich weinrot bis violettbraun überlaufen.

Korkporen (*15/3*), formbeschreibend auch Korkwarzen oder Lentizellen (*lat.* lens = Linse), entstehen im primären AG vor(!) dem Übergang zum sekundären AG, gehören aber bereits zum → Oberflächenperiderm. Sie dienen dem Gasaustausch und bestehen aus lockeren, durch Gerbstoff- und Korkeinlagerungen geschützten Zellen. Korkporen sind makroskopisch als hervorgehobene oder farblich abgesetzte Punkte oder kurze Längsstreifen sichtbar.

Oberflächenperiderm (sekundäres AG): Die Epidermis wird durch ein oberflächennah entstehendes Korkkambium (Phellogen) ersetzt, das nach außen **Kork**

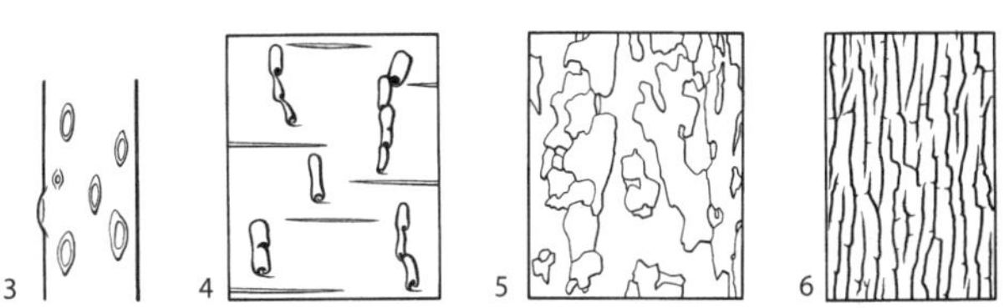

15/3–6: 3 Korkporen, 4 Ringelkork, 5 Plattenrinde/-borke, 6 Streifenborke

(Phellem) abgibt, welcher oft durch Einlagerungen des Korkstoffs **Suberin** in die Zellwände **verkorkt** und durch → Korkporen unterbrochen ist. Bleibt das Oberflächenperiderm länger, zuweilen lebenslang, erhalten, werden die anfänglich punktförmigen bis länglichen Korkporen allmählich durch die Durchmesserzunahme in die Breite gezogen und es entsteht **Ringelkork** (*15/4*).
Borke (tertiäres AG): manchmal lösen, sich im Inneren der Rinde bildende, **Tiefenperiderme** das Oberflächenperiderm ab. Die äußersten Schichten reißen meist in charakteristischer Form auf: z. B. quadratisch bis rechteckig (**Plattenborke**, *15/5*), schalenförmig (**Muschelborke**) oder in Längsstreifen (**Streifenborke**, *15/6*).

Farbe ein- und mehrjähriger Zweige
Verschiedene Prozesse verändern Farb- und Oberflächeneigenschaften der Zweige im Laufe der Vegetationsperiode und der Jahre. Grad und Geschwindigkeit dieser Veränderungen unterscheiden sich zwischen den Taxa und liefern gute Bestimmungsmerkmale.

Die jungen, beblätterten Achsen sind nach dem Austrieb frisch grün, seltener von Beginn an ± stark rot bis weinrot überlaufen (v. a. sogenannte Blutformen). Später können sich grüne Rindenbereiche röten und ältere Partien Oberflächenperiderme ausbilden. Verkorkendes Phellem färbt sich ockerbraun bis grau, selten bleibt es unverkorkt, lichtdurchlässig und die älteren Zweige grün (z. B. *Gleditsia japonica*). Die absterbende Epidermis bleibt mitunter noch eine Zeit lang als silbrig grauer Belag erhalten.

Vergleichbar sind in der Regel nur ± ausgereifte Zweigpartien. Vor und zu Beginn der Vegetationsperiode sind das die vorjährigen Zweige.

Bis zum neuen Austrieb ist ein Zweig einjährig, danach (obwohl gerade erst 1 Jahr alt) in der 2. Vegetationsperiode zweijährig. Ab der 3. Vegetationsperiode werden die Zweige als mehrjährig bezeichnet.

3 Das Blatt

a) Bauplan des Blattes

Ein Laubblatt kann aus den folgenden Teilen bestehen (*16/1*):

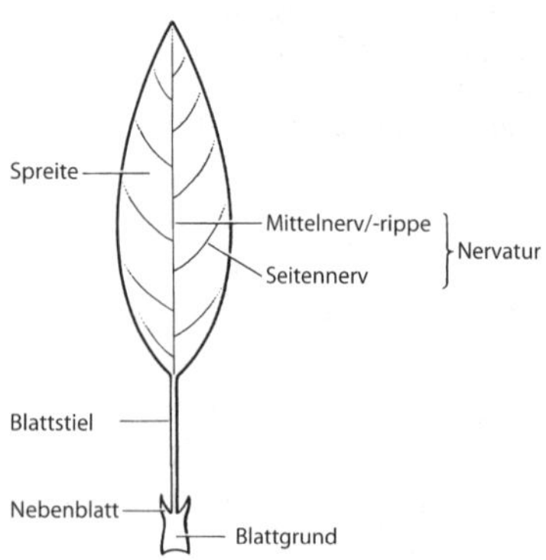

16/1 Teile des Laubblatts

Unterblatt:

Blattgrund: basaler, meist verbreiterter Teil, mit dem das Blatt an der Sprossachse ansetzt. Er umgreift mitunter die Achselknospe (Schutz), bei den Einkeimblättrigen Bedecktsamern ist er oft stärker erweitert und hüllt die Sprossspitze als Blattscheide ein.

Nebenblätter (Stipeln): ein oder meist zwei Anhängsel beiderseits des Blattgrundes. Sie dienen dem Schutz junger Sprosse während des Wachstums oder der Knospenruhe (Knospenschuppen), meist fallen sie nach der vollen Entfaltung ab. Sie können auch von vornherein fehlen: Ihr Vorhandensein bzw. Fehlen ist für viele Taxa (Gattungen und Familien) charakteristisch. Die N. sind mit dem Blattgrund **verwachsen** oder sitzen unverwachsen als **freie N.** neben ihm. Seltener sind die N. eines oder benachbarter Blätter miteinander verwachsen: Auf einer Seite miteinander verwachsene N. eines Blattes bilden **Medianstipeln**, auf beiden Seiten zu einer geschlossenen Hülle verwachsene N. eine **Tute** (Ochrea). Verwachsen die N. benachbarter Blätter eines Wirtels miteinander entstehen **Interfoliarstipeln** (auch Interpetiolarstipeln genannt).

Oberblatt:

Blattstiel: länglicher, dünner, im Querschnitt meist rundlicher Abschnitt, der die Spreite (s. u.) trägt. Oft ist er auf der Oberseite gefurcht oder abgeflacht. Beim **sitzenden** Blatt fehlt er: hier gehen Blattgrund und Spreite direkt ineinander über.

Spreite (Lamina): meist flächiger Teil des Blattes, Hauptort der Photosynthese. In der Knospenlage ist die Oberseite der Achse zugekehrt (adaxial) und die Unterseite der Achse abgewandt (abaxial).

Einfach: Die Spreite besteht aus einer einzigen zusammenhängenden Fläche (*16/1*); sie kann jedoch durch Einschnitte usw. gegliedert sein. → Gegliederte Spreiten

Zusammengesetzt: Die Spreite besteht aus mehreren getrennten Teilflächen, den **Blättchen = Fiedern**, die durch stielartige Abschnitte verbunden sind:

Gefiedert: Die Fiedern sitzen an einer Längsachse, der **Blattspindel** (Rhachis), die den Blattstiel fortsetzt (in den Beschreibungen wird der Blattstiel oft in die Blattspindel subsummiert). Gibt es ein endständiges Blättchen, ist die Spreite **unpaarig gefiedert** (*17/1*); fehlt es, ist sie **paarig gefiedert** (*17/2*), auch wenn die seitlichen Fiedern keine Paare bilden.

Dreizählig: Am Ende des Blattstiels sitzen 3 Blättchen.

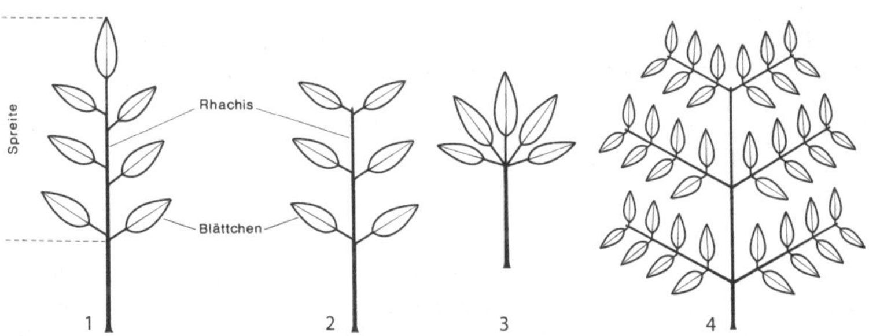

17/1–4 Zusammengesetzte Blätter: 1 unpaarig gefiedert; 2 paarig gefiedert; 3 gefingert; 4 doppelt gefiedert

Gefingert: Alle (mindestens 4) Blättchen entspringen an einem Punkte am Blattstielende (*17/3*).
Bei **doppelter** (*17/4*) oder **mehrfacher** Fiederung sind der Spindel erster Ordnung weitere Spindeln untergeordnet, die dann die Fiedern tragen.

b) Merkmale der Spreite (und der Blättchen)

Weil die Spreite die Blattform bestimmt, wird in den Beschreibungen die Spreite, als Hauptteil des Blattes, meist mit dem Blatt gleichgesetzt. Nur wenn die Eindeutigkeit es erfordert, wird die Spreite getrennt genannt.

1. Nervatur (Aderung)

Die Grundorgane der Gefäßpflanzen sind über Leitbündel miteinander verbunden. Im Blatt erschließen sie als **Blattnerven** (Blattadern) unterschiedlich verzweigt und verästelt die Fläche. Durch stabilisierende, die Leitgewebe ummantelnde Festigungsgewebe (Sklerenchym) sind sie oft dicker als die flache Spreite und äußerlich meist gut erkennbar.

Verlauf der Haupt- und Sekundärnerven:

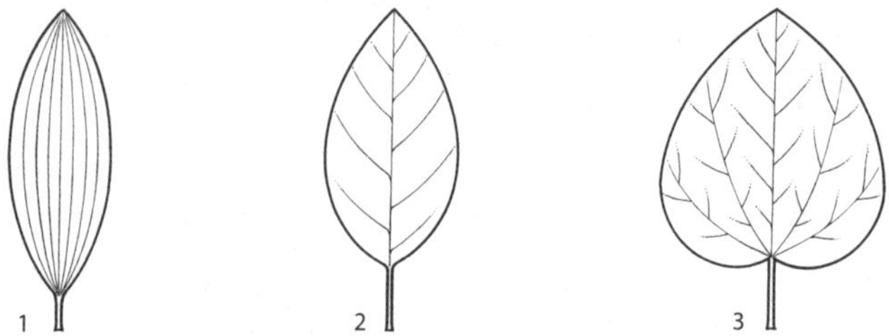

18/1–3 Nervatur: 1 parallelnervig, 2 fiedernervig, 3 handnervig

Verlauf der Sekundär- und Tertiärnerven

Bogenläufig: Seitennerven laufen bogenförmig zum Rand ohne ihn zu erreichen (*463/1–3*).
Randläufig: Seitennerven laufen in den Rand (Zähne, Lappen; *423/3–7*).
Randläufig-maschenförmig: Die Sekundärnerven verbinden sich vor dem Rand, aus den Schlingen heraus laufen Nerven in den Rand (*767/1a*).
Netznervig: Seitennerven verzweigen sich relativ schnell und die feineren untergeordneten Nerven verbinden sich zu einer netzartigen Nervatur (*898/5*).

2. Blattformen

Die häufigsten **Umriss**formen unterscheiden sich danach, an welcher Position die Spreite breitesten ist. Elliptische Blätter sind in der Mitte am breiteten, **eiförmig**e Bl. in der unteren (proximalen) Hälfte, **verkehrt eiförmige** Bl. in der oberen (distalen) Hälfte. Bei **länglich**en Spreiten, die relativ lang sein können, verlaufen die Blattränder an der breitesten Ausdehnung parallel.

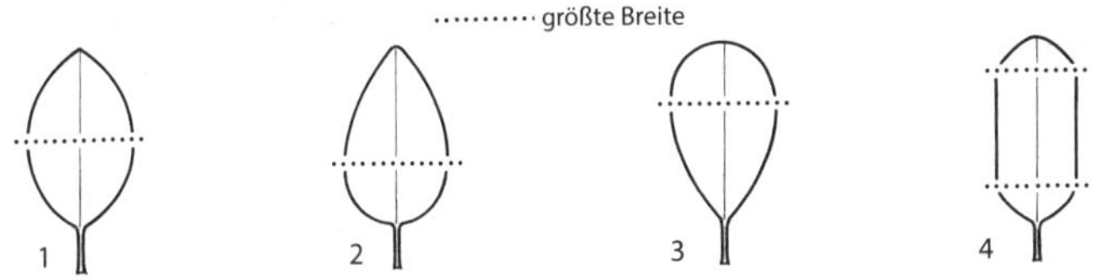

19/1–4 Blattformen: 1 elliptisch, 2 eiförmig, 3 verkehrt eiförmig, 4 länglich

Oft sind die Proportion von Länge zu Breite typisch: Bei **rundlich**en = **kreisförmig**en Spreiten beträgt sie etwa 1:1, bei den ersten 3 oben gezeigten Normalformen 1,5–2,5:1. Verlängerte Spreiten sind **lanzettlich** (3–6:1) oder **linealisch** (z. B. nadelförmig) >10:1. Formen zwischen den angegebenen Proportionen werden mit Zusammensetzungen bezeichnet, z. B. eiförmig eilanzettlich. [Anmerkung: Die Form lanzettlich wird unterschiedlich definiert: entweder wie hier mit der größten Breite in der Mitte oder in der unteren Hälfte, hier als eilanzettlich unterschieden.]

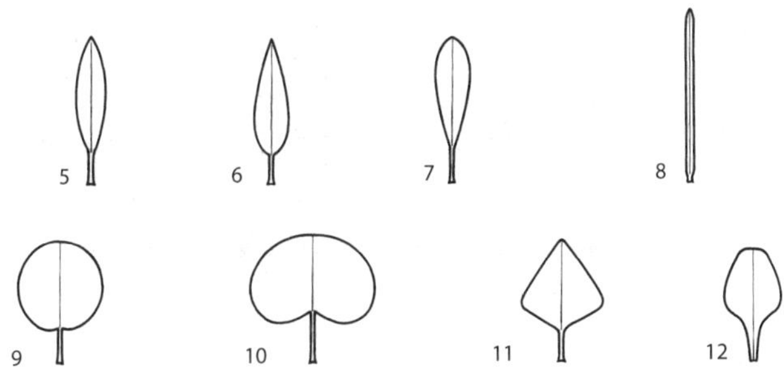

19/5–12 Blattformen: 5 lanzettlich, 6 eilanzettlich, 7 verkehrt eilanzettlich, 8 linealisch, 9 rundlich/kreisförmig, 10 nierenförmig, 11 deltoid (Drachenviereck), 12 spatelförmig

Einige Blätter besitzen auffallend abweichende Spreitenformen. Abgerundete Ränder besitzen **nieren-** oder **spatelförmig**e Spreiten.

Blätter mit 3- und 4-eckigen Umrissen lassen sich nach ihren geometrischen Formen beschreiben. **3-eckig**e Spreiten sind an der Spreitenbasis (proximal) am breitesten, **verkehrt 3-eckig**e am oberen Ende (distal). **4-eckig**e Spreiten sind am breitesten in der Mitte: **rautenförmig** (= **rhombisch**) oder in der unteren Hälfte: **deltiod** (= Drachenviereck).

Einfache und reduzierte Blattformen:
Blätter oder Blatteile können relativ klein (pfriemlich oder schuppenförmig) oder linealisch (nadelförmig) sein. Die normalen Blätter der Koniferen sind meist nadel- oder schuppenförmig. Auch bei „normal" beblätterten Laubgehölzen treten in der Blattfolge oft schuppenförmige Blätter (z. B. Knospenschuppen) auf. Bei Rutensträu-

chern (z. B. *Tamarix*) können alle Laubblätter zu pfriemlichen oder schuppenförmigen Rudimenten reduziert sein.

20/1–3 Einfache und reduzierte Blattformen: 1 nadelförmig, 2 pfriemlich, 3 schuppenförmig

Gegliederte Spreiten:
Im Gegensatz zu unzerteilten Spreiten mit mehr oder weniger tiefen Einschnitten. Nach der Tiefe der Einschnitte (vom Blattrand zum Ursprung der Nerven gemessen) unterscheiden sich **gelappt**e (Einschnitte 20–40 %), **gespalten**e (40–60 %), **geteilt**e (60–80 %) und **eingeschnitten**e Spreiten (80–100 %). Bis zum Grund eingeschnittene Spreiten leiten zu den → zusammengesetzten Spreiten über, die Abschnitte sind aber am Ansatz breit und ungestielt. Fiedernervige Blätter können entsprechend fiederlappig, fiederspaltig, fiederteilig oder fiederschnittig sein.

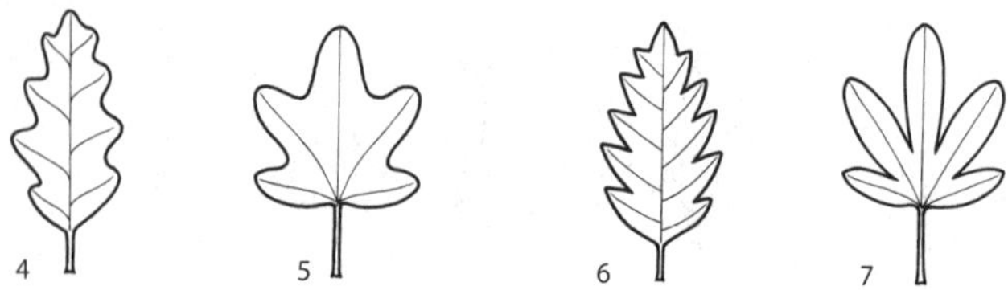

20/4–7 Gegliederte Spreiten: 4 fiederlappig, 5 handförmig gelappt, 6 fiederspaltig, 7 handförmig geteilt.

3. Form der Spitze:
Form der Blattfläche am oberen (distalen) Ende des Blattes. Spitzenlose Spreiten können **stumpf, abgerundet** oder **gestutzt** sein, zuweilen **ausgerandet** bis zur 2-Lappigkeit. Bei der **spitzen** Spreite laufen die Ränder gleichmäßig aufeinander zu. Die **zugespitzt**e Spitze ist zusätzlich verlängert, länger zugespitzte Spitzen sind **ausgezogen** oder **geschwänzt**. Sitzt auf der ± stumpfen Spreite eine kurze borstige Spitze, ist sie **stachelspitzig**, längere Spitzen sind Grannen (**grannig**).

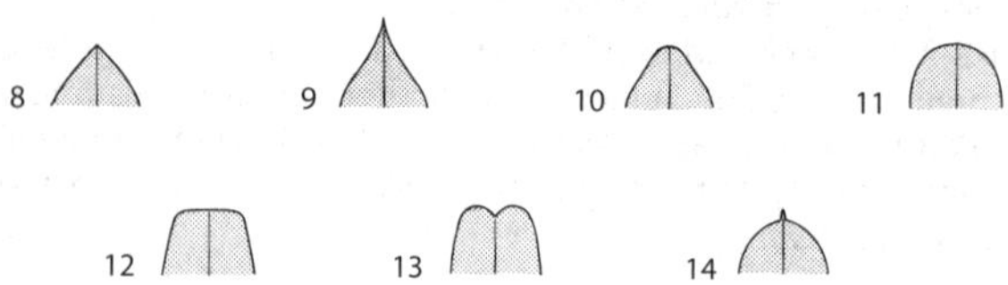

20/8–14 Spreitenspitze: 8 spitz, 9 zugespitzt, 10 stumpf, 11 abgerundet, 12 gestutzt, 13 ausgerandet, 14 stachelspitzig

4. Spreitenbasis:
Ansatz der Blattfläche am Blattstiel. Meist setzt die Spreitenfläche mit ihrem Ansatz den Blattstiel fort. Sie kann bei **keilförmig**er Basis auch geflügelt am Blattstiel herablaufen. Seltener sitzt, bei **schildförmig**en (peltaten) Blättern, der Blattstiel an der Unterseite der Spreitenfläche an.

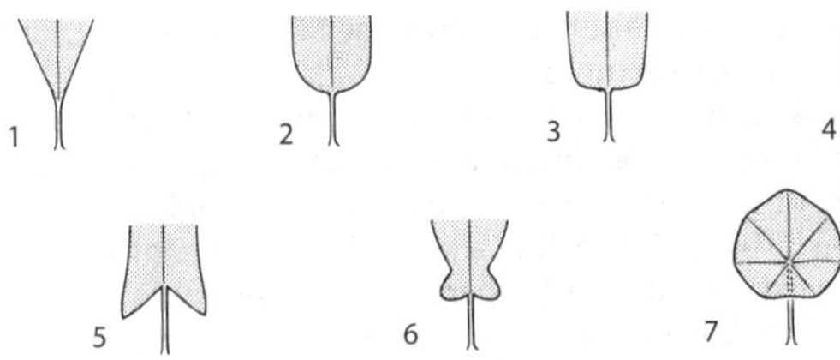

21/1–7 Spreitenbasis: 1 keilförmig, 2 abgerundet, 3 gestutzt, 4 herzförmig, 5 pfeilförmig, 6 geöhrt, 7 schildförmig

Sitzende Blätter:

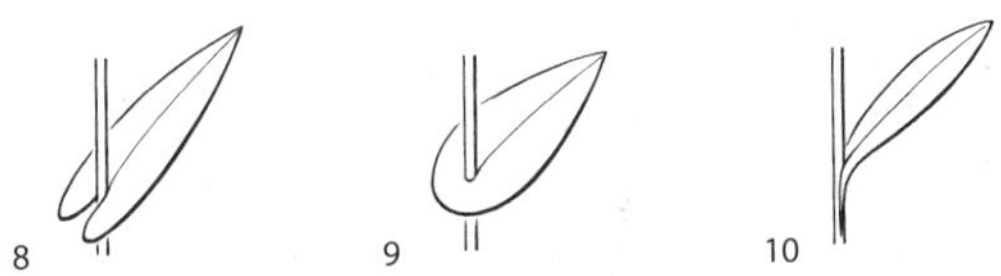

21/8–10 Blattgrundansatz sitzender Blätter: 8 stängelumfassend, 9 durchwachsen, 10 herablaufend

5. Blattrand:
Der Blattrand kann in der Draufsicht ganzrandig sein oder regelmäßige feine Vorsprünge oder Einschnitte besitzen. Manchmal treten die Randstrukturen doppelt auf. Sind die Einschnitte 1. Ordnung tiefer als 20 % der Spreitenhälfte → gegliederte Spreiten. Zuweilen ist er bewimpert (→ Wimpern, Anhangsgebilde).

	ganzrandig	**gebuchtet (wellig)**	**gekerbt**	**gezähnt**	**gesägt**
Einschnitte	ohne/flach	rund	spitz	rund/flach	spitz
Vorsprünge	ohne/flach	rund	rund	spitz	spitz

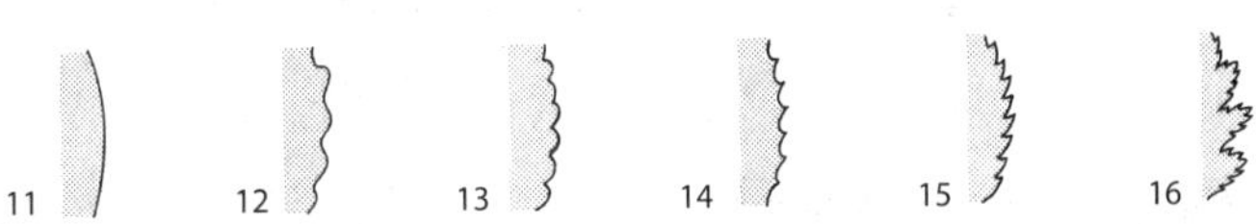

21/11–16 Blattrand: 11 ganzrandig, 12 gebuchtet, 13 gekerbt, 14 gezähnt, 15 gesägt, 16 doppel gesägt

Zuweilen ist die Spreite im Raum **gewellt** und besonders zum Blattrand wellenartig aufgewölbt.

c) Abwandlungen des Blattes

Die für die Pflanze lebensnotwendige Photosynthese findet überwiegend in den Blättern statt, selten übernimmt die grüne Sprossachse (z. B. bei Rutensträuchern) diese Funktion. Deshalb beschränken sich Abwandlungen oft nur auf einen Teil der Blätter oder nur auf Blattteile wie Nebenblätter oder Blattspindeln.

Schuppenblätter: reduzierte schuppenförmige Blattteile, z. B. Schuppen an → Rhizomen oder → Knospenschuppen.

Knospenschuppen: in der → Blattfolge den Laubblättern als Niederblätter vorausgehende (Achselknospen) oder ihnen als Hochblätter folgende (Endknospen) Schuppenblätter. Sie bestehen meist aus dem Blattgrund (vaginal), dem Blattgrund mit verwachsenen Nebenblättern oder allein aus den Nebenblättern (stipular) (*22/3*). Die Art der K. wirkt sich auf die Knospenform aus. Stehen die Blätter zweizeilig, sind vaginale K. auch in 2 Zeilen angeordnet (z. B. *Ulmus, 251/2*), während stipulare K., da zu jedem Blatt 2 Nebenblätter gehören, 4 Zeilen bilden (z. B. *Carpinus, 423/1a, Fagus, 272/1*).

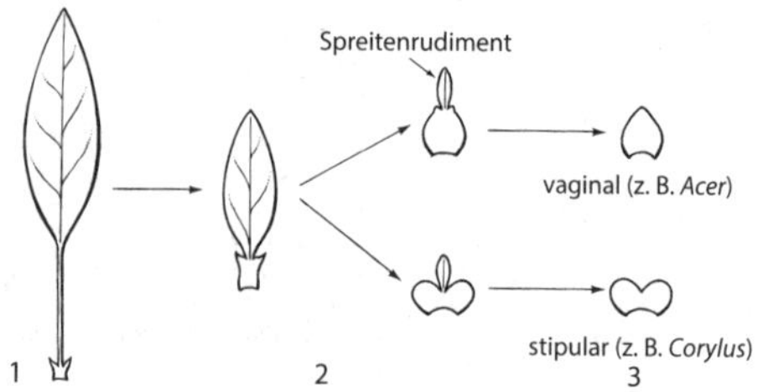

22/1–3 Abwandlungen des Blattes: 1 Laubblatt, 2 Übergangsblätter, 3 Schuppenblätter

Blattdornen i. e. S. verdornen vollständig (z. B. bei der *Berberitze* alle Blätter am Langtrieb, während am Kurztrieb normale Laubblätter stehen, *22/4; 394/1*). Es können auch nur Blattteile verdornen: bei **Nebenblattdornen** (z. B. *Robinia, 23/1*) bleiben das Oberblatt, bei **Blattspindeldornen** (z. B. *Caragana, 421/2* u. *2a*) die Fiedern laubblattartig.

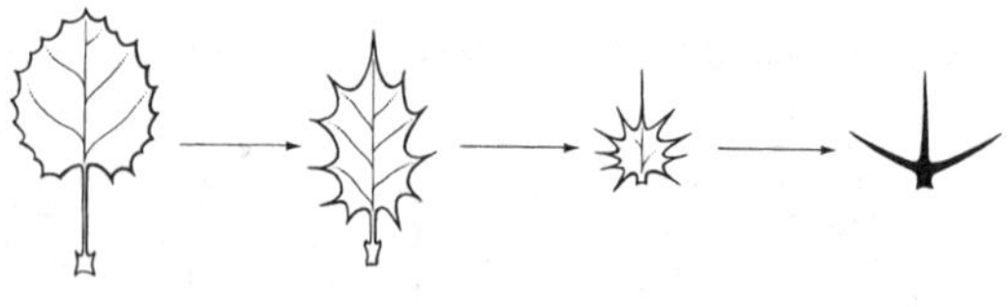

22/4 Übergang vom Laubblatt zum Blattdorn bei *Berberis*

Blattranken: Das Blatt oder Blattteile sind fadenförmig und winden sich spiralig um Stützen und befestigen die Pflanze an diesen (*23/2*).

23/1–2: 1 Nebenblattdornen (*Robinia*), 2 Rankenblatt

d) Lebensdauer der Laubblätter

Nach der Lebensdauer ihrer Laubblätter sind Pflanzen:

Sommergrün: Am Ende der Vegetationsperiode fallen alle Laubblätter kontrolliert ab. Die Pflanze ist im Winter kahl, im Sommer ist nur der aktuelle Jahrestrieb beblättert. Meist sind die Laubblätter relativ dünn und ±„normal" grün.

Immergrün: Die Laubblätter bleiben länger, mindestens 2 Vegetationsperioden, erhalten; die Pflanze trägt das ganze Jahr, auch im Winter, Laub und im Sommer sind die vorjährigen Zweige noch beblättert. Meist sind die Blätter relativ dick und dunkelgrün.

Halbimmergrün (wintergrün) sind Pflanzen, deren Laubblätter zwar (zumindest viele) überwintern, aber bereits im zweiten Frühjahr abzufallen beginnen.

4 Der Spross (beblätterte Sprossachse)

a) Blattstellung

Die Blattstellung beschreibt die Lage aller (inkl. abgewandelter) Blätter an der Sprossachse zueinander. An ausdifferenzierten Sprossen ist sie meist konstant, sie kann jedoch in der Entwicklung gesetzmäßig wechseln (z. B. stehen die → Keim- und → Vorblätter der Zweikeimblättrigen Bedecktsamer unabhängig von der weiteren Blattstellung oft gegenständig).

Wechselständig (*24/1*): An jedem Knoten steht 1 Blatt. Dabei ist jedes Blatt gegenüber dem vorhergehenden um einen bestimmten Winkel versetzt. Beträgt dieser Winkel 180°, stehen die Blätter abwechselnd in 2 einander gegenüberstehenden Zeilen = **zweizeilig**. An horizontalen Zweigen sind die beiden Zeilen zuweilen zur Unterseite der Achse verschoben.

Ist der Winkel aufeinander folgender Blätter kleiner 180°, stehen sie **schraubig** (spiralig) und bilden eine Spirale um die Achse. Der häufigste Winkel beträgt 2/5 (144°), bei dem nach zwei Umläufen das 6. Blatt (mit dem ein neuer Zyklus beginnt)

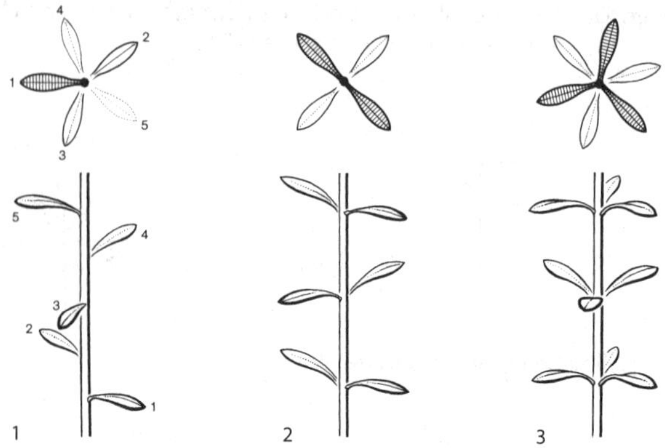

24/1–3 Blattstellung: 1 wechselständig, 2 gegenständig, 3 wirtelig

über dem ersten steht (*24/1*). Das ermöglicht an senkrechten Zweigen eine optimale Lichtausbeute. Aus demselben Grund sind an horizontalen Sprossen schraubig am Zweig sitzende Blätter oft **gescheitelt**, nachträglich (jederseits der Achse in 2 Reihen) in einer Ebene ausgerichtet.

Wirtelig (quirlig) (*24/3*) i. w. S.: An jedem Knoten stehen 2 oder mehr Blätter. Dabei ist der Winkel zwischen den Blättern eines Knotens immer gleich groß (Äquidistanzregel) und die Blätter aufeinander folgender Knoten stehen ausnahmslos auf Lücke zueinander (Alternanzregel). Bei der häufigsten Form, der **gegenständigen** Blattstellung, stehen einander 2 Blätter an jedem Knoten gegenüber (*24/2*). Die Blattpaare aufeinanderfolgender Knoten sind immer (!) um 90° versetzt. Auch hier sind die Blätter an horizontal wachsenden Sprossen häufig „gescheitelt" und durch Drehungen in den Internodien und Blattstielen in einer Ebene ausgerichtet. Auch die Blütenblätter (Kelch-, Kron- und Staubblätter) sind oft in gleichzähligen Wirteln angelegt, die Alternanz- und Äquidistanzregel folgen. Ausfälle und Abweichungen sind hier meist leicht erkennbar.

Knospendeckung (Ästivation): Lage der Blätter (Blütenblätter, Knospenschuppen) in der Knospe.

Dachziegelig/deckend: Die äußeren Blätter bedecken ihre Nachbarn (*505/2*).
Gedreht: Jedes Blatt wird auf einer Seite bedeckt und bedeckt selbst auf der anderen Seite das Nachbarblatt (*496/1b*).
Klappig: Die Blätter berühren sich, ohne sich zu überdecken (*505/1*).
Offen: Die Blätter berühren sich nicht (*677/1*).

b) Blattfolge

Die Blattfolge bezeichnet die Abfolge verschieden gebauter Blätter entlang einer Sprossachse. Es werden in der Blattfolge unterschieden (*25/1*):

Keimblätter: die ersten, bereits am Embryo im Samen angelegten Blätter der Pflanze. Bis auf die Einkeimblättrigen mit 1, bei den Bedecktsamern meist 2, bei den Nacktsamern 2 oder mehr. Oft von besonderer Gestalt; bei der Keimung entweder epigäisch („unterirdisch") im Samen und im Boden bleibend oder hypogäisch über die Erde gehoben.

Niederblätter: reduzierte, unterhalb der Laubblätter an einer Achse stehende, meist schuppenförmige Blätter, z. B. → Knospenschuppen.

Laubblätter: ausdifferenzierte Blätter im mittleren Achsenbereich, Hauptort der Photosynthese. Gelegentlich unterscheiden sich die Laubblätter verschiedener Zweige (**Heterophyllie**): Jugendblätter junger, steriler Sprosse von den Altersblättern später erscheinender Blüten tragender Sprosse (*572/3a* u. *3b*) oder Blätter des Frühjahrsaustriebs von denen des Sommer- oder Johannistriebs.

Hochblätter (Brakteen): im obersten, blütentragenden Teil des Sprosses, oberhalb der Laubblätter, stehende reduzierte oder anders (z. B. durch auffällige Färbung) von den Laubblättern abweichende Blattorgane.

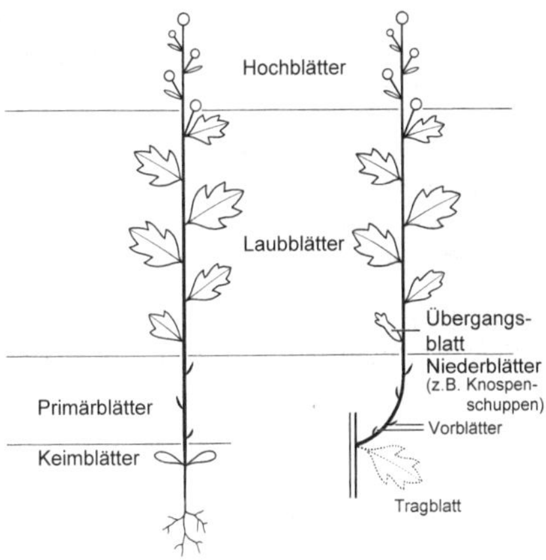

25/1 Blattfolge

c) Verzweigung und Sprosssystem

Axilläre Verzweigung: Seitensprosse (z. B. Seitenknospen) entstehen bei den Samenpflanzen ausschließlich in Blattachseln (*26/1*). Selten verwachsen Seitenachsen mit der Mittelrippe der Tragblätter (Blütenstände *Tilia*, *914/1*, und *Helwingia*, *574/1*) oder mit der Abstammungsachse (*Solanaceae*), so dass diese Seitenachsen nicht in der Blattachsel zu stehen scheinen.

Tragblatt ist jedes Blatt (gleich welcher Gestalt) für den in seiner Achsel stehenden Seitenspross. In Bezug auf eine Blüte heißt es auch **Deckblatt**.

Abstammungsachse: die einem Organ übergeordnete Achse. Entweder die dem Seitenspross übergeordnete Sprossachse, an der sein Tragblatt sitzt oder die sprossbürtige Wurzeln hervorbringende Achse.

Achselspross: ein Seitenspross in Bezug auf sein Tragblatt. Anfangs häufig eine in Ruhe verharrende Seiten- oder **Achselknospe**. Nicht in jeder Blattachsel wird ein A. angelegt, aber manchmal entstehen aus einem Meristem außer dem ersten A. noch weitere, sogenannte **Beisprosse** (z. B. Beiknospen). Bei den Zweikeimblättrigen Bedecktsamern stehen diese meist (serial) unter (absteigender Beispross), selten über dem ersten A. (aufsteigender Beispross).

Vorblätter: die ersten ein oder zwei Blätter eines Seitensprosses („Knospenkeimblätter"), die bei den Bedecktsamern oft Besonderheiten aufweisen. Bei den Echten Zweikeimblättrigen, zu denen die meisten Laubgehölze gehören, sind es die ersten beiden, ± gegenständig seitlich (transversal) des Achselsprosses stehenden Blätter. Die Einkeimblättrigen besitzen oft nur ein (adaxial) der Abstammungsachse zugewandtes Vorblatt. In der Achsel der V. angelegte Sprosse (z. B. Knospen) stehen wie die V. meist seitlich neben der primären Achse. Im Gegensatz zu den über oder unter der 1. Achse stehenden Beisprossen (s. o.), die keine Verzweigung darstellen, werden die Verzweigungen aus den Vorblattachseln als **Bereicherungstriebe** (z. B. Bereicherungsknospen) bezeichnet.

Endknospe: eine das Spitzenmeristem beherbergende, die freie Triebspitze abschließende Knospe (*28/1a*). Sie ist Voraussetzung für ein **monopodiales** Fortsetzungswachstum (*26/2*): der entstehenden durchgehenden, oft stammförmigen Hauptachse sind die Seitenachsen untergeordnet.

Häufig stirbt die Triebspitze ab und das Spitzenmeristem geht regelmäßig verloren, sodass die primäre Achse nicht fortgesetzt werden kann. Einige Gehölze sind nicht in

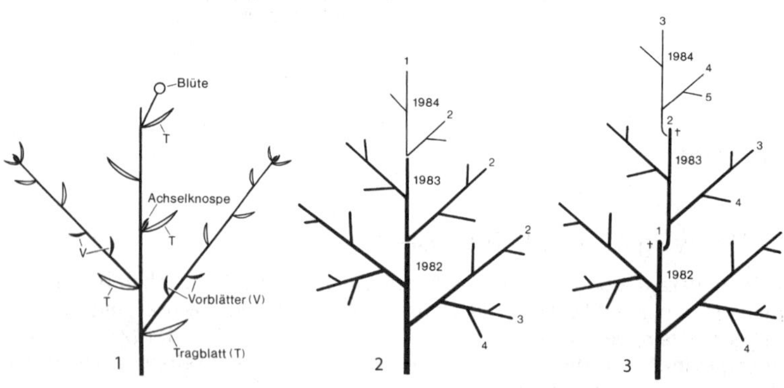

26/1–3: 1 axilläre Verzweigung, 2 Monopodium, 3 Sympodium-Monochasium

der Lage, Endknospen zu bilden (*239/5; 241/5*), andere verbrauchen die Triebspitzen bei der Bildung eines Blütenstandes. Das Wachstum setzen dann ein oder mehrere Seitensprosse **sympodial** fort. Setzt nur die oberste Seitenachse das (**monochasiale**) Wachstum fort, kann auch aus der zusammengesetzten Hauptachse ein dominierender Stamm entstehen (*26/3*).

Nach Alter, Durchmesser und Lage/Bedeutung unterscheiden sich die Achsen der Gehölze: Der **Stamm** ist die älteste und stärkste, oft ± senkrechte Hauptachse, der die Äste und Zweige untergeordnet sind.

Äste sind ältere Achsen, die das Gerüst des Gehölzes bestimmen und **Zweige** die jüngeren und jüngsten Achsen an der Peripherie des Gehölzes. Es gibt keine scharfe Grenze zwischen Ast und Zweig. In den Schlüsseln bezeichnet der Begriff Zweig in der Regel die jüngsten und dünnsten, die „1-jährigen" Zweige. Das sind die (nach dem Laubaustrieb) neu gebildeten oder (vor Laubaustrieb) die im Vorjahr entstandenen Achsen. Ältere, 2- oder mehrjährige, Zweige werden als solche in den Schlüsseln bezeichnet. Ein Trieb (=Jungtrieb) ist der Spross des aktuellen Austriebs, der Jahrestrieb der in einer Vegetationsperiode gebildete Sprossabschnitt. Ein Jahrestrieb kann sich aus mehreren Triebperioden zusammensetzten (z. B. Frühjahrsaustrieb und Johannistrieb [nach dem Johannistag, 24. Juni]).

d) Abwandlungen des Sprosses

Knospe: ruhender, kurzer Spross, mit noch nicht gestreckten Internodien, der am Ende die unentwickelte Sprossspitze (den Vegetationskegel mit Blatt- und Sprossprimordien) beherbergt. K. sind entweder **bedeckt** (mit Knospenschuppen, *28/1a*) oder **nackt** (ohne diese, *28/1b*). K. können bereits kurz nach ihrer Anlage wieder austreiben (z. B. Johannistrieb) oder den Winter als Winterknospen überdauern. Länger ruhende Knospen heißen **schlafend**.

Sprossdimorphismus (*28/3; 394/1*): Bei vielen Gehölzen ist das Sprosssystem arbeitsteilig differenziert in:

Langtrieb: Spross mit raumgreifend wachsender Sprossachse, mit langen, meist in Zentimetern messbaren Internodien und relativ großen Blättern. Er bleibt meist dauerhaft erhalten. Langtriebe bauen das architektonische Gerüst der Pflanze auf und erbringen (v. a. in der Jugend) die Hauptassimilationsleistung.

Bei der Regeneration älterer Pflanzen können abweichend von der normalen Verzweigung zusätzliche Langtriebe auftreten: aus schlafenden Knospen entstehende **Proventivtriebe** oder (meist nach Verletzung) neu aus dem Kambium gebildete **Adventivtriebe** (Wurzeln können nur A. hervorbringen). Die Blätter dieser oft relativ starken Triebe weichen in Größe und Form meist von normalen Blättern ab.

Stockausschläge: nach Fällung oder Bruch aus und neben dem Stammfuß treibende Triebe.

Stamm- und Wurzelausschläge nach Verlust (z. B. starkem Verjüngungsschnitt).

Reiter: auf überhängenden Starkästen aufsitzende senkrechte Erneuerungstriebe.

Wasser- oder **Angstreiser**: nach veränderten Lichtbedingungen (z. B. Freistellung oder starker Kronendruck) an Stämmen austreibende Triebe.

Kurztrieb: Spross oft begrenzter Lebensdauer, mit kurzer Sprossachse, an der die Blätter sehr dicht aufeinander folgen (Internodien im Millimeterbereich). Viele Gehölze blühen nur an K. An mehrjährigen Langtrieben übernehmen oft seitliche beblätterte K. die Assimilation [die Fläche der Blätter eines K. entspricht dann oft in etwa der eines Langtriebblattes].

Lang- und Kurztriebe können sich durch verschiedene Ausbildung der Blätter unterscheiden. (Vgl. auch *Cedrus, 432/1, Pinus, 716/1, Berberis, 394/2.*)

Scheinwirtel (*28/2*) entstehen, wenn wechselständige Blätter, nur durch kurze Internodien getrennt, nahe beieinanderstehend, ähnlich einem Wirtel einen Kreis bilden.

Rhizome (unterirdische Sprosse, *29/1*): horizontal im Boden verlaufende Sprosse, die der vegetativen Ausbreitung und Vermehrung dienen. Ihre Blätter sind zu Niederblättern (SB) reduziert und sie können sprossbürtige Wurzeln (SW) bilden. Relativ lange, raumgreifende Rhizome werden auch als unterirdische **Ausläufer** bezeichnet. Neue oberirdische Sprosse entstehen aus sich aufrichtenden Sprossknospen: Entweder die Endknospe (Triebspitze) wird zur oberirdischen Pflanze und das Rhizom wächst sympodial aus einer Seitenknospe weiter oder Seitensprosse bilden die oberirdischen Sprosse und die Endknospe setzt das Rhizom monopodial fort. Bei **Bambus**arten lassen sich **pachymorphe**, meist sympodial wachsende Rhizome mit kurzen, verdickten Internodien und **leptomorphe**, oft monopodial wachsende Rhizome mit verlängerten, relativ dünnen Internodien unterscheiden. Bei einigen Bambusarten können auch beide Formen gleichzeitig auftreten.

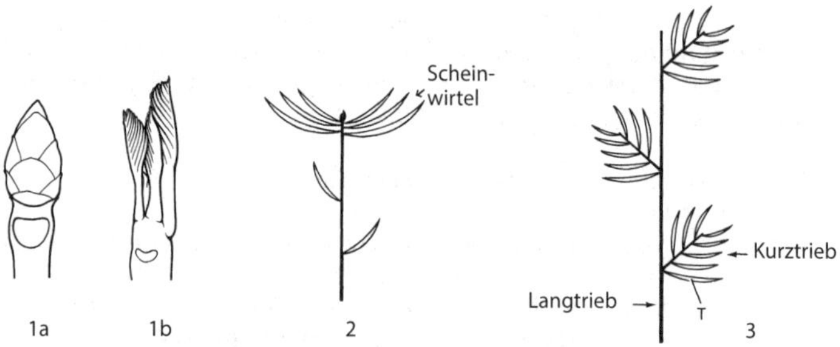

28/1–3 Abwandlungen des Sprosses: 1 Knospen, a bedeckt, b nackt; 2 Scheinwirtel; 3 Sprossdimorphismus

Sprossdorn (*29/2*): am Ende zugespitzte, stechende Sprossachse. Es kann das Ende eines normal beblätterten Langtriebs verdornen oder ein in einer Blattachsel stehender Kurztrieb. S. tragen wie alle Sprossachsen Blätter (oft Blattrudimente oder -narben).

Sprossranke (*29/3*): Ein spezialisiertes Sprossende oder ein Seitenspross dreht sich nach Berührung einer potentiellen Stütze korkenzieherartig um diese und befestigt so die Hauptachse an der Stütze.

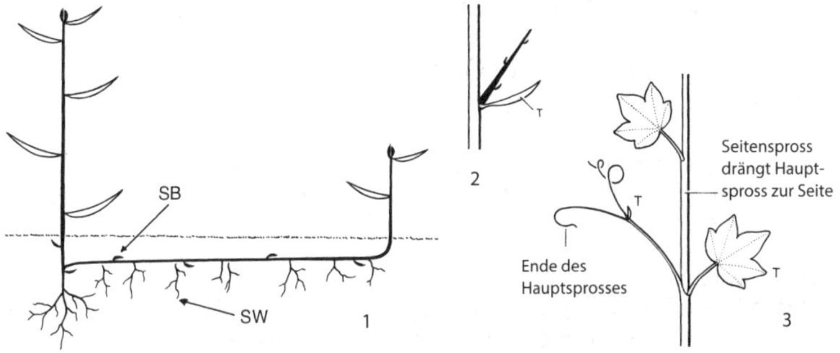

29/1–3 Abwandlungen des Sprosses: 1 unterirdischer Ausläufer (Rhizom), 2 Sprossdorn (*Crataegus*), 3 Sprossranke (*Vitis*)

Windende Sprosse: Die meisten Langtriebe der Kletterpflanze (→ Liane, unter Wuchsform) laufen selbst eng um potentielle Stützen (z. B. Baumstämme) herum.

Flachsprosse: abgeflachte, verbreiterte, Photosynthese treibende Sprosse mit reduzierten Blättern. **Kladodien** (= Platykladien) sind abgeflachte Langtriebe (z. B. „Blattkaktus" *Opuntia*), **Phyllokladien** blattartige Kurztriebe, die an „normalen" Langtrieben stehen (z. B. *Ruscus*, *827/2*).

5 Die Wurzel

Die Keimwurzel der Keimpflanze (*13/1*) setzt als **Primärwurzel** am sogenannten Wurzelhals die primäre Sprossachse nach unten fort. Sie dringt in den Boden und bringt untergeordnete Seitwurzeln hervor. Bei Gehölzen mit sekundärem Dickenwachstum kann die Primärwurzel die Seitenwurzeln als **Pfahlwurzel** dauerhaft dominieren (Hauptwurzelsystem). Oft stellt die Primärwurzel ihr Wachstum jedoch mit der Zeit ein und zahlreiche Seitenwurzeln ersetzen sie.

Sprossbürtige Wurzel: von der Sprossachse hervorgebrachte seitliche Wurzel. Die Fähigkeit der Sprossachse, Wurzeln hervorzubringen, ermöglicht die vegetative Vermehrung durch Stecklinge, Ableger usw. Bei den Einkeimblättrigen ohne sekundäres Dickenwachstum ersetzen SW. planmäßig die (dünn bleibende) Primärwurzel.

Haftwurzel: sprossbürtige Wurzel von → Wurzelkletterern, die ihre Abstammungsachse (Klletterspross) an aufrechten Unterlagen (Bäume, Wände) befestigt.

Wurzelspross: von einer Wurzel hervorgebrachter Spross.

6 Sonstige vegetative Merkmale

a) Anhangsgebilde auf der Oberfläche von Blatt und Sprossachse:

Trichome („Haare"): ein- oder wenigzellige Auswüchse der aus einer Zellschicht bestehenden Epidermis. (Zur Unterscheidung ist eine Lupe notwendig!). Es können unterschieden werden:

1. Haarformen:

Einfache Haare (*30/1*): unverzweigte Haare, meist nur in der Gesamtheit auffallend.

Borstenhaare: Haare von ± fester, etwas kratzender Konsistenz.

Büschelhaare und **Bäumchenhaare** (*30/4*): verzweigte Haare, die entweder am Grund gebüschelt erscheinen oder bäumchenartig verlängert sind.

Sternhaare (*30/5*): ähnlich Büschelhaaren, aber die Arme streng strahlenförmig von einem Punkt ausgehend (*507/3*), oft in einer Fläche.

Schuppen-, Schülfer- oder **Schildhaaare** (*30/6*): ähnlich den Sternhaaren, aber Arme sich zu einer Fläche verbindend. Bei den *Elaeagnaceae* auffallend glänzend, sonst meist stumpf bräunlich.

Drüsen: kleine „Zellkugeln", gestielt oder sitzend, ein- oder mehrzellig, oft aromatisch. Auf Blättern und Sprossachsen, größere auch an der Spitze von Blattzähnen (hier zuweilen in extraflorale Nektarien übergehend).

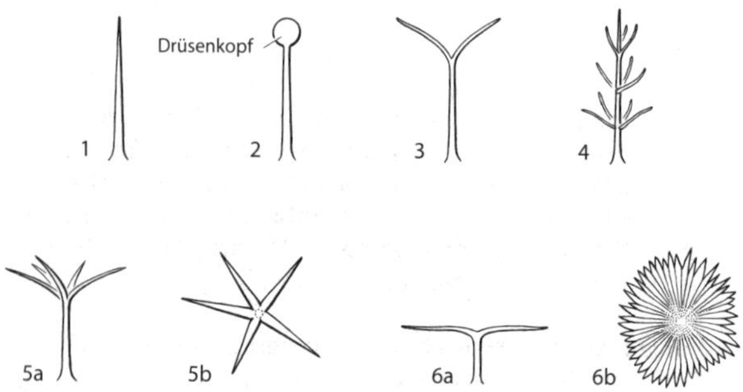

30/1–6 Haarformen: 1 einfaches Haar; 2 Drüsenhaar; 3 Gabelhaar; 4 Bäumchenhaar; 5 lang gestieltes Sternhaar, a von der Seite, b von oben; 6 Schildhaar, a von der Seite, b von oben

2. Behaarung

Das **Indument** (Haarkleid) ist die Gesamtheit der Behaarung einer Pflanze. Flächen können kahl (unbehaart), zerstreut, locker oder dicht behaart sein. Haare unterscheiden sich nach der Form (gerade, gebogen, verdreht), der Länge, ihrer Konsistenz (weich, steif) und Lage (abstehend, anliegend).

kraus: Haare lang, hin und her gebogen.

seidig: Haare dicht, lang, dünn (weich), gerade, anliegend, matt glänzend.

filzig: Haare sehr dicht, der Oberfläche anliegend, nicht abreibbar (wenn abreibbar: flockig).
wollig: Haare sehr dicht, abstehend, gekrümmt.
striegelhaarig: Haare locker, kurz, gerade, abstehend, spröde und steif.
rauhaarig: Haare relativ dicht, relativ steif abstehend, ≥ 2mm lang.
steifhaarig: Haare sehr dicht, abstehend, steif, ≥1mm lang.
borstig behaart: wie oben, aber lockerer und Haare länger.
samthaarig: Haare kurz, sehr dicht, ±abstehend, nicht verfilzt.
zottig behaart: Haare locker, abstehend, lang, weich und dünn.
weichhaarig: Haare zerstreut, bis 1 mm lang, abstehend, gerade.
Wimpern: gerade, in gleichmäßigen Abständen am Blattrand, an Kanten und dgl. aufgereihte Haare (*31/1*).
Achselbärte: Haarbüschel auf der Blattunterseite in den Winkeln der Blattnerven (*31/2*).

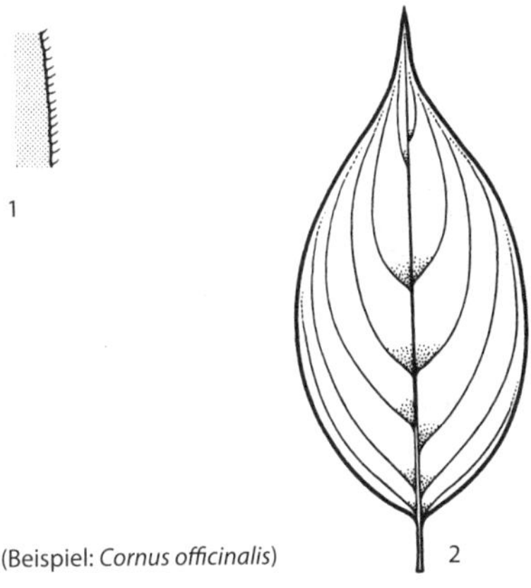

31/1–2 Behaarung: 1 bewimpert; 2 Achselbärte (Beispiel: *Cornus officinalis*)

Emergenzen: in den Rindengeweben (nicht nur der Epidermis) verankerte Auswüchse. Im Gegensatz zu umgewandelten Organen (z. B. Dornen) sind sie nicht mit dem Leitbündelsystem der Pflanze verbunden.
Stacheln: spitze Rindenauswüchse; vor Fressfeinden schützend oder Spreizklimmern als Widerhaken gegen Zurückrutschen dienend.
Einige **Haarformen** (Brennhaare, stärkere Borstenaare) sind tiefer in der Rinde verankert und damit Emergenzen.
Drüsenpunkte: punktförmiges drüsiges Gewebe in der Rinde der Sprossachse oder im Mesophyll der Blätter, oft als andersfarbige oder durchscheinende Punkte im Gegenlicht erkennbar.

b) Inhaltsstoffe

Nach Verletzungen einer lebenden Pflanze treten oft Flüssigkeiten aus. Tritt relativ flüssiger, klarer zuckerhaltiger Gefäßsaft (besonders im Frühjahr) aus, „bluten" die Pflanzen. Spezifischer sind besondere, meist zähere Inhaltsstoffe, wie Harze, Milchsaft oder gummiartige Substanzen. Milchröhren (meist in jungen Geweben) schrecken mit meist weißlichen, zuweilen giftigen **Milchsaft** Fressfeinde ab, **Harzkanäle** (auch in älteren Gewebekomplexen wie Holz) verschließen entstandene Wunden mit klebrigem Harz.

7 Die Blüte

a) Bauplan der Blüte

Die Blüte ist eine beblätterte Sprossachse mit begrenztem Wachstum. Mit Ausnahme steriler Schaublüten beherbergen Blüten die Fortpflanzungsorgane der Blütenpflanzen = Bedecktsamer (Nacktsamer vgl. S. 45). Ihre Blütenblätter sitzen an der meist stark gestauchten Blütenachse immer in gleicher Reihenfolge übereinander, aber nicht immer sind alle ausgebildet: In Anpassung an verschiedene Arten der Bestäubung sind einzelne Blütenblätter abgewandelt, vergrößert oder reduziert und bisweilen verloren gegangen. Von Tieren, v. a. Insekten, bestäubte Arten locken mit auffallend gefärbten Blütenblättern oder Düften und bieten ihren Bestäubern Nektar oder Pollen als Belohnung. Vom Wind (anemogam) bestäubte Pflanzen besitzen meist viel unauffälligere Blüten: Die während der Blüte funktionslose Blütenhülle ist hier stark reduziert, um Staubblätter und Narben nicht zu verhüllen.

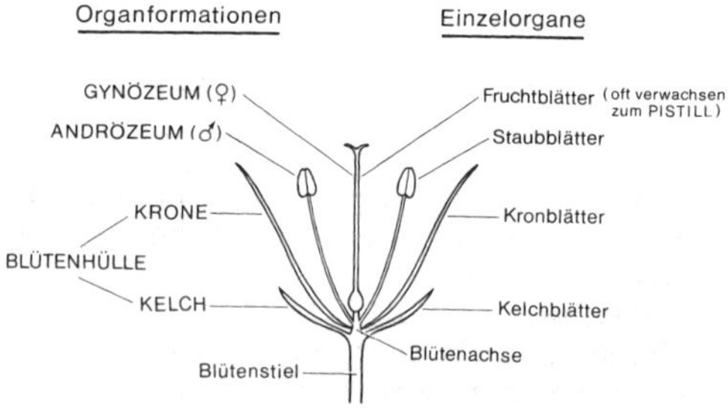

32/1 Bauplan der Blüte

b) Symmetrie

Die meisten Blüten sind spiegelsymmetrisch gebaut und ihre Blütenblätter stehen in Wirteln (Kreisen). Nur einige basale Bedecktsamer (z. B. *Magnoliaceae*, *Calycanthaceae*) besitzen **unsymmetrische** Blüten, in denen die Blütenglieder ganz oder teilweise spiralig angeordnet sind (*280/1–3*).

Symmetrische Blüten werden nach der Zahl der Symmetrieebenen unterschieden, an denen die Blüte gespiegelt werden kann:

Radiär: mehr als 2 Symmetrieebenen (*33/1*).
Bilateral: 2 Symmetrieebenen (*33/2*).
Zygomorph (dorsiventral): 1 Symmetrieebene (*33/3*).

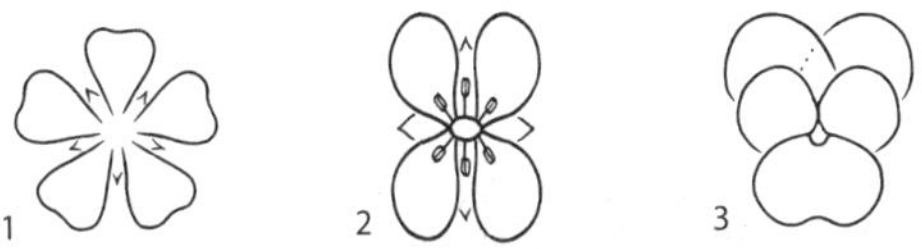

33/1–3 Blütensymmetrie: 1 radiär, 2 bilateral, 3 zygomorph

c) Vollständigkeit und Verteilung

Vorhandensein der Blütenglieder in der Blüte

Vollständig: Es sind Blütenhülle, Staub- und Fruchtblätter vorhanden.
Nackt: ohne Blütenhülle (oft bei Windbestäubung).
Zwittrig (hermaphrodit): Die Blüte besitzt funktionsfähige Blätter beider Geschlechter, Staub- und Fruchtblätter.
Eingeschlechtig: Die Blüte besitzt nur funktionsfähige Blätter eines Geschlechts, entweder Staub- oder Fruchtblätter (oft sind funktionsunfähige Rudimente des anderen Geschlechts vorhanden).
Steril: Staub- und Fruchtblätter fehlen oder sind funktionslos geworden (z. B. spezialisierte Schaublüten).

Verteilung der Geschlechter innerhalb einer Art

Zweigeschlechtig (synözisch): Pflanzen mit ausschließlich zwittrigen (⚥) Blüten.
Einhäusig (monözisch): Eingeschlechtige ♀ und ♂ Blüten kommen auf derselben Pflanze vor.
Zweihäusig (diözisch): Eingeschlechtige Blüten kommen auf verschiedenen Pflanzen vor und jede Pflanze trägt nur ♀ oder nur ♂ Blüten. Gibt es neben Pflanzen eines (!) Geschlechts Pflanzen mit ⚥ Blüten, ist die Art bei ♂ und ⚥ Pflanzen **androdiözisch**, bei ♀ und ⚥ Pflanzen **gynodiözisch**.
Polygam: Auf einer Pflanze sind neben eingeschlechtigen auch zwittrige Blüten vorhanden. Bringen alle Pflanzen einer Art ♂ und ⚥ Blüten hervor, ist sie **andromonözisch**; ♀ und ⚥ **gynomonözisch**.
Dreihäusig (triözisch): Innerhalb einer Art finden sich die Geschlechter auf verschiedenen Pflanzen in 3 oder mehr Kombinationen. Ein Teil der Pflanzen ist eingeschlechtig und trägt nur ♀ und ein anderer Teil nur ♂ Blüten, weitere Pflanzen tragen ⚥ Blüten oder/und eingeschlechtige Blüten beider Geschlechter oder/und sie sind polygam.

d) Gestalt der Blütenachse

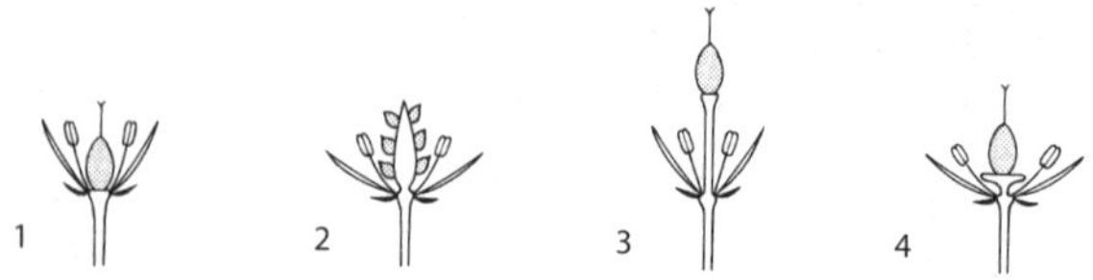

34/1–4 Gestalt der Blütenachse: 1 normaler Blütenboden, 2 zapfenförmiger Blütenboden, 3 Gynophor, 4 Diskus; die Fruchtknoten sind in allen Fällen oberständig

Mit der Blütenachse endet die Sprossspitze. Unterschiedlich geformt, ist sie häufig als kurzer **Blütenboden** (*34/1*) ausgebildet, an dem die verschiedenen Blütenblätter ohne Zwischenräume aufeinander folgen. Manchmal ist die ganze Blütenachse **kegelförmig verlängert** (*34/2*), seltener nur einzelne Internodien: Verlängerte Sprossglieder bilden zwischen Andrözeum und Gynözeum ein **Gynophor** (*34/3*), zwischen Blütenhülle und Andrözeum ein **Androgynophor**.

Häufig findet sich unter, zwischen oder über dem Andrözeum eine oft Nektardrüsen enthaltende ring- oder scheibenförmige Wulst, der **Diskus** (*34/4*).

Wenn die Blütenblätter am flachen oder hervorgewölbten Blütenboden aufeinander folgen, stehen die Fruchtblätter **oberständig** am Ende der Achse über allen anderen Blütenblättern (*34/1–4*). Oft überragen die Ränder der Blütenachse aber das vertiefte Ende und es entsteht ein **Blütenbecher** (*34/5*); die Fruchtblätter stehen auf dem Grund des Bechers (der das Ende der Achse ist), die übrigen Organe ± auf seinem Rand*. Stehen die Fruchtblätter frei im Blütenbecher, sind sie **mittelständig** (*34/5*). Verwachsen die im Blütenbecher stehenden Fruchtknoten mit dem Blütenbecher, gelangen die **Fruchtknoten** in eine Lage unterhalb der übrigen Blütenorgane und sind **unterständig** (*34/7*, vgl. auch *628/1–2, 801/1, 656/1a*), sind die Fruchtknoten nur teilweise eingesenkt, sind sie **halbunterständig** (*34/6*). Der Blütenbecher kann auch weit über den mittel- bis unterständigen Fruchtknoten hinaus zu einer engen **Blütenröhre** (*34/8, 801/3*) verlängert sein.

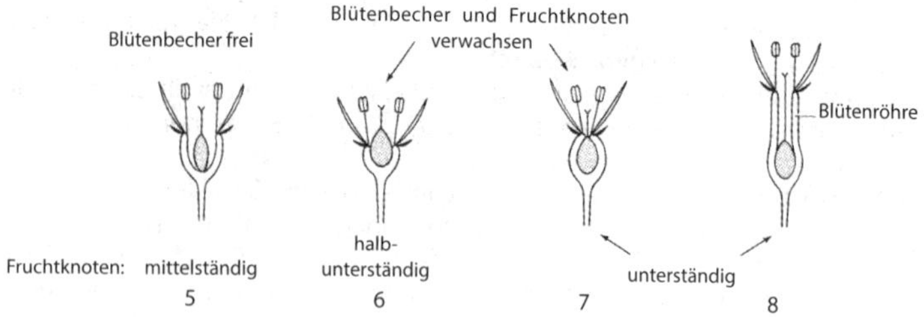

34/5–8

* Nicht zu verwechseln mit einem vom verwachsenen Kelch gebildeten Kelchbecher, bei dem die anderen Blütenblätter am Grund der Blütenachse entspringen!

e) Blütenhülle (Bh)

Nur bei einigen der stammesgeschichtlich ältesten, basalen Bedecktsamer (z. B. → *Calycanthaceae*) stehen die Blätter der Bh spiralig an der Blütenachse. In der Regel stehen die Blätter der Bh in gleichzähligen Kreisen (Wirteln).

Häufig ist die Bh in 2 verschiedene Blattformen differenziert: außen **Kelch**- und innen **Kronblätter**. Die oft unscheinbaren, grünen Kelchblätter (Sepalen) bilden den **Kelch**. Er schließt die Blüte vor dem Aufblühen ein und schützt sie. Häufig bleibt er auch nach dem Verblühen erhalten, während die meist farbige, von den Kronblättern (Petalen) gebildete **Krone** während der Blüte Bestäuber anlockt und nach dem Verblühen gewöhnlich abfällt.

Sind alle Blätter der Bh gleichartig, kelch- oder kronblattähnlich, sind sie **Perigonblätter** (Tepalen) und bilden ein **Perigon**.

Die Blätter eines Kelch-, Kron- oder Perigonblattkreises können **frei** oder miteinander **verwachsen** sein. Verwachsene Blütenkreise sind meist in (Kelch-, Kron-, Perigon-)**Röhre** und **Saum** gegliedert (*35/1*), wobei die Zipfel des Saums meist der Zahl der beteiligten Blütenblätter entsprechen. Verwachsungen, v. a. der Krone, sind systematisch wichtige Merkmale; Blüten mit verwachsener Krone heißen **sympetal**, solche mit freien Kronblättern **choripetal**.

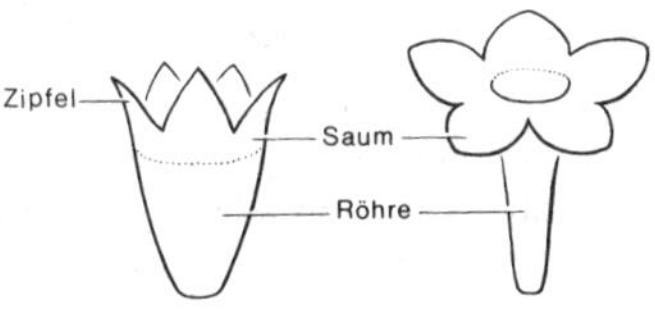

35/1 Verwachsene Blütenhülle

Formen verwachsener, radiärer **Kronröhren:**

radförmig: Röhre kaum erkennbar, Saum flach ausgebreitet.

schalenförmig: Röhre flach, deutlich breiter als lang.

becherförmig: Röhre so lang wie oder etwas länger als der Durchmesser.

glockenförmig: Röhre becherartig, zur Spitze mit leichtem Schwung nach außen geöffnet

krug- oder **urnenförmig:** Röhre becherartig, sich zur Spitze leicht (krugf.) oder stark (urnenf.) verengend (aber Zipfel an den Spitzen meist wieder nach außen zeigend)

röhrenförmig: Röhre dünn, deutlich länger als der auf ganzer Länge gleichbleibende Durchmesser. Die Kronblattzipfel setzen die Form fort oder sind am Ende tellerförmig ausgebreitet = stieltellerförmig.

trichterförmig: Röhre am Ansatz dünn, sich gleichförmig erweiternd.

Sonderbildungen im Bereich der Blütenhülle:

Nektarblätter (*36/1*): Kronblätter oder kronblattähnliche Gebilde, die am Grund in einer Grube oder Röhre bzw. unter einer Schuppe eine Nektardrüse tragen.

Sporn (*36/2*): meist Nektar führende bauchige bis röhrige Aussackung an Teilen der Blütenhülle.

Genageltes Kronblatt (*36/3*): Kronblatt in einen stielartigen **Nagel** und eine spreitenartige **Platte** gegliedert; an der Grenze zwischen beiden kann als lappiges Anhängsel noch ein **Nebenkronblatt** sitzen.

Außenkelch (*576/4*): ein zweiter Kreis kelchartiger Blätter außerhalb des Kelches.

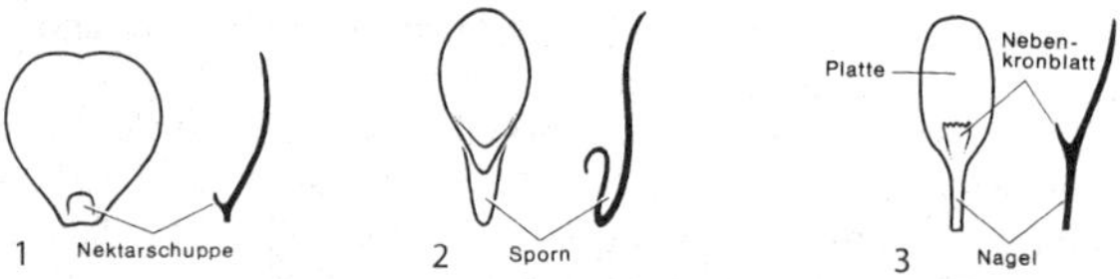

36/1–3 Sonderbildungen im Bereich der Blütenhülle: 1 Nektarschuppe, 2 Sporn, 3 genageltes Kronblatt

f) Die Staubblätter (Andrözeum)

Die ♂ **Staubblätter** (*36/4*) gliedern sich gewöhnlich in einen stielartigen **Staubfaden** (Filament) und den von ihm getragenen **Staubbeutel** (Anthere). Der Staubbeutel besteht i. d. R. aus 2 durch das **Konnektiv** getrennten **Theken**. Jede Theke enthält 2 **Pollensäcke** (selten nur 1), in denen der **Pollen** (Blütenstaub) erzeugt wird.

Oft finden sich in der Blüte die gleiche (**haplostemon**) oder die doppelte (**diplostemon**) Zahl Staubblätter wie Kronblätter. Zuweilen ist die Zahl der Staubblätter vermehrt (Dédoublement).

Zuweilen **verwachsen** die Staubblätter im Bereich der Staubfäden oder der Staubbeutel miteinander. In sympetalen Blüten sind die Staubfäden oft mit der Kronröhre verwachsen.

Staminodien sind sterile Staubblätter. Sie finden sich oft als Rudimente in weiblichen Blüten. Sonderformen sind → Nektarblätter und zu Kronblättern umgewandelte Staubblätter in **gefüllt**en Blüten. In gefüllten Blüten können oft weitere Blütenblätter, zuweilen auch die normalen Staubblätter vermehrt sein.

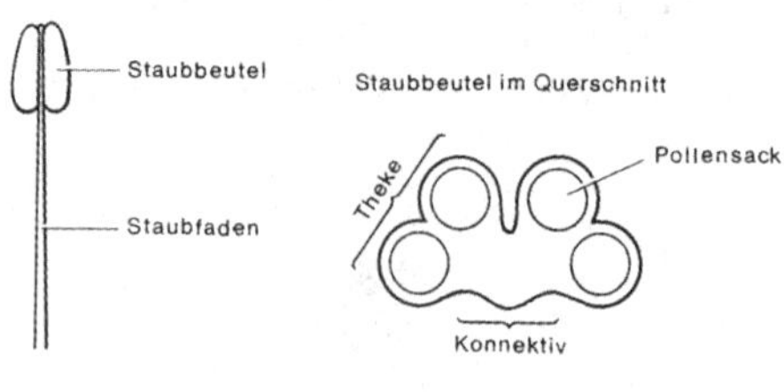

36/4 Staubblatt

g) Die Fruchtblätter (Gynözeum)

Die ♀ **Fruchtblätter** stehen am Ende der Blütenachse, im Zentrum der Blüte und bilden das Gynözeum. Einzelne Fruchtblätter sind an der Bauchnaht verwachsen (vgl. *37/1*b). Mitunter gibt es nur ein Fruchtblatt in der Blüte (z. B. *Fabaceae* oder *Prunus, 752/1b*). Meist besteht das Gynözeum einer Blüte aber aus mehreren Fruchtblättern. Sind diese Fruchtblätter frei, bilden sie ein **chorikarpes** Gynözeum (vgl. *503/2, 881/2*), aus dem eine Sammelfrucht hervorgeht. Die Fruchtblätter einer Blüte sind aber häufig miteinander in verschiedener Weise zu einem **synkarpen** Gynözeum verwachsen (*37/1*). Das synkarpe Gynöceum bildet einen **Stempel** oder **Pistill**.

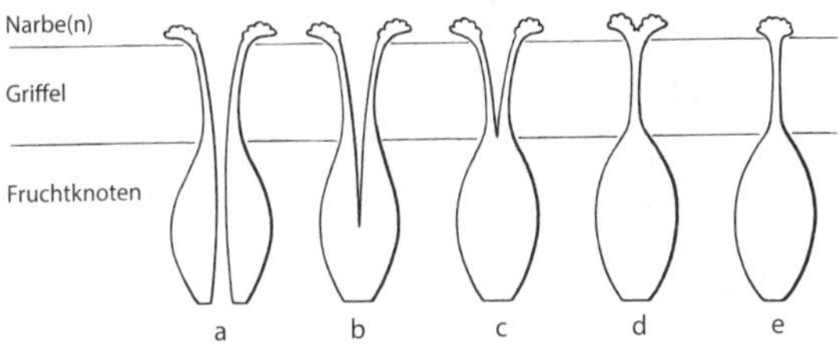

37/1 Fruchtblätter: a unverwachsen, b–e zunehmender Verwachsungsgrad

Fruchtblätter und Pistill sind meist in 3 Abschnitte gegliedert (*37/1*):

Narbe: der oberste Abschnitt, der dem Auffangen des Blütenstaubs dient.

Griffel: stielartig verlängerter Bereich zwischen Narbe und Fruchtknoten. Fehlt er, ist die Narbe sitzend.

Fruchtknoten: der untere, bauchige Abschnitt, der in Hohlräumen eine bis viele **Samenanlagen** birgt = bedeckt, worauf der Name Bedecktsamer (Angiospermen) verweist.

Bei einem synkarpen Pistill können auch nur die Fruchtknoten verwachsen, während Griffel und/oder Narben frei bleiben (*37/1b–d*). Der Fruchtknoten trägt dann mehrere Griffel bzw. Narben, deren Zahl meist der Zahl der verwachsenen Fruchtblätter entspricht.

Zur „Unterständigkeit" des Fruchtknotens s. S. 34, zu seinem inneren Bau S. 42.

8 Blütenstände (Bs)

a) Allgemeines

Meist sind mehrere Blüten in einem getrennten generativen Sprosssystem, dem **Blütenstand** (Infloreszenz), zusammengefasst, der nach erfüllter Funktion (z. B. Fruchtbildung) abstirbt. Im Gegensatz zu kurzlebigen Kräutern muss ein Gehölz nicht jedes Jahr blühen und fruchten, um die Art zu erhalten. [Bei Obstgehölzen wechseln ertragreiche und -arme Jahre (Alternanz), bei den Waldbäumen Buche und Eiche tragen ganze Bestände nur alle paar Jahre, in den sogenannten Mastjahren (früher wurden die Hausschweine zum Mästen in den Wald getrieben), und bei Bambusarten blühen ganze Bestände synchron und sterben nach der Fruchtbildung ab.]

Blütentriebe sind bei den Gehölzen Jahrestriebe, die nur oder auch Blüten bzw. Bs hervorbringen.

Nach Ausbildung der Blätter unterscheiden sich Bs in:
frondos (*38/1*), wenn sich die Blätter im Bs nicht wesentlich von normalen Laubblättern unterscheiden.
brakteos (*38/2*), wenn die Blätter im Bs zu meist schuppenförmigen Hochblättern (Brakteen) reduziert sind.
nackt (*38/3*), wenn im Bs Blätter zu fehlen scheinen (sie werden zwar angelegt, entwickeln sich aber nicht).

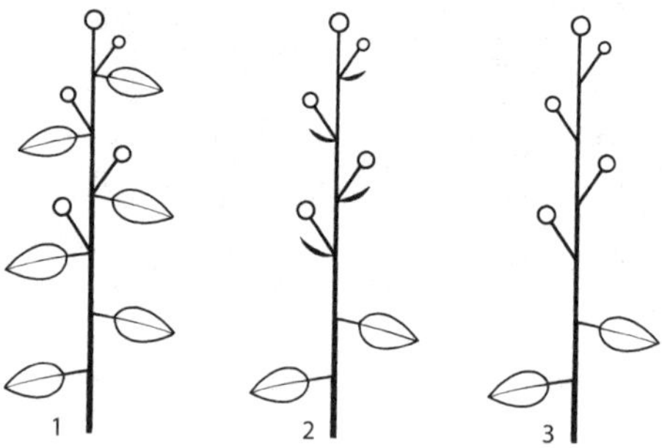

38/1–3 Formen der Blütentriebe: 1 frondos, 2 brakteos, 3 nackt

Tragblätter von Einzelblüten heißen auch **Deckblätter**. Blätter im Bs ohne Achselprodukt sind **Zwischenblätter**. Wenn viele Hochblätter, als **Hüllblätter**, den Bs einhüllen, bilden sie einen Hüllkelch, ein **Involukrum**.

b) Formen des Blütenstandes

Rispe (*39/1*): dominierende Hauptachse, Seitenachsen stark (nicht nur aus den Vorblattachseln) verzweigt, Achsen mit (zuerst erblühenden) Endblüten. Typisch kegelförmig, da basal meist stärker als zur Spitze verzweigt.
Schirmrispe (*39/2*): wie eine Rispe verzweigte → Trugdolde, bei der alle Seitenachsen so verlängert sind, dass die Blüten ± in einer Ebene oder Halbkugelfläche stehen.
Doldenrispe: wie Schirmrispe, aber Internodien der Hauptachse gestaucht und einige Seitenachsen (wie bei der → Dolde) auf ± gleicher Höhe abgehend.
Thyrsus (*39/3*): mehrere → Zymen stehen an einer Hauptachse.
Zymen: Teilblütenstand (→ Thyrsus). Alle Achsen schließen mit einer Endblüte ab und verzweigen sich nur aus den Vorblattachseln. Die ein (→ Monoasium) oder zwei (→ Dichasium) Seitenachsen der nächsthöheren Ordnung übergipfeln oft die Endblüte der Abstammungsachse. Auch zymöse Teilblütenstände können → Trugdolden bilden.

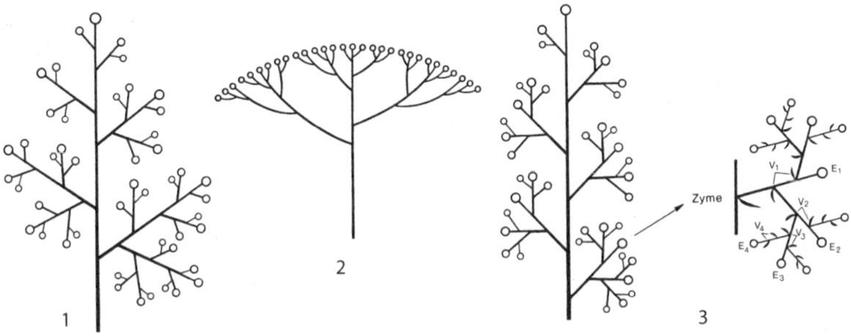

39/1–3 Blütenstandsformen: 1 Rispe, 2 Schirmrispe, 3 Thyrsus und Zyme

Dichasium (*39/4*): Zyme, die sich fortgesetzt aus beiden Vorblättern verzweigt.

Monochasium (*39/5*): Zyme, bei der sich fortgesetzt immer nur aus einem Vorblatt eine Seitenachse mit Endblüte entwickelt. Nach der räumlichen Anordnung von verschiedener Gestalt, z. B. Wickel, Schraubel, Fächel.

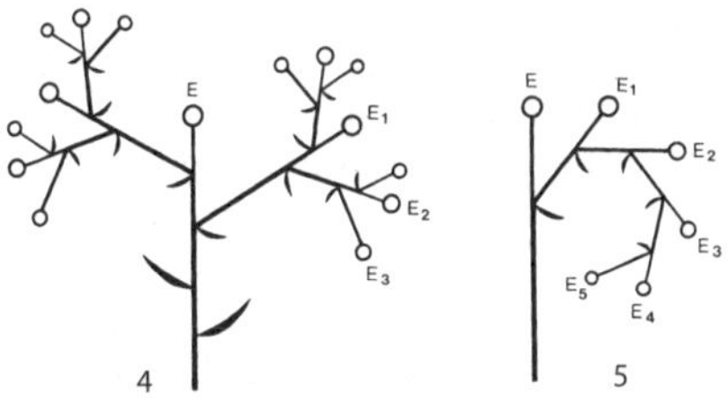

39/4–5 Blütenstandsformen (Zymen): 4 Dichasium, 5 Monochasium

Traube (*39/6*): Alle Blüten sind gestielt und stehen direkt (unverzweigt) an einer verlängerten Hauptachse ohne Endknospe. Blüten von unten nach oben erblühend.

Schirmtraube (*39/7*): Die Blütenstiele sind so verlängert, dass alle Blüten ± in einer Ebene oder Halbkugelfläche stehen.

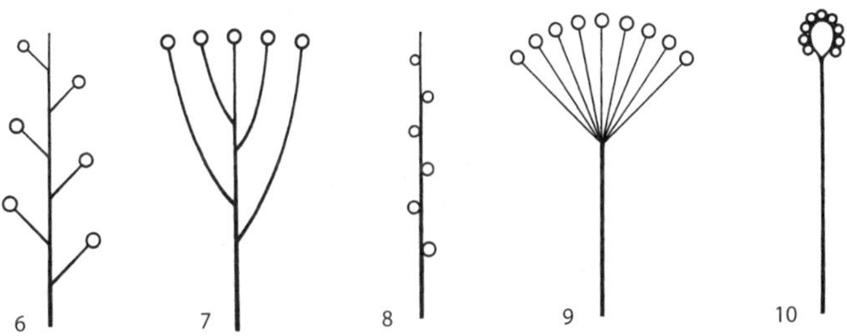

39/6–10 Blütenstandsformen: 6 Traube, 7 Schirmtraube, 8 Ähre, 9 Dolde, 10 Köpfchen

Ähre (*39/8*): wie Traube, aber Blüten ungestielt (direkt) an der Hauptachse sitzend. Hinweis: Zwischen Ähre und Traube gibt es Übergangsformen: z. B. untere Blüten im Blütenstand gestielt, obere sitzend, oder bei anfangs nahezu sitzenden Blüten verlängert sich der Stiel während der Entwicklung. Auch kann sich die Zuordnung bei sehr kurzen Blütenstielen zwischen Autoren unterscheiden.

Kolben: Ähre mit fleischig verdickter Achse und sehr dicht stehenden Blüten.

Kätzchen: meist hängender, leicht beweglicher, ♂ ährenartiger Blütenstand windblütiger Pflanzen (Ausnahme: *Salix*).

Zapfen: ährenartiger Fruchtstand oder Samenträger, bei dem Hauptachse und Tragblätter nach der Blüte verholzen (vgl. auch bei den Coniferopsida, S. 46).

Scheinähre: ährenähnlicher Blütenstand mit verzweigten Seitenachsen (häufig sitzende Zymen).

Dolde (*39/9*): Alle (unverzweigten) Blütenstiele entspringen an einem Punkt. Manchmal stehen die Tragblätter der Einzelblüten (= Hüllblätter) am Grunde der Dolde und bilden hier einen **Hüllkelch** (Involukrum). Sitzt die Dolde ohne Hauptachse (unterhalb des Ansatzes der Blütenstiele) in einer Blattachsel, bildet sie ein **Büschel** (zuweilen auch achselständige Trugdolden mit sehr kurzer Hauptachse).

Köpfchen (*39/10*): wie Dolde, aber Blüten ungestielt. Die Blüten sitzen auf dem meist verdickten Achsenende.

Körbchen (*40/1*): Das Achsenende ist ± abgeflacht und bildet den Körbchenboden. Außen oft von einem Hüllkelch umgeben und eine → Blume bildend.

Knäuel: seitlich an der Hauptachse sitzender, köpfchenartiger Teilblütenstand.

Trugdolde: Die Blüten stehen, wie bei einer Dolde, in einer (oft gewölbten) Ebene; die von der Hauptachse abgehenden Seitenachsen entspringen jedoch nicht an einem Punkt: nach der Verzweigung lassen sich → Schirmtrauben, → Schirmrispen und zymöse Trugdolden unterscheiden.

Traube, Ähre und Dolde können auch zu komplexen Blütenständen zusammentreten, in denen dasselbe Bauprinzip mehrmals wiederholt wird (Doppeltraube, -ähre, -dolde).

c) Blumen (Scheinblüten)

Um Bestäuber gezielt auf relativ unscheinbare Einzelblüten zu lenken, können (an Stelle der Blütenblätter) auch Schaublüten oder auffällige Hochblätter den Weg

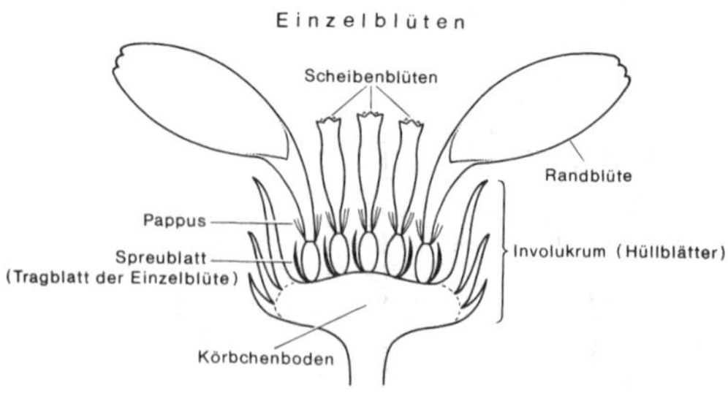

40/1: Scheinblüte (Körbchen) der *Asteraceae*

weisen. So locken in den Blütenständen einiger Schneeball- (z. B. *Viburnum opulus, 933/4*) und Hortensienarten (*Hydrangea*) vergrößerte sterile Randblüten Bestäuber an. Zuweilen sind die lockenden Strukturen und die fruchtbaren Blüten im Blütenstand so stark aufeinander abgestimmt, dass der Blütenstand oberflächlich einer Einzelblüte gleicht. Solche falschen Blüten heißen **Blumen** (Scheinblüten oder Pseudanthien). Bei den Korbblütlern (*Asteraceae, 40/1*) erreichen sie höchste Vollkommenheit: Der Hüllkelch (vgl. → Dolde) nimmt Aussehen und Funktion des Kelchs an, während vergrößerte farbige Randblüten Kronblätter vortäuschen. Blumen kommen auch in anderen Pflanzenfamilien vor (z. B. *Cornus*, Blütenhartriegel; *467/4–7*).

9 Die Frucht

a) Allgemeines

Die Frucht ist die **Blüte im Zustand der Samenreife** und der Blütenstand wird zum Fruchtstand. Wichtigster Bestandteil ist der die Samen beherbergende **Fruchtknoten**. Andere Blütenteile sind in unterschiedlichem Maß an der Fruchtbildung beteiligt: Am häufigsten bleiben der Blütenboden und der Kelch erhalten (persistieren).

Nach dem Bau des → Gynözeums ist die Frucht eine **Einzelfrucht** (*41/1*), wenn sie ein einziges Fruchtblatt oder ein → Pistill beherbergt, eine **Sammelfrucht** (*41/2, 647/1, 820/4*) wenn sich mehrere freie Fruchtblätter (getrennte Fruchtknoten) zu einzelnen, Samen enthaltenden **Früchtchen** entwickeln.

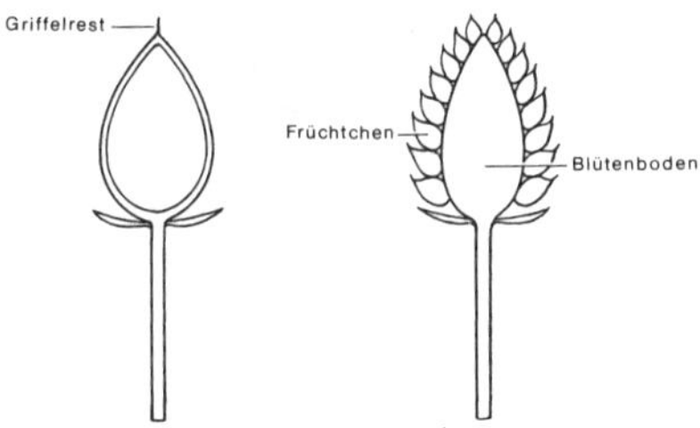

41/1–2 Früchte: 1 Einzelfrucht, 2 Sammelfrucht

Die **Fruchtwand** (Perikarp) ist entweder die Wand eines Fruchtknotens oder, bei → unterständigen Fruchtkoten, die gemeinsame Wand von Fruchtknoten und → Blütenbecher. Die Fruchtwand kann eine einheitliche Konsistenz (z. B. fleischig oder holzig) aufweisen oder in 2 (oder 3) Schichten unterschiedlicher Konsistenz differenziert sein (außen **Exokarp**, innen **Endokarp**).

Die Struktur der Fruchtwand dient der Verbreitung geschlossener Früchte oder der Öffnung der Früchte: Bei Schließfrüchten kann die Fruchtwand z. B. Flügel oder Haken bilden, die der Verbreitung durch den Wind bzw. im Fell von Tieren dienen; oder die Fruchtwand ist wenigstens teilweise fleischig und auffallend gefärbt, lockt Tiere an, die sie fressen und die Samen oder Steinkerne unverdaut ausscheiden.

Der von der Fruchtwand umschlossene Raum des Fruchtknotens hängt entweder zusammen (**ungefächert**) oder ist durch **Scheidewände** (Septen) in mehrere **Fächer** (meist entsprechend der Zahl der verwachsenen Fruchtblätter) geteilt (*42/1*). Im Fruchtknoten sitzen an der **Plazenta** der Blüte die Samenanlagen, von denen sich in der Frucht wenigstens einer zum Samen entwickelt hat. Nach der Anordnung der Plazenten werden verschiedene Typen der **Plazentation** unterschieden (*42/1*).

Die **Samen** sitzen der Plazenta meist mit einem dünnen Stielchen an, dem **Nabelstrang** (Funiculus). Auf der Hülle des Samens, der Samenschale (Testa), bleibt nach der Trennung des Nabelstranges eine Narbe, das **Hilum**. Die **Samenschale** weist oft charakteristische Oberflächeneigenschaften auf (Farbe und Skulpturen) und sie kann bei Öffnungsfrüchten auffällige, der Verbreitung dienende Anhängsel tragen, wie Haarschöpfe oder flügelartige Säume. Zuweilen ist ein Bereich der Samenschale fleischig: Entweder die Samenschale selbst ist in eine innere harte (**Sklerotesta**) und eine äußere fleischige Schicht (**Sarkotesta**) differenziert oder ein fleischiger Saum umwächst den Samen vom Ansatz her und bildet einen **Samenmantel** (Arillus) (vgl. *902/1*).

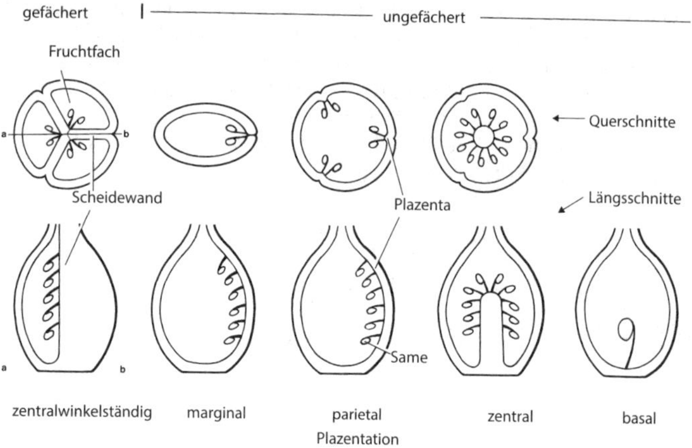

42/1: Fruchtknoten: innerer Bau

b) Fruchtformen

1. Öffnungsfrüchte öffnen sich bei der Reife und entlassen die Samen (Streufrucht). Fruchtwand meist abgestorben, trockenhäutig oder verholzt.

Einblattfrüchte oder -früchtchen (aus einem Fruchtblatt, in Sammelfrüchten auch mehrere freie Fruchtblätter). Die Plazenta des Fruchtblatts, an dem sich die Samen entwickeln, liegt an der Bauchnaht:

Balg: öffnet sich nur auf einer Seite, meist der Bauchnaht (ventrizid oder bauchspaltig, *43/1*), nur selten beim Rückenbalg in der abaxialen (nach unten/außen gekehrten) Rückennaht (dorsizid oder rückenspaltig).

Hülse (*43/2*): öffnet sich an beiden Seiten, der Bauch- und der Rückennaht, dadurch ist die offene Frucht in 2 Hälften geteilt. Namensgebende Fruchtform der Hülsenfrüchtler (*Fabaceae*). Kommt auch bei anderen Familien vor, während nicht alle Hülsenfrüchtler Hülsen bilden.

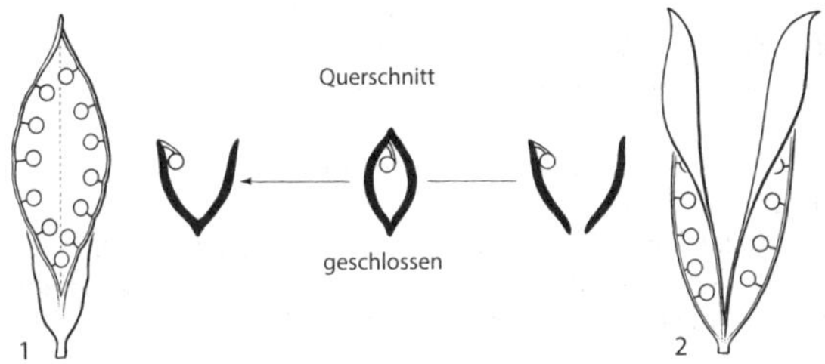

43/1–2 Einblatt-Öffnungsfrüchte: 1 Balg, 2 Hülse

Mehrblattfrüchte (aus mehreren verwachsenen Fruchtblättern):

Kapsel: Meist teilen die Wände der verwachsenen Fruchtblätter die K. in Fächer. Seltener fehlen die Fruchtwände (ungefächerte K.) oder finden sich zusätzliche (falsche) Scheidewände. Vielfältige Öffnungsmechanismen (Dehiszenz) setzen die Samen frei (*43/3*): Zuweilen entstehen Öffnungen (**Porenkapsel**) oder löst sich der obere Teil ab (**Deckelkapsel**). Am häufigsten spaltet sich die Kapsel längs auf (**Spaltkapsel**, *43/4*). Spaltet sie sich in vorhandenen Wänden auf, ist sie scheidewandspaltig (**septizid**, *610/3*), spaltet sie in den Rückennähten der Fächer, ist sie fachspaltig (**lokulizid**), häufig brechen dabei die Scheidewände zusätzlich quer auf (**septifrag**, *520/6*). Meist spaltet sich die K. nur ± weit von der Spitze her auf und die Frucht bleibt, während sie die Samen ausstreut, erhalten. Zuweilen spaltet sie sich in getrennte Teile auf, die zusammen mit den Samen abfallen (**Zerfallskapsel**).

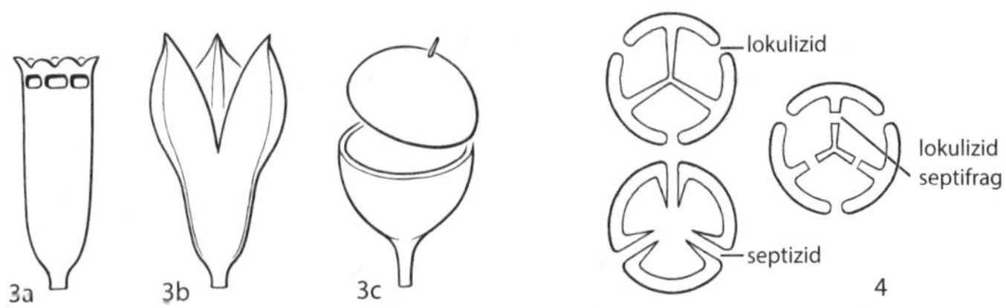

43/3–4: Mehrblatt-Öffnungsfrüchte: Kapseln: 3a Porenkapsel, 3b Spaltkapsel, 3c Deckelkapsel; 4 Spaltkapsel (Dehiszienz), Querschnitt

Schote (*43/5*): Sonderform der Kapsel, die einer Hülse ähnelt, aber aus 2 Fruchtblättern entstanden ist. Die 2 Plazenten sitzen an beiden Rändern (parietal) und sind oft durch eine Scheidewand verbunden. Öffnend löst sich die Fruchtwand in 2 Klappen von den als Rahmen stehen bleibenden Plazenten.

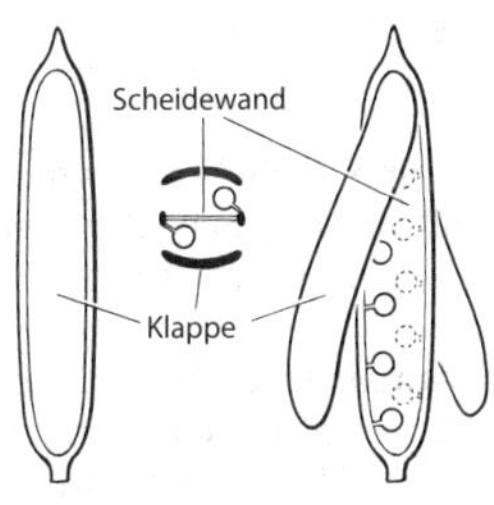

43/5 Mehrblatt-Öffnungfrüchte: Schote

2. Zerfallsfrüchte öffnen sich nicht, sondern zerfallen in einsamige Teilfrüchte:

Spaltfrucht (*44/1*): zerfällt entlang echter Scheidewände (=Septen) in mehrere Teilfrüchte (**Merikarpien**), die dann einem Fruchtblatt entsprechen (z. B. Ahorn, *Acer*).

Bruchfrucht (*44/2*): zerfällt an falschen Scheidewänden in einsamige Teile, z. B. Gliederhülse (*Desmodium*).

Klausenfrucht: zerfällt an echten und faschen Scheidewänden in einsamige Teile, die **Klausen**. Typische Fruchtform vieler *Lamiaceae*: Hier zerfällt das aus zwei Fruchtblättern bestehende Pistill in 4 Klausen (*850/2a*).

1 2

44/1–2 Zerfallsfrüchte: 1 Spaltfrucht (*Acer*), 2 Bruchfrucht

3. Schließfrüchte öffnen sich nicht selbstständig. Differenziert nach Ausprägung der Fruchtwand:

Beere (*44/3*): Die ganze Fruchtwand ist, außer einer dünnen Haut, saftig-fleischig. Im Fruchtfleisch liegen meist mehrere Samen (Saftfrucht).

Steinfrucht (*44/4*): Der äußere Bereich der Fruchtwand (Exokarp) ist saftig-fleischig, das innere Endokarp fest, oft ± verholzt. Abhängig von der Zahl der Fruchtblätter und Verwachsungen birgt eine Steinfrucht einen oder mehrere einsamige **Steinkerne** (Saftfrucht).

Nuss (*44/5*): Die ganze Fruchtwand ist fest und trocken, oft ± verholzt. Zuweilen dienen verschieden geformte flügelige Säume (**Flügelnuss**) oder bleibende, behaarte Griffel der Windverbreitung.

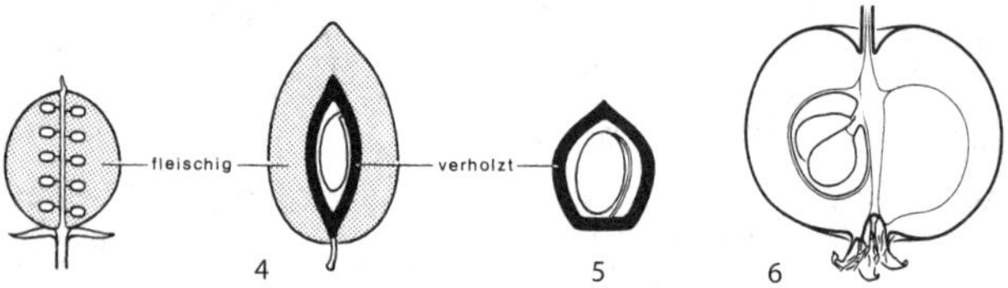

3 4 5 6

44/3–6: 3–5 Schließfrüchte: 3 Beere, 4 Steinfrucht, 5 Nuss; 6 Apfelfr.

4. Sammelfrüchte: Aus freien Fruchtblättern einer Blüte entstehen mehrere Früchtchen, bei den Schließfrüchten mit den Kleinformen Beerchen, Nüsschen und Steinfrüchtchen bezeichnet.

5. Apfelfrucht (*44/6, 495/1*): Fruchtform der Tribus *Pyreae* der *Rosaceae*. Die Fruchtknoten der untereinander nicht oder nur an der Bauchnaht miteinander verwachsenen Fruchtblätter stehen unterständig oder halbunterständig in die fleischige Blütenachse eingesenkt. Früher als stark abgeleitete Sammelfrucht interpretiert, heute auch als Sonderform der Steinfrucht angesehen, bei der das Endokarp ± den Fruchtblättern entspricht. Beim **Kernapfel** ist das Endokarp pergamentartig (in der Sammelfrucht als Balg interpretiert), beim **Steinapfel** verholzt (Steinkern).

6. Scheinfrucht: fruchtartiges Gebilde, das nicht aus einer (einzelnen) Blüte entstanden ist:

Fruchtverband: Die Scheinfrucht entspricht einem ganzen Fruchtstand (*540/2, 468/3*).

Samen mit Zusatzstrukturen: durch zusätzliche Bildungen (fleischige Samenmäntel, Deck- und Samenschuppen) beerenähnliche Samen oder samentragende Aggregate einiger Nacktsamer (z. B. *Taxus*, *Ephedra*, *Gingko*, *Juniperus*).

10 Fortpflanzungsorgane der Nacktsamer (Gymnospermen)

Die Nacktsamer sind stammesgeschichtlich viel älter als die Bedecktsamer. Auch wenn ihre Fortpflanzungsorgane, Samenanlagen und Staubblätter, auf noch ältere gemeinsame Vorfahren zurückgehen und Gemeinsamkeiten aufweisen, sind die Begriffe Blüte und v. a. Frucht für die Bedecktsamer (= Blütenpflanzen) reserviert. Aufgrund der Gemeinsamkeiten wird der Begriff Blüte jedoch oft auch in einem weiteren Sinne ebenfalls für die Nacktsamer verwendet.

Bei den Nacktsamern liegen die Samenanlagen frei auf spezialisierten Blättern (Name!). Zuweilen schließen diese, meist schuppenförmigen, Blätter die Samenanlagen basal schützend ein. Jedoch sind die Samenanlagen nie in einem Fruchtknoten, aus dem sich bei den Bedecktsamern die Frucht entwickelt, eingeschlossen. Aggregate mit zahlreichen Samenanlagen oder Staubblättern bilden bei den Nacktsamern oft Zapfen.

Reife Samen können fruchtähnliche → Scheinfrüchte bilden, Aggregate mit mehreren Samen holzig-trockene Zapfen oder fleischige Beerenzapfen.

Bei allen rezenten Nacktsamern stehen Samenanlagen und Staubblätter in getrennten Ständen/Aggregaten (im Gegensatz zur primären Zwitterblüte der Bedecktsamer). Zwischen den Gruppen der Nacktsamer bestehen große Unterschiede:

Ginkgoopsida

Nur *Ginkgo biloba*. Zweihäusig; die Organe beider Geschlechter stehen frei in den Achseln von Schuppenblättern an Kurztrieben. Die Staubblätter mit je 2 Pollensäcken stehen kurz gestielt in kätzchenartigen Aggregaten (*45/1*). Die Samenanlagen sitzen meist zu 2 (selten 1 oder 3) am Ende eines Stiels (*45/2*). Sie entwickeln sich zu steinfruchtähnlichen Samen (→ Scheinfrüchte) mit gelbfleischiger Sarkotesta und holziger Sklerotesta (*564/2*).

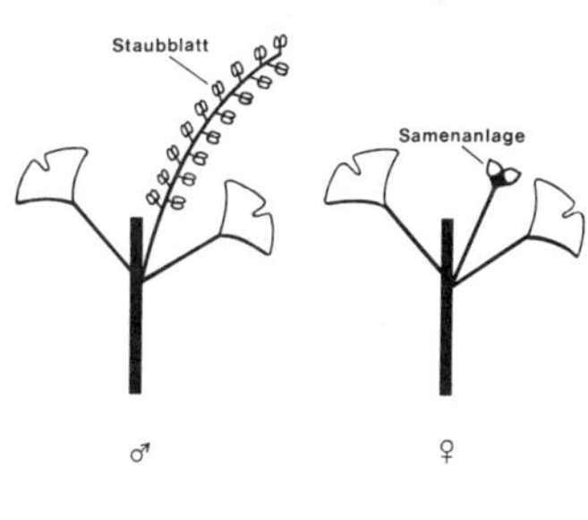

45/1–2 *Ginkgo*, Fortpflanzungsorgane: 1 ♂, 2 ♀

Coniferopsida (incl. *Gnetales*)

Gnetales

Nur *Ephedra* in Kultur. Pflanzen meist zweihäusig, Staubblätter und Samenanlagen in endständigen Aggregaten aus gegenständigen Schuppenblattpaaren. Die von einer zweiblättrigen Hülle umgebenen Staubblätter stehen meist einzeln (selten 2) in der Achsel der Schuppen (*46/1*). Die Samenanlagen sitzen zu 1–3 zwischen den beiden obersten Schuppen (*46/2*). Zur Samenreife schwellen die Schuppenblätter oft an und bilden eine fleischige Scheinfrucht/Scheinbeere (*521/1*).

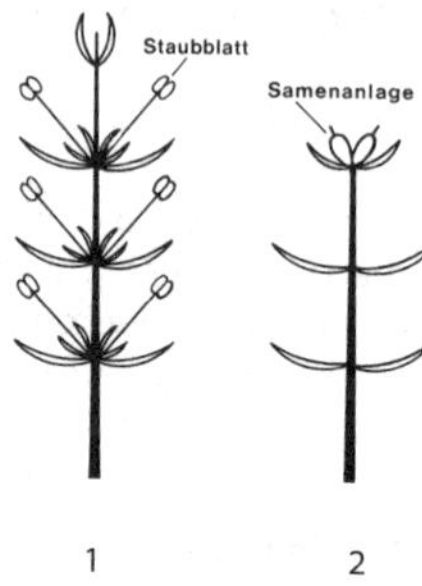

46/1–2 *Ephedra*, Fortpflanzungsorgane (schematisch): 1 ♂, 2 ♀

Coniferopsida s. str., **Nadelgehölze** (eigentlich „Zapfenträger")

Ein- oder zweihäusige Pflanzen. Den Staubblättern bzw. den Deckschuppen der weiblichen Zapfen gehen meist einige sterile Schuppenblätter voraus. In ♂ Zapfen folgen mehrere bis viele Staubblätter (*46/3*), die, meist auf der Unterseite, 2 bis über 10 Pollensäcke tragen. Die Zapfen stehen meist einzeln in Blattachseln, selten endständig; zuweilen auch gehäuft an speziellen Trieben.

Die an der Hauptachse der ♀ Zapfen stehenden **Deckschuppen** tragen kurze Achselsprosse, die meist als stark reduzierte **Samenschuppen** die Samenanlagen tragen. Sie sind unterschiedlich ausgebildet:

Bei den *Taxaceae* sind 1 oder 2 noch erkennbare Achselsprosse ausgebildet, an denen nach 2–3 Schuppenblattpaaren am Ende der Achse die Samenanlage steht (*46/4*). Befruchtet vergrößert sich nur der Samen, den von der Basis eine fleischige ringförmige Wulst umwallt, die als Samenmantel (Arillus) den reifen Samen umgibt (*902/1*).

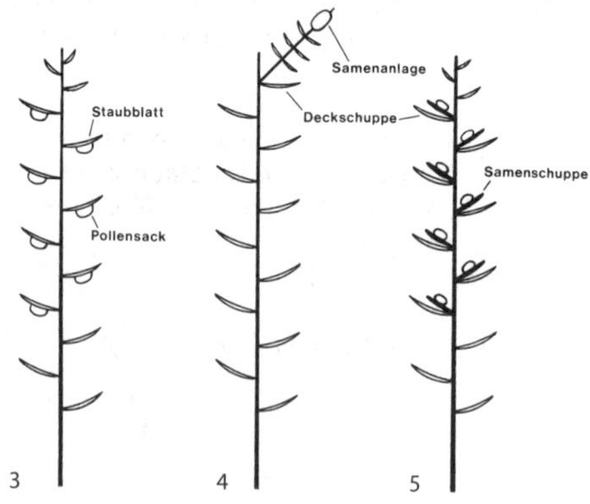

46/3–5 Coniferopsida s. str., Fortpflanzungsorgane (Bauplan): 3 ♂, 4 ♀ *Taxaceae*, 5 ♀ *Pinaceae*

Bei den übrigen Koniferen sitzt die **Samenschuppe** blattartig in der Achsel der Deckschuppe und trägt auf ihrer Oberseite 1 bis viele Samenanlagen (*46/5*). Deck- und Samenschuppen sind bei den *Pinaceae* meist gut zu erkennen, in den übrigen Familien aber teilw. so stark verwachsen, dass sie kaum zu trennen sind.

Die klassischen Koniferenzapfen der *Pinaceae*, *Araucariaceae* und *Cupressaceae* entstehen, wenn die meist zahlreich vorhandenen Deck- und Samenschuppen mit der Hauptachse zusammen verholzen. Zwischen den Schuppen verborgen liegen die oft geflügelten Samen.

Die ♀ Zapfen der *Cephalotaxaceae* und *Podocarpaceae* besitzen nur sehr wenige, klein bleibende Deckschuppen und reduzierte Samenschuppen. Bei *Cephalotaxus* stehen in der Achsel der Deckschuppe 2 Samenanlagen. Die wenigen, meist mehrere Zentimeter langen Samen (oft nur 1–2 pro Zapfen) sind über den kleinen Zapfenschuppen frei sichtbar (*437/2*). *Podocarpus*-Zapfen bestehen meist nur aus 1–2 Deckschuppen mit je 1 Samenanlage. Die Samenschuppe umgibt die Samenanlage teilweise als häutige Hülle (Epimatium). Zur Samenreife verdickt sich die Zapfenachse zu einem fleischig-saftigen Gebilde, das die Samen frei auf seiner Oberseite trägt (*735/2*).

11 Wuchsformen

Kraut (i. e. S.): unverholzte (krautige) Pflanze, die höchstens 2 Vegetationsperioden lebt, nur einmal im Leben zur Blüte kommt und nach der Fruchtreife abstirbt.

Staude: ausdauernde (perennierende) Pflanze, die mehrere bis viele Jahre lebt und mehrmals blüht und fruchtet. Ihre Sprosse sterben am Ende der Vegetationsperiode größtenteils ab, nur basale oder unterirdische Sprossteile überdauern.

Gehölz: ausdauernde Pflanze, deren oberirdische Sprossachsen über den Winter erhalten bleiben und verholzen. Oberirdische Sprossknospen setzen im Folgejahr das Wachstum fort, so dass das oberirdische Sprosssystem von Jahr zu Jahr an Größe zunehmen kann. (Ausnahme: Scheinsträucher, deren 2-jährige Achsen absterben und die sich von unterirdischen Ausläufern erneuern.)

Innerhalb der Gehölze unterscheidet man:

Baum: ausgewachsen über 5 m hohes Gehölz, das bis ins Alter an der Peripherie weiter wächst (akrotone Förderung). Dem lebenslang erhalten bleibenden Stamm sind die die Krone bildenden Äste und Zweige untergeordnet.

Strauch: bis 5 m hohes Gehölz, bei dem mehrere gleichberechtigte Zweige das Gerüst bilden. Die Gerüstzweige haben eine kürzere Lebensdauer als die Pflanze und werden regelmäßig durch neue von der Basis ersetzt (basitone Förderung). Einige Formen mit geringer Wuchshöhe, auffallender Wuchsform oder kurzlebigen Zweige sind:

Zwergstrauch: Höhe unter 50 cm.

Spalierstrauch: Zweige waagerecht auf der Bodenoberfläche entlang wachsend (dabei z. T. auch wurzelnd).

Polsterstrauch: Zwergstrauch, dessen stark verzweigtes Sprosssystem dichte, flache Polster bildet.

Scheinstrauch: Die im ersten Jahr gebildeten Zweige überwintern und sterben bereits im zweiten Jahr nach Blüte und Frucht ab (z. B. *Rubus* p. p.).

Liane (Kletterstrauch): Pflanze, die trotz verholzender Sprosse nicht von selbst aufrecht steht, sondern stützende Unterlagen, meist andere Pflanzen, nutzt, um in die Höhe zu wachsen:

Spreizklimmer: wächst mit seinen Zweigen durch und über andere Pflanzen und verhindert mit abstehenden Teilen (z. B. rückwärts gerichteten Stacheln) das Zurückrutschen.

Windepflanze: Liane, die sich mit der eigenen Achse um Stützen (z. B. Stämme) windet. Die Winderrichtung ist häufig artspezifisch. Sie lässt sich bestimmen, indem man die Drehrichtung der Achse in Wuchsrichtung – von unten nach oben – nachvollzieht. Bewegt man sich dabei in einer ständigen Rechtskurve (im Uhrzeigersinn), ist die Pflanze rechtswindend.

Rankenpflanze: Liane, die sich beim Klettern mit seitlichen Anhangsorganen an Stützen befestigt. Nach umgewandeltem Organ unterscheiden sich → Spross- und → Blattranken.

Wurzelkletterer: Liane, die sich mit sprossbürtigen → Haftwurzeln an der Stütze verankert.

Nur Wurzelkletterer mit Haftwurzeln und Rankenpflanzen, deren Sprossranken in Haftscheiben enden, können ihre kletternden Zweige an relativ glatten Oberflächen (Wände) befestigen: Andere Lianen benötigen an Wänden Kletterhilfen, z. B. Gerüste.

Alle Wuchsformen sind durch Übergangsformen verbunden. Es gibt weder eine scharfe Grenze zwischen Baum und Strauch noch zwischen Gehölz und ausdauernden Stauden. Ein **Halbstrauch** ist eine Pflanze, deren Achsen nur teilweise verholzen: entweder nur der Basalteil des Jahrestriebes (die Spitzen bleiben krautig und streben im Herbst ab) oder der ganze Jahrestrieb ist nur schwach verholzt.

Bei den Arten werden ab S. 335 im alphabetischen, nach Gattungsnamen geordneten Teil die Wuchsformen der Gehölze – noch etwas mehr nach Wuchshöhen aufgegliedert – durch Buchstabensymbole (siehe auch vordere Umschlaginnenseite) angegeben.

Verbreitung der Gehölze und Herkunftsgebiete kultivierter Gehölze

(Bearbeiter: Peter A. Schmidt)

Die Gehölze nehmen wie alle Pflanzenarten ein ganz bestimmtes, für sie charakteristisches Verbreitungsgebiet (Areal) ein. Über ihr natürliches Areal hinaus wurden und werden sie in unterschiedlichem Umfang durch den Menschen in anderen Gebieten der Erde als Nutz- oder Zierpflanzen angesiedelt (Kulturareal), wo sie auch aus Kultur verwildern und sich etablieren (einbürgern) können (subspontanes Areal).

Natürliche Areale sind geographisch abgrenzbare Räume, innerhalb deren das Wechselspiel zwischen inneren Faktoren (genetische Reaktionsnorm der Populationen) und dem Gefüge der abiotischen und biotischen Umweltfaktoren die Existenz bzw. das Überleben einer Art bzw. Sippe bestimmt. Die Areale spiegeln spezifische, während der Evolution herausgebildete Verhaltensweisen der Arten bei ihrer Ausbreitung in Raum und Zeit unter bestimmten ökologischen Faktoren (besonders Temperatur bzw. Wärme und Feuchtigkeit) wider. Dabei unterliegen die Areale in ihrer Form und Ausdehnung einem ständigen Wandel, wobei die natürlichen Ursachen dieser Arealdynamik im Laufe der Menschheitsgeschichte und damit während der Umwandlung der Natur- in Kulturlandschaften mehr und mehr von anthropogenen Faktoren überlagert und abgeändert wurden. Durch menschliche Einflussnahme geförderte Ausbreitung von Pflanzen und die Etablierung von Arten können zudem das Verbreitungsgebiet von Sippen erweitern oder einengen (vgl. Kap. Rückgang und Ausbreitung von Gehölzarten, S. 56). Die Kenntnis der Areale und ihrer Dynamik ist nicht nur von wesentlicher Bedeutung für die Vegetations- und Landschaftsökologie oder für Landnutzung und Naturschutz, sondern auch für die Verwendung und Nutzung der Gehölze in Gartenbau, Park- und Landschaftsgestaltung oder Forstwirtschaft.

Die in der „Gehölzflora" behandelten Arten sind nur zu einem geringen Teil in Mitteleuropa einheimisch. Die überwiegende Zahl der als Zier- und Nutzgehölze gepflanzten Arten wurde nach Mitteleuropa eingeführt. Die Kenntnis der Verbreitung einer Art erlaubt Schlussfolgerungen zu den Lebensbedingungen, insbesondere den klimatischen Verhältnissen des Heimat- bzw. Herkunftsgebietes. Daraus können Aussagen zur Anbaufähigkeit, zur Kultur und Pflege der Gehölze abgeleitet werden. Da der Schwerpunkt der „Gehölzflora" in der Bestimmung von Gehölzen liegt, steht nur begrenzter Raum für die Angaben zur natürlichen Verbreitung zur Verfügung, so dass auf Abkürzungen (siehe Tab. 1, S. 52–55) zurückgegriffen werden muss.

Für die vorhergehenden Auflagen der „Gehölzflora" entwickelte Prof. Dr. F.-G. Schroeder ein ausgeklügeltes System von „Arealformeln" aus Großbuchstaben (für thermische Vegetationszonen und Höhenstufen), Kleinbuchstaben (für Humiditätsgrade) und Ziffern (Kontinente). So durchdacht diese Formeln auch sind, sie wurden vom Nutzer des Buches als zu abstrakt-theoretisch und kompliziert empfunden. Der Nutzer wünscht mehr geografische Angaben. In vorliegender Auflage wird ein Kompromiss angestrebt, der sowohl klimatische Aspekte integrierende pflanzengeografische Angaben (Floren- bzw. Vegetationszonen oder -regionen, Humidität) als auch geografische Angaben (Kontinente oder Teile davon, Naturräume) und politische Grenzen (Staaten, Teilbereiche oder Zusammenfassung von Staaten) berücksichtigt. Die Verbreitunginformationen werden in Form von Abkürzungen, die Tab. 1 entnommen werden können, bei den Arten und ausgewählten infraspezifischen Sippen angegeben. Dabei werden nur Gebiete berücksichtigt, in denen Arten, die in der „Gehölzflora“ behandelt werden, vorkommen. Bei eng begrenzter Verbreitung einer Art (z. B. Lokalendemiten) können auch abweichende kleinräumigere Angaben erscheinen (z. B. Provinz oder Naturraum eines Landes, einzelnes Gebirge), ohne dass diese in der Tabelle aufgeführt sind (z. B. Honshu, wenn eine japanische Art nur auf dieser Insel vorkommt).

Die Nutzung der Tabelle für die Verbreitungs- bzw. Herkunftsangaben soll durch einige Erläuterungen erleichtert werden. Die Abkürzungen selbst sind in der Tabelle erklärt. Eingangs sind in der Tabelle Abkürzungen für einige die Kontinente übergreifende Verbreitungsangaben wie Holarktis, Eurasien, zirkumpolar aufgeführt. Es folgt die Charakterisierung der thermischen Vegetationszonen (arktisch – boreal – nemoral – meridional – subtropisch – austral) und der Höhenstufen der Hochgebirge (alpin – subalpin – montan).

Die Grundgliederung der Verbreitungsangaben basiert auf den Erdteilen (Kontinente bzw. Teilkontinente). Dabei wurden diejenigen (Teil-)Kontinente, in denen die behandelten Gehölzarten schwerpunktmäßig vorkommen bzw. aus denen die im Freiland Mitteleuropas kultivierten Gehölze überwiegend eingeführt wurden, stärker untergliedert:

- **NAm. = Nordamerika (inkl. Grönland),**
- **N- und O-As. = Nord- und Ostasien,**
- **Eur. und Medit. = Europa und Mittelmeergebiet,**
- **SW- und M-As. = Südwest- und Mittelasien.**

Die weitere Gliederung dieser Großräume erfolgt sowohl geografisch als auch nach klimatische Bedingungen widerspiegelnden Vegetationszonen (arktisch bis meridional) und Humiditätsgraden (humid – semihumid – semiarid – arid). Verschiedentlich werden auch Staaten (z. B. Japan) oder Teilgebiete dieser (z. B. für USA oder China) unter den übergeordneten Einheiten aufgeführt. Weiterhin werden ausgewählte Gebirge einzelnen Verbreitungseinheiten zugeordnet, die als Verbreitungsangabe bei den Arten dann angegeben werden, wenn die Arten auf diese beschränkt sind.

Einen besonderen Fall stellt **China** dar, denn das Land erscheint aus pflanzengeografischen Gründen sowohl unter Mittelasien (siehe SW- und M-As. → M-As. → OM-As. [Zentralasien]: **W-China**) als auch unter Ostasien (N- und O-As. → O-As.: China).
Die Unterteilung Chinas unter O-As. in NO-, N- und S-China (siehe Tab. 1) ist pflanzengeografisch begründet:

- **NO-China** umfasst das Gebiet subborealer Nadelwälder und den Übergang zu den temperierten sommergrünen Laubwäldern (Nadel-/Laubmischwaldzone). Hier wurden zur geografischen Umgrenzung dem historischen Begriff Mandschurei die aktuellen Provinzen Chinas beigefügt.
- **N-China und S-China**: Der sich in W-O-Richtung erstreckende Gebirgszug Qin Ling (früher Nanshan genannt) wurde zur groben Markierung der Grenze zwischen N-China und S-China gewählt, also zwischen der Zone temperierter sommergrüner Laubwälder (bis Waldsteppen- und Steppenzone) im Norden und der Zone warmtemperierter immergrüner Laubwälder oder Lorbeerwälder (bis in subtropische Randbereiche) im Süden. Da N- und S-China recht differenziert sind, werden diese Gebiete weiter untergliedert. In den Florenwerken (z. B. Wu & Raven (eds.): Flora of China) oder Monografien (z. B. Farjon 2010) dienen zur Charakterisierung der Verbreitung der Arten meist die chinesischen Provinzen und Autonomen

Regionen, deshalb werden diese zur leichteren Orientierung bei den einzelnen Verbreitungseinheiten angegeben. Yunnan und Sichuan, zu den größten Provinzen zählend, werden oft auch W-China zugeordnet. Da sie außerdem nicht nur einer Vegetationszone angehören, werden sie als eigene Verbreitungseinheiten aufgelistet.

Weniger stark untergliedert werden die (Teil-)Kontinente, die ebenfalls als Herkunftsgebiete für im Freiland kultivierte Gehölze eine Bedeutung haben, aber entweder handelt es sich um begrenzte Gebiete (z. B. Gebirge wie Himalaja in Südasien) oder die Zahl der von dort eingeführten Arten ist relativ gering (z. B. australe Zone von Australien):

Mex., MAm,. SAm. = Mexiko, Mittel- und Südamerika
Neben einigen nur in (Gebirgen von) Mexiko und Mittelamerika beheimateten Arten reichen diverse Arten vom meridionalen Nordamerika (O-, Z- oder W-NAm.) bis nach Mexiko (selten bis Mittelamerika). Aus Südamerika stammende Arten sind dort vorwiegend in der australen (der nemoralen und borealen Zone der Nordhalbkugel entsprechenden) Zone und in den Anden verbreitet.

S- und SO-As. = Süd- und Südostasien
Aus diesem Großraum stammende Arten sind überwiegend in den Gebirgen der meridionalen bis subtropischen Zone verbreitet. Einen Schwerpunkt stellen der Himalaja und die sich östlich und westlich anschließenden Gebirgsketten dar. Nicht selten reichen die Areale bis in die Gebirge von W-China (zu OM-As.) oder Yunnan, Sichuan und S-China (zu O-As.).

Afr. = Afrika
Die Zahl der aus Afrika stammenden, im Freiland anbaufähigen Arten ist sehr begrenzt. Meist kommen sie entweder in der meridionalen oder australen Zone vor. Die in der meridionalen Zone beheimateten Arten sind im Wesentlichen mediterran verbreitet und deshalb erscheint N-Afr. ebenso unter „Eur. und Medit.".

Austr. = Australien und Neuseeland
Die wenigen aus der australen Zone dieses Großraums stammenden Arten sind im Wesentlichen in SO-Australien, Tasmanien und Neuseeland verbreitet.

Tab. 1: Abkürzungen und Erläuterungen der Verbreitungs- bzw. Herkunftsangaben

	übergreifende Angaben
Holarkt.	Holarktis: außertropisches, d. h. meridionale bis arktische Zonen umfassendes, Gebiet der Nordhalbkugel (Nordamerika, Eurasien und Nordafrika)
Euras.	Eurasien (Europa und Asien)
zirkpol.	zirkumpolar (zirkumterrestrisch): um den ganzen Erdball verbreitet (in einer Zone oder mehreren Zonen)
arkt.	arktische = kalte Zone nördlich der subarktischen Waldgrenze (Tundrenzone)
zirkarkt.	zirkumarktisch: arktische Zone der gesamten Nordhalbkugel, d. h. in N-Nordamerika und N-Eurasien vorkommend
bor.	boreale = nördliche, kühle oder kaltgemäßigte Zone (Nadelwald- oder Taigazone) der Nordhalbkugel
zirkbor.	zirkumboreal: boreale Zone der gesamten Nordhalbkugel, d. h. in N-Nordamerika und N-Eurasien vorkommend
nem.	nemorale = (typische) gemäßigte Zone (Zone sommergrüner Laubwälder) der Nordhalbkugel
submer.	submeridionale = warmgemäßigte Zone (Zone der Trockenwälder und Steppen) der Nordhalbkugel
mer.	meridionale = südliche, warme Zone der Nordhalbkugel (mit immergrünen Hartlaub- und Lorbeerwäldern, im kontinentalen Bereich mit Wüsten und Halbwüsten)
subtrop.	subtropisch: randtropische Zonen nördlich (bis meridionale Zone) und südlich (bis australe Zone) der tropischen Zone
austral	australe = (warm)gemäßigte Zone der Südhalbkugel (zwischen südlicher subtropischer und antarktischer Zone)
Geb.	Gebirge
alp.	alpine Stufe in Hochgebirgen (oberhalb der Baum- und Gebüschgrenze: Matten, Zwerstrauchheiden, Schotter- und Felsfluren)
subalp.	subalpine Stufe in Hochgebirgen (lichte Nadelwälder, Krummholz und Hochstaudenfluren)
mont.	montane Stufe (Bergwaldstufe)

NAm.	**Nordamerika (inkl. Grönland)**
N-NAm.	Nördliches, arktisches und boreales Nordamerika (Grönland, O- u. W-Kanada, Alaska)
O-NAm	Östliches oder Atlantisches Nordamerika
– NO-NAm.	Nordöstliches, nemorales, humides und semihumides Nordamerika (NO- bis NOZ-USA und SO-Kanada)
– SO-NAm.	Südöstliches, meridionales und humides Nordamerika (SO-USA)
Geb.: Appal.	Appalachen

Z-NAm.	Zentrales, nemorales und meridionales, semiarides bis arides Nordamerika (Z- bis SW-USA)
W-NAm.	**Westliches oder Pazifisches Nordamerika**
– NW-NAm.	Nordwestliches, nemorales, humides bis semihumides Nordamerika (W- bis NW-USA, Küstengebiet von SW-Kanada u. S-Alaska)
– SW-NAm.	Südwestliches, meridionales und semihumides Nordamerika (W-USA)
Geb.: Kordill., Rocky M., Sierra Nev.	Kordilleren, Rocky Mountains (Felsengebirge), Sierra Nevada

Mex., M-, SAm.	**Mexiko, Mittel- und Südamerika**
Mex.	Mexiko
MAm.	Mittelamerika
SAm.	Australes Südamerika
– Chile	Südliches Chile
– Argent.	Südliches Argentinien
Geb.: Anden	Anden

Eur. und Medit.	**Europa und Mittelmeergebiet**
N-Eur.	Nördliches, arktisches und boreales Europa
W-Eur.	Westliches oder Atlantisches, nemorales und humides Europa
Geb.: Pyr.	Pyrenäen
M-Eur.	Nemorales und humides Mitteleuropa
Geb.: Alp., Karp.	Alpen, Karpaten
SO-Eur.	Submeridionales bis nemorales, humides bis semihumides Südosteuropa
Geb.: Balkan	Gebirge der Balkan-Halbinsel
O-Eur.	Submeridionales bis nemorales, humides bis semiarides Osteuropa
Medit.	Mittelmeergebiet und Makaronesien: meridionales, humides bis semiarides Südwest- bis Südosteuropa, Nordafrika und Südwestasien
– Makaron. (Mad., Kanar., Az.)	Makaronesien mit Madeira, Kanarischen Inseln, Azoren
– W-Medit. (SW-Eur., N-Afr.)	Westliches Mittelmeergebiet mit Südwesteuropa und Nordafrika
– Z-Medit. (ZS-Eur.)	Zentrales Mittelmeergebiet mit zentralem Südeuropa (Italien, Korsika, Malta)
– O-Medit. (SO-Eur., Kl.-As., Lev.)	Östliches Mittelmeergebiet mit meridionalem Südosteuropa (südliche Balkan-Halbinsel), Kleinasien und Levante (Zypern, Libanon, Syrien), siehe auch SW-As.

N- und O-As.	Nord- und Ostasien
N-As.	Arktisches bis boreales, humides bis semiarides Nordasien
Sib.	Sibirien
– W-Sib.	Subkontinentales Westsibirien (Ural bis zum Jenissei)
– O-Sib.	Kontinentales Ostsibirien (östlich Jenissei, mit Baikalgebiet und Daurien, ohne russisches Pazifikgebiet)
Geb. S-Sib.	Gebirge im südlichen W- und O-Sibirien: Altai, Sajan u. a.
Russ.-Fernost	Pazifischer Russischer Ferner Osten (Kamtschatka bis Amur- u. Ussurigebiet, Sachalin, Kurilen), im Süden bereits Übergang zu nemoraler Zone
N-Mong.	Nordmongolei
O-As.	Nemorales bis meridionales Ostasien
China	China (siehe auch Mittelasien)
NO-China	Nemorales bis submeridionales, semihumides Nordostchina (Mandschurei: Heilongjiang, Jilin, Liaoning)
N-China	Semiarides bis semihumides Nordchina (nördlich des Qin Ling/ Prov. Shaanxi)
– WN-China	westliches N-China: S-Gansu, Niangxia, N-Shaanxi, Shanxi
– ON-China	östliches N-China: Beijing (Peking), Hebei, Shandong, Tian-jin (Tientsin)
– Nei-Mong.	Nei Mongol (Nei Menggu) = Innere Mongolei
Sich.	Sichuan (Setschuan, Szechuan)
Yunn.	Yunnan
S-China	Semihumides bis humides Südchina (südlich des Qin Ling)
– WS- China	Westliches S-China: Guangdong (Kwangtung), Guangxi, Guizhou (Kweichow), S-Shaanxi
– ZS-China	Zentrales S-China: Henan, Hubei, Hunnan
– OS-China	Östliches S-China: Anhui, Fujian (Fukien), Jiangsu, Jiangxi, Shanghai, Zhejiang (Chekiang)
Taiw.	Taiwan (Formosa)
Kor.	Korea
Jap.	Japan

SW- und M-As.	Südwest- und Mittelasien
Kl.-As.	Kleinasien (Türkei ohne europäischen Teil), siehe auch O-Medit. und S-Kauk.
Kauk.	Kaukasien: Kaukasus-Region
– N-Kauk.	Nordkaukasien (Großer Kaukasus und Nordkaukasisches Vorland)
– S-Kauk.	Südkaukasien (Armenien, Aserbaidschan, Georgien und angrenzende Gebiete der Türkei und Irans)

Lev. (Syr., Liban., Isr., Jord.)	Levante mit Syrien, Libanon, Israel und Jordanien (siehe auch O-Medit.)
Iran	Iran (siehe auch S-Kauk.)
Geb.: Elburs	Elbursgebirge
M-As.	Submeridionales bis meridionales, semiarides bis arides Mittelasien (Steppen- und Wüstengebiet mit innerkontinentalen Hochgebirgen)
WM-As.: Kasach., Usbek., Kirgis., Turkm., Tadsch.	Westliches Mittelasien mit Kasachstan, Usbekistan, Kirgisistan, Turkmenistan, Tadschikistan
OM-As.: W-China (Xinjiang, Tibet; Qinghai; N-Gansu), Mong.	Östliches Mittelasien (Zentralasien) mit Westchina (Xinjiang = Sinkiang, Tibet = Xizang; Qinghai = Tsinghai; N-Gansu) und Mongolei (außer Norden: siehe Nordasien)
Afgh.	Afghanistan
Geb. M-As.	Mittelasiatische Gebirge (Tienschan, Alai, Pamir, Hindukusch u. a.)

S- und SO-As.	**Süd- und Südostasien**
S-As.	Warmes (meridionales) bis subtropisches, humides bis semiarides Südasien (Vorderindien)
– Pak.	Pakistan
– Indien	Indien
– Nepal	Nepal
– Bhutan	Buthan
Geb.: Himal.	Himalaja
SO-As.: Myanm., Vietn., Mal. Arch. (Indon.)	Südostasiatisches Festland (z. B. Myanmar, Vietnam) und Malaiischer Archipel (z. B. Indonesien)

Afr.	**Afrika**
N-Afr.	Meridionales Nordafrika: siehe Medit.
S-Afr.	Australes, südliches Afrika: Kap-Region von Südafrika

Austr.	**Australien und Neuseeland**
Austr.	Australes semihumides Australien
– SO-Austr.	Südostaustralien
– Tasm.	Tasmanien
Neuseel.	Neuseeland

Rückgang und Ausbreitung von Gehölzarten unter dem Aspekt des Naturschutzes

(Bearbeiter: Peter A. Schmidt)

Die Gehölz- oder Dendroflora eines Gebietes, sei es die sich natürlich entwickelnde oder die der vom Menschen gestalteten, gepflegten oder bewirtschafteten Lebensräume, unterliegt einem ständigen Wandel. Wälder und Gebüsche, Parks, Gärten und andere von Bäumen und Sträuchern (mit)geprägte Bereiche der Landschaft sind ein Spiegelbild der jeweiligen Zeit, sowohl der permanent oder temporär wirkenden natürlichen und anthropogenen Umweltbedingungen auf globaler bis lokaler Ebene als auch der sich immer wieder ändernden Ansprüche des Menschen. Damit erweitert oder verringert sich ständig die Artenzahl und verändert sich das Artenspektrum der natürlich vorkommenden wie kultivierten Gehölze.

In einer Zeit des weltweiten Rückganges der natürlichen Arten- und Formenvielfalt und des Verlustes an Lebensräumen von Gehölzen, sei es durch Klimawandel oder durch direkte Eingriffe des Menschen in die Gehölzbestände, sind die Wälder, Parks, Gärten und andere Grünanlagen wertvolle Stätten der Vielfalt an Gehölzen. Dabei sind sowohl Gehölzbestände mit wildwachsenden einheimischen, im jeweiligen Raum natürlich vorkommenden Arten als auch Gehölzbestände in Siedlungsräumen mit kultivierten Zier- und Nutzgehölzen von unschätzbarem Wert (Schmidt 2010), sei es für eine lebenswerte Umwelt, für Erholung und Bildung oder aus Sicht von Naturschutz und Landschaftspflege.

Bei den vielfältigen Aktivitäten zur Erweiterung des Bestandes an Zier- und Nutzgehölzen, bei dem Sammeln, der Einführung, Anzucht und Verwendung von Gehölzen sowie bei dem Handel mit Gehölzen sind Aspekte des Artenschutzes und des Naturschutzrechts zu beachten.

Wenn auch Veränderung und Verlust von Lebensräumen die Hauptursachen für den Rückgang vieler Arten sind, so kann die unberechtigte Entnahme von Pflanzen aus ihren natürlichen Lebensräumen ebenfalls dazu beitragen. In verschiedenen Fällen hat dies bereits zur Gefährdung oder Vernichtung des Bestandes von Arten geführt. Andererseits haben die Inkulturnahme und Vermehrung in Kultur (ex situ) zur Bewahrung der Existenz am Naturstandort ausgestorbener Arten (z. B. *Franklinia alatamaha*) oder bei Ausbringung nachgezogener Individuen in ihre natürlichen Lebensräume zur Erhaltung von Populationen bedrohten Arten beigetragen. Um einem weiterem Verlust biologischer Vielfalt und der Gefährdung oder gar dem Aussterben von Arten vorzubeugen, regeln internationale Abkommen den Umgang mit besonders geschützten Arten und bestimmte Nutzungen, Zugriff auf und Handel mit Pflanzen und ihren genetischen Ressourcen, z. B.:

- Übereinkommen über Biologische Vielfalt (CBD, 1992) und das zu dessen Umsetzung beschlossene Nagoya-Protokoll (seit 2014 in Kraft), das den völkerrechtlichen Rahmen für den Zugang zu den genetischen Ressourcen und den ausgewogenen und gerechten Vorteilsausgleich bildet,
- Übereinkommen über den internationalen Handel mit gefährdeten Arten frei lebender Tiere und Pflanzen (Washingtoner Artenschutzabkommen, CITES, 1973), das bestimmte Arten vor übermäßiger Ausbeutung durch den internationalen Handel schützt und damit den Export und Import von Arten regelt, die weltweit (Anhänge I und II) oder national (Anhang III) als besonders geschützt eingestuft sind,

- EG-Artenschutzverordnung und Fauna-Flora-Habitat-Richtlinie der EU (FFH-RL), eine EG-Verordnung, in deren Anhängen besonders geschützte „Arten von gemeinschaftlicher Bedeutung" aufgelistet sind.

Für die einzelnen Länder existieren zudem nationale Naturschutzgesetze (z. B. in Deutschland Bundesnaturschutzgesetz/ BNatSchG) und Artenschutzbestimmungen (z. B. in Deutschland Bundesartenschutzverordnung/ ArtSchVO), die es zu beachten gilt. In Deutschland sind in der ArtSchutzVO die besonders und streng geschützten Arten aufgeführt. Hierzu gehören unter den einheimischen Arten die wildlebenden Populationen von *Arctostaphylos uva-ursi, Betula humilis, B. nana, Buxus sempervirens, Clematis alpina, Daphne*-Arten, *Ilex aquifolium, Ledum palustre (= Rhododendron tomentosum), Taxus baccata, Vitis vinifera* subsp. *sylvestris*.

Es gilt aber auch zu berücksichtigen, dass nicht alle seltenen und in ihrem Bestand gefährdeten Arten gesetzlich besonders geschützt sind, obwohl sie ebenfalls schutzbedürftig sein können. Die weltweit an ihren Naturstandorten vom Aussterben bedrohten oder in unterschiedlichem Grad gefährdeten Gehölzarten sind in der Roten Liste der Internationalen Naturschutzunion (IUCN Red List) verzeichnet. Dazu gehören u. a. *Abies bracteata, A. pinsapo, Cedrus brevifolia, Cercidiphyllum japonicum, Chamaecyparis lawsoniana, C. obtusa, Ginkgo biloba, Picea omorika, Salix magnifica, Tsuga caroliniana* oder *Zelkova carpinifolia*. Für die meisten Staaten existieren zudem nationale Rotbücher oder Rote Listen (in Deutschland außer nationaler Roter Liste auch Listen der Bundesländer).

Neben dem Rückgang bis hin zur Gefährdung von Gehölzarten verdient auch die Ausbreitung bestimmter Gehölze und ein von deren Auswirkungen ausgehendes Risikopotenzial besondere Beachtung. Ausbreitungsprozesse können u. a. im Zusammenhang mit dem Klimawandel oder veränderter Landnutzung stehen, aber auch mit der zunehmenden Verwilderung und Etablierung (Einbürgerung) nichteinheimischer oder gebietsfremder Arten, darunter Zier- und Nutzgehölze. Etabliert gilt eine Art, wenn sie sich nach Verwilderung, z. B. aus gärtnerischer oder forstlicher Kultur, über mehrere Generationen und/oder lange Zeit außerhalb der Anbauorte ohne Zutun des Menschen vermehrt. Manche eingebürgerte Art wird als Bereicherung in der Kulturlandschaft empfunden (z. B. *Castanea sativa, Mespilus germanica, Syringa vulgaris*). Es gibt auch Arten, die nur regional begrenzte natürliche Vorkommen in Mitteleuropa aufweisen, sie können außerhalb dieser auch etabliert sein (z. B. *Larix decidua* außerhalb der Alpen und Sudeten). Dabei kann es sich sogar um in Deutschland besonders geschützte Arten handeln, so der in vorliegender „Gehölzflora" aufgenommene, oft als Zierpflanze kultivierte Halbstrauch *Aurinia saxatilis*. Dieser soll ein lokales natürliches Vorkommen in Bayern aufweisen, aber möglicherweise ist die Art hier auch etabliert, wie dies seit langer Zeit andernorts (z. B. an Felshängen, ehemaligen Steinbrüchen, Trockenmauern) der Fall ist.

Unter den etablierten Neophyten (nach 1492 durch den Einfluss des Menschen in ein Gebiet eingebrachte Arten) gibt es jedoch eine Anzahl von Arten, die unerwünschte, nachteilige Auswirkungen verursachen (invasive Arten), so dass von ihnen ein Gefahrenpotenzial für Natur und Landschaft, die Wirtschaft oder Gesundheit des Menschen ausgehen kann. Solche Auswirkungen invasiver Arten können sich im Verlust biologischer Vielfalt durch Verdrängung einheimischer Arten und Beeinträchtigung von Lebensgemeinschaften oder Biotopen äußern, aber auch zu ökonomischen (z. B. Behinderung bei der Landnutzung) oder gesundheitlichen Problemen führen. Um (eventuelle) gefährdende Auswirkungen (potenziell) invasiver

Neophyten zu mindern oder gar zu verhindern, wurden entsprechende Regelungen in internationalen Konventionen (z. B. CBD, CITES) und nationalen Gesetzen (z. B. in Deutschland BNatSchG) getroffen. In Datenbanken sind die weltweit (Global Invasive Species Database, *www.issg.org/database*), europaweit (*www.aliens-europe.org*) oder in Deutschland (*www.neophyten.de*) invasiven Arten aufgelistet.

In der EU-Verordnung zu invasiven gebietsfremden Arten (2016) sind auch zu bekämpfende Arten benannt. Unter den Gehölzen finden sich zwei Arten, die auch in vorliegender „Gehölzflora" enthalten sind: ein Kreuzstrauch (*Baccharis halimifolia*) und Kudzu (*Pueraria lobata*). Beide Arten werden zwar in Mitteleuropa zuweilen kultiviert, sind aber hier frostempfindlich und bisher noch nicht verwildert aufgetreten.

Zu bestimmten invasiven Arten und den von ihnen ausgehenden Risiken besteht weitgehend Konsens (z. B. *Prunus serotina, Acer negundo*), bei anderen Arten klaffen die Auffassungen zur Einstufung als invasive Art und zu dem von ihnen ausgehenden Risikopotenzial auseinander (z. B. *Pseudotsuga menziesii, Quercus rubra)*. Bei einzelnen Arten ergeben sich nur unter bestimmten standörtlichen Bedingungen (z. B. *Robinia pseudoacacia* in lichten Biotopkomplexen mit artenreichen Trockenrasen) oder in Schutzgebieten (z. B. *Pinus strobus* in den Nationalparks Böhmische und Sächsische Schweiz) Probleme, so dass eine differenzierte Einschätzung erforderlich ist. Einzelne Arten erweisen sich (bisher) nur ganz lokal als invasiv, so ein Spierstrauch (*Spiraea tomentosa*), der lediglich in der Oberlausitzer Heide- und Teichlandschaft flächenhaft Dominanzbestände in wertvollen Lebensräumen (z. B. Moore) bildet, damit aber auf das Risikopotenzial hinweisend, das von seiner Verwilderung ausgehen kann.

Da Gärten und insbesondere botanische Gärten mit ihrer Vielzahl kultivierter Pflanzen eine potenzielle Quelle für Ausbreitung, Verwilderung und Etablierung von Arten, darunter möglicherweise invasiver Arten, sein können, haben der Verband Botanischer Gärten in Deutschland und die AG Österreichische Botanische Gärten Grundsätze zum Umgang mit invasiven und potenziell invasiven Pflanzenarten in botanischen Gärten erarbeitet. Diese Grundsätze umfassen Weitergabe von Pflanzenmaterial, Vorbeugung, Beobachtung, Informationsvermittlung und Ausbreitungskontrolle (Kiehn et al. 2007).

Standorte und Verwendung der Gehölze

(Bearbeiter: Peter A. Schmidt)

Im Gegensatz zu den bei allen Arten aufgeführten Verbreitungsangaben (vgl. Abkürzungen in Tab. 1, S. 52–55) fehlen in der „Gehölzflora", deren Hauptzweck in der Bestimmung von Gehölzen besteht, bei den Arten Hinweise auf Standorte bzw. Lebensräume und die Verwendung der Gehölze. Es wird lediglich auf frostempfindliche und giftige Gehölze hingewiesen. Trotzdem sollen einige allgemeine Ausführungen zu Wachstum und Entwicklung in Abhängigkeit von Standortfaktoren und einigen Aspekten der Verwendung erfolgen.

Das Vorkommen einer Gehölzart unter bestimmten ökologischen Bedingungen (Standort, Existenzbereich) in ihrem natürlichen Verbreitungsgebiet (Areal) ist Ausdruck der Wechselwirkungen ihrer genetisch determinierten Lebensraumansprüche (ökophysiologische Potenz), ökologischer Prozesse (inkl. Interaktionen mit anderen Organismen, Konkurrenz, Sukzession usw.) und historischer Prozesse (erdgeschichtlicher Vorgänge und dadurch bedingter Landschafts- und Florenwandel).

Der ökophysiologische Potenzbereich, also das von der genetischen Reaktionsnorm abhängige Spektrum der eigentlich besiedelbaren Standorte, ergibt sich v. a. durch Wasser-, Wärme- und Lichtbedarf, Basen- und Nährstoffbedarf, Kälte- und Trockenheitstoleranz der Arten. Die Amplitude der tatsächlich besiedelten Standorte, also die Präsenz einer Art, ist oft deutlich enger als der Potenzbereich und wird von vielen Faktoren bestimmt, so von der Konkurrenz und weiteren Interaktionen mit Pflanzen-, Pilz- und/oder Tierarten, aber auch von artspezifischen Eigenschaften wie Schattentoleranz, Wüchsigkeit (z. B. rasches Jugendwachstum, Hochwüchsigkeit), Lebensdauer, Widerstandsfähigkeit gegenüber Schaderregern.

Bei Gehölzpflanzungen beeinflusst der Mensch den Existenzbereich der Pflanzen. Bei genügend Freiraum oder weiterem Pflanzabstand, wo der Konkurrenzdruck der Pflanzen untereinander gemindert ist, erweist sich das Spektrum geeigneter Arten wesentlich größer, denn die Potenziale der Arten können unter diesen Standortbedingungen ausgeschöpft werden. Im Vergleich zu den natürlichen Lebensräumen der Gehölze sind die Auswahlmöglichkeiten der Arten für entsprechende Pflanzungen also erheblich größer. Bei Empfehlungen für Pflanzungen von Gehölzen nach „Lebensbereichen" (Wuchsgemeinschaften) wird für die Eingruppierung in Lebensbereiche zwar das natürliche Vorkommen als am wichtigsten, aber nicht als entscheidend betrachtet (P. Kiermeier in Bärtels & Schmidt 2014), da zahlreiche Arten im natürlichen Verbreitungsgebiet nicht an Standorten mit für sie optimalen Bedingungen gedeihen, sondern dort, wo sie von konkurrenzstärkeren Arten nicht verdrängt werden können.

Werden bei zunehmendem Schlussgrad der Pflanzungen die Auswirkungen der Konkurrenz unter den Arten nicht beachtet, setzen sich z. B. wüchsige, schattentolerante Arten durch und fallen weniger konkurrenzfähige, lichtbedürftige Arten aus.

Will man sich an Gehölzen in Gärten und Parks langfristig erfreuen, ist die Kenntnis der ökophysiologischen Potenz ebenso wichtig wie die der Auswirkungen des Einflusses der unterschiedlichen Standortbedingungen und der Konkurrenz auf das Wachstum und die Entwicklung der Gehölze. Dies soll beispielhaft für einige Standortfaktoren aufgezeigt werden.

1 Lichtbedarf und Schattentoleranz

Der Lichtbedarf für die Biomasseakkumulation und damit das Wachstum der Pflanze sowie für die Entwicklung und Reproduktion der einzelnen Gehölzarten ist unterschiedlich hoch und kann sich im Laufe der ontogenetischen Entwicklung ändern. So kann der Lichtbedarf für das Wachstum anfangs (juvenile Phase) noch gering sein, aber mit zunehmendem Alter stark steigen und zur Blütezeit (Maturität) sehr hoch sein, wogegen die Schattentoleranz durchgängig sehr gering ist (z. B. Birken wie *Betula pendula* oder Aspe, *Populus tremula*). Andere Gehölze haben anfangs einen hohen Lichtbedarf für das Wachstum, der aber mit zunehmendem Alter abnimmt, sie können dabei durchgehend schattentolerant sein (z. B. Ahorne wie *Acer platanoides* oder *A. pseudoplatanus*), die Schattentoleranz kann aber auch mit zunehmendem Alter abnehmen (z. B. Esche, *Fraxinus excelsior*). Innerhalb der Vielzahl heimischer und kultivierter Gehölze gibt es alle Übergänge von stark lichtbedürftigen Vertretern bis zu solchen, die viel Schatten ertragen können. Dabei ist zu beachten, dass natürlich alle Pflanzen für die Stoffproduktion eine Mindestmenge an Licht benötigen. Nur relativ wenige Gehölze sind auf permanent schattige Standorte angewiesen, z. B. wegen eines empfindlichen Wasserhaushalts.

Das Wirken der Lichtkonkurrenz soll am Beispiel dreier einheimischer Baumarten verdeutlicht werden, der stark schattenden und selbst schattentoleranten Buche (*Fagus sylvatica*) und der lichtbedürftigen und wenig bis keinen Schatten ertragenden Kiefer (*Pinus sylvestris*) und Stiel-Eiche (*Quercus robur*). Auf „mittleren" Standorten (bodenfrisch, mäßig bis gut nährstoffversorgt) würden alle drei Arten optimale Wachstumsbedingungen finden. Bei gemeinsamem Vorkommen auf solchen Standorten würde sich *Fagus sylvatica* auf Dauer behaupten. Die beiden anderen Arten werden auf Standorte verdrängt, wo die Konkurrenzkraft der Buche abnimmt oder auf denen sie nicht mehr zu gedeihen vermag. Da das Spektrum der besiedelbaren Standorte (Potenzbereich) bei *Pinus sylvestris* und *Quercus robur* deutlich größer ist, haben sie eine weitere Standortsamplitude, die von trockenen bis zu feuchten oder sogar nassen Standorten reicht. Damit können die beiden Arten auf Extremstandorte außerhalb des Dominanzbereiches der Buche ausweichen. Das bedeutet aber nicht, dass sie diese Standorte bevorzugen, sie können sie lediglich ertragen.

Soll in Gärten und Parks eine große Vielfalt an Gehölzen kultiviert werden, dann müssen die sich aus Lichtbedarf und Schattentoleranz der Arten ergebenden Wirkungen berücksichtigt werden. Werden stärker Schatten erzeugende Bäume gepflanzt, so muss eine entsprechend große Fläche zur Verfügung stehen oder es muss bei Platzmangel auf sie verzichtet werden.

Es ist immer wieder zu beobachten, dass in Relation zu der zur Verfügung stehenden Fläche zu viele oder zu groß werdende Gehölze gepflanzt werden und der Pflanzabstand zu gering ist. Wenn nicht rechtzeitig eingegriffen oder aus unterschiedlichen Gründen auf die Entnahme von Pflanzen verzichtet wird, regeln die Belichtungsverhältnisse und die Konkurrenz (Schattentoleranz, Wurzelkonkurrenz u. a.) Wachstum und Entwicklung der gepflanzten Gehölze und die Zusammensetzung des Pflanzenbestandes. In Gärten, Arboreten und Parkanlagen mit dichtem Gehölzbestand zeigen die Pflanzen oft weniger typische Wuchsformen und eingeschränkte Vitalität. Auslichtung hätte Pflanzfehler korrigieren können, wurde aber versäumt, nicht selten aus Respekt vor „Gehölzraritäten".

2 Bodenreaktion

Bei ausreichender Belichtung vermögen die meisten Gehölze in einem Boden mit neutraler bis schwach saurer Reaktion, wie er in vielen Gärten und Parkanlagen vorliegt, zu gedeihen. Ein schwach bis stark alkalischer Boden mit anstehendem Kalkgestein begrenzt die Auswahlmöglichkeiten an Gehölzen, einerseits wegen der dort häufig herrschenden erschwerten Wasserversorgung und andererseits wegen der Kalkunverträglichkeit mancher Gehölze.

Zwar lässt sich lokal die Bodenreaktion durch gezielte Maßnahmen der Bodenbehandlung beeinflussen, aber basenreiches Milieu lässt sich nur schwer unterdrücken und gelangt immer wieder zur Dominanz (basenreiches Gießwasser, auf Kalkböden Vordringen der Baumwurzeln in größere Tiefen). Daher sind kalkunverträgliche Gehölze für basenreiche Standorte nicht geeignet. Der Grund für ihr Versagen liegt u. a. in ihrer spezifischen Mykorrhiza. Einige der Mykorrhizapilze vermögen im alkalischen Bereich nicht zu gedeihen oder sich nicht zu entfalten, so dass auf derartigen Standorten Gehölze, die auf die Pilzpartner angewiesen sind, versagen oder nur kümmerliches Wachstum zeigen. Sichtbar wird die Empfindlichkeit von Gehölzen gegenüber einem für sie zu hohen Kalkgehalt der Standorte oft an gelbgrüner Blattfärbung (Kalkchlorose).

3 Nährstoffe

Unterschiede in der Nährstoffversorgung bestimmen zwar die Wuchsleistung, schränken aber die Auswahlmöglichkeiten für Gehölze nicht wesentlich ein, insbesondere, wenn Möglichkeiten zur Regulierung des Nährstoffgehaltes des Bodens (z. B. durch Düngung) bestehen.

Bei der Anlage von Gärten und Parks mit weniger günstigen Standortbedingungen bezüglich der Nährstoffversorgung (nährstoffarme Böden) und des Wasserhaushaltes (trockene Standorte, vgl. unter 4) darf auch die zu erwartende Wurzelkonkurrenz nicht vernachlässigt werden. Es muss bedacht werden, dass nur eine der zur Verfügung stehenden Fläche angemessene Zahl von Gehölzen, insbesondere großer und schattender Bäume, gepflanzt werden kann (siehe auch unter 1, S. 60). Sonst trägt die Wurzelkonkurrenz zur Vitalitätsminderung bei und eine gewünschte Artenvielfalt wird durch Ausfall von Arten eingeschränkt.

Unter den Pflanzennährstoffen spielt der Stickstoff eine wichtige Rolle („Motor des Sprosswachstums") und wird oft als Dünger eingesetzt. Zu hohe Stickstoffgaben oder zu späte Ausbringung im Hochsommer können jedoch den Abschluss des Sprosswachstums deutlich verzögern, was zu stärkeren Frostschäden (siehe unter 5, S. 62) bei empfindlichen Gehölzen führen kann.

Es ist ferner zu beachten, dass seit einigen Jahrzehnten eine erhebliche Stickstoffdüngung durch Stoffeinträge verschiedenster Herkunft über die Luft (Immissionen) erfolgt. Ein kontinuierlicher Stickstoffeintrag kann das Gleichgewicht zwischen Spross und Wurzel destabilisieren, so dass sich u. a. Trockenperioden stärker auswirken (z. B. durch Reduktion der Blattfläche). Außerdem kann der Mykorriza-Besatz reduziert und damit die Aufnahmefähigkeit des Wurzelsystems für Nährstoffe und Wasser herabgesetzt werden.

Stickstoffdüngung sollte angesichts des Stickstoffeintrags aus der Luft bei der Pflege der Gehölze in Parks und Gärten nur dort eingesetzt werden, wo es tatsächlich erforderlich ist.

4 Bodenfeuchte

Wassermangel kann ebenso wie Überangebot an Wasser das Gehölzwachstum begrenzen bzw. zu einem begrenzenden Faktor für die Gehölzauswahl werden. Gärten und Parks auf extremen Standorten wie südexponierten Hängen, flachgründigen Böden oder Substraten mit geringer Wasserspeicherkapazität (Sand, Kies) müssen bewässert werden oder es können Substrate mit erhöhter Wasserspeicherfähigkeit eingebracht werden. Sollte jedoch die Wasserversorgung permanent erschwert sein, besteht eine Alternative in der Auswahl von Gehölzen, die mehr Trockenheit ertragen. Die Bedeutung solcher Gehölze steigt bei den als Folge des Klimawandels zunehmenden Trockenperioden. Sie zeichnen sich häufig aus durch xeromorphe, harte oder sukkulente Blätter, reduzierte oder stark behaarte Blattspreiten oder durch ein ausgedehntes bzw. tief reichendes Wurzelsystem. Hinweise auf solche Gehölze können über die Verbreitungsangaben der Arten aus der Tabelle erschlossen werden, wenn die Verbreitungseinheiten mit arid oder semiarid bis semihumid charakterisiert sind.

Aber auch temporäre oder permanente Bodennässe können viele Gehölze nicht ertragen. Bei vorübergehender Vernässung unterscheiden sich die Auswirkungen von fließendem Wasser (differenzierte Überflutungstoleranz) und stehendem Wasser bzw. Staunässe. Bei staunassen Böden geht die Wassersättigung des Bodens mit Sauerstoffmangel und dessen Folgeerscheinungen (bis hin zu toxischen Konzentrationen bestimmter Elemente oder Verbindungen) einher, was zur Schädigung der Wurzeln oder dem Absterben der Pflanzen führen kann. Auf hoch anstehendes Grundwasser reagieren viele Gehölze mit einem oberflächennahen, flachen Wurzelwerk („Tellerwurzeln"), was bei Bäumen zu einer erhöhten Gefährdung durch Windwurf führt.

Nur relativ wenige Arten können in einem dauernd vernässten Substrat gedeihen. Tolerant gegenüber Wassersättigung des Bodens sind z. B. *Alnus glutinosa, Fraxinus pennsylvanica, Nyssa aquatica* und *Taxodium distichum*. Als tolerant gegenüber Überflutungen gelten z. B. *Acer negundo, Populus*- und *Salix*-Arten, *Ulmus*-Arten und *Quercus robur*.

5 Frost

Für den Anbau in Mitteleuropa kommen nur Gehölze der außertropischen Gebiete in Betracht, so aus der arktischen bis meridionalen Zone der Nordhalbkugel (Holarktis) oder der australen Zone der Südhalbkugel (vgl. Tab. 1 im Kap. zu Verbreitungs- und Herkunftsangaben ab S. 52).

Die Angaben zur Frosthärte in der „Gehölzflora" gelten für wiederkehrende Kälteperioden im Winter, nicht dagegen für gelegentlich auftretende kurzfristige Kälte außerhalb des Winters, z. B. Spätfröste im Frühjahr. Derartige Fröste schädigen oft junges, gerade gebildetes Gewebe, das über unzureichende Frosthärte verfügt. Gerade gegenüber Winterkälte resistente sibirische Arten, die bei Erreichen einer bestimmten Wärmesumme in Mitteleuropa zeitig austreiben (z. B. *Abies sibirica*), sind durch solche Spätfröste besonders gefährdet. Spät treibende Arten oder Herkünfte entgehen daher der Gefährdung durch Spätfröste. Desgleichen können sich Frühfröste im Spätsommer oder Frühherbst negativ auswirken, wenn sie junges, noch nicht ausgereiftes Gewebe treffen. Deshalb sollte bei empfindlichen Arten für eine möglichst frühzeitige Beendigung des Triebwachstums Sorge getragen werden (z. B. Vermeidung von Stickstoffüberdüngung und Stickstoffgaben ab Juli). Aber auch die Verlängerung der Vegetationsperiode im Rahmen des Klimawandels kann dazu führen, dass die Gefahr einer Schädigung noch nicht ausgereifter Triebe durch Frost steigt.

Bei dem gegenwärtige Klimawandel und der Zunahme milder Winter ist die Versuchung groß, allgemein als eher frostgefährdet bekannte Gehölzarten vermehrt im Freiland anzupflanzen. So wurden auch im Vergleich zur vorhergehenden in der vorliegenden Auflage der „Gehölzflora" mehrere solcher Arten, besonders aus der meridionalen oder australen Zone, zusätzlich aufgenommen. Diese können aber in Wintern mit kurzfristigen Perioden strenger Fröste stark geschädigt werden oder gar absterben, nachdem sie über mehrere Jahre erfolgreich im Freiland kultiviert wurden (z. B. Totalausfall von *Wollemia nobilis* nach zwei derartigen Wintern).

Manche Ausfälle im Winter sind nicht auf eine direkte Einwirkung des Frostes auf das pflanzliche Gewebe zurückzuführen, sondern sind indirekte Folgen der Kälte. Ist der Boden gefroren und sind die oberirdischen Pflanzenteile stärkerer Sonneneinstrahlung ausgesetzt, so kann der Wasserverlust aus dem Zweigsystem nicht ersetzt werden und es kommt zur „Frosttrocknis". Derartige, v. a. bei immergrünen Arten in schneefreien Winterperioden oder in schneearmen Lagen auftretende, Schäden lassen sich besonders bei Jungbäumen durch Mulchen der Baumscheibe, Wässern im Herbst und Beschattung der südexponierten Kronenteile minimieren. Empfindliche Immergrüne sollten zur Vermeidung von Frosttrocknis bevorzugt im Schatten oder Halbschatten kultiviert werden.

Das Ertragen bestimmter winterlicher Temperaturminima ist ein wichtiger Faktor für die Verbreitung von Gehölzen und damit auch ein Kriterium für ihre Anbaufähigkeit außerhalb ihres natürlichen Areals. Zur Aufstellung von „Winterhärtezonen" (vgl. Bärtels & Schmidt 2014), in denen bestimmte Baumarten noch mit hinreichendem Erfolg kultivierbar sind, erwies sich das Mittel aus den jährlichen Temperaturminima als einigermaßen geeignet. Dabei ist aber zu bedenken, dass für die Verbreitung von Pflanzen oft nicht Mittelwerte, sondern die nur selten auftretenden Extremwerte von Bedeutung sein können.

In der „Gehölzflora" wird auf die Angabe von Winterhärtezonen verzichtet. Die frostempfindlichen Arten werden lediglich zwei Kategorien zugeordnet:

- Symbol ^^: Besonders empfindliche Gehölze, die nur in mildesten Lagen mit einem ungefährem Mittel der Temperaturminima bis –12 °C aushalten.
- Symbol ^: Empfindliche Gehölze, die noch in Gebieten mit einem Mittel der Temperaturminima bis –18 °C zu gedeihen vermögen.

Aber selbst bei dieser vereinfachten Einstufung ist zu bedenken, dass über den Erfolg beim Anbau frostgefährdeter Arten mehrere Faktoren entscheiden, v. a. die jeweiligen kleinklimatischen Gegebenheiten. So sind z. B. Muldenlagen ungünstig für den Anbau frostgefährdeter Arten, Hanglagen oder Standorte in Seenähe dagegen günstiger. Auch der Witterungsverlauf zur Zeit der herbstlichen Abhärtungsphase sowie Höhe und Dauer der Schneebedeckung, Beginn, Dauer und evtl. Unterbrechung der Frostperioden sind von großer Bedeutung.

Außerdem ist zu beachten, dass innerhalb einer Art oft erhebliche, genetisch fixierte Unterschiede in der Frostresistenz bestehen. Herkünfte aus kühleren Bereichen eines Areals oder höheren Lagen eines Gebirges ertragen oft größere Winterkälte. Außerdem hat sich gezeigt, dass Nadelgehölze mit stärkerer Wachsauflage der Nadeln (sogenannte blaue oder silbrige Formen oder Sorten, oft bezeichnet mit 'Glauca', 'Argentea', 'Caerulea') frosthärter, aber interessanterweise oft auch trockenresistenter sind als die grünnadeligen Pflanzen derselben Art (z. B. *Cedrus atlantica* 'Glauca', für die Gattung *Picea* vgl. hierzu Schmidt 1991).

Giftige Gehölze

(Bearbeiter: Peter A. Schmidt)

In der „Gehölzflora" wird am Ende der jeweiligen Gattungs- bzw. Artbeschreibungen durch ein Symbol auf Gehölze hingewiesen, die giftig sind (**G!**).

Vergiftungserscheinungen durch Gehölze, die toxische oder die Gesundheit gefährdende Inhaltsstoffe enthalten, können auftreten, wenn diese Substanzen mit giftigen Pflanzenteilen in den Magen-Darm-Trakt gelangen oder auch nach Berührung der Pflanzen bzw. aus ihnen austretender Pflanzensäfte.

Wenn auch die Zahl der Vergiftungen durch Verzehr von Pflanzenteilen giftiger Gehölze im Vergleich zu anderen Ursachen von Gefährdungen im täglichen Leben relativ gering ist, so besteht doch die potenzielle Gefahr mitunter auch lebensgefährlicher Vergiftungen.

Grundsätzlich muss gelten und ist frühzeitig Kindern entsprechend zu vermitteln, dass keine Früchte, Blätter oder andere Teile von unbekannten Pflanzen gegessen werden dürfen. Darüber hinaus bedarf es der Aufklärung über giftige Gehölze. Arten mit toxischen Inhaltsstoffen in Blüten, Früchten, Blättern oder Rinden müssen in der Öffentlichkeit bekannt gemacht werden. Wo sich kleine Kinder unbeaufsichtigt aufhalten, sollte die Pflanzung giftiger Gehölze vermieden werden, um die Gefahr einer Vergiftung zu minimieren.

Die Giftigkeit kann innerhalb einer Art variieren (unterschiedliche Biotypen) oder vom Standort beeinflusst werden. Toxische Substanzen können in allen Pflanzenteilen vorkommen oder ihr Gehalt kann in den verschiedenen Organen der Pflanze unterschiedlich hoch sein, manchmal auch fehlen. Deshalb werden bei folgender Übersicht giftiger Gehölze, sofern bekannt, die entsprechenden Pflanzenteile angegeben.

Nicht selten sind gerade die zum Verzehr verlockenden Früchte wie Beeren- und Steinfrüchte oder die Kinder an „Schoten" erinnernde Hülsenfrüchte stärker giftig. Andererseits ist bei der sonst in allen Teilen giftigen Eibe (*Taxus*) gerade der auffällige rote fleischige Samenmantel nicht giftig. Bei anderen Arten (z. B. der Gattung *Berberis*), die als Giftpflanzen gelistet werden, sind die Früchte nicht giftig, sondern nur die Rinde. Der Reifezustand der Früchte kann ebenfalls das Ausmaß der Giftigkeit beeinflussen, denn bei manchen Arten sind nur die unreifen Früchte giftig (z. B. *Sambucus nigra, Viburnum opulus*). Manchmal ist v. a. oder nur die Rinde giftig, dies wurde nur berücksichtigt, wenn es sich um Rinde an oberirdischen Sprossachsen handelt, aber nicht, wenn nur Giftstoffe aus der Wurzelrinde (z. B. bei *Punica granatum*) bekannt sind.

Von entscheidender Bedeutung für die Giftwirkung ist die mit der verzehrten Menge giftiger Pflanzenteile aufgenommene Dosis toxischer Inhaltsstoffe. Bei einigen Arten wirken bereits geringste Mengen bestimmter Substanzen giftig, bei anderen Arten hängt die Wirkung von der Dosis ab. So können z. B. die Inhaltsstoffe von Früchten bestimmter Arten, wenn diese in geringer Menge aufgenommen werden, sogar gesundheitsfördernd sein (z. B. Gojibeere, *Lycium*-Arten), in höheren Dosen jedoch toxisch wirken. Manche Giftpflanze ist zugleich Heilpflanze, wobei Vorsicht geboten ist, denn die Grenze zwischen Heil- und Giftwirkung kann fließend sein.

Bei bestimmten Arten kann allein der Kontakt mit den Pflanzen oder deren Säften zu Vergiftungserscheinungen führen, die sich in Hautreizungen, Rötung der Haut, Blasenbildung oder gar schmerzhaften Hautentzündungen äußern. So können z. B. Säfte des Efeus (*Hedera*) oder der Waldrebe (*Clematis*) Kontaktdermatitis verursachen. Besonders gefährlich in dieser Hinsicht sind aber die Giftsumach-Arten (*Toxicodendron*)

Die Anmerkungen über die giftigen Gehölze sollen zur Umsicht im Umgang mit ihnen anregen, aber nicht Furcht einflößen oder gar eine Pflanzung solcher Arten generell ausschließen. Aufklärung über diese Arten ist wesentlicher als Verbote, wenn auch die Pflanzung ausgewählter Arten mit mittlerer bis hoher Gefährdung an Kindereinrichtungen zu unterlassen ist. Für einige Arten ist die Pflanzung an Kinderspielräumen („Spielplätze und Freiflächen zum Spielen", DIN 18034) generell untersagt (*Daphne-*, *Euonymus-*, *Laburnum*-Arten, *Ilex aquifolium*).

Bei einigen der zweihäusigen Arten, deren Früchte oder Samen zum Naschen verleiten, kann auf männliche Pflanzen zurückgegriffen werden (z. B. *Ilex*), in einzelnen Fällen auch auf nicht fruchtende Sorten (z. B. mit gefüllten oder sterilen Blüten).

Übersicht giftiger Gehölze

Aussagen mit Einschätzungen zur Giftigkeit von Gehölzen und dem Grad der Giftigkeit der einzelnen Pflanzenteile sind in der Literatur keineswegs einheitlich, teils sogar umstritten. Eine umfassende Übersicht über den gegenwärtigen Stand der Kenntnisse zu toxischen Inhaltsstoffen bei Pflanzen findet im sich im Internet (*http://www.giftplanzen.com*). Manche der aufgelisteten Arten sind nur schwach giftig oder erst nach Aufnahme größerer Mengen an giftigen Pflanzenteilen, manche Arten finden nicht nur als Heilpflanzen Verwendung (siehe oben), sondern auch als Nutzpflanzen (z. B. als Gewürze, für die Zubereitung von Tee, Marmelade u.a.). Sie werden trotzdem in der Liste aufgeführt, teils wird in Klammern auf die Nutzung verwiesen.

Wertvoll für die Praxis sind die Broschüre „Giftpflanzen – Beschauen, nicht kauen" (Deutsche Gesetzliche Unfallversicherung 2006, *publikationen.dguv.de/dguv/pdf/10002/202-023.pdf*), in die Auswertungen der in den Giftnotrufzentralen dokumentierten Vergiftungsfälle eingingen, und die „offizielle" Liste giftiger Pflanzenarten des Bundesumweltministeriums (BMU 2000; *www.jurion.de/gesetze/giftpflbek/anlage_1/*). In der folgenden Übersicht werden die Arten, die nach diesen beiden Publikationen als **giftig bis stark giftig eingestuft** sind bzw. **mittelschwere bis schwere Vergiftungen bei Verzehr geringer Mengen** hervorrufen, durch **Fettdruck** hervorgehoben und werden bei den Beschreibungen mit **G!!** gekennzeichnet.

Wenn mehrere oder alle Arten einer Gattung giftig sind, wird nur der Gattungsname angegeben. In Klammern sind, soweit bekannt, die giftigen Pflanzenteile genannt.

Aesculus (Früchte, besonders wenn grün und unreif)
Ailanthus altissima (Rinde, Blätter, Samen)
Andromeda polifolia (Blätter und Blüten)
Aralia elata, A. spinosa (alle Pflanzenteile)
Arbutus unedo (Blätter)
Arctostaphylos (Blätter, allerdings in geringen Mengen zur Teezubereitung Verwendung findend; Früchte nicht oder höchstens sehr schwach giftig, wenn auch kaum genießbar)
Aristolochia (alle Pflanzenteile, besonders Wurzel und Samen)
Asimina triloba (Samen, Blätter, Rinde)
Aucuba japonica (Blätter, Samen)

Berberis (Rinde, aber Früchte nicht giftig)
Buxus (alle Pflanzenteile, besonders Blätter und Rinde)

Callicarpa
Caragana (besonders Samen)

Catalpa (alle Pflanzenteile, aber geringer Gehalt an toxischen Stoffen)
Celastrus (alle Pflanzenteile)
Cephalotaxus
Chamaecyparis (alle Pflanzenteile)
Chamaecytisus (alle Pflanzenteile)
Chamaedaphne calyculata
Chimonanthus praecox (Samen)
Clematis (alle Pflanzenteile)
Colutea (Blätter, Früchte, besonders Samen)
Coriaria
Cornus sanguinea, C. alba u. a. (Blätter und Rinde, aber Früchte kaum od. nicht giftig, wenn auch roh ungenießbar)
Cotoneaster (Blätter, Blüten, besonders Früchte)
Cytisus (alle Pflanzenteile, besonders Samen), ***C. scoparius***

Daphne (alle Pflanzenteile, bei einigen Arten besonders Früchte und Samen)
Daphniphyllum macropodum (Früchte)
Decaisnea insignis (Rinde)
Diospyros virginiana (unreife Früchte, Holz)
Dirca palustris
Drimys winteri

Eleutherococcus senticosus
Ephedra (alle Pflanzenteile)
Euonymus (alle Pflanzenteile, aber besonders Früchte und Samen)

Fagus sylvatica (Samen der Bucheckern, aber nur leicht und bei dafür empfindlichen Personen giftig)
Fatsia japonica
Forsythia (Blüten, Samen, Blätter, aber geringer Gehalt an toxischen Stoffen)
Frangula alnus (meist alle Pflanzenteile, v. a. Rinde und unreife Früchte)

Gaultheria mucronata, G. procumbens (Blätter)
Genista (alle Pflanzenteile, besonders Samen)
Gleditsia triacanthos (Blätter)
Gymnocladus dioicus (Samen)

Hedera (alle Pflanzenteile, besonders Früchte)
Hydrangea (alle Pflanzenteile, besonders Blätter und Blütenknospen, aber geringer Gehalt an toxischen Stoffen)
Hylotelephium populifolium

Ilex (Blätter, besonders Früchte), ***I. aquifolium***

Juniperus, v. a. Arten der **Untergattung *Sabina***, Sadebäume (beblätterte Jungtriebe, Zapfen), bei anderen Arten wie *J. communis* höchstens bei Verzehr großer Mengen an Beerenzapfen

Kalmia (Blätter, Samen)
Kerria japonica (Samen, aber häufig kultivierte gefülltbütige Sorten bilden keine Früchte aus)

+ *Laburnocytisus adamii*
Laburnum (alle Pflanzenteile, besonders Samen)
Ledum → *Rhododendron*
Ligustrum (Früchte, Blätter, Rinde), ***L. vulgare***
Liriodendron tulipifera (Holz)
Lonicera (Blätter und/oder Früchte, aber bei einigen Arten Früchte essbar), ***L. nigra, L. xylosteum***
Lycium-Arten (Blätter, Früchte, aber Früchte bestimmter Arten essbar, bekannt als Goji-Beeren, Giftwirkung nur bei Genuss größerer Mengen)

Mahonia (Wurzel, Rinde, aber Früchte nicht oder höchstens schwach giftig)
Myrica gale (früher galten alle Pflanzenteile als giftig, aber Giftigkeit inzwischen umstritten)

Nandina domestica
Neoshirakia japonica

Pachysandra-Arten (Blätter)
Paeonia (alle Pflanzenteile, aber geringer Gehalt an toxischen Stoffen)
Paulownia (Früchte)
Periploca graeca
Phellodendron
Pieris (alle Pflanzenteile)
Pittosporum tobira
Platycladus orientalis (alle Pflanzenteile)
Podocarpus macrophyllus, P. salignus und eventuell weitere Arten (vermutlich alle Pflanzenteile außer fleischiger Samenhülle, aber Angaben differerieren)
Prunus dulcis var. *amara* (Samen), aber auch Samen (nicht Fruchtfleisch!) anderer *Prunus*-Arten ± giftig, bei einigen Arten (z. B. ***P. laurocerasus***, *P. padus, P. serotina*) auch Blätter
Pyracantha (Früchte, aber höchstens schwach giftig, auch als ungiftig eingeschätzt)

Quercus (Samen der Eicheln bestimmter Arten, aber nur leicht und bei dafür empfindlichen Personen giftig)

Rhamnus (meist alle Pflanzenteile, v. a. Rinde und unreife Früchte)
Rhododendron (inkl. *Ledum*), viele, wenn auch nicht alle Arten (artabhängig entweder alle Pflanzenteile oder Blätter, Blüten, Pollen, Früchte)
Rhodotypos scandens (Rinde, Blüten)
Rhus: im Gegensatz zu *Toxicodendron*-Arten eigentliche Sumach-Arten kaum oder nicht giftig
Robinia (Rinde, Früchte, besonders Samen), ***R. pseudoacacia***
Rosmarinus officinalis (nur bei kaum zu erwartendem Verzehr großer Mengen, auch Nutzpflanze)
Ruscus (alle Pflanzenteile)
Ruta graveolens

Sambucus (Rinde, Blätter, unreife Früchte)
Sarcococca (Blätter)
Sassafras albidum (Rinde, Wurzelholz)
Skimmia japonica

Solanum dulcamara (alle grünen Pflanzenteile, unreife Früchte)
Sophora davidii
Sorbus aucuparia (frische Früchte, aber nur roh und in riesigen Mengen verzehrt, essbar var. *moravica* und Sorten)
Spartium junceum
Styphnolobium japonicum (Rinde, Samen)
Symphoricarpos (Wurzeln und Blätter gering, Früchte noch geringer, diese ungenießbar, aber bisher keine Vergiftungen durch deren Genuss bekannt)

Taxus (alle Pflanzenteile außer dem fleischigen Samenmantel)
Tetradium (Früchte – phototoxische Wirkung)
Thuja occidentalis (beblätterte Jungtriebe, Zapfen, Holz)
Torreya (Blätter)
Toxicodendron (alle Pflanzenteile, besonders Samen)

Ulex (alle Pflanzenteile)

Viburnum (Rinde, teils auch Blätter und Früchte, v. a. unreife Früchte, aber reife Früchte von *V. opulus* nicht giftig)
Vinca (Blätter)
Viscum (alle Pflanzenteile außer Früchte)
Vitex agnus-castus (nur bei kaum zu erwartendem Verzehr großer Mengen, auch Nutzpflanze)

Wisteria (Blätter, Früchte, v. a. Samen)

Zanthoxylum (alle Pflanzenteile, aber nur bei kaum zu erwartendem Verzehr großer Mengen, auch Nutzpflanze)

Hinweise zur Benutzung der Bestimmungsschlüssel

Zur Bestimmung der Gehölze dienen dichotome Bestimmungsschlüssel, d. h. Schlüssel, die vergleichbar sind mit einer Aufeinanderfolge von „Weggabelungen". Diesen entsprechen durchnummerierte Fragen, die jeweils nur 2 Alternativen als Antwort zulassen. Die erste Alternative wird durch eine halbfett gedruckte Zahl, die zweite durch einen Strich (—) links vor den Fragen gekennzeichnet. Man muss sich also in jedem Fall für eine der beiden Möglichkeiten entscheiden und daher die dargestellten Unterscheidungskriterien (Merkmale von Zweig, Blatt, Blüte, evtl. auch Wuchsform u. ä.) an der Pflanze genau studieren. In vielen Fällen leistet dabei eine Lupe von 6–10-facher Vergrößerung gute Dienste (z. B. bei Fragen nach dem Vorkommen von Haaren oder Drüsen). Trifft eine der beiden Alternativen zu, so ist die dazugehörige Punktlinie bis zum rechten Seitenrand zu verfolgen. Dort steht entweder das Ergebnis (meistens der Gattungs- oder Artname) oder eine halbfett gedruckte Zahl. Diese weist auf ein neues Fragenpaar hin. I. d. R. gelangt man erst über mehrere Fragenpaare (d. h. über mehrere „Weggabelungen") zum Ziel. Bei den Alternativen (Nummer und dazugehöriger Strich am linken Seitenrand) stehen die wichtigsten Merkmale meistens zu Beginn. Innerhalb einer Alternative können nach einem Gedankenstrich zusätzlich Merkmale aufgeführt sein, die bei den jeweiligen Arten auftreten, jedoch keine Gegenmerkmale zur Alternative darstellen müssen, da sie dort im Einzelfall auch auftreten können. Falls Blüten oder Früchte als Unterscheidungskriterien angeführt sind und nicht zur Verfügung stehen, kann die Bestimmung Schwierigkeiten bereiten. In solchen Fällen empfiehlt sich, die Nummer des entsprechenden Fragenpaars zu notieren (wie überhaupt für Anfänger die schriftliche Aufzeichnung der Nummernfolge des Bestimmungswegs vorteilhaft ist) und von dieser Gabelung aus den einen **und** den anderen Weg zu verfolgen. Führt der eine Weg nicht zum Ziel bzw. sind die dort gestellten Fragen „abwegig", so muss bis zur fraglichen Weggabel zurückgegangen und der alternative Weg verfolgt werden.

Bezüglich der Maßangaben in der „Gehölzflora" vorab ein Hinweis: Die Maße stellen Durchschnittswerte dar. Da die Größe vieler Pflanzenorgane aufgrund der genetischen Konstitution der betrachteten Einzelpflanze und insbesondere aufgrund unterschiedlicher Umweltbedingungen variieren kann, sollten zur Bestimmung nach Möglichkeit mehrere Zweige hinzugezogen werden oder zumindest ein für das betreffende Individuum „charakteristischer" Zweig. Verschiedentlich wird darauf hingewiesen, welche Zweige (z. B. waagrechte Seitenzweige) oder Blätter (z. B. Blätter der Kurztriebe) zur Bestimmung heranzuziehen sind.

Im Folgenden wird an zwei Beispielen die Benutzung der Bestimmungstabellen kurz erläutert.

Beispiel 1: Serbische Fichte, *Picea omorika*

Der Anfänger beginnt in der Regel mit dem Synoptischen Gruppenschlüssel auf S. 73. Da es sich um ein Nadelgehölz handelt, kommen wir zu Gruppe I auf S. 74 (die Seitenzahlen stehen in Normalschrift). Hier trifft bei Fragenpaar 1 die untere Alternative zu, da die Blätter unserer Pflanze nadelförmig sind, womit wir zu Fragenpaar 2 kommen. Von dort führt der Weg, da eine immergrüne Pflanze mit derben, harten Nadeln vorliegt, zu Fragenpaar 4. Hier steht hinter der 4 eine 2 in Klammern, was bedeutet, dass wir von Frage 2 zu Frage 4 gelangt sind. (Dadurch lässt sich, wenn mehrere Fragenpaare übersprungen wurden, der Bestimmungsweg leicht zurückverfolgen.) Von Frage 4 kommen wir, da die Nadeln stets einzeln angeordnet sind, zu Nummer 5. Hier müssen wir uns – wieder wegen der einzeln stehenden Nadeln – für Nummer 7 entscheiden. Die spiralige Anordnung der Nadeln führt uns zu Nr. 8. Da die Nadeln unserer Beispielspflanze < 1 cm breit sind, werden wir auf Nr. 9 verwiesen. Hier wird nach der Rindenfarbe zweijähriger Zweige gefragt. Diese ist bräunlich und außerdem sind die Nadeln deutlich vom Zweig abgegliedert und sitzen einem stielartigen Blattkissen auf, d. h., wir haben einen Vertreter der Familie *Pinaceae* vor uns. Die Entscheidung wird durch Abbildungshinweise erleichtert; (*702/1*) bedeutet die 1. Abbildung auf S. 702. Wie die Pflanzennamen stehen auch die Abbildungsnummern stets in kursiver Schrift. Den Schlüssel zum Bestimmen der Gattungen der *Pinaceae* finden wir auf Seite 274.

Da die Nadeln unserer Pflanze einzeln stehen, entscheiden wir uns für 1– und gelangen zu Nr. 2. Die Nadeln stehen stets und nur einzeln, was uns zu Nr. 5 führt. Da die Nadeln an der Basis nicht scheibenförmig verbreitert sind (wie das aussehen müsste, können wir aus der Abbildung *337/1* ersehen), machen wir bei Nr. 6 weiter. Die Nadeln unserer Pflanze sind am Grund nicht stielartig verschmälert, sondern sitzen einem rindenfarbigen, am Trieb herablaufenden holzigen Stiel (Bl.kissen) auf, wodurch die Zweige nach dem Nadelfall gefurcht und rau sind (*702/1*), damit gelangen wir zur Gattung *Picea* ab S. 702.

Das erste Fragenpaar im Schlüssel zum Bestimmen der Arten der Gattung *Picea* auf S. 704 bezieht sich auf den Nadelquerschnitt und die weißen Bänder aus Stomatalinien. Ist die Nadel abgeflacht wie in den Abbildungen *703/11–13* und kommen die Stomatalinien nur auf der nach unten gekehrten Seite der Nadel vor oder ist die Nadel im Querschnitt mehr oder weniger vierkantig (vgl. Abb. *703/7–10*) und tragen alle vier Seiten der Nadel Spaltöffnungsreihen? Da die erste Alternative zutrifft, gehen wir zu Nr. 30. Entscheidend sind hier die Knospenschuppen. Deren Spitzen sind pfriemförmig verlängert. Sicherheitshalber prüfen wir die anderen angegebenen Merkmale: Wenn wir die hell rotbraunen Zweige mit der Lupe betrachten, erkennen wir Haare. Die ziemlich stumpfen Nadeln sind höchstens 2,5 cm lang und maximal knapp über 2 mm breit. Die Knospen sind nicht harzig. Damit lautet unser Ergebnis *Picea omorica*, die Serbische Fichte oder Omorika-Fichte.

Beispiel 2: Süß-Kirsche, *Prunus avium* zur Blütezeit

Die 1. Frage im *Prunus*-Schlüssel auf S. 748 führt uns, da die Blüten nur zu wenigen im Blütenstand stehen, zu Punkt 7. Hier folgt die Frage, ob die Langtriebe eine Endknospe besitzen. Da die Knospen zur Blütezeit gerade austreiben, ist ihr Vorhandensein oft nur an den jungen, aus ihnen erwachsenden Trieben erkennbar. Der Zweig der Süßkirsche besitzt eine Endknospe, die das Wachstum an der Zweigspitze fortsetzt, so dass hier die zweite Alternative zu Punkt 8 führt. Unter 8 lautet die Frage, ob die Blüten sitzen oder ob sie gestielt sind. Hier leitet die Antwort „Bltn. stets deutl. gestielt" zum Punkt 9, zur Untergatt. *Cerasus*, Kirsche. Innerhalb der Kirschen folgt eine weitere Frage zum Blütenstand, weil es unter Punkt 1 eine Ausnahme mit traubigem Blütenstand gab, die an dieser Stelle erreicht wird. Da unser Baum jedoch nicht diese Ausnahme ist, gehen wir zu Punkt 10, wo die Frage nach der Zahl der Seitenknospen in der Blattachsel folgt. Auch hier müssen wieder die jungen Triebe die Information liefern. Sie zeigen, dass die Seitenknospen immer einzeln stehen. Ein weiteres Merkmal, die „grünen bis rötl. schuppenf. Hochbl.", unterstützt die Entscheidung für Punkt 18. Unter 18 wird danach gefragt, ob die Griffel über dem Fruchtknoten behaart sind. Nach Öffnung des Blütenbechers ist bei Betrachtung mit einer starken Lupe zu erkennen, dass der Griffel, wie das ganze Fruchtblatt, kahl ist. Es geht also mit Punkt 19 weiter. Hier folgt die Frage, ob die Kelchblätter zur Blütezeit zurückgeschlagen sind und ergänzend, ob der Blütenboden leicht bauchig und die Kronblätter weiß sind sowie ob die Zähne des Blattrands meist abgerundet sind, mit aufgesetzter kleiner Knorpelspitze. Alles das trifft zu, so dass sich unter Punkt 22 die nächste Frage stellt: ob die Kronblätter kürzer oder länger als die Staubblätter sind. Da die Kronblätter länger als die Staubblätter sind, geht es weiter zur 23. Hier führen zwei Informationen des Blütenstands weiter, die Zahl der Blüten (5–10 oder 2–4) und das Längenverhältnis der Blütenstandsachse zu den Blütenstielen. Da die Blütenstandsachse kürzer als die Stiele der 2–4 Blüten ist, müssen wir zu Punkt 24. Damit ist der letzte im Bestimmungsgang erreicht: Hier steht, dass die „Hochbl. der Bltn.triebe alle ± zungenf., nicht laubbl.artig, zurückgeschlagen" sind, die „Bltnst. sitzende Dolden mit 2–4 Bltn." und diese Blüten „2,5–3,5 cm ∅" groß und „bis 5 cm lang gestielt" sind; zu den Blättern wird gesagt: „Bl.stiel [...] am oberen Ende meist [mit ...] 2 Drüsenhöckern". Nach Überprüfung der Gegenmerkmale, die u. a. verlangen, dass die „Hochbl. z. T. als kleine Laubbl. ausgebildet" sind, was bei der Süß-Kirsche nicht zutrifft, steht das Bestimmungziel Süß-K., *P. avium* (L.) L. fest.

Erläuterungen zu den Tabellen

Allgemeine Abkürzungen und Symbole siehe vorderes Vorsatz, Abkürzungen für Verbreitungs- bzw. Herkunftsangaben siehe hinteres Vorsatz.

1. Schlüssel zum Bestimmen der Gattungen

Vorherige Schlüsselziffer – in diesem Fall kam man von Nr. 3 zur aktuellen Nr. 7

Im Kolumnentitel ist jeweils der Name der Familie (wie hier) angegeben oder die Bezeichnung des übergreifenden Schlüssels

Schlüsselziffer, bei der die Bestimmung fortgesetzt wird

Aktuelle Schlüsselziffer

Lamiaceae 329

7 (3). Bltn. am Ende der Triebe in einseitswendigen Scheinähren, Kr. rein blau bis blauviolett, K. mit gleichartigen Zähnen (*587/2a*); Bl. in der unteren Hälfte am breitesten, Rand mit sehr kurzen Haaren besetzt (*587/3*) ***Hyssopus***, 587

— Bltnst. anders, Kr. weiß, hellblau od. rosaviolett, K. dorsiventral, mit 2-zähniger Unter- u. 3-lappiger Oberlippe **8**

8. Bltn. 10 mm lang – Bl. in der oberen Hälfte am breitesten, sich allmähl. keilf. verschmälernd, Rand sehr fein gesägt (an der Basis grannenf. Haare) (*854/8*) .... ***Satureja***, 854

— Bltn. deutl. kleiner – Bl. ganzrandig, K.röhre innen mit dichtem Haarkranz ***Thymus***, 909

Alternative

Abbildungsverweis

nach diesem Strich folgen ergänzende Angaben

Gattungsname mit Seitenzahl, auf der der Gattungsschlüssel beginnt

2. Artbeschreibungen

Beispiel: Gewöhnlicher Sommerflieder, *Buddleja davidii*

— Zw. ± 4-kantig; Bl.stiel 1–5 mm lang, Bl. jederseits 9–14 Seitennerven; Kr. außen kahl od. ± behaart mit Stern- u./od. Drüsenhaaren, K. 2–3,5 mm lang, außen kahl od. ± behaart; Fr.kapsel (*410/2d*) längl. ellipsoidisch, 5–9 mm lang, 1,5–2 mm breit, kahl od. spärl. sternhaarig – Bl. schmal eif., eilanzettl. bis lanzettl., (4–)10–20(–25) cm lang, (0,5–)2–5(–7,5) cm breit, zugespitzt, Basis der Spreite keilf. (*410/2b*); Bltnst. (5–)10–30(–40) cm lang, 2–5 cm ∅, aufrecht od. übergeneigt, Kr. violett bis dunkelpurpurn, bei Sorten auch blauviolett, purpurrot, rosa od. weiß; VII–X. Sg – h. WN- u. S-China bis Sich., Yunn. u. W-China: Tibet. [*B. variabilis* HEMSL.] **Gewöhnlicher S., *B. davidii*** FRANCH.

Die oft als eigene Varietät ausgeschiedene **var. *nanhoensis*** (CHITT.) REHDER, Bl. lanzettl., kaum 2,5 cm breit, scharf gesägt, Kr. hellviolett, Sk, ist wohl keine eigene Sippe, sondern ein Ausschnitt aus der Variationsbreite der Art.

Die zahlreichen Sorten mit 20–40 cm langen Bltnst. weichen in der Farbe der Krone ab, besonders h sind z. B. **'Black Knight'** (purpur- bis dunkelviolett), **'Dart's Ornamental White'** (weiß), **'Empire Blue'** (hell blauviolett), **'Fascinating'** (blaurosa), **'Ile de France'** (hell blauviolett), **'Peace'** (weiß, Schlund orangegelb), **'Royal Red'** (purpurrot).

Nach den Bestimmungsmerkmalen folgen standardmäßig weitere Angaben:

a) Blütezeit in römischen Ziffern (durch Strichpunkt abgetrennt); der Gewöhnliche Sommerflieder blüht von Juli bis Oktober.
b) Wuchsform; bei *Buddleja davidii* handelt es sich um einen Großstrauch.
c) Angaben zur Häufigkeit: Unsere Art ist häufig.
d) Angaben zur Frosthärte (siehe S. 62–63): Das Fehlen eines Symbols zeigt, dass unser Strauch nicht frostempflindlich ist.
e) Angaben zu Herkunft und Verbreitung (siehe Tab. 1, S. 52–55); hier: Westliches Nordchina und Südchina bis Sichuan, Yunnan und Westchina: Tibet.
f) Synonyme (in eckigen Klammern).
g) G!, wenn eine Art giftig ist, was auf unsere nicht zutrifft.
h) Deutscher und wissenschaftlicher Name, wobei der Gattungsname abgekürzt wird. (Zur Taxonomie siehe S. 2–3.)
i) Angaben zu Unterarten, Varietäten und häufig angepflanzten Sorten.

Schlüssel zum Bestimmen der Gattungen nach vegetativen Merkmalen

(Bearbeiter: Peter A. Schmidt)

Achtung: Bei Pflanzen mit gut entwickelten Blüten oder Früchten wird auch die Bestimmung über den **Blütenschlüssel** (S. 131) bzw. **Früchteschlüssel** (S. 152) empfohlen!

Synoptischer Gruppenschlüssel

Keine Nadelgehölze

Nadelgehölze od. Koniferen
Gruppe I, S. 74

Blätter nadelförmig (*20/1–2*), schuppenförmig (*20/03*) oder grasartig, scheinbar fehlend oder fächerförmige Palmenblätter
Gruppe II, S. 76

Blätter „normal" ausgebildet, nicht wie nebenstehend

Blätter einfach (zuw. gelappt bis eingeschnitten, aber nicht zusammengesetzt)

Blätter zusammengesetzt (gefiedert, gefingert, *17/1–4*) oder fiederartig zerteilt (*390/1*)
Gruppe III, S. 79

Blätter gegenständig oder wirtelig (*24/2–3*)
Gruppe IV, S. 88

Blätter wechselständig (*24/1*)

Blätter ganzrandig (*21/11*), nicht gelappt und im Randbereich der Spreite nicht auffällig gewellt
Gruppe V, S. 98

Blätter ungeteilt mit wellenförmig gebuchtetem (*21/12*), gekerbtem (*21/13*), gezähntem (*21/14*) oder gesägtem (*21/15*) Rand oder Blattspreite im Randbereich deutlich gewellt oder zumindest ein Teil der Blätter gelappt bis eingeschnitten (*20/4–7*)
Gruppe VI, S. 110

Gruppe I
Nadelgehölze od. Koniferen (*Coniferopsida* bzw. *Pinidae*)

Bestimmungsschlüssel für Gehölze mit nadelf., schuppenf. od. auch pfrieml. Bl. (trotz des Namens „Nadelgehölze" nicht nur mit Nadelbl.!), sofern es sich um nacktsamige Gehölze mit Zapfen (Koniferen = Zapfenträger) handelt. Wenn nicht anders angegeben, werden in den Schlüsseln mit Zapfen die ♀ Samenzapfen zur Reifezeit, also nicht zur Blütezeit, bezeichnet, ebenso nicht die ♂ Pollenzapfen (♂ „Blüten"). Die reifen ♀ Samenzapfen sind aus holzigen, lederigen od. fleischigen Samen- und Deckschuppen oder Verwachsungsprodukten dieser (dann Zapfenschuppen genannt) aufgebaut. Die Samen der diesen entsprechenden Samenstände können auch von einer ± fleischigen Samenhülle teils od. ganz umschlossen sein.

Bestehen Zweifel, ob es sich um ein Nadelgehölz handelt od. lässt sich die Pfl. hier nicht bestimmen, dann Schlüssel unter Gruppe II (S. 76) benutzen.

Zw.- u. Bl.merkmale beziehen sich, sofern nicht anders angegeben, auf seitl., ausgereifte sterile Triebe (Jungtriebe), bei älteren Bäumen aus der Unterkrone. An aufrechten Hauptsprossen u. zapfentragenden Zw. weichen Bl.stellung od. Ausformung der Nadelspitze oft stark ab. An Schattenzw. sind die in Reihen angeordneten Spaltöffnungen (Stomatalinien) u. ihre Verteilung nicht immer deutl. zu erkennen (Lupe!). Kn.merkmale beziehen sich auf vegetative, voll ausgebildete Kn. (Winterkn.). Die in den Gattungsschlüsseln im Anschluss an die Arten aufgeführte Sorten lassen sich nicht immer mit den Schlüsseln bestimmen, da teils in Merkmalen stark abweichend

1. Bl. alle od. wenigstens ein Teil schuppenf. (*416/1, 442/1–3, 667/3, 908/2*) ***Cupressaceae,*** 276

— Bl. nadelf. (*337/1, 437/1, 599/1, 857/1–2*), zuw. mehr lanzettl. od. pfrieml. (*857/3*), ausnahmsweise zusätzl. kleine gelbbraune (*Sciadopitys, 856/1*) od. eine häutige Scheide an der Basis der Nadeln bildende (*Pinus, 716/1*) Schuppenbl. **2**

2. Immergrüne Bäume od. Sträucher, Nadeln fest, derb od. lederig, ± hart, erst nach 2 od. mehr Jahren abfallend **4**

— Sommergrüne Bäume, Nadeln krautig-weich, dünn, im Herbst abfallend **3**

3. Nadeln an gestauchten verholzten Kurztrieben scheinwirtelig genähert, dadurch in Büscheln zu > 10, daneben einzeln stehende Nadeln an Langtrieben, alle Nadeln im Herbst einzeln abfallend (*Larix, Pseudolarix*) ***Pinaceae,*** 274

— Nadeln nicht in Büscheln, einzeln stehend, an diesjährigen gestreckten, fiederblattartigen Kurztrieben (*667/1, 901/1*) wechsel- od. gegenst., unverholzte Kurztriebe mit den Nadeln als Ganzes im Herbst abfallend (*Metasequoia, Taxodium*) . . . . ***Cupressaceae,*** 276

4 (2). Nadeln zu 2–5 in einem Bündel (*716/1*), ausnahmsweise nur 1 od. > 5, stets von einer gemeinsamen häutigen Scheide umgeben, diese dauerhaft od. im 1. Jahr abfallend (***Pinaceae***) . . . . ***Pinus,*** 716

— Nadeln entw. einzeln, wirtelig zu 3(–4) od. in rosettigen Scheinwirteln od. Büscheln zu > 10 Nadeln. **5**

5. Nadeln einzeln stehend (*337/1, 702/1, 764/2*) od. wirtelig zu 3(–4) (*599/1*) **7**

— Nadeln zu > 10 entw. an Kurztrieben in Büscheln (*432/1*) od. an den Zw.enden in rosettigen Scheinwirteln (*856/1*), daneben einzeln stehende Nadeln od. kleine gelbbraune Schuppenbl. an Langtrieben **6**

6. Nadeln 0,5–3,5(–6) cm lang, 1–1,5 mm breit, stechend zugespitzt, an Kurztrieben in Büscheln (*432/1*), daneben einzeln stehende Nadeln an Langtrieben, die einem kurzen, braunen Stielchen aufsitzen, das nach dem Nadelabfall am Zw. zurückbleibt (***Pinaceae***) . . . . ***Cedrus,*** 432

— Nadeln (3–)8–10(–15) cm lang, > 2 mm breit, ober- u. unterseits deutl. gefurcht, an den Zw.enden in rosettigen Scheinwirteln dicht gedrängt stehend (*856/1*), daneben an den Zw. schraubig u. an den Zw.enden scheinwirtelig angeordnete, 2–5 mm lange, gelbbraune Schuppenbl., deren Achseln die Nadeln entspringen (***Sciadopityaceae***) .... ***Sciadopitys,*** 856

7 (5). Nadeln gegenst. od. wirtelig zu 3(–4) .... ***Cupressaceae,*** 276

— Nadeln schraubig (spiralig) gestellt, z. T. 2-zeilig od. gescheitelt, ± in einer Ebene stehend, nur ausnahmsweise schraubig bis fast gegenst., dann 2- od. 4-zeilig **8**

8. Nadeln eif. 3-eckig bis eilanzettl. (*385/4*), 1–3 cm breit, – breit am Zw. ansetzend, beiderseits glänzend grün, Spaltöffnungsreihen kaum auffällig, steif u. stechend, schraubig am Zw. angeordnet u. diesen verdeckend, nicht einzeln abfallend, sondern mit dem Zw. (***Araucariaceae***) ..... ***Araucaria,*** 386

— Nadeln schmaler, linealisch bis lanzettl., zuw. eilanzettl. od. schmal eif., dann nur bis 1(–1,8) cm breit – Bl.oberseite u. -unterseite meist farbl. abweichend, unterseits oft heller bis gelbl. grün od. bläul. bis graugrün, oft unterseits od. zuw. oberseits mit ± sichtbaren Spaltöffnungsbändern **9**

9. 2-j. Zw. bräunl., gelbl., rötl. od. andersfarbig, aber nicht grün(l.); Nadeln deutl. vom Zw. abgegliedert, an der Basis stielartig verschmälert (*764/2*) od. scheibenf. verbreitert (*337/1*) u./od. einem stielartigen od. höckerf. Bl.kissen (*702/1, 923/1*) aufsitzend, wenn dieses am Zw. herablaufend u. ihn bedeckend, dann rindenfarbig, nicht grün .... ***Pinaceae,*** 274

— 2-j. Zw. grün od. grünl.; Nadeln entw. nicht deutl. vom Zw. abgegliedert od. stielartig verschmälert, aber auch dann sich am Zw. fortsetzend bzw. Nadelbasis an diesem herablaufend u. ihn bedeckend **10**

10. Nadeln schraubig bis zuw. fast gegenst., an einer Pfl. 2- u. 4-zeilig, mit zunehmendem Alter überwiegend 4-zeilig, 2 Reihen horizontal abstehend u. 2 ein V bildend – linealisch bis schmal 3-eckig-lanzettl., 1–4 cm lang, 2–8 mm breit, dunkelgrün bis bläul. grün (***Araucariaceae***) .... ***Wollemia,*** 949

— Nadeln schraubig, teils 2-zeilig u. gescheitelt, teils in 3 od. 5 Längsreihen spiralig um den Zw., aber nie 4-zeilig **11**

11. Nadeln ungestielt, nicht sichtbar vom Zw. abgegliedert u. allmähl. in diesen übergehend, schraubig, teils in 3 od. 5 Längsreihen spiralig um den Zw., oft sichelf. od. pfrieml. bis ± schuppenf. (*490/1, 857/3*), im ∅ rundl., rautenf. od. seitl. zusammengedrückt, teils 2-zeilig angeordnet u. dorsiventral abgeflacht (*491/1, 857/1–2*); Samen zu vielen in Zapfen mit holzigen od. lederigen Zapfenschuppen .... ***Cupressaceae,*** 276

— Nadeln zumindest kurz gestielt, schraubig, aber an waagerechten Seitenzw. oft 2-zeilig (*437/1*), gescheitelt od. schräg aufwärts gerichtet u. ein V bildend, dorsiventral abgeflacht, wenn zuw. ungestielt, dann schraubig u. abgeflacht; Samen einzeln (zuw. zu 2) becherf. (*902/1*) od. ganz (*437/2, 735/2, 919/1*) von einer meist fleischigen Samenhülle umgeben **12**

12. Nadelunterseite mit 2 auffälligen, klar von grüner Mittelrippe u. grünen Bl.rändern abgegrenzten, blau- bis grauweißen, gelbl. od. bräunl. Spaltöffnungsbändern, deutl. von Oberseite verschieden **14**

— Nadelunterseite mit unscheinbaren od. wenig auffälligen u. nicht klar abgegrenzten grauen, graugrünen od. gelbl. grünen Spaltöffnungsbändern, daher nicht so deutl. von Oberseite verschieden, nur heller, blassgrün od.

gelbl. grün bis graugrün, wenn zuw. unterseits deutl. grauweiße Spaltöffnungsbänder, dann Nadeln auch an Seitenzw. nicht gescheitelt stehend **13**

13. Nadeln linealisch, oberseits mit erhabener Mittelrippe, an waagerechten Seitenzw. meist 2-zeilig, gescheitelt od. schräg aufwärts gerichtet u. ein V bildend; Samen einzeln von einem becherf., oben offenem, fleischigen Samenmantel umgeben (*902/1*) (***Taxaceae***) .... ***Taxus,*** 902

— Nadeln linealisch, linealisch-lanzettl. bis eif., oberseits mit vertiefter (*735/1*) od. erhabender bis gekielter Mittelrippe, schraubig angeordnet, aber nur selten 2-zeilig; 1(–2) Samen von einer meist fleischen Samenhülle umgeben u. einem lederigem od. fleischigem Samenträger aufsitzend (*735/2*) (***Podocarpaceae***) .... ***Podocarpus,*** 735

14 (12). Spaltöffnungsbänder grauweiß, breiter als die grünen Randstreifen der Nadelunterseite (*437/1*) (***Cephalotaxaceae***) .... ***Cephalotaxus,*** 436

— Spaltöffnungsbänder vertieft, grauweiß, hellbraun od. gelbl., schmaler als die grünen Randstreifen der Nadelunterseite (***Taxaceae***)........ ***Torreya,*** 919

Gruppe II
Blätter nadelförmig, schuppenförmig oder grasartig, scheinbar fehlend oder fächerförmige Palmenblätter

1. Bl. nadelf. od. schuppenf. od. (scheinbar) fehlend **6**

— Bl. grasartig, lang linealisch bis pfrieml. lanzettl., riemenf., od. fächerf. Palmenbl. – Bl. an verholzten Halmen od. rosettig bzw. schopfig an Stämmen od. anderen holzigen Sprossachsen, zuw. fast grundst. in Horsten **2**

2. Sprosse verholzte, vielknotige, meist hohle u. nur im Knotenbereich massive Halme (Bambus); Bl. wie bei anderen Gräsern in den Halm umfassende Scheide u. in Spreite gegliedert, nur an Seitensprossen bleibend – Spreiten flach, Hauptnerven parallel .... ***Poaceae*** (*Bambusoidea*), 283

— Pfl. weder mit vielknotigen, verholzten Halmen noch mit in Scheide u. Spreite gegliederten Grasblättern **3**

3. Bl. linealisch bis schmal pfrieml. od. fast nadelf., 1,5–3 cm lang, 1–2 mm breit; < 0,4 m hoher polsterf. Zwergstrauch – Bl. dicht rosettig stehend, starr u. stechend .... ***Acantholimon,*** 349

— Bl. fächerf. od. lang linealisch bis pfrieml. od. riemenf., dann > 20 cm lang u. > 5 mm breit; > 0,5 m hohe Holzgewächse mit od. ohne Stamm – Bl. schopfig, rosettig od. horstig angeordnet **4**

4. Palme mit fächerf. Bl. – am Stammende Schopf von etwa 30 Bl., Bl. bis fast 1 m breit, tief geteilt mit 30–60 schmalen Segmenten; Bl.stiel 0,5 m lang, dornig gezähnt; Stamm von Netzwerk bräunl. Fasern eingehüllt ***Trachycarpus,*** 921

— Keine Palme; Bl. linealisch, bis schmal lanzettl. od. pfrieml., riemenf. **5**

5. Bl. riemenf., schopfartig an verzweigtem od. unverzweigtem, aufrechtem Stamm, 0,3–1,5 m lang, 2,5–15 cm breit, Mittelrippe ± deutl., rot od. hellgrün, Spitze nicht stechend; Stamm zuw. an der Basis stark verdickt; Beerenfr. ***Cordyline,*** 462

— Bl. lang linealisch od. pfrieml. bis lanzettl., an Rhizomen od. kriechenden Stämmen in ± grundst. Horsten od. schopfartig an kurzen aufrechten Stämmen, 0,6–0,9 m lang, 0,6–6 cm breit, fest u. steif od. lederig bis starr, ± graugrün, Mittelrippe kaum ausgeprägt, Spitze stechend; Fr. eine Kapsel .... ***Yucca***, 951

6 (1). Bl. nadelf. bzw. nadelf. erscheinend od. schuppenf., zuw. an einer Pfl. sowohl nadelf. als auch schuppenf., grün od. blau- bis graugrün (bei Sorten auch gelb, teilw. gelb od. weiß) **8**

— Bl. (scheinbar) fehlend, zu Dornen umgewandelt, kurzlebig u. bald abgefallen od. schuppenf., aber nicht grün u. meist ± scheidenartig miteinander verwachsen **7**

7. Schuppenf. Bl. vorhanden, aber nicht grün, sehr klein, gegenst. od. wirtelig zu 3, meist ± scheidenartig miteinander verwachsen – Rutenstrauch mit schachtelhalmartigem Aussehen .... ***Ephedra***, 521

— Bl. entw. fehlend, zu Dornen umgewandelt, od. hinfällig, nur anfangs vorhanden u. bald abfallend, daher Pfl. meist blattlos
Fabaceae (*Erinacea, Genista, Spartium, Ulex*), 293

8 (6). Bl. an der Basis durch 2 abwärts gerichtete pfrieml. Anhängsel geöhrt (Lupe!) (*415/5*), – schuppenf., linealisch bis längl., 1–3 mm lang, gegenst., dicht 4-zeilig angeordnet, sich dachziegelig überdeckend ...... ***Calluna***, 415

— Bl. an der Basis ohne abwärts gerichtete Anhängsel, nicht geöhrt **9**

9. Bl. schuppenf. od. wenigstens z. T. schuppenf., linealisch dickl., eif. lanzettl. od. eif. rautenf., lanzettl. bis pfrieml. **25**

— Bl. sämtl. nadelf. od. nadelf. erscheinend **10**

10. Bäume od. Großsträucher – nacktsamig, Samen in Zapfen od. einzeln od. zu wenigen in Samenständen teils od. ganz von fleischiger od. lederiger Samenhülle umschlossen (Nadelgehölze) .... **Gruppe I**, 74

— Niedrige Sträucher, Klein-, Zwerg- od. Spaliersträucher, selten > 1 m hoch **11**

11. Polsterf. Zwergstrauch mit dicht rosettig stehenden, starren u. stechenden, linealischen bis schmal pfrieml., fast nadelf. Bl. .... ***Acantholimon***, 349

— Klein-, Zwerg- od. Spaliersträucher, wenn Zwergstrauch, dann nicht polsterf. u. Bl. weder dicht rosettig stehend noch starr u. stechend **12**

12. Nadeln oberseits mit weißen od. bläul. bis grünl. weißen Bändern aus reihenf. angeordneten Spaltöffnungen (Stomatalinien), stets gegenst. od. zu 3 wirtelig (Nadelgehölze); Samen in beerenartigen od. holzigen Zapfen
Juniperus, 599

— Nadeln oberseits ohne weißl. Bänder aus Stomatalinien, gegenst., wirtelig od. wechselst.; Samen nicht in Zapfen, sondern in Kapselfr., beerenartigen Steinfr., Klausenfr., Schötchen u. a. **13**

13. Bl. gegenst. od. wirtelig **18**

— Bl. wechselst., nur zuw. auch einige Bl. gegenst. **14**

14. Bl.rand ± stark umgerollt **16**

— Bl.rand nicht umrollt, – Bl. 0,5–3 cm lang, 1–2 mm breit **15**

15. Bl. drüsig, z. T. bewimpert; Zwergstrauch; Krbl. goldgelb; Fr. 3-kantige Kapsel .... ***Fumana***, 559

— Bl. weder drüsig noch bewimpert, kahl; Halbstrauch; Krbl. rosa bis lila od. rötl., zuw. weiß; Fr. Schötchen .... ***Aëthionema***, 371

16 (14). Bl.rand fein gezähnt (Lupe!) .... ***Phyllodoce***, 699
— Bl.rand nicht gezähnt **17**
17. Bl. stets wechselst., meist schraubig, zuw. scheinwirtelig, Rand nach unten so stark eingerollt, dass Bl. fast röhrenf. hohl erscheinend, unterseits gefurcht, durch verfilzte zusammenstoßende Bl.ränder weiße Linie entstehend; Fr. beerenartige schwarze Steinfr. .... ***Empetrum***, 519
— Bl. an derselben Pflanze teils wechselst. bzw. schraubig angeordnet, teils gegenst. od. wirtelig, Bl.rand nicht so stark umgerollt, am Rand mit Drüsenhaaren **24**
18 (13). Bl. gegenst., nadelf. od. so erscheinend, da Bl.rand stark umgerollt .. **20**
— Bl. zu 3–6 wirtelig, nadelf., Bl.rand nicht, kaum od. auch stärker umgerollt **19**
19. Bl. 0,3–0,8(–1) cm lang, zu 3–4(–6) wirtelig, mit kleinem kugelf. Sockel dem Zw. aufsitzend u./od. am Rand drüsig behaart; Bltn. weiß bis rosa, fleischfarben, od. purpurrot, Kr. nie gelb .... ***Erica***, 522
— Bl. (0,5–)1–2 cm lang, zu 4–6 wirtelig, weder mit kugelf. Sockel dem Zw. aufsitzend noch am Rand drüsig behaart; Kr. gelb ...... ***Hypericum coris***, 584
20 (18). Bl. mit Nebenbl. – Nebenbl. linealisch pfrieml., etwa so lang wie Bl.stiele; Bl. 0,8–3 cm lang, längl. elliptisch bis linealisch, beiderseits od. zumindest unterseits grau- bis weißfilzig behaart ...... ***Helianthemum apenninum***, 574
— Bl. ohne Nebenbl. **21**
21. Bl. im unteren Teil der Triebe gedrängt stehend, kahl – etwa 1 mm breit, zugespitzt, einer *Erica* ähnl. Zwerghalbstrauch .... ***Penstemon pinifolius***, 690
— Bl. nicht im unteren Teil der Triebe gehäuft, kahl, schwach od. filzig behaart **22**
22. Bl. 2–8 mm lang, grün, kahl od. schwach behaart, aber nicht filzig **24**
— Bl. > 1 cm lang, zumindest unterseits graugrün bis weißl. durch filzige Behaarung – Pfl. mit intensivem aromatischem Duft **23**
23. Bl. 3–6 cm lang, oberseits grün, unterseits weiß- bis graufilzig, aber durch umgerollte Bl.ränder nur teilw. sichtbar, beim Zerreiben nach Rosmarin duftend .... ***Rosmarinus***, 820
— Bl. 1–4 cm lang, beiderseits graugrün, oberseits spärl. bis dicht behaart, unterseits dicht grau- bis weißfilzig, beim Zerreiben nach Lavendel duftend ***Lavandula***, 618
24. (17, 22). Bl. < 1 mm breit, nadelf., mit Drüsenhaaren, stachelspitzig; an derselben Pflanze Bl. teils gegenst., teils wirtelig od. schraubig angeordnet (*522/2*) [*Bruckenthalia*] .... ***Erica spiculifolia***, 523
— Bl. > 1 mm breit, Bl. eif., nur nadelf. erscheinend, wenn Bl.rand stärker umgerollt (*610/1*), oberseits mit vertiefter Mittelrippe, ohne Drüsenhaare, stets gegenst. [*Loiseleuria*] .... ***Kalmia procumbens***, 610
25 (9). Bl. gegenst. od. wirtelig **28**
— Bl. wechselst. **26**
26. Bis 5 cm hoch, polsterf. wachsend (Zwergstrauch); Seitenzw. weder rutenf. noch im Herbst mit den Bl. abfallend – im Gegensatz zu verwandter Gatt. *Cassiope* mit gegenst. Bl. (siehe 29–) die Bl. ± abstehend u. kaum 4-reihig angeordnet .... ***Harrimanella hypnoides***, 571
— Sträucher (Sk, Sg) bis kleine Bäume; rutenf. kleinere Seitenzw. im Herbst mit den schuppenf. Blättern abfallend – Bl. ± anliegend **27**
27. 0,5–2 m hoher Strauch; Bl. schuppenf., linealisch, dickl., blau- bis graugrün, an Seitenzw. 1,5–3 mm lang; Bltnst. seitenst., im Sommer blühend (VI–VIII),

Stbl. 10, im unteren Teil (bis zur Hälfte) miteinander verwachsen **Myricaria**, 671

— 2–5(–10) m hoher Strauch od. Baum; Bl. lanzettl., seltener schuppenf., dunkel-, blass- od. graugrün bis bläul. grün; Bltnst. endst. an diesj. Zw. u. im Sommer bis Herbst blühend (VII–IX) od. seitenst. an vorj. Zw. u. im Frühjahr bis Frühsommer blühend (IV–VI), Stbl. 4–5, frei .... **Tamarix**, 900

28 (25). Bäume od. Sträucher (meist Sg) – nacktsamig, Samen in Zapfen (Nadelgehölze) .... **Gruppe I**, 74

— Niedrige Sträucher (Sk, Sz, Sp) **29**

29. Nadelgehölz mit aufrechten, schräg aufsteigenden od. ± horizontalen, niederliegenden bzw. kriechenden Ästen, die im Alter 1 cm und mehr ∅ erreichen können; Samen in Zapfen, diese beerenartig od. holzig **Cupressaceae** (*Juniperus, Microbiota*), 276

— Immergrüne Laubgehölze mit aufrechten od. niederliegenden, schwächeren Sprossachsen (< 5 mm ∅), schwachen Zw. od. Zw. aus dünnen, dem Boden aufliegenden Kriechtrieben entspringend; Samen in Fr.kapseln – Bl. meist in 4 Reihen angeordnet **29**

30. Entw. Bl.paare voneinander getrennt, ihre Bl.spitzen erreichen nicht die Basis der Bl. des folgenden Paares u. bedecken damit den Zw. nicht vollständig, od. Bl.paare dicht gedrängt, in unterer Hälfte miteinander verwachsen, den Zw. dachziegelartig bedeckend, Bl. 1,5–4 mm lang; 0,2–2 m hohe Zwerg- od. Kleinsträucher, meist dicht verzweigt, mit dünnen od. steifen aufrechten od. waagerecht abstehenden Zw.; Bltn. in endst. Bltnst. **Hebe**, 571

— Bl. den Zw. dachziegelartig bedeckend, aber gegenüberstehende Bl. am Grund nicht miteinander verwachsen, dem Zw. dicht anliegend, nur zuw. Spitzen abstehend, (1–)3–5(–7) mm lang (*427/3*); 0,1–0,3 m hohe Zwergsträucher mit ± aufrechten od. niederliegenden Zw.; Bltn. einzeln seitl. in Bl.achseln .... **Cassiope**, 427

Gruppe III
Blätter zusammengesetzt (gefiedert, gefingert) oder fiederartig zerteilt

1. Bl. fein fiederartig zerteilt **118**

— Bl. gefiedert od. gefingert **2**

2. Bl. aus 4 od. meist mehr Blch. zusammengesetzt **36**

— Bl. aus 3 (selten 5) Blch. zusammengesetzt, z. T. doppelt 3-zählig **3**

3. Bl. gegenst. **28**

— Bl. wechselst. **4**

4. Blch.rand wellenf. gebuchtet, gesägt, gezähnt od. gekerbt **21**

— Blch. ganzrandig od. Rand höchstens undeutl. gesägt od. gekerbt **5**

5. Bl. gefingert mit 5 Blch., Blch. ganzrandig, an der Spitze ausgerandet (*372/4*) .... **Akebia**, 372

— Bl. 3-zählig **6**

6. Blch. nicht durchscheinend punktiert **8**

— Blch. durchscheinend punktiert (gegen das Licht halten!) **7**

7. Zw. stark abgeflacht, mit 1–3(–5) cm langen Dornen – Bl.stiel geflügelt (*449/3*) .... ***Citrus***, 449
— Zw. im ∅ rundl., ohne Dornen – Blch. ganzrandig od. undeutl. gekerbt (*765/1*) .... ***Ptelea***, 765
8 (6). Zw. 5-kantig od. -flügelig od. deutl. gefurcht (6–10-furchig), – stets grün; ohne Endkn. **20**
— Zw. im ∅ ± rund, höchstens schwach kantig od. fein gefurcht **9**
9. Mittelblch. etwa 2–3-mal so groß wie die beiden seitl. Blch. (*863/1*) ***Solanum***, 863
— Mittelblch. nicht od. nur wenig größer als die seitl. Blch. **10**
10. Sprosse windend, teils auch kriechend **19**
— Sprosse nicht windend, höchstens zuw. mit Luftwurzeln kletternd **11**
11. Zw. ohne Dornen **13**
— Zw.spitzen in Dornen endend – Bl. einfach od. 3-zählig **12**
12. Dicht kugeliger bis kissenf., bis 0,3 m hoher, stark dorniger Zwergstrauch; Zw. fein gefurcht; Bl. bzw. Blch. schmal lanzettl., bis 1 cm lang, hinfällig, zurückbleibender Bl.grund weißl. blasig (*525/2–3*); Kr. blau ***Erinacea***, 525
— Lockerer, nicht kugeliger, bis 0,5 m hoher Zwergstrauch mit verdornenden Langtrieben; Zw. nicht gefurcht; Bl. bzw. Blch. elliptisch, bis 1,5(–2) cm lang; Bl.grund nicht blasig; Kr. gelb .... ***Anthyllis hermanniae***, 385
13 (11). Blch. gestielt od. fast sitzend **15**
— Blch. ungestielt **14**
14. Zw. ohne Endkn., oberste Kn. eine Seitenkn.; K. glockenf., der röhrige Teil nicht od. wenig länger als die Lippen .... ***Cytisus***, 496
— Zw. mit Endkn.; K. röhrenf., der röhrige Teil länger als die Lippen ***Chamaecytisus***, 445
15 (13). Blch. ± gleich lang gestielt od. fast sitzend **17**
— Mittl. Blch deutl. länger gestielt als die seitl. Blch. **16**
16. Aufrecht wachsender Strauch; Blch. stets ganzrandig (*620/6a*) ***Lespedeza***, 620
— Am Boden kriechender, aufrechter od. mit Luftwurzeln kletternder Strauch; Blch. ganzrandig oder spärl. gesägt (*920/1* u. *2*) .... ***Toxicodendron***, 920
17 (15). Bl. meist ohne Nebenbl., da diese hinfällig; Großstrauch od. kleiner Baum mit 4–8 cm langen Blch. .... ***Laburnum***, 614
— Bl. mit Nebenbl.; Zwerghalbstrauch mit bis 2,5 cm langen Blch. od. Kleinstrauch mit 2,5–6 cm langen Blch. **18**
18. Blch. 5, davon untere 2 als Nebenbl. erscheinend, linealisch bis elliptisch od. eif., 0,8–2,5 cm lang, eigentl. Nebenbl. verkümmert; Zwerghalbstrauch ***Dorycnium***, 513
— Blch. 3, verkehrt eif. bis längl. elliptisch, 2,5–6 cm lang (*692/2*), Nebenbl. bleibend, die nackten Kn. verdeckend; Kleinstrauch .... ***Petteria***, 692
19 (10). Blch. weichhaarig, ganzrandig od. schwach gelappt, mittl. rautenf. eif., bis 18 cm lang (*767/3*) .... ***Pueraria***, 767
— Blch. kahl, ganzrandig, mittl. eif. bis elliptisch od. verkehrt eif., 6–10 cm (*859/4*) .... ***Sinofranchetia***, 859
20 (8). Blch. längl. bis spatelf., Rand fein bewimpert; Kleinstrauch, winter- bis immergrün, Bl. etwas lederig; Beerenfr. .... ***Jasminum fruticans***, 596

— Blch. linealisch bis längl., eilanzettl. od. elliptisch, unterseits zumindest anfangs seidig behaart; Klein- od. Zwergstrauch, Bl. weich u. oft hinfällig, aber Sprossachsen oft lange grün; Hülsenfr. … ***Cytisus***, 496

21 (4). Zw. meist mit Stacheln od. Stachelborsten; Bl. 3–5-zählig … ***Rubus***, 820

— Zw. ohne Stacheln … **22**

22. Blch. mit stechenden Zähnen (*652/1*) … × ***Mahoberberis***, 651
Mahonia, 652

— Blch. ohne stechende Zähne … **23**

23. Blch. > 3 cm lang … **25**

— Blch. bis 2,5 cm lang, sitzend … **24**

24. Blch. verkehrt eif. bis längl. spatelf., kahl, Blch.rand unregelmäßig scharf gesägt (*678/1*) … ***Ononis***, 678

— Blch. verkehrt eif. bis elliptisch, anfangs etwas behaart, oft ± 3-lappig, Blch.-rand grob kerbig gesägt (*799/3*) … ***Rhus trilobata***, 800

25 (23). Sprossachsen windend – Blch. breit eif., 5–10 cm lang, deutl. gestielt, Rand wellenf. od. buchtig gezähnt (*372/4*) … ***Akebia***, 372

— Sprossachsen nicht windend … **26**

26. Zw. ohne Ranken; Pfl. niederliegend bis aufstrebend; Kleinstrauch
Anacardiaceae (*Rhus, Toxicodendron*), 310

— Zw. mit Ranken … **27**

27. Enden der Ranken ohne tellerf. Haftscheiben … ***Ampelopsis***, 383

— Enden der Ranken mit schwach entwickelten Haftscheiben, zuw. fehlend (*687/5*) … ***Parthenocissus***, 686

28 (3). Pfl. kletternd (Rankenbl.) … ***Clematis***, 450

— Pfl. nicht kletternd … **29**

29. Zw. 4-kantig od. gefurcht … **34**

— Zw. im ∅ rundl. … **30**

30. Pfl. immergrün; Bl. durchscheinend punktiert, – aromatisch duftend (*448/1*) … ***Choisya***, 448

— Pfl. sommergrün; Bl. nicht durchscheinend punktiert … **31**

31. Mittelblch. auffallend größer als die beiden seitl. Blch. (*542/1*) – junge Zw. mit Ausnahme der Knoten hohl … ***Forsythia***, 542

— Mittelblch. nicht auffallend größer als die beiden seitl. Blch. … **32**

32. Blch. ganzrandig, längl. lanzettl., 5–20 mm lang, 2–4 mm breit, unterseits behaart … ***Genista radiata***, 562

— Blch.rand gesägt od. gezähnt … **33**

33. Blch. sehr fein gesägt (*889/4*) … ***Staphylea***, 888

— Blch. grob u. ungleich gesägt od. gezähnt, zuw. gelappt od. fast ganzrandig … ***Acer***, 349

34 (29). Blch. ungleich grob gesägt, sehr groß, Endblch. bis 15 cm lang; Zw. gefurcht (*452/1*) … ***Clematis***, 450

— Blch. ganzrandig; Zw. 4-kantig … **35**

35. Zw. grün; Bl. 3-zählig, Blch. 1–3 cm lang (*595/6*) ***Jasminum nudiflorum***, 596

— Zw. graubraun; Bl. einfach, selten 3-zählig (*548/1*), Blch. 2–5 cm lang
Fraxinus anomala, 548

36 (2). Pfl. kletternd od. mit mehr als meterlangen Zw. flach dem Boden aufliegend … **110**

— Pfl. nicht kletternd, sondern aufrecht od. aufsteigend, auch mit zunächst niederliegenden u. dann sich aufrichtenden Sprossen, od. kurz kriechend **37**

37. Bl. gegenst. **100**

— Bl. wechselst. **38**

38. Bl. gefiedert u. Blch. tief fiederschnittig bis nochmals gefiedert (*441/1*) – Pfl. dicht drüsig klebrig, stark aromatisch .... ***Chamaebatiaria***, 441

— Blch. nicht fiederschnittig **39**

39. Bl. sämtl. od. zumindest z. T. doppelt od. mehrfach gefiedert **93**

— Bl. einfach gefiedert **40**

40. Blch. gesägt, gezähnt, gekerbt od. gelappt **69**

— Blch. ganzrandig od. an der Basis der Spreite mit 1–4 Zähnen **41**

41. Blch. im Mittel > 8 cm lang **64**

— Blch. kleiner od. nur an üppigen Trieben > 8 cm lang **42**

42. Oberste Seitenblch. der Bl.spindel breit angewachsen, mit herablaufendem grünem Saum (*503/1*), untere Blch. frei .... ***Dasiphora***, 503

— Blch. alle frei **43**

43. Bl. paarig gefiedert **63**

— Bl. unpaarig gefiedert **44**

44. Bäume **61**

— Sträucher (Sg, Sk, Sz) **45**

45. Sträucher > 2 m hoch, zuw. baumf. (Bk) **55**

— Zwerg- od. Kleinsträucher, bis etwa 2 m hoch **46**

46. Blch. 5–9(–15) **53**

— Blch. 9–35 .... **47**

47. Zw. u. Bl.stiele dicht mit roten Borsten besetzt; Blch. unterseits kahl, – 7–15, elliptisch bis rundl., Spitze stumpf, stachelspitzig .... ***Robinia hispida***, 809

— Zw. u. Bl.stiele nicht rotborstig; Blch. unterseits behaart **48**

48. Zw. mit Sprossdornen – Blch. 13–19, längl. elliptisch, 6–10 mm lang ***Sophora davidii***, 864

— Zw. ohne Dornen **49**

49. < 0,3 m hoher Zwergstrauch mit niederliegenden u. aufstrebenden Sprossen – Blch. 9–21, etwa 1 cm lang, beiderseits behaart ***Anthyllis montana***, 385

— > 0,3 m hohe, aufrechte Zwerg- od. Kleinsträucher **50**

50. Bl.stiel sehr kurz bis fehlend; Bltn. nur mit 1 Krbl., Fr. 1-samige Nuss ***Amorpha***, 382

— Bl. deutl. gestielt; Bltn. mit 5 Krbl.; Fr. eine Hülse **51**

51. Endblch. lang gestielt, Blch. (15–)21–35, – graugrün, unterseits dicht seidenhaarig (*573/3*) .... ***Hedysarum***, 573

— Endblch. kurz gestielt, Blch. 11–25 .... **52**

52. Blch. 11–25, mit Stachelspitze, unterseits behaart, eif. bis rundl. ***Calophaca***, 416

— Blch. 13–21, ohne Stachelspitze, beiderseits angedrückt behaart, längl. verkehrt eif. bis eilängl. (*593/4*) .... ***Indigofera heterantha***, 592

53 (46). Bl. 6–15 cm lang, Blch. 5–13, 1,3–4 cm lang, beiderseits behaart ***Indigofera***, 592

— Bl. 4–8 cm lang, Blch. 7–9, 0,8–1,5 cm lang, oberseits kahl, unterseits nur anfangs behaart, später kahl **54**

54. Endblch. deutl. gestielt, Blch. hell blaugrün, breit verkehrt eif. bis rundl.; Fr. eine aufgeblasene Hülse mit pergamentartiger Wand ***Colutea orientalis***, 461
— Endblch. nicht gestielt, Blch. grün, verkehrt eif. bis herzf.; Fr. eine zur Reife zerfallende Gliederhülse .... ***Hippocrepis emerus***, 577
55 (45). Blch. 5–13 .... **59**
— Blch. 11–25 od. mehr **56**
56. Nebenbl.dornen od. Sprossdornen vorhanden **58**
— Pfl. ohne Dornen **57**
57. Pfl. sommergrün; Blch. 11–25, 1,5–4 cm lang, – eif. bis elliptisch, stachelspitzig .... ***Amorpha fruticosa***, 382
— Pfl. immergrün; Blch. 31–51, < 1 cm lang .... ***Sophora microphylla***, 864
58 (56). Endblch. gestielt, Blch. nur anfangs seidig behaart, meist > 1 cm lang .... ***Robinia***, 807
— Endblch. nicht gestielt, Blch. unterseits fein seidig behaart, 6–10 mm lang ***Sophora davidii***, 864
59 (55). Zw. mit Nebenbl.dornen .... ***Robinia***, 807
— Zw. ohne Nebenbl.dornen, aber teilw. mit Stacheln **60**
60. Zw. mit meist paarig angeordneten Stacheln (*953/1*); Blch. ganzrandig od. gesägt, durchscheinend punktiert; Balgfr. .... ***Zanthoxylum***, 952
— Zw. ohne Stacheln; Blch. stets ganzrandig, nicht durchscheinend punktiert; Fr. blasig aufgetriebene Hülsen .... ***Colutea***, 460
61 (44). Rinde junger Zw. grün; Blch. oberseits dunkelgrün, unterseits bläul., dicht angepresst behaart .... ***Styphnolobium japonicum***, 891
— Rinde junger Zw. braun **62**
62. Zw. mit Nebenbl.dornen, zuw. diese auch fehlend; Blch. anfangs unterseits seidig behaart, meist verkahlend .... ***Robinia***, 807
— Zw. ohne Dornen; Blch. unterseits kahl .... ***Maackia***, 644
63 (43). Blch. meist 4 (*569/3*), anfangs dicht anliegend seidig behaart, später ± kahl, graugrün .... ***Halimodendron***, 569
— Blch. 2–18, nicht dicht anliegend behaart, unterseits grün od. grau – Bl. an Kurztrieben oft rosettig .... ***Caragana***, 420
64 (41). Blch. an der Basis der Spreite beiderseits mit 1–2(–4) groben Zähnen, an diesen unterseits je 1 Drüse (*371/4*) .... ***Ailanthus***, 372
— Blch. ganzrandig od. schwach gezähnt **65**
65. Bl. paarig gefiedert mit 10–22 Blch. (*919/1*), – Blch. 8–15 cm lang, entfernt schwach gezähnt od. ± ganzrandig, Bl. 25–50 cm lang .... ***Toona***, 919
— Bl. unpaarig gefiedert **66**
66. Junge Zw. mit gekammertem Mark .... ***Juglans***, 597
— Junge Zw. mit vollem Mark **67**
67. Blch. 15–25 (*504/3*),– 6–14 cm lang, ganzrandig, Bl. bis 80 cm lang ***Decaisnea***, 504
— Blch. 7–13 .... **68**
68. Blch. der Blch.paare nur z. T. gegenüberstehend, oft ± wechselst., – 5–18 cm lang, ganzrandig, unterseits graugrün, Blch.stiel verdickt ..... ***Cladrastis***, 450
— Blch. stets gegenst., – bis 12 cm lang, grob od. doppelt gesägt od. ganzrandig, Bl.spindel oft geflügelt .... ***Rhus***, 798
69 (40). Bl. ohne od. mit freien, nicht od. kaum dem Bl.stiel angewachsenen Nebenbl. **71**
— Nebenbl. mit dem unteren Teil des Bl.stiels verwachsen **70**

70. Klein- od. Großsträucher, zuw. auch kletternd, 0,5 bis > 3 m hoch; Zw. meist mit Stacheln; Blch. 3–9(–13); Sammelnussfr. (Hagebutte) .... ***Rosa***, 810

— < 0,5 m hohe Zwerg- od. Spalierhalbsträucher; Zw. ohne Stacheln (Stacheln nur am Bltn.boden); Blch. 7–15; 1-samige Schließfr. .... ***Acaena***, 348

71 (69). Bl. unterseits ± weiß, z. T. weißfilzig od. kahl .... ***Rubus***, 820

— Bl. unterseits nicht weiß **72**

72. Bl. 3–7-zählig gefingert **92**

— Bl. gefiedert **73**

73. Bl. nur an der Basis der Spreite mit je 1–2 freien Blch., sonst nur gelappt (*871/1*) .... ***Sorbus hybrida*** agg., 871

siehe auch × ***Sorbaronia***, 865

— Bl. bis zur Bl.spitze gefiedert **74**

74. Bl.stiele mit hakigen Stacheln, Zw. mit Stacheln .... ***Rubus***, 820

— Bl.stiele ohne hakige Stacheln; Zw. z. T. mit paarig angeordneten Stacheln **75**

75. Junge Zw. mit vollem Mark **78**

— Junge Zw. mit gekammertem Mark **76**

76. Kn. sitzend od. kaum gestielt, mit Kn.schuppen od. nackt, ohne Kn.schuppen, dann Kn.bl. eng anliegend, Spitzen der äußeren nicht nach außen zeigend, Endkn. bis 1,5 cm lang, < doppelt so lang wie breit; Blch. gezähnt od. ganzrandig .... ***Juglans***, 597

— Seitenkn. deutl. gestielt, Kn. nur zuw. anfangs mit Kn.schuppen, meist nackt (*28/1b*), Spitzen der äußeren Kn.bl. nicht anliegend, oft nach außen zeigend, od. wenn anliegend, dann größere Endkn. > 1,5 cm lang u. > doppelt so lang wie breit sowie Blch. gezähnt **77**

77. Blch. 7–9, Bl. bis 25 cm lang; Fr. ringsum geflügelt; 1-stämmiger Baum, ohne Wurzelsprosse .... ***Cyclocarya***, 495

— Blch. (6–)11–23(–27), Bl. (8–)20–45(–60) cm lang; Fr. 2-seitig geflügelt; Baum oft mehrstämmig u. mit Wurzelsprossen .... ***Pterocarya***, 765

78 (75). Blch. mit stechenden Zähnen; Pfl. immergrün .... ***Mahonia***, 652

siehe auch × ***Mahoberberis***, 651

— Blch. ohne stechende Zähne; Pfl. sommergrün **79**

79. Zw. dicht unterhalb der Bl. mit paarig angeordneten Stacheln, Blch. durchscheinend punktiert .... ***Zanthoxylum***, 952

— Zw. ohne Stacheln; Blch. nicht durchscheinend punktiert **80**

80. Blch. entfernt schwach gezähnt bis fast ganzrandig .... ***Toona***, 919

— Blch. stets deutl. gezähnt od. gesägt **81**

81. Blch. ± tief eingeschnitten od. gelappt, z. T. doppelt gefiedert **91**

— Blch. weder tief eingeschnitten noch gelappt **82**

82. Bl.spindel u. Bl.stiel deutl. geflügelt (*799/1*) .... ***Rhus***, 798

— Bl.spindel u. Bl.stiel nicht od. höchstens leicht geflügelt **83**

83. Bl. mit deutl. Nebenbl. **89**

— Bl. ohne od. mit hinfälligen Nebenbl. **84**

84. Blch. 5–7, selten 9 .... ***Carya***, 424

— Blch. 7–31 .... **85**

85. Blch. 11–31; Kn. nackt, Zw. mit Endkn. (*Toxicodendron*) od. ohne Endkn. (*Rhus*) .... ***Anacardiaceae***, 310

— Blch. (5–)7–15(–17); Kn. meist mit Kn.schuppen, wenn nackt, dann Zw.rinde sehr bitter od. Blch. sichelf. gebogen **86**

86. Blch. eif. bis längl. eif., Bl.rand kerbig gesägt (*714/1*), 4–10 cm lang, Bl. 25–35 cm lang; Zw.rinde sehr bitter; Kn. nackt, dicht gelb bis gelbl. braun behaart; Steinfr. .... ***Picrasma***, 714

— Blch. längl. lanzettl. bis eilanzett. od. schmal elliptisch, Bl.rand fein, scharf od. doppelt gesägt; Kn. meist mit Kn.schuppen **87**

87. Blch. 3–5 cm lang, – schmal elliptisch bis lanzettl., scharf gesägt, Bl. 15–25 cm lang; Kapselfr. .... ***Xanthoceras***, 950

— Blch. deutl. länger, 4–17 cm lang – Fr. steinfr. ähnl. Nuss od. geflügelte Nuss in zapfenartigen Frst. **88**

88. Blch. meist asymmetrisch, ± sichelf. gebogen, eilanzettl., fein gesägt, – unterseits gelbgrün, anfangs filzig behaart u. drüsig, verkahlend, Bl. 33–55 cm lang; Kn. schmutziggelb, grau od. schwärzl.; Fr. steinfr.ähnl. Nuss *Carya illinoinensis*, 425

— Blch. nicht sichelf. gebogen, längl. lanzettl. bis eilanzettl., meist doppelt gesägt, unterseits anfangs behaart, aber nicht filzig od. drüsig, Bl. 8–40 cm lang; Kn. violett- bis rotbraun; Frst. zapfenartig .... ***Platycarya***, 733

89 (83). Bl. sehr groß, 15–40 cm lang, Blch. 11–21, zieml. weich, etwas schlaff, ringsum gesägt, meist doppelt scharf gesägt mit feinspitzigen Zähnen; Kn. 5–8(–10) mm lang, kahl od. behaart; Sträucher; Balgfr. .... ***Sorbaria***, 864

— Bl. 7–28 cm lang, Blch. 7–27, weich od. derb, zuw. lederig, Blch. ringsum gesägt od. im unteren Teil ganzrandig; Endkn. meist > 1 cm lang; Bäume, seltener Sträucher; Fr. Kernäpfel **90**

90. Blch.zähne bis zum Frühsommer mit brauner Drüsenspitze; Kn. grün; Stammrinde nur anfangs glatt, im Alter rau mit schuppiger Borke; Fr. birnf. od. apfelf. .... ***Cormus***, 463

— Blch.zähne auch im Frühjahr ohne braune Drüsenspitze; Kn. rötl., tief- od. braunrot, violett- bis schwarzbraun; Stammrinde meist bis ins Alter ± glatt; Fr. ± kugelig .... ***Sorbus***, 866

91 (81). Blch. 3–7, Bl. einfach gefiedert (*950/1*); Innenrinde gelb; Kleinstrauch ***Xanthorhiza***, 950

— Blch. 7–15, Bl. doppelt gefiedert od. Blch. gelappt bis eingeschnitten (*612/1*); Innenrinde nicht gelb; Baum .... ***Koelreuteria***, 612

92 (72). Blch. meist 3–5, Endblch. deutl. u. teils lang gestielt, seitl. kurz gestielt bis sitzend, gesägt, doppelt gesägt od. gelappt; Zw. meist mit Stacheln, diese kräftig od. dünn, gerade od. gekrümmt, rundl. od. abgeflacht, zuw. nadelf. od. borstig; Kleinstrauch, Halbstrauch od. Liane .... ***Rubus***, 820

— Blch. 3–7, fast sitzend od. kurz gestielt, kerbig od. scharf, teils unregelmäßig gesägt (*518/1*); Zw. mit wenigen flachen Stacheln od. spärl. bis dicht mit borstigen Stacheln besetzt; Großstrauch .... ***Eleutherococcus***, 518

93 (39). Blch. ganzrandig od. 2–3-lappig, bis 2(–3) m hoher, meist locker aufgebauter, wenig verzweigter sommergrüner Strauch; Bltn. einzeln od. zu wenigen achselst., 5–19 cm ∅; Balgfr. mit 2–5 lederigen, spreizenden od. sternf. ausgebreiteten Bälgen .... ***Paeonia***, 683

— Blch. ganzrandig, gezähnt, gesägt, gekerbt od. gelappt, dann aber die Lappen gesägt, > 3 m hohe Sträucher od. Bäume, wenn nur bis 2 m hoher, wenig verzweigter Strauch, dann immergrün; Bltn. < 3 cm ∅, in teils großen od. auffälligen ährigen, traubigen, kopfigen od. rispigen Bltnst.; Hülsen-, Stein- od. Beerenfr. **94**

94. Sprossachsen, teils auch Bl.spindel, mit Stacheln; 3–12 m hohe, dickastige, wenig verzweigte Sträucher, auch baumf. – Bl. 0,4–1 m lang, Blch. gesägt; Steinfr. .... ***Aralia***, 385
— Sprossachsen ohne Stacheln, z. T. aber Stamm u. Äste mit 3- od. mehrteiligen Dornen – Blch. ganzrandig, gezähnt, gesägt, gekerbt od. unregelmäßig eingeschnitten **95**
95. Bl. u. bei doppelt gefiederten Bl. Fiedern 1. Ordnung paarig gefiedert; Hülsenfr. – sommer-, selten immergrüne Bäume od. Großsträucher, dornenlos od. Stamm u. Äste mit 3- od. mehrteiligen Dornen; Bl. entw. alle doppelt gefiedert od. ein Teil nur einfach gefiedert **97**
— Bl. u. bei doppelt gefiederten Bl. Fiedern 1. Ordnung unpaarig gefiedert; Beeren- od. Steinfr. – sommergrüner Baum od. immergrüner Kleinstrauch, stets dornenlos; Bl. stets doppelt od. auch 3-fach gefiedert, Blch. 3–7 cm lang **96**
96. Immergrüner Kleinstrauch; Bl. (2–)3-fach gefiedert (*672/1*), Blch. ganzrandig, 1–2,5 cm breit; Beerenfr. .... ***Nandina***, 672
— Sommergrüner Baum; Bl. doppelt gefiedert (*664/1*), Blch. gezähnt od. unregelmäßig eingeschnitten, 2–3 cm breit; Steinfr. .... ***Melia***, 664
97 (95). Bl. stets doppelt gefiedert, Fiederung durch zahlreiche u. kleine Blch. sehr feinteilig, an den 10–24(–40) seitl. Bl.spindeln (Fiedern 1. Ordnung) jeweils 25–60 Blch. (Fiedern 2. Ordnung), diese Blch. 0,3–1 cm lang **99**
— Bl. doppelt u./od. einfach gefiedert, wenn doppelt gefiedert, dann Fiederung durch geringere Zahl u. Größe der Blch. gröber, Blch. 1,5–8 cm lang **98**
98. Bl. einfach gefiedert od. am gleichen Baum sowohl einfach als auch doppelt gefiedert, Bl. 10–30 cm lang, an einfach gefiederten Bl. 8–30 Blch., an seitl. Spindeln doppelt gefiederter Bl. 6–14 Blch, Blch. unregelmäßig gekerbt, 1,5–5(–8) cm lang; Stamm u. Äste meist mit verzweigten Dornen, zuw. diese fehlend (fo. *inermis* u. Sorten von *G. triacanthos*); 1-j. Zw. bis 6 mm ∅ .... ***Gleditsia***, 564
— Bl. sämtl. doppelt gefiedert, 30–80 cm lang, an seitl. Bl.spindeln 6–14 (–18) Blch., diese ganzrandig, 5–8 cm lang; Baum stets dornenlos; 1-j. Zw. > 7 mm ∅ .... ***Gymnocladus***, 567
99 (97). Pfl. sommergrün; Zw. kahl; Bl. 20–35 cm lang, mit 10–24(–40) Fiedern 1. Ordnung, diese mit je 40–60 Fiedern 2. Ordnung, Blch. 6–10 mm lang; Bltn.hülle unscheinbar grünl., durch 2–3 cm lange, basal weiße, zur Spitze hin weinrote Staubfäden köpfchenf. Bltnst. auffällig rosa u. quastenf.; Hülsen bis 15 cm lang .... ***Albizia***, 374
— Pfl. immergrün; Zw. dicht u. fein silbrig behaart, dadurch weißl.; Bl. 7–12 cm lang, mit 10–20 Fiedern 1. Ordnung, diese mit je 30–50 Fiedern 2. Ordnung, Blch. 3–4 mm lang, Bltn. in gelben bis orangegelben kugeligen Köpfchen; Hülsen 3–8(–10) cm lang .... ***Acacia***, 348
100 (37). Blch. sehr lang gestielt, Stiele oft länger als Spreite ...... ***Clematis***, 450
— Blch. sitzend od. kurz gestielt **101**
101. Bl. gefiedert **103**
— Bl. 5–9-zählig gefingert **102**
102. Blch. lanzettl. bis breit verkehrt eif., gesägt, doppelt gesägt od. wellenf. gebuchtet, gerieben ohne aromatischen Duft; Bäume, selten strauchf. ***Aesculus***, 368

— Bl. 1–10(–12) cm lang, im Mittel < 8 cm, wenn 10–20 cm lang, dann Bl.oberseite sich beim Darüberstreichen (in Richtung Bl.stiel) rau anfühlend od. Kn. nackt u. nicht sichtbar, da im Bl.stielgrund verborgen **89**

89. Junge Zw. mit deutl. Längslinien, die an beiden Seiten der Bl.stielbasis bis zum nächsten Bl.paar herablaufen – Basis der Bl.spreite breit keilf., abgerundet oder herzf.; Kn. kugelig bis längl. eif., ± kantig .... ***Syringa***, 895

— Junge Zw. ohne od. mit nur sehr schwachen Längslinien, die nicht bis zum nächsten Bl.paar herablaufen **90**

90. Junge Zw. mit vollem Mark, kahl od. wenig auffällig fein behaart, wenn ausnahmsweise zottig behaart, dann Kn. nur bis 1,5 mm lang **92**

— Junge Zw. hohl od. mit vollem Mark, kahl od. drüsig, flaumig, filzig od. borstig behaart – Kn. > 2 mm lang; Rinde an mehrj. Zw. sich meist dünn längsstreifig ablösend od. abblätternd **91**

91. Junge Zw. hohl, filzig behaart od. zumindest anfangs drüsenhaarig, Endkn. fehlend, Kn. von zahlreichen Schuppen bedeckt; Kapselfr. .... ***Dipelta***, 511

— Junge Zw. mit vollem Mark od. ± hohl, kahl od. drüsig, flaumig, filzig od. borstig behaart, Endkn. vorhanden od. fehlend, Kn. mit 2 od. mehr Schuppen; Beerenfr. .... ***Lonicera***, 627

92 (90). Kn. nackt, teils nicht sichtbar, da im Bl.stielgrund verborgen; junge Zw. kahl, Bl. weich, aber oft oberseits beim Darüberstreichen sich rau anfühlend; Pfl. meist mit aromatischem Duft; Fr. kapselähnl. Sammelnussfr.
Calycanthus, 416

— Kn. von Kn.schuppen bedeckt; junge Zw. kahl, fein behaart, zuw. zottig; Bl. meist etwas derb; Pfl. ohne aromatischen Duft; Fr. beerenartige Steinfr.
Ligustrum, 622

93 (88). Bl.stiel 3–10 cm lang, – Basis der Spreite abgerundet, gestutzt, herzf. od. breit keilf., ganzrandig od. Rand fein kerbig gezähnt (*458/1a*), Bl. gerieben unangenehm riechend .... ***Clerodendrum***, 457

— Bl.stiel kürzer, < 3 cm lang **94**

94. Bl. 4–10 cm od. 8–20 cm lang, meist ganzrandig, selten schwach gezähnt, Basis der Spreite keilf., breit keilf. bis abgerundet, Bl.spitze spitz oder zugespitzt; Zw. mit Endkn., Kn. mit 3–4 Schuppenpaaren ...... ***Chionanthus***, 447

— Bl. 9–17 cm lang, ± ganzrandig od. Rand weit u. seicht gebuchtet, Basis der Spreite herzf., Bl. geschwänzt zugespitzt (*575/1*) .... ***Heptacodium***, 575

95 (80). Seitennerven auffällig bogig zur Bl.spitze verlaufend (*467/2*); Kn., zumindest Bl.kn., meist ohne Kn.schuppen .... ***Cornus***, 463

— Seitennerven nicht auffällig bogig zur Bl.spitze verlaufend; Kn. meist mit Kn.schuppen .... ***Viburnum***, 932

96 (73). Sprossachse hohl, engröhrig; oberstes Bl.paar oft miteinander verwachsen .... ***Lonicera***, 627

— Sprossachse mit vollem Mark **97**

97. Sprossachse im ∅ rundl., mit Milchsaft; Kn. nicht sichtbar, unter den Bl.narben verborgen; Bl. mit zahlreichen Seitennerven (*690/2*) .... ***Periploca***, 690

— Sprossachse 4-kantig, gefurcht, ohne Milchsaft; Kn. klein, aber deutl. sichtbar; Bl. mit wenigen Seitennerven; schwach windend (*595/5*)
Jasminum beesianum, 596

98 (72). Halbsträucher od. niedrige, < 1 m hohe Sträucher (HS, Sk, Sz, Sp) ... **117**

— Bis etwa 2 m hohe Sträucher (Sk) **99**

99. Bl.stiel der Bl.paare an der Basis zusammenstoßend od. am Zw. durch eine Querlinie ± verbunden **104**

— Bl.stiele der Bl.paare an der Basis nicht zusammenstoßend u. nicht durch eine Querlinie verbunden **100**

100. Bl. handnervig mit 3–5 fast gleichstarken Nerven, die bogenf. zur Bl.spitze verlaufen (*462/2*) .... ***Coriaria***, 462

— Bl. fiedernervig, Seitennerven z. T. undeutl. **101**

101. Bl. 3–4 mm lang, – Bl.rand bewimpert .... ***Erica ciliaris***, 524

— Bl. deutl. länger **102**

102. Junge Zw. 4-kantig, Mark zunächst schwach gefächert, später Zw. hohl; Bl. eif. bis schmal eif., zugespitzt (*336/1*), Rand kurz bewimpert ***Abeliophyllum***, 336

— Junge Zw. im ∅ rundl. od. 2-kantig **103**

103. Bl.rand umgerollt, Bl. gegenst. od. zu 3 wirtelig .... ***Kalmia***, 609

— Bl.rand nicht umgerollt, Bl. nur gegenst. .... ***Lonicera***, 627

104 (99). Bl. nicht dicht mit Drüsen besetzt **106**

— Bl. oberseits od. beiderseits dicht mit Drüsen besetzt **105**

105. Pfl. immergrün; Bl. stets gegenst., oberseits dicht mit Öldrüsen besetzt, aromatisch duftend; Kapselfr. .... ***Cistus***, 449

— Pfl. sommergrün; Bl. meist wirtelig zu 3, beiderseits dicht mit sehr kleinen Drüsen besetzt, stark nach Zitrone duftend; Fr. in Teilfr. zerfallend ***Aloysia***, 378

106 (104). Kn. in den Bl.achseln sichtbar **108**

— Kn. in den Bl.achseln nicht sichtbar, in erweiterter Bl.stielbasis bzw. nach Laubfall in Bl.narben verborgen **107**

107. Bl. 0,5–2 cm lang gestielt, Spreite eif. bis längl. elliptisch, 6–15 cm lang, spitz od. kurz zugespitzt, Rand fein borstig bewimpert, Bl. gegenst. u. wirtelig zu 3–4 .... ***Cephalanthus***, 436

— Bl. < 0,5 cm lang gestielt, Spreite schmal elliptisch bis elliptisch, 3–7 (–10) cm lang, lang zugespitzt, Rand nicht borstig, zuw. gewellt, Bl. stets gegenst. .... ***Zabelia***, 952

108 (106). Junge Zw. im ∅ ± rund od. 2-kantig **111**

— Junge Zw. ± 4-kantig – Pfl. immergrün **109**

109. Bl. beiderseits glänzend grün .... ***Buxus***, 412

— Bl. unterseits durch sternhaarig filzige od. seidige Behaarung weiß od. weißl. blaugrün **110**

110. Bl. unterseits durch dicht anliegende Seidenhaare weißl. blaugrün, oberseits frischgrün, Spreite schmal elliptisch bis längl. lanzettl., Basis keilf. (*422/1*) .... ***Carpenteria***, 422

— Bl. unterseits sternhaarig weißfilzig, oberseits matt dunkelgrün, locker sternhaarig, Spreite lanzettl. bis eilanzettl., Basis gestutzt od. keilf. (*697/2*) ***Phlomis***, 697

111 (108). Bl. mit punktf., gegen das Licht durchscheinenden Drüsen ***Hypericum***, 584

— Bl. nicht durchscheinend punktiert **112**

112. Bl. > 1,2 cm lang **114**

— Bl. < 1 cm lang, wenn etwas länger, dann unterseits schwärzl. gepunktet (*610/2*) **113**

113. Bl. gegenst., 3–8 mm lang, unterseits bläul. weiß, Bl.rand umgerollt (*610/1*) [*Loiseleuria*] .... ***Kalmia procumbens***, 610

— Bl. gegenst. od. wechselst., 4–10 mm lang, unterseits hellgrün mit schwärzl. Punkten, Bl.rand nicht umgerollt (*610/2*) [*Leiophyllum*] ***Kalmia buxifolia***, 610

114 (112). Außer der Mittelrippe kaum Nerven zu erkennen u. auch nur wenige vorhanden, – Bl. lederig od. etwas fleischig .... ***Hebe***, 571

— Seitennerven vorhanden u. auch sichtbar **115**

115. Bl. eif. bis rundl., Spitze stumpf bis abgrundet, selten mit kleinem Spitzchen, ganzrandig bis leicht wellenf. gebuchtet, an Langtrieben auch gelappt; Zw. dünn u. hohl, braun; beerenartige Steinfr. (oft bis zum Winter bleibend) .... ***Symphoricarpos***, 893

— Bl. spitz od. zugespitzt, nicht gelappt, zuw. Rand gezähnt; Zw. hohl od. mit vollem Mark, von verschiedener Farbe; Beerenfr. **116**

116. Bl. deutl. zugespitzt bis geschwänzt, 5–18 cm lang, ganzrandig od. Bl.rand gezähnt (*622/1*); Zw. grün, kahl, anfangs bereift, hohl, nur an den Knoten massiv, hier etwas eingeschnürt (*235/3*) .... ***Leycesteria***, 622

— Bl. spitz od. zugespitzt, aber nicht geschwänzt, meist < 12 cm, stets im Mittel < 10 cm lang; Zw. kahl od. drüsig, flaumig, filzig od. borstig behaart, hohl od. mit vollem Mark, – an mehrj. Zw. Rinde oft dünn abblätternd ***Lonicera***, 627

117 (98). Bl.paare an der Basis der Bl.stiele zusammenstoßend od. am Zw. durch eine Querlinie verbunden **120**

— Bl.paare an der Basis der Bl.stiele nicht zusammenstoßend u./od. nicht durch eine Querlinie verbunden **118**

118. Bl. handnervig mit 5–9 fast gleichstarken Nerven, die bogenf. zur Bl.spitze verlaufen .... ***Coriaria terminalis***, 462

— Bl. fiedernervig **119**

119. Bl. 5–12 cm lang, meist kahl od. unterseits auf den Nerven behaart; aufrechte Halbsträucher, bis 1,5 m hoch .... ***Clematis***, 450

— Bl. 0,5–5 cm lang, ± stark behaart; bis 0,5 m hoch, Zwerg- od. Zwerghalbstrauch mit niederliegenden u. aufstrebenden Sprossen ***Helianthemum***, 573

120 (117). Klein-, Zwerg- od. Halbsträucher mit aufrechten, niederliegend-aufsteigenden od. kriechenden Sprossen, ohne flach bogenf. Sprosse; junge Zw. ± 4-kantig; Bl. meist mit aromatischem Duft ***Lamiaceae*** (*Hyssopus*, *Lavandula*, *Rosmarinus*, *Satureja*, *Teucrium*, *Thymus*), 328

— Halb- od. Staudensträucher mit flach bogenf. bis niederliegenden Sprossen; junge Zw. im ∅ rundl.; Bl. ohne aromatischen Duft – Bl. eif. bis breit eif., elliptisch od. lanzettl., 1,5–7 cm lang, 0,5–6 cm breit .... ***Vinca***, 942

121 (69). Sommergrüner Nadelbaum – Nadeln mit Kurztrieben abfallend (*667/1*) .... ***Metasequoia***, 667

— Immergrüne Klein-, Zwerg- od. Spaliersträucher mit nadelf. Bl. **Gruppe II, Nr. 18**, 78

122 (68). Pfl. sommergrün; Zw. dunkelbraun; Bl. relativ dünn ... ***Loranthus***, 641

— Pfl. immergrün; Zw. gelbgrün; Bl. derber, lederartig (*943/1*) .... ***Viscum***, 943

Gruppe V
Blätter einfach, wechselständig, ganzrandig, nicht gelappt und im Randbereich der Spreite nicht auffällig gewellt

1. Bl. nur wechselst., zuw. genähert u. dadurch ± gebüschelt bis scheinwirtelig **9**
— Neben wechselst. auch gegenst. od. wirtelige, selten auch wechselst. u. grundst. Bl. an der gleichen Pfl. **2**
2. Bl. nadelf., an der gleichen Pfl. wechselst., wirtelig u. gegenst. ***Erica spiculifolia***, 523
— Bl. nicht nadelf., an der gleichen Pfl. neben wechselst. auch gegenst. od. wirtelige od. grundst. Bl. **3**
3. Bl. wechselst., aber durch gedrängte Stellung an den Zw.enden hier auch scheinbar gegenst. u./od. wirtelig – immergrüner Strauch mit lederigen Bl. .... ***Pittosporum***, 731
— Bl. nicht durch gedrängte Stellung scheinbar gegenst. od. wirtelig, sondern neben wechselst. Bl. entw. gegenst. od. zu 3–4 wirtelige od. grundst. Bl. vorhanden **4**
4. Bl. wechselst. u. zumindest teilw. gegenst. **7**
— Bl. wechselst. u. wirtelig od. wechselst. u. grundst. **5**
5. Bl. wechselst. u. grundst.; immergrüner Spalier-Zwergstrauch – Grundbl. entw. bis 2 mm breit u. nach oben zusammengefaltet od. > 2 mm breit u. spatelf. .... ***Globularia***, 566
— Bl. wechselst. u. wirtelig, Pfl. sommergrün **6**
6. Großstrauch od. Baum; Bl. wechselst. u. zu 3 wirtelig, 10–20 cm lang, längl. lanzettl. (*327/1a*) .... × ***Chitalpa***, 447
— Zwerg- od. Kleinstrauch mit aufrechten od. niederliegend-aufsteigenden Sprossen; Bl. 1,5–7 cm lang, linealisch bis längl., – Rand meist umgerollt (*528/1*), ganzrandig od. entfernt gezähnt .... ***Euonymus nanus***, 528
7 (4). Sommergrüne Klein- od. Großsträucher – Bl. 1–6 cm lang, unterseits entw. weißl. od. graugrün u. anliegend seidig behaart ***Salix*** (*S. integra, S. repens*), 828
— Immer- od. wintergrüne Zwergsträucher od. Halbsträucher < 0,5 m Höhe **8**
8. Bl. wechsel- od. gegenst., meist dicht gedrängt, 0,4–1 cm lang, oberseits glänzend grün, unterseits heller u. mit schwärzl. Punkten ***Kalmia buxifolia***, 610
— Bl. überwiegend gegenst., nur obere auch wechselst., 0,5–5 cm lang, beiderseits ± behaart, unterseits ohne schwärzl. Punkte .... ***Helianthemum***, 573
9 (1). Normale Laubbl. vorhanden, keine bl.artigen Kurztriebe **11**
— Scheinbare Laubbl. sind bl.artige Kurztriebe (Phyllokladien), die in der Achsel kleiner schuppenf. Bl. stehen **10**
10. Bl.artige Kurztriebe derb, starr, mit feiner stechender Spitze (*827/2*) ***Ruscus***, 826
— Bl.artige Kurztriebe weich, biegsam, nicht stechend (*501/1a*) .... ***Danaë***, 500
11 (9). Zw. auffällig zickzackf. hin u. her gebogen, oft wirr durcheinander wachsend, anfangs weißfilzig, später braun; immergrüner Kleinstrauch – Bl. spatelf. bis rundl. od. verkehrt eif. lanzettl. (*469/1*), unterseits weißfilzig ***Corokia***, 469

— Zw. nicht zickzackf. od. wirr durcheinander wachsend, wenn hin u. her gebogen, dann kein immergrüner Kleinstrauch mit weißfilzigen Jungtrieben ... **12**

12. Bl.spreite bis 3 cm lang, nur die größeren zuw. bis etwa 3,5 cm, im Mittel stets < 3 cm lang ... **115**

— Bl.spreite länger, wenn z. T. < 3 cm lang, dann zumindest die längeren Bl. bis 5 cm od. Bl. im Mittel > 3 cm lang ... **13**

13. Bl. (v. a. jüngere) unterseits weiß, grauweiß, bräunl. oder rostrot, entw. durch Bl.farbe od. durch dichte Behaarung (filzig, sternhaarig) od. Drüsenschuppen, nie rein grün od. bläul. grün ... **99**

— Bl. grün, unterseits hell-, dunkel- od. blaugrün bis bläul., zuw. anfangs durch etwas dichtere Behaarung weißl., aber nicht dicht filzig od. sternhaarig ... **14**

14. Von der Basis der Bl.spreite gehen 3 od. mehr ± gleichstarke Nerven ab (handnervig) ... **87**

— Von der Basis der Bl.spreite geht nur ein starker Nerv (Mittelrippe) ab, die Seitennerven sind schwächer (fiedernervig) ... **15**

15. Bl.spreite u. Bl.stiel zusammen wenigstens z. T. 10 cm lang od. länger, wenn kleiner, dann Knoten mit zweigumfassender Linie (*647/3*) ... **65**

— Bl.spreite u. Bl.stiel zusammen < 10 cm lang, nur ausnahmsweise bis 10 cm **16**

16. Bl.stiel bei größeren Bl. bis 4 cm lang, z. T. auch länger ... **63**

— Bl.stiel deutl. kürzer ... **17**

17. Bl. oberhalb der Mitte der Spreite am breitesten ... **51**

— Bl. in od. unterhalb der Mitte der Spreite am breitesten ... **18**

18. Bl. unterseits mit schwarzen, braunen od. gelben Punkten, durchscheinend punktiert (gegen das Licht halten!) od. mit bräunl. Schuppen ... **47**

— Bl. weder unterseits noch durchscheinend punktiert u. ohne bräunl. Schuppen ... **19**

19. Zwerghalbstrauch; Zw. u. Bl., v. a. unterseits, durch weißborstige Behaarung rau – Bl. linealisch bis längl. od. lanzettl., 1–5 cm lang, 1–6 mm breit, Rand umgerollt; Pfl. immer- bis wintergrün ... ***Moltkia***, 668

— Bäume, Groß- u. Kleinsträucher, nicht auffällig rau durch borstige Behaarung ... **20**

20. Bl.rand mit abstehenden feinen od. steifen Haaren od. Büschelhaaren, dadurch ± bewimpert, teils nur sehr kurz ... 44

— Bl.rand nicht od. höchstens bei jungen Bl. behaart od. bewimpert ... **21**

21. Bl. 4–6-mal so lang wie breit ... **42**

Bl. < 4-mal so lang wie breit ... **22**

22. Sprossabschnitte scheinbar tütenartig ineinander gesteckt, Zw. sehr biegsam ... ***Dirca***, 512

— Sprossabschnitte nicht tütenartig ineinander gesteckt ... **23**

23. Zw. mit Blatt- od. Sprossdornen ... **39**

— Zw. ohne Blatt- od. Sprossdornen ... **24**

24. Seitennerven nur ausnahmsweise verzweigt (aber durch feine Quernerven verbunden), stark hervortretend, dicht vor dem Bl.rand umbiegend ... **37**

— Seitennerven entw. verzweigt od. schwach hervortretend ... **25**

25. Zw. überhängend, lang u. dünn od. sparrig ... **36**

— Zw. weder überhängend noch sparrig ... **26**

26. Junge Zw. ohne Mark, hohl, – ± 3-kantig; Bl. meist herzf. od. 3-zählig (*863/1*); Sprosse oft etwas kletternd ... ***Solanum***, 863

— Junge Zw. mit Mark **27**

27. Junge Zw. mit gekammertem Mark; Bl. längl. elliptisch bis verkehrt eif. (*677/3*) .... ***Oemleria***, 677

— Junge Zw. mit vollem Mark **28**

28. Bl.stiel 1–5 cm lang, – Seitennerven sehr fein, kaum fühlbar ...... ***Pyrus***, 768

— Bl.stiel kürzer **29**

29. Bl.spreite allmähl. in den Bl.stiel übergehend (*501/2*), – 2–3-mal so lang wie breit .... ***Daphne***, 500

— Bl.spreite deutl. vom Bl.stiel abgesetzt **30**

30. Bl. nur als Altersform ganzrandig, sonst im Randbereich stark gewellt u. deutl. dornig gezähnt, – derb lederig, Nervennetz unterseits kaum erkennbar (*591/3*) .... ***Ilex aquifolium***, 591

— Bl. stets ganzrandig od. Rand nur leicht wellig-buchtig bis schwach gezähnt od. gesägt **31**

31. Pfl. immergrün **33**

— Pfl. sommergrün – Bl.spreite eif. bis elliptisch od. rundl. **32**

32. Bl.stiel 1,5–2,5 cm lang, Nebenbl. fehlend, Spreite unterseits kahl, bläul. ***Lindera praecox***, 625

— Bl.stiel < 1,5 cm lang, Nebenbl. vorhanden, aber hinfällig; Spreite unterseits meist behaart .... ***Cotoneaster***, 474

33 (31). Bl. eif. bis schmal eif., zuw. verkehrt eif., 4–8 cm lang, oberseits glänzend grün, unterseits heller, nur anfangs behaart – sehr derb lederig ***Rhaphiolepis***, 787

— Bl. schmal elliptisch bis lanzettl. od. rundl. bis elliptisch, wenn eif., dann meist kürzer u./od. unterseits bleibend behaart **34**

34. Bl. rundl., elliptisch bis eif., unterseits meist behaart .... ***Cotoneaster***, 474

— Bl. schmal elliptisch bis lanzettl., unterseits kahl od. nur Rand u. Mittelrippe etwas behaart **35**

35. Bl.stiel 1–2 cm lang, oft rötl.; Nebenbl. pfrieml. (*698/2*), ältere Bl. im Frühjahr sich oft leuchtend rot verfärbend u. abfallend .... ***Photinia davidiana***, 697

— Bl.stiel 3–8 mm lang; Nebenbl. fehlend (*852/3*) .... ***Sarcococca***, 852

36 (25). Zw. ungleich 4-kantig, etwas übergebogen, sparrig; Bl. elliptisch bis längl. eif., – Bl.rand fein gewellt (*540/3*) .... ***Flueggea***, 540

— Zw. im ∅ rundl., stark überhängend od. liegend, z. T. in Dornen endend; Bl. lanzettl. bis eif. elliptisch .... ***Lycium***, 642

37 (24). Seitennerven ± geradlinig dem Bl.rand zulaufend, erst kurz vor Erreichen des Bl.randes nach oben umbiegend – Bl.rand z. T. leicht wellenf. gebuchtet, im Randbereich Spreite oft etwas gewellt .... ***Fagus***, 535

— Seitenadern nicht ± geradlinig dem Bl.rand zulaufend, sondern deutl. gebogen **38**

38. Spross ± windend; Bl. meist unterhalb der Mitte am breitesten (*400/1*) ***Berchemia***, 400

— Spross nicht windend; Bl. in od. oberhalb der Mitte am breitesten (*545/3*) ***Frangula***, 545

39 (23). Zw. mit Bl.dornen, in deren Achsel Kurztriebe mit büschelig angeordneten Bl. stehen .... ***Berberis***, 393

— Zw. mit Sprossdornen **40**

40. Strauch mit überhängenden od. niederliegenden, schlank rutenf. Zw., mit kräftigen Dornen .... ***Lycium***, 642

— Bäume od. Sträucher mit aufrechten od. abstehenden Zw. **41**

41. Pfl. mit Milchsaft (beim Verletzen sichtbar) – kurze Dornen in Bl.achseln (*644/4*) .... ***Maclura***, 644

— Pfl. ohne Milchsaft .... ***Pyracantha atalantioides***, 768

42 (21). Bl. 1–4 cm lang, – beiderseits anliegend behaart .... ***Daphne***, 500

— Bl. 5–20 cm lang **43**

43. Junge Zw. mit gekammertem Mark – Bl. 5–9 cm lang, deutl. zugespitzt; Sprossdornen 6–10 mm lang (*747/2*) .... ***Prinsepia sinensis***, 747

— Junge Zw. mit vollem Mark – Bl. schmal lanzettl. (*774/4*) ***Quercus phellos***, 774

44 (20). Bl.rand mit Büschelhaaren, dadurch dicht kurz bewimpert u. leicht gezähnt erscheinend (*641/2*), Spreitenbasis asymmetrisch; junge Zw. u. Bl. sternhaarig – Bl. 2–6,5 cm lang, elliptisch bis eif.; immergrüner Strauch ***Loropetalum***, 641

— Bl.rand fein od. steif bewimpert, nicht mit Büschelhaaren besetzt; Spreitenbasis symmetrisch; junge Zw. u. Bl. kahl od. behaart, aber nicht sternhaarig **45**

45. Bl. bis 4 cm lang, – anliegend seidig behaart .... ***Daphne***, 500

— Bl. im Mittel > 4 cm lang **46**

46. Junge Zw. im ∅ rundl.; Bl.rand steif bewimpert .... ***Rhododendron***, 788

— Junge Zw. kantig; Bl.rand fein bewimpert (*438/1*) .... ***Ceratostigma***, 437

47 (18). Bl. mit goldgelben Harzdrüsen, – Rand im oberen Drittel der Spreite kerbig gesägt (*668/1*) .... ***Myricaceae***, 305

— Bl. ohne goldgelbe Harzdrüsen **48**

48. Bl. unterseits od. beiderseits schuppig od. schülferig ... ***Rhododendron***, 788

— Bl. unterseits braun od. schwärzl. od. durchscheinend punktiert **49**

49. Bl. durchscheinend punktiert .... ***Skimmia***, 861

— Bl. unterseits mit braunen od. schwärzl. Punkten **50**

50. Bl. unterseits fein schwärzl. od. braun punktiert, sonst kahl – Pfl. sommer- od. immergrün .... ***Lyonia***, 642

— Bl. unterseits durch kurze, anfangs helle, dann braune Drüsenhaare punktiert, außerdem wie die jungen Zw. striegelhaarig – Pfl. immergrün; durch Grannenhaare Bl.rand bewimpert (*715/5*) .... ***Pieris floribunda***, 715

51 (17). Bl.rand dicht abstehend behaart **46**

— Bl.rand nicht od. nur anfangs abstehend behaart, z. T. bewimpert **52**

52. Bl. oberseits rotbraun od. heller angedrückt behaart od. unterseits mit bräunl. od. andersfarbigen Schuppen (*796/1*) [*Menziesia*] ***Rhododendron***, 788

— Bl. weder oberseits anliegend rotbraun behaart noch unterseits mit Schuppen besetzt **53**

53. Pfl. immergrün **61**

— Pfl. sommergrün **54**

54. Bl. 1–4 cm lang **60**

— Bl. > 4 cm lang **55**

55. Bl.spreite allmähl. zur Basis verschmälert, sitzend, etwa 4-mal so lang wie breit, längl. verkehrt eif. (*859/1*), – 5–15 cm lang, kahl, beiderseits blaugrün .... ***Sibiraea***, 858

— Bl.spreite keilf. in den Bl.stiel verschmälert od. Basis abgerundet, deutl. gestielt, meist nicht > 3-mal so lang wie breit **56**

56. Bl.stiel 3–6 mm lang, Spreite meist verkehrt eif., zur Spitze hin am breitesten (*774/3*), aber auch mehr rautenf. od. zuw. längl. eif., an der Spitze z. T. etwas wellenf. gebuchtet od leicht gelappt, – Bl. 4–10 cm lang, beiderseits blassgrün, kahl bis auf Achselbärte an Unterseite .... ***Quercus nigra***, 774
— Bl.stiel länger, 0,5–4,5 cm lang, Spreite elliptisch bis schmal elliptisch, eilängl. od. verkehrt eif., meist in der Mitte od. über der Mitte am breitesten, an der Spitze weder wellenf. noch gelappt, höchstens entfernt gesägt **57**
57. Langtriebe entw. mit unauffälliger Endkn. u. Kurztriebe fehlend od. Langtriebe ohne Endkn. u. Kurztriebe mit Endkn. – Bl. verkehrt eif. od. eif. bis elliptisch, 4–12 cm lang, Stiel 0,5–2,5 cm lang .... ***Lindera***, 624
— Zw. mit Endkn. **58**
58. Bl. 4–6 cm lang, – Spreite elliptisch bis eilängl., zuw. längl. verkehrt eif., Basis keilf., Stiel 1,5–2,5 cm lang, meist wie die Bl.nerven rötl. ***Exochorda giraldii***, 534
— Bl. 5–16 cm lang **59**
59. Seitennerven jederseits der Mittelrippe 10–15, meist unverzweigt, Spreitenbasis abgerundet, Stiel 1–2 cm lang, junge Zw. behaart, auch filzig; Kn. nackt .... ***Frangula purshiana***, 546
— Seitennerven jederseits 8–10, ± verzweigt (*676/1*), Spreitenbasis keilf., Stiel 0,6–4,5 cm lang; Zw. kahl; Kn. von Schuppen bedeckt .... ***Nyssa***, 676
60 (54). Bl. schmal elliptisch bis verkehrt eif., mit 3–5 von der Basis der Spreite bis zur Spitze durchlaufenden Hauptnerven (*876/1*), unterseits blaugrün, kahl od. zuw. schwach behaart; Balgfr. .... ***Spiraea hypericifolia***, 876
— Bl. längl., lanzettl., verkehrt eif. od. spatelig, fiedernervig, grün od. unterseits bläul., beiderseits behaart od. kahl, oft an den Zw.enden gehäuft stehend; Steinfr. .... ***Daphne***, 500
61 (53). Bl. 1–4 cm lang – Spreite längl. lanzettl., Basis keilf. .... ***Daphne***, 500
— Bl. 3–8 cm lang, – derb lederig, kahl; Zw. kahl **62**
62. Bl. 5–12 mm lang gestielt, Spreite 3–7 cm lang, lanzettl. bis elliptisch, zuw. verkehrt eif. .... ***Distylium***, 513
— Bl. fast sitzend, 5–8 cm lang, verkehrt eilanzettl. – junge Zw. rötl. ***Bupleurum***, 411
63 (16). Pfl. windend; junge Zw. kantig gestreift; Basis der Spreite herzf. bis keilf., z. T. undeutl. gezähnt (*538/1*) .... ***Fallopia***, 537
— Pfl. nicht windend **64**
64. Bl. unterseits kahl oder anfangs seidenhaarig, elliptisch bis verkehrt eif. (*474/1c*) .... ***Cotinus***, 473
— Bl. zumindest anfangs weißfilzig behaart, später v. a. oberseits kahl, schmal elliptisch, elliptisch od. längl. verkehrt eif. .... ***Pyrus***, 768
65 (15). Zw. an der Ansatzstelle des Bl.stiels mit zweigumfassender Linie (*647/3*) – Bl. meist sehr groß, z. T. > 40 cm lang .... ***Magnolia***, 645
— Zw. am Knoten ohne zweigumfassende Linie **66**
66. Zw. mit Dornen (*644/4*) .... ***Maclura***, 644
— Zw. dornenlos **67**
67. Zw. ohne Mark – Sprosse oft kletternd; Bl. lang zugespitzt, die oberen oft 3-zählig (*863/1*) .... ***Solanum***, 863
— Zw. mit Mark **68**
68. Sprossachsen windend, Knoten röhrig umschlossen von trockenhäutiger Nebenbl.scheide (Ochrea) .... ***Fallopia***, 537

— Sprossachsen nicht windend, ohne Ochrea **69**

69. Bl. teils ungeteilt u. ganzrandig, teils 1–3-lappig (*854/1–3*) .... ***Sassafras***, 854

— Bl. stets ungeteilt u. ganzrandig, sehr selten (× *Crataemespilus*) leicht gelappt **70**

70. Bl. mit unverzweigten Seitennerven, die auffällig bogenartig zur Bl.spitze verlaufen, unterseits mit parallelen od. unregelmäßig angeordneten gegabelten Haaren .... ***Cornus*** (*C. alternifolia, C. controversa*), 463

— Seitennerven 1. Ordnung nicht bogenf. zur Bl.spitze verlaufend, Bl.unterseite ohne Gabelhaare **71**

71. Pfl. sommergrün; Bl. nicht lederig od. wenn ± lederig, dann zieml. dünn u. weich **78**

— Pfl. immergrün; Bl. lederig, meist derb **72**

72. Bl. zumindest z. T. gedrängt stehend, an den Zw.enden gehäuft od. in Scheinwirteln gebüschelt **77**

— Bl. weder an Zw.enden gedrängt noch in Scheinwirteln gebüschelt **73**

73. Bl.rand oft etwas umgebogen, – Bl. längl. bis verkehrt eif., Spreitenbasis keilf. bis abgerundet, 5–15(–25) cm lang, Stiel 1,2–1,3 cm lang, ganzrandig od. nur schwach u. fein gesägt (*750/5*), oberseits glänzend dunkelgrün, unterseits blassgrün; junge Zw. grün, kahl od. leicht behaart; Steinfr. ***Prunus laurocerasus***, 749

— Bl.rand nicht umgebogen – Bl. elliptisch bis längl. od. lanzettl. **74**

74. Bl. 12–20 cm lang, – oberseits glänzend dunkelgrün, unterseits bläul. bereift, Spreite mit durchscheinenden Drüsenpunkten, gerieben schwach nach Pfeffer riechend; Rinde glatt, rosa-bräunl., aromatisch duftend ***Drimys***, 514

— Bl. 5–12 cm lang **75**

75. Kn. nackt; Bl. mit durchscheinenden (gegen das Licht) Drüsenpunkten, gerieben od. bei warmer Witterung auch ohne zu reiben intensiv aromatisch duftend (ähnl. Kampfer); Beerenfr. .... ***Umbellularia***, 929

— Kn. mit Kn.schuppen; Bl. nicht durchscheinend punktiert u. nicht aromatisch duftend; Apfel- od. Kapselfr. **76**

76. Junge Zw. seidig behaart bis kahl; Bl. beiderseits glänzend grün, kahl od. Bl.rand, Mittelrippe u. der oft rötl. Bl.stiel etwas behaart, Spreite älterer Bl. sich im Frühjahr rot verfärbend u. abfallend; Achselkn. nicht vom Bl.stiel bedeckt; Fr. Kernapfel .... ***Photinia davidiana***, 697

— Junge Zw. flaumig behaart; Bl. oberseits glänzend grün, unterseits gelbl. grün, kahl, Bl.stiel bedeckt die Achselkn.; Kapselfr. ...... ***Kalmia latifolia***, 610

77 (72). Bl. längl. bis schmal eif., 8–20 cm lang, Stiel 2,5–4 cm lang, – gelbl., oft rötl. wie Mittelrippe, Spreite unterseits bläul. weiß, Basis keilf.; junge Zw. kahl, blaugrün, oft rötl. .... ***Daphniphyllum***, 503

— Bl. verkehrt eif. od. verkehrt eilanzettl. (*731/1*), 4–9 cm lang, Stiel 2 cm lang, – Bl.rand umgebogen .... ***Pittosporum***, 731

78 (71). Bl. nicht durchscheinend punktiert **80**

— Bl. durchscheinend punktiert, – verkehrt eif. bis längl., Stiel 1 cm lang **79**

79. Junge Zw. kahl, graugrün, zur Spitze hin dunkler u. bräunl.; Kn. vielschuppig, kahl; Bl. (*679/1*) 5–15 cm lang, oberseits glänzend grün, unterseits heller u. an den Nerven etwas behaart, wie die Rinde beim Zerreiben aromatisch duftend .... ***Orixa***, 679

— Junge Zw. anfangs rostbraun behaart, später bis auf Zw.spitze kahl u. grau bis graubraun; Kn. nackt, rot- bis dunkelbraun behaart; Bl. (*391/1*) 15–25 cm lang, oberseits tiefgrün, unterseits hell graugrün, anfangs stark behaart **_Asimina_**, 391

80 (78). Mittelrippe der Bl. an der Bl.spitze nicht als Granne austretend **82**

— Mittelrippe an der Bl.spitze als Granne austretend, zuw. grannige Spitze weniger deutl. – Bl. oberseits glänzend dunkelgrün, unterseits blassgrün; junge Zw. kahl od. nur anfangs etwas behaart **81**

81. Bl. 3–8 cm breit, 10–18 cm lang, schmal elliptisch bis längl. eif., unterseits schwach weichfilzig behaart, Stiel 5–15 mm lang (*776/1*) **_Quercus imbricaria_**, 775

— Bl. 1–2,5 cm breit, 5–12 cm lang, schmal lanzettl., unterseits höchstens anfangs etwas behaart, Stiel 2–5 mm lang (*775/4*) ...... **_Quercus phellos_**, 774

82 (80). Bl. 5–20 cm lang, 2,5–9 cm breit. zumindest die größeren > 5 cm breit **84**

— Bl. kleiner u. schmaler, 4–12 cm lang, meist nur bis 5 cm breit **83**

83. Bl. unterseits bleibend feinfilzig; Zw. zuw. mit verdornten Kurztrieben; Bl. breit längl. bis längl. lanzettl., Spreitenbasis abgerundet, Nebenbl. vorhanden (*666/4*), – Bl.rand ganzrandig od. fein gezähnt; Fr. Steinapfel mit bis zur Reife bleibenden, aufrechten Kbl. .... **_Mespilus_**, 666

— Bl., wenn anfangs behaart, dann nicht filzig, bald kahl werdend od. nur unterseits Mittelrippe behaart bleibend; Zw. nie dornig; Bl. verkehrt eif. bis elliptisch od. eif., Spreitenbasis keilf. (*624/3a*), Nebenbl. fehlend, – Bl. beim Zerreiben aromatisch duftend; Beeren- od. Steinfr. .... **_Lindera_**, 624

84 (82). Pfl. in allen Teilen kahl – Bl. breit eif. (*674/1*), 7–15 cm lang, 4–8 cm breit, am Spreitengrund mit 1 Paar Drüsen .... **_Neoshirakia_**, 674

— Bl. beiderseits od. unterseits zumindest anfangs behaart, wenn verkahlend, dann unterseits Nerven behaart bleibend **85**

85. Kn. gelbgrün, Zw. sehr dick, wenn auch elastisch, Rinde papierdünn abblätternd; Bl. oft an den Triebenden gedrängt stehend, – lanzettl. bis längl., in etwa 1 cm langen Bl.stiel keilf. verschmälert, anfangs beiderseits, später nur noch unterseits seidig behaart, zumindest an den Nerven; vor dem Laubaustrieb blühend .... **_Edgeworthia_**, 516

— Kn. ganz oder teils braun bis rotbraun od. dunkel violettbraun, wenn nur teils, dann auch olivgrün; Zw. nicht auffällig dick; Rinde nicht papierdünn abblätternd; Bl. an den Triebenden nicht gedrängt **86**

86. Endkn. vorhanden; Bl. eif. bis längl., elliptisch od. verkehrt eif., ganzrandig od. Rand entfernt gezähnt, Spreitenbasis ± keilf. (*676/1*), Stiel 0,5–3,5 cm lang, – Bl. oberseits glänzend grün u. kahl, unterseits bläul., ± behaart; Steinfr. .... **_Nyssa_**, 676

— Endkn. fehlend; Bl. eif. bis elliptisch, stets ganzrandig, Spreitenbasis breit keilf., abgerundet od. fast gestutzt, Stiel 0,5–2 cm lang, – Bl. oberseits glänzend dunkelgrün, unterseits hell- od. blaugrün, zumindest anfangs unterseits behaart, bleibend meist nur an den Nerven; Fr. saftige Beere mit großem, bis zur Reife grün bleibendem, 4-lappigem K. .... **_Diospyros_**, 510

87 (14). Bl.stiel mit 2 Ranken (*862/1–2*); Zw. meist stachelig .... **_Smilax_**, 862

— Bl.stiel ohne Ranken **88**

88. Sprossknoten röhrig umschlossen von trockenhäutiger Scheide (Ochrea) – Bl. oft schwach gezähnt, Bl.stiel etwa 3–4 cm lang; Pfl. windend **_Fallopia_**, 537

— Sprossknoten ohne Ochrea **89**

89. Bl. handnervig mit 3 ± gleich starken Nerven, Bl.stiel 1–3 cm lang **95**

— Bl. handnervig mit > 3 Nerven, Bl.stiel meist länger **90**

90. Basis der Bl.spreite keilf., – Bl. lederartig; Sprosse liegend od. mit Haftwurzeln kletternd .... ***Hedera***, 572

— Basis der Bl.spreite herzf. od. gestutzt **91**

91. Pfl. windend **93**

— Pfl. nicht windend, aufrecht wachsend **92**

92. Bl. handnervig mit meist 7 Nerven (*439/3*), Bl.stiel an beiden Enden verdickt .... ***Cercis***, 439

— Bl. handnervig mit meist nur 5 kräftigen Nerven (*512/1*), Bl.stiel ohne Verdickungen an den Enden .... ***Disanthus***, 512

93 (91). Bl. ungelappt, ganzrandig, – oft > 10 cm lang (*388/1a*) ***Aristolochia***, 387

— Bl. wenigstens z. T. gelappt **94**

94. Bl.stiel nicht am Bl.rand ansetzend, Bl. ± schildf., 3–7-lappig, selten ungelappt (*666/1* u. *2*) .... ***Menispermum***, 665

— Bl.stiel am Bl.rand ansetzend, Bl. nicht schildf., ganzrandig bis leicht 3-lappig (*460/1*) .... ***Cocculus***, 460

95 (89). Neben ungeteilten auch 3-lappige Bl. an einer Pfl. – Bl. unterseits grau- od. blaugrün **98**

— Bl. nie gelappt **96**

96. Zw. mit 2 Nebenbl.dornen unterhalb des Bl.ansatzes – Bl. 2–6 cm lang, ganzrandig od. fein gesägt (*685/2*) .... ***Paliurus***, 685

— Zw. ohne Dornen **97**

97. Bl. in der oberen Hälfte der Spreite am breitesten, zum Rand hin gewellt, jederseits der Mittelrippe mit 5–6 deutl. hervortretenden Seitennerven, Bl.stiel 2–6 mm lang (*685/3*) .... ***Parrotia***, 685

— Bl. in od. unterhalb der Spreitenmitte am breitesten, ± ganzrandig, jederseits mit 6–12 undeutl. Seitennerven, Bl.stiel 1–1,5 cm lang (*400/1*) ***Berchemia***, 400

98 (95). Bl. eif. od. elliptisch, 5–16 cm lang, ungeteilt od. 1–3-lappig, Spreitenbasis keilf., unterseits meist kahl, Stiel 1,5–3 cm lang; Zw. mit bis 1 cm langer Endkn. – junge Zw., grün, meist kahl, bereift; Baum (Bm), Wurzelsprosse bildend .... ***Sassafras***, 854

— Bl. breit eif. bis rundl., bis 12 cm lang, meist an der Spitze 3-lappig, Spreitenbasis abgerundet bis leicht herzf., unterseits behaart, Stiel 1–2 cm lang; Zw. ohne Endkn. – Strauch od. kleiner Baum .... ***Lindera obtusiloba***, 624

99 (13). Zw. an der Ansatzstelle des Bl.stiels mit zweigumfassender Linie (*647/3*) – Pfl. immergrün; Bl. oberseits dunkelgrün, glänzend, unterseits rostbraun, 15–25 cm lang .... ***Magnolia grandiflora***, 647

— Zw. am Knoten ohne zweigumfassende Linie **100**

100. Bl. unterseits mit kleinen bräunl. od. silberfarbenen Schuppen od. Sternhaaren od. filzig behaart **110**

— Bl. unterseits ohne Schuppen, kahl od. wenn behaart, dann weder sternhaarig noch filzig **101**

101. Bl.rand ± umgerollt **109**

— Bl.rand flach od. gewellt **102**

102. Bl. meist > 10 cm lang – Pfl. immergrün, Bl. lederartig ***Rhododendron***, 788

— Bl. meist < 10 cm lang **103**

103. Bl.stiel meist > 1,5 cm lang **108**

— Bl.stiel meist < 1,5 cm lang **104**

104. Bl. 5–10-mal so lang wie breit **107**
— Bl. < 5-mal so lang wie breit **105**
105. Kn. nur von einer Kn.schuppe bedeckt; Bltn. eingschl., 2-häusig verteilt, ohne Bltn.hülle (Kbl. u. Krbl. fehlen), in Kätzchen; Pfl. sommergrün *Salix*, 828
— Kn. mit > 1 Kn.schuppe; Bltn. ⚥, mit Bltn.hülle, Bltnst. keine Kätzchen; Pfl. sommer-, winter- od. immergrün **106**
106. Zw. mit Endkn., Bltn.krone verwachsen (sympetal); Kapselfr. – Bl. 2–15 cm lang, kahl od. behaart, v. a. unterseits oft ± behaart, zuw. nur auf der Mittelrippe, mit od. ohne Schuppen .... ***Rhododendron***, 788
— Zw. ohne Endkn., Bltn.krone nicht verwachsen (choripetal); Fr. Steinapfel – Bltn. meist < 1 cm ∅; Bl. 0,5–12 cm lang, aber nur selten > 8 cm, lanzettl. bis rundl. od. rautenf., Basis der Spreite nie herzf., kahl od. behaart, unterseits auch dicht weichhaarig, filzig od. striegelhaarig .... ***Cotoneaster***, 474
107 (104). Junge Zw. dicht weißgrau filzig; Bl.stiel im Mittel 1 cm lang; Bl. schmal lanzettl. (*770/5*); Pfl. oft dornig; Kn. mit mehreren Kn.schuppen ***Pyrus salicifolia***, 770
— Junge Zw. nicht weißgrau filzig; Bl.stiel kürzer; Kn. nur von 1 Kn.schuppe bedeckt .... ***Salix***, 828
108 (103). Bl. unterseits mit schwach hervortretenden Seitennerven, kaum fühlbar, Bl.stiel z. T. bis 3 cm lang; Kn. mit mehreren Kn.schuppen ***Pyrus***, 768
— Bl. unterseits mit stark hervortretenden Seitennerven, Bl.stiel kürzer; Kn. nur von 1 Kn.schuppe bedeckt .... ***Salix***, 828
109 (101). Bl. meist > 2,5 cm breit, wenn schmaler, dann höchstens 3-mal so lang wie breit; Kn. mit mehreren Kn.schuppen .... ***Rhododendron***, 788
— Bl. schmaler, 5–12-mal so lang wie breit; Kn. nur von einer Kn.schuppe bedeckt .... ***Salix***, 828
110 (100). Bl. unterseits rostbraun filzig behaart [*Ledum*] ***Rhododendron***, 788
— Bl. unterseits silbrig weiß od. grau durch Schuppen od. Sternhaare od. weißfilzige Behaarung, z. T. mit bräunl. Schuppen, aber nicht rostbraun filzig **111**
111. Bl. unterseits weißfilzig behaart, aber ohne Sternhaare – 5–10 cm lang, eif., Basis der Spreite abgerundet bis schwach herzf.; Nebenbl. groß (*496/1a*) ***Cydonia***, 495
— Bl. unterseits weiß od. grau durch Schuppen u./od. Sternhaare **112**
112. Bl. 1–4 cm breit, – beiderseits od. unterseits silbrig durch Schuppen od. Sternhaare, teils mit eingesprengten braunen Schuppen ***Elaeagnus***, 516
— Bl. schmaler, meist nur bis 1 cm breit **113**
113. Bl. unterseits sternhaarig weißfilzig, – schmal lanzettl., 3–7 cm lang (*410/1*) .... ***Buddleja alternifolia***, 410
— Bl. unterseits silberweiß od. grau durch Schuppen u./od. Sternhaare, teils auch mit bronzefarbenen od. braunen Schuppen **114**
114. Aufrechter Strauch (Sg, bis Bk); Bl. linealisch lanzettl. bis längl., beider-od. unterseits silbrig u. teils bronzefarben schuppig, wenn grau sternhaarig, dann mit einzelnen braunen Schuppen – Zw. oft stark dornig ***Hippophaë***, 577

— < 0,5 m hoher Halbstrauch mit niederliegend-aufsteigenden Sprossen; Bl. lanzettl. spatelf., hellgrau sternhaarig filzig, ohne braune Schuppen – an den Zw.enden rosettig genähert .... ***Aurinia***, 392

115 (12). Bl. an einer Pfl. einfach u. 3-zählig – Zw. grün, fein gestreift bzw. gefurcht; Bl. bzw. Blch. bis 1 cm lang, angedrückt silbrig behaart **153**

— Bl. sämtl. einfach **116**

116. Bl.rand kahl od. behaart, aber nicht abstehend, weder borstig noch bewimpert **119**

— Bl.rand lang abstehend od. borstig behaart od. bewimpert – immergrüne Zwerg- od. Kleinsträucher **117**

117. Bl.rand lang bewimpert (*796/1*), aber Spreite sonst nicht behaart, oberseits etwas runzelig, unterseits wie Zw. mit einigen Drüsenschuppen, Bl. schmal verkehrt eif. bis verkehrt eif.-rundl., 1–3 cm lang; Kleinstrauch ***Rhododendron hirsutum***, 795

— Bl. beiderseits od. zumindest oberseits u. am Rand borstig behaart bzw. bewimpert, junge Zw. borstig behaart, wie die Bl. ohne Drüsenschuppen; Zwergstrauch **118**

118. Bl.rand ± umgerollt, Bl. beiderseits borstig behaart, linealisch bis längl. lanzettl. od. elliptisch, 0,7–3,8 cm lang, ganzrandig .... ***Lithodora***, 627

— Bl.rand nicht umgerollt, Bl. oberseits spärl. borstig, unterseits kahl, schmal elliptisch bis längl. od. eilanzettl., 0,5–1,5 cm lang, ganzrandig od. undeutl. gekerbt .... ***Rhodothamnus***, 797

119 (116). Bl. unterseits mit gelben od. meist rostbraunen Drüsenschuppen ***Rhododendron***, 788

— Bl. unterseits ohne Drüsenschuppen **120**

120. Zw. mit 1–3-teiligen Bl.dornen, in deren Achsel Kurztriebe mit büschelig angeordneten Bl. stehen (*394/2*) .... ***Berberis***, 393

— Zw. ohne Bl.dornen, z. T. aber mit verdornten Sprossachsen **121**

121. Bl. nicht stark zusammengedrängt, weder rosettig noch an den Zw.enden büschelig gehäuft **125**

— Bl. stark zusammengedrängt, entw. sehr dicht stehend, rosettig od. an den Zw.enden büschelig gehäuft **122**

122. Pfl. sommergrün **124**

— Pfl. immergrün **123**

123. Bl. an den Zw.enden büschelig gehäuft, längl. lanzettl. od. längl. verkehrt eif., elliptisch bis verkehrt eif. od. spatelig, 0,5–5 cm lang, meist > 2 mm breit, wenn schmaler, dann nie stechend; aufrechte od. niederliegende Zwerg- od. Kleinsträucher, nie stachelige Polster bildend .... ***Daphne***, 500

— Bl. an den Zw. dicht gedrängt stehend, ± rosettig, schmal pfrieml., fast nadelf., 1,5–3 cm lang, 1–2 mm breit; dichte, stachelige Polster bildender Zwergstrauch .... ***Acantholimon***, 349

124 (122). Bis 0,2 m hoher Halbstrauch mit aufsteigenden Sprossen; Bl. längl. bis linealisch, 1–2 cm lang .... ***Aëthionema***, 371

— Spalierstrauch mit dem Boden angepressten, bis 7 cm langen Sprossen; Bl. verkehrt eif. bis spatelf., 0,4–1 cm lang .... ***Salix serpyllifolia***, 844

125 (121). Pfl. ohne Dornen **128**

— Pfl. mit verdornten Zw. od. Bltnst.achsen **126**

126. Bltnst.achsen verdornt, Bl. dicht silbrig sternhaarig ***Alyssum spinosum***, 379
— Zw. verdornt; Bl. nicht sternhaarig **127**
127. Bl. eif., verkehrt eif. bis rundl. – Zw. starr, weißl., stark dornig ***Atraphaxis spinosa***, 392
— Bl. lanzettl. bis elliptisch lanzettl. .... ***Genista***, 561
128 (125). Bl. > 2 mm breit **130**
— Bl. 1–2 mm breit, nadelf. **129**
129. Niederliegender Halbstrauch, 5–20 cm hoch .... ***Fumana***, 559
— Baum mit 2-zeilig gestellten Nadeln an langtriebartigen Kurztrieben, mit diesen im Herbst abfallend (*901/1*) .... ***Taxodium***, 901
130 (128). Bl. unterseits fein bräunl. od. schwärzl. punktiert (Lupe!) – immergrüne Zwergsträucher mit lederigen Bl. **152**
— Bl. unterseits ohne bräunl. od. schwärzl. Punkte **131**
131. Zw. nicht fadenf. dünn **133**
— Zw. fadenf. dünn, etwa 1 mm ∅, – kriechend **132**
132. Bl. eif. längl., Bl.rand ± umgerollt .... ***Vaccinium***, 930
— Bl. ± rundl., Bl.rand nicht umgerollt (*670/1–2*) .... ***Muehlenbeckia***, 670
133 (131). Bl. bis 3 mm breit **148**
— Bl. breiter **134**
134. Zw. deutl. geflügelt, – Flügel glänzend, an den Sprossknoten unterbrochen .... ***Genista sagittalis***, 562
— Zw. nicht geflügelt **135**
135. Junge Zw. stark behaart **146**
— Junge Zw. kahl od. schwach behaart **136**
136. Bl.rand umgerollt, Bl. unterseits kahl, weißbläul. bereift od. dicht weißfilzig behaart .... ***Andromeda***, 384
— Bl.rand flach, selten umgerollt u. dann Bl. unterseits nicht weißl. **137**
137. Bl.spitze abgerundet od. stumpf, Spreite oft oberhalb der Mitte am breitesten **142**
— Bl. zugespitzt od. mit kurzer Stachelspitze, Spreite selten oberhalb der Mitte am breitesten **138**
138. Pfl. immergrün; Bl. derb lederig, mit kurzer stechender Spitze ***Polygala***, 737
— Pfl. sommergrün; Bl. nicht derb lederig u. ohne stechende Spitze **139**
139. Zw. kantig, – grün, ± glänzend .... ***Genista tinctoria***, 562
— Zw. nicht kantig **140**
140. Kn. stets nur von 1 Kn.schuppe bedeckt; Sträucher nicht feinzweigig, junge Zw. dicker .... ***Salix***, 828
— Kn. mit mehreren Kn.schuppen; feinzweigige Kleinsträucher, junge Zw. sehr dünn **141**
141. Junge Zw. kahl, Bl. eif. bis lanzettl. (*620/3*), 0,8–3 cm lang, kahl, stachelspitzig, Rand etwas verdickt .... ***Leptopus***, 620
— Junge Zw. anfangs schwach behaart; Bl. verkehrt eif. bis elliptisch, 1,2–2 cm lang, kahl od. sehr schwach behaart .... ***Phyllanthopsis***, 698
142 (137). Aufrechte Sträucher (Sz, Sk, Sg) **144**
— Nur bis 0,3 m hohe, niederliegende od. kriechende Sträucher (Sp) **143**
143. Pfl. immergrün – Bl. lederig, glänzend grün, kahl, Spreite an der Basis keilf. in kurzen Bl.stiel verschmälert (*387/3*) .... ***Arctostaphylos***, 387

— Pfl. sommergrün, – Bl. derb, anfangs dicht behaart, später oberseits kahl, dunkelgrün, durch eingesenke Nervatur runzelig (*844/1*), unterseits grauweiß bis -grün, ± behaart, Basis der Spreite herzf. .... ***Salix reticulata***, 843

144 (142). Pfl. wintergrün; Zw. sehr dicht beblättert, dick, starr u. stechend; Bl. dickl., – verkehrt eif., 1–2 cm lang, an der Spitze abgerundet od. etwas ausgerandet (*664/3*) [*Hymenanthera*] .... ***Melicytus***, 664

— Pfl. sommergrün; Zw. lockerer beblättert, weder starr noch stechend; Bl. nicht dickl. – Zw. ohne Endkn. **145**

145. Bl. hell blaugrün, unterseits auffallend netznervig (*932/4*), kahl; Beerenfr. – Spreite eif. bis verkehrt eif., 1–3 cm lang, kahl; Zw. im ∅ rundl., nur anfangs fein behaart .... ***Vaccinium uliginosum***, 932

— Bl. hell- bis dunkelgrün, blau- od. graugrün, unterseits nicht auffallend netznervig, kahl od. ± behaart; Balgfr. – Zw. im ∅ rundl. od. ± 5-kantig, kahl od. schwach bis dicht u. filzig behaart .... ***Spiraea***, 875

146 (135). Bl. mit Sternhaaren, – lanzettl. bis spatelf., oberseits graugrün, unterseits weißfilzig .... ***Alyssum murale***, 379

— Bl. ohne Sternhaare **147**

147. Kn. mit > 2 Kn.schuppen; Zw. stets ohne Lentizellen; Bl. etwa 2-mal so lang wie breit, meist ca. 2 cm lang, unterseits graufilzig .... ***Spiraea***, 875

— Kn. nackt od. mit 2 Kn.schuppen; Zw. meist mit Lentizellen; Bl. nicht bis 2-mal so lang wie breit od. sonst kleiner od. unterseits weißfilzig ***Cotoneaster***, 474

148 (133). Bl. unterseits kahl **150**

— Bl. unterseits dicht behaart, – 0,5–1,5 cm lang **149**

149. Pfl. sommergrün; Bl. unterseits u. junge Zw. anliegend seidenhaarig – Bl. lanzettl. bis verkehrt eif.; Zw. grün, ± gerieft, an den Knoten verdickt ***Genista pilosa***, 562

— Pfl. immergrün; Bl. unterseits weißfilzig, junge Zw. mit langen abstehenden Haaren u. kurzen Drüenhaaren – Bl. elliptisch (*500/3*) .... ***Daboecia***, 500

150 (148). Zw. deutl. 4-kantig, – bogig gekrümmt, graugrün, oft bläul. bereift; Bl. 0,5–1 cm lang, 1–3 mm breit .... ***Genista lydia***, 563

— Zw. im ∅ rundl. **151**

151. Aufrechte od. niederliegende Zwerg- od. Kleinsträucher; junge Zw. behaart; Bl. derb lederig .... ***Daphne***, 500

— Zwerghalbsträucher mit niederliegenden u. aufsteigenden Sprossen; junge Zw. kahl; Bl. dickl., etwas fleischig od. schwach lederig – 1–1,5 cm lang, 1–5 mm breit .... ***Iberis***, 588

152 (130). Bl. 1–2,5 cm lang, Rand etwas umgerollt, ganzrandig od. schwach gekerbt, unterseits mit eingedrückten bräunl. Punkten, Seitennerven sichtbar (*932/3*) .... ***Vaccinium vitis-idaea***, 930

— Bl. 0,4–1 cm lang, Rand flach, ganzrandig, unterseits schwärzl. punktiert (*610/2*), Seitennerven nicht sichtbar [*Leiophyllum*] ***Kalmia buxifolia***, 610

153 (115). Zw. ohne Dornen, 8-furchig; Bl. an oberen Sprossabschnitten einfach, im unteren Bereich meist 3-zählig, bald abfallend ***Cytisus multiflorus***, 499

— Zw. in stechende Dornen auslaufend, fein gestreift (ca. 13 schmale Furchen zwischen breiteren Leisten); Bl. nur am Ende junger Zw., einfach, zuw. 3-zählig. .... ***Erinacea***, 525

Gruppe VI
Blätter einfach, wechselständig, ungeteilt mit wellenförmig gebuchtetem, gekerbtem, gezähntem oder gesägtem Rand oder Blattspreite im Randbereich deutlich gewellt oder zumindest ein Teil der Blätter gelappt bis eingeschnitten

1. Bl. wechselst. **6**

— Neben wechselst Bl. auch gegenst. Bl. **2**

2. Pfl. immergrün – Bl. eif., längl. eif., längl. lanzettl. od. schmal elliptisch, Bl.rand ringsum u. deutl. gesägt; Bltn. einzeln, paarweise od. in Büscheln zu 3 ***Elaeocarpaceae*** (*Aristotelia, Crinodendron*), 293

— Pfl. sommer- od. wintergrün **3**

3. Bl. an Langtrieben stets wechselst., nur an Kurztrieben scheinbar gegenst., – eif., deltoid bis rautenf. od. rundl., Rand gesägt od. gekerbt; Bltn. in Kätzchen .... ***Betula***, 401

— Bl. an Langtrieben teils gegenst. od. fast gegenst. **4**

4. Kn. nur von 1 Kn.schuppe bedeckt – Pfl. sommergrün; Bl. schmal verkehrt eilanzettl. bis schmal elliptisch, Rand nur im vorderen Teil gesägt od. insgesamt nur schwach gesägt bis ganzrandig; Bltn. in Kätzchen ***Salix*** (*S. purpurea, S. integra*), 828

— Kn. mit mehreren Kn.schuppen – Pfl. sommer- od. wintergrün; Bltn. nicht in Kätzchen **5**

5. Bl. mit einem Hauptnerv (Mittelrippe), Seitennerven auffällig bogenf. zur Bl.spitze gerichtet, Rand fein od. kerbig gesägt; Zw. oft dornig; Pfl. sommergrün; beerenartige. Steinfr. .... ***Rhamnus***, 786

— Bl. mit 3 von der Spreitenbasis ausgehenden Hauptnerven, Rand gesägt od. ganzrandig; Zw. nicht dornig; Pfl. sommer- od. wintergrün; kapselartige trockene Steinfr. .... ***Ceanothus***, 431

6 (1). Bl. alle od. zumindest ein Teil gelappt, gespalten oder tiefer eingeschnitten **198**

— Bl. nicht gelappt od. tiefer eingeschnitten **7**

7. Bl.rand wellenf. gebuchtet (sinuat), gekerbt, gezähnt, gesägt od. deutl. bewimpert, aber nicht Bl.spreite im Randbereich wellig **18**

— Bl.spreite im Randbereich ± deutl. gewellt (undulat) **8**

8. Bl.spreite im Randbereich deutl. gewellt, aber sonst ganzrandig **14**

— Bl.spreite im Randbereich deutl. gewellt u. Bl.rand, zumindest oberhalb der Spreitenmitte, gesägt, gezähnt, gekerbt od. bewimpert **9**

9. Pfl. winter- od. immergrün **11**

— Pfl. sommergrün **10**

10. Sträucher, Bl. weich od. lederig, nicht sukkulent, > 4 cm lang u. > 3,5 cm breit – Bl.rand wellig, fein grannig od. buchtig gezähnt od. nur in der oberen Hälfte der Spreite grob gezähnt;Kn. meist sternhaarig, Seitenkn. oft ± gestielt ***Hamamelidaceae*** (*Fothergilla, Hamamelis, Parrotia, Sinowilsonia*), 287

— Zwerg-Halbstrauch; Bl. ± fleischig-sukkulent, 1–4 cm lang, 0,5–3,5 cm breit, Rand wellenf. bis unregelmäßig kerbig gezähnt **19**

11 (9). Aufrechter Strauch od. kleiner Baum **13**

— Sprossachsen niederliegend od. aufsteigend, Halbstrauch od. Spalierstrauch ... **12**

12. < 0,5 m hoher Halbstrauch mit unterirdischen Ausläufern; Bl.rand oberhalb der Spreitenmitte mit wenigen groben Zähnen (*683/1–2*) ***Pachysandra***, 683

— Dicht verzweigter Spalierstrauch; Bl.rand ringsum grob gezähnt od. gekerbt (*514/6*), – Spreite oft runzelig, unterseits meist weißfilzig, Rand oft umgebogen ... ***Dryas***, 514

13 (11). Bl. dünn u. weich lederig, längl. eif., Rand leicht wellig u. gesägt, aber weder dornige noch ungleich große Zähne (*750/4*) ... ***Prunus lusitanica***, 749

— Bl. dick u. derb lederig, eif. od. elliptisch bis lanzettl., Randbereich ± stark gewellt, dornig gezähnt mit ungleich großen Zähnen (*591/3*), z. T. auch ganzrandig ... ***Ilex aquifolium***, 591

14 (8). Windende Kletterpfl.; Basis der Bl.spreite herzf. od. spießf. ***Fallopia***, 537

— Bäume od. aufrechte Sträucher ... **15**

15. Immergrüner Strauch od. Kleinbaum; Bl. im Randbereich stark gewellt – Bl. längl. elliptisch, bis 12 cm lang u. 4 cm breit, oberseits glänzend grün, unterseits matt; Fr. beerenartige Steinfr. ... ***Laurus***, 618

— Sommergrüner Strauch od. Baum; Bl.rand feinwellig, ± gewellt gebuchtet od. Spreite im Randbereich gewellt ... **16**

16. Baum – Bl. 4–12 cm lang, Spreite im Randbereich ± gewellt, Rand seicht wellenf. od. buchtig gezähnt bis ganzrandig ... ***Fagus***, 535

— Kleinstrauch ... **17**

17. Bl. 0,5–3 cm lang, graugrün, an den Knoten mit röhriger Blattscheide (Ochrea); Zw. grauweiß ... ***Atraphaxis***, 392

— Bl. 1,5–8 cm lang, oberseits dunkel-, unterseits hell- bis blaugrün, ohne Ochrea; Zw. grün, später braun ... ***Flueggea***, 540

18 (7). Bl. nicht od. kaum sukkulent, deutl. fieder- od. handnervig; Baum, Strauch oder Liane; wenn Bl. zuw. etwas fleischig u. Pfl. Zwerg- oder Kleinstrauch, dann Bl. zumindest kurz gestielt ... **20**

— Bl. ± fleischig-sukkulent mit kaum erkennbarer Nervatur od. wenn Bl. mehr fleischig lederig u. fiedernervig, dann sitzend; Halb-, Zwerg- od. Kleinstrauch ... **19**

19 (10, 18). Bl. ± fleischig-sukkulent, Nervatur nicht deutl. erkennbar; sommergrüner Zwerg-Halbstrauch; Bl. lang u. dünn gestielt, Spreite eif. mit herzf. od. abgerundeter Basis, 1–4 cm lang, 0,5–3,5 cm breit, Rand wellenf. bis unregelmäßig kerbig gezähnt ... ***Hylotelephium***, 584

— Bl. fleischig lederig, fiedernervig; immergrüner Zwerg- bis Kleinstrauch; Bl. sitzend, Spreite spatelf., 2–9 cm lang, 1–2 cm breit, in oberer Hälfte kerbig gesägt ... ***Nipponanthemum***, 675

20 (18). Von der Basis der Bl.spreite gehen 3–5 ± kräftige Hauptnerven strahlenf. ab (handnervig) od. es sind 3 von der Basis der Spreite bis zur Spitze durchgehende Hauptnerven vorhanden ... **176**

— Von der Basis der Bl.spreite geht nur ein kräftiger Hauptnerv (Mittelrippe) ab, von dem schwächere Seitennerven oberhalb der Spreibenbasis abzweigen (fiedernervig) ... **21**

21. Zw. mit Bl.- od. Sprossdornen ... **172**

— Zw. ohne Dornen od. zuw. Zw.spitzen verdornend ... **22**

22. Seitennerven sämtl., zumindest aber die oberen, unmittelbar in die Bl.zähne verlaufend, selten bogig miteinander verbunden **124**
— Seitennerven nicht unmittelbar in die Bl.zähne verlaufend, entw. bogig miteinander verbunden od. sich vor dem Bl.rand verlierend, z. T. undeutl.; von den bogenf. gehen feinere Nerven in die Bl.zähne **23**
23. Bl. unterseits bleibend (nicht abwischbar) gelb od. dunkel punktiert od. drüsig gesägt **115**
— Bl. unterseits nicht punktiert, z. T. mit abwischbaren, punktf. Überresten schwärzl. Drüsenhaare **24**
24. Bl. bis 2 cm lang, selten einzelne etwas länger **120**
— Bl. > 2 cm lang **25**
25. Bl. unterseits weißl. od. bläul. weiß **103**
— Bl. unterseits grün oft im Vergleich zur Oberseite heller grün bis graugrün, z. T. etwas bläul. **26**
26. Bl.stiel meist > 2 cm lang **92**
— Bl.stiel kürzer, selten od. nur bei einem Teil der Bl. > 2 cm lang **27**
27. Pfl. immer- od. wintergrün; Bl. lederig **77**
— Pfl. sommergrün **28**
28. Sprosse nicht windend od. kletternd **31**
— Liane mit windenden od. kletternden Sprossen – Bl. 5–18 cm lang **29**
29. Zw. dicht warzig durch Lentizellen, – schwach kantig; Bl. breit eif. bis elliptisch, Rand kerbig gesägt (*922/1*); Fr. 3-flügelige Nuss ...... ***Tripterygium***, 922
— Zw. ohne auffällige warzige Lentizellen, ± glatt **30**
30. Junge Zw. im ∅ rundl. mit vollem Mark od. kantig mit gekammertem Mark; Bl. eif. bis rundl., zuw. herzf., kerbig gesägt, kurz od. lang, teils plötzl. zugespitzt .... ***Celastrus***, 434
— Junge Zw. etwas kantig, mit vollem Mark; Bl. eif. bis elliptisch od. verkehrt eif., fast ganzrandig mit entfernt stehenden kleinen Zähnen (Lupe!) od. unregelmäßig gezähnt (kleine Knorpelzähne), spitz od. kurz zugespitzt ***Schisandra***, 855
31 (28). Zw. kantig **75**
— Zw. im ∅ rundl., selten schwach kantig **32**
32. Junge Zw. mit vollem Mark **35**
— Junge Zw. mit gekammertem Mark **33**
33. Bl. (ebenso wie Rinde u. Mark) enthalten guttaperchaähnl. Substanz, die z. B. beim vorsichtigen Zerreißen der Bl. als weiße Fäden sichtbar wird – Bl. elliptisch bis längl. eif., 8–20 cm lang, zugespitzt (*527/5*) ..... ***Eucommia***, 527
— Bl. ohne guttaperchaähnl. Substanz **34**
34. Bl. unterseits wie junge Zw. zumindest anfangs sternhaarig; 2- od. 4-flügelige Steinfr. (*568/1d* u. *e*); Bl. elliptisch, eif. od. rundl. eif. (*568/1a*) ...... ***Halesia***, 568
— Bl. ± kahl od. unterseits auf den Nerven etwas behaart; junge Zw. anfangs filzig behaart, verkahlend; Kapselfr.; Bl. elliptisch bis längl. (*594/1*) ... ***Itea***, 594
35 (32). Bl.spreite zur Basis stärker verschmälert als zur Spitze, meist oberhalb der Mitte am breitesten **62**
— Bl.spreite zur Spitze stärker verschmälert als zur Basis od. nach beiden Seiten ± gleichmäßig schmaler werdend **36**
36. Junge Zw. mit grünl. Mark – Bl.rand gezähnt (*535/1*) od. leicht wellenf. buchtig bis gekerbt .... ***Fagus***, 535

— Junge Zw. ohne grünl. Mark **37**
37. Bl.stiel der größeren Bl. 1–2 cm lang **54**
— Bl.stiel selten > 1 cm lang **38**
38. Bl.rand nur im oberen Drittel der Spreite mit einigen größeren Zähnen (*880/1*) .... ***Spiraea***, 875
— Bl.rand entw. eingeschnitten od. fein gesägt od. im oberen Drittel der Spreite fein gezähnt **39**
39. Bl. mit rundl., meist gezähnten Nebenbl., diese bald abfallend ..... ***Salix***, 828
— Bl. ohne od. mit längl. Nebenbl. **40**
40. Bl. unterseits kahl od. schwach behaart od. nur auf den Nerven stärker behaart **43**
— Bl. unterseits stark behaart, v. a. jüngere Bl. **41**
41. Bl. 6–12 cm lang, 4–5 cm breit, – unterseits feinfilzig behaart, Bl.rand ± fein gesägt (*666/4*) .... ***Mespilus***, 666
— Bl. kleiner od. wenigstens schmaler **42**
42. Kn. mit mehreren Kn.schuppen; junge Zw. dünn, – anfangs weichhaarig; Bl. 2,5–3 cm lang, an beiden Enden zugespitzt, Bl.rand fein gesägt ***Spiraea***, 875
— Kn. nur mit 1 Kn.schuppe; junge Zw. dicker .... ***Salix***, 828
43 (40). Bl. bis etwa 2,5 cm breit **47**
— Größere Bl. breiter **44**
44. Bl.rand fein gesägt u. z. T. bewimpert od. etwas wellig ***Rhododendron***, 788
— Bl. fast ganzrandig **45**
45. Bl.stiel ohne Drüsen .... ***Clethra***, 458
— Bl.stiel am oberen Ende mit Drüsen **46**
46. Bl.stiel mit 1–2 Drüsen; Kn. mit mehreren Kn.schuppen .... ***Prunus***, 748
— Bl.stiel mit meist > 2 Drüsen; Kn. nur mit 1 Kn.schuppe .... ***Salix***, 828
47 (43). Zw. kantig, – ± niederliegend bis aufsteigend; Bl.rand undeutl. entfernt gezähnt od. ganzrandig .... ***Euonymus nanus***, 528
— Zw. nicht kantig **48**
48. Rinde älterer Zw. nicht abblätternd; – Bl.rand oft sehr fein gezähnt, daher ganzrandig erscheinend **50**
— Rinde älterer Zw. abblätternd **49**
49. Rinde in unregelmäßigen Platten abblätternd; Bl.rand entfernt gesägt (*890/1*) .... ***Stewartia***, 890
— Rinde längs aufreißend, in Streifen od. Fetzen abblätternd; Bl.rand fein gezähnt od. mit gröberen Einschnitten .... ***Spiraea***, 875
50 (48). Bl. > 6-mal so lang wie breit, lanzettl. od. linealisch lanzettl. (*834/2*) ***Salix***, 828
— Bl. < 6-mal so lang wie breit **51**
51. Bl. unterseits grau od. bläul. grün, – Bl.rand entfernt gezähnt, z. T. auch ganzrandig; Kn. nur von 1 Kn.schuppe bedeckt, nie sternhaarig ... ***Salix***, 828
— Bl. unterseits grün; Kn. mit mehreren Kn.schuppen od. wenn scheinbar 1-schuppig, dann dicht sternhaarig **52**
52. Bl.rand nur in der oberen Hälfte der Spreite entfernt gesägt; Bl. unterseits anfangs sternhaarig (*892/8*); Kn. dicht sternhaarig .... ***Styrax***, 891
— Bl.rand dicht, selten entfernt, gesägt; Bl. u. Kn. kahl od. behaart, aber nicht sternhaarig **53**

53. Bl. fein kerbig gesägt, elliptisch bis breit elliptisch – Endkn. lang zugespitzt, kahl od. basale Kn.schuppen behaart. .... ***Aronia***, 389
siehe auch × ***Sorbaronia***, 865
— Bl. einfach bis doppelt gesägt, eif. bis längl. eif. .... ***Prunus***, 748
54 (37). Bl. deutl. zugespitzt, Fr. mit Längsrippen od. -flügeln od. Beeren **61**
— Bl. an der Spitze abgerundet, stumpf, spitz od. wenn zugespitzt, dann Fr. Steinfr., Apfelfr. od. Kapseln **55**
55. Seitennerven dicht vor dem Bl.rand umbiegend u. ± parallel zum Bl.rand verlaufend, meist unverzweigt, Bl. oft auch (fast) gegenst. ... ***Rhamnus***, 786
— Seitennerven anders verlaufend, meist verzweigt **56**
56. Seitennerven in der Nähe des Bl.randes bogig verbunden, die oberen oft deutl. in die Bl.zähne verlaufend, Bl.spitze oft abgerundet, – Bl. unterseits anfangs filzig behaart, später meist kahl .... ***Amelanchier***, 379
— Seitennerven meist in einiger Entfernung vom Bl.rand bogig verbunden, nicht in die Bl.zähne verlaufend, Bl. spitz od. zugespitzt **57**
57. Rinde in Platten abblätternd; Bl. fein u. scharf gesägt, Nebenbl. unscheinbar (*496/2a*) .... ***Cydonia sinensis***, 496
— Rinde nicht in Platten abblätternd **58**
58. An der Basis der Bl.spreite od. am oberen Ende des Bl.stiels meist 2–3 Drüsenhöcker (*756/6*) .... ***Prunus***, 748
— Bl. ohne Drüsenhöcker **59**
59. Zw. ohne Endkn., Kn. abgeflacht halbkugelig; Bl. 8–20 cm lang, – längl. elliptisch, dünn, Basis breit keilf. (*682/1*), Rand leicht gezähnt mit Borstenzähnen, säuerl. schmeckend .... ***Oxydendrum***, 682
— Zw. mit Endkn., Kn. eif. od. spindelf.; Bl. 2–12 cm lang **60**
60. Zw.rinde zerrieben stark riechend (ähnl. Bittermandel); Kn. spindelf.; Bl. oberseits durch vertiefte Nerven runzelig, 6–12 cm lang, Spreitenbasis abgerundet od. etwas herzf. (*750/6*) .... ***Prunus padus***, 750
— Zw.rinde zerrieben nicht nach Bittermandel riechend; Kn. breit eif.; Bl. oberseits nicht runzelig, 2–7 cm lang, Spreitenbasis keilf. ***Enkianthus***, 520
61 (54). Basis der Spreite abgerundet bis herzf., Bl. 6–14 cm lang; Kn. mit 2–3 Kn.schuppen .... ***Stachyurus***, 887
— Basis der Spreite keilf., Bl. 6–20 cm lang; Kn. nackt .... ***Pterostyrax***, 766
62 (35). Bl. unterseits kahl od. schwach behaart, selten stärker behaart **64**
— Bl. unterseits filzig behaart **63**
63. Bl. 6–12 cm lang, unterseits feinfilzig behaart; Kn. eif., zugespitzt, Schuppen weiß bewimpert. .... ***Mespilus***, 666
— Bl. 4–8 cm lang, unterseits dicht graufilzig (*389/1*); Kn. längl., kahl od. basale Schuppen behaart, Endkn. lang zugespitzt .... ***Aronia***, 389
siehe auch × ***Sorbaronia***, 865
64 (62). Bl.rand nur im oberen Drittel der Spreite mit einigen größeren Zähnen, sonst ganzrandig **73**
— Bl.rand in der oberen Hälfte der Spreite mit vielen Zähnen od. am ganzen Bl.rand gezähnt od. gesägt **65**
65. Basis der Spreite abgerundet **71**
— Basis der Spreite keilf. od. allmähl. in den Bl.stiel übergehend **66**
66. Zw.spitzen oft in Dornen endend **72**
— Zw.spitzen nicht verdornt **67**

67. Bl. auffällig runzelig, oberseits mit tief eingesenkter, unterseits mit deutl. hervortretender Nervatur (*895/1*) .... ***Symplocos***, 895
— Blätter nicht auffällig runzelig **68**
68. Bl. 2–8 cm lang, im Mittel nicht > 5 cm **70**
— Bl. im Mittel länger **69**
69. Bl. unterseits kahl, Bl.rand scharf gesägt .... ***Prunus***, 748
— Bl. unterseits behaart, Bl.rand entfernt gesägt (*546/1*), – oberseits glänzend grün .... ***Franklinia***, 546
70 (68). Bl. längl. elliptisch, spitz, beiderseits ± behaart, zuletzt nur noch auf den Nerven, Bl.rand unauffällig gesägt, Stiel etwa 3 mm lang ***Eubotrys***, 527
— Bl. breit bis schmal verkehrt eif., kurz zugespitzt, oberseits kahl, unterseits ± behaart, Bl.rand fein u. scharf gesägt (*746/3*), Stiel 1–5 mm lang ***Pourthiaea***, 746
71 (65). Bl. fast rund bis breit eif., 8–16 cm lang, 5–14 cm breit, plötzl. zugespitzt, Bl.rand in der oberen Hälfte der Spreite fein grannig gezähnt (*892/4*) ***Styrax obassia***, 891
— Bl. elliptisch bis breit eif., 3–7 cm lang, 2–4 cm breit, kurz zugespitzt, Bl.rand fein gezähnt .... ***Sinojackia***, 860
72 (66). Seitennerven auffällig bogig zur Bl.spitze gerichtet, die oberen ± parallel zur Mittelrippe, Bl.spitze zugespitzt od. abgerundet u. kurz zugespitzt, Basis der Bl.spreite keilf. od. abgerundet, zuw. leicht herzf.; Bl. oft auch (fast) gegenst. .... ***Rhamnus***, 786
— Seitennerven ± zum Bl.rand gerichtet, Bl.spitze stumpf bis spitz, Spreitenbasis keilf. bis abgerundet (*761/4*), Bl. stets wechselst. ***Prunus spinosa***, 761
73 (64). Bl. bis 4 cm lang, Bl.stiel < 1 cm lang .... ***Spiraea***, 875
— Bl. > 4 cm lang, Bl.stiel 0,5–3,5 cm lang **74**
74. Bl. 5–7 cm lang, Stiel bis 1,5 cm lang, Bl.rand zur Bl.spitze hin kerbig gesägt od. ganzrandig .... ***Exochorda korolkowii***, 534
— Bl. 5–12(–16) cm lang, Stiel bis 3,5 cm lang, Rand entfernt od. grob gezähnt bis ganzrandig .... ***Nyssa***, 676
75 (31). Zw. etwas kantig, gerieft, – kahl; Bl. verkehrt eif. bis längl., 2–7 cm lang, unregelmäßig grob gezähnt (*393/1*), an Bltn.zw. aber ganzrandig, Bl. beiderseits harzig glänzend .... ***Baccharis***, 393
— Zw. deutl. kantig **76**
76. Zwergstrauch mit ± 5-kantigen u. gefurchten bis schwach geflügelten Sprossachsen; Bl. 1–3 cm lang, eif. bis elliptisch, Spreitenbasis abgerundet, sehr kurz gestielt (*932/2*) .... ***Vaccinium myrtillus***, 932
— Halb- od. Staudenstrauch mit scharf 8-kantigen Sprossachsen; Bl. 2–9 cm lang, eif. bis rautenf. od. verkehrt eif., Basis der Spreite lang keilf. verschmälert, (fast) sitzend (*438/1*) – Rand bewimpert .... ***Ceratostigma***, 437
77 (27). Bl. 0,4–1,5 cm lang, 1–1,5 mm breit, linealisch .... ***Phyllodoce***, 699
— Bl. größer, länger u./od. breiter **78**
78. Bl. meist > 5 cm lang, wenn z. T. kürzer, dann im Mittel mindestens 5 cm lang **81**
— Bl. 1–5 cm lang, im Mittel stets < 5 cm **79**
79. Junge Zw. u. Bl. dicht mit rostfarbigen Schuppen besetzt – Bl. elliptisch, 1–4 cm lang, kurz gestielt (*446/4*), schwach kerbig gezähnt ***Chamaedaphne***, 446

— Zw. u. Bl. ohne rostfarbige Schuppen **80**

80. Bl. sich im Herbst rot verfärbend, aber bis zum Frühjahr bleibend, Bl.rand scharf gezähnt, in der unteren Hälfte der Spreite zottig bewimpert ***Arctostaphylos alpina***, 387

— Pfl. immergrün, Bl.rand drüsig gesägt od. kerbig gezähnt .... ***Gaultheria***, 560

81 (78). Bl. fein od. grob gezähnt od. gesägt, zuw. grannig, aber nicht stechend **83**

— Bl.rand jederseits mit 1–8 großen stechenden Zähnen **82**

82. Bl. derb lederig, alle einfach .... ***Ilex***, 588

— Bl. dünner, an Langtrieben einfach, an Kurztrieben häufig 3-zählig u. nur borstig gezähnt .... ×***Mahoberberis***, 651

83 (81). Bl. eif. bis rund, 5–10 cm lang; Zw. zottig behaart u. leicht hin und her gebogen (*560/4*) .... ***Gaultheria shallon***, 561

— Bl. eif. bis längl. eif., elliptisch bis lanzettl., zuw. verkehrt eif., wenn eif. u. < 10 cm lang, dann Zw. weder zottig behaart noch hin und her gebogen **84**

84. Bl.spitze spitz, nicht od. nur kurz zugespitzt, zuw. stumpf **86**

— Bl. deutl., entw. lang od. plötzl., zugespitzt, – 5–15 cm lang, lanzettl., eilanzettl. od. elliptisch lanzettl. **85**

85. Zw. meist bogig übergeneigt, anfangs fein behaart, aber nicht sternhaarig; Bl. lang od. plötzl. zugespitzt, elliptisch lanzettl. bis eilanzettl., Bl.rand regelmäßig od. entfernt gesägt. .... ***Leucothoë***, 621

— Zw. nicht bogenf., ± dicht mit Sternhaaren besetzt; Bl. lang zugespitzt, grob gezähnt mit oft fast grannigen Zähnen .... ***Hoheria sexstylosa***, 578

86 (84). Bl. schmal verkehrt eif. bis längl., Bl.rand scharf grannig gesägt (*698/1*), im Austrieb u. einige Zeit danach auffällig rot bis kupferrot, später oberseits glänzend dunkelgrün – 10–18 cm lang, kurz zugespitzt ***Photinia glabra* agg.**, 698

— Bl. längl. eif. bis breit elliptisch od. lanzettl., wenn verkehrt eif., dann weder scharf grannig gesägt noch im Austrieb rot **87**

87. Bl. dünn u. weich lederig, 6–13 cm lang, – längl. eif., Bl.rand leicht wellig u. deutl. gesägt (*750/4*); junge Zw. rot, kahl .... ***Prunus lusitanica***, 749

— Bl. derb lederig, wenn dünner lederig, dann nur 3–7 cm lang **88**

88. Bl. 5–15(–25) cm lang, Stiel 1,2–1,3 cm lang, Bl.rand oft etwas umgebogen, – nur schwach od. fein gesägt, teils auch ganzrandig (*750/5*); junge Zw. grün, kahl od. leicht behaart; Steinfr. .... ***Prunus laurocerasus***, 749

— Bl. kleiner, (3–)5–10(–12) cm lang, u. /od. ihr Stiel kürzer, (0,2–)0,5–1,2 cm lang – Kapsel-, Beeren- od. Apfelfr. **89**

89. Stammrinde dünn abblätternd od. abrollend, frische zum Vorschein kommende Rinde erst grünl., dann sich rotbraun verfärbend – Bl. elliptisch, Rand fein gezähnt; Beerenfr. dicht mit feinen Warzen besetzt ***Arbutus***, 386

— Stammrinde nicht dünn abblätternd od. abrollend – Kapsel- od. Apfelfr. **90**

90. Bl. 4–8 cm lang, an der Spitze stumpf bis abgerundet, spitz od. kurz zugespitzt; Apfelfr. – Bl. nahezu ganzrandig od. schwach u. stumpf gezähnt, dicktriebiger Strauch, in Kultur meist nur 1–2 m hoch ..... ***Rhaphiolepis***, 787

— Bl. bis 12 cm lang, kurz zugespitzt; Kapselfr. **91**

91. Kn. mit sich dachziegelig deckenden Schuppen; Bl. breit elliptisch bis eif., selten schmal verkehrt eif. od. längl., Spreitenbasis abgerundet od. breit keilf., Bl.rand fein gesägt .... ***Camellia***, 418

— Kn. nackt, dicht sternhaarig; Bl. eif. bis elliptisch od. lanzettl., Spreitenbasis keilf., Bl.rand entfernt seicht gezähnt, oft nur oberhalb der Spreitenmitte, aber auch ganzrandig .... ***Sycopsis***, 893
92 (26). Sprosse windend **101**
— Sprosse nicht windend **93**
93. Bl. im Mittel > 6 cm breit, Spreite 3-eckig, deltoid bis rautenf., Bl.stiel 3–12 cm lang .... ***Populus***, 737
— Bl. nur selten > 5 cm breit, dann aber kürzer gestielt u. mit anderer Spreitenform **94**
94. Bl.spitze meist abgerundet – Bl. 2–4 cm lang, anfangs unterseits filzig behaart (Filz abwischbar). .... ***Amelanchier***, 379
— Bl. zugespitzt **95**
95. Bl.stiel u. unterer Spreitenrand mit 1–3 bräunl. Drüsenhöckern (*756/6*) ***Prunus***, 748
— Bl.stiel u. unterer Spreitenrand ohne Drüsenhöcker **96**
96. Bl. mit der Mittelrippe aufsitzenden unscheinbaren grünen Bltn. (epiphylle Infloreszenz), 3–10 cm lang, eif. bis elliptisch, Rand grannig gesägt (*574/1*) .... ***Helwingia***, 574
— Bl.spreite ohne der Mittelrippe aufsitzenden Bltn. **97**
97. Pfl. immergrün; Bl. derb lederig, verkehrt eif. bis rautenf. eif., ohne Nebenbl. (*922/4*) .... ***Trochodendron***, 922
— Pfl. sommergrün, Bl. nicht od. kaum lederig, zuw. derb, ± elliptisch, rundl. od. lanzettl., Nebenbl. meist vorhanden, z. T. früh abfallend **98**
98. Bl. mit zahlreichen feinen Seitennerven, diese nur schwach fühlbar ***Pyrus***, 768
— Bl. mit kräftigen Seitennerven, diese deutl. fühlbar **99**
99. Kn. ± deutl. gestielt; Fr.kätzchen zapfenartig .... ***Alnus***, 374
— Kn. ungestielt; Fr. Apfel- od. Steinfr. **100**
100. Bl.spreite in der unteren Hälfte meist mit 2 stärkeren Seitennerven ***Malus***, 654
— Bl.spreite in der unteren Hälfte mit > 2 stärkeren Seitennerven ***Prunus***, 748
101 (92). Junge Zw. mit gekammertem Mark .... ***Actinidia***, 367
— Junge Zw. mit vollem Mark **102**
102. Bl. 8–15 cm lang, sehr dünn, mattgrün, in der oberen Hälfte der Spreite oft silberweiß gefärbt, Spreitenbasis abgerundet bis leicht herzf., Rand fein gezähnt .... ***Actinidia polygama***, 368
— Bl. 5–12 cm lang, dicker, zumindest oberseits glänzend grün, Spreitenbasis keilf. bis abgerundet, Rand mit sehr kleinen abstehenden Zähnen od. kerbig gezähnt u. Zähne mit Knorpelspitze .... ***Schisandra***, 855
103 (25). Immergrüner, matten- od. polsterf. Spalierstrauch; Bl. im Mittel 2 cm lang, 6–8 mm breit, – unterseits weißfilzig, Bl.rand grob gekerbt (*514/6*) ***Dryas***, 514
— Aufrechte, meist sommergrüne Pfl. (Kleinstrauch, Großstrauch, Baum); Bl. größer **104**
104. Bl. unterseits nicht filzig behaart **110**
— Bl. unterseits filzig behaart **105**
105. Bl. unterseits nur anfangs mit abwischbarem Filz behaart, später kahl od. fast kahl – obere Seitennerven z. T. in Blattzähne verlaufend ***Amelanchier***, 379

— Bl. unterseits bleibend filzig behaart **106**

106. Bl. 2–6 cm lang, – eif. bis rundl. od. lanzettl. bis elliptisch .... ***Prunus***, 748

— Bl. 4–15 cm lang **107**

107. Bl.spreite (breit) eif. mit tief herzf. Basis (*578/4*), – unregelmäßig doppelt gezähnt, graugrün, unterseits weißfilzig, juvenile Bl. gelappt, grün ***Hoheria lyallii***, 578

— Basis der Bl.spreite nicht herzf. **108**

108. Bl. verkehrt eif., – Bl.rand nur in der oberen Hälfte der Spreite gesägt ***Clethra tomentosa***, 459

— Bl. nicht verkehrt eif., größte Breite der Spreite in der Mitte od. unterhalb der Mitte **109**

109. Bl. eif. rundl. bis elliptisch; Kn. mit mehreren, dachziegelig angeordneten Schuppen – Spreite unregelmäßig grob gezähnt, außerdem handf. gelappte Bl. vorhanden (Spätbl.) .... ***Populus***, 737

— Bl. linealisch, lanzettl. od. elliptisch; nur 1 Kn.schuppe sichtbar, die Kn. umhüllend .... ***Salix***, 828

110 (104). Junge Zw. mit gekammertem Mark .... ***Halesia***, 568

— Junge Zw. mit vollem Mark **111**

111. Zw. ± scharfkantig – Kn. mit mehreren, dachziegelig angeordneten Schuppen .... ***Populus***, 737

— Zw. im ∅ rundl. **112**

112. Bl. unterseits seidenhaarig – Kn. mit nur 1 Kn.schuppe .... ***Salix***, 828

— Bl. unterseits kahl od. schwach behaart **113**

113. Bl.rand in der oberen Spreitenhälfte grob gesägt, sonst ganzrandig, – Bl.-spitze meist abgerundet, Spreitenbasis keilig verschmälert, Bl.stiel etwa 1 cm lang (*534/1*) .... ***Exochorda racemosa***, 533

— Bl.rand gesägt, schwach gekerbt od. ganzrandig **114**

114. Bl.rand schwach gekerbt bis ganzrandig (*954/3*), Bl. unterseits weißl. bereift .... ***Zenobia***, 954

— Bl.rand doppelt gesägt; Bl. unterseits blauweiß [*Maddenia*] ... ***Prunus***, 748

115 (23). Bl.rand nicht drüsig gesägt **117**

— Bl.rand drüsig gesägt **116**

116. Bl. unterseits mit zerstreuten glänzenden Harzdrüsen ...... ***Escallonia***, 526

— Bl. unterseits ohne Harzdrüsen – kahl, nur Mittelrippe spärl. behaart (*758/5*) .... ***Prunus glandulosa***, 759

117 (115). Bl. 1–2,5 cm lang, unterseits dunkel punktiert, derb lederig, Bl.rand etwas umgerollt, ganzrandig od. schwach gekerbt ***Vaccinium vitis-idaea***, 930

— Bl. länger **118**

118. Bl. unterseits gelb punktiert (Harzdrüsen), Bl.rand nur im oberen Teil der Spreite grob gezähnt (*668/1*) .... ***Myricaceae***, 305

— Bl. unterseits mit bräunl. od. schwärzl. Punkten oder drüsig punktiert; Bl.-rand ringsum scharf od. stumpf gesägt od. mit grannigen Wimpern **119**

119. Junge Zw. behaart; Basis der Spreite abgerundet, Bl. längl. eif. (*752/3*), scharf gesägt – Stammrinde glänzend braungelb, dünn abrollend ***Prunus maackii***, 751

— Junge Zw. kahl od. striegelhaarig; Basis der Spreite breit keilf., Bl. längl. od. elliptisch lanzettl., Rand stumpf gesägt od. mit grannigen Wimpern ***Pieris***, 714

120 (24). Bl. unterseits dicht graufilzig .... ***Prunus prostrata***, 760
— Bl. beiderseits grün **121**
121. Bl. länger als breit, – 0,8–2 cm lang **123**
— Bl. etwa so lang wie breit, rundl. od. breit verkehrt eif. **122**
122. Junge Zw. dicht behaart; Kn. von mehreren Schuppen bedeckt ***Betula***, 401
— Junge Zw. kahl; nur 1, die Kn. umhüllende Kn.schuppe sichtbar ***Salix***, 828
123 (121). Pfl. sommer- bis wintergrün; Bl. ohne Stachelspitze, – lanzettl. bis verkehrt eif., sitzend, kahl, Spreite oberhalb der Mitte fein gesägt ***Escallonia virgata***, 526
— Pfl. immergrün; Bl. mit Stachelspitze, – derb lederig, eilanzettl. bis längl. elliptisch, kurz gestielt, Rand jederseits mit 4–6 stachelspitzigen Zähnen (*560/3*) .... ***Gaultheria mucronata***, 561
124 (22). Bl. unterseits filzig behaart, entw. weiß- od. graufilzig, zuw. gelbl. od. rostfarben filzig **168**
— Bl. unterseits grün, blaugrün oder grau, kahl od. behaart, aber nicht od. höchstens anfangs z. T. dicht weißfilzig **125**
125. Seitennerven unmittelbar vor Erreichen des Bl.randes zur Bl.spitze umbiegend, nur scheinbar in die Bl.zähne verlaufend; Kn. nackt (*Frangula*) od. mit Kn.schuppen bedeckt (*Rhamnus*) .... ***Rhamnaceae***, 303
— Wenigstens die oberen Seitennerven in die Bl.zähne verlaufend **126**
126. Mittelrippe jederseits mit meist > 10 kräftigen Seitennerven, die sämtl. in die Bl.zähne verlaufen **161**
— Mittelrippe jederseits mit höchstens 10 Seitennerven **127**
127. Bl. unterseits weder gelb noch schwarz punktiert **129**
— Bl. unterseits gelb od. schwarz punktiert **128**
128. Bl. unterseits gelb punktiert durch goldgelbe Harzdrüsen, 2–9 cm lang, Rand im oberen Teil entfernt od. flach kerbig gesägt – Zw. mit Endkn. (*Morella*) od. ohne Endkn. (*Myrica*) .... ***Myricaceae***, 305
— Bl. unterseits mit schwarzen Drüsenpunkten, 2–4 cm lang, ganzer Rand unregelmäßig gesägt .... ***Nothofagus dombeyi***, 675
129 (127). Zw. grün (auch vorj.), – fein gestreift, dünn; Bl. lang zugespitzt (*611/4*) .... ***Kerria***, 611
— Zw. nicht od. nur anfangs grün **130**
130. Bl. wenigstens z. T. ± deutl. 3-lappig, lang zugespitzt (*761/2*), grob doppelt bis eingeschnitten gesägt .... ***Prunus triloba***, 760
— Keine 3-lappigen Bl. vorkommend, Bl. nicht lang zugespitzt **131**
131. Bl.stiel 3–8 mm lang **151**
— Bl.stiel länger, bei größeren Bl. mindestens 1 cm lang **132**
132. Basis der Spreite auffallend asymmetrisch, seltener symmetrisch, dann aber Bl. klein u. oberseits sehr rau **148**
— Basis der Spreite nicht od. höchstens schwach asymmetrisch **133**
133. Zw. schwach kantig, – fein behaart; Bl. eif., Spreitenbasis schwach herzf., Rand fein doppelt gesägt bis seicht fiederig gelappt (*674/2*) ***Neviusia***, 674
— Zw. 3-kantig bis rundl. **134**
134. Basis der Spreite keilf., allmähl. in den Bl.stiel übergehend **146**
— Basis der Spreite abgerundet, gestutzt od. herzf., wenn keilf., dann aber stets deutl. vom Bl.stiel abgesetzt **135**
135. Nur die oberen Seitennerven in die Bl.zähne verlaufend **145**

— Alle Seitennerven in die Bl.zähne verlaufend, höchstens an der Basis der Spreite jederseits ein Seitennerv, der den Bl.rand nicht erreicht **136**

136. Bl. schwach gelappt, unterseits filzig, hellgrün, blau- bis graugrün od. gelbgrau filzig **143**

— Bl. ungelappt, wenn zuw. leicht gelappt, dann Bl. unterseits grün **137**

137. Stammrinde weiß, rosa od. rötl., sich papierartig ablösend, erst an älteren Stämmen schwarzrissige Borke; Zw. meist schlank, rutenf., sehr biegsam, junge Zw. meist braun oder rötl., oft mit warzigen Harzdrüsen; Bl. meist 3-eckig, deltoid, rautenf. od. eif. (*405/3a*) .... ***Betula***, 401

— Stammrinde meist grau, braun od. schwarz, niemals weiß, rosa oder rötl. u. sich nicht papierartig ablösend **138**

138. Zw. mit Sternhaaren **142**

— Zw. kahl od. behaart, aber nicht sternhaarig **139**

139. Bl.rand gesägt-gezähnt mit grannenartig zugespitzten Zähnen (*504/1*); Zw. stets kahl – Bl. breit eif., Spreitengrund herzf., 8–15 cm lang, mit auffälliger Nervatur, unterseits seidig behaart; Endkn. groß u. glänzend rot; Steinfr. ***Davidia***, 504

— Bl. einfach od. doppelt, fein od. grob gesägt, aber Zähne nicht grannenartig zugespitzt **140**

140. Kn. ± gestielt, wenn sitzend, dann Kn. u. Bl. anfangs etwas klebrig; junge Zw. oft kantig, kahl od. behaart, aber weder drüsenhaarig noch borstig, zuw. anfangs klebrig – Basis der Bl.spreite keilf., selten abgerundet od. herzf.; Bl. 4–15 cm lang, fein od. doppelt gesägt (*376/1–3, 378/1–2*); Fr.kätzchen reif verholzend, zapfenartig .... ***Alnus***, 374

— Kn. sitzend; Zw. nicht kantig, meist mit einfachen u. drüsigen od. borstigen Haaren; weder Kn. noch junge Bl. od. junge Zw. klebrig – Basis der Spreite herzf., abgerundet od. gestutzt **141**

141. Bl. u. junge Zw. meist mit einfachen Haaren u./od. Drüsenhaaren; Bl. breit eif., rundl. eif. bis verkehrt eif., krautig, Spreitenbasis meist herzf., seltener abgerundet od. gestutzt, Bl.rand ungleich u. meist doppelt gesägt, oft leicht gelappt (*471/1*), Bl. 4–18 cm lang, 3–12 cm breit; Nussfr. in becherf. Fr.hülle .... ***Corylus***, 471

— Bl. oberseits u. junge Zw. meist kurz od. borstig rau; Bl. eif., elliptisch od. verkehrt eif., lederig, Spreitenbasis keilf. od. abgerundet, Bl.rand einfach gesägt, nie gelappt, Bl. 8–25 cm lang, 4–15 cm breit; Steinfr. ***Ehretia***, 516

142 (138). Bl. breit eif. bis elliptisch, 10–18 cm lang, Basis der Spreite breit keilf. bis schwach herzf., Bl.rand gleichmäßig fein grannig gezähnt (*861/1*) ***Sinowilsonia***, 860

— Bl. verkehrt eif. bis rundl., 5–8 cm lang, Basis der Spreite gestutzt bis schwach herzf., Bl.rand deutl. gezähnt, aber Zähne ohne Grannen (*686/1*) ***Parrotiopsis***, 686

143 (136). Bl. unterseits grau- bis gelbgrau filzig, Bl.lappen meist ± abgerundet; Nebenbl. vorhanden, aber hinfällig .... ***Sorbus***, 866

— Bl. unterseits hellgrün, blau- oder graugrün, Bl.lappen spitz **144**

144. Bl. eirundl. bis rundl., plötzl. zugespitzt mit lang ausgezogener Spitze (*533/1a*); Fr. geflügeltes Nüsschen .... ***Euptelea***, 533

— Bl. eif. bis elliptisch, wenn rundl., dann nur schwach zugespitzt; Fr.kätzchen reif verholzend, zapfenartig .... ***Alnus***, 374

145 (135). Bl. bis 5,5 cm breit; Fr. kugelf. Kernapfel .... ***Amelanchier***, 379

— Bl. meist > 6 cm breit; Fr.kätzchen reif verholzend, zapfenartig ***Alnus***, 374

146 (134). Bl.rand im oberen Drittel mit etwa 1–6 Zähnen, sonst ganzrandig, – Spreite 2–3-mal so lang wie breit, unterseits ± hellgrau (*534/1*); Zw. hell gelbbraun ... ***Exochorda racemosa***, 533

— Bl.rand in der oberen Hälfte reichl. gesägt od. am ganzen Rand gesägt od. seicht gelappt ... **147**

147. Bl. > 2-mal so lang wie breit, verkehrt eif., in oberer Hälfte Rand scharf gesägt (*459/1*); Kn. nackt; Fr. Kapseln ... ***Clethra alnifolia***, 459

— Bl. nicht > 2-mal so lang wie breit, gesägt, gekerbt, oft etwas fiederig gelappt bis eingeschnitten, Bl.zähne (wenigstens an größeren Bl.) oft ungleich; Kn. von Kn.schuppen bedeckt; Fr. Steinapfel – Nebenbl. vorhanden, meist bleibend ... ***Crataegus***, 481

148 (132). Bl.rand deutl. gesägt od. gezähnt ... **150**

— Bl.rand kerbig od. buchtig gezähnt ... **149**

149. Zähne am Bl.rand ohne Grannenspitze ... ***Hamamelis***, 569

— Zähne am Bl.rand mit deutl. Grannenspitze ... ***Corylopsis***, 470

150 (148). Junge Zw. mit Sternhaaren; Kn. gestielt; Bl. verkehrt eif. bis rundl. (*686/1*) ... ***Parrotiopsis***, 686

— Junge Zw. ohne Sternhaare; Kn. nicht gestielt ... ***Ulmus***, 925

151 (131). Bl. im Mittel 6–10 cm breit, ± rundl. (*471/1*) ... ***Corylus***, 471

— Bl. schmaler ... **152**

152. Junge Zw. nicht sternhaarig ... **154**

— Junge Zw. sternhaarig ... **153**

153. Kn. gestielt; Bl. längl. eif., in oberer Hälfte buchtig gekerbt (*685/3*) – Stammrinde in unregelmäßigen Platten abblätternd ... ***Parrotia***, 685

— Kn. ungestielt; Bl. verkehrt eif. bis elliptisch, in oberer Hälfte grob gezähnt (*545/2*) ... ***Fothergilla***, 544

154 (152). Bl. unterseits bleibend feinfilzig, – 5–12 cm lang, sehr fein gezähnt (*666/4*); Nebenbl. lanzettl., bis 1,5 cm lang; Endkn. 2–4 mm lang ***Mespilus***, 666

— Bl. unterseits kahl od. behaart, nicht filzig od. wenn ± filzig, dann Endkn. größer od. Nebenbl. kleiner, von anderer Form od. fehlend ... **155**

155. Bl. elliptisch bis verkehrt eif., im oberen Drittel der Spreite meist angedeutet bis deutl. gelappt (*489/1*), Rand unregelmäßig gesägt × ***Crataemespilus***, 489

— Bl. ungelappt od. nur schwach gelappt ... **156**

156. 1-j. Zw. mit warzigen Drüsen; Bl. selten > 3 cm lang, jederseits mit 4–5 Seitennerven, Spreitenbasis meist abgerundet ... ***Betula***, 401

— 1-j. Zw. ohne warzige Drüsen ... **157**

157. Zw. auffällig 2-zeilig u. genähert, fischgrätenartig; Bl. im Randbereich stark wellig, – 1–3,5 cm lang, unregelmäßig gezähnt bis gekerbt (*675/2*); Rinde mit auffälligen, quer ausgerichteten Lentizellen-Bändern ***Nothofagus***, 675

— Zw. nicht fischgrätenartig angeordnet; Bl. im Randbereich nicht auffällig wellig ... **158**

158. Bl.rand fein u. gleichmäßig gesägt, – Bl.spitze stumpf od. spitz, nicht od. kaum zugespitzt, Bl. 3–7 cm lang (*871/3*) ... ***Sorbus chamaemespilus***, 872

— Bl.rand grob u./od. unregelmäßig einfach od. doppelt gesägt ... **159**

159. Bl. ohne Nebenbl. – Zw. gelb- od. rotbraun, Rinde später oft aufreißend u. abblätternd ... ***Spiraea***, 875

— Bl. mit Nebenbl., zuw. früh abfallend **160**

160. Zw. dornenlos, dicht filzig; Kn. zu mehreren in Bl.achseln od. gehäuft an Kurztrieben – Bl. eif. bis rundl., unterseits graugrün, auf den Nerven dicht, sonst locker filzig (*758/7*) .... ***Prunus tomentosa***, 760

— Zw. meist mit Dornen, kahl od. behaart, wollig, zottig, nur zuw. filzig, oft nur anfangs od. schwach behaart; Kn. nicht gehäuft in Bl.achseln od. an Kurztrieben .... ***Crataegus***, 481

161 (126). In jeden Bl.zahn ein kräftiger Seitenerv verlaufend **163**

— Nicht in jeden Bl.zahn ein Seitennerv verlaufend, – Bl.rand ± fein gesägt **162**

162. Basis der Spreite stark asymmetrisch .... ***Ulmus***, 925

— Basis der Spreite nicht od. nicht auffallend asymmetrisch ***Betulaceae***, 307

163 (161). Kn. nackt, braun behaart – Bl. verkehrt eif. bis elliptisch, (4–)10–30 cm lang, 4,5–8(–14) cm breit, oberseits weich, unterseits zottig behaart, jederseits der Mittelrippe (9–)14–20 Seitennerven, Rand gezähnt; Steinfr. ***Meliosma***, 665

— Kn. von Kn.schuppen bedeckt, diese kahl, bewimpert od. behaart **164**

164. Durch der Endkn. genäherte Seitenkn. Kn. am Ende von Langtrieben meist gehäuft – Bl.zähne mit kurzer borstiger Granne, Knorpelspitze od. sehr scharf gezähnt (*775/2–4, 776/3*) .... ***Quercus***, 772

— Kn. am Zw.ende einzeln, entw. Endkn. od., wenn diese fehlend, die oberste Seitenkn. **165**

165. Bl. 8–25 cm lang, Bl.zähne mit grannig verlängerter Spitze (*428/2*) ***Castanea***, 428

— Bl. nur bis etwa 12 cm lang, Bl.zähne grob od. fein, aber nicht grannig verlängert **166**

166. Kn. 1–2 cm lang, lang spindelf.; Bl. (5–)9–12(–14) cm lang, – Spreite elliptisch bis längl. eif., allmähl. lang zugespitzt (*535/1*), Basis breit keilf. bis herzf. .... ***Fagus grandifolia***, 536

— Kn. sehr klein, meist < 2mm lang, kegelf. od. eif. bis kugelig; Bl. 3–7(–12) cm lang – Basis der Bl.spreite abgerundet bis schwach herzf. **167**

167. Kurztriebe verdornend – Bl. elliptisch längl. (*574/3*), grob gesägt; Fr. asymmetrische geflügelte Nuss .... ***Hemiptelea***, 575

— Alle Zw. unbewehrt – Bl. elliptisch bis längl. od. eif., grob od. scharf gesägt; Steinfr. .... ***Zelkova***, 953

168 (124). Liane – Bl. unterseits weißl. filzig, auf den Nerven rötl. behaart, oberseits dunkelgrün, kahl (*367/1*) .... ***Actinidia deliciosa***, 368

— Bäume od. Sträucher (Sg, Sk, Sp).. **169**

169. Spalierstrauch, Spross niederliegend mit etwa 10 cm hohen aufrechten Seitenzw. (*514/6*); Bl. 0,5–2 cm lang .... ***Dryas***, 514

— Aufrechte Sträucher od. kleine Bäume; Bl. größer **170**

170. Bl.stiel etwa 5 mm lang, Bl. bis etwa 3 cm breit, – im unteren Drittel ganzrandig, oft nur an der Bl.spitze gezähnt .... ***Spiraea***, 875

— Bl.stiel 5–12 mm lang; Bl. 3–12 cm breit **171**

171. Immergrün; Bl. längl. elliptisch, 12–30(–40) cm lang, Spreite an Basis symmetrisch, im unteren Drittel ganzrandig, darüber grob gesägt, oberseits glänzend grün, unterseits anfangs dicht, später lockerer gelbl. weiß bis rostfarben filzig .... ***Eriobotrya***, 525

— Sommergrün; Bl. rundl. bis breit verkehrt eif., Spreite an Basis asymmetrisch, ± schief herzf., fein buchtig gezähnt, oberseits sternhaarig, unterseits graufilzig .... ***Hamamelis mollis***, 570

172 (21). Zw. mit einfachen od. 3-teiligen Bl.dornen (*394/2*), in deren Achsel sich Kurztriebe mit büschelig angeordneten Bl. befinden .... ***Berberis***, 393

— Zw. mit Sprossdornen; Bl. und Nebenbl. unterhalb der Dornen **173**

173. Junge Zw. mit gekammertem Mark – Bl. 3–8 cm lang; Sprossdornen 0,6–1,2 cm lang (*747/1e*) .... ***Prinsepia***, 747

— Junge Zw. mit vollem Mark **174**

174. Bl. meist bis 1,5 cm breit (*768/3*); sparrige, bis 3 m hohe Sträucher ***Pyracantha***, 768

— Bl. (wenigstens die größeren) > 1,5 cm breit **175**

175. Bl. sehr fein u. gleichmäßig gekerbt od. gesägt; Nebenbl. auffällig groß, nierenf., bleibend (*440/3* u. *4*); Fr. > 4 cm ∅ u./od. > 5 cm lang, reif ohne K. .... ***Chaenomeles***, 439

— Bl. fein od. grob, oft ungleichmäßig od. doppelt gesägt, zuw., zumindest im oberen Drittel, ± gelappt (*484/1–2, 484/4, 489/1*); Nebenbl. kleiner u. weniger auffällig, zuw. abfallend; Fr. < 3 cm ∅ u. < 3 cm lang, reif mit K. ***Crataegus***, 481
× ***Crataemespilus***, 489

176 (20). Zw. ohne Nebenbl.dornen **178**

— Zw. mit 2 ± ungleichen Dornen unterhalb des Blattansatzes – Bl. 2–6 cm lang; Spreitenbasis schief abgerundet **177**

177. Dornen etwas ungleich, 1 gerade u. 1 gekrümmt; Bl. eif. bis eirundl., fein gesägt od. ganzrandig, Bl.spitze stumpf (*685/2*); Fr. ringsum geflügelte Nüsse .... ***Paliurus***, 695

— Dornen sehr ungleich, 1 gerade u. bis 3 cm lang, 1 kürzer u. gekrümmt; Bl. eilanzettl. bis elliptisch, kerbig gesägt, Bl.spitze stumpf od. mit Spitzchen; Steinfr. .... ***Ziziphus***, 955

178 (176). Bl.stiel im Mittel mindestens 3 cm lang **190**

— Bl.stiel nur selten bis 3 cm lang **179**

179. Bl.spreite im Randbereich gewellt, Rand fein grannig od. buchtig gezähnt od. nur in der oberen Hälfte der Spreite grob gezähnt – Kn. meist sternhaarig, Seitenkn. oft ± gestielt
Hamamelidaceae (*Fothergilla, Hamamelis, Parrotia, Sinowilsonia*), 287

— Bl. im Randbereich nicht gewellt, Rand gezähnt od. gesägt, wenn buchtig gezähnt, dann mit deutlicher Grannenspitze **180**

180. Bl. etwa 1 cm lang, ± rund, unterseits stark netznervig (*407/1*)
Betula nana, 406

— Bl. länger **181**

181. Seitennerven deutl. in die Bl.zähne verlaufend **188**

— Seitennerven vor Erreichen des Bl.randes bogig verbunden; in die Bl.zähne verlaufen höchstens die oberen Seitennerven od. sonst feinere Verzweigungen **182**

182. Bl. mit 3 od. 5 von der Basis der Bl.spreite bis zur Spitze durchlaufenden Hauptnerven, Bl. bis etwa 4 cm lang u. 2,5 cm breit, – in oberer Spreitenhälfte fein gekerbt, darunter ganzrandig (*876/1*) ***Spiraea hypericifolia***, 876

— Bl. fieder- od. handnervig, größer, wenn von der Spreitenbasis 3 od. 5 Hauptnerven ausgehen, dann Bl. 3–14(–20) cm lang, Rand fein od. grob gesägt od. bewimpert **183**

183. Bl. eif. bis breit eif., seltener elliptisch, zuw. 2–5-lappig u. dann Pfl. mit Milchsaft, Spreitenbasis abgerundet od. herzf. **186**

— Bl. längl. eif. bis eif., eilanzettl. od. elliptisch, selten breit eif., nie gelappt u. nie mit Milchsaft, Spreitenbasis abgrundet od. keilf., nie herzf. **184**

184. Bl.spitze abgerundet bis spitz od. schwach zugespitzt (*431/1*); Kapselfr. – Bl. dunkel- od. blassgrün, 4–8 cm lang, Rand fein gesägt; Zw. meist ohne Endkn., Kn. 3–4 mm lang, mit wenigen Kn.schuppen . . . . . . ***Ceanothus***, 431

— Bl. deutl. zugespitzt, teils kurz od. lang, zuw. plötzl. zugespitzt; Steinfr. . . **185**

185. Basis der Spreite symmetrisch, meist abgerundet, Bl. fiedernervig, – Bl.stiel oft gerötet . . . . ***Prunus***, 748

— Basis der Spreite meist ± asymmetrisch (*435/1*), schief abgerundet od. keilf., Bl. handnervig mit 3 starken Nerven, – 3–14 cm lang, oberseits oft durch borstige Haare od. Warzen rau, Rand mit wenigen od. zahlreichen spitzen od. stumpfen Zähnen od. bewimpert; Zw. ohne Endkn., Kn. 2–3 mm lang, mit 3–5 Kn.schuppen . . . . ***Celtis***, 434

186 (183). Pfl. ohne Milchsaft; – Bl. eif. bis elliptisch, handnervig mit 5 starken Nerven, Spreitenbasis schwach herzf. (*904/1*), – Nebenbl. scheidenf. mit Bl.stiel verwachsen. . . . . ***Tetracentron***, 904

— Pfl. mit Milchsaft; Bl. breit eif., oft 2–5-lappig u. handnervig mit 3 od. 5 starken Nerven **187**

187. Zw. mit engem Mark, kahl od. kurz behaart; Fr.verbände (Scheinfr.) längl. eif. bis zylindrisch, weiß, rosa bis schwarzrot . . . . ***Morus***, 669

— Zw. zieml. dick, mit weitem Mark, stärker u. lang behaart, zur Triebspitze hin auch bleibend, Fr.verbände kugelf., orangerot bis rot (*409/2a*) ***Broussonetia***, 409

188 (181). Bl. buchtig gezähnt, Zähne mit deutl. Grannenspitze (*470/3–4*) ***Corylopsis***, 470

— Bl. einfach od. doppelt, z. T. auch scharf gesägt, aber Zähne ohne Grannenspitze. **189**

189. Bl. jederseits der Mittelrippe mit 9–15 Seitennerven, Spreite eif. bis längl. eif. (*681/1a*); Kn. mit etwa 10 sichtbaren Kn.schuppen . . . . ***Ostrya***, 681

— Bl. jederseits meist mit < 8 Seitennerven, breit eif. bis verkehrt eif. od. ± rundl. (*471/1*); Kn. mit < 10 Kn.schuppen . . . . ***Corylus***, 471

190 (178). Bl. mit Milchsaft, – 5–20 cm lang, 7–12 cm breit (*409/2b–d*), handnervig mit 3 starken Nerven . . . . ***Broussonetia***, 409

— Bl. ohne Milchsaft **191**

191. Bl. handnervig mit 3 ± starken Nerven **194**

— Bl. handnervig mit > 3 ± starken Nerven **192**

192. Basis der Bl.spreite meist asymmetrisch . . . . ***Tilia***, 914

— Basis der Bl.spreite symmetrisch **193**

193. Bl.stiel 2–6 cm lang, ohne Drüsen, Spreite eif. bis längl. eif., Basis abgerundet od. schwach herzf., mit 3–5 ± starken Nerven (*737/1*) ***Poliothyrsis***, 736

— Bl.stiel 5–20 cm lang, mit 2 Drüsen am Stielende u. oft weiteren am Stiel, Spreite breit eif., Basis herzf., mit 5(–7) ± starken Nerven (*588/2*) ***Idesia***, 588

194 (194). Seitennerven deutl. in die Bl.zähne verlaufend **196**

— Seitennerven nicht in die Bl.zähne verlaufend **195**

195. Bl.stiele abgeflacht, wenn im ∅ rundl., dann Bl. unterseits weißl. ***Populus***, 737
— Bl.stiele im ∅ rundl., Bl. unterseits grün (*579/1*) .... ***Hovenia***, 579
196 (191). Bl. deutl. gelappt, Lappen auffallend 3-eckig u. spitz (*871/2*) ***Sorbus torminalis***, 871
— Bl. nur leicht gelappt, Lappen nicht ausgeprägt 3-eckig u. spitz **197**
197. Bl. jederseits der Mittelrippe mit > 8 Seitennerven .... ***Betula***, 401
— Bl. jederseits meist mit < 8 Seitennerven .... ***Corylus***, 471
198 (6). Zw. ohne Ranken **202**
— Zw. mit Ranken **199**
199. Immergrüne Kletterpfl. – Ranken einzeln bl.achselst., Bl. handf. eingeschnitten (*688/1*), mit meist 5 linealischen bis lanzettl. Abschnitten, deren Spitze stumpf bis abgerundet mit Stachelspitzchen, Bl.stiele mit rötl. Nektarien; Nebenbl. auffällig groß .... ***Passiflora***, 688
— Sommergrüne Kletterpfl. **200**
200. Mark vorj. Zw. braun, Zw. ohne Lentizellen – Bl. seicht bis tief 3–5-lappig od. eingeschnitten; Ranken bl.gegenst. .... ***Vitis***, 944
— Mark weiß bleibend, Lentizellen vorhanden **201**
201. Enden der Ranken ohne tellerf. Haftscheiben; Kn. nicht sichtbar – Bl. seicht bis tief 3–5-lappig od. eingeschnitten (*383/3*) .... ***Ampelopsis***, 383
— Enden der Ranken mit tellerf. Haftscheiben; Kn. sichtbar – Bl. sehr variabel von ungelappt bis 3-lappig oder 3-zählig mit gestielten Blch. (*687/1*) ***Parthenocissus tricuspidata***, 686
202 (198). Bl. ± parallelnervig, wenn auch teils gabelig verzweigt, nicht durch Quernerven verbunden, Spreite an Langtrieben tief ausgerandet bis 2-lappig (*564/1*), an Kurztrieben ± ungelappt .... ***Ginkgo***, 564
— Bl.nerven nicht ± parallel u. gabelig verzweigt, Spreite gelappter Bl. meist mit > 2 Lappen **203**
203. Bl. nur an Jungpfl. gelappt, später ungelappt; Sprossachsen (junge Zw., Bltnst.achsen) ± dicht mit Sternhaaren besetzt – juvenile Bl. 1–7 cm lang, eif. bis rundl., 3–5-lappig, später Bl. größer, 5–15 cm lang, lanzettl. od. eif. mit herzf. Spreitengrund, grob bis doppelt, teils grannenf., gezähnt ***Hoheria***, 578
— Bl. auch an älteren Pfl. gelappt, 3–5- od. mehrlappig, wenn diese.teils weniger od. nicht gelappt, dann Zw. nicht dicht sternhaarig **204**
204. Bl. handnervig mit 3–5 od. mehr ± starken Nerven od. Bl. schildf. **223**
— Bl. fiedernervig **205**
205. Bl. linealisch, regelmäßig tief fiederig gelappt (*461/5*) ...... ***Comptonia***, 461
— Bl. nicht linealisch **206**
206. Zw. an der Ansatzstelle des Bl.stiels mit zweigumfassender Linie **222**
— Zw. ohne zweigumfassende Linien **207**
207. Bl. eingeschnitten od. gelappt, z. T. auch ungeteilt **210**
— Bl.spreite im Randbereich wellig, nicht gelappt od. tiefer geteilt **208**
208. Basis der Bl.spreite herzf. od. spießf. .... ***Fallopia***, 537
— Basis der Spreite weder herzf. noch spießf. **209**
209. Bl. längl. lanzettl., 0,5–3 cm lang, graugrün .... ***Atraphaxis***, 392
— Bl. elliptisch eif., 5–10 cm lang, grün .... ***Fagus***, 535
210 (207). Bl. nur im oberen Drittel der Spreite leicht gelappt, elliptisch bis verkehrt eif., 3–7 cm lang (*489/1*) .... × ***Crataemespilus***, 489

— Bl.spreite deutl. gelappt bis eingeschnitten **211**

211. Bl.spreite tiefer eingeschnitten, wenn nur gelappt, dann Bl. < 6 cm lang **213**

— Bl.spreite gelappt, Bl. im Mittel > 6 cm lang **212**

212. Bl.spreite jederseits mit einer Bucht (3-lappig), aber auch 2-lappig (häufig asymmetrisch) od. ganzrandig (*854/1, 3*) – junge Zw. grün ***Sassafras***, 854

— Bl.spreite jederseits mit mehr als einer Bucht, Bl.lappen z. T. mit längerer haarf. Granne .... ***Quercus***, 772

213 (211). Bl.spreite ± 3-lappig u. lang zugespitzt (*761/1*) .... ***Prunus triloba***, 760

— Bl.spreite nicht zugleich 3-lappig u. lang zugespitzt **214**

214. Bl. sehr tief eingeschnitten od. gelappt, Buchten bis fast zur Mittelrippe reichend .... ***Malus***, 654

— Bl. weniger tief eingeschnitten od. gelappt **215**

215. Zw. meist mit Dornen – Nebenbl. halbkreisf. bis sichelf., gezähnt od. gesägt, später abfallend .... ***Crataegus***, 481

— Zw. ohne Dornen **216**

216. Bl.stiel geflügelt – Bl. seicht fiederig gelappt, jederseits 4–8 Lappen, Bl.lappen gesägt (*578/5*), Spreite oberseits kahl u. runzelig, unterseits ± dicht behaart, grau bis weißl. kraus-wollig, Bl. 3–10 cm lang, Bl.stiel bis 1,5 cm lang; Zw. etwas kantig, zur Spitze hin sehr dünn u. überhängend ***Holodiscus***, 578

— Bl.stiel ungeflügelt **217**

217. Bl.stiel bis 1,5 cm lang, wenn länger, dann junge Zw. kantig u. kahl u. die beiden untere Bl.lappen deutl größer u. oft lang zugespitzt **220**

— Bl.stiel meist > 1,5 cm lang **218**

218. Bl. in der unteren Hälfte der Spreite jederseits mit 2, seltener mit 3 Seitennerven, unterseits grün, Bl.stiel meist ¼–½-mal so lang wie die Bl.spreite .... ***Malus***, 654

— Bl. in der unteren Hälfte der Spreite jederseits mit 3 u. mehr Seitennerven, unterseits grau, blaugrün od. weiß; wenn grün, dann Bl. an Kurztrieben scheinbar gegenst. **219**

219. Bl. unterseits bläul. grün od. grün, an Kurztrieben scheinbar gegenst. .. **137**

— Bl. unterseits weiß, grauweiß od. gelbgrau filzig; wenn grün, dann untere Bl.einschnitte mindestens bis zu einem Drittel der Spreitenhälfte (*802/2*) .... ***Sorbus***, 866

220 (217). Bl. bis 6 cm lang u. breit – Zw. dünn, gelb od. rotbraun, Rinde mehrj. Zw. meist abblätternd; überwiegend Kleinsträucher .... ***Spiraea***, 875

— Bl. größer, 4–18 cm lang, 3–12 cm breit; Groß- od. Kleinstrauch **221**

221. Bl. u. junge Zw. meist mit einfachen Haaren u./od. Drüsenhaaren; Bl. 4–18 cm lang, breit eif. bis verkehrt eif. od. ± rundl. (*471/1*), Spreitenbasis meist herzf., seltener abgerundet od. gestutzt, Bl.rand ungleich u. meist doppelt gesägt, oft leicht gelappt (*471/1*); Großstrauch; Nussfr. in becherf. Fr.hülle .... ***Corylus***, 471

— Junge Zw. kahl od. ± behaart, aber nicht drüsig, Bl. kahl od. unterseits auf den Nerven behaart; Bl. 4–10 cm lang, eif. bis eif. längl., doppelt gesägt u. ± lang zugespitzt, schwach gelappt, oft unteres Lappenpaar deutl. größer, daher Bl. 3-lappig erscheinend; Kleinstrauch; Balgfr. .... ***Neillia***, 672

222 (206). Bl.spitze gestutzt, Bl. mit sattelf. Mittellappen u. jederseits mit 1–2 großen Seitenlappen (*626/1*) .... ***Liriodendron***, 626

— Bl. deutl. zugespitzt, mit 3–7 Bl.lappen (*732/2*) .... ***Platanus***, 732

223 (204). Bl. der Langtriebe (Spätbl.) 3–5-lappig, der Kurztrieben u. basaler Bereiche der Langtriebe (Frühbl.) eif. rundl. bis elliptisch, nur grob gezähnt, nicht gelappt (*738/1a* u. *b*), junge Zw., Kn. u. Bl.unterseite dicht weißfilzig; Bäume .... ***Populus alba***, 738

— Bl. schwach od. deutl. 3-lappig, 3–5- od. 3–7-lappig, zuw. tiefer eingeschnitten u. bis zu 9 Abschnitte; wenn Lang- u. Kurztriebe vorhanden, dann nicht nur an Langtrieben gelappt; wenn Bäume, dann junge Zw., Kn. u. Bl.unterseite nicht auffällig weißfilzig **224**

224. Pfl. sommergrün, wenn winter- od. immergrün, dann Bl.spreite nur bis 10 cm breit u. Bl.stiel < 10 cm lang **227**

— Pfl. immergrün mit lederiger, > 10 cm breiter Spreite u. > 10 cm langem Stiel **225**

225. Bl.spreite 50–75 cm breit, 7–12-fach handf. gelappt bis eingeschnitten, Bl.stiel bis 50 cm lang; ganze Pfl. durch rostfarbene od. hellbraune Sternhaare filzig .... ***Tetrapanax***, 905

— Bl.spreite höchstens bis 30 cm breit, 3–9-fach handf. gelappt od. eingeschnitten, Bl.stiel höchstens 30 cm lang; Pfl. nicht rostfarben od. hellbraun filzig, höchstens junge Zw. u. Bl.stiele anfangs rostfarben behaart **226**

226. Bl.spreite 15–30 cm breit, tief eingeschnitten mit 7–9 am Rand gesägten Abschnitten (*539/2*), Bl.stiel 10–30 cm lang .... ***Fatsia***, 539

— Bl.spreite 10–15 cm breit, 3–5-lappig, Lappen nur spärl. gesägt bis ganzrandig (*539/1*), Bl.stiel 10–12 cm lang – junge Zw. u. Bl.stiele anfangs rostfarben behaart .... × ***Fatshedera***, 539

227 (224). Bl.lappen gesägt, gezähnt od. gekerbt **235**

— Bl.lappen ± ganzrandig **228**

228. Bäume od. Sträucher **231**

— Lianen (Kettersträucher) **229**

229. Immergrün, mit Haftwurzeln kletternde od. auch am Boden kriechende Sprosse; Bl. glatt, derb lederig, 3–5-eckig gelappt od. eilanzettl. (*572/2–3*) ***Hedera***, 572

— Sommergrüne windende Lianen – Spreite ei- bis herzf. od. fast rundl., an der Spitze mit kleinem Stachelspitzchen od. kurz fein zugespitzt **230**

230. Bl.stiel am Bl.rand ansetzend, Bl. nur leicht 3-lappig, meist aber ungelappt (*460/1*) .... ***Cocculus***, 460

— Bl.stiel nahe od. entfernt vom Bl.rand ansetzend, daher Bl. ± schildf. (*666/1–2*), Bl. seicht od. ausgeschweift 3–7-lappig, seltener ungelappt, – Spreite eif. herzf. .... ***Menispermum***, 665

231 (228). Immergrüner Strauch, Zw. u. Bl. mit gelbbraunen Sternhaaren bekleidet – Bl. ungeteilt od. gelappt, 3- od. 5-lappig, mit 1 Mittelrippe od. handnervig mit 3- od. 5 starken Nerven (*558/1*), 0,5–11,5 cm lang ***Fremontodendron***, 558

— Sommergrüne Bäume u. Sträucher, Zw. u. Bl. nicht gelbbraun sternhaarig **232**

232. Zw. an der Ansatzstelle des Bl.stiels mit zweigumfassender Linie; Bl. 3–7-lappig, Lappen spitz od. zugespitzt, ganzrandig od. Rand ± gezähnt – Endkn. fehlend, Seitenkn. von kapuzenartiger Schuppe umhüllt, im Bl.stiel verborgen; Stammrinde sich in unregelmäßigen Platten ablösend ***Platanus***, 732

— Zw. an der Ansatzstelle des Bl.stiels ohne zweigumfassende Linie; Bl. 3–5(–7)-lappig od. ungeteilt, Lappen stets ganzrandig, stumpf, spitz od. lang geschweift zugespitzt **233**

233. Gelappte Bl. 3–5(–7)-lappig, Lappen lang geschweift zugespitzt; Bl.stiel 3–7 cm lang – Zw. ohne Endkn., Seitenkn. nackt, behaart ***Alangium***, 373

— Gelappte Bl. höchstens mit 3 Lappen, diese spitz od. stumpf; Bl.stiel 1–3 cm lang **234**

234. Bl. eif. od. elliptisch, 5–16 cm lang, ungeteilt od. 1–3-lappig, Spreitenbasis keilf., unterseits meist kahl, Stiel 1,5–3 cm lang; Zw. mit bis zu 1 cm langer, grünl. Endkn. – junge Zw., grün, meist kahl, bereift; mittelgroßer Baum, Wurzelsprosse bildend .... ***Sassafras***, 854

— Bl. breit eif. bis rundl., bis 12 cm lang, meist an der Spitze 3-lappig, Spreitenbasis abgerundet bis leicht herzf., unterseits behaart, Stiel 1–2 cm lang; Zw. ohne Endkn. – Strauch od. kleiner Baum .... ***Lindera obtusiloba***, 624

235 (227). Pfl. immergrün mit derben, lederigen Bl., Sträucher mit kriechenden u. kletternden Sprossen od. wenn aufrecht, dann Zw. u. Bl. mit gelbbraunen Sternhaaren bekleidet **252**

— Aufrechte sommergrüne Bäume od. Sträucher, Zw. u. Bl. ohne gelbbraune Sternhaare, od. aufrechte wintergrüne Halbsträucher mit grauem sternhaarigem Filz an Zw. u. Bl. **236**

236. Wintergrüne Halbsträucher – Bl. 3–5-lappig, graugrün, wie junge Zw. durch Sternhaare ± graufilzig, Bl.stiel 3–5 cm lang .... ***Lavatera***, 619

— Sommergrüne Bäume od. Sträucher **237**

237. Bl. ohne Milchsaft **240**

— Bl. mit Milchsaft **238**

238. Bl.lappen stumpf bis fast abgerundet (*540/1*), Bl. 3–5-lappig bis eingeschnitten, selten ungelappt, beiderseits rau, Bl.rand unregelmäßig gezähnt; Zw. mit Endkn. .... ***Ficus***, 540

— Bl.lappen kurz bis lang zugespitzt, zuw. abrupt od. geschwänzt, Bl. 2–3- od. 2–5-lappig, häufig ungelappt, oberseits rau, unterseits kahl od. ± weich behaart, Rand grob bis dicht u. fein, zuw. grannig gesägt; Zw. ohne Endkn. **239**

239. Gelappte Bl. 2–5-lappig, eif. od. breit eif. bis fast rundl., oberseits rau od. glatt, unterseits kahl od. weich behaart, zuw. nur an den Nerven u. in den Nervenwinkeln; Kn. mit < 3 äußeren Kn.schuppen; Fr.verbände (Scheinfr.) eif. bis zylindrisch .... ***Morus***, 669

— Gelappte Bl. 2–3-lappig, eif., oberseits rau, unterseits anfangs schwach behaart od. bleibend wollig behaart; Kn. mit 2–3 äußeren Kn.schuppen; Scheinfr. kugelig .... ***Broussonetia***, 409

240 (237). Zw. ohne Stacheln od. nur mit 2 feinen Stacheln an den Knoten ... **243**

— Zw. mit Stacheln **241**

241. Reich verzweigte Kleinsträucher mit dünnen Zw., Stacheln nur an den Knoten, an den Knoten gehäuft od. gleichmäßig am Zw. verteilt, Bl. bis etwa 6 cm breit .... ***Ribes***, 801

— Sparsam verzweigte Bäume od. Sträucher mit dicken u. starren Zw.; Bl. >10 cm breit; Zw., Äste u. Stämme ± dicht mit steifen breitbasigen od. mit bostigen Stacheln besetzt **242**

242. Sprossachsen mit kurzen kräftigen, an der Basis verbreiterten Stacheln, Bl. ohne Stacheln, 5–7(–9)-lappig, Bl.lappen breit 3-eckig (*611/1*), teils tiefer eingeschnitten u. Lappen längl. lanzettl. (*611/2*), unterseits anfangs behaart, achselbärtig .... ***Kalopanax***, 610

— Sprossachsen, Bl.stiele u. Bl.nerven mit borstigen Stacheln besetzt, Bl. 5–7-lappig, Bl.lappen breit 3-eckig (*678/2*), unterseits zottig behaart ***Oplopanax***, 678

243 (240). Ein- od. mehrstämmige Bäume **249**

— Sträucher **244**

244. Bl. 3–5(–7)-lappig **248**

— Bl. vorwiegend 3-lappig **245**

245. Basis der Spreite gestutzt bis schwach herzf., Bl. nicht filzig behaart u./od. Spreite nur bis 10 cm breit od. Bl.stiel nur bis 5 cm lang **247**

— Basis der Spreite keilf. bis abgerundet, wenn gestutzt bis schwach herzf., dann Bl. filzig behaart, > 10 cm breit u. Stiel > 5 cm lang **246**

246. Spross mit 2 feinen Stacheln an den Knoten; Bl. verkehrt eif., < 5 cm lang (*804/2*); Beerenfr. .... ***Ribes***, 801

— Spross ohne Stacheln an den Knoten; Bl.spreite > 5 cm lang, rautenf. eif., nur bis 1,5 cm lang gestielt (*576/2*) od. mehr rundl. mit > 5 cm langem Stiel (*576/1*); Kapselfr. .... ***Hibiscus***, 576

247 (245). Nebenbl. auffällig, bleibend (*673/6–7*); Zw. ohne Endkn., Seitenkn. oft mit Beikn. – Bl. 2–10 cm lang, Rand der Bl.lappen fein od. grob doppelt bis eingeschnitten gesägt; Stiel 0,4–1,5 cm lang; Balgfr. .... ***Neillia***, 672

— Nebenbl. unauffällig u. hinfällig; Zw. mit Endkn.; Beerenfr. .... ***Ribes***, 801

248 (244). Zw. meist grau od. graubraun, kahl od. anfangs behaart, Rinde im 1. Jahr meist fein längsrissig, sich dann dünn ablösend, abblätternd od. abrollend, Bl. oft mit Drüsenhaaren od. -punkten, zuw. stark riechend, aromatisch od. duftend, zuw. auch unangenehm; Nebenbl. unauffällig u. hinfällig; Beerenfr. – Bl. von unterschiedl. Größe, von 1–3 cm lang u. breit bis zu 20 cm lang u. breit, 3–5-, zuw. auch 7-lappig .... ***Ribes***, 801

— Zw. meist braun od. rotbraun, oft kantig, kahl, spärl. behaart od. dicht sternhaarig filzig, an älteren Zw. Rinde aufreißend u. sich in Streifen ablösend; Bl. weder mit Drüsenhaaren od. -punkten noch von besonderem Geruch; Nebenbl. zwar ansehnl., aber bald abfallend; Hülsenfr. ***Physocarpus***, 701

249 (243). Bl. meist 3-lappig, – Spreite < 10 cm lang u. breit, unterseits zumindest anfangs behaart, teils nur an Nerven od. Achselbärte in den Nervenwinkeln, Stiel 2–7 cm lang **251**

— Bl. 3–7-, aber meist 5-lappig, Spreite meist > 10 cm lang u. breit, Stiel 3–12 cm lang, wenn Bl. kleiner u. Stiel kürzer, dann Spreite unterseits kahl **250**

250. Zw. mit Endkn., Kn. mit mehreren Kn.schuppen; Stamm mit tief längs gefurchter Borke; Bl. 5–7-lappig (*625/1–2*), zuw. obere 3 Lappen nochmals gelappt, Lappen zugespitzt bis geschwänzt, Rand fein gesägt, zuw. nur schwach; Zw. meist mit Korkleisten – Bl. 10–18 cm lang u. breit mit 6–12 cm langem Stiel od. 4–5 cm lang, 5–8 cm breit mit 4–6 cm langem Stiel ***Liquidambar***, 625

— Endkn. fehlend, Seitenkn. von kapuzenartiger Schuppe umhüllt, im Bl.stiel verborgen; Stammrinde sich in unregelmäßigen Platten ablösend; Bl. 3–7-lappig, Lappen spitz od. zugespitzt, ganzrandig od. Rand ± gezähnt – Spreite 10–30 cm breit, Stiel 3–10 cm lang .... ***Platanus***, 732

251 (249). Bl. 3-lappig, z. T. auch ungelappt, rundl. eif., Rand grob gezähnt (*916/3*), im Austrieb rötl., unterseits bläul., Stiel 2–3 cm lang, gerötet; Zw. ohne Endkn., Sprosswachstum setzt oberste Seitenkn. fort, junge Zw. kahl .... ***Tilia mongolica***, 916

— Bl. sämtl. tief 3-spaltig bis eingeschnitten, die Lappen oft nochmals gelappt (*657/3*), Rand gesägt, unterseits hellgrün, Stiel 3–7 cm lang; Zw. mit Endkn., junge Zw. behaart .... ***Malus***, 654

252 (235). Aufrechter, unbewehrter Strauch, Zw. gelbbraun sternhaarig; Bl. meist 3–7-lappig, zuw. ungeteilt, Bl.rand nur schwach gezähnt od. ± ganzrandig (*558/1*), Basis herzf., abgerundet od. keilf., – Bl. 1–11 cm lang, 0,5–6,5 cm breit, Stiel 0,5–1,5 cm lang .... ***Fremontodendron***, 558

— Kriechender od. kletternder Strauch, Zw. mit kleinen Stacheln od. dicht borstig, auch weißfilzig od. braunzottig; Bl. meist 3(–5)-lappig, entw. tief eingeschnitten mit lanzettl. od. längl., zugespitzten Lappen u. keilf. Spreitenbasis (*821/1*) od. mit seichten abgerundeten Lappen u. herzf. Spreitenbasis (*821/3*), Rand fein gesägt od. grob gekerbt .... ***Rubus***, 820

Schlüssel zum Bestimmen von Familien u. Gattungen vorwiegend nach Blütenmerkmalen

(Bearbeiter: Bernd Schulz, 215–226 Peter A. Schmidt)

Die Bltn. passten sich als Fortpflanzungsorgane der Pfl. an verschiedene Bestäuber u. Bestäubungsmechanismen an, was zu einer großen Formenvielfalt führte. Wichtige Merkmale sind häufig im Inneren der Blüte verborgen. Deshalb ist es zuw. notwendig, Bltn. zu öffnen, um evtl. vorhandene Verwachsungen u. die Eigenschaften eingeschlossener Bltn.glieder festzustellen. Hilfreich ist häufig ein Querschnitt (mit einer scharfen Klinge) durch den Frkn., der die Zahl der Fr.fächer zeigt (evtl. vorhandene Fr. geben dieselbe Information).

Meist sind zur sicheren Bestimmung beide Geschlechter notwendig. Zur Vermeidung der Selbstbestäubung bilden viele Pfl. ganz od. teilw. eingschl. Bltn. Trägt eine Pfl. Bltn. beider Geschlechter od. neben eingschl. auch ⚥ Bltn., sollten beide Geschlechter bei der Bestimmung genutzt werden. Bei 2-häusigen Pfl. mit ausschließl. eingschl. Bltn. müssen im Schlüssel bei Fragen zum fehlenden Geschlecht beide Alternativen verfolgt werden (in der Regel erweist sich die falsche Alternative als Sackgasse). ♂ Bltn. sind mitunter relativ merkmalsarm u. die Bestimmung von Pfl. mit stark reduzierten ♂ Bltn. ist teilw. ohne hinzukommende vegetative Merkmale nicht mögl.

Die Nacktsamer (v. a. Nadelgehölze → Schlüssel ab Punkt 215), die im Gegensatz zu den Bedecktsamern (= Blütenpflanzen) keine Bltn. i. e. S. bilden, unterscheiden sich durch fehlende Frbl., die Samenanlagen stehen auf den Deckbl., an ihrer Spitze häufig ein sogenannter Bestäubungstropfen.

Wichtig ist es, mehrere Bltn. zu beobachten, da bei einzelnen Bltn. die Zahl der Bltn.glieder abweichen kann, besonders Endbltn. weisen häufig eine andere Zahl an Bltn.gliedern auf.

1. Bltn.organe unübersichtl., entw. erst bei genauerer Untersuchung als Komplexe ± gut voneinander abgegrenzter Einzelbltn. erscheinend (Bltnst.) od. nicht (auch nicht ihre Teile) dem typischen Bau der Blüte entsprechend . . . **180**

— Typische Bltn. mit der charakteristischen Abfolge der Bltn.bl., die nicht immer alle vorhanden sein müssen: Bltn.hüllbl. (K- u. Krbl. od. Perigonbl.), Stbl. u./od. Frbl.; Bltn.bl., auch wenn vermehrt, klar voneinander abgegrenzt **2**

2. Bltn. unterschiedl. angeordnet, aber nicht auf Laubbl. stehend **4**

— Bltn. klein, gestielt, eingschl., einzeln od. zu mehreren auf der Oberseite grüner Laubbl. od. Phyllokladien (blattartige Kurztriebe) stehend **3**

3. Bltn. meist 4-zählig, ♂ mit meist 4 Stbl., ♀ mit unterst. Frkn.; Bltnst.achse mit der Mittelrippe des fiedernervigem Laubbl. verwachsen ***Helwingia***, 574

— Bltn. 3-zählig, je 3 einander rel. ähnl. K- u. Krbl., ♂ mit 3 Stbl., ♀ mit oberst. Frkn.; Bltn. auf parallelnervigen Phyllokladien (blattartige Sprosse, die in der Achsel eines schuppenf. Bl. stehen) . . . . ***Ruscus***, 826

4 (2). Bltn.hülle nur aus gleichartigen, kbl.- od. krbl.artigen Perigonbl. bestehend od. ganz fehlend **129**

— Bltn.hülle in K. u. Kr. differenziert: es gibt 2 in Form u./od. Farbe (zuw. auch nur im Zeitpunkt des Abfallens) deutl. verschiedene Hüllbl.formen, Kbl. zuw. nur winzige Zipfel od. Spitzen **5**

5. Krbl. verwachsen u. Kr. immer als Ganzes abfallend (zuw. verwachsener Kr.ansatz im K- od. Bltn.becher verborgen) **98**

— Krbl. frei u. einzeln abfallend (zuw. bei zygomorphen Bltn. die beiden unteren Krbl. unterseits zusammengeheftet; selten Staubfäden zu kr.artiger Röhre verwachsen) **6**

6. Frkn. unterst. bis mittelst. (*34/5–8, 881/2, 662/1*): am Grund eines becher- bis röhrenf. Bltn.bodens stehend, entw. mit dem Bltn.becher vollst. (unterst.) od. teilw. (halbunterst.) verwachsen od. frei im Becher stehend (mittelst.); die anderen Bltn.bl. auf dem Rand des Bltn.bechers oberhalb des/der Frkn.

od. zumindest seiner/ihrer Basis inseriert (in Zweifelsfällen Blüte längs schneiden!) **77**
— Frkn. oberst. (*34/1–4*), d. h. am Ende der etwas verbreiterten od. verlängerten Bltn.achse, oberhalb der übrigen Bltn.organe sitzend (zuw. erst nach Öffnen einer Kbl.- od. Staubfadenröhre sichtbar) **7**
7. Frkn. mehrere, frei (selten an der Basis etwas verwachsen), jeder mit eigener Narbe u. ggf. Gr. (freie Frbl., *34/2, 503/2*) **64**
— Frkn. 1, Narben u. Gr. 1 bis viele, wenn mehrere scheinbar freie Frkn., dann diese mit 1 gemeinsamen Gr. **8**
8. Bltn. zygomorph **60**
— Bltn. radiär (selten bilateralsymmetrisch) **9**
9. Bl. schuppenf., mit breitem Grund am Zw. sitzend, meist < 5 mm lang; Bltn. mit 4–5 Kbl. u. Krbl., Kr. rosa bis weiß, Stbl. 4–12 (*132/1*) ***Tamaricaceae***, 315
— Bl. größer, normal flächig; od. selten nadelf., dann aber zum Grund verschmälert **10**
10. Stbl. > 10; Bltn. meist 5-zählig **51**
— Stbl. höchstens 10 (bei 6-zähligen Bltn. zuw. 12) **11**
11. Stbl. mehr als Krbl. **40**
— Stbl. so viele wie od. weniger als Krbl. **12**
12. Mehr als 2 fertile Stbl. **14**
— Stbl. 2 .... **13**
13. Krbl. gleichartig, meist 4 (selten 2 od. 6) (*541/1*) – Bl. gegenst. ***Oleaceae***, 324
— Krbl. 5, nur die 3 äußeren auffallend, etwa 3 mm ∅, die 2 inneren sehr klein, mit den 2 fertilen Stbl. verwachsen, über den normalen Krbl. 3 becherf. kleine Staminodien – Bl. wechselst. .... ***Meliosma***, 665
14. Bltn. 4–5-zählig, Stbl. 4–5 (selten mehr, dann Bltn. meist eingschl. od. Frkn. gelappt) – Frbl. 1–5-fächerig **16**
— Bltn. 3-zählig, Stbl. 3 od. 6 .... **15**
15. Stbl., Krbl. u. Kbl. je 3 (*520/1*); Bltn. meist eingschl.; – Bl. nadelf. ***Empetrum***, 519
— Stbl. 6; Krbl. 6, alle od. 3 von ihnen mit Nektarien; Kbl. 6, 9 od. viele, krbl.-ähnl. (*132/2a–c*); Bltn. ⚥; Frkn. einheitl. (zuw. auch 2- od. 4-zählige Bltn.-kreise vorhanden) .... ***Berberidaceae***, 286
16. Pfl. mit den Bl. gegenüber stehenden, verzweigten Sprossranken kletternd; Bl. wechselst., einfach od. zusammengesetzt; Bltn. in Rispen, klein u. unauffällig, 5-zählig, Bltn.bl. gelbl. grün, zuw. rot überlaufen, Frbl. kurz kegelf., meist kürzer als Stbl. .... ***Vitaceae***, 290

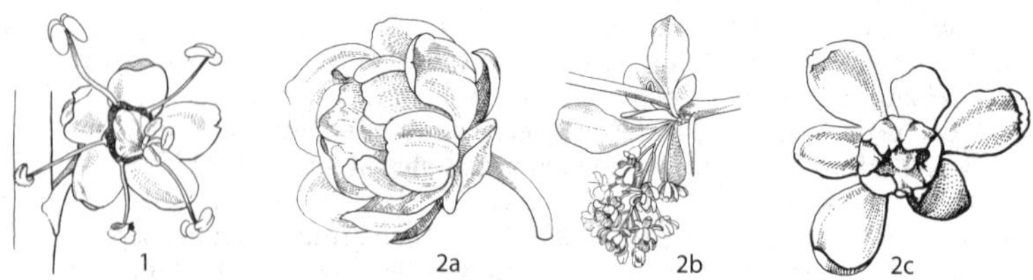

132/1–2: 1 *Tamarix gallica*, 2 *Berberidaceae*: 2a *Berberis × ottawensis*, Blüte, 2b Bltnst., 2c *Mahonia aquifolium*, Blüte von oben

— Pfl. aufrecht od. anders (durch Winden od. mit Haftwurzeln) kletternd … **17**

17. Bl. einfach … **23**

— Bl. zusammengesetzt, gefiedert od. 3-zählig (Vorsicht, hier einige sehr selten kultivierte sehr giftige Arten) … **18**

18. Bltn. unscheinbar, eingschl. od. polygam, Krbl. gelbl. grün – Bl. ± durchscheinend drüsig punktiert, meist auffallend riechend (reiben!), Bl. gegenst. (*Phellodendron, Tetradium*) od. wechselst. (*Ptelea*) … ***Rutaceae***, 312

— Bl. nicht drüsig punktiert … **19**

19. Kbl. wie die Krbl. weiß bis schwach rosa, so lang wie od. länger als die Krbl., meist auseinander spreizend, Krbl. meist röhrenf. zusammenliegend (*133/1*); Frbl. 2–3, mit langen Gr.; Bltn. ⚥ – Bl. gegenst. … ***Staphylea***, 888

— Kbl. kleiner als Krbl., meist grünl. – Bl. wechselst. … **20**

20. Bltn. ⚥, Krbl. ± weiß, leicht rosa überlaufen, Frkn. 5-fächerig, wie die Stbl. auf Diskus sitzend – Bl. paarig gefiedert … ***Toona***, 919

— K- u. Krbl. meist unscheinbar gelbgrün bis grün – Bl. unpaarig gefiedert od. 3-zählig; Bltn. polygam … **21**

21. Frkn. 2–5, deutl. getrennte, 1-samige Fächer, im Zentrum durch gemeinsamen Gr. verbunden; Bl. gefiedert … ***Picrasma***, 714

— Frkn. ein 1-samiges Fach, 3 getrennte Gr./Narben; Bl. gefiedert od. 3-zählig; Pfl. oft mit Milchsaft; Vorsicht, z. T. sehr giftig, hautreizend! … **22**

22. Bltnst. achselst. Rispen nach dem Laub; Frkn. kahl; Vorsicht, z. T. sehr giftig, hautreizend! … ***Toxicodendron***, 920

— Bltnst. in kurzen achselst. Ähren vor dem Laub od. in endst. Rispen lange nach dem Laub; Frkn. behaart … ***Rhus***, 798

23 (17). Stbl. über den Krbl. stehend, anfangs von den Krbl. kapuzenf. umgriffen (*133/2*) … ***Rhamnaceae***, 303

— Stbl. über den Kbl. stehend (auf Lücke zu den Krbl.) … **24**

24. Bl. wechselst. … **26**

— Bl. gegenst.; Bltn. oft klein u. unscheinbar – mit deutl. Diskus … **25**

25. Bltn. polygam, in ♀ u. ⚥ Bltn. Frkn. mit 2 ± geflügelten Fächern, Stbl. 5–12, in ♀ Bltn. selten vollst. fehlend (*349/1–3*), in rein ♂ Bltn. Staubfäden zuw. deutl. verlängert – Bl. oft gelappt; oft Großsträucher od. Bäume ***Acer***, 349

— Bltn. meist ⚥, Frkn. 2–5 Fächer, im Diskus eingesenkt u. kaum sichtbar, Stbl. 4–5, wie Krbl. (*528/2–3*) – Bl. nie gelappt; oft Sträucher ***Celastraceae***, 290

26 (24). Windende Klettersträucher – Frbl. 3-zählig: entw. Narbe 3-armig od. Frkn. 3-kantig (*922/a–b*) … ***Celastraceae***, 290

— Pfl. nicht windend … **27**

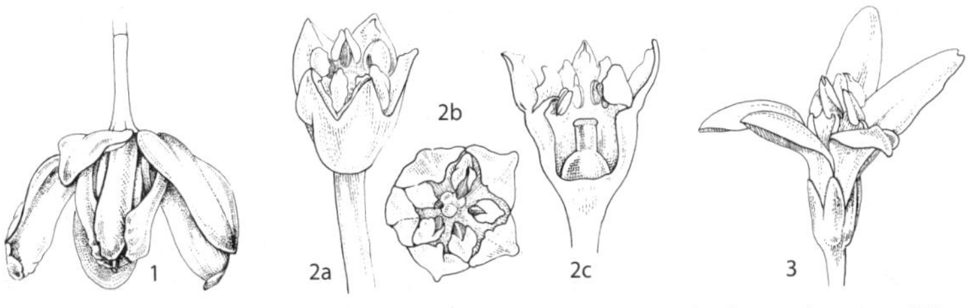

133/1–3: 1 *Staphylea pinnata*, Blüte seitl., 2 *Frangula alnus*, Blüte, 2a seitl., 2b von oben, 2c geöffnet, 3 *Pittosporum tobira*, Blüte seitl.

27. Bltn. einzeln od. in kleinen wenigbltg. Bltnst. seitl. in den Achseln von Laubbl., Kn.schuppen od. am alten Holz **33**
— Bltn. in mehr- bis vielbltg. Bltnst. am Ende beblätterter Triebe **28**
28. Bltn. (*594/3*) in schlanken vielbltg. Trauben, Krbl. weiß, Frbl. 2-zählig, Frkn. 2-fächerig, mit deutl. Naht, Stbl. 5 .... ***Itea***, 594
— Bltnst. breite Schirmtrauben od. Rispen; Frbl. 2–5-zählig **29**
29. Pfl. sommergrün; Krbl. um 2 od. 3(–4) mm lang, gelbl. od. weißl.; Frbl. 3-zählig: entw. mit 3 Gr., wenn nur 1 Gr., dann Frkn. scharf 3-kantig, Stbl. meist 5 – Bltnst. Rispen **32**
— Pfl. immergrün; Krbl. oft länger, weiß, rosa od. gelbl.; Frbl. 2–3 od. 4–5-zählig, Gr. verwachsen, 2 od. 4–5 Narbenlappen od. Fächer deutl. 5-fächerig (Frkn.-∅) **30**
30. Bltn. 5-zählig, mit 5–8 Stbl. (*794/2a*); Frkn. 5-fächerig; Bltnst. Schirmtraube, anfangs mit zahlreichen braunen Kn.schuppen am Grund – Bl. unterseits rostbraun filzig .... ***Rhododendron*** [*Ledum*], 788
— Stbl., immer wie K- u. Krbl., 4–5; Frkn. 2–3- od. 2–5-fächerig; Bltnst. endst. Rispe od. Trugdolde; ohne auffallende Kn.schuppen am Grund – Bl. anders **31**
31. Bltn. ⚥, 5-zählig, Krbl. weiß, vergilbend, 10–16 mm lang, Frkn. dicht behaart, 2–3-fächerig, Kbl. ± getrennt, grün, 4 mm lang, fein drüsig (*133/3*); Bltnst. trugdoldig .... ***Pittosporum***, 731
— Bltn. ⚥, polygam od. eingschl., 4–5-zählig, Krbl. weiß bis gelbl., außen zuw. rötl. überlaufen, 3–7 mm lang, Stbl. 4–5(–6), Frkn. 2–5-fächerig, Kbl. 1–2 mm; Bltnst. ± rispig – Bl. durchscheinend drüsig punktiert .... ***Skimmia***, 861
32 (29). Bltn. polygam, Frkn. in Draufsicht abgerundet oval, mit 3 getrennten Gr.; Zw. im ∅ rund, Bl. ganzrandig .... ***Cotinus***, 473
— Frkn. 3-kantig (*922/2a–b*), Gr. kurz, verwachsen; Zw. kantig, Bl. kerbig gesägt .... ***Tripterygium***, 922
33 (27). Bltn. im Herbst, zu 2 auf kurzem Stiel sitzend, Krbl. schmal, dunkel rotviolett .... ***Disanthus***, 512
— Bltn. anders **34**
34. Bltn. > 3 cm ∅, Krbl. leuchtend gelb bis orangegelb; Staubfäden bilden im unteren Teil eine enge Röhre, die den Gr. im unteren Teil einschließt ***Fremontodendron***, 558
— Bltn. kleiner, Krbl. nicht gelb; Staubfäden frei od. im unteren Teil verwachsen, aber keine enge Röhre bildend **35**
35. Pfl. sommergrün **38**
— Pfl. immer- od. halbimmergrün **36**
36. Krbl. bräunl.; Bltnst. oft länger als die benachbarten Bl., meist 3-bltg.; Bl. linealisch; niedriger, kriechender Strauch .... ***Euonymus***, 528
— Krbl. weißl. bis grünl.; Bltnst. bzw. Bltn.stiele meist wesentl. kürzer als die benachbarten Bl. **37**
37. Bltn. 5-zählig, Frkn. 1-fächerig; Bl. dickl., 1–2,5 cm lang, ganzrandig; niedriger, sparriger, dickzweigiger Strauch, sehr selten .... ***Melicytus***, 664
— Bltn. meist 4(3–8)-zählig, Frkn. mehrfächerig (meist 4-fächerig); Bl. 1,5–12 cm lang, Rand oft gekerbt, gesägt od. stachelzähnig .... ***Ilex***, 588
38 (35). Bltn. am alten Holz erscheinend, die ♂ in Trauben, die ♀ einzeln (*135/1*) – Bl. durchscheinend drüsig punktiert .... ***Orixa***, 679
— Bltn(st). in den Achseln von Laubbl., seltener in den Achseln abgefallener Kn.schuppen am Grund diesj. Zw. – Bl. nicht drüsig punktiert **39**

39. Bltn. mit Nektarschuppen oberhalb der Krbl.; Fr.fächer 3, Narben 6 **Phyllanthaceae**, 291

— Bltn. ohne Nektarschuppen; Fr.fächer 4–8, Narben höchstens ebenso viele .... **Ilex**, 588

40 (11). Krbl. 2–3, Kbl. 2–3, Stbl. 6–8; Bltn. klein, rosa, weißl. od. grünl. (*135/2*) **Polygonaceae**, 315

— Krbl. u. Kbl. je > 3 .... **41**

41. Frkn. mit 2 Fächern, diese von oben deutl. unterscheidbar, ± seitl. zusammengedrückt, gekielt bis geflügelt (*349/3*); Narben 2, deutl. getrennt; Krbl. u. Kbl. 4–5, Stbl. 4–10; Bltn. meist polygam – Bl. gegenst., einfach (oft gelappt) od. zusammengesetzt .... **Sapindaceae**, 311

— Pfl. nicht mit dieser Merkmalskombination **42**

42. Bl. zusammengesetzt; Krbl. u. Kbl. 5, seltener 4 od. 6, Stbl. 8–10 .... **47**

— Bl. einfach **43**

43. Krbl. u. Kbl. je 5, Stbl. meist 10 .... **45**

— Krbl. u. Kbl. je 4 .... **44**

44. Bltn. ab IV–V, gestielt in endst. Trauben, zuw. Doldentrauben, Krbl. ausgebreitet, weiß, gelb bis rosa; Stbl. 6, davon 2 kürzer u. 4 länger – niedrige Zwerg- u. Halbsträucher .... **Brassicaceae**, 313

— Bltn. vor dem Laub (III), sitzend in achselst., hängenden Ähren; Krbl. zusammenneigend, gelbgrün; unterhalb 3 gegenst. Bl.paare (1 × 2 Vorbl., 2 × 2 Kbl.), oberstes Kbl.paar krbl.ähnl. (*888/2* u. *5*); Stbl. 8 – Sträucher **Stachyurus**, 887

45 (43). Gr. 3, völlig frei (*595/1–2*) – Pfl. sommergrün, Bl. gegenst. **Jamesia**, 595

— Gr. 1, an der Spitze mit 2–5, nicht immer deutl. getrennten Narben **46**

46. Narben 3, deutl. getrennt – Pfl. sommergrün, Bl. wechselst. .... **Clethra**, 458

— Trennung der 2–5 Narben oft undeutl. (*609/3*) – Pfl. immergrün, Bl. wechselst. od. gegenst. .... **Ericaceae**, 318

47 (42). Bltn. ⚥; Stbl. 10(–12); Staubfäden zu aufrechter Röhre verwachsen, diese an der Spitze zwischen den Staubbeuteln mit kurzen Zähnen – Bl. doppelt gefiedert .... **Melia**, 664

— Bltn. ⚦ od. eingschl.; Stbl. fehlend, 6–8 od. 10; Staubfäden frei **48**

48. Frbl. 4–5, nicht vollst. miteinander verwachsen bzw. zwischen den Fr.fächern von oben od. außen eingeschnitten, Stbl. 8–10, Krbl. 4–5, Krbl. gelbgrün, gelb od. weiß, erblüht zurückgeschlagen **50**

— Frkn. kugelf., im ∅ kreisf., 3-fächerig, Stbl. 6–8; Krbl. (4–)5, weiß, gelbl. bis rötl., alle od. die oberen 2 häufig mit Saftmal (Fleck) an der Basis: anfangs

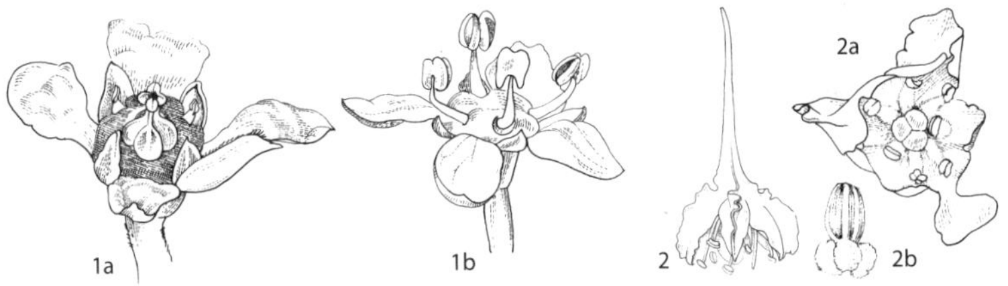

135/1–2: 1 *Orixa japonica*, 1a ♀ Blüte, 1b ♂ Blüte; 2 *Fallopia baldschuanica*, 2a Blick in die Blüte, 2b Frkn. mit 3-teiliger Narbe

gelbl., später rot; Krbl. erblüht zurückgeschlagen od. Bltn. längl. u. sich nicht auffallend öffnend **49**

49. Bltnst. endst. aufrechte Rispen, K. röhrig verwachsen (*370/1–3* u. *371/1–2*); Bltn. oft längl. u. angedeutet zygomorph, die oberen 2 Krbl. mit, seltener ohne, Saftmal, Stbl. meist 7 (6–8) – Bl. gefingert, gegenst. ***Aesculus***, 368

— Bltnst. in achselst. Trauben; Kbl. klein, grün, frei; Bltn. auffallend, 2–3 cm ∅, Krbl. weiß, alle mit Saftmal an der Basis, Stbl. 8, Diskus 5-lappig, mit fädigen Fortsätzen – Bl. gefiedert, wechselst. .... ***Xanthoceras***, 950

50. Entw. Krbl. 5, weiß, Stbl. 10 (*136/1a–b*), Pfl. immergrün, Bl. gegenst., gefingert **od.** Krbl. 4, gelb u. Stbl. 8, Bl. wechselst. doppelt fiederschnittig (*Ruta*) – Bl. auf ganzer Fläche durchscheinend drüsig punktiert .... ***Rutaceae***, 312

— Bltn. unscheinbar, bis 1 cm ∅, unangenehm riechend, Krbl. grünl.; Stbl. ♂ Bltn. 10, in ⚥ 5, Frkn. 5–6, nicht vollst. verwachsen u. sich später zu Frch. teilend, Bltnst. großen endst. Rispen – Bl. wechselst., > 40 cm lang, unpaarig gefiedert, Blch. ohne Drüsen auf der Fläche, nur basale Randzähne drüsig ***Ailanthus***, 372

51 (10). Bltnst. mit 1 flügelartigen, im unteren Teil seiner Achse angewachsenen Hochbl. (*914/1*); Bltn. 3–15, K- u. Krbl. gelbl. bis grünl. (*136/2*) – Bäume ***Tilia***, 914

— Bltnst. ohne solches Hochbl. od. Bltn. einzeln **52**

52. Kbl. entw. 3, od. 3 größere u. 2 kleinere; Bl. gegenst. od. wechselst. ***Cistaceae***, 314

— Kbl. 5 (selten 4 od. 6), alle ± gleich groß **53**

53. Bltn. glockenf., sich nicht öffnend, Krbl. zusammenneigend (*Erica*-ähnl. Eindruck), entw. gelbgrün (*Aristotelia*) od. mehrspitzig u. weiß bis rot (*Crinodendron*); aufrechte Sträucher od. kleine Bäume .... ***Elaeocarpaceae***, 293

— Bltn. sich öffnend, entw. erblüht Krbl. auseinanderspreizend, weiß, leuchtend gelb bis rosa u. violett, od., wenn halbgeschlossen, Krbl. gelbl. weiß u. Pfl. windend **54**

54. Bl. wechselst.; Stbl. viele **57**

— Bl. gegenst. od. wirtelig; Stbl. 10 bis viele **55**

55. Krbl. gelb, Stbl. oft in 3 od. 5 Bündeln; Pfl. immer- od. sommergrün ***Hypericum***, 584

— Krbl. weiß, Stbl. gleichmäßig verteilt **56**

56. Krbl. breit, sich überlappend, Stbl. sehr zahlreich (> 100) – Pfl. immergrün ***Carpenteria***, 422

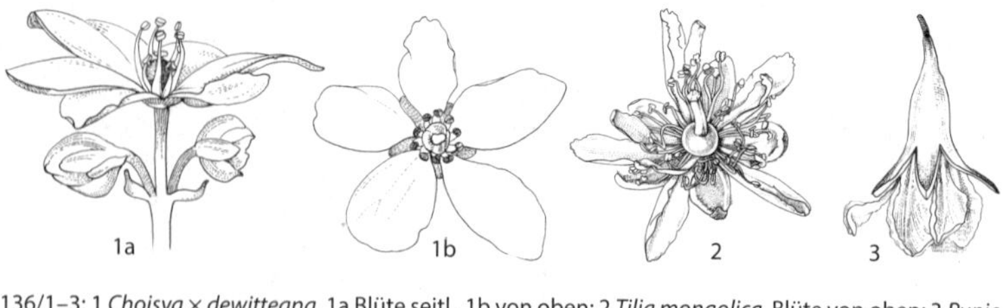

136/1–3: 1 *Choisya × dewitteana*, 1a Blüte seitl., 1b von oben; 2 *Tilia mongolica*, Blüte von oben; 3 *Punica granatum*, Blüte hängend seitl.

— Krbl. rel. schmal, genagelt, sich meist nicht überlappend, Stbl. ca. 20 – Pfl. mit Dornen, sommergrün .... ***Citrus*** [*Poncirus*], 449

57 (53). Staubfäden zu engen, den Gr. dicht umschließenden Röhre verwachsen; Kr. weiß, rosa bis violett .... ***Malvaceae*** (*Hibiscus*, *Lavatera*), 314

— Staubfäden frei od. nur im unteren Teil (höchstens bis zur Mitte) verwachsen, keine enge Röhre bildend **58**

58 (57, 105). Narben (u. evtl. Gr.) 3–5; Stbl. ± am Grund miteinander u. auch mit den Krbl. verwachsen; Krbl. weiß od. rosa (Bltn. zuw. gefüllt) ***Theaceae***, 317

— Narben (u. evtl. freie Gr.) 7 bis viele, Krbl. weiß **59**

59. Windende Liane; Bltn. eingschl., 2-häusig verteilt, Stbl. frei .... ***Actinidia***, 367

— Aufrechte Sträucher od. Bäume; Bltn. ⚥, Stbl. am Grund röhrenf. verwachsen, sich in 5 Bündel aufspaltend .... ***Hoheria***, 578

60 (8). Kbl. u. Krbl. je 4, frei; Stbl. 6, 2 kürzere u. 4 längere; niedrige Zwerg- u. Halbsträucher .... ***Brassicaceae***, 313

— Kbl. verwachsen od. frei, dann 5, seltener 2- od. 3-zählig **61**

61. K. deutl. röhrig verwachsen, zuw. in Unter- u. Oberlippe geteilt, selten bis zur Basis 2-spaltig **63**

— Kbl. ± frei, immer 5, zuw. scheinbar 3; Krbl. u. krbl.artige Kbl. gelb bis rötl. **62**

62. Kbl. 5, alle klein u. unscheinbar; Krbl. 4, frei; Stbl. 5–8, frei – sommergrüner Strauch mit gefiederten Bl. .... ***Koelreuteria***, 612

— Kbl. scheinbar nur 3, die 2 übrigen groß u. krbl.artig; Krbl. 3, röhrig verwachsen; Stbl. meist 8, untereinander u. meist auch mit der Kr. verwachsen – immergrüner Zwergstrauch mit einfachen Bl. .... ***Polygala***, 737

63 (61). Stbl. 5–8, frei (*370/1–3* u. *371/1–2*) – Bl. gegenst., gefingert ***Aesculus***, 368

— Stbl. 10, frei od. verwachsen – Bl. meist wechselst. .... ***Fabaceae***, 293

64 (7). Bltn. klein, unscheinbar, meist < 1 cm ∅, oft eingschl. u. zu vielen ... **71**

— Bltn. groß, auffällig, meist > 2 (oft > 4) cm ∅, ⚥, oft einzeln; Stbl. viele ... **65**

65. Kbl. 2 od. 4–8 .... **67**

— Bltn.hülle 3-zählig, Kbl. 3; Krbl. 6 bis viele **66**

66. Bltn. meist endst., Krbl. in 2 od. mehr Kreisen, weiß, gelbl. grün (mit orangef. Zeichnung), rosa, od. stark gerötet; Frbl. zahlreich, schraubig an der zapfenf. Bltn.achse stehend; Samenanlagen 1–2 je Frbl. (*626/3*, *648/1–3*) ***Magnoliaceae***, 280

— Bltn. achselst., Krbl. 6, in 2 Kreisen, dunkel weinrot; Frbl. 3–15, meist in einem Kreis am Ende der Bltn.achse; Samenanlagen viele je Frbl. (*391/2*) ***Asimina***, 391

67 (65). Kbl. u. Krbl. je in gleicher Zahl (selten abweichend u. dann Kbl. nicht 4); Kbl. meist grün u. Krbl. farbig **69**

— Kbl. 2 od. 4, Krbl. mehrere, größer als die 2 od. kleiner als die 4 Kbl. **68**

68. Kbl. 4, groß, krbl.artig, meist blau; Krbl. mehrere, viel kleiner, gelbl.; Frbl. viele .... ***Clematis***, 450

— Kbl. 2 (*514/2*), unscheinbar, Krbl. weiß, 7–14, unregelmäßig (nicht in auffallenden Kreisen) stehend (*514/3*)............................ ***Drimys***, 514

69. Bltn. sehr groß, 5 bis > 15 cm breit, zuw. gefüllt; Frbl. 2–5, mehrsamig; Bl. meist doppelt 3-zählig, die Blch. oft nochmals fiederschnittig ***Paeonia***, 683

— Bltn. meist nicht > 5 cm breit; Frbl. oft viele (selten nur 4–8); Bl. ungeteilt, einfach 3-zählig, gefingert od. gefiedert **70**

70. Bltn. in endst. Trugdolden, ∅ um 12 mm, Frbl. 5, mit mehreren Samen, Stbl. 10, mit rötl. Staubbeuteln, Kbl. bis zum Bltn.stiel frei (*584/1*) – Bl. fleischig, ungeteilt; bis 30 cm hoher Zwergstrauch ***Hylotelephium*** (*Crassulaceae*), 584

— Bltnst. achsel- od. endst., oft größer, Frbl. 4–viele, 1-samig, Stbl. meist mehr als 10; Kbl. sitzen am Rand eines Bltn.bechers – Bl. ungeteilt od. zusammengesetzt .... ***Rosaceae***, 298

71 (64). Bl. wechselst. **73**

— Bl. gegenst.; Kbl., Krbl. u. Frbl. meist 4–5 .... **72**

72. Stbl. 10, Kbl. größer als die Krbl., Krbl. sich in ♀ Bltn. später stark vergrößernd u. zur Fr.zeit fleischig – Bl. einfach .... ***Coriaria***, 462

— Stbl. 4–5, Kbl. sehr klein u. unauffällig – Bl. gefiedert .... ***Tetradium***, 905

73 (71). Bltn. mit 3 K- u. 3 Krbl., eingschl., ♂ mit 6 Stbl., ♀ mit 3 Frkn., in großen, > 50 cm langen, dichten, bis 4-fach verzweigten Bltnst. – Palme mit am Ende des unverzweigten Stamms gehäuften Bl.: Spreite fächerf., in einzelne Streifen geteilt, bis > 1 m ∅ .... ***Trachycarpus***, 921

— Bltn. meist mit mehr K- u. Krbl., teilw. schwer erkennbar; Bltnst. viel kleiner – verzweigte Sträucher u. Bäume mit kleineren Bl. **74**

74. Bltn. meist 5-, selten 8-zählig, immer ⚥, oft mit auffällig gefärbten Krbl. – Bl. einfach od. zusammengesetzt **76**

— Bltn. immer eingschl. (♀ zuw. mit Staminodien); Bltn.hülle unauffällig, entw. gelbgrün od. bräunl., mit dichter Behaarung untermischt – Bl. einfach, oft handf. gelappt **75**

75. Bltn. klein, zahlreich in dichten kugelf. Köpfchen, Bltn.hülle sehr unauffällig, 4(–3–6)-zählig (2. Kreis in ♀ Bltn. Krbl. od. Staminodien), mit langen Haaren untermischt; 1-häusig – Bäume .... ***Platanus***, 732

— Bltn. in traubigen Bltnst.; Bltn.hülle gelbgrün; ♂ mit vielen 6–12(–18) Stbl.; ♀ mit 2–6 Frbl. u. bis 12 Staminodien; 2-häusig – windende Lianen ***Menispermaceae***, 285

76 (74). Kbl. bräunl. Krbl. sehr klein, becherf. (Nektarbl.); Stbl. u. Frbl. meist 5–10 .... ***Xanthorhiza***, 950

— Kbl. meist grün, Krbl. normal flächig, weiß, gelb bis rosa; Stbl. u. Frbl. viele (*503/2*) [*Dryas*: Bltn. 8-zählig (*514/4*); *Dasiphora*: Bltn. mit zusätzl. Außenk. (*503/3*); *Rubus*: Zw. u. Bl. häufig mit Stacheln (*224/2–3*)] .... ***Rosaceae***, 298

77 (6). Kbl. u. Krbl. spiralig am verlängerten Bltn.boden., durch Übergangsformen verbunden; die Frkn. im Bltn.becher eingeschlossen; Bltn. einzeln, entw. lange vor od. deutl. nach Laubausbruch (*280/1–3*)– Bl. gegenst. ***Calycanthaceae***, 280

— Kbl. u. Krbl. (3–)4–5-wirtelig (selten mehr), ohne Zwischenformen **78**

78. Stbl. mehr als Krbl. **88**

— Stbl. so viele wie Krbl.; Frkn. 1 .... **79**

79. Kbl. viel größer als die Krbl., diese mit den 5 Stbl. abwechselnd; Bltn.becher meist tellerf., schüsself. od. röhrenf. über den unterst. Frkn. hinaus verlängert (*801/1–3*); Bltn. meist in Trauben; Bl. meist handf. gelappt .... ***Ribes***, 801

— Kbl. kleiner als die Krbl. od. wenn ebenso groß bis größer, dann die Stbl. über den Krbl. stehend **80**

80. Bl. einfach u. ungelappt – Pfl. nie mit Haftwurzeln kletternd **82**

— Bl. zusammengesetzt od. handf. gelappt (zuw. an blühenden Trieben ungelappt u. Pfl. mit Haftwurzeln kletternd) **81**

81. Bltn. in achselst. wenigbltg. Trauben od. bis etwa 25-bltg.Thyrsen (*373/1*); Krbl. 5–10, weiß, sich erblühend zurückrollend, Stbl. dem Gr. anliegend; Bl. handf. gelappt .... ***Alangium***, 373

— Bltnst.: Hauptachsen trauben- bis rispenf. (nur selten doldig), am Ende ± (halb-)kugelf. Dolden od. Köpfchen; Bltn. (4–)5-zählig; Bl. gelappt (bei *Hedera* nur an nicht blühenden Zw.), gefingert od. mehrfach gefiedert ***Araliaceae***, 331

82 (80). Stbl. 4–5, mit kleinen flachen od. pfrieml. Staminodien abwechselnd (*288/1, 570/2a, 641/3*); Krbl. gelb bis rötl.; Gr. 2, ± bis zum Grund frei (*Corylopsis, Hamamelis, Loropetalum,*) .... ***Hamamelidaceae***, 287

— Keine Staminodien zwischen den Stbl., Gr.1–4 .... **83**

83. Stbl. über den Krbl. stehend, Krbl. oft kleiner als die Kbl. u. die Stbl. kapuzenartig umgreifend, Gr. 1–4 .... ***Rhamnaceae***, 303

— Stbl. mit den Krbl. abwechselnd, frei; Gr. 1 .... **84**

84. Kbl., Krbl. u. Stbl. je 5 – Bl. wechselst. **86**

— Kbl., Krbl. u. Stbl. je 4 – Bl. meist gegenst. **85**

85. Bltn. eingschl., 2-häusig verteilt, Frkn. 1-fächerig – Pfl. immergrün ***Garryaceae***, 322

— Bltn. ⚥, Frkn. 2-fächerig – Pfl. meist sommergrün .... ***Cornus***, 463

86. Bltn. ⚥, Krbl. auffällig gefärbt **87**

— Bltn. eingschl., unscheinbar, klein, grünl., in gestielten dolden- od. köpfchenartigen Bltnst. od. einzeln .... ***Nyssa***, 676

87. Krbl. weißl. bis gelb, schmal elliptisch, ausgebreitet; Bltn. zu wenigen – Bl. ganzrandig .... ***Corokia***, 469

— Krbl. weiß (u. rel. breit, *526/2*) bis rot (u. im unteren Teil mit den Rändern verklebt eine Kr.röhre vortäuschend, *526/3a*), Bltn. in endst. Rispen – Bl. kerbig gezähnt .... ***Escallonia***, 526

88 (78). Bltn. ziegelrot, etwa 3 cm breit, 5–8-zählig, Stbl. viele (*136/3*); Bl. ganzrandig, teils wechselst., teils gegenst. .... ***Punica***, 767

— Nicht zugleich Bltn. ziegelrot u. Bl. ganzrandig **89**

89. Frkn. 1, unterst. od. halbunterst. **92**

— Frkn. mittelst., 1 bis mehrere frei in offenem (selten röhrigem) Bltn.becher stehend (*749/3a*) **90**

90. Frkn. 1, Kbl. u. Krbl. je 3–5, nicht genagelt, Stbl. 6–10 – Bäume mit (oft doppelt) gefiederten Bl. .... ***Fabaceae***, 293

— Frkn. 1 bis viele, wenn Frkn. 1, dann Bl. nicht gefiedert **91**

91. Krbl. meist 6, lang dünnstielig genagelt, knitternd, weiß bis rosa, Stbl. viele, Frkn. 1 – Bl. einfach, ± gegenst.; Zw. ± 4-kantig .... ***Lagerstroemia***, 614

— Frkn. 1 bis viele, Bltn. meist 5-zählig – Bl. wechselst., ungeteilt od. einfach gefiedert .... ***Rosaceae***, 298

92 (89). Bl. wechselst. **94**

— Bl. gegenst. – Bltn. meist ⚥ **93**

93. Stbl, 8; Kbl. u. Krbl. je 4, farbig; Bltn.becher farbig, über den Frkn. hinaus verlängert (*559/3*) .... ***Fuchsia***, 559

— Stbl. 10 bis viele; Kbl. u. Krbl. je 4–10; Bltn.becher nicht über den Frkn. hinaus verlängert (*507/1b, 580/3a; 693/1*) ..... ***Hydrangeaceae***, 316

94 (92). Kbl. u. Krbl. je 4, Stbl. 8 (*930/1–2*) – niedrige, immergrüne Zwergsträucher ..... ***Vaccinium***, 930

— Nicht zugleich Krbl. 4 u. Stbl. 8 ..... **95**

95. Bltn. eingschl., klein, unscheinbar, in gestielten dolden- od. köpfchenartigen Bltnst. od. einzeln; Gr. u. Narbe 1; Stbl. 5–20 ..... ***Nyssa***, 676

— Bltn. ⚥, meist auffällig **96**

96. Stbl. (6–)10 bis viele, weder miteinander noch mit den Krbl. verwachsen; Gr. meist mehrere, ganz frei od. ± weit verwachsen, selten nur die Narben frei ..... ***Rosaceae***, 298

— Stbl. am Grund entw. miteinander od. mit den Krbl. verwachsen; Gr. 1, höchstens an der Spitze in mehrere Narben aufgeteilt; Krbl. weiß **97**

97. Stbl. 10, sämtl. od. mindestens einige am Grund miteinander verwachsen (*767/1b*) ..... ***Pterostyrax***, 766

— Stbl. 15–30, am Grund mit den Krbl. verwachsen (*895/3*) ***Symplocos***, 895

98 (5). Krbl. 5, an der Spitze verwachsen, am Grund frei, beim Aufblühen kapuzenartig abfallend ..... ***Vitis***, 944

— Krbl. am Grund verwachsen, gewöhnl. erst beim Verblühen abfallend .. **99**

99. Stbl. so viele wie od. weniger als Krbl. **107**

— Stbl. mehr als Krbl. **100**

100. Stbl. 5–20, frei (selten mit der Kr. verwachsen u. dann Bl. nadelf.); Bltn. radiär, selten schwach zygomorph; Frkn. oberst. od. unterst. ..... ***Ericaceae***, 318

— Stbl. am Grund miteinander u./od. mit der Kr. verwachsen; Bl. nicht nadelf. **101**

101. Bltn. radiär; Frkn. oberst. bis unterst. **103**

— Bltn. zygomorph; Frkn. oberst. **102**

102. Kbl. 5, verwachsen; Stbl. 10; Staubfadenröhre von der Kr. frei, nur die unteren beiden Krbl. an der Unterkante verbunden od. nur 1 Krbl. vorhanden ..... ***Fabaceae***, 293

— Kbl. frei, 5, davon 3 kbl.artig u. die 2 oberen groß u. krbl.artig; Stbl. 8, Staubfadenröhre meist auch mit den 3 eigentl. Krbl. verwachsen ***Polygala***, 737

103 (101). Bl. doppelt gefiedert – entw. Bltnst. auffällige Köpfchen u. Bltn. mit vielen weit herausragenden Stbl. (*Acacia*, *Albizia*) od. Bltnst. Ähren (*Gleditsia*) od. Rispen (*Gymnocladus*), Bltn. unscheinbar gelbgrün, außen etwas weinrot überlaufen, Kbl. etwas schmaler als Krbl. ..... ***Fabaceae***, 293

— Bl. einfach **104**

104. Bltn. eingschl.; Stbl. viele, Frkn. oberst. ..... ***Diospyros***, 510

— Bltn. ⚥, Frkn. ober- od. unterst. **105**

105. Pfl. immergrün **58**

— Pfl. sommergrün **106**

106. Stbl. 8–16, selten bis 20 (*568/1c*) ..... ***Styracaceae***, 318

— Stbl. 20–30 od. mehr (*895/3*) ..... ***Symplocos***, 895

107 (99). Frkn. unterst. (im Bltn.boden eingesenkt u. mit diesem verwachsen) **125**

— Frkn. oberst. (aber häufig von K.becher od. Kr. verborgen) **108**

108. Stbl. 4–5, selten mehr **112**

— Stbl. 2, meist an die Kr. angewachsen **109**

109. Bltn. sehr stark zygomorph; neben den 2 fertilen Stbl. meist noch 2 kleine Staminodien vorhanden (*691/1b; 820/2b*) – meist Halb- bis Kleinsträucher .... ***Lamiaceae***, 328
— Bltn. radiär bis ± zygomorph, ohne od. aber mit 3 Staminodien **110**
110. Bltn. deutl. zygomorph, mit 5 Kr.zipfeln u. 3 kleinen Staminodien (*429/1*) – Bäume mit großen, oft in Dreierwirteln stehenden Bl. .... ***Catalpa***, 429
— Bltn. radiär od. schwach zygomorph, meist 4-zählig, ohne Staminodien – Bl. meist gegenst. **111**
111. Bltn. entw. zahlreich, wechselst. in eif. bis verlängerte Trauben, Bl. an vegetativen Zw. hingegen gegenst., od. Bltn. zu wenigen, ihre Tragbl. u. Laubbl. gegenst. u. schuppenf.; immergrüne Zwerg- bis Kleinsträucher; Krbl. weiß, rosa od. bläul. (*142/1*) .... ***Hebe***, 571
— Nicht mit dieser Merkmalskombination (*896/1–4*) .... ***Oleaceae***, 324
112 (108). Stbl. frei – häufig mit Anhängseln .... ***Ericaceae***, 318
— Stbl. an die Kr. angewachsen **113**
113. Fertile Stbl. 4 (daneben zuw. 1 Staminodium), Kr.zipfel 5 (od. bei stark zygomorpher Kr. mindestens K.zipfel 5); Bltn. meist zygomorph **122**
— Stbl., Kr.zipfel u. Kbl. in gleicher Zahl (je 4 od. je 5) vorhanden; Bltn. radiär **114**
114. Verwachsener Teil der Krbl. kurz, kaum röhrig, mit den 4–5(–8) Zipfeln eine ± ebene bis schwach trichterf. Fläche bildend; Krbl. weiß bis schwach rosa; Frbl.: Gr. fehlend, 4–5-lappige Narbe direkt dem Frkn. aufsitzend; Bltn. eingschl. .... ***Ilex***, 588
— Krbl. entw. kurz od. lang röhrig verwachsen, seltener fast fehlend, dann violett; zuw. durch zurückgeschlagene Kr.zipfel od. die K.röhre verdeckt; Bltn. meist ⚥ **115**
115. Bltn.hülle 5-zählig **117**
— Bltn.hülle 4-zählig **116**
116. Stbl. u. Gr. in der Kr.röhre verborgen (nur bei 1 gelbbltg. Art sind zuw. die oberen Enden der Staubbeutel sichtbar) (*410/2a*) .... ***Buddleja***, 410
— Stbl. (u. Gr.) weit aus der Kr.röhre herausragend, auch die Staubfäden sichtbar (*414/1–3*); Krbl. blassrosa bis violett od. bläul. ...... ***Callicarpa***, 414
117 (115). Bl. wechselst. (zuw. in Kurztrieben gebüschelt); Zwergstrauch, Strauch od. Baum **119**
— Bl. gegenst.; windende Liane od. niederliegender Halbstrauch **118**
118. Kr. ohne auffällige Röhre, außen grünl., Zipfel ausgebreitet, innen dunkel weinrot, behaart, innerhalb 1 Nebenkr. aus 5 dunkel weinroten, bogenf. einwärts gekrümmten „Haken" (*690/4*); Pfl. windende Liane ***Periploca***, 690
— Kr. tiefblau (in Sorten auch weiß), mit langer Röhre u. ausgebreiteten, windmühlenartig verdrehten Zipfeln; innerhalb ohne Nebenkr.; Halbstrauch ***Vinca***, 942
119. Kr.röhre lang, röhren- bis schmal trichterf., Krbl.zipfel aufrecht bis ausgebreitet **120**
— Kr.röhre kurz trichter- bis glockenf., od. nahezu fehlend, Krbl.zipfel abstehend bis zurückgerollt **121**
120. Stbl. über den Krbl. stehend; Kbl. im unteren Teil zu einer 5-rippigen Röhre verwachsen; Gr. mit 5 Narbenästen (oft Heterostylie)
Plumbaginaceae (*Acantholimon, Ceratostigma*), 315

— Stbl. auf Lücke zu den Krbl. stehend; Kbl. kaum verwachsen; Gr. ungeteilt, grundst. zwischen den 4 Klausen sitzend **Boraginaceae** (*Lithodora*, *Moltkia*), 323

121. Kr.röhre kurz glockenf., wie die abstehenden Krbl.zipfel 1–2 mm lang, Kr. weiß bis gelbl., schnell abfallend; Gr. in der oberen Hälfte in 2 Arme geteilt (*142/2*) .... ***Ehretia***, 516

— Kr.röhre, kurz glockenf. od. ± fehlend, Krbl.zipfel länger, abstehend od. zurückgeschlagen, rosa- bis violett; Gr. ungeteilt, am Ende mit 1 od. mit 2–4 wenig voneinander abgesetzten Narben .... ***Solanaceae***, 323

122 (113). Bltn. groß, Kr. ≥ 4 cm, Stbl. 4, ohne Staminodium – mehrere Meter Höhe erreichende Gehölze mit meist > 20 cm langen Bl. **124**

— Kr. deutl. kürzer, wenn bis 4 cm lang, Blüte mit 1 zusätzl. Staminodium – meist niedrige Halbsträucher bis, selten > 2 m hohe, Sträucher, mit deutl. kleineren Bl. **123**

123. Entw. in der 2–4 cm langen Blüte ist neben den 4 Stbl. 1 etwa ebenso langes Staminodium mit bürstenf. behaartem Endabschnitt vorhanden (*Penstemon*) od. die Bltn. stehen in kompakten Köpfchen, eine Gesamtblume bildend, Einzelblüte 2-lippig, Unterlippe in 3 längl., etwa gleich breite Lappen geteilt (*Globularia*) – niedrige Halb- bis Kleinsträucher ***Plantaginaceae***, 326

— Bltn. ohne Staminodium, Bltnst. meist Scheinähren, selten Köpfchen, dann Lappen der Unterlippe nicht gleich breit – aromatische (Halb-)Sträucher: K. u.a. Pfl.teile meist ± dicht mit zahlreichen sitzenden kleinen Drüsen besetzt, oft unter längerer Behaarung verborgenen (Lupe) ***Lamiaceae*** u. ***Aloysia*** (*Verbenaceae*), 328

124. Bltn. in aufrechten Rispen vor den Bl. (IV–V), Kr. blau, längl. (fingerhutähnl.) – Baum, Bl. gegenst., bis > 20 cm lang, ungeteilt .... ***Paulownia***, 688

— Bltn. im Sommer (ab VII), in leicht aufstrebenden bis überhängenden Bltnst.; Kr. orangerot (gelb bis rot, *419/1–2*) – mit Haftwurzeln kletternde Liane; Bl. gegenst., > 30 cm lang, gefiedert .... ***Campsis***, 419

125 (107). Bltn. sitzend in vielbltg., dichten, kugelf. od. körbchenf. Bltnst., radiär **190**

— Bltn. nicht zugleich radiär u. in solchen Bltnst. **126**

126. Bl. gegenst.; Kr. verwachsen, radiär bis stark zygomorph **128**

— Bl. wechselst.; Kr. radiär, nur scheinbar verwachsen (die scheinbare Kr.röhre durch die locker verklebten Nägel der eigentl. freien Krbl. gebildet) **127**

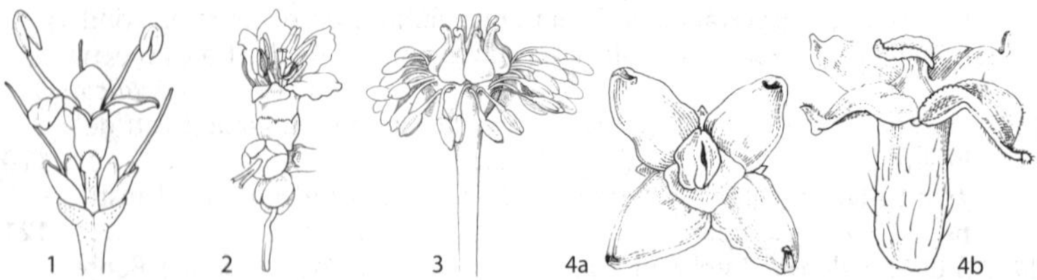

142/1–4: 1 *Hebe cupressoides*, Blüte am Zw.ende, unterhalb 2 verblühte Bltn; 2 *Ehretia acuminata*, 1 junge, 2 verblühte Bltn.; 3 *Trochodendron aralioides*, Blüte; 4 *Aucuba japonica*, ♀ Blüte von oben u. seitl.

127. Bltn. 5–7-zählig, Stbl. anfangs dem Gr. anliegend, Staubfäden kürzer als die längl. Staubbeutel; Krbl. weiß, zur Rückenseite umrollend (*373/1*) – Bl. einfach od. handf. gelappt, ganzrandig .... ***Alangium***, 373

— Bltn. 5-zählig, Stbl. getrennt stehend, mit deutl. Staubfäden u. kleinen Staubbeuteln; Krbl. weiß bis rot, aufrechtstehend u. eine Röhre bildend, nur Zipfel abspreizend – Bl. ungelappt, Rand gesägt .... ***Escallonia***, 526

128 (126). Narbe direkt dem Frkn. aufsitzend, Kr. radiär – Kr.röhre oft rel. kurz (meist deutl. < 1cm); Bltnst. zuw. mit vergrößerten sterilen, etwas zygomorphen Schaubltn. am Rand, bei Sorten auch ausschließl. Schaubltn.; vielbltg. Rispen od. Schirmrispen .... ***Adoxaceae***, 332

— Zwischen Narbe u. Frkn. mit deutl. Gr., Kr. radiär od. zygomorph – Kr. meist röhrig od. glockig, größer (oft 1–4 cm lang); nie mit Schaubltn.; Bltn. zu mehreren bis wenigen in thyrsischen, traubigen od. köpfchenf. Bltnst. ***Caprifoliaceae***, 332

129 (4). Pfl. im Boden wurzelnd **131**

— Pfl. Halbparasit auf Bäumen, ... **130**

130. Bltn.: wenige, nahe beieinander am Triebende sitzend, 4 schuppenf. Perigonbl.; vorj. Zw. gelbgrün; Pfl. immergrün u. Bl. lederartig ***Viscum***, 943

— Bltst. Ähren; 6 (zuw. mehr) grüne Perigonbl. über Randsaum; vorj. Zw. dunkelbraun; Pfl. sommergrün u. Bl. dünn .... ***Loranthus***, 641

131 (129). Perigonbl. normaler Bltn. an der Spitze verwachsen, beim Aufblühen kapuzenartig abfallend (*580/2*), am Rand des Bltnst. meist mit größeren Schaubltn. – mit Haftwurzeln kletternde Liane ***Hydrangea anomala*** subsp. ***petiolaris***, 580

— Perigonbl. frei od. am Grund verwachsen od. fehlend **132**

132. Alle od. ein Teil der Bltn. (die ♂) in Kätzchen, d. h. in längl. linealischen, meist ± hängenden u. oft unscheinbar gefärbten, ährenähnl. Bltnst. ... **204**

— Bltn. nicht in Kätzchen **133**

133. Frkn. 1, oberst. bis unterst. **144**

— Frkn. mehrere, frei (zuw. in Bltn.becher verborgen) (vgl. **7**) **134**

134. Mit Perigonbl., diese kbl.- od. krbl.artig **136**

— Perigonbl. fehlend, Bltn. nackt, mit vielen Stbl. u. 5 bis vielen Frbl. **135**

135. Bltn. gelbgrün, V–VI, in Trauben (*142/3*) – Pfl. immergrün ***Trochodendron***, 922

— Bltn. in sitzenden Dolden, III–IV vor Laubausbruch – Pfl. sommergrün ***Euptelea***, 533

136. Perigonbl 3-wirtelig od. spiralig **141**

— Perigonbl. in 4–5(–8)-zähligen Wirteln **137**

137. Frbl. 10 bis viele (selten nur 5); Perigonbl. meist 4 od. 5 (*452/2* u. *456/4*), seltener 6–8, oft auffällige krbl.artig gefärbte Kbl. .... ***Ranunculaceae***, 286

— Frbl. meist 5, zuw. weniger; Perigonbl. (4–)5, 5–8 od. 10, meist unscheinbar grünl. od. gelbgrün **138**

138. Bltn. auffallend, Perigonbl. 5 vergrößerte grüne Kbl.; Schauwirkung geht von ca. 80, langen weißen Stbl. aus (*674/3b*) – Bl. wechselst. ***Neviusia***, 674

— Bltn. unscheinbar, Perigon kbl.artig, Stbl. 10 od. weniger **139**

139. Einzelbltn. klein, Bltn. zahlreich in dichten kugelf. Köpfchen, am Bltn.-becher mit Stacheln, diese am Ende mit Widerhaken, als Fr.köpfchen klettenartig – niedrige Halbsträucher .... ***Acaena***, 348

— Einzelbltn. in Trauben od. Rispen, ohne Stacheln (aber Zw. zuw. mit Stacheln) – Sträucher od. Bäume **140**

140. „Perigon" 5, am Grund verwachsene Kbl., im K.becher kleine, in ♀ u. ⚥ Bltn. zur Fr.reife größer u. fleischig werdende Krbl. (in ♂ Bltn. Krbl. sehr unscheinbar); Stbl. 10, Frbl. 5(–10?); Bltnst. endst. Trauben – Bl. gegenst., einfach .... ***Coriaria***, 462

— Perigon aus unscheinbaren, meist 5 freien Krbl., Frbl. (2–)3–5, zuw. gestielt – Bl. gefiedert, Blch. mit durchscheinenden Drüsenpunkten, Pfl. mit Stacheln bewehrt .... ***Zanthoxylum***, 952

141 (136). Bltn. immer eingschl., zuw. mit Rudimenten des anderen Geschlechts, einige bis viele in Bltnst. vereint; Frbl. oberst. – Liane od. grobzweigiger Strauch **143**

— Bltn. ⚥, einzeln stehend, oft rel. groß – Bl. immer einfach, Sträucher od. Bäume **142**

142. Frbl. (mittelst.) im Bltn.becher eingeschlossen, Perigonbl. spiralig am Bltn.becher; Bltn. am Ende beblätterter Zw. od. seitl. am alten Holz (*280/1–3*) – Bl. gegenst. .... ***Calycanthaceae***, 280

— Frbl. oberst. (in der Blüte sichtbar), Perigonbl. 3-wirtelig, St- u. Frbl. (oberst.) spiralig an verlängerter, ± kegelf. Bltn.achse; Bltn. meist end-, sehr selten achselst. (*646/5–7* u. *648/1–3*) – Bl. wechselst. .... ***Magnolia***, 645

143 (141). Bltn. 2-häusig verteilt, alle Bltn.glieder spiralig, Perigonbl. 7–12; Stbl. 5–60, Frbl. > 12 (*855/1a–1c*) – Bl. einfach .... ***Schisandra***, 855

— Pfl. meist 1-häusig (♂ u. ♀ Bltn. auf 1 Pfl.), Bltn. 3-zählig, Perigonbl. 3 od. 6, Stbl. 6, Frbl. meist 3, bei *Akebia* bis 9(–12) (*372/2* u. *504/4*) – Bl. zusammengesetzt .... ***Lardizabalaceae***, 285

144 (133). Bltn. meist sitzend, zu vielen (selten nur zu 2–10) in dichten Ähren od. eif. bis kugelf. Köpfchen (hier zuw. gestielt u. dann eingschl.); od. in wenigbltg., sitzenden Bltnst., deren Basis oft zwischen Kn.schuppen verborgen ist **182**

— Bltn. anders angeordnet, oft gestielt (zuw. in halbkugelf. Dolden, die infolge zieml. kurzer Bltn.stiele als Köpfchen erscheinen, u. dann ⚥) ... **145**

145. Perigonbl. vorhanden, kbl.- od. krbl.artig **148**

— Perigonbl. fehlend (mindestens bei den ♂ Bltn.), Bltn. nackt, eingschl. od. polygam **146**

146. Bltn. einzeln in den Achseln von Laubbl. od. Kn.schuppen am Grund diesj. Zw.; Stbl. 4–10; Pfl. sommergrün, Bl. einfach .... ***Eucommia***, 527

— Bltn. in bl.losen, seitenst. Trauben od. Rispen **147**

147. Stbl. 6–12 – Pfl. immergrün, Bl. einfach .... ***Daphniphyllum***, 503

— Stbl. 2 – Pfl. sommergrün, Bl. meist gefiedert .... ***Fraxinus***, 547

148 (145). Perigonbl. mehr als 10, in mehreren Wirteln zu je 2 od. 3 stehend (an Endbltn. zuw. nur 2 Wirtel zu je 5), weiß od. gelb ***Berberidaceae***, 286

— Perigonbl. weniger als 10, od. selten 10 u. dann unscheinbar grünl. **149**

149. Frkn. oberst. **159**

— Frkn. unterst. od. mittelst. **150**

150. Perigonbl. 3, zu mehrere cm langer gekrümmter Röhre verwachsener K. (*388/3–5*) – Pfl. windend .... ***Aristolochia***, 387

— Perigonbl. 4–10, selten 2 .... **151**

151. Bl. u. Zw. mit zahlreichen auffälligen silbrigen u./od. bräunl., sternf. Schildhaaren; entw. Bltn. ⚥ od. ♂ u. sowohl Perigonbl. als auch Stbl. je 4 (*Elae-*

agnus), od. Bltn. eingschl. u. ♂ Bltn. mit 2 (*Hippophaë*) od. 4 Perigonbl. (*Shepherdia*) u. doppelt so vielen Stbl. ... ***Elaeagnaceae***, 303

— Pfl. ohne solche auffälligen Schildhaare; Stbl. meist so viele wie Perigonbl. ... **152**

152. Frkn. mittelst., d. h. frei in offenem Bltn.becher, auf dessen Rand die je 6–10 Stbl. u. Perigonbl. stehen ... ***Gleditsia***, 564

— Frkn. unterst. od. halbunterst. (mit dem Bltn.becher verwachsen) ... **153**

153. Perigonbl. (eigentl. Krbl.) mindestens am Grund miteinander verwachsen (*932/6–9*); Bltn. in Schirm- od. Doldenrispen ... ***Adoxaceae***, 332

— Perigonbl. frei ... **154**

154. Bltnst. keine echten Dolden – Bl. stets einfach, ungelappt ... **156**

— Bltn. meist 5-zählig, stets in (halb-)kugelf. Dolden, meist zu größeren Gesamtbltnst. zusammengesetzt ... **155**

155. Dolden meist zu größerem, traubigen od. rispigen Gesamtbltnst. zusammengesetzt – Bl. entw. zusammengesetzt od. handf. gelappt zuw. rhombisch; Pfl. mit Stacheln bewehrt od. unbewehrt (dann oft. mit Haftwurzeln kletternd) ... ***Araliaceae***, 331

— Dolden zu Doppeldolden zusammengesetzt, auf beiden Ebenen mit längl. Hüllbl.; Krbl. gelbl., breit zurückgerollt – Bl. einfach, ungelappt, längl. verkehrt eielliptisch, ganzrandig; Pfl. unbewehrt ... ***Bupleurum***, 411

156. Bltnst. seitenst. in den Achseln von Laubbl. od. Kn.schuppen diesj. Zw. **158**

— Bltnst. Rispen, oft trugdoldig, endst. an beblätterten Zw.; Bltn. 4-zählig; Bl. oft gegenst. ... **157**

157. Bltn. ⚥, Frkn. 2-fächerig (*465/1*) – Pfl. meist sommergrün ... ***Cornus***, 463

— Bltn. eingschl., 2-häusig verteilt, Frkn. 1-fächerig (*142/4*) – Pfl. immergrün ... ***Aucuba***, 392

158. Bltn. eingschl., die ♀ einzeln od. zu wenigen sitzend auf langem Stiel, die ♂ zu vielen in ± rundl. Schirmtrauben ... ***Nyssa***, 676

— Bltn. ⚥, selten eingschl., aber auch dann alle Bltnst. gleichartig, meist wenigbltg. Büschel, Trauben od. Dolden ... ***Rhamnus***, 786

159 (149). Stbl. so viele wie od. weniger als Perigonbl. ... **165**

— Stbl. mehr als Perigonbl. ... **160**

160. Perigonbl. sehr klein im Vergleich zu Stbl. bzw. Frkn., kaum sichtbar; Bltn. meist eingschl.; Stbl. 6–12 ... ***Daphniphyllum***, 503

— Perigonbl. deutl. sichtbar, > ½ so lang wie Stbl. bzw. Frkn. ... **161**

161. Stbl. weit > 10; Perigonbl. meist 5; Bltn. meist eingschl.
Salicaceae [*Idesia 145/1*, *Poliothyrsis*], 291

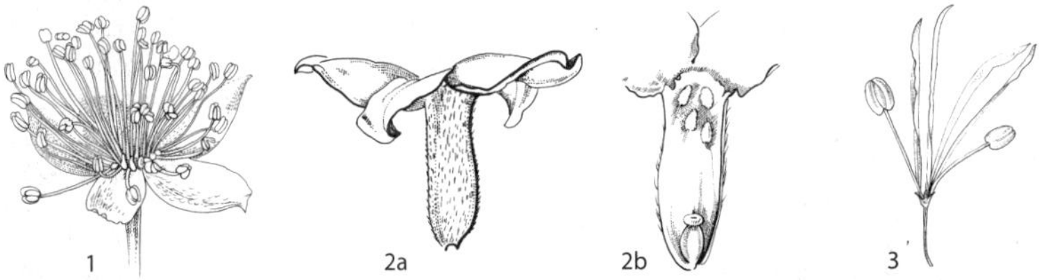

145/1–3: 1 *Idesia polycarpa*, ♂ Blüte; 2 *Daphne mezereum*, 2a Blüte seitl., 2b K.röhre geöffnet; 3 *Fraxinus ornus*, Blüte

— Stbl. höchstens 10 ... **162**
162. Perigonbl. 6, Stbl. 9; Bltn. meist eingschl. (*281/4–7*) ... ***Lauraceae***, 281
— Perigonbl. 4–5, Stbl. 6–10 ... **163**
163. Perigonbl. meist 4, zu deutl. Röhre verwachsen, an die die meist 8 Stbl. angewachsen sind; Bltn. ⚥ (*145/2*) ... ***Thymelaeaceae***, 313
— Perigonbl. frei od. jedenfalls nicht röhrig; Stbl. frei; Bltn. ⚥ od. eingschl. **164**
164. Bäume od. Großsträucher – Bl. gegenst. ... ***Acer***, 349
— Klein- bis Zwergsträucher od. Lianen – Bl. wechselst. ***Polygonaceae***, 315
165 (159). Pfl. ohne Milchsaft (lebende Gewebe anschneiden) ... **167**
— Pfl. mit Milchsaft in allen krautigen Teilen; Bltn. meist eingschl. – Bl. wechselst. ... **166**
166. Bltn. sitzend, v. a. die ♀ in kompakten Ständen, Perigon aus 2 × 2 Perigonbl., Stbl. 2 od. 4, Frbl. 1 ... ***Moraceae***, 304
— Bltn. deutl. voneinander getrennt, in aufrechten Trauben, unten die ♀, deutl. gestielt, oben die ♂, fast sitzend, Perigonbl. (Kbl.) (2–)3, Stbl. 2–3, Frbl. 1 ... ***Neoshirakia***, 674
167. Perigonbl. u. Stbl. 3; Bltn. eingschl. – immergrüner Zwergstrauch ***Empetrum***, 519
— Perigonbl. u. Stbl. nicht 3 ... **168**
168. Stbl. 2; Perigonbl. 2, 4 od. 6 (*145/3*) – meist Bäume ... ***Fraxinus***, 547
— Stbl. u. Perigonbl. (bzw. -zipfel) je 4 od. mehr ... **169**
169. Perigonbl. u. Stbl. nicht je 6 – Bl. meist netznervig ... **174**
— Perigonbl. u. Stbl. je 6 – Bl. meist ± parallenervig ... **170**
170. Pfl. aufrecht, mit fiedernervigen Bl. ... **174**
— Sträucher, Kleinbäume od. Lianen mit parallelnervigen Bl. ... **171**
171. Perigonbl. basal verw., Bltn. rel. klein ... **173**
— Perigonbl. frei ... **172**
172. Bltn. klein, eingschl., Teilbltnst. kleine Dolden entlang achselst. Bltnst.-achse – Pfl. kletternd (windend od. rankend) ... ***Smilax***, 862
— Bltn. groß, 3–7 cm lang, glockig; zahlreich in bis > 1 m langer endst. Rispe – dickstämmige Kleinbäume (Stamm zuw. vorwiegend unterirdisch); Bl. weit > 20 cm lang ... ***Yucca***, 951
173. Bltn. kugelf., Perigonbl. sich nur an der Spitze öffnend, erst grün, dann gelbl.; Bltnst. endst. Traube mit 5–10 Bltn. – vielzweigiger Kleinstrauch; „Bl." 4–10 cm lange Phyllokladien (in der Achsel schuppenf. Bl. stehende laubartige Sprosse) ... ***Danaë***, 500
— Perigonbl. weiß, erblüht zurückgeschlagen, Bltnst. reichbltg. mehrfach verzweigte aufrechte Ähren – wenigstämmige, kaum verzweigte Pfl. mit an den Triebenden gehäuft stehenden langen, schwertf. Bl. ***Cordyline***, 462
174 (169, 172). Pfl. mit zahlreichen auffälligen silbrigen u./od. bräunl., sternf. Schildhaaren; Perigonbl. 4, röhrig verwachsen, die 4 Stbl. an die Röhre angewachsen ... ***Elaeagnaceae***, 303
— Pfl. ohne solche Schildhaare; Perigonbl. frei od. verwachsen ... **175**
175. Mit Wickel- od. Haftranken kletternde Lianen ... ***Vitaceae***, 290
— Pfl. nicht kletternd ... **176**
176. Pfl. immergrün, Bl. gegenst. od. wechselst.; Bltn. eingschl.; Perigonbl. u. Stbl. oft 4, seltener 6 ... ***Buxaceae***, 287
— Pfl. sommergrün; Bltn. meist 4–5-zählig ... **177**

177. Bl. gegenst.; Bltn. polygam .... ***Acer***, 349
— Bl. wechselst. **178**
178. Kleinerer Strauch; Bltn. eingschl., 5-zählig; Perigonbl. frei .... ***Fluegg<u>e</u>a***, 540
— Bäume bis Großsträucher; Bltn. ⚥ od. polygam, 4–5(–9)-zählig; Perigonbl. oft verwachsen **179**
179. Bl.spreite an der Basis mit 3 kräftigen Nerven, weiter oben abgehende Seitennerven unregelmäßig angeordnet, vor dem Bl.rand umbiegend ***Celtis***, 434
— Nervatur deutl. fiederig, Seitennerven gleichmäßig, parallel, in die Bl.zähne verlaufend .... ***Ulmaceae***, 304
180 (1). Samenanlagen liegen auf dem Deckbl., im bestäubungsfähigen Zustand an der Spitze mit kleinem Bestäubungstropfen (Lupe), ♂ verschieden, immer in extra Ständen, häufig auf getrennten Pfl. (2-häusig) – Bl. schuppen- oder nadelf., selten durch gabelige Verzweigung fächerf. (**Nacktsamer**) **215**
— Samenanlagen in 1 Frbl. eingeschlossen – Bl. flächig, weder fächer-, noch nadel- od. schuppenf. **181**
181. Alle od. einige (die ♂) Bltnst. kätzchenf., d. h. längl. linealisch ährenf., meist ± hängend u. unscheinbar gefärbt **204**
— Alle Bltnst. (auch die mit Stbl.) nicht kätzchenf. **182**
182 (144, 181). Bltnst. ohne auffällige Hochbl. **185**
— Bltnst. durch große, weiße od. rötl., krbl.ähnl. Hochbl. auffallend **183**
183. Bltnst. hängend, kugelf.; Hochbl. 2, weiß, ungleich groß .... ***Dav<u>i</u>dia***, 504
— Bltnst. aufrecht **184**
184. Hochbl. 4–6, gleich, weiß bis rosa; Bltnst. kugelf. od. breiter als hoch (*467/4–7*) – Bl. gegenst. .... ***Cornus***, 463
— Hochbl. ungleich groß, weiß od. z. T. grünl., mit Übergängen zu Kn.schuppen; Bltnst. höher als breit – Bl. wechselst. .... ***Parroti<u>o</u>psis***, 686
185 (182). Bltnst. blütenähnl. Körbchen („Blume"), am Grund mit Involukrum (Gesamtheit der schuppenf. Hüllbl.); Bltn. eingschl. (*B<u>a</u>ccharis*), ausschließl. ⚥ (*Santol<u>i</u>na*) od. überwiegend ⚥, aber äußere Bltn. im Körbchen ♀ (*Artem<u>i</u>sia*); Stbl. mit 5 verwachsenen Staubbeuteln – Bl. wechselst. ***Asteraceae***, 330
— Bltnst. ohne Involukrum. **186**
186. Bltnst. unscheinbar, grünl. od. bräunl. (höchstens die Staubbeutel od. Gr. auffallender gefärbt) **192**
— Bltnst. als Ganzes auffallend weiß, gelb od. rosa (durch Bltn.hülle od. Staubfäden) **187**
187. Alle Bltnst. aus ⚥ Bltn. bestehend **189**
— Bltnst. entw. eingschl. od. im oberen Teil ♂, im unteren ♀ **188**
188. Bltnst. durch Perigonbl. u. Stbl. weißl. gefärbt, aufrecht, im oberen, rutenf. Teil ♂, am Grund mit Gruppen von ♀ Bltn. .... ***Cast<u>a</u>nea***, 428
— Bltnst. durch an Tragbl. sitzende Haare weißl. gefärbt, eingschl., eif. bis längl.; Bltn. nackt (*834/3* u. *835/3b*) .... ***Salix***, 828
189 (187). Bltn. u. Bltnst. geprägt von auffälligen, weit herausragenden, zahlreichen Staubfäden **191**
— Staubfäden nicht aus der Blüte ragend (höchstens die Gr.) **190**
190 (125, 189). Bltnst. kugelf., weiß, die Gr. mit der 1 keulenf. Narbe ringsherum weit herausragend (*148/1*) – Bl. meist 3(2–4)-wirtelig ***Cephal<u>a</u>nthus***, 436

— Bltnst. meist eif. bis konische Körbchen, am Grund mit Involukrum (= Gesamtheit der schuppenf. Hüllbl.); Bltn. ± gelb, mit 5 verwachsenen Staubbeuteln; Gr. mit 2 Narben, meist nur wenig herausragend – Bl. wechselst. .... ***Asteraceae***, 330

191 (189). Bltnst. quastenf., rosa bis violett (*Albizia*) od. kugelf. Köpfchen, gelb (*Acacia*); Stbl. der Einzelbltn. am Grund verwachsen; Frbl. 1, einfach (*374/1*) – Bl. doppelt gefiedert .... ***Fabaceae***, 293

— Bltnst. kurze aufrechte Ähre, kurz vor od. mit dem Laub, Staubfäden dickl., weiß; Stbl. 12–30, frei, Frkn. 2-fächerig, mit 2 Gr. (*544/1a*) – Bl. einfach ***Fothergilla***, 544

192 (186). Bltnst. deutl. gestielt, seltener ungestielt, aber auch dann nicht zwischen Kn.schuppen verborgen, oft vielbltg. **195**

— Bltnst. ± sitzend seitl. an vorj. od. älteren Zw., oft teilw. zwischen Kn.schuppen verborgen, meist wenigbltg.; oft sehr früh (vor der Bl.entfaltung) blühend **193**

193. Bl. wechselst. – Bltn. meist mit unscheinbarem Perigon, Stbl. 5–10, Staubbeutel gelborange bis rot (*685/5–6, 893/2d*) .... ***Hamamelidaceae***, 287

— Bl. u. Bltnst. gegenst. **194**

194. Bltn. nackt, eingschl., die ♂ aus 8 u. mehr Stbl., die ♀ aus 1 Frbl. in der Achsel eines häutigen Tragbl. bestehend (*148/2*) .... ***Cercidiphyllum***, 438

— Bltn. meist mit Perigon, seltener nackt, polygam, Stbl. 4–6, Frkn. 1 (*541/4–5*) .... ***Forestiera***, 541

195 (192). Bltn. sehr zahlreich in Köpfchen, Einzelblüte am Bltn.becher mit widerhakigen Stacheln – niedrige Halbsträucher; Bl. gefiedert ***Acaena***, 348

— Bltn. ohne Stacheln; Bl. nicht zusammengesetzt........ **196**

196. Bl. parallelnervig; Bltnst. in Rispen stehende „Ährchen" mit 2-zeilig stehenden schuppigen Hochbl. (Spelzen), zwischen denen die ⚥ Bltn. verborgen sind .... ***Poaceae***, 283

— Bl. fieder- od. handnervig, od. zur Blütezeit noch nicht entfaltet **197**

197. Junge Teile der Pfl. (anschneiden) mit weißem Milchsaft; Bltnst. kugelf. od. ährenf., od. krugf. mit den Bltn. im Innern .... ***Moraceae***, 304

— Pfl. ohne Milchsaft **198**

198. Bltnst. überwiegend aus ⚥ Bltn. mit je 5 verwachsenen Staubbeuteln bestehend, am Grund mit Involukrum aus schuppigen Hochbl. ***Asteraceae***, 330

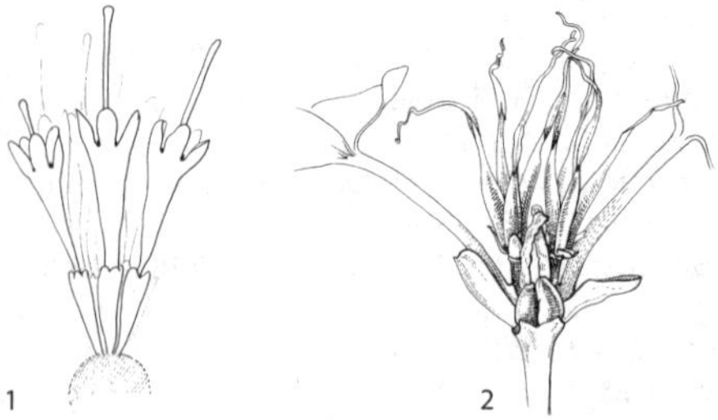

148/1–2: 1 *Cephalanthus occidentalis*, Ausschnitt aus Bltnst.; 2 *Cercidiphyllum japonicum*, ♀ Bltn.

— Bltn. eingschl.; Staubbeutel frei **199**

199. Bltnst. ± kugelf., einzeln od. zu mehreren auf deutl. verlängerten Stielen **201**

— Bltnst. kurze, ± aufrechte Ähren **200**

200. Ähren sitzend, vielbltg., dicht; Bltn. nackt ..... ***Myricaceae***, 305

— Ähren deutl. gestielt, wenigbltg., locker; Bltn. mit Perigon ***Distylium***, 513

201 (199). Bltnst. alle kugelf. u. vielbltg., meist zu mehreren auf 1 Stiel; Bl. handf. gelappt **203**

— Bltnst. einzeln, die ♀ mit 1–6 sitzenden Bltn., die ♂ mit 3–12 oft ± gestielten Bltn.; Frkn. unterst.; Bl. nicht handf. gelappt **202**

202. ♀ Bltn. zu 2–3, von gemeinsamer Hülle (Cupula) umgeben, mit je 3 Narben; Bltn. meist mit 6 Perigonbl. ..... ***Fagaceae***, 305

— ♀ Bltn. zu 1–6, ohne gemeinsame Hülle, mit je 1 Narbe; Perigonbl. 5 ***Nyssa***, 676

203 (201). ♀ Köpfchen meist am Grund des Gesamtbltnst., ihre nackten Einzelbltn. mit 1 Frkn. u. 2 hakig gekrümmten Gr. ..... ***Liquidambar***, 625

— ♀ u. ♂ Köpfchen meist in getrennten Gesamtbltnst.; die ♀ Einzelbltn. mit 3–8 getrennten Frbl. ..... ***Platanus***, 732

204 (131, 181). Bl. einfach (zuw. gelappt), zuw. zur Blütezeit noch nicht entwickelt **206**

— Bl. gefiedert, zur Blütezeit vorhanden od. sich zumindest entfaltend ... **205**

205. ♀ u. ♂ Bltn. in getrennten Ständen, Frkn. unterst., aus 2 Frbl. u. mit 2 Narbenästen – Bl. einfach gefiedert, größere Blch. deutl. > 5 cm lang ***Juglandaceae***, 306

— Bltn. polygam, in gemeinsamen kätzchenartigen Ähren, 3–4-zählig, Frkn. mittelst., aus 1 Frbl. (*565/1b*) – Bl. oft teilw. doppelt gefiedert, Blch bis 4 cm lang ..... ***Gleditsia***, 564

206 (204). Bltn. ⚥, 4-zählig ..... ***Tetracentron***, 904

— Bltn. entw. eingschl. od. Bltn. nicht durchgehend 4-zählig, die ♀ Bltnst. nicht immer kätzchenf. **207**

207. Pfl. 2-häusig, ♂ u. ♀ Bltn. in längl. Kätzchen, die dicht aufeinander folgenden gegenst. Tragbl. sind becherf. verwachsen u. tragen je 1–3 Bltn.; ♂ mit je 4 Perigon- u. 4 Stbl., ♀ unterst., Frkn. 1-fächerig, mit 2 Narbenästen – Bl. gegenst. ..... ***Garrya***, 560

— Bltn. u. Bltnst. anders – Bl. (od. Bl.narben) wechselst.. ..... **208**

208. ♀ Bltnst. vegetativen Winterkn. ähnl., die roten Gr.äste zwischen den Kn.schuppen herausragend ..... ***Corylus***, 471

— ♀ Bltnst. nicht kn.artig **209**

209. ♀ Bltnst. auffallend kugelf., vielbltg.; Einzelbltn. mit sehr langem Gr. – Pfl. mit Milchsaft ..... ***Broussonetia***, 409

— ♀ Bltnst. kaum kugelf. – Pfl. ohne Milchsaft **210**

210. ♀ Bltnst. mit je 2–3 Bltn. unter jedem primären (direkt an der Achse sitzenden) Tragbl. (*307/1*), von den ♂ meist deutl. verschieden (*423/1b* u. *1c*) ..... ***Betulaceae***, 307

— ♀ Bltnst. mit nur 1 Blüte je Tragbl. **211**

211. Einzelbltn. ohne echtes Perigon, aber meist mit 1–2 Schuppen od. 1 becherf. Ringwulst am Grund **214**

— Einzelbltn. mit, meist kleinen, Perigonbl. über dem unterst. Frkn. od. am Ende einer Bltn.röhre **212**

212. Bltn. u. auch meist Bltnst. eingschl., ♂ Bltnst. lang herabhängende dünne Kätzchen, ♀ meist wenigbltg. (zuw. zu sitzenden Einzelbltn. reduzierte) Ähren aus Bl.achseln, der unterst. Frkn. an der Spitze mit kleinen Perigonbl., zusätzl. am Grund schuppige Hülle (Kupula) .... ***Quercus***, 772
— Bltn. eingschl. od. ⚥, alle Bltnst. kätzchenartige Ähren **213**
213. Bltn. mit 5 Perigonbl., bei ♀ auf dem Rand der geschlossenen krugf., den Frkn. umhüllenden Bltn.röhre sitzend; Stbl. 5 (*861/2*) ...... ***Sinowilsonia***, 860
— Bltn. mit 10 Perigonbl., Frkn. mittelst. im becherf. Bltn.becher; Stbl. 25–40 (*749/1*) .... ***Prunus*** [*Maddenia*], 748
214 (211). ♀ Bltn. mit 2 Vorbl. seitl. (transversal) neben dem stets sitzenden Frkn., dieser mit nur 1 Samenanlage .... ***Myricaceae***, 305
— Bltn. am Grund mit 1 dem Tragbl. gegenüber (median) stehenden Nektarschuppe od. 1 becherf. Ringwulst; der oft gestielte Frkn. mit zahlreichen Samenanlagen (*834/3* u. *835/3b*) .... ***Salicaceae*** (*Populus*, *Salix*), 291
215 (180). Schachtelhalmähnl. Rutenstrauch mit reduzierten, häutig schuppigen, gegenst. Bl.; Pfl. 2-häusig .... ***Ephedra***, 521
— Pfl. nicht schachtelhalmartig **216**
216. ♂ Bltn.organe nur aus Achse mit daran sitzenden Stbl. bestehend; ♀ Organe mit meist 2 nackten Samenanlagen auf einem Stiel – Bl. fächerf., gabelnervig; Pfl. 2-häusig .... ***Ginkgo***, 564
— ♂ Bltn.organe in kleinen Zäpfchen mit ± zahlreichen Stbl., die ♀ unterschiedl. gestaltet – Bl. nadelf. od. schuppenf. (***Coniferae***) **217**
217. Alle Bl.organe, sowohl die Laubbl. (diese oft schuppenf.) als auch die Zapfenschuppen, streng kreuzgegenst. od. zu 3 wirtelig; ♀ Bltn.zapfen meist zieml. klein u. mit nur wenigen Schuppenwirteln ***Cupressaceae***, 276
— Laubbl. nadelf., wechselst. (zuw. büschelig od. scheinwirtelig gehäuft); wenn ausnahmsweise gegenst., dann an Seitentrieben deutl. gescheitelt **218**
218. Bltn.zapfen sehr groß, ♂ 8–12 cm lang, zylindrisch, ♀ 6–10 cm, eif., mit 1 Samenanlage je Schuppe; Pfl. 2-häusig .... ***Araucaria***, 386
— Bltn.organe wesentl. kleiner (wenn ausnahmsweise von vergleichbarer Größe, dann 2 Samenanlagen je Schuppe u. Pfl. 1-häusig) **219**
219. Pfl. 2-häusig; ♀ Bltn.organe sehr klein u. unauffällig (ihr ∅ meist < 5 mm), seitl. in der Achsel einer Nadel od. Kn.schuppe stehend **222**
— Pfl. 1-häusig; ♀ Bltn.zapfen zieml. groß u. gut sichtbar, mit vielen, meist schraubig stehenden Schuppen, meist am Ende normal beblätterter Lang- od. kräftiger Kurztriebe **220**
220. Deckschuppe u. Samenschuppe am ♀ Zapfen deutl. unterscheidbar, nur am Grund verwachsen, letztere jeweils mit 2 Samenanlagen ***Pinaceae***, 274
— Deckschuppe u. Samenschuppe zu einheitl. Gebilde verwachsen, letztere nur als die 2–9 Samenanlagen tragender „Samenwulst" erscheinend ... **221**
221. Nadeln 5–15 cm lang, in den Achseln von Schuppenbl. stehend, an den Zw.enden zu 20–40 dichte Rosetten bildend .... ***Sciadopitys***, 856
— Nadeln < 7 cm lang, nicht so angeordnet .... ***Cupressaceae***, 276
222 (219). Bestimmung ♂ Pfl. **225**
— Bestimmung ♀ Pfl. **223**
223. ♀ Bltn.organe unterhalb der 2 kurzen, je 1 Samenanlage tragenden Schuppen fleischig-angeschwollen, in der Achsel einer Nadel stehend ***Podocarpus***, 735

— Nicht mit dieser Merkmalskombination **224**

224. ♀ Organe zäpfchenf., ungestielt, in der Achsel einer Nadel stehend, mit 1 (selten 2) endst. Samenanlage, deren Spitze zur Blütezeit zwischen den obersten der 6 bis vielen Schuppenbl. sichtbar ist .... ***Taxaceae***, 279

— ♀ Organe rundl. kopff., gestielt, meist zu mehreren beieinander in den Achseln von Kn.schuppen stehend, mit je 2 Samenanlagen in den Achseln weniger, gegenst. Deckschuppen .... ***Cephalotaxus***, 436

225 (222). Aus der Achsel einer Nadel entspringt eine kurze Seitenachse, die in der Achsel von Schuppenbl. mehrere bis viele kleine ♂ Zapfen trägt, insgesamt einen rundl. Stand bildend .... ***Cephalotaxus***, 436

— Nur wenige (1–4) ♂ Zapfen in der Achsel einer Nadel stehend **226**

226. ♂ Zapfen stets einzeln; Stbl. mit 3–6 Pollensäcken .... ***Taxaceae***, 279

— ♂ Zapfen zu 1–4; Stbl. mit 2 Pollensäcken .... ***Podocarpus***, 735

Früchteschlüssel (Bearbeiter: Ulrich Hecker)

Zur Erläuterung der hier verwendeten Fachausdrücke sei auf das Kapitel „Bau der Gehölze (Morphologie)" (7 Blüte, 8 Blütenstände u. v. a. 9 Frucht) verwiesen. Die Begriffe sind dort jeweils definiert u. meist auch durch Abbildungen veranschaulicht.

Hinsichtl. der Fruchtöffnung (Dehiszenz) bei Streufrüchten seien hier noch einmal die Möglichkeiten zusammengestellt:

dorsizid = rückenspaltig; Öffnung der Frucht im Bereich des Mittelnervs
ventrizid = bauchspaltig; Öffnung der Frucht im Bereich der Verwachsungsnaht der Fruchtblattränder
lokulizid = fachspaltig; Fruchtöffnung im Bereich der Fruchtfächer (Lokulamente)
septizid = scheidewandspaltig; Fruchtöffnung im Bereich der Scheidewände (Septen)
septifrag = scheidewandbrüchig; Trennung der Scheidewände von der Fruchtwand (Perikarp)

Ein Organ ist „persistierend", wenn es, anstatt nach der Blüte (postfloral) abzufallen, bis zur Fruchtreife, auch im abgestorbenen u. ausgetrockneten Zustand, erhalten bleibt (z. B. Kelchblätter, Blütenblätter, Staubblätter, Griffel usw.).

Neu eingeführt wird der Begriff „Ule". Man versteht darunter eine ‚Narbe' die nach dem Abfallen od. Abbrechen eines hinfälligen Organs (Kelchblatt, Blütenblatt, Griffel u. dgl.) auf dem Fruchtkörper entsteht. Durch Anwendung dieses Begriffs bei den Fruchtbeschreibungen sollen Verwechslungen mit der Narbe (Stigma) des Fruchtknotens vermieden werden.

Früchtehauptschlüssel

1. Samen frei heranwachsend, weder von einem Frkn. noch von Zapfenschuppen umschlossen, zuw. aber von einem Samenmantel (Arillus) umgeben (*902/1*) od. ganz eingehüllt (*914/4*) .... **Gruppe I, Nacktsamen**, 154
— Samen von einem Frkn. od. von Zapfenschuppen umschlossen heranwachsend **2**
2. Samen bzw. Fr. in Zapfen od. zapfenähnl. Ständen; Zapfenschuppen verholzt u. zur Reife spreizend od. klaffend od. zerfallend od. miteinander verwachsen u. zur Reife ± fleischig werdend .... **Gruppe II, Zapfen**, 155
— Samen u. Fr. nicht in Zapfen od. zapfenähnl. Ständen **3**
3. Fr. zur Reife geschlossen bleibend, mitunter jedoch in Teilfr. zerfallend, dabei die Samen jedoch niemals frei werdend, sondern stets allseitig von der Fr.wand umhüllt (Schließfrucht) **8**
— Fr. zur Reife geöffnet u. die Samen entlassend (Streufrucht) **4**
4. Fr. bei der Öffnung zerfallend; Samen bisweilen an Teilen der Fr. festhaftend (Zerfallkapsel) .... **Gruppe III, Zerfallkapseln**, 159
— Geöffnete Fr. nicht zerfallend **5**
5. Fr. aus 2 od. mehreren miteinander verwachsenen Frbl. hervorgehend; Fr. entw. gefächert od. ungefächert, im letzteren Fall sind die Samen nicht in einer einzigen Längsreihe angeordnet **7**

— Fr. aus einem od. mehreren freien, nicht miteinander verwachsenen Frbl. bestehend od. diese nur am Grund ± weit miteinander verbunden; Samen an einer längs der Bauchnaht verlaufenden Plazenta ansitzend **6**

6. Frch. (Bälge) sich 1-seitig durch einen Längsspalt bauchseitig (ventrizid) (Balgfrucht, *43/1*), selten nur rückenseitig (dorsizid) öffnend (Scheinbalg); Fr.wand zur Zeit der Öffnung meist ausgetrocknet, selten noch fleischig od. fleischig werdend (‚Saftbalg') .... **Gruppe IV, Balgfrüchte**, 160

— Fr. sich bauch- u. rückenseitig öffnend (Hülse, *43/2*), die beiden Fr.hälften häufig ± tordiert.................................... **Gruppe V, Hülsen**, 164

7 (5). Fr. stets aus 2 Frbl. gebildet, mit 2 randl., durch eine Scheidewand verbundenen Plazenten; bei Öffnung löst sich die Fr.wand in 2 Klappen (Valven) von den Plazenten ab, die als Rahmen (Replum) stehen bleiben (Schote, *43/5*) .... **Gruppe VI, Schoten**, 168

— Fr. aus mehreren Frbl. entstanden (wenn aus 2, dann sich nicht wie eine Schote öffnend!), gefächert od. ungefächert; Öffnung durch Poren (Porenkapsel), einen sich lösenden Deckel (Deckelkapsel) od. durch ± weit nach unten reichende Spalten (Spaltkapsel), oft unter Bildung von 2 od. mehr ± stark spreizenden Klappen (Kapselfrucht, *43/3*) ..... **Gruppe VII, Kapseln**, 169

8 (3). Fr.artiges, sich als Ganzes ablösendes Gebilde, das nicht aus einer einzigen Blüte entstanden ist, sondern einem ganzen Frst. entspricht; einzeln bl.achselst., sitzend bzw. kurz gestielt od. endst. u. lang gestielt; Frst.achse kugelf., längl. od. krugf. (*540/2*); zur Reife saftig fleischig werdend od. doch von einem saftig fleischigen Teil umgeben
Gruppe VIII, Fruchtverbände, 181

— Stets nur aus einer (selten 2) Blüte hervorgehende Fr. **9**

9. Fr. zur Reife nicht in Teilfr. zerfallend **12**

— Fr. zur Reife in einzelne Teilfr. zerfallend **10**

10. Fr. aus 2 Frbl. hervorgehend u. bei der Reife in 4 1-samige, gleich geformte Teilfr. (Klausen) zerfallend, die bereits getrennt heranwachsen (Klausenfrucht) .... **Gruppe IX, Klausenfrüchte**, 182

— Teilfr. aus 1 od. mehreren miteinander zu einem Stempel (Pistill) verwachsenen Frbl. hervorgehend u. vereint heranwachsend **11**

11. Fr. durch regelmäßige Längsspaltung in 2 od. mehrere Teilfr. aufspaltend, die meist einem Frbl. entsprechen (Spaltfrucht, *44/1*)
Gruppe X, Spaltfrüchte, 183

— Fr. aus 1 Frbl. gebildet, wie eine Hülse gebaut, aber zur Reife quer in 1-samige Teilfr. zerbrechend (Bruchfrucht, Gliederhülse, *44/2*)
Gruppe XI, Bruchfrüchte, Gliederhülsen, 184

12 (9). Frbl. 1, wenn mehrere, dann miteinander zu einem Stempel verwachsen od. in die fleischige Bltn.achse eingesenkt u. mit dieser verwachsen **15**

— Frbl. meist viele, frei, nicht miteinander verwachsen, wenn in eine Bltn.achse eingesenkt, dann nicht mit dieser vereinigt, sondern getrennt heranwachsend **13**

13. Wand der Frch. gleichmäßig verfestigt, ± stark verholzt (Nüsschen); Frch. einer kugeligen, verlängerten (*41/2*) od. krugf. eingesenkten Fr.achse ansitzend .... **Gruppe XII, Nüsschen**, 184

— Wand der Frch. nicht gleichmäßig verfestigt, sondern ganz od. teilw. fleischig werdend **14**

14. Wand der Frch. in einen äußeren, fleischigen (Mesokarp) u. einen inneren, den Samen bergenden, ± stark verholzten Teil (Endokarp) differenziert (Steinfrüchtchen) .... **Gruppe XIII, Steinfrüchtchen**, 186
— Wand der Frch. homogen fleischig werdend (Beerchen) **Gruppe XIV, Beerchen**, 187
15 (12). Frkn. der unverwachsenen Frbl. in eine fleischige Bltn.achse eingesenkt u. mit ihr verwachsen, so dass ein komplexer, unterst. Frkn. entsteht, aus dem eine fleischige Apfelfr. hervorgeht; Samen entw. in einem lederig-pergamentartigen Kerngehäuse (*44/6*) (Kernapfel) od. von einem Steinkern umhüllt (Steinapfel) .... **Gruppe XV, Apfelfrüchte**, 188
— Fr. anders **16**
16. Fr.wand zur Reife homogen fleischig werdend, einen od. mehrere Samen einschließend (Beere, *44/3*), selten mit lederiger Fr.wand u. innerem Weichkörper .... **Gruppe XVI, Beeren**, 191
— Fr.wand ganz od. zu einem Teil ± stark verholzt **17**
17. Fr.wand einheitl. ± stark verholzt (Nuss, *44/5*); Fr. jedoch mannigfaltig geformt u. Fr.wand zuw. nur derb lederig .... **Gruppe XVII, Nüsse**, 199
— Innerer Teil der Fr.wand (um den od. die Samen) ± stark verholzt (Endokarp), äußerer Teil (Mesokarp) saftig-fleischig od. fleischig-lederig; Steinfrucht (*44/4*) mit 1 od. mehreren Steinkernen ...... **Gruppe XVIII, Steinfrüchte**, 206

Gruppe I
Nacktsamen

1. Samen von einer roten, saftigen Hülle umgeben (*902/1*) od. einem roten fleischigen „Fuß" aufsitzend (*735/2*) **4**
— Samen ohne rote Hülle od. roten Fuß **2**
2. Samen zu 1–2 einem 3–5 cm lang gestielten Wulst aufsitzend, kugelf. bis rundl. eif., ca. 2,5 cm ∅; äußere Samenschale (Sarcotesta) orangegelb, saftig fleischig, ranzig duftend, innere Samenschale (Sclerotesta) verholzt, einen Steinkern vortäuschend, eif., 2–2,5 cm lang, 2-kantig (selten 3-kantig), gelbl. weiß, glatt (*564/2*); Samenreife im 1. Jahr .... ***Ginkgo***, 564
— Samen pflaumen- od. olivenähnl., außen von einer weichen, harzig aromatisch duftenden Hülle umgeben **3**
3. Samen einzeln od. zu zweit einem 1–2 cm lang gestielten, mit verwachsenen Schuppenbl. umgebenen Kopf ansitzend (*437/2*); Stiel kahl; Samen 2–3 cm lang, bis 1,5 cm ∅, zugespitzt, am Grund ohne Schuppenblattpaare; äußere Samenschale später ± eintrocknend u. Längsfalten bildend, sich aber nicht ablösend, innere Samenschale verholzt, längl. ellipsoidisch, zugespitzt, 2–2,5 cm lang, leicht abgeflacht, fast glatt, zuw. mit 2 kleinen Längskanten, braun; Samenreife im 2. Jahr .... ***Cephalotaxus***, 436
— Samen meist zu mehreren dicht beieinander, sitzend, am Grund mit 2–3 dem Samen anliegenden, kreuzgegenst. Schuppenbl.paaren (*914/4*); Samen 2–4 cm lang, 1,5–2,5 cm dick, die weiche, äußere Schicht ist ein Samenmantel (Arillus), der den Samen allseitig umgibt u. nur an der Spitze eine winzige Öffnung hat; Arillus zur Samenreife von unten her aufplatzend u. mit dem

Samen abfallend; Samenschale dick, verholzt, fein längsriefig, gelbbraun; Samenreife im 2. Jahr .... ***Torreya***, 919

4 (1). Samen einzeln, eif., 3,5–5,5 mm lang, oben stumpf zugespitzt, einen bl.achselst., 3 mm langen Seitenspross krönend u. einem roten, fleischigen „Fuß" aufsitzend, der breiter als der Samen ist (*735/2*); Samen im 1. Jahr reifend .... ***Podocarpus***, 735

— Samen nicht einem Fuß aufsitzend, sondern von einem fleischigen Mantel umgeben **5**

5. Samen einzeln bl.achselst., unterseits an vorj. Zw., kurz gestielt, Stiel mit Schuppen umkleidet; Samen eif., oben etwas abgeflacht od. 3-kantig, zugespitzt, 5–7 mm lang (*902/1*), 3–5 mm ∅; Samenmantel becherf., saftig fleischig, bis 8 mm lang, 10 mm ∅, nur am Grund mit dem Samen verbunden; Samen im 1. Jahr reifend .... ***Taxus***, 902

— Samen einzeln od. in Paaren, an kurzen, zuw. stielartig verlängerten Seitensprossen, längl. eif., zugespitzt, 5–6 mm lang, von 2–3 Paaren gegenst., saftig fleischiger Schuppenbl. umhüllt (*521/1*), das oberste Paar zu $^1/_3$–$^3/_4$ miteinander verwachsen, den od. die Samen bis auf die Spitze einhüllend; Samenreife im 1. Jahr .... ***Ephedra***, 521

Gruppe II
Zapfen

1. Zapfen eif. bis kugelf., 5–12(–15) mm ∅, bei *J. drupacea* 1,5–2,5 cm ∅; Zapfenfläche ± glatt, nur an der Spitze od. seitl. mit kleinen, oft stumpfen Schuppenspitzchen (*599/2*); Zapfenschuppen 3 od. 6, miteinander verwachsen, bis zur Reife im 1., 2. od. 3. Jahr geschlossen bleibend, ± fleischig werdend („Beerenzapfen"), hell- bis rotbraun od. blauschwarz, meist bereift; Samen eif. bis rundl., 1–3, selten 6–12, verholzt .... ***Juniperus***, 599

— Zapfen zur Reife nie fleischig werdend **2**

2. Zapfenschuppen spiralig angeordnet **12**

— Zapfenschuppen gegenst. **3**

3. Zapfen aus mindestens 3 Paaren gegenst. Schuppen bestehend **5**

— Zapfen aus 1–2 Schuppenpaaren bestehend, wenn 3 Paare, dann diese in einer Ebene gegenst. **4**

4. Zapfenschuppen 1(–2) Paar, zur Reife weit spreizend; geöffneter Zapfen ca. 5 mm breit, mit 1 zentral stehenden, eif., 3 mm langen, ungeflügelten Samen (*667/4*), der im 1. Jahr reift .... ***Microbiota***, 667

— Zapfen längl. eif., aus 3, in einer Ebene stehenden Schuppenpaaren gebildet, 1,5–2,5 cm lang (*416/2*); nur das mittlere Schuppenpaar fertil, zur Reife weit spreizend, innerstes Paar zu flacher Platte verwachsen, unterstes Paar sehr klein; Samen je Schuppe 2, 10–18 mm lang, ungleichseitig, v. a. oben dünn geflügelt, Samenkörper mit Harzkammer; im 1. Jahr reifend ***Calocedrus***, 416

5 (3). Zapfen ± kugelf., die dicken Schuppen stark verholzt, sich meist nur an den Rändern berührend, starr, zur Reife infolge Austrocknung klaffend ... **8**

— Zapfen längl. eif. bis breit eif., die Schuppen dachziegelartig angeordnet, bei Austrocknung des Zapfens ± stark spreizend **6**

6. Zapfen 7–20 mm lang, geöffnet bis 1 cm breit, aus 4–6 Schuppenpaaren gebildet, unreif grün; Zapfenschuppen nur mäßig dick, lederig holzig, löffelf., auf der Rückseite ohne od. nur mit kleinen Hornbildungen, zur Reife spitzwinklig spreizend (*908/1*); jede Schuppe mit 2 längl. ellipsoidischen, stark abgeflachten, 5–6 mm langen, 1–1,5 mm breiten, beidseitig längs geflügelten Samen; im 1. Jahr reifend .... ***Thuja***, 907

— Unreife Zapfen blau bereift; Zapfenschuppen dick, nicht löffelf., getrocknet stark spreizend, starr; Samen nicht längl. ellipsoidisch; Zapfen im Umriss breit eif., 1,5–2 cm lang **7**

7. Zapfen mit 3–4 Schuppenpaaren, Schuppen unreifer u. trockener Zapfen an der Spitze rückseitig mit hornf., zurückgebogenen Fortsätzen (*733/2, 733/3*); jede Schuppe mit 2(–3) eif., ungeflügelten, 5–6(–7) mm langen, 3 mm breiten Samen; im 1. Jahr reifend .... ***Platycladus orientalis***, 733

— Zapfen mit 3–4(–5) Schuppenpaaren, Schuppen unreifer Zapfen fast bis zur Hälfte der Länge frei u. gerade vorgestreckt; Schuppenrückseiten ohne Fortsätze, Spitzen abgeflacht, aber dick, zurückgeschlagen (*908/3*); jede Schuppe mit 3–5 Samen, diese stark abgeflacht, ± eif., 5 mm lang, beidseitig längs geflügelt; im 1. Jahr reifend .... ***Thujopsis***, 909

8 (5). Zapfen > 12 mm ∅ **10**

— Zapfen 4–12 mm ∅ (*442/4–5*), je Schuppe 2–3(–5) Samen, diese abgeflacht, ungleich geformt, ± rundl. eif., 2–4 mm lang, seitl. ± breit geflügelt **9**

9. Zapfen mit 4–6 Schuppen, 8–10 mm ∅, erst im 2. Jahr reifend ***Xanthocyparis***, 950

— Zapfen mit 5–6 Schuppen, 6–7 mm ∅ od. Zapfen mit > 6 Schuppen, 8–10 mm ∅ u. im 1. Jahr reifend .... ***Chamaecyparis***, 441

10 (8). Zapfen lang gestielt, im 1. Jahr reifend, im 2. Jahr (März/April) gleichzeitig innerhalb weniger Tage mit den 3–5 cm langen Kurztrieben abfallend (*667/2*), kugelf. eif., 2–2,5 cm lang, 1,5–2,5 cm breit, mit 10–15 Schuppenpaaren, unterste u. oberste 2–3 Paare steril; fertile Schuppen mit je 5–8 Samen, diese rundl. eif., 5 mm lang, 4 mm breit, schmal längs geflügelt ***Metasequoia***, 667

— Zapfen nur kurz gestielt **11**

11. Zapfen kugelf., 15–18 mm ∅; Zapfenschuppen 4–8, in der unteren Hälfte mit kurzem, stumpfen, dornartigen Fortsatz; Zapfen nach der Reife mit kurzem Stiel abfallend .... × ***Cuprocyparis***, 495

— Zapfen kugelf. bis längl. eif., im 2. Jahr reifend, 2–4 cm ∅ (*492/1*), mit 3–7 Schuppenpaaren; Schuppen anfangs dicht schließend, später klaffend, starr, schildf., hart verholzt, je Schuppe mit 5–20 abgeflachten, 4–5 mm langen, 1–1,5 mm breiten, schmal geflügelten Samen; Samen im 2. Jahr reifend, Zapfen meist noch jahrelang am Zw. haftend .... ***Cupressus***, 492

12 (2). Zapfen nach der Reife nicht zerfallend **19**

— Zapfen nach der Reife zerfallend **13**

13. Zapfen 6–8 cm lang, schmal kegelf., 1,5–2 cm lang gestielt, strohfarben; „Schuppen" linealisch (*626/2*) 2,5–3,5 cm lang, 6–8 mm breit, pergamentartig, nur unten verdickt u. stärker verholzt, kantig, im Inneren mit 1–2 Samen .... ***Liriodendron***, 626

— Zapfen anders **14**

14. Zapfen spreizend od. überhängend, kugelf. bis rundl. eif. 2–2,5 cm lang, stark verholzt, mit 10–12 Schuppen; Schuppen mit unregelmäßig 4-seitiger Außenfläche, jeweils mit 2 Samen, diese unregelmäßig 3-kantig, 8–15 mm groß, im 1. Jahr reifend .... ***Taxodium***, 901

— Zapfen größer, nie kugelf. **15**

15. Zapfen eif., 5–7 cm lang, 4–5 cm breit; Deckschuppen am Grund mit der Samenschuppe verwachsen, etwa 1/3 so lang wie die bis 3 cm lange, lederig holzige, längl. 3-eckige, auf der Rückseite fein längsgestreifte, zur Reife spitzwinklig spreizende Samenschuppe; je Schuppe 2 Samen, diese mit 2,5–3 cm langem, bis 1 cm breitem, asymmetrischem, die Samenschuppen überragendem Flügel; Samenkörper ca. 8 mm lang, 1-seitig am Grund des Flügels in einer offenen Tasche eingefügt; im 1. Jahr reifend ***Pseudolarix***, 763

— Zapfen anders **16**

16. Samen- u. Deckschuppen zu schraubig angeordneten Schuppenkomplexen verwachsen, im 2. bis 3. Jahr reifend; Zapfen reif holzig u. zerfallend; pro Schuppe nur 1 Samen **18**

— Samen nicht mit der Schuppe verwachsen, je Samenschuppe 1, 2 od. mehr Samen **17**

17. Zapfen kurz, aber dick gestielt, am Ende benadelter Kurztriebe, fassf., längl. eif. od. zylindrisch, oben meist eingedellt, 5–10 cm lang, 3,5–6 cm breit; Samenschuppen fest aufeinander liegend, sehr breit, gerundet; Deckschuppen am geschlossenen Zapfen nicht sichtbar; Samen 8–18 mm lang, mit Harztaschen, 1,5–3 cm lang, asymmetrisch, fast 3-eckig geflügelt; im 2. od. 3. Jahr reifend .... ***Cedrus***, 432

— Zapfen sitzend auf der Oberseite benadelter Zw., nie endst, walzenf., oft beidendig verschmälert (*337/2*); Deckschuppen schmal, von den breiten, gerundeten Samenschuppen geborgen od. diese ± weit überragend, häufig mit grannenartiger, oft umgebogener Spitze; Samen mit Harztaschen, 3-eckig geflügelt, Flügel fest mit dem Samenkörper verbunden, den Samen tütenf. umfassend; im 1. Jahr reifend .... ***Abies***, 336

18 (16). Zapfen endst. an Seitensprossen 1. Ordnung, kugelf. bis breit ellipsoidisch, bis 12,5 cm lang u. bis 10 cm ∅; Zapfenschuppen 1,2–1,7 cm × 1,4–2,2 cm; Samen 7– 11 mm lang u. 5–7 mm breit mit umlaufendem Saum .... ***Wollemia***, 949

— Zapfen kugelf., seitenst. an Seitensprossen höherer Ordnung, 14–20 cm ∅; Zapfenschuppen 2–4,5 cm lang; Samen 3–4 cm lang u. bis 2 cm breit ***Araucaria***, 386

19 (12). Zapfenschuppen mit je 3 Samen; Zapfen abwärts geneigt, kugelf. eif., 2,5–4,5 cm lang, ca. 3 cm breit; Schuppen flach u. dünn, am Rücken gekielt, in eine kurze stechende Spitze auslaufend, Rand fein gesägt; Samen ellipsoidisch, 6–7 mm lang, 5–6 mm breit, abgeflacht; im 1. Jahr reifend ***Cunninghamia***, 491

— Zapfenschuppen mit je 1 Fr. od. 2 Samen **20**

20. Zapfen meist einzeln stehend, verkehrt längl. eif., bis 5,5 cm lang, die „Schuppen" rechtwinklig spreizend, längl. eif. lanzettl., oberseits löffelartig geformt, grannig zugespitzt; je Schuppe 1 bis 6 mm lange, dorsal stark abgeflachte schwarzbraune, am Rand ± 1 mm breit braun längs geflügelte Fr. ***Platycarya***, 733

— Zapfen mit 2 Samen je Schuppe **21**
21. Samen 1-endig groß geflügelt **27**
— Samen beidseitig od. ringsum geflügelt **22**
22. Je Zapfenschuppe 2 oder mehr Samen **24**
— Je Zapfenschuppe 1–2 Samen oder Fr. **23**
23. Zapfen endst., fast sitzend, längl. eif., 1,5–2,5 cm lang, mit 12–20 abgeflachten Schuppen mit sehr kurzem Spitzchen; Samen breit geflügelt, 5–6 mm lang .... ***Taiwania***, 900
— Zapfen eif. od. ellipsoidisch, 1–2,5 cm lang, zu mehreren beieinander in gestielten Ständen (*376/2b*); Zapfenschuppen am Ende stumpf, schwach 5-lappig (Lupe!); je Schuppe mit 2 abgeflachten, eif. bis rundl. eif., dickl., 2–5 mm langen, bis 1 mm breit geflügelten Fr. mit 2 kurzen persistierenden Gr. .... ***Alnus***, 374
24. (22). Zapfen aufrecht, längl. eif. bis fast zylindrisch, 7–12 cm lang, 4–7 cm breit; Schuppen bis 2,5 cm breit, oben gerundet, flach, aber nicht dünn; Deckschuppe bzw. ihr wulstiger Rand deutl. sichtbar, kürzer als die Samenschuppe; je Schuppe 7–9 eif., 10–12 mm lange, stark abgeflachte, beidseitig längs geflügelte Samen; im 2. Jahr reifend .... ***Sciadopitys***, 856
— Zapfen u. Samen anders gestaltet **25**
25. Zapfen eif. bis tonnenf. 4–6(–8) cm lang, 4–5 cm breit, mit sehr dicker Zapfenachse u. 25–40 Schuppen (*857/4*); Schuppenschilde rhombisch, mit zentraler Vertiefung, radiär gestreift, je Schuppe 3–8 Samen, diese eif. ellipsoidisch, stark abgeflacht, beidseitig längs geflügelt, 3–6 mm lang; im 2. Jahr reifend .... ***Sequoiadendron***, 857
— Zapfen kleiner, kugelf. bis breit eif., je Schuppe mit 2–5 Samen **26**
26. Zapfen am Ende ± langer Kurztriebe, übergebogen od. hängend, ellipsoidisch, eif. bis kugelf., 1,5–3 cm lang, bis 2 cm breit, mit 15–20 Schuppen; Schuppenschilde breit rhombisch, in der Mitte etwas vertieft, ± runzelig, weder gezähnt noch mit Dorn; Samen breit eif., abgeflacht, 1,5–3 mm lang, beidseitig längs geflügelt, Flügel so breit wie der Samenkörper; Zapfen mit den Kurztrieben abfallend; im 1. Jahr reifend (*857/2*) .... ***Sequoia***, 856
— Zapfen am Ende sehr kurzer Zw., kugelf. bis breit eif., 1,5–3 cm lang, 2–2,5 cm breit, mit (15–)20–30 Schuppen (*490/2*); Schuppenaußenfläche 4–5-eckig, Oberrand unregelmäßig 2–6-zähnig, Fläche mit rückwärts gebogenen, stachelf. Fortsatz; Samen eif. bis ellipsoidisch, 5–6 mm lang, abgeflacht, beidseitig schmal längs geflügelt; im 1. Jahr reifend .... ***Cryptomeria***, 490
27 (21). Zapfen sitzend od. gestielt, einzeln od. zu mehreren beieinander, aufrecht, spreizend od. hängend, gerade od. gekrümmt, kugelf., eif. od. walzenf., sich zur Reife meist öffnend; Zapfenschuppen nicht in Deck- u. Samenschuppen differenzierbar, dick, stark verholzt, oft sehr ungleich groß, meist mit deutl abgesetztem Endabschnitt, dem Schild, dem ein (oft bedornter) Nabel aufsitzt; Samen geflügelt od. ungeflügelt, mit dünner od. dicker verholzter Schale; im 2. od. 3. Jahr reifend .... ***Pinus***, 716
— Zapfen mit dünnen u. elastischen Deck- u. Samenschuppen; im 1. Jahr reifend **28**
28. Samen ohne Harzblasen **30**
— Samen mit Harzblasen; Zapfen endst., an vorj. kurzen Seitenzw. hängend; Deckschuppen viel kleiner als die zur Reife spitzwinklig bis rechtwinklig spreizenden, zuw. sogar zurückgebogenen Samenschuppen; Samenkörper

am Flügel 1-seitig konvex, 1-seitig plan; Zapfen meist noch lange am Baum hängend **29**

29. Zapfen 3–8 cm lang mit etwa 80–100 Samenschuppen ***Hesperopeuce***, 576

— Zapfen 1,5–3,5 cm lang mit < 50 Samenschuppen . . . . ***Tsuga***, 923

30 (28). Zapfen ungestielt, endst. an vorj. Zw. hängend, längl. eif. bis walzenf., 2–18 cm lang, zur Spitze hin meist verschmälert; Samenschuppen stets länger als die (nicht in Erscheinung tretenden) Deckschuppen, gerundet od. zugespitzt, ganzrandig od. gezähnt gekerbt, glatt od. gewellt; Samenflügel dünn, den Samen unten löffelartig aufsitzend u. sich leicht vom Samenkörper lösend; Zapfen (mit Ausnahme der untersten Schuppen) als Ganzes abfallend . . . . ***Picea***, 702

— Zapfen deutl. gestielt **31**

31. Zapfen endst. an mehrj., benadelten Kurztrieben, mit stark gekrümmtem Stiel, kugelf., eif., kegelf. od. kurz zylindrisch, 1–5 cm lang; Deckschuppen kürzer od. länger als die Samenschuppen; Oberrand der Samenschuppen oft umgeschlagen; Samen 2–5 mm lang, 6–10 mm lang geflügelt; Zapfen im 1. Jahr reifend, aber meist noch Jahre am Zw. bleibend bzw. erst mit den Zw. abfallend . . . . ***Larix***, 615

— Zapfen hängend, endst. an kürzeren Seitenzw., 1–2 cm lang gestielt, längl. eif. bis zylindrisch konisch, 5–10 cm lang, geöffnet 2–4 cm breit; Deckschuppen bandf., 3-zipfelig, mit langem Mittelzipfel, die Samenschuppen deutl. überragend, viel dünner u. weicher als die breiten Samenschuppen (*764/3*); Samen 5–7 mm lang, mit 7–12 mm langem, 4–6 mm breitem Flügel; Zapfen im 1. Jahr reifend, mit dem Stiel abfallend . . . . ***Pseudotsuga***, 764

Gruppe III
Zerfallkapseln

1. Fr. < 2 cm groß **3**

— Fr. mindestens 2 cm groß **2**

2. Fr.wand dick, zur Samenreife noch fleischig od. gerade auszutrocknen beginnend; Fr. dick gestielt, in aufrechten, bis 30 cm langen, endst. Thyrsen, kugelig bis rundl. eif., bis 7 cm groß, grün od. braun, rau u. unbewehrt (*331/3*) od. stachelig; Fr. (meist) 3-fächerig, 1–3-samig; Samen rundl., oft 1-seitig abgeflacht, asymmetrisch, bis 4 cm groß, glatt od. gefurcht, braun bis rotbraun, meist glänzend, mit großem, rundem, 8–25 mm breitem, hellem Hilum . . . . ***Aesculus***, 368

— Fr.wand pergamenten trockenhäutig; Fr. gestielt, in großen, bis 35 cm langen, reich verzweigten Rispen; Kapsel 3-fächerig, eif. bis längl. eif., blasig, 3,5–5 cm lang, kahl, mit feinem Netzmuster; Fr. sich lokulizid öffnend u. später in die 3 Klappen zerfallend, Samen an den Klappen haften bleibend (*311/2*), je Fach 1–2 Samen, im unteren Drittel inseriert; Samen kugelf., 7–8 mm groß, schwarz glänzend . . . . ***Koelreuteria***, 612

3 (1). Fr. einzeln bl.achselst., am Grund mit Kn.schuppen u. K.resten; Kapsel ± eif., 7–12 mm lang, runzelig genetzt, mit 3 freien, 2–3 mm langen, spreizenden, hornartigen Narben (*412/1*); Fr. 3-fächerig, mit je 2 Samen, sich bis zum Grund lokulizid öffnend u. in 3 Teile zerfallend, Klappen (durch Aufspaltung der Narben) 2-hörnig (*412/1*), in einen äußeren, hornig lederigen,

u. einen inneren, hornigen, sich einrollenden Teil aufspaltend u. dabei die Samen wegschleudernd, die verholzte, 3-kantige Mittelsäule (Columella) stehen bleibend; Samen längl., 3-kantig, 5–6 mm lang, schwarz glänzend **_Buxus_**, 412

— Fr. kugelf. **4**

4. Fr. 1–2 cm lang gestielt, in hängenden, kätzchenartigen Ständen; Kapseln gedrückt kugelf. 3-eckig, Gr. mit persistierender, 3-lappiger Narbe, Kapsel sich noch turgeszent septizid öffnend, 1–1,5 cm ∅, gelb braun gefleckt, 3-samig; Samen abgeplattet kugelf., 6–9 mm ∅ .... **_Neoshirakia_**, 674

— Fr. sich nicht turgeszent öffnend **5**

5. Fr. in end- od. seitenst., zu Rispen od. Ähren vereinigten Dolden, 5–7 mm lang dünn gestielt; Fr. 3-fächerig, oben abgeflacht, 5–6 mm ∅, unten mit breit kreiself. bis tellerf. K. (*431/2a*), K.zipfel sehr kurz; Fr. bei der Öffnung in 3 Teile zerfallend, äußerer Teil der Fr.wand abbröckelnd (*431/2b*), innerer, horniger Teil sich längs aufspaltend, einrollend u. die rundl. eif., 2 mm langen, dunkelbraun glänzenden Samen ausschleudernd **_Ceanothus_**, 431

— Fr. einzeln blachselst. **6**

6. Fr. 1,5–3 cm lang gestielt, 6–8 mm ∅; Kbl. etwas ungleich groß, ½ so lang wie die Fr., abspreizend; K. u. Mittelsäule (Columella) bleibend; Gr. 3, fast bis zum Grund geteilt, spreizend (*620/4*); Samen eif., gekielt, 3 mm lang **_Leptopus_**, 620

— Fr. 5–20 mm lang gestielt, bis 6,5 mm ∅, Gr. höchstens bis zur Mitte geteilt **7**

7. Fr. bis 20 mm lang gestielt, 3,5–6,5 mm ∅, Gr. bis zur Hälfte gespalten; Samen bis 3,5 mm groß, glatt, meist ohne Caruncula, wenn vorhanden, dann weiß bis hellorange .... **_Phyllanthopsis_**, 698

— Fr. 5–10 mm lang gestielt, 4–5 mm ∅, Gr. nur oben gespalten; Samen ca. 2 mm lang, stets ohne Caruncula, Samenschale fein genetzt **_Flueggea_**, 540

Gruppe IV
Balgfrüchte

1. Fr.wand zur Zeit der Samenreife austrocknend **4**

— Fr.wand zur Zeit der Samenreife fleischig od. lederig fleischig **2**

2. Fr. sitzend, in 20–50 cm langen, einfachen od. doppelten, hängenden Trauben; Bälge 1–3, walzenf (*504/5*), 5–10 cm lang, kobaltblau, kahl, fleischig, Fr.wand lederig; Samen in 2 Längsreihen, von einer durchscheinenden Gallerte umgeben, eif., 9–10 mm lang, abgeflacht, schwarz glänzend; Fr. häufig geschlossen bleibend, sich aber schon bei leichtem Druck öffnend **_Decaisnea_**, 504

— Fr. niemals walzenf. **3**

3. Fr. 2–3 cm lang gestielt, in hängenden, wenigbltg. Trauben; Bälge meist einzeln, seltener 2–4(–7), längl. eif. (*372/1*), 6–8 cm lang, fleischig, hell purpurn bis violett; Samen zahlreich, in mehreren Längsreihen, bei der Fr.öffnung einen sich von der Wand lösenden, walzenf. Körper bildend; Samen eif., 5–6 mm lang, glatt schwarzbraun, glänzend .... **_Akebia_**, 372

— Fr. 1–2 mm lang gestielt, spreizend, in 25–40 cm langen, hängenden Trauben; Bälge nur am Grund etwas miteinander verbunden, saftig fleischig,

(1–)2–3(–4), eif. bis ellipsoidisch, 1–2 cm lang (*859/6*), hellrosa bis blassviolett; Samen 3–5, eif., abgeplattet, 6–7 mm lang, schwarz, in eine durchscheinende Gallerte eingebettet; Fr. meist geschlossen bleibend, jedoch schon bei leichtem Druck aufplatzend .... ***Sinofranchetia***, 859

4 (1). Bälge sich ventrizid öffnend (zuw. auch ± weit dorsizid) **6**

— „Bälge" sich nur dorsizid öffnend (Scheinbälge) **5**

5. Fr. zu mehreren bis vielen allseitig einer Fr.achse ansitzend (*647/1, 2, 4*), 3–12 cm lang, längl. eif., ellipsoidisch od. zylindrisch kegelf.; Frch. gerundet u. wenig erhaben od. abspreizend u. ± lang geschnäbelt, 1–2 cm lang; reife Frch. sich bis zum Grund öffnend; Samen ± abgeflacht, bis 1 cm groß, braun od. schwarz, allseitig von einem roten od. scharlachroten, fleischigen Samenmantel (Arillus) umgeben; Samen oft an einem „Faden" aus dem Scheinbalg heraushängend .... ***Magnolia***, 645

— Fr. nur aus 1 Scheinbalg bestehend, 6–12 cm lang, riemenf., am Grund mit 2–5 mm langem Gynophor, stark abgeflacht, die Fr.flanken sich in den samenfreien Teilen berührend, lederig, braun bis rotbraun, längs der Bauchnaht 2 mm breit geflügelt (*439/1*); Samen abgeflacht, ellipsoidisch, 5–6 mm lang, braun; Fr. meist geschlossen den Winter über am Gehölz hängen bleibend .... ***Cercis***, 439

6 (4). Bälge niemals in Paaren u. hornf. **8**

— Bälge paarig, am Grund miteinander verbunden, schmal zylindrisch, hornf. zugespitzt **7**

7. Bälge 1,5–5 cm lang, aufrecht ± spreizend, je Balg 2–3 walzenf. grobwarzige Samen mit Längsfurche; Samen 6–9 mm lang, stets ohne Haarschopf ***Vinca***, 942

— Bälge 10–15(–18) cm lang, hängend, leicht gebogen u. an der Spitze etwas miteinander verbunden (*690/3*), fein gefurcht, vielsamig; Samen abgeflacht, 12–15 mm lang, 2–4 mm breit, mit einem 3–4 cm langen, seidigen, weiß glänzenden Haarschopf .... ***Periploca***, 690

8 (6). Fr. stets einzeln, in aufrechten, bis 25 cm langen endst. Trauben, längl. bis linealisch, 10–15 cm lang, bis 5 cm hoch, abgeflacht, mit bis zu 1 cm langem, hornartigen Gr. (*567/2*), dickwandig, rotbraun, grau überlaufen, 4–8-samig; Samen breit eif., 1,5–2 cm lang, dunkel bis schwarzbraun; Fr. sich nur zögernd öffnend, den Winter über geschlossen am Baum bleibend; Innenwand der Fr. von einer schmierseifenartigen Masse umgeben ***Gymnocladus***, 567

— Bälge < 5 cm lang, oft u mehreren **9**

9. Samen ungeflügelt **11**

— Samen geflügelt **10**

10. Bälge frei, sitzend, in 5 mm lang gestielten Köpfchen, diese einzeln an Kurztrieben; Bälge 1,5–2,5 cm lang, leicht od. sichelf. gebogen (*438/5*), an der Spitze in einen 2–3 mm langen, fädigen Gr. verschmälert, lederig, braun, kahl; Samen zahlreich, 5–6 mm lang, ein- od. beidendig dünn geflügelt (*438/6*) .... ***Cercidiphyllum***, 438

— Bälge meist 5, aufrecht, in der Mitte durch einen Achsenfortsatz miteinander verbunden, seitl. u. oben frei, den Eindruck einer geflügelten Kapsel machend (*534/2*); Fr. sitzend od. bis 5 mm lang gestielt; Fr.stiel gleich der Fr. dick u. verholzt; Fr. aufrecht in endst., 5–10-bltg., bis 10 cm langen Trauben, rundl. eif., kreiself. od. fast kugelf., 8–15 mm lang; Frch. sich meist 2-klappig (an der Bauchnaht u. an der Rückenseite) öffnend, 1–2-samig; Samen stark abgeflacht, schief eif. bis schief ellipsoidisch, ringsum geflügelt, 6–8 mm lang, braun .... ***Exochorda***, 533

11 (9). Bälge nicht ganz od. teilw. von der Bltn.hülle od. deren Resten umgeben, nur basal mitunter persistierende Teile vorhanden **13**

— Fr. ganz od. teilw. von der Bltn.hülle od. Teilen davon umgeben **12**

12. Fr. in endst., 3–8 cm langen, lockeren Trauben, 3–7 mm lang gestielt; Bälge 1–2, völlig vom persistierenden, dünnhäutigen, drüsig behaarten, ca. 1 cm langen, zylindrischen od. glockenf., mit 5 2–3 mm langen K.zipfeln versehenen Bltn.becher eingeschlossen (*673/8*) od. im K. sichtbar (*673/9*); Bälge ca. 5 mm lang, Frch.wand dünn, mit 5–7 mm langem, persistierendem Gr.; Samen 1–3(–5), eif. bis rundl., ca. 2 mm lang, glatt u. glänzend ***Neillia***, 672

— Fr. aus 5 am Grund miteinander verwachsenen, häutigen Bälgen bestehend, Kbl. u. Stbl. eingetrocknet persistierend; Fr. 1–2 mm lang gestielt; Bälge 3 mm lang, mit persistierendem, 2,5 mm langem, spreizendem Gr.; vielsamig, Samen sehr klein .... ***Hylotelephium***, 584

13 (11). Balgwand sich bei der Öffnung nicht in ein lederiges Exokarp u. ein hornartiges Endokarp aufspaltend **17**

— Balgwand sich bei der Öffnung in ein lederiges Exokarp u. ein hornartiges Endokarp aufspaltend **14**

14. Bälge mit je 2 Samen **16**

— Bälge mit je 1 Samen **15**

15. Fr. ca. 10 mm lang gestielt, einzeln seitenst. an vorj. od. älteren Zw., ca. 18 mm ∅; Bälge meist 4, schief ellipsoidisch, eif. od. rundl., ca. 8 mm lang, etwas abgeflacht, quergestreift, braun, an der Rückenseite schwach gekielt, geöffnete Bälge sternartig ausgebreitet, Endokarp 2-spitzig; Samen fast kugelf., 4 mm groß, schwarz, im geöffneten Endokarp bleibend ***Orixa***, 679

— Fr. 2–5 mm lang gestielt in ca. 5 cm großen, sitzenden od. sehr kurz gestielten, end- od. seitenst. Rispen od. Büscheln; Bälge 1–5, schief eif. bis rundl., 6–8 mm lang, rot od. schwarz, schwach runzelig; Samen eif. bis kugelf., 5 mm groß, schwarz glänzend mit feinem Punktmuster, völlig exponiert, nur noch an der hochgewölbten Plazenta haftend (*953/3*) .... ***Zanthoxylum***, 952

16 (14). Fr. 1–2,5 cm lang gestielt, in 3–6-bltg., seitenst. Zymen am Sprossende; Bälge 5–2, am Grund etwas miteinander verbunden; Gr.basis persistierend, dem Balg seitenst. etwa in der Mitte od. darunter ansitzend; Samen gleich groß, eif. bis nierenf., netzartig gemustert .... ***Choisya***, 448

— Fr. 2–7 mm lang gestielt in endst., lang gestielten u. reich verzweigten, 5–18 cm breiten Rispen od. Schirmrispen; Bälge sitzend, frei, längl. ellipsoidisch, längl. od. verkehrt eif., 2–8 mm lang, vor der Reife aufrecht u. zusammenneigend, später sternf. ausgebreitet, grünl. purpurn bis rot; Gr. endst., 1–2 mm lang, sich bei der Balgöffnung spaltend, dadurch die Fr.klappen gehörnt; Samen im Endokarp verbleibend, ungleich groß (!), 1–3,5 mm lang, ellipsoidisch, schwarz glänzend, der größere derbwandig, deutl. exponiert, der kleinere dünnwandig, steril, vom Endokarp ± verdeckt ***Tetradium***, 905

17 (13). Bälge stets nur 1-samig (mehrere Bälge untersuchen!); Fr. 2–4 mm lang gestielt, in bis 10 cm langen, aufrechten od. spreizenden, achselst. Trauben; Bälge 5–10, sitzend, keulenf., etwas gebogen (*950/2*), ca. 3 mm lang, kahl od. kurz abstehend behaart, blasig dünnhäutig; Samen nach

außen durchscheinend, eif., 1 mm groß, glänzend braun; Bälge mitunter geschlossen bleibend .... ***Xanthorhiza***, 950
— Bälge 2- bis mehrsamig **18**
18. Fr. einzeln, endst., lang gestielt; Bälge 2–5, sitzend, spreizend od. sternf. ausgebreitet (*684/2*), längl. ellipsoidisch, 2–4,5 cm lang, kahl od. behaart; die persistierenden Kbl. ungleich groß, zurückgeschlagen; Balgwand dick lederig; Samen zu mehreren, oft ungleich geformt, rundl. eif., bis 1 cm lang, dunkelbraun bis schwarz, kahl, meist glänzend .... ***Paeonia***, 683
— Fr. nicht einzeln stehend; Bälge kleiner **19**
19. Frst. u. K. drüsig behaart. Fr. kurz gestielt, in bis 15 cm langen endst. Rispen; Frch. meist 5, am Grund miteinander verbunden, aufrecht, längl., zugespitzt, ca. 5 mm lang, behaart; Bltn.becher persistierend, kreiself., ca. 2 mm lang mit 5 lanzettl, ca. 3 mm langen Kbl.; Samen längl., beidendig zugespitzt, ca. 2,5 mm lang, gelbl. .... ***Chamaebatiaria***, 441
— Frst. u. K. nicht drüsig behaart **20**
20. Fr. in endst. vielbltg. Schirmtrauben, 1,5–3 cm lang dünn gestielt; Frch. 1–5, frei od. bis zu 2/3 miteinander vom Grund an verwachsen; reife Frch. aus dem persistierenden, flach schüsself. Bltn.becher herausragend (*701/1a*); Kbl. persistierend, 1,5–4 mm lang, so lang wie od. länger als der Bltn.becher; Frch. kahl od. behaart, längl. eif., 1- bis wenigsamig; Gr. meist persistierend, fädig dünn, endst.; Frch. ± deutl. gekielt, blasig vergrößert, 6–10 mm lang, dünnwandig; Samen eif. bis längl. eif., 1,5–2 mm lang, glänzend strohfarben .... ***Physocarpus***, 701
— Fr. in Trauben, Doppeltrauben, Ähren od. Rispen **21**
21. Fr. in Rispen **24**
— Fr. in Ähren, Trauben od. Doppeltrauben **22**
22. Fr. in 8–15 cm langen, hängenden Ähren, sitzend, 4-eckig, 4 mm lang; Bälge 4, seitl. miteinander verwachsen, Narben hornartig, 1–1,5 mm lang, am Unterrand des Frch. sitzend u. nach unten gerichtet (*904/2*); K. persistierend, 4-teilig, breit 3-eckig; Bälge sich von oben bis zur Narbe öffnend, 4–6-samig; Samen spindel- od. feilspanf., 2–3,5 mm lang, braun, Samenschale mit Netzwabenmuster, weit größer als der längl.,1–1,5 mm große, durch die Samenschale hindurch scheinende Embryo .... ***Tetracentron***, 904
— Fr. in Trauben od. Doppeltrauben **23**
23. Fr. 1,5–3 mm lang gestielt, in endst., 7–12 cm langen Doppeltrauben; Frch. 5, ca. 4 mm lang, ± zur Hälfte im 2 mm langen persitierenden Bltn.-becher geborgen; Frch. u. K. kahl; Frch. 2–3-samig; Samen schmal längl., ± abgeflacht, 2,5–3 mm lang, braun .... ***Sibiraea***, 858
— Fr. 2–2,5 cm lang gestielt, in 5–13 cm langen, endst. aufrechten Trauben; Bltnst.achse schüsself. verbreitert, am Grund mit 2–5 Ulen abgefallener Hochbl.; Bälge 4–11, am Grund mit der Bltn.achse, seitl. miteinander verwachsen (*922/5*); Gesamtfr. 6–10 mm breit; Narben persistierend, spreizend; Fr. von oben her betrachtet sternf. aussehend, die Öffnungen aller Bälge in der Mitte vereinigt; Bälge vielsamig; Samen ellipsoidisch, spindel- od. feilspanf., 1,5–2 mm lang, Samenschale dünn, braun, mit feinem Wabenmuster, Embryo sehr klein .... ***Trochodendron***, 922
24 (21). Fr. 3–5 mm lang gestielt, in 10–30 cm langen, endst. Rispen; Bltn.becher schalenf., Bälge 5, am Grund miteinander verwachsen, längl. eif. bis längl.

ellipsoidisch, 2,5–5 mm lang, kahl od. behaart; K. persistierend, freiblättrig, schmal 3-eckig, 1–1,5 mm lang, meist zurückgeschlagen (*865/2–3*); Gr. persistierend, zurückgeschlagen od. spreizend, endst. bzw. subterminal, 1–2 mm lang; Frch. vielsamig; Samen spindel- od. feilspanf., 2–4 mm lang, braun, mit feinem Wabenmuster .... ***Sorbaria***, 864

— Fr. deutl., aber unterschiedl. lang gestielt, in Rispen, Schirmrispen od. Dolden; Bälge 5, frei od. zuw. basal miteinander verwachsen, in einem schalen- od. glockenf. Bltn.becher sitzend, meist 2–3 mm lang, kahl od. behaart, den Bltn.becher deutl. überragend; K. freiblättrig, 5-zählig, abstehend od. zurückgeschlagen; Gr. meist persistierend, endst. od. subterminal, aufrecht od. spreizend; Bälge aufgerichtet nebeneinander stehend od. spreizend, 2- od. mehrsamig; Samen spindelf., seltener längl. ellipsoidisch, 1,5–2 mm lang, oft leicht gebogen, Schale mit feinem Wabenmuster ...... ***Spiraea***, 875

Gruppe V
Hülsen

1. Fr. stets nur aus 1 Hülse bestehend, jede Hülse daher einzeln einem K. entspringend **6**

— Fr. stets aus (1–)2–5 freien od. am Grund ± weit miteinander verwachsenen Frch. bestehend **2**

2. Fr. kurz gestielt, in 1–3-bltg., achselst., ca. 2 cm lang gestielten Zymen, fast bis zum Grund in 1–2(–4) schmal eif., ca. 6–8 mm lange, hellrote Teilfr. gegliedert (*529/2*), die sich 2-klappig ± bis zur Basis öffnen; Samen jeweils am Grund inseriert, ellipsoidisch, 4–6 mm lang, ganz von einem fleischigen, orangeroten Arillus umkleidet .... ***Euonymus alatus***, 529

— Samen ohne Samenmantel **3**

3. Fr. aufrecht in endst., bis 10 cm langen Trauben, sitzend od. bis 5 mm lang gestielt, Fr.stiel dick u. wie die Fr. stark verholzt; Fr. rundl. eif., kreiself. od. fast kugelf., 8–15 mm lang; Frch. 5, aufrecht, in der Mitte durch einen Achsenfortsatz untereinander verbunden, seitl. u. oben frei, den Eindruck einer geflügelten Kapsel machend (*534/2*); Frch. sich 2-klappig öffnend, 1–2-samig; Samen schief eif. bis schief ellipsoidisch, stark abgeflacht, ringsum geflügelt, 6–8 mm lang, braun .... ***Exochorda***, 533

— Fr. anders gestaltet, nicht stark verholzt; Frch. in einem vom K. gekrönten Bltn.becher stehend; Samen ungeflügelt **4**

4. Frch. (1–)2–5, fast frei od. bis zu 2/3 miteinander verwachsen, längl. eif., ± deutl. gekielt (*701/1a*), blasig vergrößert, dünnwandig, 6–10 mm lang, meist mit persistierendem, endst., fädigem Gr.; Frch. sich ventrizid bis zum Grund öffnend, jedoch nur im oberen Teil dorsizid aufplatzend, 1- bis wenigsamig; Samen eif. bis längl. eif., 1,5–2 mm lang, glänzend strohfarben ***Physocarpus***, 701

— Frch. meist 5, nicht blasig vergrößert **5**

5. Fr. in bis 15 cm langen, drüsig behaarten Rispen; K. persistierend, mit ca. 3 mm langen, drüsig behaarten Zipfeln; Frch. ca. 5 mm lang, sich ventrizid bis zum Grund, dorsizid nur im oberen Teil öffnend; Frch. mehrsamig; Samen längl., beidendig zugespitzt, ca. 2,5 mm lang, gelbl. ***Chamaebatiaria***, 441

— Fr. in 7–12 cm langen, kahlen Doppeltrauben, 4 mm lang, ± zur Hälfte im 2 mm langen Bltn.becher geborgen; Frch. u. K. kahl; Frch. sich bis zum Grund ventrizid u. mindestens im oberen Drittel dorsizid aufspaltend, 2–3-samig; Samen schmal längl., ± abgeflacht, 2,5–3 mm lang, braun ..... ***Sibiraea***, 858

6 (1). Hülse gefächert, Trennwände dünn; Fr. zylindrisch, 3–5,5 cm lang, starr, mit wenigen Gabelhaaren, 1–2 mm lang gestielt, sich 2-klappig öffnend, die Fr.hälften spiralig einrollend; Samen 5–10, rundl. eif. bis ellipsoidisch, 2–3 mm lang, braun ..... ***Indigofera***, 592

— Hülse nicht gefächert, wohl aber zuw. zwischen den Samen verengt od. zusammengedrückt **7**

7. Samen ohne Nabelwulst **10**

— Samen mit Nabelwulst (*445/5*) **8**

8. Hülse längl. eif., nur wenig abgeflacht, 1–2 cm lang, dicht filzig behaart, ± weit vom 10–12 mm langen, eingetrockneten, behaarten, 2-lippigen K. geborgen; Samen rundl. eif., etwas abgeflacht, 2–3 mm lang, glänzend braun ..... ***Ulex***, 925

— Hülse ± stark abgeflacht, längl. linealisch bis riemenf., 1,5–5,5 cm lang, 4–10 mm hoch, kahl od. behaart; Samen eif. bis rundl. eif., ± abgeflacht, 2–3,5 mm lang, gelb bis dunkelbraun, matt od. glänzend **9**

9. Persistierender K. röhrenf., mehr als doppelt so lang wie breit ***Chamaecytisus***, 445

— Persistierender K. glockenf., 2-lippig, K.röhre nicht länger als die K.zähne ***Cytisus***, 496

10 (7). Hülse abstehend dunkelbraun zottig behaart, längl. linealisch, abgeflacht, 4–5(–9) cm lang, 6–8 mm hoch ..... ***Pueraria***, 767

— Hülse kahl od. behaart, aber nicht braun zottig **11**

11. Fr. zwischen den Samen zwar mitunter verengt, aber nicht regelmäßig eingeschnürt **14**

— Fr. zwischen den Samen perlschnurartig eingeschnürt, meist geschlossen bleibend **12**

12. Fr. (*891/3*) 3–8 cm lang, stielrund, lange olivgrün, später braungelb, kahl, lederig od. lederig fleischig, (1–)2–6-samig; Samen (*891/4*) 8–10 mm lang, schwarzbraun ..... ***Styphnolobium***, 891

— Fr. nicht stielrund, nie lange grün bleibend **13**

13. Fr. 3–6 cm lang, etwas abgeflacht, fein seidig behaart, 1–4(–6)samig, lang geschnäbelt, lederig, graubraun bis blaugrau (*864/1b*); dornig bewehrter Strauch ..... ***Sophora davidii***, 864

— Fr. bis 20 cm lang, deutl. 4-kantig, mit oft > 6 Samen; zw. den Samen fast fadenartig eingeschnürt ..... ***Sophora microphylla***, 864

14 (11). Hülsen den K. deutl. überragend **20**

— Hülsen im persistierenden K. ± weit eingeschlossen **15**

15. Hülsen im K. ¼–½ eingeschlossen **19**

— Hülsen ganz od. fast ganz im K. geborgen **16**

16. Hülsen 2–3 mm lang, völlig im 3–5 mm langen K. geborgen, meist 1-samig; zur Reife Hülse mit dem K. abfallend ..... ***Anthyllis***, 384

— Hülsen fast ganz im K. geborgen **17**

17. Hülsen 20–25 mm lang, 4-samig, in endst., drüsig behaarten, 6–8 cm langen Doppeltrauben; Samen 2,5–3 mm groß, schief eif. bis birnf., glanzlos, fein runzelig ..... ***Ononis***, 678

— Hülsen 3–13 mm lang, 1-samig **18**

18. Hülsen verkehrt eif. bis längl. od. breit ellipsoidisch, geschlossen bleibend, 5–13 mm lang, 4–7 mm breit, abgeflacht, angedrückt behaart, durch den persistierenden Gr. geschnäbelt (*620/5b*), Fr.wand genetzt; Samen nierenf., marmoriert .... ***Lespedeza***, 620

— Hülsen rundl. eif., kahl, 3–5 mm lang, vom lang anliegend behaarten K. mit ungleichen Zähnen fast ganz geborgen, sich öffnend, die Hälften sich nicht spiralig einrollend .... ***Dorycnium***, 513

19 (15). Hülse drüsig warzig (nicht drüsenhaarig), 0,5–3 mm lang gestielt, in aufrechten, 5–15 cm langen, endst. Trauben; Fr. längl. eif. bis zylindrisch, gerade od. gebogen, 4–9 mm lang, ± abgeflacht, kahl od. behaart, K. die Fr. zu ¼–½ umhüllend (*382/2b*); Fr. geschlossen bleibend, 1-samig; Samen längl. nierenf. bis walzenf., 2–5 mm lang .... ***Amorpha***, 382

— Hülse drüsig zottig, weiß behaart, schmal längl., 12–20 mm lang, im 1–1,5 cm langen, 2-lippigen, zur Samenreife aufgeblasenem K. ± zur Hälfte geborgen; Dornstrauch .... ***Erinacea***, 525

20 (14). Fr. nicht drüsenhaarig od. drüsenborstig **22**

— Fr. drüsenhaarig/drüsenborstig **21**

21. Fr. schmal längl. od. riemenf., 5–10 cm lang, stark abgeflacht, die Flanken sich berührend bzw. die Fr. zwischen den Samen eingedellt, rotbraun, sich 2-klappig öffnend, die Fr.hälften nicht einrollend; Samen lange haftend (!), schief eif. bis nierenf., 4–5 mm lang, dunkelbraun .... ***Robinia***, 807

— Hülse linealisch od. zylindrisch, 2–5,5 cm lang, behaart u. drüsenhaarig, 1- bis mehrsamig; Samen nierenf., 3–4 mm lang, braun od. längl. eif. u. 7–9 mm lang .... ***Calophaca***, 416

22 (20). Fr. abgeplattet od. zylindrisch, aber nicht aufgeblasen **24**

— Fr. deutl. blasig vergrößert; Samen viel kleiner als der Innen-∅ der Fr. ... **23**

23. Hülse längl. eif. bis kurz zylindrisch, zum Grund hin kurz fast stielartig verschmälert, 1,5–3 cm lang, 8–12 mm ∅, etwas querrunzelig (*569/2*); Fr.wand hart, lederig, graubraun; Fr. sich erst spät öffnend; Samen fast nierenf., 4–5 mm groß, olivgrün, glänzend .... ***Halimodendron***, 569

— Hülse blasig, beidendig verschmälert, Gynophor ± 5 mm lang; Fr. im ersten Drittel unten gekielt, oben längs der Bauchnaht auf ganzer Länge eingedellt, 3,8–8 cm lang, bis 3 cm dick (*461/4*); Fr.wand pergamentartig dünn, silbrig, oft rötl. od. violettpurpurn überlaufen; Fr. geschlossen bleibend od. sich nur an der Spitze mit einem Spalt öffnend; Samen angeheftet bleibend, rundl. bis breit nierenf., abgeflacht, 3–4 mm lang, dunkelbraun, schwach glänzend .... ***Colutea***, 460

24 (22). Fr. ungeflügelt **28**

— Fr. 1-seitig (längs der Bauchnaht) schmal geflügelt **25**

25. Fr. fein u. kurz anliegend behaart, in 10–20 cm langen aufrechten, zu rispenartigen Ständen formierten Trauben; Hülse längl. ellipsoidisch bis linealisch, 3,5–5 cm lang, 1 cm hoch, stark abgeflacht, die Fr.flanken in den samenfreien Teilen sich berührend, dünnwandig, zum Grund hin allmähl. verschmälert; Samen nierenf. bis zylindrisch, 6 mm lang, hellbraun, glänzend

Maackia, 644

— Fr. kahl, in hängenden Ständen **26**

26. Fr. meist lange geschlossen bleibend, sich dann scheinbalgartig (dorsizid!) öffnend, bisweilen tordiert, in armbltg. Trauben an älteren Zw. u. Ästen (stammbltg.); Fr. 6–12 cm lang, stark abgeflacht, riemenf., am Grund mit 2–5 mm langem Gynophor, lederig, braun bis rotbraun, Flügel ca. 2 mm breit (*439/1*); Samen abgeflacht, ellipsoidisch, 5–6 mm lang, braun **Cercis**, 439

— Fr. sich an Bauch- u. Rückenseite öffnend, Fr.hälften sich nicht einrollend; Samen lange an den Fr.klappen haften bleibend **27**

27. Hülsen linealisch, 4–5 cm lang, 8–10 mm breit, stark abgeflacht, die Flanken sich in den samenlosen Teilen berührend; Fr.wand ± dünn, pergamentartig, hellbraun; Samen ei-nierenf., 4 mm lang, braun, matt glänzend **Laburnum alpinum**, 614

— Hülsen riemenf., 5–10 cm lang, 1–1,5 cm hoch, stark abgeflacht, die Flanken sich zwischen den Samen berührend; Fr.wand pergamentartig lederig, dunkelbraun; Fr. sich erst bauchseitig, später auch rückenseitig öffnend; Samen ei-nierenf., 5 mm lang, abgeflacht, matt dunkelbraun, oft gescheckt **Robinia pseudoacacia**, 808

28 (24). Fr. bis 12 cm lang, meist deutl. kleiner **32**

— Fr. 12–40 cm lang, wenn nur 10–15 cm, dann graufilzig **29**

29. Fr. 10–15 cm lang, bis 3 cm breit, lanzettl. od. linealisch, zum Grund hin lang keilig verschmälert, abgeflacht, derbwandig, samtig grau behaart, 1–2,5 cm lang gestielt in 15–50 cm langen, hängenden Trauben; Fr. wenigsamig, zwischen den Samen deutl. verengt, aber nicht eingeschnürt; Samen abgeplattet, fast kreisf., rotbraun, 12–15 mm ∅; Hülsen erst im Spätwinter sich explosionsartig öffnend .... **Wisteria floribunda, W. sinensis**, 949

— Fr. kahl, meist größer **30**

30. Fr. 12–40 cm lang, riemenf., oft sichel- od. säbelf. gebogen u. ± tordiert, 2–3 cm breit, kurz zugespitzt, derb lederig, rot- bis dunkelbraun, einzeln od. endst. od. zu wenigen an einer bis 10 cm langen Bltnst.achse sitzend, durch ein 2–4 cm langes Gynophor scheinbar gestielt (*565/1–3*); Samen 8–15, abgeflacht, 6–9 mm groß, glatt; Fr. lange am Baum hängen bleibend u. (meist) ungeöffnet abfallend .... **Gleditsia**, 564

— Fr. anders gestaltet **31**

31. Fr. 2 cm lang gestielt, linealisch, 12–15 cm lang, 2 cm breit, zwischen den Samen quer eingedellt (*374/2*), strohfarben; Samen 8–12, ellipsoidisch, stark abgeflacht, ca. 8 mm groß, auf beiden Seiten mit zum Hilum hin mit offenem, hufeisenf. Signum .... **Albizia**, 374

— Fr. in aufrechten, bis 25 cm langen, endst. Trauben, nach unten gerichtet, längl., 10–15 cm lang u. bis 5 cm breit, mit 1 cm langem hornartigen Gr. (*567/2*), derb lederig, starr, abgeflacht, rotbraun, grau überlaufen, dickwandig, Kanten verdickt; Fr. 4–8-samig; Samen breit eif., abgeflacht, 1,5–2 cm lang, dunkel bis schwarzbraun; Hülsen sich nur zögernd bauchseitig öffnend, den Winter über geschlossen am Baum bleibend; Innenwand der Fr. von einer schmierseifenartigen Masse umgeben .... **Gymnocladus**, 567

32 (28). Hülsen zylindrisch, starr, stielrund od. nur schwach abgeflacht, 2–5,5 cm lang, 3–5(–7) mm ∅, sich zur Reife explosionsartig öffnend, die Fr.hälften sich spiralig einrollend (*421/10*); Fr. mehrsamig; Samen eif., schief ellipsoidisch od. längl. nierenf., 2–5 mm lang .... **Caragana**, 420

— Hülsen ± deutl. abgeflacht **33**

33. Hülsen 1–2,5 cm lang, 2,5–5 mm breit, ± abgeflacht., eif., längl. eif. bis ellipsoidisch, kahl od. unterschiedl. dicht behaart, zugespitzt od. geschnäbelt;

Samen 1–6, rundl. eif., ± abgeflacht, 1,5–3,5 mm lang, hell- bis schwarzbraun, matt od. glänzend .... ***Genista***, 561
— Hülsen länger **34**
34. Hülsen 1,5–2,5 cm lang gestielt, hängend in 30–40 cm großen, endst. Doppeltrauben, stark abgeflacht, die Fr.flanken sich zwischen den Samen berührend; Fr. riemenf., 5–8 cm lang, 10–12 mm breit, dünnwandig, fein genetzt; Samen nierenf., 6–7 mm lang, hellbraun .... ***Cladrastis***, 450
— Hülsen kürzer gestielt, fester, Frst. anders gestaltet **35**
35. Fr. in aufrechten Trauben, schräg aufrecht od. waagerecht abstehend, nie hängend; Fr. sich explosionsartig öffnend, Fr.hälften sich ± spiralig einrollend u. die Samen ausschleudernd **37**
— Fr. in 15–40 cm langen hängenden Trauben **36**
36. Fr. kahl, riememf. od. längl. lanzettl., 7–12 cm lang, meist etwas tordiert, derbwandig; Fr.hälften sich ± stark schraubig einrollend u. die Samen wegschleudernd; Samen linsenf. abgeplattet .... ***Wisteria frutescens***, 948
— Fr. fein anliegend behaart, längsstreifig, riemenf., oft leicht gebogen, 4–6 cm lang, 4–7 mm breit; Fr.wand lederig, nur mäßig dick; Fr.hälften bei der Öffnung nur wenig schraubenf., Samen lange haften bleibend (!), Fr. meist den Winter über am Gehölz hängend; Samen ei-nierenf., 4–5 mm lang, schwarz .... ***Laburnum anagyroides***, 614
37 (35). Hülsen linealisch od. schwach gebogen, 5–10 cm lang, 6–7 mm hoch, seitl. abgeflacht, zwischen den 10–20 Samen verengt, schwarzbraun, (anfangs) weißl. behaart (*875/2*); Samen ± eif., 4 mm lang, gänzend rotbraun ***Spartium***, 875
— Hülsen linealisch, gerade, 3–5 cm lang, 6–8 mm breit, stark abgeflacht, graubraun, kahl; Samen eif. bis rundkantig-rechteckig, 5 mm groß, abgeflacht, hell- bis orangebraun, glänzend .... ***Petteria,*** 692

Gruppe VI
Schoten

1. Schote senkrecht zur Scheidewand abgeflacht, Scheidewand klein u. dick; Fr. geflügelt u. im Gr.bereich kerbig eingeschnitten (*371/3*), 5–10 cm groß; Fr.fächer 1-samig **4**
— Schote in der Ebene der Scheidewand abgeflacht, Scheidewand daher groß u. dünn; Fr. rundl. bis verkehrt eif., ungeflügelt, um den persistierenden Gr. nicht eingekerbt od. eingebuchtet (*392/3*), bis 6 mm groß; je Fr.fach 1 od. 2 geflügelte Samen **2**
2. Fr. behaart, 4–6 mm lang, persistierender Gr. 0,5–2 mm lang; Samen breit geflügelt .... ***Alyssum murale***, 379
— Fr. kahl **3**
3. Persistierender Gr. 4–6 mm lang, so lang wie der Fr.körper; Samen breit geflügelt .... ***Alyssum spinosum***, 379
— Persistierender Gr. viel kürzer als der Fr.körper; Samen schmal geflügelt ***Aurinia saxatilis***, 392
4. Fr.stiel dünn, 3–6 mm lang; Fr. eif., herzeif. od. herzf., 6–10 mm lang, 1–3 mm breit geflügelt, Flügel dünn, zumindest am Rand weich u. ± ausgenagt;

Narbe sitzend od. fast sitzend, d. h. Gr. fehlend od. nur sehr kurz **_Aëthionema_**, 371
— Fr.stiel dick u. ± starr, 3–10 mm lang; Fr. verkehrt eif. bis herzeif., 5–8 mm lang, vom Grund an schmal geflügelt (*588/1*), Flügel ganzrandig u. fest; Gr. 0,7–2 mm lang .... **_Iberis_**, 588

Gruppe VII
Kapseln

1. Samen geflügelt **33**
— Samen ungeflügelt **2**
2. Samen mit Samenmantel (Arillus) od. Caruncula (Elaiosom) **45**
— Samen ohne Anhangsgebilde **3**
3. Samen mit Haarschopf od. Haarkranz **49**
— Samen ohne Haarschopf od. Haarkranz **4**
4. Kapsel stark verholzt u. dickwandig, mindestens 7 mm lang, sich klappig öffnend; Samen mindestens 4 mm groß **19**
— Kapsel nicht dick verholzt, wenn dick, dann kleiner **5**
5. Kapsel blasig, ± dünnwandig pergamenten, netzig gemustert, mindestens 2 cm lang **53**
— Kapsel nicht blasig dünnwandig, wenn dünnwandig, dann kleiner **6**
6. Kapsel völlig von der persistierenden Bltn.hülle geborgen u. ± weit überragt, 1–2 mm lang, 4-fächerig **17**
— Kapsel nicht völlig von einer persistierenden Bltn.hülle geborgen u. überragt **7**
7. Kapseln einzeln bl.achselst., bis 7 cm lang gestielt, hängend, zylindrisch, 6-kantig (*388/1b*), 5–8 cm lang, 2–3 cm ∅, 6-fächerig, sich zur Reife 6-klappig öffnend, Fr.wand dabei häufig abfallend, die Scheidewände jedoch bleibend; Samen in den Fächern geldrollenartig dicht liegend, stark abgeflacht, 3-eckig bis breit eif., zugespitzt, 7–10 mm lang .... **_Aristolochia_**, 387
— Kapsel sich nicht 6-klappig öffnend **8**
8. Fr. aufrecht in dichten, köpfchenartigen, end- der seitenst. Ähren; Kapsel vom persistierenden, 15 mm langen K. bzw. dessen 5 grannenartigen Zähnen, der trockenhäutigen Bltn.hülle u. 2 gekielten Vorbl. umgeben (*438/2*); Kapsel dünnwandig, 1-samig, sich unten ringf. öffnend u. nach oben 5-klappig aufreißend .... **_Ceratostigma_**, 437
— Kapsel anders gestaltet u. mit anderer Öffnung **9**
9. Kapsel oben von 2 dachartig stehenden, 1,8–2,5 cm langen, papierdünnen, unten von 1 kleinen Hochbl. umgeben u. völlig verdeckt, längl. eif. bis spitz eif., 5–7 mm lang, dünnwandig, seitl. abgeflacht; K. persistierend, 5-zählig, linear pfrieml., 4–8 mm lang, der Kapsel aufsitzend; Kapsel 4-fächerig, nur 2 Fächer fertil mit je einem Samen .... **_Dipelta_**, 511
— Kapsel nicht von 3 Hochbl. verdeckt **10**
10. Fr. in 8–15 cm langen, hängenden Ähren, aus 4 seitl. miteinander verwachsenen Frbl. gebildet, 4-eckig, 4 mm lang, am Grund mit 4-teiligem, persistierendem K. (*904/2*); Narben am Unterrand der Fr. stehend, 1–1,5 mm lang, nach unten gerichtet; Fr. (d. h. die einzelnen miteinander verwachsenen Bälge) sich an den Kanten von oben her bis zu den Narben spaltf. öffnend;

Samen spindelf. bis feilspanf., 2–2,5 mm lang, Samenschale genetzt; je Fr.teil 4–6 Samen . . . . *Tetracentron*, 904
— Fr. u. Frst. anders gestaltet **11**
11. Fr. urnen- od. krugf., derb lederig **18**
— Fr. nicht so gestaltet **12**
12. Fr. in 5–13 cm langen, endst. Trauben, 2–2,5 cm lang gestielt; Bltn.achse schüsself. verbreitert; Fr. aus 4–11, meist 7–8, seitl. miteinander u. am Grund mit der Bltn.achse verwachsenen Frbl. gebildet (*922/5*), 6–10 mm ∅; Narben persistierend, spreizend, geöffnete Fr. sternf.; Fr.teile (Bälge!) sich so öffnend, dass alle Öffnungen zentral miteinander verbunden sind; Fr. vielsamig; Samen ellipsoidisch bis feilspanf., 1,5–2 mm lang, Samenschale wabenartig strukturiert . . . . *Trochodendron*, 922
— Fr. anders gestaltet **13**
13. Fr. mit 5–20 mm langen, dicken, drüsigen Stielen, in langen, gestielten Thyrsen od. Rispen; Kapsel 4–5-hörnig (freier Teil der Frbl.!) , kugelf. od. abgeflacht kugelf., 6–8 mm ∅; Fr.wand mit zahlreichen, eingesenkten Drüsen (!), Fr. am Grund mit 4–5 lanzettl, persistierenden Kbl. (*827/3*); Kapsel mehrsamig, sich im freien Teil der Frbl. ventrizid öffnend; Samen abgeflacht, nierenf., runzelig, 2–2,5 mm lang, schwarz . . . . *Ruta*, 827
— Fr.wand nicht mit eingesenkten Drüsen; Kapsel mit anderer Öffnung **14**
14. Fr. aufrecht, 2,5–5 mm lang, 3–5 mm lang gestielt, in reichbltg., 10–30 cm langen, endst. Rispen; Fr. aus 5 längl. eif. bis längl. ellipsoidischen, in einem Bltn.becher stehenden Frbl. (Bälgen) bestehend, die am Grund u. im Zentrum ± weit miteinander verwachsen sind, bei der Reife sich bauch- u. später auch rückenseitig offnen u. eine Kapsel vortäuschen; Gr., K. u. Stbl. eingetrocknet persistierend; Gr. 1–2 mm lang, spreizend od. zurückgeschlagen; Kbl. 1–1,5 mm lang, nach unten umgeschlagen (*865/2–3*); Samen zahlreich, feilspanf., 2–4 mm lang . . . . *Sorbaria*, 864
— Fr. anders gestaltet **15**
15. Fr. meist kurz gestielt in vielbltg. endst. Rispen od. Schirmrispen, oft mit persistierenden, sterilen, zur Reife umgeschlagenen Randbltn. (*581/2*), bisw. mit sterilen Randbltn., die ein langes Kbl. tragen (*580/4b, H. hydrangeoides*); Kapsel aus einem halbunterst. od. unterst. Frkn. hervorgehend, kugel-, ei- od. urnenf., 1–8 mm groß; Gr. persistierend, 2–5 mm lang, nur basal miteinander verwachsen, aufrecht od. spreizend; K. persistierend od. hinfällig, dann aber einen Ring in der Kapselmitte od. am Oberende hinterlassend; Fr. unterhalb des K. 10-rippig od. -streifig; Kapsel 2–5-fächerig, oben mit zentraler Öffnung; Samen zahlreich, rundl. bis ellipsoidisch, 0,5–1 mm lang od. feilspanf. u. 2–3 mm lang, mit netzstreifiger Oberfläche *Hydrangea*, 579
— Kapsel sich anders öffnend **16**
16. Kapsel sich septizid öffnend **54**
— Kapsel sich lokulizid öffnend **74**
17 (6). Fr. 1–2 mm lang gestielt in reichbltg. Doppeltrauben; Bltn.hülle 4-zählig; K. fast bis zum Grund freibl., trockenhäutig, ca. 4 mm lang, Kr. 1–2 mm lang, Krbl. zu 2/3 miteinander verwachsen; Kapsel behaart, ca. 1,5 mm lang; Fr.wand sich von den Scheidewänden lösend (septifrag), Scheidewände mit der Mittelsäule verbunden bleibend; Samen zahlreich, eif. bis ellipsoidisch, 0,2–0,3 mm lang . . . . *Calluna*, 415

— Fr. 2–8 mm lang gestielt, in Trauben, Doppeltrauben, seltener in bl.achselst. Paaren od. einzeln; Kapsel kugelf. bis zylindrisch, 1–2 mm lang, kahl od. behaart; Kr. meist viel länger als der freiblättrige K.; Kapsel sich lokulizid öffnend, Klappen meist spreizend, die Scheidewände sich dabei von der Mittelsäule lösend; Samen ellipsoidisch bis spindelf., 0,2–0,9 mm lang **_Erica_**, 522

18 (11). Fr. seitenst. an vorj. Zw., gestielt, hängend, 5–7 cm lang, krugf., im oberen Drittel stark röhrenf. verengt, nach unten allmähl. in den Stiel verschmälert (*446/6*); Fr. außen mit schraubig stehenden, schuppenf. Hochbl., kurz filzig; im Inneren mit mehreren längl. ellipsoidischen bis zylindrischen, 12–18 mm langen, 5 mm breiten rotbraunen Nüsschen, die Samen vortäuschen u. der krugf. Bltn.achse, nicht jedoch einer Fr.wand ansitzen **_Chimonanthus_**, 446

— Fr. endst. an jungen Zw., aufrecht, urnenf. mit großer Öffnung od. birnenf. mit fast geschlossener Öffnung (*417/3* u. *4*), 5–7 cm lang; „Fr.wand" ist die grob längsgestreifte, urnenf. Bltn.achse, der nicht Samen, sondern längl. ellipsoidische bis zylindrische, behaarte, 10–12 mm lange, 5 mm breite Nüsschen ansitzen .... **_Calycanthus_**, 416

19 (4). Kapsel 2- od. 3-fächerig, sich 2–4-klappig öffnend **21**

— Kapsel 5-fächerig, sich 5-klappig öffnend **20**

20. Kapsel fast sitzend, einzeln bl.achselst., ± kugelf., 1,5–2 cm ∅; K. persistierend, Kbl. ungleich groß; Fr. sich von oben her lokulizid öffnend (*546/2*) u. von unten her septizid aufreißend (!); je Fach bis 8 kantige, ca. 1 cm große Samen .... **_Franklinia_**, 546

— Fr. einzeln achselst., 5–30 mm lang gestielt, eif., kegelf. od. konisch, 1–2 cm lang, 10–12 mm ∅, deutl. 5-kantig, kahl od. behaart; K. persistierend, 5-zipfelig (*890/2*), 2 mm lang, der Fr. anliegend od. mit 5 freien, bis 12 mm langen, runden, silbrig seidig behaarten Kbl.; Fr. sich von oben her lokulizid öffnend; Samen stark abgeflacht, schief eif., 5–10 mm groß .... **_Stewartia_**, 890

21 (19). Fr. einzeln, bl.achselst., mit sehr kurzem, 1–2 mm langen, dicken Stiel; Kapsel kugelf. od. abgeflacht kugelf., stark verholzt, 3–4 cm groß, sich lokulizid meist 3-klappig öffnend, außen dunkelbraun, innen hellbraun, die stark verholzte Mittelsäule stehen bleibend; Samen etwa 2–2,5 cm groß, fast kugelf. bis unregelmäßig kantig, glatt, dunkelbraun .... **_Camellia_**, 418

— Kapsel nicht einzeln stehend **22**

22. Kapsel kurz u. dick gestielt, in aufrechten, 10–15 cm langen Trauben, rundl., stumpf 3-kantig, 4–6 cm groß, fein runzelig rau, kurz behaart, 3-fächerig, sich bis zum Grund 3-klappig lokulizid öffnend (*311/1*); Samen je Fach 1 bis wenige, rundl. eif., 1 cm groß, dunkel- bis schwarzbraun, mit großem, hellen Hilum .... **_Xanthoceras_**, 950

— Kapsel kleiner **23**

23. Kapsel 1–2 cm lang gestielt (*731/2*), in terminalen Dolden od. Zymen, ± kugelf., kahl, sich lokulizid mit 3 Klappen öffnend, 12 mm ∅; Samen zahlreich, anfangs dunkelrot, später schwarz, klebrig .... **_Pittosporum_**, 731

— Samen nicht klebrig **24**

24. Kapseln zu 3–6 kopfig genähert (*641/5*), eif. bis verkehrt eif. od. kugelf., 2-hörnig, 7–8 mm lang, 6–7 mm breit, mit Sternhaaren bekleidet, 4-teilig, sich 2-klappig öffnend; je Fach 1 schwarzer, glänzender kugelf. od. ellipsoidischer, 4–7 mm langer Samen .... **_Loropetalum_**, 641

— Kapsel sitzend od. fast sitzend, kleiner, 2-fächerig, sich 2(–4)-klappig öffnend, Fr.wand sich dabei ± weit in ein holzig lederiges Exokarp u. ein holzig knorpeliges Endokarp aufspaltend **25**

25. Fr. in langen od. gedrungenen, 3- bis mehrfrüchtigen Trauben od. Ähren **27**

— Fr. in 2–3-früchtigen, kurz gestielten Köpfchen **26**

26. Kapseln zu 2 achselst., herzf., kurz gestielt, 1,5 cm lang; Gr. hinfällig; je Fach meist mehrere Samen; Kapsel sich etwa bis zur Mitte lokulizid öffnend, die beiden Klappen an der Spitze septizid aufreißend; Samen längl. ellipsoidisch, 5 mm lang, schwarz glänzend, erst im 2. Jahr reifend ***Disanthus***, 512

— Kapseln zu 1–3 in bis zu 1 cm lang gestielten Köpfen, endst. an seitl., unbeblätterten Kurztrieben; Fr. ei- bis tonnenf., oben gestutzt, 2–4-teilig gefeldert; Gr. persistierend, hornartig zurückgebogen, 1–2 mm lang; K. persistierend, sein verwachsener Teil etwa ½ so lang wie die Fr. u. mit ihr fest verbunden, filzig behaart, die 4 K.zipfel eif. bis stumpf längl. 3-eckig, spreizend od. zurückgschlagen, 2–3 mm lang; Kapsel von oben her bis zur K.röhre lokulizid aufplatzend, die Klappen zu ¼–⅓ ihrer Länge septizid aufreißend; Samen 2, längl. ellipsoidisch bis längl. eif., 8–10 mm lang schwarzbraun, glänzend, schwach längskantig .... ***Hamamelis***, 569

27 (25). Fr. in aufrechten Ständen.. **29**

— Fr. in hängenden, spreizenden Ständen **28**

28. Fr. allseitig waagerecht spreizend, sitzend, in 3–5 cm lang gestielten, 10–15 cm langen, starr hängenden, endst., vielbltg. Ähren (*861/3*); Kapsel breit eif., ca. 1 cm lang, borstig braun behaart, ganz von der persistierenden K.röhre umhüllt; Öffnung 2-klappig lokulizid, die Klappen oben septizid aufreißend (*861/3b*); Samen längl. ellipsoidisch (*861/4*), 8 mm lang, dunkelbraun glänzend .... ***Sinowilsonia***, 860

— Fr. ± sitzend, aufrecht od. spreizend an ± waagerecht abstehenden, meist einseitswendigen, 1–4 cm langen Ähren od. Trauben (*470/1d*), end- od. seitenst. an kurzen Zw.; Fr. kahl bis filzig behaart, eif., oben zuw. seitl. abgeflacht, 7–10 mm lang; K. persistierend, deutl. abgesetzt (!), die becherf. Röhre die Fr. ± bis zur Mitte umhüllend; Gr. 2, persistierend, spreizend, bis 8 mm lang, mit verholzter Basis, bei der Kapselöffnung aufspaltend; Kapsel sich bis zum K. 2-klappig öffnend, die Klappen oben nur kurz septizid aufreißend (!); Samen eif. bis längl. eif., 4–6 mm lang, schwarz glänzend ***Corylopsis***, 470

29 (27). Kapseln deutl., aber unterschiedl. lang (2–7 mm) gestielt, rundl. eif., 10–13 mm lang, 2-fächerig, mit 2 persistierenden, 2–3 mm langen Gr., mit braunen Sternhaarn besetzt, sich 2-klappig öffnend, jede Klappe 2-spitzig (*288/2*); 1 Same je Fr.fach, 4–5 mm lang, stiftf., dunkelbraun, glänzend ***Distylium***, 513

— Kapseln fast sitzend **30**

30. Kapseln zu 3–5 in einem bis 8 cm langen Frst., 8–10 mm lang mit kurzem Schnabel, am Grund mit persistierendem, sich unregelmäßig spaltendem, 3–4 mm langem K., kurz hellbraun behaart, mit einigen Borsten durchsetzt, verholzt mit persistierendem, 1–2 mm langem Gr., sich 2-klappig öffnend, mit 2 5–7 mm langen, schmalen, glänzend braunen Samen ***Sycopsis***, 893

— Fr. u. Frst. anders **31**

31. Fr. sitzend, allseitig schräg aufrecht stehend in 3–8 cm langen Ähren (*544/2a*), eif., 1–1,5 cm lang; Gr. u. K. persistierend; Gr. 2, spreizend, bis 10 mm lang,

mit verholzter Basis, bei der Kapselöffnung aufspaltend; K. die Fr. ½–⅓ fest umschließend, filzig u. borstenhaarig; Kapsel mit braunen Borsten besetzt, sich lokulizid bis über die Mitte 2-klappig öffnend, die Klappen sich fast ebenso weit septizid spaltend (*544/2b, c*), K. bei der Öffnung aufreißend (!); Samen längl. ellipsoidisch (*544/2d*), ca. 8 mm lang, hellbraun, glänzend **Fothergilla**, 544
— Fr. fast sitzend, schräg aufrecht stehend in gestauchten Trauben **32**
32. Kapseln zu 2–5, eif., 10–15 mm lang, durch feine Büschelhaare filzig; Gr. u. K. persistierend; Gr. 2,2–4 mm lang; K. mit nur 1–2 mm langer Röhre (!), die Fr. nur zu etwa ⅙ umschließend (*288/3*); Kbl. eif., 3–4 mm lang; Kapsel sich 2-klappig lokulizid bis zur K.röhre öffnend, septizid im Exokarp nur gering, im Endokarp tief aufreißend; Samen längl. eif. bis ellipsoidisch, 8–9 mm lang, glänzend braun .... **Parrotia**, 685
— Kapseln zu mehreren, bis zu 8, eif., ca. 1 cm lang (*288/4*); K., Gr. u. Stbl. eingetrocknet persistierend; K. die Fr. bis zur Hälfte umhüllend, die 5–7 K.zipfel sehr klein; Gr. 5–7 mm lang, basal verholzend, Klappen dadurch 2-hörnig; Kapsel bis zum K. 2-klappig lokulizid u. ± ebenso weit septizid aufreißend; Samen längl. eif. bis ellipsoidisch, 5–6 mm lang, braun glänzend **Parrotiopsis**, 686
33 (1). Samen ringsum geflügelt **39**
— Samen 1- od. beidendig, aber nicht ringsum geflügelt **34**
34. Kapsel hängend, zylindrisch, gerade od. etwas gebogen, 20–40 cm lang, 4–12 mm ∅, rund od. schwach abgeflacht, 2-fächerig, sich 2-klappig fachspaltig-septifrag öffnend; Plazenta groß, von Fr.länge, abgeflacht; Samen je Fach zahlreich, bandf., 2–5 cm lang, 2–7 cm breit, beidendig geflügelt, Flügel haarig ausfransend (*430/1–4*) .... **Catalpa**, 429
— Samenflügel nicht ausfransend **35**
35. Kapsel hängend, zylindrisch, schwach sichelf. gebogen, 8–15 cm lang, geschnäbelt od. stumpfendig, beidseitig längs scharf gekielt; Kapsel 2-fächerig, sich 2-klappig fachspaltig-septifrag öffnend; Plazenta groß, von Fr.länge; Samen je Fach zahlreich, rundl., abgeplattet, dünn, 12–15 mm lang, 5–6 mm breit, mit 2 seitl., dünnhäutigen Flügeln (*419/3*) **Campsis**, 419
— Fr. kürzer, Samen nicht beidendig geflügelt **36**
36. Samen spindelf., 5–7 mm lang, sehr ungleich abgeflacht, 2- od. 3-seitig, 1-seitig schmal längs geflügelt; Kapsel gestielt, aufrecht, stark verholzt, breit od. schmal eif., etwas abgeflacht, zugespitzt od. schnabelf. verlängert, 1–1,5 cm lang, 2-fächerig, sich 2-klappig lokulizid öffnend, Klappen ± stark zurückgebogen .... **Forsythia**, 542
— Samen 1-endig geflügelt (Samara) **37**
37. Fr. gestielt, in aufrechten Ständen, Kapsel kugelf. bis breit ellipsoidisch, 10–12 mm lang, am Grund mit persistierendem glockenf. K., K.zähne 3-eckig, fast so lang wie der verwachsene basale Teil; Kapsel 3–6-fächerig, sich von oben her lokulizid 5–6-klappig öffnend; Samenkörper 3-eckig, mit langem Flügel .... **Lagerstroemia**, 614
— Fr. u. Frst. anders gestaltet **38**
38. Fr. sitzend, in 3–5 cm lang gestielten, hängenden, kugelf., 2–3 cm dicken Köpfen; Kapseln 2-fächerig, im unteren Teil untereinander verwachsen; Gr. persistierend, 5–6 mm lang, Kapseln dadurch geschnäbelt; Fr. sich 2-klappig

öffnend, Klappen durch Gr.spaltung spitz; Fr. 1–2-samig; Samen abgeflacht, 4–5 mm lang, glänzend .... ***Liquidambar***, 625

— Kapseln in 20–50 cm langen, hängenden Rispen, 5-fächerig, verkehrt eif. bis längl. eif. (*919/2*), 2–3,5 cm lang, sich 5-klappig septizid öffnend, Klappen von der längl., ellipsoidischen, dicken, 5-kantigen Plazenta abspreizend (*919/3*); je Fach meist 1–3 längl.,10–12 mm lange Samen .... ***Toona***, 919

39 (33). Fr. aufrecht, sitzend od. bis 5 mm lang gestielt in aufrechten, bis 10 cm langen Trauben; Fr. im Umriss rundl. eif., kreiself. od. fast kugelf., aus 5 Frbl. bestehend, die nur in der Mitte miteinander verbunden sind, eine 5-flügelige Kapsel vortäuschend (*534/2*), die einzelnen Frch. 1–2-samig, sich 2-klappig öffnend; Samen schief eif. bis schief ellipsoidisch, 6–8 mm lang, braun .... ***Exochorda***, 533

— Fr. nicht 5-flügelig **40**

40. Fr. 1–3-fächerig **42**

— Fr. 5-fächerig **41**

41. Fr. eif. od. längl., sich 5-klappig septizid öffnend; Samen meist klein, Samenschale mit Netzmuster .... ***Rhododendron***, 788

— Fr. kegelf. od. konisch, 1–2 cm lang, 10–12 mm ∅, deutl. 5-kantig, kahl od. behaart; K. persistierend, entw. 5-zipfelig, 2 mm lang, der Fr. anliegend, od. Kbl. frei, bis 12 mm lang, rundl. seidig behaart, spreizend; Kapsel sich 5-klappig öffnend, der Gr. dabei in 5 Teile aufspaltend (*890/2*); Samen schief eif., stark abgeflacht, 5–10 mm groß, ringsum schmal geflügelt ***Stewartia***, 890

42 (40). Fr. 2-fächerig, sich 2-klappig lokulizid öffnend; Fr. in langen, aufrechten Rispen **44**

— Fr. 1- od. 3-fächerig **43**

43. Fr. 1-fächerig, deutl. gestielt, in 10–20 cm langen, endst. Rispen; Kapsel längl. eif., 1,5–2 cm lang, sich 3–4-klappig öffnend (*737/2*), außen feinfilzig braun behaart; Fr. sich bei der Öffnung in zwei Schichten aufspaltend, die innere stark verholzt; Samen zahlreich, längl. ellipsoidisch, ca. 1 cm lang; Embryo zentral, aber 1-seitig den Rand erreichend .... ***Poliothyrsis***, 736

— Fr. 3-fächerig od. unvollst. 6-fächerig, deutl. gestielt, in großen endst. Rispen, aufrecht, längl. eif., 6-kantig, 3–7 cm lang, 2–3,5 cm breit, Fr.wand dick pergamentartig; Kapsel sich lokulizid öffnend; Samen je Fach in 2 Längsreihen, dicht gepackt, abgeplattet, schief eif. bis halbkreisf., 6–10 mm groß, schwarz, schmal geflügelt .... ***Yucca***, 951

44 (42). Kapsel längl. od. längl. eif., zugespitzt, 8–20 mm lang, stielrund od. ± abgeflacht, selten 4-kantig; je Fach 2 längl. abgeflachte, 6–12 mm lange, braune Samen .... ***Syringa***, 895

— Kapsel eif., schnabelartig zugespitzt, 3–4,5 cm lang, klebrig (!), braun, mit hellen Korkwarzen, am Grund mit 5 großen schmalen, dickl. Kbl.; die beiden eif., bis 2 cm langen, dicken Plazenten lösen sich zur Reife; Kapselfächer vielsamig; Samen ± ellipsoidisch, ca. 4 mm lang, ringsum asymmetrisch radiärstreifig geflügelt; Samenkörper ca. 1,5 mm lang, mehrfach fein längs flügelleistig (*688/3*) .... ***Paulownia***, 688

45 (2). Samen 3–4 mm lang, mit 1–1,5 mm großer Caruncula (Elaiosom); Kapsel eif., 2,5–3,5 cm lang, spitz zulaufend, borstig behaart (*558/2*); K. persistierend, der Kapsel anliegend; Fr. 4–5-fächerig, je Fach 2–3 schwarze Samen ***Fremontodendron***, 558

— Samen mit Samenmantel **46**
46. Samenmantel weiß od. hell; Kapsel 1- od. 2-fächerig **48**
— Samenmantel orangefarben od. rot; Kapsel 3–5-fächerig **47**
47. Kapsel 4–5-fächerig, kugelf. od. abgeflacht kugelf., meist 4–5-flachbuchtig, -kantig od. markant bis 1 cm lang geflügelt, sich 4–5-klappig öffnend, Kanten bzw. Flügel sich bei der Öffnung spaltend, 6–25 mm ∅, grünl. weiß, rosa od. rot; Samen eif., ellipsoidisch od. längl., weiß, grau, rötl., braun od. schwarz, völlig, selten nur teilw. von einem orangeroten bis roten, fleischigen Samenmantel umgeben; Samen nach der Fr.öffnung einzeln exponiert (*532/1*) . . . . ***Euonymus***, 528
— Kapsel 3-fächerig, ± kugelf., 8–10 mm ∅, gelb od. orangegelb, sich 3-klappig fachspaltig-septifrag öffnend; Samen nach der Fr.öffnung exponiert, aber zusammenhaftend, eif. bis ellipsoidisch, 4–6 mm groß, braun bis schwarzbraun, völlig von einem roten Samenmantel umhüllt . . . . ***Celastrus***, 434
48 (46). Kapsel eif. bis längl. eif., etwas abgeflacht, zugespitzt, 4–8 mm lang, 1-fächerig, 1–2-samig; Samen am Grund von einem zerschlitzten, dünnen, weißen Samenmantel umgeben . . . . ***Paxistima***, 689
— Kapsel verkehrt herzeif. bis rundl., stark abgeflacht, ringsum ca. 1 mm breit geflügelt, die Narbenregion V-f. ausgespart (*737/4*), 6–7 mm lang, 2-fächerig, je Fach 1-samig; Samen längl. eif., 3–5 mm lang, mit ungleich gelapptem, hellen Samenmantel; Samenschale behaart . . . . ***Polygala***, 737
49 (3). Samen nierenf., 1-endig verschmälert, abgeflacht, 5 mm ∅, braun, auf der konvexen Seite mit weißem Haarkranz (*576/3*); Kapsel einzeln bl.achselst., 1–1,5 cm lang gestielt, eif., 2–3 cm lang sternhaarig, 5-fächerig, vom persistierenden K. u. einem kleinen Außenk. am Grund umhüllt, sich 5-klappig lokulizid öffnend; Klappen gerade, zugespitzt . . . . ***Hibiscus***, 576
— Samen mit silbrigem Haarschopf, den Samenkörper weit überragend; Kapsel 1-fächerig, sich lokulizid öffnend **50**
50. Haarschopf an der Spitze des Samens; Kapsel schmal kegelf., aus 3 Frbl. gebildet, sich 3–5-klappig öffnend **52**
— Haarschopf am Grund des Samens; Kapsel ei-kegelf., lederig, aus 2 Frbl. gebildet, sich 2-klappig öffnend **51**
51. Kapsel ± lang gestielt, 3–12 mm lang, am Grund mit becherf. od. krugf., eingetrockneter Nektarscheibe (Diskus); Samen 1–1,5 mm lang, keulen- bis birnf., ellipsoidisch od. längl., Samenschale mit Netzmuster (*744/3*) ***Populus***, 737
— Kapsel meist nur kurz gestielt od. sitzend, 3–10 mm lang, am Grund ohne Nektarscheibe; Samen 0,5–2,2 mm lang, Samenschale ohne od. nur schwachem Netzmuster . . . . ***Salix***, 828
52 (50). Kapsel bis 12 mm lang, sich 3-klappig öffnend; K. 5-zählig, 3 mm lang, Kbl. lanzettl., gleich der Kr. persistierend; Samenkörper längl., 1–1,5 mm lang, mit gestielt aufsitzendem, 6 mm langem Haarschopf (*671/3*) ***Myricaria***, 671
— Kapsel 3–10 mm lang (*900/1*), sich 3–5-klappig öffnend; K., zuw. auch die Kr. persistierend, Kbl. eif. bis zugespitzt eif.; Samenkörper längl., 1 mm lang, mit ungestielt aufsitzendem Haarschopf (*900/2*) . . . . ***Tamarix***, 900
53 (5). Fr. 1–1,5 cm lang gestielt, in 5–12 cm langen, lang gestreckten, hängenden, endst. Rispen, kugelf. bis längl. eif., gerundet, 2-od. 3-kantig, 2–8 cm lang, in die 2–3 persistierenden Narben ± lang zipfelartig ausgezogen

(*889/1–3*); Kapsel 2–3-fächerig, je Fach 1–2 zentralwinkelst. sitzende Samen; Samen birn- od. eif., 2–12 mm groß, sehr hart, gelbbraun, glatt, glänzend; Kapsel sich erst spät unterhalb der Zipfel öffnend, den Winter über am Strauch bleibend .... ***Staphylea***, 888

— Fr. deutl. gestielt, in bis 35 cm großen, reich verzweigten Rispen, eif. bis längl. eif., 3,5–5 cm lang, etwas zugespitzt, kahl; Kapsel 3-fächerig, je Fach 1(–2) kugelf., 7–8 mm große schwarz glänzende Samen; Fr. sich lokulizid 3-klappig öffnend (*311/2*), bei der Öffnung od. später in die 3 Klappen zerfallend; Samen an den Klappen haftend .... ***Koelreuteria***, 612

54 (16). Fr. deutl. gestielt, am Ende kurzer, seitenst. beblätterter Zw. in Trauben, Rispen od. Schirmrispen; Kapsel ± kugelf. od. abgeflacht kugelf., ohne den persistierenden Gr. 3–7 mm groß, aus einem unterst. Frkn. hervorgehend; K. persistierend od. hinfällig u. am Oberende der Fr. einen markanten Ring hinterlassend (*507/1c*); Gr. 3–5, so lang wie od. länger als die Fr., fädig (!); Kapsel 3–5-fächerig, oben eine zentrale, runde od. sternf. Öffnung bildend, von unten her 3–5-klappig septizid aufplatzend (!); Samen zahlreich, längl. ellipsoidisch bis feilspanf., 1–5 mm lang .... ***Deutzia***, 505

— Fr. mit anderer Öffnungsweise **55**

55. Fr. gestielt in vielbltg., endst. Trauben, Rispen od. Schirmrispen, eif. bis konisch, ca. 4 mm lang, abstehend behaart, aus einem oberst. Frkn. hervorgehend; Gr. u. K. persistierend; Gr. 6–7 mm lang; K.zipfel 5, längl. eif., aufrecht ± so lang wie die Kapsel, etwas unterhalb der Fr.mitte inseriert; Samen zahlreich, winzig, schmal längl., beidendig geschwänzt, netzig gestreift ***Jamesia***, 595

— Fr. anders gestaltet **56**

56. Fr. einzeln endst. od. in armbltg. bis mehrbltg. Thyrsen, deutl. gestielt, eif., zugespitzt od. geschnäbelt od. rundl., 4–30 mm lang, kaum od. nur schwach verholzend, aus einem oberst. Frkn. hervorgehend, kahl; K. u. Gr. persistierend; K. 5-zählig, Kbl. eif. bis längl. 3-eckig, kürzer od. länger als die Fr., zuw. fast laubig u. am Rand mit Drüsen besetzt, kahl; Gr. 3 od. 5, frei od. am Grund ± weit miteinander verwachsen, fädig, bis 1 cm lang; Kapsel 1-fächerig od. unvollkommen 3–5-fächerig, sich 3- od. 5-klappig öffnend (*585/3*); Samen zahlreich, walzenf., ca. 1 mm lang .... ***Hypericum***, 584

— Fr. anders **57**

57. Fr. 5–6 mm lang gestielt, Stiel 4-kantig, drüsig in endst. aufrechten, 1,5–2 cm langen Trauben; Kapsel eif., ± lang zugespitzt, 2–3 mm lang, fein drüsenhaarig; K. u. Gr. persistierend; Gr. etwa so lang wie die Fr., K. 5-zählig, ½ so lang wie die Kapsel, kahl; Kapsel 2–3(–5)-fächerig, sich (2–)4(–5)-klappig öffnend; Samen zahlreich, eif. bis ellipsoidisch, bis 0,5 mm lang ***Kalmia buxifolia***, 610

— Fr. anders **58**

58. Kapsel aus einem oberst. Frkn. hervorgehend, 5-fächerig, sich 5-klappig öffnend, vielsamig **69**

— Kapsel 2–4-fächerig **59**

59. Kapsel aufrecht, 4-fächerig, aus einem oberst. Frkn. hervorgehend u. sich 4-klappig öffnend; Gr. u. K. persistierend; Fr. vielsamig **73**

— Kapsel 2–3-fächerig **60**

60. Kapsel aus einem oberst. Frkn. hervorgehend; K. am Grund der Fr. persistierend od. hinfällig u. dann deutl. Ulen hinterlassend **65**

— Kapsel aus einem unterst. Frkn. hervorgehend; K. am Oberende der Fr. persistierend od. hinfällig u. dann einen deutl. Ring hinterlassend **61**

61. Fr. ± sitzend od. deutl. gestielt, in 1–3-bltg. Zymen an kleinen Seitensprossen, die vorj. Zw. ansitzen; Fr. schmal zylindrisch, kahl od. behaart, oben oft ± lang schnabelf. verschmälert, 1,5–3 cm lang, 2–3(–6) mm ∅; K. hinfällig u. eine ringf. Ule hinterlassend od. persistierend, 5-zipfelig, 1 cm lang (*947/2*); Kapsel 2-fächerig, sich so 2-klappig von oben her öffnend, dass eine geschnäbelte Mittelsäule stehenbleibt; Samen je Fach zahlreich, zylindrisch, 3-kantig od. ± linsenf., mit schmalem, geflügeltem Saum ...... ***Weigela***, 947

— Fr. u. Samen anders **62**

62. Kapsel sich nicht öffnend; Samen ungeflügelt; **Sekt. *Calysphyrum*** der Gatt. .... ***Weigela***, 947

— Kapsel sich bei der Reife öffnend **63**

63. Fr. an vorj. Zw.; Kapsel ohne zentrale Mittelsäule, sich an der Spitze 2-klappig öffnend; Samen beidseitig lang geflügelt .... ***Macrodiervilla***, 645

— Fr. bzw. Frst. stets an jungen Zw.; K. stets persistierend **64**

64. Fr. sitzend od. kurz gestielt in Thyrsen, die aus mehrbltg Zymen zusammengesetzt sind, längl. eif. bis längl. ellipsoidisch, geschnäbelt, 6–15 mm lang, von einem 5-zipfligen 1–2 mm langen ± spreizenden K. gekrönt, Kapselhälften bei der Reife an den Spitzen zusammenhaftend (*510/2c*); Kapsel dünnwandig, rund od. kantig, kahl od. behaart, 2-fächerig; Samen zahlreich, ungeflügelt u. ungesäumt, eif., ± abgeflacht, ca. 1 mm groß, graubraun ***Diervilla***, 509

— Fr. gestielt in end- od. seitenst. 3–7 cm langen Trauben od. Rispen, kugelf. bis verkehrt eif., 8–10 mm lang, K. schalenf., mit 5 schmalen, 3-eckigen Zipfeln (*526/1*), behaart u. oft drüsenhaarig; Gr. persistierend, ca. 1 cm lang, mit kopfiger Narbe; Kapsel sich 2–3-klappig öffnend, vielsamig; Samen schmal längl. .... ***Escallonia***, 526

65 (60). Fr. 2–4 mm lang gestielt in end- od. seitenst., 5–15 cm langen, oft einseitswendigen Trauben; Kapsel schmal kegelf., seitl. etwas abgeflacht u. längsgefurcht (*594/2*), 6–8 mm lang, abstehend behaart, in einem schüsself. Bltn.becher stehend, der randl. 5 K.ulen aufweist; Gr. persistierend, mit kopfiger Narbe, 1,5–2 mm lang, starr; Fr. sich 2-klappig öffnend, Samen zahlreich, längl., 1 mm lang, glänzend .... ***Itea***, 594

— K. persistierend, meist 4-zählig **66**

66. Fr. aufrecht, 3–10 mm lang gestielt, in 2–5-bltg. Schirmtrauben, rundl. eif., ± zugespitzt, 3–4 mm lang, rötl., Kbl. 5, frei, 2 mm lang, der Kapsel anliegend; Kapsel 2–3-fächerig, sich 2–3-klappig bis zur Mitte öffnend, die Klappen oben oft gespalten; Samen zahlreich, rundl. eif., ca. 0,5 mm lang, braun ***Kalmia procumbens***, 610

— Fr. anders; Samen größer **67**

67. Fr. in aufrechten, kahlen od. drüsig behaarten, lockenen Thyrsen, 10–15 mm lang gestielt, längl. ellipsoidisch, zugespitzt mit persistierender Gr.basis, 7–15 mm lang, von einem gleich langen od. etwas kürzeren K. mit lanzettl. geschwänzten Zähnen umhüllt (*690/1*); Kapsel sich 2-klappig öffnend, die Klappen im oberen Drittel aufgespalten, ± spreizend; Plazenta als zentrale Säule stehen bleibend; Samen zahlreich, ungleichf., 1- bis mehrkantig, 1–1,5 mm lang, ± hautrandig .... ***Penstemon***, 689

— Frst. dichter; Fr. kürzer gestielt, meist deutl. kleiner **68**

68. Fr. aufrecht in dichten, end- od. seitenst., verlängerten od. gestauchten, spreizenden od. waagerecht stehenden Rispen, ± kurz gestielt; Kapseln eif. bis längl. ellipsoidisch (*410/2c*), 3–10 mm lang mit einfachen od. Sternhaaren bekleidet, sich 2-klappig öffnend; Samen zahlreich, eif. bis längl. eif. od. feilspanf., 1,5–5 mm lang .... ***Buddleja***, 410

— Fr. in mehr- bis vielbltg., end- od. seitenst. Ähren od. Trauben, sitzend od. ± deutl. gestielt; Kapseln eif. bis längl. eif., oft abgeflacht, 2,5–10 mm lang, kahl, K. 4-zählig, der Kapsel anliegend (*571/1*), Zipfel oft bewimpert, 1–5 mm lang; Samen rundl. bis eif., glatt, abgeflacht, ca. 1 mm lang .... ***Hebe***, 571

69 (58). Kapseln übergebogen hängend, 1–1,5 cm lang dünn gestielt, in endst., aufrechten, gedrungenen, 10–15 mm langen Trauben; Kapseln 3–6 mm lang, eif., Gr. persistierend, ± starr; K. verwachsenblättrig, 5-lappig, fein drüsig, 1 mm ∅; Kapsel sich vom Grund her (d. h. am Fr.stiel), durch die hängende Lage jedoch oben öffnend u. körbchenartig am Fr.stiel hängend (!); Samen feilspanf., bis 1,5 mm lang
Rhododendron tomentosum, ***R. groenlandicum***, 795

— Kapseln aufrecht od. nickend **70**

70. Fr. 12–20 mm lang gestielt, in 1–3-bltg. endst. Ständen, Fr.stiele rötl., drüsenhaarig; Fr. kugelf., 3 mm ∅, schwach behaart; Kbl. 5, frei, lanzettl., 5–7 mm lang, drüsig behaart, spreizend; Gr. persistierend, 10–12 mm lang, mit kopfiger Narbe; Fr.klappen sich oben 0,5–1 mm lang aufspaltend; Samen zahlreich, eif., braun, ca. 0,5 mm lang .... ***Rhodothamnus***, 797

— Fr. u. Frst. anders **71**

71. Fr. einzeln od. zu wenigen achselst. am Sprossende, 2–4 cm lang gestielt, Stiele drüsig; Kapsel kugelf bis eif., 3–4 mm ∅, meist drüsenhaarig; K. persistierend, freibl., Kbl. längl. eif od. linealisch lanzettl., ± so lang wie die Kapsel, meist drüsig behaart; Gr. hinfällig; Kapsel sich bis über die Mitte öffnend, die Klappen oben 2-zähnig; Samen eif. bis ellipsoidisch, ca. 0,7 mm lang, mit winzigen Längsflügeln .... ***Phyllodoce***, 699

— Fr. u. Frst. anders gestaltet **72**

72. Fr. in end- od. seitenst. Schirmrispen od. Schirmtrauben am Zw.ende, 1–4 cm lang gestielt, Stiele drüsig; Kapseln abgeflacht kugelf. bis rundl. eif., 3–8 mm ∅, kahl od. drüsig behaart; K. persistierend, Kbl. ½ so lang wie die Fr., breit eif. bis längl. lanzettl., am Grund miteinander verbunden; Gr. persistierend, 5–18 mm lang; Kapsel sich bis zum Grund öffnend, die Klappen oben oft gespalten (*610/3*); Samen spindelf. bis feilspanf., 0,5–1 mm lang, glänzend; Samenschale dem Samenkörper nur lose aufliegend, netzig gestreift
Kalmia, 609

— Fr. in endst. Schirmtrauben od. Doldentrauben, selten einzeln stehend, unterschiedl. lang, aber deutl. gestielt; Fr. mitunter bis 20-fächerig; Kapseln in allen Merkmalen sehr vielgestaltig; K. hinfällig od. persistierend; Kbl. meist längl. lanzettl.; Kapsel sich meist bis zum Grund öffnend, die Klappen ± weit spreizend, Mittelsäule dadurch deutl. sichtbar; Gr. meist persistierend, bei der geöffneten Kapsel der Mittelsäule aufsitzend; Samen zahlreich, unterschiedl. klein .... ***Rhododendron***, 788

73 (59). Fr. in endst. Büscheln am Ende vorj. Zw., 1–3 cm lang gestielt, Stiele drüsig; Kapsel eif. od. längl. ellipsoidisch, 3–7 mm lang; Fr.wand dick lederig, drüsig behaart; K. klein, die bewimperten K.klappen ca. 1 mm lang; Gr. ca. 1 mm lang; Samen spindelf. bis feilspanf., 2–2,5 mm lang, Samenschale mit Netzmuster .... ***Rhododendron benhallii, R. menziesii, R. pilosum***, 788, 789

— Fr. in 7–14 cm langen, behaarten Trauben, 8–10 mm lang gestielt, Stiele drüsenhaarig; Kapsel eif., 5–7 mm lang, drüsig behaart, sich nur im oberen Teil zentral öffnend; Kbl. 4, frei, spreizend, ½ so lang wie die Kapsel; Gr. fädig, 5–6 mm lang, mit kopfiger Narbe; Samen eif. bis ellipsoidisch, mit rauer Oberfläche, ca. 0,7 mm lang .... ***Daboecia***, 500

74 (16). Fr. lang gestielt, zu wenigen in endst. Trauben od. Schirmrispen; Kapsel breit kegelf., abrupt in den persistierenden Gr. verschmälert, 10–12 mm lang, lederig; Kbl. persistierend, (4–)5–7, lanzettl., 10–12 mm lang, spreizend od. zurückgeschlagen; Kapsel (4–)5–7-fächerig; Gr. bei der Fr.öffnung aufspaltend; Samen zahlreich, längl. ellipsoidisch, beidendig lang zugespitzt, 1 mm lang, Samenschale häutig, genetzt .... ***Carpenteria***, 422

— Kapsel 3-, 4- od. 5-fächerig, nicht aber 5–7-fächerig **75**

75. Kapsel 3- od. 5-fächerig, sich 3- od. 5-spaltig öffnend **78**

— Kapsel 4-fächerig, sich 4-spaltig öffnend **76**

76. Fr. in 9-bltg. Trauben, Rispen od. Schirmrispen, zuw. auch einzeln endst. an beblätterten kurzen Seitenzw.; Kapsel kreiself., eif. od. rundl., 5–10 mm lang, aus einem halbunterst. Frkn. hervorgehend; K. u. Gr. persistierend; Gr. 4, zumindest im oberen Teil frei, kürzer od. länger als die Fr.; K. mit 3-eckigen Zipfeln, im oberen Drittel der Fr. od. am Oberrand inseriert (*693/2*); Kapsel sich bis sich zum Grund öffnend; Samen zahlreich, längl. bis feilspanf., mit häutiger, dem Embryo locker anliegender Samenschale; Samen oft geschwänzt od. mit schuppen- bzw. fransenf. Anhängsel ***Philadelphus***, 693

— Kapsel kleiner, aus einem oberst. Frkn. hervorgehend, der persistierende K. am Grund der Kapsel; Gr. persistierend **77**

77. Fr. einzeln, end- od. seitenst., 1–2,5 cm lang dünn gestielt; Kapsel kugelf. bis breit eif., 3–4 mm groß; Kbl. frei, eif. bis längl. eif., rot od. rötl, 2–2,5 mm lang, kürzer als die Kapsel; Samen zahlreich .... ***Cassiope***, 427

— Fr. in 2–3 cm langen, dichten, endst, aufrechten Trauben, 5–6 mm lang gestielt; Kapsel fast kugelf. bis verkehrt eif., 2–2,5 mm lang, kahl, sich nur im obersten Drittel öffnend; K. ca. 1,5 mm lang; Gr. 2–3 mm lang, meist deutl. länger als die Kapsel; Samen zahlreich, ellipsoidisch, ca. 0,7 mm groß ***Erica spiculifolia***, 523

78 (75). Kapsel 5-fächerig, sich 5-klappig öffnend **82**

— Kapsel 3 fächerig, sich 3-klappig öffnend, aus einem oberst. Frkn. hervorgegangen; K. persistierend **79**

79. Kbl. gleich groß **81**

— Kbl. ungleich groß, die 2 äußeren klein u. schmal, die 3 inneren breit, so lang wie od. länger als die Fr.; Kapsel abwärts gebogen, 5–8 mm lang gestielt, 5–6 mm groß **80**

80. Fr. einzeln bl.achselst., eif., 3-kantig, kahl u. glänzend, nur an der Spitze mit sehr kurzen Haaren; Fr.klappen stark spreizend; Samen eif., stumpfkantig, graubraun, 2–3 mm lang; Samenstielchen (Funiculus) oft am Samen bleibend .... ***Fumana***, 559

— Fr. in endst. Wickeln, behaart; Fr.klappen wenig spreizend; Samen braun, 2 mm lang; abgelöste Samen ohne Samenstielchen ..... ***Helianthemum***, 573

81 (79). Fr. 1–8 mm lang gestielt in 5–20 cm langen, endst. Trauben od. Rispen; Kapsel kugelf. od. abgeflacht kugelf., 3–5 mm ∅; Gr. persistierend, starr, länger als die Kapsel (*459/2*), mit 3(–4) Narbenlappen; Samen zahlreich, ca. 1 mm lang, längl. eif., Samenschale durchscheinend, genetzt, viel größer als der Embryo .... ***Clethra***, 458

— Fr. zu wenigen sitzend od. sehr kurz gestielt in kleinen Trauben am Grund von Hauptsprossen; Kapsel kugelf., mit 3 großen, stark spreizenden, persistierenden Gr. u. Narben, insgesamt 1,5–2 cm lang; Gr. meist deutl. länger als die Kapsel; je Fach 1–2 Samen; Samen eif., glatt u. glänzend, 3–4 mm lang, mit hellem ringf. Nabelwulst .... ***Pachysandra procumbens***, 683

82 (78). Kapseln 2–3 cm lang dick gestielt, am Grund mit 3 persistierenden, geschwänzt zugespitzten, die Kapseln überragenden Kbl.; Kapsel 8–10 mm groß, dicht filzig behaart, mehrsamig; Samen eif., 2 mm lang, braun, glanzlos .... ***Cistus***, 449

— Kbl. 5, nicht filzig behaart **83**

83. Gr. persistierend **85**

— Gr. hinfällig **84**

84. Fr. in 5–15 cm langen Doppeltrauben, 3–4 mm lang gestielt; Kapsel eingedrückt kugelf., 5–6 mm ∅, mit 5 abgerundeten Kanten; Kbl. eif. od. breit lanzettl., 2,5–3 mm lang, der Kapsel anliegend; Fr. sich bis zum Grund öffnend; Samen zahlreich, feilspanf., ca. 3 mm lang, glatt u. glänzend, mit feinem Netzmuster .... ***Pieris***, 714

— Fr. in achselst. Trauben od. endst. Doldentrauben, ca. 5 mm lang gestielt; Kapsel eingedrückt kugelf., kugelig eif. od. eif. pyramidal, 3–9 mm lang; Fr.wand dick, die Verwachsungsnähte verdickt, an der geschlossenen Fr. als helle Streifen auffallend (*643/1c, 2c–d*); K.zipfel 3-eckig od. lanzettl., so lang wie od. kürzer als die Kapsel; Samen zahlreich, feilspanf. od. längl. ellipsoidisch, 1–1,5 mm lang .... ***Lyonia***, 642

85 (83). Fr. einzeln, end- od. seitenst., 1–2,5 mm lang dünn gestielt, Kapsel kugelf. bis breit eif., 3–4 mm groß; Kbl. kürzer als die Kapsel, oft rötl.; Samen zahlreich, sehr klein .... ***Cassiope***, 427

— Fr. nicht einzeln stehend; Samen zahlreich **86**

86. Gr. kürzer als die Kapsel; Fr. aufrecht **89**

Gr. länger als die Kapsel **87**

87. Fr. 1–3 cm lang gestielt, hängend (!) in achselst. Büscheln; Kapsel kantig gelappt, abgeflacht kugelf., 6–7 mm ∅, blaugrün; K. so lang wie die Kapsel, ihr anliegend; Kapsel sich nur im oberen Teil öffnend; Samen rundl. eif., < 1 mm groß .... ***Zenobia***, 954

— Fr. 2–5 mm lang gestielt; Kapsel sich bis zum Grund öffnend **88**

88. Fr. (*446/3*) in einseitswendigen horizontalen od. spreizenden, endst., 4–12 cm langen Trauben; Kapsel abgeflacht kugelf., 3–4 mm ∅; Kbl. 2–3 mm lang, eif. lanzettl., mit braunen Schuppen bekleidet (!), am Rand kraus flaumig; Fr.wand bei der Öffnung in 2 Lagen aufspaltend, die innere 10-klappig, die äußere 5-klappig; Samen eif., abgeflacht, 1 mm lang ***Chamaedaphne***, 446

— Fr. in achsel- od. endst., 2–8 cm langen spreizenden Trauben; Kapsel abgeflacht kugelf., 1,5–3,5 mm lang, 4–6 mm ∅; Kbl. 2–3 mm lang, eif. od. eif. lanzettl., kahl; Fr.wand bei der Fr.öffnung nicht aufspaltend; Samen kantig abgeflacht, 0,7–1,4 mm lang, Samenschale genetzt, glänzend ***Leucothoë***, 621

89 (86). Fr. 3–8 mm lang gestielt, Fr.stiele behaart, in einseitswendigen, 5–15 cm langen Trauben, die zu 10–25 cm langen, überhängenden, rispenartigen Doldentrauben angeordnet sind; Kapsel längl. eif. bis ei-kegelf., 5–7 mm lang, fein grau behaart (*682/3*); K. ca. ¼ so lang wie die Kapsel; Fr. sich bis über die Mitte öffnend; Samen spindelf. bis feilspanf., 2 mm lang, netzstreifig ***Oxydendrum***, 682

— Kapsel u. Fr.stiele kahl **90**

90. Fr. ca. 10–25 mm lang gestielt, in 2–8-bltg., endst. Schirmtrauben; Kapsel abgeflacht kugelf., kugelf. od. eif., 5–6 mm lang, sich im oberen Teil öffnend; Kbl. 3-eckig bis eilanzettl., etwa ⅓ so lang wie die Kapsel; Samen eif. ellipsoidisch, 1,2–1,5 mm lang, braun glänzend .... ***Andromeda***, 384

— Fr. 7–20 mm lang gestielt, in endst. Dolden od. Trauben; Kapsel ellipsoidisch längl., 5–8 mm lang; Kbl. breit bis lineal lanzettl., ± geschwänzt, 2–3 mm lang; Kapsel sich bis zum Grund öffnend; je Fach meist nur wenige 3–5-kantige Samen .... ***Enkianthus***, 520

Gruppe VIII
Fruchtverbände (Scheinfrüchte)

1. Frst. kugelf., end- od. bl.achselst. **3**

— Frst. längl. od. birnf., einzeln bl.achselst. **2**

2. Frst. kurz gestielt, birnf., 5–8 cm groß (*540/2*), anfangs grün, später braun bis braunviolett, oft bereift; Fr. zu vielen an der Innenwand einer krug- od. urnenf. Bltnst.achse, die zur Reife saftig fleischig wird, sitzend; Fr. ist eine Steinfr. mit dünner, äußerer Schicht u. einem eif., 1–1,5 mm langen Steinkern; Steinfr. von der fleischig werdenden Bltn.hülle umgeben .... ***Ficus***, 540

— Frst. ca. 1 cm lang gestielt, hängend, längl. walzenf., 1–3 cm lang, bis 2 cm dick, weiß, rot, dunkelpurpurn oder schwarzrot; Einzelfr. dicht beieinander stehend (*669/1*), die eif., 2–2,5 mm langen, ± abgeflachten Nüsse mit den persistierenden Narbenästen werden zur Reife von der persistierenden, 4-teiligen, fleischig saftigen Bltn.hülle eingeschlossen .... ***Morus***, 669

3 (1). Frst. gestielt **5**

— Frst. einzeln sitzend, bl.achselst., kahl, milchsaftführend; persistierende Bltn.-hülle saftig fleischig, Fr. eine Nuss **4**

4. Scheinfr. 5–13 cm ∅, anfangs grün, später gelbgrün bis gelbl., persistierende Bltn.hüllen dicht aneinander gepresst u. die einzelnen Fr. allseitig einschließend (*644/5*), Narben fädig persistierend; Nüsse längl. ellipsoidisch, abgeflacht, ca. 1 cm lang, 4–5 mm breit, fein längsstreifig, 1-samig; Samen ca. 1 cm lang .... ***Maclura pomifera***, 645

— Scheinfr. ca. 2,2 cm ∅, reif orangerot; Nüsse eif. bis ellipsoidisch, weiß, 6 mm lang u. 4 mm breit .... ***Maclura tricuspidata***, 645

5 (3). Frst. einzeln bl.achselst., ca. 1 cm lang gestielt, 1–2,5 cm ∅; Fr. dicht beieinander stehend; Bltn.hülle röhrig, persistierend, die zahlreichen behaarten kleinen Hochbl. dem Frst. einen Filz verleihend, aus dem die fädigen Narben herausragen (*409/2a*); Einzelfr. sich bei der Reife mit einem fleischigen Gynophor aus der Bltn.hülle herausschiebend; Fr. längl., 7–10 mm lang, orangerot, saftig fleischig, mit einem 2 mm langen, hartschaligen Steinkern ***Broussonetia***, 409

— Frst. endst., aufrecht, 5–10 cm lang gestielt, 1–1,5(–2,5) cm ∅, trübrot bis rot, homogen saftig fleischig, aus 20–30 miteinander verwachsenen Steinfr. gebildet, nur oberste Fr.teile frei, jeweils mit deutl. ringf. Bltn.hüllule, die eine endst. Vertiefung umgibt, aus der die persistierende Gr.basis etwas herausragt; Steinkerne eif., schwach asymmetrisch, 5–6 mm lang, fast glatt, mit einigen Längsriefen .... ***Cornus kousa***, 469

Gruppe IX
Klausenfrüchte

1. K.röhre deutl. ausgebildet, K.zähne kürzer od. nur wenig länger als die K.röhre **3**
— K.zähne lang pfrieml., viel länger als die kaum vorhandene K.röhre **2**
2. Gr. grundst., mit 2-lappiger Narbe; Klausen oberhalb der Basis eingeschnürt u. sich hier ablösend, eif. bis eif. zylindrisch, oft nur 1 Klause ausgebildet, 2(–3) mm lang, gerade, glatt, hellbraun bis grau .... ***Lithodora***, 627
— Frkn. mit grundst., zwischen den Klausen entspringenden Gr. mit einfacher Narbe; Klausen sich an der Basis ablösend, schief eif. od. gebogen, etwas geschnäbelt, 3 mm lang .... ***Moltkia***, 668
3 (1). Fr. aufrecht, 2–4 mm lang gestielt in reichbltg. Thyrsen; K. trichtetrf. glockig, 5–7 mm lang, ± bis zur Mitte in 5 gleiche Zipfel aufgespalten; Klausen pergamentartig häutig, spatelf., sichelf. gebogen u. zusammenneigend, 3-kantig, mit 2 schmalen Längsflügeln (*426/2c*), 3–4 mm lang, 2,5–3 mm breit; Samen durch einen Längsspalt sichtbar, längl. eif., 2 mm lang ***Caryopteris***, 426
— Klausen nicht geflügelt, fester, anders geformt **4**
4. K.zähne gleich od. fast gleich, K. nicht 2-lippig ausgebildet **7**
— K. deutl. 2-lippig, Oberlippe (fast) ungegliedert od. 3-zähnig, meist deutl. kleiner als die 2-zähnige Unterlippe **5**
5. K. glockig, mit weiter Öffnung (*815/2*), 10–12 mm lang, 15-rippig, außen deutl. behaart u. mit Drüsen besetzt, innen kurzhaarig od. kahl; Klausen eif. bis kugelf., 3 mm groß, glatt, glanzlos (*815/2a* u. *b*) .... ***Salvia***, 850
— K. kürzer **6**
6. K. röhrig bis röhrig glockig, 5–6 mm lang, an der Mündung ohne Haarring, außen dicht mit ästigen Haaren bekleidet u. dadurch weißfilzig (*691/5*); Klausen spitz eif. bis längl. eif., 2–2,5 mm lang, braun, mit feinen Längsstreifen ***Perovskia***, 691
— K. röhrig glockig, 2,5–5 mm lang, abstehend behaart, aber nicht filzig, K.zähne bewimpert, Zähne der Oberlippe 3-eckig, viel kürzer als die grannenartigen Zähne der Unterlippe (*909/1*), Mündung des K. durch einen dichten weißen Haarkranz geschlossen; Klausen rundl. eif. bis fast kugelf., glatt, braun .... ***Thymus***, 909
7 (4). Fr. in reich verzweigten, 15–20 cm langen Ähren am Sprossende; Klausen in ca. 3 mm langem K. u. persistierender Kr. geborgen; Frkn. 2-fächerig, Gr. im obersten Drittel od. der oberen Hälfte ansitzend; Fr. zerfällt zur Reife in 2 längl., plan-konvexe, zugespitzte, 1,3–1,8 mm lange u. 0,5–0,6 mm breite kastanienbraune Klausen .... ***Aloysia***, 378

— Frst. u. Fr. anders **8**

8. K. zylindrisch glockig, 5–7 mm lang, die unteren u. seitl. K.zipfel kurz u. stumpf, der obere mediane mit markantem verkehrt herzf. Anhang, K.röhre innen kahl, außen graufilzig; Klausen längl. ellipsoidisch, 2 mm lang, glatt, schwarzbraun, glänzend (*619/2c*) .... ***Lavandula***, 618

— K. u. Klausen anders gestaltet **9**

9. K.röhre zylindrisch, 15-nervig, K. 5–8 mm lang, K.zähne geschwänzt zugespitzt, 2–3 mm lang (*587/1*); Klausen längl. eif., 2 mm lang, graubraun, fein gekörnelt .... ***Hyssopus***, 587

— K. 10-nervig **10**

10. K.röhre zylindrisch, K. 4–5 mm lang, fein filzig behaart, K.zähne stark spreizend (*519/4*), zugespitzt, aber nicht grannenartig; Klausen längl. ellipsoidisch, 3-kantig, 1,5–2 mm lang .... ***Elsholtzia***, 519

— K. röhrig glockig, nicht filzig behaart; Klausen rundl. eif. bis kugelf. **11**

11. K. 6–9 mm lang, Mündung der Röhre ohne Haarring; K.zähne kurz begrannt, K. ± dicht behaart u. drüsig (*906/5*); Klausen fast kugelf., 1,5–2 mm ∅, mit undeutl., feinem Netzmuster (*906/5a*) .... ***Teucrium***, 906

— K. 3,5–6 mm lang; K.röhre an der Mündung mit weißem Haarring, K.röhre dicht drüsig (*854/7*), auf den Rippen kurz behaart, K.zähne deutl. begrannt; Klausen rundl. eif., 1 mm lang .... ***Satureja***, 854

Gruppe X
Spaltfrüchte

1. Frkn. oberst.; Teilfr. ± deutl. geflügelt **3**

— Frkn. unterst.; Fr. bzw. Teilfr. ungeflügelt **2**

2. Fr. in Doppeldolden; Fr. längl., von einem Gr.polster mit 2 sehr kurzen Narben gekrönt, mit schmal geflügelten Rippen, 7–8 mm lang, 3–4 mm breit (*411/1b*), zur Reife in 2 Teilfr. zerfallend, die sich von unten nach oben (!) von einem fädigem Karpophor lösen .... ***Bupleurum***, 411

— Fr. in kugelf., 2–3 cm großen Köpfen (*436/1*); Fr. 4–5 mm lang vom persistierenden K. gekrönt, in 2 Teilfr. aufspaltend, je eine Teilfr. mit u. eine ohne K.krone .... ***Cephalanthus***, 436

3 (1). Fr. aus > 3 ungeflügelten od. geflügelten Teilfr. bestehend **5**

— Fr. aus 2(–3) deutl. geflügelten Teilfr. bestehend **4**

4. Teilfr. 2, fast kreisrund, ringsum geflügelt (*311/4*) .... ***Dipteronia***, 512

— Teilfr. 2, mitunter 3 od. 4, 1-seitig propellerartig geflügelt (Samara) (*311/5, 352/4–7, 364/1–6*), zuw. nur 1 Teilfr. entwicklelt (*A. saccharinum*) ... ***Acer***, 349

5 (3). Teilfr. von einem persistierenden K., der noch von einem Außenk. umgeben ist, geborgen (*620/2*); Kbl. 3-eckig, geschwänzt zugespitzt; Teilfr. zahlreich, ringf. einer Mittelsäule (Columella) ansitzend, 1-samig; Samen nierenf. ca. 3 mm groß, dunkelbraun .... ***Lavatera***, 619

— Fr. ohne Außenk., Teilfr. nicht vom K. verdeckt geborgen, sondern ihn weit überragend; Teilfr. 6–7, breit geflügelt (*H. sexstylosa, 578/3*) od. 10–15, nur wenig geflügelt (*H. lyallii*) .... ***Hoheria***, 578

Gruppe XI
Bruchfrüchte, Gliederhülsen

1. Fr. zylindrisch, im ∅ rund od. nur schwach abgeflacht, 5–10 cm lang, Oberfläche längsgestreift bis netznervig strukturiert, zwischen den Samen kaum od. nur wenig eingeschnürt (*577/1*), Glieder ungleich lang, aber stets deutl. länger als breit .... ***Hippocrepis***, 577
— Fr. abgeflacht, zwischen den Samen eingeschnürt, Fr. dadurch deutl. gegliedert, meist 2–3-gliedrig, Glieder etwa so lang wie breit, mit markanten Querrippen u. Stacheln (*573/2*); Bltn.hülle trockenhäutig persistierend, die Fr. ± einhüllend .... ***Hedysarum***, 573

Gruppe XII
Nüsschen

1. Nüsschen geflügelt **10**
— Nüsschen ungeflügelt **2**
2. Nüsschen mit (meist federartigem) grannenartigem Fortsatz **9**
— Nüsschen ohne grannenartigen Fortsatz **3**
3. Nüsschen in einer festen od. fleischigen, urnenf. Bltn.achse (Bltn.becher) geborgen **12**
— Nüsschen frei sichtbar **4**
4. Nüsschen keulenf., ± 4-kantig (*732/3*), ca. 1 cm lang, am Grund mit fast 1 cm langem, gelbem Haarschopf, oben kurzhaarig, mit 3–5 mm langem, starrem Gr.; Nüsschen nicht ganz geschlossen, sondern mit schmalem Längsspalt, 1-samig, Samen lang u. schmal; Nüsschen in 2–3,5 cm dicken, kugeligen Köpfchen vereint, die zu 1–6 in 15–20 cm langen Frst. angeordnet sind u. den Winter über am Baum hängen .... ***Platanus***, 732
— Fr. nicht in kugeligen Köpfchen zusammengefasst **5**
5. Fr. ohne persistierenden K., 2–4 mm lang gestielt; Frch. zu mehreren (–10) sitzend, längl. ellipsoidisch bis linealisch, schwach gebogen, dünnwandig, mit nach außen durchscheinendem, im Spitzenbereich inseriertem Samen u. seitl., im oberen Drittel inserierter, persistierender Narbe (*950/2*); Samen 1 mm lang, braun .... ***Xanthorhiza***, 950
— K. persistierend **6**
6. Persistierender K. > 6 mm lang **8**
— K. kleiner **7**
7. Fr. 2,5–4 cm lang gestielt, einzeln od. zu wenigen endst. an Kurztrieben; Nüsschen 5(–8), rundl. eif., etwas abgeflacht, 4–5 mm lang, kahl, schwarzbraun glänzend, dickwandig; Kbl. frei, fast laubbl.artig, 4–5 mm lang, rundl. eif., kahl, fein drüsig bewimpert .... ***Kerria***, 611
— Fr. 1–1,5 mm lang gestielt, in endst., 3–20 cm langen aufrechten od. übergebogenen, reich verzweigten Rispen; Nüsschen 5, schief eif., ca. 1,5 mm lang, abgeflacht, braun, an den Kanten lang, auf den Flächen kurz behaart; Gr. persistierend, 1 mm lang; K. 5-zählig, die 1,5–2 mm langen Zipfel sternf. ausgebreitet (*578/7*) .... ***Holodiscus***, 578
8 (6). Fr. 1,5–4 cm lang gestielt, in endst. Trauben od. Dolden an Kurztrieben; K. laubbl.artig, spreizend, 8–10 mm lang; ± 5 mm breit, gesägt (*674/4*); Gr.

persistierend, fädig, ca. 5 mm lang; Nüsschen 2–4, schief eif., schwach nach innen gebogen, 3–5 mm lang, anliegend weiß behaart, dünnwandig, aber festschalig .... ***Neviusia***, 674

— Fr. 1–2 cm lang gestielt, aufrecht, einzeln od. zu wenigen bis vielen in end- od. seitenst. Thyrsen; K. nicht laubbl.artig, von einem ebenfalls 5-zähligen Außenk. umgeben, Kbl. 3-eckig, 7–10 mm lang, Außenk. nur wenig kleiner, aber schmalblättriger; Gr. persistierend, keulenf., am Grund des Nüsschen inseriert; Nüsschen zahlreich, mit der Basis einer flachen, behaarten Bltn.-achse aufsitzend, eif. bis längl. eif., 2 mm lang, weiß behaart ***Dasiphora***, 503

9 (2). Fr. einzeln bl.achselst. od. in end- bzw. seitenst. Zymen od. Rispen, meist lang gestielt; K. hinfällig; Nüsschen meist zahlreich, sitzend (!), einer kugelf. verdickten Bltn.achse ansitzend, eif. ellipsoidisch, derb lederig od. stark verholzt, ± deutl. abgeflacht; Gr. persistierend, zu einer fädig ausgezogenen, elastischen Granne auswachsend, die meist mehrfach länger als das Nüsschen ist; Gr. kahl od. federig, meist spreizend behaart (*454/4, 456/3* u. *4*) .... ***Clematis***, 450

— Fr. einzeln, bis 18 cm lang gestielt, aufrecht; K. persistierend, 8-blättrig, Kbl. linealisch lanzettl., 6–8 mm lang, behaart u. drüsig behaart; Stbl. vertrocknet persistierend; Nüsschen gestielt (!), Stiele an der Fr.achse bleibend; Nüsschen seitl. abgeflacht, spindelf., behaart; Frch.körper ca. 3 mm lang, Frch. mit Granne 2,5–4 cm lang; Granne dünn u. geschlängelt, federig behaart (*514/5*) .... ***Dryas***, 514

10 (1). Fr. zapfenartig, 6–8 cm lang, zylindrisch, einzeln, endst., 2–2,5 cm lang gestielt (*626/2*); Nüsschen zahlreich, einer langen, verholzten Bltn.achse (Spindel) spiralig u. sich dachziegelartig deckend ansitzend, später spreizend u. einzeln abfallend; Nüsschen linealisch, 2,5–3,5 cm lang, längs geflügelt, 6–8 mm breit, am Grund verdickt, kantig, 1–2-samig; Spindel stehen bleibend, Nüsschen erst spät abfallend .... ***Liriodendron***, 626

— Fr. nicht zapfenartig, Flügel der Nüsschen nicht verholzt **11**

11. Fr. rosettig an Kurztrieben stehend, 8–10 mm lang gestielt, mit je 8–20 Frch. (*533/1b*); Nüsschen am Grund keilf. verschmälert od. deutl. gestielt, stark abgeflacht, breit asymmetrisch, dünnhäutig geflügelt (*533/1c, 2b*), 1–2 cm lang, meist 1-samig, Samen im Zentrum (*533/2b*) .... ***Euptelea***, 533

— Fr. in 10–20 cm großen, endst. Rispen, 5–10 mm lang dünn gestielt, mit (1–) 5–6 sitzenden Frch.; Nüsschen längl. bis schmal ellipsoidisch, ringsum dünn pergamentartig geflügelt, 3,5–5 cm lang, 10–15 mm breit, stark abgeflacht, Flügel am Oberende gedreht (*371/5*), in Höhe des im Zentrum liegenden Samens 1-seitig eingekerbt; Nüsschen lange am Baum bleibend ***Ailanthus***, 372

12 (3). Fr.becher zur Reife völlig ausgetrocknet, Nüsschen rotbraun **14**

— Fr.becher saftig od. lederig fleischig, geschlossen bleibend **13**

13. Fr. aufrecht, spreizend od. hängend, deutl. gestielt, einzeln od. in Rispen, Schirmrispen bzw. Schirmtrauben; Nüsschen zahlreich, im Fr.becher am Grund od. auch seitl. inseriert, Mündung des Fr.bechers durch die aufrechten, verlängerten Gr. od. ein flaches bzw. halbkugeliges Polster bildenden verdickten Narben verschlossen; Kbl. eif. lanzettl., oft geschwänzt u. gefiedert, häufig ungleich, persistierend od. hinfällig; Hagebutte kahl, behaart, drüsig od. stachelig, kugelf., eif., birnf. od. abgeflacht kugelf., bis 7 cm lang u. 3 cm breit, oft jedoch viel kleiner, orangerot bis rotschwarz,

± fleischig; Nüsschen ± eif. od. längl., 3–6 mm lang, unregelmäßig kantig, verholzt, 1-samig; Fr. nicht abfallend .... ***Rosa***, 810

— Fr. einzeln endst. an Seitenzw., bis 1,5 cm lang gestielt; Hagebutte rundl. abgeflacht, 3–4 cm groß, grün, borstig stachelig (*815/4*), Kbl. persistierend, spreizend, grün, laubbl.artig ± so lang wie die Fr., z. T. gefiedert; Nüsschen zahlreich, rundl. eif., 4–5 mm lang, steinhart; Fr. schon bald grün abfallend, duftend (!) .... ***Rosa roxburghii***, 817

14 (12). Fr. einzeln bl.achselst. an vorj. Zw., deutl. gestielt, hängend, längl. krugf., 5–7 cm lang, im oberen Drittel röhrig eingeschnürt, nach unten zu allmähl. verschmälert (*446/6*); Wand des Fr.bechers derb lederig, fein längsstreifig, kurz filzig, gelbbraun, mit schraubig angeordneten, schuppenf. Hochbl.; Becheröffnung durch nach außen gebogene (!) Staminodien verschmälert, diese Gr. vortäuschend; Nüsschen im unteren Drittel des Fr.bechers inseriert, längl. ellipsoidisch bis zylindrisch, 12–18 mm lang, 5 mm ∅, schwach abgeflacht, nur m unteren Teil behaart, mit erhabenem, längs umlaufendem Band .... ***Chimonanthus***, 446

— Fr. endst. an diesj. Zw. **15**

15. Fr. ähnl. (*417/4*), aber mit kragenartiger Verengung; Fortsätze an der fast 1 cm großen Fr.öffnung bis 8 mm lang, ± aufrecht, die Spitzen längl. lanzettl, etwas nach außen gebogen; Nüsschen 10–12 mm lang
Calycanthus chinensis, 417

— Fr. aufrecht od. hängend, urnenf. u. mit großer Öffnung (*417/3, C. occidentalis*) od. längl. birnenf. u. oben fast geschlossen (*417/4, C. floridus*), Staminodien nur kurz aus der Öffnung herausragend, gerade; Fr.becher unten ± plötzl. verschmälert, Becherwand lederig, grob längsstreifig, behaart; Nüsschen längl. ellipsoidisch bis zylindrisch, allseitig behaart, mit einem erhabenen, längs umlaufenden Band
Calycanthus occidentalis, C. floridus, 418

Gruppe XIII
Steinfrüchtchen

1. Fr. einzeln, endst., mit 4-blättrigem, 2–2,5 cm langem persistierendem K., Frbl. meist 4, seltener 5–6; Steinfrch. rundl. eif. bis schief ellipsoidisch (*798/2*), ca. 8 mm lang, seitl. etwas abgeflacht, schwarzbraun bis schwarz, glänzend; Mesokarp dünn, trocken, Steinkerne sehr hart; Fr. den Winter über meist am Zw. bleibend .... ***Rhodotypos***, 798

— Mesokarp saftig fleischig **2**

2. Fr. mit persistierender Bltn.hülle, in seitenst., 1–10 cm langen, bis 15 cm breiten Rispen; Frch. ringf. angeordnet, eif. bis kugelf., 6–7 mm lang, mit kurzem stielartigem Abschnitt, anfangs grün, später rot; Mesokarp dünn
Picrasma, 714

— Frst. u. Fr. anders gestaltet **3**

3. Frch. pflaumenf. od. kugelf., zu 1–6 .... **5**

— Frch. meist zu vielen, kugelig-eif., 2–5 mm groß, mit eif., 2–4 mm großem, seitl. ± abgeflachtem, wabig netzig grubig strukturiertem Steinkern; Mesokarp saftig fleischig; Fr. stets vom persistierenden K. umgeben (*820/4*) **4**

4. Frch. einer meist festen, kegelf. Bltn.achse ansitzend u. sich mit dieser (!) zur Reife als Ganzes lösend; Frch. meist schwarz glänzend od. blau bereift (**Untergatt. *Rubus,* Brombeeren**) .... ***Rubus***, 820

— Frch. einer kegelf., halbkugeligen od. flachen Bltn.achse aufsitzend, sich zur Reife als Ganzes von der Achse ablösen lassend; Frch. nicht miteinander verwachsen, aber durch feine Haare miteinander verbunden; Fr. gelb, orangefarben, rot, selten schwarz (**Himbeeren**) .... ***Rubus***, 820

5 (3). Fr. 5–10 mm lang gestielt, in lockerbltg., 3–10 cm langen, hängenden Trauben (*677/2*), endst. an seitl. Kurztrieben; Fr.stiel zur Fr.reife rot gefärbt (!); Steinfrch. meist zu 1–3, am Grund vom persistierenden, wulstigen Rand des hinfälligen Bltn.bechers umgeben; Frch. pflaumenartig, 8–15 mm lang, blauschwarz, bereift; Mesokarp dünn; Gr.ule seitl. an der Frch.spitze; Steinkern 7–11 mm lang, seitl. abgeflacht, ± gekielt, braun, glatt .... ***Oemleria***, 677

— Frch. kugelf., mit 4–8 mm großem, halbmondf. Steinkern **6**

6. Fr. 2–3 mm lang gestielt, in hängenden, reichbltg., 6–12 cm langen Rispen; Frch. 1–3, sitzend, leicht asymmetrisch, dunkel- bis schwarzblau, schwach bereift, 8–10 mm ∅; Narbenulen seitl. in der Mitte der Frch.; Steinkerne rundl., abgeflacht, 7–8 mm ∅, mit gekieltem, 3-kantigem Randwulst, der ein flaches, planes Mittelfeld umschließt (*666/3*); Einkerbung im Randwulst deutl., etwa ¼–⅕ des Umfangs ausmachend .... ***Menispermum***, 665

— Fr. 3–5 mm lang gestielt, in wenigbltg., spreizenden Trauben od. Rispen; Frch. 1–6, am Grund 0,5–1 mm lang stielartig verschmälert, 6–8 mm ∅, rot; Narbenulen nahe der Frch.basis; Steinkern 4–5 mm ∅, abgeflacht, mit rundem radiär gestreiftem Randwulst, der ein kleines, nabelartiges Zentrum umschließt (*460/2*); Einkerbung im Randwulst < ⅕ des Steinkernumfangs ***Cocculus***, 460

Gruppe XIV
Beerchen

1. Fr. ährenartig, dem Frst. einer Roten Johannisbeere ähnelnd, 3–10 cm lang, einzeln, bl.achselst. (*855/1d*); Frch. durch Streckung der Fr.achse ± entfernt stehend, kugelf., 8–10 mm ∅, saftig fleischig, scharlachrot, 1–2-samig; Samen nierenf., 4 mm lang, hellbraun glänzend .... ***Schisandra***, 855

— Fr. nicht einer Roten Johannisbeere ähnelnd **2**

2. Fr. grün, hellrosa bis blauviolett, auch > 1 cm groß **4**

— Fr. schwarz od. schwarzblau, bis 1 cm groß **3**

3. Fr. einzeln, seitenst. an vorj. Zw., fast sitzend od. zu 1–5 endst. an jungen Seitensprossen, 1–1,5 cm lang dünn gestielt; Fr. eine 2-teilige Beere aus 2 am Grund nur kurz miteinander verwachsenen, 8–10 mm großen kugelf. Fr.teilen bestehend, schwarz glänzend, oft nur eine Fr.hälfte entwickelt; jede Fr.hälfte mit 2 halbkugeligen, 5–6 mm großen Samen; K. persistierend, 4-zipfelig, mit schmal linealischen od. grannenartigen Zipfeln (*595/4*) ***Jasminum***, 595

— Fr. in doldenartigen Ständen am Zw.ende, etwa 2,5 cm lang gestielt, hängend; Frch. 4–10, blauschwarz, eif. bis birnf. od. ellipsoidisch, ca. 1 cm lang, fleischig, mit bis zu 15 nierenf., 3–4,5 mm langen, schwarzen, glänzenden Samen .... ***Drimys***, 514

4 (2). Fr. einzeln stehend, ca. 1 cm lang gestielt, seitenst. an vorj. Zw.abschnitten; Frch. meist 1–2(–3), ellipsoidisch od. unregelmäßig zylindrisch, 4–10 cm lang, 1,5–4 cm dick (*391/3*), anfangs grün, später hellbraun, saftig fleischig, 1- bis mehrsamig; Samen stark abgeflacht, asymmetrisch, 2–2,5 cm lang, glänzend braun, schwach querrunzelig .... ***Asimina***, 391

— Fr. anders gestaltet **5**

5. Fr. in 20–50 cm langen, hängenden Trauben **6**

— Fr. einzeln od. in Paaren; Beerchen meist zu dritt, eif., 3–5 cm lang, fleischig saftig, violettpurpurn; Samen zahlreich, dunkelbraun in eine Pulpa eingebettet; Frch. geschlossen bleibend, bisweilen sich jedoch durch Aufplatzen öffnend .... ***Stauntonia***, 889

6. Fr. 1–2 mm lang gestielt, in 25–40 cm langen Trauben; Frch. (1–)2–3(–4), nur am Grund etwas miteinander verbunden, eif. bis ellipsoidisch, 1–2 cm lang u. fast so breit (*859/6*), hellrosa bis blass violett, glatt, saftig fleischig; Frch.-wand 1,5–2 mm dick; Samen 3–5, eif., abgeplattet, 6–7 mm lang, schwarz, in eine durchscheinende Gallerte eingebettet .... ***Sinofranchetia***, 859

— Fr. sitzend in 20–50 cm langen, einfachen od. doppelten Trauben; Frch. 1–3, walzenf. (*504/5*), 5–10 cm lang, kobaltblau, kahl, fleischig; Samen in 2 Längsreihen, von einer durchscheinenden Gallerte umgeben, eif., abgeflacht, 9–10 mm lang, schwarz glänzend .... ***Decaisnea***, 504

Gruppe XV
Apfelfrüchte

1. Fr. mit pergamentartigem, lederigem Kerngehäuse (Kernapfel) **5**

— Fr. mit Steinkernen (Steinapfel) **2**

2. Fr. 5–10 mm lang gestielt, einzeln, endst., breit kreiself., 2–3 cm, bei Kulturformen bis 4 cm ∅, fein behaart, rau, braun, von 5 aufrechten od. spreizenden, lineal lanzettl., 2–3 cm langen Kbl. gekrönt (*666/5*); Oberende der Fr. plan od. ± eingesenkt; Fr.fleisch sehr fest; Steinkerne schief eif., 8–10 mm lang, seitl. abgeflacht, 3-kantig, unregelmäßig längsrippig, sehr hart, hellbraun ***Mespilus***, 666

— Fr. in Ständen, wenn einzeln, dann kleiner **3**

3. Fr. 3–15 mm lang gestielt, in vielbltg., bis 4 cm breiten Schirmrispen (*768/2*), kugelf. bis abgeflacht kugelf., 5–7 mm ∅, leuchtend rot, orange od. gelb, Fr.fleisch mehlig fleischig; Steinkerne 5, dicht beieinander liegend, etwa bis zur Hälfte am Rücken mit dem Fr.becher verwachsen, 3-kantig, mit 2 planen u. einer konvexen Seite, 2,5–3 mm lang, im verwachsenen Teil rau, sonst glatt u. glänzend; Kbl. breit 3-eckig, zusammenneigend, ca. 1 mm lang, das Gr.umfeld bzw. den oberen, freien, wollig behaarten Kernteil nicht völlig verdeckend .... ***Pyracantha***, 768

— Steinkern größer, oft ± längsgefurcht; Gr.umfeld verdeckt od. frei **4**

4. Fr. fast sitzend od. bis 1 cm lang gestielt, zu 1–3(–5) seiten- od. endst. an kurzen Seitenzw., meist < 1 cm lang, kugelf. od. ellipsoidisch, rot, selten schwarz, ± behaart od. kahl, ohne Korkwarzen; Steinkerne 2–3(–5), auf der Rückseite mit dem Fr.becher verwachsen, oben frei, 2–3-kantig, auf der od. den planen Seiten warzig glatt u. glänzend, eif., 4–5 mm lang, braun;

Gr. persistierend, von den 5 etwas flauschigen, 3-eckigen, 1–2 mm langen, Kbl. dicht umgeben, Gr.umfeld somit verdeckt .... ***Cotoneaster***, 474

— Fr. 1–2 cm lang gestielt in mehrbltg. Schirmtrauben od. Rispen, selten einzeln endst. an Kurztrieben; Fr. rot, gelb, braun od. schwarz, rundl. eif., birnf. od. breit ellipsoidisch, 1–2,5 cm lang, mit wenigen od. vielen Korkwarzen (!); Fr.fleisch mehlig od. fleischig hart; Gr. persistierend, 1–5, aus einem trichterf., freien (!) Gr.umfeld hervorragend; Kbl. 3-eckig bis lanzettl.,1–10 mm lang, meist spreizend od. zurückgeschlagen, selten zusammenneigend od. hinfällig, dann eine deutl. Ule hinterlassend; Steinkerne 1–5, stielrund od. kantig, oft 3-kantig, mit 2 planen u. einer konvexen, längsgefurchten Seite, 6–9 mm lang, allseitig rau, nie glänzend .... ***Crataegus***, 481

5 (1). Fr. durch zusätzl. Scheidewände in 10 1-samige Fächer aufgeteilt, meist jedoch nicht alle Fächer mit entwickelten Samen; Fr. rundl. bis kugelf., 5–15 mm ∅, rot bis blauschwarz u. bereift; K. persistierend, die 5 Kbl. 3–5 mm lang, 3-eckig bis lanzettl., meist spreizend; Fr.fleisch mehlig fleischig; Samen ca. 4 mm lang, seitl. abgeflacht, glänzend .... ***Amelanchier***, 379

— Fr. nie 10-fächerig **6**

6. Fr. einzeln, endst., ± sitzend, apfel- od. birnf., 4–12 cm lang, gelb, graufilzig; Kbl. persistierend, laubbl.artig, ca. 1 cm lang (*495/1*), drüsig gefranst; Samen zahlreich, schief eif. bis birnf., 7–8 mm lang, ungleichkantig abgeflacht, hellbraun, nicht glänzend; Fr.fleisch hart, mit vielen, v. a. um das Kerngehäuse liegenden, hartkörnigen Einschlüssen (Steinzellennestern)
Cydonia oblonga, 496

— Fr. nicht gelb u. graufilzig **7**

7. Fr. fast sitzend; Samen je Fach 2-reihig, abgeflacht, dicht gepackt; Fr.fleisch dick, sehr fest; K. hinfällig **15**

— Fr. deutl. gestielt; Samen nicht 2-reihig u. dicht gepackt **8**

8. Fr. 1–3 cm lang gestielt, einzeln od. zu wenigen in Schirmtrauben; Fr. rundl. bis birnf. (*769/4–10*), 2–4(–8) cm lang, grün, gelb od. braun; Fr.fleisch dick, bis unmittelbar vor der Reife hart, später meist saftig, gleichmäßig dicht mit hartkörnigen Einschlüssen versehen; Kbl.5 (bei unseren Arten) persistierend, 2–5 mm lang, meist spreizend; Samen je Fach 1–2, ± eif., zugespitzt, unregelmäßig abgeflacht, 6–10 mm lang, schwarz od. schwarzbraun, oft glänzend .... ***Pyrus***, 768

— Fr. nicht mit dieser Merkmalskombination **9**

9. Fr. in wenigbltg. Schirmtrauben od. einzeln, 1–5 cm lang gestielt, rundl., selten birnf., 0,5–10 cm dick, glatt, oft mit wachsartigem Überzug, grün, gelb, oft rotbackig od. einfarbig rot; K. häufig persistierend (*655/4*), wenn hinfällig, dann eine ringf. Ule hinterlassend (*661/2*); Fr.fleisch saftig fleischig, ohne hartkörnige Einschlüsse (nur bei *M. tschonoskii* mit wenigen); Kerngehäuse pergamentartig, je Fach meist 2 Samen (*44/6*); Samen eif., zugespitzt, 4–8 mm lang ± stark abgeflacht, hellbraun bis braun, meist mit fein längsstreifiger Oberfläche, dadurch ± seidig glänzend od. matt
Malus, 654

— Fr. anders **10**

10. Fr. meist ohne Korkwarzen **12**

— Fr. meist mit Korkwarzen **11**

11. Fr. 2–12 mm lang gestielt, in vielbltg. Schirmrispen, eif., birnf., ellipsoidisch od. fast kugelf., 6–15 mm lang, rot, gelb, bräunl., blassrosa od. weiß; Fr.fleisch mehlig fleischig; Fr.wand meist derb u. mit wenigen od. vielen Korkwarzen versehen; Kbl. 5, 3-eckig, 1–2(–4 mm) lang; Kerngehäuse 2–5, oben frei, vom K. verdeckt; Samen je Fach 1–2, längl. eif. zugespitzt od. beidendig zugespitzt, oft 3-kantig, rotbraun (!), 3–6 mm lang .... ***Sorbus***, 866

— Fr. 2–3 cm lang; apfel- od. birnf.; grün, gelbgrün bis bräunl. nie weiß od. rein rot, oft mit rötl. Flanken; Samen 8–10 mm lang ...... ***Cormus domestica***, 463

12 (10). Gr. 2 (!), selten 3–4; Fr. 5–15 mm lang gestielt, in 3–5 cm langen behaarten Trauben od. bis > 15 cm breiten, kahlen Rispen; Fr.stiele warzig od. ± glatt; Kernapfel rundl. od. ellipsoidisch (*746/4*), 5–8 mm lang, rot; K. persistierend, die 5 Kbl. 1 mm lang, zusammenneigend; Samen eif. ellipsoidisch, 3–4 mm lang, gerundet od. ± 1-seitig abgeflacht ***Pourthiaea***, 746

— Fr. anders, Gr. 3–5 .... **13**

13. Pfl. sommergrün; Fr. 5–20 mm lang gestielt, in Schirmrispen; Fr.stiele meist mit 2 markanten Vorbl.ulen (!); Fr. ± kugelf., 4–10 mm ∅, kahl od. behaart, schwarz glänzend od. rot bis schwarzpurpurn u. kaum glänzend; Gr.umfeld flockig behaart bis weißwollig, meist vom K. verdeckt; Samen je Fach 2, ellipsoidisch, 3 mm lang, mit 2 abgeflachten Seiten, braun ...... ***Aronia***, 389

Ähnl. ist × ***Sorbaronia:*** Gr. 3–4; Fr. in graufilzig behaarten bis fast kahlen Trugdolden von ca. 3 cm ∅; Fr. 8–10 mm ∅, fast kugelf., eif. od. birnenf., rot, dunkelpurpurn bis schwarz.

— Pfl. immergrün **14**

14. Fr. 2–5 mm lang gestielt, in behaarten Schirmrispen; Fr.stiele rot, behaart, ohne Vorbl.ulen; Kernapfel kugelf., 6–8 mm ∅, karminrot, ± weiß behaart; K. persistierend, Kbl. 1 mm lang, zusammenneigend, das Gr.umfeld nicht deckend; Samen je Fach 2, längl. bis schief ellipsoidisch, 4 mm lang, seitl. abgeflacht, braun .... ***Photinia***, 697

— Fr. in 5–15 cm langen, 2–4 cm breiten, aufrechten Trauben, anfangs dicht braun behaart; K.röhre trichterf., dicht behaart, die K.zähne 3-eckig bis schmal eif., hinfällig; Fr. 7–10(–15) mm ∅, glänzend brauschwarz ***Rhaphiolepis***, 787

15 (7). Fr. ± sitzend an kurzen, meist bl.losen Zw., die älteren Langtrieben ansitzen, meist mehrere beieinander od. doch genähert; Fr. fast kugelf., eif. ellipsoidisch bis ellipsoidisch (*440/1b, 2b* u. *c*), 3–15 cm lang, gelb, gelbgrün od. olivbraun, häufiger heller punktiert, Fr.fleisch ohne hartkörnige Einschlüsse; Samen eif., zugespitzt od. spitz birnf., abgeflacht, 7–19 mm lang, dunkelbraun bis dunkelrotbraun, glänzend, zahlreich, pro Fach in 2 Längsreihen .... ***Chaenomeles***, 439

— Fr. ± sitzend, einzeln endst. an beblätterten Zw., längl. ellipsoidisch bis ellipsoidisch, 10–15 cm lang, 4–7 cm ∅, dunkelgelb, Fr.fleisch dick, fest, fast holzig, um das Kerngehäuse mit dicht liegenden, körnig harten Einschlüssen; Samen je Fach in 2 Reihen, dicht gepackt, eif., ± zugespitzt, stark abgeflacht, 6–7 mm groß, hellbraun, glanzlos .... ***Cydonia sinensis***, 496

Gruppe XVI
Beeren

1. Weichkörper der Fr. v. a. od. ausschließl. aus der Fr.wand (Mesokarp) od. unter Beteiligung des Bltn.bechers hervorgehend **4**

— Weichkörper der beerenähnl. Fr. vom K., der gesamten Bltn.hülle od. von Vorbl. gebildet **2**

2. „Fr." einzeln bl.achselst., bis 5 mm lang gestielt, hängend, pflaumenähnl., 10–15 mm lang, dunkelblau, bereift, am Oberende mit 2 mm langem, schmalem Querspalt; Fr.fleisch grünl. gelbl., mit mehreren, eif., 2,5–3 mm langen Samen; Fr. eine Doppelfr, aus 2 Beeren gebildet, die mit den röhrenf. verwachsenen, saftig fleischigen Vorbl. verbunden u. oben im Querspalt zu sehen sind (*632/2b*); Beeren selbst relativ saftarm u. dünnwandig ***Lonicera caerulea***, 632

— Weichkörper der Fr. anders **3**

3. Fr. 3–8 mm lang gestielt, einzeln bl.achselst. od. in verlängerten, seiten- od. endst. Trauben, nickend; Frkn. oberst., 5-fächerig, je Fach vielsamig; K. persistierend, 5-zählig, mit 3-eckigen Zähnen, bei der Fr.reifung sich vergrößernd u. saftig fleischig werdend, die weichwandige Kapsel ± umschließend u. so eine Beere vortäuschend (*560/2*); Fr.fleisch weiß, fleischig schaumig; Fr. ± kugelf., 6–13 mm ∅, weiß, rosa, leuchtend rot od. (blau)schwarz; Samen 1–1,2 mm lang, seitl. abgeflacht, hellbraun; Fr. oft den Winter über hängen bleibend . . . . ***Gaultheria***, 560

— Fr. 5–15 mm lang gestielt, in end- od. seitenst., 2,5–20 cm langen Trauben, bis 12 mm ∅; Frbl. frei, 5–10, der Bltn.achse ringf. ansitzend; K. persistierend, 5-zählig, mit rundl. Lappen; Krbl. 5, sich bei der Fr.reifung stark vergrößernd, saftig fleischig werdend u. die sich aus den Frbl. bildenden, schief eif. bis bohnenf., 3–5 mm langen, seitl. abgeflachten, gekielten, schwarz glänzenden Nüsschen überragend, völlig umschließend u. auch zwischen sie eindringend (*462/3*); Fr. braunrot, rot, dunkelviolett bis schwarz ***Coriaria***, 462

4 (1). Blüte mit nur 1 Frbl., das zu einer Beere wird, od. mehrere Frbl. zu einem einheitl. Frkn. verwachsen, der zur Reife zu einer Beere auswächst **8**

— Frbl. ganz frei od. nur am Grund etwas miteinander verbunden, zur Reife isolierte Frch. bildend, die einen Beerenfrst. vortäuschen **5**

5. Fr. ährenartig, dem Frst. einer Roten Johannisbeere ähnelnd (*855/1d*), 5–15 cm lang, einzeln bl.achselst.; Frch. durch Streckung der Fr.achse ± entfernt stehend, kugelf., 8–10 mm ∅, saftig fleischig, scharlachrot, 1–2-samig; Samen nierenf., 4 mm lang, hellbraun glänzend . . . . ***Schisandra***, 855

— Frch. größer, nicht leuchtend rot **6**

6. Fr. 1–2 mm lang gestielt, in 25–40 cm langen, hängenden Trauben; Frch. (1–)2–3(–4), nur am Grund etwas miteinander verwachsen, eif. bis ellipsoidisch, 1–2 cm lang u. fast so breit (*859/6*), hellrosa bis blass violett, glatt, saftig fleischig; Fr.wand 1,5–2 mm dick, Samen 3–5, jeweils in 2 Längsreihen, eif., abgeplattet, 6–7 mm lang, schwarz, in einer durchscheinenden Gallerte eingebettet . . . . ***Sinofranchetia***, 859

— Frch. größer, anders gestaltet **7**

7. Fr. ca. 1 cm lang gestielt, Stiel rotbraun behaart, seitenst. an vorj. Zw.; Frch. meist 1–2, ellipsoidisch od. unregelmäßig zylindrisch (*391/3*), 4–10 cm lang,

1,5–4 cm dick, anfangs grün, später braun, saftig fleischig, 1- bis mehrsamig, Samen stark abgeflacht, asymmetrisch, 2–2,5 cm lang, glänzend braun, schwach querrunzelig . . . . **Asimina**, 391
— Fr. sitzend, in 20–50 cm langen, hängenden, einfachen od. doppelten Trauben; Frch. zu 1–3, walzenf. (*504/5*), 5–10 cm lang, kobaltblau, kahl; Fr.wand fleischig; Samen in 2 Längsreihen, von durchscheinender Gallerte umgeben, eif., abgeflacht, 9–10 mm lang, schwarz glänzend **Decaisnea**, 504
8 (4). Fr.fleisch saftig fleischig od. ± verfestigt, nicht zäh klebrig **10**
— Fr.fleisch zäh klebrig (viscos) **9**
9. Fr. sitzend in 1-fachen od. zusammengesetzten Trauben, birnf. bis kugelf., 8–10 mm lang, oben mit persistierendem eingetrocknetem Gr., gelb, 1-samig . . . . **Loranthus**, 641
— Fr. sitzend, zu 1–3 endst., kugelf. bis kugelig eif., ca. 8 mm ∅, weiß bis gelbl. weiß; Fr. oben mit punktf. Gr.ule u. 4 dunklen, kleinen Bltn.hüllulen; Samen abgeflacht, grün, ca. 5 mm groß, in einem silbrigen, festen Mantel eingebettet; Fr. aus einem unterst., in den Bltn.becher eingesenkten u. mit ihm verwachsenen Frkn. hervorgehend; Innenschicht des Bltn.bechers verschleimend, die dünne, eigentl. Fr.wand, die den Samen umgibt, umhüllend . . . . **Viscum**, 943
10 (8). Fr.wand zur Reife ± fleischig **14**
— Fr.wand zur Reife lederig **11**
11. Fr. meist einzeln, seltener zu 2–3, achselst., kurz gestielt, kugelf. od. abgeflacht kugelf., 6–8 cm ∅, mit gelber, roter od. rotbrauner Fr.wand; K. persistierend, die Fr. krönend (*767/5*), mit 0,5–1 cm langer Röhre u. ca. 1 cm langen, 3-eckigen, ± stark spreizenden Zipfeln; Fr. in 2 Etagen 9-fächerig; Samen zahlreich, kantig, 8–10 mm lang, von unterschiedl. Form, mit äußerer saftiger u. innerer hornartig fester Schale . . . . **Punica**, 767
— Fr. kleiner, ohne krönenden K. **12**
12. Fr. sitzend, einzeln bl.achselst., kugelf., 3–5 cm ∅; Fr.wand dick, filzig behaart, goldgelb; Fr. im ∅ deutl. radiär gefeldert, in 6 Sektoren gegliedert; Saftzotten von der Fr.wand in die Fächer wachsend; Samen zahlreich, ± eif., leicht abgeflacht, fast weiß, 8–12 mm lang . . . . **Citrus**, 449
— Fr. in hängenden od. abwärtsgerichteten, vielfrüchtigen Trauben od. Ähren, Fr.wand lederig, später eintrocknend **13**
13. Fr. 1–2 mm lang gestielt in achselst., starr nach unten gerichteten, 5–10 cm langen, vielfrüchtigen Trauben; Beeren kugelf., glatt od. schwach gerippt, 6–8 mm ∅, kahl, grün, oft rot überlaufen (*888/3*); Plazenten scheidewandartig vergrößert, Fr. dadurch 4-fächerig; je Fach 3 Reihen dicht liegender Samen 1,5–1,8 mm lang, hellbraun glänzend, von einem dünnen, gallertigen Samenmantel umgeben . . . . **Stachyurus**, 887
— Fr. sitzend in 5–10 cm langen kätzchenartigen Ständen; Fr. kugelf. eif., 7–9(–11) mm ∅, dicht weißl. behaart, 1–2-samig; Samen in eine dunkelrote, saftig klebrige Masse eingebettet . . . . **Garrya**, 560
14 (10). Fr. mit 1–2 od. mehr Samen **18**
— Fr. stets nur mit 1 Samen **15**
15. Fr. kugelf. od. ellipsoidisch **16**
— Fr. nierenf., in großen, bl.achselst. Rispen, 2–3 mm gestielt, 1 cm ∅, grün, zur Reife blauschwarz, bereift; Fr.fleisch dünn, fest, schrumpfend **Trachycarpus**, 921

16. (Stein-)Fr. zur Reife rot, 3 mm lang gestielt, zu 3–4 in kleinen, achselst. Doldenrispen; Beere längl. ellipsoidisch, 1 cm lang, scharlachrot; Fr.wand dünn, am Oberende mit kleinem persistierendem Gr. od. Gr.rest (*624/3c*); Samen eif., 8–9 mm lang, grau u. braun marmoriert (*624/3d*) ***Lindera benzoin***, 625

— Fr. gelbgrün bis purpurn od. schwarz, aber nie leuchtend scharlachrot, in kleinen, bl.achselst., doldenartigen Ständen **17**

17. Fr. ca. 1 cm lang gestielt, ± kugelf., 1–1,5 cm groß, dunkelgrün, zur Reife schwarz glänzend .... ***Laurus***, 618

— Fr. 1–2,5 cm lang gestielt, 2–2,5 cm lang, ellipsoidisch od. rundl., dünnschalig, eif., grün, dann gelbgrün, bisweilen purpurn; Steinkern hellbraun, ellipsoidisch, glatt .... ***Umbellularia***, 929

18 (14). Fr. aus einem oberst. Frkn. hervorgegangen **36**

— Fr. aus einem unterst. Frkn. hervorgegangen, am Oberende der Fr. ein persistierender K., K.reste od. K.ulen **19**

19. Fr. sitzend, in bis zu 5 cm lang gestielten, bl.achselst. Paaren; benachbarte Fr. ± vollkommen miteinander verwachsen u. so eine 5–10 mm große, rundl. kugelf. Doppelbeere bildend, die oben durch die beiden dicht beieinander liegenden K. auch gut als Doppelfr. erkennbar ist (*637/1c, 638/2–3*); Fr. rot, dunkelblau od. schwarz; Samen zu mehreren, 3–5 mm groß, eif. ellipsoidisch od. rundl., stark abgeflacht, hell ... ***Lonicera*** (Subgenus ***Chamaecerasus***), 627

— Fr. stets getrennt, auch wenn dicht beieinander liegend **20**

20. Fr. fast sitzend, zu 1–3 auf der Oberfläche eines Laubbl. (*574/1*); beerenähnl. Steinfr. rundl., 6–7 mm ∅ schwarz, mit 1–4 längl., 5–6 mm großen Steinkernen mit Netzmuster .... ***Helwingia***, 574

— Fr. nicht auf einem Laubbl. sitzend **21**

21. Fr. sitzend in (4–)6-zähligen Wirteln in der Achsel 1,5–3,5 cm großer, purpurvioletter Tragbl. in hängenden, 3–10 cm langen, seiten- od. endst. Ähren; Beeren rundl. eif., 1 cm lang, purpur- bis schwarzrot, dicht mit weiß gestielten, rotköpfigen Drüsen bekleidet (*622/3*); K. persistierend, rot, mit kurzer Röhre u. 5 ungleich großen, 1–5 mm langen, drüsig bewimperten Zipfeln; Samen zahlreich, eif.,1 mm lang, hellbraun .... ***Leycesteria***, 622

— Fr. kahl od. borstig, auch drüsenborstig, wenn drüsig behaart, dann K. mit gleich großen Zipfeln **22**

22. Fr. 1–4 cm lang, fädig gestielt, Fr.stiel kahl od. behaart, einzeln, bl.achselst. am Sprossende od. am Beginn eines neuen Jahrestriebes, zu 2–5 genähert; Beeren 4-fächerig, kugel- od. ei- bis birnenf., 1–2 cm ∅, rötl. od. rot, glänzend, dem Boden aufliegend; K. persistierend, < 1 mm lang; Beeren mehrsamig, Samen 1,5–2,5 mm lang, eilängl. bis spindelf., meist etwas gebogen u. ± 2-seitig abgeflacht .... ***Vaccinium macrocarpon*, *V. oxycoccos***, 931

— Fr. nicht fädig gestielt u. nicht dem Erdboden aufliegend **23**

23. Fr. in reichbltg., 10–15 cm breiten Schirmrispen od. 4–7 cm breiten kugelf. bis längl. eif. Rispen, sitzend od. bis 10 mm lang gestielt; Fr. 3–5-fächerig, ± kugelf. od. breit eif., 3–7 mm ∅, blau u. bereift, schwarz glänzend od. scharlachrot glänzend, selten gelbl. od. grünl.; beerenähnl. Steinfr. mit 3–5 (2–)3–4 mm langen, ± 3-kantigen, runzeligen eif. od. ellipsoidischen, unterschiedl. stark abgeflachten Steinkernen; K. persistierend, sehr klein, mit zusammenneigenden Zipfeln .... ***Sambucus***, 851

— Fr. nicht in Rispen od. Schirmrispen **24**
24. Fr. in Dolden od. Doppeldolden, die mitunter zu rispenartigen Ständen zusammengefasst sind **30**
— Fr. nicht in Dolden od. Doppeldolden **25**
25. Fr. sitzend od. fast sitzend in end- od. seitenst., oft fast köpfchenartig verkürzten Ähren; Frkn. 4-fächerig, nur 2 Fächer fertil; beerenartige Steinfr. kugelf. bis ellipsoidisch, 10–15 mm ∅, weiß od. 4–6 mm ∅ u. weißl. rötl. od. rosarot; K. persistierend, kurzröhrig mit 5 kleinen Zipfeln, 1 mm lang; Fr.fleisch schwammig, weiß, Steinkerne 2, ellipsoidisch, 1-seitig abgeflacht, mit der planen Seite dicht beieinanderliegend, 2–5 mm lang, weißl. ***Symphoricarpos***, 893
— Fr. u. Frst. anders **26**
26. Fr. sitzend in 2–30 mm lang gestielten, bl.achselst. Paaren, 2–3(–5)-fächerig; Beeren am Grund mit 2 Paaren sehr unterschiedl. gestalteter, ± kleiner, bisweilen verwachsener u. die Fr. basal umgebender Vorbl. (*630/6, 637/2*); Beeren kugelf. od. breit eif., 5–10 mm ∅, kahl od. behaart, rot, orangefarben od. schwarz glänzend od. blau u. bereift, selten weißl. u. durchscheinend; Samen meist zu mehreren, rundl. eif. bis ellipsoidisch, ± abgeflacht, 3–5 mm lang, hellbraun od. schwarz .... ***Lonicera***, 627
— Fr. nicht in paarigen Teilbltnst. **27**
27. Fr. sitzend in 3-bltg. Zymen in der Achsel von Laubbl., kleinen Hochbl. od. verwachsenen, tellerf. Hochbl., zu mehreren kopfig genähert, oft einen köpfchenartigen Thyrsus bildend (*639/1, 2*); Frkn. 2–3(–5)-fächerig; Beeren kugelf. od. eif., 5–10 mm groß, rot od. orangefarben; K. meist persistierend, sehr kein, am Grund röhrig, oft mit 5 freien kleinen Zähnchen; Samen zu mehreren, rundl. eif., ± stark abgeflacht, oft etwas gewellt, hell ***Lonicera***, 627
— Fr. einzeln bl.achselst. od. in, zuw. doldenartig verkürzten, Trauben **28**
28. Fr. einzeln, 2,5–3 cm lang gestielt, hängend, längl., 1–2 cm lang, 4–5 mm ∅, 4-fächerig, saftig weichfleischig, schwarzrot bis schwarz, oben mit deutl. Bltn.becherule (*559/2*); Samen zahlreich je Fach, in Längsreihen zu vielen, ca. 1 mm lang, ± abgeflacht, glatt, braun .... ***Fuchsia***, 559
— Fr. kürzer gestielt **29**
29. Fr. hängend, spreizend od. abwärts gekrümmt, 3–10 mm lang gestielt, kugelf. bis breit ellipsoidisch, 6–10 mm ∅, blauschwarz u. bereift od. leuchtend rot glänzend; Fr.fleisch saftig od. mehlig fleischig; Fr. oben von einem persistierenden K.ring od. den K.resten gekrönt; Beere meist 5-fächerig; Samen zahlreich, 1–1,5 mm lang, leicht gebogen, ungleichf. kantig abgeflacht od. gerundet, 1-endig verschmälert, braun, netzstreifig .... ***Vaccinium***, 930
— Fr. einzeln od. in bis 25(–50)-bltg. Trauben, meist deutl. gestielt od. am Grund stielartig verschmälert, kugelf., eif., ellipsoidisch od. abgeflacht kugelf., 5–15 mm lang, meist von persistierender, eingetrockneter Bltn.hülle gekrönt (*802/1, 803/2–3, 806/1*), wenn Bltn.hülle hinfällig, dann eine markante Ule hinterlassend; Fr. ± saftig fleischig, gelb, grün, rot, purpurn od. schwarz, zuw. bereift, häufig behaart, drüsenborstig od. mit Stachelborsten bekleidet; Fr. aus 2 Frbl. gebildet, 1-fächerig mit 2 wandst. Plazenten; Samen zahlreich, sehr unterschiedl. geformt, meist längl., zuw. mit fleischigem Samenmantel od. verschleimender Samenschale .... ***Ribes***, 801

30 (24). Dolden in bis zu 1,2 m ∅ erreichenden Rispen vereinigt; Fr. wie der gesamte Frst. wollig behaart; Fr.stiele 1–2 mm; Fr. 3–4 mm lang; persistierende Gr. 2,5 mm lang, unterhalb des Gr.polsters ein rotbrauner Ring **_Tetrapanax_**, 905

— Frst. kleiner, nicht wollig behaart **31**

31. Fr. in Dolden von 1–2 cm ∅, diese zu 20–40 cm breiten, reich verzweigten Rispen angeordnet; Frst. u. Fr.stiele kraus behaart; Steinfr. kugelf., 3–6 mm ∅, schwarz, kahl, mit 5 fädigen, ca. 1 mm langen eingetrocknet persistierenden, spreizenden Gr. (*385/3*), Steinkerne 2–5, abgeflacht, dünnwandig **_Aralia_**, 385

— Fr. u. Frst. anders **32**

32. Fr. 7–10 mm lang gestielt in endst. 20–40 cm großen Doppeldolden, 4–5 mm ∅, schwarzblau, von einem dünnen, 1,5–2 mm langen, persistierenden Gr. mit gabeliger Narbe gekrönt (*611/3*), K. 5-zählig, sehr klein; beerenähnl. Steinfr. mit 2(–3) seitl. abgeflachten Steinkernen, diese außenseitig gerippt, innenseitig glatt, seitl. gefurcht .... **_Kalopanax_**, 610

— Frst. kleiner, Fr. größer **33**

33. Fr. in vielbltg. kegelf. Dolden, zu Rispen vereinigt; Fr. 1–1,5 cm lang gestielt, 5–8 mm ∅, kugelf., fleischig, schwarz, kahl, die 5 Gr. 1,5 mm lang; Steinkerne 5, ellipsoidisch, abgeflacht, gefurcht, runzelig .... **_Fatsia_**, 539

— Fr. u. Frst. anders **34**

34. Fr. 8–10 mm lang gestielt, zu 15–30 in endst., gestielten Dolden von 3 cm ∅ od. in Doppeldolden; Fr.stiele filzig behaart; beerenähnl. Steinfr. kugelf. od. abgeflacht kugelf., 8–10 mm ∅, blauschwarz bis schwarz, oft bereift, zerstreut sternhaarig; Kbl. persistierend, am Oberende der Fr. ringf. angeordnet, eine heller gefärbte Drüsenscheibe (Diskus) umgebend (*572/1*); Gr. persistierend, ca. 1 mm lang; Fr. mit 5–2 eif., pergamentartig dünnwandigen, glatten Steinkernen, 6–7 mm lang, 3-seitig; Fr.fleisch mehlig fleischig; Fr. erst im folgenden Jahr reifend .... **_Hedera_**, 572

— Fr. anders; Gr. 2–7 .... **35**

35. Fr. in endst., 8–15 cm langen Doppeldolden, 3–10 mm lang gestielt; beerenähnl. Steinfr. rundl. eif. bis breit ellipsoidisch, etwas abgeflacht, 8 mm lang, scharlachrot glänzend, kahl; die 2 Gr. persistierend, 1–2 mm lang; K. unscheinbar; Fr. 2-fächerig, Steinkerne 2, abgeflacht ...... **_Oplopanax_**, 678

— Fr. in endst., bis 10 cm lang gestielten, meist einzeln stehenden Dolden an jungen Langtrieben od. seitl. Rosettensprossen, fast sitzend od. bis 2 cm lang gestielt; beerenähnl. Steinfr. kugelf. bis breit ellipsoidisch, 6–14 mm lang, schwarz; Gr. u. K. persistierend (*518/2*); K. sehr klein; Gr. 2–7, bis zur Mitte od. oben verwachsen, mit 2 speizenden Enden; Steinkerne 5(–7) **_Eleutherococcus_**, 518

36 (18). Beere einzeln auf einem Flachspross sitzend (*827/2a*), kugelf. 10–15 mm ∅, am Grund mit den Resten der 6-teiligen Bltn.hülle, oben mit kurzem Gr.rest, leuchtend rot; Samen 1–3, kugelf. od. 1-seitig abgeflacht, 5–7 mm ∅, gelbl. weiß, durchscheinend, mit großem, kreisrundem Nabel **_Ruscus_**, 826

— Fr. nicht auf einem Flachspross inseriert **37**

37. Fr. einzeln bl.achselst., nach unten gerichtet, in der Achsel eines bis zur Fr.reife grün bleibendem, 4-lappigen, großen K. (*510/4a*), kurz gestielt bis fast sitzend, kugelf. od. abgeflacht kugelf., 1–7 cm ∅, mit saftig weichem Fr.fleisch, im ∅ mit 8-strahlig sternf. Muster, leicht bereift od. glänzend, gelbgrün od. orange, Samen 0–8, schief eif., abgeflacht, 1–2 cm lang, braun ***Diospyros***, 510

— Fr. nicht mit derartig bleibendem K. **38**

38. Fr. 1–5-samig **50**

— Fr. mit > 5 Samen **39**

39. Fr. außen durch Emergenzen ausgesprochen rau, 2 cm ∅, in 4–5 cm langen, hängenden Rispen, zur Reife leuchtend rot; Fr.fleisch sehr fade schmeckend; je Fach 4–5 braune Steinkerne von 3 mm Länge .... ***Arbutus***, 386

— Fr.wand mehr od. weniger glatt **40**

40. Fr. einzeln bl.achselst., am Grund mit Bltn.hüllresten, eif., 5–7 cm lang, sich von grün nach orangefarben verfärbend, die zahlreichen Samen in saftige rote Pulpa eingebettet .... ***Passiflora***, 688

— Samen nicht in rote Pulpa eingebettet **41**

41. Fr. in sehr langen, hängenden Trauben, sehr kurz gestielt (*462/1*), 6 mm ∅, weiß bis blauschwarz, vielsamig .... ***Cordyline***, 462

— Frst. anders gestaltet **42**

42. Fr. in bl.achselst., mehrbltg. Zymen, hängend, deutl. gestielt, am Grund mit eingetrockneten Resten der Bltn.hülle, oben mit persistierenden, spreizenden Gr. u. Narben; Beeren ellipsoidisch od. tonnenf., zuw. seitl. etwas abgeflacht, kahl od. behaart (*A. deliciosa*), olivgrün, grün od. rötl., 1,5–5 cm lang; Fr.haut dünn od. lederig; Beere saftig fleischig, in viele ebenmäßige Sektoren unterteilt (!), je Sektor mit zahlreichen, eif. bis eif. ellipsoidischen, 2–2,5 mm langen dunkelbraunen Samen mit feinem Wabenmuster ***Actinidia***, 367

— Fr. nicht radiär gefächert **43**

43. Fr. in hängenden, 20–30 cm langen Rispen, 1,5–2,5 cm lang gestielt; Beeren kugelf. od. abgeflacht kugelf., 7–10 mm ∅, orangerot, mit deutl. hervortretender Gr.ule; Fr.fleisch mehlig fleischig, hellgelb; Samen zahlreich, eif., 2 mm lang, graubraun, 1-seitig zugespitzt, unten mit hellem, aufwärts gebogenem, wurmf. Anhang (Arillus) (*588/3*) .... ***Idesia***, 588

— Samen ohne Anhangsgebilde **44**

44. Fr. zu mehreren in Ständen **46**

— Fr. einzeln bl.achselst. **45**

45. Fr. fast sitzend od. sehr kurz gestielt, kugelf., 5–8 mm ∅, schwarz glänzend, am Grund mit 2–3-teiligem K. (*520/3*), Kbl. gerundet, 1 mm lang, der Fr. anliegend; beerenähnl. Steinfr. mit mehreren, keilf., abgeplatteten, 2 mm langen, dickwandigen braunen Steinkernen .... ***Empetrum***, 519

— Fr. ca. 1 cm lang gestielt, nickend u. nach unten gerichtet, kugelf., 8–12 mm ∅, weiß, oft rötl. überlaufen bis dunkelpurpurn; K. persistierend, 5-zählig, K.zipfel schmal 3-eckig, 2–2,5 mm lang, der Fr. unten sternf. anliegend; Beere 5-fächerig; Samen zahlreich, eif., 2-seitig abgeflacht, 1 mm lang, hell- bis rotbraun, mit fein genetzter Oberfläche; Fr. oft den Winter an der Pflanze bleibend (Wintersteher) .... ***Gaultheria mucronata***, 561

46 (44). Fr. endst. in 2–8-zähligen Trauben od. Büscheln, Fr.stiele kahl od. behaart; Fr. eine beerenartige Steinfr. (*387/2*), kugelf. bis abgeflacht kugelf., 5–10 mm ∅, glänzend rot, braun od. blauschwarz bis schwarz; Kbl. 5, am Grund miteinander verwachsen, Zipfel 3-eckig rundl. bis zugespitzt, 1–1,5 mm lang, der Fr. anliegend; Fr. 4–10-fächerig, meist mit 5(–10) Steinkernen, diese fast nierenf., seitl. abgeflacht, 3–4 mm lang; Fr.fleisch saftig od. mehlig fleischig .... ***Arctostaphylos***, 387

— Fr. seitenst. **47**

47. Fr. in achselst. Zymen, 5 mm gestielt; Beeren 4–6 mm ∅, kugelf. bis rundl. eif., schwarz glänzend; K.reste als kragenf. Gebilde an der Beerenbasis; Samen 1–8(–12), gerundet od. kantig, 3–3,5 mm groß .... ***Aristotelia***, 389

— Fr. nicht schwarz **48**

48. Fr. fast sitzend od. bis 15 mm lang fest spreizend gestielt, ± kugelf., 6–10 mm ∅, am Grund mit 4–8-teiligem K., oben mit knopfiger, 4-teiliger Narbe (*591/4*); beerenähnl. Steinfr. mit 2–8 holzigen, längl. eif., ± 3-kantigen, 4–7 mm langen, glatten, längsgerippten od. genetzten Steinkernen; Fr.fleisch saftig fleischig bis mehlig fleischig .... ***Ilex***, 588

— Fr. dünn gestielt, hängend **49**

49. Fr. 5–12 mm lang gestielt, zu 1–3 an gestauchten, rosettig beblätterten Kurztrieben; Beeren eif. bis ellipsoidisch, selten fast rundl., 1–2,5 cm lang, scharlachrot, wachsartig glänzend; K. persistierend, zur Fr.freife noch grün, unregelmäßig 2–5-zipflig (*642/1*); Samen rundl., flach, ca. 2 mm ∅, mit feinem Wabenmuster, durch die Fr.wand nicht hindurchscheinend; überreife Fr. kaum schrumpfend .... ***Lycium***, 642

— Fr. ca. 10 mm lang gestielt, in mehrfr. seitl. Wickeln; Beeren eif., 8–10 mm lang, 5–8 mm ∅, dunkelrot; K. persistierend (*863/3*), zur Fr.reife absterbend; Samen durch die Fr.wand hindurchscheinend, rundl., 2 mm ∅, mit feinem Wabenmuster; Beeren überreif eintrocknend u. schrumpfend ***Solanum***, 863

50 (38). Fr. in (3–)5–10 mm lang gestielten Dolden, kugelf. bis ellipsoidisch, (3–)5–11 mm ∅, dunkelgrün, rot, od. blauschwarz, glatt u. glänzend, an der Spitze mit kleiner aber deutl. Gr.ule (*862/4*); Fr.fleisch saftig; Samen 1–3, kugelf. od. abgeflacht, mit deutl. Nabel .... ***Smilax***, 862

— Fr. nicht in Dolden **51**

51. Fr. einzeln, in Büscheln od. Trauben an seitl. Kurztrieben (!) hängend, deutl. dünn gestielt; Fr. kugelf. bis längl. ellipsoidisch (*399/3b*), kahl, rot, dunkelblau od. blauschwarz, glänzend od. bereift, am Grund der Fr. mit Ulen der Bltn.-hülle; Samen 1 bis wenige, längl. eif. bis ellipsoidisch od. birnf., oft asymmetrisch, braun od. schwarzbraun, fein punktiert u. glänzend ***Berberis***, 393

— Fr. anders **52**

52. Fr. nicht einzeln, in unterschiedl. gestalteten Frst. **54**

— Fr. einzeln **53**

53. Fr. kurz gestielt, zu 1(–3) bl.achselst., kugelf. bis ellipsoidisch, 6 mm groß, weiß, oft purpurn getönt, mit kurzem, persistierendem Gr. u. 2-lappiger Narbe; Samen 2, fast kugelf., glatt (*664/4*) .... ***Melicytus***, 664

— Fr. einzeln, seitenst. an vorj. Zw., fast sitzend od. zu 1–5 endst. an jungen Seitensprossen, 1–1,5 cm lang dünn gestielt; Fr. eine 2-teilige Beere aus 2 am Grund nur kurz miteinander verwachsenen, 8–10 mm großen kugelf. Fr.teilen bestehend, schwarz glänzend, oft nur eine Fr.hälfte entwickelt; jede Fr.hälfte mit 2 halbkugeligen, 5–6 mm langen Samen; K. persistierend, 4-zipfelig, mit schmal linealischen od. grannenartigen Zipfeln (*595/4*) ***Jasminum***, 595

54 (52). Fr. in unterschiedl. gestalteten Frst., nicht in Trauben **56**

— Fr. in Trauben **55**

55. Fr. 2–3 mm lang gestielt in endst., überhängenden Trauben; Beeren (*501/1b*) kugelf. od. rundl., 8–13 mm ∅, am Grund mit scheibenf. Rest der Bltn.hülle, orangerot; Samen 1–2, kugelf. od. 1-seitig abgeflacht, 3–6 mm ∅, gelbl. weiß, hornartig, durchscheinend .... ***Danaë***, 500

— Fr. 5–10 mm lang gestielt, in bl.achselst. od. endst., aufrechten Trauben zu 1–3; Beeren eif., 7–10 mm lang, kahl u. glatt, dunkelrot bis schwarz, mit 2 markanten, aufrechten, spitzenwärts gekrümmten Gr. (*852/4*); K. zur Fr.reife grün, 4-zählig, der Fr. anliegend; Fr.wand fleischig lederig, Fr.fleisch weiß, gallertig; Samen 1–3, eif., 5–6 mm lang, schwarzbraun glänzend, 1-seitig ± abgeflacht .... ***Sarcococca***, 852

56 (54). Frst. stets am Zw.ende, aufrecht od. überhängend **60**

— Frst. spreizend od. hängend, den Zw. seitl. ansitzend **57**

57. Fr.stiel meist nur dünn, kürzer od. länger als die Fr.; Fr. zu 2–5(–18), selten einzeln, in Dolden, Trauben od. Büscheln; Frkn. frei im Bltn.becher, 2–4-fächerig; Fr. eine beerenartige Steinfr., kugelf., kreiself. od. rundl. eif., 5–10 mm ∅, meist schwarz od. schwarzviolett (unreif grün od. rot), kahl, glänzend, am Grund mit tellerf., persistierendem Rest des Bltn.bechers (!) (*545/6*), oben mit persistierendem Gr. od. Gr.rest; Steinkerne 2–4, eif., glatt, ± abgeflacht, oft 2-kantig, zuw. gekielt u. schmal gefurcht, 2–6 mm lang; Fr.fleisch saftig fleischig .... ***Frangula***, ***Rhamnus***, 545, 786

— Fr. < 10 mm lang ± dick gestielt **58**

58. Fr. 2–3 mm lang gestielt, Fr.stiele dick; Rispen meist breiter als lang, locker; Fr. fast kugelf. bis abgeflacht kugelf. od. birnf., 6–8 mm ∅, blauschwarz bis schwarz, bereift (!), mit persistierendem kurzen Gr. od. heller punktf. Gr.ule; am Grund mit schalenf., ungleichmäßig gegliedertem, 5-zähligem K.; Samen meist 2–3(–4), verkehrt eif. bis breit eif., zugespitzt, 5 mm lang, mit 2 planen u. 1 konvexen Seite, hier mit einem, durch eine Vertiefung umgrenzten, zentralen rundl. Feld (*687/2*) .... ***Parthenocissus***, 686

— Fr. nicht stark bereift; Samen mit anderer Markierung **59**

59. Fr. 3–8 mm lang gestielt, Stiele oft mit Korkwarzen, ± verdickt; Beeren ellipsoidisch bis kugelf., (5–)7–10(–20) mm lang, gelbgrün, blauviolett, schwarzpurpurn od. schwarz, oft etwas bereift, am Grund mit tellerf. kleinem K.; Samen 2–4, meist deutl. birnf., mit schnabelartiger Basis, 5–8 mm lang, meist ungleich, mit flacher Bauch- u. konvexer Rückenseite; Flachseite mit 2 deutl. Gruben od. Furchen, konvexe Seite mit abgesetzter, spatelf. Skulptur (*946/1*) .... ***Vitis***, 944

— Fr. 2–5 mm lang gestielt, Stiele nur mäßig dick, mit od. ohne Korkwarzen; Fr. in lockeren, deutl. gestielten Rispen; Beeren kugelf. od. breit kreiself., 6–8 mm ∅, weißl., gelbl., bläul., violett od. schwarz, glänzend (!), oft mit punktf. Warzen(!), am Grund mit kleiner K.scheibe; Samen 1–2(–4), kugelf. od. breit verkehrt eif., entw. mit je 1 abgeflachten u. 1 konvexen Seite od. mit 2 flachen u. 1 konvexen Seite, glatt, konvexe Seite mit medianer, spatelf. Markierung (*383/2b*) .... ***Ampelopsis***, 383

60 (56). Fr. rot **63**

— Fr. schwarz od. blauschwarz **61**

61. Fr. 1–5 mm lang gestielt, Stiele dick; Fr. in ca. 10 cm großen, gestreckten, reich verzweigten, lockeren Rispen od. Schirmrispen; Fr. kugelf., ca. 10 mm ∅,

schwarz; Fr.fleisch der beerenähnl. Steinfr. eintrocknend, durch die 5 flachen Steinkerne 5-rippig; Steinkerne mit dünner, hornartiger Schale; Samen eif. bis ellipsoidisch, 4–5 mm lang .... ***Phellodendron,,*** 692
— Fr. prall bleibend od. beim Altern schrumpfend, aber nicht regelrecht eintrocknend **62**

62. Fr. kurz gestielt in ± dichten Rispen, fast kugelf. od. eif., selten ellipsoidisch, 4–10 mm lang, blauschwarz u. bereift od. schwarz glänzend; Fr. beim Altern nicht schrumpfend; K. glockenf., kahl od. behaart, ca. 1 mm lang; beerenartige Steinfr. saftig fleischig od. mehlig, mit 1–4 dünnwandigen, 3–8 mm großen Steinkernen .... ***Ligustrum***, 622
— Fr. 5–20 mm lang dünn gestielt (*652/4*) in aufrechten od. spreizenden, den Achseln von Kn.schuppen entspringenden, 3–30 cm langen, kahlen Trauben od. Rispen; Beeren kugelf., eif., od. längl. ellipsoidisch, 7–10 mm lang, dunkelblau bis blauschwarz, selten rot od. weißl., oft bereift, saftreich; Samen wenige, längl., 5–6 mm lang, glänzend braun, unregelmäßig kantig, oft mit 2 flachen u. einer konvexen Seite; Fr. beim Altern ± schrumpfend ***Mahonia***, 652

63 (60). Fr. in starren (!), endst., aufrechten, reich verzweigten, 20–35 cm langen Rispen, kurz gestielt; Beeren kugelf. (*672/2*), 6–8 mm ∅, leuchtend rot od. purpurn, selten weiß; Gr. persistierend, 1–1,5 mm lang, mit 3–4-lappiger Narbe; Samen 2, unregelmäßig rundl., 3–4 mm lang, 1- od. beidseitig mit grubiger Vertiefung; Fr. ausgetrocknet nicht schrumpfend .... ***Nandina***, 672
— Frst. nicht starr; Fr. in 5–8 cm langen aufrechten Rispen, 8–10 mm lang gestielt; beerenartige Steinfr. eif. od. verkehrt eif. bis kugelf., 8–10 mm groß, leuchtend rot, am Grund mit 1,5 mm langem, 3-eckig gezipfeltem K.; Steinkerne 2–4, weiß, 6–8 mm lang (*861/6*) .... ***Skimmia***, 861

Gruppe XVII
Nüsse

1. Frst. kugelf., 1–3 cm ∅, durch 3–10 mm lange Stacheln bewehrt, bis 30 cm lang gestielt; Frkn. unterst., Frbl. 1(–2); Nüsse (Achänen) 1-samig, mit persistierendem, krönchenartigem K. .... ***Acaena***, 348
— Frst. nicht durch Stacheln bewehrt **2**

2. Bltn.hülle bleibend, mit der Nuss abfallend **26**
— Bltn.hülle hinfällig od. nur der K. persistierend **3**

3. Fr. nur 1–2 mm lang, stets 1-samig, aus einem unterst. Frkn. hervorgegangen (Achäne), mit od. ohne Haarkranz (Pappus) **8**
— Fr. größer, wenn nur 1–2 mm lang, dann geflügelt u. nicht zylindrisch **4**

4. Fr. nicht vom persistierenden K. gekrönt, wenn K. persistierend, dann nicht einem unterst. Frkn. aufsitzend **11**
— Fr. aus einem unterst. Frkn. hervorgehend, von einem persistierenden K. gekrönt **5**

5. Fr. sitzend, in 5–7 cm breiten, wenig verzweigten, thyrsisch rispigen Ständen, die aus 1–1,5 cm lang gestielten, 2-bltg. Teilständen aufgebaut sind; Fr. ellipsoidisch bis eif., 7–10 mm lang, dicht mit ca. 2 mm langen Borstenhaaren besetzt u. mit 2–3 kleinen Hochbl. versehen, in einen ca. 3 mm langen Schnabel verjüngt, der von einem ca. 3 mm langen K. mit pfrieml., spreizenden Zipfeln gekrönt ist (*612/5*); benachbarte Fr. schief seitl. am Grund miteinander verwachsen; Fr. 3-fächerig, nur 1 Fach fertil **_Kolkwitzia_**, 612

— Fr. nicht borstig behaart; benachbarte Fr. nicht verwachsen **6**

6. Fr. 0,5–2 cm lang gestielt, in 2-bltg., 3–8 cm lang gestielten, aufrechten Ständen am Ende beblätterter Kriechsprosse; Fr. eif., 3 mm lang, kurz behaart, am Grund von einem 2-wirteligen, 4-blättrigen Hochbl.paar umgeben; ein Hochbl.paar etwa so lang wie die Fr., dicht drüsig behaart u. die Fr. fast ganz einhüllend, das 2. Bl.paar wesentl. kleiner u. schmaler; Fr. von einem 5-zähligen, pfrieml., 3 mm langen K. gekrönt .... **_Linnaea_**, 625

— Fr. nicht in 3–8 cm lang gestielten Ständen; Pfl. ohne kriechende Sprosse; persistierende 2–5 K.zipfel fast laubbl.artig; Frkn.3-fächerig, nur 1 Fach fertil **7**

7. Frst. rispig thyrsisch, Fr. in 1–3(–8)bltg. Zymen, seitenst.; K. 2–5-zipfelig **_Abelia_**, 335

— Fr. in 3-bltg. Zymen od. paarig am Zw.ende zu mehreren beieinander **_Zabelia monsanensis_**, 952

8 (3). Fr. 1 mm lang, mit einem 8 mm langen, seidigen Haarkranz (*393/2*), in 4–6 mm langen u. 5 mm breiten Köpfen, diese zu großen, beblätterten Rispen vereint .... **_Baccharis_**, 393

— Fr. ohne Haarkranz **9**

9. Achänen 3–4 mm lang, mit sehr kurzem, krönchenartigen Pappus, einem 5–6 cm breiten, lang gestielten, meist einzeln stehenden Köpfchen mit 1 cm langem, 4-reihigem Involukrum aufsitzend .... **_Nipponanthemum_**, 675

— Achänen kleiner **10**

10. Fr. fast zylindrisch, 4–5-kantig, 1–2 mm lang, fein längsrillig, in wenigbltg., 2–8 mm breiten Köpfen (*390/4b*), die zu reich verzweigten, beblätterten Rispen, Trauben od. Köpfen angeordnet sind .... **_Artemisia_**, 390

— Fr. ± abgeflacht, 3–4-kantig (*852/2*), 1–2 mm lang, in 1–2 cm breiten, einzeln stehenden, sehr lang gestielten Köpfen .... **_Santolina_**, 852

11 (4). Fr. geflügelt od. ungeflügelt, wenn ungeflügelt, dann einem geflügelten Frst. od. Hochbl.komplex fest anhaftend u. mit ihm verbreitet **33**

— Fr. od. Frst. ungeflügelt **12**

12. Fr. ± vollst. von einem verholzten (z. B. *675/3*) od. stachelig bewehrten (z. B. *428/1)* Fr.becher (Cupula) umhüllt **29**

— Fr. frei od. nur am Grund von einem Fr.becher umgeben; wenn ganz in einer Hülle geborgen, dann diese nicht verholzt od. stachelig bewehrt **13**

13. Fr. vollkommen von einer oben fast geschlossenen, niemals jedoch verholzten, stachelig bewehrten od. fädigen Hülle umschlossen **31**

— Fr. frei od. nur am Grund von einem Fr.becher, einer fädigen Hülle od. oben weit geöffneten Hochbl.becher umgeben **14**

14. Fr. in einem ± langen, oben weit offenem Fr.becher od. Hochbl.becher sitzend, jedoch nicht von fädigen Hochbl. eingehüllt **32**

— Fr. stets ohne Hochbl.becher od. sie umgebende, fädige Hochbl. **15**

15. Fr. pergamentartig dünnwandig, blasig vergrößert, 3,5–8 cm lang, bis 3 cm dick, silbrig, oft rötl. bis purpurn überlaufen, mit mehreren Samen; Samen rundl. bis breit nierenf., abgeflacht, 3–4 mm lang (*461/4*) .... **_Colutea_**, 460

— Fr. anders geformt **16**

16. Fr. 3–8 cm lang, zwischen den Samen stark eingeschnürt, perlschnurartig (*891/3*), lederig fleischig, (1–)mehrsamig, braungelb bis rötl. od. grün bis violettgrün; Samen ellipsoidisch bis breit längl. eif., 4–7 mm groß **Styphnolobium**, 891

— Fr. nicht perlschnurartig **17**

17. Fr. in aufrechten, 5–15 cm langen, endst. Trauben, längl. eif. bis zylindrisch, seitl. abgeflacht, 4–9 mm lang, zu ¼–½ vom persistierenden K. eingehüllt (*382/2b*); Fr.wand lederig, drüsig runzelig (!); Fr. 1-samig, Samen längl. nierenf. bis walzenf., 2–5 mm lang .... **Amorpha**, 382

— Fr. nicht drüsig runzelig **18**

18. Fr. in 3–20 cm langen, bl.achselst. Trauben, verkehrt eif. bis breit ellipsoidisch, 5–13 mm lang, 4–7 mm breit, stark abgeflacht, durch den persistierenden Gr. geschnäbelt, Oberfläche genetzt, angedrückt weiß behaart; Samen 1, nierenf., ca. 3 mm lang .... **Lespedeza**, 620

— Fr. mit anderen Merkmalen **19**

19. Fr. sitzend od. fast sitzend, einzeln endst. od. zu wenigen an einer bis 10 cm langen, hängenden Traube (deren andere Bltn. abgefallen sind), riemenf., stark abgeflacht (*565/1–3*), 12–40 cm lang, 2–3 cm breit, sichel- bis säbelf. gebogen u. ± tordiert, derb lederig, mit 2–4 cm langem, einen Stiel vortäuschenden Gynophor, rotbraun bis dunkelbraun; Samen 8–25, breit eif., 6–9 mm lang, abgeflacht .... **Gleditsia**, 564

— Fr. kleiner **20**

20. Fr. in reichbltg., end- od. seitenst. Zymen, kugelf., 3-fächerig, 7–8 mm ∅; Fr.wand hart lederig, kahl; Fr.stiele dünn; Frst.achsen tordiert, verdickt u. ± fleischig werdend (!) (*579/2*); Samen eif. bis rundl. eif., 4–5 mm groß, abgeflacht, 3-kantig, dunkelbraun glänzend, in der trockenen Fr. klappernd **Hovenia**, 579

— Fr.achsen nicht fleischig verdickt; Fr. anders **21**

21. Fr. in endst. Thyrsen, 1,5–3 cm lang gestielt, aufrecht, kugelf. bis breit eif., 7–8 mm groß, unreif rot, später schwarz purpurn; K. persistierend, 5-zipfelig (*585/2*), Kbl. eif., ca. 1 cm lang, spreizend od. zurückgeschlagen; Gr. 3, fädig, persistierend, 5–6 mm lang; Fr.wand lederig fleischig bis lederig; Fr. 1-fächerig, vielsamig; Samen längl. walzl., ca. 1 mm lang, braun **Hypericum androsaemum**, 585

— Fr. anders gestaltet **22**

22. Fr. sitzend, in kugeligen bis eif., 8–25 mm großen, sitzenden Köpfen, einem Klettenfrst. ähnelnd; Nuss eif., 3–5 mm lang, glänzend olivbraun, am Grund von 8 fädigen Hochbl. umgeben, diese die Fr. 3–5 mm lang überragend **Comptonia**, 461

— Frst. nicht klettenartig; Fr. nicht von fädigen Hochbl. umgeben **23**

23. Fr. 1–2 cm lang dünn gestielt, in reich verzweigten, 10–20 cm langen, endst. Rispen; Fr.stiel flaumig u. locker behaart, auch Stiele der sterilen (und abgefallenen) Bltn. bleibend u. flaumig; Fr. schief verkehrt eif. bis asymmetrisch nierenf., ± abgeflacht, 3–5 mm lang, mit genetzter Oberfläche; nussartige Steinfr., bei der die äußere Fr.wand dünn ist u. sich nicht vom festeren Steinkern löst; Fr. 1-samig .... **Cotinus**, 473

— Fr.stiele nie flaumig behaart u. anders gestaltet **24**

24. Fr. einzeln bl.achselst., sitzend od. kurz gestielt, schief eif. od. schief herzf. kahl od. schwach behaart, 4–5 mm groß, aus einem oberst. Frkn. hervorgehend; am Grund mit eingetrocknetem K.; Fr. mit 2 schwach erhabenen Längskanten u. Netzmuster (*953/4*); nussähnl. Steinfr. mit dünner, äußerer eingetrockneter Fr.wand, die fest mit dem harten, 1-samigen Steinkern verbunden bleibt .... ***Zelkova***, 953

— Fr. u. Frst. anders gestaltet **25**

25. Fr. sitzend in seitenst., 1–1,5 cm langen, zylindrischen Ähren; Ährenachse verholzt; Fr. 2–3 mm lang, am Grund seitl. mit 2 persistierenden Vorbl. verwachsen, 3-eckig spitz, mit gelbl., rundl. Drüsen bekleidet (*671/1*); nussartige Steinfr. mit eif., abgeflachtem, 2-kantigen, harten 2 mm langem Steinkern u. eingetrockneter, mit dem Steinkern fest verbunden bleibender äußerer Fr.wand .... ***Myrica gale***, 671

— Fr. fast sitzend in 12–25 cm langen, hängenden, behaarten Rispen; Fr. dicht gelbl. silbern borstenhaarig (*767/1c*), verkehrt eif. bis keulenf., ca.1 cm lang, mit 10 schmalen Längsrippen (Lupe!); K. 5-zählig, persistierend, 1 mm lang; Gr. persistierend, fädig, 7–10 mm lang; nussähnl. Steinfr. mit dünner, korkiger äußerer Fr.wand, die fest mit dem Steinkern verbunden bleibt; Steinkern 6 mm lang, 2-fächerig; Fr. 1–2-samig .... ***Pterostyrax hispidus***, 766

26 (2). Fr. in Köpfchen, vom bleibenden K. umhüllt, aus einem oberst. Frkn. hervorgehend; Nuss 1-samig .... ***Globularia***, 566

— Fr. nicht in Köpfchen **27**

27. Fr. in achsel- od. endst. Trauben; Fr.stiele dickl., Bltn.hülle 5-zählig, ihre Teile fast gleich lang, zu ⅓–½ miteinander verwachsen (*670/3*), im unteren Teil zur Fr.reife mitunter etwas fleischig werdend; Nuss eif., 2–3 mm lang, so lang wie od. länger als die Zipfel der Bltn.hülle .... ***Muehlenbeckia***, 670

— Fr.stiele fädig dünn; Bltn.hüllbl. ungleich lang, ... **28**

28. Fr. in aufrechten Trauben, hängend; Bltn.hülle 4–5-zählig, äußere Bltn.hüllbl. kleiner als innere u. zurückgeschlagen, bis zum Grund frei, die 2 od. 3 inneren, geraden, die Fr. bergend (*392/1*); Nuss eif., 4 mm lang, 2- od. 3-kantig, glänzend braun, die Kanten fast flügelartig ausgezogen ***Atraphaxis***, 392

— Fr. in großen, reich verzweigten Rispen; Bltn.hülle 5-zählig, dünnhäutig, allmähl. in den Fr.stiel auslaufend; die 3 äußeren Bltn.hüllbl. die Nuss überragend, deutl. geflügelt u. viel größer als die 2 inneren, ungeflügelten (*538/2*); Nuss 5 mm lang, 3-kantig geflügelt, Flügel stumpf u. dick ...... ***Fallopia***, 537

29 (12). Fr. meist (1–)2–3(–5), sitzend, in einem stachelig bewehrten, sitzenden, 2,5–10 cm breiten, rundl. od. abgeflachten Fr.becher (*428/1*); Cupulae zu 1–3 achselst. am Zw.ende; Fr. eif. bis kugelf., meist etwas zugespitzt, 1–3 cm groß, mit lederiger, dunkelbrauner Fr.wand, oft 1-seitig abgeflacht, am Grund mit großer, rundl. Ule, oben mit persistierenden Gr.ästen bzw. mit 5–8 Narben .... ***Castanea***, 428

— Fr.becher nicht stachelig bewehrt **30**

30. Fr. zu 2 in einer stark verholzten, 4-teiligen Cupula sitzend, die außen mit 1–6 mm langen, fädigen od. linealisch bl.artigen Bildungen versehen u. ± dicht behaart ist (*535/3b*); Cupulae einzeln bl.achselst., 3–70 mm lang gestielt, an jungen Zw., die Nüsse ganz bergend, 6–25 mm lang; Nüsse 3-kantig, eif. od. längl. eif., 1–2 cm lang, die Kanten zuw. fast flügelartig verschmälert, kahl od. kurz behaart; Cupula zur Reife 4-klappig spreizend od. die Klappen ± stark zurückgebogen .... ***Fagus***, 535

— Fr. zu (1–)3 in einer ca. 1 mm lang gestielten, verholzten, eif., 6–7 mm langen Cupula geborgen; Cupulae einzeln bl.achselst. an seitl. Zw., bis zum Grund

4-teilig, jeder Teil mit einer Längsreihe sich dachziegelartig deckender, bewimperter Schuppen bedeckt (*675/3*); Cupulaklappen zur Reife spreizend; Nüsse 1-samig, eif., 3–4 mm lang, in 1 Reihe stehend, die beiden äußeren 3-kantig, mit 1 mm breitem Längsflügelsaum, die mittlere abgeplattet, 2-flügelig .... ***Nothofagus***, 675

31 (13). Fr. sitzend, einzeln od. zu 2–3(–5) in bis zu 2 cm lang gestielten Ständen am Zw.ende; Nuss stark verholzt, mit dicker, spröder Wand, von einer röhrenf., den Fr.körper weit überragenden, 1,5–4 cm langen Hochbl.hülle geborgen (*473/1–2*); Röhre dicht u. fein, z. T. borstig, behaart, am Ende stark verschmälert, die Nuss auch zur Reife nicht entlassend; Nuss. eif. bis breit eif., 12–18 mm lang, am Grund mit großer, heller Ule ***Corylus cornuta, C. sieboldiana***, 473

— Fr. sitzend od. fast sitzend in hängenden, endst. 1–2 cm lang gestielten, 5–6 cm langen, ährenartigen Ständen (*681/1b*) an Seitensprossen; Nuss eif. bis längl. eif. od. spindelf., 5–8 mm lang; Bltn.hülle fest mit der Fr.wand verwachsen, die Fr. oben ringf. krönend; Nuss 1-samig, von einer 15–25 mm langen, längl. eif., blasig-sackartigen, pergamentenen Hülle umgeben (*681/1c* u. *d*) u. am Grund fest mit ihr verbunden .... ***Ostrya***, 681

32 (14). Fr. sitzend, zu ⅓–½, selten bis zu ¾ ihrer Länge von einer runden, napf-, teller- od. becherf. Cupula umgeben; Fr. einzeln stehend od. zu mehreren in sitzenden od. gestielten Ständen in den Bl.achseln junger Sprosse, bei einigen Arten erst im 2. Jahr reifend u. daher an 2-j. Sprossen stehend; Cupulae außen mit sich dachziegelartig deckenden Schuppen bekleidet; Schuppen klein, fädig verlängert, mit flachen linealischen Fortsätzen versehen od. zu konzentrischen Ringen miteinander verwachsen; Nuss kugelf., eif., längl. od. zylindrisch, 1–3,5 cm lang, zugespitzt od. verschmälert, unten mit großer kreisf. Ule; Fr.wand derb lederig verholzt .... ***Quercus***, 772

— Fr. sitzend, einzeln od. zu 2–3(–8) in unterschiedl. lang gestielten, köpfchenartigen bis kugeligen Ständen am Zw.ende; Nuss stark verholzt, mit spröder, dicker Wand, von einer vielgestaltigen, oben zerschlitzten, gesägten od. schlauchartigen Hochbl.hülle umgeben (*472/1–2*), diese so lang wie od. viel länger als die Nuss, oft drüsig; Nuss eif., stumpf kegelf. od. fast kugelf., oben meist seitl. abgeflacht, 1,5–2 cm lang, am Grund mit großer, heller Ule, 1–2-samig .... ***Corylus***, 471

33 (11). Nuss ungeflügelt, aber einem geflügelten Frst. od. Hochbl.komplex fest anhaftend **40**

— Fr. geflügelt **34**

34. Fr. ringsum geflügelt, Nuss daher ± scheibenf. **44**

— Nuss anders geflügelt **35**

35. Fr. mit 2 seitl., mitunter nur schmalen Flügeln **41**

— Fr. anders geflügelt **36**

36. Fr. mit 2–4 Längsflügeln **38**

— Fr. nur an 1 Ende od. 1 Seite geflügelt **37**

37. Fr. 2 mm lang gestielt, zu 1–4 in der Achsel von Bl. u. Kn.schuppen; Nuss asymmetrisch, schief eif., stark abgeflacht, 6 mm lang, v. a. im oberen Teil 1-seitig kammartig, dünn geflügelt (*574/4*); Samenkörper ± nierenf. ***Hemiptelea***, 575

— Fr. dünn gestielt, hängend, in end- u. seitenst. Rispen; Nuss längl. eif., längl. ellipsoidisch od. lanzettl., ± stark abgeflacht, 1-endig geflügelt, Flügel am

Ende gerundet od. ausgerandet; Fr. (1–)2,5–4,5 cm lang, ± längsstreifig; Samen basal, längl. walzl. bis abgeflacht, ca. 1 cm lang (*547/1*) ***Fraxinus***, 547

38 (36). Fr. in 2–6-bltg., achselst. Büscheln, 1,5–2 cm lang gestielt, aus einem unterst. Frkn. hervorgehend; Fr.verkehrt eif., 2–5 cm lang, 2-flügelig (*568/2b* u. *c*, *H. diptera*) od. 4-flügelig (*568/1d* u. *e*, *H. carolina*), Flügel fest; Gr. bleibend, pfriemf., starr, 5 mm lang; nussartige Steinfr. mit korkiger äußerer Fr.wand, die sich nicht vom dicken 2–4-fächerigen Steinkern löst; Fr. 1–4-samig ***Halesia***, 568

— Fr. mit 5 schmalen Längsflügeln od. Flügel dünn **39**

39. Fr. in 8–12 cm langen Rispen, sehr kurz gestielt, verkehrt eif., 8–12 mm lang, mit 5 schmalen Längsflügeln (*767/2*), kurz sternhaarig filzig; Gr. persistierend od. als Rest vorhanden, pfriemf., 2–3 mm lang; nussartige Steinfr. mit dünner, sich nicht ablösender äußerer Wand .... ***Pterostyrax corymbosus***, 766

— Fr. 5–8 mm lang dünn gestielt, in endst., bis 20 cm langen, reich verzweigten, aufrechten od. überhängenden Rispen; Nuss aus einem oberst. Frkn. hervorgehend, schief ellipsoidisch, 1,2–1,8 cm lang, grünl. weiß od. hellbraun, mit 3 dünnen, pergamentartigen, bis 10 mm breiten, fein quergestreiften Längsflügeln; Flügel am Grund geöhrt u. schwach propellerartig gedreht (*922/3*); Nuss 1-samig, Samen 6–7 mm lang, 3-kantig, schwarzbraun ***Tripterygium***, 922

40 (33). Frst. hängend, lang gestielt; Frst.achse mit markantem, im unteren Teil mit der Frst.achse verwachsenem, im oberen Teil freien u. spreizendem, 5–10 cm langem, 1–2 cm breitem, pergamentartigem Flügel (*914/1*); Nuss deutl. gestielt, eif. bis ellipsoidisch, 5–15 mm lang, stark verholzt, meist kurz filzig, ± deutl. 5-rippig od. 5-kantig; Fr. 1–3-samig .... ***Tilia***, 914

— Fr. sitzend od. fast sitzend, zu mehreren in 1–4 cm lang gestielten, endst., bis 15 cm langen, ährenartigen Ständen an Seitensprossen; Nuss eif., ± abgeflacht, 3–10 mm lang, glatt, mit der persistierenden, 6–10-zähnigen Bltn.-hülle verwachsen, die die Fr. krönt, dadurch längsrippig erscheinend; Nuss am Grund mit einem planen od. muschelf. Hochbl.komplex (Tragbl. u. Vorbl. sind miteinander verwachsen) verbunden u. sich mit ihm von der Frst.-achse lösend (*424/1–6*); Flügel stets viel größer als die Nuss; Fr. 1-samig ***Carpinus***, 422

41 (35). Fr. sitzend, in 20–40 cm langen, hängenden endst. vielbltg. Ähren; Fr.körper ± kegelf., ca. 10 mm lang, mit der Bltn.hülle verwachsen; Narben persistierend, 1–2 mm lang, um sie herum 4 kurze, oft ungleich große Bltn.-hüllzipfel; Fr. am Grund mit 2 seitl., 1–2 cm langen, 6–15 mm breiten, starren, lederig holzigen Flügeln mit netzig längsstreifigem Muster verwachsen (*766/2*); Flügel halb herzf. bis längl. lanzettl. od. rhombisch; Nuss 1-samig ***Pterocarya***, 765

— Fr. u. Flügel kleiner u. zierlicher **42**

42. Fr. sitzend in 0,5–3(–6) cm langen, sitzenden od. gestielten, zylindrischen od. eif., selten fast kugeligen, aufrechten od. hängenden, kätzchenartigen Ständen von 5–20 mm ∅ (*405/3b*); in der Achsel einer meist 3-teiligen Schuppe mit vergrößertem Mittellappen (*403/4b*) je 3 Fr.; Schuppen sich von der Frst.spindel lösend u. mit den Fr. abfallend; Nüsse 1-samig, eif. bis ellipsoidisch, abgeflacht, mit 2 deutl. Narbenresten, ohne Flügel 1,5–3 mm lang, Flügel sehr dünn, bis 2,5 mm breit .... ***Betula***, 401

— Fr. 1-samig, mit 2 persistierenden fädigen Gr., sitzend in verholzten, vielschuppigen zapfenartigen Ständen **43**

43. Zapfen eif. od. ellipsoidisch, 1–2,5 cm lang, sitzend od. gestielt, zu mehreren beieinander in gestielten Ständen (*376/2b*); Zapfenschuppen am Ende stumpf, schwach 5-lappig (Lupe!), beim Austrocknen klaffend; je Schuppe mit 2 abgeflachten, eif. bis rundl. eif., dickl., 2–5 mm langen, seitl. bis 1 mm breit geflügelten Fr. .... ***Alnus***, 374

— Zapfen meist einzeln stehend, verkehrt längl. eif., bis 5,5 cm lang, die „Schuppen" rechtwinklig spreizend, längl. eif. lanzettl., oberseits löffelartig geformt, grannenartig zugespitzt; je Schuppe eine bis 6 mm lange, dorsal stark abgeflachte schwarzbraune, am Rand ± 1 mm breit braun längs geflügelte Fr. .... ***Platycarya***, 733

44 (34). Fr. aufrecht, 10–15 mm lang dünn gestielt, Fr.stiel abgewinkelt; Fr. in der Längsachse scheibenf. abgeflacht, 2–3,5 cm breit, hart lederig bis hart verholzt; Flügel konzentrisch gestreift; Fr. oben mit 3 verholzten Narbenresten (*685/1*); Nuss 2–3-fächerig, je Fach 1 rundl. eif., 3–4 mm großer Samen, in der Fr. klappernd .... ***Paliurus***, 685

— Fr. parallel zur Längsachse abgeflacht; Flügel nur schwach verholzt **45**

45. Fr. kreisrund bis eif. **48**

— Fr. längl. **46**

46. Fr. in 10–20 cm großen, endst. Rispen, 5–10 mm lang dünn gestielt; Frbl. frei, sitzend, oft auf 1 reduziert; Nuss bzw. Nüsschen längl. bis schmal ellipsoidisch, 3,5–5 cm lang, 10–15 mm breit, abgeflacht, Flügel dünn, pergamentartig, Samenkörper im Zentrum, Flügel in Höhe des Samens 1-seitig eingekerbt, am Oberende gedreht (*371/5*); Fr. lange am Baum bleibend ***Ailanthus***, 372

— Fr. anders gestaltet **47**

47. Fr. 8–10 mm lang gestielt, rosettig an Kurztrieben stehend, Frbl. zu 8–20 (*533/1b*), ganz frei, einen Frst. vortäuschend; Nüsschen am Grund keilf. verschmälert bis gestielt, oben breit asymmetrisch geflügelt, 1–2 cm lang (*533/1c, 2b*); Frch. meist 1-samig, Samen im Zentrum .... ***Euptelea***, 533

— Fr. 5–7 mm lang gestielt, einzeln bl.achselst., hängend; Nuss längl. ellipsoidisch, besonders am Grund asymmetrisch (*527/7*), 3 cm lang, 1 cm breit, braun, schwach glänzend; Samen zentral; Flügel an der Spitze V-f. eingekerbt (Narbe!); Nuss dick lederig, beim Zerbrechen weiße Fäden ziehend (Guttapercha) .... ***Eucommia***, 527

48 (45). Fr. 1-samig, fast sitzend od. bis 3,5 cm lang dünn gestielt, hängend, an seitl. Kurztrieben, den Achseln von Kn.schuppen entspringend; Fr. eif., breit ellipsoidisch od. kreisf., 1–2,5 cm groß, stark abgeflacht u. breit geflügelt; Flügel pergamentartig, sehr dünn, kahl od. bewimpert, oben mit V-f. Narbenkerbe (*927/3, 928/2*); Samenkörper zentral od. nach oben verschoben u. die Narbenkerbe erreichend .... ***Ulmus***, 925

— Fr. 2–4-samig, in Trauben od. Rispen **49**

49. Fr. 1–4 mm lang fädig gestielt, in kleinen, seitenst. Trauben od. 3–5 cm langen, endst. Rispen; Nuss eif. bis kreisf. od. ellipsoidisch, 6–8 mm lang, stark abgeflacht, grün bis rotbraun; Gr. persistierend, dünn, 1,5 mm lang; K. persistierend, 4-teilig, 0,5–1 mm lang mit pfrieml. Zipfeln; Flügel dünnhäutig; Nuss 2-fächerig (*541/2*), je Fach mit 2 längl., 1,5–3 mm langen dunkelbraunen Samen, zuw. 3-fächerig (*541/3*) .... ***Fontanesia***, 541

— Fr. größer, 2-samig **50**

50. Fr. hängend, 2–3 mm lang gestielt, in seitenst., wenigbltg., 2–5 cm langen aufrechten Trauben an vorj. Zw.; Nuss kreisf. od. rundl. herzf. (*336/3*), 2–2,5 cm breit, oben ausgerandet od. kerbig eingeschnitten, hellbraun; Fr. unten sehr kurz stielartig verschmälert, 2-fächerig, je Fach 1 Samen ***Abeliophyllum***, 336

— Fr. hängend, 1–1,5 cm lang dünn gestielt, in endst. 4–10 cm breiten, überhängenden Rispen; Nuss stark abgeflacht, breit eif., fast herzf. od. nahezu kreisrund, 2–2,5 cm ∅ (*765/2*), hellbraun, netzig geadert; Flügel pergamentartig, fest; Nuss 2-fächerig, je Fach 1 längl., schwarzer, 6 mm langer Samen mit feinem Punktmuster; Fr. lange am Strauch hängend .... ***Ptelea***, 765

Gruppe XVIII
Steinfrüchte

1. Fr. u. Fr.stiel mit Schildhaaren **19**

— Fr. u. Fr.stiel ohne Schildhaare **2**

2. „Fr." 3–5 cm lang gestielt an beblätterten Kurztrieben, zu 1–2, kugelf. bis rundl. eif., ca. 2,5 cm ∅, am Grund einem kleinen Wulst aufsitzend (*564/2*); „Fr." ist ein steinfr.ähnl. Same mit saftig fleischiger, orangegelber, reif penetrant ranzig duftender äußerer Samenschale u. stark verholzter, gelbl. weißer, glatter, kernartiger innerer Samenschale von 2–2,5 cm Länge, 2-kantig (selten 3-kantig) .... ***Ginkgo***, 564

— Fr. anders, nicht unangenehm nach Buttersäure duftend **3**

3. Fr. unterschiedl. gestaltet, wenn pflaumenähnl., dann nicht harzig aromatisch duftend **5**

— Fr. pflaumenähnl., harzig aromatisch duftend **4**

4. „Fr." zu 1–2 einem 1–2 cm lang gestielten, mit verwachsenen Schuppenbl. umgebenem Kopf ansitzend (*437/2*); „Fr." ist ein steinfr.ähnl., 2–3 cm langer, bis 1,5 cm breiter Samen mit grüner, zuletzt purpurn getönter fleischiger äußerer u. stark verholzter, mitunter leicht abgeflachter, mit 2 kleinen Längskanten versehener innerer Samenschale; äußere Samenschale zur Reife eintrocknend u. Längsstreifen bildend, sich nicht ablösend; Samen im 2. Jahr reifend .... ***Cephalotaxus***, 436

— „Fr." meist zu mehreren, ± dicht beieinander sitzend, am Grund mit 2–3 dem Samen anliegenden, gegenst. Schuppenbl.paaren (*919/4*); „Fr." ist ein steinfr.ähnl., verholzter, 2–4 cm langer, 1,5–2,5 cm dicker, eif. bis längl. eif. Samen, den ein Samenmantel völlig umhüllt u. nur an der Spitze eine kleine Öffnung (Lupe!) frei lässt; Samenmantel mehlig fleischig, 3–4 mm dick, grün, mit purpurnen Flecken bzw. rötl. Tönung od. fast rotbraun, zur Reife vom Grund her aufplatzend u. mit dem Samen abfallend; Samenreife im 2. Jahr .... ***Torreya***, 919

5 (3). Fr. fast sitzend, zu 1–3 auf der Spreite eines Laubbl. (*574/2*); Steinfr. 3–4-fächerig, rundl., 6–7 mm ∅, schwarz glänzend, mit 1–4 längl., 5–6 mm langen, netzig gemusterten Steinkernen .... ***Helwingia***, 574

— Fr. nicht auf der Spreite eines Laubbl. sitzend **6**

6. Fr. sitzend in Ähren., mit weißen Wachsausscheidungen od. gelbl. Drüsen besetzt **10**

— Fr. u. Frst. anders gestaltet **7**
7. Fr. kahl, in kleinen Dolden od. Trauben **8**
— Fr. u. Frst. anders gestaltet **11**
8. Fr. in 5–10 cm langen, bl.achselst. 2–3-früchtigen Trauben, 2,5–4 cm lang gestielt; Fr.stiel nahe der Fr. kragenartig erweitert (*854/4*) u. fleischig verdickt (!), leuchtend rot; Steinfr. eif. bis olivenf., 1–1,5 cm lang, blauschwarz, bereift, Fr.fleisch dünn; Steinkern ca. 1 cm groß, dünn, aber festschalig, 1-samig **_Sassafras_**, 854
— Fr.stiel nicht verdickt u. rot; Fr. mit 1 Steinkern, dieser 1-samig **9**
9. Fr. ca. 1 cm lang gestielt, kugelf., dunkelgrün, zur Reife glänzend schwarz, 1–1,5 cm ∅ .... **_Laurus_**, 618
— Fr. 1–2,5 cm lang gestielt, am Grund mit einem krempenartigen kleinen Becher, ellipsoidisch, eif. bis rundl. birnf., 2–2,5 cm lang, grün od. gelbgrün bis purpurn; Steinkern hellbraun .... **_Umbellularia_**, 929
10 (6). Fr. sitzend an seitenst., wenigfrüchtigen, ca. 1 cm langen Ähren, die vorj. Zw. ansitzen, kugelf., 3–5 mm ∅, warzig, dunkel, aber dicht mit Wachsausscheidungen bedeckt (*668/2*), dadurch weiß (!); äußere Fr.schicht sich als Kügelchen ablösend; Steinkern verholzt, 2–4 mm groß, warzig, 1-samig **_Morella_**, 668
— Fr. sitzend, an seitenst. 1–1,5 cm langen, zylindrischen, sitzenden Ähren, die vorj. Zw. ansitzen; Ährenachse verholzt; Steinfr. 2–3 mm lang, am Grund seitl. mit 2 persistierenden Vorbl., die basal mit der Fr. verwachsen, im oberen Teil 3-eckig spitz sind u. spreizen (*671/1*); Fr. mit gelbl. Drüsen besetzt (!), die beiden Narben eingetrocknet persistierend; Steinkern eif., abgeflacht, 2-kantig, 2 mm lang, sehr hart, von einer ausgetrockneten, mehlig fleischigen Außenschicht umgeben .... **_Myrica gale_**, 671
11 (7). Fr. mit lederig holzigem od. lederig fleischigem Mesokarp, mit ± schwachen stumpfen Längsrippen u. zahlreichen helleren Lentizellen; Steinkern verholzt; Fr.stiel länger als Fr., lang hängend **12**
— Fr. anders **13**
12. Fr. in seitl. kurzen, beblätterten Trauben, Fr.stiele sehr dünn, 3 cm lang; Fr. eif., 1,5–2 cm lang, 1–1,3 cm ∅, im unteren Teil ± längsriefig, oben mit deutl. abgesetzter, breit kegelf., glatter od. rauer Spitze, die in den persistierenden Gr. od. Gr.rest übergeht (*860/2*); Mesokarp lederig holzig; Steinkern 1-samig .... **_Sinojackia_**, 860
— Fr. endst. an seitl. Kurztrieben, 4–6 cm lang gestielt, Fr.stiel unmittelbar unterhalb der Fr. markant verdickt u. warzig; Steinfr. tonnenf. (*504/2*), 3–3,5 cm lang, 2,5–3 cm breit, olivgrün, sonnenseits rötl. braun, durch Korkwarzen rau, an der Spitze leicht eingedellt u. mit 1–2 mm langem Gr.rest; Fr.fleisch 4–6 mm dick, eintrocknend, lederig fleischig, sich nicht vom Steinkern lösend; Steinkern dick verholzt, 2,5–3 cm lang, bis 18 mm dick, unregelmäßig längsfurchig, mit (1–)3–5 Samen .... **_Davidia_**, 504
13 (11). Fr. in 10–25 cm langen, lange am Baum verbleibenden, lockeren Rispen, gold- bis blassgelb, ellipsoidisch bis eif., 1,5 cm ∅, im Austrocknen mit eingedellter Oberfläche (*664/3*); Steinkern stumpfkantig gefurcht, von mehlig fleischiger Fr.wand umgeben, mit 4–5 schmalen, dunkelbraunen bis schwarzen, 8 mm langen Samen .... **_Melia_**, 664
— Fr. u. Frst. anders **14**

14. Fr. ca, 1 cm lang gestielt, zu wenigen an seitenst., 3–5 mm lang gestielten Frst.achsen; Fr.stiel dick, fast verholzt; Fr. ± kugelf., ca. 1,5 cm ∅, gelb od. rötl. braun, mit kleinen Korkwarzen; Mesokarp zur Reife unregelmäßig in 5–6 Teile aufspaltend u. den gelbbraunen Steinkern exponierend **Lindera praecox**, 625

— Fr. nicht in dieser Art aufspaltend **15**

15. Fr. sitzend in endst., 2–10-bltg. Ähren, eif., verkehrt eif. od. ellipsoidisch, 2–6 cm lang, glatt od. mit 4 Flügelkanten (*425/2*); Gr. meist persistierend, mit dicker wulstiger, 2-lappiger Narbe; Mesokarp dick lederig, grün bis braun, sich zur Reife ± regelmäßig in 4 Teile aufspaltend u. ablösend; Steinkern glatt od. runzelig, oft 2- od. 4-kantig, 2–5 cm lang, eif. od. abgeflacht eif. bis ellipsoidisch, durch den persistierenden, verholzten (!) Gr. (mit Narbe) meist zugespitzt; Steinkern 1-samig, am Grund 4-fächerig, oben 2-fächerig; Embryo gefurcht u. gelappt .... **Carya**, 424

— Fr. anders; Mesokarp sich nicht ± regelmäßig 4-teilig aufspaltend **16**

16. Fr. in endst., wenig- bis reichfrüchtigen Ähren od. Trauben, selten einzeln, sitzend od. sehr kurz gestielt, kugelf., eif. od. längl. eif., 1,5–8 cm lang, Fr.-wand kahl u. glatt od. drüsig behaart; Mesokarp meist dick lederig fleischig, eintrocknend od. verfaulend; Steinkern mit runzeliger, ± scharf gerippter, selten fast glatter Oberfläche, eif. bis ellipsoidisch, ± lang zugespitzt od. beidendig gerundet, 1,5–7 cm lang, hartwandig, 1-samig, innen mit unvollst. Fächerung; Embryo stark gefurcht u. gelappt .... **Juglans**, 597

— Fr. anders gestaltet; wenn ähnl., dann Mesokarp zur Reife aufplatzend ... **17**

17. Fr. zu 1–2(–4) endst. in kurz gestielten Ähren, kugelf. bis ellipsoidisch, oft leicht seitl. abgeflacht, 3–5 cm lang, ± kahl, grün mit hellen, feinen Flecken; Mesokarp dick lederig fleischig, zur Reife aufplatzend u. den Steinkern entlassend; Steinkern mit 2 ± wulstartig verdickten, umlaufenden Nähten, unregelmäßig netzig gefurcht .... **Juglans regia**, 597

— Fr. anders gestaltet **18**

18. Steinfr. aus einem unterst. Frkn. hervorgehend, am Oberende der Fr. ein persistierender K., K.rest od. Ulen der Bltn.hülle, inbesondere des K. **21**

— Fr. aus einem oberst. Frkn. hervorgehend, am Grund der Fr. ein persistierender K., K.rest od. Ulen der Bltn.hülle, insbesondere des K.; hierzu auch Fr., die aus einem mittelst. Frkn. hervorgegangen sind u. bei denen am Grund Reste des Bltn.bechers persistieren od. Ulen hinterlassen haben **42**

19 (1). Fr. 2–3 mm lang gestielt in wenigfrüchtigen Trauben, meist dicht beieinander, ellipsoidisch, eif. od. kugelf., 7–8 mm lang, bis 6 mm ∅, orangefarben, glänzend, mit einigen v. a. spitzenwärts gehäuften Schildhaaren; Fr.haut dünn, aber derb; K. eingetrocknet persistierend, 2-zählig (!), den persistierenden Gr. od. Gr.rest umgebend; Fr.fleisch wässerig fleischig; „Kern" (Samen!) etwas asymmetrisch, schwach abgeflacht, längl. eif. (*578/1*), schwarzbraun glänzend; Fr.fleisch aus der persistierenden K.röhre gebildet, eigentl. Fr.wand dünn, den Samen umhüllend .... **Hippophaë**, 577

— K. 4-zählig, Fr. fast sitzend od. 5–25 mm lang gestielt **20**

20. Fr. einzeln bl.achselst. od. in kleinen Ähren bzw. Trauben, sitzend od. sehr kurz gestielt, eif. bis fast kugelf., 4–6(–10) mm lang, orange bis orangerot, Schildhaare v. a. im oberen Fr.teil; K. persistierend, ca. 1 mm lang, die Zipfel aufrecht od. spreizend; Fr.fleisch saftig, aus der K.röhre hervorgegangen; „Kern" (Samen!) eif., asymmetrisch (*858/1*), 3–5 mm lang, schwach abgeflacht, hell- od. schwarzbraun, glänzend, von dünner Haut umgeben **Shepherdia**, 858

— Fr. zu 1–3, selten zu 4–6 an jungen Zw. bl.achselst., 5–25 mm lang gestielt, meist hängend, ellipsoidisch od. kugelig eif., 6–15 mm lang, meist rot, aber auch gelbl. od. silbern, fast stets dicht mit Schildhaaren bedeckt, schwach glänzend od. glanzlos; Fr.fleisch saftig od. mehlig fleischig, zuw. trocken mehlig; Kern längl. ellipsoidisch, längl. eif., birnf. od. fast kugelf., 5–10 mm lang, häufig längsstreifig, längsgerieft od. längsrippig; K.zipfel abfallend (*517/2*) od. persistierend (*517/1*); Kern u. Fr.fleisch aus verschiedenen Gewebeschichten der persistierenden K.röhre hervorgegangen **Elaeagnus**, 516

21 (18). Fr. 1-kernig **31**

— Fr. 2- bis mehrkernig **22**

22. Fr. sitzend od. fast sitzend in end- od. seitenst., oft köpfchenartig verkürzten Ähren; Frkn. 4-fächerig, nur 2 Fächer fertil; Steinfr. kugelf. od. ellipsoidisch, 10–15 mm ∅, weiß od. 4–6 mm ∅, weißl. rötl. od. rot, Fr.fleisch schwammig, weiß, Steinkerne 2, 1-seitig abgeflacht, 2–5 mm lang mit weißl., mit den Flachseiten dicht aneinander liegend; K. persistierend, die Fr. krönend, kurzröhrig mit 5 kleinen Zipfeln, ca. 1 mm lang .... **Symphoricarpos**, 893

— Fr.fleisch nicht schwammig u. weiß **23**

23. Fr. außen durch Emergenzen bzw. Papillen ausgesprochen rau (*386/3*), 2 cm ∅, in 4–5 cm langen, hängenden Rispen, zur Reife leuchtend orangerot od. rot, Fr.fleisch mehlig fleischig, sehr fade schmeckend, mit zahlreichen, 3 mm langen Steinkernen .... **Arbutus**, 386

— Frst. u. Fr. anders, nicht rot **24**

24. Fr. in reichbltg., 10–15 cm breiten Schirmrispen od. in 4–7 cm breiten kugelf. od. eif. bis längl. eif. Rispen, fast sitzend od. bis 10 mm lang gestielt; Fr. 3–5-fächerig, kugelf. od. breit eif., 3–7 mm ∅, blau bereift, schwarz glänzend od. scharlachrot glänzend, selten gelbl. od. grünl;. K. persistierend, sehr klein, mit 5 zusammenneigenden Zipfeln um den kurzen persistierenden Gr. angeordnet; Steinkerne 3–5, (2–)3–4 mm lang, 3-kantig, unterschiedl. stark abgeflacht, eif. od. ellipsoidisch, runzelig .... **Sambucus**, 851

— Fr. in Dolden, diese zuw. zu rispenartigen Ständen angeordnet **25**

25. Dolden in bis zu 1,2 m ∅ erreichenden Rispen vereinigt; Fr. wie der gesamte Frst. wollig behaart; Fr.stiele 1–2 mm; Fr. 3–4 mm lang, persistierende Gr. 2,5 mm lang, unterhalb des Gr.polsters ein rotbrauner Ring **Tetrapanax**, 905

— Frst. kleiner, nicht wollig behaart **26**

26. Fr. in Dolden von 1–2 cm ∅, diese zu 20–40 cm breiten, reich verzweigten Rispen angeordnet; Frst. u. Fr.stiele kraus behaart; Steinfr. kugelf., 3–6 mm ∅, schwarz, kahl, mit 5 fädigen, ca. 1 mm langen, eingetrocknet persistierenden, spreizenden Gr. (*385/3*); Steinkerne 2–5, abgeflacht, dünnwandig, mit gestreifter u. gekörnelter Oberfläche .... **Aralia**, 385

— Fr. u. Frst. anders **27**

27. Fr. 7–10 mm lang gestielt in endst. 20–30 cm großen Doppeldolden, 4–5 mm ∅, schwarzblau, von einem dünnen, 1,5–2 mm langen, persistierenden Gr. mit gabeliger Narbe gekrönt (*611/3*); K. 5-zählig, sehr klein; beerenähnl. Steinfr. mit 2(–3) seitl. abgeflachten Steinkernen, diese außenseitig gerippt, innenseitig glatt, seitl. gefurcht .... **Kalopanax**, 610

— Frst. kleiner, Fr. größer **28**

28. Fr. in vielbltg. kegelf. Dolden, zu Rispen vereinigt; Fr. 1–1,5 cm lang gestielt, 5–8 mm ∅, kugelf., fleischig, schwarz, kahl, die 5 Gr. 1,5 mm lang; Steinkerne 5, ellipsoidisch, abgeflacht, gefurcht, runzelig .... ***Fatsia***, 539
— Fr. u. Frst. anders **29**
29. Fr. 8–10 mm lang gestielt, zu 15–30 in endst., gestielten Dolden von 3 cm ∅ od. Doppeldolden; Fr.stiele sehr kurz filzig behaart; beerenähnl. Steinfr. kugelf. od. abgeflacht kugelf., 8–10 mm ∅, blauschwarz bis schwarz, oft bereift, zerstreut sternhaarig; Kbl. persistierend, am Oberende der Fr. ringf. angeordnet, eine heller gefärbte Drüsenscheibe (Diskus) umgebend (*572/1*); Gr. persistierend, ca 1 mm lang; Fr. mit 5–2 eif., pergamentartig dünnwandigen, glatten Steinkernen, 6–7 mm lang, 3-seitig; Fr.fleisch mehlig fleischig; Fr. erst im folgenden Jahr reifend .... ***Hedera***, 572
— Fr. anders, Gr. 2–7 .... **30**
30. Fr. 3–10 mm lang gestielt, in endst., 8–15 cm langen Doppeldolden, rundl. eif. bis breit ellipsoidisch, etwas abgeflacht, 8 mm lang, scharlachrot glänzend, kahl; Gr. 2, persistierend, 1–2 mm lang; K. unscheinbar; Steinfr. 2-fächerig; Steinkerne 2, abgeflacht .... ***Oplopanax***, 678
— Fr. in endst., bis 10 cm lang gestielten, meist einzeln stehenden Dolden an jungen Langtrieben od. seitl. Rosettensprossen, fast sitzend od. bis 2 cm lang gestielt, kugelf. bis breit ellipsoidisch, 6–14 mm lang, schwarz; Gr. u. K. persistierend (*518/2*); K. sehr klein; Gr. 2–7, bis zur Mitte od. oben verwachsen, mit 2 spreizenden Enden; beerenähnl. Steinfr. mit 5(–7) Steinkernen ***Eleutherococcus***, 518
31 (21). Steinkern von einem saftig fleischigen Mesokarp umgeben **34**
— Mesokarp zur Reife eingetrocknet **32**
32. Fr. kahl, 1,5–2 cm lang gestielt, in 2–6-früchtigen, achselst. Büscheln, 2–5 cm lang, verkehrt eif. mit 2 (*568/2b–c, H. diptera*) od. 4 (*568/1d–e, H. carolina*) breiten Längsflügeln; Gr. persistierend, pfriemf., starr 5 mm lang; Mesokarp fest korkig, sich nicht vom Steinkern lösend; Steinkern dick, 2–4-fächerig mit 1–4 längl. Samen .... ***Halesia***, 568
— Fr. nur kurz gestielt, behaart, nur schmal geflügelt od. gerippt **33**
33. Fr. fast sitzend, hängend, in 12–25 cm langen, hängenden behaarten Rispen an seitl. Kurztrieben; Fr. dicht gelbl. silbern borstig (!) behaart (*767/1c, d*), Haare spreizend; Fr. verkehrt eif. bis keulenf., ca. 10 mm lang, mit 10 schmalen Längsrippen (Lupe!); K. u. Gr. persistierend; K. 5-zählig, 1 mm lang; Gr. fädig, 7–10 mm lang; Mesokarp dünn, korkig, fest mit dem Steinkern verbunden; Steinkern 6 mm lang, 2-fächerig, 1–2-samig; Samen längl. bis zylindrisch .... ***Pterostyrax hispidus***, 766
— Fr. sehr kurz gestielt, in 8–12 cm langen Rispen, verkehrt eif., 8–12 mm lang, mit 5 schmalen Längsflügeln (*767/2, b*), kurz sternhaarig filzig (!); Gr. od. allein die Gr.basis persistierend, pfrieml., 2–3 mm lang ***Pterostyrax corymbosus***, 766
34 (31). Steinkern 2-kammerig u. meist 2-samig **40**
— Steinkern 1-kammerig, 1-samig **35**
35. Fr. in endst., ± dichten, 5–8 cm langen Rispen, 2–5 mm lang gestielt; Frst. locker behaart; Fr. ellipsoidisch, 10–20 mm lang, 10 mm ∅, scharlachrot glänzend, oben mit deutl. K.ringule u. persistierender, sitzender knopff. Narbe; Steinkern längl., unregelmäßig längs gefurcht (*392/2*) ***Aucuba***, 392

— Fr. mit persistierendem K., wenn scharlachrot, dann kleiner **36**
36. Fr. in 4–8 cm langen, endst. Rispen, kurz gestielt, ellipsoidisch bis rundl. eif., 5–8 mm lang, blau (*895/4*); Mesokarp dünn; Steinkern birnenf., ca. 5 mm lang, rotbraun, fein längs gefurcht, seitl. etwas abgeflacht, vom 1 mm langen K.zipfelring gekrönt (*895/5*) .... ***Symplocos***, 895
— Steinkern nicht birnenf.; Fr. anders **37**
37. Fr. fast sitzend od. bis 10 mm lang gestielt, in 5–15 cm breiten, aufrechten od. überhängenden Schirmrispen, rundl. bis kugelf., eif. od. ellipsoidisch, bisw. abgeflacht, (6–)8–10(–15) mm lang, rot, purpurn, schwarz glänzend od. dunkelblau bereift; K. sehr klein, die Zipfel der Fr. anliegend od. den persistierenden, kurzen Gr. umsäumend; Fr. kahl, seltener behaart od. sternhaarig; Steinkern stark verholzt, glatt od. gerippt bzw. gefurcht, ± stark abgeflacht od. abgeplattet, eif., ellipsoidisch od. fast herzf., 3–9 mm lang, mitunter zugespitzt .... ***Viburnum***, 932
— Fr. nicht in Schirmrispen, meist deutl. länger gestielt **38**
38. Fr. in wenigbltg., kahlen, lang gestreckten, bl.achselst. hängenden Thyrsen, 1–2,5 cm lang gestielt, eif. bis rundl., 8–10 mm lang, seitl. etwas abgeflacht, dunkelblau glänzend, am Oberende mit kleinem K.ring; Mesokarp dünn, saftig fleischig; Steinkern breit eif., 1-seitig schwach abgeflacht (*373/3*), deutl. längsriefig, 6–7 mm lang .... ***Alangium***, 373
— Fr. meist größer, an der Spitze mit kleinem Nektarscheibenwulst, der vom K. umgeben ist; Steinkern schwach od. deutl. gerippt **39**
39. Fr. einzeln achselst., 2–3 cm lang gestielt, Fr.stiele behaart; Fr. am Grund mit 2–4 kleinen Hochbl., längl. eif. bis verkehrt eif., 20–40 mm lang, purpurn; Mesokarp dünn, saftig fleischig; Steinkern 20–30 mm lang, mit 8–10 Rippen .... ***Nyssa aquatica***, 676
— Fr. sitzend an achselst. 1–3,5 cm langen, behaarten Frst.achsen, zu 2–3 (*676/2*); Fr. am Grund mit kleinen, behaarten Hochbl.; Steinfr. eif., 8–15 mm lang, dunkelblau bis blauschwarz; Mesokarp saftig fleischig, dünn; Steinkern schwach 10–12-längsrippig, 7–12 mm lang .... ***Nyssa sylvatica***, 676
40 (34). Fr. 5–10 mm lang gestielt, in aufrechten Schirmrispen od. Rispen; Fr.stiele u. Frst.achsen zur Fr.zeit meist rötl gefärbt; Steinfr. kugelf. od. eif., 5–8(–10) mm groß, weißbläul. od. blauschwarz, nur matt glänzend, kahl od. fein angedrückt behart; K. 4-zählig, sehr klein, persistierend od. hinfällig u. einen Ulenring am Oberende der Fr. hinterlassend; Nektarscheibe ± deutl., den persistierenen Gr. od. dle Gr.ulen umgebend; Mesokarp saftig fleischig; Steinkern stark verholzt, kugelf. od. eif., oft abgeflacht, glatt od. gefurcht, 2-kammerig, meist 2-samig .... ***Cornus***, 463
— Fr. nicht in Rispen, einzeln od. zu wenigen seitenst. od. in endst. Köpfen ... **41**
41. Fr. 1–1,5 cm lang gestielt, einzeln od. zu wenigen an kurzen Seitensprossen, längl. ellipsoidisch, 15–20 mm lang, scharlachrot glänzend, kahl; Steinkern ellipsoidisch bis längl., 12–16 mm lang, 5–7 mm ∅, hell gefärbt, glatt u. mit 2 kürzeren Furchen; Mesokarp fleischig saftig, wohlschmeckend
Cornus mas, C. officinalis, 466, 467
— Fr. sitzend in aufrechten, 2–4 cm lang gestielten endst. Köpfen (*468/1, 2*), ellipsoidisch, 10–12 mm lang, orangerot bis leuchtend rot, ± stark glänzend, fein anliegend behaart; K. 4-zählig, gleich dem Gr. persistierend; Kbl. sehr klein, 3-eckig, der Fr. krönchenartig aufsitzend, dunkel gefärbt, Zipfel meist

nach innen gekrümmt; Gr. den K. überragend; Steinkern stark verholzt, eif. bis ellipsoidisch, 6–8 mm lang, mit umlaufendem kleinem Längsstreifen; Mesokarp dünn, mehlig fleischig .... ***Cornus florida, C. nuttallii***, 468

42 (18). Fr. mit 2 od. mehreren Steinkernen **68**

— Fr. mit 1 Steinkern **43**

43. Steinkern 1-samig **46**

— Steinkern 2- bis mehrfächerig, meist 2- bis mehrsamig **44**

44. Fr. sehr kurz gestielt, in end- od. seitenst., gestielten, 8–18 cm langen, filzig behaarten Rispen, rundl. eif., 2–4 mm lang, kahl, schwärzl. braun, längs gerieft; K. persistierend, glockig (*944/3*), ca. 2 mm lang, filzig behaart; Mesokarp dünn, weich, später eintrocknend; Steinkern hart, 4-fächerig, 4-samig .... ***Vitex***, 944

— Steinkern 2-fächerig, meist 2-samig **45**

45. Fr. 2–5 mm lang gestielt, in reichbltg., end- od. seitenst. bis 25 cm langen Rispen, eif. bis längl. eif., 5–8 mm lang, glatt, anfangs rot, zur Reife blauschwarz bis schwarz, unten mit Bltn.hüllulenring, oben mit Gr.ule; Mesokarp fleischig lederig; Steinkern 1–2-samig (mehrere untersuchen!) ***Berchemia***, 400

— Fr. 3–5 mm lang dünn gestielt, zu 2–3 in seitenst. Zymen, breit eif. bis breit ellipsoidisch, 12–25 mm lang, kahl, rotbraun bis schwarzbraun, glänzend; am Grund mit Bltn.hüllulenring (*955/2*), oben mit Gr.ule; Mesokarp fleischig lederig, Steinkern stark verholzt, 10–15 mm lang, 2(selten 4)-fächerig, 1–2-samig; Samen abgeflacht, 7–8 mm lang, rotbraun .... ***Ziziphus***, 954

46 (43). Fr. zu 1–4 seitl. od. in 10–20 cm langen, mehrfr. Trauben, 1 od. 3,5 cm lang gestielt; Steinfr. rundl. eif., 12–20 mm lang, stachelspitzig, kahl od. behaart; K. persistierend, schüsself., kahl od. behaart, ± undeutl. 5–9-zählig; Mesokarp lederig, dünn, von oben her aufreißend u. den Steinkern freilegend (*892/9*); Steinkern 10–12(–15) mm lang, hell od. dunkelbraun, hartschalig, rund od. schwach längs 3-kantig, am Grund mit großer Ule, von der 2–3 kleine Längsfurchen ausgehen .... ***Styrax***, 891

— Mesokarp sich nicht ablösend od., wenn sich ablösend, nicht dünn, sondern saftig fleischig, dick lederig filzig u. Steinkern nicht rundl. eif. **47**

47. Mesokarp zur Fr.reife eingetrocknet, fest od. mehlig fleischig, sich nicht vom Steinkern lösend **62**

— Mesokarp zur Fr.reife ± saftig fleischig od. dick lederig filzig u. sich vom Steinkern lösend **48**

48. Fr. deutl. gestielt, wenn auch mitunter nur kurz, wenn sitzend, dann > 10 mm lang **51**

— Fr. sitzend od. nur sehr kurz gestielt, bis 10 mm lang **49**

49. Fr. endst. in reichbltg. Köpfen; Steinfr. ellipsoidisch, 8 mm lang u. 3,5 mm breit, völlig vom persistierenden, seidig behaarten K. geborgen; K.röhre 12–14 mm lang, die 4 K.zipfel elliptisch; Frkn. 1-fächerig, 1-samig; Fr. eintrocknend .... ***Edgeworthia***, 516

— Frst. nicht kopfartig, nicht dicht seidig behaart **50**

50. Fr. fast sitzend in wenigbltg., end- od. seitenst., oft stark gestauchten Trauben, zuw. scheinbar einzeln achselst., kugelf., längl. eif. od. ellipsoidisch, 4–10 mm lang, mit knopff., oft etwas eingesenkter Narbe; Steinfr. gelbl. grün, rot od. fast schwarz, kahl od. anliegend behart; Mesokarp saftig fleischig od. lederig fleischig; Steinkern sich leicht vom Mesokarp lösend, von einem dünnen Häutchen umgeben, kugelf. bis ellipsoidisch, oft zugespitzt; Fr. am Grund mit kleinem scheibenf. persistierendem K. .... ***Daphne***, 500

— Fr. fast sitzend zu 2–3 in 5–10 mm lang gestielten Ständen seitl. an vorj. Zw., ellipsoidisch, zugespitzt, 6–8 mm lang, grün, eingetrocknet rötl.; Steinkern dick, schwarz glänzend .... ***Dirca***, 512

51 (48). Fr. 1–2 cm lang gestielt, in endst. 10–25 cm langen Rispen; K. persistierend, etwas fleischig werdend, mit längl. 3-eckigen, 1,5 cm langen purpurroten (!) Zipfeln (*458/1c*); Fr. kugelf., 6–8 mm ∅, stahlblau, saftig fleischig; Steinkern stark verholzt, 5–6 mm lang, mit 1 konkaven, genetzten u. 1 planen glatten Seite mit Längsspalt; Samen längl., 4 mm lang ***Clerodendrum***, 457

— K., wenn persistierend, kleiner u. nicht rot u. fleischig **52**

52. Rispen 8–15(–20) cm lang, aufrecht, endst.; Steinfr. 4 mm od. 10–15 mm ∅, gelb, später braun od. schwarz werdend, mit persistierendem, grünen K.; Kbl. gerundet, bewimpert .... ***Ehretia***, 516

— Fr. anders **53**

53. Fr. 7–15 mm lang gestielt, in endst. hängenden, wenigfrüchtigen 6–20 cm langen Rispen (*447/2*), ellipsoidisch, 1–2 cm lang, dunkelblau bis blauschwarz, bereift; K. persistierend, 4-zählig, K.zipfel 3-eckig bis pfrieml., 1 mm lang, der Fr. anliegend; Steinkern stark verholzt, längl. ellipsoidisch, 8–15 mm lang, weißl., glatt od. fein längsstreifig .... ***Chionanthus***, 447

— Fr. nicht in endst. Rispen **54**

54. Fr. 3–15 mm lang gestielt, hängend (*747/1a*) zu 1–3 in sitzenden Dolden an seitl. Rosettensprossen, kugelf. bis rundl. eif., 10–15 mm lang, seitl. zuw. etwas abgeflacht, rot, oft ± bereift; Gr. persistierend, am Grund der Fr. (!), nahe dem ebenfalls persistierenden Bltn.becher; Mesokarp saftig fleischig; Steinkern schief eif., abgeflacht, mit Netzmuster .... ***Prinsepia***, 747

— Persistierender Gr. od. Gr.ule an der Fr.spitze **55**

55. Fr. auf 1 Seite mit deutl. Längsnaht **58**

— Fr. ohne Längsnaht **56**

56. Fr. 5–12 mm lang gestielt, hängend, einzeln od. in achselst. Büscheln, eif. bis rundl. eif., 10–15 mm lang, blauschwarz, bereift; Steinkern stark verholzt, eif. .... ***Osmanthus***, 679

— Fr. in achselst., z. T. stark gestauchten Trauben **57**

57. Fr. 8–10 mm lang gestielt, in 4–8 cm langen, hängenden Trauben, ellipsoidisch bis längl., 10 mm lang, kahl, dunkelblau bis schwarz, bereift ***Daphniphyllum***, 503

— Fr. 2–15 mm lang gestielt in gestauchten Trauben an vorj. Zw.abschnitten, kugelf. od. längl. eif., 6–15 mm lang, dunkelpurpurn od. blauschwarz; K. u. Gr. persistierend; K. 4-teilig, 0,5 mm lang; Gr. meist kurz; Steinkern stark verholzt, dünnwandig (*696/1*) .... ***Phillyrea***, 696

58 (55). Fr. mit persistierendem Gr., eif., spitz zulaufend, schwarzrot, 8 mm lang; Steinkern 3-kantig, oben spitz; Fr. in 2–5 cm langen Trauben, Bltst.-achse weich behaart .... ***Prunus hypoleuca***, 749

— Fr. ohne persistierenden Gr. **59**

59. Fr. 3–25 mm lang gestielt, in vielbltg., aufrechten od. hängenden, 4–25 cm langen Trauben, 5–10 mm groß, kugelf. eif. od. ellipsoidisch, schwarz, selten dunkelpurpurn od. dunkelrot; Mesokarp nur mäßig dick, saftig fleischig; Steinkern fast kugelf., eif. od. eif. zugespitzt, 5–10 mm lang, nicht od. nur schwach abgeflacht, glatt, runzelig od. gerippt

***Prunus* Untergatt. *Padus*,** 748

— Fr. nicht in gestreckten Trauben **60**

60. Fr. 6–35 mm lang gestielt, einzeln od. in 2–5-früchtigen Schirmtrauben od. Dolden, rundl. eif., 6–12(–25) mm lang, rot, schwarzrot od. schwarz; Mesokarp saftig fleischig; Steinkern kugelf., eif. od. ellipsoidisch, glatt, runzelig od. gerippt, 5–12 mm lang . . . . ***Prunus* Untergatt. *Cerasus*,** 751

— Fr. u. Steinkern anders **61**

61. Fr. in sitzenden Dolden od. einzeln, deutl., aber unterschiedl. lang gestielt, rundl. od. längl., 1–3 cm lang, kahl, gelb, rot od. schwärzl. blau, oft bereift; Fr.fleisch sich mitunter nur schwer vom Steinkern lösend; Steinkern meist abgeflacht, runzelig . . . . ***Prunus* Untergatt. *Prunus*** p. p., **Pflaumen,** 761

— Fr. ± sitzend, einzeln od. zu 2–3, rundl., 2–3 cm lang, behaart, gelb od. grünl. gelb; Mesokarp saftig fleischig, dick od. lederig fleischig u. sich zur Reife vom Steinkern lösend; Steinkern ± abgeflacht, tief gefurcht od. fast glatt u. grubig löcherig . . . . ***Prunus* Untergatt. *Prunus*** p. p., **Aprikosen,** 761

62 (47). Fr. 1–2 cm lang gestielt, in reich verzweigten, endst., 10–20 cm großen Rispen (*474/1*); Fr.stiele dünn, auch die der sterilen Bltn. nicht abfallend, sich verlängernd u. flaumig behaart (!) (*474/1*); Fr. schief eif. bis fast nierenf., ± abgeflacht, 3–5 mm lang, mit genetzter Oberfläche; Mesokarp dünn, lederig; K. u. Gr. persistierend; K. 5-zählig, 0,5 mm lang; Gr.äste 3, sehr kurz

***Cotinus*,** 473

— Fr.stiele nicht flaumig behaart; Fr. anders geformt **63**

63. Fr. in Trauben od. Rispen **65**

— Fr. einzeln bl.achselst. **64**

64. Fr. 1–2,5 cm lang gestielt, eif. bis rundl., 7–12 mm ∅, orangerot bis dunkelpurpurn, am Grund mit Resten der Bltn.hülle od. deren Ulen (*435/2*); Gr. hinfällig, eine deutl. Ule hinterlassend; Mesokarp lederig od. mehlig fleischig lederig; Steinkern 4–8 mm lang, mit genetzter Oberfläche od. schwach erhabenen Längsleisten . . . . ***Celtis*,** 434

— Fr. sehr kurz gestielt od. fast sitzend, nach unten gerichtet, schief eif. od. schief herzf., kahl od. schwach behaart, 4–5 mm lang, am Grund mit persistierendem, 4–5-zipfeligem, der Fr. anliegendem K., an der Spitze mit V-f., behaarter Narbe; Fr. mit 2 schwachen Längskanten u. Netzmuster (*953/4*); Mesokarp dünn; Fr. mit den beblättert bleibenden Kurztrieben abfallend

***Zelkova*,** 953

65 (63). Fr. 0,5–1,5 mm lang gestielt, in aufrechten, endst., dichten, oft zapfenf. Rispen, kugelf., 2–4 mm lang, oft abgeflacht, ± dicht behaart od. kahl, z. T. drüsig behaart, scharlachrot, orangerot od. karminrot; K. u. Gr. persistierend; K. klein, ± freibl., der Fr. anliegend; Mesokarp dünn, lederig mehlig; Steinkern hornig, dünn . . . . ***Rhus chinensis, R. glabra, R. typhina*,** 799, 800

— Fr. in seitenst. Trauben od. lockeren, überhängenden, seitenst. Rispen . . . **66**

66. Fr. sehr kurz gestielt in aufrechten, ca. 10 cm langen achselst. Trauben od. in lockeren, 10–25 cm großen, seitenst., überhängenden Rispen, ± kugelf., bisw. ± abgeflacht, 5–7 mm ∅, kahl od. behaart, weiß, gelb od. gelbbraun; K. u. Gr. sehr klein, persistierend; Mesokarp dünn; Steinkern dünnwandig

***Toxicodendron*,** 920

— Fr. in kurzen Ähren, Trauben od. Rispen **67**

67. Fr. sitzend od. 2–4 mm lang gestielt in 5–20 mm langen, seitenst. Ähren od. Trauben, diese einzeln od. an den Zw.enden zu rispenartigen Ständen zusammengefasst; Fr. fast kugelf., 6 mm ∅, rot, dicht behaart; Mesokarp u. Steinkern dünn .... ***Rhus aromatica, R. trilobata***, 800

— Fr. 3–7 mm lang gestielt, in 1–2 cm langen, seitenst. Trauben an vorj. Zw.abschnitten, schmal längl. bis ellipsoidisch, oft etwas gebogen, 12–15 mm lang, dunkelpurpurn bis schwarz; Mesokarp dünn, trockenfleischig ***Forestiera***, 541

68 (42). Fr. in Rispen **74**

— Fr. einzeln od. zu mehreren bl.achselst. od. in wenigfrüchtigen Trauben, Dolden od. Büscheln. **69**

69. Fr. fast sitzend od. sehr kurz gestielt, einzeln bl.achselst., kugelf., 5–8 mm ∅, schwarz glänzend, am Grund mit 1 mm langem, der Fr. anliegenden persistierenden, 2–3-teiligen K. (*520/3*), an der Spitze mit kleiner, aber deutl. Gr.ule; Steinkerne 6–9, dickwandig, keilf., abgeplattet, 2 mm lang, hell- bis gelbbraun, mit rauer Oberfläche .... ***Empetrum***, 519

— Fr. größer, wenn nur 5–8 mm lang u. einzeln bl.achselst., dann länger gestielt u. mit weniger Steinkernen **70**

70. Fr. fast sitzend od. bis 15 mm lang gestielt, einzeln bl.achselst. od. in wenigfrüchtigen Zymen, ± kugelf., 6–10 mm ∅, rot, seltener schwarz, meist glänzend, am Grund mit persistierendem 4–8-teiligem K., an der Spitze mit knopff., 4-teiliger Narbe (*591/4*); Mesokarp saftig fleischig; Steinkerne stark verholzt, 2–8, längl. eif., ± 3-kantig, 4–7 mm lang, glatt, längsrippig od. genetzt .... ***Ilex***, 588

— Fr. anders gestaltet **71**

71. Fr. unterschiedl. lang gestielt, zu 2–5, bisw. zu vielen bl.achselst. in Büscheln, Dolden od. Trauben; Fr. kugelf., kreiself. od. rundl. eif., 5–10 mm lang, unreif grün od. rot, später schwarzviolett od. schwarz, kahl, glänzend, am Grund mit persistierendem, tellerf., basalem Rest des Bltn.bechers (*545/6*), an der Spitze mit persistierendem Gr. u. Narbenästen od. Gr.rest; Fr. 2–4-fächerig, mit 2–4, ± eif., glatten, ± abgeflachten, oft 2-kantigen, zuw. gekielten u. schmal gefurchten Steinkernen von 2–6 mm Länge

Frangula, Rhamnus, 545, 786

— Fr. unten ohne basalen Rest des Bltn.bechers **72**

72. Fr. in endst., nickenden od. aufrechten Trauben od. Büscheln zu 2–8, 2,5 cm lang gestielt, kugelf. od. abgeflacht kugelf., 5–10 mm ∅, rot, braun od. blauschwarz bis schwarz, meist glänzend (*387/2*); K. persistierend, 5-zählig, Kbl. basal verwachsen, die Zipfel 1–1,5 mm lang, der Fr. anliegend; Mesokarp saftig fleischig od. mehlig fleischig; Steinkerne meist 5, schwach nierenf., seitl. abgeflacht, 3–4 mm lang .... ***Arctostaphylos***, 387

— Fr. andersfarbig, in seitenst. Zymen od. endst. Trauben **73**

73. Fr. 3 mm lang gestielt, in aufrechten, endst., 3–5 cm langen Trauben, eif., 1–1,5 cm lang, weißl., kahl, die 2–3 Gr. persistierend, die Fr. dadurch gehörnt (!); Kbl. frei, persistierend; Steinkerne eif., 5 mm lang

Pachysandra axillaris, P. terminalis, 683

— Fr. in seitenst., vielfrüchtigen, bis 3 cm breiten Zymen, 2–3 mm lang gestielt, fast kugelf., 3–4 mm ∅, leuchtend hellviolett bis lila; K. persistierend, teller- od. scheibenf.; Mesokarp mehlig fleischig, weiß; Steinkerne 2–4, schwach sichelf. gebogen, flach, ca. 2,5 mm lang, cremefarben .... ***Callicarpa***, 414

74 (68). Fr. leuchtend rot, 8–10 mm lang gestielt, in 5–8 cm langen, aufrechten endst. Rispen, eif. od. verkehrt eif. bis kugelf., 8–10 mm ∅; Mesokarp saftig fleischig; K. u. Gr.basis persistierend; Kbl. ca. 1,5 mm lang; Steinkerne 2–4, 6–8 mm lang, weiß .... ***Skimmia***, 861

— Fr. schwarz od. blauschwarz **75**

75. Fr. kurz gestielt, in endst., ± dichten Rispen, fast kugelf. od. eif., selten ellipsoidisch, 4–10 mm lang, blauschwarz u. bereift od. schwarz glänzend; K. persistierend, ± glockenf., etwa 1 mm groß, kahl od. behaart; Mesokarp saftig fleischig od. mehlig, oft nur dünn; Steinkerne (1–)2–4, 3–8 mm lang, dünnwandig .... ***Ligustrum***, 622

— Fr. 1–5 mm lang gestielt, in lang gestielten, ca. 10 cm breiten, endst., reich verzweigten, lockeren Rispen od. Schirmrispen, kugelf. od. abgeflacht kugelf., ca. 1 cm ∅, schwarz; Mesokarp später im Winter eintrocknend, die Fr. dadurch ± gerippt; Steinkerne 5, abgeflacht; Endokarp dünn, hornig, 2-teilig; Samen eif. bis ellipsoidisch, 4–5 mm lang, dunkelbraun bis schwarz ***Phellodendron***, 692

Schlüssel zum Bestimmen sommergrüner Gehölze im Winterzustand (Bearbeiter: Ulrich Hecker)

Zur Bestimmung der Gehölze im laublosen Zustand müssen Merkmale herangezogen werden, die während des Sommers weniger beachtet werden. Es sind v. a.

- die Borke u. Rinde
- die Äste u. ihre Verzweigungen
- die Oberflächenbeschaffenheit u. die Struktur des Marks der Zweige
- die Stellung u. Feinstruktur der Blattnarben
- die Beschaffenheit u. Form der Knospen sowie
- die Morphologie der Knospenschuppen

Dieser Schlüssel führt in der Regel nur zur Gattung. Da oft Arten eines Genus morphologisch vielgestaltig sind, sind Gattungen mitunter mehrfach verschlüsselt.

Viele Merkmale, wie z. B. die Blattnarben, sind so klein u. unscheinbar, dass sie nur mit Hilfe einer 10-fachen Lupe, die ja auch für die allgemeine Bestimmung hilfreich ist, erkennbar sind. Gerade sie sind es aber, die wichtige Hinweise für die Gattungszugehörigkeit geben. So sind an ihnen meist ausreichend gut die Bündelmale (Narben der Leitbündel, *217/3*) sichtbar, deren Vorhandensein, Anordnung u. Anzahl von großer Bedeutung sein kann.

Zur Erläuterung der im Knospenschlüssel verwendeten Fachausdrücke sei auf die betreffenden Abschnitte des Kapitels „Bau der Gehölze (Morphologie)" (S. 13–48) hingewiesen. Sie sind dort definiert u. durch Abbildungen veranschaulicht.

Beiknospen treten bei Gehölzen in verschiedener Ausprägung auf. Es handelt sich um akzessorische Bildungen oberhalb od. unterhalb der Achselknospe. Man spricht von absteigenden u. aufsteigenden Beiknospen (*217/2a* u. *b*). Mitunter treten bei dikotylen Gehölzen neben der Achselknospe auch seitlich (lateral) zusätzliche Knospen auf. Sie stellen morphologisch andere Bildungen dar, da sie ihren Ursprung nicht am Hauptspross, sondern in der Achsel der Vorblätter, also der ersten Blätter einer Achselknospe (bzw. eines künftigen Seitensprosses) haben. Man bezeichnet sie auch als Bereicherungsknospen. Der Einfachheit halber werden sie in den Schlüsseln jedoch ebenfalls Beiknospen genannt (*217/1*).

Nicht immer sind die vegetativen Wintermerkmale zur Gattungsdifferenzierung ausreichend eindeutig. Es ist daher sinnvoll, auf die Früchte, Fruchtstände od. deren Reste zu achten u. bei ihrem Vorhandensein die Arten mit Hilfe des Früchteschlüssels (S. 152–216) zu bestimmen. Im Knospenschlüssel wird auf diese Merkmale nicht noch einmal eingegangen.

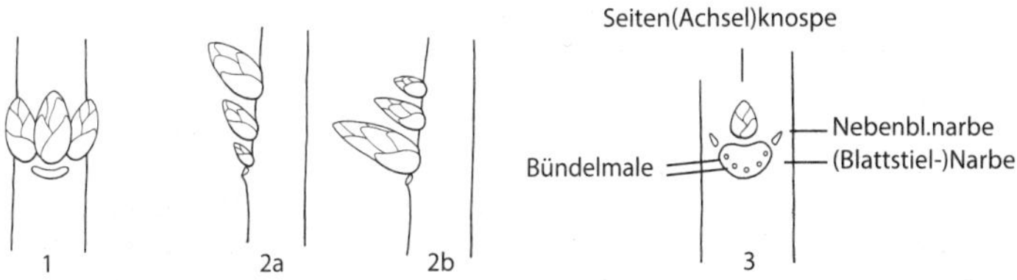

217/1–3: 1–2 Beikn., 1 lateral, 2 serial, 2a absteigend, 2b aufsteigend; 3 Sprossabschnitt

Hauptschlüssel

1. Lianen .... **Gruppe A,** 218
— Bäume od. Sträucher **2**
2. Zw. mit Stacheln od. Dornen bewehrt .... **Gruppe B,** 223
— Zw. unbewehrt **3**
3. Sprosssystem augenfällig in Lang- u. Kurztriebe gegliedert; Kurztriebe mehrere Jahre lebend, stets nur mit 1 Kn. .... **Gruppe C,** 229
— Sprosssystem anders gestaltet **4**
4. Kn. z. T. in Größe u. Form unterschiedl. gestaltet (Spross- bzw. Bltn.- u. Bltnst.-kn.) .... **Gruppe D,** 231
— Kn. ± gleich gestaltet **5**
5. Endkn. vorhanden **8**
— Endkn. fehlend; Sprossende als deutl. Stumpf bzw. als Narbe erkennbar od. Sprossenden mehr od. weniger lang abgestorben, ± deutl. über der Basis der obersten Kn. gelegen; oberste Seitenkn. mitunter fast endst., aber stets in der Achsel bzw. oberhalb einer Bl.narbe gelegen **6**
6. Bl.narben bzw. Seitenkn. gegenst. od. zu dritt angeordnet .... **Gruppe E,** 234
— Bl.narben bzw. Seitenkn. nicht gegenst. **7**
7. Bl.narben bzw. Seitenkn. schraubig angeordnet .... **Gruppe F,** 241
— Bl.narben bzw. Seitenkn. 2-zeilig angeordnet .... **Gruppe G,** 249
8 (5). Bl.narben bzw. Seitenkn. gegenst. od. zu dritt angeordnet **Gruppe H,** 251
— Bl.narben bzw. Seitenkn. nicht gegenst. **9**
9. Bl.narben bzw. Seitenkn. schraubig angeordnet .... **Gruppe I,** 258
— Bl.narben bzw. Seitenkn. 2-zeilig angeordnet .... **Gruppe J,** 271

Gruppe A
Lianen

1. Pflanze mit Ranken od. Wurzeln kletternd **20**
— Pflanze windend, stets ohne Ranken **2**
2. Bl.narben bzw. Kn. wechselst. **5**
— Bl.narben bzw. Kn. gegenst. **3**
3. Sprosse grün, höchstens sonnenseitig gerötet .... ***Jasminum*,** 595
— Sprosse andersfarbig **4**
4. Bl.narben deutl. erhaben, ± kreisf., mit einem zentralen Bündelmal; Mark an den Knoten durchgehend, hellgrün; Kn. geborgen, nicht sichtbar (*219/1*) ***Periploca*,** 690
— Bl.narben wenig erhaben, flach; Sprosse meist hohl, nur im Knotenbereich massiv; Kn. gut sichtbar ausgebildet, etwas spreizend, mit deutl. Kn.schuppen .... ***Lonicera*,** 627
5 (2). Mark der Zw. massiv od. degeneriert (Zw. hohl), nicht gekammert ... **8**
— Mark der Zw. deutl. gekammert **6**
6. Kn. gut sichtbar, eif. bis längl. eif., spreizend; Sprosse olivgrün bis braun, dicht mit punktf., hellen Lentizellen bekleidet ***Celastrus angulatus*,** 434
— Kn. in einer Verdickung ± geborgen; Zw. knotig; Lentizellen größer **7**
7. Zw. behaart .... ***Actinidia deliciosa*,** 368

— Zw. kahl (*219/2*) .... ***Actinidia arguta, A. kolomikta, A. melanandra,*** 368

8 (5). Mark durch die Knoten nicht unterbrochen (durchgehend) od. degeneriert **10**

— Knoten massiv **9**

9. Sprosse grünl., mit silbriger, sich in Längsstreifen ablösender Epidermis; Kn. flach, anfangs von einer durchscheinenden Nebenbl.scheide (Ochrea) bedeckt; Bl.narben ohne besondere Merkmale; die einzelnen Kn.schuppen schlecht abgrenzbar .... ***Fallopia,*** 537

— Sprosse olivgrün bis braun, kahl, schwach glänzend; Kn. kurz kegelf., mit zahlreichen Kn.schuppen, diese mit Spitzchen od. kurz begrannt; Bl.narben deutl. erhaben, rundl., meist mit mehreren Bündelmalen; zuw. mit 1–2 seitl. Beikn., die ± im rechten Winkel zur Achselkn. stehen (*219/3*) ..... ***Akebia,*** 372

10 (8). Sprosse dicht abstehend behaart, hellgrün, rotbraun gefleckt; neben der Bl.narbe mit 3 Bündelmalen noch 2 dunklere, seitl. waagerechte Nebenbl.-narben; äußere Kn.schuppen lang zugespitzt od. geschwänzt
Pueraria montana var. ***lobata,*** 767

— Sprosse kahl od. schwach behaart **11**

11. Sprosse weiß bereift; Kurztriebe mit dicht stehenden Bl.narben, die 3 deutl. Bündelmale aufweisen; Kn.schuppen knorpelig, mit aufgesetztem Spitzchen (*219/4*) .... ***Sinofranchetia chinensis,*** 859

— Merkmale anders **12**

12. Sprosse stumpf rotbraun, auffallend warzig, durch herablaufende Bl.basen fein längsstreifig; Kn. kurz kegelf., zugespitzt, die beiden äußeren Kn.schuppen die inneren ganz od. weitgehend bedeckend; Bl.narben erhaben, halbkreisf., auf der Fläche mit hufeisenf. Struktur (*219/5*)
Tripterygium wilfordii, 922

— Sprosse nicht längsstreifig, warzig u. rotbraun **13**

13. Kn. spreizend od. anliegend, auch wenn klein deutl. sichtbar **17**

— Kn. ± völlig geborgen od. durch einen Haarfilz bedeckt **14**

14. Kn. von einem Haarfilz bedeckt **16**

— Kn. nicht von einem Haarfilz bedeckt **15**

15. Kn. in einer Verdickung ± geborgen; Zw. knotig, kahl; Bl.narbe wie (*219/2*)
Actinidia polygama, 368

— Sprosse glänzend, olivgrün bis dunkel braunrot; Kn. in der Bl.narbe geborgen; häufig über der Bl.narbe noch 1–2 Beikn.; Bl.narben napfartig, kreisf. od. oberseits ausgerandet; manche Sprosse tragen oberhalb der Bl.narben noch eine unregelmäßig geformte Bltnst.narbe (*220/1*) ***Menispermum,*** 665

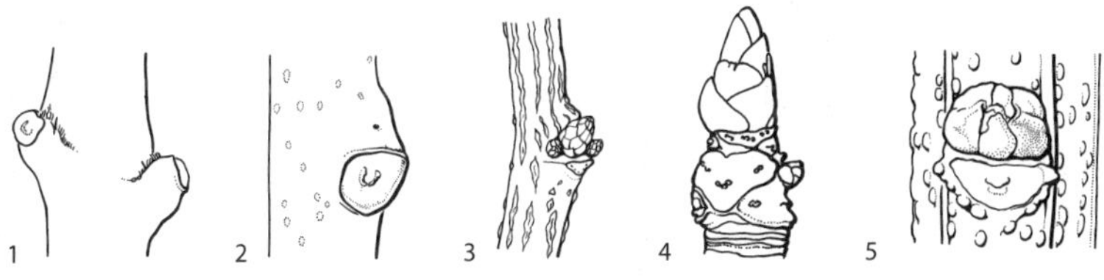

219/1–5: 1–3 Sprossabschnitte: 1 *Periploca graeca*, mit Bl.narben u. geborgenen Kn.; 2 *Actinidia arguta*, mit Bl.narbe; 3 *Akebia quinata*, mit Bl.narbe, Kn. u. seitl. Beikn.; 4 *Sinofranchetia chinensis*, Kurztriebsspitze; 5 *Tripterygium wilfordii*, Sprossabschnitt mit Bl.narbe u. Kn.

1 2 3 4

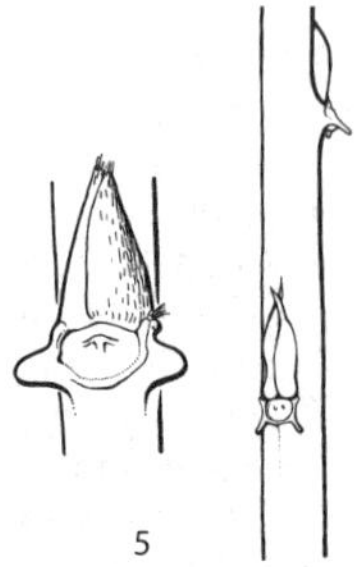

5

220/1–5 Sprossabschnitte: 1 *Menispermum canadense*, mit Bl.narbe, Kn. u. absteigenden Beikn.; 2 *Aristolochia macrophylla*, mit Bl.narbe u. absteigenden Beikn.; 3 *Cocculus orbiculata*, mit Bl.narbe u. Kn.; 4 *Berchemia racemosa*, mit Bl.narbe u. Seitenkn.; 5 *Wisteria sinensis*, mit Bl.narben u. Kn.

16 (14). Bl.narben hufeisenf., mit 3 deutl. Bündelmalen; in der Bl.narbe u. darüber ein silbriger bis grauer Haarfilz, in dem eine Kn. od. eine Kn. mit serialen Beikn. geborgen sind (*220/2*) .... ***Aristolochia***, 387

— Bl.narben ± halbkreisf., darüber ein heller Filz, in dem die Kn. od. die Kn. mit serialen Beikn. geborgen sind, darüber (meist) noch eine kreisrunde Bl.narbe (*220/3*) .... ***Cocculus***, 460

17 (13). Kn., wenn auch klein, abstehend od. spreizend **19**

— Kn. den Sprossen anliegend **18**

18. Sprosse grün bis rotbraun, glänzend; Bl.narben knotig erhaben, mit 3 ± erhabenen Bündelmalen; die beiden Nebenbl. des Tragbl. mit der Bl.narbe einen einheitl. Komplex bildend; die beiden dicht schließenden Kn.schuppen kaum voneinander trennbar (*220/4*); abspreizende Sprosse starr ***Berchemia***, 400

— Sprosse graugrün bis grau; schwach glänzend; Bl.narben erhaben, ohne deutl. Bündelmale, seitl. noch kleine Nebenbl.narben od. Nebenbl. als höckerige Bildungen erhalten bleibend; Kn. lang zugespitzt bis geschwänzt, meist nur 2 ± behaarte Kn.schuppen sichtbar, die äußere die innere etwas überlappend (*220/5*) .... ***Wisteria***, 948

19 (17). Sprosse hell graubraun, mit markanten, zahlreichen helleren Lentizellen; manche Verzweigungen starr abspreizend; Kn. sehr klein, fast stechend zugespitzt, meist weniger als die Hälfte des Spross-∅ erreichend, im rechten Winkel abspreizend; äußere Kn.schuppen deutl. gekielt (*220/6*) ***Celastrus orbiculatus, C. scandens***, 434

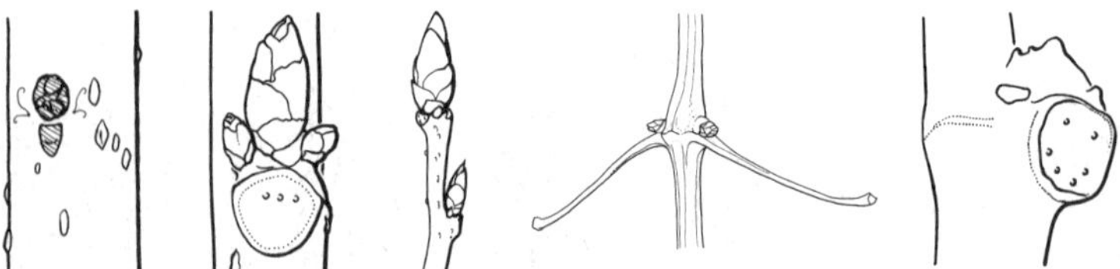

6 7 8 9 10

220/6–10: 6 *Celastrus orbiculatus*, Sprossabschnitt mit Bl.narbe u. Kn.; 7 *Schisandra chinensis*, Sprossabschnitt mit Kn., Beikn. u. Bl.narbe; 8 *Schisandra rubiflora*, Sprossspitze; 9 *Clematis*, Sprossabschnitt mit Bl.stielen u. Kn.; 10 *Parthenocissus inserta*, Sprossabschnitt mit Bl.narbe u. Kn.

— Sprosse graubraun bis dunkelbraun, alle windend; Lentizellen zahlreich, nur wenig auffallend; Kn. längl. eif., im spitzen Winkel abspreizend, häufig mit 1–2 kleineren, seitl. Beikn., zugespitzt, aber nicht stechend spitz; Kn.schuppen von außen nach innen deutl. an Größe zunehmend (*220/7–8*) ***Schisandra***, 855

20 (1). Pflanze mit Wurzeln kletternd **31**

— Rankenpflanze **21**

21. Bl. bzw. Bl.narben an Kurztrieben gegenst. **22**

— Kn. bzw. Bl.narben wechselst. **23**

22. Bl. gegenst., nur z. T. abfallend; Bl.stiel u. meist auch noch Teile der Rhachis abgestorben erhalten bleibend (*220/9*) .... ***Clematis***, 450

— Kurztriebsjahresabschnitte meist nur mit 2 großen, napff. Bl.narben mit deutl. Bündelmalen (*221/3*); neben der Kn. an der Sprossspitze noch 2 kleinere, runde Bl.narben.......... ***Parthenocissus tricuspidata***, 686

23 (21). Sprosse unbewehrt **25**

— Sprosse bewehrt; Internodien mit unregelmäßig angeordneten, stechenden Stacheln **24**

24. Stacheln ± abgeflacht u. gleich groß, rotbraun bis braun ***Smilax rotundifolia, S. excelsa***, 862, 863

— Stacheln sehr ungleich groß, nadelartig, kaum abgeflacht, dunkel- bis schwarzbraun .... ***Smilax tamnoides***, 863

25 (23). Sprosse mit Lentizellen; Mark weiß, grünl. weiß od. grün **27**

— Sprosse ohne Lentizellen; mit braunem Mark, das von den massiven Knoten unterbrochen wird; zumindest innere Kn.schuppen wollig behaart **26**

26. Sprosse fein längsstreifig, braun; Kn. häufig unten durch eine verborgene Beikn. schwach bauchig (*221/1*) .... ***Vitis***, 944

— Sprosse mit stachelartigen Emergenzen .... ***Vitis davidii***, 944

27 (25). Sprosse rund, olivbraun bis rotbraun; Knoten massiv; Lentizellen schon im ersten Jahr deutl. längsstreifig; Sprosse bereift; Kn. abspreizend, auffallend groß, 2–3-kantig, zugespitzt, kahl; Bl.narben auffällig, mit randl. Bündelmalkranz (*221/2*) .... ***Ampelopsis megalophylla***, 383

— Mark an den Knoten durchgehend; Sprosse nicht bereift, Lentizellen ± punktf.; Kn. klein od. geborgen, nie spreizend **28**

28. Kn. geborgen; Sprosse grau od. graugrün, schwach kantig ***Ampelopsis aconitifolia, A. glandulosa*** var. ***brevipedunculata***, 383

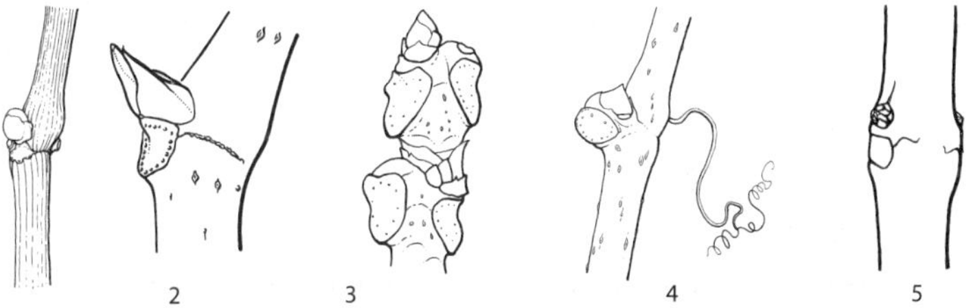

1 2 3 4 5

221/1–5: 1 *Vitis vinifera*, Sprossabschnitt mit Bl.narbe u. Kn.; 2 *Ampelopsis megalophylla*, Sprossabschnitt mit Kn. u. Bl.narbe; 3 *Parthenocissus tricuspidata*, Kurztriebsspitze; 4 *Parthenocissus inserta*, Sprossabschnitt mit Bl.narbe, Kn. u. Ranke; 5 *Campsis radicans*, Sprossabschnitt mit Bl.narbe u. Kn.

— Kn. sichtbar, klein; Sprosse stielrund od. deutl. kantig **29**

29. Sprosse kantig; Mark grünl. .... ***Parthenocissus henryana***, 687

— Sprosse stielrund; Mark weiß od. grünl. weiß **30**

30. Ranken der Klettersprosse mit deutl. Haftscheiben; augenfälliger Sprossdimorphismus; abspreizende Zw. dick, mit dicht stehenden Bl.narben (*221/3*); pro Jahr nur sehr wenige Bl. tragend .... ***Parthenocissus tricuspidata***, 686

— Ranken der Klettersprosse ohne od. mit kleinen Haftscheiben; kein Sprossdimorphismus, alle Sprosse gleichgestaltet, alle Internodien lang (*221/4*) ***Parthenocissus inserta, P. quinquefolia***, 687

31 (20). Kn. u. Bl.narben wechselst.; Zw. braun, v. a. spitzenwärts deutl. braun behaart; Endkn. 6–7 mm groß, braun behaart; Seitenkn. 3–5 mm groß, oft gestielt; Bl.narben sichelf., mit > 3 Bündelmalen ***Toxicodendron radicans***, 921

— Kn. u. Bl.narben gegenst. **32**

32. Kn. markant, deutl. > 5 mm lang **34**

— Kn. höchstens bis 5 mm lang **33**

33. Sprosse stets mit abgestorbenen Spitzen, d. h. stets ohne Endkn., braun, mit durchgehendem weißen Mark; auch abspreizende Zw. häufig mit Wurzelfeldern im Knotenbereich; Kn. wenig erhaben, ± gerundet; Spitzen der Kn.schuppen abgestorben (*221/5*) .... ***Campsis***, 419

— Abspreizende Sprosse ohne (Haft-)Wurzeln; Kn. fuchsrot behaart, Endkn. stets vorhanden, deutl. abgeflacht, einzelne Kn.schuppen nicht erkennbar; Zw.spitzen rotbraun behaart; Zw. durch erhabene Bl.basen knotig verdickt; Bl.narben mit 3 Bündelmalen .... ***Hydrangea barbara***, 580

34 (32). Rinde braun bis rotbraun, sich an 2-j. u. älteren Sprossabschnitten papierartig ablösend; Mark grünl.; Endkn. meist einzeln, deutl. zugespitzt, kahl, nur 2 Kn.schuppen sichtbar (*222/1*) ***Hydrangea anomala*** subsp. ***petiolaris***, 580

— Kn. mit > 2 Kn.schuppen **35**

35. Rinde graubraun, stumpf, an den vorj. Sprossabschnitten aufplatzend, sich aber nicht lösend; Mark weißgrau; Spitzen der Kn.schuppen bewimpert bis behaart; Endkn. meist dicht von 2 seitl. kleineren Seitenkn. umgeben (*222/2*) .... ***Hydrangea hydrangeoides***, 581

— Rinde grün bis rötl. grün; Mark grünl. weiß; Kn.schuppen kahl, grün bis rötl.; Endkn. meist freistehend .... ***Euonymus fortunei***, 532

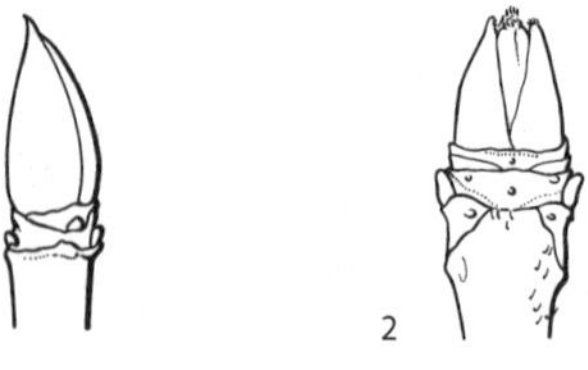

1 2

222/1–2 *Hydrangea*, Sprossspitzen: 1 *H. anomala* subsp. *petiolaris*, 2 *H. hydrangeoides*

Gruppe B
Zweige mit Stacheln oder Dornen bewehrt

1. Alle Zw. u. Bl. zu Dornen umgewandelt (*925/3*) .... ***Ulex europaeus***, 925

— Nicht alle Zw. u. Bl. zu Dornen umgewandelt **2**

2. Abgestorbene Frst. bewehrt, lange bleibend; kleiner Polsterstrauch ***Alyssum spinosum***, 379

— Abgestorbene Frst. unbewehrt; Gehölz meist größer **3**

3. Neben bewehrten stets auch unbewehrte Zw. vorhanden bzw. nur wenige Zw. bewehrt **40**

— Alle od. doch die meisten Zw. bewehrt **4**

4. Zw. in Dornen endend od. Bewehrung an die Knoten bzw. Bl.narben gebunden **14**

— Bewehrung entlang der gesamten Zw. **5**

5. Zw. < 10 mm ∅, wenn dicker, dann nicht aufrecht **8**

— Auch junge Zw. 10–15 mm ∅, aufrecht **6**

6. Zw. dicht mit 10–15 mm langen, braunen bis rotbraunen Stachelborsten bewehrt, diese senkrecht abspreizend; Strauch wenig verzweigt, selten 2 m erreichend .... ***Oplopanax horridus***, 678

— Bewehrung weniger dicht, Stacheln jedoch kräftiger, grau bis braun; Sträucher meist deutl. größer werdend **7**

7. Bl.narben > $^2/_3$ des Achsenumfangs einnehmend, schmal, mit > 20 rundl. Bündelmalen; Kn. u. die > 3 Kn.schuppen deutl. zugespitzt; besonders um die Endkn. ein Ring senkrecht aufgerichteter Stacheln (*223/1*) ...... ***Aralia***, 385

— Bl.narben sehr schmal, etwa die Hälfte des Achsenumfangs einnehmend, mit nur 7–10 Bündelmalen; Kn. rundl. eif., rotbraun, mit meist nur 3 sichtbaren Kn.schuppen .... ***Kalopanax septemlobus***, 610

8 (5). Bewehrung innerhalb eines Internodiums ± gleich lang **10**

— Bewehrung innerhalb eines Internodiums unterschiedl. lang, mit ± geraden Borsten u. Stacheln; Zw. rundl. **9**

9. Zw. aufrecht; Kn. eif., ± zugespitzt, kahl, rötl. (*223/2–4*); Bl.polster wenig erhaben .... ***Rosa***, 810

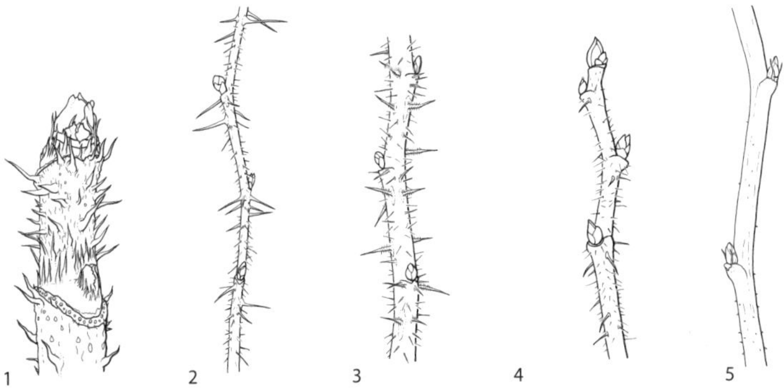

223/1–5: 1 *Aralia elata*, Sprossspitze; 2 *Rosa spinosissima*, Sprossabschnitt; 3 *Rosa rugosa*, Sprossabschnittt; 4 *Rosa gallica*, Sprosspitze; 5 *Rubus idaeus*, Sprossabschnitt

— Zw. dicht mit rötl., 5–6 mm langen Drüsenborsten u. 6–8 mm langen Stacheln bewehrt; unterste Bl.stielteile erhalten bleibend; Kn. eif., weißgrau behaart .... ***Rubus phoenicolasius***, 823

10 (8). Bewehrung nur 1–2 mm lang, Bl.polster deutl. erhaben; Kn. 5–8 mm lang, häufig mit Beikn. (*223/5*); äußere Kn.schuppen braun, innere silbrig behaart; Nebenbl. teilw. erhalten bleibend .... ***Rubus idaeus***, 824

— Bewehrung deutl. länger, Stacheln gerade od. ± stark gebogen **11**

11. Zw. ohne od. mit kaum auffälligen Lentizellen **13**

— Zw. graugrün bis graubraun, mit deutl. Lentizellen **12**

12. Zw. dicht mit 5 mm langen, geraden, aber etwas abwärts gerichteten Stacheln besetzt; Bl.narben halbmondf., mit 8–10 deutl. Bündelmalen; Kn. längl. eif., 5–10 mm lang .... ***Eleutherococcus senticosus***, 519

— Stacheln sehr locker stehend, in manchen Internodien auch fehlend, 2–4 mm lang; Bl.narben sehr schmal mit deutl. Bündelmalen; Kn. abstehend, 3–4 mm lang (*224/1*) .... ***Eleutherococcus sessiliflorus***, 519

13 (11). Bl.polster deutl. erhaben od. Teile des Bl.stiels erhalten bleibend; Kn. eif. bis längl. eif., behaart, häufig mit serial absteigenden Beikn. (*224/2–3*); Zw. zuw. weiß bereift, mitunter auch kantig .... ***Rubus***, 820

— Zw. nie stark bereift od. kantig; Stacheln basal verbreitert, ± deutl., zuw. hakenartig abwärts gebogen (*224/4–5*); Bl.narben deutl., schmal, mit meist 3 Bündelmalen .... ***Rosa***, 810

14 (4). Zw. in Dornen endend **44**

— Bewehrung nur im Bereich der Bl.narben bzw. Knoten **15**

15. Dornen/Stacheln stets einzeln, mitunter vom Grund an 2–3-teilig **23**

— Dornen/Stacheln stets paarweise, deutl. voneinander getrennt **16**

16. Dornen im Paar gleich groß **18**

— Dornen/Stacheln ungleich groß, ein längerer gerader u. ein kürzerer gekrümmter **17**

17. Zw. gerade bis schwach hin u. her gebogen, dunkelbraun; gerader Dorn bis ca. 1 cm lang (*225/1*) .... ***Paliurus spina-christi***, 685

— Zw. deutl. hin u. her gebogen, rotbraun; gerader Dorn bis 3 cm lang
Ziziphus jujuba, 955

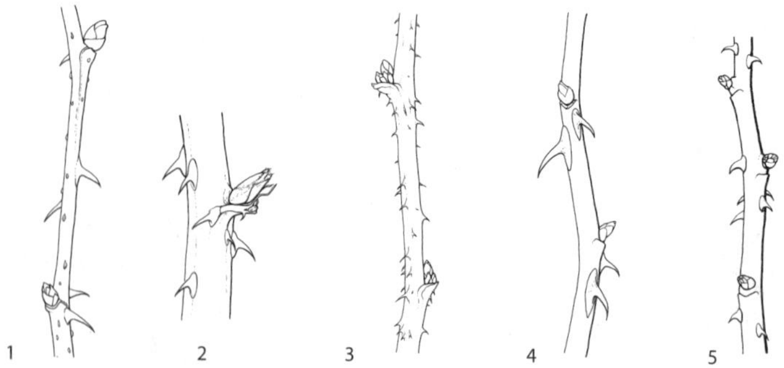

224/1–5 Sprossabschnitte: 1 *Eleutherococcus sessiliflorus*, mit Stacheln u. Kn.; 2 *Rubus fruticosus*, mit Stacheln u. seitl. Kn.; 3 *Rubus caesius*, mit Stacheln, Kn. u. Beikn.; 4 *Rosa rubiginosa*, mit Stacheln; 5 *Rosa arvensis*, mit Stacheln

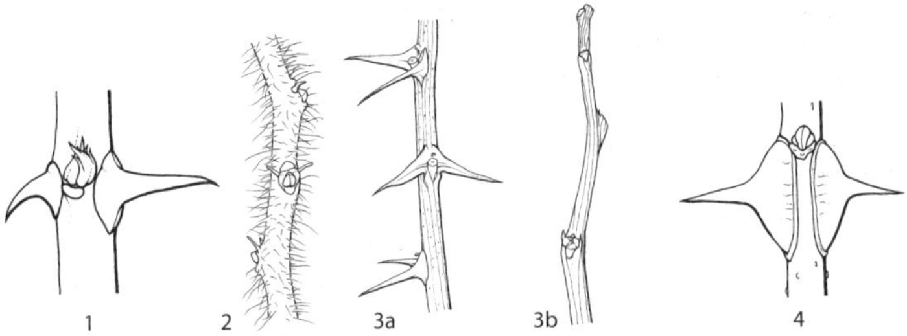

225/1–4 Sprossabschnitte: 1 *Paliurus spina-christi*, mit ungleichem Dornenpaar; 2 *Robinia hispida*, mit Borsten u. ± gleich langen Dornen; 3 *Robinia pseudoacacia*, 3a mit Nebenbl.dornen, 3b unbewehrte Sprossspitze; 4 *Zanthoxylum simulans*, mit Stachelpaar

18 (16). Zw. kahl **21**

— Zw. dicht borstig, drüsig od. klebrig **19**

19. Zw. borstig, Dornenpaare etwa so lang wie die Borsten (*225/2*) ***Robinia hispida***, 809

— Zw. drüsig od. klebrig **20**

20. Zw. drüsig-klebrig, Dornenpaar 3–5 mm lang, an manchen Knoten auch fehlend .... ***Robinia viscosa***, 809

— Zw. drüsig, Dornenpaar ca. 1 cm lang ***Robinia neomexicana*** var. ***luxurians***, 809

21 (18). Zw. kantig, Dornen im Paar gleich groß, sonst aber in der Größe sehr variabel; Kn. nicht sichtbar (*225/3*) .... ***Robinia pseudoacacia***, 808

— Zw. gerundet **22**

22. Kn. klein, aber gut sichtbar; Bl.narben mit 3 Bündelmalen; Stacheln gerade, die älterer Zw. mit deutl. abgesetzten Basen mit Jahresringen (*225/4*); Lentizellen deutl. .... ***Zanthoxylum***, 952

— Stacheln gerade bis deutl. gebogen (*225/5*), zuw. am Grund flügelartig verbreitert; Stacheln älterer Zw. stets ohne abgesetzte Basen mit Jahresringen; Bl.narben schmal, Bündelmale sehr undeutl.; Lentizellen nicht auffällig ***Rosa***, 810

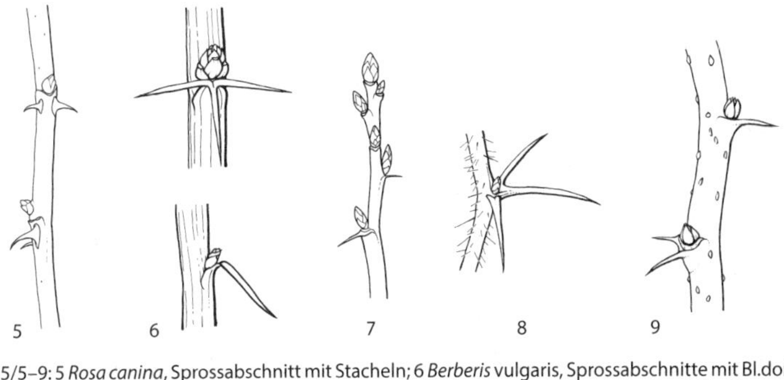

225/5–9: 5 *Rosa canina*, Sprossabschnitt mit Stacheln; 6 *Berberis* vulgaris, Sprossabschnitte mit Bl.dornen; 7 *Ribes uva-crispa*, Sprossspitze; 8 *Ribes alpestre*, Sprossabschnitt mit seitl. Stachel u. Kn.; 9 *Eleutherococcus sieboldianus*, Sprossabschnitt mit seitl. Stacheln

23 (15). Bewehrung nur oberhalb einer Bl.narbe; Achseldornen **28**

— Bewehrung unterhalb einer Bl.narbe/Kn. **24**

24. Dornen mit kleinen Bl.narben bzw. Bl.narbenpaaren, Nebenbl. oft verdornend, Zw. durch herablaufende Bl.basen kantig **27**

— Dornen/Stacheln ohne Bl.narben, Nebenbl. nicht verdornend **25**

25. Dornen den kantigen Zw. mit breiter Basis ansitzend; ± deutl. abgeflacht, einfach od. vom Grund an 2–3(–5)-teilig; Kn. aus mehreren Kn.schuppen bestehend (*225/6*), um die eif. Kn. noch Bl.narben bzw. basale Bl.reste **_Berberis_**, 393

— Zw. gerundet **26**

26. Stacheln rund od. abgeflacht, 1–3-teilig, sehr starr; Bl.narben mit 3 Bündelmalen; Kn. spreizend, längl. eif., mit mehreren Kn.schuppen; um die Kn.schuppen keine Bl.narben od. Bl.reste (*225/7–8*) .... **_Ribes_**, 801

— Wenige flache Stacheln; Bl.narben sichelf. mit meist 5(–7) Bündelmalen; Kn. den Zw. anliegend; an 2-j. Zw. mit Bl.narben an den Kn.; Zw. mit deutl. Lentizellen (*225/9*) .... **_Eleutherococcus sieboldianus_**, 518

27 (24). Gehölze mit deutl. Lang- u. Kurztriebdimorphismus; Bl.polster deutl. erhaben; Dornen ± starr; mit 1–3 Bl.narbenpaaren, die Paare meist sehr klein u. dicht beieinander u. so einzelne Bl.narben vortäuschend; Kn. grau bis graubraun, oft mit deutl. Bl.resten (*226/1*) .... **_Caragana_**, 420

— Dornen sehr starr u. stechend, 2–5 cm lang, mit 2–4 Bl.narbenpaaren; Nebenbl. deutl. verdornend (*226/2*); Kn. silbrig grau behaart, ohne Bl.reste; Zw. schwach kantig, Rinde zeitig aufreißend **_Halimodendron halodendron_**, 569

28 (23). Dornen stets mit Kn. **38**

— Dornen ohne Kn. **29**

29. Bewehrung durch abgestorbene, achselst. Kurztriebe, die in Form u. Größe sehr variieren; Zw. grau, kantig (*226/3*) .... **_Lycium_**, 642

— Dornen, wenn auch nicht alle gleich groß, so doch von gleicher Gestalt ... **30**

30. Dornen von unterschiedl. Farbe, nicht jedoch im Winter grün **33**

— Dornen grün **31**

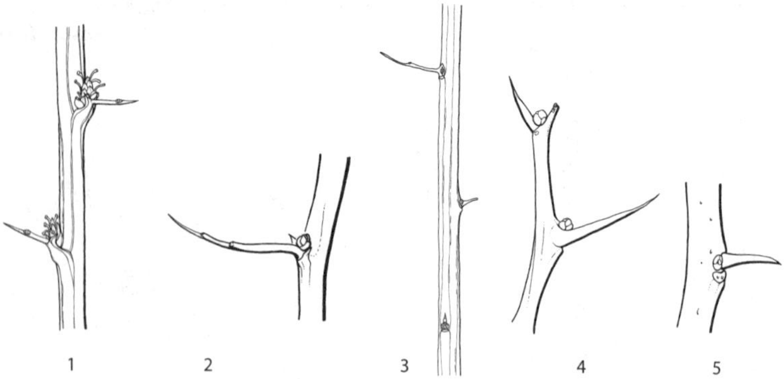

226/1–5 Sprossabschnitte: 1 *Caragana aurantiaca*, mit Bl.spindeldornen; 2 *Halimodendron halodendron*, mit Bl.spindeldorn; 3 *Lycium barbarum*, mit seitl. Dornen; 4 *Citrus trifoliata*, mit seitl. Dornen; 5 *Maclura pomifera*, mit Sprossdorn

31. Zw. abgeflacht, kahl u. glänzend, viele Jahre grün bleibend; Dornen abgeflacht, bis 3 cm lang (*226/4*); Kn. sehr klein, fast kugelf.; bis 4 m hoher Strauch .... ***Citrus trifoliata***, 449

— Zw. nicht abgeflacht; Dornen kleiner; Langtriebe unbewehrt, Dornen nur als Seitensprosse; Sträucher nur bis 60 cm hoch **32**

32. Zw. kahl; Seitenzw. als 10–15 cm lange Dorntriebe ausgebildet, die ihrerseits wieder Dornen tragen .... ***Genista anglica***, 564

— Zw. kahl bis angedrückt behaart; Seitentriebe in 1–2 cm langen Dornen endend .... ***Genista germanica***, 563

33 (30). Junge Zw. Milchsaft führend, olivgrün, kahl, hin u. her gebogen; Dornen bis 3 cm lang (an manchen Zw. fehlend), oberhalb einer halbkreisf. Bl.narbe (*226/5*); Kn. seitl. der Dornen, halbkugelig, ca. 2 mm lang, mit meist 4 sichtbaren Kn.schuppen .... ***Maclura***, 644

— Zw. u. Dornen anders **34**

34. Dornen verzweigt (*227/1*), rotbraun, ca. 5 cm lang, an Stämmen auch länger; Bl.narben mit 3 Bündelmalen; Kn. mit absteigenden Beikn. .... ***Gleditsia***, 564

— Dornen unverzweigt, kleiner **35**

35. Zw. braun bis rotbraun, behaart; Bl.narben sichelf., mit 3 Bündelmalen; Kn. mit mehreren rotbraunen, bewimperten Kn.schuppen, 2–3 mm lang; zuw. noch ein zweiter Dorn vorhanden (*227/2*) .... ***Mespilus germanica***, 666

— Zw. meist kahl u. anders gefärbt **36**

36. Zw.spitzenbereich nur mit Kn., ohne Dornen; Dornen gerade od. schwach gebogen, 1,5–8 cm lang; Bl.narben schmal bis halbkreisf., mit 1–3 Bündelmalen; Kn. meist braun, kegelf. bis eif., 1–4 mm lang, ein- od. beidseitig der Dornen stehend (*227/3*) .... ***Crataegus***, 481

— Zw. grau bis graubraun, bis fast zur Zw.spitze bewehrt; Bl.narben mit 1 Bündelmal; unterhalb der Dornen mehrere Beikn. **37**

37. Dornen bis 12 mm lang, gerade (*228/1*), deutl. länger als der Zw.-∅
Prinsepia uniflora, 747

— Dornen schwach gekrümmt, 6–10 mm lang, kaum länger als der Zw.-∅
Prinsepia sinensis, 747

38 (28). Dornen unverzweigt, bis 3 mm dick, 1–4 cm lang, am Grund mit einer seitl. Kn. u. verdornten Nebenbl. (*228/2*); Zw. olivgrün, fein anliegend behaart .... ***Sophora davidii***, 864

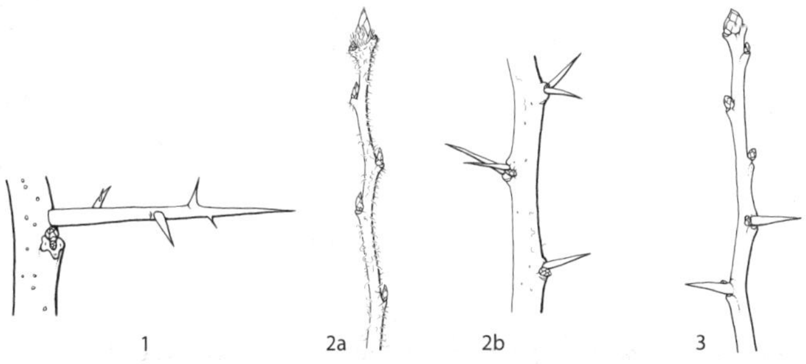

227/1–3: 1 *Gleditsia japonica*, Seitensprossdorn; 2 *Mespilus germanica*, 2a unbewehrte Sprossspitze, 2b Sprossabschnitt mit seitl. Dornen; 3 *Crataegus* spec., Sprossspitze

— Dornenzw. viel dicker, graubraun bis braun, zuw. verzweigt u. wieder Dornen tragend **39**

39. Zw. warzig rau .... ***Chaenomeles japonica***, 440

— Zw. glatt u. kahl; Seitenspross (*228/3*) .... ***Chaenomeles speciosa***, 440

40 (3). Dornen in der Mitte am dicksten, am Grund verjüngt, an der Spitze stechend, bis 10 cm lang, unverzweigt, mit einigen Bl.narben; am Grund mit mehreren kleinen Kn. .... ***Hemiptelea davidii***, 575

— Dornen am Grund am dicksten, sich zur Spitze hin kontinuierl. verjüngend **41**

41. Dornen v. a. an Wurzelsprossen u. an jungen Sträuchern; auch im blühenden Bereich einige Zw. in Dornen endend; Dornen nur 2–3 mm dick ***Prunus spinosa***, 761

— Bäume ohne Wurzelsprosse; Dornen nur an jungen Gehölzen bzw. v. a. im untersten Teil der Krone; im blühenden Bereich meist dornenlos **42**

42. Jüngste Zw. Milchsaft führend, olivgrün, hin u. her gebogen; Kn. seitl. der Dornen, halbkugelig, ca. 2 mm lang (*226/5*) .... ***Maclura pomifera***, 645

— Zw. gerade, ohne Milchsaft; Kn. größer **43**

43. Dornen sehr fest u. stechend; Zw. ± kahl; Kn. eif. (*228/5*), Kn.schuppen zugespitzt, kahl od. bewimpert .... ***Pyrus***, 768

— Dornen meist nur wenig stechend; Zw. ± behaart; Kn.schuppen behaart ***Malus***, 654

44 (14). Zw. u. Kn. ohne Schülferhaare **47**

— Zw. u. Kn. mit Schülferhaaren (*30/6*) **45**

45. Bl.narben bzw. Kn. gegenst. (*231/2*) .... ***Shepherdia argentea***, 858

— Bl.narben bzw. Kn. wechselst. **46**

46. Kn. u. Zw. silbrig, ohne Beikn. .... ***Elaeagnus***, 516

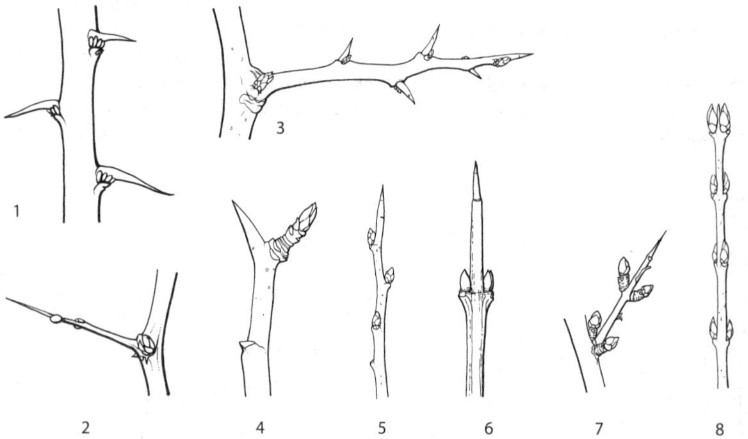

228/1–7: 1 *Prinsepia uniflora*, Sprossabschnitt mit Seitenkn.; 2 *Sophora davidii*, Seitensprossdorn; 3 *Chaenomeles speciosa* var. *cathayensis*, Seitenspross; 4 *Pyrus pyrifolia*, Sprossspitze mit Kurztrieb; 5 *Pyrus communis*, Sprossspitze; 6 *Punica granatum*, Sprossspitze; 7 *Rhamnus saxatilis*, Seitensprossdorn mit Kurztrieben u. Enddorn; 8 *Rhamnus cathartica*, Sprossspitze

— Kn. u. Zw. silbrig bis rötl. braun, mit Beikn. (*231/1*) .... ***Hippophaë***, 577
47 (44). Kn. bzw. Bl.narben wechselst. **49**
— Kn. u. Bl.narben gegenst. **48**
48. Zw. kantig (*228/6*) .... ***Punica granatum***, 767
— Zw. gerundet (*228/7–8*) .... ***Rhamnus***, 786
49 (47). Dornen grün **50**
— Lang- u. Kurztriebe in graubraunen Dornen endend; Zw. starr, weißl.; Ochrea (Nebenbl.scheide) am Ende 2-zipfelig; Bl.narben mit 1 Bündelmal; Kn. anliegend; Strauch 30–60 cm hoch .... ***Atraphaxis spinosa***, 392
50. Zw. starr u. gerade, kurz anliegend silbrig behaart, fein gefurcht; Kn. nicht sichtbar, von den erhalten bleibenden basalen Tragbl.teilen geborgen; Dornen im basalen Teil mit 1–2 Bl.narben; bis 30 cm hoher, dicht verzweigter Strauch .... ***Erinacea anthyllis***, 525
— Zw. 4-kantig, behaart, hin u. her gebogen; Dornen ca. 1 cm lang; bis 70 cm hoher, dicht verzweigter Strauch .... ***Genista hispanica***, 563

Gruppe C
Sprosssystem augenfällig in Lang- und Kurztriebe gegliedert. Mehrere Jahre lebend. Kurztriebe stets nur mit einer Knospe.

1. Langtriebe mit Endkn., Seitenkn. wechselst. **3**
— Langtriebe ohne Endkn., Seitenkn. gegenst. **2**
2. Sprossende mit 2 kahlen, subterminalen, zugespitzten Seitenkn. mit 1–2 Kn.schuppen (*238/4*); mehrj. Kurztriebe mit deutl. Ringelung u. nur einer vorj. Bl.narbe mit 3 Bündelmalen (*229/1*) .... ***Cercidiphyllum***, 438
— Kurztriebe sehr kurz bleibend, mit meist 1(–2) deutl., hellen Bl.narben; Kn. seitl. sitzend u. ± rechtwinkelig vom Langtrieb abspreizend (*229/2*), länger als der gesamte übrige Kurztrieb, mit mehreren Kn.schuppen
Metasequoia, 667
3 (1). Kn. mit ± deutl. Bl.stielresten, diese zuw. verdornend (*229/3*)
Caragana, 420

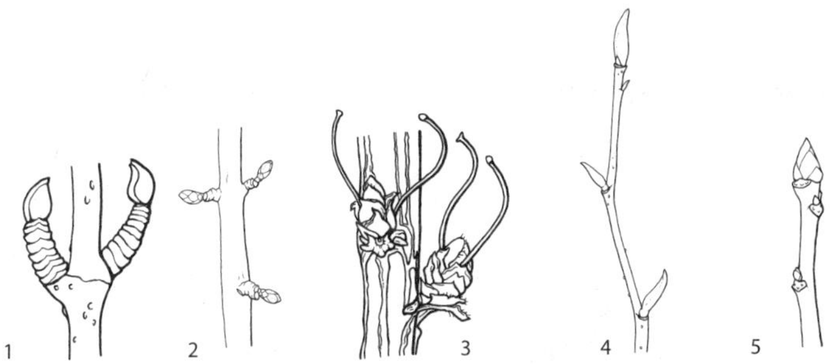

229/1–5: 1 *Cercidiphyllum japonicum*, Langtrieb mit Kurztrieben; 2 *Metasequoia glyptostroboides*, Langtrieb mit Kurztrieben; 3 *Caragana arborescens*, Seitensprosse; 4 *Tetracentron sinense*, Sprossspitze; 5 *Nyssa sylvatica*, Sprossspitze

— Kn. stets ohne Bl.stielreste **4**
4. Kn. stumpf, wenn zugespitzt, dann Achse der Langtriebe gefeldert **8**
— Kn. zugespitzt, Achsen der Langtriebe ungefeldert **5**
5. Kn. 10 mm lang, 2 mm ∅, zugespitzt, ± stark nach außen gebogen, mit nur 1 Kn.schuppe (*229/4*) .... ***Tetracentron***, 904
— Kn. eif. od. halbkugelf., mit mehreren Kn.schuppen **6**
6. Kn. fein behaart, braun, Kn.schuppen ± gekielt (*229/5*) (s. auch Gruppe **J**, Nr. **11**) .... ***Nyssa***, 676
— Kn. kahl od. nur am Rand bewimpert, Kn.schuppen nicht gekielt **7**
7. Kn. kahl u. glänzend hellrotbraun (*230/1*); Bl.narben mit 3 deutl. Bündelmalen .... ***Davidia involucrata***, 504
— Kn. dunkelbraun, stark glänzend, am Rand weiß bewimpert; Bl.narben mit > 3 Bündelmalen (*230/2*) .... ***Euptelea***, 533
8 (4). Junge Langtriebe glatt, sehr fein längsstreifig, ungefeldert; Bl.narben 2–3(–4) mm breit, mit 2 deutl. Bündelmalen; äußere Kn.schuppen zugespitzt, ± gekielt (*230/3*) .... ***Ginkgo***, 564
— Bl.narben meist < 1 mm breit, ohne erkennbare Bündelmale; junge Langtriebe durch herablaufende Bl.basen deutl. längs gefeldert **9**
9. Äußere Kn.schuppen grannenartig verlängert; ältere Kurztriebe walzl. bis längl., mit deutl. abgesetzten Jahresabschnitten .... ***Pseudolarix***, 763
— Alle Kn.schuppen stumpf, gerundet; auch ältere Kurztriebe ± kugelf., Jahresabschnitte undeutl. voneinander abgesetzt (*230/4*) .... ***Larix***, 615

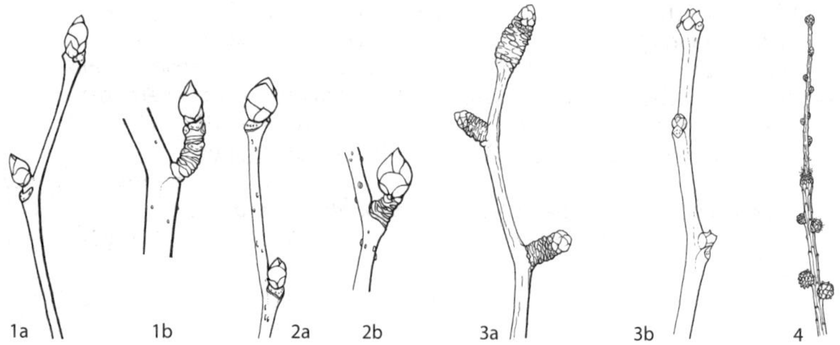

230/1–4: 1–3 a Langtrieb, b Kurztrieb: 1 *Davidia involucrata*; 2 *Euptelea polyandra*; 3 *Gingko biloba*; 4 *Larix decidua*, 1- u. 2-j. Sprossabschnitt

Gruppe D
Knospen z. T. in Größe *und* Form unterschiedlich gestaltet (Spross- bzw. Blüten- und Blütenstandsknospen).

1. Kn. ohne Schülferhaare **3**
— Kn. mit Schülferhaaren (*30/6*) **2**
2. Bl.narben wechselst., Schülferhaare braun; Bltn.kn. eif. (*231/1*) ***Hippophaë***, 577
— Bl.narben gegenst., Schülferhaare braun od. silbrig; Bltn.kn. kugelf. (*231/2*) ***Shepherdia***, 858
3 (1). Generative Kn./Kn.stände von unterschiedl. Gestalt, jedoch nicht zylindrisch **17**
— Generative Kn./Kn.stände zylindrisch **4**
4. Generative Kn./Kn.stände seitenst., achselst. **11**
— Generative Kn./Kn.stände am Sprossende **5**
5. Generative Kn./Kn.stände von verschiedener Größe (*231/3*); die ♂ am Spross-ende, > 2 cm lang, die ♀ darunter, nur 3–7 mm lang .... ***Alnus***, 374
— Generative Kn./Kn.stände gleich groß **6**
6. Kn. mit Sternhaaren (*30/5*), nur an seitl. Kurztrieben ***Sinowilsonia henryi***, 860
— Generative Kn. auch od. nur an Langtrieben, ohne Sternhaare **7**
7. Generative Kn./Kn.stände sitzend, einzeln od. zu mehreren dicht beieinander **9**
— Generative Kn.stände lang gestielt, daher in den Ständen einzeln **8**
8. Kn.stände kahl .... ***Alnus cordata***, 378
— Kn.schuppen auf der Fläche behaart (*231/4*) .... ***Corylus***, 471
9 (7). Generative Kn.stände mit weißl. Harzkruste (*232/1*) ***Alnus alnobetula***, 375
— Generative Kn.stände kahl, die Schuppen zuw. bewimpert **10**
10. Generative Kn.stände kahl, wenn Schuppen miteinander verklebt, dann ohne Harzkruste (*232/2*) .... ***Betula***, 401
— Generative Kn.schuppen bewimpert, grannenartig zugespitzt (*232/3*); die Schuppen stets ganz frei, nie miteinander verklebt .... ***Ostrya***, 681
11 (4). Zw. ohne kleine gelbe Harzdrüsen **13**
— Zw. mit Harzdrüsen **12**

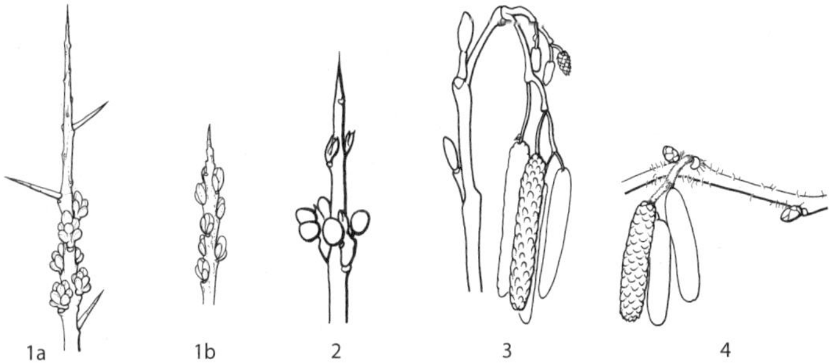

1a 1b 2 3 4

231/1–4: 1 *Hippophae rhamnoides*, Sprossspitze, 1a mit ♂ Bltnst.kn., 1b mit ♀ Bltnst.kn.; 2 *Shepherdia argentea*, Sprossspitze mit Bltn.kn.; 3 *Alnus incana*, ♂ u. ♀ Bltnst.kn.; 4 *Corylus avellana*, ♂ Bltnst.kn.

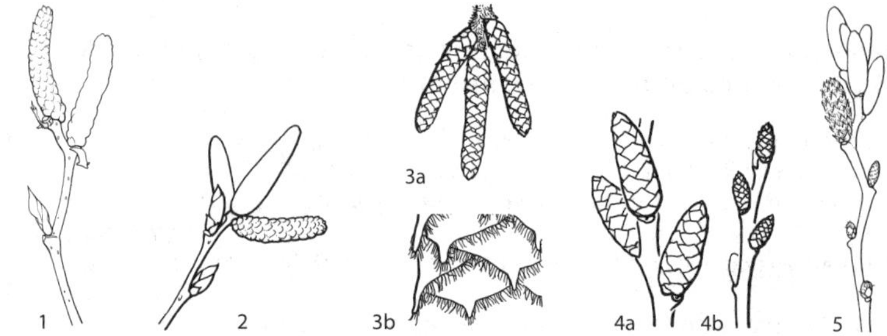

232/1–5: 1 *Alnus alnobetula*, ♂ Bltnst.kn.; 2 *Betula pubescens*, Sprossspitze mit ♂ Bltnst.kn.; 3 *Ostrya carpinifolia*, 3a ♂ Bltnst.kn., 3b Detail: Behaarung der Schuppen; 4 *Myrica gale*, 4a ♂ Bltnst.kn., 4b ♀ Bltnst.kn.; 5 *Comptonia peregrina*; Sprossspitze mit Bltnst.- u. Sprosskn.

12. Kätzchen zahlreich, Schuppen braun u. kahl, zugespitzt; ♂ Kn.stände ca. 10 mm lang, ♀ < 5 mm lang (*232/4*) .... ***Myrica gale***, 671

— Schuppen deutl. zugespitzt, bis auf die Spitzen dicht behaart, bis 8 mm lang (*232/5*) .... ***Comptonia peregrina***, 461

13 (11). Generative Kn.stände stets starr abwärts gerichtet, 3–10 cm lang, einzelne Bltn.kn. gut erkennbar (*232/6*) .... ***Stachyurus***, 887

— Generative Kn.stände aufwärts gerichtet, Schuppen die Einzelbltn. völlig verdeckend **14**

14. Kn. tragende Zw. < 5 mm ∅, mit durchgehendem Mark **16**

— Kn. tragende Zw. oliv- bis graubraun, > 5 mm ∅, mit gekammertem Mark **15**

15. Endkn. u. vegetative Seitenkn. gerundet, kurz zugespitzt; ♂ Bltnst.kn. erst unterhalb von vegetativen Seitenkn. stehend, längl. eif. bis kegelf., 5–6 mm lang, ± spreizend (*232/7*); Zw. am Ende der Jahresabschnitte nicht keulig verdickt .... ***Juglans***, 597

— Zw. am Ende der Jahresabschnitte keulig verdickt; Endkn. anfangs mit 2–3 1,5–2,5 cm langen schwarzbraunen Kn.schuppen, diese schon bald abfallend, Kn. daher nackt; Endkn.bl. dicht silbrig glänzend behaart; ♂ Bltnst.kn. 10–12 mm lang, zu 2–4 der Endkn. dicht anliegend; Bl.narben mit 3 rundl. Bündelmal-Gruppen .... ***Pterocarya rhoifolia***, 765

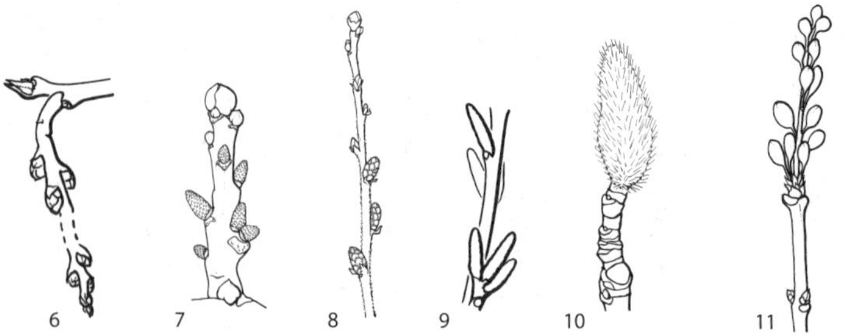

232/6–11: 6 *Stachyurus praecox*, Bltnst.kn.; 7 *Juglans regia*, Sprossspitze mit ♂ Bltnst.kn.; 8 *Betula nana*, Sprossspitze mit Spross- u. Bltnst.kn.; 9 *Rhus aromatica*, Bltnst.kn.; 10 *Magnolia kobus*, Bltn.kn.; 11 *Abeliophyllum distichum*, Bltnst.kn.

16 (14). Kn.stände stets einzeln achselst., bis 15 mm lang (*232/8*); vegetative Kn. bis 4 mm lang .... ***Betula humilis, B. nana***, 406
— Generative Kn.stände meist zu mehreren, selten einzeln achselst., ca. 8–12 mm lang (*232/9, 800/1*) .... ***Rhus aromatica, R. trilobata***, 800
17 (3). Bltn.kn. eines Standes ganz od. teilw. von einer gemeinsamen Hülle von Hochbl. geborgen od. umgeben **28**
— Bltn.kn. eines Standes bereits deutl. erkennbar od. Bltn.kn. einzeln **18**
18. Bltn.kn. od. Bltnst.kn. aufrecht, abwärts gekrümmt od. doch deutl. gebogen, nie jedoch schlaff lang hängend **20**
— Bltnst.kn. 5–18 cm lang, schlaff hängend, vorwiegend im Spitzenbereich der Baumkrone; Bltn.kn. kugelf. **19**
19. Bltn.kn. gegenst., locker stehend, in meist unverzweigten ährenartigen Ständen, hellbraun, 2–3 mm groß ...... ***Metasequoia glyptostroboides***, 667
— Bltn.kn. wechselst., dicht stehend in einfachen od. verzweigten Doppelähren, olivgrün, 1,5–2 mm ∅ .... ***Taxodium***, 901
20 (18). Bltn.kn. od. Bltnst.kn. abwärts gekrümmt od. doch deutl. gebogen ... **23**
— Bltn.kn. od. Bltnst.kn. aufrecht **21**
21. Bltn.kn. in Ständen, Seitenkn. gegenst. **22**
— Bltn.kn. einzeln, endst., > 1,5 cm groß, fast kahl bis filzig behaart, nur 1 Kn.schuppe sichtbar (*232/10*), Seitenkn. wechselst. .... ***Magnolia***, 645
22. Zw. gerundet; Kn.stände filzig braun behaart, > 10 cm lang ***Paulownia***, 688
— Zw. kantig; Kn.stände kahl, < 10 cm lang; Bltn.kn. rötl. (*232/11*)
Abeliophyllum distichum, 336
23 (20). Bl.narben gegenst.; Kn. kahl, einzeln achselst. (*233/1*)
Chimonanthus praecox, 446
— Bl.narben wechselst. **24**
24. Kn.stand 10–15 mm ∅, endst., dicht seidig silbrig behaart (*233/2*); Tragbl. u. Einzelkn. sich dicht dachziegelartig deckend; vegetative Kn. < 0,5 mm lang, viel kleiner als die Bl.narben, spreizend filzig behaart
Edgeworthia tomentosa, 516
— Kn. behaart mit Sternhaaren **25**
25. Kn. zu 2–3(–4), eif., graubraun behaart (*579/1a*); vegetative Kn. ohne Kn.-schuppen .... ***Hamamelis***, 569
— Bltn.kn. einzeln **26**
26. Kn. seitenst., kugelf., filzig dunkelbraun behaart (*233/3, 685/4*)
Parrotia persica, 685

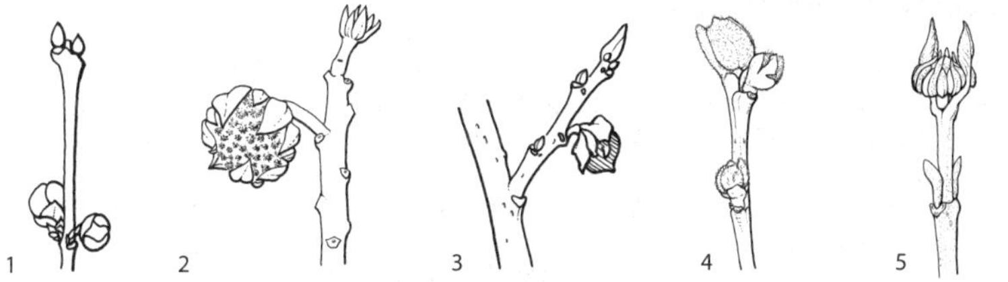

233/1–5: 1 *Chimonanthus praecox*, Sprossspitze; 2 *Edgeworthia tomentosa*, Bltnst.kn.; 3 *Parrotia persica*, Seitenspross; 4 *Parrotiopsis jaquaemontiana*, Sprossspitze mit Bltn.kn.; 5 *Viburnum lantana*, Sprossspitze mit Bltnst.kn.

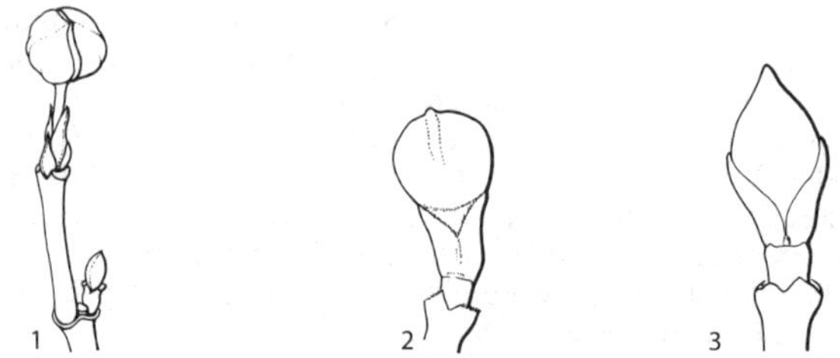

234/1–3 *Cornus*: 1 *C. florida*, Sprossspitze mit Bltnst.kn.; 2 *C. mas*, Bltnst.kn.; 3 *C. officinalis*, Bltnst.kn.

— Kn. seitenst. u. endst. an Langtrieben, Kn. außen von kleinen Bl. od. Bl.resten umgeben **27**

27. Zw. braun; 1–3 m hohe Sträucher; Endkn. eif., 6–8 mm lang, deutl. länger u. dicker als die vegetativen Seitenkn. .... ***Fothergilla***, 544

— Zw. grau bis graugrün; Sprosspitze (*233/4*); 4–6 m hoher Strauch ***Parrotiopsis***, 686

28 (17). Kn.stand von einem Kranz von Hochbl. schalenf. umgeben, außen zuw. noch 2 größere Hochbl.; Kn.stand meist graufilzig behaart (*233/5*) ***Viburnum***, 932

— Kn.stand anders, nie filzig behaart **29**

29. Hochbl. 4–6, spreizend, die Bltn.kn. nicht völlig umhüllend (wie *468/7*) ***Cornus nuttallii***, 468

— Nur 2 Hochbl. bzw. Kn.schuppen sichtbar (diese mitunter jedoch einen Spalt lassend, so dass die beiden inneren Hochbl. sichtbar sind) **30**

30. Kn.stand flach (*234/1*); 1-j. Sprossabschnitte meist bereift ***Cornus florida***, 468

— Kn.stand ± kugelf., ca. 5 mm ∅ **31**

31. Kn.stand gerundet, unterhalb 2 Paar schuppenf. Hochbl. sichtbar (*234/2*) ***Cornus mas***, 466

— Kn.stand zugespitzt, unterhalb nur 1 Paar schuppenf. Hochbl. (*234/3*) ***Cornus officinalis***, 467

Gruppe E
Endknospe fehlend. Blattnarben und Seitenknospen gegenständig oder Wirtel mehrzählig.

1. Zw.ende mit 2 (selten 3) subterminalen Seitenkn. (*237/5, 238/4*) **35**

— Zw.ende ohne subterminale Seitenkn.; Zw. grün od. ± weit abgestorben **2**

2. Zw.enden ± weit abgestorben, häufig mit Frst.resten, lebende Zw.abschnitte nicht grün **7**

— Zw. bis auf die abgestorbenen Teile grün, sonnenseits häufig ± intensiv gerötet **3**

3. Zw.enden zu dritt stehend, ca. 1 mm ∅ (*563/2*); Kn. von gelbgrünen Schuppenbl. geborgen .... ***Genista radiata***, 562

— Zw. dicker, Endverzweigungen einzeln stehend **4**

4. Zw. aufrecht, gerundet **6**
— Zw. überhängend, kantig **5**
5. (Bltn.-)Kn. bis 10 mm lang, ohne Beikn. u. ohne abgestorbene seitl. Zw.; Lentizellen nicht auffallend .... ***Jasminum nudiflorum***, 596
— Kn. 2–3 mm lang, mit seitl. Beikn.; Zw. mit zahlreichen abgestorbenen dünnen seitl. Verzweigungen (*235/1*); Lentizellen auffallend .... ***Coriaria***, 462
6 (4). Zw. fein gestreift, mit weißem Mark erfüllt; Kn. häufig schief gegenst. od. wechselst (*235/2*); Kn. von schuppenartigen Bl.basen geborgen ***Spartium junceum***, 875
— Zw. hohl, nur an den Knoten massiv, hier etwas eingeschnürt; Kn. 3,5 mm lang, längl. eif., zugespitzt (*235/3*); Bl.basen miteinander verbunden ***Leycesteria formosa***, 622
7 (2). Abgestorbene Zw. ohne Frst. **26**
— Abgestorbene Zw. mit Frst. **8**
8. Fr. keine Klausen bzw. Frst. nicht mit röhren- od. glockenf. K. **14**
— Frst. mit Klausenfr. bzw. erhalten bleibendem K. **9**
9. Kn. nackt **12**
— Kn. mit Kn.schuppen **10**
10. Zw. wirtelig 3-zählig beblättert, hellbraun, hohl, nur an den Knoten massiv; Kn. eif., zugespitzt, kahl, 1–1,5 mm lang, Kn.schuppen an der Spitze etwas spreizend (*235/4*) .... ***Aloysia***, 378
— Zw. gegenst. beblättert **11**
11. Zw. u. K. weiß durch dichte Behaarung mit Stern- od. Bäumchenhaaren (*691/5, 235/5*) .... ***Perovskia***, 691
— K. 4–5 mm lang, fein filzig behaart, aber ohne Stern- od. Bäumchenhaare; K.zähne spreizend, nicht grannenartig zugespitzt (*519/4*) ..... ***Elsholtzia***, 519
12 (9). K. 3,5–6 mm lang, dicht drüsig, Zähne grannenartig zugespitzt (*854/7*) ***Satureja***, 854
— K. nicht drüsig **13**
13. Kn. silbrig behaart, Haare spreizend; Fr. aufrecht; K. schmal trichterf., bis zur Mitte gespalten, 5–7 mm lang (*426/2b*) .... ***Caryopteris***, 426
— K. röhrig, K.röhre gebogen (*587/1*), 5–8 mm lang ***Hyssopus officinalis***, 587

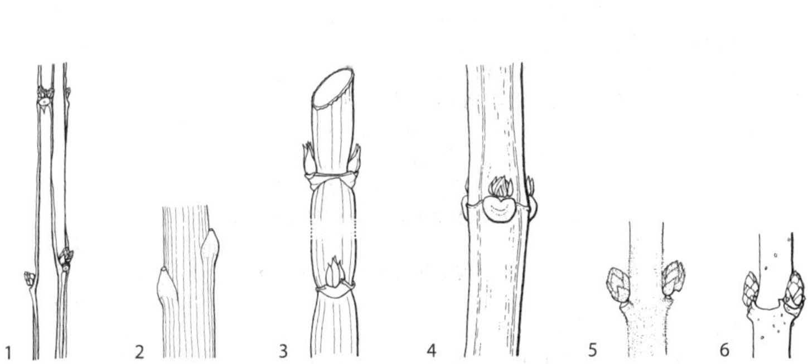

235/1–6: 1–4 Sprossabschnitte: 1 *Coriaria myrtifolia*, Seitenkn.; 2 *Spartium junceum*, mit Seitenkn.; 3 *Leycesteria formosa*, mit Seitenkn.; 4 *Aloysia citridora*, mit Bl.narben u. Kn.; 5 *Perovskia atriplicifolia*, Seitenkn.; 6 *Rhodotypos scandens*, Seitenkn.

14 (8). Fr. am Ende der Zw. einzeln stehend, mit 4 (5–6) schwarz glänzenden Steinfrch. (*798/2; 235/6*) .... ***Rhodotypos scandens***, 798

— Zw. am Ende stets mit mehreren Fr. **15**

15. Zw. am Ende mit beerenartigen Fr. od. Kapseln **17**

— Zw. am Ende mit Nussfr., die von einem erhalten bleibenden K. gekrönt sind **16**

16. Zw. (*237//1*) am Ende mit borstigen, in einen Schnabel verjüngten, 7–10 mm langen Nussfr., die von einem 5-zähligen, erhalten bleibenden K. gekrönt sind (*612/5*) .... ***Kolkwitzia amabilis***, 612

— Nussfr. 4–5 mm lang, kahl od. mit wenigen kurzen Borsten, K. 5-zählig, spreizend, ca. 1 cm lang; Kn. unter den Bl.narben verborgen (*952/3*) ***Zabelia***, 952

17 (15). Fr. schwarz, kugelf., lederig fleischig bis ausgetrocknet, lang gestielt, mit erhalten bleibendem, zurückgeschlagenem K. (*585/2*), geschlossen bleibend od. oben etwas aufspaltend; Zw. kantig od. längsstreifig, rotbraun ***Hypericum androsaemum***, 585

— Fr. anders **18**

18. Zw. mit beerenartigen Fr. **24**

— Zw. am Ende mit Kapselfr. **19**

19. Zw. kantig od. längsstreifig, ohne Lentizellen, rotbraun; Kn. zugespitzt, 1–4 mm lang; Bl.narben ± halbkreisf., mit 1 Bündelmal, gegenüberliegende Bl.narben miteinander durch eine Linie verbunden; Kapseln mit erhalten bleibendem K. u. Gr., 5-klappig aufspringend (*585/3*) .... ***Hypericum***, 584

— Zw. u. Kapseln anders **20**

20. Kapseln in vielfrüchtigen Schirmrispen, 1–8 mm groß, kugelf. od. urnenf., gerippt od. gestreift, oben mit zentraler Öffnung (*581/1–2* u. *582/1–5*); Kn. ± spreizend .... ***Hydrangea***, 579

— Kapseln nicht in Schirmrispen **21**

21. Kapseln eif., kreiself. od. kugelf. **22**

— Kapseln seitl. u. endst. an jungen Zw.abschnitten, längl. eif. bis längl. ellipsoidisch, 6–15 mm lang, hellbraun, lange geschlossen bleibend (*510/2c*); Seitenkn. (*237/2*) .... ***Diervilla***, 509

22. Kapseln eif., schnabelartig zugespitzt, 3–4,5 cm lang, klebrig, mit hellen Lentizellen, am Grund mit 5 anliegenden, schmalen, dickl. Kbl. (*688/3*); breitkroniger Baum .... ***Paulownia***, 688

— Kapseln kleiner, nicht klebrig; Sträucher **23**

23. Kapseln kugelf. bis abgeflacht kugelf., 3–7 mm groß, 3–5-fächerig, oben mit zentraler, runder od. sternf. Öffnung, von unten her 3–5-klappig aufplatzend (*507/1c*); Kn. deutl. sichtbar, mit Sternhaaren (*237/3*) .... ***Deutzia***, 505

— Kapseln kreiself., 5–10 mm lang, sich 4-klappig bis zum Grund öffnend (*693/2);* K. u. Gr. erhalten bleibend; Kn. in den Bl.narben verborgen ***Philadelphus***, 693

24 (18). Fr. weiß, 10–15 mm ∅ od. weißl. rötl. bis rosarot u. 5–6 mm ∅ ***Symphoricarpos***, 893

— Fr. schwarz od. blau bereift **25**

25. Fr. schwarz glänzend od. blauschwarz bereift, mit 1–4 Steinkernen, 4–10 mm groß; reich verzweigter Strauch od. kleiner Baum .... ***Ligustrum***, 622

— Fr. ± eingetrocknet, durch die 5 flachen Steinkerne ± 5-rippig, ca. 10 mm ∅; Baum mit Korkrinde .... ***Phellodendron***, 692

26 (7). Kn. nicht fest geschlossen, nackt, meist schon mit mehreren jungen Bl.; Zw. u. Bl. mit Sternhaaren, ± silbrig .... ***Buddleja***, 410
— Zw. u. Bl. anders **27**
27. Bl.narben klein, < 4 mm groß, Bündelmale wenig auffällig **31**
— Bl.narben groß mit deutl. Bündelmalen **28**
28. Kn. < 3 mm lang, behaart **30**
— Kn. zumindest teilw. > 1 cm lang, kahl, eif. od. kugelf. **29**
29. Kn. kugelf. bis eif., 10–15 mm lang, gegenüberliegende Kn. durch eine Linie miteinander verbunden (*237/4*); Kn. fast gleich groß, sich schon zeitig öffnend; Rinde mit markanten Lentizellen; Mark braun, durchgehend; Bl.narben halbkreisf. bis rundl., mit 3 Bündelmalen ***Sambucus racemosa***, 852
— Kn. deutl. akroton gefördert, mit 7–8 fest schließenden Kn.schuppen-Paaren, grau (wie *237/5*); Lentizellen wenig auffallend; Bl.narben mit 3 Bündelmal-Gruppen; die > 20 cm lange Frst.achse lange bleibend ***Aesculus parviflora***, 369
30 (28). Zw. mit auffälligen Lentizellen; Bl.narben rundl. bis oval, mit halbkreisf. angeordneten Bündelmalen; Kn. 1,5–2 mm groß, teilw. mit kleinen, absteigenden Beikn., rotbraun behaart .... ***Clerodendrum trichotomum***, 458
— Zw. mit erhalten bleibender Bltnst.achse ohne Fr., schwach behaart, grau, verkahlend; Bl.narben dunkelbraun, hufeisenf. bis halbkreisf., mit 1 Bündelmal; Kn. 1–1,5 mm groß, braun behaart, oft mit kleiner absteigenden Beikn.; Lentizellen wenig auffallend .... ***Vitex agnus-castus***, 944
31 (27). Kn.tragende Zw.enden mindestens 2 mm ∅........................ **33**
— Kn.tragende Zweigenden z. T. nur 1–1,5 mm ∅; Kn. < 3 mm lang **32**
32. Endverzweigungen im spitzen Winkel abgehend, ± deutl. 4-kantig, hellbraun bis grau; Kn. rundl eif., kurz zugespitzt, 1–2 mm lang, mit 4 sichtbaren Kn.schuppen; Bl.narben auf verdickten Bl.polstern mit undeutl. Bündelmalen; Bl.narben eines Wirtels nicht mit einer Linie verbunden ***Fontanesia***, 541

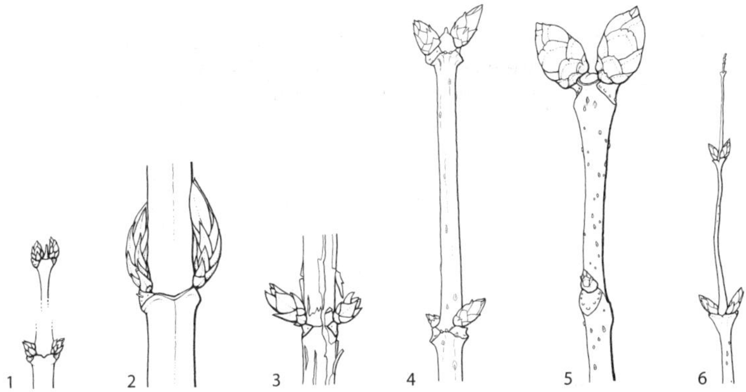

237/1–6: 1 *Kolkwitzia amabilis*, Sprossspitze; 2 *Diervilla sessilifolia*, Seitenkn.; 3 *Deutzia longifolia*, Seitenkn.; 4 *Sambucus racemosa*, Seitenkn.; 5 *Aesculus × carnea*, Sprossspitze; 6 *Symphoricarpos albus*, Sprossspitze

— Endverzweigungen ± im rechten Winkel abgehend; graubraun; Kn. eif. bis längl. eif., zugespitzt, spitzwinklig spreizend, 1–2 mm lang, mit > 4 sichtbaren Kn.schuppen (*237/6*); Bl.narben eines Wirtels durch eine Linie miteinander verbunden .... ***Symphoricarpos***, 893

33 (31). Zw. starr aufrecht, grau, ganzer Strauch wie abgestorben erscheinend; Lentizellen längl.; Kn. u. Bl.narben zu 2–4 an den Knoten; Kn. < 1 mm lang, kaum erhaben; Bl.narben ringf., mit hufeisenf. Bündelmal ***Cephalanthus occidentalis***, 436

— Zw. nicht starr aufrecht, braun bis graubraun; Kn. deutl. sichtbar, 3–6 mm lang, spreizend; Bl.narben flach 3-eckig, mit 3 Bündelmalen **34**

34. Zw. braun bis rotbraun, matt glänzend; Rinde 2-j. Zw. aufplatzend, die älterer Zw. sich in mehreren Lagen papierartig lösend; Zw. hohl (*D. floribunda*) oder mit weißem Mark (*D. yunnanensis*) .... ***Dipelta***, 511

— Zw. hellbraun; Rinde später aufplatzend sich jedoch nicht in mehreren Lagen papierartig lösend; Zw. mit braunen Mark erfüllt, Knoten massiv ***Heptacodium miconioides***, 575

35 (1). Kn. zu dritt stehend, nur 2–3 mm lang, mit mehreren ± zugespitzten Kn.schuppen, braun, viel kleiner als die 5–8 mm langen, kreisf. od. elliptischen Bl.narben mit deutl. sich abhebenden, zahlreichen ringf. od. elliptisch angeordneten Bündelmalen; Knoten deutl. verdickt (*238/1*) .... ***Catalpa***, 429

— Kn. paarweise, selten einzeln **36**

36. Kn. die Zw.spitze deutl. überragend **42**

— Kn. die Zw.spitze nicht od. nur wenig überragend **37**

37. Kn. geborgen, erst spät aus den Bl.narben austreibend; Bl.narben miteinander verbunden, breit V-f. bis halbkreisf. bzw. halbelliptisch, mit 3 deutl. Bündelmalen; Zw. hohl, nur an den Knoten massiv, das degenerierte Mark braun; Rinde grau bis rotbraun, mit vielen punktf. Lentizellen ***Philadelphus***, 693

— Kn. zunächst nicht völlig geborgen; Zw. durch verdickte Bl.basen knotig erscheinend, anders gefärbt, nicht hohl **38**

38. Zw.ende mit kleinem Spitzenrudiment (*238/3*), ± abgeflacht; Kn. schwarzbraun behaart **40**

— Zw.ende ohne Spitzenrudiment **39**

39. Zw.spitze in Höhe des Kn.ansatzes wie abgeschnitten, rund, ohne Spitzenrudiment; Zw. dunkelbraun, Kn. 2–3 mm lang, fuchsrot bis rotbraun behaart, ohne erkennbare Strukturen; Bl.narben hufeisenf., mit 3 undeutl.

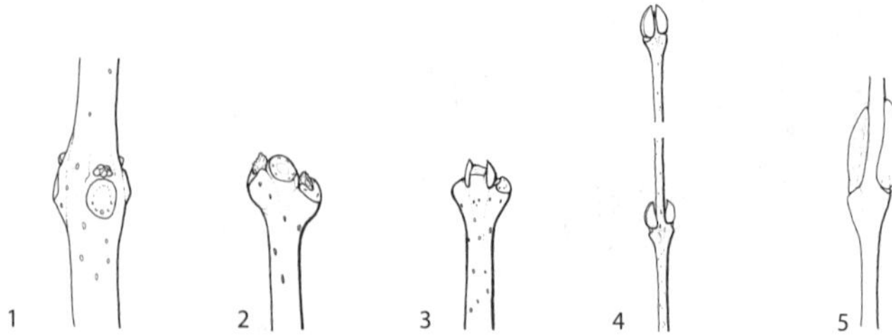

238/1–5: 1 *Catalpla bignonioides*, Bl.narben u. Seitenkn.; 2 *Calycanthus chinensis*, Sprossspitze; 3 *Calycanthus occidentalis*, Sprossspitze; 4 *Cercidiphyllum japonicum*, Sprossspitze; 5 *Salix purpurea*, Seitenkn.;

Bündelmalen, die Kn. umgreifend, grau, gleich den Lentizellen farbl. zur Rinde kontrastierend .... ***Phellod*e*ndron***, 692

— Auf Eichen parasitierender, gabelig verzweigter Strauch; Sprossende gerundet; Sprosse an den Verzweigungen stark verdickt, Sprossenden basal kragenartig umhüllt; Kn. halbkugelf., ca.1 mm lang, mit 2 Kn.schuppen; seitl. Bl.narben meist ohne Kn., nur Wirtel unterhalb der Subterminalkn. zuw. mit gleich großen Achselkn.; Bl.narben halbkreisf. mit 1 Bündelmal ***Loranthus***, 641

40 (38). Zw. hellbraun bis graubraun; Bl.narben V-f., mit 3 Bündelmalen, die Kn. umfassend (wie *417/1b*); untere Seitenkn. 1–1,5 mm lang, die beiden subterminalen 2–3 mm lang, senkrecht zur Achse (in der Bl.narbenmediane) abgeflacht; Beikn. nicht sichtbar (*238/2*) .... ***Calycanthus chinensis***, 417

— Zw. dunkelbraun, subterminale Kn. parallel zur Achse abgeflacht, das Spitzenrudiment z. T. etwas überragend; Bündelmale meist nicht erkennbar **41**

41. Bl.narben ± halbkreisf., die Kn. nicht umfassend (*417/2b*); Kn. zuw. mit einer serial absteigenden, deutl. kleineren Beikn. (*238/3*) ***Calycanthus occidentalis***, 418

— Bl.narben ± V-f., die Kn. umfassend (*417/1b*) ***Calycanthus floridus***, 418

42 (36). Kn. mit mindestens 3 sichtbaren Kn.schuppenpaaren **52**

— Kn. mit nur 1–4 sichtbaren Kn.schuppen **43**

43. Kn. nicht abgeflacht **45**

— Kn. deutl. abgeflacht, die seitl. den Zw. eng anliegend u. abgeflacht **44**

44. Zw. ganz od. sonnenseits rot, mit etwas längl. Lentizellen, kahl, glänzend; ältere Kurztriebe mit feiner Ringelung (*229/1*); Zw.ende durch Bl.basen verbreitert; Kn. 4–5 mm lang, häufig schief gegenst., mit 1–2 Kn.schuppen (*238/4* unten); subterminale Kn. dicht beieinander stehend, das Sprossende bergend (*238/4* oben); Bl.narben schmal V-f., mit 3 Bündelmalen ***Cercidiphyllum***, 438

— Zw. olivgrün bis braun, sonnenseits gerötet; Kn. häufig schief gegenst. (*238/5*) od. wechselst., 4–6 mm, die Bltnst.kn. 5–11 mm lang; nur 1 Kn.-schuppe vorhanden; Bl.narben V-f. mit 3 Bündelmalen ***Salix purpurea***, 832

45 (43). Zw. grün, olivgrün, od. rot **47**

— Zw. braun **46**

46. Kn. basal verschmälert, mit nur 1 Kn.schuppe, beidseitig gekielt (*239/1*); Bl.narben breit V- bis halbmondf., mit 3 Bündelmalen **Sekt. *Opulus*** der Gatt. ***Viburnum***, 933

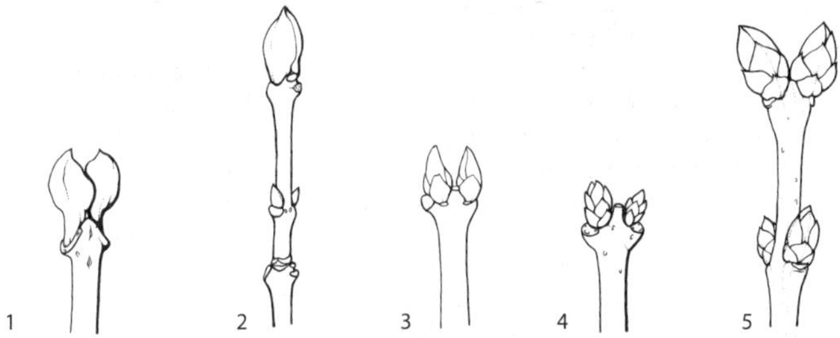

239/1–5 Sprossspitzen: 1 *Viburnum opulus*, mit Subterminalkn.; 2 *Staphylea pinnata*, mit nur 1 Subterminalkn.; 3 *Staphylea trifolia*; 4 *Chimonanthus praecox*,; 5 *Syringa vulgaris*

— Kn. fast rechtwinklig abspreizend, mit 2 äußeren, längsstreifigen Kn.-schuppen, innere Kn.schuppen durch einen Spalt sichtbar, silbrig behaart; Bl.narben nicht sichtbar; Zw. z. T. etwas warzig; Bl.polster mit verbreiterten Bl.basen, teilw. flügelartig vergrößert od. becherf. ***Lonicera ferdinandii***, 633

47 (45). Kn.schuppen 4 . . . . **51**

— Kn.schuppen 2 . . . . **48**

48. Kn. beidseitig gekielt; Bl.narben halbkreisf. mit deutl. Nebenbl.narben; Bündelmale halbkreisf. angeordnet; die beiden Kn.schuppen mitunter verwachsen; Zw.spitzen bisweilen mit nur 1 subterminalen Kn. (*239/2*) ***Staphylea colchica, S. pinnata***, 888

— Kn. nicht od. nur undeutl. gekielt; Bl.narben ohne Nebenbl.narben, 3 Bündelmale **49**

49. Mehrj. Zw. u. Stämme auffällig längsgestreift; Kn. ± deutl. gestielt; Kn.-schuppen u. Zw. kahl (*355/1–2*) **Sekt. *Micrantha*** (Streifenahorne) der Gatt. ***Acer***, 357

— Mehrj. Zw. u. Stämme nicht auffällig gestreift **50**

50. Zw.spitzen u. v. a. innere Kn.schuppen fein weiß behaart ***Acer spicatum***, 356

— Zw.spitzen u. Kn.schuppen kahl, subterminale Kn. am Grund von den bleibenden, innen dicht behaarten Bl.stielbasen umgeben (*355/5*) **Fächer-Ahorne**, **Sekt. *Palmata*** der Gatt. ***Acer***, 355

51 (47). Zw. olivgrün, sonnenseits etwas gerötet; Kn. beidseitig gekielt, äußere Kn.schuppen nur etwa ½ so lang wie die inneren (*239/3*); Bl.narben halbkreisf. mit deutl. Nebenbl.narben . . . . ***Staphylea trifolia***, 889

— Zw.spitzen u. Kn.schuppen kahl; subterminale Kn. am Grund von den bleibenden, innen dicht behaarten Blattstielbasen umgeben **Fächer-Ahorne**, **Sekt. *Palmata*** der Gatt. ***Acer***, 355

52 (42). Mark der Zw. degeneriert, braun, nur die Knoten massiv **55**

— Mark der Zw. weiß od. braun, nicht degeneriert **53**

53. Kn. deutl. akroton gefördert, d. h. subterminale Kn. bedeutend größer als basale an jungen Zw.abschnitten; Kn. mit 6–8 Kn.schuppenpaaren **57**

— Kn. nicht akroton gefördert, an jungen Zw.abschnitten ± gleich groß **54**

54. Zw. kahl, grau, Bl.basen getrennt, Zw. durch die vergrößerten Bl.kissen knotig erscheinend; die vegetativen Seitenkn. ± geborgen, die Bltn.kn. gut sichtbar (*233/1, 239/4*) . . . . ***Chimonanthus praecox***, 446

— Zw. fein behaart, braun bis graubraun, zuw. nur rau, Blattbasen deutl. miteinander verbunden; alle Kn. gleich groß, 2–5 mm lang, spitz eif., behaart, spreizend; äußere Kn.schuppen ± spreizend, zugespitzt (*237/1*); Bl.narben breit V-f. bis sichelf., mit 3 Bündelmalen . . . . ***Kolkwitzia amabilis***, 612

55 (52). Zw. braun bis rotbraun, kahl, matt glänzend, Lentizellen unauffällig; Rinde 2-j. Zw. aufplatzend, sich an älteren Zw. papierartig ablösend; Kn. 3–5 mm lang, die subterminalen spreizend, kahl, braun; Kn.schuppen zugespitzt; Bl.narben flach 3-eckig, miteinander verbunden, mit 3 Bündelmalen ***Dipelta floribunda***, 511

— Rinde sich an älteren Zw. sich nicht papierartig ablösend **56**

56. Zw. kahl od. mit Sternhaaren, Rinde schon im 1. Jahr aufplatzend; Kn. schwach spreizend, 3–6 mm lang, rund od. 4-kantig, Kn.schuppen ± lang zugespitzt (*237/3*), ohne Beikn.; Bl.narben V-f. mit 3 Bündelmalen ***Deutzia***, 505

— Zw. ohne Sternhaare, fein behaart od. kahl; Rinde 1-j. Zw. meist glatt; Kn. im spitzen Winkel spreizend, oft mit aufsteigenden Beikn. (*630/2–3*); Kn.schuppen stumpf, bewimpert; Bl.narben sichelf. bis fast halbkreisf. mit 3 nicht sehr deutl. Bündelmalen; **Sekt. *Coeloxylosteum*** der Gatt. ***Lonicera***, 627

57 (53). Zw. gerundet, grau bis braun, ohne erhabene Bl.basen, mit deutl., kleinen Lentizellen; Bl.narben groß, halbkreisf., mit 3 Bündelmalen od. 3 Bündelmal-Gruppen (*237/5*) .... ***Aesculus***, 368

— Zw. mit erhabenen Bl.polstern, gerundet od. kantig; Lentizellen nicht auffallend; Bl.narben breit V-f., mit 1, meist undeutl. Bündelmal; Kn. 4-kantig od. gerundet (*239/5*); Serien *Syringa, Pubescentes* u. *Ligustrina* der Gatt. ***Syringa***, 895

Gruppe F
Endknospe fehlend. Blattnarben und Seitenknospen schraubig angeordnet.

1. Bl. nicht persistierend **3**

— Bl. klein, schuppen- od. nadelf., bleibend; Zw. durch Lentizellen ± warzig rau; Kn. dicht stehend **2**

2. Zw. hellbraun, stielrund od. durch herablaufende Bl.basen schwach kantig bis gerieft. Kn. kugelf., 0,5–1 mm lang, etwa so lang wie die Bl. ***Myricaria***, 671

— Zw. olivgrün bis rotbraun, mit aufreißender Epidermis; Bl. grannenartig zugespitzt, deutl. länger als die eif., ca.1 mm langen Kn.; Kn. häufig mit seitl. Beikn. (*241/1*) .... ***Tamarix***, 900

3 (1). Kn. mit 2 od. mehreren Kn.schuppen **5**

— Kn. mit nur 1 Kn.schuppe **4**

4. Zw. gerade, behaart (*241/2*) od. kahl (*241/3–4*), mit subterminalen Seitenkn.; Kn. an der Zw.spitze oft deutl. kleiner als darunter (Bltnst.kn.) (*241/2*); Kn. bisweilen abgeflacht od. 2-seitig gekielt; Bl.narben mit 3 Bündelmalen ***Salix***, 828

— Zw. ± hin u. her gebogen, mit subterminalen Kn.; Bl.narben mit > 3 Bündelmalen; Kn. kantig bis gerieft (*241/5*), bis 10 mm lang; Borke sich ungleich-

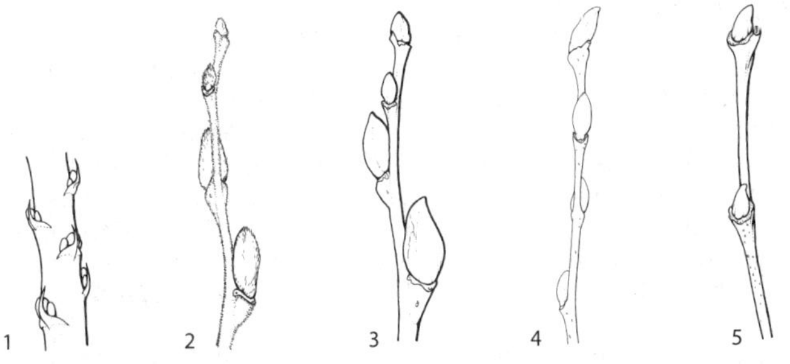

241/1–5: 1 *Tamarix tetranda*, Sprossabschnitt mit Seitenkn.; 2–5 Sprossspitzen: 2 *Salix cinerea*; 3 *Salix caprea*; 4 *Salix pentandra*; 5 *Plantanus × hispanica*

mäßig in großen Platten lösend u. am Stamm u. Ästen ein charakteristisches geschecktes Muster bildend .... ***Platanus***, 732

5 (3). Zw. ohne Ochrea (Nebenbl.scheide) **7**

— Zw. oberhalb der Knoten von einer dünnen, oft nur noch in Resten vorhandenen Ochrea (Nebenbl.scheide) umhüllt (*243/1*) **6**

6. Niederliegender, halbimmergrüner Kleinstrauch mit grünen bis rotbraunen, kahlen dünnen Sprossen; Kn. oft nicht sichtbar (*243/1*) ***Muehlenbeckia***, 670

— Aufrechter Kleinstrauch mit graubraunen Zw.; Zw.spitzen häufig mit Frst.-resten; Kn. anliegend, 1–2,5 mm groß, nur schwer erkennbar, da von Bl.- u. abgestorbenen Zw.resten bedeckt .... ***Atraphaxis frutescens***, 392

7 (5). Zw. ohne kleine gelbl. Harzdrüsen **9**

— Zw. mit kleinen gelbl. Harzdrüsen; Zw. rotbraun, ± dicht behaart **8**

8. Neben den Bl.narben seitl. Nebenbl.narben; Kn. klein, kugelf., wollig bewimpert; Sprossspitzen meist mit deutl. größeren Bltnst.kn. (*232/5*); Pfl. meist 2-häusig .... ***Comptonia***, 461

— Zw. ohne Nebenbl.narben; an den Sprossspitzen häufig entw. große ♂ od. kleinere ♀ Bltnst.kn. (*232/4*) .... ***Myrica***, 671

9 (7). 2-j. Zw.abschnitte verschiedenfarbig, aber nicht grün **22**

— 1- u. 2-j. Zw.abschnitte grün **10**

10. Zw. 2-seitig breit geflügelt; Zwergstrauch (*563/4*) ..... ***Genista sagittalis***, 562

— Zw. nicht geflügelt **11**

11. Zw. ± rund **18**

— Zw. deutl. kantig od. gefurcht **12**

12. Zw. 5-kantig (*243/2*); Kn. eif. bis rundl., 1–1,5 mm groß, braun bis graubraun; Kn.schuppen silbrig bewimpert .... ***Jasminum fruticans***, 596

— Zw. mehrkantig u./od. gerieft **13**

13. Rinde im 2. Jahr aufreißend, Zw. dadurch nicht durchgehend dunkelgrün, durch markante Bl.basen knotig, deutl. hin u. her gebogen (*243/3*); Kn. 3–4 mm groß, oft mit seitl. Beikn.; Kn.schuppen weiß behaart ***Hippocrepis emerus***, 577

— Rinde im 2. Jahr nicht aufreißend **14**

14. Bl.basen ohne kleine persistierende, dornige Nebenbl.; Zw. gerade (*243/4*) ***Cytisus scoparius, C. purgans***, 498, 499

— Bl.basen mit kleinen persistierenden, dornigen Nebenbl. **15**

15. Kn. grün, ca. 1 mm lang **17**

— Kn. braun, mit 2 sichtbaren Kn.schuppen **16**

16. Zw. bogig gekrümmt; Kn. 0,5–1 mm lang, kaum hervortretend ***Genista lydia***, 563

— Zw. aufrecht, durch 1–1,5 mm große, hervortretende Kn. etwas knotig erscheinend .... ***Genista tinctoria***, 562

17 (15). Zw. ± schwach behaart; kleiner, bis 30 cm hoher Strauch mit überhängenden od. niederliegenden Zw. .... ***Cytisus × kewensis***, 499

— Zw. kahl, aufrecht .... ***Cytisus × praecox***, 499

18 (11). Zw. binsenartig, gerade; Kn. unter den Bl.basen der Tragbl. verborgen (*235/2*); aufrechter Strauch .... ***Spartium junceum***, 875

— Zw. nicht binsenartig **19**

19. Zw. kahl, hin u. her gebogen, rund bis schwach kantig, nicht knotig erscheinend; Kn. 4–6 mm groß; Strauch mit überhängenden, biegsamen Zw. ***Kerria japonica***, 611

— Zw. durch die erhabenen Bl.basen knotig erscheinend **20**

20. Zw. dunkelgrün; Kn. in den Bl.narben geborgen, erst später aus ihnen hervorbrechend, rundl., zuletzt 1–2 mm groß, schwarzbraun behaart, einzelne Kn.schuppen nicht erkennbar (*891/1c*) ...... ***Styphnolobium japonicum***, 891

— Zw. olivgrün mit zahlreichen kleinen Lentizellen; Kn. sehr klein, aber nicht in den Bl.narben geborgen **21**

21. Kn. rundl. 1–1,5 mm lang ± kahl, mit 2 äußeren, schwach bewimperten Kn.schuppen .... ***Albizia julibrissin***, 374

— Kn. breit 3-eckig gerundet, sehr kurz wollig behaart (*243/5*)
Melia azedarach, 664

22 (9). 1-j. Zw.abschnitte im Winter noch grün; Zw. niederliegend aufsteigend, behaart; mehrj. Zw.abschnitte graubraun; junge Zw.abschnitte 1–2 mm ∅, durch markante Bl.basen knotig; Kn. in den Bl.basen geborgen
Genista pilosa, 562

— 1-j. Zw.abschnitte im Winter nicht grün **23**

23. Zw. nicht > 8 mm ∅ **28**

— Zw. > 8 mm ∅; Bl.narben sehr groß u. markant **24**

24. Zw.ende mit Subterminalkn. **26**

— Zw.ende ± lang abgestorben, ohne Subterminalkn. **25**

25. Kn. stark hervortretend, zugespitzt eif., 8–15 mm lang, braun, anliegend, mit nur 2 kahlen Kn.schuppen (*243/6*); Zw. olivgrün, bereift, mit deutl. Lentizellen; Bl.narben so lang wie od. länger u. breiter als die Kn., mit vielen Bündelmalen .... ***Decaisnea insignis***, 504

— Kn. sehr klein, nur 1 mm hoch, von einem runden, flachen Wulst umgeben, mit absteigender Beikn.; Wulst, Kn. u. Beikn. in einem erhabenen, glatten elliptischen Feld gelegen; Zw. dunkelbraun bis braunrot, mit zahlreichen längl. Lentizellen, häufig silbergrau umrandet; Bl.narben groß, gerundet 3-eckig .... ***Gymnocladus dioicus***, 567

26 (24). Zw. olivbaun bis braun, an Schösslingen 1–2 cm ∅, an der Spitze ± unregelmäßig abgeflacht, mit zahlreichen Lentizellen; Bl.narben unterhalb der Kn., etwas napff. vertieft, mit vielen Bündelmalen (*243/7*); Kn. wenig erhaben, breiter als hoch, behaart, mit 2 sichtbaren, braunen Kn.schuppen
Ailanthus, 372

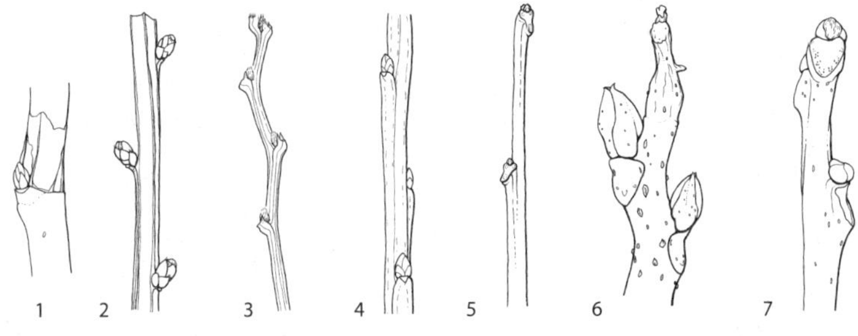

243/1–7: 1 *Muehlenbeckia complexa*, Sprossabschnitt mit Ochrea u. Seitenkn.; 2 *Jasminum fruticans*, Sprossabschnitt mit Seitenkn.; 3 *Hippocrepis emerus*, Sprossspitze; 4 *Cytisus scoparius*, Sprossabschnitt mit Seitenkn.; 5 *Melia azedarach*, Sprossspitze; 6 *Decaisnea insignis*, Sprossspitze; 7 *Ailanthus altissima*, Sprossspitze

— Kn. größer, abspreizend, Zw. ± unregelmäßig abgeflacht; Bl.narben gerundet 3-eckig, schwarzbraun umrandet, die Kn. fast rings umgebend (*310/3*); Kn. rundl. eif. bis kegelf., 3–5 mm lang, stark behaart, ohne deutl. erkennbare Kn.schuppen, abspreizend **27**

27. Zw. rötl. braun, bereift .... ***Rhus glabra***, 800

— Zw. rot samtartig behaart; Sprossspitze (*245/1*) .... ***Rhus typhina***, 800

28 (23). Sprossabschnitte merkwürdig tütenf. ineinandergesteckt; Zw. kahl, gelbgrün, Rinde lederartig, sehr fest; Kn. klein, pyramidal, anfangs von den Bl.stielen völlig geborgen; Kn.schuppen behaart .... ***Dirca palustris***, 512

— Sprossabschnitte nicht tütenf. ineinandergesteckt **29**

29. Zw. mit Subterminalkn. **45**

— Zw. ohne Subterminalkn. **30**

30. Zw. aufrecht graugrün bis grau, fein längsstreifig; Spitzen mit abgestorbenen Bl. u. Frst.; Kn. rundl. eif., 2–3 mm groß, mit mehreren, an der Spitze klebrig glänzenden, dickl. fleischigen, grauen Kn.schuppen; Bl.narben schmal, mit 3 Bündelmalen .... ***Baccharis halimifolia***, 393

— Zw. ohne persistierende Bl., nicht graugrün bis grau **31**

31. Zw. schwach kantig, biegsam, olivgrün bis rotbraun, im oberen Teil unterschiedl. lang abgestorben mit end- u. seitenst. Frst.resten, zerstreut behaart bis kahl; Bl.narben etwas erhöht, halbkreis- bis kreisf., mit 1 nur schwer erkennbaren Bündelmal; Kn. ca. 1 mm groß, kurz kegelf., mit meist 2 sichtbaren Kn.schuppen .... ***Solanum dulcamara***, 863

— Merkmale anders; Zw. ± braun od. grau **32**

32. Seitenzw. nicht ganz bzw. nicht weit abgestorben **34**

— Seitenzw. starr, spitz- bis fast rechtwinklig spreizend, ganz od. unterschiedl. weit abgestorben; Erneuerungskn. nur an den größeren, gefurchten Hauptzw. od. am Grund der Seitenzw.; Bl.narben mit 1 Bündelmal **33**

33. Zw. braun bis rotbraun, Seitenzw. 1–2 mm ∅; Kn. sehr klein, 1 mm lang, als seitl. Beikn. der abgestorbenen, 15–25 cm langen Seitenzw., dunkelbraun; Kn.schuppenränder schwarzbraun .... ***Flueggea suffruticosa***, 540

— Zw. graubraun; Kn. eif. bis spitz eif., 2–4 mm groß (*245/2*); äußere Kn.schuppen braun, innere am Grund grün, oben rotbraun, silbrig bewimpert .... ***Leptopus***, 620

34 (32). Zw. nicht rutenf. starr aufrecht **36**

— Zw. rutenf., starr aufrecht **35**

35. Zw. gerade, am Ende mit Frst.resten (Trauben od. Doppeltrauben); fein längsstreifig, Lentizellen erhaben; Kn. anliegend, 1–3 mm lang, entfernt stehend, am Grund etwas in den Zw. eingesenkt (!), mit absteigenden Beikn.; Kn.schuppen braun, an der Spitze weiß bewimpert; Bl.narben mit 3 undeutl. Bündelmalen .... ***Amorpha***, 382

— Zw. graubraun, fein längsstreifig, nur die Spitzen mit den mehrfach verzweigten Trauben abgestorben; Kn. anliegend, eif., braun, 1,5–5 mm lang, dicht stehend; die sichtbaren inneren Kn.schuppen anliegend weiß behaart, oben mit kleinem Haarschopf, nicht eingesenkt; Kn. mit seitl. Beikn.; Bl.narben mit 1 Bündelmal .... ***Lespedeza***, 620

36 (34). Zw. ± hin u. her gebogen **42**

— Zw. ± gerade **37**

37. Zw. im oberen Bereich wechselst., basal gegenst. beblättert, durch herablaufende Bl.basen deutl. 4-kantig, kahl, im 2. Jahr gerundet, Blüst.reste nur endst.; Bl.polster erhaben; Bl.narben mit 1 Bündelmal; Kn. den Zw. anliegend, eif. bis längl. eif., deutl. zugespitzt, mit 2 sichtbaren Kn.schuppen (*245/3*) .... ***Lagerstroemia***, 614

— Merkmale anders **38**

38. Zw. mit end- od. seitenst. Frst.resten, rotbraun, verkahlend, durch herablaufende Bl.basen unterhalb der Knoten leicht kantig; Bl.narben oval bis fast kreisf., mit 3 nur schwer erkennbaren Bündelmalen; neben den Bl.narben Nebenbl.narben; Kn. 3–4 mm lang, parallel zum Zw. stehend, nicht anliegend; Kn. außen von geschwänzten braunen Nebenbl.schuppen umgeben, innere Kn.schuppen kürzer, silbrig behaart .... ***Ceanothus***, 431

— Merkmale anders **39**

39. Seitenkn. sichtbar **41**

— Seitenkn. geborgen **40**

40. Zw. rotbraun, Rinde mitunter mit Längsrissen; Zw.enden dünn, verzweigt, mit Fr.- bzw. Frst.resten; Kn. von bleibenden, abgestorbenen Bl.basen mit häutigen, in Fäden auslaufende Nebenbl. geborgen; unterhalb der Nebenbl. ein basaler Bl.stielrest mit kreisf. Narbe .... ***Dasiphora***, 503

— Zw. grau; Kn. in der Achsel von abgestorbenen grauen Bl.resten geborgen, als Beikn. schon im vergangenem Jahr ausgebildeter, abgestorbener, in Resten erhalten bleibender Seitensprosse; Zw.spitzen mit kurzen Frst.resten; Internodien um 1 cm lang .... ***Ononis fruticosa***, 678

41 (39). Kn. 3-eckig bis längl. 3-eckig, 1,5–3 mm lang, mehr od. weniger anliegend, weiß behaart; Bl.narben mit 3 Bündelmalen; Nebenbl. erhalten bleibend, 0,5–1 mm groß; Pfl. sehr unregelmäßig verzweigt; Zw. häufig gekrümmt, starr, fein kantig, sehr fein behaart bis verkahlend, braun bis rotbraun od. braun violett; Zw.spitzen lang abgestorben, fast gerade ***Indigofera***, 592

— Kn. mit 2 od. mehr Kn.schuppen, ± spreizend, eif. bis zugespitzt eif., 1–4 mm lang, bis zur Zw.spitze dicht stehend; Bl.narben mit 1 Bündelmal; Zw. ohne Lentizellen, gerade, rot- bis graubraun, kahl od. behaart, sich zur Spitze zu kontinuierl. verjüngend; Spitzen – außer den Frst. – meist nur kurz abgestorben; abgestorbene Epidermis sich z. T. lösend; meist reich verzweigte Sträucher, die als zur Gatt. gehörig nur sicher an den Frst.resten (*245/4*), zu bestimmen sind .... ***Spiraea***, 875

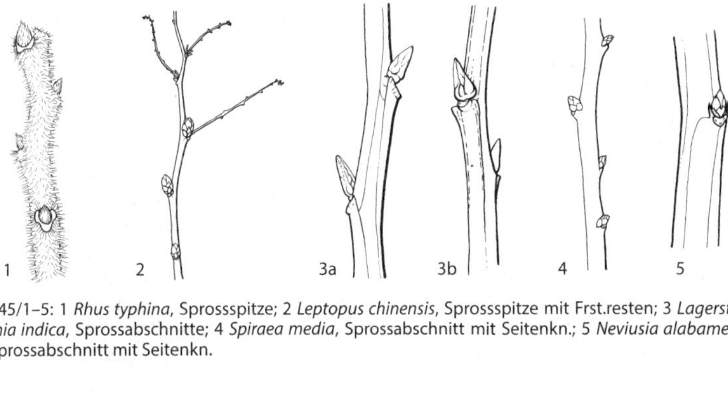

245/1–5: 1 *Rhus typhina*, Sprossspitze; 2 *Leptopus chinensis*, Sprossspitze mit Frst.resten; 3 *Lagerstroemia indica*, Sprossabschnitte; 4 *Spiraea media*, Sprossabschnitt mit Seitenkn.; 5 *Neviusia alabamensis*, Sprossabschnitt mit Seitenkn.

42 (36). Zw. grau bis graubraun, nur schwach hin u. her gebogen, abgestorbene Epidermis sich stellenweise weißl. abhebend; junge Zw.abschnitte am Grund mit erhalten bleibenden 1–1,5 mm langen Fr.stielen (!); Zw.spitze in der Länge des letzten Internodiums über der letzten Seitenkn. abgestorben; Bl.narben fast halbkreisf. mit 1 Bündelmal; Kn. eif., braun, 3–5 mm lang, mit 6–9 braunen, fein bewimperten Kn.schuppen; die beiden äußeren Kn.schuppen gegenst., ca. ½ so lang wie die Kn.; Baum mit grauer Borke **_Eucommia ulmoides_**, 527

— Sträucher mit grau- bis rotbraunen Zw., deren Endabschnitte meist > 2 cm lang abgestorben sind **43**

43. Kn. bis zur Zw.spitze dicht stehend, mit 2 od. mehr Kn.schuppen, ± spreizend, eif. bis zugespitzt eif., 1–4 mm lang; Zw. ohne Lentizellen, rot- bis graubraun, kahl od. behaart, sich zur Spitze zu kontinuierl. verjüngend; Spitzen – außer den Frst. – meist nur kurz abgestorben; abgestorbene Epidermis sich z. T. lösend; meist reich verzweigte Sträucher, die als zur Gatt. gehörig nur sicher an den Frst.resten zu bestimmen sind (*245/4*); u. a. die Arten *S. media* u. *S. chamaedryfolia* der Gatt. .... **_Spiraea_**, 875

— Zw. sich nicht zur Spitze zu kontinuierl. verjüngend; Kn. nicht gleichmäßig dicht stehend **44**

44. Zw. rötl. braun, anliegend silbrig behaart, nur schwach hin u. her gebogen u. etwas überhängend, nicht blühende Zw.abschnitte nur kurz abgestorben; Ränder der Bl.basen weit an der Achse herablaufend (*245/5*), Zw. dadurch kantig; Nebenbl. fädig, 3–5 mm lang, z. T. persistierend; Kn. eif., 3–4 mm lang; Bl.narben 3-eckig, mit 3 Bündelmalen .... **_Neviusia_**, 674

— Zw. starr, reich verzweigt, stark hin u. her gebogen, mit zahlreichen Frst.-resten; grau- bis rotbraun, etwas gerieft; Kn. eif., mehr od. weniger zugespitzt u. abgeflacht, 1,5–2 mm lang, braun, grau behaart, an der Spitze etwas weißwollig, einzelne Kn.schuppen nur schwer erkennbar; ältere Kn.schuppen erhalten bleibend, Knoten dadurch z. T. auffallend u. verdickt; Bl.narben mit 3 Bündelmalen .... **_Hedysarum multijugum_**, 573

45 (29). Subterminalkn. die Zw.spitze überragend **51**

— Subterminalkn. die Zw.spitze nicht überragend **46**

46. Kn. sichtbar **49**

— Kn. geborgen **47**

47. Zw. schwach hin u. her gebogen, olivgrün bis braun, schwach kantig; Kn. in den Bl.narben geborgen (*225/3*); Nebenbl. verdornend, unterschiedl. groß (*807/1c*); Bl.narben mit 3 Bündelmalen .... **_Robinia_**, 807

— Zw. gerade, andersfarbig **48**

48. Zw. fein längsstreifig, durch markante u. erhöhte Bl.basen mit Nebenbl. stark knotig, grün bis dunkel rotbraun, später grau; Nebenbl. zusammenneigend, die Spitzen hornartig, divergierend, außen rotbraun u. kahl, innen heller dicht behaart, die Kn. bergend (*692/2b*) .... **_Petteria_**, 692

— Zw. dunkel rotbraun, kahl, etwas knotig; Kn. eingesenkt, aber sichtbar (*247/1*), ca. 1 mm breit, silbrig behaart, oft mit Beikn.; Bl.narben mit 3 Bündelmalen .... **_Ptelea_**, 765

49 (46). Zw. etwas hin u. her gebogen, graubraun, kahl od. verkahlend, mit deutl. Spitzenrudiment; Bl.narben fast ringf., mit 3 Bündelmalen, die Kn. fast rings umgebend; Kn. eif., kurz behaart, mit mehreren Kn.schuppen (*247/2*); Endkn. 2–3 mm lang, Kn. deutl. akroton gefördert **_Poliothyrsis_**, 736

— Merkmale anders ... **50**

50. Zw. behaart, gerade, grau bis rotbraun, ohne Spitzenrudiment; Bl.narben schmal mit mehreren Bündelmalen, die Kn. als geschlossener Ring umgebend (!); Subterminalkn. 3–4 mm lang, lang schopfig behaart, einzelne Kn.schuppen schwer erkennbar ... ***Alangium***, 373

— Zw. violettbraun, mit kleinen, aber auffallenden, längl. hellen Lentizellen; Kn. eif., etwas zugespitzt, abspreizend, bis 5 mm lang, deutl. akroton gefördert; Kn.schuppen dunkel rotbraun, dicht u. fein anliegend behaart; meist mit 1–2 absteigenden Beikn.; Bl.narben gerundet 3-eckig bis V-f., mit 3 Bündelmalen und mit 2 seitl. Nebenbl.narben ... ***Hovenia***, 579

51 (45). Bündelmale 3 od. mehr ... **57**

— Nur 1 Bündelmal ... **52**

52. Kn. rundl. eif. od. spitz eif., mit nur 2 Kn.schuppen, 4–6 mm lang (*251/1*); Zw. mit deutl. Spitzenrudiment, olivgrün od. graubraun, behaart, kahl od. verkahlend); fruchtende Zw. mit erhalten bleibendem, großen 4-zähligen, flach ausgebreiteten K.; Bl.narben am Oberrand mit erhabenem, schuppenartigem Rand ... ***Diospyros***, 510

— Merkmale anders ... **53**

53. Zw. hellbraun, weiß bläul. bereift; Kn. abspreizend, rundl. bis fast kugelf., kahl; Kn.schuppen mehrere, mit schmalem weißen Rand; Bl.narben 3-eckig bis halbkreisf. ... ***Zenobia***, 954

— Zw. andersfarbig, nicht bereift ... **54**

54. Zw. oliv- bis graugrün, zerstreut behaart, mit auffälligen, gelbbraunen Lentizellen, durch die erhöhten Bl.basen etwas knotig erscheinend; Bl.narben groß, fast halbkreisf.; Kn. gedrungen eif., 1–2 mm lang, graubraun, mit 2 äußeren dunkleren u. 3–4 inneren, helleren Kn.schuppen (*895/2*) ***Symplocos***, 895

— Merkmale anders; Zw. kahl ... **55**

55. Zw. weinrot bis rotbraun; Bl.narben halbkreisf. bis halbelliptisch, grau, viel größer als die Kn.; Kn. rundl. bis halbkugelf., rotbraun, 1–2 mm groß, mit mehreren, zuw. bewimperten Kn.schuppen ... ***Oxydendrum***, 682

— Merkmale anders; Rinde sich im 2. Jahr längsstreifig lösend ... **56**

56. Zw. mit deutl. Spitzenrudiment, rötl. graubraun bis rotbraun; Bl.narben halbkreisf.; Kn. längl. eif. bis spindelf., 3–4 mm lang, rot, anliegend, mit 2 Kn.schuppen (*247/3*) ... ***Lyonia***, 642

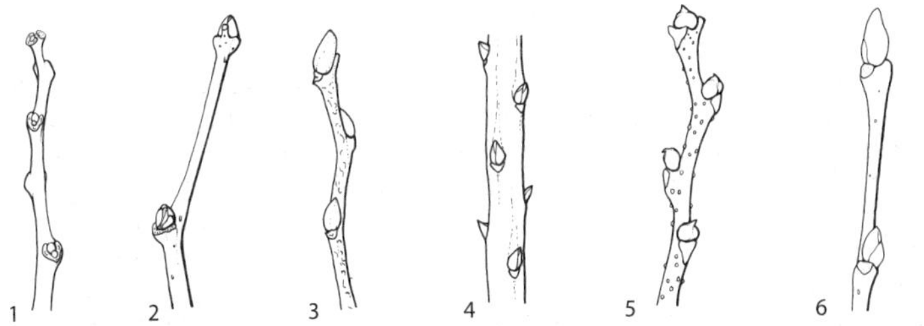

247/1–6 Sprossspitzen: 1 *Ptelea trifoliata*; 2 *Poliothyrsis sinensis*; 3 *Lyonia ligustrina*; 4 *Vaccinium uliginosum*, mit Seitenkn.; 5 *Koelreuteria paniculata*; 6 *Castanea sativa*

— Zw. hellbraun bis hell rotbraun; Seitenzw. spitzwinklig starr abspreizend; Bl.narben gerundet 3-eckig; Kn. dicht stehend, eif. bis gedrungen eif., 1–1,5 mm lang, zugespitzt, mit 2 äußeren Kn.schuppen, die fast so lang wie die Kn. sind (*247/4*); ältere Kn.schuppen abgestorben erhalten bleibend ***Vaccinium uliginosum***, 932

57 (51). Bl.narben mit 3 Bündelmalen **61**

— Bl.narben mit > 3 Bündelmalen, diese band- od. ringf. angeordnet **58**

58. Zw. braun bis graubraun, locker behaart, mit markanten, warzenartigen Lentizellen (*247/5*); Bl.narben groß, gerundet 3-eckig; Kn. breit eif., 4–5 mm lang mit 2 zugespitzten Kn.schuppen .... ***Koelreuteria***, 612

— Zw. ohne markante Lentizellen; Bl.narben rundl. bis fast kreisf. **59**

59. Zw. kahl, graubraun; Bl.narben halboval, etwas erhaben, Zw. dadurch ± knotig; Kn. sehr flach, dunkelbraun, mit mehreren Kn.schuppen; Subterminalkn. nicht größer als andere Seitenkn.; Bündelmale halbmondf. angeordnet, die einzelnen kaum erkennbar .... ***Ehretia***, 516

— Zw. nicht knotig; Bl.narben rundl. bis fast halbkreisf.; Kn. deutl. erhaben **60**

60. Zw. etwas hin u. her gebogen, kurz lockerfilzig behaart, graugrün bis schwarzbraun, Lentizellen nicht ins Auge fallend; Bl.narben seitl. mit Nebenbl.narben; Kn. eif., zugespitzt, 3–4 mm lang, mit 2–3 bräunl. Kn.schuppen ***Broussonetia***, 409

— Zw. graubraun, fein behaart od. verkahlt, mit zerstreut stehenden, längl. braunen Lentizellen; Bl.narben ohne Nebenbl.narben; Kn. eif., rotbraun, 5–8 mm groß mit 3–5 Kn.schuppen .... ***Morus***, 669

61 (57). Zw. behaart **65**

— Zw. kahl **62**

62. Bl.narben mit Nebenbl.narben; Spitzenrudiment deutl. ausgebildet; Zw. rotbraun .... ***Rhamnus***, 786

— Bl.narben ohne Nebenbl.narben **63**

63. Zw. sehr schwach hin u. her gebogen; graubraun, Lentizellen kaum ins Auge fallend, Spitzenrudiment sehr kurz, Kn. längl. ellipsoidisch bis spitz eif.; Subterminalkn. ca. 5 mm lang; mit 2 sichtbaren, kahlen Kn.schuppen ***Neoshirakia***, 674

— Merkmale anders **64**

64. Zw. ± kantig, olivgrün bis braun, mit helleren Lentizellen; Bl.basen erhaben; Bl.narben gerundet 3-eckig; Kn. ei- bis kegelf., 5–6 mm groß; sichtbare Kn.schuppen 2–4 (*247/6*); Bl.narben nur an aufrechten Zw. schraubig, an waagerecht stehenden Zw. 2-zeilig .... ***Castanea***, 428

— Zw. grün bis rotbraun; Bl.narben klein, ± halbkreisf.; Kn. eif bis spitz kegelf., 2–4 mm lang, mit zahlreichen, dicht schließenden Kn.schuppen (*249/1*) **Untergatt. *Prunus*** p. p. (**Pflaumen** und **Aprikosen**) der Gatt. ***Prunus***, 761

65 (61). Zw. anfangs grün bis rotbraun, später grau, durch herablaufende Bl.basen kantig, schütter anliegend behaart; Bl.narben am unteren Jahresabschnitt erhalten bleibend; Kn. eif., silbrig behaart, 3–4 mm lang, Kn.schuppen nur locker aufeinander liegend (*249/2*); 2-j. Zw.abschnitte mit Frst.resten .... ***Colutea***, 460

— Merkmale anders **66**

66. Zw. rot- bis violettbraun, feinfilzig behaart, an den Knoten verdickt, mit deutl., seitl. ausgerichtetem Spitzenrudiment, Subterminalkn. daher scheinbar endst. (*249/3*); Bl.narben klein, gerundet, Kn. eif. zugespitzt, 3–5 mm

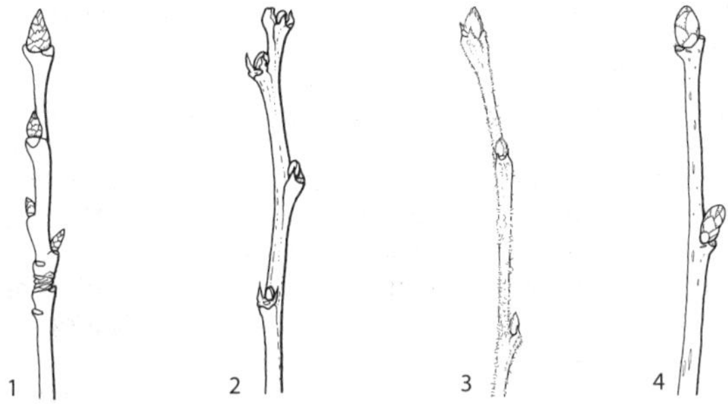

249/1–4 Sprossspitzen: 1: *Prunus domestica*; 2 *Colutea arborescens*; 3 *Cydonia oblonga*; 4 *Corylus avellana*

lang, mit mehreren rotbraunen, behaarten u. bewimperten Kn.schuppen **_Cydonia_**, 495

— Zw. weniger dicht behaart **67**

67. Zw. graubraun, besonders an der Spitze behaart, mit deutl., seitl. stehendem Spitzenrudiment, Subterminalkn. daher scheinbar endst.; Lentizellen längl., braun; Bl.narben ± halbkreisf.; Kn. breit eif., zugespitzt, 5–7 mm groß mit 2 anliegend weiß behaarten Kn.schuppen (*644/3*) .... **_Maackia_**, 644

— Zw. v. a. im Spitzenbereich drüsig behaart; Spitzenrudiment von der Subterminalkn. bedeckt; Bl.narben schmal; Kn. eif. bis längl. eif., abspreizend, 5–6 mm groß, mit 5–8 knorpeligen Kn.schuppen (*249/4*); Kn. nur an senkrechten Zw. schraubig stehend, sonst 2-zeilig .... **_Corylus_**, 471

Gruppe G
Endknospe fehlend. Blattnarben und Seitenknospen 2-zeilig angeordnet.

1. Sprossspitze mit subterminaler Kn.; Sprossende nur als Bl.narbe od. winziger Fortsatz vorhanden **3**

— Sprossspitze abgestorben, daher keine subterminalen Kn. vorhanden; Kn. meist mit Beikn.; Zw. ± kantig **2**

2. Zw. hellbraun; Kn.schuppen auch am Rand kahl **_Neillia incisa, N. tanakae_**, 672, 673

— Zw. dunkelbraun; Kn.schuppen am Rand fein weißl. bewimpert (*250/1*) **_Neillia affinis, N. sinensis_**, 673

3 (1). Subterminale Kn. krallenartig zur Seite gebogen; Kn.schuppen stets 2-zeilig angeordnet; an basalen 1-j. u. an mehrj. Sprossabschnitten zahlreiche Beikn. (*250/2*) .... **_Cercis_**, 439

— Subterminale Kn. anders ausgerichtet **4**

4. Sprossachse dünn, grün u. kantig; Kn. gelbgrün od. leicht gerötet, abgeflacht u. ± gekielt, den Zw. anliegend; nur 1 Kn.schuppe sichtbar; Spitzenrudiment des Sprosses ± so lang wie die subterminale Kn. (*250/3*) **_Vaccinium myrtillus_**, 932

— Sprosse u. Kn. anders **5**

5. Kn. gerundet od. stumpf, mit mehreren, dünnen u. spitzenwärts abgestorbenen Kn.schuppen, wenn fleischig, dann spitz **7**

— Kn. mit knorpelig fleischigen Kn.schuppen **6**

6. Zweige hin u. her gebogen, Kn. mit 2–3 Kn.schuppen, kahl od. behaart, unterste Kn.schuppe kleiner als übrige u. bauchig (*250/4*) .... ***Tilia***, 914

— Kn. mit 5–8 Kn.schuppen, diese von unten nach oben kontinuierl. größer werdend, gestaltl. voneinander nicht abweichend (*250/5*) ...... ***Corylus***, 471

7 (5). Bl.narben markant, sich durch die hellere Farbe deutl. von der Rinde abhebend, die Kn. hufeisenf. od. ringf. umgebend (*250/6*); Kn. stumpf, dicht filzig behaart, mit bis zu 3 Beikn. .... ***Cladrastis***, 450

— Bl.narben kleiner, niemals die Kn. umgreifend **8**

8. Zw. ± hin u. her gebogen, kantig, olivgrün bis braun, mit deutl. helleren Lentizellen; Bl.basen auffällig erhaben; Kn. eif. bis kugelf., bis 6 mm lang (*247/6*), oberhalb der Bl.narben etwas schief stehend, 2–4 sichtbare Kn.schuppen; Bl.narben gerundet 3-eckig, mit mehreren undeutl. Bündelmalen ***Castanea***, 428

— Zw. u. Kn. anders **9**

9. Zw. dunkelbraun bis dunkel rotbraun, mit deutl. hellen Lentizellen, ± hin u. her gebogen; Kn. eif. bis ellipsoidisch, zugespitzt, 8–10 mm lang, rotbraun glänzend (!), viel dicker als die Zw. (*230/2*); mehrere gerundete, fein weiß bewimperte, dicht aufeinander liegende Kn.schuppen .... ***Euptelea***, 533

— Zw. u. Kn. anders **10**

10. Zw. mindestens 3–4 mm ∅; Epidermis der 1-j. Sprossabschnitte sich silbrig ablösend; Kn. 2-farbig, die beiden äußeren Kn.schuppen basal dunkelbraun; Kn.spitze durch behaarte innere Kn.schuppenspitzen silbrig behaart; 1-j. Zw. mit längl. hellen Lentizellen, die sich deutl. von den dunkelbraunen Sprossen abheben; Bl.narben am Oberrand mit erhabenem, schuppenartigen Rand (*251/1*) .... ***Diospyros***, 510

— Kn. u. Zw. anders **11**

11. Kn. klein, bis 3 mm lang **14**

— Kn. meist > 4 mm lang **12**

12. Kn.schuppen 2-zeilig angeordnet; Kn. deutl. spreizend (*251/2*) ***Ulmus***, 925

— Kn.schuppen spiralig od. in 4 Längszeilen angeordnet **13**

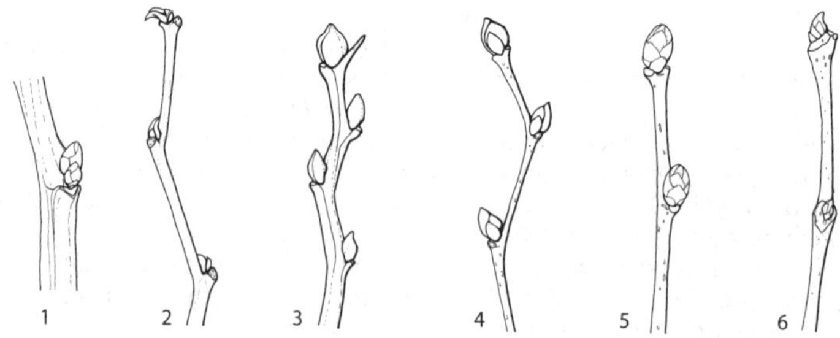

250/1–6: 1 *Neillia sinensis*, Sprossabschnitt mit Seitenkn. u. Beikn.; 2–5 Sprossspitzen: 2 *Cercis siliquastrum*; 3 *Vaccinium myrtillus*; 4 *Tilia cordata*; 5 *Corylus maxima* 'Purpurea'; 6 *Cladrastis kentukea*

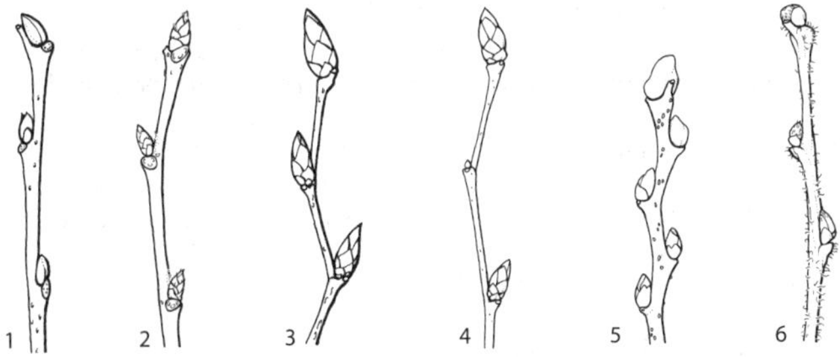

251/1–6 Sprossspitzen: 1 *Diospyros lotus*; 2 *Ulmus glabra*; 3 *Carpinus japonica*; 4 *Ostrya virginica*; 5 *Nothofagus antarctica*; 6 *Celtis occidentalis*

13. Kn.schuppen in 4 Längszeilen (*251/3, 308/5*); Kätzchen in verlängerten Kn. verborgen (*423/1a*) .... ***Carpinus***, 422
— Kn.schuppen spiralig stehend; Zw. am Ende mit 1–4 Kätzchen, diese mit grannenartig verlängerten Schuppen (*232/3, 251/4, 308/4*) ...... ***Ostrya***, 681
14 (11). Sprosse dunkelbraun mit markanten hellen Lentizellen, im 1. Jahr rund, später sich quer zur Längsachse dehnend; Kn. häufig von 2 Nebenbl. umgeben; Kn.schuppen wie verklebt erscheinend (*251/5*) ***Nothofagus***, 675
— Lentizellen sich wenig markant abhebend **15**
15. Kn. den Zw. anliegend, 2–3 mm lang, zur Sprossachse hin flach, mit 3–5 Kn.schuppen (*251/6*); keine Beikn. .... ***Celtis***, 434
— Seitl. Beikn. vorhanden, Kn. nicht > 2 mm lang, mit > 5 Kn.schuppen **16**
16. Zw. mit großen Sprossdornen; 2-j. u. ältere Zw.abschnitte meist mit abgestorbenen Kurztrieben; siehe auch Gruppe B **40** (S. 228) .... ***Hemiptelea***, 575
— Zw. ohne Sprossdornen u. abgestorbene Kurztriebe, Kn. mit 1–2 Beikn. ***Zelkova***, 953

Gruppe H
Endknospe vorhanden. Blattnarben und Seitenknospen gegenständig oder Wirtel mehrzählig.

1. Seitenkn. rundl., oft zu dritt am Knoten, mit 2–3 Kn.schuppenpaaren; Bl.narben mit 3 Bündelmalen; Zw. braun bis rotbraun, kahl ***Hydrangea paniculata***, 581
— Seitenkn. paarweise an den Knoten **2**
2. Zw. u. Kn. mit Schülferhaaren; Sprossspitze (*252/1*) .... ***Shepherdia***, 858
— Zw. u. Kn. ohne Schülferhaare **3**
3. Zw. durch herablaufende Bl.basen vollst. bedeckt (*252/2*) ***Metasequoia glyptostroboides***, 667
— Zw. nicht von herablaufenden Bl.basen bedeckt **4**
4. Seitenkn. nicht sichtbar, in den Bl.narben geborgen; Bündelmale 3 ***Philadelphus***, 693
— Seitenkn. sichtbar **5**
5. Kn. bedeckt, mit Kn.schuppen **13**

— Kn. nackt, ohne Kn.schuppen **6**

6. Endkn. kahl, eif. zugespitzt, 1–2 cm lang, von 2 Blch. umgeben, deren Gesamtnervatur gut erkennbar ist .... ***Hydrangea macrophylla***, 583

— Endkn. anders **7**

7. Kn. kahl od. mit einfachen Haaren bekleidet; oberer Teil der Hüllbl. mit deutl. erkennbarer Fiederung **11**

— Kn. mit einfachen Haaren od. Sternhaaren filzig behaart, mitunter nur sehr kurz **8**

8. Kn. gestielt, dünn, spindelf., häufig etwas gebogen, an der Spitze deutl. verschmälert **10**

— Kn. ungestielt, Seitenkn. sehr klein **9**

9. Endkn. dick, seitl. etwas abgeflacht, wie die Zw. fuchsrot; häufig einige Bl. bleibend .... ***Hydrangea quercifolia***, 581

— Kn. eif. bis breit eif., nur 2–4 mm groß, schwarz ***Fraxinus xanthoxyloides***, 550

10 (8). Zw. dünn, zerstreut mit Sternhaaren bekleidet od. verkahlend, 2–3 (–4) mm dick, meist mit seitl. Frst.resten; Kn. fein filzig behaart (*252/3, 415/1b* u. *2b–c*), Endkn. ca. 10 mm lang, Seitenkn. deutl. kleiner; Bl.narben mit 1 hufeisenf. Bündelmal .... ***Callicarpa***, 414

— Zw. meist deutl. dicker, durch Sternhaare gleich den Kn. dicht braun- bis graubraun filzig; Kn. sehr filzig (*252/4*); Bl.narben mit 3 Bündelmalen; Zw. häufig mit endst. Bltnst.kn. (*233/5, 942/1–4*) **Sekt. *Viburnum*** der Gatt. ***Viburnum***, 938

11 (7). Rinde mit Milchsaft; Zw. kahl, olivgrün bis rotbraun, matt glänzend, mit deutl. Lentizellen; Mark hellbraun; Bl.narben eines Knotens durch Leiste miteinander verbunden, mit 5 Bündelmalen; Kn. eif., braun, graubraun behaart .... ***Dipteronia sinensis***, 512

— Rinde ohne Milchsaft **12**

12. Zw. dünn, gelbgrün, grün od. rot; Seitenkn. anliegend, zugespitzt; Endkn. zugespitzt; Bündelmale 3; Bl.polster deutl. verdickt; Zw.abschnitte oberhalb der Knoten dünner, sich nach oben zu allmähl. wieder verdickend (*252/5, 468/10*) .... ***Cornus***, 463

— Zw. dicker, grau bis graubraun, nicht glänzend, kahl od. behaart; Lentizellen heller, auffällig; Mark weiß; Bl.narben eines Knotens nur durch eine undeutl.

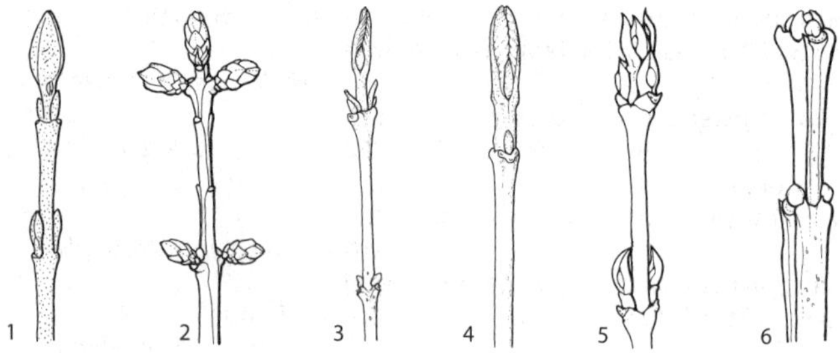

252/1–6 Sprossspitzen: 1 *Shepherdia canadensis*, mit nackter Endkn.; 2 *Metasequoia glyptostroboides*; 3 *Callicarpa bodinieri*, mit nackter Endkn.; 4 *Viburnum lantana*, mit nackter Endkn.; 5 *Cornus sanguinea*, mit nackten Endkn.; 6 *Fraxinus quadrangulata*

Linie miteinander verbunden, mit 3 Bündelmalen; Endkn. im Umriss fast rechteckig 10–15 mm groß, etwas abgeflacht, nicht zugespitzt **_Tetradium_**, 905

13 (5). Zw. stielrund od. nur undeutl. kantig ... **18**

— Zw. durch herablaufende Bl.basen deutl. 4-kantig od. mit 2–4 Korkleisten versehen ... **14**

14. Zw. grün, mit 2–4 graubraunen Korkleisten ... **17**

— Zw. kantig ... **15**

15. Zw. 5–7 mm ∅, kahl, grau bis graubraun; Endkn. gerundet, 4–6 mm lang, graufilzig behaart, von 2 kleineren Kn. umgeben (*252/6*); Bl.narben breit halbmondf., mit mehreren, in 1 Reihe stehenden Bündelmalen **_Fraxinus quadrangulata_**, 549

— Zw. viel dünner ... **16**

16. Zw. grün, bogig überhängend, ohne auffällige Lentizellen; Kn.schuppen lang zugespitzt; sehr kurzer, orangebrauner Bl.stielrest auf dem Bl.polster sitzend; Endkn. nur selten ausgebildet; neben den kleinen Bl.kn. meist viele, bis 10 mm lange Bltn.kn. vorhanden ... **_Jasminum nudiflorum_**, 596

— Junge Zw. braun, bis 2 mm dick; Endkn. nur selten ausgebildet; Kn. 1–2 mm lang; Bl.narben mit 1 Bündelmal; Zw. meist mit rötl. Kn.st. (*232/11*); Mark gefächert, Zw. später hohl ... **_Abeliophyllum distichum_**, 336

17 (14). Korkleisten durch Seitenkn. od. Seitenzw. unterbrochen; Kn. eif., zugespitzt, bis 7 mm lang; breitbuschiger Strauch mit spreizenden od. horizontalen Zw. ... **_Euonymus alatus_**, 529

— Kn. od. Zw. zwischen den Korkleisten stehend, diese dadurch durchgehend u. nicht unterbrochen; Kn. längl. eif. bis eif., 4–5 mm lang; aufrechter, nur mäßig verzweigter Strauch mit bogig überhängenden Zw. **_Euonymus phellomanus_**, 530

18 (13). Zw. durch Lentizellen nicht rau od. warzig ... **21**

— Zw. durch Lentizellen rau bis warzig ... **19**

19. Zw. grün; Lentizellen sehr dicht stehend, graubraun bis fast schwarz (*254/1*) ... **_Euonymus verrucosus_**, 529

— Lentizellen heller, weniger dicht stehend ... **20**

20. Zw. olivgrün bis gelbbraun, 2–4 mm ∅, hohl od. mit gekammertem Mark; Kn. beidendig verschmälert, häufig mit Beikn. (*254/2, 543/1–3*) **_Forsythia_**, 542

— Zw. dicker, stets mit dickem, weißen od. cremefarbenem Mark; Endkn. zuw. fehlend; Kn.schuppen nicht dicht schließend, sich schon im Winter etwas öffnend (*254/3*) ... **_Sambucus nigra_**, 851

21 (18). Kn. nicht klebrig ... **23**

— Kn. mehr od. weniger klebrig ... **22**

22. Kn. nur schwach klebrig ... **_Aesculus_ × _carnea_**, 371

— Kn. (*254/4*) stark klebrig ... **_Aesculus hippocastanum, A. turbinata_**, 370

23 (21). Kn.schuppen > 2 ... **34**

— Kn.schuppen 2 ... **24**

24. Kn.schuppen bis auf die 2 ± langen Zipfel miteinander verwachsen, anliegend dunkelbraun behaart; dicht neben der lang kegelf., zugespitzten Endkn. noch 2 weitere kleinere, gleichgeformte Seitenkn.; Zw. v. a. im oberen Teil abstehend bis zottig behaart; Bl.narben eines Knotens einander berührend, mit ca. 7 Bündelmalen; Rinde an älteren Zw. sich in langen papierartigen Fetzen lösend ... **_Hydrangea aspera_**, 582

— Kn.schuppen nicht miteinander verwachsen **25**

25. Kn. u. Zw. kahl; Endkn. oft fehlend, dafür an der Zw.spitze 2 Subterminalkn.; Kn. mehr od. weniger lang gestielt (*355/1–2);* junge Zw. mitunter bereift; Rinde älterer Zw. u. Stämme glatt, auffällig längsstreifig
Streifen-Ahorne, Schlangenhaut-Ahorne, **Sekt.** ***Micrantha*** der Gatt. ***Acer***, 357

— Stämme nicht markant längsstreifig **26**

26. Kn. ± lang gestielt, völlig kahl .... ***Acer glabrum***, 356

— Merkmale anders **27**

27. Kn. ± lang gestielt, kahl od. anliegend behaart, lang u. schmal, längl. eif. bis spindelf., zugespitzt (*252/5*) (vorhandene Bltnst.kn. anders gestaltet); Bl.narben mit 3 Bündelmalen; Bl.polster deutl. verdickt, Zw.abschnitte oberhalb der Knoten dünner, sich nach oben zu allmähl. wieder verdickend; Zw. grün, olivgrün bis rot, mitunter bereift .... ***Cornus***, 463

— Kn. ungestielt **28**

28. Kn. u. Zw. olivgrün bis rot, kahl; Kn. am Grund von den bleibenden, innen dicht behaarten Bl.stielbasen umgeben (*355/5*)
Fächer-Ahorne, **Sekt.** ***Palmata*** der Gatt. ***Acer***, 355

— Kn. u. Zw. anders **29**

29. Endkn. eif., zugespitzt, grün od. rötl., kahl, 6–8 mm lang; Zw. braun, kahl; Bl.narben mit 3 Bündelmalen .... ***Hydrangea heteromalla***, 583

— Kn. oder/und Zw. zumindest teilw. behaart **30**

30. Oberer Zw.abschnitt u. Kn. fein silbrig behaart; Kn. rot .... ***Acer spicatum***, 356

— Merkmale anders **31**

31. Kn. lang u. schmal, längl. eif. bis spindelf., zugespitzt (vorhandene Bltnst.kn. anders gestaltet) (*254/5*), anliegend behaart; Bl.narben mit 3 Bündelmalen; Bl.basen deutl. verdickt, Zw.abschnitte oberhalb der Knoten dünner, sich nach oben zu allmähl. wieder verdickend; Zw. grün, olivgrün bis rot, mitunter bereift .... ***Cornus***, 463

— Zw.merkmale u. Kn. anders **32**

32. Zw. u. Kn. mit Sternhaaren; Endkn. 5–12 mm lang ***Viburnum plicatum***, 939

— Zw. u. Kn. ohne Sternhaare **33**

33. Endkn. eif., zugespitzt, 5–6 mm lang; Kn.schuppen auffallend glänzend seidig-silbrig behaart; Rinde im 1. Jahr rotbraun, hell behaart, sich im 2. Jahr völlig papierartig ablösend .... ***Jamesia americana***, 595

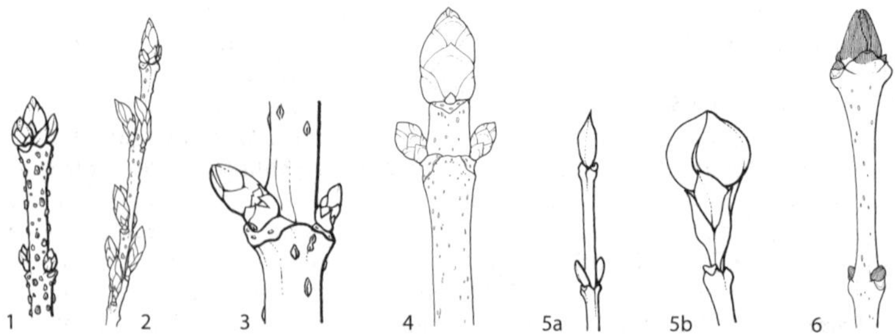

254/1–6: 1–2 Sprossspitzen: 1 *Euonymus verrucosus*; 2 *Forsythia europaea*; 3 *Sambucus nigra*, Sprossabschnitt mit Seitenkn.; 4 *Aesculus hippocastanum*, Sprossspitze; 5 *Cornus mas*, 5a Sprossspitze, 5b Bltnst.kn.; 6 *Fraxinus excelsior*, Sprossspitze

— Kn. geschwänzt zugespitzt; Bltnst.kn. am Grund bauchig erweitert, z. T. mit kleinen Schülferhaaren, dadurch ± rau erscheinend; Endkn. 7–20 mm lang (*934/4–5*), Kn.schuppen ± stark gekielt, Seitenkn. anliegend; Bündelmale 3 .... **Sekt. *Lentago*** der Gatt. ***Viburnum***, 936

34 (23). Kn.schuppen > 4 .... **40**

— Kn.schuppen 4 .... **35**

35. Beide äußere Kn.schuppen ± bis zur Hälfte miteinander verwachsen, lang zugespitzt, braun, die inneren braunviolett; Bl.narben mit 3 Bündelmalen; Zw. braun bis rotbraun .... ***Hydrangea arborescens***, 582

— Äußere Kn.schuppen nicht miteinander verwachsen **36**

36. Endkn. mit 2 äußeren löffel- od. kragenartigen, nach außen gebogenen Kn.schuppen, 1,5–2 cm groß, fast 4-eckig (*557/2*); Bl.narben halbmond- bis fast halbkreisf., mit Bündelmalband .... ***Fraxinus paxiana***, 558

— Äußere Kn.schuppen anders gestaltet **37**

37. Endkn. graubraun bis schwarz, mit kurzer, dichter Behaarung, gerundet od. zugespitzt (*254/6*); Zw. olivgrün, kahl od. verkahlend, im oberen Teil ± abgeflacht; Bl.narben groß, ± halbkreisf. mit in Sichel- od. U-Form angeordneten Bündelmalen .... ***Fraxinus***, 547

— Zw. u. Kn. anders **38**

38. Zw. u. Kn. kahl, olivgrün bis rot; Kn. am Grund von den bleibenden, innen dicht behaarten Bl.stielbasen umgeben (*355/5*)
Fächer-Ahorne, Sekt. *Palmata* der Gatt. ***Acer***, 355

— Zw. u./od. Kn. behaart **39**

39. Oberer Zw.abschnitt rötl., sehr fein silbrig behaart; Kn. rot, längl. ellipsoidisch bis längl. eif.; Kn.schuppen gleich lang, äußeres Paar nur wenig, inneres fein silbrig behaart .... ***Acer spicatum***, 356

— Zw. dunkelbraun bis dunkel rotbraun, ± kahl; Kn. eif., zugespitzt, 5–10 mm lang, ± kahl; äußere Kn.schuppen nur ½–²/₅ so lang wie die inneren, kahl, bewimpert od. schwach behaart; **Sekt. *Odontotinus*** u. ***Solenotinus*** der Gatt. .... ***Viburnum***, 932

40 (34). Bl.narben mit nur 1 Bündelmal **46**

— Bl.narben mit 3–9 Bündelmalen **41**

41. Zw. > 5 mm ∅; Bündelmale 3–9; Bl.narben groß, abgerundet V-f. bis fast halbkreisf.; Knoten kaum verdickt; Seitenkn. deutl. kleiner als Endkn.; Zw.

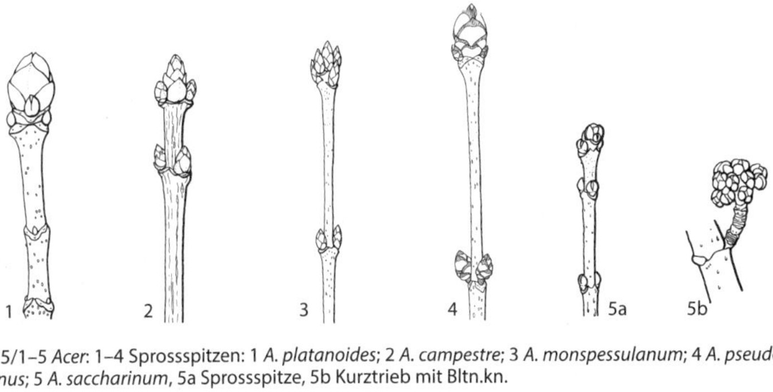

255/1–5 *Acer*: 1–4 Sprossspitzen: 1 *A. platanoides*; 2 *A. campestre*; 3 *A. monspessulanum*; 4 *A. pseudoplatanus*; 5 *A. saccharinum*, 5a Sprossspitze, 5b Kurztrieb mit Bltn.kn.

rundl., graubraun, mit deutl. Lentizellen; Kn. groß u. dick, eif., ± zugespitzt (*254/4*), > 1 cm lang, mit 5–6 Kn.schuppenpaaren .... ***Aesculus***, 368
— Zw. meist < 4 mm ∅; Bündelmale 3 .... **42**
42. Kn. mit deutl. akrotoner Förderung, Endkn. (und ihr benachbarte Kn.) deutl. größer als am Grund der Jahrestriebe; Kn.schuppen dicht deckend, von unterschiedl. Farbe, Größe u. Anzahl (*255/1–5, 351/1–5, 362/1–6, 365/1–5*); meist baumf. Arten .... ***Acer***, 349
— Kn. ohne akrotone Förderung, Endkn. nicht größer als Seitenkn., diese nahezu gleich groß; Sträucher **43**
43. Zw. rotbraun, Rinde an den Lentizellen etwas aufplatzend, aber sich noch nicht lösend; von Knoten zu Knoten erstrecken sich 2 gerade, schmale Haarbänder in der Ebene der Kn.; Knoten kaum verdickt; Kn. längl. eif., zugespitzt, mit 3–6 Kn.schuppenpaaren; Bl.narben mit 3 Bündelmalen ***Weigela***, 947
— Zw. ohne schmale Haarbänder **44**
44. Zw. mit (meist nur wenigen) kleinen Sternhaaren, rotbraun, fast kahl, Rinde fein längsrissig, mitunter schon im 1. Jahr abblätternd; Kn. eif. bis längl.eif., zugespitzt, z. T. 4-kantig, alle fast gleich groß, 3–7 mm lang; Kn.schuppen zugespitzt; Zw. mit hellem bis braunem, lockeren bis ± stark degeneriertem Mark (*256/1*), Knoten massiv .... ***Deutzia***, 505
— Zw. ohne Sternhaare **45**
45. Kn.schuppen nach dem Laubaustrieb weitgehend abfallend; Zw. hohl, rund, ohne auffallende Lentizellen; Rinde rotbraun, sich schon im 1. Jahr papierartig ablösend, dann grau; Kn. ± kantig, ca. 5 mm lang, mit 3–4 Kn.schuppenpaaren; Kn.schuppen bewimpert, die inneren anliegend silbrig behaart .... ***Abelia uniflora***, 335
— Kn.schuppen beim Laubaustrieb nicht abfallend, noch lange bleibend u. am Zw. verwitternd; Mark der Zw. massiv od. degenerierend, dann Zw. hohl; Seitenkn. stark spreizend, eif., längl. eif. bis lang spindelf., öfter mit aufsteigenden Beikn. (*256/2–4, 630/3*)
Lonicera xylosteum, L. caerulea, L. alpigena, 630, 632, 637
46 (40). Zw. mit (unterschiedl. ausgeprägtem) Mark **50**

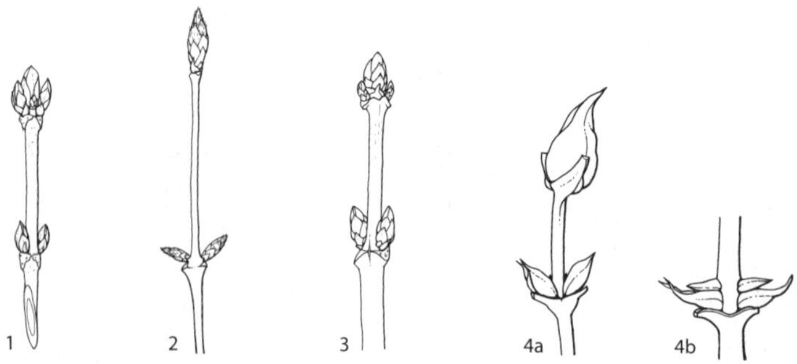

256/1–4: 1–3 Sprossspitzen: 1 *Deutzia*; 2 *Lonicera xylosteum*; 3 *Lonicera alpigena*; 4 *Lonicera caerulea*, 4a Sprossspitze, 4b Knoten mit aufsteigenden Beikn.

— Zw. mit degeneriertem Mark, gekammert od. hohl; Zw. ± kantig, braun; Kn. gerundet, häufig mit Beikn. **47**
47. Mark durchgehend gekammert (*543/3*) **49**
— Zw. nur in den Internodien hohl od. gekammert; Knoten massiv od. mit vollem Mark (*543/1–2*) **48**
48. Zw. im Internodialbereich hohl (*543/2*) .... ***Forsythia suspensa***, 542
— Zw. im Internodialbereich teilw. gekammert (*543/1*) ***Forsythia* × *intermedia***, 543
49. Zw. olivgrün, mitunter sonnenseits gerötet, bis 5 mm ∅; Lentizellen zerstreut angeordnet; locker verzweigter Strauch mit überhängenden Zw.; Kn. 6–10 mm lang .... ***Forsythia viridissima***, 543
— Zw. hell- bis graubraun, nur ca. 3 mm ∅; Lentizellen ± dicht stehend; Kn. 5–7 mm lang (*254/2*); aufrechter, dicht verzweigter Strauch ***Forsythia europaea***, 544
50 (46). Endkn. 15–20 mm lang, mit 4–6 weinroten Kn.schuppenpaaren (*531/2e*); Seitenkn. nur wenig kleiner, ± sichelf. gebogen (*257/1*); Zw. gerundet; **Untergatt. *Kalonymus*** der Gatt. .... ***Euonymus***, 528
— Kn. deutl. kleiner **51**
51. Zw. ± grün, sonnenseits gerötet, durch herablaufende Blattbasen ± kantig; Kn. eif., 4–8 mm lang, mit 3–4 Paar dicht schließender Kn.schuppen (*257/2*); **Untergatt. *Euonymus*** der Gatt. .... ***Euonymus***, 528
— Zw. grau- bis rotbraun **52**
52. Kn. eif., zugespitzt, 7–10 mm lang, ± 4-kantig; Kn.schuppen braun, die äußeren ± gekielt; Endkn. meist deutl. größer als die Seitenkn. am unteren Jahrestrieb; Zw. durch herablaufende Bl.basen gestreift bis kantig ***Syringa***, 895
— Kn. deutl. kleiner **53**
53. Zw.ende mit den beiden letzten Internodien auffallend dünner als die unteren der Jahreszw.abschnitte; Kn. eif., kahl, 1,5–2 mm lang; Endkn. kleiner als obere Seitenkn. (*257/3*), 4-kantig; sparrig verzweigter Strauch ***Forestiera***, 541
— Zw.ende nicht auffällig dünner als im unteren Teil **54**

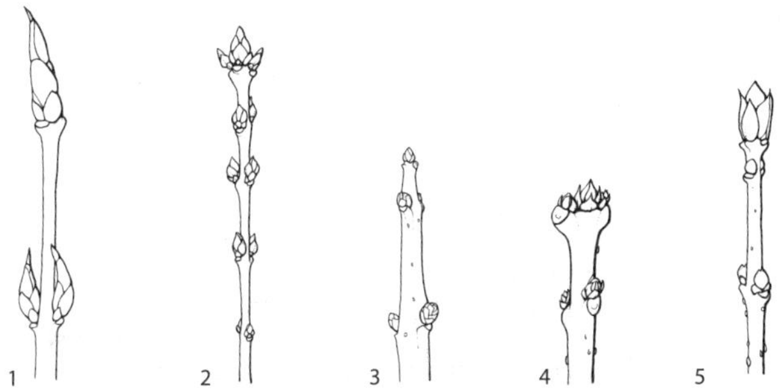

257/1–5 Sprossspitzen: 1 *Euonymus latifolius*; 2 *Euonymus europaeus*; 3 *Forrestiera neomexicana*; 4 *Chionanthus virginicus*; 5 *Ligustrum vulgare*

54. Zw.ende durch obere Bl.basen deutl. verdickt, etwas abgeflacht; Kn. eif., deutl. zugespitzt, Endkn. 3 mm groß, von 2 kleineren Seitenkn. umgeben (*257/4*); Kn.schuppen der Endkn. zugespitzt; Zw. kahl (*C. virginicus*) od. behaart (*C. retusus*) .... ***Chionanthus***, 447

— Zw.ende nicht dicker als untere Knoten; Endkn. (Sprossende häufig mit Frst. resten u. ohne Endkn.) nicht größer als Seitenkn; Kn. 2–5 mm lang; äußere Kn.schuppen häufig sich nicht dicht deckend (*257/5*); Zw. kahl od. behaart (*L. ibota*) .... ***Ligustrum***, 622

Gruppe I
Endknospe vorhanden. Blattnarben und Seitenknospen schraubig angeordnet.

1. Kn. sichtbar **3**

— Knospen geborgen **2**

2. Zw. rotbraun, Rinde mitunter mit Längsrissen; Zw.enden dünn, verzweigt, mit Fr. bzw. Frst.resten; Kn. von bleibenden, abgestorbenen Bl.basen mit häutigen, in Fäden auslaufende Nebenbl. geborgen; unterhalb der Nebenbl. ein basaler Bl.stielrest mit kreisf. Narbe .... ***Dasiphora***, 503

— Zw. grau bis graubraun, verkahlend, mit zahlreichen kleinen Lentizellen, durch die erhabenen Bl.basen knotig erscheinend; Endkn. in einigen kreisrunden, 1–2 mm großen, flachen bis napff. Fr.stielnarben fast ganz geborgen; Seitenkn. kugelf., ca. 1 mm breit, meist ebenfalls in Fr.stielnarben geborgen; Bl.narben mit runden Nebenbl.narben .... ***Hibiscus***, 576

3 (1). Kn. mit Kn.schuppen **11**

— Kn. nackt **4**

4. Kn.bl. gefiedert **8**

— Kn.bl. ungeteilt **5**

5. Zw. stielrund, anfangs sternhaarig, verkahlend; Kn. bis 8 mm lang, die seitl. etwas gestielt u. meist mit einer Beikn., braun sternhaarig filzig; Bl.narben ± halbkreisf., mit 1 erhabenen Bündelmal .... ***Sinojackia***, 860

— Merkmale anders **6**

6. Zw. graubraun, schwach kantig bis gerundet; Endkn. lang zugespitzt, ca. 5 mm lang, äußere Bl. spreizend, dicht graubraun behaart (*259/1*); Nervatur der ungegliederten Spreite deutl. erkennbar; Seitenkn. am Ende eines stielartigen, bisweilen 2–3 cm langen Internodiums; Bl.narben rundl., mit 1 Bündelmal; Zw. häufig mit endst. Frst. .... ***Clethra***, 458

— Merkmale anders **7**

7. Zw. gerade, rund, hell- bis rotbraun, kahl, ohne auffällige Lentizellen; Bl.narben groß, halbkreisf. bis rundl., mit 1 sichelf. Bündelmal; Kn. ± behaart, längl. bis spindelf., dunkelbraun, Endkn. ca. 10 mm lang (*273/4*), Seitenkn. nur wenig kleiner, ± gebogen anliegend, häufig mit kleinen serial absteigenden Beikn.; Kn., v. a. die Endkn., mit deutl. sichtbarer Nervatur ***Pterostyrax***, 766

— Zw. grau, gerundet, jüngste Abschnitte fein lockig bis anliegend silbrig grau behaart; Lentizellen heller als die Rinde, punktf. bis längl.; Endkn. 5–10 mm lang, grau bis rotbraun behaart (*259/2*), äußere Kn.bl. ± spreizend; Seitenkn.

viel kleiner; Bl.narben deutl. erhaben, Zw. ± knotig; Bl.narben halbkreisf. bis kreisf., mit 1 großen u. 2 kleinen Bündelmalen .... ***Frangula***, 545

8 (4). Kn. grau, 1–2,5 cm lang, äußere Bl. weich, kurz gestielt, sehr locker stehend; besonders unterseits fein filzig behaart; Zw. dünn, braun, klebrig drüsig, aromatisch duftend, mit Sternhaaren; Bl.narben schmal, mit 3 deutl. Bündelmalen; kleiner, nur schwach verzweigter Strauch .... ***Chamaebatiaria***, 441

— Kn.bl. dicht stehend, starr **9**

9. Zw. olivgrün bis graubraun, mit deutl. helleren Lentizellen; Mark nicht gekammert; Endkn. längl., 10–15 mm lang, gelbl. braun durch dicht stehende Schildhaare; äußerstes Kn.bl. mit Stiel u. deutl. Fiederung im oberen Teil (*259/3*); Seitenkn. viel kleiner, 2–4 mm groß, mit 2 sichtbaren Kn.bl.; Bl.narben groß, halbkreisf. bis rundl. mit vielen Bündelmalen; **Sekt. *Apocarya*** der Gatt. .... ***Carya***, 424

— Mark der dicken Zw. gekammert **10**

10. Endkn. ca. 2 cm lang, rotbraun; Kn.bl. deutl. in Stiel u. Spreite gegliedert (*28/1b*); Seitenkn. gestielt; Bl.narben groß, gerundet 3-eckig, mit mehreren Bündelmalen in 3 Gruppen; Zw. gerundet, olivgrün bis graubraun, mit deutl. Lentizellen; Jahresabschnitte nicht begrenzt, d. h. dicht stehende Knbl.-narben fehlend .... ***Pterocarya fraxinifolia, P. stenoptera***, 766

— Endkn. 5–10 mm lang; Stielabschnitte der Kn.bl. kleiner, Spreitenteil kurz, die Fiederung oft nur undeutl.; Zw. mit deutl. getrennten, durch Knbl.narben markierte Jahresabschnitten; Kn. grau bis graubraun, eif. ...... ***Juglans***, 597

11 (3). Zw. ohne lebende od. abgestorbene Bl. od. Bl.reste **16**

— Zw. mit lebenden od. abgestorbenen Bl. od. Bl.resten **12**

12. Bl. gefiedert od. sehr lang gestielt **14**

— Bl. ungeteilt, kurz gestielt **13**

13. Zw. niederliegend aufsteigend, völlig von Bl. od. Bl.resten umhüllt; Bl. gestielt, 2–2,5 cm lang, dünn, hellbraun mit deutl. Nervatur, bewimpert; Endkn. eif., 4–5 mm lang .... ***Arctostaphylos alpina***, 387

— Zw. aufrecht, zumindest teilw. mit ungeteilten, schwarzbraunen, lanzettl. Bl.; Rinde sich großflächig bereits im 1. Jahr lösend, graubraun, kahl, sekundäre Rinde rotbraun; Endkn. spitz eif. bis spindelf., 10–12 mm lang, äußere Kn.schuppen ± spreizend (*259/4*), papierartig dünn; Seitenkn. ca. 5 mm

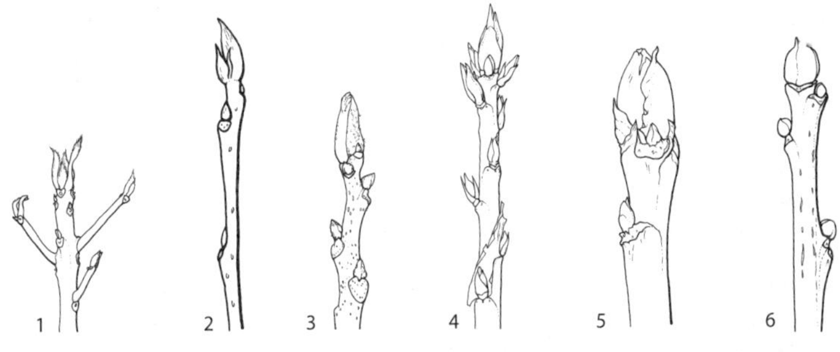

259/1–6 Sprossspitzen: 1 *Clethra alnifolia*; 2 *Frangula alnus*; 3 *Carya cordiformis*, mit nackter Endkn.; 4 *Sibiraea altaiensis*; 5 *Paeonia lutea*; 6 *Juglans regia*

lang, spitz eif., Kn.schuppen trockenhäutig; Bl.narben fehlend (!), 3 deutl. Bündelmale .... ***Sibiraea***, 858

14 (12). Bl. lebend; Pfl. niederliegend od. aufsteigend; junge Zw. um 1 mm ∅, grün, gerieft, fein behaart, durch die Bl.basen knotig erscheinend; Bl. an den Zw.spitzen mit meist < 5 Fiedern .... ***Dorycnium***, 513

— Bl. abgestorben **15**

15. Zw. dick, kaum verzweigt; Bl.basen herablaufend; Endkn. eif., 1,5–3 cm lang, mehrere Kn.schuppen, einige mit kurzem hornartigem Fortsatz (*259/5*); Bl.narben V-f. bis fast halbkreisf., mit ca. 5 Bündelmalen; Jahresabschnitte der Zw. durch erhalten bleibende, abgestorbene Kn.schuppen gut erkennbar ***Paeonia***, 683

— Zw. dünner, grau od. graubraun, oberste Bl. bisweilen lebend, silbrig- od. graugrün (*390/1; 390/2*); äußere Kn.schuppen der Endkn. mit Bl.stielresten; untere Bl. abgestorben, z. T erhalten bleibend; Kn. gerundet, grau behaart, 2–3 mm lang .... ***Artemisia***, 390

16 (11). Mark der Zw. nicht gekammert **20**

— Mark der Zw, gekammert **17**

17. Zw. kahl, < 3 mm ∅, olivbraun bis rötl. braun, mit hellen Lentizellen; Kn. kahl, grün bis weinrot, längl. eif. bis spindelf., sich schon sehr zeitig im Jahr öffnend; Endkn. 7–9 mm lang, Seitenkn. deutl. kleiner; Kn.schuppen sehr fein bewimpert, an manchen Kn. fast 2-zeilig stehend; Bl.narben schmal, mit 3 Bündelmalen; Strauch .... ***Oemleria***, 677

— Merkmale anders **18**

18. Zw. rotbraun fein behaart; Rinde sich im 2. Jahr längsfaserig lösend u. in Fetzen nach unten hängend; Endkn. spindelf., 5–6 mm groß, mit 4–5 sichtbaren Kn.schuppen, grün bis weinrot; Seitenkn. häufig mit kleinen absteigenden Beikn. (*568/2a*); Strauch od. Baum .... ***Halesia***, 568

— Zw. dicker olivbraun bis graubraun; Bäume **19**

19. Zw. kantig od. gerundet, Zw.abschnitte am Jahrestriebende nicht keulenf. verdickt; Endkn. gerundet bis eif., 5–12 mm lang, Seitenkn. viel kleiner (*259/6*); Bl.narben groß, gerundet 3-eckig, mit 3 Bündelmalen ***Juglans***, 597

— Zw. gerundet, Zw.abschnitte am Jahrestriebende keulig verdickt; Endkn. eif., deutl. lang zugespitzt, 1,5–2,5 cm lang, mit 2–3 schwarzbraunen Kn.schuppen; Bl.narben flach V-f. bis gerundet 3-eckig, mit 3 deutl., gerundeten Bündelmalen .... ***Pterocarya rhoifolia***, 765

20 (16). Zw. gerade, dunkel rotbraun, fein kraus behaart, mit kleinen sitzenden gelben Harzdrüsen; Zw. aromatisch duftend; Endkn. behaart, 2–2,5 mm lang, rundl., etwas zugespitzt; Seitenkn. etwa 1 mm groß, rundl., mit 4 sichtbaren Kn.schuppen .... ***Morella***, 668

— Zw. ohne gelbe Harzdrüsen **21**

21. Zw. u. Kn. ohne Schülferhaare **23**

— Zw. u. Kn. mit Schülferhaaren (*30/6*) **22**

22. Zw. u. Kn. mit silbrigen od. rostfarbenen Schülferhaaren dicht umkleidet; Endkn. eif., zugespitzt, 2–4 mm lang, mit meist 4 sichtbaren Kn.schuppen; Seitenkn. eif. bis zugespitzt eif., 2–7 mm lng, anliegend od. spreizend; Bl.narben ± halbkreisf., mit 1 Bündelmal .... ***Elaeagnus***, 516

— Endkn. eif., zugespitzt, 6–8 mm lang, mit mehreren sichtbaren Kn.schuppen; Schülferhaare rötl. bis orangebraun .... ***Rhododendron mucronulatum***, 791

23 (21). Endkn. des Hauptsprosses von den Seitensprossen nicht überragt ... **27**
— Endkn. des Hauptsprosses von den Seitensprossen überragt **24**
24. 1. Internodium der Seitenzw. stielartig verlängert, z. T. > 10 cm lang **25**
— 1. Internodium nicht od. nicht viel länger als die folgenden; Zw. kahl, grün bis rötl., Seitenzw. starr spitzwinklig abgehend; Achsen schwach gerieft, fast glänzend; Bl.basen wenig erhaben; Endkn. 4–5 mm breit, eif., zugespitzt, deutl. dicker als die Zw. (*261/1*); Bl.narben halbkreisf. bis rundl. mit 1 Bündelmal; Nebenbl.narben sehr klein .... ***Helwingia***, 574
25. Zw. auch im 2. Jahr rein grün; Endkn. spitz eif., grün, 8–10 mm lang (*281/1*); Kn.schuppen an der Spitze behaart, die äußeren an der Spitze mit Oberbl.-rudimenten; Seitenkn. eif., bis 3 mm lang; Lentizellen rötl., kaum ins Auge fallend; Bl.narben halbkreisf., mit 1 Bündelmal .... ***Sassafras***, 854
— Zw. nicht grün bleibend **26**
26. Zw. olivgrün bis braun, mit deutl. Lentizellen; Endkn. 3–6 mm groß, mit mehreren Kn.schuppen, v. a. innere behaart; Seitenkn. sehr klein (*261/2*); Bl.narben rundl. bis fast halbkreisf., mit mehreren halbkreisf. angeordneten Bündelmalen u. mit Nebenbl.narben; Baum mit etagiert stehenden Seitenzw. .... ***Idesia***, 588
— Zw. olivgrün, spitzenwärts fein silbrig behaart; Kn. lang schnabelartig ausgezogen, ca. 1,5 cm lang, mit 2 Kn.schuppen, die äußere dicht silbrig behaart; Seitenkn. bis 1 mm lang; Bl.narben halbkreisf. bis gerundet 3-eckig, braun mit 1 Bündelmal .... ***Franklinia***, 546
27 (23). Kn.schuppen 2 oder mehr **29**
— Kn.schuppe 1 .... **28**
28. Zw.olivgrün, gerundet, nur unterhalb der Endkn. etwas kantig u. abgeflacht, schwach behaart od. verkahlend; Zw. u. Kn. Milchsaft führend; Endkn. kegelf., 7–10 mm lang, grün bis rötl. grün; Seitenkn. rundl., kleiner (*261/3*); Bl.narben rundl., mit langen schmalen, sich jedoch meist nicht berührenden Nebenbl.narben; Bündelmale in einem Ring angeordnet .... ***Ficus***, 540
— Zw. u. Kn. nicht Milchsaft führend; Endkn. größer; Zw. meist nicht gleichmäßig dick, dünne, sich allmähl. verdickende Zw.abschnitte wechseln mit dickeren ab; Bl.narben gerundet 3-eckig bis kreisf., mit vielen zerstreut ste-

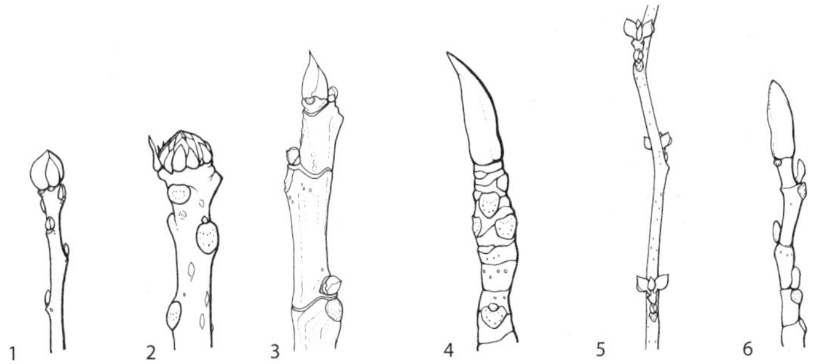

261/1–6: 1–4 Sprossspitzen: 1 *Helwingia japonica*; 2 *Idesia polycarpa*; 3 *Ficus carica*; 4 *Magnolia tripetala*; 5 *Lindera benzoin*, Sprossabschnitt mit Bltn.kn.u. vegetativen Kn.; 6 *Liriodendron tulipifera*, Sprossspitze

henden Bündelmalen (*261/4*); Nebenbl.narbe zw.umfassend; Kn.schuppen mit verdickter Leiste, kürzer als die Kn. .... ***Magnolia***, 645

29 (27). Kn. eif. bis längl. eif., deutl. gestielt, 8–10 mm lang, ± gebogen, kahl od. etwas behaart (*272/2*); Kn.schuppen zuw. hell bewimpert; Bl.narben mit 3 Bündelmalen; nur aufrechte Zw. mit schraubig angeordneten Bl.narben, an waagerechten Zw. 2-zeilige Anordnung; **Untergatt. *Alnus*** der Gatt. ***Alnus***, 374

— Kn ungestielt **30**

30. Kn.schuppen > 2 .... **33**

— Kn.schuppen 2 .... **31**

31. Reich verzweigter Strauch; Zw. dünn, nur an der Spitze noch behaart, im 1. Jahr olivgrün, später graugrün; Kn. gelbgrün rot getönt; Endkn. 2 mm lang, eif., Endkn. u. Seitenkn. mit 2 seitl. kurz gestielten, kugelf. zugesgespitzten, 2–3 mm großen (Bltn.-)Beikn. (*261/5, 624/3b*); Bl.narben mit 3 Bündelmalen; Zw. gerieben sehr aromatisch duftend .... ***Lindera benzoin***, 625

— Zw. ohne kurz gestielte Beikn. **32**

32. Zw. kahl, olivbraun bis graubraun, mit zahlreichen kleinen helleren Lentizellen; Bl.narben gerundet bis fast kreisrund, mit mehreren, zerstreut stehenden Bündelmalen; Nebenbl.narben zw.umfassend; Kn. lang oval, abgeflacht (*261/6*), olivgrün bis dunkel weinrot, kahl, dicht hell punktiert, 5–12 mm lang; Seitenkn. viel kleiner, ohne seitl. Beikn.; Baum ***Liriodendron***, 626

— Zw. behaart, Endkn. längl. eif. bis längl. ellipsoidisch, bis 2 cm lang, nicht abgeflacht; Seitenkn. kleiner, spreizend, mit 2 basal ± weit verwachsenen Kn.schuppen; Bündelmale 5, nicht zerstreut stehend ***Carya tomentosa***, 425

33 (30). Bl.narben mit 1 od. 3 Bündelmalen **43**

— Bl.narben mit > 3 Bündelmalen **34**

34. Zw. niederliegend aufsteigend, dünn, graubraun, kahl; Endkn. spindelf., 10–15 mm lang, Kn.schuppen kahl, kurz u. dicht bewimpert, abrupt in einen 1 mm langen, hornf. verschmälerten Fortsatz endend; Seitenkn. 1–3 mm lang; Bl.narben schmal, mit 6–9 Bündelmalen .... ***Xanthorhiza***, 950

— Aufrechter Strauch od. Baum **35**

35. Kaum verzweigter Strauch mit dicken Sprossen; Bl.basen herablaufend; Endkn. eif., 1,5–3 cm lang, mit mehreren Kn.schuppen, einige in einen kurzen hornartigen Fortsatz endend (*259/5*); Bl.narben V-f. bis fast kreisrund, mit 5 Bündelmalen; Jahresabschnitte der Zw. durch erhalten bleibende, abgestorbene Kn.schuppen getrennt .... ***Paeonia***, 683

— Kn. kleiner; Zw. ohne erhalten bleibende Kn.schuppen **36**

36. Schwach verzweigter Baum mit kräftigen Ästen; Zw. ca. 1 cm dick, dunkel graubraun, verkahlend, unter der Endkn. bisw. noch kurz anliegend behaart, mit hellen Lentizellen; Bl.narben flach bis gerundet 3-eckig, sehr groß, grau- bis hellbraun, Bündelmale ca. 5, V-f. angeordnet; Endkn. gedrungen eif. bis kurz kegelf., 8–10 mm lang u. breit; Kn.schuppen braun, fein anliegend silbrig od. bräunl. behaart; Seitenkn. viel kleiner, halbkugelf.; Borke längsrissig, sich in Streifen lösend; bisw. nur wenige Zw. mit Endkn., dafür Zw.spitzen mit Frst. od. Frst.resten .... ***Toona***, 919

— Merkmale anders **37**

37. Zw. kahl od. behaart; Endkn. eif., zugespitzt, bis 2 cm lang, mit mehreren Kn.schuppen; äußere Kn.schuppen ± spreizend; Seitenkn. mit 2 ± weit miteinander verwachsenen Kn.schuppen; zuw. Bl.reste (Stiele mit Spindeln) erst sehr spät abfallend; Borke grau, zuw. in langen Streifen abspreizend ***Carya***, 424

— Kn.schuppen der Seitenkn. nicht miteinander verwachsen, > 2 .... **38**

38. Gehölz wenig verzweigt; Zw. dick, kahl od. verkahlend, graubraun; Bl.narben gerundet 3-eckig bis halbelliptisch, mit vielen Bündelmalen; über den Bl.narben zuw. noch kleinere, runde napff. vertiefte Frst.narben; Endkn. zwiebelf. bis breit eif., zugespitzt, 8–10 mm lang (*310/4*) ***Toxicodendron***, 920

— Merkmale anders **39**

39. Strauch; Zw. rotbraun, durch herablaufende Bl.basen gerieft (*263/1–2*), kahl od. behaart; Bl.basen deutl. erhaben, dunkelbraun, mit 5 od. 3 Bündelmalen; Kn. eif. bis längl. eif., Endkn. 4–8 mm lang, zumindest äußere Kn.schuppen sich nicht dicht deckend; Seitenkn. nur wenig kleiner als Endkn., deutl. silbrig behaart; Bl.narben gerundet 3-eckig bis rundl.; Nebenbl.narben schmal, den Kn. meist dicht anliegend .... ***Physocarpus***, 701

— Bäume mit anderen Merkmalen **40**

40. Kn.schuppen in 5 Längszeilen angeordnet; Endkn. von mehreren fast gleich großen Subterminalkn. umgeben (*263/3–4*); Kn. kahl od. behaart, ± deutl. 5-kantig; Zw. kahl od. behaart.................................. ***Quercus***, 772

— Kn.schuppen nicht in 5 Längszeilen angeordnet; Endkn. einzeln **41**

41. Zw. spärl. sternhaarig, mit zahlreichen, sehr ungleich großen Lentizellen; äußere Kn.schuppen knorpelig, mit schwarzbrauner Spitze, kurz dornartig zugespitzt, fein anliegend behaart; Kn. eif., zugespitzt, 6–8 mm lang; Bl.narben gerundet flach 3-eckig .... ***Platycarya***, 733

— Zw. ohne Sternhaare; Kn.schuppen nicht kurz dornartig zugespitzt **42**

42. Zw. kahl od. behaart, olivgrün bis graubraun, Lentizellen zahlreich, heller, Epidermis meist schon im 1. Jahr längs aufreißend; Kn. kahl od. behaart, längl. eif. bis fast spindelf., ± zugespitzt (*263/5*), graubraun bis dunkel weinrot; Endkn. 15–20 mm lang; Seitenkn. deutl. akroton gefördert; Bl.basen erhaben, Bl.narben schmal, mit 5 zuw. undeutl, Bündelmalen. **Untergatt. *Sorbus*** der Gatt. .... ***Sorbus***, 866

— Kn. leicht klebrig, ± grün, Endkn. ± 15 mm lang (*265/1*); Bl.narben mit 5 Bündelmalen .... ***Cormus***, 463

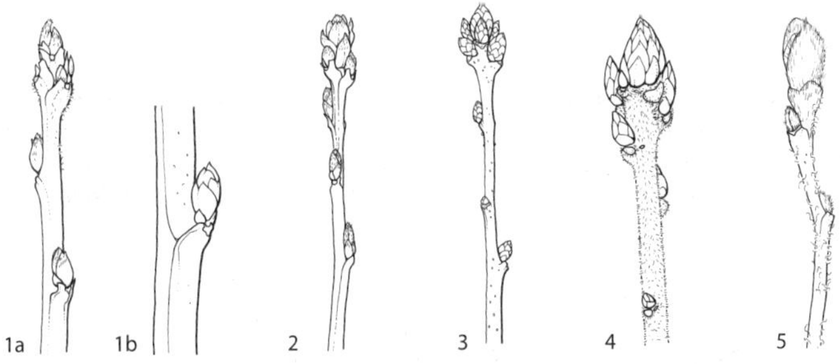

263/1–5: 1 *Physocarpus malvaceus*, 1 a Sprossspitze, 1b Sprossabschnitt mit Seitenkn.; 2–5 Sprossspitzen: 2 *Physocarpus opulifolius*; 3 *Quercus robur*; 4 *Quercus pubescens*; 5 *Sorbus aucuparia*

43 (33). Bl.narben mit 3 Bündelmalen **50**
— Bl.narben mit 1 Bündelmal **44**
44. Endkn. nicht deutl. dicker als Zw. **46**
— Endkn. deutl. dicker als Zw. **45**
45. Zw. gelbbraun, Epidermis sich im 2. Jahr lösend, dann graubraun; Endkn. gedrungen eif. bis eif., zugespitzt, kahl, 4–7 mm lang; Kn.schuppen grün bis gelbgrün, oft rötl. überlaufen, glänzend .... ***Enkianthus***, 520
— Merkmale anders .... ***Rhododendron***, 788
46 (44). Zw. fein behaart, ± verkahlend, hell- bis graubraun; Rinde zerrieben aromatisch duftend; Kn.schuppen in 4 Längszeilen, grün, mit brauner Spitze; Kn. schwach 4-kantig; Endkn. 4 mm lang, spitz eif.; Seitenkn. von fast gleicher Länge, von zweierlei Gestalt: schmal eif. u. dickl. eif. (*265/2*); Seitenkn. über den halbkreisf. Bl.narben schräg stehend .... ***Orixa***, 679
— Merkmale anders **47**
47. Zw. olivgrün bis rotbraun, kahl od. behaart, mit hellen Lentizellen; durch herablaufende Bl.basen leicht kantig; Endkn. gedrungen eif., 2–3 mm lang, mit vielen braunen, hell bewimperten Kn.schuppen; Seitenkn. eif., ca. 1 mm lang, gleichförmig, ± abspreizend, mit einer absteigenden Beikn.; Bl.narben halbkreisf. bis rundl. .... ***Ilex***, 588
— Merkmale anders **48**
48. Kn. bis zur Zw.spitze dicht stehend, mit 2 od. mehr Kn.schuppen, ± spreizend, eif. bis zugespitzt eif., 1–4 mm lang; Zw. meist gebogen od. etwas überhängend, ohne Lentizellen, gerade, sich zur Spitze zu kontinuierl. verjüngend; Spitzen – außer den Frst. – meist nur kurz abgestorben; rot- bis graubraun, kahl od. behaart; abgestorbene Epidermis sich z. T. lösend; meist reich verzweigte Sträucher, die als zur Gatt. gehörig nur sicher an den Frst.resten zu bestimmen sind (*245/4*) .... ***Spiraea***, 875
— Merkmale anders; Zw. aufrecht **49**
49. Zw. graubraun, verkahlend, mit zahlreichen, kleinen Lentizellen; Endkn. 7–10 mm lang, spindelf. bis spitz kegelf., Kn.schuppen zugespitzt, fein bewimpert, seitenst. (Bltn.)Kn. grün, mit brauner Spitze od. braunem Rand, ellipsoidisch, 6–8 mm lang; darunter kleinere, vegetative Kn. (*265/3*); Bl.narben rundl. .... ***Daphne mezereum***, 501
— Zw. rotbraun, fein behaart; Endkn. eif., 6–7 mm lang, seidig silbrig behaart, Kn.schuppen spitz; Seitenkn. abstehend, viel kleiner als Endkn., rundl. bis kugelf., 2–3 mm lang, dicht behaart; Bl.narben band- bis halbkreisf. ***Daphne***, 500
50 (43). Zw. grau bis graubraun, verkahlend, mit zahlreichen kleinen Lentizellen, durch die erhabenen Bl.basen knotig erscheinend; Endkn. in einigen kreisrunden, 1–2 mm großen, flachen bis napff. Fr.stielnarben fast ganz geborgen; Seitenkn. kugelf., ca. 1 mm breit, meist ebenfalls in Fr.stielnarben geborgen; Bl.narben mit runden Nebenbl.narben .... ***Hibiscus***, 576
— Zw. ohne kreisrunde Fr.stielnarben **51**
51. Endkn. nicht von 1 bis mehreren, ± gleich großen subterminalen Kn. umgeben **56**
— Endkn. von 1 bis mehreren ± gleich großen subterminalen Kn. umgeben **52**
52. Endkn. nur mit 1 (selten 2) subterminalen Kn. **55**
— Endkn. mit mehreren subterminalen Kn. **53**

53. Subterminalkn. größer als die Endkn. (*265/4*); Kn. 2–3 mm lang, kahl, nur an der Spitze behaart; Zw. kurzflaumig, verkahlend; Epidermis sich als weißes Häutchen lösend, darunter liegende Rinde rotbraun **_Prunus mahaleb_**, 757

— Subterminalkn. etwa so groß wie die Endkn. **54**

54. Terminalkn. u. Subterminalkn. zugespitzt, mit 8–12 sichtbaren Kn.schuppen, 6–7 mm lang, fein silbrig behaart; Zw. kahl, braun bis graubraun; Epidermis sich schon im 1. Jahr in Längsstreifen lösend (*265/5*); **Sekt. _Ribes_** der Gatt. **_Ribes_**, 801

— Kn. v. a. an Kurztrieben mitunter knäuelartig dicht stehend, braun, glänzend, 3–7 mm lang; Epidermis sich noch nicht im 1. Jahr lösend **Untergatt. _Cerasus_** p. p. der Gatt. **_Prunus_**, 751

55 (52). Endkn. mit 2 gleich großen, Subterminalkn., gerundet bis eif., grün, die zahlreichen Kn.schuppen etwas heller berandet; Zw. rotbraun bis graubraun, meist nur 1–2 mm ∅, schwach längsstreifig, mit zahlreichen, schwach erhabenen Bl.basen, nahezu ohne seitl. Verzweigungen, dafür mit zahlreichen rundl. Kurztriebsnarben, die von einem Ring erhalten bleibender Kn.schuppen od. Kn.schuppenresten umgeben sind; Seitenkn. viel kleiner als End- u. Subterminalkn., < 1 mm lang; Kn.schuppen an der Basis der Jahrestriebabschnitte bleibend .... **_Taxodium_**, 901

— Zw. olivgrün bis dunkelbraun, mit deutl. Lentizellen; Terminalkn. nur mit 1 Subterminalkn.; Kn. spindelf., lang zugespitzt, 8–10 mm lang (*265/6*); Seitenkn. meist nicht kleiner, kahl bis schwach bewimpert; Kn.schuppen 6–8, am Grund dunkel rotbraun, im oberen Teil mit breitem, graubraunen Rand .... **_Prunus padus_**, 750

56 (51). Kn.schuppen nicht 2-zeilig angeordnet **58**

— Kn.schuppen 2-zeilig angeordnet **57**

57. Zw. kahl, braun, glänzend; Kn.schuppen ca. 6–8, kahl, nur am Rand bewimpert, ± silbrig bereift, mit kleinen dornartigen Spitzchen; Bl.narben wenig erhaben, mit 2 lang ausgezogenen Nebenbl.narben **_Prunus hypoleuca_**, 749

— Zw. kahl od. behaart, rotbraun, Epidermis schon im 1. Jahr aufreißend od. sich lösend, Zw. daher z. T. grau getönt; Lentizellen unauffällig; Kn. spindelf.,

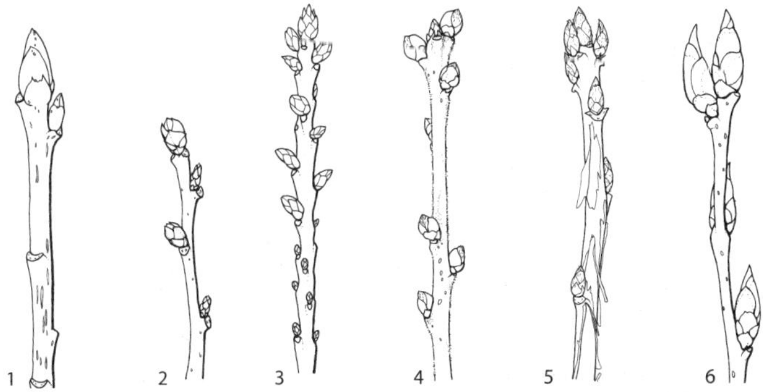

265/1–6 Sprossspitzen: 1 *Cormus domestica*; 2 *Orixa japonica*; 3 *Daphne mezereum*, oben Bltn.kn., unten vegetative Kn.; 4 *Prunus mahaleb*; 5 *Ribes petraeum*, mit sich lösender Epidermis; 6 *Prunus padus*

kahl od. behaart, auffallend weinrot, glänzend, 6–12 mm lang; Endkn. ± so groß wie die anliegenden, etwas gebogenen Seitenkn. (*266/1*); Kn.schuppen 3–6 .... ***Aronia***, 389

58 (56). Kn. und/od. Zw. ± behaaart **69**

— Kn. u. Zw. kahl **59**

59. Endkn. > 5 mm lang **62**

— Endkn. bis 5 mm lang **60**

60. Zw. gelbgrün bis rot, ohne auffallende Lentizellen; Zw. zuw. bereift (*R. glauca*), etwas übergebogen gerundet, biegsam; Endkn. gerundet, 4–5 mm lang, mit 2–4 Kn.schuppen, Seitenkn. gleich groß, 3–4 mm lang, zahlreich, ± spreizend (*266/2*), Bl.narben bandf., ± ½ des Zw.umfangs einnehmend ***Rosa***, 810

— Merkmale anders **61**

61. Zw. rotbraun, starr, spitzenwärts kantig durch herablaufende Bl.basen; Endkn. spitz ausgezogen, 3–4 mm lang, mit knorpeligen Kn.schuppen; Seitenkn. eif., ca. 2 mm lang, mit 2–3 Kn.schuppen; Bl.basen erhaben; Bl.narben breit eif.; Zw. meist mit starr nach unten hängenden Bltnst.kn. (*232/6, 310/1*) ***Stachyurus***, 887

— Zw. braun bis rotbraun, gerieft, glänzend, schwach bereift, mit hellen Lentizellen; Endkn. 1,5–2 mm lang, kegelf., zugespitzt, bläul. violett, ± bereift, mit mehreren Kn.schuppen; Seitenkn. in der Achsel erhabener Bl.basen, Zw. dadurch knotig, v. a. Zw.spitze dadurch kopfig verdickt (*266/3*); Seitenkn. mit 2 Kn.schuppen; Bl.narben halbkreisf., von dunklerem, fast schwarzen Bl.basishalbring umgeben .... ***Cotinus***, 473

62 (59). Zw. kantig, rotbraun, ± glänzend, häufig mit Korkleisten (*266/4b*); Endkn. lang eif. bis spindelf., bis 10 mm lang, rötl., mit 3–6 bewimperten Kn.schuppen (*266/4a*); Seitenkn. in der Mitte vorj. Zw.abschnitte ± so lang wie die Endkn.; Bl.narben gerundet, breit V-f. bis fast kreisrund ***Liquidambar***, 625

— Zw. stets ohne Korkleisten, nicht überwiegend rot od. rotbraun glänzend **63**

63. Zw. olivbraun bis braun, schwach bis deutl. hin u. her gebogen, mit deutl. Lentizellen; Endkn. eif., 7–10 mm lang, zugespitzt, dunkel rotbraun glänzend;

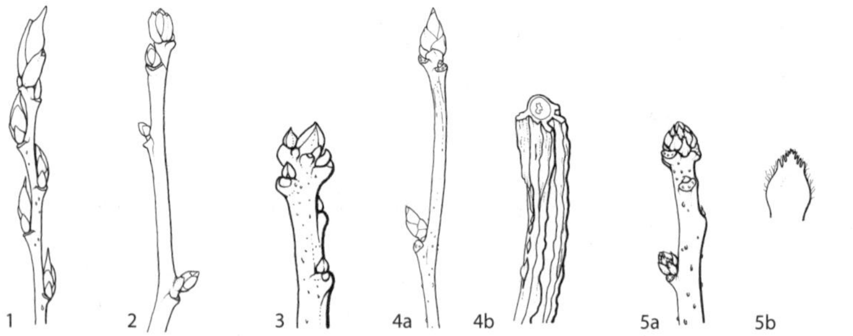

266/1–5: 1–3 Sprossspitzen: 1 *Aronia melanocarpa*; 2 *Rosa pendulina*; 3 *Cotinus coggygria*; 4 *Liquidambar styraciflua*, 4a Sprossspitze, 4b Sprossabschnitt mit Korkleisten; 5 *Xanthoceras sorbifolium*, 5a Sprossabschnitt, 5b einzelne Kn.schuppe (Tegment)

Kn.schuppen fein bewimpert; Seitenkn. 6–8 mm lang (*230/1*); Bl.narben sichelf. bis fast halbkreisf., nur aufrechte Zw. mit schraubig angeordneten Bl.narben, waagerechte Zw. mit 2-zeilig stehenden Bl.narben ***Davidia***, 504

— Merkmale anders **64**

64. Zw. olivgrün bis rötl; Rinde fein längsrissig, durch erhabene Bl.basen knotig, mit zahlreichen, deutl. Lentizellen; Endkn. eif., 7–8 mm lang, knorpelige Kn.schuppen an der Spitze kammartig gefranst (*266/5*) .... ***Xanthoceras***, 950

— Merkmale anders **65**

65. Zw. ± abgeflacht, schwach hin u. her gebogen, olivbraun bis rotbraun od. weinrot, mit grauen Lentizellen; Kn. spindelf. bis längl. eif., lang zugespitzt, mit eingetrockneten Harzresten, 8–12 mm lang (*273/1*); Endkn. nicht größer als die spreizenden, ± gebogenen Seitenkn.; sichtbare Kn.schuppen 3–4; Bl.narben ± halbkreisf., mit deutl., schmalen Nebenbl.narben; ± waagerechte Zw. mit 2-zeilig angeordneten Kn. .... ***Alnus alnobetula***, 375

— Zw. u. Kn. anders **66**

66. Zw. stielrund, ≥ 1 cm ∅, häufig gerieft, olivbraun bis rotbraun, Baum nur wenig verzweigt; Bl.basen deutl. erhaben, z. T. dicht stehend, Zw. dadurch knotig; Endkn. eif., 15–20 mm lang, harzig glänzend; Bl.narben gerundet 3-eckig, mit 3 Bündelmal-Gruppen; ältere Zw.abschnitte oberhalb der Bl.narben mit fast kreisrunden Bltnst.narben .... ***Populus wilsonii***, 740

— Zw. < 1 cm ∅ **67**

67. Zw. stielrund od. kantig, hellbraun od. olivbraun bis rotbraun; Kn. lang spindelf.; Endkn. 8–25 mm lang, Seitenkn. meist nur wenig kleiner (*268/1–2*), anliegend od. spreizend, zuw. etwas gebogen, glänzend, zuw. harzig glänzend, mit mehreren Kn.Schuppen; Bl.narben gerundet 3-eckig ***Populus***, 737

— Endkn. 5–12 mm lang **68**

68. Junge Zw. ± gerade, meist deutl. < 3 mm ∅, olivbraun bis rotbraun, Lentizellen meist unauffällig; stets ohne Bltnst.kn.; Epidermis sich meist schon im 1. Jahr ablösend; Kn. längl. eif. bis spindelf., grünl., rötl. od. dunkelbraun (*268/4*), anliegend behaart od. verkahlend; Endkn. 8–12 mm lang, 2–4 mm dick, Seitenkn. kleiner, schmaler als die Zw., oft ± anliegend od. abspreizend gebogen; Kn.schuppen kahl od. bewimpert; Bl.narben schmal, meist dunkel gefärbt, deutl. erhaben, Bündelmale oft nur undeutl.; aufrechte Sträucher od. kleine Bäume .... ***Amelanchier***, 379

— Junge Zw. gerade od. ± stark hin u. her gebogen, meist nur 1 mm ∅, olivgrün bis rötl. od. dunkelbraun, Epidermis sich noch nicht im 1. Jahr ablösend; Kn. längl. eif. bis spindelf., olivbraun bis rotbraun, auch die seitl. dicker als die Zw. in der Internodiumsmitte (*268/5, 308/3*); Endkn. 5–9(–12) mm lang, seitl. nicht od. nur wenig kleiner; Kn. häufig mit wachsartigem Überzug u. dadurch ± glänzend; Kn.schuppen braun, rötl. braun od. grünl. u. dann dunkelbraun berandet bzw. mit dunkler Spitze, unterste bisw. bewimpert, sonst kahl od. verkahlend; Sprossenden häufig mit 1,5–3,5 cm langen walzl. ♂ Bltnst.kn. (*232/2*) .... ***Betula***, 401

69 (58). Kn. u. Zweige nur schwach behaart od. verkahlend **72**

— Kn. und/od. Zw. deutl. u. zumindest am Zw.ende dicht u. bleibend behaart **70**

70. Zw. gerade, weißfilzig behaart; Kn. eif., zugespitzt, z. T. mit kugelf. Bltnst.-kn. (*268/3*), Endkn. 5–6 mm lang, Seitenkn. 2–4 mm lang ***Populus alba***, 738

— Zw. oft ± stark hin u. her gebogen, nicht dicht weißfilzig **71**

71. Zw. meist nur 1 mm ∅, olivgrün bis rötl. od. dunkelbraun, zumindest spitzenwärts kurz u. dicht behaart; Kn. längl. eif. bis spindelf., olivbraun bis rotbraun, auch die seitl. dicker als die Zw. in der Internodiumsmitte (*268/5*); Endkn. 5–9(–12) mm lang, seitl. nicht od. nur wenig kleiner; Kn. häufig mit wachsartigem Überzug u. dadurch ± glänzend; Kn.schuppen braun, rötl. braun od. grünl. u. dann dunkelbraun berandet bzw. mit dunkler Spitze, unterste bisw. etwas bewimpert, sonst kahl od. verkahlend; Sprossenden häufig mit 1,5–3,5 cm langen, walzenf. ♂ Bltnst.kn. (*232/2*) ...... ***Betula***, 401

— Zw. ± hin u. her gebogen, rot- bis dunkelbraun, hell, dicht u. lang wollig behaart; Kn. spitz eif. bis kegelf., rotbraun, matt glänzend; Endkn. 2–4 mm groß, seitl. Kn. nur wenig kleiner (*268/6*), zuw. mit seitl. Beikn.; Kn.schuppen fast kahl, weiß bewimpert; Zw. zuw. mit unverzweigten Dornen oberhalb einer Bl.narbe; Dornen seitl. od. oberhalb mit 1(–2) Kn. .... ***Mespilus***, 666

72 (69). Baum nur wenig verzweigt; Zw. meist > 1 cm ∅, olivbraun bis hellbraun, meist verkahlt, mit hellen Lentizellen; Kn. eif., zugespitzt, > 2 cm lang; äußere Kn.schuppen grünl., mit braunen, abgestorbenen Rändern stärker, innere nur wenig behaart; Bl.narben gerundet 3-eckig, mit 3 Bündelmal-Gruppen .... ***Populus lasiocarpa***, 740

— Zw. dünner; Kn. kleiner **73**

73. Endkn. deutl. größer als die mehr akroton geförderten Seitenkn. **79**

— Endkn. so groß wie od. nur unwesentl. größer als die ± gleich großen Seitenkn. **74**

74. Strauch; Zw. rotbraun, durch herablaufende Bl.basen gerieft (*263/1–2*), kahl od. behaart; Bl.basen deutl. erhaben, dunkelbraun, mit 5 od. 3 Bündelmalen; Kn. eif. bis längl. eif., Endkn. 4–8 mm lang, zumindest äußere Kn.schuppen sich nicht dicht deckend; Seitenkn. nur wenig kleiner als Endkn., deutl. silbrig behaart; Bl.narben gerundet 3-eckig bis rundl., Nebenbl.narben schmal, den Kn. meist dicht anliegend .... ***Physocarpus***, 701

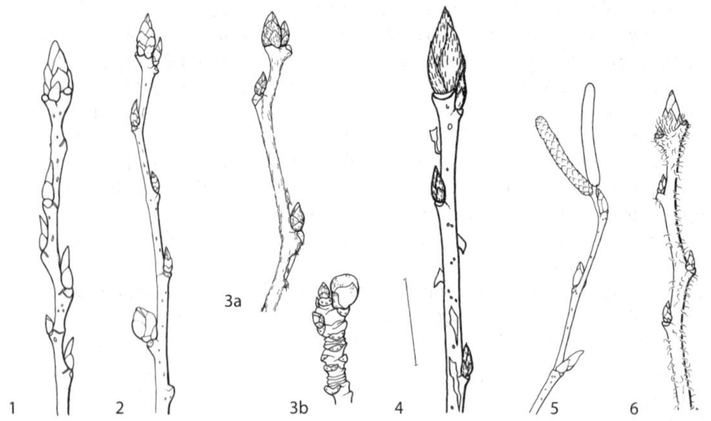

268/1–6 Sprossspitzen: 1 *Populus nigra* 'Italica'; 2 *Populus tremula*; 3 *Populus alba*, 3b Kurztriebsspitze mit Bltnst.kn.; 4 *Amelanchier ovalis*; 5 *Betula pendula*; 6 *Mespilus germanica*

— Merkmale anders **75**

75. Zw. grau, durch herablaufende, deutl. erhabene u. dunkel gefärbte Bl.basen kantig bis gerieft; Kanten über die nächstuntere Kn. hinabreichend, ± kahl, Rinde schon im 1. Jahr längs aufreißend (*269/1*); Kn. längl., Endkn. 3–5 mm lang, Seitenkn. anliegend, 2–3 mm groß, v. a. an den Spitzen der Kn.schuppen dicht hell behaart; Bl.narben ohne Nebenbl.narben .... ***Holodiscus***, 578

— Merkmale anders **76**

76. Zw. gerundet, graubraun bis rotbraun, deutl. hin u. her gebogen, kahl od. verkahlt, fein längsstreifig; Sprossspitzen zuw. ± lang abgestorben; Lentizellen deutl.; Endkn. eif. bis rundl., 6–10 mm lang, Kn.schuppen sich nicht dicht deckend; Bl.basen nicht herablaufend; Bl. narben gerundet 3-eckig bis halbkreisf. (*269/2*) .... ***Sorbaria***, 864

— Merkmale anders **77**

77. Zw.spitze etwas knotig verdickt, Zw. gerade, stielrund, graubraun; Rinde bereits im 1. Jahr aufreißend; Kn. kahl, eif. bis längl. eif., Endkn. grünl., 3–5 mm lang, Seitenkn. ± gleich groß; Kn.schuppen braun; Bl.basen deutl. erhaben; Bl.narben gerundet 3-eckig bis sichelf., ohne Nebenbl.narben ***Exochorda***, 533

— Merkmale anders **78**

78. Zw. kahl od. verkahlend, gerundet od. durch herablaufende Bl.basen kantig; Kanten nur bis zur nächstunteren Bl.narbe reichend; Epidermis sich zuw. schon im 1. Jahr lösend (*269/3*); Kn. spindelf., längl. eif. bis eif., zuw. kurz gestielt; Endkn. mit zahlreichen, spiralig angeordneten Kn.schuppen (*269/4*); Kn.schuppen meist turgeszent, die Spitzen jedoch häufig abgestorben u. dunkler gefärbt, zerrieben zuw. aromatisch duftend; Seitenkn. ± kleiner als die Endkn., untereinander jedoch fast gleich groß; Bl.narben gerundet 3-eckig bis sichelf., die 3 Bündelmale deutl.; Bl.basen ± deutl. erhaben ***Ribes***, 801

— Merkmale anders **79**

79 (73, 78). Zw. kahl, olivbraun bis braun, durch die sich abhebende abgestorbene Epidermis ± grau; Lentizellen nicht auffallend; Kn. spitz eif. bis kegelf.; Endkn. 6–7 mm lang, anliegend dicht fein behaart, mit 3–4 sichtbaren,

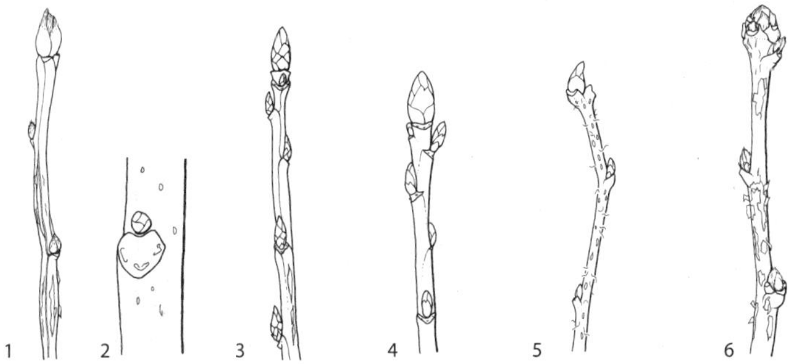

269/1–6: 1 *Holodiscus discolor*, Sprossspitze; 2 *Sorbaria tomentosa*, Sprossabschnitt mit Bl.narbe u. Seitenkn.; 3–6 Sprossspitzen: 3 *Ribes alpinum*; 4 *Ribes nigrum*; 5 *Pourthiaea villosa*; 6 *Laburnum anagyroides*, mit sich ablösender Epidermis

rotbraunen bis grünl. Kn.schuppen, Rand dunkelbraun; Seitenkn. meist nur an aufrechten Sprossen schraubig stehend (*229/5*), sonst 2-zeilig (od. fehlend), 1–4 mm lang; Kurztriebe meist nur mit Endkn.; Bl.basen erhaben; Bl.narben sichelf., mit 3 markanten Bündelmalen .... ***Nyssa***, 676

— Merkmale anders **80**

80. Junge Zw. meist nur 1–2 mm ∅, olivbraun bis graubraun, locker behaart bis verkahlt, mit markanten warzenartigen Lentizellen; Kn. eif. bis längl. eif., zugespitzt (*269/5*); Endkn. 3–4 mm lang, Seitenkn. 1–3 mm lang; Kn.schuppen dunkel- bis rotbraun, zuw. bewimpert, deutl. zugespitzt; Bl.narben klein, gerundet 3-eckig bis schmal, mit 3 deutl. Bündelmalen; sparrig verzweigter Großstrauch .... ***Pourthiaea***, 746

— Merkmale anders **81**

81. Zw. kahl, olivgrün bis weinrot, 3–4 mm ∅; Kn. eif. bis längl. eif.; Endkn. 3–9 mm lang, violettbraun bis weinrot, mit 5–8 sichtbaren Kn.schuppen, fein anliegend behaart (*468/11–12*); Seitenkn. sehr klein, oft unter den erhabenen Bl.basen verborgen; Bl.narben bandf. bis fast halbkreisf.; Zw. ± etagiert stehend ***Cornus alternifolia, C. controversa***, 464

— Merkmale anders **82**

82. Zw.system ± deutl. in Lang- u. Kurztriebe gegliedert; Zw. olivgrün bis graubraun, durch herablaufende Bl.basen ± kantig, kahl, verkahlend od. zur Zw.spitze etwas behaart; Epidermis häufig schon im 1. Jahr aufreißend; Bl.basen erhöht, mit kurzen, zugespitzten bis pfrieml. Nebenbl., besonders unterhalb der Endkn. dicht stehend; Endkn. breit eif. bis halbkugelig, ca. 3–4 mm breit, mit mehreren anliegend silbrig behaarten Kn.schuppen (*269/6*); Seitenkn. eif., viel kleiner; Bl.narben gerundet 3-eckig bis schmal, die 3 Bündelmale oft nur schwer erkennbar .... ***Laburnum***, 614

— Zw.system nicht ± deutl. in Lang- u. Kurztriebe gegliedert, nicht graugrün, Endkn. anders **83**

83. Zw. kahl od. zerstreut behaart, olivbraun bis rotbraun; Lentizellen zerstreut, heller als die Rinde; Kn. längl. eif. bis spindelf.; Endkn. 10–16 mm lang, deutl. dicker als der Zweig; sichtbare Kn.schuppen 4–6, kahl, bewimpert od. anliegend behaart; Kn.schuppen knorpelig, grün, rot überlaufen od. weinrot; Seitenkn. viel kleiner, anliegend (*270/1–3*); Bl.basen deutl. erhaben; **Untergatt.** ***Aria*** *u.* ***Chamaemespilus*** der Gatt. .... ***Sorbus***, 866

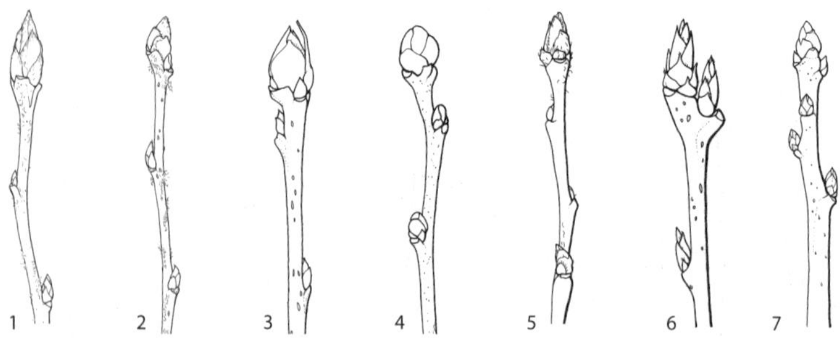

270/1–7 Sprossspitzen: 1 *Sorbus aria*; 2 *Sorbus intermedia*; 3 *Sorbus chamaemespilus*; 4 *Sorbus torminalis*; 5 *Malus sylvestris*; 6 *Pyrus pyrifolia*; 7 *Pyrus communis*

— Merkmale anders ... **84**

84. Zw. olivbraun bis rotbraun, mit vielen hellen punktf. Lentizellen; Kn. breit eif. bis fast kugelf., die 5–6 sichtbaren Kn.schuppen knorpelig, grün, mit schmalem braunen Rand, fein bewimpert (*270/4*); Bl.basen v. a. an der Zw.spitze deutl. erhaben ... ***Sorbus torminalis***, 871

— Kn. nicht rundl. u. grün ... **85**

85. Zw. gerundet, olivgrün bis rotbraun, schwach glänzend, zur Spitze hin ± behaart; einige Zw. zuw. in Dornen endend; Epidermis sich im 2. Jahr lösend; Borke ± flach u. grobschuppig; Endkn. spitz eif., 2–5 mm lang (*270/5*), äußerste Kn.schuppen ± gerundet, kaum gekielt; Seitenkn. 1–3 mm lang; Bl.narben bräunl. ... ***Malus***, 654

— Zw. stielrund od. durch herablaufende Bl.basen ± kantig, meist kahl, olivgrün bis grau- od. rotbraun, Epidermis sich im 2. Jahr meist noch nicht lösend; häufig einige Zw. in Dornen endend (*228/4–5*); Kn. spitz eif. bis kegelf. (*270/6–7*), kahl u. glänzend, rotbraun; äußerste Kn.schuppen der Endkn. ± deutl. gekielt; Bl.narben ± schwärzl.; Borke kleinfelderig, ± tief längsrissig, grau ... ***Pyrus***, 768

Gruppe J
Endknospe vorhanden. Blattnarben und Seitenknospen 2-zeilig angeordnet.

1. Kn. mit Kn.schuppen ... **8**

— Kn. nackt ... **2**

2. Kn. mit Sternhaaren (*30/5*) ... **4**

— Kn. ohne Sternhaare ... **3**

3. Zw. gerade, rund, hell- bis rotbraun, kahl, ohne auffällige Lentizellen; Bl.narben groß, halbkreisf. bis rundl., mit 1 sichelf. Bündelmal; Kn. ± behaart, längl. bis spindelf., dunkelbraun, Endkn. ca. 10 mm lang (*273/4*), Seitenkn. nur wenig kleiner, ± gebogen anliegend, häufig mit kleinen serial absteigenden Beikn.; Kn., v. a. die Endkn., mit deutl. sichtbarer Nervatur ***Pterostyrax***, 766

— Kn. silbrig braun, seidig glänzend anliegend behaart; Endkn. ca. 5 mm lang u. breit, Kn.bl. sehr ungleich groß, äußerstes gekielt, mit deutl. erkennbarer Fiederung; Seitenkn. ei- bis kugelf., bis 3 mm groß; Bl.narben halbkreisf. bis rundl., Bündelmale 3 bis mehrere, nur schwer erkennbar; Zw. hell- bis dunkel rotbraun, verkahlend bis kahl; nur unterhalb der Endkn. Haare; Rinde dicht mit längl., grauen Lentizellen besetzt, fast gefleckt erscheinend ***Picrasma***, 714

4 (2). Endkn. deutl. gestielt (*272/3*); Bltn.kn. zu 2 bis mehreren beisammen (*570/1*) ... ***Hamamelis***, 569

— Endkn. ungestielt; Bltn.kn. einzeln ... **5**

5. Kn. ± dunkelbraun, zugespitzt; Endkn. 6–8 mm groß, seitl. deutl. kleiner; Bltn.kn. kugelf., 4–6 mm groß, fast schwarz (*272/4, 685/4*); Borke älterer Zw. sich schuppig lösend u. ein mehrfarbiges Muster bildend ***Parrotia persica***, 685

— Kn. heller; Bltn.kn. von anderer Form; Rinde bzw. Borke anders **6**
6. Bltn.kn. längl. walzl., dunkelbraun, an seitl. Kurztrieben, selten auch endst. an Langtrieben, äußere Kn.bl. spreizend .... ***Sinowilsonia henryi***, 860
— Bltn.- bzw. Bltnst.kn. auch am Ende von Langtrieben **7**
7. Zw. braun; Endkn. 5–8 mm lang, Seitenkn. ungestielt (*545/1a*); 1–3 m hohe Sträucher .... ***Fothergilla***, 544
— Zw. grau bis graugrün, Endkn. bis 10 mm lang (*686/2*), Seitenkn. deutl. kleiner, kurz gestielt; 4–6 m hoher Strauch (*272/5*) ***Parrotiopsis jacquemontiana***, 686
8 (1). Kn. lang spindelf., rund, meist deutl. > 15 mm lang; Kn.schuppen braun, silbrig behaart (*272/1*); Zw. hin u. her gebogen .... ***Fagus***, 535
— Kn. anders **9**
9. Seitenkn. ungestielt **10**
— Seitenkn. deutl. gestielt (*272/2*), eif. bis längl. eif., 7–10(–12) mm lang; Zw. kahl od. behaart bis verkahlend; Kn.schuppen 2–3; Bl.narben mit 3 Bündelmalen .... ***Alnus***, 374
10. Zw. kahl, zumindest unterhalb der Kn. kantig, ± abgeflacht; Kn. gleich groß, klebrig, 8–12 mm lang, mit 3 sichtbaren Kn.schuppen (*273/1*); Bl.narben mit 3 Bündelmalen, Nebenbl.narben deutl. .... ***Alnus alnobetula***, 375
— Zw. gerundet **11**
11. Zw. kahl, olivbraun bis braun, durch die sich abhebende abgestorbene Cuticula ± grau; Lentizellen nicht auffallend; Kn. spitz eif. bis kegelf.; Endkn. 6–7 mm lang, anliegend dicht fein behaart, mit 3–4 sichtbaren, rotbraunen bis grünl. Kn.schuppen, Rand dunkelbraun; Seitenkn. an aufrechten Sprossen schraubig stehend (*229/5*), sonst distich od. fehlend, 1–4 mm lang; Kurztriebe meist nur mit Endkn.; Bl.basen erhaben; Bl.narben sichelf., mit 3 markanten Bündelmalen .... ***Nyssa***, 676
— Merkmale anders **12**
12. Kn. spindelf., 5–8 mm lang, mit bis zu 3 sichtbaren Kn.schuppen; Bltn. (Bltnst.)kn. größer, viel dicker als vegetative Kn., rundl., zugespitzt (*273/2, 470/1a–b*) .... ***Corylopsis***, 470
— Kn. mit > 3 sichtbaren Kn.schuppen **13**

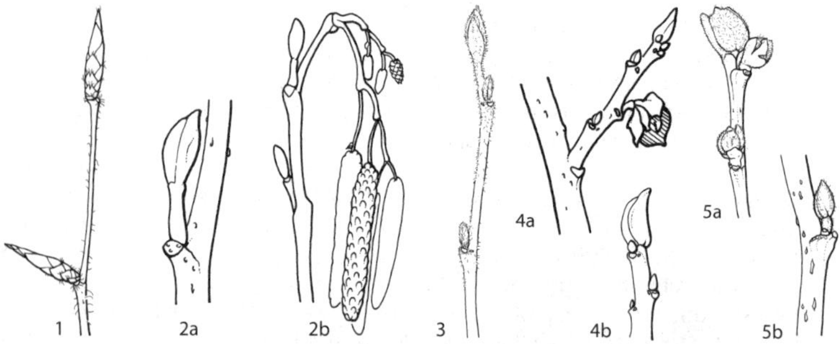

272/1–5: 1 *Fagus orientalis*, Sprossspitze; 2 *Alnus incana*, 2a gestielte, vegetative Seitenkn., 2b Sprossspitze mit ♀ u. ♂ Bltnst.kn.; 3–5 Sprossspitzen: 3 *Hamamelis japonica*; 4 *Parrotia persica*, 4a mit Bltn.kn., 4b mit vegetativen Kn.; 5 *Parrotiopsis jacquemontina*, 5a mit Bltn.kn., 5b mit vegetativer Seitenkn.

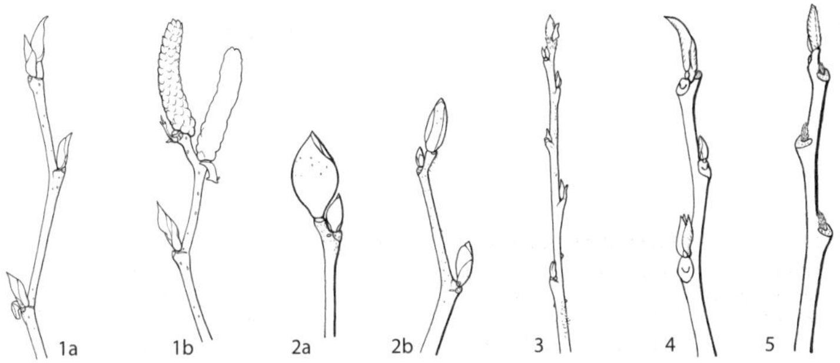

273/1–5 Sprossspitzen: 1 *Alnus alnobetula*, 1a vegetative Kn., 1b mit ♂ Bltnst.; 2 *Corylopsis spicata*, 2a Bltnst.- u. vegetative Kn., 2b vegetative Kn.; 3 *Cotoneaster integerrima*; 4 *Pterostyrax hispida*; 5 *Asimina triloba*

13. Kn. eif., nicht abgeflacht (*230/1*); Endkn. 7–10 mm, seitl. Kn. 6–8 mm lang, dunkel rotbraun, glänzend; Kn.schuppen kahl, oft fein bewimpert ***Davidia***, 504

— Kn. anders **14**

14. Kn. stark abgeflacht, kahl, bisw. an den Spitzen etwas behaart; Kn.schuppen streng 2-zeilig angeordnet; Lentizellen besonders zw.unterseits deutl. hervortretend .... ***Disanthus cercidifolius***, 512

— Merkmale anders **15**

15. Kn. klein, < 5 mm lang, dicht silbrig behaart; äußere Kn.schuppen etwas spreizend; Bl.narben sehr klein (*273/3*); Zw. mehr od. weniger dicht behaart .... ***Cotoneaster***, 474

— Kn. größer **16**

16. Zw. hin u. her gebogen; Kn. mit Sternhaaren; mit 1–2 absteigenden Beikn. .... ***Styrax***, 891

— Merkmale anders **17**

17. Bl.narben hufeisenf., mit 5–7 Bündelmalen; Kn. dunkelbraun behaart; Endkn. deutl. abgeflacht (*273/5*) .... ***Asimina***, 391

— Bl.narben rundl., mit einem erhabenen Bündelmal; Kn. spindelf., gekielt, 10–15 mm lang; Kn.schuppen deutl. 2-zeilig, die inneren silbrig behaart; dickere Zw. u. Stämme durch sich ablösende Schuppenborke gemustert ***Stewartia***, 890

Schlüssel zum Bestimmen der Gattungen

Ginkgoaceae, Ginkgogewächse (Bearbeiter: Peter A. Schmidt)

Nur 1 Gatt.: → ***Ginkgo***, S. 564 (Charakterisierung siehe dort).

Pinaceae, Kieferngewächse (Bearbeiter: Peter A. Schmidt)

Immergrüne, selten (*Larix* u. *Pseudolarix*) sommergrüne Bäume, zuw. auch Spalier- od. Strauchwuchs (z. B. Krummholz, Gartensorten); Bl. nadelf. (Nadeln), an Langtrieben einzeln u. schraubig od. 2-zeilig (gescheitelt) stehend u./od. an Kurztrieben zu 2 bis vielen, entw. scheinwirtelig genähert in Büscheln zu > 10 od. zu (1–)2–5(–8) in einem Bündel mit gemeinsamer häutiger Scheide; ♂ Bltn.zapfen kätzchenartig, mit schraubig angeordneten Stbl. mit je 2 Pollensäcken, Pollenkörner mit 2 Luftblasen (außer *Pseudotsuga* u. *Larix*); ♀ Bltn.zapfen mit zahlreichen an der Zapfenspindel schraubig gestellten Deckschuppen, an deren Oberseite sich die Samenschuppen mit je 2 Samenanlagen befinden; Blütezeit IV–VI (außer *Cedrus*: IX–X), oft mit Massenproduktion an Pollen („Schwefelregen"); Zapfen bei der Reife meist verholzend, beim Heranwachsen des Zapfens Deckschuppen meist klein bleibend, aber auch verkümmernd (*Pinus*) od. weiter wachsend u. aus dem reifen Zapfen herausragend (*Pseudotsuga*, einige *Abies*- u. *Larix*-Arten); Samen nussartig, meist 1-seitig geflügelt; Mykorrhiza obligat; Holz oft harzhaltig. 12 Gatt. mit ca. 230 Arten, N-Hemisphäre, in MAm. (südl. bis Guatemala) u. SO-As. (südl. bis Java) in trop. Zone reichend.

Wenn verkürzt von Zapfen gesprochen wird, dann sind ♀ Zapfen nach der Blütezeit bzw. zur Reife gemeint.

1. Nadeln zu 2–5 in einem Bündel (*716/1*), ausnahmsweise nur 1 od. > 5, stets von einer gemeinsamen häutigen Scheide umgeben, diese dauerhaft od. im 1. Jahr abfallend .... ***Pinus***, 716

— Nadeln entw. einzeln (*337/1a*), u./od. an Kurztrieben scheinwirtelig genähert, dadurch büschelig, > 10 Nadeln im Büschel **2**

2. Nadeln stets u. nur einzeln stehend (*337/1a, 702/1, 764/2*) **5**

— Nadeln an Kurztrieben in Büscheln (*432/1*), daneben einzeln stehende Nadeln an Langtrieben **3**

3. Baum immergrün, Nadeln mit Lebensdauer von 3–6 Jahren, derb, steif, stechend zugespitzt (*432/1*), Nadeln der Langtriebe einem kurzen, braunen Stielchen aufsitzend, das nach dem Nadelabfall am Zw. zurückbleibt; Zapfen mit dicht aneinander gepressten Samenschuppen, im 2. od. 3. Jahr zerfallend .... ***Cedrus***, 432

— Baum sommergrün, Nadeln im Herbst abfallend, ± dünn u. weich, nicht stechend, Nadeln an Langtrieben direkt dem Zw. aufsitzend; Zapfen zur Reife mit lose anliegenden bis spreizenden Samenschuppen, nicht zerfallend od. wenn, dann bereits im 1. Jahr **4**

4. Nadeln (1,5–)2–3(–4) mm breit; Schuppen der Endkn. lang zugespitzt; Zapfen bei der Reife im 1. Jahr zerfallend, Samenschuppen keilf. zugespitzt ***Pseudolarix***, 763

— Nadeln 0,4–1,5 mm breit; obere Kn.schuppen stumpf bis abgerundet; Zapfen bei der Reife nicht zerfallend, lange am Zw. bleibend, Samenschuppen an der Spitze gestutzt, abgerundet od. ausgerandet .... ***Larix***, 615

5 (2). Nadelbasis scheibenf. verbreitert u. mit dem grünen scheibenf. Grund direkt dem Zw. anhaftend (*337/1*), nach dem Nadelabfall eine runde Narbe auf Zw. hinterlassend, wenn (selten) Grund nur schwach verbreitert, dann Narbe trotzdem rundl.; Zapfen aufrecht, am Baum zur Reife zerfallend ***Abies***, 336

— Nadeln an der Basis nicht scheibenf. verbreitert; Zapfen aufrecht, abstehend od. hängend, nie am Baum zerfallend **6**

6. Nadeln am Grund nicht stielartig verschmälert, sondern einem rindenfarbigen, am Trieb herablaufenden holzigen Stiel (Bl.kissen) aufsitzend (*702/1*), dieser beim Nadelabfall zurückbleibend, entnadelte Zw. dadurch gefurcht u. raspelartig rau .... ***Picea***, 702

— Nadeln am Grund deutl. stielartig verschmälert u. mit dem grünen Stielchen dem Zw. ± direkt (*764/2*) od. einem kleinen, aber deutl. höcker- bis stielf. Bl.kissen (*923/1*) aufsitzend, Zw. nicht od. kaum gefurcht, entw. ± glatt mit elliptischen Blattnarben (*764/1*) od. durch Bl.kissen schwach rau **7**

7. Grünes Nadelstielchen im spitzen Winkel vom Zw. abgehend, Nadeln einem kaum erhabenen Bl.kissen aufsitzend, nach Nadelabfall eine elliptische Narbe hinterlassend (*764/1*), 2–3,5 cm lang; Zapfen mit herausragenden 3-spitzigen Deckschuppen; Kn. > 5 mm lang, eif. bis spindelf., lang zugespitzt .... ***Pseudotsuga***, 764

— Grünes Nadelstielchen dem Zw. anliegend od. parallel zu ihm verlaufend, einem kleinen, aber deutl. höcker- bis stielf. Bl.kissen (*923/1*) aufsitzend, Nadeln 0,5–2,5(–3) cm lang; Deckschuppen kürzer als Samenschuppen, im Zapfen verborgen; Kn. 1–4 mm lang, eif. bis kugelig od. kegelf. **8**

8. Nadeln im ∅ elliptisch, oberseits gewölbt, beiderseits mattgrün bis grau- od. blaugrün, auch oberseits mit Stomatalinien, am Zw. ringsum stehend, vorwärts u. aufwärts gerichtet; Zapfen längl. bis zylindrisch, 3–8 cm lang
Hesperopeuce* = *Tsuga* Untergatt. *Hesperopeuce, 923

— Nadeln deutl. abgeflacht, oberseits glänzend dunkelgrün od. gelbgrün, in der Mitte gefurcht, unterseits mit 2 weißen od. grauen Stomatabändern, am Zw. meist deutl. gescheitelt stehend; Zapfen geöffnet längl. eif. bis kugelig, 1,5–3,5(–4) cm lang .... ***Tsuga***, 923

Araucariaceae, Araukariengewächse (Bearbeiter: Peter A. Schmidt)

Immergrüne Bäume; Bl. schraubig od. fast gegenst., entw. breit u. flach, lanzettl. bis eif. mit zahlreichen Parallelnerven od. schmal, linealisch, nadelf. bis pfrieml. u. 1-nervig; ♀ Zapfen groß, Samen- u. Deckschuppen zu schraubig angeordneten Schuppenkomplexen verwachsen, wobei vergrößerte Deckschuppen den größten Anteil haben, reif holzig, im 2. bis 3. Jahr reifend, dann zerfallend, 1 Samen pro Schuppe. 3 Gatt. mit ca. 35 Arten auf der S-Hemisphäre (Mal. Arch., Austr., S-SAm.), davon 1 (*Wollemia*) erst 1994 (Austr.) entdeckt.

1. Bl. schraubig bis fast gegenst., 2- od. 4-zeilig, meist linealisch, 2–8 mm breit, oberseits dunkelgrün, unterseits bläul. grün; Zapfen endst. an Seitensprossen 1. Ordnung, bis 10 cm ∅, Samen 0,7–1,1 cm lang; Stammrinde sich nur anfangs in dünnen rotbraunen Schuppen lösend, später dicht stehende, schwammige Knöllchen od. Höcker bildend, blasig erscheinend
Wollemia, 949

— Bl. schraubig angeordnet, meist gleichmäßig um den Trieb verteilt, eif. 3-eckig bis eilanzettl., 1–3 cm breit, beiderseits glänzend grün; Zapfen seitenst. an Seitensprossen höherer Ordnung, 14–20 cm ∅, Samen 3–5 cm lang; Stammrinde in horizontalen Streifen abblätternd, im Alter oft dicke Schuppenborke ***Araucaria***, 386

Podocarpaceae, Steineibengewächse (Bearbeiter: Peter A. Schmidt)

Immergrüne, meist 2-häusige Bäume od. Sträucher; Bl. wechselst., meist schraubig angeordnet, zuw. 2-zeilig od. fast gegenst., schuppenf. od. nadelf., lanzettl. bis eif. od. elliptisch, selten auch blattartige Sprosse (Phyllokladien); ♂ Bltn.zapfen kätzchenartig, endst. od. achselst., ♀ Bltn.zapfen mit 1 bis zahlreichen Deck-/Samenschuppen-Komplexen, in denen die Samenschuppen je 1 Samenanlage umhüllen, nicht verholzend, sondern bei der Reife sich zu einer 1-seitigen, lederigen od. fleischigen Samenhülle (Epimatium) entwickelnd. 18 Gatt. mit 155–187 Arten, trop. u. subtrop. Zonen (meist in Geb.), auf S-Halbkugel bis in australe Zone.

Hierzu Gatt. → ***Podocarpus***, S. 735.

Cupressaceae [incl. *Taxodiaceae*], Zypressengewächse [inkl. Sumpfzypressengewächse] (Bearbeiter: Peter A. Schmidt)

Immergrüne Bäume u. Sträucher, selten sommergrüne Bäume; Bl. wechselst., gegenst. od. zu 3–4 wirtelig, nadelf., pfrieml. od. schuppenf.; in letzterem Falle sind die Triebe der Seitenzw. letzter Ordnung oft abgeflacht, die schuppenf. Bl. überdecken sich teilw. (dachziegelartig) u. flächenst. (Flächenbl.) u. kantenst. Bl. (Kantenbl.) können in Form u. Größe verschieden sein; ♂ Bltn.zapfen klein, bl.achselst. od. endst. an Kurztrieben, ♀ Bltn.zapfen meist endst., mit 6–20 (selten bis 40) Zapfenschuppen (Deckschuppen, an denen Samenschuppe als Samenwulst angewachsen ist), mit 2 bis vielen Samen je Schuppe, reife Zapfen meist holzig, bei *Juniperus* werden die Zapfenschuppen bei der Reife derbfleischig u. verwachsen zu einem „Beerenzapfen", der sich meist nicht öffnet.

Nach Eingliederung der Fam. Sumpfzypressengewächse (*Taxodiaceae*, excl. *Sciadopitys*) enthält die Fam. *Cupressaceae* jetzt etwa 30 Gatt. u. 130 Arten, überwiegend in den gemäßigten (bor. bis mer., austral) Zonen der N- u. S-Hemisphäre, vereinzelt bis in trop. Zone. Neuere molekulargenetischen Untersuchungen führten zu Diskussionen der Abgrenzung bzw. Gliederung der Verwandtschaft der Zypressen (siehe unter Gatt. *Cupressus*, S. 492).

Arten, die durch Schuppenbl. gekennzeichnet sind, besitzen als junge Sämlingspfl. nadelf. Bl., zuw. bleiben diese bis ins Alter erhalten („fixierte Jugendformen"), in der Natur nur zuw. auftretend, in Kultur nicht selten als Sorten (vgl. z. B. Nr. 19). Weiße Bänder, Linien od. Flecken an Bl.oberseite od. -unterseite geben die Lage der in Reihen angeordneten Spaltöffnungen (Stomatalinien) wieder.

1. Pfl. immergrün, Bl. fest, meist derb od. lederig, ± hart, erst nach 2 od. mehr Jahren abfallend **3**

— Pfl. sommergrün, Bl. krautig weich, dünn, im Herbst meist abfallend, die Bl. an den diesj. gestreckten, unverholzten Kurztrieben gemeinsam mit diesen abfallend **2**

2. Kn., Kurztriebe u. deren Bl. gegenst. od. zumindest fast gegenüberstehend (*667/1*), B. nadelf.; Zapfen als Ganzes abfallend, Zapfenschuppen gegenst. .... ***Metasequoia***, 667

— Kn., Kurztriebe u. deren Bl. wechselst., Bl. meist in 2 Reihen, 2-zeilig u. nadelf. (*901/1*) od. in 5 u. mehr Reihen u. pfrieml.; Zapfen zur Reife zerfallend, Zapfenschuppen spiralig stehend .... ***Taxodium***, 901

3 (1). Bl. 3–7 cm lang – linealisch-lanzettl., Rand fein gesägt, sich zur scharf stechenden Spitze allmähl. verjüngend, beiderseits od. unterseits mit 2 bläul. weißen Bändern mit Stomatalinien; Zapfenschuppen dünn (bis 0,5 mm dick), lederig, wenig verholzt .... ***Cunninghamia***, 491

— Bl. < 3 cm lang **4**

4. Bl. gegenst. od. wirtelig zu 3 (selten 4) angeordnet **8**

— Bl. schraubig (spiralig) angeordnet, zuw. 2-zeilig **5**

5. Bl. an den Seitenzw. 2-zeilig ausgerichtet (gescheitelt), wenn auch Bl.ansatzstellen schraubig (*857/1*), nadelf., linealisch, dorsiventral abgeflacht – unterseits mit 2 weißen Bändern aus Stomatareihen, 0,6–2,5 cm lang ***Sequoia***, 856

— Bl. an den Seitenzw. nicht 2-zeilig ausgerichtet, nadelf., sichelf., pfrieml. od. schuppenf., im ∅ rundl., rautenf. od. seitl. zusammengedrückt, wenn nadelf., dann nicht dorsiventral abgeflacht **6**

6. Zapfen ellipsoidisch bis zylindrisch, 0,9–2,5 cm lang, 0,6–1,1 cm ∅, Zapfenschuppen dünn (< 0,5 mm dick), biegsam, Vorderrand mit kleiner stechender Spitze; Benadelung an Jung- u. Altbäumen deutl. verschieden, Bl. pfrieml. bis sichelf., (0,5–)1–2,5 cm lang, 1,5–3,5 mm breit, stechend zugespitzt, bläul. grün, an älteren (etwa ab 30-j.) Bäumen in der Oberkrone lanzettl. bis schuppenf., nur 3–6 mm lang, 1,2–3 mm breit, stumpf .... ***Taiwania***, 900

— Zapfen entw. kugelig mit 1–3 cm ∅ od. eif., > 3 cm lang u. > 2 cm ∅, Zapfenschuppen dick (> 0,5 mm), holzig, meist starr, Vorderrand entw. abgerundet od. mit 3–5 dornigen Zähnen; Benadelung nicht auffällig verschieden, Bl. entw. alle sichelf. gebogen, 0,6–2,5 cm lang u. 1–2 mm breit, nicht stechend od. 3–8(–12) mm lang, 1–3,5 mm breit, stechend zugespitzt, dunkelgrün **7**

7. Bl. in 5 Längsreihen schraubig um den Zw. angeordnet, nadelf. bis pfrieml., 0,6–2,5 cm lang, 1–2 mm breit, meist sichelf. dem Zw. zu gebogen (*490/1*), allmähl. zugespitzt, aber nicht stechend; Zapfen kugelig, 1–3 cm ∅ (*490/2*), Zapfenschuppen sparrig stehend, Vorderrand mit 3–5 dornigen Zähnen ***Cryptomeria***, 490

— Bl. in 3 Längsreihen schraubig um den Zw. angeordnet, pfrieml. bis lanzettl., 3–8 mm, an Haupttrieben bis 12 mm, lang, 1–3,5 mm breit, dem Zw. ± anliegend, Spitze abstehend, stechend zugespitzt; Zapfen eif., 3–8 cm lang, 2,5–5 cm breit (*857/4*), Zapfenschuppen starr, vorn abgerundet, ohne dornige Spitzen od. Zähne .... ***Sequoiadendron***, 857

8 (4). Bl. alle nadelf. (*599/1*), zuw. mit Übergängen zu od. mehr pfrieml. lanzettl. Bl., jedoch nicht schuppenf., entw. wirtelig (*599/1*) od. gegenst. **18**

— Bl. entw. alle schuppenf. u. gegenst. od. Bl. an einer Pfl. zumindest z. T. schuppenf., daneben auch nadelf. bis pfrieml., gegenst. od. wirtelig (*442/1–3, 667/3*) **9**

9. Schuppenbl.paare von abweichender Form u. teils auch Größe, Bl. an Zw.oberseite u. -unterseite (Flächenbl.) flach od. schwach gekielt, seitl. stehende Bl. (Kantenbl.) gefaltet bzw. stark gekielt, dadurch beblätterte Triebe der Seitenzw. abgeflacht, im ∅ flach bis rautenf. **11**

— Schuppenbl. von etwa gleicher Form u. Größe, nicht od. kaum in Flächenbl. u. Kantenbl. differenziert, Triebe im ∅ rundl. od. 4-kantig, nur zuw. etwas abgeflacht **10**

10. Zapfen kugelig bis längl. eif., reif verholzt, mit 6–14 schildf. Schuppen (*492/1*), anfangs dicht schließend, später auseinanderklaffend; Bl. alle schuppenf. ***Cupressus***, 492

— Zapfen eif. bis halbkugelig od. kugelig, reif beerenartig durch Verwachsung von 2–8 derbfleischigen, zuw. etwas holzigen Schuppen (*599/2*); Bl. entw. alle schuppenf. od. z. T. schuppen-, z. T. nadelf. .... ***Juniperus***, 599

11 (9). Jungtriebe mit den Schuppenbl. 4–8 mm breit, – stark abgeflacht, oberseits glänzend grün, unterseits mit auffälligen weißen Flecken (*908/2*) ***Thujopsis***, 909

— Jungtriebe mit Schuppenbl. < 4 mm breit **12**

12. Flächenst. u. kantenst. Schuppenbl. deutl. verschieden, Flächenbl. flach, nicht od. kaum gekielt, beblätterte Zw. stark abgeflacht **14**

— Flächenst. von den kantenst. Schuppenbl. weniger abweichend, wie diese gekielt, wenn auch schwächer, beblätterte Triebe nur wenig abgeflacht, ± 4-kantig, im ∅ rautenf. **13**

13. Niedriger, < 1 m hoher Strauch mit niederliegenden u. schräg aufsteigenden Ästen; Zapfen 3–6 mm ∅, 1-samig, Zapfenschuppen 2–4, dünn, lederig bis schwach holzig, Samen ungeflügelt – Bl. grün bis gelbl. grün, im Winter bronzerot bis kupferbraun .... ***Microbiota***, 667

— Aufrechte Bäume; Zapfen 1–2 cm ∅, mehrsamig, Zapfenschuppen 4–8, dick, zur Reife holzig, Samen mit 2 Flügeln – Bl. grün bis grau- od. blaugrün, bei Sorten auch gelb
Cupressus × ***leylandii*** (siehe auch × *Cuprocyparis*, S. 495), 493

14 (12). Schuppenbl. etwa gleich lang, Spitzen der Kantenbl. u. der Flächenbl. in gleicher Höhe, Ränder der Kantenbl. sich auf der flachen Seite des Triebes nicht berührend, Flächenbl. bis zum Grund sichtbar (*416/1*); Samen mit 2 ungleichen Flügeln .... ***Calocedrus***, 416

— Schuppenbl. ungleich lang, meist Spitzen der Flächenbl. die der Kantenbl. überragend, auch umgekehrt, Ränder der Kantenbl. berühren sich (ausgenommen einige Sorten) im unteren Teil (*442/1–3, 667/3*), damit Flächenbl. nicht bis zum Grund sichtbar; Samen ungeflügelt od. mit 2 gleichen Flügeln **15**

15. Zapfen kugelig, Zapfenschuppen schildf., ihre Ränder anfangs aneinander liegend (*442/4*), zur Reife auseinanderklaffend (*442/5*); Spitze des Gipfeltriebs der Pfl. meist überhängend **17**

— Zapfen längl. bis eif., seine flachen Schuppen greifen dachziegelartig übereinander (*733/2, 908/1*); Gipfeltriebe meist steil aufgerichtet – Bl. auf der Zw.unterseite grün od. mit undeutl. grauweißen, selten weißen Flecken **16**

16. Zw. in senkrechten Ebenen stehend, ihre Bl. beiderseits gleichfarbig, frisch- od. gelbgrün; Zapfen mit 6–8 Schuppen, Schuppen bereift, auf dem Rücken mit zurückgekrümmtem, hornartigen Fortsatz, Samen ungeflügelt (*733/3*) .... ***Platycladus***, 733

— Zw. in verschiedene Richtungen orientiert, aufrecht, schräg od. waagerecht abstehend, kaum in senkrechten Ebenen, Bl.färbung an Zw.unterseite von -oberseite verschieden, blasser od. gelbl. grün, bläul. grün od. mit undeutl. grauweißen, selten auffälligen weißen Flecken; Zapfen mit 8–12, auch zur Reife nur schwach verholzten, lederigen Schuppen, Schuppen nicht bereift, auf dem Rücken ohne hornartigen Fortsatz od. mit winzigem Dorn unterhalb ihrer Spitze (*908/1*), Samen geflügelt .... ***Thuja***, 907

17 (15). Schuppenbl. beiderseits grün, weder an Zw.unterseite bläul. weiß noch mit weißen Linien od. Flecken, beim Zerreiben unangenehm riechend (ähnl. Stink-Wacholder, *Juniperus sabina*); Zapfen 8–10 mm ∅, mit 4–6 Schuppen – beblätterte Zw. 1,5–3 mm breit
Cupressus nootkatensis (siehe auch *Xanthocyparis*, S. 950), 492

— Schuppenbl. an der Zw.unterseite mit längl. weißen Flecken od. (zuw. verschwommenen) weißen Linien, wenn ohne, dann beblätterte Triebe unterseits bläul.weiß, beim Zerreiben nicht unangenehm, eher harzig od. stark würzig, riechend; Zapfen mit 8–12 Schuppen, wenn nur 4–6 Zapfenschuppen, dann Zapfen nur 4–7 mm ∅ .... ***Chamaecyparis***, 441

18 (8). Nadeln od. nadelf. bis pfrieml. Bl. auf der Oberseite (die dem Zw. zugewandte Seite) mit deutl. weißen Streifen (Stomatabänder), wirtelig zu

3 (selten 4) od. gegenst. – Zapfenschuppen meist derbfleischig, zu einem Beerenzapfen verwachsend (*599/2*), ausnahmsweise steinfr.artig **Juniperus**, 599
— Nadelf. od. pfrieml. Bl. auf der Oberseite ohne deutl. weiße Streifen **19**
19. Bl. auf der Unterseite mit weißl. Streifen, wenn oberseits bläul. weiß, dann keine abgegrenzten Streifen .... Sorten von **Chamaecyparis**, 441
— Bl. beiderseits grün .... Sorten von **Thuja**, 907

Sciadopityaceae, Schirmtannengewächse (Bearbeiter Peter A. Schmidt)

Hierzu nur die Gatt. → ***Sciadopitys*** (Charakterisierung siehe dort; S. 856), früher in die Fam. *Taxodiaceae* gestellt, deren Gatt. heute mit Ausnahme von *Sciadopitys* den Zypressengewächsen (*Cupressaceae* s. l.) zugeordnet werden.

Cephalotaxaceae, Kopfeibengewächse (Bearbeiter: Peter A. Schmidt)

Hierzu nur 1 Gatt., Merkmale siehe → ***Cephalotaxus***, S. 436.

Taxaceae, Eibengewächse (Bearbeiter: Peter A. Schmidt)

Immergrüne, meist 2-häusige Bäume u. Sträucher; Bl. nadelf., flach, meist ohne Harzgänge, schraubig angeordnet, an Seitenzw. 2-zeilig od. ± gescheitelt; ♂ Bltn. bl.achselst., einzeln od. in kurzen ährenf. Bltnst. mit schuppenartigen Hüllbl. u. schildf. Stbl., ♀ Bltn. einzeln, endst. an kurzen beschuppten Seitenzw.; Samen hartschalig, mit dickfleischigem, becherf. od. eif., den Samen ganz od. nur z. T. umfassenden Samenmantel (Arillus) (*902/1, 919/4*). 5 Gatt. mit 24 Arten, mer. bis nem. NAm. bis MAm., NW-Afr., mer. bis nem. W-Euras., Himal., O- bis SO-As.

Der neuerdings von einigen Autoren diskutierten Zuordnung der Gatt. *Cephalotaxus* zu den Eibengewächsen wird hier nicht gefolgt.

1. Nadelunterseite blassgrün od. gelbl. grün, selten graugrün, mit wenig auffälligen, nicht deutl. abgegrenzten Spaltöffnungsbändern; Arillus becherf., oben offen bleibend (*902/1*), zur Reife meist scharlachrot, seltener orange od. gelb, Samen < 1,5 cm lang .... **Taxus**, 902
— Nadelunterseite mit 2 von Mittelrippe u. grünen Rändern deutl. abgegrenzten, meist etwas vertieften, blau- bis grauweißen, bräunl. od. gelbl. Spaltöffnungsbändern; Arillus den gesamten Samen umhüllend, grün, zur Reife auch purpurgrün bis purpurrot gefleckt od. gestreift, Samen 1,5–4 cm lang (*919/4*) .... **Torreya**, 919

Ephedraceae, Meerträubelgewächse (Bearbeiter: Peter A. Schmidt)

Hierzu nur 1 Gatt., Merkmale siehe → ***Ephedra***, S. 521.

Schisandraceae (Bearbeiter: Bernd Schulz)

Immer- od. sommergrüne Lianen u. Sträucher mit wechselst., einfachen Bl. ohne Nebenbl.; Bltn. radiär erscheinend (unsymmetrisch), eingschl., einzeln od. in wenigbltg. Ständen, Bltn.hülle freiblättrig, Perigon 7–15-zählig; Stbl. meist zahlreich, Filamente am Grund ± miteinander zu Androphor verwachsen (*855/1c*), Frbl. zahlreich, frei; Sammelfr. mit 2- bis mehrsamigen Beerenfrch. (*855/d*). 3 Gatt. (*Schisandra* 24, *Kadsura* 16 u. *Illicium* 32 Arten) in O- u. S-As. sowie im östl. NAm., bei uns nur → ***Schisandra***, S. 855, im Freiland aushaltend.

Magnoliaceae, Magnoliengewächse (Bearbeiter: Bernd Schulz)

Sommer- od. immergrüne Bäume u. Sträucher; Bl. wechselst., einfach, ungeteilt u. ganzrandig od. gelappt, die verwachsenen Nebenbl. (z. T. unter Beteiligung des Bl.grunds) umgreifen den Zw. u. hinterlassen an jedem Knoten eine ringf. Narbe (*647/3*), bei den Kn. bilden die Nebenbl. die Kn.hülle; Bltn. einzeln, meist end-, selten achselst., ⚥, Bltn.hülle aus 3-wirteligen Perigonbl. in 2–3(–5) Kreisen, zuw. auch mehr, äußere Perigonbl. zuw. kbl.ähnl., Stbl. u. Frbl. zahlreich, spiralig an der verlängerten, spindelf. Bltn.achse; Fr. eine Sammelfr., Frch. Bälge, Hülsen od. Nüsschen. 2 Gatt. mit ca. 250 Arten (vgl. *Magnolia*), vorwiegend in S-, SO- u. O-As., im östl. NAm. u. SAm.

1. Bl. einfach, ungeteilt, ± zugespitzt (*646/1–4*), sehr selten an der Spitze 2-lappig, dann Bl. über doppelt so lang wie breit; Fr. nie zerfallend, Frch. öffnen sich zur Reife mit einem Spalt (*647/1–2*), die Samen hängen an Nabelsträngen aus den Frbl., äußere Lage der Samenschale (Sarcotesta) fleischig, meist ± orangefarben .... ***Magnolia***, 645

— Bl. gelappt, an der Spitze quer gestutzt u. eingeschnitten (*626/1*); Fr. zapfenähnl., aus vielen geflügelten Nüsschen zusammengesetzt, später zerfallend (*626/2*) .... ***Liriodendron***, 626

Annonaceae, Flaschenbaumgewächse (Bearbeiter: Bernd Schulz)

Bäume, Sträucher od. Lianen; Bl. oft 2-zeilig, einfach, ganzrandig, Nebenbl. fehlend; Bltn. einzeln od. in Ständen, häufig stammbltg., Bltn.hülle radiär, freiblättrig, 3-zählig: 3 Kbl. u. 6(–15) Krbl. in 2(–5) ungleichen Kreisen, Stbl. u. Frbl. frei, meist zahlreich u. spiralig; Sammelfr. vielgestaltig. Etwa 120–130 Gatt. mit 2 200 Arten, vorwiegend trop.; in Kultur nur → ***Asimina***, S. 391.

Calycanthaceae, Gewürzstrauchgewächse (Bearbeiter: Bernd Schulz)

Sommergrüne Sträucher; Bl. schief gegenst., einfach, ganzrandig, ohne Nebenbl.; Bltn. einzeln am Ende seitl. Sprosse, ⚥, Bltn.bl. spiralig, Bltn.hülle zahlreiche Perigonbl., zuw. innere in Form u. Farbe differenziert, Stbl. 5 bis mehrere, Frbl. zahlreich, frei, mittelst. im krug- od. becherf. Bltn.boden, dieser außen mit zu den Perigonbl. überleitenden ± schuppenf. (auf der Fr. Narben hinterlassenden, *417/3–4* u. *446/6*) Bl. besetzt; Fr.: zahlreiche Nüsschen im trockenen Bltn.becher. 3 Gatt. mit 10 Arten in NAm., O-As. u. Austr.

1. Bltn. bis 2,5 cm ∅, Perigonbl. blass gelb, innere kürzer, rötl. (in Sorten auch alle Perigonbl. blassgelb), Bltn. im späten Winter u. zeitigen Frühjahr vor den Bl., mit 5–6 Stbl. (*280/3*); Winterkn. mit Kn.schuppen (*239/4*) ***Chimonanthus***, 446

— Bltn. größer, Perigonbl. weiß od. dunkel weinrot, Bltn. im Sommer am Ende beblätterter Seitensprosse, Stbl. 10–30 (*280/1–2*); Winterkn. ohne Kn.schuppen (*417/1–2*) .... ***Calycanthus***, 416

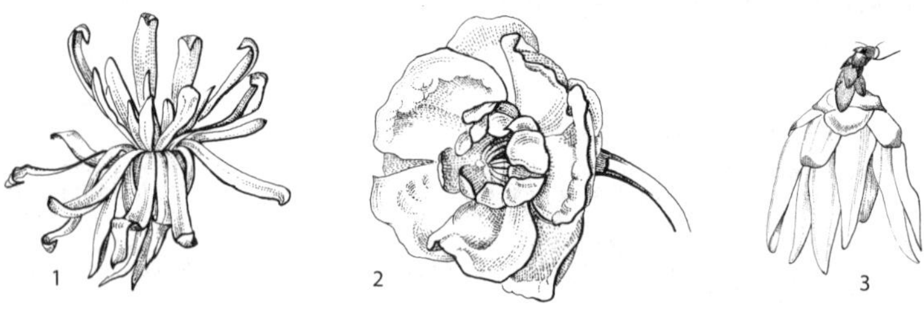

280/1–3 *Calycanthaceae*, Bltn.: 1 *Calycanthus floridus*; 2 *C. chinensis*; 3 *Chimonanthus praecox*

Lauraceae, Lorbeergewächse (Bearbeiter: Bernd Schulz)

Immergrüne, selten sommergrüne Gehölze; Bl. meist wechselst., einfach od. gelappt, Nebenbl. fehlend, Spreite meist mit durchscheinenden Drüsenpunkten; Bltnst. doldig od. thyrsoid; Bltn. klein, meist 3-, selten 2- od. 4-zählig, ⚥ od. eingschl., oft 2-häusig verteilt, Perigonbl. 4 od. 6(–9) od. fehlend, Stbl. meist 9(–15), oft in 3 Kreisen, die des inneren Kreises meist mit je 2 Nektarien am Grund des Staubfadens. Staubbeutel 2- od. 4-kammerig, entsprechend der Kammerzahl sich mit 2 od. 4 Klappen öffnend; Frbl. 1, oberst., Gr. mit 2–3-lappiger Narbe, Frkn. mit 1 Samenanlage; Fr. eine Beere od. Steinfr., Stiel unter der Fr. oft verdickt; Pfl. in allen Teile meist reich an ätherischen Ölen. 50 Gatt. mit 2500 Arten, vorwiegend in trop. u. subtrop. Wäldern.

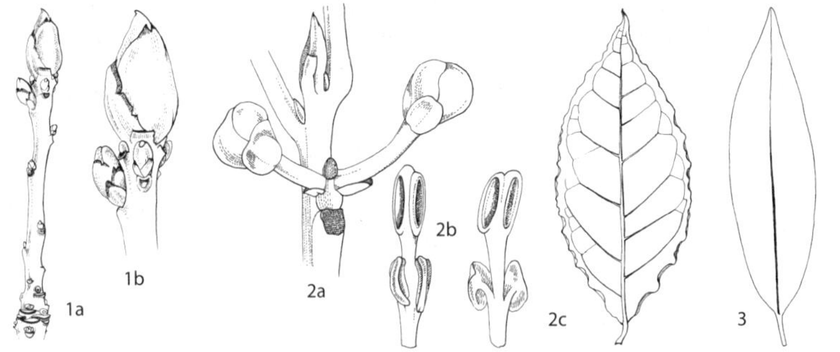

281/1–3: 1 *Sassafras*, 1a Zw. im Winter, 1b Endkn. = Bltnst.kn.; 2 *Laurus*, 2a gestielte Bltnst.kn. als Bereicherungskn. in Vorbl.achseln (Tragbl. entfernt), 2b Stbl. mit Nektarien, 2c Bl.; 3 *Umbellularia*, Bl.

1. Pfl. immergrün, frostempfindl., zuw. Kübelpfl.; Bl. einfach, nie gelappt; Bltn. ⚥ u. 3-zählig od. eingschl. u. 2- bzw. 4-zählig – lang gestielte kugelige Bltnst.kn. bereits im Vorjahr neben den Seitenkn. angelegt (*281/2a*) **3**

— Pfl. sommergrün, Bl. einfach od. gelappt – Bltn. meist 3-zählig mit 6 Perigonbl., polygam **2**

2. Bltnst. doldige Büschel seitl. am vorj. Zw., aus Seitenkn. od. aus Bereicherungskn., Endkn. immer vegetativ, nicht wesentl. größer als Seitenkn. od. (besonders am Langtrieb) oft fehlend (*624/1–3*); Staubbeutel 2-kammerig

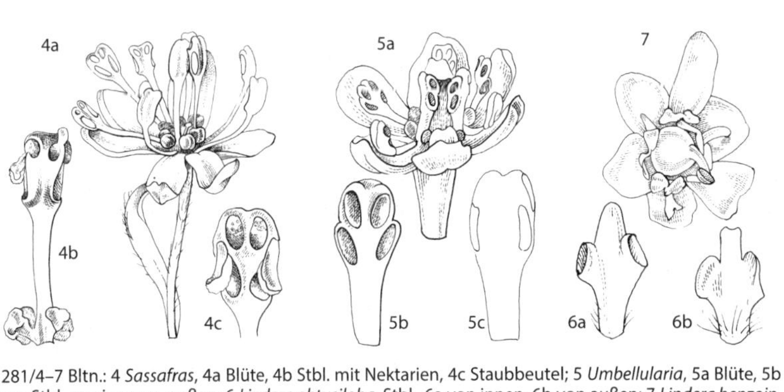

281/4–7 Bltn.: 4 *Sassafras*, 4a Blüte, 4b Stbl. mit Nektarien, 4c Staubbeutel; 5 *Umbellularia*, 5a Blüte, 5b u. c Stbl. von innen u. außen; 6 *Lindera obtusiloba*, Stbl., 6a von innen, 6b von außen; 7 *Lindera benzoin*, Blüte in Draufsicht

u. 2-klappig; Beeren ± rundl., gelb, rot od. rotbraun, selten schwarz; Bl. meist einfach u. ungelappt .... ***Lindera***, 624

— Bltnst. am neuen Trieb, aus auffällig großer Endkn. (*281/1a–b*), schwach verzweigte Rispe; Seitenkn. ohne Bereicherungskn.; Staubbeutel meist 4-kammerig, jede Kammer öffnet sich mit einer Klappe (*281/4a–c*); Steinfr. eif., schwarzblau; Bl. am selben Zw. einf., ungelappt u. 1–3-lappig (*854/1–3*) ***Sassafras***, 854

3 (1). Bl. elliptisch, bei 10 cm Länge ca. 3,5 cm breit (*281/2c*), am Rand fein gewellt, relativ dick u. gegen das Licht kaum durchscheinend; Bltn. mit 4 Perigonbl., getrenntgschl., Nektarien paarig in ♂ Bltn. an den Staubfäden der inneren 4 Stbl. (*281/2b*) u. 1–2 Stbl. mit 1-seitigem Nektarium; Staubbeutel 2-klappig; häufige Kübelpfl. .... ***Laurus***, 618

— Bl. lanzettl., bei 10 cm Länge ca. 2,5 cm breit (*281/3*), ganzrandig, gegen das Licht durchscheinende Drüsenpunkte sichtbar; Bltn. mit 6 Perigonbl., ⚥, Nektarien paarig an der Basis der 3 inneren Stbl.; Staubbeutel 4-klappig (*281/5a–c*) .... ***Umbellularia***, 929

Aristolochiaceae, Osterluzeigewächse (Bearbeiter: Bernd Schulz)

Stauden, Sträucher od. Lianen mit wechselst., meist 2-zeiligen Bl., Nebenbl. fehlend; Bltn. ⚥, mit meist einfacher, verwachsener, 3-zähliger K.hülle (*388/3–5*), Stbl. 5–24, oft 6, mit dem Gr. zu einer Gr.säule (Gynostemium) verwachsen, selten frei (*Saruma* Oliv.), Frbl. 5–6, verwachsen; Fr. eine 5–6-fächerige, meist hängende, vielsamige Kapsel, selten eine Beere. 4 Gatt. mit max. 600 Arten, weltweit verbreitet.

In Kultur wenige Lianen der Gatt. → ***Aristolochia***, S. 387.

Winteraceae (Bearbeiter: Bernd Schulz)

Immergrüne Bäume u. Sträucher, Bl. wechselst., oft aromatisch, Bltn. mit 2–4 verwachsenen Kbl., Krbl. 5–50, in 1 bis mehreren scheinbaren Kreisen, frei, äußere zuw. verwachsen, Frbl. 3–20, frei, seltener synkarp, Samenanlagen 1 bis viele, Stbl. frei, 15–100 in 2–5 unregelmäßigen Kreisen; Bltnst. zymös; Fr. (Sammel-)Beeren, Bälge od. Kapseln. 5 (4–9) Gatt. mit 60–90 Arten, v. a. australe Zone bis Geb. trop. Zone (Mal. Arch., O-Austr. u. Neuseel., M- u. SAm., Madagaskar).

Hierzu → ***Drimys***, Seite 514.

Smilacaceae, Stechwindengewächse (Bearbeiter: Ulrich Hecker)

Sommer- od. immergrüne Lianen; Bl. wechsel- od. gegenst., ± lederig; Bltn. meist in achselst. Trauben, Ähren od. Dolden, radiär, eingschl., 2-häusig verteilt, Frkn. oberst.; Fr. eine 1–3-samige Beere. 2 Gatt. mit etwa 260 Arten, vorwiegend in den Trop.

Hierzu → ***Smilax***, S. 862.

Asparagaceae, Spargelgewächse [incl. *Agavaceae, Convallariaceae, Dracaenaceae*]

(Bearbeiter: Ulrich Hecker)

Krautige Pfl., oft mit Rhizomen, Rosettenstauden od. Holzgewächse mit anomalem sekundären Dickenwachstum; Bl. wechselst. bis quirlst., einfach, oft bandf., ohne Nebenbl., zuw. zu Schuppen (Niederbl.) reduziert, in deren Achseln bl.artige Kurztriebe (Phyllokladien) sitzen; Bltn. einzeln, in unterschiedl. Ständen, bis zu großen rispigen od. traubigen Bltnst., sehr vielgestaltig, ⚥ od. eingschl., bisweilen 2-häusig verteilt, radiär, meist mit 6-zähligem Perigon u. 6 Stbl.; Frkn. oberst. bis unterst., 3-teilig; Fr. meist eine 1- bis mehrsamige Beere od. vielsamige Kapsel. 128 Gatt. mit fast 3 000 Arten, weltweit verbreitet von den Trop., Subtrop. bis zur nem. Zone.

1. Sprosse mit bl.artigen Kurztrieben, der Achsel von kleinen Schuppenbl. entspringend **3**
— Sprosse mit riemenf. Bl., diese > 10 cm lang, schopfartig angeordnet **2**
2. Verzweigte od. unverzweigte, stammbildende Holzgewächse; Bl. riemenf., Mittelrippe ± deutl. ausgeprägt, Bl.spitze nicht stechend; Bltn. 1–2 cm groß .... ***Cordyline***, 462
— Stammlose od. kurzstämmige, mitunter verzweigte Holzgewächse; Bl. rosettig, fest u. derb, lang linealisch od. pfrieml., ± graugrün, ohne ausgeprägte Mittelrippe, Blattspitze stechend; Bltn. > 3 cm .... ***Yucca***, 951
3. Bl.artige Kurztriebe unverzweigt .... ***Ruscus***, 826
— Bl.artige Kurztriebe verzweigt **4**
4. Bl.artige Kurztriebe weich u. biegsam .... ***Danaë***, 500
— Bl.artige Kurztriebe steif u. stechend .... ***Ruscus aculeatus***, 827

Arecaceae, **Palmengewächse** [*Palmae*] (Bearbeiter: Ulrich Hecker)

Stammbildende, seltener auch stammlose, meist unverzweigte Bäume, seltener spreizklimmende Lianen; Stämme u. Bl. mitunter stark bewehrt; Bl. lang gestielt, Spreite meist fächerf., ± tief radiär eingeschitten,; Bltn. meist eingschl. u. 2-häusig verteilt; Bltnst. u. Fr. sehr vielgestaltig. 185 Gatt. mit ca. 2 520 Arten, in S-Eur. 2 Arten (*Chamaerops humilis* L. u. *Phoenix theophrasti* GREUTER).

Für uns nur von Interesse: → ***Trachycarpus***, S. 921.

Poaceae [*Gramineae*]

Sprossachsen (Halme) ohne sekundäres Dickenwachstum. Einjährige od. sich aus bodennahen Vegetationspunkten erneuernde ausdauernde Pflanzen, meist Stauden (Rhizomgeophyten), in der Unterfam. *Bambusoideae* auch Gehölze: Hier erreichen die Halme größere Dimensionen, verholzen u. überdauern mehrere Jahre. Weltweit mit mehr als 700 Gatt. u. über 11 000 Arten verbreitet.

Bambusoideae, **Bambusartige Süßgräser** (Bearbeiter: Hans-Roland Müller)

Immergrüne Pfl. mit pachymorphen (sympodialen) od. leptomorphen (monopodialen) Rhizomen, aus denen meist ausdauernde u. verholzte Halme hervorgehen, Halme hohl (Ausnahme *Chusquea*), vielknotig, nur im Knotenbereich massiv; Bl.spreiten der Haupthalmbl. verkümmert, die Scheiden meist bald abfallend, Spreiten der Seitenzw. flach, am Grund stielartig verschmälert u. dadurch deutl. von den bleibenden Bl.scheiden abgegliedert, Bl.nervatur parallel, durch kleine Seitennerven würfelartig; Ährchen in Rispen, Trauben od. endst. Köpfchen, 1- bis vielbltg., mit 2 od. mehreren Hüllspelzen, meist 5- bis vielnervigen, unbegrannten Deckspelzen sowie 2-(bis viel-)nervigen Vorspelzen, Schwellkörper (Lodiculae) 3, Stbl. 6 od. 3, zuw. mehr; Narben 1–3; Fr. eine trockene Schließfr. (Karyopse), seltener steinfr.-

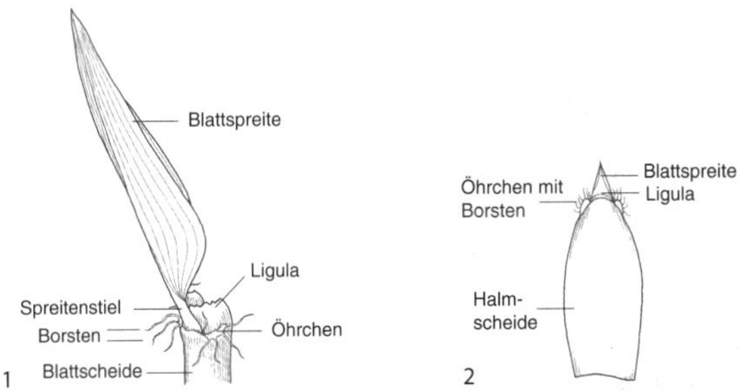

283/1–2 *Bambusoideae*, Bl., schematisch: 1 Laubl., 2 Halmscheidenbl.

od. beerenartig ausgebildet. Etwa 110 Gatt. mit über 1 000 Arten in den Trop., Subtrop. u. gemäßigten Zonen aller Kontinente (außer Eur. u. Antarktis)

Von Interesse sind hier nur die verholzten Arten der Bambusgräser der beiden Tribus ***Arundinarieae*** u. ***Bambuseae***.

Da die Bambusgräser meist nur selten blühen (Blühintervall vielfach alle 30–120 Jahre), wird auf die Bltn.-merkmale in den Bestimmungsschlüsseln verzichtet. Eine exakte u. zweifelsfreie Bestimmung ist in einigen Fällen jedoch nur im blühenden Zustand mögl.

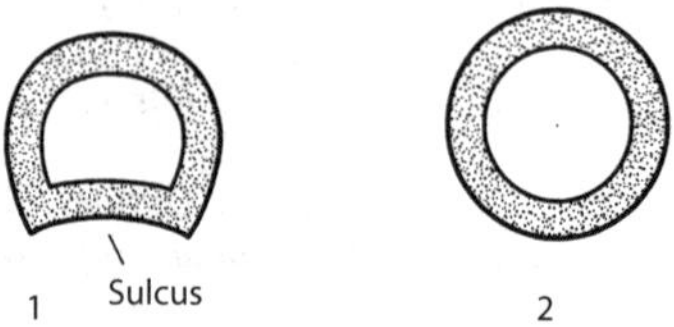

284/1–2 Halmquerschnitte: 1 *Phyllostachys*; 2 *Sasa*

1. Halme mit Markgewebe; Verzweigungskn. je Knoten > 1, ein großer mittiger Kn. wird von 2 od. mehreren kleineren flankiert .... ***Chusquea***, 448

— Halme ohne Markgewebe, bis auf die Knoten hohl (aber zuw. dickwandig); Verzweigungskn. je Knoten 1 .... **2**

2. Halme 1-seitig abgeflacht od. gefurcht (*284/1*) **7**

— Halme stielrund (*284/2*) **3**

3. Seitenäste je Knoten 2; Halmscheiden hinfällig **6**

— Seitenäste je Knoten 1 (zumindest in Halmmitte); Halmscheiden bleibend od. sehr spät abfallend **4**

4. Halme 2–5 m lang, 10–20 mm ∅ .... ***Pseudosasa***, 763

— Halme 0,5–2 m lang, 5–12 mm ∅ **5**

5. Seitenäste je Knoten 1, wenn im oberen Teil 3, dann ein Seitenast dominierend; Seitenäste mit > 2 Bl. .... ***Sasa***, 853

— Seitenäste je Knoten 1 in Halmmitte, im oberen Teil meist 3; Seitenäste mit 1–2(–3) Bl. .... ***Indocalamus***, 593

6 (3). Pfl. dichte Horste bildend; Halme sich erst im 2. Jahr verzweigend, Halmscheiden kürzer als die Internodien; Bl. 4–10(–15) cm lang, bis 15 mm breit; Halme u. Bl. nicht gelb od. gelb gestreift .... ***Fargesia***, 538

— Pfl. keine dichten Horste bildend, oft aber sich flächig ausbreitend; Halmscheiden mindestens so lang wie die Internodien; Bl. 10–20 cm lang; Halme u. Bl. bisw. gelb gestreift .... ***Pleioblastus***, 734

7 (2). Halmscheiden ohne Borsten; Halme 3–7 mm ∅, < 2 m lang ***Shibataea***, 858

— Halmscheiden mit Borsten; Halme > 10 mm ∅, meist > 2 m lang **8**

8. Seitenäste je Knoten 2–3, wenn 3, dann der mittlere deutl. kleiner als die seitl., Halmscheiden hinfällig, meist mit dunklen Flecken ***Phyllostachys***, 699

— Seitenäste je Knoten 3–8, wenn > 3, dann 3 Seitenäste am Knoten dominant, Halmscheiden grün, mit rötl. Anflug, lange bleibend u. oft unvollst. abfallend .... ***Semiarundinaria***, 856

Eupteleaceae (Bearbeiter: Ulrich Hecker)

Merkmale siehe → ***Euptelea***, S. 533.

Lardizabalaceae, Fingerfruchtgewächse (Bearbeiter: Bernd Schulz)

Lianen, selten Sträucher; Bl. wechselst., gefiedert, gefingert od. 3-zählig, Nebenbl. fehlend, Blch. ganzrandig od. schwach kerbig gezähnt; Bltn. einzeln, in Trauben od. Ähren, meist 1-häusig, eingschl., seltener z. T. ⚥ u. polygam, Bltn.hülle 3- od. 6-teiliges Perigon, freiblättrig, Stbl. immer 6, Filamente zuw. am Grund zu röhrenf. Androphor verwachsen; in ♀ Bltn. Staminodien; Frbl. bis 12, oft 3, frei; Fr. mit 1–3 (selten mehr) zur Reife fleischigen, vielsamigen Frch.: geschlossen bleibend (Sammelbeere) od. sich an der Bauchnaht öffnend (Sammelbalgfr.). 5 Gatt. mit 37–53 Arten vom Himal. bis O- u. SO-As.; 2 Gatt. mit 3 Arten in Chile.

1. Aufrechter, grobzweigiger Strauch mit gefiederten Bl. (*504/3*); Winterkn. mit 2 Kn.schuppen (*243/6*); Bltn. gelbgrün, in langen (Doppel-)Trauben, ♂ Bltn. Stbl. röhrig verwachsen, ♀ Bltn. mit 3 Frbl. (*504/4*); Frch. längl., bis 10 cm lang u. 2 cm ∅, reif bläul., mit warziger Oberfläche (*504/5*) . . . ***Decaisnea***, 504

— Gegen den Uhrzeigersinn, links herum, windende Lianen mit gefingerten od. 3-zähligen Bl. (*372/3* u. *4*, *859/4*); Winterkn. mit vielen Kn.schuppen (*219/3* u. *219/4*) **2**

2. Bl. immergrün, lederig, Blch. deutl. gestielt u. zugespitzt; Bltn.kn. längl. elf., Perigon 6-zählig, um 20 mm lang, die äußeren Krbl. 3 lanzettl., die inneren 3 linear, Stbl. röhrig verwachsen, Frbl. 3 . . . . ***Stauntonia***, 889

— Bl. sommergrün bis halbimmergrün, Blch. kurz gestielt od. an der Spitze gestutzt; Bltn.kn. kugelig, Krbl. 3 od. wenn 6, Krbl. um 3–5 mm lang, Stbl. frei od. ± sitzend **3**

3. Blch. 3–5, > 10 mm lang gestielt, an der Spitze ausgerandet od. leicht zugespitzt (*372/3* u. *4*); Zw. längsstreifig, rotbraun, nur Langtriebe, Zw. ohne Endkn., Seitenkn. mit Bereicherungskn. (*219/3*); Perigon 3-teilig, Bltn. eingschl., in wenigbltg. Trauben, ♀ Bltn. 15–25 mm ∅, mit bis 9(–12) Frbl. (*372/2*), ♂ Bltn. 4–12 mm ∅; Frch. längl., geschlossen ca. 7–8 cm × 3 cm ∅, sich reif öffnend . . . . ***Akebia***, 372

— Blch. 3, die seitl. nur kurz (bis ca. 7 mm) gestielt, zugespitzt (*859/4*); Zw. rund, hellgrau–ocker–grünl., Kurztriebe mit Endkn. (*219/4*), Seitenkn. einzeln; Bltn. kurz gestielt in bis 30 cm langen vielbltg. Trauben, Bltn. ca. 7–10 mm ∅, Perigon 6-teilig, mit bis 6 Nektarbl., polygam, Frbl. 3 (*859/5*); Frch. längl. kugelige Beere, 1,2–2 cm × 1,2 cm ∅ . . . . ***Sinofranchetia***, 859

Menispermaceae, Mondsamengewächse (Bearbeiter: Ulrich Hecker)

Sommer- od. wintergrüne Lianen, seltener Sträucher, Bäume od. Kräuter mit wechselst., meist einfachen Bl., Nebenbl. fehlend; Bltn. unscheinbar, stets eingschl. u. 2-häusig verteilt, in Rispen od. Trauben, oft stammbltg.; ♀ Bltn. mit Staminodien, Frbl. 3–6, frei; Sammelfr. mit fleischigen Steinfrch., Steinkern gekrümmt, oft markant strukturiert. 68 Gatt. mit ca. 450 Arten; überwiegend trop.

1. Bl. nicht schildf., ganzrandig bis 3-lappig, eif. (*460/1*); Stbl. 6–9, Kbl. u. Krbl. je 6 . . . . ***Cocculus***, 460

— Bl. ± schildf., 3–7-lappig (*666/1, 2*); Stbl. 12–18(–24), Kbl. 4–10, Krbl. 6–9 ***Menispermum***, 665

***Berberidaceae*, Berberitzengewächse** (Bearbeiter: Ulrich Hecker)

Immer- od. sommergrüne Sträucher sowie Stauden; Bl. wechselst., bei Stauden auch grundst., einfach od. zusammengesetzt, Nebenbl. meist fehlend; Bltn. ⚥, gewöhnl. in Trauben, Rispen od. einzeln, Bltn.hülle einfach (Perigon) od. in K. u. Kr. gegliedert, in mehreren 3-zähligen, selten 2- od. 4-zähligen Kreisen, Nektarbl. oft vorhanden, Stbl. 18–4, Staubfäden oft reizbar, Frbl. 1, oberst.; Fr. eine Beere, seltener eine Balgfr. 19 Gatt. mit 755 Arten, vorwiegend in der nördl. Gemäßigten Zone, in Afr. u. SO-As. auch in der trop. Zone, in SAm. bis weit nach Süden vordringend.

1. Bl.stets einfach, sommer- od. immergrün; Pfl. meist dornig bewehrt **_Berberis_**, 393
— Bl. zusammengesetzt, teilw. auch einfach, immergrün; Pfl. dornenlos **2**
2. Bl. an den Langtrieben einfach, an den Kurztrieben einfach od. zusammengesetzt .... × **_Mahoberberis_**, 651
— Bl. stets zusammengesetzt **3**
3. Bl. sehr groß, 3-fach gefiedert, Blch. ganzrandig; Bltn. weiß .... **_Nandina_**, 672
— Bl. einfach gefiedert, Blch. gewöhnl. gezähnt; Bltn. gelb........ **_Mahonia_**, 652

***Ranunculaceae*, Hahnenfußgewächse** (Bearbeiter: Ulrich Hecker)

Stauden u. Kräuter, seltener Halbsträucher, Sträucher od. Lianen; Bl. wechselst. od. grundst., selten gegenst. od. wirtelig, einfach od. zusammengesetzt, Nebenbl. fehlend; Bltn. ⚥, selten polygam, meist radiär, einzeln od. in Trauben, Rispen od. Zymen, vielgestaltig, neben Kbl. u. Krbl. bzw. Perigonbl. oft noch Nektarbl., Krbl. bisw. fehlend, die einzelnen Bltn.elemente schraubig od. wirtelig angeordnet, Stbl. zahlreich, frei, Frbl. getrennt, 1 bis viele; Fr. mannigfaltig, Frch. als Bälge, Nüsschen, Beerchen od. Steinfrch. 65 Gatt. mit ca. 2 375 Arten, weltweit verbreitet, überwiegend auf der N-Hemisphäre.

1. Bl. gegenst.; Bltn. groß; Pfl. meist mit Bl. rankende Lianen ...... **_Clematis_**, 450
— Bl. wechselst.; Bltn. klein, unscheinbar; Pfl. nie kletternd ... **_Xanthorhiza_**, 950

***Platanaceae*, Platanengewächse** (Bearbeiter: Ulrich Hecker)

Merkmale siehe → ***Platanus***, S. 732.

Sabiaceae (Bearbeiter: Bernd Schulz)

Meist immergrüne, selten sommergrüne Bäume od. Lianen; Kn. mit od. ohne Kn.schuppen; Bl. wechselst., einfach od. zusammengesetzt (unpaarig gefiedert), ganzrandig bis stachelig gezähnt, ohne Nebenbl.; Bltnst. oft vielbltg. Rispen od. Trauben; Bltn. ⚥ od. eingschl., zuw. polygam, 1- od. 2-häusig; Bltn. klein bis mittelgroß, radiär, zygomorph od. unsymmetrisch, oft mit Diskus, Bltn.hülle doppelt, (3–)5-zählig; Frbl. 2–3, verwachsen, Frkn. oberst., mit 1–2 Samenanlagen pro Fach; Fr. eine Zerfall-Kapsel od. Spaltfr., seltener Nuss od. Beere. V. a. Trop. (außer Afr.): SO-As., Mal. Arch., M- u.SAm., wenige Arten in der nem. Zone. 3 Gatt. mit ca. 100 Arten.

Für uns nur von Interesse → ***Meliosma,*** S. 665.

***Trochodendraceae*, Radbaumgewächse** (Bearbeiter: Ulrich Hecker)

Immergrüne od. sommergrüne Kleinbäume; Bl. wechselst., einfach; Bltn. klein, meist ⚥, in Trauben od. Ähren; Bltn.hülle einfach, 4-zählig od. fehlend; Stbl. 4 bis viele; Frbl. 4–11, seitl. miteinander verwachsen, zu einer vielsamigen, sich mit Spalten öffnenden Fr. heranwachsend. 2 monotypische Gatt. in O-As.

1. Pfl. sommergrün; Bl. 2-zeilig, am Grund herzf. (*904/1*), Nebenbl. mit dem Bl.stiel verwachsen. .... **_Tetracentron_**, 904

— Pfl. immergrün; Bl. an den Zw.enden stehend, am Grund abgerundet bis keilf., ohne Nebenbl. .... ***Trochodendron***, 922

Buxaceae, **Buchsbaumgewächse** (Bearbeiter: Ulrich Hecker)

Meist immergrüne Sträucher od. Stauden, seltener Bäume; Bl. gegenst., seltener wechselst., einfach, lederig, ganzrandig, seltener grob gezähnt, ohne Nebenbl.; Bltn. eingschl., seltener ⚥, Kbl.4–6, z. T. 4–12-teilig, Krbl. fehlen; Stbl. 4–6 od. zahlreich; Frbl. 3; Frkn. oberst., Fr. ist eine Kapsel, Steinfr. od. Beere. 5 Gatt. mit ca. 120 Arten in den Trop. u. Subtrop., wenige in der nem. Zone.

1. Bl. gegenst.; Bltn. grünl. in achselst. Köpfchen, Fr. eine sich 3-klappig öffnende Kapsel .... ***Buxus***, 412
— Bl. wechselst; Bltn. weißl. od. rosaweiß **2**
2. Bl. ganzrandig; Bltn. in kurzen Trauben od. Knäueln; Fr. eine Beere ***Sarcococca***, 852
— Bl. grob gezähnt; Bltn. in aufrechten Ähren; Fr. eine Kapsel od. Steinfr. ***Pachysandra***, 683

Paeoniaceae, **Pfingstrosengewächse** (Bearbeiter: Ulrich Hecker)

Stauden, seltener schwach verzweigte Sträucher; Bl. (*684/1*) wechselst., lang gestielt, Spreite mehrfach geteilt, Nebenbl. fehlend; Bltn. ansehnl., ⚥, einzeln od. zu wenigen achselst., radiär, freiblättrig, Kbl. 5 ungleich, persistierend, Krbl. 5–12; Stbl. zahlreich; Frbl. 2–5, mit sitzender Narbe, zu mehrsamigen, lederigen, abwärts gekrümmten Bälgen auswachsend (*684/2*); Samen schwarz, glänzend. 1 Gatt. mit 36 Arten in Euras. u. W-NAm.

Hierzu → ***Paeonia***, S. 683.

Altingiaceae, **Amberbaumgewächse** (Bearbeiter: Bernd Schulz)

Früher zu den *Hamamelidaceae* gestellte immer- od. sommergrüne Bäume; Bl. wechselst., einfach od. gelappt, mit Nebenbl.; Bltn. eingschl., meist nackt, mindestens die ♀ in kugeligen od. längl. Köpfchen; Fr. eine 2-spaltige Kapsel. O-As., O-Medit. u. O-NAm. u. MAm.

Ickert-Bond & Wen (2013) stellen alle 15 Arten zu → ***Liquidambar*** (siehe S. 625). Die Fam. ließe sich alternativ in 2 Gatt. teilen, dann *Liquidambar* i. e. S. nur 2 Arten in M- u. NAm. u. in O-Medit. Die bisherige Teilung in 4 Gatt. ist nicht aufrecht zu erhalten. Die ss gepflanzten o-as. Arten *L. formosana* Hance u. *L. acalycina* H. T. Chang stehen den 11 anderen Arten aus O-As. (*Altingia* Noronha, incl. *Semiliquidambar* H. T. Chang) näher als *Liquidambar* i. e. S.

Hamamelidaceae, **Zaubernussgewächse** (Bearbeiter: Bernd Schulz)

Sommer- od. immergrüne Sträucher od. kleine Bäume; Bl. wechselst., mit Nebenbl., einfach, ganzrandig, wellig od. gezähnt (nie gekerbt od. gesägt); Bltn. in Trauben, Ähren od. Köpfchen, ⚥, seltener andromonözisch od. Pfl. 1-häusig; Bltn.hülle doppelt, 4–5-zählig od. fehlend; Stbl. 4–30, Staminodien zuw. vorhanden; Frbl. 2, miteinander verwachsen, Gr. frei, Frkn. meist halbunterst., zuw. mittel- od. oberst; Fr. eine verholzte 2-fächerige Kapsel, sich 2- bis 4-klappig öffnend; Samen meist 2, längl. elliptisch, glänzend. Etwa 80–140 Arten in 3 Unterfam. u. ca. 27 Gatt. N- u. MAm., O- u. S-Afr., Mal. Arch.; Mannigfaltigkeitszentrum in O-As.

1. Bl.stiel > 2 cm lang, Spreite ganzrandig (*512/1*), Pfl. sommergrün; Bltn. im Herbst, zu 2 in Köpfchen, mit 5 schmalen, dunkel purpurfarbenen Krbl.; Zw. ohne Endkn., Kn.schuppen braun, 2-zeilig, vaginal (**Unterfam. *Disanthoideae***) .... ***Disanthus***, 512
— Bl. kürzer gestielt, Bl.rand oft gezähnt od. ± wellig, wenn ganzrandig Pfl. immergrün; Bltnst. anders, Krbl., sofern vorhanden, weiß, gelb, grün, wenn

rot, dann Blüte 4-zählig; Zw. meist mit Endkn. (nicht bei *Loropetalum*), Kn. dicht sternhaarig od. spindelf. mit grünen bis roten Kn.schuppen, nur 1 od. 2 Vorbl. vaginal, weitere Schuppen stipular (**Unterfam. *Hamamelidoideae***) **2**

2. Bl.rand fein gezähnt od. fast ganzrandig, mit welligen, groben Zähnen ohne Grannen; Bltn. 4-zählig od. Bltn.hülle fehlend u. Zahl der Bltn.glieder variabel, Bltnst. Köpfchen od. (oft aufrechte) Ähren **4**

— Bl.zähne in lange Spitzen (Grannen) auslaufend (*470/3–5*); Bltn. 5-zählig, mit gelbgrünen od. gelben Krbl., in längl., (oft hängenden) Ähren – Seitenkn. mit 2 vaginalen, meist hinfälligen Vorbl. **3**

3. Zw.spitzen u. Kn. dicht sternhaarig, Bltnst.kn. dunkel, walzenf. am Triebende; Bltn. andromonözisch, K.- u. Krbl. unauffällig, bis 2 mm lang, z. T. mit dunklen Sternhaaren (**Tribus *Eustigmateae***) .... ***Sinowilsonia***, 860

— Zw. u. Kn. kahl od. schwach behaart; Kn. spindelf. (*470/1a–b*); Bltn. ⚥, Kbl. klein u. unauffällig, Krbl. ≥ 6 mm × 3 mm (*288/1*), gelbl. (**Tribus *Corylopsideae***) .... ***Corylopsis***, 470

4 (2). Pfl. sommergrün, wenn halbimmergrün, dann laufen die obersten Seitennerven der Bl. (zuw. nach Gabelung) in die Zähne; Bl.rand ganzrandig, leicht bis stark gewellt od. gezähnt **7**

— Pfl. immergrün, Seitennerven maschenläufig u. nicht in die Bl.zähne laufend, Bl. meist ganzrandig, mitunter in der oberen Hälfte mit wenigen Zähnen **5**

5. Bltnst. endst. Köpfchen, Bltn. mit 4 bandartigen, weißen od. purpurroten Krbl.; Bl. relativ klein (*641/2*); Spreitenbasis asymmetrisch – Rand dicht fein bewimpert (**Tribus *Loropetaleae***) .... ***Loropetalum***, 641

— Bltnst. od. Einzelbltn. in seitenst. Kurztrieben, Bltn. ohne auffällige Krbl., von gelbroten bis roten, selten rein gelben Staubbeuteln dominiert; Bl. derb lederig, ± symmetrisch **6**

Tribus *Hamamelideae* [incl. *Fothergilleae*], Punkt 6–10

Seitenkn. mit einem vaginalen, oft hinfälligem Vorbl. an der Basis, 2. Bl. u. unentwickelte Zw.spitze nach kürzerem od. längerem Sprossglied („Stiel") von den eigenen Nebenbl. eingeschlossen.

6. Bl. eif. elliptisch, bis 7 cm lang, ganzrandig; vorj. Zw. zumindest z. T. grün; Bltn.-kn. einzeln an längl. Kurztrieben (Ähren), Stbl. bis 6, Staubfäden 1,5–2 mm, Staubbeutel rot, Frkn. oberst.; Fr. ohne Reste des hinfälligen Bltn.bechers (*288/2*) .... ***Distylium***, 513

— Bl. schmal eif. bis lanzettl., bis 9 (–12) cm lang, v. a. in der oberen Hälfte z. T. mit kleinen Zähnen; vorj. Zw. grau; 6–10 Bltn. in Köpfchen (ähnl. *Parrotia*) aus einer Bltnst.kn. (*893/2c–d*) mit gemeinsamer Kn.hülle (zuw. stehen mehrere

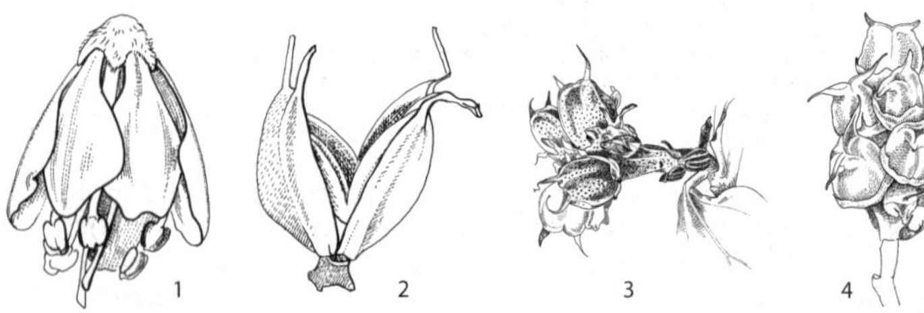

288/1–4 *Hamamelidaceae*: 1 *Corylopsis*, Blüte; 2 *Distylium*, Fr.; 3 *Parrotia*, achselst. Frst.; 4 *Parrotiopsis*, endst. Frst.

Bltnst.kn. ährig an kurzen Trieben), Bltn. andromonözisch, ♂ u. ⚥ mit bis ca. 10 Stbl., Staubfäden länger, Staubbeutel gelb bis rot; Frkn. mittelst. (frei im bis 2 mm langen Bltn.becher); Fr. im unteren Teil von Resten den Bltn.-bechers eingefasst .... ***Sycopsis***, 893

7 (4). Bltn. u. Fr. in achselst. Köpfchen entlang der Langtriebe (*288/3*) od. am Ende von Kurztrieben (*570/1a*); Bltn. meist lange vor dem Neuaustrieb, Bltn. mit Hülle u. 4-zählig (*570/2a*) od. Krbl. reduziert, schuppenf. u. Stbl. ≤ 14, Staubbeutel (gelb-)rot, etwa 3-mal so lang wie breit, Staubfäden ≤ 2,5-mal so lang wie Staubbeutel (*685/5* u. *6*) **9**

— Bltn. u. Fr. in aufrechten Ähren (*544/2a*) od. Köpfchen (*288/4*) am Triebende, Bltn. mit dem Laubaustrieb, Bltn.hülle nur rudimentär vorhanden, mit > 15 Stbl. je Blüte, Staubbeutel gelbl., bis doppelt so lang wie breit, Staubfäden ≥ 3-mal so lang wie Staubbeutel **8**

8. Bltnst./Frst. eine aufrechte kurze köpfchenartige Ähre (*288/4*); Bltnst. mit einigen weißen Hochbl., Deckbl. der Bltn. reduziert u. unauffällig, Staubfäden grünl., Staubbeutel gelb (*686/3*); Bl.rand fein gezähnt; Sg od. Bk. ***Parrotiopsis***, 686

— Bltnst./Frst. eine kurze Ähre ohne Hochbl. (*544/2a*), Bltn. mit dicht braun sternhaarigen Deckbl., Staubfäden rein weiß u. zur Spitze verdickt (*544/1a–b*), Staubbeutel blassgelb; Bl.rand in der oberen Hälfte grob gezähnt bis wellig; Sk .... ***Fothergilla***, 544

9. (7). Bltnst. separate kurze Triebe mit mehreren kleinen getrennten kugeligen Bltn.kn. (ca. 3 mm ∅), diese kleiner als Bl.kn.; Bltn. 4-zählig, mit 4 schmalen, bandf. Krbl. u. unauffälligen Stbl. (*570/2a*), im Herbst od. sehr früh (II–IV) ***Hamamelis***, 569

— Bltnst.kn. beinhalten mehrere Bltn., kugelig, dunkel schwarzbraun (*685/4*), dicker als Bl.kn., Bltn. vor Laubaustrieb, andromonözisch, je Blüte bis 14 Stbl. mit längl., ± stark rot überlaufenen Staubbeuteln (*685/5–6*) **10**

10. Pfl. sommergrün, Bl.rand ± wellig, in der oberen Hälfte auch gezähnt – Großstrauch mit platanenähnl. abblätternder Rinde .... ***Parrotia***, 685

— Pfl. halbimmergrün, Bl. derb, Rand fast ungewellt, in der oberen Hälfte mit einigen Zähnen .... × ***Sycoparrotia***, 893

Cercidiphyllaceae, Kuchenbaumgewächse (Bearbeiter: Ulrich Hecker)

Merkmale siehe → ***Cercidiphyllum***, S. 438.

Daphniphyllaceae (Bearbeiter: Ulrich Hecker)

Merkmale siehe → ***Daphniphyllum***, S. 503.

Iteaceae, Rosmarinweidengewächse (Bearbeiter: Bernd Schulz)

Sträucher od. kleine Bäume. Enthält nur die Gatt. → ***Itea*** (siehe S. 594) mit 15 Arten, früher zu den *Escalloniaceae* gestellt.

***Grossulariaceae*, Stachelbeergewächse** (Bearbeiter: Peter A. Schmidt)

Früher wurden zuw. die *Escalloniaceae* hier mit eingegliedert.

Merkmale siehe → ***Ribes***, S. 801.

Crassulaceae, Dickblattgewächse (Bearbeiter: Bernd Schulz)

Blattsukkulente Kräuter, seltener Zwergsträucher. Ca. 1 200–1 500 Arten in 34 Gatt. Weltweit mit Schwerpunkt außertrop. Euras., N- bis MAm., Afr. südl. der Sahara, australes SAm. u. Austr.

Behandelt → ***Hylotelephium***, S. 584.

***Vitaceae*, Weinrebengewächse** (Bearbeiter: Ulrich Hecker)

Lianen od. strauchige Holzgewächse; Bl. wechselst., einfach, gelappt, handf. od. fiederteilig, Nebenbl. vorhanden; Bltn. in ± reich verzweigten Zymen, den Bl. gegenüber stehend, ⚥ od. eingschl., zuw. 2-häusig verteilt, Bltn.hülle doppelt, 5–4-teilig, Nektarscheibe (Diskus) zwischen Stbl. u. Frkn., ringf. od. gelappt, meist deutl. ausgebildet, Frkn. oberst., 2-fächerig; Fr. wenigsamige ± saftreiche Beere. 16 Gatt. mit rund 985 Arten, weltweit verbreitet.

1. Borke sich gewöhnl. in langen Streifen ablösend, Zw. ohne Lentizellen; Mark der vorj. Zw. braun; Bltn. in verlängerten Zymen, Krbl. an der Spitze mützenartig verwachsen, beim Aufblühen als Ganzes abfallend .... ***Vitis***, 944

— Borke sich nicht streifenartig ablösend, Zw. mit Lentizellen; Mark weiß bleibend; Bltn. in doldenartigen Zymen, Krbl. frei, einzeln abfallend **2**

2. Rankenenden ohne tellerf. Haftscheiben; Nektarscheibe der Bltn. schüsself., vom Frkn. deutl. abgesetzt .... ***Ampelopsis***, 383

— Rankenenden oft mit tellerf. Haftscheiben; Nektarscheibe vom Frkn. nicht od. nur schwach abgesetzt .... ***Parthenocissus***, 686

***Celastraceae*, Spindelstrauchgewächse** (Bearbeiter: Bernd Schulz)

Sommer- od. immergrüne Bäume, Sträucher, Lianen u. Wurzelkletterer mit einfachen, gegen- od. wechselst. Bl.; Nebenbl. klein, unauffällig, fransig, schnell eintrocknende bräunl. Reste; Bltn. klein u. unscheinbar, ⚥ od. eingschl., in Zymen od. Rispen, Bltn.hülle doppelt, 4–5-zählig, Kbl. frei od. miteinander verwachsen, Krbl. frei, Diskus groß; Stbl. meist 4–5; Frbl. 2–5 mit je 1–10 Samenanlagen, basal od. vollst. miteinander verwachsen, Frkn. oberst.; Fr. eine Kapsel, Flügelnuss od. Steinfr., Samen oft mit auffällig gefärbtem, den Samen ± umhüllenden Samenmantel (Arillus); viele Arten stark giftig! 94 Gatt. mit rund 1 400 Arten von der nem. bis australe Zone.

1. Sommergrüne windende Lianen mit wechselst. Bl. **3**

— Aufrechte Sträucher (selten kleine Bäume) od. immergrüne mit Wurzeln kletternde Lianen od. niederliegende Sträucher; Bl. meist gegenst. **2**

2. Bltnst. im Vorjahr angelegt, nackt überwinternd (*689/1a–b*); bis 0,4 m od. 1 m hoher, immergrüner, kleinblättriger Strauch; Bl. klein (max. 25 mm × 10 mm); Kapsel flach, weißl. grün, 1–2-fächerig, Arillus weißl. ***Paxistima***, 689

— Bltnst. erscheinen erst mit dem Laubaustrieb; oft sommergrüne Sträucher od. Bäume, wenn immergrün, dann Bl. breiter od. wechselst.; Kapsel 4–5(selten 3)-fächerig, kugelig u. gelbgrün od. gelappt, häufig auffallend rosarot (*529/1–4* u. *530/1–3*); Samen verschieden, Arillus meist orangerot ***Euonymus***, 528

3. Bltnst. reiche endst. Rispe (Seitenachsen > 10-bltg.); Fr. eine Nuss mit 3 Flügeln (geflügelter Frkn. mit Lupe in der Blüte erkennbar) (*922/2b* u. *3*); Zw. kantig, mit vollem Mark .... ***Tripterygium***, 922

— Bltnst. achselst., wenn endst. Rispe, dann Seitenachsen 1–3(–5)-bltg; Fr. eine 3-fächerige, sich 3-klappig öffnende Kapsel (*434/4*), je Fr.fach mit 1–2 Samen, Samenmantel orangerot; Zw. rund u. mit vollem Mark od. kantig mit gefächertem Mark .... ***Celastrus***, 434

Euphorbiaceae, **Wolfsmilchgewächse** (Bearbeiter: Ulrich Hecker)

Bäume, Sträucher u. krautige Pfl., im vegetativen Bau außerordentl. vielgestaltig (extreme Formen, z. B. Stammsukkukenten mit kakteenähnl. Habitus, Lianen, Rutensträucher, Pfl. mit bandartig abgeflachten Sprossen); Bl. wechsel-, seltener gegenst., meist einfach, aber auch gelappt od. zusammengesetzt, Nebenbl. meist vorhanden, hinfällig od. bleibend, mitunter dornig; Bltnst. achsel- od. endst., Bltn. eingschl., 1-häusig od. 2-häusig, radiär, selten zygomorph, oft stark reduziert, Krbl. frei, selten verwachsen, z. T. fehlend; ♂ Bltn. mit 1 bis zahlr. Stbl., Filamente frei od. verwachsen; ♀ Bltn. mit 3-blättrigem, oberst. Frkn., Fr. meist eine Kapsel, bei der Reife oft in 3 1-samige Teilfr. zerfallend, seltener Beere od. Steinfr.; häufig Milchsaft in Milchröhren (Wolfsmilchgewächse). 228 Gatt. mit ca. 6 500 Arten, weltweit verbreitet, v. a. in den Trop. u. Subtrop.

Hierzu → ***Neoshirakia***, S. 674.

Phyllanthaceae (Bearbeiter: Ulrich Hecker)

Bäume, Sträucher, Kräuter, ohne Milchröhren, sehr vielgestaltig; Bl. wechselst., oft 2-zeilig, Nebenbl. vorhanden; Bltn. meist achselst. u. eingschl., 1- od. 2-häusig verteilt, einzeln od. in kleinen Büscheln, radiär, Kbl. 2–8(–12), Krbl. (0, 3–)5(–9), meist mit Diskus, Stbl. 2–35, oft ± verwachsen, Frkn. oberst.; Fr. eine sich septizid öffnende Kapsel. 58 Gatt. mit 2 100 Arten, vorwiegend in den Trop. u. Subtrop.

1. Zw. kahl; Bltn. mit kleinen, grünen Krbl., kleiner als die Kbl. ... ***Leptopus***, 620

— Zw., zumindest anfangs, behaart; Bltn. stets ohne Krbl. **2**

2. Kapsel 5–10 mm lang gestielt, 4–5 mm ∅, Gr. nur oben gespalten ***Flueggea***, 540

— Kapsel bis 20 mm lang gestielt, 3,5–6.5 mm ∅, Gr. bis zur Hälfte gespalten .... ***Phyllanthopsis***, 698

Salicaceae s. l. [incl. *Flacourtiaceae*], **Weidengewächse** (i. w. S.)

(Bearbeiter: Peter A. Schmidt)

Sommer- od. immergrüne, oft 2-häusige Bäume u. Sträucher, z. T. Zwerg- u. Spaliersträucher, selten Lianen; Bl. wechselst., zuw. 2-zeilig, sehr selten fast gegenst., einfach, ungeteilt, selten gelappt, Nebenbl. vorhanden od. fehlend; Bltn. klein, eingschl., selten ⚥, in kätzchenartigen Bltnst., Trauben, Thyrsen od. Rispen, selten einzeln; Bltn.hülle entw. reduziert bis fehlend od. Kbl. 6–3, Krbl. 0–6; ♂ Bltn. mit 2–60 Stbl.; Frbl. 2–5, Frkn. oberst.; Fr. eine Kapsel, Beere od. Steinfr., Samen oft mit Haarschopf. Etwa 60 Gatt. mit ca. 1 200 Arten, weltweit verbreitet von trop. bis arkt. Zone, fehlend Neuseel.

Wegen ihrer Seltenheit in Kultur nicht im Schlüssel aufgenommen wurde eine weidenähnl. Gatt. mit nur 1 Art, ***Chosenia arbutifolia*** (Pall.) A. K. Skvortsov, die nach molekulargenetischen Studien der Gatt. *Salix* zugeordnet werden kann [*Salix arbutifolia* Pall.]: Bl. längl. lanzettl. bis lanzettl., kahl, graugrün, unterseits oft bereift, Rand fein gesägt bis fast ganzrandig; ♂ Kätzchen hängend, Stbl. 5; ♀ Bltn. ohne Nektarschuppe. Bg – ss. Russ.-Fernost, Kor., NO-China, Jap.

1. Bl.spreite fiedernervig od. wenn handnervig mit am Grund 3 ± starken Nerven, dann entw. Bl.stiel seitl. zusammengedrückt od. Bl. unterseits weiß- od.

graufilzig od. falls von blaugrüner Farbe, dann nicht mit Achselbärtchen; Bltn. in Kätzchen; Fr. eine Kapsel, < 2 cm lang, Samen mit Haarschopf ... 3

— Bl.spreite handnervig mit am Grund 3–5(–7) ± starken Nerven, Bl.stiel im ∅ rundl., wenn Spreite unterseits blaugrün, dann mit Achselbärtchen in den basalen Nervenwinkeln; Bltn. in Rispen; Fr. eine Beere od. 2–3 cm lange Kapsel, Samen ohne Haarschopf (*588/3, 737/2*) 2

2. Bl.stiel 5–20 cm lang, mit 2 Drüsen am Stielende u. oft weiteren verteilt am Stiel (*588/2*); Spreite breit eif., Basis herzf., vom Stielansatz 5(–7) stärkere Nerven ausgehend (*588/2*), unterseits blaugrün, untere Nervenwinkel achselbärtig; Fr. eine Beere .... ***Idesia***, 588

— Bl.stiel 2–6 cm lang, ohne Drüsen, Spreite eif. bis längl. eif., zuw. eif.-herzf., am Grund abgerundet od. schwach herzf. (*737/1*), vom Stielansatz 3–5 Nerven ausgehend, unterseits grünl., ohne Achselbärte; Fr. eine Kapsel (*737/2*) ***Poliothyrsis***, 736

3 (1). Kn. mit mehreren, dachziegelig angeordneten Schuppen, Tragbl. der Bltn. gezähnt od. zerschlitzt; Kätzchen stets schlaff herabhängend; Frkn. in einem becherf. Diskus (*737/5*), ohne Nektarschuppen, Stbl. 5–60; Bl.spreite 3-eckig bis deltoid, eif. bis rautenf. od. elliptisch bis rundl, zuw. gelappt ***Populus***, 737

— Nur eine Kn.schuppe sichtbar, die Kn. umhüllend, Tragbl. der Bltn. ganzrandig; Kätzchen meist aufrecht od. bogig abstehend, selten hängend; Frkn. am Grund mit 1 od. 2 Nektarschuppen (*833/1b, 835/3b*), Stbl. meist 2, zuw. verwachsen (*833/1b*), selten 3–5(–10); Bl. linealisch lanzettl., längl. bis eif. od. elliptisch bis rundl., nie gelappt .... ***Salix***, 828

***Passifloraceae*, Passionsblumengewächse** (Bearbeiter: Ulrich Hecker)

Kletternde Kräuter od. Lianen mit achselst. Ranken, seltener Sträucher od. Bäume; Bl. wechselst., einfach od. zusammengesetzt, mit od. ohne Nebenbl., Bl.stiele am Grund oft mit 1 od. mehreren Drüsen; Bltn. einzeln od. in Zymen, achselst, sitzend od. gestielt; Bltn. radiär, ⚥, Bltn.hülle doppelt, 5-blättrig, bleibend, freiblättrig od. teilw. am Grund verwachsen; Stbl. meist 5, einem Androgynophor od. der Basis eines Bltn. bechers entspringend; Frbl. 3, verwachsen, Frkn. oberst., sitzend od. einem Androgynophor aufsitzend; Gr. meist 3; Samen zahlreich, von fleischigem Arillus umgeben. 36 Gatt. mit ca. 930 Arten in den Trop. u. Subtrop., v. a. in Am.

Hierzu → ***Passiflora***, S. 688.

***Violaceae*, Veilchengewächse** (Bearbeiter: Ulrich Hecker)

Kräuter, Halbsträucher, Sträucher, Bäume, seltener Lianen; Bl. wechselst., meist einfach, Nebenbl. vorhanden; Bltn. ⚥, radiär od. zygomorph, einzeln bl.achselst. od. in Trauben bzw. Rispen; Bltn.hülle doppelt, frei od. verwachsenbl., das mittlere Krbl. oft am Grund ausgesackt od. gespornt; Stbl. 5; Frbl. meist 3, Frkn. oberst.; Fr. eine 1-fächerige, sich 3-klappig öffnende Kapsel, seltener eine Beere. 25 Gatt. mit ca. 800 weltweit verbreiteten Arten, die holzigen Vertreter meist trop. od. subtrop.

Hierzu → ***Melicytus***, S. 664.

***Hypericaceae*, Hartheu- od. Johanniskrautgewächse** (Bearbeiter: Ulrich Hecker)

Bäume, Sträucher od. Kräuter; Bl. einfach, gegenst. od. quirlig, zuw. auch wechselst., Nebenbl. meist fehlend; Bltn. ⚥, polygam, auch eingschl. u. 2-häusig verteilt, in Thyrsen od. einzeln; Bltn.hülle doppelt 5–4-zählig; Stbl. zahlreich, meist in Bündeln; Frkn. oberst.; Fr. eine Kapsel, Steinfr. od. Beere; Pfl. mit Öldrüsen. 11 Gatt. mit etwa 580 Arten weltweit verbreitet.

Hierzu → ***Hypericum***, S. 584.

Elaeocarpaceae (Bearbeiter: Ulrich Hecker)

Bäume od. Sträucher, Bl. einf., wechselst. od. gegenst., mit Nebenbl.; Bltn. hängend, einzeln od. in Trauben od. Zymen, ⚥ od. eingeschl., K. u. Kr. 4 od. 5-zählig, frei od. am Grund verwachsen; Stbl. 8 od. 10 bis 300, einem Diskus aufsitzend; Frkn. oberst., aus 2–8 Frbl. gebildet; Fr. eine Kapsel, Steinfr. od. Beere. 8 Gatt. mit über 600 A. in Austr., Neuseel., Indomalesien, Hawaii, SAm.

1. Bl. lang zugespitzt, eif. (*293/1*), Bltn. in armbltg. Bltnst., eingschl., 2-häusig verteilt, grünl. weiß; Fr. eine Beere .... ***Aristotelia***, 389

— Bl. längl. stumpf eif. (*293/2*) bis schmal elliptisch od. längl. lanzettl.; Bltn.-stiele deutl. verdickt, Bltn. einzeln, selten zu zweit, ⚥, Kr.bl. dickl., sehr kurz 3-spitzig; Fr. eine Kapsel .... ***Crinodendron***, 490

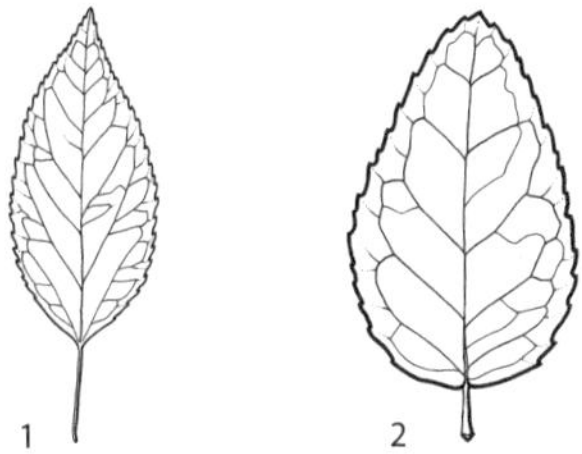

293/1–2 *Elaeocarpaceae*, Bl.: 1 *Aristotelia chilensis*; 2 *Crinodendron patagua*

Fabaceae [*Leguminosae*], Schmetterlingsblütengewächse, Hülsenfrüchtler

(Bearbeiter: Bernd Schulz)

Bäume, Sträucher, Lianen od. krautige Pfl.; weltweit etwa 745 Gatt. mit fast 20 000 Arten; viele wirtschaftlich wichtige Nahrungs- u. Futterpfl.; Wurzeln meist in Symbiose mit Stickstoff fixierenden Knöllchenbakterien; Bl. wechselst., selten gegenst. (*Genista radiata*), meist zusammengesetzt, gefingert od. (auch doppelt) gefiedert, selten einfach (*Cercis*) od. auf Endfieder reduziert, Spreite bzw. Blch. häufig ganzrandig, seltener gesägt, gezähnt od. gekerbt, Nebenbl. meist entwickelt, mitunter zu Nebenbl.dornen umwandelt, Bl.stielansatz zuw. zu Blattgelenken (Pulvinus) verdickt, Bl.spindel mitunter verdornend; Bltn. ⚥ u. zygomorph, selten radiär u. dann oft eingschl. u. 2- od. 3-häusig verteilt, meist in Trauben, zuw. zu dichten Ähren od. Köpfchen verkürzt, Bltn.hülle doppelt, (3–)5-zählig, Kbl. gewöhnl. verwachsen, Krbl. frei, oft genagelt, Anzahl selten reduziert; Kr. zygomorpher Bltn., der „Schmetterlingsblüte" (*293/3*), ist meist differenziert in eine obere, sich oft aufrichtende „Fahne" (Vexillum), 2 seitl. „Flügel" (Alae), u. 2 untere Krbl., sie bilden, an der Unterkante ± verbunden, das „Schiffchen" od. den „Kiel" (Carina); Staubfäden meist (6–)10 (selten mehr), oft röhrig verwachsen, entw. alle 10 (monadelph) od. nur 9 von 10 (diadelph 9+1), Frbl. 1; Fr. meist mehrsamig, oft pauschal als Hülse (Legumen) bezeichnet, aber auch andere Fr.formen, wie Nuss u. Balg.

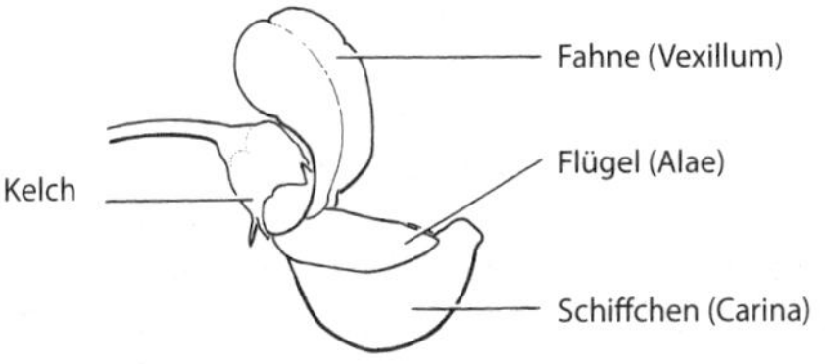

293/3 *Colutea arborescens*, Blüte

Die frühere Teilung in 3 Unterfam. od. Fam. spiegelt nicht die natürliche Verwandtschaft wider. An der Basis der großen Fam. stehen 4 neue kleinere Unterfam., von denen hier nur die *Cercidoideae* interessant sind. Die ehemalige Unterfam. *Mimosoideae* wurde in die Unterfam. *Caesalpinioideae* eingegliedert. Größte Unterfam. sind die *Faboideae*, mit zahlreichen kultivierten Gehölze in mehreren Triben. (Vgl. LPWG 2017.)

Verwandtschaftliche Beziehungen der behandelten Gatt.

Unterfam. *Cercidoideae*: *Cercis*

Unterfam. *Caesalpinioideae*: *Gleditsia, Gymnocladus, Albizia, Acacia*

Unterfam. *Faboideae* (*Papilionoideae*)

- *Cladrastis*-Verwandtschaft: *Cladrastis, Styphnolobium*
- Tribus *Sophoreae*: *Sophora, Maackia*
- Tribus *Genisteae*: *Cytisus, Chamaecytisus, Laburnum, Petteria, Genista, Ulex, Erinacea*
- Tribus *Amorpheae*: *Amorpha*
- Tribus *Indigofereae*: *Indigofera*
- Tribus *Desmodieae*: *Desmodium, Lespedeza*
- Tribus *Phaseoleae*: *Pueraria*
- Tribus *Loteae* (*Coronilleae*): *Hippocrepis, Anthyllis, Dorycnium*
- Tribus *Robineae*: *Robinia*

ILR-Klade

- *Wisteria*
- Tribus *Hedysareae*: *Caragana, Halodendron, Hedysarum, Calophaca*
- *Astragalus*-Verwandtschaft: *Colutea*
- Tribus *Galegeae*: *Ononis*

1. Bl. ungeteilt, mit deutl., > 2 cm langem, Bl.stiel (*439/2–4*) – Spreite rundl., leicht zugespitzt od. Spitze ausgerandet; Bltn. oft an älteren Zw. (stammbltg.), Kr. meist pinkrosa, selten weiß ..... ***Cercis***, 439

— Bl. zusammengesetzt od., wenn ungeteilt, nicht in Bl.stiel u. Bl.spreite gegliedert **2**

2. Bltn. zygomorph, ⚥, meist ansehnl. (*293/3*); Halbsträucher, Sträucher, Lianen od. Bäume; Bl. einfach, 3-zählig, gefingert od. einfach gefiedert; Fr. kleiner od. schmaler (**Unterfam. *Faboideae***) **6**

— Bltn. radiär, z. T. eingschl., Bl. meist doppelt gefiedert (wenn einfach gefiedert, dann Rand der Blch. gekerbt); Bäume; Fr. relativ lang (15–50 cm), wenn kürzer, dann relativ breit (2–3,3 cm) (**Unterfam. *Caesalpipioideae***) **3**

3. Bltn. in kompakten Ähren od. einzeln in lockeren (Doppel-)Trauben, unscheinbar, Stbl. etwa doppelt so viel wie Krbl., Fiedern > 10 mm lang u. weniger **5**

— Bltn. mit zahlreichen gelben od. roten Stbl., in auffälligen, ± köpfchenf. Teilbtnst., zu größeren (Doppel-)Trauben vereint; Bl. sehr feinteilig, je Seitenspindel 25–60 nur 3–10 mm lange Fiedern **4**

4. Stbl. bis 4 cm lang, zur Spitze tiefrot, Bltn. dadurch rosa erscheinend, K- u. Krbl. unscheinbar, jeweils röhrig verwachsen (*374/1* u. *1a*); Hülse flach, bis 15 cm lang ..... ***Albizia***, 374

— Stbl. viel kürzer, hellgelb, Bltn.hülle dunkler gelb, um 25 Bltn. in kugelf. Köpfchen, 5–7 mm ∅; Hülse flach, 3–8(–10) cm lang ..... ***Acacia***, 348

5 (3). Bltnst. bis 8(–13) cm lange, dichte Ähren, Bltn.becher flach u. kurz, Bltn. 3–4-zählig, Stbl. 6–8 (*565/1b–c*); Bl. einfach u./od. doppelt gefiedert (oft am selben Baum), an Kurztrieben rosettig genähert, Blch. meist unregelmäßig gekerbt; Zw. 1-j. bis 6 mm ∅, wie die Stämme oft mit verzweigten Sprossdornen .... ***Gleditsia***, 564

— Bltnst. lockere (Doppel-)Trauben, ♀ bis 25 cm lang, Bltn.becher röhrig, um 1 cm lang, Bltn. 5-zählig, Stbl. 10 (*567/1*); alle Bl. doppelt gefiedert, Fiedern meist > 5 cm lang, ganzrandig; Zw. unbewehrt, > 7 mm ∅ ***Gymnocladus***, 567

6 (2). Bl. einfach od. 3-zählig (z. T. hinfällig) **24**

— Bl. mit (2) 4 od. mehr Fiederblch. **7**

7. Meist Sträucher od. Lianen, selten kleine Bäume (dann Krbl. gelb u. Zw. mit Endkn.) **11**

— Bäume; Krbl. weiß od. rot, Zw. ohne Endkn. **8**

8. Winterkn. deutl. in der Bl.achsel sichtbar, mit 2 Kn.schuppen (*644/3*) – ältere Zw. graubraun (Periderm); Blüte im Sommer (VII–VIII), Kr. weiß ***Maackia***, 644

— Winterkn. unter dem Bl.grund verborgen od. zumindest nackt (*891/1b–c*) **9**

9. Auch mehrj. Zw. (dunkel) grün; Bltn. im Sommer (VIII–IX) in Mehrfach-Trauben; Fr. im ∅ rund, zw. den Samen eingeschnürt .... ***Styphnolobium***, 891

— Mehrj. Zw. grau bis braun (mit Periderm); Bltn. im Frühjahr (V–VI) in einfachen Trauben; Fr. seitl. abgeflacht **10**

10. Die vom hohlen Bl.grund eingeschlossenen Winterkn. relativ groß, mit absteigenden Beikn. (*450/1c*); Zw. rund, unbewehrt; Krbl. weiß, Stbl. (fast) frei, Gr. mit der Spitze wenig aus der Blüte ragend .... ***Cladrastis***, 450

— Winterkn. im Zw. eingesenkt u. nach dem Laubfall verborgen (*807/1a*); junge Zw. rundl. od kantig, oft mit paarigen Nebenbl.dornen (*807/1c*); Krbl. weiß od. rot, Stbl. basal verwachsen, Gr. nicht aus der Blüte ragend ***Robinia***, 807

11 (7). Pflanze unbewehrt, Kn. sichtbar – Bl. in der Regel mit Endfieder **13**

— Pflanze bewehrt u./od. Kn. unter Bl.grund/narbe verborgen **12**

12. Pfl. mit Sprossdornen (z. T. zusätzlich Nebenbl. verdornt) ...... ***Sophora***, 863

— Pfl. mit Bl.dornen (Bl.spindeln od. Nebenbl., zuw. fehlend u. Kn. unter Bl. grund verborgen), wenn Bl.spindeldornen, dann Endfieder fehlend u. Bl. paarig gefiedert (*421/2*) **18**

13 (11). Stark windende Lianen – Kr. bläul., seltener weiß od. weinrot; Fahne mit Schwiele auf der Innenseite .... ***Wisteria***, 948

— Aufrechte Sträucher od. Zwergsträucher **14**

14. Krbl. weiß od. gelb, selten leicht rosa **20**

— Krbl. rosa bis rot od. dunkel violett **15**

15. Bltn. mit nur 1, die Stbl. umgreifendem Krbl., der Fahne (*382/1* u. *2a*); Fr. < 1 cm lange, geschlossen bleibende, 1-samige Nuss (*382/2b*) ***Amorpha***, 382

— Bltn. mit 5 Krbl., mitunter Flügel u. Schiffchen schnell abfallend, dann Fahne erblüht aufgerichtet u. nicht die Stbl. umgreifend **16**

16. Viele Bl. mit > 21 (bis > 31) Fiedern; Bltn. in lockeren achselst. Trauben, Flügel sehr kurz, rudimentär, aber stark geöhrt (*573/1a*) – Fr. 1–3-teilige Gliederhülse, Oberfläche feinstachelig (*573/3*) .... ***Hedysarum***, 573

— Bl. mit bis zu 21 Fiedern; Bltn. in achselst. Ähren od. Trauben od. endst. Köpfchen, Flügel normal entwickelt, zuw. hinfällig **17**

17. Aufrechter Strauch; Zw. mit Gabelhaaren besetzt; Bltn. in achselst. Ähren od. Trauben – Schiffchen u. Flügel hinfällig, schmal, am Ansatz verbreitert, Schiffchen mit Sporn; K. sehr flach, K.zähne mind. doppelt so lang wie K.becher (*593/1a–c*) ; Fr. dünne, > 2 cm lange, mehrsamige Hülse (*593/1d*) ***Indigofera***, 592

— Niederliegender Zwergstrauch; Zw. ohne Gabelhaare; Bltn. in endst. Köpfchen, K. längl., mit deutl. Röhre u. Zipfeln (*385/1*); Fr. kurze, nussartige Hülse (*385/2*) .... ***Anthyllis montana***, 385

18 (12). Mit Nebenbl.dornen (*807/1c*), Bl. mit Endfieder (*807/1b*) ... ***Robinia***, 807

— Mit Bl.spindeldornen, Bl. ohne Endfieder (*421/2*) **19**

19. Bl. mit (2–)4(–6) beidseitig fein anliegend behaarten u. dadurch graugrünen Fiedern, Spindel u. Nebenbl. verdornt; Krbl. rot; Fr. ähnl. *Colutea* blasig vergrößert, aber kleiner (bis 3 cm) u. Wand derber, lederig (*569/2*) ***Halimodendron***, 569

— Bl. meist normal grün; Krbl. weiß od. gelb; Fr. längl., dünne zylindrische Hülse, die beiden Hälften sich beim Öffnen spiralig verdrehend (*421/10*) ***Caragana***, 420

20 (14). Bl. ohne Endfieder (*421/1–6*) – K.zähne kurz 3-eckig, nicht wesentl. länger als breit (*420/1–5*) .... ***Caragana***, 420

— Bl. meist mit Endfieder **21**

21. K. drüsig behaart, röhrig mit längl. K.zähnen – Fr. längl., bohnenf., dicht mit Drüsen besetzt – Bl. mit 11–25 Blch. .... ***Calophaca***, 416

— K. nicht röhrig, K.zähne stumpf od. relativ kurz (nicht > 2-mal so lang wie breit) **22**

22. Bis 0,5 m hoher Halbstrauch; Bl.spindel kurz, dadurch die 5–7 Bltch. fast gefingert; Bltn. in Köpfchen, Krbl. weiß bis rosa – Flügel mit deutl. Aussackung (*513/1–2*); Fr. kugelig bis eif. .... ***Dorycnium***, 513

— 0,5–2 m hoher Strauch; Bl.spindel gestreckt, mit 7–13 Blch.; Krbl. gelb ... **23**

23. Krbl. gelb bis orangebraun, kurz genagelt (Nagel im K. verborgen), Schiffchen an der Spitze gestutzt (*461/1–3*), Fahne innen mit Schwielen; Fr. dünnhäutig, blasig aufgetrieben (*461/4*) .... ***Colutea***, 460

— Krbl. gelb, auffallend lang genagelt (Nagel sichtbar, etwa die Hälfte der Krbl.länge) (*577/2*), Fahne ohne Schwielen; Fr. dünne, längl. in Segmente zerfallende Gliederhülse (*577/1*) .... ***Hippocrepis***, 577

24 (6). Windende Pflanze – Blch. 3 .... ***Pueraria***, 767

— Freistehende Sträucher od. kleine Bäume **25**

25. Blch. gezähnt (*678/1*) – mitunter mit Sprossdornen; Bltn. im Sommer, Krbl. rot, Schiffchen zugespitzt .... ***Ononis***, 678

— Blch. ganzrandig (od. hinfällig) **26**

26. Krbl. meist weiß bis gelb od. blau, wenn rot, dann Pfl. im Frühjahr blühend u. Bltn. zu wenigen in Büscheln; Blch. hinfällig, einfach od. 3-zählig **28**

— Krbl. purpur bis purpurviolett, ohne Gelbtöne, im Spätsommer in endst. Doppeltrauben/-ähren; unbewehrte Sträucher; Bl. 3-zählig **27**

27. Flügel deutl. kürzer als Schiffchen (*620/6b*); Fr. 1-samig, bis 12 mm lang (*620/5b*) .... ***Lespedeza***, 620

— Flügel Schiffchen vollst. einschließend; Fr. eine mehrsamige, zwischen den Samen deutl. eingeschnittene Gliederhülse .... ***Desmodium***, 505

28 (26). Pflanze unbewehrt **32**
— Pflanze dornig **29**
29. Auch Bl. zu Dornen umgewandelt u. alle Zw. in Dornen endend; K. 2-lippig, bis zum Grund gespalten (*925/1–2*) – Kr. gelb .... ***Ulex***, 925
— Bl. laubartig od. hinfällig; K. 5-zähnig **30**
30. Bis 30 cm hoher, dichter Kugelstrauch; Zw. fein gefurcht (mit etwa 13 flachen Furchen); Krbl. blau; Bl. hinfällig, der bleibende Bl.grund weißl. blasig (*525/2–3*) .... ***Erinacea***, 525
— Lockerer Zwergstr., Habitus ohne auffällig abgerundete Form; Zw. rund od. mit wenigen Kanten; Krbl. gelb; Bl. anders **31**
31. V. a. Langtriebenden verdornend; Bl. wechselst. u. K.röhre längl., K.zähne sehr kurz .... ***Anthyllis hermanniae***, 385
— Dornen achselst. Seitentriebe u. Triebenden; Bl. gegenst. (*563/1*) od. K.zähne länger als die kurze K.röhre (*563/5a*) .... ***Genista***, 561
32 (28). Zw. ohne Endkn., oberste Kn. eine Seitenkn., daneben Narbe der abgestorbenen Triebspitze; Krbl. gelb od. weiß **34**
— Zw. mit Endkn. (*269/6*) (auch an Jahresgrenze erkennbar) od. Krbl. rot **33**
33. Großsträucher od. kleine Bäume; Blch. 3–8 × 1,5–4 cm mit hängenden Bltn.-trauben, K. so lang wie ∅ (*614/2*) .... ***Laburnum***, 614
— Sträucher; Blch. bis 2,5 × 1–1,5 cm; Bltn. in Büscheln, entw. im Frühjahr seitl. an den vorj. od. im Sommer gehäuft am Ende der neuen Triebe, K. deutl. länger als ∅ (*445/1–3*) .... ***Chamaecytisus***, 445
34. Fast bl.loser Rutenstrauch; Zw. grün, fast rund, fein längsstreifig (etwa 21 Längsstreifen); Bltn. groß (> 2 cm lang), K. nur gesäumt u. oberseits gespalten, Schiffchen an der Spitze verlängert u. zugespitzt (*875/1*) ***Spartium***, 875
— Merkmale anders; K. mit deutl. Zähnen od. oberseits nicht gespalten **35**
35. K. auf der Oberseite mit 2 kurzen Zähnen (*498/1a*); Samen mit Nabelwulst (*498/1c*) (Ausnahmen *C. nigricans* u. *C. emeriflorus*, beide Arten mit anliegend 2-teiligen Haaren – Lupe!) .... ***Cytisus***, 496
— K. auf der Oberseite tief gespalten (*562/4c*); Zähne meist stark, Samen ohne Nabelwulst (*563/6*) **36**
36 (34). Bl. meist einfach, wenn 3-zählig, dann sitzend; Nebenbl. unauffällig od. hinfällig .... ***Genista***, 561
— Bl. gestielt 3-zählig; Nebenbl. stark entwickelt, die nackte Achselkn. einfassend (*692/2*) .... ***Petteria***, 692

Polygalaceae, Kreuzblumengewächse (Bearbeiter: Ulrich Hecker)

Kräuter, Sträucher od. kleine Bäume; Bl. wechsel-, gegen- od. quirlst., einfach, selten mit Nebenbl.; Bltn. in Trauben, Ähren od. Rispen, ⚥, zygomorph, schmetterlingsf.; Bltn.hülle doppelt, 5-zählig, Kbl. frei, die 2 inneren meist flügel- od. krbl.artig, Krbl. unterschiedl. gestaltet, das vordere stets schiffchenartig mit gefranstem Anhängsel; Stbl. meist 8, zu einer oben offenen Röhre verwachsen; Frbl. 5–2, verwachsen, Frkn. oberst.; Fr. 2-fächerige Kapsel, Nuss od. Steinfr. 27 Gatt. mit etwa 1 160 Arten, weltweit verbreitet.

Hierzu → ***Polygala***, S. 737.

Rosaceae, Rosengewächse (Bearbeiter: Bernd Schulz)

Gehölze od. krautige Pfl.; Bl. wechselst., selten gegenst., einfach od. zusammengesetzt, meist mit Nebenbl.; Bltn. radiär, häufig 5-zählig; Stbl. 10 bis viele ; Frbl. einige bis viele, selten nur 1; Bltn.achse häufig abgewandelt: oft zu einem vertieften Bltn.becher, der die mittelst. Frkn. umgreift (z. B. *758/2, 810/2b, 881/2*) od. zu einem verlängerten Kegel, an dem die oberst. Frch. sitzen (*503/2*); Frkn. meist frei, zuw. unvollst. miteinander verwachsen; bei der Kernobstverwandtschaft (Tribus *Pyreae*) verwachsen die halbunterst. bis unterst. Frkn. ganz od. teilw. mit dem Bltn.boden (z. B. *656/1*): aus Frkn. u. Bltn.becher entsteht dann eine Apfelfr.; andere Gruppen meist Sammelfr. mit mehreren freien trockenen (Sammelnussfr.) od. fleischigen Frch. (Sammelsteinfr., *820/4*), nur bei *Prunus, Prinsepia* u. einigen *Neillieae* auf ein Frbl. reduziert (z. B. *752/1b* u. *2b*). Viele wichtige Obstpfl. Etwa 95 Gatt. u. 2 800 Arten, überwiegend in den nördl. u. südl. Extratrop.

Gliederung:

Die frühere Unterscheidung von 4 Unterfam. entspricht nicht der natürlichen Verwandtschaft. Nach Potter et al. 2007 teilt sich die Fam. in 3 Unterfam. (in Klammern die vorgestellten Gatt.):

Unterfam. *Rosoideae* (*Acaena, Dasiphora, Rosa, Rubus*)

Unterfam. *Dryadoideae* (*Dryas*)

Unterfam. *Amygdaloideae*

(Triben von der Basis des Baumes zur Spitze):

- Tribus *Amygdaleae* (nur *Prunus* i. w. S., früher mit Gatt. der Tribus *Osmaronieae* Unterfam. *Prunoideae*, Steinobstgewächse)
- Tribus *Neillieae* (*Neillia, Physocarpus*)
- Tribus *Kerrieae* (*Kerria, Neviusia, Rhodotypos*)
- Tribus *Osmaronieae* (*Exochorda, Osmaronia, Prinsepia*)
- Tribus *Sorbarieae* (*Sorbaria, Chamaebatiaria*)
- Tribus *Spiraeeae* (*Spiraea, Holodiscus*)
- Tribus *Pyreae* (v. a. Kernobstgewächse, früher Unterfam. *Maloideae*, alle verbleibenden Gatt., im Schlüssel Punkte 25 ff.)

1. Bl. einfach (höchstens gelappt od. eingeschnitten) **8**
— Bl. zusammengesetzt **2**
2. Bl. 3-zählig od. 5-zählig gefingert, oft mit Stacheln bewehrt, Nebenbl. einfach zipfelf. (*825/2* u. *3*); Bltn. meist < 1,5 cm ∅, Frkn. u. Steinfrch. zahlreich, oberst. am vorgewölbten Ende der Bltn.achse stehend (*820/4*) . . . ***Rubus***, 820
— Bl. gefiedert, wenn 3-zählig, Pfl. unbewehrt od. Frkn. u. Nüsschen mittelst. **3**
3. Frbl. 1–5; Bltn. bis 1,5 cm ∅ – Krbl. weiß od. fehlend **5**
— Frbl. zahlreich, Bltn. meist > 1,5 cm ∅ – Sammelnussfr. **4**
4. Pfl. unbewehrt u. Zw. braun; Blch. ganzrandig (*503/1*); K. lange bleibend, 10-zählig (K. + Außenk., *503/3*); Fr.becher dünnwandig, trockenhäutig, weit geöffnet, nur von den nach innen eingeschlagenen Kbl. ± verschlossen; Frch. einzeln ausfallend . . . . ***Dasiphora***, 503
— Pfl. oft mit Stacheln bewehrt (*224/4–5*), Zw. meist grün od. gerötet; Blch. meist deutl. gezähnt; Bltn. mit 5 Kbl.; Frkn. u. Frch. mittelst. im fleischigen, ± geschlossenen Bltn.becher verborgen, nur die Gr. od. Narben sichtbar (*810/1c u. 2b*) . . . . ***Rosa***, 810
5 (3). Bl. u. Zw. stark harzig klebrig, aromatisch riechend; Bl. bis 9 cm lang, doppelt gefiedert od. Blch. 1. Ordnung fiederschnittig (*441/1*), Blch./Abschnitte sehr klein (im Millimeterbereich) – Bltn. mit 5 Frbl. u. ca. 60 Stbl. (*441/2*) ***Chamaebatiaria***, 441
— Pfl. nicht harzig aromatisch; Bl. einfach gefiedert u. Blch. nicht fiederschnittig **6**

6. Niederliegender Spalierstrauch; Einzelbltn. sehr klein, sitzend, ohne Krbl., zahlreich in aufrechten, gestielten kugelf. Bltnst.; Bltn.boden mit bis zur Fr.reife bleibendem verlängerten, mit Widerhaken versehenden Stacheln – Bl. mit scharf gesägten Fiedern, basale Blch. meist deutl. kleiner ***Acaena***, 348
— Aufrechte Sträucher od. Bäume; Einzelbltn. deutl. gestielt, mit (meist weißen) Krbl.; Fr. unbewehrt **7**
7. Pfl. meist baumf.; Bltn. V(–VI), in Trugdolden, Frkn. unterst., im Bltn.becher eingesenkt u. ± verwachsen (*656/1*); Fr. eine beerenähnl. Apfelfr. **44**
— Pfl. mehrstämmiger Strauch; Bltn. VII–VIII, in großen kegelf. Rispen, Frbl. (4–)5, oberst., frei; Sammelbalgfr. (*865/2* u. *3*) .... ***Sorbaria***, 864
8. (1). Bl. gegenst.; Bltn. 4-zählig, 3–5 cm ∅, Krbl. weiß (*798/1*) – Fr. mit ausdauernden Kbl. u. 4 schwärzl. glänzenden Steinfrch. (*798/2*) ***Rhodotypos***, 798
— Bl. wechselst.; Bltn. meist 5-, zuw. 8-zählig, Krbl. ≠ 4 (zuw. fehlend) **9**
9. Frbl. 1–5, Frkn. (halb)unterst. in den ± fleischigen Bltn.becher eingesenkt u. mit ihm verwachsen (*656/1*), später eine beerenähnl. Apfelfr. bildend (vgl. auch *Schlüssel Apfelfrüchte,* S. 188) (**Tribus *Pyreae,* Kernobstgewächse**) ... **25**
— Frbl. 1 bis viele, bei rein ♂ Bltn. zuw. fehlend, ober- od. mittelst.; Bltn.achse kegelf., flach, becher- od. röhrenf., nicht mit den Frbl. zu einer Einheit verwachsen **10**
10. Krbl. fehlend; Kbl. 5, Bltn. durch die zahlreichen (ca. 80/Blüte) Stbl. auffällig weiß wirkend (*674/2b*) – Frbl. 2–4, im Bltn.becher offen sichtbar (*674/3*) ***Neviusia***, 674
— Krbl. vorhanden u. von den Kbl. deutl. verschieden (zuw. aber klein u. ± früh abfallend) **11**
11. Frbl. meist unter 10, am Grund des schüssel- bis röhrenf. Bltn.bechers stehend, wenn über 10 Frbl. diese im Bltn.becher verborgen **13**
— Frbl. > 20, am kegelf. Ende der Bltn.achse stehend **12**
12. Kbl. u. Krbl. je etwa 8 (*514/4*); Bl. längl. eif., Spreite bis 3 cm lang, Rand grob gezähnt (*514/6*); Bltn. einzeln, Krbl. weiß od. gelbl.; Sammelnussfr.: Nüsschen mit langen behaarten Gr. (*514/5*); kriechender Zwergstrauch ..... ***Dryas***, 514
— Kbl. u. Krbl. je 5; Bl. meist handf. gelappt u. über 3 cm lang, wenn kleiner, dann Bl. nur wenig länger als breit; Sammelsteinfr., Frch. nur mit unscheinbaren Gr.resten (*820/4*); kriechender Zwergstrauch od. aufrechter Strauch ***Rubus***, 820
13 (11). Krbl. weiß bis rosa od. purpurn; selten gelbl., dann Bltn. < 2 cm ∅ u. nur 1 Frbl. u. 10 Stbl. **15**
— Krbl. leuchtend gelb, Bltn. um 3 cm ∅, oft gefüllt, ungefüllte Bltn. mit 5 bis vielen Frbl. u. > 30 Stbl. **14**
14. Bl. hell bläul. grün, Zähne stachelspitzig; Zw. mit Stacheln; Krbl. 5, gelb mit roter Basis im Zentrum der Blüte, Frbl. zahlreich, mittelst. im Bltn.becher eingeschlossen .... ***Rosa persica***, 810
— Bl. u. Zw. rein grün, unbewehrt; Bltn. um 3 cm ∅ (*611/5*), Krbl. rein gelb, oft gefüllt u. Krbl. dann schmal (*611/6*), mit 5 bis 8 oberst. Frbl. (bei gefüllten Bltn. fehlend) .... ***Kerria***, 611
15 (13). Frbl. 1–2 .... **22**
— Frbl. (3–)5 od. zuw. fehlend **16**
16. Bl. meist gezähnt, gesägt od. gelappt; Bltnst. Rispen (nicht Doppeltrauben!), Schirmrispen, Schirmtrauben od. Dolden **19**

— Bl. ungelappt, oft ganzrandig od. nur schwach gesägt; Bltnst. gestreckte Trauben, diese einzeln od. zu mehreren (doppeltraubig) am Ende beblätterter Triebe **17**

17. Bltn. ∅ > 2 cm, ⚥ – zu 5–10 in einfachen längl. Trauben, K.- u. Krbl. weiß; Fr. etwa 1 cm hoch u. 1,5 cm ∅, Frch. verholzende Bälge (*534/2*) ***Exochorda***, 533

— Bltn. meist < 1,5 cm ∅, oft eingschl. – Frch. anders **18**

18. Bl. kurz gestielt (*677/3*); Trauben einzeln, überhängend, 5–10-bltg.; Bltn. ohne Nektarien (*677/1*); Frch. reif pflaumenfarbene Steinfrch. (*677/2*) ***Oemleria***, 677

— Bl. sitzend (*859/1*); Trauben zu mehreren, aufrecht, meist über 20-bltg.; Bltn. mit einem Ring orangegelber Nektarien innerhalb der Stbl. (*859/2*); Frch. Bälge .... ***Sibiraea***, 858

19 (16). Bltnst. vielbltg. pyramidale Rispen **21**

— Bltnst. Schirmrispen od. (zuw. halbkugelf.) Schirmtrauben od. Dolden ... **20**

20. Bl. mit hinfälligen (beiderseits des Bl.stiels Narben hinterlassenden) Nebenbl., Bl. gelappt, größere meist > 5 cm lang (*701/1b–3a*); Bltnst. halbkugelf. Schirmtrauben; Bltn. ohne Nektarien; reife Frch. dünnwandig u. oft aufgeblasen, aus dem Bltn.becher herausragend (*701/1a*) .... ***Physocarpus***, 701

— Bl. von Anfang an ohne Nebenbl., ungelappt od. gelappt, dann meist < 5 cm lang; Bltnst. Schirmtrauben, Schirmrispen od. Dolden; Bltn. meist mit Nektarien am oberen Rand des Bltn.bechers, innerhalb der Stbl. (*881/2*); reife Frch. nicht aufgeblasen .... ***Spiraea***, 875

21 (19). Rispen meist sehr dicht (Achsen zwischen den Bltn. oft nicht sichtbar), steif aufrecht; Krbl. rot, rosa od. auch weiß, dann aber Frbl. nicht auffallend langhaarig u. K. grün; Frch. mehrsamige Bälge; Zw. ohne Endkn. ***Spiraea***, 875

— Rispen zieml. locker (Achsen zwischen den Bltn. meist gut sichtbar), überhängend; Kr. u. K. weiß (selten schwach rosa überlaufen), Bltn. ohne Nektarien (*578/6*); Frbl. behaart, die proportional langen Haaren, bis zur Fr.reife bleibend: Frch. 1-samige, abstehend behaarte Nüsschen (*578/7*); vegetative Zw. mit Endkn. .... ***Holodiscus***, 578

22 (15). Bltn. mit od. nach den Bl. in vielbltg. (> 15) Trauben, Schirmtrauben od. Rispen; wenigstens ein Teil der Bl. in der unteren Hälfte ± gelappt, Seitennerven in die Spitzen der Lappen laufend; unbewehrte Sträucher mit Balgfrch. **24**

— Bltn. vor, mit od. nach dem Laub, meist zu wenigen in Dolden, Trugdolden od. Trauben; reichbltg. Trauben bei einigen größeren Sträuchern od. Bäumen, hier Bl. ungelappt u. Seitennerven sich meist vor dem Rand maschenläufig vernetzend u. nicht direkt in die Zähne laufend; Sträucher u. Bäume mit Steinfr., unbewehrt od. mit Sprossdornen **23**

23. Zw. mit gefächertem Mark u. achselst., bis 12 mm langen Sprossdornen; Gr. fast an der Basis des Frkn. ansetzend (*747/1d*) .... ***Prinsepia***, 747

— Zw. mit vollem Mark, unbewehrt od. mit meist längeren Dornen; Gr. sitzt an der Spitze des Frkn. (*749/3a*) .... ***Prunus***, 748

24 (22). Bltn. in (einfachen) Schirmtrauben; Frbl. u. v .a. die blasig vergrößerten Balgfrch. den flach becherf. Bltn.becher deutl. überragend (*701/1a*) ***Physocarpus***, 701

— Bltn. entw. in einfachen gestreckten Trauben, mit glockenf. (*673/2*) od. röhrigem (*673/1*) rosafarbenem od. weißl. Bltn.becher od. Bltn. in endst.

Rispen (Dreifachtrauben), mit flachem becherf. Bltn.becher, Krbl. weiß (früher *Stephanandra*, *673/3* u. *4*); Frch. im Bltn.becher verborgen od. ihn leicht überragend (*673/8* u. *9*) .... ***Neillia***, 672

25 (9). Bltnst. längl. Traube, mindestens 2-mal so lang wie breit, Gr. meist 5; jeder Fr.fächer mit einer zusätzl. zur Hälfte ins Fach reichenden Scheidewand (*380/3a*), Fr. ein früh (ab Mitte Juni) reifender Kernapfel, dunkel rötl. bis schwarzblau, mitunter leicht bereift .... ***Amelanchier***, 379

— Bltn. einzeln od. Bltnst. stärker verzweigt, wenn traubig, dann gedrungener, oft Trugdolden od. Büschel bildend **26**

26. Bltn. meist < 2 cm ∅, oft in vielbltg. Schirmrispen, aber auch zu wenigen bis einzeln **32**

— Bltn. meist > 2 cm ∅, in wenigbltg. Schirmtrauben, sitzenden Dolden od. einzeln – sommergrün **27**

27. Bltn. gewöhnl. zu mehreren (selten einzeln an stark gestauchten Kurztrieben) **29**

— Bltn. stets einzeln am Ende beblätterter, nicht auffällig gestauchter Triebe – 2,5–5 cm ∅, Gr. 5; Bl. oft ganzrandig **28**

28. Krbl. weiß, Kbl. länger als die Krbl., nicht zurückgeschlagen, Frkn.: aus 1–2 Samenanlagen entwickelt sich nur 1 Samen/Fach; Fr. Steinapfel bis 4 cm ∅, ockergrün bis bräunl., aufrechter Kbl.kreis sehr weit: > ½ des Fr.-∅, dazwischen leicht vertieft (*666/5*) .... ***Mespilus***, 666

— Krbl. rosa (selten ± weiß), Kbl. zurückgeschlagen, Fr. Kernapfel mit zahlreichen Samen in jedem Fach (*495/1*), > 4 cm ∅, (dunkel-)gelb, Kbl.kreis < ¼ des Fr.-∅ .... ***Cydonia***, 495

29 (27). Bltn. (*440/1a*) zu wenigen (selten einzeln) an stark gestauchten, meist blattlosen seitl. Kurztrieben, 3–5 cm ∅, Krbl. rosa, orangerot bis dunkelrot, in Sorten auch weiß), Stbl. 40–50, Gr. 5, Frkn. mit zahlreichen Samenanlagen in jedem Fach (*440/2c*); meist dornige Sträucher .... ***Chaenomeles***, 439

— Bltn. in Schirmtrauben bis sitzenden Dolden am Ende beblätterter Kurztriebe, 2–4(–5) cm ∅, Gr. 2–5, Stbl. ≤ 30, Frkn. mit höchstens 2 Samenanlagen in jedem Fach **30**

30 (29, 42). Gr. 3–5, am Grund verwachsen (*662/1* u. *2b*), Bltn. ohne Fischgeruch, Krbl. weiß bis rosa od. purpurn, Staubbeutel meist gelb (selten weiß od. orange) .... ***Malus***, 654

— Gr. 1–5, bis zum Grund frei, Krbl. meist weiß, Bltn. oft nach Fisch riechend, Staubbeutel oft violettweinrot **31**

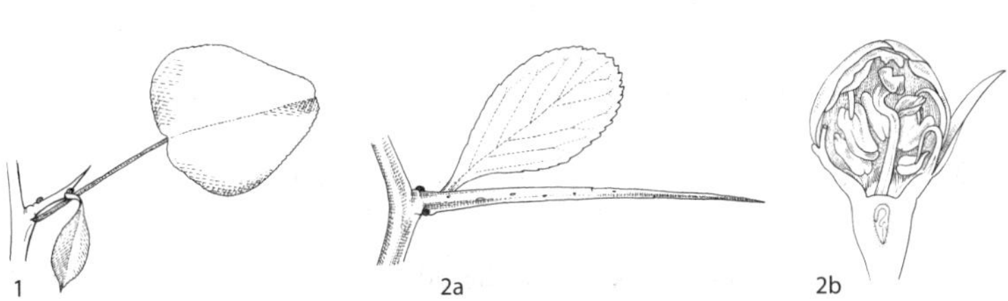

1 2a 2b

301/1–2: 1 *Pyrus pyraster*, beblätterter Sprossdorn über Tragbl.; 2 *Crataegus*, 2a *C. crus-galli*, unbeblätterter Sprossdorn über Tragbl., 2b *C. monogyna*, Bltn.kn. längs

31. Gr. 2–5, durch einen Gr.kanal in den Bltn.becher laufend (*769/2*); Zw. unbewehrt od. wenn bewehrt, dann Sprossdornen zweigfarben, auch kürzere meist mit in Stiel u. Spreite differenzierten Bl. (*301/1*); Bltnst. unverzweigte Büschel od. Traubendolden; Fr.fächer je mit 2 gleichartigen, fertilen Samenanlagen; Fr. ein Kernapfel, nie rein rot, 1 bis > 15 cm lang; Bl. gleichmäßig einfach gekerbt, gesägt bis ganzrandig, sehr selten gelappt ...... ***Pyrus***, 768

— Gr. 1–5, Bltn.becher ohne auffälligen Gr.kanal (*301/2b*); Pfl. meist bewehrt (außer vergreiste Pfl.), an achselst. Dornen mit bis 6 Sprossknoten nur schuppenf. Bl.rudimente (*301/2a*), ausgereifte Dornen sich oft farbl. vom Zw. abhebend (violettweinrot überlaufen); Bltnst. meist Rispendolde (bei armbltg. Bltnst. nicht immer erkennbar); Fr.fächer mit 1 fertilen Samenanlage, daneben oft noch eine kleinere, sterile; Fr. ein Steinapfel, oft rot od. schwarz, 1–2,5 cm lang; Bl. meist doppelt gesägt od. gelappt ***Crataegus***, 481

32 (26). Pfl. sommergrün **38**

— Pfl. immergrün **33**

33. Pfl. ± stark dornig – Bl. 2–7 cm lang, kerbig gesägt od. ganzrandig (*768/1–3*) ...... ***Pyracantha***, 768

— Pfl. nicht dornig **34**

34. Bl. > 20 cm lang, Bltn. mit 5 Frbl. ...... ***Eriobotrya***, 525

— Bl. kürzer, Bltn. mit 2–3 od. 5 Frbl. **35**

35. Fr. dunkelblau, K. abfallend, eine runde Narbe hinterlassend ***Rhaphiolepis***, 787

— Fr. rot, Kbl. auf der Fr. bleibend **36**

36. Bl. scharf (zuw. doppelt) grannig gesägt, 8–12(–18) cm lang, Gr. 2 ***Photinia***, 697

— Bl. ganzrandig, 2–12 cm lang **37**

37. Gr. 5, im unteren Teil verwachsen; Bl. frischgrün, glatt, kahl .... ***Photinia***, 697

— Gr. meist 2–3, frei; Bl. oberseits meist dunkelgrün od. runzelig, unterseits kahl bis filzig flockig behaart ...... ***Cotoneaster***, 474

38 (32). Bl. gezähnt, gesägt, gekerbt od. gelappt **40**

— Bl. ganzrandig – Gr. frei **39**

39. Bltn. > 1,5 cm ∅; Fr. 5-fächeriger, gelbgrüner od. bräunl. Kernapfel, nie rein rot od. schwarz (*769/6a*); Zw. zuw. bewehrt, unbewehrte Zw. mit Endkn.; Bltnst. Traubendolden od. Büschel am Ende von Kurztrieben (*769/1*); Bl. spiralig am Zw. ...... ***Pyrus***, 768

— Bltn. 6–12 mm ∅; Fr. ein reif (orange-, hell- bis dunkel-) roter od. schwarzer Apfel mit 2–5 Steinkernen, bis 14 mm ∅, meist deutl. kleiner; Pfl. immer unbewehrt, Zw. ohne Endkn.; Bltnst. Trauben od. Rispen; Bl. oft 2-zeilig ***Cotoneaster***, 474

40 (38). Bltn.-/Fr.stiele dicht mit auffallenden Warzen besetzt (*746/4*) – Bltn. 10–12 mm ∅, Gr. meist 2, am Grund verwachsen ...... ***Pourthiaea***, 746

— Bltn.-/Fr.stiele ohne auffallende Warzen **41**

41. Bl. oberseits auf der Mittelrippe mit auffallenden dickl., dunkelroten bis schwarzen, anliegenden Haaren, nie gelappt; Bltn. etwa 1 cm ∅, Gr. 5 ***Aronia***, 389

— Bl. ohne solche Haare auf der Mittelrippe, oft gelappt **42**

42. Bltn. in Schirmtrauben, ± sitzenden Dolden od. einzeln, meist > 1,5 cm ∅ **30**

— Bltn. in Schirmrispen, oft < 1,5 cm ∅ **43**

43. Pfl. nie dornig; Bltn. 8–17 mm ∅, Gr. frei od. am Grund verwachsen, Fr.fächer mit je 2 fertilen Samenanlagen; Fr. ein beerenf. Kernapfel
Sorbus i. w. S., z. T. (*Aria, Chamaemespilus, Torminalis*), 866

— Pfl. meist dornig; Bltn. 1–2 cm ∅, Gr. stets frei, Fr.fächer mit je 1 fertilen Samenanlage, daneben oft noch eine kleinere, sterile; Fr. ein Steinapfel
Crataegus, 481

44 (7). Meist > 15 Bltn. im Bltnst., Blüte meist bis 1 cm ∅, Gr. (2–)3–5; Fr. weiß, rosa od. orangerot, selten > 1 cm ∅; Stammrinde glatt, mit querliegenden Lentizellbändern; Kn. rötl. bis dunkel violettbraun .... **Sorbus** i. e. S., 866

— 6–12 Bltn. im Bltnst., Blüte um 1,5 cm ∅, Gr. 5; Fr. grünl. gelb, teilw. gerötet, > 1,5 cm ∅, 2–3,5 cm lang; Stammrinde rau, schuppenf. (ähnl. *Pyrus communis*); Kn. grün, in der Sonne auch gerötet .... **Cormus**, 463

Elaeagnaceae, Ölweidengewächse (Bearbeiter: Ulrich Hecker)

Bäume od. Sträucher, oft bewehrt; oberirdische Pflanzenteile ± dicht mit Schuppen- od. Sternhaaren (Schülferhaaren) bekleidet, Bl. wechsel- od. gegenst., einfach, ganzrandig, ohne Nebenbl.; Bltn. einzeln, in Trauben od. Ähren, ⚥ od. eingschl., oft 2-häusig verteilt, radiär, Krbl. fehlend, mit ± langer K.röhre, diese später fleischig u. maßgebl. an der Fr.bildung beteiligt, Frkn. oberst., Fr. 1-samig, beeren- od. steinfr. ähnl. 4 Gatt. mit 108 Arten auf der N-Hemisphäre.

1. Bl. gegenst.; Bltn. eingschl., 2-häusig verteilt .... **Shepherdia**, 858

— Bl. wechselst. **2**

2. Bl. linealisch bis lanzettl.; Bltn. eingschl., 2-häusig verteilt, ♂ Bltn. mit tief 2-teiliger Bltn.hülle u. 4 Stbl., ♀ Bltn. kurz gestielt, K.röhre mit 2 kleinen Lappen .... **Hippophaë**, 577

— Bl. lanzettl. bis eif.; Bltn. ⚥ od. polygam, jede mit 4 Stbl. u. (zuw. verkümmerten) Frkn., Bltn.hülle glockig od. trichterf. mit 4-teiligem Saum
Elaeagnus, 516

Rhamnaceae, Kreuzdorngewächse (Bearbeiter: Ulrich Hecker)

Oft dornig bewehrte, meist sommergrüne Bäume u. Sträucher, seltener Lianen u. krautige Pfl.; Bl. meist wechselst., einfach, Nebenbl. vorhanden, klein, unterhalb des Bl.ansatzes oft mit 2, meist ungleichartigen Dornen; Bltn. meist ⚥, unscheinbar, klein, grünl., gelb od. weißl., in Trauben, Rispen od. Thyrsen, Bltn.hülle einem flachschaligen bis glockigen Achsenbecher entspringend, K. u. Kr. je 5–4-zählig, Krbl. mitunter fehlend, Bltn. meist mit Diskus, Stbl. 5–4; Frbl. meist 3, verwachsen; Fr. eine Steinfr., Nuss od. Kapsel. 53 Gatt. mit ca. 840 Arten, weltweit verbreitet.

1. Zw. windend .... **Berchemia**, 400

— Zw. nicht windend; ± aufrecht wachsende Holzgewächse **2**

2. Bl. mit 1 Mittelrippe u. ± vielen Seitennerven, d. h. Bl. fiedernervig **6**

— Bl. mit 3 vom Grund ausgehenden, ± gleich starken Hauptnerven, Bl. handnervig **3**

3. Pfl. mit Dornen **5**

— Pfl. ohne Dornen **4**

4. Achsen des Frst. fleischig werdend, ± stark gewunden (*579/2*); höhere Gehölze mit mindestens 10 cm langen Bl. .... **Hovenia**, 579

— Achsen des Frst. nicht fleischig werdend; kleinere Gehölze; Bl. < 10 cm lang .... **Ceanothus**, 431

5 (3). Fr. trocken lederig mit kreisf. Flügelsaum (*685/1*) .... ***Paliurus***, 685
— Fr. ungeflügelt, eine fleischige Steinfr. (*955/2*) .... ***Ziziphus***, 955
6 (2). Winterkn. nackt, ohne Kn.schuppen; Bltn. 5-zählig, ⚥ ...... ***Frangula***, 545
— Winterkn. mit Kn.schuppen; Bltn. 4-zählig, eingschl. .... ***Rhamnus***, 786

Ulmaceae, Ulmengewächse (Bearbeiter: Peter A. Schmidt)

Sommergrüne, sehr selten immergrüne Bäume, seltener Sträucher; Bl. wechselst., oft 2-zeilig, einfach, meist deutl. fiedernervig, oft ungleichseitig mit asymmetrischer Spreitenbasis, Nebenbl. hinfällig; Bltn. meist in den Achseln von Niederbl., einzeln od. in doldenf. od. köpfchenf. Büscheln, ⚥ od. eingschl.; Perigon 4–5-zählig; Stbl. (2–)4–5(–10); Gr. meist 2; Fr. eine 1-samige Flügelnuss, seltener Steinfr. (*Zelkova*). 6 Gatt. mit etwa 50 Arten, überwiegend in der N-Hemisphäre.

Die früher dieser Fam. zugeordnete Gatt. *Celtis* siehe *Cannabaceae*.

1. Sparriger, dicht verzweigter Strauch bis kleiner Baum mit verdornten Kurztrieben, Dornen 2–10 cm lang; Fr. asymmetrische, 1-seitig geflügelte Nuss (*574/4*) – Basis der Bl.spreite abgerundet bis herzf., symmetrisch ***Hemiptelea***, 575
— Bäume, selten strauchf., stets ohne verdornte Kurztriebe; Fr. symmetrische, an beiden Seiten geflügelte Nuss od. asymmetrische Steinfr. **2**
2. Fr. eine 1-samige Flügelnuss (*927/3, 928/2*); Bl. meist doppelt gesägt, Basis der Spreite meist deutl. asymmetrisch, dadurch Bl.hälften ungleich ***Ulmus***, 925
— Fr. eine Steinfr. (*953/4*); Bl. einfach gesägt od. gekerbt; Basis der Spreite ± symmetrisch, nur zuw. etwas schief .... ***Zelkova***, 953

Cannabaceae [incl. *Celtidaceae*], Hanfgewächse [inkl. Zürgelbaumgewächse]

(Bearbeiter: Peter A. Schmidt)

Krautige Pfl., oft Lianen, selten Bäume; Bl. wechsel- od. gegenst., einfach, ungeteilt, gelappt od. handf. geteilt; Bltn. in Trauben, Rispen od. Kätzchen, Bltn.hülle gleichartig (Perigon), 4–6-zählig od. fehlend, Stbl. 4–6, Gr. 1–2; Fr. eine Nuss od. 1-samige Steinfr. 11 Gatt. mit etwa 170 A., nem. bis trop. Zonen.

Hierzu → ***Celtis***, S. 434.

Moraceae, Maulbeergewächse (Bearbeiter: Ulrich Hecker)

Sommer- od. immergrüne Bäume, Sträucher, Lianen, seltener Kräuter; Bl. wechselst. od. gegenst., einfach, Nebenbl. meist groß, tütenf. verwachsen; Bltn. eingschl., 1-häusig od. 2-häusig, meist 4 Perigonbl., 4 Stbl. u. 2 Gr., Bltn. klein, meist in axillären, zymösen od. razemösen Bltnst., oft zu Köpfchen verkürzt od. scheiben- bis becherf. od. kugelige bis hohlkugelige Bltnst. bildend, Bltn. anemogam, seltener entomogam (*Ficus*); Fr. eine Steinfr., seltener eine Nuss, oft in Fr.verbänden (Scheinfr.); sehr häufig Milchsaft führend. 40 Gatt. mit über 1 200 Arten, v. a. in den Trop. u. Subtrop.

1. Bltn. innerhalb eines fleischigen krugf. bis hohlkugeligen Bltnst.; Bl. meist handf. gelappt, seltener ungelappt (*540/1*) .... ***Ficus***, 540
— Bltn. in Ähren od. Köpfchen **2**
2. Zw. mit kurzen Dornen in den Bl.achseln; Bl. ganzrandig (*644/4*) ***Maclura***, 644
— Zw. ohne Dornen; Bl. ganzrandig, gesägt, gezähnt od. gelappt **3**
3. Fr.verbände eif. bis zylindrisch (*669/1*), weiß, rosa bis schwarzrot ***Morus***, 669
— Fr.verbände kugelf. (*409/2a*), orangerot bis rot .... ***Broussonetia***, 409

***Coriariaceae*, Gerberstrauchgewächse** (Bearbeiter: Ulrich Hecker)

Merkmale siehe → ***Coriaria***, S. 462.

***Nothofagaceae*, Südbuchengewächse** (Bearbeiter: Peter A. Schmidt)

Hierzu nur 1 Gatt. → ***Nothofagus***, S. 675 (Charakterisierung siehe dort).

***Fagaceae*, Buchengewächse** (Bearbeiter: Peter A. Schmidt)

Meist 1-häusige, immer- od. sommergrüne Bäume u. Sträucher; Bl. wechselst., spiralig od. 2-zeilig, einfach, ganzrandig, gezähnt, gekerbt od. fiederig gelappt, Nebenbl. früh abfallend; Bltn. meist eingschl., Bltn.-hülle meist unscheinbar, Perigonbl. 4–7, ♂ Bltn. mit 4–7(–40) Stbl., ♀ Bltn. mit 3, selten 6 (*Castanea*) Frbl., Bltnst. kätzchenartig (Thyrsen bei *Castanea*, Ähren bei *Quercus*) od. büschelartig bzw. köpfchenf. (Dichasien bei *Fagus*), anemogam, selten auch entomogam (*Castanea*); Fr. 1-samige Nuss, einzeln od. zu mehreren teilw. umgeben od. bis zur Reife ganz umschlossen von lederiger od. verholzter Achsenwucherung (Fr.becher, Cupula). 7 Gatt. mit etwa 700–970 Arten, weltweit bei waldfähigem Klima (mit Ausnahme trop. bis australes Afr.) verbreitet.

Die früher den *Fagaceae* zugeordnete Gatt. *Nothofagus* heute zu eigenständiger Fam. → *Nothofagaceae*.

1. Kn. lang spindelf.; Fr. 3-kantige Nüsse (Buchecker), zu 2(–3) in anfangs geschlossener, später (3- od.) 4-klappig aufreißender Cupula, die außen mit weichstacheligen, fädl. od. blattähnl. Anhängseln (Hochbl.) besetzt ist (*535/3b*); ♂ Bltn. in lang gestielten, hängenden, köpfchenf. Bltnst. ***Fagus***, 535

— Kn. eif. bis kegelf.; Fr. nicht kantig, im ∅ rund od. 1-seitig abgeflacht, entw. nur 1 Nuss (Eichel) u. diese nur teilw. von Cupula umhüllt (od. wenn zu 1–5 in anfangs geschlossener, später 4- od. 2-klappig od. unregelmäßig aufreißender Cupula, dann diese außen dicht mit meist harten, stechenden Stacheln besetzt; ♂ Bltn. in verlängerten kätzchenf. Bltnst. **2**

2. Fr. 1-seitig abgeflachte Nuss (Marone), zu 1–3 in anfangs geschlossener, später 4-klappig od. unregelmäßig aufreißender Cupula, diese dicht mit stechenden Stacheln besetzt (*428/1*); Bltn. nach den Bl. erscheinend (VI–VII), ♂ Bltn. in Knäueln an aufrechten od. abstehenden kätzchenf. Thyrsen; Bl. längl. lanzettl. bis schmal eif., stachelspitzig gezähnt .... ***Castanea***, 428

— Fr. einzeln, halbkugelig, eif. od. zylindrisch (Eichel), nur teilw. von becher-, napf- od. tellerf. Cupula umhüllt; Bltn. mit der Entfaltung neuer Bl. erscheinend (IV–V), ♂ Bltn. einzeln an hängenden Ähren; Bl. meist fiederig gelappt bis eingeschnitten, selten ungelappt, nur gesägt, gezähnt od. sogar ganzrandig .... ***Quercus***, 772

***Myricaceae*, Gagelgewächse** (Bearbeiter: Bernd Schulz)

Sommer- od. immergrüne Bäume, Sträucher od. Halbsträucher; Bl. wechselst., einfach, selten fiederig gelappt, meist ohne Nebenbl.; Bltnst. in Bl.achseln, Bltn. klein u. unscheinbar, ohne Bltn.hülle, eingschl., 2-häusig verteilt, seltener 1-häusig, ♂ Bltn. mit 2–20, meist 4–8 Stbl., ♀ Bltn. mit 2 Frbl. u. 2 fadenf. Narben; Fr. eine Nuss od. Steinfr. mit sehr hartem Endokarp, das Exokarp scheidet oft Wachs aus; aromatischer Duft durch Vorkommen von ätherischen Ölen (v. a. Triterpene). 4 Gatt. mit etwa 55 Arten, weltweit verbreitet.

1. Bltn. erscheinen an diesj. Zw.; Zw. mit Endkn. (*306/1*); sommer- od. immergrüne große Sträucher od. kleine Bäume; Fr. kugelig (*668/2*), Oberfläche papillös, mit weißl. Wachs bedeckt .... ***Morella***, 668

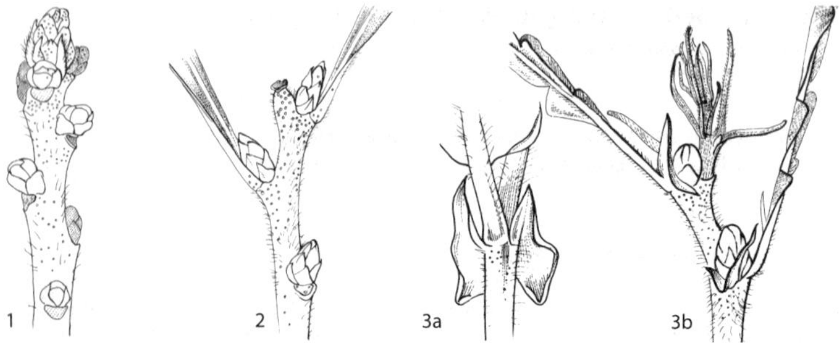

306/1–3 *Myricaceae*, Zw.spitzen: 1 *Morella pensylvanica*, mit Endkn.; 2 *Myrica gale*, ohne Endkn.; 3 *Comptonia peregrina*, 3a Bl. Ansatz mit Nebenbl., 3b ohne Endkn. (absterbende Spitze)

— Bltnst. in längl., vielschuppigen Kn. im Vorjahr angelegt (*232/4* u. *5*); Triebspitze absterbend u. Zw. ohne Endkn. (*306/2* u. *3b*); sommergrün, kleine Sträucher; Fr. anders, mit 2 Vorbl. verwachsen od. von verlängerten Hochbl. umgeben **2**

2. Bl. ± ganzrandig, nur zur Bl.spitze hin entfernt gesägt, ohne Nebenbl. (*671/2*); Steinfr. mit den verdickten Vorbl. verbunden, dadurch 3-spitzig (*671/1*), nie mit grauem Wachs, nur mit gelbl. Drüsen besetzt .... ***Myrica***, 671

— Bl.spreite linealisch, auf der gesamten Länge fiederig gelappt (*461/5*), mit 2 großen Nebenbl. (*306/3a*); Nuss von 4–6 fädigen Hochbl. umgeben, mehrere Nüsse zu kugeligem Frst. verbunden .... ***Comptonia***, 461

***Juglandaceae*, Walnussgewächse** (Bearbeiter: Horst Schaarschmidt)

Meist sommergrüne, 1-häusige, große Bäume, selten strauchartig wachsend; Bl. vorwiegend wechselst., meist unpaarig gefiedert, Rand meist gesägt, Nervatur meist randläufig-maschenf.; viele Pfl.teile, besonders die Bl.unterseite, ± dicht mit Schuppenhaaren (schildf. Trichomen) besetzt; ♂ Bltn. meist in vielbltg. hängenden, selten aufrechten Kätzchen, ♀ Bltn. in hängenden od. aufrechten Ähren; Bltn. unscheinbar mit meist 7-teiliger Hülle (1 Deckbl., 2 Vorbl., 4 Kbl.), zuw. ± reduziert, Frkn. unterst.; Fr. entw. steinfr.ähnl. (fleischig faserige Außenschale, Cupula, aus den Hüllbl. gebildet) od. geflügelte Nuss; Samen 2- od. 4-teilig, essbar, meist aromatisch herb schmeckend, selten bitter. 8 Gatt., vorwiegend in der N-Hemisphäre.

Zahlreiche natürl. Spielarten u. Fr.sorten bei *Juglans*- u. *Carya*-Arten, besonders bei *J. regia* u. *C. illinoinensis*, aber auch bei *J. nigra, J. cinerea, J. ailantifolia, J. a.* var. *cordiformis, J. mandshurica, C. ovata, C. laciniosa* u. einigen Hybriden. Zuw. forstl. Anbauten.

1. Mark der Zw. quer gefächert (Längsschnitt!); Blch. gleichartig od. mittlere Blch. am größten; ♂ Bltnst. sitzend, meist einzeln; 7–100 Stbl./Blüte; Fr. steinfr.ähnl. mit geschlossen bleibender od. irregulär (durch Trockenrisse) aufreißender Außenschale od. kleine geflügelte Nuss **3**

— Zw. mit vollem Mark; obere Blch. am größten; ♂ Bltnst. entw. hängend u. verzweigt, mit meist 3 Ähren an kurzer gemeinsamer Achse, selten aufrecht um die aufrechte ♀ Ähre stehend; 3–10(–15) Stbl./Blüte; Fr. entw. steinfr.-ähnl., mit längs aufspaltender Außenschale od. seltener klein, flach u. schmal 2-flügelig **2**

2. 1-j. Zw. im Austrieb mit relativ langen, einfachen, abstehenden, weißl., später bräunl., verfilzten Haaren; Bltnst. eine gemischte Rispe (Doppelähre), mit mehreren aufrechten ♂ u. meist 1 reichbltg. ♀ Bltnst.; Frst. zapfenähnl.

u. ± aufrecht, bis 5(–6) cm lang, mit zahlreichen bis 5 mm großen, abgeplatteten, schmalflügeligen Fr. in den Achseln ausdauernder Tragbl. (den Zapfenschuppen); bis 10(–15) m hoher Baum mit einem meist vom unteren Drittel an ein- od. mehrfach geteiltem Stamm u. breiter Krone **_Platycarya_**, 733

— 1-j. Zw. im Austrieb kahl od. schwach fein behaart; ♂ u. ♀ Bltnst. getrennt: ♂ hängende Kätzchen, aus meist 3 Ähren an gemeinsamer Achse, ♀ ± aufrecht, wenigbltg.; Frst. mit 1–5 steinfr.ähnl., bis 5(–6) cm langen Fr. an einer kurzen, aufrechten od. schrägen Achse; bis 30(–40) m hoher Baum mit meist langem, geradem Schaft u. schlanker Krone .... **_Carya_**, 424

3 (1). Fr. steinfr.ähnl., bis 5(–6) cm lang, ± kugelig ei- od. birnf.; Frst. mit bis zu 10(–25) Fr.; Bltnst. ± aufrecht, Frst. infolge des zunehmenden Gewichts später hängend od. geneigt; Kn. sitzend, ungestielt, teils mit Kn.schuppen **_Juglans_**, 597

— Fr. geflügelt, bis 2(–4,5) cm groß; Bltnst. u. Frst. ± lang, hängend, mit bis zu 100 Fr.; Kn. meist nackt (selten anfangs beschuppt), Seitenkn. gestielt ... 4

4. Fr. rundum geflügelt, diskusähnl.; ♂ Kätzchen zu 3–5 an gemeinsamer Achse; Pfl. 1-stämmig , ohne Wurzelsprosse .... **_Cyclocarya_**, 495

— Fr. 2-seitig geflügelt, ohrenähnl.; ♂ Kätzchen einzeln; Pfl. oft mehrstämmig u. Wurzelsprosse bildend .... **_Pterocarya_**, 765

Betulaceae, Birkengewächse (Bearbeiter: Bernd Schulz)

Sommergrüne 1-häusige Bäume od. Sträucher, selten Zwerg- u. Spaliersträucher; Bl. einfach, wechselst., 2-zeilig od. spiralig (oft 3-zeilig), meist (doppelt) gesägt od. gezähnt, Nebenbl. frei, hinfällig, Narben neben dem Bl.stiel hinterlassend; Bltn. klein, eingschl., in getrennten Bltnst., 1-häusig, Perigon vorhanden od. fehlend, Bltn. anemogam; Bltnst. ährig od. büschelig, aus wenigen bis vielen 1–3-bltg. Teilbltnst. (Zymen) in der Achsel von Hochbl. zusammengesetzt. Die Gatt. unterscheiden sich in der Ausbildung der Tragbl. der seitl. Bltn. u. ihrer Vorbl. ♂ Bltn. in meist nackt überwinternden, erblüht oft hängenden walzenf. Kätzchen, 1–3 in der Achsel eines Hochbl., Trag- u. Vorbl. vorhanden od. fehlend, Stbl. 2–20, z. T. tief 2-geteilt; ♀ Bltn. meist 2, seltener 3 (*Betula*) ohne Perigon in Achsel eines Hochbl., in Büscheln, Ähren (Kätzchen), die meist erst in der neuen Vegetationsperiode erscheinen, Tragbl. vorhanden, Vorbl. zuw. fehlend; Fr. 1-samige Nuss mit gattungsspezifisch verwachsenen Hoch-, Trag- u. Vorbl. 6 Gatt. mit etwa 140 Arten, überwiegend in nördl. Hemisphäre: Holarkt. u. Geb. (sub)trop. Zonen.

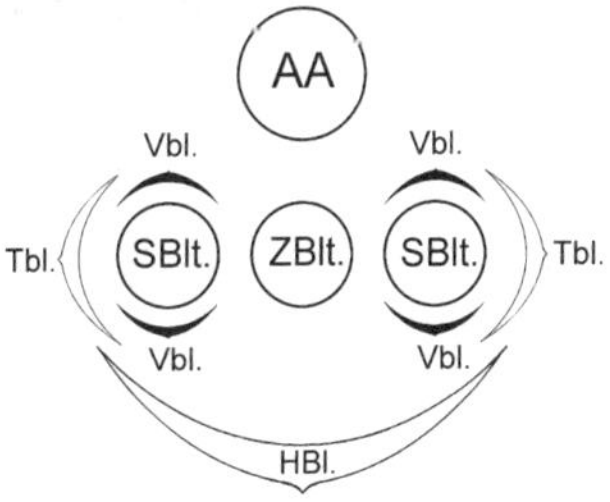

AA – Achse des Bltnst.
Hbl. – Hochbl. = Tragbl. des Teilbltnst.
Zblt. – Zentralblüte
SBlt. – Seitenblüte
Tbl. – Tragbl. der SBltn., zugleich Vorbl. der ZBlt.
Vbl. – Vorbl. der SBltn. (vordere zum Hochblatt u. hintere zur Abstammungsachse des Teilbltnst. orientiert)

307/1: Theoretisches Diagramm der Teilbltnst. Nie sind alle Bltn. u. Bl. entwickelt. Manchmal fehlt die Zentralblüte, manchmal die Seitenbltn., so dass 1–3 Bltn. entwickelt sein können. Auch die Bl. sind selten vollständig ausgebildet.

1. ♂ Bltn. je 1 in Achsel jedes Hochbl., ohne Perigon u. Vorbl., zuw. mit Tragbl., Stbl. 2–20, Staubbeutel an der Spitze ± lang behaart (*309/2c* u. *3*); ♀ Bltn. je 2 in Achseln hinfälliger Hochbl.; aus Trag- u. Vorbl. entwickelt sich eine anfangs grüne Fr.hülle, diese hüllt die meist > 3 mm lange, ungeflügelte Nuss ± ein od. bildet einen die Nuss weit überragenden Flügel; Zw. ohne Endkn., Kn. mit meist ≤ 5 Schuppen (*308/4–5*) (**Unterfam. *Coryloideae***) . . **3**

— ♂ Bltn. je 3 in Achsel eines Hochbl., jede Blüte mit 2 od. 4 Perigonbl. u. 2 od. 4 Stbl., Staubbeutel an der Spitze ohne Haare; ♀ Bltn. zu 2 od. 3 in den Achseln bis zur Fr.reife bleibender Hochbl., Hochbl. mit Tragbl. u. den (sofern vorhanden) vorderen Vorbl. ± verbunden; Nuss abgeflacht, meist ≤ 3 mm lang, oft seitl. häutig geflügelt; Zw., wenigstens Kurztriebe, mit Endkn., Seitenkn. mit meist < 5 Schuppen (**Unterfam. *Betuloideae***) **2**

2. Frst. zylindrisches bis eif. Kätzchen, zur Fr.reife zerfallend, da die durch Verwachsung der Hochbl. mit den Tragbl. gebildeten 3-lappigen Kätzchenschuppen zur Fr.reife abfallen (*405/3b*); ♂ Bltn. zugleich mit dem Laubaustrieb stäubend, ♀ Bltn. je 3 pro Hochbl., ♂ Bltn. mit 2 Stbl. u. 2 Perigonbl.; Langtriebe meist ohne Endkn., wenn mit Endkn., dann < 5 mm lang, Seitenkn. ungestielt (*308/3*) . . . . ***Betula***, 401

— Frst. eif., zapfenartig, nach dem Ausstreuen der Fr. nicht zerfallend, da die Hochbl. mit Tragbl. u. vorderen beiden Vorbl. zu 5-lappigen, verholzenden Schuppen verwachsen sind (*376/2b*); ♂ Bltn. oft vor, seltener zugleich mit dem Laubaustrieb stäubend, ♀ Bltn. 2, ♂ Bltn. 3 im Teilbltnst., Stbl. 4, Perigon 4-blättrig; Langtriebe immer mit Endkn., diese mindestens 8 mm lang, Seitenkn. gestielt (Untergatt. *Alnus*, *308/2*) od. ungestielt (Untergatt. *Alnobetula*, *308/1*) – Bl. meist 3-zeilig am oft kräftigen Zw., Mark meist 3-kantig; ♀ Bltnst. bei der Untergatt. *Alnus* (im Unterschied zu allen anderen Taxa der Fam.) nackt überwinternd (*309/1* u. *1a*) . . . . ***Alnus***, 374

3 (1). Kn. stumpf eif., sichtbare Kn.schuppen bis 7; Blüte lange vor dem Laubaustrieb (II–III); ♀ Bltnst. während der Blüte in Winterkn. verborgen, nur die roten Griffel an der Spitze herausragend, ♂ Teilbltnst. nur 1 Blüte mit 4 2-teiligen Stbl., die beiden Tragbl. innen mit den Hochbl. verwachsen (*309/3*); Fr. zu wenigen in Büscheln od. zahlreicher in kugeligen Ständen, relativ große (> 8 mm), hartschalige Nuss, von oben offener Hülle umgeben (*472/1–2* u. *473/1–2*) . . . . ***Corylus***, 471

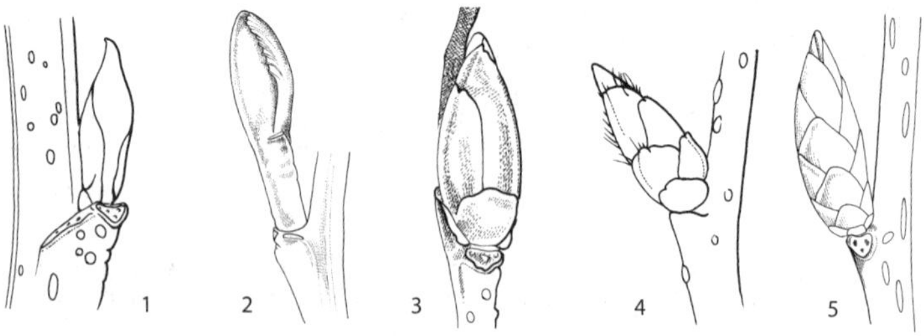

308/1–5 *Betulaceae*, Seitenkn.: 1 *Alnus maximowiczii*, Kn. sitzend; 2 *Alnus glutinosa*, Kn. gestielt; 3 *Betula pendula*; 4 *Ostrya virginiana*, Kn. abstehend; 5 *Carpinus japonica*, Kn. ± anliegend

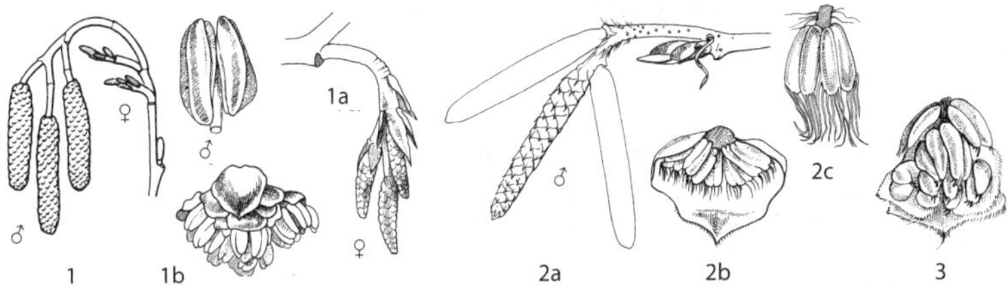

309/1–3 *Betulaceae*, Bltnst. u. Bltn.: 1 *Alnus incana*, Zw. mit ♀ u. ♂ Bltnst.; 1a u. 1b *Alnus rubra*, 1a ♀ Bltnst., 1b ♂ Teilbltnst. mit 3 Bltn. u. Stbl.; 2 *Ostrya virginiana*, 2a Zw. mit ♂ Bltnst., 2b ♂ Blüte auf Hochbl., 2c Stbl.; 3 *Corylus sieboldiana*, ♂ Blüte auf Hochbl. u. 2 Vorbl.

— Kn. zugespitzt, sichtbare Kn.schuppen > 8 (*308/4–5*); Blüte mit dem Laubaustrieb, ♂ Bltn. mit variabler Stbl.zahl, in der Achsel des Hochbl., Trag- u. Vorbl. meist fehlend; ♀ Teilbltnst. zahlreich in hängenden Ähren; Fr. 3–6 mm lang, mit aus Trag- u. Vorblättern gebildetem Flugorgan od. von sackartiger Hülle umgeben 4

4. Kn. mit bis > 20 Kn.schuppen (*308/5*); Rinde meist ohne Borke, glatt u. grau, zuw. aufreißend, selten durch graubraune Schuppenborke rau; ♂ Bltnst. (im Unterschied zu allen anderen Gatt.) erst im Frühjahr erscheinend; Fr. an einem Flügel aus den verwachsenen Trag- u. Vorbl., dieser 3-lappig od. grob gesägt (*424/1–6*) .... ***Carpinus***, 422

— Kn. mit bis zu 12 Kn.schuppen (*308/5*); Borke rau u. schuppig, braun; ♂ Kätzchen bereits im Herbst ausgebildet (*309/2ca*), nackt überwinternd; Fr. von einer allseits geschlossenen, sackartigen Hülle eingeschlossen (*681/1b* u. *d*) .... ***Ostrya***, 681

Onagraceae, Nachtkerzengewächse (Bearbeiter: Ulrich Hecker)

Meist Kräuter od. Stauden, seltener Holzgewächse; Bl.gegenst. od. quirlig, einfach, Nebenbl. hinfällig od. fehlend; Bltn. ⚥, radiär, einzeln bl.achselst. od. in Ähren, Trauben bzw. Rispen, Bltn.hülle doppelt, 4-zählig, mit röhren- od. glockenf. Bltn.becher; Stbl. 2, 4, od. 8; Frbl. 4, zu einem unterst. Frkn. verwachsen; Fr. eine Nuss od. vielsamige Kapsel bzw. Beere. 45 Gatt. mit 832 Arten, weltweit verbreitet, vorwiegend in Am.

Hierzu → ***Fuchsia***, S. 559.

Lythraceae, Weiderichgewächse (Bearbeiter: Ulrich Hecker)

Meist krautige Pfl., seltener Sträucher od. kleine Bäume; Bl. einfach, meist gegenst. u. ohne Nebenbl.; Bltn. ⚥, meist radiär, mit oft auffälligem ober- od. unterst. Frkn.; Bltn.hülle doppelt, meist 4–8-zählig, Krbl. in Kn. oft geknittert; Stbl. zahlreich; Fr.eine Kapsel od. Schließfr. 31 Gatt. mit etwa 600 Arten, meist in den Trop. Hierzu auch die früher als eigene Fam. abgetrennte *Punica*.

1. Zw. oft dornig; Bl. 2–3 mm lang gestielt, längl. eif. bis lanzettl., weich, 2–8 cm lang; Bltn. scharlachrot, mit auffälligem, festem persistierendem K., die Fr. krönend, Krbl. weder genagelt noch krausrandig .... ***Punica***, 767

— Zw. stets dornenlos; Bl. 1–2 mm lang gestielt, etwas lederig, elliptisch od. verkehrt eif., 3–7 cm lang; Bltn. rosa, Krbl. deutl. genagelt, die Platte auffällig krausrandig, persistierender K. am Grund der Fr. .... ***Lagerstroemia***, 614

***Stachyuraceae*, Perlschweifgewächse** (Bearbeiter: Ulrich Hecker)

Merkmale siehe → ***Stachyurus***, S. 887.

***Staphyleaceae*, Pimpernussgewächse** (Bearbeiter: Ulrich Hecker)

Bäume od. Sträucher; Bl. gegenst., 3-zählig od. unpaarig gefiedert, Nebenbl. vorhanden, hinfällig; Bltn. ⚥ od. eingschl., radiär, in end- od. seitenst. Rispen; Bltn.hülle doppelt, 5-zählig; Frkn. oberst.; Fr. eine Kapsel, Schließfr. od. Balgfr. 3 Gatt. mit 30 Arten, vorwiegend in der nem. Zone Euras. u. NAm.

Hierzu → ***Staphylea***, S. 888.

***Anacardiaceae*, Sumachgewächse** (Bearbeiter: Bernd Schulz)

Sommer- od. immergrüne Bäume u. Sträucher; in Zw.rinde u. Bl. Gänge mit klaren od. milchigen Harzen; Bl. meist wechselst., einfach, gefingert od. gefiedert, Nebenbl. fehlend od. hinfällig; Bltn. in Ähren, Rispen od. Thyrsen, sehr vielfältig, radiär, ⚥ od. eingschl., oft 2-häusig verteilt; Bltn.hülle meist doppelt, freiblättrig, 3–5-zählig; Frbl. 1–5, frei od. verwachsen (vorgestellte Gatt. mit 3 verwachsenen Frbl. u. 3 kurzen, freien Gr.); Fr. eine Steinfr., Nuss od. Kapsel; zahlreiche Nutz-, aber auch Giftpfl. 82 Gatt. mit ca. 800 Arten, weltweit in den Trop., nur wenige Gatt. in die nem. Zone vordringend.

1. Bl. einfach (*474/1c*); Winterkn. mit Kn.schuppen (*310/1*); Frst. locker, Fr.stiele verlängert, flaumig behaart (*474/1a*) .... ***Cotinus***, 473

— Bl. meist zusammengesetzt, 3-zählig (*799/3, 800/3, 920/1*) od. gefiedert (*799/4, 920/4*); Winterkn. nackt (*310/2–4*); Fr.stiele nicht flaumig behaart .. **2**

2. Zw. ohne Endkn. (*310/2*), entw. Seitenkn. vom Bl.grund des Tragbl. umgriffen u. Bl.narbe hufeisenf. (*310/2* u. *3*) od. Seitenkn. auch nach dem Bl.fall unter dem Bl.kissen verborgen (*800/2*); Bltnst. entw. aufrechte endst. Rispe am Ende diesj. Zw. od. end- u. achselst., kurze Ähren, an vorj. Zw. als walzenf., bis 10 mm lange u. 2,5 mm dicke Bltnst.kn. (*800/1*) überwinternd; Bl.rachis geflügelt od. ungeflügelt; Fr. rot, meist dicht behaart .... ***Rhus***, 798

— Zw. mit Endkn., Seitenkn. frei, Bl.narbe an der Oberkante ± gerade od. abgerundet (*310/4*); Bltnst. achselst., oft locker; Bl.rachis ungeflügelt; Frst. allseits abstehend bis hängend, Fr. bläul. weiß, hellocker bis grünbraun, nie rot, meist kahl; G!! .... ***Toxicodendron***, 920

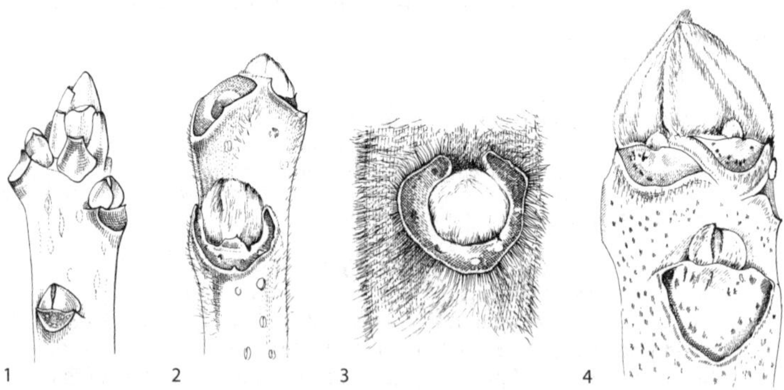

310/1–4 *Anacardiaceae*, Zw.spitzen u. Winterkn.: 1 *Cotinus coggygria*; 2 *Rhus chinensis*, ohne Endkn.; 3 *R. typhina*, Seitenkn. von Bl.narbe umgeben; 4 *Toxicodendron vernicifluum*, Zw. mit Endkn., Seitenkn. frei

Sapindaceae [incl. *Aceraceae* u. *Hippocastanaceae*], **Seifenbaumgewächse**

(Bearbeiter: Bernd Schulz)

Bäume u. Sträucher, selten krautige Pfl.; Bl. wechsel- od. gegenst., gefiedert, gefingert od. einfach (dann oft gelappt), ohne Nebenbl.; Bltn. klein bis mittelgroß, in oft vielbltg. Rispen od. Trauben, ⚥ od. eingschl., zuw. polygam, 1- od. 2-häusig, radiär od. zygomorph, oft mit auffälligem Diskus; Bltn.hülle doppelt, 4–5-zählig, bei Windbestäubung (*Acer* spp.) zuw. fehlend; Stbl. 4–10; Frbl. 2–3, verwachsen, Frkn. oberst., mit 1–2(–8) Samenanlagen pro Fach; Fr. eine Zerfallskapsel od. Spaltfr., seltener Nuss od. Beere. 140 Gatt. mit etwa 1 630 Arten, vorwiegend trop., wenige Gatt. in der nem. Zone.

1. Bl. gegenst. **3**

— Bl. wechselst. – gefiedert mit ca. 9–17 Blch. **2**

2. Blch. elliptisch bis lanzettl., sehr gleichmäßig scharf gesägt; Zw. mit Endkn. (*266/5*); Bltn. 2–3 cm ∅, Krbl. weiß, am Grund erst gelbgrün, später rot; Fr. eine dickwandige, sich klappig öffnende Kapsel (*311/1*) ... ***Xanthoceras***, 950

— Blch. ± eif., unregelmäßig kerbig gesägt bis tief eingeschnitten od. nochmals gefiedert; Zw. ohne Endkn. (*247/5*); Bltn. kleiner, um 1 cm ∅, Krbl. gelb (im Verblühen am Ansatz leicht gerötet); Fr. eine blasige dünnwandige, nach der Reife zerfallende Kapsel (*311/2*) .... ***Koelreuteria***, 612

3 (1). Bl. gefingert mit 5–9 meist > 10 cm langen, am Rand gesägten Blch.; Bltn. auffällig, ± zygomorph, Krbl. weiß, gelbl. od. rot, obere meist mit gelb-rotem Saftmal; Fr. eine kugelf. zerfallende Kapsel, mit wenigen großen braunen Samen (*311/3*) .... ***Aesculus***, 368

— Bl. anders; Bltn. meist radiär u. unscheinbar; Fr. flach, in 2 geflügelte Teilfr. aufspaltend **4**

4. Bl. gefiedert mit 7–15 Blch.; Kn. nackt; Hälften der Spaltfr. ringsum geflügelt (*311/4*) .... ***Dipteronia***, 512

— Bl. entw. einfach (oft handf. gelappt) od. 3–5(–7)-zählig gefiedert (selten fingerf. eingeschnitten mit unter 8 cm langen Blch.); Kn. mit Kn.schuppen; Hälften der Spaltfr. 1-seitig geflügelt (*311/5*) .... ***Acer***, 349

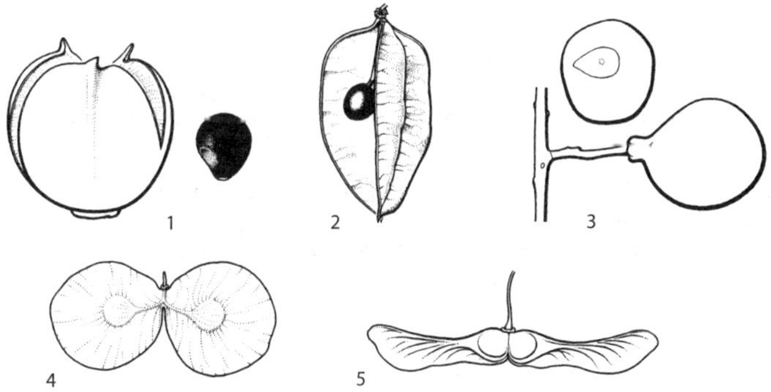

311/1–5 *Sapindaceae*: 1 *Xanthoceras sorbifolium*, Fr. u. Samen; 2 *Koelreuteria paniculata*, Fr. (1/3 entfernt); 3 *Aesculus parviflora*, Fr. u. Samen; 4 *Dipteronia sinensis*, Fr.; 5 *Acer campestre*, Fr.

Rutaceae, Rautengewächse (Bearbeiter: Ulrich Hecker)

Bäume u. Sträucher, seltener krautige Pflanzen, oft bewehrt, reich an ätherischen Ölen, daher ± intensiv duftend; Bl. meist wechselst., einfach od. zusammengesetzt, durch das Vorhandensein von Öldrüsen durchscheinend punktiert; Bltn. sehr vielgestaltig, radiär, ⚥, zuw. auch eingschl. u. 2-häusig verteilt, zumeist mit vielgestaltigem Diskus; Bltn.hülle doppelt, meist freibl., 5-zählig; Stbl. meist frei, 10 bis zahlreich; Frbl. ± weit miteinander verwachsen, 4–5 od. mehr; Fr. eine Steinfr., Beere, Nuss od. Kapsel, Frch. steinfr.- od. balgartig. 158 Gatt. mit rund 1 730 Arten, weltweit verbreitet, vorwiegend im trop. u. subtrop. Afr. u. As.

1. Bl. zusammengesetzt **3**
— Bl. einfach, ungeteilt **2**
2. Bl. sommergrün; Pfl. 2-häusig, Bltn. klein, grünl., die ♀ meist einzeln, die ♂ in Trauben; Frch. sich bauchspaltig öffnend .... ***Orixa***, 679
— Bl. immergrün; Bltn. ⚥ od. polygam, weiß, in dichten endst. Rispen; Fr. eine Steinfr. .... ***Skimmia***, 861
3 (1). Bl. unpaarig gefiedert **6**
— Bl. 3-zählig **4**
4. Bl. gegenst., immergrün .... ***Choisya***, 448
— Bl. wechselst., sommergrün **5**
5. Zw. abgeflacht, dornig, grün: Bltn. einzeln achselst., weiß, vor dem Laubaustrieb; Fr. eine große, vielsamige Beere .... ***Citrus***, 449
— Zw. rund, dornenlos, anfangs zerstreut behaart, im 2. Jahr rotbraun; Bltn. klein, grünl. weiß, in Rispen; Fr. eine ringsum geflügelte Nuss ..... ***Ptelea***, 765
6 (3). Bl. wechselst.; Sträucher **8**
— Bl. gegenst.; Bäume **7**
7. Winterkn. von der Basis des Bl.stiels umschlossen; Fr. eine schwarze Steinfr. mit 5 Steinkernen .... ***Phellodendron***, 692
— Winterkn. frei in der Bl.achsel sichtbar; Frch. sich v. a. bauchseitig öffnend ***Tetradium***, 905
8 (6). Bl. unpaarig gefiedert; Zw. meist mit paarig angeordneten Stacheln besetzt (*876/1*); Frch. sich bauch- u. rückenseitig öffnend ***Zanthoxylum***, 952
— Bl. doppelt fiederschnittig zerteilt; Halb- od. Kleinsträucher mit Kapselfr. ***Ruta***, 827

Simaroubaceae, Bittereschengewächse (Bearbeiter: Ulrich Hecker)

Bäume u. Sträucher; Bl. wechselst., gefiedert, selten einfach, Nebenbl. fehlend; Bltn. klein, ⚥ od. eingschl., in Rispen; Blth.hülle doppelt, 3–7-zählig; Stbl. zahlreich, frei; Frbl. 4–6, frei od. ± vereint, oberst., Diskus deutl. ausgebildet; Fr. vielgestaltig. 19 Gatt. mit etwa 120 Arten, vorwiegend in den Trop.

1. Blch. 13–23; Bltn. in großen, endst. Rispen; Sammelfr. mit ringsum geflügelten Nüsschen (*371/5*) .... ***Ailanthus***, 372
— Blch. 7–15; Bltn. in seitenst., kleinen Rispen; Sammelfr. mit Steinfrch. ***Picrasma***, 714

Meliaceae, Zederachgewächse (Bearbeiter: Ulrich Hecker)

Bäume, Sträucher, seltener Halbsträucher od. Kräuter; Bl. wechselst., gefiedert, selten einfach, Nebenbl. fehlend; Bltn. meist ⚥, in Rispen, Trauben od. Dolden; Bltn.hülle doppelt, 4–5-zählig, K. klein, vielgestaltig, Krbl. frei; Stbl. zahlreich, meist verwachsen; Frkn. oberst.; Fr. eine Kapsel, Steinfr. od. Beere; Samen oft geflügelt. 52 Gatt. mit etwa 670 Arten, v. a. in den Trop. u. Subtrop. beider Hemisphären.

1. Bl. doppelt gefiedert, Bltn. lila; Fr. eine Steinfr. mit verholztem Steinkern **_Melia_**, 664

— Bl. einfach gefiedert; Bltn. weiß; Fr. eine Kapsel mit geflügelten Samen **_Toona_**, 919

Brassicaceae [Cruciferae], Kreuzblütler (Bearbeiter: Ulrich Hecker)

Überwiegend krautige Pflanzen, seltener Halbsträucher od. Sträucher; Bl. wechselst., ohne Nebenbl.; Bltn. meist in tragbl.losen Trauben, ⚥, Bltn.hülle doppelt, Kbl. in zwei 2-zähligen Kreisen, Krbl. 4, kreuzweise angeordnet; Stbl. 6, 2 kürzere u. 4 längere; Frbl. 2 zu einem oberst. Frkn. verwachsen; Fr. eine sich 2-klappig öffnende Schote, Gliederschote od. Nuss. 372 Gatt. mit rund 4 060 Arten, besonders artenreich in den außertrop. Bereichen der N-Hemisphäre.

1. Krbl. ungleich groß, die beiden äußeren vergrößert, weiß .... **_Iberis_**, 588

— Krbl. alle gleichgroß **2**

2. Pfl. ohne Sternhaare; Krbl. rosa od. purpurrot .... **_Aëthionema_**, 371

— Pfl. mit Sternhaaren an Bl. u. Sprossachse; Krbl. gelb od. weiß **3**

3. Untere Bl. 4–10 cm groß, mit verdickter, persistierender Basis, K. becherf. **_Aurinia_**, 392

— Untere Bl. 2–20 mm groß, ohne verdickte, persistierende Basis; K. nicht becherf. .... **_Alyssum_**, 379

Thymelaeaceae, Seidelbastgewächse (Bearbeiter: Ulrich Hecker)

Sträucher, seltener Bäume od. Stauden u. Kräuter; Bl. wechsel- od. gegenst., einfach u. ganzrandig, Nebenbl. fehlend; Bltn. ⚥ od. eingschl., radiär, in Ähren, Dolden od. Trauben; Bltn.hülle einfach, 4–5-zählig; Kbl. meist krbl.artig, zu langer Röhre verwachsen, oben mit freien Zipfeln, Krbl. fehlend od. als Schuppen an der K.röhre inseriert; Stbl. meist 4–5 od. 8–10, in der K.röhre inseriert, Diskus meist vorhanden; Frkn. oberst., Gr. 1; Fr. Kapsel, Nuss, Beere od. Steinfr. 54 Gatt. mit ca. 935 Arten; weltweit verbreitet, v. a. in Afr.

1. Gr. sehr kurz od. fast fehlend, Narben breit kopfig; Stbl. mit kurzen Staubfäden, die K.röhre nicht überragend; K.zipfel deutl. ausgebildet **_Daphne_**, 500

— Gr. dünn u. fädig; Stbl. mit langen Staubfäden, gleich dem Gr. die K.röhre deutl. überragend **2**

2. Bl. eif. bis elliptisch, 3–7 cm lang; Bltn. zu 2–3 achselst. an vorj. Zw., 6–8 mm lang .... **_Dirca_**, 512

— Bl. lanzettl. bis längl., bis 15 cm lang; Bltn. zu 40–50 in dichten, gestielten Köpfchen an vorj. Zw.enden, 12–18 mm lang .... **_Edgeworthia_**, 516

***Cistaceae*, Zistrosengewächse** (Bearbeiter: Ulrich Hecker)

Kräuter, Halbsträucher od. Sträucher; Bl. gegenst., zuw. wechselst., Nebenbl. vorhanden od. fehlend; Bltn. ⚥, ansehnl., einzeln od. in Zymen bzw. Wickeln; Bltn.hülle doppelt, meist 5-zählig, Kbl. oft ungleich groß, Krbl. meist zerknittert, sehr kurzlebig; Stbl. zahlreich,; Frkn. oberst., mit 1 Gr.; Fr. eine vielsamige Kapsel. 9 Gatt. mit ca. 200 Arten v. a. im Medit. u. NAm.

1. Bl. wechselst., nadelf.; niederliegender Zwergstrauch .... ***Fumana***, 559
— Bl. wenigstens zum größten Teil gegenst., Bl.spreite ± flächig nicht nadelf. **2**
2. Reich verzweigte Halbsträucher; die unteren Bl. stets gegenst., die oberen manchmal wechselst.; K. mit 2 kleineren äußeren u. 3 größeren inneren Kbl. .... ***Helianthemum***, 573
— Aufrechte Sträucher mit immergrünen Bl.; Kbl. 3 od. 5 .... ***Cistus***, 449

***Malvaceae*, Malvengewächse** (Bearbeiter: Ulrich Hecker)

Bäume, Sträucher od. krautige Pfl., Bl. wechselst., meist einfach, aber oft gelappt, Nebenbl. vorhanden, z. T. hinfällig; Bltn. radiär, ⚥, selten eingschl.; Bltn.hülle meist doppelt, freiblättrig, oft am Grund verwachsen, 5–4-zählig, unter dem K. oft noch ein sog. Außenk.; Stbl. zahlreich, Staubfäden oft büschelig od. röhrig verwachsen, zuw. teils in Staminodien umgebildet; Frbl. 2 bis viele, verwachsen, Frkn. oberst.; Fr. eine Kapsel, Spaltfr. od. Nuss. Nach Eingliederung der früher selbstständigen *Sterculiaceae* u. *Tiliaceae* etwa 245 Gatt. mit 4 460 Arten, weltweit verbreitet.

1. Bltnst.achse ± bis zur Hälfte mit einem flügelartigen, im freien Teil abspreizenden Hochbl. (*914/1*) verwachsen; Bltn. < 1,5 cm ∅; Fr. eine Nuss ***Tilia***, 914
— Bltn. einzeln, größer, wenn im Bltnst., dann ohne ein solches Hochblatt .. **2**
2. Bltn. gelb, einzeln bl.achselst., mindestens 3,5 cm ∅; Bl. filzig behaart ***Fremontodendron***, 558
— Bltn. verschiedenfarbig, aber nicht gelb **3**
3. Bltn. ohne Außenk., in 2–10-bltg. Ständen, weiß od. cremefarben, 2–4 cm ∅; Bl. nicht gelbraun filzig behaart .... ***Hoheria***, 578
— Bltn. mit Außenk. **4**
4. Bltn. weiß bis rot, > 8 cm ∅, meist einzeln bl.achselst.; Bl. fast kahl bis filzig behaart .... ***Hibiscus***, 576
— Bltn. bis 8 cm ∅, in end- u. seitenst. lockeren Trauben; Bl. u. Sprossachsen durch Sternhaare ± grau filzig .... ***Lavatera***, 619

***Loranthaceae*, Riemenblumengewächse** (Bearbeiter: Peter A. Schmidt)

Sträucher, die als Halbparasiten auf Holzpfl. wachsen, entw. auf deren Sprossachsen od. Wurzeln, deren Leitungsbahnen sie mittels ihrer in Haustorien umgewandelten Wurzeln anzapfen; Äste u. Zw. oft gabelig (dichotom) verzweigt. Bl. einfach, ganzrandig, gegenst. od. wirtelig, lederig bis fleischig, ohne Nebenbl.; Bltn. meist ⚥, radiär, in Zymen, Trauben, Ähren od. Köpfchen; K. unscheinbar, saum- od. röhrenf., Kr. gut entwickelt, Krbl. u. ihnen angewachsene Stbl. (3–)4–5(–9), oft röhrig verwachsen; Frkn. unterst., Fr. eine 1-samige Beere, Fr.wand verschleimend u. klebrig. Etwa 70 Gatt. mit > 900 Arten, meist in trop.-subtrop. Zonen.

Hierzu → ***Loranthus***, S. 641.

Die früher auch zu dieser Fam. gestellte Gatt. *Viscum* siehe *Santalaceae*.

Santalaceae [incl. *Viscaceae*], **Sandelgewächse** od. **Leinblattgewächse** [inkl. Mistelgewächse] (Bearbeiter: Peter A. Schmidt)

Gehölze od. krautige Pfl., die als Halb- od. Vollparasiten auf Sprossachsen od. Wurzeln anderer Pfl. wachsen; Bl. gegen- od. wechselst., zuw. wirtelig, ungeteilt, ohne Nebenbl.; Bltn. in rispigen, doldigen od. zymösen Bltnst., ⚥ od. eingschl., dann 1- od. 2-häusig verteilt; Bltn.hülle einfach, radiär, 3–6-zählig; Frkn. unterst.; Fr. 1-samig, Beere, Steinfr. od. Nuss. 45–50 Gatt. mit etwa 1 000 Arten, fast weltweit verbreitet, aber v. a. in trop. bis warmgemäßigten (submer., austral) Zonen.

Hierzu → Gatt. ***Viscum*** (siehe S. 943), die früher zur Fam. *Loranthaceae* gestellt wurde, dann zu *Viscaceae*, die heute den *Santalaceae* zugeordnet werden.

Tamaricaceae, **Tamariskengewächse** (Bearbeiter: Ulrich Hecker)

Bäume u. Sträucher, selten Kräuter; Bl. wechselst., sitzend, meist schuppen- od. nadelf., Nebenbl. fehlend; Bltn. ⚥, einzeln od. in Ähren bzw. einfachen bis doppelten Trauben; Bltn.hülle doppelt, 5–4-zählig; Stbl. 4 bis zahlreich, einem Diskus aufsitzend; Frkn. oberst.; Fr. eine Kapsel, Samen meist mit Haarschopf. 3 Gatt. mit 79 Arten von Eur. u. dem Medit. bis O-As.; viele Steppen- u. Wüstenpfl.

1. Stbl. 4–5, Staubfäden frei, Gr. deutl. .... ***Tamarix***, 900

— Stbl. 10, Staubfäden $\frac{1}{3}$–$\frac{1}{2}$ miteinander verwachsen, Narbe sitzend ***Myricaria***, 671

Polygonaceae, **Knöterichgewächse** (Bearbeiter: Ulrich Hecker)

Kräuter, Stauden, seltener Sträucher od. Bäume, mitunter windend; Bl. meist wechselst. u. ganzrandig, seltener gelappt od. fiederschnittig; Sprossinternodien an der Basis häufig röhrig umschlossen von häutiger od. fleischiger Bl.scheide (Ochrea); Sprossachse meist knotig gegliedert; Bltn. ⚥ od. eingschl., klein, meist 3- selten 5-zählig, meist in zusammengesetzten Bltnst. mit dichasial wickeligen Teilbltnst.; Fr. Nuss. 59 Gatt. mit ca. 1 380 Arten, weltweit verbreitet.

1. Windende Kletterpfl. mit großen Bl.; Bltn. ⚥, in großen Rispen, weiß od. rosa .... ***Fallopia***, 537

— Klein- od. Zwergsträucher, aufrecht, kriechend od. kletternd, mit kleinen Bl.; Bltn. in kleinen Ähren od. Trauben **2**

2. Aufrechte Kleinsträucher, 30–60 cm hoch .... ***Atraphaxis***, 392

— Kriechende Zwergsträucher, z. T. kletternd .... ***Muehlenbeckia***, 670

Plumbaginaceae, **Bleiwurz-** od. **Grasnelkengewächse** (Bearbeiter: Peter A. Schmidt)

Sträucher, häufiger Halbsträucher u. Stauden, auch Lianen; Bl. wechselst., oft rosettig, ungeteilt, ganzrandig; Bltnst. ährige, traubige, kopfige od. rispige Thyrsen; Bltn. 5-zählig, ⚥, Krbl. meist ± verwachsen, K. oft trockenhäutig, gefärbt u. bleibend, K.röhre längs gefaltet; Gr. 1–5; Fr. eine Kapsel od. Nuss. 27 Gatt. mit etwa 730 Arten, meist Halophyten (Salzpfl.), weltweit verbreitet.

1. Stauden-, Halb- od. Kleinstrauch, nicht polsterbildend; Bl. breit eif. od. verkehrt eif. bis rhombisch, 2–4 cm breit, krautig; Kr. blau, Gr. 1 mit 5 Narben ***Ceratostigma***, 437

— Zwergstrauch, polsterbildend; Bl. linealisch bis pfrieml., 1–2 mm breit, starr u. stechend; Kr. rosa, Gr. 5, frei od. nur am Grund verwachsen ***Acantholimon***, 349

Hydrangeaceae, Hortensiengewächse (Bearbeiter: Bernd Schulz)

Sträucher od. Kleinbäume, auch mit Haftwurzeln kletternde Lianen, selten Stauden; Bl. sommer- od. immergrün, meist gegenst., zuw. 3-wirtelig, einfach (zuw. etwas gelappt), ohne Nebenbl.; Bltnst. geschlossene Rispen, Schirmrispen od. Trauben; fertile Bltn. radiär, sterile randst. Schaubltn. mitunter leicht zygomorph (*581/3*); Kbl. u. Krbl. je (3–)4–5(–12); Stbl. meist doppelt bis mehrfach so viele wie Krbl., zuw. bis weit > 50; Frbl. 2–5(–12), im unteren Teil zu einem gefächerten Frkn. vereinigt, Gr. oft frei; Bltn.achse becherf., meist mit dem Frkn. verwachsen, dieser halbunterst. bis unterst., nur selten ± oberst.; Fr. eine mehr- bis vielsamige Kapsel (selten Beere). Etwa 9 Gatt. (bei einer großen Gatt. → *Hydrangea*) mit etwa 270 Arten von NAm. bis SAm., in O- u. SO-As., sehr wenige in SO-Eur.

1. Fertile Bltn. meist ≤ 1,5 cm ∅ (sterile Schaubltn., die oft den Bltnst. dominieren, viel größer), oft zahlreich (nur selten < 15) in Rispen od. Schirmrispen; Pfl. zuw. mit Haftwurzeln kletternd .... ***Hydrangea***, 579

— Fertile Bltn. ∅ ≥ 1 cm, zuw. bis 7 cm, sterile Schaubltn. fehlend, meist zu wenigen (selten > 20) in Trauben, Schirmtrauben od. Rispen od. einzeln; Pfl. nie kletternd **2**

2. Bl. immergrün, ganzrandig; Bltn. 5–7 cm breit, (4–)5(–6)-zählig, Stbl. viele; sehr selten .... ***Carpenteria***, 422

— Bl. sommergrün; Bltn. meist nicht > 5 cm breit **3**

3. Bltn. ungefüllt **5**

— Bltn. gefüllt (*507/1a*) **4**

4. Bl. mit anliegenden Sternhaaren (*507/3*); Zw. hohl; Seitenkn. in Bl.achseln sichtbar; häufig .... ***Deutzia***, 505

— Bl. einfach behaart od. kahl; Zw. mit vollem Mark; Seitenkn. unter Bl.grund verborgen; häufig .... ***Philadelphus***, 693

5 (3). Bltn. überwiegend 4-zählig, Stbl. 12 bis viele (*693/1*) – Zw. mit vollem Mark **7**

— Bltn. 5-zählig, Stbl. 10 .... **6**

6. Frkn. oberst. bis halbunterst. (*595/1a* u. *2 a*); Zw. mit vollem Mark; Bl. unterseits locker wollhaarig; selten .... ***Jamesia***, 595

— Frkn. unterst. (*507/1b u.* c); Zw. hohl; Bl. u. a. Teile meist mit angedrückten Sternhaaren .... ***Deutzia***, 505

7 (5). Bl. ganzrandig od. mit wenigen groben Zähnen; Gr. 4, weit verwachsenen, Spitzen frei; häufig .... ***Philadelphus***, 693

— Bl. schmal elliptisch, Rand fein gesägt; Gr. 2, frei; sehr selten
Hydrangea platyarguta, 581

Cornaceae, Hartriegelgewächse (Bearbeiter: Bernd Schulz)

Sommer- od. immergrüne Bäume od. Sträucher, selten Stauden; Bl. gegen- od. wechselst., einfach, zuw. gelappt, ganzrandig, ohne Nebenbl.; Bltn. radiär, ⚥ in Rispen, Thyrsen, Dolden od. Köpfchen; Bltn.hülle doppelt, 4–5(–10)-zählig, Stbl. meist ebenso; Frkn. unterst.; Fr. eine 1- od. 2-fächerige Steinfr., an der Spitze mit rundem Diskus u. winzigen Kbl.zipfeln (*373/3*). Nur noch 2 Gatt. mit 85 Arten: → *Cornus* u. → *Alangium* (Verbreitung bei den Gatt.).

Die früher zur Fam. gezählten Gatt. → *Davidia* u. → *Nyssa* gehören zu den sehr nahe stehenden *Nyssaceae*, während → *Aucuba* (*Garryaceae*, Garryales) u. → *Helwingia* (*Helwingiaceae*, Aquifoliales) nicht näher mit den *Cornaceae* verwandt sind.

1. Bl. wechselst., wenigstens ein Teil gelappt u. fingernervig (*373/2*); Behaarung, sofern vorhanden, einfach; Kn. nur Achselkn., nackt, vom Tragbl. eingeschlossen; Bltn. in achselst. Thyrsen, 1,5–2,5 cm lang, Bltn.-hülle 5–10-zählig, Krbl. bandf., zurückgerollt (*373/1*) .... ***Alangium***, 373

— Bl. nicht gelappt (*463/1–3*), meist gegenst., wenn wechselst., dann Kn. mit Kn.schuppen; Zw. mit Endkn. (*468/6–12*); Behaarung oft aus 2-armigen Gabelhaaren, selten ein Arm reduziert u. einfach erscheinend; Bltn. kleiner, in (Schirm-)Rispen od. Köpfchen, Bltn.hülle 4-zählig, Krbl. nicht zurückgerollt (*465/1*) .... ***Cornus***, 463

Nyssaceae, Tupelobaumgewächse (Bearbeiter: Bernd Schulz)

Sommer- od. immergrüne Bäume od. Sträucher; Bl. meist wechselst., einfach, zuw. gelappt, meist ohne Nebenbl.;, Bltn. klein, radiär, ⚥ od. eingschl. (zuw. 2-häusig), in Rispen, Thyrsen, Trauben, Dolden od. Köpfchen; Bltn.hülle doppelt (selten fehlend), K. u. Kr. je 4–5(–10)-zählig, Stbl. meist ebenso, Frkn. unterst.; Fr. eine 1- bis mehrkernige Steinfr.

Nach zwischenzeitl. Eingliederung als Unterfam. in die nahe verwandte Fam. *Cornaceae* wieder als eigene Fam. mit 5 Gatt. u. etwa 22 Arten angesehen. O-As. bis Mal. Arch. u. O-NAm.

1. Bltn. ohne Bltn.hülle; Bltnst. lang gestielt, mit 2 großen Hochbl.; Bl. am Grund herzf., deutl.gesägt bis gezähnt (*504/1*) .... ***Davidia***, 504
— Bltn. stets mit Bltn.hülle, mitunter unscheinbar; Bltnst. ohne 2 große Hochbl.; Bl. ganzrandig od. unauffällig schwach gezähnt (*676/1*); Bltn.hülle 5-zählig, ♀ Bltn. sitzend, einzeln od. in wenigbltg. Ständen .... ***Nyssa***, 676

Ebenaceae, Ebenholzgewächse (Bearbeiter: Peter A. Schmidt)

Bäume od. Sträucher; Bl. wechselst., einfach u. ganzrandig, ohne Nebenbl.; Bltn. oft eingschl., Bltn.hülle doppelt, 3–8-zählig, K. dauerhaft, oft an Fr. weiterwachsend, Kr. verwachsen; Stbl. (3–)12–20 u. mehr, daneben oft Staminodien; Frkn. meist oberst., 2–5(–12)-fächerig; Fr. meist eine (essbare) Beere. 3 Gatt. mit etwa 575 Arten, meist in trop. bis mer. Zonen, nur wenige Arten bis nem. Zone.

Hierzu → ***Diospyros***, S. 510.

Theaceae, Teestrauchgewächse (Bearbeiter: Ulrich Hecker)

Immergrüne, selten sommergrüne Bäume od. Sträucher; Bl. wechselst., oft lederig, einfach, ganzrandig od. gesägt, Nebenbl. fehlend; Bltn. ⚥, radiär, meist einzeln bl.achselst., Bltn.hülle doppelt, Kbl. 7–4, bis zur Fr.reife bleibend, Krbl. zahlreich bis 4, frei od. am Grund verwachsen; Stbl. zahlreich; Frkn. oberst.; Fr. eine sich fachspaltig öffnende Kapsel od. trockene Steinfr. 15 Gatt. mit 370 Arten, meist trop. bis subtrop.

1. Bl. immergrün; Kapsel mit 1–3 kugelf. od. kantigen Samen .... ***Camellia***, 418
— Bl. sommergrün; Kapsel mit zahlreichen abgeflachten Samen 2
2. Bltn. deutl. gestielt; junge Zw. kahl; Bl. 6–12 cm lang; Samen schmal geflügelt .... ***Stewartia***, 890
— Bltn. fast sitzend; junge Zw. seidig behaart; Bl. 12–15 cm lang; Samen ungeflügelt .... ***Franklinia***, 546

Symplocaceae, Rechenblumengewächse (Bearbeiter: Bernd Schulz)

Bäume u. Sträucher; Bl. wechselst., oft derb u. lorbeerartig, glänzend, Nervatur unterseits deutl. hervortretend, nahe *Styracaceae*, aber ohne Sternhaare; Bltn. meist 5-zählig, in Trauben od. Rispen; Stbl. zahlreich, in mehreren Kreisen, Staubbeutel kugelig bis oval; 2–4 Frbl.; Steinfr. mit z. T. gefächertem Steinkern. 250 vorwiegend trop. Arten.

Enthält nur die Gatt. → ***Symplocos***, S. 895.

Styracaceae, Storaxbaumgewächse (Bearbeiter: Bernd Schulz)

Bäume u. Sträucher; Bl. wechselst., einfach, ohne Nebenbl.; Bl. u. Zw. oft mit Stern- od. Schildhaaren; Bltn. in Trauben od. Rispen, selten einzeln, 4–5(–7)-zählig, Krbl. frei bis fast vollst. verwachsen, meist doppelt so viele Stbl. wie Krbl. 11 Gatt. mit ca. 160 Arten in Am., SO-As. u. Medit.

1. Fr. oberst. (die ± kugelige od. eif. Fr. sitzt im K.becher, *892/3*), eine ungeflügelte u. ungerippte Steinfr. od. Kapsel (wenn die äußere Lage austrocknend zerreißt u. den Steinkern freigibt, *892/9*) – Zw. ohne Endkn., Kn. dicht filzig sternhaarig (*892/5* u. *7*) . . . . **_Styrax_**, 891
— Fr. unter- od. halbunterst. (K.zähne in der oberen Fr.hälfte, z. T. hinfällig), meist mit Resten des verlängerten Griffels; Fr. geflügelt od. gerippt, seltener glatt **2**
2. Kr. wenigstens im unteren Teil verwachsen, 4-zipfelig (*568/1c*) – Fr. 4- od. 2-flügelig (*568/1d* u. *2b*); Kn. nur schwach behaart; Zw. mit gefächertem Mark . . . . **_Halesia_**, 568
— Kr. tief 5–7-teilig, Krbl. frei od. nur minimal basal verwachen – Zw. mit vollem Mark u. mit Endkn.; Fr. glatt, gerippt od. 5-flügelig **3**
3. Bltn. kurz gestielt od. fast sitzend, Stbl. die Kr. überragend (*767/1b*), Bltn. zahlreich, an ± waagerechten abstehenden Seitenachsen einer 8–25 cm langen, hängenden Bltnst.achse; Fr. entw. 10-rippig u. borstig behaart (*767/1c*) od. 5-flügelig u. feinfilzig (*767/2a–b*) . . . . **_Pterostyrax_**, 766
— Bltn. 2–3 cm lang gestielt, Stbl. die 5–7-teilige Kr. nicht überragend (*860/1*), Bltn. in wenigbltg. (3–5) Trauben; Fr. glatt (*860/2*) . . . . **_Sinojackia_**, 860

Actinidiaceae, Strahlengriffelgewächse (Bearbeiter: Ulrich Hecker)

Bäume, Sträucher od. Lianen; Bl. wechselst., einfach, gesägt od. gekerbt, Nebenbl. fehlend; Bltn. ⚥ od. eingschl., meist 2-häusig verteilt, in Zymen, radiär; Bltn.hülle doppelt, 5-zählig, Stbl., Frbl. u. Gr. zahlreich, Frkn. oberst., gefächert; Fr. eine Beere od. Kapsel. 3 Gatt. mit etwa 360 Arten vom trop. u. östl. As. bis N-Austr. u. im trop. Am.

Bei uns in Kultur nur → ***Actinidia***, S. 367.

Clethraceae, Zimterlengewächse (Bearbeiter: Peter A. Schmidt)

Sommer- u. immergrüne Bäume u. Sträucher; Bl. wechselst., einfach, ungeteilt, keine Nebenbl.; Bltn. in Trauben od. Doppeltrauben, ⚥, radiär, Kbl. 5(–6), frei od. verwachsen, Krbl. 5(–6), frei od. höchstens basal verwachsen; Stbl. 10–12; Frbl. 3–5; Fr. eine Kapsel, Samen geflügelt od. ungeflügelt. 2 Gatt. mit etwa 90 Arten, nem. bis trop. SO-NAm. bis SAm., SO- u. O-As. bis Mal. Arch. u. Neuguinea, 1 Art Makaron. (Mad.).

Hierzu → ***Clethra***, S. 458.

Ericaceae, Heidegewächse (Bearbeiter: Bernd Schulz)

Sträucher u. Zwergsträucher, seltener Kleinbäume od. Stauden; Bl. wechselst., seltener gegenst. od. wirtelig, einfach, manchmal nadelf. mit rinniger Vertiefung auf der Unterseite; Bltnst. im Vorjahr angelegt od. am diesj. Trieb, traubig (ohne Endbl.), zuw. 1- (Doppeltraube), selten mehrfach verzweigt u. eine Rispe vortäuschend, Bltn. zuw. ungestielt (Ähre) od. am Triebende einander genähert (Köpfchen); Bltn. meist radiär u. ⚥ (selten eingschl.), Bltn.hülle meist doppelt, 5–4-zählig (selten 3-zählig), Krbl. trichterf., röhrig od. krugf. verwachsen, selten frei; Stbl. 10–8, selten 5 od. 3–2, die Staubbeutel öffnen sich meistens an der Spitze mit 2 Poren (jede Theke mit einer Pore), seltener mit Längsspalten; Staubbeutel oft mit verschiedenen markanten Merkmalen: a) Anhängsel am Ansatz des Staubfadens am Staubbeutel (Konnektiv), b) röhrenf. verlängerte Theken, c) hörnchenf. 1- od. 2-teilige Fortsätze neben den Poren; Frkn. meist 5–4-fächerig, ober- od. unterst.; Fr. eine meist vielsamige (Plazentation zentralwinkelst.) Kapsel od. (oft essbare) Beere, seltener Steinfr. Nach Eingliederung mehrerer früher eigenständiger Fam. umfassen die *Ericaceae* 8 Unterfam. mit 126 Gatt. u. 4 000 Arten. Verbreitet in den humiden bis semihumiden Teilen der Extratrop. u. trop. Geb., meist auf sauren Böden u. in Symbiose mit Mykorrhizapilzen.

Gliederung:

Unterfam. *Enkianthoideae* (1 Gatt.: *Enkianthus*)

Unterfam. *Monotropoideae* (14 Gatt., nicht behandelt)

Unterfam. *Arbutoideae* (1–6 Gatt.: *Arbutus, Arctostaphylos*)

Unterfam. *Cassiopoideae* (1 Gatt.: *Cassiope*)

Unterfam. *Ericoideae* (16 Gatt.):

- Tribus *Ericeae* (*Erica, Daboecia, Calluna*)
- Tribus *Phyllodoceae* (*Kalmia* i. w. S., *Phyllodoce, Rhodothamnus*)
- Tribus *Rhodoreae* (*Rhododendron*)
- Tribus *Empetreae* (*Empetrum*)

Unterfam. *Harrimanelloideae* (1 Gatt.: *Harrimanella*)

Unterfam. *Stypheloideae* (35 Gatt., nicht behandelt)

Unterfam. *Vaccinioideae* (ca. 50 Gatt.)

- Tribus *Oxydendreae* (*Oxydendrum*)
- Tribus *Lyonieae* (*Lyonia, Pieris*)
- Tribus *Gaultherieae* (*Eubotrys, Chamaedaphne, Gaultheria, Leucothoe*)
- Tribus *Andromedeae* (*Andromeda, Zenobia*)
- Tribus *Vaccinieae* (*Vaccinium*)

1. Bl. wechselst. **7**

— Bl. gegenst. od. wirtelig **2**

2. Bl. > 10 mm lang; wenn kürzer, Spreite flach oval bis elliptisch u. nicht nadel- od. schuppenf.; Krbl. ausgebreitet od. Kr. breit schalenf., Bltn. 5-zählig, Stbl. 5 od. 10 (*609/1–3*).......... ***Kalmia***, 609

— Bl. < 10 mm lang, schuppen- od. nadelf., selten fast flach, dann < 5 mm lang; Kr. meist krugf. mit enger Öffnung, wenn weit geöffnet, dann Bltn. 4-zählig **3**

3. Bl. wirtelig – nadelf., kurz gestielt, mit kleinem kugelf. Sockel am Zweig sitzend, wenn ohne Sockel, dann Bl.rand mit drüsiger Behaarung ***Erica***, 522

— Bl. gegenst. **4**

4. Bl. an der Basis mit 2 pfrieml. Anhängseln (Lupe!), 1–3 mm lang, 4-zeilig, sich dachziegelartig überdeckend (*415/5*); Bltn.: der farbige K. länger als die Kr., mitunter geschlossen bleibend .... ***Calluna***, 415

— Bl. an der Basis ohne Anhängsel; Bltn.: K. kürzer als Kr. **5**

5. Bl. ungestielt, schuppenf., dem Spross eng anliegend, 1–4 mm lang, deutl. 4-reihig (*427/1a* u. *3*) .... ***Cassiope***, 427

— Bl. nadelf., zuw. kurz gestielt **6**

6. Bl. zur Unterseite eingerollt (*610/1a*), oberseits mit deutl. vertiefter Mittelrippe, die meisten > 1 mm breit; Bltn. mit 5 Stbl. (1 Kreis,)
Kalmia [*Loiseleuria*] ***procumbens***, 610

— Bl. nadelf., < 1 mm breit, Rand u. Spitze drüsig, kurz gestielt, mit kleinem kugelf. Sockel am Zweig sitzend; Bltn. mit 8 Stbl. (2 Kreise)
Erica [*Bruckenthalia*] ***spiculifolia***, 523

7 (1). Bl.spreite flächig laubbl.artig, Ränder zuw. eingerollt, meist > 10 mm lang **11**
— Bl. nadelf., oft < 10 mm lang **8**
8. Bl.rand ungezähnt **10**
— Bl.rand von beiden Seiten weit eingerollt, Außenkanten fein gezähnt od. drüsig (Lupe!) **9**
9. Zw. u. besonders Bl.oberseite dicht behaart, mit Drüsen tragenden Borsten untersetzt (*522/2*) (Lupe!), Bl. häufig an derselben Pfl. auch wirtelig od. gegenst., kurz gestielt, mit kleinem kugelf. Sockel am Zweig sitzend; Kr. 4-zählig, trichterf., Zipfel in der oberen Hälfte frei ..... ***Erica spiculifolia***, 523
— Bl. fein gezähnt (Lupe!), aber nicht drüsig, zum Ansatz schmaler (*699/2a–b*), Form sich auf dem Zw. fortsetzend, wechselst.; Kr. 5-zählig, krug- od. glockenf. .... ***Phyllodoce***, 699
10 (8). Bl. 4–6 mm lang, hohl röhrenf. (*520/2*, Ränder zur Unterseite gerollt), Bl.ränder verfilzt, unterseits eine weißl. Linie bildend; Bltn. unscheinbar: Krbl. 3, frei, rötl., 1 mm lang, Stbl. 3, verlängert, 6–7 mm lang (*520/1*); Fr. schwarze oberst. beerenartige Steinfr. (*520/3*); 5–25 cm hohe, breit wachsende Zwergsträucher .... ***Empetrum***, 519
— Bl. 2–4 mm lang; 2–5 cm hohe, moosartige Polster; Kr. 5-zählig, glockenf. verwachsen; Fr. Kapsel .... ***Harrimanella***, 571
11 (7). Bl. ganzrandig **28**
— Bl. gesägt, gekerbt od. gezähnt (zumindest in der oberen Bl.hälfte) **12**
12. Junge Zw. u. Bl. mit einem abwischbaren weißbläul. Reif überzogen ***Zenobia***, 954
— Zw. u. Bl. nicht auffallend bereift **13**
13. Bl.zähne u. -spitze dornig, stechend (*560/3*) – Fr. eine weinrote (in Sorten auch weiße od. rosafarbene) Beere .... ***Gaultheria mucronata***, 561
— Bl. nicht stechend **14**
14. Bl. am Trieb ± gleichmäßig verteilt **17**
— Bl. am Triebende wirtelartig genähert – Fr. trockene Kapsel **15**
15. Bl. am Rand mit 1–3 mm langen steifen Borstenhaaren bewimpert (*796/1*), sonst kahl, unterseits mit bernsteinfarbenen Drüsenschuppen, 1–3 cm lang; Kr. rot, mit Röhre u. großen Zipfeln .... ***Rhododendron hirsutum***, 795
— Bl. anders u. Bltn. ohne Röhre **16**
16. Pfl. immergrün, Bl. unterseits kahl, aber mit zerstreuten schwärzl. Drüsenpunkten; Bltnst. bereits im Vorjahr angelegte Doppeltraube, Einzeltrauben schlank, fast ährenf.; Kr. zur Öffnung verengt (*715/6*) ..... ***Pieris japonica***, 715
— Pfl. sommergrün, Bl. unterseits behaart (zumindest auf dem Mittelnerv), ohne schwärzl. Drüsenpunkte; Bltnst. einfache Doldentraube im Frühjahr aus größerer Endkn.; Kr. becherf., mit breiter Öffnung (*520/5*), seltener Öffnung verengt .... ***Enkianthus***, 520
17 (14). Bl. unterseits nicht punktiert **20**
— Bl. unters. mit Drüsenpunkten od. Schuppen (Lupe!) – Pfl. immergrün; Kr. weißl. **18**
18. Pfl. niedriger, bis 30 cm hoher Zwergstr.; Bltn. in kurzen köpfchenf. Trauben am Ende diesj. Triebe; Kr. mit weiter Öffnung (*930/3*); Fr. unterst. rote Beere .... ***Vaccinium vitis-idaea***, 930

— Pfl. meist > 30 cm hohe Sträucher; Bltnst. im Vorjahr angelegte schlanke Trauben od. Doppeltrauben; Kr. krugf., zur Öffnung verengt; Fr. eine trockene, oberst. Kapsel **19**

19. Pfl. 30–60 cm hoher Strauch; Bltn. in einfachen Trauben; Bl. bis 4 cm lang, unterseits wie die Zw.spitzen dicht mit braunen Schuppen besetzt; Bltn.kn. gestielt (Sprossglied unter den Vorbl. verlängert, Vorbl. liegen am K.), Kr. im ∅ ± rund (*446/2*) .... ***Chamaedaphne***, 446

— Pfl. bis 2 m hoher Strauch; Bltn. in Doppeltrauben; Bl. bis 9 cm lang, unterseits mit kleinen Drüsenhaaren; Vorbl. am Bl.stiel, nicht am K.; Kr. mit 5 bauchigen Kanten (*715/1–2*) .... ***Pieris floribunda***, 715

20 (17). Pfl. sommergrün **23**

— Pfl. immergrün **21**

21. Fr. orangerote, oberst., warzige Beere um 2 cm ∅ (*386/3*); Großstrauch bis Kleinbaum mit glatter abblätternder Rinde .... ***Arbutus***, 386

— Fr. beerenartig, bis 1 cm ∅ weiß, rot od. schwarz od. trockene Kapsel; Sträucher, selten > 1,5 m hoch, oft deutl. kleiner **22**

22. Bl. elliptisch od. verkehrt eilanzettl. (etwa 3-mal so lang wie breit) (*621/3*); Fr. trockene Kapsel .... ***Leucothoë***, 621

— Bl. elliptisch eif. (etwa doppelt so lang wie breit) (*560/4–5*); Fr. eine Scheinbeere, dominiert von fleischig werdenden K. (*560/2*) .... ***Gaultheria***, 560

23 (20). Bl. 10–20 cm lang – Bltn. im Sommer in großen Doppeltrauben am Ende diesj. Triebe, Kr. weiß .... ***Oxydendrum***, 682

— Bl. < 12 cm lang **24**

24. Zw. grün, scharfkantig bis schwach geflügelt (*932/2*) – Fr. eine blauschwarze, weißl. bereifte, unterst. Beere .... ***Vaccinium myrtillus***, 932

— Zw. rundl. **25**

25. Fr. eine Beere **27**

— Fr. eine trockene Kapsel **26**

26. Kn. klein, kugelig eif., abstehend, mit > 2 Kn.schuppen; Bltnst. im Vorjahr angelegte längl. Traube (*527/1*), Bltn.kn. gestielt, Vorbl. am Stielende direkt unter den Kbl.; Kr. längl. eif. bis zylindrisch, 8–9 mm lang (*527/2*); Kapsel an den Öffnungsnähten leicht eingesenkt (*527/4*) .... ***Eubotrys racemosa***, 527

— Kn. längl., mit 2 Kn.schuppen, am Zw. anliegend; Bltnst. erst am diesj. Trieb, Büschel od. kurze Trauben, Vorbl. am Ansatz des Bltn.stiels; Kr. kugelig, ca. 3–4 mm ∅ (*643/1b*); Kapsel am den Öffnungsnähten mit leistenf. Wulst (*643/1c*) .... ***Lyonia ligustrina***, 642

27 (25). Beere oberst., anfangs rot, reif schwarz – Bl. bis 4 cm lang, auffallend netznervig .... ***Arctostaphylos alpina***, 387

— Beere unterst., schwarz glänzend od. blauweiß bereift .... ***Vaccinium***, 930

28 (11). Spross ± aufrecht **31**

— Spross niederliegend, ± weit kriechend **29**

29. Spross fadenf. dünn, Bl. 3–17 mm lang; Bltn. achselst. am Zw. verteilt, 4-zählig, Krbl. frei (*930/1–2*) .... ***Vaccinium macrocarpon, V. oxycoccos***, 931

— Spross nicht fadenf. dünn, Bl. 12–35 mm lang; Bltn. in endst. Köpfchen, 5-zählig, Kr. krugf. verwachsen **30**

30. Bl. flach, unterseits grün (*387/3*); Fr. eine rote oberst. Beere (*387/2*)
Arctostaphylos uva-ursi, 387

— Bl. am Rand stark eingerollt, unterseits weißbläul. bzw. weißl. (*384/2b* u. *d*); Fr. eine unscheinbare lederige, sich kaum öffnende Kapsel (*384/2e*) ***Andromeda***, 384

31 (28). Bl. am Rand auffällig mit 1–2 mm langen, weißl. Borstenhaaren bewimpert (*797/1*), auf der Bl.fläche kahl, 7–13 mm lang ***Rhodothamnus***, 797

— Bl. anders **32**

32. Bl. am Triebende wirtelartig gehäuft (einzeln nur an kräftigen Langtrieben); Bltnst.kn. endst, Bltnst. oft kugelige Trugdolde; Bltn. oft dorsiventral, Kr. weiß, gelb bis rot od. violett, weit trichterf. od. differenziert in Röhre u. Krbl.-zipfel; Fr. wandspaltige Kapsel .... ***Rhododendron***, 788

— Bl. ± gleichmäßig am Trieb verteilt; Bltn. weiß od. wenn rosa bis violett, dann krugf. mit verengter Öffnung **33**

33. Bl. unterseits kahl od. nur schwach behaart (nicht dicht filzig) **35**

— Bl. unterseits dicht filzig behaart **34**

34. Bl. unterseits weiß filzig, 6–12 mm lang (*500/3*) .... ***Daboecia***, 500

— Bl. unterseits bräunl. bis rotbraun filzig, 3–5 cm lang (*794/1b*) ***Rhododendron*** [*Ledum*], 788

35 (33). Bl. oberseits behaart .... ***Rhododendron*** [*Menziesia*], 788

— Bl. oberseits kahl **36**

36. Fr. eine Kapsel, 7–9 mm lang, stumpf kegelf., mit bleibendem großen K., an den Öffnungsnähten mit leistenf. Wulst (*643/2c–e*); Bltnst. Büschel od. kurze Trauben; Kr. weiß, zylindrisch glockig, ca. 7–9 mm lang, Staubfäden lang, S-f. gebogen, Staubbeutel ohne Fortsatz (*643/2a*) ***Lyonia mariana***, 643

— Fr. eine unterst. Beere; Bltn. kleiner, Kbl. kurz 3-eckig, Staubfaden kurz, ≤ Staubbeutel, diese mit Fortsätzen od. röhrenf. verlängerten Theken (*930/1–3* u. *931/1a–4a*) .... ***Vaccinium***, 930

Eucommiaceae (Bearbeiter: Bernd Schulz)

Enthält nur die monotypische Gatt. → ***Eucommia***, S. 527, mit der Art *E. ulmoides*, dem Guttaperchabaum. Auffallend sind milchsaftführende Zellen, die eine guttaperchaähnl. Substanz enthalten.

***Garryaceae*, Becherkätzchengewächse** (Bearbeiter: Ulrich Hecker)

Immergrüne Sträucher od. kleine Bäume, Bl. ungeteilt; Bltn. klein u. unscheinbar, eingschl., 2-häusig verteilt, in kleinen aufrechten Rispen od. hängenden Kätzchen, 4-zählig, Frkn. unterst.; Fr. eine Beere od. Steinfr. 2 Gatt. mit 25 Arten in NAm., Himal. u. O-As.

1. Zw. u. Bl. unterseits kurz dicht wollig behaart, Bl. bis 8 cm lang; Bltnst. kätzchenartig hängend .... ***Garrya***, 560

— Zw. u. Bl. grün, glänzend, Bl. 8–20 cm lang; Bltnst. aufrecht ..... ***Aucuba***, 392

***Rubiaceae*, Rötegewächse** (Bearbeiter: Ulrich Hecker)

Bäume, Sträucher u. krautige Gewächse; Bl. gegenst., einfach, ganzrandig, Nebenbl. vorhanden, oft miteinander verwachsen; Bltn. in unterschiedl. gestalteten Ständen, meist ⚥, radiär; Bltn.hülle doppelt, verwachsenbl., 5–4-zählig; Frbl. 2, verwachsen, Frkn. unterst.; Fr. eine Kapsel, Beere, Steinfr. od. Spaltfr., 609 Gatt. mit etwa 13 670 Arten, weltweit verbreitet, besonders in den Trop.

Hierzu → ***Cephalanthus***, S. 436.

Apocynaceae s. l. [incl. *Asclepiadaceae*], **Hundsgiftgewächse** i. w. S. [inkl. Schwalbenwurzgewächse] (Bearbeiter: Peter A. Schmidt)

Bäume, Sträucher, Lianen od. krautige Pfl., oft mit Milchsaft, der giftige Glykoside u. Alkaloide enthält; Bl. meist gegenst., einfach, ganzrandig; Bltn. in Zymen, Trauben, Dolden od. einzeln, ⚥, radiär; Bltn.hülle doppelt, meist 5-zählig, Krbl. teils röhrig, teils nur am Grund verwachsen; Stbl. meist 5, z. T. mit besonderen Anhängseln u. miteinander verklebten Staubbeuteln; Frkn. oberst. bis halbunterst., Frbl. 2, chorikarp, zuw. nur am Grund miteinander verbunden; Fr. aus 2 mehrsamigen Balgfrch. bestehend; Samen oft mit Haarschopf. Etwa 400 Gatt. mit > 5 000 Arten, zirkpol. trop. bis nem. u. australe Zonen.

1. Liane; Kr. innen bräunl. bis violett, außen grünl., neben den 5 ausgebreiteten Krbl. eine Nebenkr. mit 5 langen, schmalen, fast fadenf., am Ende einwärts gekrümmten Zipfeln (*690/4*) .... ***Periploca***, 690
— Halb- od. Staudenstrauch mit flach bogenf. bis niederliegenden, ausläuferartigen, an der Spitze meist wurzelnden Sprossen u. aufrechten Bltn. trieben; Kr. hellblau bis blauviolett, zuw. weiß, ohne Nebenkr., aber am Schlund mit weißem Ring .... ***Vinca***, 942

Solanaceae, **Nachtschattengewächse** (Bearbeiter: Peter A. Schmidt)

Bäume, Sträucher, Lianen u. krautige Pfl.; Bl. wechselst., zuw. scheinbar gegenst., ohne Nebenbl., ganzrandig, gezähnt od. gelappt bis fiederteilig; Bltn. ⚥, einzeln od. meist in zymösen Bltnst., K., Kr. u. Stbl. meist 5-zählig, Bltn. fast 2-seitig symmetrisch (die Scheidewand des aus 2 Frbl. zusammengesetzten Frkn. verläuft aber schräg zu der durch die verschieden langen Stbl. gegebenen Symmetrieebene); Fr. eine Beere od. Kapsel. 90–100 Gatt. mit etwa 2 460–2 700 Arten, weltweit verbreitet, v. a. in trop. u. subtrop, Zonen, höchste Artenvielfalt in MAm. u. SAm. G! (Alkaloide).

1. Niederliegender od. kletternder Halbstrauch, nie dornig; Bltn. mit radf. Kr., Stbl. über die Kr. emporragend, kegelf. zusammenneigend (*863/2*); Bl. variabel, überwiegend ungeteilt u. ganzrandig, aber obere meist geöhrt, spießf. od. mit 1–2 Fiederzipfeln u. 3-teilig bis 3-zählig (*863/1*) ***Solanum***, 863
— Strauch mit aufrechten, übergeneigten od. hängenden Zw., oft dornig; Kr. röhrenf. bis trichterf., Stbl. nicht kegelf. zusammenneigend; Bl. stets ungeteilt u. ganzrandig .... ***Lycium***, 642

Boraginaceae [incl. *Ehretiaceae*], **Borretsch-** od. **Raublattgewächse**

(Bearbeiter: Peter A. Schmidt)

Meist krautige Pfl., selten Halbsträucher, Sträucher od. Bäume, oft durch steife Haare rau (Name!); Bl. einfach, meist ungeteilt, wechselst., selten gegenst., ohne Nebenbl.; Bltn. meist in Wickeln od. Doppelwickeln, meist ⚥, Kr. radiär, selten schwach zygomorph, meist 5-zählig, Krbl. verwachsen, Kr.röhre innen oft mit Schlundschuppen, Haarleisten od. -ring; Stbl. 5, in Kr.röhre eingefügt; Frkn. 2-blättrig, meist durch echte u. falsche Scheidewand in 4 Fächer geteilt, dazwischen Gr. grundst., selten ungeteilt u. Gr. endst; Fr. meist eine Spaltfr., die zur Reife in 4 1-samige, selten in 2 2-samige Teilfrch. (Klausen) zerfällt, selten Kapsel od. Steinfr. 142 Gatt. mit etwa 2 450 Arten von fast kosmopolitischer Verbreitung.

Unberücksichtigt bleiben die zwar häufiger (in mehreren Sorten) gepflanzte, eigentl. halbstrauchige, aber 1-j. kultivierte **Strauchige Sonnenwende** od. **Garten-Heliotrop**, ***Heliotropium arborescens*** L. (Frkn. zur Blütezeit noch ungeteilt, Gr. endst.; Bltn. 3–6 mm lang, Kr. violett, blau od. weiß, nach Vanille duftend; Bl. 3–12 cm lang; Peru), ebenso basal verholzende **Lotwurz-(*Onosma*-)Arten** (Kr. ± röhrenf., gelb, weiß bis rosa od. rot; Bl. sternhaarig).

1. Frkn. mit endst. Gr.; Fr. gelbe od. orange Steinfr.; Bl. > 4 cm breit, am Rand fein gesägt; Kr. weiß od. weiß mit gelbl. Tönung; Bäume od. Sträucher ***Ehretia***, 516

— Frkn. mit grundst., zwischen den 4 Klausen entspringendem Gr.; Fr. eine Klausenfr. mit nüsschenartigen Teilfrch.; Bl. < 1 cm breit, ganzrandig, oft Rand ± umgerollt; Kr. meist blau, purpurblau od. violett; Zwerghalbsträucher . . . **2**

2. Stbl. in 1 Etage in der Kr.röhre eingefügt, länger als die Kr.röhre, die Kr. teils kaum, teils deutl. überragend; Gr. mit einfacher Narbe; Nüsschen sich an der Basis ablösend; buschiger, dicht verzweigter Zwerghalbstrauch ***Moltkia***, 668

— Stbl. in unterschiedl. Höhe in der Kr.röhre eingefügt, nicht länger als die Kr.röhre, die Kr. nicht überragend; Gr. mit 2-lappiger Narbe; Nüsschen oberhalb der Basis eingeschnürt u. sich hier ablösend; Zwerghalbstrauch mit niederliegenden u. aufsteigenden Zweigen . . . . ***Lithodora***, 627

***Oleaceae*, Ölbaumgewächse** (Bearbeiter: Bernd Schulz)

Bäume u. Sträucher, selten Lianen; Bl. ohne Nebenbl., meist gegenst., einfach, gefiedert od. 3-zählig; Bltn. radiär, Krbl. 4 (selten 2, 0 od. 6–12), meist verwachsen, Stbl. 2, Frkn. 2-fächerig, oberst.; Fr. eine Kapsel, Flügelnuss, Beere od. Steinfr.; ca. 26 Gatt. in 5 Triben mit 615 Arten in den trop. u. extratrop. Waldzonen.

Verwandtschaftl. Beziehungen der behandelten Gatt.

Tribus *Forsythieae* (*Abeliophyllum* u. *Forsythia*)

Tribus *Fontanesieae* (*Fontanesia*)

Tribus *Jasmineae* (2 Gatt., *Jasminum*)

Tribus *Oleeae* (18 Gatt. in 4 Untertriben)

- Untertribus *Ligustrinae* (*Syringa* u. *Ligustrum*)
- Untertribus *Fraxininae* (*Fraxinus*)
- Untertribus *Oleinae* (ca. 13 Gatt., *Chionanthus, Forestiera, Olea, Osmanthus, Phillyrea*)

1. Pfl. immergrün; Fr. eine Steinfr. **19**

— Pfl. sommergrün; Fr. eine Steinfr., Beere, Kapsel od. Flügelnuss **2**

2. Bltn. mit/nach dem Laubaustrieb od. bereits verblüht **6**

— Bltn. vor dem Laubaustrieb – Bltn./Bltnst. achselst. **3**

3. Bltn. mit auffallender weißer bis rosafarbener od. leuchtend gelber Kr., meist ⚥ **5**

— Bltn. ohne od. mit unscheinbaren Krbl., oft 2- od. 3-häusig verteilt **4**

4. Meist Bäume mit relativ dicken Zw. (∅ > 3 mm); Kn. samtig filzig behaart; Bltn. in Rispen . . . . ***Fraxinus***, 547

— Sträucher mit dünnen Zw. (∅ 1-j. um 1 mm); Kn. kahl; Bltn. in Büscheln od. kurzen Trauben . . . . ***Forestiera***, 541

5. Kr. gelb, mit dünner Röhre u. (4–)5–6 Krbl.zipfeln (*596/1–5*); Zw. mit vollem Mark, meist kantig, grün . . . . ***Jasminum***, 595

— Kr. weiß od. gelb, trichterf., 4-zählig; Zw. hohl od. mit gefächertem Mark, rundl. od. kantig, grün, grau od. gelbbraun **11**

6 (2). Bl. ungeteilt **10**

— Bl. zusammengesetzt **7**

7. Bl. gefiedert (*548/2* u. folg.); Kn. samtig filzig behaart; Zw. relativ dick; Fr. elliptisch bis linealisch, an der Spitze mit einem langen Flügel ***Fraxinus***, 547

— Bl. 3-zählig od. gefiedert; Kn.schuppen höchstens bewimpert; Fr nicht od. ringf. geflügelt **8**

8. Zw. in den Internodien hohl od. mit ansatzweise gefächertem Mark (*543/1–2*) – meist nur ein Teil der Bl. 3-zählig od. -teilig (*542/1*) .... ***Forsythia***, 542
— Zw. mit vollem Mark **9**
9. Zw. ohne Endkn., kantig, grün, sehr fein hell gepunktet, aber ohne Lentizellen; Blch. kurz gestielt; Bltn. 4–6-zählig, Kr. weiß od. gelb (*596/1–5*); Fr. fleischig, oft 2-teilig (*595/4*) .... ***Jasminum***, 595
— Zw. meist mit Endkn., schwach kantig, grau, graugrün, gelb- od. rotbraun, mit Lentizellen; Blch. oft relativ breit an der Bl.spindel ansitzend; Bltn 4-zählig, Kr. weiß bis rosa; Fr. eine trockene Kapsel .... ***Syringa***, 895
10 (6). Zw. mit vollem Mark; Bltn. mit freien Krbl. od. die Krbl. schmal röhrenf. verwachsen, wenn Kr. kurz trichterf., dann Bltn. nach der Bl.entfaltung erscheinend, Kr. weiß u. ∅ < 10 mm **12**
— Zw. in den Internodien hohl od. mit ganz od. ansatzweise gefächertem Mark; Bltn. vor der Bl.entfaltung, Kr. trichterf., sich vom Grund an gleichmäßig erweiternd, mit 4, sich in der Kn. überdeckenden Krbl.zipfeln, weiß od. gelb, ∅ > 12 mm; Fr. trocken, Kapsel od. ringf. geflügelte Nuss **11**
11 (5, 10). Bltn. aus den Seitenkn. u. zusätzl. Bereicherungs- u. Beikn. (*543/4–7*), Kr. gelb; Fr. eine Kapsel; Bl. gesägt od. ganzrandig; Zw. hohl od. mit deutl. gefächertem Mark (*543/1–3*) .... ***Forsythia***, 542
— Bltn. in separaten, bereits am vorj. Trieb angelegten Trauben (*336/1*), Kr. weiß bis zartrosa (*336/2*); Fr. flach, geflügelt (*336/3*); Bl. ganzrandig; Zw. mit schwach gefächertem Mark .... ***Abeliophyllum***, 336
12 (10). Bltn. mit 5–6 Krbl.zipfeln u. langen fädigen Kbl.zipfeln, Kr. rosa (*596/3*) .... ***Jasminum***, 595
— Bltn. 4-zählig, Kr. weiß, rosa, blau- bis weinrot od. violett, zuw. fehlend ... **13**
13. Baum mit grob gesägten Bl. u. samtig-filzig behaarten Kn. .... ***Fraxinus***, 547
— Meist Sträucher (selten baumf.) mit ganzrandigen od. schwach gesägten Bl.; Kn. nicht behaart **14**
14. Kr. fehlend od. Krbl. frei od. Krbl.zipfel lang als verwachsener Bereich **17**
— Kr. basal verwachsen, Krbl.zipfel meist kürzer als od. so lang wie Kr.röhre (*896/1–4*) **15**
15. Rispen achselst., meist aus einem endst. Seitenkn.paar am vorj. Zw.; Zw. ohne Endkn.; Fr. eine 2-spaltige Kapsel .... ***Syringa***, 895
— Bltn. am Ende diesj. Zweige in terminalen Rispen; Zw. mit Endkn. **16**
16 Kr. weiß, Kr.röhre kurz od. lang; Fr. eine Steinfr. od. Beere ..... ***Ligustrum***, 622
— Kr. weiß, rosa bis weinrot, Kr.röhre lang, röhrenf.; Fr. eine 2-spaltige Kapsel ***Syringa***, 895
17 (14). Kr. fehlend (*541/4–5*), Bltn. meist vor der Laubentfaltung, sehr klein, in Büscheln od. kurzen Trauben; Fr. eine längl. eif., bläul. Steinfr. ***Forestiera***, 541
— Bltn. mit Kr., in verlängerten Ständen; Fr. Steinfr. od. eine fache Kapsel ... **18**
18. Bltn. oft ⚥, aber auch eingschl., Kr. ausgebreitet 4–5 mm ∅, Krbl. getrennt, schmal eif. (*541/1*); Fr. aus 2 Frbl. eine flache Kapsel, ein Teil der Fr. oft aus 3 Frbl., dann Fr. 3-kantig bis -flügelig (*541/2–3*); Bl. längl. elliptisch bis lanzettl., ganzrandig bis gesägt .... ***Fontanesia***, 541
— Bltn. eingschl., 2-häusig verteilt, in überhängenden Rispen, Zipfel der Kr. linealisch, > 15 mm lang; Fr. ellipsoidische bereifte bläul. Steinfr. ***Chionanthus***, 447

19 (1). Bltn. in endst. Rispen; Bl. stets ganzrandig .... ***Ligustrum***, 622
— Bltn. fast stets in achselst. Bltnst.; Bl. ganzrandig, gezähnt od. gesägt **20**
20. Bltn. in achselst. schmalen Rispen; Bl. ganzrandig, oberseits graugrün, unterseits silbrig grün .... ***Olea***, 677
— Bltn. in achselst. Trauben od. Büscheln, zuw. in endst. Rispen; Bl. unterseits nicht silbrig **21**
21. Bltn. in achselst. gestauchten Trauben; Fr. eif. bis kugelig, 3–8 mm ∅ ***Phillyrea***, 696
— Bltn. in achselst. Büscheln, zuw. in endst. Rispen; Fr. eif. od. ellipsoidisch bis kugelig, 10–15 mm lang .... ***Osmanthus***, 679

Plantaginaceae s. l. [incl. ehemalige *Scrophulariaceae* p. p., *Globulariaceae*], **Wegerichgewächse** i. w. S. [inkl. Ehrenpreisgewächse, Kugelblumengewächse]
(Bearbeiter: Peter A. Schmidt)

Meist krautige Pfl., selten immer- od. sommergrüne Klein-, Zwerg- od. Halbsträucher, zuw. mit Spalierwuchs; Bl. einfach, meist wechselst. od. gegenst., ohne Nebenbl.; Bltn. meist in Thyrsen od. Trauben, ⚥ u. zygomorph; Bltn.hülle doppelt, 4–5-zählig, verwachsen, Kr. oft 2-lippig, zuw. gespornt; Stbl. 5, 4 od. 2, an Kr.röhre angewachsen; Frbl. 2, verwachsen; Fr. meist eine mehrsamige Kapsel. 114 Gatt. mit etwa 2 100 Arten überwiegend extratrop. Verbreitung.

1. Stbl. u. Staubbeutel 2; – immergrüne, meist aufrechte, selten ausgebreitete od. niederliegende Zwerg- od. Kleinsträucher; Bl. gegenst., schuppenf. od. mit deutl. lederiger Spreite .... ***Hebe***, 571
— Stbl. 4 od. 5, wenn 5, dann 1 ohne Staubbeutel, somit Staubbeutel stets 4 **2**
2. Stbl. u. Staubbeutel 4, Bltn. in Köpfen, Kr. schwach zygomorph, Kr.zipfel linealisch, hell lilablau bis blassviolett; Fr. 1-samige Nuss, von bleibendem K. umhüllt; Bl. grund- u. wechselst.; immergrüne, 2–20(–30) cm hohe Spalier-Zwergsträucher .... ***Globularia***, 566
— Stbl. 5, davon 1 ohne Staubbeutel; Bltn. in Trauben od. Thyrsen; Kr. deutl. 2-lippig, Oberlippe 2 spaltig, Unterlippe größer, 3-spaltig, purpurblau bis -rot od. lila; Fr eine Kapsel; Bl. gegenst., selten wirtelig; 5–40 cm hohe, immer- od. sommergrüne, aufrechte, aufsteigende od. mattenf. ausgebreitete Zwerghalbsträucher .... ***Penstemon***, 689

***Scrophulariaceae*, Braunwurzgewächse** (Bearbeiter: Peter A. Schmidt)

Die Fam. *Scrophulariaceae* wurde in ihrem Umfang auf Basis molekulargenetischer Befunde stark verändert. Von den bisher in der „Gehölzflora" behandelten 3 Gatt., die ehemals zu den *Scrophulariaceae* eingeordnet wurden, bildet *Paulownia* jetzt eine eigene Fam. (***Paulowniaceae***, S. 330), die Gatt. *Hebe* u. *Penstemon* wurden in die Fam. ***Plantaginaceae*** (S. 326) überführt.

Aber neu aufgenommen in die Fam. *Scrophulariaceae* wurde die Gatt. ***Buddleja***, S. 410. Inzwischen ist diese Auffassung wieder umstritten u. mehrere Autoren plädieren für die Erhaltung der Fam. *Buddlejaceae*. Deshalb soll die bisherige Fam. *Buddlejaceae*, wenn auch hier *Buddleja* unter den Braunwurzgewächsen eingeordnet, als solche charakterisiert werden:

Buddlejaceae, Sommerfliedergewächse

Immer- od. sommergrüne Sträucher u. Bäume, selten Stauden; Bl. meist gegenst., zuw. wechselst., einfach, oft mit Drüsen u. Sternhaaren; Bltn. ⚥, 4-zählig, K. glockig, mit 4 Kbl.zipfeln, Kr. röhrig, mit 4 Krbl.lappen; Stbl. 4; Frbl. 2; Fr. eine 2-klappige Kapsel. Etwa 20 Gatt. mit ca. 160 Arten, vorwiegend in den trop. u. subtrop. Zonen, besonders von O-As., SAm. u. S-Afr.

Bignoniaceae, Klettertrompetengewächse (Bearbeiter: Bernd Schulz)

Bäume, Sträucher u. ausdauernde Lianen, seltener Stauden (z. B. *Incarvillea* Juss.); Bl. gegenst. od. 3-wirtelig, seltener wechselst., einfach od. zusammengesetzt; Bltn.hülle verwachsen: K. 2-spaltig od. 5-zähnig, Kr. röhrenf., glockenf. bis breit trichterf., 5-lappig; fertile Stbl. 5, 4 od. 2, oft verschieden lang; Fr. eine Kapsel, selten eine Schließfr. 120 Gatt. mit 850 Arten v. a. in den Trop. u. Subtrop., besonders in SAm. In wärmeren Regionen einige Arten auffällige Zierbäume: der Palisanderholzbaum, *Jacaranda mimosifolia* D. Don, aus dem westl. SAm., Bltn. mit blauvioletter Kr., u. der Afrikanische Tulpenbaum, *Spathodea campanulata* P. Beauv., aus dem östl. Afr., Bltn. mit gelber bis roter Kr.

1. Bl. unpaarig gefiedert, Blch. gesägt (*327/3*) – mit Haftwurzeln kletternde Lianen, Kr. orange, in Sorten satt gelb bis rot, mit 4 entwickelten Stbl., K. 5-zähnig . . . . **Campsis**, 419

Weitere ∧∧∧ Lianen h in warmen Regionen u. als Kübelpfl.: ***Tecoma*** Juss.: Kr. gelb bis orangerot., 14 Arten in Afr., N- u. SAm.; ***Pandorea*** (Endl.) Spach: Kr. u. K. rosa, 2 Arten in Austr.; od. ***Podranea*** Sprague: Kr. weiß bis rosa oft mit dunkelweinrotem Schlund, 2 Arten in Afr.

— Bl. einfach, zuw. schwach gelappt, groß (*327/1* u. *2*); aufrechte Bäume od. Sträucher – Kr. heller, fast weiß, zuw. gelbl. od. rosa, mit auffallender Zeichnung im Kr.röhreneingang, K. meist 2-spaltig **2**

2. Bl. meist 3-wirtelig, seltener gegenst., breit (weniger als doppelt so lang wie breit), zuw. gelappt, Bl.stiel deutl. von der Spreite abgesetzt (*327/2*); Bltn. (*429/1–3*) mit 2 entwickelten Stbl. u. 3 Rudimenten ohne Staubbeutel; Bltn.-kn. kugelig (*429/1a* u. *b*) . . . . **Catalpa**, 429

— Bl. z. T. 3-wirtelig, z. T. wechselst., längl. lanzettl. (> 3-mal so lang wie breit), Spreite allmähl. keilf. in den Stiel laufend (*327/1a*); Bltn. mit 2 größeren, längeren u. 2 kleineren, kürzeren Stbl. u. ein Rudiment; Bltn.kn. (u. K.) längl., zugespitzt, kurz behaart . . . . × **Chitalpa**, 447

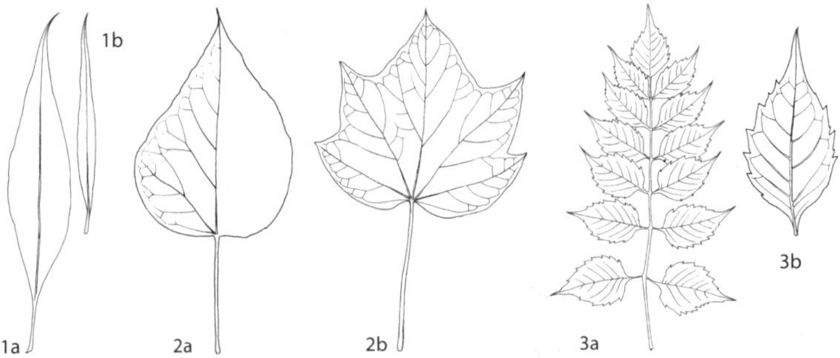

327/1–3 *Bignoniaceae*, Bl.: 1a × *Chitalpa tashkentensis*, 1b *Chilopsis linearis*; 2a *Catalpa speciosa*; 2b *Catalpa* × *eurubens*; 3 *Campsis radicans*, 3a Fiederbl., 3b Einzelfieder

Verbenaceae, Eisenkrautgewächse (Bearbeiter: Bernd Schulz)

Meist trop. verbreitete Bäume, Sträucher u. Kräuter, v. a. Neotrop. Etwa 30 bis 35 Gatt. mit 1 200 Arten. Nach neueren Erkenntnissen gehören die meisten der früher unter den *Verbenaceae* geführten Gehölzgatt. heute zu den Lippenblütlern, → *Lamiaceae*. Behandelt nur → ***Aloysia***, S. 378.

Lamiaceae [*Labiatae*], **Lippenblütler** (Bearbeiter: Bernd Schulz)

Überwiegend Kräuter, Stauden u. Halbsträucher, nur relativ wenige Sträucher u. Bäume; Triebe meist mit kugeligen Drüsen besetzt, reich an ätherischen Ölen (viele Gewürze); junge Zw. oft deutl. 4-kantig; Bl. gegenst. od. wirtelig; ; Pfl. meist 2-geschlechtig, mit ⚥ Bltn., selten gynodiözisch, dann ♀ Bltn. kleiner als ⚥; Bltn. in sitzenden od. kurz gestielten Zymen, gegenst. Zymen bilden Scheinquirle, diese oft zu ähren- od. rispenf. Bltnst. vereint; Bltn.hülle doppelt, 5-zählig, meist stark zygomorph, die verwachsene Kr. bildet „Lippenblüte" mit Röhre, Ober- u. Unterlippe; Stbl. 4, selten 2 od. 0, in die Kr.röhre eingefügt; Pistill oberst., aus 2 Frbl. mit je 2 Samenanlagen, dadurch 4-teilig erscheinend; Fr. bei der Reife oft in 4 1-samige Klausen zerfallend (vgl. *Schlüssel Klausenfrüchte,* S. 182), seltener Beere od. Steinfr. 236 Gatt. mit etwa 7 000 Arten, weltweit verbreitet (besonders vielgestaltig im Mittelmeergebiet). Einige Gatt. in der Vergangenheit zu den *Verbenaceae* gestellt: *Vitex, Clerodendrum, Callicarpa* u. *Caryopteris*.

Übersicht der behandelten Gatt.

Basal: *Callicarpa*

Unterfam. *Viticoideae* (*Vitex*)

Unterfam. *Ajugoideae* (*Caryopteris, Clerodendrum, Teucrium*)

Unterfam. *Nepetoideae*

- Tribus *Elsholtzieae* (*Elsholtzia*)
- Tribus *Lavanduleae* (*Lavandula*)
- Tribus *Mentheae* (*Salvia, Rosmarinus, Thymus, Satureja, Hyssopus, Perovskia*)

Unterfam. *Lamioideae* (*Phlomis*)

1. Bl. fingerf. zusammengesetzt (*944/2*) – Bltn. zygomorph (*944/1*); Steinfr. braun, mindestens zur Hälfte vom anliegenden K.becher eingeschlossen (*944/3*); bis 3 m hoher Strauch .... ***Vitex***, 944

— Bl. einfach – Bltn. radiär od. zygomorph; Fr. reif farbige Steinfr. od. vom bleibenden K. geborgene 4-teilige Klausenfr.; Halbsträucher, kleinere u. größere Sträucher **2**

2. Bl. flächig, > 10 mm breit, od. Rand deutl. gesägt od. gekerbt, meist ± deutl. gestielt **9**

— Bl. bis 10 mm breit, einfach u. ganzrandig (od. sehr fein unauffällig gesägt), längl. eif. bis lanzettl., kaum gestielt **3**

3. Bl. flach, Rand nicht eingerollt **7**

— Bl.rand zur Unterseite ± eingerollt (*820/1a*) **4**

4. Bl. < 15 mm lang; Bltn. bis 7 mm lang, K. innen mit dichtem Haarkranz, 2-lippig: Oberlippe mit 3 dreieckigen Zähnen, Unterlippe aus 2 lanzettl., um 2 mm langen u. 0,2 mm breiten Zähnen .... ***Thymus***, 909

— Bl. > 15 mm lang; Bltn. anders **5**

5. Bl. oberseits grün, stark nach unten eingerollt, neben der Mittelrippe nur schmale Streifen der weißen Unterseite sichtbar; Bltn. in achselst. Kurztrieben – Kr. weiß bis hellblau; aufrechter Strauch .... ***Rosmarinus***, 820

— Bl. oberseits blaugrün, entw. Rand nur leicht eingerollt u. zwischen Mittelrippe u. Rand Unterseite sichtbar od. stärker eingerollt u. Bltn. in endst. Köpfchen od. Ähren **6**

6. Bltn. zu 3–7 in der Achsel schuppenf. Bl. sitzend, in lang gestielten endst. Scheinähren/Kolben, Kr. meist blau, mit deutl. Oberlippe, K. mit verlängertem oberen Zipfel (*619/2a, 3a* u. *3c*) .... ***Lavandula***, 618

— Bltn. einzeln, am Triebende in Köpfchen, Kr. weiß, Oberlippe in 2 Zipfel gespalten, scheinbar fehlend, K. mit gleichartigen Zähnen (*906/1*)
Teucrium montanum, 906

7 (3). Bltn. am Ende der Triebe in einseitswendigen Scheinähren, Kr. rein blau bis blauviolett, K. mit gleichartigen Zähnen (*587/2a*); Bl. in der unteren Hälfte am breitesten, Rand mit sehr kurzen Haaren besetzt (*587/3*) ***Hyssopus***, 587

— Bltnst. anders, Kr. weiß, hellblau od. rosaviolett, K. dorsiventral, mit 2-zähniger Unter- u. 3-lappiger Oberlippe **8**

8. Bltn. 10 mm lang – Bl. in der oberen Hälfte am breitesten, sich allmähl. keilf. verschmälernd, Rand sehr fein gesägt (an der Basis grannenf. Haare) (*854/8*) .... ***Satureja***, 854

— Bltn. deutl. kleiner – Bl. ganzrandig, K.röhre innen mit dichtem Haarkranz ***Thymus***, 909

9 (2). Kr. zygomorph (Krbl.zipfel nicht gleichartig) – Bl. selten > 5 cm lang; Fr. eine im K. heranreifende 4-teilige Klausenfr. **12**

— Kr. radiär (Krbl.zipfel gleichartig) – Bl. (größere) meist > 7 cm lang; Fr. farbige Steinfr., selten Klausenfr. **10**

10. Bl. > 10 cm lang u. > 5 cm breit, Spreite im unteren Drittel am breitesten, an der Basis herzf., gestutzt od. abgerundet (*458/1a* u. *2a*); Bltn. in endst. flachen od. kugelf. Rispen, Kr.röhre, dünn röhrenf., > 12 mm lang (*458/1b* u. *2b*) – Fr. groß (∅ ca. 8 mm) bläul. auf rotem vergrößerten K.; Zw. dick (≥ 3 mm ∅), Endkn. fehlend, Seitenkn. klein, gedrungen ***Clerodendrum***, 457

— Bl. längl. eif., bis lanzettl., Spreite bis 4(–6) cm breit, Basis keilf. (*415/1a, 2a* u. *3*; *519/1*); Bltn. in achselst. Zymen od. in endst., aufrechten einseitswendigen Scheinähren, Kr.röhre 2–5 mm lang **11**

11. Bltn. in achselst., gestielten Zymen, Kr. hell rosa, mit kurzer, becherartiger Röhre u. 4 Zipfeln, 2–4 mm lang (*414/1–3*); Steinfr. violettrot, ∅ 3–4 mm; Bl. 5–15 cm, elliptisch eif.; 2–3 m hohe Sträucher; Zw. mit Endkn. (*415/2b*) ***Callicarpa***, 414

— Bltn. in Büscheln, diese zahlreich, zu einer Seite ausgerichtet, in aufrechten Scheinähren, Kr. leicht unsymmetrisch (*519/3*), ein Krbl.zipfel etwa 1 mm länger, als die anderen; Fr. unscheinbare, im K. verborgene Klausenfr.; wenig > 1 m hoch werdender Strauch; Zw. ohne Endkn. .... ***Elsholtzia***, 519

12 (9). Bl. 3-wirtelig, ganzrandig; Bltn. in Doppelähren, sehr klein, um 6 mm lang .... ***Aloysia*** (*Verbenaceae*), 378

— Bl. gegenst., wenn ganzrandig, dann Bltn. deutl. größer **13**

13. Bl.rand fein gekerbt od. fast ganzrandig, Stiel lang (meist ≥ 3 cm), Spreite längl.; Bltn. um 20 mm od. 30 mm lang, davon K. 10–15 mm **18**

— Bl.rand deutl. gezähnt, eingeschnitten od. gröber gekerbt, meist deutl. kürzer gestielt; Bltn. bis 15 mm u. K. zur Blütezeit bis 8 mm lang **14**

14. Bl. bis 3 cm lang (*906/3*); mehrere Bltn. in einer Bl.achsel übereinander (*906/4a*); Kr.: Oberlippe scheinbar fehlend, in 2 seitl. Lappen gespalten (*906/4/2*); Zwergstrauch .... ***Teucrium***, 906

— Bl. meist länger; Bltn. anders; > 30 cm hohe Sträucher **15**

15. Bl.spreite unterseits mit Büschelhaaren besetzt, weißl. **17**

— Bl. unterseits hellgrün, auf der Fläche kahl (gelbl. Drüsen), nur auf Nerven etwas behaart **16**

16. Bl. kerbig gesägt, Spreite eif., Spitze stumpf (*691/3*) ***Perovskia scrophulariifolia***, 692

— Bl. grob gesägt, Spreite lanzettl., Basis keilf., lang zugespitzt (*519/1*) ***Elsholtzia***, 519

17 (15). Spreitenbasis oft abgerundet, Rand ganzrandig od. mit einigen groben Zähnen; Bltnst. Zymen in Achseln entwickelter Laubbl., Bltn. gestielt, 4 Krbl.-zipfel kürzer u. gleichartig, 1 verlängert mit Fransen; K. zur Fr.reife vergrößert, weit trichterf. (*426/2b*) .... ***Caryopteris***, 426

— Spreitenbasis keilf., Rand gezähnt od. tief unregelmäßig eingeschnitten; junge Zw. fast deckend weiß behaart (*691/1a* u. *2*); Bltnst. endst., lang, verzweigt. Bltn. sitzend, Kr. mit 4-zähniger Ober- u. einfacher Unterlippe (*691/1b*); Fr.kelch röhrig, dicht behaart .... ***Perovskia***, 691

18 (13). Bltn. kurz gestielt, um 20 mm lang, Kr. rosa bis violett, K. trichterf., locker behaart u. mit Drüsen besetzt, rot überlaufen (*850/1*) .... ***Salvia***, 850

— Bltn. sitzend, um 30 mm lang, Kr. gelb, K. röhrig bis schmal trichterf., grünl., dicht filzig behaart – Bltnst. Köpfe aus meist 2 Scheinwirteln (*697/1*) ***Phlomis***, 697

Paulowniaceae, **Paulownien-** od. **Blauglockenbaumgewächse**

(Bearbeiter: Peter A. Schmidt)

Sommer- u. immergrüne Bäume, Sträucher u. Lianen; Bl. gegenst., einfach, ungeteilt u. ganzrandig od. gelappt; Bltn. meist in endst. großen Thyrsen, K. 5-lappig, samtig braun behaart, Kr. trichterf., 2-lippig, Stbl. 4; Fr. eine 2-klappige Kapsel mit zahlreichen geflügelten Samen (*626/1*). 4 Gatt. mit 22 Arten in O- u. SO-As.

Hierzu → ***Paulownia***, S. 688.

Helwingiaceae (Bearbeiter: Ulrich Hecker)

Hierzu → ***Helwingia***, S. 574. Merkmale siehe dort. (Gatt. früher zu den *Cornaceae* gestellt.)

Aquifoliaceae, **Stechpalmengewächse** (Bearbeiter: Ulrich Hecker)

Sommer- u. immergrüne Bäume u. Sträucher; Bl. lederig, wechselst., einfach, Nebenbl. klein od. hinfällig; Bltn. klein, unscheinbar, in achselst. Zymen od. einzeln, ⚥, polygam od. eingschl. u. meist 2-häusig; Bltn.-hülle doppelt, meist 4-zählig, Kbl. ± verwachsen, Krbl. 4–5, frei od. am Grund verwachsen; Stbl. 4–5; Frkn. oberst., Diskus fehlend; Fr. eine Steinfr. mit mehreren 1-samigen Steinkernen (*591/4*). 3 Gatt. mit rund 415 Arten; vorwiegend in den Trop. u. Subtrop. beider Hemisphären.

Hierzu → ***Ilex***, S. 588.

Argophyllaceae (Bearbeiter: Ulrich Hecker)

Kleine Bäume od. Sträucher; Bl. einfach, wechselst., ganzrandig, ohne Nebenbl.; Bltn. 4- od. 5-zählig, Bltn.hülle doppelt, Kbl. am Grund verw., bleibend, Stbl. 5 od. 8; Fr. eine Kapsel od. Steinfr. 2 Gatt. mit 22 Arten auf pazifischen Inseln.

Hierzu → ***Corokia***, S. 469.

Asteraceae, **Korbblütler** [*Compositae*] (Bearbeiter: Ulrich Hecker)

Kräuter, Stauden, Sträucher, seltener Bäume; Bl. wechselst., mitunter auch gegenst., einfach, ungeteilt bis gefiedert, Nebenbl. fehlend; Bltn. in Köpfchen, diese von einer Hochbl.hülle (Hüllkelch, Involukrum) umgeben, Bltn. ⚥ od. eingschl., randst. Bltn. oft vergrößert; Bltn. 5-zählig, statt des K. meist ein Haarkranz (Pappus), Krbl. verwachsen, röhrig od. zungenf.; Stbl. zu einer Röhre vereinigt; Frkn. unterst., zu einer 1-samigen Schließfr. (Achäne) ausreifend (*40/1*). Rund 1 900 Gatt. mit 33 000 Arten, weltweit verbreitet.

1. Immergrüne reich verzweigte Sträucher mit einfachen, kerbig gesägten, etwas dickl. Bl. u. endst., mindestens 5 cm breiten Köpfen mit weißen Strahlenbltn. .... ***Nipponanthemum***, 675
— Bltn.köpfchen viel kleiner; Bl. anders 2
2. Sommergrüne, reich verzweigte Sträucher; Bl. einfach .... ***Baccharis***, 393
— Bl. gefiedert od. fiederschnittig, wenn einfach, dann immergrün 3
3. Bltn.köpfchen einzeln, lang gestielt; Bl.spindeln mit 2–4 Reihen kurzer, fast nadelf. Blch. kammf. besetzt; immergrüne Halbsträucher ..... ***Santolina***, 852
— Bltn.köpfchen unscheinbar in rispenf. Ständen; Bl. einfach od. doppelt fiederschnittig od. Spreite nur in der oberen Hälfte ± gelappt ***Artemisia***, 390

Escalloniaceae, **Eskalloniengewächse** (Bearbeiter: Peter A. Schmidt)

Immergrüne, selten ± sommergrüne Bäume od. Sträucher; Bl. meist wechselst., einfach, ohne Nebenbl.; Bltn. meist in Trauben, meist radiär u. ⚥; Kbl. u. Krbl. (3–)5(–9), Stbl. ebenso viele (selten die doppelte Zahl); Frbl. 2–3(–7), mindestens im Frkn.bereich verwachsen; Bltn.achse als schüssel- bzw. röhrenf. Bltn.-becher ausgebildet, dieser mit dem Frkn. in unterschiedl. Ausmaße verwachsen, dadurch Frkn. ober-, mittel- od. unterst.; Fr. meist vielsamige Kapsel. 5–7 Gatt. mit 90–100 Arten, meist australe bis trop. Zonen.

Hierzu → ***Escallonia***, S. 526.

Pittosporaceae, **Klebsamengewächse** (Bearbeiter: Ulrich Hecker)

Immergrüne Bäume od. Sträucher; Bl. wechselst., seltener gegenst., lederig, ungeteilt, meist ganzrandig, Nebenbl. fehlen; Bltn. in Dolden, Doldentrauben od. Rispen, seltener einzeln, ⚥ od. polygam, 5-zählig, Kbl. bisw. basal verwachsen, Krbl. frei od. verwachsen, weiß, gelb, blau od. rot gefärbt; Frkn. oberst., aus 2–3(–5) Frbl. gebildet, Gr. kurz; Fr. lokulizide Kapsel od. Beere; Samen zahlreich. 9 Gatt. mit ca. 170 Arten in den Trop. u. Subtrop. Afr., As. u. Austr.

Hierzu → ***Pittosporum***, S. 731.

Araliaceae, **Araliengewächse** (Bearbeiter: Ulrich Hecker)

Bäume u. Sträucher, seltener krautige, ausdauernde Pflanzen, mitunter bewehrt; Bl. meist wechselst., einfach od. handf. gegliedert, mitunter gefiedert, meist am Sprossende gehäuft stehend, Bl.stiele am Grund oft etwas scheidig, Nebenbl. vorhanden od. fehlend; Bltn. in endst. Dolden, zusammengesetzten Dolden od. traubigen bzw. traubig rispigen Ständen, mitunter in Trauben od. Ähren, selten einzeln, Bltn. radiär, ⚥ od. eingschl., Bltn.hülle oft einfach, 5-zählig, Stbl. meist 5, Frbl. 2–10, Diskus meist deutl.; Frkn. unterst.; Fr. eine Steinfr. od. Beere. 40 Gatt. mit ca. 1 500 Arten. Verbreitet in den Trop. u. Subtrop., weniger in den temperaten Zonen.

1. Am Boden kriechendes od. mit Haftwurzeln kletterndes, selten aufrecht wachsendes, immergrünes Gehölz .... ***Hedera***, 572
— Aufrechte sommer- od. immergrüne Bäume od. Sträucher 2
2. Bl. doppelt gefiedert, 80–100 cm lang .... ***Aralia***, 385
— Bl. nicht gefiedert, nur gelappt od. gefingert 3
3. Bl. 3–5-zählig gefingert .... ***Eleutherococcus***, 518
— Bl. nur handf. gelappt 4
4. Stämme u. Zw. mit Stacheln bewehrt 7
— Stämme Zw. u. Bl. unbewehrt 5
5. Ganze Pfl. durch rostfarbene od. hellbraune Sternhaare filzig; Bl. bis 75 cm breit .... ***Tetrapanax***, 905
— Pfl. nicht rostfarben od. hellbraun filzig behaart; Bl. kleiner 6

6. Bl. 10–30 cm lang gestielt, Spreite 15–30 cm breit, mit 7–9 Lappen (*539/2*) ***Fatsia***, 539

— Bl. nur 10–12 cm gestielt, Spreite 10–15 cm breit, mit 3–5 Lappen (*539/1*) × ***Fatshedera***, 539

7 (4). Stämme, Bl.stiele (*678/3*) u. Nerven der Bl.spreiten mit borstigen Stacheln besetzt .... ***Oplopanax***, 678

— Stämme u. Zw. mit kräftigen, kurzen, steifen ± aufwärts gebogenen Stacheln besetzt .... ***Kalopanax***, 610

Apiaceae, Doldenblütler [*Umbelliferae*] (Bearbeiter: Ulrich Hecker)

Kräuter, seltener Holzgewächse; Bl. wechselst., meist gefiedert, selten ungeteilt, Pfl. ätherische Öle führend; Bltn. ⚥ od. eingschl., in einfachen od. zusammengesetzten Dolden, mitunter auch in Köpfchen; Bltnst. meist von Hochblättern umgeben (Hülle u. Hüllchen); Bltn. radiär, die randst. auch zygomorph, K., Kr. u. Stbl. 5, Frbl. 2, Frkn. unterst., Gr. 2; Fr. zur Reife in 2 Teilfr. (Spaltfr.) zerfallend. 418 Gatt. mit ca. 3 250 Arten, weltweit verbreitet, v. a. in den nem., subtrop. u. australen Zonen.

Für uns nur → ***Bupleurum***, S. 411, mit 208 Arten von Interesse.

Adoxaceae, Moschuskrautgewächse (Bearbeiter: Bernd Schulz)

2 Gatt. sommer- od. immergrüne Sträucher mit etwa 200 Arten u. etwa 4 krautige Arten in 2–3 Gatt.; Bl. gegenst., einfach od. zusammengesetzt, Nebenbl. unauffällig od. fehlend; Bltn. in Rispen, Schirmrispen od. Köpfchen, ⚥, radiär (vergrößerte sterile Randbltn. zuw. zygomorph); Bltn.hülle doppelt, 5-zählig, Krbl. verwachsen; Stbl. innen an der (meist) kurzen Kr.röhre ansitzend; Frkn. unterst., Gr. kurz, dickl., nicht verlängert; Fr. eine Steinfr. mit 1–5 Steinkernen. NAm., Euras. bis SO-As. inkl. Mal. Arch., austral v. a. trop. Geb. (SAm., Z- Afr., SO-Austr.).

1. Bl. unpaarig gefiedert; Bltn. klein (bis 10 mm ∅), immer ohne sterile Schaubltn.; Fr. mit 3–5 Steinkernen .... ***Sambucus***, 851

— Bl. einfach, zuw. gelappt; Bltn. klein od. größer, zuw. ganz od. am Rand des Bltnst. mit sterilen Schaubltn. mit oft ± zygomorpher Kr.; Steinfr. mit 1 Steinkern .... ***Viburnum***, 932

Caprifoliaceae, Geißblattgewächse (Bearbeiter: Bernd Schulz)

Sommer- od. immergrüne Gehölze u. krautige Pfl.; Bl. gegenst. od. wirtelig, einfach, ohne Nebenbl.; Bltn. in Thyrsen, Ähren, Köpfchen od. wenigbltg.Trauben, ⚥, radiär od. zygomorph; Bltn.hülle doppelt, meist 4–5-zählig, K. meist unscheinbar, sich zuw. postfloral vergrößernd, Kr. verwachsen, röhrenf., oft 2-lippig; Stbl. 4–5, in die Kr.röhre eingefügt; Frkn. unterst., meist mit 2–5 ungleichen Fächern, Gr. meist dünn u. deutl. verlängert; Fr. eine Kapsel, Steinfr., Beere od. Nuss. Fam. i.w.S. mit etwa 900 Arten in über 40 Gatt., holarkt. bis subtrop. SO-As. Zuw. in mehrere (ca. 6) kleinere Fam. geteilt, hier als Unterfam.: *Caprifolioideae* (5 Gatt., 200 Arten), *Linnaeoideae* (7 Gatt., 20 Arten), *Diervilloideae* (3–4 Gatt., 15 Arten).

1. Bl. mit 3 parallelen Hauptnerven (*575/1*) – ganzrandig, Fr. Nuss od. Beere (**Unterfam. *Caprifolioideae***) **3**

— Bl. fiedernervig, mit nur 1 Hauptnerv **2**

2. Fr. trocken: Nuss od. Kapsel; Zw. mit vollem Mark; Bl. ganzrandig od. gezähnt **6**

— Fr. fleischig: Steinfr. od. Beere; Zw. mit vollem Mark od. hohl; Bl. ganzrandig, zuw. gelappt (**Unterfam. *Caprifolioideae***) **3**

3. Teilbltnst. in großen lockeren thyrsenähnl. Rispen, am Ende der Verzweigung gestielte 6+1-zählige (zymös gebaute) Köpfchen; Kr. weiß (*575/2*); Fr. längl.

Nuss, gekrönt vom sich postfloral vergrößernden K. (*575/3*) **_Heptacodium_**, 575

— Teilbltnst. oft ungestielt (Bltn. sitzend in 3-bltg. Zymen od. kurzen Ähren), wenn Teilbltnst. gestielt, mit 2 Bltn.; Saftfr. **4**

4. Bltn. in kurzen achselst. Ähren am Triebende; Stbl. 4–5, Kr. trichterf., fast radiär, um 6(–10) mm lang (*894/1–3*); Frkn. 4-fächerig, 2 Fächer steril; beerenähnl. Steinfr. mit 2 weißl. Steinkernen .... **_Symphoricarpos_**, 893

— Bltn. paarig in gestielten, achselst. Teilbltnst. od. in 3-bltg. Zymen sitzend; Stbl. 5, Kr. oft ± zygomorph, wenn radiär, dann Röhre röhrenf. (sich kaum erweiternd) od. Bltn. > 10 mm lang; alle Fächer des Frkn. fertil; mehrsamige Beere, Samen meist bräunl. **5**

5. Bltn. in gegenst. 3-zähligen sitzenden Zymen (= 6-zählige Scheinwirtel) in Ähren am Triebende; Zymen in Achsel rötl. gefärbter freier Hochbl. (*622/2*); Kr. fast radiär, Frkn. 5(–8)-fächerig; Zw. dick, grün, hohl, fein längsstreifig – Strauch .... **_Leycesteria_**, 622

— Bltn. in Paaren od. wenn in 6-zähligen Scheinwirteln am Triebende, dann windende, dünnzw. Lianen u. Hochbl. oft scheibenf. verwachsen (*627/1–2*); Kr. oft dorsiventral, Frkn. 2–3, selten 4–5-fächerig .... **_Lonicera_**, 627

6 (2). Bl. fein kerbig gesägt; Bltn. mit 5, ± gleich langen Stbl., in Paaren od. mehrbltg. Zymen; Fr. eine sich öffnende Kapsel; Seitenkn. am Zw. anliegend (**Unterfam. _Diervilloideae_**) **11**

— Bl. ganzrandig od. mit einigen Zähnen; Bltn. mit 4 Stbl., oft 2 kürzer u. 2 länger, in 1- bis mehrbltg. Zymen; Fr. eine Schließfr., K. od. Vorbl. zur Fr.reife zuw. auffallend vergrößert; Seitenkn. vom Zw. abstehend od. unter Bl.narbe verborgen (**Unterfam. _Linnaeoideae_**) **7**

7. Flach kriechender Zwergstrauch mit fädigen Sprossen – Bltn. in lang gestielten, 2-bltg. endst. Bltnst. an kurzen Seitensprossen .... **_Linnaea_**, 625

— Aufrechte Sträucher **8**

8. Frkn. zwischen 2 großen Hochbl. eingeschlossen (*511/1–2*) ..... **_Dipelta_**, 511

— Frkn. nicht so eingeschlossen **9**

9. Frkn. u. Fr. eif., dicht borstig behaart (*612/4–5*); Bltn. in Paaren, Bltnst. rispig thyrsisch .... **_Kolkwitzia_**, 612

— Frkn. u. Fr. lang u. schmal, nicht borstig behaart; Kbl. zur Fr.reife vergrößert, Bltn. einzeln bl.achselst. od. zu einem rispig thyrsischen Bltnst. vereinigt **10**

10. Bltn. ab Ende VI–X, wenige in achselst. Zymen, zuw. am Triebende in rispenartigen Bltnst.; Kr. glocken- bis breit trichterf., Zipfel 5, K.zipfel 2–5 (*335/1b, 2c, 3*); Zw.knoten nicht verdickt, Winterkn. frei, sichtbar .... **_Abelia_**, 335

— Hauptblüte V, in trugdoldigen Bltnst.; Kr. röhrig bis schmal trichterf., Krbl.- u. K.zipfel 4–5 (*952/1*); Bl.grund erweitert, die Seitenkn. verbergend, Zw.knoten dadurch verdickt, Kn. auch nach dem Blattfall unter Bl.grund verborgen (*952/3*), zuw. aber früh austreibend .... **_Zabelia_**, 952

11 (6). Bltn. VI–VIII, 2-lippig, gelb, ca. 1 cm lang, Krbl.zipfel > ½ so lang wie die Röhre (*510/2b*); Kapselhälften sich an den Seiten öffnend, an der Spitze verbunden bleibend, K.reste erhalten bleibend (*510/2c*); bis um 1 m hohe Sträucher .... **_Diervilla_**, 509

— Bltn. V–VIII, nur schwach zygomorph, weiß bis dunkelrot, selten gelbl., deutl. größer, > 2,5 cm lang, Kr.röhre mehr als doppelt so lang wie die Zipfel; Kapsel öffnet sich 2-klappig spreizend, K. hinfällig; oft > 1 m hohe Sträucher **12**

12. Bltn. V* od. VI–VIII, weiß (selten mit gelbgrüner Note), rosa bis dunkelrot, alle Stbl. frei; K. 2-lippig* (*334/1, 947/2*) od. 5 freie Zipfel (*947/3* u. *4*); Kapsel mit zentraler, die Klappen überragender Säule (*947/1*); Samen mit schmalem flügeligem Saum (*947/1*) od. ungeflügelt* (*Sekt. *Calysphyrum*)
Weigela, 947

— Bltn. V, hellgelb, 4 Staubbeutel verwachsen, 1 frei, K. 2-lippig (*645/1*); Kapsel ohne Zentralsäule (*645/2*); Samen beidseitig lang geflügelt (*645/3*)
Macrodiervilla, 645

334/1 *Weigela florida* var. *praecox*, Blüte

Lexikon der Gattungen

Abelia R. Br., **Abelie** – *Caprifoliaceae* (Bearbeiter: Bernd Schulz)

Sommer- od. halbimmergrüne Sträucher; Bl. gegenst., selten wirtelig, einfach, ganzrandig od. gesägt, kurz gestielt, Achselkn. sichtbar; Bltn. in 1–3(–8)-bltg. Zymen, seitenst., einen rispig thyrsischen Bltnst. bildend, Frkn. 3-fächerig, nur 1 Fach fertil, K. 2–5-zipfelig, relativ groß, bis zur Fr.reife bleibend, Kr. glockig trichterf., ± radiär od. schwach zygomorph, 5-lappig, Stbl. 4; Fr. eine meist 3-fächerige, vom K. gekrönte lederige Schließfr. mit meist nur einem entwickelten Samen. Ca. 3–4 Arten in O-As. Graebner (1901) u. Rehder (1940) geben um 25 Arten für *Abelia* an. Ein Teil dieser Arten gehört heute zu anderen Gatt.: *Diabelia* Landrein (3), *Vesalea* M. Martens & Galeotti (1–2) u. → *Zabelia* (6).

1. Kr. mit enger Röhre (*952/1*) u. tellerf. ausgebreiteten Zipfeln; Bl.grund mit dem dadurch verdickten Zw.knoten verwachsen u. Achselkn. verbergend (auch nach dem Bl.fall verborgen bleibend) .... ***Zabelia***, S. 952

— Kr.röhre trichterf. erweitert; Achselkn. nicht verborgen **2**

2. Bltn. paarweise, Kr. ± radiär, ohne Saftmal; Stbl. die Kr.öffnung überragend, Staubbeutel hell violett, Kbl. stets 5 (*335/2c*) – Pfl. sommer- bis halbimmergrün, bis 2 m hoch; Zw. schwach behaart; Bl. elliptisch eif. bis elliptisch lanzettl., 2–3,5 cm lang, ± lang zugespitzt bis geschwänzt, oberseits grün, nur am Rand behaart, unterseits heller, an der Mittelrippe ± stark behaart (*335/2a* u. *b*); Kr. 1,5–2 cm lang, schmal trichterf., rein weiß od. rosa, Kbl. 8–10 mm lang; V–VII. Sk – ss. S-China, Sich., Yunn., Taiw. Jap. **Chinesische A., *A. chinensis*** R. Br.

— Bltn. einzeln, Kr. deutl. dorsiventral, mit od. ohne Saftmal; Stbl. Kr.öffnung nicht wesentl. überragend, Staubbeutel hellgelb (*335/1b* u. *3*); Kbl. 2 od. variabel 2–5 (an derselben Pfl. wechselnd) **3**

3. Stets 2 Kbl. – 8–10 mm lang, Kr. 1,5–2 cm lang, glockig, zum Grund trichterartig röhrig verengt, Röhre am Ansatz auf der Unterseite leicht bauchige, gelbl. getönte Erweiterung (Sporn), außen weiß, rosa bis violett überlaufen, fein behaart, Oberlippe kahl, Unterlippe lang behaart, innen mit orangegelben Flecken (Saftmal) (*335/3*); Pfl. sommer- bis halbimmergrün, bis 4 m hoch; Zw. schwach behaart; Bl. elliptisch eif. bis elliptisch lanzettl., 2–3,5 cm lang, ± lang zugespitzt bis geschwänzt, oberseits grün, nur am Rand behaart, unterseits heller, an der Mittelrippe ± stark behaart; V–VII. Sm – ss. S-China, Sich., Yunn. [incl. *A. schumannii* (Graebn.) Rehder u. *A. engleriana* (Graebn.) Rehder]
Einblütige A., *A. uniflora* R. Br. agg.

Formenreiches Agg.: Introgression (= gelegentl. Hybridisierung) mit *A. chinensis* u. vermutl. Polyploidie erschweren die Abgrenzung von *A. uniflora*.

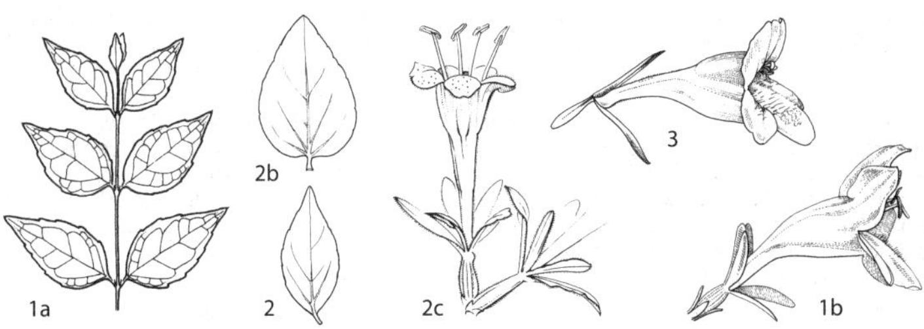

335/1–3 *Abelia*: 1 *A.* × *grandiflora*, 1a Zw., 1b Blüte; 2 *A. chinense*, 2a Bl. am vegetativen, 2b am generativen Zw., 2c Blüte; 3 *A. uniflora*, Blüte

— Kbl. 2–5, Zahl an derselben Pfl. wechselnd – Kr. glockig trichterf., etwa 2 cm lang, Kr.röhre etwas gebogen, am Grund stark verengt, weiß, oft rosa getuscht u. Zipfel purpurn getönt, mit od. ohne Saftmal (*335/1b*); Pfl. halbimmergrün, Bl. eif., ± lang zugespitzt, 1,5–4,5 cm lang, etwa von der Mitte an kerbig gesägt (*335/1a*), oberseits glänzend dunkelgrün, unterseits heller, kahl bis auf die Basis der Mittelrippe; VII–X. Sk – z. [*A. chinensis* R. Br. × *A. uniflora* R. Br.; *A. floribunda* hort. p. p., non (M. Martens & Galeotti) Decne.]

Großblütige A., *A.* × *grandiflora* (André) Rehder

'Edward Goucher': Bltn. mit intensiv rosafarbener Kr.; wenig > 1 m hoch werdend. ∧.

Abeliophyllum Nakai, **Schneeforsythie** – *Oleaceae* (Bearbeiter: Bernd Schulz)

1 Art.

A. distichum Nakai – Ähnl. *Forsythia* (aber Bltn. in Trauben u. Kr. weiß-rosa); junge Zw. 4-kantig, grünl., Mark zuerst schwach gefächert, Zw. später hohl; Bl. ganzrandig, eif. bis schmal eif., zugespitzt, kurz bewimpert, zerstreut angedrückt behaart, mattgrün, 3–8 cm lang (*336/1*), Stiel 2–5 mm lang; Bltnst. bereits im Herbst angelegt (*336/1*), im frühen Frühjahr erblühende, kurze, end- u. achselst. Trauben, zuw. Doppeltrauben, fast einseitswendig; Bltn. (*336/2*) 4-zählig, Kr.röhre 3–4 mm lang, Zipfel 6–9 mm lang, zurückgeschlagen, zartrosa bis weiß, K. mit 1–2 mm langen Zipfeln, außen dunkel weinrot wie die Bltnst.achsen; Fr. flach, umgekehrt herzf., um 15 mm ∅, ringsum geflügelt (*336/3*); II–IV, vor dem Laubaustrieb. Sk – z–h. ∧ Kor.

336/1–3 *Abeliophyllum distichum*: 1 Sprossknoten mit Bl. u. Bltnst.anlagen, 2 Blüte, 3 Fr.

Abies Mill., **Tanne** – *Pinaceae* (Bearbeiter: Peter A. Schmidt)

Immergrüne Bäume; Nadeln schraubig angeordnet, entw. ± gescheitelt (2-reihig in einer Ebene stehend od. auf Zw.oberseite eine V-f. Rinne freilassend, *345/1a*), dicht auf Zw.oberseite od. allseitig abstehend (*342/1a*), kurz oberhalb der Basis etwas zusammengezogen u. mit verbreitertem, scheibenf. Nadelgrund dem Zw. aufsitzend (*337/1*), Bl.narben kreisrund, Zw. nach dem Abfallen der Nadeln meist ± glatt, seltener längs gefurcht; auf der Nadelunterseite 2 weiße od. graublaue Bänder (*337/1b*) mit in Reihen angeordneten Spaltöffnungen (Stomatalinien), z. T. Stomatalinien auch auf Nadeloberseite; Nadelspitze spitz (*341/1b*), stumpf, abgerundet od. ausgerandet (*342/1b, 343/1b*); Zapfen (*337/2*) aufrecht stehend, bei der Reife zerfallend, Deck- u. Samenschuppen wie Samen abfallend, nur die Zapfenachse (Spindel) verbleibt mehrere Jahre am Zw.; Deckschuppen entw. kürzer als Samenschuppen u. im Zapfen verborgen od. länger u. ihre Spitzen aus dem Zapfen herausragend; Samen geflügelt. 47–67 Arten, Holarktis (bor., Geb. nem. bis mer. Zonen), in MAm., O-As. (Taiw.) u. S-As. (Vietn.) bis subtrop. Zone.

Nadelmerkmale beziehen sich auf vegetative Seitentriebe im unteren Teil der Krone (Schattenzw.), da Nadeln im oberen Kronenbereich, v. a. an zapfentragenden Zw., deutl. abweichen können, so die Nadeln bei Arten mit sonst abgerundeten od. ausgerandeten Nadelspitzen spitz enden. Kn.merkmale beziehen sich auf vegetative Kn. Harzig bedeutet, dass die Kn. mit Harz ± überzogen sind, zuw. so stark, dass

Harzbällchen Kn. kaum erkennen lassen. Nicht beharzt bzw. harzlos bedeutet nicht, dass die Kn. keinen Harz enthalten, sondern fehlenden Harzüberzug. Die grüne Nadelfarbe wird nicht nur im Bereich der Stomatabänder durch Weiß- od. Grautöne (Intensität abhängig von Zahl u. Dichte der Wachspunkte der Stomatareihen) überlagert, sondern auch von zusätzl. Wachsauflagen modifiziert.

Schlüssel zu den Sektionen der Gattung, überwiegend nach Zapfenmerkmalen

Der Schlüssel führt zu den Sektionen. Anschließend werden diesen die behandelten Arten zugeordnet. Im Schlüssel zu den Arten ist die Sektionszugehörigkeit durch die römische Ziffer in Klammern nach den Artnamen angegeben.

1. Deckschuppen mit > 2,5 cm langem grannenartigen Fortsatz, die Grannen weit aus dem Zapfen ragend u. diesen teilw. umhüllend; Kn. spindelf., 1–2,5 cm lang .... **Sekt. *Bracteata* = III**

— Deckschuppen kurz zugespitzt od. mit < 1,5 cm langer granniger Verlängerung, deren Spitzen im Zapfen verborgen sind od. herausragen; Kn. ei-, kegel- od. kugelf., < 1 cm lang **2**

2. Zapfen 15–30 cm lang, 5–10 cm ∅; Nadeln meist unterseits od. beiderseits gekielt, ihr basaler Teil dem Zw. erst kurz anliegend, dann gekrümmt bis sichelf. gebogen .... **Sekt. *Nobilis* = VIII**

— Zapfen kürzer u./od. schmaler, 3–25(–30) cm lang, wenn > 15 cm lang, dann < 6 cm ∅; Nadeln meist abgeflacht, basaler Teil weder anliegend noch gekrümmt **3**

3. Zapfen schmal zylindrisch (Verhältnis Länge zu Breite > 2,5), Spindel dünn, kegelf. **6**

— Zapfen eif., kegelf. od. breit zylindrisch, Spindel kräftig, kegelf., zylindrisch kegelf. od. spindelf. **4**

4. Zapfenspindel dick, spindelf. od. zylindrisch kegelf., Samenschuppen spitzenwärts verdickt; Triebe meist kräftig .... **Sekt. *Pseudopicea* = VI**

— Zapfenspindel weniger dick, Samenschuppen in od. unterhalb der Mitte am dicksten; Triebe meist dünn **5**

5. Jungtriebe gleichmäßig behaart; Nadeln auf Zw.oberseite dicht stehend, vorwärts gerichtet .... **Sekt. *Amabilis*** = VII

— Jungtriebe kahl od. nur in Furchen schwach behaart; Nadeln nicht dicht stehend, mehr gescheitelt .... **Sekt. *Momi*** = V

6 (3). Zapfen (10–)12–25(–30) cm lang, Verhältnis Länge zu ∅ meist mindestens 3 .... **8**

— Zapfen 3–12 cm lang, Verhältnis Länge zu ∅ < 3 .... **7**

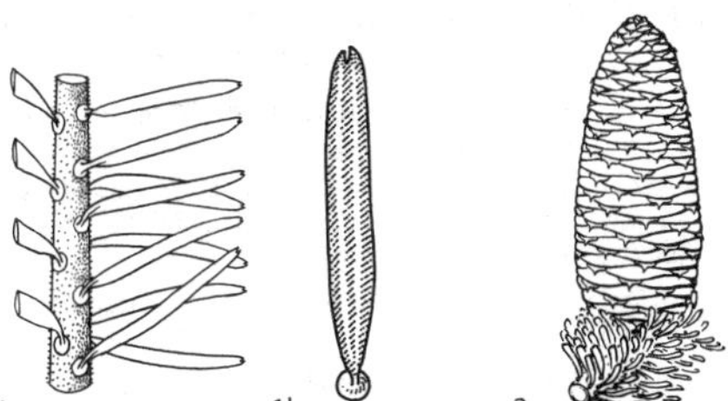

1a 1b 2

337/1–2 *Abies*: 1 *A.* spec., 1a Nadelansatz, 1b Nadelunterseite; 2 *A. koreana*, Zapfen

7. Zapfen (3–)4–8 cm lang, (1,5–)2–3(–4) cm ∅, purpurn, selten grünl.; Nadeln an der Spitze ausgerandet – Deckschuppen gelbbraun ... **Sekt. *Balsamea* = IV**
— Zapfen (5–)7–12 cm lang, 3–5 cm ∅, grün, olivgrün, selten bläul.; Nadeln stumpf, spitz od. ausgerandet .... **Sekt. *Grandis* = IX**
8 (6). Spitzen der Deckschuppen aus Zapfen herausragend (außer *A. cilicica*), Zapfenspitze stumpf od. spitzl. .... **Sekt. *Abies* = I**
— Deckschuppen im Zapfen eingeschlossen, Zapfen mit nippelf. Spitze **Sekt. *Piceaster* = II**

I Sekt. *Abies*: *A. alba, A. borisii-regis, A. cephalonica, A. cilicica, A. nordmanniana*
II Sekt. *Piceaster*: *A. numidica, A. pinsapo*
III Sekt. *Bracteata*: *A. bracteata*
IV Sekt. *Balsamea*: *A. balsamea, A. fraseri, A. koreana, A. lasiocarpa, A. nephrolepis, A. sachalinensis, A. sibirica, A. veitchii*
V Sekt. *Momi*: *A. firma, A. holophylla, A. homolepis, A. pindrow*
VI Sekt. *Pseudopicea*: *A. delavayi, A. fargesii, A. forrestii, A. spectabilis, A. squamata*
VII Sekt. *Amabilis*: *A. amabilis, A. mariesii*
VIII Sekt. *Nobilis*: *A. magnifica, A. procera*
IX Sekt. *Grandis*: *A. concolor* s. l., *A. grandis*
Intersektionelle Bastarde:
I × II: *A.* × *insignis* [*A. nordmanniana* × *A. pinsapo*], *A.* × *vilmorinii* [*A. cephalonica* × *A. pinsapo*]

Schlüssel zu den Arten nach vegetativen Merkmalen u. Zapfenmerkmalen

1. Nadeln unterseits mit 2 weißen, seltener weißl. grünen, blau- od. graugrünen Bändern aus Stomatareihen, oberseits grün, ohne Stomatabänder, höchstens einige kurze Stomatalinien an der Nadelspitze u. diese dadurch zuw. blaugrau od. wenige längere, unauffällige u. meist unterbrochene Stomatalinien **8**
— Nadeln unter- u. oberseits mit Stomatareihen, die in ± breiten Bändern bis zur Nadelbasis hinabgehen, beiderseits weißl., blau- od. graugrün, wobei unterseits Stomatabänder oft auffälliger **2**
2. Nadeln (1,5–)4–6(–8) cm lang, ungleich lang, aber an jedem Trieb ein Teil stets > 4 cm lang, 2–3 mm breit, in unregelmäßigen Reihen u. nur undeutl. gescheitelt stehend, besonders auf der Zw.oberseite ± sichelf. aufwärts gebogen u./od. ± nach vorn gerichtet – Nadel ober- u. unterseits blau- bis graugrün, zugespitzt od. Spitze abgerundet; Jungtriebe gelb- bis graugrün, kahl od. kurz behaart; Kn. stark harzig; Zapfen 7–13(–15) cm lang, 3–5 cm ∅, Deckschuppen eingeschlossen. Bg – h. SW- bis Z-NAm. (W-, SW-USA), N-Mex.
Kolorado-T., Grau-T., *A. concolor* (GORD.) HILDEBR. (IX)

var. *lowiana* (GORDON) LEMMON [Lowiana-Gruppe; *A. lowiana* (GORDON) A. MURRAY]: Nadeln annähernd 2-reihig, so dass ± gescheitelt, auf Zw.oberseite zumindest eine V-f. Rinne frei bleibend, oberseits mattgrün, mit wenigen Stomatalinien, unterseits 2 blauweiße Stomatabänder. Bg – z. Im westl., küstennäheren Teil des Artareals.

'Compacta': dicht verzweigte, strauchige Zwergform; Nadeln 2,5–4 cm lang, stark blau bereift. Sk.

Violacea-Gruppe: 'Violacea' u. andere Sorten mit auffällig blau- bis silberweißen Nadeln. Bm.

— Nadeln kürzer, (0,8–)1–4 cm lang, 1–3 mm breit, wenn > 2,5 cm lang, dann nur bis 2 mm breit, entw. nicht gebogen, sondern gerade, aufrecht stehend bis nach vorn gerichtet od. nur basaler Teil, der zunächst 2–3 mm dem Zw. dicht anliegt, gekrümmt bis gebogen **3**

3. Basaler Teil der Nadeln 2–3 mm dem Zw. dicht anliegend, dann gekrümmt bis sichelf. vom Zw. abbiegend (deutl. an Zw.unterseite erkennbar), Nadelgrund kaum scheibenf. verbreitert; Zapfen 10–25(–30) cm lang, (5–)7–9(–10) cm ∅; junge Zw. glatt **7**

— Nadeln gerade, aufrecht od. nach vorn gerichtet, basaler Teil weder dem Zw. anliegend noch gekrümmt; Nadelgrund deutl. scheibenf.; Zapfen kürzer u./od. schmaler, 5–15(–20) cm lang, 2–6 cm ∅; junge Zw. zuw. längs gefurcht **4**

4. Nadeln 0,6–2(–2,5) cm lang, 1,5–3 mm breit, dickl., starr; Jungtriebe kahl, olivgrün, gelbl. bis orange- od. rotbraun, Kn. nicht, wenig od. auch stark harzig **6**

— Nadeln 1,5–3(–4) cm lang, 1–2 mm breit, flach, biegsam, Jungtriebe zerstreut kurz behaart, gelbl. grün od. graugrün bis gelb- od. hellbraun; Kn. stark harzig **5**

5. Nadeln unterseits mit 2 silbergrauen Bändern aus je (8–)10(–12) Stomatalinien, oberseits blass blaugrün, mit 4–5 Stomatalinien beiderseits der Längsfurche; Jungtriebe braun behaart – Nadeln (1,5–)2–3,1(–4) cm lang, 1–2 mm breit, auf Zw.oberseite dicht gedrängt, nach vorn spitzwinklig aufwärts gerichtet, Spitze stumpf od. ausgerandet; Jungtriebe graugrün bis hellbraun, später Zw. aschgrau; Zapfen blaugrau bis purpurviolett, reif (purpur)braun, 5–12 cm lang, 2–4 cm ∅, Deckschuppen verborgen. Bg – s. NW-NAm. bis westl. Z-NAm. (SW-USA). [*A. subalpina* Engelm.]

Felsengebirgs-T., Rocky-Mountains-T., *A. lasiocarpa* (Hook.) Nutt. (IV)

var. *arizonica* (Merriam) Lemmon, **Kork-T., Arizona-T.:** Borke dick, korkig, gelbgrau, elastisch; Nadeln meist auffällig weißblau. Bm/Bk – z.

'Compacta' (zu var. *arizonica*): kegelf. Wuchs, bis 3 m hoch, Äste, Zw. u. Nadeln dicht stehend, Nadeln 1,5–2,5 mm lang, silberblau. Bk.

— Nadeln unterseits mit 2 grünl. weißen Bändern aus je (4–)7(–8) Stomatalinien, oberseits tiefgrün, mit weniger, oft nicht durchgehenden Stomatalinien; Jungtriebe grau behaart .... ***A. balsamea***, siehe Nr. **34**–

6 (4). Nadeln oberseits mit 8–14 Stomatalinien, beiderseits mit 2 blauweißen Bändern, grau- bis blaugrün, 0,6–2 cm lang, 1,5–3 mm breit, allseits rechtwinklig vom Zw. abstehend (*339/1a*), am Grund auffallend verbreitert, nicht od. nur wenig gedreht; Spitze stumpf od. spitz (*339/1b*), zuw. auch etwas stechend; Kn. nicht, wenig od. stark harzig; Zapfen 9–15 cm lang, 4–5 cm ∅, grün mit rötl. od. violettem Reif, zuletzt braun, Deckschuppen eingeschlossen. Bm – z. ∧ W-Medit. (S-Spanien, Marokko). **Spanische T., *A. pinsapo*** Boiss. (II)

'Glauca': Nadeln intensiv blaugrau; ähnl. 'Kelleriis', raschwüchsiger u. frosthärter. Bm.

'Horstmann': Zwergform, dicht u. starr verzweigt, Nadeln kürzer u. intensiv blaugrau. Sk.

A. × insignis Bailly [*A. nordmanniana × A. pinsapo*]: intermediär, aber in Wuchs u. Nadelstellung oft eher *A. nordmanniana* ähnl., Nadeln u. Zapfen ähnl. *A. pinsapo*, aber Jungtriebe meist behaart. Bg – s.

A. × vilmorinii Mast. [*A. cephalonica × A. pinsapo*]: Nadeln 2–3 cm lang, Stomatabänder auf Nadeloberseite unvollst. Bg – z.

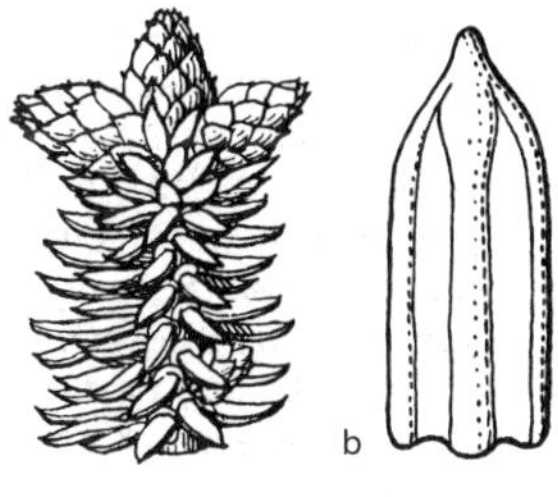

339/1 *Abies pinsapo*: a Zw.abschnitt, b Nadelspitze

— Nadeln oberseits nur mit 2–8 Stomatalinien, diese nur an der Spitze auffälliger, weshalb diese zuw. blaugrau, sonst Oberseite ± grün, unterseits 2 blauweiße Stomatabänder, (1–)1,5–2(–2,5) cm lang, 2–3 mm breit, allseitig rechtwinklig vom Zw. abstehend od. ± gescheitelt, am Grund od. in ganzer Länge gedreht, Spitze stumpf od. etwas eingekerbt; Kn. nicht od. nur am Grund harzig; Zapfen 12–20 cm lang, 4–6 cm ∅, grün mit violettem Reif, zuletzt purpurbraun, mit eingeschlossenen Deckschuppen. Bm – s. W-Medit. (Algerien).
Numidische T., *A. numidica* Carrière (II)

7 (3). Nadeln ± flach, nur unterseits gekielt, blaugrüne Oberseite gefurcht, mit 0–2 Stomatabändern, sehr dicht gedrängt stehend, die Zw.oberseite ganz verdeckend, im mittleren Bereich der Jahrestriebe 16–20 Nadeln/cm, diese 1–3 cm lang, 1,5–2 mm breit; Kn. kaum harzig, die Spitzen der unteren Kn.schuppen nicht verlängert, etwas abstehend; Zapfen mit weit herausragenden Deckschuppen, ihre Spitzen zurückgeschlagenen, anfangs grün, rot od. purpurn, reif braun. Bm – h. NW-NAm. (NW-, W-USA). [*A. nobilis* (D. Don) Lindl.] **Edle Tanne, *A. procera*** Rehd. (VIII)

Glauca-Gruppe: Sorten mit intensiv blaugrauer bis -weißer Benadelung, z. B. als Baum **'Glauca'** od. mit niederliegendem Wuchs **'Prostrata'**, jedoch nicht stabil, oft Zw. sich aufrichtend.

— Nadeln im ∅ abgeflacht bis ± 4-eckig, da beiderseits gekielt, blaugraue Oberseite mit 1 Stomataband, (1,5–)2–4 cm lang, 1–1,6 mm breit, die Oberseite des Zw. ± bedeckend, aber weniger gedrängt, bis 14 Nadeln/cm im mittleren Abschnitt der Triebe; Kn. wenig harzig, basale Schuppen lang zugespitzt; Zapfen mit eingeschlossenen Deckschuppen, von grün mit purpurner Tönung bis grünl. braun od. gelbl. braun, reif hellbraun. Bg – s. NW-NAm. (NW-, W-USA). **Pracht-T., *A. magnifica*** A. Murray (VIII)

8 (1). Junge Zw. mit deutl. Längsfurchen zwischen den Nadelbasen, dadurch an Fichtenzw. erinnernd (bei *Picea* jedoch Furchung durch erhabene Nadelkissen, die den Tannen fehlen) **39**

— Zw. nicht gefurcht, ± glatt, zuw. aber mit seichten längl. Eintiefungen **9**

9. Kn. lang spindelf., 1–2,5 cm lang; Deckschuppen der Zapfen mit > 2,5 cm langem grannenartigen Fortsatz, die Grannen weit aus dem Zapfen ragend u. diesen teilw. umhüllend – Nadeln gescheitelt, 3–6 cm lang, 2,5–3 mm breit, sehr steif, scharf zugespitzt, unterseits mit weißen Stomatabändern; Kn. blassgelb, nicht harzig; Zapfen 8–10 cm lang, 4,5–5 cm dick. Bm – ss. ∧ NW-NAm. (W-USA: Santa Lucia Mts.).
Grannen-T., *A. bracteata* (D. Don) A. Poit. (III)

— Kn. ei-, kegel- od. kugelf., < 1 cm lang; Deckschuppen kurz zugespitzt od. mit < 1,5 cm langer granniger Verlängerung, deren Spitzen im Zapfen verborgen sind od. herausragen **10**

10. Nadeln 1–3,5(–4) cm lang **14**

— Nadeln (2–)3–6(–7) cm lang, dabei stets ein Teil od. die Mehrzahl der Nadeln an einem Jahrestrieb mindestens 4 cm lang **11**

11. Nadeln derb, starr u. meist stechend, scharf 1- od. 2-spitzig, längere Nadeln nur selten bis 4,5 od. 5 cm lang **13**

— Nadeln weniger derb, biegsam, nicht stechend, an der Spitze ausgerandet, stumpf od. 2-spitzig, längere Nadeln bis 6(–7) cm lang **12**

12. Nadeln sehr deutl. gescheitelt, waagerecht nach beiden Seiten abstehend, unterschiedl. lang, auf der Zw.oberseite meist nur 2 cm, sonst 2,5–6 cm lang, die Zw. daher einem Kamm mit ungleichen Zähnen ähnl., 1,7–2,5 mm breit, oberseits gelbl. grün od. dunkelgrün, unterseits 2 weiße, grünl. getönte Stomatabänder, zerrieben stark riechend (ähnl. Orangen); Jungtriebe dünn, anfangs fein behaart, olivgrün, im Folgejahr grau- bis rotbraun; Kn. klein, 1–2 mm lang, harzig; Zapfen 7–10 cm lang, 4 cm ∅, hellgrün, zuw. purpurn getönt, reif grau- bis rotbraun, Deckschuppen im Zapfen eingeschlossen. Bg – h. NW-NAm. **Riesen-T., Küsten-T., *A. grandis*** (D. DON) LINDL. (IX)

— Nadeln nicht od. kaum gescheitelt, 3–6(–7) cm lang, 1,5–2 mm breit, oberseits dunkelgrün, unterseits 2 grünl. graue Stomatabänder; Jungtriebe dick, stets kahl, graurosa od. hellbraun, im Folgejahr grau; Kn. 6–8 mm lang, harzig; Zapfen 10–14 cm lang, 5–6 cm ∅, Deckschuppen im Zapfen eingeschlossen. Bm – ss. ∧∧ Himal. **Pindrow-T., *A. pindrow*** (D. DON) ROYLE (V)

13 (11). Nadeln scharf 1-spitzig, an älteren Pfl. spitz, 2–2,5 mm breit, gescheitelt, oberseits hellgrün, unterseits mit 2 blass weißl. grünen Stomatabändern; Zapfen mit eingeschlossenen Deckschuppen ...... ***A. holophylla***, siehe Nr. **31**

— Nadeln 2-spitzig, an älteren Pfl. stumpf od. ausgerandet, 2–4 mm breit, oberseits grün, unterseits hellgrün bis weißl. grün, die Stomatabänder heben sich farbl. nur undeutl. ab; Deckschuppen aus Zapfen ragend ***A. firma***, siehe Nr. **18**

14 (10). Jungtriebe behaart **23**

— Jungtriebe kahl **15**

15. Nadeln stumpf, abgerundet od. ausgerandet, zuw. 2-spitzig **17**

— Nadeln spitz od. zugespitzt, meist scharf 1-spitzig (*341/1b*), stechend **16**

16. Nadeln meist allseitig vom Zw. abstehend (*341/1a*), zuw. an Zw.unterseite ± gescheitelt, oberseits dunkelgrün, unterseits 2 weiße Stomatabänder; Deckschuppen aus den Zapfen herausragend, ihre Spitzen zurückgeschlagen – Nadeln 1,5–3,5 cm lang, 1,5–2,5 mm breit; Kn. harzig; Jungtriebe gelbl. braun bis blassgelb; Zapfen 10–16 cm lang, 3–6 cm ∅. Bg – z. O-Medit. (Griechenland). **Griechische T., *A. cephalonica*** LOUDON (I)

'Meyers Dwarf': Zwergform mit nur 8–15 mm langen Nadeln; Wuchs anfangs breit u. niedrig, ohne Gipfeltrieb, später mehr aufrecht, dichtbuschig, bis 2 m hoch.

A. borisii-regis MATTF. wahrscheinl. aus Hybridisierung mit *A. alba* entstanden, siehe unter Nr. 34.

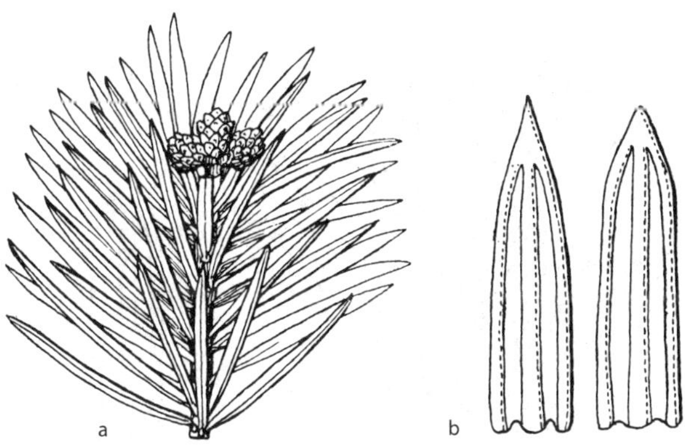

341/1 *Abies cephalonica*, a Zw.abschnitt, b Nadelspitzen

— Nadeln gescheitelt stehend, oberseits hell- bis dunkelgrün, unterseits mit 2 kaum bemerkbaren blass weißl. grünen Stomatabändern; Deckschuppen im Zapfen eingeschlossen .... ***A. holophylla***, siehe Nr. **31**

17 (15). Nadeln auffallend weich u. dünn, 1–1,6 mm breit – beim Zerreiben stark duftend, an jungen Zw. dicht die Oberseite des Zw. bedeckend ***A. sibirica***, siehe Nr. **38–**

— Nadeln derber, breiter, 1,5–2,5(–4) mm **18**

18. Nadeln unterseits hellgrün bis weißl. grün, die Stomatabänder heben sich farbl. nur undeutl. ab, – (1–)2–3,5(–5) cm lang, 2–4 mm breit, sehr steif, Spitze stumpf od. ausgerandet, an jungen Pfl. scharf 2-spitzig, oberseits an den Spitzen zuw. mit Stomatalinien, am Zw. nach beiden Seiten abstehend, auf der Zw.oberseite eine breite V-f. Rinne freilassend; Zw. hell graugelb bis hell zimtfarben, anfangs oft fein behaart; Zapfen vor der Reife grün, 8–15 cm lang, 3–5 cm ∅, Deckschuppen herausragend, ihre Spitzen aufrecht. Bg – ss. O-As. (M- u. S-Jap.). **Momi-T., *A. firma*** Siebold & Zucc. (V)

— Nadeln unterseits mit 2 weißen Stomatabändern **19**

19. Nadeln (1–)1,5–2(–2,5) cm lang, im Mittel < 2 cm lang, oberseits mit 2–8 Stomatalinien, auffälliger nur an der Spitze, deshalb diese zuw. blaugrau, 2–3 mm breit, dickl., steif .... ***A. numidica***, siehe Nr. **6–**

— Nadeln 2–3,5(–6) cm lang, im Mittel > 2 cm lang, oberseits ohne Stomatalinien od. nur einige an der Spitze u. wenig auffällig **20**

20. Nadeln alle streng gescheitelt, d. h. beidseitig des Zw. in einer Ebene ausgebreitet, dabei einem Kamm mit ungleichen Zähnen ähnl., da unterschiedl. lang, stets mehrere > 4 cm lang .... ***A. grandis***, siehe Nr. **12**

— Nadeln nicht (*342/1a, 343/1a*) od. wenig od. V-f. gescheitelt, jedenfalls nicht nach beiden Seiten flach abstehend, nie > 4 cm lang **21**

21. Kn. 3–4 mm lang, ei- bis kegelf., spitz, mit locker anliegenden od. etwas abstehenden Schuppenspitzen, nicht od. wenig harzig; Nadeln 2,5–4 cm lang, 1,5–1,8 mm breit – Spitze stumpf bis abgerundet (*342/1b*), selten etwas ausgerandet od. spitz, zieml. steif, am Grund stark gedreht, auf der Zw.oberseite ± gleichmäßig abstehend (*342/1a*), an älteren Trieben oft etwas

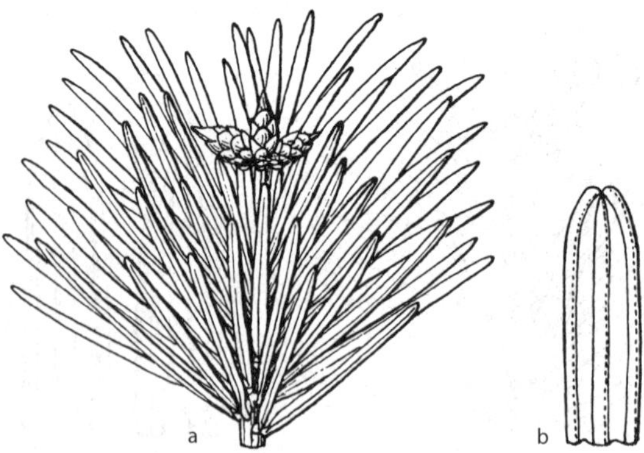

342/1 *Abies cilicica*, a Zw.abschnitt, b Nadelspitze

gescheitelt, zuw. oberseits mit einigen Stomatareihen an der Spitze; Zapfen 16–20(–30) cm lang, 4–6 cm ∅, Deckschuppen eingeschlossen, grün, reif braun bis rotbraun. Bg – s. O-Medit. (S-Kl.-As.: Taurus; Liban.).
Zilizische T., Kilikische T., *A. cilicica* (ANTOINE & KOTSCHY) CARRIÈRE (I)

— Kn. größer, 4–6 mm lang, ei- bis kugelf., zugespitzt od. stumpf, mit dicht anliegenden Schuppen; Nadeln 2–3,5 cm lang, 1,8–2,5 mm breit **22**

22. Kn. nicht od. wenig harzig – Nadeln stark glänzend, die Oberseite der jüngeren Zw. meist ganz verdeckend (*343/1a*), wenn später etwas gescheitelt, dann V-f., oberseits stets ohne Stomatalinien; Zapfen 12–15 cm lang, 2,5–5 cm ∅, Deckschuppen herausragend u. ihre Spitze umgebogen. Bg – h. Kauk., N-Kl.-As. **Nordmanns T.** (i. w. S.), ***A. nordmanniana*** (STEVEN) SPACH s. l. (I)

subsp. *nordmanniana*, Echte Nordmanns T., Kaukasus-T.: Jungtriebe meist behaart (siehe deshalb auch Nr. 29); Kn. nicht harzig; Nadeln bis 2,5 mm breit. h. Kauk., östl. N-Kl.-As.

subsp. *equi-trojani* (BOISS.) COODE & CULLEN [*A. bornmuelleriana* MATTF.]: Jungtriebe kahl; Kn. leicht harzig; Nadeln nur 1,8 mm breit. ss. Westl. N-Kl.-As.

— Kn. stark harzig, von grauweißer Harzschicht bedeckt ***A. forrestii***, siehe Nr. **25**

23 (14). Nadeln 1–1,8 mm breit – wenn alle Nadeln nur bis 1,6 mm breit, dann zugleich weich (ähnl. Douglasiennadel) **35**

— Nadeln 1,5–2,5 mm breit, wenn < 2 mm breit, dann wenigstens ein Teil der Nadeln mindestens 2 mm breit – Nadeln nie auffällig weich **24**

24 (18). Jungtriebe grau, gelbl. od. braun behaart, Behaarung spärl., zerstreut od. dicht **27**

— Jungtriebe dicht rötl., rostrot od. rot bis rotbraun behaart **25**

25. Kn. 4–10 mm lang; Nadeln (1,5–)2–3(–4) cm lang, – 2–2,5 mm breit, unregelmäßig in 2 Reihen abstehend, auf der Zw.oberseite eine V-f. Rinne bildend; Kn. mit grauweißer Harzschicht; Zapfen 6–10(–14) cm lang, 4–6(–8) cm ∅, Deckschuppen eingeschlossen od. ihre Spitzen ± herausragend, purpurblau, reif purpur- bis dunkelbraun; Jungtriebe orange- bis purpur- od. rotbraun, kahl od. behaart. Bm – ss. O-As. (China: Yunn., Sich.), OM-As.: Tibet.
Forrests T., *A. forrestii* COLTM.-ROG. (VI)

Oft unter dem Namen ***A. delavayi*** FRANCH. in Kultur u. früher dieser Art zugeordnet (var. *forrestii* (COLTM.-ROG.) A. B. JACKS.), aber *A. delavayi* hat schmalere, am Rand umgebogene Nadeln u.

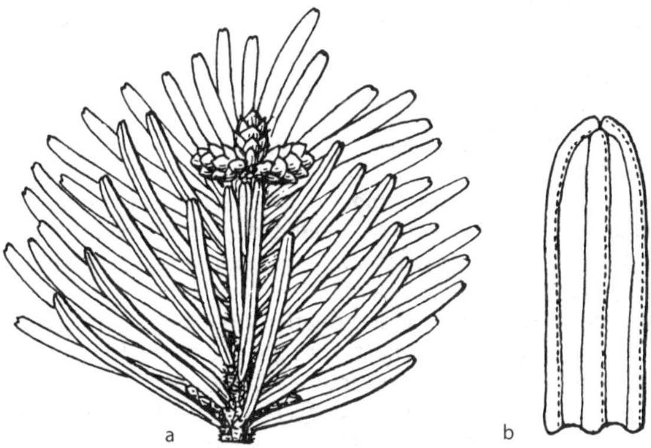

343/1 *Abies nordmanniana*, a Zw.abschnitt, b Nadelspitze

dunklere Zapfen (dunkel blauviolett bis purpurschwarz). Ähnl. sind weitere chinesische, nur selten gepflanzte Arten wie **A. fargesii** Franch. s. l. [incl. (*A. faxoniana* Rehd. & E. H. Wilson] od. die **Schuppen-T., A. squamata** Mast., mit einer für Tannen einzigartigen, sich wie bei Birken papierartig abrollenden u. fetzenartig ablösenden Rinde.

— Kn. 2–4 mm lang; Nadeln (1–)1,2–2(–2,5) cm lang **26**

26. Jungtriebe braunrosa od. blass orange, im Folgejahr Zw. rotbraun bis dunkelorange; Zapfen 8–10 cm lang, 4–5 cm ∅, Deckschuppen eingeschlossen, violettpurpurn, reif dunkel braunrot – Nadeln 1,5–2,5 mm breit, auf der Zw.oberseite gedrängt stehend, mittlere nach vorn gerichtet u. fast anliegend, den Zw. bedeckend, seitl. auswärts gerichtet, oberseits glänzend dunkelgrün, unterseits 2 weiße Bänder mit je 10–14 Stomatalinien, zerrieben nach Ingwer od. Balsam riechend; Kn. halbkugelig, 2–3 mm lang, harzig. Bm – s. O-As. (Jap.). **Maries' T., Aomori-T., *A. mariesii*** Mast. (VII)

— Jungtriebe gelbl. braun, im Folgejahr Zw. dunkler braun; Zapfen 3–6 cm lang, 2–4 cm ∅, Deckschuppen weit herausragend u. Spitzen zurückgeschlagen, purpurn od. grünl. gelb, reif purpurbraun – Nadeln 2–2,2 mm breit, unterseits mit 2 breiten weißen Bändern mit je 8–12 Stomatalinien, oberseits meist auch einige weniger auffällige Stomatareihen, zerrieben aromatisch duftend; Kn. breit eif., 4 mm lang, stark harzig. Bm – s. O-NAm. (Appal.). **Frasers T., *A. fraseri*** (Pursh) Poir. (IV)

27 (24). Nadeln deutl. gescheitelt (*345/1a*), entw. kammf., nach beiden Seiten ± waagerecht abstehend, od. V-f., auf der Zw.oberseite schräg aufwärts gerichtet, mittig eine Rinne freilassend **31**

— Nadeln dicht auf der Zw.oberseite stehend u. nicht gescheitelt (*343/1a*), nur an älteren Zw. od. Pfl. zuw. V-f. gescheitelt **28**

28. Nadeln 1–2 cm lang, 2–2,5 mm breit, in der oberen Hälfte meist etwas breiter als in der unteren, – an der Spitze abgerundet od. ausgerandet, an jüngeren Pfl. zugespitzt, dicht auf der Zw.oberseite stehend, oberseits glänzend grün, an der Basis auffällig gelbgrün, unterseits mit 2 breiten weißen Bändern; Kn. abgerundet, ± beharzt; Zapfen 4–7 cm lang, 2,5 cm ∅, purpurn bis blauviolett, reif dunkel- od. purpurbraun, Deckschuppen etwas herausragend, grün. Bm – h. O-As. (S-Kor.). **Korea-T., *A. koreana*** E. H. Wilson (IV)

Zahlreiche Sorten, meist Zwergformen, entw. abgeflacht halbkugelig (z. B. **'Tundra'**), kompakt kugelig (z. B. **'Blauer Eskimo'**), ± kissenf. (z. B. **'Blauer Pfiff'**) od. mehr aufrecht u. buschig wachsend, mit stark aufwärts gebogenen Nadeln, so dass ihre auffallend silberweißen Stomatabänder sichtbar werden (z. B. **'Horstmanns Silberlocke'**).

— Nadeln 1–4 cm lang, zumindest ein Teil der Nadeln > 2 cm lang, zur Spitze hin nicht breiter werdend **29**

29. Kn. ohne Harzüberzug; Zapfen 12–15 cm lang, Deckschuppen herausragend u. ihre Spitzen umgebogen

A. nordmanniana subsp. ***nordmanniana***, siehe Nr. **22**

— Kn. stark harzig, meist bedeckt von weißl. grauer Harzschicht, Zapfen 4,5–10(–15) cm lang, Deckschuppen im Zapfen verborgen od. nur die äußersten Spitzen etwas herausragend **30**

30. Kn. 4–5 mm lang; Nadeln zerrieben deutl. nach Orangen duftend, an der Zw.oberseite dicht gedrängt u. nach vorn gerichtet, den Trieb ganz verdeckend, Spitze meist stumpf od. ausgerandet; Zapfen 8–10(–15) cm lang, 3,5–5(–7) cm ∅ – Nadeln 1–2,5(–3,5) cm lang, (1–)1,5–2(–3) mm breit, oberseits glänzend dunkelgrün, unterseits 2 weiße Stomatabänder; Jungtriebe ± dicht hell od. bräunl. behaart; Zapfen purpurgrau bis -rot, reif braun, Deckschuppen eingeschlossen. Bg – s. NW-NAm. **Purpur-T., *A. amabilis*** (DOUGL.) FORBES (VII)

— Kn. 3 mm lang; Nadeln zerrieben nach Harz riechend, an der Zw.oberseite dicht gedrängt, nach vorn u. teilw. so aufwärts gerichtet, dass die kreideweiße Unterseite sichtbar wird (daran Art oft aus der Entfernung bereits erkennbar), an der Spitze gestutzt, oft wie abgeschnitten erscheinend, od. seicht ausgerandet; Zapfen 4,5–8 cm lang, 2–3 cm ∅ – Nadeln 1–3 cm lang, 1,5–2,2 mm breit; Jungtriebe anfangs ± dicht gelbl. behaart; Zapfen violettpurpurn, seltener (oliv)grün, reif braun bis schwarzbraun, nur Spitzen der Deckschuppen etwas herausragend. Bg – h. O-As. (Jap.). **Veitchs T., *A. veitchii*** LINDL. (IV)

31 (27). Nadeln scharf 1-spitzig, an älteren Pfl. spitz, – oberseits hell- bis dunkelgrün, ohne Stomatalinien, unterseits mit 2 blass weißl. grünen, recht unauffälligen Stomatabändern, 2,5–4(–4,5) cm lang, 2–2,5 mm breit, starr; Jungtriebe gelbl.; Kn. 4–8 mm lang, ± harzig; Zapfen 6–14 cm lang, 3–4,5 cm ∅, blassgrün bis gelbl. grün, zuw. purpurn getönt, reif hell gelbbraun, mit eingeschlossenen Deckschuppen. Bm – ss. O-As. (südl. Russ.-Fernost, Kor., NO-China). **Mandschurische T., *A. holophylla*** MAXIM. (V)

— Nadeln stumpf bis spitz, ausgerandet od. 2-spitzig **32**

32. Nadeln unterseits hellgrün, die Stomatabänder heben sich farbl. nur undeutl. ab, an jungen Bäumen scharf 2-spitzig, später stumpf od. ausgerandet, sehr steif . . . . ***A. firma***, siehe Nr. **18**

— Nadeln unterseits mit weißen Stomatabändern, zuw. an stark beschatteten Zw. u. älteren Nadeln weniger deutl., derb, aber nicht steif od. stechend . . . **33**

33. Nadeln 2–6 cm lang, am gleichen Trieb unterschiedl. lang, aber stets auch Nadeln von > 4 cm Länge vorhanden – Nadeln auffällig gescheitelt, waagerecht nach beiden Seiten abstehend, zerrieben stark duftend (orangenähnl.); Kn. harzig; Deckschuppen im Zapfen eingeschlossen ***A. grandis***, siehe Nr. **12**

— Nadeln 1–3(–3,5) cm lang, nie > 3,5 cm lang **34**

34. Kn. nicht harzig; Jungtriebe grau, gelbl. grau od. gelbl. braun, meist gelbl. od. braun behaart; Zapfen 10–16 cm lang, 3–5 cm ∅, vor der Reife gelbl. grünl., oft ± braunrot bis violett überlaufen, Deckschuppen herausragend u. ihre Spitzen zurückgebogen – Nadeln 1,2–3(–3,5) cm lang, 1,5–2,5 mm breit, stumpf bis deutl. ausgerandet (*345/1b*), oberseits stark glänzend, ohne Stomatareihen. Bg – h. Geb. M-Eur. bis W-, S- u. SO-Eur. [*A. pectinata* DC.]

Weiß-T., Edel-T., *A. alba* MILL. (I)

'Columnaris': Wuchs schlank säulenf.; weitere Saulenformen breit säulenf. (**'Fastigiata'**) od. nur anfangs säulenf., dann gedrungen schmal kegelf. (**'Pyramidalis'**).

'Compacta': Zwergform von gedrungenem breit kegelf. bis kugelf. Wuchs.

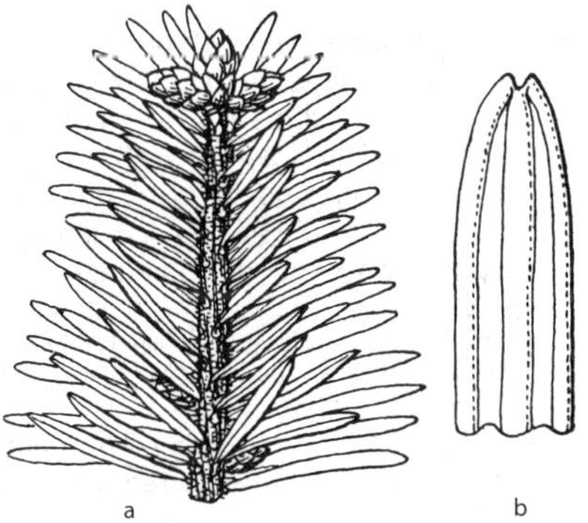

345/1 *Abies alba*, a Zw.abschnitt, b Nadelspitze a b

'Pendula': Äste hängend, dem Stamm parallel, so dass Krone sehr schmal.

A. borisii-regis MATTF., **König-Boris-T.:** Merkmale zwischen *A. cephalonica* u. *A. alba* (wahrscheinl. hybridogene Sippe); Jungtriebe meist behaart; Kn. harzig; Nadeln kaum gescheitelt, meist spitz. Bg – ss. SO-Eur. (S-Balkan: N-Griechenland, S-Bulgarien).

— Kn. stark harzig; Jungtriebe gelbl. grün bis gelbl. braun, locker grau behaart; Zapfen 4–7(–9) cm lang, 2–3 cm ∅, vor der Reife blaugrau, Deckschuppen eingeschlossen od. Spitzen leicht herausragend – Nadeln 1,5–2,5(–3) cm lang, (1,3–)2 mm breit, variierend von zugespitzt bis ausgerandet, oberseits tiefgrün, kaum glänzend, oft mit einigen Stomatalinien, am Grund wenig schildf. verbreitert, zerrieben stark balsamisch duftend. Bm – h. N-NAm. (O-Kanada) bis NO-NAm. **Balsam-T., *A. balsamea*** (L.) MILL. (IV)

Hudsonia-Gruppe: Zwergformen von flach kissenf. bis halbkugeligem Wuchs; Nadeln 0,4–1 cm lang, am Zw. oberseits V-f. gescheitelt

'Nana': Zwergform mit weniger abgeflachtem, halbkugeligem Wuchs; Nadeln ebenso sehr kurz (< 1 cm lang), aber allseitig vom Zw. abstehend.

'Piccolo': Zwergform mit halbkugeligem Wuchs; Nadeln 1 cm lang.

35 (23). Kn. ei- bis kegelf., nicht od. wenig harzig, mit locker anliegenden od. etwas abstehenden Schuppenspitzen; Nadeln 1,8 mm breit, zieml. steif, beim Zerreiben ohne auffälligen Geruch .... ***A. cilicica***, siehe Nr. **21**

— Kn. eif. kugelig bis (halb)kugelig, stark harzig, ± bedeckt von weißl. grauer Harzschicht; Nadeln 1–1,6 mm breit u. weich, wenn derb, dann zugleich auch längere Nadeln am Zw., Nadeln beim Zerreiben mit auffälligem Geruch (stark aromatisch, balsamisch, nach Orangen, Zedernholzöl od. Ölfarbe) **36**

36. Nadeln 1–1,6(–2) mm breit u. weich; Jungtriebe grau, gelbl. grau, rötl. grau od. beige.. **38**

— Nadeln (1–)1,5–2(–3), mindestens ein Teil der Nadeln 2 mm breit, derber; Jungtriebe grünl. braun od. gelbl. grün bis gelbl. braun **37**

37. Jungtriebe grünl. braun, ± dicht hell od. bräunl. behaart; Nadeln zerrieben deutl. nach Orangen duftend, an der Zw.oberseite dicht gedrängt stehend u. diese ganz verdeckend; Zapfen 8–10(–15) cm lang, 3,5–5(–7) cm ∅, Deckschuppen eingeschlossen .... ***A. amabilis***, siehe Nr. **30**

— Jungtriebe gelbl. grün, locker grau behaart; Nadeln zerrieben balsamisch riechend, an jungen Zw. auf der Oberseite dicht gedrängt, aber eine V-f. Rinne frei lassend od. an schwächeren Zw. fast gescheitelt; Zapfen 4–7(–9) cm lang, 2–3 cm ∅, Deckschuppen eingeschlossen od. Spitzen etwas herausragend ***A. balsamea***, siehe Nr. **34–**

38 (36). Kn. bläul. bis (dunkel)purpurn, 4–5 mm lang, eif. bis fast kugelig; Spitzen der Deckschuppen aus dem Zapfen ragend u. zurückgeschlagen – Jungtriebe grau, rötl. grau od. grau- bis rotbraun, anfangs leicht gefurcht, in den Furchen behaart; Nadeln (1,2–)2–3,5(–4) cm lang, 1–1,8(–2) mm breit, stumpf od. an Spitze eingekerbt, oberseits frischgrün, unterseits grünl. weiße bis grauweiße Stomatabänder; Zapfen 5–8 cm lang, 2–3 cm ∅, olivgrün bis purpurn, reif purpurschwarz od. dunkelbraun. Bg – ss. Russ.-Fernost (Sachalin, Kurilen), N-Jap. **Sachalin-T., *A. sachalinensis*** (Fr. SCHMIDT) MAST. (IV)

Ähnl. ***A. nephrolepis*** (MAXIM.) MAXIM., **Nierenschuppen-T.:** Nadeln etwas kürzer, 1–2,5(–3) cm lang, zerrieben nach Ölfarbe riechend; Jungtriebe gelbgrau bis graugrün; Kn. braun- od. purpurrot, ei- od. kegelf., harzig. Bg – ss. Russ.-Fernost, Kor., NO-China.

— Kn. gelbl. bis rötl. braun, 2–3(–4) mm lang, kugelig; Deckschuppen im Zapfen verborgen – Jungtriebe grau bis gelbl. grau od. beige, anfangs dünn behaart;

Nadeln 1,5–3,5 cm lang, (1–)1,3–1,6 mm breit, stumpf, spitz od. eingekerbt, an jungen Zw. die Zw.oberseite dicht bedeckend, oberseits hellgrün, unterseits grünl. graue bis weißgraue Stomatabänder; Zapfen 5–8 cm lang, 2–4 cm ∅. Bg – s. NO-Eur. (N-Russland), N-As. (Sib.) bis Geb. S-Sib. u. angrenzende Geb. von Mong. u. China. **Sibirische T., *A. sibirica*** Ledeb. (IV)

39 (8). Nadeln 1–1,6 mm breit, weich u. biegsam, dicht auf Zw. oberseite stehend, Nadeloberseite grün, zuw. an der Spitze einige Stomatalinien **_A. sachalinensis_**, siehe Nr. **38**

— Nadeln 1,5–3,5 mm breit, derb, zieml. bis sehr steif, auf Zw.oberseite nach beiden Seiten schräg abstehend, eine Rinne freilassend (V-f. gescheitelt), wenn dicht an Zw.oberseite u. diese verdeckend od. allseits abstehend, dann einige durchgehende Stomatalinien auf Nadeloberseite u./od. deren Spitze graublau **40**

40. Nadeloberseite mit einigen durchgehenden Stomatalinien od. mehrere an der Spitze, diese zuw. graublau . . . . **_A. numidica_**, siehe Nr. **6–**

— Nadeloberseite ohne od. nur mit wenigen unauffälligen kurzen Stomatalinien an der Spitze, diese niemals graublau **41**

41. Nadeln unterseits hellgrün bis weißl. grün, die Stomatabänder heben sich farbl. nur undeutl. ab **43**

— Nadeln unterseits mit kreide- bis silberweißen Stomatabändern **42**

42. Jungtriebe in den Furchen behaart; Kn. 5–10 mm lang; Zapfen 10–17 cm lang, 4–7 cm ∅ – Nadeln 2,5–6 cm lang, 2,2–3,5 mm breit, oberseits glänzend dunkelgrün, unterseits 2 silberweiße Bänder, lederig, steif, Spitze ausgerandet u. 2-spitzig, ± V-f. gescheitelt stehend; Jungtriebe gelb- bis rotbraun, dick, stärkere 3,5–10 mm ∅; Kn. stark verharzt; Zapfen vor der Reife violettblau, mit eingeschlossenen Deckschuppen. Bg (in Kultur Bk) – ss. ∧∧ Himal. [*A webbiana* Lindl.] **Himalaja T., Webbs T., *A. spectabilis*** (D. Don) Spach (VI)

— Jungtriebe kahl; Kn. 3–5 mm lang; Zapfen 7–10 cm lang, 2,5–3,5 cm ∅ – Nadeln (1–)1,5–3(–3,5) cm lang, (1,5–)2–3,5 mm breit, oberseits glänzend dunkelgrün, unterseits 2 kreideweiße Bänder, Spitze stumpf od. kurz 2-spitzig, sehr dicht stehend, zieml. steif, schräg aufwärts gerichtet, an Zw. oberseite eine V-f. Rinne zwischen sich freilassend, zuw. den Zw. ganz bedeckend; Zapfen vor der Reife purpurviolett, seltener grün, mit eingeschlossenen Deckschuppen. Bg – h. O-As. (Jap.). **Nikko-T., *A. homolepis*** Siebold & Zucc. (V)

var. *homolepis*: Zapfen 7–10 cm lang, vor der Reife purpurblau, Spitze stumpf.

var. *umbellata* (Mayr) E. H. Wilson: Zapfen 10–14 cm lang, vor der Reife grün, Spitze eingedrückt.

43 (41). Nadeln an Spitze stumpf od. ausgerandet, an jungen Pfl. scharf 2-spitzig, 2–4 mm breit; Kn. nicht od. wenig harzig . . . . **_A. firma_**, siehe Nr. **18**

— Nadeln scharf 1-spitzig, an älteren Pfl. spitz, 2–2,5 mm breit; Kn. harzig **_A. holophylla_**, siehe Nr. **31**

Acacia Mill., **Akazie** – *Fabaceae* (Bearbeiter: Ulrich Hecker)

Bäume, Sträucher od. Lianen, Nebenbl. dornig od. nicht; Bl. doppelt gefiedert, Bl.stiel oft blattartig ausgebildet (Phyllodium) unter teilweisem od. gänzlichem Verlust der Rhachis u. der Fiedern; Bltn. ⚥ od. ♂ u. ⚥, Kb. verwachsen; Hülsen sehr variabel, sich öffnend od. geschlossen bleibend; Samen bisw. mit ± großem Arillus. Gatt. mit ca. 1 400 Arten, in den Trop. u. Subtrop., artenreich in Afr. u. Austr.

A. dealbata Link, **Silber-Akazie** – Unbewehrter Großstrauch od. Baum, immergrün; Zw. grauweiß; Bl. graugrün, mit 10–20 Fiederpaaren, Blch. in 30–50 Paaren, 3–4 mm lang; Bltn. gelb od. orangegelb, in kugelf. Köpfchen, diese in großen, seitl. rispenartigen Trauben; Hülsen 1–2 cm breit, flach, zwischen den Samen eingedellt, rotbraun bis schwarz; II–IV. Bm – ss (im Mittelmeergebiet sehr häufig). ∧∧ Austr.

Acaena L., **Stachelnüsschen** – *Rosaceae* (Bearbeiter: Peter A. Schmidt)

Immergrüne Stauden, selten Zwerg- od. Spalierhalbsträucher; Bl. unpaarig gefiedert, Nebenbl. 2, mit dem Bl.stiel verwachsen; Bltn. in kugeligen od. ährigen Köpfchen, radiär, ⚥, Kr. fehlend, Kbl. (3–)4–5(–7), Frbl. 1(–2), unterst., Stbl. (1–)2(–10), Bltn.boden meist mit Stacheln; Fr. 1-samige Schließfr. (Achäne), Frst. meist ± kugelig, meist stachelborstig. 60–110 Arten, vorwiegend in australer Zone von SAm, Austr. bis Neuseel., sehr selten Nordhalbkugel, je 1 Art in SW-NAm. (Kalifornien) u. auf Hawaii.

Hier nur ± verholzte Arten berücksichtigt, weitere krautige Arten in Kultur (vgl. Jäger et al. 2008).

1. Bltn.boden vom Grund bis zur Spitze mit zahlreichen widerhakigen Stacheln besetzt; Blch. 7–11(–15), mit 2–7(–10) Zähnen od. Einschnitten, – gesägt, eingeschnitten od. zerschlitzt, längl., elliptisch od. rautenf., 5–15 mm lang, Nebenbl. ungeteilt, ohne Anhängsel; Bltnst. ± kugelig, Bltnst.achse bis 30 cm lang, Stbl. kürzer als Kbl., Staubbeutel purpurn; VI–VIII. Sz – ss. SAm.: S-Argent. **Seidenhaariges S., _A. sericea_** J. Jacq.

— Bltn.boden nur an seiner Spitze mit 2–4, zuw. > 4, Stacheln, an den Stachelenden Widerhaken; Blch. 9–15, mit 3–13 Zähnen **2**

2. Endst. Blch. 1,3–2-mal so lang wie breit; Bl. 2–5 cm lang, mit 9–13 Blch., Blch. mit 10–13 Zähnen, Nebenbl. bis 3 mm lang; Bltnst.achse 3–7,5 cm lang, seidig behaart – Blch. oberseits mattgrün, Nebenbl. fiederteilig; Frst. 1,2–1,6 cm ∅, Stacheln 3,5–6 mm lang, rot; Pfl. meist < 10 cm hoch, Kriechtriebe bis 0,3 m lang; VI–VII. Sp – s. Neuseel.
Gänsefingerkraut-S., _A. anserinifolia_ (J. R. Forst. & G. Forst.) J. B. Armstr.

Unter diesem Namen in Gärten zuw. eine andere, an der Basis weniger verholzte Art: **Piripi-S., _A. novae-zelandiae_** Kirk [*A. anserinifolia* hort.]: Bl. länger (bis 10 cm), Blch. oberseits glänzend grün, Nebenbl. bis 5 mm lang, ganzrandig od. mit 1–4 Zähnen; Frst. größer (bis 3 cm ∅); Stacheln länger (6–9,5 mm), ebenfalls rot. Neuseel. bis Austral.

— Endst. Blch. höchstens 1,5-mal so lang wie breit; Bl. 2–9,5 cm lang, mit 9–15 Blch., Blch. mit 3–11 Zähnen, Nebenbl. 2–7 mm lang; Bltnst.achse zur Fr.zeit bis 17 cm lang, kahl od. seidig behaart, – Stacheln 2–6,5(–10) mm lang; Pfl. bis > 10 cm hoch, Kriechtriebe bis 1 m lang; VI–VII. Sp – h. SAm.: S-Argent., S-Chile. **Magellan-S., _A. magellanica_** (Lam.) Vahl

Die früher als Arten od. Unterarten unterschiedenen Sippen **subsp. _magellanica_** [*A. glaucophylla* Bitter], Bl. 2–4,5 cm lang, endst. Blch. 3,5–8 mm lang, mit 3–8 Zähnen, u. **subsp. _laevigata_** (Aiton) Bitter [*A. adscendens* Vahl], Bl. bis 9,5 cm lang, endst. Blch. bis 16 mm lang, mit 7–9(–11) Zähnen, werden heute meist nicht mehr getrennt.

Acantholimon Boiss., **Igelpolster** – *Plumbaginaceae* (Bearbeiter: Peter A. Schmidt)

Immergrüne, polsterbildende Zwergsträucher; Bl. linealisch bis pfriemf., starr u. stechend, stielrund od. 3-kantig; Bltn. in einfachen od. verzweigten ährenf. Thyrsen, Bltnst. teils sich kaum od. nur wenig, teils deutl. über die Bl.polster erhebend, Bltn. oft zwischen auffälligen Hüllbl. verborgen; Krbl. frei od. mit den Stbl. zu einem Ring verwachsen, meist rosa, selten rot od. weiß; Fr. mit dem trockenen K. verwachsen. Etwa 165 Arten von SO-Eur. über Kl.-As. bis M-As. Nur die folgende Art häufiger in Kultur.

A. glumaceum (Jaub. & Spach) Boiss., **Gewöhnliches Igelpolster** – < 0,4 m hoher Zwergstrauch, dichte stachelige grüne Polster bildend; Bl. schmal pfrieml., fast nadelf., 1,5–3 cm lang, 1–2 mm breit; Bltnst. deutl. länger als die Bl., sich deutl. über die Bl.polster erhebend, 1–2-j., jede Ähre mit 5–12 Ährchen; Kr. rosa; K.saum weiß mit purpurnen Nerven, Hüllbl. samtig behaart, äußere eif. u. krautig, innere länger, stachelspitzig, nur in der Mitte grün; VII–VIII. Sz – z. Kl.-As., S-Kauk.

Acer L., **Ahorn** – *Sapindaceae* (Bearbeiter: Bernd Schulz)

Sommergrüne (alle kultivierten Arten), selten immergrüne Bäume u. Sträucher; Bl. gegenst., sehr selten mit Nebenbl. (*A. cissifolium*, *A. saccharum* subsp. *nigrum*), einfach u. oft gelappt, zuw. zusammengesetzt, Bl.grund erweitert, die gegenüberliegender Bl. miteinander verbunden (Linie od. zusammenstoßend), Achselkn. ganz od. teilw. umgreifend.

Bltnst. Rispen, oft Schirmrispen, Büschel od. Trauben; Bltn. meist nicht > 1 cm ∅, radiär, 5-, seltener 4-zählig od. Bltn.hülle fehlend. Stbl. (4–)8–10; Frbl. 2 (in Endbltn. auch 3), verwachsen, Narben frei (*349/3*), Frkn. 2-fächerig, jedes Fach mit 2 Samenanlagen, von denen sich nur 1 entwickelt. Insektenbestäubte Bltn. mit od. nach dem Laub, mit K- u. Krbl. u. einem großen extra- od. intrastaminalen Diskus, ⚥ od. polygam (*349/1, 2, 3*), selten 2-häusig. Windbestäubte Arten vor Laubausbruch blühend u. Bltn. meist ohne Krbl., Bltn. getrenntgeschl., zuw. 2-häusig verteilt. Fr. eine flache Spaltfr. (*352/4–7, 364/1-6*), bei der Reife in 2 Teilfr. zerfallend, diese 1-samig u. 1-seitig geflügelt. 110–200 Arten, v. a. in den (semi-)humiden Teilen der nem. Zone, oft in Geb.; in trop. Geb. südl. bis nach Guatemala u. Java verbreitet. Früher zusammen mit → *Dipteronia* als Fam. *Aceraceae* abgetrennt.

Wichtige Bestimmungsmerkmale sind die Bl., die Zw., die Bltnst., die Bltn. u. der von den Fr.flügeln gebildete Winkel. Stärker berücksichtigt wird der oft typische Bau der Winterkn. Die Bl.form kann stark variieren, sowohl innerhalb einer Art, als auch an einem Exemplar, abhängig von Triebperiode (am Johannistrieb Bl. oft stärker eingeschnitten) u. Wüchsigkeit. Besonders Bl. von Schossern od. Stockausschlägen können in Form u. Größe stark abweichen.

Die Fr.flügel stehen zueinander entw. (fast) waagerecht (*352/4–5*), stumpfwinklig (*364/4*), ± rechtwinklig (*364/3*), spitzwinklig (*353/6* u. *364/6*), parallel (*364/2*) od. sie überschneiden einander (*364/1*).

In den Winterkn. sind die Kn.schuppen eines Paares verschieden angeordnet: klappig (die Schuppen des äußeren Paares stoßen mit den Rändern zusammen, ohne sich zu überlappen, *355/1–2*), deckend (die Schuppen der äußeren Paare überlappen sich mit den Rändern, *354/2b, 355/4*) od. offen (die beiden Schuppen eines Paares spreizen auseinander, berühren sich nur am Grund u. sind hier zuw. miteinander verwachsen, *351/1–5, 355/3, 362/1–4, 365/1–5*).

Meist wird die Gatt. in 2 Ebenen gegliedert. Molekular-phylogenetische Untersuchungen bestätigen nur einen Teil der Sekt. u. Ser. (z. B. Sekt. *Platanoidea*, *Micrantha* u. *Palmata*). Die Verhältnisse der gesicherten Verwandtschaften zueinander sind erst zu einem kleinen Teil geklärt.

349/1–3 *Acer pensylvanicum*; Bltn.: 1 ⚥, 2 ♂, 3 ♀

Übersicht der behandelten Arten, Ser. od. Sekt.

Sekt. *Macrantha*, Schlangenhaut-Ahorne (Kn.schuppen klappig; Bltnst. schmal traubig)
Sekt. *Platanoidea*, Spitz-Ahorne (Kn.schuppen offen; Bltnst. trugdoldig; milchsaftführend)
Ser. *Arguta* + Ser. *Cissifolia* (Kn.schuppen 2, selten 4, deckend; Bltnst. traubig, Bltn. 4-zählig)
Sekt. *Ginnala* (Kn.schuppen wenige, offen)
Sekt. „*Acer*" (Kn.schuppen viele, offen)
  Ser. „Acer" (ohne *A. pseudoplatanus*)
  Ser. *Monspessulana*
  Ser. *Saccharodendron*
Sekt. *Trifoliata* (nahe Sekt. „*Acer*") (Kn.schuppen viele, offen)
Sekt. *Pentaphylla* (nahe Sekt. „*Acer*") (Kn.schuppen viele, offen)
Sekt. *Palmata*, Fächer-Ahorne (Kn.schuppen wenige, offen od. deckend)
Sekt. *Rubra* (Kn.schuppen wenige, offen)
unklare Position u./od. Ser./Sekt. mit 1 Art
A. carpinifolium, A. spicatum, A. macrophyllum, A. negundo, A. pseudoplatanus, A. glabrum

1. Bl. einfach **3**
— Alle Bl. zusammengesetzt **2**
2. Bl. 3-zählig od. gefiedert **46**
— Bl. gefingert (Formen von Arten mit handf. gelappten Bl., z. B. *A. platanoides* 'Palmatifidum' u. *A. japonicum* 'Aconitifolium') **3**
3. Bl. (*350/1*) ähnl. *Carpinus* (Name!): ungelappt, fiedernervig, mit etwa 20 Paar Seitennerven, – diese gleichf. parallel in die Bl.zähne laufend, 8–12 cm lang, längl. verkehrt eif., zugespitzt, scharf doppelt gesägt, mit 1–1,5 cm langem Stiel, im Herbst gelbbraun, vertrocknet lange haftend; Zw. mit längs aufreißender Rinde u. warzigen Lentizellen; Kn. meist nur Seitenkn., mit 6–7, weinrot überlaufenen Kn.schuppenpaaren (*351/1*); Pfl. 2-häusig, Bltn. in 10–25-bltg. Trauben, 4-zählig, ♀: K. u. Kr. hell grünl. bis gelbl., ♂ Krbl. verkleinert od. fehlend, grünl.; Fr.flügel recht- bis schwach stumpfwinklig zueinander; V. Sg/Bk – z. Jap. **Hainbuchen-A., *A. carpinifolium*** Siebold & Zucc.
— Bl. entw. handf. gelappt od. ungelappt mit höchstens 10 Seitennervenpaaren **4**

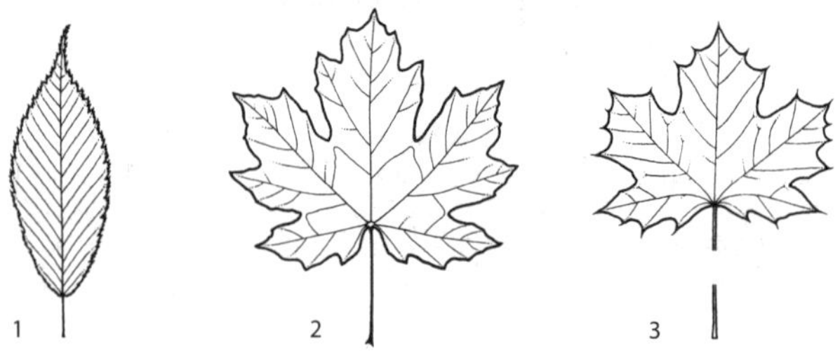

350/1–3 *Acer*, Bl.: 1 *A. carpinifolium*, 2 *A. macrophyllum*, 3 *A. platanoides*

4. Bl./ junge Zw.rinde ohne Milchsaft **13**

— Bl. (z. B. Bl.stiel u. Kn.schuppen)/junge Zw.rinde mit Milchsaft (tritt auf Schnittflächen in kleinen weißen Tröpfchen aus: Lupe!) – Endkn. mit (2–)3–4 Kn.-schuppenpaaren (*351/2–5*) **5**

5. Bl. (*350/2*) sehr groß, bis > 20(–30) cm breit, oberseits glänzend dunkelgrün, 5-lappig, die 3 mittleren jederseits mit 1–2(–3) stumpfen bis spitzen Sekundärlappen, die Buchten zwischen den Lappen gerundet; Bltnst. eine reichbltg., längl. walzenf., hängende Rispe; – 1-j. Zw. dick (≥ 5 mm ∅), ohne Periderm, mit zahlreichen kleinen Lentizellen, grünl., schwach rötl. überlaufen; Endkn. mit 4 Paar Kn.schuppen (*351/5*); Bl.narbe mit 7–9 Spuren (*351/5a*); Pfl. andromonözisch, Bltn. duftend, 5-zählig, K- u. Krbl. hell gelbgrün, Stbl. 10; Fr. 4,5–5 cm lang, Flügel etwa rechtwinklig zueinander, Fr.fächer borstig behaart; V. Bg – ss. W-NAm. **Oregon-A., *A. macrophyllum*** Pursh

— Entw. Bl.lappen u. Zähne zugespitzt od. Bl. nicht > 15 cm breit; Bltn. in endst. Schirmrispen, – kurz vor od. mit den Bl. erscheinend; Endkn. eif., mit 2–4 Paar Kn.schuppen; Bl.narbe mit 3(–5) Spuren (*351/2–4*) (**Sekt. *Platanoidea*, Spitz-Ahorne**, 7–12) **6**

6. Bl.lappen stumpf od. kurz zugespitz (ohne ausgezogene, feine Spitze), Rand mit einzelnen stumpfen Zähnen od. wellig – Bl. häufig unterseits behaart ... **10**

— Bl.lappen am Ende in eine lange feine Spitze ausgezogen (zuw. abbrechend); Lappen ganzrandig od. mit wenigen spitzen Zähnen – Bl. kahl, nur unterseits an der Basis achselbärtig **7**

7. Mittellappen jederseits mit meist 2 großen, lang fein zugespitzten Zähnen, Bl. 10–18 cm breit, im Herbst meist gelb (*350/3*); Bltn. in endst. Trugdolden vor dem Laub, polygam, Bltn.hülle 5-zählig, gelbl. bis gelbgrün, Stbl. meist 8; Fr. kahl, Teilfr. um 3–5 cm lang, Flügel fast waagerecht zueinander bis leicht stumpfwinklig (*352/4*); Endkn. 7–12 mm lang, Kn.schuppen weinrot (*351/2*); IV–V. Bg – h. Eur. bis W-As. **Europäischer Spitz-A., *A. platanoides*** L.

Zahlreiche Sorten (Auswahl):

var. *rubrum* Herder, **Blut-Spitz-A.**: Bl. sehr dunkel rot, fast schwarz. Mehrere Sorten, absteigend nach Wüchsigkeit: 'Royal Red', z; 'Faassens Black', h; 'Crimson King', z; 'Crimson Sentry', s. Übergangsformen 'Deborah' u. 'Schwedleri': Bl. erst rötl., später dunkelgrün. z.

'Globosum': schwachwüchsige, kleinbl. Form, ± kugelf., bis 5 m ∅, meist hochstämmig veredelt. h.

'Drummondii': Bl. ± graugrün, weißl. berandet. z.

'Columnare': langsamwüchsig, Krone säulenf., verschiedene Typen. Bk – s–z.

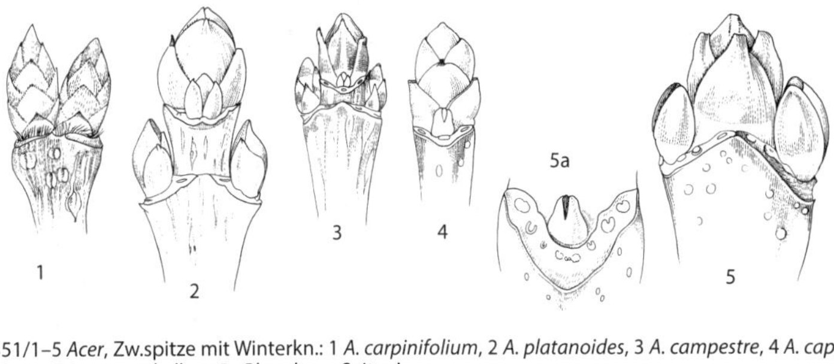

351/1–5 *Acer*, Zw.spitze mit Winterkn.: 1 *A. carpinifolium*, 2 *A. platanoides*, 3 *A. campestre*, 4 *A. cappadocicum*, 5 *A. macrophyllum*, 5a Bl.narbe u. Seitenkn.

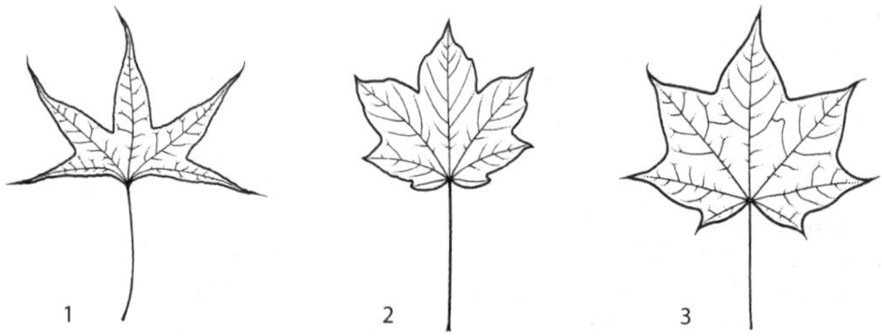

352/1–3 *Acer*, Bl.: 1 *A. truncatum*; 2 *A. cappadocicum* subsp. *lobelii*; 3 *A. cappadocicum* subsp. *cappadocicum*

'Emerald Queen': Pfl. etwas größer u. Krone breiter als 'Columnare'. Bm – z.

'Palmatifidum' [fo. *lorbergii* Schwerin]: Bl. gefingert, bis zur Basis in 5 etwa gleich große, übereinander greifende Lappen geteilt. ss.

'Laciniatum', Vogelklauen-A.: Bl. unregelmäßig tief eingeschnitten, die Lappen krallenartig nach unten gekrümmt. ss.

— Mittellappen ganzrandig od. jederseits ein zugespitzter Zahn 8

8. Zw. noch im 2. Jahr grünl. od. rötl., glatt u. glänzend, meist bereift, mit vereinzelten Korkporen; Fr.flügel 2–4-mal so lang wie die Fr.fächer – Bl. (*352/3*) meist 7-lappig, die 5 oberen Lappen einander zieml. ähnl., nur ausnahmsweise mit Zähnen, die 2 untersten sehr viel kleiner od. manchmal ganz fehlend; Bl. 8–14 cm breit, im Herbst goldgelb; Endkn. 5–7 mm lang, Kn.schuppen grün bis weinrot (*351/4*); V. Bm – s–z. Kl.-As., Kauk., Himal. bis ZS-China [*A. laetum* C. A. Mey.] **Kolchischer Spitz-A., *A. cappadocicum*** Gled.

'Rubrum': Bl. im Austrieb leuchtend rot, später normal grün. Bm – z–h.

'Aureum': Bl. anfangs gelbl., später im Jahr vergrünend. Bk – z–h.

subsp. *cappadocicum*: Krone breit u. rund. Zw. schwach bereift, Bl.spreite 5–7-lappig, unterseits v. a. in den Achseln der Nerven behaart.

subsp. *lobelii* (→ 12): Bl.lappen nicht so lang zugespitzt (*352/2*).

— Zw. schon im 1. Jahr mit Periderm: grau od. bräunl., mit Korkporen u. nicht glänzend; Fr.flügel rechtwinklig bis schwach stumpfwinklig zueinander, höchstens doppelt so lang wie die Fr.fächer 9

9. Bl. 3–7-lappig, Lappen < ½ der Bl.länge, einander sehr ähnl., zentraler Lappen meist ungezähnt (ähnl. *A. cappadocicum*, *352/3*) – od. jederseits mit einem feinen spitzen Zahn, 8–15 cm breit; V. Bm – s–z. O-As.: Russ.-Fernost, China, Jap., Kor. [*A. mono* Maxim.] **Japanischer Spitz-A., *A. pictum*** Thunb.

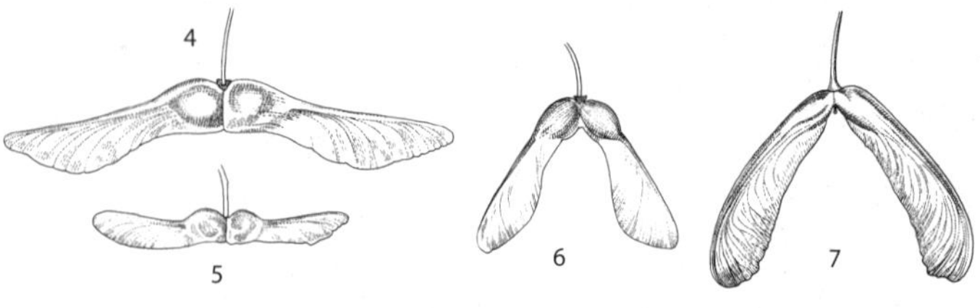

352/4–7 *Acer* Fr.: 4 *A. platanoides*; 5 *A. campestre*; 6 *A. pseudoplatanus*; 7 *A. saccharinum*

— Bl. 5-lappig, zentraler Lappen > ½ der Bl.länge (*352/1*) – mit ± gestutzter bis V-f. eingezogener Basis, die Nerven der beiden untersten schmalen, meist ganzrandigen Lappen von der Bl.basis an auffallend sichelf. nach auswärts gebogen, die 3 oberen Lappen ebenfalls schmal u. ganzrandig od. jederseits mit einem Zahn; Bl. 6–10 cm breit, Stiel auffallend dünn, bis doppelt so lang wie die Spreite; V. Bk – ss. O-As.: China, Kor.
Chinesischer Spitz-A., *A. truncatum* Bunge

10 (6). Zw. grünl. bis, lichtseits, dunkel weinrot, erst vorj. Zw. graubraun; Kn. mit grünl., leicht rötl. überlaufenden Kn.schuppen; Fr.flügel stumpfwinklig zueinander **12**

— Zw.oberfläche schnell verkorkend, graubraun, längsrissig durch rhombische Korkporen; Kn.schuppen braun – Bl.stiele u. -nerven grün; Fr.flügel waagerecht zueinander (*352/5*) **11**

11. Mittellappen des Bl. ca. 1–1,5-mal so lang wie breit, meist stumpf, beiderseits mit 0–1(–2) stumpfen Zähnen (*353/2*), Bl. bis 8(–12) cm breit, Form sehr variabel, oberseits mattgrün, unterseits graugrün, fein behaart, v. a. in den Nervenwinkeln, Herbstfärbung gelb bis braun; Zw. früh mit Periderm, grau bis ockerbraun, längsrissig, mit ockerfarbenen Korkporen, zuw. mit Korkleisten; Endkn. 4–6 mm lang, Kn.schuppen braun, mit dunklerem Querstreifen (*351/3*); V. Sg/Bm – h. Eur. bis NW-Afr. u. WAs. **Feld-A., *A. campestre*** L.

'Elsrijk': (Straßen-)Baum mit durchgehendem Stamm. h.

'Nanum': Bl. klein, kugelf. Strauch bis 5 m ∅, oft hochstämmig veredelt. z.

— Mittellappen meist > 1,5-mal so lang wie breit, zugespitzt, beiderseits mit 1–3 wellig stumpfen Zähnen – Bl. (*353/1*) 8–15 cm breit, normal grün, Basis tief herzf. mit sich meist überlappenden Rändern, Mittellappen meist deutl. größer als seitl. Lappen u. > ½ der Bl.länge, zu seiner Basis hin verschmälert, jederseits mit 2(–3) deutl. Zähnen, beiderseits behaart, Bl.stiel u. -nerven grün; Zw. anfangs behaart, schnell mit Periderm, rau u. korkig; Endkn. 4–5 mm, Kn.schuppen mattbraun; V. Bk – ss. Jap. u. S-China. **Miyabes A., *A. miyabei*** Maxim.

12. Zw. auch im 2. Jahr grün, jung stark bereift; Bl. unterseits auf den Nerven behaart, Spreite (*352/2*) 5-lappig, Lappen kurz zugespitzt, Ränder gewellt, aber ohne Zähne; Krone schmal, Pfl. fast säulenf.; V. Bm – s. S-Italien. [*A. lobelii* Ten.] **Kalabrischer Spitz-A., *A. cappadocicum*** subsp. ***lobelii*** (Ten.) P. C. de Jong

— Zw. stark rot überlaufen; Bl. (*353/3*) 12–14(–20) cm breit, anfangs unterseits behaart, im Austrieb dunkelrot, später glänzend dunkelgrün, die Bl.lappen

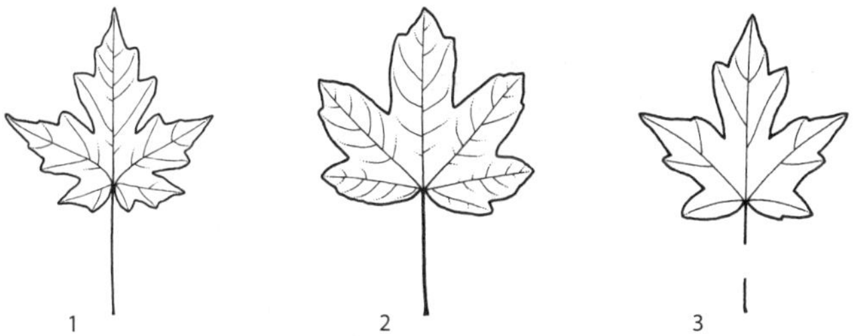

353/1–3 *Acer*, Bl.: 1 *A. miyabei*, 2 *A. campestre*, 3 *A.* × *zoeschense*

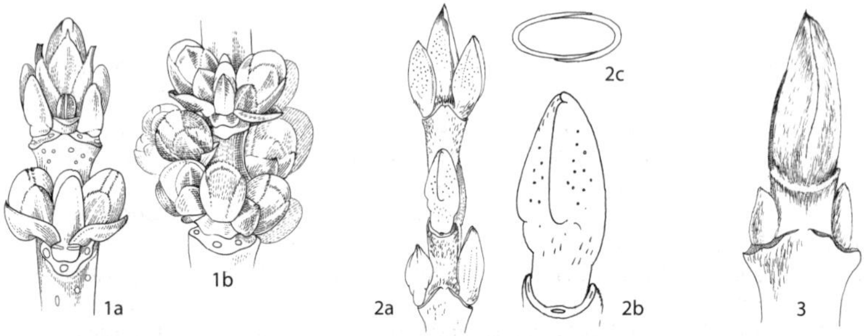

354/1–3 *Acer*, Zw. mit Kn.: 1 *A. saccharinum*, 1a Zw.spitze, 1b Bltn.kn. gehäuft an der Zw.basis; 2 *A. argutum*, 2a Zw.spitze, 2b Seitenkn., 2c Diagramm äußere Kn.schuppen; 3 *A. spicatum*, Zw.spitze

zugespitzt, die 3 größeren jederseits mit 1(–2) Zähnen, Bl.stiele u. Mittelrippe rot überlaufen; V. Bk. – z. [*A.* × *neglectum* LANGE; *A. campestre* × *A. cappadocicum* subsp. *lobelii*] **Zöschener A., *A.* × *zoeschense*** PAX **'Annae'**

13 (4). Bltnst. meist aus Endkn. od. am Ende von Kurztrieben, Bltnst.kn. sich nicht auffällig von vegetativen Kn. unterscheidend **15**

— Bltnst.kn. achselst., kugelf., gehäuft an Kurztrieben u. teilw. entlang der Langtriebe (*354/1a–b*); Blüte II–III, lange vor dem Laub – Bltnst. büschelf.; Fr. bereits bei Laubaustrieb entwickelt; Bäume (**Sekt. *Rubrum***) **14**

14. Bl. (*354/4*) unterseits auffällig silbergrau bis -weiß, 7–14 cm breit u. etwa ebenso lang, tief 5 lappig (meist bis über die Mitte eingeschnitten), die Lappen ± lang zugespitzt u. mit großen, entfernt scharf doppelt gesägt, Herbstfärbung meist gelb; Bltn. nur sehr kurz gestielt, ± sitzend, gelbl. bis rötl., Krbl. fehlend, windbestäubt; Fr.flügel recht- bis stumpfwinklig zueinander (*352/7*); Zw. überhängend; II–III. Bg – h. NAm. (meist in Auenwäldern). [*A. dasycarpum* EHRH.] **Silber-A., *A. saccharinum*** L.

'Laciniatum Wieri' [var. *laciniatum* (CARR.) PAX]: Bl.lappen, besonders an Sommertrieben, sehr lang u. schmal; Zw. sehr stark überhängend. Bg – z.

'Lutescens': Bl. im Austrieb orange, später gelb. Bm – ss.

'Pyramidale': Zw. nicht überhängend, Wuchs breit aufrecht bis fast säulenf. Bm – s.

— Bl. (*354/5*) unterseits ± blaugrün, nicht silberig; meist länger als breit, etwa 6–10:5–8 cm, nicht bis zur Mitte eingeschnitten, 3–5-lappig, Mittellappen ±

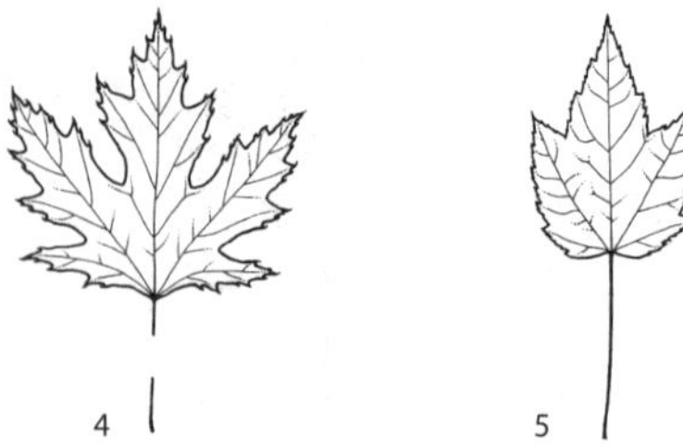

354/4–5 *Acer*, Bl.: 4 *A. saccharinum*; 5 *A. rubrum*

lang zugespitzt, Seitenlappen meist schmal 3-eckig, Rand entfernt u. unregelmäßig fein, z. T. auch doppelt gesägt, unterseits deutl. blaugrün, Herbstfärbung intensiv rosa- bis kirschrot; Bltn. deutl. gestielt, mit K.- u. Krbl., inkl. Stiel kräftig rot; Fr. dunkelrot, Flügel spitzwinklig zueinander; II–III. Bg – z–h. (W- u.) O-NAm. **Rot-A., *A. rubrum*** L.

'Columnare': Wuchs unregelmäßig breit säulenf. Bm – ss.

A. × ***freemanii*** A. E. Murray [*A. rubrum* × *A. saccharinum*]: Bltn. kürzer gestielt als bei *A. rubrum*, aber nicht sitzend wie bei *A. saccharinum*, Bltn.bl. klein, rundl. z. Kultur.

15 (13). Kn. mit (2–)3–8(–10) Paar sichtbarer, grüner bis brauner (oft rel. dunkler) Kn.schuppen: die der Paare 1–3 sich nicht überlappend (offene/aperte Kn.deckung, aber zuw. basal ein kurzes Stück verwachsen (*355/3, 362/1–4*); Zw. am Ende der Vegetationsperiode oft mit Periderm (graubraun, mit zahlreichen Korkporen) **35**

— Kn. mit 1–2(–3) Paar sichtbarer, gelbgrüner bis roter Kn.schuppen: entw. die des ersten Paares sich mit den Rändern auf ganzer Länge berührend (klappige/valvate Kn.deckung, *355/1–2*) od. die des 1. od. des 2. Paars sich gegenseitig übergreifend (dachziegelige/imbricate Kn.deckung, *355/4–5*); Zw. am Ende der Vegetationsperiode ohne Periderm u. mit wenigen od. keinen Korkporen **16**

16. Bl. mit 5–11 deutl. Lappen, dabei der Mittellappen den ihm benachbarten Seitenlappen sehr ähnl.; Bltnst. wenigbltg. Schirmrispen – Bl.umriss ± rundl., Spreite bis 12(–17) cm ∅, Rand gesägt; Zw. lange grün-rot, glatt u. lange ohne Lentizellen; Winterkn. meist nur sitzende (ohne jeden Stielansatz) Seitenkn.: ei- bis kegelf., mit 1–3 äußerl. sichtbaren, dachziegeligen Kn.schuppenpaaren; Ansatz der Tragbl. nach Laubfall bleibend u. als kleiner brauner Kragen die Seitenkn. umgreifend (*355/5*); Bltn. mit extrastaminalem Diskus u. 8 Stbl., Kbl. oft länger als Krbl.; Fr.flügel stumpfwinklig bis waagerecht zueinander (**Sekt. *Palmata*, Fächer-Ahorne,** 29–34) **29**

— Bl. ungelappt od. gelappt, dann Mittellappen meist deutl. größer, als die benachbarten Seitenlappen; Kn. mit nur 1(–2) Paar sichtbarer Kn.schuppen, Endkn. häufig vorhanden (aber Zw.spitzen oft durch Bltnst. aufgebraucht), Kn.schuppen oft am Grund verwachsen **17**

17. Zw.spitzen kahl od. bereift; Seitenkn. gestielt, Kn.schuppen klappig geschlossen (Rand stößt zusammen, ohne sich zu überlappen, *355/1–2*) **19**

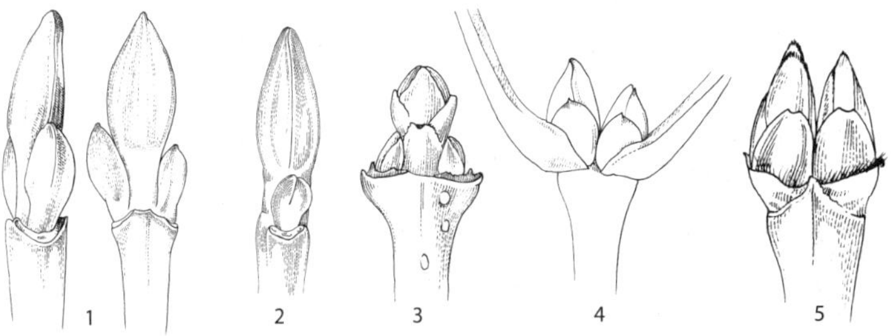

355/1–5 *Acer*, Zw.spitzen mit Winterkn.: 1 *A. pensylvanicum*; 2 *A. crataegifolium*; 3 *A. tataricum* subsp. *ginnala*; 4 *A. palmatum*; 5 *A. japonicum*

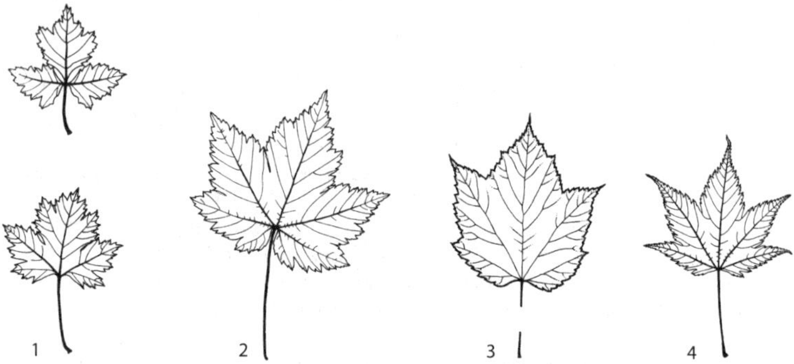
1 2 3 4

356/1–4 *Acer*, Bl.: 1 *A. glabrum* var. *glabrum*, 2 *A. glabrum* var. *douglasii*, 3 *A. spicatum*, 4 *A. argutum*

— Zw.spitzen bleibend behaart; Kn. ohne od. mit kurzem Stiel, Kn.schuppen sich an den Ränder gegenseitig deckend (*354/2b–c*), zuw. auseinander spreizend **18**

18. Bl. oft länger als breit (*356/3*), etwa 7–12:6–10 cm, 3(–5)-lappig, unregelmäßig grob doppelt gesägt (meist 2–3 Zähne pro cm), unterseits stumpfgrün, oberseits oft runzelig, im Herbst orangerot; Zw.spitze u. Endkn. fein, ± deckend behaart (*354/3*); Bltn. polygam, in aufrechten, dichten, walzenf. Rispen mit Laubbl. am Grund; Fr.flügel etwa rechtwinklig zueinander; V. Sg/Bk – ss. N- u. O-NAm. **Vermont-A., *A. spicatum*** Lam.

— Bl. meist breiter als lang (*356/4*), 5–9 cm breit, 5(–7)-lappig, zieml. gleichmäßig fein einfach bis doppelt gesägt (bis > 5 Zähne pro cm), Mittellappen 1,5–2,5 cm breit, hellgrün, oberseits oft etwas runzelig, unterseits jung behaart; junge Zw. meist mit Endkn., rötl., fein behaart u. mit kleinen punktf. Schuppen (*354/2a*); Bltn. 2-häusig verteilt, 4-zählig, Diskus intrastaminal, K. u. Kr. gelbgrün, Stbl. 4(–6), in ♀ Bltn. fehlend; Bltnst. Trauben: ♀ end- u. achselst. mit 2 Laubbl. am Grund, ♂ nur achselst., unbeblättert; Fr.flügel waagerecht zueinander; IV–V. Sg/Bk – ss. Jap. (**Ser. *Arguta***)

Feinzähniger A., *A. argutum* Maxim.

19 (17). Bltnst. eine 6–15-bltg. Schirmrispe; Bl. einfach od. zusammengesetzt – Bl. völlig kahl (auch unterseits an der Basis u. auf den Nerven), im Umriss rundl., 6–10 cm breit, 3–5-lappig od. auch 3-zählig gefingert, Lappen ± spitz od. kurz zugespitzt, Rand scharf grob gesägt, Bl.stiel rot; Bltn. grünl. gelb, 3-häusig verteilt; Fr.flügel recht- bis spitzwinklig zueinander; Kn. wie die jungen Zw. dunkel purpurn, außen kahl, innen dicht zottig weiß behaart; Rinde älterer Zw. (2–3 cm ∅) graubraun, ohne auffällige Struktur; IV–V. Sg/Bk – ss. W-NAm.

Kahler A., *A. glabrum* Torr.

var. ***glabrum***: Bl. (*356/1*) meist < 8 cm breit, seicht bis tief 3-lappig od. 3-zählig gefingert, Rand sehr unregelmäßig gesägt. Im binnenländischen Teil des Gesamtareals – ss.

var. ***douglasii*** (Hook.) Dippel: Bl. (*356/2*) bis > 10 cm breit, zieml. seicht 3–5-lappig (nie gefingert), *Ribes*-ähnl., Rand zieml. regelmäßig gesägt. Im küstennahen Teil des Areals – ss.

— Bltnst. eine längl. Traube; Bl. immer einfach – ungelappt od. 3–5-lappig, zugespitzt, Rand grob gesägt; Rinde der Zw. mehrere Jahre ± grün (bzw.

rötl.) u. glatt bleibend u. etwa vom 2. Jahr an mit auffälligen weißen (bis hellgrauen) Längsstreifen; Bltn. andromonözisch od. androdiözisch verteilt, Bltnst. end- u. achselst. Trauben; Bltn. 5-zählig, Stbl. 8, Diskus intrastaminal (**Sekt. *Macrantha*, Schlangenhaut-Ahorne**, 20–28) **20**

20 (17). Bl. deutl. 3-lappig (Lappen > 2cm) od. 3–5-lappig, Spreite meist rel. breit (< 1,5-mal so lang wie breit): breit eif., breit verkehrt eif. od. rundl. **24**

— Bl. ungelappt od. mit 2 undeutl., kurzen Seitenlappen unterhalb der Mitte, Spreite rel. meist schmal (> 1,5-mal so lang wie breit), eif. bis längl. eif. **21**

21. Bl. (*357/1*) lang zugespitzt (geschwänzt), Spreite herzf., (6–)8–10 cm lang u. 4–5 cm breit, ungelappt od. mit kleinen Lappen in der unteren Hälfte, Rand fein gesägt, fast kahl, unterseits unauffällige braune Haare, v. a. braune Achselbärte, Bl.stiel 2–3 cm lang; Zw. kahl, rot-grün bis grün, mit undeutl. Streifen; Bltn. bräunl. grün, Bltnst. hängend, etwa 10 cm lang; Fr.flügel ± rechtwinklig zueinander, Teifr. etwa 3 cm lang; V. Sg/Bk – ss. Sich., Yunn. [*A. laxiflorum* PAX]

Herzblatt-A., *A. pectinatum* subsp. ***laxiflorum*** (PAX) A. E. MURRAY

— Bl. kürzer zugespitzt, Basis gestutzt bis schwach herzf.; Bltn. gelbl. bis gelbl. weiß **22**

22. Zw. dünn (Spitzen ca. 1–1,5 mm ∅), dunkelgrün, im Licht violett(-weinrot) überlaufen – Bl. 5–8 cm lang, ± eif., meist mit 2 kurzen stumpfen Lappen unterhalb der Mitte, Rand unregelmäßig kerbig gesägt (*357/2*), blaugrün, kahl, Bl.stiel 1,5–3 cm lang; Bltnst. aufrecht, 3–4 cm lang, 5–8-bltg.; ältere Zw. mit unauffälligen weißen Streifen; Endkn. um 4 mm lang, dunkel violettrot, im Schatten auch grünl. (*355/2*); Fr.flügel ± waagerecht, Teilfr. 2–2,5 cm lang; IV–V. Sg/Bk – ss. Jap. **Weißdornblättriger A., *A. crataegifolium*** SIEBOLD & ZUCC.

— Zw. laubgrün od. leuchtend (orange-)rot, oft dicker (2–3 mm ∅) **23**

23. Bl. 8–16 cm lang u. 3–6 cm breit, eif. bis längl. eif., meist völlig ungelappt, Basis leicht herzf. (*357/3*), kahl, nur unterseits jung auf den Nerven bräunl. behaart, Bl.stiel bis 5 cm lang; Bltnst. 10–25-bltg., hängend; Fr.flügel stumpfwinklig bis fast horizontal zueinander, Teilfr. 2,5 cm lang; V. Sg/Bk – z–h. O-As.: China u. Myanm. **Davids Schlangenhaut-A., *A. davidii*** FRANCH.

— Bl. 6–7(–10) cm lang, die Seitenlappen klein, etwa in der Mitte der Spreite ansetzend, abstehend, Rand doppelt gesägt; ähnl. subsp. *davidii*; Fr.flügel fast horizontal, Teilfr. 1–2 cm lang; V. Sg/Bk – s. S-China. [*A. grosseri* PAX]

Grossers Schlangenhaut-A., *A. davidii* subsp. ***grosseri*** (PAX) DE JONG

24 (20). Junge Zw. unbereift **26**

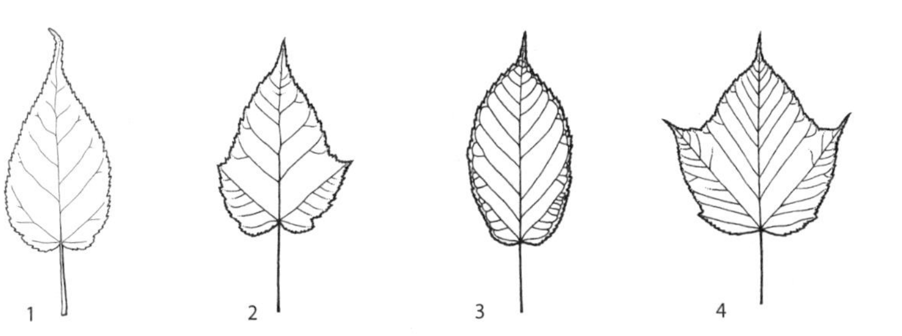

357/1–4 *Acer*, Bl.: 1 *A. pectinatum* subsp. *laxiflorum*, 2 *A. crataegifolium*; 3 *A. davidii*; 4 *A. capillipes*

— Junge Zw. weißl. bereift **25**

25. Bl. (*358/1*) unterseits rostbraun behaart, – Stiel 3–6 cm, Spreite 6–15 cm lang, Basis herzf., 3–5-lappig, Rand doppelt gesägt, Seitenlappen in od. etwas oberhalb der Mitte, abstehend, oberseits dunkelgrün, unterseits blassgrün, v. a. in den Nervenwinkeln mit rostbraunen Haarbüscheln (fehlend an wüchsigen Trieben), Herbstfärbung blassgelb bis -rosa; Zw. jung grün, nur schwach gerötet, bereift, Äste u. Stamm grün (ohne Rottöne), deutl. weiß gestreift; Bltnst. behaart, aufrecht; Fr.flügel stumpfwinklig zueinander, Teilfr. 2–3 cm lang; V. Sg/Bk – z–h. Jap.

Rosthaariger Schlangenhaut-A., *A. rufinerve* Siebold & Zucc.

— Bl. unterseits kahl, – Stiel 3–8 cm, Spreite leicht 6-eckig, mit 3–5 zugespitzten Lappen, 10–18 cm lang, Rand doppelt gesägt; Zw. rot bis graugrün, anfangs blauweiß bereift, später mit deutl. weißen Streifen; Fr.flügel stumpfwinklig bis fast waagerecht zueinander, Teilfr. bis 3 cm lang; V. Bk – s. Kor., Russ.-Fernost, NO-China. **Koreanischer Schlangenhaut-A., *A. tegmentosum*** Maxim.

26 (24). Bl.spreite 12–20 cm lang – verkehrt eif., Ansatz herzf., Seitenlappen kurz, weit oberhalb der Mitte, nach vorn gerichtet, unterseits anfangs mit rostroten Haaren, Rand doppelt kerbig gesägt, Herbstfärbung hellgelb, Stiel 3,5 cm lang (*358/2*); Zw. anfangs rötl. (lachsrot), später Rinde mit auffallend breiten, weißen Streifen; Endkn. (ohne Stiel) um 10 mm lang, meist stark rot überlaufen (*355/1*); Bltn.traube hängend; Fr. recht- bis stumpfwinklig zueinander, Teilfr. um 2 cm lang; V. Sg/Bk – z. O-NAm.

Amerikanischer Schlangenhaut-A., *A. pensylvanicum* L.

A.* × *conspicuum van Gelderen & H. J. Oterdoom [*A. davidii* × *A. pensylvanicum*]: Bl. kahl od. schwach behaart, ungelappt od. mit 2 od. 4 Seitenlappen; Fr.flügel fast waagerecht zueinander, Teilfr. kurz geflügelt, zuw. nur 1 cm lang. V. Sg/Bk – z. Kultur.

— Bl.spreite bis 12 cm lang **27**

27. Umriss der Spreite fast kreisf., 5–7 cm ∅, 5–7-lappig, die dem Mittellappen benachbarten Seitenlappen fast gleich lang, > ½ der Spreitenlänge, beiderseits kahl, unterseits mit unauffälligen Achselbärten, Stiel 2–4 cm lang; Zw. weinrot überlaufen, dünn (unter der Spitze um 1 mm ∅), Rinde später rötl. grün, mit undeutl. weißen Streifen; Fr. kahl, ca. 1–1,5 cm breit, Flügel stumpfwinklig zueinander. V. Sg/Bk – s. Jap.

Kleinbütiger Schlangenhaut-A., *A. micranthum* Siebold & Zucc.

— Spreite 3- od. 5-lappig, Lappen < ½ der Spreitenlänge od. zentraler Lappen verlängert **28**

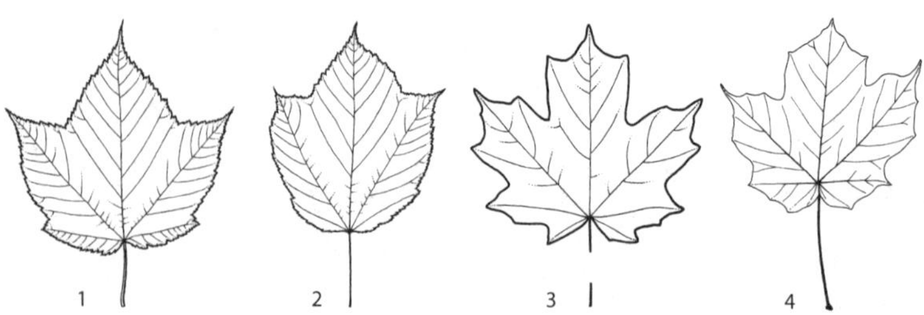

358/1–4 *Acer*, Bl.: 1 *A. rufinerve;* 2 *A. pensylvanivum;* 3 *A. saccharum* subsp. *saccharum;* 4 *A. saccharum* subsp. *nigrum*

28. Breite des Mittellappen < ½ der Bl.breite – Bl.stiel rot, Spreite bis 8,5(–14) cm lang, Basis herzf., Bl.lappen 3(–5), zugespitzt, mittlerer Lappen > ½ der Spreite, Rand doppelt gezähnt, oberseits kahl, unterseits bläul. weiß, in den Nervenwinkeln gebärtet, sonst kahl; Zw. rötl. grün, später mit weißen Streifen; Fr. kahl, Flügel stumpfwinklig bis waagerecht, Teilfr. 1,5–2 cm lang; V. Sg/Bk – ss. China: Yunn. ***A. pectinatum*** subsp. ***forrestii*** (Diels) A. E. Murray

— Breite des Mittellappen deutl. > ½ der Bl.breite – Bl. (*357/4*) unterseits von Anfang an kahl, im Austrieb rötl., 6–12 cm lang, 3–5-lappig, Seitenlappen oft unterhalb der Blattmitte, Ansatz leicht herzf., kahl, oberseits erwachsen dunkel-, unterseits hellgrün, Bl.stiel 3–5 cm lang, wie die Hauptnerven bleibend rot, Herbstfärbung leuchtend (gelb bis) orange bis karminrot, lange bleibend; Zw. meist rötl., Rinde später rötl. grün, mit weißen Streifen (mit hohem Zierwert); Bltnst. hängend; Fr.flügel fast waagerecht, Teilfr. 1,5–2 cm lang; V. Sg/Bk – z–h. Jap. **Rotstieliger Schlangenhaut-A., *A. capillipes*** Maxim.

29 (16). Bl. gelappt **31**

— Bl. tief, bis zur Basis eingeschnitten (gefingert) **30**

30. Bl. (*361/2*) (7–)9–11-lappig, Spreite bis 14 cm ∅, grün; Frkn. anfangs behaart. Sg/Bk – h. ***A. japonicum* 'Aconitifolium'** (weitere Merkmale vgl. die Art → 34–)

— Bl. 5–7(–9)-lappig, Spreite bis 10 cm ∅, grün od. rot; Frkn. kahl **31**

31. Bl.lappen 5–7(–9) (meist 5-lappige Bl. vorhanden), lang schwanzartig zugespitzt (*359/1*), meist bis über die Bl.mitte eingeschnitten, oft bis zur Basis u. Bl. gefingert, Bl.stiel 3–5 cm lang, kahl, Spreite 4–7(–10) cm ∅, oft rot; Bltnst. kahl: überhängende, ≥10 bltg., 3–4 cm lang gestielte Trugdolde; Bltn. 4–6 mm ∅, Kbl. eilanzettl., wie Bltn.boden purpurn, Krbl. weiß, Frkn. kahl od. mit wenigen braunen Haaren; Teilfr. um 15 mm lang (*364/5*); IV–V. Sg/Bk – h. Jap., Kor. **Echter Fächer-A., *A. palmatum*** Thunb.

Zahlreiche in O-As. seit Jahrhunderten bekannte Sorten. Nach Wuchs-, Zw.- u. in Bl.merkmalen in (zuw. als Var. aufgefasste) Sortengruppen geteilt:

Palmatum-Gruppe [var. ***palmatum***]: Bl. (*359/1*), überwiegend 5-, daneben 7-lappig, 5–8 cm breit, Lappen längl. eif., Rand ungleichmäßig grob gesägt:

'Atropurpureum': Bl. bleibend dunkelrot. h.

'Katsura' u. **'Sangokaku'**: Bl. gelbgrün, rötl. gerandet. z.

'Butterfly': Bl. grün, Rand unregelmäßig rosa-weiß panaschiert. z.

Amoemum-Gruppe [var. ***coreanum*** Nakai, var. *heptalobum* Rehder, subsp. *amoenum* (Carrière) Hara]: Bl. (*359/2*) 7-(selten 5- od. 9-)lappig, bis 10 cm breit, Lappen längl. eif., Rand gleichmäßig fein gesägt:

'Bloodgood': Bl. dunkel weinrot. z–h.

'Osakazuki': Bl. grün, Herbstfärbung leuchtend orange- bis karminrot. z–h.

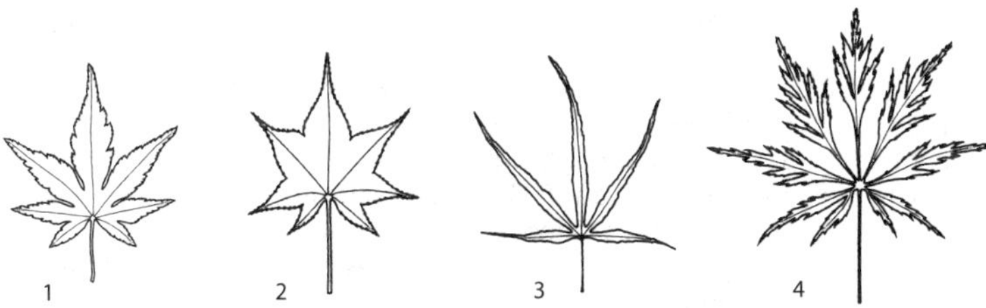

359/1–4 *Acer palmatum*, Bl.: 1 var. *palmatum*, 2 var. *coreanum*, 3 var. *linearilobum*, 4 var. *dissectum*

Linearilobum-Gruppe [**var.** ***linearilobum*** Miq.]: Bl. (*359/3*) fast bis zur Basis eingeschnitten, Lappen 5–7, linealisch, undeutl. gesägt bis fast ganzrandig:

'Atrolineare': Bl. bleibend dunkelrot. s.

'Linearilobum': Typ mit grünen Bl. s.

Dissectum-Gruppe [**var.** ***dissectum*** (Thunb.) Miq.]: Bl. (*359/4*) bis zur Basis eingeschnitten, Lappen 5–7, im Umriss längl. eif., tief fiederschnittig mit schmalen, bis fast zur jeweiligen Mittelrippe reichenden Sekundärlappen:

'Dissectum': Typ mit grünen Bl. h.

'Garnet' u. **'Ornatum'**: Bl. bleibend dunkelrot. Jeweils z–h.

'Seiryu': Bl. gelbgrün, zu den Spitzen gerötet. z.

Matsumarae-Gruppe [**var.** ***matsumurae*** (Koidz.) Makino]: Bl. überwiegend 7-lappig, tief, bis fast zur Basis eingeschnitten, Lappen breit lanzettl., grob, doppelt gesägt, aber nicht fiederschnittig.

— Bl.lappen 7–11 (sehr selten 5-lappig), kurz zugespitzt, nicht od. nur wenig über die Bl.mitte eingeschnitten, Bl.stiel kahl bis bleibend behaart, Bl. (außer in Herbstfärbung) nie rot; Frkn. kahl od. behaart **32**

32. Einschnitte zwischen den Lappen tief, die halbe Spreitenlänge od. etwas tiefer – Zw. dünn; Kn. eif., außen dicht behaart, mit 3 Kn.schuppenpaaren; Bl.stiel 3,5–4 cm, anfangs dicht feinhaarig, Spreite rundl., 6–8(–10) cm ∅, Basis herzf., 9–13-lappig, Lappen ½–⅔ der Bl.spreite, beiderseits behaart, unterseits dicht weiß, Bl.rand doppelt gesägt; Bltnst. endst. Trugdolde, 3–4 cm ∅, 2–3 cm lang gestielt, Stiel feinhaarig; Bltn. andromonözisch, Stiel 8–10 mm, Kbl. 5, lanzettl., am Rand behaart, Krbl. 5, eif., weiß od. gelbweiß, 4 × 3 mm, Stbl. 8, Frkn. leicht behaart bis fast kahl; Fr. kahl, Flügel recht- bis stumpfwinkelig zueinander, Teilfr. 1,5–2,5 cm lang; V–VI. Sg/Bk – s. N- u. NO-China, Kor. u. Russ.-Fernost. **Koreanischer Fächer-A.,** ***A. pseudosieboldianum*** (Pax) Kom.

vgl. → *A. palmatum* Matsumarae-Gruppe: hier Bl. nur (5–)7–9-lappig.

— Einschnitte zwischen den Lappen flacher, etwa ¼–½ Spreitenlänge **33**

33. Zw. grünl. bis rötl., auch im 2. u. 3. Jahr noch ohne Periderm; Bl. (*361/3*) 7–9-lappig, Lappen nur bis ca. ⅓ der Spreitenlänge, – Stiel schon zur Blütezeit kahl od. nur mit vereinzelten langen Haaren, Spreite bis 12 cm breit; Bltn. 6–9 mm ∅, Kbl. rot, Krbl. weiß, Frkn. kahl; Teilfr. 30–35 mm lang, Flügel stumpfwinklig, fast waagerecht zueinander (*364/4*); Herbstfärbung orange; V. Sg/Bk – z–h. W-NAm. **Wein-A.,** ***A. circinatum*** Pursh

— Zw. jung grün, ab 2. Jahr mit graubraunem Periderm; Bl. 7–11(–13)-lappig, Lappen etwa ⅓–½ der Spreitenlänge **34**

34. Zw. anfangs dicht weißl. behaart; Bl.spreite bis ca. 8 cm lang u. breit – (7–)9–11-lappig, bis zur Bl.mitte od. etwas darüber eingeschnitten, Ansatz herzf. bis gestutzt (*361/4*), Bl.stiel u. Zw. jung weißl. behaart, später oft verkahlend; Bltn. gelbl., K. 3 mm, Frkn. dicht weißl. behaart; Fr. fast kahl, Flügel recht bis stumpfwinkelig, Teilfr. mit Flügel 15–20 mm lang; V. Sg/Bk – s. Jap. **Siebolds Fächer-A.,** ***A. sieboldianum*** Miq.

— Zw. kahl; Bl.spreite 8–14 cm breit, – rundl. herzf., 9–(7–11)-lappig (*361/1*), Bl.stiel 2–3,5 cm, zur Blütezeit dicht weißl. behaart, später locker behaart bis kahl; Bltn. 8–15 mm ∅, Kbl. dunkelrot, Krbl. ± rosa, Frkn. dicht weißl. behaart; Fr. teilw. anfangs noch behaart, Teilfr. 20–25 mm lang, Flügel stumpf- bis rechtwinklig (*364/3*); Herbstfärbung leuchtend rot; IV–V. Sg/Bk – h. Jap. **Thunbergs Fächer-A.,** ***A. japonicum*** Thunb.

Ähnl. ist ***A. shirasawanum*** Koidz.: Zw. kahl, Bl.stiel 3–8 cm lang, Spreite 6–10 cm ∅, 9–11-lappig, Basis herzf., Rand doppelt gesägt, beidseitig anfangs weiß feinhaarig, bis auf Haarbüschel in den Achseln der Nerven unterseits, verkahlend; Bltnst. ≥10-bltg. Trugdolde, Stiel 4–6 cm lang, kahl; Bltn. hellhelb, 6–8 mm ∅, Kbl. breit lanzettl., 4 mm lang, Frkn. mit wenigen langen Haaren; Fr. kahl, Flügel recht- bis stumpfwinklig, Teilfr. 2 cm lang; V/VI. Sg – ss. Jap. Hierher 'Aureum': Bl. bleibend gelb, rotstielig.

35 (15.) Bl. 5–7-lappig (5–7 vom Stielansatz abgehende Hauptnerven), meist > 10 cm lang **39**

— Bl. 3-lappig od. ungelappt, meist < 10 cm lang **36**

36. Bl. nicht od. nur wenig länger als breit, Bl.rand ganzrandig od. einfach gezähnt, 3-lappig, die Seitenlappen > ½ so lang wie der Mittellappen; Endkn. kegelf., 4–6 mm lang, mit ≥ 5 braunen Kn.schuppenpaaren **38**

— Bl. eif., deutl. länger als breit, Rand doppelt gesägt, Spreite entw. ± ungelappt od. deutl. gelappt u. dann die beiden größten Seitenlappen < ½ so lang wie der Mittellappen; Endkn. kurz eif., mit stumpfer Spitze, 2–3 mm lang, mit 2–4 dunkel braunen, bewimperten Kn.schuppenpaaren (*355/3*) (**Sekt.** ***Ginnala*****, Steppen-Ahorne**) **37**

37. Normale Bl. (*363/1*) meist ungelappt od. mit 1–2 undeutl., rundl. stumpfen Seitenlappen (an starken Langtrieben u. Jungpfl. aber auch deutl. 3-lappig u. dann von der folgenden Unterart schwer zu unterscheiden), vorn stumpf bis spitz, oberseits stumpfgrün, unterseits mindestens an der Basis u. auf den Nerven bleibend behaart; Herbstfärbung gelb bis orangerot, meist weniger intensiv als bei der folgenden; Bltn. klein, weiß, duftend, in aufrechten, breit eif., vielbltg. Rispen, nach den Bl. erscheinend; Fr.flügel in spitzem Winkel zueinander, fast parallel; V. Sg/Bk – z. südl. M-Eur. bis O-Eur. u. Kl.-As.
Tatarischer Steppen-A., ***A. tataricum*** L. subsp. ***tataricum***

— Bl. sämtl. gelappt, im Normalfall (*363/2*) 3-lappig mit deutl. zugespitzten Lappen, oberseits glänzend grün, unterseits erwachsen kahl od. mit wenigen Haaren auf den Nerven; Herbstfärbung leuchtend orange- bis karminrot; V. Sg/Bk – h. N- u. NO-China, Jap., Kor. [*A. ginnala* Maxim.]
Feuer-A., ***A. tataricum*** subsp. ***ginnala*** (Maxim.) Wesm.

38 (36). Bl.lappen deutl. zugespitzt (*362/7*) od. mindestens spitz, schmal 3-eckig, Bl. 5–10 cm lang u. etwas weniger breit, Basis breit keilf. bis abgerundet, ganzrandig od. stellenweise unregelmäßig kerbig gesägt, oberseits dunkelgrün, unterseits blass- bis blaugrün, jung behaart, bald kahl, Bl.stiel oft fast so lang wie die Spreite, Herbstfärbung kirsch- bis karminrot; Bltn. klein, gelb, in breit pyramidaler Rispe; Fr.flügel 2–2,5 cm lang, parallel, oft übereinander greifend; Endkn. um 5 mm lang, mit zahlreichen Kn.schuppen: rotbraun bis dunkelbraun, bewimpert (*365/3*); V. Bk – s–z. O-As.: Jap., China. [*A. trifidum* Hook. & Arn.] (Sekt. *Pentaphylla*) **Dreispitz-A.,** ***A. buergerianum*** Miq.

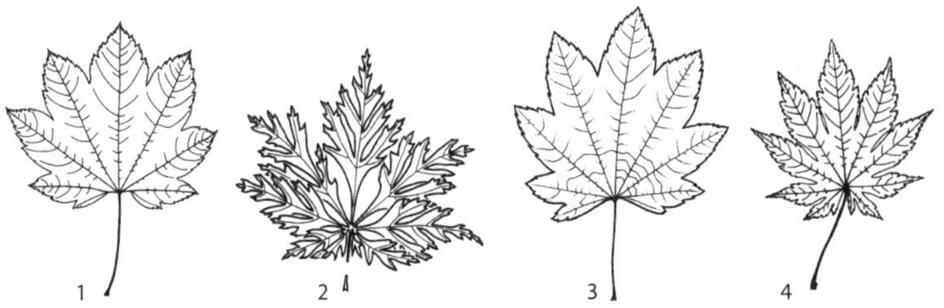

361/1–4 *Acer*, Bl.: 1 *A. japonicum*; 2 *A. japonicum* 'Aconitifolium'; 3 *A. circinatum*; 4 *A. sieboldianum*

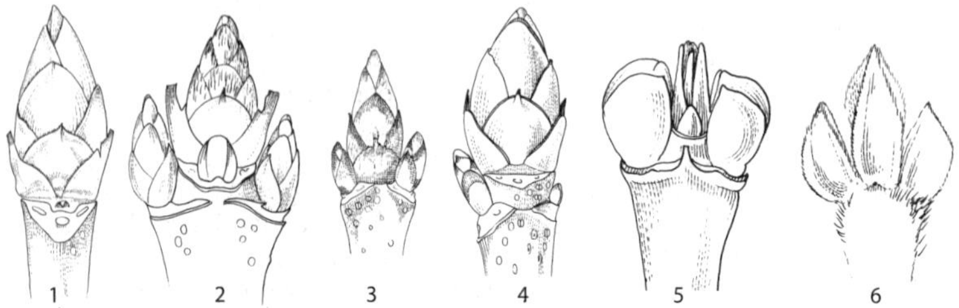

362/1–6 *Acer*, Zw.spitzen mit Winterkn.: 1 *A. heldreichii* subsp. *heldreichii*; 2 *A. saccharum* subsp. *nigrum*; 3 *A. opalus*; 4 *A. pseudoplatanus*; 5 *A. negundo*; 6 *A. cissifolium*

— Bl.lappen mit ± abgerundeter Spitze (*362/8*), breit 3-eckig bis eif., Bl. 3–6 cm breit (an starken Langtrieben zuw. größer u. mit 1–2 schwachen, wellig angedeuteten Zähnen), etwas lederig, oberseits dunkelgrün, unterseits graugrün u. auf den Nerven behaart bleibend, Bl.stiel 3–5 cm lang, Herbstfärbung gelb; Bltn. klein, gelbl., in überhängenden Schirmrispen; Fr.flügel 2–2,5 cm lang, parallel; V. Bk – z–h. Medit. bis S-Deutschland. (**Ser. *Monspessulana***) **Burgen-A., *A. monspessulanum*** L.

39 (35). Bl.rand deutl. gesägt od. gezähnt **42**

— Bl.lappen mit wenigen groben Zähnen od. Zähnung undeutl. **40**

40. Bl.lappen nicht zugespitzt, Rand wellig kerbig – Bltnst. aufrecht bis überhängend, am Ende beblätterter Zw.; Bl. überwiegend 5-lappig, die beiden unteren Lappen kleiner als die übrigen, 5–10(–15) cm breit; Bl.lappen so lang wie od. kürzer als breit, vorn abgerundet bis kurz stumpf 3-eckig, Zähnung undeutl.; Bltn. vor od. mit den Bl. erscheinend; Fr.flügel spitz- bis rechtwinklig zueinander; Endkn. 6–10 mm lang mit 5 Kn.schuppenpaaren: braun, obere auf dem Rücken dicht weiß behaart, zum Rand fast kahl (*362/3*); IV–V. Bm – z–h. Verbreitung unter Unterarten. (**Ser. *Monspessulana***) **Schneeball-A., *A. opalus*** Mill.

subsp. *opalus* Mill. s. str. [*A. opulifolium* Chaix; *A. italum* Lauth]: Bl. (*362/9*) 6–10 cm breit, Lappen stumpf 3-eckig, flach doppelt gezähnelt, erwachsen unterseits kahl; Bltnst. überhängend. SW-Eur. bis S-Deutschland u. Schweiz.

subsp. *obtusatum* (Willd.) Gams [*A. obtusatum* Willd.; *A. neapolitanum* Ten.]: Bl. (*362/10*) bis 12(–15) cm breit, Lappen abgerundet, Zähne abgerundet, einfach, unterseits bleibend behaart; Bltnst. ± aufrecht. ss. SO-Eur. bis N-Afr.

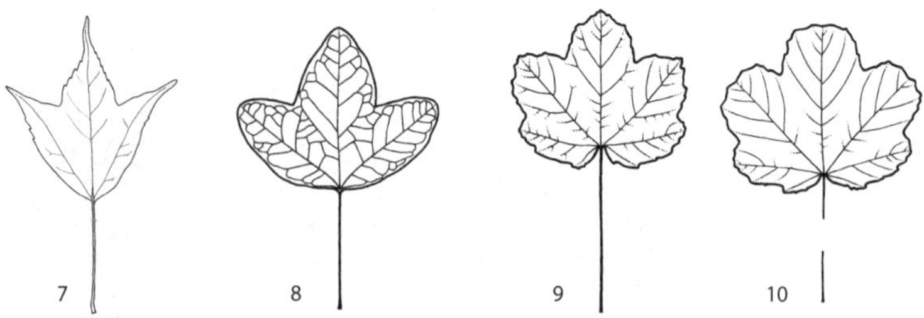

362/7–10 *Acer*, Bl.: 7 *A. buergerianum*; 8 *A. monspessulanum*; 9 *A. opalus* subsp. *opalus*, 10 *A. opalus* subsp. *obtusatum*

— Bl. mit 3–5 meist schmal zugespitzten Lappen, diese oft mit wenigen großen, rel. flachen Zähnen – Buchten abgerundet, 8–15 cm breit; Bltnst. herabhängende büschelige Schirmrispen, z. T. aus laubbl.losen Seitenkn., ± vor den Bl. erscheinend – Fr.flügel spitzwinklig bis rechtwinklig zueinander (**Ser. *Saccharodendron*, Zucker-Ahorne**) **41**

41. Bl. (*358/3*) unterseits weißl. grau u. kahl, zieml. dünn, Bl.lappen 5, die 3 oberen etwa gleich groß u. jederseits mit 2–3 spitzen bis zugespitzten Zähnen, die beiden unteren viel kleiner, Herbstfärbung leuchtend orangerot (bei uns nur bei besonders günstiger Herbstwitterung gut ausgebildet); Borke alter Stämme dunkelgrau u. nur schwach gefurcht; IV. Bg – s–z. O- u. Z-NAm. **Echter Zucker-A., *A. saccharum*** Marsh.

— Bl. (*358/4*) unterseits stumpfgrün u. bleibend behaart, zieml. derb, die 3 oberen Bl.lappen meist mit flachen Zähnen, die beiden unteren sehr klein, meist stumpf od. ganz fehlend, Herbstfärbung gelb; Borke alter Stämme fast schwarz u. auffallend tief gefurcht; IV. Bg – ss. O- u Z-NAm. [*A. nigrum* F. Michx.] **Schwarzer Zucker-A., *A. saccharum*** subsp. ***nigrum*** (F. Michx.) Desmarais

42 (39). Endkn. kegelf., mit ≥ 4 ± braunen (zuw. dunkelgrün od. violettrot getönten) Kn.schuppenpaaren (*362/1*); Bl. entw. unterseits weichhaarig od. tief – bis über die Bl.mitte – eingeschnitten u. Lappen viel länger als breit, zur Basis hin verschmälert; Bltnst. aufrecht, eif. bis pyramidale Rispe **44**

— Endkn. laubgrün mit 4–5 (*362/4*) od. gelbgrün bis rötl. violett, mit 3 Kn.schuppenpaaren (*354/1a*); Bl. entw. weniger tief eingeschnitten od. unterseits silbrig weiß; Bltnst. hängende Rispe od. sehr früh (III) erscheinende Büschel **43**

43. Winterkn. eif., mit 4(–5) Kn.schuppenpaaren, Kn.schuppen grün, mit schmalem braunen Rand (*362/4*); Bl. nicht bis über die Mitte eingeschnitten, Lappen breit eif., an ihrer Basis am breitesten; Bltnst. hängende, 6–12 cm lange, walzenf. Rispe – Bl. (*363/3*) 8–16(–20) cm breit, unterseits meist nur längs der Hauptnerven behaart; Fr.flügel etwa rechtwinklig zueinander (*352/6*); V. Bg – h. Eur. (außer N-Eur.), Kauk. u. Kl.-As. **Berg-A., *A. pseudoplatanus*** L.

'Atropurpureum': Bl. unterseits rosa- bis purpurrot, oberseits dunkelgrün. Bg – z.

'Brilliantissimum': Bl. anfangs orangerot, später gelbl., am Ende vergrünend. Bk – s.

'Bruchem' u. **'Constant P'**: schmalkronige Säulenformen. Bm – z.

'Leopoldii' u. **'Variegatum'**: Bl. sehr dicht hellgelb bis weiß u. grün gefleckt, 'Leopoldii' im Austrieb kupferrosa. Bm – z.

'Negenia': Krone dicht, regelmäßig kegelf., mit durchgehendem Leittrieb; Bl.stiele rot. Bg – z.

'Rotterdam': durchgehender Stamm; Bl. dunkelgrün, unterseits gräul. Bg – z.

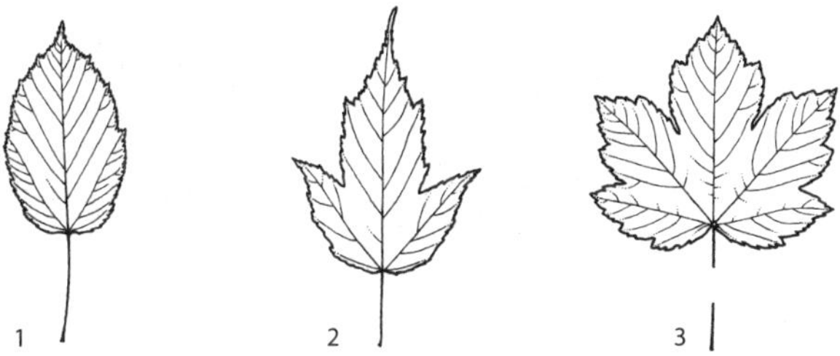

363/1–3 *Acer*, Bl.: 1 *A. tataricum* subsp. *tataricum*; 2 *A. tataricum* subsp. *ginnala*; 3 *A. pseudoplatanus*

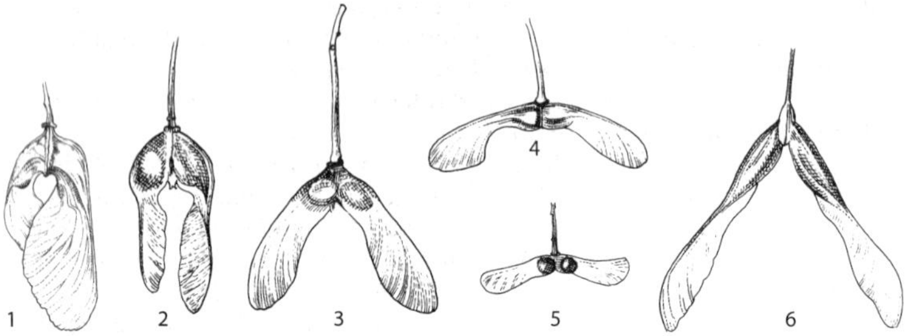

364/1–6 *Acer*, Fr.: 1 *A. tataricum* subsp. *ginnala*; 2 *A. monspessulanum*; 3 *A. japonicum*; 4 *A. circinatum*; 5 *A. palmatum*; 6 *A. negundo*

— Endkn. mit ca. 3 Paar gelbgrünen bis leuchtend roten od. partiell violett-braunen (nur unterstes Paar) Kn.schuppen (*354/1a*); Bltnst. früh erscheinende Büschel **14**

44 (42). Bl. nicht bis über die Bl.mitte eingeschnitten, Bl.lappen breit eif., an ihrer Basis am breitesten (*364/7*), Spreite unterseits oft weichhaarig, sehr groß, 15–20(–30) cm breit; Rispe eif., aufrecht, bis 8 cm lang; Fr.flügel stumpfwinklig zueinander bis fast waagerecht; Endkn. mit sehr vielen dunkelbraunen Kn.schuppen; V. Bg – ss. Kauk. **Samt-A., *A. velutinum*** Boiss.

— Bl. tief (bis über die Bl.mitte) eingeschnitten, Bl.lappen viel länger als breit, zur Basis hln verschmälert **45**

45. Bl.lappen (*364/8*) tief, zuw. bis fast zur Bl.basis eingeschnitten, Bl. 8–12(–14) cm breit; Fr.flügel stumpfwinklig zueinander, Fr.fächer kahl; Endkn. um 10 mm lang, Kn.schuppen zahlreich, braun, bewimpert, sonst kahl; V. Bm – ss. SO-Eur. **Griechischer A., *A. heldreichii*** Orph. subsp. ***heldreichii***

— Bl.lappen (*364/9*) nur etwas über die Mitte (bis etwa 2/3 zur Basis) eingeschnitten, Bl. 10–16 cm breit; Fr.flügel spitzwinklig bis fast parallel zueinander, Fr.fächer meist etwas behaart; zur Laubentfaltung mit leuchtend roten verlängerten bandf. Übergangsbl.; V. Bm/Bg – ss. Kauk. [*A. trautvetteri* Medw.]
Kaukasus-A., *A. heldreichii* subsp. ***trautvetteri*** (Medw.) A. E. Murray

364/7–9 *Acer*, Bl.: 7 *A. velutinum*, 8 *A. heldreichii* subsp. *heldreichii*, 9 *A. heldreichii* subsp. *trautvetteri*

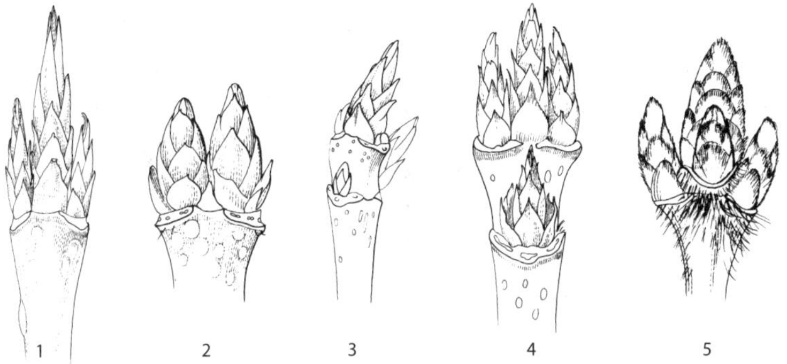

365/1–6 *Acer*, Zw.spitzen mit Winterkn.: 1 *A. mandshuricum*; 2 *A. griseum*; 3 *A. buergerianum*; 4 *A. triflorum*; 5 *A. maximowiczianum*

46 (2). Kn. mit 1(–2) Paar, oft rötl. gefärbten, Kn.schuppen, äußeres Paar zuw. auseinanderspreizend: sichtbarer Kn.kern deckend weiß behaart; Zw. grün, ockerrot bis violettrot, im 1. Jahr ohne Periderm u. keinen od. wenigen Lentizellen; Bl. gefiedert od. 3-zählig u. alle Blch. deutl. gestielt; Bltn. 2-häusig, 4-zählig od. Bltn.hülle unvollst., in Trauben od. Büscheln an laubbl.losen seitl. Bltn.trieben **50**

— Endkn. mit ≥ 4 Paar schwarzbraunen Kn.schuppen (*365/1–2* u. *4–5*); Zw. am Ende des Jahres graubraun: Periderm mit zahlreichen Lentizellen; Bl. 3-zählig, nur das Endblch. 5–10 mm lang gestielt, die seitl. sitzend od. mit undeutl., etwa 2 mm langem Stiel; Bltn. 5-zählig, in 3–5(–7)-bltg. Schirmrispen am Ende beblätterter Kurztriebe; Herbstfärbung rot (**Sekt. *Trifoliata***) **47**

47. Fr.fächer, Bl.stiel u. Blch. unterseits ± kahl, Blch. längl. elliptisch bis längl. eif., 6–10 cm lang (bei 8 cm Länge ca. 2,5 cm breit), zugespitzt, Rand kerbig gesägt, beiderseits mit ≥ 10 flachen Zähnen, Bl.stiel rot, bis 8 cm lang (*366/1*); Kn. spitz kegelf. (*365/1*); Fr.flügel stumpfwinklig zueinander; IV–V. Sg/Bk – ss. NO-China. **Mandschurischer A., *A. mandshuricum*** MAXIM.

— Fr.fächer, Bl.stiel u. Blch. unterseits (mindestens auf den Hauptnerven) bleibend weich behaart, Rand stumpf gesägt bis gelappt, beiderseits mit ≤ 10 Zähnen; Bl.stiel oft kürzer **48**

48. Blch. bis 7 cm lang; Kn. klein, eif., etwa bis 5 mm lang (*365/2*) – junge Zw. rasch verkahlend; Bl.stiele bis 3(–4) cm lang, locker, aber deutl. wollhaarig, Blch. (*366/2*) dünn, unterseits auffallend hell blaugrün, schmal verkehrt eif., 3–6 cm lang, ± seicht fiederig gelappt mit 2–4 Lappen jederseits (die untersten äußeren Lappen der Seitenblch. oft sehr groß u. gelegentl. fast als zusätzl. Paar kleinerer Blch. erscheinend); Fr.flügel etwa rechtwinklig zueinander; Rinde älterer Zw. glatt, zimtbraun, in papierdünnen Streifen abrollend; IV–V. Sg/Bk – z–h. ZS-China bis Sich. **Zimt-A., *A. griseum*** (FRANCH.) PAX

— Blch. länger, Endkn. > 7 mm lang – Zw. verkahlend od. bleibend behaart ... **49**

49. Zw.spitzen abstehend u. Endkn. dicht behaart (*365/5*); Rinde glatt; Bl.rand (v. a. in der unteren Hälfte) fast ganzrandig, darüber gleichf. kerbig gezähnt, jederseits mit bis zu 10 Zähnen; Bl.stiel 2–4 cm lang (*366/3*); Zw. bleibend be-

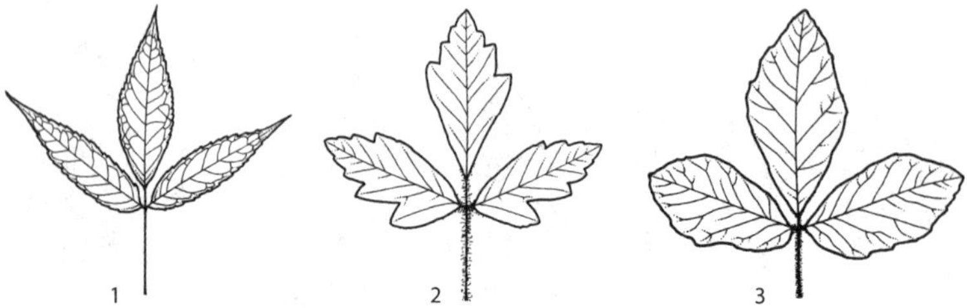

366/1–3 *Acer*, Bl.: 1 *A. mandshuricum*; 2 *A. griseum*; 3 *A. maximowiczianum*

haart u. – Bl.stiele sehr dicht bräunl. behaart, Blch. dickl., fast lederig, unterseits graugrün, elliptisch bis eif., bis 12 cm lang, Fr.flügel recht- bis spitzwinklig zueinander; IV. Bk – s–z. Jap. [*A. nikoense* hort., non (Miq.) Maxim.]

Nikko-A., *A. maximowiczianum* Miq.

Der zuw. gebrauchte Name *A. nikoense* (Miq.) Maxim. basiert auf *Negundo nikoense* Miq., Synonym von *A. cissifolium* (Beschreibung) od. *Parthenocissus tricuspidata* (Siebold & Zucc.) Planch. (Typus).

— Zw.spitzen u. Endkn. locker, unauffällig behaart (*365/4*); Rinde grob längsspaltig; Bl.rand ungleich, jederseits mit 0–3(–5) groben Lappen/Zähnen; Bl.stiel 3–8 cm lang; Zw. verkahlend, aber v. a. in Knotennähe mit langen abstehenden Haaren – Bl. beiderseits , unterseits besonders auf den großen Nerven, u. am Bl.rand bleibend lang abstehend behaart; Fr.flügel spitzwinklig; IV. Sg/Bk – ss. Kor., NO-China. **Dreiblütiger A., *A. triflorum*** Kom.

50 (46). Blch. (*366/5*) 5(–7), wenn 3, dann das mittlere meist wesentl. größer als die seitl. u. oft 3-lappig, Blch. eif. bis längl. eif., 5–10 cm lang, zugespitzt, Rand unregelmäßig grob, teils doppelt gesägt, unterseits kahl bis behaart, Bl.stiel meist deutl. kürzer als die Gesamtspreite, Herbstfärbung blassgelb; Bltnst. hängend, vor dem Laubausbruch erscheinend, Bltn. 5-zählig, ohne Krbl., 2-häusig verteilt, ♂ mit roten Staubbeuteln, ♀ mit gelbl. Frbl., Frkn. behaart; Fr.flügel spitz- bis stumpfwinklig zueinander; junge Zw. meist bereift, ± kahl; Endkn. vegetativ, häufig kleiner als benachbarte Seitenkn. (*362/5*); III–IV. Bm – h. NAm., in M-Eur. invasiver Neophyt.

Eschen-A., *A. negundo* L. var. ***negundo***

var. *californicum* (Torr. & Gray) Sarg.: Junge Zw. u. Bl.stiele samtfilzig, Bl. unterseits bleibend weichhaarig. ss. ∧ S-NAm. bis Mex.

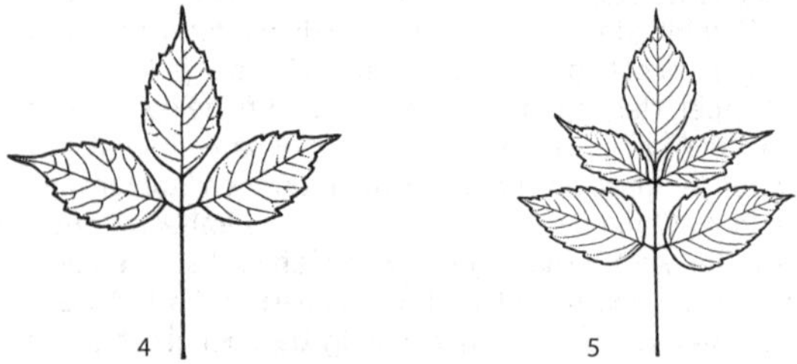

366/4–5 *Acer*, Bl.: 4 *A. cissifolium*; 5 *A. negundo*

'Odessanum': Bl. im Austrieb bronzefarbig, später gelb. s.

'Variegatum': Blch. unregelmäßig breit weiß (jung rosa) gerandet; neben Zw. mit panaschierten Bl. oft Zw. mit rein grünen u. solche mit rein weißen Bl. h.

'Aureovariegatum': Blch. dunkelgrün mit goldgelben Flecken. h.

'Elegans': Blch. schmal hellgelb gerandet. z.

'Flamingo': Bl. weiß-rosa panaschiert. h.

— Blch. (*366/4*) 3, alle etwa gleich groß, zuw. einzelne Bl. ungeteilt **51**

51. Neben 3-zähligen Bl. auch ungeteilte Bl.; Zw. u. Kn. vollkommen kahl
A. glabrum, siehe Nr. **19**

— Alle Bl. (*366/4*) 3-zählig gelappt, verkehrt eif., 4–8 cm lang, zugespitzt, Rand scharf grob gesägt, unterseits ± kahl, Bl.stiel dünn, oft etwa so lang wie die Gesamtspreite, Herbstfärbung gelb, seltener rot; Zw. u. Kn. zur Spitze dicht weißl. behaart, Kn.schuppen sich mit den Rändern dachziegelig überlappend (*362/6*); Bltn. mit den Bl. in Trauben, K- u. Krbl. gelbgrün, 4-zählig, Frkn. kahl; Fr.flügel spitzwinklig zueinander; V. Bk – s. Jap. (**Ser.** ***Cissifolia***)
Jungfern-A., ***A. cissifolium*** (Siebold & Zucc.) K. Koch

Actinidia Lindl., **Strahlengriffel** – *Actinidiaceae* (Bearbeiter: Ulrich Hecker)

Sommergrüne linkswindende Lianen; Mark der Zw. häufig gefächert; Bl. deutl. gestielt: Bltn. ⚥, polygam od. eingeschl., oft 2-häusig verteilt, Frkn. vielfächerig, Gr.äste sternf. ausgebreitet; Fr. eine vielsamige Beere (*367/5*), essbar, Samen klein. 75 Arten von O-As. bis zum Himal. bzw Java.

1. Bl. unterseits kahl od. nur auf den Rippen behaart; Fr. kahl **2**

— Bl. unterseits weißl. filzig, auf den Rippen rötl. behaart, herzeif. od. rundl., 8–12 cm lang, oberseits dunkelgrün, kahl (*367/1*); junge Zw. u. Bl.stiele bräunl. filzig; Bltn. gelbl. weiß, die ♂ zu mehreren, die ♀ einzeln, 3–5 cm ∅; Fr. eif.,

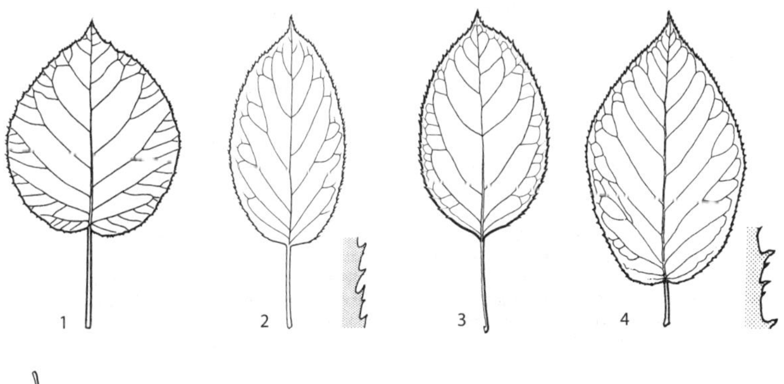

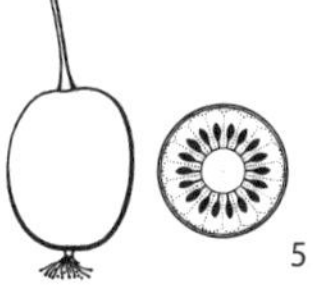

367/1–5 *Actinida*: 1–4 Bl.: 1 *A. deliciosa*; 2 *A. arguta*; 3 *A. melanandra*; 4 *A. kolomikta*; 5 *A. arguta*, Fr. u. Fr.querschnitt

behaart, 3–5 cm lang; VI. L – h. China. [*A. chinensis* hort. non PLANCH.; *A. chinensis* var. *deliciosa* (A. CHEV.) A. CHEV.]

Chinesischer S., Kiwipflanze, *A. deliciosa* (A. CHEV.) C. F. LIANG & A. R. FERGUSON

In Kultur sind mehrere Sorten wie **'Bruno'** u. **'Hayward'**, die sich v. a. durch größere Fr. auszeichnen.

'Jenny': 1-häusige Mutante.

2. Staubbeutel gelb; Bl. ± mattgrün, dünn **4**

— Staubbeutel dunkelpurpurn; Bl. glänzend grün, zieml. derb **3**

3. Bl.unterseits grün, auf den Rippen oft borstig, 8–12 cm lang, breit eif., plötzl. zugespitzt (*367/2*), borstig u. scharf gesägt; Stiel 3–8 cm lang, gerötet; Bltn. zu 3 od. mehr, etwa 2 cm ∅, Krbl. weiß mit bräunl. Grundfleck; Fr. 2–2,5 cm lang, gelbgrün; VI. L – h. China, Kor., Jap.

Scharfzähniger S., *A. arguta* (SIEBOLD & ZUCC.) MIQ.

Fr. wohlschmeckend. Häufig angepflanzt. Kultursorten sind u. a. **'Jumbo'**, **'Super Jumbo'**, **'Ananasnaya'**, **'Weiki'**, **'Issai'** u. **'Vitikiwi'**.

'Bingo' ist eine Hybride zw. *A. purpurea* 'Purpurna Sadova' u. *A. arguta*. Die Fr. sind halbseitig rosa getönt.

— Bl. unterseits blaugrün, 6–10 cm lang, längl. bis breit elliptisch, kurz sägezähnig, bis auf die Achselbärte unterseits kahl, mit feinem grünem Nervennetzmuster (*367/3*), Stiel 2–5 cm lang; ♂ Bltn.zu mehreren, ♀ einzeln, weiß, 2–2,5 cm ∅; Fr. 2,5–3 cm lang, rötl.; VI. L – s. China.

Schwarzmänniger S., *A. melanandra* FRANCH.

4. Mark der Zw. nicht gefächert (bei allen anderen Arten gefächert); Bl. breit eif. bis längl. eif., am Grund ± abgerundet bis schwach herzf., 8–15 cm lang, obere Bl.hälfte, namentlich bei ♂ Pfl., oft silberweiß gefärbt („Silberwein"), Bl.stiel meist nicht > 3 cm lang; Bltn. ca. 1,5 cm ∅, weiß, Krbl. breit eif.; Fr. 2–3 cm lang, gelb; VI–VII. L – s. O-As.

Vielehiger S., *A. polygama* (SIEBOLD & ZUCC.) MAXIM.

— Mark der Zw. gefächert; Bl. breit eilängl., am Grund meist herzf., 10–15 cm lang, lang zugespitzt, obere Bl.hälfte oberseits häufig weiß od. rosa gefärbt, Bl.stiel meist > 3 cm lang (*367/4*); Bltn. 10–15 mm ∅, weiß, Krbl. längl.; Fr. gelbgrün, ca.15 mm lang; V. L – h. O-As.

Kolomikta S., *A. kolomikta* (RUPR. & MAXIM.) MAXIM.

Aesculus L., **Rosskastanie** – *Sapindaceae* (Bearbeiter: Bernd Schulz)

Sommergrüne Bäume u. Sträucher; Bl. gegenst., ohne Nebenbl., 5–9-zählig gefingert; Blch. 8–35 cm lang, Rand gesägt, Herbstfärbung meist gelb, seltener rötl.; Bltnst. große, aufrechte, dichte, endst. Rispen; Bltn. polygam-andromonözisch (überwiegend ♂ Bltn., ⚥ Bltn. nur im unteren Teil der Rispe), v. a. Kr. leicht zygomorph, Krbl. 4–5, frei, genagelt, weiß, gelbl. od. rot, auf den oberen Krbl. läuft meist ein Saftmal (Fleck) ins Kr.innere, Saftmal unabhängig von der Grundfarbe der Krbl. in junger Blüte gelb, verblühend in Rot umschlagend; Kbl. 5, meist glockig bis röhrig verwachsen; Stbl. 5–8; Frbl. 3, (inkl. Gr. u. Narben) verwachsen, Frkn. 3-fächerig mit 2 Samenanlagen je Fach, verwachsen; Fr. eine runde, 3-klappig zerfallende, bräunl. od. grüne Kapsel (*311/3*), wenige sehr große, glänzend braune Samen enthaltend. Etwa

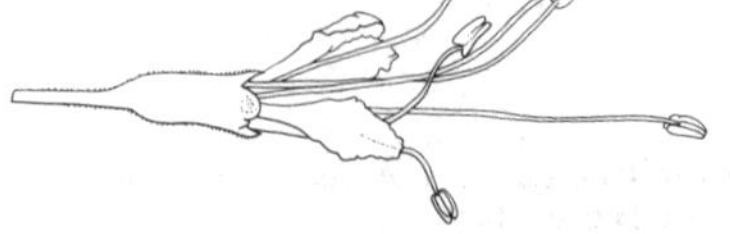

368/1 *Aesculus parviflora*, Blüte

15 Arten in den mild-humiden Teilen der nem. Zone, meist in den Geb.; in Eur. nur reliktär. Früher mit der neotrop. Gatt. *Billia* als eigene Fam. *Hippocastanaceae* geführt. Fr. (besonders unreife) **G!**

1. Grundfarbe der Krbl. gelbgrün, gelb bis rot – obere Krbl. mit Saftmal (**Sekt. *Pavia*** u. Hybriden) 6

— Grundfarbe der Krbl. weiß, zuw. leicht rosa überlaufen – Stbl. die Kr. immer überragend 2

2. Obere Krbl. am Grund mit auffälligem Saftmal (Fleck); Pfl. baumf. – Bltnst. mit bis 60 Bltn., Blüte V–Mitte VI 4

— Krbl. ohne Saftmal, K. kurz röhrenf.; Pfl. strauchf. – Bltnst sehr reichbltg. (meist >100/Bltnst.); Blüte Ende VI–VIII (**Sekt. *Macrothyrsus***) 3

3. Krbl. ausgestreckt, K. mit kurzen Zähnen, Stbl. sehr lang, Staubbeutel rot (*368/1*); Blch. keilf.; Kn. nicht klebrig – Pfl. bis 4 m hoch, sich durch Ausläufer ausbreitend u. sehr breit werdend; Bltn. (*368/1*) im Sommer (ab VII), abends duftend (Bestäubung durch Nachtfalter); Bltnst. lang zylindrisch, 20–30 cm lang, oft weit > 100-bltg.; Krbl. etwa 1 cm lang, Stbl. 3–4 cm lang, waagerecht vorgestreckt; Fr. verkehrt eif., 1–3 cm lang, bräunl., warzig (*311/3*); Blch. 5–7, sitzend od. sehr kurz gestielt, 8–20 cm lang; Winterkn. nicht klebrig, Endkn. bis 10 mm lang; VII–VIII. Sg – h. SO-USA. **Schwärmer-R., *A. parviflora*** WALT.

— Krbl. ausgebreitet u. zurückgeschlagen, Staubbeutel orangegelb; Blch. zum Stiel abgerundet; Kn. leicht klebrig, Endkn. um 15 mm lang; VI–VII. Sg/Bk – ss. W-NAm. ***A. californica*** (SPACH) NUTT.

4. Blch. gestielt; Fr. glatt; K. röhrenf., rosa überlaufen, Kbl. ≥ 2-mal so lang wie der ∅, – oft 2-spaltig; Bltnst. kegelf. zylindrisch, Krbl. anfangs leicht rosa, später weiß, obere länger als untere, längl., allmähl. keilf. verschmälert, außen behaart, am Rand zottig; Bl. mit 7–9 Blch., diese deutl. gestielt, lanzettl., im oberen Drittel allmähl. zugespitzt; Zw. unter der Spitze 5–6 mm ∅; Winterkn. < 15 mm lang. V–VI. Bm/Bg – ss. Afgh. bis N-Indien. (**Sekt. „*Calothyrsus*"**; Typus der Sekt. *Calothyrsus* ist jedoch *A. californica*) ***A. indica*** (CAMBESS.) HOOK.

Ähnl. ist ***A. chinensis*** BUNGE: Bltnst. zylindrisch; Krbl. etwa gleich lang, Grundton weiß; Bl. mit 5–7 Blch.; Zw. 7–8 mm ∅; Bg – ss. O-As.: China.

— Blch. sitzend; Fr. stachelig od. glatt; K. glockenf., mit Kbl. ≤ 1,5-mal so lang wie der ∅; – Blch. verkehrt eif., in der oberen Hälfte auffallend breiter werdend u. plötzl. zugespitzt; Winterkn. groß (> 15 mm lang) (**Sekt. *Aesculus***) 5

5. Blch. 10–25 cm lang, meist im obersten Drittel am breitesten u. dann plötzl. kurz zugespitzt, unterseits hellgrün, Rand von der Basis an einfach, im oberen Teil meist doppelt gesägt bis leicht buchtig gelappt (*369/1b*), Bl.stiel glatt, nicht gefurcht; Bltnst. 20–30 cm lang, Bltn. etwa 2 cm breit, K. kurz, glockenf.,

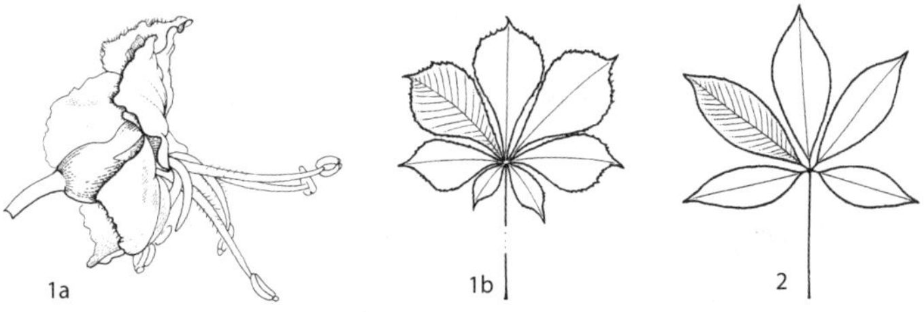

369/1–2 *Aesculus*: 1 *A. hippocastanum*, 1a Blüte, 1b Bl.; 2 *A. pavia*, Bl.

Krbl. 4–5, erblüht weit zurück geschlagen, weiß, mit Saftmal, Stbl. Kr. überragend (*369/1a*); Fr. rundl., bis 6 cm dick, grün, dicht bestachelt; V. Bg – h. SO-Eur. **Balkan-R., *A. hippocastanum*** L.

'Baumannii' ['Plena']: Bltn. gefüllt, weiß; meist steril. z–h.

'Umbraculifera': Zwergform, in allen Teilen kleiner, Wuchs kugelig u. sehr dicht; Sk, meist hochstämmig veredelt. s–z.

'Laciniata': Monstrosität mit kleinen (oft < 10 cm), unregelmäßig schmal u. tief zerschlitzten Blch. s–z.

'Pyramidalis': Wuchs schlank kegelf., bis 10 m hoch u. 6 m ∅ am Kronengrund. s–z.

— Blch. 20–35 cm lang, wenig oberhalb der Mitte am breitesten u. dann langsam verschmälert, unterseits ± blaugrün, Rand erst etwa vom 2. Drittel an fein kerbig gesägt, nie buchtig gelappt, Bl.stiel warzig, oberseits gefurcht; Bltnst. 15–25 cm lang, Bltn. etwa 15 mm breit, Krbl. 4, selten 5, gelbl. weiß, mit Saftmal; Fr. birnf., etwa 5 cm dick, bräunl., stachellos; VI. Bg – s. Jap. **Japan-R., *A. turbinata*** Blume

6 (1). K. röhrenf., > 2-mal so lang wie der ∅ (*370/2*), Kr. gleich lang wie der K. od. wenig länger, Grundton der Krbl. orangegelb bis rot, am Rand drüsig bewimpert; Pfl. meist nur strauchf. – Bltnst. 10–15 cm lang; Blch. 8– 14:2–6 cm, unregelmäßig u. oft doppelt gesägt (*369/2*), unterseits kahl od. wenig behaart; VI. Sg (baumf. nur durch Veredlung auf andere Arten) – s. SO-NAm. [*Pavia rubra* Lam.; *A. splendens* Sarg.] **Echte Pavie, *A. pavia*** L.

var. *discolor* (Pursh) Torr. & Gray [*A. discolor* Purch], **Gelbrote Pavie**: K. u. Krbl. auf gelbem Grund ± stark rot überlaufen; Bltnst. 15–20 cm lang; Blch. 8–18:4–8 cm, fein kerbig gesägt, unterseits fein samtig bis filzig; V–VI. Sg/Bk – ss. Texas. Var. *flavescens* (Sarg.) Corell, z. T. als Synonyn, z. T. für Pfl. mit rein gelbgrünen Krbl.

A. × mutabilis Spach & Schelle [*A. pavia* var. *discolor* × *A. sylvatica* od. *A.* × *neglecta*] u. ***A. × hybrida*** DC, **Allegheny-R.** [*A. flava* × *A. pavia*]: K. schmal glockenf. bis röhrenf. rot, Krbl. deutl. länger als der K., gelb-rot, am Rand drüsig bewimpert (*370/3*). Bk/Bm – ss.

— K. glockenf., meist < 2-mal so lang wie der ∅ (*371/1* u. *2*), wenn länger, dann Grundfarbe der Krbl. gelbgrün; Krbl. am Rand zottig behaart, nicht drüsig 7

7. Staubfäden kürzer als die gelbe bis gelbgrüne Kr. (*371/1*) – Krbl. sehr ungleich, mindestens die längeren nicht kürzer als die Stbl., gelb od. gelb mit rot; Fr. nicht bestachelt; Blch. bis > 15 cm lang – K. u. Bltn.stiele drüsig; Krbl. sattgelb, ohne Rot, die längeren 20–30 mm lang; Fr. rundl. bis längl., 5–7 cm lang; Blch. 10–22:4–9 cm, fein gesägt, ihre Stiele bis 7 mm lang, Herbstfärbung orange; hoher, schmalkroniger Baum; V. Bg – z. O-NAm. [*A. octandra* Marsh] **Appalachen-R., *A. flava*** Ait.

'Vestita': junge Zw., Bl.stiele u. Bl. unterseits behaart – s.

A. × neglecta Lindl., **Carolina-R.** [*A. flava* × *A. sylvatica*] **'Erythroblastos'**: Bl. im Austrieb lachsrosa bis rot, Färbung relativ lange anhaltend. Weitere natürliche u. in Kultur entstandene Hybriden zwischen den Arten der Sekt. erschweren die Bestimmung: ***A. × marylandica*** G. Kirchn. [*A. flava* × *A. glabra*], ***A. × woerlitzensis*** Koehne [*A. flava* × *A.* × *mutabilis*] u. a.

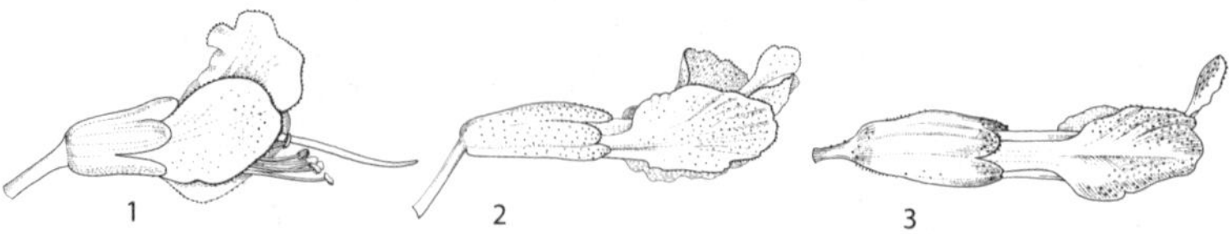

370/1–3 *Aesculus pavia* u. Hybriden, Bltn.: 1 *A.* × *carnea*; 2 *A. pavia*; 3 *A.* × *hybrida*

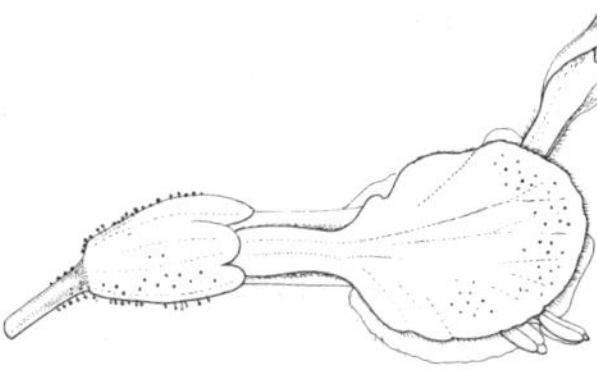

1

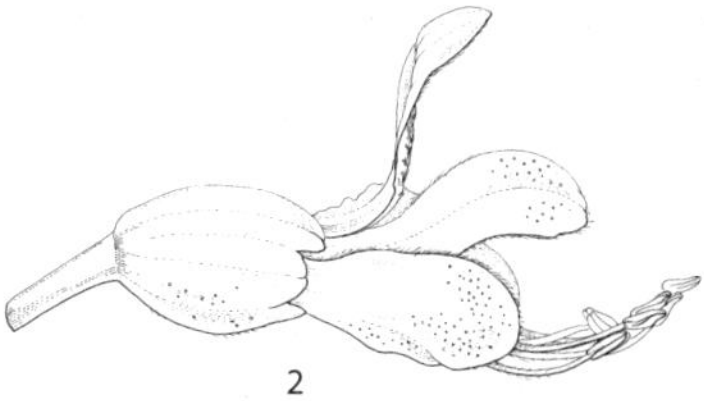

2

371/1–2 *Aesculus*, Bltn. seitl.: 1 *A. flava*; 2 *A. glabra*

— Staubfäden überragen die Kr. (*370/1* u. *371/2*) **8**

8. Krbl. rosa bis rot (*370/1*), Bltnst. 12–20 cm lang; Fr. rundl., 3–4 cm dick, mit od. ohne einigen weichen Stacheln, selten ausgebildet; Blch. meist 5, die mittleren oft etwas gestielt, 10–20 cm lang, derb u. dunkelgrün, oft etwas wellig, Rand scharf doppelt gesägt; Winterkn. oft nur wenig klebrig; V. Bm– z–h. Kultur. [*A. pavia* × *A. hippocastanum*; meist auf *A. hippocastanum* veredelt] **Rote R., *A.* × *carnea*** HAYNE

'Briotii': Krbl. leuchtend blutrot, Bltnst. > 20 cm lang. h.

— Krbl. gelb bis gelbgrün, Krbl. zieml. gleich, alle deutl. kürzer als die Stbl., hell grünl. gelb (*371/2*); Fr. bestachelt, verkehrt eif., 3–5 cm lang; Blch. 8–12 cm lang, fein gesägt; V. Bk – s. Z- u. O-NAm. **Ohio-R., *A. glabra*** WILLD.

Aëthionema R. BR., **Steintäschel** – *Brassicaceae* (Bearbeiter: Ulrich Hecker)

1- od. mehrj. Kräuter, seltener Halbsträucher; Bltn. rosa bis rötl., selten weiß, Kbl. am Grund ausgesackt, innere Stbl. mit geflügelten Staubfäden; Schote abgeflacht (*371/3*) mit 1–4 Samen pro Fach, mitunter nur 1-fächerig u. geschlossen bleibend. 56 Arten vorwiegend im Mittelmeergebiet u. W-As.

1. Zw. dickl; Bl. an den Zw.spitzen gedrängt, längl. linealisch, 1–2 cm lang; Bltn. lilarosa, in kurzen u. dichten Trauben, Krbl. ca. 1–3-mal so lang wie der K.; V. HS – s. Taurus, Liban. **Zierliches S., *A. coridifolium*** DC.

— Zw. nicht dickl., ± ohne Seitenzw., nur an der Basis verzweigt; Bl. lanzettl, 2–3 cm lang, blaugrün; Bltn. rosa in dichten Doldentrauben, Bltnst. sich zur Fr.reife streckend, Krbl. 2–3-mal so lang wie der K.; VI–VII. HS – h. Kl.-As., Kauk., Iran. **Großblütiges S., *A. grandiflorum*** BOISS. & HOHEN.

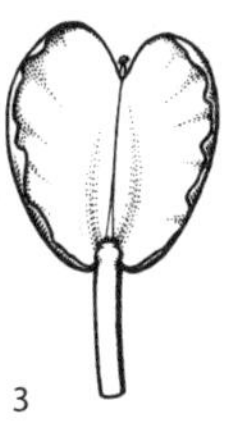

3

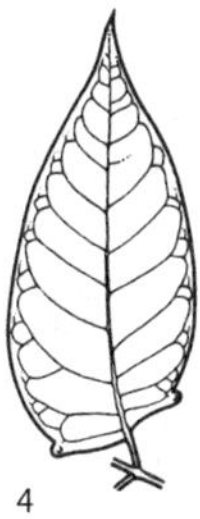

4

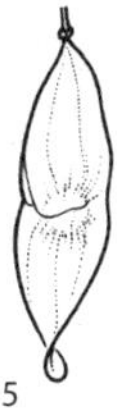

5

371/3–5: 3 *Aëthionema grandiflorum*, Fr.; 4–5 *Ailanthus altissima*: 4 Blch., 5 Frch.

Ailanthus Desf., **Götterbaum** – *Simaroubaceae* (Bearbeiter: Ulrich Hecker)

Sommergrüne Bäume; Bl. unpaarig gefiedert, Blch. 13–41, nahe dem Grund mit einigen Zähnen, die unterseits in großen Drüsen enden; Bltn. polygam bis 2-häusig, Krbl. 5, Stbl. 10, Frbl. 2–5, Frch. geflügelt (*371/5*). 7 Arten in O- u. S-As. sowie N-Austr.

A. altissima (Mill.) Swingle [*A. glandulosa* Desf.] – Bl. 45–60 cm lang, Blch. gestielt, eilanzettl., lang zugespitzt, 7–12 cm lang, fein bewimpert, ganzrandig bis auf 1–2, seltener 3–4 grobe Zähne nahe der Basis mit unterseits je 1 Drüse (*371/4*), kahl, unterseits bläul., nur an jungen Pfl. behaart; Bltn. grünl. gelb, unangenehm duftend, in 10–20 cm langen Rispen; Frch. 3–4 cm lang, zur Reife manchmal leuchtend rot gefärbt (**'Erythrocarpa'**); Stammrinde fein weiß gestreift, junge Zw. fein behaart. VI–VII. Bg – h. China. **G!**

In Sammlungen sind gelegentl. einige unbedeutende Formen zu finden sowie einige nah verwandte, kaum abweichende Arten.

Akebia Decne., **Akebie** – *Lardizabalaceae* (Bearbeiter: Bernd Schulz)

Sommergrüne od. halbimmergrüne Lianen, Bl. gefingert, Blch. deutl. gestielt, Spitze ausgerandet; Winterkn. nur Seitenkn. mit Bereicherungskn. (*219/3*); Bltn. 1-häusig, eingschl., Perigon 3-teilig (*372/2*), purpurn bis braunrot, bei Sorten auch blass u. ungefärbt, Bltn. lang gestielt in achselst. Trauben, untere ♀: 15–30 mm ∅, mit 6–9(–12!) Frbl., obere ♂: 5–12 ∅, 6 Stbl. Fr. selten ausgebildet: 1–3(–7) längl. eif. bis walzf., 6–8 cm lange Frch., sich zur Reife balgartig öffnend (*372/1*): Fr.wand fleischig, die Samen zahlreich in einer gallertartigen Pulpe, essbar. 3 od. 4 Arten in O-As.

1. Bl. 3-zählig (*372/3*) – Blch. breit eif., 5–10 cm lang, Bl.ränder gewöhnlich wellig od. buchtig gezähnt; ♂ Bltn. zahlreich, meist > 12/Traube, kurz gestielt, 4–5 mm ∅, V. L – ss. S-China, Sich., Jap., Kor. [*A. lobata* Decne.]
Kleeblättrige A., *A. trifoliata* (Thunb.) Koidz.

— Bl. 5-fingerig (*372/4*) – Blch. eielliptisch, 3–6 cm lang, ganzrandig, unterseits bläul.; ♂ Bltn. > 10 mm ∅, länger gestielt, meist weniger als 10 in der Traube. V. L – z. China (außer W- u. NO-), Jap. **Fingerbl. A., *A. quinata*** (Houtt.) Decne.

A. × pentaphylla Makino [*A. quinata* × *A. trifoliata*] steht zwischen den Arten.

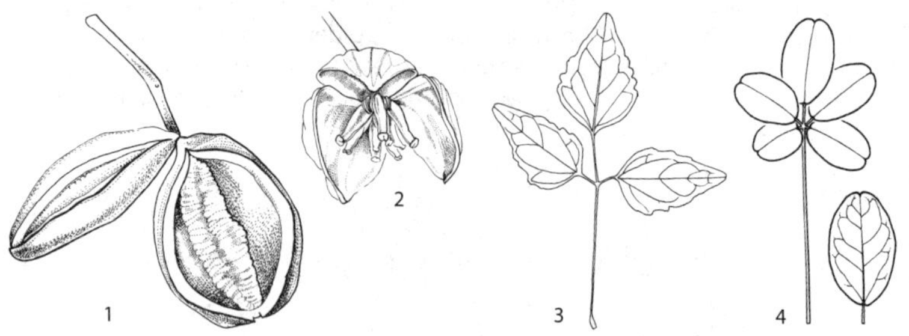

372/1–4 *Akebia:* 1 *A. quinata*, Fr. mit 2 Frch., 2 ♀ Blüte, 3–4 Bl., 3 *A. trifoliata*, 4 *A. quinata*

Alangium Lam. – *Cornaceae* (Bearbeiter: Bernd Schulz)

Meist immergrün, vorgestellte Arten sommergrün; kleine Bäume od. Sträucher; Bl. wechselst., ohne Nebenbl., einfach, ganzrandig, von ungelappt bis schwach u. stark gelappt (*373/2*; der Lappungsgrad hängt z. T. von der Lage der Zw. u. dem Alter der Pflanze ab u. eignet sich nicht zur Differenzierung von Taxa; stärker gelappt sind Bl. junger Pfl. u. an wüchsigen aufrechten Trieben), Tragbl.grund schließt nackte Achselkn. ein; Zw. hin u. her gebogen, graugrün; Bltn. in achselst. Thyrsen (*373/1*), ⚥, radiär, 5–10-zählig, Kbl. winzige Zipfel, Krbl. weiß, über ²/₃ der Länge bandartig, rückwärts eingerollt, basal leicht miteinander verwachsen, Stbl. dem langen Gr. anliegend, zwischen Stbl. u. Frbl. stumpf kegelf., auf Fr. bleibender Diskus, Frkn. unterst., meist 1- od. (selten) 2-fächerig, Fr. entsprechend 1- od. 2-samige Steinfr. (*373/3*). 20 Arten, vorwiegend trop. in O-As., Malaysia, Austr. u. Afr. (vgl. Schulz MDDG 2009 (94), S. 23–36).

1. Bltnst. mit 1–5 relativ lang (> 1 cm) gestielten, 25–40 mm langen, duftenden Bltn., Staubfäden fast so lang wie die Staubbeutel, in geöffneter Blüte sichtbar; Frkn. u. Steinkern mit einem entwickelten Fach (oft mit stark reduzierten Rudimenten eines 2., unfruchtbaren Fachs); Bl. sommergrün, 10–25 cm lang, breit eif., mit keilf., gestutztem bis herzf. Grund, meist ± gelappt (*373/2*), Lappen bis ½ der Spreitenlänge, längl. eif. bis 3-eckig, geschwänzt zugespitzt, anfangs behaart, oberseits verkahlend; unterseits mit zahlreichen kleinen Achselbärten, handnervig, Bl.stiel 3–7 cm lang; Steinfr. (*373/3*) eif., 6–8 mm lang, schwarz bis schwarzblau; VI–VII. Sg/Bk – s. ∧∧ O-China, Jap., Kor.
A. platanifolium (Siebold & Zucc.) Harms

— Bltnst. mit 3–25 relativ kurz (3–10 mm) gestielten, 20 mm langen Bltn. (*373/1*); Staubfäden sehr kurz, in geöffneter Blüte nicht sichtbar; Frkn. meist 2-fächerig; Fr. schwarz, Steinkern mit 2 Kammern (aber zuw. nur ein entwickelter Samen); Bl. 10–24 cm lang, breit eif., mit gestutztem od. leicht herzf. Grund, zugespitzt, an kräftigen Trieben flach gelappt u. fingernervig, an waagerechten Zw. u. älteren Pflanzen Tendenz zu ungelappten, finger- bis fiedernervigen Bl.; VI–VII. Sg/Bk – s. ∧∧ O- u. SO-As., nicht Afr. **A. chinense** (Lour.) Harms

Die bisher zu *A. chinense* gestellten Pfl. aus Afr. nehmen nach Feng et al. 2009 eine Schwesterposition zu den beiden vorgestellten Arten ein.

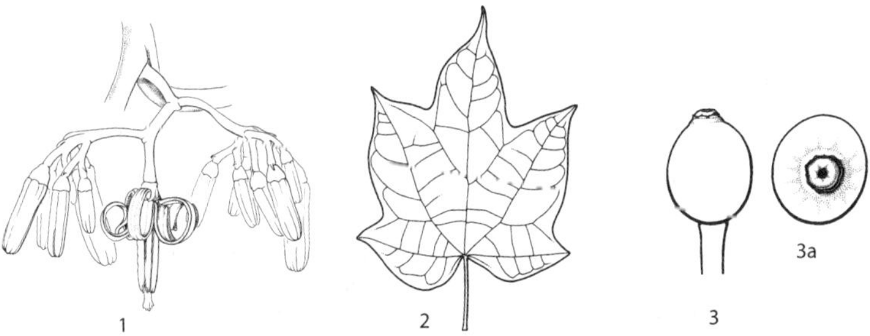

373/1–3 *Alangium*: 1 *A.chinense*, Bltnst., 2–3 *A. platanifolium*, 2 Bl., 3 Fr. von der Seite, 3a von oben (im Zentrum Diskus)

Albizia Durazz., **Seidenakazie** – *Fabaceae* (Bearbeiter: Bernd Schulz)

Raschwüchsige, laubwerfende Bäume od. Sträucher; Bl. doppelt gefiedert, Blch. zahlreich, klein; Bltn. in achselst. Ähren od. Köpfchen, K. u. Kr. 5-zählig, klein, radiär, K. glocken- bis röhrenf., Kr. röhrenf.; Fr. (*374/2*) eine große, riemenf. Hülse. Ca. 120 Arten weltweit in den Trop. u. Subtrop.

A. julibrissin Durazz. – Breitkroniger Strauch od. Baum; Zw. kahl, kantig; Bl. 20–35 cm lang, lang gestielt, doppelt gefiedert, an den 10–24(–40) Seitenspindeln je 20–30 Paar Blch.; Blch. sichelf. längl., schief, 6–10 mm lang, unterseits entlang der Mittelrippe behaart; Bltn. in achselst. Köpfchen an den Zw.enden, K.röhre etwa 3 mm lang, sich kaum von der Kr. abhebend, Kr.röhre um 8 mm lang, beide unauffällig, grünl. (*374/1a*), Stbl. um 25–35, Staubfäden basal (in der Kr.) röhrenf. verwachsen, bis 2–3(–4) cm lang, unten weiß, zur Spitze weinrot (*374/1*), Gesamtwirkung des Bltnst. wie aufrechte rosafarbene Quasten; Fr. 15 cm lang (*374/2*); VII–VIII. Sg/Bk – z. ^^ SW- über M- bis O-As., in SO-NAm. Neophyt.

'Ernest Wilson': besonders winterhart u. auch in M-Eur. kulturwürdig.

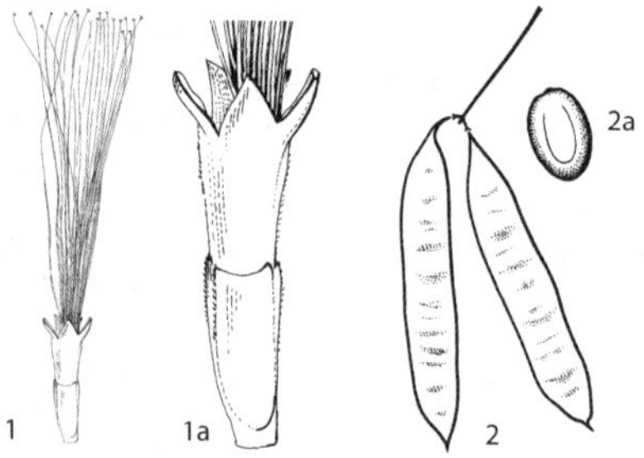

374/1–2 *Albizia julibrissin*: 1 Einzelblüte, 1a Detail: K. u. Kr., 2 Fr., 2a Samen

Alnus Mill., **Erle** – *Betulaceae* (Bearbeiter: Peter A. Schmidt)

Sommergrüne Bäume od. Sträucher; Bl. wechselst., einfach, gesägt od. gezähnt, teils leicht gelappt od. selten ganzrandig; ♂ Bltn. zu 3 in Achsel von Tragbl. in hängenden Kätzchen, Perigon meist 4-spaltig, seltener verwachsen, Stbl. 4, ♀ Bltn. zu 2 in Achsel von Tragbl., ohne Perigon, Vorbl. 4, mit Tragbl. zu verholzender Fr.schuppe verwachsend, zur Fr.reife nicht abfallend, Fr.kätzchen zapfenartig, Fr. 1-samige geflügelte od. ungeflügelte Nuss. 29–35 Arten, Holarkt, aber in SO-As. bis in subtrop. Zone u. in SAm. entlang der Anden bis Peru u. N-Argent.

1. Kn. ± deutl. gestielt (*231/3*), Stiel bis ½ so lang wie die Kn., mit 2–3 etwa gleich langen Schuppen, Kn. stumpf, abgerundet bis fast spitz; vegetative Sprosssysteme meist nicht in Lang- u. Kurztriebe differenziert; Bltn. meist im Herbst erscheinend, nackt überwinternd, ♂ Bltn. vor der Laubentfaltung stäubend; Nuss. kaum geflügelt od. mit schmalem undurchsichtigem Flügel; meist Bäume, selten große Sträucher (**Untergatt. *Alnus***) **4**

— Kn. sitzend (*232/1*), mit 3–6 Schuppen, wenn nur 2, dann diese ungleich lang, Kn. spitz bis lang zugespitzt; vegetative Sprosssysteme meist in Langtriebe u. die Bl. tragenden Kurztriebe differenziert; ♀ Bltn. in Kn. überwinternd, im Frühjahr an diesj. Zw. mit den Bl. erscheinend, ♂ Bltn. mit der Laubentfaltung stäubend; Nuss breit geflügelt; meist Sträucher (**Untergatt. *Alnobetula*** [*Alnaster* Spach, *Duschekia* Opiz], **Grün- od. Strauchererlen**) **2**

2. Bl. jederseits der Mittelrippe mit 12–18 Seitennerven, Spreite eif. bis schmal eif. od. eilanzettl., Rand scharf u. unregelmäßig gesägt, in vorderer Hälfte nur mit 1–2 kleineren zwischen den größeren Zähnen – Bl. 5–12 cm lang, zugespitzt, Basis abgerundet, unterseits auf den Nerven behaart; Jungtriebe kahl od. anfangs etwas behaart; Fr.zapfen 1–2 cm lang, bis 2,5 cm lang gestielt; IV–V. Sg/Bk – ss. S-Jap. **Japanische Grün-E.,** ***A. firma*** Siebold & Zucc.

— Bl. jederseits der Mittelrippe mit 4–12 Seitennerven, Spreite elliptisch, eif., breit eif. bis rundl. eif., Rand fein od. grob, einfach od. doppelt gesägt, in vorderer Hälfte mit 4–6 kleineren zwischen den größeren Zähnen (***A. alnobetula*** **agg., Artengruppe Grün-E.**) 3

3. Bl. breit eif. bis rundl.-eif., 6–10(–12) cm lang, 4–8(–10) cm breit, jederseits 8–12 Seitennerven, spitz od. plötzl. kurz zugespitzt, Spreitenbasis breit abgerundet, herzf. od. schief herzf., Rand dicht u. fein gezähnt, oberseits dunkelgrün, unterseits heller, kahl, Stiel 1–3(–5) cm lang; Fr.zapfen (1–)1,5–2,2 cm lang, 1–1,3 cm breit; Jungtriebe kahl; IV–V. Sg/Bk – ss. Russ.-Fernost, Kor., Jap. **Maximowicz's Grün-E.,** ***A. maximowiczii*** C. K. Schneid.

— Bl. (breit) elliptisch, eif. bis breit eif., (2,5–)5–8(–10) cm lang, (2–)3–6(–7) cm breit, jederseits 4–10 Seitennerven, spitz, kurz zugespitzt od. stumpf, Spreitenbasis abgerundet, gestutzt od. breit keilf., selten bei einem Teil der Bl. fast herzf., Rand fein od. grob, einfach od. doppelt scharf gesägt, gras- bis dunkelgrün od. hellgrün bis gelbl. grün, unterseits kahl od. spärl. behaart, besonders auf den Nerven od. in den Nervenwinkeln, selten dicht behaart, Stiel 0,5–2 cm lang; Fr.zapfen 1–1,7(–2) cm lang, 0,5–1(–1,2) cm breit; Jungtriebe oft anfangs ± behaart, meist verkahlend, anfangs wie die Bl. oft drüsig-klebrig; IV–VI. Sk/Sg/Sp/Bk – Holarkt.: zirkbor. u. Geb. nem. Zone [*A. viridis* (Chaix) DC. s. l.; *Duschekia viridis* (Chaix) Opiz s. l.] **Grün-E. i. w. S.,** ***A. alnobetula*** (Ehrh.) K. Koch s. l.

Kompakte aufrechte bis niederliegend-aufsteigende Sträucher, teils mit bis zu 5–10 m langen Legstämmen („Laublatsche"), ebenso in Form, Größe u. Behaarung der Bl. sehr variabel. Die folgenden Sippen werden auch als eigene Arten aufgefasst:

subsp. *alnobetula* [*A. alnobetula* s. str.; *A. viridis* s. str.], **Europäische Grün-E.:** Bl. elliptisch bis breit eif., spitz bis kurz zugespitzt, jederseits 4–8 Seitennerven – Bl. (3–)4–8(–9) cm lang, scharf doppelt gesägt (*376/1*), gras- bis dunkelgrün, beiderseits kahl od. unterseits auf den Nerven od. in den Nervenwinkeln ± behaart. Sk/Sg – h. Alp., Karp. bis Balkan, Korsika.

subsp. *crispa* (Aiton) Raus [*A. crispa* (Aiton) Pursh], **Amerikanische Grün-E.:** Bl. eif. od. elliptisch, an der Spitze stumpf od. stumpf bis fast spitz, 3,5–6(–10) cm lang, 3–5(–7) cm breit, derb bis lederig, Rand fein gesägt, dunkelgrün, kahl od. unterseits spärl. bis dicht behaart. ss. N- bis NO-NAm.

subsp. *fruticosa* (Rupr.) Raus [*A. fruticosa* Rupr.], **Sibirische Grün-E.:** Bl. breit eif., meist zugespitzt, seltener spitz, Spreitenbasis keilf. bis abgerundet, jederseits 7–10 Seitennerven – Bl. 5–8(–10) cm lang, 3–6(–7) cm breit, Rand scharf u. dicht, einfach od. doppelt gesägt, derb, dunkelgrün, unterseits kahl bis spärl. behaart, besonders auf den Nerven. s. N-As., W-Küste NAm. von Alaska bis NW-USA.

subsp. *sinuata* (Regel) Raus [*A. sinuata* Regel) Rydb.; *A. sitchensis* (Regel) Sarg.], **Sitka-Grün-E.:** Bl.spreite meist spitz, seltener zugespitzt, Spreitenbasis meist abgerundet, jederseits 7–10 Seitennerven – Bl. 4–10 cm lang, 3–8 cm breit, im Gegensatz zu den anderen Unterarten dünn u. hell- bis gelbl. grün, grob doppelt gesägt, kahl, selten unterseits spärl. behaart. ss. N-NAm. bis NW-USA u. Russ.-Fernost (?, Kamtschatka).

4 (1). Bl. beiderseits grün, unterseits oft heller, aber nicht grau- od. blaugrün, ungelappt, Rand fein od. grob, gleichmäßig od. unregelmäßig, einfach od. doppelt gesägt, jederseits 4–10 Seitennerven 7

— Bl. unterseits grau bis blaugrün, schwach bis deutl. gelappt u. doppelt gesägt, wenn Bl. überwiegend nur doppelt gesägt, dann zumindest an kräftigen

Trieben od. an der Triebspitze ein Teil der Bl. gelappt, jederseits (6–)8–12(–15) Seitennerven (***A. incana* agg., Artengruppe Grau-E.**) 5

5. Bl.spreite am Rand winzig, aber deutl. umgerollt (Lupe!), jederseits (10–)12–15 Seitennerven; ♀ Kätzchen rot – Jungtriebe kahl, anfangs klebrig, dunkelrot, auch Kn. rot; Bl. eif. bis elliptisch, 8–15 cm lang, 5–10 cm breit, leicht gelappt od. doppelt gesägt, oberseits dunkelgrün, kahl, unterseits grau- bis blaugrün, anfangs grau od. rotbraun behaart, später nur auf den Nerven, Bl.stiel 1,3–3 cm lang; ♂ Kätzchen sehr lang, bis 15 cm; Fr.zapfen 1,2–3 cm lang, sitzend od. kurz gestielt; IV. Bg – s. W-NAm. bis Alaska. [*A. oregona* Nutt.]

Oregon-E., Amerikanische Rot-E., *A. rubra* Bong.

— Bl.spreite am Rand flach, jederseits (6–)8–12(–14) Seitennerven; ♀ Kätzchen grün 6

6. Bl. breit eif. bis breit elliptisch od. fast rundl., selten verkehrt eif. rundl, (4–) 6,5–9,5(–13) cm lang, (3,5–)5,5–9,5(–13) cm breit, Spreite fast ebenso breit wie od. breiter als lang (Verhältnis Breite zu Länge = 0,7–1,2); Jungtriebe kahl od. filzig behaart u. verkahlend – Bl. dünn od. lederig, schwach bis deutl. gelappt u. gezähnt od. unregelmäßig doppelt gesägt, Spreite an der Spitze spitz od. stumpf, Basis abgerundet bis keilf. od. seicht herzf., oberseits dunkelgrün, kahl od. behaart, unterseits bläul., blau- od. hellgrün, kahl bis filzig, oft rötl. braun behaart, v. a. auf den Nerven, jederseits (6–)8–10(–12) Seitennerven, Bl.stiel (1–)1,7–2,7(–4,5) cm lang; Fr.zapfen 1–2,5 cm lang, sitzend od. bis 4 mm lang gestielt; Stammrinde glatt, dunkelgrau od. rötl. braun; III–IV. Bm/ Bg – s. N-As. (M-, O-Sib., Russ.-Fernost) bis NO- u. ON-China, Kor. [*A. tinctoria* Sarg.; *A. incana* subsp. *hirsuta* (Spach) Á. Löve & D. Löve]

Färber-E., Sibirische Grau-E., *A. hirsuta* (Spach) Rupr.

Pfl. mit kahlen Zw. u. bis auf die Behaarung der Nerven kahlen Bl. werden auch als Varietät od. eigene Art (*A. sibirica* (Spach) Kom.) abgetrennt. Ähnl. od. *A. hirsuta* zuzuordnen ist die kleinblättrige **Japanische Grau-E., *A. inokumae*** Murai & Kusaka: Bl. nur bis 7 cm lang.

— Bl. (breit) eif. bis (breit) elliptisch, 4–10 cm lang, (2,5–)3–7(–8) cm breit, Spreite länger als breit (Verhältnis Breite zu Länge = 0,6–0,8); Jungtriebe zumindest anfangs meist behaart, später verkahlend bis kahl – Bl. ± dick od. dünn u. papierartig, schwach bis deutl. gelappt, doppelt gesägt (*376/2a*), Spreite an der Spitze spitz od. kurz zugespitzt, stumpf od. abgerundet, Basis abgerundet od. breit keilf., zuw. fast herzf., oberseits mattgrün bis dunkel graugrün, höchstens anfangs behaart, unterseits blaugrau bis graugrün, behaart bis

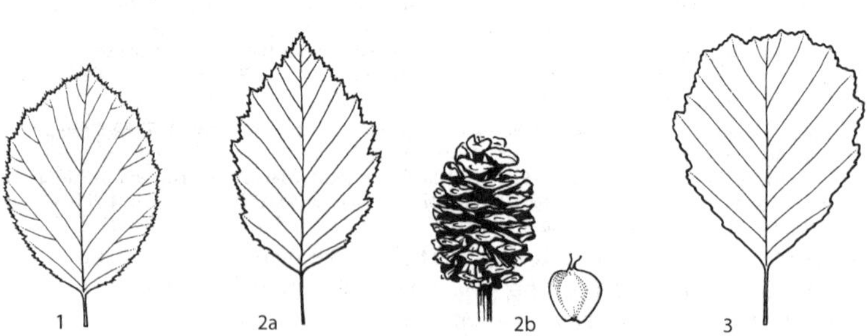

376/1–3 *Alnus*: 1 *A. alnobetula* subsp. *alnobetula*, Bl.; 2 *A. incana*, 2a Bl., 2b Frst. u. Fr.; 3 *A. glutinosa*, Bl.

kahl, jederseits mit (7–)8–12(–14) Seitennerven, Bl.stiel 1–2 cm lang; Fr.zapfen (*376/2b*) bis 1,5 cm lang, sitzend bis 1–2 mm lang gestielt; Stammrinde glatt, hell- bis dunkelgrau, rötl. bis dunkelbraun; III–IV. Bk/Bm – Geb. nem. Eur. u. Kauk., N-Eur. bis W-Sib., N- bis O- u. W-NAm.
Grau-E. i. w. S., **Euroamerikanische Grau-E.,** ***A. incana*** (L.) MOENCH s. l.

In Form, Größe u. Behaarung der Bl. sowie Behaarung der Zw. sehr variabel. Die folgenden Unterarten werden auch als eigene Arten aufgefasst:

subsp. *incana* [*A. incana* s. str.], **Europäische Grau-E., Weiß-E.:** Jungtriebe zumindest anfangs behaart, Bl. eif. bis elliptisch, zugespitzt, schwach bis deutl. gelappt, doppelt gesägt, oberseits mattgrün bis dunkel graugrün, nur anfangs behaart, unterseits blaugrau bis graugrün, behaart bis kahl; Stammrinde hellgrau. Bk/Bm – h. Geb. nem. Eur. u. Kauk., N-Eur. bis W-Sib.

'Aurea': Bl. gelbgrün; Jungtriebe gelb, dann im Winter mehr orange; ♂ Kätzchen orange. Bk/Sg.

'Laciniata': Bl. ungleich groß, tief fiederspaltig mit lanzettl., gesägten Bl.lappen. Bk.

subsp. *rugosa* (DU ROI) R.T. CLAUSEN [*A. rugosa* (DU ROI) SPRENG.], **Runzelblatt-E., Runzelblättrige Grau-E.:** Jungtriebe kahl od. rostbraun behaart; Bl. breit elliptisch bis breit eif., ± dick, Bl.spitze abgerundet od. spitz, Rand grob doppelt gesägt mit scharfen Zähnen, zumindest ein Teil der Bl. leicht gelappt, besonders an kräftigen Trieben u. am Triebende, oberseits meist kahl, unterseits blau- bis graugrün, kahl od. leicht behaart, auf den Nerven rostfarbig behaart. Sg/Bk – z. N- bis NO-NAm.

subsp. *tenuifolia* (NUTTALL) BREITUNG [*A. tenuifolia* NUTTALL], **Dünnblatt-E., Dünnblättrige Grau-E.:** Bl. eif. bis (breit) elliptisch, an der Spitze stumpf od. ± spitz, Spreite dünn, papierartig, leicht gelappt, doppelt gesägt bis gekerbt, Bl.zähne stumpf bis abgerundet, oberseits dunkelgrün, Nerven behaart, unterseits heller bis bläul. grün, zuw. gelbl. grün, ± behaart, oft nur in den Nervenwinkeln, bis kahl. Bk/Sg – ss. N- bis W-NAm.

7 (4). Bl.spitze spitz od. kurz bis lang zugespitzt **9**

— Bl.spitze stumpf bis abgerundet, gestutzt od. ausgerandet **8**

8. Bl.rand schwach ungleich bis grob doppelt gesägt, oft etwas wellig, an Bl. von Stockausschlägen auch leicht gelappt, Bl. breit verkehrt eif. bis rundl. (*376/3*), jederseits mit 5–8 Seitennerven; Jungtriebe drüsig klebrig, sonst kahl – Bl. 4–10 cm lang, 3–7 cm breit, Spitze sehr stumpf, abgerundet od. ausgerandet, Basis der Spreite breit keilf., oberseits glänzend dunkelgrün, kahl, anfangs klebrig, unterseits bis auf Achselbärte kahl, Bl.stiel 1,3–3,5 cm lang; Fr.zapfen deutl. gestielt; Stammrinde anfangs glatt, grünl. braun, im Alter schwarzbraune Schuppenborke; III–V. Bg – Nem. Eur. u. W-Medit. bis Kauk. u. W-Sib., Neophyt in NO-NAm.
Schwarz-E., Europäische Rot-E., ***A. glutinosa*** (L.) GAERTN.

'Aurea': Bl. kleiner, anfangs gelb, später grünl. gelb; Zw. gelbgrün; ♂ Kätzchen gelb. Bk/Sg.

'Imperialis': Bl. tief fiederspaltig, Lappen fast lineal, mit lang ausgezogener Spitze, meist ganzrandig. Bk.

Weitere schlitzblättrige Sorten sind **'Laciniata'**: Bl. weniger tief geteilt, Bl.lappen zugespitzt, meist gezähnt; **'Quercifolia'**: Bl. einem Eichenbl. ähnl., unregelmäßig gelappt; **'Incisa'**: Bl. sehr klein, tief eingeschnitten, Lappen rundl.

A. × pubescens TAUSCH [*A. glutinosa × A. incana*]: in Eur. z, sowohl natürl. vorkommend als auch in Kultur; Bl. elliptisch u./od. Bl.spitze zumindest bei einem Teil der Bl. spitz, Jungtriebe u./od. Bl.unterseite etwas behaart.

— Bl.rand fast gleichmäßig grob gesägt u. fein gezähnt, Bl. verkehrt eif. bis breit elliptisch, jederseits mit 8–9 Seitennerven; Jungtriebe kahl od. anfangs behaart u. bald kahl – Bl. 5–14 cm lang, 3,5–8 cm breit, Spitze stumpf bis abgerundet, Spreitenbasis breit bis schmal keilf., oft asymmetrisch, oberseits dunkelgrün, kahl, unterseits kahl bis schwach behaart, mit Achselbärten; Fr.zapfen meist sehr kurz gestielt, Stiel 1–3(–5) mm lang; III–IV. Sg/Bk – ss. NO- bis SO- u. Z-NAm. **Hasel-E.,** ***A. serrulata*** (AIT.) WILLD.

9 (7). Bl.spreite 2–5 cm breit, zur Basis verschmälert, keilf. od. schmal abgerundet – Rand scharf u. fein gesägt (*378/1*); Bl. lanzettl. bis schmal eif., lang zugespitzt, (5–)7–10(–13) cm lang, lederartig derb, jederseits 7–9 Seitennerven, oberseits glänzend dunkelgrün, kahl, unterseits heller, schwach achselbärtig, Bl.stiel 1,3–3 cm lang; Jungtriebe oft schwach behaart, Fr.zapfen 1,5–2,5 cm lang; IV. Bm/Bg – s. O-As.: Jap., Kor., Russ.-Fernost. **Japan-E., *A. japonica*** SIEBOLD & ZUCC.

A.* × *spaethii CALLIER [*A. japonica* × *A. subcordata*], **Purpur-E.:** raschwüchsiger, als Stadtstraßenbaum geeigneter Bastard; Bl. im Austrieb braunpurpurn bis dunkelviolett, im Herbst lange am Baum haftend; ♂ Kätzchen rötl. gelb; Bm. In Jap. natürl. vorkommend, in Kultur ss ist der Bastard ***A.* × *mayrii*** CALLIER [*A. hirsuta* × *A. japonica*]: Baum an Japan-E. erinnernd, aber Bl. wesentl. breiter (8–11 cm), Triebe u. Bl.unterseite behaart, oft rostfarben.

— Bl.spreite 3–10 cm breit, Basis herzf. od. breit abgerundet bis leicht herzf. . . . **10**

10. Jungtriebe meist kahl, ± drüsig-klebrig; Basis der Bl.spreite herzf., – Bl. rundl. bis eif. längl., 4–10 cm lang, 3–8 cm breit, zugespitzt (*378/2*), jederseits 4–6 Seitennerven, Rand fein gesägt, oberseits glänzend dunkelgrün, kahl, unterseits heller u. mit Ausnahme des basalen Bereichs der Mittelrippe u. bräunl. Achselbärte kahl, Bl.stiel 1,3–3,8 cm lang; Laub lange am Baum haftend, erst XI grün od. grau abfallend; Fr.zapfen 2,5–3 cm lang; III–IV. Bm – z. Z-Medit. (S-Ital., Korsika).
Herzblatt-E., Neapolitanische od. **Italienische E., *A. cordata*** (LOISEL.) DESF.

— Jungtriebe behaart; Basis der Bl.spreite abgerundet bis leicht herzf. – Bl. eif. bis elliptisch, 8–15 cm lang, 5–10 cm breit, kurz zugespitzt, jederseits 8–10 Seitennerven, oft unregelmäßig u. doppelt gesägt, oberseits matt dunkelgrün, kahl, unterseits heller, v. a. auf Nerven behaart, schwach achselbärtig, Bl.stiel 2–2,5 cm lang; ♂ Kätzchen sehr lang, bis 15 cm; IV. Bm – s. Östl. S-Kauk., N-Iran. **Ostkaukasische E., *A. subcordata*** C. A. MEY.

Außer *A.* × *spaethii* (siehe unter Nr. 9) ein weiterer Bastard der Art in Kultur (ss.): ***A.* × *koehnei*** CALLIER [*A. incana* × *A. subcordata*]: Bl. elliptisch, 6–9 cm lang, oberseits kahl, unterseits auf den Nerven behaart.

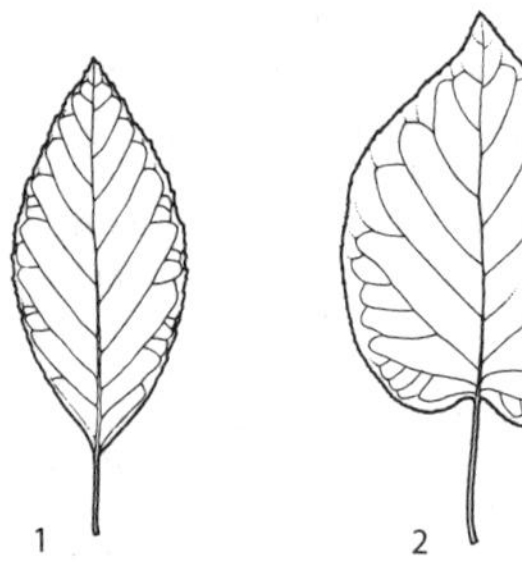

378/1–2 *Alnus*, Bl.: 1 *A. japonica*; 2 *A. cordata*

Aloysia PALÁU – *Verbenaceae* (Bearbeiter: Bernd Schulz)

Sommer- od. immergrüne Sträucher, selten kleine Bäume; Zw. anfangs 4-kantig; Bl. einfach, meist gegenst., selten wirtelig od. wechselst.; Bltnst. aus 3–6-bltg. Teilbltnst. zusammengesetzte Rispen; Bltn. 4-zählig, Kr. weiß, rosa, violett bis blau, röhrenf. mit weitem Schlund u. 4 Lappen, von denen einer unterteilt sein kann; Stbl. 4; Frbl. in schmalen Gr. mit 2-lappiger Narbe auslaufend, sich zu Spaltfr. entwickelnd. Etwa 30 Arten von den gemäßigten bis in die ariden u. subtrop. Regionen N- u. SAm.

A. citriodora PALÁU [*A. triphylla* ROYLE], **Zitronenstrauch** – Pfl. sommergrün, stark nach Zitrone duftend; Bl. meist 3-wirtelig, Stiel bis 10 mm lang, Spreite ganzrandig, elliptisch, bis (3–)4–8 cm lang u. bis 2,5 cm breit, schwach behaart, bewimpert, beidseitig dicht mit sehr kleinen, sitzenden Drüsen besetzt; Bltnst. endst., bis zu 25 cm lange Doppelähren, Achsen u. Hochbl. wollig behaart; Bltn. ± sitzend, klein, 5–6 mm lang, schwach zygomorph, ⚥, Kbl. u. Krbl. röhrenf. verwachsen, K.zähne sehr kurz u. schmal (ca. 1 mm lang); Kr. weiß bis cremefarben, mit 4 Zipfeln; Stbl. 4, Staubfäden kurz, mit der Kr.röhre verwachsen; Frkn. oberst., aus 2 verwachsen Frbl., dicht behaart; Fr. in kleine, < 2 mm lange, Teilfr. zerfallend; VIII. Sk/Sg – z. ∧∧ SAm.

Alyssum L., **Steinkraut** – *Brassicaceae* (Bearbeiter: Ulrich Hecker)

Ein- od. mehrj. Kräuter, seltener Halbsträucher od. Sträucher; Pfl. ± mit Sternhaaren od. verzweigten Haaren bekleidet; Bl. ohne persistierende verdickte Basis; Kbl. aufrecht bis abspreizend, Krbl. ganzrandig bis ausgerandet, oft genagelt, Staubfäden der längeren Stbl. meist geflügelt, die kürzeren mit einem Fortsatz; Fr. eine kurze Schote mit kurzem Gr. (wie *Aurinia 392/3*), Fr.fächer mit 1–8 Samenanlagen, Samen je Fach 1–2, selten mehr, mitunter geflügelt. 207 Arten vom Medit. bis M-As.

1. Reich verzweigter, polsterartiger Strauch mit stechend verdornten Bltnst.-achsen; Bl. verkehrt eif. bis lanzettl., wie die Zw. dicht silbrig sternhaarig; Bltn. in kurzen Trauben, klein, weiß bis blassrosa, Krbl. allmählich in den Nagel verschmälert; Schoten u. Gr. je 4–6 mm lang, Samen breit geflügelt; V–VI. Sk – s. N-Afr., SW-Eur. [*Ptilotrichum spinosum* (L.) BOISS.] **Dorn-S., *A. spinosum*** L.

— Wuchs nicht polsterartig; Zw. dünn, ± steif aufgerichtet, Seitenzw. nur kurz, blühende Zw. spitzenwärts fast doldig verzweigt, Bltn.trauben tragend; Bltnst.achsen nicht verdornend; Bl. lanzettl. spatelf., rau, oberseits graugrün, unterseits weißfilzig, 1–2 cm lang, Krbl. gelb, 2–3,5 mm lang; Schoten behaart, 2–5,5 mm, Gr. 0,5–2 mm lang; V–VII. HS – h. SO-Eur. bis W-As. **Silbriges S., *A. murale*** WALDST. & KIT.

Amelanchier MEDIK., **Felsenbirne** – *Rosaceae* (Bearbeiter: Bernd Schulz)

Sommergrüne Sträucher bis Bäume, z. T. mit kurzen unterirdischen Ausläufern; Endkn. relativ groß, längl. ei- bis spindelf., lichtseits lachsrot bis tief violettbraun gefärbt (*268/4*), Bl. einfach, rundl. bis längl. eif., 2–10 cm lang, Rand meist gesägt od. gekerbt, unterseits anfangs meist ± dicht behaart, später oft verkahlend, (bei den behandelten Arten) in der Kn. gefaltet; Bltn. zu (2–)6–15(–20) in ± verlängerten Trauben (selten am Grund schwach rispig verzweigt), 5-zählig, 1–3 cm ∅, weiß (manchmal rötl. überlaufen); Krbl. verkehrt eif. bis lanzettl.; Stbl. meist 20; Gr. meist 5, oberster Teil der Frkn. meist nicht mit dem Bltn.becher verwachsen u. zur Blüte fast halbunterst. (*380/2* u. *3b*); Fr. ein kugelf. Kernapfel, 10-samig; jedes Frbl. 2-samig u. durch unvollst. falsche Scheidewand 2-teilig (*380/3a*), 5–15 mm dick, ± rot bis blauschwarz, meist essbar. Etwa 20 Arten in der nem. Zone, die meisten in NAm. In BG zuw. noch weitere Taxa, die oft Übergänge zwischen den hier genannten Arten sind.

1. Gr. den Rand des Bltn.bechers nicht überragend, völlig getrennt (*380/1* u. *1a*) – Krbl. schmal lanzettl., 1–1,3 cm lang, außen zottig behaart; Bltnst., junge Zw. u. Bl. unterseits dicht weißfilzig, später oft ± verkahlend; Bl. rundl. bis eif., 2,5–5 cm lang, Spitze meist abgerundet, meist von der Basis an gesägt; Fr. blauschwarz, bereift, essbar; Pfl. ± aufrecht, lockerwüchsig; IV–V. Sk/Sg – z. M-Eur. bis O-Medit. u. Geb. NAfr. [*A. vulgaris* MOENCH; *A. rotundifolia* (LAM.) DUM. COURS.] **Echte F., *A. ovalis*** MEDIK.

— Gr. weit aus dem Bltn.becher herausragend, im unteren Teil ± vereinigt (*380/2*, *3b* u. 3c) **2**

2. Bl. dicht u. fein gesägt (6–12 Zähne je cm), Seitennerven nur selten direkt in die Bl.zähne laufend **4**

— Bl. ± regelmäßig grob gesägt (2–5 Zähne je cm), dabei mindestens im oberen Teil die Seitennerven zieml. dicht u. parallel, direkt in die Bl.zähne laufend – Bl. zur Blütezeit oft schon flach ausgebreitet; Frkn.gipfel stets wollig behaart; Pfl. meist mit kurzen Ausläufern **3**

3. Bl. schon zur Blütezeit unterseits ± kahl, erwachsen blaugrün u. völlig kahl, rundl. bis breit elliptisch, 2–5 cm lang, vorn abgerundet bis gestutzt (*381/1*); Bltnst. 2–8 cm lang, aufrecht, dicht (unterste Bltn.stiele meist < 15 mm lang), Krbl. 6–16 mm lang, stets weiß; Fr. 8–15 mm dick, süß u. saftig; Pfl. meist steif aufrecht u. vielstämmig; V. Sg/Bk – s. NW-NAm.

Erlen-F., *A. alnifolia* (NUTT.) NUTT.

var. *alnifolia*: Bltnst. 2–5 cm lang, Krbl. verkehrt eif., 6–10 mm lang.

var. *semiintegrifolia* (HOOK.) C. L. HITCHC. [var. *florida* (LINDL.) C. K. SCHNEID.; *A. florida* LINDL.]: Bltnst. 4–8 cm lang, Krbl. lanzettl., 1,2–1,6 cm lang.

— Bl. zur Blütezeit unterseits dicht wollig filzig, erwachsen grün u. ± kahl od. an der Mittelrippe noch etwas behaart, längl. bis rundl., 3–6 cm lang, vorn abgerundet bis spitz od. schwach zugespitzt; Bltnst. 4–8 cm lang, ± übergeneigt, locker (unterste Bltn.stiele bis 2,5 cm lang), Krbl. lanzettl., 11–22 mm lang, oft rötl. überlaufen; Fr. 6–8 mm dick, schwarzpurpurn, essbar; Pfl. breitwüchsig; V. Sg – ss. O-NAm. **Vermont-F., *A. sanguinea*** (PURSH) DC.

4 (2). Frkn.gipfel u. Gr.basis kahl od. fast kahl (*380/3b–c*) – Bltnst. übergeneigt; Pfl. breitwüchsig, oft baumf., ohne unterirdische Ausläufer **6**

— Frkn.gipfel u. Gr.basis bleibend dicht wollig behaart (*380/2*) – Bltn. oft nach Fisch riechend **5**

5. Bl. an der Spitze meist abgerundet (aber mit Stachelspitze), elliptisch bis breit verkehrt eif. od. rundl. (*381/2*), 3–6 cm lang, kahl (zur Blütezeit hellgrün u. unterseits meist noch gelbl. flockig filzig), Herbstfärbung unscheinbar gelb bis braunfleckig; Winterkn. dunkel weinrot; Bltnst. aufrecht, dicht; Krbl. verkehrt eif., 6–10 mm lang, weiß; Fr. 8–10 mm dick, mit aufrechtem K., blauschwarz, unangenehm schmeckend; Pfl. durch kurze unterirdische Ausläufer vielstämmig, Wuchs steif aufrecht, bis 8 m hoch; Heimat in O-NAm. unbekannt; IV–V. Sg – s–z. Neophyt N-Eur. **Besen-F., *A. spicata*** (LAM.) K. KOCH

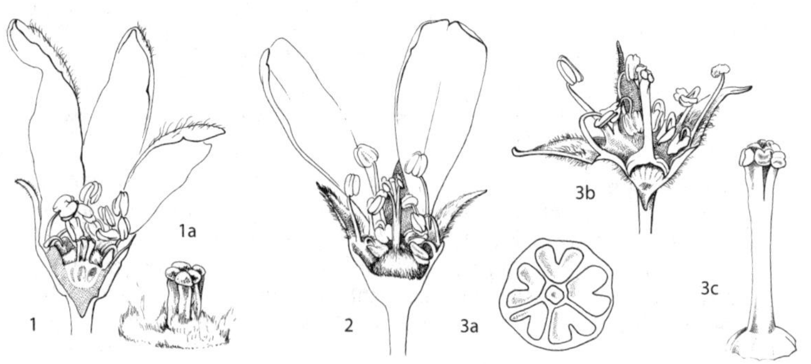

380/1–3 *Amelanchier*: 1 *A. ovalis*, Blüte längs, 1a Detail: Gr.; 2 *A. spicata*, Blüte längs; 3 *A. lamarckii*, 3a Frkn. quer, 3b offener Bltn.becher, 3c Gr.

A. stolonifera Wiegand: In fast allen Merkmalen sehr ähnl., aber Sk, sich durch längere Ausläufer weit ausbreitend; Bl. im Austrieb u. im Herbst oft mit mehr rötl. Farbtönen; IV–V. ss. O-NAm.

— Bl. deutl. zugespitzt, eif. bis längl. elliptisch (*381/3*), 4–8 cm lang, kahl od. unterseits leicht behaart (zur Blütezeit meist dicht weißl. bis gelbl. seidig filzig), Bl.stiele u. Hauptnerven oft rötl., Herbstfärbung leuchtend orangegelb bis -rot, aber oft erst im November auftretend; Winterkn. auffallend leuchtend rot; Bltnst. übergeneigt, locker; Krbl. schmal verkehrt eif. bis lanzettl., 1–1,6 cm lang, in der Kn. oft rot überlaufen; Fr. 6–8 mm dick, mit zurückgeschlagenem K., blauschwarz; Pfl. breitwüchsig, oft baumf., ohne Ausläufer; V. Sg/Bk – ss. Jap., Kor. **Japan-F., *A. asiatica*** (Siebold & Zucc.) Walp.

6 (4). Bl. zur Blütezeit noch sehr klein u. dicht zusammengefaltet, dicht weiß wollfilzig, nicht rot überlaufen, erwachsen unterseits meist leicht behaart, eif., 4–10 cm lang, etwa von der Mitte an zugespitzt, Basis herzf.; Bltnst. zieml. dicht (unterste Bltn.stiele 8–17 mm lang); Krbl. linealisch, 1–1,8 cm lang; Fr. 6–10 mm dick, mit zurückgeschlagenem K., rot-bräunl., trocken u. geschmacklos; IV–V. Sg/Bk – ss. O-NAm. **Schnee-F., *A. arborea*** (F. Michx.) Fernald

'Robin Hill': schmal aufrecht, baumf.; Bltn. anfangs rosa überlaufen; Fr. klein – rot. s–z.

— Bl. (ebenso Achsen) im Austrieb ± kupferrot überlaufen, zur Blütezeit sich entfaltend od. schon flach ausgebreitet u. unterseits kahl od. weißl. seidenhaarig; Bltnst. locker **7**

7. Bl. zur Blütezeit meist in Entfaltung begriffen, etwa halb ausgewachsen, unterseits weißl. seidenhaarig, erwachsen elliptisch bis längl. elliptisch, 4,5–8,5 cm lang, erst im oberen Drittel verschmälert, Basis ± abgerundet (*381/4*), Bl.stiel meist bleibend behaart, Herbstfärbung (gelb bis) orange- bis ziegelrot; Bltnst. verlängert mit (6–)8–10(–16) Bltn., unterste Bltn.stiele meist 13–24 mm lang, Krbl. 9–14 mm lang; Fr. mit aufrechtem K., etwa 1 cm dick, purpurrot bis blauschwarz, wohlschmeckend; IV–V. Sg/Bk – h. [*A. canadensis* auct. non (L.) Medik.; *A. confusa* auct. non Hylander] **Kupfer-F., *A. lamarckii*** F. G. Schroed.

Häufigste gepflanzte Art (zuw. unter falschem Namen; auch in Selektionen mit bis 2 cm langen u. stärker rot überlaufenen Krbl.), früher auch wegen der Fr. gepflanzt u. in NW-M-Eur. stellenweise eingebürgert; genaue Heimat in O-NAm. unbekannt.

'Ballerina': klein bäumchenf., mit etwas überhängenden Zw.; Bl. dunkelgrün; Fr. groß, anfangs rötl., später blauschwarz. h. (Vielleicht Hybride mit *A. laevis*, zuw. falsch als *A.* × *grandiflora* Rehder [*A. arborea* × *A. laevis*] geführt.)

Die echte ***A. canadensis*** (L.) Medik. hat etwa die Wuchsform von *A. spicata*, dieser ähneln auch Farbe u. Behaarung der jungen Bl. sowie die Gestalt der Bltnst. u. Bltn.; mehr an *A. lamarckii*

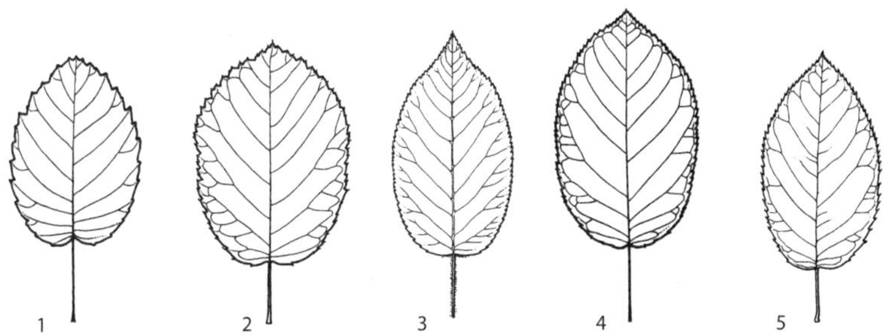

381/1–5: *Amelanchier*, Bl.: 1 *A. alnifolia*; 2 *A. spicata*; 3 *A. asiatica*; 4 *A. lamarckii*; 5 *A. laevis*

erinnern die erwachsenen Bl. (allerdings nur 3–3,5 cm lang u. mehr längl.), der kahle Frkn.-gipfel u. die Fr.; IV–V. Sg – ss. O-NAm.

— Bl. zur Blütezeit meist schon ganz entfaltet, bis zu 3/4 ausgewachsen, unterseits kahl, erwachsen ± eif., 4–6 cm lang, etwa von der Mitte an verschmälert, Basis oft herzf. (*381/5*), Herbstfärbung meist ± kirschrot, zieml. ungleichmäßig; Bltnst. dunkel purpurn überlaufen, oft fast schirmtraubig mit nur 5–9 Bltn., unterste Bltn.stiele 1,5–3,3 cm lang; Krbl. 1–2,2 cm lang; Fr. mit zurückgeschlagenem K., sonst wie bei voriger; IV. Sg/Bk – z. O-NAm.
Kahle F., *A. laevis* WIEGAND

Amorpha L., **Bleibusch** – *Fabaceae* (Bearbeiter: Bernd Schulz)

Sommergrüne Sträucher, seltener Halbsträucher od. Stauden; Bl. wechselst., unpaarig gefiedert, Nebenbl. pfriemf., hinfällig, Blch. mit kleinen Nebenblch.; Bltn. (*382/1–2a*) klein (mit Stbl. 7–10 mm lang), zahlreich in schmalen endst. Trauben od. Doppeltrauben, K. bleibend, glockenf., mit 5 Zähnen, oft drüsig, Kr. nur aus der Fahne bestehend (Flügel u. Schiffchen fehlen), Stbl. daher gut sichtbar, Staubbeutel gelb bis dunkelrot, 9 der 10 Staubfäden basal sehr kurz (etwa 0,5 mm lang) miteinander verwachsen, sonst frei; Fr. kurze (6–8 mm lange), meist geschlossen bleibende, 1-samige Nuss (*382/2b*). 15 Arten in NAm., südl. bis Mex.

1. Bis 3 m hoher Strauch; Blch. 1,5–4 cm lang, Bl.stiel deutl. ausgebildet: unterstes Blch.paar 1 cm od. mehr von der Sprossachse entfernt – Blch. 11–25, eif. bis elliptisch, stachelspitzig (*382/2c*); Bltn. in > 20 cm langen Doppeltrauben, Fahne dunkel purpurblau bis braunrot, K.becher um 3 mm lang, untere K.zähne deutl. länger, als obere, Staubbeutel lebhaft gelb (*382/2a*); Fr. leicht gekrümmt, 7–9 mm lang (*382/2b*); VI–VIII. Sg – h. NAm., in Eur. u. N- u. O-As. zuw. Neophyt. **Gewöhnlicher B., *A. fruticosa*** L.

— Bis 0,5 m od. knapp 1 m hohe Sträucher; Blch. bis 15 mm lang, Bl.stiel kürzer, bis 8 mm lang od. nahezu fehlend; Staubbeutel dunkelgelb bis orangerot **2**

2. Zw. u. Bl. dicht grauweiß filzig; Bl. 5–12 cm lang, nahezu ungestielt u. unterstes Blch.paar dicht an der Sprossachse stehend; Blch. 19–45, längl. elliptisch, 7–15 mm lang; Bltn. in 5–15 cm langen, Doppeltrauben, Fahne blau, K. zottig abstehend behaart, alle K.zähne spitz ; VI–VII. Sk – s–z. Z-NAm.
Weißgrauer B., *A. canescens* PURSH

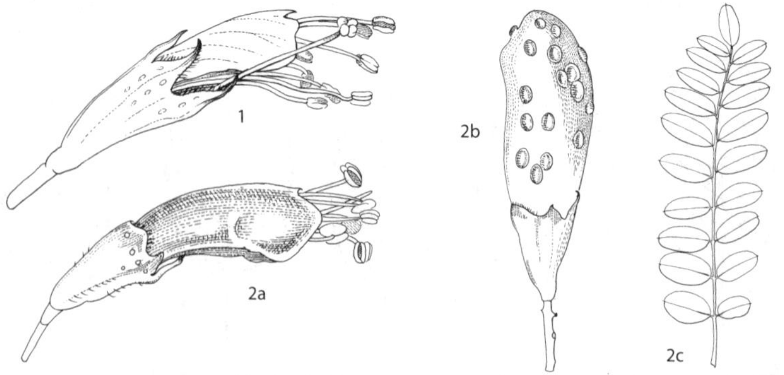

382/1–2 *Amorpha*, Bltn.: 1 *A. nana*; 2 *A. fruticosa*, 2a Blüte, 2b Fr., 2c Bl.

— Zw. u. Bl. kahl od. fast kahl; Bl. 3–10 cm lang, Bl.stiel bis 8 mm lang, Blch. 13–19, elliptisch, 5–12 mm lang – mit durchscheinenden Punkten; Bltn. duftend, in einfachen, bis 8 cm langen Trauben, Fahne purpurn, K. kahl, um 5 mm lang, K.zähne bewimpert, spitz 3-eckig, unterster nur wenig länger (*382/1*), VI–VII. Sk – ss. Z-NAm. [*A. microphylla* Pursh] **Duft-B., *A. nana*** Nutt.

Ampelopsis Michx., **Zaunrebe** – *Vitaceae* (Bearbeiter: Ulrich Hecker)

Sommergrüne Rankenpfl. mit verzweigten Ranken; Rinde mit Lentizellen, Zw. mit weißem Mark; Bl. einfach od. gegliedert, lang gestielt; Bltn. ⚥, klein, in langen Ständen, meist 5-zählig; Fr. 1–4-samige, ± saftreiche Beere (*383/2b*). 24 Arten, v. a. im O-NAm u. O-As.

1. Bl. einfach od. doppelt gefiedert, 20–30 cm lang (*383/1*) lang gestielt, Blch. eilängl., 5–12 cm lang, grob gezähnt, unterseits bläul.; Fr. kreiself., 6 mm ∅, schwarz; VI–VII. L (bis 10 m) – s. Z- u. SO-China.
Riesenblättrige Z., *A. megalophylla* Diels & Gilg

— Bl. nur gefingert od. ± fiederteilig gelappt **2**

2. Bl. gefingert od. sehr tief 3–5-teilig mit ± fiederteiligem Mittellappen, Blch. oft tief zerschlitzt (*383/2a*); Bltnst. klein; Beere 6 mm ∅, gelb, vor der Reife oft bläul.; VII–VIII. L (bis 8 m) – h. NZ- u. NO-China.
Sturmhutblättrige Z., *A. aconitifolia* Bunge

— Bl. nur z. T. tief 3–5-lappig od. alle seicht gelappt **3**

3. Alle Bl. seicht 3–5-lappig, meist mit lang zugespitztem Mittelappen u. ± breit abstehenden Seitenlappen; Beere vor der Reife amethystblau od. türkis, vollreif ± violettblau, selten weiß, 6–8 mm ∅; VII–VIII. L (bis 8 m) – z. NO-China (Heilongjiang, Jilin, Liaoning). [*A. brevipedunculata* (Maxim.) Trautv.]
Ussuri-Z., *A. glandulosa* (Wallich) Momiyama
var. ***brevipedunculata*** (Maxim.) Momiyama

— Bl. z. T. tief 5-lappig od. gefingert, fast kahl, zuw. weißl. bunt (*383/3*); junge Zw. kahl od. an der Spitze ± locker behaart, sonst wie vorige; VII–VIII. L (bis 5 m) – h. W-China, Jap. [*A. heterophylla* (Thunb.) Siebold & Zucc.; *A. brevipedunculata* (Maxim.) Trautv. var. *maximowiczii* (Regel) Rehd.]
A. glandulosa (Wallich) Momiyama var. ***heterophylla*** (Thunb.) Momiyama
In Kultur ist meist diese Varietät zu finden.

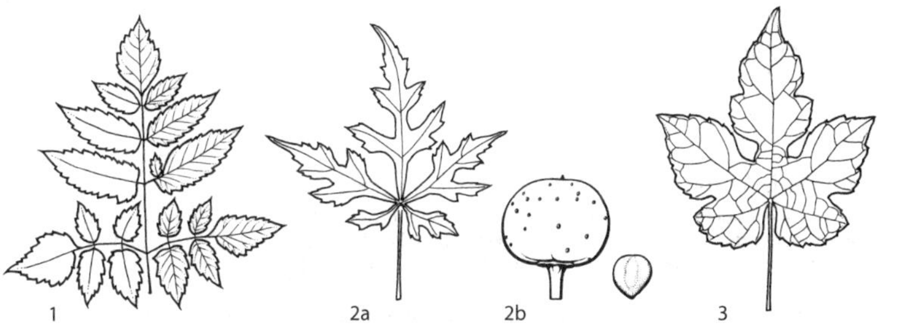

383/1–3 *Ampelopsis*: 1 *A. megalophylla*, Bl.; 2 *A. aconitifolia*, 2a Bl., 2b Fr. u. Samen; 3 *A. glandulosa* var. *heterophylla*, Bl.

Andrachne colchica Boiss. → ***Leptopus chinensis*** (Bunge) Pojark.
Andrachne phyllanthoides (Nutt.) Müll.-Arg. → ***Phyllanthopsis phyllanthoides*** (Nutt.) Voronts. & Petra Hoffm.

***Andromeda*, Rosmarinheide** – *Ericaceae* (Bearbeiter: Bernd Schulz)

Immergrüner Zwergstrauch mit weit kriechenden Ausläufern; Zw. kahl, bogig aufsteigend; Bl. wechselst., Gesamtform schmal, umgekehrt kahnf., 1,5–5 cm lang u. 2,5–5 mm breit, ganzrandig, beide Ränder zur Unterseite eingerollt, oberseits kahl dunkelgrün, Mittelrippe eingesenkt, unterseits weißl.; Bltnst. bereits im Vorjahr am Zw.ende (terminal u. subterminal) als auffallend dicke, weißl. rosa gefärbte Bltnstkn. angelegt (*384/2d*); Bltnst. kurze kugelf. 2–8-bltg. büschelf. Traube (*384/2b*), Bltn. 5-zählig, K. kurz, 1–2 mm, Kr. rosaweiß, verwachsen, kugelf., 4,5–6 mm ∅ u. um 6 mm lang, Öffnung um 1,5–2,5 mm, Zipfel sehr kurz, zurückgeschlagen; Stbl. 10, in Kr. eingeschlossen, beide Theken mit porenf. Schlitz öffnend, über jeder Pore mit verlängertem nach außen ragendem Fortsatz (*384/2a*); Frkn. oberst., 5-fächerig; Fr. mit dünner lederig fleischiger Wand, sich kaum öffnend (*384/2e*); Samen klein (*384/2c*). 2 Arten, zirkpol. in M- u. N-Eur., N-As., NAm. Kalkunverträgl.

1. Bl. unterseits kahl, weißbläul. bereift, bis 35 mm lang; Bltn. bis 14 mm lang gestielt (*384/1*); bis 20 cm hoher Sz; V–VII. Sz – z. zirkpol. **G!!**
Kahle R., *A. polifolia* L.

In Kultur z einige kompakt wachsende, reich blühende Sorten: **'Compacta'** (bis 20 cm) u. **'Nicco'** (bis 30 cm hoch).

— Bl. unterseits dicht weißfilzig behaart (erkennbar nur mit starker Lupe), bis 50 mm lang; Bltn. kürzer, 4–8 mm lang, gestielt (*384/2b*), bis > 50 cm hoher Sz; V–VI. Sz – s. N-NAm. [*A. polifolia* subsp. *glaucophylla* (Link) Hultén]
Behaarte R., *A. glaucophylla* Link

'Latifolia': Bl. etwas breiter, bis 25 cm hoch.

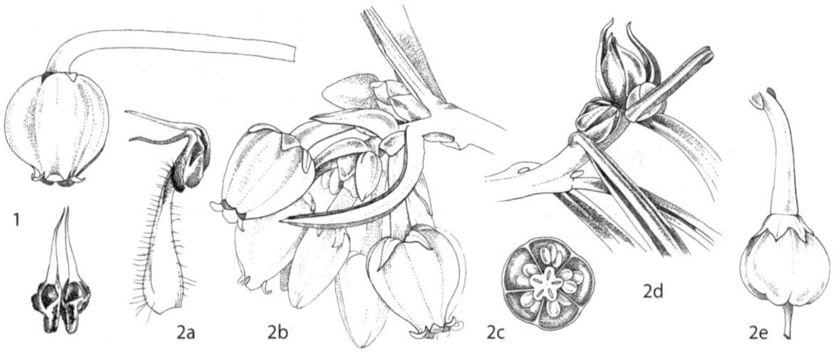

384/1–2 *Andromeda*: 1 *A. polifolia*, Blüte u. Staubbeutel von oben; 2 *A. glaucophylla*, 2a Stbl., 2b Bltnst., 2c Fr.-Querschnitt, 2d Zw.spitze, 2e Fr.

Anthyllis **L., Wundklee** – *Fabaceae* (Bearbeiter: Bernd Schulz)

Kräuter, Halbsträucher od. Sträucher, immer- od. sommergrün; Bl. wechselst., unpaarig gefiedert, zuw. einfach, auf Endfieder reduziert, Nebenbl. klein, hinfällig; Bltn. zygomorph, K. röhrig-glockenf., mit 5 Zähnen, anliegend behaart, Kr. mit verlängerter Fahne. Etwa 25 Arten in Eur., N-Afr. u. W-As.

1. Langtriebenden verdornt; Krbl. gelb; Bl.einfach od. 3-zählig – Fiedern bis 1,5(–2) cm lang, elliptisch, oft entlang der Mittelrippe zu Oberseite gefaltet, auf der Unterseite dicht seidenhaarig; Bltn. entlang der Zw. zu 2–5 in Büscheln,

6–9 mm lang, Krbl. gelb, K. behaart, 3–5 mm lang, K.zähne etwa gleich lang wie od. kürzer als die Röhre; Fr. 2–3 mm lang, eif., kahl, 1-samig; VI (IV–VII). Sz (bis 50 cm) – ss. S-Eur. bis Kl.-As. **Dorniger W.,** ***A. hermanniae*** L.

— Pfl. unbewehrt; Krbl. rosa bis weinrot od. violett; Bl. unpaarig gefiedert – Blch. 9–21, um 10 mm lang, beiderseits behaart; Zw. dicht behaart, niederliegend, aufstrebend; Bltn. in endst. Köpfchen, Bltst. etwa 3 cm ∅; Bltn. fast sitzend (Stiel um 1–2 mm), um 15 mm lang, Fahne deutl. länger, als Flügel, am kürzesten ist der Kiel, K. um 7 mm lang, K.zähne dünn, gleich lang, um 4 mm (*385/1*); Fr. ohne Gr. gemessen 4–5 mm lang, von den Resten der Bltn.hülle umgeben (*385/2*); IV–V (–VI). Sz (bis 25 cm) – s. Mont.-subalp. W- bis M-Eur. **Berg-W.,** ***A. montana*** L.

subsp. ***jacquinii*** (Rchb. f.) Rohlena: Bltn. etwas kleiner, bis 12 mm lang. SO-Eur.

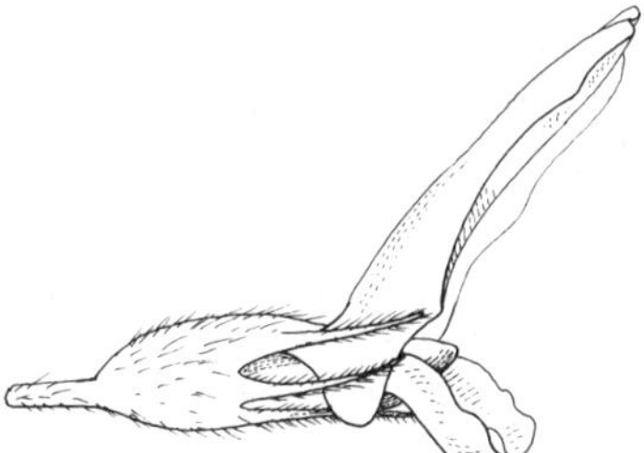
1

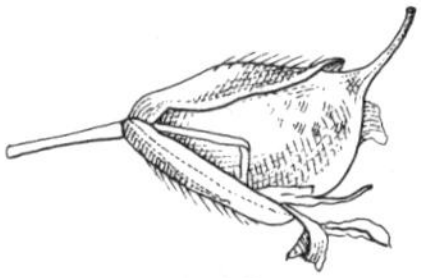
2

385/1–2 *Anthyllis montana* subsp. *jacqinii*: 1 Blüte, 2 Fr.

Aralia L., **Aralie** – *Araliaceae* (Bearbeiter: Ulrich Hecker)

Schwach verzweigte, dickästige Sträucher od. Stauden, oft bewehrt; Bl. lang gestielt, doppelt gefiedert, gesägt, Nebenbl. mit dem Bl.stiel verwachsen od. fehlend; Bltn. polygam, in allen Teilen 5-zählig, in vielfach verzweigten Dolden, rispenartig. 72 Arten in O- u. S-As., Malaysien u. NAm.

1. Seitennerven der Blch. vor dem Bl.rand umbiegend, Bl. 40–80 cm lang, oberseits meist stachelig, Blch. deutl. gestielt, eif., 5–8 cm lang, gesägt, unterseits bläul., fast kahl; Bltn. klein, weißl. in 20–25 cm breiten, mehrfach verzweigten Dolden; Fr. schwarz, 6 mm ∅, Stämme sehr stachelig, starr u. dick; VIII. Bm – s. O- u. südl. Z-NAm. **G!** **Herkuleskeule,** ***A. spinosa*** L.

— Seitennerven der Blch. gerade, sich vor dem Bl.rand teilend u. in die Bl.zähne auslaufend, Bl. meist nur ± kurz gestielt **2**

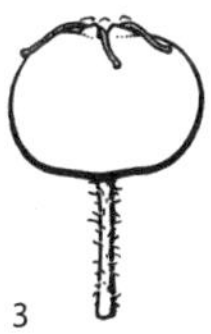
3

4

385/3–4: 3 *Aralia elata*, Fr.; 4 *Araucaria araucana*, Zw.stück

2. Bltnst. eine 2–4-fach verzweigte Dolde von der Tracht einer Rispe, 25–40 cm hoch, Einzeldolden behaart, Bl. bis 80 cm lang, nicht od. nur wenig bestachelt, Blch. dicht u. fein gesägt, unterseits auf der Mittelrippe behaart, Zw. nur wenig bestachelt; VIII–IX. Sg/Bk – s. China. **Chinesischer Angelicabaum, *A. chinensis*** L.

var. *nuda* NAKAI: Blch. kleiner, unterseits bläul., auf der Mittelrippe nur spärl. behaart.

— Bltnst. ebenso verzweigt, aber flacher, 30–45 cm breit, Einzeldolden behaart; Bl. bis 1 m lang, Blch. entfernt gesägt, mit breiten Zähnen, unterseits bläul., auf den Nerven ± dicht behaart; Zw. stärker bestachelt. VIII–IX. Sg/Bm – z. NO-As. [*A. chinensis* L. var. *mandshurica* (MAXIM.) REHDER] **G!**

Japanischer Angelicabaum, *A. elata* (MIQ.) SEEM.

'Aureovariegata': Blch. gelb gerandet od. gestreift.

'Variegata': Blch. unregelmäßig weiß gerandet.

Araucaria JUSS., **Araukarie** – *Araucariaceae* (Bearbeiter: Peter A. Schmidt)

1- od. 2-häusige immergrüne Bäume; Bl. spiralig angeordnet, Spreite breit u. flach od. nadelf., schuppenf. bis pfrieml., sehr dauerhaft, mit den absterbenden Zweigen abfallend; Samenanlagen in den Zapfenschuppen eingesenkt u. mit ihnen verwachsen, Zapfen nach der Reife im 2. od. 3. Jahr am Baum zerfallend, Samen ungeflügelt. Etwa 15 Arten auf der S-Hemisphäre.

A. araucana (MOLINA) K. KOCH [*A. imbricata* PAV.], **Chilenische A., Andentanne** – Äste wirtelartig zu 5–7, fast waagerecht abstehend bis durchhängend u. am Ende wieder bogig aufsteigend; Bl. eif. eckig bis eilanzettl., steif u. stechend, sehr dicht stehend, dachziegelartig den Zw. bedeckend, 2,5–6 cm lang, 1,5–3 cm breit (*385/4*), bis 15 Jahre haften bleibend; meist 2-häusig; ♂ Zapfen zylindrisch, 8–12 cm lang; ♀ Zapfen kugelig, anfangs grün, reif braun, 14–20 cm ∅; Samen 3–5 cm lang, essbar; VI–VII. Bg – z. ∧ Australe Zone SAm. (Chile, Arg.).

Arbutus L., **Erdbeerbaum** – *Ericaceae* (Bearbeiter: Bernd Schulz)

Immergrüne große Sträucher od. kleine Bäume; Bl. wechselst., lederig; Stammrinde flächig abblätternd; Bltn. in Doppeltrauben (zuw. auch Dreifachtrauben), Kr. urnenf., mit 5 kurzen Zipfeln; Fr. oberst. rote Beere, mit auffällig warziger Oberfläche, 5-fächerig. *Arbutus* i. e. S. 4 altweltl. Arten: Medit., S-Eur., Kl.-As., Kauk., Kanar. u. N-Afr. Die Gatt. i. w. S. mit weiteren 7 neuweltl. Arten in N- u. MAm. bis Nicaragua ist wahrscheinl. paraphyletisch.

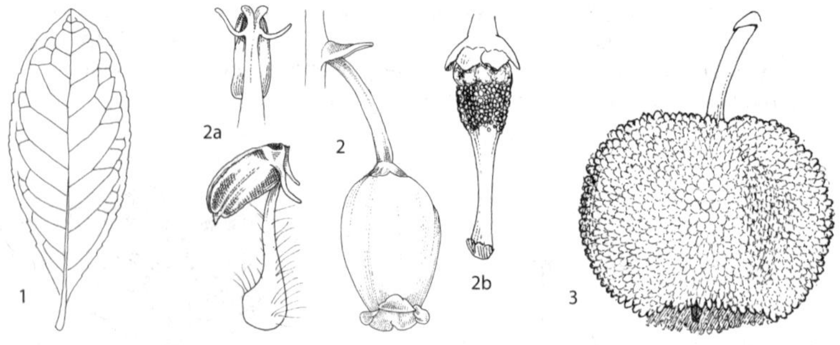

386/1–3 *Arbutus unedo*: 1 Bl., 2 Blüte, 2a Stbl. in 2 Ansichten, 2b Frbl., 3 Fr.

A. unedo L., **Westlicher E.** – Bl. elliptisch, bis etwa 10 cm lang (bei 7 cm Länge etwa 3,5 cm breit), mit deutl. gezähntem Rand (*386/1*); Zw. mit Endkn.; Stammrinde dünn abblätternd/abrollend, unter den abblätternden Lagen erst grünl., ehe sie sich allmähl. rotbraun verfärbt; Bltn. im Herbst/Winter mit der Fr.reife: Tragbl. schuppenf., Vorbl. fehlend, Kr. glockenf., weißl., etwa 8 mm lang u. 5–6 mm ∅ (*386/2*), Kbl. klein, bewimpert, sich mit den Rändern überlappend, Stbl. 10, in der Kr. verborgen, Staubbeutel mit 2 Anhängseln (*386/2a*), Frbl. oberst., Frkn. warzig (*386/2b*); Fr. rote, um 2(–3) cm dicke Beere mit warziger Oberfläche (*386/3*); X–XII. Bk, kalkunverträgl. – ss. ∧∧ W-Eur. (bis Irland) bis W-Medit. **G!**

Durch ganzrandige Bl., kleinere Fr. u. Blüte im Frühjahr unterscheiden sich der **Östliche E., *A. andrachne*** L., Bk (O-Medit.); u. der **Amerikanische E., *A. menziesii*** Pursh, Kr. zwischen oberem erweitertem Drittel auffallend eingeschnitten. Bg. (W-NAm.)

Arctostaphylos Adans., **Bärentraube** – *Ericaceae* (Bearbeiter: Bernd Schulz)

Spaliersträucher bis kleine Bäume; Bl. wechselst., lederig; Bltn. urnenf., mit 5 kurzen Lappen, in endst. Trauben od. Büscheln; beerenartige Steinfr. mit 4–10 (meist 5) Steinkernen. Etwa 70 Arten (davon 3 zuw. als *Arctous* ausgegliedert) in Eur., As., M- u. NAm., Schwerpunkt im W-NAm. **G!**

1. Pfl. halbimmergrün, Bl. scharf gezähnt – in der basalen Hälfte zottig bewimpert, verkehrt eif. lanzettl., 2–4 cm lang, im Herbst sich rötl. verfärbend, aber erst im folgenden Frühjahr abfallend; Bltn. in endst. 2–5-bltg. Trauben, Kr. grünl. weiß; Fr. anfangs rot, reif glänzend schwarzblau; IV–VI. Sp – s. zirkarkt. u. alp. Geb. [*Arctous alpinus* (L.) Niedenzu] **Alpen-B., *A. alpina*** (L.) Spreng.

— Pfl. immergrün, Bl. ganzrandig (*387/3*) – vorne abgerundet, verkehrt eif., zur Basis keilf. in den kurzen Bl.stiel verschmälert, am Rand feinflaumig, oberseits glänzend dunkelgrün, unterseits glänzend hellgrün, 1–3 cm lang; Bltn. (*387/1*) zu 4–8 in endst. kurzen Trauben, Kr. weiß mit rosa Saum, 4–6 mm lang, Staubbeutel mit Anhängseln (*387/1a*); reife Fr. glänzend rot, etwa 10 mm ∅ (*387/2*); IV– V. Sp – z. zirkarkt. u. Geb. **Rotfrüchtige B., *A. uva-ursi*** (L.) Spreng.

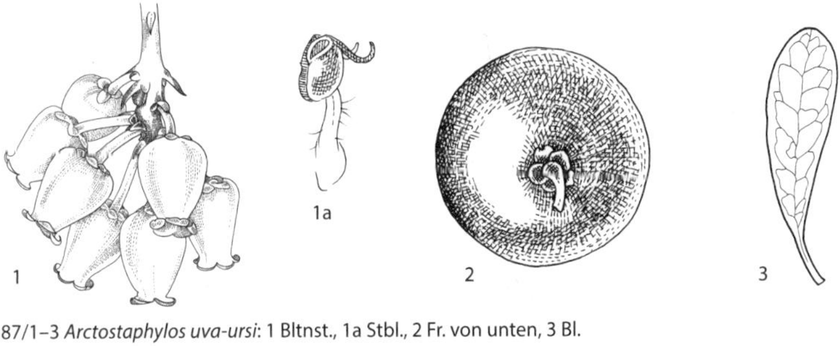

387/1–3 *Arctostaphylos uva-ursi*: 1 Bltnst., 1a Stbl., 2 Fr. von unten, 3 Bl.

Aristolochia L., **Pfeifenwinde** – *Osterluzeigewächse* (Bearbeiter: Bernd Schulz)

Sommer- od. immergrüne Lianen, selten Sträucher od. Geophyten; Bltn. vielgestaltig, mit komplexer Bestäubungsbiologie, zygomorphe Kesselfallen: Bltn.hülle (= K.) besteht aus pfeifenartig gebogener, am Grund bauchig erweiterter Röhre u. tellerartig ausgebreitetem Saum; Stbl. 5–24, oft 6, mit der Gr.säule verwachsen (Gynostemium); Kapsel hängend, sich am Grund od. an der Spitze öffnend (*388/1b*). Kulti-

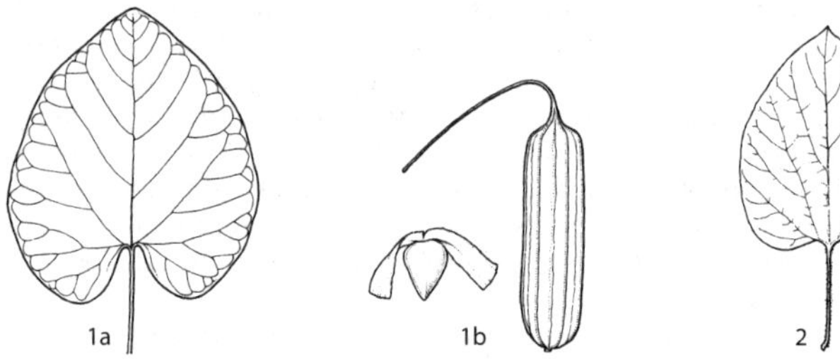

388/1–2 *Aristolochia:* 1 *A. macrophylla*, 1a Bl., 1b Samen u. Fr.; 2 *A. tomentosa*, Bl.

vierte Arten sommergrün, mit ganzrandigen Bl. Über 400 Arten weltweit, Schwerpunkt in den Subtrop. (Medit., Savannen) u. Trop. **G!**

1. Zw. kahl; Bl. lang gestielt, herznierenf., 10–30 cm lang, oberseits dunkelgrün, unterseits hellgrün (*388/1a*); Bltn.hülle gelbgrün bis bräunl. mit 3-lappigem Saum u. braunrotem, punktiert gestreiftem Röhreneingang (*388/4*); V. L – h. O-NAm. [*A. sipho* L'Herit.; *A. durior* hort.]
Amerikanische P., *A. macrophylla* Lam.

— Zw. u. Bl. ± behaart **2**

2. Zw. filzig, Bl. rundl. eif., 10–16 cm lang, Spitze gewöhnl. abgerundet, Stiel 3–7 cm lang (*388/2*); Bltn.hülle außen filzig, Saum hell gelbgrün, 3-lappig,

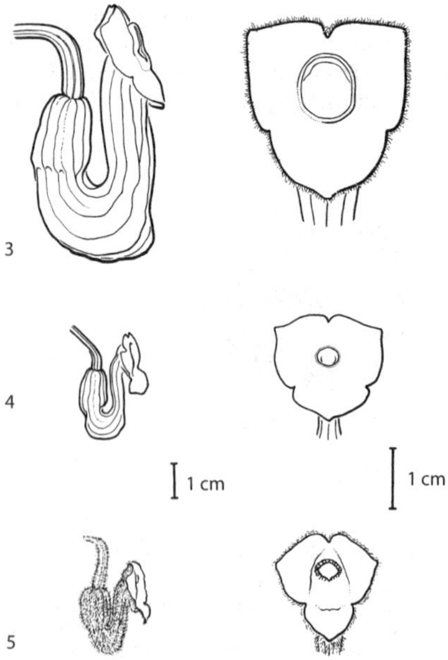

388/3–5 *Aristolochia*, links Bltn. in Seitenansicht, rechts Kr.saum mit Röhrenöffnung: 3 *A. manshuriensis*; 4 *A. macrophylla*; 5 *A. tomentosa*

Lappen schmal bis breit, Röhreneingang von rötl. braunem, warzigem Saum umgeben, hinter dem Eingang gelb bis gelbgrün, kahl u. glänzend (*388/5*); VI. L – s. O- u. SO-NAm. **Filzige P., *A. tomentosa*** Sims

— Zw. nicht filzig **3**

3. Zw. dicht seidenhaarig; Bl. breit eif., 7–12 cm lang, gewöhnl. zugespitzt, Stiel 2–5 cm lang; Bltn. ca. 3,5 cm lang, außen grün, Röhreneingang gelbl.; VI. L – ss. S-China. **Chinesische P., *A. moupinensis*** Franch.

— Zw. zumindest jung behaart; Bl. unterseits behaart; Bltn. ca. 5 cm lang, gelb, oft rötl. überlaufen, Saum bis 3 cm breit, Röhreneingang dunkel purpurbraun (*388/3*); V. L – s. Sich. bis NO-China u. Russ.-Fernost. **Mandschurische P., *A. manshuriensis*** Komar.

Aristotelia L'Her. – *Elaeocarpaceae* (Bearbeiter: Ulrich Hecker)

Großer Strauch od. kleiner Baum, sommergrün od. immergrün; Bl. gegenst. od. wechselst. an der gleichen Pflanze, längl. eif., 5–12 cm lang, kahl, glänzend; Bltn. in kleinen, wenigbltg. achsel- od. endst. Zymen, eingschl., 2-häusig verteilt, Bltn.hülle doppelt, 4–5-zählig; Fr. eine Beere. 8 Arten in O-Austr., Neuseel., Peru bis Chile. Für uns nur die folgende Art von Interesse.

A. chilensis (Mol.) Stuntz – Immergrün; Bl. 1–2 cm lang gestielt 5–10 cm lang, eif., gesägt, am Grund gerundet, oberseits dunkelgrün, glänzend, unterseits heller (*293/1*); Bltn. in Büscheln zu 3, bis 6 mm ∅, freiblättrig od. nur am Grund verwachsen, weißgrün, Fr. schwarz, 4–6 mm ∅, essbar. Sg/Bk (bis 5 m) – ss. ∧∧ Chile.

Aronia Med., **Apfelbeere, Aronie** – *Rosaceae* (Bearbeiter: Peter A. Schmidt)

Sommergrüne Sträucher; Kn. weinrot, Endkn. längl. eif. bis spindelf., lang zugespitzt (*266/1*); Bl. einfach, wechselst., elliptisch bis verkehrt eif., 2,5–8(–18) cm lang, meist kurz zugespitzt, fein kerbig gesägt (*389/1*), oberseits auf der Mittelrippe mit dickl., schwarzroten Haaren, Herbstfärbung leuchtend rot; Bltn. zu 5–12(–20) in Schirmrispen, ⚥, 1,2–2 cm breit, 5-zählig, Kr. weiß od. blassrosa, Stbl. 16–22, Antheren gelb bis purpurrot; Gr. 5, am Grund vereinigt u. behaart; Fr. ein ± kugeliger Kernapfel von 4–11 mm ∅, säuerl. herb schmeckend, essbar. 2 Arten u. 1 natürl. Hybride (wahrscheinl. konstanter Apomikt) im nem. O-NAm.

Den Apfelbeeren in Bl. u. Fr. ähnl. können Hybriden mit Ebereschen (dann Bl. oft in unterer Hälfte gefiedert od. fiederlappig, *865/5*) u. Mehlbeeren sein: × ***Sorbaronia*** (siehe S. 865).

1. Junge Zw., Bl.unterseite, Bltnst.achsen u. Kbl. nur anfangs etwas behaart, schon zur Blütezeit (fast) kahl; Fr. anfangs purpurschwarz, später glänzend schwarz, bald nach der Reife abfallend od. von Vögeln gefressen – Bl. oberseits glänzend tiefgrün, unterseits blassgrün; Fr. 6–8(–10) mm ∅; V–VI. Sk/Sg – h. O-NAm. [*Photinia melanocarpa* (Michx.) K. R. Robertson & J. B. Phipps] **Kahle A., Schwarze A., *A. melanocarpa*** (Michx.) Elliott

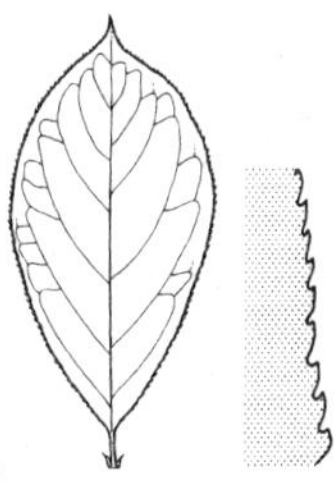

389/1 *Aronia arbutifolia*, Bl.

Die Unterscheidung der beiden Varietäten **var. *melanocarpa***, Sk, meist < 1 m hoch, Bl. 2–6 cm lang, Fr. 6–8 mm ∅, u. **var. *grandifolia*** (LINDL.) C. K. SCHNEID., Sg bis > 3 m, Bl. 4–8 cm lang; Fr. 8–10 mm ∅ (S-Appal.), ist umstritten.

— Junge Zw., Bl.unterseite, Bltnst.achsen u. Kbl. zur Blütezeit ± filzig, bis zur Fr.zeit filzig od. zumindest schwach behaart bleibend; Fr. rot od. dunkelrot bis schwarzpurpurn, oft lange haftend (bis XII) **2**

2. Fr. leuchtend kirschrot, 4–7 mm ∅; Bl. (*389/1*) unterseits bleibend graufilzig; Kn. an der Basis behaart; V–VI. Sk/Sg – z. O-NAm. [*Photinia pyrifolia* (LAM.) K. R. ROBERTSON & J. B. PHIPPS] **Filzige A., Rote A., *A. arbutifolia*** (L.) PERS.

— Fr. dunkelrot bis schwarzpurpurn, kaum glänzend, 8–11 mm ∅; Bl. unterseits später nur schwach behaart; Kn. kahl; V–VI. Sk/Sg – h. O-NAm. [*A. arbutifolia* var. *atropurpurea* (BRITTON) C. K. SCHNEID.; *Photinia* × *floribunda* (LINDL.) J. B. PHIPPS; *A. arbutifolia* × *A. melanocarpa*]
Pflaumenblättrige A., Purpur-A., *A.* × *prunifolia* (MARSHALL) REHDER

Diese offensichtl. hybridogen entstandene Sippe wächst auch außerhalb des Areals, in dem die Elternarten gemeinsam vorkommen, vermehrt sich über Samen u. die Nachkommen haben konstante Merkmale, weshalb sie vermutl. als apomiktische Art anzusehen ist.

Die als Zierpfl. od. Fruchtgehölze kultivierten Sorten, die meist *A. arbutifolia* (z. B. **'Brilliant'**: Bl. schwach glänzend, bläul. grün, im Herbst leuchtend rot, Bltn. u. Fr. zahlreich, Fr. 8 mm ∅, glänzend rot) od. *A. melanocarpa* (z. B. **'Aron'**, **'Viking'**, **'Nero'**: Fr. größer, 1–1,2 cm ∅, sehr saftig, kaum glänzend u. etwas behaart) zugeordnet wurden, werden heute meist zu *A.* × *prunifolia* od. ***A. mitschurinii*** A. K. SKVORCOV & MAITUL. gestellt. Hier besteht noch Klärungsbedarf, zumal nicht nur *Aronia*-Arten, sondern auch *Sorbus*-Arten (siehe unter × *Sorbaronia*, S. 865) sowie Rückkreuzungen, an der Entstehung mehrerer Sorten beteiligt sind.

Artemisia L., **Wermut** – *Asteraceae* (Bearbeiter: Ulrich Hecker)

Krautige Pfl. od. Halbsträucher u. Sträucher, meist aromatisch duftend; Bl. wechselst., Spreite ± stark aufgegliedert; Bltn. unscheinbar in kleinen aufrechten od. nickenden Köpfchen, zu traubigen, rispigen od. köpfchenartigen Ständen vereinigt, Bltn. alle röhrenf. Etwa 480 Arten vorwiegend auf der Nordhalbkugel, darunter viele Steppenpfl.

1. Bl. gezähnt od. einfach fiederteilig. Abschnitte stumpf, nicht fädig od. pfrieml.; Pfl. silbrig, immergrün **3**

— Bl.mehrfach fiederteilig, Abschnitte oft fädig od. pfrieml.; Pfl. graugrün od. grün **2**

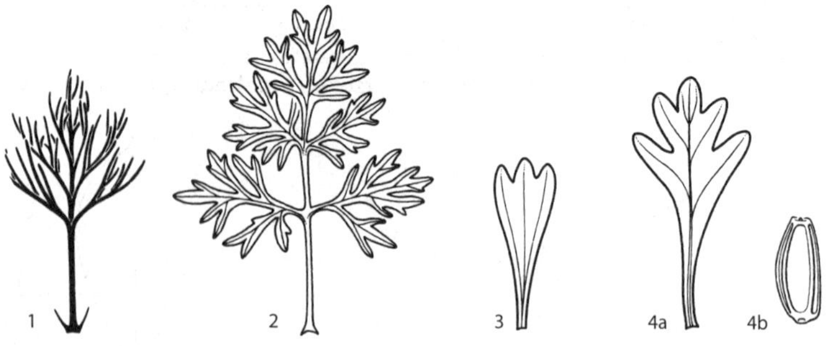

390/1–4 *Artemsia*: 1 *A. abrotanum*, Bl.; 2 *A. absinthium*, Bl.; 3 *A. tridentata*, Bl.; 4 *A. stellerianum*, 4a Bl., 4b Fr.

2. Pfl.graugrün; Zw. anfangs flaumhaarig, später verkahlend; Bl. 1–3-fach fiederteilig, 2–6 cm lang, Abschnitte ca. 1 cm lang, fädig pfrieml. (*390/1*), oberseits kahl, unterseits grau behaart; Köpfchen 3–5 mm ∅, Köpfchenstiel kahl, Hüllbl. behaart, Bltn. gelbl.; Pfl.stark duftend; VII–X. HS – h. Ursprung unbekannt, von S-Eur. bis W-As. kultiviert u. eingebürgert. **Eberraute, *A. abrotanum*** L.

— Bl. bis 10 cm lang, 2–3-fach fiederteilig, gestielt, Abschnitte 5–20 mm lang, 1–6 mm breit, stumpf (*390/2*); Köpfchen in einer reich verzweigten Rispe, 3 mm ∅, nickend, Hüllbl. 2–3 mm lang, Köpfchenstiele behaart; VII–IX. HS – h. Eur. bis Kl.-As., Kauk. u. Iran. **Echter Wermut, *A. absinthium*** L.

3 (1). Bl. sitzend, schmal keilf., 1–4 cm lang, mit 3–7 Zähnen an der gestutzten Bl.spitze (*390/3*); Köpfchen 2–3 mm ∅, aufrecht, fast sitzend; VII–IX. Sg – s. W-NAm. **Dreizähniger W., *A. tridentata*** Nutt.

— Bl. fiederspaltig od. tief gezähnt, keilf., gestielt, 3–10 cm lang, Abschnitte stumpf (*390/4a*), obere Bl. sitzend u. oft ganzrandig; Köpfchen aufrecht od. geneigt, in einer schmalen Rispe vereint, 6–8 mm ∅, Köpfchenstiele kahl; Pfl. mit kriechender Grundachse; VII–IX. HS – s. Ferner Osten, Kor., Jap. **Silber-W., *A. stelleriana*** Bess.

Asimina Adans., **Papau** – *Annonaceae* (Bearbeiter: Bernd Schulz)

Immer- od. sommergrüne Sträucher, seltener Bäume, Bltn. einzeln od. in wenigbltg. Ständen; Frbl. 3–15, Frch. 1–7, fleischig, mit mehreren abgeflachten Samen. 8 Arten im östl. NAm.

A. triloba (L.) Dun. – Zw. anfangs rostbraun behaart, später kahl, braun; Bl. einfach, ganzrandig, verkehrt eiängl., 15–25 cm lang, kurz zugespitzt, keilf. in einen ca. 10 mm langen Stiel verschmälert, fein durchscheinend punktiert (*391/1*); Kn. nackt, schwärzl. behaart, Endkn. längl. (*273/5*), Bltn.kn. achselst., kugelf.; Bltn. einzeln, nickend, 3–4 cm ∅, Kbl. 3, hinfällig, Krbl. 6, schmutzig purpurn, die 3 äußeren bis 20 mm lang u. breit, die inneren kleiner, etwa 12 mm lang u. 10 mm breit; Stbl. spiralig stehend, zahlreich um die Frkn. greifend, Gesamtheit kugelf. (*391/2*); Fr. Sammelfr. mit 1–7 fleischigen Frch.: eif. bis walzenf., 5–10 cm lang (in Sorten größer) (*391/3*), anfangs grünl. gelb, reif braun, einige Sorten als Wildobst „Indianerbanane"; IV–V. Sg/Bk – s–z. O-NAm. **G!**

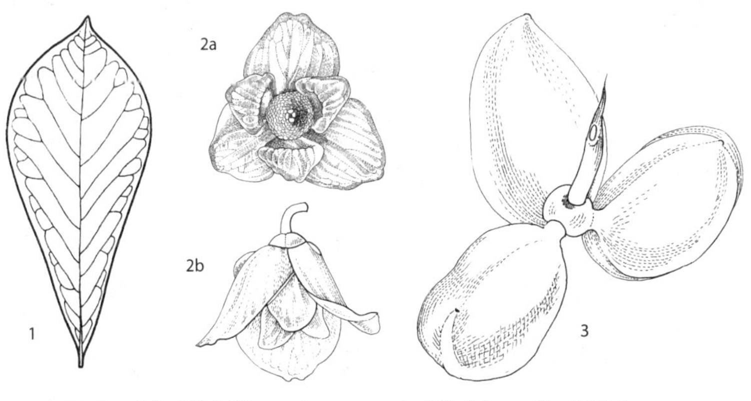

391/1–3 *Asimina triloba*: 1 Bl., 2 Blüte von innen u. von der Seite, 3 Sammelfr. mit 3 Frch.

Atraphaxis L., **Bocksweizen, Bocksknöterich** – *Polygonaceae* (Bearbeiter: Ulrich Hecker)

Sommergrüne Sträucher mit z. T. dornigen Zw.; Bl. wechselst., einfach, ganzrandig od. schwach wellig, mit deutl. Ochrea; Bltn. ⚥, klein, weiß od. hellrosa, einzeln od. zu mehreren in Bl.achseln zu endst. Trauben vereinigt, Bltn.hülle einfach, 4–5-teilig, mit deutl. Nerven, die inneren Teile umschließen später die Nussfr., Frkn. oberst. 32 Arten in den Steppen S-Russlands, W- u. M-As. u. im Mittelmeergebiet.

1. Zw. aufrecht, dünn, grauweiß, ohne Dornen; Bl. längl.lanzettl. bis elliptisch, 0,5–3 cm lang, graugrün, am Rand wellig; Bltn. weiß, zu 2–5 in kleinen Büscheln, die endst. Trauben bilden; Fr. 3-kantig, 6 mm breit (*392/1*); VIII–IX. Sk – ss. S-Russl. bis W- u. M-As. **Kleinstrauchiger Bocksweizen, *A. frutescens*** (L.) K. Koch

— Zw. starr, weißl., sehr dornig; Bl. eif., verkehrt eif. bis rundl., 0,6–1,5 cm lang, kahl, blaugrün; Kbl. 4, die beiden inneren rundl., lange Zeit rosa bleibend; Fr. 2-flügelig; VIII. Sk – ss. S-Russl. bis W-As. **Dorniger B., *A. spinosa*** L.

Aucuba Thunb., **Aukube** – *Garryaceae* (Bearbeiter: Ulrich Hecker)

Immergrüne Sträucher, Zw. grün, dick; Bl. gegenst., ohne Nebenbl.; Bltn. klein, unscheinbar in aufrechten, endst. Rispen, eingschl., 2-häusig verteilt, 4-zählig, Stbl. 4, Diskus fleischig, Frkn. unterst., 1-fächerig, Gr. kurz u. dick; Steinfr. ellipsoidisch, 1–2 cm lang, 1-samig. 10 Arten im Himal. u. O-As.

A. japonica Thunb., **Japanische Aukube** – Bl. 1–5 cm lang gestielt, eif. elliptisch bis längl. elliptisch, 8–20 cm lang, lederig, beidseitig glänzend, zugespitzt, entfernt grob gesägt; Bltn. 7–8 mm ∅, Krbl. längl. eif., kurz zugespitzt, purpurbraun, ♂ Bltnst. 5–10 cm lang, ♀ Bltnst. 1–2 cm lang; Fr. 1,2–1,5 cm lang, kahl, scharlachrot, mit einem 1-samigen Steinkern (*392/2*); V–VI. Sg – h. ∧∧ Jap. **G!**

In den Gärten werden häufig mehrere Formen, darunter v. a. auch buntblättrige, angepflanzt.

'Longifolia': Bl. 8–15 cm lang, grün, längl. lanzettl, scharf zugespitzt; reich fruchtend.

'Variegata': Bl. dicht mit ungleich großen gelben Flecken versehen.

Aurinia (L.) Desv., **Steinkresse** – *Brassicaceae* (Bearbeiter: Ulrich Hecker)

Ausdauernde Kräuter u. Halbsträucher mit verholzenden Wurzeln; untere Laubbl. in Rosetten mit verdickter, persistierender Basis, Sprosse daher dicht mit abgestorbenen Bl.resten umkleidet; K. becherf., Krbl. weiß od. gelb, ganzrandig, ausgerandet bis 2-spaltig, Staubfäden geflügelt, am Grund mit sehr kleinen Anhängseln; Schote abgeflacht od. kugelf., je Fr.fach mit 2–4 Samenanlagen; Samen geflügelt od. ungeflügelt. 10 A. von Eur. bis W-As. Bei uns nur folgende Art von Interesse.

A. saxatilis (L.) Desv. [*Alyssum saxatile* L.], **Felsen S.** – Zw. oft erst niederliegend, bogig aufsteigend, verzweigt, dick; Bl. lanzettl. spatelf., ganzrandig od. entfernt buchtig gezähnt, 4–10 cm lang, 8–10 mm breit, hellgrau filzig, an den Zw.enden rosettig genähert; Bltn. in dichten, verzweigten Trauben, Krbl. ausgerandet, 3–6 mm lang, gelb; Schote ± kahl, 4–9 mm lang (*392/3*); IV–V. HS – h. M-Eur. bis Kl.-As.

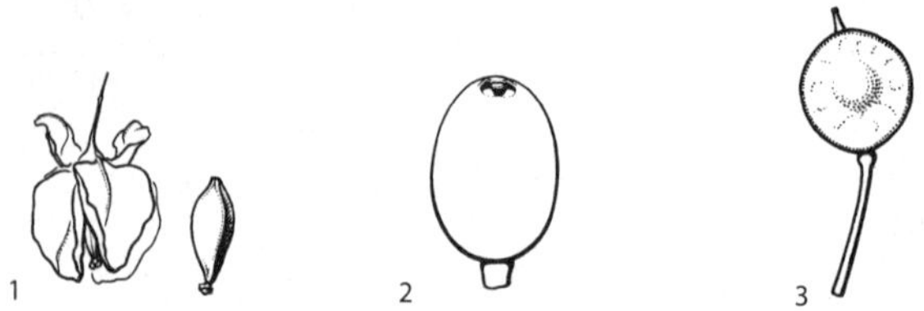

392/1–3: 1 *Atraphaxis frutescens*, Fr. mit u. ohne Fr.hülle; 2 *Aucuba japonica*, Fr.; 3 *Aurinia saxatilis*, Fr.

Baccharis L., **Kreuzstrauch** – *Asteraceae* (Bearbeiter: Ulrich Hecker)

Sommer- od. immergrüne Sträucher od. Kräuter; Bl. wechselst; Köpfchen klein, zu rispen- od. doldenartigen Ständen vereinigt; Bltn. eingeschl., 2-häusig verteilt, weiß od. gelb, Köpfchen ohne vergrößerte Randbltn., Hüllbl. schuppenf., sich deckend, Pappus langhaarig. 430 Arten in N- u. SAm. Nur folgende Art in Kultur.

B. halimifolia L. – Äste reich verzweigt, kantig gerieft; Bl. verkehrt eif. bis längl., stumpf od. zugespitzt, keilf. in den kurzen Bl.stiel verschmälert, 2–7 cm lang, ganzrandig od. unregelmäßig entfernt gezähnt (*393/1*), beidseitig harzig glänzend; Köpfchen 4–6 mm lang, Bltn. weiß; Fr. 1 mm lang mit 8 mm langem, weißen Haarkranz (*393/2*); VIII–IX. Sg – s. ∧ SO-NAm.

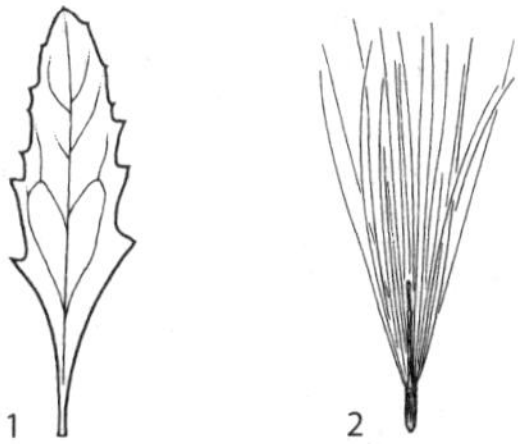

393/1–2 *Baccharis halimifolia*, 1 Bl., 2 Fr.

Berberis L., **Berberitze** – *Berberidaceae* (Bearbeiter: Ulrich Hecker)

Sommer- od. immergrüne, bewehrte Sträucher, seltener kleine Bäume; Bl. wechselst., einfach, ganzrandig, gezähnt od. grannig gezähnt, fiedernervig, Bl. der Langtriebe in (1–)3-teilige Bl.dornen umgewandelt (*22/4*), Bl. der Kurztriebe rosettig stehend; Bltn. hellgelb bis orangegelb, an Kurztrieben in Trauben, Doldentrauben, Rispen od. einzeln; Kbl. 6, Krbl. 6, mit 2 Nektarien am Grund, Stbl. 6, Frkn. oberst., Gr. kurz od. fehlend; Beere 1- bis wenigsamig (*399/3b*), rot bis schwarz. Ca. 580 Arten, die meisten in O- u. M-As. sowie in SAm. **G!** (außer reife Fr.).

1. Pfl. immergrün **24**
— Pfl. sommergrün **2**
2. Bltn. in mehr- bis vielbltg. traubigen od. rispigen Bltnst. **10**
— Bltn. einzeln od. zu wenigen in Dolden, gestauchten Dolden bzw. Doldentrauben („gebüschelt") od. in sehr kurzen, dichten Rispen **3**
3. Bl. gezähnt od. zum Teil ganzrandig **5**
— Bl. sämtl. ganzrandig, klein **4**
4. 1 j. Zw. stark kantig u. gerieft, kahl, ± braunrot; Bl. sehr ungleich groß, verkehrt eif. bis lang spatelf. (*394/1*), 1–3 cm lang, oberseits hellgrün, unterseits bläul. grün; Bl.dornen meist einfach, 5–15 mm lang; Bltn. einzeln od. zu 2–4 beieinander, 8–10 mm ∅, gelb, außen ± gerötet; Fr. ellipsoidisch, 1 cm lang, scharlachrot; Pfl. dicht verzweigt; Herbstfärbung gelb od. rot; V. Sk – h. Jap.
Thunbergs B., *B. thunbergii* DC. var. ***thunbergii***

'Atropurpurea': Bl. tiefrot.

'Atropurpurea Nana': Bl. tiefrot; Pfl. dicht verzweigt, nur bis 0,5 m hoch.

'Green Carpet': breitwüchsig mit überhängenden Zw., etwa 1 m hoch; Herbstfärbung orangegelb bis tiefrot.

'Kobold': dicht verzweigt, nur bis 0,5 m hoch; Herbstfärbung gelborange bis lachsrot.

'Smaragd': dicht verzweigt, bis 1 m hoch; Herbstfärbung gelb bis leuchtend rot.

var. *maximowiczii* Reg.: sehr kleinblättrige Varietät; Bl. unterseits grün; Bltn. meist einzeln.

— 1-j. Zw. gefurcht, anfangs etwas flaumhaarig, ± braunrot; Bl. verkehrt lanzettl., 0,7–2,5 cm lang, 3–8 mm breit, am Ende meist abgerundet, oberseits dunkelgrün, unterseits bläul., auffallend netznervig (*394/2*); Bl.dornen 3-teilig, 1–2 cm lang, sehr dünn; Bltn. zu 2–6 in gestauchten Dolden („gebüschelt) od. in 1,5 cm langen Rispen, 7 mm ∅, goldgelb; Fr. rundl., bis 6 mm ∅, lachs- bis korallenrot; sehr dichtbuschig, Herbstfärbung rot; V. Sk – h. W-China.
Wilsons B., *B. wilsoniae* Hemsl.

5 (3). Junge Zw. gewöhnl. blauweiß bereift, später rotbraun; Bl. verkehrt eif., bis 2,5 cm lang, ganzrandig od. stachelzähnig (*394/3*), oberseits glänzend grün, netznervig, unterseits kalkig weiß; Bl.dornen (1–)3-teilig, 0,5–1,5 cm lang; Bltn. einzeln, 1,5 cm ∅, 5–7 mm lang gestielt, hellgelb; Fr. eif., 10–12 mm lang, rot, bereift; V. Sk – s. M- u. W-China.
Netzblättrige B., *B. dictyophylla* Franch. var. ***dictyophylla***

var. *epruinosa* C. K. Schneid.: junge Zw. rotbraun, nicht bereift; Bl. unterseits grün. M-China.

— Junge Zw. anders **6**

6. Bltn. stets einzeln, 1,5 cm ∅, orangegelb, an 1–2,5 cm langen, geröteten Stielen, nickend; Fr. rundl. ellipsoidisch, 1–2 cm lang, rot; Bl. längl. eif., ganzrandig od. mit 1–3 Zähnen an jeder Seite, 1–4 cm lang, 6–15 mm breit, frischgrün; Zw. kantig; V. Sk – s. W-China, NO-Indien, Nepal, Himal.
Kantige B., *B. angulosa* Hook. f. & Thoms.

— Bltn. zu 1 bis mehreren **7**

7. Bltn. zu mehreren **9**

— Bltn. zu 1–2 .... **8**

8. Zw. gefurcht; Bl. verkehrt eif., 1–3,5 cm lang, entfernt stachelzähnig, oberseits frischgrün, unterseits weißl.; Bl.dornen 3-teilig, 1–2 cm lang; Bltn. 1,5 cm ∅, goldgelb; Fr. längl., 1,3–1,6 cm lang, rot; V. Sk – ss. Himal., W-China (Xizang), Sikkim, Nepal. **Gefällige B., *B. concinna*** Hook. f. & Thoms.

— Zw. stark gefurcht; Bl. elliptisch eif., 2–4,5 cm lang, etwas lederig, beiderseits mit einigen Stachelzähnen; Bltn. zu 1–2 hellgelb; Fr. trübrot; V. Sk –s. [*B. julianae* × *B. thunbergii*] ***B.* × *mentorensis*** L. M. Ames

9 (7). Bltn. in 2–5-bltg. Dolden, 1,5 cm ∅, tiefgelb; Bl. verkehrt eif., 2–3,5 cm lang, bis 1,5 cm breit, stachelzähnig, oberseits dunkel graugrün, unterseits bläul. u. netznervig; Bl.dornen 3-teilig, 1–2 cm lang; Fr. ellipsoidisch, 1–1,2 cm lang, rot, etwas bereift; Herbstfärbung scharlachrot; V. Sk – s. WN-China.
Durchsichtige B., *B. diaphana* Maxim.

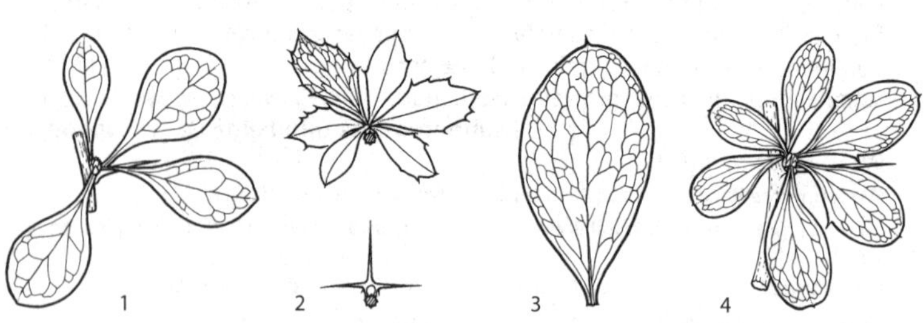

394/1–4 *Berberis*: 1 *B. thunbergii*, Kurztrieb; 2 *B. wilsoniae*, Kurztrieb u. Bl.dorn; 3 *B. dictyophylla*, Blch.; 4 *B. aggregata*, Kurztrieb

— Bltn. zu 2–6 in gestauchten Dolden („gebüschelt"), 7 mm ∅; Bl. bei Varietäten gezähnt .... ***B. wilsoniae***, siehe Nr. **4**

10 (2). Bltn. in Trauben od. Dolden **13**

— Bltn. in Rispen **11**

11. Bltn. in 1–4 cm langen, sitzenden Rispen, 6 mm ∅, hellgelb; junge Zw. stark kantig, behaart; Bl. verkehrt eif., 1–2,5 cm lang, meist stachelzähnig (*394/4*), oberseits dunkel gelbgrün, unterseits bläul.; Bl.dornen 3-teilig, 1–3 cm lang, dünn; Fr. rundl., 6–7 mm ∅, rot, bereift; VI. Sk – h. W-China.
Knäuelfrüchtige B., *B. aggregata* C. K. Schneid.

— Bltn.rispen > 4 cm lang **12**

12. Junge Zw. rundl. od. doch nur schwach kantig, braun od. rotbraun; Bl. eilanzettl., 3–7 cm lang, 1,2–3 cm breit, 5–15 mm lang gestielt, Rand ungleichmäßig sägezähnig, beidseitig schwach glänzend; Bl.dornen meist einfach, bis 2,5 cm lang; Bltn. in 5–12 cm langen, hängenden Rispen, 8 mm ∅; Fr. eif. ellipsoidisch, bis 12 mm lang, scharlachrot; V. Sg (2,5–3,5 m) – s. W-China.
Franz-Ferdinand-B., *B. francisi-ferdinandii* C. K. Schneid.

— Zw. kantig, hellgelb, Schösslinge purpurrot; Bl. verkehrt eif. elliptisch bis verkehrt eif., 1–3 cm lang u. 0,5–1,5 cm breit, 1–3 mm lang gestielt; Bl.dornen 1–3-teilig, 5–15 mm lang; Bltn. in 15–80-bltg., 5–15 cm langen Rispen, 8–10 mm ∅; Fr. eif., rosarot, 6,5 mm lang, nicht bereift; V. Sg – s. [*B. aggregata* C. K. Schneid. var *prattii* (C. K. Schneid.) C. K. Schneid.] **Pratts B., *B. prattii*** C. K. Schneid.

13 (10). Bl. gesägt od. gezähnt **17**

— Bl. ganzrandig **14**

14. Bltn. meist in 5- bis vielbltg. Dolden od. Doldentrauben; *B. thunbergii* im Bl. sehr ähnl., aber Wuchs kräftiger u. Zw. gelbbraun; V. Sk. [*B. thunbergii* × *B. vulgaris*] ***B.*** × ***ottawensis*** C. K. Schneid.

— Bltn. stets in Trauben **15**

15. Bltn. in kurzen, bis 5-bltg. Trauben, hellgelb; Bl. 1–2 cm lang, längl. lanzettl. bis längl. eif., ganzrandig od. mit 4–6 Stachelzähnen (*396/1*), unterseits blaugrün; Fr. eif., bis 1,5 cm lang, rot; VI. Sk – h. [*B. aggregata*? × *B. wilsoniae*]
B. × ***rubrostilla*** Chittenden

— Trauben vielbltg. **16**

16. Trauben sehr dicht, 3–4 cm lang, Bltn. 1–3 cm lang gestielt, 3–5 mm ∅, gelb; Fr. rundl., 4 mm ∅, hellrot; Bl. sehr ungleich groß, spatelig lanzettl, 1–3 cm lang, bis 1 cm breit, kahl, hellgrün; Dornen stets einfach, 1,5–2(–3) cm lang; V. Sk – s. ZW-China. **Vernas B., *B. vernae*** C. K. Schneid.

— Trauben lockerer, Bltn. 3–5 mm lang gestielt, 6 mm ∅, leuchtend gelb; Fr. längl., 9 mm lang, rot; Bl. schmal lanzettl, 1,5–4 cm lang, frischgrün; Bl.dornen meist einf., 4–9 mm lang od. fehlend; V. Sk – s. N-China, Kor., Mong.
Poirets B., *B. poiretii* C. K. Schneid.

17 (13). Bl. 1–2 cm lang, gezähnt od. ganzrandig ***B.*** × ***rubrostilla***, siehe Nr. **15**

— Bl. > 2 cm lang **18**

18. 2-j. Zw. grau **21**

— 2-j. Zw. gelb- od. dunkelbraun **19**

19. 2-j. Zw. gelbbraun, gerundet; Bl. verkehrt eif. bis elliptisch, 2,5–6 cm lang; Bl.dornen einfach od. 3-teilig, bis 3 cm lang; Bltn. in 5–10 cm langen, 10–25-bltg. Trauben, lebhaft gelb, außen oft gerötet, 10–14 mm ∅; Fr. eif. bis längl. eif., etwa 1 cm lang, rot, bereift; V. Sg – s. Himal. (N-Indien, Nepal, Bhutan).
Begrannte B., *B. aristata* DC.

— 2-j. Zw. dunkelbraun **20**

20. Zw. rund od. schwach gerieft, rotbraun; Bl. 3–8 cm lang, verkehrt eif., dicht grannig gesägt (*396/2*); Bl.dornen meist 1-teilig, 5–15 mm lang; Trauben 2,5–4 cm lang, 10–15-bltg.; Bltn. 6–10 mm lang gestielt; Fr. 1–1,2 cm lang, ellipsoidisch, purpurn, etwas bereift; V. Sg – s. Jap. [*B. amurensis* Rupr. var. *bretschneideri* (Rehder) Hara] **Bretschneiders B., *B. bretschneideri*** Rehder

— Zw. dunkelbraun, gefurcht; Bl. verkehrt eif. bis elliptisch, 2,5–7 cm lang, am Grund keilf., dicht gesägt mit grannenartigen, kurzen Zähnen, unterseits blaugrün; Bl.dornen einfach bis 3-teilig, abgeflacht, oft mehrspitzig, 5–10 mm lang; Bltn. gelb, 1 cm ∅, in 2–3,5 cm langen Trauben; Fr. rundl., 7–8 mm ∅, leuchtend rot; Herbstfärbung tiefrot; V. Sk – h. Kor. **Koreanische B., *B. koreana*** Palib.

'Rubin': Fr. ellipsoidisch, bis 1,2 cm lang, lange haftend; Herbstfärbung kupfer- u. weinrot.

21 (18). Bltn.trauben 2–4,5 cm lang; Bltn. 5–6 mm ∅, 5–10 mm lang gestielt, leuchtend gelb; Fr. ellipsoidisch, 8–9 mm lang, scharlachrot; Bl. eif. bis längl., 2–5 cm lang, am Ende stumpf, unterseits grauweiß, Nervatur undeutl., ganzrandig bis entfernt schwach grannig gezähnt; Bl.dornen 3-teilig, bis 1,2 cm lang; Herbstfärbung scharlachrot; V–VI. Sk – s. NO-NAm. **Kanadische B., *B. canadensis*** Mill.

— Bltn.trauben 4–10 cm lang **22**

22. Trauben 4–6 cm lang; Bltn. 6–9 mm ∅, gelb, Krbl. am Oberende gerundet; Fr. längl. ellipsoidisch, 1–1,2 cm lang; Bl. verkehrt eif. bis längl. elliptisch, 2–7 cm lang (*396/3*), oberseits dunkelgrün, unterseits etwas heller, schwach netznervig; Bl.dornen meist 3-teilig, 1–2 cm lang; Zw. kantig gerieft V. Sg – h. Eur. bis Krim u. Kauk. **Gewöhnliche B., *B. vulgaris*** L.

'Atropurpurea': Bl. purpurn gefärbt.

— Trauben bis 10 cm lang **23**

23. Bl. 3–10 mm lang gestielt, eif. bis verkehrt eif., 3–8 cm lang u. 1,5–3,5 cm breit, dicht kurz grannig gezähnt mit jederseits 20–40 Zähnchen, unterseits auf den Nerven dicht behaart; Bl.dornen 3-teilig; Trauben 5–12 cm lang, 20–50-bltg., Bltn. 1–2 mm gestielt, 8–10 mm ∅; Fr. eif., 6–9 mm lang, lachsrot, nicht bereift; Zw. kantig, etwas mit kleinen schwarzen Warzen versehen; V. Sk/Sg – s. W- u. Z-China. **Kurzstielige B., *B. brachypoda*** Maxim.

— Bl. 5–10 mm gestielt, elliptisch bis längl. verkehrt eif., am Oberende meist gerundet, 5–10 cm lang u. 2,5–5 cm breit, grannenartig gesägt mit jederseits 40–60 Zähnchen (*396/4*), oberseits hellgrün, unterseits bläul.; Bl.dornen

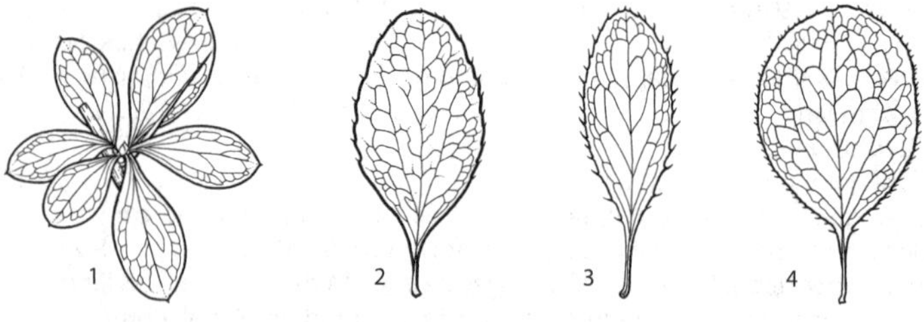

396/1–4 *Berberis*: 1 *B.* × *rubrostilla*, Kurztrieb; 2–4 Bl.: 2 *B. bretschneideri*; 3 *B. vulgaris*; 4 *B. amurenis*

1–3-teilig, 1–2 cm lang; Trauben 10–25-bltg.; Bltn. 5–10 mm lang gestielt, 10 mm ∅, Krbl. ausgerandet; Fr. längl., bis 10 mm lang, rot, nicht od. schwach bereift; Zw. gefurcht, ohne kleine schwarze Warzen; V. Sg – h. Fernost, N-China, Kor., Jap. **Amur-B., *B. amurensis*** Rupr.

24 (1). Bl.rand stets mit einigen bis vielen, oft stacheligen Zähnen **28**

— Bl. ganzrandig, aber stachelspitzig, nur im oberen Drittel manchmal mit 1–3 feinen, nicht stechenden Zähnen **25**

25. Bl. elliptisch bis verkehrt eif., 1–2,5 cm lang, sitzend od. kurz gestielt, Spreitengrund keilf.; Bl.dornen einfach od. 3-teilig, bis 1,5 cm lang; Bltn. zu 1–2, orangegelb, nickend an 2–2,5 cm langen Stielen; Fr. rundl., dunkelpurpurn, 6 mm lang; V. Sk/Sg – s. S-Chile. **Buchsblättrige B., *B. buxifolia*** Poir.

'Nana': Wuchs dicht buschig, nur 30–50 cm hoch werdend; Bl. sehr ungleich groß, teils sitzend, teils bis zu 2,5 cm lang gestielt, oft mit 1–2 Zähnen im oberen Bl.drittel; Bl.dornen fehlend; blüht nicht. h.

— Bl. linealisch od. lanzettl. **26**

26. Bl. linealisch, 5–20 mm lang, lebhaft grün; Bl.ränder nach unten eingerollt u. sich berührend; Bl.dornen 3-teilig od. einfach, 5–15 mm lang; Bltn. einzeln od. zu zweit, hellgelb, 5–10 mm lang gestielt; Fr. kugelf. 6–7 mm ∅, blauschwarz; V. Sk – s. ∧ S-Chile, Argent. **Krähenbeerblättrige B., *B. empetrifolia*** Lam.

— Bl. breiter; Bl.ränder nur so weit nach unten umgerollt, dass die auffällig hellgrüne Bl.unterseite ± sichtbar bleibt, bisw. ein Zahn am Bl.rand **27**

27. 1-j. Zw. rundl., sehr kurz behaart, Zw. rotbraun, lang überhängend; Bl. schmal lanzettl. 1,5–2,5 cm lang, dunkelgrün; Bl.ränder stark umgerollt (*397/1*), Bl.unterseite dazwischen nur als weißl. grüner Streifen sichtbar; Bl.dornen meist 3-teilig, 3–7 mm lang; Bltn. 1 cm ∅, in 2–6-bltg. Doppeltrauben, goldgelb; Fr. kugelf., 6–7 mm ∅, blauschwarz; V. Sg – h. ∧ [*B. darwinii* × *B. empetrifolia*] **Schmalblättrige B., *B.* × *stenophylla*** Lindl.

'Irwinii': in Wuchs u. Bl.form sehr *B. darwinii* ähnelnd; Bl. im oberen Drittel mit je 1–2 Zähnen.

— 1-j. Zw. kräftig, kantig gefurcht; Bl. linealisch bis schmal elliptisch, 2–4(–5) cm lang, mit aufgesetzter Stachelspitze u. gelegentl. einem Zahn am Rand (*397/2*); Bl.ränder nur wenig umgebogen; Bl.dornen 3-teilig, bis 1,5 cm lang, etwas krallig gebogen; Bltn. 1,5 cm ∅, in 3–6-bltg. Doppeltrauben, Kbl. außen karmin getuscht, Krbl. goldorange; Fr. ellipsoidisch, schwarzblau; V. Sk – s. ∧ Chile. **Linearblättrige B., *B. leariifolia*** Philippi

'Orange King': Bltn. sehr zahlreich, orangegelb.

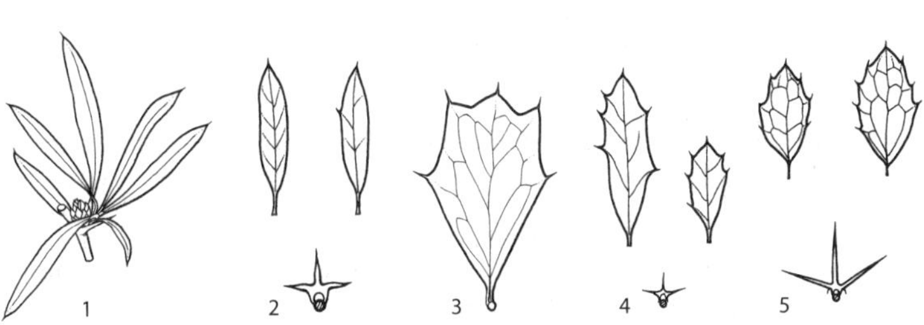

397/1–4 *Berberis*: 1 *B.* × *stenophylla*, Kurztrieb; 2 *B. linearifolia*, Bl., Bl.dorn; 3 *B. darwinii*, Bl.; 4 *B.* × *lologensis*, Bl., Bl.dorn; 5 *B. candidula*, Bl., Bl.dorn

28 (24). Bl. mindestens 3-mal so lang wie breit, 3–12 cm lang, an den Rändern mit 2–12, selten mit nur 1–2 Zähnen je cm **37**
— Bl. nur 1–3, selten 4–5 cm lang, an den Rändern mit 1–4, an größeren Bl. auch mit 5–12 Zähnen **29**
29. Bl. unterseits ± blauweiß **33**
— Bl. unterseits grün bis hellgrün **30**
30. Bl.dornen > 1 cm lang **32**
— Bl.dornen < 1 cm lang **31**
31. Bl.dornen 3–7-teilig, 3–7 mm lang; Bl. verkehrt eif., 1–3 cm lang, spärl. gezähnt u. an der Spitze gewöhnl. mit 3 Stachelzähnen (*397/3*), oberseits dunkelgrün, unterseits matt hellgrün; Bltn. in vielbltg., hängenden 1–6 cm langen Trauben, goldgelb bis orangegelb, außen rot getuscht; Fr. kugelf., blau bereift, 6–7 mm ∅; III–VI. Sk/Sg – s. ∧∧ Argent., Chile. **Darwins B., *B. darwinii*** Hook.
— Bl.dornen 3-teilig, 3–5 mm lang; Bl. rhombisch elliptisch, 1–4,5 cm lang, bis 1,3 cm breit, oberseits glänzend dunkelgrün, unterseits blaugrün, Spreitengrund schmal keilf., außer der Stachelspitze an jeder Seite mit 1–4(–5) ungleichmäßig verteilten, abstehenden Stachelzähnen, Rand meist stark wellig, ausgebuchtet u. etwas umgebogen (*397/4*); Bltn. zu 3–9, in hängenden Doldentrauben, orangegelb, 1,5 cm ∅; Fr. eif., 7 mm lang, blau bereift; Kn. außen rötl.; V–VI. Sk – s. ∧ [*B. darwinii* × *B. lineariifolia*] **Lolog-B., *B.* × *lologensis*** Sandwith

'Highdown': im Wuchs breiter u. niedriger; Bl.dornen stärker krallenf. gebogen; Bltn. gelb.

32 (30). Bl. 1,5–3 cm lang u. 8–13 mm breit, jederseits mit 3–4 Zähnen, oberseits dunkelgrün, unterseits blaugrün; Bltn. einzeln od. 4; Fr. selten ausgebildet; V–VI. Sk – h. [*B.* × *hybrido-gagnepainii* 'Chenault' × *B. thunbergii*] ***B.* × *media*** Groot.
— Bl. 2–3,5 cm lang, jederseits mit 3–6 Grannenzähnen, oberseits glänzend grün, unterseits blaugrün; Bltn. zu 1–2, 1,5 cm ∅; Fr. schwarz, blau bereift, längl., 1 cm lang; V. Sk – h. [*B. hookeri* var. *viridis* × *B. verruculosa*] ***B.* × *interposita*** Ahrendt

'Wallichs Purple': im Austrieb kupferrot, später glänzend grün.

33 (29). Bl. 2–6 cm lang **36**
— Bl. 1,5–3 cm lang **34**
34. Zw. ± glatt, 1-j. Zw. nur locker mit schwärzl. Warzen besetzt; Bl. 2–3 cm lang, flach, Ränder etwas umgebogen, oberseits glänzend dunkelgrün, unterseits fast schneeigweiß, 1,5–3 cm lang; Bl.dornen 3-teilig, 1,5–2 cm lang, hellbraun (*397/5*); Bltn. einzeln, 5–10 mm lang gestielt, 1,5 cm ∅, hellgelb; Fr. ellipsoidisch, 8–9 mm lang, blauschwarz, bereift; V. Sk – h. M-China. **Schneeige B., *B. candidula*** C. K. Schneid.
— Zw. ± warzig **35**
35. 1-j. Zw. dicht mit braunen, später schwärzl. Warzen besetzt (Lupe!); Bl. ± stark gewellt, elliptisch, 1,5–3 cm lang, Ränder etwas umgebogen, oberseits glänzend dunkelgrün, unterseits weißl. blau, jederseits mit 2–4 dornigen Zähnen (*399/1*); Bl.dornen 3-teilig, 1–2 cm lang, braun; Bltn. einzeln, bis 1,5 cm ∅, hellgelb; Fr. ei- od. birnenf., 10–12 mm lang, blauschwarz bereift, Gr. nicht erhalten bleibend; dichtwüchsig; V. Sk – h. WM-China. **Warzige B., *B. verruculosa*** Hemsl. & Wils.
— Zw. dicht mit feinen Warzen bedeckt; Bl. elliptisch, 1,5–3,5 cm lang, oberseits glänzend dunkelgrün, unterseits grauweiß, jederseits mit 2–4 scharfen Zäh-

nen besetzt; Bl.dornen 3-teilig, bis 2 cm lang; Bltn. zu 2; Fr. eif., blauschwarz bereift; V. Sk – h. [*B. candidula* × *B. verruculosa*]

Frikarts B., *B.* × *frikartii* C. K. SCHNEID.

'Amstelveen': von gedrungenem Wuchs mit überhängenden Zw.

'Telstar': größer als 'Amstelveen', Zw. mehr spreizend.

36 (33). Bl. fast sitzend, elliptisch bis verkehrt eif., 2–6 cm lang u. 2–3,3 cm breit, jederseits mit 1–6 Grannenzähnen, oberseits graugrün, unterseits weiß bereift; Bl.dornen 3-teilig, 2–3,3 cm lang; Bltn. in 10–20-btg. Büscheln, 1–2 cm lang gestielt, 10–12 mm ∅; Beeren ellipsoidisch bis fast kugelf., 6–7 mm lang, 4–5 mm breit, blauschwarz, weiß bereift, Gr. nicht erhalten bleibend; Zw. stielrund V. Sk – ss. SW-China. **Bereifte B., *B. pruinosa*** FRANCH.

— Bl. schmal elliptisch lanzettl., 2–6 cm lang, 1–1,5 cm breit, mit jederseits bis 10 Grannenzähnen, oberseits dunkelgrün, unterseits grünl weißl. bereift (*399/2*); Bltn. einzeln, ca. 1,5 cm ∅; Fr. ellipsoidisch, 7 mm lang, blau bereift; V. Sk – h. [*B. gagnepainii* × *B. verruculosa*] ***B.* × *hybrido-gagnepainii*** SURING.

'Chenault' [*B.* × *chenaultii* CHEN.]: Bl. schmal oval, 3–5 cm lang, 7–10 mm breit, mit jederseits 3–12 Stachelzähnen, unterseits blauweiß; Zw. etwas warzig.

37 (28). Bl. derb lederig, fest **40**

— Bl. dünn lederig, biegsam **38**

38. Bl. unterseits ± blauweiß, undeutl. netznervig, elliptisch lanzettl., 3–7 cm lang, 1–3 cm breit, mit 2–3 vorwärts gerichteten Zähnen je cm, oberseits dunkelgrün; Bl.dornen 3-teilig, 1,2–3 cm lang; Bltn. in stark verkürzten Doldentrauben zu 2–6, 1,5–1,8 cm ∅, gelbgrün; Fr. längl., 1,2–1,5 cm lang, schwarzpurpurn; V–VI. Sk – h. Himal. (Nepal, Sikkim, Bhutan, Assam).

Hookers B., *B. hookeri* LEMAIRE var. ***hookeri***

var. *viridis* C. K. SCHNEID.: Bl. unterseits grün.

— Bl. unterseits grün **39**

39. Bl. schmal lanzettl., 3–10 cm lang, 8–20 mm breit, jederseits mit 6–20 vorwärts gerichteten Stachelzähnen, oberseits stumpfgrün, unterseits ± glänzend grün (*399/3a*); Bl.dornen 3-teilig, 1–2 cm lang, bräunl.; Bltn. in stark verkürzten Doldentrauben zu 3–10, 1 cm ∅, lebhaft gelb; Fr. eif., 8–10 mm lang, blauschwarz, bereift (*399/3b*); V–VI. Sk – h. SW-China.

Gagnepains B., *B. gagnepainii* C. K. SCHNEID.

— Bl. lanzettl., 6–12 cm lang u. 1–2(–3) cm breit, mit 10–24 abstehenden Sägezähnen jederseits, oberseits dunkelgrün, unterseits hell- od. gelbgrün, matt

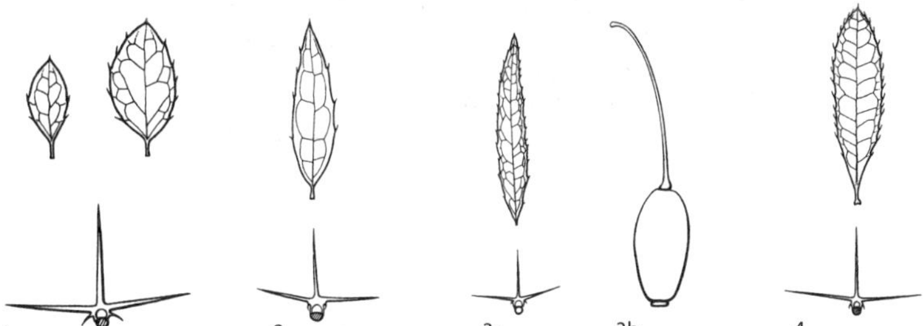

1 2 3a 3b 4

399/1–4 *Berberis*: 1 *B. verruculosa*, Bl., Bl.dorn; 2 *B.* × *hybrido-gagnepainii*, Bl., Bl.dorn; 3 *B. gagnepainii*, 3a Bl., Bl.dorn, 3b Fr.; 4 *B. julianae*, Bl., Bl.dorn

glänzend; Bl.dornen 3-teilig, 2–4 cm lang, gelbl. braun; Bltn. in stark verkürzten Doldentrauben zu 4–8, 1 cm ∅, blassgelb; Fr. ellipsoidisch, ca. 9 mm lang, schwarzblau, bereift; V–VI. Sk – s. **Veitchs B., *B. veitchii*** C. K. Schneid.

40 (37). 1-j. Zw. rund, auffallend rötl. bis zinnoberrot gefärbt; Bl. längl. elliptisch bis längl. lanzettl., 4–10 cm lang, 1,5–2,5 cm breit, beidendig spitz, mit 2–4 feinen, fast anliegenden Zähnen je cm, unterseits gelbl. grün, deutl. netznervig; Bl.dornen 3-teilig, 3–4,5 cm lang, scharfspitzig; Bltn. in stark verkürzten Doldentrauben zu 2–6, etwa 1 cm ∅, hellgelb; Fr. eif., 7–8 mm lang, schwarzblau, bereift; V–VI. Sk – s. WS-China (Sich., Hubei).
Sargents B., *B. sargentiana* C. K. Schneid.

— 1-j. Zw. kantig **41**

41. 1-j. Zw. kantig, graugelb, kahl; Bl. kurz gestielt od. fast sitzend, elliptisch, 3–7 cm lang u. 1–2 cm breit, jederseits mit 2–12 Dornenzähnen; Bl.dornen 3-teilig, 1,5–2,5 cm lang; Bltn. zu 5–20 in dichten Büscheln, 7–15 mm lang gestielt, ca. 12 mm ∅; Fr. eif. ellipsoidisch od. kugelf. eif., 8–9 mm lang, schwarz, blau bereift, Gr. kurz, deutl. bleibend; V–VI. Sk – ss. China (Sich.)
Bergmanns B., *B. bergmanniae* C. K. Schneid.

— 1-j. Zw. etwas kantig, gerieft, bräunl. gelb; Bl. längl. verkehrt eif. bis linealisch (3–)6–8 cm lang, 8–20 mm breit, am Ende stumpf mit aufgesetzter Stachelspitze, mit 3–4 etwas abstehenden, begrannten Sägezähnen je cm, oberseits glänzend dunkelgrün, unterseits heller u. deutl. netznervig (*399/4*); Bl.dornen 3-teilig, 1–4 cm lang; Bltn. in stark verkürzten Doldentrauben zu 8–15(–20), 6–7 mm ∅, reingelb; Fr. ellipsoidisch, bis 8 mm lang, blauschwarz, bereift, mit kurzem, deutl. bleibenden Gr.; IV–VI. Sg – h. WS-China (Sich.).
Julianes B., *B. julianae* C. K. Schneid.

Berchemia DC., **Berchemie** – *Rhamnaceae* (Bearbeiter: Ulrich Hecker)

Meist sommergrüne Lianen od. aufrechte Holzgewächse; Bl. wechselst., ± ganzrandig, Nebenbl. pfrieml., am Grund miteinander verwachsen, meist bleibend; Bltn. klein, 5-zählig, in end- od. seitenst. Rispen, Frkn. 2-fächerig; Fr. eine längl. Steinfr. 48 Arten in O- u. SO-As., O-Afr., W-NAm.

1. Rispen schmal, seiten- od. endst., 1–4 cm lang; Bltn. grünl. weiß; Fr. längl., 6–8 mm lang, blauschwarz; Bl. eielliptisch, 3–8 cm lang, mit 9–12 Paar Seitennerven, Rand oft gewellt, Stiel 1 cm lang; VI. L (bis 5 m) – s. ∧ O-NAm.
Amerikanische B., *B. scandens* (Hill) K. Koch

— Rispen endst., breit, 5–20 cm lang; Bltn. grünl.; Fr. eif., 5–7 mm lang, sich von rot nach schwarz färbend, erst im Jahr nach der Blüte reifend; Bl. eif. (*400/1*), 3–6 cm lang, kurz zugespitzt, unterseits bläul., mit 7–8 Paar Seitennerven, Bl.stiel 1–1,5 cm lang; VII–IX. L (bis 5 m) – s. Jap.
Japanische B., *B. racemosa* Siebold & Zucc.

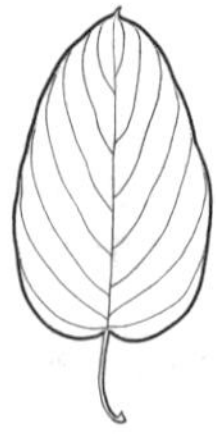

400/1: *Berchemia racemosa*, Bl.

Betula **L., Birke** – *Betulaceae* (Bearbeiter: Peter A. Schmidt)

Sommergrüne Bäume, aufrechte Sträucher od. Spaliersträucher; Stammrinde meist glatt, oft weiß bis grau od. rosa, kupferfarben bis orange od. bräunl., mit dünn abrollendem od. sich kräuselndem Ringelkork, an der Stammbasis, selten höher od. am ganzen Stamm, auch mit dunkelgrauer od. -brauner bis schwarzer Borke; Bl. wechselst., einfach, gesägt, gekerbt, z. T. leicht gelappt; Bltn. zu je 3 in Achsel eines Hochbl., ♂ Bltn. in meist langen hängenden Kätzchen, jede Blüte mit 2 Perigonbl. u. 2 Stbl., ♀ Bltn. in aufrechten od. hängenden, zylindrischen od. eif. Kätzchen, ohne Perigon; Hochbl. mit den Tragbl. zu 3-lappiger Fr.schuppe verwachsend, diese Kätzchenschuppen meist mit der Fr. bei Fr.reife abfallend, selten bis Winteranfang am Zweig verbleibend; Fr. 1-samige, meist 2-flügelige (*403/4b, 405/3b*), selten (fast) ungeflügelte Nuss. Etwa 45 Arten in Holarkt., zirkpol. arkt. bis mer., im Süden in Geb.

Bastardierung u. Polyploidie sowie Introgression sind verbreitet u. erschweren Artabgrenzung u. Gattungsgliederung. Die Identifikation kultivierter Birken ohne bekannte Herkunft ist meist schwierig, da es sich oft um Bastarde handelt. Blattmerkmale gelten für basale Bl. der Langtriebe u. Bl. nicht blühender Kurztriebe. Bei Bl. bedeutet Zahl der Seitennerven „jederseits" die Anzahl je Spreitenhälfte beiderseits der Mittelrippe. Jungpfl. können in Blattform u. Behaarung stark abweichen.

1. Bl. 8–16 cm lang, 6–11 cm breit, breit eif. bis fast eif. rundl., durch auffällig herzf. Spreitengrund mit bis > 1 cm tiefer Bucht einem Lindenblatt ähnl., doppelt gesägt (*403/1*), „Hauptzähne" durch austretende Enden der Seitennerven mit verlängerten, bis 3–4 mm langen Spitzen, Bl.stiel 1,5–4,5 cm lang; Fr.kätzchen zu 2–4 in Büscheln – Bl. jederseits mit 10–12 Seitennerven, anfangs seidig behaart, später kahl, im Herbst goldgelb; Fr.kätzchen hängend, 3–7 cm lang, walzl., Mittellappen der Fr.schuppen die Seitenlappen deutl. überragend, Fr.flügel 2–3-mal so breit wie Nuss; junge Zweige anfangs seidig behaart, rotbraun, warzig; Stammrinde anfangs orangebraun, später grau bis weißl. mit rosa Farbschimmer, Kork dünn abrollend; V–VI. Bg – h. Jap., Kurilen. (**Untergatt. *Acuminatae***) **Lindenblättrige B., *B. maximowicziana*** Regel

— Bl. kleiner, zumindest schmaler, Spreitenbasis keilf., gestutzt od. abgerundet, wenn herzf., dann Bucht seicht, deutl. weniger tief, Bl.rand gesägt, gezähnt od. gekerbt, wenn doppelt gesägt, dann nie durch Austritt der Nervenenden stark verlängerte Spitzen der Zähne; Fr.kätzchen einzeln, selten zu 2 .... **2**

2. Bl. unterseits weißl., oberseits matt bläul. grün, Bl.rand grob einfach od. doppelt gesägt mit großen, 3-eckigen, bis 5 mm langen u. breiten Zähnen, in die sekundäre Seitennerven verlaufen, dazwischen meist keine weiteren Zähne; Fr.schuppe nur mit 1 Nuss, die durch deutl. entwickelten Gr. geschnäbelt erscheint, Gr. von schmalem Flügel der Nuss eingeschlossen. – Bl. breit eif., 4–8 cm lang, 2,5–5 cm breit, jederseits mit 8–14 Seitennerven, diese unterseits wie Jungtriebe u. Bl.stiele anfangs seidig behaart; Fr.kätzchen aufrecht, 3–6 cm lang, walzl.; Nuss kahl, ihr Flügel ¼ so breit wie Nuss; IV–V. Bm – ss. Jap. (Geb. von Honshu). (**Untergatt. *Nipponbetula***) **Haselblättrige B., *B. corylifolia*** Regel

— Bl. beiderseits grün, wenn unterseits weißl. od. bläul. grün, dann Bl. nicht mit breit 3-eckigen Zähnen od. diese nicht bis 5 mm lang u. breit, zwischen den Zähnen, in die sekundäre Seitennerven verlaufen, meist weitere Zähne; Fr.schuppen mit je 3 Nüssen, Gr. unscheinbar od. fehlend u. nur beide Narben erkennbar **3**

3. Jungtriebe beim Zerreiben bzw. Zweigrinde beim Ankratzen nicht stark aromatisch duftend; Fr.kätzchen aufrecht, abstehend od. hängend **7**

— Jungtriebe beim Zerreiben od. Ankratzen stark aromatisch duftend, Zw.rinde durch Gehalt an Wintergrün-Öl (Salicylsäure-Methylester) mit typischem, an Kaugummi erinnernden Geruch u./od. Geschmack; Fr.kätzchen aufrecht

– Stammrinde od. ihre Borke gelb-, grau-, rot- od. schwarzbraun, graugelb od. -schwarz (**Untergatt.** ***Asperae*****, Sekt.** ***Lentae***) 4

4. Steif aufrechter, an Grün-Erle erinnernder Strauch od. kleiner, meist vielstämmiger Baum, Jungtriebe aufwärts gerichtet, dick u. steif; Bl. breit elliptisch bis breit eif. od. eif. rundl.; Fr.kätzchen 2,5–4 cm lang, eif. längl. bis walzl. – Bl. 3,5–12 cm lang, 2–7 cm breit, jederseits mit (6–)8–10(–13) auf der Bl.oberseite eingesenkter Seitennerven, Bl.stiel bis 2 cm lang; Fr.flügel < ½ so breit wie Nuss; V. Sg/Bk – s. W-Kauk. (SW-Georgien, NO-Türkei).
Westkaukasische Birke, ***B. medwediewii*** Regel

— Baum mit dünneren Zweigen, Jungtriebe weniger steif aufrecht, auch waagerecht bis hängend; Bl. eif. bis längl. eif. od. lanzettl.; Fr.kätzchen 2–3,5 cm lang, eif., eif. kugelig od. eif. walzl. 5

5. Fr.schuppen nur am Rand bewimpert, sonst kahl; junge Zw. u. Bl. nur anfangs seidig behaart, bald kahl; Bl. dünn, Rand fein u. scharf gesägt, im mittleren Bereich der Spreite mit 6 od. mehr Zähnen pro cm, Nerven oberseits nicht od. kaum eingesenkt; – Stammrinde dunkelrotbraun bis schwärzl., mit rissiger, nicht abrollender Schuppenborke; Bl. längl. eif. bis eif., Spreitenbasis meist herzf., 5–10 cm lang, 2,5–6 cm breit, jederseits mit 9–12(–18) Seitennerven (*403/2*), oberseits glänzend grün, kahl, unterseits blassgrün, Nerven anfangs seidig behaart, Bl.stiel bis 1,5 cm lang; Fr.kätzchen eif., 1,5–3,5 cm lang; V. Bm – z. O-NAm. **Zucker-B.,** ***B. lenta*** L.

— Fr.schuppen oberseits behaart; junge Zw. u. Bl.unterseite behaart; Bl. derber, Rand weniger fein gesägt, meist nur bis zu 5 Zähnen pro cm im mittleren Bereich der Spreite; Nerven auf der Bl.oberseite deutl. eingesenkt, Bl.fläche dadurch ± geriffelt 6

6. Stammrinde gelbgrau bis graubraun, metallisch glänzend, in krausen Streifen abrollend (Ringelkork), nur an Stammbasis alter Bäume schwarze plattige Schuppenborke; Bl.spreite am Grund meist gestutzt od. abgerundet, Bl. unterseits u. Bl.stiele sowohl mit anliegenden Seidenhaaren als auch kurzen aufrechten Haaren – Bl. längl. eif., (6–)9–10 cm lang, (3–)5–7 cm breit, jederseits 9–12(–18) Seitennerven, mattgrün, beiderseits auf den Nerven behaart, Bl.stiel 1–2 cm lang; Fr.kätzchen walzl. eif., 1,5–3,5(–6,5) cm lang; V. Bg – z. O-NAm. [*B. lutea* Michx.] **Gelb-B.,** ***B. alleghaniensis*** Britton

— Stammrinde grauschwarz, nicht metallisch glänzend u. nicht abrollend, an älteren Bäumen rissig (Schuppenborke); Bl.spreite am Grund meist ± herzf., Kurztrieb-Bl. unterseits u. ihr Stiel nur seidig behaart, kurze aufrechte Haare nur an Langtrieben; – Bl. eif., 5–10 cm lang, 3–6 cm breit, jederseits 8–14 Seitennerven, Bl.stiel 1–2,5 cm lang; Fr.kätzchen eif. bis längl., bis 2,5 cm lang; V. Bg – ss. Geb. von M- u. S-Jap. **Zierkirschen-B.,** ***B. grossa*** Siebold & Zucc.

7 (3). Bäume mit aufrechten Fr.kätzchen u. ungeflügelten Fr., nur schmaler, kaum sichtbarer, < 3 mm breiter Saum an Nuss; Jungtriebe mit feinem braunen Flaum; – Bl. eif. elliptisch bis lanzettl., 4–8 cm lang, 2,5–4,5 cm breit, jederseits 7–10 Seitennerven, unterseits seidig behaart, an Mittelrippe u. Nerven mit kleinen rotbraunen Drüsen, Bl.stiel < 1 cm lang; Fr.kätzchen verkehrt eif. bis walzl., 2–3 cm lang, Fr.reife erst ab X.; Stammrinde anfangs dunkelgrau, sich ablösend, später dunkelbraune bis schwarze Schuppenborke; IV–V. Bg – ss. Russ.-Fernost, Kor., NO-China, Jap. (**Untergatt. u. Sekt.** ***Asperae***)
Eisen-B., ***B. schmidtii*** Regel

— Bäume mit hängenden Fr.kätzchen od. wenn abstehend, dann Fr. deutl. geflügelt od. niedrige Sträucher mit aufrechten Fr.kätzchen u. zumindest schmalen Fr.flügeln; Jungtriebe ohne braunen Flaum (**Untergatt. *Betula***) .. 8

8. Bl. jederseits mit > 7, meist 8–14, Seitennerven, zuw. < 7, dann aber stets auch Bl. mit > 7 Seitennerven, Bl. nie lang zugespitzt, Seitennerven oft eingesenkt od. erhaben, dadurch Bl.fläche geriffelt od. gerippt erscheinend (**Sekt. *Costatae***) 19

— Bl. jederseits mit 2–8(–10), meist 2–6 od. 5–7 Seitennerven, wenn darüber, dann stets auch Bl. mit < 8 Seitennerven od. Bl. in lange Spitze ausgezogen, Bl.spreite ausgewachsen meist flach, weder geriffelt noch gerippt 9

9. Spaliersträucher od. aufrechte Sträucher bis 3 m Höhe u. aufrechten Fr.kätzchen; Bl. < 5 cm lang, stumpf bis abgerundet, selten spitz, jederseits mit 2–6 Seitennerven (**Strauchbirken, Sekt. *Apterocaryon***) 16

— Bäume od. Sträucher mit hängenden Fr.kätzchen od. Bäume mit aufrechten od. abstehenden bis hängenden Fr.kätzchen; Bl. meist > 5 cm lang, stets spitz od. zugespitzt, jederseits mit 5–8(–10) Seitennerven 10

10. Stamm mit weißer bis grauweißer Rinde, glatt (Glattrinde) od. in dünnen Streifen abrollend (Ringelkork), unterer Stammbereich älterer Bäume oft mit grober schwarzer Schuppenborke; Fr. kätzchen stets hängend, wenn anfangs mehr aufrecht od. abstehend, dann zumindest später hängend (**Weißbirken, Sekt. *Betula***) 12

— Stamm mit grauweißer, grau-, gelb- od. rotbrauner, in kräuselnden Fetzen aufgerollter Rinde, an älteren Bäumen auch schwarze Schuppenborke; Fr.-kätzchen aufrecht bis waagerecht od. ± hängend (S**ekt. *Dahuricae***) 11

11. Stammrinde grauweiß bis -braun, in sich kräuselnden Fetzen ablösend, an Stämmen alter Bäume braunschwarze Schuppenborke; junge Triebe, Bl.stiele u. -unterseiten nur zerstreut behaart bis verkahlend; junge Zw. auffällig warzig; Bl.spreite rautenf. bis eif. od. breit eif. bis elliptisch, am Grund keilf., jederseits mit (5–)6–8(–9) Seitennerven, deren Enden nicht so auffällig in die größeren Zähne des ungleich grob gesägten Randes verlaufend, oberseits dunkelgrün, unterseits nicht blaugrün, entlang der Mittelrippe behaart, auf der Fläche mit rötl. Drüsenpunkten; Fr.kätzchen 1,5–3 cm lang, 1 cm ∅, Fr.reife erst im Herbst – Bl. 4–8(–10) cm lang, 3,5–5(–8) cm breit, Bl.stiel etwa 1 cm lang; IV–V. Bm – s. N-As. von SO-Sib., Russ.-Fernost, O-Mong., O-As.: Kor. bis NO-China u. Jap. **Dahurische B., *B. dahurica*** *Pall.*

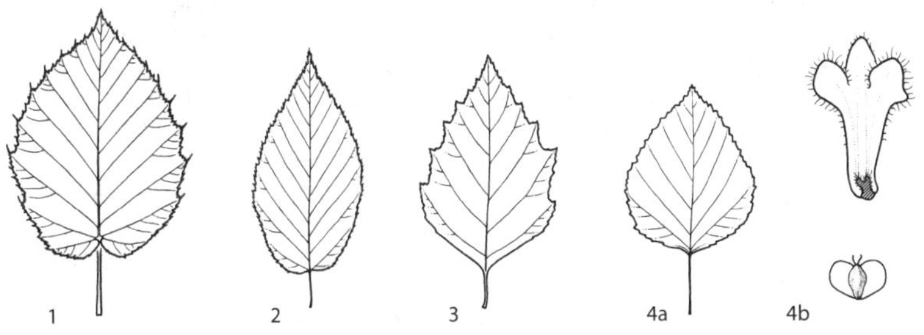

403/1–4 *Betula*: 1 *B. maximowicziana*, Bl.; 2 *B. lenta*, Bl.; 3 *B. nigra*, Bl.; 4 *B. pubescens*, 4a Bl., 4b Fr.schuppe u. Fr.

— Stammrinde weißl. bis gelb- od. rotbraun, dicht u. kraus aufgerollt, nicht ablösend, mit zunehmendem Alter dunkler, zuletzt schwarze Schuppenborke; Behaarung der Triebe, Bl.stiele u. -unterseiten meist dicht u. fast wollig, ± bleibend, junge Zweige nicht so drüsig; Bl.spreite meist rautenf. u. am Grund keilf. od. gestutzt, an Kurztrieben oft mehr eif., jederseits mit (5–)7–10(–12) Seitennerven, deutl. in den größeren Zähnen der grob doppelt gesägten bis schmal gelappten Bl. (*403/3*) endend, oberseits grün, anfangs glänzend, später matt, unterseits blaugrün, zumindest Mittelrippe u. Hauptnerven behaart; Fr.kätzchen 2,5–4 cm lang, 1,5–2 cm ∅, Fr.reife V–VI; – Bl. 4–9 cm lang, 2,5–6 cm breit, Bl.stiel etwa 1 cm lang; V. Bm/Bg, oft mehrstämmig – h. O-NAm. von NO- bis SO- u. Zentral-USA. **Schwarz-B., *B. nigra*** L.

12 (10). Junge Zw. ohne warzige Harzdrüsen, dicht u. kurz weich behaart; Bl. breit eif. bis 3-eckig eif., deltoid, selten rautenf., mit meist abgerundetem, gestutztem od. seicht herzf. Spreitengrund, (2,5–)4–6(–10,5) cm lang, (1,5–) 2,5–5(–7) cm breit, Rand meist einfach gesägt (*403/4a*), weich behaart, oberseits spärl., unterseits anfangs meist flächig behaart, später oft nur auf den Nerven u. in den Nervenwinkeln (Achselbärte), jederseits mit 5–7 Seitennerven; Bl.stiel ± behaart, 1–2 cm lang; Stammrinde grauweiß bis gelbl. weiß, selten rötl. braun bis schwarzbraun, in dünnen Streifen abrollend, am Stammfuß im Alter grauschwarze Schuppenborke; Fr.kätzchen etwa 2,5 cm lang, hängend od. anfangs mehr aufrecht u. später hängend, Mittellappen der Fr.schuppen etwas länger als die aufwärts gebogenen Seitenlappen (*403/4b*); Zw. aufrecht od. abstehend, auch an älteren Bäumen nicht hängend; IV–V. Bm/Bg – h. Eur. bis Kauk. u. M-Sib. **Moor-B.** i. w. S., ***B. pubescens*** Ehrh. s. l.

Sehr variabel, viele Sippen beschrieben, u. a.:

subsp. *pubescens*, Echte Moor-B.: junge Zw. nicht verkahlend; Bl. 3–8 cm lang, unterseits zumindest auf den Nerven u. Achselbärte bleibend. Bk/Bm.

subsp. *carpatica* (Willd.) Simonk. [var. *glabrata* Wahlenb.], **Karpaten-B.:** junge Zw. verkahlend, oft fast kahl; Bl. 2,5–5 cm lang, rautenf. bis rundl. eif., anfangs behaart, später oft nur noch unterseits Achselbärte; Stammrinde gelbl. braun bis rötl. braun od. schwarzbraun. Bk. Geb. M-Eur. Wahrscheinl. durch Introgression von *B. pendula* entstanden, ähnl. wie ***B. litwinowii*** Doluch., **Kaukasus-B.:** mit verkahlenden, oft doppelt gesägten Bl., aber behaart bleibenden Zw. u. Bl.stielen. Bm. Kauk., Kl.-As.

subsp. *czerepanovii* (N. I. Orlova) Hämet-Ahti [var. *pumila* (L.) Govaerts, *B. tortuosa* auct.], **Nordische Moor-B.:** Strauch od. kleiner Baum mit gebogenen Stämmchen, gewundenen behaarten Zw., behaarten, nur bis 3 cm langen Bl.; wahrscheinl. durch Introgression von *B. nana* entstanden. NW- u. N-Eur., Hochgeb.

— Junge Zw. mit warzigen Harzdrüsen, oft dicht mit den bräunl. od. weißl. Warzen besetzt, nicht behaart od. nur anfangs behaart u. verkahlend; Bl. kahl od. schwach behaart, meist nur auf den Nerven od. in Nervenwinkeln **13**

13. Bl. mit auffallend lang ausgezogener Spitze (geschwänzt), kahl, jederseits (5–)6–9(–18) Seitennerven; Stammrinde grauweiß, weder abblätternd noch abrollend, erst im Alter an Stammbasis schwarze u. rissige Borke; Fr.kätzchen 1–3 cm lang; – Bl. breit eif. bis 3-eckig, (3–)5–9(–10) cm lang, 3–6(–8) cm breit (*405/1*), beiderseits glänzend, doppelt gesägt, Bl.stiel 1,5–3 cm lang; junge Zw. dünn, aber nicht biegsam od. hängend, kahl; Fr.schuppen behaart, Mittellappen 3-eckig, spitz, kleiner als abstehende bis zurückgebogene Seitenlappen; V. Bm, oft mehrstämmig – z. O-NAm.

Grau-B., Pappelblättrige B., *B. populifolia* Marshall

— Bl. kurz od. lang zugespitzt, aber nicht geschwänzt durch auffallend lang ausgezogene Spitze, kahl od. schwach behaart, jederseits 5–8 Seitennerven, wenn > 8, dann zumindest unterseits auf den Nerven u. in deren Achseln behaart; Stammrinde weiß, zuw. dunkelbraun od. gelb, orange od. purpurn getönt, abblätternd od. abrollend, wenn z. T. lange glatt bleibend, dann aber später abblätternd, im Alter an Stammbasis mit od. ohne schwarze Schuppenborke; Fr.kätzchen 2–5 cm lang. **14**

14. Bl. breit eif., 5–9(–12) cm lang, 3–7 cm breit, jederseits mit 6–9(–10) Seitennerven, ober- u. unterseits anfangs Nerven behaart, später nur unterseits Achselbärte entlang Mittelrippe, kurz zugespitzt; Fr.kätzchen 2,5–5 cm lang; – Bl. recht derb, Basis der Spreite keilf., abgerundet od. seicht herzf., Rand meist regelmäßig, zuw. doppelt, gesägt (*405/2*), Bl.stiel 1,5–3 cm lang, ± behaart; Stammrinde blendend weiß, selten dunkelbraun od. gelb, orange od. purpurn getönt, lange glatt bleibend, erst spät in papierartigen Querlappen abblätternd; junge Zw. anfangs behaart, später kahl; Fr.schuppen mit nach vorn gerichteten bis zurückgebogenen Seitenlappen, Mittellappen 3-eckig bis rautenf.; IV–V. Bg – h. N-NAm. von Alaska über Kanada bis N-USA. (*B. papyracea* AIT.) **Papier-B., *B. papyrifera*** MARSHALL

Meist dieser Art zugeordnet wird ***B. cordifolia*** REGEL, **Herzblättrige B.,** mit herzf. Bl., dickeren u. steiferen Zw. mit einheitl. großen Lentizellen, größeren Kn. (1 cm lang) u. parallelrandigen Mittellappen der Fr.schuppen. Zuw. in Kultur ist deren Hybride mit *B. populifolia*, die **Blaue B., *B. × caerulea*** BLANCH. (NO-NAm.), deren Bl. an *B. populifolia* erinnern, aber größer (bis 12 cm lang) u. einfach gesägt sind, weniger Seitennerven (jederseits 5–7) aufweisen.

— Bl. rautenf., 3-eckig bis deltoid od. ± eif., kleiner, meist nur bis 5–7,5 cm lang u. bis 4,5–6 cm breit, jederseits 5–7(–8) Seitennerven, kahl od. wenn schwach behaart, dann meist nur Achselbärte unterseits, kurz od. lang zugespitzt; Fr.kätzchen 2–3 cm lang (***B. pendula* agg., Artengruppe der Gewöhnlichen Birke**) **15**

15. Junge Zw. dünn, biegsam, hängend, v. a. an älteren Bäumen Zw. auffällig überhängend, kahl, Drüsenwarzen weißl.; Bl. rautenf., 3-eckig bis deltoid, lang zugespitzt, Rand doppelt gesägt (*405/3a*), Spreitenbasis breit keilf. od. gestutzt, Seitenecken kaum abgerundet, 2,5–6 cm lang, kahl; Fr.flügel mindestens doppelt so breit wie Nuss (*405/3b*), Seitenlappen der Fr.schuppen größer als Mittellappen u. abwärts gebogen (*405/3b*); Stammborke im Alter schwarz, rau u. rissig; – Bl. lebhaft grün bis bläul. grün, Bl.stiel 1,3–2 cm lang;

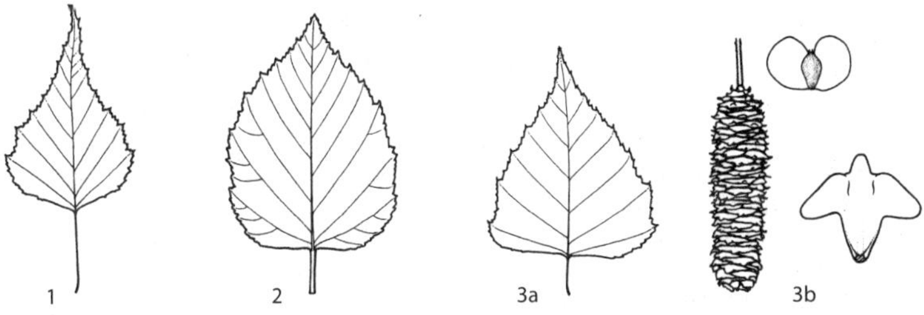

405/1–3 *Betula*: 1 *B. populifolia*, Bl.; 2 *B. papyrifera*, Bl.; 3 *B. pendula*, 3a Bl., 3b Frst., Fr. u. Fr.schuppe

IV–V. Bm/Bg – h. Eur. bis M-Sib. u. Kauk. [*B. verrucosa* EHRH.)

Gewöhnliche B., Hänge-B., Sand-B., Warzen-B., *B. pendula* ROTH

Mehrere in Wuchsform, Blattgestalt od. -farbe abweichende Sorten, häufiger u. a.:

'Fastigiata', Säulenbirke: Wuchs fast säulenf.; Zw. oft etwas gewunden.

'Dalecarlica', 'Gracilis', 'Laciniata', Schlitzblättrige Birken mit überhängenden, lang herabhängenden Zw. u. unterschiedl. tief eingeschnitten bis fast fadenf. zerschlitzten Bl.; **'Youngii', Schirmbirke:** Äste bogenf. herabwachsend, bei hochstämmiger Veredlung schirmf. Krone; fadenf. dünne Zw. lang herabhängend.

'Purpurea', Blutbirke: Bl. anfangs dunkelrot bis purpurbraun, später oliv-bronzefarben.

— Junge Zw. dicker u. nicht biegsam, kahl od. kaum behaart, Drüsenwarzen braun, nicht weiß werdend; Bl. 3-eckig bis eif., kurz zugespitzt, Rand meist einfach gesägt, Spreitenbasis keilf. bis herzf., Seitenecken abgerundet, 4–8 cm lang, unterseits oft etwas behaart, zumindest Achselbärte, teils nur aus wenigen Haaren; Fr.flügel etwa so breit wie Nuss, Seitenlappen der Fr.schuppen abstehend; ohne schwarze u. rissige Stammborke im Alter; – Bl. meist stumpf hellgrün, Austrieb 2–3 Wochen vor *B. pendula*; Bg/Bm – z. O-Sib., Russ.-Fernost bis NO-China u. Jap.; NW-NAm.? [*B. pendula* subsp. *mandshurica* (REGEL) ASHBURNER & MCALL., *B. japonica* SIEBOLD]

Mandschurische B., *B. platyphylla* SUKACZEV

Dieser Art od. *B. pendula* s. l. wird meist die ähnl. **Sichuan-B., *B. szechuanica*** (C. K. SCHNEID.) C. A. JANSSON, mit größeren (5–12 cm lang), lederigen, dunkel blaugrünen Bl. mit einfach gesägtem Rand u. unterseits ohne Achselbärte zugeordnet (W-China, Sich., Yunn.).

16 (9). Bl. ± rund, etwa so lang wie breit od. breiter als lang, jederseits mit 2–4 Seitennerven, 0,5–1,5(–2) cm lang, Rand stumpf gekerbt (*407/1*); – Bl. dick, kahl od. anfangs etwas behaart, oberseits glänzend dunkelgrün, unterseits deutl. netznervig, Bl. stiel 1–3 mm lang; junge Zw. dicht u. fein behaart, nicht od. kaum warzig; Fr.kätzchen 0,7–1 cm lang, Nuss < 2 mm lang; V. Sz/Sp – h. Grönl., N-Eur. bis W-Sib., Alp., Karp. **Zwerg-B., *B. nana*** L.

— Bl. elliptisch bis eif. elliptisch od. verkehrt eif. bis fast rundl., länger als breit, selten fast so breit wie lang, jederseits mit (2–)4–6 Seitennerven, 1–5(–7) cm lang, Rand grob od. fein gesägt, selten ± gekerbt **17**

17. Junge Zw. steif, nicht warzig, aber meist dicht filzig behaart, z. T. verkahlend od. mit einzelnen Drüsenwarzen; Bl. elliptisch bis verkehrt eif., zuw. fast rundl., 1,5–5(–7) cm lang, 1–5 cm breit, stumpf bis abgerundet, grob gesägt od. ± gekerbt bis gesägt, Bl.stiel 2–3 mm lang, Spreite ± behaart, von fast kahl bis dicht behaart, unterseits grauweiß, deutl. netznervig, jederseits mit 2–6 Seitennerven; Fr.kätzchen 1,5–2(–3) cm lang, Nuss 1,5–2,5 mm lang; IV–V. Sk/Sg – s. N-NAm., v. a. O-Kanada, NO-USA. **Amerikanische Strauch-B., Kleine B., *B. pumila*** L.

Variiert in Grad der Behaarung u. Dichte der Drüsenwarzen, auch Verwechslungen mit der kaum aus Kultur bekannten **Drüsen-B., *B. glandulosa*** MICHX.

— Junge Zw. dünn u. zart od. steif, dicht mit Drüsenwarzen besetzt, nur fein behaart od. anfangs behaart u. bald kahl; Bl.stiel 2–7 mm lang; Spreite kahl od. anfangs etwas auf den Nerven behaart, beiderseits grün (***B. humilis* agg., Artengruppe Eurasiatischer Strauch-B.**) **18**

18. Zw. dünn u. zart, höchstens anfangs etwas behaart; Bl. elliptisch, eif. od. verkehrt eif., 1–4 cm lang, 0,6–3 cm breit, ungleich grob gesägt (*407/2*), jederseits mit 4–5 Seitennerven; Fr.kätzchen 0,5–1,8 cm lang, Nuss 1,5–2,2 mm lang; IV–V. Sk – z. M- bis O-Eur., W-Sib. bis N-Mong., Russ.-Fernost.

Europäische Strauch-B., Niedrige B., *B. humilis* SCHRANK

— Zw. steifer, fein behaart, Bl. verkehrt eif. bis breit elliptisch, ± spitz, 2–3,5 cm lang, 2–4 cm breit, fein u. regelmäßig gesägt, im unteren Drittel oft ungesägt, jederseits mit 5–6 Seitennerven; Fr.kätzchen 1,5–3 cm lang, Nuss 2,2–3 mm lang, Mittellappen der Fr.schuppen kleiner als Seitenlappen; VI–VII. Sk – s. Russ.-Fernost, SO-Sib. bis NO-China, Kor., N-Jap.
Ostsibirische Strauch-B., *B. fruticosa* PALL.

19 (8). ♂ Bltn.kätzchen durch auffällig erhabene Kätzchenschuppen knotig erscheinend; Fr.kätzchen einzeln od. traubig zu 2–3, hängend, 3–5 cm lang, (0,7–)0,8(–1,2) cm ∅, Fr.flügel etwa so breit wie Nuss; Bl. eif., elliptisch, längl., lanzettl., wenn breit eif., dann Rand ungleich grob gesägt, Bl.stiel 1,5–3,5 cm lang; Kn.schuppen kahl; Stammrinde von verschiedener Farbe, von weiß bis grauschwarz, orange, kupferfarben, dunkel- od. rotbraun (***B. utilis* agg., Artengruppe der Himalaja-B.**) **21**

— ♂ Bltn.kätzchen nicht knotig, da ihre Kätzchenschuppen nicht erhaben; Fr.kätzchen einzeln, aufrecht od. hängend, 1,5–3,5 cm lang, 0,8–1,5 cm ∅, Fr.flügel schmaler als Nuss; Bl. meist scharf gesägt, Spreite breit eif. bis 3-eckig eif., wenn schmaler, eif. bis elliptisch od. längl., dann Fr.kätzchen aufrecht u. Bl.stiel nur bis 1,5 cm lang; Kn.schuppen kahl od. seidig behaart; Stammrinde grauweiß bis -schwarz, graugelb bis gelbl. weiß od. rötl. **20**

20. Bl. eif. bis 3-eckig eif. od. breit eif., größte Breite unterhalb der Mitte, meist < 2-mal so lang wie breit, jederseits mit (7–)8–12(–15) Seitennerven (*407/3*), Rand meist scharf (doppelt) gesägt, dabei die Zähne, in die Hauptnerven enden, oft > 2-mal so lang wie der darüber liegende Zahn, Spreitenbasis gestutzt bis ± herzf., Bl. stiel 1–2,5 cm lang; Fr.kätzchen ± aufrecht bis hängend, eif., 1,5–3,5 cm lang; Kn.schuppen kahl od. dicht seidig behaart; Stammrinde grauweiß, gelbl. weiß bis weiß od. rötl., abrollend; – Bl. 5–8 cm lang, 4–6 cm breit, lang zugespitzt, beiderseits drüsig, nur auf den Nerven behaart, unterseits Achselbärte; junge Zw. kahl, aber mit Drüsenwarzen; V. Bm – h. Jap., Kor., Russ.-Fernost. **Ermans B., Gold-B., *B. ermanii*** CHAM.

— Bl. eif., elliptisch bis längl. od. lanzettl., meist > 2-mal so lang wie breit, jederseits mit (8–)10–15(–16) streng gerade verlaufenden, rippenartigen Seitennerven, Rand fein u. scharf doppelt gesägt, dabei die Zähne, in die Hauptnerven enden, oft < 2-mal so lang wie der darüber liegende Zahn, Spreitenbasis abgerundet bis gestutzt, Bl.stiel kurz, 0,7–1,5 cm lang; Fr.kätz-

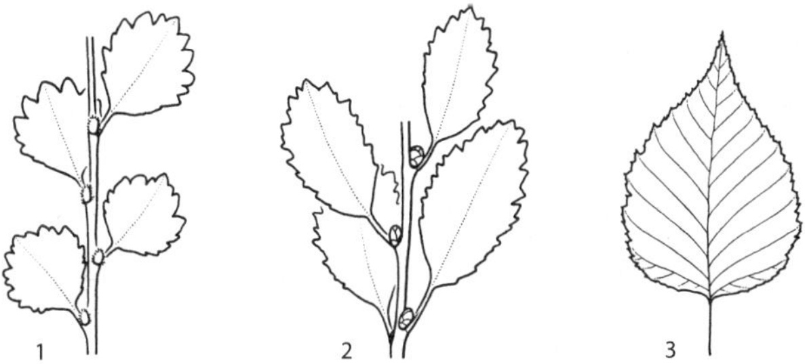
1 2 3

407/1–3 *Betula*: 1 *B. nana*, beblätterter Spross; 2 *B. humilis*, beblätterter Spross; 3 *B. ermanii*, Bl.

chen steif aufrecht, kugelig bis ellipsoidisch, 1,2–2 cm lang; Kn.schuppen kahl; Stammrinde grau, graugelb bis -schwarz, sehr dünn abrollend, im Alter Borke sich in großen Schuppen lösend; – Bl. 5–8 cm lang, 2–4 cm breit zugespitzt, derb lederig, hellgrün, oberseits oft etwas behaart, unterseits drüsig; junge Zw. nur anfangs behaart, dicht mit Drüsenwarzen besetzt; V. Bg – s. Russ.-Fernost, Kor., N-, NO-China.
Gerippte B., Korea-Birke, *B. costata* TRAUTV.

21 (19). Bl. eif. bis längl. eif., recht dünn u. kaum lederig, oberseits meist matt, nicht od. kaum glänzend, Seitennerven nur wenig od. nicht eingesenkt, meist kahl, nur unterseits an Mittelrippe u. Nerven etwas behaart, ohne Achselbärte; junge Zw. nur anfangs etwas behaart, bald kahl, mit wenigen Drüsenwarzen; Stammrinde rosa, kupferfarben bis orange, mit od. ohne weißen Reif, in ganz dünnen, teils großen Fetzen abrollend; – Bl. 5–8 cm lang, 2,5–4 cm breit, lang zugespitzt, ungleich doppelt gesägt, jederseits 9–11(–14) Seitennerven; V. Bg – h. W-, ZS- u. N-China. [*B. utilis* subsp. *albosinensis* (BURKILL) ASHBURNER & MCALL.] **Chinesische B., *B. albosinensis*** BURKILL

— Bl. eif., entw. längl. od. breit eif. bis 3-eckig eif., ± lederig u. glänzend, durch eingesenkte Seitennerven faltig, zumindest bei jungen Bl., meist etwas behaart, v. a. Mittelrippe, Nerven u./od. Rand, wenn (fast) kahl, dann zumindest unterseits mit Achselbärten; junge Zw. ± behaart, schwach bis dicht mit Drüsenwarzen besetzt; Stammrinde verschiedenfarbig, von rahmweiß über creme u. grau bis blassorange u. verschiedenen Brauntönen, quer papierdünn abrollend; – Bl. 5–8 cm lang, ca. 4 cm breit, an kräftigen Trieben bis 12 cm lang u. 8 cm breit, lang zugespitzt, grob od. fein, einfach od. doppelt gesägt, jederseits 8–13(–14) Seitennerven, Spreitenbasis gestutzt od. abgerundet bis herzf.; V. Bg – h. Himal., Afgh., W- bis N-China [incl. *B. albosinensis* var. *septentrionalis* C. K. SCHNEID.] **Himalaja-B.** i. w. S., ***B. utilis*** D. DON s. l.

Mehrere Sorten in Kultur, zumeist Auslesen aus subsp. *jacquemontii* od. Hybriden dieser Sippe:

'Doorenbos': Krone eif., kompakt, Rinde schon an 2-j. Zw. weiß, wenn Stammrinde abrollt, frische Rinde von blassoranger Farbe.

subsp. *jacquemontii* (SPACH) ASHBURNER & MCALL., **Weiße Himalaja-B.**: Stammrinde weißl., creme- bis honigfarbene od. graue Töne, oft auffallend schimmernd weiß; Bl. eif. od. breit eif. bis 3-eckig eif., anfangs wie lackiert glänzend, nicht so steif u. weniger stark lederig, Rand meist doppelt, unregelmäßig grob gesägt, Seitennerven voneinander weiter entfernt, da jederseits nur (7–)8–10(–12), an ausgewachsenen Bl. wenig eingesenkt, wodurch Bl. nur jung faltig, später ± flach, fast kahl, nur schwach seidig behaart an Mittelrippe, Nerven u. in deren Achseln; – Kn. ± harzig. W-Himal. (N-Indien, Kaschmir, Nepal).

subsp. *utilis*, Echte Himalaja-B.: Rindenfarbe oft mit brauner Tönung, aber von rahmweiß bis hellgrau, blass orange bis rot- od. schokoladenbraun, mit od. ohne weiße Bemehlung; Bl. eif. bis längl. eif., weniger stark glänzend, aber steif u. lederiger, Rand meist einfach, fein u. scharf gesägt, Zahl der Seitennerven höher, jederseits (8–)11–13(–14), u. diese eingesenkt, wodurch Bl. stärker faltig, ± behaart an Unterseite, besonders entlang Mittelrippe, Achselbärte. Himal. bis Afgh. u. W- bis N-China.

Zahl der Seitennerven deutl. geringer:

'Inverleight': Rinde rein weiß, unterseits Nerven dicht behaart, junge Zw. meist drüsenlos, dicht behaart; Bl. eif. bis breit elliptisch.

'Jermyns': raschwüchsig, Rinde bis ins Alter weiß u. lange glatt bleibend; Kätzchen auffällig lang, bis zu 17 cm.

Broussonetia Vent., **Papiermaulbeerbaum** – *Moraceae* (Bearbeiter: Ulrich Hecker)

Sommergrüne Bäume od. Sträucher mit Milchsaft; Bl. wechselst, einfach, ungelappt bis gelappt, gesägt, Nebenbl. klein, abfallend; Bltn. eingeschl., 1- od. 2-häusig, ♂ Bltn. in hängenden Ähren, ♀ Bltn. in krugf. Bltnst.; Fr. eine Steinfr., zu kugelf. Fr.verband vereinigt (*409/2a*). 11 Arten in O-As. u. Polynesien.

1. Junge Zw. purpurrot, anfangs behaart, später kahl; Bl. unterseits anfangs schwach behaart, später kahl, oberseits sehr rau, Bl.stiel 1–2 cm lang, Bl. eif., z. T. 2–3-lappig, lang zugespitzt, Basis der Bl.spreite abgerundet bis leicht herzf. (*409/1*), deutl. 3-nervig, Bl. sehr variabel in der Größe, 5–20 cm lang, 7–12 cm breit, Bl.rand fein gesägt; Bltn. 1-häusig, ♂ Bltnst. 1,5 cm lang; Fr.verband rot, 1 cm ∅, behaart. V. Sg/Bk – ss. ∧∧ Kor., M- u. S-Jap.
Japanischer P., *B. kazinoki* Siebold & Zucc.

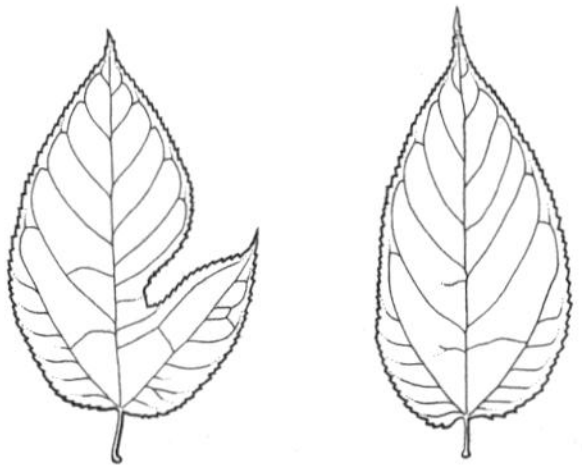

409/1 *Broussonetia kazinoki*, Bl.

— Junge Zw. stark behaart; Bl. unterseits dicht wollig behaart bis zum Bl.fall, oberseits rau, dunkelgrün, Bl.stiel 2,5–10 cm lang, Bl. sehr variabel in Form u. Größe, 7–20 cm lang (*409/2b–d*), eif. od. 3-lappig, zugespitzt, Basis der Bl.spreite abgerundet, deutl. 3-nervig; Bltn. 2-häusig verteilt, ♂ Bltnst. 6–8 cm lang; Fr.verband 2 cm ∅, orangerot bis rot. V. Sg/Bk(–Bm) – s. ∧ Myanm., China, Jap.
Chinesischer P., *B. papyrifera* (L.) Vent.

Aus dem Bast der Bäume wird feinstes Papier (Ködzōpapier) hergestellt. Auf den Südseeinseln, v. a. auf Tonga, werden aus dem Bast des Papiermaulbeerbaums durch Klopfen mit Schlegeln Tapa hergestellt, die z. B. als Textilien Verwendung finden; die Bemalung erfolgt mit Farben aus der Rinde von Mangrovepflanzen.

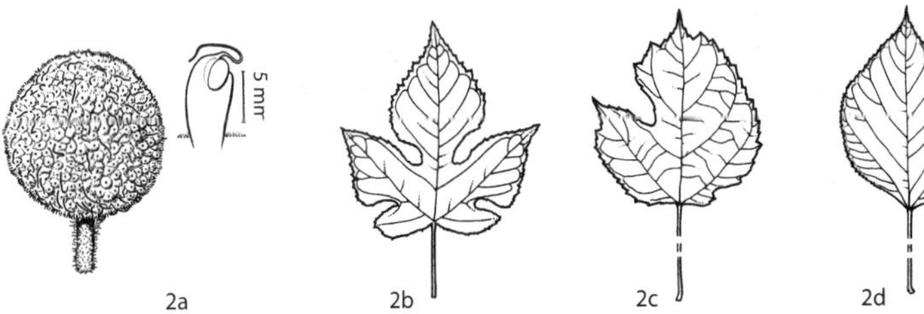

409/2 *Broussonetia papyrifera*, 2a Fr.verband (Scheinfr.) u. Einzelfr., 2b Bl., 2c u. 2d asymmetrische Bl.

Buddleja L., **Sommerflieder, Schmetterlingsstrauch** – *Scrophulariaceae* (bzw. *Buddlejaceae*) (Bearbeiter: Peter A. Schmidt)

Sommer-, winter- od. immergrüne Sträucher od. Halbsträucher, seltener Bäume od. Lianen; Zw. im ∅ rundl., ± 4-kantig od. 4-flügelig, wie die Kn., Bl.unterseite, Bl.stiele u. Bltst.achsen ± dicht mit Sternhaaren besetzt; Kn. ± nackt, zuw. von kleinen Bl. umhüllt; Bl. gegenst., nur ausnahmsweise wechselst., einfach, ganzrandig, gekerbt od. gezähnt; Bltn. in endst. od. seitenst., verlängerten kegelf. od. gestauchten bis kopfigen Thyrsen; Bltn. radiär od. schwach zygomorph, K. meist glockig, Kr. mit langer, den K. weit überragender Kr.röhre u. 4-lappigem Saum, duftend; Stbl. 4, mit der Kr. verwachsen u. meist nicht aus dieser herausragend (*410/2a*); Fr. meist 2-klappige, eif. bis längl. ellipsoidische Kapsel (*410/2d*), selten Beere, Samen geflügelt. Etwa 90 Arten, vorwiegend im trop. bis mer. bzw. austral. As. (nördl. bis N-China u. Jap.), Am. (nördl. bis S-USA, südl. bis Chile) u. Afr. (südl. bis S-Afr.).

Zw. folgender Arten können im Winter teilw. od. ganz zurückfrieren, aber die Pfl. treiben meist aus der Basis wieder aus.

1. Bl. wechselst., Bl.stiel 1–2 mm lang; Bltnst. seitenst. an vorj. Zw. – Spreite schmal lanzettl., (0,5–)3–10 cm lang, 0,2–1,3 cm breit, sich zur Spitze allmähl. verjüngend (*410/1*), spitz, stumpf od. abgerundet, Rand ganzrandig od. wellig gezähnt, oberseits stumpf dunkelgrün, unterseits durch Sternhaare weißfilzig; Bltnst. mit meist gestauchten Achsen, dicht, 1–4,5 cm lang, 1–3 cm ∅, Kr. hellviolett, lila od. purpurn, Schlund orange, Röhre 6–10 mm lang; Fr.kapsel ellipsoidisch, 5 mm lang, kahl; Zw. 4-kantig bis fast rundl. ∅; VI. Sg – h. N- bis ZS-China u. Sich.; W-China: Tibet, Qinghai.
Schmalblättriger S., *B. alternifolia* MAXIM.

— Bl. gegenst., Bl.stiel 1–10 mm lang; Bltnst. endst. od. seitenst. an diesj. Zw. **2**

2. Bltnst. mit gestauchten Achsen, ± kugelige Köpfchen von 1,5–2,5 cm ∅, diese einzeln u. lang gestielt od. in ± dichten endst. Rispen vereint; Kr. lebhaft gelb bis orange, zuw. lila getönt, od. graugelb bis -violett; Bl.rand fein gekerbt od. wellig bis nahezu ganzrandig **4**

— Bltnst. mit verlängerten Achsen, lang kegelf., 5–30 cm lang; Kr. lila, (blau) violett bis purpur(rot), rosa od. weiß, nur Schlund gelb bis orange; Bl.rand fein gezähnt od. gesägt, – Spreite anfangs beiderseits sternhaarig, später oberseits grün u. kahl, unterseits dicht weiß- bis grünl. filzig **3**

3. Zw. im ∅ rundl., Bl.stiel 5–10 mm lang, Bl. jederseits der Mittelrippe mit 8–10 Seitennerven; Kr. außen durch Sternhaare filzig; K. 3,5–5 mm lang, außen sternhaarig filzig; Fr.kapsel ellipsoidisch, 4–7 mm lang, 2–4 mm breit, sternhaarig filzig – Bl. eif. bis schmal elliptisch, 5–14 cm lang, 2–6,5 cm breit, spitz bis zugespitzt, Basis der Spreite keilf. od. am Stiel herablaufend; Bltnst. 5–15 cm lang, 2–3 cm ∅, Kr. lavendelfarben od. weiß; VII–X. Sg – ss. ∧ China: Sich., Yunn., W-China: Tibet. **Fallows S., *B. fallowiana*** BALF. f. & W.W. SM.

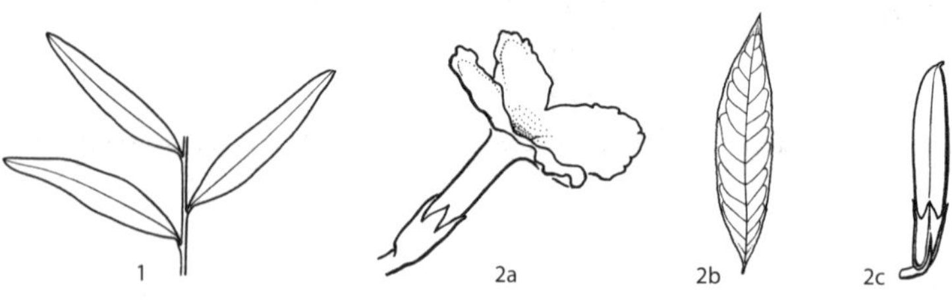

410/1–2 *Buddleja*: 1 *B. alternifolia*, Spross mit Bl.; 2 *B. davidii*, 2a Blüte, 2b Bl., 2c Fr.

— Zw. ± 4-kantig; Bl.stiel 1–5 mm lang, Bl. jederseits 9–14 Seitennerven; Kr. außen kahl od. ± behaart mit Stern- u./od. Drüsenhaaren, K. 2–3,5 mm lang, außen kahl od. ± behaart; Fr.kapsel (*410/2c*) längl. ellipsoidisch, 5–9 mm lang, 1,5–2 mm breit, kahl od. spärl. sternhaarig – Bl. schmal eif., eilanzettl. bis lanzettl., (4–)10–20(–25) cm lang, (0,5–)2–5(–7,5) cm breit, zugespitzt, Basis der Spreite keilf. (*410/2b*); Bltnst. (5–)10–30(–40) cm lang, 2–5 cm ∅, aufrecht od. übergeneigt, Kr. violett bis dunkelpurpurn, bei Sorten auch blauviolett, purpurrot, rosa od. weiß; VII–X. Sg – h. WN- u. S-China bis Sich., Yunn. u. W-China: Tibet. [*B. variabilis* Hemsl.] **Gewöhnlicher S., *B. davidii*** Franch.

Die oft als eigene Varietät ausgeschiedene **var. *nanhoensis*** (Chitt.) Rehder, Bl. lanzettl., kaum 2,5 cm breit, scharf gesägt, Kr. hellviolett, Sk, ist wohl keine eigene Sippe, sondern ein Ausschnitt aus der Variationsbreite der Art.

Die zahlreichen Sorten mit 20–40 cm langen Bltnst. weichen in der Farbe der Krone ab, besonders h sind z. B. **'Black Knight'** (purpur- bis dunkelviolett), **'Dart's Ornamental White'** (weiß), **'Empire Blue'** (hell blauviolett), **'Fascinating'** (blaurosa), **'Ile de France'** (hell blauviolett), **'Peace'** (weiß, Schlund orangegelb), **'Royal Red'** (purpurrot).

4. (2). Bltnst. lang gestielte kugelige Köpfchen, Blütezeit VI, Kr. lebhaft gelb bis orange; Pfl. winter- bis immergrün; Bl.rand wellig, nahezu ganzrandig; Zw. u. Bl.unterseite gelbl. filzig – Bl. eif. elliptisch bis eilanzettl., (3–)8–20 cm lang, oberseits runzelig, glänzend grün, kahl; VI. Sg – ss. ∧∧ Australe Zone SAm.: Anden. **Kugelblütiger S., *B. globosa*** Hope

— Kopfige Bltnst. in ± dichten Rispen vereint, Blütezeit VII–X, Kr. gelb bis orange, oft mit lila Tönung, od. Bltnkn. violett u. Kr. gelb bis graugelb od. -violett, Pfl. sommer- bis wintergrün; Bl.rand fein gekerbt bis gezähnt; Zw. u. Bl.unterseite graufilzig – Bl. eif. bis eilanzettl., 8–20 cm lang, oberseits leicht runzelig, matt dunkelgrün; VII–X. Sg – z. In Kultur entstandene Hybride *B. davidii* × *B. globosa*. ***B. × weyeriana*** Rehder

Mehrere in der Farbe der Krone abweichende Sorten, häufiger ist **'Sungold'** (leuchtend gelb bis hell gelborange).

Bupleurum L., **Hasenohr** – *Apiaceae* (Bearbeiter: Ulrich Hecker)

208 Arten. Für uns hier nur die folgende von Interesse.

B. fruticosum L., **Strauchiges H.** – Immergrüner, kahler aufrechter Strauch mit rötl. Zw.; Bl. wechselst., fast sitzend, lederig, 5–8 cm lang, verkehrt eif. lanzettl. (*411/1a*); Dolden endst., 10–25-strahlig, 7–10 cm ∅, Bltn. gelb; Fr. längl., 7–8 mm lang (*411/1b*); VII–IX. Sk – s. ∧∧ Medit.

Bltn. locken zahlreiche Insekten an.

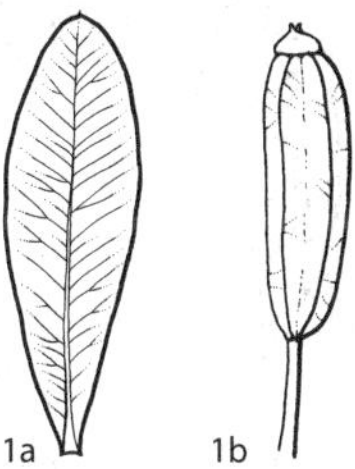

411/1 *Bupleurum fruticosum*, 1a Bl., 1b Fr. 1a 1b

Buxus L., **Buchsbaum** – *Buxaceae* (Bearbeiter: Ulrich Hecker)

Immmergrüne Sträucher od. kleine Bäume; Bl. gegenst., einfach, kurz gestielt, lederig; Bltn. eingschl., unscheinbar, ♀ Bltn. im Bltnst. endst., 6 Kbl. u. 3 Gr., ♂ Bltn. achselst., 4 Kbl. u. 4 Stbl.; Fr eine eif. Kapsel, 3-hörnig, fachspaltig aufspringend (*412/1*). Ca. 100 Arten in den Trop. u. Subtrop. sowie im nem. Euras. **G!**

1. Junge Zw. anfangs etwas behaart, später kahl, leicht 4-kantig; – Bl.stiel sehr kurz, fein behaart, Spreite elliptisch bis eif. od. längl., 1,2–2,5 cm lang, etwa halb so breit, oberseits dunkelgrün, unterseits heller, beiderseits glänzend; Bltnst. 5–6,5 mm ∅, Bltn. blassgrün mit gelben Stbl., unscheinbar; IV–V. Sg/Bk – h. Eur. bis Kauk. **Gewöhnlicher B., *B. sempervirens*** L.

Als Art u. in den unterschiedl. Wuchs- u. Blattformen sehr häufig angepflanzt. Verträgt einen ständigen Rückschnitt.

'Angustifolia': Bl. schmal längl., 2,5–3,5 cm lang.

'Bullata': Bl.groß, bis 3,5 cm lang u. 2 cm breit, breit eif. bis verkehrt eif., blasig aufgetrieben.

'Handsworthensis': Bl. groß, bis 4 cm lang, breit eirund, Bl.rand etwas kahnartig nach oben stehend.

'Myrtifolia': Bl. schmal längl. bis rhombisch, 6–18 mm lang, 4–8 mm breit; niedriger Wuchs, 1–2 m hoch werdend.

'Rotundifolia': Bl. rundl. bis breit eif., bis 2,5 cm lang u. 1,5 cm breit.

'Suffruticosa': Zwergbuchs, niedrig bleibende Form, kaum > 1 m hoch werdend; Bl. eif., 1–2 cm lang.

— Junge Zw. kahl, abgeflacht od. deutl. 4-kantig **2**

2. Triebe abgeflacht; Bl. kahl, 2–3 mm lang gestielt, Internodien meist > 1 cm lang, Spreite 3–4,5 cm lang u. 1,5–2,5 cm breit, oberseits dunkelgrün, stark glänzend, unterseits hellgrün u. schwach glänzend, am Oberende etwas ausgerandet od. gerundet (*412/2*); Bltnst. 7–10 mm ∅; Wuchs straff aufrecht; IV–V. Sg – s. ∧ NW-Afr., S-Span., Balearen. **Balearen B., *B. balearica*** Lam.

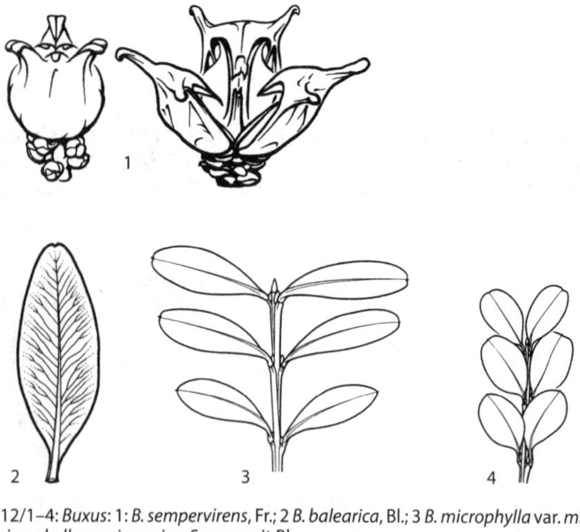

412/1–4: *Buxus*: 1: *B. sempervirens*, Fr.; 2 *B. balearica*, Bl.; 3 *B. microphylla* var. *microphylla*, Spross m. Bl.; 4 *B. microphylla* var. *japonica*, Spross mit Bl.

— Junge Zw. scharf 4-kantig; Bl. verkehrt eif. bis lanzettl. eif., 0,8–2,5 cm lang, 3–8 mm breit (*412/3*), sehr dünn, oberseits dunkelgrün, unterseits frischgrün; Bltn. an den Zw.spitzen gedrängt stehend; Wuchsform gedrungen, dicht u. feinzweigig; IV–V. Sk – s. Jap.

Kleinblättriger B., *B. microphylla* Siebold & Zucc. var. ***microphylla***

var. *japonica* (Muell.-Arg.) Rehd. & Wils., **Japanischer B.:** Bl. verkehrt eif. bis rundl. verkehrt eif., 1–2 cm lang, fast ebenso breit, Bl.spitze deutl. eingekerbt, nur selten abgerundet (*412/4*), Bl. oberseits hellgrün, unterseits gelbl. grün, im Winter ± rostfarbig; Wuchsform sparrig; IV–V. Sg – z. Jap.

var. *koreana* Nakai: junge Zw. etwas behaart; Bl. 0,6–1,5 cm lang, oberseits auf dem Mittelnerv behaart; Wuchsform dichtzweigig. Sk – s. Kor.

Callicarpa **L., Schönfrucht** – *Lamiaceae* (Bearbeiter: Bernd Schulz)

Aufrechte Sträucher, seltener Lianen od. Bäume, kultivierte Arten 1–2(–3) m hohe Sträucher; Bl. gegenst., gezähnt, oft sternhaarig; Winterkn. nackt, deckend sternhaarig, ockerfarben, Endkn. vorhanden (*415/2b* u. *252/3*), Seitenkn. mit absteigenden Beikn.; Bltn. klein, zahlreich in achselst. Zymen, Kr. mit relativ kurzer Röhre u. 4-lappigem Saum, 4 hervorragende Stbl. (*414/1–3*); Steinfr. klein, kugelf., oft auffällig violett gefärbt, 4-fächerig, mit mehlig fleischigem Mesokarp u. bis 4 entwickelten Steinkernen. Über 100 Arten v. a. im subtrop. u. trop. As. bis Austr., N- u. SAm., wenige Arten im nem. As. u. NAm. **G!**

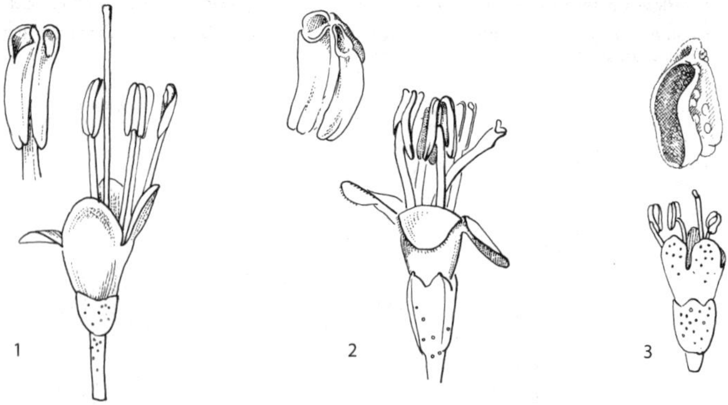

414/1–3 *Callicarpa*, Bltn. u. Staubbeutel: 1 *C. japonica*, 2 *C. bodinieri*, 3 *C. dichotoma*

1. Bl. unterseits ± dicht sternhaarig, meist länger gestielt als der Bltnst. **3**

— Bl. unterseits drüsig, nur spärl. behaart od. kahl, gleich lang od. kürzer gestielt als der Bltnst. **2**

2. Bl. erst ab der Mitte kerbig gesägt, elliptisch bis verkehrt eif., 3–6(–8) cm lang × 1–3(–4) cm breit, zugespitzt – Basis keilf., unterseits hellgrün (*415/3*); Zw. mit schuppiger Behaarung; Seitenkn. klein, sitzend; Bltn. in 1,2–2 cm breiten, kurz gestielten, etwas über der Blattachsel stehenden Zymen, mit den Stbl. bis 5 mm lang, Kr. rosa, Staubbeutel öffnen sich mit einem Längsspalt (*414/3*); Fr. kugelig, 2–3,5 mm ∅, violettlila; VIII-IX. Sk – ss. Jap., S-China, Kor., Taiw. [*C. purpurea* Juss.] **Purpur-S., *C. dichotoma*** (Lour.) K. Koch

— Bl. fast vom Grund an fein gesägt, elliptisch bis eilanzettl., 6–12 (–15) cm lang, lang zugespitzt (*415/1a*) – Zw. anfangs flaumig, bald kahl, Seitenkn. bis 8 mm lang, gestielt (*415/1b*); Bltn. in 2–3 cm breiten, kurz gestielten Zymen, mit den Stbl. 6–7 mm lang, Kr. rosa od. weißl., K. etwa 1 mm, Staubbeutel öffnen sich mit einer Pore (*414/1*); Fr. 4 mm ∅, violett; VII–VIII. Sk/Sg – s. O-As.: Jap., China, Kor. **Japanische S., *C. japonica*** Thunb.

'Leucocarpa': Form mit weißen Fr. ss.

3 (1). Bl. unterseits büschelhaarig drüsig bis kahl werdend, elliptisch bis eif., 5–12 cm lang, fein gezähnt, Stiel 1,5–2,5 cm lang (*415/2a*); Seitenkn. kurz gestielt (*415/2c*); Bltn. mit den Stbl. 7 mm lang, Kr. lila (*414/2*), K. ca. 2 mm lang; Bltnst. 1 cm lang gestielt u. 2–3 cm breit, Achsen dicht büschelhaarig; Fr. 4 mm ∅, violett; VII–IX. Sk/Sm – s (Art). O-As.: China, Vietn. [*C. giraldiana* C. K. Schneid.] **Chinesische S., *C. bodinieri*** Lév. var. ***giraldii*** (Hesse) Rehder

'Profusion': Selektion mit reicherem Fr.behang, h (mit Abstand am häufigsten kultiviert).

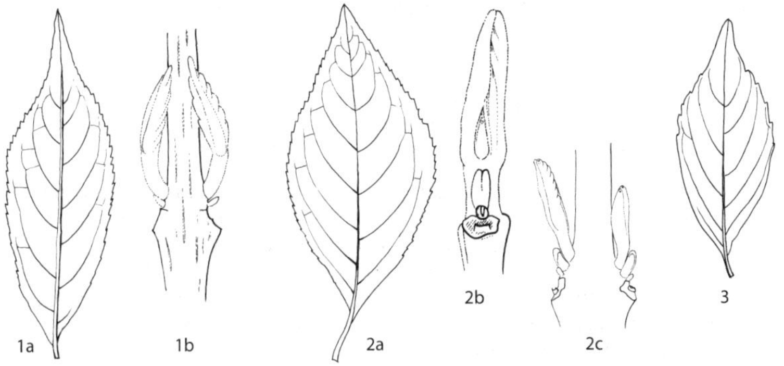

415/1–3 *Callicarpa*: 1 *C. japonica*, 1a Bl., 1b Seitenkn.; 2 *C. bodinieri*, 2a Bl., 2b Seitenkn.; 3 *C. dichotoma*, Bl.

— Bl. unterseits filzig u. drüsig, eilängl., 7–14 cm lang, gekerbt, oberseits behaart; Bltn. (ohne die langen Stbl.) 3 mm lang, in dichten, fast sitzenden Zymen, Kr. hellblau; Fr. 4–5 mm ∅, violett; V–VII. Sk – ss. O-NAm.
Nordamerikanische S., *C. americana* L.

Calluna Salisb., **Heidekraut, Besenheide** – *Ericaceae* (Bearbeiter: Bernd Schulz)

1 Art.

C. vulgaris (L.) Hull – Bltn.hülle 4-zählig, K. (im Gegensatz zu *Erica*) länger als die Kr., K. wie Kr. violettrosa (in Sorten auch weiß) gefärbt (*415/4*), K. 5–6 mm lang, nach der Blüte bleibend, Bltn. in einseitswendiger, 5–20 cm langer Traube; Bl. an der Basis geöhrt, längl., elliptisch, 1–3 mm lang, gegenst., in 4 Zeilen, sich dachziegelig deckend (*415/5*), zur Spitze röhrig zusammengelegt u. auf der Außenseite mit weißfilziger Naht; immergrün; VII–IX. Sz, kalkunverträgl. – h. Eur.–N-Afr. (Marokko), in NO- u- NW-NAm. Neophyt.

Zahlreiche Sorten mit weißen bis tief violettrosafarbenen Bltn., häufig sind sogenannte Kn.blüher, bei denen sich der farbige K. nicht öffnet.

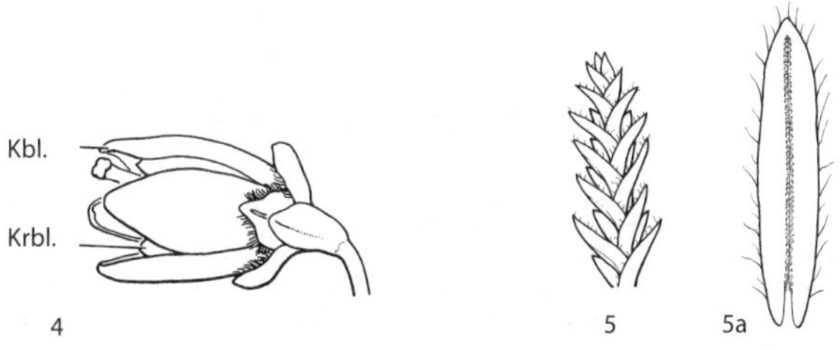

415/4–5 *Calluna vulgaris*: 4 Blüte in Seitenansicht, 5 Trieb, 5a Bl.

Calocedrus Kurz, **Flusszeder, Rauchzypresse** – *Cupressaceae*

(Bearbeiter: Peter A. Schmidt)

Immergrüne Bäume; Bl. schuppenf., dem Zw. dicht anliegend, kantenst. u. flächenst. Bl. deutl. abweichend; Bltn. eingeschl., unscheinbar, endst. an kurzen Sprossen; Zapfen 1–3,5 cm lang, reif verholzt, 3 Schuppenpaare, davon das innere zu einer Platte verwachsen, das äußere steril, das mittlere mit je 2 Samen zur Reife weit gespreizt (*416/2*). 3 Arten, je 1 in NAm., auf Taiw. u. in SO-As.

In Kultur bei uns nur:

C. decurrens (Torr.) Florin [*Libocedrus decurrens* Torr.], **Kalifornische F.** – Krone schmal säulenf. bis eif.; Zw. auffällig in einer Ebene verzweigt, Triebe mit den Schuppenbl. stark abgeflacht, beiderseits fast gleichfarbig, glänzend grün, zerrieben nach Terpentin riechend; kanten- u. flächenst. Bl. gleich lang (2–3 mm), Kantenbl. gekielt, ihre Ränder sich nicht berührend (*416/1*), Spitzen fein stachelspitzig, frei, vom Zw. abstehend, Flächenbl. breit spatelf., unterseits mit undeutl. Drüse; Zapfen längl. eif., 2–3,5 cm lang, Reife im 1. Jahr, reif hell rötl. braun, unter jeder der beiden fertilen Schuppen 2 ungleichmäßig geflügelte Samen (*416/2*). Bg – h. W-NAm. bis N-Mex.

'Aureovariegata': breit säulenf. Baum mit über die Krone verteilten goldgelb gefärbten Triebpartien.

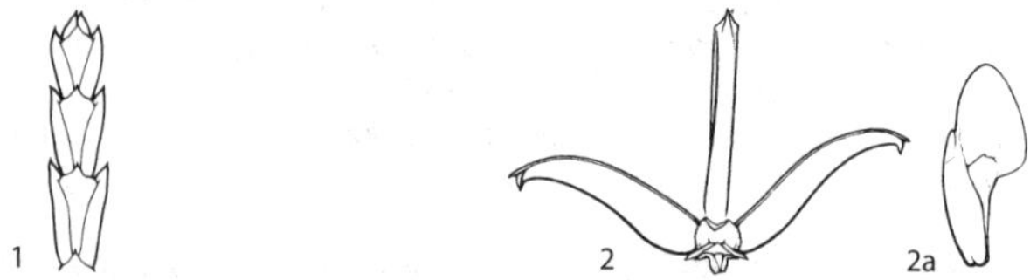

416/1–2 *Calocedrus decurrens*: 1 Trieb, 2 Zapfen, 2a Samen

Calophaca Fisch., **Schönhülse** – *Fabaceae* (Bearbeiter: Bernd Schulz)

Sommergrüne Sträucher, Halbsträucher od. Stauden; Bl. wechselst., unpaarig gefiedert, Nebenbl. mit dem Bl.stiel verwachsen, oft häutig; Bltn. in achselst. Trauben, K. röhrenf., mit 5 fast gleichen Zähnen, 9 der 10 Staubfäden miteinander verwachsen; Hülse längl., 1–2-samig. 5 Arten von O-Eur. bis ins semiaride nem. As.

C. wolgarica (L. f.) Fisch., **Wolga-S.** – Bl. mit 11–17 Blch., Blch. rundl. oval, 8–15 mm lang, stachelspitzig, unterseits behaart; Bltn. zu 4–6 in lang gestielten Trauben, bis 2,3 cm lang, Krbl. leuchtend gelb; Hülse 2–3 cm lang, drüsig behaart; VI–VII. Sk – ss. M-As.

Vielleicht nicht in Kultur ist die ähnl. **Großblütige S., *C. grandiflora*** Regel : Bl. mit 17–25 Blch., Blch. bis 2,5 cm lang; Bltn. in 10–16-bltg. Trauben, bis 2,8 cm lang, Kr. gelb. ss. M-As. (Russ.).

Calycanthus L., **Gewürzstrauch, Nelkenpfeffer** – *Calycanthaceae*

(Bearbeiter: Bernd Schulz)

Sommergrüne Sträucher; Bl. schief gegenst., einfach, ganzrandig; Kn. nur Seitenkn.: nackt, schwärzl. behaart, oft unter Tragbl.grund verborgen; Bltn. endst. an beblätterten Seitensprossen, Perigonbl. weiß od. (bräunl.) weinrot, Bltn.becher becher- bis glockenf. od. urnenf. an der Öffnung verengt, die freien Frkn. einschließend (mittelst.). Fr. Sammelfr. mit Nüsschen (wie eine Hagebutte, aber mit trockener Wand). 2 Arten in NAm. u. 1 Art in China. Ihre Hybriden sind noch kaum verbreitet, scheinen aber vielversprechende Ziersträucher. Sg.

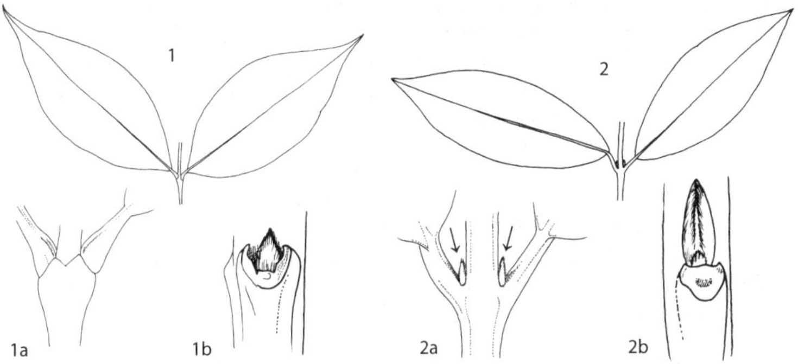

417/1–2 *Calycanthus*, Sprossknoten (a) u. Achselkn. (b): 1 *C. floridus*, 2 *C. occidentalis*

1. Perigonbl. rundl., kaum länger als breit, meist > 2 cm breit, weiß bis rosa, innen gelbl. Staminodien (*280/2*) – junge Triebe kahl; Bl. weich, hellgrün, glatt, 5–10 mm lang gestielt, breit elliptisch, 10–20 cm lang, bis > 10 cm breit, beidseitig ± glänzend, oberseits kahl, unterseits nur auf der Mittelrippe kurz behaart; Kn. unter Tragbl.grund verborgen; Bltn. 1–2 cm gestielt, breit schalenf., 7–8 cm ∅, Perigonbl. 10–12, 2,5–3 cm lang, bis 3 cm breit, am Ende etwas zurück gebogen, Stbl. ca. 20, Staminodien 5–9, 15 mm lang, hellgelb bis cremefarben, dickl., am Grund weinrot; V–VI. Sg – s. O-China (Zhejiang). [*Sinocalycanthus chinensis* (Cheng & Chang) Cheng & Chang]
C. chinensis Cheng & Chang

— Perigonbl. längl., > doppelt so lang wie breit u./od. dunkel weinrot (*280/1*) **2**

2. Perigonbl. längl. elliptisch bis lanzettl., einheitl. weinrötl. **4**

— Perigonbl. elliptisch bis leicht spatelf., meist uneinheitl. gefärbt: ein Teil weinrötl., äußere od. innere weißl. **3**

3. Äußere Perigonbl. bräunl. weinrot, innere mit weißl. Spitzen [*C. chinensis* × *C. floridus*; × *Sinocalycalycanthus raulstonii* F. T. Lass. & Fantz]
C. × raulstonii (F. T. Lass. & Fantz) B. Schulz

'Hartlage Wine': Typ der Hybride. s.

— Äußere Perigonbl. weißl., innere auf der Innenseite rötl. Ansätze [Hybride aller 3 Arten] **C. 'Venus'**

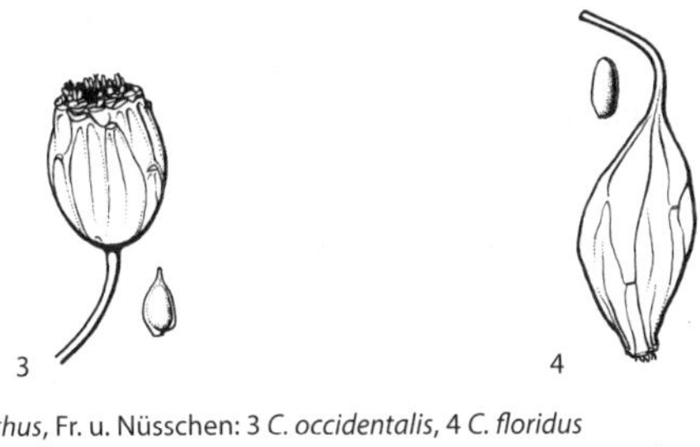

417/3–4 *Calycanthus*, Fr. u. Nüsschen: 3 *C. occidentalis*, 4 *C. floridus*

4. Kn. deutl. sichtbar, nackt, schwärzl., frei über dem Bl.grund (*417/2*); Bl. eif. bis längl. lanzettl., 8–20 cm lang, zugespitzt, Spreitengrund stumpf keilf. bis gerundet, oberseits u. unterseits gleichfarbig grün, unterseits kahl od. schwach behaart; Bltn. 5–7 cm ∅, duftend, Perigonbl. braunrot, Spitzen sich schnell gelbbraun verfärbend; Fr. becherf., am Rand nicht verengt (*417/3*); VI–VII. Sg – s–z. ∧ W-NAm. (Kalifornien).

Westlicher G., *C. occidentalis* Hook. & Arn.

— Kn. kaum sichtbar (*417/1* u. *1a*), der V-f. Tragbl.grund (später Bl.narbe) umgreift die Kn. an beiden Seiten (*417/1b*); Bl. unterseits graugrün u. dicht behaart, eif. elliptisch, 5–12(–20) cm lang, zugespitzt, am Grund keilf. bis abgerundet; Bltn. 5 cm ∅, stark duftend, Perigonbl. dunkel rotbraun; Fr. 5–7 cm lang, an der Spitze deutl. verschmälert (*417/4*); V–VII. Sg – h. O-NAm.

Karolina-Nelkenpfeffer, *C. floridus* L.

var. *glaucus* (Willd.) Torr. & Gray [*C. glaucus* Willd.; *C. fertilis* Walt.]: Bl. unterseits bläul., kahl od. spärl. behaart, eielliptisch, 6–15 cm lang, zugespitzt, Basis abgerundet; Bltn. 3–5 cm ∅, Perigonbl. grünl. purpurn bis rotbraun, schwach duftend.

var. *ferax* Rehder [*C. laevigatus* Willd.]: Bl. längl. elliptisch, unterseits grün.

Camellia L., Kamelie – *Theaceae* (Bearbeiter: Ulrich Hecker)

Immergrüne Sträucher od. Bäume; Winterkn. mit zahlreichen, sich dachziegelartig deckenden Schuppen; Bltn. ⚥, achselst., meist einzeln, selten zu 2–3, weiß bis rot, Kbl. 5 bis viele, grauweiß samtig behaart, Krbl. 5–7, am Grund etwas miteinander verwachsen; Fr.kapsel verholzt, Samen kugelf. bis kantig. Etwa 250 Arten in O- u. SO-As.

1. Bl. derb lederig, elliptisch bis eif., 6–12 cm lang u. 3–7 cm breit, am Grund gerundet od. breit keilf., oberseits glänzend dunkelgrün, unterseits heller, Rand schwach gesägt 7–12 mm lang gestielt (*418/1*); Bltn. subterminal, einzeln, sitzend, bei der Wildform 3–4 cm ∅, innere Krbl. fast aufrecht od. wenig spreizend, am Grund 0,5–1,5 cm miteinander verwachsen, rot, bei Kultivaren bis 12 cm ∅, äußere Filamente für ½–⅔ ihrer Länge zu einer Röhre verwachsen; Kapsel 2,5 cm ∅; II–IV. Sg/Bm, kalkmeidend – h. ∧∧ S-Jap., S-Kor., O-China, Taiw. **Japanische K., *C. japonica*** L. var. ***japonica***

Es sind über 20 000 Kultivare bekannt, die sich in Bltn.form, -farbe (weiß bis tiefrot) u. die Art der Gefülltblütigkeit unterscheiden.

'Alba Plena': Bltn. groß, weiß, gefüllt.

'Alba Simplex': Bltn. groß, weiß, einfach.

'Elegans': Bltn. groß, rosarot, anemonenartig.

'Fred Sander': Bltn. groß, karmin, halbgefüllt.

'Gloire de Nantes': Bltn. groß, rosarot, halbgefüllt.

'Lavinia Maggi': Bltn. groß, weiß mit roten Streifen, gefüllt.

'Nobilissima': Bltn. mittelgroß, cremefarben, paeonienartig.

'Primavera': Bltn. mittelgroß bis groß, rein weiß, dicht gefüllt.

var. *rusticana* (Honda) T. L. Ming: Bl. 5 mm gestielt, Kbl. kahl od. fast kahl, Krbl. weit spreizend, gleich den Filamenten am Grund nur kurz miteinander verbunden. SO-China, Jap.: Honshu.

418/1 *Camellia japonica*, Bl.

— Bl. dünn lederig, breit verkehrt lanzettl., schmal verkehrt eif. bis schmal längl., 3–5(–7) cm lang u. 1–3 cm breit, 2–5 mm lang gestielt; Bltn. subterminal, weiß, 4–7 cm ∅, Krbl. fast ganz frei, Filamente nur etwas am Grund verwachsen, Frkn. behaart; Kapsel eif., 1,5–2 cm ∅; XI–III. Sg/Bk, kalkmeidend – ss. S-Jap., SO-As. ***C. sasanqua*** Thunb.

In klimatisch begünstigten Gebieten sind in Spezialsammlungen mehrere Kultivare angepflanzt.

Neben den aufgeführten Arten sind gelegentl. noch ***C. oleifera*** Abel u. ***C. reticulata*** Lindl. in Kultur.

Die ökonomisch wichtigste *Camellia*-Art ist ***C. sinensis*** (L.) Kuntze, der **Teestrauch**. In Eur. wird er auf den Az. angebaut. In Georgien ist der Anbau des „Grusinischen Tees" seit der Unabhängigkeit des Landes fast zum Erliegen gekommen. Hauptanbaugebiete sind Indien, China, Sri Lanka u. Kenia.

Campsis Lour., **Klettertrompete** – *Bignoniaceae* (Bearbeiter: Bernd Schulz)

Stark wachsende, mit Haftwurzeln bis 10 m hoch (*C. radicans*) kletternde Lianen (trotzdem meist Kletterhilfen nötig); Bl. gegenst., unpaarig gefiedert, Blch. gesägt (*327/3*); Zw. ockerbraun bis rotbraun, mit vollem Mark; Kn. mit Kn.schuppen, klein u. relativ flach (*221/5*); Bltn. in endst. Rispen, groß, K. röhren- od. trichterf., 5-lappig, Kr.röhre oberhalb des K. trichterf. erweitert, ∅ deutl. breiter als hoch, 5 Krbl.zipfel, innen 4 im oberen Teil zur Mitte der Kr.röhre gebogene Stbl. (*gr.* kamptein = biegen); Fr. eine 2-fächerige Kapsel (*419/3*). 2 Arten.

1. Bltnst. lange, lockere, überhängende Rispe; Kr. breit trichterf., keine Röhre bildend, Saum bis 8 cm breit – Kr. scharlach- bis karminrot, K. etwa 3 cm lang, K.zähne über die Hälfte der K.länge; Zw. mit wenigen Haftwurzeln; Blch. unterseits kahl; VIII–IX. L (bis 6 m hoch kletternd) – ss (in milden Regionen z). ∧∧ ON- bis WS-China. [*Bignonia chinensis* Lam.; *B. grandiflora* Thunb.]
Chinesische K., *C. grandiflora* (Thunb.) K. Schum.

— Bltnst. steif, die Zw.ausrichtung fortsetzend od. aufgerichtet; Kr. eine deutl. Röhre bildend, K.zähne meist < ½ K.länge (*419/1–2*) – Blch. unterseits auf den großen Nerven bleibend abstehend behaart **2**

2. Bltnst. kurz, kompakt, bis 10 cm lang, auch an überhängenden Zw. Bltnst.-achse aufstrebend; Bltn. 7–9 cm lang, Kr. zum Ansatz dünn röhrenf., Hauptteil von der Seite gesehen bis zum Röhreneingang gleich hoch u. nicht erweitert, Eingang 12–14 mm hoch u. 18–22 mm breit, Saum 3,5–4 cm hoch u. 4–5 cm breit, innen zuw. deutl. dunkler, K. 20–27 mm lang, davon K.zähne 5–8 mm, etwa ¼–⅓ der K.länge (*419/1*) – Kr. gelb, scharlach- od. karminrot; Zw. in Knotennähe mit sprossbürtigen Haftwurzeln; Bl. 30–45 cm (z. T. > 50 cm)

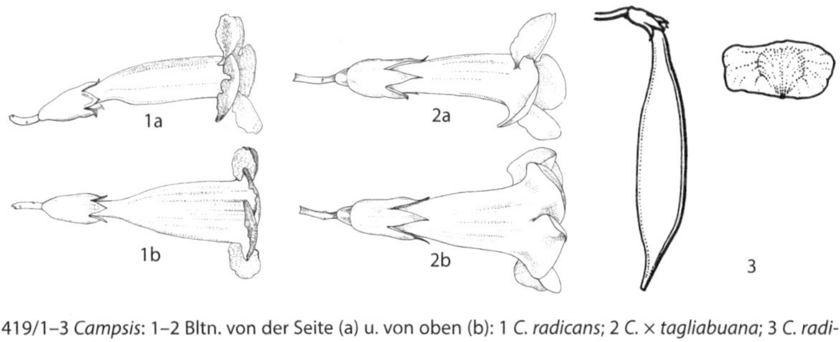

419/1–3 *Campsis*: 1–2 Bltn. von der Seite (a) u. von oben (b): 1 *C. radicans*; 2 *C.* × *tagliabuana*; 3 *C. radicans*, Fr. u. Samen

lang, Blch. bis etwa 11(–15) cm lang u. 5 cm breit, unterseits besonders auf den Nerven behaart; VII–IX. L – h. O- u. Z-NAm. [*Bignonia radicans* L.; *Tecoma radicans* (L.) DC.] **Amerikanische K., *C. radicans*** (L.) BUREAU

'Flava': Kr. gelb bis hell orangegelb, Bl. hellgrün. h.

— Bltnst. lockere, (10–)15–20 cm lange Rispen, Bltnst.achse die Zw.richtung fortsetzend u. nur an der Spitze leicht aufgerichtet; Bltn. 7–8 cm lang, der dünnere Kr.röhrenansatz im K. verborgen u. Kr.röhre in der Seitenansicht unter der Öffnung trichterf. erweitert, Röhrenöffnung etwa 15 mm hoch u. 25 mm breit. Saum 4–4,5 cm hoch u. etwa 5,5 breit (*419/2*); K. > 30 mm lang, K.zähne längl., > $^1/_3$ der K.länge; Zw. u. Bl. ähnl. voriger Art; VII–IX. L (bis 8 m) – h. ∧ Kultur. [*C. grandiflora* × *C. radicans*] ***C.* × *tagliabuana*** (VIS.) REHDER

'Indian Summer': Etwas schwächer wachsend; Kr. orangegelb, Saum orangerot, Maße wie oben beschrieben. s–z.

'Madame Galen': Stark wachsend; Kr. außen orange, Saum innen rot gefärbt, breiter. h.

Caragana FABR., **Erbsenstrauch** – *Fabaceae* (Bearbeiter: Bernd Schulz)

Sommergrüne Sträucher, seltener kleine Bäume; Winterkn. (End- u. Seitenkn.) mit Kn.schuppen (*226/1; 229/3*); Sprosssystem meist in Lang- u. Kurztriebe gegliedert; Bl. wechselst., an Kurztrieben rosettig genähert, paarig gefiedert, Blch. ganzrandig, Bl.spindel (inkl. Bl.stiel) u. kleine Nebenbl. oft bleibend u. zuw. verdornend; Bltn. einzeln od. zu mehreren an Kurztrieben, K. röhren- od. glockenf., Zähne fast gleich groß, Krbl. meist hell bis goldgelb od. orangegelb, zuw. rötl. violett überlaufen (v. a. im Verblühen), seltener (rosa bis) weiß, 9 der 10 Staubfäden miteinander verwachsen; Hülse linealisch, zylindrisch, zuw. abgeflacht, mehrsamig, Hälften sich nach dem Öffnen oft verdrehend (*421/10*). 80 Arten von O-Eur. bis O-As., Hauptverbreitung im semiariden nem. As. **G!** (besonders Samen).

1. Bl. wenigstens z. T. mit 6 od. mehr Blch. (*421/1, 4* u. *6*) **4**

— Bl. mit 4 Blch. (*421/2, 3* u. *5*) **2**

2. Blch. in 2 deutl. voneinander entfernten Paaren, – keilf. bis verkehrt eif., 1–3,5 cm lang, mit vortretender Nervatur, Nebenbl. meist dornig, Bl.stiel u. Rhachis zuw. stehen bleibend u. verdornend, ca. 2 cm lang; Bltn. 2–3 cm lang, Krbl. anfangs hellgelb, sich verblühend relativ stark rötend (v. a. Schiffchen u. Fahne innen); V. Sk – ss. O-As.: China, Kor., in Jap. Neophyt. [*C. chamlagu* LAM.] **Chinesischer E., *C. sinica*** (BUC'HOZ) REHDER

— Blch. an der Spitze des Bl.stiels fingerf. zusammengedrängt **3**

3. Blch. 1,5–2,5 cm lang, ≥ 8–10 mm breit, verkehrt eif. bis längl. verkehrt eif., Nebenbl. oft verdornend (*421/3*); – Krbl. gelb, 2–2,5 cm lang, Öhrchen der Flügels höchstens ½ so lang wie der Nagel (*421/9a*), K. glockenf. (ca. 7 mm

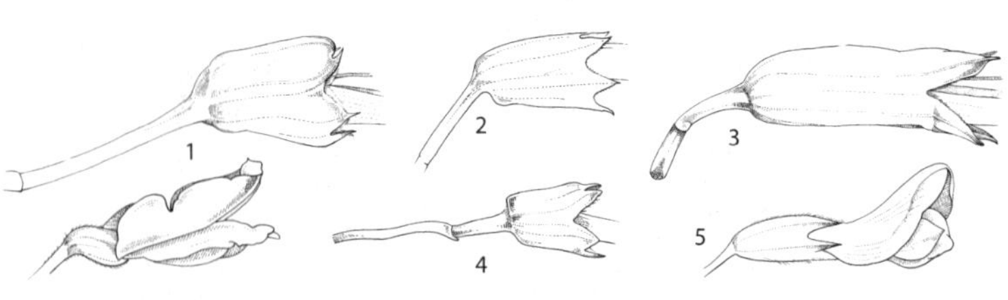

420/1–5 *Caragana* (K. 1–4 proportionsgerecht): 1 *C. arborescens*, 1 Blüte u. K.; 2 *C. frutex*, K.; 3 *C. spinosa*, K.; 4 *C. aurantiaca*, K.; 5 *C. jubata*, Blüte

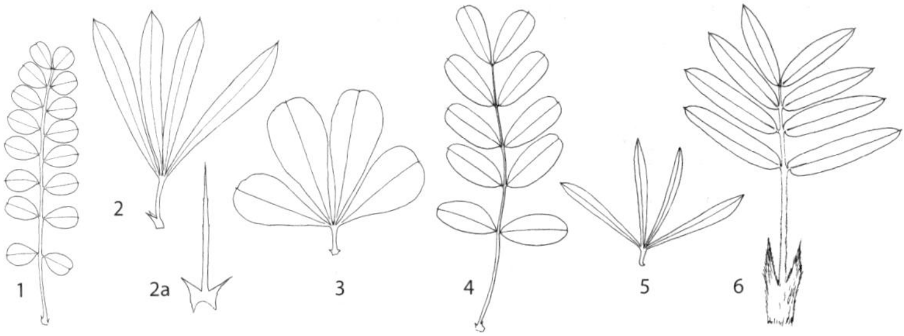

421/1–6 *Caragana*, Bl.: 1 *C. microphylla*; 2 *C. spinosa*, 2a Bl.spindeldorn; 3 *C. frutex*; 4 *C. arborescens*; 5 *C. pygmaea*; 6 *C. jubata*

lang bei 5 mm Höhe, *420/2*); Fr. zylindrisch, ca. 3 cm lang; V. Sk – s. SO-Eur., Kauk. bis M-As. u. Sib. **Busch-E., *C. frutex*** (L.) K. Koch

— Blch. 7–15 mm lang, 2–3 mm breit, linealisch bis verkehrt lanzettl., Bl.stiel u. Rhachis meist verdornend, 5–8 mm lang, Nebenbl. verdornend (*421/5*); – Bltn. 2 cm lang, Krbl. gelb, Fahne zuw. außen schwach rötl. überlaufen, Öhrchen der Flügel sehr kurz, nur etwa 1/5 so lang wie der Nagel (*421/7a*), Frkn. seidenhaarig; V–VI. Sk – s. M-As., Sib. u. N-China. **Zwerg-E., *C. pygmaea*** (L.) DC.

Schwieriger Komplex in Kultur kaum zu trennender Arten. ***C. aurantiaca*** Koehne, der **Orangeblütige E.:** Blch. nur 1–2 mm breit; Fahne außen oft rötl. überlaufen, K. kurz u. breit glockenf. (*420/4*), Öhrchen der Flügel 2/3 so lang wie der Nagel, Frkn. kahl (*421/8a*); V–VI. Sk (relativ flach liegend) – s. M-As.

4 (1). Bl.spindeln im Herbst abfallend (nur Bl.grund mit Nebenbl. bleibend) . . . **6**

— Bl.spindel im Herbst bleibend (im Sommer sichtbar an älteren, mehrj. Zw.) **5**

5. Bl.spindeln starr u. dornig, bis 3,5 cm lang, dünn, visuell kaum auffallend, wie die Nebenbl. ± kahl (*421/2*); Kr. gelb. – Blch. 4–8, keilf., 10–15 mm lang, nur unterseits etwas behaart, Nebenbl. ± stechend; Bltn. 2–2,5 cm lang, K. röhrig: mit K.zähnen ca. 13 mm lang bei 4 mm ∅ (*420/3*); IV–VI. Sk – ss. OM-As., Mong., Sib. **Dorniger E., *C. spinosa*** (L.) DC.

— Bl.spindeln borstig, abstehend behaart, Nebenbl. dicht zottig behaart (*421/6*); kahle Spindeln ältere Zw. dicht abstehend bekleidend (Name!); Kr. zartrosa, später fast rein weiß – Blch. 8–12, 10–15 mm lang, dicht wollig behaart; Bltn. 3–4 cm lang, K. glockig röhrig: ca. 12 mm lang bei 6 mm ∅ (*420/5*); V–VI. Sk – ss. Mont. OM-As. bis NO-As. u. nördl. S-As. **Mähnen-E., *C. jubata*** (Pall.) Poir.

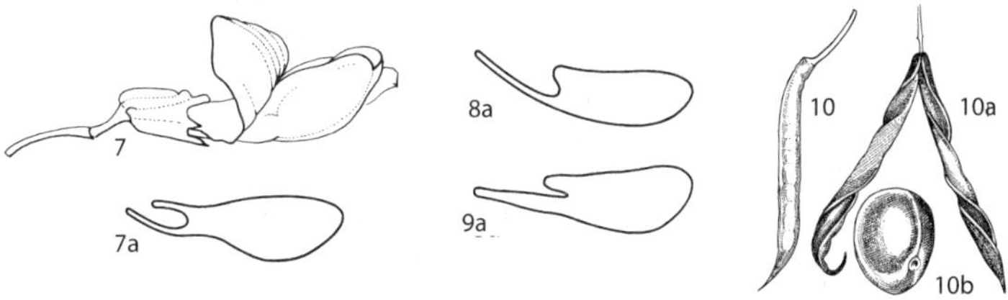

421/7–10 *Caragana*: 7 *C. aurantiaca*, 7a Flügel; 8a *C. pygmaea*, Flügel; 9a *C. frutex*, Flügel; 10 *C. arborescens*, Fr., 10a offen, 10b Samen

6 (4). Blch. meist zu 8–10, 1–2,5 cm lang, elliptisch bis verkehrt eif., abgerundet u. stachelspitzig, anfangs beiderseits lang behaart, oberseits verkahlend, unterseits spärl. behaart od. kahl, Nebenbl. nur selten verdornend (*421/4*); Bltn. 1,5–2 cm lang, Kr. gelb, K. glockenf.: ca. 7 mm lang bei 5–6 mm Höhe (*420/1*); V–VI. Sg – h. NO-As. **Gewöhnlicher E., *C. arborescens*** Lam.

'Lorbergii': Blch. schmal linealisch, bis 3 cm lang u. 5 mm breit. z.

'Pendula': Zw. abwärts wachsend; gewöhnl. als Hängebaum hochstämmig veredelt. z.

— Blch. 12–18, verkehrt eif., 3–8 mm lang, anfangs fein seidig behaart, Nebenbl. meist dornig (*421/1*); Kr. rötl. gelb, 2 cm lang; V–VI. Sk – ss. NO-As. **Kleinblättriger E., *C. microphylla*** Lam.

Carpenteria Torr., **Buschanemone** – *Hydrangeaceae* (Bearbeiter: Bernd Schulz)

1 Art.

C. californica Torr. – Immergrüner Strauch mit meist kantigen Zw.; Bl. etwas lederig, kurz gestielt, schmal elliptisch bis längl. lanzettl. (*422/1*), 4–12 cm lang, ± ganzrandig, oberseits frischgrün, unterseits durch dicht anliegende feine Behaarung weißl. blaugrün; Bltn. zu wenigen in endst. Trauben bis Schirmtrauben, weiß, duftend, 5–7 cm breit, 5-zählig (die Endbltn. auch 4- od. 6-zählig), Stbl. zahlreich (bis > 100), Frkn. oberst.; VI–VII. Sk – ss. ^^ W-NAm. (Kalifornien, SW-Fuß Sierra Nev.).

422/1 *Carpenteria californica*, Bl.

Carpinus L., **Hainbuche** – *Betulaceae* (Bearbeiter: Bernd Schulz)

Sommergrüne Bäume od. Sträucher; Bl. 2-zeilig, einfach, meist doppelt gesägt, mit hinfälligen Nebenbl.; ohne Endkn. (*423/1a*), Seitenkn. oft am Zw. anliegend mit 16–22 stipularen Kn.schuppen, diese 4-zeilig stehend; ♂ Bltnst. hängende Kätzchen (*423/1b*), im Frühjahr aus Winterkn. (*423/1a*), in Achsel schuppenf. Hochbl., ♂ Blüte mit (abhängig von der Lage im Bltnst.) 2–18 2-teiligen Stbl. mit Haarschopf (Bltn.hülle u. weitere Bl. fehlend), ♀ Bltn. zu 2 in Achsel eif. hinfälliger Hochbl. in lockeren Ähren (*423/1c*), Blüte mit ovalem od. gelapptem Tragbl. (z. T. mit verwachsenen Vorbl.), später zu eif. od. 2–3-teiliger, deutl. geaderter Fr.hülle/Hochbl. verwachsend (*424/1–6*); Fr. 1-samige flach eif., gerippte Nuss. Etwa 30–40 Arten in Holarkt.: Schwerpunkt in O-As., 2 Arten in Eur., je 1 Art in N- u. MAm.

1. Bl. jederseits mit 15–24 Seitennerven (*423/6* u. *7*); Fr.hülle nicht gelappt, an der Basis eingerollt od. mit Gegenschuppe (*424/5* u. *6*); ♀ Bltn. mit weißen od. rötl. Narben; Stammrinde rau (**Sekt. *Distegocarpus***) **5**

— Bl. jederseits mit bis zu 15 Seitennerven (*423/3–5*); Fr.hülle ungelappt od. mit 1–3 basalen Seitenlappen (*424/1–4*); ♀ Bltn. mit weinroten Narben; Stammrinde glatt (**Sekt. *Carpinus***) **2**

2. Bl. 4–10 cm lang, 2,5–5 cm breit, Fr.hülle wenigstens 1-seitig gelappt **4**

— Bl. kleiner, 2,5–5 cm lang, Fr.hülle eif., unregelmäßig gesägt, zuw. auf einer Seite mit einem kleinen Lappen – Fr.ähre bis 6 cm lang **3**

3. Fr.hülle eif., auf beiden Seiten grob u. unregelmäßig gesägt (*424/1*) – Bl. klein, 2,5–5 cm lang, 1,3–2,5 cm breit, eif., scharf u. doppelt gesägt, oberseits glänzend dunkelgrün, beiderseits auf dem Mittelnerv fein behaart, Bl.stiel bis 0,6 cm lang, behaart (*423/5*); Fr.kätzchen 3–6 cm lang. Sg/Bk – s. SO-Eur. bis Kl.-As. [*C. duinensis* Scop.] **Orientalische H., *C. orientalis*** Mill.

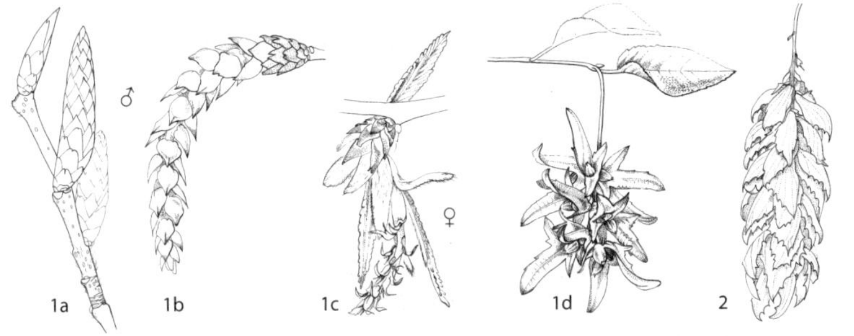

423/1 *Carpinus*: 1 *C. betulus*, 1a Zw. mit ♂ Bltnst.kn., 1b ♂ Bltnst., 1c ♀ Bltnst, 1d Frst.; 2 *C. japonica* Frst.

— Fr.hülle um 17 mm lang u. 7 mm breit, meist nur auf einer Seite gesägt, am Ansatz zuw. mit größeren lappenartigen Zähnen (*424/2*). Bk – ss. O-China, Kor., Jap. [*C. coreana* Nakai] **Koreanische H., *C. turczaninowii*** Hance

4. Bl. elliptisch bis spitz eif., 5–10 cm lang, gleichmäßig scharf u. doppelt gesägt, oberseits schwach behaart, unterseits Mittelnerv behaart, Achselbärte, Bl.stiel 0,6–1,3 cm lang, behaart (*423/4*); Fr.kätzchen 8 cm lang, Fr.hülle 3-lappig, Seitenlappen kleiner, ungleich, oft nur 1-seitig gesägt (*424/3*). Bk – ss. O-NAm. [*C. americana* Michx.] **Amerikanische H., *C. caroliniana*** Walt.

— Bl. elliptisch bis eif., 4–9 cm lang, zugespitzt, Basis der Bl.spreite abgerundet bis herzf., Bl. ungleichmäßig od. doppelt gesägt, jederseits mit 10–13 Seitennerven, oberseits dunkelgrün, anfangs auf Mittelnerv behaart, unterseits auf den Nerven behaart, später kahl, Bl.stiel 0,6–1,3 cm lang (*423/3*); Fr.kätzchen 7–14 cm lang (*423/1a* u. *b*), Fr.hülle 3-lappig, Mittellappen 2,5–4 cm lang, fast ganzrandig od. schwach gesägt (*424/4*); Stamm deutl. spannrückig. Bm/Bg – h. Eur. **Europäische H., *C. betulus*** L.

'Fastigiata': Wuchs regelmäßig schwach kegelf., bis 15 m. h.

'Columnaris': Wuchs breit säulenf. eif., bis 12 m. s.

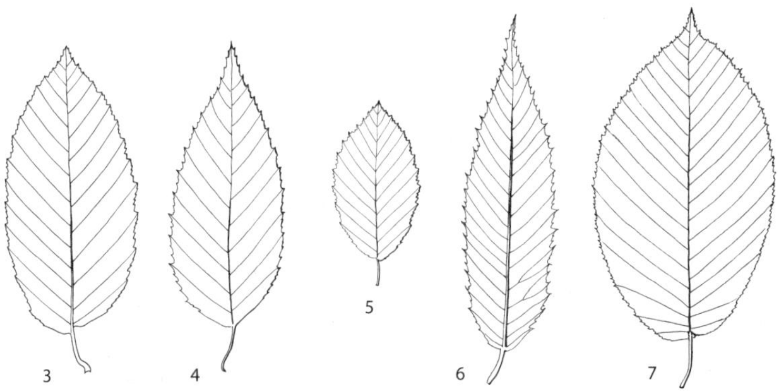

423/3–7 *Carpinus*, Bl.: 3 *C. betulus*; 4 *C. caroliniana*; 5 *C. orientalis*; 6 *C. japonica*, 7 *C. cordata*

'Frans Fontaine': schlank säulenf. eif., bis 8 m. Bk – z.

'Monumentalis': schmal säulenf., klein bleibend (bis 6 m); Laub gelbgrün. z.

'Pendula': Zw. ± überhängend. z.

'Quercifolia': Bl. zieml. klein, ± tief gelappt, Bl.lappen breiter abgerundet u. gesägt, oft einzelne Zw. mit normalen Bl. z.

'Purpurea': Bl. anfangs ± rötl. grün. s.

5 (1). Bl. jederseits mit 15–20 Seitennerven, breit eif., zugespitzt, Basis der Bl.spreite herzf., Bl. 6–14 cm lang, 4–8 cm breit, ungleich od. doppelt gesägt, beiderseits auf dem Mittelnerv behaart, Bl.stiel 1,3–2 cm lang (*423/7*); Fr.kätzchen 6–8 cm lang, Fr.hülle 2,5–3 cm lang, an der Basis eingerollt, an der Spitze gesägt, die Fr. umschließend (*424/5*). Bk/Bm – ss. O-As: Fernost, S- u. O-China, Jap., Kor. **Herzblättrige H., *C. cordata*** Blume

— Bl. jederseits mit 18–24 Seitennerven, längl. eif., 5–11 cm lang, 2–4,5 cm breit, scharf u. oft doppelt gesägt, oberseits dunkelgrün, nur auf dem Mittelnerv behaart, Nerven tief eingesenkt, unterseits auf Nerven behaart, Achselbärte, Bl.stiel 0,6–1,3 cm lang, behaart (*423/6*); Fr.kätzchen 5–6 cm lang (*423/2*), Fr.hülle 1,5–2 cm lang, an der Basis 1-seitig umgeschlagen, mit kleiner, die Fr. bedeckender Gegenschuppe (*424/6*). Bm – ss. Jap. **Japanische H., *C. japonica*** Blume

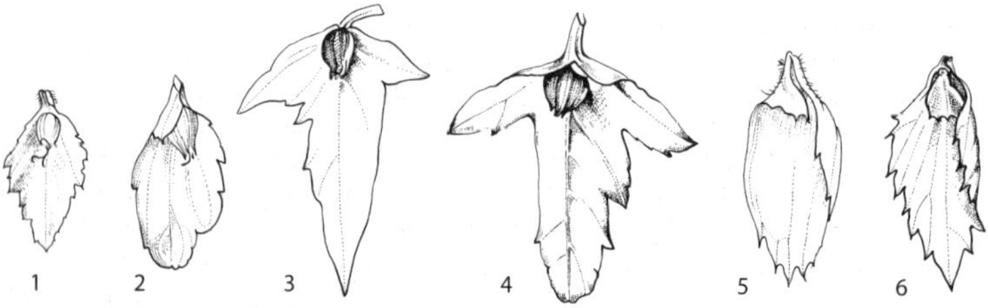

424/1–6 *Carpinus*, Hochbl. mit Fr. (Nuss): 1 *C. orientalis*; 2 *C. turczaninowii*; 3 *C. caroliniana*; 4 *C. betulus*; 5 *C. cordata*; 6 *C. japonica*

Carya Nutt., **Hickory** – *Juglandaceae* (Bearbeiter: Horst Schaarschmidt)

Bis 40 m hohe, langschäftige Bäume mit meist schlanker Krone; Borke oft struppig; Zw. mit vollem Mark; Kn.schuppen klappig od. dachziegelig angeordnet; Bl. mit (3–)5–17(–19) Blch., von der Spitze zur Basis kleiner werdend; ♂ Bltnst. (Kätzchen) meist 3 Ähren an gemeinsamer Achse, an dies- od. vorj. Zw., ♂ Bltn. mit 3–10(–15) Stbl., ♀ Bltn. zu 3–10 in endst., ± aufrechten Ähren mit 2 kurzen, gelbgrünen, zottigen Narbenästen; Fr. steinfr.ähnl. mit zur Reife (3–)4(–6)-teilig aufspaltender Außenschale (entlang vorgeprägter, vertiefter od. ± schmal geflügelter Trennnähte); Nuss meist glatt od. rau; Samen essbar, aromatisch herb, selten bitter. 18 Arten, im östl. NAm. (11) u. SO-As (7).

1. Endkn. längl. lanzettl. pyramidal, Kn.schuppen 4–6, klappig (Ränder aneinanderstoßend, sich aber nicht überlappend); Blch. 7–17, zuw. ± sichelf.; die bis 2 mm dicke Außenschale der Fr. zumindest zur Spitze oft entlang der Segmentränder flügelig gekielt (**Sekt. *Apocarya***) **2**

— Endkn. eif. od. kegelf., Kn.schuppen > 6, dachziegelig (Ränder überlappen sich); Blch. 3–9, nicht sichelf.; die bis 10 mm dicke Außenschale der Fr. normalerweise nicht gekielt entlang der Segmentränder (**Sekt. *Carya***) **3**

2. Blch. (7–)9–15(–17), meist sichelf. gekrümmt u. asymmetrisch; Außenschale der Fr.: Trennnähte flügelf., von der Spitze bis zum Ansatz laufend, zwischen den Nähten ± abgeflacht; Nuss längl. eif. bis etwas zylindrisch; Kn. behaart, schmutziggelb, grau od. schwärzl; V. Bg – s. südl. Z-NAm. bis nördl. Z-Mex.
Pekannuss, Olivenfrüchtige Hickory, *C. illinoinensis* (Wangenh.) K. Koch

Über 500 Kultivare. Staatsbaum von Texas.

Ähnl.: **Wasser-H., Sumpf-H., Bitter-Pekan, *C. aquatica*** (F. Michx.) Elliott: Borke in Streifen od. Platten abschälend; Kätzchenbüschel bis 2 cm lang gestielt; Nuss seitl. abgeplattet, kantig, rissig, rau, dunkelbraun; V. Bm – ss. SO-NAm.

— Blch. (5–)7–9(–11), nicht sichelf. u. kaum asymmetrisch (*425/1*); Außenschale der Fr.: Trennnähte von der Spitze bis zur Mitte flügelf., herablaufend, zwischen den Nähten nicht od. kaum abgeflacht (*425/2*); Nuss fast kugelig mit kurzer, stechender Spitze; Kn. schwefelgelb bis gelbbraun; häufiger als die vorige Art; V. Bg – z. O-NAm. bis NO-NAm.
Bittere H., Bitternuss, *C. cordiformis* (Wangenh.) K. Koch

3 (1). Endkn. (5–)6–12(–15) mm lang; Zw.enden dünn, oft rötl. braun; Fr. oft birnf. mit deutl. verschmälerter (oft wie gestielter) Basis; Nuss nicht od. wenig kantig; Habitus auffällig schlank; vielgestaltiges Agg.; V. Bg – s. O-NAm. [incl. *C. ovalis* (Wangenh.) Sarg.]
Glattblättrige H., Ferkelnuss, Sweet Pignut, *C. glabra* (Mill.) Sweet

Ähnl.: **Muskat-H., *C. myristiciformis*** (F. Michx.) Elliot: Trennnähte der Fr.schale geflügelt; Borke abschälend; Bl. unterseits u. Fr. dicht mit bronzef. Schuppenhaaren bedeckt; Nuss drall, rötl. braun, gelbbraun gefleckt; V. Bm – ss. Südöstl. Z-NAm. bis Z-Mex.

— Endkn. (8–)10–20 mm lang; Zw. enden kräftig, gelb- od. dunkelbraun; Fr. kugelf. od. breit eif., Nuss meist kantig; Pfl. mäßig schlank, Krone breiter ... **4**

4. Stamm u. stärkere Äste nicht struppig, Borke nur gerippt u. gefurcht, Borkenteile nicht abspreizend; Bch. 7–9, unterseits wie Bl.spindel, 1-j. Zw. u. Endkn. dicht einfach- u. büschelhaarig, Bl. beim Zerreiben aromatisch duftend, Bl.-spindeln im Herbst abfallend; Endkn. bis 2 cm lang, dickl., äußere Schuppen im Herbst abfallend u. 2 innere, seidig glänzende Schuppen sichtbar; Nuss gerundet bis undeutl. längskantig; V. Bm – s. O-NAm. bis SO-NAm.
Filzige H., Spottnuss, *C. tomentosa* (Poir.) Nutt.

— Stamm u. stärkere Äste durch beidendig abspreizende Borkenteile struppig; Blch. (3–)5–7(–9), beim Zerreiben nicht aromatisch duftend, beim herbstl.

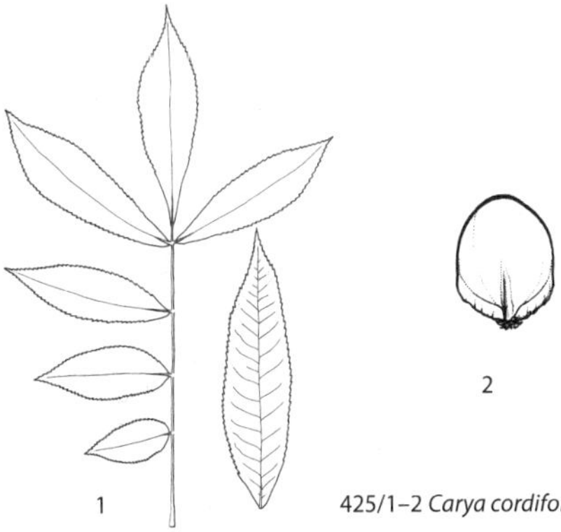

2

1

425/1–2 *Carya cordiformis*: 1 Bl. u. Blch., 2 Fr.

Laubfall nur Blch. abfallend, Bl.spindeln bis zum nächsten Sommer bleibend; Endkn. meist kleiner, gelegentl. aber auch länger, äußere Schuppen zuw. welkend, aber ausdauernd; Nuss deutl. 4(–6)-längskantig **5**

5. Blch. meist 5, Rand anfangs bewimpert, später mit bleibenden pinselähnl. Haarbüscheln unterhalb der Zahnspitzen; 1-j. Zw. dunkelrötl. bis graubraun, dicht behaart, nicht derb u. kantig; Fr. bis 4 cm lang u. bis 40 Gramm schwer, halbkugelig bis verkehrt eif., Außenschale bis 6 mm dick; Nuss bis 2,5 cm lang, gedrungen, weißl.; V. Bg – z. O-NAm. (außer Florida).

Schindelborkige H., Eiförmige H., *C. ovata* (Mill.) K. Koch var. ***ovata***

— Blch. meist 7, Rand ohne pinselähnl. Haarbüschel unterhalb der Zahnspitzen; 1-j. Zw. blass orangegelb, meist etwas samtig, derb u. kantig. Fr. bis (5–)6 cm lang u. bis 80 Gramm schwer, fast kugelig u. entfernt apfelähnl., Außenschale bis 10 mm dick; Nuss bis 4 cm lang, oft beidendig spitz, gelbl.; V. Bg – z. NO-NAm. bis SO-Z-NAm. (Texas).

Großfrüchtige H., Königsnuss, *C. laciniosa* (F. Michx.) W. P. C. Barton

Caryopteris Bunge, **Bartblume** – *Lamiaceae* (Bearbeiter: Bernd Schulz)

Kleine Sträucher; Bl. gegenst., ± gezähnt, sommergrün; Bltn. in achselst. Thyrsen, K. glockig, tief 5-spaltig, nach dem Verblühen größer werdend (*426/2b*), Kr. kurzröhrig mit 5 Zipfeln, 1 Zipfel breiter u. bartartig gefranst (Name!, *426/1b*), 4 weit hervorragende Stbl.; Spaltfr. unreif ungeteilt, 4-kantig, zerfällt zur Reife in 4 Klausen, als 1-samige Teilfr. (*426/2c*). Etwa 10 Arten in O-As.

1. Bl. eilanzettl. bis lanzettl., bis 8 cm lang u. 2,5 cm breit, Basis abgerundet, im unteren Viertel am breitesten, zur Spitze sich gleichmäßig verschmälernd, ganzrandig od. mit jederseits 1–4 groben Zähnen (*426/1a*), oberseits dunkelgrün, matt glänzend, unterseits graugrün, kurz filzig; Bltn. in schlanken Thyrsen aus den Achseln der oberen Bl., Kr. leuchtend blau; IX–X. Sk – h (in Sorten). [*C. incana* × *C. mongholica* Bunge]

Clandon-B., *C.* × *clandonensis* Simmonds

'Arthur Simmonds': Typ der Hybride. s. ∧

'Heavenly Blue': Kr. intensiv tiefblau, besonders reich u. lange blühend. h.

'Kew Blue': wie 'Heavenly Blue', aber Kr. noch dunkler blau. z.

— Bl. eif., bis 7 cm lang u. 3,5 cm breit, Basis breit keilig, erst von der Mitte an schmaler werdend, jederseits mit 3–8 groben Zähnen (*426/2a*), oberseits dunkelgrün, unterseits graufilzig; Bltn. in dichten, achselst. Thyrsen, Kr. violettblau; IX–X. Sk – z. ∧ O-As.: China, Jap., Kor. [*C. tangutica* Maxim.]

Graufilzige B., *C. incana* (Thunb.) Miq.

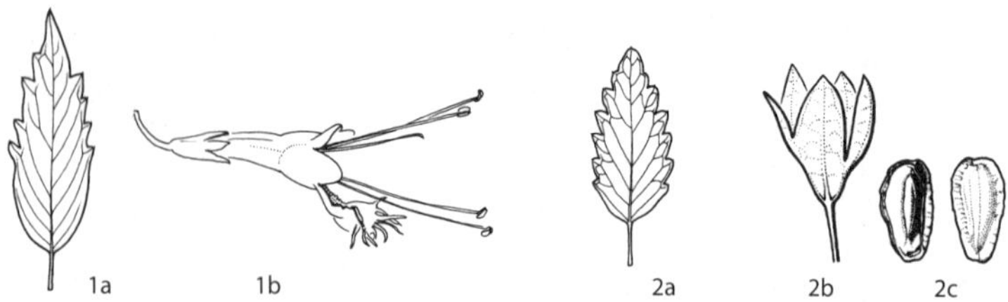

426/1–2 *Caryopteris*: 1 *C.* × *clandonensis*, 1a Bl., 1b Blüte; 2 *C. incana*, 2a Bl., 2b Fr.kelch, 2c Klausen

Cassiope D. Don, **Schuppenheide** – *Ericaceae* (Bearbeiter: Bernd Schulz)

Immergrüne Zwergsträucher; Bl. gegenst., 3–5 mm lang, schuppenf., dem Zw. fest angedrückt, zuw. mit den Spitzen abstehend, dicht dachziegelig in 4 Reihen angeordnet (*427/1a*); Bltn. einzeln, seitl. in Achseln der schuppenf. Bl., Kr. breit glockenf., weiß od. rosa, Staubbeutel mit Anhängseln (*427/1c*); Fr. eine Kapsel. Etwa 12(–17) Arten, zirkpol. u. alp. (Himal.). Häufiger als die reinen Arten sind schwer zuordenbare Hybriden in Kultur.

1. Bl. wechselst., klein fransig .... ***Harrimanella***, S. 571

— Bl. gegenst., schuppenf. **2**

2. Schuppenbl. auf der Außenseite (abaxial) mit deutl. Furche (*427/2a* u. *393/1*) **4**

— Schuppenbl. nicht gefurcht (*427/1a*) **3**

3. Bl. fest anliegende, 1–2(–3) mm lange Schuppen, Rand durchscheinend gesäumt, an der Spitze mit Haarresten (*427/1a*); – Bltn. bis 30 mm lang gestielt, Krbl. weiß, verwachsen, K.zipfel mit durchscheinendem Rand; V–VI. Sz. (bis 10 cm) – ss. NW-NAm., Russ.-Fernost, Jap. ***C. lycopodioides*** (Pall.) D. Don

— Bl. 3–4,5 mm lang, an den Spitzen etwas abstehend, Rand nicht gesäumt, Spitze ohne Haare; – Kr. glockenf., 5–8 mm lang, bis $\geq {}^{2}/_{3}$ verwachsen, Zipfel zurück geschlagen; IV. Sz (15–30 cm) – ss. W-NAm.
C. mertensiana (Bong.) G. Don

4. Bl.rand häutig; – Bltn.stiel behaart, Kr. glockenf., weiß, K.zipfel mit durchscheinendem Rand; IV–V. Sz (bis 25 cm) – ss. Himal. ***C. fastigiata*** (Wall.) D. Don

— Bl.rand nicht häutig (*427/3*) **5**

5. Bl. 4(–6) mm lang, kurz behaart; Kr. glockig, 5–6(–10) mm lang, weiß bis hellrosa; III–IV. Sz (10–20 cm), kalkhold – s. zirkpol.
Vierkantige S., *C. tetragona* (L.) D. Don

— Bl. 5(–7) mm lang, Rand dicht fransig bewimpert; Bltn. an behaarten Stielen, Kr. breitglockig, 6–8 mm lang, weiß, innen am Grund gerötet, K.zipfel am Rand durchscheinend häutig; V. Sz (10–20 cm) – s. SO-Tibet.
Wards S., *C. wardii* Marquand

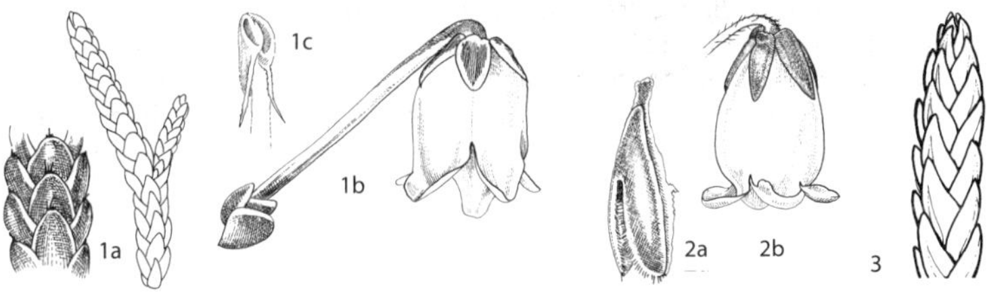

427/1–3 *Cassiope*: 1 *C. lycopodioides*, 1a Spross, 1b Blüte, 1c Staubbeutel; 2 *C. fastigiata*, 2a Bl., 2b Blüte; 3 *C. tetragona*, Spross

Castanea **MILL., Esskastanie, Edelkastanie** – *Fagaceae* (Bearbeiter: Peter A. Schmidt)

Sommergrüne Bäume, seltener hohe Sträucher; Kn. eif. bis kegelf., 5–8 mm lang, Endkn. fehlend; Bl. einfach, wechselst., an aufrechten Trieben schraubig, an abstehenden ± 2-zeilig, Spreite zieml. dünn, aber etwas lederig, Seitennerven parallel, unverzweigt, in Spitzen der Bl.zähne endend od. als Granne diese verlängernd, Nebenbl. 1 cm lang, bald abfallend; ♂ Bltn. zu mehreren knäuelig in aufrechten od. abstehenden, 15–20 cm langen, kätzchenf. Thyrsen, intensiven u. etwas unangenehmen Geruch ausströmend, ♀ Bltn. einzeln od. zu 2–3 an eigenen Bltnst. od. an der Basis ♂ Bltnst., Frkn. (5–)6(–8)-fächerig mit 5–8 Narben, jedes Fach mit 2 Samenanlagen; Fr.becher (Cupula) mit Stacheln besetzt, umschließt Fr. völlig, aber zuletzt 4-, seltener 2-klappig od. unregelmäßig aufreißend, Nuss (Marone) meist 1-seitig abgeflacht, zuw. eif. u. im ∅ rund od. bei mehreren Nüssen mittlere 2-seitig abgeflacht, braun, zugespitzt (*428/1*), essbar; Wind- u. Insektenbestäubung (Bienen, Käfer). 8–10 Arten in mer. bis nem. Zone (O-NAm. bis S-USA; S-Eur. bis SW-As.; O-As.).

Besonders gefährdet durch die Pilzkrankheit Kastanienrindenkrebs ist *C. dentata*, während *C. crenata* u. *C. mollissima* (beide O-As.) sowie Hybriden mit diesen Arten weniger anfällig sind. Die zahlreichen Fr.sorten, teils aus Kreuzungen folgender Arten hervorgegangen, bleiben unberücksichtigt.

1. Bl. unterseits bleibend filzig od. anfangs filzig behaart u. zumindest auf den Hauptnerven bleibend; Cupula < 4 cm ∅ mit < 1 cm langen Stacheln od. wenn größer (4–6 cm ∅) u. Stacheln bis 1,2 cm lang, dann Bl. bis 5 cm breit; Strauch od. kleiner Baum **3**

— Bl. anfangs ± behaart, später kahl od. nur kleine Härchen entlang der Nerven; Cupula 5–8 cm ∅ mit 1–2 cm langen Stacheln; große Bäume – Bl. (3–)5–8 (–10 cm breit, Rand grob gezähnt, grannig verlängerte Spitze der Zähne oft > 2 mm lang (*428/2*) **2**

2. Basis der Bl.spreite meist keilf., selten breit keilf. bis abgerundet (*428/2*), Bl.stiel (0,8–)1–3(–4) cm lang; ♂ Bltn. cremeweiß – Bl. längl., eilanzettl. od. verkehrt eif., (9–)15–25(–30) cm lang, Bl.spitze spitz od. zugespitzt, oberseits glänzend, matt- od. gelbgrün, unterseits heller grün, anfangs etwas behaart, später kahl od. kahl erscheinend, aber spärl. Härchen entlang der Nerven u. winzige Drüsen zwischen den Nerven; Cupula 5–7,5 cm ∅, mit meist 2–3 Nüssen von 2–2,5 cm ∅; Zw. kahl; VI–VII. Bg – ss. O-NAm.

Amerikanische E., *C. dentata* (MARSHALL) BORKH.

— Basis der Bl.spreite breit keilf., abgerundet bis angedeutet herzf., Bl.stiel 3 cm u. länger; ♂ Bltn. cremegelb – Bl. längl. lanzettl. bis schmal elliptisch, 12–25(–30) cm lang, Bl.spitze lang ausgezogen, oberseits glänzend dunkelgrün, unterseits matt hellgrün, nur anfangs ± behaart; Cupula 6–8 cm ∅, mit 1–3(–5) Nüssen von 2–3 cm ∅; Zw. anfangs filzig, bald kahl; Stamm oft

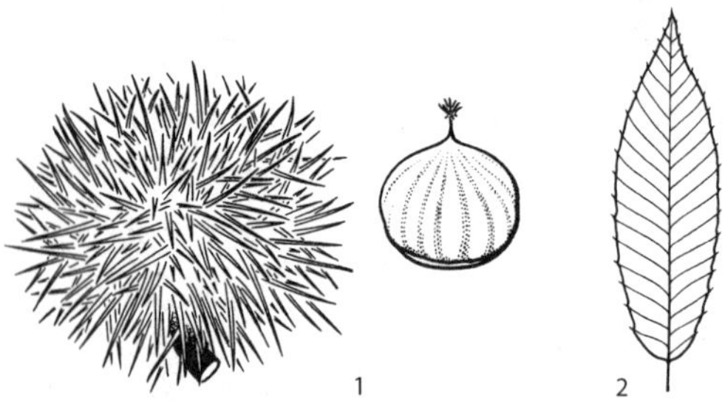

428/1–2 *Castanea*: 1 *C. sativa*, Cupula u. Fr.; 2 *C. dentata*, Bl.

drehwüchsig; VI–VII (Fr. IX–X). Bg – h. Medit. bis südl. M-Eur., SO-Eur., Kl.-As. u. Kauk. **Europäische E., Gewöhnliche E., *C. sativa*** Mill.

'Asplenifolia': Bl. sehr variabel, von normaler Größe u. tief eingeschnitten mit langen spitzen Zähnen bis lineal lanzettl., nur 1,2 cm breit u. unregelmäßig gezähnt.

'Variegata': Bl. gelb gebändert u. gefleckt.

3 (1). Bl.rand mit kurzen 3-eckigen od. borstigen abstehenden Zähnen, grannige Spitze < 2 mm lang, Bl.stiel 3–7(–10) mm lang; Cupula < 4 cm ∅, Stacheln < 1 cm lang, 2-klappig sich öffnend, nur mit 1 im ∅ runden Nuss; Bl. oberseits matt dunkelgrün, unterseits bleibend graufilzig behaart; Zw. meist bleibend kurz graufilzig – Bl.spreite längl. eif. bis verkehrt eif., spitz, (4–)7–13(–21) cm lang, 2–8 cm breit, Basis der Bl.spreite keilf. bis abgerundet; V–VI. Sg/Bk/Bm – ss. O-NAm.: NO- bis NOZ- u. SO-USA.
Pennsylvanische E., Chinquapin, *C. pumila* (L.) Mill.

— Bl.rand gesägt gezähnt mit granniger, oft > 2 mm langer Spitze der Zähne, teils nur diese Granne anstelle von Zähnen, 5–25 mm lang; Cupula 4–6 cm ∅, Stacheln 1–1,5 cm lang, 4-klappig sich öffnend, mit 2–3(–5) 1-seitig abgeflachten Nüssen; Bl. oberseits glänzend dunkelgrün, unterseits mit gelbl. braunen bis grauen Drüsenschuppen u. graufilzig behaart, später meist bis auf Hauptnerven verkahlend; Zw. nur anfangs dicht behaart, bald kahl – Bl.spreite längl. lanzettl., lang zugespitzt, 8–19 cm lang, 2–5 cm breit, Basis der Bl.spreite keilf. od. schief abgerundet, zuw. schwach herzf.; VI–VII. Sg/Bk – ss. O-As.: Jap., S-Kor. **Japanische E., *C. crenata*** Siebold & Zucc.

Ähnl. **Chinesische E., *C. mollissima*** Blume, aber Bl.unterseite meist ohne schildf. Drüsen u. Zw. nicht nur kurz behaart, auch mit langen abstehenden Haaren; natürl. Areal in China (bis Taiw., Kor.) nicht rekonstruierbar, da seit langer Zeit als Fr.baum in Kultur.

Catalpa Scop., **Trompetenbaum** – *Bignoniaceae* (Bearbeiter: Bernd Schulz)

Sommergrüne Bäume; Bl. 3-wirtelig od. gegenst., lang gestielt, Spreite ganzrandig, groß, eif. bis leicht herzf., oft zugespitzt od. schwach gelappt, meist mit gelbrünen bis violetten Drüsen unterseits in den Nervenwinkeln u. ± auffälligem Geruch, Laubaustrieb spät; Bltn. im frühen Sommer, Kr. zygomorph, kurze glockige Röhre, Oberlippe mit 2, Unterlippe aus 3 Lappen, weiß, rosa od. gelbl., von Unterlippe laufen rötl. violette Sprenkel sowie 2 breitere, unterbrochene gelbe Saftmale in die Röhre, das Gelb der Saftmale schlägt in orange bis rotbraun, im Verwelken zuw. auch violettbraun um; Stbl. 2 fertil u. 3 rudimentär, Frkn. 2-fächerig; Fr. eine 10–45 cm lange, 5–15 mm dicke Kapsel (Aussehen wie hängende Bohnen), Samen zahlreich, flach, 2-flügelig, deutl. Form- u. Größenunterschiede zwischen den Arten: Maßangaben ohne (!) die langen Haarbüschel an beiden Enden (*430/1–4*). Etwa 9–13 Arten, 2 in NAm., ca. 4 in W-Indien u. ≥ 3 in O-As. **G!**

1. Grundton der Kr. hellgelb od. rosa, bis etwa 3,5 cm breit (wenn breiter, dann Bl. lanzettl.); Kapseln meist dünn, bis 5 mm ∅ u. Samen relativ klein, (ohne

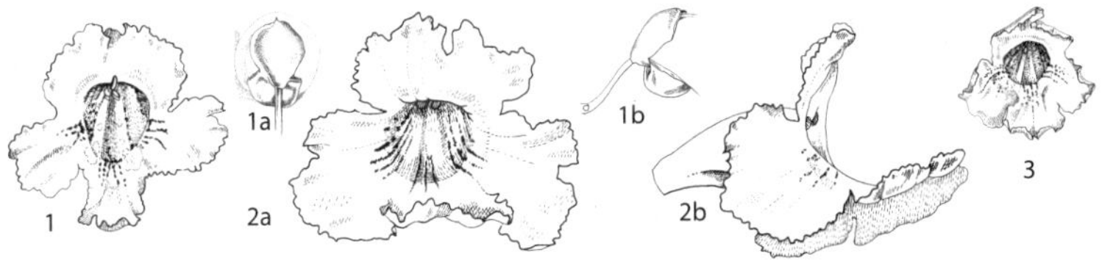

429/1–3 *Catalpa*, Bltn.details: 1 *C. bignonioides*, Kr. frontal, 1a K.ansatz, 1b K. seitl.; 2 *C. speciosa*, 2a Kr. frontal, 2b seitl.; 3 *C. ovata*, Kr. frontal

Fransen gemessen) bis 10 × 2,5 mm – Bl. oft gelappt, grün, unterseits mit einfachen od. verzweigten Haaren, selten kahl, oft mit roten Drüsenflecken in den Achseln der großen Nerven, v. a. an der Spreitenbasis **4**

— Grundton der Kr. weiß (durch violettrote Punktierung Fernwirkung zuw. rosa); Kapseln meist dicker, ∅ > 5 mm, Samen größer: 16 × 4,5 mm od. 30 × 5–7 mm – Bl. unterseits mit einfachen Haaren, Spreitengrund oberseits in den Nervenwinkeln mit grünl. od. schwach rötl. Drüsenfeldern, kaum gelappt, wenn stärker gelappt, dann Bl. im Austrieb schwarzrot **2**

2. Kr. um 3 cm breit (breiter als bei *C. ovata* u. schmaler als bei *C. bignonioides*); Kapsel ∅ 5,5 × 6,5 mm, Samen 16 × 4,5 mm (*430/3*); Bl. im Austrieb schwarzrot (Nerven unterseits grün), später vergrünend, oft deutl. gelappt – bis > 35 cm lang u. breit; Kr. weißl., innen mit dichter feiner violettroter Punktierung (die auch die Staubfäden ergreift); VI–VII. Bm – z–h. Kultur. [*C.* × *hybrida* Späth; *C. bignonioides* × *C. ovata*] **C.** × ***erubescens*** Carr.

— Kr. 3,5– 5 cm breit; Kapseln 6–15 mm ∅, Samen größer: 30 × 5–7 mm; Bl. im Austrieb grün, kaum gelappt **3**

3. Bltn./Fr. in reichbltg./reichfrüchtigen dichten Rispen, Kr. 3,5–4 cm breit, etwa so hoch wie breit, mit schiefem Saum, innen mit vielen weinroten Punkten u. 2 gelben Saftmalen (*429/1*); Bl. breit eif., 10–25 cm lang, selten etwas gelappt, kurz zugespitzt, unterseits dicht u. weich behaart, unangenehm riechend; Fr.kapseln 6–7 mm ∅, dünnwandig (Wand um 0,5 mm); Samen 30 × 6,5 mm, zu den dünnen Haarbüscheln zugespitzt/verschmälert (*430/1*); Rinde dünn, erst rhombisch aufreißend, später schuppig, leicht abblätternd, hell ockergraubraun; Baumkrone breit ausladend; VI–VII. Bm – h. SO-NAm. [*C. syringifolia* Sims] **Gewöhnlicher (Südlicher) T.,** ***C. bignonioides*** Walt.

'Aurea': Bl. goldgelb austreibend, später gelbgrün werdend. z.

'Nana': Bl. kleiner, Verzweigung dichter, oft hochstämmig veredelt: **Kugel-T.** h.

— Bltnst. wenigbltg. lockere Rispen, Kr. 4–5 cm breit, breiter od. etwa so breit wie hoch, mit wenig schiefem Saum, Röhrenöffnung weit, innen oft unbedeutend, relativ dunkel violett gepunktet u. mit 2, zuw. anfangs sehr hellgelben Saftmalen (*429/2*); Bl. eif., lang zugespitzt, nicht unangenehm riechend; Fr.kapseln 8–15 mm ∅ u. 15–30 cm lang, dickwandig (Wand um 0,75 mm), Samen um 30 × 5,5 mm, in voller Breite in die Haarbüschel übergehend (*430/2*); Rinde grau, rhombisch längsrissig, nicht abblätternd; Baumkrone schlanker, eif.; VI (ca. 2 Wochen früher als *C. bignonioides*). Bm – s. O-NAm.
Prächtiger (Nördlicher) T., ***C. speciosa*** (Barney) Engelm.

4 (1). Bl. lanzettl. (bei 15 cm Länge etwa 3,5 cm breit), Spreite sehr schmal keif., in den Bl.stiel übergehend (*327/1a*), Bl.stellung wechselnd, z. T. 3-wirtelig, z. T. zerstreut am Zw. .... × ***Chitalpa***, S. 447

— Bl. viel breiter, Spreite breit eif., Basis oft gestutzt, gerundet od. herzf., Bl.stiel deutl. abgesetzt, Bl. gegenst. od. 3-wirtelig am Zw. **5**

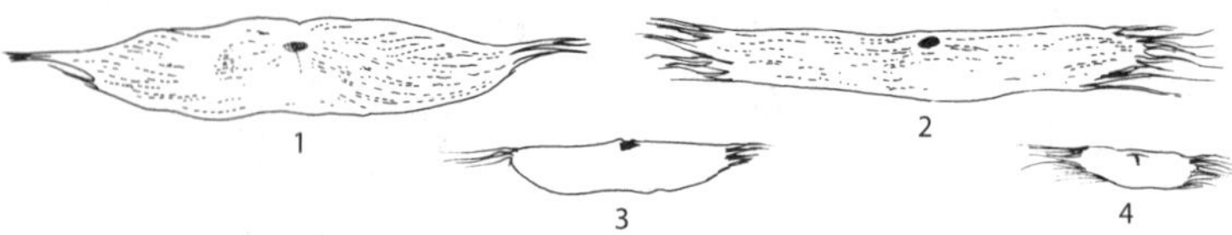

430/1–4 *Catalpa*, Samen: 1 *C. bignonioides*; 2 *C. speciosa*; 3 *C.* × *erubescens*; 4 *C. ovata*

5. Kr. etwa 1,5–2,5 cm breit, hell schmutzig gelbl., innen mit violetten Punkten sowie 2 orangegelben, später rotbraunen Streifen (*429/3*); Bl. 10–26 cm lang, meistens deutl. 3(–5)-lappig, jeder Lappen kurz zugespitzt, unterseits – zumindest auf den Nerven – kurzhaarig; Kapsel um 30 cm lang u. 3–4 mm ∅, Samen im Mittel 7,5 × 2,5 mm (*430/4*); Baumkrone relativ breit; VI–VIII. Bm – s–z. N-, ZS-China, Sich. [*C. kaempferi* (DC.) Siebold & Zucc.]
Kleinblütiger T., *C. ovata* G. Don

— Kr. > 3 cm breit, meist deutl. rosa getönt; Bl. unterseits kahl od. mit verzweigten Bäumchenhaaren (*30/4*) **6**

6. Bl. unterseits kahl, bis 15 cm lang; Bltnst. trugdoldig, traubig od. schwach rispig, K.: Ober- mit 3, Unter-Lippe mit 2 kurzen Zipfeln, Kr. 3–3,5 cm breit, weiß bis hellrosa, Röhre rosa überlaufen, fein rötl. gepunktet; Kapseln um 5 mm ∅, Samen 10 × 2 mm, mit jederseits ca. 2 cm langen Haarbüscheln (oft falsch in Kultur, wenn gelbbltg. *C. ovata*); VII. Bm – ss. N- bis S-China.
Mandschurischer T., *C. bungei* C. A. Mey.

— Ähnl., aber Bl. unterseits mit bäumchenartig verzweigten Haaren; Bltnst. längl., reichblütiger; VI. Bm – ss. WN- bis ZS- u. WS-China. ***C. fargesii*** Bur.

Ceanothus L., **Säckelblume** – *Rhamnaceae* (Bearbeiter: Ulrich Hecker)

Sommer- od. immergrüne Gehölze; Bl. wechselst., mitunter auch gegenst., gesägt od. ganzrandig, vom Grund an 3-nervig, Nebenbl. klein, hinfällig; Bltn. klein, 5-zählig, Dolden zu Ähren od. Rispen vereinigt, Kbl. oft gefärbt, Krbl. kapuzenartig, genagelt; Fr. eine kapselartige, trockene Steinfr., vom bleibenden Bltn.becher umhüllt (*431/2a* u. *b*). 62 Arten in NAm.

1. Bltn. weiß, Pfl. sommergrün; Zw. schlank; Bl. eif. bis eilängl., 3–8 cm lang, abgerundet bis zugespitzt, fein gesägt, dunkelgrün (*431/1*); Teilbltnst. zu großen Doldenrispen vereinigt; VI–VII. Sk – h. ∧ O- u. Z-NAm.
Amerikanische S., *C. americanus* L.

— Bltn. rosa, purpurrosa od. blau; Pfl. sommer- od. wintergrün **2**

2. Bltn. rosa od. purpurrosa; Bltnst. endst.; Pfl. sommergrün, Bl. längl. eif. bis längl. elliptisch, 3–6 cm lang, unterseits nur schwach behaart bis fast kahl, 3–6 mm lang gestielt; VII–X. Sk – h. [*C.* × *delilianus* × *C. ovatus*]
Hybrid-S., *C.* × *pallidus* Lindl.

'Marie Simon': Bltn. lachsrosa; 1,5 m; VII–IX.

— Bltn. blau; Bl. unterseits ± dicht behaart **3**

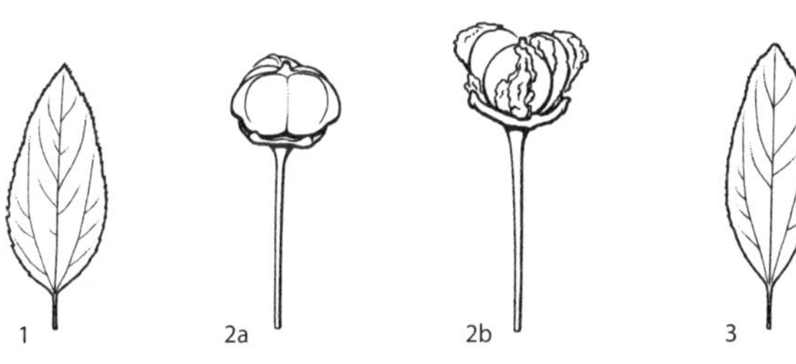

431/1–3 *Ceanothus*: 1–2 *C. americanus*, 1 Bl., 2a unreife Fr., 2b reife Fr.; 3 *C.* × *delilianus*

3. Bl. immer- od. sommergrün, 4–8 cm lang (*431/3*); Bltn. in großen end- u. achselst. Rispen; VI–X. Sg – h. [*C. americanus* × *C. coeruleus*]
Französische Hybrid-S., *C.* × *delilianus* Spach

'Gloire des Versailles': Bltn. hellblau; Bl. bis 8cm lang; sommergrün; Sk bis 1,5 m.

'Indigo': Bltn. tief indigoblau.

'Topaze': Bltn. dunkel himmelblau; sommergrün.

— Bl. immergrün, oberseits tief dunkelgrün glänzend, 1–5 cm lang, längl. eif. bis elliptisch; Bltn. in 3–8 cm langen achselst. Rispen; V–VI. Sk/Sg – h. W-NAm. (Kalifornien bis Oregon). **Blaue S., *C. thyrsiflorus*** Eschw.

'Repens': meist nur 0,5 m groß; Bl.eif.; Bltn. blau.

Cedrus Trew, Zeder – *Pinaceae* (Bearbeiter: Peter A. Schmidt)

Immergrüne Bäume; Nadeln im ∅ ± rautenf., 1–1,5 mm breit, zugespitzt u. stechend, an den Langtrieben locker schraubig stehend, an den Kurztrieben rosettig genähert, dadurch in Büscheln zu 20–50 (*432/1*), Lebensdauer 3–6 Jahre; ♂ Bltn.zapfen kätzchenartig, 3–7 cm lang, aufrecht stehend, graugrün bis rosagelb, ♀ Bltn.zapfen eif., 1–2,5 cm lang, unscheinbar grün, teils rosa getönt; Zapfen aufrecht stehend, eif. od. fassf., anfangs hell- od. graugrün, oft bläul. bereift od. purpurn getönt, reif braun, im 2. od. 3. Jahr zerfallend, nur Spindel verbleibt am Zw., Samenschuppen sehr breit, dicht dachziegelig aneinandergepresst; Samen 3-eckig, mit großem Flügel. 1 Art im Himal., 2–3 Arten W- u. O-Medit.

Während *C. deodara* eine gut charakterisierte Art darstellt, ist die Zuordnung von Pfl. zu einer der 3 mediterranen, geografisch isolierten, aber morphologisch ähnl. Sippen nicht immer zweifelsfrei mögl., sie werden teilw. auch als infraspezifische Sippen einer Art (*C. libani* s. l.) aufgefasst.

1. Spitzen der Zw. u. Gipfeltrieb peitschenartig überhängend; Nadeln 2–6 cm lang, an Kurztrieben bis 4,5 cm, zieml. weich, grün bis blaugrün; junge Zw. ± dicht u. kurz hellbraun behaart; ♂ Bltn.zapfen (4–)6–7 cm lang; Zapfen zur Reife 7–13 cm lang, 5–9 cm ∅, an der Spitze abgerundet; Kn.schuppen grünl. orange, ihre freien Spitzen blassbraun – Krone anfangs kegelf., später breit ausladend, Äste aufwärts gerichtet bis waagerecht abstehend; IX–X. Bg – h. ∧ W-Himal. **Deodar-Z., Himalaja-Z., *C. deodara*** (D. Don) G. Don

Sorten mit goldgelben Nadeln wie **'Aurea'** od. **'Golden Horizon'** frostempfindlicher als solche mit graublauen bis silbergrauen Nadeln, besonders winterhart diverse Auslesen afghanischer Herkunft (Paktia), z. B. die schmalkronigen Sorten **'Eisregen'** (Zw.spitzen nicht ausgeprägt überhängend, Nadeln hell blaugrau) od. **'Karl Fuchs'** (Zw.spitzen deutl. überhängend, Nadeln zieml. kurz, 1,5–2,5 cm lang, graublau).

Blaunadelige Zwergformen sind z. B. **'Blue Dwarf'**, kompakt wachsend, ± kugelig, od. **'Feelin Blue'**, abgeflacht halbkugelig bis breit u. flach wachsend, auch Hängeform **'Pendula'** breitet sich flach aus, wenn sich kein Gipfeltrieb erhebt od. gezogen wird.

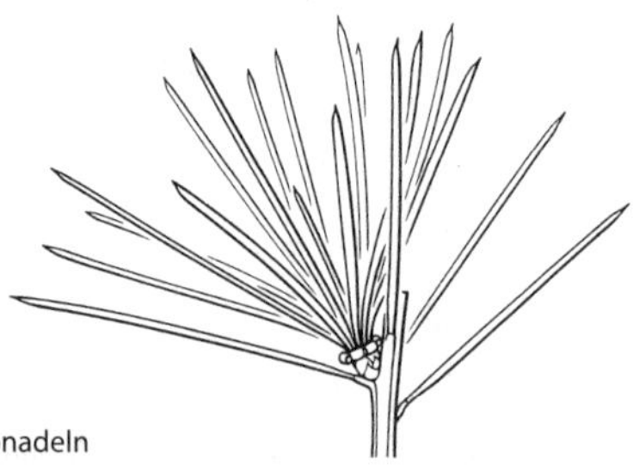

432/1 *Cedrus libani*, Zw.stück mit Lang- u. Kurztriebnadeln

— Spitzen der Zw. u. Gipfeltrieb aufrecht od. abstehend bis seitwärts geneigt, aber nicht bogig überhängend (außer bei einigen Sorten); Nadeln 0,5–2,5 (–3,5) cm lang, an Kurztrieben stets < 3 cm, derb; junge Zw. kurz dunkelbraun bis schwärzl. behaart od. ± kahl; ♂ Bltn.zapfen 3–5 cm lang; Zapfen zur Reife 5–12,5 cm lang, 3–6 cm ∅, an der Spitze abgeflacht od. etwas vertieft bis eingedellt; Kn.schuppen hell- bis rotbraun, ihre Spitzen deutl. dunkler bis schwarz 2

2. Nadeln 0,5–1,6(–2) cm lang; Zapfen 3–4 cm ∅, 6,5–8 cm lang, fassf. bis fast zylindrisch – Nadeln etwas gebogen, graugrün; Krone anfangs regelmäßig eif. bis säulenf., im Alter unregelmäßig, schirmf. abgeflacht u. Äste waagerecht abstehend; IX–X. Bk – s. ∧ O-Medit.: Zypern. [*C. libani* subsp. *brevifolia* (HOOK f.) MEIKLE] **Kurznadelige Z., Zypern-Z., *C. brevifolia*** (HOOK. f.) ELWES & A. HENRY

Wird oft *C. libani* als Varietät od. Unterart mit kürzeren Nadeln zugeordnet.

— Nadeln (1–)1,5–2,5(–3,5) cm lang; Zapfen 3–6 cm ∅, 5–12,5 cm lang, eif. bis fassf. od. fast zylindrisch 3

3. Zapfen 5–8 cm lang, 3–5 cm ∅, Samen 0,8–1,3 cm, Samenflügel 1,8–2,5 cm lang; ♂ Bltn.zapfen 3–4 cm lang; Kn.schuppen rotbraun, ihre Spitzen dunkelbraun bis schwarz; junge Zw. anfangs dicht, später zerstreut kurz schwärzl. behaart (Lupe!); Nadeln (1–)1,5–2,5(–3) cm lang, grün bis bläul. grün od. silbrig blau – Krone anfangs regelmäßig breit kegelf., im Alter unregelmäßig, breit ausladend, aber nicht tafelf. abgeflacht, oft Krone mit stumpfer Spitze, Seitenäste ± steil aufgerichtet, meist erst bei Altbäumen waagerecht abstehend, Gipfeltrieb steif aufrecht od. seitwärts geneigt; IX–X. Bg – h. W-Medit.: NW-Afr. (Geb.). [*C. libani* subsp. *atlantica* (ENDL.) BATT. & TRAB.]

Atlas-Z., *C. atlantica* (ENDL.) CARRIÈRE

In Kultur überwiegen Auslesen mit intensiv grau- bis silberblauen Nadeln (**Glauca-Gruppe**), von denen besonders auffällig Hängeform **'Glauca Pendula'** mit lang mähnenartig herabhängenden Ästen u. Zw.; nicht zu verwechseln mit der grünnadeligen Hängeform **'Pendula'**: Wuchs anfangs fast säulenf., später Wipfeltrieb u. Äste herabhängend. Weitere Sorten z. B. **'Aurea'** (junge Nadeln goldgelb, im 2. Jahr vergrünend) od. **'Fastgiata'** (Säulenform; Nadeln oberseits hellgrün, unterseits bläul. grün).

— Zapfen 6,5–12,5 cm lang, 3–6 cm ∅, Samen 1–1,4 cm, Samenflügel 2–3 cm lang; ♂ Bltn.zapfen 4–5 cm lang; Kn.schuppen hellbraun, ihre Spitzen deutl. dunkler; junge Zw. anfangs spärl. dunkelbraun behaart od. ± kahl; Nadeln (1–)2–2,5(–3,5) cm lang, hell- od. dunkelgrün, zuw. (besonders im Alter od. in trockenen Lagen) graugrün od. bläul. grün – Krone anfangs breit kegelf., im Alter abgeflacht, fast tafelf., untere Äste oft bogig aufwärts gerichtet, obere kürzer, waagerecht abstehend, Gipfeltrieb gerade od. oft schräg zur Seite gebogen; IX–X. Bg – h. O-Medit.: Taurus-Geb., Liban., Syr.

Libanon-Z., *C. libani* A. RICH.

Bäume mit schlanker, schmal eif. od. kegelf. bis fast säulenf. Krone werden oft als Varietät abgetrennt: var. ***stenocoma*** (O. SCHWARZ) FRANKIS, vermutl nur ein schmalkroniger Ökotyp im Taurus-Geb.

Sorten weniger häufig in Kultur, aber ähnl. *C. atlantica* solche mit gelben Nadeln wie **'Aurea'** (Bk; Nadeln grünl., goldgelb überhaucht) od. **'Golden Dwarf'** (mehrstämmiger Sg od. Bk; Nadeln goldgelb), Zwergformen wie **'Nana'** (buschig kegelf. bis halbkugelig; Nadeln graugrün) od. **'Sargentii'** (Äste anfangs waagerecht abstehend, später in alle Richtungen überhängend; Nadeln bläul. bereift) od. eine Hängeform **'Pendula'**, die sich auf dem Boden ausbreitet, wenn sie nicht aufgebunden od. hochstämmig veredelt wird.

Celastrus L., **Baumwürger** – *Celastraceae* (Bearbeiter: Bernd Schulz)

Meist sommergrüne Lianen, seltener Sträucher; Zw. mit durchgehendem od. gekammertem Mark, auch hohl; Bl. wechselst., lang gestielt, gesägt od. gekerbt, Nebenbl. klein; Bltnst. achselst. Zymen od. endst. Rispen, Bltn. polygam od. eingschl. u. 2-häusig verteilt, 5-zählig, Krbl. unscheinbar, grünl. gelb bis weiß, Frkn. oberst.; Fr. eine geschlossen kugelf. Kapsel, sich 3-klappig öffnend, je Fach 1–2-samig, die von einem fleischigen, karminroten Arillus umhüllten Samen nach Öffnen der Fr. zusammenhaftend (*434/4*). Ca. 35 Arten in NAm., O- u. S-As. u. Austr. **G!**

1. Bltn. in achselst. Zymen (*434/4*) – eingschl., meist 2-häusig verteilt; Pfl. kahl, Zw. stielrund, mit durchgehendem, weißem Mark; Bl. rundl. bis breit eif., plötzl. kurz zugespitzt, 5–10 cm lang, 3–8 cm breit, kerbig gesägt, Spreitengrund breit keilf., Bl.stiel 1–2,5 cm lang (*434/1*); geschlossene Fr. orangegelb, 8 mm ∅; VI. L – h. Z- u. O-China, in O-NAm. Neophyt. **Rundblättriger B., *C. orbiculatus*** Thunb.

— Bltn. in endst. Rispen **2**

2. Zw. stielrund mit durchgehendem, weißem Mark; Bl. eif. bis eilängl., gesägt, lang zugespitzt, Spreitengrund breit keilf., 5–10 cm lang, kahl, Bl.stiel 1–2 cm lang (*434/2*); Bltnst. 5–10 cm lang; Fr. gelb, ca. 8 mm ∅; VI. L – z–h. Z- bis O-NAm. **Amerikanischer B., *C. scandens*** L.

— Zw. kantig, mit gekammertem Mark; Bl. breit eif. bis rundl. herzf., 10–18 cm lang, 8–14 cm breit, plötzl. kurz geschwänzt zugespitzt, kerbig gesägt, kahl, Bl.stiel 1–2,5 cm lang (*434/3*); Bltnst. 10–15 cm lang, Pfl. 2-häusig; Fr. 1 cm ∅, gelb; VI. L – ss. N-, NO-, Z- u. ON-China. **Kantiger B., *C. angulatus*** Maxim.

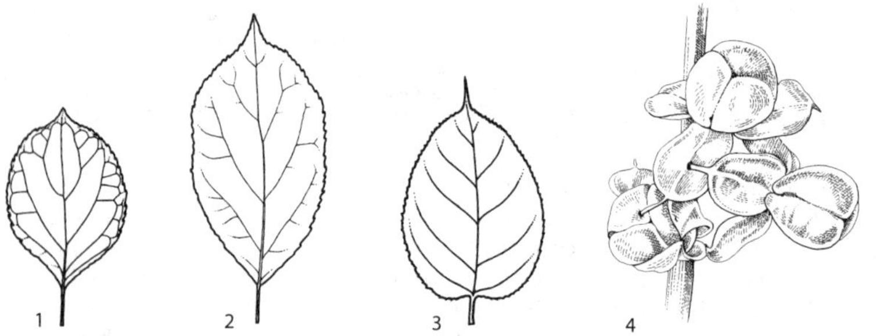

434/1–4 *Celastrus*, 1–3 Bl.: 1 *C. orbiculatus*.; 2 *C. scandens*; 3 *C. angulatus*; 4 *C. orbiculatus*, achselst. Frst.

Celtis L., **Zürgelbaum** – *Cannabaceae* (früher *Ulmaceae* od. *Celtidaceae*)

(Bearbeiter: Peter A. Schmidt)

Immer- od. sommergrüne (bzw. regengrüne) Bäume od. Sträucher; Bl. wechselst., einfach, handnervig mit 3 starken Nerven von der Basis der Spreite, diese meist asymmetrisch, ganzrandig, gesägt od. gezähnt; Bltn. ⚥ od. eingschl., meist gestielt in den Achseln von Bl., Perigon 4–6-zählig, Stbl. 4–6, Gr. 2; Fr. eine kugelige, ellipsoidische od. eif., 1-samige Steinfr. mit fleischigem Exokarp, bei einigen Arten essbar. 60–100 Arten, trop. bis nem. Zone.

1. Junge Zw. kahl – Bl. eif., zugespitzt, Basis der Bl.spreite abgerundet bis herzf., Bl. 3–7 cm lang, stumpf gezähnt oberhalb der Bl.mitte, bläul. grün bis graugrün, kahl bis ± behaart; Fr. reif orangegelb, 8 mm ∅, Fr.stiel 1 cm lang; IV–V. Bk – ss. O-Medit., Kl.-As., S-Kauk. **Tourneforts Z., *C. tournefortii*** LAM.

Ebenfalls kahle Jungtriebe haben 2 ostasiatische Arten:

C. bungeana BLUME: Bl. 3–8(–15) cm lang, Spreitenbasis nur leicht schief, beiderseits glänzend grün, kahl, nur unterseits Achselbärte in Nervenwinkeln an Mittelrippe; Fr. 5–8 mm ∅, reif purpurschwarz. Bm – s. O-As.: Kor., N-, OS-, ZS-China, Yunn., Sich.; OM-As.: W-China.

C. koraiensis NAKAI: Bl. 7–12 cm lang, kahl od. unterseits an den Nerven behaart, grob gezähnt, zur Bl.spitze hin auffällig größere Zähne (4–8 mm lang); Fr. 1–1,3 cm ∅, reifend gelborange, zuletzt dunkelbraun. Bm – ss. Kor., N- u. S-China.

— Junge Zw. zumindest anfangs behaart **2**

2. Bl. unterseits kahl bis auf winzige Borsten auf den Nerven (Lupe!); Fr. 4 mm ∅ – Bl. oberseits dunkelgrün, rau durch kleine Warzen, schief eif., 3–7 cm lang, 1,5–4 cm breit, Bl.rand fast von der Spreitenbasis ab grob gesägt, Bl.zähne einwärts gekrümmt; Fr. reif rotbraun, Fr.stiel 1–2,5 cm lang; junge Zw. bald verkahlend; IV–V. Bk/Sg – ss. Krim, Kl.-As., S-Kauk. bis Iran [*C. glabrata* PLANCH. nom. illeg.] **Kahler Z., *C. planchoniana*** K. I. CHR.

— Bl. unterseits behaart, zumindest auf den Nerven; Fr. (5–)7–13 mm ∅ **3**

3. Bl. oberseits dunkelgrün, kurz rauhaarig, unterseits graugrün, weichhaarig - Bl. elliptisch längl., lang zugespitzt, derb, scharf gesägt, 5–14 cm lang, 1,5–4 cm breit, Bl.stiel 0,5–1 cm lang; Fr. kugelig, 1–1,2 cm ∅, reifend anfangs gelbl. weiß, dann dunkelrot bis braunviolett, essbar, süßl. schmeckend, Fr.stiel 2–3 cm lang; junge Zw. zumindest anfangs behaart; Stammrinde grau u. fast glatt (ähnl. Buche, *Fagus sylvatica*); IV–V. Bm/Bg – h. Medit., Kl.-As. bis S-Kauk., N-Iran. **Südlicher Z., *C. australis*** L.

Ähnl. (oft als Unterart zugeordnet) ist der **Kaukasische Z., *C. caucasica*** WILLD.: Bl. oberseits rau, unterseits anfangs weichhaarig, verkahlend bis auf die Achselbärte in den Nervenwinkeln; Fr. 8 mm ∅, gelb bis rotbraun. Bm/Bg – s. Kl.-As., Kauk., M-As.

— Bl. oberseits glänzend grün, kahl, unterseits blassgrün, nur auf den Nerven behaart – Bl. lanzettl. eif. bis breit eif., abrupt kurz od. lang zugespitzt, dünn, aber lederig, Basis der Spreite meist stark asymmetrisch, unteres Drittel od. bis zur Mitte ganzrandig, darüber scharf gesägt (*435/1*), 3–14 cm lang, 1–9 cm breit, etwa 2-mal so lang wie breit, Bl.stiel 0,2–1 cm lang; Fr. ellipsoidisch od. kugelig, 0,7–1,3 cm ∅, reif orangerot bis dunkelpurpurn, fade schmeckend, Fr.stiel 2 cm lang (*435/2*); junge Zw. ± behaart (*251/6*); Stamm mit grauer, tief gefurchter Borke; III–V. Bg – h. O- bis Z-NAm.

Amerikanischer Z., *C. occidentalis* L.

435/1–2 *Celtis occidentalis*: 1 Bl., 2 Fr.

2 weitere nordamerikanische Arten in Kultur (ss):

Glattblättriger Z., *C. laevigata* Willd.: Bl. schmaler (deutl. > 2 × so lang wie breit), ganzrandig od. spärl. unregelmäßig gesägt, mit allmähl. verlängerter Spitze; Fr. kleiner (5–8 mm ∅). Bg. SO-NAm.

Netznerviger Z., *C. reticulata* Torr. (auch als Varietät voriger Art aufgefasst): Bl. kleiner (bis 7 cm lang), meist ganzrandig od. zuw. spärl. gezähnt, zugespitzt, oberseits rauhaarig u. unterseits glatt od. rau, mit gelbl. Haaren auf den deutl. erhabenen Nerven. Bk. SZ- bis SWAm.

Cephalanthus L., Kopfblume – *Rubiaceae* (Bearbeiter: Ulrich Hecker)

Sommer- od. immergrüne Sträucher od. kleine Bäume; Bltn. klein, 4-zählig, sitzend in achsel- od. endst. kugelf. Köpfen; Fr. zur Reife in 2 1-samige Frch. zerfallend (*436/1*). 6 Arten in NAm.

C. occidentalis L. – Bl. 0,5–2 cm lang gestielt, gegenst. od. in 3–4-zähligen Quirlen, eif. bis längl. elliptisch, 6–16 cm lang, bis 5 cm breit, zugespitzt (*436/2*), Bl.rand fein borstig bewimpert, Bl. oberseits glänzend grün, unterseits heller, kahl od. auf der Mittelrippe schwach behaart; Köpfchen 3–6 cm lang gestielt, bis 3 cm breit, Bltn. cremefarben, 2,5–3 cm lang, Gr. die Kr. weit überragend (*148/1*); VII–IX. Sk – ss. O- u. SW-NAm, Mex.

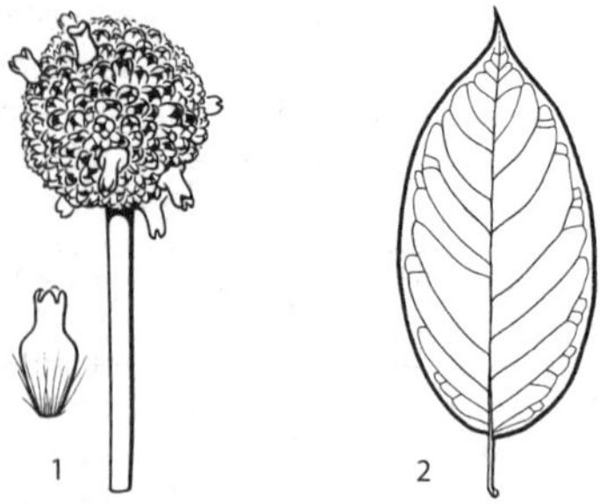

436/1–2 *Cephalanthus occidentalis*, 1 Fr. u. Frst., 2 Bl.

Cephalotaxus Endl., Kopfeibe – *Cephalotaxaceae* (Bearbeiter: Peter A. Schmidt)

Immergrüne, 2-häusige Bäume u. Sträucher; Bl. nadelf., lineal lanzettl., schraubig gestellt, aber nur an aufrechten Trieben allseits abstehend, an waagerechten Seitenzw. ± 2-zeilig ausgerichtet, ähnl. wie bei *Taxus*, jedoch größer (2–10 cm lang, 3–7 mm breit) u. auf der Unterseite mit 2 deutl. blau- bis grauweißen Stomatabändern (*437/1*), oberseits glänzend dunkelgrün, mit deutl. Mittelrippe, Nadelgrund am Zw. herablaufend, dadurch junge Zw. grün, später braun; ♂ Bltn.zapfen achselst. Köpfchen, ♀ Bltn.zapfen sehr klein, grün, mit wenigen gegenst. Schuppenpaaren, zu 1–3 an der Basis der Jungtriebe; Samen paarweise od. in Gruppen gedrängt stehend, 1,5–4,5 cm lang, einer Steinfr. ähnl., mit fleischiger, anfangs grüner, reif gelb-, oliv-bis rotbrauner, orangeroter od. purpurner Hülle, innen mit harter Steinschale (*437/2*). 8 ähnl. Arten vom Himal. bis SO- u. O-As. **G!**

1. Nadeln (1,5–)3,5–10(–12,5) cm lang, (1,5–)3–5 mm breit, lederig, aber biegsam, ± 2-zeilig stehend, sichelf. gebogen od. ± gerade, allmähl. fein zugespitzt, unterseits mit 2 blassen grauweißen Bändern aus 17–24 Stomatalinien; Zw. abstehend od. aufsteigend, nicht hängend; Samen mit Hülle ellipsoidisch, reif purpurn, gestreift od. gerippt; IV–V. Sg/Bk – s. ∧ O-As. (WN- bis S-China u. Sich.) bis SO-As. (N-Myanm.). **Fortunes K., *C. fortunei*** Hook.

— Nadeln (1–)2,5–4(–5) cm lang, 2,5–4 mm breit, lederig u. ± starr, 2-zeilig, aber oft schräg aufwärts gerichtet u. ein V bildend, gerade od. aufwärts gebogen, allmähl. od. oft plötzl. fein zugespitzt, unterseits mit 2 blassen Bändern aus 10–15 weißl. Stomatalinien; Zw. abstehend, aufsteigend od. oft etwas überhängend; Samen mit Hülle verkehrt eif., reif orangerot bis purpurn, glatt od. gestreift; IV–V. Sg/Bk – z. O-As.: Jap., Kor. [*C. drupacea* Siebold & Zucc.; *C. pedunculata* Siebold & Zucc.]
Japanische K., Harringtons K., *C. harringtonii* (J. Forbes) K. Koch

Die früher u. teils noch heute ausgeschiedene **var. *drupacea*** (Siebold & Zucc.) Koidz. weist kaum eigenständige Merkmale auf, sondern liegt im Variationsbereich der Art. Morphologisch u. ökologisch gut charakterisiert ist:

var. *nana* (Nakai) Rehder, **Japanische Zwerg-K.**: breitstrauchiger Wuchs mit aufsteigenden u. niederliegenden, sich bewurzelnden Ästen; Nadeln nur bis 3,5 cm lang u. 3,5 mm breit, deutl. 2-zeilig, waagerecht abstehend, plötzl. zugespitzt. Sk/Sp. N-Jap.

'Fastigiata', Säulen-K.: Wuchs ± säulenf., mit zahlreichen aufrechten, kaum verzweigten Ästen; Nadeln in dichten Spiralen um den Zw. stehend, zuerst aufwärts gerichtet, später horizontal abstehend od. leicht zurückgekrümmt.

437/1–2 *Cephalotaxus harringtonii*: 1 Nadel u. Sprossspitze, 2 Samen

Ceratostigma Bunge, Hornnarbe – *Plumbaginaceae* (Bearbeiter: Peter A. Schmidt)

Sommergrüne, selten immergrüne Klein-, Halb- od. Staudensträucher; Bl. ungeteilt, ganzrandig, bewimpert; Triebachsen kantig; Bltn. in achsel- od. endst. Büscheln, Kr. tellerf., meist blau, mit langer rötl. purpurner Röhre, Gr. mit 5 hornartig gebogenen Narbenästen; Fr. eine vom K. umhüllte Kapsel (*438/2*). Etwa 8 Arten in Afr., China u. SO-As.

Im Handel u. in Gärten oft als Bleiwurz bezeichnet, aber nicht zu verwechseln mit der eigentl. Gatt. **Bleiwurz, *Plumbago*** L., zu der ein nicht frostharter, aber häufig als Kübelpfl. kultivierter Strauch, die Kap-Bleiwurz., ***P. auriculata*** Lam. [*P. capensis* Thunb.], gehört; im Gegensatz zu *Ceratostigma* sind die Stbl. nicht mit der Kr: verwachsen u. die Rippen der Kbl. drüsig; Kr. hellblau od. weiß. S-Afr.

1. < 0,5 m hoher Staudenstrauch mit unterirdischen Ausläufern; Kn. nackt; K.zipfel ca. 2 mm lang; Bl. breit eif. bis verkehrt eif., Basis lang keilf. (*438/1*), fast sitzend, (2–)4–9(–10) cm lang, 2–4 cm breit, Rand bewimpert, im Spätsommer u. Herbst sich leuchtend rotbraun verfärbend; Bltnst. 15–30-bltg., Kr. 2,5–2,8 cm ∅ – Zw. leicht zickzackf.; Bl. oberseits sattgrün, unterseits graugrün; IX–X. HS – h. ON-, OS- u. ZS-China [*Plumbago larpentae* Lindl.]
Kriechende H., Zwergbleiwurz, *C. plumbaginoides* Bunge

— Aufrechter, bis > 1 m hoher Halbstrauch; zumindest an der Basis einiger Zw. Kn. von Schuppen bedeckt; K.zipfel 4–4,5 mm lang; Bl. verkehrt eif. rautenf.

od. eif. rautenf., sitzend, 2–5 cm lang, 1–2 cm breit, Rand bewimpert u. Spreite beiderseits striegelhaarig, im Herbst rot; Bltnst. 3– 7-bltg., Kr. 2–2,5 cm ∅ – Bltnst. von steifen, lanzettl. Hochbl. umgeben, K. 1–1,5 cm lang; VIII–X. Sk – s. ∧ WN- u. WS-China, Sich., Yunn., Tibet.

Chinesische H., *C. willmottianum* Stapf

Ein ebenfalls bis > 1 m hoher, aber immergrüner Strauch ist die **Tibet-H., *C. griffithii*** C. B. Clarke: Bltnst. 5–20-bltg., Bltn. kleiner, Kr. 1,5–1,9 cm ∅, K. < 1 cm lang. ss. Tibet, Bhutan.

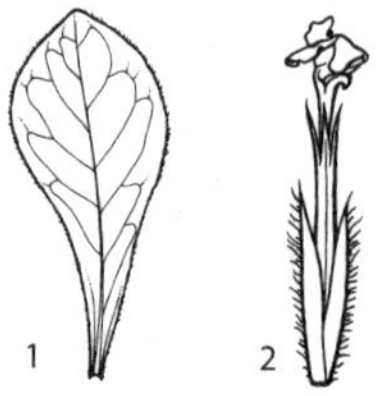

438/1–2 *Ceratostigma plumbaginoides*: 1 Bl., 2 Fr.

Cercidiphyllum Siebold & Zucc., **Kuchenbaum, Katsura** – *Cercidiphyllaceae*

(Bearbeiter: Ulrich Hecker)

Sommergrüne Bäume; Sprosssystem in Lang- u. stark gestauchte Kurztriebe gegliedert; Bl. einfach, handnervig, an Langtrieben gegenst., an Kurztrieben stets einzeln, Nebenbl. klein, fadenf., am Grund miteinander u. mit dem Bl.stiel verwachsen; Bltn. in Köpfchen am Ende der Kurztriebe, eingschl., 2-häusig verteilt, vor den Bl. erscheinend, Bltn.hülle fehlend, Stbl. 8–13, Antheren rot, Frbl. 1, Gr. mit langen, purpurroten Narbensäumen; Balgfr. mit zahlreichen, geflügelten Samen. 2 einander sehr ähnl. Arten in O-As.

1. Bl. 3–8 cm lang, fein u. flach kerbig gesägt (*438/3a*), Bl. an Langtrieben ± eif. elliptisch, zur Spitze deutl. verschmälert (*438/3b*), stumpf, Bl. der Kurztriebe rundl. herzf. mit deutl. herzf. Grund; Fr. schwach gebogen, 1,5 cm lang; Samen 5–6,5 mm lang, 1-seitig geflügelt (*438/5*); meist mehrstämmig; III–IV. Bm – h. China, Jap. ***C. japonicum*** Siebold & Zucc. var. ***japonicum***

'Rotfuchs': Bl. purpurn.

var. *sinense* Rehd. & Wils.: meist nur 1-stämmig; Bl. unterseits auf den Nerven behaart, Bl.stiel u. Nerven gerötet.

— Bl. 7–10 cm lang, Bl.rand deutl. kerbig gesägt, schwach gewellt, Bl. an Langtrieben ± herzf., an Kurztrieben fast kreisrund mit herzf. Grund (*438/4*); Fr. bis

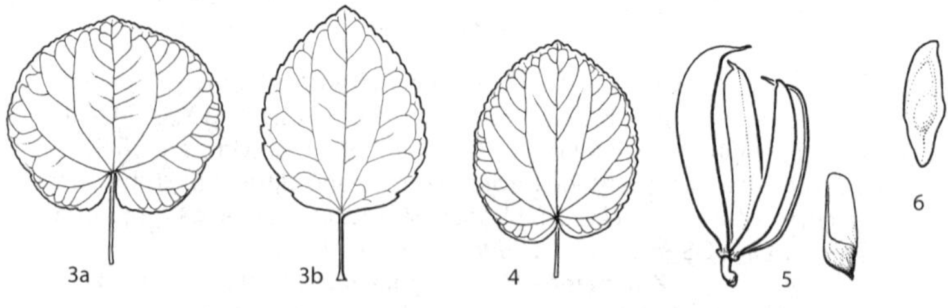

438/3–6 *Cercidiphyllum*, Bl.: 3 *C. japonicum* var. *japonicum*, 3a Kurztriebsbl., 3b Langtriebsbl.; 4 *C. magnificum*, Langtriebsbl.; 5 *C. japonicum* var. *japonicum*, Frst. u. Samen; 6 *C. magnificum*, Samen

2,5 cm lang, stärker gebogen; Samen 2-seitig geflügelt, 6–7 mm lang (*438/6*); blüht 2–3 Wochen später; IV. Bm – s. Jap. ***C. magnificum*** (Nakai) Nakai

fo. *pendulum*: Zw. überhängend.

Cercis L., Judasbaum – *Fabaceae* (Bearbeiter: Bernd Schulz)

Sommergrüne Sträucher od. Bäume; Bl. einfach, lang gestielt, Spreite herzf., zugespitzt od. Spitze abgerundet bis eingeschnitten, ganzrandig, Rand mit schmalem durchscheinenden Saum, Nebenbl. hinfällig; Zw. (fast) kahl, mit vielen kleinen Lentizellen, oft stark hin u. her gebogen, ohne Endkn., Seitenkn. oft mit Beikn. (*250/2*); Bltn. wenige in Doldentrauben, seltener in gestreckten Trauben, an 2-j. u. älteren Zw., meist auch stammbltg., Bltn. vor den Bl. erscheinend, schmetterlingsf., K. kurz glockenf., leicht nach unten erweitert, Kr. rosarot, selten weiß (Sorten); Hülse längl., stark abgeflacht, an der Bauchseite schwach geflügelt (*439/1*), mehrsamig, sich kaum od. spät öffnend, den Winter über an der Pfl. bleibend (Wintersteher). 6(–11) Arten in Euras. u. NAm.

1. Bl.spreite mit deutl., durchscheinenden Saum (0,2 mm), zugespitzt, am Grund ± tief herzf. (*439/2*), Stiel, Nerven auf der Bl.unterseite u. Bl.rand abstehend behaart; Zw. hell ockerbraun; Kn.schuppen auf dem Rücken anfangs dicht behaart; Bltn. um 15 mm lang, zu 5–12, Kr. lebhaft rosarot; V. Sg – z. O-As.: China. **Chinesischer J., *C. chinensis*** Bunge

— Saum der Bl.spreite unscheinbar (0,1 mm breit); Zw. rotbraun bis dunkelbraun; Kn.schuppen nur am Rand bewimpert **2**

2. Bl. zugespitzt, am Grund seicht herzf. od. fast gestutzt, Spreite unterseits (nur) in den Nervenwinkeln, besonders am Grund behaart, sonst kahl (*439/3*); Bltn. 10–12 mm lang, zu 3–8, Kr. hell purpurn; V. Sg – z. O- bis Z-NAm., südl. bis Mex. **Kanadischer J.** [Red Bud Tree], ***C. canadensis*** L.

— Bl.spreite ohne Stachelspitze, Spitze oft abgerundet od. leicht eingeschnitten, am Grund tief herzf. (*439/4*), beidseitig kahl; Bltn. bis > 20 mm lang, zu 4–10, Kr. rosarot; V. Sg/Bk – h. ∧ S-Eur., O-Medit. **Gewöhnlicher J., *C. siliquastrum*** L.

'Alba': Kr. weiß.

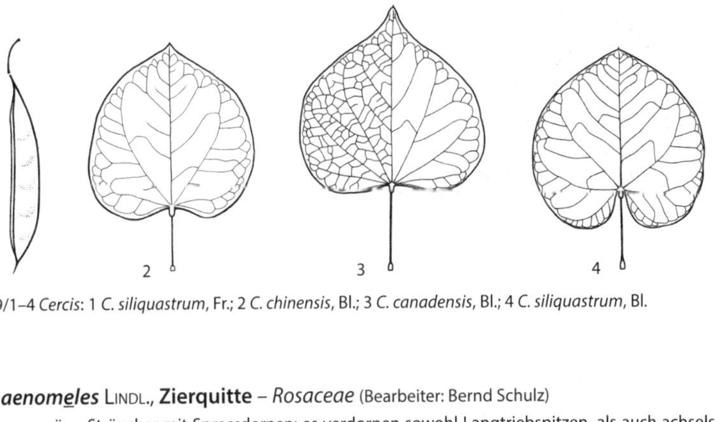

439/1–4 *Cercis*: 1 *C. siliquastrum*, Fr.; 2 *C. chinensis*, Bl.; 3 *C. canadensis*, Bl.; 4 *C. siliquastrum*, Bl.

Chaenomeles Lindl., Zierquitte – *Rosaceae* (Bearbeiter: Bernd Schulz)

Sommergrüne Sträucher mit Sprossdornen: es verdornen sowohl Langtriebspitzen, als auch achselst. Kurztriebe (*228/3*); Bl. eif. bis längl., gesägt od. gekerbt, 3–12 cm lang, Nebenbl. bleibend, auffallend groß, grün, ± nierenf. (*440/3–4*); Bltn. 5-zählig, zu wenigen in kurzen, meist bl.losen Bltn.trieben seitl. an älteren Langtrieben, oft vor den Bl. erscheinend (*440/1a*), ⚥ (*440/1c*) u. zuw. ♂ (*440/2a*) (andromonözisch); Bltn.-stiel meist kürzer als der Bltn.becher, Kbl. ganzrandig, aufrecht, Krbl. orange bis rot, in Sorten auch weiß;

Stbl. zahlreich, etwa 40–50, Gr. 5, am Grund vereinigt; Fr. reif ohne K., kugelf. bis längl., mit vielen Samen je Fach (*440/2c*), Fleisch hart, nach Kochen verwendbar. 2 Arten im nem. O-As.

1. Pfl. niedrig breitwüchsig, < 1 m hoch; junge Zw. zottig rau, im 2. Jahr warzig; Bl. breit eif., 3–5 cm lang, spitz bis stumpfl. (*440/3*), kerbig gesägt, kahl; Bltn. 2,5–3 cm breit, Krbl. orange- bis ziegelrot (*440/2*); Fr. abgeflacht kugelig, längs gefurcht, 4–5 cm dick u. 3–4,5 cm lang (∅ ≥ Länge), gelb, meist orange gepunktet, stark duftend (*440/2b*); IV–V. Sz/Sk – h. Jap. [*C. maulei* (MAST.) C. K. SCHNEID.] **Japan-Z., *C. japonica*** (THUNB.) SPACH

var. *alpina* MAXIM.: Sp/Sz; Bl. 1–2,5 cm lang, eif. bis rundl.

— Pfl. aufrecht, bis > 2 m hoch; 2-j. Zw. nicht warzig; Bl. längl. eif. bis lanzettl., bis > 8 cm lang, spitz, scharf gesägt (*440/4*), meist oberseits glänzend u. unterseits bleibend behaart; Bltn. 3,5–5 cm ∅, zuw. halb gefüllt, Krbl. weiß od. rosa bis dunkelrot (aber kaum mit Orange), Stbl. 40–50; Fr. glatt, bis über 8 cm lang u. 6 cm dick (Länge > ∅), gelbgrün bis olivbraun, nicht gefurcht, nur schwach duftend (*440/1b*); buschiger Strauch mit meist kurzen achselst. Dornen; IV–V. Sk/Sg – h. China. [*C. lagenaria* (LOISEL.) KOIDZ.] **China-Z., *C. speciosa*** (SWEET) NAKAI

var. *cathayensis* (HEMSL.) H. HARA [*C. cathayensis* (HEMSL.) C. K. SCHNEID.], **Dornige Z.**: Bl. bis 12 cm lang, unterseits meist rostbraun behaart; Bltn. um 3 cm ∅, Krbl. weiß bis blass rosa (*440/1c*); Fr. bis 15 cm lang, gelbgrün, zuw. mit rötl. Backe; dickzweigiger Großstrauch mit robusten, rechtwinklig von den Hauptachsen abstehenden, verzweigten Dorntrieben (*228/3*); IV–V. Sg – ss. ∧ M-China.

C.* × *superba (FRAHM) REHDER, **Hybrid-Z.** [*C. japonica* × *C. speciosa*]: zahlreiche Kultursorten; die Merkmale der Eltern in unterschiedl. Weise kombiniert, am häufigsten sind niedrigwüchsige Formen, Bltn. mit großen orangeroten bis dunkel karminroten Krbl.

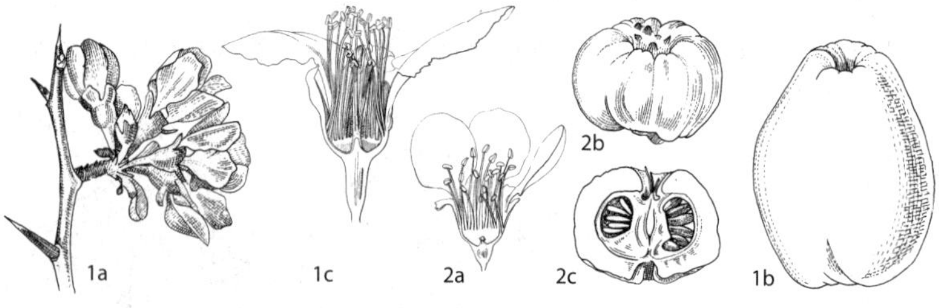

440/1–2 *Chaenomeles*: 1 *C. speciosa*, 1a Bltn.zw. mit Sprossdornen, 1b Fr., 1c var. *cathayensis* ⚥ Blüte; 2 *C. japonica*, 2a ♂ Blüte, 2b Fr., 2c Fr.längsschnitt

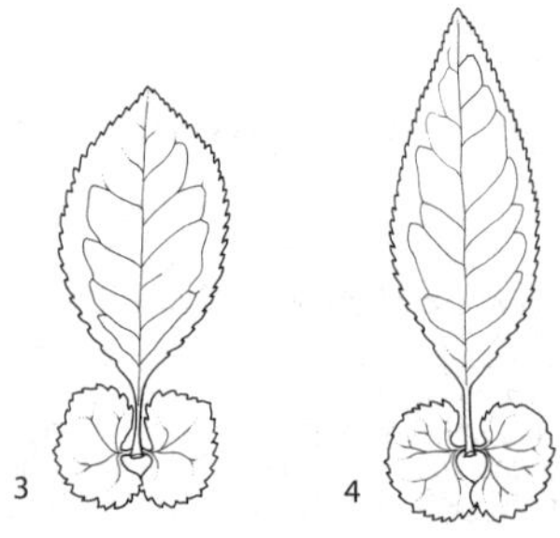

440/3–4 *Chaenomeles* Bl.: 3 *C. japonica*, 4 *C. speciosa*

Chamaebatiaria (Porter) Maxim., **Harzspiere** – *Rosaceae* (Bearbeiter: Bernd Schulz)

1 Art. (Nahe verwandt mit *Sorbaria*.)

C. millefolium (Torr.) Maxim. – Sommergrüner Strauch, alle Teile dicht drüsig klebrig u. aromatisch duftend; Bl. mit Nebenbl., 5–10 cm lang, schmal eif., doppelt gefiedert od. die Blch. 1. Ordnung tief fiederschnittig (*441/1*), unterseits u. an der Bl.spindel mit Sternhaaren; Bltnst. relativ dichte, bis 15 cm lange, unten frondose, endst. Rispen; Bltn. (*441/2*) etwa 15 mm ∅, 5-zählig, Krbl. weiß, Stbl. etwa 60–80, Frbl. 5, frei im leicht vertieften, innen orangegelben Bltn.becher; Frch. etwa 5 mm lang, aufrecht, bei der Reife V-f. aufspringend; VI–VII. Sk – ss. W-NAm. (Geb. des Great Basin bis über 3000 m).

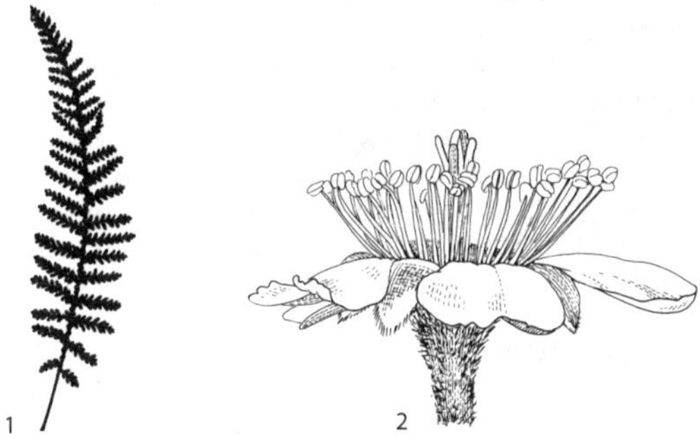

441/1–2 *Chamaebatiaria millefolium*: 1 Bl., 2 Blüte

Chamaecyparis Spach, **Scheinzypresse** – *Cupressaceae* (Bearbeiter: Peter A. Schmidt)

Immergrüne Bäume, seltener Sträucher; Bl. schuppenf. u. gegenst., nur an jungen Sämlingspfl. u. bei diversen Sorten pfrieml. bis nadelf. u. zuw. wirtelig zu 3, junge Triebe mit den dem Zw. angedrückten Schuppenbl. stark abgeflacht, meist fächerf. verzweigt, flächenst. (Flächenbl.) u. kantenst. (Kantenbl.) Bl. meist verschieden; ♂ Bltn.zapfen zahlreich, sehr klein, kurz zylindrisch, gelb od. rötl., ♀ Bltn.zapfen mit 3–6(–8) Schuppenpaaren; reife Zapfen ± kugelig bis ellipsoidisch eif., Schuppen schildf., nur mit den Rändern sich berührend, bei der Reife auseinander klaffend (*442/4* u. *5*), Samen geflügelt. 5 Arten in NAm. u. O-As. **G!**

Die bei uns kultivierten Arten haben zur Reife ± kugelige Zapfen, die Angaben zu deren Größe u. Farbe betreffen reife Zapfen. Angaben zu Bl.länge u. -breite beziehen sich auf die beblätterten Endtriebe der Seitenzw., die Bl. der stärkeren Zw. sind größer. Sorten in Habitus, Bl.form u. -farbe abweichend, nicht selten Sorten, deren Bl. ganz od. teilw. pfrieml. bis nadelf. sind u. in Wirteln zu 3 stehen, früher auch als „fixierte Jugendformen" bezeichnet.

1. Triebe der Seitenzw. beiderseits grün, hellgrün bis dunkel blaugrün, Schuppenbl. unterseits ohne weiße Linien od. Flecken; Zapfen 8–10 mm ∅, mit 4–6 Schuppen – Bl. scharf zugespitzt, Kantenbl. im oberen Teil abstehend, meist ohne Drüsen, zerrieben unangenehm riechend (ähnl. wie Stink-Wacholder, *Juniperus sabina*)
C. nootkatensis → **Nutka-Zypresse, *Cupressus nootkatensis***, 492

— Triebe der Seitenzw. unterseits entw. bläul. weiß od. Schuppenbl. mit deutl. od. auch verschwommenen weißen Linien od. längl. weißen Flecken; Zapfen entw. mit 8–10 Schuppen od. wenn < 8, dann Zapfen kleiner, 4–7 mm ∅ . . **2**

2. Triebe der Seitenzw. allseitig ausgebreitet, nicht fächerf. in einer Ebene stehend, unterseits bläul. weiß, aber Schuppenbl. ohne weiße Linien od. Flecken; Zapfen 4–7 mm ∅, mit (4–)6(–10) Schuppen – Bl. 1,5–2,5 mm lang, 1–1,5 mm breit, beim Zerreiben stark würzig riechend, oberseits dunkel bläul. grün od. hell- bis gelbgrün, Flächenbl. auf dem Rücken mit deutl. rundl. Drüsenhöcker, Spitze kantenst. Bl. dem Zw. dicht anliegend; Zapfen sehr zahlreich, oft gehäuft stehend, anfangs purpurblau, reif rot- bis dunkelbraun, Schuppenschilde strahlig gerillt, in der Mitte Höcker mit aufwärts gebogener dorniger Spitze; IV. Bm/Bg – z (Sorte, sonst s). O-NAm.: NO- bis SO-USA. [*C. sphaeroidea* SPACH] **Weiße S., Weißzeder, *C. thyoides*** (L.) BRITTON, STEARN & POGGENB.

'Andelyensis': Habitus schmal kegelf., bis 3 m hoch, mit mehreren straff aufrechten Hauptästen, Zw. kurz u. dicht stehend; Bl. blaugrün, teils nadelf., zu 3 wirtelig, teils schuppenf., gegenst.

— Triebe der Seitenzw. fächerf. in einer Ebene stehend, Bl.unterseiten mit weißen Flecken od. Linien, die teilw. (besonders bei *C. lawsoniana*) etwas verschwommen sind; Zapfen entw. größer, 7–12 mm ∅, u. mit 8–10 Schuppen od. wenn nur bis 7 mm ∅, dann überwiegend mit > 6 Schuppen **3**

3. Schuppenbl. an Triebunterseite mit sehr deutl., feinen, silberweißen Linien, oft die Form eines Y bildend, Kantenbl. dem Zw. fest anliegend, sehr dicht stehend, stumpf, vorn leicht einwärts gekrümmt (*442/1*), Drüsen fehlend od. unscheinbar, – Bl. 1,5–3 mm lang, 1–1,5 mm breit; Zapfen 9–12(–13) mm ∅, mit 8–10 Schuppen, in der Mitte mit kurzer, aufwärts gebogener Spitze; IV. Bg/Bm – h. O-As.: Jap., Taiw.
Hinoki-S., Feuer-S., *C. obtusa* (SIEBOLD & ZUCC.) ENDL.

Kaum in Kultur ist die durch kleine Bl. (nur bis 1,5 mm lang u. 1 mm breit) mit weniger auffälligen weißen Linien u. kleine Zapfen (nur bis 9 mm ∅) charakterisierte **Taiwan-S., subsp. *formosana*** (HAYATA) H. L. LI.

Zahlreiche Sorten, z. B.

a) Gelbblättrige Sorten mit kegelf. Habitus, 2–5 m hoch:

'Crippsii': Äste u. Zw. locker stehend, ihre Spitzen etwas überhängend; Bl. oberseits goldgelb, unterseits u. im Innern der Pfl. blassgelb.

'Fernspray Gold': Äste schräg aufsteigend, Zw. farnwedelartig verzweigt, mit überhängenden Trieben, diese mit dunkel goldgelb bis bronzegoldenen Bl. u. teilw. helleren cremegelben Partien.

'Nana Aurea': Äste locker u. waagerecht abstehend; Bl. goldgelb, teilw. weißl. gelb, im Innern der Pfl. gelbgrün.

'Tetragona Aurea': Zw. kurz u. unregelmäßig angeordnet, ihre Enden oft hahnenkammf., Triebe auffällig 4-kantig mit 4 Reihen sich dachziegelartig deckender Bl., goldgelb.

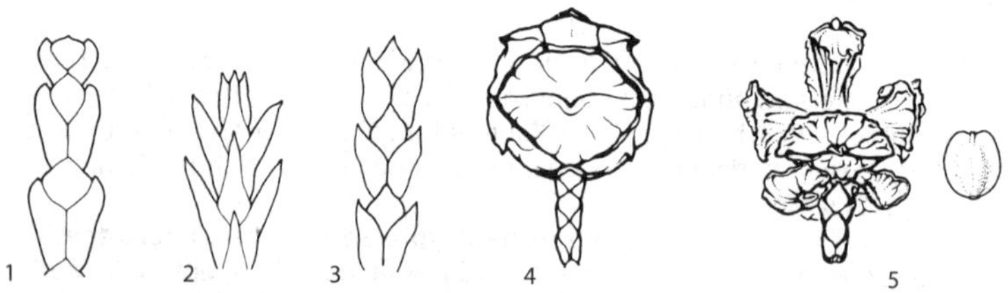

442/1–5: *Chamaecyparis*: 1–3 Bl.: 1 *C. obtusa*, 2 *C. pisifera*, 3 *C. lawsoniana*; 4–5 *C. lawsoniana*, Zapfen: 4 geschlossener Zapfen, 5 geöffneter Zapfen u. Samen

b) Grünblättrige Zwergformen:

'Chabo-yadori': Wuchs buschig, dicht verzweigt mit unregelmäßig überhängenden Trieben; Bl. olivgrün, überwiegend nadelf., weich u. kraus, aber einzelne Triebe auch mit Schuppenbl.

'Nana Gracilis': Wuchs anfangs kugelig bis kegelf., im Alter breit kegelf., Äste waagerecht abstehend, Triebe unregelmäßig, meist muschelf. bis tütenf. u. gedreht; Bl. glänzend dunkelgrün.

'Pygmaea': Wuchs abgeflacht halbkugelig, Äste abstehend, Zw. auffallend rotbraun, Triebe fächerf. angeordnet; Bl. frischgrün, im Winter bronzefarben bis bräunl. getönt.

Die unter dem Namen **'Drath'** kultivierte Sorte gehört zu *C. lawsoniana*.

— Schuppenbl. an Triebunterseite entw. mit längl. weißen Flecken od. eher verschwommenen weißl. Linien (meist die Form eines X bildend), Kantenbl. im vorderen Drittel nicht fest anliegend, sondern abstehend, zugespitzt (*442/2* u. *3*), Drüsen an Kanten- u./od. Flächenbl. meist vorhanden **4**

4. Triebunterseite mit deutl. längl. weißen Flecken, Kantenbl. mit je einem, Flächenbl. mit je 2, Bl. scharf zugespitzt, Kantenbl. mit ihren Spitzen ± weit abstehend (*442/2*), daher beim Rückwärtsstreichen Triebe sich deutl. rau anfühlend, Flächenbl. mit deutl. Drüse, an Kantenbl. diese unscheinbar, Bl. 1,5–2 mm lang, 1 mm breit, beim Zerreiben scharf nach Harz duftend; Zapfen 5–7 mm ∅, gelbbraun, mit (6–)8(–10) Schuppen, Schilde runzelig, schwach eingedrückt, über der Mitte oft mit 3-eckigem Höcker; IV. Bm – h. O-As.: Jap. **Sawara-S., Erbsenfrüchtige S., *C. pisifera*** (Siebold & Zucc.) Endl.

Zahlreiche Sorten, z. B.

a) Zw. dünn, fadenf. verlängert u. überhängend; Bl. in entfernt voneinander stehenden gegenst. Paaren, schuppenf. bis pfriemf., scharf zugespitzt:

'Filifera': Habitus breit kegelf., bis 5 m hoch, Äste ± horizontal abstehend u. an den Spitzen überhängend; Bl. graugrün.

'Filifera Aurea': wie 'Filifera', aber weniger hoch werdend u. Bl. gelb.

'Filifera Nana': abgeflacht halbkugelige Zwergform, < 1 m hoch; Bl. tiefgrün.

'Sungold': anfangs kissenf., später abgeflacht halbkugelige Zwergform, bis > 1 m hoch, Zw. dicht stehend; Bl. goldgelb bis gelbl. grün.

b) Zw. mit federig krausen Trieben mit pfrieml. Bl., diese 2–4 mm lang, spitz, der vordere Teil vom Zw. abstehend, intermediär zwischen Schuppenbl., wie für die Art typisch, u. Nadelbl. der Sorten unter c):

'Plumosa': Bk; Krone dicht kegelf., Äste bogig aufstrebend; Bl. grün, im Winter zuw. bräunl.

'Plumosa Aurea': wie 'Plumosa', aber Bl. goldgelb.

c) Zw. mit moosartig krausen Trieben mit nadelf. Bl., diese 4–8 mm lang, sich zieml. weich anfühlend:

'Boulevard': Bk; Krone anfangs regelmäßig kegelf. bis säulenf., später locker u. offener, Triebspitzen abstehend u. etwas nickend, Bl. silberblau, im Winter mehr graublau.

'Squarrosa': Bm; Krone anfangs breit kegelf., später locker u. oft unregelmäßig, Äste abstehend, Triebe an den Spitzen überhängend; Bl. oberseits blaugrün, unterseits silbrig grau bis weiß.

'Squarrosa Aurea': wie 'Squarrosa', aber nicht so hoch u. Bl. ± goldgelb.

d) Zwergformen mit Schuppenbl.:

'Nana': Wuchs gedrungen kugelig bis kissenf., < 1 m hoch, Äste abstehend, Zw. sehr dicht u. fächerf. stehend, Spitzen leicht kraus; Bl. tiefgrün bis blaugrün.

'Nana Aureovariegata': ähnl. 'Nana', aber mit gelb beblätterten Triebpartien über die Pfl. verteilt.

— Triebunterseite mit verwaschenen, wenig auffälligen weißen Zeichnungen (in Form eines X); Bl. nicht so scharf zugespitzt (*442/3*), daher Triebe weniger rau, flächenst. Bl. meistens mit deutl. Öldrüse, bei starkem Gegenlicht als durchscheinender Punkt sichtbar, Bl. 2–3 mm lang, 1–1,5 mm breit, beim Zerreiben nach Petersilie duftend; Zapfen 7–11 mm ∅, mit 8–10 Zapfenschuppen mit einem zusammengedrückten Höcker (*442/4* u. *5*); IV. Bg – h. W-NAm.: SW-Oregon bis NW-Kalifornien.

Lawsons S., *C. lawsoniana* (A. MURRAY) PARL.

Zahlreiche Sorten, häufiger z. B.:

a) Kegel- u. säulenförmige Sorten bis > 5 m Höhe mit grüner, blaugrüner od. graublauer Beblätterung:

'Alumii': Habitus säulenf. bis schmal kegelf., Äste aufstrebend, Zw. dicht stehend, leicht hängend; Bl intensiv blau bereift, zuletzt blaugrau.

'Columnaris': Bk, Habitus schmal säulenf., Äste u. Zw. aufrecht u. dicht stehend; Bl. oberseits dunkelgrün bis bläul., unterseits blaugrün.

'Spek': Habitus kegelf., Äste weniger dicht stehend, relativ dick, abstehend bis aufsteigend; Bl. graublau.

'Triomf van Boskoop': Habitus schmal kegelf.; Äste locker gestellt, aufsteigend bis abstehend, Zw.spitzen überhängend; Bl. blaugrün, silbrig bereift.

'Wisselii': Habitus schmal kegelf.; Äste u. Zw. kräftig, aufgerichtet, Triebe allseitig, farnartig bis hahnenkammf. verzweigt; Bl. graugrün.

b) Kegel- u. säulenförmige Sorten bis > 5 m Höhe mit goldgelber bis grünl. gelber Beblätterung:

'Alumigold': Habitus säulenf. bis schmal kegelf., Äste aufstrebend, Zw. vertikal stehend; Bl. gold- bis schwefelgelb, später wie im Innern der Pfl. bläul. gelbgrün.

'Golden Wonder': Habitus kegelf., weniger dicht geschlossen; Bl. goldgelb, im Innern der Pfl. gelbgrün.

'Kelleriis Gold': Habitus schmal kegelf. bis säulenf., Äste straff aufrecht u. dicht stehend; Bl. mattgelb, im Winter gelbgrün.

'Ivonne': Habitus schmal kegelf., Zw. aufrecht; Bl. rein gelb bis goldgelb, im Innern der Pfl. gelb- bis hellgrün.

'Lane': Habitus schmal kegelf., Äste abstehend; Bl. an Trieboberseite goldgelb, an Unterseite u. im Innern der Pfl. beiderseits gelbgrün.

'Stardust': Habitus breit kegelf., Zw. dicht stehend, Triebe federig; Bl. schwefelgelb.

'Stewartii': Habitus kegelf., Äste anfangs aufrecht od. aufsteigend, später abstehend; Bl. goldgelb bis gelbgrün.

c) Kegel- u. säulenförmige Sorten bis 2–3 m Höhe:

'Ellwoodii': Wuchs regelm. kegelf., Äste u. Zw. dicht u. aufrecht, Zw.spitzen etwas nickend, Bl. pfrieml. bis nadelf., blau, im Innern der Pfl. mehr grau.

'Ellwood's Gold': ähnl. 'Ellwoodii'; Zw. weniger straff aufrecht; Bl. goldgelb, im Herbst blasser.

'Ellwood's Pillar': ähnl. 'Ellwoodii'; Krone schmaler, kaum > 1 m breit; Bl. blaugrün.

'Tharandtensis Caesia': Wuchs zuerst halbkugelig, später breit kegelf., Äste stark, weniger zahlreich, aber Zw. zahlreich u. dicht, mit krausen Trieben; Bl. stumpf blaugrün.

d) Zwergformen, < 2 m hoch bleibend:

'Blaue Bautzener': Wuchs kugelig bis kegelf., dicht geschlossen, < 1m hoch; Bl. stahlblau.

'Forsteckensis': Wuchs breit kegelf., bis 1,5 m hoch, Zw. kurz, kräftig, kraus verzweigt; Bl. sehr klein, graublau.

'Green Globe': Wuchs halbkugelig, < 1 m hoch; Bl. sehr klein, frisch- bis tiefgrün.

'Minima Aurea': Wuchs anfangs kugelig, später eif. bis säulenf., < 1m hoch, Triebe fächerf. bis leicht muschelf. verzweigt; Bl. goldgelb.

'Minima Glauca': Wuchs anfangs abgeflacht kugelig, später gedrungen breit kegelf., bis 2 m hoch, Triebe leicht muschelf. verzweigt; Bl. mattblau bis blaugrün.

e) Hängeform:

'Pendula': Bk; locker beastet, Äste bogig abwärts gerichtet, Zw. entfernt stehend, herabhängend; Bl. dunkelgrün.

Chamaecytisus **Link, Zwergginster** – *Fabaceae* (Bearbeiter: Bernd Schulz)

Sommer- od. immergrüne, meist unbewehrte Sträucher; Bl. wechselst., 3-zählig, Nebenbl. klein od. fehlend; Bltn. in achselst. Büscheln od. endst. Trauben od. Köpfchen, Krbl. gelb od. rötl., selten weiß, Fahne innen im Zentrum oft mit rötl. brauner Zeichnung/Fleck; K. röhrenf., > 2-mal so lang wie ∅, 2-lippig, Oberlippe mit 2, Unterlippe mit 3 K.zähnen, K.zähne kürzer als die Lippen, alle 10 Staubfäden miteinander verwachsen; Hülse abgeflacht, 2- bis mehrsamig, Samen mit Nabelwulst (*445/4*). Ca. 30, einander teilw. sehr ähnl. Arten, zu → *Cytisus* i. w. S. (alle vorgestellten Arten wurden zuerst unter *Cytisus* beschrieben); Eur. u. Kanar. **G!**

1. Bltn. zu 1–4 in achselst. Büscheln entlang der vorj. Zw., niemals am Ende diesj. Triebe **3**

— Bltn. an den Enden diesj. Triebe, kopfig genähert **2**

2. Junge Zw. u. Bl.stiele abstehend rauhaarig; Blch. an Bltn.sprossen bis etwa 15 mm breit, beidseitig ± abstehend behaart – Bltn. 25–28 mm lang, Krbl. lebhaft gelb, Fahne kahl, verblühend sich innen braun färbend (*445/3*); Hülse 2–3,5 cm lang, abstehend behaart; V–VII. Sk – s. M- bis SO-Eur. [*Cytisus capitatus* Scop.] **Kopf-Z., *C. supinus*** (L.) Link

— Junge Zw. u. Bl.stiele ± anliegend seidig behaart; Blch. bis etwa 6(–10) mm breit, oberseits ± angedrückt behaart, seidig schimmernd – Krbl. lebhaft gelb, Fahne 15–22 mm lang, ohne braunen Fleck; Hülse 2–3 cm lang, anliegend seidig behaart; VII–VIII. Sk – ss. O- bis SO-Eur., westl. bis O-Österreich. **Österreichischer Z., *C. austriacus*** (L.) Link

3 (1). Hülse kahl; Krbl. purpurn, seltener fleischfarben od. weiß, – Bltn. etwa 16–22 mm lang, meist zu 1–4 beieinander, Bltn.stiel kürzer als, selten so lang wie die K.röhre (*445/1*); Bl. meist kahl, Endfieder etwa 25 × 9 mm; Zw. höchstens anfangs etwas behaart, ohne Endkn.; Fr. 1,5–2,5 cm lang; V–VI. Sz/Sk – h. SO-Eur. **Purpur-Z., *C. purpureus*** (Scop.) Link

— Hülse wenigstens an den Rändern rauhaarig; Krbl. gelb, Fahne mit oft braunem Fleck – Bltn. um 25 mm lang; Zw. mit Endkn. **4**

4. Junge Zw. abstehend behaart, ältere verkahlend – Bltn.stiele etwa ½ so lang wie der abstehend rauhaarige K. (*445/2*); Hülse 2,5–4 cm lang, 5–8 mm breit, ringsum lang abstehend behaart; V–VI. Sz/Sk – ss. O- u. S-Eur., westl. bis O-Österreich u. südl. Schweiz. **Zottiger Z., *C. hirsutus*** (L.) Link

— Junge Zw. ± anliegend behaart, verkahlend – niederliegend od. aufsteigend; Blch. 1–1,5 cm lang, 4–6 mm breit, oberseits dunkelgrün, unterseits graugrün, anliegend behaart; K. angedrückt behaart, Kr. gelb; Hülse 2–3,5 cm lang, 5–8 mm breit, mit weißen anliegenden Haaren; V–VI. Sz/Sk – ss. O-Eur. bis W-As., vereinzelt in O-Bayern u. O-Österreich. **Regensburger Z., *C. ratisbonensis*** (Schaeff.) Rothm.

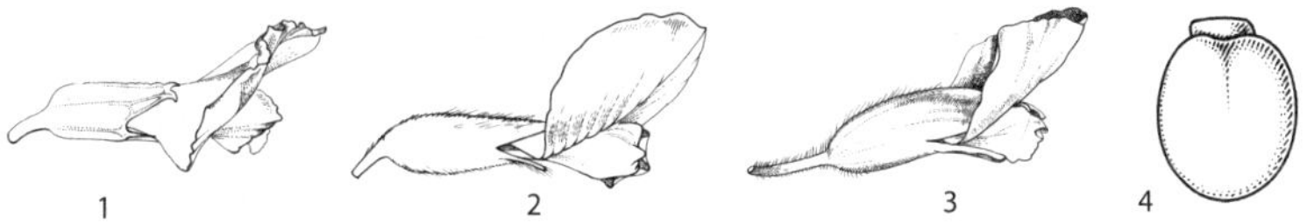

445/1–4 *Chamaecytisus*, 1–3 Bltn.: 1 *C. purpuraeus*, 2 *C. hirsutus*, 3 *C. supinus*; 4 *C. hirsutus*, Samen

Chamaedaphne Moench, **Torfgränke** – *Ericaceae* (Bearbeiter: Bernd Schulz)

1 Art. (Sehr nahe → *Eubotrys*.)

C. calyculata (L.) Moench [*Andromeda calyculata* L.] – Pfl. halbimmergrün bis immergrün; junge Zw. u. Bl. dicht mit rostfarbigen Schuppen besetzten; Bl. (*446/4*) elliptisch., 1–4 cm lang, kurz gestielt, schwach kerbig gezähnt (zumindest in der oberen Bl.hälfte); Bltnst. im Vorjahr angelegte endst., bis 15 cm lange, beblätterte Trauben (*446/1*); Bltn.-kn. gestielt (*446/1a*), Vorbl. am Stielende, unter den Kbl. (bis zur Fr.zeit sichtbar, *446/3*); Bltn. einseitswendig, nickend, Kr. urnenf., 6–8 mm lang u. 4–5 mm ∅ (*446/2*), weiß, Zipfel anfangs rosa, jede Theke mit einer verlängerten Spitze (*446/2a*); Fr. kugelf., 4 mm ∅, fachspaltig, K. u. Vorbl. bleibend (*446/3*), Samen ungeflügelt (*446/3a*); IV–V. Sz, kalkunverträgl. – s. N- u. O-NAm. **G!**

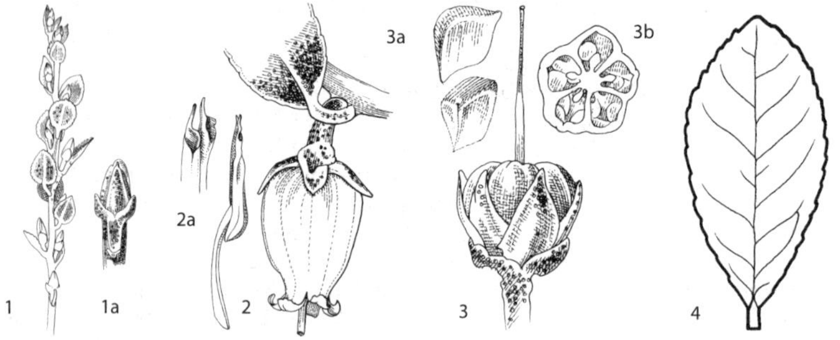

446/1–4 *Chamaedaphne calyculata*: 1 Bltnst., 1a Bltn.kn, 2 Blüte, 2a Stbl., 3 Fr., 3a Samen, 3b Fr. quer, 4 Bl.

Chimonanthus Lindl., **Winterblüte** – *Calycanthaceae* (Bearbeiter: Bernd Schulz)

Sommer- od. immergrüne Sträucher; Bl. schief gegenst., kahl; Kn. mit Kn.schuppen; Bltn. vor den Bl., Stbl. 5–6; Fr. an der Mündung stark eingeschnürt. 6 Arten in China.

C. praecox (L.) Link [*Calycanthus praecox* L., *Meratia praecox* (L.) Rehder & E. H. Wilson; *C. fragrans* Lindl.; *C. yunnanensis* W. W. Sm.] – Bl. elliptisch eif. bis eilanzettl., 7–15 cm lang, lang zugespitzt, kahl (*446/5*); Bltn. bis 2,5 cm ∅, abwärts geneigt, stark duftend, der kurze Bltn.stiel von kleinen braunen Schuppenbl. umhüllt, äußere Perigonbl. hellgelb, innere kleiner, unregelmäßig braunrot gestreift bis gefleckt, Stbl. zusammenneigend (*280/3*); Fr. 5–7 cm lang, Nüsschen 1,5–2 cm lang, längl. rotbraun (*446/6*); II–III. Sg – h. Mont. S-China. Samen **G!**

'Grandiflorus': Bl. bis 20 cm lang; Bltn. etwas größer, 1-farbig gelb, weniger stark duftend.

In BG ss immergrüne Arten wie ***C. nitens*** Oliv. u. ***C. salicifolius*** S. Y. Hu. ∧∧.

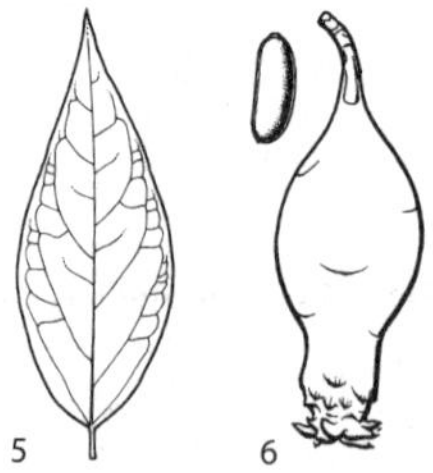

446/5–6 *Chimonanthus praecox*: 5 Bl., 6 Fr. u. Nüsschen

Chionanthus L., **Schneeflockenstrauch** – *Oleaceae* (Bearbeiter: Bernd Schulz)

Meist immergrüne Sträucher u. Bäume; Bltn. in Rispen, K. u. Kr. 4-teilig, 2 Stbl., 2-häusig, Krbl. 1,5–3 cm lang, 2–3 mm breit, rein weiß, an Schneeflocken erinnernd, nur am Grund verwachsen; Fr. eine 1-samige, schwarze Steinfr. Die Gatt. ist phylogenetisch schwer von anderen Gatt. der Subtribus Oleinae abzugrenzen (→ *Osmanthus*, → *Olea*, → *Phillyrea*, → *Forestiera* u. a.). Im engeren Sinne umfasst die Gatt. wenige Arten in O-As. u. NAm. Im weiteren Sinn enthält die dann para- u. polyphyletische Gatt. bis 147 Arten, weltweit verbreitet in den Trop. u. Subtrop. Nur die 2 sommergrünen Arten aus der mer. Zone in Kultur:

1. Bl. schmal elliptisch bis eilängl., 8–20 cm lang, derb, glänzend dunkelgrün, unterseits heller, anfangs behaart, später (außer auf den Nerven) verkahlend, ganzrandig (*447/1*); Bltn.rispen 10–20 cm lang, überhängend, Krbl. 1,5–3 cm lang, etwa 2 mm breit; Fr. 1,5–2 cm lang, dunkelblau (*447/2*); V–VI. Sg – z–h. O- bis SO-NAm. **Virginischer S., *C. virginicus*** L.

var. *maritimus* Pursh [var. *pubescens* Dipp.]: Bl. unterseits behaart bleibend; Bltn.rispe kleiner u. lockerer.

— Bl. verkehrt eif., 3–8(–10) cm lang; Bltn. in 6–8 cm langen, breiten, aufrechten Rispen an beblätterten Kurztrieben, Krbl. 18 mm lang, 3 mm breit; Fr. 1,2–1,5 cm, dunkelblau; VI–VII. Sg – s. S-China, Sich., Yunn., Taiw., Jap., Kor. **Chinesischer S., *C. retusus*** Paxt.

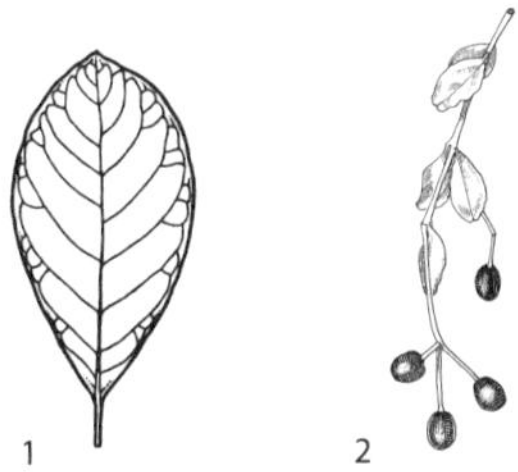

447/1–2 *Chionanthus virginicus*, 1 Bl., 2 Frst.

× ***Chitalpa tashkentensis*** T. S. Elias & Wisura, **Baumoleander** – *Bignoniaceae* (Bearbeiter: Bernd Schulz)

[*Catalpa bignonioides* × *Chilopsis linearis*]: Bl. 3-wirtelig, z. T. wechselst., längl. lanzettl., > 3-mal so lang wie breit: bei 20 cm Länge 4 cm breit (*327/1a*), Kr. trichterf. (Saum breiter als die trichterf. Röhre lang) hellrosa bis stärker rosa, innen laufen aus der Röhre 2 (hell-)gelbe Saftmale u. feine dunklere Längsstreifen auf die unteren 3 Krbl.zipfel, Stbl.: 2 große, 2 kürzere, kleinere u. ein Rudiment; Bltn.kn. (u. K.) längl., zugespitzt, kurz behaart. VII–IX. Bk – s–z. ∧ Kultur.

Elternart ***Chilopsis linearis*** (Cav.) Sweet, **Desert Willow**: Bl. überwiegend wechselst., sehr schmal lanzettl., deutl. kleiner: bei 13 cm Länge 1 cm breit (*327/1b*); Kr. länglicher, mit röhrenf. Röhre, hellrosa bis tief rosaviolett, 4 (2 kürzere u. 2 längere) entwickelte Stbl., ein Rudiment, K. behaart, in 2-zähnige Unter- u. 3-zähnige Oberlippe gespalten. Sg/Bk – ss. ∧∧ SW-NAm. bis N-Mex.

Choisya Kunth, **Orangenblume** – *Rutaceae* (Bearbeiter: Ulrich Hecker)

Immergrüne Sträucher; Bl. gegenst., 3-zählig bis mehrfach fingerf., Blch. ganzrandig durchscheinend punktiert; Bltn. ansehnl. in end- od. seitenst., wenigbltg. Zymen, Frbl. 5, am Grund miteinander verwachsen; Frch. zur Reife 2-klappig aufspringend. 5 Arten im südl. NAm u. Mex.

1. Blch. 3, längl. verkehrt eif. (*448/1*), lederig, kahl, Bl. 2–5 cm lang gestielt, Blch. 3–7 cm lang u. bis 2 cm breit, oberseits glänzend grün, unterseits heller; Bltn. in 3–6-bltg. Zymen an der Spitze der Zw., weiß, intensiv duftend, 2,5–3 cm ∅, 5-zählig; IV–V. Sg – h. ∧∧ Mex. **Mexikanische O., *C. ternata*** Kunth

— Blch. 5, lanzettl. 5–10 cm lang (*448/2*); Bltn. weiß, im Kn.stadium rosa getönt; IV–V. Sk (bis 2,5 m) – h. [*C. ternata* × *C. arizonica*] ***C.* × *dewitteana*** Geerink

'Aztec Pearl': Kultur- bzw. Handelsname der Hybride.

'Sundance': Blch. 3–5, im Austrieb goldgelb, später hellgrün.

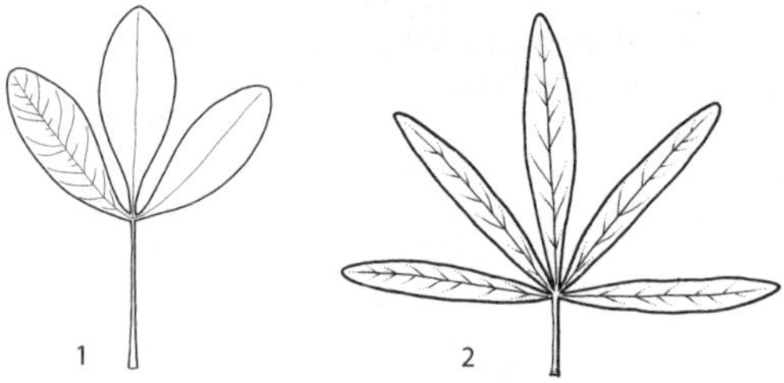

448/1–2 *Choisya*, Bl.: 1 *C. ternata*, 2 *C.* × *dewitteana*

Chusquea Kunth, **Inkabambus, Chusquee** – *Poaceae*

(Bearbeiter: Hans-Roland Müller)

120 Arten in M- u. SAm. Für uns nur die folgende Art von Interesse, da die meisten anderen in unseren Breiten nicht winterhart:

C. culeou Desv., **Culeu-I.** – Rhizom pachymorph u. leptomorph, dabei werden an den seitl. Kn. leptomorpher Rhizome pachymorphe Rhizome gebildet, die sich weiter verzweigen u. an deren Ende sich die Halme bilden; Pfl. immergrün; Halme stielrund, mit Mark erfüllt (!), Internodien 10–15 cm lang, gelbgrün bis olivgrün, später gelbl. od. bräunl. grün, am heimatl. Standort 3–7 m groß, bei uns niedriger bleibend, 1,5–3 cm ∅; Pfl. schon nahe dem Grund verzweigt, pro Knoten viele dicht, fast quirlig stehende Seitenhalme, sich aus mehreren getrennten Kn. bildend, mittlerer Seitenhalm viel länger als die seitl.; Halmscheiden länger als die Internodien, anfangs rötl. bereift, später weiß, lange bleibend, ohne Öhrchen u. Borsten, dicht fein behaart, Scheidenspreite sehr schmal; Bl. linealisch bis linealisch lanzettl., deutl. zugespitzt, behaart od. kahl, blaugrün, 4–10 cm lang u. 6–12 mm breit, unterseits fein behaart, mit markanter Mittelrippe u. jederseits 2 Seitennerven, Nervatur deutl. schachbrettartig; Bltnst. eine offene Rispe, Ährchen 1-bltg., Stbl. 3, Narben 2. Sk – ss. ∧ Chile.

Cistus L., **Zistrose** – *Cistaceae* (Bearbeiter: Ulrich Hecker)

Immergrüne (alle verschlüsselten Arten) od. halbimmergrüne Sträucher; Bl. gegenst., einfach, Nebenbl. fehlend; Bltn. groß, end- od. seitenst.; Fr. eine vielsamige, sich 5-od. 10-klappig öffnende Kapsel (*449/2*). Ca. 25 Arten auf den Kanar. u. im Medit.

1. Bltn. weiß **3**

— Bltn. rosa, Kbl. 5 . . . . **2**

2. Bl. sitzend, halb stängelumfassend, längl. eif. bis elliptisch, 1,5–7 cm lang, 2–3 cm breit, weißfilzig, am Rand nicht gewellt; Bltn. 4–6 cm ∅; IV–VII. Sk – s. ∧∧ W-Medit. **Weißliche Z., *C. albidus*** L.

— Bl. 3–15 mm lang gestielt, eif. elliptisch bis verkehrt eif., 2–5 cm lang, 0,8–3 cm breit, am Rand gewellt; Bltn. 4–6 cm ∅; IV–VII. Sk – z. ∧ **Graubehaarte Z., *C. incanus*** L.

3 (1). Bl. sitzend, schmal lanzettl., mit 3 Hauptnerven, 2–5 cm lang, bis 4–8 mm breit; Bltn. bis 3 cm ∅, Kbl. 5; IV–VII. Sk, kalkmeidend – s. ∧∧ Medit, Kanar. **Montpellier-Z., Französische Z., *C. monspeliensis*** L.

— Bl. u. Bltn. breiter, Kbl. 3 . . . . **4**

4. Bltn. weiß, am Grund gelb, 5–6 cm ∅ ; Bl. 3–8 cm lang u. 1–3 cm breit (*449/1*), kurz gestielt, nicht klebrig, oberseits kahl u. grün, unterseits graufilzig behaart; VI–VIII. Sk – z. SW-Eur. **Lorbeerblättrige Z., *C. laurifolius*** L.

— Pfl. drüsig klebrig, Bl. fast sitzend, linealisch bis lanzettl., 4–10 cm lang u. 0,5–2,5 cm breit; Bltn. 7–10 cm ∅, weiß, am Grund oft dunkelrot od. braunrot gefleckt; IV–VII. Sg – s. ∧∧ W-Medit., NW-Afr., Kanar. **Lack-Z., *C. ladanifer*** L.

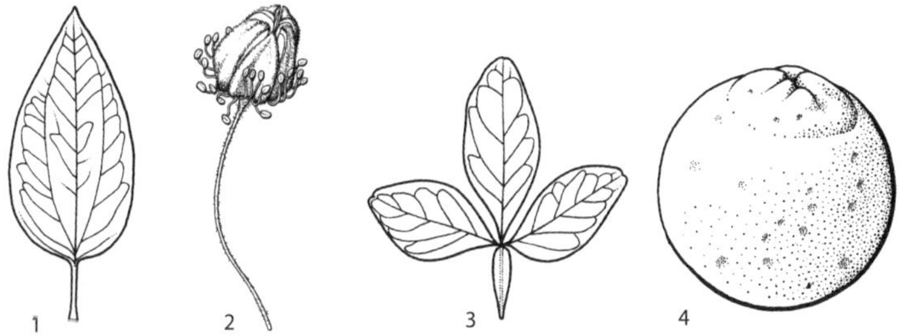

449/1–4: 1–2 *Cistus laurifolius*: 1 Bl., 2 Fr.; 3–4 *Citrus trifoliata*: 3 Bl., 4 Fr.

Citrus L., **Zitrus** – *Rutaceae* (Bearbeiter: Ulrich Hecker)

Aus der 33 Arten zählenden Gatt. *Citrus* kommt für uns nur folgende in Betracht:

C. trifoliata L. [*Poncirus trifoliata* (L.) Raf.], **Bitterorange** – Sommergrüner, reich verzweigter, stark dornig bewehrter Strauch; Zw. stark abgeflacht, etwas gerieft, dunkelgrün, matt glänzend, Dornen 1–5 cm lang, abgeflacht, grün, Bl. wechselst., 3-zählig, durchscheinend punktiert, Bl.stiel geflügelt, 8–25 mm lang, Blch. lederig, dunkelgrün, seitl. verkehrt eif., das mittlere elliptisch, 3–6 cm lang, schwach gekerbt (*449/3*); Bltn. ⚥, duftend, einzeln, bl.achselst., 3,5–5 cm ∅, Krbl. 2–2,5 cm lang, verkehrt eif., weiß; Zitrusfr. (*449/4*) 3–5 cm ∅, filzig behaart, goldgelb, vielsamig, ungenießbar; IV–V. Sk/Sg – z. ∧

Cladrastis Raf., **Gelbholz** – *Fabaceae* (Bearbeiter: Bernd Schulz)

Sommergrüne Bäume; Winterkn. nur Seitenkn., vom Bl.grund eingeschlossen (*450/1c*), nackt, von einem bräunl. Haarsaum umgeben (dieser auch an der Basis junger Seitenzw. erkennbar); Bl. wechselst., unpaarig gefiedert, Blch. ganzrandig, kurz gestielt, Stielchen verdickt (Bl.gelenke); ausgereifte Zw. braun, mit feinen hellen Lentizellen; Bltn. in endst. Doppeltrauben, Krbl. weiß, selten rötl., K. glockenf., 5-zähnig, Stbl. frei od. fast frei; Hülse längl., schmal, stark abgeflacht, 3–6-samig. 6 Arten in NAm. u. O-As.

1. Bltn. in überhängenden, bis 40 cm langen Doppeltrauben (Hauptachse hängend), 2,5–3 cm lang, Krbl. weiß, selten rosa, Fahne innen im Zentrum mit zartem gelbl. Fleck (Saftmal), K. hellgrün (*450/1a*); Blch. 7–9(–11), breit eif. bis elliptisch, bis 16 cm lang, Endblch. deutl. gestielt, bis 10(–12) cm breit, Seitenblch. bis 5–7 cm breit, „Paare" oft aufgelöst u. Blch. an der Spindel deutl. zueinander verschoben (*450/1b*), Blch. oberseits frischgrün, fast kahl, unterseits graugrün, besonders an den Nerven behaart; Zw. rotbraun bis violettbraun, z. T. bleibende Behaarungsreste; Hülse 7–8 cm lang, hellbraun; VI. Bk – s–z. O-NAm. [*C. lutea* (F. Michx.) K. Koch]

Amerikanisches G., *C. kentukea* (Dum. Cours.) Rudd

'Rosea': Kr. rosa, Saftmal kräftig gelb, rot gesäumt. ss.

— Bltn. in reich verzweigten, aufrechten, bis 30 cm langen Doppeltrauben (Hauptachse ± aufrecht, Seitenachsen z. T. überhängend), etwa 1,2 cm lang, Krbl. weiß od. rosa, K. dunkelrot; Blch. (9–)11–13, längl. lanzettl., 5–8 (–10) cm lang u. Seitenblch. um 2 cm u. Endblch. um 3 cm breit, unterseits graugrün, besonders entlang der Mittelrippe kraus ockergelb behaart (*450/2*); Zw. ockerbraun, später normalbraun; Pfl. sehr spät austreibend; Hülse 5–6 cm lang; VI–VII. Bk/Bm – ss. mont. O-As.: China (außer N-) [*C. sinensis* Hemsl.]

Chinesisches G., *C. delavayi* (Franch.) Prain

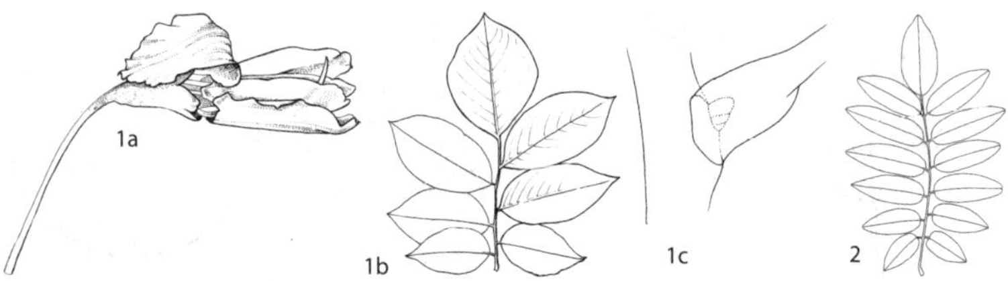

450/1–2 *Cladrastis*: 1 *C. kentukea*, 1a Blüte, 1b Bl., 1c Achselkn. unter Bl.ansatz; 2 *C. delavayi*, Bl.

Clematis L., **Waldrebe** – *Ranunculaceae* (Bearbeiter: Ulrich Hecker)

Mit Bl. rankende Lianen od. Stauden; Bl. gegenst., 3-zählig od. unpaarig gefiedert, unregelmäßig zusammengesetzt od. einfach; Bltn. einzeln, in Zymen od. endst. bzw. seitenst. Rispen, ⚥, zuw. eingeschl. u. 2-häusig verteilt, Perigonbl. meist 4, Nektarien an den Stbl., Staminodien od. fehlend, Staminodien zuw. krbl.ähnl., Stbl. u. Frbl. zahlreich; Frbl. zu Nüsschen mit bleibendem u. häufig federig behaartem Gr. auswachsend. Rund 370 Arten, vorwiegend in der nem u. mer. Zone. **G!**

1. Bl. sommergrün **3**

— Bl. immergrün **2**

2. Bl. ledrig, 3-zählig, Blch. längl. lanzettl. bis eif., bis 15 cm lang, oben spitz, am Grund gerundet od. herzf., dunkelgrün, glänzend, kahl; Bltn. bis 6,5 cm ∅, in dichten Ständen an vorj. Zw., rein weiß od. cremefarben, später rötl.

getuscht, Perigonbl. 4(–7), schmal längl., 2–3 cm lang; Frch. 4–5 mm lang, Gr. 1,5–4,5 cm lang, federig; IV. L – s. ∧∧ SO- u. M-China.
Armands W., *C. armandii* Franch.

'Apple Blossom': mit Vanilleduft, in der Kn. rosa getönt, später weiß.

— Bl. einfach, 3-lappig, 3-zählig od. doppelt 3-zählig, Blch. längl. eif., 3–5 cm lang, dunkelgrün, glänzend; Bltn. breit glockenf., einzeln od. zu wenigen achselst. an vorj. Zw., bis 5 cm gestielt, hängend, Perigonbl. 4(–5), eif., bis 2,5 cm lang, außen weich behaart, cremefarben, mitunter rot gefleckt; Frch. 3–4 mm groß, mit bis 5 cm langem, seidig behaartem Gr.; II–IV. L – s. ∧∧ Medit., Kl.-As.
Macchien-Waldrebe, *C. cirrhosa* L. var. ***cirrhosa***

var. *balearica* (Rich.) Willk. & Lange, **Balearen-Waldrebe**: Blch. tiefer eingeschnitten, Bl. im Winter oft braunrot überlaufen, glänzend; Perigonbl. hell cremefarben, kastanienbraun gefleckt. S-Eur.

3 (1). Pfl. rankend, > 1,5 m hoch **7**

— Pfl. HS, bis 1,5 m hoch **4**

4. Bl. einfach, lanzettl., 2–8 cm lang, 0,2–2 cm breit, am Grund selten auch fiederschnittig; Bltn. in 3–7-bltg. endst. Rispen, 2–4 cm lang gestielt, gelbl. weiß, duftend, 2–2,5 cm ∅, Perigonbl. 4(–6), sternf. ausgebreitet; Frch. eif., 2,5–3,5 mm lang, dicht behaart, Gr. 1,5–2,5 cm lang federig; VII–IX. HS (bis 1,5 m) – ss. Afgh., Kasach., Mong., NZ-China.
Songorische W., *C. songorica* Bunge

— Bl. 3-zählig od. gefiedert, Blch. breiter **5**

5. Bltn. 3–20 cm lang gestielt, einzeln, becherf. bis flach ausgebreitet, 3,5–5 cm ∅, Perigonbl. 4, rosarot bis purpurrosa; Bl. 3-zählig, Blch. kurz gestielt, grob gezähnt, zumindest unterseits dicht behaart; Frch. eif., 4–5 mm lang, dicht behaart, Gr. 2–2,5 cm lang, bräunl. federig; V–VII. HS (20–50(–100) cm) – s. SZ-China (Guizhou, Sich., Yunn.). **Goldhaarige W., *C. chrysocoma*** Franch.

— Bltn. in mehrbltg. Bltnst. **6**

6. Bltn. in lockeren endst. Ständen, ca. 5 cm lang gestielt, 3–4 cm ∅, duftend, purpurrot bis dunkelviolett, Perigonbl. 4, seitl. zurückgerollt; Bl. 3-zählig od. mit 5 Blch., gefiedert, die unteren gestielt, Blch. 5–7 cm lang u. bis 3 cm breit; VII–X. HS (bis 1,5 m) – s. [*C. flammula* × *C. integrifolia*]
Duftende W., *C.* × *aromatica* Lenné & K. Koch

— Bltn. eingschl., 1-häusig, in vielbltg. endst., lang gestielten Zymen, röhrenf., 1,5–3 cm lang, 1,5–2 cm ∅, nickend, Perigonbl. 4, 3–7 mm breit, am Ende stark zurückgebogen, blassblau, außen behaart; Bl. 3-zählig, Endblch. bis 15 cm lang u. 10 cm breit (*452/1*); Frch. ellipsoidisch, 3–5 mm lang, behaart, mit einem bis 2,5 cm langen federigem Gr.; VIII–IX. HS (bis 1 m) – h. SO- NO- u. Z-China, Kor. **Großblättrige W., *C. heracleifolia*** DC.

Zur Artengruppe von *C. heracleifolia* werden zahlreiche Sorten gerechnet, u. a.

'Cassandra': Bltn. enzianblau, stark duftend.

'China Purple': Bltn. dunkel violettpurpurn.

7 (3). Bltn. gelb od. gelbl. **30**

— Bltn. andersfarbig **8**

8. Perigonbl. flach ausgebreitet **16**

— Perigonbl. ± aufgerichtet bzw. zusammenneigend, ihre Spitzen häufig zurückgebogen od. spreizend, Bltn. röhren-, krug- od. glockenf., blau, violett bis purpurn, selten weißl. **9**

9. Krbl.ähnl. Staminodien fehlend **11**

— Krbl.ähnl. Staminodien mit Nektarien vorhanden **10**

10. Bltn. einzeln, nickend, 4–12 cm lang gestielt, Perigonbl. 3–4 cm lang, violettblau (*452/2*); Staminodien ½ so lang wie die Perigonbl.; Bl. meist doppelt 3-zählig, Blch. eif. bis eilanzettl., 2–5 cm lang, lang zugespitzt, grob gesägt (*452/3*), unterseits schwach behaart, oft glänzend; V–VII. L – h. Eur. [*Atragene alpina* L.] **Alpen-W., *C. alpina*** (L.) Mill. subsp. ***alpina***

'Burford White': Bltn. weiß bis cremefarben.

'Odorata': Bltn. hellblau, duftend.

'Willy': Bltn. hellrosa.

subsp. *sibirica* (L.) Kuntze [*C. sibirica* (L.) Mill.]: Perigonbl. weiß bis cremefarben, mitunter purpurn, violett od. gelbl. getuscht. s. Russl., Sib. bis Mong., NZ- u. NO-China.

— Ähnl. vorheriger, aber Perigonbl. 4–5 cm lang, blauviolett, Staminodien fast so lang wie die Perigonbl., länger als die Stbl., zugespitzt, deutl. heller als die Perigonbl.; Blch. ± eingeschnitten gesägt u. gelappt; V–VI. L – h. SO-Sib., Mong., N-China. **Großblütige Alpen-W., *C. macropetala*** Ledeb.

'Lagoon': Bltn. lavendelblau.

'Maidwell Hall': Bltn. lavendelblau, halbgefüllt.

'Wesseloton': Bltn. blau, halbgefüllt.

'White Swan': Bltn. weiß bis cremefarben.

11 (9). Bltn. einzeln, glockenf. **15**

— Bltn. krugf., nickend **12**

12. Bltn. in seitl. 1–9-bltg. Zymen, 2–7 cm lang gestielt, nickend, 1–2 cm ∅, Perigonbl. 4, weiß bis hellviolett od. rosapurpurn, eif. lanzettl. bis längl., 1,2–2,5 cm lang, 5–8 mm breit, am Ende etwas zurückgebogen, außen kahl; Bl. doppelt gefiedert bis doppelt 3-zählig, mit 3–7 Blch., selten gefiedert, Blch. eif. bis lanzettl., 3–8 cm lang, 5–3 cm breit, am Ende geschwänzt zugespitzt, am Rand scharf gesägt; Frch. schmal elliptisch bis rhombisch, 2–5,5 mm lang, behaart mit bis 3,5 cm langem federigen Gr.; VIII–X. L (2–6 m) – s. Z- u. SO-China, Taiw. **Zottige W., *C. lasiandra*** Maxim.

— Bltn. einzeln **13**

13. Bltn. 2,5–3 cm lang, dickl., außen behaart, die Spitzen der Perigonbl. stark zurückgebogen (*452/4*), schmutzig purpurviolett bis braun, außen behaart; Blch. 5–7, eif., 3–8 cm lang, ganzrandig od. gelappt u. bisw. 3-zählig, kahl, dunkelgrün; Frch. 3–6 mm lang, mit 3 cm langem, gelben bis braunen federigem Gr.; V–VII. L – ss. NOZ- u. O-NAm. **Braunblütige W., *C. viorna*** L.

— Bltn. außen kahl **14**

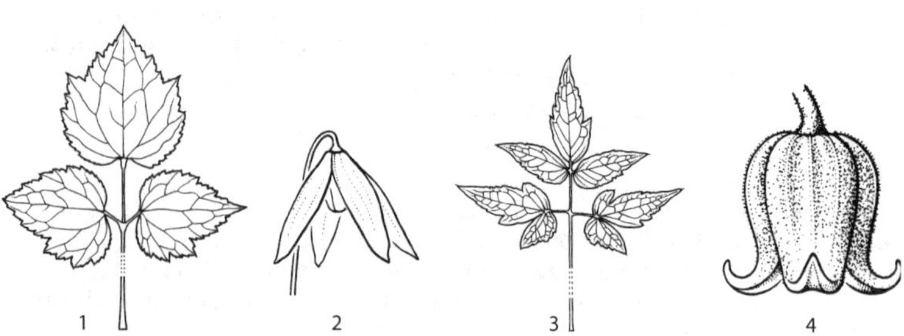

452/1–4 *Clematis*: 1 *C. heracleifolia*, Bl.; 2–3 *C. alpina*, 2 Blüte, 3 Bl.; 4 *C. viorna*, Blüte

14. Bltn. (*454/1*) oben verschmälert, 2–3 cm lang, karmin- od. scharlachrot, außen kahl; Blch. 4–8, breit eif., 3–8 cm lang, stumpf, die unteren mitunter gelappt, am Grund leicht herzf., derb, blaugrün, Endblch. gewöhnl. in eine Ranke umgewandelt; Frch. rundl., 6–7 mm groß, mit bis 5 cm langem gelbbraunen Gr.; VII–IX. L (bis 3 m) – s. S-NAm. (Texas). **Texas-W., *C. texensis*** BUCKL.

'Duchess of Albany': Perigonbl. hellrosa mit breitem, dunkelrosa Mittelstreifen, spreizend, Bltn. 5–8 cm breit.

'Lady Bird Johnson': Bltn. purpurrot, 4–5 cm ∅, Perigonbl. in der oberen Hälfte spreizend.

'Prinzess Diana': Bltn. rosarot, Perigonbl. bis 6 cm lang, stark spreizend.

— Bltn. rosa bis violett, nach Orangen duftend, Perigonbl. 2–4 cm lang, obere Hälfte mit breitem, welligen Rand, die Zipfel stark zurückgebogen; Blch. 3–7, eif. lanzettl., 4–8 cm lang, manchmal gelappt od. 3-zählig; Frch. leicht behaart, rundl. bis kantig, 6–9 mm groß, mit bis 3 cm langem kahlen Gr.; VI–IX. L (bis 2,5 m) – ss. O- u. SO-NAm. **Krause W., *C. crispa*** L.

15 (11). Bltn. bis 15 cm lang gestielt, dunkelviolett, 3,5 cm lang, Perigonbl. elliptisch bis lanzettl., geschwänzt zugepitzt, an den Rändern weich behaart; Bl. 3-zählig, Blch. 5–8 cm lang, herzeif., lang zugespitzt, grob gezähnt, oft 3-lappig; erhalten bleibender Gr. bis 4,5 cm lang; V–VIII. L (bis 5 m) – s. NO-China, Kor. **Koreanische W., *C. koreana*** KOMAR.

— Bltn. bis 7,5 cm lang gestielt, einzeln od. zu 2–3, weiß, violett überlaufen od. hell fliederfarben, Perigonbl. 4 cm lang, oben abrupt zugespitzt, die Spitzen zurückgekrümmt; Bl. gefiedert, mit 5–7 Fiedern, Blch. 3-lappig eingeschnitten, bis 7,5 cm lang; Frch. eif., 6–7 mm lang, Gr. ca. 6 mm lang, in der unteren Hälfte behaart, aber nicht federig (*454/2*); VII–IX. L (bis 6 m) – s. Portugal, SW-Spanien. [*C. viticella* L. var. *campaniflora* (BROT.) WILLK. & LANGE] **Glockenblütige W., *C. campaniflora*** BROT.

16 (8). Bltn. > 3 cm ∅ **23**
— Bltn. bis 3 cm ∅ **17**
17. Blch. ganzrandig **21**
— Blch. gesägt od. gezähnt **18**
18. Bl. gefiedert od. doppelt gefiedert **20**
— Bl. 3-zählig od. doppelt 3-zählig **19**

19. Bltn. ⚥, 1,5–2 cm ∅, in achselst. Rispen; Bl. gewöhnl. 3-zählig, gelegentl. doppelt 3-zählig, Blch. eif., 4–7 cm lang, grob gezähnt u. oft gelappt, fast kahl; Frch. eif. bis spindelf., 3,5–4,5 mm lang, Gr. 1–2,5 cm lang, federartig; IX–X. L (bis 6 m) – s. ∧ SO- u. NZ-China, Jap., Kor. **Sellerieblättrige W., *C. apiifolia*** DC.

— Bltn. polygam od. eingschl. u. Pfl. 2-häusig, Bltn. 2–3 cm ∅, in achselst., beblätterten Rispen; Bl. 3-zählig, selten auch gefiedert mit 5 Blch., Blch. eif., 5–9 cm lang, zugespitzt, grob gesägt; Frch. behaart, ca. 4 mm groß, mit bis 5 cm langem, silbrigem federartigem Gr.; VIII–IX. L. (bis 7 m) – s. O-NAm. **Virginische W., *C. virginiana*** L.

20 (18). Bltn. weiß, etwa 2 cm ∅, schwach duftend, in end- u. seitenst. Rispen, Perigonbl. beidseitig filzig; Bl. mit 5 Blch., das untere Paar oft 3-blättrig, Blch. eif. bis eilanzettl., 3–10 cm lang, grob gezähnt od. ganzrandig; Frch. ca. 3 mm lang, behaart mit 2,5 cm langem federigen Gr.; VII–IX. L (bis 20 m) – h. Eur. bis Kl.-As.; Kauk., Iran. **Gewöhnliche W., *C. vitalba*** L.

— Bltn. bläul. weiß, sich nach blasslila verfärbend, 2,5–3 cm ∅, in end- od. seitenst. Rispen, Perigonbl. unterseits filzig; Bl. mit meist 5 Blch., Blch. eif.,

5–10 cm lang, grob gesägt; VIII–X. Sprosse bis 3 m lang, kaum kletternd – s. [*C. tubulosa* Turcz. × *C. vitalba*] **Stauden-W., *C.* × *jouiniana*** C. K. Schneid.

21 (17). Bltn. eingschl., 2-häusig verteilt, 15–25 mm Ø, in end- u. achselst. Rispen, weiß; Bl. gefiedert, Blch. 5–7, längl. bis lanzettl., bis 5 cm lang, u. 3 cm breit, grob gezähnt u. teilw. gelappt, am Grund abgeschnitten od. herzf.; Frch. 3 mm lang, ellipsoidisch, dicht behaart, Gr. federig, bis 4 cm lang; VIII–X. L (bis 10 m) – s. ZW-NAm. von British Columbia bis N-Mex. **Mutterwurzblättrige W., *C. ligusticifolia*** Torr. & Gray

— Bltn. ⚥ **22**

22. Bl. gefiedert od. 3-zählig, Blch. 3–5, lang gestielt, breit eif., 3–7 cm lang, am Grund herzf. od. gerundet, kahl (*454/3*); Bltn. 3 cm Ø, weiß, duftend, in vielbltg. end- od. seitenst. Rispen; Frch. 4–8 mm lang, mit bis 4 cm langem, federig behaarten Gr.; IX–X. L (bis 10 m) – s. [*C. paniculata* Thunb. non J. F. Gmel.; *C. maximowicziana* Franch. & Sav.] **Rispenblütige W., *C. terniflora*** DC.

— Bl. doppelt, zuw. nur einfach gefiedert, Blch. meist 5, die unteren oft 3-blättrig od. gelappt, eilanzettl., 1,5–4 cm lang, am Grund keilf. od. abgerundet, kahl; Bltn. in vielbltg. Rispen, weiß, 2–2,5 cm Ø, nach bitteren Mandeln duftend, Perigonbl. ± seitl. nach unten eingerollt; Frch. abgeflacht, ca. 3 mm groß, mit 3,5 cm langem federigen Gr. (*454/4*); Pfl. sehr dichte Gebüsche bildend; VII–IX. L (bis 5 m) – s. ∧ Medit., Kl.-As. bis W-As. **Mandel-W., *C. flammula*** L.

23 (16). Bltn. > 6 cm Ø **26**

— Bltn. 3–6 cm Ø **24**

24. Bl. stets 3-zählig, an Kurztrieben oft rosettig stehend, Blch. eif., 3–10 cm lang, eingeschnitten gezähnt, ausnahmsweise ganzrandig, meist kahl (*456/1*); Bltn. zu 1–5 beisammen, lang gestielt, 2–5 cm Ø, weiß, z. T. rosa überlaufen, Staubfäden gelb; Frch. 3–5 mm groß, abgeflacht, rundl. bis ellipsoidisch, kahl, Gr. 2,5–4 cm lang, federig; V. L (bis 12 m) – h. Himal.: Kaschmir bis Yunn. **Berg-W., *C. montana*** Buch.-Ham. var. ***montana***

var. *grandiflora* Hook.: Bltn. 7–12 cm Ø, duftlos, weiß bis cremefarben. NZ-, WZ- u. SO-China.

var. *rubens* E. H. Wilson: Bltn. mit Vanilleduft, 5–6 cm Ø, rosarot; im Austrieb purpurn, später bronzefarben. Hubei, Sich.

'Pink Perfection': Bltn. hell- bis dunkelrosa, 5–8 cm Ø.

'Tetrarose': Bltn. dunkel- bis lilarosa, 5–8 cm Ø.

var. *wilsonii* Sprague: Bltn. 4–8 cm Ø, weiß; Gr. der Frch. bis 6 cm lang. W-Sich., N-Yunn., W-Hubei.

— Bl. gewöhnl. doppelt gefiedert **25**

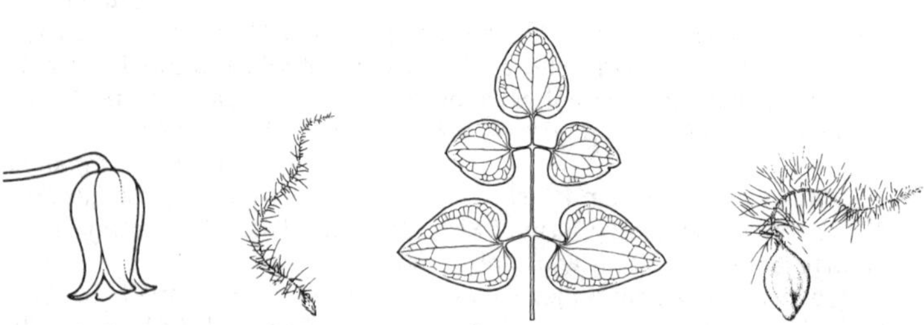

1 2 3 4

454/1–4 *Clematis*: 1 *C. texensis*, Blüte; 2 *C. campaniflora*, Frch.; 3 *C. terniflora*, Bl.; 4 *C. flammula*, Frch.

25. Bltn. in 1–3 bltg. seitl. Zymen, meist mit 6, am Rand gewellten Perigonbl., 4,5–7 cm ∅, weiß od. cremefarben, bis 6 cm lang gestielt; Bl. bis 30 cm lang, mit 5–9 Blch., die unteren 3-blättrig, Blch 2–7 cm lang, uregelmäßig eingeschnitten gesägt u. gelappt, schwach seidig behaart, am Grund gerundet od. herzf.; Frch. kahl, Gr. federig, 3 cm lang; VI–IX. L (bis 7 m) – ss. Z-China.
Potanins W., *C. potaninii* Maxim. subsp. ***potaninii***

subsp. *fargesii* (Franch.) Grey-Wilson, **Farges W.**: Blch. 5–7, länger zugespitzt, Bltn. weiß, nur 2,5–4 cm ∅, seitl. Zymen 3–7-bltg.; VI–IX. L (2–5 m) – ss. NZ-China.

— Perigonbl. stets 4, Bltn. 3–5 cm ∅, purpurrosa; Bl. gewöhnl. mit 5–7 Blch., die unteren Blch. 3-blättrig; Blch. 1,5–4 cm lang, eif., ganzrandig od. 3-lappig, kahl; Frch. eif., stark abgeflacht, kahl, 5–9 mm lang, Gr. bis 10 mm lang, ± kahl; VI–VIII. L (2–5 m) – h. S-Eur. bis Kl.-As., Kauk., Iran.
Italienische W., *C. viticella* L.

26 (23). Bl. stets einfach, 8–12 cm lang, eif., am Grund breit keilf. bis schwach herzf., fast kahl; Bltn. lang gestielt, dunkel violettblau, 8–12 cm ∅, Perigonbl. meist 4, ausgebreitet u. zurückgebogen; VI–IX. HS – L (1–3 m) – s. [*C. integrifolia* × *C. jackmanii*] **Durands W., *C. durandii*** Kuntze

— Bl. gefiedert od. 3-zählig **27**

27. Perigonbl. 6–8 .... **29**

— Perigonbl. 4–6 .... **28**

28. Bltn. lang gestielt, gewöhnl. zu 3, violettpurpurn, 10–14 cm ∅, Perigonbl. 4, selten 6, verkehrt eif., flach ausgebreitet; Bl. gefiedert, die oberen oft einfach, Blch. eif., unterseits schwach behaart; VII–IX. L (bis 4 m) – h. [*C. lanuginosa* × *C. viticella*] **Jackmans W., *C.* × *jackmanii*** T. Moore

— Bltn. einzeln, lang gestielt, ihre Stiele in der Mitte mit 1–2 laubbl.artigen Brakteen, Bltn. rahmweiß, unterseits mit grünem Band, 5–8 cm ∅, Perigonbl. 4–6, eif., Staubfäden purpurn; Bl. meist doppelt 3-zählig, Blch. 2–5 cm lang, ganzrandig od. mit 1–2 Lappen od. einigen Zähnen; Frch. verkehrt eif. bis rhombisch, 3–4 mm lang, Gr. bis 1 cm lang, im unteren Teil behaart, nicht federig; Pfl. bisw. ± wintergrün; VI–VII. L – ss. ∧ SO- u. SZ-China, Kor.
Reichblütige W., *C. florida* Thunb. var. ***florida***

var. *plena* D. Don: Bltn. 9–10 cm ∅, alle Stbl. zu krbl.artigen, 10–12 mm langen weißen od. grünl. Staminodien umgebildet. S-China (SW-Yunn., Zhejiang).

var. *sieboldiana* Morren: Bltn. 9–10 cm ∅, äußere Stbl. zu tiefpurpurnen, krbl.artigen Staminodien umgebildet. Schon lange in japanischen Gärten kultiviert.

29 (27). Bltn.stiele länger als die Perigonbl., Bltn. 10–15 cm ∅, weiß bis violett, endst. an 2-bltg. Seitensprossen, Perigonbl. elliptisch, sich nicht od. kaum überdeckend; Bl. mit 3–5 Blch., Blch. 4–10 cm lang, eilanzettl., zugespitzt, ganzrandig, unterseits schwach behaart; Frch. abgeflacht, eif., 3–5 mm lang, mit bis 5 cm langem federigen Gr.; V–VI. L (bis 4 m) – ss. NO-China, Kor.
Offenblütige W., *C. patens* Morr. & Decne.

— Bltn.stiele gewöhnl. kürzer als die Perigonbl., wie die Kn. wollig behaart, Bltn. 10–20 cm ∅, weiß bis hell lila, Perigonbl. eif. od. elliptisch, außen wollig behaart, sich ± überdeckend; Bl. 3-teilig od. einfach, eilanzettl., 6–12 cm lang, unterseits wollig behaart; Frch. rhomboid, 4–5 mm lang, angedrückt behaart, Gr. federig, 4–6 cm lang; VII–IX. L (bis 2 m). SO-China (O-Zhejiang).
Wollige W., *C. lanuginosa* Lindl.

Aus den Arten *C. florida, C. lanuginosa, C. patens, C. viticella* (u. einigen weiteren) sind eine große Anzahl von Hybriden gewonnen worden. Sie zeichnen sich durch große, teilw. auch gefüllte Bltn. in mannigfachen Farbtönen aus. Die „reinen" Arten sind durch diese „Großblumigen Clematis-Hybriden" aus den Gärten fast ganz verdrängt worden. Je nach der Elternart, die sich in den einzelnen Hybriden am deutlichsten wiedererkennen lässt, spricht man vom Florida-Typ, Jackmanii-Typ, Lanuginosa-Typ usw. Von den zahlreichen Hybriden seien hier nur einige wichtige u. häufig angepflanzte aufgeführt:

Florida-Typ: **'Duchess of Edinburgh'**: weiß, gefüllt.

Jackmanii-Typ: **'Colette Deville'**: violettrot; **'Duke of Edinburgh'**: violettpurpurn; **'Gipsy Queen'**: samtig purpurn; **'Jackmanii Superba'**: dunkelviolett.

Lanuginosa-Typ: **'Crimson King'**: weinrot; **'Lady Caroline Nevill'**: blasslila; **'Nelly Moser'**: blasslila mit rotem Mittelband.

Patens-Typ: **'The President'**: blauviolett; **'Lasurstern'**: dunkelpurpurblau.

Viticella-Typ: **'Betty Corning'**: hell lila; **'Kermesina'**: tief weinrot; **'Ville de Lyon'**: karminrot.

30 (7). Bltn. glockenf. **32**
— Bltn. röhrenf. **31**

31. Bl. 1–2-fach gefiedert mit 5–9 bis 8 cm langen, grob gezähnten Blch., diese eif. bis 5-eckig eif. (*456/2*); Bltnst. achselst., 7–13 cm lang gestielt, vielbltg., Bltn. nickend, 1,5–1,8 cm lang, 6–8 mm ∅, dicht behaart, Perigonbl. 4, gelbl., längl. bis schmal längl., am Ende zurückgerollt; Frch. eif bis fast herzf., 3–4 mm lang, fein behaart, Gr. 2–2,5 cm lang, federig; VIII–X. L (bis 6 m) – s. Z-China (W-Sich., O-Quinghai, Xizang, NW-Yunn.). **Rehders W., *C. rehderiana*** Craib

— Bl. 20 cm lang, 2–4-fach gefiedert, die 3–7 Fiedern 1. Ordn. tief eingeschnitten, Endblch. längl. linealisch; Bltn. einzeln od. in 3–5-bltg. Zymen, 10–18 mm ∅, Perigonbl. 4, hellgelb, 4–8 mm breit, bis auf den Rand kahl; Frch. breit elliptisch, 3–5 mm lang, fein behaart, Gr. federig, bis 3 cm lang VIII–IX. L (bis 2 m) – s. NZ-China, Mong., O-Sib.
Hundspetersilienblättrige W., *C. aethusifolia* Turcz.

32 (30). Blch. ganzrandig, 5–7 . . . . **36**
— Blch. gezähnt **33**

33. Bl. mit 5–7 Blch. **35**
— Bl. 3-zählig od. doppelt 3-zählig gefiedert **34**

34. Blch. lanzettl. od. eilanzettl., 3–7 cm lang, zuw. 2–3-lappig; Bltn. zu 1–3, 4–6 cm ∅, hellgelb bis grüngelb, anfangs breit glockig, die 4 Perigonbl. später spreizend, bis 2,5 cm lang, Staubfäden purpurn; Frch. ca. 3 mm lang behaart, Gr. 3–5 cm, federig (*456/3*); VIII–IX. L (bis 4 m) – ss. NO-China (O-Jilin, Liaoning), N-Jap., Kor., Fernost. **Gelbblütige Koreanische W., *C. serratifolia*** Rehder

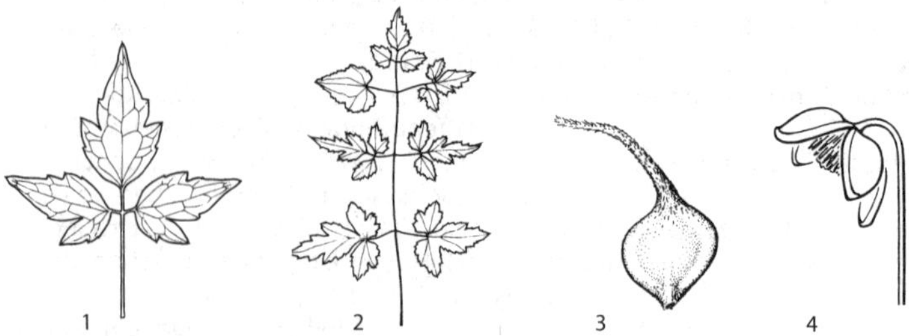

456/1–4 *Clematis*: 1 *C. montana* var. *montana*, Bl.; 2 *C. rehderiana*, Bl.; 3 *C. serratifolia*, Frch.; 4 *C. orientalis*, Blüte

— Bl. 3-zählig, Blch. bis 2,5 cm lang gestielt, eif. bis lanzettl. 2,5–6,5 cm lang, unregelmäßig grob gesägt; Bltn. zu 1–3, bis 12 cm lang gestielt, 5–7 cm ∅, nickend, glockenf., die 4 Perigonbl. außen deutl. längs gerippt, hell zitronengelb bis cremefarben, am Grund kurz spornartig verlängert, oft bräunl. od. purpurn getönt od. gesprenkelt, 3–5 cm lang, zugespitzt, am Ende etwas spreizend; Frch. ca. 4 mm lang, mit 3–4 cm langem, silbrig behaarten Gr.; VI–VII. L (bis 4 m) – h. S-Kor. **Pagoden-W., *C. chiisanensis*** NAKAI

35 (33). Blch. blaugrün, derb, oval od. eif. längl. bis 4,5 cm lang, am Rand kerbig gesägt; Bltn.4–12 cm lang gestielt, zu 3–7 in den Bl.achseln, glockenf., nickend, gelb, außen grün, bronzefarben od. purpurn getuscht, Filamente grünl. braun, Perigonbl. dickl., am Ende rückwärts gekrümmt, 1,5–2,5 cm lang, bis auf den Rand beidseitig kahl; Frch. 3 mm lang, mit 4 cm langem federigen Gr.; VII–IX. L (bis 4 m) – s. NZ-China. **Akebiablättrige W., *C. akebioides*** (MAXIM.) VEITCH

— Blch. deutl. gestielt, längl. lanzettl. od. rhombisch eif., oft tief 2–3-lappig, dünn, 4–8 cm lang; Bltn. zu 2–3, 8–15 cm lang gestielt, leuchtend zitronengelb, Perigonbl. 3–5 cm lang, beidseitig kahl dick, lang zugespitzt, Bltn. anfangs breit glockig, Perigonbl. später spreizend; Frch. 4 mm lang, mit silbrigem, bis 5,5 cm langen Gr.; VI–VII. u. IX–X. L (bis 6 m) – h. NW-Indien u. Kasach., WZ-China. **Mongolische W., *C. tangutica*** (MAXIM.) KORSH.

36 (32). Bltn. (*456/4*) breit glockig, nickend, seitl. zu mehreren, mitunter nur zu dritt, gelb od. grünl. gelb, bisw. außen rot getuscht, 3–5 cm ∅, Perigonbl. 4, spreizend u. ± zurückgebogen, 1,7–2,3 cm lang u. 3–7 mm breit, lanzettl. od. elliptisch, innen seidig behaart, außen meist kahl; Bl. etwas lederig, graugrün, Blch. 5–7, eif. bis lanzettl. od. linealisch, 1,5–5 cm lang, ungeteilt od. 3-lappig, beidseitig etwas behaart; Frch. ca. 3 mm groß, behaart, Gr. 2–5 cm lang, federig; VIII–IX. L (bis 8 m) – h. Von Griechenland, Kl.-As., Iran, Pak. bis NW-China. **Orientalische W., *C. orientalis*** L.

— Bltn. anfangs glockig, Perigonbl. später spreizend, kahl **37**

37. Bl. dickl. u. lederig, blaugrün od. graugrün, Blch. breit lanzettl. bis elliptisch od. eif., ganzrandig, mitunter mit 1–3 kleinen Lappen, bis 5 cm lang u. 2 cm breit; Bltn. einzeln od. zu 2–3, nickend gelb od. grüngelb, außen gefleckt mit rötl. braunen, bronzefarbenen od. purpurbraunen Tupfern, Perigonbl. lanzettl. od. elliptisch, 1,5–3,5 cm lang u. 6–17 mm breit, zugespitzt, dick u. fleischig, bis auf den Rand außen kahl, innen dicht seidig behaart; Frch. ca. 2 mm groß mit 3,5 cm langem federigen Gr.; VI–IX. L (bis 6 m) – ss. N-Indien, W-Nepal, Z-China (SW-Sich., Xizang). **Tibet-W., *C. tibetana*** KUNTZE

— Bl. dünn, beidseitig spärl. behaart, verkahlend, Blch. lanzettl. bis lineal lanzettl. wenn ungeteilt, oval wenn 2–3 lappig, 1–4 cm lang, 2–20 mm breit; Zymen meist 3-bltg., Bltn. 2–5 cm gestielt, 2–4 cm ∅, Perigonbl. 4, gelb, selten rötl., schmal oval bis längl., 1,2–2,3 cm lang, 0,5–1 cm breit; Frch. ca. 3 mm groß, Gr. 2,5–4 cm lang, federig; VI–X. L (bis 3 m) – s. S-Mong., NZ- u. NO-China. **Verworrene W., *C. intricata*** BUNGE

Clerodendrum L., **Losbaum** – *Lamiaceae* (Bearbeiter: Bernd Schulz)

Vorwiegend sommergrüne Sträucher u. Lianen; Bl. einfach, gegenst., gerieben unangenehm riechend; Bltn. in endst. Trugdolden, Frkn. 2-blättrig, Gr. u. die 4 Stbl. die Kr. überragend; der 5-zipflige K. bleibt oft erhalten, vergrößert u. verfärbt sich bei den vorgestellten Arten zur Fr.reife rosarot u. erweckt einen fleischigen Eindruck, auf ihm sitzt eine auffällig gefärbte beerenartige Steinfr. Etwa 150 Arten, vorwiegend in den altweltl. Trop. (Afr., SO-As.), bis Austr., wenige Arten im trop. Am. u. im submer. O-As.

1. Zur Blüte K. vergrößert (ca. 10 mm lang), Kr. weiß (*458/1b*); ein- od. wenigstämmiger, baumartiger Strauch – Zw. anfangs fein flaumig behaart; Bl. eif. elliptisch, 8–15 (bis > 20) cm lang, Basis gestutzt bis breit keilf., ganzrandig od. schwach wellig gekerbt, etwas behaart, unangenehm riechend, Stiel 3–10 cm lang (*458/1a*); Bltnst. lang gestielte, 12–25 cm breite, achselst. Zymen, Bltn. duftend, etwa 3 cm ∅, Kr. mit 5 längl. Zipfeln u. weit herausragenden Stbl. u. Gr., K. zur Blütezeit blass gelbl., zuerst nur an den Rändern u. Spitzen rosarot überlaufen; Fr. eine blaue, beerenartige Steinfr., auf dem vergrößerten, rosa verfärbten, fleischig erscheinenden K. sitzend (*458/1c–e*); VIII–IX. Sg – z. ∧ China (außer N), bis Indien, SO-As., Jap., Kor., Taiw.
Gewöhnlicher L., *C. trichotomum* Thunb. var. ***fargesii*** (Dode) Rehder

— K.zähne kurz (ca. 2 mm lang), Kr. pinkrot (*458/2b*); 1–2 m hoher, vieltriebiger Strauch – Zw. glänzend violettweinrot, spärl. behaart; Bl.spreite 3-eckig (bis > 20 cm lang u. breit), zugespitzt, Grund abgerundet, gestutzt bis leicht herzf., Bl.rand grob gezähnt (*458/2a*); Bltn. dicht in endst. trugdoldigen, (halb-) kugeligen Ständen; Fr. blau, ähnl. voriger Art, Kbl. sich vergrößernd; VIII–IX. Sk – s. ∧∧ O-As. **Herrlicher L., *C. bungei*** Steudel

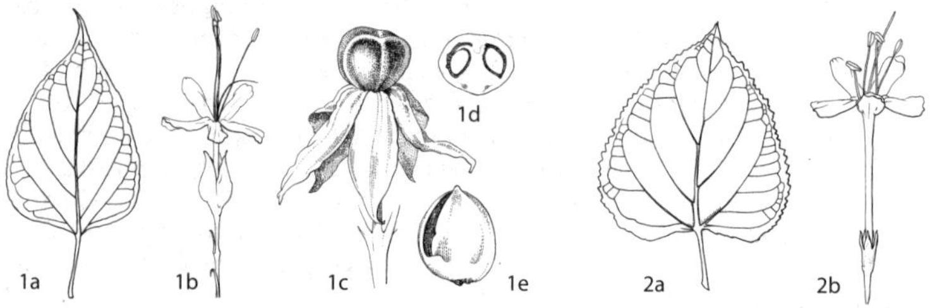

458/1–2 *Clerodendrum*: 1 *C. trichotomum* var. *fargesii*, 1a Bl., 1b Blüte, 1c Fr. mit K., 1d Fr. quer, 1e Steinkern; 2 *C. bungei*, 2a Bl., 2b Blüte

Clethra L., **Zimterle, Scheineller** – *Clethraceae* (Bearbeiter: Peter A. Schmidt)

Immer- od. sommergrüne Sträucher od. kleine Bäume; Kn. nackt; Bl. wechselst., ungeteilt, ganzrandig od. gesägt, neben einfachen Haaren oft Stern- od. Büschelhaare; Bltn. in endst. 6–20 cm langen Trauben, Doppeltrauben od. Rispen, K. 5-lappig (*459/2*), bis zur Fr.reife bleibend, Krbl. 5, frei od. an der Basis verwachsen, weiß, zuw. cremefarben bis gelbl. od. rötl., duftend, Fr. eine 3-klappige Kapsel, eif. bis ± kugelig, 2,5–5 mm lang, oft behaart. Etwa 80 Arten, von SO-NAm. über MAm. bis trop. SAm., SO- u O-As. bis Mal. Arch., 1 Art Makaron. (Mad.).

1. Pfl. immergrün; junge Zw., Bl.stiele, Bl.unterseite (v. a. Nerven), Bltnst.achsen u. Kbl. rostrot bis gelbl. filzig behaart – Bl. verkehrt eilanzett. bis eif., 7–12(–20) cm lang, 2–5(–7) cm breit, scharf fein gesägt, anfangs hell-, später dunkelgrün, oberseits kahl u. glänzend, Bl.stiel auffällig rot; Krbl. 6–8 mm lang, 4–5 mm breit, weiß, stark duftend; VIII–X. Bk/Sg – ss. ∧∧ Makaron.: Mad.
Maiglöckchen-Z., Baum-Z., *C. arborea* Aiton

— Pfl. sommergrün; junge Zw., Bl.stiele, Bl.unterseite, Bltnst.achsen u. Kbl. (fast) kahl bis filzig behaart, wenn filzig, dann grau bis weiß, nicht rostrot bis gelbl. **2**

2. Bl. (fast) kahl – Spreite verkehrt eif. bis verkehrt eilanzettl., (4–)5–9(–12) cm lang, 2–4(–6) cm breit, Spitze stumpf bis spitz, Rand ± gesägt, jederseits der Mittelrippe 7–10 Seitennerven (*459/1*); endst. Bltnst. einzelne Bltn.traube od. mit 2–4 Trauben; Krbl. 5–8 mm lang, 4–5 mm breit, weiß, bei Sorten auch rosa; VII–IX. Sg – h. O-NAm. [*C. paniculata* Aiton] **Erlenblättrige Z., *C. alnifolia*** L.

Mehrere Sorten, die sich durch starken Duft auszeichnen u. in Anzahl u. Länge der Bltn.trauben sowie Größe u. Farbe der Bltn. unterscheiden, z. B. **'Rosea'** u. **'Pink Spire'** mit anfangs rosa u. dann weißer Kr., **'Ruby Spire'** mit purpurrosa Kr., alle mit 5–7 cm langen Trauben, od. die weiß blühenden Sorten wie **'Paniculata'** od. **'Hummingbird'** mit doppelt so langen Trauben.

— Bl. beider- od. zumindest unterseits deutl. behaart, teils anfangs stärker u. später nur noch auf den Nerven, wenn zuw. nahezu kahl, dann jederseits (8–)10–15 Seitennerven **3**

3. Bl. unterseits dicht weißfilzig, Bl.stiel 0,5–1(–1,5) cm lang, Spreite meist oberhalb der Mitte am breitesten, 7–10 Seitennerven jederseits der Mittelrippe, – verkehrt eif., (4–)6–9(–11) cm lang, 3–4(–5) cm breit, oberhalb der Mitte gesägt; Krbl. 5–8 mm lang, 4–5 mm breit; VIII–IX. Sg/Sk – ss. ∧ O-NAm.: SO-USA. [*C. alnifolia* var. *pubescens* Aiton] **Filzige Z., *C. tomentosa*** Lam.

— Bl. unterseits ± behaart, aber nicht dicht weißfilzig, oft nur auf den Nerven deutl. behaart, Bl.stiel 0,5–3,5 cm lang, Spreite meist in od. unterhalb der Mitte am breitesten, (8–)10–15 Seitennerven jederseits der Mittelrippe **4**

4. Bltnst. am Zw.ende meist einfache Traube, Kbl. spitz, Staubfäden an der Basis behaart; Bl.spreite meist etwas unterhalb od. in der Mitte am breitesten, eif. bis lanzettl.eif. od. elliptisch bis fast verkehrteif., (5–)11–13(–15) cm lang, (3–)5–7(–9) cm breit, allmähl. lang zugespitzt, anfangs schwach behaart, oberseits kahl, unterseits mit vereinzelten Sternhaaren; Krbl. 6–8(–8,5) mm lang, 4–5 mm breit; VII–IX. Sg – s. O-NAm., vorwiegend SO-USA. **Berg-Z., *C. acuminata*** Michx.

— Bltnst. am Zw.ende meist Doppeltraube mit 3–8 Trauben, Kbl. stumpf, Staubfäden meist kahl, nur zuw. an der Basis spärl. behaart, Bl.spreite meist in der Mitte am breitesten, elliptisch bis eif. od. verkehrteif., 5–12 cm lang, 3–5 cm breit, scharf gesägt (*459/3*), zugespitzt, anfangs beiderseits behaart, später nur noch unterseits auf den Nerven, zuw. auch sternhaarige Achselbärte; Krbl. 3–4 mm lang, 2–3 mm breit; VII–IX. Sg – s. O-As.: Jap., Kor., ZS- u. OS- bis ON-China. **Japanische Z., *C. barbinervis*** Siebold & Zucc.

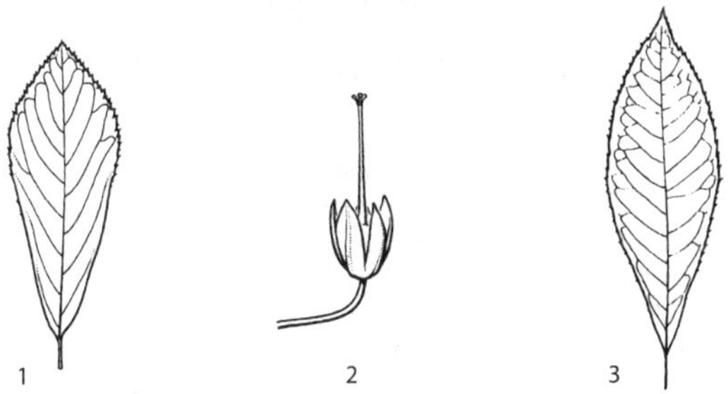

459/1–3 *Clethra*: 1–2 *Cl. alnifolia*, 1 Bl., 2 Fr.; 3 *C. barbinervis*, Bl.

2 weitere, aber noch seltener gepflanzte ostasiatische Arten sind:

C. delavayi Franch.: meist nur 1 Bltn.traube endst. am Zw.; Bl. stärker behaart, unterseits filzig; Bltn. größer, Krbl. (4–)5–12 mm lang, weiß od. rosa bis purpurn. ss. S-China bis Sich.,

C. fargesii Franch.: Zahl der Seitennerven höher als bei den anderen Arten, meist jederseits 15–21; Staubfäden an der Basis meist behaart. ss. S-China bis O-Himal.

Cocculus DC., Kokkelstrauch – *Menispermaceae* (Bearbeiter: Ulrich Hecker)

Sommer- od. immergrüne Lianen od. Sträucher; Bl. einfach od. gelappt; Bltn. in achselst. Trauben od. Rispen, Bltn.hülle doppelt, Stbl. 6–9, Frbl. 3–6; Steinfrch. mit abgeflachtem, gekrümmtem Steinkern (*460/2*). 9 Arten in As., Afr. u. NAm.

1. Bl. herzf. bis eif., ungeteilt od. schwach 3-lappig (*460/1*), 5–10 cm lang, unterseits bläul., behaart, oberseits verkahlend, Bl.stiel 1,5–10 cm lang; Frch. rundl., 6–8 mm groß, rot; VII–VIII. L – ss. ∧ O-NAm.

Carolina-K., *C. carolinus* (L.) DC.

— Bl. eif. bis längl. eif., ungeteilt od. schwach 3-lappig, 4–10 cm lang, beiderseits behaart, Bl.stiel 1–3 cm lang; Frch. rundl., 6–7 mm groß, schwarz, bereift; VII–VIII. L – ss. O-As. [*C. trilobus* (Thunb.) DC]

Japanischer K., *C. orbiculatus* (L.) DC.

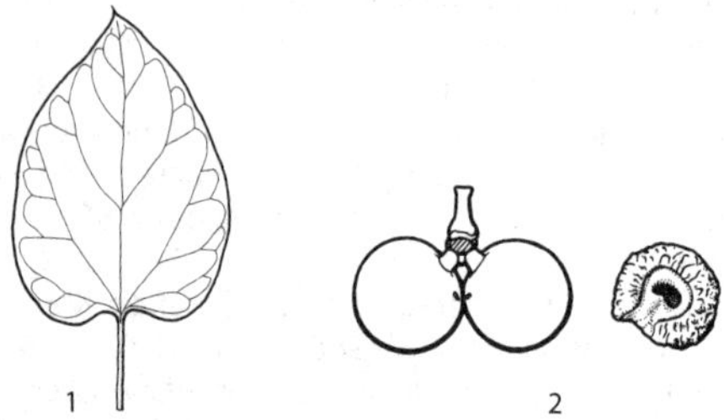

460/1–2 *Cocculus*: 1 *C. carolinus*, Bl.; 2 *C. orbiculatus*, Fr. u. Samen

Colutea L., Blasenstrauch – *Fabaceae* (Bearbeiter: Bernd Schulz)

Sommergrüne Sträucher; Winterkn. rundl. eif. mit wolligen Kn.schuppen, anfangs vom Bl.stiel u. den kleinen Nebenbl. geborgene Seitenkn. (*249/2*); Bl. wechselst., unpaarig gefiedert; Bltn. in lang gestielten, seitenst., wenigbltg. Trauben, K. glockenf., schwach 2-lippig, K.zähne fast gleich, 9 von 10 Staubfäden miteinander verwachsen; Hülse mit pergamentartiger Wand, stark aufgeblasen, sich nicht od. nur mit einem kleinen Spalt an der Spitze öffnend (*461/4*); Samen klein, zahlreich. Ca. 25 Arten von S-Eur. bis zum Himal. **G!**

1. Bltn.stiel u. K. überwiegend mit weißen Haaren; Krbl. gelb, nur Fahne innen mit leichter rötl. Zeichnung, Flügel kürzer als od. gleich lang wie der Kiel (*461/1*) – Blch. 9–13, frischgrün, dünn, unterseits heller u. etwas behaart, 1,5–3 cm lang, breit elliptisch bis verkehrt eif.; Bltn. in 6–8-bltg. Trauben, 1,7–2,2 cm lang, K.zähne etwa 1/3 der K.länge; Fr. (*461/4*) 6–8 cm lang, geschlossen, grünl. od. rötl., V–VIII. Sg – h. Südl. M- u. SO-Eur. (bis Kauk. u. NAfr.?)

Gewöhnlicher B., *C. arborescens* L.

Südl. u. östl. Verbreitungsgrenze unklar, da dort zuw. mit *C. cilicica* Boiss. & Balansa u. a. Arten verwechselt.

Ähnl. ist ***C. gracilis*** Freyn & Sint.: Bltn. um 16 mm lang, K.zähne sehr kurz (1/4–1/5 der K.länge); Bl. um 5 cm, Blch. 7–9, bis 7 mm lang. IV–VI. Sg – ss. Turkm., NO-Iran.

— Bltn.stiel u. K. mit zahlreichen braunen Haaren; entw. Kr. orangebraun überlaufen od. Krbl. gelb u. Flügel länger als der Kiel **2**

2. Krbl. rein gelb, K. weiß behaart, oft mit braunen Haaren untermischt, Flügel länger als der Kiel (*461/2*), sonst sehr ähnl. *C. arborescens*; V–VIII. Sg – ss. SO-Eur. bis Kl.-As. **Zilizischer B., *C. cilicica*** Boiss. & Balansa

— Krbl. orangebraun überlaufen, Flügel meist kürzer als der Kiel (*461/3*) **3**

3. Bltn. klein, 11–13 mm lang; Frkn. u. Fr. an der Spitze der Rückenseite offen; Blch. dickl., meist 7–9, – beidseitig hell blaugrün, 8–16 mm lang, breit verkehrt eif. bis rundl.; Bltn. in 2–5-bltg. Trauben, Krbl. orangefarben bis rötl. braun, Flügel sichelf., kürzer als der Kiel, Kiel zur geschnäbelten Spitze dunkler, K.zähne etwa 1/3 der K.länge; Fr. etwa 3,5 cm lang, häufig violett purpurn getuscht; VI–IX. Sk/Sg – ss. Kauk. **Orientalischer B., *C. orientalis*** Mill.

— Bltn. größer, um 17 mm lang; Frkn. u. Fr. vollst. geschlossen; Blch. 11–13, blaugrün – Krbl. orangegelb bis orangebraun, Kiel nur schwach rundl. geschnäbelt; Fr. 6–7 cm lang; VI–VIII. Sg – s–z. [*C. arborescens* × *C. orientalis*] **Bastard-B., *C.* × *media*** Willd.

'Copper Beauty': Krbl. kontrastreich, Grundton orangebraun, Saftmale auf Fahne gelb; aufgeblasene Hülse anfangs weinrot.

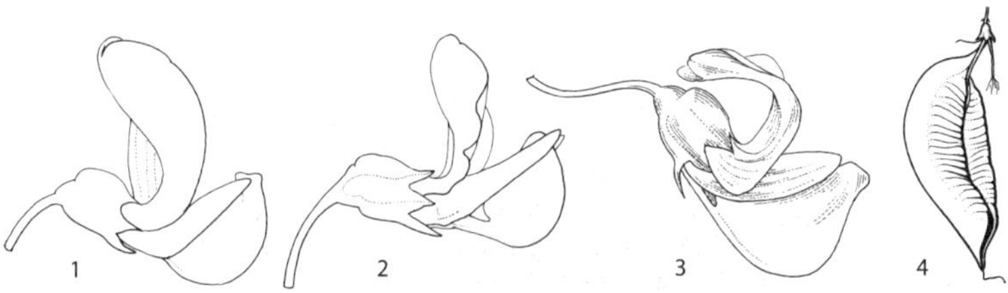

461/1–4 *Colutea*: 1–3 Bltn.: 1 *C. arborescens*, 2 *C. cilicica*, 3 *C.* × *media*; 4 *C. arborescens*, Fr.

Comptonia Ait., **Farnmyrte** – *Myricaceae* (Bearbeiter: Bernd Schulz)

1 Art.

C. peregrina (L.) Coult. – Sommergrüner Strauch; Zw. u. B. locker abstehend behaart, mit kleinen sitzenden gelbl. Harzdrüsen; Bl. wechselst., einfach, mit 2 Nebenbl. (*306/3a*), linealisch, regelmäßig fiederteilig, Lappen rundl. (*461/5*), 5–10 cm lang, 0,8–1,6 cm breit, oberseits glänzend dunkelgrün, unterseits dichter behaart, Bl.stiel 3–6 mm lang; Bltn. getrenntgeschl., ♂ in längl., bereits im Vorjahr angelegten Kätzchen (*232/5*), ♀ Bltnst. kugelig, Einzelbüte mit 2 Gr., von längl. ausdauernden Trag- u. 2 Vorbl. eingeschlossen; Fr. eif., bis 5 mm lang, braunoliv, von 4–8 fädige Hochbl. umgeben, Frst. dadurch klettenartig; Ausläufer bildend; IV–V. Sk, kalkunverträgl. – ss. NO-NAm.

461/5 *Comptonia peregrina*, Bl.

Cordyline R. Br., **Keulenlilie** – *Asparagaceae* (Bearbeiter: Ulrich Hecker)

Stammbildende Holzgewächse, unverzweigt od. verzweigt; Bl. riemenf., Mittelrippe ± deutl. ausgeprägt; Bltn. dicht stehend in ansehnl., großen Rispen, Perigonbl. am Grund zu einer kurzen Röhre vereinigt, stark spreizend; Fr. eine mehrsamige Beere (*462/1*). 26 Arten in Austral, Neuseel u. SAm.

1. Stamm biegsam, unverzeigt; Bl. immergrün, 70–150 cm lang u. 10–15 cm breit, mattgrün, unterseits etwas bläul. grün, Mittelrippe rot; Bltnst. hängend, 60–160 cm lang u. 30 cm breit, Bltn. sehr dicht stehend, weiß bis rötl. cremefarben, 10 mm ∅; Beeren schwarzblau, 6 mm ∅; VI–VII. Sg/Bk – h. ∧∧ in S-Eur. Neuseel. ***C. indivisa*** (G. Forst.) Steud.

— Stamm starr, im Alter verzweigt, am Grund oft stark verdickt; Bl. immergrün, 30–100 cm lang, 2,5–6 cm breit, Mittelrippe hellgrün; Bltnst. aufrecht od. spreizend, 60–150 cm lang u. 30–60 cm breit, Bltn. 1–2 cm ∅, weniger dicht stehend, cremefarben; Beeren weiß bis blassblau, 8 mm ∅ (*462/1*); VI–VII. Sg/Bm – h. ∧∧ in S-Eur. Neuseel. ***C. australis*** (G. Forst.) Endl.

Coriaria L. **Gerberstrauch** – *Coriariaceae* (Bearbeiter: Ulrich Hecker)

Sommergrüne Halbsträucher od. Sträucher, selten Kräuter; Zw. kantig; Bl. quirlig, gegenst. od. wechselst., ganzrandig, Nebenbl. klein, hinfällig; Bltn. einzeln od. in end- bzw. achselst. Trauben, ⚥ od. eingschl., 5-zählig, Bltn.hülle doppelt, Stbl. 10, Frbl. 5–10, frei, oberst., 1-samig; Krbl. zur Fr.reife fleischig u. die geschlossen bleibenden Frch. umhüllend, so eine Scheinbeere bildend (*462/3*). 16 Arten vom Medit. bis O-As; Mex. u. Chile. **G!**

1. Trauben endst., 10–20 cm lang; Bl. 5–9-nervig, breit eif. bis eilanzettl., 2,5–7 cm lang, plötzl. zugespitzt; Bltn. grünl.; Fr. schwarz od. gelb (var. *xanthocarpa* Rehder & Wils.); VI. HS – ss. ∧ W-China. **Rispenblütiger G., *C. terminalis*** Hemsl.

— Trauben seitenst., kürzer; Bl. eilanzettl., 3-nervig **2**

2. Bl. 6–10 cm lang, 2–3,5 cm breit, frischgrün (*462/2*); Bltnst. eingschl., ♂ Trauben 2–3 cm lang, ♀ Trauben 8–15 cm lang, Bltn. grünl. od. rötl., vor den Bl. erscheinend; Fr. flach kugelf., hellrot, reif schwarzrot; V. Sk – ss. Jap. **Japanischer G., *C. japonica*** A. Gray

— Bl. 2,5–6 cm lang, graugrün; Bltn. stets grünl., eingschl. od. ⚥, Kr. grünl., kürzer als der K., zur Reife rotbraun bis schwarz, Bltn. in ca. 3 cm langen Trauben; VI. HS/Sg – ss. ∧ S-Eur., NW-Afr. **Europäischer G., *C. myrtifolia*** L.

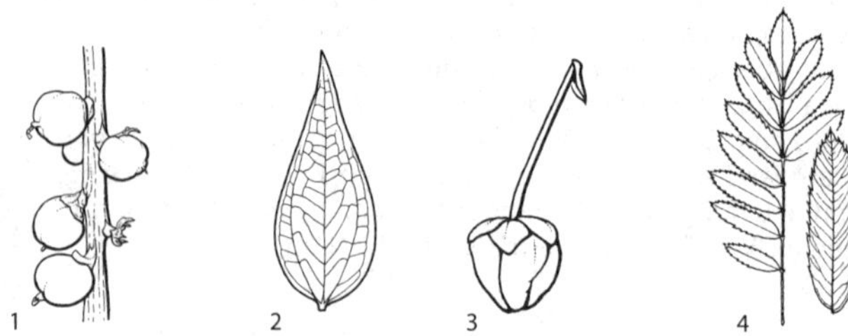

462/1–4: 1 *Cordyline australis*, Teilfrst; 2–3 *Coriaria japonica*: 2 Bl., 3 Fr.; 4 *Cormus domestica*, Bl. u. Blch.

Cormus Spach, **Speierling**– *Rosaceae* (Bearbeiter: Peter A. Schmidt)

Entw. als Untergatt. *Cormus* der Gatt. *Sorbus* od. als eigene Gatt. aufgefasst (siehe unter *Sorbus*). Vegetativ den Ebereschen (*Sorbus* Untergatt. *Sorbus*) ähnl., aber in Bltn.- u. Fr.merkmalen abweichend.

1 Art.

C. domestica (L.) Spach [*Sorbus domestica* L.], **Speierling** – Sommergrüne Bäume; Bl. unpaarig gefiedert, bis 20 cm lang, Blch. (11–)15–17(–21), längl., 3–8 cm lang, im unteren Drittel meist ganzrandig, darüber gleichmäßig gesägt (*462/4*), Zähne an der Spitze bis zum Frühsommer mit bräunl. Drüse; Bltnst. 6–10 cm breite kegelf. Schirmrispe mit (6–)30–60(–80) Bltn., diese 1,5–1,8 cm ∅, Gr. 5(–7); Fr. ein apfel- od. birnf. Kernapfel, (1,5–)2–3,5(–5) cm lang, 1,5–3(–4) cm ∅, grünl. gelb bis gelb, rotbackig, herbsauer, stark duftend, überreif braun, mild süßsäuerl. u. essbar; Borke der Stämme > 10-j. Bäume u. stärkerer Äste rau u. stark schuppig; Kn. glänzend grün bis rötl. braun, ± kahl, klebrig; V. Bm – h. Medit. bis SW-, südl. M- u. SO-Eur.

Cornus L., **Hartriegel, Kornelkirsche** – *Cornaceae* (Bearbeiter: Bernd Schulz)

Sommergrüne, selten immergrüne Sträucher od. Bäume, wenige Stauden; fast alle Teile mit kleinen unscheinbaren Gabelhaaren besetzt (2 kurze Arme, wie der Zeiger eines Kompasses, meist anliegend, zuw. Arme verlängert u. abstehend, selten nur 1-armig); Bl. meist gegen-, seltener wechselst., ganzrandig; Bltnst. end- od. achselst., als Kn. oft bereits im Vorjahr angelegt (v. a. bei der Untergatt. *Cornus* auffällig); (Schirm-)Rispen od. kugelige Dolden bzw. Köpfchen mit oft auffälligen gefärbten Hochbl., Bltn. (*465/1*) ⚥, 4-zählig, klein, Krbl. oft weiß bis gelbl., K.zähne sehr kurz, < 1 mm (*466/1* u. *3*), selten längl., 2–3 mm (*466/2*); Fr. eine Steinfr. mit einem meist 2-fächerigen u. 2-samigen Steinkern. 65 Arten, vorwiegend in nem. u. mer. Zone NAm. u. Euras., wenige Arten in Afr., M- u. SAm. (vgl. Schulz MDDG 2011 (96), S. 67–83 [Gatt. u. Sekt. *Bothrocaryum*] & 2012 [Sekt. *Thelycrania*] 97, S. 91–132).

1. Bltnst. kugelf., bis 4 cm ∅, kleine Dolden (*466/4d* u. *5a*) od. dichte Köpfchen, von 4–7 Hochbl. umgeben (*467/4–7*); Krbl. weißl., gelb od. grünl. gelb; Fr. rot, in Sorten auch fast schwarz od. gelb, längl. (ellipsoidisch), oft > 1 cm lang, zuw. Fr. eines Köpfchens zu einem Fr.verband verwachsen (**Untergatt. *Cornus***) **10**

— Bltnst. lockere, oft trugdoldige (*468/4*), seltener längl. Rispe (*468/5*), ohne auffällige Hochbl.; Krbl. weiß; Fr. weiß, blau od. schwarz (reif nie rot), ± kugelig od. kurz ellipsoidisch, ∅ bis 9(–11) mm (**Untergatt. *Kraniopsis*** i. w. S.) **2**

2. Bl. gegenst.; Kn. ± nackt (*468/10* u. *252/5*); Fr. weiß, blau od. schwarz, Steinkern ohne Grube in der Spitze (**Sekt. *Thelycrania*** = Untergatt. *Kraniopsis* i. e. S.) **4**

— Bl. wechselst.; Kn. mit Kn.schuppen (*468/11–12*); Fr. bläul. schwarz, Steinkern mit Grube in der Spitze (*464/1–2*) – Zw. ± auffällig etagenf. (**Sekt. *Bothrocaryum*** = **Untergatt. *Mesomora***) **3**

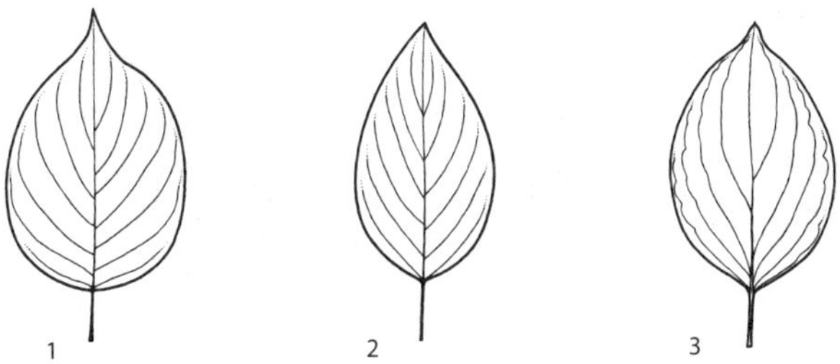

463/1–3 *Cornus*, Bl.: 1 *C. rugosa*, 2 *C. alba* subsp. *stolonifera*; 3 *C. sanguinea*

3. Grube in Steinkernspitze klein, ca. 1/3 des ∅ (*464/2a* u. *b*); Bl. breit eif. bis elliptisch, 7–12 cm lang, plötzl. kurz zugespitzt, Basis gerundet, mit 5–9 Paar Seitennerven, unterseits bläul., mit geraden, parallelen Haaren; Schirmrispen 6–12 cm ∅; Zw. ockergrün bis dunkel violettrot, bereift; V–VI. Sg/Bm – h. O-As. **Pagoden-H., *C. controversa*** Hemsl.

'Variegata': Bl. panaschiert, weiß, nur in der Mitte unregelmäßig grün. z.

— Grube in Steinkernspitze sehr weit, ca. 1/2–2/3 des ∅ (*464/1a* u. *b*), sonst sehr ähnl. *C. controversa*; Bl. mit keilf. Basis, 5–6 Paar Seitennerven, unterseits hellgrün, Gabel- u. einfache Haare unregelmäßig angeordnet; Schirmrispen 4–6 cm ∅; Zw. grün bis weinrot; V–VI. Sg/Bk – z. O-NAm. **Wechselblättriger H., *C. alternifolia*** L. f.

4 (2). Fr. weiß, blau od. schwarz, Steinkern grün bis hell braun, bei weißen Fr. im ∅ rund; Diskus flach (*466/1–2*); mehrj. Zw. oft schnell ganz od. z. T. mit Periderm 6

— Fr. weiß (selten hellblau), Steinkern dunkelbraun bis schwärzl., seitl. abgeflacht, im ∅ elliptisch (*465/2–3*); Diskus relativ dick (*466/3a* u. *b*); 1-j. Zw. lichtseits stark gerötet, im tiefen Schatten grünl. bis gelbgrün, 3–4-j. Zw. ohne Periderm (gelb, grünl., rötl.) – Bl. unterseits weißl. (Papillen), jederseits mit 5–7 Seitennerven (**Weißer H., *C. alba*** L.) 5

5. Steinkern länger als breit, beidendig zugespitzt (*465/2*); Zw. meist aufrecht; Bl. eif. elliptisch, 4–8(–20) cm lang, kurz zugespitzt, am Grund gerundet; Fr. kurz ellipsoidisch, weiß od. bläul.; V–VIII. Sg – h. Sib., Russ.-Fernost, NO-China. [*C. tatarica* Mill.] **G!** **Tatarischer Weißer H., *C. alba*** L. subsp. ***alba***

'Sibirica': Wuchs etwas schwächer als die Art; Zw. im Winter leuchtend korallenrot. h.

'Kesselringii': Zw. dunkel purpurn, fast schwarz. z.

'Elegantissima': Bl. weißrandig. h.

'Spaethii': Bl. goldgelb panaschiert. h.

'Hessei' [*C. hessei* Koehne], Zwerg-H.: bis 0,5 m hoch, dicht verzweigt; Bl. dicht gedrängt, dunkel grün, 2,5–5,5 cm lang, lanzettl., unterseits grauweißl.; Fr. schmutzig bläul. weiß. Sk – ss.

— Steinkern breiter als hoch, meist nur unten leicht zugespitzt (*465/3*); Zw. mehr ausgebreitet u. überhängend; Bl. schlank zugespitzt, bis 20 cm lang; Fr. weiß, kugelf.; V–VIII. Sg – h. ganz NAm. außer S-NAm. [*C. alba* Wangh. non L.; *C. stolonifera* Michx.; *C. sericea* hort.] **G!** **Amerikanischer Weißer H., *C. alba*** L. subsp. ***stolonifera*** (Michx.) Wangerin

var. *coloradensis* (Koehne) C. K. Schneid.: Zw. bogig überhängend, an den Spitzen wurzelnd, rotbraun; Bl. schmaler als bei der typischen Form.

var. *occidentalis* (Torr. & A. Gray) B. Boivin. [*C. pubescens* Nutt. non Schult.]: Bl. eif., allmähl. zugespitzt (*463/2*), im Mittel mit 6–7 Paar Seitennerven, 4–10 cm lang, bis 7,5 cm breit; K.zähne sehr kurz; Fr. weiß, mit abgeflachtem, ± deutl. geripptem Steinkern. ss.

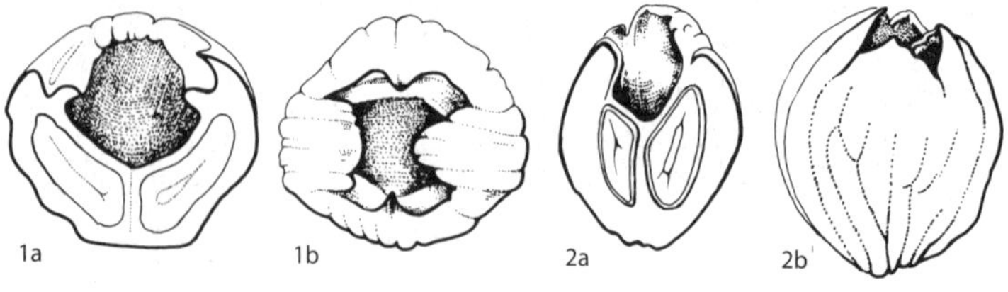

464/1–2 *Cornus*, Steinkerne: 1 *C. alternifolia*, 1a längs, 1b von oben; 2 *C. controversa*, 2a längs, 2b von der Seite

fo. *baileyi* (COULT. & EVANS) FOSB. [*C. baileyi* COULT. & EVANS]: jüngste Zw.spitzen dicht weiß samtartig behaart, 2-j. Zw. trüb rot; Bl. 6–16 cm lang; Bltnst. 5–6 cm ∅; Fr. weiß od. schwach bläul., 8–10 mm ∅, Steinkern nicht höher als breit. ss.

'Flaviramea': Zw. ohne Rottöne, im Winter gelb(-grün), im Sommer grünl. h.

6 (4). Spreite größerer Bl. > 10 cm lang u. 6 cm breit, mit 6–9 Paar Seitennerven – unterseits immer ± weißl. (Papillen); K.zähne kurz **9**

— Bl. mit 3–6(–7) Paar Seitennerven – entw. kleiner od. unterseits grün u. K.zähne verlängert (*466/2a*) **7**

7. Bltn. u. Fr. in längl. Rispen (*468/5*), Gr. unter Narbe nicht verdickt; Fr. weiß; Zw. am Ende der ersten Vegetationsperiode vollst. mit grauem bis ockerfarbenem Periderm – Bl. mit 3–4 Paar Seitennerven, selten auch 5, mehr als doppelt so lang wie breit, bis 10 cm lang, lang zugespitzt, unterseits ± grau bis graugrün (*467/1*); Fr. 5 mm ∅, Stiele rötl.; VI–VII. Sg – s. O-NAm. [*C. paniculata* L'HERIT.]
Rispen-H., *C. racemosa* LAM.

— Bltn. u. Fr. in Trugdolden (*468/4*), Gr. unter Narbe verdickt (*466/1c* u. *2c*); Fr. (wenigstens auf einer Seite) blau od. schwarz; durchgehendes Periderm erst an mehrj. Zw. **8**

8. K.zähne längl. (*466/2a*); Fr. schmutzig dunkelblau bis blauweiß, 5–7 mm ∅, Steinkern unregelmäßig gefurcht; Zw. mit weißem bis braunem Mark; VI–VII. Sg – s. O-NAm. **Seidenhaariger H., *C. amomum*** MILL.

subsp. *amomum*: Bl. unterseits ± grün (ohne Papillen), 8–11(–15) cm × 4–6(–8) cm, auf Bl.unterseite, besonders auf den Nerven neben weißen auch zahlreiche braune Gabelhaare.

subsp. *obliqua* (RAF.) J. S. WILSON [*C. obliqua* RAF.; *C. purpusii* KOEHNE]: Bl. unterseits weißl. (Papillen), oft etwas schmaler u. kleiner, 5–8 cm lang, Haare auf Bl.unterseite nur ausnahmsweise bräunl.; Fr. 5–6 mm ∅.

— K.zähne sehr kurz (*466/1b*); Fr. schwarz, Steinkern glatt kugelig; Bl. eif., zugespitzt, unterseits grün, mit 3–4 Paar Seitennerven (*463/3*), nur ausnahmsweise 5, Behaarung der Nerven nicht bräunl.; Schirmrispen 4–8 cm breit; V–VI. Sg/Bk – h. Eur., Kl.-As. Kauk. **G!** **Roter H., *C. sanguinea*** L.

subsp. *sanguinea*: Bl. unterseits mit einfachen abstehenden, ± krausen Haaren. h.

subsp. *australis* (C. A. MEY.) JÁV.: Bl. unterseits mit anliegenden Gabelhaaren. s. SO des Areals.

subsp. *hungarica* (KÁRPÁTI) SOÓ: Form zwischen subsp. *sanguinea* u. subsp. *australis* mit abstehenden Haaren u. mit anliegenden Gabelhaaren. Verbreitung unzureichend bekannt.

C. walteri WANGERIN [incl. *C. coreana* WANGERIN]: ähnl. *C. sanguinea* subsp. *australis*, unterscheidet sich durch längere Bl.stiele u. stärker baumförmigen Wuchs. ss. O-As.

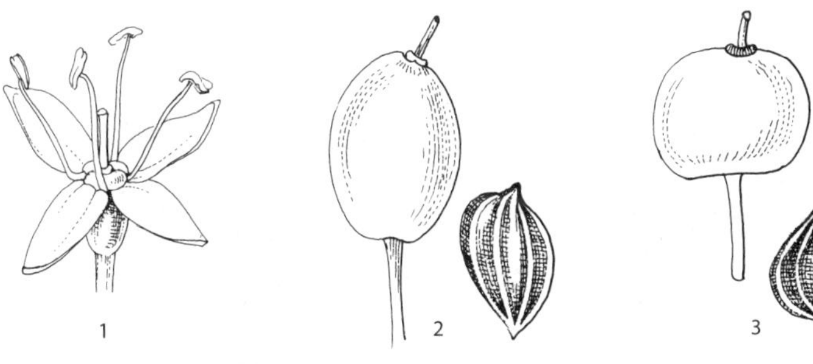

465/1–3 *Cornus alba*: 1 Blüte; 2 u. 3 Fr. u. Steinkern: 2 subsp. *alba*; 3 subsp. *stolonifera*

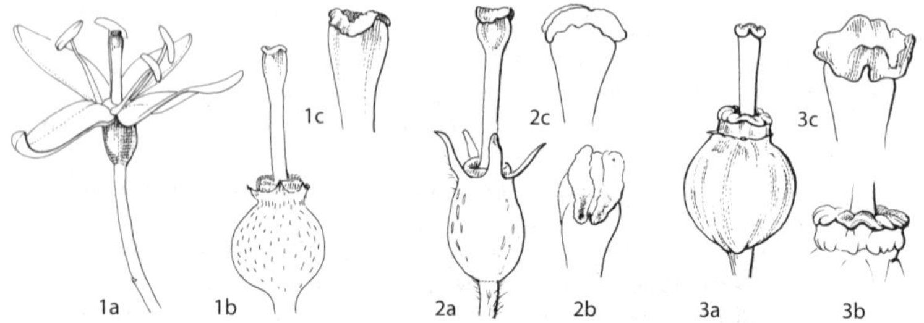

466/1–3 *Cornus*, Bltn.details: 1 *C. sanguinea*, 1a Blüte, 1b ohne St- u. Krbl., 1c Gr.spitze; 2 *C. obliqua*, 2a Blüte ohne St- u. Krbl., 2b u. 2c Gr.spitze; 3 *C. alba*, 3a Blüte ohne K- u. Krbl., 3b Diskus, 3c Gr.spitze

9 (6). Bl. rundl. bis rundl. elliptisch, plötzl. zugespitzt (*463/1*), die größeren mit 6–8 Paar Seitennerven, 5–12 cm breit; Fr. weiß bis hellblau, 5–6 mm ∅, mit kugeligem, rippenlosem Steinkern; VI. Sg – ss. O-NAm. [*C. circinata* L'Herit.]
Rundblättriger H., *C. rugosa* Lam.

— Bl. elliptisch, unterseits zuletzt nicht selten fast kahl, Behaarung der Nerven oft bräunl.; Schirmrispen 14–17 cm breit; Fr. blauschwarz; VI. Bk – ss. O-As. .
Großblättriger H., *C. macrophylla* Wall.

Schwieriges, oft in mehrere Arten geteiltes Agg. (vgl. Flora of China).

10 (1). Bltn. V–VII (mit od. nach den Bl.), ungestielt, in Köpfchen von 8–15 mm ∅, Bltnst. umgeben von großen, mind. 2 cm langen, krbl.artigen weißen od. rosa Hochbl. (*467/3–7*), Krbl. grünl., gelbl. od. weißl.; Fr. sitzend od. zu (deutl. gestieltem) Fr.verband verwachsen (*468/1–3*) (**Blüten-Hartriegel**) **12**

— Bltn. II–IV (vor den Bl.), gestielt, in Dolden von ca. 20–30 mm ∅, Bltnst. umgeben von schuppenf., etwa 5–6 mm langen, gelbl. grünen Hochbl. (*466/4d* u. *5a*), Krbl. gelb; Fr. deutl. gestielt – Steinkern längl., mit 1od. 2 Fächern, Wand von Lakunen durchzogen (**Kornelkirschen, Sekt. *Cornus***) **11**

11. Bl. elliptisch, 4–10 cm lang, beiderseits fast gleichfarbig, unterseits glänzend, zerstreut behaart, ohne deutl. Achselbärte, mit 4–6 Paar Seitennerven (*467/2*); Bltnst.kn. kugelf. (*234/2*); Zw. u. Äste mit nur wenig abblätternder Rinde; Fr.1,5–2 cm lang, orangerot bis dunkel rot, essbar, säuerl. herb (adstringierend), Steinkern 2-fächerig (*466/4c*); II–IV. Sg/Bk – h. Eur. bis Kauk. u. Kl.-As.
Kornelkirsche, *C. mas* L.

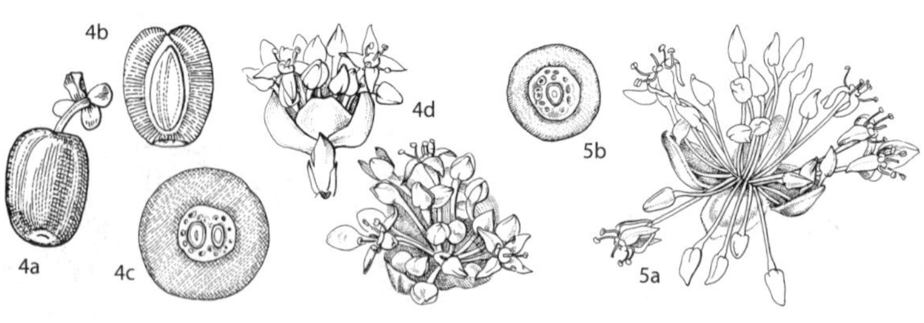

466/4–5 *Cornus* (Kornelkirschen): 4 *C. mas*, 4a–c Fr., 4b längs, 4c quer, 4d Bltnst.; 5 *C. officinalis*, 5a Bltnst., 5b Fr. quer

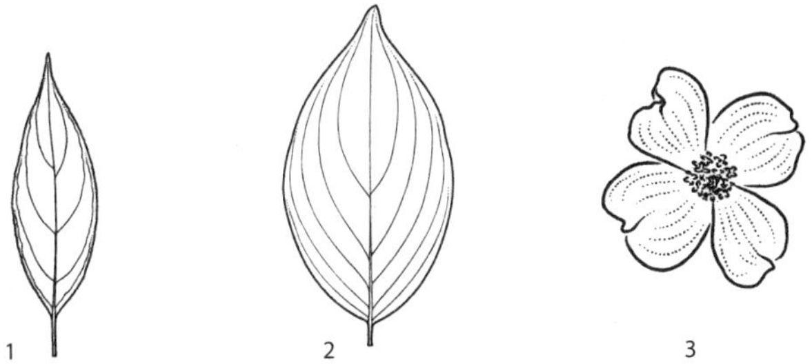

467/1–3 *Cornus*: 1 *C. racemosa*, Bl.; 2 *C. mas*, Bl.; 3 *C. florida*, Bltnst.

— Bl. ähnl. voriger Art, 5–12 cm lang, oberseits dunkelgrün, glänzend, unterseits heller, mit 6–7 Paar Seitennerven u. markanten braunen Achselbärten (*31/2*), Herbstfärbung bronzerot; Bltnst.kn. längl. (*234/3*); Zw. u. Äste mit in ± großen Platten abblätternder Rinde; Fr. 15 mm lang, Steinkern zu ≥ 90 % mit nur 1 Fach (*466/5b*); III–IV. Sg/Bk – s. O-As. (S- u. O-China, Jap., Kor.).

Japanische K., *C. officinalis* SIEBOLD & ZUCC.

Kornelkirsch-Hybride [*C. mas* × *C. officinalis*]: zuw. unerkannt als *C. officinalis* kultiviert; in den Merkmalen zwischen den Eltern, 1- u. 2-fächerige Steinkerne etwa gleich häufig (Kerne lassen sich leicht mit der Gartenschere durchschneiden).

12 (10). Fr. zu fleischigem, abgeflacht kugeligem, rosarotem Fr.verband verwachsen (*468/3*), Einzelfr. wabenf., auf der Oberfläche leicht herausgewölbt, an der Spitze mit K.rest; Pfl. entw. immergrün od. sommergrün, dann junge Zw. bald mit braunem Periderm u. zahlreichen Lentizellen; Bltnst.kn. zusätzl. zu den 4 Hochbl. von 2 Paar der Kn. anliegenden Kn.schuppen umhüllt (*468/9*) (**Asiatische Blüten-Hartriegel, Sekt. *Benthamia***) **14**

— Fr. einzeln, gut getrennt (*468/2*) in zuw. kompakten Köpfchen (*468/1*); Pfl. sommergrün u. junge Zw. ohne Periderm, grün bis weinrot/violett; Bltnst.kn. von den 4–6 eigenen Hochbl. umgeben (*468/7*) od. eingeschlossen (*468/8*), unterhalb am Bltnst.stiel 1–2 Paar schuppenf. Bl. (**Amerikanische Blüten-Hartriegel, Sekt. *Cynoxylon***) **13**

13. Bltnst.kn. von Anfang an offen, unterhalb am Stiel mit meist 1 Schuppenbl. paar (*468/7*); Hochbl. meist 6 (*467/4*), nur vereinzelt 5 od. 4, verkehrt (breit) eif., 5–6 cm lang, weiß od. zartrosa, abgerundet od. kurz zugespitzt; 70–100 Bltn. in sehr kompakten Köpfchen; Bl. eielliptisch, 8–12 cm lang, kurz zugespitzt, am

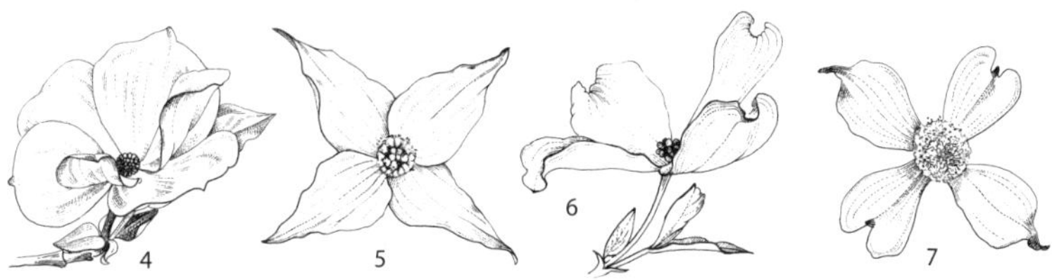

467/4–7 *Cornus* (Blütenhartriegel), Bltnst.: 4 *C. nuttallii*; 5 *C. kousa*; 6 *C. florida*; 7 *C. capitata*

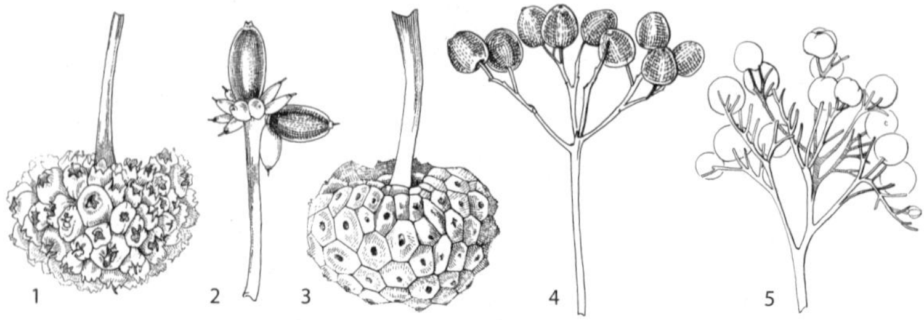

468/1–5 *Cornus*, Frst.: 1 *C. nuttallii*, Frst. kompakt, aber Fr. getrennt; 2 *C. florida*; 3 *C. capitata*, Fr.verband (die einzelnen Fr. sind miteinander verwachsen); 4 *C. sanguinea*, Trugdolde; 5 *C. racemosa*, Rispe

Grund breit keilf., anfangs beidseitig anliegend behaart, zumindest oberseits verkahlend, mit 5–6 Seitennervenpaaren; Fr. gedrängt in kompakten Ständen (*468/1*), reife Fr. 10–11 mm lang, leicht kantig, orangerot, taube Fr. kleiner u. gelbl.; V. Sg/Bm – z. W-NAm. **Nuttals Blüten-H., *C. nuttallii*** Audub.

Die Hybriden von *C. nuttallii* besitzen wie die Art offene Bltnst.kn., aber die Bltn.zahl ist geringer.

'Eddie's White Wonder' [*C. nuttallii* × *C. florida*]: sehr ähnl. *C. nuttallii*, nur selten mit > 4 Hochbl. (*468/7*).

C.* × *elwinortonii Mattera et al. [*C. kousa* × *C. nuttallii*], **Ortens Blüten-H.**: größere Blumen u. relativ kräftige Zw.; am Ende der Vegetationsperiode ist der Jahrestrieb basal von Periderm abgeschlossen (wie bei *C. kousa*); Bltnst. mit 55–80 Bltn. **'Venus'**, eine Rückkreuzung mit *C. kousa*, hat die größten Blumen aller Blüten-H. mit bis > 15 cm ∅; Hochbl. weiß, zugespitzt.

— Bltnst.kn.: ein von seinen 4 Hochbl. eingeschlossenes, gestieltes Köpfchen, unterhalb meist 1–2 Paar längl. Schuppenbl. (*468/8*); Hochbl. weiß od. rosarot, verkehrt (schmal) eif., 3–5 cm lang, an der Spitze häufig eingeschnitten (*467/3* u. *467/6*); Bltnst. mit 20–30 deutl. getrennten Bltn.; junge Zw. hellgrün, lichtseits rötl. überlaufen, bereift; Bl. eif. elliptisch, 6–14 cm lang, plötzl. zugespitzt, mit 5–7 Paar Seitennerven, beidseitig gabelhaarig; Fr. elliptisch, 1–1,5 cm lang, rot (*468/2*); V. Sg/Bk – h. O-NAm. **Blüten-H., Dogwood, *C. florida*** L.

'Rubra' [var. *rubra* Weston]: Hochbl. rosa bis rötl.

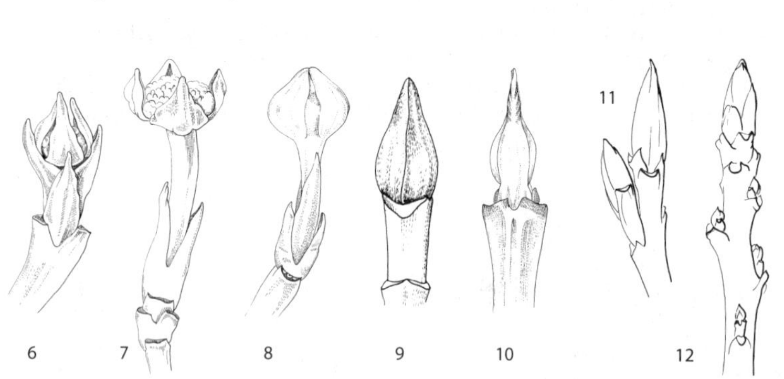

468/6–12 *Cornus*, End- u. Bltn.-Kn.: 6 *C.* × *rutgersensis*; 7 'Eddie's White Wonder'; 8 *C. florida*; 9 *C. kousa*; 10 *C. alba*; 11 *C. alternifolia* (Spitze eines waagerechten Zw.); 12 *C. controversa* (senkrechte Schosserspitze)

C. × ***rutgersensis*** MATTERA et al. [*C. florida* × *C. kousa*], **Rutgers Blüten-H.**: Bltnst.kn.: das von den 4 Hochbl. eingeschlossene Köpfchen nahezu ungestielt über 2 Paar großer Schuppenbl. sitzend (*468/6*); Bltnst. mit 30–50 Bltn.

14 (12). Pfl. sommergrün; Hochbl. längl. eif., lang zugespitzt, am Grund keilf., 3–5 cm lang, weiß, zuw. rosa gerandet od. stärker rosa überlaufen (*467/5*); Fr.verband 1,3–2,5 cm ∅, Stiel 5–7 cm lang; Steinkerne elliptisch, 6 mm lang, glatt; junge Zw. grün, fast unbereift, bald braun werdend, mit zahlreichen feinen Lentizellen; Bl. eif. 5–9 cm lang, mit 4–5 Paar Seitennerven, unterseits ± dicht gabelhaarig; Bltnst.kn. mit 2 Paar Kn.schuppen, äußeres Paar Kn. vollst. einschließend (später zuw. quer zerreißend), dicht schwarzbraun behaart (*468/9*); VI. Sg/Bk – h. Jap., Kor. **Japanischer Blüten-H., *C. kousa*** HANCE

var. *chinensis* OSBORN: Bl. größer, heller; Hochbl. 5–6 cm lang, breiter. h. N–SO-China.

— Pfl. immergrün; Hochbl. verkehrt eif. bis kreisf., am Grund leicht keif., Spitze abgerundet zuw. leicht ausgerandet, kurz zugespitzt, hellgelb, meist ohne Rottöne (*467/7*); Fr.verband um 3,5 cm ∅, Stiel um 2,5 cm lang (*468/3*); VI-VII. Bk – ss. ∧∧ S-As. **Immergrüner Blüten-H., *C. capitata*** WALL.

Corokia A. CUNN., **Korokie, Zickzackstrauch** – *Argophyllacaeae*

(Bearbeiter: Ulrich Hecker)

Immergrüne Sträucher; Zw. dünn, meist zickzackf.; Bl. wechselst., ganzrandig; spatelf., bis rundl. od. lanzettl.; Bltn. ⚥, radiär, Bltn.hülle doppelt, 5-zählig, Stbl. 5, Frkn. unterst., 2-fächerig; Steinfr. mit 2-samigen Steinkern. 6 Arten in Neuseel., 1 in S-Polynesien.

1. Zw. wirr hin u. her gebogen; Bl. lederig, 2–20 mm lang, 2–10 mm breit, Bl.stiel abgeflacht, Spreite spatelf., bis rundl. od. lanzettl. (*469/1*), bis 1 cm lang, oberseits behaart, ± glänzend, grün, unterseits silbrig weiß; Btn. einzeln od. in kleinen Gruppen zu 1–4, end.- od. achselst. an Kurztrieben, sternf. spreizend, leuchtend gelb; Steinfr. kugelf., 8 mm ∅, rot od. gelb, vom bleibenden K. gekrönt; V–VII. S– s. ∧∧ Neuseel. ***C. cotoneaster*** RAOUL

— Zw. hin- u. hergebogen, aber nicht wirr; Bl. 3–10 cm lang; Bltn. meist zu 3; Fr. eif., orangegelb; V. Sk – s. ∧∧ [*C. buddleioides* × *C. cotoneaster*] ***C.* × *virgata*** TURRILL

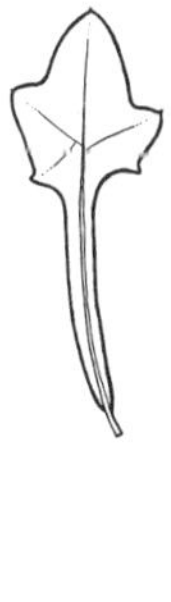

469/1 *Corokia cotoneaster*, Bl.

Corylopsis Siebold & Zucc., **Blumenhasel** – *Hamamelidaceae* (Bearbeiter: Bernd Schulz)

Sommergrüne Sträucher mit (schwach) sternhaarigen, dicht mit helleren Lentizellen besetzten Zw.; Bl. einfach, fiedernervig, aber unterstes Nervenpaar 1. Ordnung außen mit starken Nerven 2. Ordnung (deshalb zuw. als fingernervig bezeichnet), Seitennerven in spitze grannenf. Zähne auslaufend, Spreitengrund ± schief, Nebenbl. hinfällig (*470/3–5*); Kn. spindelf. (*470/1a* u. *b*), mit stipularen, ± kahlen Kn.schuppen (die beiden vaginalen Vorbl. hinfällig); Bltn. vor den Bl. in hängenden, achselst. Ähren (*470/1c*), Bltnst. mit dünnen schuppenf. Tragbl., die unteren meist vergrößert, Bltn. ⚥, 5-zählig: K. unscheinbar, bleibend, Krbl. gelbl., ± genagelt, 5 Stbl. u. 5, oft 2-spaltige Staminodien, Staubbeutel gelb od. dunkel weinrot, wenn hellrot vermutl. Hybride, Frbl. 2, Frkn. synkarp, bei kultivierten Arten halbunterst. (freie mittelst. Frkn. hat *C. henryi* Hemsl.), Gr. bleibend, die Fr. dadurch gehörnt; Kapsel verholzt, sich 2–4-klappig öffnend, 2-samig. Etwa 7–10 Arten (z. T. bis 29 Arten unterschieden) im Himal. u. in O-As. In BG oft schwer zuordenbare Hybriden in Kultur.

470/1–2 *Corylopsis*: 1 *C. spicata*, 1a Seitenkn., 1b Endkn., 1c Bltnst., 1d Frst., 1e Krbl.; 2 *C. sinensis*, Krbl.

1. Bltnst. 2–3-bltg. (entsprechend Frst. mit 2–3 Fr.), zwischen Kbl. u. Stbl. mit 5 ungeteilten Staminodien (Lupe!) – Staubbeutel gelb; Bl. 3–5 (–7) cm lang (*470/3*); selten > 1,5 m hoch werdender, ausgebreiteter Strauch; III–IV. Sk – h. Jap. **Armblütige B., *C. pauciflora*** Siebold & Zucc.

— Bltnst. mit 6 od. mehr Bltn., Staminodien 2-geteilt: 10 Zipfel – Bl. größer; meist > 1,5 m hohe Sträucher **2**

2. Staubbeutel gelb – Bltnst. mit 12–20 gleichmäßig verteilten Bltn./Fr. in 4–7 cm langen Ähren; Krbl. deutl. genagelt (*470/2*); junge Zw., Tragbl., Bl.stiele, Bl. unterseits u. Bltn.boden behaart, zuw. kahl; Bl. eif. bis längl. eif. (*470/5*); III–IV. Sm – s. M- bis W-China [incl. *C. willmottiae* Rehder & E. H. Wilson] **Chinesische B., *C. sinensis*** Hemsl.

470/3–5 *Corylopsis*, Bl.: 3 *C. pauciflora* (2 x), 4 *C. spicata*; 5 *C. sinensis*

Pfl. mit kahlem Bltn.boden u. außen kahlen Tragbl. u. auseinander spreizenden, blassgelben Krbl. zuw. als *C. willmottiae* hort. getrennt.

— Staubbeutel tief weinrot **3**

3 (2). Bltnst.achse u. Bltn.boden kahl – Krbl. hellgelb, Krbl. 7–8 mm lang; Bltn. in 2–3,5 cm langen Ähren; Bl. herzeif., 3–8 cm lang, plötzl. zugespitzt; IV. Sm – ss. Jap. **Kahle B., *C. glabrescens*** Franch. & Sav.

— Bltnst.achse u. Bltn.boden behaart **4**

4. Bltnst. 2–4 cm lange Ähre mit 7–10-Bltn. (*470/1c*) – unteres Drittel der Ähre ohne Bltn./Fr., Krbl. sich zum Ansatz allmähl. verschmälernd (*470/1e*); Staubbeutel rotbraun, Tragbl. außen kahl; Bl. herzeif. bis verkehrt eif. (*470/4*); III–IV. Sk – h. Jap. **Ähren-B., *C. spicata*** Siebold & Zucc.

— Bltnst. 2,5–5 cm lange, mit >14 Bltn. – Krbl. primelgelb; Bl. eif. bis längl. eif., 5–12 cm lang, anfangs unterseits behaart, bald verkahlend; III–IV. Sm – ss. W-China. **Veitchs B., *C. veitchiana*** Bean

Corylus L., **Hasel** – *Betulaceae* (Bearbeiter: Bernd Schulz)

Sträucher od. seltener Bäume; Bl. wechselst., einfach, oft leicht gelappt, meist doppelt gesägt (*471/1–3*); Bltn. lange vor Laubaustrieb (II–III), ♂ Bltn. in hängenden Kätzchen, einzeln, ohne Perigon, wie die 2 eif. Vorbl., mit der Innenseite des breit eif. Hochbl. verwachsen (*309/3*), 4 vollst. geteilte (scheinbar 8) Stbl., Staubbeutel an der Spitze behaart, ♀ Bltn. unterst., in Winterkn. verborgende Büschel, zur Blüte nur die roten Narben sichtbar, 2 Bltn. je Hochbl., Perigon unscheinbar; aus Trag- u. Vorbl. entsteht verschieden gestaltete becherf. Fr.hülle; Fr. 1-samige, hartschalige, relativ große Nuss, Ansatznarbe der Nuss in Fr.hülle = Schild. Etwa 12–18 holarkt. Arten.

Die *Corylus*-Arten unterscheiden sich nur wenig in den Bl.merkmalen u. zur Bestimmung sind meist Fr. mit Fr.hülle notwendig.
Fr.sorten von *C. avellana* s. l. teilen sich in mehrere, durch Übergängsformen verbundene Morphotypen (Goeschke 1887): Gewöhnliche Hasel, *C. avellana* s. str., Lambertsnuss, *C. tubulosa*, u. Zellernuss, *C. maxima*. Meist stark hybridisiert (heterozygot) sagt die Zuordnung zu einem Morphotyp wenig zur Verwandtschaft aus: Verschiedene Morphotypen einer Region stehen einander meist näher als die Vertreter eines Morphotyps verschiedener Herkunft (Gökirmak et al. 2009).

1. Baum mit durchgehendem Stamm u. kegelf. Krone; junge Zw. anfangs drüsenhaarig, bald mit korkiger, hellgrauer bis ockerfarbener Rinde, – Äste borkig; Bl. breit eif., 6–15 cm lang, 5–12 cm breit, doppelt gesägt, etwas gelappt, oberseits dunkelgrün, unterseits auf den Nerven behaart, Bl.stiel 1,5–3 cm lang (*471/1*); ♂ Kätzchen bis 12 cm lang; Frst. kugelige Büschel mit 8–10 Nüssen; Nuss bis 1,5 cm lang, dickschalig, essbar, von drüsiger Hülle aus tief zerteilten Zipfeln umgeben; II–III. Bm – h. S-Eur., Kl.-As., Kauk. **Baum-H., *C. colurna*** L.

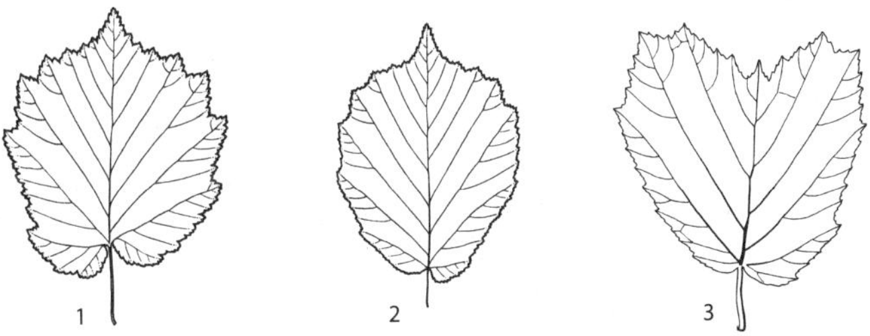

471/1–3 *Corylus*, Bl.: 1 *C. colurna*; 2 *C. avellana*; 3 *C. heterophylla*

Ähnl. ist ***C. chinensis*** Franch., **Chinesische Baum-H.**: Fr.hülle nicht zerteilt, über der Nuss röhrig verengt, Spitze gesägt; II–III. Bm – ss. Yunn., Sich, WS-China.

C.* × *colurnoides C. K. Schneid. [*C. avellana* × *C. colurna*], **Hybrid-Baum-H.:** zwischen den Eltern stehend, mehrstämmig, aber baumf., Fr.hülle weniger stark zerteilt (*472/1*), junge Zw. nur schwach verkorkt; II–III. Bk/Bm – ss. Kultur.

— Sträucher, selten baumartig, immer mehrstämmig, Rinde stets glatt, nie korkig; – entw. Fr. zu wenigen (bis 6) beieinander od. Fr.hülle allseits verwachsen u. röhrig **2**

2. Fr.hülle bildet eine geschlossene Röhre u. überragt die Nuss um mehr als eine Nusslänge (*472/2c, 473/1–2*) **5**

— Fr.hülle besteht aus getrennten Lappen, wenn röhrig, dann meist 1-seitig geöffnet, die Nuss nicht od. nur wenig überragend (*472/2a–b*) **3**

3. Fr.hülle etwa doppelt so lang wie die Nuss, breit trichterf., unregelmäßig lappig; Bl. breit eif., 5–12 cm lang, 4–9 cm breit, kurz zugespitzt, unregelmäßig doppelt gesägt, unterseits weich behaart; Fr. meist zu 2–6, gebüschelt; II–III. Sg – ss. O-NAm. **Amerikanische H., *C. americana*** Walt.

— Fr.hülle nicht od. nur wenig über die Nuss hinausragend, wenn länger als die Nuss, dann relativ schmal **4**

4. Bl. rundl. bis breit eif., leicht gelappt, kurz zugespitzt; Fr.hülle etwa so lang wie die Nuss, Lappen der Fr.hülle gesägt (*472/2a*) – Bl. 5–10 cm lang, 4–8 cm breit, doppelt gesägt, jederseits mit 6–7 Seitennerven (*471/2*), beiderseits ± weichhaarig; ♂ Kätzchen 3–7 cm lang; Fr. zu 1–4; II–III. Sg – h. Eur., Kl.-As., Kauk. **Haselnuss, *C. avellana*** L. s. l.

Fruchtsorten (Morphotypen):

Gewöhnliche H., *C. avellana* s. str.: Fr.hülle etwa so lang wie die Nuss, durch 2 tiefe Einschnitten in 2 Lappen geteilt.

Zellernuss: Fr.hülle überragt die Nuss wenig u. verengt sich kaum, meist 1-seitig durch einen Schlitz geöffnet (*472/2b*).

Lambertsnuss: Fr.hülle allseits geschlossen, sich über der Nuss etwas verengend (*472/2c*).

Ziersträucher:

'Aurea': Bl. im Austrieb gelb, später gelbgrün; Zw. im Winter gelb. s–z.

'Heterophylla' [var. *laciniata* Kirchn.; var. *urticifolia* DC.]: Bl. tief eingeschnitten, spitzlappig. s.

'Pendula': Zw. bogenf. überhängend u. abwärts wachsend. s.

'Contorta', Korkenzieher-H.: Zw. gedreht gewunden, fast schraubig wachsend. h.

'Fuscorubra' [fo. *atropurpurea* Kirchn.], **Blut-Hasel**: Bl. purpurrot bis braunrot. s–z.

'Purpurea' [var. *atropurpurea* Bean], **Blut-Lambertsnuss**: Bl. schwarz purpurn, glänzend. h.

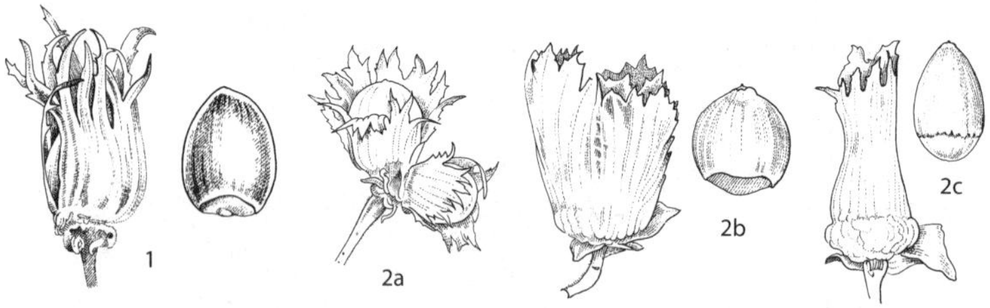

472/1–2 *Corylus*, Fr.hüllen u. Nüsse: 1 *C.* × *colurnoides*; 2 *C. avellana*, a typische Form, b Zellernuss, c Lambertsnuss

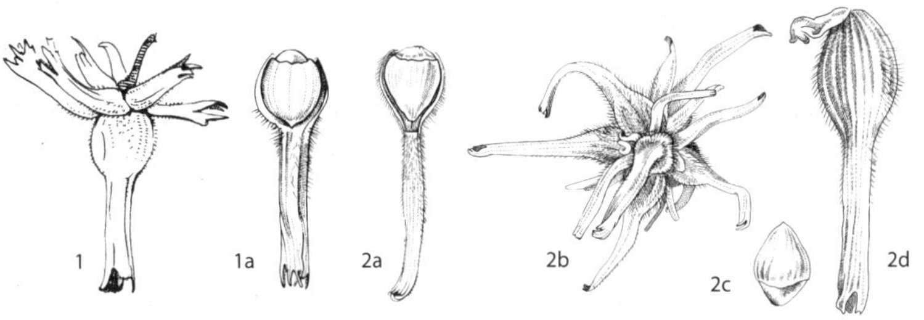

473/1–2 *Corylus*, Fr.hüllen u. Nüsse (in Ansichten a Hülle im Bereich der Nuss aufgeschnitten): 1 *C. cornuta*; 2 *C. sieboldiana*, 2a var. *sieboldiana*, 2b–d var. *mandshurica*, 2b Frst., 2c Nuss, 2d Einzelfr.hülle

— Bl. trapezf., Spitze breit, gestutzt, 3-spitzig; Fr.hülle meist etwas länger als die Nuss, samthaarig, mit 6–9 eif. bis 3-eckigen, ± ganzrandigen Zipfeln; Bl. gestutzt u. ± 3-lappig, die Seitenlappen die Spitze z. T. überragend, 8–10 cm lang, zuw. breiter als lang, Rand unregelmäßig gesägt (*471/3*), oberseits kahl, unterseits auf den Nerven behaart; Fr. zu 1–3; II–III. Sg – ss. O-As.: N-China bis Russ.-Fernost u. Jap. **Mongolische H., *C. heterophylla*** Trautv.

5 (2). Fr.hülle behaart, doppelt so lang wie Nuss, sich wenig verengend; ♂ Kätzchen 5–7 cm lang – Bl. rund eif. bis verkehrt eif., 5–12 cm lang, 4–10 cm breit, Basis der Bl.spreite herzf., Bl. doppelt gesägt, leicht gelappt (*471/2*); Fr. zu 1–3; II–III. Sg – h. S-Eur., Kl.-As., Kauk. [*C. tubulosa* Willd.; *C. maxima* hort.] **Lambertsnuss, *C. avellana*** s. l. p.p.

— Fr.hülle borstig, oberhalb der Nuss zu einer engen, langen Röhre zusammengezogen (*473/1–2*); ♂ Kätzchen unentfaltet kurz, um 1 cm lang **6**

6. Bl.stiel 15–25 mm lang, Bl. elliptisch eif., zugespitzt, 8–10 cm lang, doppelt gesägt, einige Exemplare mit roten Flecken in der Mitte der Bl.spreite; Winterkn. mit bis zur Entfaltung bleibenden Kn.schuppen; Fr.hülle mit langer, sich zur Spitze weiter verengenden Röhre, größter Nuss-∅ nahe dem Schild (*473/2a*); II– III. Sg – ss. Jap. **Japanische H., *C. sieboldiana*** Blume

var. *mandshurica* (Maxim.) C. K. Schneid. [*C. mandshurica* Maxim.]: Bl. stärker gelappt, herzf.; Fr.hülle bis 5 cm lang (*473/2b–d*).

— Bl.stiel 6–12 mm lang, Bl. eif. bis verkehrt eif, gesägt, kaum gelappt, 4–12 cm lang, 3–8 cm breit; äußere Kn.schuppen der Winterkn. früh hinfällig; Fr.hülle etwas weiter, sich zur zipfeligen Spitze nicht weiter verengend; größter Nuss-∅ in der Mitte (*473/1*); II–III. Sg/Bk – ss. NAm. [*C. rostrata* Ait.] **Schnabelnuss, *C. cornuta*** Marsh.

Cotinus Mill., Perückenstrauch – *Anacardiaceae* (Bearbeiter: Bernd Schulz)

Sommergrüne Sträucher od. Bäume; Bl. wechselst., lang gestielt, einfach u. ganzrandig (*474/1c*); Zw. zur Spitze bläul.weiß bereift, Endkn. mit Kn.schuppen (*310/1*); Pfl. polygam, Bltn. in schlanken, endst. Rispen, etwa 4–5 mm ∅, 5-zählig, Krbl. gelbgrün, 1,5–2 mm, etwas länger als K. u. Stbl., Frkn. oberst., 1-fächerig, mit 3 Gr., Bltn.stiele zur Blütezeit relativ kurz, 1–5 mm lang; Frst. durch die sich zur Fr.reife bis zu etwa 3,5 cm verlängernden Bltn.stiele, deutl. breiter als der Bltnst., auffallend sind die zahlreichen lang flaumig behaarten bleibenden Stiele auch der hinfälligen ♂ Bltn. (Name!), nur wenige Stiele Fr. tragend (*474/1a*); Fr. eine seitl. abgeflachte trocken-braune, 3–4 mm lange Steinfr., nur 1 Fr.fach mit

1 Samen, dadurch asymmetrisch, K. bis zur Fr.reife bleibend (*471/1b*). 3–5 einander sehr ähnl. Arten in NAm. u. von SO-Eur. bis O-As.

1. Bl.spreite oval bis verkehrt eif., 3–8 cm lang, Rand deutl. durchscheinend, am Grund gerundet od. stumpf keilf., kahl, ± bläul. bereift, Stiel bis 5 cm lang, meist gerötet (*474/1c*); Bltn. in schmalen Rispen, Stiele sich zur zur Fr.reife verlängernd, Frst. dann bis 15–20 cm lang u. fast ebenso breit; VI–VII. Sg – h. SO-Eur. bis As. (NW-Indien, Nepal, Pak. u. China?)
Gewöhnlicher P., *C. coggygria* Scop.

var. *purpureus* Rehder: Bl. im Austrieb rot, später grün; Frst. purpurrot.

'Royal Purple': Bl. bleibend dunkelrot gefärbt. Sg (2–3 m) – h.

'Young Lady': Bl. grün. Sk (bis 1,2 m) – z.

'Golden Spirit': Bl. gelbgrün. Sk/S (bis 2,5 m) – z.

— Bl.spreite eif. bis elliptisch, meist größer: 5–12 cm lang, durchscheinender Rand sehr schmal, kaum wahrnehmbar, am Grund stumpf keilf., unterseits anfangs seidenhaarig, Stiel bis 5 cm lang; Frst. 10–15 cm lang; VI–VII. Sg/Bk – ss. SO-NAm. [*C. americanus* Nutt.] **Amerikanischer P., *C. obovatus*** Raf.

'Grace' [*C. coggygria* × *C. obovatus*]: rotlaubig. Sg (3–5 m) – s.

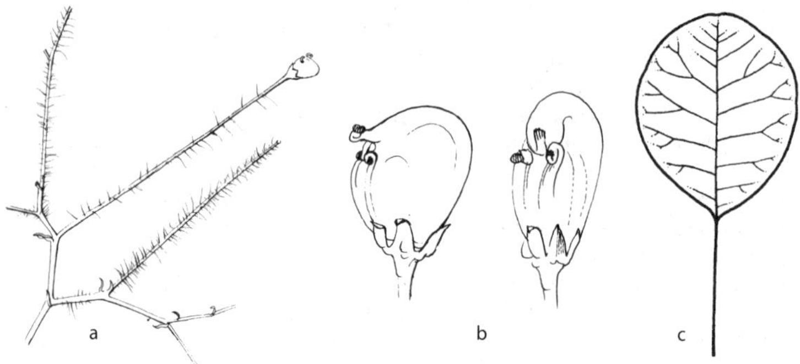

474/1a–c *Cotinus coggygria*: a Ausschnitt Frst., b Fr. in 2 Ansichten, c Bl.

Cotoneaster Medik., Zwergmispel – *Rosaceae*

(Bearbeiter: W. Bernhard Dickoré und Gerwin Kasperek)

Immergrüne bis sommergrüne Zwergsträucher, Sträucher od. kleine Bäume; Bl. einfach, ganzrandig, lanzettl. bis rundl. od. rhombisch eif., 0,5–12 cm lang, ihre Form ist zuw. rel. variabel (*479/6*) u. die Umrisszeichnungen dienen nur einer groben Orientierung; Bltn. zu wenigen bis vielen in Schirmrispen od. -trauben, selten einzeln, am Ende beblätterter seitl. Kurztriebe, meist < 1 cm ∅, 5-zählig, Krbl. weiß od. rosa, selten rot, Stbl. etwa 20, Gr. 2–5, frei; Fr. ein roter bis schwarzer, vom K. gekrönter Steinapfel, meist < 1 cm ∅. 50–70 Arten in der nem. u. mer. Zone von Euras. u. N-Afr., die meisten Arten in den Geb. vom Himal. bis S-China. Die Taxonomie der Gatt. ist infolge von Hybridisierung, Apomixis u. gärtnerischer Selektion kompliziert. Bei weiter Artauffassung, der hier überwiegend gefolgt wird, lassen sich relativ wenige, gut definierte Sippen unterscheiden; bei enger Artabgrenzung werden zuw. über 400 Kleinarten unterschieden. Mehrere Arten häufig als Bodendecker, Zier- u. Heckensträucher kultiviert u. verwildernd, z. T. invasiv als Neophyten (z. B. *C. bullatus, C. dammeri, C. divaricatus, C. dielsianus, C. horizontalis*). **G!**

1. Bltn. unscheinbar, Krbl. klein, schüsself. zusammenneigend (*475/1*), ± verkehrt eif., meist mehrfarbig rosa weißl., selten 1-farbig rot; Bl. ± dünn häutig, weich od. etwas lederig knorpelig, stumpf od. spitz, meist sommergrün **10**

— Bltn. auffallend, Krbl. größer, ausgebreitet (*475/2*), rundl., 1-farbig, meist weiß, selten rosa; Bl. dünn, etwas knorpelig od. dick lederig, meist stumpf, kurz bespitzt od. ausgerandet, oft immergrün **2**

2. Bl. sommergrün, dünnhäutig od. etwas knorpelig lederig; Staubbeutel gelb od. orange **7**

— Bl. immer- od. mindestens halbimmergrün, meist dick lederig, oberseits oft runzelig; Staubbeutel violett **3**

3. Bl. klein, meist < 3 cm lang; Bltn. zu 1–3; Zwerg- od. Spaliersträucher, Pfl. meist < 1 m hoch **5**

— Bl. groß, 3–12 cm lang, lanzettl. bis elliptisch; Bltn. zu vielen (selten nur 3–10) in Schirmrispen; große Sträucher od. kleine Bäume **4**

4. Bl. lanzettl. bis lanzettl. elliptisch, spitz od. lang zugespitzt, lederig, oberseits oft runzelig, unterseits bleibend filzig od. verkahlend, immergrün (*479/5*); VI. Sp/Sg – h. China (Sich., Yunn., WS-, ZS-China), M-Eur. zuw. Neophyt. [*C. rugosus* E. Pritz.; *C. floccosus* (Rehder & E. H. Wilson) Flinck & Hylmö; *C. henryanus* (C. K. Schneid.) Rehder & E. H. Wilson; *C. sargentii* G. Klotz]
Weidenblättrige Z., *C. salicifolius* Franch.

Formenreiches Agg.: oft in viele, unterschiedl. aufgefasste Kleinarten geteilt (vgl. Synonyme u. Varietäten). Außerdem viele Kultursorten sowie Kreuzungen mit *C. dammeri* u. *C. frigidus* [*C. × watereri*] (vgl. unter Punkt 4–).

var. *floccosus* Rehder & E. H. Wilson: Bl. 3–8 × 1–2 cm, oberseits glänzend grün u. durch eingesenkte Nerven runzelig, unterseits wie die Bl.stiele u. jungen Zw. meist bleibend flockig filzig behaart; Bltn. 6–8 mm breit; Fr. rundl., etwa 5 mm dick, orangerot; Pfl. mit elegant bogig übergeneigten Zw. h.

var. *rugosus* (E. Pritz.) Rehder & E. H. Wilson [*C. hylmoei* Flinck & J. Fryer]: Bl. bis 3,5 cm breit, oberseits nicht glänzend; Fr. eirundl., etwa 6 mm lang. s.

'Aldenhamensis': ähnl. var. *floccosus*, aber Fr. bis 7 mm dick u. purpurrot.

'Perkeo': Sk bis 1 m, sonst wie var. *floccosus*.

'Pendulus': Sp (manchmal auch hochstämmig veredelt u. dann Zw. herabhängend); Bl. 4–7 × 1,5–2,5 cm, oberseits glänzend, nicht runzelig; Fr. zahlreich, 6–8 mm dick.

'Herbstfeuer': Sp. ähnl. vorigem, aber Bl. oberseits runzelig; Fr. zu 5–12.

'Parkteppich': Sp; Bl. 2–3 × 0,7–1 cm; Fr. zu 6–10; sonstige Merkmale wie *C. floccosus*.

'Gnom': Sp. ähnl. vorigem, aber Bl. nur 2 cm lang u. 5 mm breit; Fr. zu 3–6, 3–4 mm dick.

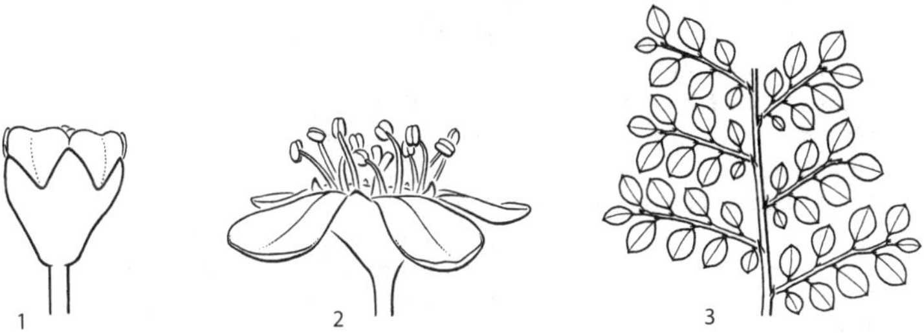

475/1–3 *Cotoneaster*: 1 Blüte mit aufrechten Krbl.; 2 Blüte mit ausgebreiteten Krbl.; 3 *C. horizontalis*, Zw.

— Bl. elliptisch eif., stumpf od. kurz bespitzt, kaum lederig, oberseits glatt, unterseits verkahlend, sommergrün od. halbimmergün; VI. Sp–Sg – s. Kultur. [*C. frigidus* × *C. salicifolius*] **Waterers Z., *C.* × *watereri*** Exell

'Cornubia': Bl. 7–10 × 2,5–4 cm, oberseits stumpfgrün u. nicht runzelig, Bl. unterseits, Bl.stiele u. junge Zw. oft früh ± verkahlend; Bltn. etwa 8 mm breit; Fr. rundl., 7–9 mm dick, leuchtend rot; Pfl. zieml. grobzweigig. Sg.

Die Elternart **Kälte-Z., *C. frigidus*** Lindl. ist vermutl. nicht in Kultur; Bl. (*479/1*). Sg/Bm – ss. ^^ Himal.

5 (3). Bl. (1–)1,5–3(–4) cm lang, elliptisch bis längl., stumpf, kurz bespitzt od. ausgerandet, oberseits glänzend, feinrunzelig, unterseits verkahlend (*478/2*); Bltn. meist einzeln, etwa 1 cm breit, Gr. meist 5; Fr. rundl., 6–7 mm dick, leuchtend korallenrot; kriechender Spalierstrauch, Zw. meist weit kriechend u. wurzelnd; sehr häufig gepflanzter u. oft verwildernder immergrüner Bodendecker; V–VI. Sp – h. China, Taiw. **Teppich-Z., Kriech-Z., *C. dammeri*** C. K. Schneid.

Bildet Hybriden mit *C. salicifolius* u. *C. integrifolius*.

Zu *C. dammeri* gehörende Formen:

var. *radicans* Dammer [*C. radicans* (Dammer) C. K. Schneid.]: Bl. nur 1–1,5 cm lang, meist ausgerandet; oberseits etwas runzelig; Bltn. zu 1–2.

'Eichholz': dicht schließender, nicht > 15 cm hoher Bodendecker.

— Bl. höchstens 2 cm lang, meist viel kleiner; immergrüne Zwerg- od. Spaliersträucher; Zw. aufrecht, bogig aufsteigend übergeneigt od. steif knorrig dem Boden angepresst **6**

6. Bl. verkehrt eif. bis elliptisch (selten schmal elliptisch), meist stumpf bis ausgerandet, 5–8(–10) mm lang, unterseits dünn striegelhaarig (*478/9*); meist dem Boden angepresster Spalierstrauch mit kurzen, dicken, knorrigen Ästen, kaum wurzelnd; Bltn. meist einzeln, etwa 1 cm breit; Fr. etwa 6 mm dick, scharlachrot; V–VI. Sz/Sp – s. Himal. (Kaschmir bis Myanm.), China (Sich., Yunn.); alpin. [*C. buxifolius* var. *melanotrichus* Franch.; *C. cochleatus* (Franch.) G. Klotz; *C. procumbens* G. Klotz; *C. cashmirensis* G. Klotz; *C. elatus* G. Klotz; *C. glacialis* (Wenzig) Panigrahi & Arv. Kumar; *C. nivalis* (G. Klotz) Panigrahi & Arv. Kumar; *C. astrophorus* J. Fryer & E. C. Nelson] **Kleinblättrige Z., *C. microphyllus*** Lindl.

Formenreich, z. B.: **'Cochleatus'**: Bl. bis etwa 10 mm lang.

Die meisten der entsprechend bezeichneten Varietäten bzw. Formen scheinen zu *C. integrifolius* zu gehören, z. B. „*C. m.* var. *thymifolius* (Baker) Koehne": Bl. schmal verkehrt eif. bis längl., 5–10 mm lang, vorn stumpf u. oft ausgerandet; Bltn. zu 1–3.

Der häufig verwendete Name ***C. buxifolius*** Lindl. bezieht sich auf eine in S-Indien endemische, nicht winterharte u. nicht kultivierte Art. Die Abgrenzung gegen *C. microphyllus* bleibt problematisch.

— Bl. längl., schmal elliptisch bis eif., meist spitz, unterseits bleibend dicht anliegend weichhaarig od. verkahlend (*478/8*); sparrig verzweigter Zwergstrauch mit aufrechten od. bogig aufsteigend übergeneigten Zweigen; Bltn. zu 1–3; Fr. elliptisch, bis 9 mm lang, leuchtend rot; häufig gepflanzter, aber anscheinend bislang nur selten verwildernder Zwerg- od. Spalierstrauch; V–VI. Sz/Sk – s–h. Himal. (Kaschmir bis Myanm.), China (S Tibet, Sich., Yunn., WS-China); montan-subalpin. [*C. marginatus* (Loudon) Schltdl.; *C. lanatus* Jacques; *C. congestus* Baker; *C. prostratus* Baker; *C. thymifolius* Baker; *C. conspicuus* Marq.]
Ganzrandige Z., *C. integrifolius* (Roxb.) G. Klotz

Formenreich, zahlreichen Kleinarten od. Kulturformen sind hier als Synonyme aufgefasst, außerdem z. B.:

'Ruby' [*C. prostratus* Baker]: Bl. eif., 8–15 mm lang, stumpf od. spitz, Mittelrippe oft rötl.

Ähnl. sind auch:

Schwedische Z., *C.* × *suecicus* G. Klotz [*C. dammeri* × *C. integrifolius*]: in Wuchs u. Bl.form intermediäre Hybride. h. Zuw. mit Gartenabfällen verschleppt.

'Skogsholmen': sehr dichtwüchsige Selektion mit bis > 1 m hoch bogig übergeneigten Trieben [*C. dammeri* × *C. salicifolius*?].

Rundblättrige Z., *C. rotundifolius* Wall.: immergrün; Bl. 8–20 mm lang, breit elliptisch od. eif. bis rundl., unterseits bleibend locker striegelhaarig., oberseits glänzend dunkelgrün; Bltn. zu 1–3, etwa 1 cm breit; Fr. etwa 8 mm dick, stumpf rot; Pfl. zieml. wirr bogig verzweigt; V–VI. Sz/Sk – ss. Himal.

7 (2). Krbl. rosarot; Bltnst. kahl, locker, (3–)5–15-bltg.; Fr. rundl., 7–8 mm dick, leuchtend rot; Bl. meist schon zur Blütezeit beiderseits kahl, erwachsen auffallend blaugrün, ± elliptisch, 2–6 cm lang, spitz od. stumpf (an Langtrieben gelegentl. etwas zugespitzt); V–VI. Sk/Sg – ss. W-Himal. (Afgh., Pak., NW-Indien). **Rosarote Z., *C. roseus*** Edgew.

— Krbl. weiß; Bltnst., filzig od. kahl, dicht od. locker, (3–)5–20-bltg. **8**

8. Bl. unterseits rasch verkahlend, imAustrieb oft bräunl. überlaufen, erwachsen blaugrün, breit eif. bis eif., 2–5 cm lang (*478/7*); Bltnst. zieml. locker, 10–20-bltg., ± kahl; Bltn. 10–12 mm breit, stark unangenehm (fischartig) riechend, Krbl. weiß (selten schwach rosa), K. u. Bltn.becher kahl; Fr. eif. bis rundl., etwa 8 mm dick, leuchtend kirschrot, sehr zahlreich; Zw. übergeneigt; V. Sg – s. Kauk., M-As., W-Sib., N-China. **Vielblütige Z., *C. multiflorus*** Bunge

— Bl. unterseits, Bltnst. u. K. bleibend behaart; Bltnst. dicht, höchstens 12-bltg. **9**

9. Bl. unterseits locker grauhaarig, rundl., eif. od. elliptisch, vorn stumpf, spitz od. leicht zugespitzt, 1,5–3,5 cm lang; Bltn. zu 6–12, etwa 1 cm breit; Fr. rundl., etwa 8 mm dick, leuchtend rot, Steinkerne 2, fest zusammenhängend, nur mit dem Messer trennbar; Herbstfärbung gelb; V–VI. Sk – ss. China, Nepal. [*C. hebephyllus* Diels; *C. hupehensis* Rehder & E. H. Wilson] **Hubei-Z., *C. silvestrii*** Pamp.

Zu dieser Art gehört wahrscheinl. auch „*C. multiflorus* var. *calocarpus* Rehder & E. H. Wilson" [*C. calocarpus* (Rehder & E. H. Wilson) Flinck & Hylmö]: Bl. länger, mehr eilängl.; Fr. etwa 1 cm dick.

— Bl. unterseits meist dicht weißfilzig, kreisrund bis eif., vorn oft stumpf, aber mit Stachelspitze, meist 1,5–3 cm lang; Bltn. meist zu 3–10 in zieml. dichten Bltnst., etwa 8 mm breit; Fr. rundl., etwa 8 mm dick, stumpf rot, Steinkerne 2, leicht trennbar; V–VI. Sk/Sg – ss. N-Afr., O-Medit., Kauk., Iran, Afgh., M-As. **Dichtblütige Z., *C. racemiflorus*** (Desf.) Schltdl.

Unklar ob in M-Eur. kultiviert. Die Artengruppe um *C. racemiflorus* (incl. *C. multiflorus*, *C. silvestrii*) ist von N-Afr., Medit. über SW-As., M-As bis Himal. u. China weit verbreitet u. vielgestaltig. Sie ist in zahlreiche Kleinarten aufgeteilt, deren Merkmale sich jedoch vielfach überlappen. Die folgenden verwandeten Kleinarten sind (potentiell) kultiviert:

Granada-Z., *C. granatensis* Boiss: ss. W-Medit., NW-Afr.

Münzblättrige Z., *C. nummularius* Fisch. & C. A. Mey: ss (fragl. ob in Kultur). Weit verbreitet in SW-As. u. M-As.

Auffällige Z., *C. insignis* Pojark.: Fr. rötl. braun. ss. M-As.

10 (1). Bl. klein od. mittelgroß, 0,5–5(–7) × 0,3–4(–5) cm, weich od. knorpelig lederig, sommergrün od. halbimmergrün, lanzettl., rhombisch od. eif., stumpf, kurz bespitzt od. spitz, oberseits meist glatt od. nur Hauptnerven etwas eingesenkt, unterseits verkahlend, striegelhaarig od. bleibend weißfilzig, selten graufilzig; Bltnst. 1–5(–10)-bltg.; Steinkerne (1–)2–4 .... **13**

— Bl. groß, 5–12(–15) × 3–7 cm, weich, sommergrün, lanzettl. eif., spitz od. lang zugespitzt, oberseits oft durch das eingesenkte Nervennetz runzelig, unterseits gelbl. filzig od. verkahlend; Bltnst. (1–)3–50-bltg.; Steinkerne 3–5; große, breitwüchsige Sträucher **11**

11. Bltn. zu 1–5(–7) in wenigbltg. Schirmrispen; Fr. walzenf., schwarz, oft filzig; Steinkerne 2 od. 3; Bl. nicht runzelig (*479/4*); anscheinend kaum kultiviert, aber stellenweise verwildert; V–VI. Sg – ss. China (Yunn., Sich., WN-, ZS- u. WS-China). [*C. villosulus* (Rehder & E. H. Wilson) Flinck & B. Hylmö]
Zweifelhafte Z., *C. ambiguus* Rehder & E. H. Wilson

— Bl. ± gerunzelt od. blasig; Bltnst. (3–)5–50-bltg.; Fr. ± kugelf., rot od. schwarz, oft kahl, Steinkerne 3–5 .... **12**

12. Fr. rot, Steinkerne (4–)5; Bl. 3,5–8 cm lang, stark blasig runzelig (Seitennerven u. feinere Verzweigungen ± eingesenkt), oberseits matt, unterseits meist bleibend locker filzig (*479/7*); V–VI. Sg – h. O-Tibet, S-China, Taiw., in M-Eur. invasiver Neophyt (Forst). [*C. reticulatus* Rehder & E. H. Wilson; *C. rehderi* Pojark.; *C. boisianus* G. Klotz] **Runzel-Z., *C. bullatus*** Bois

Die Bl.größe ist zwischen verschiedenen Herkünften zieml. variabel, ohne dass diesem Merkmal eine größere taxonomische Bedeutung zukommen dürfte.

— Fr. schwarz, Steinkerne 3–4(–5); Bl. leicht runzelig (nur die Hauptnerven eingesenkt), oberseits ± glänzend, unterseits oft nur auf den Nerven bleibend behaart (*479/2*); V–VI. Sg – z. O-Tibet, S- u. WN-China, seltener Neophyt.
Moupin-Z., *C. moupinensis* Franch.

13 (10). Bl. klein, 1–3 × 0,5–2,5 cm, meist knorpelig lederig, entlang des Mittelnervs oft gefaltet od. mit etwas verdrehtem Rand, spitz od. kurz zugespitzt, unterseits meist dünn striegelhaarig; Bltn. zu 1–6 .... **21**

— Bl. klein bis mittelgroß, 1,5–5(–7) × 1–4(–5) cm, weich od. papierartig, meist flach, stumpf od. spitz, kurz od. lang zugespitzt, untersts ± dicht striegelhaarig, wollig filzig od. manchmal verkahlend; Bltn. zu 2–15 .... **14**

14. Bl. unterseits ± bleibend dicht striegelhaarig od. filzig, matt, klein bis mittelgroß, lanzettl. eif. od. rhombisch, stumpf, kurz bespitzt od. spitz (wenn ± lang zugespitzt, dann unterseits bleibend wollig filzig) **16**

— Bl. unterseits dünn striegelhaarig od. bald verkahlend, ± glänzend, mittelgroß, lanzettl., lanzettl. eif. od. rhombisch, spitz od. lang zugespitzt **15**

15. Fr. schwarz, birnenf. bis kugelig; Bl. spitz od. zugespitzt, 2–5 cm lang (*479/6*); Bltn. meist zu 1–5; V–VI. Sk/Sg – h (z. B. Hecken, zuw. Neophyt). Sib., Mong.,

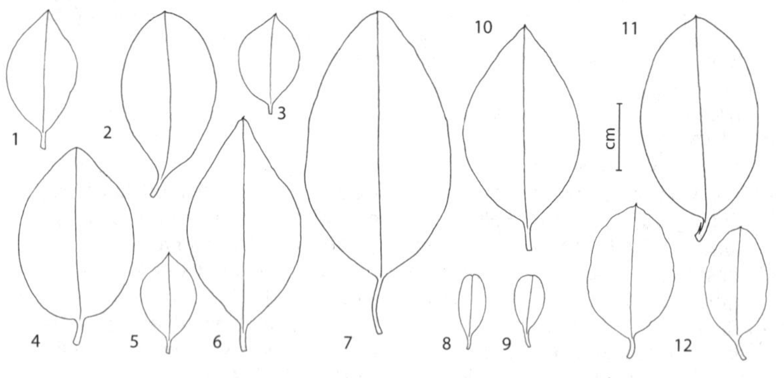

478/1–12 *Cotoneaster*, Bl.: 1 *C. divaricatus*; 2 *C. dammeri*; 3 *C. horizontalis*; 4 *C. integerrimus*; 5 *C. adpressus*; 6 *C. franchetii*; 7 *C. multiflorus*; 8 *C. integrifolius*; 9 *C. microphyllus*; 10 *C. dielsianus*; 11 *C. zabelii*; 12 *C. nitens*

China, Kor. [*C. lucidus* SCHLTDL.; *C. pekinensis* (KOEHNE) ZABEL]
Peking-Z., *C. acutifolius* TURCZ.

Dünnstiel-Z., *C. tenuipes* REHDER & E. H. WILSON: ähnl., aber Fr. walzenf., Bl. schmal, unterseits dicht graufilzig. ss. China (W-, WN-China, Sich., Yunn.).

— Fr. rot, walzenf.; Bl. meist lang zugespitzt, 3–5(–6) cm lang; Bltn. meist zu 3–7; V–VI. Sg – ss. Himal. (NW-Indien bis Myanm.), China (Tibet, Yunn., Sich.). [*C. mucronatus* FRANCH.; *C. nepalensis* ANDRÉ; *C. wallichianus* G. KLOTZ; *C. bakeri* G. KLOTZ] **Spitzblättrige Z., *C. acuminatus*** LINDL.

16 (14). Bl. stumpf od. kurz bespitzt, selten spitz, aber nicht deutl. zugespitzt, Nerven nicht eingesenkt, im Umriss rundl., elliptisch bis oval, oberseits ± verkahlend, unterseits meist bleibend dicht weißwollig filzig **18**

— Bl. spitz od. deutl. zugespitzt (zumindest an Langtrieben), im Umriss rhombisch bis elliptisch, Mittel- u. Seitennerven ± eingesenkt, oberseits bleibend striegelhaarig, unterseits dicht bleibend silbrig grau od. gelbl. filzig **17**

17. Bl. 1–2,5 cm lang, sommergrün, unterseits gelb- bis graufilzig, spitz, nur an Langtrieben zugespitzt (*478/10*); Bltn. zu 3–7, Gr. 3–5; Fr. rundl., etwa 6 mm dick, scharlachrot; V–VI. Sk – h (Neophyt). China (Tibet, Yunn., Sich., S-China). [*C. elegans* (REHDER & E. H. WILSON) FLINCK & B. HYLMÖ]
Diels' Z., *C. dielsianus* PRITZ.

— Bl. 2–3 cm lang, etwas lederig u. halbimmergrün, oft auch an den Bltn.trieben lang zugespitzt, die dicht gelbl. bis silbrig filzige Unterseite auffallend mit der etwas glänzenden, dunkelgrünen Oberseite kontrastierend (*478/6*); Bltn. zu 5–11, Gr. meist 3; Fr. eif., 6–7 mm lang, orangerot; V–VI. Sk – z. China (Tibet, Yunn., Sich., WS-China), Thailand. **Franchets Z., *C. franchetii*** BOIS

Pfl. mit etwas größeren Bl. (bis etwa 4 cm lang) u. rundl., 8–10 mm dicken Fr. sind gelegentl. unter den Namen *C. sternianus* (TURRILL) BOOM u. *C. wardii* W. W. SMITH in Kultur.

18. Bltn.becher u. Kbl. kahl od. schwach behaart; Bl. unterseits locker wollig filzig **20**

— Bltn.becher u. Kbl. bleibend dicht filzig behaart; Bl. unterseits dicht wollig od. filzig **19**

19. Bl. oval od. elliptisch, oft im unteren Teil am breitesten, stumpf, kurz bespitzt od. manchmal spitz, 2–3 cm lang, unterseits graugelb filzig (*478/11*); Bltn. zu

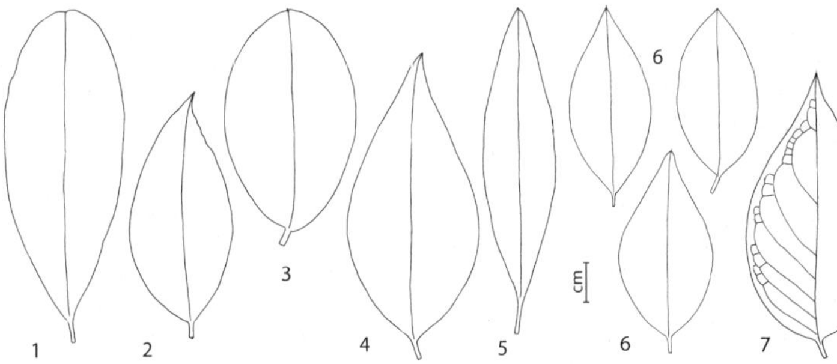

479/1–7 *Cotoneaster*, Bl.: 1 *C. frigidus*; 2 *C. moupinensis*; 3 *C. tomentosus*; 4 *C. ambiguus*; 5 *C. salicifolius*; 6 *C. acutifolius* (3 x); 7 *C. bullatus*

3–10, Gr. meist 2; Fr. verkehrt eif., 6–8 mm lang, leuchtend rot; V–VI. Sk – s (Neophyt?). China, Kor.(?). **Zabels Z., *C. zabelii*** C. K. Schneid.

— Bl. breit elliptisch, in der Mitte am breitesten, stumpf u. kurz zugespitzt, 3–6 cm lang, unterseits dicht weiß bis grau wollig filzig (*479/3*); Bltn. zu 3–12, Gr. 3–5; Fr. ziegelrot, rundl., 7–8 mm dick; V–VI. Sk – s. südl. Geb. M-Eur. bis S-Eur. (Alp. u. Karp.). [? *C. nebrodensis* (Guss.) K. Koch] **Filz-Z., *C. tomentosus*** (Ait.) Lindl.

20. Fr. rot, rundl., etwa 6 mm dick; Bltn. zu 1–3(–4), Bl. 2–4 cm lang, elliptisch, oft spitz (*478/4*); V. Sk – s–ss. Eur. (disjunkt im nördl. u. südl. M-Eur.), Kl.-As., Kauk. [*Mespilus cotoneaster* L.; *C. vulgaris* Lindl.; *C. juranus* Gand.; *C. pyrenaicus* Gand.; *C. suboblongus* Gand.; *C. canescens* Vestergren; *C. kullensis* B. Hylmö; *C. scandinavicus* B. Hylmö; *C. cambricus* J. Fryer & B. Hylmö]
Felsen-Z., *C. integerrimus* Med.

— Fr. schwarz, rundl., 6–7 mm dick; Bltn. zu 3–8(–15); Bl. 2–5 cm lang, breit oval, stumpf, kurz bespitzt; V. Sk – ss. Nordöstl. M-Eur., N-, O-Eur. bis O-Sib. u. N-China. [*C. niger* (Wahlb.) Fr.; *C. melanocarpus* Lodd. et al.]
Schwarze Z., *C. laxiflorus* J. Lindl.

21 (13). Fr. rot, walzenf., birnenf. od. kugelig **22**

— Fr. dunkelviolett bis schwarz, walzenf.; halbimmergrüner kleiner bis mittelgroßer Strauch mit unregelmäßig bogig verdrehter, an den Endzw. aber regelmäßig gegabelter od. 2-zeiliger Verzweigung; Bl. (*478/12*), selten kultiviert u. verwildert; VI. Sk/Sg – ss. China (Sich.). [*C. harrysmithii* Flinck & B. Hylmö]
Glanz-Z., *C. nitens* Rehder & E. H. Wilson

22. Krbl. weißl. rosa **23**

— Krbl. rot, zu 1–3; Fr. kugelig, orangerot bis rot; niederliegender u. wurzelnder od. bogig aufsteigender Zwergstrauch mit unregelmäßig sparrig verdrehten Zw., 10–50(–150) cm hoch; Bl. (5–) 8–15 (–25) mm lang, kurz zugespitzt, Rand meist auffällig gewellt verdreht (*478/5*); V–VI. Sp – h (z. B. Steingärten, selten verwildernd). Himal. (NW-Indien bis Myanm.), China (Tibet bis ZS-China). [*C. praecox* (Bois & Berthault) M.Vilm.; *C. nanshan* Mottet; *C. duthieanus* (C. K. Schneid.) G. Klotz; *C. garhwalensis* G. Klotz] **Spalier-Z., *C. adpressus*** Bois

Formenreich, zahlreiche unterschiedene Sippen u. Kulturformen scheinen jedoch von nur geringem taxonomischen Wert, z. B.:

Nanshan-Z., var. *praecox* Bois & Berthault [*C. nanshan* Mottet]: in allen Teilen kräftiger, mit wirr bogig aufsteigend übergeneigten Zw. u. großen, 7–12 mm langen Fr.

'Little Gem': sehr klein, Wuchs rundl. kissenf.; nicht blühend.

23. Fr. kugelig; Bl. zu 1–3; Zwergsträucher od. Sträucher mit meist ausgeprägt 2-zeiliger („fischgrätenartiger") Verzeigung **25**

— Fr. walzenf. od. birnenf.; Sträucher mit allseitig spreizender od. nur schwach ausgeprägt 2-zeiliger Verzweigung **24**

24. Bl. elliptisch, stumpf od. spitz, auch an Langtrieben meist nicht zugespitzt, oberseits deutl. glänzend, sommergrün mit meist dunkelroter Herbstfärbung (*478/1*); junge Zw. meist rötl., diese Farbe durch die bleibende striegelige Behaarung nicht verdeckt; Gr. meist 2; Fr. elliptisch, 8–10 × 6–7 mm, dunkelrot; Pfl. breitwüchsig, Endzw. häufig 2-zeilig angeordnet; V–VI. Sk – h (Neophyt). W- u. S-China. **Sparrige Z., *C. divaricatus*** Rehder & E. H. Wilson

— Bl. eif. bis verkehrt eif., meist kurz zugespitzt, nur schwach glänzend, ± halbimmergrün; junge Zw. bleibend dicht weißl. bis gelbl. filzig; Gr. 3–4; Fr. elliptisch bis verkehrt eif., etwa 7:5 mm, rot; Pfl. zieml. steif aufrecht, Verzweigung

allseitig spreizend; VI. Sk/Sg – ss. Himal. (Uttarakhand bis Myanm.).
Steife Z., *C. simonsii* Baker

25 (23). Zwergstrauch mit aufsteigend bis horizontal ausgebreiteten, sich bis etwa 1 m über den Boden erhebenden Zw., Endzw. meist sehr dicht u. regelmäßig 2-zeilig fischgrätenartig angeordnet (*475/3*); Bl. rundl. bis breit elliptisch, 5–15 mm lang, spitz, oberseits erwachsen meist kahl u. ± glänzend, im Herbst rötl. (*478/3*); Bltn. zu 1–2, rosa; Fr. rundl. bis elliptisch, 5–6 mm lang, leuchtend rot. V–VI. Sz/Sk – h (Bodendecker; Neophyt). Tibet, S-China, ? Taiw. **Fächer-Z., *C. horizontalis*** Decne.

Sehr formenreich; den zahlreichen beschriebenen Segregaten, Formen u. Kultivaren dürfte kaum taxonomischer Wert zukommen:

var. *perpusillus* C. K. Schneid.: in allen Teilen kleiner; Bl. nur 5–8 mm lang.

'Saxatilis': ebenfalls in allen Teilen kleiner; Zw. dem Boden aufliegend.

Warzige Z., *C. verruculosus* Diels: unterscheidet sich durch die feinhöckerige Struktur der jungen Zw. u. eine reduzierte Behaarung. Herkunft wahrscheinl. SW-China (u. O-Himal.?); Status unklar.

— Großer Strauch, Zw. aufrecht, bis etwa 2 m hoch; Bl. rundl. bis breit eif., 8–12 mm lang, kurz scharf zugespitzt, oberseits meist mit bleibenden Haaren u. kaum glänzend; Bltn. meist einzeln, weiß od. schwach rosa überlaufen; Fr. verkehrt eif., 6–10 mm lang, scharlachrot; selten kultiviert u. verwildernd; V–VI. Sk – ss. China (Yunn., Sich., ZS-, WN-China), Taiw. [*C. kansuensis* G. Klotz; *C. hjelmqvistii* Flinck & B. Hylmö] **Bespitzte Z., *C. apiculatus*** Rehder & E. H. Wilson

Ähnl. sind:

Zweizeilige Z., *C. distichus* Lange: Die Identität der nach Material aus dem Himal. beschriebenen Sippe, die sich durch hängende Bltn. sowie zahlreichere Staubgefäße (ca. 20) von *C. apiculatus* unterscheiden soll, ist unklar, unter diesem Namen kultivierte Pfl. gehören wahrscheinl. überwiegend zu *C. apiculatus*.

Schimmernde Z., *C. nitidus* Jacques [*C. cordifolius* G. Klotz; *C. forrestii* G. Klotz; *C. salwinensis* G. Klotz]: Bl. bläul. bereift, Bltn. zu 2–6, Fr.Stiele zurückgebogen. ss. S-As. (Nepal bis Myanm.), China: Yunn., Sich., Tibet.

Crataegus L., **Weißdorn** – *Rosaceae* (Bearbeiter: Peter A. Schmidt)

Sommergrüne, selten halbimmergrüne Großsträucher od. Kleinbäume, meist mit Kurztriebdornen (*227/3*); Bl. einfach, gesägt od. oft fiederig gelappt bis eingeschnitten, 2–12 cm lang, meist mit bleibenden Nebenbl.; Bltn. in Schirmtrauben od. -rispen, selten einzeln, am Ende beblätterter Kurztriebe, Kr. weiß, selten im Verblühen od. bei Kultursorten rosa bis rot, 1–2,5 cm breit, 5-zählig, Stbl. 5–25, Frbl. 1–5; Fr. ein Steinapfel, rot, gelb, braun od. purpurn bis schwarz, ± essbar, Fr.fleisch mehlig, hartfleischig od. saftig. Holarkt., nem. bis mer. Zone, Angaben zur Artenzahl schwanken von 150 bis 1 200, 50–100 in Euras. u. NAfr.; in NAm. bis zu 1 100, davon zahlreiche, kaum voneinander abgrenzbare, meist apomiktische Sippen.

Einige Autoren beziehen *Mespilus* (dann *Mespilus germanica* = *Crataegus germanica*) u. damit auch die Gattungsbastarde (siehe unter × *Crataemespilus*) in die Gatt. ein.

Für die sichere Bestimmung der Weißdorne sind Kurztriebe mit Bltn. u./od. Fr. erforderl. Nur wenige Arten können allein anhand der Bl. identifiziert werden. Die Merkmale für Bl. u. Nebenbl. gelten für mittlere Bl. der Kurztriebe, sie weichen an Bl. der Langtriebe oft ab. Wenn für die Bltn. die Zahl der Gr. angegeben wird, gilt dies zugleich für die Zahl der Steinkerne in den Fr., weshalb deren Zahl meist nicht gesondert genannt wird.

1. Bl. alle deutl. gelappt od. tief eingeschnitten u. mit Seitennerven, die nicht nur in die Spitzen der Bl.lappen, sondern auch von der Mittelrippe zum Grund der Buchten verlaufen (*487/2*), wenn nur schwach gelappt, dann auch solche Buchtnerven vorhanden **22**

— Bl. der Kurztriebe gesägt bis doppelt gesägt (*484/2* u. *3*) od. seicht bis ± deutl. gelappt, dann aber ohne Buchtnerven, Seitennerven nur in die Spitzen der Bl.lappen verlaufend (*484/1*) **2**

2. Bltnst. mit (3–)6–30 u. mehr Bltn. **4**

— Bltnst. mit 1–6(–7) Bltn. – Kr. 1–1,8 cm breit, Gr. 3–5; Bl.spreite mit keilf. Basis **3**

3. Bltnst. mit (1–)2–6(–7) Bltn.; Bl. (2–)5–8 cm lang, 1–4 cm breit, Bl.stiele mit dicken, purpurroten, später fast schwarzen Drüsenhöckern, – Spreite elliptisch bis rautenf. od. verkehrt eif., drüsig gesägt, in vorderer Hälfte doppelt gesägt od. meist etwas gelappt, unterseits anfangs behaart, später nur noch spärl. auf den Nerven od. kahl; Kr. 1,5–1,8 cm breit; Fr. ellipsoidisch, 0,9–1,3 cm ∅, gelb bis orangebraun; Zw. kahl, mit wenigen dünnen, 2–3,5 cm langen Dornen; V–VI. Sg/Bk – ss. O-NAm: NO- u. SO-USA.

Gelbfrüchtiger W., *C. flava* Aiton

— Bltn. meist einzeln, seltener zu 2–3 je Bltnst.; Bl. 1,5–4 cm lang, 0,6–2 cm breit, Bl.stiele mit od. ohne Drüsenhöcker, – Spreite verkehrt od. längl. eif., Spitze stumpf od. abgerundet, ± grob kerbig gesägt, oberseits dunkelgrün u. rau, unterseits behaart, besonders entlang der Nerven, Bl.stiel so kurz, dass Bl. fast sitzend; Kr. 1–1,5 cm breit, Kbl. auffällig groß u. gesägt, oft länger als Krbl; Fr. kugelig bis birnf., 0,8–1,2 cm ∅, gelb bis grün- od. orangegelb od. rot; junge Zw. behaart, im Folgejahr kahl, Dornen zahlreich, dünn u. scharf, 1–6 cm lang; V–VI. Sg/Bk – ss. SO-NAm. bis N-Mex.

Einblütiger W., *C. uniflora* Münchh.

4 (2). Innenseiten der Steinkerne der Fr. grubig vertieft, meist tief gefurcht od. zumindest flach eingesenkt, Fr.fleisch zur Reife meist saftig, Fr. außen meist glänzend **15**

— Innenseiten der Steinkerne mit ebenen Flächen; Fr.fleisch zur Reife meist mehlig (**Sekt. *Coccineae***) **5**

5. Bl.stiele ohne od. mit ganz vereinzelten kleinen, meist nur im Frühjahr vorhandenen Drüsen **9**

— Bl.stiele mit mindestens 3 dicken, bleibenden Drüsen **6**

6. Bl. rautenf., rautenf. eif. bis rautenf. verkehrt eif. od. breit elliptisch, größte Breite in od. oberhalb der Spreitenmitte, Spreitenbasis ± keilf. – Bl. 2–5 (–7,5) cm lang, dünn, beiderseits kahl od. oberseits kurz angedrückt behaart, unterseits spärl. behaart, besonders Nerven, jederseits 2–4(–6) spitze od. zugespitzte, gesägte Lappen, jederseits der Mittelrippe 3–5(–7) Seitennerven (*484/1*), Stiel so lang wie halbe Spreite; Bltnst. mit 5–10 Bltn., Achsen meist spärl. bis dicht behaart, Kr. 1,5–2 cm ∅, Stbl. (5–)10(–20), Staubbeutel creme od. weißl., Gr. 3–4(–5); Fr. 0,8–1,3 cm ∅, scharlach- bis dunkelrot, fast kugelig bis ellipsoidisch od. längl.; Dornen 4–9 cm lang; V. Sg/Bk – ss. nem. NAm. [incl. var. *phoenicea* E. J. Palmer; *C. rotundifolia* Moench p. p.]

Rundblättriger W., *C. chrysocarpa* Ashe

— Bl. eif., breit eif. bis deltoid, eif. elliptisch bis breit elliptisch od. rautenf., größte Breite unterhalb od. in der Spreitenmitte, Basis der Spreite gestutzt, abgerundet, plötzl. verschmälert od. breit keilf. **7**

7. Bl. u. Achsen des Bltnst. (fast) kahl; Bltnst. mit 3–8 Bltn.; Fr. grün, gelbl., orange od. rötl. .... ***C. intricata***, siehe unter *C. coccinea*, Nr. **8**

— Bl. mindestens anfangs deutl. behaart, Achsen des Bltnst. spärl. bis dicht behaart; Bltnst. mit 7–20 Bltn.; Fr. scharlachrot **8**

8. Bl. meist nur anfangs schwach behaart, später oberseits ± kahl u. rau, unterseits nur auf den Nerven behaart; Staubbeutel rosa bis purpurrosa; Achsen des Bltnst. meist nur spärl. behaart; K.zähne gleichmäßig drüsig gesägt, an Fr. abstehend – Bl. meist breit eif., auch rundl. bis rautenf., 4–12 cm lang, Spreitenbasis breit keilf. bis gestutzt, zuw. etwas herzf., Stiel 2–3 cm lang, mit od. ohne auffällige Drüsen; Bltn. zu 7–12, 1,5–2,2 cm breit, Stbl. 5–10; Fr. fast kugelig bis ellipsoidisch od. birnf., 0,8–1,8 cm ∅, leuchtend scharlach- od. orangerot; Zw. anfangs spärl. behaart, bald kahl; Dornen 2–5 cm lang; V. Sg/Bk. – h. NO-NAm. [*C. pedicellata* SARG.]

Scharlach-W., Scharlachdorn, *C. coccinea* L.

Der Name *C. coccinea* war zeitweise auch für ***C. intricata*** LANGE, **Verworrener W.**, in Gebrauch: Bl. elliptisch, eif. od. breit eif. bis deltoid, meist leicht gelappt, kahl; Bltn. zu 3–8, Stbl. 10, Staubbeutel weiß od. creme, Fr. grün, gelbl., orange od. rötl. Sg – z. O-NAm.

— Bl. unterseits dicht u. bleibend weichhaarig bis filzig, v. a. auf den Nerven; Staubbeutel weiß; Achsen des Bltnst. dicht behaart; K.zähne grob drüsig gesägt, an Fr. oft aufrecht .... ***C. submollis,*** siehe unter *C. mollis*, Nr. **10**

9. (5). Bl. eif., breit eif. bis rautenf. od. rundl., meist in der unteren Hälfte od. Mitte am breitesten, deutl., wenn auch oft nur seicht, gelappt, Spreitenbasis abgerundet, gestutzt od. plötzl. in den Stiel verschmälert **11**

— Bl. verkehrt eif. bis eif. rundl., eilanzettl. od. spatelf., elliptisch od. längl., meist in der vorderen Hälfte am breitesten, nicht od. nur undeutl. gelappt, Spreitenbasis ± schmal keilf. **10**

10. Bl. unterseits dicht u. meist bleibend weichhaarig bis filzig, v. a. auf den Nerven, oberseits behaart, rau; Stbl. 20, Staubbeutel weiß, creme, gelb od. hellrosa – Bl. eif. bis breit eif. od. deltoid, 6–10 cm lang, meist gelappt, scharf gesägt, Basis abgerundet od. gestutzt; Bltnst. mit bis zu 20 Bltn., Achsen ± dicht behaart bis filzig, Kr. 1,5–2,5 cm breit, Gr. (3–)5; Fr. ± kugelig, 0,8–2,5 cm ∅, hell- bis scharlachrot, selten orange od. gelb; Zw. anfangs behaart, später verkahlend, Dornen 2–8 cm lang, oft spärl.; V. Bk/Bm – s. Z-NAm.

Weichhaariger W., *C. mollis* (TORR. & GRAY) SCHEELE

Ähnl. ist ***C. submollis*** SARG.: Bl.stiele aber meist mit einigen Drüsen, Spreitenbasis gestutzt bis keilf.; nur 5–10 Stbl.

— Bl. meist nur anfangs schwach behaart, später beiderseits ± kahl, Stbl. 5–10, Staubbeutel rosa bis purpurrosa .... ***C. coccinea***, siehe Nr. **8**

11 (9). Bl. kahl, höchstens unterseits an Mittelrippe etwas behaart; Gr. 1–3, Stbl. 10 – Bl. verkehrt eif. od. verkehrt eilanzettl. bis spatelf., 2–8 cm lang, ausgewachsen fast lederig, oberseits glänzend dunkelgrün, Seitennerven fein u. recht unauffällig, nicht in die Oberfläche eingesenkt, Spreite an der Spitze abgerundet, ihre Basis schmal keilf., scheint am Bl.stiel herabzulaufen (*484/2*), zumindest in oberer Hälfte Rand fein gesägt; Bltnst. mit kahlen Achsen, Kr. 1–1,5 cm breit; Fr. kugelig od. ellipsoidisch, 0,8–1,5 cm ∅, dunkelrot, selten gelb, mit aufrechtem K.; Zw. kahl, Dornen kräftig, 3–10 cm lang; VI. Sg/Bk – h. O- bis Z-NAm. **Hahnensporn-W., *C. crus-galli*** L.

— Bl. unterseits bleibend behaart, mindestens auf den Nerven; Gr. 2–5; Stbl. (5–)15–20 .... **12**

12. Bl. derb bis lederig u. wie immergrün erscheinend, oberseits stark glänzend, dunkelgrün; Gr. 2–3, Stbl. (5–)15–20 .... **14**

— Bl. dünn od. derb, oberseits weniger glänzend bis ± matt, dunkel graugrün; Gr. (2–)3–5, Stbl. 20 .... **13**

13. Fr. kugelig bis birnf., 1,1–2,2 cm ∅, braun- od. orangerot, auffällig hell punktiert, auch gelb u. rotbackig, sauer; Bl. jederseits der Mittelrippe 7–10, auf Oberseite tief eingesenkte Seitennerven, Bl.stiel 5–15 mm lang – Bl. elliptisch od. verkehrt eif. bis spatelf. (*484/3*), Rand klein u. scharf einfach od. auch doppelt gesägt, im vorderen Teil zuw. undeutl. gelappt, stumpf od. spitz, Spreitenbasis keilf., 3–10 cm lang, 2–6 cm breit, oberseits mattgrün, nur anfangs behaart; unterseits behaart; Bltn. bis zu 15 im Bltnst., Kr. 1,3–2 cm breit, Staubbeutel rosa, rot od. gelb; Fr.fleisch zur Reife etwas saftig, aber recht fest u. sauer; Zw. aschgrau, behaart, Dornen 3–8 cm lang, zuw. fehlend; V–VI. Sg/Bk – s. – NO-NAm. **Punktierter W., *C. punctata*** Jacq.

— Fr. kugelig bis spindelf., (1,2–)1,5–2,5 cm ∅, goldgelb, zuw. orange getönt od. hell kupferorange, nicht od. dunkel punktiert, essbar; Bl. jederseits 6–8 Seitennerven, auf Oberseite nicht auffällig tief eingesenkt, Bl.stiel 1–6 mm lang – Bl. schmal elliptisch bis eilanzettl. od. schmal verkehrt eif., ungelappt, fein bis grob od. kerbig gesägt, im unteren Drittel oft ganzrandig, 4–10 cm lang, oberseits anfangs angedrückt behaart, besonders in vertiefter Mittelrippe, unterseits ± filzig, v. a. auf den Nerven; Bltnst. mit 3–12 Bltn., Kr. 1,5–2,2 cm breit, Staubbeutel rosa, rötl. od. purpurn; Dornen 3,5–5 cm lang; IV–VI. Sg/Bk – ss. Mex., Guat. [*C. pubescens* (H. B. K.) Steud. non K. Presl]
Mexikanischer W., Behaarter W., *C. mexicana* DC.

14 (12). Fr. ellipsoidisch, 1,5–2 cm lang, ziegel- od. orangerot bis -gelb, punktiert, lange haftend, teils bis ins nächste Frühjahr; Staubbeutel gelb od. rosa bis rot; Bl. lederig (wie immergrün aussehend), elliptisch bis längl., 5–12 cm lang, grob gesägt (*484/4*); Dornen fehlend od. nur wenige, aber stark u. bis 5 cm lang – Bltnst. vielbltg., Kr. etwa 2 cm breit; V. Bk – h. In Kultur entstanden [vermutl. *C. crus-galli* × *C. mexicana*].
Lederblättriger W., Apfeldorn, *C.* × *lavallei* Lavallée

Beschreibung entspricht der meist gepfl. Sorte **'Carrieri'** [*C. carrierei* Carrière]; da ***C.* × *grignonensis*** Mouillef. ebenfalls als Bastard *C. crus-galli* × *C. mexicana* angesehen wird, hier als Sorte 'Grignonensis' einzuordnen: Bl. eif., jederseits mit 2–4 Lappen, kerbig gesägt; Fr. kugelig, etwa 1,5 cm ∅, braunrot, punktiert.

— Fr. kugelig, ∅ 0,7–1,5 cm, scharlachrot, früh abfallend; Staubbeutel purpurn; Bl. derb, verkehrt eif. bis fast rundl., 4–8 cm lang, scharf gesägt; Dornen zahlreich . . . . ***C.* × *persimilis***, siehe Nr. **21**

15 (4). Bl. nicht od. nur angedeutet gelappt, meist nur grob doppelt gesägt, wenn seicht gelappt, dann meist nur in oberer Hälfte der Spreite **18**

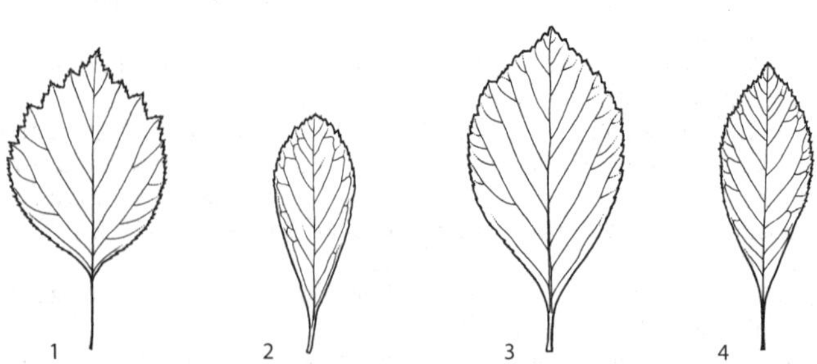

484/1–4 *Crataegus*, Bl.: 1 *C. chrysocarpa*; 2 *C. crus-galli*; 3 *C. punctata*; 4 *C.* × *lavallei*

— Bl. deutl. gelappt, Lappen scharf gesägt (**Sekt. *Sanguineae***) **16**

16. Fr. schwarz – Bl. 5–9 cm lang, 3-eckig eif. bis breit eif., jederseits 3–5 kurze u. breite, ungleich gesägte Lappen, Spreitenbasis keilf. bis abgerundet, beiderseits behaart, oberseits zuletzt kahl u. dunkelgrün; Bltnst. mit fast kahlen Achsen, Kr. etwa 1,2 cm breit, Stbl. 20, Gr. 5; Fr. fast kugelig, etwa 1 cm ∅, Fr.fleisch grün; V. Bk – ss. NO-China **Grünfleischiger W., *C. chlorosarca*** Maxim.

— Fr. blutrot od. gelb bis orangegelb **17**

17. Fr. leuchtend blutrot – Bl. jederseits meist 2–4 Lappen, Rand scharf u. teilw. doppelt gesägt, breit eif. bis rautenf. od. verkehrt eif., 4–8 cm lang, Spreitenbasis keilf., oberseits dunkelgrün, beiderseits behaart od. ± kahl; Bltnst. mit meist kahlen Achsen, Kr. 1,2–1,5 cm breit, Gr. (2–)3–4(–5), Stbl. 20, Staubbeutel purpurn; Fr. kugelig, etwa 1 cm ∅, saftig, früh abfallend; Dornen nur spärl. vorhanden, 3–4 cm lang; V. Sg – O-Eur., Sib. bis M-As. u. NO-China **Blut-W., *C. sanguinea*** Pall.

— Fr. leuchtend gelb bis orangegelb . . . . ***C. wattiana***, siehe Nr. **25**–

18 (15). Fr. (purpur)schwarz, 6–8 mm ∅ – Bl. breit elliptisch bis verkehrt eif., 3–8 cm lang, im vorderen Teil oft jederseits mit 2–4 seichten Lappen, grob u. scharf gesägt, Zähne meist mit drüsiger Spitze, oberseits dunkelgrün, etwas glänzend, meist kurz behaart, unterseits bis auf die Nerven kahl; Bltnst. mit 8–12 Bltn., Kr. 1–1,5 cm breit, Gr. 3–5, Stbl. 8–10, Staubbeutel rosa; Fr. kurz ellipsoidisch, etwa 1,2 cm lang; Dornen 1,5–3,5 cm lang, zuw. fehlend; V. Sg/Bk – ss. NW-NAm. (**Sekt. *Douglasia***) **Oregon-W., *C. douglasii*** Lindl.

— Fr. rot, scharlach- od. ziegelrot od. gelb bis orange, 7–16 mm ∅ (**Sekt. *Macracanthae***) **19**

19. Stbl. 5–10; Dornen 4–10 cm lang ***C. macracantha***, siehe unter *C. succulenta*, Nr. **21**–

— Stbl. (5–)15–20; Dornen bis 5 cm lang **20**

20. Bl. dünn, oberseits ± gelbgrün od. mattgrün, Seitennerven kaum eingesenkt, unterseits meist bleibend behaart, 5–12 cm lang; Fr. 7–9 mm ∅; Gr. 2–5; Achsen des Bltnst. dicht weichhaarig – Bl. elliptisch bis längl. verkehrt eif., scharf doppelt gesägt, zuw. angedeutet gelappt, Bl.stiel geflügelt; Bltnst. mit 12–30 Bltn., Kr. 1–1,5 cm breit; Fr. ellipsoidisch bis birnf., etwa 1 cm lang, gelb bis orange od. ziegelrot, saftig, süß; junge Zw. filzig, behaart bleibend od. verkahlend; Dornen 3–6 cm lang, oft spärl. od. fehlend; Vl. Sg/Bk – ss. NO- bis Z-NAm. [*C. tomentosa* DuRoi] **Filz-W., *C. calpodendron*** (Ehrh.) Medik.

— Bl. ledrig, oberseits glänzend dunkelgrün, Seitennerven auf der Oberseite deutl. od. zumindest ± eingesenkt, unterseits schwach behaart od. verkahlend bis ± kahl, nur auf den Nerven behaart bleibend, 4–8 cm lang; Fr. 7–16 mm ∅; Gr. 2–3; Achsen des Bltnst. kahl od. schwach behaart – Fr. kugelig **21**

21. Steinkern-Innenseiten flach gefurcht bis fast eben; Staubbeutel purpurn; Fr. scharlachrot – Bl. verkehrt eif. bis fast rundl., scharf gesägt (*487/1*), zuw. im basalen Bereich der Spreite ± ganzrandig u. im vorderen Teil angedeutet gelappt, Seitennerven auf der Oberseite ± eingesenkt; Fr. früh abfallend; Dornen zahlreich, bis 5 cm lang, starr u. scharf; Vl. Sg/Bk – h. NO-NAm. [Vermutl. *C. crus-galli* × *C. succulenta* s. l.]

Pflaumenblättriger W., Pflaumendorn, *C.* × *persimilis* Sarg.

Beschreibung entspricht der meist gepfl. Sorte **'Prunifolia'** [*C.* × *prunifolia* Pers.]; in Kultur auch **'Prunifolia Splendens'** ['MacLeod']: Krone kompakter, anfangs kegelf., später kugelf.; Fr. hellrot.

— Steinkern-Innenseiten deutl. tief gefurcht; Staubbeutel rosa od. blassrot bis rot; Fr. glänzend rot, Fr.fleisch orange, saftig – Bl. breit elliptisch od. rautenf. bis verkehrt eif., in oberer Hälfte seicht gelappt, Rand einfach od. doppelt gesägt, Seitennerven auf der Oberseite deutl. eingesenkt, Bl.stiel schmal geflügelt; Bltnst. mit 8–15 Bltn., Kr. 1,2–1,8 cm breit; junge Zw. anfangs behaart, dann ± kahl; Dornen zahlreich, 3–6 cm lang; V. Sg/Bk – s. NO- bis NZ-NAm.
Saft-W., *C. succulenta* (LINK) SCHRAD. s. l.

Hierzu eine als Varietät, **var. *macracantha*** (LODD.) EGGLEST., od. eigene Art, ***C. macracantha*** LODD., aufgefasste Sippe mit längeren Dornen (4–10 cm), nur 5–10 Stbl., meist weißen Staubbeuteln u. kleineren Fr. (bis 1,2 cm ∅).

22 (1). Gr. u. Steinkerne 1–2, ausnahmsweise 3; Fr. stets rot, nie punktiert, Fr.fleisch stets mehlig – (hierzu auch rosa- od. rot- u. gefülltbltg. Sorten) (**Sekt. *Crataegus***) **30**
— Gr. u. Steinkerne (2–)3–5; Fr. gelb, orange, rot od. schwarz, zuw. mit feinen Punkten, Fr.fleisch mehlig od. saftig **23**
23. Bl. 1,5–5 cm lang, jederseits mit (1–)2–3 Lappen, wenn Bl. etwas länger (bis 6 cm) u./od. jederseits bis 4 Lappen, dann Lappen nur im vorderen Teil gesägt u. meist nur wenige grobe Zähne (**Sekt. *Crataegus***) **26**
— Bl. (4–)5–10 cm lang, jederseits mit 3–5, scharf gesägten Lappen – Dornen oft fehlend od. wenige, nur 1–2 cm lang (**Sekt. *Sanguineae***) **24**
24. Fr. dunkelrot, hell punktiert; Staubbeutel blassrot; Zw. kahl od. nur anfangs spärl. behaart – Bl. eif. od. 3-eckig eif., jederseits mit 3–5 Lappen (*487/2*), zuw. Buchten zwischen den unteren Lappenpaaren fast zur Mittelrippe reichend, Lappen scharf u. unregelmäßig gesägt, entlang der Mittelrippe u. Nerven behaart, Spreitenbasis gestutzt od. breit keilf., Nebenbl. oft bis 3 cm lang, hahnenkammartig, gesägt; Bltnst. mit 5–8 Bltn., Kr. 1–1,8 cm breit, Gr. 3–5; Fr. kugelig bis birnf., 1–1,5 cm ∅; V. Sg/Bk – s. O-As.: Kor., NO-, N-, OS- u. ZS-China. **Fiederblatt-W., Chinesischer W., *C. pinnatifida*** BUNGE

In Kultur meist die in China als Wildobst genutzte Sorte **'Major'** [var. *major* N. E. BR.] mit größeren Fr., bis 2,5–3 cm ∅, leuchtend rot, essbar.

— Fr. schwarz od. gelb bis orangegelb; Staubbeutel gelb od. weiß; Zw. dicht behaart od. kahl **25**
25. Fr. glänzend schwarz; Bl. unterseits, junge Zw. u. Achsen des Bltnst. dicht behaart; weiße Kr. im Verblühen rosa bis rötl. – Bl. 3–8,5 cm lang, längl. eif. od. deltoid eif., jederseits mit 4–5 Lappen, die unteren die größten, im vorderen Teil der Spreite große scharfe Sägezähne, Rand unregelmäßig scharf gesägt, Nebenbl. dicht gesägt; Bltnst. mit 6–29 Bltn., Kr. 1,2–1,5 cm breit, Staubbeutel gelbl. weiß, Gr. 5; Fr. kugelig, 1–1,2 cm Ø, Fr.fleisch grün, saftig; V–VI. Sg/Bk – ss. SO-M-Eur. bis SO-Eur. **Schwarzer W., *C. nigra*** WALDST. & KIT.
— Fr. leuchtend gelb bis orangegelb; Bl., Zw. u. Achsen des Bltnst. kahl; Kr. weiß bleibend – Bl. 3,5–8,5 cm lang, eif. od. deltoid eif., tief eingeschnitten, jederseits mit 3–5 Lappen, Rand kurz u. unregelmäßig scharf gesägt, Spreitenbasis gestutzt od. breit keilf.; Bltn. 1–1,5 cm breit, Staubbeutel weiß od. blassgelb, Gr. (3–)5; Fr. kugelig, 0,8–1,2 cm ∅, Fr.fleisch saftig, essbar; V. Bk/Bm – ss. M-As. bis W-China u. Pak. [*C. altaica* (LOUDON) LANGE; *C. russanovii* CIN.]
Altai-W., Watts W., *C. wattiana* HEMSL. & WILS.
26 (23) Fr. schwarzpurpurn – Bl. breit eif., 2–6 cm lang, jederseits mit 2–3 oft nur an der Spitze grob gesägten Lappen, unterseits wie die jungen Zw. locker behaart, später zuw. verkahlend; Bltn. bis zu 50 je Bltnst., Kr. 1,2–1,5 m breit,

im Gegensatz zur ebenfalls schwarzfr. *C. nigra* (siehe Nr. 25) beim Verblühen weiß bleibend, Staubbeutel rotviolett, Kbl. ganzrandig od. mit wenigen drüsigen Zähnen; Fr. ellipsoidisch, 0,7–1,2 cm lang, matt, festfleischig; Dornen wenige, 1–1,5 cm lang; V–VI. Sg/Bk – ss. SO-Eur. über Kl.-As. u. Ukraine bis Kauk. u. N-Iran. **Fünfgriffliger W., *C. pentagyna*** Willd.

— Fr. rot od. gelb **27**

27. Fr. 4–8 mm ∅; Bl. 3-lappig u. grob gesägt, wenn jederseits 2 Lappen, dann Buchten zwischen den Lappen nicht tiefer als bis zur Mitte der Spreitenhälfte reichend, kahl, Spreitenbasis abgerundet od. leicht herzf.; Zw. kahl; Dornen 2–5(–7) cm lang; Staubbeutel weiß, gelb od. rosa – Bl. eif., breit eif. od. deltoid, 2–5 cm lang, oberseits glänzend; Bltnst. mit 5–20 Bltn., Kr. 1–1,2 cm breit, Kbl. ganzrandig; Fr. fast kugelig, hellrot, glänzend, bis in den Winter haftend; V. Bk – ss. SO-NAm. **Washington-W., *C. phaenopyrum*** (L. f.) Medik.

— Fr. 8–15(–30) mm ∅; Bl. tief eingeschnitten (*487/3*), jederseits 1–4 Lappen, die Buchten deutl. tiefer, zumindest zwischen den unteren Lappenpaaren fast bis zur Mittelrippe reichend, behaart, Spreitenbasis keilf. od. zum Stiel hin verjüngend; junge Zw. dicht behaart, zottig bis filzig; Dornen 1,3–3,5 cm lang; Staubbeutel purpurn **28**

28. Bl. jederseits mit 2–3, am Rand dicht drüsig gesägten Lappen; Gr. 4–5 – Bl. beiderseits zottig behaart, oberseits ± glänzend dunkel- od. hellgrün, unterseits blassgrün od. gräul. grün, Nebenbl. dicht gesägt, mit > 13 Zähnen; Bltnst. mit (2–)5–9 Bltn., Kr. 1,8–2,5 cm breit, Kbl. alle od. zumindest einige drüsig gesägt; Fr. kugelig od. breit birnf., 1–2,5 cm ∅, gelb, auch rot getönt od. rot, trocken orange; Dornen bis 2 cm lang; V–VI. Sg/Bk – ss. Kl.-As. **Rainfarn-W., *C. tanacetifolia*** (Poir.) Pers.

— Bl. jederseits mit 1–4 Lappen, diese nur im vorderen Teil u. nicht drüsig gesägt, oft nur wenige grobe Zähne, zuw. auch ganzrandig; Gr. 2–5 .... **29**

29. Bl. zottig bis filzig behaart, oberseits dunkel- od. graugrün, unterseits heller u. dichter behaart; Fr. 0,8–1,5 cm ∅, orange- bis ziegel- od. dunkelrot; Gr. (2–)3–5; Dornen bis 1,3 cm lang – Bl. jederseits mit 1–4 Lappen, 2–5,5 cm lang, meist ± lederig, Nebenbl. unregelmäßig gesägt, mit 2–13 Zähnen; Bltnst. mit 4–18 Bltn., Kr. 1–2 cm breit, Kbl. ganzrandig; Fr. kugelig od. abgeflacht kugelig; VI. Sg/Bk – s. Medit. bis S-Kauk., W-Iran [*C. laciniata* Ucria] **Balkan-W., Orient-W., *C. orientalis*** M. Bieb.

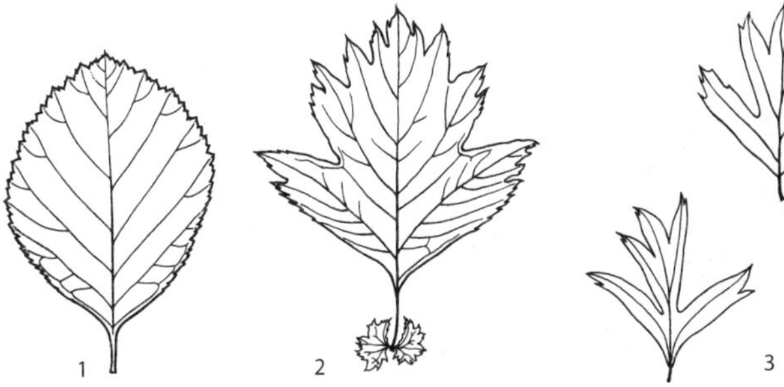

487/1–3 *Crataegus*, Bl.: 1 *C.* x *persimilis*; 2 *C. pinnatifida*; 3 *C. tanacetifolia*

— Bl. angedrückt behaart od. (fast) kahl, oberseits glänzend dunkelgrün, unterseits blass- od. graugrün; Fr. 1–3 (in Kultur bis 4) cm ∅, gelbl. od. gelb bis orangerot, trocken oft dunkelrot; Gr. 2–3; Dornen bis 3,5 cm lang, auch fehlend – Bl. jederseits mit 1–3 Lappen, (2–)3–5(–8) cm lang, ± lederig, Nebenbl. ganzrandig od. mit 1–16 Zähnen; Bltnst. mit 5–25 Bltn.; Fr. kugelig, fast birnf. od. abgeflacht u. mispelähnl., essbar; V. Sg/Bk – ss. Medit. bis M-As.

Azarol-W., Azaroldorn, Welsche Mispel, *C. azarolus* L.

30 (22). Gr. 2 (selten 3); Bl. nur schwach gelappt, Buchten höchstens bis $^{1}/_{3}$ der Spreitenhälfte reichend, Lappen abgerundet od. stumpf, Rand gekerbt od. stumpf gesägt (*488/1*); Kbl. breit 3-eckig, etwa so lang wie breit, oberseits seidenhaarig, der Fr. anliegend; Fr. ellipsoidisch bis kugelig, dunkelrot; V. Sg/Bk – h. W- u. M-Eur. [*C. oxyacantha* auct. non L.]

Zweigriffliger W., *C. laevigata* (Poir.) DC.

Wenn nur ein Teil der Bltn. 2 Gr. aufweist u. auch Bltn. mit 1 Gr. vorkommen, die Buchten tiefer sind (bis zur Spreitenhälfte od. tiefer reichend), die Bl.lappen spitz od. zugespitzt sind od. ihr Rand scharf gesägt ist, handelt es sich um Bastarde: **Bastard-W., *C.* × *media*** Bechst. = *C. laevigata* × *C. monogyna*; **Großfrüchtiger W., *C.* × *macrocarpa*** agg. (incl. *C.* × *macrocarpa* Hegetschw.; *C.* × *calycina* Peterm.) = *C. laevigata* × *C. rhipidophylla* agg.

Mehrere unter *C. laevigata* kultivierte Sorten gehören zu *C.* × *media*: **'Gireoudii'**: junge Bl. weiß u. rosa gefleckt; **'Pauls' Scarlet'** ('Paulii'), **Rotdorn**: Bltn. dicht gefüllt, Kr. leuchtend karminrot; **'Punicea'** ('Crimson Cloud'): Bltn. einfach, Kr, scharlachrot, in der Mitte weiß.

In Kultur auch eine gefüllt blühende Sorte mit anfangs weißer, im Verblühen rosa Kr, die aus *C.* × *media* 'Pauls' Scarlet' × *C. succulenta* (s. Nr. 21–) hervorging: ***C.* × *mordenensis*** Boom **'Toba'**.

— Gr. 1 (höchstens in Endbltn. zuw. 2); Bl. deutl. gelappt bis geteilt, Buchten tief, meist bis zur od. über die Mitte der Spreitenhälfte reichend, Lappen ± spitz, deutl. u. oft scharf gesägt (*488/2–3*); Kbl. schmal od. breit 3-eckig, oberseits kahl **31**

31. Bl.lappen nur an der Spitze mit einigen Sägezähnen, sonst ganzrandig, Nebenbl. ganzrandig od. zuw. mit einigen groben Zähnen, Bl. unterseits bläul. bis graugrün; Kbl. meist breit 3-eckig, etwa so lang wie breit, an der Fr. schräg abstehend bis anliegend; Fr. weinrot, 8–11 mm lang, 7–11 mm ∅; V. Sg/Bk – h. Nem. Eur. bis Kauk., Medit., Kl.-As.

Eingriffliger W., *C. monogyna* Jacq.

Oft verwechselt mit dieser Art u. als *C. monogyna* gepflanzt wird der **Verschiedenzähnige W., *C.* × *subsphaerica*** Gand. = *C. monogyna* × *C. rhipidophylla* s. str. (*488/2*), bei dem zumindest die unteren Blattlappen nicht nur an der Spitze, sondern auch am unteren Rand gezähnt, die Kbl. teils schmal, teils breit 3-eckig, die Nebenbl. unregelmäßig gesägt bis ganzrandig sind.

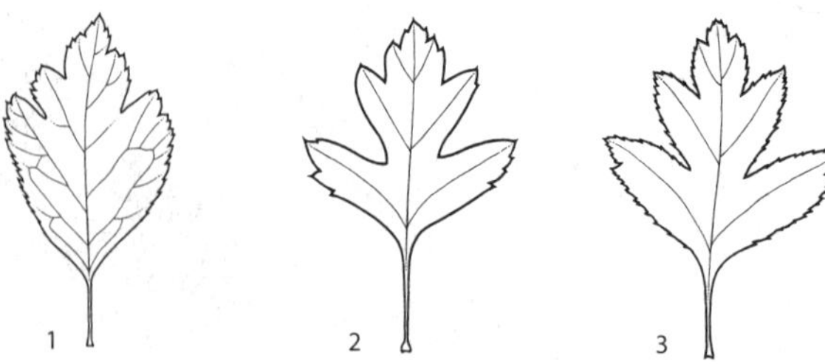

488/1–3 *Crataegus*, Bl.: 1 *C. laevigata*; 2 *C.* × *subsphaerica*; 3 *C. rhipidophylla*

Unter den häufigeren Sorten seien genannt: **'Compacta'**: Wuchs gedrungen, Zw. kräftig, steif aufrecht, ohne Dornen, Bl dicht stehend; **'Flexuosa'** ('Tortuosa'): Zw. geknickt, gewunden u. korkenzieherartig gedreht; **'Pendula'**: Äste u. Zw. hängend; **'Stricta'**: Krone anfangs durch straff aufrecht wachsende Äste dicht säulenf. bis schmal eif.

— Bl.lappen ringsum (od. mindestens ihr unterer Rand auch unterhalb der Spitze) fein u. scharf gesägt (*488/3*), Nebenbl. fein u. oft drüsig gesägt, Bl. beiderseits gleichfarbig od. unterseits heller grün; Kbl. schmal 3-eckig, aus breiterem Grund lanzett. bis fast pfrieml., 2–3-mal länger als breit; Fr. hell- od. dunkelrot, 8–15 mm lang, 5–10 mm ∅; V. Sg/Bk – z. M-Eur. bis Kauk., SO-Eur., Kl.-As. [*C. curvisepala* Lindm.; *C. rosiformis* Janka]

Großkelch-W., *C. rhipidophylla* agg.

Hierzu neben dem **Krummkelch-W., *C. rhipidophylla*** Gand. s. str., mit an der dunkel kirschroten Fr. zurückgebogenen Kbl., der **Langkelch-W., *C. lindmanii*** Hrabětova, mit aufrecht stehenden Kbl. an zur Reife hell korallenroter Fr. Zu Bastarden siehe unter Nr. 30 u. 31.

× ***Crataemespilus*** E. G. Camus, **Weißdornmispel** – *Rosaceae* (Bearbeiter: Peter A. Schmidt)

Gattungsbastard *Crataegus* × *Mespilus*

Wird die Mispel nicht der Gatt. *Crataegus* zugeordnet und eine eigenständige Gatt. *Mespilus* beibehalten (siehe unter *Mespilus*), dann bezeichnet × *Crataemespilus* natürlich auftretende Bastarde (zu Pfropfbastard + *Crataegomespilus* siehe unten), die in dem Merkmalen zwischen der Mispel u. der jeweiligen Weißdornart stehen.

In Kultur gelegentl.:

× ***C. grandiflora*** (Smith) E. G. Camus [*Crataegus laevigata* × *Mespilus germanica*], **Großblütige W.** – Bl. 3–7 cm lang, eif. bis verkehrt eif., unregelmäßig gesägt, oft im oberen Drittel leicht gelappt (*489/1*); Bltn. zu 1–3, bis 2,5 cm ∅; Fr. mispelartig, ellipsoidisch bis kugelig, etwa 1,5 cm ∅, gelbl. braun bis rötl., behaart, mit meist zurückgeschlagenen Kbl., meist nur 2 Steinkerne; V–VI. Sg/Bk – s. Spontan im natürl. Areal der Eltern entstanden.

Bastarde der Mispel mit weiteren *Crataegus*-Arten wurden bekannt, selbst ein 1990 aus Arkansas (USA) zunächst als neue *Mespilus*-Art beschriebener Bastard zwischen der hier eingeführten Mispel mit einem einheimischen Weißdorn: × *C. canescens* (J. B. Phipps) J. B. Phipps.

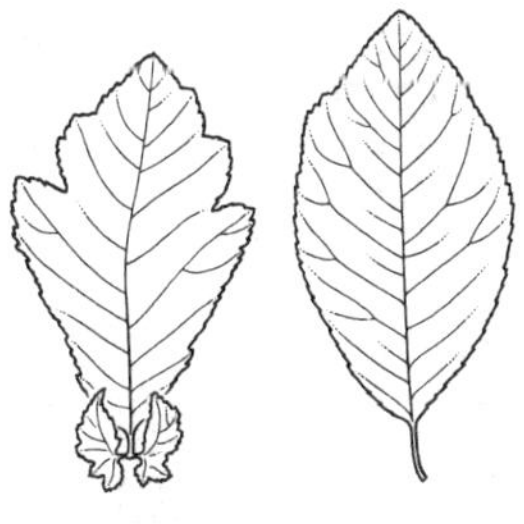

489/1 × *Crataemespilus grandiflora*, Bl.

Nicht zu verwechseln mit dem Gattungsbastard × *Crataemespilus* ist:

+ ***Crataegomespilus*** Bellair, **Bronvauxmispel**
Pfropfbastarde (Periklinal-Chimären), entstanden durch Pfropfung von Mispel auf verschiedene Weißdorn-Sippen (*Crataegus* + *Mespilus*), unterscheiden sich von *Mespilus* durch kleinere Bltn., nur 15–20 Stbl. u. nur 2–3, zudem sterile Steinkerne, von *Crataegus* v. a. durch die mispelartigen Fr.
Sehr selten in Kultur:

+ ***C. dardarii*** Bellair: Pfropfbastard *M. germanica* + *C. monogyna*: Bl. ähnl. wie bei *Mespilus*; Bltn. zu 3–8 in Schirmtrauben, etwa 1,5 cm ∅; Fr. mispelartig, etwa 2 cm ∅, mit 1–3 Steinkernen; auch Pfl., die *Crataegus* ähnl. sind ('Jules de Asnières').

+ ***C. potsdamiensis*** Bergmann: Mantelkomponente dieses Pfropfbastards nicht *Crataegus monogyna*, sondern der Rotdorn *C.* × *media* 'Paul's Scarlet': Bltn. einfach od. gefüllt, weiß bis hellrosa od. rot.

Crinodendron Molina – *Elaeocarpaceae* (Bearbeiter: Ulrich Hecker)

Immergrüne Sträucher od. Bäume; Bl. lederig, wechselst. od. gegenst., einfach, gesägt; Bltn. in den Bl.achseln, einzeln od. paarweise, hängend, urnen- od. glockenf., ⚥, Kbl. 5, kurz, verwachsen zu einem kurzen Ring, Krbl. dickl., basal verwachsen, röhren-, glocken- od. urnenf.; Fr. eine lederartige Kapsel. 4 Arten in Argent. u. Chile.

1. Bl. 5–10 cm lang, schmal elliptisch bis schmal längl. lanzettl. zugespitzt, gesägt, glänzend grün; Bltn. 5 cm lang gestielt, Stiele unter der Bltn.hülle deutl. verdickt, urnen- bzw. laternenartig, unter den Zw. hängend, intensiv karminrot, 2,5–3 cm lang; V. Bk od. Sg – ss. ∧∧ Chile.
Laternenbaum, *C. hookerianum* Gay

— Bl. längl. eif. bis elliptisch, 2,5–7,5 cm lang, 1,2–4 cm breit (*293/2*); Bltn. bis 3 cm lang gestielt, weiß, glockenf., 2–2,5 cm lang; XI–II. Bm – ss. ∧∧ Chile.
[*C. dependens* (Ruiz. & Pavon) O. Kuntze] **Maiglöckchenbaum, *C. patagua*** Molina

Cryptomeria D. Don, **Sicheltanne, Sugi** – *Cupressaceae* (Bearbeiter: Peter A. Schmidt)
1 Art.

C. japonica (L. f.) D. Don, **Japanische S., Japanzeder** – Immergrüner Baum (Sorten auch strauchig); Bl. 5-reihig schraubig, pfrieml. bis nadelf., seitl. zusammengedrückt, 0,6–2,5 cm lang, 1–2 mm breit, sichelartig dem Zw. zu gekrümmt, unterer Teil am Zw. herablaufend, oberseits stumpf, unterseits scharf gekielt (*490/1*), nach 4–8 Jahren mit den Zw. abfallend; Zapfen (*490/2*) kugelig, 1–3 cm ∅, mit 25–40 verholzten,

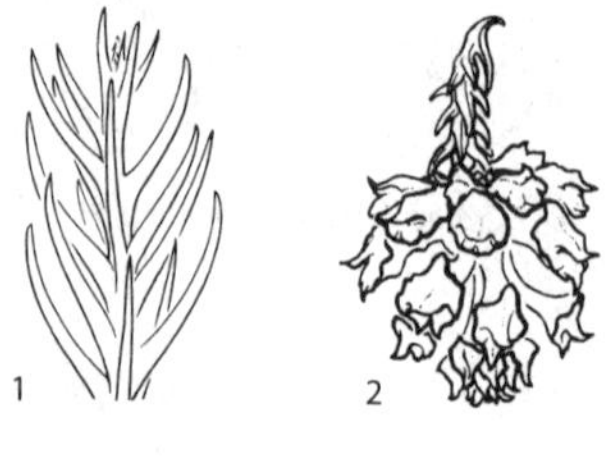

490/1–2 *Cryptomeria japonica*: 1 Bl., 2 Zapfen

sparrigen Schuppen, an deren Rand 3–5 dornige Zähne, im 1. Jahr reifend; Samen schmal geflügelt; II–III. Bg – h. O-As.: Jap., (S-China?).

Ein natürl. Vorkommen in China, wo die Art seit Jahrhunderten gepflanzt wird u. sich etablierte, ist umstritten, ebenso die Ausscheidung einer chinesischen Varietät [var. *sinensis* MIQ.], da Pfl. mit den entsprechenden Merkmalen auch in Jap. zu finden sind.

Zahlreiche Sorten in Kultur, z. B.:

'Bandai-sugi': anfangs kugelige Zwergform, später unregelmäßiger Sk; Zw. unterschiedl. lang, z. T. monströs verformt; Bl. blaugrün, unterschiedl. lang, neben dickl. 3 mm langen auch 1,2–1,5 cm lange.

'Compacta': Bk, Krone anfangs geschlossen kegelf., später lockerer; Zw. dicht gestellt; Bl. 1–1,5 cm lang, blaugrün.

'Cristata': Bk, Krone anfangs schmal, später breit kegelf.; Zw. kurz u. steif, oft mit hahnenkammartigen Verbänderungen; Bl. 0,6–1 cm lang, frischgrün.

'Elegans': meist unregelmäßiger Sg, zuw. Bk; Bl. länger u. weicher als bei anderen Sorten, 1–2,5 cm lang, vom Zw. abstehend, bläul. grün, im Winter bronzerot od. violett getönt. ∧.

'Elegans Viridis': Bk; Bl. ganzj. bläul. grün bis frischgrün.

'Globosa Nana': gedrungene, abgeflacht halbkugelige Zwergform; Zw. u. Bl. dicht stehend, Bl. ungleich lang, angedrückt, gelbl. grün, im Winter bläul. grün.

'Jindai-sugi': gedrungener, breit kegelf. Sg; Zw. kurz, übergebogen, an der Spitze mit zahlreichen kurzen Trieben; Bl. 3–6 mm lang, ganzj. hellgrün.

'Vilmoriniana': unregelmäßige, aber sehr dichte kugelige Zwergform; Äste sehr kurz u. steif, mit zahlreichen Trieben; Bl. 3–7 mm lang, nach außen gebogen, hellgrün, im Winter bräunl.

'Yokohama': unregelmäßige, breit kegelf. Zwergform; Äste mit langen Nadeln u. einzelnen kurzen Trieben; Bl. unterschiedl. lang, 1–1,5 cm u. 3–6 mm, frischgrün, im Winter dunkler.

Cunninghamia R. BR., **Spießtanne** – *Cupressacaeae* (Bearbeiter: Peter A. Schmidt)

Immergrüne Bäume; Äste quirlst.; Kn. kugelig, von bl.artigen Schuppen umgeben; Bl. spiralig angeordnet, aber an Seitenzw. 2-zeilig in einer Ebene stehend, linealisch bis schmal lanzettl., Spitze scharf stechend, beiderseits od. nur unterseits mit bläul. weißen Bändern aus Stomatalinien; ♂ Bltn.zapfen zu 3–15, walzl., bis 2 cm lang, ♀ zu 1–4, eif.-kugelig, etwa 1 cm ∅; reife Zapfen mit wenig verholzten, lederigen, locker dachziegelig angeordneten, zugespitzten u. am Rand ungleichmäßig gesägten Schuppen, im 1. Jahr reifend; Samen schmal geflügelt. 2 Arten O- bis SO-As.

Nur 1 Art bei uns in Kultur:

C. lanceolata (LAMB.) HOOK. [*C. sinensis* R. BR.], **Chinesische S.** – Bl. (*491/1*) gerade od. gebogen, derb lederig, linealisch lanzettl., zur Spitze verschmälert, 3–6(–7) cm lang, 3–5(–6) mm breit, am Rand schwach gesägt, oberseits glänzend frisch- bis dunkelgrün, unterseits mit 2 breiten blauweißen Bändern aus (14–)16–28 Stomatareihen; Zapfen kugelig bis eilängl., 2,5–4,5 cm lang, 2,5–4 cm breit, reif glänzend rötl. braun, zu (1–)3(–4) an den Zw.spitzen stehend; IV–V. Bg (in Kultur Bk) – s. ∧ O-As.: China (WN- bis S-China, Sich., Yunn.), SO-As.: N-Vietn., Laos.

491/1 *Cunninghamia lanceolata*, Zw.stück

Cupressus L. [incl. *Hesperocyparis, Xanthocyparis,* × *Cuprocyparis*], **Zypresse** [inkl. Goldzypresse, Bastardzypresse] – *Cupressaceae* (Bearbeiter: Peter A. Schmidt)

Immergrüne Bäume, selten Sträucher; Bl. nur an jungen Sämlingspfl. nadelf., später stets schuppenf. (ausgenommen einige Sorten), Triebe der Seitenzw. 4-kantig od. stielrund, selten abgeflacht, dicht mit ± angepressten, Schuppenbl. besetzt, Bl. meist von einheitl. Gestalt, selten kanten- u. flächenst. Bl. in Form u. Größe abweichend; Zapfen ± kugelig bis längl. eif., mit 6–14 schildf. Schuppen, anfangs dicht schließend, später klaffend, Schild in der Mitte meist mit kurzem Dorn, im 2. Jahr reifend; Samen meist zahlreich, abgeflacht u. schmal geflügelt (*492/1*).

Traditionell umfasst die Gatt. *Cupressus* sowohl Arten (je nach Autor 17–33) in Euras. u. N-Afr. („Altweltliche Zypressen") als auch in SW-NAm., Mex. u. MAm. („Neuweltliche Zypressen"). Neuere molekulargenetische Untersuchungen (z. B. Terry & Adams 2015) deckten deutl. Differenzen zwischen den alt- u. neuweltl. Arten auf, weshalb einige Autoren die Ausweisung von 2 Gatt. unter Einbeziehung von *Xanthocyparis* vorschlugen:

– ***Cupressus* s. str.** = altweltl. Zypressen (außer *C. vietnamensis*): 8–12 Arten (Medit., mer. bis subtrop. As.),
– ***Xanthocyparis*** (incl. *Hesperocyparis* u. *Callitropsis*): 16 neuweltl. Zypressen-Arten u. 1 Art in SO-As.

Da sich derzeit noch keine einheitl. Auffassung abzeichnet, wird hier *Cupressus* s. l. beibehalten u. die erst kürzl. neu beschriebene Gatt. ***Xanthocyparis*** einbezogen (vgl. The Plant List 2016, Spellenberg et al. 2014). Damit wird die ehemalige Nutka-Scheinzypresse (*Chamaecyparis nootkatensis*) od. Nutka-Goldzypresse (*Xanthocyparis nootkatensis*), zwischenzeitl. auch *Callitropsis nootkatensis* genannte Art, (wieder) zu einer „echten" Zypresse: *Cupressus nootkatensis*. Dies bedeutet wiederum, dass die Bastarde dieser Art mit anderen Zypressen nicht mehr als Gattungsbastarde (× ***Cuprocyparis*** od. × ***Cupressocyparis***) aufzufassen sind, sondern einfach Bastarde zwischen *Cupressus*-Arten darstellen.

Die Bl.merkmale im Schlüssel beziehen sich auf junge Seitenzw., denn an Spitzentrieben u. älteren Zw. weichen die Bl. in Form u. Größe ab (meist größer, oft mit abstehender Spitze).

1. Triebe der Seitenzw. im ∅ rundl. od. 4-kantig, nur selten etwas abgeflacht, Schuppenbl. rings um den Trieb von gleicher Form u. Größe, flächenst. u. kantenst. Bl. kaum od. nicht voneinander abweichend; Zapfen 1–4 cm ∅, mit (4–)6–14 Schuppen, je Schuppe 5–20 Samen **3**

— Triebe der Seitenzw. abgeflacht, im ∅ flach bis rautenf., Schuppenbl.paare von abweichender Form u. Größe, Flächenbl. flach od. schwach gekielt, Kantenbl. gefaltet bzw. stark gekielt; Zapfen 0,8 –2 cm ∅, mit 4–8 Schuppen, je Schuppe höchstens 5 Samen (siehe auch *Xanthocyparis* u. × *Cuprocyparis*) **2**

2. Triebe stark abgeflacht, da Flächenbl. flach, jüngere Zw. fiederf. verzweigt mit fächerf. angeordneten, ± in einer Ebene stehenden Seitentrieben; Zapfen 0,8–1 cm ∅, Zapfenschuppen 4–6; Bl. 2–6 mm lang, glänzend hellgrün bis dunkel blaugrün, zerrieben unangenehm riechend (ähnl. Stink-Wacholder, *Juniperus sabina*) – Gipfeltrieb überhängend, Zw. hängend; Bl. stachelspitzig, Flächenbl. dem Zw. anliegend, Kantenbl. im oberen Teil abstehend; Zapfen reif braunrot, bläul. bereift, Schild unterhalb der Mitte mit starker, höckerf. Spitze. Bg – h. NW-NAm. [*Xanthocyparis nootkatensis* (D. Don) Farjon & Harder; *Chamaecyparis nootkatensis* (D. Don) Spach; *Callitropsis nootkatensis* (D. Don) D. P. Little] **Nutka-Z., *C. nootkatensis*** D. Don

Da die Art früher anderen Gatt. zugeordnet wurde, als deutsche Namen auch Nutka-Scheinzypresse od. Nutka-Goldzypresse in Gebrauch.

Einige „echte" Zypressen Asiens haben ebenfalls abgeflachte Zw. u. abweichende flächen- u. kantenst. Bl. (*C. cashmeriana* Carrière, *C. funebris* Endl.), sie wurden wegen zu hoher Frostempfindlichkeit nicht in den Schlüssel aufgenommen.

492/1 *Cupressus sempervirens*, Zapfen u. Samen

Beispiele für Sorten der Nutka-Z.:

'Aurea': Bm; Bl. im Austrieb hellgelb, später gelbl. grün bis hellgrün.

'Aureovariegata': Bk; Bl. blaugrün, aber über die Pfl. verteilt Triebe mit hell- bis bronzegelben Bl.

'Compacta': Sg, gedrungen kugelig wachsend; Bl. klein, locker angedrückt, hellgrün.

'Glauca': Bm; Zw. meist stark überhängend, Bl. auffällig blaugrün.

'Pendula': Bm; Äste zieml. locker u. unregelmäßig stehend; Zw. mähnenartig, sehr lang u. schlaff, herabhängend; Bl. matt dunkelgrün.

— Triebe weniger deutl. abgeflacht, im ∅ mehr rautenf., bis fast 4-kantig, da Flächenbl. ± gekielt; jüngere Zw. unterschiedl. verzweigt, von ± fiederf. mit fächerartigen, in einer Ebene angeordneten Seitentrieben (Pinnata-Typ) bis unregelmäßig mit mehrdimensional ausgerichteten Seitentrieben (Plumosa-Typ); Zapfen 1–2 cm ∅, Zapfenschuppen 6–8; Bl. 1,5–2,5 mm lang, dunkelgrün, grau getönt, beim Zerreiben nicht so streng riechend. Bg – h. In Kultur entstandener Bastard *C. macrocarpa* × *C. nootkatensis*. [× *Cuprocyparis leylandii* (A. B. Jacks. & Dallim.) Farjon; × *Cupressocyparis leylandii* (A. B. Jacks. & Dallim.) Dallim.] **Leyland-Z., Leyland-Bastard-Z., *C.* × *leylandii*** A. B. Jacks. & Dallim.

Weitere Bastarde der Nutka-Z. mit Zypressen aus SW-NAm. u. Mex. (*C. arizonica*, *C. lusitanica*) sind bekannt, aber kaum in Kultur. Beispiele für Sorten der Leyland-Z.:

'Castlewellan' ['Castlewellan Gold']: Krone anfangs schmal säulenf., später mehr locker, kegelf., Triebe vom Plumosa-Typ; Bl. grünl. gelb bis goldgelb, im Winter bronzegelb bis bronzegrün; ähnl. **'Gold Rider'**, aber Bl. meist kurz u. nadelf., intensiver gelb.

'Leighton Green': Krone anfangs dicht u. schmal säulenf., Triebe vom Pinnata-Typ, Bl. frisch- bis gelbgrün; ähnl. **'Silver Dust'**, aber mit über die Krone unregelmäßig verteilten Partien von Trieben mit cremeweißen Bl.

'Haggerston Grey': Zw. unregelmäßig stehend, oft büschelig, Triebe vom Plumosa-Typ; Bl. graugrün; ähnl. **'Harlequin'**, aber mit Partien von Trieben mit cremeweißen Bl.

3 (1). Spitzen der aufrechten, aufsteigenden od. waagerecht abstehenden Äste nicht überhängend, Zw. nicht hängend od. zuw. leicht überhängend, Seitenzw. stets unregelmäßig in mehrere Richtungen ausgerichtet, beblätterte Triebe nie abgeflacht u. Schuppenbl. stets einheitl. **5**

— Spitzen der aufsteigenden od. abstehenden Äste überhängend u./od. Zw. hängend, jüngere Zw. zuw. fiederf. verzweigt u. fächerf. angeordnet u. ± in einer Ebene stehend od. beblätterte Triebe z. T. leicht abgeflacht u. kantenst. Bl. etwas von den flächenst. Bl. abweichend **4**

4. Jungtriebe 4-kantig od. fast stielrund, 0,8–1,5 mm ∅; Bl. 1–1,8 mm lang, dicht dem Zw. angedrückt, ihre stumpfen Spitzen etwas einwärts gekrümmt, grün od. bläul. grün, ohne od. mit undeutl. Drüse, zerrieben nach frisch gemähtem Gras duftend; Zapfen fast kugelig, 1–2 cm ∅, weißl. grün, reif rotbraun, bereift, Schuppen (8–)10–12, Schild fast flach od. mit kurzem Dorn. Bg – ss. ∧∧ O-Himal., SO-Tibet, Yunn. **Himalaja-Z., Bhutan-Z., *C. torulosa*** Lamb.

— Beblätterte Triebe 4-kantig od. leicht abgeflacht, 1–2 mm ∅; Bl. 1–2,5 mm lang, dem Zw. angedrückt, spitz, mit anliegender od. bei den zuw. etwas abweichenden kantenst. Bl. auch mit abstehender Spitze, bläul. graugrün, ohne od. mit undeutl. Drüse, zerrieben ohne spezifischen Geruch; Zapfen ± kugelig, 1–1,8 cm ∅, anfangs weißl. grün od. bläul., reif dunkelbraun, sich sofort öffnend, Schuppen 6–8, Schild mit kräftigem, geradem od. gekrümmten Dorn. Bg – ss. ∧∧ Mex., MAm. [*Hesperocyparis lusitanica* (Mill.) Bartel; *Callitropsis lusitanica* (Mill.) D. P. Little] **Mexikanische Z., *C. lusitanica*** Mill.

5 (3). Jungtriebe schwach 4-kantig od. stielrund; Schuppenbl. hell- od. dunkelgrün, ohne od. mit undeutl. Drüse, ohne Harzausscheidung; Zapfen anfangs grün, mit 8–14 Schuppen, reif breit eif. od. längl.eif. bis fast kugelig, (1,5–)2–4 cm lang, (1,5–)2–3 cm ∅ 7

— Jungtriebe 4-kantig; Schuppenbl. blau- od. graugrün, auch dunkelgrün, oft mit deutl. Drüse u. weißl. Harzpunkten; Zapfen anfangs blau- od. graugrün bis graublau, mit (4–)6–10 Schuppen, reif breit eif. od. kugelig, 1–3 cm ∅ .. 6

6. Jungtriebe 1,3–1,6(–2) mm ∅; Zapfen sitzend od. bis 1 cm lang gestielt, reif (1,5–)2–3 cm ∅, breit eif. bis kugelig, anfangs graublau, reif dunkel rötl. braun, bereift, meist in größerer Zahl gedrängt stehend, oft lange u. geschlossen am Zw. bleibend, Schuppen (6–)8–10, Schild in der Mitte mit ausgeprägtem, gebogenem Dorn, Samen 4–6 mm lang – Bl. 1,4–2 mm lang, 1–1,3 mm breit, stumpf bis spitz, eng anliegend, an älteren Zw. Spitze abstehend u. Zw. sich scharfspitzig anfühlend, blau-, grau- od. dunkelgrün, an Jungpfl. oft stark graublau. Bm/Bk/Sg – s. ∧ Z-NAm. bis Kalifornien u. N-Mex. [*Hesperocyparis arizonica* (GREEN) BARTEL; *Callitropsis arizonica* (GREEN) D. P. LITTLE]

Arizona-Z. i. w. S., ***C. arizonica*** GREENE

Unter den teils nicht, teils als Varietäten od. eigene Arten unterschiedenen Sippen 2 in Kultur:

var. *arizonica*, Raurindige Arizona-Z.: Stammrinde grünl. braun, nur anfangs glatt, dann feinrissig u. längsstreifig, sich in unregelmäßigen Schuppen od. Platten ablösend; Bl. blaugrün, stumpf graugrün od. auch dunkelgrün, mit undeutl. Harzdrüsen, beim Zerreiben fast ohne Duft. SW-USA bis Texas u. N-Mex.

var. *glabra* (SUDW.) LITTLE, **Glattrindige Arizona-Z.**: Stammrinde purpurn, lange glatt bleibend, dann in dünnen Lagen abrollend, rotbraune od. gelbe Flecken junger Rinde hinterlassend; Bl. graublau bis -grün, mit auffälliger, oft mit weißl. Harz bedeckter Drüse, zerrieben nach Grapefruit riechend. SW-USA (Arizona).

Mehrere, sich in Wuchsform u. Bl.färbung unterscheidende Sorten, so mit goldgelben Bl. (**'Golden Pyramid'**) od. blaugrauen bis silbrig blauweißen Bl., sowohl mit schmal kegelf. od. säulenf. Krone wie **'Glauca'** (Bl. nadelf.), **'Fastigiata'** od. **'Blue Ice'** als auch kugelf. bis kegelf. Zwergformen (z. B. **'Compacta'**).

— Jungtriebe dünner, 0,5–1,3 mm ∅; Zapfen 1–2,5 cm lang gestielt, reif 1–2 cm ∅, kugelig, anfangs graugrün, reif graubraun od. silbrig grau, einzeln od. zu wenigen in Gruppen stehend, Schuppen(4–)6–8, Schild mit kurzem geradem, zuw. kaum sichtbarem Dorn, Samen 3–4 mm lang – Bl. 1,2–2 mm lang, 1 mm breit, stumpf od. spitz, Spitze an Endtrieben oft abstehend, dunkel- od. graugrün, mit auffälliger, mit weißl. Harz bedeckter Drüse; Stammrinde glatt, sich in zahlreichen papierartigen Schuppen lösend. Bm – ss. ∧∧ W-NAm. (N-Kalifornien, S-Oregon). [*Hesperocyparis bakeri* (JEPS.) BARTEL; *Callitropsis bakeri* (JEPS.) D. P. LITTLE] **Modoc-Z., *C. bakeri*** JEPS.

7 (5). Jungtriebe dickl., (1,2–)1,5–2 mm ∅, schwach 4-kantig bis stielrund; Zapfen breit eif. bis fast kugelig, meist zu mehreren gedrängt stehend, reif 2–4 cm lang, 1,8–3 cm ∅, grau-, kastanien- bis dunkelbraun, nicht bereift, mit 8–14 Schuppen ungleicher Größe, Schild fast flach, in der Mitte mit kurzem gebogenem Dorn; Bl. 1–2 mm lang, dicht dem Trieb anliegend, stumpf, hell- bis dunkelgrün, ohne od. zuw. mit unauffälliger dunkler Drüse, zerrieben nach Zitrone duftend. Bm – ss (Sorten mit gelben Bl. s). ∧∧ W-USA: Kalifornien (Monterey-Insel). [*Hesperocyparis macrocarpa* (GORDON) BARTEL; *Callitropsis macrocarpa* (GORDON) D. P. LITTLE] **Monterey-Z., *C. macrocarpa*** GORDON

Mehrere, sich in Wuchsform u. Bl.färbung unterscheidende Sorten, v. a. mit goldgelben Bl., so Säulenformen wie **'Golden Pillar'** (Bl. schuppenf.) u. **'Goldcrest'** (Bl nadelf.) od. niedrige, flach ausgebreitete Sträucher (z. B. **'Gold Spread'**).

— Jungtriebe dünner, 0,7–1,5 mm ∅, fast stielrund; Zapfen längl.-eif. bis fast kugelig, einzeln od. in Gruppen, aber nicht gedrängt stehend, mehr über die

Krone verteilt, reif (1,5–)2–3,5(–4) cm lang, (1,5–)2–2,5(–3) cm ∅, hellbraun od. dunkel rotbraun, zuletzt gelbl. grau, Schuppen (8–)10–14 (*492/1*), Schild flach od. in der Mitte mit kleinem Dorn; Bl. 1–1,8 mm lang, stumpf od. spitz, dicht anliegend, Spitze anliegend od. frei, grün od. dunkel stumpfgrün, mit Drüsen, zerrieben fast ohne Geruch. Bm – z. ∧∧ Medit.

Mittelmeer-Z., *C. sempervirens* L.

Stricta-Gruppe [var. *stricta* Aiton]: Sorten mit schmal u. streng säulenf. Krone, straff aufrechten Ästen.

'Horizontalis' [var. *horizontalis* (Mill.) Gordon]: Baum mit zedernartigem Wuchs, Äste ± horizontal ausgebreitet.

× ***Cuprocyparis*** Farjon [× *Cupressocyparis* Dallim.], **Bastardzypresse**

→ *Cupressus* – *Cupressaceae* (Bearbeiter: Peter A. Schmidt)

Wenn die Nutka-Zypresse nicht mit den „Neuweltlichen Zypressen" (siehe unter *Cupressus*) in eine Gatt. zusammengeführt, sondern einer anderen Gatt. (früher *Chamaecyparis*, inzwischen *Xanthocyparis*) zugeordnet wird, dann handelt es sich um einen Gattungsbastard, wenn diese Art mit verschiedenen amerikanischen Zypressen-Arten (*Cupressus arizonica, C. lusitanica, C. macrocarpa*) hybridisiert. Da neuere molekulargenetische Studien es nahelegen, *Xanthocyparis* u. damit die Nutka-Zypresse der Gatt. *Cupressus* s. l. zuzuordnen, handelt es sich jedoch um zwischenartl. Bastarde innerhalb einer Gatt., weshalb sie hier unter *Cupressus* behandelt werden.

Cyclocarya Iljinsk., **Ringflügelnuss, Scheibennuss** – *Juglandaceae*

(Bearbeiter: Horst Schaarschmidt)

1 Art.

C. paliurus (Batalin) Iljinsk. [*Pterocarya paliurus* Batalin] – Ähnl. *Pterocarya*, aber Fr. diskusähnl. rundum geflügelt; Scheibenflieger, z. T. Wintersteher; Winterkn. nackt, Seitenkn. mit 2–4 Beikn.; Bl. bis 25 cm lang, Blch. (5–)7–9(–11), etwas alternierend an der Bl.spindel; ♂ Kätzchen zu 3–5 an seitenst. Kurztrieben, bis 20 cm lang., ♀ Ähren endst., einzeln, mit 10–20 Bltn., bis 30 cm lang; V–IV. Bm – s. Z-, O-u. S-China.

Cydonia Mill., **Quitte** – *Rosaceae* (Bearbeiter: Bernd Schulz)

Sommergrüne Sträucher bis Kleinbäume, an stärkeren Ästen oft mit auffallend flach schuppenf. abblätternder Rinde; Zw. ohne Endkn. (*249/3*); Bl. eif. bis längl., 5–10 cm lang; Bltn. 5-zählig, einzeln, endst. an kurzen neuen beblätterten Zw., Kbl. zurückgeschlagen, Krbl. rosa bis weiß, sich in der Kn. windmühlenartig deckend, sodass jedes Krbl. auf einer Seite sein Nachbar-Krbl. bedeckt u. auf der anderen Seite von seinem Nachbar-Krbl. bedeckt wird (*496/1b* u. *2b*), Stbl. etwa 10(–20?), Gr. 5; Fr. rundl. bis längl., groß, gelb, mit vielen Samen in jedem Fach (*495/1*). 2 Arten in M- u. O-As.

1. Bl. ganzrandig, oberseits stumpfgrün, unterseits wie die Bl.stiele, jungen Zw., Bltn.stiele u. Kbl. bleibend dicht filzig behaart, Nebenbl. meist groß, laubig (*496/1a*); Bltn. 4–5 cm ∅, Krbl. rosa bis weiß, Gr. bis zum Grund frei (aber in der unteren Hälfte dicht behaart u. verfilzt), Kbl. ganzrandig, bis zur Fr.reife bleibend; Fr. 4–12 cm lang, längl. od. rundl., gelb, ± filzig, duftend, nur verarbeitet verwendbar, z. B. Marmelade (portugiesisch marmelo = Quitte);

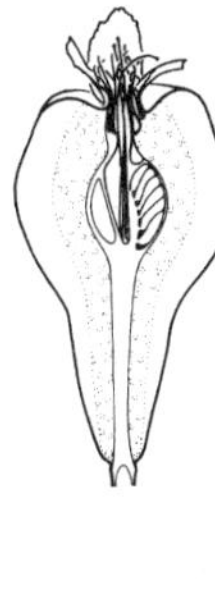

495/1 *Cydonia oblonga*, Fr. (Längsschnitt)

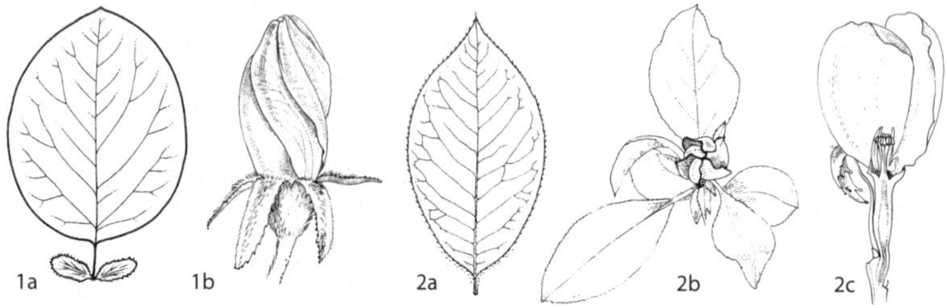

496/1–2 *Cydonia*: 1 *C. oblonga*, 1a Bl.:, 1b Bltn.kn.; 2 *C. sinensis*, 2a Bl., 2b Bltn.zw. in der Draufsicht, 2c Blüte geöffnet

V. Sg/Bk – h. Ursprüngl. vermutl. Kauk. [*C. vulgaris* PERS.]
Echte Q., *C. oblonga* MILL.

var. *oblonga*, Birnen-Q.: Fr. birnenf.

var. *maliformis* (MILL.) C. K. SCHNEID., **Apfel-Q.**: Fr. apfelf.

— Bl. fein scharf gesägt, oberseits stark glänzend, meist nur jung unterseits behaart, Nebenbl. unscheinbar (*496/2a*); Bltn. 2,5–3 cm ∅, Krbl. hellrosa, Kbl. gesägt, vor der Fr.reife abfallend, Gr. kahl, fast frei, nur ganz am Grund vereinigt (*496/2c*); Fr. längl., 10–15 cm lang, dunkelgelb, ± holzig; V. Sg/Bk – ss. ∧∧ S- u. O-China. [*Pseudocydonia sinensis* (THOUIN) C. K. SCHNEID.; *Chaenomeles sinensis* (THOUIN) KOEHNE] **Holz-Q., *C. sinensis*** THOUIN

Cytisus DESF., **Geißklee** – *Fabaceae* (Bearbeiter: Bernd Schulz)

Meist sommer-, seltener immergrüne, unbewehrte Sträucher; Bl. wechselst., 3-zählig, seltener einfach, Fiedern/Spreite oft nur sehr klein, ganzrandig, Nebenbl. klein od. fehlend; Krbl. meist gelb, in Sorten auch ganz od. teilw. weiß (*C. multiflorus*-Hybriden) od. rot (*C. scoparius* var. *andreanus*-Sorten u. -Hybriden), in seitl. od. endst. Trauben bzw. Köpfchen, K. glockenf., 2-lippig, K.röhre meist nicht länger als die Lippen, Oberlippe mit 2, Unterlippe mit 3 kurzen K.zähnen (Saum zuw. häutig eintrocknend u. Zähnung nicht erkennbar), Stbl. alle miteinander verwachsen; Hülse abgeflacht, 2- bis mehrsamig, Samen mit Nabelwulst (*498/1c*), diese bei *C. nigricans* u. *C. emeriflorus* fehlend. Über 30 Arten in Eur., v. a. Medit., bis W-As. u. Kanar. Abgrenzung der Gatt. unklar, hier inkl. der zuw. ausgegliederten Gatt. *Cytisophyllum, Argyrocytisus, Sarothamnus, Lembotropis* u. ohne die vermutl. zu *Cytisus* i. w. S. gehörenden Gatt.→ *Chamaecytisus* u. → *Laburnum*, → + *Laburnocytisus*. **G!**

1. Bltn. zu 1–3 achselst. entlang der vorj. Zw.; Zw. 5-kantig od. -flügelig (*496/4*) od. 8 (6–10)-furchig (*496/5*), selten rundl.; Bl. einfach od. 3-zählig **4**

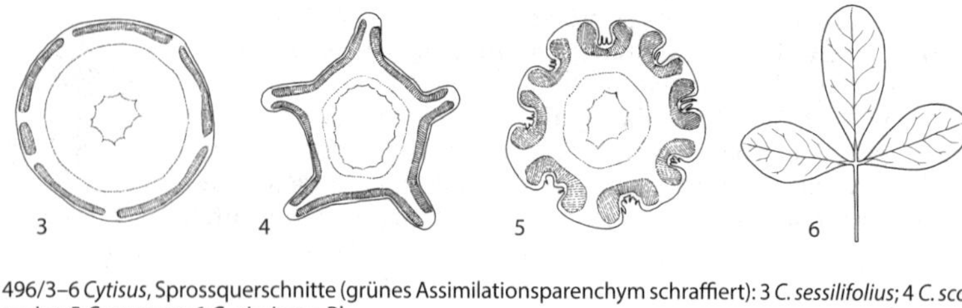

496/3–6 *Cytisus*, Sprossquerschnitte (grünes Assimilationsparenchym schraffiert): 3 *C. sessilifolius*; 4 *C. scoparius*; 5 *C. purgans*; 6 *C. nigricans*, Bl.

— Bltn. zahlr. am Ende diesj. Zw., Zw. rund (*496/3*) od. schwach kantig; Bl. 3-zählig 2

2. Obere Bl. sitzend, untere bis 5 mm lang gestielt (*497/2* u. *3*); Trauben 4–8(–12)-bltg., Bltn. im Frühjahr, Krbl. leuchtend gelb, ca. 1,2 cm lang (*497/1*); Blch. rundl. bis 3-eckig, zugespitzt, 8–20 mm lang; Fr. 3–4 cm lang; Pfl. in allen Teilen kahl; V–VI. Sk – s. SO-Eur. [*Cytisophyllum sessilifolium* (L.) O.Lang]
Italienischer G., *C. sessilifolius* L.

— Bl. alle deutl. gestielt; Bltn. im Sommer in aufrechten reichbltg. Trauben; Zw. behaart 3

3. Bltn. in lockeren, bis 20 cm langen aufrechten Trauben, um 9–11 mm lang, deutl. (2,5–5 mm lang) gestielt, K. (mit Zähnen) 2,5–3 mm lang u. hoch (*498/2*) – Krbl. gelb; Hülse ca. 3 cm lang; Bl.stiel um 1 cm, Blch. 1–2 (3) cm lang u. bis 1 cm breit (*496/6*), unterseits wie die Bltn.stiele, K. u. Fr. angedrückt behaart: Haare in der Mitte ansitzend („Kompasshaare"); dünnzweigiger, bis etwa 1 m hoher Strauch; VI–VIII. Sk – z–h. M- bis SO-Eur. [*Lembotropis nigricans* (L.) Griseb.]
Schwarzer G., *C. nigricans* L.

'Cyni': kompakter, kugeliger bis etwa 1 m hoher Strauch. h.

— Bltn. in dichten, 6–12 cm langen Trauben, 17–25 mm lang, kurz (ca. 3–4 mm) gestielt, K. röhrig, mit K.zähnen 8–10 mm lang u. 4 mm ∅ – Krbl. gelb; Hülse ca. 5 cm lang; Bl. 3–6 cm lang gestielt, Blch. sitzend, längl. elliptisch bis verkehrt eif., 5–8 cm lang, beidseitig silbrig seidig behaart, halbimmergrün; 3–5 m hoher Strauch; VI. Sg – ss. ∧∧ Marokko. [*Argyrocytisus battandieri* (Maire) Raynaud]
Marokkanischer G., *C. battandieri* Maire

Klein bleibende Sträucher mit kürzeren Trauben vgl. → *Chamaecytisus*

4 (1). Zw. rundl., gestreift erscheinend durch etwa 8 (bis 10 unter Bl.ansätzen) Furchen zwischen T-f. Leisten (*496/5*) 7

— Entw. Zw. ohne Furchen, im ∅ fast rund (*496/3*) od. mit 5 (bis 7 unter Bl.ansätzen u. bei Hybriden) Kanten od. Flügeln (*496/4/2*) 5

5. Zw., Bl., K. u. Bltn.stiel mit in der Mitte ansitzenden „Kompasshaaren"; Bltn. meist zu 3 in Kurztrieben, 13–15 mm lang, Stiel um 16 mm, K. mit pfrieml. Trag- u. Vorbl., Krbl. tiefgelb (*498/3*); Zw. schwach 5-kantig; Bl. 3-zählig, Blch. sitzend, Bl.grund mit kurzen Nebenbl.; IV–V. Sk – ss. S-Schweiz (Tessin), Südtirol.
Strauchwicken-G., *C. emeriflorus* Rchb.

— Zw. u. Bl. kahl od. einfach behaart 6

6. Aufrechter Strauch; Bltn. > 20 mm lang – zu 1–2, Krbl. gelb od. Flügel dunkelrot, Gr. länger als das Schiffchen, spiralig eingerollt, Fahne kreisf., 2 cm ∅

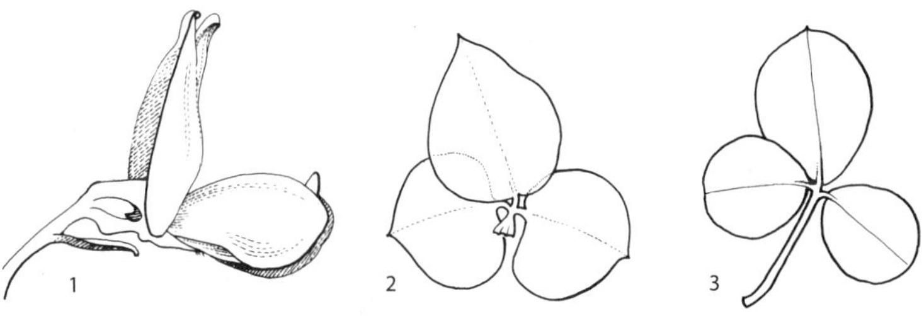

497/1–3 *Cytisus sessilifolius*: 1 Blüte, 2 Bl. am Bltn.zw., 3 Bl. am normalen Zw.

(*498/1*); Bl. einfach od. 3-zählig, Blch. eilanzettl., 1–2 cm lang, unterseits seidenhaarig, meist hinfällig; Fr. 4–5 cm lang, an den Rändern behaart; Zw. grün, mit 5 flügelf. Kanten (*496/4*), anfangs behaart, schnell kahl, beim Trocknen schwarz werdend; V–VI. Sk, kalkunverträgl. – h. M-Eur., invasiver Neophyt in N- u. SAm., Neuseel. u. Austr. [*Sarothamnus scoparius* (L.) Koch] **G!!**
Besenginster, Besenpfriem, Bram, *C. scoparius* (L.) Link

subsp. *maritimus*: Zw. niederliegend, zuw. aufsteigend, 20–40 cm, junge Triebe dicht seidenhaarig. Sz – ss. Küsten NW-Eur.

var. *andreanus* (Puiss.) Dippel ['Andreanus']: Kr.: Kiel u. Fahne goldgelb, Flügel rotbraun; wild in der Normandie gefunden. s.

Scoparius-Gruppe: Sorten mit 1- od. mehrfarbigen Krbl. in gelb, rosa, rot od. braun. Großbltg. Auslesen u. reichbltg. Hybriden mit anderen Arten, wie *C.* × *dallimorei* Rolfe [*C. multiflorus* × *C. scoparius* var. *andreanus*]: Bltn. etwas kleiner, Krbl. weißer od. gelber Grundton, rosa bis violett überlaufen; Zw. zuw. mit > 5 Kanten, aber Gr. immer eingerollt.

Zahlreiche Sorten (Auswahl, alle z–h):

'Andreanus Splendens': Bltn. um 24 mm lang, Krbl. gelb, Flügel rotbraun; Strauch erst aufrecht, später ausgebreitet bis überhängend.

'Boskoop Ruby': Bltn. um 16 mm lang, Fahne (violett-)weinrot, Flügel wärmer rot.

'Burkwoodii': Bltn. um 20 mm lang, Fahne weinrot, Flügel etwas heller; aufrechter, gedrungener Strauch.

'Firefly': Krbl. gelb, Flügel gerötet; aufrechter, starkwüchsiger Strauch.

'Golden Sunlight': Bltn. groß, Krbl. gelb; Zw. stark überhängend.

'Lena': Bltn. um 20 mm lang, Krbl. orangerot.

'Luna': Bltn. um 26 mm lang, Fahne hell gelb, Flügel goldgelb; Zw. aufrecht bis ausgebreitet.

'Palette': Bltn. um 20 mm lang, Grundton Krbl. gelbweiß, rosa bis dunkelweinrot überlaufen.

'Red Wings': Bltn. um 26 mm lang, Krbl. Untergrund gelbweiß, Fahne weinrot, Flügel braun violettrot überlaufen.

'Roter Favorit': Bltn. um 24 mm lang, Krbl. rosarot bis weinrot; breit aufrechter Strauch.

— Niederliegender Zwergstrauch; Bltn. bis 15 mm lang – zu 1–3, Krbl. gelb; Bl. einfach, längl., 8–20 mm lang, unterseits weichhaarig; Zw. rundl., schwach 5-flügelig; Fr. 2 cm lang; Zw. oft wurzelnd; V–VI. Sz – z–h. Geb. Pyr., S-Alp., Apennin bis SO-Eur. **Niederliegender G., *C. decumbens*** (Dur.) Spach

7 (4). Aufrechte, bis > 1 m hohe Rutensträucher **9**

— Bis 40 cm hohe, oft ± niederliegende Zwergsträucher – Bltn. bis 15 mm lang **8**

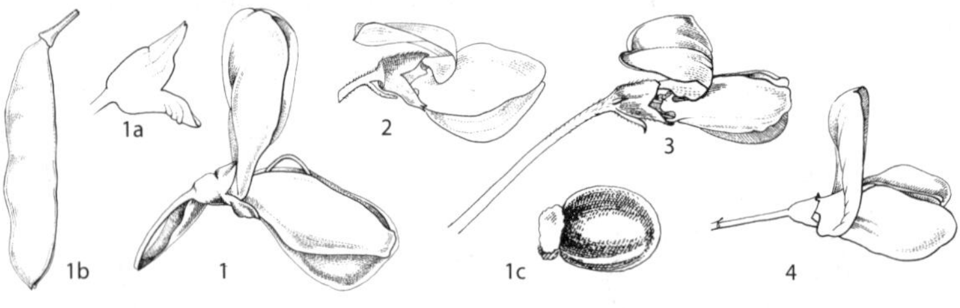

498/1–3 *Cytisus*: 1 *Cytisus scoparius*, Blüte, 1a K., 1b Fr., 1c Samen; 2 *C. nigricans*, 3 *C. emeriflorus*; 4 *C. purgans*

8. Krbl. hell, rahmweiß bis schwefelgelb; Zw. bogig überhängend, mit 8 flachen, relativ breiten Furchen; Blch. linealisch, behaart, zuw. einfach; V. Sz – z. [*C. ardoinii* × *C. multiflorus*] **Kew-G., *C.* × *kewensis*** Bean

— Krbl. goldgelb; Zw. aufstrebend, mit 8 schmalen Furchen, in diesen kurz behaart; Bl. einfach, zerstreut behaart; V. Sz – z. [*C. ardoinii* × *C. purgans*] ***C.* × *beanii*** Nichols.

Die Elternart ***C. ardoinii*** Fourn., **Ardoines G.**: Bl. 3-zählig, Blch. verkehrt eif. bis längl., etwa 8 mm lang, zottig behaart; Bltn. zu 1–3, Krbl. goldgelb, Fahne 8–12 mm lang; Fr. 2–2,5 cm lang, ± zottig behaart; IV–V. Sz (bis 20 cm) – ss. ∧∧ S-Frankreich.

9 (7). Krbl. goldgelb **11**

— Krbl. weiß od. hellgelb – bis 15 mm lang **10**

10. Krbl. rein weiß – Bltn. zu 1–3, etwa 1 cm lang gestielt; K. 5 mm lang, seidig behaart, Fahne 10–12 mm lang; Fr. 1,5–2,5 cm lang; Zw. 8-furchig (nicht 5-kantig!), jung behaart; basale Bl. 3-zählig, an den oberen Sprossabschnitten einfach, kurz gestielt bis sitzend, hinfällig, Blch. bis 10 mm lang, linealisch lanzettl., silbrig behaart; V–VI. Sk – ss. ∧ Westl. Iber. Halbinsel, Neophyt in W-Eur., NAm. u. Austr. [*C. albus* (Lam.) Link, non Hacq] **Vielblütiger G., *C. multiflorus*** (L'Herit.) Sweet

— Krbl. schwefelgelb, in Sorten auch weiß od. rot – Bltn. etwa 12 mm lang, unangenehm duftend; Bl. meist einfach, lanzettl., 8–20 mm lang, seidig behaart, hinfällig; Zw. etwas überhängend, dünn, graugrün; IV–V. Sk – h. [*C. multiflorus* × *C. purgans*] **Elfenbeinginster, *C.* × *praecox*** Wheeler

Sorten werden zuw. als **Praecox-Gruppe** der Scoparius-Gruppe gegenüber gestellt:

'Albus': Bltn. weiß, schwachwachsend; Zw. stärker überhängend.

'Allgold': Fahne hell-, Flügel goldgelb.

'Hollandia': Zw. stärker aufrecht, relativ breit gefurcht u. leicht 8-flügelig; Krbl. weinrot (Beteiligung *C. scoparius* var. *andreanus*).

11 (9). Bltn. bis 14 mm lang, am Ende der Zw. (*498/4*); Bl. der Bltn.zw. einfach, an den unteren Zw. 3-zählig, sitzend, Blch. längl. lanzettl. bis lineal lanzettl. od. spatelf., 6–12 mm lang, unterseits behaart; Hülse ± dicht behaart; IV–V. Sk – s. ∧ W-Medit. **Abführender G., *C. purgans*** (L.) Boiss.

— Bltn. deutl. größer, Gr. länger als das Schiffchen, spiralig eingerollt; Bl. einfach bis 3-zählig; Hülse dicht, lang abstehend weiß behaart; IV–VI. Sg – s–z. ∧ W-Medit., Neophyt in NW-Eur. u. NAm. [*Sarothamnus striatus* (Hill) Samp.] **Gestreifter G., *C. striatus*** (Hill) Rothm.

Daboecia D. Don, **Irische Heide, Glanzheide** – *Ericaceae* (Bearbeiter: Bernd Schulz)

Heidekrautähnl. Zwergstrauch; Bl. immergrün, dicht angeordnet, wechselst., drüsig behaart; Bltnst. aufrecht, traubig. 1 Art im atlantischen W-Eur. u. auf den Az. Kalkunverträgl.

D. cantabrica (Huds.) K. Koch [*D. polifolia* (Juss.) D. Don, *Menziesia polifolia* Juss.] – Bl. 6–12 mm lang, elliptisch, oberseits glänzend grün, unterseits deckend weißfilzig behaart (*500/3*); Zw. mit lang abstehenden einfachen Haaren u. kurzen Drüsenhaaren besetzt; Bltn. nickend in 7–14 cm langen aufrechten Trauben, 4-zählig, Kr. bauchig krugf. (*500/1*), 8–12 mm lang, purpurrosa, Staubbeutel längl., ohne Fortsätze (*500/1a*), Bltn.stiel, K., Kr. u. Frbl. drüsig behaart; Fr. 4-fächerige, wandspaltige Kapsel (*500/2* u. *2a*); VI–IX. Sz (20–50 cm) – z. ∧∧ W-Eur.

subsp. *azorica* (Tutin & E. F. Warb.) D. C. McClint.: Bl. bis 8 mm lang; Bltn. zu 3–7, bis 8 mm lang. Sz (bis 15 cm) – ss. ∧∧ Az.

nothosubsp. *scotica* (D. C. McClint.) E. C. Nelson: Bl. klein u. relativ dicht; Bltn. kleiner als bei subsp. *cantabrica*.

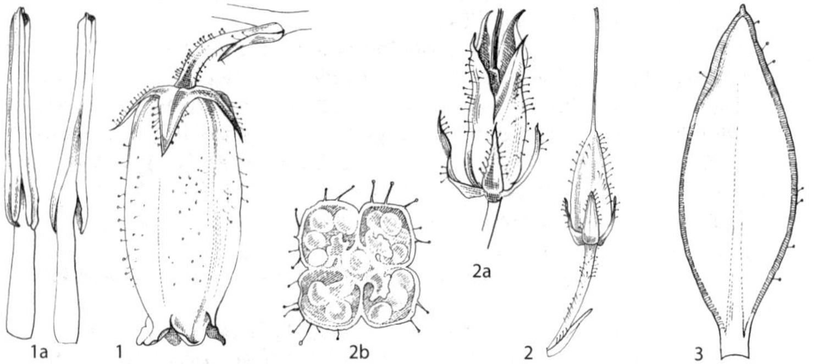

500/1–3 *Daboecia cantabrica*: 1 Blüte, 1a Stbl., 2 Fr., 2a sich wandspaltig öffnend, 2b Fr.querschnitt, 3 Bl. von unten

Danaë Med. – *Asparagaceae* (Bearbeiter: Ulrich Hecker)

1 Art.

D. racemosa (L.) Moench, **Traubendorn, Alexandrinischer Lorbeer** – Pfl. immergrün, reich verzweigt, Sprosse grün; bl.artige Kurztriebe der Achsel kleiner, schuppenf. Bl. entspringend, eif. lanzettl. bis ungleichseitig sichelf., zugespitzt, 5–7 cm lang, 1–1,5 cm breit (*501/1a*), beidseitig glänzend, 1–2 cm entfernt an den biegsamen Seitenzw. sitzend; Bltn. ⚥, klein, weiß, in kurzen, endst. Trauben; Bltn.hülle 6-lappig, Stbl. 6; Fr. rote Beere mit 1–2 Samen (*501/1b*); VI–VII. HS – s. ∧ SW-As.

Daphne L., **Seidelbast, Steinröschen** – *Thymelaeaceae* (Bearbeiter: Ulrich Hecker)

Sommer- od. immergrüne Sträucher; Bl. wechselst., selten gegenst.; Bltn. ⚥, in end- od. seitenst. kurzen Trauben od. Dolden, K.röhre glockenf. od. zylindrisch, mit 4 ± spreizenden, krbl.artigen Zipfeln; Fr. 1-samige Steinfr. 92 Arten in Euras. **G!!**

1. Bltn. in endst. Dolden **4**
— Bltn. in 3–10-bltg., seitenst. Dolden **2**

2. Bltn. vor dem Bl.austrieb erscheinend, meist zu 2–3 achselst. an vorj. Sprossen, fast sitzend, purpurrosa od. purpurlila, K.röhre außen anliegend seidig behaart, 6 mm lang, Bltn. 1,2 cm ∅; Fr. 1 cm ∅, scharlachrot; Bl. sommergrün, längl. lanzettl., 3–8 cm lang, kahl, unterseits graugrün (*501/2*); II–IV. Sk – h. Eur. bis Sib., Kauk., Kl.-As. bis Iran. **Gemeiner S., Kellerhals, *D. mezereum*** L.

fo. *alba* (West.) Schelle: Bltn. weiß; Fr. gelb.

— Bltn. in den Bl.achseln stehend; Pfl. immergrün **3**

3. K.zipfel eif. zugespitzt, ⅓–½ so lang wie die kahle K.röhre, Bltn. grünl. gelb, in 5–10-bltg., zuletzt überhängenden Trauben, Gr. so lang wie die Narbe; Fr. eif., schwarz, glänzend, bis 1 cm lang; Bl. bis 12 cm lang u. 3 cm breit, verkehrt eif. bis lanzettl, lederig, dunkelgrün; III–V. Sk – z. M-, S- u. SO-Eur. **Lorbeer-S., *D. laureola*** L. subsp. ***laureola***

subsp. *philippi* (Gren. & Godr.) Rouy: Wuchs niederliegend-aufsteigend, bis 40 cm hoch, Bl. verkehrt eif., zugespitzt, 2–5 cm lang, Bl. kleiner, gelbgrün , außen oft rötl. getönt, K.röhre nur 5 mm lang. s. Pyrenäen bis SO-Eur.

— K.zipfel schmal, ⅔–¾ so lang wie die K.röhre, Bltn. gelbl. weiß bis grünl., Dolden lang, Bltn. kurz, aber deutl. gestielt, meist zu 1–2(–3), Gr. länger als die Narbe; Bl. verkehrt eif. bis längl. verkehrt eif., 3–8 cm lang; IV–V. Sk – s. ∧ Anatolien. **Pontischer S., *D. pontica*** L.

4 (1). Bl. immergrün **8**

— Bl. sommergrün (mitunter halbimmergrün) **5**

5. Bltn.kn. rosa, entfaltete Bltn. weißl., außen dicht u. fein behaart; Bltn. im Spitzenbereich der Zw., in zahlreichen, vielbltg. end- u seitl. stehenden Dolden; Bl. bis 4 cm lang u. 1,2 cm breit, an den Kurztrieben fast rosettig stehend, in milden Wintern ± bleibend; V. Sk – h. [*D. caucasica* × *D. cneorum*] ***D.*** × ***burkwoodii*** Turill

'Albert Burkwood': Bltn. purpurrosa.

'Carol Mackie': Bl. im Austrieb goldgelb, später mit weißem Rand.

'Somerset': > 1,5 m hoch werdend; Bltn. purpurrosa mit helleren Zipfeln.

'Somerset Variegated': Bl. panaschiert.

— Bltn. auch im Kn.stadium weiß, K.röhre außen seidig behaart **6**

6. Bl. beidseitig behaart; Bltn. zu 6–15 in endst. köpfchenartigen Dolden, 1,5 cm ∅, weiß; Bl. längl. bis verkehrt eif. od. spatelig, 1–4 cm lang, an den Zw.enden gehäuft; K.röhre 8–10 mm lang; Fr. rötl.; V–VI. Sk – h. Geb. S-, M- u. SO-Eur. **Alpen-S., *D. alpina*** L.

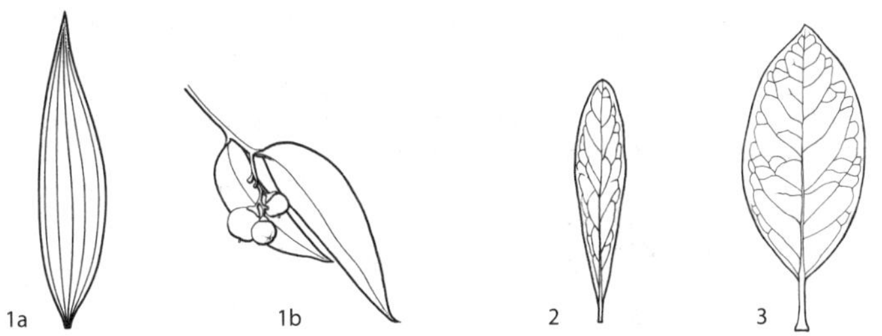

501/1–3: 1 *Danae racemosa*: 1a Flachspross, 1b Frst.; 2 *Daphne mezereum*, Bl.; 3 *Daphniphyllum macropodum*, Bl.

— Bl. kahl; Bltn. in köpfchenartigen Dolden, ca. 1,8 cm ∅, duftend **7**

7. Bltn. zu 6–10, weiß, außen behaart, sehr kurz gestielt, K.röhre ca. 1 cm lang, schwach behaart, Frkn. kahl; Bl. schmal längl., 3–6 cm lang, 7–8 mm breit, oberseits dunkelgrün, unterseits bläul.; Fr. eif., gelbrot; V–VI. Sk – s. Altai-Geb. **Altai-S., *D. altaica*** PALL.

— Bltn. zu 15–20, K.röhre ca. 1 cm lang, dicht behaart; Bl. lanzettl, bis 7 cm lang u. 1,5 cm breit, oberseits frischgrün, unterseits bläul.; Fr. schwarz; V–VI. Sk – s. Kauk. **Kaukasischer S., *D. caucasica*** PALL. var. ***caucasica***

var. *axilliflora* KEISSLER [*D. axilliflora* (KEISSLER) POBED.]: Fr. rot; Bltn. an Seitenzw. auch einzeln achselst.

8 (4). Bltn. rosa od. rosarot **10**

— Bltn weiß od. gelbl. weiß, duftend **9**

9. Bltn. gelbl. weiß, in 10–20-bltg., endst. köpfchenartigen Dolden, K.röhre schmal, 1–1,5 cm lang, Bltn. 1,2 cm ∅; Triebe kahl, oft niederliegend u. wurzelnd; Bl. kahl, an den Zw.enden stehend, verkehrt eif. bis längl. verkehrt eif., 3,5–5 cm lang; Frkn. behaart; Fr. weißl.; IV–V. Sk – s. SO-Eur. **Königsblume, *D. blagayana*** FREYER

— Bltn. cremefarben bis weiß, zuw. rosarot getönt, bis zu 8 in endst. Köpfchen, K.röhre 6–8 mm lang, behaart; junge Triebe behaart; Bl. elliptisch bis verkehrt eif., lederig, 2–3 cm lang, oben stumpf bis spitz, am Grund keilf. in den kurzen Stiel verschmälert, oberseits kahl, unterseits behaart, drüsig punktiert; Fr. orangerot, behaart; V–VI. Sk – s. Spanien – Iran. **Ölbaumblättriger S., *D. oleoides*** SCHREB.

10 (8). Bl. kahl, nicht > 5 mm breit **12**

— Bl. unterseits u. junge Triebe behaart; Dolden 10–30-bltg. **11**

11. Bl. 1–2 cm lang; Bltn. zu 5–30 in endst. Köpfchen, K.röhre ca. 2 cm lang; Bl. an den Zw.enden gehäuft, lanzettl., lederig, stumpf, oberseits glatt u. glänzend; K.röhre rosarot, Zipfel 5–8 mm lang; IV–VI. Sk – s. SO-Eur. **Bäumchen-S., *D. arbuscula*** ČELAK.

— Bl. 1,5–5 cm lang; Doldenköpfchen 10–15 bltg., K.röhre 8–12 mm lang; – Triebe dicht behaart; Bltn. 8–10 mm ∅, K.röhre u. Frkn. dicht behaart; IV–VI. Sk – s. ∧ [*D. collina* VAHL] **Berg-S., *D. sericea*** VAHL

12 (10). Frkn. u. K. kahl; – Bl. 1,6–1,8 cm lang; Bltnst. 8–12-bltg., K.röhre längs gestreift; Fr. orangerot; VI–VII. Sz (niederliegend) – s. S-, M- u. SO-Eur., Alp. **Gestreifter S., *D. striata*** TRATT.

— Fr. u. K. behaart **13**

13. Bl. kaum > 1 cm lang, an den Sprossenden büschelig gehäuft; Bltnst. 3–5-bltg, K.röhre 9–15 mm lang, K.zipfel 3–5 mm lang, breit eif., stumpf; Fr. grünbraun; VI–VII. Sk – s. S-Alp. **Felsen-S., *D. petraea*** LEYBOLD

— Bl. > 1,5 cm lang, 3–5 mm breit, an den Zw. gleichmäßig verteilt; Bltnst. 6–10-bltg., K.röhre 6–10 mm lang, K.zipfel 4–6 mm lang, längl. eif., stumpf; Fr. gelbbraun; IV–V. Sk – h. Geb. S- u. M-Eur. **Rosmarin-S., *D. cneorum*** L. var. ***cneorum***

'Major': Wuchs kräftiger, mehr buschig; Bltn. größer.

var. *verlotii* (GREN. & GODR.) MEISSN.: Bl. schmaler, lineal lanzettl., 1,5–2,5 cm lang, nur 2–3 mm breit; K.zipfel lanzettl.

Daphniphyllum Blume, **Scheinlorbeer** – *Daphniphyllaceae* (Bearbeiter: Ulrich Hecker)

Immergrüne Sträucher od. Bäume; Bl. wechselst., z. T. gebüschelt in Scheinwirteln, einfach, ganzrandig, ohne Nebenbl.; Bltn. eingschl., 2-häusig verteilt, K. 3–6 teilig, Krbl. fehlend, Stbl. 5–12, Frkn. oberst., Frbl. 2, Ovar 2-fächerig; 1-samige Steinfr. 25–30 Arten, von Indien bis Austr., überwiegend in SO- u. O-As. Nur folgende Art in Kultur.

D. macropodum Miq. – Immergrüner, dicht verzweigter Strauch; junge Zw. kahl, blaugrün, oft rötl.; Bl. rhododendronartig, längl. bis schmal eif. (*501/3*), 8–20 cm lang, oberseits dunkelgrün, unterseits blaugrün, jederseits mit 12–18 Seitennerven, Bl.stiel 2,5–4 cm lang, gelbl., oft rötl. wie der Mittelnerv; Bltn. klein, blassgrün, in gedrungenen Trauben; Steinfr. schwarz, ellipsoidisch, 1 cm lang; V–VI. Sg – s. ∧∧ Jap., Kor. **G!**

Dasiphora Raf. [*Potentilla* L. p. p.], **Fingerstrauch** – *Rosaceae* (Bearbeiter: Bernd Schulz)

Sommergrüne Kleinsträucher; Bl. gefiedert, mit Nebenbl., diese mindestens im unteren Teil flügelartig dem Bl.stiel angewachsen; Bltn. in Thyrsen, 5-zählig, Krbl. gelb, in Sorten auch weiß, rosa od. orangerot, mit doppeltem K.: alternierend mit den Kbl. die gleiche Zahl von Außen-Kbl., letztere zuw. ansatzweise gefiedert (*503/3*); Frbl. viele, an flacher bis schwach kegeliger Bltn.achse (*503/2*); Frch. trockene, einzeln abfallende Nüsschen. 3 Arten in Euras. u. NAm.

Sehr selten in Kultur ist der strauchige **Dsungarische F., *Comarum salesovianum*** (Stephan) Asch. & Graebn., der wie *Dasiphora fruticosa* früher zur Gatt. *Potentilla* gestellt wurde. Er besitzt scharf gesägte Blch. u. seine Kbl. sind etwa doppelt so lang wie der Außenk. (bei *Dasiphora* etwa gleich lang).

D. fruticosa (L.) Rydb. [*Potentilla fruticosa* L.], **Nordischer F.** – Krbl. länger als die Kbl., beim Verblühen abfallend, gelb, bei Formen auch weiß, rosa od. orangerot, Außenkbl. so lang wie die Kbl.; Bltn. 1,5–3(–4) cm ∅, zu wenigen bis vielen in zieml. dichten, end- od. seitenst. Dichasien, seltener einzeln; Bl. (*503/1*) 5-, selten 3- od. 7-zählig gefiedert, Blch. elliptisch bis linealisch, 1–2,5(–6) cm lang, ganzrandig, Rand umgebogen; V–IX. Sk – h. zirkpol.

var. *davurica* (Nestler) B. Schulz comb. nov.: Blch. etwa 1 cm lang, unterseits blaugrün, fast kahl; Bltn. 2–3 cm ∅, Krbl. weiß. Sz (bis 50 cm) – ss. [Basionym: *Potentilla davurica* Nestl. In: Nestler: Monogr. Potentilla. 1816.]

var. *mandshurica* (Maxim.) B. Schulz comb. nov.: Blch. beiderseits grauseidig behaart; Bltn. 2,5 cm ∅, Krbl. weiß. Sz/Sp – z. [Basionym: *Potentilla fruticosa* var. *mandshurica* Maxim. In: Mélanges Biologiques Tirés du Bulletin (Physico-Mathématique de) l'Académie Impèriale des Sciences de St.-Pétersbourg 9: 158. 1873.]

Zahlreiche **Sorten,** (Auswahl) nach Farbe der Krbl.: **weiß:** aufrecht 'Abbotswood' h, 'Elizabeth' z; **hellgelb:** 'Friedrichsenii'; **gelb:** aufrecht: 'Goldstar' z–h, 'Goldfinger' h, 'Hachmann's Gigant' s, 'Klondike' z; kompakt: 'Longacre' z, 'Goldteppich' h, 'Goldkugel' z, 'Kobold' z, 'Sommerflor' z–h; **orange bis rot:** 'Red Ace' h, 'Sunset', 'Flammenmeer'; **rosa:** 'Lovely Pink" z.

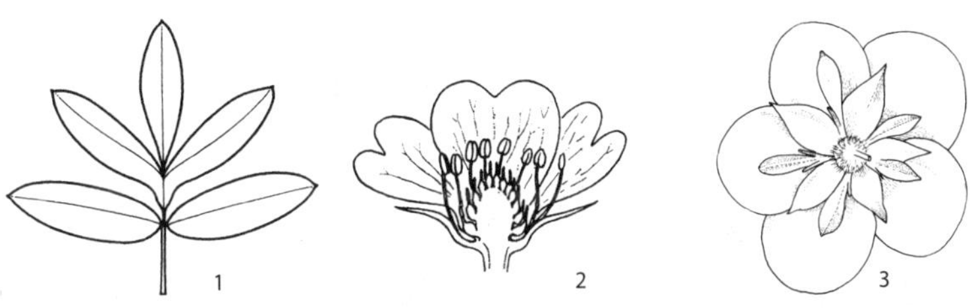

503/1–3: *Dasiphora fruticosa*: 1 Bl., 2 Blüte (Längsschnitt), 3 Blüte von unten (sichtbar Stiel, Bltn.becher, K. u. Außen-K. u. Krbl.)

Davidia Baill., **Taschentuchbaum** – *Nyssaceae* (Bearbeiter: Bernd Schulz)
1 Art.

D. involucrata Baill. – Junge Zw. kahl; Endkn. groß, rot, glänzend; Bl. breit eif. mit herzf. Grund, 8–15 cm lang, bis 8 cm breit, gesägt gezähnt, Zähnchen grannenartig zugespitzt, mit deutl. Nerven, oberseits frischgrün, unterseits seidig behaart (*504/1*); Bltnst. lang gestielt, am Ende beblätterter Kurztriebe, mit 2 fast gegenst., großen gelben, später weißen, lang zugespitzten bis 16 cm langen u. 8 cm breiten Hochbl.; Bltn. ohne Bltn.-hülle, Stbl. pinself. angeordnet; Steinfr. 3–3,5 cm lang, ellipsoidisch (*504/2*), purpurbraun, bereift, Steinkern gefurcht, 3–5-samig; V–VI. Bk/Bm – h. Yunn. u. Sich. bis ZS-China.

var. *vilmoriniana* (Dode) Wangerin: Bl. unterseits bläul. od. gelbl. grün, verkahlend; Zw. olivbraun; nur die Varietät in Kultur.

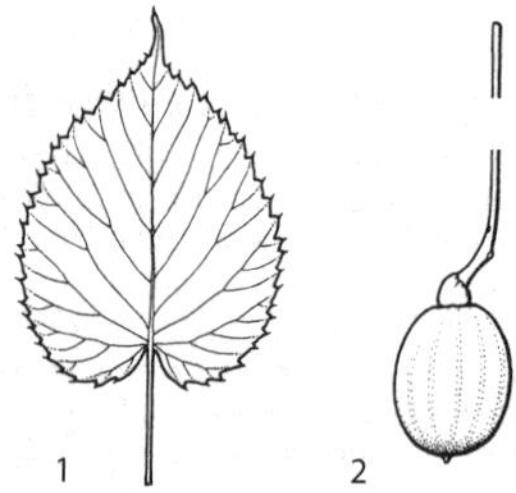

504/1–2 *Davidia involucrata*: 1 Bl., 2 Steinfr.

Decaisnea Hook. f. & Thomson, **Blaugurke** – *Lardizabalaceae* (Bearbeiter: Bernd Schulz)
1 Art.

D. insignis (Griff.) Hook. f. & Thomson [*D. fargesii* Franch.] – Sommergrüner, grobzweigiger, schwach verzweigter Strauch; Bl. wechselst., groß, bis 80 cm lang, unpaarig gefiedert, Blch. 15–25, ganzrandig, eilängl., ± lang zugespitzt, 6–14 cm lang (*504/3*); Zw. ohne Endkn., Seitenkn. groß, mit 2 Kn.schuppen; Bltn. polygam, (andro-)monözisch, in 25–50 cm langen einfachen od. doppelten Trauben, glockenf., grünl., Perigon 6-teilig, freiblättrig, Stbl. 6, Staubfäden röhrig verwachsen, Frbl. 3, frei (*504/4*); Frch. walzenf., 5–10 cm lang, fein warzig, blau bereift (*504/5*), zur Reife fleischig, aufplatzend, mit zahlreichen, schwarz glänzenden Samen. V–VI. Sg – z–h. O-As.: SO-SW-China, Bhutan, Nepal, Myanm., NO-Indien. Rinde **G!**

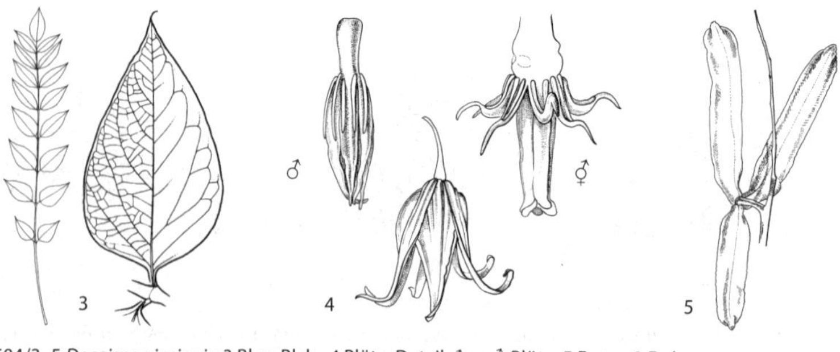

504/3–5 *Decaisnea insignis*: 3 Bl. u. Blch., 4 Blüte, Detail ♂ u. ⚥ Blüte, 5 Fr. aus 3 Frch.

Decumaria barbara L. → ***Hydrangea barbara*** (L.) B. Schulz

Desmodium Desv., **Wandelklee** – *Fabaceae* (Bearbeiter: Bernd Schulz)

Kräuter, Halbsträucher u. sommergrüne Sträucher; Bl. 3–5-zählig gefiedert, mit Nebenbl., Blch. mit kleinen Nebenbl. Um 300 Arten, überwiegend in den Trop. u. Subtrop. Folgende Art selten in Kultur.

D. elegans DC, **Ähriger W.** – Bl. u. Bltn. ähnl. → *Lespedeza*; Bltn. in endst. bis > 20 cm langen Bltnst. (Doppeltrauben), 1,5–2 cm lang, mit dunkel rosafarbenen Krbl., Flügel etwa so lang wie das Schiffchen u. es weit einschließend; Bl. 3-teilig, Stiel 2–4 cm, Blch. variabel, eif. bis elliptisch, bis 4(–7) cm lang, ganzrandig, Rand zuw. leicht gewellt, unterseits dicht graufilzig; Zw. weich behaart, verkahlend; Fr. bis 5 cm lang, mehrsamig, seitl. abgeflacht, zw. den Samen eingeschnitten, reif in 1-samige Teile zerfallend (Gliederhülse); IX–X. Sk – ss. Himal., W-China bis Yunn., Sich. u. N-Indien.

Deutzia Thunb., **Deutzie** – *Hydrangeaceae* (Bearbeiter: Bernd Schulz)

Sommergrüne Sträucher; alle Teile ± dicht, mit anliegenden, zuw. auf Sockeln stehenden Sternhaaren (starke Lupe!) besetzt, die Zahl der Strahlen ist oft artspezifisch (*507/3*), Haare auf der Bl.unterseite mitunter mit stark verlängertem Mittelstrahl, die (ohne starke Lupe) als einfache abstehende Haare erscheinen; Zw. hohl, z. T. mit lockereren Markresten; Bl. gegenst., eif. bis lanzettl., Rand kerbig bis deutl. gesägt; Krbl. weiß, rosa bis purpurn, 5-zählig, Stbl. 10 (Sekt. *Neodeutzia* aus MAm. mit 12–15 Stbl.), Staubfäden verbreitert, unterhalb des kurz gestielten Staubbeutels oft in 2 flügelige Zähne auslaufend od. sich ohne Zähne verschmälernd, Stbl. oft aufrecht stehend u. gemeinsam Röhre bildend, Frkn. unterst., Gr. 3–5, frei, K.zipfel entw. kurz 3-eckig u. hinfällig od. verlängert u. bis zur Fr.reife bleibend; Bltnst. schmale dichte Rispen (zuw. fast traubig) od. breite Schirmrispen am Ende beblätterter Triebe. Etwa 50 Arten im nem. O-As., 4 Arten in den Geb. Mex. In Kultur neben wenigen reinen Arten zahlreiche, schwer zuordenbare Hybriden.

1. Krbl. in der Kn. ganz (*505/2*) od. teilw. mit den Rändern dachziegelig übereinander greifend (imbricat) **15**
— Alle Krbl. in der Bltn.kn. mit ihren beiden seitl. Rändern klappig nach innen eingeschlagen (*505/1*; valvat, induplicat), sich berührend, aber nicht überlappend (**Sekt. *Deutzia***) **2**
2. Bltnst. breite, lockere (Schirm-)Rispen (meist breiter als lang od. höchstens 1/4 länger als breit); Krbl. meist deutl. abspreizend u. die Bltn. ± sternf.; Kbl. nach der Bl. bleibend u. häufig verlängert – Bltn. nie gefüllt **8**
— Bltnst. ± verlängerte schmale Trauben od. Rispen; Krbl. meist aufrecht, sich kaum ausbreitend; Kbl. ± kurz 3-eckig, oft nach der Blüte abfallend **3**
3. Bltn. ungefüllt, mit 5 Krbl. u 10 Stbl. **6**
— Bltn. gefüllt (*507/1a*), Krbl. vermehrt, Stbl. fehlend **4**

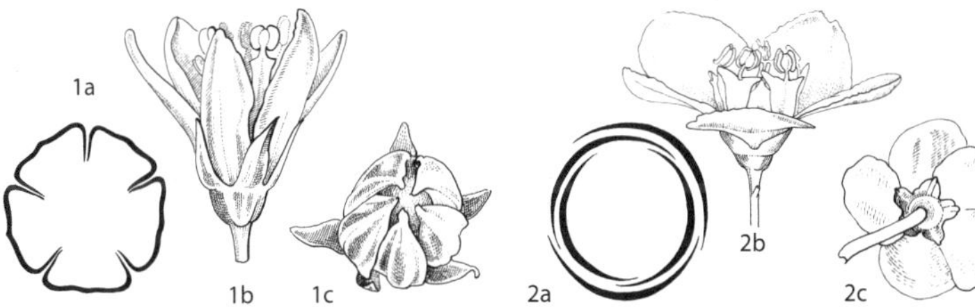

505/1–2 *Deutzia*: 1 Sekt. *Deutzia*, 1a Anordnung der Krbl., 1b Blüte *D. discolor*, 1c Bltn.kn. *D.* × *elegantissima*; 2 Sekt. *Mesodeutzia*, 2a Anordnung der Krbl., 2b u. c Blüte *D. compacta*, seitl. u. von unten

4. Kbl. kürzer als der Bltn.becher, nach der Blüte abfallend – Bltn. 1–2 cm ∅, Krbl. weiß od. außen rosa überlaufen, Gr. meist 3; Bltnst. 6–12 cm lang; Kapsel nicht höher als ∅; Bl. eif. bis längl. eif., 3–8(–12) cm lang (*506/1*), Sternhaare unterseits 10–15-strahlig, Rand kerbig gesägt: die Zahnspitzen ragen nach oben, in der Draufsicht kaum über den Bl.rand (*506/1a–b*); V–VII. Sg – h. Jap. [*D. scabra* hort., non Thunb.]

Gekerbte D. (Falsche Raue D.), ***D. crenata*** Siebold & Zucc.

'Plena': Krbl. außen bleibend rosa. h.

'Pride of Rochester': Krbl. außen rosa, relativ schmal. z.

'Candidissima': Krbl. in der Kn. außen schwach rosa überlaufen, später rein weiß. z.

— Kbl. so lang wie der Bltn.becher od. länger, zumindest einige meist nach der Blüte länger bleibend; Bl. unterseits mit bis 13-strahligen Sternhaaren, Rand in der Draufsicht sichtbar gezähnt **5**

5. Krbl. weiß, Bltn. oft > 2 cm ∅, Kbl. etwa so lang wie der Bltn.becher – Gr. meist 4; Bltnst. walzenf. Rispe, 4–8 cm lang; Bl. längl. eif., 4–6(–8) cm lang, unterseits graugrün, Sternhaare hier bis 13-strahlig, auf Mittelrippe auch mit verlängerten Mittelstrahlen; V–VI. Sg – h. [*D. crenata* × *D. discolor*]

Hohe D., *D.* × *magnifica* (Lemoine) Rehder

— Krbl. ± stark rosa-rot überlaufen, Kbl. meist länger als der Bltn.becher; Bltnst. lockere, kegelf. Rispe; Bl. unterseits mit bis zu 11-strahligen Sternhaaren, auf Mittelrippe mit verlängerten Mittelstrahlen; V–VI. Sk/Sg. Mehrere, meist zu *D.* × *hybrida* gestellte Sorten. [*D. crenata* × *D. purpurascens*] **Gefülltblütige D.**

'Pink Pompom': Bltnst. kurz kegelf. z.

'Codsall Pink': Bltnst. lockerer als bei *D. crenata*, später blühend. s.

6 (3). Kbl. deutl. länger als der Bltn.becher, ausdauernd; Krbl. rot überlaufen od. gleichmäßig rosafarben **8**

— Kbl. kürzer od. wenig länger als der Bltn.becher (*507/1a–b*), hinfällig (*507/1c*); Krbl. weiß, nur außen am Ansatz zuw. schwach gerötet **7**

7. Bl. unterseits mit zahlreichen 10–15-strahligen Sternhaaren – Bltn. bis 2 cm lang u. 1–2 cm ∅, Krbl. weiß, evtl. außen rosa überlaufen, Kbl. grün, Gr. meist 3, Staubfäden mit deutl. Zähnen unter den Staubbeuteln (*507/1b*); Bltnst. 6–12 cm lang, im unteren Teil rispig verzweigt; Bl. eif. bis längl. eif., 3–8(–12) cm lang, kerbig gesägt, unterseits grün, V–VII. Sg – h. Jap. (siehe **4**)

Gekerbte D., *D. crenata* Siebold & Zucc.

Ähnl. ist die **Ningpo-D., *D. ningpoensis*** Rehder: Bl.rand undeutl. gesägt/gekerbt, fast ganzrandig erscheinend; VI–VII. Sg – ss. O-China.

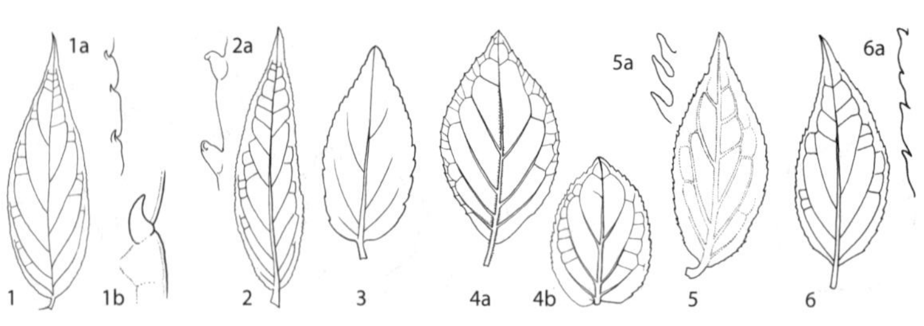

506/1–6 *Deutzia*, Bl. u. Bl.ränder: 1 *D. crenata*; 2 *D. longifolia*; 3 *D. gracilis*; 4 *D. scabra*, 4a am Langtrieb, 4b am Bltn.zw.; 5 *D.* × *hybrida*; 6 *D.* × *rosea*

— Bl. unterseits fast kahl, mit wenigen 3–6-strahligen Sternhaaren – Bltn. etwa 1–1,5 cm ∅, Krbl. rein weiß, Kbl. blass weißl., kurz bis längl. 3-eckig, kürzer od. wenig länger als der Bltn.becher, Staubfäden nicht od. nur schwach gezähnt, Gr. 3; Bltnst. wenigbltg. (oft nur 5–7 Bltn.), aufrechte längl. Traube, etwa 6–10 cm lang u. 2–3 cm ∅; Bl. längl. eif. bis längl. elliptisch (*506/3*), 3–7 cm lang, lang zugespitzt; V. Sz/Sk – h. Jap. **Zierliche D., *D. gracilis*** SIEBOLD & ZUCC.

'Nikko': nur 30 cm hoch werdend; Kbl. sehr kurz 3-eckig. h.

8 (2, 6). Bl. im Bltnst. deutl. gestielt od. Zähne am Bl.rand oft relativ kurz u. dünn, meist längl. (Ränder parallel) **10**

— Bl. im Bltnst. sitzend od. kurz gestielt (*506/4b*) u. Zähne am Bl.rand 3-eckig – Sternhaare auf der Bl.unterseite auf verlängerten Sockeln sitzend, dadurch hier sehr rau **9**

9. Krbl. weißl., Kbl. bleibend, kürzer als der Bltn.becher, Staubfäden ohne Zähne (*507/4*) – Krbl. sternf. ausgebreitet, Bltn. ca 12 mm ∅; Bl. (*506/4a–b*) beiderseits mit 3–5-strahligen Sternhaaren; VI. Sk – ss. Jap. [*D. sieboldiana* MAXIM.] **Echte Raue D., *D. scabra*** THUNB.

Nur in wenigen BG zu finden, gehört die Mehrzahl der als *D. scabra* geführten Pfl. u. alle ihr zugeordneten Sorten zu *D. crenata*. *D. scabra* ist jedoch Elternteil einiger s–z gepflanzter Hybriden.

— Krbl. rosa, Kbl. länger (ca. 3 mm) als der Bltn.becher, Staubfäden gezähnt – Krbl. in der Kn. violettrosa, im Verblühen nur noch schwach rosa, fast weiß, Gr. 3; Bltnst. bis > 15-bltg.; Bl. eif. bis längl. eif., 5–8 cm lang, im Bltnst. kurz gestielt, Sternhaare unterseits 5–6(–8)-strahlig, auf den Nerven auf leichten Sockeln sitzend, Bl.rand, -nerven u. -stiel rötl.; V–VI. Sk – s. [*D. purpurascens* × *D. scabra*] ***D.* × *elegantissima*** (LEMOINE) REHDER

'Rosalind': Krbl. außen tief rosarot, innen heller rosa gefärbt. s.

Ähnl. ist ***D.* × *carnea*** REHDER [*D.* × *rosea* × *D. scabra*]: Krbl. rosa, 5–6 × 3 mm, Kbl. 1,5 mm, kürzer als Bltn.becher, Staubfäden relativ schlank, mit schwachen Zähnen, Staubbeutel tief gelb; Bl. eif. bis längl. eif., 3–5 cm lang, unterseits mit 5–8-strahligen Sternhaaren.

10 (8). Krbl. gleichmäßig rosa bis rot überlaufen od. Krbl. auf dem Rücken stark gerötet, Kbl. oft länger als der Bltn.becher **12**

— Krbl. weiß, nur außen am Ansatz zuw. schwach gerötet, Kbl. nicht od. wenig länger als der Bltn.becher **11**

11. Äußere Staubfäden mit 2 Zähnen, diese überragen die Staubbeutel, innere ungezähnt bis 2-lappig, Staubbeutel hier in der Mitte ansetzend; Bl. eif. bis lanzettl., bis 8 cm lang, Spreitengrund gerundet bis breit keilf., unterseits lo-

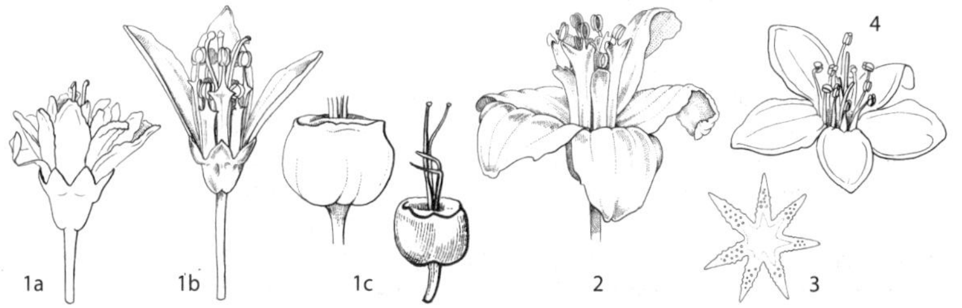

507/1–4 *Deutzia*: 1. *D. crenata*, 1a gefüllte Blüte, 1b ungefüllte Blüte, die vorderen beiden Krbl. entfernt, 1c Fr. (Kbl. hinfällig); 2 *D.* × *hybrida* 'Mont Rose'; 3 *D.* × *rosea*, Sternhaar; 4 *D. scabra*, Blüte

cker mit 4–7(–8)-strahligen Sternhaaren, entlang der Nerven mit Mittelstrahl; VI–VII. Sk – ss. SO-China. **D. setchuenensis** var. **corymbiflora** (André) Rehder

— Alle Staubfäden mit 2 Zähnen, Staubbeutel mit verlängertem Stielchen die Zähne überragend (*505/1b*); Bl. lanzettl., bis 10 cm lang, zugespitzt, unterseits relativ dicht mit 8–12-strahligen Sternhaaren bedeckt, längs der Nerven Mittelstrahl verlängert; V–VI. Sk – s. M-China [*D. vilmoriniae* Lemoine] **D. discolor** Hemsl.

12 (10). Krbl. besonders in der Bltn.kn. gleichmäßig stark purpurrosafarben, geöffnet heller rosa, Krbl. breit; Bl. längl. eif. bis elliptisch, Rand mit längl. Zähnen (*506/5*); V–VI. Sk/Sg – h. Kultur. [*D. longifolia* × *D. purpurascens*] **D.** × **hybrida** Lemoine

'Mont Rose': Typ der Hybride; Krbl. breit eif., 10 mm lang u. 7 mm breit, Bltn. geöffnet ca. 20 mm ∅, die breiten Staubfäden stehen aufrecht u. bilden eine Röhre, die äußeren sind deutl. gezähnt, bei den inneren setzen die Staubbeutel innen tief an u. werden vom dazugehörigen Staubfaden verdeckt; Gr. kürzer als Stbl.; K.zähne ca. 3 mm lang (*507/2*). h.

— Krbl. stark gerötet, in der offenen Blüte oft starke Kontraste zwischen Innen- u. Außenseite **13**

13. Bltn. in schmalen kurzen Rispen, oft mehrere beieinander; Bl. auf Unterseite mit 4–7-strahligen Sternhaaren – Kbl. lanzettl., 3–5 mm, länger als der Bltn.-becher, Krbl. 10–18 mm lang, trichterf. zusammen, Stbl. längl., etwas kürzer als die Gr., Staubfäden schwach gezähnt, innere auch ungezähnt; Bl. längl. eif. bis eilanzettl., bis 10 cm lang (*506/6*); V–VI. Sk – z–h. Kultur. [*D. gracilis* × *D. purpurascens*] **D.** × **rosea** (Lemoine) Rehder

'Carminea': häufigste Sorte. Bltn. 2 cm ∅, Krbl. innen weiß, außen karminrosa. h.

— Bltn. in lockeren breiteren Bltnst. od. Sternhaare auf der Bl.unterseite 6–8- od. 8–10-strahlig **14**

14. Bltn. kurz gestielt (3–7 mm) in längl. Rispen – Krbl. innen weiß, außen rosa bis purpurn, Bltn. gelegentl. bis 2,5 cm ∅; Bl. unterseits durch dicht aneinanderschließende 8–12-strahlige Sternhaare ± graugrün, längl. eif. bis schmal lanzettl., 5–8(–12) cm lang (*506/2*); V–VI. Sk – ss. SW-China. **Langblättrige D., D. longifolia** Franch.

var. veitchii Rehder hat stärker gerötete Krbl. Hierher wahrscheinl.:

'Strawberry Fields': Bltnst. Rispen, ca. 9 cm lang u. 6 cm ∅, Krbl. ca. 15 mm lang u. 8 mm breit, intensiv rot, Kbl. breit 3-eckig, 2,5-3 mm lang, länger als der Bltn.becher, Staubfäden gezähnt, Zähne violett überlaufen, nach außen stehend, Staubbeutel die Zähne überragend, Gr. 4, länger als Stbl.; Bl. längl. eif. zugespitzt, ca. 7 cm lang u. 3,5 cm breit, Sternhaare unterseits dicht, aber nicht deckend, 6–8(–9)-strahlig, z. T. mit längerem Mittelstrahl.

— Bltn. länger gestielt (≥ 10 mm), in lockeren Rispen – Krbl. ca. 12–16 mm lang u. 8–9 mm breit, innen weiß, außen in der Mitte (der in der Kn. nicht verdeckte Bereich) lebhaft rot überlaufener Längsstreifen, Rand fein wellig, Kbl. 4–6 mm lang, Stbl.: die beiden Zähne der äußeren Stbl. enden etwa auf Höhe der Staubbeutel, die Zähne der inneren Stbl. sind z. T. verwachsen u. überragen die an der Innenseite des Staubfadens sitzenden Staubbeutel, Gr. 4; Bl. längl. eif. bis längl. lanzettl., 3–6 cm lang, Zähne dünn fädig, 0,5–1 mm lang, Sternhaare unterseits 6–8-strahlig; V–VI. Sk – z. W-China. **D. purpurascens** (L. Henry) Rehder

15 (1). Krbl. in der Kn. teils dachziegelig, teils klappig angeordnet; Bltn. in lockeren (Schirm-)Rispen (**Hybriden Sekt.** ***Deutzia*** × ***Mesodeutzia***) **17**

— Alle Krbl. in der Bltn.kn. dachziegelig angeordnet; Bltn. klein, ca. 10–12 mm ∅, in relativ dichten Trugdolden (**Sekt.** ***Mesodeutzia***) **16**

16. Krbl. weiß, Kbl. kurz 3-eckig, ca. 0,5 mm lang, kürzer als der Bltn.becher, Stbl. oft ohne Zähne; Bltnst. eine 4–7 cm breite Schirmrispe; Bl. eif. bis elliptisch lanzettl., 3–8 cm lang; VI. Sk – s–z. N- u. NO-China, Russ.-Fernost u. Kor. **Kleinblütige D., *D. parviflora*** BUNGE

— Krbl. in der Bltn.kn. schwach rosa bis violett überlaufen, Staubfäden breit, mit 2 starken Zähnen, Staubbeutel gelb, rötl. violett überlaufen (*505/2b*); Bl. 4–5 cm lang u. 2 cm breit, Spreitengrund abgerundet, lang zugespitzt, Stiel 1–2 mm, Zähne klein u. unregelmäßig (ca. 0,5–1 mm), Sternhaare unterseits 5–7-strahlig; VI. Sk – s. S-Tibet bis N-Yunn. **Kompakte D., *D. compacta*** CRAIB

'Lavender Time': Krbl. in der Kn. rosa, später ausgebreitet, fast weiß, Bltn. 10–12 mm ∅, Kbl. kurz (1 mm) abgerundet, Staubfäden kurz u. breit (äußere 3 mm lang u. bei den Zähnen 2,5 mm breit; innere Staubfäden schmaler, Staubbeutel innen tief ansetzend).

17 (15). Krbl. außen rötl., innen rosa getönt, Staubfäden mit 2 starken Zähnen, Kbl. längl., länger als der Bltn.becher – Bltn. in Schirmrispen, etwa 2 cm ∅; Bl. längl. eif. bis eilanzettl., 3–6 cm lang; V–VI. Sk/Sg – z. Kultur. [*D. parviflora* × *D. purpurascens*] ***D.* × *kalmiiflora*** LEMOINE

Pfl. unter diesem Namen in Kultur vielleicht keine Hybriden u. nur eine Form von *D. purpurascens* u. dieser zuw. als 'Kalmiiflora' zugeordnet.

— Krbl. weiß, Staubfäden ohne od. mit sehr schwachen Zähnen, Kbl. kurz 3-eckig, 1 mm lang, kürzer als der Bltn.becher – Bltn. 12–17 mm ∅, Staubfäden schwach gezähnt; Bltnst. eif. bis pyramidale, 3–8 cm lange Rispe; Bl. elliptisch lanzettl., 3–6(–10) cm lang, 7–10 mm lang gestielt, unterseits grün, mit 7–8-strahligen Sternhaaren, oberseits papillös, Haare 4–6-strahlig; V. Sk. – z. [*D. parviflora* × *D. gracilis*] ***D.* × *lemoinei*** LEMOINE

'Boule de Neige': Bltn. in kompakten, kugeligen Bltnst.; Krbl. rahmweiß; V. Sk – s.

Ähnl. sind:

D.* × *maliflora REHDER [*D.* × *lemoinei* × *D. purpurascens*]: Bltn. klein, 12 mm ∅, Krbl. leicht rosa, Kbl. 1,5–2 mm, länger als der Bltn.becher, Staubfäden gezähnt, Staubbeutel an der Spitze gestielt; Bl. längl. eif., 3–4 cm. s. Hierher 'Avalanche'.

D.* × *candida (LEMOINE) REHDER [*D.* × *lemoinei* × *D. scabra*]: Bltn. klein, 12 mm ∅, Krbl. weiß; Bl. sehr kurz gestielt, Spreitenbasis gerundet. ss.

Diervilla Mill., **Buschgeißblatt** – *Caprifoliaceae* (Bearbeiter: Bernd Schulz)

Sommergrüne, Ausläufer bildende, kleine, 0,8–1 m hohe Sträucher; Bl. eif., (ansatzweise doppelt) kerbig gesägt (*510/1a* u. *2a*); Bltn. in endst. Thyrsen an jungen Langtrieben, die achselst. Zymen 1–3- od. vielbltg., Kr. gelb od. grünl. gelb, im Verblühen zuw. rötl., K. 5-lappig, Zipfel pfriemf., Kr. 2-lippig mit trichterf. Röhre, Zipfel ≥ ½ der Röhrenlänge, Stbl. u. Gr. die Kr. überragend, Frkn. 2-fächerig (*510/2b*); Kapseln vielsamig, nur seitl. aufspaltend, an der Spitze verbunden bleibend, vom eingetrockneten K. gekrönt (*510/2c*). 3 Arten im nem. O-NAm.

1. Bl. deutl., 5–10 mm lang gestielt (*510/1a*); achselst. Zymen wenigbltg.: 1–3(–5) Bltn. – endst. bis 11-bltg.; Bl.spreite 4–12 cm lang, längl. elliptisch, lang zugespitzt, am Grund breit keilf. bis gerundet, kerbig gesägt, nur schwach behaart; Zw. rund, nur an der Spitze mit 4 feinen, leicht behaarten Leisten; Kapsel 8 mm lang, mit wenig hervortretenden Kanten; VI–VII. Sk – ss. N- u. O-NAm. **Kanadisches B., *D. lonicera*** MILL.

— Bl. sehr kurz gestielt od. sitzend (*510/2a*); achselst. Zymen mit 3–7(–15) Bltn. **2**

2. Zw. ± 4-kantig, wenigstens an den Kanten behaart; Bl. fast sitzend, Spreite eif. lanzettl., 6–15 cm lang – zugespitzt, am Grund gerundet od. herzf., deutl.

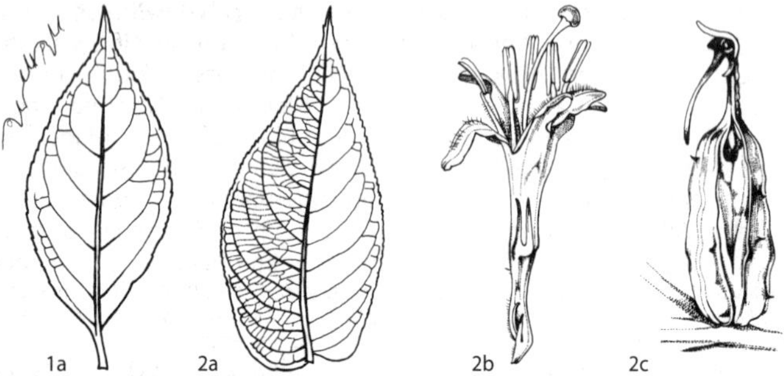
1a 2a 2b 2c

510/1–2 *Diervilla*: 1a *D. lonicera*, Bl.; 2 *D. sessilifolia*, 2a Bl., 2b Blüte, 2c Fr.

gesägt; seitl. Zymen 3–7-bltg., endst. Zymen oft > 15-bltg.; Kapsel mit scharf hervortretenden Kanten, 10–12 mm lang; VI–VIII – z. SO-NAm.

Stielloses B., *D. sessilifolia* BUCKLEY

D.* × *splendens CARRIÈRE [*D. lonicera* × *D. sessilifolia*]: ähnl. *D. sessilifolia*, aber Bl. kurz gestielt, im Austrieb rötl., in Sorten ('Diva') auch bleibend rot.

— Zw. stielrund, dicht kurzhaarig; Bl. fast sitzend, eif. bis längl. lanzettl., 4–8 cm lang – lang zugespitzt, Spreitengrund keilf. bis herzf., beidseitig behaart; Zymen mehrbltg., Kr. zitronengelb; Fr. 6 mm lang; VII–VIII. Sk – ss. SO-NAm.

Bach-B., *D. rivularis* GATT.

Diospyros L., **Dattelpflaume, Kakipflaume, Persimone** – *Ebenaceae*

(Bearbeiter: Peter A. Schmidt)

Immergrüne, selten sommergrüne, 1- od. 2-häusige Bäume u. Sträucher; Bltn (3–)4(–7)-zählig, radiär, achselst. an diesj. Zw., ♀ Bltn. einzeln, ♂ zu 2–5 in Büscheln; Fr. eine kugelige od. abgeflacht kugelige, saftige Beere mit auffällig vergrößertem, bis zur Reife grünem, 4(–5)-lappigem K. (*510/4b*). Etwa 475 Arten, vorwiegend in trop. u. subtrop. Zonen, nur wenige bis in nem. Zone.

In Kultur nur 3 sommergrüne Arten mit eif. bis elliptischen od. längl., oberseits glänzend dunkelgrünen, unterseits helleren, graugrünen od. bläul. grünen Bl.

1. Bl. (5–)8–20 cm lang, (2,5–)4–9 cm breit, Stiel 0,8–2 cm lang; Fr. 3,5–8,5 cm ∅, süß u. schmackhaft – Bl. unterseits zumindest anfangs behaart, Basis keilf. bis fast gestutzt; ♂ Bltn. 0,6–1 cm, ♀ Bltn. 1–1,6 cm lang, Kr. gelbl. weiß, zuw.

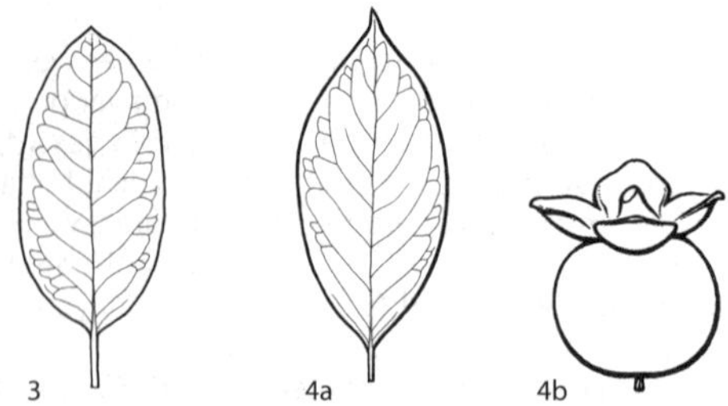
3 4a 4b

510/3–4 *Diospyros*: 3 *D. virginiana*, Bl.; 4 *D. lotus*, 4a Bl., 4b Fr.

weiß od. rot; Fr. kugelig bis abgeflacht kugelig, tomatenf., selten eif., reif gelb bis orange od. orangerot, K. zur Fr.reife 3–5 cm ∅; Zw. dicht braun behaart bis kahl; VI. Bk – s. ∧∧ O-As.: N- u. S-China bis Yunn. u. Taiw.; in Jap. kultiviert u. verwildert. **Kakipflaume, *D. kaki*** Thunb.

— Bl. 5–13(–15) cm lang, 2,5–6(–8) cm breit, Stiel 0,6–1,5 cm lang; Fr. 1–2 cm ∅ u. fade schmeckend od. wenn größer u. süß, dann meist nur bis 5 cm ∅ u. erst bei völliger Reife od. nach Frosteinwirkung süß **2**

2. Bltn. 1–2 cm lang, Kr. cremeweiß od. grüngelb; Fr. kugelig od. abgeflacht kugelig, zuw. längl. od. eif., reif gelb bis orange, seltener dunkelrot od. purpurn, oft bereift, (2–)3–5(–7,5) cm ∅, Fr.fleisch während des Reifens zusammenziehend u. ungenießbar, erst bei völliger Reife od. nach Frosteinwirkung süß u. essbar; Bl. eif. bis elliptisch, Basis meist abgerundet (*510/3*), (5–)6–15 cm lang, 2,5–8 cm breit, Bl.stiel 7–10 mm lang, Spreite unterseits zumindest anfangs ± behaart, aber variabel, zuletzt bis auf die Mittelrippe meist kahl; V–VI. Bm – s. O-NAm.: SO-USA bis NO- u. Z-USA. **G!** **Persimone, *D. virginiana*** L.

— Bltn. 0,4–0,6 cm lang, Kr. blassgrün od. -gelb, rot überhaucht; Fr. fast kugelig bis ellipsoidisch, anfangs blassgelb, später purpurbraun bis bläul. schwarz, blau bereift, essbar, aber fade schmeckend; Bl. elliptisch bis längl. eif., Basis breit keilf. (*510/4a*), zuw. fast abgerundet, 5–13 cm lang, 2,5–6 cm breit, Bl.stiel 6–15 mm lang; Spreite unterseits anfangs stärker behaart, zuletzt kahl od. nur mit vereinzelten Haaren auf der Bl.fläche; VI. Bm – s. Kl.-As. u. S-Kauk. bis O-As. (China). **Lotuspflaume, *D. lotus*** L.

Dipelta Maxim., **Doppelschild** – *Caprifoliaceae* (Bearbeiter: Bernd Schulz)

Sommergrüne Sträucher; Bl. kurz gestielt, ganzrandig od. schwach gezähnt; Bltnst. Zymen am Ende kurzer junger Triebe u. am Ende von Langtrieben; Bltn. zygomorph, nickend, duftend, K. am Grund röhrenf. verwachsen od. frei, mit linealischen od. lanzettl. Zipfeln, Kr. deutl. 2-lippig, Röhre trichterf. glockig, außen rosa od. gelb, innen weiß u. gelb, Stbl. 4, Frkn. 4-fächerig; Fr. eine 2-samige Kapsel, von den vergrößerten, schildf. Hochbl. umgeben. 3 Arten im nem. China.

1. Hochbl. schildf. (peltat), mit der Mitte angewachsen (*511/2a*); Zw. hohl; Zymen 1–4-bltg., K.zipfel frei, Kr. an der Basis röhrenf. verengt, sich erst nach 1/3 der Länge erweiternd (*511/2*), bis 3 cm lang, hellrosa, Schlund mit orangegelbem, bis zu den Unterlippenlappen reichendem Fleck (Saftmal), Oberlippe 2-, Unterlippe 3-lappig; Bl. (*511/3*) elliptisch lanzettl., 5–12 cm lang, lang zugespitzt, meist ganzrandig, verkahlend, Bl.stiel 5–8 mm lang; junge Zw. drüsig behaart, VI. Sg – s. Sich. bis westl. S- u. N-China u. östl. W-China.
Vielblütiges D., *D. floribunda* Maxim.

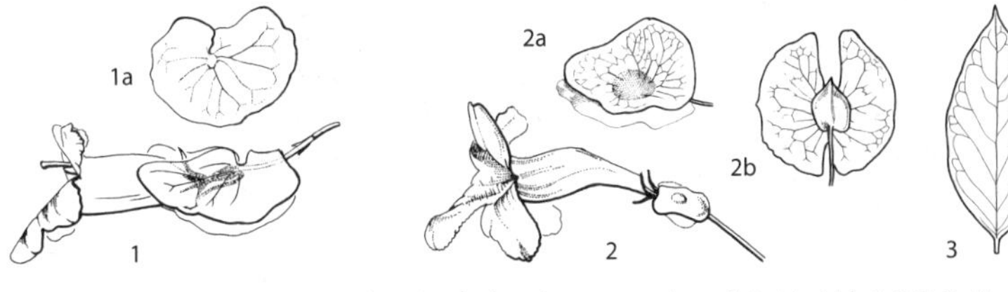

511/1–3 *Dipelta*: 1 *D. yunnanensis*, Blüte (verdeckter Ansatz angedeutet), 1a Hochbl.; 2–3 *D. floribunda*, 2 Blüte, 2a Hochbl. seitl., 2b von oben, 3 Bl.

— Hochbl. ohr- bzw. nierenf., mit der tief herzf. Basis angewachsen (*511/1a*); Zw. voll, mit weißem Mark; Zymen 1–3-bltg., K. basal röhrig verwachsen, Kr. ohne röhrenf. Ansatz breit an den K. anschließend, sofort erweitert, auf der Unterseite leicht bauchiger Sporn (*511/1*), außen hellgelber Grundton, leicht bis stark violettrot überlaufen, innen heller, mit dottergelbem Saftmal; Bl. schmaler, 5–14 cm lang, lang zugespitzt, unterseits auf den Nerven behaart; Zw. flaumhaarig; VI. Sg – ss. Sich. u. Yunn. bis westl. S- u. N-China u. östl. W-China. [*D. ventricosa* Hemsl.] **Ohr-D., *D. yunnanensis*** Franch.

Dipteronia Oliv., **Brillenfrucht** – *Sapindaceae* (Bearbeiter: Bernd Schulz)

Sommergrüne, kleine Bäume mit gegenst., gefiederten Bl., nahe verwandt mit *Acer*. Von den 2 Arten im nem. China ist nur die folgende selten in Kultur.

D. sinensis Oliv. – Bl. 20–30 cm lang, Blch. meist 9–13, kurz gestielt, die oberen ± sitzend, längl. eif., 4–8 cm lang, scharf gesägt, die unteren zuw. ± 3-zählig, ± kahl; Bltn. in endst., vielbltg., kahlen Rispen, etwa 3 mm ∅, eingschl., 5-zählig, Krbl. grünl.weißl., ♂ Bltn. mit 8 Stbl., ♀ mit 2 verwachsenen Frbl.; Fr. flach, brillenf. (*311/4*), bei der Reife meist auffällig rosa bis rötl. braun, sich in 2 Teilfr. aufspaltend, diese 1-samig, flach, mit einem rings herum laufenden Flügel, 2–2,5 cm ∅; Winterkn. nackt; VI. Sg/Bk – ss. ZS- bis WN-China.

Dirca L., **Lederholz** – *Thymelaeaceae* (Bearbeiter: Ulrich Hecker)

Sommergrüne Sträucher; Endkn. fehlend; Bl. wechselst.; Bltn. vor dem Laubaustrieb erscheinend, ⚥, zu 2–3 achselst. an vorj. Zw., Krbl. fehlend, K.röhre trichterf., K. nur kurz, nicht spreizend, Stbl. 8, die K.röhre gleich dem Gr. überragend. 4 Arten in NAm. Nur folgende Art in Kultur.

D. palustris L. – Zw.abschnitte scheinbar tütenf. ineinander gesteckt, Zw. sehr biegsam mit glatter, zäher Rinde, kahl; Bl. eif. bis elliptisch, 3–7 cm lang, oberseits hellgrün, unterseits bläul., anfangs behaart; Bltn. sehr kurz gestielt, hellgelb, 6–8 mm lang; Steinfr. ellipsoidisch, 8 mm lang, hellgrün bis rötl.; III–IV. Sk – s. O-Kanada u. NOZ- bis SO-USA. **G!**

Disanthus Maxim., **Doppelblüte** – *Hamamelidaceae* (Bearbeiter: Bernd Schulz)

1 Art.

D. cercidifolius Maxim. – Sommergrüner, kahler Strauch; Winterkn. nur Seitenkn. mit 5–6 2-zeiligen braunen Kn.schuppen; Bl. 5–6 cm lang gestielt, Spreite herzf. bis herzeif., 5–12 cm lang u. ebenso breit, ganzrandig, kahl, oberseits blaugrün, unterseits heller (*512/1*), Nebenbl. hinfällig; Bltn. ⚥, in 3–10 mm lang gestielten, achselst. Paaren, Bltn.hülle doppelt, 5-zählig, Krbl. dunkelrot, K. mit kurzen zurückgebogenen Zipfeln, Krbl. lineal lanzettl., geschwänzt, Stbl. 5, kürzer als der K., Frkn. oberst.; Kapsel mehrsamig, sich 4-klappig öffnend, Samen längl. elliptisch, schwarz glänzend; X. Sk – ss. Jap.

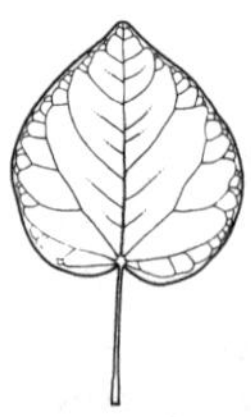

512/1 *Disanthus cercidifolius*, Bl.

Distylium Siebold & Zucc. – *Hamamelidaceae* (Bearbeiter: Bernd Schulz)

Immergrüne Sträucher od. Bäume; Kn. eif., behaart; Bl. kurz gestielt, ganzrandig od. zur Spitze gezähnt, fiedernervig, Seitennerven den Rand nicht erreichend; Nebenbl. hinfällig; Bltn. ohne Bltn.becher (*288/2*), ♂ od. ⚥, von kleinen Hochbl. umgeben, in achselst. Trauben; Krbl. fehlend, Kbl. 1–5 od. fehlend, Stbl. 2–8, mit kurzen Staubfäden, ⚥ Bltn. mit oberst. Frkn., dieser mit Sternhaaren besetzt, Stbl. einige od. fehlend, Gr. 2; Kapsel mit 2 Samen, 1 je Fr.fach. 12 Arten in Mal. Arch. u. O-As.

D. racemosum Siebold & Zucc. – Zw. kahl, mit einigen längl., dunklen Lentizellen; Bl. 5–12 mm lang gestielt, Stiele oberseits flach, Spreite lederig, elliptisch bis längl. elliptisch, mitunter verkehrt eif., oben stumpf od. spitz, ganzrandig, am Grund breit keilf. verschmälert, 3–7 cm lang, kahl; Trauben sternhaarig, 1,5–4, zur Fr.zeit bis 8 cm lang; Bltn.stiele mit kleinen rostfarbenen Schuppen besetzt, K. 5-teilig, rot, Staubbeutel rot; Kapsel elliptisch, 2-spitzig, ca. 1 cm lang, ohne Reste des K.bechers (*288/2*); III–IV. Sk – ss. ∧∧ Jap.

Dorycnium Mill., **Backenklee** – *Fabaceae* (Bearbeiter: Bernd Schulz)

Stauden, Halb- od. Zwergsträucher, sommer- od. wintergrün; Zw. dünn, rund, ohne Leisten, seidig od. zottig behaart; Bl. wechselst., oft sitzend, 5-zählig, Rhachis meist sehr kurz od. fehlend; Nebenbl. frei, sehr klein, zuw. fehlend; Bltn. in achselst. Köpfchen, K. glockenf., K.zähne gleich od. ungleich, lang zugespitzt, Krbl. weiß bis rosa, Fahne länger als andere Krbl., Flügel mit Aussackung (*513/1*), Stbl. 10, davon 9 miteinander verwachsen; Fr. längl. bis eirundl., 1- bis vielsamig. 10–12 Arten, vorwiegend Medit., N-Afr., Kanar., M-Eur. bis südl. W-As.

1. Bltn. > 10 mm lang; Fr. eif. zylindrisch, ca. doppelt so lang wie dick (6–10 × 3–5 mm), mit 2–4 Samen – Zw., Bl. u. K. lang abstehend weiß behaart; Bl.stiel 0,5–2,5 mm lang, Blch. 5, bis ca. 25 lang u. 6(–8) mm breit, v. a. die beiden basalen stark asymmetrisch; K. 8–11 mm, ± symmetrisch, Fahne 11–18 mm lang, wie die Flügel weiß-rosa; VI–IX; Sz (bis 50 cm)– ss. ∧ Medit. bis N-Afr. u. Kl.-As. **Behaarter B., *D. hirsutum*** (L.) Ser.

— Bltn. bis 7 mm lang; Fr. 1-samig, 3–5 mm lang – Sprosse anliegend seidenhaarig; Blch. linealisch, 8–20 mm lang, Stiel bis 0,5 mm; Bltn. an den Zw.enden in 10–12-bltg. Köpfchen, Fahne u. Flügel rein weiß, nur Schiffchen (in der Blüte kaum sichtbar) bläul. violett, Flügel etwa 3–4 mm lang, in der Mitte unter der Fahne deutl. erweitert; niederliegend aufstrebender HS; V–VI. HS – ss. ∧ Variable Art von M-Eur. bis N-Afr. u. W-As., in Neuseel. Neophyt. [*D. suffruticosum* Vill.] **Fünfblättriger B., *D. pentaphyllum*** Scop. subsp. ***pentaphyllum***

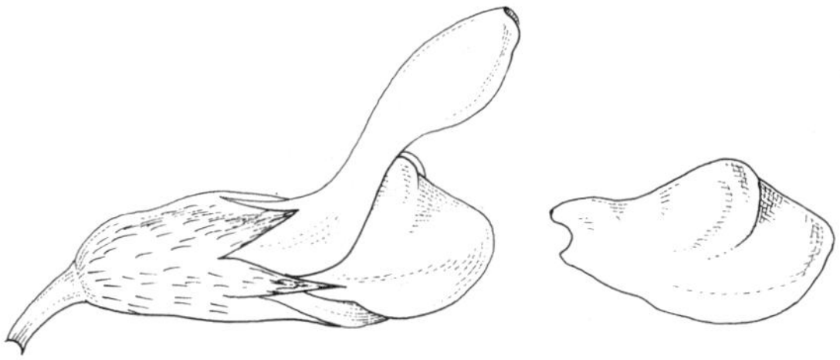

513/1 *Dorycnium pentaphyllum* subsp. *germanicum*, Blüte u. Flügel mit Aussackung („Backe")

Drimys J. R. FORST. & G. FORST., **Winterrinde** – *Winteraceae* (Bearbeiter: Bernd Schulz)

Etwa 9–21 immergrüne Arten, davon 5–14 in As. (zuw. als eigene Gatt. *Tasmannia* DC. angesehen) u. 4–7 Arten in SAm. (*Drimys* i. e. S.).

D. winteri J. R. FORST. & G. FORST. – Bl. (*514/1*) bis 20 cm lang, längl. elliptisch, derb, unterseits bläul. bereift, oberseits glänzend grün; Bltnst. achselst. am Ende der Zw. gehäuft, schwach verzweigt; Bltn. lang gestielt in Kn. von 2(–3) Bl. eingeschlossen (*514/2*), erblüht etwa 25 mm ∅, Krbl. 7–14, frei, unregelmäßig angeordnet, weiß, längl., Stbl. um 30, unregelmäßig (spiralig?), klein (um 1,5 mm lang), längl., gelbl., Frbl. frei, 4–9, dunkelgrün, mit hellerer Narbe seitl. zur Spitze (*514/3*); Frch. deutl. voneinander getrennt, schwärzl., etwas bläul. bereift, verkehrt eif.; III–IV; in Heimat Bm, in Kultur kleiner (meist Kübelpfl.) – s. ∧∧ Chile u. Argent. **G!**

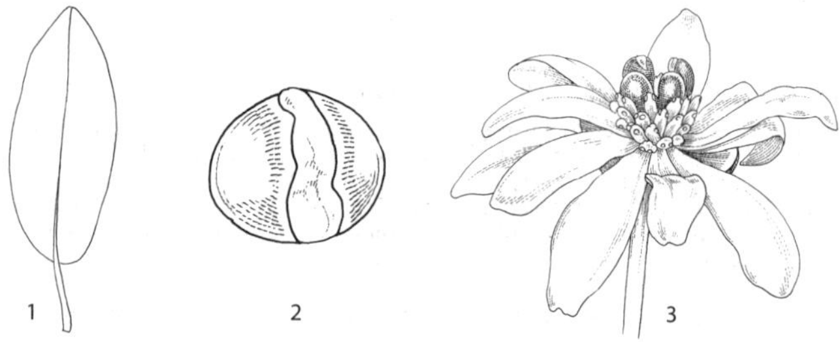

514/1–3 *Drimys winteri*: 1 Bl., 2 sich öffnende Bltn.kn., 3 Blüte

D. lanceolata (POIR.) BAILL. [*Tasmannia lanceolata* (POIRET) A. C. SMITH], **Tasmanischer Pfeffer** – Bl. lanzettl., bis 8 cm lang u. 2 cm breit, kurz gestielt, beidseitig grün; Bltn. lang gestielt, in doldigen Bltnst., Krbl. weiß bis gelbl., 4–6, bis 5 mm lang ; Fr. um 5 mm ∅, schwarz, Beere, einfach od. 2–3-teilige, kompakte Sammelfr. Sk – ss. ∧∧ Austr. (Tasm.).

Dryas L., **Silberwurz** – *Rosaceae* (Bearbeiter: Bernd Schulz)

Immergrüne, kriechende Zwergsträucher; Bl. einfach, elliptisch bis eif., Spreite 1–3 cm lang u. bis 1 cm breit, oberseits dunkelgrün, unterseits ± weißfilzig, Rand grob gezähnt, Saum meist umgebogen, Nebenbl. am Bl.stiel angewachsen (*514/6*); Bltn. einzeln, lang gestielt, 2–4 cm ∅, Krbl. meist 8 (7–10), weiß bis gelbl. (*514/4*); Frbl. viele, an schwach kegelf. Bltn.achse; Sammelnussfr., Gr. der Nüsschen zur Fr.reife verlängert u. lang behaart, durch den Wind verbreitet (*514/5*). 3 Arten zirkpol.: arkt. u. alp.

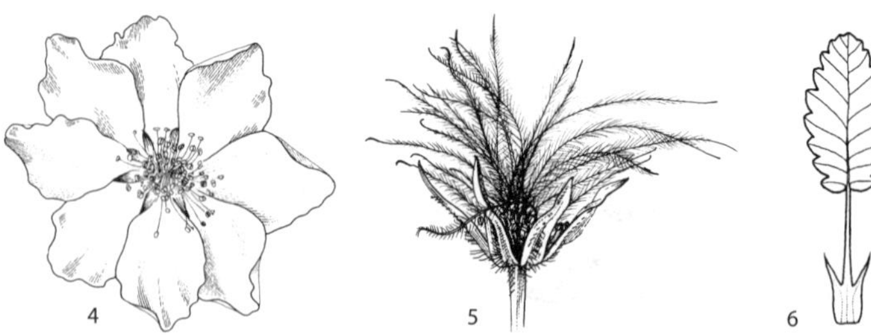

514/4–6 *Dryas octopetala*: 4 Blüte, 5 Fr., 6 Bl.

1. Bltn. (*514/4*) aufrecht, Krbl. weiß, ausgebreitet, Kbl. schmal längl., wie Bltn.-boden außen mit langen roten Drüsenhaaren, Stbl. (ca. 95–100), kürzer als oder so lang wie Kbl., Frbl. (ca. 35–40) seidig anliegend behaart, schmal kegelf., zusammenliegend, etwa so lang wie Kbl.; Bl.basis meist schwach herzf. (*514/6*); V–VII. Sp – h. Zirkarkt., alp. Geb. **Alpen-S., *D. octopetala*** L.

— Bltn. ± nickend, Krbl. gelbl., meist ± aufrecht, Stbl. länger als die Kbl., diese ± eif.; Bl.basis meist breit keilf.; V–VI. Sp – s–z. N-NAm. **Alaska-S., *D. drummondii*** Hook.

D. × suendermannii Sünd. [*D. octopetala × D. drummondii*]: Bltn. nickend, Krbl. in der Kn. gelbl., offen ausgebreitet weiß; V–VII. Sp – z–h.

Edgeworthia Meisn., **Papierstrauch** – *Thymelaeaceae* (Bearbeiter: Ulrich Hecker)

Sommer- od. wintergrüne Sträucher mit dicken Zw., Rinde papierdünn abblätternd; Bl. einfach, lanzettl. bis längl., ganzrandig, dicht an den Zw.enden stehend; Bltn. in dicht gestielten Köpfchen an vorj. Zw.enden, vor dem Laubaustrieb blühend, Stbl. 8. 4 Arten in Jap. u. China.

E. tomentosa (Thunb.) Nakai [*E. chrysantha* Lindl.; *E. papyrifera* Siebold & Zucc.] – Sommergrüner, bis 1 m hoher Strauch mit elastischen, dicken, anfangs behaarten Zw. u. papierartig abblätternder Rinde, sich meist in 3er-Quirlen verzweigend; Bl. bis 1 cm lang gestielt, lanzettl. bis längl., 10–15 cm lang (*516/1*), oberseits anfangs, unterseits bleibend v. a. auf den Nerven behaart; Bltn. an vorj. Zw.enden in dichten, gestielten ballf. Knäueln zu 40–50, sich vor der Laubentfaltung öffnend, weiß bis cremefarben, K.röhre 12–14 mm lang, die 4 Zipfel 5 mm lang, Stbl. 8, in 2 Reihen; Steinfr. ellipsoidisch, eintrocknend, 8 mm lang; III–IV. Sg – s. ∧ M- u. S-China.

'Red Dragon': Sorte mit orangeroten Bltn.

516/1 *Edgeworthia tomentosa*, Bl.

Ehretia P. Browne, **Fukientee, Ehretie**– *Boraginaceae* (Bearbeiter: Peter A. Schmidt)

Sommer- u. immergrüne Bäume u. Sträucher; Bl. wechselst. od. gehäuft stehend, einfach, ganzrandig od. gesägt; Bltnst. meist endst., zymös, rispenartig; Bltn. radiär, in endst. Rispen, K. 5-zähnig, Kr. röhrig glockig, ohne Schlundschuppen, Stbl. 5, meist herausragend, Gr. endst., mit 2-lappiger Narbe, Frkn. 2- od. 4-fächerig; Fr. eine kugelige Steinfr. mit 4 einsamigen od. 2 zweisamigen Steinkernen. Etwa 50 Arten in merid. bis trop. Afr., As., Austr. u. Am.

Nur in ausgesprochen wintermilden Gebieten 2 Arten zuw. in Kultur: sommergrüne, bis 12 m hohe Bäume; Bl. lederig, 5–18 cm lang, gesägt; Bltn. in bis 15 cm langen u. 9 cm breiten rispigen Bltst., Kr. etwa 6 mm breit, weiß, zuw. gelbl. getönt, süßl. duftend:

1. Bl. kahl, höchstens oberseits kurz rau behaart, 5–13 cm lang, 4–6 cm breit, Bl.zähne vorwärts gerichtet, zugespitzt; Kr.lappen länger als Kr.röhre; Fr. kugelig, 3–5 mm ∅, gelb od. orange, zuletzt bräunl. schwarz; VIII–IX. ss. ∧ O-As. (Jap., S-China, Yunn., Sich., Taiw.) bis S-As. (Bhutan, Indien) u. SO-As. (Vietn., Indon.), Austr. [*E. thyrsiflora* (Siebold & Zucc.) Nakai]
Straußblütiger F., *E. acuminata* R. Br.

— Bl. unterseits samtig, oberseits borstig behaart, 8–25 cm lang, 4–15 cm breit, Bl.zähne abstehend, nicht zugespitzt; Kr.lappen kürzer als Kr.röhre; Fr. abgeflacht kugelig, 10–20 mm ∅, gelb; VI–VII. ss. ∧ O-As. (S-Jap., S-China, Yunn., Sich., Taiw.) bis O-Himal. u. Vietn. **Dicksons F., *E. dicksonii*** Hance

Elaeagnus L. **Ölweide** – *Elaeagnaceae* (Bearbeiter: Ulrich Hecker)

Sommer- od. immergrüne Sträucher od. Bäume, oft dornig; Bl. wechselst.; Bltn. einzeln od. zu mehreren achselst., ⚥ od. polygam, K.röhre 4-zipfelig, Stbl. 4; Fr. steinfr.artig mit einem elliptischen gerieften Steinkern (*517/1* u. *2*). 98 Arten in Euras. u. NAm.

1. Bl. sommergrün; Blütezeit im Frühjahr **4**
— Bl. immergrün, lederig; Blütezeit im Herbst **2**
2. Pfl. bedornt – Zw. braun; Bl. unterseits grauweiß beschuppt, untermischt mit braunen Schülferhaaren, oberseits glänzend dunkelgrün, elliptisch längl., 5–10 cm lang, Rand wellig u. oft kraus (*517/3*); Bltn. zu 1–3, etwa 12 mm lang,

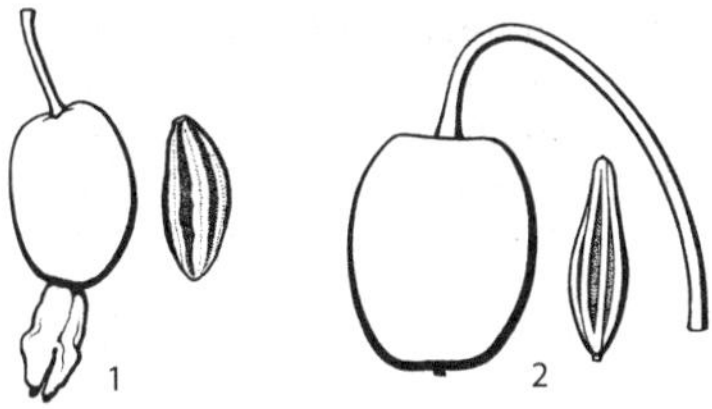

517/1–2 *Elaeagnus*, Fr. u. Steinkern: 1 *E. angustifolia*, 2 *E. multifora*

hängend, duftend, Kr.röhre über dem Frkn. plötzl. zusammengezogen, silbrig weiß; Fr. anfangs braun, vollreif rot; X–XI. Sg – h. ∧∧ Jap.
Dornige Ö., *E. pungens* THUNB.

'Aurea': Bl. goldgelb gerandet.

'Maculata': Bl. in der Mitte mit ± großem goldgelben Fleck.

— Pfl. stets ohne Dornen **3**

3. Junge Zw. u. Blattstiele dicht mit dunkelbraunen Schülferhaaren bekleidet, ältere Zw. heller; Bl. elliptisch, 9–12 cm lang, Bl.rand glatt bis sehr fein gezähnelt, gewellt (*517/4*), oberseits oliv- bis dunkelgrün, zerstreut mit hellen Schülferhaaren besetzt, unterseits silbrig mit einigen braunen Schülferhaaren, Mittelrippe braun; Bltn. meist zu 3–6, cremefarben, duftend; X–XI. Sg – h. ∧∧ [*E. macrophylla* × *E. pungens*] **Wintergrüne Ö., *E.* × *ebbingei*** DOORENB.

'Gilt Hedge': Bl.am Rand goldgelb.

'Limelight': Bl. in der Mitte mit gelbem Fleck.

— Junge Zw. silbrig weiß; Bl. unterseits silbrig weiß, oberseits dunkelgrün, elliptisch, 6–8 cm lang; Bltn. zu 4–6, ± 1 cm lang, duftend, nickend, außen silbrig- u. braunschuppig; – Fr. ellipsoidisch, 1,5 cm lang, rot, schuppig; IX–XI. Sg – s. ∧∧ Jap., Kor. **Großblättrige Ö., *E. macrophylla*** THUNB.

4 (1). Junge Zw., Kn. u. Bl. silberschuppig ohne bräunl. Schüppchen od. (var. ***orientalis*** (L.) KTZE.) die Bl. unterseits dicht sternhaarig, weich; Gr. am Grund von einem Auswuchs der K.röhre umgeben; – Bl. schmal, etwa 8–25 mm breit (*517/5*); Fr. hellgelb (*517/1*); VI. Bk – h. Anatolien bis W- u. M-As, Himal.
Schmalblättrige Ö., *E. angustifolia* L.

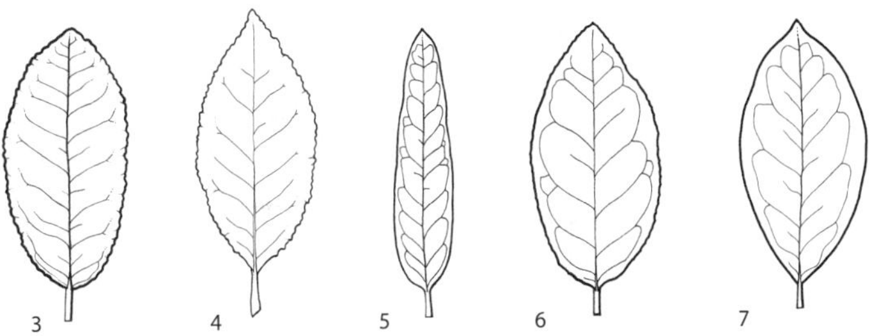

517/3–7 *Elaeagnus*, Bl: 3 *E. pungens*, 4 *E.* × *ebbingei*, 5 *E. angustifolia*, 6 *E. umbellata*, 7 *E. multiflora*

— Junge Zw. u. Kn., nicht selten auch die Bl., unterseits braunschuppig od. doch mit eingesprengten bräunl. Schüppchen; Gr. am Grund nicht umschlossen **5**

5. Bl. beiderseits silberschuppig, bis etwa 4,5 cm breit; reife Fr. trocken, silbrig – Bltn. zu 3–1, 1–3 mm lang gestielt, zylindrisch, mit spreizenden Zipfeln, außen silbrig, innen goldgelb; Pfl. Ausläufer bildend; V–VII. Sg – h. N- u. Z-NAm. [*E. argentea* PURSH] **Silber-Ö., *E. commutata*** RYDB.

— Bl. höchstens in der Jugend oberseits schuppig, später grün; reife Fr. saftig u. ± rot **6**

6. K.röhre etwa 2-mal so lang wie die Zipfel, Bltn.stiele 4–6 mm lang, kürzer als die fast doldig stehenden, nickenden Bltn.; Fr. 8–9 mm lang, kugelf., nicht hängend; Bl. (*517/6*) unterseits silbrig, meist mit reichl. eingesprengten braunen Schüppchen; Pfl. oft dornig; V–VI. Sg – h. China, Kor., Jap. [*E. crispa* THUNB.] **Doldige Ö., *E. umbellata*** THUNB.

— K.röhre kaum länger als die Zipfel, Bltn.stiele fast so lang wie od. länger als die Bltn., 1,5–2,5 cm, Bltn. zu 1–2, weiß, im Verblühen gelb; Fr. 12 mm lang, eif., hängend (*517/2*), sehr sauer; nur erste Bl. des Neutriebs mit braunen Schüppchen, folgende Bl. unterseits mit wenigen od. fehlenden braunen Schüppchen (*517/7*); Pfl. dornenlos; IV–V. Sg – h. China, Kor., Jap. [*E. edulis* CARR.; *E. longipes* GRAY] **Reichblütige Ö., *E. multiflora*** THUNB.

Eleutherococcus MAXIM., **Fingeraralie** – *Araliaceae* (Bearbeiter: Ulrich Hecker)

Meist sommergrüne u. bewehrte, mäßig verzweigte Bäume od. Sträucher; Bl. wechselst., gefingert, Blch. gesägt, Nebenbl. zuw. bewimpert; Bltn. ⚥ od. polygam, in endst. Dolden od. Doppeldolden, Frkn. 5–2-fächerig, Gr. frei od. verwachsen; Steinfr. mit 5–2 Steinkernen (*518/2*). 37 Arten im Himal., S- u. O-As.

1. Blch. 5–7, fast sitzend bis kurz gestielt, 2–5 cm lang; Zw. mit wenigen flachen Stacheln; Bl. an den Kurztrieben rosettig stehend, Blch. längl. eif. bis lanzettl., kerbig gesägt (*518/1*); Bltn. 5 mm ∅, gelbl. grün, in Dolden; Fr. kugelf., schwarz, Langtriebe unterhalb der Bl. mit je 1 Stachel von 5–10 mm Länge; VI–VII. Sg – s. China. [*Acanthopanax pentaphyllus* (SIEBOLD & ZUCC.) MARCHAL; *A. sieboldianus* MAK.] **Siebolds F., *E. sieboldianus*** (MAK.) KOIDZ.

— Blch. 3 od. 5, kurz gestielt, 6–15 cm lang **2**

2. Zw. dicht mit borstigen Stacheln besetzt; Blch. vorwiegend 5, längl. elliptisch bis schmal verkehrt eif., 6–12 cm lang, plötzl. lang zugespitzt, scharf gesägt,

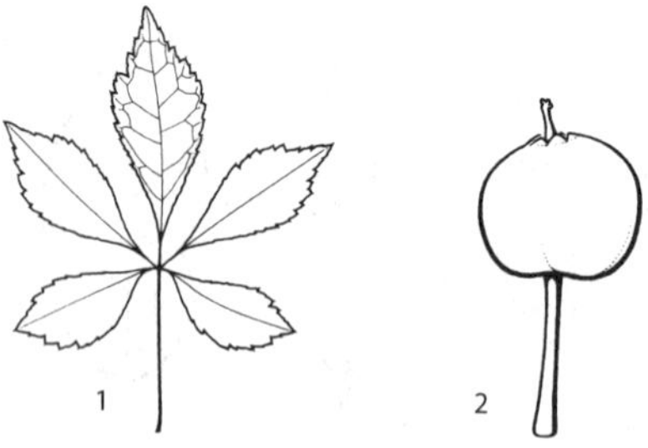

518/1–2 *Eleutherococcus*: 1 *E. sieboldianus*, Bl.; 2 *E. sessiliflorus*, Fr.

unterseits anfangs bräunl. behaart; Bltn. 1–1,5 cm lang gestielt, gelbl. purpurn; Fr. kugelf., 6 mm groß; Dolden meist einzeln, 2,5–4 cm lang gestielt; VII. Sg – s. NZ- u. O-China. [*Acanthopanax senticosus* (RUPR. & MAXIM.) HARMS] **G!**

Borstige F., *E. senticosus* (RUPR. & MAXIM.) MAXIM.

— Zw. nicht od. nur wenig bestachelt; Blch. meist 3, längl. eif., 6–16 cm lang, unregelmäßig gesägt, kurz zugespitzt; Bltn. fast sitzend, dunkel purpurn; Fr. breit ellipsoidisch, 10–12 mm lang; Dolden meist zu mehreren; VII–VIII. Sg – s. NO-China, Kor. [*Acanthopanax sessiliflorus* (RUPR. & MAXIM.) SEEM.]

Amur-F., *E. sessiliflorus* (RUPR. & MAXIM.) S. Y. HU.

In Sammlungen sind noch weitere Arten wie ***E. henryi*** OLIV., ***E. leucorhizus*** OLIV. u. ***E. setchuensis*** (HARMS) NAKAI anzutreffen.

Elsholtzia WILLD., **Kammminze** – *Lamiaceae* (Bearbeiter: Bernd Schulz)

Etwa 40 Arten in der nem. Zone. Stauden, Halbsträucher bis Sträucher. Nur 1 Art von Bedeutung.

E. stauntonii BENTH., **Chinesische K.** – Zw. rund; Bl. längl. lanzettl., 6–12 cm lang, fein zugespitzt, scharf gesägt (*519/1–2*), oberseits glänzend grün, kahl, unterseits heller, dicht mit gelbl. Drüsen besetzt (Lupe!), kurz gestielt; Bltn. 7–8 mm lang, in 10–20 cm langen, einseitswendigen, dichten Scheinähren (kurze büschelf. Teilbltnst. entlang einer aufrechten Hauptachse), Kr. purpurrosa, behaart, schwach zygomorph, Stbl. u. Gr. lang herausragend (*519/3*), K. röhrig, regelmäßig 5-zähnig (*519/4*); IX–X. HS – z. ∧ N-China.

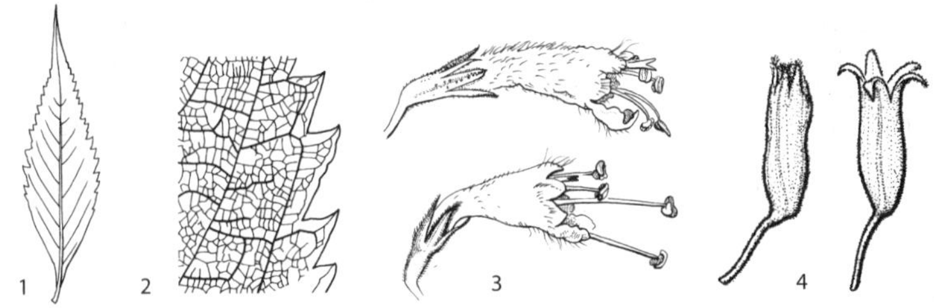

519/1–4 *Elsholtzia stauntonii*: 1 Bl., 2 Bl.rand, 3 Bltn., 4 Fr.-K., geschlossen u. offen

Empetrum L., **Krähenbeere** – *Ericaceae* (Bearbeiter: Bernd Schulz)

Zwergsträucher; Bl. linealisch, im Querschnitt rund u. hohl (*520/2*), an der Unterseite Ränder verfilzt, als weiße Linie sichtbar; Bltn. ⚥ od. eingschl., Krbl. nicht verwachsen; nur ein Stbl.kreis, Theken öffnen sich durch Längsspalten (*520/1*); Fr. eine oberst. (*520/3*, beerenartige mehrkernige Steinfr. Ca. 3–6 Arten in kälteren Gebieten der N- u. S-Hemisphäre: amphi-polar.

Von *Erica*-ähnl. Aussehen; immergrün; Bl. wechselst., oft scheinwirtelig, nadelartig, 4–6 mm lang, nach unten umgerollt u. Ränder verfilzt, eine weiße Naht bildend (*520/2*); Bltn. einzeln, an den Zw.enden gehäuft, K. u. Kr. unscheinbar, getrennt (2–)3-blättrig, auffällig nur 3 blassrote Stbl. (*520/1*); beerenartige Steinfr. kugelf., glänzend schwarz, bis 8 mm ∅, mit 6–9 Steinen (*520/3*); V–VI. Sp, kalkunverträgl. – s. zirkpol.

Schwarze K., Rauschbeere, *E. nigrum* L.

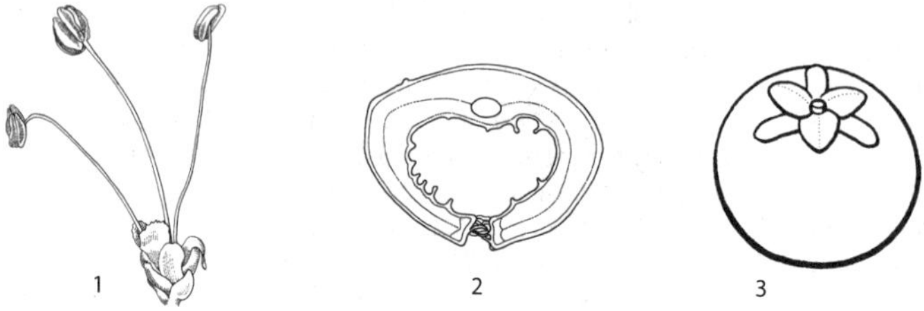

520/1–3 *Empetrum nigrum*: 1 Blüte, 2 Bl.-Querschnitt (im Zentrum hohl), 3 Fr. von unten

subsp. *nigrum* [*E. nigrum* L. s. str.]: Bltn. meist getrenntgeschl.; Jungtriebe rötl., niederliegende Zw. bis 120 cm lang, sich bewurzelnd; Bl. 3–5-mal so lang wie breit.

subsp. *hermaphroditum* (LANGE) BÖCH. [*E. hermaphroditum* (LANGE) HAG.]: Bltn. meist ⚥; Jungtriebe grünl., niederliegende Zw. bis 50 cm lang, keine Wurzeln treibend; Bl. 2–4-mal so lang wie breit; Wuchs mehr aufrecht; tetraploid, kräftiger wachsend u. reichlicher fruchtend als vorige.

Enkianthus LOUR., **Prachtglocke** – *Ericaceae* (Bearbeiter: Bernd Schulz)

Sommergrüne Sträucher; Zw. mit großen Endkn. (Bltnst.kn.); Bl. wechselst., an Triebenden oft wirtelartig gehäuft, elliptisch, meist fein gesägt, 3–7 cm lang, 1–3,5 cm breit (*520/4*); Bltn. lang gestielt, hängend in endst. Schirmtrauben, Tragbl. brakteos; Kr. radiär, becher- od. krugf., Öffnung weit (*520/5*) od. eng, 10 eingeschlossene Stbl., jede der beiden Theken mit einem Fortsatz (*520/5a*); Fr. sich aufrichtende fachspaltige Kapsel (*520/6*). Ca. 12 Arten von Jap. bis zum Himal.; kalkunverträgl.

1. Bltn. vor Bl.entfaltung – zu 3–10 in kahlen Schirmtrauben, Kr. weiß, urnenf., mit 5 sackartigen Anschwellungen an der Basis, etwa 8 mm lang; Bl. elliptisch verkehrt eif., 2–5 cm lang, fein scharf gesägt, glänzend grün, unterseits auf den Nerven behaart; Fr.kapsel längl. eif., 8 mm lang; IV–V. Sk – ss. Jap. [*E. japonicus* HOOK f.] **Frühe P., *E. perulatus*** (MIQ.) C. K. SCHNEID.

— Bltn. nach Bl.entfaltung – Fr.kapsel 5–7 mm lang. **2**

2. Kr. weiß (bei fo. *rubens* MAK. tiefrot), Saum unregelmäßig spitzzähnig: die 5 Kr.lappen sind alle in etwa 3 (± 1) spitze Zipfel geteilt; Bltnst. 10–12-bltg.; Bl. verkehrt eif., 2–4 cm lang, stumpf gesägt, unterseits auf dem Mittelnerv behaart; V. Sg – ss. Jap., Taiw. **Nickende P., *E. cernuus*** (SIEBOLD & ZUCC.) MAK.

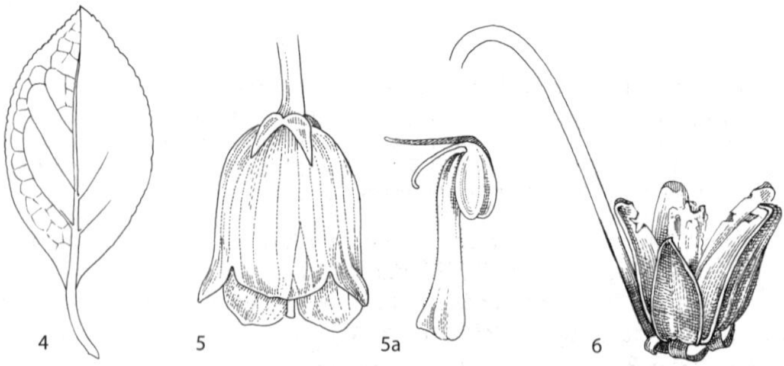

520/4–6 *Enkianthus campanulatus*: 4 Bl.; 5 Blüte u. 5a Stbl.; 6 Fr.

— Kr. gelbl. bis hellorange, mit roten Nerven (fast weiß bei fo. *albiflorus* Mak.), glockig, Saum 5-lappig, Kr.lappen abgerundet, ganzrandig-ungeteilt, Bltn. zu 10–20 in Schirmtrauben; Bl. (*520/4*) elliptisch, 3–7 cm lang, oberseits u. unterseits mit borstiger Behaarung, jeder Zahn mit einer auf die Bl.oberfläche verlängerten Borstenspitze, dadurch in Draufsicht kaum wahrnehmbar (Lupe); V. Sg – z–h. Jap. **Glockige P., *E. campanulatus*** (Miq.) G. Nicholson

Ephedra L., **Meerträubel** – *Ephedraceae* (Bearbeiter: Peter A. Schmidt)

Meist 2-häusige Rutensträucher, zuw. baumf. od. Lianen; Sprossachsen aufrecht, niederliegend od. kletternd, stark verzweigt, junge Zw. zylindrisch, später gerieft bis gefurcht, grün, oft bereift bis wachsartig grau; Bl. gegenst. od. wirtelig zu 3, klein, schuppenf., meist ± scheidenartig miteinander verwachsen (*521/2*), dadurch schachtelhalmartiges Aussehen; Bltn. endst. an Kurztrieben, mit 2-teiliger Bltn.hülle, ♀ Bltn. einzeln od. zu 2–3, mit nur 1 Samenanlage u. 1 Röhren-Integument; reifer Samen bzw. Samenstand von 2–4 Paar verholzender od. fleischig werdender schuppenf. Hochbl. umschlossen (*521/1*), meist beerenartig u. auffällig rot. 35–68 Arten in Trockengebieten von Euras., N- u. O-Afr., NAm. (USA) bis Mex. u. australer Zone von SAm. **G!**

Anzahl geeigneter morphologischer Merkmale zur Unterscheidung der Sippen zieml. begrenzt, zudem diese diffizil, was die Bestimmung erschwert, dazu taxonomischer Klärungsbedarf (siehe Angabe zur Artenzahl). Unberücksichtigt bleiben zu selten kultivierte u. sehr frostempfindl. Arten, z. B. Nevada-M. (*E. nevadensis* S. Watson, SW-NAm.), Anden-M. (*E. chilensis* C. Presl, australes SAm.), Chinesisches M. (*E. sinica* Stapf, unter den Heilpfl. der Gatt. größte Bedeutung) od. Zerbrechliches M. (*E. fragilis* Desf., medit. Liane mit brüchigen Zw.).

Bei allen verschlüsselten Arten Samenstand beerenartig u. rot, bei *E. major* selten auch gelb.

1. Aufrechter od. aufsteigender, 0,5–2 m hoher Strauch; ♀ Bltn. einzeln; Samenstand mit 1 Samen **3**

— Unter 0,5 m hoch, Zwerg- od. Kriechstrauch mit niederliegenden Hauptsprossen u. aufrechten od. aufsteigenden Zw.; ♀ Bltn. meist zu 2; Samenstand meist mit 2 Samen – Schuppenbl. 2–3 mm lang, zu $^1/_3$–$^2/_3$ ihrer Länge verwachsen **2**

2. Pfl. (10–)20–30(–50) cm hoch, Zw. aufrecht, an der Spitze gebogen od. verdreht, blau- bis graugrün, zuw. gelbl. grün, fein gestreift, (1–)1,2–1,5 mm ∅; Internodien 1,5–5 cm lang; ♂ Bltnst. längl. eif. bis zylindrisch, bei ♀ Bltn. apikales Paar schuppenf. Hochbl. zu $^1/_3$–$^1/_2$ verwachsen; Samenstand eif. bis kugelig, mit 2 Samen – Schuppenbl. ringsum trockenhäutig, bräunl. bis weißl., in der Mitte grün. Sz – s. S- bis SW-Eur. u. S-Alp., SO-Eur. bis Kauk., M-As. u. S-Sib. **Gewöhnliches M., *E. distachya*** L.

Ausgedehntes Areal, innerhalb dessen geringfügig abweichende Populationen als eigene Sippen abgetrennt wurden, zu diesen die Unterarten **subsp. *monostachya*** (L.) H. Riedl (SO-Eur., Kl.-As.) u. **subsp. *helvetica*** (C. A. Mey.) Aschers. & Graebn. (meist etwas niedriger bleibende, sehr dicht wachsende Pfl.; Alp.).

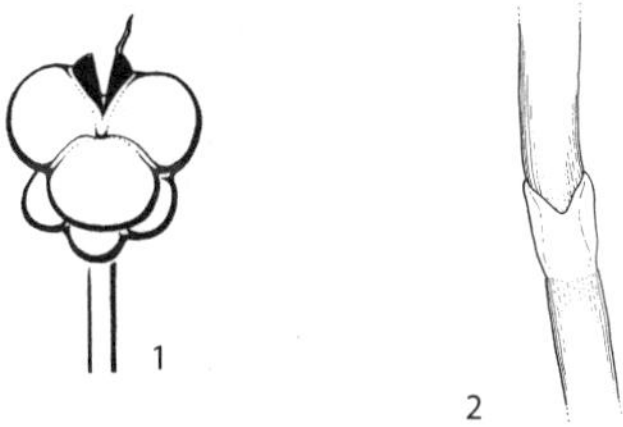

521/1–2 *Ephedra*: 1 *E.* spec.,Samenstand; 2 *E distachya*, Zw.stück

— Pfl. 5–15 cm hoch, Zw. aufsteigend od. aufrecht, steif, dunkelgrün, später braun, 1,5–2 mm ∅, Internodien 1–2 cm lang; ♂ Bltnst. kugelig bis eif., bei ♀ Bltn. apikales Paar schuppenf. Hochbl. zu 2/3 verwachsen; Samenstand ± kugelig, mit 1 od. 2 Samen. Sz. – s. M-As. (Tadsch., W-China), Afgh., Himal. **Kriechendes M., *E. gerardiana*** Stapf

var. *sikkimensis* Stapf: unter diesem Namen robustere, meist etwa 15 cm hohe, reich fruchtende Pfl. in Kultur (O-Himal.).

Ebenfalls nur bis 15 cm hoch u. mit 1–2 cm langen Internodien, aber ausgebreiteten, meist gebogenen Zw. von nur 1 mm ∅ ist das **Kleine M., *E. monosperma*** C. A. Mey. [*E. minima* K. S. Hao]: Samenstand eif. bis längl. eif., mit 1(–2) Samen. s. M-As. bis S-Sib., Mong., N-China.

3 (1). Zw. grau- od. blaugrün, steif, glatt od. leicht gestreift, 1–1,5 mm ∅, Internodien 1–2 cm lang, Schuppenbl. 1,5–3 mm lang, bräunl., zu ½–3/4 verwachsen; ♂ Bltn. zu 4–8, ♀ Bltn. mit 2–3 Paar schuppenf. Hochbl., untere zu ½, obere zu 2/3 verwachsen; – Samenstände eif. bis längl. eif. Sk – s. M-As. u. Mong. bis S-Sib. u. N-China **Mongolisches M., *E. equisetina*** Bunge

— Zw. dunkelgrün, fein gestreift, rau (subsp. *major*) od. glatt (subsp. *procera*), 0,7–1,2 mm ∅, Internodien etwa 2 cm lang; Schuppenbl. 1–3 mm lang, trockenhäutig, zuletzt dunkelbraun, zu 1/3–2/3 verwachsen; ♂ Bltnst. kugelig, mit 2–4 Paar Bltn.; ♀ Bltn. meist mit 2, selten 3 Paar schuppenf. Hochbl., oberes Paar zu 1/3 (subsp. *major*) od. ½ verwachsen (subsp. *procera*). Sk – s. ∧ Medit. bis SO-Eur., Kl.-As., Kauk. **Großes M., *E. major*** Host

subsp. *major*: Zw. rau, oberes Paar schuppenf. Hochbl. der ♀ Bltn. zu 1/3 verwachsen. ss. Medit.

subsp. *procera* (C. A. Mey.) Bornm.: Zw. glatt; oberes Paar schuppenf. Hochbl. der ♀ Bltn. zu ½ verwachsen. s. SO-Eur. bis Kauk.

Erica L., **Heide, Erika** – *Ericaceae* (Bearbeiter: Bernd Schulz)

Immergrüne Sträucher od. kleine Bäume mit nadelf., zu 3–4(–6) wirtelig stehenden Bl.; Bltn. einzeln od. in vielbltg. Bltnst., K. fast bis zum Grund 4-teilig, selten verwachsen, kürzer als die krugf. bis zylindrische Kr.; Fr. eine vielsamige, 4-klappige, fachspaltige Kapsel (bei den anderen Gatt. der Tribus *Calluna* u. *Daboecia* wandspaltig). Etwa 650 Arten in S-Afr., Hochgeb. Afr., 20 Arten in S- u. M-Eur., Kanar.

1. Kbl. zu 2/3 miteinander verwachsen (*522/1*) – Bltn. in 2–3 cm langen Trauben, 4-zählig, Kbl. rosa, etwa 1/3 so lang wie die Kr., K.röhre etwas länger als die gezähnten K.zipfel; Kr. 3 mm lang, rosa, glockenf., weit geöffnet, Kr.zipfel etwa ½ der Kr.länge frei; Stbl. an der Basis miteinander verwachsenen u. der Kr. angeheftet; junge Zw. flaumig behaart; Bl. sehr dicht stehend, an derselben

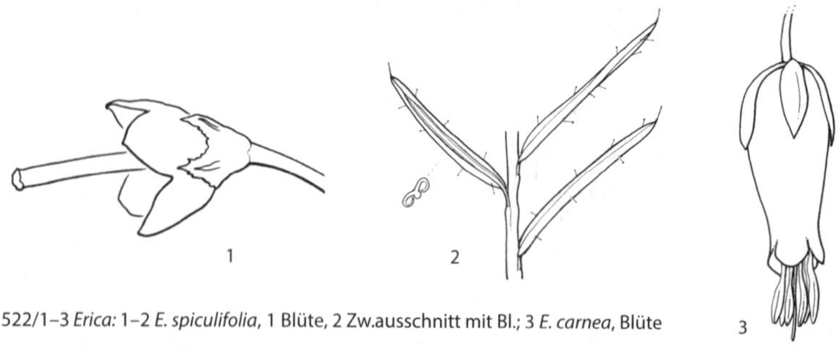

522/1–3 *Erica:* 1–2 *E. spiculifolia*, 1 Blüte, 2 Zw.ausschnitt mit Bl.; 3 *E. carnea*, Blüte

Pfl. wirtelig, gegenst. u. wechselst., 3–5 mm lang, lang zugespitzt, am Rand umgerollt (*522/2*), mit Drüsenhaaren besetzt; VI–VIII. Sz. (25 cm) – z. Karp., Balkan. [*Bruckenthalia spiculifolia* (Salisb.) Rchb.]

Ähren-H., Siebenbürger H., *E. spiculifolia* Salisb.

— Kbl. frei, nicht miteinander verwachsen – Krbl. weit verwachsen, Kr. oft zur Öffnung verengt, meist bis zur Fr.zeit erhalten bleibend; Bl. wirtelig zu 3–4(–6) **2**

2. Bltn.kn. entwickeln sich an diesj. Zw. u. blühen ohne Verzögerung auf; Staubbeutel in der Kr.röhre verborgen od. Kr. gedrungen kugelig (dann Staubfäden mitunter deutl. verlängert) **5**

— Bltn.kn. sind im Herbst voll entwickelt, blühen aber erst nach längerer Ruhepause von Spätherbst bis Vorfrühling auf; Staubbeutel stecken in der Öffnung der schlanken Kr. (*522/3*) **3**

3. 20–30 cm hoher Zwergstrauch; Zw. niederliegend-aufgerichtet, ± kahl; Staubbeutel fast ganz aus der längl. eif. Kr.röhre herausragend (*522/3*), dunkelbraun (od. ockerbraun, wenn Kr. weiß), Kr. rosarot (bei Gartenformen von weiß bis purpurn variierend), Bltn. in fast einseitswendigen Trauben; Bl. nadelartig, 4–8 mm lang, zu 3–4 in Wirteln, unter dem Bl.ansatz deutl. Leiste über den nächsten Knoten hinauslaufend; II–IV. Sz – h. Geb. M- u. S-Eur. [*E. herbacea* L., *E. purpurascens* L.] **Schnee-H., *E. carnea*** L.

Zahlreiche Sorten mit verschiedenfarbigen Bltn.: **'Snow Queen'** (weiß), **'Winter Beauty'** (dunkelrosa), **'Myretoun Ruby'** u. **'Vivellii'** (dunkelrot).

— Meist höher werdender, aufrechter od. aufstrebender Strauch; Zw. fein behaart (Lupe!), die unter dem Bl.ansatz herablaufende Leiste schwach, maximal bis zum nächsten Knoten laufend **4**

4. Zw. aufrecht, bis 1(–3) m hoher Strauch; junge Zw. deutl. behaart, fast rund, Leisten unter den Bl. sehr schwach; Staubbeutel nur etwa ½ aus der Kr.röhre herausragend, dunkelbraun; Kr. fleischfarbig mit breiter Mündung, Bltn. in längeren, zusammengesetzten Trauben; IV–V. Sk – ss. ∧∧ SW-Eur. [*E. mediterranea* auct. non L., *E. purpurascens* Lam., non L.] **Purpur-H., *E. erigena*** R. Ross

— Zw. aufstrebend, bis > 50 cm hoher Strauch, undeutl. behaart; Bltn. an schrägen Zw. einseitswendig, an senkrechten Zw. in alle Richtungen; schwer von *E. carnea* zu unterscheiden; II–IV. Sz/Sk – z. ∧ Kultur. [*E. carnea* × *E. erigena*]

Englische H., *E.* × *darleyensis* Bean

Mehrere Sorten wie **'Kramers Rote'** u. **'White Perfection'** in Kultur.

5 (2). Bl. u. K. kahl – Bl. schlank nadelf., > 5 mm lang od. < 1 mm breit **7**

— Bl. u. K. deutl. lang drüsig bewimpert – Bl. eielliptisch, bis 5 mm lang u. ≥ 1 mm breit **6**

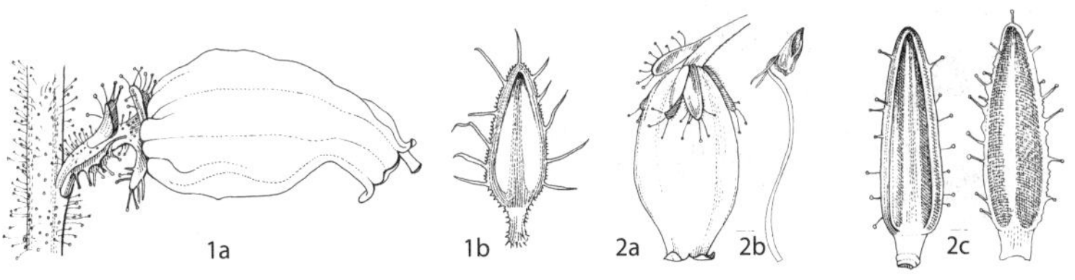

523/1–2 *Erica*: 1 *E. ciliaris*, 1a Blüte, 1b Bl.unterseite; 2 *E. tetralix*, 2a Blüte, 2b Stbl., 2c Bl. von unten u. von oben

6. Bltn. in endst., 4–12-bltg., traubigen Köpfchen, Kr. längl. eif., rosa (bei 'Alba' weiß), 6–7 mm lang (*523/2a*), Staubbeutel mit Anhängseln (*523/2b*); Bl. (3–)4-wirtelig, 4–5 mm lang, Rand nach unten umgerollt (*523/2c*); VII–IX. Sz (50 cm) – h. SW-, W- u. M-Eur. **Glocken-H., *E. tetralix*** L.

— Bltn. in endst., 5–12 cm langen Trauben, Kr. krugf., rosarot, 8–10 mm lang (*524/1a*), Antheren ohne Anhängsel; Bl. 3(–4)-wirtelig, eif., 2–4 mm lang; Bl.rand etwas nach unten gebogen (*523/1b*); VII–IX. Sz (30 cm) – s. W-, SW-Eur., N-Afr. **Wimper-H., *E. ciliaris*** L.

7 (5). Staubbeutel ohne Anhängsel, wie die Narbe aus der Kr. ragend (*524/1*) – Kr. ± kugelig, purpurrosa, Bltn. meist zu 2 achselst. an etwa 8 mm langen Stielen, in bis 16 cm langen, allmähl. von unten erblühenden Trauben; Bl. 4–10 mm lang, 4–5 wirtelig; VII–IX. Sz (50 cm) – h. W-Eur. **Cornwall-H., *E. vagans*** L.

Mehrere Sorten mit verschieden gefärbten Bltn., z. B. weiß **'Alba'** u. **'Lyonesse'**, rosa **'St Keverne'** bis dunkelrot **'Mrs D.F. Maxwell'**.

— Staubbeutel häufig mit Anhängseln (*524/2–3*), im Gegensatz zur Narbe nicht aus der Kr. herausragend **8**

8. Kr. weiß, glockenf., 3 mm lang (*524/3*), Einzeltrauben zu großen, bis zu 40 cm langen Mehrfachtrauben zusammengesetzt; Bl. fast nadelf., zu 3–4 in Wirteln, 3–6 mm lang; Bl.ränder umgerollt, die Bl.unterseite vollst. verdeckend; Jungtriebe stark behaart. Sk/Sg – s. ∧ Medit.
Spanische Baum-H., *E. arborea* L. var. ***alpina*** Dieck

— Kr. rosa od. violettrot **9**

9. Bl. 4(–6)-wirtelig, Bl.ränder umgebogen, Bl.unterseite z. T. sichtbar; Kr. rosa, 4–6 mm lang, Bltn. zu 4–8 in endst. Schirmtrauben; Jungtriebe fein behaart; Strauch bis 80 cm; Zw. steif aufrecht, sehr regelmäßig verzweigt; VII–III. Sk – s. ∧∧ Z-Medit., N-Afr. [*E. stricta* Willd., *E. multicaulis* Salisb.]
Steife H., *E. terminalis* Salisb.

— Bl. 3-wirtelig, Ränder weit umgerollt, die Bl.unterseite vollst. verdeckend; Kr. violettrot, 6 mm lang (*524/2*), Bltn. zu 4–8 in endst., bis zu 7 cm langen Schirmtrauben; Jungtriebe kurz behaart; bis 60 cm hoher Strauch mit niederliegend aufsteigenden Zw.; VII–VIII. Sk – h. ∧ W-Eur. bis N-Afr.
Grau-H., *E. cinerea* L.

'Pallas' u. **'Pink Ice'**: Kr. pinkrosarot

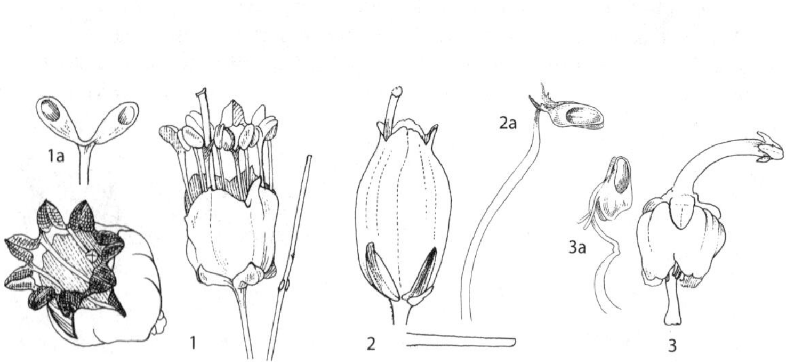

524/1–3 *Erica*: 1 *E. vagans*, 1 Blüte u. 1a Stbl.spitze; 2 *E. cinerea*, Blüte, 2a Stbl.; 3 *E. arborea*, Blüte, 3a Stbl.

Erinacea Adans., **Igelginster** – *Fabaceae* (Bearbeiter: Bernd Schulz)
1 Art.

E. anthyllis Link [*E. pungens* Boiss.] – Zw. grün, rundl., fein gestreift (ca. 13 schmale Furchen zwischen etwas breiteren Leisten), angedrückt silbrig behaart, in lange, stechende Dornen auslaufend (*525/2*); Bl. nur am Ende junger Zw., einfach, zuw. 3-zählig, schmal lanzettl., 5–10 mm lang, behaart, sehr kurz gestielt; Bl.grund an jungen Zw. etwas vergrößert, wenn in der Bl.achsel eine Verzweigung (inkl. Kn. od. Dorn) angelegt (*525/3*); Bltn. achselst. in 3-zähl. Zymen, 20–25 mm lang, Trag-, Vorbl. u. K. hellgrün, schwach violett getönt, dicht seidig behaart; K. um 18 mm lang, röhrig, nach der Blüte aufgeblasen, 2-lippig, obere 2 Zähne nur wenig, untere 3 Zähne tiefer eingeschnitten, Krbl. blauviolett (*525/1*); Hülse bis 2 cm lang, drüsig behaart, 4–6-samig; V–VI. Sz – s. ∧ S-Eur.–W-Medit.

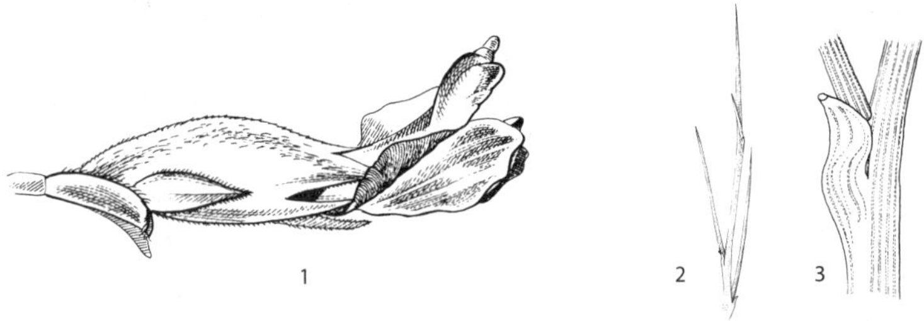

525/1–3 *Erinacea anthyllis*: 1 Blüte, 2 Zw. mit Zw.dornen, 3 Zw.ansatz u. Tragbl.

Eriobotrya Lindl., **Wollmispel** – *Rosaceae* (Bearbeiter: Bernd Schulz)
Immergrüne Sträucher od. Bäume; Bl. wechselst., einfach, lederig, glänzend dunkelgrün, ganzrandig bis gezähnt, kurz gestielt, mit Nebenbl.; Bltnst. endst. reichbltg. Rispen; Bltn.boden becher- od. trichterf.; Kbl. 5, ausdauernd., Krbl. 5, weiß od. gelb, verkehrt eif. od. kreisf., genagelt; Stbl. 20; Frbl. 2–5 (Fächer u. Gr.), an der Basis verwachsen, 2 Samenanlagen/Frbl.; Fr. mit bleibend, eingekrümmten Kbl., fleischig od. trocken, Kernapfel mit 1 od. 2 großen Samen. Etwa 30 Arten in O-As.

E. japonica (Thunb.) Lindl., **Japanische W.** – Bl.spreite längl. elliptisch, bis 30(–40) cm lang u. 12(–15) cm breit, lederig, fiedernervig, jederseits mit 12–15 Seitennerven, unterseits anfangs dicht gelbl. weiß bis rostfarben filzig, später lockerer, aber meist bleibender dünner Filz, oberseits glänzend dunkelgrün, zwischen den Nerven aufgewölbt, Basis keilf., im unteren Drittel ganzrandig, darüber grob gesägt, Spitze zugespitzt; Nebenbl. schmal 3-eckig, zugespitzt, wie der 6–12 mm lange Bl.stiel graubraun filzig; Zw. gelbbraun, anfangs dicht filzig, später lockerer; Bltnst. bis 20 cm lang, reichbltg., Achsen dicht filzig, Tragbl. schmal, 2–5 mm u. Stiele 2–8 mm; Bltn. duftend, 1,2–2 cm ∅, Bltn.becher flach becherf., Kbl. schmal eif., 2–3 mm lang, außen filzig, Krbl. weiß, längl. eif., 5–9 × 4–6 mm, Spitze abgerundet od. ausgerandet, Stbl. 20, Frkn. 5, dicht filzig, Gr. frei; Fr. gelb od. orangegelb, kugelf. bis ellipsoidisch, 1–1,5 cm ∅, filzig, verkahlend, Stiel 3–8 mm, anfangs filzig. VI–VIII (im größten Teil des Gebiets nur Kübelpfl., im Freiland oft spät blühend u. Fr. nicht ausreifend). Bk – ss. ∧∧ O-As – SO-As. (Obstgehölz, Kultur, v. a. W-Medit.).

Escallonia L. f., **Eskallonie, Andenstrauch** – *Escalloniaceae* (früher zu *Grossulariaceae*) (Bearbeiter: Peter A. Schmidt)

Immergrüne, selten ± sommergrüne Sträucher od. kleine Bäume, oft mit Harzdrüsen; Bl. meist wechselst., zuw. fast gegenst. od. wirtelig, kurz gestielt od. sitzend, meist grob u. drüsig gesägt; Bltn. in Rispen od. Trauben am Ende diesj. Triebe, Kr. weiß od. rosa bis rot, 5-zählig, radf. (*526/2*) od. mit scheinbarer Kr.röhre, wenn Krbl. genagelt (*526/3a*); Frkn. unterst., Frbl. 2–3, mit dem schüsself. bis röhrigen Bltn.becher verwachsen (*526/1*); Fr. 8–10 mm lange, meist drüsig behaarte, vielsamige Kapsel. 40–50 Arten im australen SAm., in den Anden bis MAm.

Von den frostempfindl., sommer-, winter- od. immergrünen Arten u. Hybriden mit meist eif. od. lanzettl. bis verkehrt eif. Bl. nur wenige für den Anbau geeignet. Außer beiden folgenden Arten ist auch *E. rosea* Griseb. Elter mehrerer Hybridsorten.

1. Sommer- bis wintergrüner, etwa 1 m hoher Strauch; Bl. 1–1,5 cm lang, 3–7 mm breit, beiderseits kahl, von der Mitte an fein gesägt; Zw. fein behaart, aber nicht drüsig; Krbl. weiß, zuw. außen rosa überlaufen, 3–6 mm lang, ungenagelt, die offenen Bltn. radf. (*526/2*), Bltn.rispen dicht, mit meist < 10 Bltn.; V–VI. Sk – ss. ∧ Anden (Chile, Argent.).

Weiße E., Ruten-E., *E. virgata* (Rúiz & Pav.) Pers.

— Immergrüner, 1–4 m hoher Strauch; Bl. (1–)2,5–7(–8) cm lang, 1,5–2,5 cm breit, oberseits kahl, unterseits mit aromatisch duftenden Harzdrüsen besetzt, 1-fach bis doppelt gesägt (*526/3b*), zur Basis zu mit gestielten Drüsen; Zw. weich behaart u. drüsig; Krbl. rosa bis dunkelrot, 1–1,5 cm lang, genagelt, die Nägel mit ihren Rändern ± verklebt, eine bis 1 cm lange Röhre bildend, eine Kr.röhre vortäuschend, die Platten 4–5 mm lang, ± zurückgerollt (*526/3a*); Bltn.-rispen locker, mit 5–25 Bltn., Achsen des Bltnst. oft mit zahlreichen gestielten Drüsen; VI–IX. Sg – ss. ∧∧ Anden (Chile, Argent.).

Rote E., *E. rubra* (Rúiz & Pav.) Pers.

E. × rigida Phil. [*E. rubra* × *E. virgata*]: in den Merkmalen zwischen den Eltern stehend; von dieser auch im natürl. Areal vorkommenden Hybride zahlreiche Sorten in Kultur, u. a. **'Langleyensis'** [*E. × langleyensis* Vilm. & Bois]: weniger frostgefährdet als andere Sorten, bis 2,5 m hoher starkwüchsiger, kleinblättriger Strauch; Bltn. entlang der übergeneigten Zw., Kr. rosarot.

Sorten aus Rückkreuzungen mit *E. virgata* (*E. × rigida* 'Langleyensis' × *E. virgata*) nähern sich *E. virgata* in Bltn.form (radf., *526/2*) u. Kr.farbe (nur Bltn.kn. fleischrosa, aber Kr. dann weiß), jedoch Pfl. wüchsiger, bis 3 m hoch.

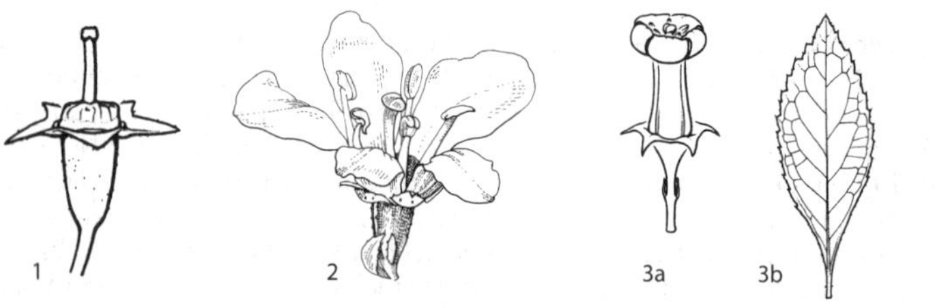

526/1–3 *Escallonia*: 1 *E. virgata*, Fr.; 2 *E. × rigida × E. virgata*, Blüte; 3 *E. rubra*, 3a Blüte, 3b Blatt

Eubotrys Nutt., **Sommertraubenmyrte** – *Ericaceae* (Bearbeiter: Bernd Schulz)

Aufrechte sommergrüne Sträucher; Bl. wechselst., kurz gestielt, ± gesägt; 2 Arten im O- bis SO-NAm. Früher zu *Leucothoë* gestellt, unterscheidet sie sich von dieser Gatt. durch mehrere Merkmale, die sie mit der Schwester-Gatt. → *Chamaedaphne* teilt: Die gestielten Bltn.kn. überwintern in bereits im Vorjahr achsel- u. endst. an den Triebenden angelegten Trauben; die 5 K.zipfel überlappen sich am Grund dachzieglig; Vorbl. stehen am Ende des Bltn.stiels direkt unter den Kbl.; Theken an der Spitze mit Fortsätzen.

E. racemosa (L.) Nutt. [*Andromeda racemosa* L., *Leucothoë racemosa* (L.) Gray] – Bl. sommergrün, längl. elliptisch, 2–7 cm lang, unauffällig gesägt, beiderseits ± behaart; Bltn. in aufrechten od. abspreizenden, 3–8 cm langen Trauben (*527/1*), z. T. zu längeren Doppeltrauben verbunden, Kr. zylindrisch, 8–9 mm lang, weiß od. schwach rosa (*527/2*), Stbl.: jede Theke mit 2 Fortsätzen (*527/3*); Fr.kapsel rundl., 4 mm breit, fachspaltig (*527/4*); Samen ungeflügelt; V–VI. Sk (1,5 m) – ss. O-NAm.

E. recurva (Buckley) Britton: jede Theke nur mit 1 Fortsatz; Samen geflügelt; IV–V. Sk – ss. O-NAm.

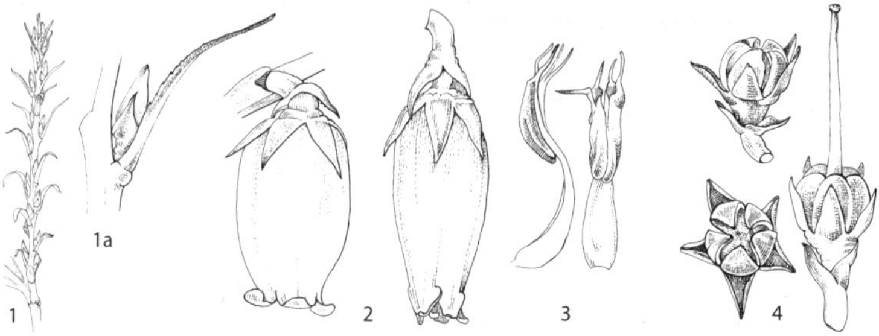

527/1–4 *Eubotrys racemosa*: 1 Bltnst. im Winter, 1a gestielte Bltn.kn., 2 Bltn. älter u. jünger, 3 Stbl., 4 Fr.

Eucommia Oliv., **Guttaperchabaum** – *Eucommiaceae* (Bearbeiter: Bernd Schulz)

Sommergrüner Baum; Mark der Zw. gefächert; Bl. wechselst., einfach; Bltn. ohne Bltn.hülle, 2-häusig: ♂ Bltn. gestielt mit 4–12 Stbl. (*527/6*), ♀ Bltn. kurz gestielt mit 2 Frbl. (nur 1 fertil), windbestäubt; Fr. 1-samige, geflügelte Nuss (*527/7*).

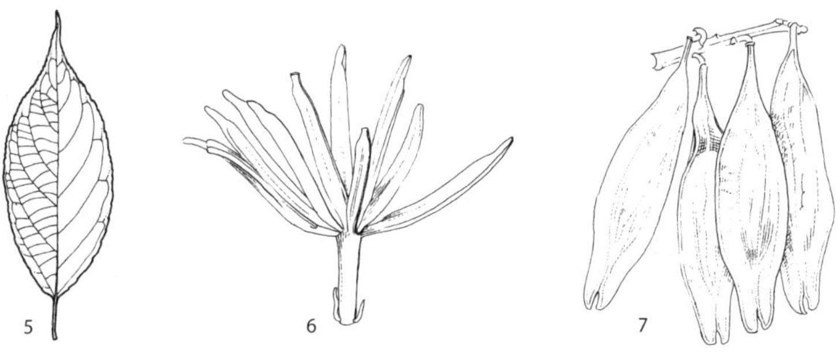

527/5–7 *Eucommia ulmoides*: 5 Bl., 6 ♂ Blüte; 7 Fr. am Kurztrieb

E. ulmoides Oliv. – Bl. wechselst., einfach, elliptisch bis längl. eif., zugespitzt, 8–20 cm lang, Rand gezähnt (*527/5*), oberseits anfangs behaart, später kahl u. runzelig, unterseits schwach behaart, Bl.stiel 1,5–2,5 cm lang; alle lebenden Organe – Bl., junge Zw. u. Fr. – enthalten eine guttaperchaähnl. Substanz, die z. B. beim Zerreißen der Blätter als weiße Fäden sichtbar wird; IV. Bm – s. S-China.

Euonymus L., **Spindelstrauch, Pfaffenhütchen** – *Celastraceae* (Bearbeiter: Bernd Schulz)

Sommer- od. immergrüne, aufrechte, zuw. kriechende od. mit Haftwurzeln kletternde Gehölze; Zw. oft 4-kantig, zuw. mit Korkleisten; Bl. meist gegenst.; Bltn. unscheinbar, in Zymen, meist ⚥, 4–5-zählig, Stbl. u. Frkn. einem großen Diskus aufsitzend (*528/2–3*); Fr. (3–)4–5-fächerige, kugelige od. kantige Kapsel mit Rippen od. Flügeln (*529/1 u. 4*), zuw. ähnl. einer Sammelbalgfr. Fächer ± getrennt (*529/2*); je Fach 1–2(–10) Samen, diese frisch weiß, rosa, orangefarben, dunkelrot od. zuw. die Spitze, selten vollst. schwarz; Samen ganz od. nur im unteren Teil vom meist orangefarbenen bis roten Arillus umhüllt [vgl. Schulz, B. in MDDG 91 (2006), S. 127–149]. Wenn > 1 Samen/Fach, sind die Arilli der Samen eines Faches ± miteinander verbunden. Die Arilli mit den Samen hängen am Nabelstrang aus der reifen offenen Fr. (*529/2–3*). Rund 175 Arten in N- u. MAm., Euras. u. Austr. Verbreitungsschwerpunkt im Himal. u. O-As. **G!!**

Untergatt. *Euonymus*
- **Sekt. *Euonymus:*** *E. europaeus, E. hamiltonianus, E. phellomanus, E. atropurpureus*
- **Sekt. *Melanocarya:*** *E. alatus, E. verucosus, E. grandiflorus*
- **Sekt. *Ilicifolia:*** *E. fortunei, E. japonicus*
- *E. nanus*

Untergatt. *Kalonymus*
- **Sekt. *Unilocularis:*** *E. latifolius, E. planipes, E. sanguineus, E. oxyphyllus*
- **Sekt. *Echinococcus:*** *E. americanus*

1. Bl. wechselst., zuw. quirlig, linealisch, 4–5mm breit u. 2–3,5 cm lang, entfernt gezähnt od. ganzrandig, Rand eingerollt (*528/1*) – Krbl. braun purpurn, 4-zählig, 4 mm ∅; Fr. rosarot, sich 4-klappig öffnend, Arillus orange, gleichfarbige Samen zur Hälfte einschließend; Pfl. niederliegend aufsteigend; V–VI. Sk – ss. SO-Eur. bis M-As. u. N-China **Zwerg-S., *E. nanus*** Bieb.

var. *turkestanicus* Dieck: Bl. 4–7 cm lang, 5–10 mm breit, Rand nicht eingerollt; Wuchs mehr aufrecht. s. M-As.

— Bl. gegenst., meist > 1 cm breit, Rand nicht zur Unterseite eingerollt **2**

2. Bl. immergrün, lederig, oberseits glänzend, an der Spitze oft abgerundet; Zw. glatt, ohne Korkleisten; Bltn. 4-zählig, Krbl. grünl. weiß; Fr. kugelig, relativ hell, nicht dunkel weinrot **14**

— Bl. sommergrün, nicht lederig **3**

3. Endkn. schlank kegel- bis spindelf. (*531/2e*), > 10 mm lang (wenn kürzer, dann Fr. kugelig u. an den Nähten gefurcht); Zw. im ∅ rund bis abgerundet

528/1–3 *Euonymus*: 1 *E. nanus*, Bl.-Aus- u. -Querschnitt, Zw.spitze, 2 *E. latifolius*, Blüte, 3 *E. alatus*, Blüte

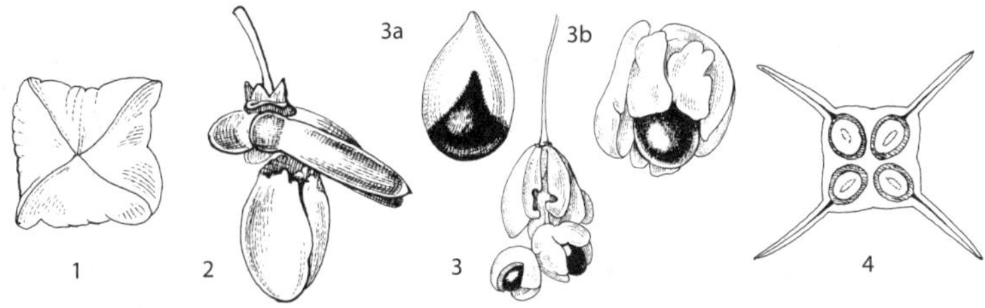

529/1–4 *Euonymus*, Fr.: 1 *E. hamiltonianus*, Draufsicht; 2 *E. alatus*, Seitenansicht; 3 *E. verrucosus*, Seitenansicht, 3a Samen, 3b Samen im Arillus; 4 *E. sanguineus*, Querschnitt

4-eckig; Staubbeutel fast sitzend, mit 1 Theke mit 2 Pollensäcken (*528/2*); Frst. (oft > 5 cm) lang gestielt; Fr. reif außen dunkel weinrot **11**

— Endkn. ei- bis kegelf., nicht > 10 mm lang (*257/2*); Zw. rund od. kantig, zuw. geflügelt od. warzig; Bltn.: Staubbeutel kurz gestielt, mit 2 Theken mit je 2 = 4 Pollensäcken (*528/3*); Frst. bis etwa 3 cm lang gestielt; Fr. reif außen oft grell rosarot, nie kugelig, zwischen den hervorgewölbten (mitunter fast vollst. getrennten) Fächern ± stark eingeschnitten **4**

4. Zw. dicht mit schwarzbraunen Warzen besetzt, – stielrund (*254/1*); Bl. fein, oft nur undeutl., gesägt; Bltn. 4-zählig, 6–10 mm ∅, fädig gestielt, Krbl. rundl., gelbgrün, dicht u. fein rötl. punktiert, dadurch braunrot erscheinend; Fr. erst gelbrot, später heller, geöffnet rosabraun, 4-lappig (*529/3*), Samen nicht völlig von einem orangeroten Arillus umhüllt (*529/3b*), unter dem Arillus weiß, freier sichtbarer Teil schwarz (*529/3a*); V–VI. Sk, kalkhold – s. M- u. O-Eur. bis Kauk.
Warzen-S., *E. verrucosus* Scop.

— Zw. nicht warzig **5**

5. Zw. ohne (od. mit sehr schwachen) Korkleisten, rund od. ± 4-kantig **7**

— Zw. mit 2 od. 4 hohen, flügelartigen Korkleisten **6**

6. Bl. eielliptisch, lang od. geschwänzt zugespitzt, 3–6 cm lang, 10–18 mm breit, fein u. scharf gesägt, glatt, kahl, 1–2 mm lang gestielt (*529/5*), Herbstfärbung pinkrosa; Bltn. in 3-bltg. Zymen, 8–9 mm ∅, Krbl. grünl. gelb, Staubbeutel gelb, Frbl. 4, nur am Grund miteinander verwachsenen; Fr. meist nur aus 1(–3) entwickelten, ± getrennten Fächern bestehend, purpurn (*529/2*), Arillus orangerot, Samen weiß bis rosa; Wuchs breit ausladend; V–VI. Sk/Sg – h. O-As.: Russ.-Fernost, Jap., Kor., China **Flügel-S., *E. alatus*** (Thunb.) Siebold

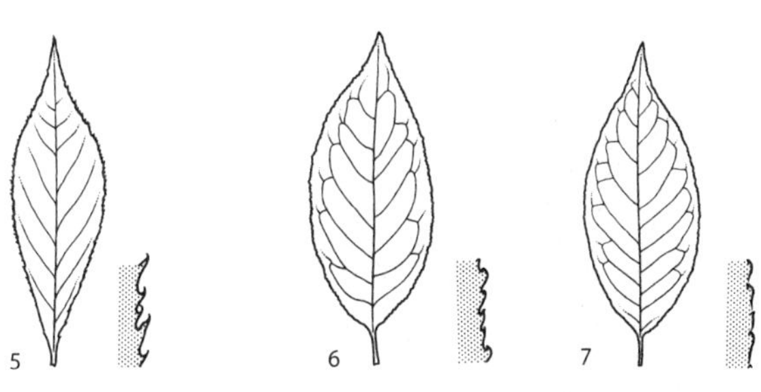

529/5–7 *Euonymus*, Bl.: 5 *E. alatus*, 6 *E. phellomanus*, 7 *E. hamiltonianus* var. *maackii*

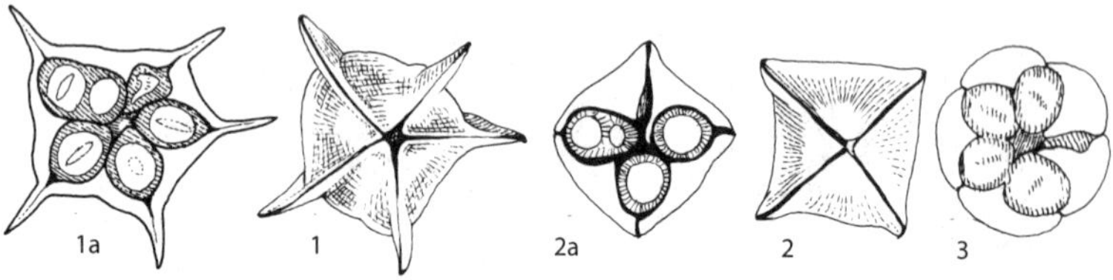

530/1–3 *Euonymus*, Fr. von der Spitze: 1 *E. latifolius*, 1a Querschnitt; 2 *E. planipes*: 2a Querschnitt; 3 *E. oxyphyllus*, Querschnitt

— Bl. längl. eif., 6–10 cm lang, Spreitengrund keilf. rundl., fein kerbig gesägt, runzelig, stumpfgrün, bis 10 mm lang gestielt (*529/6*); Bltn. in 7(–14)-bltg. Zymen, Staubbeutel dunkelrot; Fr. 4-kantig, rosa, Arillus dunkelrot, Samen dunkel weinrot; Zw. oft bogig wachsend; V. Sg – z. Sich., ZS- bis WN-China. **Kork-S., *E. phellomanus*** Loes.

7 (5). Fr. glatt, Fächer hervorgewölbt, je Fach 1–2 weiße bis rosafarbene, meist vom Arillus eingeschlossene Samen – Kn. mit 3–4 Schuppenpaaren **9**

— Entw. Fr. glatt u. Samen schwarz od. Fr. warzig, je Fach ≥ 2 Samen; Kn. mit 4–7 Schuppenpaaren **8**

8. Fr. warzig, 5-fächerig, je Fach 2–4 vom orangefarbenen Arillus eingeschlossene, eine Verbreitungseinheit bildende, weiße Samen – Pfl. sommergrün; Bl. 6–8 cm lang, längl. eif. bis eilanzettl., Rand schwach kerbig gezähnt; Zw. allseits grün, besonders zur Spitze kantig; Kn. eif., 4–6 mm lang, mit 5–7 Schuppenpaaren; V–VI. Sk – ss. S- u. O-NAm. **Amerikanischer S., *E. americanus*** L.

— Fr. glatt, 4-kantig u. 4-fächerig, Samen 2–4(–10), schwarz, dem orangefarbenen Arillus nur aufsitzend – Pfl. sommer- bis halbimmergrün; Bl. elliptisch, bis 10 cm lang u. 4 cm breit (etwas größere u. breitere Bl. hat die nah verwandte Art *E. carnosus* Hemsl.), relativ derb, z. T. gerötet, Rand stumpf gezähnt; Zw. lichtseits gerötet; VII–VIII. Sg/Bk – ss. ∧∧ N-Indien u. S-China bis SO-As. **Großblumiger S., *E. grandiflorus*** Wall.

9 (7). Krbl. dunkelrot., Staubbeutel gelbl. – Zw. rundl.; Bl. eielliptisch., bis 4–12 cm lang, zugespitzt, Stiel 1–2 cm lang, Rand fein gesägt, Unterseite fein behaart; Bltn. ca. 1 cm ∅, zu 7–15, Bltnst.achse 2–4,5 lang; Fr. tiefrot, 15 mm ∅, 4-lappig, tief zwischen den Fächern eingeschnitten, Samen weiß, Arillus orangefarben; V. Sg/Bk – ss. Z- u. O-NAm. **Purpur-S., *E. atropurpureus*** Jacq.

— Krbl. gelbl. weiß, Staubeutel gelb od. purpurn **10**

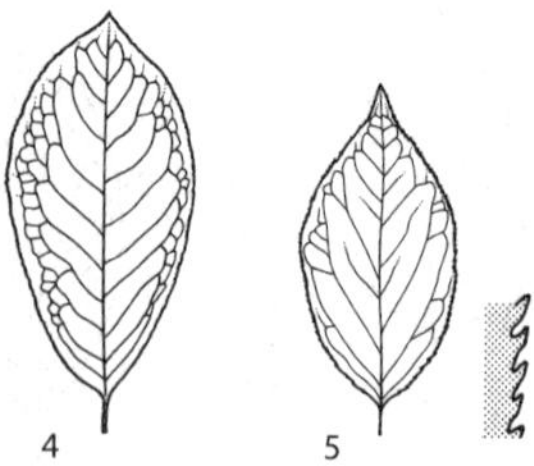

530/4–6 *Euonymus*, Bl.: 4 *E. hamiltonianus* var. *sieboldianus*, 5 *E. sanguineus*

10. Krbl. grünl., 4-zählig, Staubbeutel gelbl.; Bl. eielliptisch bis längl., 3–8 cm lang – Bltn. ca. 10 mm ∅; Zw. rundl. bis 4-kantig, zuw. schwach geflügelt; Bl. bis 10 mm lang gestielt, gesägt, oberseits kahl, unterseits ± auf den Nerven behaart; Fr. abgerundet 4-kantig, rosafarben bis karminrot, Samen weiß, Arillus orangefarben; V. Sg/Bk – h. Eur. bis Kl.-As. u. Kauk.
Europäisches P., *E. europaeus* L.

'Red Cascade': wüchsige, reich fruchtende Sorte. z.

— Krbl. gelbl. bis weißl., Staubeutel purpurn; Bl. meist größer, bis > 10 cm lang – Bltn. in vielbltg. Zymen, 1 cm ∅; Fr. rosa, 4-lappig, ca. 8–10 mm ∅ (*529/1*), Samen rötl., Arillus orangefarben, VI. Sg/Bk – s. NO-As. bis Z- u. O-China, Jap., Kor. ***E. hamiltonianus*** Wall.

var. *sieboldianus* (Blume) Komar. [*E. yedoensis* Koehne]: Bl. eiläng l., 6–12 cm lang, 3,5–6 cm breit, plötzl. zugespitzt, kerbig gesägt, Bl.stiel 6–12 mm lang (*530/4*). s. Russ.-Fernost, Jap.

var. *maackii* (Rupr.) Komar. [*E. maackii* Rupr.]: Bl. elliptisch lanzettl., 5–8 cm lang, 1,5–3 cm breit, fein gesägt, Bl.stiel 5–8 mm lang (*529/7*). ss. Russ.-Fernost, Mong., China, Kor.

E. bungeanus Maxim. [oft synonym zu var. *maackii*]: Bl. bis 2,5 cm lang gestielt; eif. bis elliptisch, Spreite 5–10 cm lang, lang bis geschwänzt zugespitzt, am Grund keilf., regelmäßig gesägt. ss. Russ.-Fernost u. angrenzend.

11 (3). Alle Bltn. 4-zählig, in lockeren, 3–15-bltg. Zymen, Krbl. rötl.; Fr. abgeflacht, blutrot, ca. 2,5 cm breit, mit 4 Flügeln von 6–8 mm Länge (*529/4*); Bl. eiläng l., 5–10 cm lang, zugespitzt, Spreitengrund gerundet, wimperig gezähnt (*530/5*), dunkelgrün, im Austrieb braunoliv; junge Zw. rotbraun; Samen weiß, Arillus orangerot; zur Blütezeit unangenehm duftend; V. Sg – ss. O-As.: China.
Blut-S., *E. sanguineus* Loes.

— Wenigstens ein Teil der Bltn. u. Fr. 5-zählig **12**

12. Fr. abgeflacht kugelig, mit (4–)5 Furchen, bis 1,4 cm ∅, dunkelrot (*530/3*), Samen grau, Arillus rot; Bltn. 7 mm ∅, in 7–15 cm langen, locker hängenden Zymen, Krbl. grünl., braun getuscht; Bl. eif. bis eif. elliptisch, 4–10 cm lang, lang zugespitzt, Spreitengrund gerundet, hellgrün, unterseits netznervig; V. Sg. – ss. NO- bis OS-China, Taiw., Jap., Kor. **Spitzblättriger S., *E. oxyphyllus*** Miq.

— Fr. deutl. geflügelt od. kantig........ **13**

13. Bl.stiel oberseits gefurcht, U-f., mit 2 Kanten, auch am Ansatz der Bl.spreite Bl.ränder aufgewölbt (*531/2c*); Fr. 5-, selten 4-flügelig, karminrot, etwa 2 cm ∅ (*530/1*) – Bltnst. lang gestielte, hängende, 7–15-bltg. Zymen; Bltn. ca. 1 cm ∅, Krbl. grünl.; Samen weiß, Arillus orangefarben; Bl. längl. eif. bis verkehrt eif.

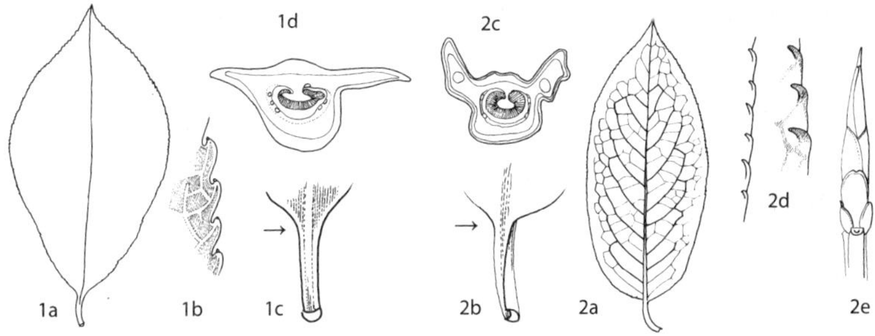

531/1–2 *Euonymus*: 1 *E. planipes*: 1a Bl., 1b Bl.rand, 1c Spreitenansatz, 1d Querschnitt durch 1c (→); 2 *E. latifolius*: 2a Bl., 2b Spreitenansatz, 2c Querschnitt durch 2b (→), 2d Bl.rand, 2e Endkn.

elliptisch, 6–12 cm lang, Rand gleichmäßig gesägt: Zähne einwärts gebogen u. auf die Spreite zeigend, dadurch fast ungezähnt erscheinend (*531/2d*), Spreitengrund breit keilf. bis gerundet (*531/2a*), Bl.stiel 4–6 mm lang, gefurcht (!); Winterkn. bis 1,5 cm lang, braunrot; V. Sg – z. Geb. südl. M- u. S-Eur. u. N-Afr., bis W-As. **Breitblättriger S., *E. latifolius*** (L.) MILL.

— Bl.stiel oberseits flach („plan", Name!), auch am Ansatz zur Bl.spreite (*531/1d*) – Fr. 4–5-kantig, aber kaum geflügelt (*530/2*), – karminrot, 10–15 mm ∅, Samen weiß, Arillus orangefarben; Bltn. in reich verzweigten, 10–30-bltg. Zymen, Krbl. grünl. gelb; Bl. eif. bis eilanzettl., 5–12 cm lang, 4–6 cm breit, gesägt, Zähne Richtung Bl.spitze gebogen, aber nicht auf die Spreite zeigend, Spreite lang zugespitzt, am Grund keilf. (*531/1a*), Bl.stiel 5–10 mm lang, oben flach(!), nicht gefurcht; Winterkn. bis 2 cm lang, purpurrot; V. Sg – h. Russ.-Fernost. [*E. sachalinensis* auct. non MAXIM.] **Flachstieliger S., *E. planipes*** (KOEHNE) KOEHNE

E. sachalinensis MAXIM. mit dunkelroten Krbl. befindet sich nicht in Kultur.

14 (2). Pfl. niederliegend aufstrebend od. mit Haftwurzeln an Bäumen, Mauerwerk u. a. kletternd, die Verzweigungen schließl. ± waagrecht abstehend; Bl. elliptisch bis eif. elliptisch, 2–6 cm lang, zugespitzt od. abgerundet, Spreitengrund breit keilf. bis rundl., fein bis kerbig gesägt, dunkelgrün, kahl; Bltn. in vielbltg., dichten Zymen, Krbl. grünl. weiß; Fr. (*532/1*) kugelig, ca. 8 mm ∅, weißl. grün bis rötl., Samen weiß, Arillus orangefarben; VI–VII. Sk/L– h. S- u. O-As. bis SO-As. **Kletter-S., *E. fortunei*** (TURCZ.) HAND.-MAZZ.

var. *radicans* (SIEBOLD) REHDER: kriechend od. mit Haftwurzeln kletternd; Bl. 1–3 cm lang, eif., kerbig gesägt, dick, oberseits stumpfgrün mit weißen Nerven, unterseits einfarbig hellgrün. h.

Zahlreiche, z. T. schwer unterscheidbare Kultivare (Auswahl):

'Coloratus': Zw. lang kriechend, wenig Haftwurzeln bildend; Bl. 3,5–5,5cm lang, 2,5–3 cm breit, sich im Herbst nach dunkel purpurn verfärbend, unterseits auch im Sommer ± rötl. bleibend.

'Emerald Gaiety': Bodendecker, bis 35(–60) cm hoch, an Stützen bis 1,5 m; Bl. 3–4 cm lang, mit weißem Rand, sich zum Winter rötl. verfärbend. h.

'Emerald'n Gold': ähnl. voriger, aber Bl. stark gelb panaschiert. h.

'Minimus': kriechend; Bl. kerbig gesägt, stumpfgrün, 6–15 mm lang. z.

'Vegetus': Wuchs breit buschig, aber auch gern kletternd, Zw. dann ± waagerecht abstehend; Bl. breit elliptisch bis fast rund, 2,5–4 cm lang, 2,5–3,5 cm breit, 1-farbig dunkelgrün, fein kerbig gesägt; reich fruchtend, Samen weiß, Arillus orangefarben. z.

— Aufrechter Strauch; Bl. eif. bis schmal elliptisch, 3–8 cm lang, glänzend dunkelgrün; Bltn. u. Fr. voriger Art sehr ähnl.; VI–VII. Sg – h. ∧∧ S- u. O-As. bis SO-As. **Japanischer S., *E. japonicus*** L. f.

In Kultur meist zahlreiche, v. a. buntblättrige Formen, deren Frosthärte jedoch meist geringer als die der Art ist.

532/1 *Euonymus fortunei*, Fr.

Euptelea Siebold & Zucc., **Schönulme** – *Eupteleaceae* (Bearbeiter: Ulrich Hecker)

Sommergrüne Holzgewächse mit wechselst., einfachen, gestielten Bl., ohne Nebenbl.; Bltn. vor dem Laubaustrieb erscheinend, einzeln in der Achsel der Kn.schuppen stehend, ⚥, Bltn.hülle fehlend, Stbl. 6–18, Frbl. 6–30, frei, zu 1(–3)-samigen, asymmetrischen, geflügelten Nüsschen heranreifend, oft erst im Spätwinter abfallend (Wintersteher). 2 Arten in O-As.

1. Bl. eirundl., lang zugespitzt, 6–10 cm lang, unregelmäßig gezähnt, mit einigen größeren Zähnen, unterseits hellgrün (*533/1a*); Staubbeutel rot; Frch. 10–20 (*533/1b u. c*), 1–1,5 cm lang, Samen meist einzeln; III–IV. Sg/Bk – ss. Jap.
Vielmännige S., *E. polyandra* Siebold & Zucc.

— Bl. eirundl. bis rundl. plötzl. zugespitzt, 6–12 cm lang, ± regelmäßig gezähnt, unterseits grau bis bläul. grün, papillös (*533/2a*); Staubbeutel orangerot; Frch. 8–15, 1,5–2 cm lang, Samen meist 2 (*533/2b*); blüht etwa 1 Woche später als *E. polyandra*; III–IV. Sg/Bk – ss. W-China. [*E. franchetii* van Tiegh.]
Franchets S., *E. pleiosperma* Hook. f. & Thomson

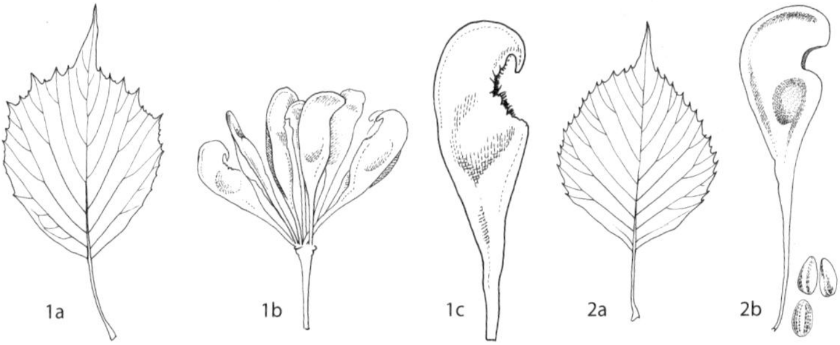

533/1–2 *Euptelea*: 1 *E. polyandra*, 1a Bl., 1b Fr., 1c Frch.; 2 *E. pleiosperma*, 2a Bl., 2b Frch. u. Samen

Exochorda Lindl., **Radspiere** – *Rosaceae* (Bearbeiter: Bernd Schulz)

Große sommergrüne Sträucher; Bl. einfach, eif. bis elliptisch, 3–10 cm lang oft ganzrandig (*534/1*); Bltn. zu 5–10 in Trauben, 2,5–4 cm ∅, mit breit schüsself. Bltn.becher; Bltn.hülle 5-zählig, Krbl. weiß, ± genagelt (etwa 15 mm lang u. 11 mm breit), Kbl. weißl. (5–6 × 6 mm), in der Bltn.kn. (5–6 × 6 mm) Blüte einschließend, eif. bis 3-eckig, kurz zugespitzt od. abgerundet, Rand leicht gezähnt, Stbl. relativ kurz (< ¼ Krbl., 3 mm), Zahl variabel, Diskus grün, Frbl. 5, unverwachsen; reife Frch. holzig, aufrecht, durch einen Achsenfortsatz verbunden, sich in 2 Klappen öffnend (*534/2*). 1 variable Art (*E. racemosa* s. l.) od. 4–5 Arten in M- u. O-As.

1. Stbl. 15–20 (1 Stbl. über jedem Kbl. u. 2–3 über jedem Krbl.), Krbl. plötzl. in den kurzen Nagel verschmälert, untere Bltn.stiele in der Traube bis 5 mm lang; Fr. 8–10 mm hoch; V. Sg – z–h. M- bis O-As. [*E. grandiflora* Lindl.]
Chinesische R., *E. racemosa* (Lindl.) Rehder s. str.

E. × macrantha (Lemoine) C. K. Schneid. [*E. racemosa* × *E. korolkowii*]: Stbl. etwa 20, Bltn. kürzer gestielt, sonst wie *E. racemosa* s. str.

'The Bride': max. 2 m hoch, Zw. breit überhängend, reich blühend. h.

— Stbl. 20–30 (1 Stbl. über jedem Kbl. u. 3–5 über jedem Krbl.), Krbl. allmähl. verschmälert, Bltn. alle fast sitzend; Fr. > 1 cm hoch **2**

2. Bl. der Langtriebe wenigstens z. T. mit Nebenbl., Bl.stiele 5–15 mm lang; Stbl. etwa 25; Fr. etwa 1,5 cm hoch; V. Sg – ss. M-As. [*E. albertii* Regel]

E. korolkowii Lavallée

— Bl. alle ohne Nebenbl., Bl.stiele 1,5–2,5 cm lang, oft rötl., ebenso der Bltn.-becher; Stbl. 20–30; Fr. 1–1,3 cm hoch; V. Sg – s. NO-China.

Dahurische R., *E. giraldii* Hesse

var. *wilsonii* (Rehder) Rehder: Bltn. bis 5 cm breit, Bl.stiele 10–20 mm lang, nicht rötl.

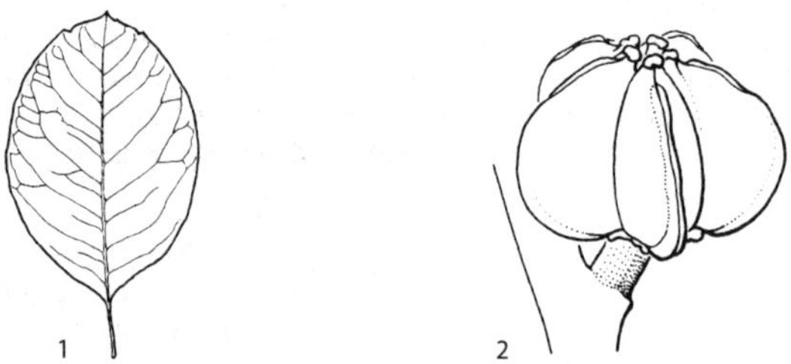

534/1–2 *Exochorda racemosa*: 1 Bl., 2 Fr.

Fagus **L., Buche, Rotbuche** – *Fagaceae* (Bearbeiter: Peter A. Schmidt)

Sommergrüne Bäume mit meist bis ins Alter glatter Stammrinde; Kn. lang spindelf. (*272/1*); Bl. wechselst., an aufrechten Trieben schraubig, an abstehenden ± 2-zeilig, einfach, ± ganzrandig, leicht wellig bis buchtig gekerbt od. gezähnt; ♂ Bltn. mit 4–7-spaltigem Perigon u. 4–16 Stbl. in lang gestielten, hängenden köpfchenf. Bltnst., ♀ Bltn. mit 4–6-spaltigem, haarigem Perigon u. 3-fächerigem Frkn. in aufrechten 2–3-bltg. Dichasien; Fr.becher (Cupula) (1–)2(–3) Nüsse (Bucheckern) umschließend, selten deren Spitzen herausragend, sich (3- od.) 4-klappig öffnend (*535/3b*), außen mit Hochbl. als weichstachelige, fädl., 3-eckige od. spatelf. blattähnl. Anhängsel, zuw. anliegend, Nüsse längl. eif., scharf 3-kantig (*535/3b*). 8–10 Arten von mer. bis nem. Zone (Mex., O-NAm., Eur. bis SW-As., O-As.).

Bei den meisten Arten Bl.basis keilf. bis abgerundet, Bl. nach dem Austrieb ± seidig behaart, dann bis auf Seidenhaare entlang von Mittelrippe u. Nerven an der Bl.unterseite od. am Bl.rand verkahlend od. fast kahl. Zur Absicherung der Bestimmung nach Bl.merkmalen sind Fr. wichtig, v. a. die Merkmale der Cupula. Zahlreiche Sorten (im Wesentlichen von *F. sylvatica*), von denen nur Beispiele genannt werden können, hierzu siehe Speziallitertur (z. B. Dönig 2010).

1. Bl. beiderseits grün, höchstens unterseits heller grün als oberseits, aber nicht bläul., weder blau- od. bleichgrün noch gelbl. grün; Stiel der Cupula 0,5–2,5 cm lang, meist dick (1–2,4 mm ∅), wenn zuw. dünner u. länger (*F. orientalis*), dann seidig behaart **3**

— Bl. unterseits ± deutl. bläul., blau- od. blassgrün, zuw. gelbl. grün; Stiel der Cupula 2–7(–10) cm lang, dünn (bis 1 mm ∅) u. ± kahl – Bl. 5–10(–13) cm lang, 2,5–6 cm breit elliptisch eif. bis eif., jederseits der Mittelrippe mit 9–14 Seitennerven, Bl.stiel 0,5–1,5 cm lang; Baum oft mehrstämmig **2**

2. Cupula ± so lang wie die Nüsse, die höchstens mit ihrer Spitze herausragen, Cupula-Anhängsel lang u. abstehend, im unteren Teil blattähnl., spatelf., im oberen Teil fädl.; Bl.rand wellig bis gekerbt. Bm – s. O-As.: S-China bis Sich. u. Yunn. **Englers B., *F. engleriana*** Diels

Ebenfalls bläul. Bl.unterseite, lang gestielte Frst. (bis 10 cm), lange, aber linealische u. zurückgebogene Anhängsel der Cupula weist die **Langstielige B., *F. longipetiolata*** Seemen, auf: Bl.stiele länger (1–3,5 cm), Cupula länger (2–2,5 cm) u. Bl.unterseite nicht nur an den Nerven behaart. ss. S-China bis Sich., Yunn. u. Vietn.

— Cupula deutl. kürzer als die Nüsse, die bis zur Hälfte ihrer Länge herausragen, Anhängsel der Cupula anliegend, schuppenf.; Bl.rand schwach wellig od. leicht buchtig gekerbt bis fast ganzrandig. Bg – ss. O-As.: Jap., S-Kor. **Japanische B., *F. japonica*** Maxim.

Kaum in Kultur ist die **Korea-B., *F. multinervis*** Nakai, die auch *F. japonica* od. *F. crenata* als Varietät zugeordnet wird, aber bezügl. eigenständiger Merkmale noch zu prüfen ist: Bl. meist größer (bis 17 cm lang u. 10,5 cm breit). S-Kor. (Insel Ullung-do).

3 (1). Bl. ± ganzrandig od. Bl.rand wellig buchtig bis gekerbt, kaum od. nur entfernt gezähnt (außer bei Formen bzw. Sorten von *F. sylvatica*) od. wenn Rand

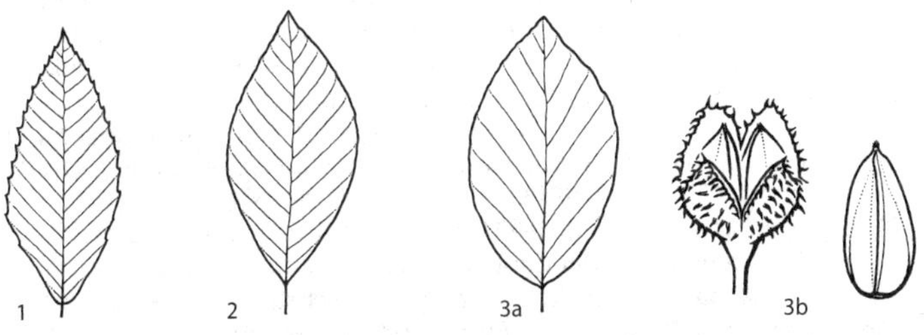

535/1–3 *Fagus*: 1 *F. grandifolia*, Bl.; 2 *F. orientalis*, Bl.; 3 *F. sylvatica*, 3a Bl., 3b Cupula mit Fr. u. Fr.

± deutl. gekerbt, dann in den Buchten zumindest in oberer Spreitenhälfte winzige spitze Zähne, Bl. 4–11 cm lang, jederseits der Mittelrippe mit 5–12 Seitennerven – Kn. 0,7–2 cm lang, spindelf., etwa in der Mitte am dicksten 5

— Bl. deutl. gesägt od. gezähnt bis leicht buchtig gekerbt, mit spitzen Zähnen, (5–)8–12(–17) cm lang, jederseits mit (8–)9–14(–15) Seitennerven 4

4. Bl.rand grob gesägt mit spitzen Zähnen, in die die Seitennerven münden (*535/1*), Bl. elliptisch bis eif., allmähl. lang zugespitzt, – (5–)9–12(–14) cm lang, 2–7 cm breit, Basis der Bl.spreite breit keilf. bis schwach herzf., oft ungleichseitig, oberseits glänzend dunkelgrün, unterseits heller grün, entlang der Hauptnerven seidig behaart, zuw. auch auf der Fläche; Kn. 1–2 cm lang u. dünn, an der Basis am dicksten; Wurzelsprosse bildend. Bg – s. O-NAm. bis Z-USA, isoliertes Vorkommen in Mex. (subsp. *mexicana* (Martinez) E. Murray).
Amerikanische B., *F. grandifolia* Ehrh.

— Bl.rand wellig bis buchtig, aber kaum gezähnt, Bl. elliptisch bis verkehrt eif., spitz .... ***F. orientalis***, siehe Nr. 7

5 (3). Bl. elliptisch od. verkehrt eif., in der Mitte od. oberhalb dieser am breitesten, wenn eif., dann zumindest ein Teil der Bl. elliptisch, Bl.rand (fast) ganzrandig bis ± wellig, seicht buchtig gezähnt od. leicht gekerbt, nicht gezähnt (außer bei abweichenden Formen u. Sorten) od. wenn gezähnt, dann Zähne grob u. stumpf, nie winzig u. spitz 7

— Bl. eif. bis elliptisch eif., in unterer Hälfte am breitesten, Rand deutl. gekerbt mit stumpfen Zähnen od. wenn wellig buchtig bis seicht gekerbt, dann mit winzigen, etwa 1 mm langen, spitzen Zähnen in den Buchten – Bl. 5–11 cm lang, glänzend grün, Seitennerven jederseits der Mittelrippe 7–12 6

6. Cupula außen ohne Anhängsel, da Hochbl. nur 1–2 mm lang u. anliegend, 3-eckig stachelspitzig, höchstens obere etwas abstehend; Bl.rand seicht wellig buchtig mit winzigen spitzen Zähnen in den Buchten, – Bl. 2,5–4,5 cm breit, Stiel 0,6–2 cm lang; Cupula 1–1,5 cm lang, ihr Stiel 0,5–1,5 cm lang, Spitze der Nüsse leicht aus Cupula herausragend. Bm – ss. O-As.: S-China bis Sich.
Chinesische B., *F. lucida* Rehder & E. H. Wilson

— Cupula außen mit auffälligen Anhängseln, diese meist abstehend, > 2 mm lang, borstenf., untere spatelf. bis linealisch; Bl.rand ± deutl. gekerbt, meist nur in oberer Spreitenhälfte winzige spitze Zähne in den Buchten, – Bl. 4–5,8 cm breit, Stiel 0,5–1 cm lang; Cupula 1–2 cm lang, ihr Stiel 1–2,5 cm lang. Bm/Bg – ss. O-As.: Jap. [*F. sieboldii* A. DC.] **Kerb-B.,Siebolds B., *F. crenata*** Blume

7 (5). Bl. elliptisch bis verkehrt eif. (*535/2*), mindestens ein Teil der Bl. in oberer Hälfte am breitesten, (6–)8–12(–17) cm lang, 3–8 cm breit, jederseits der Mittelrippe (8–)10–12 Seitennerven; Stiel der Cupula 1,5–4,5 cm u. länger, dünn (etwa 1 mm ∅), Anhängsel im unteren Teil der Cupula verbreitert, spatelf., sonst linealisch, borstig bis weichstachelig. Bg – z. SO-Eur., Kl.-As, Kauk. bis N-Iran. [*F. sylvatica* subsp. *orientalis* (Lipsky) Greuter & Burdet]
Orient-B., Kaukasische R., *F. orientalis* Lipsky

In den Merkmalen vermittelnd zu folgender Art ist die **Krim-B.** od. **Moesische R., *F. × taurica*** Popl. [*F. × moesiaca* (K. Maly) Czeczott] = *F. orientalis* × *F. sylvatica*. SO-Eur. bis Krim.

— Bl. elliptisch bis eif. (*535/3a*), 4–9(–10) cm lang, 4–7 cm breit, jederseits 5–9 (–10) Seitennerven; Stiel der Cupula 0,5–2,5 cm lang, dicker, bis > 2 mm ∅, alle Cupula-Anhängsel linealisch, borstig bis weichstachelig (*535/3b*). Bg – h. Mer. bis nem. Eur. **G!** **Europäische B., Gewöhnliche R., *F. sylvatica*** L.

Viele spontan auftretende Formen u. in Kultur genommene Sorten, unterschieden in Wuchsform, Blattform u. -farbe, wobei auch Kombinationen dieser Abweichungen auftreten. Beispielhaft seien genannt:

a) Schwach- bis starkwüchsige Bäume mit normaler Krone, weder Hänge- noch Säulenform:

1. Bl. grün, in Größe u./od. Form abweichend:

'Latifolia': Bl. derber u. größer, bis 15 cm lang u. 12 cm breit; **'Rotundifolia'**: Bl. kleiner u. rundl., bis 4 cm lang u. 4 cm breit; **'Grandidentata'**: Bl. gleichmäßig grob gezähnt, Zähne breit 3-eckig; **'Cristata'**: Bl. an Zw.enden gedrängt, hahnenkammartig gelappt, kraus; **Heterophylla-Gruppe:** Bl. verschiedengestaltig, zumindest ein Teil der Bl. deutl. schmaler, lanzettl. u. fiederlappig (**'Laciniata'**) bis linealisch, unterschiedl. tief gelappt bis eingeschnitten (**'Asplenifolia'**) od. längl. eif., grob gelappt bis eingeschnitten mit welligen Rändern (**'Quercifolia'**).

2. Bl. rot bis purpurrot, braun- od. schwarzrot, **Blutbuchen:**

Atropurpurea-Gruppe [Purpurea-Gruppe] mit in Größe u. Form ± normalen Bl. (hierzu Sorten wie 'Atropunicea', 'Cuprea' u. 'Riversii') od. größeren Bl. ('Purpurea Latifolia'); Sorten mit Bl. wie bei Heterophylla-Gruppe, z. B. bei **'Rohanii'** Bl. ähnl. wie bei 'Quercifolia' od. **'Ansorgei'** ähnl. wie bei 'Asplenifolia'.

3. Bl. gelb bis goldgelb, **Goldbuchen:**

'Zlatia': Bl. etwas größer (8 cm lang, 6 cm breit), nach Austrieb u. im Herbst goldgelb, im Hochsommer gelbl. grün (Sorte wahrscheinl. zu *F.* × *taurica*); **'Rohan Gold'**: Bl. ähnl. wie bei 'Quercifolia', anfangs goldgelb, später grünl. gelb.

4. Bl. 2- od. mehrfarbig:

'Argenteo-marmorata': Bl. der Johannistriebe mit weißen Punkten, Flecken od. Streifen; **'Luteo-variegata'**: Bl. mit gelben Rändern u. Flecken; **'Purpurea Tricolor'**: Bl. mit Grundfarbe wie bei Blutbuchen, aber Randzone unregelmäßig dunkel- bis hellrosa, zuw. fast weiß.

b) Bäume mit säulenf. bis schmal kegelf. Krone, Äste steil aufrecht (**Säulenbuchen**):

'Dawyck' ['Fastigiata']: Bl. grün; **'Dawyck Gold'**, Säulen-Goldbuche: Bl. im Frühjahr u. Herbst goldgelb, im Sommer gelbl. od. hellgrün; **'Dawyck Purple'**, Säulen-Blutbuche: Bl. anfangs purpurrot, denn dunkler, ab Hochsommer vergrünend; ähnl. **'Black Swan'**, aber Krone kompakter, Bl. weniger stark vergrünend.

c) Bäume mit breit säulenf. bis weit ausladender Krone, Äste bogig abwärts gerichtet u. hängend od. unmittelbar Zw. herabhängend (**Hänge- od. Trauerbuchen**):

'Pendula': Krone meist breit ausladend u. dicht, Äste erst aufsteigend od. abstehend u. dann bogig abwärts gerichtet, wenn lang herabhängende Zw. bis zum Boden reichen u. aufliegen, dann sich bewurzelnd, Bl. grün; **'Aurea Pendula'**, Hänge-Goldbuche: Krone weniger ausladend, Bl. gelb, später grünl. gelb; **'Purpurea Pendula'**, Hänge-Blutbuche: schwachwüchsig, oft mit hochgezogenem Leittrieb od. hochstämmig veredelt, Krone dann breit säulenf. bis kegelf. od. schirmf., Bl. braun- bis schwarzrot; **'Purple Fountain'**, Hänge-Säulen-Blutbuche: Krone säulenf., Äste u. Zw. hängend, Bl. rot bis schwarzrot.

d) Bäume mit sehr unregelmäßigem Wuchs, Krone meist weit ausladend, Stamm u. Äste oft ± stark gedreht, Äste u. Zw. knie- od. knickwüchsig bis schlangenf. gewunden, auch dem Boden aufliegend, Zw.spitzen herabhängend:

Tortuosa-Gruppe, aus naturl. Vorkommen von **var. *suentelensis*** Schelle, **Süntel-B.,** u. a. ausgelesene od. in Kultur entstandene Sorten.

Fallopia Adans., **Flügelknöterich** – *Polygonaceae* (Bearbeiter: Ulrich Hecker)

Kräuter, Stauden od. Sträucher, oft windend u. kletternd; Bl. wechselst., einfach, meist ganzrandig, mit deutl., häutiger Ochrea; Bltn. meist in Scheintrauben bzw. Scheinähren od. in achselst. Bltn.knäueln, selten einzeln, Bltn.hülle meist 5-teilig, zur Fr.zeit nur wenig vergrößert; Fr. von Bltn.hülle eingeschlossen. 16 Arten im nem. Euras. u. NAm.

1. Bltn. in großen achsel- od. endst. Rispen, anfangs weiß, später rosa, Achsen der Bltnst. fast kahl; Bl. breit eif. od. eif., Basis der Bl.spreite herzf. od. spießf., Bl. 4–10 cm lang, 2,5–6 cm breit, kahl, blassgrün, Bl.stiel 1–3,5 cm lang (*538/1*);

VII–X. L (bis 15 m) – h. M-As. (S-Tadchikistan). [*Bilderdykia baldschuanica* (REG.) D. A. WEBB; *Polygonum baldschuanicum* REG.]

Bucharischer F., *F. baldschuanica* (REG.) HOLUB

Sehr häufig, auch zur Begrünung von Lärmschutzwänden angepflanzt. Bildet in M-Eur. keine keimfähigen Samen aus.

— Bltn. weiß, Achsen der Bltnst. fein rauhaarig; Bl. längl. eif., Basis der Bl.spreite spießf., Bl.rand meist gewellt, im Austrieb rötl., Bl. 4–9 cm lang, Bl.stiel 3–5 cm lang; Fr. 3-kantig geflügelte Nuss (*538/2*); VII–X. L (bis 10 m) – s. Z- u. O-China. [*Bilderdykia aubertii* (L. HENRY) MOLDENKE; *Polygonum aubertii* L. HENRY]

Chinesischer F., *F. aubertii* (L. HENRY) HOLUB

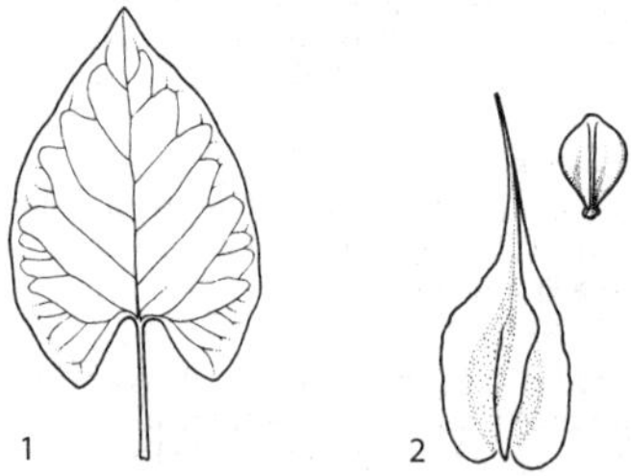
1 2

538/1–2 *Fallopia*: 1 *F. baldschuanica*, Bl.; 2 *F. aubertii*, Fr. mit u. ohne Bltn.hülle

Fargesia FRANCH., **Schirmbambus** – *Poaceae* (Bearbeiter: Hans-Roland Müller)

Rhizome pachymorph; Pfl. immergrün, dichte Horste bildend; Halme stielrund, sich erst im 2. Jahr verzweigend, Seitenhalme 3 bis mehrere, aus einer Kn. entspringend; Bltnst. endst. an Seitenhalmen, 1-seitig von einem kahnf. Hochbl. umgeben, rotbraun, Ährchen 1- bis mehrbltg., Stbl. 3, Narben 3. Über 80 Arten in China u. Vietn. *Fargesia murieliae* hat seit 1976 in ganz Eur. geblüht, so dass die Pfl. vielerorts eingegangen sind. Aus Sämlingspopulationen sind neue Klone ausgelesen worden, die in ihren Wuchseigenschaften, insbesondere der Wuchshöhe, sehr stark variieren. Der normale Blührhythmus liegt bei 80–100 Jahren. Das gleiche Schicksal ereilte seit 1993 auch *F. nitida*.

1. Halmscheiden nur etwa ½ so lang wie die Internodien **3**

— Halmscheiden mindestens ¾ so lang wie die Internodien **2**

2. Halme 2–4 m hoch, im 1. Jahr steif aufrecht, später oben überhängend, 9–12(–20) mm dick, anfangs graugrün, dicht bereift, bald purpurn, kahl; Halmscheiden kürzer als die 11–20 cm langen Internodien, spät abfallend, anfangs purpurgrün, purpurn behaart, ohne Öhrchen u. Borsten; Bl. linealisch, 4–7(–9) cm lang, 6–10 mm breit, dunkelgrün, kahl; Bl.scheiden mit sehr kurzen Borsten. Sg – z. WN-China, Sich. [*Arundinaria nitida* STAPF; *Sinarundinaria nitida* (STAPF) NAKAI; *Thamnocalamus nitidus* (MITF.) J.-P. DEMOLY]

Glanz-S., *F. nitida* (MITF.) KENG

'Jiuzhaigou': mehrere Klone (1–10) aus dem Jiuzhaigou-Nationalpark (N-Sich.) mit unterschiedl. Wuchsstärke (2–4 m) im Handel, Halme oft rötl.

— Halme 2–3 m hoch, sehr dicht stehend, weit ausladend, 8–10 mm dick, anfangs grün, im Alter gelbl., kahl; Halmscheiden nur wenig kürzer als die 10–15 cm langen Internodien, spät abfallend, anfangs orangegelb bis kupferrot, später cremefarben, mit Öhrchen u. Borsten; Bl. linealisch, 4–8 cm lang, 6–10 mm breit, glänzend sattgrün, kahl, rollen sich bei Frost, Sonne u. Trockenheit nicht ein! Sg – z. WN-China, Sich. [*F. dracocephala* 'Rufa'; *F.* 'Rufa'] **F. rufa** T. P. Yi

Die in Eur. unter diesem Namen bzw. den o. g. illegitimen Synonymen vertriebenen Pfl. gehen auf einen Klon aus Sich. zurück. Nomenklatorisch noch nicht endgültig geklärt u. von einigen Autoren *F. dracocephala* T. P. Yi zugerechnet.

3 (1). Halme anfangs hellgrün, weiß bereift, bald gelbgrün, später gelb, 1,5–3(–4) m hoch, später überhängend, 5–15 mm ∅, Halmscheiden anfangs hellgrün u. weiß bereift, später strohfarben, lange haften bleibend, bis auf die bewimperten Ränder kahl, ohne Öhrchen u. Borsten; Bl. 6–10(–15) cm lang, 8–15 mm breit, mit lang ausgezogener Spitze, unterseits blaugrün, mit feiner, schachbrettartiger Nervatur; Bl.scheiden mit 1–3 hellen Borsten. Sg – h. Sich., N-China, ZS-China. [*Arundinaria murielae* Gamble; *Thamnocalamus murielae* (Gamble) Demoly; *T. spathaceus* (Franch.) Söderstr.; *Sinarundinaria murielae* (Gamble) Nakai; *F. spathacea* Franch.]

Muriel-S., *F. murielae* (Gamble) T. P. Yi

× ***Fatshedera*** Guill., **Efeuaralie** [*Fatsia* × *Hedera*] – *Araliaceae* (Bearbeiter: Ulrich Hecker)

× ***F. lizei*** (Cochet) Guill. [*Fatsia japonica* 'Moseri' × *Hedera hibernica*] – Immergrüner Strauch von lockerem Wuchs; junge Triebe u. Bl.stiele rostfarben behaart; Bl. handf. tief 5-teilig (*539/1*), oberseits glänzend grün, unterseits heller; Bltn. klein, steril, grünl. weiß, in Rispen bildenden Dolden; VIII–IX. Sk – s. ∧∧

Fatsia Decne. & Planch., **Zimmeraralie** – *Araliaceae* (Bearbeiter: Ulrich Hecker)

Immergrüne, unbewehrte Sträucher od. kleine Bäume; Bl. groß, tief handf. 7–9 teilig eingeschnitten, Bl.stiele am Grund deutl. erweitert; Bltn. ⚥ od. polygam, 5-zählig in großen Dolden, die große endst. Rispen bilden, Diskus breit konisch, Gr. 5, fädig; Fr. fast kugelf., fleischig, schwarz. 3 Arten in Jap. u. Taiw.

F. japonica (Thunb.) Decne. & Planch., **Japanische Aralie** – Immergrüner, kahler Strauch mit kräftigen Stämmen; Bl. lederig, 10–30 cm lang gestielt, in 7–9 Abschnitte eingeschnitten (*539/2*), Buchten am Grund gerundet, dunkelgrün glänzend, 15–35 cm ∅, Abschnitte zugespitzt, gesägt; Bltn. weiß, in 3–4 cm großen Dolden, 1–1,5 cm lang gestielt; Fr. 8 mm ∅. X–XII. Sg – z. ∧∧ Jap. **G!**

539/1–2 Bl.: 1 × *Fatshedera lizei*; 2 *Fatsia japonica*

Ficus L., **Feige** – *Moraceae* (Bearbeiter: Ulrich Hecker)

Sommergrüne u. immergrüne Bäume od. Sträucher, Lianen u. Epiphyten, mit Milchsaft, oft mit Luftwurzeln; Bl. meist wechselst., einfach, ungeteilt od. gelappt; Bltn. eingschl., 1-häusig, seltener 2-häusig, sehr klein, ♂ u. ♀ Bltn. meist in sehr großer Zahl innerhalb krugf. bis hohlkugeliger Bltnst.; Steinfr. zu Fr.verband (Scheinfr.) vereinigt. 840 Arten in den Trop., seltener in den Extratrop. Nur folgende Art häufig angepflanzt.

F. carica L., **Echte F.** – Bl. tief 3–5-lappig, Bl.lappen ± verkehrt eif., stumpf (*540/1*), selten ungeteilt, Bl. 10–20 cm lang u. breit, unregelmäßig gezähnt, beiderseits rau, besonders aber oberseits, Bl.stiel 2,5–10 cm lang; Fr. sind grünl. od. braunviolette wohlschmeckende Feigen (*540/2*); V–X. Sg/Bk – h. ∧∧ S-Eur., Medit., bis SW- u. M-As.

In strengen Wintern stark zurückfrierend, aber stets wieder bodennah austreibend. Häufig angepflanzt in mehreren Kultursorten.

1

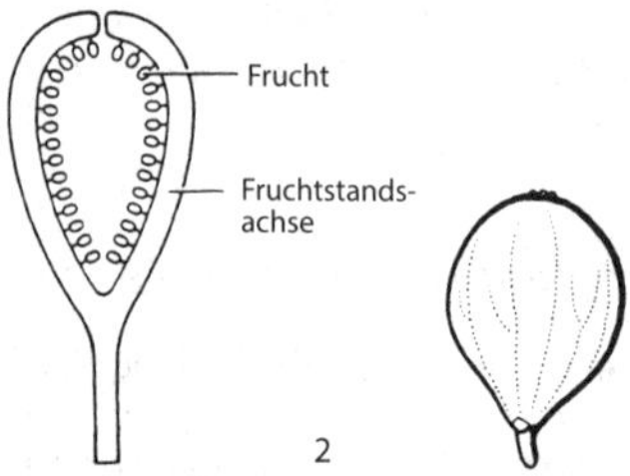

2

540/1–2 *Ficus carica*: 1 Bl., 2 Fr.verband (Scheinfr.)

Flueggea Willd., **Beilholz** – *Phyllanthaceae* (Bearbeiter: Ulrich Hecker)

Sommergrüne Sträucher od. kleine Bäume, mitunter dornig.; Bl.wechselst., einfach, ganzrandig od. gesägt; Bltn. eingschl., meist 2-häusig verteilt, einzeln od. in achselst. Trauben, klein, grünl., K. 5–6-teilig, Krbl. fehlend, ♂ Bltn. mit 4–7 Stbl., ♀ Bltn. mit 3 freien Gr.; Fr. eine Kapsel. 16 Arten, v. a. in den Trop. u. Subtrop. Meist nur die folgende Art in Kultur.

F. suffruticosa (Pall.) Baill. [*Securinega suffruticosa* (Pall.) Rehder; *S. ramiflora* (Ait.) Müll. Arg.] – Sparriger, bis 2 m hoher, dornenloser, reich verzweigter Strauch; Zw. dünn, grün, zuletzt braun, kahl; Bl. 2–8 mm lang gestielt, Spreite dünn, elliptisch bis längl. eif. (*540/3*), 1,5–8 cm lang, 1–3 cm breit, oberseits dunkelgrün, unterseits hellgrün bis blaugrün, Bl.rand fein gewellt; Bltn. 2-häusig verteilt, ♂ Bltn. zu 3–18, mit 5 Stbl.,

3

4

540/3–4 *Flueggea suffruticosa*: 3 Bl., 4 Fr.

2,5–5,5 mm, ♀ Bltn. 2–15 mm lang gestielt, Frkn. oberst.; Fr. eine kugelf. Kapsel, 5 mm ∅, K. bleibend (*540/4*); VII–VIII. Sk – s. NO-As. bis M-China u. Jap.

Fontanesia LABILL., **Fontanesie** – *Oleaceae* (Bearbeiter: Bernd Schulz)

Sommergrüner Strauch; Bl. gegenst., kurz gestielt, ganzrandig; Zw. 4-kantig; Bltn. in bis 6 cm langen end- od. bis 4 cm langen achselst. Trauben od. Rispen, Kbl. winzig, bis 0,5 mm, Krbl. 4, weißl., um 2,5–3 mm lang, Stbl. 2–3(–4), bis 5 mm lang, die Kr. überragend, Frkn. klein (< 1 mm), an der Spitze mit 1,5 mm langer, 2-armiger Narbe (*541/1*); Fr. eine flache (um 1 mm dicke) 2-fächerige Kapsel (zuw. als geflügelte Nuss od. Samara bezeichnet), rund bis oval, 5–8 mm lang (*451/2*), zuw. 3-fächerig u. „räuml." (Querschnitt 3-armiger Stern, *541/3*). 1 Art.

F. phillyreoides LABILL., **Kleinasiatische F.** – Bl. lanzettl., 2–7 cm lang, mit rauem Rand, oberseits stumpfgrün bis graugrün; Zw. anfangs fein drüsig (nur mit starker Vergrößerung sichtbar), später kahl; V–VI. Sg – ss. ∧ Kl.-As.

var. *fortunei* (CARRIÈRE) KOEHNE [*F. fortunei* CARRIÈRE], **Chinesische F.:** Bl. oberseits frischgrün glänzend, etwas länger, schmal lanzettl. (bis 12 cm), ganzrandig; V–VI. Sg/Bk – ss. ZS- u. OS-China.

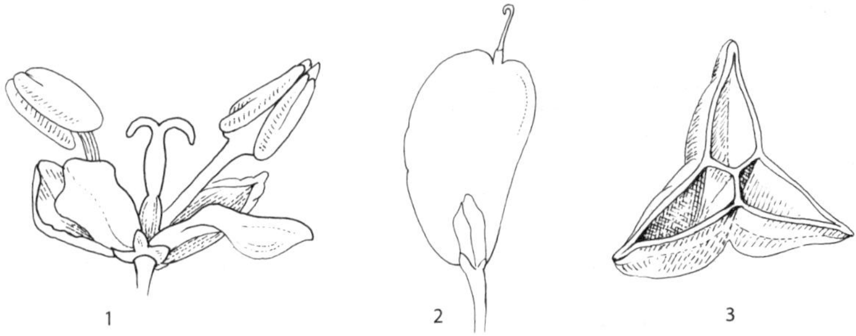

541/1–3 *Fontanesia phillyreoides*: 1 Blüte, 2 zweiteilige Fr., 3 dreiteilige Fr. aufgeschnitten

Forestiera POIR., **Adelie** – *Oleaceae* (Bearbeiter: Bernd Schulz)

Ligusterähnl., sommergrüne Sträucher; Zw. u. gegenst. Bl. der vorgestellten Arten kahl; Zw. dünn, jung < 2 mm ∅, mit Endkn.; Bltn. 2-häusig od. polygam, kurz vor dem Laub, ♀ Bltn. in wenigbltg. (5–7) büscheligen Trauben (*541/4*), unscheinbar, grünl., sehr klein (Stiel um 3 mm, Blüte um 2 mm lang, dunkelgrüner Frkn., 3–4 winzige Staminodien), ohne Kr. od. mit wenigen winzigen pfrieml., < 1 mm langen Perigonbl.

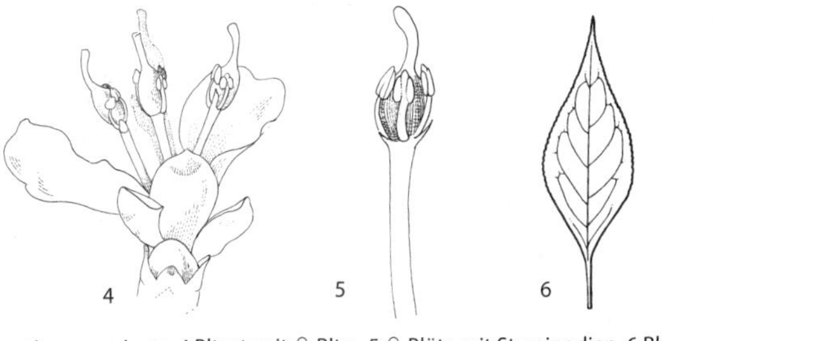

541/4–6 *Forestiera acuminata*: 4 Bltnst. mit ♀ Bltn., 5 ♀ Blüte mit Staminodien, 6 Bl.

(*541/5*), ♂ Bltn. in Büscheln, ohne Bltn.hülle, Staubfäden verlängert, Einzelbltn. kaum differenzierbar; Bltnst. am vorj. Zw. umgeben von verlängerten gelbgrünen Hochbl.; Fr. selten ausgebildet: eif., ellipsoidische od. walzenf. Steinfr., purpur bis blauschwarz, weißl. bereift, an kleine Pflaumen erinnernd. Etwa 15 Arten in N-, M- u. SAm. sowie W-Indien.

1. Fr. walzf., bis 12 mm lang; Bl. > 5 cm lang – eilängl. bis eilanzettl., über der Mitte leicht gesägt, frischgrün (*541/6*); IV–V. Sk – ss. Z- u. SO-NAm. [*Adelia acuminata* Michx.] **Spitzblättrige A., *F. acuminata*** (Michx.) Poir.

— Fr. eif. od. ellipsoidisch, 4–5(–7) mm lang; Bl. bis 5 cm lang; IV–V. Sk/Sg – s. SW-NAm. bis Mex. [*F. neomexicana* Gray.] **Wüstenolive, *F. pubescens*** Nutt. var. ***parvifolia*** (A. Gray) G. L. Nesom

Forsythia Vahl, **Forsythie** – *Oleaceae* (Bearbeiter: Bernd Schulz)

Sommergrüne Sträucher; Mark quer gefächert od. zurückgebildet u. Zw. hohl (*543/1–3*); Bl. einfach, seltener 3-geteilt, oft gezähnt od. ganzrandig (zuw. an derselben Pflanze, abhängig von Wüchsigkeit, Triebperiode, Vergreisung); Bltn. 4-zählig, Kr. gelb, auf 3–7 mm zu einer kurzen, glockenf. Röhre verwachsen, die sich in 4 Kr.zipfel fortsetzt, diese 10 bis > 20 mm lang u. 4–8 mm breit; in der Kr.röhre 12 längs verlaufende orangefarbene Saftmale, 2 Stbl. u. ein 2-fächeriges Frbl.; Fr. 2-klappige, 10–15 mm lange holzige Kapsel; Samen ringsum geflügelt.

In jeder Art gibt es lang- u. kurzgrifflige Pfl. (Heterostylie): Mal ist der Gr. länger als die Stbl. u. die 2-teilige Narbe steht über den Staubbeuteln, mal kürzer u. die Narbe steht unter den Staubbeuteln zwischen den beiden Staubfäden. Vegetativ vermehrte Sorten kommen stets nur in einer Form, lang- od. kurzgrifflig, vor.

Diesj. Zw. im Sommer (VI/VII) an der Spitze frischgrün, im mittleren Abschnitt lichtseits ± stark gerötet, bei *F. suspensa* am Grund bereits mit Periderm. Früh mit zahlreichen warzigen Lentizellen. Vorj. Zw. immer mit Periderm, lichtseits ± grau, schattenseits ockerbraun bis ockergrün, ältere Zw. graubraun. Etwa 4–5 Arten in O-As. u. 1 Art in N-Albanien. **G!**

1. Zw. (Längsschnitt) mit durchgängig – auch im Knoten – gefächertem Mark (*543/3*); Bl. meist ungeteilt; Bltn. kurz gestielt (≤ 8 mm), Kbl.zipfel um 3 mm lang; Fr. glatt (**Sekt. *Giraldianae***) **3**

— Zw. hohl od. ansatzweise gefächert, im Zw.knoten voll (*543/1* u. *2*); oft ein Teil der Bl. 3-teilig (inkl. Übergängen zu einfachen Bl.); Bltn. deutl. gestielt (≥ 8 mm), Kbl.zipfel 3–6 mm lang; Fr. warzig (**Sekt. *Forsythia*** u. **Hybriden**) **2**

2. Zw. zwischen den Knoten hohl (*543/2*), schwach 4-kantig; Bl. eif. bis längl. eif., gesägt, 6–10 cm lang, oft 3-teilig (*542/1*); Bltn. zu 1–3, meist 10–20 mm lang gestielt, goldgelb, etwa 2,5 cm lang, Kbl.zipfel deutl. länger als breit (*543/4*); III–IV. Sg – z–h. ON- u. OS-China bis Sich. **Hänge-F., *F. suspensa*** (Thunb.) Vahl

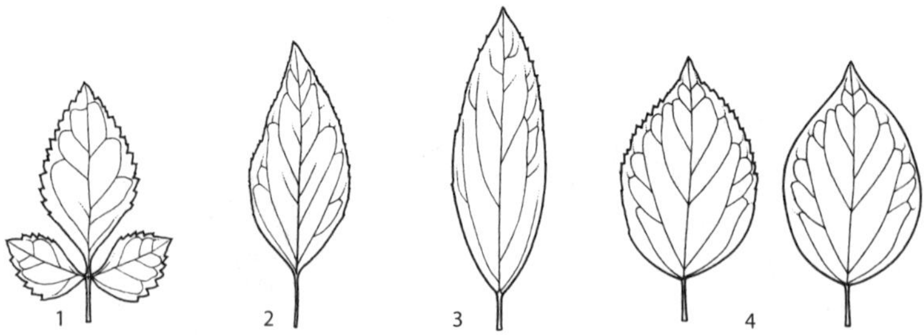

542/1–4 *Forsythia*, Bl.: 1 *F. suspensa*, 2 *F.* × *intermedia*, 3 *F. viridissima*, 4 *F. ovata* (2 ×)

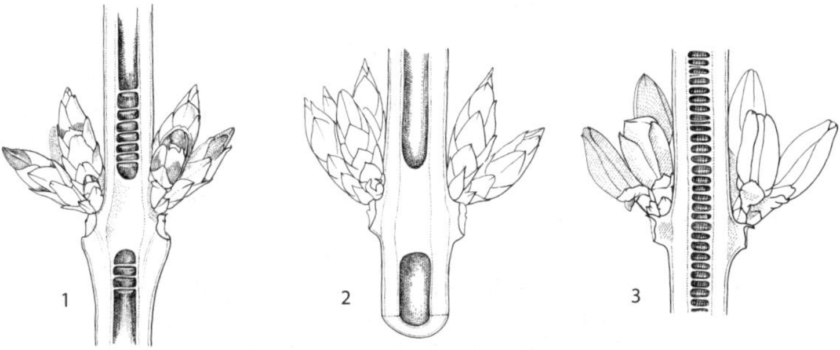

543/1–3 *Forsythia*, Sprossknoten im Längsschnitt: 1 *F.* × *intermedia*, 2 *F. suspensa*, 3 *F. ovata*

var. *fortunei* (LINDL.) REHDER: kräftig aufrecht wachsend, Zw. bogig überhängend; Bltn. mit schmalen, ausgebreiteten, oft gedrehten Lappen; Bl. oft 2- bis 3-teilig od. lappig. z–h.

var. *suspensa* [var. *sieboldii* ZABEL]: Zw. sehr dünn, überhängend u. zuw. auf dem Boden liegend; Bltn. mit breiteren, flachen, glockig ausgebreiteten Lappen; Bl. gewöhnl. einfach. z.

— Zw. vom vollen Knoten zu den in der Mitte hohlen Internodien ansatzweise gefächert (*543/1*); Bl. eilängl. bis lanzettl. (*542/2*), an wüchsigen Zw. manchmal 3-teilig, 8–12 cm lang; Bltn. gewöhnl. zu mehreren gehäuft, bei den einzelnen Formen 3,5–5,5 cm ∅ (*543/7*); IV. Sg – h. Kultur. [*F. suspensa* × *F. viridissima*?] **Hybrid-F., *F.* × *intermedia*** ZABEL

'Spectabilis': dunkelgelbe, sehr große Bltn. (kurzgriffelig). h.

'Lynwood': goldgelbe Bltn. bis 5 cm groß (kurzgriffelig), dicht am Zw. verteilt. h.

'Goldzauber': Bltn. dunkler als bei 'Lynwood' (kurzgriffelig) u. Zw. dünner. z.

'Spring Glory': Bltn. hellgelb (langgriffelig). z.

3 (1). Diesj. Zw. grün, in der Sonne nur schwach gerötet, steif, stark 4-kantig; Bl. elliptisch längl. bis lanzettl., – 8–14 cm lang, meist nur oberhalb der Mitte gesägt od. auch ± ganzrandig, dunkelgrün (*542/3*); Bltn. zu 1–3, etwa 2,5 cm lang, sattgelb mit grünem Anflug, Krbl.zipfel schmal längl.; IV–V. Sg – s. ZS- u. OS-China. **Grüne F., *F. viridissima*** LINDL.

— Diesj. Zw. schwach 4-kantig, fast rund, in der Sonne oft stärker gerötet; Bl. eif. bis eilanzettl. **4**

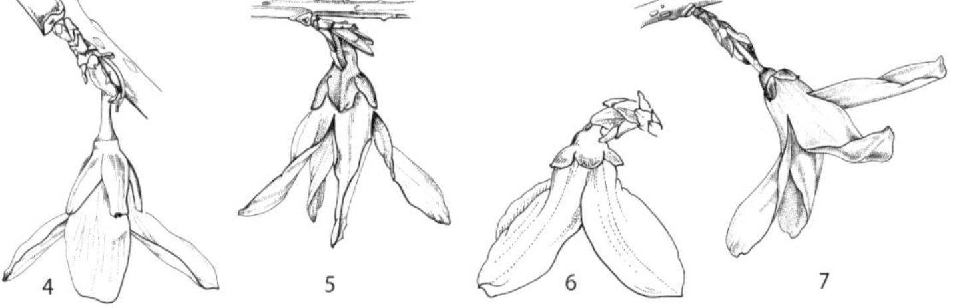

543/4–7 *Forsythia*, Einzelbltn.: 4 *F. suspensa*, 5 *F. europaea*, 6 *F. ovata*, 7 *F.* × *intermedia*

4. Bl.stiele 8–12 mm lang, Bl. eif. bis breit eif., 5–7 cm lang, plötzl. zugespitzt, Basis flach abgerundet bis schwach herzf., fein gesägt bis fast ganzrandig, dünn (*542/4*); Bltn. einzeln, Krbl.zipfel leicht zurück-, aber wenig zur Seite umgeschlagen u. Spitze relativ kurz, stumpf, dadurch recht breit erscheinend, etwa 1,5 cm lang, hellgelb (*543/6*); III–IV., frühester Blüher, etwa 2 Wochen vor *F.* × *intermedia*-Sorten, Bltn. dadurch spätfrostgefährdet. Sk – ss. Kor.
Korea-F., *F. ovata* NAKAI

'Tetragold': gedrungener Wuchs; Bltn. tiefgelb, bis 3 cm lang. z.

'Dresdner Vorfrühling': sehr lockerer Wuchs; Bltn. 2–3 cm. s.

— Bl.stiele 4–6 mm lang, Bl. eif. bis eilanzettl., 4–7 cm lang, Basis abgerundet bis breit keilf., gewöhnl. ganzrandig od. mit wenigen kleinen Zähnen, dickl.; Bltn. gewöhnl. einzeln, Krbl.zipfel schmal, etwa 2 cm lang, wenig nach außen gerollt, aber Rand etwas zu den Seiten einrollend, dadurch noch schlanker erscheinend, Kn.schuppen der Bltn.kn. längl. (*543/5*); III. Sk – ss. Geb.: Balkan.
Balkan-F., *F. europaea* DEGEN & BALD.

Ähnl. ***F. giraldiana*** LINGELSH.: Bl. 6–12 cm lang, lang zugespitzt; III–IV. Sg – ss. WN-China bis NO-Sich.

Fothergilla L., **Federbuschstrauch, Flaschenbürstenstrauch** – *Hamamelidaceae*

(Bearbeiter: Bernd Schulz)

Sommergrüne Sträucher; Sprosse u. Kn. sternhaarig; Bl.spreite variabel, rundl., von elliptisch u. verkehrt eif. bis kreisf. (zuw. auch breiter als lang), wenigstens in der oberen Hälfte grob wellig gezähnt, Nebenbl. vorhanden, hinfällig; Bltn. (*544/1a*) etwa mit od. vor den Bl., duftend, ⚥, wie der Frst. (*544/2a*) in endst., aufrechten Ähren, K. 5–7-lappig, Krbl. fehlend, Stbl. 12 bis ca. 30, Staubfäden weiß, unter den hellgelben Staubbeuteln deutl. verdickt (*544/1b*); Kapsel 2-samig, sich meist 2-klappig öffnend (*544/2b* u. *c*); Samen glänzend braun. 2 Arten aus SO-NAm. u. ihre Hybride.

1. Bis 30–90 cm hoher Strauch; Bl. grün bis blaugrün, verkehrt eif. bis längl., 2–6 cm lang u. 1,5–5 cm breit, Zähne nur in der oberen Spreitenhälfte, Spreitengrund fast symmetrisch (*545/2*), oberseits sternhaarig; Bltn. oft vor den Bl., mit 12–24 Stbl., Ähren 2–3 cm lang; Samen mit stumpfer Spitze (*544/2d*); IV–V. Sk (tetraploid) – SO-NAm. (küstennah). [*F. alnifolia* L. f.]
Erlenblättriger F., *F. gardenii* L.

— (0,7–)1,5–3(–6,5) m hoher Strauch; Bl. 5–10 mm lang gestielt, Spreite 6–12 cm lang u. 6–11 cm breit, Zähnung in der unteren Spreitenhälfte beginnend,

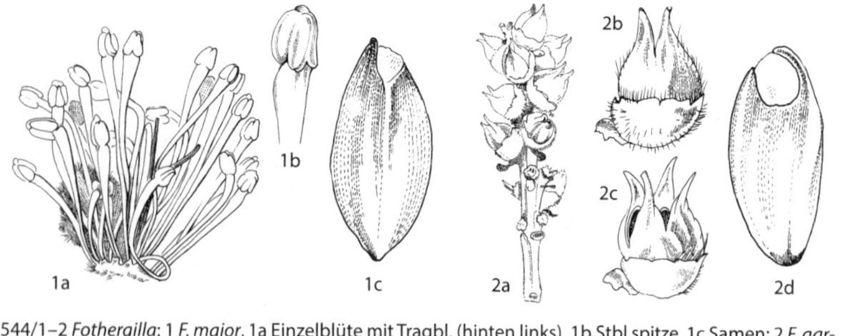

544/1–2 *Fothergilla*: 1 *F. major*, 1a Einzelblüte mit Tragbl. (hinten links), 1b Stbl.spitze, 1c Samen; 2 *F. gardenii*, 2a Frst., 2b u. c Fr., 2d Samen

Spreitengrund meist asymmetrisch (*545/1b*), oberseits grün, schwächer behaart, kahl od. verkahlend, unterseits ± sternhaarig; Bltn. mit 16–27 Stbl., Ähren 3–6 cm lang; Samen zugespitzt (*544/1c*); V. Sm/Sg (hexaploid) – SO-NAm., mont. (S-Piedmont). [*F. monticola* Ashe] **Großer F., *F. major*** Lodd.

Pfl. mit ganz kahlen Bl. wurden zuw. als *F. monticola* abgetrennt.

Ähnl. u. schwer zu trennen ist die pentaploide Hybride zwischen beiden Arten ***F.* × *intermedia*** Ranney & Fantz.

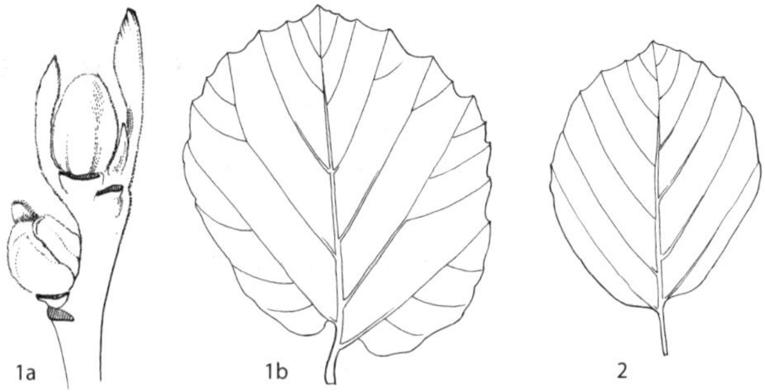

545/1–2 *Fothergilla*: 1 *F. major*, 1a Zw.spitze mit Bltnst.kn., 1b Bl.; 2 *F. gardenii*, Bl.

Frangula Mill., **Faulbaum** – *Rhamnaceae* (Bearbeiter: Ulrich Hecker)

Unbewehrte sommergrüne Sträucher od. Bäume; Kn. nackt, ohne Kn.schuppen (*259/2*); Bl. meist wechselst., ungeteilt; Bltn. achselst., in sitzenden od. gestielten doldenartigen Zymen, selten einzeln, ⚥, radiär, 5-zählig, Gr. einfach, Narben 3-lappig; Steinfr., beerenartig, Steinkerne 1-samig; Keimung hypogäisch. 34 Arten in NAm., in Eur. 3 Arten, in M-Eur. nur 1 Art.

Von der Gatt. *Rhamnus* L., Kreuzdorn, mit der sie bei manchen Autoren vereinigt ist, aufgrund der nackten Winterkn., der 5-zähligen Bltn.hülle (*133/2*) und der hypogäischen Keimung als eigene Gatt. *Frangula* Mill. abgetrennt.

1. Bltnst. ungestielt, Bltn. zu 3–7 bl.achselst., bisw. einzeln, 5–10 mm lang gestielt; Bl. 6–12 mm lang gestielt (*545/3*), 3–7 cm lang, 3–4 cm breit, breit eif. od. breit elliptisch, selten verkehrt eif. bis verkehrt eif. längl., spitz, am Grund gerundet od. breit keilf., oberseits glänzend, unterseits heller u. oft an der Mittelrippe behaart, mit 7–9 Paar Seitennerven, gewöhnl. ganzrandig;

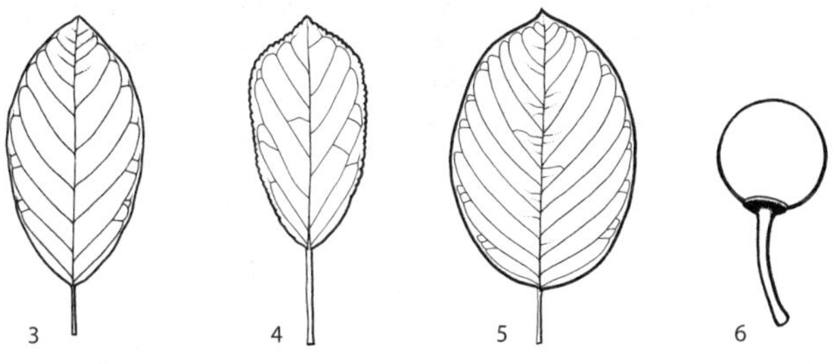

545/3–6 *Frangula*, 3–5 Bl.: 3 *F. alnus*, 4 *F. rupestris*, 5 *F. purshiana*; 6 *F. purshiana*, Fr.

Fr. 7–8 mm ∅, 2–3-samig; Ausläufer bildend; V–VIII. Sg/Bk – h. Eur. – W-As., NW-Afr. [*Rhamnus frangula* L.] **G!!** **Faulbaum, Pulverholz, *F. alnus*** Mill.

'Aspleniifolia': Bl. linealisch lanzettl., 3–5 mm breit, Rand ± gewellt.

— Bltnst. gestielt, Zymen doldenartig **2**

2. Bl. mit 5–8 Paar Seitennerven, 2–5 cm lang, 2–5 mm lang gestielt, elliptisch bis längl. elliptisch od. breit eif. bis fast herzf. (*545/4*), spitz od. stumpf, am Grund gerundet, gezähnt bis ganzrandig, unterseits auf den Nerven behaart; junge Zw. behaart; Bltnst. 3–8-bltg.; Fr. kugelf. bis verkehrt eif., 6 mm ∅, zunächst rot, reif schwarz; V–VI. Sk – s. SO-Eur. [*Rhamnus rupestris* Scop.]
Felsen-F., *F. rupestris* (Scop.) Schur

— Bl. mit 7–15 Paar Seitennerven, 5–15 cm lang **3**

3. Bl. deutl. zugespitzt, am Rand dicht fein gesägt, 8–15 mm lang gestielt, längl. eif. bis längl. lanzettl., 5–10 cm lang, 7–12 Paar Seitennerven; junge Triebe u. Bl. rostfarben behaart, verkahlend, Fr. ± kugelf., 6–8 mm ∅; VI. Sg – s. Jap., Kor. bis N-China. [*Rhamnus crenata* Siebold & Zucc.]
Gekerbtblättriger F., *F. crenata* (Siebold & Zucc.) Miq.

— Bl. spitz od. nur kurz zugespitzt, bisw. stumpf, oft fast ganzrandig, behaart od. fast kahl, 5–15 cm lang **4**

4. Bltnst.stiele länger als die Bl.stiele, bis 2,5 cm lang; Bl. elliptisch bis längl. eif., stumpf od. spitz, am Grund gerundet, entfernt gezähnt bzw. ganzrandig (*545/5*), mit 10–15 Paar Seitennerven, 1–2 cm lang gestielt; Bltnst. mit bis zu 20 Bltn., behaart; Fr. kugelf., 8–9 mm lang, schwarzrot, 2–3-samig (*545/6*); junge Zw. behaart od. filzig; V–VI. Sg/Bm – s. W-NAm. [*Rhamnus purshiana* DC.] **Purgier-F., *F. purshiana*** (DC.) J. G. Cooper

— Bltnst.stiele kürzer als die Bl.stiele; Bl. elliptisch bis längl. od. längl. lanzettl., spitz od. zugespitzt, mit 8–10 Paar Seitennerven, 6–16 mm lang gestielt; undeutl. gesägt bis fast ganzrandig Bltnst. 2–8-bltg.; Fr. kugelf., 8 mm ∅ , Samen 3; V–VII. Sg/Bk – s. O- bis SO-NAm.[*Rhamnus caroliniana* Walt.]
Karolina-F., *F. caroliniana* (Walt.) A. Gray

Franklinia Marsh., **Franklinie** – *Theaceae* (Bearbeiter: Ulrich Hecker)

1 Art.

F. alatamaha Marsh. – Junge Zw. silbrig behaart; Bl. sommergrün, verkehrt längl. eif., 12–15 cm lang, zugespitzt, am Grund schmal keilf., entfernt gesägt, oberseits frischgrün, glänzend, unterseits behaart (*546/1*); Bltn. einzeln achselst., Bltn.hülle 5-zählig, Bltn. becherf., 7–8 cm ∅, weiß, Krbl. rundl. eif., Stbl. zahlreich; Fr. kugelf., 1,5–2 cm ∅, Samen ungeflügelt, Kapsel oben u. unten aufspringend, mit bleibender Mittelsäule (*546/2*); VIII–X. Sg/Bk – ss. NAm.: Georgia.

Seit 1790 nicht mehr wild wachsend gefunden, nur noch in Kultur vorhanden.

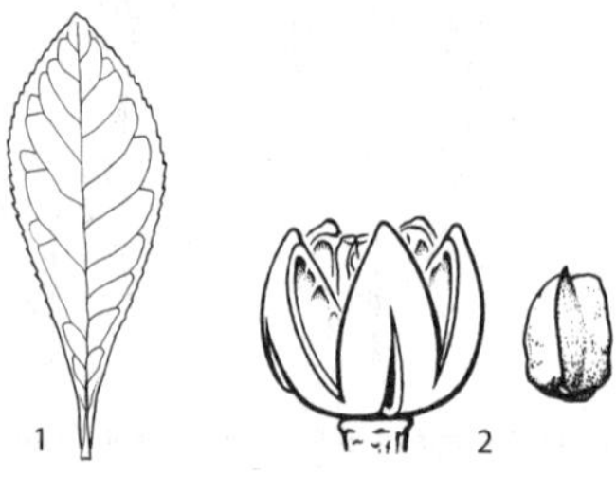

546/1–2 *Franklinia alatamaha*: 1 Bl., 2 Fr. u. Samen

Fraxinus L., Esche – *Oleaceae* (Bearbeiter: Peter A. Schmidt)

Sommergrüne, selten immergrüne Bäume, nur wenige Sträucher; Bl. unpaarig gefiedert, nur selten auch einfach, gegenst., zuw. auch fast wechselst. (schief gegenst.) od. ± wirtelig; Bltn. ⚥ od. eingschl., dann Pfl. 2-häusig, unvollst. 2-häusig (⚥ u. ♂ Bltn. auf verschiedenen Individuen) od. polygam (⚥ u. ♂ Bltn. auf einem Individuum); Bltn. entw. in endst., am Grund beblätterten Rispen od. in blattlosen, seitenst. Rispen od. Trauben, Stbl. meist 2, Krbl. 4 (selten 2 od. 6) od. fehlend, Kbl. 4 od. fehlend; Fr. eine Nuss mit 1-seitigem, lang ausgezogenem Flügel (*547/1*). 48(–65) Arten auf der N-Hemisphäre, vorwiegend Holarkt.

547/1 *Fraxinus excelsior,* Fr.

Schlüssel zu den Sektionen der Gattung, überwiegend nach generativen Merkmalen

Der Schlüssel führt zu den Sekt. (I–V) u. bei einer Sekt. zu 2 Untersekt. Anschließend werden diesen die behandelten Arten zugeordnet. Unter VI werden 2 Arten aufgeführt, deren Sektionszugehörigkeit noch der Klärung bedarf.

1. Bltnst. seitenst., entwickelt sich aus Seitenkn. vorj. Triebe u. erscheint vor od. mit dem Austrieb der Bl., die sich an Sprossen entfalten, die aus endst. Kn. hervorgehen; windbltg.; Fr. mit od. ohne K., Nuss im ∅ flach od. rund, selten elliptisch 3

— Bltnst. endst., entwickelt sich wie die Bl. an den aus einer Endkn. hervorgehenden Trieben, wenn seitenst., dann in Achseln diesj. Bl., Bltnst. erscheint mit od. nach dem Austrieb der Bl.; insekten- od. windbltg.; Fr. mit K., Nuss im ∅ elliptisch od. rund, nie flach (**Sekt. _Ornus_ = I**) 2

2. Bltn. mit Kr. u. K., Kr. weiß u. duftend (Blumeneschen), insektenbltg.; Bltn. ⚥ od. Pfl. unvollst. 2-häusig, da Pfl. mit ⚥ Bltn. u. solche mit ♂ Bltn. **Untersekt. _Ornus_ = Ia**

— Bltn. nur mit K., Kr. fehlend, windbltg., Pfl. 2-häusig od. unvollst. 2-häusig **Untersekt. _Ornaster_ = Ib**

3 (1). Kr. u. K. fehlend, zuw. sehr kleiner u./od. hinfälliger K.; Fr. ohne K., Nuss im ∅ stets flach; Pfl. 2-häusig od. polygam . . . . **Sekt. _Fraxinus_ = II**

— Kr. fehlend, K. vorhanden, Fr. mit K. (bei III aber z. T. früh abfallend), Nuss im ∅ flach od. rund, selten elliptisch 4

4. Junge Zw. im ∅ quadratisch, deutl. od. scharf 4-kantig, teils geflügelt; Nuss im ∅ flach; Bltn. meist ⚥ . . . . **Sekt. _Dipetalae_ = III**

— Zw. im ∅ rundl., höchstens schwach od. stumpf 4-kantig; Nuss im ∅ rund od. elliptisch; Pfl. 2-häusig od. polygam 5

5. Bl.spindel zumindest im vorderen Teil des Bl. deutl. geflügelt; Nuss im ∅ elliptisch; Pfl. polygam; Bltnst. kleine, nur 0,5–1,5 cm lange, dichte, vielbltg. Rispen . . . . **Sekt. _Sciadanthus_ = IV**

— Bl.spindel nicht geflügelt; Nuss im ∅ rund; Pfl. stets 2-häusig; Bltnst. länger **Sekt. _Melioides_ = V**

I Sekt. *Ornus:* Ia Untersekt. *Ornus* (Blumeneschen): *F. bungeana, F. lanuginosa, F. ornus, F. paxiana, F. sieboldiana*; **Ib Untersekt. *Ornaster***: *F. chinensis, F. longicuspis*

II Sekt. *Fraxinus*: *F. angustifolia* agg. (incl. *F. angustifolia, F. pallisae, F. sogdiana, F. syriaca*), *F. excelsior, F. mandshurica, F. nigra*

III Sekt. *Dipetalae*: *F. anomala, F. quadrangulata*

IV Sekt. *Sciadanthus*: *F. xanthoxyloides*

V Sekt. *Melioides*: *F. americana* agg. (incl. *F. americana, F. biltmoreana*), *F. coriacea, F. latifolia, F. pennsylvanica, F. profunda, F. velutina*

VI Arten mit ungeklärter Zugehörigkeit, da mit Merkmalen verschiedener Sekt.: *F. cuspidata* (Bltn. ⚥, mit Kr. u. K. wie bei Ia, aber Bltnst. aus Seitenkn. u. Nuss flach), *F. platypoda*, (mit Merkmalen der Sekt. *Fraxinus* u. *Melioides*: Bltn. u. Fr. mit K., aber Nuss flach)

Schlüssel zu den Arten nach vegetativen Merkmalen u. Fruchtmerkmalen

Die generativen Merkmale werden, abgesehen von Fr.merkmalen, in diesem Schlüssel nicht wiederholt. Um bei der Bestimmung blühender Pfl. diese Merkmale berücksichtigen zu können, werden im Schlüssel nach den Artnamen die Nummern der Sektionen (I–V) bzw. der Gruppe VI hinter den Artnamen in Klammern angegeben.

Bl.merkmale sind an ausgereiften Bl., die Länge der Blch.stiele an seitl. Blch. im unteren Teil des Bl. festzustellen; Bl. von Jungpfl. können in Blch.größe, -form u. -behaarung abweichen.

Abb. 548/1–557/2 nach H. Scheller, Mitt. Deutsch. Dendrol. Ges. 69, 49–162 (1977).

1. Bl. gefiedert, mit 3–5 u. mehr (bis 15) Blch. **4**

— Bl. einfach od. seltener 3-zählig (*548/1*), Fiederbl. meist auf das Endblch. reduziert, daneben zuw. Bl. mit 3 (nur ausnahmsweise bei *F. anomala* auch 5) Blch. od. an der Basis des Bl. 2 Seitenlappen **2**

2. Jungtriebe im ∅ quadratisch, deutl. bis scharf 4-kantig; Bl. bzw. Endblch. 2–5 cm lang, ganzrandig od. Rand undeutl. gekerbt; Fr. mit K., Flügel bis zur Basis der Nuss herablaufend – Bl. breit eif. bis elliptisch od. rundl., 0,3–3,5 cm lang gestielt, Spreitenbasis breit keilf. (*548/1*); V. Bk/Sg – ss. SSW-NAm.: W-USA.
Einblättrige Zwerg-E., Utah-E., *F. anomala* Torr. (III)

— Jungtriebe im ∅ rundl.; Bl. bzw. Endblch. > 10 cm lang; unregelmäßig gesägt; Fr. ohne K., Flügel bis ²/₃ an der Nuss herablaufend **3**

3. Kn. schwarz, Endkn. breiter als hoch; Bl. bzw. Endblch. 14–18 cm lang, am Rand stumpf od. grob doppelt gesägt, > 10 Zähne je Seite; Bl. stets gegenst.
Einblättrige Europäische E., *F. excelsior* 'Diversifolia' (zu Nr. **11**)

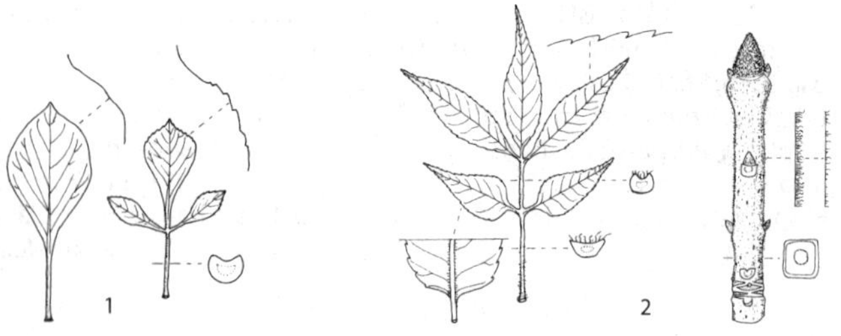

548/1–2 *Fraxinus*: 1 *F. anomala*, 2 *F. longicuspis*

— Kn. braun, Endkn. höher als breit; Bl. bzw. Endblch. 10–14 cm lang, grob bis scharf gesägt, < 10 Zähne je Seite; Bl. zumindest z. T. ± wirtelig zu 3
Einblättrige Schmalblatt-E., *F. angustifolia* 'Monophylla' (zu Nr. **15** –)
Zuw. treten auch bei *F. angustifolia* subsp. *syriaca* (siehe unter Nr. 15–) Bl. nur mit 1 Blch. auf, diese sind deutl. kürzer, nur bis 7 cm lang.

4 (1). Jungtriebe u. 2-j. Zw. im ∅ rundl., höchstens im vorderen Teil des Jahrestriebs schwach kantig **8**

— Jungtriebe im ∅ quadratisch, deutl. u. scharf od. nur schwach 4-kantig, wenn schwach, dann aber gesamter Jahrestrieb kantig **5**

5. Bl. 10–20(–25) cm lang, Blch. 5–7, oft plötzl. u. lang zugespitzt bis geschwänzt u. Spitze sichelf. gebogen (*548/2*), – lanzettl. bis elliptisch, 5–12 cm lang, 2–4 cm breit, 0,3–1 cm lang gestielt, unterseits ± behaart, Rand gekerbt gesägt; Endkn. braun; Jungtriebe stumpfkantig, ± kraus behaart; Fr. mit K., Flügel ± bis zur Mitte an der im ∅ elliptischen Nuss herablaufend; V. Bk – ss. Jap. **Langspitzige E., *F. longicuspis*** Siebold & Zucc. (Ib)

— Bl. (10–)15–40 cm lang, Blch. 7–11, kurz od. lang zugespitzt, aber weder geschweift noch sichelf. gebogene Spitze **6**

6. Jungtriebe scharf 4-kantig, oft ± geflügelt, kahl; Blch. 7–11 (*549/1*), fast sitzend bis 3 mm lang gestielt, 6–10 cm lang, 2–3,5 cm breit, eif. bis schmal eif., unterseits nur entlang der Mittelrippe behaart; Endkn. grau bis graubraun; Fr.flügel bis zur Basis der flachen Nuss herablaufend; IV–V. Bg – ss. SO- bis Z-NAm. **Blau-E., *F. quadrangulata*** Michx. (III)

— Jungtriebe stumpf od. undeutl. 4-kantig **7**

7. Endkn. 9–11 mm hoch, 10–12 mm breit, braun, dünneres äußeres Schuppenpaar mit auffällig horizontal abstehender bis zurückgebogener, kragenf. Spitze (*557/2*); Blch. 7–9, an Ansatzstelle der Blch. an Bl.spindel keine braunen Haarbüschel; Fr. mit K., Nuss im ∅ elliptisch ***F. paxiana***, siehe Nr. **37**

— Endkn. kleiner, < 9 mm lang u. breit, schwarz, äußere Schuppen an der Spitze nicht umgebogen; Blch. 7–11, Ansatzstelle der Blch. an der Bl.spindel mit braunfilzigen Haarbüscheln; Fr. ohne K., Nuss flach
F. mandshurica, siehe Nr. **12–**

8 (4). Bl.spindel mit schmalen, aber deutl. Flügelleisten, besonders in vorderer Bl.hälfte (*549/2*), Bl. 2–10 cm lang, Blch. 5–9(–11), (0,5–)1,5–5(–5,5) cm lang, 0,3–1,5 cm breit, sitzend, rundl. eif. bis schmal eif. od. lanzettl., ± lederig, Blch.-

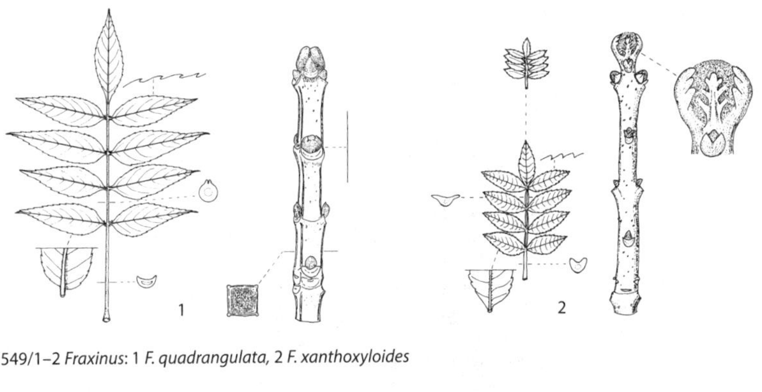

549/1–2 *Fraxinus*: 1 *F. quadrangulata*, 2 *F. xanthoxyloides*

spitze variabel, stumpf bis abgerundet od. spitz, Rand gekerbt bis gesägt; Kn. klein, nur bis 5 mm hoch u. breit, ± kugelig; Fr.flügel ± bis zur Mitte an der im ∅ elliptischen Nuss herablaufend; IV–V. Bk/Sg – s. W-Himal., NW-Afr.

Afghanische E., *F. xanthoxyloides* (G. Don) DC. (IV)

Die Vorkommen in NW-Afr. werden als **Algerische E.** auch als Varietät, var. *dumosa* (Carrière) Lingelsh., od. eigene Art, *F. dimorpha* Coss. & Dur., abgetrennt, ein dichter Strauch mit dickl., steifen, nur bis 1,5 cm langen Blch.

— Bl.spindel nicht gefügelt od. falls ansatzweise Flügelleisten vorhanden, dann Bl., Blch. u./od. Kn. größer **9**

9. Basis der Bl.stiele stark verbreitert, mindestens 3–4-mal so breit wie der eigentl. Bl.stiel, die Kn. u. oft den Zw. halb umfassend (*550/1*); Kn. oft am Triebende gehäuft stehend, Endkn. auffallend groß, 11–14 mm hoch, höher als breit; Fr. sehr breit, 8–15 mm; – Blch. 5–9(–13), 10–15 cm lang, 2,6–4,3 cm breit, sitzend; Fr.flügel an der flachen Nuss ± bis zur Mitte herablaufend; Kn. braun; V. Bk – ss. S-China, Jap. [*F. spaethiana* Lingelsh.]

Breitstielige E., *F. platypoda* Oliv. (IV)

— Bl.stiel an der Basis nicht auffällig verdickt, wenn verbreitert, dann nicht so stark u. weder Kn. noch Zw. teilw. umfassend; Kn. am Triebende nicht gehäuft stehend; Endkn. höchstens 12 mm hoch; Fr. höchstens 12 mm breit **10**

10. Kn. grau, grau- od. hellbraun, rot- od. dunkelbraun **13**

— Kn. schwarz, selten dunkel- bis schwarzbraun **11**

11. Bl.spindel schwach behaart, an der Ansatzstelle der Blch. ohne rostfarbene bis braune Haarbüschel; Endkn. 8–10 mm breit, meist deutl. breiter als hoch (*550/2*), tiefschwarz; Blch. (7–)9–13, oft 11, – 4–10 cm lang, 1,2–3,5 cm breit, schmal eif. bis breit lanzettl., sitzend, unterseits behaart, Rand leicht kerbig gezähnt, Zähne etwas einwärts gebogen; IV–V. Bg – h. Eur. bis Kauk.

Gewöhnliche E., Europäische E., *F. excelsior* L. (II)

'Altena': Krone anfangs geschlossen kegelf., später hoch gewölbt,; Blch. 9–11, eif., mattgrün. Bg.

'Atlas': Krone anfangs geschlossen schmal kegelf., später eif.; Blch. 9–13, eif., anfangs hellbraun, später glänzend dunkelgrün; raschwüchsig. Bg.

'Aurea': Zw. im Winter gelb; Bl. anfangs gelbgrün, später gelb, im Herbst intensiv hellgelb; schwachwüchsig. Bk. – Eine weitere Gold-E. ist **'Jaspidea'**: junge Zw. gelbgrün gestreift; Bl. anfangs gelb, dann gelbgrün, im Herbst goldgelb; stark wachsend. Bm.

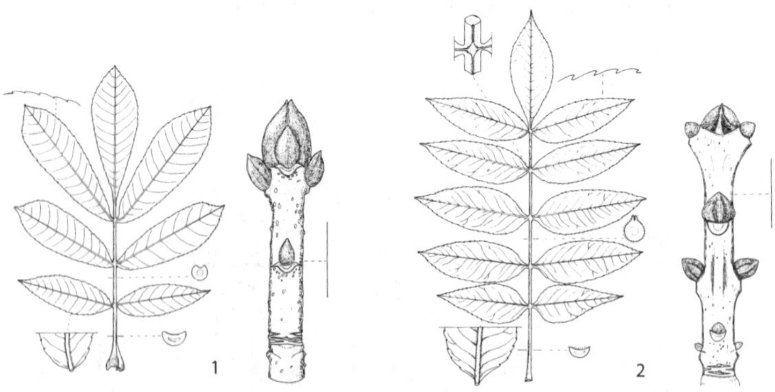

550/1–2 *Fraxinus*: 1 *F. platypoda*, 2 *F. excelsior*

'Crispa': Blch. 7–11, dunkelgrün, gedrängt an sehr kurzer Bl.spindel. Bm.

'Diversifolia', Einblättrige Europäische E.: siehe Nr. **3**.

'Eureka': Krone unregelmäßig u. locker kegelf., später eif.; Blch. 11–13, längl. eif., glänzend grün; spät austreibend. Bm.

'Geessink': Krone breit kegelf. bis eif., dicht; Blch. meist 11, schmal eif., oberseits matt dunkelgrün, unterseits hellgrün; spät austreibend. Bm.

'Nana', Zwerg-E.: Zwergform, 4–6(–8), m hoch, Krone kugelig, dicht verzweigt; Blch. meist 11, 1–1,5 cm lang; meist hochstämmig veredelt. Bk/Sg.

'Pendula', Hänge-E.: Äste u. Zw. bogenf. abwärts wachsend; Krone im Alter schirmf. Bm.

'Westhof's Glorie': kompakte, zieml. regelmäßige, eif. bis kugelige Krone; Blch. 9–11, schmal eif., glänzend dunkelgrün; raschwüchsig. Bg.

— Bl.spindel an der Ansatzstelle der Blch. auffallend dicht behaart, mit rostroten bis braunen Haarbüscheln; Endkn. 5–7 mm breit, etwa so hoch wie breit, (dunkel- od. schwarzbraun bis) schwarz; Blch. 7–11, oft 9 .... **12**

12. Bl. zerrieben nach Holunder (*Sambucus nigra*) riechend; das oberste Paar der Seitenkn. deutl. von der Endkn. abgerückt (*551/1*); Jungtriebe im ∅ stets rundl. – Bl. 20–35 cm lang, Blch. (7–)9(–11), sitzend, 7–12 cm lang, 2,5–4 cm breit; IV–V. Bg – s. O- bis Z-NAm. **Schwarz-E., *F. nigra*** Marsh. (II)

— Bl. zerrieben nicht nach Holunder riechend, das oberste Paar der Seitenkn. unmittelbar unterhalb der Endkn. (*551/2*); Jungtriebe im ∅ rundl. od. stumpf 4-kantig – Bl. 10–35 cm lang, Blch. 7–11, ganz kurz gestielt, 5–15 cm lang, 2–4 cm breit; IV–V. Bg – s; spätfrostgefährdet. O-As. (NO-, O-China, Kor., Jap., Russ.-Fernost). **Mandshurische E., *F. mandshurica*** Rupr. (II)

13 (10). Seitenkn. u. Bl. stets gegenst. **16**

— Bl. oft od. zumindest teilw. wirtelig zu 3 – Kn. braun, Endkn. klein, meist höher als breit, (3–)5–6(–7) mm lang, (2–)3–4(–5) mm breit, ei- bis kegelf., ± zugespitzt; Jungtriebe dünn, ∅ nur 3–4 mm; Fr. ohne K., Nuss flach, Fr.flügel bis zu ²/₃ herablaufend (**Artengruppe Schmalblatt-E., *F. angustifolia* agg.**) **14**

14. Jungtriebe behaart, Blch. beiderseits behaart – Bl. 12–25 cm lang, Blch. 7–13, lanzettl. od. eilanzettl., 1–2 cm breit, 3–6 cm lang, sitzend od. bis 2 mm lang gestielt, zugespitzt, Basis keilf., selten breit keilf., unregelmäßig u. entfernt

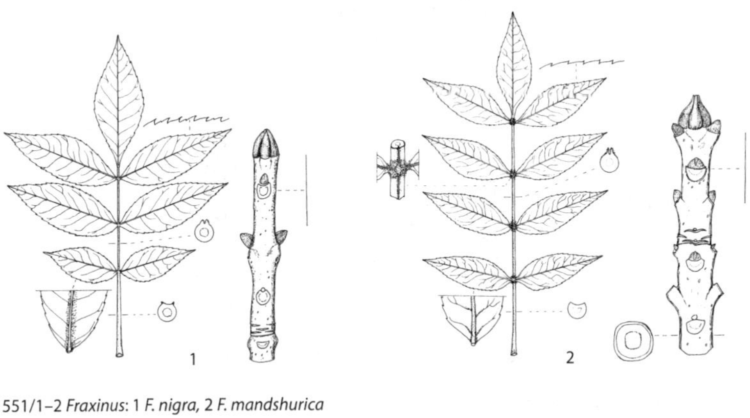

551/1–2 *Fraxinus*: 1 *F. nigra*, 2 *F. mandshurica*

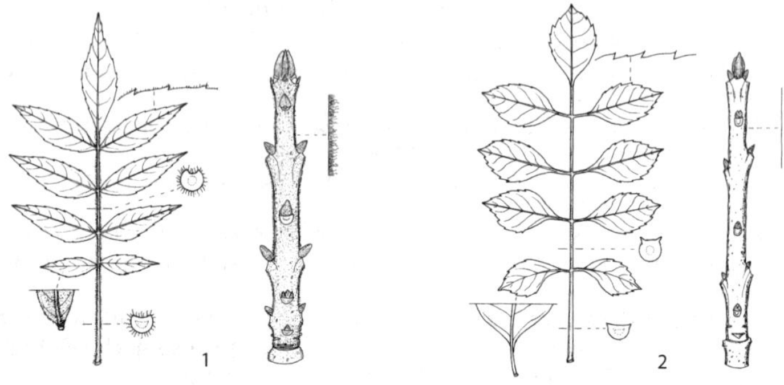

552/1–2 *Fraxinus*: 1 *F. pallisae*, 2 *F. sogdiana*

gesägt (*552/1*); IV–V. Bm – s. SO-Eur. [*F. holotricha* Koehne]
Behaarte E., *F. pallisae* A. J. Willmott (II)

Die durch ihre auffällige Behaarung gekennzeichnete E. ist möglicherweise nur eine stärker behaarte Sippe von *F. angustifolia* u. kann subsp. *oxycarpa* (siehe Nr. 15–) zugeordnet werden.

— Jungtriebe kahl, Blch. oberseits kahl, unterseits kahl od. entlang der Mittelrippe behaart 15

15. Blch. 4–12 mm lang gestielt (*552/2*) – Bl. 10–25 cm lang, Blch. (5–)7–11(–13), 2–8 cm lang, 1–4 cm breit, dünn, eif. bis eilanzettl. od. rundl., kurz od. lang zugespitzt, Basis keilf., kahl, höchstens anfangs zuw. unterseits entlang Mittelrippe fein behaart, Rand in der oberen Hälfte unregelmäßig scharf gesägt; Bl.spindel oberseits flach gefurcht bis schmal geflügelt; IV–V. Bk – ss. M-As. [*F. potamophila* Herder] **Fluss-E., *F. sogdiana*** Bunge (II)

— Blch. sitzend od. bis 2 mm lang gestielt (*552/3–4*) – Bl. (6–)8–20 cm lang, Blch. (1–)5–13, (2,5–)4–10 cm lang, 1–3 cm breit, längl. elliptisch bis schmal lanzettl., kurz zugespitzt, Basis (breit) keilf., kahl od. unterseits entlang der Mittelrippe behaart, Rand grob od. scharf gesägt, im unteren Drittel od. zur Basis hin ganzrandig, im Herbst bräunl. rot bis violett; IV. Bm – h. Medit., SO-

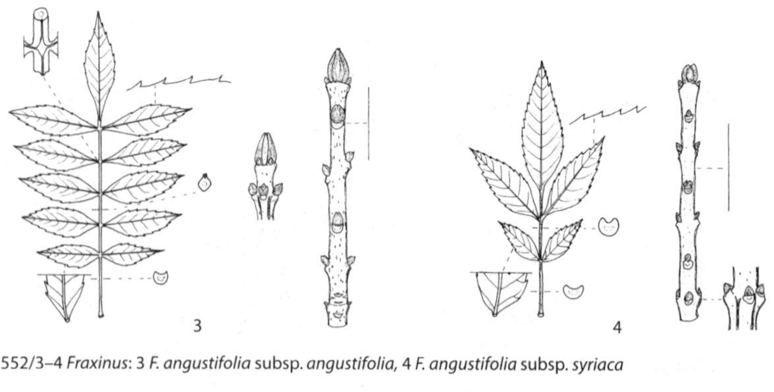

552/3–4 *Fraxinus*: 3 *F. angustifolia* subsp. *angustifolia*, 4 *F. angustifolia* subsp. *syriaca*

Eur. bis Kauk. [*F. oxycarpa* WILLD. s. l., *F. rotundifolia* auct. non MILL.]
Schmalblatt-E. i. w. S., ***F. angustifolia*** VAHL s. l. (II)

subsp. *angustifolia*, Echte Schmalblatt-E. (*552/3*): Bl. 8–20 cm lang, Blch. 5–13, unterseits (fast) kahl. Bg/Bm – h. Medit.

'Monophylla', Einblättrige Schmalblatt-E.: siehe Nr. **3**–.

'Raywood': Krone kegelf. bis eif., mit aufstrebenden Ästen, kompakt; Blch. 9–13, schmal eif., glänzend grün, im Herbst braunviolett. Bm.

subsp. *oxycarpa* (WILLD.) FRANCO & ROCHA ALFONSO [*F. oxycarpa* WILLD. s. str.], **Spitzfrüchtige Schmalblatt-E.**: Bl. 8–20 cm lang, Blch. (5–)7–9(–13), unterseits entlang der Mittelrippe behaart. Bm – s. SO-Eur. bis Kauk.

subsp. *syriaca* (BOISS.) YALT. [*F. syriaca* BOISS.], **Syrische E.** (*552/4*): Bl. u. Blch. meist kleiner, Bl. 6–12 cm lang, Blch. (1–)5(–7), 2,5–7 cm lang, 1–2 cm breit, kahl; fertile Zw. oft mit gestauchten Internodien endend. Bk/Sg – ss. Lev. bis Afgh.

16 (13). Blch. unterseits ohne weißl., papillöse Wachsausscheidungen, daher nicht weißl. grün u. nicht bei Lupenbetrachtung marmoriert erscheinend .. **18**

— Blch. unterseits weißl. grün, mit weißl., papillösen Wachsausscheidungen, daher bei Lupenbetrachtung marmoriert erscheinend – Blch. unterseits behaart, 5–13 mm lang gestielt; Endkn. braun; Fr.flügel die im ∅ runde Nuss nur an der Spitze umfassend (**Artengruppe Weiß-E., *F. americana* agg.**) ... **17**

17. Jungtriebe behaart; Bl.spindel oberseits schmal gefurcht, Bl.narbe schild- bis halbkreisf., selten halbmondf., obere Kante meist gestutzt, niemals die Kn. umfassend (*553/1*); Endkn. 3–5 mm breit, kegelf. bis eif., spitz – Bl. 20–40 cm lang, Blch. 7–11, 8–15 cm lang, 3–4 cm breit, undeutl. gezähnt bis fast ganzrandig; V. Bg – ss. O-NAm. (O-USA). [*F. americana* var. *biltmoreana* (BEADLE) J. WRIGHT]
Biltmore-E., *F. biltmoreana* BEADLE (V)

— Jungtriebe kahl; Bl.spindel oberseits etwas abgeflacht; Bl.narbe hufeisen- od. halbmondf., die Kn. ± umfassend (*553/2*); Endkn. 6–8 mm breit, breit abgerundet, stumpf, meist breiter als hoch; – Bl. 12–35 cm lang, Blch. 5–9, 5–18 cm lang, 3–7 cm breit, deutl. gezähnt bis fast ganzrandig; V. Bg – h. O- bis Z-NAm.
Weiß-E., *F. americana* L. (V)

18 (16). Jungtriebe kahl ... **29**

— Jungtriebe behaart (Lupe!) ... **19**

19. Blch. unterseits auch auf der Fläche behaart ... **24**

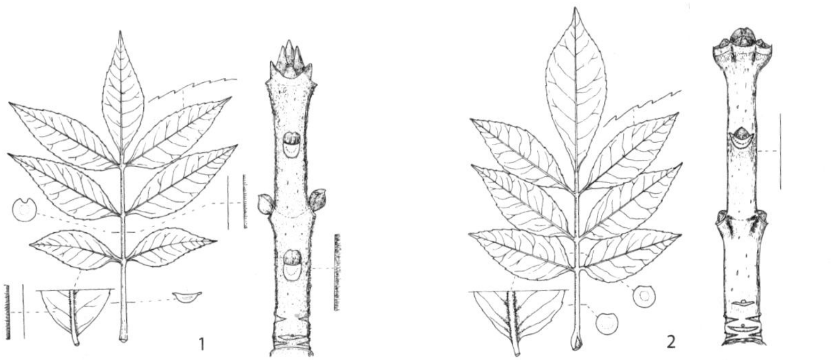

553/1–2 *Fraxinus*: 1 *F. biltmoreana*, 2 *F. americana*

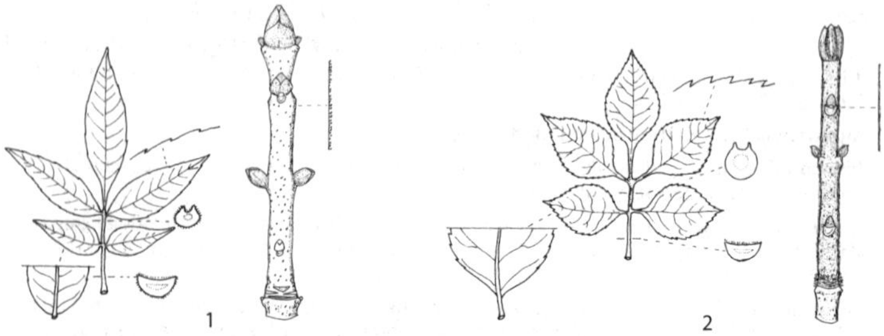

554/1–2 *Fraxinus*: 1 *F. sieboldiana*, 2 *F. bungeana*

— Blch. unterseits nur im Bereich der Mittelrippe behaart (besonders im unteren Teil) od. kahl **20**

20. Blch. sitzend od. höchstens bis 2–5 mm lang gestielt (*554/1*); – Bl. 10–15 cm lang, Bl.stiel purpurrot; Blch. (3–)5(–7), 3–8 cm lang, 1,5–2,5 cm breit, ganzrandig od. im vorderen Teil fein kerbig gezähnt; Basis unterer Blch. abgerundet bis gestutzt; Endkn. silbergrau; Nuss im ∅ rundl., Fr.flügel bis zum oberen Drittel herablaufend; V. Bk/Sg – s. O-As. (Jap., Kor., NO-China). [*F. mariesii* Hook f.]
Siebolds Blumen-E., *F. sieboldiana* Blume (Ia)

Verwandt ist die **Wollflaumige** od. **Japanische Blumen-E., *F. lanuginosa*** Koidz. (Ia): Endkn. graubraun; Blch. am Rand scharf gesägt; V. Bk/Sg – ss. O-As. (Jap., Kor., Russ.-Fernost).

— Blch. 2–15 mm lang gestielt **21**

21. Bl. 5–15 cm lang, Blch. 2–4(–5) cm lang; Endkn. sehr klein, nur 6 mm hoch – Blch. (3–)5(–7), eif. bis breit eif. od. rautenf. (*554/2*), 1,5–3 cm breit, kahl, Bl.-spindel u. Blch.stiel fein behaart; Jungtriebe behaart, zuw. dicht, aber allmähl. verkahlend; Nuss im ∅ elliptisch, Fr.flügel ± bis zur Basis herablaufend; VI–VII. Sg/Bk – ss. O-As. (NO- bis O-China). **Bunges Blumen-E., *F. bungeana*** DC. (Ia)

— Bl. 10–30 cm lang, Blch. > 4 cm lang; Endkn. größer, 5–10 mm hoch **22**

22. Endkn. braun, 3–5 mm breit; Stamm älterer Bäume mit tief gefurchter Schuppenborke .... ***F. pennsylvanica***, siehe Nr. **28**

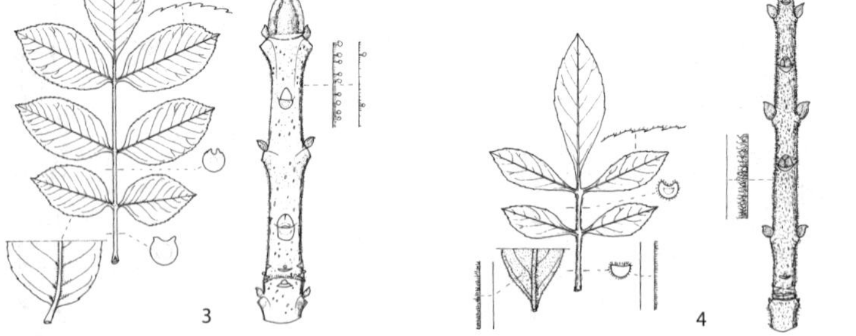

554/3–4 *Fraxinus*: 3 *F. ornus*, 4 *F. velutina*

— Endkn. (silbrig- bis bräunl.) grau, 5–8 mm breit; Stamm mit glatter Rinde, im Alter warziger Rinde od. mit feinrissiger u. kleinschuppiger Borke **23**

23. Bl.spindel behaart, an der Anhaftungsstelle der Blch. mit braunen Haarbüscheln; Nuss im ∅ rund; Stammborke älterer Bäume unregelmäßig feinrissig u. kleinschuppig .... ***F. chinensis***, siehe Nr. **33**

— Bl.spindel ± kahl, an der Anhaftungsstelle der Blch. ohne braune Haarbüschel; Nuss im ∅ elliptisch; Stamm mit glatter, im Alter warziger Rinde – Bl. 10–25 cm lang, Blch. (5–)7(–9), seitl. Blch. eif. bis elliptisch, 4,5–10 cm lang, 2–5 cm breit, Endblch. verkehrt eif., oberhalb od. in der Mitte am breitesten (*554/3*); Nuss im ∅ elliptisch, Fr.flügel ± bis zur Mitte herablaufend; V–VI. Bm – h. Medit. **Europäische Blumen-E., Manna-E., *F. ornus*** L. (Ia)

Unter den Sorten Kleinbäume, die als Stadt- u. Straßenbäume gepflanzt werden, z. B.:

'Arie Peters': dichte u. regelmäßige, bis 4,5 m breite Krone; Bl. bis 30 cm lang, Blch. 5–7, dunkelgrün.

'Meczek': kompakte kugelige, 3–4 m breite Krone; Bl. 10–15 cm lang, Blch. 7, dunkelgrün.

'Obelisk': anfangs säulenf., später schmal kegelf. Krone; Bl. 20–25 cm lang, Blch. 7–9, mattgrün.

24 (19). Bl. 10–15 cm lang, Blch. 3–5(–7), – 2,5–7,5 cm lang, 2–3 cm breit, sitzend od. bis 6 mm lang gestielt (*554/4*), dünn, in Form u. Behaarung variabel, lanzettl. bis verk. eif., meist beiderseits od. nur unterseits sowie ihr Stiel u. die Bl.spindel weich behaart, Rand fein gesägt, teils unregelmäßig od. vorderer Teil ganzrandig; Endkn. braun, 7 mm hoch u. 4 mm breit; Fr. mit K., Flügel an der im ∅ runden Nuss ± bis zur Mitte herablaufend; V. Bk – ss. SW-NAm. bis M-Mex. **Arizona-E., *F. velutina*** Torr. (V)

Verwandt ist die **Lederblättrige E., *F. coriacea*** S. Wats. [*F. velutina* var. *coriacea* (S. Wats.) Rehder]: Jungtriebe u. Bl. kahl od. fast kahl, Blch. dick, lederig. ss. SW-NAm. bis NW-Mex.

— Bl. > 15 cm lang, wenn zuw. kürzer, dann Blch. 7–13 .... **25**

25. Blch. oberseits kahl od. nur anfangs spärl. behaart, bald verkahlend **27**

— Blch. oberseits bleibend behaart **26**

26. Bl. 20–35 cm lang, Blch. 5–7(–9), 7–14 cm lang, 3–5,5 cm breit, elliptisch bis breit elliptisch od. (verkehrt) eif., spitz od. zuw. plötzl. zugespitzt, Basis breit keilf. bis abgerundet, undeutl. gezähnt bis ganzrandig (*555/1*); Seitenkn. u. Bl. stets gegenst.; Fr.flügel bis zum Grund der im ∅ runden Nuss herablaufend; V–VI. Bm – ss. W-NAm. [*F. oregona* Nutt.] **Oregon-E., *F. latifolia*** Benth. (III)

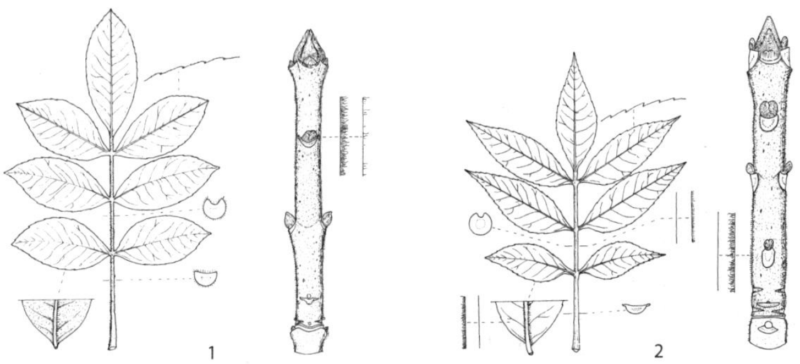

555/1–2 *Fraxinus*: 1 *F. latifolia*, 2 *F. pennsylvanica*

— Bl. 12–25 cm lang, Blch. 7–13, 3–6 cm lang, 1–2 cm breit, lanzettl. od. schmal eif., zugespitzt, Basis keilf., unregelmäßig u. entfernt gesägt (*552/1*); Seitenkn. u. Bl. oft wirtelig zu 3; Fr.flügel bis zu ²/₃ an der flachen Nuss herablaufend **_F. pallisae_**, siehe Nr. **14**

27 (25). Blch. sitzend od. bis 2 mm lang gestielt; Endkn. 6 mm breit, fast so breit wie hoch (7 mm) . . . . **_F. latifolia_**, siehe Nr. **26**

— Blch. 3–13 mm lang gestielt, wenn etwas kürzer, dann Endkn. nur 3–5 mm breit, höher als breit **28**

28. Bl.stiel abgeflacht, oberseits breit rinnig, Blch. (5–)7(–9), 7–10(–14) cm lang, 3–5 cm breit, schmal eif. bis längl. lanzettl., 1–8 mm lang gestielt (*555/2*), unterseits behaart od. bis auf Mittelrippe verkahlend, ganzrandig bis deutl. gesägt-gezähnt, oft nur oberhalb der Mitte; Endkn. spitz, 3–5 mm breit, höher als breit; Bl.narbe halbkreisf. od. etwas schildf., oberer Rand ± gerade, die Kn. nicht umfassend; Fr.flügel bis zur Mitte der im ∅ runden Nuss herablaufend; Jungtriebe meist behaart, selten kahl; IV–V. Bm – h. O- bis Z-NAm. [*F. lanceolata* Borkh.] **Grün-E., Rot-E., _F. pennsylvanica_** Marsh. (V)

'Variegata': Kleinbaum; Bl. silbergrau, Blch. mit cremeweißen Rändern u. Flecken.

'Zundert': starkwüchsiger, bis 20 m hoher Baum mit regelmäßiger, eif. Krone; Bl. schwach glänzend, dunkelgrün.

— Bl.stiel im ∅ rund, Blch. 7–9, 8–17(–23) cm lang, 4–8 cm breit, breit lanzettl. bis eif., 5–13 mm lang gestielt (*556/1*), Stiele wie die Bl.unterseite weich behaart; Endkn. stumpf, 6 mm breit, fast so breit wie hoch; Bl.narbe halbkreis- bis halbmondf., der obere Rand ± ausgerandet, die Kn. an der Basis umfassend; Fr.flügel bis zum unteren Drittel der im ∅ runden Nuss herablaufend; Zw. bleibend behaart; IV–V. Bg – ss. Z- bis SO-NAm. [*F. tomentosa* auct. non Michx. f.] **Filzige E., _F. profunda_** (Bush) Bush (V)

29 (18). Blch. unterseits kahl **34**

— Blch. unterseits im Bereich der Mittelrippe behaart **30**

30. Äußere beiden Kn.schuppen mit auffallend abstehend auswärts gebogener, kragenf. Spitze (*557/2*) . . . . **_F. paxiana_**, siehe Nr. **37**

— Spitze der äußeren Kn.schuppen nicht kragenf. abstehend **31**

31. Endkn. (silbrig- bis bräunl.) grau, 5–8 mm breit, 6–10 mm hoch **33**

— Endkn. braun, 3–5 mm breit, 5–8 mm hoch **32**

1

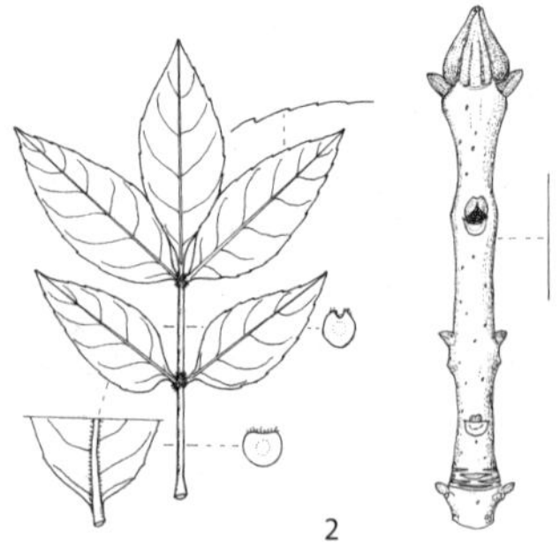

2

556/1–2 *Fraxinus*: 1 *F. profunda*, 2 *F. chinensis*

32. Bl. 20–30 cm lang .... ***F. pennsylvanica***, siehe Nr. **28**
— Bl. 8–20 cm lang .... ***F. angustifolia*** subsp. ***oxycarpa***, siehe Nr. **15**–
33 (31). Bl.spindel behaart, an der Ansatzstelle der Blch. mit braunen Haarbüscheln (*556/2*); Stammborke älterer Bäume unregelmäßig feinrissig u. kleinschuppig; Nuss im ∅ rund; – Bl. 12–35 cm lang, Blch. 3–7(–9), eif. bis breit lanzettl., 4–16 cm lang, 2–7 cm breit, 2–15 mm lang gestielt, Endblch. zumindest bei einem Teil der Bl. deutl. länger (bis zu 2-mal) als seitl. Blch., Blch. kahl od. behaart, oft nur entlang der Mittelrippe, Rand regelmäßig gesägt bis gekerbt-gesägt, papierartig dünn bis schwach lederig; Endkn. grau, seltener braungrau, höher als breit; Blattnarbe ± halbkreisf., oberer Rand gerade, kaum eingesenkt; V. Bm – s. O- bis SO-As.

Chinesische E. i. w. S., ***F. chinensis*** Roxb. s. l. (Ib)

subsp. *chinensis*, Echte Chinesische E.: Blch. (3–)5–7(–9), Endblch. 2–4(–6) cm breit, eif. bis lanzettl. od. elliptisch bis längl. eif., kurz bis lang zugespitzt, Rand fein u. regelmäßig gesägt. O- bis SO-As. (Kor., China, Vietn.).

subsp. *rhynchophylla* (Hance) E. Murray [*F. rhynchophylla* Hance; *F. japonica* K. Koch], **Schnabel-E., Korea-E.**: Blch. 3–7, Endblch. (2,5–)3,5–5(–7) cm breit, breit eif. bis elliptisch, selten ± lanzettl., zugespitzt od. geschwänzt, Rand gekerbt gesägt. O-As. (Russ.-Fernost, Kor., China, Jap.).

— Bl.spindel ± kahl, an der Anhaftungsstelle der Blch. ohne braune Haarbüschel; Stamm mit glatter, im Alter warziger Rinde; Nuss im ∅ elliptisch ***F. ornus***, siehe Nr. **23**–
34 (29). Blch. 5–13, meist > 5; Bl. (8–)10–25(–40) cm lang **37**
— Blch. 3–7, meist 5; Bl. (6–)10–15(–18) cm lang **35**
35. Blch. 1–2 cm lang gestielt; Fr. mit K., Nuss flach, Flügel ± bis zur Basis herablaufend; – Bl. 10–18 cm lang, Blch. (3–)5(–7), 1,5–4 cm lang, eif. bis lanzettl., kurz zugespitzt, meist ganzrandig (*557/1*) od. oberhalb der Mitte mit je 1–4 Zähnen; IV–V. Sg/Bk – ss. ∧ Z-NAm. bis Mex.

Stachelspitzige E., *F. cuspidata* Torr. (VI)

— Blch. sitzend od. < 1 cm lang gestielt; Fr. mit K. u. im ∅ runder Nuss od. ohne K. u. mit flacher Nuss, Flügel höchstens bis ²/₃ herablaufend **36**

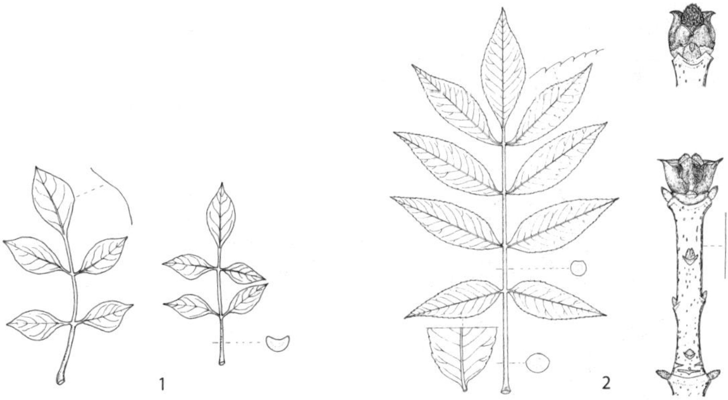

557/1–2 *Fraxinus*: 1 *F. cuspidata*, 2 *F. paxiana*

36. Bl. meist zu 3 im Wirtel; Bl. 6–12 cm lang, Blch.rand deutl. gesägt mit groben Zähnen (*552/4*), unteres Drittel ganzrandig, Blch. (1–)3–5(–7), 3–6 cm lang, 1–2 cm breit .... ***F. angustifolia*** subsp. ***syriaca***, siehe unter Nr. **15–**

— Bl. stets gegenst.; Bl. 10–15 cm lang, Blch.rand undeutl. gekerbt, Blch. (3–)5 (–9), 2,5–7,5 cm lang, 2–3 cm breit, lederartig dick
F. coriacea (siehe unter Nr. 24 *F. velutina*)

37 (34). Endkn. sehr groß, 9–11 mm hoch u. 10–12 mm breit, braun, dünneres äußeres Schuppenpaar mit auffällig horizontal abstehender bis zurückgebogener, kragenf. Spitze (*557/2*); Bl. stets gegenst.; Fr. mit K., Nuss im ∅ elliptisch - Blch. 7–9, Bl. (10–)15–35(–40) cm lang, Blch. 7–9, 8–14 cm lang, 2–4 cm breit, eif.-längl., sitzend od. bis 3 mm lang gestielt, kahl od. anfangs unterseits behaart, v. a. an Mittelrippe, Rand gekerbt bis gesägt; Bl.spindel oberseits eingesenkt; Jungtriebe zuw. ± 4-kantig; V. Bk – s. Himal., S-China.
Chinesische Blumen-E., *F. paxiana* Lingelsh. (la)

— Endkn. nur 5–7 mm hoch u. 3–5 mm breit, äußeres Schuppenpaar ohne kragenf. Spitze; Bl. oft wirtelig zu 3; Fr. ohne K., Nuss flach (***F. angustifolia* agg.**) **38**

38. Blch. 4–15 mm lang gestielt (*552/2*), 2–6 cm lang, 1–4 cm breit, kahl
F. sogdiana, siehe Nr. **15**

— Blch. sitzend od. bis 2 mm lang gestielt (*552/3*), 4–10 cm lang, 1–3 cm breit, unterseits kahl od. an der Mittelrippe etwas behaart
F. angustifolia subsp. ***angustifolia***, siehe unter Nr. **15–**

Fremontodendron Coville, **Flanellbusch, Fremontia** – *Malvaceae*

(Bearbeiter: Ulrich Hecker)

Bäume od. Sträucher, ± immergrün, Zw. u. Bl. mit gelbbraunen Sternhaaren bekleidet; Bl. lederig, ungeteilt od. 3–7-lappig, ± ganzrandig; Bltn. einzeln bl.achselst., kurz gestielt, radiär, ⚥, Kbl. 5, krbl.ähnl., gelb od. orangegelb, sehr ansehnl., K.zipfel am Grund mit Nektarien, Kr. fehlend, Stbl. 5, am Grund zu einer Röhre verwachsen; Fr. eine borstige, 2,5–4 cm lange Kapsel mit dunkelbraunen od. schwarzen Samen. 2 Arten im SW-NAm. (Kalifornien, Arizona, Mex.).

1. Bl. vom Grund an 1–3-nervig, ungeteilt od. 3-lappig (*558/1*), bis 5 cm lang, elliptisch eif. bis rundl.; Bltn. goldgelb, 3,5–6 cm ∅; Kapsel eif., zugespitzt (*558/2*). Sg – ss. ∧∧ ***F. californicum*** (Torr.) Coville

— Bl. vom Grund an 5-nervig; Bltn. zitronengelb, im Verblühen außen rötl., 4–6 cm ∅. Sg – ss. ∧∧ [*F. californicum* × *F. mexicanum* Davidson]
F. 'California Glory'

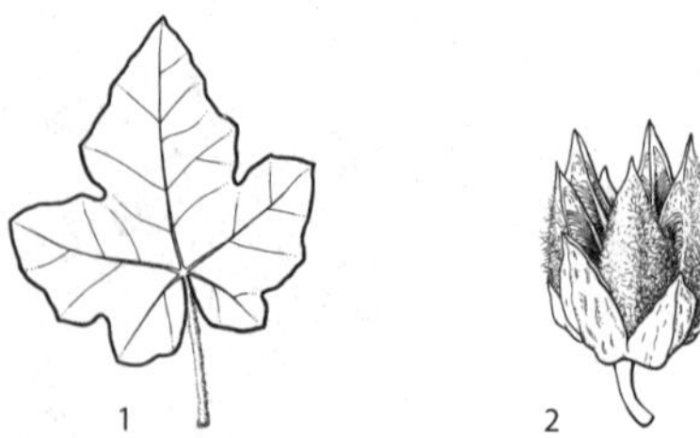

558/1–2 *Fremontodendron californicum*: 1 Bl., 2 Fr.

Fuchsia L., **Fuchsie** – *Onagraceae* (Bearbeiter: Ulrich Hecker)

Zwergsträucher, Sträucher od. kleine Bäume mit einfachen, meist gezähnten Bl.; Nebenbl. klein, hinfällig; Bltn.becher u. K. häufig rot, Kbl. vielfach abspreizend, Stbl. meist 8, mit dem Gr. die Krbl. meist weit überragend; Fr. eine saftreiche Beere. 113 Arten in M- u. SAm., Neuseel. u. Tahiti.

Die bei uns kultivierten Arten frieren im Winter meist bis zum Grund zurück, treiben aber stets kräftig neu aus.

1. Bl. deutl. gezähnt (*559/1*), 3–3,5 cm lang, eilängl., gegenst. od. in 3-zähligen Wirteln, oft etwas purpurn getönt, Bl.stiel 6–8 mm lang, gerötet; Bltn. einzeln, schlank u. schmal, hängend (*559/3*), Kbl. nach unten gerichtet, 1,5–2,5 cm lang, rot, Kr. purpurn, Kr.röhre bis 12 mm lang; VI–X. HS/Sk – h. ∧∧ S-Chile, Argent. ***F. magellanica*** Lam. var. ***magellanica***

var. *gracilis* (Lindl.) L. H. Bailey: Bl. überwiegend gegenst; Bltn.becher u. K. karminrot, Kr. purpurn.

'Riccartonii': Bl. überwiegend in 3-zähligen Quirlen; Bltn.röhre kurz, nur ca. 8 mm lang, leicht bauchig, Bltn. länger gestielt, Bltn.becher tiefrot, K. dunkler, Kbl. spreizend, 18–22 mm lang, Krbl. breiter, Kr. purpurviolett.

— Bl. ganzrandig od. nur schwach gezähnt (*559/4*), 6–10 cm lang, Mittelrippe deutl. gerötet, Bl.stiel 1–3 mm lang; Bltn. 1–5,5 cm lang gestielt, Kbl. 1,5–4,5 cm lang, nicht zurückgebogen, Kr.röhre 3–7 mm lang; VII–X. HS/Sk – h. ∧∧ SO-Brasilien. ***F. regia*** (Vell.) Munz

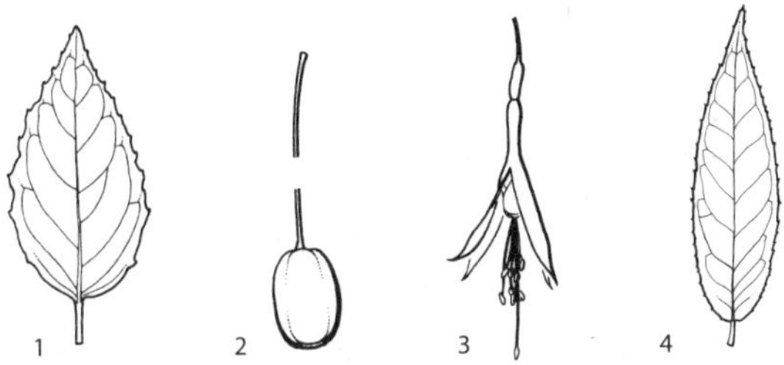

559/1–4 *Fuchsia*: 1 *F. magellanica*, Bl.; 2 *F. magellanica* 'Riccartoni' Fr.; 3 *F. magellanica* 'Gracilis' Blüte; 4 *F. regia*, Bl.

Fumana (Dunal) Spach, **Heideröschen** – *Cistaceae* (Bearbeiter: Ulrich Hecker)

Zwergsträucher; Bl. wechselst., selten auch gegenst., klein, eif. lanzettl. bis nadelf., Nebenbl. vorhanden od. fehlend; die beiden äußeren Kbl. klein, die inneren groß, Krbl. gelb, äußere Stbl. steril; Kapsel sich 3-klappig öffnend. 19 Arten im Medit., SO-Eur. u. SW-As.

F. procumbens (Dun.) Gren. & Godr. [*Helianthemum procumbens* Dunal; *F. vulgaris* Spach] – Immergrün; Zw. niederliegend od. aufstrebend; Bl. nadelf., dunkelgrün, in den Bl.achseln oft sehr kurze Bl.büschel; Bltn. einzeln achselst. od. in endst. Wickeln; VI–VIII. Sz – s. W-, M- u. S-Eur. bis W-As.

Garrya LINDL., **Becherkätzchen** – *Garryaceae* (Bearbeiter: Ulrich Hecker)

Immergrüne Bäume od. Sträucher; Bl. gegenst., am Grund verwachsen, lederig, ganzrandig, ohne Nebenbl.; Bltn. eingschl., 2-häusig verteilt, in hängenden kätzchenartigen Ständen, zu 1–3 in den Achseln gegenst. Tragbl.; ♂ Bltn. mit einfacher 4-blättriger. Bltn.hülle u. 4 Stbl., ♀ Bltn. ohne Bltn.hülle, mit 2–3 verwachsenen Frbl. 15 Arten von W-NAm. u. Mex. bis Panama u. W-Indien.

G. elliptica DOUGL., **Spalier-Becherkätzchen** – Bis 4 m hoher Strauch od. kleiner Baum; Zw. kurz grau dichtwollig behaart; Bl. 0,5–1,2 cm lang gestielt, derb lederig, längl. elliptisch, 4–8 cm lang u. 2–4 cm breit (*560/1*), oberseits dunkelgrün, unterseits kurz dichtwollig behaart, ± verkahlend, am Rand gewellt; ♂ Bltn. graugrün bis bräunl., in bis 20 cm langen, schließl. schlaff hängenden Kätzchen, meist zu mehreren an den Zw.spitzen, ♀ Kätzchen bis 10 cm lang; Trockenbeeren weißfilzig behaart, 1–2-samig; I–III. Sg/Bk – s. ∧∧ W-USA (Kalifornien, Oregon).

'James Roof': ♂ Kätzchen bis 25 cm lang.

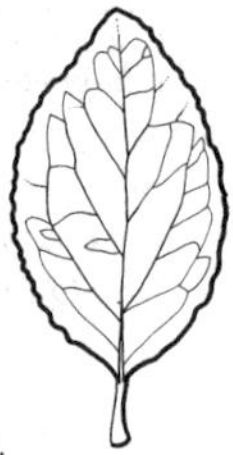

560/1 *Garrya elliptica,* Bl.

Gaultheria L., **Rebhuhnbeere, Torfmyrte** – *Ericaceae* (Bearbeiter: Bernd Schulz)

Bl. immergrün, kurz gestielt, wechselst., meistens gesägt od. gezähnt; Bltn. 5-zählig, Kr. krug- od. glockenf. (*561/1–3*), Frkn. oberst., Stbl. in der Kr. verborgen, jede Theke mit 2 Fortsätzen neben den Poren (*561/1a–3a*); Fr. meist vom fleischig werdenden K. dominierte Scheinbeere (*560/2*), seltener eine echte Beere (*G. mucronata*). Etwa 130 Arten in N- u. SAm., O- bis SO-As., Austral. u. Neuseel. Kalkunverträgl.

1. Pfl. mit niederliegenden u. aufstrebenden, kahlen Zw.; Bl. verkehrt eif. bis elliptisch, kahl, glänzend, 2,5–5 cm lang; Bltn. einzeln blattachselst., Kr. weiß od. etwas rötl. überlaufen, bis 8 mm lang, innen wie die Staubfäden dicht lang behaart (*561/1*); Fr. rot; VI–VIII. Sz – h. O-NAm. **G!**
Niederliegende R., *G. procumbens* L.

— Pfl. aufrecht, 30–50 cm hoch **2**

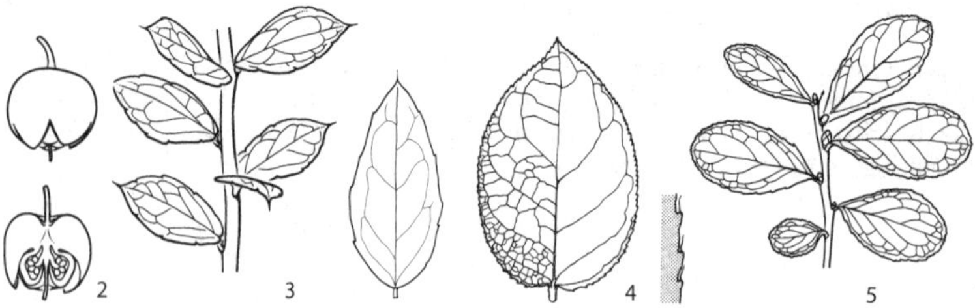

560/2–5 *Gaultheria*: 2 *G. shallon*, Fr. u. Fr.längsschnitt; 3 *G. mucronata*, Spross u. Einzelbl.; 4 *G. shallon*, Bl. u. Bl.randdetail; 5 *G. miqueliana*, Spross

2. Bl. jederseits mit 4–6 scharfen stachelspitzigen Zähnen u. Spitze (*560/3*), derb lederig, eilanzettl., oberseits glänzend grün, unterseits heller, 8–18 mm lang; Bltn. einzeln, achselst., nickend, etwa 6–10 mm lang gestielt, Kr. kugelf., 5 mm lang, weiß, zuw. rosa angehaucht, Staubfäden basal flächig erweitert (*561/3*); Fr. eine Beere, 8–12 mm ∅, weinrot, bei Gartenformen auch weiß, dunkelweinrot u. lila; V–VI. Sz – z. SAm. (Chile, Arg.) [*Pernettya mucronata* (L. f.) GAUDICH] **G!** **Torfmyrte, *G. mucronata*** (L. f.) HOOK. & ARN.

— Bl.zähne ohne scharfe Stachelspitzen – Fr. eine Scheinbeere **3**

3. Fr. blauschwarz – um 10 mm ∅; Zw. etwas hin u. her gebogen, zottig behaart; Bl. eif. bis kreisrund, kahl, Zähne mit aufgesetzten Grannenhaaren (*560/4*), 5–10 cm lang (*560/4*); Bltn. in verlängerten, achselst., drüsenhaarigen Trauben, Kr. u. K. weiß od. rosa, 7–12 mm lang, drüsenhaarig (*561/2*); V–VII. Sk – z. W-NAm. **Shallon-R., *G. shallon*** PURSH

G.* × *wisleyensis (MARCHANT) D. J. MIDDLETON [× *Gaulnettya wisleyensis* × MARCHANT; *G. shallon* × *G. mucronata*]: zwischen den Eltern stehend, Fr. rotbraun, der fleischige K. nur halb so lang wie die Kapsel. **'Wisley Pearl'**: Fr. blutrot, bis 8 mm ∅, in dichten Büscheln, lange haftend.

— Fr. weiß bis rosa – um 10 mm ∅; Zw. gerade, jung behaart; Bl. an den Enden der Zw. gehäuft, breit elliptisch, 1,5–3,5 cm lang, drüsig gesägt (*560/5*); Bltn. nickend, in 2–5-bltg. Trauben an den Zw.enden, Kr. weiß; VI–VII. Sz – s. NW-NAm. [*G. pyroloides* MIQ., p. p.] **Miquels R., *G. miqueliana*** TAKEDA

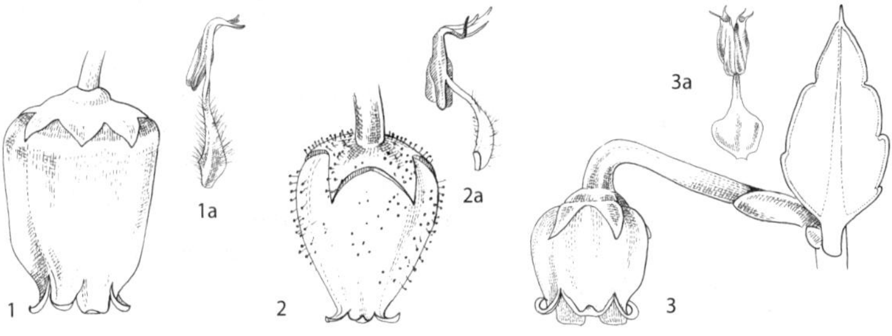

561/1–3 *Gaultheria*, Bltn. u. (a) Stbl.: 1 *G. procumbens*, 2 *G. shallon*, 3 *G. mucronata*

Genista L., **Ginster** – *Fabaceae* (Bearbeiter: Bernd Schulz)

Bewehrte od. unbewehrte, sommer- od. halbimmergrüne Sträucher mit grünen Zw.; Bl. wechsel-, seltener gegenst., einfach bis 3-zählig, Blch. ganzrandig, oft kurzlebig, Nebenbl. fehlend od. klein; Bltn. in Köpfen bzw. end- od. seitenst. Trauben, die seitl. oft gestaucht u. armbltg., selten einzeln, Krbl. meist gelb, K. 2-lippig, oft seitl. mit Vorbl.schuppen (Brakteolen), die Oberlippe tief 2-teilig, die Unterlippe meist deutl. 3-zähnig, Stbl. alle verwachsen; Hülse 1- bis mehrsamig, Samen ohne Nabelwulst (*563/6*). Abgrenzung der Gatt. nicht abschließend geklärt: zu *Genista* i. w. S. gehören auch → *Ulex*, *Teline* MEDIK. u. *Retama* RAF. Zwischen 60 u. 100 Arten in Eur., Medit. u. W-As. Alle Pfl.teile **G!!**

1. Pfl. wenigstens in den unteren Teilen mit Dornen (*563/1* u. *3*) **6**

— Pfl. ohne Dornen **2**

2. Zw. breit 2-schneidig geflügelt (*563/4*), Flügel glänzend, an den Sprossknoten unterbrochen; Bl. einfach, 5–20 mm lang, bis 7 mm breit, oberseits verkahlend,

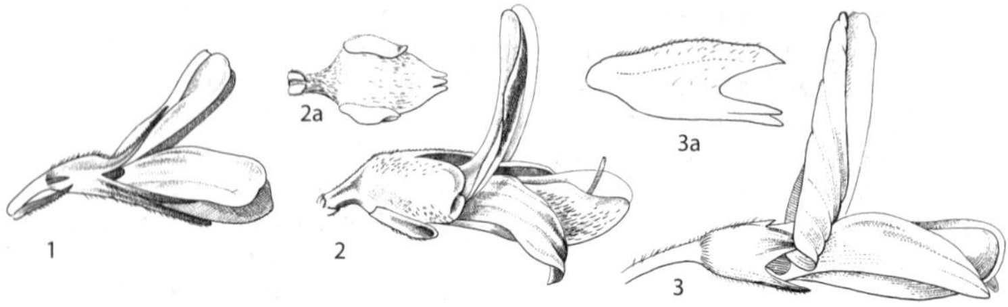

562/1–3 *Genista*, Bltn.: 1 *G. sagittalis*; 2 *G. radiata*, 2a K. von unten; 3 *G. pilosa*, 3a K.

unterseits behaart; Bltn. 12–14 mm lang (*562/1*), in endst. eif. bis fast kugeligen Trauben, Krbl. goldgelb; Fr. bis 2 cm lang u. 5 mm breit, behaart; V–VI. Sz – s. SW- bis O-Eur. [*Chamaespartium sagittale* (L.) Gibbs] **Flügel-G., *G. sagittalis*** L.

— Zw. nicht geflügelt **3**

3. Bl. u. Verzweigung gegenst. – mit kurzen Trieben strahlig verzweigter Strauch (*563/2*); Bl. 3-zählig, Blch. längl. lanzettl., 5–20 mm lang, 2–4 mm breit, unterseits behaart, meist kurzlebig; Bltn. in 3–10-bltg. Köpfchen, 12–15 mm lang, Kr. gelb (*562/2*); Hülse 12–14 mm lang, dicht anliegend behaart; V–VII. Sk – z. S-Alp., im nördl. u. mittl. Apennin bis Geb. Balkan
Strahlen-G., Kugel-G., *G. radiata* (L.) Scop.

— Bl. stets wechselst. **4**

4. Zw. durch deutl. abstehende Bl.kissen knotig, – niederliegend bis niederliegend-aufsteigend, ± gerieft; Fahne u. Schiffchen außen dicht seidenhaarig (*562/3*) – Bltn. in gedrungenen 1–3-bltg. Trauben, seitl. an vorj. Zw., Kr. goldgelb, etwa 1 cm lang; Fr. behaart, bis 2,5 cm lang; Bl. im Mittel 3–10 mm lang, 1,5–3,5 mm breit, anliegend seidig behaart, später oberseits fast kahl, stets einfach; Pfl. ± locker wüchsig; V–VI. Sz – z. SW- bis O-Eur.
Heide-G., Behaarter G., *G. pilosa* L.

— Zw. nicht knotig, Bl.kissen ± anliegend, – ± kantig; Fahne u. Schiffchen kahl **5**

5. Bl. 1–5 cm lang, 3–15 mm breit, kahl bis behaart; Bltn. in vielbltg., gestreckten, bl.achsel- od. endst. Trauben an diesj. Zw., – 10–15 mm lang, Krbl. leuchtend gelb bis goldgelb (*562/4*); Zw. grün, ± glänzend, kantig, aufsteigend bis aufrecht; VI–VIII. Sk – h. Eur. bis W-As. **Färber-G., *G. tinctoria*** L.

'Royal Gold': Pfl. kompakter; reich u. lange blühend. VII–IX. z.

'Flore Pleno': Pfl. ausgebreiter; Bltn. mit doppelter Kr. ab VI–VIII. z.

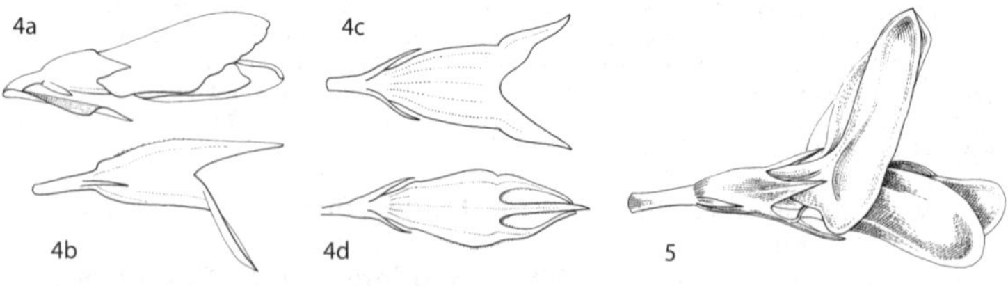

562/4–5 *Genista*: 4 *G. tinctoria*, 4a junge Blüte, 4b–d K.: 4b von der Seite, 4c von oben, 4d von unten; 5 *G. lydia*, Blüte

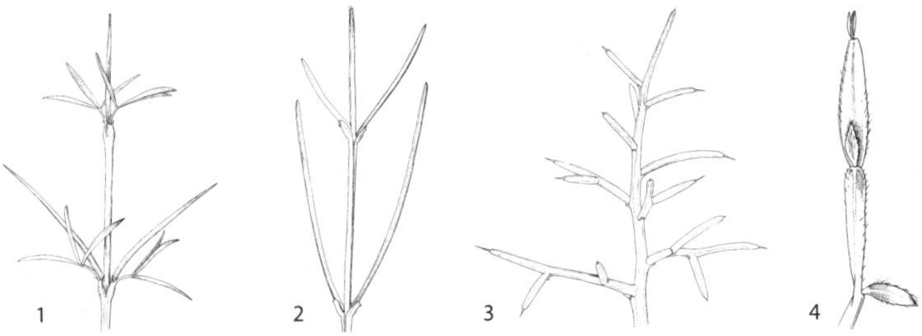

563/1–4 *Genista*, Zw.spitzen: 1 *G. horrida*; 2 *G. radiata*; 3 *G. hispanica*; 4 *G. sagittalis*

— Bl. 5–10 mm lang, 1–3 mm breit, ± kahl; Bltn. in kurzen, dichtbltg. Trauben, seitl. an vorj. Zw., – 10–12 mm lang, Krbl. goldgelb (*562/5*); Zw. bogig gekrümmt, aber nicht schlaff, deutl. 4-kantig, graugrün, oft bläul. bereift; V–VI. Sz/Sk – h. SO-Eur. bis Lev. **Lydischer G., *G. lydia*** Boiss.

6 (1). Bl. u. Seitenzw. (meist verdornt) gegenst. (*563/1*) – Bl. 3-zählig, Blch. lanzettl., bis ca. 8 × 1,5 mm; Zw. grün, mit 6 Längsfurchen, ältere Zw. graubraun; Bltn. paarweise, um 15 mm lang, Kr. goldgelb, Kiel etwas heller, Vor- u. Tragbl. klein, 4–5 mm lang u. 1--2 mm breit, wie der K. dicht behaart; Hülse 2,5 cm lang, zugespitzt, anliegend behaart, mit 2–3 kugeligen Samen von ca. 3,5 mm ∅; VII–VIII. Sz (kugelige Dornpolster) – ss. SW-Eur. [*Echinospartum horridum* (Vahl) Rothm.] **Abschreckender G., *G. horrida*** (Vahl) DC.

— Bl. u. Seitenzw. wechselst. **7**

7. Bltn. zu 2–12 in endst. unbewehrten Doppeltrauben am Ende diesj. beblätterter Triebe, ≥ 12 mm lang; Krbl. goldgelb; Bl. 6–10 mm lang, 3–5 mm breit, lanzettl., unterseits behaart; in allen vegetativen Bl.achseln bis 2–7(–10) mm lange verdornte Seitentriebe (*563/3*), nur Bltn.sprosse unbewehrt; Zw. anfangs dicht abstehend behaart; V–VII. Sz – s. ∧ SW-Eur. **Spanischer G., *G. hispanica*** L.

— Bltn. in Trauben, ≤ 11 mm lang **8**

8. Junge Zw. abstehend behaart; Bl. grasgrün, am Rand rauhaarig, 1–2 cm lang, 4–5 mm breit, elliptisch bis lanzettl.; Bltn. ca. 10 mm lang, Tragbl. pfrieml., kürzer als die Bltn.stiele, Krbl. lebhaft gelb (*563/5a*); Fr. behaart, 1 cm lang (*563/5b*); Sprossdornen bis 1,5 cm lang; V–VII. Sz/Sk, kalkunverträgl. – s. Eur. (ganz Deutschland). **Deutscher G., *G. germanica*** L.

— Pfl. völlig kahl; Bl. blaugrün, 5–10 mm lang, 2–3 mm breit, elliptisch bis lanzettl.; Bltn. ca. 9 mm lang, Tragbl. laubblattartig, länger als die Bltn.stiele,

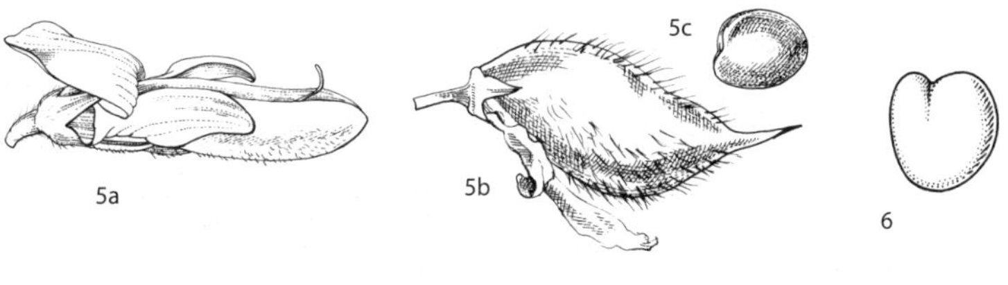

563/5–6 *Genista:* 5 *G. germanica*: 5a Blüte, 5b Fr., 5c Samen; 6 *G. pilosa*, Samen ohne Nabelwulst

Krbl. goldgelb; Fr. 1 cm lang; Sprossdornen bis ca. 1 cm lang, wie bei voriger Art seitl. an den Langtrieben; V–VI. Sz/Sk, kalkunverträgl. – ss. Medit., W- u. M- bis südl. N-Eur. (in NW-Deutschland) **Englischer G., *G. anglica*** L.

Ginkgo L., **Ginkgo, Ginkgobaum** – *Ginkgoaceae* (Bearbeiter: Peter A. Schmidt)

Nur 1 rezente Art.

G. biloba L. – 2-häusiger sommergrüner Baum, Sprosse deutl. in Lang- u. Kurztriebe gegliedert; Bl. wechselst., an Kurztrieben rosettig genähert, an Langtrieben schraubig, Spreite keilf. bis breit fächerf., 7–10(–13) cm lang, 5–8(–15) cm breit, derb lederig, fast parallelnervig, aber Nerven gabelig verzweigt, blassgrün, im Herbst goldgelb, an Kurztrieben ± ungeteilt, an Langtrieben meist tief ausgerandet od. 2-lappig (*564/1*), Bl.stiel (3–)5–8(–10) cm lang; Bltn. eingschl., ♂ Bltn. in Kätzchen, ♀ Bltn. einzeln, lang gestielt, mit 2 Samenanlagen; Samen ellipsoidisch od. eif. bis fast kugelig, 2–3 cm ∅, steinfr.ähnl. (*564/2*), äußere Samenschale fleischig, reif gelb od. orangegelb u. bereift, unangenehm riechend, innere Schale hart, holzig, „Kern" essbar; IV–V. Bg – h. O-As.: seit alter Zeit in N- u. S-China in Kultur, natürl. Vorkommen vermutl. in OS-China (NW-Zhejiang), nach Jap. eingeführt im 13. Jh.

Zahlreiche Sorten (überwiegend ♂ Klone), u. a. Säulenformen (z. B. '**Fastigiata**', '**Mayfield**', '**Tremonia**'), Hängeformen ('**Pendula**') od. Zwergformen ('**Marieken**', '**Troll**'), aber auch in Blattform abweichende Sorten, so mit tief eingeschnittenen ('**Saratoga**') od. sehr schmalen Bl. ('**Tubifolia**'), ganz od. teilw. creme- bis hellgelben ('**Variegata**') Bl. od. besonders auffällig leuchtend goldgelber Herbstfärbung ('**Autumn Gold**').

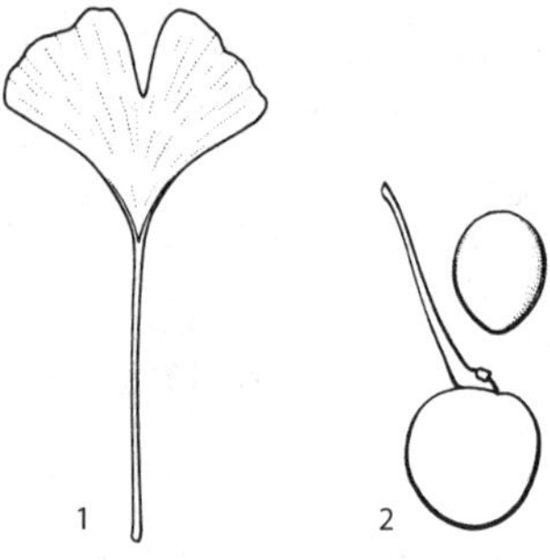

564/1–2 *Gingko biloba*: 1 Bl., 2 Samen

Gleditsia L., **Gleditschie** – *Fabaceae* (Bearbeiter: Bernd Schulz)

Sommergrüne, meist mit verzweigten Sprossdornen bewehrte Bäume; Bl. einfach od. doppelt gefiedert, an Kurztrieben rosettig genähert, Blch. ± gekerbt, Nebenbl. klein; Zw. ohne Endkn., Seitenkn. mit 1–3 Beikn. (oft selbst bereits Beikn. unter Sprossdorn), ± verborgen od. deutl. sichtbar; Bltn. radiär, unscheinbar, in ährigen Trauben, polygam, 3–4(–5)-zählig (*565/1b* u. *c*), Krbl. kaum länger als die Kbl.; Hülse meist stark abgeflacht u. ± unregelmäßig gekrümmt od. steif verholzend, sich zur Reife nicht öffnend, lange am Baum bleibend (Wintersteher); Samen abgeflacht, hartschalig (*565/1a*). 13 Arten in As., N- u. SAm., nicht Afr. (*G. africana* Benth. gehört heute zu *Erythrophleum*). *G. triacanthos* h in Kultur, andere Arten ss in BG u., da leicht hybridisierend, selten echt.

1. Fr. fast gerade, 12–25 cm lang, Wände holzig, dickwandig (*565/3* u. *3a*); Kn. eif. zugespitzt, bis ca. 8 mm lang (*565/3b*); Bl. nur einfach gefiedert – Blch. 8–16, 3–5 cm lang, gekerbt, stachelspitzig, oberseits gelbgrün, unterseits netznervig, beiderseits etwas behaart; Dornen im ∅ rund; Bltn. 3–5 mm lang gestielt, in schwach flaumhaarigen Trauben; VI–VII. Bk/Bm – ss. O-As.: China, Mong., Kor. [*G. horrida* WILLD.] **Chinesische G., *G. sinensis*** LAM.

— Fr. lederig, dünnwandig, stark abgeflacht, bis 40 cm lang, meist blasig verdreht (*565/1–2*); Kn. kleiner, oft flach, bis 4 mm lang (*565/4*); Bl. meist z. T. doppelt gefiedert – Dornen teilw. seitl. abgeflacht **2**

2. Zw. rotbraun bis graubraun, oberste Rindenlagen längl. rhombisch aufreißend, aber nicht vollst. abblätternd; Hülsen bis > 40 cm lang, etwas sichelf. u. längs verdreht (*565/1*) – Blch. längl. lanzettl., gewöhnl. zugespitzt, bis 3,5 cm lang, leicht kerbig gesägt, an einfach gefiederten Bl. zu 20–30, an doppelt gefiederten Bl. je 8–14 Fiedern an den Seitenspindeln; Bltn. sehr kurz gestielt (*565/1b–c*), in schlanken, 5–7 cm langen Trauben; VI. Bm/Bg – h. O- bis Z-NAm, in Teilen S-Eur. Neophyt. **G!** **Amerikanische G., *G. triacanthos*** L.

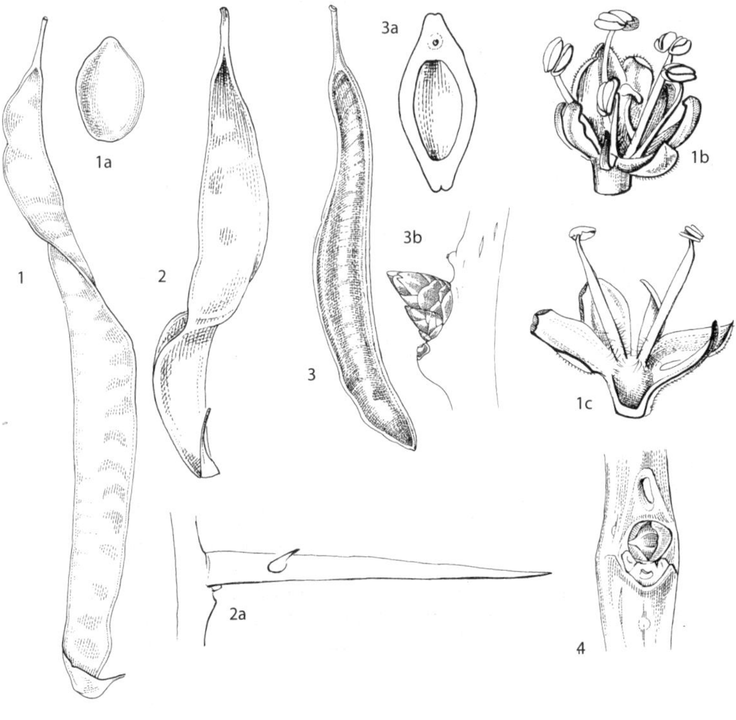

565/1–4 *Gleditsia*: 1 *G. triacanthos,* 1 Fr., 1a Samen, 1b u. c ♂ Blüte; 2 *G. japonica*, 2 Fr., 2a Sprossdorn; 3 *G. sinensis*, 3 Fr., 3a Fr.querschnitt, 3b Seitenkn.; 4 *G. aquatica*, Seitenkn.

fo. *inermis* WILLD.: dornenlos, sonst von normalem Wuchs. z–h.

'Pendula' ['Bujotii']: Zw. dünn, herabhängend, Blch. kleiner. s.

'Rubylace': schwächer wachsend, Bl. im Austrieb rötl. s–z.

'Shademaster': unbewehrt, schnell wachsend. z.

'Skyline': unbewehrt, Laub dunkelgrün, langsamer wachsend, schmalkronig. z.

'Sunburst': unbewehrt, im Austrieb gelb, später gelbgrün. h.

G. aquatica MARSHALL: unterscheidet sich von allen anderen vorgestellten Arten durch sehr kurze wenigsamige Fr. ss. SO-USA.

— Zw. im 1. Jahr anfangs mit glatter Rinde, am Ende der 1. Vegetationsperiode oberste Schicht abblätternd u. Rinde 2- u. 3-j. Zw. rein grün; Hülsen 10–30 cm lang – Blch. anders; Stämme stark bedornt, Dornen bis 15 cm lang **3**

3. Junge Zw. am Ende der Vegetationsperiode dunkel rotbraun – Blch. eilängl., stumpf od. ausgerandet, 2–4,5 cm lang, fast ganzrandig, oberseits glänzend grün; einfach gefiederte Bl. mit 16–24 Blch., schmal eif., kahl od. fast kahl, häufig doppelt gefiedert, Blch. dann > 2,5 cm lang; Bltn. fast sitzend, in 6–8 cm langen Trauben; Fr. 20–25 cm lang, blasig verdreht; VI–VII. Bm – ss. Jap. [*G. horrida* (THUNB.) MAKINO] **Japanische G., *G. japonica*** MIQ.

— Junge Zw. am Ende der Vegetationsperiode überwiegend grün – Blch. 1-fach gefiederter Bl. 10–20, eif. bis elliptisch, gekerbt, 2–5 cm lang, doppelt gefiederte Bl. mit 6–8 Fiedern 1. Ordnung, Spindeln u. Blch.stiele behaart; Bltn. fast sitzend, Trauben 5–10 cm lang; Fr. gebogen, ca. 20 cm lang, dünn; junge Zw. grün od. grünfleckig; VI–VII. Bk/Bm – ss. Kauk .
Kaspische G., *G. caspia* (!) DESF.

Globularia L., **Kugelblume** – *Plantaginaceae* (früher zu *Globulariaceae*)

(Bearbeiter: Peter A. Schmidt)

Stauden, immergrüne Zwerg-, Halb- u. Spaliersträucher; Bl. grund- u. wechselst., einfach, ganzrandig, ± lederig; Bltn. in kugeligen (Name!) Köpfen; Kr. schwach zygomorph, mit Kr.röhre u. linealischen Kr.zipfeln, Stbl. 4; Fr. eine 1-samige Nuss, von bleibendem K. umhüllt. 22–30 Arten Medit. bis NW- u. NO-Afr., M-Eur., Kl.-As., Kauk., Lev.

1. Grundbl. 1–2 mm breit, nach oben zusammengefaltet, im ∅ V-f., vorn spitz; Bltn.köpfe fast sitzend, Kr. blassviolett, etwa 6 mm lang; – 1–4 cm hoher Spalierzwergstrauch; V–VI. Sp – s. W-Alp., Geb. SW-Eur.
Kriechende K., Zwerg-K., *G. repens* LAM.

— Grundbl. 2–8(–14) mm breit, ± flach, spatelf., vorn abgerundet, ausgerandet od. spitz, zuw. mit aufgesetztem Spitzchen; Bltn.köpfe auf deutl., bis 10 cm langen Bltnst.achsen, Kr blau bis hell lilablau **2**

2. Bltnst.achse blattlos od. mit 1–3 kleinen Bl.; Kr.zipfel etwa so lang wie die Kr.röhre – 3–10 cm hoher Spalierzwergstrauch; V–VII. Sp – z. Pyr., Appenin, Alp., Karp., Balkan. **Herzblättrige K., *G. cordifolia*** L.

— Bltnst.achse mit > 5 kleinen Bl.; Kr.zipfel mehr als doppelt so lang wie die Kr.röhre – 5–20(–30) cm hoher Spalierzwergstrauch; V–VI. Sp – s. SO-Eur., Kl.-As., Kauk. **Fadenblütige K., Behaarte K., *G. trichosantha*** FISCH. & C. A. MEY.

Gymnocladus Lam., **Geweihbaum** – *Fabaceae* (Bearbeiter: Bernd Schulz)

Sommergrüne Bäume mit kräftigen Zw.; Bl. doppelt paarig gefiedert, Blch. ganzrandig, Nebenbl. klein, hinfällig; Bltn. unscheinbar in endst. Rispen od. Trauben, 3-häusig verteilt, Krbl. kaum länger als der K. (*567/1*); Hülse etwas abgeflacht (*567/2*), Innenwand zur Reife aufgelöst, von schmierseifenartiger Konsistenz. 5 Arten in O-As. u. NAm. Samen **G!**

G. dioicus (L.) K. Koch [*G. canadensis* Lam.] – Zw. dick (∅ ≥ 7 mm), anfangs behaart, weißblau bereift; Winterkn. klein, zu mehreren übereinander, Endkn. fehlend; Bl. 30–80 cm lang: an der Hauptspindel entspringen Seitenspindeln mit 3–7(–9) Fiederpaaren, unter u. zuw. auch über den Seitenspindeln sitzen oft Fiederpaare direkt an der Hauptspindel; Blch. kurz gestielt, eif. bis elliptisch eif., 5–8 cm lang, zugespitzt, am Grund abgerundet od. keilf., unterseits anfangs behaart; ♀ Bltnst. bis 25 cm lang, die ♂ deutl. kleiner; Bltn. außen fein behaart, mit ausgebreiteten K.- u. Krbl. etwa 16 mm ∅, mit ca. 11 mm langer Röhre (*567/1*), Krbl. etwas breiter als Kbl., mit hellerem Rand, beide fein behaart, innen hellgrün, außen dunkelgrün, Stbl. am Röhrenrand sitzend, Frbl. (in ♂ Blüte Rudimente) am Röhrengrund; Hülse mehrsamig, 10–15 cm lang (taube Fr. deutl. kleiner), rotbraun, bläul. weiß bereift, Samen 1,5 cm lang, schwach abgeflacht, rotbraun; VI. Bg – z. Z-O-NAm.

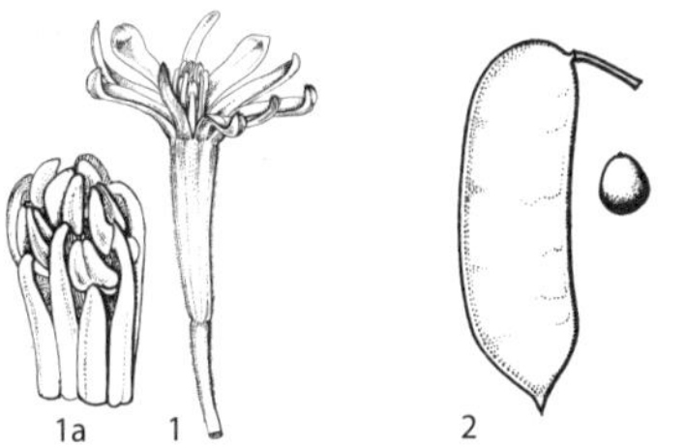

567/1–2 *Gymnocladus dioicus*:1 ♂ Blüte, 1a Detail Stbl.; 2 Fr.

Halesia L., **Schneeglöckchenbaum** – *Styracaceae* (Bearbeiter: Bernd Schulz)

Bl. gestielt, gesägt; Zw. mit leicht querrissigem Mark; Bltn. hängend, Kr. glockenf., weiß, ± tief eingeschnitten (4-teilig od. 4-lappig, *568/1c*); Steinfr. mit 4 od. 2 Flügelsäumen (*568/1d, e* u. *2b*). 2 Arten in O-NAm. (Die chinesische *H. macgregorii* Chun gehört vermutl. nicht in die Gatt.).

1. Bl. breit od. rundl. eif., 7–14 cm lang, abrupt zugespitzt; Zw. ohne Endkn. (*568/2a*); Kr. bis fast zum Grund 4-teilig, 1,5–2 cm lang, Stbl. meist 8, bis zur Hälfte verwachsen, fast so lang wie die Kr.; Fr. von 2 flachen Flügeln dominiert (*568/2b*), aber 2 weitere, kleinere rudimentäre Flügel vorhanden (*568/2c*); Fr. ohne Gr. gemessen 5–6 cm lang; V. Sg/Bk – ss. O-NAm.
Zweiflügeliger S., *H. diptera* Ellis

— Bl. ± eif. od. elliptisch (*568/1a*), 5–12 cm lang, allmähl. zugespitzt; Zw. mit Endkn. (*568/1b*); Kr. nur ein Drittel eingeschnitten (*568/1c*), Stbl. (9–)11–14(–16), nur am Grund verwachsen, kürzer als die Kr.; Fr. 4-flügelig (*568/1d–e*) **2**

2. Kr. 1,2–1,8 cm lang; Fr. ohne Gr. 3–4 cm lang; Rinde älterer Äste borkig, mit kleinen Schuppen; IV–V. Sg – z. SO- bis O-NAm. [*H. tetraptera* Ellis]
Carolina-S., *H. carolina* L. var. ***carolina***

— Kr. 1,8–2,5 cm lang; Fr. ohne Gr. 4–5 cm lang; Rinde älterer Äste mit großen platanenähnl. Schuppen; IV–V. Bm – s. SO-NAm. [*H. monticola* (Rehder) Sarg.]
Berg-S., *H. carolina* var. ***monticola*** Rehder

'Rosea': Bltn. mit blassrosa Kr.

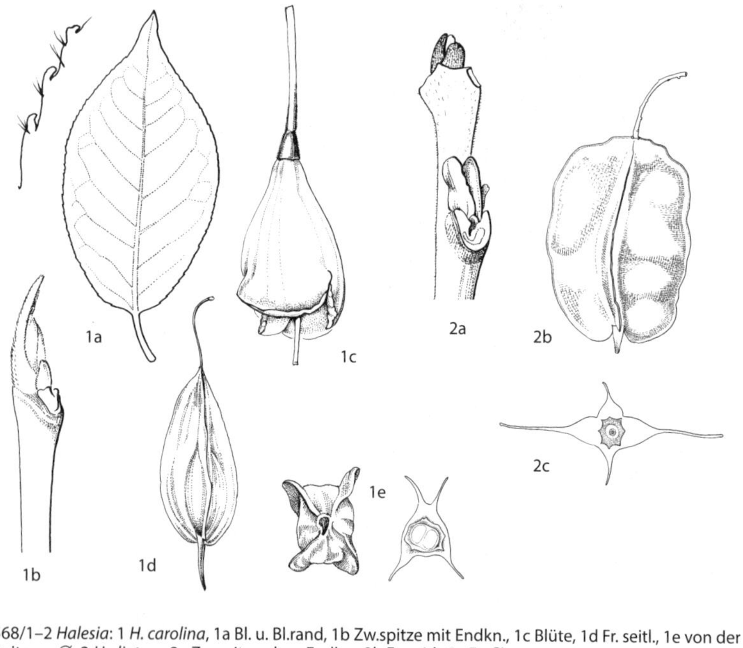

568/1–2 *Halesia*: 1 *H. carolina*, 1a Bl. u. Bl.rand, 1b Zw.spitze mit Endkn., 1c Blüte, 1d Fr. seitl., 1e von der Spitze u. ∅; 2 *H. diptera*, 2a Zw.spitze ohne Endkn., 2b Fr. seitl., 2c Fr. ∅

Halimodendron DC., **Salzstrauch** – *Fabaceae* (Bearbeiter: Bernd Schulz)
Nur 1 Art.

H. halodendron (Pall.) C. K. Schneid. [*H. argenteum* (Lam.) DC.] – Bl. wechselst., paarig gefiedert, anfangs anliegend, seidig behaart, Bl.spindel bleibend u. verdornend, Blch. 4(–8), 1,5–3,5 cm lang (*569/3*), grau od. blaugrün, Spitze gerundet od. stachelspitzig, Nebenbl. pfrieml., verdornend; Bltn. (*569/1*) 15–20 mm lang, zu 2–3 in 3–4 cm lang gestielten, seitenst. Trauben, Krbl. hellpurpurn od. lila, K. bleibend behaart, 9 der 10 Stbl. miteinander verwachsen; Hülse verkehrt eif., etwas aufgeblasen, Wand derb (*569/2*), 1,5–3 cm lang, kurz geschnäbelt, zuletzt braungelb, mehrsamig; VI–VII. Sk/Sg – s. M-As.

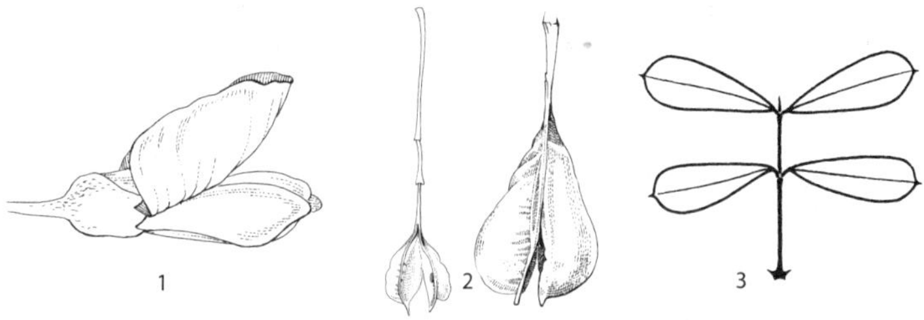

569/1–3 *Halimodendron halodendron*: 1 Blüte, 2 Fr., 3 Bl.

Hamamelis L., **Zaubernuss** – *Hamamelidaceae* (Bearbeiter: Bernd Schulz)

Sommergrüne Sträucher od. kleine Bäume mit sternhaarigen Sprossen; vegetative Seitenkn. zuw. ± gestielt erscheinend (das erste, oft hinfällige Vorbl. steht am Grund der Kn., der „Stiel" ist das 2. Sprossglied u. die Kn. nur scheinbar gestielt); Bl. buchtig gezähnt, kurz gestielt, Spreitenbasis schief, Nebenbl. groß, hinfällig; Bltnst. Köpfchen: früh angelegte (VI), kurze Seitentriebe mit (2–)3–5(–7) kleinen kugelf. bis kurz eif. Bltn.kn. (umhüllt von Trag-, Vor- u. Kbl.) (*570/1a*); Bltn. ⚥, 4-zählig, mit doppelter Bltn.hülle (*570/2a*), K.lappen spreizend, außen dicht behaart, Krbl. bandf. bis fädig, in der Kn. eingerollt, Stbl. (*570/2a*) u. Staminodien je 4; Kapsel stark verholzt, 2-samig, sich meist 2-klappig öffnend, Samen längl. ellipsoidisch, schwarz glänzend. 4–6 Arten in NAm. u. O-As.

1. Bltn. im Herbst erscheinend – Bltnst. meist mit 3 Bltn., zuw. gehäuft an Kurztrieben, Krbl. rein gelb, Staminodien spatelf. erweitert (Lupe); Bl. unterseits

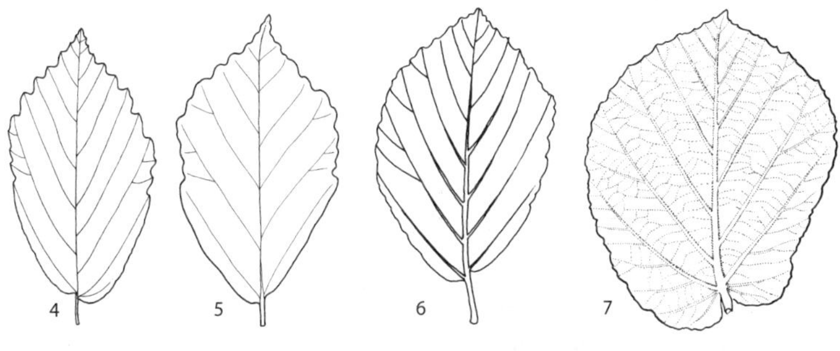

569/4–7 *Hamamelis*, Bl.: 4 *H. virginica*, 5 *H. vernalis*, 6 *H. japonica*, 7 *H. mollis*

grün, verkehrt eif. bis elliptisch, kurz zugespitzt (*569/4*); K.becher bei der reifen Fr. etwa ½ Fr.höhe erreichend; IX–X. Sg – O-NAm.

Virginische Z., *H. virginiana* L.

— Bltn. im Spätwinter od. zeitigen Frühjahr erscheinend – K.becher die reife Fr. etwa ¼–⅓ umgreifend **2**

2. Bl. beidseitig weichhaarig, unterseits dicht filzig, grau behaart, rundl. verkehrt eif., kurz zugespitzt, am Grund ± schief herzf., 8–16 cm lang, 6–12 cm breit, 5–10 mm lang gestielt (*569/7*); Kn. u. Zw. zur Spitze dicht filzig behaart, grau-, ocker- bis rot-braun – Seitenkn. ± ungestielt; Bltnst. kurz, bis 3 mm lang gestielt, mit 3–5 Bltn., Kbl. gerade od. etwas zurückgeschlagen, außen graubraun, innen wie auch die Stbl. u. Gr. weinrot, Krbl. erblühen relativ glatt, 1,5–2 cm lang, goldgelb, an der Basis rötl., Staminodien an der Spitze spatelf. erweitert (*570/3*); I–III. Sg – z. OS-China. **Chinesische Z., *H. mollis*** Oliv.

'Pallida': Krbl. schwefelgelb, Bltn. stark duftend; I–II. 3 m – z.

'Brevipetala': Krbl. nur bis 1,5 cm lang, gelb, Bltnst. sehr dicht stehend.

— Bl. kahl od. doch bald verkahlend; Zw. zur Spitze hellgrau od. hellbraun, verkahlend – Bltnst. meist ≥ 3 mm lang gestielt, mit meist (2–)3 Bltn. (*570/1a*), Krbl. meist stark verdreht **3**

3. Staminodien pfrieml. (*570/4*), Krbl. gerötet, meist < 10 mm lang, relativ dünn, oft stark verdreht; Pfl. kaum > 2 m hoch, mit Ausläufern; Zw. hellbraun, Seitenkn. kaum gestielt; Bl. verkehrt eilängl., 6–12 cm lang, unterseits schwach blaugrün (schwach abwischbar bereift), Mittelrippe etwas sternhaarig (*569/5*); Bltn. wenig auffällig, schwach duftend, Krbl. 1–1,5 cm lang, oft viel kürzer, gelb, ± orangerot getönt; II–III. Sk – s. SO-NAm. **Frühlings-Z., *H. vernalis*** Sarg.

'Sandra': Laub im Austrieb purpurn getönt, Herbstfärbung orangegelb in rot übergehend; Krbl. goldgelb, Bltn. duftend; III–VI. 2,5 m – s.

— Staminodien an der Spitze kaum erweitert od. leicht spatelf. (*570/1b*), Krbl. rein gelb od. rötl. überlaufen, bis 2 cm lang, gestreckt, aber bis zum Verblühen geknittert bleibend; Pfl. größer, ohne Ausläufer; Zw. hellgrau; Seitenkn. an kräftigen Zw. deutl. gestielt erscheinend; Bl. rundl. eif., 5–10 cm lang, oben etwas zugespitzt od. stumpf, am Grund abgerundet bis schwach herzf. (*569/6*), unterseits hellgrün, bis auf die Nerven kahl; K. innen rötl. bis braunrot, K.zipfel oberhalb der Mitte zurückgeschlagen; I–III. Sg – z. Jap.

Japanische Z., *H. japonica* Siebold & Zucc.

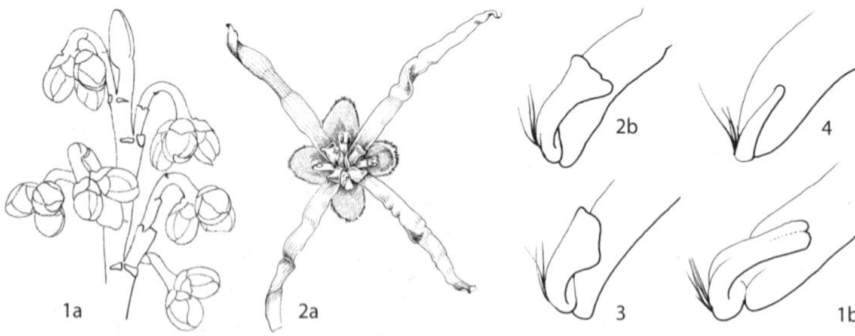

570/1–4 *Hamamelis*: 1 *H. japonica*, 1a Kurztriebe mit Bltn.kn., 1b Staminodium; 2 *H. virginiana*, 2a Blüte, 2b Staminodium; 3 *H. mollis*, Staminodium; 4 *H. vernalis*, Staminodium

var. *flavopurpurascens* (Makino) Rehder: Krbl. schmutzigrot bis orangegelb; I–II. 3,5 m – s. Elternteil rotblühender Hybriden.

'Zuccariniana': Krbl. um 1 cm lang, hellgelb, am Ansatz grünl.; III. 2,5 m – s.

Hamamelis intermedia Rehder [*H. japonica* × *H. mollis*]: Zahlreiche Sorten sind hybridogenen Ursprungs u. nehmen eine Zwischenstellung zwischen den Elternarten ein. Neben den Arten aus As. ist auch *H. vernalis* aus NAm. an einigen Sorten beteiligt (Auswahl mit Blütezeit u. Wuchshöhe):

'Arnold Promise': Krbl. zitronengelb, Bltn. duftend; II–III. 3 m – h.

'Barmstedt Gold': Krbl. goldgelb; II–III. 3,5 m – s.

'Diane': Krbl. rot; I–II. 2,5 m – h.

'Feuerzauber': Krbl. kupferrot, Bltn. schwach süß duftend; II. 3,5 m – h.

'Jelena': Krbl. orangegelb; I–II. 4 m – h.

'Orange Beauty': Krbl. orangegelb, Bltn. stark duftend; II. 4 m – z.

'Westerstede': Krbl. blassgelb, Bltn. schwach duftend; II–III. 3,5 m – h.

Harrimanella Coville, **Moosheide** – *Ericaceae* (Bearbeiter: Bernd Schulz)

Nur 1 Art. Früher zu *Cassiope* gestellt.

H. hypnoides (L.) Coville [*C. hypnoides* (L.) D. Don] – Bl. wechselst., nicht 4-reihig, ± abstehend; Bltn.stiele endst., Kr. weiß od. hellrosa, Gr. am Grund stark verdickt; VI–VII. Sz (bis 15 cm) – ss. zirkpol.

Hebe Juss., **Strauchehrenpreis, Strauchveronika** – *Plantaginaceae*

(Bearbeiter: Peter A. Schmidt)

Immergrüne Zwerg- od. Kleinsträucher; Bl. gegenst., einfach, pfrieml. bis schuppenf. od. mit deutl., meist lederiger, zuw. etwas fleischiger Spreite; Bltn. in achselst. Trauben od. büschelig am Zw.ende, Kr. kurzröhrig mit 4(–5) ausgebreiteten Kr.lappen (ähnl. wie bei der nur krautige Pfl. enthaltenden Gatt. *Veronica*), Stbl. 2; Fr. eine Kapsel (*571/1*). Etwa 100 Arten in australer Zone (Neuseel., Austral., SAm.).

Folgende Arten alle aus Neuseel., in Kultur s–z, VI–VII, ∧ bis ∧∧; zuw. weitere, teils noch weniger frostharte Arten u. Sorten als Steingarten- u. Rabattenpfl., außerdem mit größeren Bl. u. auffälligen Bltn.trauben. (Kr. blau, violett, purpurn, rötl. od. weiß) diverse Hybridsorten, oft von *H.* × *andersonii* (Lindl. & Paxton) Cockayne, die nur als Topf- u. Kübelpfl. geeignet sind.

1. Bl. (5–)8–25 mm lang, mit deutl. ausgebildeter, (2–)4–6 mm breiter Spreite, lederig, zuw. dick u. etwas fleischig; Bltn. meist in 1,5–6 cm langen Trauben **3**

— Bl. 1,5–4(–5) mm lang, schuppenf., dadurch Sprosse einem Zypressenzw. ähnl.; Bltn. meist zu 3–8 büschelig gehäuft am Zw.ende **2**

2. Bl. in voneinander getrennten Paaren, am Grund nicht miteinander verbunden, die Sprossachse nicht vollst. bedeckend, grün; Kr. hellblau.
Zypressen-S., *H. cupressoides* (Hook. f.) Andersen

— Bl. paarweise verbunden, da in unterer Hälfte miteinander verwachsen, dachziegelartig die Sprossachse bedeckend, grüngelb bis goldbraun; Kr. weiß. [*H. armstrongii* hort. p. p.]
Ockergelber S., *H. ochracea* Ashwin

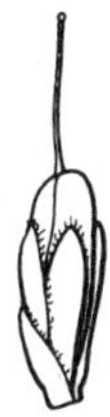

571/1 *Hebe ochracea*, Fr.

Ähnl. ***H. hectori*** (Hook. f.) Cockayn & Allan mit glänzend grünen Bl. u. weiß bis rosa Kr. Mit *H. ochracea* oft verwechselt wird ***H. armstrongii*** (J. B. Armstr.) Cockayn & Allan: Bl. auch dem Zw. dicht anliegend, paarweise bis zu 2/3 miteinander verwachsen, olivgrün mit gelbl. Rand, aber deutl. länger (bis 1,8 cm) u. Bltnst. traubig.

3 (1). Bl. glänzend dunkelgrün, unterseits heller, 8–15 mm lang, gegenst., 4-reihig, sich dachziegelig überlappend, gekielt; Kr. weiß, Trauben 1,5–2,5 cm lang. [*H. anomala* (J. B. Armstr.) Cockayn; *H. buxifolia* Cockayne & Allan] **Buchsblättriger S., *H. odora*** (Hook. f.) Cockayne

— Bl. grau- bis blaugrün, wenn 8–15 mm lang, od. hell- od. dunkelgrün, dann länger, 10–25 mm lang u. nicht dachziegelig angeordnet **4**

4. Bl. grau- bis blaugrün, am Rand oft rötl., elliptisch bis rundl. od. verkehrt eif., 8–15 mm lang, 4 mm breit, dick lederig bis fast fleischig, Mittelrippe kaum erkennbar; Kr. weiß. **Dickblättriger S., *H. pinguifolia*** (Hook. f.) Cockayne & Allan

Ebenfalls grau- bis blaugrüne, aber weniger dicke u. nicht fleischige Bl. hat der blassviolett blühende **Graublättrige S., *H. pimelioides*** (Hook. f.) Cockayne & Allan.

— Bl. grün, eif. bis elliptisch lanzettl., 15–25(–30) mm lang, 4–6 mm breit, nicht auffällig dick od. fleischig, Mittelrippe sichtbar; Kr. weiß. [*H. traversii* hort. p. p.] **Kurzröhriger S., *H. brachysiphon*** Summerhayes

Hedera L., **Efeu** – *Araliaceae* (Bearbeiter: Ulrich Hecker)

Immergrüne, kriechende od. mit Hilfe von unverzweigten, kurzen Haftwurzeln kletternde Gehölze; Bl. wechselst. einfach od. gelappt, an einer Pfl. verschieden gestaltet, an wurzellosen Sprossen im Bltnst.-bereich weniger gegliedert als an wurzeltragenden Sprossen, Nebenbl. fehlend; Bltn. ⚥, in einfachen od. doppelten Dolden, Kbl. u. Krbl. 5, Frkn. 5-fächerig, Diskus breit kegelf., den unteren Teil des Gr. umhüllend (*572/1*); Steinfr. mit 5–2 dünnwandigen, 1-samigen Steinkernen, Fr. blauschwarz, erst im nächsten Frühjahr reifend. Je nach Auffassung 4–17 Arten. Kanar. bis O-As. **G!!**

1. Bl. wurzeltragender, nichtblühender Sprosse deutl. 3–5 eckig gelappt (*572/3a*), 4–10(–15) cm lang, Spreite im Bltnst.bereich ei-rautenf. (*572/3b*) **2**

— Bl. nicht blühender Sprosse breit eif. bis elliptisch, kaum gelappt (*572/2*), 10–25 cm lang, Spreitengrund herzf. od. gerundet; Bl. im Bltnst. ungelappt, eif. bis rundl.; Fr. schwarz; IX–X. L (bis 8 m) – h. ∧ Kauk. **Kolchischer E., *H. colchica*** (K. Koch) K. Koch

In Kultur sind mehrere Formen, auch mit bunten Bl.

2. Bl.rand nicht nach unten umgebogen, Bl. unterseits mit 4–14-strahligen spreizenden Sternhaaren; Bltnst. 7–10 cm lang, aus mehreren Dolden zusam-

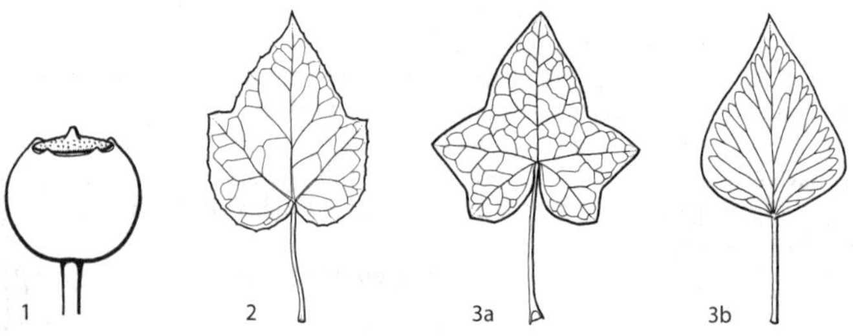

572/1–3 *Hedera*: 1 *H. helix*, Fr.; 2 *H. colchia*, Bl.; 3 *H. helix*, 3a Bl. nichtblühender Sprosse, 3b Bl. im Bltnst.-bereich

mengesetzt; – Bl. 4–10(–15) cm lang, im vegetativen Bereich deutl. 3–5-lappig (*572/3a*); IX–X. L (bis 30 m) – h. Eur. bis Kauk. **Gemeiner E., *H. helix*** L.

In Bl.form u. -größe außerordentl. vielgestaltige Art, von der auch zahlreiche buntblättrige Kulturformen angepflanzt werden.

'Arborescens': durch vegetative Vermehrung von Sprossen aus dem Bltnst.bereich erhaltene aufrecht wachsende Form.

— Bl.rand nach unten umgebogen, Bl. unterseits mit Sternhaaren, die der Spreite anliegen; Bltnst. 10–15 cm lang, robust; Bl. nur schwach lederig; IX–X. L (bis 20 m) – h. W-Eur.: Spanien bis Irland. **Irischer E., *H. hibernica*** (G. KIRCHN.) CARR.

Hedysarum L., **Süßklee** – *Fabaceae* (Bearbeiter: Bernd Schulz)

Kräuter od. Stauden, selten Sträucher; Bl. wechselst., unpaarig gefiedert, Nebenbl. frei od. mit dem Bl.grund verwachsen, zuw. fehlend; Bltn. in achselst. Trauben, K. glockenf., K.zähne fast gleich, 9 der 10 Stbl. miteinander verwachsen; Fr. eine abgeflachte, oft bestachelte Gliederhülse, in 1-samige Abschnitte zerfallend od. nur aus 1 Abschnitt bestehend. Rund 100 Arten, v. a. nem. Euras. Nur folgende Art in Kultur.

H. multijugum MAXIM. – Pfl. locker sparrig; Zw. graugelb, fein anliegend weiß behaart; Bl. (*573/3*) mit (15–)21–35 Blch., graugrün, unterseits anliegend dicht weiß behaart, 8–15 mm lang, eif. bis verkehrt eif., Spitze zuw. leicht ausgerandet, stachelspitzig; Nebenbl. längl. 3-eckig, den Zw. umgreifend u. auf gegenüberliegender Seite zusammenstoßend; Bltnst. lockere, aufrechte, bis 20 cm lange Trauben, Bltn. bis 2 cm lang, Krbl. purpurn (*573/1*), Kiel u. Fahne dominieren, Flügel klein, schmal, reduziert: 8 mm, Hälfte davon Nagel u. langes Öhrchen (*573/1a*); Fr. mit 1–2 1-samigen Abschnitten, dicht mit kurzen Stacheln besetzt (*573/2*); VI–IX. Sk – ss. Mongol.

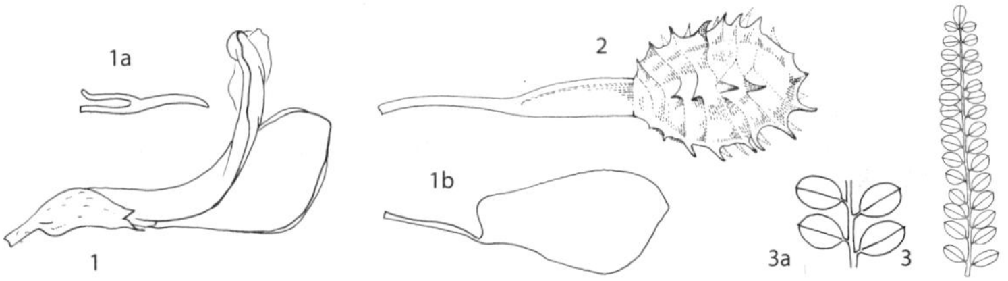

573/1–3 *Hedysarum multijugum*: 1 Blüte, 1a Flügel, 1b Schiffchen; 2 einsamige Fr. (bleibende Reste der Bltn.hülle entfernt); 3 Blatt, 3a Ausschnitt

Helianthemum MILL., **Sonnenröschen** – *Cistaceae* (Bearbeiter: Ulrich Hecker)

Immergrüne (alle verschlüsselten Arten) od. halbimmergrüne Zwergsträucher, Halbsträucher od. Kräuter; Bl. meist gegenst., ± stark behaart, einfach, Nebenbl. vorhanden od. fehlend; Bltn. in Wickeln, Kbl. 5, 2 äußere kleinere u. 3 innere größere; Kapsel sich 3-klappig öffnend, Samen zahlreich. Etwa 70 Arten v. a. im Medit., N-Afr., W-As., N- u. SAm.

1. Bl. mit Nebenbl. **4**
— Bl. ohne Nebenbl. **2**
2. Bl. unterseits grau- bis weißfilzig; Bltn. dunkelgelb; V–VI. HS – s. Eur. bis Kauk, NW-Afr. **Graues S., *H. canum*** (L.) BAUMG.

— Bl. beiderseits grün u. spärl. striegelhaarig od. kahl; Bltn. meist an Seitensprossen diesj. Triebe **3**

3. Wickel 6–20-bltg., Krbl. 3–6 mm lang, gelb; V–VII. HS (bis 20 cm) – s. Medit. [*H. italicum* (L.) PERS.]
Italienisches S., *H. oelandicum* (L.) DC. subsp. ***italicum*** (L.) FONT QUER & ROTHM.

— Wickel 2–10-bltg., Krbl. 5–10 mm lang, gelb; V–VIII. HS – z. [*H. alpestre* (JACQ.) DC.] **Alpen-S., *H. oelandicum*** (L.) DC. subsp. ***alpestre*** (JACQ.) BREISTR.

4 (1). Nebenbl. linealisch pfrieml., die unteren u. mittleren so lang wie die Bl.stiele, die oberen länger; Krbl. weiß, am Grund zitronengelb; Zw. u. Bl. beiderseits grau behaart bis weißfilzig od. oberseits grün; Zw. niederliegend aufgerichtet; V–IX. HS – h. W- bis M-Eur.
Apenninen S., *H. apenninum* (L.) MILL. var. ***apenninum***

var. *roseum* (JACQ.) C. K. SCHNEID.: Bltn. rosa. NW-Italien.

— Nebenbl. lanzettl. linealisch, alle länger als die Bl.stiele; Bltn. gelb; Bl. oberseits grün, unterseits ± graufilzig; Zw. aufstrebend; V–IX. HS – h. Eur. bis Kauk., Kl.-As. u. Syr. [*H. chamaecistus* MILL.; *H. vulgare* GAERTN.)
Gemeines S., *H. nummularium* (L.) MILL.

H. nummularium ist eine formenreiche Art, die in mehrere Kleinarten aufgegliedert wird. In den Gärten werden zahlreiche Kulturformen angepflanzt, die sich v. a. durch unterschiedl. Bltn.-farbe auszeichnen; viele von ihnen dürften Hybriden sein.

Helwingia WILLD. – *Helwingiacaeae* (Bearbeiter: Ulrich Hecker)

Sommergrüne, 2-häusige, kurze Ausläufer treibende Sträucher; Bl. wechselst., Nebenbl. fädig; Bltn. in der unteren Bl.hälfte auf der Mittelrippe in kleinen Faszikeln aufsitzend, unscheinbar, grünl., K. rückgebildet, Krbl. u. Stbl. 3–5, Frkn. unterst., Diskus deutl. ausgebildet; Steinfr. mit 2–4 Steinkernen. 4 Arten im Himal. u. O-As. Nur folgende Art in Kultur.

H. japonica (THUNB.) F. DIETR. – Zw. grünl.; Bl. eif. bis elliptisch, 3–10 cm lang, 2–6 cm breit, am Rand grannenartig gesägt (*574/1* u. *2*), Stiel 2–4 cm lang; Bltn. bleichgrün, 3–4 mm lang gestielt; Steinfr. kugelf., schwarz, glänzend, 6–7 mm ∅, mit 2–4 Steinkernen; V. Sk – ss. Jap.

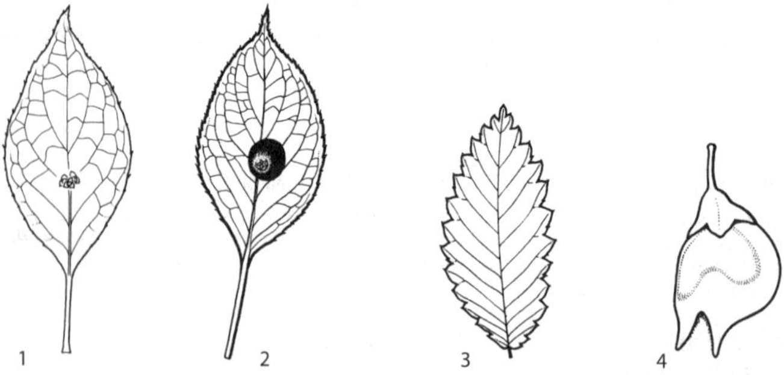

574/1–4: 1–2 *Helwiniga japonica*, Bl.: 1 mit Bltn., 2 mit Fr.; 3–4 *Hemiptelea davidii*: 3 Bl., 4 Fr.

Hemiptelea PLANCH., **Dornulme** – *Ulmaceae* (Bearbeiter: Peter A. Schmidt)
1 Art.

H. davidii (HANCE) PLANCH. – Sommergrüner Strauch bis kleiner Baum, sehr dicht verzweigt, sparrig, mit 2–10 cm langen verdornten Kurztrieben; junge Zw. behaart; Bl. wechselst., 2-zeilig, elliptisch od. längl. elliptisch, 4–7 cm lang, 1,5–3 cm breit, jederseits mit 7–15 eingesenkten Seitennerven, grob gesägt (*574/3*), Basis der Bl.spreite abgerundet bis schwach herzf., Bl. oberseits dunkelgrün, anfangs spärl. behaart, unterseits mit Ausnahme der Hauptnerven kahl, Bl.stiel (1–)3–5 mm lang; Fr. 5–7 mm lang, asymmetrisch, gelbl. grün, abgeflachtes Nüsschen, 1-seitig geflügelt (*574/4*); IV–V. Sg/Bk – s. O-As.: S-, N- u. NO-China bis Kor.

Heptacodium REHDER – *Caprifoliaceae* (Bearbeiter: Bernd Schulz)
1 Art.

H. miconioides REHDER [*H. jasminoides* AIRY SHAW] – Bltnst. endst., groß, rispenähnl., ± thyrsisch, am Ende der Verzweigungen ein köpfchenf. Teilbltnst., jedes Köpfchen mit 7 Kn.: 6 Bltn.kn. u. 1 vegetative Endkn., die nach Verblühen der 6 Bltn.kn. ein weiteres, gestieltes Köpfchen hervorbringen kann; Bltn. 5-zählig, ⚥, 10–12 mm lang, Krbl. weiß, schwach 2-lippig, Zipfel spreizend (*575/2*); K. ausdauernd, sich vergrößernd, die 5 Zipfel ausgebreitet, anfangs purpurrot; Nussfr. 1-samig, längl. walzenf., 10–12 mm lang, braun (*575/3*); reich verzweigter Strauch; junge Zw. schwach behaart, verkahlend, älter graubraun u. Rinde sich längsstreifig ablösend; Bl. (*575/1*) längl. eif., geschwänzt zugespitzt, am Grund herzf., ganzrandig, bewimpert, ca. 10 mm lang gestielt, Spreite bis 16 cm lang u. 8 cm breit, Ränder meist nach oben gebogen, oberseits dunkelgrün, unterseits heller, Nerven deutl. hervortretend, behaart, seitl. des Mittelnervs noch je 1 parallel verlaufender, etwas schwächerer Seitennerv; VIII–X. Sg – s. O-China.

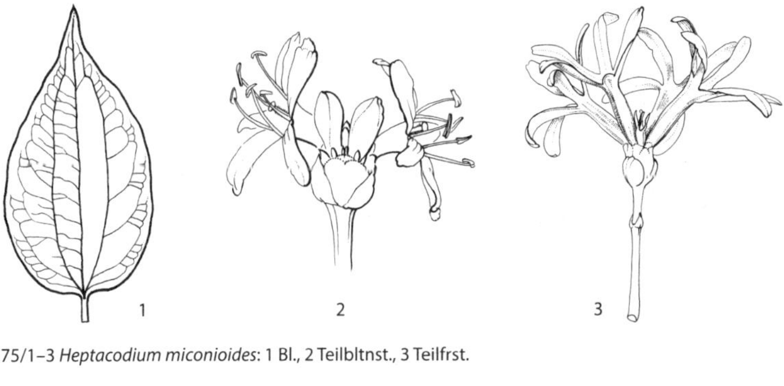

575/1–3 *Heptacodium miconioides*: 1 Bl., 2 Teilbltnst., 3 Teilfrst.

Hesperopeuce (ENGELM.) LEMMON, **Berghemlock** – *Pinaceae* (Bearbeiter: Peter A. Schmidt)

Nur 1 Art, die in der vorhergehenden Auflage der „Gehölzflora" dieser Gatt. (vgl. auch BÄRTELS & SCHMIDT 2014, ROLOFF & BÄRTELS 2014) u. nicht der Gatt. *Tsuga* (Untergatt. od. Sekt. *Hesperopeuce*), zugeordnet wurde, wofür die von *Tsuga* deutl. abweichenden Bl.- u. Zapfenmerkmale sprechen (siehe unter *Tsuga*). Da die Abtrennung aber durch neue molekulargenetische Studien nicht gestützt wird → siehe *Tsuga*, S. 923.

Hibiscus L., **Eibisch** – *Malvaceae* (Bearbeiter: Ulrich Hecker)

Kräuter, Sträucher od. kleine Bäume; Bltn. ansehnl, meist einzeln in den Bl.achseln junger Triebe, K. verwachsenbl. mit 5 Zähnen u. deutl. Außenk., Krbl. 5, frei; Fr. eine sich 5-klappig öffnende Kapsel. Ca. 240 Arten, überwiegend trop. u. subtrop.

1. Bl. 5–8 cm lang gestielt, rundl., 3(–7)-lappig, Lappen spitz, handnervig, mit 5 Nerven (*576/1*), Spreite 10–15 cm breit, am Grund gestutzt, filzig behaart; Bltn. breit becherf., 8–10 cm ∅, Außenk. 4–6-gliedrig, Krbl. verkehrt eif., weiß mit rotem Basalfleck; VI. Sg – s. ∧ O-China **H. paramutabilis** L. H. BAILEY

— Bl. 5–15 mm lang gestielt, rhombisch eif., ± 3-lappig, 5–10 cm lang, handnervig, grob gezähnt (*576/2*), Zähne spitz od. stumpfl., Bl. am Grund breit keilf. od. gerundet, anfangs behaart, oberseits verkahlend, unterseits mit vereinzelten Sternhaaren; Bltn. (*576/4*) kurz gestielt. 6–10 cm ∅, violett; Außenk. mit 6–8 linealischen Zipfeln (*576/3*); VIII–IX. Sg – h. ∧ Indien, SO- u. Z-China, Taiw. **Strauch-E., *H. syriacus*** L.

Zahlreiche gärtnerische Kulturformen mit weißen, rosa, purpurnen, violetten, blauen, gefleckten auch gefüllten Bltn. Weltweit einer der beliebtesten Bltn.sträucher.

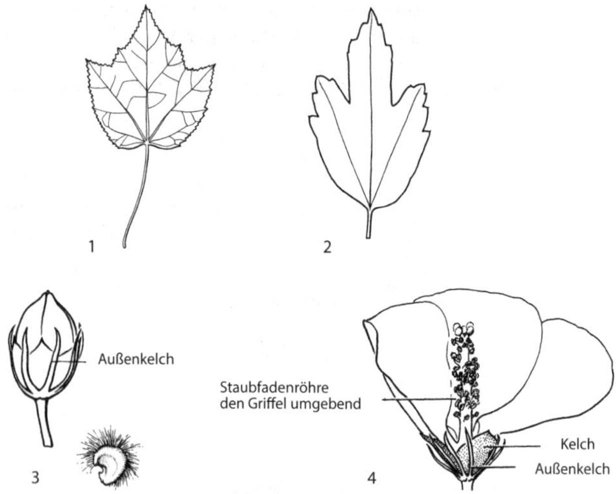

576/1–4 *Hibiscus*: 1 *H. paramutabilis*, Bl.; 2–4 *H. syriacus*: 2 Bl., 3 Fr. u. Samen, 4 Blüte, vordere Krbl. entfernt

Hippocrepis L., **Kronwicke, Hufeisenklee** – *Fabaceae* (Bearbeiter: Bernd Schulz)

Kräuter, Stauden od. sommer- bzw. halbimmergrüne Sträucher; Bl. wechselst., unpaarig gefiedert (*577/3*), selten einfach od. 3-zählig, Blch. ganzrandig, Nebenbl. klein od. bl.artig, frei od. mit dem Bl.stiel verwachsen; Bltn. in achselst. lang gestielten Dolden (zuw. bis auf 1 Blüte reduziert), K. glockig, ± 2-lippig, K.zähne fast gleich, Krbl. lang genagelt (*577/2*); Fr. eine Gliederhülse, zur Reife in 1-samige Abschnitte zerfallend: rundl. u. leicht 4-kantig (*577/1*) od. abgeflacht, tief eingeschnitten u. Abschnitte hufeisenf. Über 30 Arten in Eur., Medit. bis W-As.

H. emerus (L.) LASSEN [*Coronilla emerus* L.], **Strauch-K.** – „Dolden" 1–3(–5)-bltg., 0,5–5 cm lang, gestielt, Bltn. kurz, 3–6 mm lang gestielt, nickend, um 2 (1,5–2,5) cm lang, Krbl. gelb, auffallend lang genagelt (etwa die Hälfte der Länge, *577/2*), Fahne außen oft rot gezeichnet; Fr. ca. 5–10 cm lang, dünn, fast rund, zwischen den Abschnitten kaum eingeschnitten; Samen zylindrisch, ca. 4 mm lang u. 1 mm ∅ (*577/1*); Bl. gefiedert, 7–9 Fiedern, verkehrt eif., ausgerandet, unterseits locker behaart, oberseits kahl, Bl.spindel behaart, Nebenbl. klein, scheidig, mit verdicktem Bl.grund verwachsen (*577/3* u. *3a*); IV–VI. Sk – s. ∧ Eur. bis N-Afr. u. Kl.-As.

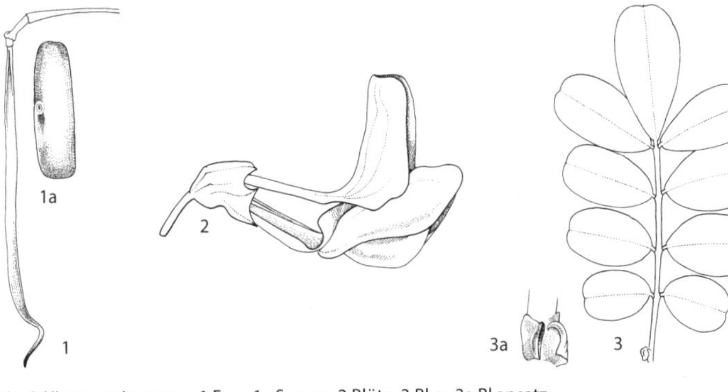

577/1–3 *Hippocrepis emerus*: 1 Fr. u. 1a Samen, 2 Blüte, 3 Bl. u. 3a Bl.ansatz

Hippophaë L., **Sanddorn** – *Elaeagnaceae* (Bearbeiter: Ulrich Hecker)

Sommergrüne, dornig bewehrte Sträucher od. Bäume; Bl. wechselst., kurz gestielt, schmal; Bltn. eingschl., 2-häusig verteilt, in kurzen Trauben, achselst. an vorj. Zw., ♀ Bltnst.achsen zu Dornen auswachsend, ♂ Bltn. sitzend, Kbl. 2, die 4 Stbl. bogenf. bedeckend, ♀ Bltn. kurz gestielt, K.röhre mit 2 kleinen Zipfeln; Fr. beerenähnl. (*578/1*). 6 Arten in Euras.

1. Bl. im Mittel 5–7 mm breit, oberseits mit zerstreuten Schüppchen, unterseits silberweiß, mit undeutl. Seitennerven; Fr. orangerot, seltener gelb (*578/1*); Pfl. meist stark dornig, Ausläufer bildend; III–IV. Sg od. Bk – h. Eur. bis Kauk., M-As., Sib., Himal., Mong. **Gemeiner S., *H. rhamnoides*** L.

Kultiviert werden v. a. ♀ Sorten wegen der vitaminreichen, lange haften bleibenden, gefärbten Fr.

'Hergo': Sg (bis 4 m), nur mäßig bedornt, reich fruchtend, Fr. hellorange.

'Leikora': Fr. groß, orangerot, die Farbe lange erhalten bleibend.

— Bl. 6–15 mm breit, oberseits ohne Schüppchen, grün, unterseits dicht weißgrau zottig filzig, mit zerstreuten braunen Schüppchen; Fr. gelb; III–V. Sg od. Bm – s. Himal. **Weidenblättriger S., *H. salicifolia*** D. DON

Hoheria A. Cunn., **Neuseelandeibisch** – *Malvaceae* (Bearbeiter: Ulrich Hecker)

Bäume od. Sträucher; Zw. dicht mit hellen Sternhaaren bekleidet; Bl. deutl. gestielt, am Grund herzf., breit keilf. od. gerundet, Bl.rand grob gezähnt; Bltn. an jungen Trieben, radiär, einzeln od. zu mehreren bl.achsel- od. endst., K. u. Kr. 5-zählig, Kbl. viel kleiner als die Krbl., Krbl. weiß od. cremefarben, Stbl. zahlreich, in 5 Bündel zusammengefasst, Frkn. oberst., Gr. am Ende 5–15-teilig; Frbl. 1-samig, ± stark geflügelt, sich zur Fr.reife von einer zentralen Fr.achse lösend. 7 Arten in Neuseel.

1. Bl. lanzettl., lang zugespitzt, am Grund keilf., 5–15 cm lang, bis 5 cm breit, 1–2 cm lang gestielt, grob, oft fast grannenartig gezähnt (*578/2*), oberseits glänzend grün, unterseits graugrün, mit rötl. Nerven, immergrün; Bltn. in blattachselst. Zymen zu 2–5, 2 cm ∅, weiß, Krbl. stark spreizend, Frbl. u. Gr. 6–7; Frch. breit geflügelt (*578/3*); VII–VIII. Sg/Bk – ss. ∧∧ Neuseel. ***H. sexstylosa*** Colenso

— Bl. herzf., lang zugespitzt, unregelmäßig doppelt gezähnt (*578/4*), 5–10 cm lang, 4–5 cm breit, jung ± grün, später weiß- bis graufilzig, 2,5–5 cm lang gestielt; Bltn. in 2–5-bltg., blattachselst. Zymen, 2,5–4 cm ∅, 2,5–3 cm lang gestielt, Kr. schalenf., Frbl. u. Gr. 10–15; Frch. wenig geflügelt; VI–VII. Sg/Bk – ss. ∧∧ Neuseel. ***H. lyallii*** Hook. f.

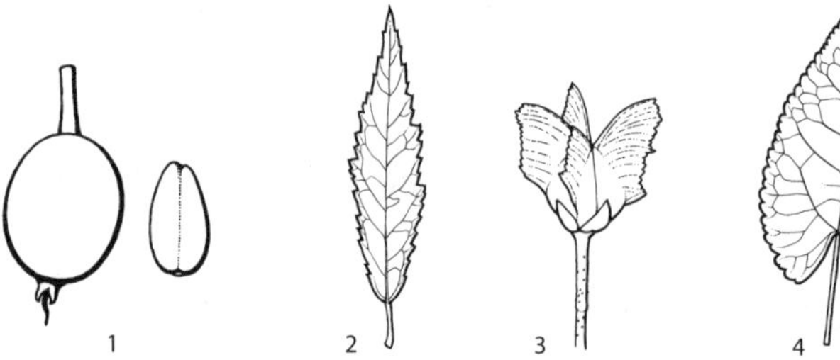

578/1–4: 1 *Hippophaë rhamnoides*, Fr.; 2–4 *Hoheria*: 2 *H. sexstylosa*, Bl.; 3 *H. sexstylosa*, Fr.; 4 *H. lyallii*, Bl.

Holodiscus (K. Koch) Maxim., **Schaumspiere** – *Rosaceae* (Bearbeiter: Bernd Schulz)

Spiraea nahe stehende, meist sommergrüne, oft überhängende Sträucher; Bl. ohne Nebenbl., einfach, eif., grob gesägt bis eingeschnitten od. fiederig gelappt.; Bltn. zahlreich in endst., bis 20 cm langen Rispen, ca. 5 mm ∅, Bltn.boden u. die 5 Kbl. außen behaart, wie die 5 Krbl. weiß bis schwach rosa, Stbl. um 20, Staubbeutel weißgelb, Diskus um die Frkn. hellgelb, Frbl. frei, 5, Gr. an der Spitze 2-spaltig, Frkn. lang

578/5–7 *Holodiscus discolor*: 5 Bl., 6 Blüte, 7 Fr.

behaart (*578/6*); Fr. von den eingetrockneten K- u. Stbl. umgebene 1-samige Nüsschen: Frkn. flach, an den Kanten lang abstehend behaart, mit bleibenden Gr. 2 mm lang (*578/7*); Seitenkn. mit 2(–3) Kn.schuppen, Kurztriebe u. vegetative Langtriebe mit ± nackten Endkn. (*269/1*), Zw.enden oft durch Bltnst. aufgebraucht. Etwa 12 Arten in Geb. W-NAm., von W-Kanada bis Kolumbien. Oft nur die folgende Art in Kultur.

H. discolor (Pursh) Maxim., **Wald-S.** – Bl. 3–10 cm lang, meist seicht fiederig gelappt, die Lappen gesägt (*578/5*), unterseits ± grau bis weißl. kraus-wollig, Bl.stiel bis 1,5 cm lang; Bltnst. 10–20 cm lang, ± übergeneigt, Bltn. (K. u. Kr.) gelbl. weiß bis rosaweiß; VII–VIII. Sk/Sg – h. W-NAm.

'Carneus': Sorte mit zartrosa Bltn.

Hovenia Thunb., **Rosinenbaum** – *Rhamnaceae* (Bearbeiter: Ulrich Hecker)

Meist sommergrüne Gehölze; Bl. wechselst., ohne Nebenbl., Bltn. 5-zählig, in seiten- od. endst. Zymen, Krbl. die Stbl. einschließend, Diskus behaart; Fr. beerenartig, meist 3-samig mit lederiger Schale, Bltnst. achsen zur Reife ± fleischig verdickt (*579/2*), Samen etwas abgeplattet, glänzend hellbraun. 3 Arten vom Himal. bis Jap. Nur folgende Art in Kultur.

H. dulcis Thunb. – Bl. breit eif. bis elliptisch, 10–15 cm lang, 7–9,5 cm breit, zugespitzt, am Grund abgerundet od. herzf., grob gesägt, unterseits kahl od. auf den Nerven behaart, Stiel 3–5 cm lang (*579/1*); Bltn. grünl. weiß, 7 mm ∅, in reichbltg. Zymen; Fr. 8 mm ∅; VI–VII. Sg/Bk – ss. NZ- u. O-China, Kor., Jap., Thailand.

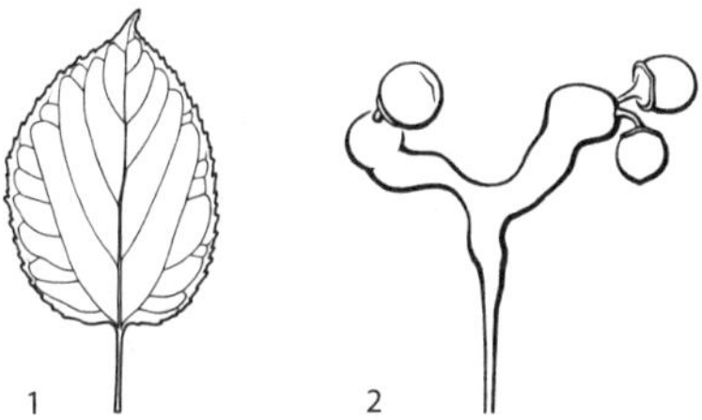

579/1–2 *Hovenia dulcis*: 1 Bl., 2 Teilfrst.

Hydrangea L., **Hortensie** – *Hydrangeaceae* (Bearbeiter: Bernd Schulz)

Sommergrüne (alle kultivierten Arten) od. immergrüne Sträucher od. Lianen; Zw. oft mit papierdünn abblätternden Rindenschichten; Bl. gegenst. od. 3-wirtelig, gestielt, rundl. bis längl., zuw. gelappt.; Bltnst. vielbltg., endst. Rispe od. flache bis kugelf. Schirmrispe; (fertile) Bltn. 4–5(–10)-zählig, klein (oft ≤ 1 cm ∅), Krbl. weiß, rosa od. blau, Stbl. oft doppelt so viele, zuw. deutl. mehr, Frkn. halb- od. ganz unterst.: deutl. v. a. an jungen Fr., Gr. 2–5(–10), im oberen Teil frei od. verwachsen; am Rand des Bltnst. häufig Schaubltn. – sterile Bltn. mit stark vergrößerten K. (*581/3*), – seltener einzelne Vorbl. vergrößert (*580/4a*); bei Sorten zuw. fast alle Bltn. Schaubltn. **G!**

Aktuelle phylogenetische Untersuchungen zeigen, dass die bisherige Gatt. *Hydrangea* sich nicht von anderen, ehemals als eigene Gatt. geführten Taxa wie *Decumaria*, *Schizophragma* u. *Platycrater* trennen lässt. Diese u. 5 weitere ehemals eigenständige Gatt. wurden in *Hydrangea* einbezogen (vgl. Samain et al. Syst. Bot. 2010, De Smet et al. Taxon 2015). Für *Hydrangea* i. e. S. schwankten die angegebenen Artenzahlen von 23 bis 73, da zahlreiche Sippen sehr vielgestaltig sind u. unübersichtl. Komplexe bilden, über deren taxonomische Ordnung bisher wenig Einigkeit herrscht (alle hier als Unterarten geführte Taxa werden von einigen Autoren auch als eigene Arten angesehen). Die Gesamtartenzahl der Gatt. erhöht sich durch die einbezogenen Gatt. um etwa 30–40 Arten. Subtrop. bis nem. Zone M-, O- bis SO-As. u. vorgelagerter Inseln, O-NAm., in Am. über die Anden bis ins australe S-Chile.

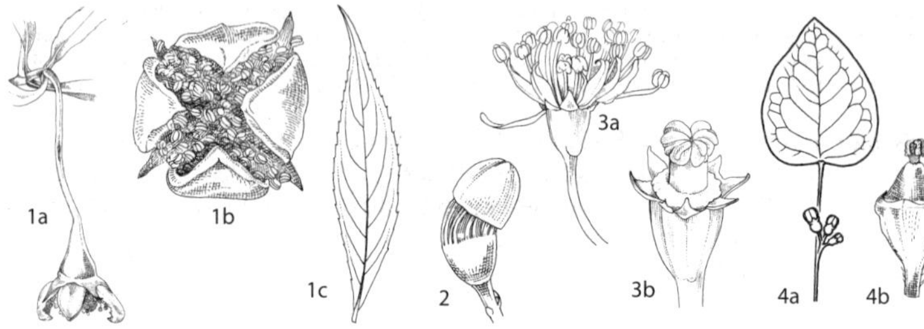

580/1–4 *Hydrangea*: 1 *H. platyarguta*, 1a u. 1b Bltn.kn., 1c Bl.; 2 *H. anomala* subsp. *petiolaris*, Bltn.kn.; 3 *H. barbara*, 3a Blüte, 3b verblüht; 4 *H. hydrangeoides*, 4a vergrößertes Vorbl., 4b junge Fr.

1. Lianen, mit Haftwurzeln bis > 10 m hoch kletternd (selten stützenlos dichte Büsche bildend); Stbl. oft > 10 u./od. Gr. verwachsen **2**

— Frei stehende Sträucher; wenn > 10 Stbl., dann 2 freie Gr. **4**

2. Bltn. 7–10 mm ∅, duftend, Kbl. u. Krbl. je 7–10 (*580/3a*), Gr. bis zu den 7–10 Narben hinauf verwachsen (*580/3b*) – Stbl. 20–30, Frkn. unterst.; Bltnst. vielbltg., rundl., 5–10 cm breite (Schirm-)Rispen, ohne sterile Bltn.; Bl. gestielt, eif. bis elliptisch (*580/5*), 3–10 cm lang, kurz zugespitzt, meist entfernt gesägt, oberseits glänzend; Winterkn. nackt, anliegend weinrot behaart; V–VI. L – ss. O-NAm. [*Decumaria barbara* L.] **Stern-H., *H. barbara*** (L.) B. Schulz

— Kr. 5-zählig, Gr. verwachsen od. frei; Bltnst. meist mit vergrößerten sterilen Bltn.; Winterkn. mit Kn.schuppen (*222/1–2*) **3**

3. Sterile Randbltn. mit weißem, vergrößerten K., bis 3 cm ∅; fertile Bltn. mit naturweißen Krbl., an der Spitze kapuzenf. verbunden u. als Ganzes abfallend (*580/2*), Stbl. 15–20, Frkn. unterst., Gr. frei (*582/1*); Endkn. längl., unterstes Schuppenpaar Endkn. fast vollst. umschließend (*222/1*); ältere Zw. mit auffällig schichtweise abblätternder Rinde; Bltnst. 15–25 cm breite Schirmrispen; Bl. breit eif. bis rundl., 5–10 cm lang, kurz zugespitzt, gleichmäßig scharf gesägt (*580/7*), ± kahl, oberseits glänzend dunkelgrün; VI–VII. L – h. O- bis SO-As. [*H. petiolaris* Siebold & Zucc.]
Kletter-H., *H. anomala* D. Don subsp. ***petiolaris*** (Siebold & Zucc.) McClintock

— Schaubltn. mit auffallend vergrößertem, etwa 3 cm langem, laubf. weißl. Vorbl. (*580/4a*); die fertilen Bltn. 4–8 mm ∅, 4–5-zählig, Krbl. weiß, Stbl. 10, Frkn.

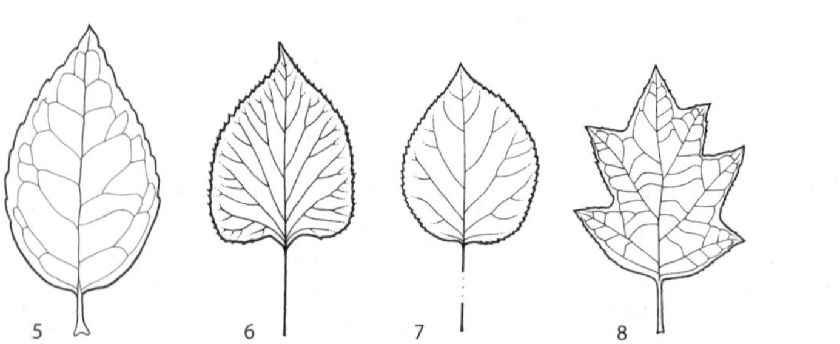

580/5–8 *Hyrdrangea*, Bl.: 5 *H. barbara*; 6 *H. hydrangeoides*; 7 *H. anomala* subsp. *petiolaris*; 8 *H. quercifolia*

halbunterst., Gr. bis an die 4–5 Narben hinauf verwachsen (*580/4b*); Endkn. gedrungen (*222/2*); Bltnst. vielbltg. flache Schirmrispe; Zw. mit längsstreifig abblätternder Rinde; Bl. rundl. bis breit eif., kurz zugespitzt (*580/6*), 5–12 cm lang, entfernt grob gesägt, fast kahl, unterseits blassgrün bis weißl., Bl.stiel 3–7 cm lang, rötl.; VII. L – ss. Jap. [*Schizophragma hydrangeoides* Siebold & Zucc.] **Spalt-H., *H. hydrangeoides*** (Siebold & Zucc.) B. Schulz

4 (1). Kbl. der sterilen Bltn. zu einer 2–3 cm breiten, grünl. weißen Schüssel verwachsen, Stbl. sehr viele (*580/1a–b*), Gr. 2 – Kleinstrauch mit niederliegenden bis aufsteigenden, hellgrauen bis bräunl. Zw.; Bl. kurz gestielt, längl. elliptisch bis lanzettl., 6–18 cm lang, lang zugespitzt (*580/1c*), dünn, leicht behaart bis kahl, unterseits graugrün; Bltn. zu 5–20 in lockerer Schirmrispe, meist 4-zählig, 10–15 mm breit, Krbl. 4(–5), weiß, anfangs aufrecht, später ausgebreitet, Frkn. unterst.; VII–VIII. Sk – ss. ∧ Jap. [*Platycrater arguta* Siebold & Zucc., non *H. arguta* (Gaudich.) Y. De Smet & C. Granados] **Schüssel-H., *H. platyarguta*** Y. De Smet & C. Granados

— Kbl. der sterilen Bltn. frei, Stbl. 10, Gr. 2–5 .... **5**

5. Bl. gelappt, jederseits mit 2–3 eif. bis 3-eckigen, spitzen Lappen (*580/8*), 8–20 cm lang u. bis 17 cm breit, oberseits runzelig, unterseits ± spinnwebig filzig u. mit auffallend hervortretenden Nerven, Herbstfärbung rot; Bltnst. rispig bis fast rundl. schirmrispig, 10–30 cm lang, mit gleichmäßig verteilten sterilen Bltn.: K. erst weiß, nach dem Verblühen rötl. u. 3–4 cm ∅ erreichend (*581/3*), Krbl. fertiler Bltn. weiß, Frkn. unterst. (*582/3*); VII–IX. Sk – z. SO-NAm. **Eichen-H., *H. quercifolia*** Bartr.

— Bl. nie gelappt, nur Rand gesägt **6**

6. Bltnst. eine pyramidale, 15–25 cm lange Rispe, sterile Bltn. gleichmäßig verteilt, etwa 3 cm ∅, K. weiß, später rosa, Krbl. fertiler Bltn. weiß, Frkn. halbunterst. (*581/2*); Bl. elliptisch bis eif., 5–15 cm lang, oberseits fast kahl, unterseits borstig behaart; Pfl. aufrecht ausgebreitet, wenigstämmig; VIII–IX. Sg – h. O-As.: China, Jap., Sachalin. **Rispen-H., *H. paniculata*** Siebold

'Grandiflora': Rispen relativ dicht, Bltn. fast ausschließl. groß u. steril, K. cremeweiß. h.

'Kyushu': Rispen etwa 25 cm lang, Bltn. überwiegend groß u. steril, K. cremeweiß. h.

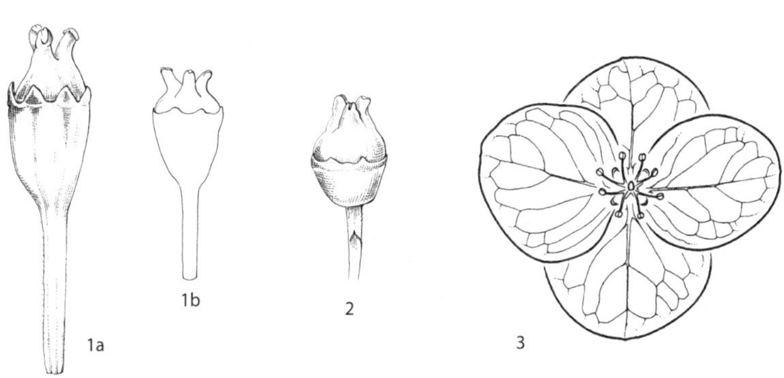

581/1–3 *Hydrangea*: 1 u. 2 halbunterst. Fr.: 1 *H. macrophylla*, 1a subsp. *serrata*, 2 *H. paniculata*; 3 *H. quercifolia*, sterile Randblüte

— Bltnst. abgeflachte bis halbkugelige Schirmrispen, sterile Bltn. ± am Rand stehend od. fast alle Bltn. sterile Schaubltn. **7**

7. Bltnst. vor dem Aufblühen kn.artig von einigen großen, rundl., weißen od. bläul., später abfallenden Hochbl. umhüllt, 8–15 cm breit; sterile Randbltn. 1,5–3 cm∅, K. weißl., seltener rosa od. bläul., Krbl. fertiler Bltn. meist rosa, Frkn. unterst. (*582/5*); Bl. elliptisch bis längl. eif., 10–20 cm lang, beiderseits dicht anliegend weichhaarig; VII–IX. Sk – s. ∧ Jap.
Hüllblatt-H., *H. involucrata* Siebold

— Bltnst. vor dem Aufblühen nicht so umhüllt **8**

8. Frkn. halbunterst.: Kbl. (bzw. ihren Reste) etwa in der Mitte der Fr.kapsel (*581/1–2*) **11**

— Frkn. unterst., Fr.kapsel oben abgeflacht mit den Kbl. auf dem Rand (*582/4–5*) **9**

9. Zw. schlank, jung oft etwas behaart, aber bald verkahlend; Bltnst. flach bis konvex, 5–15(–20) cm ∅, Krbl. fertiler Bltn. weiß; sterile Bltn.: K. weiß bis grünl. weiß (selten schwach rosa), etwa 2 cm ∅, oft wenige od. fehlend; Bl. breit eif. bis elliptisch od. längl. eif. (*583/3*), 5–18:3–12 cm, Samen ungeflügelt; VI–IX. Sk – h. O-NAm. **Wald-H., *H. arborescens*** L.

subsp. *arborescens*: Bl. unterseits grün, ± kahl; sterile Bltn. häufig fehlend.

'Annabelle': Bltnst. 15–25 cm ∅, Bltn. steril, K. weiß. h.

'Grandiflora': Bltnst. kugelig, 12–18 cm ∅, Bltn. K. grünl. weiß. z–h.

subsp. *discolor* (Ser.) McClintock) [*H. cinerea* Small]: Bl. unterseits dicht, aber nicht geschlossen grauhaarig; sterile Bltn. meist wenige.

subsp. *radiata* (Walter) E. M. McClint. [*H. radiata* Walter]: Bl. unterseits geschlossen weißfilzig; sterile Bltn. meist zahlreich, 2–3 cm ∅; Fr.: (*582/2*). s.

— Zw. dick, bleibend dicht steif behaart; Bltnst. flach, 10–30 cm ∅, Krbl. fertiler Bltn. rosa, violett od. blau, selten weiß; sterile Bltn. 2–6 cm ∅, K. weiß bis rosa; Samen geflügelt – Bl. lanzettl. bis breit eif., 5–35 cm lang, unterseits, oft auch oberseits dicht weich od. rau behaart; VII–IX. Sk/Sg – WN-China bis SO-As. (Vietn., Indien). **Raue H., *H. aspera*** D. Don

subsp. *aspera* [incl. *H. villosa* Rehder]: Bl. (*583/1*) schmal eif. bis lanzettl., 5–25 cm lang, unterseits dicht grauweiß behaart mit abstehenden, etwas rauen Haaren, Basis keilf. bis rundl., Bl.stiel bis 5 cm lang. s. WS-China bis Himal.

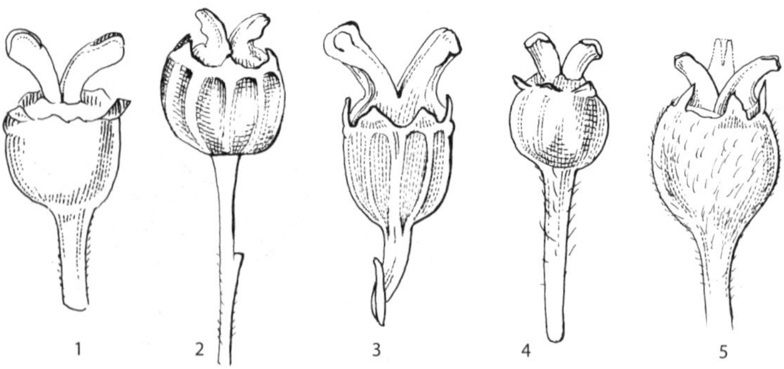

582/1–4 *Hydrangea*, unterst. Fr.: 1 *H. anomala* subsp. *petiolaris*, 2 *H. arborescens* subsp. *radiata*, 3 *H. quercifolia*, 4 *H. aspera* subsp. *sargentiana*; 5 *H. involucrata*

'Macrophylla': Bltnst. flach kugelf., um 25 cm ∅, Bltn. mit hellblauen Krbl., sterile mit weißen Kbl.; VII–X. h.

'Villosa' [*H. villosa* Rehder]: Wuchs zierlicher als bei der Art. z.

subsp. *sargentiana* (Rehder) E. M. McClint. [*H. sargentiana* Rehder]: Bl. (*583/2*) breit eif. bis längl. eif., 15–35 cm lang, oberseits samtig behaart, unterseits ebenso wie die Zw. mit dickl., borstig rauen, 2–5 mm langen, abstehenden, anfangs rosaroten Zottenhaaren besetzt, Basis rundl. bis herzf., Bl.stiel bis 10 cm lang; Kbl. steriler Bltn. meist weiß; Fr. unterst. (*582/4*). Sg – h. ZS-China.

subsp. *strigosa* (Rehder) E. M. McClint. [*H. strigosa* Rehder]: Bl. eif. bis lanzettl., 7–30 cm lang, oberseits kahl od. leicht behaart, unterseits dicht grauhaarig mit anliegenden, geraden Haaren, Basis meist rundl., Bl.stiel bis 5 cm lang; K. steriler Bltn. oft rosa. z. S-China.

11 (8). Krbl. fertiler Bltn. weiß, Kbl. steriler Bltn. weiß od. im Verblühen rosa; Bltnst. flach gewölbt, 10–30 cm ∅; Zw. mindestens anfangs, meist bleibend deutl. behaart; Bl. eif. bis längl. eif. (*583/4*), 8–20:3–12 cm, oberseits ± kahl, unterseits meist ± stark behaart, weißfilzig bis fast kahl; Rinde 2-j. Zw. olivbraun, geschlossen, korkwarzig; VII. Sg – ss. Himal. bis WS-China.
China-H., *H. heteromalla* D. Don

'Bretschneideri' [*H. bretschneideri* Dippel]: Bl. unterseits behaart (aber nicht weißfilzig); Rinde 2-j. Zw. kastanienbraun, in dünnen Schichten abblätternd; K. steriler Bltn. im Verblühen meist rosa. s. WN- bis WS-China.

— Krbl. fertiler Bltn. rosa bis blau, Kbl. steriler Bltn. weiß, rosa od. blau; Bltnst. flach, 5–20 cm ∅, od. ballf. mit nur sterilen Bltn.; Zw. oft von Anfang an kahl; Bl. breit eif. bis längl., 5–20 cm lang, oberseits glänzend frischgrün, kahl od. nur ganz schwach behaart; VI–VIII. Sk – h. Jap., Kor.
Japan-H., *H. macrophylla* (Thunb.) Ser.

subsp. *macrophylla*: Bl., Zw. u. Bltnst. ganz kahl; Zw. u. Bl. dickl. fleischig; Bl. breit eif. bis elliptisch, 8–20 cm lang; Bltnst. 15–20 cm ∅. Hierzu die am häufigsten gepflanzte Sorte 'Otaksa' mit großen, ballf. Bltnst. aus sterilen Bltn.; 'Mariesii', innere Bltn. fertil, von einem doppelten Kranz steriler Bltn. mit rötl. bis hellblauen Kbl. umgeben; viele weitere Sorten. ∧.

subsp. *serrata* (Thunb.) Makino [*H. serrata* (Thunb.) Ser.; *H. acuminata* Siebold & Zucc.]: Bl., junge Zw. u. Bltnst. oft schwach angedrückt behaart; Zw. schlank; Bl. dünn, elliptisch bis lanzettl., 5–15 cm lang; Bltnst. 5–15 cm ∅. Hierzu einige Sorten mit nicht ballf. Bltnst., z. B. 'Rosalba': Krbl. fertiler Bltn. rosa bis bläul., von 6–7 sterilen Bltn. umgeben, ihre Kbl. weiß bis karminrosa.

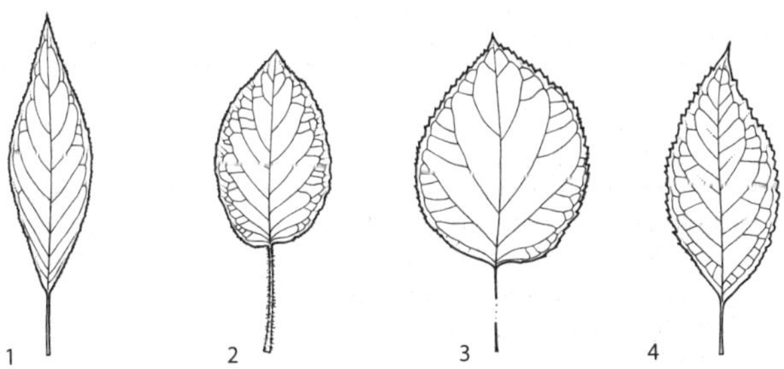

583/1–4 *Hydrangea*, Bl.: 1 *H. aspera*, 2 *H. sargentiana*, 3 *H. arborescens*, 4 *H. heteromalla*

Hylotelephium H. OHBA – *Crassulaceae* (Bearbeiter: Bernd Schulz)

Etwa 28, früher zu *Sedum* L. gestellte Arten; sukkulente Stauden, selten Zwergsträucher; Bl. wechselst., gegenst. od. in 3–5-zähligen Wirteln (*584/2*); Bltn. 5-zählig, ⚥, in endst., beblätterten Trugdolden; Kbl. ± frei (an Basis kurz verwachsen), Krbl. frei, länger als Kbl., meist weiß bis rot, selten gelbl, Stbl. 10, äußere stehen über Krbl. (obdiplostemon) u. sind an der Basis mit ihnen verwachsen, Frbl. oberst., 5, frei, leicht gestielt, Farbe meist wie Krbl., Gr. kürzer als Frkn., zwischen Frbl. u. inneren Stbl. mit kleinen Nektarien (*584/1*); Frch. aufrechte Bälge mit mehreren kleinen Samen. Eur., Kauk., Sib. bis O-As. u. in NAm.

H. populifolium (PALL.) H. OHBA, **Pappelblättrige** od. **Zwergstrauch-Fetthenne** [*Sedum populifolium* PALL.] – Bl. sommergrün, wechselst., 3-eckig bis herzf., etwas verdickt, Rand grob wellig gezähnt; Zw. kahl, rund, glänzend, älter dunkel violettbraun; Bltn. in endst. Trugdolden, radiär, ca. 12 mm ∅, 5-zählig, Krbl. u. Frbl. weiß bis rosa, Stbl. 10, mit weißl. Staubfäden u. roten Staubbeuteln; VIII–IX. Sk (bis 30 cm) – z. Sib. **G!**

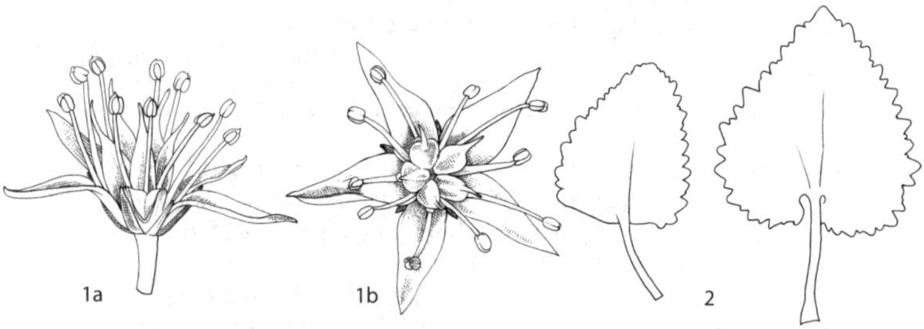

584/1–2 *Hylotelephium populifolium*: 1 Blüte, 1a seitl., 1b von oben, 2 Bl.

Hymenanthera R. BR. → ***Melicytus*** FORST. & FORST. f.

Hypericum L., **Johanniskraut, Hartheu** – *Hypericaceae* (Bearbeiter: Ulrich Hecker)

Kräuter, Halbsträucher, Sträucher od. kleine Bäume; Bl. gegenst., bisw. quirlig, einfach, ganzrandig, kurz gestielt od. sitzend, Nebenbl. fehlend; Bltn. in end- od. seitenst. Zymen, Bltn.hülle doppelt, 5-zählig, Stbl. einzeln od. in 3- bzw. 5-zähligen Bündeln; Fr. eine Kapsel mit erhalten bleibendem K. u. Gr., seltener beerenartig, Samen zahlreich, klein. Ca. 450 Arten, v. a. auf der N-Hemisphäre, auch in trop. Geb.

1. Gr. 5 .... **8**
— Gr. 3 .... **2**
2. Bl. nadelf., 1–2 cm lang, 1–3 mm breit, in Quirlen zu 4–6, immergrün; Sprosse rund; Bltn. goldgelb, 2 cm ∅, in endst. Thyrsen, Kbl. drüsig gezähnt; VII–VIII. HS/Sz – ss. S- u. SW-Eur. **Nadel-J., *H. coris*** L.
— Bl. nicht nadelf., breiter, gegenst.; Sprosse 2-kantig **3**
3. Bltnst. wenigbltg. **5**
— Bltnst. vielbltg. **4**
4. Bl. linealisch, längl. linealisch bis längl. elliptisch, 1–5 cm lang, immergrün; Bltn. in großen endst. Rispen, 1–1,5 cm ∅; Kapsel eif., 4–6 mm lang; Gr. 3–4, 2–3 mm lang; VII–IX. Sk –ss. O-NAm. **Dichtblütiges J., *H. densiflorum*** PURSH
— Bl. breit eif. bis längl. lanzettl., 2,5–10 cm lang, sitzend od. fast sitzend, oben spitz od. gerundet, am Grund gerundet bis fast herzf., halbimmergrün; Bltn. zu 3–23, stern- od. becherf., goldgelb, Kbl. 5–10 mm lang, ca. ½ so lang wie

die 0,8–1,5 cm langen, lanzettl. bis schmal verkehrt eif. Krbl., Stbl. etwas länger als die Krbl.; Kapsel fleischig, eif., dunkelbraun od. rötl.; Gr. ca. 1–1,5 cm lang; VII–X. Sk – h. [*H. androsaemum* × *H. hircinum*]
Duftloses J., *H.* × *inodorum* Mill.

In vielen Sorten in Kultur.

5 (3). Fr. 8 mm groß; Triebe 2-kantig; Bl. eif. bis eilängl., 5–10 cm lang, unterseits weißl., derb (*585/1*); Bltn. einzeln od. in 3–9-bltg. Thyrsen, 1,5–2 cm ∅, hell- bis goldgelb, Kbl. 1,5–2 cm lang, bleibend, abspreizend (*585/2*); Fr. kugelf., beerenartig, 8 mm, vor der Reife rot, reif fast schwarz; Gr. fädig, bis 5 mm lang; VI–IX. Sk – h. ∧ W- u. S-Eur. bis Kl.-As. u. Kauk.
Mannsblut, *H. androsaemum* L.

— Fr. größer **6**

6. Bl. gerieben unangenehm duftend; Fr. 6-16 mm lang; Bl. halbimmergrün, eif. bis längl. eif., 1,2–5 cm lang, 0,5–2,5 cm breit; Bltn. einzeln od. in 3-bltg. Zymen, Kbl. hinfällig, 4–8 mm lang, ca. 1/3–1/4 so lang wie die 1–2 cm langen Krbl., Stbl. viel länger als Krbl.; Kapsel eif., zugespitzt; Gr. 10–24 mm, bleibend; VII–IX. HS – ss. Medit., Kl.-As. **Stinkendes J., *H. hircinum*** L.

— Bl. nicht unangenehm duftend; Fr. größer **7**

7. Bltnst. wenigbltg., endst., Bltn. meist nur 1–3, selten mehr, 3–5 cm ∅; Bl. sommergrün, 2,5–6 cm lang, längl. eif. bis längl., stachelpitzig; Fr. eif., 1–1,5 cm lang; VII–VIII. Sk – ss. SO-NAm. **Gold-J., *H. frondosum*** Michx.

— Bltn. 2 cm ∅, in end-od. seitenst., wenig- bis mehrbltg. Zymen; Bl. immergrün, kurz gestielt, 3–8 cm lang, schmal längl. bis längl. elliptisch, am Grund keilf.; Kapsel längl., 1–1,5 cm lang; Gr. am Grund verwachsen, 4–5 mm; VII–IX. Sk – ss. O-NAm. **Sprossendes J., *H. prolificum*** L.

8 (1). Niedrige, kaum 40 cm hohe Sträucher od. Halbsträucher **12**

— Höhere Sträucher **9**

9. Bl. halbimmergrün od. immergrün **11**

— Bl. sommergrün (bisw. auch halbimmergrün) **10**

10. Bl. lanzettl. bis eif., 2–4 cm lang, 1–2 cm breit; Bltn. goldgelb, schalenf., 4–6 cm ∅, Kbl. aufrecht, breit eif. u. stumpf, Stbl. ½ so lang wie die Krbl. VII–VIII. Sk – s. W-China: Sich., Yunn. [*H. patulum* Thunb. var. *forrestii* Chitt.; *H. patulum* fo. *forrestii* (Chitt.) Rehder] **Forrests J., *H. forrestii*** (Chitt.) N. Robson

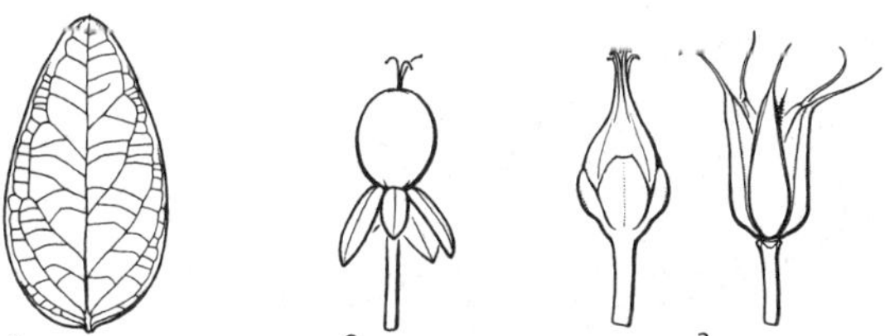
1 2 3

585/1–3 *Hypericum*: 1 *H. androsaemum*, Bl.; 2–3 Fr.: 2 *H. androsaemum*, 3 *H. kouytchense*

— Bl. eif., 4–6 cm lang, 1,5–2,5 cm breit; Bltn. hell goldgelb, bis 6 cm ∅, Kbl. aufrecht abstehend, lanzettl. bis eilanzettl., spitz, Stbl. ¼ so lang wie die Krbl.; VI–X. Sk – h. ∧ W-China. ***H. kouytchense*** H. Lév.

11 (9). Bl. immergrün od. halbimmergrün, fast sitzend, eif. bis längl. eif., 3–8 cm lang, abgerundet od. spitz, am Grund schmal keilf. bis fast herzf., oberseits dunkel blaugrün, unterseits heller; Bltn. becherf., zu 1–5, 5 cm ∅, tief gold- bis hellgelb, Kbl. 0,5–1 cm lang, verkehrt eif., Krbl. 1,5–3 cm lang, breit verkehrt eif. bis fast rundl., Stbl. kaum ½ so lang wie die Krbl., die 5 Gr. fast bis zur Spitze verwachsen; Fr. breit eif., gefurcht; VIII–IX. Sk – h. W-China (Xizang), S- u. SO-As. **Hookers J., *H. hookerianum*** Wight & Arn.

— Bl. halbimmergrün, kurz gestielt, 3-eckig lanzettl., 3–6 cm lang, spitz bis stumpf, am Grund breit keilf.; Bltn. becherf., in Trugdolden zu 1–16, Kbl. 8–10 mm lang, längl. eif. bis breit elliptisch, abgerundet, Krbl. 1,5–3,5 cm lang, verkehrt eif., goldgelb, Stbl. 8–10 mm lang, nur ⅓ so lang wie die Krbl., mit orangefarbenen Staubbeuteln; Gr. 8–10 mm lang; VII–X. Sk – h. [? *H. × cyathiflorum* 'Gold Cup' × *H. calycinum*] **Großblumiges J., *H.* 'Hidcote'**

12 (8). Bltn. 1,5–2,5 cm ∅, in 3-bltg. Thyrsen, goldgelb; Bl. lineal längl., 2,5–5 cm lang, oberseits blaugrün, unterseits bläul., immergrün; Fr. geschnäbelt, Stämme 4-kantig, mit 2-kantigen Zw.; VIII. Sk – s. O-NAm. **Kalms J., *H. kalmianum*** L.

— Bltn. 5–8 cm ∅ **13**

13. Sich durch unterirdische Ausläufer stark ausbreitender immergrüner HS; Zw. 4-kantig, grün, später braun; Bl. lederig, eilängl., 5–10 cm lang, 2–4 cm breit (*586/1*), dunkelgrün, matt glänzend, unterseits bläul grün; Bltn. einzeln od. seltener zu 2–3, leuchtend gelb,7–8 cm ∅, Staubbeutel rötl.; Fr. nach unten geneigt, von den 2 cm langen, eif. Kbl. umgeben, längl. eif., 1,8 cm lang; Gr. fädig, 1,6 mm lang; VII–IX. HS – h. ∧ SO-Eur. **Immergrünes J., *H. calycinum*** L.

— Buschiger HS ohne Ausläufer; Zw. rötl.; Bl. eif., 4–5 cm lang; Bltn. (*586/2*) zu 1–5 endst., 5–6 cm ∅, etwas schalenf., goldgelb, Kbl. groß, eif. bis längl., Krbl. breit rundl., Staubbeutel rötl.; VII–VIII. HS – h. ∧ [*H. calycinum* × *H. patulum*] **Bastard-J., *H.* × *moserianum*** André

1 2

586/1–2 *Hypericum*: 1 *H. calycinum*, Bl.; 2 *H.* × *moserianum*, Blüte

Hyssopus L., **Ysop** – *Lamiaceae* (Bearbeiter: Bernd Schulz)

Kräuter od. Halbsträucher. 6 Arten, Medit. bis M-As.

H. officinalis L. – Bl. lanzettl. bis linealisch, 8–40 mm lang, 2–7 mm breit, ganzrandig (*587/3*); Bltn. in einseitswendigen, langen (aus Zymen zusammengesetzten) Scheinähren, Stbl. über die Oberlippe hinausragend, Staubfäden hellblau, Theken dunkel violettrot, Kr. 7–12 mm lang, tiefblau bis blauviolett, selten weiß, z. T. unauffällig behaart, Unterlippe hammerf. erweitert (*587/2b*), K. längsnervig, ± regelmäßig 5-zähnig, gelbgrün, stellenweise weinrot überlaufen, mit feinen kugeligen Drüsen besetzt, besonders Kanten kurz abstehend behaart (*587/2a*), zur Fr.zeit bauchiger (*587/1*); VII–VIII. HS – h. ∧ Eur. bis Kl.-As., Kauk. u. W-Sib.

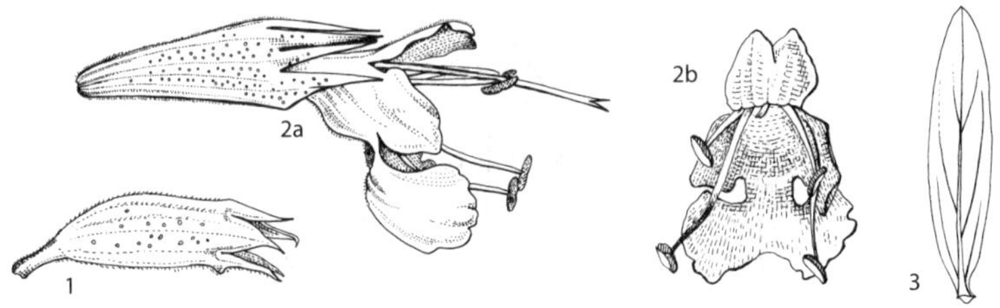

587/1–3 *Hyssopus officinalis*: 1 K. zur Fr.reife, 2 Blüte, 2a von der Seite, 2b von vorne, 3 Bl.

Iberis L., **Schleifenblume** – *Brassicaceae* (Bearbeiter: Ulrich Hecker)

1- od. mehrj. Kräuter, selten Halbsträucher; Bltn. in Trauben od. Doldentrauben, Krbl. weiß, rosa od. purpurn, die beiden äußeren auffällig größer als die inneren; Schote stark abgeflacht u. ± geflügelt, Gr. lang (*588/1*), je Fr.fach 1 Samen. 29 Arten in Euras.

1. Trauben seitenst., 2–3 cm ∅, Bltn. weiß, im Verblühen rosa angehaucht; Bl. lanzettl, 1,5 cm lang, 2,5–5 mm breit, lederig, stumpf, ganzrandig, kahl, immergrün; V. HS – h. S-Eur. bis Kl.-As., NW.-Afr. **Immergrüne S., *I. sempervirens*** L.

— Doldentrauben endst., 1,5–2 cm breit, sich zur Fr.zeit ± verlängernd, Bltn. weiß; Bl. linealisch, etwas fleischig, 1(–1,5) cm lang, 1–2 mm breit, etwas zugespitzt, am Rand oft bewimpert, immergrün; V. HS – s. S-Eur. **Felsen-S., *I. saxatilis*** L.

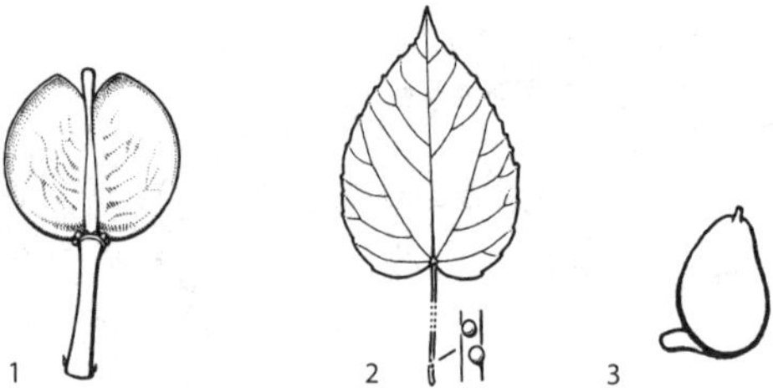

588/1–3: 1 *Iberis sempervirens*, Fr.; 2–3 *Idesia polycarpa*: 2 Bl., 3 Samen

Idesia Maxim., **Orangenkirsche** – *Salicaceae* (früher zu *Flacourtiaceae*)
(Bearbeiter: Peter A. Schmidt)

1 Art.

I. polycarpa Maxim. – Sommergrüner Baum, meist 2-häusig, zuw. polygam; Äste quirlig, ± waagerecht ausgebreitet; Rinde glatt, grauweiß; Bl.stiel 5–20 cm lang, rot, mit 2 Drüsen am Stielende u. oft weiteren am Stiel (*588/2*); Spreite (6–)8–16(–25) cm lang, (4–)7–15(–20) cm breit, breit eif., Basis herzf., vom Stielansatz 5(–7) stärkere Nerven ausgehend (*588/2*), unterseits blaugrün, Nervatur deutl. hervortretend, in Winkeln unterer Seitennerven Achselbärtchen, Spitze allmähl. od. plötzl. zugespitzt, Rand entfernt kerbig gesägt; Bltn. in 10–30 cm langen, hängenden Rispen, grünl. gelb, ♂ Bltn. 1,2–1,6 cm ∅ (*145/1*), ♀ Bltn. 0,8–0,9 cm ∅, Krbl. fehlend, Gr. 5–6; Fr. kugelige mehrsamige Beere, 0,7–1 cm ∅, orange- bis purpurrot, Samen breit eif., 2–3 mm lang (*588/3*); V–VI. Bk/Bm – z. O-As.: S- bis ON-China, Sich., Yunn., Taiw., Jap., Kor.

Ilex L., **Stechpalme, Stechhülse, Winterbeere** – *Aquifoliaceae* (Bearbeiter: Ulrich Hecker)

Sommer- od. immergrüne Bäume od. Sträucher; Bl. deutl. gestielt, einfach, häufig bestachelt; Bltn. ± weiß, meist eingschl. u. 2-häusig verteilt, seltener polygam; Fr. mit meist 4–8 1-samigen Steinkernen. Ca. 400 Arten, vorwiegend in den Trop. u. Subtrop. beider Hemisphären. **G!**

1. Bl. immergrün (**Untergatt. *Ilex***) **5**
— Bl. sommergrün (**Untergatt. *Prinos***) **2**
2. Bltn. 5–8-zählig **4**

— Bltn. 4–5-zählig **3**

3. Bl. elliptisch, zuw. eif. od. verkehrt eif. elliptisch, 2–9 cm lang, 1–4 cm breit, dicht u. scharf gesägt, am Grund keilf., oberseits dunkelgrün, unterseits auf den Nerven behaart (*589/1*); ♂ Bltnst. 9–21-bltg., ♀ Bltnst. 1–3-bltg.; Fr. 2–2,5 cm gestielt, kugelf., rot, 4–5 mm ∅; VI. Sk/Sg, kalkunverträgl. – s. ZS- u. OS-China, Jap. [*I. sieboldii* Miq.] **Siebolds W., *I. serrata*** Thunb.

— Bl. verkehrt eilängl., derb, 3,5–7 cm lang, fein kerbig gesägt, oberseits glänzend dunkelgrün, unterseits heller, Mittelrippe behaart, an den Kurztrieben meist gebüschelt stehend; Fr. 1 cm gestielt, kugelf., orangerot, 7–8 mm ∅; V. Sg/Bk – ss. O-NAm. **Sommergrüne W., *I. decidua*** Walt.

4 (2). Bl. oberseits matt, unterseits wenigstens auf den Nerven behaart, elliptisch bis längl. lanzettl., 3,5–7 cm lang, einfach od. doppelt gesägt (*589/2*); Bltn. kurz gestielt, die ♂ zu mehreren, die ♀ einzeln od. zu wenigen, oft zu zweit; Fr. kugelf., rot, 6 mm ∅; VI–VII. Sg, kalkunverträgl. – h. O-NAm. **Rote W., *I. verticillata*** (L.) A. Gray

'Oosterwijk': Fr. 8–9 mm ∅, lange haftend; wird zur Gewinnung von Fr.zw. kultiviert.

'Winter Red': Fr. 8–10 mm ∅; wird zur Gewinnung von Fr.zw. kultiviert.

— Bl. oberseits glänzend, unterseits kahl, höchstens auf den Nerven etwas behaart, eilanzettl. bis lanzettl., 3–6 cm lang, zugespitzt, anliegend gesägt; Bltn. zu 1–2, die ♂ lang gestielt; Fr. 2–5 mm gestielt, rundl. abgeflacht, orangerot, 7–8 mm ∅; V–VI. Sg – ss. O-NAm. **Glatte W., *I. laevigata*** (Pursh) A. Gray

5 (1). Bltn. od. Bltnst. in den Bl.achseln vorj. Triebe **9**

— Bltn. od. Bltnst. in den Bl.achseln diesj. Triebe od. an deren Basis **6**

6. Bl. bis 5 cm lang; Fr. schwarz **8**

— Bl. > 5 cm lang; Fr. rot **7**

7. Bl. 6–12 mm gestielt, elliptisch, 5–10 cm lang, grob buchtig u. stachelig gezähnt (*589/3*), seltener ganzrandig, oberseits dunkelgrün, unterseits gelbl. grün, Seitennerven deutl. parallel verlaufend, im Unterschied zu ähnl. Formen von *I. aquifolium*; ♂ Bltn. zu 3–9 in gestielten Zymen, ♀ Bltn. meist einzeln; Fr. kugelf., 8–10 mm ∅, rot; VI. Sg/Bk, kalkmeidend – ss. O-NAm. **Amerikanische S., *I. opaca*** Ait.

— Bl. 1,5–2,5 cm gestielt, 4–12 cm lang, 2–3 cm breit, am Grund rundl. bis breit keilf., ganzrandig, zuw. oberhalb der Mitte entfernt anliegend gesägt, oberseits glänzend grün, 1–2 cm gestielt (*589/4*); Bltn. an diesj. Zw., ♂ Bltnst. 3–9-bltg., ♀ meist 1-bltg.; Fr.1,5–2 cm gestielt, ellipsoidisch, leuchtend rot,

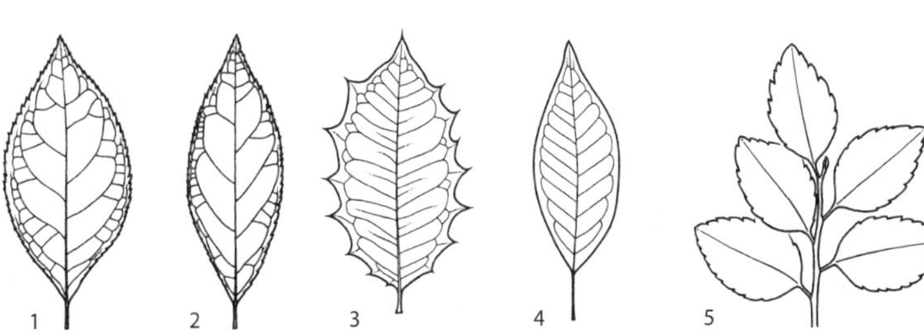

589/1–5 *Ilex*, 1–4 Bl.: 1 *I. serrata;* 2 *I.verticillata;* 3 *I. opaca;* 4 *I. pedunculosa;* 5 *I. yunnanesis,* Sprossspitze

6 mm lang; VI. Sg/Bk, kalkmeidend – s. WS- u- ZS-China, Taiw., Jap.
Langstielige S., *I. pedunculosa* Miq.

8 (6). Bl. 2–3 mm gestielt, 1,5–3 cm lang, elliptisch bis längl. lanzettl., am Grund keilf., fein kerbzähnig, oberseits glänzend dunkelgrün, unterseits mit dunklen Punkten; Bltn. an diesj. Zw., ♂ Bltn. zu 3–7, ♀ Bltn. einzeln; Fr. 4–6 mm gestielt, kugelf., schwarz, 6–8 mm ∅; V–VI. Sg/Bk – h. ZS- u. OS-China, Kor., Jap.
Japanische S., *I. crenata* Thunb.

'Convexa': Bl. blasig aufgetrieben; reich fruchtend.

'Golden Gem': kompakter Wuchs; Bl. im Austrieb intensiv gelb, später etwas verblassend.

'Helleri': niedrig bleibend.

'Hetzii': starkwüchsig, bis 2 m hoch.

'Luteovariegata' ('Aureovariegata', 'Variegata'): Bl. gelb gefleckt.

— Bl. 3–6 mm gestielt, verkehrt eif. bis lanzettl., 2–5 cm lang, am Grund keilf. mit wenigen stumpfen Zähnen am Oberende od. ganzrandig; Fr. kugelf., 6 mm ∅, schwarz; VI. Sk – s. O-NAm.
Kahle Winterbeere, Tintenbeere, *I. glabra* (L.) A. Gray

9 (5). Bl. mit stechender Spitze u. gewöhnl. stechenden, groben Bl.zähnen, im blühenden Bereich manchmal auch ganzrandig **13**

— Bl. ohne stechende Spitze **10**

10. Bl. 1,5–3 cm lang, eif. bis eilängl., am Grund gerundet, ringsum kerbig gezähnt, oberseits matt glänzend, unterseits anfangs behaart (*589/5*); ♂ Bltn. zu mehreren, ♀ Bltn. einzeln; Fr. kugelf., rot, 5–6 mm ∅, 5–15 mm lang gestielt; Zw. fein filzig; VI. Sg – s. WS-China, Sich., Yunn., Taiw., N-Myanm.
Yunnan-S., *I. yunnanensis* Franch.

— Bl. > 3 cm lang **11**

11. Bl. 4–8 cm breit und 10–20 cm lang, 1–2,5 cm lang gestielt, elliptisch bis längl. lanzettl., stumpf od. kurz zugespitzt, schwach gesägt, am Grund gerundet bis stumpf (*590/1*), oberseits glänzend dunkelgrün, unterseits gelbgrün; Bltn. 5–8 mm gestielt, ♂ Bltnst. 3–9-bltg, ♀ Bltnst. 1–3-bltg.; Fr. kugelf., rot, 7–8 mm ∅; V. Bm – s. ZS- u. WS-China, Jap. **Breitblättrige S., *I. latifolia*** Thunb.

— Bl. nur bis 4 cm breit, Blattrand anders **12**

12. Bl. längl. bis schmal lanzettl., lang zugespitzt, 6–12 cm lang, 1,5–2,5 cm breit, oberhalb der Mitte gesägt, oberseits stumpfgrün, 8–16 mm gestielt (*590/2*); ♂ Bltnst. 3-bltg, ♀ 1-bltg.; Fr. 5–7 mm gestielt, kugelf., rot, 6 mm ∅; V–VI. Sg/Bk – ss. WS- u. ZS-China. **Farges S., *I. fargesii*** Franch.

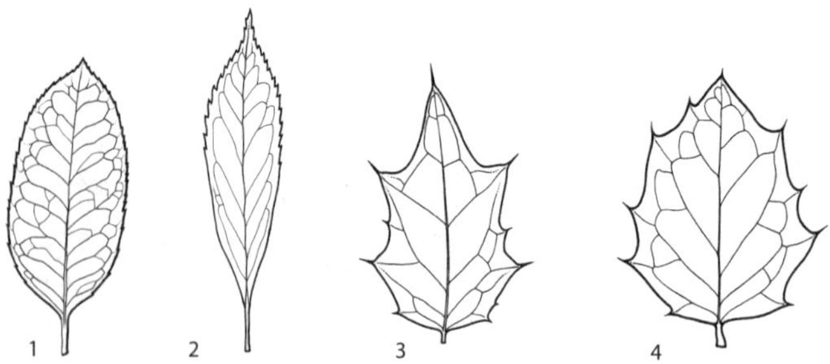

590/1–4 *Ilex*, Bl.: 1 *I. latifolia*; 2 *I. fargesii*; 3 *I. pernyi*; 4 *I. pernyi* var. *manipurensis*;

— Bl. elliptisch od. eif., 10–16 cm lang, zugespitzt, deutl. dicht kurz dornig gezähnt, am Grund keilf. bis gerundet; Fr. kugelf., 6 mm ∅, dunkelrot. V. Sg/Bk – s. [*I. aquifolium* × *I. latifolia*] **Koehnes S.,** ***I.*** **×** ***koehneana*** Loes.

13 (9). Bl. 1,5–3 cm lang, 0,5–1,5 cm breit, dicht stehend, rhombisch bis fast quadratisch, beiderseits mit 1–3 starren Stachelzähnen, die obersten am größten, abspreizend, aber kleiner als der Endstachel (*590/3*), glänzend dunkelgrün, unterseits gelbl. grün 2 mm gestielt; Bltn. in 1-bltg. Zymen, dicht stehend, gelbl.; Fr. kugelf. bis abgeflacht kugelf., rot, 6–8 mm ∅; V. Sg/Bk – h. M- u. W-China. **Rautenblättrige S.,** ***I. pernyi*** Franch. var. ***pernyi***

var. ***manipurensis*** Loes. [*I. georgei* H. F. Comber]: Bl. etwas größer, bis 4,5 cm lang u. 1,5 cm breit, mehr eif., mit kleinerem Spitzenstachel (*590/4*). W-China, NO-Indien, N-Myanm.

var. ***veitchii*** Bean [*I. bioritsensis* Hayata]: Bl. 2,5–5,5 cm lang, mit 3–4 Paar Stacheln.

— Bl. > 4 cm lang, wenn kleiner, nicht rhombisch od. fast quadratisch **14**

14. Bl. gleichmäßig u. dicht gezähnt, mit > 20 Zähnen (*591/1*), elliptisch, 6–10 cm lang, Bl.rand kaum gewellt; V. Sg/Bk – h. ∧ [*I. aquifolium* × *I. perado*] **Großblättrige S.,** ***I.*** **×** ***altaclarensis*** (Loud.) Dallim.

'Belgica Aurea': Wuchs breit kegelf.; Bl. mit unregelmäßigem gelbem Rand.

'Golden King': Bl. mit breitem goldgelben Rand.

'Hodginsii': baumf., von breit kegelf. Wuchs.

'Lawsoniana': Bl. unregelmäßig gelb gefleckt.

— Bl.rand jederseits mit weniger als 10 Zähnen, Zähne meist ungleich groß .. **15**

15. Bl.rand mit 1–3 Stacheln jederseits; Bl. längl. rechteckig, 4–8 mm gestielt, dick lederig, glänzend grün, 4–9 cm lang, 2–4 cm breit mit 3 Stacheln am Oberende u. 2 kleineren am keilf. Grund (*591/2*); Zw. kahl; Bltnst. 1–3-bltg. Fr. 8–15 mm gestielt, kugelf., leuchtend rot, 8–10 mm ∅; IV–V. Sg – s. China, Kor. **Chinesische S.,** ***I. cornuta*** Lindl. & Paxt.

— Blattrand mit > 1–3 Zähnen jederseits, Bl.spreite nicht längl. rechteckig **16**

16. Zähne jederseits 4–8, ± gleich groß u. nach vorn gerichtet **17**

— Zähne ungleich groß, nicht deutl. nach vorn gerichtet; junge Zw. kahl od. sehr kurz flaumhaarig; Bl. eif. bis elliptisch, 3–9 cm lang, Rand ± stark gewellt, stachelig gezähnt (*591/3*), als Altersform auch ganzrandig, oberseits glänzend dunkelgrün, unterseits heller; Pfl. 2-häusig, Bltn. meist zu mehreren, gestielt, weiß, duftend; Fr. rot, kugelf., 7–10 mm ∅ (*591/4*); V–VI. Sg/Bm – h. Eur. bis W-As., Medit, NW-Afr. **G!!** **Gemeine S.,** ***I. aquifolium*** L.

'Alaska': ♂ von schlankem Wuchs, dicht verzweigt, langsam wachsend.

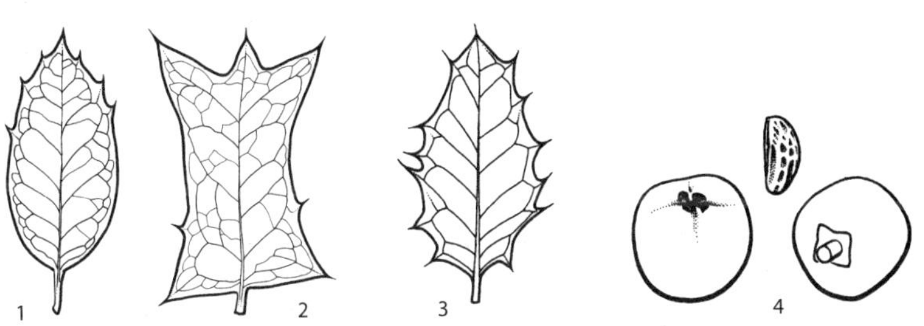

591/1–4 *Ilex*, 1–3 Bl.: 1 *I.* × *altaclerensis* 'Cameliifolia'; 2 *I. cornuta*; 3 *I. aquifolium*; 4 *I. aquifolium*, Fr. u. Steinkern

'Argentea Marginata': ♀ Bl. weiß gerandet.

'Aurea Marginata': Bl. gelbbunt, am Rand stark gewellt.

'Bacciflava': ♀ Fr. gelb.

'Ferox': ♂ Bl. oberseits im oberen Teil dicht mit Stacheln besetzt.

'J. C. van Tol': ♀ Bl. fast ohne Grannenzähne, reich fruchtend.

'Madame Briot': ♀ Bl.rand stark bewehrt, unterschiedl. breit goldgelb gerandet.

17. Bl. > 5 mm lang gestielt, Spreite 2–6 cm lang, eif., zugespitzt, am Grund keilf., oberseits dunkelgrün, unterseits hellgrün die jederseits 5–7 Grannenzähne nach vorn gerichtet (*592/1*); Triebe u. Bl.stiele violettbraun; Fr. 5–7 mm ∅, rot, glänzend; V–VI. Sg – h. [*I. aquifolium* × *I. rugosa*]

Meserves S., *I.* × *meserveae* S. Y. Hu

'Blue Angel': ♀, Wuchs breit buschig mit sehr dunklen, fast schwarzen Zw.; Fr. lange haftend.

'Blue Prince': ♂, Wuchs breit buschig, Zw. purpurgrün.

'Blue Princess': ♀, Wuchs breit buschig, Zw. fast schwarz; Fr. hellrot.

— Bl. 2–3 mm gestielt, eilängl., 2,5–4 cm lang, 1–2,5 cm breit, entfernt stachelig gesägt, mit 4–6 kleinen grannenartigen, nach vorn gerichteten Zähnen jederseits (*592/2*); junge Triebe braun, dicht behaart; Fr. ellipsoidisch, 7–8 mm lang, rot; V–VI. Sg – s. ZS-China, Sich., Yunn.

Rautenblättrige S., Grannenborstige S., *I. ciliospinosa* Loes.

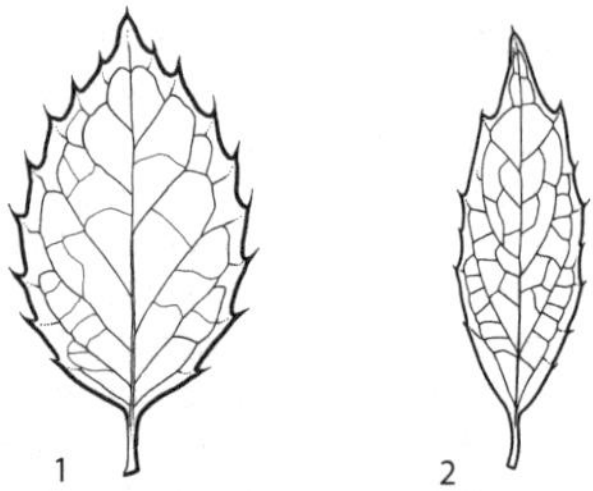

592/1–2 *Ilex*, Bl.: 1 *I.* × *meserveae*; 2 *I. ciliospinosa*

Indigofera L., Indigostrauch – *Fabaceae* (Bearbeiter: Bernd Schulz)

Sommergrüne Sträucher, Halbsträucher od. krautige Pfl., alle Teile mit Gabelhaaren bekleidet; Bl. wechselst., gefiedert, selten auf Endfieder reduziert, Blch. ganzrandig, grannenspitzig, Nebenbl. klein, borstig od. pfrieml., mit dem Bl.grund verwachsen; Bltn. (behandelte Arten) im Sommer in achselst. Trauben (*593/1a* u. *1b*), K. flach u. kurz, schief, 5-zähnig (K.zähne zur Unterseite verschoben, unterste am längsten) (*593/2*), Krbl. rosa bis pinkrosa, Fahne etwas länger bleibend, Flügel u. Schiffchen längl., schnell abfallend, Flügelansatz relativ breit, Schiffchen mit Sporn (*593/1c*), 9 von 10 Stbl. miteinander verwachsen; Hülse im ∅ rundl., längl. (*593/1d*), Samen in einer papierartigen Masse eingebettet/getrennt, wenn Samen ausgefallen dadurch „gefächert". Weltweit ca. 700 Arten, v. a. in den Trop., davon fast 500 Arten in Afr. u. Madagaskar. Namensgebend ist *I. tinctoria* L. aus Indien, der erste Lieferant des blauen Farbstoffs Indigo.

1. Bl. mit 13–21 Blch. – längl. verkehrt eif. bis eif., 1,5–2 cm lang u. bis 9 mm breit, beiderseits angedrückt behaart (*593/3*); Bltn. in 7–17 cm langen, aufrechten Trauben, Krbl. purpurrosa, ca. 11 mm lang, Krbl. um 10 mm lang, Fahne etwa 6 mm breit; Fr. ca. 23 mm lang u. 2,5 mm ∅; Zw. leicht gerillt; VII–IX. Sk – ss. ∧ Himal. [*I. gerardiana* Baker] **Himalaja-I., *I. heterantha*** Brandis

— Bl. mit 5–13 Blch. **2**

2. Bltn. um 18–20 mm lang (Fahne 16–18 × 9–10 mm), Krbl. rosa, in dichten, bis 12 cm langen Trauben; Fr. 5 cm lang u. 5 mm ∅; Blch. 7–11, rundl., bis 3,5 cm lang u. 2,5–3 cm breit, z. T. zugespitzt u. keilf., beidseitig spärl. behaart, VI–VII. Sk – ss. ∧ Jap., Kor. N- u. NO-China. **Kirilows I., *I. kirilowii*** Palib.

— Bltn. 8 mm lang, Krbl. lilarosa, in 5–12 cm langen Trauben; Blch. 5–9, längl. eif. bis elliptisch, bis 35 mm, Endfieder bis 45 mm lang, u. 20 mm breit, unterseits graugrün behaart; Fr. 3,5 cm lang; VI–VII. Sk – ss. NW-China. **Potanins I., *I. potaninii*** Craib

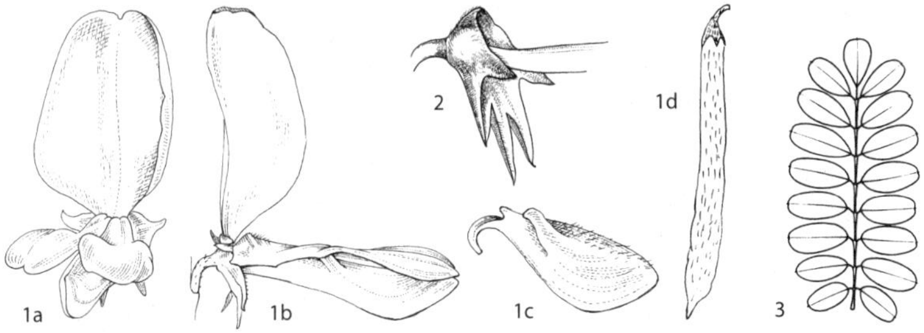

593/1–3 *Indigofera*: 1 *I. heterantha*, 1a Blüte von vorn, 1b seitl., 1c Schiffchen, 1d Fr.; 2 *I. potaninii*, K.; 3 *I. heterantha*, Bl.

Indocalamus Nakai, **Rohrbambus** – *Poaceae* (Bearbeiter: Hans-Roland Müller)

Immergrün. 25 Arten in China u. 1 Art in Jap. Für uns nur die folgende Art von Interesse.

I. tesselatus (Munro) Keng fo. [*Sasa tesselata* (Munro) Makino & Shibata], **Schachbrett-R.** – Rhizom leptomorph; Halme stielrund, dickwandig, Internodien 8–20 cm lang, 1–2 m hoch, 0,6–1 cm ∅, hellgrün, bereift, in der Halmmitte pro Knoten 1 Seitenast, die Dicke des Haupthalms erreichend, oben mit 3 Seitenhalmen; Halmscheiden so lang wie od. länger als das entsprechende Internodium, anfangs hellgrün, schwach behaart, später braungelb, ohne Öhrchen od. Borsten, bleibend od. spät abfallend; pro Endverzweigung 1–3 Bl., Bl. lanzettl., 15–20(–50) cm lang, 3–4(–9) cm breit, Mittelrippe gelb, mit 12–18 Paar Seitennerven; Nervatur schachbrettartig, oberseits dunkelgrün, unterseits blaugrün, oft mit einem Haarstreifen entlang der Mittelrippe; Bltnst. eine Rispe mit mehrbltg. Ährchen, Stbl. 3, Narben 2. Sk. OS-China, ZS-China, Geb. von Hunnan bis Zhejiang.

Itea **L., Rosmarinweide** – *Iteaceae* (Berbeiter: Bernd Schulz)

Sträucher od. kleine Bäume; Bl. wechselst., einfach; Bltn. ⚥, Bltn.hülle doppelt, 5-zählig, Stbl. 5, Frbl. 2, verwachsen, Frkn. oberst.; Fr. Kapsel. Von den 15 Arten 14 immergrün u. frostempfindl., aus O- u. SO-As., bei uns nur die folgende sommergrüne Art aus O-NAm in Kultur.

I. virginica L. – Sommergrüner Strauch mit dünnen, rutenf. Zw.: Mark gefächert; Bl. elliptisch bis längl., 4–10 cm lang, zugespitzt, Spreitengrund keilf. bis abgerundet, sehr fein gezähnt, fast kahl, unterseits auf den großen Nerven wenige Haare, Bl.stiel 5–10 mm lang (*594/1*), Herbstfärbung leuchtend rot; Bltnst. schmale endst. Trauben: 5–15 cm lang u. 1,5–2 cm ∅, Bltn. duftend, kurz (2–3 mm) gestielt, offen um 10 mm ∅, Krbl. frei, weiß, 4–5 mm lang u. 1–1,3 mm breit, K. basal zu Becher verwachsen, K.zipfel schmal u. spitz um 2 mm lang, Frbl. oberst., 2-fächerig, bis zu den Narben hinauf verwachsen (*594/3*); Fr. eine vielsamige, etwa 8 mm lange, behaarte Kapsel (*594/2*); VI. Sg, kalkunverträgl. – s. O-NAm.

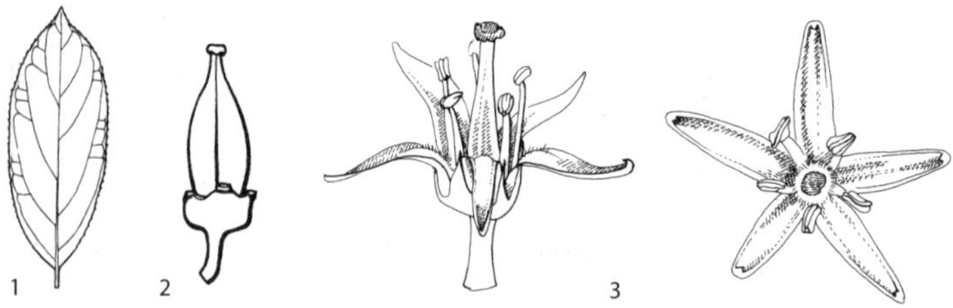

594/1–3 *Itea virginica:* 1 Bl.; 2 Fr.; 3 Blüte in 2 Ansichten

Jamesia TORR. & GRAY, **Klippenbusch** – *Hydrangeaceae* (Bearbeiter: Bernd Schulz)
1 Art.

J. americana TORR. & GRAY. – Sommergrüner Strauch; Zw. anfangs dicht weißwollig, im 2. Jahr mit abblätternder Rinde, Mark voll; Bl. gegenst., gestielt, eif. bis elliptisch, 2–6 cm lang, scharf gesägt mit auffallend in die Zähne verlaufenden Nerven (*595/3*), oberseits runzelig, unterseits dicht grau- bis weißwollig; Bltn. 1–1,5 cm ∅, 5-zählig (*595/1*), zu 10–20 in dichten endst. kurzen Trauben bis Schirmtrauben od. Rispen, Kbl. relativ groß, lang abstehend behaart, Kr. weiß od. rosa überlaufen, duftend, Stbl. 10, Konnektiv zwischen den Theken nach außen aufgewölbt (*595/1b–c*), Frbl. halbunterst., Gr. 3–4(–5), frei (*595/2* u. *2a*); VI. Sk – ss. SW-NAm.

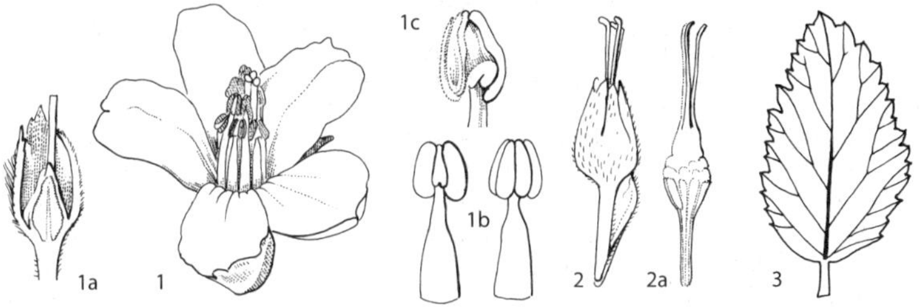

595/1–3 *Jamesia americana*: 1 Blüte, 1a K. im Längsschnitt, 1b Stbl. von außen u. innen, 1c Detail Konnektiv, 2 Fr., 2a Kbl. entfernt, 3 Bl.

Jasminum L., **Jasmin** – *Oleaceae* (Bearbeiter: Bernd Schulz)

Lianen od. Sträucher; Zw. 4-kantig od. rund, vorj. meist (dunkel-)grün, ohne Lentizellen; Bl. gegen- od. wechselst., gefiedert, 3-teilig od. einfach; Bltn. meist duftend, Kr. gelb od. weiß, bisweilen auch rötl., lang röhrig od. trichterf., mit 4–9 in der Kn. zusammengedrehten Zipfeln, Stbl. 2, Frkn. 2-zählig; Fr. (*595/4*) eine schwarze Beere, 2-teilig, wenn beide Frbl. Samen ausbilden. Etwa 200 Arten weltweit v. a. in den Trop. u. Subtrop. Der Bl.fall hängt bei den als halbimmergrün angegebenen Arten meist vom Witterungsverlauf ab.

1. Bl. wechselst.; Kr. gelb **5**
— Bl. gegenst.; Kr. gelb, weiß od. rosarot **2**
2. Kr. weiß, zartrosa bis karminrosa, Bltn. zu 1 bis vielen an diesj. Zw.; Bl. einfach od. 3–7-zählig gefiedert **3**

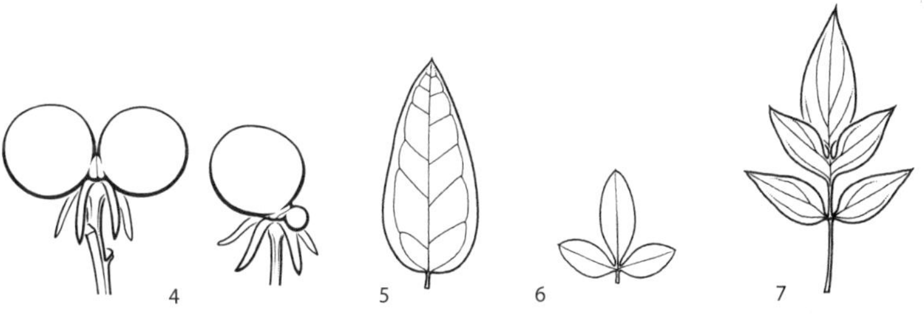

595/4–7 *Jasminum*: 4 *J. fruticans*, Fr.; 5–7 Bl.: 5 *J. beesianum*, 6 *J. nudiflorum*, 7 *J. × stephanense*

— Kr. gelb, Bltn. einzeln, achselst., an vorj. Zw., vor den Bl. (*596/1*) – Bl. 3-zählig (*595/6*), Blch. 1–3 cm lang; Pfl. sommergrün; Zw. 4-kantig, dunkelgrün; Kr.röhre leicht trichterf., um 15 mm lang, bis 2,5 cm ∅, Zipfel 5–7, K. kaum verwachsen, 5–6 mm lange u. 1–2 mm breite Kbl.zipfel, Staubbeutel in der Mitte der Kr.röhre; XII–IV. L/Sg – h. ∧ OW- bis WS-China. **Winter-J., *J. nudiflorum*** Lindl.

Ähnl., aber immergrün ist ***J. mesnyi*** Hance: Bltn. 2–4,5 cm ∅; III–V. Sg – ss. ∧∧ Yunn., SW-Sich.

3. Kr. weiß, im Verblühen sehr schwach rosa, Kr.röhre lang 15–20 mm, dünn, zylindrisch, unter der Öffnung ≤ 2 mm ∅, Zipfel 8–12 mm, K.zipfel um 10 mm lang, Staubbeutel unmittelbar unter der Öffnung der Kr.röhre; Bltnst. sehr reichbltg. endst. Zymen; Bl. 5–7-fiederig; Pfl. immergrün; VI–IX. L– s–z. ∧∧ Iran, M-As., S-China bis Indien. Medit. Neophyt. **Echter J., *J. officinale*** L.*

Als Zimmer- od. Kübelpfl. weitere immergrüne Arten in Kultur: ***J. polyanthum*** Franch.: Kr. in der Kn. u. Kr.röhre außen stark rosa überlaufen, K.zipfel kurz, bis 2 mm lang. L – s. ∧∧ WS-China, Sich., Yunn.; ***J. grandiflorum*** L.*, Kr. weiß, Kr.zipfel 13–22 mm lang. L – s. ∧∧ N-Afr., Kl.-As., Lev. bis Pak. u. Indien. Ebenfalls weißbltg. sind: ***J. multipartitum*** Hochst. ss. ∧∧ S-Afr.; ***J. sambac*** (L.) Aiton*, **Arabischer J.:** Bltnst. wenigbltg.; Bl. einfach. s. ∧∧ Indien, weltweit kultiviert, auch Medit. u. S-China. – * Bltn. für Jasmintee u. zur Gewinnung von ätherischen Ölen genutzt.

— Kr. rosa bis rot, zur Öffnung trichterf. erweitert (≥ 3 mm ∅); Bltnst. wenigbltg., 1–5; Bl. einfach bis 5-zählig gefiedert **4**

4. Bl. einfach, eif. lanzettl., 1–4 cm lang u. 3–18 mm breit (*595/5*), beiderseits spärl. behaart; Pfl. sommergrün; Bltn. zu 1–3 (–5), 4–7-zählig, K. mit 3–7 mm langen, fädigen K.zähnen, Kr. 9–15 mm lang, rosa bis karminrosa (*596/3*); V. Sk/L – s. ∧ Sich., Yunn., WS-China. ***J. beesianum*** Forrest & Diels

— Bl. 3-zählig od. gefiedert (*595/7*), nur vereinzelt auch einfach; Pfl. halbimmergrün; Bltn. groß, zart rosa, duftend, zu 3–5 in Zymen; VI. L – ss. ∧∧ Naturhybride: Sich., Yunn., WS-China. [*J. beesianum* × *J. officinale*] ***J.* × *stephanense*** Lemoine

5 (1). K.zähne fädig verlängert, 3–4 mm, etwa halb so lang wie die Kr.röhre; Bl. 3-zählig, selten einfach – Blch. 8–20 mm lang, bewimpert; Pfl. halbimmergrün; Kr. gelb, in 2–5-bltg. Zymen an kurzen Seitenzw., Röhre 8 mm lang, die 4–5 Zipfel 4–5 mm lang (*596/4*); IV. L/Sg – s. ∧ N-Afr. bis W-As. **Strauch-J., *J. fruticans*** L.

— K.zähne sehr kurz, um 0,5 mm; Bl. meist 5-zählig gefiedert – Blch. 2,5–4,5 cm lang; Pfl. halbimmergrün; Bltn. meist 5(–6)-zählig, Kr.röhre 12–15 mm lang, die Zipfel 5 mm (*596/5*); Fr. eif., 8 mm lang u. 7 mm ∅, schwarz, beerenartig, aus 2 Teilfr., die von einer Haut zusammengehalten werden; V–VI; Sk – s. M-As. bis WS-China u. Indien. **Niedriger J., *J. humile*** L.

'Revolution': Bltn. groß, 2, 5 cm ∅.

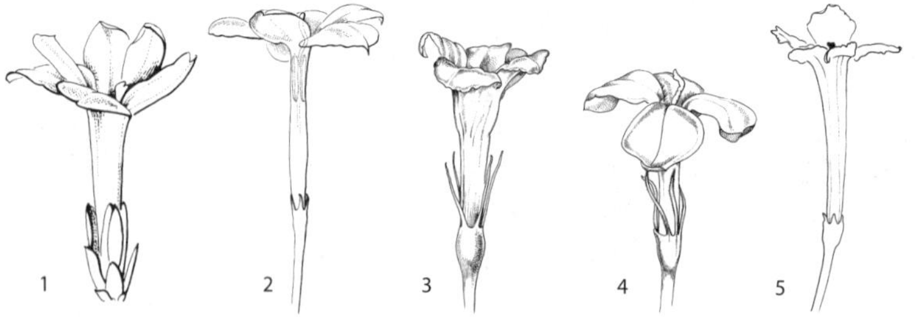

596/1–5 *Jasminum*, Bltn.: 1 *J. nudiflorum*, 2 *J. polyanthum*, 3 *J. beesianum*, 4 *J. fruticans*, 5 *J. humile*

Juglans L., **Walnuss** – *Juglandaceae* (Bearbeiter: Horst Schaarschmidt)

Bis 35 m hohe Bäume mit verzweigtem Stamm (im Gegensatz zu *Carya* kein langer Schaft ausgebildet), breiter Krone u. derben Sprossenden; Borke gerippt u. gefurcht; Zw. mit gefächertem Mark (Längsschnitt!; *15/2*); Kn.schuppen klappig angeordnet; Bl. mit 5–27 Blch., die mittleren oft am größten; Bltnst.: ♂ Kätzchen einzeln an vorj. Sprossen, Stbl. 5–85, ♀ Ähren ± aufrecht, am Ende diesj. Zw., mit 2–30 Bltn; Fr. steinfr.ähnl., Außenschale, aus den 2 Vorbl. unter geringer Beteiligung des Tragbl., irregulär aufreißend od. geschlossen bleibend; Nuss runzelig od. scharf gerippt u. gefurcht. 20 Arten vom südl. M-Eur bis O-As. (5) u. von SO-Kanada bis N-Argent. (14) inkl. Karibik (1).

1. Blch. 9–25, gesägt, Endblch. meist nicht größer als Seitenblch., oft reduziert od. fehlend; Fr. dunkler grün, ± glatt od. warzig, nicht weißfleckig; reife Nuss beim Abfallen meist in der am Boden verrottenden Außenschale verbleibend **4**

— Blch. (5–)7–9(–11), meist ganzrandig, selten entfernt gesägt od. gezähnt, Endblch. oft auffällig groß; Fr. grün, ± glatt u. weißfleckig; reife Nuss meist aus der am Baum verbleibenden Außenschale herausfallend **2**

2. Blch meist 11, längl. eif. u. lang zugespitzt bis geschwänzt; Endblch. kaum größer als die mittleren Seitenblch. u. kürzer gestielt; Bl. 30–50 cm lang; Nuss mit gerundeten, unterbrochenen, abgeflachten Längsrippen, zuw. aufgeworfen u. bucklig; Basis gerundet od. stumpfkeilig; V. Bm/Bg – z. [*J. regia* × *J. nigra*] **Hybrid-W., Bastard-W., *J.* × *intermedia*** Carriere

V. a. in SW-Deutschland zuw. als Forstbaum, auch in Plantagen. Als Hybride sehr wüchsig (Heterosis).

— Blch. 5–9, breit oval, elliptisch u. oft etwas parallelrandig, Endblch. meist größer als mittlere Seitenblch; Nuss unterschiedl. stark ge- u. zerfurcht **3**

3. Blch. meist (5–)7–9, ganzrandig, bis 15 × 6 cm groß, breit elliptisch, Endblch. größer als Seitenblch., bis 4,5 cm lang gestielt; Nuss seicht ge- u. zerfurcht, nicht streng längsrippig, spitz; Stamm silbergrau; viele natürl. Spielarten, künstl. gezüchtete Fr.sorten u. unerkannte Hybriden; alter Kultur-(Haus- u. Hof-)baum, in jüngerer Zeit oft verwildert; selten alter Alleebaum; V. Bg – h. ∧ Urheimat: wohl WM-As. **Echte W., Europäische W., *J. regia*** L.

Heute in klimatisch günstigen Teilen der Erde weitverbreiteter Schalenobstbaum mit teils abweichenden Merkmalen, die durch Vermischung der Rassen im weiten eurasischen Ur-Areal u. durch mehrfache Hybridisierung entstanden sind; sehr variable Art, die *J. sinensis* u. *J. sigillata* Dode einschließt; große Vielfalt der Nüsse bezügl. Größe, Form, Oberfläche, Hohlräume usw.

'Heterophylla': Blch. lang u. schmal, unregelmäßig gelappt.

'Laciniata': Wuchs schwach, Zw. etwas hängend; Blch. tief eingeschnitten.

'Monophylla': Bl. mit 1–3 großen, langen, gestielten Blch.

'Pendula': Äste u. Zw. in großen Bögen überhängend; um 1850.

'Purpurea': Wuchs schwach; Bl. trübrot; 1976.

'Rubra': Samenhaut rot od. rot gefleckt; vor 1897.

— Blch. meist 9, meist entfernt gezähnt od. glatt, Endblch. nicht auffällig groß, Bl.spindel verkahlend; Nuss breit eif., Oberfläche ± buchtig, tiefgrubig u. stumpfhöckerig, Längsrippen nur undeutl., Basis meist abgeplattet; V. Bg – z. [*J. ailantifolia* × *J. regia*] ***J.* × *notha*** Rehder

4 (1). Bl. bis maximal 100 cm lang, Blch. breit oval od. breit eif., oft ± parallelrandig, spitz (*598/1*); Fr. ± eif. spitz u. mit klebrigen Drüsenhaaren, kaum aromatisch duftend **5**

— Bl. bis teils 50 cm lang, Blch. längl. eif. bis eilanzettl., lang zugespitzt (*598/3*); Fr. ± kugelig, behaart, aber ohne lange klebrige Drüsenhaare, aromatisch duftend **8**

5. Bl. bis 50 cm lang, Blch. längl. eif., zuw. etwas gelbgrün, besonders Achseln der unteren Nerven mit Häufungen von Büschelhaaren; Bltnst.achse u. die 2–5 × 4–7 cm langen Fr. klebrig helldrüsig behaart, ab Reife bräunl. werdend; Nuss ellipsoidisch, fast zylindrisch od. eif., zugespitzt, ihre Oberfläche mit meist 8 schmalen, unterschiedl. hohen Längsrippen, dazwischen mit scharfen Graten u. Zähnen; Schaft kurz, Borke aschgrau; V. Bg – s. O-bis NO-NAm.
Butternuss, Weiße W., *J. cinerea* L.

— Bl. oft bis 90(–100) cm lang, Blch. breit u. oft ± parallelrandig, grün, besonders die Nerven unterseits ± büschelhaarig; die 10–20 Fr. 2,5–5 cm lang u. klebrig bräunl. drüsig behaart, Nuss ± kugelig od. eif. u. spitz, Oberfläche 8-rippig u. mit weniger scharfen Zähnen u. Graten od. ± glatt od. hügelig; Schaft länger u. Borke schmutziggrau **6**

6. Außenschale bräunl. drüsig, behaart, 5–12 Fr./Frst., Nussoberfläche weniger scharf zergratet u. stachelzähnig als bei *J. cinerea*; Nuss ellipsoidisch, verkehrt eif. od. walzenf. u. ± 4–8-seitig; vielgestaltiges Agg.; V. Bg – z. Russ.-Fernost (Amur- u. Ussuri-Region) bis NO-China; N-Kor; Taiw. [incl. *J. cathayensis* Dode u. *J. stenocarpa* Maxim.] **Mandschurische W., China-W., *J. mandshurica*** Maxim.

— Außenschale rötl. drüsig behaart; bis 25(–30) Fr./Frst., Nussoberfläche hügelig glatt u. ohne scharfe Rippen u. Grate; Nuss ± kugelig, ei- od. herzf. **7**

7. Nuss oft ventral beidseits mit Querdelle, ± kugelig eif. u. oft etwas beulig aufgetrieben, kurz zugespitzt; Oberfläche gefurcht runzelig; V. Bg – z. Jap.; Russ.-Fernost: südl. Sachalin, südl. Kurilen (bis fast 50° n. Br.).
Japanische W., Siebolds W., *J. ailantifolia* Carriere

— Nuss oft ventral beidseits mit flacher Längsfurche, ± ei- od. herzf. mit keilf. (wie gestielter) Basis, ventral abgeplattet u. lang zugespitzt; Oberfläche fast glatt; V. Bg – z.
Herzfrüchtige Jap. W., *J. ailantifolia* Carriere var. ***cordiformis*** (Maxim.) Rehder

8 (4). Blch. bis 15 × 5 cm groß, ihre Basis stumpfkeilig od. gerundet; Fr. bis 6 cm ∅, Außenschale rau od. warzig (*598/2*); alte Bäume im Freistand oft mit geweihähnl. Krone; zuw. Forstbaum; V. Bg – h. O- bis NO-NAm.
Schwarze W., Schwarznuss, *J. nigra* L.

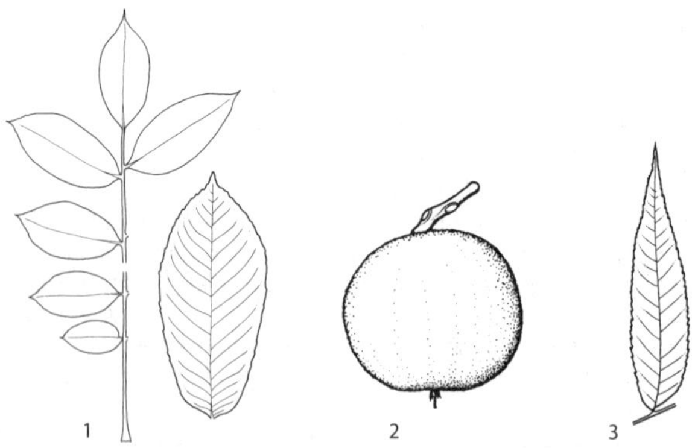

598/1–3 *Juglans*: 1 *J. ailantifolia*, Bl. u. Blch.; 2 *J. nigra*, Fr.; 3 *J. microcarpa*, Bl.

'Laciniata': Wuchs schwach, Zw. etwas hängend; Blch. tief eingeschnitten.

Ähnl.: ***J. californica*** S. Watson, **Südl. Kalifornische W., K. Schwarznuss:** bis 10 m, oft mehrstämmig wachsend; Blch. unterseits ohne Haarbüschel in den Nervenwinkeln; Fr. ± kugelig, bis 3,5 cm ∅, Nuss flach gerillt; V. Bk/Sg –ss. W-NAm. (S-Kalifornien).

J. hindsii R. E. Smith, **Nördl. Kalifornische W., Hinds' Schwarze W.:** bis 23 m; Blch. unterseits mit Haarbüscheln in den Nervenwinkeln; Nuss bis 5 cm ∅, eif. kugelig, fast glatt; V. Bg – ss. W-NAm. (N-Kalifornien). Durch Verwendung als Unterlage für *J. regia* u. Hybridisierung mit *J. nigra* weiter verbreitet.

— Blch. bis 12 × 3,5 cm groß, ihre Basis oft asymmetrisch; Fr. bis 3,5 cm ∅, Außenschale wenig rau; kleinere Bäume, selten kultiviert. **9**

9. Blch. (17–)19–25, schmal lanzettl., bis 5–8 × 1–2 cm, etwas sichelf., ganzrandig bis fein gesägt, sehr lang zugespitzt (*598/3*); Fr. 1,4–2,3 cm ∅, glatt, jung mit kurzen Drüsenhaaren; Nuss kugelf. bis etwas platt kugelf., 1,1–1,7 cm ∅, gefurcht/ausgekehlt, Oberfläche zwischen den Furchen glatt; V. Bk/Sg (10 m) – s. Südl. Z-NAm. bis nördl. Z-Mex. **Kleine W., Felsennuss, *J. microcarpa*** Berland.

— Blch. 9–15(–17), ± eilanzettl., bis 6–11,5(–13) × 1,5–3,5 cm groß, symmetrisch bis etwas sichelf., kurz zugespitzt, Rand gesägt; Fr. 2–3,5 cm ∅, glatt, jung dicht mit Drüsenhaaren u. -schuppen bedeckt, später auch Büschelhaare; Nuss kugelf. bis eif. od. ellipsoidisch; 1,8–2,7 cm ∅, tief längsgefurcht u. etwas flächig zwischen den Furchen; V. Bm (bis 18 m)–s. SW-NAm. bis NW-Mex. **Arizona-W., *J. major*** (Torr.) A. Heller

Juniperus L., Wacholder, Sadebaum – *Cupressaceae* (Bearbeiter: Peter A. Schmidt)

Immergrüne Bäume u. Sträucher; Bl. anfangs stets nadelf., später entw. nadelf. bleibend (*599/1*) od. nadelf. bis pfrieml. u. schuppenf. Bl. gleichzeitig an einer Pfl. vorhanden od. alle Bl. schuppenf., gegenst. od. zu 3 wirtelig; 1- od. 2-häusig, ♂ Bltn.zapfen kätzchenf.; ♀ Zapfen aus 1–2 Schuppenquirlen (Sekt. *Juniperus*) od. 1–4 Schuppenpaaren (Sekt. *Sabina*) bestehend, Schuppen teils mehr holzig, teils fleischig weich, zu einem „Beerenzapfen" verwachsend (*599/2*), ausnahmsweise Zapfen steinfr.artig, Reife im 1., 2. od. 3. Jahr, reife Zapfen eif. bis halbkugelig od. kugelig, oft bläul. bereift, mit 1–8 ungeflügelten Samen. 54–67 Arten, von subarkt. bis trop. Zone (Schwerpunkt in mer. Zone u. in Hochgeb.) von Euras. u. NAm., in Afr. bis südl. des Äquators; die am weitesten verbreitete Nadelgehölz-Gatt. der Erde.

Da die Jungpfl. aller Arten anfangs nadelf. Bl. besitzen („Jugendbl."), ist die Bestimmung der Arten mit ausschließl. od. teils schuppenf. Bl. erst mögl., nachdem die Ausdifferenzierung der Blattform erfolgte. Allerdings behalten diverse Sorten schuppenblättriger Arten die Jugendbl. zeitlebens. Die Bestimmung von Sorten ist sehr schwierig, da sie deutl. von der normalen Merkmalsausprägung der jeweiligen Art abweichen u. über den Bestimmungsgang der Art nur z. T. identifiziert werden können. Zw.- u. Bl.merkmale betreffen, wenn nicht anders angegeben, junge Seitentriebe (im Schlüssel als Zw.), da an Spitzentrieben od. älteren Zw. die Bl. in Form u. Größe abweichen können. Bei Arten mit Nadelbl., deren Basis am Zw. herabläuft, gilt die Längenangabe für den freien Teil des nadelf. Bl. Bei einigen Arten, besonders *J. sabina* u. anderen Sadebäumen (Sekt. *Sabina*), treten bereits bei geringen Dosen Giftwirkungen auf (G!!)

599/1–2 *Juniperus communis*: 1 Bl. u. Bl.wirtel, 2 Zapfen

1. Entw. sämtl. Bl. schuppenf. u. gegenst. od. Bl. an einer Pfl. teils schuppenf., teils nadelf. bis pfrieml., gegenst. od. wirtelig zu 3 (**Sekt. *Sabina*, Gruppe *Sabina*, Echte Sadebäume**) **12**

— Sämtl. Bl. nadelf., zuw. mit Übergängen zu od. mehr pfrieml. lanzettl., jedoch nicht schuppenf., stets od. meist wirtelig zu 3 .... **2**

2. Zapfen 1,2–3 cm ∅, Schuppen schwach holzig, Samen verwachsen zu eif. kugeligem „Stein" (steinfr.artiger Zapfen); Nadeln 2–4 mm breit, 1–2(–2,5) cm lang, Nadelbasis am Zw. herablaufend – Nadeln starr u. stechend, oberseits leicht rinnig mit grünem Mittelstreifen zwischen 2 weißen Bändern. Bk/Sg – ss. ∧∧ O-Med. (**Sekt. *Caryocedrus*** [*Arceuthos*], **Steinwacholder**)
Syrischer W., Stein-W., *J. drupacea* Labill.

— Zapfen 0,5–1,2 cm ∅, Schuppen etwas fleischig, zu einem „Beerenzapfen" verwachsen; wenn Nadelbasis am Zw. herablaufend, dann Nadeln < 2 mm breit u. nur bis 1,2 cm lang, sonst Nadeln teils auch breiter (1–2,5 mm) od. bis 2,5 cm lang, aber dann Nadelbasis am Zw. nicht herablaufend, sondern vom Zw. abgegliedert **3**

3. Nadeln am Grund nicht deutl. vom Zw. abgegliedert, sondern Nadelbasis am Zw. herablaufend (Bl.kissen), freier Teil der Bl. nadelf. od. pfrieml. lanzettl., Winterkn. in Bl.achseln nicht sichtbar (**Sekt. *Sabina*, Gruppe *Squamatae*, Schuppenrindige Sadebäume**) **7**

— Nadeln am Grund vom Zw. deutl. abgegliedert, ihre Basis nicht am Zw. herablaufend (*599/1*), in Bl.achseln deutl. erkennbare Winterkn. (**Sekt. *Juniperus*** [Sekt. *Oxycedrus*], **Echte Wacholder**) **4**

4. Nadeln oberseits flach, mit 2 weißl. bis silbergrauen Bändern aus Stomatalinien (reihenf. angeordnete Spaltöffnungen), getrennt durch grüne Mittelrippe u. begrenzt von grünen Randstreifen; Zapfen reif glänzend orange- od. rotbraun, nur zuw. bläul. bereift – Nadeln 0,6–2,5 cm lang, 1–2 mm breit, stechend zugespitzt, unterseits gekielt; Zapfen kugelig, 0,6–1,3 cm ∅. Bk/Sg – ss. ∧ Medit., Kl.-As., Kauk., Lev.
Stech-W., Nadelblättriger Baum-W., *J. oxycedrus* L.

— Nadeln oberseits schwach eingesenkt od. tiefer rinnig, mit einem ungeteilten weißen Mittelband aus Stomatareihen u. grünen Randstreifen; Zapfen dunkelblau od. -purpurn bis schwarzbraun od. -blau, blauweiß bereift **5**

5. Nadeln oberseits schwach eingesenkt, wenn tiefer, dann Nadel im ∅ U-f., weißes Mittelband mindestens so breit wie od. breiter als jeder der beiden grünen Randstreifen, unterseits gekielt od. mit undeutl. Rippe, (0,7–)1–2 (–2,5) mm breit, (0,4–)0,7–2(–2,5) cm lang, Spitze stumpf bis zugespitzt od. stechend, beim Zerreiben nach Äpfeln riechend; Zapfen kugelig (*599/2*) od. breit eif., 0,4–1,3 cm ∅. Sg/Bk – h. Bor. bis mer. Euras. u. NAm., NW-Afr.
Gewöhnlicher W., *J. communis* L.

Von dieser Art, dem am weitesten verbreiteten Nadelgehölz der Erde, werden mehrere Sippen als Unterarten od. Varietäten unterschieden, außerdem ist eine Vielzahl von Sorten in Kultur.

subsp. *communis*, Heide-W.: aufrechter, meist säulenf. Sg/Sk od. Bk; Nadelwirtel entfernt stehend (Abstand 0,5–1 cm), Nadeln (0,7–)1–2(–2,5) cm lang, 0,7–1,5 mm breit, abstehend, starr, stechend, meist > 2-mal so lang wie die Zapfen. h. Bor. bis mer. Euras., NW-Afr.

subsp. *depressa* (Pursh) Franco, **Kanadischer Zwerg-W.:** niedriger, breitflächig wachsender Sk mit aufsteigenden, selten aufrechten Ästen, bis 1,5 m hoch, selten höher od. Bk; Nadelwirtel etwa 5 mm voneinander entfernt, Nadeln im spitzen Winkel zum Zw. bis fast aufrecht abstehend, (0,5–)1–2 cm lang, 1–1,7 mm breit, spitz u. zugespitzt bis stachelspitzig, Stomataband auf Oberseite weniger auffällig, etwa so breit wie grüner Rand. z. N-NAm. bis in Hochgeb. W- u. O-NAm.

subsp. *nana* (WILLD.) SYME [subsp. *alpina* (NEILR.) ČELAK.; var. *saxatilis* PALL.; *J. sibirica* BURGSD.], **Sibirischer Zwerg-W., Alpen-W.:** Äste ± niederliegend od. aufsteigend, < 1 m hoher Sp od. Sk; Nadelwirtel an den Zw. dichtgedrängt stehend (Abstand 2–4 mm), oft fast dachziegelartig sich deckend; Nadeln (0,4–)0,8–1,2 cm lang, 1–2,5 mm breit, zum Zw. hin aufwärts gebogen bis fast anliegend, kahnf., plötzl. zugespitzt, aber kaum stechend, oberseits auffällig weißes Stomataband, das mindestens doppelt so breit wie der grüne Rand ist, unterseits glänzend grün, kaum gekielt; Nadeln kaum länger als Zapfen. z. Arkt. bis bor. Zone u. Hochgeb. Euras. u. WN-NAm., Grönl.

subsp. *oblonga* (M. BIEB.) GALUSHKO, **Kaukasus-W.:** aufrechter, breit säulenf. Sg, Äste anfangs aufrecht, dann bogig überhängend, Zw. abstehend mit überhängenden Zw.spitzen od. hängend; Nadelwirtel entfernt stehend, Nadeln 1,5–2,5 cm lang, oft zurückgebogen, starr u. stechend, Stomataband auf Oberseite undeutl. s (meist 'Oblonga Pendula', siehe unter b). Kl.-As., Kauk. bis NW-Iran.

Häufigere Sorten von *J. communis*, gruppiert nach abweichender Nadelfarbe (gelb) u. Wuchsform:

a) Nadeln goldgelb, zumindest im Austrieb:

'Depressa Aurea': breitstrauchig wachsend, Äste schräg aufsteigend, bis 1 m hoch; Nadeln im Austrieb goldgelb, später gelbgrün, dann tief bronzegelb, im Winter grün; **'Gold Cone'**: säulenf. Wuchs; Nadeln gleichbleibend goldgelb; **'Schneverdinger Goldmachangel'**: säulenf. Wuchs; Nadeln im Austrieb u. Triebspitzen lebhaft goldgelb, später leicht vergrünend.

b) Aufrechte Sträucher, Zw. hängend:

'Horstmann': breit- u. lockerwüchsiger Strauch, 3–5 m hoch u. breit, Äste sich in weiten Bögen neigend, Zw. mähnenartig herabhängend; **'Oblonga Pendula'**: Wuchs unregelmäßig breit säulenf., bis 5 m hoch u. 3 m breit, Äste anfangs aufrecht, dann bogig überhängend, Zw. lang u. zierl. hängend, nur locker beblättert; Nadeln 1–2 cm lang.

c) Säulenf. Klein- u. Großsträucher mit aufrechten Zweigen, höchstens Zw.spitzen nickend:

'Compressa': Krone schmal säulenf. od. spindelf., kompakt, bis 1 m hoch, 0,2–0,4 m breit; Nadeln 3–6 mm lang, oberseits hellgrün mit deutl. weißem Stomataband, unterseits dunkelgrün.

'Arnold': Krone schmal säulenf., dicht geschlossen, bis ca. 2 m hoch u. 0,3–0,5 m breit werdend; Nadeln blassgrün; ähnl.: **'Barmstedt'**: Nadeln grün bis bläul. grün; **'Norwegen'**: Nadeln blaugrün; **'Sentinel'**: im Alter bis 4 m hoch; Nadeln grün.

'Hibernica': Krone schmal kegelf. bis säulenf., bis 3–5 m hoch u. 1–1,5 m breit; Nadeln 5–7 mm lang, bläul. grün; Zw. steif aufrecht stehend, auch ihre Spitzen aufrecht; ähnl.: **'Suecica'**: Zw. aufrecht, aber ihre Spitzen nickend bis überhängend; Nadeln 8 mm lang; **'Meyer'**: Zw.spitzen weder aufrecht noch nickend, sondern auswärts gebogen; Nadeln silbrig grün.

d) Breitwüchsige, niederliegende, kissenf. od. mattenf. Sträucher, 0,3–0,6 m hoch:

'Corielagen': Nadeln 8–12 mm lang, oberseits mit auffälligem weißen Stomataband, unterseits bronzegrün; **'Green Carpet'**: Nadeln kürzer, im Sommer lebhaft grün, um Winter dunkelgrün; **'Hornibrookii'**: Zw. spitzen etwas aufgerichtet; Nadeln 5–10 mm lang, frischgrün, oberseits bläul. weiß; **'Repanda'**: Zw. anfangs schräg aufrecht, im 2. Jahr niederliegend; Nadeln 5–12 mm lang, nicht stechend, nach vorn zum Zw. gekrümmt, dadurch silberweiße Oberseite wenig auffällend, unterseits dunkelgrün.

— Nadeln oberseits mit tiefer Mittelrinne, im ⌀ V-f., weißes Mittelband schmaler als die grünen Randstreifen, unterseits gekielt **6**

6. Aufrechter Strauch od. kleiner Baum mit ± überhängenden Ästen u. dünnen, ± lang herabhängenden Zw.; Nadelquirle entfernt stehend, Nadeln ± rechtwinklig abstehend, 1,2–2,5(–3) cm lang, 0,5–1,2 mm breit, scharf zugespitzt, stechend, hellgrün od. gelbl. grün; Zapfen 0,6–0,8(–1) cm ⌀, anfangs rötl., reif bläul. schwarz, mit 2–3 Samen. Sg/Bk – s. N- u. NO-China, N-Kor., Russ.-Fernost, Jap. **Nadel-W., Tempel-W. *J. rigida*** SIEBOLD & ZUCC.

— Niederliegender, kriechender Strauch, Zw.spitzen aufgerichtet; Nadelquirle dicht gedrängt, v. a. zur Zw.spitze hin, Nadeln nach vorn gerichtet, den Zw. verdeckend, 0,8–2 cm lang, 1–1,7 mm breit, allmähl., aber nicht stechend zugespitzt, frischgrün; Zapfen meist zahlreich, (0,6–)0,8–1,2 cm ⌀, dunkelblau, bereift, mit 3 Samen. Sp – s. Küsten in Russ.-Fernost (Sachalin) u. Jap. [*J. rigida* subsp. *conferta* (PARL.) KITAM.; *J. litoralis* MAXIM.] **Strand-W., *J. conferta*** PARL.

Sorten mit kürzeren (bis 1,5 cm lang) u. in Farbe abweichenden Bl.: **'Blue Pacific'**: Nadeln blaugrün, Stomataband an Oberseite silberweiß; Pfl. niederliegend, aber nicht so dicht mattenf. dem Boden angepresst; **'Emerald Sea'**: Nadeln smaragdgrün, im Winter gelbl. grün, Stomataband graugrün; Wuchs dicht mattenf.

7 (3). Aufrechte Sträucher od. Bäume mit zumindest an den Spitzen nickenden od. überhängenden Zw. od. alle Zw. hängend; Bl. unterseits konvex od. mit stumpfer Rippe, nicht deutl. gekielt – olivgrün bis bläul. od. graugrün, beiderseits fast gleichfarbig od. oberseits mit weißl. Stomataband (Spaltöffnungsband), 0,2–1 cm lang, 0,8–1,2 mm breit, lanzettl. pfrieml. bis nadelf., nach vorn gerichtet, lose angedrückt od. etwas abstehend, gebogen od. gerade, Spitze frei, spitz od. zugespitzt, beblätterter Zw. sich relativ weich anfühlend, beim Zerreiben nach Zitrone riechend; Zapfen eif. bis kugelig, 6–12 mm lang, 5–9 mm ∅, glänzend dunkel purpurbraun bis purpurschwarz, mit 1 Samen. Sg/Bm/Bg – ss. Himal. **Hänge-W.** i. w. S., ***J. recurva*** D. DON s. l.

var. *recurva*, Himalaja-Hänge-W.: Zw. an der Spitze überhängend; Bl. dicht gedrängt u. Sprossachse verdeckend, 2–6 mm lang, 1–1,2 mm breit, ± gebogen, graugrün, oberseits weißl. durch Stomataband u. von Wachs bedeckte Mittelrippe; Zapfen 7–12 mm lang, 6–9 mm ∅. Sg/Bm – ss. Himal. bis Myanm., Tibet, Yunn., Sich.

var. *coxii* (A. B. JACKS.) MELVILLE, **Cox' Hänge-W., Sarg-W.:** Zw. lang u. zierl., hängend; Bl. weniger dicht dicht, so dass Sprossachse sichtbar, 6–11 mm lang, 0,8–1 mm breit, gerade od. leicht gebogen, olivgrün bis bläul. grün, beiderseits fast gleichfarbig, da oberseits mit 2 weniger auffälligen, blassgrünen bis grünl. weißen Stomatabändern u. grüner Mittelrippe; Zapfen 6–8 mm lang, 5–6 mm ∅. Bg – ss. O-Himal. bis Yunn. u. Tibet.

— Niederliegende Sträucher od. aufrechte Sträucher u. zuw. Bäume, deren Zw. weder an den Spitzen überhängend noch insgesamt hängend, sondern ± abstehend, wenn zuw. Triebspitzen nickend od. Zw. hängend, dann Bl. unterseits deutl. gekielt **8**

8. Nadeln (6–)8–12(–15) mm lang, vom Zw. im spitzen Winkel bis fast aufrecht abstehend, oberseits mit 2 Stomatabändern u. einer grünen Mittelrippe; aufrechte, oft säulenf. od. schmal kegelf. Sträucher
Nadelblättrige Pfl. von ***J. chinensis***, siehe Sorten unter Nr. **12**

— Nadeln (2–)3–10 mm lang, entw. ± anliegend od. schräg abstehend, wenn abstehend u. z. T. > 8 mm lang, dann entw. oberseits nur ein weißes Band (Mittelrippe von Wachs bedeckt) od. niederliegender Strauch **9**

9. Zapfen mit 1 Samen; Bl. unterseits (Außenseite) an der Basis u. auf dem Bl.kissen ohne weißl. Flecken, Linien od. Bänder mit Stomata; niederliegender od. aufrechter Strauch od. baumf. **11**

— Zapfen mit 2–4 Samen; Bl. unterseits (Außenseite) an der Basis u. auf dem Bl.kissen mit weißl. Flecken, Linien od. Bändern mit Stomata; stets flach niederliegender Spalierstrauch **10**

10. Bl. stets in Wirteln zu 3, 4–10 mm lang, ca. 1 mm breit, grau- od. blaugrün, unterseits (Außenseite) an der Basis mit 2 weißen Flecken, die sich als bläul. weiße Linien auf dem am Trieb herablaufenden Bl.kissen fortsetzen, oberseits mit 2 blaugrünen, zuw. zusammenlaufenden Stomatabändern u. grünen Rändern, – pfrieml. bis nadelf., zuw. fast schuppenf., anliegend od. in spitzem Winkel abstehend, zumindest die allmähl. verschmälerte stechende Spitze frei; Zapfen ± kugelig, 7–9 mm ∅, purpur- bis schwarzblau. Sp – s (Sorte z). S-Jap. [*J. chinensis* var. *procumbens* ENDL.]
Japanischer Kriech-W., *J. procumbens* (ENDL.) MIQ.

'Nana': Wuchs mattenf., 0,2–0,4 m hoch, Äste steif, flach ausgebreitet, dicht verzweigt; Nadeln 5–8 mm lang, hellgrün bis bläul. grün.

— Bl. gegenst. od. zuw. in unregelmäßigen Wirteln zu 3, 2–6 mm lang, nur an Spitzentrieben bis 10 mm lang u. dann 2 mm breit, grün od. blaugrün, im Winter meist rötl. purpurn überlaufen, unterseits nahe der Basis mit 1–2 Stomatabändern, oberseits mit zerstreuten Stomata bis zur Blattspitze
Nadelblättrige Pfl. von ***J. horizontalis***, siehe Nr. **15**

11 (9). Bl. unterseits mit stumpfer Rippe u. längl. Furchen, nadelf. bis pfrieml. lanzettl., > 5-mal so lang wie breit, (2,5–)4–10 mm lang, 0,8–1,5 mm breit, im spitzen Winkel nach vorn gerichtet bis abstehend, dadurch beblätterte Zw. rau erscheinen lassend, gerade od. schwach gebogen, Spitze gerade, fein zugespitzt, wenig stechend, oberseits kahnf. ausgehöhlt, blaugrün bis weiß, grüne Mittelrippe sich von Stomatabändern kaum absetzend, da von Wachsschicht bedeckt, – unterseits grün bis bläul. grün, ältere Bl. rötl. braun werdend u. lange haftend; Zapfen eif. bis ± kugelig, 4–8 mm lang, 4–6 mm ∅, rotbraun bis purpurschwarz. Sg/Sk/Sp – h. Geb. Afgh., Himal. von N-Pak. bis Tibet u. N-Myanm., Yunn., S-China bis Taiw.
Schuppenrindiger W., *J. squamata* D. Don

'Blue Carpet': Pfl. flach ausgebreitet durch lang niederliegende Äste, 0,3–0,5 m hoch, Triebspitzen etwas abwärts geneigt; Bl. stahlblau.

'Blue Star': Pfl. abgeflacht halbkugelig, kompakt, bis 1 m hoch u. 2 m breit; Bl. etwas stechend, silberblau.

'Holger': ausgebreiteter, sehr dicht verzweigter Strauch, etwa 0,8 m hoch u. 2–3 m breit; Bl. anfangs gelb, später vergrünend.

'Meyeri': aufrechter Strauch mit trichterf. Habitus, 3–6 m hoch, 2–3 m breit, Äste unregelmäßig steil aufsteigend od. ausgebreitet; Bl. sehr dicht stehend, oberseits schneeweiß, unterseits grün bis blaugrün, im Alter abgestorbene braune Nadeln lange haftend.

Ähnl. ist ***J. morrisonicola*** Hayata, **Taiwan-W.:** Bl. nur bis 5 mm lang, oberseits weißl. mit 2 grauen Stomatabändern, unterseits grün. Sg – ss. ∧ Hochgeb. von Taiw.

— Bl. unterseits deutl. gekielt, ohne längl. Furchen, pfrieml. lanzettl., bis 5-mal so lang wie breit, (2–)3–5(–7) mm lang, 1–1,5 mm breit, dachziegelig, meist anliegend, dadurch beblätterte Zw. glatt erscheinen lassend, zuw. etwas gebogen u. frei, Spitze einwärts gekrümmt, zugespitzt bis stechend, oberseits mit 2 weißen Stomatabändern, getrennt durch eine flache od. leicht erhabene Mittelrippe, – unterseits bläul. grün; Zapfen eif. od. kugelig, 5–9 mm lang, 5–6 mm ∅, glänzend bläul. schwarz od. purpurschwarz. Bk/Sg/Sp – ss. China: Tibet, Sich., Yunn. **Pings W., Yunnan-W., *J. pingii*** W. C. Cheng

Während **var. *pingii*** (Sg bis Bg) mit hängenden Zw. kaum bekannt ist, befinden sich die früher als Varietät od. Sorte zu *J. squamata* gestellte Sippe **var. *wilsonii*** (Rehder) Silba (WN-, WS- u. ZS-China, Yunn., Sich.) u. deren Sorte **'Loderi'** in Kultur: niederliegender od. aufrechter, dicht kegelf., bis 3 m hoher Strauch, selten baumf. u. bis 6 m hoch; Zw. nicht hängend, aber ihre Spitzen hakig umgebogen; Bl. pfrieml., 3–6 mm lang, anliegend od. gebogen u. ± abstehend, oberseits blauweiß mit bis zur Bl.mitte reichender, grüner Mittellinie, unterseits grün.

12 (1). Schuppenf. Bl. durch einwärts gebogene Spitze stumpf, gegenst., nadelf. Bl. oft nur an der Basis der Triebe od. im Innern der Pfl. (bei Sorten aber auch dominierend), 6–12 (bei Sorten bis 15) mm lang, meist in Wirteln zu 3, aber auch gegenst. (z. B. bei mehreren Sorten) od. sowohl wirtelig als auch gegenst. an einer Pfl. – Schuppenbl. dem Zw. dicht anliegend, 1,5–3 mm lang, grün mit helleren Rändern, in der Mitte mit vertiefter, aber nicht auffälliger Drüse; nadelf. Bl. scharf zugespitzt, abstehend, oberseits mit 2 Stomatabändern (mit Spaltöffnungsreihen) u. einer grünen Mittellinie; Zw. mit Bl. beim Zerreiben säuerl., nach Katzen od. Petersilie riechend; Zapfen 4–9 (bei Sorten auch bis 15) mm ∅, zunächst blauweiß, reif braun bis bräunl. violett, meist bläul. bereift, im 2. Jahr reifend, mit 2–4(–5) Samen; Triebe stielrund od. 4-kantig, 1–1,2 mm ∅. Bg/Bk/Sg – h. O-As. **Chinesischer W., *J. chinensis*** L.

var. *chinensis*: Baum od. aufrechter, locker verzweigter Strauch; Bl. grün, gelbl. grün od. bläul. grün, nadelf. Bl. 8–12(–15) mm lang; Nadelpaare od. -quirle entfernt stehend. h. Myanm., China, Taiw., Jap., Kor.

var. *sargentii* Henry: breitwüchsiger bis niederliegender, dicht verzweigter Strauch, bis 0,6 m hoch, Äste aufstrebend; Bl. meist bläul. grün (grün bei **'Viridis'**), nadelf. Bl. 3–6 mm lang, Nadelquirle sehr dicht stehend; Zapfen kleiner (bis 7 mm ∅). ss. Russ.-Fernost, Jap.

Zahlreiche, z. T. noch unter *J. chinensis* eingeordnete, aber zu *J.* × *pfitzeriana* (siehe unten) gehörende Sorten. Häufiger sind z. B.:

a) Sorten mit abweichender Bl.farbe:

'Aurea': Wuchs schlank kegelf., bis 5 m hoch; nadelf. Bl. oberseits gelbgrün, mit undeutl. blauweißen Streifen, schuppenf. Bl. goldgelb.

'Expansa Variegata' [*J. davurica* 'Expansa Variegata']: breitstrauchig wachsender, niedriger Strauch; Partien von rahmweißen Zw. u. Bl. verstreut über die Pfl., diese im Winter grün; Bl. schuppen- u. nadelf.

'Plumosa Aurea': breitstrauchig bis trichterf. wachsend, bis 1 m, im Alter bis 3 m hoch, Seitenzw. kurz, sehr dicht u. gebüschelt stehend; Bl überwiegend schuppenf., anfangs gelbl. grün, im Sommer leuchtend goldgelb, im Winter bronzegelb.

b) Sorten mit schmal kegelf. bis säulenf. Krone:

'Keteleeri': Krone schmal kegelf., dicht u. kompakt, bis 12 m hoch, bis 1,5 m breit, Äste aufsteigend, Zw. sehr dünn; Bl. schuppenf., grün, bläul. bereift; Zapfen zahlreich, größer als sonst bei *J. chinensis* u. Sorten, 1–1,5 cm ∅, grün, blauweiß bereift.

'Obelisk': Krone schmal säulenf., ca. 3 m hoch, Äste u. Zw. kurz, steif, abstehend, Zw.spitzen aufrecht; Bl. nadelf., 1–1,5 cm lang, lang u. scharf zugespitzt, blaugrün.

'Spartan': Krone säulenf., bis 3,5 m hoch u. 1 m breit, im Alter bis 6 m hoch u. mehr kegelf.; Bl. schuppenf., tiefgrün.

'Stricta': Krone kegelf., bis 2,5 m hoch u. 1 m breit, dicht verzweigt, Zw. aufsteigend; Bl. nadelf., sich relativ weich anfühlend, blaugrün, im Winter stahlblau.

c) Sorten mit kegelf., aber sehr unregelmäßiger Krone:

'Kaizuka': Sg od. Bk, 2–6 m hoch, 1–3,5 m breit, Äste sehr unregelmäßig abstehend, oft gedreht; Bl. schuppenf., frischgrün. ∧.

'Monarch': Sg od. Bk, 4–6 m hoch, 1,5–2 m breit; Bl. nadelf. bis pfrieml., bis 1 cm lang, scharf zugespitzt, blaugrün.

'Robusta Green': Sg, 2–3 m hoch, 1 m breit, Zw. ± gedreht, nach innen gebogen; Bl. nadel- u. schuppenf., graugrün.

c) Sorten mit buschiger, breit kegelf. od. trichterf. Krone:

'Blaauw': Hauptäste schräg aufsteigend od. auch aufrecht, bis 2,5 m hoch u. 1,5(–2) m breit; Bl. schuppenf., dunkel blaugrau.

'Blue Alps': Wuchs mehr aufrecht, bis 4 m hoch u. 2 m breit, Zw. aufrecht, ihre Spitzen abstehend bis übergebogen; Bl. nadelf., 7–12 mm lang, blaugrün.

Ähnl. ist Hybride *J. chinensis* × *J. sabina* = ***J.* × *pfitzeriana*** (Späth) P. A. Schmidt [*J.* × *media* van Melle], **Pfitzers W.:** breit ausladender Strauch, bis 2–4 m hoch u. 2–6 m breit, Hauptäste schräg (40°–60°) aufsteigend, Spitzen meist überhängend, zahlreiche, waagerecht abstehende Seitenäste, Zw. mit Bl. beim Zerreiben etwas unangenehm riechend, aber keineswegs so stark wie *J. sabina*, eher leicht aromatisch; Bl. überwiegend schuppenf., gelb- bis graugrün, nadelf. Bl. oft im Innern der Pfl., bis 6 mm lang, oberseits graugrün. Sg/Sk – h.

Zahlreiche Sorten, die v. a. in der Bl.färbung abweichen, z. B.:

'Wilhelm Pfitzer' ['Pfitzeriana'], der Beschreibung von *J.* × *pfitzeriana* entsprechend; ähnl. **'Pfitzeriana Aurea'**: Bl. an jungen Zw. goldgelb, später oberseits grün bis gelbl., unterseits grünl. blau; **'Pfitzeriana Glauca'**: Bl. silbrig blau bis dunkel graublau; **'Pfitzeriana Compacta'**:

kleiner (bis 1 m hoch, 2–3 m breit) u. kompakter; Bl. überwiegend nadelf., graugrün bis grün; **'Mint Julep'**: Bl. schuppen- u. nadelf., leuchtend frischgrün.

Weitere Sorten der Hybride mit gelben Farbtönen: **'Blue and Gold'**: Bl. nadel- u. schuppenf., überwiegend graugrün, aber auch Triebe mit blaugrünen u. gelben Bl.; **'Gold Coast'**: Bl. nadel- u. schuppenf., besonders an Triebspitzen goldgelb; **'Golden Saucer'**: Bl. überwiegend nadelf., hellgrün, im Austrieb lebhaft gelb, unterseits blaugrün, im Winter hellgelb; **'Old Gold'**: Bl. überwiegend schuppenf., oberseits gelbgrün bis goldgelb, unterseits grün.

Die Sorte ***J.* 'Hetzii'**, im Wuchs u. in der Beblätterung 'Wilhelm Pfitzer' ähnl., aber von blaugrüner bis graublauer Färbung, wird oft zu *J.* × *pfitzeriana* gestellt, aber auch zu *J. chinensis*, *J. virginiana* od. einem Bastard dieser Sippen.

— Schuppenf. Bl. spitz od. zugespitzt, zumindest an Haupttrieben, nadelf. Bl. meist nur bis 6 mm lang, gegenst. od., besonders an Haupttrieben, auch in Wirteln zu 3, wenn an Seitenzw. zuw. Schuppenbl. ± stumpf od. wenn Nadelbl. teils bis 10 mm lang, dann beim Zerreiben unangenehm riechend **13**

13. Zapfen aufrecht sitzend od. nickend, aber nicht endst. an hakenf. gekrümmten stielartigen Seitenzw. hängend; Bäume od. aufrechte Sträucher (Bm/Sg), nur einige Sorten niedriger bleibend od. niederliegend wachsend **16**

— Zapfen endst. an kurzen, hakenf. zurückgebogenen stielartigen Seitenzw. hängend; Sträucher mit niederliegenden, flach ausgebreiten Ästen (Sp) od. breit wachsend mit schräg aufsteigenden, selten aufrechten Ästen (Sk/Sg), nur ausnahmsweise baumf. (Bk) **14**

14. 0,2–2 m hoher Strauch mit niederliegenden od. schräg vom Boden aufsteigenden Ästen, dicht buschig verzweigt u. meist breit ausladend, selten mehr aufrecht u. höher; Zw. mit Bl. beim Zerreiben stark unangenehm riechend bzw. stinkend; Bl. glänzend dunkelgrün bis gelbl. grün od. bläul. grün, schuppenf. Bl. 1–3 mm lang, 0,6–1 mm breit, dicht dem Zw. angepresst, zugespitzt bis ± stumpf, mit elliptischer gelbl. Drüse, nadelf. Bl. 4–10 mm lang, scharf zugespitzt, oberseits mit 1 od. 2 Stomatabändern; Zapfen unregelmäßig kugelig, 3–8 mm ∅, purpurbraun bis schwarzblau, bereift, mit (1–)2(–5) Samen. Sp bis Bk – h. Geb. NW-Afr., SW-, M- u. SO-Eur. bis Kauk., M-As., S-Sib., Mong., N- u. NO-China, Kor., Russ.-Fernost. **Sadebaum, Stink-W.** (i. w. S.), ***J. sabina*** L. s. l.

var. *sabina*, Echter Sadebaum: niedriger Strauch mit niederliegenden od. schräg aufsteigenden Ästen, selten aufrecht od. baumf.; Schuppenbl. an älteren Pfl. (ab etwa 10 Jahre) überwiegend od. ausschließl., nur zuw. Pfl. (v. a. Sorten), bei denen nadelf. Bl. vorherrschen. Sp bis Bk – h. Areal wie *J. sabina* s. l. mit Ausnahme O-As., wo durch var. *davurica* vertreten.

var. *davurica* (PALL.) FARJON [*J. davurica* PALL.], **Dahurischer Sadebaum:** stets flach ausgebreiteter Strauch mit niederliegenden Ästen u. aufsteigenden Zw., bis 0,5(–0,8) m hoch; beide Bl.formen bis ins Alter vorhanden, an den Ästen oft im Wechsel, nadelf. Bl. im unteren Teil der Jahrestriebe, schuppenf. Bl. an den Enden der Triebe. Sp – ss. N- u. NO-China, Kor., O-Sib., Russ.-Fernost.

Mehrere, sich in Wuchsform, Bl.form u. -farbe unterscheidende Sorten (zu var. *sabina*), z. B.:

'Blaue Donau' ['Blue Danube']: Äste weit abstehend, bis 1 m hoch, Zw.spitzen aufwärts gerichtet; Bl. meist schuppenf., im Innern der Pfl. auch nadelf., graublau bis bläul. grün.

'Femina': Äste niederliegend u. schräg aufsteigend, 1–1,5 m hoch; Bl. meist schuppenf., dunkelgrün; im Wuchs ähnl. **'Mas'**: aber Bl. meist nadelf., oberseits bläul., unterseits grün, im Winter purpurn getönt.

'Rockery Gem': Äste waagerecht ausgebreitet, teils niederliegend, < 0,5 m hoch, Zw. ± aufgerichtet; Bl. meist nadelf., oberseits blaugrün, unterseits grün; ähnl. **'Tamariscifolia'**, aber bis 1 m hoch; Bl. nadelf., hellgrün bis bläul. grün; **'Tam No Blight'**: wie vorige, aber weniger anfällig gegenüber Zw.sterben.

Einige früher zu *J. davurica* (= *J. sabina* var. *davurica*) gestellte Sorten (z. B. 'Expansa Variegata') werden heute *J. chinensis* zugeordnet (siehe Nr. 12a). Zu den Sorten aus Kreuzungen *J. chinensis* × *J. sabina* (*J.* × *pfitzeriana*) siehe unter *J. chinensis* (Nr. 12).

Der **Falsche Sadebaum, *J. pseudosabina*** Fisch. & C. A. Mey.: 1-häusiger (*J. sabina* 2-häusig), niederliegender Strauch (Sp) od. Baum (Bm/Bk), unterscheidet sich durch dickere Jungtriebe (1,5–2 mm ∅, *J. sabina* nur bis 1 mm), stets stumpfe Schuppenbl. u. 1-samige, eif. Zapfen. ss. Geb. M-As. bis S-Sib. u. Mong.

— Teppichartig den Boden bedeckender, oft weithin kriechender, dicht verzweigter, 0,1–0,6 m hoher Spalierstrauch mit niederliegenden Ästen, Seitenzw. niederliegend, aufsteigend od. aufrecht; Zw. mit Bl. beim Zerreiben nicht auffällig riechend od. leicht aromatisch, aber nicht unangenehm **15**

15. Nadelf. bis pfrieml. Bl. gegenst. od. zuw. in unregelmäßigen Wirteln zu 3, 2–6 mm lang, nur an Spitzentrieben bis 10–13 mm lang u. 2 mm breit, unterseits nahe der Basis mit 1–2 weißl. Stomatabändern, oberseits mit zerstreuten Stomata bis zur Blattspitze, Bl. grün od. blaugrün (bei Sorten auch stahlblau bis silbrig graublau), im Winter meist rötl. purpurn überlaufen, oft Übergänge von nadelf. zu schuppenf. Bl., Schuppenbl. 1,5–2,2 mm lang, 1–1,2 mm breit, dem Zw. anliegend, aber vorderer Teil, besonders die Grannenspitze, frei, oft mit Drüse; Zapfen kugelig, 5–8 mm ∅, bräunl. blau bis blauschwarz, oft etwas bläul. bereift, mit (2–)3–4 Samen. Sp – h. N-NAm.

Nordamerikanischer Kriech-W., *J. horizontalis* Moench

Zahlreiche Sorten, z. B.:

a) Sorten mit abweichender Bl.farbe:

'Andorra Variegata': Wuchs wie 'Andorra Compact' (siehe unter b), aber an Pfl. verstreut auftretende cremefarbene Triebspitzen u. Bl.

'Golden Carpet': Wuchs wie 'Wiltonii' (siehe unter d), aber Bl. grünl. gelb

b) Sorten mit schuppenf. u. nadelf. Bl.:

'Andorra Compact': Wuchs kissenf., 0,4–0,6 m hoch, Äste nicht niederliegend; Bl. grau- bis bronzegrün, im Winter grünl. purpurbraun.

'Prince of Wales': Wuchs mattenf., 0,12–0,3 m hoch; Äste niederliegend; Bl. anfangs bläul. grün, dann lebhaft grün, im Winter purpurbraun.

c) Sorten mit überwiegend nadelf. Bl.:

'Blue Chip': Pfl. flach ausgebreitet, 0,3–0,5 m hoch, Äste niederliegend, Zw. anfangs aufsteigend, später auch niederliegend; Bl. auffällig silbrig graublau; ähnl. **'Blue Pygmy'**: Wuchs kompakt abgeflacht halbkugelig, bis 0,3 m hoch, Zw. aufsteigend bis aufrecht; Bl. blaugrün bis -grau; **'Grey Pearl'**: flach wachsend, bis 0,3 m hoch, Zw. aufrecht; Bl. graugrün.

d) Sorten mit überwiegend schuppenf. Bl.:

'Glacier': Wuchs mattenf., flach kriechend, bis 0,4 m hoch; Bl. hell silberblau, im Winter dunkler, aber ohne purpurne Tönung.

Glauca-Gruppe: kriechende, flache Teppiche bildende Klone, bis 0,3 m hoch, Zw. gerade u. aufliegend od. leicht bogig aufgerichtet; Bl. intensiv stahlblau, im Winter nicht verfärbend.

'Wiltonii': Wuchs niederliegend, mattenf., bis 0,2 m hoch, Bl. lebhaft silbrig blau, im Winter graublau.

Der Kriech-W. *J. horizontalis* bildet Bastarde mit den Baumwacholdern *J. scopulorum* u. *J. virginiana*.

— Nadelf. bis pfrieml. Bl. in Wirteln zu 3, 4–10 mm lang, ca. 1 mm breit, grau- od. blaugrün, unterseits (Außenseite) an der Basis mit 2 weißen Flecken, die sich als bläul. weiße Linien auf dem am Trieb herablaufenden Bl.kissen fortsetzen, oberseits mit 2 blaugrünen, zuw. zusammenlaufenden Stomatabändern u. grünen Rändern, Bl. blau- od. graugrün, nur selten Übergänge zu schuppenf. Bl. .... ***J. procumbens***, siehe Nr. **10**

16 (13). Zapfen im 1. Jahr reifend, nur Zapfen einer Größe an der Pfl., eif. bis kugelig, 4–6,5 mm lang, 3–5,5 mm breit; Zw. mit Bl. beim Zerreiben nach Seife od.

Farbe riechend – Jungtriebe dünn, höchstens 1 mm ∅, ± 4-kantig; Bl. meist schuppenf., 1,3–3 mm lang, 0,7–1,2 mm breit, hell- bis dunkel- od. blaugrün (bei Sorten auch graublau, selten blass silbrig), sich mindestens 25–40 % der Länge überlappend (Unterschied zu *J. scopulorum*, Nr. 16–), spitz od. zugespitzt, Spitze abstehend, mit deutl., rundl. od. elliptischer Drüse; nadelf. Bl. 5–6 mm lang, stechend zugespitzt, oberseits rinnig, weißl., gegenst. od. an üppigen Zw. zu 3 wirtelig; Zapfen purpurblau, bereift, mit 1–2(–4) Samen; Stammrinde hellbraun bis rötl. braun, sich in langen Streifen ablösend; Krone schmal bis breit kegelf., zuw. im Alter breiter u. ± abgerundet. Bm/Sg – h. O-NAm.: O-Kanada bis SO- u. Z-USA.

Virginischer W., Virginische Rotzeder, *J. virginiana* L.

Zahlreiche in Farbtönung u. Wuchsform abweichende Sorten, z. B.:

a) Sorten mit säulenf. od. kegelf. Wuchs:

'Burkii': Krone dicht u. gleichmäßig kegelf. od. breit säulenf., bis > 3 m hoch; Bl. nadelf., grün, oberseits mit mattblau Stomatabändern, im Herbst stahlblau, im Winter purpurn überlaufen.

'Canaertii': Krone schlank säulenf. bis kegelf., im Alter etwas lockerer, mehr eif., bis > 5 m hoch, dicht bezweigt; Bl. anfangs schuppenf., später überwiegend nadelf., dunkelgrün; Zapfen zahlreich, stark weiß bereift.

'Glauca': Krone säulenf., bis > 6 m hoch, anfangs geschlossene Säulenform, später locker u. durch seitl. herausragend Zw.spitzen unregelmäßig; Bl. schuppenf., aber im Innern der Pfl. auch nadelf., intensiv stahlblau od. silbergrau.

b) Sorten mit breit strauchf. Wuchs:

'Mona': bis 2 m hoch u. deutl. breiter, Äste schräg aufsteigend; Bl. überwiegend nadelf., anfangs graugrün, später grün.

'Tripartita': bis 2 m hoher u. breiter Strauch, Äste steif, meist unregelmäßig aufrecht; Bl. nadelf. u. schuppenf., grün, bläul. bereift, im Winter dunkel purpurn.

c) Niedrig bleibender, fast niederliegender Strauch, bis 0,5 m hoch, Zw.spitzen überhängend; Bl. schuppenf., im Winter bronze bis purpurn getönt: **'Frosty Morning'**.

Die hybridogene Sorte ***J.* 'Grey Owl'**, meist zu *J. virginiana* gestellt, ist im Wuchs dem Elter *J.* × *pfitzeriana* 'Wilhelm Pfitzer' ähnl., aber sonst dem Mutterbaum *J. virginiana* 'Glauca': Bl. meist schuppenf., nur im Innern der Pfl. nadelf., silbrig grau, im Winter meist purpurn getönt. Hiervon auch eine Mutation mit intensiv gelbem Austrieb (**'Golden Spring'**).

— Zapfen im 2. Jahr reifend, d. h. an derselben Pfl. 2 unterschiedl. Zapfengrößen, ± kugelig, 6–12 mm ∅; Zw. mit Bl. beim Zerreiben nicht nach Seife od. Farbe riechend, entw. nicht mit auffälligem Geruch od. unangenehm riechend .. **17**

17. Jungtriebe 1,2–2 mm ∅; Schuppenbl. 2–3 mm lang, 1–1,5 mm breit, mit unauffälliger Drüse, Zw. mit Bl. beim Zerreiben unangenehm riechend – Bl. dem Zw. angepresst, aber Spitze teilw. abstehend, ± spitz, gelbl. grün bis glänzend grün; Zapfen 5–13 mm ∅, dunkelblau bis schwärzl. blau, meist bereift, mit 1–2(–3) Samen. Bm/Sg – ss. ∧ SO-Eur. bis S-Kauk. u. WM-As. (Turkm.). **Stinkender Baum-W., *J. foetidissima*** Willd.

— Jungtriebe 0,7–1,2(–1,3) mm ∅; Schuppenbl. 0,6–2 mm lang, 0,4–1 mm breit, mit deutl. längl. od. elliptischer Drüse, Zw. mit Bl. beim Zerreiben nicht unangenehm riechend **18**

18. Zapfen mit 3–6(–8) Samen; Bl. überwiegend schuppenf., aber auch nadelf., Schuppenbl. dem Zw. fest angepresst, ihre Spitze stumpf, einwärts gekrümmt, gelbl. grün bis matt hellgrün, Nadelbl. 5–6 mm lang, oberseits mit 2 blauen Stomatabändern; Zapfen 6–12 mm ∅, braun, blau od. dunkel purpurgrau, meist bläul. bereift; Jungtriebe ± stielrund od. schwach 4-kantig; Stammrinde rötl. braun, später graubraun, sich in Streifen lösend. Bm/Sg – ss. ∧ SO-Eur.,

Kl.-As., Kauk. bis M-As., Pak., Lev., Oman.

Hoher W., Kleinasiatischer Baum-W., ***J. excelsa*** M. BIEB.

— Zapfen mit 1–2(–4) Samen; Bl. stets schuppenf., dicht angepresst, stumpf bis spitz, dunkelgrün od. gelbl. grün, bei Sorten bis graublau od. silbrig; Zapfen oft breiter als lang, (5–)6–8(–9) mm ∅, purpurorange od. rotbraun, blau bereift; Jungtriebe ± 4-kantig; Rinde rötl. braun, sich plattig ablösend – Schuppenbl. sich nicht od. höchstens bis 20 % der Länge überlappend (Unterschied zu *J. virginiana*, Nr. 14). Bk/Sg – h. W-NAm.: W-Kanada bis SW- u. Z-USA.

Felsengebirgs-W., Westliche Rotzeder, ***J. scopulorum*** SARG.

Besonders verbreitet sind streng säulenf. Sorten, aber einige Sorten auch breiter wachsend, ± kegelf.

'Blue Heaven': Krone gleichmäßig kegelf., bis 3 m hoch; Bl. grau- bis blaugrün.

'Blue Pyramidal': Krone geschlossen säulenf., bis etwa 3 m hoch; Bl. im Austrieb silbrig blau, später blau.

'Moonglow': Krone gleichmäßig breit säulenf. bis kegelf., bis 4–8 m hoch; Bl. intensiv silberblau.

'Skyrocket': Krone sehr schmal säulenf., straff aufrecht, bei 4 m Höhe nur 0,4 m breit, bei 8 m Höhe bis 1 m breit, Äste u. Zw. ± steil aufrecht stehend; Bl. blaugrau; ähnl. **'Blue Arrow'**: stets geschlossene Säule, da keine ausbrechenden Seitenzw.; Bl. blaugrau bis stahlblau.

'Springbank': Krone unregelmäßig breit säulenf., bis etwa 2 m hoch, obere Zw. locker abstehend, Triebspitzen sehr dünn, fast fadenf.; Bl. intensiv silbrig blaugrau.

'Wichita Blue': Krone anfangs säulenf., später kegelf., bis 6 m hoch, Äste straff aufrecht; Bl. silberblau.

Einziger Wacholder mit Schuppenbl. in Euras. u. N-Afr., der ebenfalls rötl. Zapfen hat, ist ***J. phoenicea*** L., **Phönizischer W., Zypressen-W.:** Zapfen gelb- bis rotbraun, aber zuw. auch purpurschwarz, jedoch meist etwas größer (bis > 1 cm ∅) u. mit 3–8 Samen; beblätterte Zw. etwas stärker (1–1,5 mm), zerrieben nach Zitrone riechend; Schuppenbl. ebenfalls mit deutl. längl. Drüse, aber meist nur bis 1 mm lang. ss. Medit.

Kalmia L., **Lorbeerrose,** inkl. **Sandmyrte** u. **Gämsheide** – *Ericaceae*

(Bearbeiter: Bernd Schulz)

Alle behandelten Arten immergrün (sommergrün *K. cuneata* Michx.); Bl. entw. wechselst (*K. latifolia* L.) od. gegenst./wirtelig; Bltn. in meist zu mehreren beieinandersitzenden Schirmtrauben, Kr. meist verwachsen (*K. buxifolia* mit freien Krbl.), glockig bis breit schüsself., bei einigen Arten (im Schlüssel unter 2–3) Kr. mit 10 Aussackungen (*609/1–2*), in denen die Staubbeutel festsitzen (*609/1a*): hier reißen bei Berührung die gespannten Staubfäden die dabei ausstäubenden reifen Staubbeutel heraus; Fr. eine scheidewandspaltige Kapsel (*610/3*). Etwa 8–10 Arten in NAm. u. Euras. Kalkunverträgl. **G!**

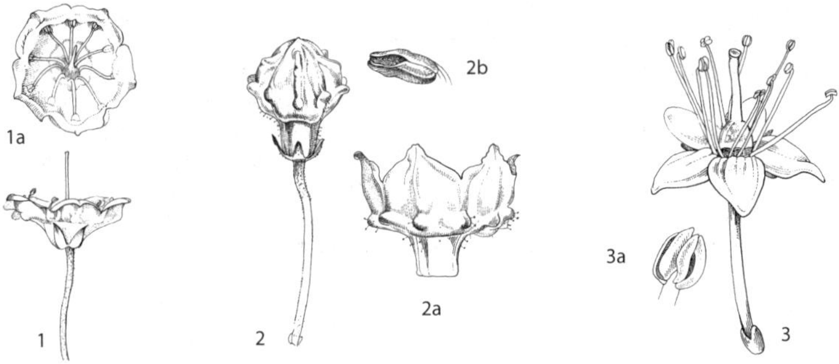

609/1–3 *Kalmia*: 1 *K. angustifolia,* 1 Blüte, 1a Draufsicht; 2 *K. latifolia,* 2 Bltn.kn., 2a Kr., 2b Staubbeutel; 3 *K. buxifolia,* 3 Blüte, 3a Staubbeutel

1. Bl. bis 1 cm lang; Bltn. entw. mit freien Krbl. u. mit 10 Stbl. (*609/3*) od. mit verwachsenen Krbl. u. nur 5 Stbl.; bis 30 cm hohe Zwergsträucher **4**

— Bl. > 2 cm lang; Krbl. verwachsen u. 10 Stbl., Kr. außen mit 10 Aussackungen (*609/1–2*); meist höhere Sträucher **2**

2. Bltn. in zahlreichen Schirmtrauben entlang der Zw. („seitenst."), etwa 1 cm ∅ (*609/1*) – Kr. tief rosarot bis rot; Bl. gegenst. od. 3-wirtelig, 2–6 cm lang, längl. lanzettl., 1–2 cm breit, vorne abgerundet, Rand schwach nach unten eingerollt (*609/5*); V–VII. Sk – s–z. NO-Nam.

Schmalblättrige L., *K. angustifolia* L.

'Rubra': Bltn. tief rosarot. h.

609/4–6 *Kalmia*, Bl.: 4 *K. latifolia*, 4a Bl.ansatz, 4b Längsschnitt; 5 *K. angustifolia*, Bl. 3-wirtelig am Knoten; 6 *K. polifolia*, Bl. gegenst. am Knoten, 6a Bl. Unterseite, 6b Bl. quer

— Bltnst. mehrere Schirmtrauben am Zw.ende („endst.") – entw. alle Bl. schmaler als 1 cm od. Mehrzahl der Bl. > 2,5 cm breit **3**

3. Pfl. bis 50 cm hoch; Bl. gegenst. od. 3-wirtelig (*609/6*), Rand zur blauweißen Unterseite deutl. eingerollt (*609/6b*), – längl. lanzettl., 2–3,5 cm lang, bis 6 mm breit, Bl.stiel unterseits anfangs V-f. gekielt (*609/6a*), dieser Kiel setzt sich am Zw. ein Stück als Kante fort; Bltn. in Schirmtrauben, 1–1,5 cm ∅, Kr. rosapurpurn; V–VI. Sz – s. N-NAm. [*K. glauca* Ait.]

Poleiblättrige L., *K. polifolia* Wangenh.

— Pfl. bis > 3 m hoch; Bl. flach, wechselst., – elliptisch lanzettl., zugespitzt (*609/4*), 5–10 cm lang u. 2,5–4 cm breit, oberseits dunkelgrün, unterseits gelbl. grün, Bl.grund bedeckt die Achselkn. (*609/4a* u. *b*); Bltn. in drüsig behaarten Schirmtrauben, Kr. napff. (*609/2* u. *2a*), 1,8–2,5 cm ∅, außen klebrig, rosa bis rot, mit purpurnen Punkten; zahlreiche Sorten; V–VI. Sg – h. O-NAm.

Breitblättrige L., *K. latifolia* L.

4 (1). Bl. unterseits mit schwärzl. Punkten – Krbl. nicht miteinander verwachsen (*609/3*); Bl. lederig, wechsel- od. gegenst., 4–10 mm lang, oberseits glänzend dunkelgrün, unterseits heller, schwärzl. gepunktet (*610/2*); Kr. in der Kn. bronzerot, später rosaweiß, die 10 Stbl. doppelt so lang wie Kr.; V. Sz – s. O-NAm. [*Leiophyllum buxifolium* (Bergius) Elliott]

Sandmyrte, *K. buxifolia* (Bergius) Gift & Kron

— Bl. unterseits ohne schwärzl. Punkte – Bl. gegenst., lederig, gedrängt angeordnet (*610/1*), eif., 4–8 mm lang; Bltn. in 2–5-bltg. Schirmtrauben, Kr. rosa bis weiß, 5 mm lang, die 5(!) Stbl. kürzer als Kr.; VI–VII. Sp – s. zirkpol. [*Loiseleuria procumbens* (L.) Desv.]

Gämsheide, Alpenheide, *K. procumbens* (L.) Gift & Kron

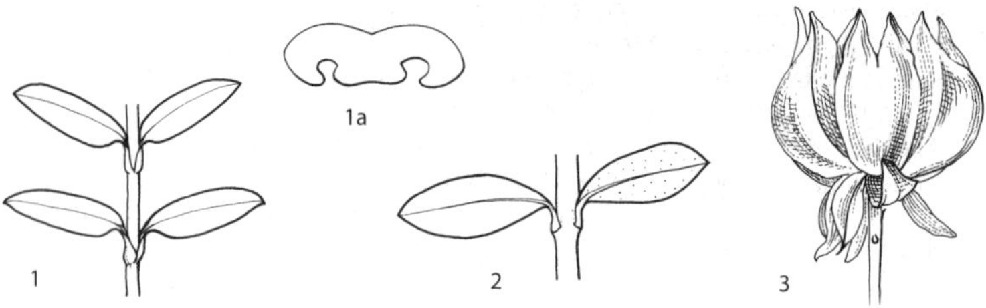

610/1–3 *Kalmia*: 1 *K. procumbens*, Bl. am Zw., 1a Bl. quer; 2 *K. buxifolia*, Bl.; 3 *K. polifolia*, Fr.kapsel

Kalopanax Miq., **Baumaralie, Baumkraftwurz** – *Araliaceae* (Bearbeiter: Ulrich Hecker)

1 Art.

K. septemlobus (Thunb.) Koidz. [*K. pictus* (hort.) Nakai], **Baumaralie** – Sommergrüner, wenig verzweigter Baum; Stamm u. Zw. dicht mit breitbasigen Stacheln bekleidet; Bl. wechselst., an den Zw.enden ± rosettig genähert, im Umriss rund, 10–30 cm breit, mit 5–7(–9) breit 3-eckigen, zugespitzten, gesägten Lappen, Spreitengrund ± herzf. od. gestutzt, Bl. unterseits achselbärtig u. anfangs behaart, heller als oberseits (*611/1*), 10–25 cm lang gestielt; Bltn. ⚥, in endst., 20–40 cm großen, reich verzweigten Rispen, aus Dolden zusammengesetzt; Steinfr. schwarzblau, kugelf., 4–5 mm ∅ (*611/3*), mit 2–3 abgeflachten Steinkernen; VII–VIII. Bg – s. O-As.

fo. *maximowiczii* (VAN HOUTTE) H. OHASHI: Spreite z. T. weit über die Mitte 5–7-lappig, Lappen längl. lanzettl. (*611/2*).

Zuw. wird noch eine weitere Art, *K. lutchuensis* (NAKAI) H. OHASHI, unterschieden.

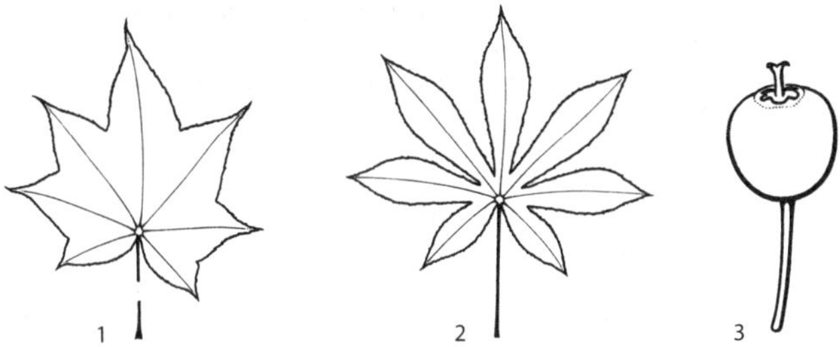

611/1–3 *Kalopanax septemlobus*: 1 Bl.; 2 fo. *maximowiczii*, Bl.; 3 Fr.

Kerria DC., **Goldkerrie, Ranunkelstrauch** – *Rosaceae* (Bearbeiter: Bernd Schulz)

1 Art.

K. japonica (L.) DC. – Sommergrüner Strauch mit kurzen unterirdischen Ausläufern; Zw. aufrecht, kurzlebig, kahl, glänzend grün (ohne Rottöne), mit weitem weißen Mark, nur abgestorbene Zw. braun, eine Zeitlang bleibend; Bl. eif. bis eilängl., 3–6 cm lang, zugespitzt, doppelt gesägt (*611/4*), frischgrün, unterseits leicht behaart, Bl.stiel bis 1,5 cm lang, Nebenbl. klein; Bltn. einzeln od. zu wenigen meist am Ende beblätterter Kurztriebe, 5-zählig, ca. 3 cm ∅, Krbl. goldgelb (*611/5*), Frbl. 5–8, im flachen Bltn.becher, Stbl. zahlreich, um 100; Frch. 4–5 mm lang, schwarzbräunl., selten ausgebildet; V–VI. Sk – z. Jap., China (außer W- u. N-China). **G!**

'Pleniflora', Goldröschen: Bltn. mit zahlreichen, relativ schmalen Krbl. gefüllt (*611/6*), 3–4,5 cm ∅; V–XI, witterungsabhängig. h.

611/4–6 *Kerria japonica*: 4 Bl.; 5–6 Bltn.: 5 Blüte ungefüllt, 6 gefüllte Blüte ('Pleniflora')

Koelreuteria Laxm., **Blasenesche** – *Sapindaceae* (Bearbeiter: Bernd Schulz)

Sommergrüne Bäume. Bl. wechselst., gefiedert; Bltn. in großen endst. Rispen, K. 5-lappig, Krbl. 4, genagelt; Stbl. 8; Fr. eine blasige Kapsel mit papierdünnen Wänden, die bei der Reife in 3 je 1(–2) Samen tragende Teile zerfällt (*311/2*). 3 Arten in O-As., bei uns nur folgende Art in Kultur.

K. paniculata Laxm. – Bl. eif., bis 35 cm lang, Blch. 7–15, eif. bis eilängl., 3–8 cm lang, unregelmäßig kerbig gesägt, am Grund oft eingeschnitten gelappt (*612/1–2*); Bltn. 10 mm ∅, gelb, Rispen bis 35 cm lang; Kapsel 4–5 cm lang, Samen erbsengroß, schwarz; neigt stark zur Verwilderung; VII–VIII. Bk – h. O-As.: China.

An jungen Pfl. u. Stockausschlägen Bl. oft > 40 cm lang u. z. T. doppelt gefiedert (*612/2*); fragl., ob die Differenzierung einer var. *apiculata* (Rehder & E. H. Wils.) Rehder mit diesen Merkmalen gerechtfertigt ist.

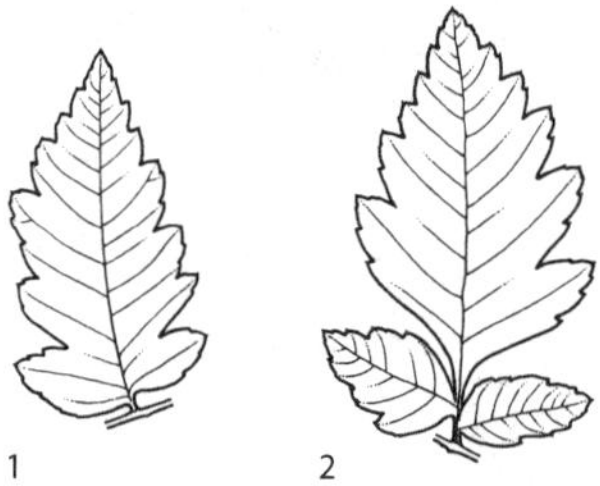

612/1–2 *Koelreuteria paniculata*, Blch.

Kolkwitzia Graebn., **Kolkwitzie** – *Caprifoliaceae* (Bearbeiter: Bernd Schulz)

1 Art.

K. amabilis Graebn. – Sommergrüner Strauch; Bl.stiel borstig, 2–3 mm lang, Spreite breit eif., 3–9 cm lang, lang bis geschwänzt zugespitzt, am Grund gerundet, entfernt schwach grob gezähnt bis fast ganzrandig, bewimpert (*612/3*), oberseits dunkelgrün, zerstreut behaart, unterseits auf den Nerven rau behaart; Bltn. paarweise verbunden (*612/4*) zahlreich in 5–7 cm breiten rispig thyrsischen Bltnst. am Ende von Kurztrieben, die vorj. Zw. ansitzen, K. mit 5 spreizenden, schmalen Zipfeln, bleibend, Kr. zygomorph, glockenf., 5-zipfelig, 1,5 cm lang, rosaweiß, Schlund gelborange, behaart, Stbl. 4, so

612/3–5 *Kolkwitzia amabilis*: 3 Bl., 4 Bltn.paar, 5 Fr.paar

lang wie die Kr.röhre, Frkn. 3-fächerig, die eines Paares miteinander u. mit Trag- u. Vorbl. verwachsen; Schließfr. borstig behaart, 6 mm lang, 1-samig, lang geschnäbelt u. vom trockenen K. gekrönt (*612/5*); V–VI. Sg – h. O-As: China, hier weit kultiviert.

Laburnum MED., **Goldregen** – *Fabaceae* (Bearbeiter: Bernd Schulz)

Sommergrüne Bäume od. Sträucher; Zw. mit Endkn.: eif., mit Kn.schuppen (*269/6*); Bl. wechselst., lang gestielt, 3-zählig, Blch. ganzrandig, elliptisch bis elliptisch verkehrt eif., fast sitzend, Nebenbl. mit dem Bl.grund verwachsen: unauffällige Zipfel; Bltn. in langen, hängenden Trauben, achselst. an Kurztrieben, Krbl. gelb, K. glockenf., schwach 2-lippig, Staubfäden alle 10 miteinander verwachsen; Fr. eine flache mehrsamige Hülse, zwischen den Samen schwach eingeschnürt. 2 Arten von Eur. (bis Kl.-As.). **G!!**

1. Zw. angedrückt silbrigweiß behaart, anfangs auch die Bl.unterseite; zipfelf. Nebenbl. bleibend – Blch.stiel u. Mittelrippe besonders unterseits dicht anliegend langhaarig, Fläche kürzer anliegend behaart, Fiedern sehr kurz (um 1 mm lang) gestielt; Bltn. ca. 15–18 mm lang, in bis 30 cm langen Trauben, K. mit kurzer Ober- u. etwas längerer Unterlippe; Fr. seidenhaarig, oben scharfkantig, aber nicht geflügelt; Ende IV–V. Sg/Bk – h. Südl. M- u. O-Eur. **Gewöhnlicher G., *L. anagyroides*** MEDIK.

— Zw. kahl; Blch. unterseits auf der Mittelrippe spärl. behaart, Fläche fast kahl, zum Rand etwas dichter, oberseits dunkelgrün, kahl; Nebenbl. hinfällig (Narben hinterlassend) – Fiedern kaum gestielt; Bltn. ca. 16 mm lang, in 15–40 cm langen, dichten Trauben, K. mit etwa gleich langen Lippen; Fr. kahl, an der Oberkante bis etwa 2 mm breit geflügelt; blüht etwas später als vorige Art; V–VI. Sg/Bk – s. mont. Z- bis S-Eur. **Alpen-G., *L. alpinum*** (MILL.) J. PRESL

L. × watereri (WETTST.) DIPPEL [*L. alpinum × L. anagyroides*]: Bl. unterseits u. Bltn.trauben spärl. behaart; Trauben bis 40 cm lang.

'Vossii': starkwüchsig; Trauben bis 50 cm lang, Hülsen kurz, mit 1–3 Samen. h.

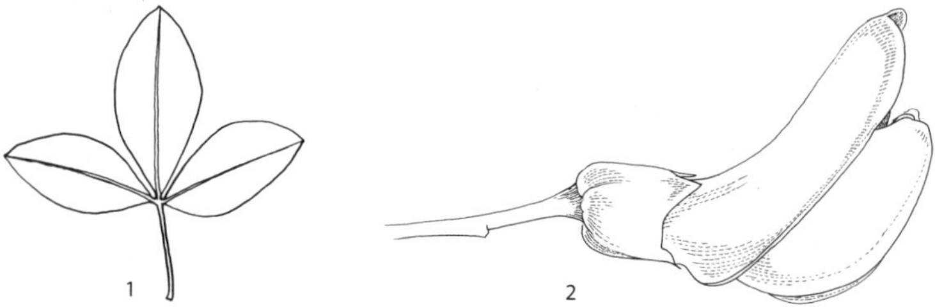

614/1–2 *Laburnum anagyroides*: 1 Bl., 2 Blüte

+ ***Laburnocytisus adamii*** (POIT.) C. K. SCHNEID., **Chimärengoldregen** – *Fabaceae* (Bearbeiter: Bernd Schulz)

[Pfropfhybride *Chamaecytisus purpureus* + *Laburnum anagyroides*]

Habituell *L. anagyroides* sehr ähnl., aber Bl. kleiner u. Bltn.trauben kürzer; neben Trauben, in denen alle Bltn. wie *C. purpureus* hell purpurne Krbl. besitzen, solche, in denen alle Bltn. wie *Laburnum* gelbe Krbl. aufweisen. z. Kultur. **G!**

Lagerstroemia L., **Kreppmyrte** – *Lythraceae* (Bearbeiter: Ulrich Hecker)

Immer- od. sommergrüne Sträucher od. Bäume; Bl. gegenst., mit sehr kleinen hinfälligen Nebenbl.; Bltn. in end.- od. seitenst. Rispen; ⚥, Kbl. meist 6, mit langem u. schmalem Nagel, Stbl. mit langen Filamenten, Frkn. 3–6-fächerig; Kapsel kreiself. bis halbkugelf., sich fachspaltig öffnend, Samen geflügelt. 23 Arten, von S- u. O-As., Neuguinea, Philippinen bis Austr. Bei uns nur folgende Art in Kultur.

L. indica L. – Zw. 4-kantig, kahl, Borke sich später in Platten lösend; Bl. fast ungestielt, elliptisch bis verkehrt eif. od. längl., 3–7 cm lang, bis 4 cm breit, oben gerundet od. kurz zugespitzt, am Grund breit keilf. bis gerundet (*615/1*), oberseits dunkelgrün, kahl, unterseits auf der Mittelrippe behaart; Bltn. in 5–20 cm langen Rispen, rosa bis purpurrot, 3–4 cm ∅, K.zähne 3-eckig, Krbl. lang genagelt, die Platte auffällig kraus-randig; Kapsel ± halbkugelf., kantig, ca. 1 cm lang, Samen längs schmal geflügelt. VIII–IX. Sg/Bk – s. ∧∧ China.

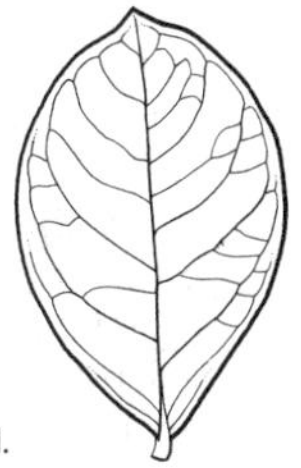

615/1 *Lagerstroemia indica*, Bl.

Larix Mill., **Lärche** – *Pinaceae* (Bearbeiter: Peter A. Schmidt)

Sommergrüne Bäume; Nadeln an Langtrieben schraubig, an Kurztrieben zu 15–50 in Büscheln, meist weich u. dünn, unter- od. beiderseits gekielt, hell- bis dunkelgrün od. grau- bis blaugrün, unterseits mit 2 grauen, wenig auffälligen Stomatabändern (reihenf. angeordneten Spaltöffnungen), im Herbst leuchtend gelb; ♂ Bltn.zapfen an unbeblätterten Kurztrieben, eif. bis kugelig, gelb, ♀ Bltn.zapfen an beblätterten Kurztrieben, aufrecht, eif. od. längl. eif., rötl. bis purpurn od. grün, reife Zapfen eif. bis kugelig od. fast zylindrisch, 1–11 cm lang, nicht zerfallend, meist lange am Zw. haftend u. erst mit diesem abfallend, Samenschuppen 10–100, Deckschuppen im Zapfen verborgen od. herausragend; Samen ± 3-eckig, geflügelt. 11–14 Arten in Holarkt., v. a. in bor. Zone u. in Hochgeb. nem. bis mer. Zonen.

Bei kultivierten Pfl. kann die Bestimmung durch das Auftreten von Hybriden erschwert sein. Hybridisierung tritt sowohl bei Überlappung der Areale im natürl. Verbreitungsgebiet als auch in Kultur auf, Bastarde wurden ebenfalls durch künstl. Kreuzungen erzielt. Zur sicheren Bestimmung sind Zapfen erforderl., wenn nicht anders angegeben, treffen die Maße für die Zapfengröße auf reife, geöffnete Zapfen zu. Die morphologisch basierte Einteilung (z. B. Farjon 2010) in die beiden Sekt. (siehe 1/1–) wird nicht durch molekulargenetische Studien gestützt.

1. Deckschuppen kürzer als die Samenschuppen, am reifen Zapfen nicht sichtbar od. höchstens ihre Spitzen, v. a. im unteren Teil des Zapfens, etwas herausragend; Zapfen eif. bis eif. kegelf. od. ± kugelig – Nadeln nur unterseits gekielt (**Sekt. *Larix***) 4

— Deckschuppen länger als die Samenschuppen, ihre lang ausgezogenen, geraden od. umgebogenen Spitzen weit aus dem reifen Zapfen herausragend; Zapfen geschlossen ± zylindrisch, reif längl. zylindrisch bis ellipsoidisch od. mehr eif. – Nadeln (außer bei *L. occidentalis*) beiderseits gekielt (**Sekt. *Multiserialis***) 2

2. Nadeln oberseits flach, nur unterseits gekielt u. mit Stomatabändern; Zapfen 2–3,5 cm lang, 2–3 cm ∅, Samenschuppen anliegend, ihr oberer Rand meist ausgerandet, – außen behaart; Nadeln zu 15–30 im Büschel, (1,5–)2–4(–5) cm lang, hell- bis graugrün; junge Zw. gelbl. bis hell orangebraun, anfangs ± behaart, bald verkahlend; Kn. 3 mm lang, ± kugelig, dunkelbraun bis rötl. braun, ± harzig; Krone schlank kegelf. bis fast säulenf. Bg – ss. NW-NAm.

Westamerikanische L., *L. occidentalis* Nutt.

— Nadeln beiderseits deutl. gekielt u. mit Stomatabändern od. wenn nur unterseits gekielt, dann zumindest oberseits mit einigen Stomatalinien; Zapfen 2,5–5(–7,5) cm lang, 1–2,5 cm ∅, Samenschuppen zur Reife entw. nach außen umgebogen od. wenn anliegend, dann oberer Rand gestutzt od. abgerundet 3

3. Samenschuppen 45–55, an reifen Zapfen abspreizend u. nach außen umgebogen, Außenseite dicht behaart; junge Zw. orangebraun, dicht grau bis gelbl. behaart; Zapfen 2,5–4(–5) cm lang, 1–2 cm ∅, ellipsoidisch; Nadeln zu 30–40 im Büschel, 2–3,5 cm lang, 0,4–0,6 mm breit, hellgrün bis bläul. grün; Kn. nicht harzig, braun, Schuppen gelbl. behaart. Bk – ss. NW-NAm.
Rocky-Mountains-L., *L. lyallii* Parl.

— Samenschuppen 35–65(–90), auch an reifen Zapfen anliegend, oberer Rand gestutzt od. abgerundet, außen kahl, borstig od. behaart; junge Zw. purpurbraun od. rötl. braun, seltener gelbbraun, kahl od. nur schwach behaart; Zapfen 2,5–5(–7,5) cm lang, 1,5–2,5(–3,5) cm ∅, zylindrisch od. eif. zylindrisch; Nadeln 1,2–3,5 cm lang, 1–1,5 mm breit, hell- bis graugrün; Kn. harzig, dunkel rotbraun. Bm – ss. O-As.: WN- u. WS-China bis Sich., Yunn. u. Tibet; Nepal. [incl. *L. chinensis* Beissn.] **Chinesische L., *L. potaninii*** Batalin

4 (1). Samenschuppen bei der Reife ± anliegend, weder oberer Rand nach außen umgebogen noch Schuppen auseinander spreizend 6

— Samenschuppen bei der Reife entw. am oberen Rand deutl. nach außen umgebogen od. auseinander spreizend – Nadeln 1,5–3,5(–4) cm lang, zu 20–40 im Büschel 5

5. Samenschuppen je Zapfen 30–40, bei der Reife ihr oberer Rand deutl. nach außen umgebogen, dadurch Zapfen rosettig erscheinend; junge Zw. kahl u. deutl. bläul. weiß bereift; Nadeln bläul. grün bis graugrün, 1 mm breit – Zapfen 1,5–3,5 cm lang, anfangs breit eif., grün od. purpurrot bis violett, zur Reife mindestens so breit wie lang, abgeflacht kugelig, braun; junge Zw. meist ± rötl., auch orangerot od. hellgrün mit rosa Hauch, nur zuw. gelbl.; Kn. kegelf., dunkel rotbraun, schwach harzig; Krone im Alter breit ausladend, Äste ± horizontal u. weit abstehend, nur obere bogig aufsteigend. Bg – O-As.: Jap. (Honshu). [*L. leptolepis* (Siebold & Zucc.) Gordon]
Japanische L., *L. kaempferi* (Lamb.) Carrière

Unter den Sorten seien erwähnt Zwergformen wie **'Blue Dwarf'** (halbkugelig u. gedrungen wachsend, dicht verzweigt, Nadeln blaugrau) u. **'Wolterdingen'** (unregelmäßig buschig wachsend, breiter als hoch, Nadeln leicht gedreht, anfangs frisch-, später graugrün), die Hängeform **'Pendula'** (Bk, Äste unregelmäßig, kurz aufsteigend, dann lang herabhängend) u. die Korkenzieher-L. **'Diana'** (Bk, Krone locker u. unregelmäßig, Äste u. Zw. korkenzieherartig gedreht, Nadeln frischgrün).

Häufig gepflanzt, auch forstl. kultiviert, wird die **Hybrid-L.,** *L. kaempferi* × *L. decidua*, deren korrekte Benennung ungeklärt ist, entw. ***L.* × *eurolepis*** A. Henry & Flood od. ***L.* × *marschlinsii*** Coaz (hier aber anstelle *L. decidua* auch *L. sibirica* als Elter vermutet), eindeutig wäre ***L.* × *henryana*** Rehder: meist in den Merkmalen intermediär, im Wuchs eher *L. kaempferi* ähnl., aber Krone schmaler u. Äste an der Spitze mehr aufstrebend, junge Zw. mehr gelbl. u. weniger bereift als bei *L. kaempferi*, Samenschuppen meist nur im vorderen Teil des Zapfens leicht nach außen umgebogen.

— Samenschuppen je Zapfen 10–30, bei der Reife spreizend bis weit auseinander klaffend, wenn > 30, dann konvex bis flach, ihr oberer Rand nicht od. kaum nach außen umgebogen; junge Zw. ± dicht behaart bis kahl, schwach od. nicht bereift; Nadeln hellgrün, nur unterseits graugrün durch 2 Stomatabänder, 0,5–0,8 mm breit – Zapfen 0,8–3(–4,5) cm lang, eif. bis ellipsoidisch od.

kugelig, deutl. länger als breit bis breiter als lang, anfangs grün od. purpurrot, reif hell- bis rotbraun; junge Zw. gelbl., rötl. od. orange- bis purpurbraun; Kn. eif. kugelig, gelbbraun, an der Basis dunkler bis fast schwarz, nicht od. kaum harzig. Bg – N- bis O-As.: O-Sib., Mong., Russ.-Fernost, N-Kor., NO-, N- u. ZS-China. [*L. dahurica* TRAUTV.]

Dahurische L. i. w. S., ***L. gmelinii*** (RUPR.) KUZEN. s. l.

Zu der in N- u. O-As. ein weites Areal einnehmenden Art gehören mehrere durch Übergänge verbundene Sippen, die meist als Varietäten (teils auch als eigene Arten) eingestuft werden, sie werden hier im Sinne geografischer Rassen als Unterarten behandelt:

subsp. *gmelinii*, Echte Dahurische L.: Zapfen 0,8–2(–3) cm lang, reif 0,8–1,5 cm ∅, eif. bis eif. ellipsoidisch, Samenschuppen 15–20(–30), bei der Reife schräg nach vorn gerichtet, 40–50° von Zapfenspindel abstehend, oberer Rand abgerundet od. ausgerandet, zuw. schwach umgebogen, außen kahl od. schwach behaart; junge Zw. gelbl., dünn, ca. 1 mm ∅, Kurztriebe 2–3 mm ∅. z. O-Sib. bis Russ.-Fernost, Mong., NO-China. Im östl. Bereich dieses Areals auch als weitere Sippe **subsp. *cajanderi*** (MAYR) KOZHEVN. davon abgetrennt, unterschieden durch breitere Zapfen (etwa 2 cm ∅), da Samenschuppen fast rechtwinklig (70–90°) von der Zapfenspindel abstehend.

subsp. *japonica* (REGEL) A. E. MURRAY, **Kurilen-L.**: Zapfen breiter als lang, 1,2–2,5 cm lang, 1,5–2,8 cm ∅, mit 18–25 Samenschuppen, deren oberer Rand ausgerandet od. ± umgebogen; Nadeln 1,5–2,5(–3) cm lang; junge Zw. rötl. bis purpurbraun, anfangs dicht behaart. ss. Russ.-Fernost (v. a. Kamtschatka u. Inseln).

subsp. *olgensis* (A. HENRY) A. E. MURRAY, **Olgabucht-L.**: Zapfen 1,8–3,5(–4,5) cm lang, 1,5–3 cm ∅, mit 15–30(–45) Samenschuppen, diese konvex, etwa 45° von der Zapfenspindel abstehend, außen oft schwach behaart; junge Zw. hellbraun od. rötl. braun, dicht bis zerstreut behaart. ss. NO-China, N-Kor., Russ.-Fernost (Sichote-Alin).

subsp. *principis-ruprechtii* (MAYR) A. E. MURRAY, **Prinz-Ruppert-L.**: Zapfen 2–4 cm lang, 2–3 m ∅, mit 25–45 Samenschuppen, weniger u. nur im vorderen Teil des Zapfens auseinander spreizend; junge Zw. gelbl. od. orangebraun, kahl od. leicht behaart, dicker als bei subsp. *gmelinii*, 1,4–2,5 mm ∅, Kurztriebe 3–4 mm ∅. s. WN-, ON- u. ZS-China.

Zwischen *L. gmelinii* u. *L. sibirica* steht die aus Hybridisierung hervorgegangene ***L. × czekanowskii*** SZAFER: ss. N-As.: W- bis O-Sib.

6 (4). Zapfen 1–2 cm lang (kleinster Zapfen einer Lärchenart), mit 10–20(–30) Samenschuppen, junge Zw. gelb- bis rotbraun od. purpurn, bereift; Kn. harzig; Nadeln zu 12–25 im Büschel, frischgrün bis bläul. grün, 0,3–0,5 mm breit, – (1–)2–3 cm lang, pinselartig aufgerichtet; Samenschuppen fast rund, Rand leicht einwärts gekrümmt, fein gezähnelt, auf dem Rücken gestreift. Bm – s. N-NAm. [*L. americana* MICHX.]

Amerikanische L., Tamarack, *L. laricina* (DU ROI) K. KOCH

L. pendula (AITON) SALISB. wurde lange Zeit als ein in Kultur entstandener Bastard *L. decidua* × *L. laricina* aufgefasst, ist aber vermutl. ein Synonym von *L. laricina*.

— Zapfen 2–4 cm lang, mit 30–50 Samenschuppen; junge Zw. hellgelb od. hell gelbl. grau, nicht bereift; Kn. nicht harzig; Nadeln zu (15–)20–40(–50) im Büschel, hell- od. dunkelgrün, 0,5–1 mm breit 7

7. Zapfen 2,5–5(–5,5) cm lang, Zapfenspindel zottig behaart (Haare 2,5–3 mm lang), Samenschuppen (25–)30–40, muschelf. gewölbt, außen fein braunfilzig behaart, oberer Rand abgerundet od. gestutzt, etwas einwärts gebogen, Deckschuppen nicht sichtbar; Nadeln (2–)2,5–4(–5) cm, im Mittel > 3 cm, lang, 0,5–0,8 mm breit, oberseits dunkelgrün, unterseits hellgrün, zu (15–)20–30 (–40) im Büschel; Langtriebe anfangs schwach behaart, bald kahl, Kurztriebe zottig behaart; schmale, kegelf. Krone. Bg – s. NO-Eur. bis NAs. (W- u. S-Sib., Mong.) u. W-China (Xinjiang). [*L. russica* (ENDL.) TRAUTV.; *L. sukaczevii* DYLIS]

Sibirische L., *L. sibirica* LEDEB.

— Zapfen (1,5–)2–4(–4,5) cm lang, Spindel kurz behaart (Haare etwa 1 mm lang), Samenschuppen zu 25–40(–50), nicht od. kaum gewölbt, ± gerade vorgestreckt, kahl od. nur im unteren Teil anfangs kurz behaart, Rand abgerundet od. ausgerandet, zuw. etwas wellig od, schwach umgebogen, Deckschuppen im unteren Zapfenteil etwas hervorragend; Nadeln (1–)1,5–3(–4) cm, im Mittel < 3 cm, lang, etwa 1 mm breit, beiderseits hellgrün, zu 30–40(–50) im Büschel; Langtriebe kahl, Kurztriebe kurz behaart bis kahl; Krone anfangs regelmäßig kegelf., im Alter breiter u. mehr abgeflacht, Zw. meist schlaff herabhängend. Bg – h. Hochgeb. M-Eur. (Alp., Sudeten, Karp.). [*L. europaea* DC.]
Europäische L., *L. decidua* MILL.

Während die oft gepflanzte **Sudeten-L.** nur einen Ökotyp darstellt, hat die **Karpaten-L., var. *carpatica*** DOMIN, größere Zapfen (bis 6 cm lang) u. die **Polnische L., var. *polonica*** (WÓYCICKI) OSTENF. & SYRACH, kleinere Zapfen (1,5 cm lang), stets abgerundete Samenschuppen, die außen oft behaart sind, von einigen Autoren als intermediäre Form zwischen *L. decidua* u. *L. sibirica* angesehen.

Unter den Sorten seien erwähnt Zwergformen wie **'Kórnik'** (abgeflacht halbkugelig), **'Little Bogle'** (aufrecht, mit Spitzentrieb) u. **'Repens'** (Äste u. Zw. dem Boden aufliegend od. wenn Äste aufsteigend, dann Zw. überhängend) u. Hängeformen wie **'Puli'** (schwachwüchsig, meist hochstämmig veredelt, Zw. bogig u. lang herabhängend) u. **'Pendula'** (Bk/Bm, Stamm oft schief u. mehrgipflig, Äste übergebogen, Zw. hängend).

Zur Hybride mit der Japanischen L., siehe unter Nr. **5**.

Laurus L., **Lorbeer** – *Lauraceae* (Bearbeiter: Bernd Schulz)

Immergrüne Sträucher od. kleine Bäume; Bl. einfach, ganzrandig. 1(–3) Art(en) von Makaron. bis Kl.-As.

L. nobilis L. [incl.? *L. azorica* (SEUB.) FRANCO] – Bl. wechselst., längl. elliptisch, etwa bis 12 cm lang u. 4 cm breit, oberseits glänzend, unterseits matt, Rand auffällig gewellt (*281/2c*), Stiel 2–8 mm lang; Pfl. 2-häusig, Bltnst.kn. im Vorjahr angelegte gestielte Bereicherungskn.; Bltnst. kleine Dolden, am Grund mit 4 Hochbl. (ähnl. *Cornus mas*), Bltn. ca. 10 mm ∅, mit 4 weißl. Perigonbl., ♂ Bltn. meist 8–12 Stbl., innere Stbl. mit Nektarien an den Staubfäden (*281/2b*), ♀ Bltn. 1 Frbl. u. 4 Staminodien; Fr. ovale, ca. 1 cm lange, schwarze, 1-samige beerenartige Steinfr.; III. Bk – s, h als Kübelpfl. ^^

Lavandula L., **Lavendel** – *Lamiaceae* (Bearbeiter: Bernd Schulz)

Sehr aromatisch duftende Stauden, Halbsträucher od. Sträucher; Bltn. in sitzenden Zymen, 3–7 in der Achsel eines schuppenf. Tragbl., gegenst. Zymen bilden Scheinwirtel, aufeinander folgende Scheinwirtel endst. Scheinähren; K. mit 5 Zähnen, oberster K.zahn verlängert, vor Fr.reife als Deckel den K. verschließend (*619/3a* u. *c*); 4-teilige Klausenfr. (*619/2 c*). Um 30 Arten in N-Afr., S-Eur. (Medit.) bis W-As. u. Indien.

1. K. > ½ Bltn.länge (*619/1c*), Bltn. in ununterbrochenen kolbigen, von einigen farbigen Hochbl. gekrönten Scheinähren (*619/1a*) – Tragbl. 4–8 mm lang, rhombisch, durchscheinend, nur die Nerven grün (*619/b*); Kr. röhrig, Röhre ca. 6 mm lang (aber nur ca. 2 mm aus dem K. ragend), dunkel purpurn, seltener weiß bis rosa, K. 6–8 mm lang, mit (13?) deutl. Leisten, unten 2 Zähne, Oberlippe 3-lippig, hier mittlerer Zahn mit kurz gestieltem Fortsatz, die seitl. Zähne verdeckend, alle dicht behaart u. drüsig; Bl. relativ dünn, längl. lanzettl., 1–4 cm lang, ganzrandig, Rand leicht zur dicht, aber nicht deckend mit Sternhaaren besetzten Unterseite eingerollt; VII–X. HS – s (h als Topfpfl.). ^^ Medit. (Kanar., westl. N-Afr.) bis Kl.-As. **Schopf-L., *L. stoechas*** L.

— K. < ½ Bltn.länge (*619/2a*), wenigstens unterste Scheinwirtel im Bltnst. durch kurze Sprossglieder deutl. getrennt, ohne farbige Hochbl. an der Spitze . . . **2**

2. Die 3–7-bltg. Zymen in der Achsel verbreiteter (4–6 mm), schuppenf. Tragbl. (*619/2b*) – Pfl. bis 60 cm hoch, dicht mit Sternhaaren besetzt; Bl. linealisch lanzettl., 2–4 cm lang u. bis 5(–6) mm breit, Ränder eingerollt, die unteren (an ausdauernden Zw.) weißfilzig, die oberen (an Bltn.trieben) nur graugrün; Bltnst. unverzweigte, 10–15 cm lang gestielte, bis 4 cm lange, aus Scheinwirteln zusammengesetzte Scheinähre; Kr. blau bis violett, etwa 1 cm lang, K. grauviolett kurzflaumig; VII–VIII. HS – h. ∧ S-Eur. [*L. officinalis* Chaix; *L. vera* DC.] **Echter L., *L. angustifolia*** Mill.

— Die schuppenf. Tragbl. der Zymen schmal (2–3 mm), eif., zugespitzt (*619/3b*) – Pfl. bis 90 cm hoch, in allen Teilen größer; Bl. bis 6 cm lang u. 7 mm breit; VII–VIII (2 Wochen nach *L. angustifolia*). HS – h. ∧ Kultur (Provence). [*L. angustifolia* × *L. latifolia*] **Englischer L., Lavandin, *L.* × *intermedia*** Loisel.

'Grappenhall': häufigste Sorte; Kr. besonders dunkel.

L. latifolia Medik., **Speik-L.**: Tragbl. der Zymen linealisch (bis 8 mm lang u. 1,2 mm breit), Bltnst. sehr lang gestielt, oft verzweigt; Bl. flach, bis 6 cm lang u. 8(–13) mm breit. HS – ss. ∧∧ S-Eur. bis W-Medit.

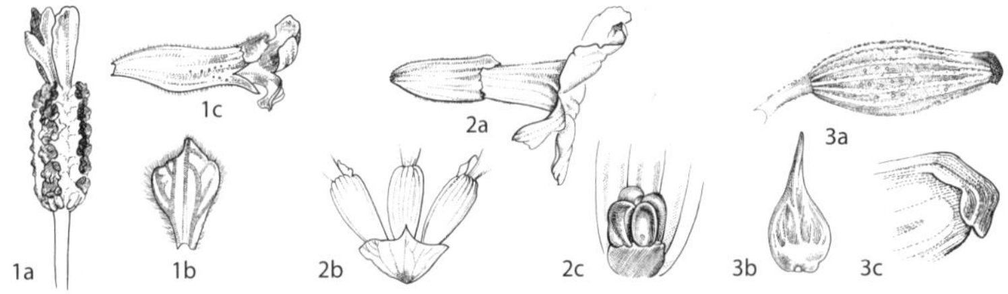

619/1–3 *Lavandula*: 1 *L. stoechas*, 1a Bltnst., 1b Tragbl., 1c Blüte; 2 *L. angustifolia*, 2a Blüte, 2b Tragbl. einer 3-bltg. Zyme, 2c 4-teilige Klausenfr. am Grund des K.; 3 *L.* × *intermedia*, 3a Fr.kelch, 3b Tragbl., 3c Spitze Fr.kelch mit „Deckel"

Lavatera L., **Strauchmalve, Strauchpappel** – *Malvaceae* (Bearbeiter: Ulrich Hecker)

Kräuter u. Sträucher; Bl. wechselst., lang gestielt, Spreite handf. 5–7-lappig mit herzf. Grund; Bltn. einzeln bl.achselst., gebüschelt od. in endst. lockeren Trauben, Außenk. 3–6-teilig, am Grund verwachsen, Bltn.-hülle doppelt, 5-zählig, K. glockenf., Kr. mit genagelten Krbl., oben oft ausgerandet, Frkn. 7–25-teilig; Spaltfr. abgeflacht kugelf., Spaltfrch. (Merikarpien, *620/2*) 1-samig, Samen nierenf. Etwa 10 Arten; Makaron., Medit. bis NW-Himal. u. M.As., Kalifornien u. Baja California. Für uns nur die folgende Sippe von Interesse.

L.* × *clementii Cheek (*L. olbia* L. × *L. thuringiaca* L.) – Pfl. halbimmergrün; Sprosse u. Bl. ± dicht mit Sternhaaren bekleidet; Bl. 3–5 cm lang gestielt, handf. 3–5-lappig, graugrün, Mittellappen am größten (*620/1*); Bltn. in lockeren, end- u. seitenst. Trauben, Außenk. 3-teilig, ca. 1 cm lang, kürzer als der K. (*620/2*), Krbl. ca. 4 cm lang, oben ausgerandet, Bltn. 5–8 cm ∅; VI–X. HS – z. ∧

'Barnsley': Bltn. zart hellrosa, am Grund mit dunkler gefärbtem Ring; bis 2 m.
'Kew Rose': Bltn. intensiv rosa; bis 4 m.

Ledum L., Sumpfporst → ***Rhododendron*** L.

Leiophyllum buxifolium (Bergius) Elliott, Sandmyrte → ***Kalmia buxifolia*** (Bergius) Gift & Kron

Leptopus Decne. – *Phyllanthaceae* (Bearbeiter: Ulrich Hecker)

Niedrige Sträucher, Halbsträucher od. Kräuter; Bl. wechselst., einfach, ganzrandig, mit kleinen Nebenbl.; Bltn. eingschl., 1-häusig, klein, gelbl. grün, ♂ Bltn. einzeln od. in achselst. Büscheln zu 5–6, Stbl. 5–6, ♀ Bltn. einzeln, Kbl. 5–6, frei od. verwachsen, Krbl. 5–6, Gr. 3–6, 2-spaltig; Fr. eine Zerfallkapsel. 10 Arten vom Kauk., Iran, SW- u. SO-As. bis China. Nur folgende Art in Kultur.

L. chinensis (Bunge) Pojark. [*Andrachne colchica* Boiss.; *L. colchicus* (Fisch. & Mey.) Pojark.] – Junge Zw. kahl; Bl. sommergrün, eif. bis lanzettl. (*620/3*), 0,8–3 cm lang, etwa ½ so breit, beiderseits kahl, ganzrandig, stachelspitzig, Bl.rand etwas verdickt; Bltn. gelbl. grün, 1 cm ∅; Fr. bräunl., kugelf., 6–8 mm ∅ (*620/4*); VII–VIII. Sk – ss. N-Kauk. (Kolchis) bis SW-As. u. China.

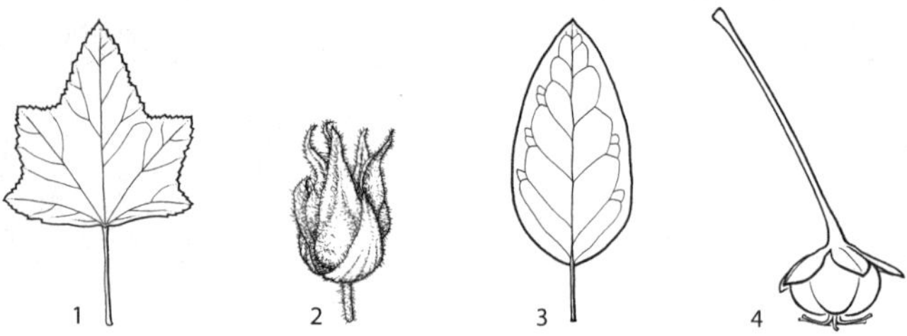

620/1–4: 1–2 *Lavatera × clementii*: 1 Bl., 2 Fr.; 3–4 *Leptopus chinensis*: 3 Bl., 4 Fr.

Lespedeza Michx., **Buschklee** – *Fabaceae* (Bearbeiter: Bernd Schulz)

Kräuter, Stauden, Halbsträucher od. sommergrüne Sträucher; Bl. 3-zählig (*620/5a* u. *6a*), Endfieder lang gestielt, selten einfach, Blch. ganzrandig, grannenspitzig, Nebenbl. frei, oft hinfällig; Bltn. (der behandelten Arten) in Trauben, oft zahlreich am Ende überhängender Zw. (Doppeltrauben), K. lang anliegend behaart, längl., am Grund mit 2 schuppenf. Vorbl., K.zähne sehr lang, die beiden oberen K.zipfel weit verwachsen, 2-spitzig, Kr. weiß, rosa, rot-violett, Flügel kürzer als Schiffchen (*620/6b*), 9 der 10 Stbl. verwachsen, oberstes frei; Fr. seitl. abgeflacht, eif. bis elliptisch, 1-samig, geschlossen bleibend (Nuss, *620/5b*). Rund 40 Arten in NAm., As. u. Austr. Nahe verwandt ist → *Desmodium*.

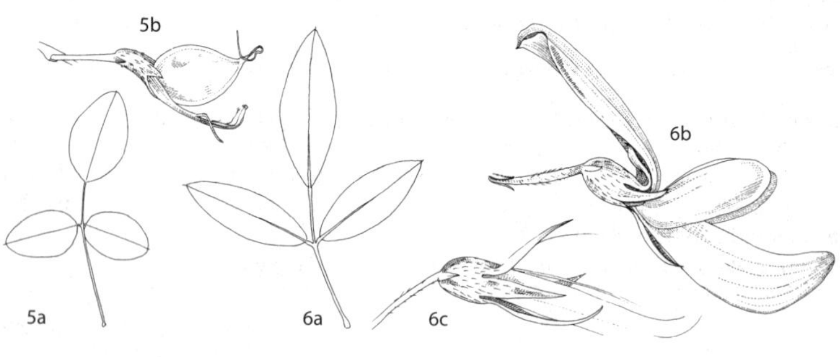

620/5–6 *Lespedeza*: 5 *L. bicolor*, 5a Bl., 5b Fr.; 6 *L. thunbergii*, 6a Bl., 6b Blüte, 6c K.

1. Blch. breit eif., Spitze zuw. leicht ausgerandet, Endblch. bis 4,5 cm lang u. 3–3,5 cm breit (*620/5a*); Trauben 3–6 cm lang, Bltn. etwa 10–12 mm lang, Krbl. violett bis karminrot, Fahne, zuw. auch Schiffchen, heller als Flügel (Name), K.zähne fast gleich lang (bis 3 mm) wie die K.röhre (ca. 2,5 mm); Fr. (mit K.) 7–8 × 3 mm (*620/5b*); VII–IX. Sk/Sg – s–z. N-u. O-As.
Zweifarbiger B., *L. bicolor* Turcz.

— Blch. elliptisch, zugespitzt, Endblch. um 6–8 cm lang u. 2 cm breit (*620/6a*); Trauben 8–20 cm lang, Bltn. etwa 12-15 mm lang, Krbl. purpurn, K.zähne deutl. länger (4,5–6 mm) als die K.röhre (ca. 2,5 mm) (*620/6c*); Fr. 13 × 4–5 mm. VII–IX. Sk – z–h. ∧ Geb. Indiens bis O-As. [*L. sieboldii* Miq.]
Thunbergs B., *L. thunbergii* (DC.) Nakai

Nur selten sind andere Arten wie **Bürgers B., *L. buergeri*** Miq., in Kultur: Bltn.trauben sitzend, Bltn. 10–12 mm lang, Krbl. weiß bis hellpurpurn; Blch. eif. elliptisch, oberseits tiefgrün, unterseits anliegend grauweiß behaart, 1,3–2,5 cm lang; 0,4 bis 0,8 m hoher Strauch mit dünnen, ringsum abstehenden Zw. Sk – s. Sich. u. Gansu bis SO-China, Jap.

Leucothoë D. Don, Traubenmyrte – *Ericaceae* (Bearbeiter: Bernd Schulz)

Immergrüne Sträucher mit wechselst., kurz gestielten Bl., meist gesägt; Bltn. in achsel- u. endst. Trauben, bereits im Vorjahr als Bltnst.kn. sichtbar (*621/2*). 5 Arten: 2 O-As., 2 O-NAm. u. 1 W-NAm. Judd et al. 2013 trennen die sommergrüne Schwesterart als *Eubotryoides grayana* ab. Andere sommergrüne, früher in der Gatt. geführte Arten gehören heute zu → *Eubotrys*. Zw. (außer bei *L. davisiae* aus W-NAm.) auffällig bogenf. überhängend. Theken ohne Fortsätze u. Anhängsel (*621/1a* u. *b*).

Die beiden vorgestellten Taxa aus dem O-NAm. stehen einander sehr nahe u. ihre Merkmale überschneiden sich (vgl. Green 1963 in Arnoldia (23), S. 93–99).

1. Bl. lang zugespitzt, eilanzettl., 6–15 cm lang, regelmäßig eng gesägt, glänzend dunkelgrün, 1–1,5 cm lang gestielt (*621/3*); Bltn.trauben 4–10 cm lang, Bltn. 6 mm lang, Kr. eif. zylindrisch, weiß, in der Kn. gerötet, Kbl. längl. eif., ± zugespitzt (*621/1*); V. Sk – h. O-NAm.: oberes Piedmont bis in die Appal. [*L. catesbaei* auct. non (Walt.) Gray; *L. walteri* (Willd.) Melvin]
Catesbys T., *L. fontanesiana* (Steud.) Sleum.

— Bl. plötzl. zugespitzt, elliptisch lanzettl., 5–10 cm lang, entfernt gesägt, glänzend grün, unterseits spärl. behaart; Bltn.trauben achselst., 2–5 cm lang, Bltn. ähnl. voriger Art, Kn. jedoch grünl., Kbl. breit eif., Spitze stumpf od. abgerundet; V. Sk – ss. O-NAm.: atlantische Küstenebene bis unteres Piedmont. [*Andromeda axillaris* Lam.] **Achselblütige T., *L. axillaris*** (Lam.) D. Don.

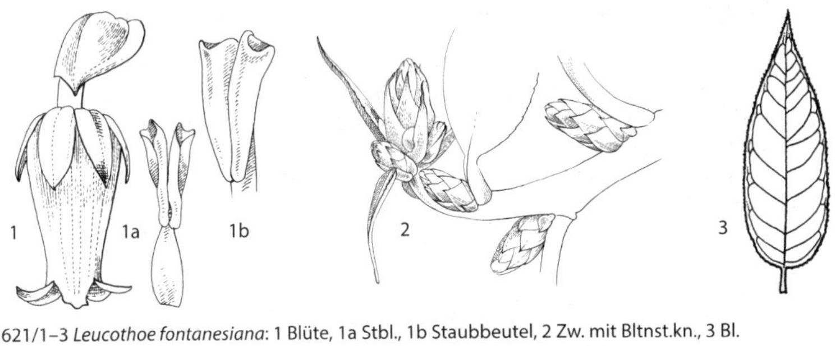

621/1–3 *Leucothoe fontanesiana*: 1 Blüte, 1a Stbl., 1b Staubbeutel, 2 Zw. mit Bltnst.kn., 3 Bl.

Leycesteria **WALL., Leycesterie** – *Caprifoliaceae* (Bearbeiter: Bernd Schulz)

Sommer-, selten immergrüne Sträucher; Bl. einfach, gestielt; Bltn. in 6-bltg. Scheinwirteln (2 gegenst., sitzende, 3-bltg. Zymen), an end- od. seitenst. Sprossen ährenf. angeordnet, K. 5-lappig, Kr.röhre trichterf., am Grund bauchig erweitert, Saum ± gleichmäßig 5-lappig, Frkn. 5–8-fächerig; Fr. eine vielsamige Beere. 6 Arten in S- u. O-As.

L. formosa WALL., **Schöne Leycesterie** – Sprosse kahl, grün u. bereift, hohl; Bl. breit eif. bis längl. eif., 5–18 cm lang, zugespitzt bis geschwänzt zugespitzt, Spreitengrund breit keilf. bis herzf., Bl. ganzrandig od. gezähnt, anfangs fein behaart, später kahl, 5–12 mm lang gestielt (*622/1*); Bltn.: 3-bltg. Zymen in Achseln 1,5–3,5 cm langer, purpurvioletter Tragbl. in 3–10 cm langen, überhängenden, end- od. seitenst. Ähren, Kr. 1,5–2 cm lang, weißl. bis purpurn, K.zipfel pfrieml., drüsig bewimpert, ca. 1/3 so lang wie die Kr. (*622/2*); Fr. (*622/3*) rundl., 1 cm ∅, purpurschwarz, drüsig behaart, VI–IX. Sk – z. ∧ Himal.

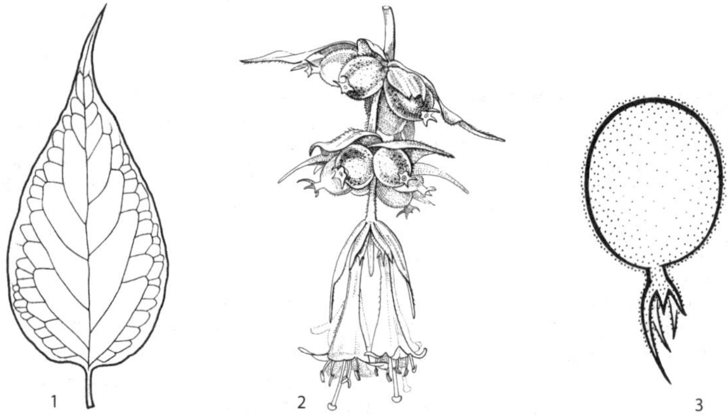

622/1–3 *Leycesteria formosa*: 1 Bl., 2 Spitze eines Bltnst., 3 Fr.

Ligustrum **L., Liguster** – *Oleaceae* (Bearbeiter: Bernd Schulz)

Immer- od. sommergrüne Sträucher od. kleine Bäume; Bl. gegenst., ganzrandig, kurz gestielt; Bltn. klein, ⚥, in großen endst. Rispen, Kr. weiß, mit kurzer od. langer Röhre u. 4 Lappen; 2 Stbl.; Fr. meist eine schwarze Beere od. Steinfr. Etwa 50 Arten vorwiegend in S- u. O-As., nur 1 Art in Eur. u. N-Afr. (Fr.) **G!**

1. Kr.röhre 2–3-mal so lang wie der Kr.saum (*623/4–5*) **5**

— Kr.röhre kürzer od. nur wenig länger als der Kr.saum (*623/1–3*) **2**

2. Staubfäden deutl. verlängert, Staubbeutel über die Kr.zipfel ragend (*623/1*) – Pfl. sommergrün; Bl. unterseits auf dem Mittelnerv behaart, oberseits stumpf grün, unterseits hellgrün, 3–7 cm lang; junge Zw. dicht behaart; Bltn. in 6–8 cm langen, behaarten Rispen, Staubbeutel rötl. violett; Fr. blauschwarz, 4 mm ∅; VII. Sg – s. ∧ O- bis SO-As.: China, Taiw. bis Vietn. [*L. fortunei* hort.]

Chinesischer L., *L. sinense* LOUR.

var. *stauntonii* (DC.) REHDER: weniger hoch werdend, sparriger; Zw. weniger behaart; Rispen breiter u. lockerer.

L. quihoui CARRIÈRE: Staubeutel gelb; Pfl. halbimmergrün; V–VII. Sk/Sg – ss. Sich., Yunn., S-China.

— Staubfäden nicht verlängert u. die gelben Staubbeutel im Kr.röhreneingang sichtbar (*623/2–3*) – Pfl. sommer- od. immergrün; Bl. beiderseits kahl od. verkahlend **3**

3. Pfl. sommer- od. halbimmergrün, schmal eif. bis lanzettl., 2,5–6 cm lang, 6–17 mm breit; Bltn.rispe 3–6 cm lang, Stbl. die Zipfel der Kr. nicht überragend (*623/2*), Fr. glänzend schwarz; VI–VII. Sg – h. Eur. bis Kl.-As. u. Kauk. **G!!**
Gewöhnlicher L., Rainweide, *L. vulgare* L.

'Atrovirens': sparriger Strauch mit etwas metallisch schimmernden, breit elliptischen, tiefgrünen Bl., die im Herbst tiefbraun werden u. größtenteils während des Winters am Zw. bleiben. h.

'Lodense': Wuchs sehr dicht, nicht > 50 cm hoch werdend; Bl. schmal elliptisch, tiefgrün, sich bronzebraun verfärbend. h.

— Pfl. immergrün **4**

4. Krbl.zipfel etwas kürzer als die Kr.röhre (*623/3*); Fr. ellipsoidisch; Bl. breit eif., kurz zugespitzt, eher stumpf, 4–8 cm lang – sehr derb, oberseits schwarzgrün, glänzend, unterseits blass grün, Rand u. Mittelnerv oft gerötet; Bltn.rispe 8–20 cm lang, Stbl. kaum länger als der Saum; Fr. schwarz; VII–IX. Sk – s (z Kübel). ∧∧ Jap. **Japanischer L., *L. japonicum*** Thunb.

— Krbl.zipfel länger als die Kr.röhre; Fr. fast kugelf.; Bl. längl. elliptisch, am Grund gerundet, zugespitzt, 6–12 cm lang – lederig, oberseits dunkelgrün, glänzend; Bltn.rispe bis 25 cm lange u. fast ebenso breit, Bltn. ± sitzend, K. 1,5–2 mm, Kr. 4–5 mm, Staubbeutel um 1,5 mm lang, fast die Krbl.zipfel erreichend; Fr. blauschwarz, bereift; V–VII. Sg/Bm – ss. ∧∧ Tibet bis OS-China.
Glänzender L., *L. lucidum* W. T. Aiton

5 (1). Staubbeutel violett; Bl. immergrün – eielliptisch, 1–3 cm lang, glänzend dunkelgrün, Stiel 1–2 mm; Triebe behaart; Bltn. in 2–5 cm langer, schmaler Rispe, an der Basis beblättert, Kr. rein weiß; VI. Sk (zuw. als Hochstamm) – s–z (zuw. Kübel). ∧ Yunn., Sich. bis ZS-China. [*L. jonandrum* Diels]
Delavays L., *L. delavayanum* Hariot

— Staubbeutel gelb; Pfl. sommergrün, wenn halbimmergrün, dann Zw. kahl **6**

6. Junge Zw. nahezu kahl; Krbl.zipfel zurückgeschlagen (*623/4*), Staubbeutel die Kr. überragend – Bl. kahl, elliptisch eif., 3–8 cm lang, oberseits glänzend dunkelgrün, unterseits gelbl. grün; Bltn. fast sitzend, in 5–10 cm langer, gedrungener kahler Rispe, Kr. rahmweiß, Staubbeutel so lang wie die Kr.zipfel; Fr. schwarz, 5–7 mm ∅; VII. Sg – h. ∧ Jap., Kor.
Wintergrüner L., *L. ovalifolium* Hassk.

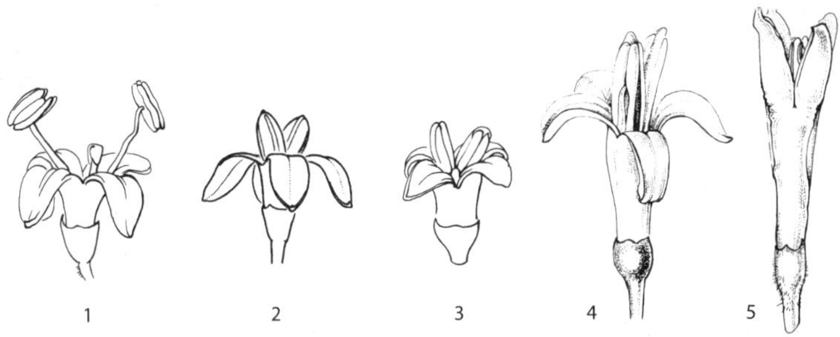

623/1–5 *Ligustrum*, Bltn.: 1 *L. sinense*, 2 *L. vulgare*, 3 *L. japonicum*, 4 *L. ovalifolium*, 5 *L. obtusifolium*

'Aureum': Bl. zum Rand gelbl. panaschiert. h.

'Argenteum': Bl. zum Rand heller, weißl. Panaschiert. z.

L. × ***ibolium*** Rehder [*L. obtusifolium* × *L. ovalifolium*]: halbimmergrün wie *L. ovalifolium*, aber frosthärter, guter Heckenstrauch. s.

— Zw. behaart; Krbl.zipfel aufrecht bis ausgebreitet, länger als die Staubbeutel (*623/5*) 7

7. Rispen fast kopff., 1–1,5 cm lang, 4–8-bltg., Staubbeutel kaum aus der Kr.röhre herausragend; Bl. rhombisch eif., 2–5 cm lang, bewimpert; Fr. 7–8 mm ∅; VI. Sk – ss. Jap. [*L. ciliatum* Blume] **Gewimperter L., *L. ibota*** Siebold & Zucc.

— Rispen 2–8 cm lang, ± nickend, zu vielen an kurzen Seitenzw., Staubbeutel etwa halbe Kr.zipfelhöhe erreichend (*623/5*); Bl. elliptisch längl., 2–6 cm lang, unterseits ± behaart; Zw. behaart; Fr. etwa 6 mm ∅, etwas bereift; VI. Sg – s. Jap., Kor., NO- bis OS-China [*L. amurense* Carr.; *L. ibota* Siebold non Siebold & Zucc.] **Stumpfblättriger L., *L. obtusifolium*** Siebold & Zucc.

var. *regelianum* (Koehne) Rehder [*L. regelianum* Koehne]: kaum > 1,5 m hoch; Zw. ± horizontal ausgebreitet; Bl. unterseits stärker behaart; Fr. 4–6 mm ∅. z.

Lindera Thunb., Fieberstrauch – *Lauraceae* (Bearbeiter: Bernd Schulz)

Sommer- od. immergrüne Bäume u. Sträucher (kultivierte Arten sommergrün); Bl. einfach; Bltn. (der behandelten Arten) vor den Bl., unscheinbar, eingschl. od. ⚥, 3-häusig verteilt, in (fast) sitzenden achselst. doldigen Büscheln, Perigonbl. 6, ⚥ u. ♂ Bltn. mit 9 Stbl., Staubbeutel 2-klappig (*281/6a–b*), ♀ Bltn. mit Staminodien; Fr. Beere od. Steinfr. Nicht monophyletische Gatt. mit 100 Arten, vorwiegend in O- u. S-As.; 3 Arten in NAm. Die 3 vorgestellten Arten sind nicht näher miteinander verwandt u. müssten eigentl. in 3 verschiedene Gatt. gestellt werden.

1. Bl. häufig 3-lappig mit 3 von der Basis ausgehenden Nerven (*624/1a*), bis 12 cm lang, unterseits graugrün u. behaart, Bl.stiel 1–2 cm; Zw. ohne Endkn. u. ohne Kurztriebe; Seitenkn. ohne sichtbare Bereicherungskn., Bltnst. beherbergende Seitenkn. deutl. größer, die bei anderen Arten vorhandenen Bereicherungskn. hier von den Vorbl. eingeschlossen (*624/1b*); Bltn.büschel 10–15 mm ∅; Fr. 7–8 mm ∅, schwarz; IV. Sg/Bk – ss. Jap., Kor., China. ***L. obtusiloba*** Blume

— Bl. ungelappt (*624/2a* u. *3a*), fiedernervig – Bltnst.kn. gestielte Seiten- od. Bereicherungskn., wenigstens Kurztriebe mit vegetativer Endkn. (*624/2b* u. *3b*) 2

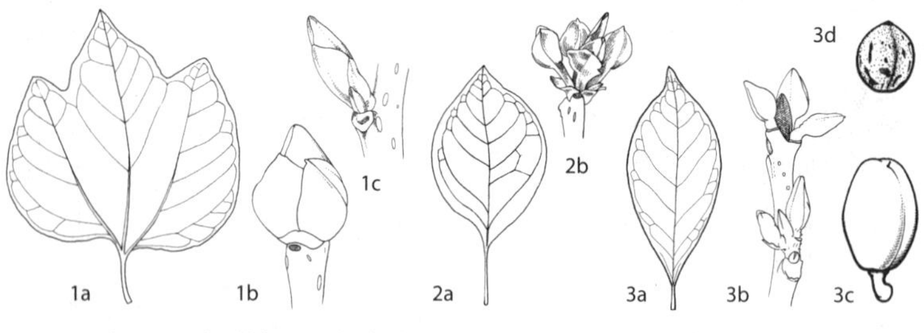

624/1–3 *Lindera*: 1 *L. obtusiloba*, 1a Bl., 1b Bltnst.kn., 1c vegetative Kn. mit Beikn.; 2 *L. praecox*: 2a Bl., 2b mehrere Bltnst.kn. als Bereicherungskn. neben vergetativer Seitenkn.; 3 *L. benzoin*, 3a Bl., 3b Zw. mit Endkn. (dunkel schraffiert) u. Bltnst.kn., 3c Fr., 3d Samen

2. Bl. verkehrt eif., meist kurz zugespitzt, 7–12 cm lang, oberseits frischgrün, unterseits heller, Herbstfärbung hellgelb, Bl.stiel 0,5–1,5 cm lang (*624/3a*); Langtriebe mit unauffälliger Endkn., ohne Kurztriebe, Bltnst.kn. einzeln od. als Bereicherungskn. (*624/3b*); Bltn. 4–5 mm ∅ (*281/7*), hellgelb, kurz gestielt, zu 3–4 in Büscheln von 7–10 mm ∅, Fr. längl. (*624/3c*), ca. 10 mm lang, scharlachrot; II–IV. Sg – s. O-NAm. **Wohlriechender F., *L. benzoin*** (L.) BLUME

— Bl. eif. bis elliptisch, 4–9 cm lang, unterseits bläul., Bl.stiel 1,5–2,5 cm lang (*624/2a*); Langtriebe ohne Endkn., Bltnst.kn. an Kurztrieben mit Endkn.; Bltn.-büschel ca. 15 mm ∅; Fr. rundl., ca. 15 mm ∅, gelb od. rotbraun; III–IV. Sg, kalkunverträgl. – ss. ∧ Jap. [*Parabenzoin praecox* (SIEBOLD & ZUCC.) NAKAI]
Frühzeitiger F., *L. praecox* (SIEBOLD & ZUCC.) BLUME

Linnaea GRONOV., **Moosglöckchen** – *Caprifoliaceae* (Bearbeiter: Bernd Schulz)

1 Art.

L. borealis L. – Pfl. immergrün; Langtriebe 1 mm ∅, behaart, lang kriechend; Bl. eif. rundl., 10–14 mm lang u. 5–10 mm breit, am Ende gerundet, mit 2–4 stumpfen Zähnen in der oberen Bl.hälfte, Spreitengrund breit keilf. gerundet, beidseitig schwach behaart, Bl.stiel 1–3 mm lang, bewimpert; Bltn. hellrosa, mit dunkleren Nerven, endst. an aufsteigenden, seitl. Kurztrieben, Bltnst. meist 2-bltg., 3–7 cm lang gestielt, Bltn. nickend, 5–20 mm lang gestielt, Kr. trichterf. glockig, 7–10 mm lang, 5-lappig, Stbl. 4, ungleich lang, der Kr.röhre eingefügt; Fr. eine 1-samige trockene Schließfr.; VII–VIII. Sp, kalkunverträgl. – s. zirkbor.

Liquidambar L., **Amberbaum** – *Altingiaceae* (Bearbeiter: Bernd Schulz)

Sommergrüne Bäume; Winterkn, mit 5–6 Schuppen (*266/4a*); Bl. lang gestielt, handf. gelappt (Merkmal für *Liquidambar* in der früheren Abgrenzung mit 4 Arten) od. einfach u. fiedernervig, Nebenbl. klein, hinfällig; Bltn. in getrenntgeschlechtigen Bltnst., Pfl. 1-häusig, ♂ Bltn. in traubig angeordneten Köpfchen, ohne Bltn.hülle, ♀ Bltn. ohne Krbl., in kugelf., zuw. längl. Köpfchen; Fr.kapseln verholzt, im unteren Teil miteinander verwachsen, 1–2-samig, sich 2-klappig öffnend; Samen geflügelt. Im weiten Sinne 15 Arten in M- & NAm., W-Medit. u. O-As., im engen Sinne nur noch die 2 vorgestellten Arten (→ *Altingiaceae*).

1. Bl. meist 5(–7)-lappig, die Abschnitte längl. 3-eckig, geschwänzt zugespitzt, fein gesägt, Spreite 10–18 cm lang u. breit, oberseits dunkelgrün, glänzend, kahl, unterseits mit Achselbärten, Stiel 6–12 cm lang (*625/1*); Zw. oft mit

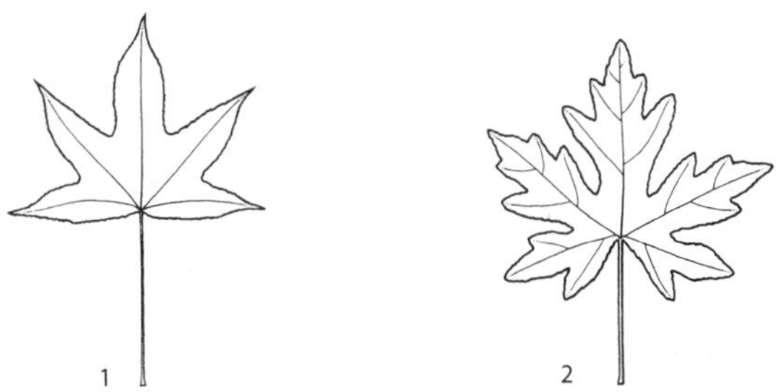

625/1–2 *Liquidambar*, Bl.: 1 *L. styraciflua*, 2 *L. orientalis*

unregelmäßigen, auffälligen Korkleisten (*266/4b*); Frst. 3–3,5 cm ∅; V. Bk/ Bm – h. MAm.– O- u. Z-NAm. **Amerikanischer A., *L. styraciflua*** L.

— Bl. 5-lappig, zumindest die 3 inneren Abschnitte nochmals mit (meist jederseits) einem 3-eckigen Lappen, kurz zugespitzt, Spreite 4–5 cm lang, 5–8 cm breit, beidseitig ganz kahl, nur schwach gesägt, Stiel 4–6 cm lang (*625/2*); Frst. 2–2,5 cm ∅; IV–V. Bk – s. ∧∧ S-Kl.-As. **Orientalischer A., *L. orientalis*** Mill.

Liriodendron **L., Tulpenbaum** – *Magnoliaceae* (Bearbeiter: Bernd Schulz)

Sommergrüne Bäume; Bl. unverwechselbar, mit sattelf. Mittellappen u. 2 großen Seitenlappen (*626/1*), wechselst., lang gestielt, Nebenbl. groß, bis 3,5 cm, am Ansatz den Zw. umgreifend, an jedem Knoten linienf. Narbe hinterlassend, an den Zw.spitzen die entenschnabelf. Kn. bildend (*261/6*); Zw.mark von verholzten Querwänden (Diaphragmen) unterbrochen; Bltn. (*626/3*) endst., einzeln, Bltn.hülle 3-wirtelige freie Perigonbl., äußerer Kreis zurückgeschlagen, innere Perigonbl. ± aufrecht, Stbl. u. Frbl. zahlreich, frei, spiralig; Fr. zapfenähnl. Sammelfr. mit geflügelten Nüsschen an einer verholzten, spindelf. Bltn.achse (*626/2*). Je 1 Art im östl. NAm. u. China.

1. Bltn. tulpenf., 4–6 cm lang u. 1,8–3 cm ∅, innere Perigonbl. aufrecht, grünl. gelb, nahe dem Grund mit einer unregelmäßigen bandf. orangefarbenen Zeichnung (außen kräftiger), äußere 3 Perigonbl. hellgrün, zurückgeschlagen, Staubfäden 10–15 mm, -beutel 15–25 mm; Frbl. in Blüte verborgen od. sie wenig überragend (*626/3*); Bl. 8–15 cm lang u. breit, Basis gerundet od. gestutzt, oberseits frischgrün, unterseits schwach bläul., Herbstfärbung goldgelb, 5–10 cm gestielt; Zw. kahl, rotbraun, zuw. bereift; Fr. bis 7 cm lang, Frch. 2,5–3,5 cm lang (*626/2*); V–VI. Bg – h. O-NAm. Holz **G!**
Amerikanischer T., *L. tulipifera* L.

'Aureomarginatum': Bl. mit unregelmäßig breitem gelben Rand. z.

'Fastigiatum': Krone breit säulenf. bis kegelf. z.

'Integrifolium': Bl. ohne seitl. Lappen. ss.

— Bltn. breit schalenf., 2,5–4 cm lang, innere Perigonbl. grünl. mit gelbl. Zeichnung auf der Außenseite, Frbl. die Perigonbl. deutl. überragend, Staubfäden 5–7 mm, -beutel 10–16 mm lang; Bl. ähnl. voriger Art, Stiel bis 18 cm; Fr. bis 9 cm lang; V–VI. Bm – ss. S- u. O-China bis N-Vietn.
Chinesischer T., *L. chinense* (Hemsl.) Sarg.

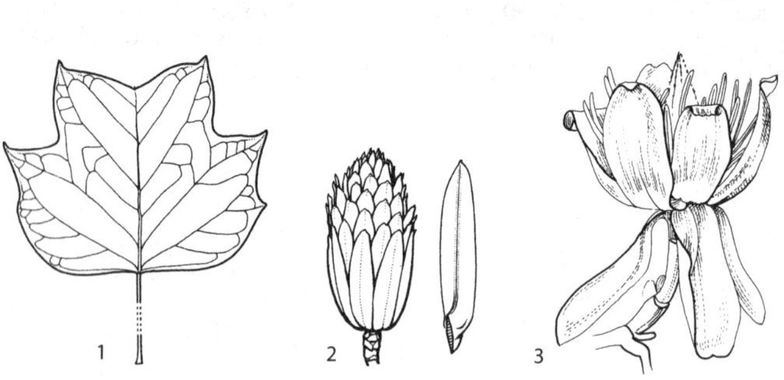

626/1–3 *Liriodendron tulipifera*: 1 Bl., 2 Fr. u. Frch. (geflügelte Nuss), 3 Blüte

Lithodora Griseb., **Strauchsteinsame** – *Boraginaceae* (Bearbeiter: Peter A. Schmidt)

Immer- od. halbimmergrüne Sträucher u. Halbsträucher; Bl. wechselst., einfach, linealisch od. lanzettl., ganzrandig, meist beiderseits rau behaart; Bltn radiär, einzeln od. bis zu 10 in endst. Trugdolden, Kr. trichterf. od. stieltellerf., ohne Schlundschuppen, Stbl. 5, meist in Kr.röhre eingeschlossen, Gr. grundst. zwischen den Klausen des Frkn.; Fr. meist mit 1 Klause, Nüsschen eif. bis zylindrisch, oberhalb der Basis eingeschnürt u. sich hier ablösend. 7 Arten in NW-Frankr., Medit. bis Kl.-As. Nur folgende Art bzw. deren Sorten häufiger in Kultur.

L. diffusa (Lag.) I. M. Johnst. [*Lithospermum prostratum* Loisel.], **Ausgebreiteter S.** – Immergrüner, 10–60 cm hoher Halbstrauch mit niederliegenden u. aufsteigenden Zw.; Triebe borstig behaart; Bl. linealisch bis längl., lanzettl. od. elliptisch, 7–38 mm lang, 1–8 mm breit, Rand ± umgerollt, beiderseits borstig behaart; Kr. tiefblau, schwach rötl. violett gestreift, bis 2 cm lang, außen u. innen behaart; V–VI. HS – s. ∧∧ SW-Eur.
'Alba': Kr. weiß; **'Heavenly Blue'**: Bl. u. Bltn. größer, Kr. dunkelblau.

Loiseleuria procumbens (L.) Desv., Gämsheide, Alpenheide → ***Kalmia procumbens*** (L.) Gift & Kron

Lonicera L., **Heckenkirsche, Geißblatt** – *Caprifoliaceae* (Bearbeiter: Bernd Schulz)

Sommer- od. immergrüne aufrechte Sträucher, seltener kleine Bäume od. rechts herum, im Uhrzeigersinn, windende Lianen; Winterkn. mit 1–8 Paar Kn.schuppen, oft mit aufsteigenden (!) Beikn. (*630/1–3*); Bl. einfach u. ganzrandig, selten gelappt, kahl od. mit einfachen, zuw. drüsigen od. borstigen Haaren; Teilbltnst. der Heckenkirschen (*627/2*) 2-bltg. achselst. Zymen, an einer ± verlängerten Achse stehend, stets mit 2, meist schuppenf. Tragbl. („Vorbl. 1. Ordnung") u. oft mit 2 × 2 Vorbl. („2. Ordnung", im Folgenden nur als Vorbl. bezeichnet), die zuw. teilw. od. alle 4 miteinander verwachsen; Bltn. der meist windenden Geißblätter in 6-bltg. Scheinwirteln (2 gegenst., sitzende, 3-bltg. Zymen), an den Sprossenden kopfig od. ährenf. angeordnet (*627/1*); K. klein, 5-lappig, Kr. radiär od. zygomorph, mit am Grund oft bauchig od. höcker- bzw. sackartig erweiterter Röhre u. 5 Zipfeln, bei zygomorphen Bltn. oft 2-lippig (mit 4-lappiger Ober- u. 1-lappiger Unterlippe), Kr. weiß (u. im Verblühen oft gilbend), gelb, rot od. rotviolett, Stbl. in der Kr.röhre eingefügt, Staubbeutel gelbl., selten rot od. grün, Frkn. unterst., 2–3(–5)-fächerig mit mehreren Samenanlagen, Frkn. benachbarter Bltn. bisweilen ± miteinander verwachsen; Fr. eine wenigsamige Beere od., wenn verwachsen, Doppelbeere mit 2 K., meist ± giftig, selten essbar. Rund 180 Arten, vorwiegend holarkt., einige Arten bis ins subtrop. SO-As. **G!**

1. Bltn. ungestielt in 6-zähligen Scheinwirteln, aus 2 gegenst., je 3-bltg. Zymen (mit zentraler Endblüte, *627/1*), an den Sprossenden zu Ähren od. Köpfchen vereint (*639/1–3*); Hochbl. scheibenf. verwachsen (außer *L. periclymenum*) – Zw. hohl, meist Lianen (**Untergatt. *Lonicera*, Geißblätter**) **36**

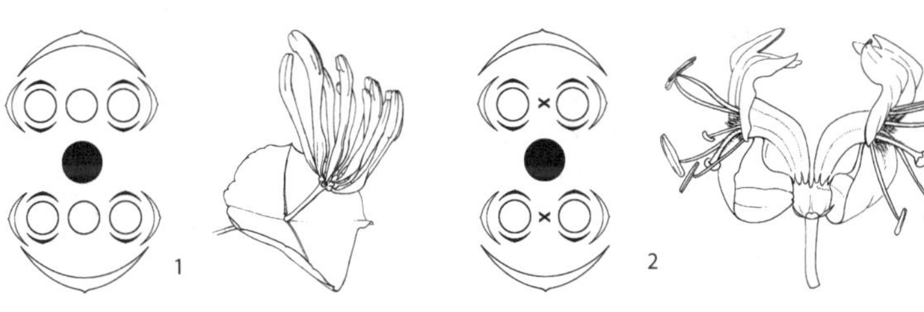

627/1–2 *Lonicera*, Diagramme eines Sprossknotens im Bltnst.: 1 Geißblatt u. *L.* × *tellmanniana* (über verwachsenem Hochbl. 2 Knoten mit Bltn.), 2 Heckenkirsche u. Bltn.paar *L. caucasica*

— Bltn. paarweise in ± gestielten Teilbltnst. ohne Endblüte (*627/2*), selten einzeln; aufrechte Sträucher, selten Lianen (**Untergatt. *Xylosteum*, Heckenkirschen**) **2**

2. Aufrechte, meist sommergrüne Sträucher, wenn immergrün, dann Bl. < 4 cm lang **4**

— Windende, zuw. ± niederliegende, (halb-)immergrüne Lianen, Bl. meist > 4 cm lang (**Sekt. *Nintooa***) **3**

3. Kr. 2–4 cm lang, weiß, zuw. leicht rosa überlaufen, gelb verblühend, Röhre schmal trichterf., nicht bauchig, K.zähne längl., lang bewimpert (*628/1b*) – Bltn.-paare 3–10 mm lang gestielt; Tragbl. sehr groß, bl.artig, breit eif. bis elliptisch, Bltn.paare nicht zu auffälligem Gesamtbltnst. verbunden; Vorbl. 1/3–1/2 so lang wie die kahlen Frkn.; Beeren glänzend schwarz; Bl. saftgrün, eif. bis längl. eif., 3–8 cm lang (*628/1a*), anfangs beidseitig behaart, oberseits verkahlend, Bl.stiel stark behaart, 4–8 mm lang; Zw. behaart, hohl; Pfl. halbimmergrün; bis 6 m hoch kletternd od. niederliegend; VI–VIII. L – h. O-As.

Japanisches G., *L. japonica* Thunb.

var. *repens* (Siebold) Rehder [*L. brachypoda* DC.]: Bl. oft ± gelappt, ungelappte Bl. eilängl., meist mit roten Nerven; Kr. weiß od. hell purpurn gezeichnet.

'Halliana': Oberlippe tief geteilt, Kr. weiß, im Verblühen gelb werdend.

'Aureoreticulata': Bl. gelb, netznervig; weniger robust als die Art, oft nur kriechend. ^^.

— Kr. 1,5–2,4 cm lang, außen auf hellerem Grund orangegelb bis weinrot überlaufen, Röhre trichterf., leicht bauchig, K.zähne kurz, kahl (*628/2b*) – Bltn.paare 0,2–1,5 cm lang gestielt, Kr. außen kahl, Tragbl. klein, mehrere Bltn.paare bilden am Triebende Gesamtbltnst.; Fr. schwarz, bläul.weiß bereift; Bl. dunkelgrün, 3–5(–10) mm lang gestielt, schmal lanzettl. bis längl. elliptisch, 3–10 cm lang, 8–30 mm breit, stumpfl . od. zugespitzt (*628/2a*), Spreitengrund keilf. bis gerundet od. herzf., unterseits ± behaart; Zw. dicht behaart, ± verkahlend, (anfangs) mit weißem Mark; Pfl. immergrün, bis 5 m hoch kletternd; VIII–IX. L – h. Variable Art (Agg.) von WN-China u. Tibet bis S-As. (Himal., Indien), Sich., Yunn., S-China inkl. Taiw. bis SO-As., Mal. Arch. [*L. alseuosmoides* Graebn.; *L. giraldii* Rehder; *L. henryi* Hemsl.] **Spitzblättriges G., *L. acuminata*** Wall.

4 (2). Zw. mit vollem Mark – Kr. zygomorph od. radiär; Fr. rot, blau, violett od. schwarz, die Fr. eines Paares zuw. zu einer Doppelbeere verwachsen **14**

— Zw. hohl – Kr. zygomorph; Fr. rot, in Sorten auch gelb, selten auch farblos durchscheinend, die Fr. eines Paares immer getrennt (**Sekt. *Coeloxylosteum*** 5–13) **5**

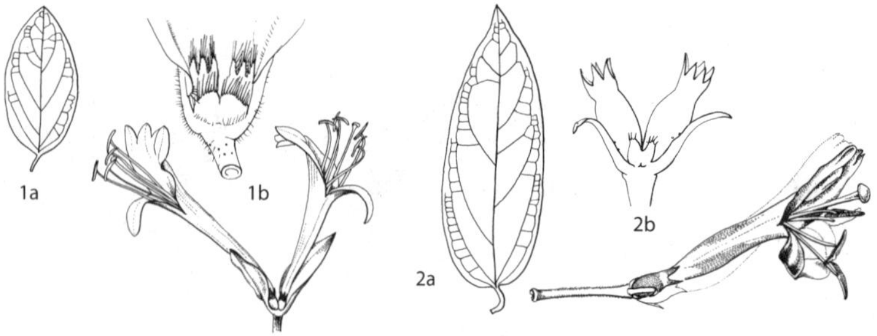

628/1–2 *Lonicera*, a Bl., b Teilbltnst. u. Frkn.: 1 *L. japonica*, 2 *L. acuminata*,

5. Bltn. u. Fr. mindestens 5 mm lang gestielt, Vorbl. frei; Winterkn. kugelig eif. od. spindelf. **8**

— Bltn.stiele kurz, meist kürzer als die Frkn., selten > 5 mm lang (*629/1–3*), Vorbl. eines Paares auf der Außenseite am Grund ± verwachsen; Winterkn. kugelig eif. **6**

6. Beeren rot; Oberlippe der Kr. mindestens 3-mal so lang wie die Röhre, bis fast zur Mitte eingeschnitten (*629/1*) – anfangs strahlend weiß, gelbl. verblühend, außen behaart, 2–3 cm lang – Röhre dünn, schwach od. nicht gehöckert, Vorbl. bewimpert, ± paarweise miteinander verwachsen, ½ bis fast so lang wie die Frkn., K. etwa von Frkn.länge; Bl. eif. elliptisch bis eif. lanzettl., 5–8 cm lang, lang zugespitzt, 3–5 mm lang gestielt; V–VI. Sg – h. Russ.-Fernost, N- u. NO-China, Jap., Kor.; besonders in O-USA invasiver Neophyt.
Maacks H., *L. maackii* (Rupr.) Maxim.

var. *podocarpa* Franch.: Wuchs mehr in die Breite gehend; Bl. stärker behaart; Bltn. kleiner, flaumhaarig.

— Beeren rot od. durchscheinend weiß; Oberlippe der Kr. bis doppelt so lang wie die Röhre, Oberlippe weit verwachsenen, mit 4 sehr kurzen Zipfeln **7**

7. Beeren durchscheinend weißl. – mit schwarzvioletten Samen; Kr. naturweiß-hellgelb, 2,2–2,8 cm lang, mit kaum gehöckerter Röhre, K.zähne u. Tragbl. meist kürzer als die Frkn. (*629/2*); Bl. breit eif. bis elliptisch, 3–7 cm lang, ± lang zugespitzt, Bl.stiel 3–5 mm lang; VI–VII. Sg – s. Himal.: Afgh., Pak. bis SW-China (Hubei). **Durchsichtige H., *L. quinquelocularis*** Hardw.

— Beeren rot – Kr. naturweiß-blassgelb, im Verblühen dunkler, 1,8–2,2 cm lang, Bltn.paarachsen bis 6 mm lang (*629/3*); Bl. 3–6 mm lang gestielt, eif. bis verkehrt eif. od. elliptisch, oben stumpf od. spitz, mit Stachelspitze, 3–5 cm lang, anfangs beidseitig behaart, oberseits verkahlend; Fr. mit relativ großem, persistierenden K.; VI. Sk – ss. W-China, Tibet. ***L. trichosantha*** Bureau & Franch.

var. *deflexicalyx* (Batal) P. S. Hsu & H. J. Wang [*L. deflexicalyx* Batal.]: Bl. 4–8 cm lang, längl. lanzettl. bis lanzettl., lang zugespitzt, Nervatur oberseits deutl., eingesenkt, Bl.rand bewimpert. ss. W-China, Tibet.

8 (5). Kn. kugelig bis eif. (*630/2*) **10**

— Kn. spindelf. (*630/3*) – mit behaarten u. lang bewimperten Schuppen; Frkn. drüsig od. auch behaart **9**

9. Bl. breit elliptisch, stumpf od. kurz zugespitzt, 3–6 cm lang, beiderseits weichhaarig; Vorbl. ½ so lang wie Frkn. (*630/7*); Tragbl. kürzer od. wenig länger als Frkn., Beeren dunkel weinrot – Bltn.paare 1–2 cm lang gestielt, Kr. 1–1,5 cm

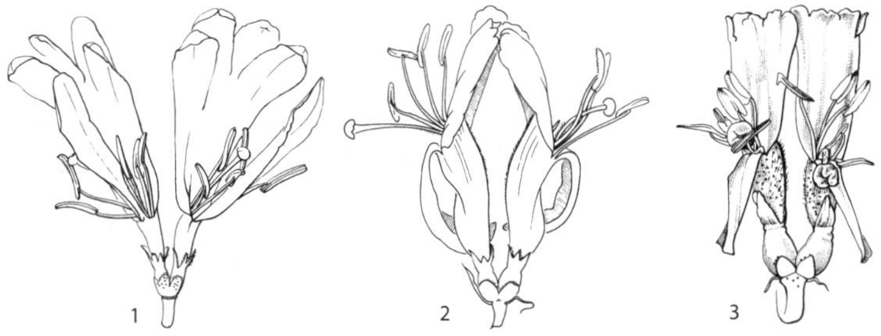

629/1–3 *Lonicera*, Bltn.paare: 1 *L. maackii*, 2 *L. quinquelocularis*, 3 *L. trichosantha*

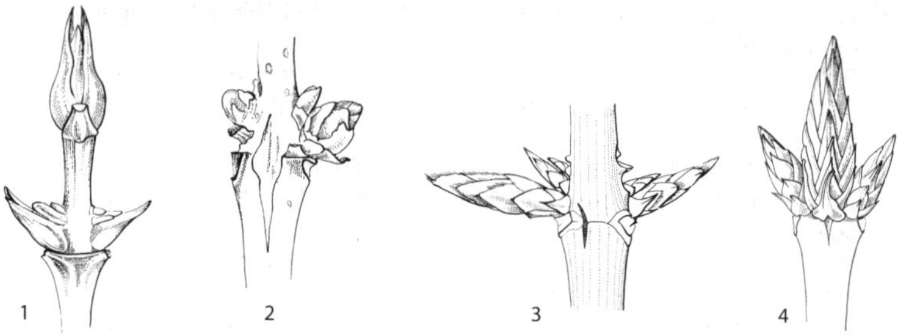

630/1–4 *Lonicera*, Kn.: 1 *L. caerulea*, 2 *L. tatarica*, 3 *L. xylosteum*, 4 *L. caucasica*

lang, gelbl. weiß, zuletzt gelb, behaart; Beeren um 8 mm ∅; V–VI. Sg – h. Eur. bis W-Sib. **G!!** **Gewöhnliche H., *L. xylosteum*** L. var. ***xylosteum***

L. × ***xylosteoides*** Tausch [*L. tatarica* × *L. xylosteum*] **'Clavay's Dwarf', Zwerg-H.**: unterscheidet sich durch bläul.grüne Bl. u. heller rote Fr. Sk – z.

— Bl. breit lanzettl. zugespitzt, 6–12 cm lang, beiderseits rauhaarig; Tragbl. mehrfache Frkn.länge (meist 2–5-mal länger); Beeren johannisbeerrot – Bltn.-paare 1,5–2,5 cm lang, Kr. 1,5–2 cm lang, gelbl. weiß, im Verblühen orangegelb, Vorbl. ⅓–½ so lang wie die Frkn., Tragbl. deutl. länger als der Frkn.; Fr. 7–8 mm ∅; V–VI. Sg – ss. Von W-Sib. bis O-As. (N-China, Jap., Kor.) an var. *xylosteum* anschließend [*L. chrysantha* Turcz.] **Gelbblütige H., *L. xylosteum*** var. ***chrysantha*** (Turcz.) Regel

10 (8). Pfl. vollkommen kahl – Kr.röhre kaum gehöckert, Bl. 3–6 cm lang, eif. bis eif. lanzettl., Spreitengrund gestutzt bis leicht herzf., kahl (*634/5*); Bltn.paare 1–2 cm lang gestielt, Kr. 1,5–2 cm lang, dunkelrot bis weiß, die Röhre kürzer als die relativ breiten Zipfel, Oberlippe fast bis zum Schlund gespalten, Vorbl. alle getrennt od. nur am Grund schwach verbunden, bis ½ so lang wie die Frkn. (*630/6*); Beeren rot, selten gelb; IV–VI. Sg – h. O-Eur., W-Sib. u. M-As., in W- u. M-Eur. Neophyt. **Tatarische H., *L. tatarica*** L.

Formenreiche, häufig angepflanzte Art.

'Arnolds Red': Kr. kräftig dunkel rot; **'Hacks Red'**: etwas heller. z–h.

L. tatarica bildet mit nahe verwandten Arten zahlreiche Hybriden, die sich durch ihre Behaarung u. ± verwachsene, oft schmalere Krbl.zipfel von der Art unterscheiden, aber untereinander schwer unterscheidbar sind (vgl. Green 1966 in J. Arnold Arb. 47, S. 75–88.)

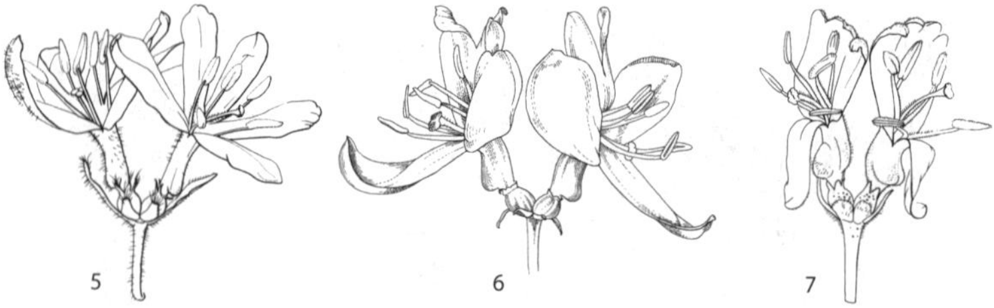

630/5–7 *Lonicera*, Bltn.paare: 5 *L. morrowii*, 6 *L. tatarica*, 7 *L. xylosteum*

— Bl., Zw., Frkn. od. Kr. ± behaart **11**

11. Oberlippe der Kr. bis fast zum Grund in 4 Zipfel geteilt, Kr. daher mit 5 fast gleichen, abstehenden Zipfeln (*630/5*) – Röhre stark gehöckert, Vorbl. (wie bei den folgenden Arten) alle getrennt, etwa so lang wie die Frkn., nebst den Tragbl. u. K.zähnen behaart, Kr. weiß, später gelbl., außen zerstreut weichhaarig, 1,5 cm lang, Bltn.paare 5–15 mm lang gestielt; Fr. rot; Bl. längl. eif. bis elliptisch, 3–5 cm lang, unterseits dicht weichhaarig, bis 5 mm lang gestielt; V–VI. Sk – s. Jap. **Morrows H., *L. morrowii*** Gray

— Krbl.zipfel der Oberlippe ± weit verwachsen **12**

12. Röhre schwach gehöckert – Bl. im Mittel 2–3 cm lang, eif. bis elliptisch, kurz zugespitzt, bläul. grün, Bltn.paare 1–2,5 cm lang dünn gestielt, Bltn. wohlriechend, Kr. rosa, seltener weiß, 15–18 mm lang, seitl. Einschnitte der Oberlippe bis zur Mitte od. etwas tiefer reichend, Vorbl. paarweise am Grund verwachsen, etwa ⅓ so lang wie die Frkn., Tragbl. meist von Frkn.länge; Beeren lebhaft rot; V–VI. Sg – ss. M-As. **Korolkows H., *L. korolkowii*** Stapf var. ***korolkowii***

var. ***zabelii*** (Rehder) Rehder: 1–1,2 m hoch, Wuchs aufrecht; Bl. blaugrün. Sk – z.

— Röhre stark gehöckert **13**

13 Bl. eif. lanzettl. bis lanzettl., 4,5–10 cm lang – Spreite allmähl. lang zugespitzt, am Grund breit keilf. bis gerundet, Stiel um 5 mm; Bltnst.achsen 1–2 cm lang, Kr. 15–18 mm lang, weiß, später gelbl., außen kahl; Vorbl. etwa ⅓ so lang wie der Frkn.; Fr. rot; V–VI. Sg – ss. Russ.-Fernost, N-Kor., N-China. **Ruprechts H., *L. ruprechtiana*** Regel

— Bl. verkehrt eif., 1,5–3,5(–5) cm lang – Spreite, 7–20 mm breit, mit Stachelspitze, Stiel 1–4 mm; Bltnst.achse 8–15 mm lang, behaart u. drüsig; Vorbl. ½ so lang wie der Frkn., Bltn. cremefarben, später hellgelb, 8–12 mm lang, Kr.röhre 3–3,5 mm lang; Frkn. drüsig behaart; Beeren kugelf., rot, 6–8 mm ∅; V–VI. Sg – ss. Jap. ***L. demissa*** Rehder

14 (4). Bl. sommergrün, selten ± halbimmergrün, dann aber nicht dick lederig **16**

— Bl. immergrün, lederig – klein (bis 40 mm lang u. 15 mm breit) – Bltn.paar kurz gestielt, blassgelb, zuw. gerötet, Kr.röhre innen u. außen behaart, Kr. 7–8 mm lang, von den Stbl. deutl. überragt (*631/4*), alle 4 Vorbl. zu einem die Frkn. von unten einschließenden Becher verwachsen, K. mit kragenf. Saum die Frkn. von oben bedeckend (*631/3*); Fr. rundl., 6 mm ∅, purpurviolett. **Immergrüne H., *L. pileata*** Oliv. **15**

15. Ausgebreiteter, 0,5–1(–1,5) m hoher Strauch; Bl. an den waagerechten Zw. gescheitelt: durch Torsion im Zw. u. Bl.stiel ± in einer Ebene, eif. bis längl. lan-

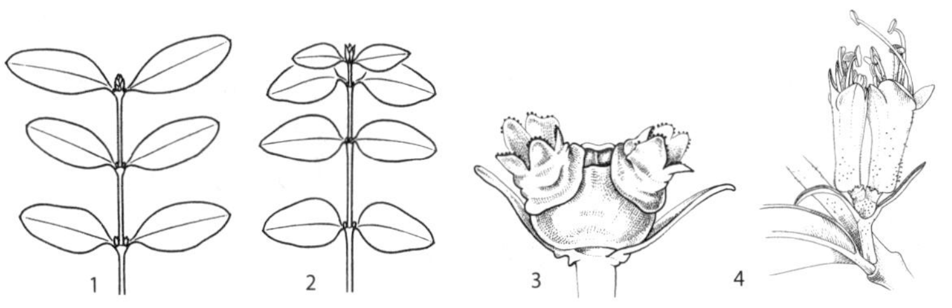

631/1–4: *Lonicera pileata*: Bl. 1 var. *pileata*, 2 var. *yunnanensis*, 3 Frkn.paar, 4 Bltn.paar

zettl., 5–40 mm lang, 4–15 mm breit (*631/1*), oberseits glänzend dunkelgrün, unterseits hellgrün; V–VI. – h. W-China.

Immergrüne Kriech-H., *L. pileata* Oliv. var. ***pileata***

— Pfl. 1–1,5(–2) m hoch, Wuchs aufrecht; aufeinanderfolgende Bl.paare deutl. kreuzweise zueinander versetzt, Bl. breit eif., 6–12 mm lang (*631/2*), bis 10 mm breit, glänzend dunkelgrün; V–VI. Sk – h. ∧ SW-China. [*L. nitida* Wils.]

Immergrüne Strauch-H., *L. pileata* Oliv. var. ***yunnanensis*** (Franch.) B. Schulz

Einige Sorten wie 'Elegant' stehen in ihren Merkmalen zwischen den Varietäten, was ihre Zuordnung zu einer Var. u. die Grenzziehung zwischen den Var. erschwert (vgl. Schulz 2011 in MDDG 96, S. 93–98).

'Elegant': 1–1,5 m hoch, Wuchs locker aufrecht, Bl. dunkelgrün. h.

'Baggesens Gold': Wuchs niedrig u. breit; Bl. gelb, im Sommer mehr gelbgrün. h.

'Fertilis': starkwüchsig, aufrecht, bis > 2 m hoch, Zw. bogig; Bl. dunkelgrün; reich blühend u. fruchtend. ss.

'Hohenheimer Findling': Wuchs aufrecht sparrig, bis 1,2 m hoch; Bl. 10–18 mm lang. s–z.

'Maigrün': meist nur 50–80 cm hoch werdend; im Winter dunkler grün als die Art. h.

16 (14). Vorbl. fehlend od. vorhanden, wenn becherf. verwachsen, dann Frkn. ganz od. teilw. herausragend; Frkn. eines Paares frei od. vollst. miteinander verwachsen; Kn. mit 1–8 Paar Kn.schuppen **19**

— Alle 4 Vorbl. zu einer Hülle verwachsen, die die beiden freien od. basal verwachsenen Frkn. während der Blüte bis zum Ansatz des K. eng umhüllt (*632/2b*), so dass die Bltn.paare nur einen Frkn. zu haben scheinen; Kn. mit 1–2 Paar Kn.schuppen (*630/1*) **17**

17. Bltn.paare achselst., Kr. trichterf. mit fast regelmäßigem Saum, grünl. bis gelbl. weiß, 12–20 mm lang, Gr. kahl; Vorbl.becher kahl; Fr. essbar, Fr.paare fleischig, blau bereift, der auch die reifen Fr. noch einschließende Vorbl.becher ist am Saum um die beiden K. im (Unterschied zur Doppelbeere) erkennbar (*632/2b*); Sprosse rotbraun; Seitenkn. oft mit Beikn. (*630/1*); Bl. rundl. od. eif. bis längl., 2–8 cm lang, frischgrün; sehr variable Art; IV–V. Sk – z. Euras.: bor. u. nem. Geb.; W-NAm. **Blaue H., *L. caerulea*** L.

var. *caerulea*: Bltn.paare sehr kurz gestielt, Tragbl. pfrieml., wenig länger als die Frkn., Kr. kahl, Krbl.zipfel um 2–3 mm lang (*623/2a*); Fr. bis 1,2 cm lang, kugelig ellipsoidisch (*632/2b*).

var. *kamtschatica* Sevast. [var. *edulis* (Turcz.) Regel; *L. kamtschatica* (Sevast.) Pojark.]: Bltn. deutl. gestielt (4–6 mm), Tragbl. laubig, wenig kürzer bis deutl. länger als die Bltn.; Kr. außen lang anstehend behaart, Krbl.zipfel um 6 mm lang (*632/1*); Fr. bis 3 cm lang, walzenf., essbar. Fr.sorten. h.

— Bltn.paare achsel- u. zuw. endst., Kr. 2-lippig, Vorbl.becher behaart, später durch die reif roten Fr. gesprengt **18**

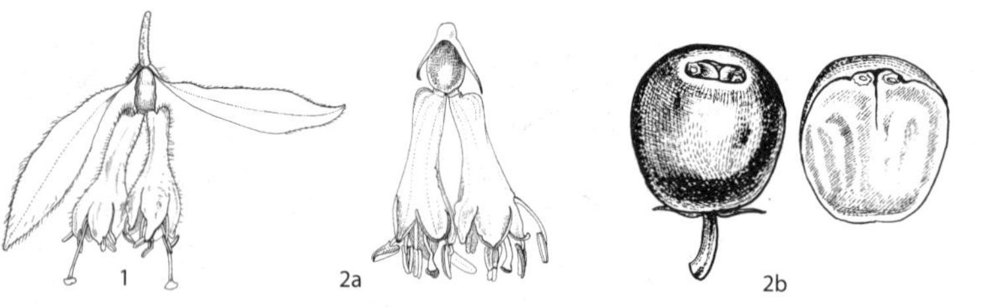

632/1–2 *Lonicera caerulea*: 1 var. *kamtschatica*, Bltn.paar, 2 var. *caerulea*, 2a Bltn.paar, 2b Fr.paar

18. Bltn.paare überwiegend achselst., selten endst.; Bl. eif. bis lanzettl., lang zugespitzt, 6–10(–20) cm lang, Spreite am Grund abgerundet od. herzf., beidseitig kurz behaart – Bltn.paare kurz gestielt, Kr. weiß, schnell gelbl., 1,5–2 cm lang, Kr.röhre ca. 8 mm lang, am Grund deutl. höckerig, außen dicht drüsig u. kurzhaarig, Vorbl.becher mit dem dicht behaarten K.grund fest verfilzt (wie verwachsen), Tragbl. eif., fast bl.artig, länger als die Kr.röhre; Beeren nur wenig miteinander verwachsen, rot, 8 mm lang; V–VI. Sg – ss. N-Mong., N-China.
Ferdinands H., *L. ferdinandii* Franch.

— Bltn.paare end- u. achselst.: unter dem endst. Paar 1–4 weitere achselst. Bltn.paare; Bl. rundl. eif., stumpf, bis 4 cm lang, Spreitengrund herzf. (*634/7*), unterseits weich zottig – achselst. Bltn.paare sehr kurz gestielt, Kr. 10–14 mm lang, gelbl. weiß, gelb verblühend, innen u. außen fein behaart, Vorbl.becher nicht mit dem K.grund verfilzt, Tragbl. meist bl.artig groß; Beeren rot, nicht miteinander verwachsen; VI–VII. Sk – ss. Kauk. **Persische H., *L. iberica*** Bieb.

19 (16). Bltn. fast stets einzeln; Tragbl. ungleich groß (*633/1*) – Stiel 15–22 mm lang, Vorbl. sehr klein; Kr. rosa, Röhre trichterf., Zipfel ½–¾ der Röhrenlänge, am Ende ausgebreitet u. Gr. (= Zipfel-) u. Stbl. (= ½ Zipfellänge) überragen die Blüte, K.zähne kurz wellig am Rand des K.bechers, der den Ansatz der K.röhre u. den basalen Höcker umgreift; Fr. rot; III–IV. Sk – ss. Jap.
Feinstielige Heckenkirsche, *L. gracilipes* Miq.

var. *glandulosa* Maxim.: K. drüsig bewimpert, Kr. außen behaart u. drüsenhaarig, Frkn. u. Fr. drüsig.

— Bltn. stets paarig; Tragbl. ± gleich groß **20**

20. Hauptblüte im Frühling (ab Ende März) od. Sommer **22**

— Hauptblüte bei milder Witterung im Winter (Januar bis Ende März) **21**

21. Kr. zygomorph, deutl. 2-lippig, Krbl.zipfel der Oberlippe basal verwachsen, Röhre knittrig, undeutl. bauchig, Staubbeutel gelb (*634/1*) – Bl. verkehrt breit eif., 3–7 cm lang, sehr kurz zugespitzt, nur unterseits auf der Mittelrippe ± steifhaarig; Bltn. vor od. mit den neuen Bl. erscheinend, Bltn.paare 4–10 mm lang gestielt, Kr. knapp 15 mm lang, weiß, oft rosa überlaufen, Frkn. basal miteinander verwachsen; Beeren ellipsoidisch, basal od. bis über die Hälfte verwachsen, mattrot; II–V. Sk/Sg – h. ∧ China.
Wohlriechende H., *L. fragrantissima* Lindl. & Paxt.

subsp. *fragrantissima*: halbimmergrün (zur Blütezeit ± belaubt); Zw. ± kahl; Bl. fast kahl; Kr. kahl, Tragbl. ≥ 2 mal länger als Frkn. s. O-China.

subsp. *standishii* (Jacq.) P. S. Hsu & H-J. Wang. [*L. standishii* Jacq.]: sommergrün; Zw. mit rückwärts gerichteten Borsten besetzt; Bl. längl. eif. bis lanzettl., 4,5–9(12) cm lang, allmähl. zugespitzt, beiderseits behaart; Bltn. vor od. mit den Bl.; II–V. s. W-China.

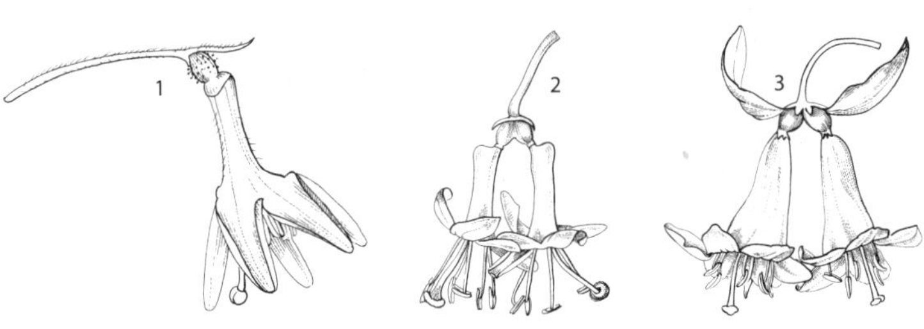

633/1–3 *Lonicera*, Teilbltnst.: 1 *L. gracilipes* var. *glandulosa*, 2 *L. microphylla*, 3 *L. pyrenaica*

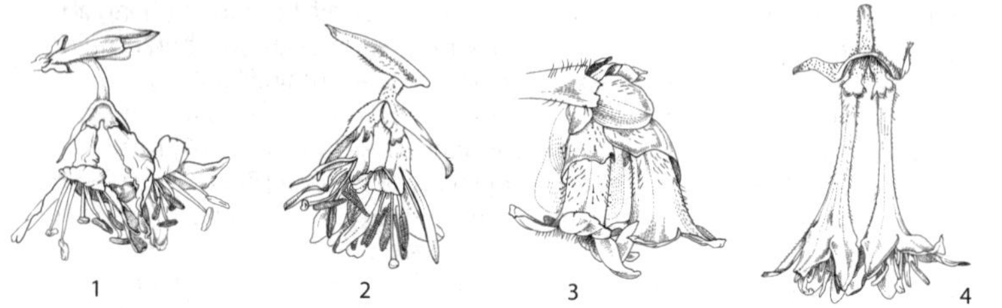

634/1–4 *Lonicera*, Bltn.paare frühblühender Arten: 1 *L. fragrantissima*, 2 *L. praeflorens*, 3 *L. setifera*, 4 *L. elisae*

var. *lancifolia* REHDER: Bl. schmal lanzettl., 4–12 cm lang, nur 1–2,8 cm breit, oberseits lackartig glänzend. ss.

nothosubsp. *purpusii* (REHDER) B. SCHULZ [*L. purpusii* REHDER; subsp. *fragrantissima* × subsp. *standishii*]: Zw. nur an den Sprossknoten borstig behaart; zur Blütezeit fast laublos; Bl. längl. eif., bis 9 cm lang u. 4,5 cm breit (*634/6*), lang zugespitzt, oberseits dunkelgrün, unterseits blaugrün, ± kahl; Bltn. rahmweiß, ± kahl, stark duftend; II–IV. h.

— Kr. nur schwach zygomorph, fast radiär, Krbl.zipfel bis zur Röhre frei, Röhre am Ansatz leicht bauchig, Staubbeutel rot (*634/2*) – Frkn. frei, Fr. kugelf., rot, glänzend; II–IV. Sk/Sg – ss. NO-China, Jap., Kor., Russ.-Fernost.
L. praeflorens BATALIN

In BG weitere winter- bzw. frühblühende Arten mit gelben Staubbeuteln:

L. elisae FRANCH. [*L. infundibulum* FRANCH.]: Kr. 2 cm lang u. schmal (Röhre 2 mm ∅), Zipfel trichterf., an der Spitze 12 mm ∅ (*634/4*). Sg – ss. S-China.

L. setifera FRANCH.: Kr. 8 mm lang u. gedrungen (Röhre 4 mm ∅), Zipfel spreizend (an der Spitze 15 mm ∅) (*634/3*); Bl. meist lappig gezähnt; Zw. borstig steif behaart. Sg – ss. Tibet, Sich, Yunn. u. Indien.

22 (20). Kr. deutl. 2-lippig (*637/1–2* u. *627/2*) **30**
— Kr. mit 5 gleichen od. fast gleichen Zipfeln (*635/1–3*) **23**
23. Tragbl. sehr groß, sich mit ihren Rändern überlappend u. die getrennten Frkn. ganz umschließend (*636/1*); Kr.röhre am Grund mit einem deutl. Höcker od. ± sackartig ausgebuchtet **29**
— Tragbl. klein od. groß, sich aber nicht mit ihren Rändern deckend u. die Frkn. umhüllend; Kr.röhre mit od. ohne Höcker bzw. sackartiger Ausbuchung ... **24**

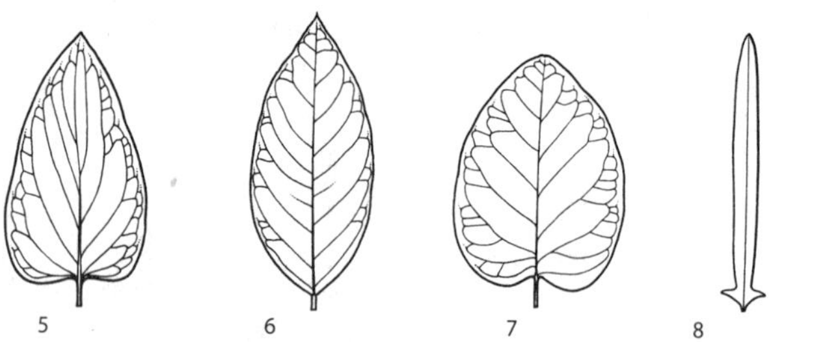

634/5–8 *Lonicera*, Bl.: 5 *L. tatarica*, 6 *L. fragrantissima* nothosubsp. *purpusii*, 7 *L. iberica*, 8 *L. spinosa*

24. Stbl. in der Kr.röhre verborgen od. von den aufrechten Krbl.zipfeln verdeckt **27**
— Stbl. aus der Kr.röhre hervor ragend u. durch die ausgebreiteten Krbl.zipfel gut sichtbar (*635/1*) **25**
25. Kr.röhre schlank trichterf. (Röhrenöffnung 3 mm ∅), am Grund ohne Höcker; Vorbl. zu einem nur den Ansatz der Frkn. bedeckenden Becher verwachsen (*635/1a*) – Kr. rosa, Zipfel etwa so lang wie die Röhre; Frkn. meist nur am Grund miteinander verwachsen, etwa doppelt so lang wie die verwachsenen Vorbl.; Tragbl. linealisch; Beeren blaurötl. bis fast weiß; Zw. schlank, niedergestreckt od. überhängend; Bl. graugrün, linealisch, 2–3 mm lang gestielt, 2–3 cm lang, jederseits mit 0–2 Zähnen (*634/8*); V–VI. Sk – s. M-As., Tibet. [*L. albertii* Regel]
Dornige H., *L. spinosa* (Decne.) Walp.
— Kr.röhre am Grund mit Höcker od. bauchig; Vorbl. frei od. fehlend **26**
26. Bl. 4–8 cm lang, 5–8 mm lang gestielt, Spreite eif. bis längl. eif., am Grund gerundet od. herzf.; Bltn.paar 2–2,5 cm lang gestielt, Kr. 1,5–2 cm lang, gelbl. bis grünl. weiß, zuw. leicht gerötet, Röhre neben dem Ansatz mit großem spornartigem Höcker, Frkn. der Bltn.paare spreizend (in einem sehr stumpfen Winkel, oft weit > 90°, zueinander stehend), dadurch großer Abstand zwischen den Kr.röhren am Ansatz; Vorbl. klein od. fehlend, Tragbl. höchstens so lang wie der Frkn.; Beeren längl. eif., rot, spreizend, höchstens am Grund leicht verwachsen; IV–V. Sk – ss. N–NO-NAm.
Kanadische H., *L. canadensis* Marshall
— Bl. 2–4 cm lang, Spreite längl. eif. bis längl. lanzettl., am Grund keilf. verschmälert, fast ungestielt; Bltn.paare 1–2 cm lang gestielt, Bltn. weiß od. etwas rötl., 1,2–2 cm lang, trichterf. bis glockig, Röhre bauchig, Frkn. frei, etwa 90° zueinander stehend, Vorbl. etwa ½ so lang wie der Frkn.; Tragbl. bl.artig verbreitert, die Frkn. weit überragend (*633/3*); Beeren kugelig, rot; V. Sk – s. SW-Eur. **Pyrenäen-H., *L. pyrenaica*** L.
27 (24). Gr. die Kr. deutl. überragend – Bltn.paare 1,5–3 cm lang dünn gestielt, hängend; Kr. hellrosa, Kr.röhre 1–1,5 cm lang, sehr leicht trichterf., Kr.zipfel aufrecht, die Stbl. einschließend, Frkn. ± weit miteinander verwachsen, Vorbl. fehlend, Tragbl. pfrieml., ± so lang wie der Frkn.; Doppelbeeren rot; Bl. 1,5–3 cm lang, verkehrt eilanzettl., keilf. in den kurzen Bl.stiel verschmälert, am schwach eingerollten Rand bewimpert, unterseits weißl., ± behaart; V–VI. Sg – ss. Variabler, oft geteilter Artkomplex von OS-China u. Taiw. bis W-China, N-Indien (Sikkim) u. Nepal. **Tangutische H., *L. tangutica*** Maxim.

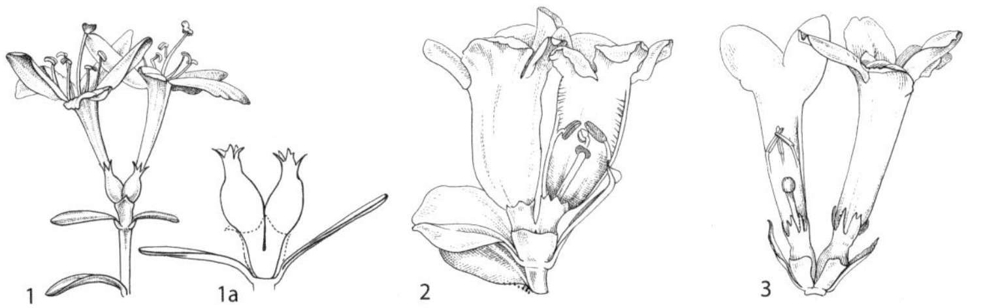

635/1–3 *Lonicera*, radiäre Bltn.: 1 *L. spinosa*, 1a Frkn.detail (Vorbl.becher mit gepunkteter Linie angedeutet), 2 *L. myrtillus*, 3 *L. rupicola* var. *syringantha* (2 u. 3 jeweils eine Blüte geöffnet)

— Gr. die Kr. nicht überragend, Frkn. frei od. paarweise verwachsen, dann auch die Vorbl. zu einem die Frkn. umgebenden Becher verwachsen **28**

28. Frkn. der Bltn.paare völlig getrennt (*635/3*) – Bl. längl. eif. elliptisch, um 25 × 10 mm, Basis stumpf keilf. bis geöhrt; Bltn.paare 2–5 mm lang gestielt; Kr. rötl. weiß bis rosa, bis 1,5 cm lang, Vorbl. variabel, getrennt od. zu Becher verwachsen; Beeren kugelig bis eif., orangerot bis lebhaft rot; V–VII. Sk – ss. M- bis W-China, Sich., Himal. ***L. rupicola*** Hook f. & Thoms.

var. *syringantha* (Maxim.) Zabel [*L. syringantha* Maxim.], **Fliederblütige H.**: Zw. u. Bl. kahl; Kr.röhre ca. 3-mal so lang wie die Zipfel.

var. *rupicola* [*L. thibetica* Bureau & Franch.], **Felsen-H.**: Zw. meist behaart, Bl. unterseits wollig behaart; Kr.röhre ca. 2-mal so lang wie die Zipfel.

— Frkn. der Bltn.paare verwachsen (*635/2*) – Bl. kahl, eif. bis eirund, 10–15 mm lang, bis 8 mm breit, Basis keilf. bis abgerundet, oberseits dunkelgrün, unterseits graugrün bis bläul., kahl, Bltn.paare 1–3 mm lang gestielt, Kr. gelbl. weiß, ca. 10 mm lang, innen lang behaart, außen kahl u. oft rosa überlaufen, Röhre etwa doppelt so lang wie die Zipfel, Gr. ½ so lang wie die Kr.röhre; Vorbl.becher ½ so lang wie die völlig miteinander verwachsenen Frkn.; Doppelbeere korallenrot, glänzend, 8–9 mm ∅; V–VII. Sk – ss. Himal. **Heidelbeer-H., *L. myrtillus*** Hook. f. & Thomson

29 (23). Vorbl. fehlend od. sehr klein – Bltn.paare 1–1,5 cm lang gestielt; Kr. trichterf., naturweiß, 2,5 cm lang, Staubbeutel grün; Tragbl. zur Fr.reife trocken braun, Beeren ellipsoidisch, orangerot; Bl. elliptisch bis längl. eif., 3–8 cm lang, unterseits auf den Nerven u. am Rand steifhaarig; junge Zw. u. Bltn.stiele mit steifen, glasig glänzenden Haaren; Kn. nur Seitenkn., von einer allseits verwachsenen Kn.schuppe eingeschlossen; V. Sk – ss. Mong. u. WN-China bis WM-As. u. NS-As. **Steifhaarige H., *L. hispida*** Pall.

— Vorbl. groß, paarweise verwachsen, die Frkn. umhüllend – Bltn.paare bis 4,5 cm lang gestielt (*636/1*); Kr. 1,4–20 mm lang, röhrenf., rein gelb, zuw. rötl. überlaufen, außen dicht drüsig, Staubbeutel gelbl.; Beeren kugelf., glänzend schwarz, von den zur Reifezeit roten, vergrößerten, etwas zurück geschlagenen Tragbl. umgeben; End- u. Seitenkn. mit mehreren Kn.schuppen; IV–V. Sk/Sg – z. N- u. W-NAm. bis MAm. **Behüllte H., *L. involucrata*** (Richardson) Banks

var. *involucrata*: Kr. rein gelb, Stbl. den oberen Kr.rand erreichend; Frst.achsen hängend; um 1 m hoher Strauch; Bl. 1–1,5 cm lang gestielt, Spreite 5–12(–15) cm lang, längl. elliptisch bis längl. lanzettl., kahl od. schwach behaart (*636/2*). s. N- u. W-NAm. bis MAm.

var. *ledebourii* (Eschsch.) Jeps. [*L. ledebourii* Eschsch.], **Ledebours H.**: Kr. rötl. überlaufen (rot drüsenhaarig), Stbl. kürzer, die Kr.röhre nicht überragend; Beeren dunkelpurpurn, Tragbl. zur

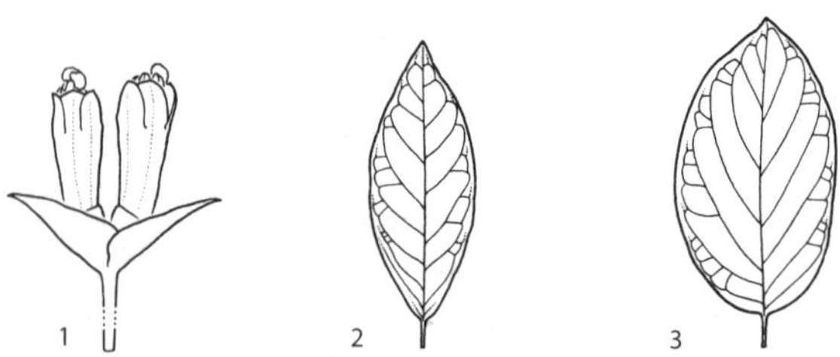

636/1–3 *Lonicera involucrata*: 1 Bltn.paar; 2–3 Bl.: 2 var. *involucrata*, 2 var. *ledebourii*

Reifezeit rot mit schwarzer Mitte, Frst.achsen nach außen gerichtet, kaum hängend; Bl. 3–5 mm lang gestielt, längl. eif. bis eif. lanzettl, 6–12 cm lang, derb, oberseits dunkelgrün, unterseits heller u. bleibend weichhaarig (*636/3*); Sg (3 m) – z. SW-NAm. (Kalifornien).

30 (22). Bltn.paare < 2,5 cm lang gestielt, Stiel nicht verdickt **32**

— Bltn.paare 2,5–5 cm lang gestielt, Stiel an der Spitze verdickt (*637/1c*) **31**

31. Frkn. fast bis zur Spitze miteinander verwachsen (*637/1b* u. *c*); Fr. eine von 2 K. gekrönte Doppelbeere, 12–13 mm ∅ – Bltn.paare 2,5–5 cm lang gestielt, Stiele an der Spitze verdickt, Kr. gelbgrün, außen trübrot, 1,2–1,8 cm lang, innen lang behaart, Vorbl. etwa ¼ so lang wie die Frkn. (*637/1a–c*); Fr. glänzend rot; Bl. bis 12 cm lang u. 5 cm breit, elliptisch bis verkehrt eif., ± lang zugespitzt, Spreitengrund breit keilf. bis gerundet, Bl. oberseits dunkelgrün, unterseits heller, kahl od. fast kahl; IV–V; Sk – z. Geb. M- u. S-Eur. **Alpen-H., *L. alpigena*** L.

— Frkn. frei (*637/2*); meist nur 1 Beere entwickelt, mit einem K., um 12 mm ∅, 2. Frkn. als Rudiment bis zur Fr.reife bleibend – Bltn.paare 2,5–3 cm lang, drüsig gestielt, Kr. 1,5 cm lang, außen behaart u. drüsig, grünl. gelb od. fast weiß, oft purpurn überlaufen; Vorbl. höchstens ½ so lang wie die Frkn. (*637/2*); Tragbl. drüsig bewimpert, so lang wie od. etwas länger als die Frkn.; Beeren orangerot; Bl. längl. eif. bis längl. lanzettl., 5–15 cm lang, lang zugespitzt bis geschwänzt; V–VI. Sg – ss. S-, N- u. W-China bis Afgh., Bhutan u. Kaschmir. **Webbs H., *L. webbiana*** DC.

32 (30). Bl. 1–2(–2,5) cm lang; Endkn. bis 4 mm lang, eif., mit ca. 4–5 Kn.schuppenpaaren; Kr.röhre länger als Kr.zipfel (*633/2*) – Vorbl. fehlend; Fr. orangerote Doppelbeere; Bl. verkehrt eif. bis elliptisch, stumpf, fein behaart od. kahl beiderseits; Bltn.paare 5–15 mm lang gestielt, Kr. etwa 1 cm lang, gelbl. weiß, Oberlippe etwa bis zur Mitte in 4 Zipfel gespalten, Kr.röhre am Grund stark gehöckert, Frkn. ganz miteinander verwachsen; V. Sk – ss. M-As., Russ.-Fernost, N-China, Afgh., NW-Indien, Pak. **Kleinblättrige H., *L. microphylla*** Willd.

— Bl. länger; wenn Endkn. vorhanden diese mit mehr od. weniger Kn.schuppen u. größer; Kr.röhre kürzer als Kr.zipfel **33**

33. Seitenkn. von einem Kn.schuppenpaar umhüllt od. zumindest unterstes Paar bis zur Kn.spitze reichend, Endkn. meist fehlend; Vorbl. fehlend; Fr.paare basal bis fast vollst. verwachsen .... ***L. fragrantissima*** siehe Nr. **21**

— Seitenkn. mit 5–7, Endkn. mit 6–10 Kn.schuppenpaaren (*630/4*); Vorbl. vorhanden, oft verwachsen, die Vorbl. benachbarter Bltn. meist auf nur einer Seite (*638/1*); Fr. getrennt od. verwachsen, blauschwarz od. rot (**Sekt. *Rhodanthae***) **34**

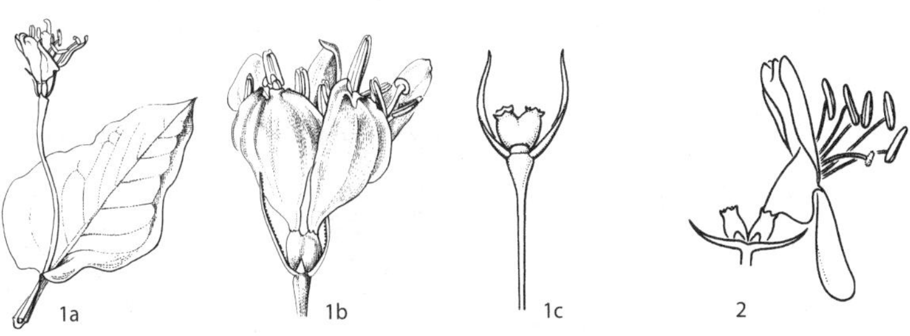

637/1–2 *Lonicera*: 1 *L. alpigena*, 1a Teibltnst., 1b Bltn.paar, 1c Frkn.; 2 *L. webbiana*, Bltn.paar

34. Frkn. der Bltn.paare frei (*638/1*); 2 getrennte Beeren – Bl. stumpf od. kurz zugespitzt, eilanzettl. bis längl. elliptisch, 4–7,5 cm lang, Spreitengrund breit keilf. bis rundl; Stiele der Bltn.paare 2–3 cm lang, nicht verdickt, Kr. etwa 1 cm lang, trüb rötl., selten weißl., Tragbl. u. Vorbl. etwa ½–¾ so lang wie die Frkn.; Beeren blauschwarz; V–VI. Sk – z. Geb. Eur. (außer N-Eur. u. Brit. Ins.). **G!!** **Schwarze H., *L. nigra*** L.

— Frkn. verwachsen (*638/2–3*); Fr. eine von 2 K. gekrönte Doppelbeere **35**

35. Doppelbeeren rot; K.zähne kurz 3-eckig (*638/2*), Kr. violettrot, ca. 1 cm lang, Stbl. so lang wie od. etwas länger als die Kr.zipfel, Tragbl. etwa ⅓ so lang wie die bis auf ⅔ ihrer Länge verwachsenen Frkn.; Bl. elliptisch od. eif., 3–7 cm lang, ± lang zugespitzt, Spreite am Grund gerundet; V. Sk – s. Russ.-Fernost, NO u. ON-China, Kor., Jap. **Maximowiczs H., *L. maximowiczii*** (Rupr.) Maxim.

— Doppelbeeren schwarz; K.zähne lanzettl. (*638/3*), Kr, 1–1,2 cm lang, schmutzig rosa bis violett, Stbl. u. Gr. kürzer als die Kr.zipfel (*627/2*), Tragbl. etwa so lang wie die völlig miteinander verwachsenen Frkn.; Bl. eif. bis eif. lanzettl., 4–10 cm lang, lang zugespitzt, Spreite am Grund gerundet bis breit keilf.; V–VI. Sg – s–z. Kl.-As., Kauk. [*L. orientalis* Lam.] **Orientalische H., *L. caucasica*** Pall.

36 (1). Kr. bauchig od. am Grund höckerf. erweitert: nach einer zuw. nur leichten Erweiterung wird die Kr.röhre in der Mitte wieder etwas dünner (**NAm. Geißblattarten u. Hybriden**) **42**

— Kr.röhre lang, dünn, sich nur wenig (gleichförmig) erweiternd, ohne jede bauchige od. höckerf. Erweiterung (**Euras. Geißblattarten**) **37**

37. Alle Bl. getrennt – kahl, 4–6 cm lang, 1,5–2 cm breit, 2–5 mm lang gestielt; Bltn. in gestielten, vielbltg., endst. köpfchenf. Thyrsen, Kr. gelbl. weiß, zuw. rötl. überlaufen, 4–5,5 cm lang, 2-lippig; Beeren rot; VI–VIII. L – z–h. M-Eur. bis W-Medit. **Wald-G., *L. periclymenum*** L.

'Belgica': Bltn. außen blass purpurn, im Verblühen gelb; Wuchs oft fast strauchartig. h.

'Serotina': Kr. außen dunkelrot, im Verblühen verblassend; VII–X. h.

— Wenigstens das oberste Bl.paar im Bltnst. am Grund scheiben- od. schüsselartig verwachsen **38**

38. Kr.röhre rein gelb, schlank, 6–8 cm lang – Bltnst. oberhalb des Bl.tellers lang gestielt; Bltn. duftlos: Triebe kahl; Bl. oberseits dunkelgrün, unterseits blaugrün, entlang der Mittelrippe etwas behaart, sonst kahl; VI–VII. L – ss. S-China. **Bocksblatt-G., *L. tragophylla*** Hemsl.

— Kr.röhre weißl. od. gelbl., ± stark rosarot überlaufen, bis 5 cm lang **39**

39. Scheinwirtel meist einzeln, auf verwachsenem Bl.paar sitzend **41**

— Scheinwirtel zu köpfchenf. gestielten Teilbltnst. verbunden, zuw. unterster auf Bl.scheibe sitzend **40**

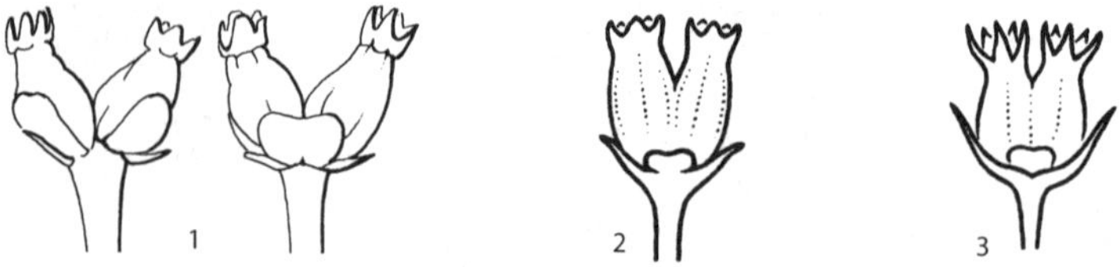

638/1–3 *Lonicera*, Frkn.paare: 1 *L. nigra*, 2 Ansichten; 2 *L. maximowiczii*; 3 *L. caucasica*

40. Unterster Scheinwirtel auf Bl.scheibe sitzend, die übrigen entfernt, oft kopfig gedrängt (*639/1*), Kr. 4–5 cm lang, gelbl., außen hell- bis dunkelrot, Vorbl. etwa ½ so lang wie die Frkn.; Beeren rot; VI–IX. L – ss. ∧ SW-Eur. [*L. caprifolium* × *L. etrusca*; *L.* × *americana* hort., non (Mill.) K. Koch]
Italienisches G., *L.* × *italica* Tausch

— Alle Scheinwirtel in lang gestielten Köpfchen (*639/2*), Kr. weiß, im Verblühen gelbl., ± stark rosa überlaufen, Vorbl. etwa so lang wie die Frkn.; Beeren rot; Bl. verkehrt eif. bis elliptisch, 3–8 cm lang, stumpf od. zugespitzt, oberseits kahl, unterseits bläul., ± behaart; VI. L – s. ∧∧ S-M-Eur. bis O-Medit.
Etruskisches G., *L. etrusca* Santi

41 (39). Kr. 3–4,5 cm lang, die Kr.röhre 3–4-mal so lang wie die Zipfel – Bltn. duftlos, Kr. gelbl. weiß, oft rot überlaufen, Stbl. u. der meist behaarte Gr. viel kürzer als die Oberlippe; Beere rot; Bl. eif. bis elliptisch, zugespitzt od. gerundet u. stachelspitzig, sitzend, etwas geöhrt, beidseitig kahl, unterseits bläul., oberseits dunkelgrün u. glänzend, obere Bl.paare verwachsen; immergrün; V–VI. L – ss. ∧∧ W-Medit. bis SO-Eur. **Verschlungenes G., *L. implexa*** Aiton

— Kr. 4–5 cm lang, die Röhre höchstens 1½-mal so lang wie die Zipfel (*639/3*) – Bltn. duftend, Kr. weiß bis gelbl. weiß, oft außen etwa rötl., Stbl. u. der kahle Gr. etwa so lang wie die Oberlippe; Beeren rötl.; Bl. kurz gestielt, elliptisch bis breit elliptisch, 4–10 cm lang, stumpf, unterseits bläul., oberseits dunkelgrün, obere Bl.paare verwachsen; V–VI. L – h. M-SO-Eur. bis Kl.-As. u. Kauk.
Garten-G., Jelängerjelieber, *L. caprifolium* L.

42 (36). Kr. gelb bis gelborange, relativ groß: ≥ 5 cm lang, Kr.zipfel ≥ 2 cm – Bltnst. oberhalb des Bl.tellers lang gestielt; Bltn. duftlos, Kr. innen gelb, außen gelb bis orangegelb, rötl. getuscht; Kr. 5–8 cm lang; Bl. oberseits dunkelgrün, unterseits heller, weiß bereift, beidseitig kahl; Triebe kahl; V–VI. L– h. ∧ [*L. sempervirens* × *L. tragophylla*] ***L.* × *tellmanniana*** Späth

— Kr. bis 5 cm lang, Kr.zipfel bis 1,5 cm **43**

43. Kr. mit 5 kurzen, gleichartigen Zipfeln, 4–5 cm lang – lebhaft gelb bis orangerot, Röhre schwach bauchig, innen behaart, Stbl. u. Gr. die Kr. etwas überragend, Bltn. duftlos, in entfernten Scheinwirteln; oberstes od. die beiden obersten Bl.paare zu fast kreisrunden Scheiben verwachsen; Beeren orangerot; immergrün; V–VIII (IX). L – ss. ∧ O-NAm.
Trompeten-G., *L. sempervirens* L.

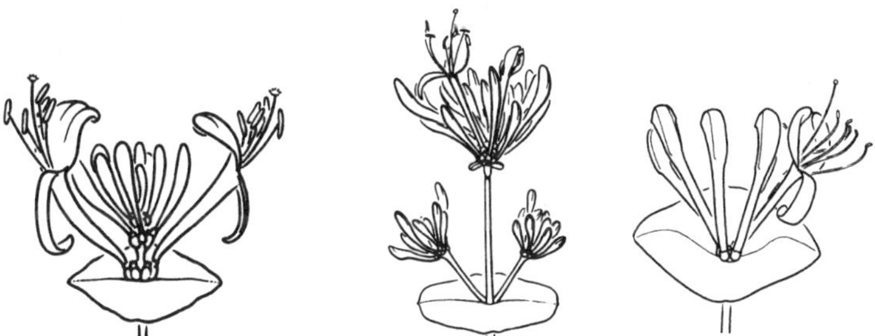

639/1–3 *Lonicera*, Bltnst.: 1 *L.* × *italica*, 2 *L. etrusca*, 3 *L. caprifolium*

— Kr. schwach od. deutl. 2-lippig **44**
44. Kr. 1,5–3 cm lang, nur ss in BG **46**
— Kr. 3–4,5 cm lang, h gepfl. Hybriden mit *L. sempervirens* **45**
45. Pfl. stark windend; Bl. schwach bewimpert; Bltn. bis 4,5 cm lang, Kr. orange od. orangerot, duftlos, Röhre sich in der Mitte abrupt erweiternd, Bltnst.achsen drüsig; V–VIII. L. – h. [*L. hirsuta* × *L. sempervirens*]
Browns Trompeten-G., *L.* × *brownii* (REG.) CARR.
'Dropmore Scarlet': starkwüchsig, Kr. tief orangerot; VI–X. h.
'Fuchsioides': schwächerwüchsig, Kr. orangerot. z.
— Pfl. kaum windend; Bl. elliptisch, 3–6 cm lang, unterseits bläul.; Bltn. 3,5–5 cm lang, Grundton der Kr. erst weißl., schnell gelb, ± stark purpurn überlaufen, außen etwas drüsig, innen spärl. behaart; Bltnst. ährenähnl., an verlängerter Achse mehrere Scheinwirtel übereinander; VI–IX. Sk – h. [? *L. americana* × *L. sempervirens*] **Heckrotts G., *L.* × *heckrottii*** REHDER
'Goldflame': Kr. außen stärker purpurrot. z.
46 (44). Pfl. stark windend; Kr. außen drüsig behaart **48**
— Pfl. nur schwach, bis 1,5 m hoch, windend; Kr. außen kahl **47**
47. Bl.scheibe (die verwachsenen Bl.) elliptisch, beidendig zugespitzt, Bl. kahl, unterseits bläul. weiß; Bltnst. sitzend od. bis 8 mm lang gestielt, Kr. 1,5–2 cm lang, grünl. gelb, trübrot gestreift, Kr.röhre mit deutl. Höcker, Gr. meist kahl; Beeren rot; V–VI. L – ss. SO- bis N-NAm. [*L. glauca* HILL]
Blaugrünes G., *L. dioica* L.
— Bl.scheibe eif. od. rundl., beidendig gerundet, Bl. unterseits blaugrün u. meist kurz weichhaarig; Bltnst. länger gestielt, Kr. 2–3 cm lang, hellgelb, außen oft rötl. überlaufen, mit schwach gehöckerter Röhre; Beeren rot; VI. L – ss. O-NAm. [*L. prolifera* (KIRCHNER) REHDER] **Sprossendes G., *L. reticulata*** RAF.
48 (46). Triebe behaart (wenigstens das Internodium zwischen dem obersten Bl.paar u. dem Bltnst. drüsenhaarig); Bl., besonders die nicht miteinander verwachsenen, am Rand lang behaart, unterseits weichhaarig, verwachsene Bl.paare scheibenf., beidendig zugespitzt; Kr. 2–2,5 cm lang, außen dicht drüsig, rötl. gelb, Röhre am Grund schwach bauchig höckerig, Vorbl. u. Tragbl. dicht drüsig; Beeren rot; VI–VII. L – ss. NO-NAm. [*L. pubescens* SWEET]
Rauhaariges G., *L. hirsuta* EATON
— Triebe kahl; Bl. oberseits grün, unterseits blaugrün, zerstreut behaart bis kahl; Bltnst. oberhalb des Bl.tellers 2–3 cm lang gestielt; Bltn. duftlos, Kr. nicht einheitl. orange- od. orangerot, Röhre 2–2,5 cm lang, 3–4-mal so lang wie die ± zurückgeschlagenen Zipfel, Stbl. u. Gr. damit aus der Blüte herausragend; V–VI. L – ss. W-NAm. **Bewimpertes G., *L. ciliosa*** (PURSH.) POIR.

Loranthus L., **Riemenblume** – *Loranthaceae* (Bearbeiter: Peter A. Schmidt)

Halbparasitische Kleinsträucher; Bl. gegenst., einfach, fiedernervig od. leicht parallelnervig.; Bltn. in traubigen od. ährigen Bltnst., ⚥ od. eingeschl., Bltn.hüllbl. 4–6. Etwa 500 Arten, meist trop. bis subtrop. Zonen von As. u. Afr., nur wenige Arten extratrop.; in Eur. nur 1 Art.

L. europaeus Jacq., **Europäische R.** od. **Eichenmistel** – Pfl. sommergrün (im Gegensatz zu immergrünen Misteln, *Viscum*); Bl. verkehrt eif. bis längl. eif., Spitze stumpf, 1–5 cm lang, ganzrandig (*641/1*), dunkelgrün; Bltn. in endst. Trauben od. lockeren Ähren, hellgelb; Beeren birnf. bis kugelig, gelb, bis 1 cm ∅; Halbparasit auf Eichen (*Quercus*) u. zuw. Edelkastanie (*Castanea sativa*), 0,5–1 m hoch; Zw. dunkelbraun; IV–V, Fr. X–XII. Sk – ss. S- u. SO-Eur. bis südl. M-Eur.

641/1 *Loranthus europaeus*, Bl.

Loropetalum R. Br., **Riemenblume** – *Hamamelidaceae* (Bearbeiter: Bernd Schulz)

Halbimmergrüne Sträucher; Bl. kurz gestielt, ganzrandig, fiedernervig, Seitennerven bogenläufig, den Rand nicht erreichend; Nebenbl. dünn, hinfällig; Bltnst. end- od. achselst. 3–25-bltg. Köpfchen, Ähren od. Trauben; Bltn. ⚥, meist 4(–6)-zählig, Kbl. klein, hinfällig, Krbl. schmal bandartig, eingerollt in der Kn., weiß od. pinkrot, Stbl. sehr kurz gestielt, Konnektiv mit verlängerter Spitze (*641/3a–b*), Frkn. unterst. bis halbunterst., 2-teilig; Fr. 2-fächerige Kapsel, weit vom Bltn.becher umschlossen, je Fach 1 Samen. 3 Arten: China, O- u N-Indien, Jap. Nur folgende Art in Kultur:

L. chinense (R. Br.) Oliv.– Bis 3 m hoher Strauch, in Kultur meist kleiner; Zw., Bl. u. Bltn.-boden sternhaarig; Bl. kurz gestielt, Spreite asymmetrisch, elliptisch bis eif., ganzrandig, kurz zugespitzt (*641/2*), bis 6,5 cm lang u. 3 cm breit, oberseits dunkelgrün, locker sternhaarig, unterseits hellgrün, v. a. auf den Nerven dichter sternhaarig, Nebenbl. bis 5–7 mm lang, Rand (wie bei der Spreite) mit Büschelhaaren besetzt, leicht gezähnt erscheinend; Zw. ockerbraun, dicht büschelhaarig, Rinde rhombisch aufreißend, ohne Endkn., Seitenkn. kugelf., von den 2 Vorbl. fast eingeschlossen; Bltn. (*641/3*) kurz (2–3 mm) gestielt, bis 16 in endst. Köpfchen, vor den neuen Bl.; Bltn.becher dicht sternhaarig, 1,5 mm lang (*641/3c*), Kbl. eif., 2–3 mm, Krbl. 4, weiß od. pinkrosa (var. *rubrum* Yieh), bis 20 mm lang, Frkn. unterst.; Fr. eif., 6–8 mm lange, 2-fächerige Kapsel, diese vom büschelhaarigen Bltn.becher weit eingeschlossen, sich zur Reife mit einem Längsspalt durch beide Fächer öffnend (*641/5*); Samen dunkelbraun (*641/4*); III–IV. Sg – ss (Kübel s–z). ∧∧ Jap., S-China bis NO-Indien.

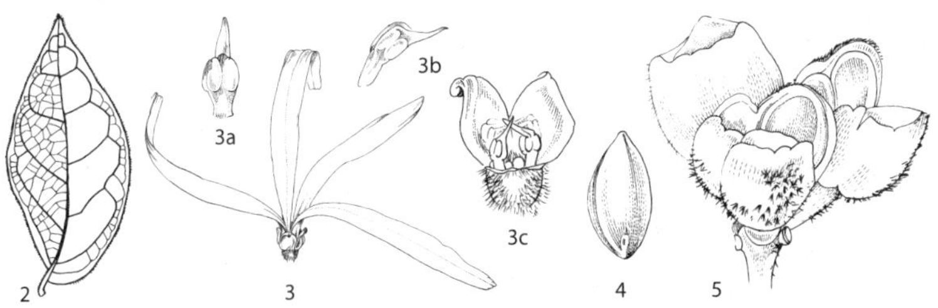

641/2–5 *Loropetalum chinense*: 2 Bl.; 3 Blüte, 3a Stbl. abaxial, 3b seitl., 3c Bltn.becher, vordere Kbl. entfernt; 4 Samen; 5 Frst. (Behaarung nur angedeutet)

Lycium L., **Bocksdorn** – *Solanaceae* (Bearbeiter: Peter A. Schmidt)

Sträucher, oft mit dornigen Zw.; Bl. wechselst., z. T. scheinbar gegenst. od. an Kurztrieben büschelig, einfach, ganzrandig; K. glockenf., 2–5-zähnig od. -lappig, Kr. trichterf. od. glockenf., mit meist kurzer Röhre u. (4 od.) 5 Kr.lappen, Stbl. meist 5, oft aus Kr. herausragend; Fr. eine Beere, kugelig bis eif. od. ellipsoidisch, rot, gelb, orange od. schwarz. Etwa 80 Arten, von nem. od. australer bis in subtrop. Zonen von Am., Afr. u. Euras. **G!**

Unter den euras. Arten sind die beiden im Schlüssel behandelten rotfrüchtigen Arten, die teilw. auch zu einer Art (*L. barbarum* s. l.) zusammengefasst werden, u. ***L. ruthenicum*** Murray, **Russischer B.** (Fr. schwarz; S-Russl. bis M-As.), nah verwandt.

Kr. meist (hell) purpurn bis violett, selten (z. B. ***L. pallidum*** Miers, **Blasser B.**, NAm.) grünl. gelb.

Die folgenden beiden Arten sind als **Gojibeere** bekannt; Fr. essbar u. vielfältig nutzbar, in größerer Menge genossen jedoch giftig.

1. Bl. eilanzettl. bis eif. od. rautenf., plötzl. in den Stiel verschmälert, lebhaft grün, 1,5–5(–10) cm lang, 0,5–2,5(–4) cm breit; K. ± radiär, 3–5-zipfelig, Kr.röhre 4–6 mm lang, kürzer als od. fast so lang wie Kr.lappen, ihr unterster engröhriger Abschnitt 1,5 mm lang, Fr. eif. od. ellipsoidisch, 0,7–1,5(–2,2) cm lang, 0,5–0,8 (–1) cm ∅, orange- bis scharlachrot; Zw. im ∅ rund; VI–IX. Sk – z. O-As.: China, Jap., Kor.; OM-As.: W-China, Mong.; in Eur. zuw. verwildert. [*L. barbarum* var. *chinense* (Mill.) Aiton] **Chinesischer B., *L. chinense*** Mill.

— Bl. längl. elliptisch bis lanzettl., meist in der Mitte am breitesten, allmähl. in den Stiel verschmälert, graugrün, 2–8 cm lang, 0,3–1 cm breit; K. 2-lippig (*642/1*), mit 2–3 Zipfeln, Kr.röhre 7–10 mm lang, länger als Kr.lappen, ihr unterster engröhriger Abschnitt etwa 2,5–3 mm lang; Fr. eif. od. ellipsoidisch, 0,4–2 cm lang, 0,5–1 cm ∅, orange- bis scharlachrot, selten orangegelb; Zw. gerieft; V–IX. Sk – h. O-As.: N-China, Sich.; OM-As.: W-China; in Eur. oft aus Kultur verwildert u. etabliert. [*L. halimifolium* Mill.; *L. vulgare* Dunal; *L. europaeum* auct. non L.] **Gewöhnlicher B., Teufelszwirn, *L. barbarum*** L.

642/1 *Lycium barbarum*, Fr.

Lyonia Nutt., **Lyonie** – *Ericaceae* (Bearbeiter: Bernd Schulz)

Immer- od. sommergrüne Bäume u. Sträucher; Bl. wechselst., kurz gestielt; Bltnst. achselst. Trauben, in der Vegetationsperiode an den Enden der vorj. Zw., endst. Doppeltrauben vortäuschend; Bltn. krugf. od. glockig, jeder Bltn.stiel mit 2 kleinen Vorbl. an der Basis, Staubfäden S-f. gebogen, Staubbeutel ohne Anhängsel, Theken sich an der Spitze mit einem schrägen kurzen Schlitz öffnend (*643/1a* u. *2a*); Fr. fachspaltig, Öffnungsnaht oft heller u. erhöht (*643/1c* u. *2c–d*). Etwa 35 Arten in O-As. (von Pak. bis Jap. u. zur Malaiischen Halbinsel), N- u. MAm. (inkl. Große Antillen). Kalkunverträgl.

1. Kr. kugelig urnenf., 3–4 mm ∅, Öffnung 1,5 mm ∅, Kbl. < 1 mm lang (*643/1b*) – Bltnst. kurze, seitenst. büschelige Trauben, in längeren endst. Doppeltrauben; Fr. kugelig, um 4 mm ∅ (*643/1c*); Pfl. sommergrün; Bl. elliptisch bis längl. lanzettl., 3–7 cm lang, Rand sehr fein dicht gezähnt, unterseits auf den stark hervortretenden Nerven behaart; Winterkn. längl., dem Zw. anliegend, mit 2 Kn.schuppen; V–VII. Sk-Sg – ss. O- u. Z-NAm. [*Vaccinium ligustrinum* L.; *Andromeda racemosa* Lam. non L.] **Rispige L., *L. ligustrina*** (L.) DC.

— Kr. etwa 11 mm lang, ∅ 7 mm, weit geöffnet, Kbl. 4–5 mm lang, bleibend (*643/2b*) – Bltn. nickend, Kr. weiß od. rosa, Bltnst. unbeblätterte, büschelige Traube; Fr. urnenf., 5 mm lang, unten 4,5 mm ∅, nach oben verengt, 2,5 mm ∅ (*643/2c–d*); Pfl. sommergrün, Bl. elliptisch längl., 3–6 cm lang, etwas lederig u. netzartig, ganzrandig, ± kahl, unterseits schwärzl. Punkte; Winterkn. kugelig eif., vom Zw. abstehend, mit > 4 sichtbaren Kn.schuppen; V–VI; Sk – ss. O-NAm. [*Andromeda mariana* L.; *Xolisma mariana* (L.) REHDER]

Marien-L., *L. mariana* (L.) D. DON

In BG außer den sommergrünen Arten, ss die immergrüne **Glänzende L., *L. lucida*** (LAM.) K. KOCH mit scharfkantigen Zw.

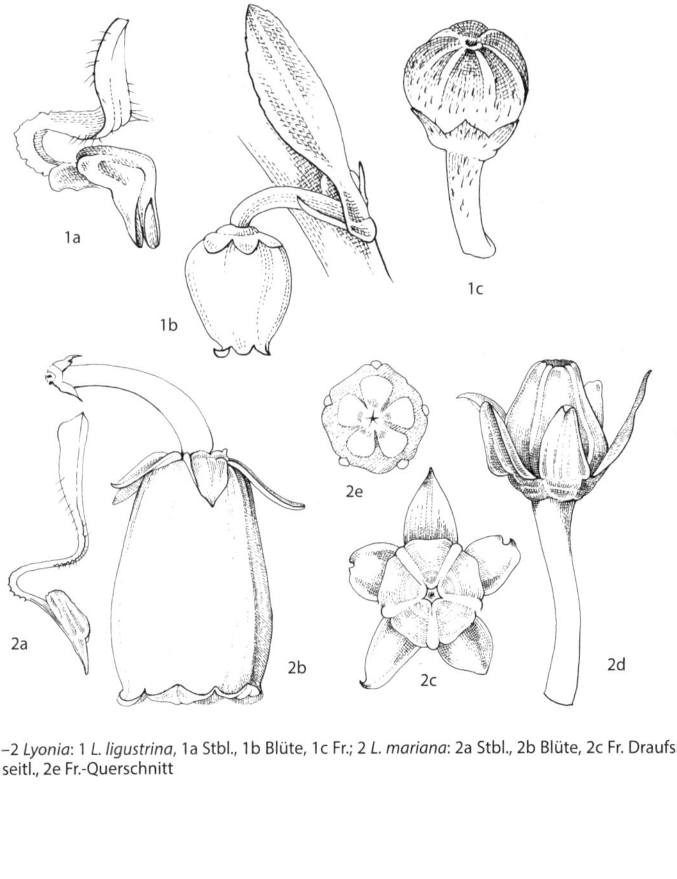

643/1–2 *Lyonia*: 1 *L. ligustrina*, 1a Stbl., 1b Blüte, 1c Fr.; 2 *L. mariana*: 2a Stbl., 2b Blüte, 2c Fr. Draufsicht, 2d Fr. seitl., 2e Fr.-Querschnitt

Maackia Rupr. & Maxim. – *Fabaceae* (Bearbeiter: Bernd Schulz)

Sommergrüne Bäume od. Sträucher; Winterkn. nur Achselkn. mit Kn.schuppen (*644/3*); Bl. unpaarig gefiedert; Bltn. in dichten, aufrechten Trauben, Krbl. weiß, K. glockenf., 5-zähnig; Hülse längl. linealisch, abgeflacht, 1–5-samig. 8 Arten in O-As.

M. amurensis (Rupr. & Maxim.) K. Koch – Bl. (*644/2*) 20–30 cm lang, Blch. 7–11, ganzrandig, 5–8 cm lang, längl. eif. bis elliptisch, zugespitzt, am Grund gerundet, kahl; Bltn. (*644/1*) ca. 8 mm lang, in 10–20 cm langen, dichten Trauben, mehrere Trauben beieinanderstehend; Hülse 3,5–5 cm lang; VII–VIII. Bk/Sg – s–z. NO-China, Nei-Mong., Kor., Russ.-Fernost.

var. *buergeri* (Maxim.) C. K. Schneid.: Blch. stumpf, unterseits behaart. Jap.

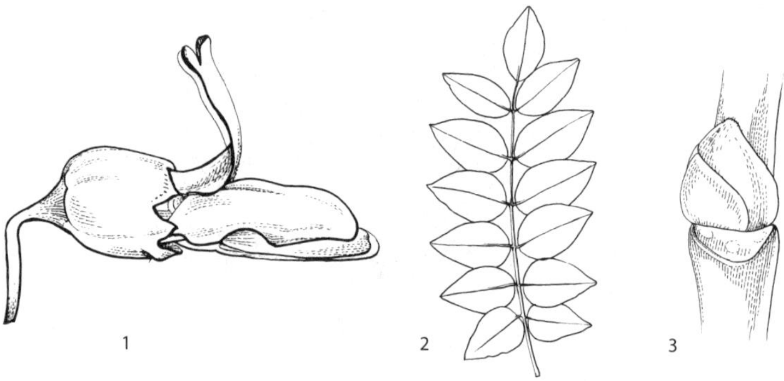

644/1–3 *Maackia amurensis*: 1 Blüte, 2 Bl., 3 Achselkn.

Maclura Nutt., **Milchorange, Osagedorn** – *Moraceae* (Bearbeiter: Ulrich Hecker)

Sommergrüne Bäume od. Sträucher mit Milchsaft, achselst. Dornen; Bl. wechselst., einfach, ganzrandig; Bltn. eingeschl., 2-häusig verteilt, ♂ Bltn. in kurzen Ähren od. Trauben, ♀ Bltn. in dichten Köpfchen; Fr. eine Nuss, zu großen kugeligen, runzeligen Fr.verbänden (Scheinfr.) vereinigt. 12 Arten pantrop. u. NAm.

1. Zw. anfangs behaart, später kahl, Dornen bis 3 cm lang; Bl. 1,5–4 cm lang gestielt, Spreite eif. bis längl. lanzettl., 4–10 cm lang, 2–5 cm breit, zugespitzt,

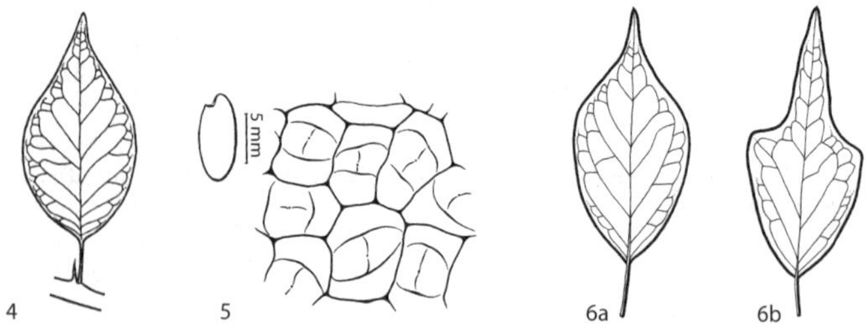

644/4–6 *Maclura*: 4–5 *M. pomifera*: 4 Bl., 5 Oberflächenausschnitt von Scheinfr. (rechts, , sichtbar je Einzelfr. 2 x 2 fleischige, die Nuss einschließende Perigonbl.) u. Nuss (links); 6 *M . tricuspidata*, 6a ganzrandiges, 6b gebuchtetes Bl.

am Grund abgerundet (*644/4*); Scheinfr. 5–13 cm ∅, gelbgrün; Fr. eine ca. 1 cm lange Nuss, Samen ca. 8 mm lang (*644/5*); V–VI. Bm – z. SO-NAm. [*M. aurantiaca* NUTT.] **Osagedorn, Milchorange, *M. pomifera*** (RAF.) SCHNEID.

— Zw. kahl, Dornen 0,5–2 cm lang; Bl. 1–2 cm lang gestielt Spreite eif. bis rhombisch eif. (*644/6a*), bisweilen 3-lappig (*644/6b*), 5–14 cm lang, 3–6 cm breit, am Grund gerundet bis keilf.; Scheinfr. ca. 2,5 cm ∅, orangerot; V–VI. Sg od. Bk – ss. Z- u. SO-China, Kor. [*Cudrania tricuspidata* (CARR.) LAVALLÉE] **Seidenwurmdorn, *M. tricuspidata*** CARRIÈRE

Macrodiervilla middendorffiana (CARRIÈRE) NAKAI [*Weigela middendorffiana* (CARRIÈRE) K. KOCH], **Riesenbuschgeißblatt, Gelbe Weigelie** – *Caprifoliaceae*
(Bearbeiter: Bernd Schulz)

Sommergrüner Strauch; Bltn. (*645/1*) bis 12 mm lang gestielt, an Kurztrieben am vorj. Zw., leicht zygomorph, K. 2-lippig, Oberlippe mit 3, Unterlippe mit 2 Zipfeln, Kr. schmal trichterf., nur schwach 2-lippig, mit 5 Zipfeln, hellgelb, innen auf Unterlippe mit orangefarbenem Saftmal, 3–4 cm lang; Stbl. u. Gr. Kr.röhre nicht überragend, 1 Staubbeutel frei, 4 verwachsen (*645/1b*), Frkn. 2-fächerig (*645/2*); Kapsel sich 2-klappig öffnend, ohne Mittelsäule; Samen 2-seitig lang geflügelt (*645/3*); Bl. einfach, eilängl., gesägt, 4–10 cm lang, sitzend od. bis 3 mm lang gestielt, ± lang zugespitzt, Spreitengrund keilf.; Zw. relativ dick (unter der Spitze 3 mm ∅), hell ockergrau, mit 2 längs verlaufenden, behaarten Leisten; mit strohfarbener Endkn.; V–VI. Sk – ss. Russ.-Fernost, Jap., Kor.

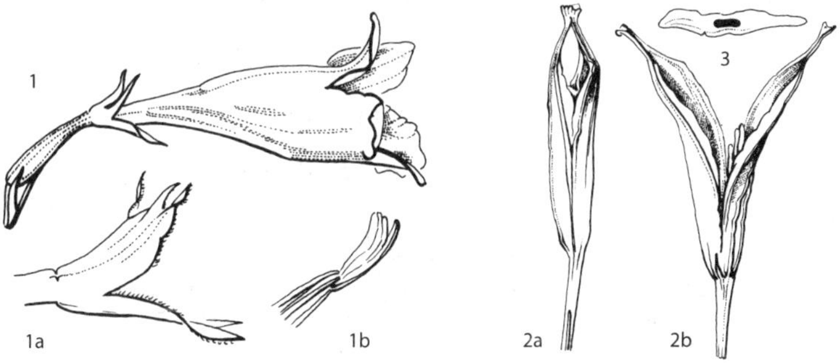

645/1–3 *Macrodiervilla middendorffiana*: 1 Blüte, 1a K. u. 1b verwachsene Staubbeutel, 2 Kapsel, 2a halb u. 2b ganz geöffnet, 3 geflügelter Samen

Maddenia hypoleuca KOEHNE → ***Prunus hypoleuca*** (KOEHNE) J. WEN

Magnolia L., **Magnolie** – *Magnoliaceae* (Bearbeiter: Bernd Schulz)

Sommer- od. immergrüne Bäume u. Sträucher; Bl. wechselst., zuw. einander scheinwirtelig genähert, gestielt, einfach, ungeteilt, ganzrandig, Nebenbl. meist basal mit dem Bl.grund verbunden, selten frei, zu einer tütenf. Schuppe verwachsen, die an jedem Knoten eine zw.umfassende Linie hinterlässt u. die Sprossspitze u. die meist relativ großen Winterkn. einhüllt; Zw. voll: mit Mark, zuw. von holzigen Querwänden (Diaphragmen) unterbrochen; Bltn. einzeln, end-, selten seitenst., groß, Perigonbl. 3-wirtelig,

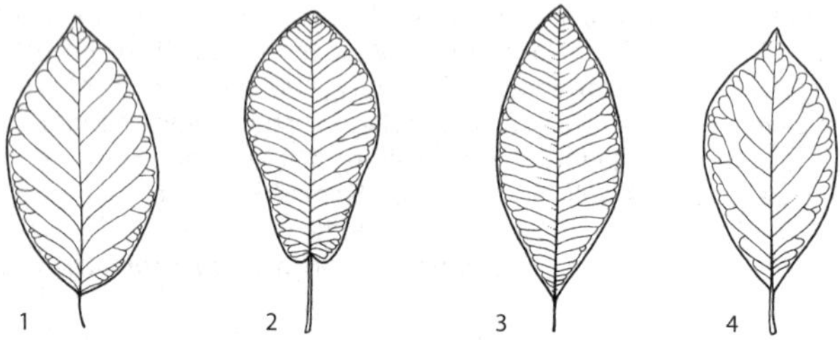

646/1–4 *Magnolia*, Bl.: 1 *M. acuminata*, 2 *M. fraseri*, 3 *M. tripetala*, 4 *M.* × *soulangeana*

6(–18), krbl.artig, zuw. äußere deutl. kleiner, kbl.artig, Stbl. u. freie Frbl. spiralig an verlängerter Bltn.-achse; Fr. zapfenf. Sammelfr., Frch. balg- od. hülsenf., 1–2-samig, sich zur Reife v. a. an der Rückenseite öffnend, Samen oft am Nabelstrang (Funiculus) aus dem Frch. hängend, äußere Lage der Samenschale eine weiche, farbige Sarcotesta (ähnl. einem geschlossenen Samenmantel). Etwa 245 Arten, Verbreitung wie die der Fam. Zahlreiche früher eigenständige Gatt. wie *Manglietia* Blume, *Michelia* L. od. *Talauma* Juss. sind in *Magnolia* aufgegangen. In China werden (nicht ganz unberechtigt) viele der hier als Sekt. u. Untersekt. ausgewiesenen Taxa weiterhin als eigenständige Gatt. geführt. Viele Sorten sind (Mehrfach-) Hybriden (v. a. Sekt. *Yulania*) u. nur schwer zuzuordnen.

1. Bltn. meist vor der Bl.entfaltung erscheinend, Perigonbl. weiß, rosa, weinrot od. gelbl. (*648/2–3*); Fr. grünl. bis rosarot überlaufen, oft längl., dünn, nur entwickelte Frch. halbkugelf. aufgewölbt u. dadurch oft ungleichmäßig gestaltet u. gekrümmt (*647/2*), Gr.reste meist unscheinbar – Bltn.kn. meist relativ dicht, abstehend od. anliegend behaart (*232/10*); Pfl. sommergrün (**Sekt. *Yulania***) **15**

— Bltn. mit den Bl. (*646/6a*) od. nach deren Entfaltung erscheinend (*646/5* u. *7*), Perigonbl. weiß, gelbl. weiß, zuw. am Ansatz der Perigonbl. rötl. (wenn ganz purpurrot, Bltn. achselst. u. Pfl. immergrün); Fr.zapfen meist gleichmäßig ausgebildet, grünl., hellbraun od. rein rosa bis tiefrot, Gr. der Frch. oft verlängert (*647/1*) – Bltn.kn. kahl od. ± anliegend behaart; Pfl. sommer- od. immergrün **2**

2. Pfl. sommergrün; Mark homogen **5**

— Pfl. immer- od. halbimmergrün; Mark oft von Diaphragmen unterbrochen **3**

3. Bltn. achselst., um 2 cm lang, Perigonbl. 6, cremeweiß bis gelbl., oft ± stark weinrot überlaufen (besonders Rand u. Innenflächen), in Formen auch ganz weinrot, stark duftend (*648/1*) – Pfl. immergrün; Zw., Kn. u. Bl. jung dicht

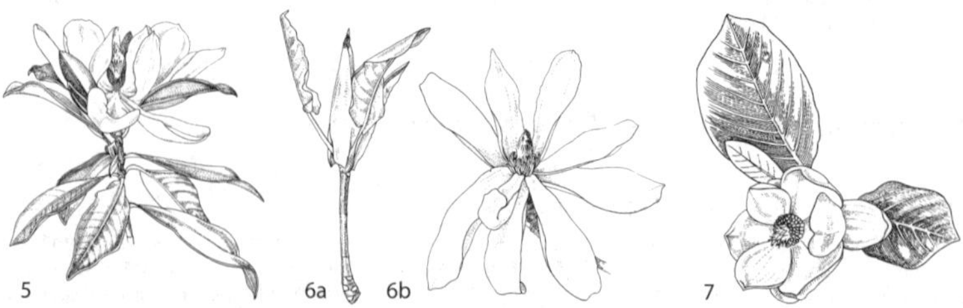

646/5–7 *Magnolia*, Bltn.: 5 *M. grandiflora*; 6 *M. fraseri*, 6a Bltn.kn., 6b Blüte (Bl. weggelassen); 7 *M. sieboldii*

gelbbraun behaart; Bl. fast sitzend, Stiel 2–4 mm, Spreite elliptisch, 4–8 cm lang, oberseits kahl u. glänzend grün, unterseits kahl, nur Mittelrippe mit braunen anliegenden Haaren; Fr. bis 4 cm lang, asymmetrisch, Frch. deutl. voneinander getrennt, kugelf., spitz geschnäbelt (Gr.), anfangs gelbgrün, später rotbraun, mit warzigen grauen Lentizellen; III–V. Sg – ss. ^^ S-China.
M. figo (Lour.) DC. (**Sekt.** ***Michelia***)

— Bltn. endst. (*646/5*), größer, Perigonbl. fast weiß – Bl. meist länger, Unterseite hell blauweiß (bereift u. behaart) od. rotbraun (behaart) (**Sekt.** ***Magnolia***) . . 4

4. Pfl. immergrün; Bl. derb, elliptisch, zugespitzt u. am Grund keilf., 15–25 cm lang, oberseits dunkelgrün, glänzend, unterseits rostbraun (filzige Behaarung); Zw. deckend kurz braun behaart (Behaarung setzt sich auf den Bl.stielen fort), Mark mit Diaphragmen; Endkn. kahl, grün od. leicht bräunl. behaart; Bltn. 15–20 cm ∅, Perigonbl. derb, fleischig, alle 9–12 krbl.artig, rahmweiß, Stbl. gelbl., am Ansatz Bltn.achse rötl. (*646/5*); Fr. eif., symmetrisch, Frch. deckend ockerbraun behaart; V–VIII. Bm/Bg – z. ^^ SO-NAm.
Großblütige M., *M. grandiflora* L.

— Pfl. sommer- od. halbimmergrün; Bl. elliptisch bis längl. lanzettl., Basis keilf., 8–15 cm lang, oberseits glänzend grün, unterseits blauweiß bereift u. anliegend behaart; 1-j. Zw. grün, ± kahl, Mark mit Diaphragmen; Kn. grün, zur Spitze fein anliegend silbrig behaart; Bltn. längl. kugelf., 5–7 cm ∅, rahmweiß, duftend, Perigonbl. 9–12, die äußeren kürzer u. zurückgeschlagen; Fr. ± kahl, oft ± asymmetrisch; Pfl. 1- od. vielstämmig; VI–IX. Sg/Bm– s. ^ SO-NAm.
Sumpf-M., *M. virginiana* L.

5 (2). Bl.basis keilf. od. abgerundet 7

— Bl.basis herzf. od. geöhrt (*646/2*) 6

Die Arten unter 6–9 wurden zuw. als **Schirm-M.** zusammengefasst: die großen Bl. (meist > 25 cm lang) stehen nahe beieinander an verdickten Sprossabschnitten, die Endkn. sind lang (> 3 cm) u. ± zugespitzt (*261/4*).

6. Kn. u. junge Zw. behaart; Bl. 30–80 cm lang, oberseits hellgrün u. kahl, unterseits bläul., fein behaart; Bltn. schalenf., 25– 30 cm ∅, duftend, Perigonbl. 9, 14–18 cm lang, äußere 3 grünl., zurückgeschlagen, innere 6 ausgebreitet aufrecht, rahmweiß, innerste 3 zuw. am Grund rot gefärbt; Fr. eif., ocker mit Grün- u. Brauntönen, anfangs nur wenig gerötet, beim Öffnen stärker rot überlaufen, Frch. zahlreich, mit kurzen Gr.resten, Samen orangerot; V–VI. Bk – ss. O-NAm.
Großblättrige M., *M. macrophylla* Michx. (**Sekt.** ***Macrophylla***)

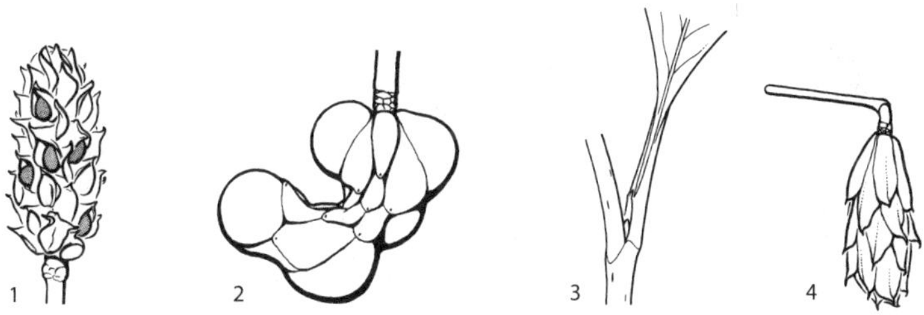

647/1–4 *Magnolia*: 1 *M. tripetala*, Fr., 2 *M. kobus*, Fr., 3 *M. kobus*, Bl.ansatz am Zw., 4 *M. sieboldii*, Fr.

— Kn. u. junge Zw. kahl; Bl. verkehrt spatelf., 20–50 cm lang, unterseits bläul., kahl (*646/2*); Bltn. 20–25 cm ∅, rahmweiß, duftend, Perigonbl. 9–12, innere 8–10 cm lang, äußere klein, hinfällig (*646/6*); VI. Bk, kalkunverträgl. – ss. O-NAm. **Berg-M., *M. fraseri*** Walt. (**Sekt. *Auriculata***)

7 (5). Bl. mit < 14 Seitenervenpaaren u. < 20 cm lang, ± gleichmäßig am Zw. verteilt **10**

— Bl. mit > 14 Seitennervenpaaren, Spreitenbasis keilf., 20–60 cm lang, an verdickten Zw.enden dicht beieinander stehend – Endkn. lang, zugespitzt (**Sekt.** u. **Untersekt. *Rytidospermum***) **8**

8. Zw.spitzen u. Kn. dicht anliegend behaart, – hell graubraun, etwas gelbl.; Bl. längl. eif., bis 45 cm lang u. 20 cm breit, Grund keilf., Spitze zugespitzt od. tief gekerbt u. 2-lappig (var. *biloba* Rehder & E. H. Wilson), unterseits bläul. weiß bis graugrün u. grauzottig, oberseits grün u. kahl; Bltn. aufrecht, bis 15 cm ∅, Perigonbl. weißl. 9–12, die äußeren 3 zurückgeschlagen, leicht grün u. rötl. überlaufen, Stbl. rot; Fr. rötl., ellipsoidisch, bis 15 cm lang, Frch. bis 4 mm lang geschnäbelt (Gr.reste); VI. Bm – ss. S-China u. Sich. ***M. officinalis*** Rehder & E. H. Wilson

— Zw.spitzen u. Kn. kahl **9**

9. Bl. verkehrt eilängl., 25–60 cm lang, zur Basis allmähl. keilf. verschmälert, längl. eif. (*646/3*), hellgrün, unterseits anfangs behaart; Zw. hell bräunl., Endkn. violettbraun, bläul. weiß bereift, um 50 mm lang u. 12 mm ∅, zugespitzt; Bltn. 20–25 cm ∅, stark duftend, Perigonbl. 9–12, 8–12 cm lang, weiß, äußere Kreis viel kürzer, grünl., Staubfäden etwa die Hälfte der Stbl.länge einnehmend, purpurn, Frbl. blasspurpurn, Gr. weißl.; Fr. hell rosarot, Frch. mit nur wenig verlängerten bzw. eintrocknenden Gr.resten; V–VII. Bm, kalkunverträgl. – z–h. SO-USA. **Schirm-M., *M. tripetala*** L.

— Bl. verkehrt eif., 20–40 cm lang, an der Basis breit keilf. bis gerundet, unterseits bläul., weiß behaart; Zw. anfangs grün, später violett weinrot überlaufen; Bltn. becherf., 14–16 cm ∅, Perigonbl. 9–12, weißl., etwas lederig, äußerer Kreis etwas kürzer, außen zuw. rosa getönt, Staubfäden etwa 1/3 der Stbl.länge einnehmend, karminrot, Gr. blasspurpurn; Fr. weinrot, bis 20 cm lang u. 6 cm ∅, Frch. geschnäbelt durch lang abstehende Gr.; V–VI. Bk/Bg, kalkunverträgl. – s. Jap. [*M. hypoleuca* Siebold & Zucc.] ***M. obovata*** Thunb.

10 (7). Bltn. aufrecht, Perigonbl. grünl. od. gelbl., Stbl. gelbl. (**Sekt. *Yulania*, Untersekt. *Tulipastrum***) **14**

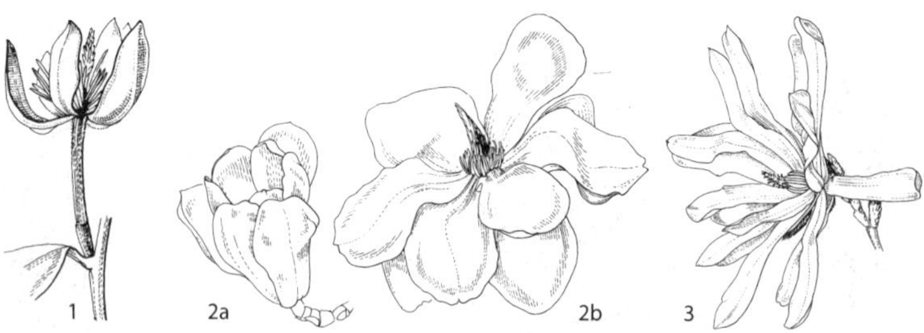

648/1–3 *Magnolia*, Bltn.: 1 *M. figo*; 2 *M. denudata*, 2a junge u. 2b ältere, offene Blüte; 3 *M. stellata*

— Bltn. aufrecht od. überhängend; Perigonbl. weiß od. weißl.; Stbl. gelb od. rot 11

11. Bltn. aufrecht, innere Perigonbl. relativ schmal (Breite < ½ Länge), Stbl. gelb; Bl. derb, sommer- od. halbimmergrün, unterseits blauweiß bereift
Sumpf-M., *M. virginiana* L., siehe Nr. **4**

— Bltn. nickend, anfangs kugelig (Länge < ∅), innere Perigonbl. breit (Breite > ½ Länge), Stbl. rot; Bl. sommergrün (**Sekt. *Rytidospermum*, Untersekt. *Oyama***) **12**

12. Zw. ausgereift dunkel rot- bis purpurbraun; Bl. relativ schmal, am breitesten unter od. in der Mitte – Bl. sommergrün, eilängl., 6–12 cm lang, zugespitzt, an der Basis gerundet bis schwach herzf., unterseits seidig behaart; Bltn. schalenf., hängend, 10–12 cm ∅, duftend, Perigonbl. 9 (12), äußere schmaler, etwa so lang wie die inneren; VI. Sg/Bk – ss. ∧ WS-China, W-Sich., N-Yunn.
Hängeblütige M., *M. wilsonii* (Finet & Gagnep.) Rehder

— Zw. ausgereift hellbraun bis silbriggrau; Bl. relativ breit, verkehrt eif.: am breitesten in der oberen Hälfte **13**

13. Haare auf Bl.unterseite rostrot, gerade, 6–9(–10) Seitennervenpaare – Bltn. (*646/7*) 7–10 cm ∅, duftend, Perigonbl. anfangs weiß in rahmfarbig übergehend, 6–9, zuw. mehr (halb gefüllt), äußerer Kreis ½– ⅔ so lang wie die inneren; Bltn.stiel 3–6 cm lang, dünn u. behaart; Stbl. u. Frbl. karmin; Fr. 3–4 cm lang (*647/4*); Bl. breit elliptisch bis breit verkehrt eilängl., 6–15 cm lang, an der Basis breit keilf. bis gerundet, unterseits bläul., zerstreut behaart; VI. Sg, kalkunverträgl. – h. Jap., Kor. [*M. parviflora* Siebold & Zucc.]
Siebolds M., *M. sieboldii* K. Koch subsp. ***sieboldii***

— Ähnl., aber Haare auf der Bl.unterseite hell, gelbl., ohne rötl. Ton, kraus, 9–13 Seitennervenpaare. ss. Sich. [*M. sinensis* (Rehder & E. H. Wilson) Stapf]
M. sieboldii K. Koch subsp. ***sinensis*** (Rehder & E. H. Wilson) Spongberg

14 (10). Perigonbl. grünl., krbl.artige 6–8 cm lang, längl. eif., kbl.artige viel kürzer, lanzettl., sich zurückrollend; Bl. am Zw. verteilt, elliptisch bis eilängl., 10–25 cm lang, plötzl. zugespitzt, an der Basis keilf. bis gerundet (*646/1*), unterseits hellgrün, weich behaart; Zw. anfangs behaart, verkahlend, Kn. silbrig anliegend behaart; Fr. 5–8 cm lang; VI–VII. Bg – s. O-NAm. **Gurken-M., *M. acuminata*** L.

— Perigonbl. kanariengelb, 4–5 cm lang, sonst ähnl. voriger Art; Bl. 8–15 cm lang, 6–11 cm breit, eif. bis elliptisch, beidendig gerundet, unterseits blaugrün, behaart; V–VI. Sg/Bk – ss (in einige Hybridsorten eingegangen, vgl. unter 23). O-NAm. [*M. cordata* Michx.]
Gelbblütige Gurken-M., *M. acuminata* L. var. ***subcordata*** (Spach) Dandy

15 (1). Alle Perigonbl. ± gleichartig, äußere zuw. kürzer, aber fast so breit wie die inneren **21**

— Äußere 3 Perigonbl. kbl.artig: kurz, schmal lanzettl. **16**

16. Bltn. aufrecht, krbl.artige Perigonbl. außen mit rotem Längsstreifen od. ganz purpurfarben **19**

— Bltn. verschieden ausgerichtet, oft ± waagerecht, krbl.artige Perigonbl. reinweiß, nur am Ansatz zuw. leicht gerötet **17**

17. Krbl.artige Perigonbl. ≥ 12, relativ flatterig zurückgeschlagen (*648/3*); mehrere Internodien unter der Blüte lang abstehend deckend behaart **22**

— Krbl.artige Perigonbl. ≤ 9, weißl.; Internodien unter der Blüte nur locker behaart bis fast kahl **18**

18. Alle Kn. relativ dicht seidig behaart; Zw. zerrieben ohne auffallendem Geruch – Bl. verkehrt eif., 10–18 cm lang, 5–10 cm breit, über der Mitte am breitesten, plötzl. zugespitzt, an der Basis keilf:, unterseits hellgrün u. auf den Nerven behaart; Bltn. mit 6–9 aufrechten bis ungleich zurückgeschlagenen krbl.-artigen Perigonbl., die kbl.artigen Perigonbl. 1–1,5 cm lang, schmal längl. 3-eckig, bis 5 mm breit; Fr. bis 10 cm lang (*647/2*); IV. Bk – h. Jap.
Kobushi-M., *M. kobus* DC.

var. *borealis* SARG.: Bl. u. Bltn. etwas größer, Wuchs kräftiger. s.

— Bl.kn. fast kahl; Bltn.kn. behaart; angekratzte Zw. mit zitronen- od. anisartigem Geruch – Bl. ähnl. voriger Art, aber meist unterhalb der Mitte am breitesten; unterseits bläul., zerstreut angedrückt behaart, meist nur bis 5 cm breit; krbl.-artige Perigonbl. 6 (zuw. mehr), eilängl., 5–6 cm lang, 1,5–2,5 cm breit, spreizend, die kbl.artigen ½ so lang wie die krbl.artigen Perigonbl. u. bis 7 mm breit, weißl. bis grünl.; IV. Sg/Bk, kalkunverträgl.– ss. Jap.
Weidenblättrige M., *M. salicifolia* (SIEBOLD & ZUCC.) MAXIM.

'Wada's Memory' [*M. kobus* × *M. salicifolia*, *M.* × *kewensis* PEARCE nom. inval.]: Bltn. bis 18 cm ∅, innere Perigonbl. breiter als bei *M. salicifolia*. s–z.

19 (16). Wuchs baumf.; krbl.artige Perigonbl. 6, weiß, auf dem Rücken mit längl. rötl. Streifen – Bl. schmal, verkehrt eif., bis 14 cm lang; Zw. angekratzt mit scharfem Geruch; Fr. bei der Reife zwischen den Frbl. tief aufspaltend; IV. Bm – s. OS-China. ***M. cylindrica*** E. H. WILSON

— Wuchs strauchf.; krbl.artige Perigonbl. 6–9, außen flächig weinrot, Fr. selten angesetzt, nicht zwischen den Frbl. aufreißend **20**

20. Bltn. mit dem Laub, relativ lange nachblühend; Perigonbl. außen purpurn, innen heller, glockenf., 6 krbl.artige 8–10 cm lang, kbl.artige 3–4 cm lang, gelbl. grün, hinfällig; Bl. 8–18 cm lang, ellliptisch bis verkehrt eif., plötzl. kurz zugespitzt, an der Basis breit keilf., unterseits auf den Nerven fein behaart; V–VI. Sg, kalkunverträgl. – z. S-China. [*M. purpurea* CURT.]
Purpur-M., *M. liliiflora* DESR.

'Nigra': Bltn. bis 12 cm lang, Perigonbl. außen dunkel-, innen hellpurpurn. h.

— Bltn. vor dem Laub; Perigonbl. ähnl., aber sehr schlank, erst steif aufrecht, sich oft schnell verdrehend u. umbrechend; V. Sk/Sg – h. Kultur. [*M. liliiflora* × *M. stellata*] ***M.* 'Susan'**

Häufigste einer Reihe als „Little Girls" vermarkteter Sorten: **'Betty'**, z; **'Ricki'**, z; **'Ann'**, s.

21 (15). Perigonbl. gleich gestaltet, 9–12, stets > 2 cm breit **23**

— Perigonbl. gleich gestaltet, aber äußere etwas kleiner, 12–18, meist schmaler **22**

22 (17, 21). Perigonbl. 12–18, bis 6 cm lang, 1–1,5 cm breit, spreizend flatterig, d. h. ungleichartig zurückgeschlagen (*648/3*); Bl. schmal verkehrt eif. bis breit lanzettl., 5–10 cm lang, 1–3 cm breit, oberseits tiefgrün, unterseits, hellgrün, kahl od. schwach behaart, an der Spitze stumpf od. abgerundet, Basis keilf.; III–IV. Sk/Sg – h. Jap., in OS-China Neophyt.
Stern-M., *M. stellata* (SIEBOLD & ZUCC.) MAXIM.

'Rosea': Perigonbl. außen zartrosa überhaucht.

— Perigonbl. 12–15, die 3 äußeren kleiner, kbl.artig u. anfangs von der Kn.schuppe verborgen; Bl. verkehrt eif. bis elliptisch, bis 12 cm lang u. 5 cm breit; V. Sg/Bk. – h. Kultur. [*M. kobus* × *M. stellata*] **Löbners M., *M.* × *loebneri*** KACHE

'Leonard Messel': Perigonbl. schmal, flatterig auseinanderfallend, rosa.

'Merrill': Perigonbl. rein weiß, 10–15 cm ∅.

23 (21). Perigonbl. rein gelb (od. intensiv gelber Grundton); Zw.spitzen u. junge Bl. anfangs dicht, schwach silbrig behaart; IV–V. Sg/Bk. – s–z. Kultur. [*M. acuminata* × *M. denudata*] **Gelbe M.**

Einige Sorten s–z: **'Elizabeth'**, **'Yellow River'**, **'Butterflies'**.

M.* × *brooklynensis Kalmb. [*M. acuminata* × *M. liliiflora*]: Perigonbl. mit gelbem Grundton, meist dunkelrot überlaufen. s.

'Yellow Bird': Rückkreuzung mit *M. acuminata*, Perigonbl. gelb.

'Hattie Carthan': Perigonbl. schwach rot überlaufen.

'Woodsman': Perigonbl. stark rot überlaufen.

— Perigonbl. weiß, rosa bis tief rot; Zweigspitzen u. junge Bl. locker behaart, später fast kahl **24**

24. Bltn. 12–15 cm ∅, Perigonbl. weiß bis rahmweiß, anfangs glockig zusammenneigend, später breit schalenf. sich öffnend, duftend (*648/2a–b*); Bl. verkehrt eif. bis längl., kurz zugespitzt, an der Basis verschmälert, 10–15 cm lang, 5,5–8 cm breit, beidseitig schwach behaart; IV–V. Bk, kalkunverträgl. – s. S-China, Yunn. [*M. conspicua* Salisb.; *M. yulan* Desf.] **Yulan-M., *M. denudata*** Desr.

Gresham-Hybriden *M. liliiflora* × *M.* × *veitchii* Bean [*M. campbellii* × *M. denudata*] ∧:

'Heaven Scent': Bltn. mit 9–12 aufrecht trichterf., rosafarbenen Perigonbl.

'Peppermint Stick': Perigonbl. weiß, Basis u. Mittelrippe außen rosa-violett überlaufen, anfangs aufrecht, besonders äußere sich schalenf. öffnend.

M. campbellii Hook. f. & Thomson: 15–25 cm große Bltn., die inneren Perigonbl. bleiben lange geschlossen, während die äußeren sich ausbreiten; die nicht winterharte Art gilt als eine der schönsten M. ss, z in S- u W-Eur. ∧∧ Himal.

— Bltn.form sehr ähnl., Perigonbl. außen ± rosa bis purpurn überlaufen, innen weiß, zuw. auch ganz weiß, 8–10 cm lang, die äußeren oft etwas kürzer u. schmaler, Bltn. glockig; Bl. verkehrt eif., zur Spitze verschmälert, 15–20 cm lang (*646/4*), unterseits ± behaart; IV–V. Bk. – h. Kultur. [*M. denudata* × *M. lilliflora*] **Tulpen-M., Garten-M., *M.* × *soulangeana*** Soul.-Bod.

Älteste Hybride aus dem 19. Jahrhundert mit zahlreichen Sorten (z–h):

'Alexandrina': Perigonbl. außen zartrosa, innen weiß.

'Brozzonii': raschwüchsig u. schon jung blühend; Bltn. groß, außen zartrosa, innen weiß.

'Lennei': Perigonbl. außen dunkel purpurrot, innen weiß.

'Lennei Alba': Perigonbl. reinweiß.

'Rustica Rubra': ähnl. 'Lennei', aber Perigonbl. außen rosarot.

× ***Mahoberberis neubertii*** (Baum.) C. K. Schneid., **Bastardmahonie** – *Berberidaceae* (Bearbeiter: Ulrich Hecker)

Der Gattungsbastard zwischen *Berberis vulgaris* u. *Mahonia aquifolium* ist in den meisten botanischen Gärten angepflanzt; Pfl. immergrün; Bl. an den Langtrieben einfach, lederig, eif. bis eilängl., 3–5 cm lang, Bl.rand stark gebuchtet, mit 5–7 langen Stachelzähnen an jeder Seite; Bl. an den Kurztrieben teils einfach, eif., ungestielt, teils 3-zählig, 2–3 cm lang gestielt, Rand fein borstig gezähnt; blüht nicht. Sk – ss.

Mahonia Nutt., **Mahonie** – *Berberidaceae* (Bearbeiter: Ulrich Hecker)

Immergrüne, unbewehrte Sträucher, seltener kleine Bäume; Bl. wechselst., unpaarig gefiedert, seltener 3-zählig; Blch. lederig, dornig gezähnt, die seitl. sitzend, Nebenbl. klein, pfrieml.; Bltn. ⚥, radiär, meist gelb, in vielbltg. Trauben od. Rispen den Achseln der Kn.schuppen entspringend, Kbl. 9, Krbl. 6, Stbl. 6, Frkn. oberst.; Fr. eine wenigsamige Beere. 45 Arten v. a. in O- u. SO-As., W-NAm., Z-NAm. u. W-SAm. **G!!** (Fr. nicht od. nur schwach).

1. Kbl. purpurn, Krbl. weiß bis cremefarben; Bltn. in 3–5 einfachen od. verzweigten lockerbltg., 25–35 cm langen Trauben, 1,2–2,4 cm lang gestielt; Bl. 20–40 cm lang, 7–10 cm breit; Blch. unterseits silbrig weiß, oberseits glänzend grün, in 2–4 Paaren, längl. bis längl. lanzettl., 6–10 cm lang, 2–5 cm breit, Endblch. 8–14,5 cm lang u. 3–7 cm breit, am Oberende jederseits mit 2–4 nach vorn gerichteten Grannenzähnen; Beeren kugelf., schwarz, bereift, 5–8 mm ∅; IX–XI. Sk – s. [*Berberis gracilipes* Oliv.]
Schlankstielige M., *M. gracilipes* (Oliv.) Fedde

— Kbl. u. Krbl. gelb; Trauben kompakter; Unterseite der Blch. nicht silbrig weiß 2

2. Bl. mit nur 3 Blch., 5–50 mm gestielt, derb lederig, Endblch. sitzend, 2,5–6 cm lang u. 1–2 cm breit, 1,5–3-mal so lang wie breit, längl. lanzettl. od. schmal elliptisch, jederseits buchtig gezähnt mit 1–3 Stachelzähnen, Spitze lang ausgezogen, stechend; Bltnst. 0,5–3 cm lang, locker traubig, 1–8-bltg.; Beere kugelf., 6–11 mm ∅, rot, bisw. bereift; Ausläufer bildend; II–IV. Sk/Sg – s. ∧ S-NAm., N-Mex. [*Berberis trifoliolata* Moric.]
Dreifiedrige M., *M. trifoliolata* (Moric.) Fedde

— Bl. mit > 3 Blch. 3

3. Bl. > 25 cm lang, mit 9–40 dick lederigen Blch., diese handnervig, Rand tief buchtig, dornenartig gezähnt; – Pfl. ohne Ausläufer (Ausnahme: *M. nervosa*) 8

— Bl. 5–25 cm lang, mit 3–13 dünn lederigen Blch., diese fiedernervig, Rand nur leicht gebuchtet, fein stachelzähnig 4

4. Pfl. ohne Ausläufer 7

— Pf. mit Ausläufern 5

5. Ausläufer nur kurz – Blch. 5–9, dünn lederig, eif. bis eilängl., 3,5–8 cm lang, 2–4 cm breit, jederseits mit 5–15 Zähnen, oberseits glänzend dunkelgrün, unterseits heller, nicht papillös, Bl. bis 20 cm lang, Bl.rand ± stark gewellt, Stachelzähne abstehend (*652/1*); Bl. im Winter bronzerot gefärbt; Trauben zu 3–4, aufrecht, dicht stehend, 5–8 cm lang; Fr. ellipsoidisch, 7–8 mm lang (*652/2*); IV–V. Sk – h. NW-NAm. [*Berberis aquifolium* Pursh]
Gewöhnliche M., *M. aquifolium* (Pursh) Nutt.

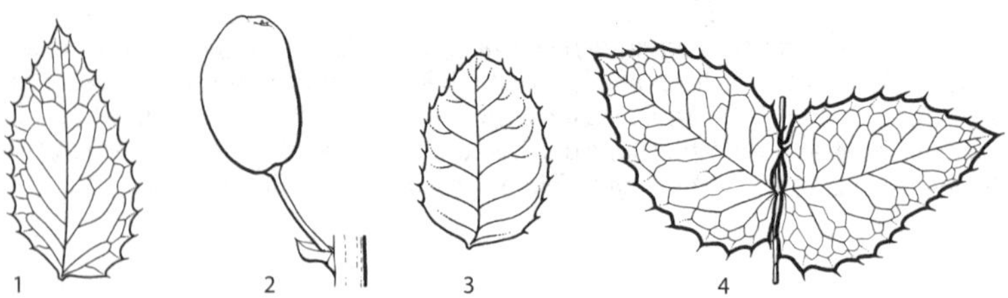

652/1–4 *Mahonia*: 1–2 *M. aquifolium*, 1 Blch., 2 Fr.; 3 *M. repens*, Blch.; 4 *M.* × *decumbens*, Blch.paar

Durch Vogelausbreitung der Samen gebietsweise verwildert od. eingebürgert.

'Atropurpurea': Bl. sattgrün, im Winter dunkel bronzefarben.

'Orange Flame': im Austrieb hell bronzefrben, später grün, im Winter weinrot, reich fruchtend.

'Smaragd': Bl. im Winter dunkelgrün bleibend, reich fruchtend.

— Ausläufer lang – Pfl. nur bis 0,5 m hoch **6**

6. Blch. 3–7, 3–9 cm lang, 1,5–4 cm breit, breit eif. bis eif., jederseits mit 5–9(–20) Zähnen, Bl. 10–25 cm lang, Rand nicht gewellt, langbuchtig gezähnt, Zähne nach vorn gerichtet, zuw. fast ganzrandig, oberseits matt blaugrün, unterseits papillös (Lupe!), im Winter grün bleibend (*652/3*); Trauben dicht stehend, 3–7 cm lang; Fr. rundl. ellipsoidisch, 7–8 mm lang; IV–V. Sk – s. ∧ W-NAm. [*Berberis repens* Lindl.] **Kriechende M., *M. repens*** (Lindl.) G. Don

— Blch. 5–9, 5–9 cm lang, sich ± stark überlappend (*652/4*, sonst in den Merkmalen zwischen den Eltern stehend; IV. Sk – s. [*M. aquifolium* × *M. repens*] ***M.* × *decumbens*** Stace

7 (4). Blch. 7–13, 3–5 cm lang, bis 1,5(–2,5) cm breit, jederseits mit 10–20 Zähnen, unterstes Fiederpaar nahe der Bl.stielbasis, Bl. 5–12 cm lang.; Trauben end- u. seitenst., meist zu 5, 3–8 cm lang, Bltn. hellgelb; Fr. rundl eif., 6 mm lang; V. Sk/Sg – ss. ∧ W-NAM., Baja California. [*Berberis pinnata* Lag.] **Fiederbättrige M., *M. pinnata*** (Lag.) Fedde

— Blch. 7–11, eif. bis längl., genetzt, oberseits matt glänzend, graugrün, unterseits heller, jederseits mit 4–7(–10) Zähnen; Trauben 6–8, Bltn. wie bei *M. pinnata*; Fr. eif., 6–8 mm lang; V. Sg – s. [*M. aquifolium* × *M. pinnata*] **Wagners M., *M.* × *wagneri*** (Jouin) Rehder

'Pinacle': Bl. im Austrieb bronzefarben; Trauben dicht stehend, end- u. seitenst., Bltn. gelb; Pfl. bis 1,5 m hoch.

8 (3). Blch. > 15 .... **12**

— Blch. 7–15(–19) **9**

9. Bltnst. 3–7 cm lang, – mit 4–10 Trauben; Blch. 5–11, schmal lanzettl. bis schmal elliptisch, bis 10 cm lang, jederseits mit 5–10 Stachelzähnen, Bl. 15–25 cm groß; Fr. kugelf. purpurblau, bereift, 4–6 mm ∅; (VII–)IX–XII. Sk – s. NZ-, S-Z- u. SO-China, Taiw. [*Berberis fortunei* Lindl.] **Fortunes M., *M. fortunei*** (Lindl.) Fedde

— Bltnst. länger **10**

10. Pfl. mit Ausläufern – Blch. 11–15, 4–8 cm lang, 2–4 cm breit, jederseits mit 10–18 großen, dornigen Zähnen, am Grund deutl. 3–5-nervig, Bl. bis 40 cm lang, oberseits glänzend graugrün, unterseits gelbgrün, Rhachis auffallend rot; Trauben aufrecht, meist zu 4, 7–20 cm lang; Fr. längl. eif., 7–9 mm lang; (IV)–VI. Sk – ss. W-NAm. [*Berberis nervosa* Pursh] **Nervige M., *M. nervosa*** (Pursh) Nutt.

653/1–2 *Mahonia*: 1 *M. bealei*, Blch.paar, 2 *M. japonica*, Blch.

— Pfl. ohne Ausläufer **11**

11. Blch. 7–19, längl. eif. bis elliptisch, 4–10 cm lang, nur schwach gewölbt, seitl. Blch. am Grund weniger schief, sich selten überdeckend, obere Blch.hälfte mit 2–4, untere mit 5–7 Zähnen (*653/2*), Bl. 30–45 cm lang, oberseits dunkelgrün, unterseits hellgrün, Bltnst. 10–25 cm lang, mit bis zu 10 nickenden bis hängenden, ± lockeren Trauben; Tragbl. der Bltn. ± 1 cm lang, so lang wie od. länger als die Bltn.stiele; Beeren eif., 6–8 mm lang, blauschwarz, bereift. II–V. Sk. ∧ [*Berberis japonica* (THUNB.) R. BR.]
Japanische M., *M. japonica* (THUNB.) DC.

— Blch. 9–15, eif. bis eilängl., 5–12 cm lang, ± blasig gewölbt, seitl. Blch. mit schief herzf. Grund, sich oft etwas überdeckend, jederseits mit 2–5 großen, dornartigen Zähnen, Bl. 25–40 cm lang, oberseits dunkelgrün, bläul. überlaufen, unterseits blaugrün bis gelbgrün (*653/1*); Bltn. in 6–9 ± aufgerichteten bis spreizenden, 8–20 cm langen, dichten Trauben; Tragbl. der Bltn. 6–7 mm lang, kürzer als die Bltn.stiele; Fr. eif., 1,5 cm lang, blauschwarz, bereift; II–V. Sk(–Sg) – h. ∧ SO- u. SZ-China. [*Berberis bealei* FORT.]
Beals M., *M. bealei* (FORT.) CARR.

12 (8). Blch. 15–23, 4–10 cm lang, jederseits mit 5–11 Zähnchen, Bl. bis 60 cm lang; Trauben 10–20(–30) cm lang; XI–III. Sg – z. [*M. japonica* × *M. oiwakensis*]
M.* × *media C. D. BRICKELL

'Charity': Trauben bis zu 20, ± horizontal spreizend, Traubenachse rötl., bis 30 cm lang; Bltn. zitronengelb; XII–II. Sk.

'Winter Sun': Trauben ± aufrecht bis spreizend, ca. 25 cm lang; XII–II. Sk.

— Blch. 25–41, 4–10 cm lang, längl. eif. bis längl. lanzettl., Bl. 25–70 cm lang, oberseits dunkelgrün, unterseits gelbgrün; Bltn. in 7–18 beieinander stehenden, 10–25 cm langen Trauben; Fr. eif., 10 mm lang, blauschwarz, bereift; IX–III. Sk/Sg – s. ∧ W-China, Taiw. [*Berberis lomariifolia* (TAKEDA) LAFERR.; *B. oiwakensis* (HAYATA) LAFERR.; *M. lomariifolia* TAKEDA; *M. oiwakensis* HAYATA subsp. *lomariifolia* (TAKEDA) J. M. H. SHAW] **Lomariablättrige M., *M. oiwakensis*** HAYATA

Malus MILL., **Apfel** – *Rosaceae* (Bearbeiter: Bernd Schulz)

Sommergrüne (selten ± immergrüne), meist rundkronige Kleinbäume od. Großsträucher, zuw. dornig; Bl. einfach, ± elliptisch od. fiederig gelappt bis eingeschnitten, Rand ± gesägt; Bltn. in mehrbltg. Büscheln od. Schirmtrauben, 5-zählig, 1,5–5 cm ∅; Krbl. meist kreisf. bis elliptisch u. genagelt, weiß bis rosa od. karmin- bis weinrot; Stbl. 15–50, Staubbeutel der häufigeren Arten hellgelb, bei anderen Arten auch weißl., orange, rosa od. violett; Gr. 2–5, am Grund zu einer kurzen Säule vereinigt (*656/1a, 658/1b, 662/1*); Fr. ein kugelf. Kernapfel (*655/2*), 0,5 bis > 10 cm dick, Fleisch meist ohne Steinzellen; Fr.stiel an der Basis u. K. an der Spitze zuw. in einer Vertiefung sitzend = genabelt (*655/3*). Etwa 25 Arten hauptsächl. in der nem. Zone.

Bedeutende Obst- u. Ziergehölze. Die zahlreichen Obstsorten gehören in den Verwandtschaftskreis von *M. pumila* [*M. domestica*]. Viele Zieräpfel sind Mehrfachhybriden, die über Jahrhunderte in ostasiatischer Gartenkultur entstanden sind. Nicht alle Kultursorten lassen sich deshalb sicher zuzuordnen. Bereits die Unterschiede zwischen den Wildarten sind oft gering. Die meisten Zieräpfel entstammen zwei Verwandtschaftskreisen: den Echten Äpfeln (Fr. mit bleibendem K., *655/2–4*) u. dem Beeren-Apfel-Umfeld (K. auf reifer Fr. abgefallen, eine kreisf. Narbe hinterlassend, *661/2* u. *657/2b*) mit zahlreichen Hybriden sowohl innerhalb als auch zwischen den beiden Verwandtschaften. Der Bestimmungsschlüssel soll in den meisten Fällen wenigstens eine Zuordnung zu den Verwandtschaften ermöglichen.

Die sicherste Bestimmung ermöglichen meist reife Fr. in Verbindung mit den Bl. Nur sehr wenige Taxa sind ausschließl. nach Bl.- od. Bltn.merkmalen bestimmbar. Mitunter erfordert die Bestimmung mehr Merkmale als zu einem Zeitpunkt vorhanden sind u. die Pflanze muss länger beobachtet werden.

Gliederung:
Sekt. *Chloromeles* (*M. ioensis, M. angustifolia, M. coronaria*)
Sekt. *Docyniopsis* (*M. tschonoskii*)
Sekt. *Eriolobus* (*M. trilobata*, nahe stehend *M. florentina*)
Sekt. *Sorbomalus* (*M. prattii, M. yunnanensis, M. kansuensis* u. *M. fusca*)
Sekt. *Malus*
M. transitoria u. *M. toringoides* (basal stehend)
Ser. *Baccatae* [incl. Ser. *Sieboldiae*], **Beeren-Apfel-Verwandtschaft**: (*M. baccata, M. halliana, M. toringo, M. hupehensis*)
Ser. *Malus*, Echte Äpfel (*M. pumila, M. sylvestris, M. prunifolia, M. spectabilis*)

1. Erwachsene Bl. normal grün (zuw. mit roten Nerven), Austrieb grünl. od. nur leicht rötl./bräunl. überlaufen; Krbl. weiß bis rosa; Fr. verschiedenfarbig **5**

— Erwachsene Bl. bräunl. rot bis dunkel(oliv)grün, Austrieb auffallend bronzefarbig od. purpurn; Krbl. bleibend rosaviolett bis dunkelpurpurn; Fr. braun- bis dunkelrot, Fleisch rosa bis weinrot; einj. Zw. dunkelrot bis schwärzl.; Holz junger Zw. im Querschnitt oft gerötet: **„Blutäpfel"** **2**

2. Reife Fr. mindestens z. T. ohne K. (*661/2*) **4**

— Reife Fr. stets mit K. (*655/2–4*) **3**

3. Fr. kugelf., 2–4 cm ∅, an der Spitze oft genabelt, wohlschmeckend, ähnl. *M. pumila* var. *domestica* (*655/2*); Bl. unterseits dicht weichhaarig; vermutl. Elternart aller Blutapfel-Hybriden; IV–V. Bk – s. WM-As. [*M. niedzwetzkyana* DIECK] **Kirgisischer Blut-A., *M. pumila* 'Niedzwetzkyana'**

— Fr. kugelf. bis eif., 1,2–2,5 cm ∅, meist glänzend, herb, meist nicht genabelt; Bl. oberseits kahl, meist glänzend, unterseits nur schwach behaart, zuw. einzelne Langtrieb-Bl. mit 1 od. 2 seichten Lappen; Bltn. 2,5–4 cm ∅ (*655/1*), Bltn.stiele dünn, 2,5–3 cm lang; IV–V. Bk – s. Kultur. [*M. pumila* 'Niedzwetzkyana' × *M. atrosanguinea*] ***M.* × *purpurea*** (BARBIER) REHDER

'Eleyi' [*M. eleyi* HESSE]: reichblühende Sorte. h.

4 (2). Fr. 0,7–1,5 cm ∅, fast immer ohne K.; Bl. oberseits meist glänzend, unterseits meist kahl, an Langtrieben meist einige gelappt, jedoch gibt es auch Pfl. ohne gelappte Bl.; V. Bk – h. Kultur. [*M. toringo* × *M. purpurea*] ***M.* × *moerlandsii*** DOORENBOS

'Liset': Bltn. 4 cm ∅, Krbl. dunkelpurpurn; Bl. anfangs dunkel, rot überlaufen, später grün. h.

'Nicoline': Krbl. weinrot bis pinkviolett; Bl. anfangs dunkel, rot überlaufen, im Sommer grün. z.

'Profusion': Zw. überhängend; Bltn. 4 cm ∅, Krbl. weinrot, schnell verblassend; Bl. bleibend rötl. überlaufen. h.

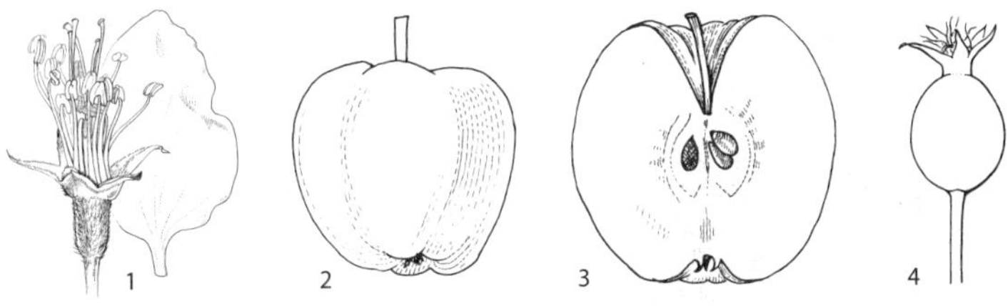

655/1–4 *Malus*: 1 *M.* × *purpurea*, 1 Blüte (Krbl. entfernt) u. Krbl.; 2 *M. pumila* 'Niedzwetzkyana' Fr.; 3 *M. pumila* var. *domestica*, Fr. längs; 4 *M. prunifolia*, Fr.

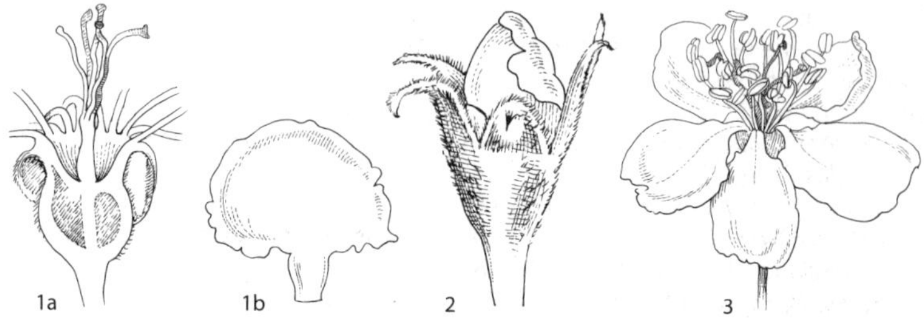

656/1–3 *Malus*, Bltn.: 1 *M. yunnanensis*, 1a Bltn.becher längs, 1b Krbl.; 2 *M. trilobata,* Bltn.kn.; 3 *M. florentina*, Blüte

— Fr. kugelf., (2–)4–5 cm ∅, teils mit, teils ohne K.; Bl. nie gelappt, unterseits weichhaarig; Bltn.stiele behaart, kurz u. dick; V. Bk – z. Kultur. [*M. baccata* × *M. pumila*] **M. × adstringens** ZABEL

'Almey': Bltn. bis 5 cm ∅, Krbl. dunkel purpur; Fr. orangerot; Bl. anfangs stark weinrot, später schwächer gerötet. z.

'Hopa': Krbl. hell rosa-lila; Bl. grün; Fr. tiefrot, Kbl. oft bleibend. h.

5 (1). Vollreife Fr. ohne K.: der K. fällt als Ganzes ab u. hinterlässt eine ± runde Narbe (*661/2*); Fr. meist < 1,5 cm ∅ **18**

— K. auch auf reifer Fr. teilw. od. vollst. vorhanden (mitunter vertrocknend Teile abbröckelnd od. bei Hybriden bei einem Teil der Fr. abfallend); Fr. mindestens 1 cm, oft weit > 3 cm ∅ (*655/2–4* u. *656/4–6*) **6**

6. K. bei einem Teil der Fr. abfallend, bei einem Teil bleibend (Hybriden) **25**

— K. bei allen Fr. bleibend **7**

7. Alle Bl. tief 3-spaltig (bis > 3/4 der Spreitenhälfte eingeschnitten), die Lappen oft nochmals eingeschnitten (*657/3*), 5–8 cm lang, oberseits glänzend, zieml. kahl, Herbstfärbung rot; Bltn. 3,5 cm ∅, Stiel 3,5–4 cm lang, Bltn.becher u. Kbl. außen dicht weißfilzig behaart, Krbl. in der Kn. z. T. windmühlenartig umeinander gelegt (*656/2*), anfangs schwach gerötet, später weiß; Fr. kugelf.

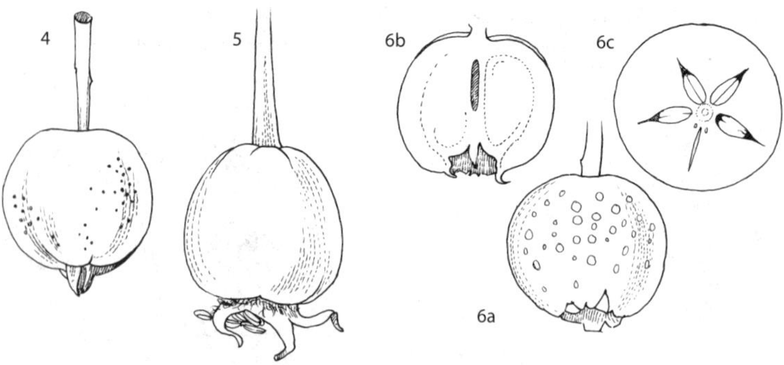

656/4–5 *Malus*, Fr.: 4 *M. tschonoskii*; 5 *M. trilobata*; 6a *M. yunnanensis*, 6b Längs- u. 6c Querschnitt

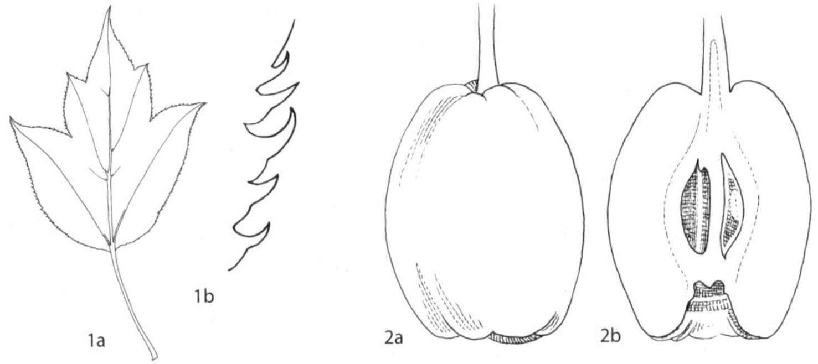

657/1 *Malus kansuensis*: 1a Bl., 1b Ausschnitt Bl.rand, 2a Fr., 2b Fr. längs

bis verkehrt eif., gelb bis rot, 1,5–2,5 cm ∅, mit großen, abspreizenden Kbl. (*656/5*); V–VI. Bk – ss. SO-Eur. bis Kl.-As. [*Eriolobus trilobata* (Poir.) Roem.]
Elsbeer-A., *M. trilobata* (Poir.) C. K. Schneid.

— Bl. ungelappt od. nur seicht gelappt (kaum > 1/3 der Spreitenhälfte eingeschnitten) **8**

8. Fr. mindestens (1,5–)2–3 cm ∅; Gr.säule meist behaart; Krbl. weiß bis rosa, Staubbeutel gelb od. rötl. **11**

— Fr. 1–1,5 cm ∅, kugelf. bis eif., rot od. gelb, mit zahlreichen auffälligen weißen Punkten (*656/3a*); Gr.säule kahl, Bltn.becher relativ kurz (*656/1a*), Krbl. weiß, kaum länger als breit, sich über kurzem Nagel abrupt erweiternd, ± geöhrt od. gezähnt (*656/1b*), Staubbeutel weißl. (**Sekt. *Sorbomalus*, Mehlbeer-Äpfel,** 9–10) **9**

9. Bl. unterseits kahl od. ganz schwach behaart, mit 8–10 Seitennervenpaaren, elliptisch bis längl. eif., 6–15 cm lang, fein doppelt (oft grannig) gesägt, lang zugespitzt; Bltn. 2 cm ∅, Krbl. weiß; Fr. rot od. gelb; V. Bk – ss. W-Sich., NW-Yunn. **Pratts A., *M. prattii*** (Hemsl.) C. K. Schneid.

— Bl. unterseits filzig, mit 6–8 Nervenpaaren, eif., 6–12 cm lang, spitz bis zugespitzt (*657/4*), doppelt gesägt od. zuw. schwach gelappt; Bltn. 1,5 cm ∅, Gr. 5, Krbl. weiß; Fr. ockergelb, lichtseits dunkel rot überlaufen, mit zahlreichen ockerfarbenen Lentizellen, mit zurückgeschlagenen, leicht abbrechenden

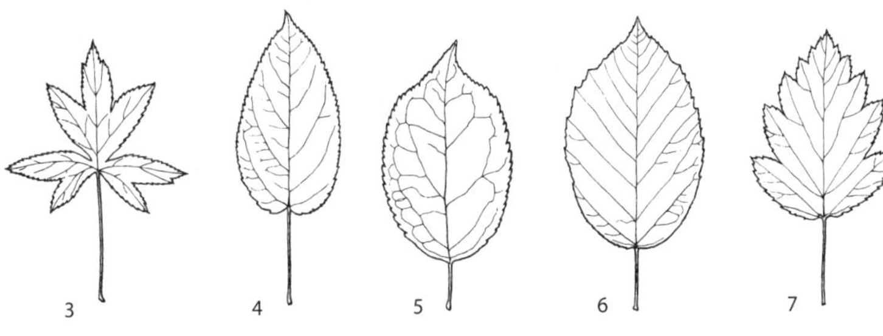

657/3–7 *Malus*, Bl.: 3 *M. trilobata*, 4 *M. yunnanensis*, 5 *M. sylvestris*, 6 *M. tschonoskii*, 7 *M. florentina*

Kbl. (*656/6a–b*) u. 5 Fr.fächern (*656/6c*); V. Bk – ss. Tibet bis Yunn., Hubei u. Myanm. **Yunnan-A., *M. yunnanensis*** (FRANCH.) C. K. SCHNEID.

var. *veitchii* REHDER: Bl. mehr breit eif., die meisten deutl. seicht gelappt; Bltn. 1,2 cm ∅.

10 (19). Gelappte Bl. breit eif. bis eif., die stärker gelappten bis etwa zur Mitte der Spreitenhälfte eingeschnitten, ahornähnl., ihre Lappen zugespitzt (*657/1a*), Bl. 4–8 cm lang, am Rand scharf, fast grannig gesägt (*657/1b*), oberseits dunkler frischgrün, unterseits blasser mit auffallendem Nervennetz, schon zur Blütezeit bis auf die Hauptnerven weitgehend kahl, diese wie der Bl.stiel oft rot; Fr. gelb u. 1-seitig gerötet od. ganz rot, weißl. punktiert, ellipsoidisch (*657/2*), 1–1,5 cm lang; Bltn. 1,5 cm ∅, Krbl. weiß; V. Bk – ss. WN- bis ZS-China u. Sich. **Kansu-A., *M. kansuensis*** (BATAL.) C. K. SCHNEID.

— Gelappte Bl. (wie die ungelappten) eif. bis schmal eif., Lappen (oft nur einseitig vorhanden) sehr seicht (kaum > 1/3 der Spreitenhälfte eingeschnitten) u. kaum zugespitzt (*661/3*), Bl. 4–10 cm lang, am Rand kerbig gesägt, oberseits stumpf dunkelgrün, unterseits graugrün u. anfangs filzig behaart, später oft verkahlend; Fr. gelb. bis purpurrot, ohne Punktierung, kugelf. od. ellipsoidisch walzenf. (verschiedene Typen), 1–1,6 cm lang; Bltn. 2–2,5 cm ∅, Krbl. weiß bis rosa; V–VI. Sg/Bk – ss. W-NAm. **Oregon-A., *M. fusca*** (RAF.) C. K. SCHNEID.

11 (8). Alle Bl. ungelappt (auch an Langtrieben), einfach gesägt od. gekerbt, Seitennerven bogig, sich vor dem Rand verzweigend vernetzend, nicht direkt in die Zähne laufend (**Echte Äpfel**) **15**

— Zumindest die Bl. der Langtriebe seicht gelappt od. deutl. doppelt gesägt, ihre Seitennerven (wenigstens in der oberen Bl.hälfte) meist direkt in die Spitze der Lappen bzw. Zähne 1. Ordnung verlaufend (*657/6, 658/1d*) **12**

12. Fr. (*656/4*) an der Spitze abgerundet, nicht genabelt, kugelf., 2–3 cm ∅, stumpf gelbgrün mit zahlreichen bräunl. Punkten, z. T. mit roter Backe, behaart, mit Steinzellen im Fleisch; Krbl. rein weiß (ohne Rosa), Staubbeutel gelb; K. auf Fr. aufrecht, zusammenneigend; Bl. (*657/6*) elliptisch bis eif., kurz zugespitzt, 7–12 cm lang, an Kurz- u. Langtrieben in Form u. Größe nur wenig verschieden, unterseits filzig behaart, im Herbst orange bis scharlachrot; V. Bk – ss. Jap. **Woll-A., *M. tschonoskii*** (MAXIM.) C. K. SCHNEID.

— Fr. an der Spitze meist genabelt, eif. bis kugelf. od. breiter als hoch, glänzend gras- bis gelbgrün (ohne Punkte), kahl, mit wachsartigem Überzug u. parfümartigem Duft (*658/1c*); Bltn. duftend, Krbl. weiß bis rosa, am Übergang

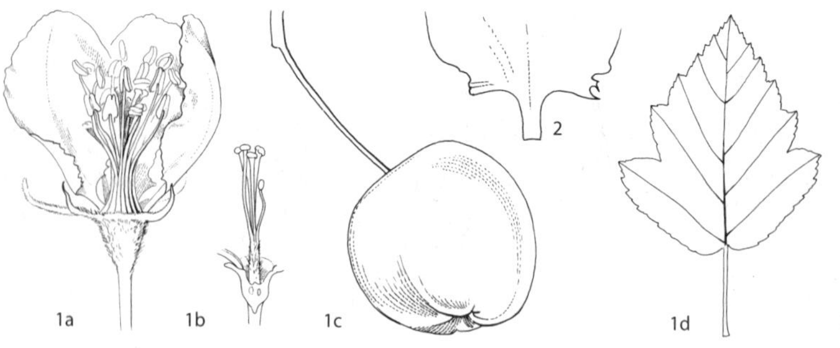

658/1–2 *Malus*: 1 *M. coronaria*, 1a Blüte längs, 1b Gr., 1c Fr., 1d Bl. (Langtrieb), 2 *M. ioensis*, Krbl.ansatz

vom Nagel zur Fläche gezähnt (*658/2*), Staubbeutel gelb bis ± orange (rötl. auf gelbem Grund), Gr.säule behaart (*658/1b*); Bl. der Kurztriebe meist deutl. kleiner u. weniger gegliedert, als die der Langtriebe; Pf. oft dornig (**Sekt. *Chloromeles*, Amerikanische Äpfel**) **13**

13. Bl. unterseits bleibend dicht behaart bis filzig, eif. bis längl., 5–10 cm lang, derb, mit eingesenkten Nerven, meist gelappt, Fr. längl. bis kugelf., 2,5–3 cm ∅, manchmal kantig, gelbgrün; Bltn. etwa 4 cm ∅, mit dicken, filzigen Stielen u. filzig behaartem K., Krbl. plötzl. genagelt, Fläche am Übergang gezähnt (*658/2*); V–VI. Bk – ss. Z-USA. **Prärie-A., *M. ioënsis*** (Wood) Britt.

— Erwachsene Bl. unterseits kahl od. höchstens auf den Nerven behaart, Bltn.-stiele u. K. meist rasch verkahlend **14**

14. Bl. breit eif. bis elliptisch, spitz, Basis gestutzt od. schwach herzf., an Langtrieben bis > 12 cm lang u. meist gelappt (*658/1d*), an Kurztrieben kleiner u. nur doppelt gesägt; Rinde lange relativ glatt hellgrau; Fr. 2–4(–5) cm ∅, flach kugelf., zur Spitze oft gerippt, gelbgrün (*658/1c*); Bltn. 3–4 cm ∅ (*658/1a*); V–VI. Bk – s. Z- u. O-USA. **Kronen-A., *M. coronaria*** (L.) Mill.

— Bl. der blühenden Kurztriebe schmal elliptisch bis schmal längl., 3–7 × 1–3 cm, derb, oft stumpfl., Basis keilf., unregelmäßig grob kerbig gesägt bis fast ganzrandig, die der Langtriebe größer u. teilw. seicht gelappt; Fr. 1,5–2,5 cm ∅, kugelf. bis flach kugelf., grün bis gelbgrün; Bltn. etwa 2,5 cm ∅; V–VI. Sg – ss. SO-USA. **Schmalblättriger A., *M. angustifolia*** (Ait.) Michx.

15 (11). Fr.-K. auf einem kragenartigen Ringwulst (freier Teil des Bltn.bechers) sitzend (*655/4*), Fr. kugelf. bis eif., 1,5–2 cm ∅, gelb od. rot; Bl. elliptisch bis eif., 5–10 cm lang, kahl od. unterseits auf den Nerven behaart; Bltn. etwa 3 cm ∅, Krbl. weiß (in Var. auch rosa) (*659/1*); V. Bk – h. Nur Kultur. N- u. NO-China. **Kirsch-A., *M. prunifolia*** (Willd.) Borkh.

var. *rinki* (Koidz.) Rehder [*M. ringo* Carr.]: Bl. unterseits feinfilzig behaart; Krbl. rosa; Fr. 1,5–3,5 cm∅, wachsgelb.

— K. direkt auf der ± abgerundeten od. eingesenkten (genabelten) Fr.spitze sitzend (ohne Ringwulst) **16**

16. Fr. am Grund abgerundet, mit verdicktem Stielende, kugelf., etwa 2 cm ∅, schwefelgelb; Bl. ± elliptisch, 5–8 cm lang, oberseits kahl, glänzend, unterseits schwach behaart; Bltn. 4–5 cm ∅, oft gefüllt (dadurch der behaarte Bltn.-becher gedrungener), Krbl. beim Aufblühen dunkel-, später hellrosa (*659/3*); V. Bk – z. Nur Kultur, NO- bis S-China. **Pracht-A., *M. spectabilis*** (Ait.) Borkh.

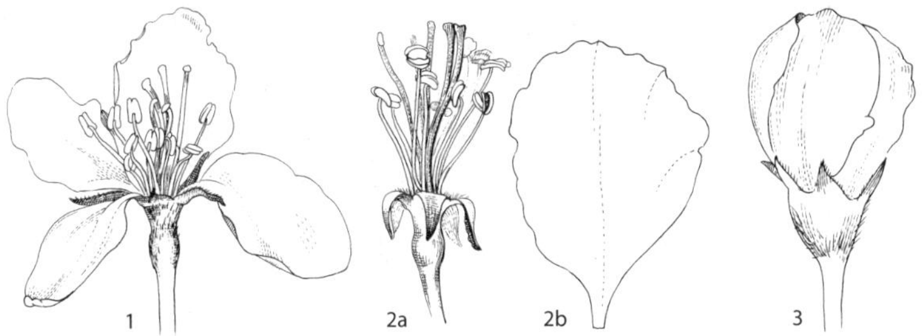

659/1–3 *Malus*: 1 *M. prunifolia*, Blüte (vorderes Krbl. entfernt); 2 *M. sylvestris*, 2a Blüte (Krbl. entfernt), 2b Krbl.; 3 *M. spectabilis*, Bltn.kn. (halb gefüllte Blüte)

— Fr. am Grund meist deutl. genabelt (*655/2–3*) **17**

17. Bl. kahl od. unterseits schwach auf den Nerven behaart, ± elliptisch, 3–8 cm lang (*657/5*); Fr. bis 2,5 cm ∅, Spitze abgerundet od. genabelt, gelbgrün, oft glänzend, herb u. sauer; Bltn. 3–3,5 cm ∅, Bltn.becher außen kahl (*659/2a*), Krbl. weiß, außen meist rosa (*659/2b*), Gr.säule nur schwach behaart; V. Bk – s. Eur. bis Kl.-As. u. Kauk. **Holz-A., *M. sylvestris*** (L.) Mill.

In der Natur durch Introgression von *M. pumila* var. *domestica* bedroht u. die Hybride ***M.*** × ***dasyphylla*** Borkh. [*M.* × *oxysepala* A. Czarna] mit intermediären Merkmalen oft häufiger als die Art.

— Bl. unterseits bleibend locker bis dicht weichhaarig bis filzig, elliptisch bis eif., (1,5–)4–12 cm lang; Fr.: Spitze meist genabelt, 2 bis über 10 cm ∅, grün, gelb, rot od. bräunl. (*655/2–3*); Bltn. meist 4–5 cm ∅, Krbl. weiß, außen ± rosa überlaufen bis rosa, Gr.säule meist relativ dicht behaart; IV–V. Bk – h. SO-Eur. bis W-As. u. Kultur. [*M. domestica* Borkh.] **Obst-A., *M. pumila*** Mill.

Die Art umfasst den Kulturapfel u. seine Ursprungstaxa.

var. *domestica* (Borkh.) C. K. Schneid. [*M. domestica* Borkh. s. str.], **Kultur-A.**: Bl. oft auch oberseits behaart; Fr. meist > 5 cm ∅ (*655/3*); Bltn.stiele dickl., behaart. Bk – h. Kultur, zahlreiche, vielgestaltige Fruchtsorten.

'Niedzwetzkyana': Blutform, siehe Nr. 3.

var. *pumila* [var. *paradisiaca* (L.) C. K. Schneid.], **Paradies-A.**: Sg, oft dornig; Bl. meist nur 1,5–3 cm lang; Fr. 3–5 cm ∅, grünl., süß. (Typus 'Malling VIII', als schwachwachsende Unterlage für Fruchtsorten genutzt.)

var. *praecox* (Pallas) C. K. Schneid.: Sg/Bk, oft dornig; Fr. gelb, kugelf., 2–2,5 cm ∅, mit ebenso langem Stiel. ss. S-Russl., Ukraine.

M. × ***magdeburgensis*** Hartwig [*M. pumila* × *M. spectabilis*]: Fr. kugelf., 3 cm ∅, gelbgrün mit roter Backe; Bltn. mit 5–12 rosafarbenen Krbl.; Bl. unterseits nur schwach behaart.

18 (5). Gr.säule behaart (*663/1c*); Bl. am Langtrieb gelappt od. ungelappt, am Kurztrieb häufig ungelappt **21**

— Gr. völlig kahl; gelappte Bl. meist an Lang- u. Kurztrieben vorhanden **19**

19. Fast alle Bl. gelappt, die am stärksten gelappten Bl. bis weit über die Mitte der Spreitenhälfte eingeschnitten; Fr. mit 4–5 Fächern – Pfl. oft dornig **20**

— Gelappte Bl. höchstens bis zur Hälfte der Spreite eingeschnitten; Fr. mit 3 Fächern (nur selten 4) **10**

20. Bl.stiel 2–4 cm, Spreite 3–9 cm lang, nicht bis deutl. gelappt, mit 1(–3) Lappenpaaren, tiefste Einschnitte etwa bis 5/6 der Spreitenhälfte gehend (*660/1a–3*), erwachsen unterseits meist nur auf den Nerven behaart, Rand kerbig gezähnt;

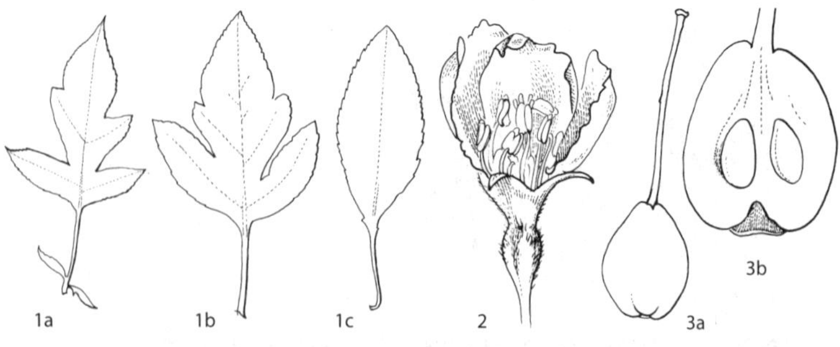

660/1–3 *Malus toringoides*: 1a–c Bl. (alle von Kurztrieben), 2 junge Blüte geöffnet, 3a Fr., 3b Fr. längs

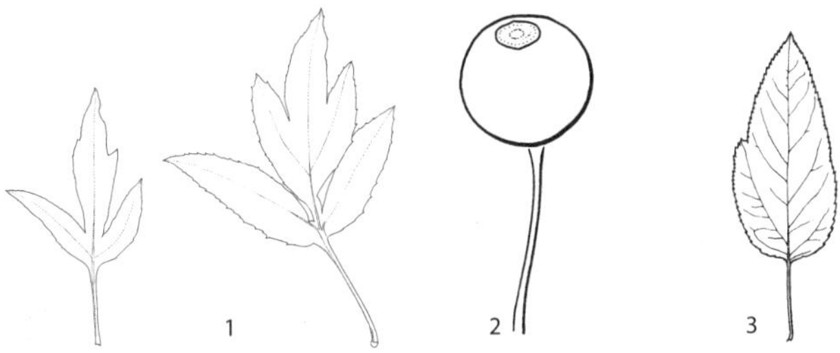

661/1–3 *Malus*: 1 *M. transitoria*, Bl. vom Kurz- u. Langtrieb; 2 *M. hupehensis*, Fr.; 3 *M. fusca*, Bl.

Bltn. 2–2,5 cm ∅, Krbl. weiß (*660/2*); Fr. kugelf. bis verkehrt eif. od. ellipsoidisch, 0,8–1,5 cm ∅, meist gelb mit roter Backe (*660/3a–b*); V. Bk – z. WN-China, SO-Tibet u. W-Sich. [*M. transitoria* var. *toringoides* REHDER]
China-A., *M. toringoides* (REHDER) HUGHES

— Bl.stiel 15–25 mm, Spreite 2–4,5 cm lang, mit 1–2 Lappenpaaren, bis fast zur Mittelrippe spitz eingeschnitten (*661/1*), erwachsen unterseits meist auch auf der Fläche relativ dicht, aber nicht deckend behaart, Rand gezähnt (ohne Kerben zwischen den Zähnen); Bltn. 1,5– 2 cm ∅, Krbl. weiß; Fr. klein, erbsenf., 6 mm ∅, hellrot, Stiel um 15 mm lang; V. Sk/Sg – ss. Nei-Mong., O-Tibet, NW- bis SW-China, Sich. **Weißdorn-A., *M. transitoria*** (BATAL.) C. K. SCHNEID.

21 (18). Alle Bl. gelappt mit jederseits 3–4 Seitenlappen (*657/7*), diese zieml. gleichmäßig, selten bis > 1/3 der Spreitenhälfte eingeschnitten, rundl. bis spitz, Bl. unterseits weiß- bis graufilzig, breit eif., 3–8 cm lang, am Grund gestutzt od. schwach herzf.; Fr. kugelf. bis ellipsoidisch, 10–15 mm lang, glänzend rot; Bltn. 15–20 mm ∅, Krbl. weiß (*656/3*); V–VI. Sg/Bk – ss. S-Eur. bis Kl.-As. (M-Italien bis NW-Anatolien). [× *Malosorbus florentina* (ZUCCAGNI) BROWICZ]
Florentiner A., *M. florentina* (ZUCCAGNI) C. K. SCHNEID.

— Bl. ungelappt od. jederseits nur 1–2(–3) Lappen, die oberen deutl. kleiner als die unteren, mindestens an blühenden Kurztrieben auch ungelappte Bl. vorhanden **22**

22. Alle Bl. ungelappt **23**

— Ein Teil der Bl. gelappt – Gr. am verwachsenen Basalteil wollig behaart (dies meist an der Fr. noch erkennbar) (*662/1 u. 2b*); Bl. meist nur an Langtrieben

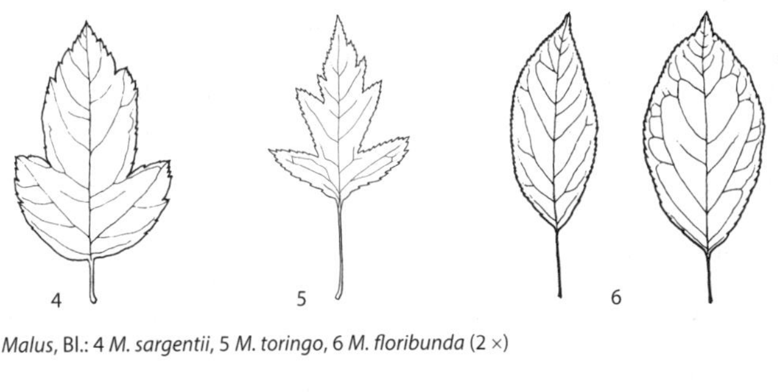

661/4–6 *Malus*, Bl.: 4 *M. sargentii*, 5 *M. toringo*, 6 *M. floribunda* (2 ×)

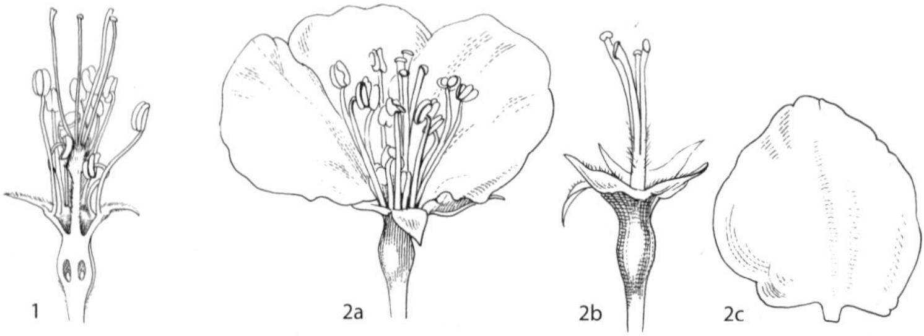

662/1–2 *Malus*: 1 *M. floribunda*, Blüte längs (Krbl. entfernt); 2 *M. sargentii*, 2a Blüte (vordere Krbl. entfernt), 2b Blüte, Gr. freigestellt, 2c Krbl.

gelappt (wenige bis alle), gewöhnl. mit 1 Paar Lappen, darüber zuw. noch ein zweites, kleineres Paar (*661/4–5*) (Bl. an Johannis- bzw. Sommertrieben können stark abweichen!), die Bl. der blühenden Kurztriebe meist ungelappt u. oft sehr klein, Form allgemein breit eif. bis schmal elliptisch, 2–9 cm lang, leicht behaart bis fast kahl, Randzähnung variabel; Bltn. 2–3 cm ∅, Krbl. weiß bis dunkelrosa (*662/2a*), Kbl. längl.; Fr. kugelf., 0,5–1,2 cm ∅, Farbe variabel; V. Sg/Bk – z. NO- bis S-China, Jap., Kor. **Japan-A., *M. toringo*** agg.

Schwieriger Formenkreis mehrerer in Jap. z. T. nicht unterschiedener Taxa, alter Kulturformen evtl. hybridogenen Ursprungs sowie neuerer Hybriden.

M. sargentii Rehder: Bl. der Langtriebe meist sämtl. gelappt mit 1 Paar kurzer, breiter, nur wenig tief eingeschnittener Lappen (*661/4*), zuw. auch an Kurztrieben einzelne gelappte, Rand scharf gesägt, Herbstfärbung orange; Bltn. etwa 2,5 cm ∅, Krbl. weiß, auch in der Kn. höchstens zartrosa überlaufen (*662/2a–c*); Fr. etwa 1 cm ∅, dunkelrot, leicht bereift. Sk/Sg, oft dornig.

M. toringo de Vriese s. str. [*M. sieboldii* (Reg.) Rehder]: die meisten Langtriebbl. gelappt, oft mit 2 Paaren schmaler, spitzer, z. T. tief eingeschnittener Lappen (*661/5*), Kurztriebbl. kaum gelappt, Rand scharf gesägt, Herbstfärbung gelb od. rot; Bltn. etwa 2 cm ∅, Krbl. in Kn. rosa, später weiß; Fr. 5–8 mm ∅, rot bis gelb.

M. × ***zumi*** (Matsum.) Rehder [*M. sieboldii* × *M. baccata* var. *mandshurica*?]: auch an Langtrieben nur wenige Bl. gelappt mit 1 Lappenpaar, Bl.rand kerbig gesägt bis (besonders an Bltn.trieben) fast ganzrandig; Bltn. 2,5–3 cm ∅, Krbl. in Kn. rosa, dann weiß; Fr. 1–1,2 cm ∅, rot. Bk.

M. floribunda van Houtte [*M. sieboldii* × *M. baccata*?]: nur sehr wenige gelappte Bl., zuw. ganz fehlend, die Langtriebbl. (*661/6*) dann nur scharf doppelt gesägt; Bltn. 2,5–3 cm ∅, Krbl. in Kn. karminrot, später rosa bis fast weiß (*662/1*); Fr. 6–8 mm ∅, gelb od. rot.

M. × ***atrosanguinea*** (Späth) C. K. Schneid. [*M. sieboldii* × *M. halliana*]: einzelne Langtriebbl. mit 1 Lappenpaar, Bl. oberseits glänzend dunkelgrün, unterseits meist kahl; Bltn. 2,5–3 cm ∅, Krbl. bleibend tief karminrot; Fr. etwa 1 cm ∅, rot od. gelb mit roter Backe.

23. Fr. mit 3 (selten 4) Fächern (entsprechend der Zahl der Gr., *663/1c*), kugelf. bis ellipsoidisch, etwa 1 cm ∅, gelbgrün mit roter Backe; Bl. derb, Spreite fast lederig, eif. bis längl., 5–10 cm lang, scharf gesägt (*663/1b*), Bl.stiel selten > 2,5 cm lang; Bltn. 3,5–4 cm ∅, duftend, Krbl. weiß (in Kn. rosa), Kbl. 3-eckig, zugespitzt, nicht länger als der Bltn.becher (*663/1a*); V. Bk – ss. O-As.: China. [*M. theifera* Rehder] **Tee-A., *M. hupehensis*** (Pamp.) Rehder

— Fr. mit 4–5 Fächern (sehr selten 3) **24**

24. Krbl. weiß u./od. rosa überlaufen, Kbl. lang zugespitzt u. länger als der Bltn. becher (*663/2a*); Fr. 8–12 cm ∅, Farbe variabel - Bl. 3–12 cm lang, meist nicht auffallend derb, Form, Randgestaltung u. Behaarung variabel (*663/2b* u. *4*);

Bltn. 2–4 cm ∅, an langen dünnen Stielen; IV–V. Sg/Bk – h. Russ.-Fernost, Mong. bis Kor., N- u. NO-China. **Beeren-A., *M. baccata*** (L.) BORKH.

var. *baccata*: Bl. 3–8 cm lang, eif. bis längl. elliptisch, am Grund oft keilf. (*663/4*), auffallend dünn, kerbig bis scharf gesägt, unterseits kahl, Stiel kahl u. oft bis 5 cm lang; Bltn. 2–4 cm ∅, Krbl. weiß; Fr. 0,8–1 cm ∅, meist gelb mit roter Backe. NO-China, SO-Sib.

var. *mandshurica* (MAXIM.) C. K. SCHNEID. [*M. mandshurica* (MAXIM.) KOM.]: Bl. 4–10 cm lang, breit eif. bis elliptisch, am Grund meist abgerundet, kurz od. lang zugespitzt, flach kerbig gesägt od. im unteren Teil fast ganzrandig, unterseits leicht behaart, Stiel behaart, bis 3,5 cm lang; Bltn. 3–4 cm ∅, stark duftend, Krbl. weiß, außen rosa; Fr. 1–1,5 cm ∅, meist dunkelrot; IV. Bk/ Bg. Ussurigebiet bis N-Jap.

M.* × *arnoldiana (REHDER) SARG. [*M. baccata* × *M. floribunda*]: Sehr ähnl. *M. floribunda* (vgl. unter 22), von ungelappten Formen dieser Art kaum zu trennen, Bl. scharf ungleichmäßig bis doppelt gesägt; Bltn. etwa 4 cm ∅, Krbl. in Kn. rosa, erblüht hellrosa bis weiß, Gr. 3–4; Fr. bis 1,5 ∅ dick, gelb. Sg.

— Krbl. bleibend tiefrosa, Kbl. eif., stumpf, nicht länger als der Bltn.becher (*663/3*); Fr. 6–8 mm ∅, rotbraun – Bl. 3–6 cm lang, eif. bis elliptisch, Grund meist keilf., derb, stumpf gesägt, unterseits kahl, Stiel leicht behaart, nur etwa 1 cm lang, Stiel, Nerven u. junger Austrieb meist rot; Bltn. 3–3,5 cm ∅, nickend, meist halb gefüllt; Bltn.stiel, Bltn.becher u. Kbl. dunkelweinrot überlaufen; IV–V. Bk – Kultur. S-China, Sich., Yunn. ***M. halliana*** KOEHNE

25. Hybriden zwischen Ser. *Malus* u. Ser. *Baccatae* [incl. Ser. *Sieboldianae*]

M.* × *scheideckeri ZABEL [*M. prunifolia* × *M. floribunda*]: Bl. unterseits leicht behaart; Bltn. halb gefüllt, 4–5 cm ∅, Krbl. bleibend rosa; Fr. kugelf., etwa 1,5 cm ∅.

M.* × *sublobata (DIPP.) REHDER [*M. sieboldii* × *M. prunifolia*]: einzelne Langtrieb-Bl. mit 1–2 Lappen, anfangs filzig, unterseits bleibend behaart; Bltn. bis 4 cm ∅, Krbl. blassrosa; Fr. 1,5–2 cm ∅, gelb; K. zuw. bleibend. Bk.

M.* × *robusta (CARR.) REHDER [*M. baccata* × *M. prunifolia*]: Bl. 8–11 cm lang, eif., gekerbt, unterseits oft leicht behaart; Bltn. 3–4 cm ∅, Krbl. weiß bis rosa; Fr. kugelf. bis ellipsoidisch, 1–3 cm ∅, gelb od. rot, oft bereift, teils mit, teils ohne K., wohlschmeckend.

M.* × *adstringens ZABEL [*M. baccata* agg. × *M. pumila* agg.]: in den Merkmalen zwischen den Elternsippen stehend; Bl. unterseits weichhaarig; Bltn.stiele behaart, kurz u. dick; Fr. kugelf., (2–)4–5 cm ∅, teils mit, teils ohne K.; umfasst unterschiedl. Formen, manche davon infolge Beteiligung von *M. niedzwetzkyana* mit Blutapfel-Merkmalen (vgl. 4–).

M.* × *micromalus MAKINO [*M. baccata* × *M. spectabilis*]: Bl. 5–10 cm lang, Form ähnl. wie bei *M. baccata* var. *baccata*, aber zieml. derb; Bltn. 4–4,5 cm ∅, Krbl. bleibend rosa; Fr. kugelf., Basis genabelt, 1–2 cm ∅, gelb od. rot; K. zuw. bleibend.

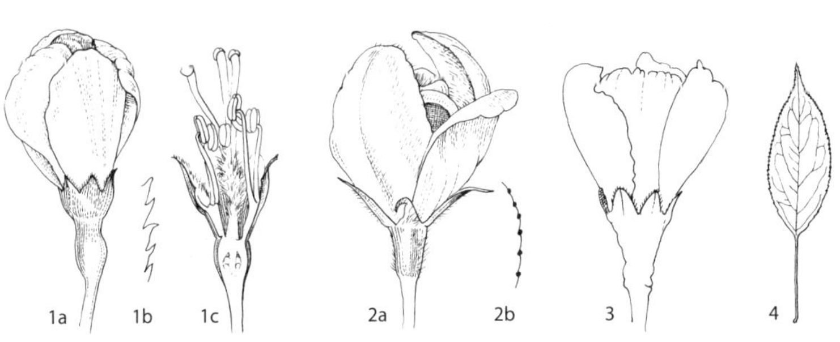

663/1–4 *Malus*: 1 *M. hupehensis*, 1a Bltn.kn., 1b Bl.rand, 1c Blüte längs; 2 *M. baccata*, 2a junge Blüte, 2b Bl.-rand; 3 *M. halliana* 'Parkmanniii', Bltn.kn.; 4 *M. baccata*, Bl.

Melia L. – *Meliaceae* (Bearbeiter: Ulrich Hecker)

2 Arten. Für uns nur folgende Art in Betracht kommend:

M. azedarach L., **Zedrachbaum, Paternosterbaum** – Bl. sommergrün, doppelt gefiedert, 20–40 cm lang u. 15–30 cm breit (*664/1*), Blch. eif., elliptisch od. lanzettl., gezähnt od. unregelmäßig eingeschnitten, 3–7 cm lang u. 2–3 cm breit, kahl; Bltn. zahlreich, in 10–20 cm langen, lockeren Thyrsen, in den Bl.achseln von Jungtrieben, duftend, ca. 2 cm ∅; K. u. Kr. 5-zählig, Kr. spreizend, fliederfarben, ± zurückgeschlagen, Stbl. 10, am Grund zu violetter, 7–8 mm langer Röhre verwachsen; Steinfr. (*664/2*) kugelf. bis ellipsoidisch, 1–2 cm lang, 1–1,5 cm dick, hellgelb, Steinkern stark verholzt; IV–V. Bk – ss. ∧∧ SO- u. NZ-China, Taiw., Nepal, Laos, Indien.

In S-Eur. sehr beliebter Straßenbaum. Aus den Steinkernen werden Rosenkränze gefertigt (daher die Bezeichnung Paternosterbaum).

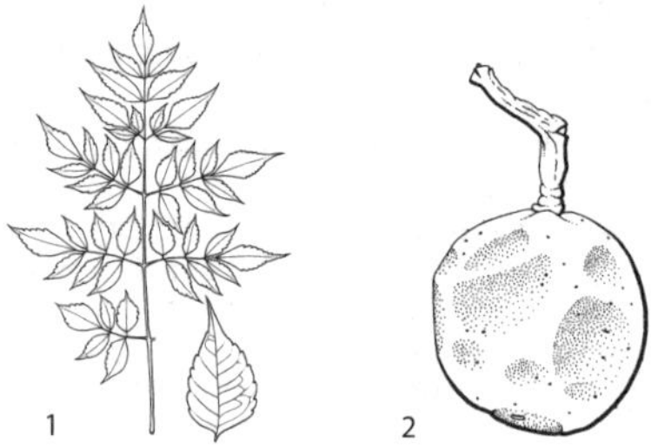

664/1–2 *Melia azedarach*: 1 Bl., 2 Fr.

Melicytus Forst. & Forst. f. – *Violaceae* (Bearbeiter: Ulrich Hecker)

Immergrüne od. halbimmergrüne Sträucher od. kleine Bäume; Bl. wechselst., einfach, ganzrandig od. gezähnt, Nebenbl. hinfällig; Bltn. klein bl.achselst., einzeln od. zu mehreren, eingschl., 2-häusig verteilt, Bltn.hülle 5-zählig, Stbl. verwachsen; Fr. 1-samige Beere. 6 Arten in Austr., Neuseel. u. den Norfolk-Ins. Nur folgende Art sehr selten in Kultur.

M. crassifolius (Hook. f.) Garn.-Jones [*Hymenanthera crassifolia* Hook. f.] – Pfl. halbimmergrün, dicht verzweigt, mit stechenden, anfangs behaarten Zw.; Bl. dickl., kurz gestielt, verkehrt eif. (*664/3*), 1–2 cm lang, am Ende gerundet od. schwach ausgerandet, kahl; Bltn. gelbl weiß od. bräunl., 4 mm ∅; Fr. ellipsoidisch, weiß, 6 mm ∅ (*664/4*); V. Sk – ss. Neuseel.

664/3–4 *Melicytus crassifolius*: 3 Bl., 4 Fr.

Meliosma Blume – *Sabiaceae* (Bearbeiter: Bernd Schulz)

Immer- od. sommergrüne Sträucher bis große Bäume; Kn. nackt, braun behaart (*665/1*); Bl. einfach od. unpaarig gefiedert, Spreite od. Blch. ganzrandig od. gezähnt; Bltnst. endst., seltener seitenst., eine pyramidale Rispe; Bltn. zahlreich, klein, 1–3 mm ∅, ⚥, zygomorph, sitzend od. kurz gestielt. Kbl. (3–)5(–9), Krbl. 5, ungleich, die äußeren 3 größer, die 2 inneren viel kleiner, oft 2-lappig, Stbl. 5, die 3 äußeren sterile Staminodien, nur die beiden inneren fruchtbar: Staubfäden abgeflacht, becherf. u. basal mit den 2 inneren Krbl. verwachsen, Staubbeutel 2-teilig, kugelf. oder ellipsoidisch; Diskus flach becherf., 5-zähnig; Fr. eine kleine Steinfr., Steinkern ± kugelf. Trop. bis mer. SO-As. u. S- u. MAm. Je nach Abgrenzung 25–100 Arten.

M. dilleniifolia (Wight & Arn.) Walp. – Bl. einfach, Stiel 3,5 cm, Spreite verkehrt eif. bis elliptisch eif., (4–)10–30 × 4,5–8(–14) cm, zugespitzt, unterseits zottig, oberseits weichhaarig, 16–20 gerade in die Zähne laufende Seitennervenpaare, Basis keilf., Rand (doppelt) gezähnt; Bltnst. endst., aufrechte Rispe, 14–30 cm lang, 3–4-mal verzweigt; Stiele u. Zw. kantig u. weichhaarig; Bltn. ca. 2 mm ∅, Kbl. 5, eif. bis breit eif., ca. 1 mm lang, bewimpert; Krbl.: die äußeren 3 weiß, abgeflacht kugelf., etwa 2 mm breit, die beiden inneren unauffällig, 1 mm lang, bis zur Mitte 2-spaltig, Lappen spitz, bewimpert; Stbl. 1,5 mm u. Frbl. ca. 1 mm lang; Steinfr. kugelf. 3–5 mm ∅; VI–VII. Sg/Bk – ss. O-As. in mehreren Unterarten.

subsp. *tenuis* (Maxim.) Beusekom: Bl.spreite 4–10 cm lang, elliptisch, zugespitzt, keilf., mit 9–14 Seitennervenpaaren (*665/2*), Bl.rand mit dickl. Saum, einfach gezähnt, Zähne kurz stachelspitzig (*665/2a*), Bl. oberseits normal grün, locker mit abstehenden, z. T. auch drüsigen Haaren, auf den Nerven dichter, unterseits etwas heller grün, mit dunklen Drüsen, auf den Nerven zerstreut mit langen Haaren, in den Nervenwinkeln dicht gebärtet; Frst. schmale, hängende Rispe, Fr. (*665/3*) erst grünl. braun, reif schwärzl. glänzend, 5 mm ∅, Steinkern 3 mm ∅ u. 3,5 mm lang (*665/3b*). ss. Jap.

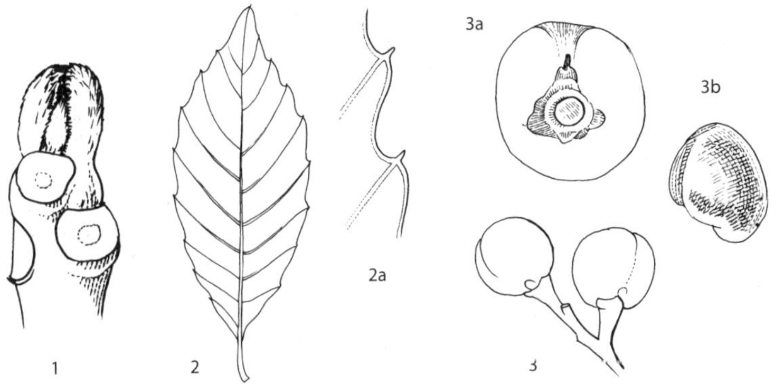

665/1–3 *Meliosma dilleniifolia* subsp. *tenuis*: 1 Zw.spitze, 2 Bl., 2a Bl.rand, 3 Fr., 3a Fr. vom Ansatz, 3b Steinkern

Menispermum L., **Mondsame** – *Menispermaceae* (Bearbeiter: Ulrich Hecker)

Sommergrüne, 2-häusige Lianen; Bl. lang gestielt, schildf., 3–7 lappig; Bltn. in gestielten achselst. Trauben od. Rispen, gelbgrün, ♀ Bltn mit 6–12 Staminodien, Frbl. 2–4; Steinfrch. 2–3, mit nieren- od. hufeisenf., abgeflachtem, strukturiertem Steinkern (*666/3*). 2 Arten in O-As. u. dem östl. NAm.

1. Junge Zw. fein behaart; Bl. unterseits anfangs behaart, 10–20 cm lang, einfach od. seicht stumpflappig (*666/1*), Bl.stiel 5–15 cm lang, nahe dem Blattrand

inseriert; Frch. 8 mm ∅, blauschwarz; V–VI. L – h. O-NAm.
Amerikanischer M., *M. canadense* L.

— Junge Zw. kahl; Bl. ähnl., aber stets kahl, nur 6–12 cm lang, ausgeschweift gelappt, selten ungelappt, Bl.stiel 3–12 cm lang, vom Bl.rand entfernt inseriert (*666/2*), d. h. Blatt deutl. schildf.; Frch. 10 mm ∅, schwarz; VI. L. – s. O-As.
Dahurischer M., *M. dauricum* DC.

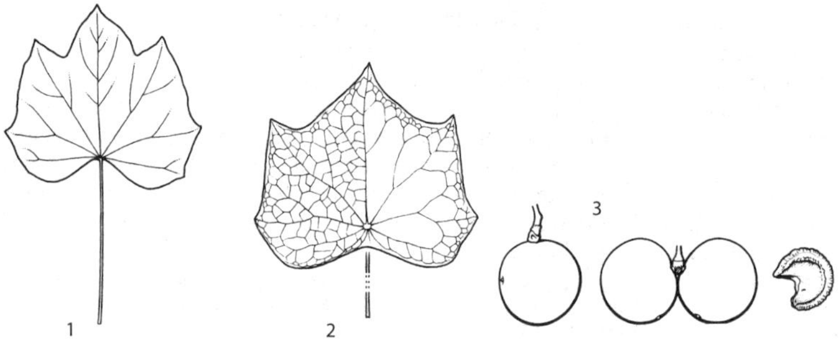

666/1–3 *Menispermum*: 1 *M. canadense*, Bl., 2 M. *dauricum*, Bl.; 3 *M. dauricum*, Fr. u. Steinkern

Mespilus L., **Mispel** – *Rosaceae* (Bearbeiter: Peter A. Schmidt)

Nur 1 Art, nachdem sich die 1990 aus den USA beschriebene zweite *Mespilus*-Art als Bastard der eingeführten Mispel mit einer einheimischen *Crataegus*-Art erwies (siehe × *Crataemespilus*).

In neuerer Zeit ordnen einige Autoren auf der Basis molekulargenetischer Erkenntnisse die Mispel der Gatt. *Crataegus* zu. Dem wird hier nicht gefolgt, zumal mehrere eigenständige Merkmale die Gatt. *Mespilus* gut charakterisieren. Zu natürlich entstandenen Bastarden u. Pfropfbastarden von Weißdorn und Mispel siehe unter × *Crataemespilus*.

M. germanica L. [*Crataegus germanica* (L.) Kuntze], **Echte M.** – Sommergrüner Strauch od. kleiner Baum; Kurztriebe vorhanden od. fehlend, dornig (oft bei wildwachsenden Pfl.) od. nicht (meist bei Kulturpfl.) (*227/2*); Bl. breit längl. bis längl. lanzettl., 5–12 cm lang, kurz zugespitzt (*666/4*), ganzrandig od. mit ± fein gesägtem Rand, oberseits dunkelgrün u. anfangs leicht behaart, unterseits feinfilzig; Bltn. einzeln, endst., Kbl. lineal lanzettl., 1,5 cm lang, die Krbl. überragend, Kr. weiß, 4–5 cm ∅, Stbl. 25–40; Fr. ein Steinapfel, birnenf. bis apfelf. od. breit kreiself. (*666/5*), 2–3 (bei Kultursorten bis 7) cm ∅, braun, rau behaart, mit 5 bis 1 cm langen Steinkernen, von den ± aufrechten bis sich zusammenneigenden Kbl. gekrönt, Fr.fleisch hart, erst nach Frosteinwirkung teigig werdend u. essbar; V–VI. Sg/Bk – h. SO-Eur. bis Kauk. u. Iran, nach M-Eur. in Römerzeit eingeführt u. nach Verwilderung etabliert.

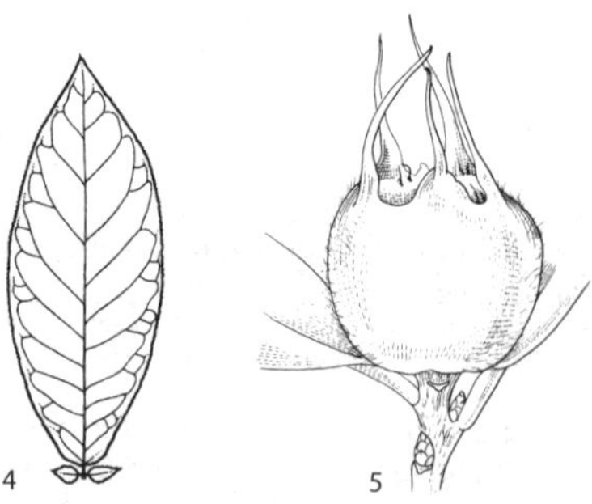

666/4–5 *Mespilus germanica*: 4 Bl., 5 Fr.

Menziesia Sm., Menziesie → ***Rhododendron*** L.

Metasequoia Hu & W. C. Cheng, **Urweltmammutbaum, Chinesisches Rotholz** – *Cupressaceae* (früher *Taxodiaceae*) (Bearbeiter: Peter A. Schmidt)

Nur 1 Art.

M. glyptostroboides Hu & W. C. Cheng – Sommergrüner Baum; Nadeln an Langtrieben spiralig stehend u. einzeln im Herbst abfallend, an den (±) gegenst., kaum verholzten, 5–10 cm langen Kurztrieben Nadeln (±) gegenst. (*667/1*) u. in einer Ebene stehend, werden im Herbst mit den Kurztrieben als Ganzes abgeworfen, Nadeln weich, 0,8–2 (an jungen Bäumen bis 3,5) cm lang, 1,2–2 mm breit, hell- bis frischgrün, zuw. leicht bläul., im Herbst kupferfarben bis rötl.; Zapfen (*667/2*) lang gestielt, hängend, 1,5–2,5(–3) cm lang, fast kugelig, Zapfenschuppen gegenst., in 8–12(–14) Paaren, reif matt- od. graubraun, im 1. Jahr reifend, Samen geflügelt; Stammbasis älterer Bäume stark verdickt, Stamm oft spannrückig u. grubig vertieft, Stammrinde fuchsrot bis graubraun, faserig, sich in Streifen lösend; II–III. Bg – h. O-As.: ZS-China.

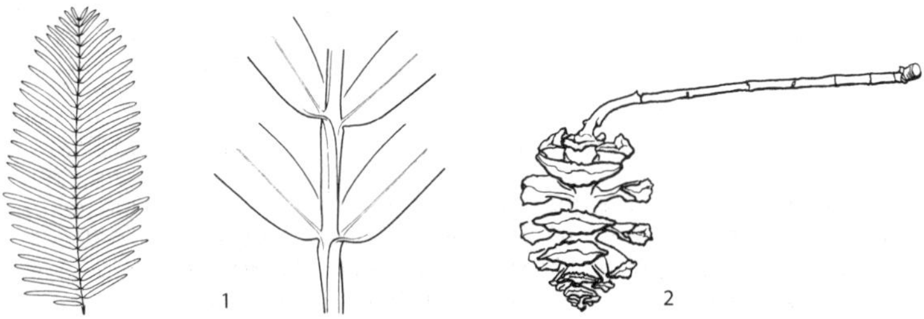

667/1–2 *Metasequoia glyptostroboides*: 1 Kurztrieb mit gegenst. Nadeln, 2 Zapfen

Microbiota Kom., **Zwerglebensbaum** – *Cupressaceae* (Bearbeiter: Peter A. Schmidt)

Nur 1 Art, niedrig wachsenden Wacholdern (*Juniperus*) ähnl., jedoch mit dem Orientlebensbaum (*Platycladus*) näher verwandt.

M. decussata Kom. – Immergrüner Strauch mit niederliegenden u. schräg aufsteigenden Ästen, dicht verzweigt, Zw.spitzen übergeneigt, Triebe 4 kantig, schwach abgeflacht; Schuppenbl. gegenst., 1,5–3,5 mm lang, 0,6–1,5 mm breit, rautenf., zugespitzt (*667/3*), dem Zw. angepresst, aber Spitzen z. T. abstehend, die flächenst. mit deutl. Drüse, grün bis gelbl. grün, im Winter bronzerot bis purpurbraun, besonders an Trieboberseite; Pfl. meist 1-häusig, Bltn. unscheinbar; Zapfen im 1. Jahr reifend, kugelig, 3–6 mm ∅, mit 2–4 gegenst. Schuppen (*667/4*), nur 1 Samen. Sp – h. Russ.-Fernost (Sichote-Alin).

667/3–4 *Microbiota decussata*: 3 Schuppenbl., 4 Zapfen

Moltkia LEHM., **Moltkie** – *Boraginaceae* (Bearbeiter: Peter A. Schmidt)

Stauden, Zwerg- u. Halbsträucher, rau behaart; Bl. wechselst., einfach, linealisch od. längl. bis lanzettl., ganzrandig, Rand umgerollt; Bltn radiär, einzeln, in kurzen od. dicht gedrängten Wickeln, Kr. röhrig trichterf., ohne Schlundschuppen, Stbl. 5, meist die Kr. überragend, Gr. grundst. zwischen den Klausen des Frkn.; Fr. mit 4 Klausen, Nüsschen eif. bis 3-kantig, meist glatt u. glänzend. 3 Arten, S- u. SO-Eur., Kl.-As. bis NW-Iran. Nur folgende Art häufiger in Kultur.

M. petraea (TRATT.) GRISEB., **Felsen-M.** – Immergrüner, 20–40 cm hoher, buschiger Halbstrauch mit zahlreichen, dünnen, aber sparrigen Zw.; Triebe u. Bl. borstig weiß behaart; Bl. linealisch bis längl. od. lanzettl., 1–5 cm lang, 1–6 mm breit; Bltn. in kurzen kompakten endst. Wickeln, Kr. vor Entfaltung rosa, dann blau bis violett, 6–10 mm lang, Stbl. weit aus der Kr. ragend; V–VIII. HS – s. ∧ Balkan.

Neben dieser Art erlangte deren Bastard ***M.*** × ***intermedia*** (FROEBEL) INGRAM Bedeutung als Zierpfl., 2. Elter ist die **Italienische M., *M. suffruticosa*** (L.) BRAND (Bl. 5–15 cm lang, 1–4 mm breit, Kr. 13–17 mm lang; Stbl. die Kr. kaum überragend; N-Ital.), die kaum in Kultur ist.

Morella LOUR., **Wachsmyrte** – *Myricaceae* (Bearbeiter: Bernd Schulz)

Sommer- od. immergrüne, aromatisch duftende Bäume od. Sträucher; Bl. wechselst., einfach, ganzrandig, gezähnt od. gekerbt, mit Harzdrüsen, Nebenbl. fehlen; Zw. mit Endkn. (*306/1*); Bltn. meist 2-häusig, selten ⚥, ♂ mit 2–8 Stbl. in dichten Kätzchen am diesj. Zw.; Fr. eine kugelige Steinfr., oft mit Wachsüberzug. Die beiden vorgestellten Arten aus NAm. bilden mit ihren Ausläufern oft dichte Kolonien. Sie stehen einander sehr nahe u. hybridisieren, wo beide Arten nebeneinander vorkommen: *M.* × *macfarlanei* (YOUNGKEN) KARTESZ [*M. cerifera* × *M. pensylvanica*].

Über 50 Arten, überwiegend aus den Subtrop., in SO-As. *M. rubra* LOUR. Fr.gehölz, rötl. Fr. bis 3 cm ∅.

1. Bl. sommer- od. halbimmergrün, dünn, nur auf der Unterseite dicht mit goldgelben Harzdrüsen besetzt – Bl. verkehrt eif., längl. bis elliptisch, 4–10 cm lang, 1,5–4 cm breit, Bl. ganzrandig od. zur Spitze hin flach kerbig gesägt (*668/1*), oberseits dunkelgrün, beiderseits behaart; Fr. kugelig, 3–4 mm ∅, mit grauweißem Wachs überzogen (*668/2*); III–IV. Sk/Sg, kalkunverträgl. – s–z. O- bis N-NAm. [*Myrica pensylvanica* MIRB.]

Amerikanischer Gagelstrauch, Bayberry, *M. pensylvanica* (MIRB.) KARTESZ

— Bl. immergrün, derb lederig, auf beiden Seiten dicht mit goldgelben Harzdrüsen besetzt – schmal verkehrt eif. bis verkehrt eilanzettl., 4–8(–11) cm lang, 0,8–1,9 cm breit, Basis der Bl.spreite keilf., Bl. zur Spitze hin weit entfernt gesägt (*668/3*), oberseits glänzend grün, kahl, unterseits hellgrün, auf dem Mittelnerv behaart, Bl.stiel 3–6 mm lang; Fr. 2–3 mm ∅, mit weißem Wachs

1 2 3

668/1–3 *Morella*: 1–2 *M. pensylvanica*, 1 Bl., 2 Fr.; 3 *M. cerifera*, Bl.

überzogen. Bk/Bm, kalkunverträgl. – ss. ∧ S-NAm. [*Myrica cerifera* L.]
Wachsmyrte, *M. cerifera* (L.) Small

M. faya (Aiton) Wilbur [*Myrica faya* Aiton]: Bl. ganzrandig, bis 11 cm lang u. 1–3 cm breit; Fr. kugelf. Steinfr., 5–6 mm ∅, rötl., reif schwarzrot bis schwarz, essbar. Bk/Bm– ss. ∧∧ Makaron., Portugal (eingebürgert), Hawaii invasiver Neophyt.

Morus L., Maulbeere – *Moraceae* (Bearbeiter: Ulrich Hecker)

Sommergrüne Bäume od. Sträucher mit Milchsaft; Bl. wechselst., einfach, ungelappt od. gelappt, gesägt od. gezähnt; Bltn. eingschl., 1-häusig od. 2-häusig verteilt, in gestielten, hängenden Ähren; Fr. eine Nuss, die vom fleischig werdenden Perigon umhüllt wird, Fr. des gesamten Bltnst. bleiben in Fr.verband (Scheinfr.) vereinigt (*669/1*). 17 Arten in der nördl. temperierten bis subtrop. Zone.

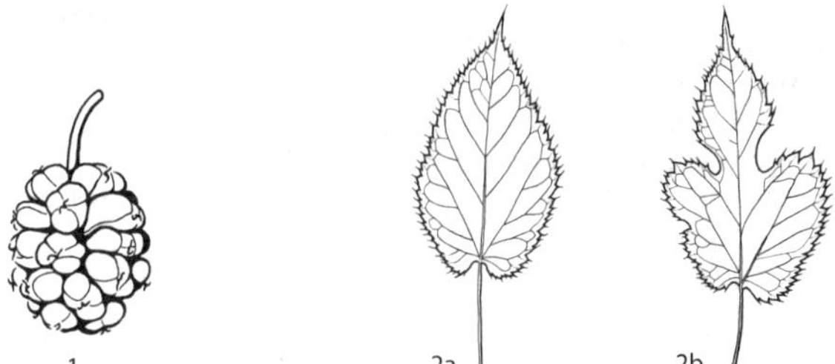
1 2a 2b

669/1–2 *Morus*: 1 *M. nigra*, Fr.verband; 2 *M. mongolica*, Bl., 2a ungeteilt, aber nicht ganzrandig, 2b gelappt

1. Bl. deutl. grannig gesägt, oberseits glatt, einfach bis unregelmäßig gelappt, am Grund herzf., Spitze oft geschwänzt (*669/2a* u. *b*); Bltn. 2-häusig verteilt, ♂ Kätzchen 3 cm lang; Frst. 1,5 cm lang gestielt, ± 1,5 cm lang; IV–V. Sg/Bk – z. Z- u. O-China. **Mongolischer M., *M. mongolica*** (Bur.) C. K. Schneid.
— Bl. grob bis dicht, aber nicht grannig gesägt 2
2. Bl. unters. kahl od. nur mit Achselbärten u. auf den Nerven behaart 3
— Bl. unterseits weich behaart 4
3. Bl. unterseits nur auf den Nerven behaart, oberseits glatt od. nur schwach rau, 1–2,5 cm gestielt (*669/3*); ♂ Bltnst. 2–3,5 cm lang; Frst. 1–2,5 cm lang, weiß bis schwarzrot; V. Bk – h. Z- u. N-China. **Weißer M., *M. alba*** L. var. ***alba***

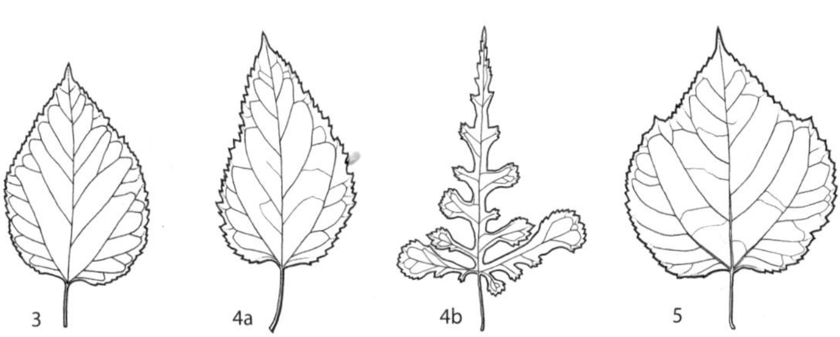
3 4a 4b 5

669/3–5 *Morus*, Bl.: 3 *M. alba*; 4 *M. australis*, 4a ungeteilt, aber nicht ganzrandig, 4b gelappt; 5 *M. cathayana*

'Laciniata': Spreite tief eingeschnitten, gesägt, Zipfel lang zugespitzt.

'Macrophylla': Bl. 15–20 cm breit, meist ungeteilt, am Grund herzf., grob gesägt; Frst. hellrot.

'Pendula': in der Regel hochstämmig veredelt, Zw. steif herabhängend, dünn; Bl. meist gelappt; Frst. dunkelpurpurn.

var. *tatarica* (Pall.) Ser., **Tatarischer Maulbeerbaum**: Bl. 4–8 cm lang, Frst. 1 cm lang, dunkelrot. Sg/Bk.

— Bl. oberseits rau, unterseits mit Achselbärten (*669/4*), sonst kahl; Frst. kurz zylindrisch, 1–1,5 cm lang, 1 cm ∅, dunkelrot; V. Bk – s. Nepal, Sikkim, Z- u. O-China, Kor., Jap. **Südlicher M., *M. australis*** Poir.

4 (2). Bl.spreite breit eif., bis 2–5-lappig, am Grund deutl. herzf., oberseits sehr rau, glänzend dunkelgrün; ♂ Bltnst. 2–4 cm; Frst. eif. bis längl. eif., 2–2,5 cm lang u. 1,5–2,5 cm dick, schwarzrot; V. Bk/Bm – h. W-Iran. **Schwarzer M., *M. nigra*** L.

— Bl.spreite am Grund keilf. bis schwach herzf., Bl. unterseits weich behaart; ♂ Bltnst. 2–5 cm **5**

5. Borke schuppig, braun; Bl.spreite deutl. länger als breit, oberseits etwas rau; scharf gesägt, abrupt deutl. zugespitzt, Frst. 2–3 cm lang, 1 cm ∅, wohlschmeckend; V. Bm – s. Z- u. O-NAm. **Roter M., *M. rubra*** L.

— Borke fast glatt, grau; Bl.spreite ± so lang wie breit, oberseits sehr rau, Rand entfernt gezähnt (*669/5*); Frst. zylindrisch, 2–3 cm lang, < 1 cm ∅, hell- bis purpurrot, sehr wohlschmeckend; V. Bm – s. Mong., China, Kor., Jap. **Cathay-M., *M. cathayana*** Hemsl.

Muehlenbeckia Meisn., **Drahtstrauch** – *Polygonaceae* (Bearbeiter: Ulrich Hecker)

Kleine aufrechte od. kletternde Sträucher, oft niederliegend kriechend; Bl. wechselst., einfach, meist klein, gestielt; Bltn. klein, ⚥ od. eingschl., oft 2-häusig verteilt, grünl. bis weißl., Bltn.hülle tief 5-lappig, Stbl. 8; Fr. 3-kantige Nuss, von der fleischig werdenden Bltn.hülle umgeben (*670/3*). 12 Arten in Austr., Neuseel. u. SAm.

1. Junge Zw. fein behaart, fadendünn; Bl. eif. bis rundl., 3–8 mm lang, kahl, am Grund breit keilf. (*670/1*); Bltn. klein, grünl, zu 1–2 in den Bl.achseln; VI–VII. Sp/Sz bis 5 cm, aber weit kriechend – s. ∧ Neuseel., Austral., Tasm. ***M. axillaris*** (Hook. f.) Walp.

— Junge Zw. warzig; Bl. z. T. an derselben Pfl. sehr variabel in Form u. Größe , eif. bis verkehrt eif od. kreisrund, etwas zugespitzt, am Grund abgeschnitten bis leicht herzf., 3–6 mm lang gestielt, Stiele rau, Spreite 4–20 mm lang, kahl (*670/2*), unterseits rötl. od. silbrig; Bltn. grünl. weiß, in achsel- od. endst. Ähren,

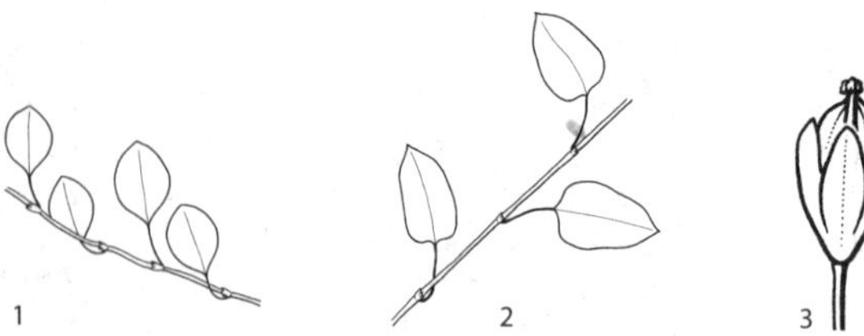

670/1–3 *Muehlenbeckia*: 1 *M. axillaris* Bl.; 2 *M. complexa*, Bl.; 3 *M. complexa*, Fr.

oft nur 2–3 Bltn.; VI–VII. Sp/Sz/L, bis 5 m weit kriechend u. auch kletternd – z. ^^ Neuseel. **M. complexa** (A. CUNN.) MEISN.

Myrica L., **Gagel** – *Myricaceae* (Bearbeiter: Bernd Schulz)

Sommergrüne Sträucher; Bl. wechselst., einfach, ganzrandig od. leicht gezähnt, ohne Nebenbl., mit Harzdrüsen; Zw. ohne Endkn. (*306/2*); Bltn. 2-häusig verteilt, in kurzen dichten Kätzchen (*232/4*), ♂ meist mit 2–8 Stbl.; Fr. eine kantige mit den beiden Vorbl. verwachsene Steinfr., ohne Wachsauflagerung, mit gelbl. Drüsen. 2 Arten in N-Eur. u. NW-NAm. Halbimmergrüne bis immergrüne Arten mit Endkn. → *Morella*.

M. gale L. [*Gale palustris* CHEV.], **Torf-G.** – Bl. verkehrt eif. längl. bis lanzettl., 2,5–6 cm lang, 0,8–1,9 cm breit, Bl.stiel 1–5 mm lang, Basis der Bl.spreite keilf., Bl. zur Spitze hin entfernt gesägt (*671/2*), oberseits glänzend dunkelgrün, kahl, unterseits blassgrün, ± flaumig behaart, in der Jugend weich, später derber, zuletzt lederig, Bl. u. Zw. zerstreut mit goldglänzenden Harzdrüsen besetzt; nussartige Steinfr., durch die verwachsenen Vorbl. 3-spitzig, mit gelbl. Harzdrüsen (*671/1*); IV–V. Sk, kalkunverträgl. – z. N- u. W-Eur., N-NAm. **G!**

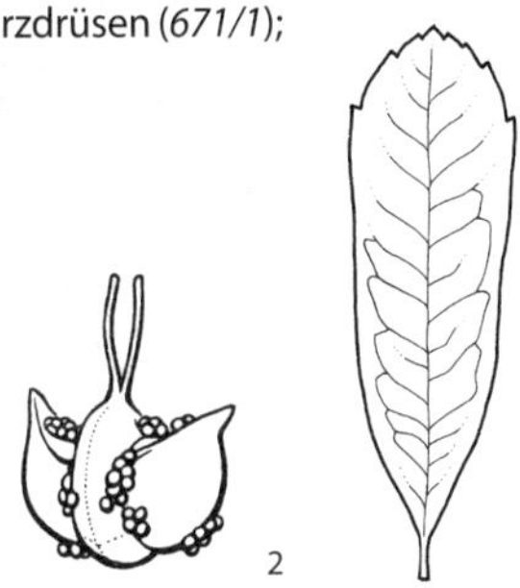

671/1–2 *Myrica gale*: 1 Einzelfr., 2 Bl.

Myricaria DESV., **Rispelstrauch** – *Tamaricaceae* (Bearbeiter: Ulrich Hecker)

Sommergrüne Sträucher od. Halbsträucher; Bl. schuppenf., sitzend; Bltn. in end- od. seitenst. Trauben bzw. Doppeltrauben, klein, weiß bis rosa, Bltn.hülle 5-zählig, Stbl. 10, Staubfäden ± weit miteinander verwachsen; Kapsel sich 3-klappig öffnend, Samen zahlreich, mit gestieltem Haarschopf (*671/3*). 12 Arten in Euras. Bei uns nur folgende Art selten in Kultur.

M. germanica (L.) DESV., **Deutscher R.** – Zw. aufrecht, rutenf., kleinere Verzweigungen im Herbst mit den Bl. abfallend; Bl. am Hauptspross 4–7 mm lang, pfrieml., lang zugespitzt, an den Seitensprossen nur 1,5–2 mm lang, linealisch, dickl., wie die Sprossachsen blaugrau bereift, der Achse dicht dachziegelartig anliegend; Bltn. meist 5-zählig, hellrosa, in 10–20 cm langen Trauben od. Doppeltrauben, Tragbl. häutig gesäumt, lang zugespitzt, 5 längere u. 5 kürzere Stbl., Staubbeutel rot; VI–VIII. Sk – s. M- u. S-Eur. bis W-As.

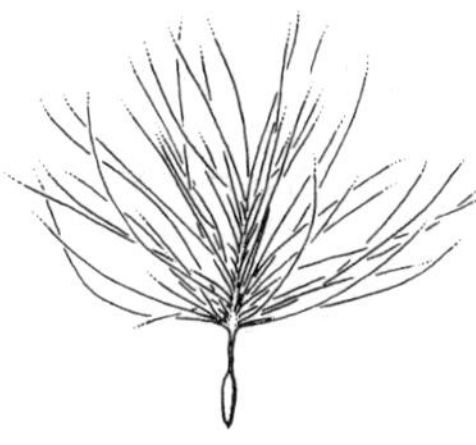

671/3 *Myricaria germanica*, Samen

Nandina Thunb., **Himmelsbambus** – *Berberidaceae* (Bearbeiter: Ulrich Hecker)
1 Art.

N. domestica Murray – Pfl. mehrstämmig, kaum verzweigt, kahl, immergrün; Bl. wechselst., am Sprossende rosettig genähert, 30–50 cm lang u. breit, (2–)3-fach gefiedert (*672/1*), Blch. fast sitzend, lederig, elliptisch lanzettl., 3–7 cm lang, 1–2,5 cm breit, lang zugespitzt, ganzrandig, oberseits frischgrün, unterseits heller, Herbstfärbung purpurn, Nebenbl. fehlend; Rispen 20–35 cm lang aufrecht, Bltn. weiß, 6 mm ∅, Kbl. zahlreich, Krbl. 3 od. 6; Beere rot, 2-samig, 6–8 mm ∅ (*672/2*); VI–VII Sk – z. ∧∧ ZS-China, Z- u. S-Jap. **G!**

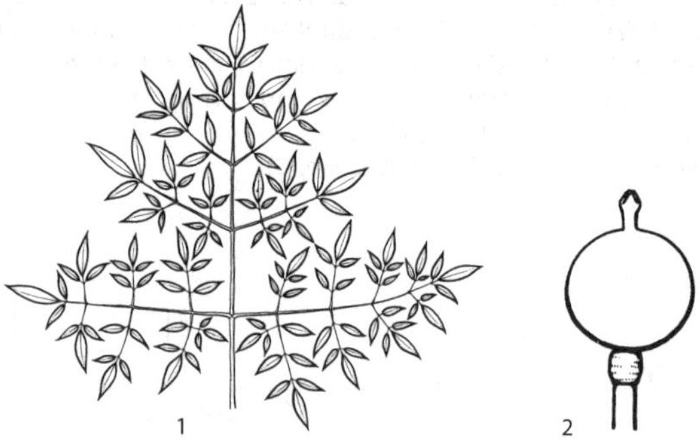

672/1–2: *Nandina domestica*: 1 Bl., 2 Fr.

Neillia D. Don [incl. *Stephanandra* Siebold & Zucc.], **Kranz- u. Traubenspieren** – *Rosaceae* (Bearbeiter: Bernd Schulz)

Sommergrüne Sträucher mit überhängenden Zw.; Bl. 2–10 cm lang, mit lange bleibenden Nebenbl., sehr variabel an derselben Pfl.: einfach, eif., Rand doppelt gesägt bis eingeschnitten u. oft deutl. 3- od. mehrlappig; Bltn. mit 10–30 Stbl. u. kleinen Krbl., entw. (Kranzspieren) in endst. Rispen, mit 1 Frbl. im flachen (bis 2 mm hohen) Bltn.becher, 4–5 mm ∅, K. kurz 3-eckig, bis 2 mm lang, Kr. weiß; od. (Traubenspieren) in (Doppel-)Trauben, die 1–2 Frbl. im weiß, rosa bis rot gefärbten, 4–13 mm langen glockigen bis röhrigen Bltn.becher verborgen; Fr. 1–2-samige Bälge, im offenen K.becher (Kranzspieren) sichtbar od. in K.röhre (Traubenspieren) verborgen. Etwa 15 Arten vom Himal. bis O-As.

1. Bltn. in Trauben od. Doppeltrauben, Bltn.becher glockig od. röhrig-zylindrisch (*673/1* u. *2*), rosa bis rot, K. u. Krbl. weiß bis rosa; Bälge im K.becher verborgen (*673/8*) (Traubenspieren) **3**

— Bltn. 4–5 mm breit, in Rispen, Bltn.becher flach schalenf., weiß bis hellgrün (*673/3* u. *4*), K- u. Krbl. weiß; Balg im K.becher sichtbar (*673/9*) (Kranzspieren) **2**

2. Bl. 2–6 cm lang, mit 4–7 Seitennervenpaaren, grob u. unregelmäßig tief eingeschnitten gesägt (*673/6*), Bl.stiel 4–8 mm lang; Bltnst. 2–6 cm lang; Stbl. 10(–13) (*673/4*); VI. Sk – h. Jap., Kor. [*Stephanandra flexuosa* Siebold & Zucc.; *S. incisa* (Thunb.) Zabel] **Kleine K., *N. incisa*** (Thunb.) S. H. Oh

'Crispa': Bl. kleiner, kraus-runzelig; Zw. bogig nach unten gekrümmt; Pfl. insgesamt nicht > 50 cm hoch; zuw. als Bodendecker gepflanzt. h.

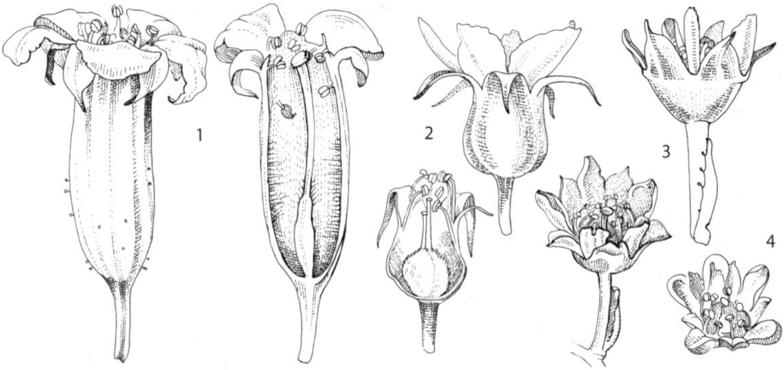

673/1–4: *Neillia* Bltn.: 1 *N. sinensis*, 2 *N. affinis*, 3 *N. tanakae*, 4 *N. incisa*

— Bl. 4–10 cm lang, mit 6–10 Seitennervenpaaren, relativ gleichmäßig fein doppelt gesägt (*673/7*), Bl.stiel 1–1,5 cm lang; Bltnst. 5–10 cm lang; Stbl. 15–20 (*673/3*); VI–VII. Sk – z. Jap. [*Stephanandra tanakae* (FRANCH. & SAV.) FRANCH. & SAV.] **Große K., *N. tanakae*** FRANCH. & SAV.

3. Bltn. 5–8 mm lang, Bltn.becher glockig, Länge übertrifft kaum den ∅, außen behaart, rötl. bräunl., Krbl. rosa (*673/2*); Trauben 3–6 cm lang, dicht, Bltn.stiele 3–5 mm lang; V–VI. Sk – z. W-China. **Rote T., *N. affinis*** HEMSL.

— Bltn. 1–1,2 cm lang, Bltn.röhre zylindrisch, mindestens doppelt so lang wie dick, außen ± kahl, hell rosa, Krbl. weißl. (*673/1*); Trauben 4–8 cm lang, zieml. locker, Bltn.stiele 4–7 mm lang; V–VI. Sk – s. ZS-China bis Yunn. u. Sich. **Blasse T., *N. sinensis*** OLIV.

N. thibetica FRANCH.: Bltn. etwa 8 mm lang, mit deutl. behaarter Bltn.röhre; V–VI. Sk – s. W-China.

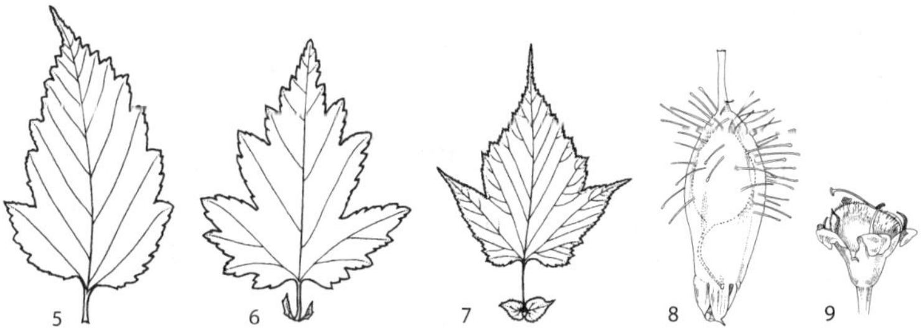

673/5–9 *Neillia*: 5–7 Bl.: 5 *N. sinensis*, 6 *N. incisa*, 7 *N. tanakae*; 8–9 Fr.: 8 *N. sinensis*, Fr.-K. hängend, verborgenes Frch. angedeutet; 9 *N. incisa*, Fr. aufrecht, Frkn. den K. überragend

Neoshirakia Esser, **Talgbaum** – *Euphorbiaceae* (Bearbeiter: Ulrich Hecker)
1 Art.

N. japonica (Siebold & Zucc.) Esser [*Sapium japonicum* (Siebold & Zucc.) Pax & K. Hoffm.] – Sommergrüne Bäume od. Sträucher, in allen Teilen kahl; Bl. wechselst., 1–2,5 cm gestielt, breit eif., einfach, 7–15 cm lang u. 4–8 cm breit, oben zugespitzt, am Grund breit keilf. bis gerundet od. etwas herzf., ganzrandig (*674/1*), am Spreitengrund mit einem Paar Drüsen; Bltn. unscheinbar, am Zw.ende in aufrechten, kätzchenartigen Trauben, Krbl. fehlend, ♂ Bltn. zahlreich, kurz gestielt, ♀ Bltn. zu wenigen am Grund, ca. 12 mm gestielt; Fr. eine an beiden Enden leicht abgeflachte, kugelf., 3-samige, sich scheidewandspaltig öffnende Kapsel, ca. 1–1,5 cm ∅; leuchtende, prächtige lachsrote Herbstfärbung; VI. Sg/Bk – ss. ∧ SO- u. NZ-China, Kor., Jap. **G!**

674/1 *Neoshirakia japonica*, Bl.

Neviusia Gray, **Schneelocke** – *Rosaceae* (Bearbeiter: Bernd Schulz)

Lange als monotypisch angesehene Gatt. Neben der länger bekannten Art aus SO-NAm. beschrieben Shevock et. al. 1992 aus N-Kalifornien *N. cliftonii* als zweite Art.

N. alabamensis Gray. – Sommergrüner Strauch; Zw. hellbraun, rundl., schwach kantig, fein behaart; Bl. eif., 3–7 cm lang, spitz, doppelt gesägt bis seicht fiederig gelappt (*674/2*), hellgrün, unterseits angedrückt behaart, Bl.stiel bis 1 cm lang; Nebenbl. klein, linealisch; Bltn. zu 3–8 in Trauben bis Dolden, meist am Ende beblätterter Kurztriebe, 1,5–2,5 cm breit, ohne Krbl., durch die Farbe der zahlreichen (ca. 80) langen Stbl. weiß wirkend (*674/3*), Kbl. grün od. anfangs weißl., gesägt, kleinen Laubbl. ähnelnd; 2–4 freie Frbl. im flachen Bltn.becher (*674/3a*), Gr. lang, Frkn. dicht behaart; Frch. 4–5 mm lang, anliegend weißhaarig, von den bleibenden Kbl. umgeben (*674/4*); V–VI. Sk – SO-NAm.

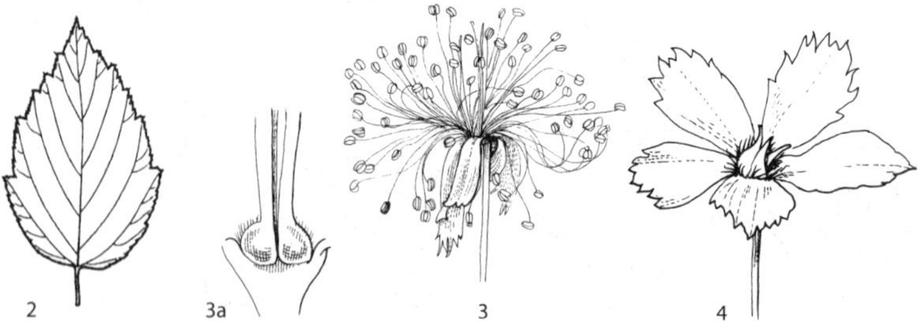

674/2–4 *Neviusia alabamensis*: 2 Bl., 3 Büte, 3a Frkn., 4 Fr.

Nipponanthemum Kitam. – *Asteraceae* (Bearbeiter: Ulrich Hecker)

1 Art.

N. nipponicum (Maxim.) Kitam. [*Chrysanthemum nipponicum* (Maxim.) Sprenger; *Leucanthemum nipponicum* Maxim.] – Bl. immergrün, etwas fleischig, dicht stehend, sitzend, spatelf., 2–9 cm lang, 1–2 cm breit, in der oberen Hälfte kerbig gesägt (*675/1*), oberseits glänzend grün, unterseits heller, zum Grund stark verschmälert; Bltn.köpfe lang gestielt, meist einzeln, ca. 5–6 cm ∅, Involukrum ca. 1 cm lang, 4-reihig, Randbltn. weiß, 2–3 cm lang, 5–6 mm breit; X–XI. Sk – ss. ∧∧ Jap.: Honshu.

675/1 *Nippoanthemum japonicum*, Bl.

Nothofagus Blume, **Südbuche, Scheinbuche** – *Nothofagaceae* (früher zu *Fagaceae*)

(Bearbeiter: Peter A. Schmidt)

1-häusige, immer- od. sommergrüne Bäume od. Sträucher; Bl. wechselst., meist 2-zeilig stehend, einfach, ganzrandig, gezähnt od. gesägt, Nerven meist hervortretend, oft mit Harzdrüsen, Nebenbl. auffällig, meist schildf., hinfällig od. bleibend; ♂ Bltn. einzeln od. zu 2–3, sitzend od. kurz gestielt, ♀ Bltn. zu (1–)3(–7), aus jeder entwickelt sich eine Fr.; Fr. eine Nuss, meist zu 3 umhüllt von einem 2- od. 4-klappig aufreißendem verholzten Fr.becher (Cupula), dieser außen mit Anhängseln od. Schuppen besetzt (*675/3*). 34–43 Arten, in der australen Zone von SAm. u. Austral., von SO-Austral. bis Neuseel. u. in die trop. Zone (Neuguinea, Neukaledonien).

Neben der winterharten Art *N. antarctica* nur 2 weitere, etwas frostempfindliche Arten in den Schlüssel aufgenommen, alle aus dem australen SAm. (Chile, Argent.). *N. antarctica* u. *N. dombeyi* sind Vertreter der Typus-Untergatt. *Nothofagus*, während *N. obliqua* zur Untergatt. *Lophozonia* gehört. Letztere u. 2 weitere Untergatt. werden zuw. auch als eigene Gatt. aufgefasst.

1. Immergrüner Baum (zuw. im Winter bei tiefen Temperaturen Laub verlierend); ♂ Bltn. zu 3 – Bl. 2–4 cm lang, eif. bis lanzettl. od. rautenf., spitz, unregelmäßig gesägt, oberseits glänzend dunkelgrün, unterseits heller, mattgrün, mit feinen schwarzen Drüsenpunkten; Stbl. 8–13; Cupula 8 mm lang; Zw. behaart. Bg – ss. **Coihue-S., Coigue, _N. dombeyi_** (Mirb.) Oerst.

— Sommergrüner Baum od. Strauch; ♂ Bltn. einzeln **2**

2. Bl. 0,6–3,5(–4) cm lang, eif. bis breit eif. od. fast rundl., jederseits der Mittelrippe 4 Seitennerven, diese etwas unregelmäßig, nicht parallel u. nicht gerade verlaufend, Basis der Spreite gestutzt bis herzf., Bl.spitze abgerundet, Bl.rand unregelmäßig gezähnt bis gekerbt, stark wellig (*675/2*), Stbl. 10;

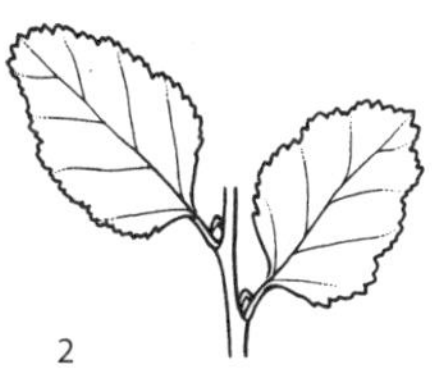

2

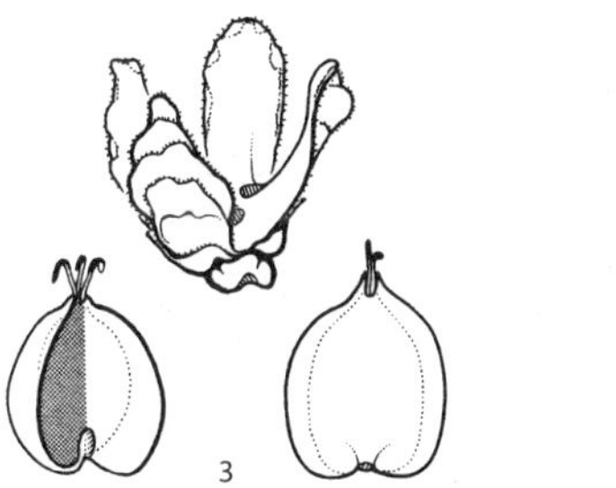

3

675/2–3 *Nothofagus antarctica*: 1 Bl., 2 Cupula u. Fr.

Cupula 5–7 mm lang; Kn. 1,5–2 mm lang – mehrstämmiger Großstrauch mit aufwärts gebogenen od. schräg aufsteigenden Stämmen od. kurzstämmiger Kleinbaum, Äste meist waagerecht, Zw. fischgrätenartig, da Bl. u. Kn. auffällig 2-zeilig u. einander genähert (*251/5*); Rinde mit auffälligen, quer ausgerichteten Lentizellen-Bändern. Bk/Sg – h.

Antarktische S., *N. antarctica* (G. Forst.) Oerst.

— Bl. 3–8 cm lang, längl. eif., jederseits der Mittelrippe 7–12 Seitennerven, regelmäßig u. gerade verlaufend, Basis der Spreite etwas schief, Bl.spitze spitz, Rand grob doppelt gesägt; Stbl. 30–40; Cupula 7–9 mm lang; Kn. 3–5 mm lang. Bg – s. **Roble-S., Pellin-S., *N. obliqua*** (Blume) Oerst.

Nyssa L., **Tupelo** – *Nyssaceae* (Bearbeiter: Bernd Schulz)

Bl. wechselst., ganzrandig od. entfernt gezähnt; Bltn. unscheinbar, klein, grünl. weiß, polygam od. eingeschl. u. 2-häusig verteilt, ♂ Bltn. zu mehreren beisammen, Bltn.hülle unscheinbar, grünl., ♀ Bltn. sitzend, meist zu 1–2, seltener zu mehreren, oft mit sterilen Stbl.; Steinfr. mit einem 1-fächerigen, 1-samigen Steinkern, dieser glatt od. gerippt, bei anderen Arten auch geflügelt. 7 Arten in NAm., As. u. im Mal. Arch.

1. Bl. bis 2,5 cm lang gestielt, verkehrt eif. od. elliptisch, 5–12 cm lang, meist ganzrandig, oberseits kahl u. glänzend, unterseits bläul., locker, v. a. auf den Nerven mit braunen Haaren (*676/1*), – Herbstfärbung scharlachrot; Bltn. meist polygam, in kleinen wenig- (♀) od. mehrbltg. (♂) Köpfchen; ♂ Bltn. mit 4–8 Stbl., Staubfäden 2–4 mm lang, im Zentrum hellgrüner, papillöser Diskus, etwa 1,5 mm ∅, Bltn.hülle 4–8 gelbgrüne, 1–3 mm lange Blch.; Fr. eif., 8–12 mm lang (*676/2*), schwarzblau; V–VI. Bm, kalkunverträgl. – s–z. Z- bis O-NAm. [*N. multiflora* Wangenh.] **Wald-T., *N. sylvatica*** Marsh.

— Bl. 4–4,5 cm lang gestielt, eif. bis längl., 10–16 cm lang, ganzrandig od. weitläufig gezähnt, oberseits glänzend, unterseits bläul., ± weichhaarig – ♀ Bltn. einzeln mit 2–4 kleinen Hochbl. am Grund; Fr. 2–2,5 cm lang, purpurn; Herbstfärbung rotblau; V. Bm– ss. ∧ SO-NAm. [*N. uniflora* Wangenh.]

Wasser-T., *N. aquatica* L.

1

2

676/1–2 *Nyssa sylvatica*: 1 Bl., 2 Frst.

Oemleria RCHB., **Oregonpflaume** – *Rosaceae* (Bearbeiter: Bernd Schulz)

1 Art.

O. cerasiformis (TORR. & GRAY) LANDON [*Osmaronia cerasiformis* (TORR. & GRAY) GREENE] – Sommergrüner Strauch, sehr früh austreibend; Zw. kahl, rötl. braun, mit gekammertem Mark; Bl. längl. elliptisch bis verkehrt eif., 5–12 cm lang, kurz gestielt, ganzrandig (*677/3*), ± blaugrün, kahl od. unterseits leicht behaart; Nebenbl. hinfällig; Pfl. 3-häusig: mit ♂, ♀ od. ⚥ Bltn.; Bltnst. 5–10-bltg. Trauben am Ende beblätterter Triebe, früh vom obersten Seitentrieb zur Seite gedrängt; Bltn. (*677/1a–b*) duftend, 8–10 mm ∅, 5-zählig, Krbl. weiß, Bltn.becher u. K. grün, Stbl. 9–12(–15), ein Teil auf dem Rand, ein Teil im Innern des schüsself. Bltn.bechers (in ♀ Bltn. verkümmerte Rudimente), ♀ u. ⚥ Bltn. mit 5 (selten weniger) freien Frbl.; Sammelfr. aus meist 1–2 entwickelten Steinfrch./Blüte (*677/2*), Frch. längl. 10–12 mm lang u. 7–10 mm ∅, mit Längsfurche, zunächst orangegelb, reif schwarzblau, weißl. bereift (wie kleinen Pflaumen), Steinkerne längl., 1-samig; Traubenachse u. Fr.stiele rot, mit vielen hellen Korkporen; III–IV. Sg – ss. W-NAm.

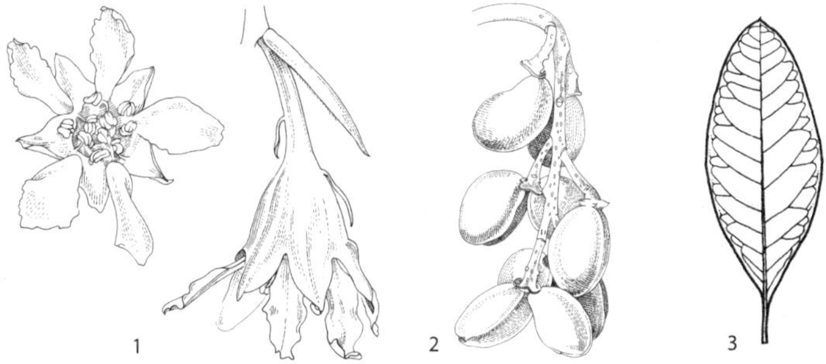

677/1–3 *Oemleria cerasiformis*: 1 ♂ Blüte in 2 Ansichten; 2 Frst.: Fr. Sammelsteinfr.; 3 Bl.

Olea L., **Ölbaum** – *Oleaceae* (Bearbeiter: Bernd Schulz)

Immergrüne Sträucher u. Bäume. Bl. gegenst., ganzrandig; Bltn. ⚥ od. eingschl., in achselst. Büscheln od. endst. Rispen, Kr. mit kurzer Röhre, kürzer als die 4 Krbl.zipfel (*677/4*), Frkn. oberst.; Fr. kugelf., eif. bis ellipsoidisch, Steinfr., Kern 1-samig.

Die im weiteren Sinne paraphyletische Gatt. umfasst etwa 32 Arten. Im engeren Sinne (ohne *Tetrapilus* LOUR. aus SO-As. mit zuw. gesägten Bl.rändern u. verlängerten Kr.röhren) monophyletisch, etwa 25 Arten von S-Eur., Medit., Kl.-As., Afr., O-As. u. SO-As. bis Austr.

O. europaea L. – Bl. elliptisch lanzettl., bis 8 cm lang, derb, schuppig, oberseits dunkelgrün, gräul., unterseits silbrig hellgrün; Bltnst. kurze achselst. Rispen, Bltn. ca. 5 mm ∅, Kr. cremeweiß, kurzer Trichter u. 4 Zipfel (*677/4*), Stbl. 2, groß, Staubbeutel ockergelb; Fr. kurz bis lang ellipsoidisch, 1,5–4 cm lang, gelbgrün bis dunkelblau, Steinkern längl. ellipsoidisch bis spindelf.; VII–VIII. Sg/Bk – s–h (Kübel). ∧∧ Medit., Kl.-As.

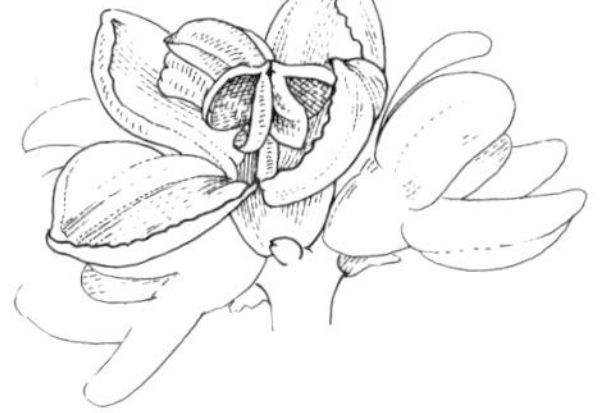

677/4 *Olea europaea*, Ausschnitt aus dem Bltnst., im Zentrum ♂ Blüte

Ononis L., **Hauhechel** – *Fabaceae* (Bearbeiter: Bernd Schulz)

Kräuter, Stauden od. sommergrüne Sträucher; Sprosse (oft drüsig) behaart; Bl. 3-zählig, selten gefiedert, Blch. gezähnt, Nebenbl. mit dem Bl.stiel verwachsen; Bltn. in achsel- od. endst. Trauben, K. tief 5-teilig, Stbl. miteinander verwachsen; Hülse 2- bis mehrsamig. 75 Arten, Eur., Medit. bis M-As.

O. fruticosa L., **Strauchige H.** – Blch. sitzend, verkehrt eif. bis längl. spatelf., bis 2,5 cm lang, kahl, unregelmäßig scharf gesägt gezähnt (*678/1*), graugrün, Nebenbl. 2–4-zähnig; Bltnst. kurze endst. Trauben od. Doppeltrauben, Bltnst.achsen drüsig behaart, Bltn. 1–2 cm lang, Krbl. hellrosa mit dunkleren Streifen, K. rötl., drüsig behaart; Hülse 2–2,5 m lang, behaart; VII–VIII. Sk – ss. ∧ SW-Eur. bis N-Afr.

Häufiger ist die halbstrauchige **Dornige H., *O. spinosa*** L.: Bltn. ähnl., aber einzeln entlang der Triebe (*678/2*) u. Zw. mit Sprossdornen bewehrt; VII–IX. HS – z–h. M-Eur. bis As. u. N-Afr.

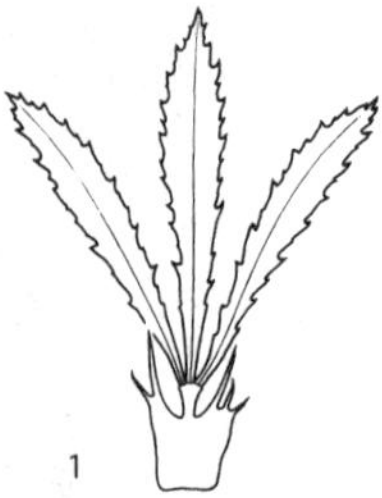
1

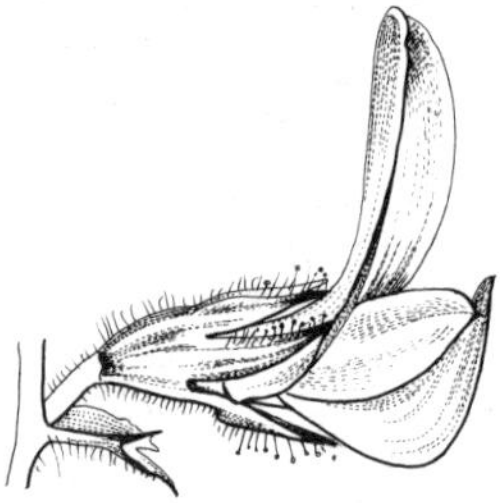
2

678/1–2 *Ononis* : 1 *O. fruticosa*, Bl.; 2 *O. spinosa*, Blüte

Oplopanax (Torr. & Gray) Miq., **Igelkraftwurz, Teufelskeule** – *Araliaceae* (Bearbeiter: Ulrich Hecker)

Sommergrüne, kaum verzweigte Sträucher, dicht mit borstigen Stacheln besetzt; Bl. lang gestielt, rundl. eif., 5–7-lappig; Bltn. ⚥ od. ♂, grünl. weiß, in langen Doppeldolden, endst. Rispen bildend. 3 Arten in M-NAm. u. O-As.

O. horridus (Sm.) Miq. (*Echinopanax horridum* (Sm.) J. G. Cooper) – Stämme, Bl.stiele, Bl.nerven beidseitig u. Bltnst. dicht mit Stacheln bekleidet; Bl. ei-herzf., 15–25 cm breit, 5–7-lappig, Bl.lappen breit 3-eckig, gesägt, unterseits zottig behaart (*678/3*); Bltnst. 8–15 cm lang; Fr. breit ellipsoidisch, 8 mm ∅, scharlachrot; VII–VIII. Sg – s. Alaska bis Kalifornien.

678/3 *Oplopanax horridus*, Bl.

Orixa THUNB. – *Rutaceae* (Bearbeiter: Ulrich Hecker)

1 Art.

O. japonica THUNB. – Sommergrüner, 2-häusiger Strauch; Bl. wechselst., ca. 1 cm gestielt, einfach, ganzrandig, durchscheinend punktiert, 5–15 cm lang, verkehrt eif. bis längl. eif., stumpf endigend (*679/1*), oberseits glänzend grün, unterseits heller u. entlang der Nerven etwas behaart; Bltn. grünl, 6–8 mm ∅, 4-zählig, ♂ Bltn. in 8–10-bltg. Trauben, ♀ Bltn. einzeln, Frbl. ± frei; Frch. sich 2-klappig öffnend (*679/2*), 1-samig, Samen schwarz; IV–V. Sk/Sg – s. OS- u. ZS-China, Kor., Jap.

Vorzügl. strauchf. Bodendecker für größere Parks, aber nur selten angepflanzt.

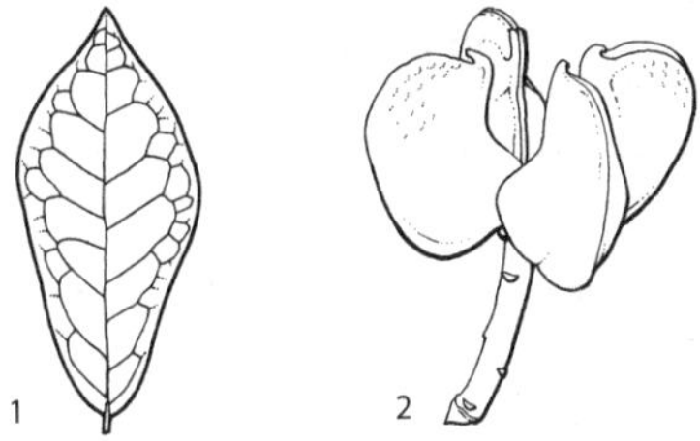

679/1–2 *Orixa japonica*: 1 Bl., 2 Fr.

Osmanthus LOUR., **Duftblüte** – *Oleaceae* (Bearbeiter Peter: A. Schmidt)

Immergrüne Sträucher u. Bäume; Bl. gegenst., einfach, derb lederig, meist kahl u. oberseits glänzend dunkelgrün, ganzrandig od. Rand scharf bis dornig gezähnt, Mittelrippe oft stark hervortretend, Nebenbl. fehlend; Bltn. in achsel. od. endst. Rispen od. dichten Büscheln, K. u. Kr. 4-zählig, Krbl. verwachsen mit sehr kurzer bis langer Röhre, meist weiß, Stbl. 2, mit der Kr. verwachsen, Bltn. meist duftend (Name!); Fr. 1–1,5 cm lange, ellipsoidische od. eif. 1-samige Steinfr., blau- od. purpurschwarz. Etwa 30 Arten in SW-As. (Kolchis), mer. O-As., Himal. bis SO-As. u. Polynesien; 2 Arten mer. NAm. bis Mex.

Unberücksichtigt bleibt, da zu frostempfindl., die **Amerikanische D., *O. americanus*** (L.) A. GRAY, die große (5–15 cm lang) u. stets ganzrandige, am Rand etwas umgebogene Bl. hat. SO-USA bis N-Mex.

1. Bl. 1–6 cm lang, 1–2,5(–3) cm breit; Kr. 3,5–10 mm lang – junge Zw. u. Bl.stiele zumindest anfangs behaart, Mittelrippe oberseits behaart; Kr. weiß **5**

— Bl. (5–)6–12(–17) cm lang, 2–5(–7) cm breit; Kr. 3–5 mm lang – junge Zw., Bl.stiele u. Mittelrippe oberseits kahl od. behaart; Kr. weiß, selten (*O. fragrans*) gelbl. od. gelb bis orange **2**

2. Bl. an der Basis abgerundet bis herzf., selten breit keilf., Bl.stiel 2–5 mm lang, dicht behaart, Spreite (5–)6–8(–15) cm lang, 2–2,5(–4,5) cm breit, Mittelrippe oberseits behaart, sonst kahl, Rand jederseits mit 6–10(–17) dornigen Zähnen von 2–4 mm Länge, selten ganzrandig; junge Zw. anfangs dicht behaart, verkahlend; Kr.röhre etwa so lang wie Kr.zipfel; IX–X. Sg – ss. ∧ ZS-China (Hubei) bis Sich. **Bewehrte D., *O. armatus*** DIELS

— Bl. an der Basis keilf. bis breit keilf., Stiel 0,8–1,5(–2) cm lang, kahl, Spreite (5–)6–15(–17) cm lang, 2–5(–7) cm breit, kahl, ganzrandig od. Rand nur oberhalb der Mitte gezähnt, wenn dornig gezähnt, dann jederseits 12–20 u. mehr Zähne von nur 1 mm Länge **3**

3. Bl.rand jederseits meist mit 12–20(–35) dornigen Zähnen von 1 mm Länge, zuw. nur in oberer Bl.hälfte, selten ganzrandig, Bl.spitze geschwänzt u. stachelspitzig; junge Zw. kahl od. behaart – Spreite verkehrt eilanzettl. od. verkehrt eif. bis elliptisch; Kr. fast bis zur Basis geteilt, Kr.röhre nur 0,5–1 mm lang; IV–V. Sg – ss. ∧ WS- u. OS-China bis Sich.

Gesägtblättrige D., *O. serrulatus* REHDER

— Bl. ganzrandig od. entfernt, oft nur oberhalb der Mitte, gezähnt, an der Spitze zugespitzt, junge Zw. kahl **4**

4. Bltn. im Frühjahr (IV–V), Kr. creme bis weiß, etwa bis zur Hälfte eingeschnitten, Kr.röhre etwa so lang wie Kr.zipfel, K. bis 3 mm lang; Bl.stiel 1–2 cm lang, Bl. längl. bis lanzettl., ganzrandig, seltener entfernt gesägt. Sg/Bk – s. Nordöstl. Kl.-As. u. westl. S-Kauk. (Kolchis). [*Phillyrea vilmoriniana* BOISS. & BALANSA]

Stattliche D., *O. decorus* (BOISS. & BALANSA) KASAPLIGIL

Zu dem Bastard mit *O. delavayi* siehe unter 5–.

— Bltn. im Sommer bis Herbst (VI–IX), Kr. gelbl., gelb od. orange (fo. *aurantiacus* (MAKINO) P. S. GREEN), fast bis zur Basis geteilt, Kr.röhre viel kürzer als Kr.lappen, K. ca. 1 mm lang; Bl.stiel 0,8–1,2(–1,5 cm) lang, Bl. elliptisch bis elliptisch lanzettl., ganzrandig od. meist in oberer Hälfte gesägt. Sg/Bk – s. ∧∧ WS-China, Sich. u. Yunn. bis O-Himal. **Süße D., *O. fragrans*** LOUR.

Kaum frosthart, aber etwas weniger empfindl. der Bastard mit *O. heterophyllus*: ***O.* × *fortunei*** CARRIÈRE: Bl. bis 10 cm lang, dornig zugespitzt, oft jederseits mit 6–10 großen, 3-eckigen Zähnen, Kr. weiß; in Kultur entstanden.

5 (1). Bl. stiel 5–10 mm lang, Bl. (2–)4–6 cm lang, 1,5–2,5(–3) cm breit, elliptisch bis längl. elliptisch, jederseits 1–4 bis > 5 mm lange dornige Zähne (*680/1*), an älteren Pfl. oft ganzrandig, Bl.spitze dornig, oberseits glänzend dunkelgrün, unterseits mehr gelbl. grün; K. 1–1,5 mm lang, Kr. fast bis zur Basis geteilt, Kr.röhre nur 1–2 mm lang; IX–X. Sg – h. O-As.: Jap., Taiw. [*O. aquifolium* (THUNB.) SIEBOLD] **Stachelblättrige D., *O. heterophyllus*** (G. DON) P. S. GREEN

Unter diversen Sorten seien erwähnt: **'Goshiki'**: Bl. im Austrieb bronzefarben, später gelb gefleckt; **'Variegatus'**: Bl. mit weißer Randzone.

Zu dem Bastard mit *O. fragrans* siehe unter 4–.

— Bl.stiel 2–3 mm lang, Bl. 1–2,5(–4) cm lang, 1–1,5(–2) cm breit, längl. bis breit elliptisch od. eif. elliptisch, am Rand jederseits 6–8 scharfe Zähne von etwa 1 mm Länge, Bl.spitze spitz bis stumpf u. stachelspitzig, Bl. oberseits glänzend dunkelgrün, unterseits mit dunklen Drüsenpunkten (Lupe!); K. 2–4 mm lang, Kr. mit langer Röhre, 6–10 mm lang, u. kürzeren Kr.lappen; IV–V. Sk/Sg – s. ∧ WS-China bis Sich. u. Yunn. [*Siphonosmanthus delavayi* (FRANCH.) STAPF]

Delavays D., *O. delavayi* FRANCH.

Etwas weniger frostempfindl u. häufiger gepflanzt der Bastard mit *O. decorus*: ***O.* × *burkwoodii*** (BURKWOOD & SKIPWITH) P. S. GREEN [× *Osmarea burkwoodii* BURKWOOD & SKIPWITH]: Bl. größer, 2–5 cm lang, eif. bis elliptisch, ± gesägt, in Kultur entstanden.

680/1 *Osmanthus heterophyllus*, Bl.

Ostrya Scop., **Hopfenbuche** – *Betulaceae* (Bearbeiter Bernd Schulz)

Bäume od. Sträucher; Bl. wechselst., einfach, Bl.rand doppelt gesägt; Zw. ohne Endkn. (*251/4*), Seitenkn. von Zw. abstehend; ♂ Bltn. einzeln in Achsel von eif. Tragbl. in hängenden Kätzchen, ohne Perigon, ohne Vorbl., ♀ Bltn. zu 2 in Achsel lanzettl. hinfälliger Tragbl. in lockeren Kätzchen, unscheinbares Perigon, mit 1 Vorbl., das sich später zu sackf. Fr.hülle umbildet (*681/1b* u. *d*); Fr. 1-samige Nuss (*681/1c*). Etwa 10 Arten.

1. Bl. jederseits mit 9–13(–15) Seitennerven, eif., lang zugespitzt, 8–15 cm lang, 4–7 cm breit, unregelmäßig scharf doppelt gesägt, in der oberen Hälfte je 1–2 sekundäre Zähne zwischen den primären Zähnen, beiderseits weich behaart (*681/3*); Nuss eif., 5–6 mm lang, an der Spitze kahl. Bm/Bg – ss. Jap., Sich., S-China. **Japanische H., *O. japonica*** Sarg.

— Bl. jederseits mit 11–15(–17) Seitennerven, eif., zugespitzt, 5–12 cm lang, 3–5 cm breit, meist schwächer behaart **2**

2. Basis der Bl.spreite abgerundet, Bl.rand doppelt gesägt, in der oberen Hälfte je 2–5 sekundäre Zähne zwischen den primären Zähnen (*681/1a*), Seitennerven meist gerade, Bl. oberseits dunkelgrün, glatt, zwischen den Nerven anliegend behaart, unterseits blassgrün, schwach behaart auf den Nerven (*681/1a*); Tragbl. im ♂ Bltnst. kurz zugespitzt; Nuss eif., 6–10 mm lang, an der Spitze mit Haarbüschel (*681/1c*). Bm/Bg – z. S-Eur.–O-Medit. **Europäische H., *O. carpinifolia*** Scop.

— Basis der Bl.spreite leicht herzf., Bl. scharf doppelt gesägt, in der oberen Hälfte je 1–2 sekundäre Zähne zwischen den primären Zähnen, Seitennerven oft in der Mitte gebogen, Bl. oberseits dunkelgrün, auf dem Mittelnerv u. zwischen den Nerven leicht behaart, unterseits blassgrün, behaart (*681/2*); Tragbl. im ♂ Bltnst. oft grannenf. verlängert; Nuss spindelf., 6–8 mm lang, an der Spitze kahl. Bm/Bg – ss. O- bis Z-NAm. [*O. virginica* Spach] **Virginische H., *O. virginiana*** (Mill.) K. Koch

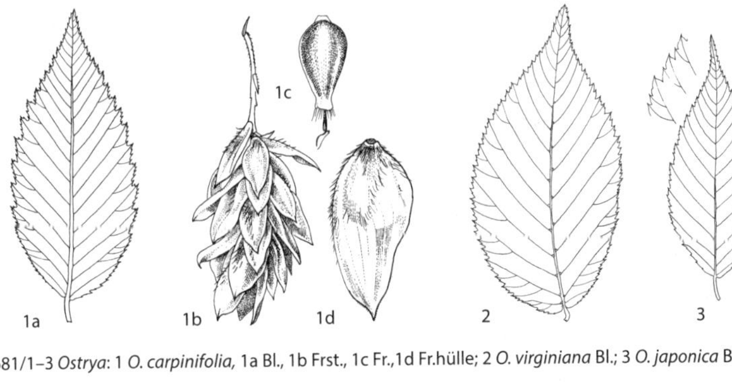

681/1–3 *Ostrya*: 1 *O. carpinifolia*, 1a Bl., 1b Frst., 1c Fr., 1d Fr.hülle; 2 *O. virginiana* Bl.; 3 *O. japonica* Bl.

Oxydendrum DC., **Sauerbaum** – *Ericaceae* (Bearbeiter: Bernd Schulz)
1 Art.

O. arboreum (L.) DC. – Bl. sommergrün, säuerl. schmeckend (Name), wechselst., elliptisch längl., 10–20 cm lang, oberseits glänzend grün, unterseits heller, kahl od. nur am Mittelnerv behaart, Bl.stiel 8–15 mm lang (*682/1*); Zw. grünl. weinrot, ohne Endkn.; Bltn. in 10–25 cm langen Doppeltrauben am Ende diesj. Zw., K.zipfel 5 (scheinbar 7, da die 2 schuppenf. Vorbl. dem K. anliegen), Kr. weiß, 6–8 mm lang, urnenf. (*682/2*), Theken mit Spalten an der Spitze (*682/2a*); Fr. relativ kleine Kapsel; VII–VIII. Bk, kalkunverträgl. – ss. O-NAm.

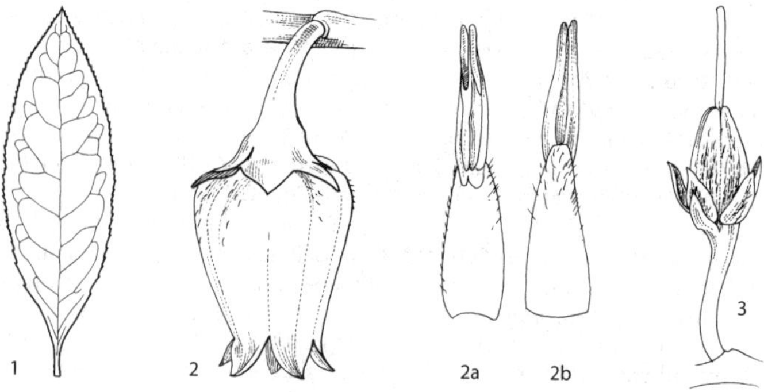

682/1–3 *Oxydendrum arboreum*, 1 Bl., 2 Blüte, Stbl. 2a von innen, 2b von außen, 3 Fr.

Pachysandra Michx., **Ysander** – *Buxaceae* (Bearbeiter: Ulrich Hecker)

Immergrüne od. halbimmergrüne kriechende Sträucher mit unterirdischen Ausläufern; Zw. schwach verholzend; Bl. wechselst., gestielt, grob gezähnt, an den Triebenden od. seitl. gehäuft; Bltn. eingschl., radiär, in aufrechten Ähren, ♂ Bltn. zahlreich, mit 4 Kbl. u. 4 Stbl., ♀ Bltn. nur wenige, am Grund der Ähren, mit 4–6 Kbl. u. 2–3 Gr.; Fr. ist eine 3-hörnige Kapsel od. Steinfr. 3 Arten in O-As. u. SO-NAm. Durch den Gehalt an Alkaloiden in den Bl. sind die Pfl. **G!**

1. Junge Zw. kahl; Bltnst. endst., 3–5 cm lang; Bl. immergrün, etwas lederig, 5–8 cm lang, Spreite rhombisch verkehrt eif., in der oberen Hälfte beiderseits mit 1–4 groben Zähnen, am Grund schmal keilf., oberseits glänzend grün; Bl.stiel 1–2 cm lang (*683/1*); Gr. 2; Fr. eine 1 cm lange Steinfr.; IV–V. HS – h. China, Jap. **Japanischer Y., *P. terminalis*** Siebold & Zucc.

Häufig kultiviert als anspruchsloser Bodendecker.

'Green Carpet': straff aufrecht wachsend, nur bis 15 cm groß.

'Variegata': Bl. panaschiert.

— Bltnst. seitl.; junge Triebe fein behaart 2

2. Pfl. halbimmergrün; Bltn.ähren an der laubbl.losen Sprossbasis, 5–10 cm lang, Bltn. weiß. bräunl.; Bl. breit eif., verkehrt eif. od. rhombisch, oft leicht bräunl. getönt, 5–8 cm lang, oft fast so breit, in der oberen Bl.hälfte sehr grob gezähnt, Spreite am Grund breit keilf., Bl.stiel 1,5–4 cm lang (*683/2*); Fr. eine 3-hörnige Kapsel; III–IV. HS – s. SO-NAm. **Amerikanischer Y., *P. procumbens*** Michx.

— Pfl. immergrün, Sprosse im unteren Teil kriechend u. mit kleinen Schuppenblättern, Triebe u. Bl.stiele behaart; Bl. 2–7 cm lang gestielt, 5–12 cm lang, am Grund gerundet od. breit keilf., oben zugespitzt (*683/3*); Bltnst. bl.achselst., 1–2 cm lang, ♂ Bltn. 10–20, sitzend, Kbl. weiß, 2–2,5 mm, ♀ Bltn. 3–6, mit den Stielen 4 mm lang; Steinfr. kugelf., gehörnt, gelb od. rötl. bis rot; IV. HS – s. SO- u. Z-China, Taiw. **Chinesischer Y., *P. axillaris*** Franch.

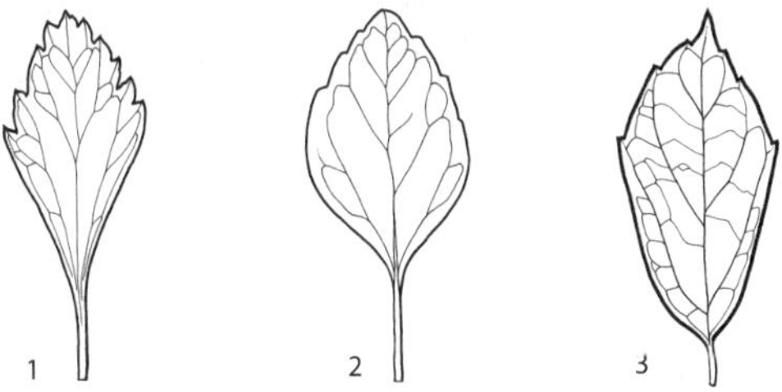

683/1–3 *Pachysandra*, Bl.: 1 *P. terminalis*, 2 *P. procumbens*, 3 *P. axillaris*

Paeonia L., **Pfingstrose, Strauch-Paeonie** – *Paeoniaceae* (Bearbeiter: Ulrich Hecker)

Stauden, seltener schwach verzweigte Sträucher; Bl. (*684/1*) wechselst., lang gestielt, Spreite mehrfach geteilt, Nebenbl. fehlend; Bltn. ansehnl, ⚥, einzeln od. zu wenigen achselst., radiär, freiblättrig, Kbl. 5 ungleich, persistierend, Krbl. 5–12; Stbl. zahlreich; Frbl. 2–5, mit sitzender Narbe, zu mehrsamigen, lederigen, abwärts gekrümmten Bälgen auswachsend (*684/2*); Samen schwarz, glänzend. 36 Arten in Euras. u. W-NAm. **G!**

1. Bltn. ± becherf., 5–10 cm ∅, einzeln od. zu mehreren, ± nickend, Frbl. kahl; Bl. bis 35 cm lang, Abschnitte eif. bis eilängl., 5–10 cm lang (*684/1*), flügelartig an der Bl.spindel herablaufend, Bl. oberseits dunkelgrün, unterseits weißl. bis bräunl.; Stämme nahezu unverzweigt **4**

— Bltn. im ∅ > 10 cm, einzeln, endst., aufrecht, Frbl. meist 5, ± dicht behaart **2**

2. Bl. meist doppelt 3-zählig fiederschnittig, bis > 35 cm lang, die Abschnitte eif. bis längl., ganzrandig od. 2–3-lappig, bis 10 cm lang; Bltn. schalenf., 10–20 cm ∅, weiß bis purpurn, Krbl. mit dunklem Basalfleck, oben unregelmäßig eingeschnitten; V–VI. Sk – h. [*P. ostii* × *P. rockii* × *P. spontanea* (Rehder) T. Hong & W. Z. Zhao] **Strauch-P., *P.* × *suffruticosa*** Andrews

In Kultur befinden sich zahlreiche Gartenformen, die sich durch unterschiedl. Bltn.farbe od. Gefülltblütigkeit auszeichnen. Häufig anzutreffen sind:

'Godaishu': Bltn. ± stark gefüllt, rein weiß, im Zentrum hellgelb.

'Higurashi': Bltn. ± stark gefüllt, dunkelrosa.

'Jeanne d´ Arc': Bltn. halb gefüllt, rosa.

'Shintenchi': Bltn. halb gefüllt, Krbl. etwas gekräuselt, rosa.

— Bl. meist doppelt, mitunter auch 3-fach gefiedert; Frbl. meist 5 .... **3**

3. Bl. 2–3-fach gefiedert, mit 19–33 Blch., unterseits an den Nerven behaart, oberseits kahl, die Seitenfiedern deutl. gestielt, Endabschnitte der Fiedern nur wenig gegliedert; Bltn. 13–19 cm ∅, Krbl. 12, meist tellerf. ausgebreitet, am Ende unregelmäßig eingeschnitten, weiß, mit großem schwarzroten Basalfleck, Staubfäden u. Staubbeutel gelb; V. Sk – h. NW-China. **Rocks Strauch-P., *P. rockii*** (S. G. Haw & L. A. Lauener) T. Hong & J. J. Li

— Bl. 2-fach gefiedert, mit 11–15 Blch., das oberste Blch. 2- od. 3-lappig, beiderseits kahl; Bltn. 12–14 cm ∅; Krbl. weiß, oben eingeschnitten; Staubfäden purpurrot, Staubbeutel gelb; V. Sk – z. SO-China (W-Henan). **Ostis S., *P. ostii*** T. Hong & J. X. Zhang

4 (1). Bltn. meist einzeln, gelb, 6–10 cm ∅; Pfl. kaum Ausläufer bildend; V. Sk – h. Z-China: Sich., Yunn. [*P. delavayi* Franch. fo. *lutea* (Franch.) S. G. Haw; *P. delavayi* Franch. subsp. *lutea* (Franch.) B. A. Shen] **Gelbe Strauch-P., *P. lutea*** Franch.

— Bltn. dunkel karminrot, 5–7 cm ∅, meist zu mehreren; Pfl. Ausläufer bildend; V. Sk – h. SW-China. **Delavays Strauch-P., *P. delavayi*** Franch.

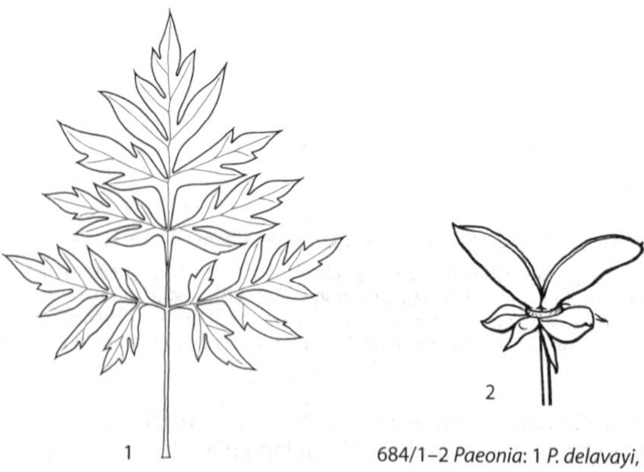

684/1–2 *Paeonia*: 1 *P. delavayi*, Bl.; 2 *P. lutea*, Fr.

Paliurus Mill., **Christusdorn** – *Rhamnaceae* (Bearbeiter: Ulrich Hecker)

Sommergrüne Gehölze mit Nebenbl.dornen; Bl. 2-zeilig, ganzrandig bis gesägt; Bltn. ⚥, in Thyrsen; Fr. verholzt, horizontal abgeflacht u. ringsum geflügelt (*685/1*). 5 Arten von S-Eur. bis O-As.

P. spina-christi Mill., **Gewöhnlicher C.** – Sparriger Strauch; Dornen eines Paars ungleich (*225/1*); Bl. (*685/2*) eif. bis eirundl., 2–6 cm lang, fein gesägt od. ganzrandig, dunkelgrün; Bltn. grüngelb; Fr. braungelb, 2–2,5 cm ∅; VI–VII. Sg – s. S-Eur. bis SW-As.

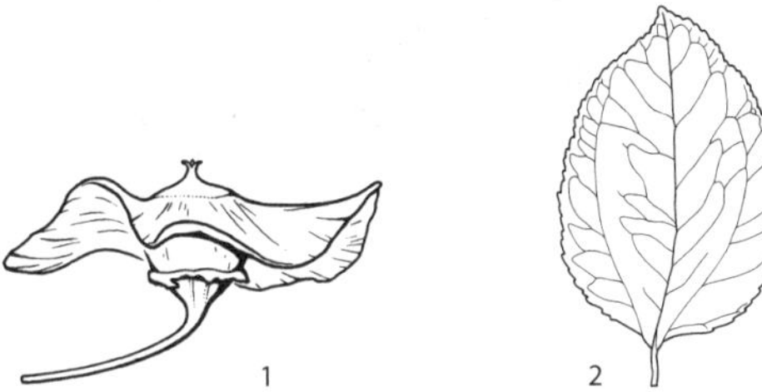

685/1–2 *Paliurus spina-christi*: 1 Fr., 2 Bl.

Parrotia C. A. Mey., **Eisenholz** – *Hamamelidaceae* (Bearbeiter: Bernd Schulz)

1 Art.

P. persica (DC.) C. A. Mey. – Sommergrüner Großstrauch od. mehrstämmiger Baum; Stämme mit schuppig abblätternder Rinde; Sprosse sternhaarig; Seitenkn. kurz gestielt, braun, Bltnst.kn. größer u. dunkler, fast schwarz (*685/4* u. *233/3*); Bl. verkehrt eif. bis elliptisch, 6–10 cm lang, Spitze gerundet, Spreitengrund gerundet bis schwach herzf., Bl. beidseitig behaart, in der oberen Hälfte bogig gezähnt (*685/3*), Stiel 2–6 mm lang, Nebenbl. groß, hinfällig; Bltn. ⚥, sich vor den Bl. entfaltend, in dichten, um 6(± 2)-bltg. achselst. Köpfchen, diese von bis 8(–10) mm langen, außen tiefbraun behaarten Hochbl. (= Kn.schuppen der Bltnst.kn., *685/4* u. *5*) umgeben, Kbl. 5–7, 1–1,5 mm lang, grün, an der Spitze braunfilzig, Krbl. fehlend, Stbl. 11–14, Staubfäden bis 1,5 cm lang, hängend, Staubbeutel rot (*685/6*); Kapsel 2-samig, sich 2- od. 4-klappig öffnend (*288/3*), Samen längl. ellipsoidisch, hellbraun glänzend; Herbstfärbung leuchtend gelb, orange od. orangerot; III–IV. Bk – h. S-Kaspien.

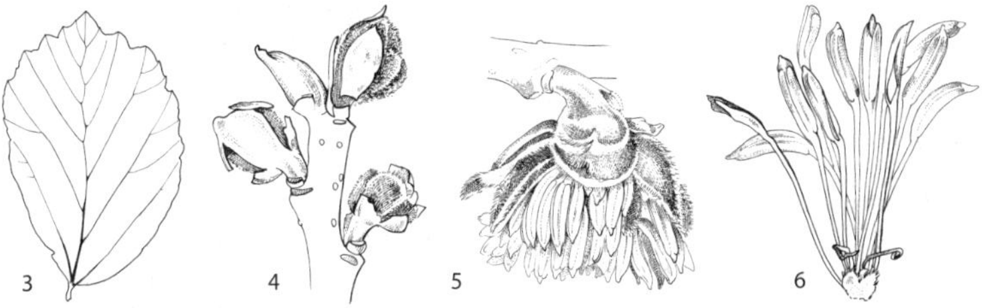

685/3–6 *Parrotia persica*: 3 Bl., 4 Zw. mit Bltst.kn., 5 Bltnst., 6 Einzelblüte

Parrotiopsis (Nied.) C. K. Schneid. – *Hamamelidaceae* (Bearbeiter: Bernd Schulz)
1 Art.

P. jacquemontiana (Decne.) Rehder – Straff aufrechter, sommergrüner Strauch; Sprosse sternhaarig; Seitenkn. sehr kurz gestielt, grau-ocker, dicht sternharig (*233/4*), endst.; Bltnst.kn. dunkelbraun behaart (*686/2*); Bl. verkehrt eif. bis rundl., 5–8 cm lang, deutl. gezähnt, anfangs beidseitig behaart, bis auf den 5–12 mm langen Bl.stiel u. die Nerven unterseits ± verkahlend (*686/1*), Nebenbl. eif., 3–5 mm lang, meist hinfällig; Bltn. (*686/3*) ⚥, mit den Bl. erscheinend, Köpfchen endst., mehrbltg. (≥ 10 Bltn.), von mehreren weißen, 1,5–2 cm großen, weißl., unterseits ± dicht braun sternhaarigen Hochbl. umgeben, K. unscheinbar, Krbl. fehlend, Bltn.boden dicht behaart, Stbl. ≥ 20, Staubfäden gleichmäßig dünn, weißl. hellgrün, Staubbeutel kräftig gelb; Fr. 2-samig, sich 4-klappig öffnend (*288/4*), Samen längl. ellipsoidisch, hellbraun glänzend; IV–V. Sg – s. ∧ W-Himal.

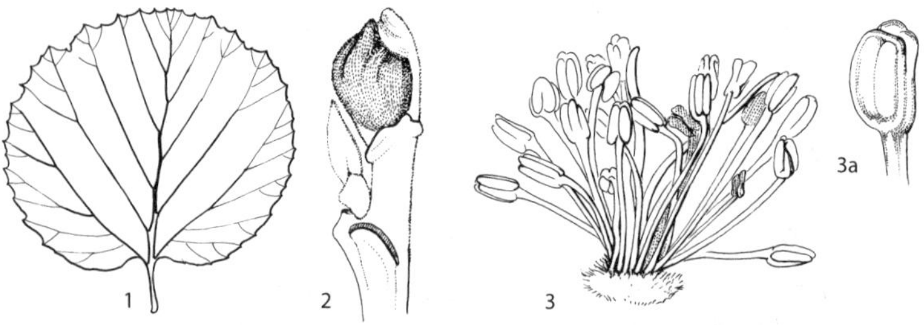

686/1–3 *Parrotiopsis jacquemontiana*: 1 Bl., 2 terminale Bltnst.kn., 3 Einzelblüte, 3a Stbl.spitze

Parthenocissus Planch., **Jungfernrebe** – *Vitaceae* (Bearbeiter: Ulrich Hecker)
Sommergrüne Rankenpfl. mit reich verzweigten Ranken, meist mit markanten Haftscheiben; Zw. mit Lentizellen u. weißem Mark; Bl. lang gestielt, gelappt od. fingerf. gegliedert; Bltn. ⚥, selten auch polygam, klein, grünl.; Fr. eine 1–4-samige dunkelblaue bis schwarze, ± saftreiche Beere (*687/2*). 13 Arten, v. a. in NAm u. O-As.

1. Bl. teils ungelappt, teils 3-lappig (*687/1*), teils 3-zählig, glänzend; Ranken sehr kurz, fest haftend; Bltn. gelbgrün, an kurzen meist 2-blättrigen Zw; Fr. 8 mm ∅, blauschwarz, bereift; VI–VII. L (bis 20 m) – h. O-China, Kor., Jap. [*Ampelopsis tricuspidata* Siebold & Zucc.; *P. thunbergii* (Siebold & Zucc.) Nakai]
Dreispitz-J., *P. tricuspidata* (Siebold & Zucc.) Planch.

'Lowii': Bl. nur 2–3 cm lang, einfach od. 3-zählig, Rand eingeschnitten gezähnt od. unregelmäßig gelappt.

'Purpurea': Bl. purpurn, nicht vergrünend.

'Veitchii': Bl. kleiner, im Austrieb bronzefarben, einfach od. 3-zählig, Blch. mit 1–3 Zähnen an den Außenseiten.

— Bl. 5–7-zählig gefingert (*687/4*) **2**

2. Junge Zw. kantig; Ranken mit 4–7 Verzweigungen; Bl. mit 5 gestielten Blch., elliptisch eif. bis keilf. verkehrt eif., 3–8 cm lang (*687/3*), zugespitzt, meist nur oberhalb der Mitte gezähnt, oberseits stumpfgrün mit weißen Nerven, unterseits purpurn, kahl od. auf den Nerven behaart; Bltn. in 6–15 cm langen

Zymen; Fr. dunkelblau, 8–10 mm ∅, mit 1–3 Samen; VII. L (3–5 m) – s. Z- u. O-China. **Chinesische J., *P. henryana*** (Hemsl.) Diels & Gilg

— Junge Zw. stielrund **3**

3. Ranken mit 2–5 sehr verlängerten, windenden Verzweigungen, ohne od. mit nur schwach entwickelten Haftscheiben (*687/5*); junge Zw. u. Bl.kn. im Frühjahr grün; Bl. unterseits grün, glänzend: Fr. schwarz, etwas bereift, 8 mm ∅; VI–VII. L (bis 10 m) – h. NAm. [*P. vitacea* Hitchc.] **Wilder Wein, Gewöhnliche J., *P. inserta*** (Kern.) Fritsch

— Ranken mit 5–12, regelmäßig 2-reihig angeordneten Verzweigungen (*687/6*), Haftscheiben stets vorhanden; junge Zw. u. Bl.kn. im Frühjahr hellrot, ältere Zw. zuw. mit Luftwurzeln, Bl.unterseits weißl. grün, matt; VII–VIII. L (bis 20 m) – h. NAm. [*Ampelopsis quinquefolia* (L.) Michx.] **Selbstkletternde J., *P. quinquefolia*** (L.) Planch. var. ***quinquefolia***

fo. ***engelmannii*** Rehder: wie der Typ, aber in allen Teilen etwas kleiner, Haftscheiben jedoch sehr kräftig entwickelt.

var. ***hirsuta*** Planch.: junge Zw., Bl. u. Btnst. weich behaart, im Austrieb rot.

var. ***murorum*** Rehder [*Ampelopsis hederacea* hort.]: Ranken mit 8–12 Verzweigungen; Blch. derber, kürzer u. breiter als beim Typ.

var. ***saint-paulii*** Rehder: ähnl. var. *murorum*, doch Blch. sehr allmähl. in den Stiel verschmälert.

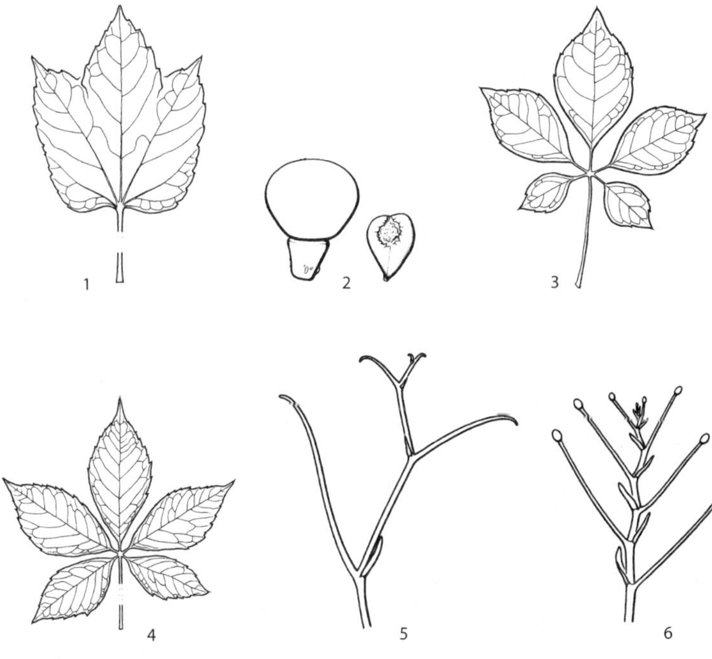

687/1–6 *Parthenocissus*: 1 *P. tricuspidata*, Bl.; 2 *P. tricuspidata*, Fr.; 3 *P. henryana*, Bl.; 4 *P. inserta*, Bl.; 5 *P. inserta*, Ranke; 6 *P. quinquefolia*, Ranke

Passiflora L., **Passionsblume** – *Passifloraceae* (Bearbeiter: Ulrich Hecker)

Mit Sprossranken kletternde Kräuter od. Lianen, seltener Sträucher od. kleine Bäume; Bl. ungegliedert od. mit fingerf. Spreite; Bltn. einzeln bl.achselst., seltener in kurzen Zymen, unverwechselbar durch die Ausbildung einer Corona, einer vielgestaltigen mehrreihigen „Strahlenkrone", die zw. den Krbl. u. Stbl. steht, K. becher- bis röhrenf.; Fr. eine vielsamige Beere, Samen mit ± fleischigem Arillus, oft essbar. Mehr als 500 Arten im trop. u. subtrop. Am., im trop. As. u. Indomalesien. Für uns nur folgende Art von Interesse.

P. caerulea L., **Blaue Passionsblume** – Triebe kantig, die Ranken einzeln bl.achselst.; Bl. immergrün, wechselst., bis 10 cm lang, Bl.stiele mit 1–4 rötl. extrafloralen Nektarien, auch die basalen Teile der Fiedern mit einigen Nektarien, Bl.spreite fingerf. gegliedert, die (meist) 5 Teile am Grund miteinander verbunden (*688/1*), linealisch, am Ende gerundet mit kleinem Stachelspitzchen, mit deutl. Mittelnerv, Nebenbl. groß, ± stängelumfassend, in eine bis 5 mm lange fädige Spitze auslaufend; Bltn. einzeln, bl.achselst., K. becherf., Krbl. ± 2,5 cm lang, unterseits grün, Corona etwa 5 cm ∅, am Grund purpurn, dann weiß u. nach außen blau; Fr. (*688/2*) eif., 5–7 cm lang, zuletzt orange, Pulpa rot, essbar; VI–IX. L (2–5 m) – h. ∧∧ S-Brasilien, Paraguay, Argent.

'Constance Eliott': Bltn. cremefarben.

'Grandiflora': Bltn. > 12–15 cm ∅.

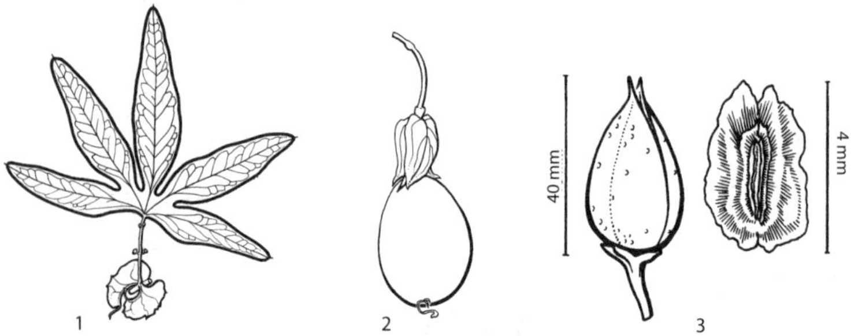

688/1–3: 1–2 *Passiflora caerulea*: 1 Bl. mit Nebenbl., 2 Fr.; 3 *Paulownia tomentosa*, Fr. u. Samen

Paulownia Siebold & Zucc., **Paulownie, Blauglockenbaum** – *Paulowniaceae* (früher *Scrophulariaceae* s. l. od. *Bignoniaceae*) (Bearbeiter: Peter A. Schmidt)

Meist sommergrüne, starkastige, mäßig verzweigte Bäume; Zw. hohl od. mit gekammertem Mark; Bl. gegenst., zuw. wirtelig zu 3, groß, lang gestielt, ganzrandig od. schwach 3–5-lappig, Spreitengrund herzf.; Kr. weiß, rosa bis purpurn od. blauviolett, meist mit dunkleren Punkten u. Flecken, Oberlippe 3-, Unterlippe 2-lappig, duftend; Fr.kapsel ellipsoidisch od. eif. bis kugelig, scharf zugespitzt (*688/3*). 7 Arten in O-As.: nem. bis subtrop. China (bis angrenzendes Vietn. u. Laos).

Nur 1 Art häufiger als Zierbaum in Kultur, versuchsweise auch in Kurzumtriebsplantagen.

P. tomentosa (Thunb.) Steud. [*P. imperialis* Siebold & Zucc.], **Kaiser-P., Chinesischer B.** – Bl. breit eif. bis eif., 12–30 cm (an Jungpfl. bis > 50 cm) lang, oft schwach 3-lappig, beiderseits behaart, Stiel 8–20 cm lang; Bltn. in 20–40 cm langen, kegelf., rispenartigen Bltnst., Kr. 5–7,5 cm lang, hell blauviolett, innen dunkler gepunktet u. gelb gestreift; Bltn. werden im Vorjahr angelegt u. überwintern in nackten (ohne Kn.schuppen), aber dicht behaarten Bltn.kn., Fr.kapseln 3–5 cm lang, bleiben den ganzen Winter am

Baum; IV–V, unmittelbar vor Bl.entfaltung. Bm – h. ∧ N- u. S-China, aber ursprüngl. Areal wegen verbreiteter Kultur u. Etablierung nach Verwilderung nicht bekannt. Fr. **G!**

Gelegentl. weitere chinesische Arten (∧) gepflanzt, aber bei *P. lilacina* Sprague handelt es sich um eine Sorte von *P. tomentosa*: **'Lilacina'**, früher wegen der helleren Kr. (weiß bis helllila) u. stets ungelappten Bl. wie bei ***P. fargesii*** Franch. auch kultiviert unter *P. fargesii* (hort.).

P. fortunei (Seem.) Hemsl. hat schmalere, fast zylindrische Bltnst., größere Bltn. (Kr. 8–12 cm lang) u. Fr. (6–10 cm lang), bekannt v. a. deren bereits als wenigj. Pfl. reich blühende Sorte **'Minifast'** (im Handel unter FAST BLUE).

Paxistima Raf., **Dicknarbe** – *Celastraceae* (Bearbeiter: Bernd Schulz)

Immergrüne, kahle Sträucher; Zw. 4-kantig, fein warzig; Bl. gegenst., klein, gesägt od. ganzrandig, Nebenbl. klein, hinfällig; Bltnst. bereits im Vorjahr angelegte Zymen (*689/1a–b*); Bltn. unscheinbar, ⚥, 4-zählig, Krbl. hell weinrot bis braunrot, Diskus flach, Frkn. halbunterst.; Fr. selten ausgebildete lederige, 1-fächerige Kapsel, sich 2-klappig öffnend, Samen 1–2, mit weißem, gelapptem Arillus. 2 Arten im nem. NAm.

1. Bl. elliptisch bis längl. eif., 1–3 cm lang, 5–8 mm breit, fein gesägt od. ganzrandig, dunkelgrün, sehr kurz gestielt (*689/2*); Bltn. 4 mm ∅, in 2–3 mm lang gestielten, 1–3-bltg. Zymen; Fr. weißl., 4–5 mm lang; Pfl. sich unterirdisch ausbreitend; IV. Sk – ss. W-NAm. ***P. myrsinites*** (Pursh) Raf.

— Bl. schmal längl., 1–2,5 cm lang, 2–4 mm breit, zur Spitze hin fein gesägt (*689/1d*), Rand etwas eingerollt (*689/1c*), dunkelgrün; Bltn. ca. 3 mm ∅, in 1–3-bltg., 8–12 mm langen Zymen (*689/1a–b*); Kapsel 4 mm lang; IV. Sz – ss. O-NAm. (Virginia u. Nachbarstaaten). ***P. canbyi*** Gray

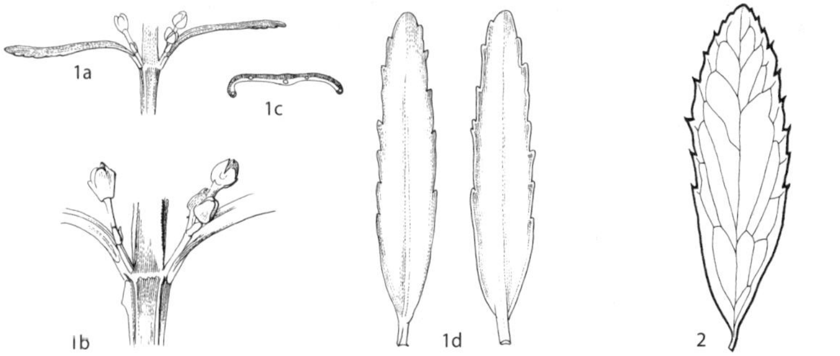

689/1–2 *Paxistima*: 1 *P. canbyi*, 1a Sprossknoten mit Bl. u. Bltnst.kn., 1b Detail Bltnst.kn., 1c Bl.-∅, 1d Bl.; 2 *P. myrsinites*, Bl.

Penstemon Schmidel, **Bartfaden** – *Plantaginaceae*

(Bearbeiter: Peter A. Schmidt)

Vorwiegend Stauden, einige immer- u. sommergrüne Zwerg- u. Halbsträucher; Bl. gegenst. od. wirtelig, einfach, ganzrandig od. gezähnt; Bltn. in Trauben od. Thyrsen; K. 5-teilig, Kr. zygomorph, mit Kr.röhre, Ober- u. Unterlippe, Stbl. 5 (Name!), davon 4 mit Staubbeutel, 1 ohne (steril), oft Staubfäden bärtig (Name!); Fr. eine Kapsel (*690/1*). Etwa 250 Arten NAm. (hier artenreichste Gatt.) bis MAm., v. a. W-NAm., 1 Art in Russ.-Fernost u. Jap.

1. Bl. nadelf., etwa 1 mm breit, zugespitzt; Kr. orange- bis scharlachrot (bei Sorten auch gelb), mit schmaler Kr.Röhre – 20–30(–40) cm hoher, einer *Erica* ähnl.

Halbstrauch; Kr. 2,5–3 cm lang; VII–VIII. HS – h. ∧ SW-USA, Mex.
Nadelblättriger B., *P. pinifolius* GREENE

— Bl. lineal lanzettl. bis elliptisch od. schmal verkehrt eif. bis spatelf., ganzrandig od. fein gezähnt, 2–15 mm breit, spitz od. stumpf; Kr. purpurlila bis -blau, lavendelblau od. violett, röhrig trichterf. **2**

2. Pfl. 10–40 cm hoch, mit aufrechten u. aufsteigenden Sprossen; Bl. 0,2–1,5 cm breit, lanzettl. bis verkehrt eif. od. elliptisch, 1–5 cm lang, grün, oft glänzend; V–VI. HS – s. ∧ W-NAm. **Strauchiger B., *P. fruticosus*** (PURSH) GREENE

var. *fruticosus*: Bl. lanzettl., elliptisch, schmal verkehrt eif. bis spatelf., 5–15 mm breit; Kr. 2,5–3,8 cm lang, purpurblau, oft Basis rot. ss. NW- u. W-USA

var. *scouleri* (LINDL.) CRONQUIST [*P. scouleri* LINDL.]: Bl. schmaler, lineal lanzettl., nur 2–5 mm breit; Kr. größer, 3,5–5 cm lang, lavendelblau bis hellpurpurn. z. W-Kanada, NW-USA

— Pfl. (5–)10–15(–20) cm hoch, mattenf. wachsend, Sprosse kriechend, teils unterirdisch u. sich bewurzelnd, nur Bltn.triebe aufrecht; Bl. breiter, breit eif. bis rundl. od. verkehrt eif. bis spatelf., 0,5–3(–5) cm lang, bläul. grün; V–VIII. HS – s. ∧ NW- u. W-USA. **Davidsons B., *P. davidsonii*** GREENE

var. *davidsonii*: Bl. am breitesten oberhalb der Spreitenmitte, verkehrt eif. bis spatelf., ganzrandig; Kr. 1,8–3,5 cm lang, blau bis lilapurpurn.

var. *menziesii* (D. D. KECK) CRONQUIST: Bl. am breitesten in od. unterhalb der Spreitenmitte, breit eif. bis rundl., Rand fein gezähnt; Kr. größer, 2–5 cm lang, violett.

Periploca L., Baumschlinge – *Apocynaceae* (Bearbeiter: Peter A. Schmidt)

Lianen, selten aufrechte Sträucher; Bl. kahl, ganzrandig, gegenst.; Krbl. 5, in Kn. gedreht, Kr. innen rotbraun bis violett, außen grünl., mit Nebenkr., diese mit 5 langen, schmalen, fast fadenf., am Ende einwärts gekrümmten Zipfeln; Balgfr. mit 2 am Grund verbundenen zylindrischen Teilfr., diese 5–15 cm lang, 4–6 mm ∅ (*690/3*), Samen abgeflacht, 1,2–1,5 cm lang, mit mehr als doppelt so langem weißem Haarschopf. 10–15 Arten, Medit., SW-As. bis China.

1. Bl. eif. bis elliptisch od. eilanzettl. (*690/2*), 4–12 cm lang, 2–7 cm breit; spitz od. ± stumpf, Spreitenbasis abgerundet bis keilf., kahl od. unterseits zuw. behaart, Seitennervenpaare < 20, bis zum Laubfall grün bleibend; Kr. 2–2,5 cm ∅, Kr.zipfel ausgebreitet (*690/4*); Fr. 10–15 cm lang; Sprosse kräftig, bis 12–15 m hoch windend; VI–VII. L – s. ∧ Z- u. O-Medit., SO-Eur. bis Kauk., N-Irak u. N-Iran. **G!** **Orientalische B., *P. graeca*** L.

Die **Glatte B., *P. laevigata*** AITON, der Kanar. (bei Einbeziehung von ***P. angustifolia*** LABILL. auch Medit.) windet nur teilw., wächst auch aufrecht u. wird nur wenige m hoch; Bl. lanzettl. bis linealisch, mehr lederig, nur bis 3,5 cm lang u. 0,6 cm breit, Kr. nur etwa 1 cm ∅, Fr. < 10 cm lang. ss. ∧∧.

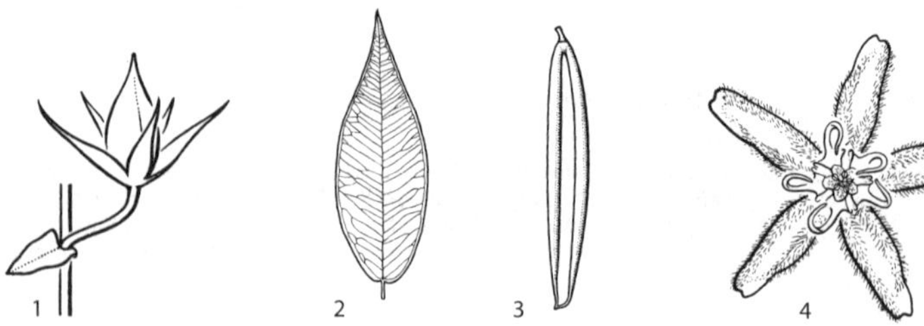

690/1–4: 1 *Penstemon fruticosus* var. *scouleri*, Fr.; 2–4 *Periploca graeca*: 2 Bl., 3 Fr., 4 Blüte

— Bl. eif. längl. bis lanzettl., 4–9 cm lang, 1,2–3 cm breit, sich zur Spitze allmähl. verschmälernd, Spreitenbasis keilf., Seitennervenpaare 20–25, Herbstlaub gelb; Kr. etwa 1,5 cm ∅, Kr.zipfel zurückgerollt; Fr. 7–12 cm lang; Sprosse zarter, 4–10 m hoch windend; VI–VII. L – ss. ∧ China bis Taiw.
Chinesische B., *P. sepium* Bunge

Pernettya mucronata (L. f.) Gaudich, Torfmyrte → ***Gaultheria mucronata*** (L. f.) Hook. & Arn.

Perovskia Karel., **Perowskie** – *Lamiaceae* (Bearbeiter: Bernd Schulz)

Aromatische Halbsträucher; Bl. gesägt bis fiederschnittig; Bltnst. endst., 30–45 cm lang, doppelt bis mehrfach verzweigt, aus schmalen, unterbrochenen Scheinähren zusammengesetzt. Bltn. nahezu ungestielt, in gegenst. Zymen (= Scheinquirl); Kr.blauviolett, 2-lippig, Oberlippe aus 4 verwachsenen Zipfeln, Unterlippe 1 Zipfel (*691/1b*), K. längl., röhrig glockig, 2-lippig, stark behaart; zur Fr.zeit die Klausenfr. bergend (*691/5*); Stbl. 2 (+ 2 Rudimente), aus der Kr. ragend, dann Gr. kurz, od. in der Kr.röhre sitzend, dann Gr. lang, die Kr. überragend (*691/4*). 7 Arten von Kl.-As. bis M-As. u. Himal.

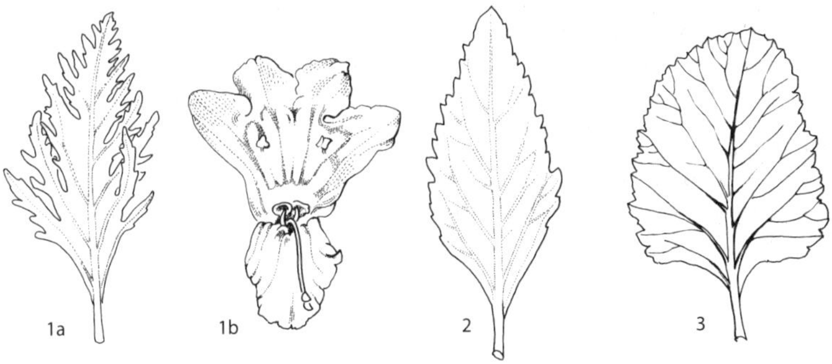

691/1–3: *Perovskia*: 1 *P. abrotanoides*, 1a Bl., 1b Blüte; 2 *P. atriplicifolia*, Bl., 3 *P. scrophulariifolia*, Bl.

1. Bl. fiederschnittig bis doppelt fiederschnittig mit linealischen Abschnitten, 4–6 cm lang (*691/1a*), dicht mit hellen Drüsen besetzt, kurzhaarig; Zw. dicht silbrig sternhaarig; VIII–IX. HS – h. ∧ M-As.: Afgh. bis W-Himal.
Fiederschnittige P., *P. abrotanoides* Karel.

'Blue Spire': Kr. kräftig blau. z–h.

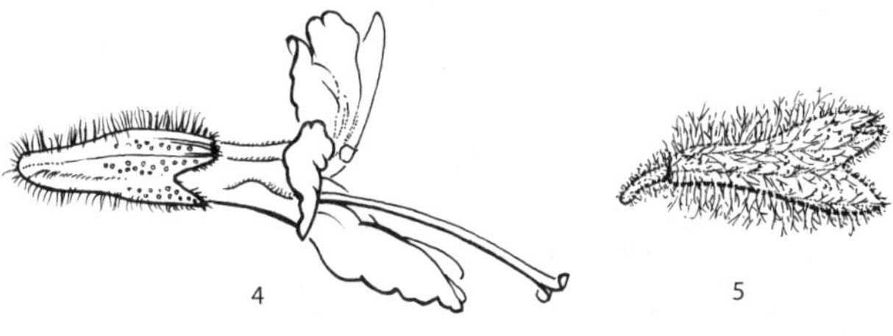

691/4–5: *Perovskia abrotanoides*: 4 Blüte, 5 Fr.

— Bl. einfach, stumpf gesägt bis gekerbt (*691/2–3*) **2**

2. Zw. rundl., dicht silbrig sternhaarig; Bl. eilanzettl., 3–6 cm lang, ungleichmäßig grob gesägt, etwa 1 cm lang gestielt, beiderseits dicht sternhaarig u. drüsig, Rand bewimpert (*691/2*); Bltn. in 2–6-bltg. Scheinwirteln; VIII–IX. HS – z. Afgh. bis Tibet. **Silber-P., *P. atriplicifolia*** Benth.

— Zw. 4-kantig, grünl. weiß, nur flaumhaarig, stark drüsig; Bl. eilängl., 3–4 cm lang, fast sitzend, ungleichmäßig stumpf gesägt bis gekerbt, oberseits runzelig, Rand stark wellig, bis auf sitzende Drüsen kahl (*691/3*); VIII–IX. HS – s. M-As. **Runzlige P., *P. scrophulariifolia*** Bunge

Petteria C. Presl – *Fabaceae* (Bearbeiter: Bernd Schulz)

1 Art.

P. ramentacea (Sieber) K. B. Presl – Zw. rundl., schwach längsstreifig, anfangs angedrückt behaart, später verkahlend; Winterkn. nackt, seidig behaart, von den bleibenden Nebenbl. des Tragbl. geborgen (*692/2 a* u. *b*); Bl. 3-zählig, 1,5–4 cm lang gestielt, Blch. fast sitzend, verkehrt eif. bis elliptisch, an der Spitze gerundet, ganzrandig, 2,5–6 cm lang, bis 2 cm breit (*692/2*), anfangs beidseitig anliegend locker behaart, oberseits dunkelgrün, ± verkahlend, unterseits heller, entlang der Mittelrippe bleibend behaart; Bltn. (*692/1*) duftend, ca. 15 mm lang, in aufrechten, endst., 4–7 cm langen, 10–30-bltg. Trauben, Kr. gelb, kahl, nur Kielbl. an der Unterkante behaart, miteinander verfilzt, K. (*692/1a*) kurz 2-lippig, Oberlippe tief gespalten, 2-zähnig, Unterlippe nur an der Spitze leicht 3-spaltig, angedrückt behaart, Staubfäden (*692/1b*) weit röhrig verwachsen, das silbrig behaarte Frbl. einschließend (nur Gr. überragt Stbl.); Hülse 3–4 cm lang, kahl, mehrsamig; V–VI. Sk – ss. ∧ SO-Eur. (Balkan).

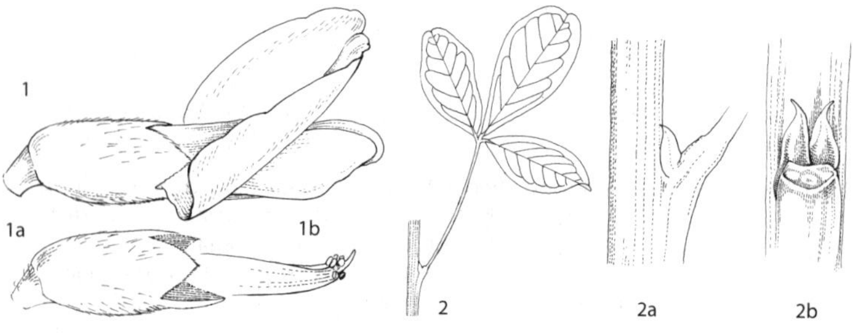

692/1–2 *Petteria ramentacea*: 1 Blüte, 1a K., 1b Spitze von Stbl.röhre u. Gr., 2 Bl., 2a Detail von 2, Bl.ansatz mit Nebenbl. seitl., 2b Nebenbl. von abaxial (Oberbl. entfernt, wie Winterzustand)

Phellodendron Rupr., **Korkbaum** – *Rutaceae* (Bearbeiter: Ulrich Hecker)

2-häusige, sommergrüne Bäume mit korkiger Borke; Winterkn. von den Basen der Bl.stiele umschlossen; Bl. gegenst., unpaarig gefiedert, Blch. durchscheinend punktiert; Bltn. gelbl. grün, klein u. unscheinbar in endst. Rispen od. Schirmrispen, Bltn.hülle doppelt, 5–8-zählig, Kbl. viel kleiner als die Krbl., Stbl. 5–6, in den ♀ Bltn. als Staminodien, Frbl. 5, verwachsen; Fr. Steinfr., ca. 1 cm ∅, schwarz,mit 5 kleinen, 1-samigen Steinkernen. 5 Arten in O-As. **G!**

1. Bl. unterseits deutl. weichhaarig, Blch. 9–13(–15), eilängl., 6–10 cm lang, an der Basis sehr ungleichseitig, lang zugespitzt, dunkelgrün; Bltnst. dicht, 5–7 cm ∅, behaart, Bltn. gelbl. grün; Borke dunkelbraun, dünn u. nur schwach gefurcht; VI. Bk – s. Jap. [*P. amurense* var. *japonicum* (Maxim.) Ohwi]
Japanischer K., *P. japonicum* Maxim.
— Bl. unterseits kahl od. nur mit wenigen Haaren entlang der Mittelrippe, blaugrün od. bläul. grün **2**
2. Blch. bewimpert, 5–13, eilanzettl., 5–10 cm lang, geschwänzt zugespitzt, oberseits glänzend dunkelgrün; Bltn. in 6–8 cm breiten, flaumhaarigen Rispen; Fr. gerieben streng terpentinartig duftend; Borke dick korkig, tief gefurcht, grau; VI. Bm/Bk – h. Fernost, Z- u. O-China, Kor., Jap.
Amur-K., *P. amurense* Rupr.
— Blch. nicht od. nur sehr spärl. bewimpert, 7–11, eif. od. eilängl., 6–12 cm lang, lang zugespitzt, oberseits dunkelgrün; Rispe 6–8 cm hoch u. breit, fast kahl; Borke dünn, dunkelbraun, nur schwach gefurcht u. in dünne Platten gegliedert; VI. Bm – s. Russ.-Fernost, Kor., N-Jap.
Sachalin-K., *P. sachalinense* (Fr. Schmidt) Sarg.

Philadelphus L., **Pfeifenstrauch** – *Hydrangeaceae* (Bearbeiter: Bernd Schulz)

Meist sommergrüne (unsere sämtl.) Sträucher; Zw. mit vollem Mark, oft mit auffallender Streifenrinde; Bl. gegenst., einfach, meist kurz gestielt, eif. bis längl., meist entfernt gezähnt od. gesägt; Bltnst. wenigbltg. (selten bis zu 20 Bltn.) Rispen, oft traubenartig (botryoid) od. trugdoldig, zuw. einzeln, am Ende beblätterter Triebe, Bltn. 1,5–5 cm ∅, Kbl. 4, Krbl. 4 od. vermehrt (gefüllte Bltn.), meist weiß, Stbl. 12–40(–90) (*693/1*), Frkn. halb- bis ganz unterst., Gr. 4, verwachsen, oft im oberen Teil frei; Fr. eine Kapsel (*693/2*). Je nach Auffassung etwa 20–60 oft durch Übergänge verbundene Arten, v. a. in den wärmeren Teilen der nem. Zone (in Eur. nur *P. coronarius*).

Durch z. T. lange zurückliegende Züchtungsarbeit (z. B. V. Lemoine, 1823–1911), gibt es zahlreiche Kultursorten, deren Eltern oft nicht mehr exakt zu ermitteln sind. Provisorisch werden sie zu Hybridgruppen zusammengefasst. Da in alle Gruppen *P.* × *lemoinei*, selbst Hybride, eingegangen ist, teilen sie sich zahlreiche Merkmale u. sind teilw. schwer voneinander abzugrenzen.

1. Krbl. an der Basis rosa bis purpurn, Bltn. daher weiß mit einem roten Augenfleck in der Mitte, 3–5 cm breit, ± duftend, zu 1–3; Bl. eif., 1–5(–8) × 0,5–2,5 cm, ganzrandig od. jederseits mit 1–2 Zähnen; VI–VII. Sk – ss. ∧ Kultur. [*P. mexicanus* Schltdl. 'Rose Syringa' (= *P. coulteri* hort.) × *P.* × *lemoinei*]
Augen-P., *P.* × *purpureo-maculatus* Lemoine (**Purpureo-maculatus-Gruppe**)
— Bltn. ohne roten Augenfleck in der Mitte, Krbl. rein weiß od. gelbl. weiß (gelegentl. außen schwach rosa überlaufen) **2**
2. Bl. in der Mehrzahl > 3 cm (bis 10 cm) lang **4**

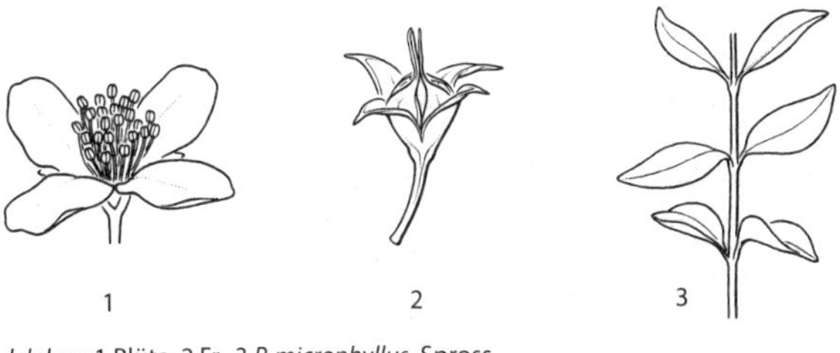

693/1–3 *Philadelphus*: 1 Blüte, 2 Fr., 3 *P. microphyllus*, Spross

— Bl. < 3 cm lang (an starken Langtrieben zuw. etwas länger); Krbl. rein weiß, Gr. kürzer als die Stbl.; Rinde älterer Zw. streifig abblätternd 3

3. Bltn. einzeln od. zu 3, sehr stark duftend, 1–2(–2,5) cm ∅, Bltn.becher meist auf den Kanten etwas behaart; Bl. 10–20 × 5–8 mm, spitz bis stumpf, ganzrandig (*693/3*), oberseits glänzend, unterseits blaugrün u. meist striegelhaarig; VI. Sk – h. SW-USA. **Kleinblättriger P., *P. microphyllus*** Gray

— Bltn. meist in 3–7-bltg. Trauben, schwach bis stark duftend, (1,5–)2,5–4 cm ∅, Bltn.becher kahl; Bl. 15–25(–40) × 5–12(–18) mm, kurz zugespitzt, selten ganzrandig, meist jederseits mit 1–3(–4) Zähnen (*695/1*), unterseits kahl od. auf den Nerven behaart; VI. Sk –h. [*P. microphyllus* × *P. coronarius*] ***P.* × *lemoinei*** Lemoine (**Lemoinei-Gruppe**)

4 (2). Gr. einschließl. der Narben ± bis zur Spitze verwachsen; Winterkn. in den Bl.achseln deutl. sichtbar – Bltn. 2–3 cm ∅, duftlos, meist zu 3, Krbl. rahmweiß, Bltn.becher u. -stiel behaart; Bl. 3–8 × 1,5–5 cm, zugespitzt, gesägt, unterseits dicht grauhaarig; Rinde streifig; VI. Sk – ss. SO-USA. **Grauhaariger P., *P. hirsutus*** Nutt.

— Narben frei; Winterkn. in der Basis des Bl.stiels verborgen 5

5. Bltn.becher u. Kbl. unterseits kahl bis leicht behaart 10

— Bltn.becher u. Kbl. unterseits stark behaart 6

6. Rinde älterer Zw. grau, nicht streifig abblätternd; Bltn. duftlos, – 3–4 cm ∅, schüsself., zu 5–9(–11) in Trauben, Krbl. rahmweiß; Bl. eif. bis breit eif., 4–8 × 3,5–6,5 cm, zugespitzt, Basis ± abgerundet, meist entfernt gezähnt (*695/2*), unterseits dicht grau striegelhaarig; VI–VII. Sg – ss. Z–SO-USA. **Weichhaariger P., *P. pubescens*** Lois.

var. *verrucosus* (DC.) Hu [*P. verrucosus* DC.]: Bl. elliptisch, bis 15 cm lang u. 9 cm breit, Basis meist breit keilf.

— Rinde braun bis graubraun, ± streifig abblätternd; Bltn. schwach bis stark duftend 7

7. Bl. eif., 3–5 × 1,5–2,5 cm, meist ganzrandig, unterseits spärl. behaart; Bltn. zu 3–5 in Schirmtrauben, 3–3,5 cm ∅, einfach u. sternf. od. gefüllt, Bltn.boden behaart; junge Zw. spärl. behaart; VI–VII. Sk – h. Kultur. [*P. insignis* Carrière × *P.* × *lemoinei*] ***P.* × *polyanthus*** Rehder

Teil der **Budfordensis-Gruppe** (siehe **14** *P.* × *cymosus*)

— Bl. 4–8 × 2–4,5 cm, gezähnt bis gesägt, unterseits meist dicht (selten spärl.) behaart; Bltn. zu (3–)5–11 in Trauben 8

8. Bltn. stets gefüllt – 4–5 cm ∅, – Bltn.boden dicht behaart; Bl. eif., Basis abgerundet, an vegetativen Zw. meist > 5 cm lang; junge Zw. spärl. behaart, bald kahl; VI. Sk/Sm – h. Kultur. [*P. lemoinei* × ?] ***P.* × *virginalis*** Rehder

Virginalis-Gruppe: wegen der großen (halb-)gefüllten Bltn. zahlreiche häufige Sorten.

— Bltn. einfach, ungefüllt – schüsself. bis flach, 2,5–3 cm ∅; junge Zw. meist deutl. behaart 9

9. Behaarung des Bltn.bechers locker, die eigentl. Oberfläche sichtbar; Gr. etwa bis zur Mitte verwachsen, Stbl. 25–30; Bl. unterseits nur spärl. behaart 16

— Bltn.becher dicht weißl. behaart, die eigentl. Oberfläche verdeckt; Gr. oft bis weit über die Mitte verwachsen, Stbl. 30–35; Bl. elliptisch eif. bis längl. eif., unterseits dicht grau behaart, Basis meist breit keilf.; VII (am spätesten blühende Art). Sg – ss. S-China. **Später P., *P. incanus*** Koehne

10 (5). Gr. so lang wie od. kürzer als die längsten Stbl. 12

— Gr. deutl. länger als alle Stbl.; Bl. ganzrandig bis schwach gezähnt, unterseits achselbärtig, sonst kahl; Rinde braun, abblätternd **11**

11. Bltn. schalenf., mit abgerundeten Krbl., 4–5 cm ∅, duftlos, zu 1–3; Bl. eif., 3–9 × 2,5 cm, zugespitzt, Basis ± abgerundet; VI–VII. Sk/Sg – s. SO-USA.
Duftloser P., *P. inodorus* L.

var. *grandiflorus* (WILLD.) GRAY [*P. grandiflorus* WILLD.]: Bltn. 4,5–5,5 cm breit, im Umriss quadratisch; Bl. bis 11 cm lang, bis 7 cm breit. z.

— Bltn. sternf., mit spitzen Krbl., etwa 3 cm ∅, duftend, zu 3–7 bis vielen in Trauben od. Rispen; Bl. elliptisch-längl., 3–8 × 1–3 cm, Basis keilf. (*695/3*); Zw. zierl. übergeneigt; VI. Sk/Sg – ss. Ursprung unbekannt.
Stern-P., *P. falconeri* SARG.

Auch als 'Falconieri' zur Budfordensis-Gruppe gestellt.

12 (10). Rinde sich bereits an 2-j. Zw. in großen Streifen ablösend; Bltn. kaum sternf. **14**

— Rinde 2-j. Zw. meist noch geschlossen od. mit Rissen, die zum Abblättern kleiner, schuppenf. Stücke führen; Bltn. deutl. sternf. **13**

13. Bl. eif., 2,5–7 × 1–4 cm, spitz, Basis abgerundet, ganzrandig od. entfernt gezähnt (Bl. an Langtrieben mit großen, abstehenden Zähnen), unterseits vorwiegend auf den Nerven behaart u. achselbärtig; Bltn. zu (5–)7–11, nicht od. schwach duftend, 3–4,5 cm ∅; VI–VII. Sk/Sg – ss. W–NW-NAm.
Oregon-P., *P. lewisii* PURSH

var. *gordonianus* (LINDL.) KOEHNE [*P. gordonianus* LINDL.]: kaum abzutrennen, angebl. mit größeren u. stärker behaarten Bl.

— Bl. eif. bis eilanzettl., 4–10 × 2–5 cm, 1–2,5 cm lang zugespitzt, Basis abgerundet, Rand gezähnt (Bl. an Langtrieben mit vorwärts gerichteten Zähnen), unterseits gleichmäßig dicht behaart; Bltn. zu (3–)5–7, stark duftend, 1,5–2,5 cm ∅; V. Sk – ss. Himal. **Filz-P., *P. tomentosus*** ROYLE

14 (12). Bltn (3–)4–6 cm ∅, einfach od. gefüllt, nicht od. schwach duftend, zu 3–9 in Schirmtrauben od. -rispen, die 4 Gr. nur am Grund verwachsen; Bl. eif., 4–10 cm lang, entfernt gezähnt, unterseits kahl od. an den Nerven behaart; VI. Sk. [*P. lemoinei* ×?] ***P.* × *cymosus*** REHDER

Mit *P.* × *polyanthus* zur **Budfordensis-Gruppe** zusammengefasst: Bl. an vegetativen Zw. meist < 5 cm lang, Bltn. meist ungefüllt. Sk/Sm.

— Bltn. 2–3,5 cm ∅, zu 5–9(–11) in Trauben, Gr. mindestens bis zur Mitte verwachsen **15**

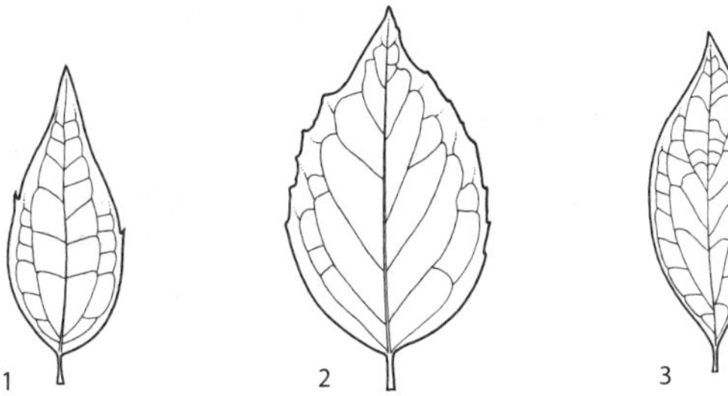

1 2 3

695/1–3 *Philadelphus*, Bl.: 1 *P.* × *lemoinei*, 2 *P. pubescens*, 3 *P. falconieri*

15. Bl. der Bltn.triebe 2,5–5 × 1,5–2,5 cm (die der Langtriebe bis 9 cm lang), längl. eif., lang zugespitzt, ganz kahl od. unterseits schwach achselbärtig; Bltn. duftend, zu 5–9, Krbl. flach ausgebreitet, Gr. etwa auf 3/4 ihrer Länge verwachsen; junge Zw., Bl.stiele, Bl.nerven u. Bltn.becher oft purpurn überlaufen, manchmal auch die Krbl. in der Kn. außen purpurn gestreift; VI. Sk – ss. NO- u. ON-China. **Peking-P., *P. pekinensis*** RUPR.

var. *brachybotrys* KOEHNE [*P. brachybotrys* VILM. & BOIS]: Bltn. meist zu 5; Bl. unterseits striegelhaarig.

— Bl. der Bltn.triebe 4–8 × 2–4,5 cm (die der Langtriebe bis 12 cm lang), eif. bis längl. eif., zugespitzt; Gr. etwa bis zur Mitte verwachsen; Pfl. ohne purpurn überlaufene Teile **16**

16 (9, 15). Bltn. nicht od. nur schwach duftend, meist zu 5–7, Bltn.stiele dicht behaart, die unteren etwa 5 mm lang; Bl. gezähnt od. fast ganzrandig, unterseits oft ohne Achselbärte, nur auf den Nerven spärl. behaart; junge Zw. meist behaart; VI. Sk – ss. N-, NO-China bis Russ.-Fernost u. Kor. **Mandschurischer P., *P. tenuifolius*** MAXIM.

— Bltn. sehr stark duftend, einfach od. gefüllt, zu 5–11, Bltn. stiele locker behaart, die unteren 5–10 mm lang; Bl. stets deutl. gezähnt, unterseits achselbärtig, sonst kahl bis locker behaart; junge Zw. meist kahl; V–VI. Sg – SM-Eur. (Steiermark, N-Italien) u. Kauk. [*P. caucasicus* KOEHNE] **Europäischer P., *P. coronarius*** L.

Zu *P. coronarius* u. *P. caucasicus* vgl. SCHROEDER, F.-G. in MDDG 89 (2004), S. 7–36.

Phillyrea L., **Steinlinde** – *Oleaceae* (Bearbeiter: Peter A. Schmidt)

Immergrüne Sträucher, selten Kleinbaum; Bl. gegenst., einfach, ganzrandig od. gesägt; Bltn. in kurzen, achselst. Trauben, ⚥, K. u. Kr. 4-teilig, Kr. grünl. weiß, Kr.röhre kürzer als Kr.lappen, Stbl. 2; Fr. (*696/1*) ± kugelige, meist 1-samige Steinfr., 5–10 mm ∅, dunkelpurpurn bis blauschwarz. 2 Arten Makaron., Medit. bis Kl.-As., Lev. u. N-Iran.

Die früher zu dieser Gatt. gestellte Art *P. decora* [*P. vilmoriniana*] gehört zu *Osmanthus* (siehe dort: *O. decora*).

1. Bl. zieml. variabel, anfangs gebildete Bl. 2–7 cm lang, 1–4 cm breit, eif. herzf. bis elliptisch lanzettl., ± gesägt od. gezähnt, später 1–6 cm lang, 0,4–2 cm breit, lanzettl. bis elliptisch, ganzrandig od. fein gesägt, Spreite oberseits dunkel-, unterseits heller grün, Mittelrippe behaart, jederseits der Mittelrippe (5–)7–11 deutl. Seitennerven; K. dünn u. gelbl., K.zipfel 3-eckig; V–VI. Sg/Bk – s. ∧∧ Medit. bis Kl.-As., Lev. u. N-Iran. **Breitblättrige S., *P. latifolia*** L.

var. *media* (L.) C. K. SCHNEID. ist keine eigenst. Sippe, sondern repräsentiert eine Altersform mit den kleineren, fast ganzrandigen Bl.

— Bl. in Form u. Größe nicht verschieden, (2–)3–8(–10) cm lang, 0,3–1,5 cm breit, längl. bis linealisch lanzettl., meist ganzrandig, selten entfernt gesägt, oberseits olivgrün, unterseits gelbl. grün, kahl, jederseits der Mittelrippe mit 4–6 kaum sichtbaren Seitennerven; K. dick u. bräunl., K.zipfel rundl.; V–VI. Sk – s. ∧∧ Medit. **Schmalblättrige S., *P. angustifolia*** L.

696/1 *Phillyrea latifolia*, Fr.

Phlomis L., **Brandkraut** – *Lamiaceae* (Bearbeiter: Bernd Schulz)

Stauden, seltener Halbsträucher od. Sträucher; Bl. gegenst.; Bltn. in Scheinquirlen, diese häufig einander genähert u. auffallende Köpfchen entlang der Bltn.zw. bildend, Kr. rosa bis weinrot od. gelb. Etwa 100 Arten von M-Eur. bis S-Eur., Medit., N-Afr. bis M-As.

P. fruticosa L., **Strauchiges B.** – Behaarung aus weißen Sternhaaren; Bl. gestielt, Spreite lanzettl. bis eilanzettl., Grund keilf. bis gestutzt (*697/2*), unterseits deckend weißfilzig, oberseits matt dunkelgrün, locker behaart; Zw. dicht behaart; Bltn. in meist 2 übereinander stehenden Scheinquirlen, kugelf. Köpfchen entlang der Bltn.zw. bildend, K. röhrig trichterf., 15 mm lang u. an der Öffnung 8 mm ∅, außen filzig sternhaarig, Kr. gelb, 15 mm hoch u. 22 mm lang, mit helmf., die Stbl. u. das Frbl. verbergender, außen dicht behaarter Oberlippe u. etwas längerer 3-lappiger Unterlippe, Seitenlappen nur kurze Zipfel (*697/1*); VI. Sk – z. ∧ O-Medit.

Ähnl., aber nur staudenf. ist ***P. russeliana*** (Sims.) Benth., **Russel-B.** – Bl. oberseits schwächer behaart, Spreite der unteren Bl. breit herzf.; Bltnst. Köpfchen aus 2–3(–5) Scheinwirteln; VI. h. ∧ Kl.-As.

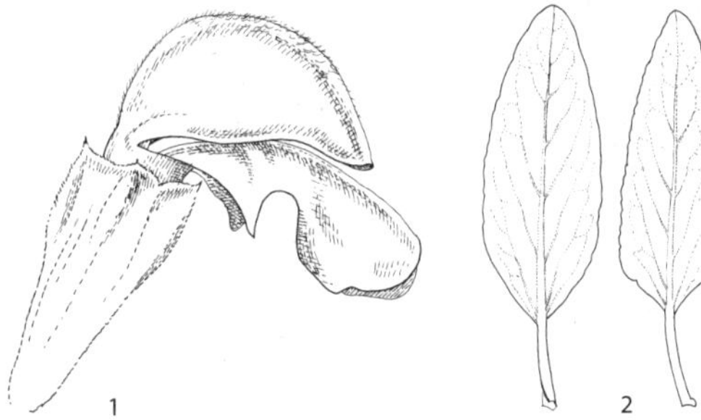

1 2

697/1–2 *Phlomis fruticosa*: 1 Blüte, 2 Bl.

Photinia Lindl., **Glanzmispel** – *Rosaceae* (Bearbeiter: Bernd Schulz)

Immergrüne Sträucher bis Bäume (sommergrün → *Pourthiaea*); Bl. einfach, bis 20 cm lang; Bltn. in (Schirm-) Rispen, klein, um 10 mm ∅, 5-zählig, Krbl. weiß, Stbl. 20, Gr. 2–5, im unteren Teil vereinigt, halbunterst. (oberer Teil der Frbl. nicht mit dem Bltn.becher verwachsen); Fr. ein kleiner, meist roter Kernapfel. Etwa 40 Arten in O-u. SO-As. u. Mex.

1. Blüte mit (4–)5 Frbl. (in der Blüte als Gr., in der Fr. als Fächer sichtbar); Bl. ganzrandig – elliptisch bis lanzettl., nach beiden Seiten verschmälert (*698/2*), 6–12 cm lang, kahl od. Rand, Mittelrippe u. der oft rötl. Bl.stiel etwas behaart, oberseits frischgrün, die älteren sich im Frühjahr leuchtend rot verfärbend u. abfallend; Bltn. in vielbltg. Schirmrispen, etwa 8 mm ∅, Staubbeutel rot, Gr. 5; Fr. kugelf., 6–8 mm dick, orangerot; VI. Sg – z. ∧ Yunn., Sich., S-China bis SO-As. [*Stranvaesia davidiana* Decne.] **Lorbeer-G., *P. davidiana*** (Decne.) Cardot

var. *undulata* (Decne.) Cardot: Sk, breitwüchsig; Bl. 3–8 cm lang, mit gewelltem Rand; Fr. etwa 6 mm ∅. s.

'Fructu Luteo' [zu var. *undulata*]: Fr. orangegelb. s.

— Blüte mit 2(–3) Frbl.; Bl. deutl. gesägt – verkehrt eif. bis längl., kurz zugespitzt, Basis meist keilf. (*698/1*), bis 12(–15) cm lang u. 3–5,5 cm breit, kahl, oberseits glänzend dunkelgrün, im Austrieb stark rot überlaufen u. diese Färbung oft lange beibehaltend; Bltn. zu vielen in bis > 15 cm breiten, kahlen Rispen, 6–8 mm ∅, Fr. kugelf., 5–6 mm dick, rot; VI–VII. Sg – h. ∧ S-China, Jap. bis SO-As. [*P. serrulata* LINDL.; incl. *P. serratifolia* (DESF.) KALKMAN, *P.* × *fraseri* DRESS]

Kahle G., *P. glabra* (THUNB.) FRANCH. & SAV. s. l.

'Red Robin', Rotlaubige G.: im Austrieb Bl. auffallend rot gefärbt, später Laub dunkelgrün. h.

Für ein kaum abgrenzbares, von S-China bis SO-As. verbreitetes Taxon mit größeren Bl. wurde 1973 der Name *P. serratifolia* [basierend auf *Crataegus serratifolia* DESF. 1829] eingeführt. KALKMAN gibt 8,5–13,5 cm lange, andere Autoren bis 22 cm lange Bl. an. Vor Überführung des leeren Namens *C. serratifolia* wurde der Name *P. serrulata* LINDL. 1821 falsch in diesem Sinne verwendet (er basiert wie *P. glabra* auf *Crataegus glabra* THUNB. 1784). Für *P. glabra* s. str. gibt OHWI in der Flora of Japan bis 12 cm lange Bl. an.

Pfl. in Kultur sollen zur Hybride *P. glabra* s. str. × *P. serratifolia* [*P.* × *fraseri* DRESS 1961] gehören.

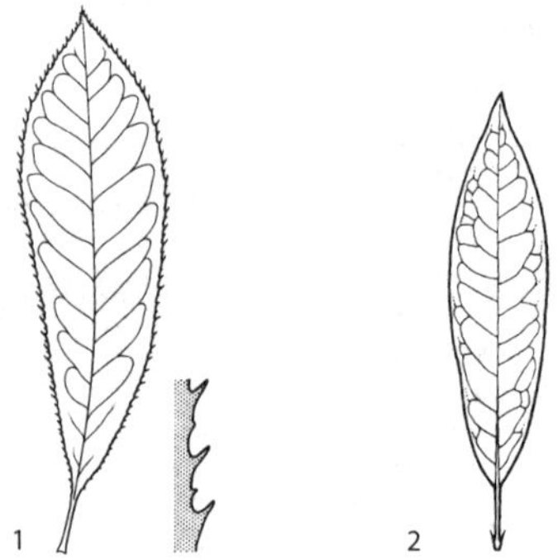

698/1–2 *Photinia*, Bl.: 1 *P. glabra* s. l. („*P. serratifolia*"), 2 *P. davidiana*

Phyllanthopsis VORONTS. & PETRA HOFFM. – *Phyllanthaceae* (Bearbeiter: Ulrich Hecker)

2 Arten in den südl. USA. In Kultur wohl nur die folgende Art.

P. phyllanthoides (NUTT.) VORONTS. & PETRA HOFFM. [*Andrachne phyllanthoides* (NUTT.) MÜLL. ARG.; *Leptopus phyllanthoides*. (NUTT.) G. L. WEBSTER] – Sommergrüne kleine Sträucher; junge Zw. anfangs schwach behaart, verkahlend; Bl. verkehrt eif., bis elliptisch, 1,2–2 cm lang, 0,8–1,2 cm breit, beiderseits kahl od. sehr schwach behaart, oberseits glänzend grün; Bltn. gelbl. grün, bis 1 cm ∅, ♂ Bltn. 6–12 mm lang gestielt, ♀ Bltn. 8–22 mm lang gestielt, K. bleibend; Kapsel fast kugelf., 7–8 mm ∅; VII–VIII. Sk – s. SO-USA: Texas, Alabama.

Phyllodoce Salisb., **Moosheide** – ***Ericaceae*** (Bearbeiter: Bernd Schulz)

Heidekrautähnl. Zwergsträucher; Bl. wechselst., immergrün, linealisch, Bl.grund den Zw. herunterlaufend (ähnl. wie bei *Picea*), Seitenränder zur Unterseite eingeschlagen (*699/2b*), relativ flach, seitl. Kanten fein gezähnt (*699/2a*); Bltn. in kurzen trugdoldigen Trauben am Ende der Zw., Kr. becher- od. krugf., meist rosa u. schwach längsfurchig, mit 5 Lappen, Stbl. 10, ohne Anhängsel, Staubbeutel violett, sich mit einer längl. Pore an der Spitze öffnend (*699/1*). Etwa 8 Arten, arkt.-alp. Kalkunverträgl.

1. Kr. krugf., 6–10 mm lang, Öffnung verengt, ca. 3 mm ∅, purpurn, beim Trocknen bläul. werdend (*699/2*), K. drüsig behaart; Bl. bis 10 mm lang u. 1 mm breit, oberseits glänzend dunkelgrün; IV–V. Sz – z. Zirkpol. [*P. taxifolia* (Pall.) Salisb.] **Bläuliche M., *P. caerulea*** (L.) Bab.

— Kr. breit glockig, 6–9 mm lang, Öffnung weit, ca. 6 mm ∅ (*699/1*), purpurrosa, K. nur Rand bewimpert, sonst kahl; Bl. 6–15 mm lang u. ca. 1,5 mm breit, oberseits glänzend grün; V–VI. Sz – s. W-NAm. **Krähenbeerblättrige M., *P. empetriformis*** (Sm.) D. Don

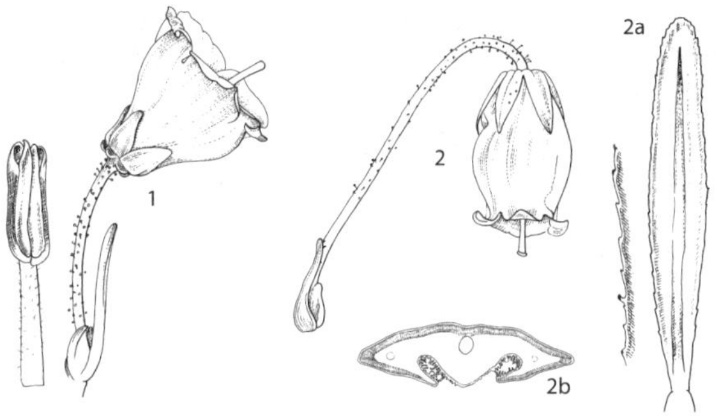

699/1–2 *Phyllodoce*: 1 *P. empetriformis*, Blüte u. Stbl.; 2 *P. caerulea*, Blüte, 2a Bl. mit Randdetail, 2b Bl. quer

Phyllostachys Siebold & Zucc., **Flachrohrbambus** – *Poaceae*

(Bearbeiter: Hans-Roland Müller)

Rhizome leptomorph; Internodien der Halme an einer Seite gefurcht od. abgeflacht; Knoten meist deutl. verdickt; Seitenhalme 2, selten 3, der mittlere dann deutl. kleiner, Halmscheiden meist mit dunklen Flecken, hinfällig; Ährchen 1–3(–6)-bltg., zu Büscheln od. Köpfchen zusammengefasst, Stbl. 3, Narben 3, einem verlängerten Gr. aufsitzend; Pfl. immergrün. 51 Arten in China (49 Arten endemisch), Jap., Indien, Myanm. In vielen, v. a. benachbarten Ländern eingebürgert.

1. Halmscheiden, bis auf die Basis, kahl **6**

— Halmscheiden ± behaart, mit Öhrchen u. Borsten (*283/1*) **2**

2. Junge Halme u. Halmscheidennarben kahl **5**

— Junge Halme u. Halmscheidennarben dicht behaart **3**

3. Halmscheiden blass gelbgrün, mit äußerst kleinen braunroten Flecken u. milchig weißen Streifen u. Rändern –– Halme 4–6(–10) m lang, 1,5–2,5 cm ∅, unterhalb der Knoten stark bemehlt; Halmscheiden dicht weiß behaart, wenig kürzer als die Internodien, mit Öhrchen u. Borsten; Bl. 7–11 cm lang, 1,2–1,6 cm breit, dünn, tiefgrün, kahl. Sg – z. OS-China, Sich. **Bisset-F., *P. bissetii*** McClure

— Halmscheiden hell rötl. braun, ohne milchig weiße od. grau weiße Streifen od. Ränder **4**

4. Ausgewachsene Halme im 2. Jahr ganz od. teilw. glänzend schwarz – Halme 3–6(–10) m lang, 2–4 cm ∅, unterhalb der Knoten bemehlt, anfangs grün u. behaart; Halmscheiden anfangs dicht braun behaart, verkahlend, kürzer als die Internodien, hell rötl. braun, mit deutl. Öhrchen u. gebogenen Borsten, Scheidenspreite breit 3-eckig; Bl. 4–12 cm lang, 0,8–1,8 cm breit, dünn, beidseitig kahl. Sg – z. ZS-China. [*Bambusa nigra* LINDL.]
Schwarzer F., *P. nigra* (LINDL.) MUNRO

fo. ***boryana*** (MITF.) MAK.: Halme grün, braun gefleckt.

— Ausgewachsene Halme grün od. graugrün bis gelbgrün. Sg – z. ZS-China. [*P. henonis* MITF.] ***P. nigra*** (LINDL.) MUNRO var. ***henonis*** (MITF.) RENDLE

5. (2). Junge Halme blaugrün, mit rotbraunen Knoten, unter den Knoten bemehlt, Halme 4–7(–12) m lang, 1–6 cm ∅, grün, glatt, kahl, am Grund häufig gebogen; Halmscheiden braungelb, rau, mit rotbraunen Nerven u. dunklen Punkten u. Flecken, mit deutl. Öhrchen u. Borsten, Scheidenspreite ± runzelig; Bl. 4–20 cm lang, 0,5–2 cm breit, unterseits bläul. grün, mit grünem Randstreifen. Sg – s. ∧ OS-China.
Blaugrüner F., *P. viridiglaucescens* (CARR.) A. & C. RIV.

— Junge Halme dunkelgrün, Knoten unauffällig, nicht rotbraun, Bemehlung gering od. fehlend, Halme 5–8(–18) m lang, 2–15 cm ∅, grün, kahl; Halmscheiden groß, dick, grünbraun, dicht dunkelbraun gesprenkelt od. gefleckt, schütter behaart, Öhrchen u. Borsten klein; Bl. 10–20 cm lang, 2–3 cm breit. Sg – ss. ∧ China, in Jap. Eingebürgert. [*P. reticulata* (RUPR.) K. KOCH]
Holz-F., *P. bambusoides* SIEBOLD & ZUCC.

var. ***castillonii*** (CARR.) MAK. [*Bambusa castillonii* CARR.; *P. castillonii* (CARR.) MITF.]: 2–4(–6) m hoch, Internodien rein gelb mit grünem Sulcus; Bl. blassgrün, schwach gelb gestreift.

6. (1). Halmscheiden mit Öhrchen od. zumindest Borsten (*283/1*); Halme 3–5 (–10) m lang, 1,5–4 cm ∅, gelbgrün, im Sulcus gelb gestreift, anfangs sehr rau, weiß bereift, mit markanten Knoten, basal oft ± hin u. her gebogen; Halmscheiden blass olivgrün, mit od. ohne dichte kleine Flecken, mit deutl. Öhrchen u. wenigen, gelockten Borsten, Scheidenspreite 3-eckig od. lanzettl. 3-eckig; Blätter 5–17 cm lang, 1–2,5 cm breit. Sg – h. ON-China, ZS-China, OS-China. **Gelbgruben-F., *P. aureosulcata*** MCCLURE

fo. ***aureocaulis*** Z. P. WANG & N. X. MA: Halme goldgelb, oft (besonders auf der Sonnenseite junger Halme) rot getönt.

fo. ***spectabilis*** C. D. CHU & C. S. CHAO: Halme goldgelb mit dunkelgrünem Sulcus.

— Halmscheiden ohne Öhrchen u. Borsten **7**

7. Junge Halme fein behaart am Grund der Halmscheiden u. den Halmscheidennarben – Halme 2–6(–8) m lang, 2–4,5 cm ∅, grün, später blass cremegelb, unterhalb der Knoten bereift; untere Internodien kurz, die Knoten daher ± dicht stehend, obere Internodien 10–15 cm lang; Seitenhalme ± aufrecht; Halmscheiden grünbraun, leicht gefleckt u. gestreift, ohne Öhrchen u. Borsten; Scheidenspreite riemenf., Ligula bewimpert; Bl. 5–15 cm lang, 0,5–2 cm breit. Sg – s. ∧ OS-China. **Gold-F., *P. aurea*** (CARR.) A. & C. RIV.

— Junge Halme völlig kahl **8**

8. Halmscheidennarben der unteren Halmknoten nur mit einer vorspringenden Rippe – Halme 4–8(–12) m lang, 1–4(–9) cm ∅, anfangs hellgrün, später

schwefelgelb, bisweilen grün gestreift, kahl, unter den Knoten weiß bereift; Halmscheiden dick, kahl, gelbgrün, später gesprenkelt u. braun gefleckt, ohne Öhrchen u. Borsten; untere Knoten etwas grubig vertieft, die anderen mit 2 Rippen; Bl. 5–15 cm lang, 1,5–2,5 cm breit, dunkelgrün, bisweilen gelbl. gestreift. Sg – ss. ∧ N-China, ZS-China, OS-China.
Schwefelgelber F., *P. sulphurea* (CARR.) A. & C. RIV.

var. *viridis* R. A. YOUNG: Halme mattgrün bis bläul.grün, stark bereift.

— Halmscheidennarben aller Knoten mit 2 vorspringenden Rippen **9**

9. Halme 4–6(–9) m lang, bis 5 cm ∅, kahl, dunkelgrün, schwach bereift; Halmscheiden kahl, gelbbraun, bereift, gesprenkelt u. gefleckt, ohne Öhrchen u. Borsten, Scheidenbl. schmal riemenf., zurückgebogen, hellbraun, stumpf; Bl. derb, 10–15(–18) cm lang u. 2–3 cm breit, dunkelgrün. Sg – ss. S-China, Yunn., Sich. ***P. propinqua*** MCCLURE

— Halme 3–5(–9) m lang, 2–3(–6) cm ∅; oft etwas hin u. her gebogen, blaugrün bis grüngelb, im Alter schwarz gefleckt, kahl, unterhalb der Knoten weiß bemehlt; Halmscheiden grünbeige, glatt, braun gestreift u. gefleckt, Öhrchen u. Borsten fehlend, Ligula braun od. grünbraun, lang, gestutzt, mit langen Borsten, Scheidenspreite stark gebogen; Bl. 5–15 cm lang, 1,5–2 cm breit. Sg – ss. ∧ N-China, ZS-China, OS-China. [*Bambusa flexuosa* CARR.]
Zickzack-F., *P. flexuosa* (CARR.) A. & C. RIV.

Physocarpus (CAMB.) RAF., **Blasenspiere** – *Rosaceae* (Bearbeiter: Bernd Schulz)

Sommergrüne Sträucher; Zw. mit Endkn. (*263/1a* u. *2*), Rinde tiefer am 1-j. Zw. aufreißend u. abblätternd; Bl.form an einer Pfl sehr variabel, einfach, 3–5-lappig (*701/1b, 2, 3a*), bis 10 cm lang, verkahlend od. bleibend sternhaarig, Nebenbl. meist hinfällig; Bltnst. vielbltg. Schirmtraube am Ende kurzer beblätterter Triebe; Bltn. 8–15 mm ∅, Kbl. 5, Krbl. 5, weiß bis blassrosa, Stbl. 20–40, Frbl. 1–5, frei; Fr. eine Sammelbalgfr. mit aus dem flachen schüsself. Bltn.becher herausragenden Frch., junge Fr.bälge meist aufgeblasen u. bei Druck knackend (*701/1a*). 10 Arten in der nem. Zone NAm. u. O-As., meist in Auwäldern. Nur *P. opulifolius* regelmäßig gepflanzt, andere Arten meist nur in BG.

1. Frbl. 2, mit der Bauchnaht aneinanderschließend, bis zur Reife abgeflacht bleibend u. eine gemeinsame Fläche bildend, dicht sternhaarig, Gr. aufrecht, parallel bis schmal V-f. (*701/3b*); Bl. eif. rundl., 2–8 cm lang, Lappen seicht doppelt gekerbt gezähnt, unterseits meist sternhaarig (*701/3a*); Vl. Sk/Sg – ss. W-NAm. **Malven-B., *P. malvaceus*** (GREENE) KTZE.

— Frbl. 2–5, Gr. spreizend (*701/1a*), Frkn. sternhaarig od. kahl, zur Reife blasig **2**

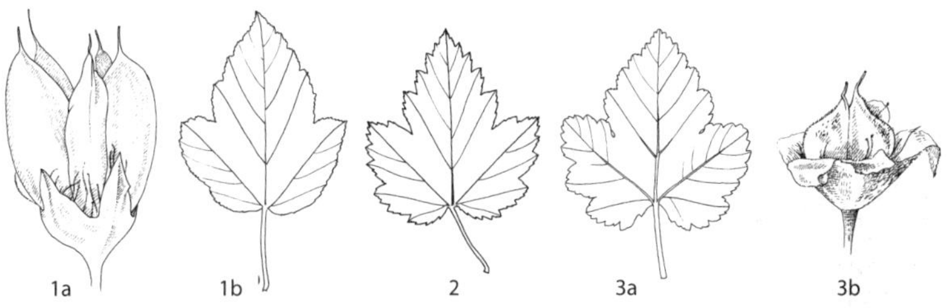

701/1–3 *Physocarpus*: 1 *P. opulifolius*, 1a Fr. (junge Bälge blasig), 1b Bl.; 2 *P. capitatus*, Bl.; 3 *P. malvaceus*, 3a Bl., 3b Fr.: Frbl. flach, von der Seite (alle Bl. vom Langtrieb)

2. Bltn. etwa 1 cm ∅; Frbl. u. Frch. fast kahl; Frch. über doppelt so lang wie die Kbl. (*701/1a*); Bl. rundl. eif., 3–7(–10) cm lang, Lappen kerbig gesägt, unterseits ± kahl, an vegetativen Zw. 3-lappig, länger als breit (*701/1b*); V–VI. Sg – h. Z- u. O-NAm. **Gewöhnliche B., *P. opulifolius*** (L.) MAXIM.

'Dart's Gold': Bl. leuchtend gelb, lange haltend, Pfl. kompakt. h.

'Luteus': Bl. anfangs gelb, dann bronzegelb u. vergrünend. h.

'Diabolo': Bl. dunkel weinrot, fast schwarzrot; Krbl. rosa; starkwüchsig. h.

Arten aus dem westl. NAm. werden nur ss kultiviert:

P. capitatus (PURSH) KUNTZE, **Pazifische B.**: an vegetativen Zw. Tendenz zu 5-lappigen Bl., Spreite nur unwesentl. länger als breit, Ansatz herzf., unterseits meist bleibend behaart (*701/2*); Fr. mit 3–5 Bälgen V–V. Sg.

P. monogynus (TORR.) COULT., **Berg-B.**: Krbl. u. Kbl. oft rosa überlaufen; Bl. breit eif., 1,5–3,5(–5) cm lang, Lappen eingeschnitten gesägt, meist ± kahl; Fr. mit 2 blasigen, zur Hälfte verwachsenen Bälgen; VI. Sk.

— Bltn. etwa 1,5 cm ∅; Frbl. u. Frch. dicht sternhaarig; Frch. oft nur wenig länger als die Kbl.; Bl. rundl. bis kurz eif., 5–10 cm lang, Lappen zugespitzt, doppelt gesägt, unterseits locker behaart; VI. Sg – ss. Russ.-Fernost, NO-China, Kor. **Amur-B., *P. amurensis*** (MAXIM.) MAXIM.

Picea A. DIETRICH, **Fichte** – *Pinaceae* (Bearbeiter: Peter A. Schmidt)

Immergrüne Bäume, zuw. strauchf. Wuchs unter Extrembedingungen od. nach Mutationen (Sorten); Nadeln entw. ± 4-kantig, im ∅ rautenf. bis deltoid od. seitl. zusammengedrückt, höher als breit bis so hoch wie breit (*703/7–10*), auf allen 4 Flächen mit reihenf. angeordneten Spaltöffnungen (Stomatalinien) od. Nadeln dorsiventral abgeflacht, im ∅ breiter als hoch (*703/11–13*), u. Stomatalinien dann fast ausschließl. nur auf der Oberseite in 2 weißen Bändern, jedoch wird an Nadeln waagerechter Seitenzw. durch Drehung der Nadelbasis um 180° die mit Stomata besetzte morphologische Oberseite zur Unterseite; der dieselbe Farbe wie die Zw.rinde aufweisende Bl.grund der Nadel ist stielartig verschmälert u. läuft am Zw. als ± erhabener Wulst herab (Bl.kissen), dadurch ist der Zw. gefurcht (*702/1*) u. nach dem Abfallen der Nadeln raspelartig rau; Zapfen anfangs aufrecht od. seitl. abstehend, später hängend, nach der Reife als Ganzes abfallend, Deckschuppen stets kürzer als die Samenschuppen, im Zapfen eingeschlossen. 35–40 Arten, Holarkt. (bor., Geb. nem. bis mer. Zonen), in Mex. u. O-As. (Taiw.) bis subtrop. Zone.

Nadelmerkmale beziehen sich auf vegetative Seitentriebe im unteren Teil der Krone (Schattenzw.), da Nadelstellung u. -farbe od. Nadel-∅ im oberen Kronenbereich, v. a. an zapfentragenden Zw., deutl. abweichen können. Kn.merkmale beziehen sich auf vegetative Kn.; Kn. harzig bedeutet, dass die Kn. von Harz ± bedeckt sind, nicht harzig bzw. harzlos bedeutet nicht, dass die Kn. kein Harz enthalten, sondern fehlenden Harzüberzug. Die grüne Nadelfarbe wird nicht nur im Bereich der Stomatabänder durch Weiß- od. Grautöne (Intensität abhängig von Zahl u. Dichte der Wachspunkte der Stomatareihen) überlagert, sondern die ganze Nadel kann durch zusätzl. Wachsauflagen grau- od. blaugrün bis silberblau sein. Die Angaben für Zapfen-∅ betreffen reife, geöffnete Zapfen.

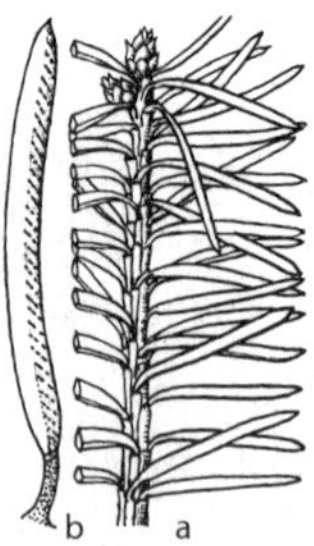

702/1 *Picea*, Zw.abschnitt u. Nadel

Schlüssel zu den Sektionen u. Untersektionen der Gattung

Der Schlüssel führt über Zapfenmerkmale zu den Sekt. u. über Nadelmerkmale zu den Untersekt., bei einer Sekt. zu 2 Serien. Anschließend werden die behandelten Arten diesen Gruppen zugeordnet. Im Schlüssel zu den Arten ist die Zugehörigkeit zu diesen durch die römische Ziffer in Klammern nach den Artnamen angegeben. Bisherige molekulargenetische Studien stützen nur z. T. die folgende, auf morphologisch-anatomischen Merkmalen basierende (Schmidt 1991, 1998, Farjon 2010) Gattungsgliederung.

1. Zapfen vor der Reife infolge lose aneinander liegender u. gewellter Samenschuppen locker, Samenschuppen papierartig dünn bis lederig od. strohartig, weich u. biegsam, längsfaltig, eif., deltoid bis elliptisch, lanzettl. od. längl. verkehrt eif., Rand fein gezähnt bis gekerbt, unregelmäßig gesägt od. gezähnelt bis zerbissen (*703/1–3*) (**Sekt. *Casicta* = II**) **4**

— Zapfen vor der Reife durch dicht dachziegelartig aneinander liegende Samenschuppen fest geschlossen, Samenschuppen derb lederig bis holzig, meist steif u. hart, fast flach bis gewölbt, verkehrt eif., rautenf. bis rundl. od. elliptisch, ganzrandig od. gezähnt, vorn breit abgerundet od. verschmälert mit ausgerandeter Spitze (*703/4–6*) (**Sekt. *Picea* = I**) **2**

2. Nadeln im ∅ 4-eckig, rautenf. bis deltoid, etwa so hoch wie breit od. seitl. zusammengedrückt, höher als breit (*703/7–9*), mit allseitiger Verteilung der Stomatalinien, wenn auch unterseits meist höhere Anzahl, Nadeln ringsum ± gleichfarbig grün od. grau- bis blaugrün, zuw. bei grüner od. graugrüner Oberseite unterseits mehr blaugrün od. fast weißl. (**Untersekt. *Picea* = Ia**) **3**

— Nadeln dorsiventral abgeflacht bis flach, breiter als hoch, zuw. gekielt (*703/11–12*), Stomatalinien fehlen oberseits weitgehend od. völlig, unterseits auffällig als 2 weiße Bänder sichtbar, dadurch Nadel 2-farbig **Untersekt. *Omorikae* = Ib**

3. Basale Kn.schuppen pfriemf. verlängert, die Kn.spitze erreichend od. überragend (zumindest an Endkn. der Zw.) od. Nadeln stets < 1 cm lang (6–8 mm); Jungtriebe stets (dicht) behaart .... **Serie *Rubentes* = Ia2**

— Basale Kn.schuppen nicht od. nicht so lang pfriemf. verlängert; Nadeln meist länger, höchstens z. T. < 1 cm lang; Jungtriebe kahl od. behaart **Serie *Picea* = Ia1**

4 (1). Nadeln im ∅ 4-eckig, rautenf. bis deltoid, etwa so hoch wie breit od. seitl. zusammengedrückt, höher als breit (*703/10*), mit allseitiger Verteilung der

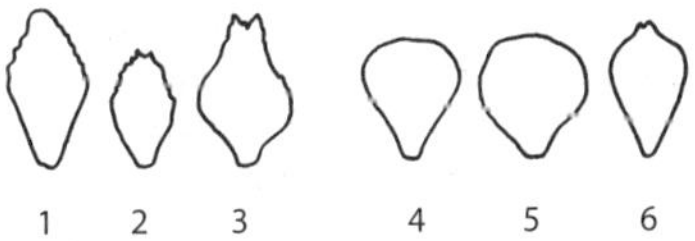

703/1–6 *Picea*, Samenschuppen: 1 *P. likiangensis*, 2 *P. sitchensis*, 3 *P. pungens*, 4 *P. schrenkiana*, 5 *P. orientalis*, 6 *P. brachytyla*

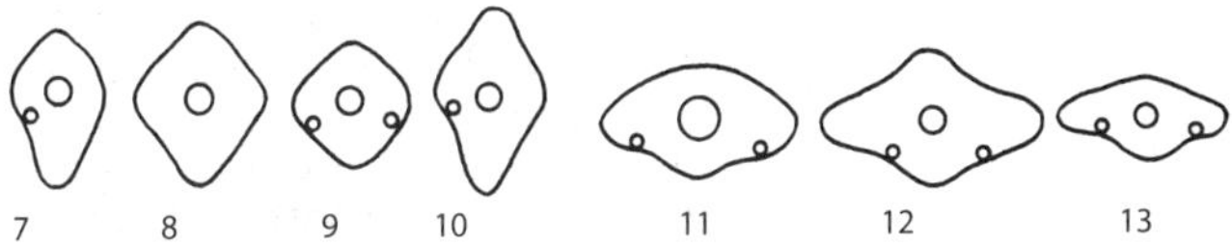

703/7–13 *Picea*, Nadelquerschnitte: 7 *P. obovata*, 8 *P. asperata*, 9 *P. rubens*, 10 *P. pungens*, 11 *P. breweriana*, 12 *P. omorika*, 13 *P. jezoensis*

Stomatalinien, wenn auch unterseits meist höhere Anzahl, Nadeln ringsum gleichfarbig, meist grau- bis blaugrün .... **Untersekt. *Pungentes* = IIa**

— Nadeln dorsiventral abgeflacht bis flach, breiter als hoch, zuw. gekielt (*703/13*), Stomatalinien fehlen oberseits weitgehend od. völlig, unterseits auffällig als 2 weiße Bänder sichtbar, dadurch Nadel 2-farbig **Untersekt. *Sitchenses* = IIb**

Übersicht
I Sekt. *Picea*
a Untersekt. *Picea*
1 **Serie *Picea:*** *P. abies, P. alcoquiana, P. asperata, P. glauca, P. koyamai, P. maximowiczii, P. obovata, P. schrenkiana, P. smithiana, P. torano, P. wilsonii*
2 **Serie *Rubentes:*** *P. glehnii, P. mariana, P. orientalis, P. rubens*
b Untersekt. *Omorikae:* *P. brachytyla, P. breweriana, P. omorika, P. spinulosa*
II Sekt. *Casicta*
a Untersekt. *Pungentes:* *P. engelmannii, P. pungens*
b Untersekt. *Sitchenses:* *P. jezoensis, P. likiangensis, P. purpurea, P. sitchensis*

Intra- u. intersektionelle Hybriden
Ia × Ib: *P. × mariorika* (*P. mariana × P. omorika*)
Ia × II: *P. × albertiana* (*P. glauca × P. engelmannii*, siehe unter *P. glauca* subsp. *albertiana*), *P. × lutzii* (*P. glauca × P. sitchensis*)

1. Nadeln deutl. dorsiventral abgeflacht, im ∅ breiter als hoch (*703/11–13*), unterseits mit 2 weißen Bändern aus Stomatalinien, nach oben gerichtete Seite rein grün, ohne Stomatareihen **30**

— Nadeln im ∅ ± 4-eckig, rautenf. bis deltoid od. seitl. zusammengedrückt, im ∅ höher als breit bis so hoch wie breit (*703/7–10*), auf allen 4 Seiten mit Stomatalinien, allseitig gleichfarbig od. auf den 2 abwärts gerichteten Seitenflächen Stomatareihen auffälliger u. dadurch Nadeln unterseits mehr weißl. **2**

2. Nadeln auf allen Seiten ± gleichfarbig, grün od. grau- bis blaugrün (bei Sorten bis silberweiß), Anzahl der Stomatalinien unterseits nie doppelt so hoch wie oberseits, aber bei grünen Nadeln nach unten gerichtete Seite zuw. heller, mehr grau- bis blaugrün, jedoch nicht weißl., dadurch Nadeln nie 2-farbig **9**

— Nadeln entw. deutl. 2-farbig, d. h. die nach oben gerichtete Seite ± grün, die abwärts gerichtete Seite ± weißl. od. zumindest unterseits Anzahl der Stomatalinien mindestens doppelt so hoch wie oberseits **3**

3. Untere Kn.schuppen, zumindest an der Endkn., pfriemf. verlängert, ihre Spitzen erreichen od. überragen die Kn.spitze **11**

— Untere Kn.schuppen nie pfriemf. verlängert, höchstens zugespitzt od. einzelne mit länger ausgezogener Spitze, die jedoch nicht die Kn.spitze erreicht **4**

4. Nadeln (4–)6–8(–10) mm lang, vorn abgeschrägt, stumpf bis abgerundet, dunkelgrün, stark glänzend; Kn. nicht harzig .... ***P. orientalis***, siehe Nr. **13**

— Nadeln (6–)8–20(–25) mm lang, meist ± zugespitzt od. spitz, wenn stumpf, dann zumindest ein Teil der Nadeln > 10 mm lang; oberseits dunkelgrün od. graugrün, unterseits meist weißl.; Kn. ± harzig **5**

5. Nadeln abgeflacht, auch wenn zuw. gekielt, im ∅ breiter als hoch, oberseits ohne od. je Seitenfläche mit 1–4 meist unterbrochenen Stomatalinien; Zapfen vor der Reife infolge lose aneinander liegender u. gewellter Samenschuppen locker, Samenschuppen papierartig dünn bis lederig od. strohartig **7**

— Nadeln im ∅ 4-eckig, etwa so hoch wie breit od. höher als breit, oberseits stets mit 1–4 Stomatalinien je Seitenfläche; Zapfen vor der Reife durch dicht angedrückte, höchstens am Rand etwas zurückgebogene Samenschuppen fest geschlossen, Samenschuppen dünn od. derb, lederig od. holzig **6**

6 (5, 14). Kn. breit eif. bis fast kugelig, < 5 mm lang, Nadeln an der Zw.oberseite nach vorn gerichtet u. fast anliegend, (0,8–)1–2(–2,5) cm lang, 1–1,5 mm breit, oberseits dunkelgrün, mit 1–3 Stomatalinien je Seitenfläche, unterseits blaugrün bis bläul. weiß, mit 3–6 Stomatalinien je Seitenfläche, steif, ± gebogen, zugespitzt bis stechend; Jungtriebe kahl od. ± behaart, rötl.braun bis hell gelbbraun od. fast weißl.; Zapfen (4–)6–12(–15) cm lang, 3–5,5 cm ∅, zuerst purpurrot od. violett, reif rot- bis dunkelbraun, Samenschuppen variabel, angedrückt od. am Rand zurückgebogen, vorn eingekerbt, gewellt, gezähnelt, auch abgerundet od. Spitze vorgezogen u. gestutzt od. ganzrandig. Bm – s. Jap. (M-Honshu). [*P. bicolor* (Maxim.) Mayr]

Alcock-F., Zweifarbige F., *P. alcoquiana* (Lindl.) Carrière (Ia1)

— Kn. eif. bis kegelf., > 5 mm lang, Nadeln sehr dicht, abstehend, nach vorn u. oben gerichtet, (0,6–)0,8–1,5(–2) cm lang, 1,5–2 mm breit, oberseits dunkelgrün, mit 2–4 Stomatalinien je Seitenfläche, unterseits mehr blaugrün, mit 5–8 Stomatalinien je Seitenfläche, steif, ± gebogen, meist zugespitzt; Jungtriebe kahl od. an Seitenzw. in den Furchen behaart, gelbl. braun bis rötl. braun od. orangebraun; Zapfen 4–8 cm lang, 2,5–3,5 cm ∅, anfangs grün, sonnseitig purpurn getönt, reif braun, Samenschuppen vorn abgerundet od. gestutzt, ganzrandig od. gezähnelt, nie gewellt. Bm – ss. Jap. (M-Honshu)

Koyamai-F., *P. koyamai* Shiras. (Ia1)

7 (5). Nadeln ± 1 mm breit, 1,5–2,5 cm lang, oberseits meist ohne, selten mit 1–2, unterseits mit 5-8 Stomatareihen je Fläche; Jungtriebe kahl; Kn. nicht od. nur am Grund schwach harzig, gelb- od. hellbraun

P. sitchensis, siehe Nr. **37**

— Nadeln (1–)1,5–1,8(–2) mm breit, 0,6–1,7 cm lang, oberseits ohne od. mit 1–4, unterseits mit 4–6 Stomatareihen je Fläche; Jungtriebe dicht od. schwach behaart, zuw. kahl; Kn. harzig, rot-, purpur- od. kastanienbraun (***P. likiangensis* agg.**) **8**

8. Nadeln auf der Zw.oberseite locker anliegend, nach vorn gerichtet, die seitl. abstehend, (0,6–)0,8–1,5(–1,7) cm lang, 1–1,5(–2) mm breit, stechend zugespitzt, oberseits dunkel- bis grau- od. blaugrün, mit 1–4, meist unterbrochenen Stomatalinien je Seitenfläche; Jungtriebe hell rosabraun od. rötl. braun bis orangebraun, ± behaart, später zuw. kahl; Kn. rot- od. purpurbraun; Zapfen (4–)7–12(–15) cm lang, 3–5,5 cm ∅, anfangs rot, reif gelbl. braun od. purpurbraun, Samenschuppen rautenf. bis eif., papierartig dünn, biegsam od. lederig, am Rand gewellt, vorn ganzrandig od. wie ausgefressen gezähnelt (*703/1*). Bg – ss. O- bis OM-As.: Yunn., Sich., W-China (Tibet, Qinghai).

Likiang-F., *P. likiangensis* (Franch.) E. Pritz. (IIb)

— Nadeln auf der Zw.oberseite nach vorn gerichtet, dem Zw. dicht anliegend, die seitl. etwas auswärts gerichtet, 0,7–1,4 cm lang, 1,5–1,8 mm breit, ± stumpf od. kurz zugespitzt, oberseits glänzend grün, ohne od. mit 1–2 (auch mit Lupe) kaum erkennbaren Stomatareihen je Seitenfläche; Jungtriebe hell graugelb, dicht braungelb behaart; Kn. dunkel kastanienbraun; Zapfen 2,5–5,5(–7) cm lang, 1,7–3 cm ∅, anfangs violettpurpurn, reif purpurbraun od. braun, Samenschuppen längl. rautenf., dünn, Spitze papierartig, längsfaltig, oberer

Rand gewellt, unregelmäßig gezähnelt. Bg – z. O- bis OM-As.: Sich., W-China (Gansu, Qinghai). [*P. likiangensis* var. *purpurea* (MAST.) DALLIM. & JACKS.]
Purpur-F., *P. purpurea* MAST. (IIb)

9 (2). Jungtriebe kahl 21

— Jungtriebe behaart, zumindest in den Furchen (Lupe!) 10

10. Untere Kn.schuppen nicht pfriemf. verlängert, höchstens zugespitzt od. nur einzelne mit länger ausgezogener Spitze, die jedoch nicht die Kn.spitze erreicht 13

— Untere Kn.schuppen, zumindest an der Endkn., pfriemf. verlängert, ihre Spitzen erreichen od. überragen die Kn.spitze 11

11 (3, 10). Nadeln matt bläul. grün od. graugrün, unterseits mehr weißl., dünn, 0,5–0,8(–1) mm breit, zerrieben mit eigentüml. Geruch (nach Menthol, Balsam od. Schwarzer Johannisbeere), sehr dicht stehend, an Zw.unterseite kaum od. nicht deutl. gescheitelt, – 0,6–1,5(–1,8) cm lang, spitz od. stumpfl.; Jungtriebe gelbl. braun, dicht behaart, Bl.kissen kaum hervortretend, abgeflacht; Kn. rot- od. purpurbraun, nicht od. schwach harzig; Zapfen eif. bis fast kugelig, 1,5–3(–4) cm lang, 1,5–2 cm ∅, anfangs violett od. purpurn, reif rot-, grau- od. schwarzbraun, viele Jahre am Baum verbleibend, Samenschuppen vorn abgerundet, Rand fein gezähnelt od. zernagt. Bg/Bm – z. N-NAm.
Schwarz-F., *P. mariana* (MILL.) BRITTON, STERNS & POGGENB. (Ia2)

Gedrungen wachsende, im Alter bis etwa 5 m hohe Sorten: **'Beissneri'**, Wilhelmshöher Schwarz-F.: Wuchs breit kegelf.; Nadeln grau- bis stahlblau; **'Doumetii'**: Wuchs halbkugelig bis regelmäßig breit kegelf., Nadeln silbrig graugrün.

Zwergform, bis 0,5 m hoch: **'Nana'**: Wuchs abgeflacht halbkugelig bis kissenf., etwas locker u. unregelmäßig verzweigt, Nadeln nur bis 7 mm lang, stumpf blaugrün.

Zu dem Bastard mit *P. omorika* (*P.* × *mariorika*) siehe unter Nr. **30**.

— Nadeln glänzend grün, gelb- bis dunkelgrün od. wenn mattgrün od. bläul. grün, dann mindestens 1 mm breit u. zerrieben nicht mit eigentüml. Geruch, an Zw. ringsum stehend, nach vorn gerichtet, an Unterseite ± deutl. gescheitelt 12

12. Nadeln auffallend glänzend gelb- od. dunkelgrün, ± sichelf. gebogen, spitz od. fast stumpfl., (0,6–)1–1,6(–2) cm lang, 1 mm breit; Jungtriebe gelb- bis rotbraun od. orange, dicht kurzborstig behaart, v. a. in den Furchen zwischen den deutl. aufgewölbten Rücken der Bl.kissen; Kn. dunkelbraun, etwas harzig; Zapfen eif., (2–)2,5–5 cm lang, 1,8–3,5 cm ∅, zuerst grün od. purpurn, reif glänzend orange- bis rotbraun, im 1. od. 2. Jahr abfallend, Samenschuppen vorn abgerundet, ganzrandig od. fein u. unregelmäßig gezähnelt. Bg/Bm – s. NO-NAm. u. Appal. **Rot-F., Amerikanische Rot-F., *P. rubens*** SARG. (Ia2)

— Nadeln oberseits frischgrün od. bläul. grün, unterseits matt grün bis weißl. grün, an Jungpfl. spitz, später stumpf, 0,6–1,5 cm lang, 1–1,5 mm breit; Jungtriebe orange od. rötl. braun, in den Furchen dicht behaart; Kn. rotbraun, harzig; Zapfen eif. längl. bis zylindrisch, 3,5–8,5 cm lang, 2,5–3,8 cm ∅, anfangs purpurgrün od. dunkelviolett, reif glänzend braun, Samenschuppen vorn ausgerandet od. gewellt, unregelmäßig gezähnelt. Bm – ss. Russ.-Fernost, N-Jap. **Sachalin-F., *P. glehnii*** (FR. SCHMIDT) MAST. (Ia2)

13 (10). Nadeln vorn abgeschrägt, stumpf bis abgerundet, (4–)6–8(–10) mm lang, dicht gedrängt stehend, der Zw.oberseite anliegend, an Zw.unterseite gescheitelt stehend, glänzend dunkelgrün; Jungtriebe dünn, weißl., hellgelb od. rötl. braun; Kn. rotbraun, nicht harzig; Zapfen 5–10 cm lang, 2–3,3 cm

breit, Samenschuppen lederartig, fast rund, ganzrandig (*703/5*). Bg – h. Geb. W-Kauk. bis N-Kl.-As. **Kaukasus-F., Orient-F., *P. orientalis*** (L.) PETERM. (Ia2)

Sorten abweichend in Nadelfarbe u. Wuchsform:

Jungtrieb gelbnadelig: **'Aurea'**: Nadeln im Austrieb rahm- bis goldgelb, später vergrünend, zuw. gelbl. Schimmer bleibend, Bm; ähnl. **'Aureospicata'**: Nadeln anfangs cremegelb, später dunkelgrün; **'Early Gold'**: ebenso, aber früher austreibend u. Nadeln länger gelb bleibend.

Hängeform: **'Nutans'**: Wuchs unregelmäßig, sparrig, Äste teils waagerecht, teils hängend; Bk.

Zwergformen: **Nana-Gruppe**: niedrig bleibende Sorten von kugelf. bis breit kegelf. od. kissenf. Wuchs, sehr dicht u. radial stehenden, sehr kurzen (< 7 mm lang) u. dunkel grünen Nadeln.

— Nadeln spitz od. ± zugespitzt, wenn stumpfl., dann zumindest ein Teil der Nadeln > 1 cm lang od. Nadeln mattgrün bis graugrün **14**

14. Nadeln oberseits dunkelgrün, unterseits farbl. ± abweichend, mehr graugrün od. bläul. grün **6**

— Nadeln ringsum ± gleichfarbig, allseits grün od. blau- bis graugrün **15**

15. Nadeln bläul. od. graugrün bis stahlblau, zerrieben nach Menthol od. Schwarzer Johannisbeere riechend; Zapfen vor der Reife durch lose anliegende Samenschuppen locker, Samenschuppen papierartig dünn, zur Spitze hin verschmälert u. vorn gestutzt, Rand unregelmäßig gezähnelt – Nadeln 1,5–3 cm lang, 1,5–2 mm breit, biegsam, gerade od. leicht gebogen, an Zw.oberseite nach vorn gerichtet; Jungtriebe hell braungelb, fein drüsig behaart; Kn. gelbbraun, Schuppen anliegend, an der meist etwas harzigen Spitze der Kn. ± zurückgebogen; Zapfen (2,5–)4–7 cm lang, 3–3,5 cm ∅, ellipsoidisch bis zylindrisch, anfangs violett bis dunkelpurpurn, reif hellbraun. Bg – z. W-NAm. bis Mex. **Engelmanns F., *P. engelmannii*** ENGELM. (IIa)

Glauca-Gruppe: sich durch intensiv blaugrüne bis silberblaue Nadeln auszeichnende Bäume (**'Argentea'**, **'Glauca'**), auch nur wenige m hohe Sorten mit kompaktem kegelf. Wuchs (**'Compacta'**). Zwergformen: **'Hobo'**, (halb)kugeliger Wuchs, Nadeln 1,2–2,5 cm lang; **'Jasper'**, kissenf. Wuchs, Nadeln < 1 cm lang.

subsp. *mexicana* (MARTÍNEZ) P. A. SCHMIDT: am Südrand des Areals (Mex.) subsp. *engelmannii* ersetzend, Nadeln länger u. steifer, nur 1–2 mm breit, Borke heller grau, Samen dunkelbraun bis schwarz (nicht graubraun). ss.

Wenn Nadeln kürzer (bis 2 cm lang) u. schmaler (1,5 mm breit), Jungtriebe verkahlend, dann vermutl. Hybridisierung mit der Schimmel-F. (siehe unter *P. glauca* subsp. *albertiana*, Nr. 21).

— Nadeln grün od. wenn matt bläul. grün od. graugrün, dann beim Zerreiben nicht nach Menthol od. Schwarzer Johannisbeere riechend; Zapfen vor der Reife durch dicht aneinander liegende Samenschuppen geschlossen, Schuppen derb lederig bis holzig, meist steif u. hart, verkehrt eif., rautenf. bis rundl. od. elliptisch, ganzrandig od. gezähnt, vorn breit abgerundet od. verschmälert mit ausgerandeter Spitze **16**

16. Kn. 2,5–6 mm lang, Nadeln 0,5–2,5 cm lang, grün, nur ausnahmsweise (Sorten) grau- bis blaugrün **19**

— Kn. (4–)6–12 mm lang, Nadeln allseits od. unterseits matt bläul. grün bis graugrün, od. wenn allseits grün, dann 1,5–3,5 cm lang **17**

17. Kn. nicht harzig; Nadeln dunkelgrün, 1,5–3,5 cm lang, im Mittel 2,5 cm lang **P. schrenkiana**, siehe Nr. **29**

— Kn. harzig, Nadeln entw. allseits matt bläul. grün od. deutl. kürzer, im Mittel < 1,5 cm lang **18**

18. Nadeln (0,6–)1–2,5(–3,5) cm lang, 1–1,8 mm breit, allseits matt bläul. grün bis graugrün, unterseits mit 3–6 Stomatalinien je Seitenfläche, Zapfen (5–)8–12(–14) cm lang, (2,5–)3–4(–4,5) cm ∅ – Nadeln steif u. stechend, allseitig abstehend u. nach vorn gerichtet, auf relativ großen, gewölbten Bl.kissen sitzend; Kn.schuppen an der Spitze der Kn. abstehend, oft ± zurückgerollt; Jungtriebe ± behaart od. kahl, gelbl. grau bis braun od. orange; Zapfen anfangs grün od. purpurn, reif braun od. rotbraun, Samenschuppen vorn abgerundet od. gestutzt, ganzrandig. Bg. O- bis OM-As.: WN-China, Sich., W-China (Qinghai). **Raue F., *P. asperata*** Mast. (Ia1)

— Nadeln (0,6–)0,8–1,5(–2) cm lang, 1,5–2 mm breit, meist Unterseite mehr blaugrün u. diese mit 5–8 Stomatalinien je Seitenfläche; Zapfen 4–8 cm lang, 2,5–3,5 cm ∅ .... ***P. koyamai***, siehe Nr. **6–**

19 (16). Nadeln ± allseitig um den Zw. gestellt, ± senkrecht abstehend od. nach vorn gerichtet, aber nie dem Zw. anliegend, an der Zw.unterseite spärlicher, aber nicht gescheitelt; Kn. meist harzig .... ***P. maximowiczii***, siehe Nr. **25**

— Nadeln an Zw.oberseite in spitzem Winkel nach vorn gerichtet od. dem Zw. fast anliegend, an der Zw.unterseite deutl. gescheitelt, selten einzelne Nadeln nach unten gerichtet od. abstehend; Kn. nicht harzig **20**

20. Zapfen (3–)4,5–8(–11) cm lang, 2–3,5 cm ∅, Samenschuppen vorn breit abgerundet, ganzrandig, nur ausnahmsweise fein gezähnt; Nadeln mattgrün bis schwach glänzend dunkelgrün, 0,5–2 cm lang, an Zw.unterseite ± gescheitelt, aber einzelne Nadeln auch nach unten gerichtet od. abstehend; Jungtriebe gelbl. grau bis rötl. braun, meist behaart, selten kahl; – Kn. kegelf., hell- bis dunkel- od. rotbraun, nicht od. schwach harzig, ihre Schuppen fest anliegend, an Endkn. die unteren oft frei od. abstehend, auch mit pfriemf. Spitze. Bg – ss. N-Eur., N-As. bis N-Mong. [*P. abies* subsp. *obovata* (Ledeb.) Hultén]
Sibirische F., *P. obovata* Ledeb. (Ia1)

— Zapfen (3–)8–15(–20) cm lang, 3–4 cm ∅, Samenschuppen meist rautenf., nach vorn ± verschmälert, mit abgestutzter, ausgerandeter od. gezähnelter Spitze; Nadeln glänzend grün, 1–2,5 cm lang, an Zw.unterseite streng gescheitelt, Jungtriebe orange bis rotbraun, meist kahl, seltener behaart
P. abies, siehe Nr. **24–**

21 (9). Nadeln blau- od. graugrün bis weißgrau, zerrieben mit eigentüml. Geruch (nach Menthol, Schwarzer Johannisbeere, Grapefruit od. Mäusen), 0,8–1,5 (–2) cm lang, 1,5 mm breit; Zapfen (2–)3,5–6(–7) cm lang, 1,5–2,5 cm ∅ – Nadeln radial u. zieml. dicht stehend, an Zw.oberseite nach vorn gerichtet, von Zw.unterseite nach oben gebogen, nur einzelne nach unten abstehend, zieml. starr, spitz od. stumpfl.; Jungtriebe weißl. grau, hell gelbgrau bis rosabraun, oft leicht bereift, mit deutl. aufgewölbten Rücken der Bl.kissen; Kn. eif. bis fast kugelig, 6 mm lang, harzlos, Kn.schuppen lose anliegend, an der Spitze abgerundet u. gespalten; Zapfen zylindrisch bis eif. längl., anfangs grün od. violett, reif hellbraun, Samenschuppen rundl., dünn, biegsam, ganzrandig. Bg – h. N-NAm. [*P. canadensis* (Mill.) B. S. P.; *P. alba* Link]
Kanadische F., Schimmel-F., *P. glauca* (Moench) Voss (Ia1)

subsp. *albertiana* (S. Br.) P. A. Schmidt: Nadeln etwas länger, 1,5–2 cm lang (subsp. *glauca* 0,8–1,5), Jungtriebe anfangs meist etwas behaart (subsp. *glauca* stets kahl); im Überlappungsgebiet der Areale von *P. glauca* u. *P. engelmannii*; wird auch als Produkt introgressiver Hybridisation bzw. Bastard beider Arten (dann *P.* × *albertiana* S. Br.) angesehen. Hierzu die meisten der unter *P. glauca* kultivierten Sorten.

Kegelf. Zwergformen: **'Conica'**: „Zuckerhutfichte", sehr dicht verzweigt, regelmäßig u. streng kegelf., Nadeln radial gestellt, sehr dünn, hellgrün, 1 cm lang; häufigste Fichtensorte in den Gärten, kann im Alter bis 3 m hoch werden; **'Laurin'** u. **'Liliput'**: ähnl. 'Conica', aber schwächer wachsend u. kleiner bleibend; **'Blue Wonder'**: Wuchs gleichmäßig schmal kegelf., Nadeln stahlblau; **'Zuckerhut'**: Wuchs sehr dicht kegelf., Nadeln 0,7–1 cm lang, hell- bis graugrün.

Kugelige bis abgeflacht halbkugelige Zwergformen: **'Alberta Globe'**: Wuchs kompakt kugelig, Nadeln 6–9 mm lang, frischgrün; **'Echiniformis'**: Wuchs abgeflacht halbkugelig bis kissenf., bis 0,6 m hoch, Nadeln 5–7 mm lang, gelbgrün, aber durch Wachsauflage grau- bis blaugrün; **'Nana'**: halbkugelig bis breit kegelf., bis 2 m hoch, Nadeln 5–7 mm lang, nur an aufrechten Trieben radial, hell graugrün.

P. × ***lutzii*** Little, in den Merkmalen intermediäre Hybride *P. glauca* × *P. sitchensis*, die im natürl. Areal u. in Kultur auftritt, hierzu teils auch die sonst *P.* × *mariorika* zugeordnete Sorte 'Machala', eine graue, kompakte Zwergform, gestellt.

— Nadeln entw. grün od. wenn grau- bis blaugrün, dann ohne den eigentüml. Geruch beim Zerreiben u. meist länger (zumindest z. T. > 2 cm lang) sowie Zapfen größer (> 6 cm lang u. > 3 cm ∅) **22**

22. Nadeln ± allseitig um den Zw. gestellt, ± senkrecht abstehend od. nach vorn gerichtet, jedoch nie dem Zw. anliegend, an der Zw.unterseite spärlicher, aber nicht gescheitelt; Kn. harzig od. nicht harzig **25**

— Nadeln an Zw.oberseite in spitzem Winkel nach vorn gerichtet od. dem Zw. fast anliegend, an der Zw.unterseite deutl. gescheitelt, nach rechts u. links abstehend, den Zw. freilassend, selten einzelne Nadeln nach unten gerichtet od. abstehend; Kn. nicht harzig **23**

23. Jungtriebe gelbl. bis grauweiß, stets kahl, Bl.kissen winzig, kaum hervortretend; Kn. breit stumpfkegelig, glänzend kastanienbraun, auffällig dunkler als Zw., Kn.schuppen stumpf, stets anliegend – Nadeln (0,8–)1–2(–2,5) cm lang, 1–1,7 mm breit, dunkelgrün, spitz od. stumpfl.; Zapfen (3,5–)4–8(–9) cm lang, 2,5–3,5 cm ∅, anfangs grün od. purpurgrün, reif hellbraun, Samenschuppen rundl., vorn abgerundet od. gestutzt, meist ganzrandig. Bg – ss. N- bis ZS-China u. Sich. **Wilsons Fichte, *P. wilsonii*** Mast. (Ia1)

— Jungtriebe rotbraun bis braun od. gelbl., kahl od. behaart, Bl.kissen deutl. hervortretend; Kn. kegelf., spitz od. zugespitzt, hell- bis dunkel- od. rotbraun, einige, besonders basale, Kn.schuppen zugespitzt, ihre Spitzen z. T. frei od. abstehend **24**

24. Zapfen (3–)4,5–8(–11) cm lang, 2–3,5 cm ∅, Samenschuppen breit verkehrt eif. bis rundl., stets vorn abgerundet, ganzrandig; Nadeln mattgrün bis schwach glänzend dunkelgrün, 0,5–2 cm lang, an Zw.unterseite ± gescheitelt ***P. obovata***, siehe Nr. **20**

— Zapfen (3–)8–15(–20) cm lang, 3–4 cm ∅, Samenschuppen meist rautenf., nach vorn ± verschmälert, mit abgestutzter, ausgerandeter od. gezähnelter Spitze; Nadeln glänzend dunkelgrün, 1–2,5 cm lang (bei Sorten auch kürzer od. länger), an Zw.unterseite streng gescheitelt – Jungtriebe meist kahl, seltener behaart; Nadeln 1 mm breit, zugespitzt; Zapfen anfangs grün od. purpurrot, reif braun. Bg – h. N- bis O-Eur., Geb. M-, SW- bis SO-Eur. [*P. excelsa* (Lam.) Link] **Europäische F., Gewöhnliche F., Rottanne, *P. abies*** (L.) H. Karst. (Ia1)

a) Baumförmige Sorten mit steil nach oben gerichteten od. sehr kurzen abstehenden bis abwärts geneigten Ästen, Krone säulenf. od. schmal kegelf. (**Säulenfichten**):

'Columnaris': Krone schmal säulenf., Äste kurz, dicht verzweigt.

'Cupressina': Krone breit säulenf., Äste steil aufrecht, zu den Spitzen hin dicht verzweigt.

'Pyramidata': Krone schlank kegelf., Äste spitzwinklig aufsteigend.

b) Baumförmige Sorten entw. mit abwärts gerichteten, ± hängenden, teils dem Stamm fast anliegenden Ästen, zuw. auch Hauptspross überhängend (**Hängefichten**) od. Äste ± waagerecht abstehend u. Zw. fast senkrecht hängend (**Kammfichten**):

'Frohburg': Äste u. Zw. mit Ausnahme der obersten schlaff am Stamm herabhängend, zuw. dem Boden aufliegend; Nadeln etwa 1 cm lang, relativ dünn, stumpfgrün.

'Inversa': Äste senkrecht abwärts wachsend, dicht dem Stamm anliegend, Zw. schlaff herabhängend, untere dem Boden aufliegend; Nadeln dickl., glänzend grün.

'Pendula Major': Krone unregelmäßig, Äste meist abstehend, aber einige abwärts gekrümmt od. hängend, Zw. senkrecht herabhängend; Nadeln derb, sichelf. gekrümmt.

'Viminalis': Äste lang u. ± waagerecht abstehend, Zw. dünn, wenig verzweigt, sehr lang werdend, schlaff herabhängend.

c) Baumförmige Sorten mit stark reduzierter Ast- u. Zweigbildung (**Schlangenfichten**):

'Cranstonii': Krone breit kegelf., sehr locker, bizarr durch lange u. dicke, oft wirr durcheinander wachsende, nur wenig verzweigte Äste; Nadeln bis 3 cm lang, oft etwas wellig, entfernt u. radial stehend.

'Virgata': Krone sehr licht, spärl. u. unregelmäßige Ast- u. Zw.bildung, Äste schlangenartig, zuerst aufgerichtet, später sich senkend u. herabhängend, hin u. her gebogen, fast ohne Seitenzw.; Nadeln bis 3 cm lang, dick, oft aufwärts gekrümmt.

d) Baumförmige Sorten mit abweichender Nadelfärbung:

'Argenteospica': Nadeln der Jungtriebe im Austrieb z. T. weiß, später vergrünend.

'Aurea': Nadeln der Jungtriebe gelb od. gelbl., anfangs glänzend hellgelb, später gelbl. grün.

'Aurea Magnifica': Nadeln im Austrieb hell goldgelb, im Winter mehr orangegelb.

'Finedonensis': Nadeln anfangs hellgelb, später bronzebraun u. schließl. grün.

e) Niedrigwüchsige aufrechte Sorten (kurze Jahrestriebe, geringer Höhenzuwachs, dichte Verzweigung) mit ± kegelf. Habitus (**Kegel-Zwergfichten**):

'Ohlendorffii': Wuchs anfangs kugelig, später unregelmäßig breit kegelf., im Alter bis > 4 m hoch, Zw. dicht stehend; Nadeln 4–8 mm lang, dünn, glänzend grün od. gelbl. grün

'Pygmaea': Wuchs sehr dicht, stumpf kegelf., in den ersten Jahrzehnten sehr langsam wachsend, erst ältere Pfl. 1–1,5 m hoch; Äste u. Zw. ansteigend; Nadeln 5–8 mm lang, sehr dicht stehend, glänzend frischgrün, kurz zugespitzt.

'Remontii': Wuchs regelmäßig u. dicht kegelf., bis 2 m hoch; Äste spitzwinklig abgehend, im Wuchs an „Zuckerhutfichte" (*P. glauca* 'Conica') erinnernd; Nadeln fein u. dünn, frischgrün bis gelbl. grün, sehr ungleich lang (an demselben Zw.), 3–10 mm.

'Will's Zwerg': Wuchs regelmäßig u. sehr dicht kegelf., bis 2 m hoch; Nadeln an Johannistrieben auffällig heller als sonstige dunkelgrüne Benadelung.

f) Niedrigwüchsige aufrechte Sorten (kurze Jahrestriebe, geringer Höhenzuwachs, dichte Verzweigung) mit ± abgerundetem od. abgeflachtem, kugelf. bis halbkugelf. od. kissenf. Habitus (**Kugel-** u. **Kissen-Zwergfichten**):

'Clanbrassiliana': Wuchs halbkugelig abgeflacht, kaum > 1,2 m hoch werdend; Äste u. Zw. sehr zahlreich u. unterschiedl., kräftige Triebe mit langen u. schwache mit kurzen Nadeln; Nadeln ± radiär abstehend, 5–10 mm lang, dickl., in scharfe Spitze ausgezogen.

'Compacta': Wuchs kugelig, sehr gedrungen, dicht bezweigt, bis 1,5 m hoch, aber im Alter auch 6 m erreichend; Nadeln bis 9 mm lang, glänzend grün, zur Spitze des Triebes deutl. kleiner werdend.

'Echiniformis': Wuchs abgeflacht halbkugelig bis kissenf., dicht u. unregelmäßig, da einzelne stärkere Zw. herauswachsend, langsamwüchsig, auch nach mehreren Jahrzehnten < 0,5 m hoch; Nadeln bis 1,5 cm lang, oberste unter der Endkn. sternf. stehend, stechend spitz.

'Little Gem': Wuchs abgeflacht halbkugelig bis kissenf., wie bei der Nestfichte ('Nidiformis') in der Mitte mit einer Vertiefung, aber noch langsamer wachsend, nur bis 0.5 m hoch, u. Nadeln kürzer (< 6 mm lang), sehr dünn u. sehr dicht stehend.

'Maxwellii': Wuchs abgeflacht kugelig, bis 1,5 m hoch u. 2 m breit, an der Spitze zahlreiche kurze dicke Triebe; Nadeln an aufrechten Zw. radial u. leicht vorwärts gerichtet, zieml. weit gestellt, an unteren Zw. unvollkommen radial, steif, etwas gekrümmt, in haarf. Spitze endend.

'Nana Compacta': Wuchs abgeflacht kugelig, sehr gedrungen, Zw. dick, schräg aufsteigend; Nadeln 4–7 mm lang, dicht u. radial stehend, steif u. stechend.

'Nidiformis': Nestfichte, Wuchs halbkugelig, abgeflacht, oben meist nestf. vertieft, bis 1 m hoch, im Alter auch höher werdend, sehr dicht bezweigt, Zw. dünn, biegsam; Nadeln bis 1 cm lang, vom Trieb abstehend, aber an Zw.unterseite gescheitelt, früh austreibend.

'Pumila': Wuchs abgeflacht halbkugelig bis breit kissenf., aber unregelmäßig, untere Äste weit ausgebreitet, obere mehr aufgerichtet, bis 1 m hoch u. 2–4-mal so breit werdend (bereits Übergang zu Gruppe g); Zw. sehr dicht stehend, dick; Nadeln 6–10 mm lang, gerade, dünn, mit feiner Spitze, hell- od. frischgrün; ähnl. ist **'Pumila Glauca'**, aber Nadeln bläul. grün.

g) Niedrig bleibende Sorten durch niederliegende, dem Boden ± anliegende od. zumindest flach ausgebreitete Äste (**Kriechfichten**):

'Procumbens': Wuchs flach ausgebreitet, Äste leicht ansteigend, Zw. übereinander liegend, untere dem Boden aufliegend, < 1 m hoch u. 3–5 m breit; Triebe dick u. steif; Nadeln 1–1,7 cm lang, sehr steif, frischgrün.

'Repens': Wuchs niederliegend, Zw. ausgebreitet, dicht übereinander liegend, bis 0,5 m hoch, Triebe dünn u. biegsam; Nadeln 0,8–1 cm lang, dünn, frisch- bis gelbgrün.

h) Sorten mit zusätzl. Zapfenbildung an den Zw.enden u. „durchwachsenen", an der Spitze weiterwachsenden Zapfen:

'Acrocona': Wuchs unregelmäßig breit kegelig, 2–4(–8) m hoch, Äste ansteigend, abstehend u. abwärts gerichtet, Zw. oft überhängend, schon junge Pfl. reichl. Zapfen bildend, an den Spitzen vieler Äste u. Seitenzw. zusätzl., teils monströse Zapfen, diese oft an der Spitze mit einem Trieb ihr Wachstum fortsetzend; hieraus entstandene, niedrig bleibende Zwergform mit kürzeren Nadeln u. Zapfen: **'Pusch'** ['Acrocona Nana'].

25 (22). Kn. 2,5–4,5 mm lang; Nadeln 0,6–1,3(–1,8) cm lang, – ± rechtwinklig vom Zw. abstehend, scharf stechend, an älteren Bäumen mehr stumpfl., dunkelgrün; Kn. eif. kegelf. bis kugelig, rot- od. purpurbraun, dunkler als die gelb- od. orangebraunen Jungtriebe, meist harzig; Zapfen (2,5–)3–7(–9) cm lang, anfangs grün, reif glänzend rotbraun od. braun, Samenschuppen abgerundet, ganzrandig. Bm – ss. Jap. (Honshu).
Maximowiczs F., *P. maximowiczii* Mast. (Ia1)

— Kn. > 5 mm lang; Nadeln (0,6–)1–3,5(–4) cm lang, zumindest ein Teil der Nadeln od. alle > 1,8 cm lang **26**

26. Nadeln relativ weich u. biegsam, nicht stechend, (2,5–)3–4(–5) cm, 1 mm breit, am Zw. vorwärts gerichtet; Seitenzw. deutl. u. lang hängend; Jungtriebe hellgrau bis glänzend hellbraun, Zapfen (8–)12–18 cm lang, 3–5 cm ∅. Bg – s. ∧ Afgh. (Hindu Kush), Himal. [*P. morinda* Link]
Himalaja-F., *P. smithiana* (Wall.) Boiss. (Ia1)

— Nadeln starr, stechend, (0,6–)1,5–3,5(–4) cm lang, alle od. zumindest ein Teil der Nadeln < 3 cm lang, > 1 mm breit, vom Zw. abstehend od. ± nach vorn gerichtet; Seitenzw. abstehend, od. z. T. ± hängend **27**

27. Nadeln stets grün, stark od. schwach glänzend frisch- od. dunkelgrün; Jungtriebe meist blass, grau od. graugelb bis hell gelbbraun; Kn. stumpf, Schuppen fest anliegend, zuw. zugespitzt, aber nicht zurückgebogen **29**

— Nadeln graugrün, blaugrün bis -weiß od. wenn grün, dann matt dunkelgrün; Jungtriebe gelb- bis orangebraun; Kn. spitz, Schuppen locker anliegend od. zumindest deren Spitze abstehend, meist an der Spitze zurückgebogen . . . **28**

28. Kn. nicht harzig, 5–8 mm lang; Samenschuppen der Zapfen dünn, biegsam, längsfaltig, gewellt, längl. rautenf., nach vorn verschmälert u. am Rand unregelmäßig gezähnelt (*703/3*); Jungtriebe stets kahl – Nadeln matt dunkelgrün od. grau- bis blaugrün, bei Sorten (**Blau-F.**) bis silbergrau od. blauweiß, (1–)1,5–2,5(–3) cm lang, 1–1,5 mm breit; Zapfen (5–)6–10(–12) cm lang, 3–4,5 cm ∅, ellipsoidisch bis zylindrisch, anfangs grün od. violett, reif blassbraun. Bg – h. Geb. SW- bis Z-NAm. (W-, SW-USA, v. a. Rocky M.).

Stech-F., Blau-F., *P. pungens* Engelm. (IIa)

Zahlreiche Sorten, die sich in der Nadelfärbung u. Wuchsform unterscheiden, z. B.

Glauca-Gruppe: Sammelname für Sorten mit ausgeprägt blauen, grau- u. silberblauen Nadeln.

'Glauca Pendula': Hängeform, Krone unregelmäßig, untere Äste schräg abwärts gerichtet od. hängend, obere anfangs abstehend, später ebenfalls hängend; Nadeln silberweiß.

'Glauca Procumbens': Kriechform, Wuchs ausgebreitet, Äste dem Boden aufliegend od. schräg aufsteigend, unregelmäßig; Nadeln silberblau.

'Globosa' ['Glauca Globosa']: Zwergform, Wuchs anfangs locker u. unregelmäßig, später sehr dicht, abgeflacht halbkugelig od. breit kegelf., bis 2 m hoch; Nadeln 1–1,2 cm lang, weißblau.

'Hoopsii': baumf., anfangs langsamwüchsig, in 10 Jahren ca. 2 m hoch, im Alter Bm, Krone unregelmäßig kegelf., Äste weit abstehend, in dicht aufeinanderfolgenden Etagen; Nadeln intensiv blauweiß.

'Koster': baumf., in 10 Jahren ca. 3 m hoch, im Alter Bm, Krone anfangs unregelmäßig, später gleichmäßig u. dicht kegelf., Äste abstehend, recht steife Astetagen bildend; Nadeln silberblau.

'Oldenburg': Bm mit gleichmäßig aufgebauter kegelf. Krone, Nadeln 2–2,5 cm lang, sehr stark, stahlblau.

— Kn. harzig, 6–12 mm lang; Samenschuppen der Zapfen derb, lederig bis holzig, weder faltig noch wellig, längl. rautenf. bis verkehrt eif., vorn abgerundet od. gestutzt, ganzrandig (wie *703/4*); Jungtriebe kahl od. ± behaart

P. asperata, siehe Nr. **18**

29 (27). Nadeln am Zw. nach vorn gerichtet, (1–)1,5–3,5(–4) cm lang, 1–1,5 mm breit, schwach glänzend, dunkelgrün, oberseits 2–3, unterseits 3–5 Stomatalinien je Seitenfläche, gerade od. etwas gebogen, starr u. meist stechend zugespitzt; Jungtriebe grau bis graugelb; Kn. gelbl. braun od. hellbraun; Zapfen 6–14(–20) cm lang, 2,5–3 cm ∅, Samen mit Flügel 1–1,8 cm lang, Flügel 4–7 mm breit. Bg – ss. Geb. M-As. (Tienschan u. a.) von Kasach., Kirgis. bis W-China (Xinjiang).

Schrenks F., Tienschan-F., *P. schrenkiana* Fisch. & C. A. Mey. (Ia1)

— Nadeln fast senkrecht vom Zw. abstehend, 1,5–2,5 cm lang, 1,8–2(–2,5) mm breit, glänzend frisch- bis dunkelgrün, oberseits 4–6, unterseits 6–8 Stomatalinien je Seitenfläche, schwach sichelf. gebogen, äußerst starr u. auffallend dornig zugespitzt; Jungtriebe hell gelbbraun; Kn. kastanienbraun; Zapfen (5–)7–11(–13) cm lang, 3–3,5 cm ∅, Samen mit Flügel 1,5–2,5 cm lang, Flügel 5–10 mm breit. Bm – s. S-Jap. [*P. polita* (Siebold & Zucc.) Carrière]

Tigerschwanz-F., *P. torano* (K. Koch) Koehne (Ia1)

30 (1). Spitzen der Kn.schuppen pfriemf. verlängert; junge Zw. hell rotbraun, behaart; Nadeln 0,8–2,5 cm lang, 1,5–2,2 mm breit, zieml. stumpf; Kn. nicht harzig; Zapfen 3–6,5 cm lang, 2–2,5 cm ∅, Samenschuppen rundl., derb; Wuchs schmal kegelf., schräg herunterhängende Äste, die in ihrem Spitzenbereich wieder leicht aufgerichtet sind. Bg – h. SO-Eur. (Serbien: Tara-Geb.).

Serbische F., Omorika-F., *P. omorika* (Pančić) Purk. (Ib)

In Kultur neben einer Hängeform, **'Pendula'**, mit hängenden Ästen u. Zw. mehrere Zwergformen, z. B. **'Nana'**: Wuchs breit kegelf., dicht verzweigt, bis 15 Jahre kompakt u. nur bis 1,2 m hoch, ältere Pfl. lockerer u. bis 6 m hoch; Nadeln 7–8 mm lang, steif, oberseits gelbgrün, unterseits weißl. Stomatabänder auffällig; **'Pimoko'**: in 10 Jahren nur 0,3 m hoch, dicht unregelmäßig halbkugelig; Nadeln oberseits bläul. grün, unterseits blauweiß; ähnl. im Wuchs **'Treblitzsch'**: Nadeln oberseits grün, unterseits grauweiß.

P. × mariorika Boom [*P. mariana × P. omorika*]: ähnl. *P. omorika*, aber Nadeln schmaler, mehr blaugrün u. oberseits oft mit 1–2 Stomatalinien, Krone breiter, Zapfen kleiner, nur bis 4,5 cm lang. Hierzu halbkugelige od. kegelf. Zwergformen, die oft (z. B. 'Gnom') *P. omorika* od. auch ('Machala') *P. × lutzii* (siehe unter *P. glauca*, Nr. 21) zugeordnet wurden.

— Kn.schuppen nicht pfriemf. verlängert, höchstens ± zugespitzt **31**
31. Seitenzw. nicht auffällig schlaff u. lang von den Ästen herunterhängend ... **33**
— Seitenzw. (zumindest an älteren Pfl.) alle od. zumindest überwiegend lang herabhängend, Äste oft ± horizontal u. in ihrem vorderen Teil aufwärts gekrümmt **32**
32. Nadeln (1–)2–3(–3,5) cm lang, 1,5–2 mm breit, stumpf, oberseits glänzend grün, unterseits mit 2 weißl. grauen Bändern, ringsum u. fast rechtwinklig vom Zw. abstehend; Seitenzw. 2. Ordnung an älteren Pfl. schlaff u. lang (bis zu 2,5 m) herabhängend; Jungtriebe rötl. braun bis graubraun, fein behaart, Bl.kissen auffallend lang, Kn. spindelf. bis schmal eif., 5–8 mm lang, 2,5–4,5 mm breit; Zapfen (5–)8–12(–14) cm lang, zylindrisch, anfangs dunkel purpurrot, reif braun, Samenschuppen fächerf., Rand leicht gewellt. Bg/Bm – h. NW-NAm. (Siskiyou-Geb.). **Siskiyou-F., *P. breweriana*** S. WATS. (Ib)
— Nadeln (0,8–)1–2(–2,5) cm lang, 1–1,5(–2) mm breit, kurz zugespitzt, unterseits auffallend kreide- bis silberweiß, auf der Zw.oberseite zur Zw.spitze gerichtet; Jungtriebe kahl od. dünn behaart, hellgelb bis orange, Bl.kissen klein; Kn. eif. bis kegelf., 5 mm lang, nur an Terminaltrieben bis 8 mm lang, dann aber 4–6 mm breit; Zapfen (5–)7–10(–15) cm lang, 3–4(–5) cm ∅, anfangs (purpur-) grün, reif dunkelbraun, Samenschuppen breit verkehrt eif. bis fast rautenf. (*703/6*), dünn, aber steif, oberer Rand wellig, ausgerandet od. ganzrandig, meist umgebogen. Bm – ss. China (WN-, ZS-, WS-China, Sich., Yunn.) bis O-Himal. u. Tibet. **Silber-F., *P. brachytyla*** (FRANCH.) E. PRITZ. (Ib)
33 (31). Jungtriebe kahl **36**
— Jungtriebe behaart **34**
34. Seitenzw. zumindest z. T. lang herabhängend; an Nadelunterseite nicht nur Stomatabänder weiß, sondern auch Mittelrippe; Samenschuppen dünn, aber steif, vorn ausgerandet (*703/6*) od. ganzrandig, meist Rand umgebogen. ***P. brachytyla***, siehe Nr. **32–**
— Seitenzw. nicht lang herabhängend; an Nadelunterseite je ein blaugrünes od. weißes Stomataband jederseits der grünen Mittelrippe; Samenschuppen papierartig dünn, biegsam, Rand unregelmäßig od. ausgefressen gezähnelt (*703/1*), nicht umgebogen **35**
35. Nadeln oberseits stets ohne Stomatalinien; Nadeln 1–2(–2,4) cm lang, 1,5–2,2 mm breit, spitz od. zugespitzt .... ***P. jezoensis***, siehe Nr. **37–**
— Nadeln oberseits mit einigen, meist wenig auffälligen Stomatalinien (Lupe!), wenn fehlend (*P. purpurea*), dann Nadeln kürzer (0,7–1,4 cm), schmaler (1,5–1,8 mm) u. ± stumpf .... ***P. likiangensis*** agg., siehe Nr. **7–**
36 (33). Seitenzw. zumindest z. T. lang herabhängend; Nadeln unterseits einschließl. Mittelrippe weiß; Zapfen reif dunkelbraun ***P. brachytyla***, siehe Nr. **32–**
— Seitenzw. nicht lang herabhängend; an Nadelunterseite je ein weißes Stomataband jederseits der grünen Mittelrippe; Zapfen reif hellgelb, gelbbraun od. rötl. braun **37**
37. Nadeln ± 1 mm breit, (1–)1,5–2,5(–3) cm lang, sehr steif, lang zugespitzt, in scharfer u. stechender Spitze endend, dunkel- od. gelbl. grün, oberseits deutl. gekielt, dadurch Nadel-∅ zuw. mehr 4-kantig, ohne od. beiderseits des Kiels mit 1–2 kurzen od. unterbrochenen Stomatalinien; Jungtriebe blass gelb- od. rosabraun bis fast weiß, kahl; Kn. eif. bis kegelf., 4–5 mm lang, gelb- od. hellbraun, nicht od. nur am Grund schwach harzig; Zapfen (4–)5–10 cm lang, 2,5–3 cm ∅, anfangs grün od. rötl., reif blass gelbbraun,

Samenschuppen längl. rautenf. (*703/2*) , dünn u. biegsam, Rand gewellt u. unregelmäßig gezähnelt. Bg – h. NW-NAm. (küstennahe Kordill.).

Sitka-F., *P. sitchensis* (BONG.) CARRIÈRE (IIb)

Zum Bastard mit *P. glauca* (= *P. × lutzii*) siehe unter Nr. 21.

— Nadeln 1,5–2,2 mm breit, 1–2(–2,5) cm lang, spitz od. zugespitzt, aber nicht so scharf u. stechend, beiderseits schwach gekielt, oberseits stets ohne Stomatalinien; Jungtriebe hell- bis orangegelb od. gelbl. braun, kahl od. schwach behaart; Kn. eif. bis fast kugelig, 5–8 mm lang, glänzend orangebraun, nicht harzig; Zapfen (2,5–)4–8(–9) cm, lang, 2–3,5 cm ∅, anfangs grün, zur Reife hellgelb bis rötl. braun, Samenschuppen verkehrt eif. bis längl. verkehrt eif., dünn u. papierartig, Rand vorn gewellt u. gezähnelt. Bg/Bm – z. Russ.-Fernost, Kor., NO-China, Jap. [*P. ajanensis* CARRIÈRE]

Ajan-F., Yedo-F., *P. jezoensis* (SIEBOLD & ZUCC.) CARRIÈRE (IIb)

subsp. *jezoensis*, Ajan-F. i. e. S.: Zw. im 2. Jahr orangegelb od. gelbl. braun; Nadeln 1,5–2 mm breit: Zapfen reif hell gelbl. braun od. rötl. braun. ss. Russ.-Fernost, N-Kor., N-Jap., NO-China.

subsp. *hondoensis* (MAYR) P. A. SCHMIDT, **Hondo-Fichte**: Zw. im 2. Jahr rötl. braun; Nadeln breiter, 1,8–2,2 mm; Zapfen reif dunkel rötl. braun; dunkler blaugrüne Nadeln u. stärker geschwollene Bl.kissen. s. M-Jap. (Honshu).

Picrasma BLUME – **Bitterholz** – *Simaroubaceae* (Bearbeiter: Ulrich Hecker)

Sommergrüne Bäume; Bltn. polygam, Kbl. bis zur Fr.reife bleibend, Stbl. 4–5; Frbl. 5–2, frei, zu rundl. Steinfr. auswachsend. 6 Arten, überwiegend trop., W-Hima. bis Jap., Malaysia, Fiji-Inseln.

P. quassioides (D. DON) BENN. [*P. ailanthoides* PLANCH.] – Rinde der Zw. sehr bitter, rötl. braun mit auffälligen gelben Lentizellen; Bl. 25–35 cm lang, Blch. gegenst., 7–15, oft fast sitzend, eif. bis längl. eif., 4–10 cm lang, zugespitzt, am Grund breit keilf. bis rundl., schief kerbig gesägt (*714/1*), oberseits glänzend grün, unterseits anfangs entlang der Mittelrippe behaart; Bltn. grünl., 8 mm ∅, in lockeren, 8–15 cm breiten Rispen; Frch. rundl. eif., 6–7 mm lang, rot; V–VI. Sg/Bk – ss. Indien bis China, Kor. u. Jap.

714/1 *Picrasma quassioides*, Bl. u. Blchen.

Pieris D. DON, **Weißglockenstrauch** – *Ericaceae* (Bearbeiter: Bernd Schulz)

Bl. immergrün, wechselst., schwach gekerbt bis gesägt; Bltnst. meist endst., bereits im Vorjahr ausgebildete Doppeltrauben u. Bltn.kn. nackt überwinternd, Vorbl. am Bltn.stiel im unteren od. mittleren Drittel, K. 5-lappig, Kr. krugf., Staubbeutel mit 2 langen zurück gebogenen Anhängseln (*715/3* u. *715/7*); Zw. ohne

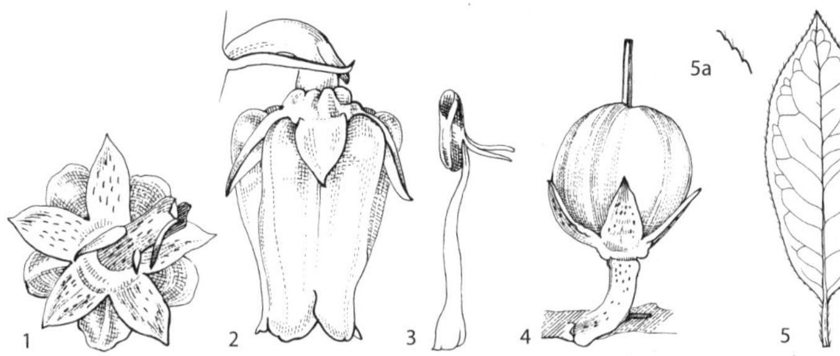

715/1–5 *Pieris floribunda*, 1 Blüte vom Ansatz, 2 Büte seitl., 3 Stbl. seitl., 4 Fr., 5 Bl., 5a Bl.rand

Endkn.; Fr. kugelige 5-fächerige Kapsel, fachspaltig (*715/4* u. *715/8* u. *8a*); Bl. schwach giftig. Je nach Abgrenzung 5–10 Arten: in N- bis MAm. 3 Arten (4 incl. *P. nana* (Maxim.) Makino = *Arcteria nana* (Maxim.) Makino) u. 2–3 Arten in O-As. (bis 6 od. 7 Arten, wenn Insel-Populationen als eigene Arten angesehen werden). Kalkunverträgl. **G!**

1. Junge Zw. striegelhaarig; Bl. am Zw. verteilt, elliptisch lanzettl., bis 9 cm lang, bewimpert (ein Grannenhaar sitzt auf der Zahnspitze) (*715/5* u. *5a*), unterseits kurze, anfangs helle, später bräunl. Drüsenhaare, Bl.stiel oberseits plan; Bltn. nickend, in aufrechten, dichten, 5–10 cm langen Doppeltrauben, Kr. weiß, mit 5 auffälligen, bauchigen Kanten (*715/1* u. *2*), 5–6 mm lang; IV–V. Sk – z–h. O-NAm. [*Andromeda floribunda* Pursh]
Vielblütiger W., *P. floribunda* (Pursh) Benth. & Hook. f.

— Junge Zw. kahl (mit vereinzelten dunklen Drüsen); Bl. an den Zw.enden gehäuft, längl. lanzettl., bis 7,5 cm lang, stumpf gesägt (*715/9*), nicht bewimpert (auf der Zahnspitze nur dunkle Drüse), unterseits zerstreut dunkler grüne Drüsenbereiche in der Mitte mit feinen schwärzl. Drüsenpunkten, Bl.stiel oberseits längs gefurcht; Bltn. nickend in ausgebreitet überhängenden, zieml. lockeren, 6–12 cm langen Doppeltrauben, Kr. weiß, im ∅ fast rund, 6–8 mm lang; III–V. Sg – h. Jap., Taiw. [*Andromeda japonica* Thunb.; incl. *P. taiwanensis* Hayata u. *P. koidzumiana* Ohwi] **Japanischer W., *P. japonica*** (Thunb.) D. Don s. l.

'Debutante': klein bleibend; Bl. grün; Bltn. weiß. h.

'Little Haeth': klein bleibend; Bl. weißrandig, Austrieb rot. z.

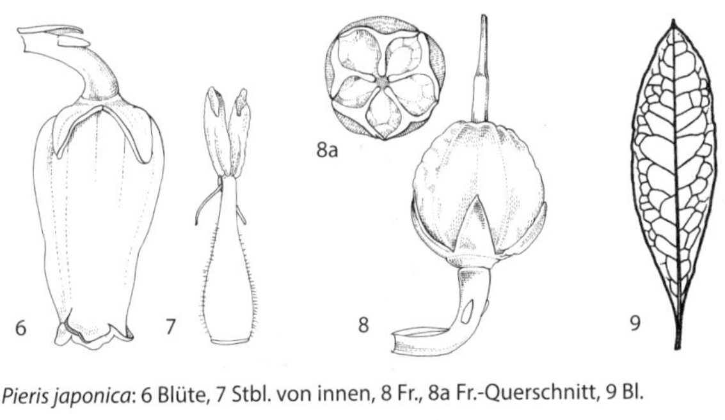

715/6–9 *Pieris japonica*: 6 Blüte, 7 Stbl. von innen, 8 Fr., 8a Fr.-Querschnitt, 9 Bl.

'Mountain Fire': alte Bl. grün, Austrieb rot. h.

'Purity': klein bleibend, frosthart, später austreibend u. blühend. h.

'Red Mill': alte Bl. grün, Austrieb rot. h.

'Valley Rose' u. **'Valley Valentine'**: Bl. grün; Bltn. rosarot. z.

'Variegata': Bl. zieml. klein, weißrandig. h.

P. formosa (WALL) D. DON: Bl. etwas länger, von der Basis bis zur Spitze gesägt, Sekundärnerven deutl. sichtbar. ss. ∧∧ S-China u. Himal. In einige Hybriden eingegangen:

'Forest Flame' [*P. japonica* × *P. formosa* (WALL) D. DON var. *forrestii* AIRY SHAW]: auffälliger rötl. Austrieb, spätfrostgefährdet. h.

Pinus L., Kiefer, Strobe, Zirbe – *Pinaceae* (Bearbeiter: Peter A. Schmidt)

Immergrüne Bäume, seltener strauchf., Krummholz bildend od. mit Spalierwuchs, Äste u. Zw. scheinwirtelig stehend, im Alter oft unregelmäßig; Bl. an den Langtrieben nur in den ersten Lebensjahren nadelf., danach zu trockenhäutigen Schuppenbl. reduziert, in den Achseln dieser schuppenf. Tragbl. entspringen Kurztriebe aus (1–)2–5(–8) Nadeln („Nadelbündel", *716/1*); die Kurztriebe sind am Grund von einer häutigen, entw. bleibenden od. hinfälligen bzw. sich bis zum 2. Jahr stark verkürzenden Scheide aus 8–15 Schuppen umgeben; Nadelbündel an der Basis im ∅ kreisf., die einzelnen Nadeln im ∅ halbkreisf. (wenn 2 Nadeln im Bündel) od. Kreissektoren darstellend (wenn 3 u. mehr Nadeln im Bündel, *716/2*), ausnahmsweise kreisf. (Kurztrieb mit nur 1 Nadel), an den Innenflächen der Nadeln stets, an den Außenflächen meist, Spaltöffnungsreihen (Stomatalinien); Zapfen gerade od. gekrümmt, kugelig, eif. od. walzenf., im 2. od. 3. Jahr reifend, meist sich öffnend, selten geschlossen bleibend, Deckschuppen verkümmert, freiliegender Teil der Samenschuppen bildet ein Schuppenschild (Apophyse, *716/3*) mit deutl. abgesetztem, endst. od. zentralem (dorsalem) Nabel (Umbo), der Nabel kann einen dornartigen Fortsatz (Mucro) aufweisen; Samen mit od. ohne Flügel, der Flügel kann fest mit Samen verwachsen sein od. sich leicht von diesem ablösen, zuw. ist er nur rudimentär. Etwa 110 Arten, bor. bis mer. Holarkt., in MAm. u. SO-As. bis in trop. Zone, im Mal. Arch. Äquator überschreitend.

Nadelmerkmale beziehen sich auf Nadeln normal entwickelter Pfl. Die im Nadel-∅ sichtbaren Harzkanäle können an Epidermis (wandst.), im Parenchym (mittenst.) od. am Leitbündel (innenst.) gelegen sein. Die grüne Nadelfarbe wird nicht nur im Bereich der Stomata durch Weiß- od. Grautöne (Intensität abhängig von Zahl u. Dichte der Wachspunkte der Stomatareihen) überlagert, sondern zusätzl. durch epikutikuläre Wachsauflagen. An Langtrieben zwischen den Scheinwirteln meist nur Kurztriebe mit den Nadeln (Jahrestriebe „1-gliedrig"), aber bei einigen Arten durch einzelne seitl. stehende Langtriebe od. Zapfen Jahrestriebe zusätzl. verzweigt („mehrgliedrig"). Längenmaße zu den Scheiden der Nadelbündel für noch voll entwickelte Scheiden zutreffend. Kn.merkmale beziehen sich auf vegetative Kn., harzig bedeutet, dass die Kn. von Harz ± bedeckt sind, nicht harzig bzw. harzlos bedeutet nicht, dass die Kn. kein Harz enthalten, sondern fehlenden Harzüberzug. Die Angabe für die Zapfenfarbe gilt, wenn nicht anders angegeben, für reife, noch geschlossene od. sich gerade öffnende Zapfen, nicht für alte geöffnete od. mehrj. am Zw. geschlossen verbleibenden Zapfen. Maße für Zapfen-∅ beziehen sich bei Arten, deren Zapfen sich zur Reife öffnen, auf den geöffneten Zapfen

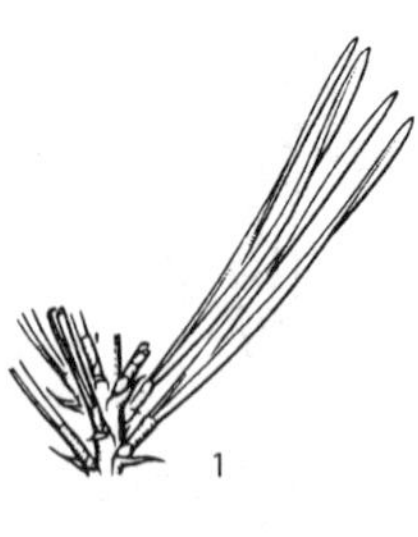

1

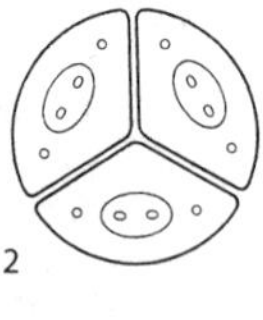

2

3

716/1–3 *Pinus*: 1 Zw.stück einer 2-nadeligen Kiefer; 2 Nadelbündel einer 3-nadeligen Kiefer, quer; 3 *P. sylvestris*, Zapfen

Schlüssel zur Artbestimmung nächste Seite!

Schlüssel zu den Untergattungen, Sektionen u. Untersektionen

Der Schlüssel führt über Zapfen- u. Nadelmerkmale zu den beiden Untergatt. u. ihren Sekt., wobei die Merkmale sich auf die verschlüsselten Arten beziehen. Anschließend werden die behandelten Arten diesen Gruppen zugeordnet. Im Schlüssel zu den Arten ist die Zugehörigkeit zu diesen durch die römische Ziffer in Klammern nach den Artnamen angegeben.

1. Schuppenf. Tragbl. an den Langtrieben herablaufend, Trieb etwas gefurcht; Nadelscheiden bleibend, nicht rosettig zurückgerollt; Nadeln zu 2 od. 3, mit 2 Leitbündeln u. unterschiedl. Lage der Harzkanäle; Zapfen stets mit dicken Samenschuppen, deren Nabel im zentralen Bereich des Schildes liegt, Samen stets mit Flügel, meist leicht abtrennbar (**Untergatt. *Pinus*** = **II**) 3

— Schuppenf. Tragbl. nicht an den Langtrieben herablaufend, Trieb glatt; Nadelscheiden im 1. od. 2. Jahr abfallend, zuw. länger bleibend, dann aber rosettig zurückgerollt; Nadeln am Kurztrieb meist zu 5, selten zu 1–3, mit 1 Leitbündel u. meist randst. Harzkanälen; Zapfen mit dünnen od. dicken Samenschuppen, Nabel am Schuppenschild endst. od. zentral, Samen entw. flügellos od. mit Flügel, dieser rudimentär od. meist fest mit dem Samen verbunden, selten leicht abtrennbar (**Untergatt. *Strobus*** = **I**) 2

2. Kurztriebe mit Nadeln zu 5, selten 3; wenn zu 5, dann Zapfen reif geschlossen od. offen, Samenschuppen dünn, Schuppenschild mit endst. Nabel u. ohne Dornfortsatz, Samen ganz od. fast flügellos od. mit fest angewachsenem Flügel (**Untersekt. *Strobi*** = **Ia1**); wenn Nadeln zu 3, dann Samenschuppen dick, Schuppenschild mit zentralem Nabel u. mit Dornfortsatz, Samen mit kurzem, leicht abtrennbarem Flügel (**Untersekt. *Gerardianae*** = **Ia2**)
Sekt. *Quinquefolius* = **Ia**

— Kurztriebe mit Nadeln zu 1–5, Zapfen sich zur Reife stets öffnend, mit meist dicken Samenschuppen, deren Schilde stets einen zentralen Nabel aufweisen; Nadeln entw. zu 5 mit hinfälligen Nadelscheiden (im 2. Jahr abgefallen) u. geflügelten Samen (**Untersekt. *Balfourianae*** = **Ib1**) od. Nadeln zu 1(–2), 2 od. 3(–5) mit rosettig zurückgerollten Nadelscheiden u. Samen, die nach Ablösen von der Samenschuppe flügellos sind (**Untersekt. *Cembroides*** = **1b2**)
Sekt. *Parrya* = **Ib**

3 (1). Nadeln zu 2 od. 3, 2–3 od. 3–5; Harzkanäle mittenst. od. innenst.; Zapfen zur Reife sich öffnend od. mehrere Jahre geschlossen bleibend, Samen stets mit leicht trennbarem Flügel, Nabel auf Schuppenschild meist mit Dornfortsatz; Jahrestriebe 1- od. mehrgliedrig (**Sekt. *Trifolius*** = **IIb**) 5

— Nadeln zu 2, nur ausnahmsweise 3, Harzkanäle randst. od. mittenst.; Zapfen zur Reife sich öffnend, nur ausnahmsweise geschlossen, Samen mit fest verwachsenem od. leicht trennbarem Flügel, zuw. sehr kurz, Nabel auf Schuppenschild mit od. ohne Dornfortsatz; Jahrestriebe stets 1-gliedrig (**Sekt. *Pinus*** = **IIa**) 4

4. Kn. harzig, Zapfen 2–10(–12) cm lang, zur Reife sich stets öffnend, Schuppenschild braun, gelbl. braun od. graubraun, nicht glänzend, Nabel ohne od. mit kleiner hinfälliger od. bleibender Dornspitze; Samen mit leicht abtrennbarem Flügel . . . . **Untersekt. *Pinus*** = **IIa1**

— Kn. nicht harzig, Zapfen 6–20(–25) cm lang, zur Reife sich öffnend od. ausnahmsweise geschlossen, Schuppenschild meist glänzend braun, Nabel ohne od. mit winziger hinfälliger Dornspitze; Samen mit fest verwachsenem od. leicht abtrennbarem Flügel, zuw. Flügel sehr kurz **Untersekt. *Pinaster*** = **IIa2**

5 (3). Nadeln stets zu 2, meist gebogen u. gedreht, Harzkanäle mittenst., Nadelscheiden < 1 cm lang; Zapfen meist viele Jahre geschlossen am Zw. verbleibend, sich meist spät öffnend, zuw. bei Besonnung bald öffnend u. bei Feuchte wieder schließend .... **Untersekt. *Contortae*** = **IIb1**

— Nadeln meist zu 3, selten 2–3 od. 3–5, meist gerade, Harzkanäle innenst. od. mittenst., Nadelscheiden > 1 cm, oft 2–3,5 cm lang; Zapfen sich zur Reife bald, wenn auch teils langsam öffnend, zuw. beim Abfallen basale Schuppen am Zw. als Rosette hinterlassend od. viele Jahre am Zw. bleibend, zuw. spät öffnend .... **Untersekt. *Ponderosae*** u. ***Australes*** = **IIb2 u. 3**

Gliederung:

I Untergatt. *Strobus* (*Haploxylon*, Weichholzkiefern)

a Sekt. *Quinquefolius*

1 Untersekt. *Strobi*: *P. albicaulis, P. armandii, P. ayacahuite, P. cembra* s. l., *P. flexilis, P. koraiensis, P. lambertiana, P. monticola, P. parviflora, P. peuce, P. pumila, P. strobus, P. wallichiana*

2 Untersekt. *Gerardianae*: *P. bungeana*

b Sekt. *Parrya*

1 Untersekt. *Balfourianae*: *P. aristata, P. balfouriana, P. longaeva*

2 Untersekt. *Cembroides*: *P. cembroides, P. edulis, P. monophylla*

II Untergatt. *Pinus* (*Diploxylon*, Hartholzkiefern)

a Sekt. *Pinus*:

1 Untersekt. *Pinus* (*Sylvestres*): *P. densiflora, P. massoniana, P. mugo* agg., *P. nigra, P. resinosa, P. sylvestris, P. tabuliformis, P. thunbergii*

2 Untersekt. *Pinaster*: *P. brutia, P. canariensis, P. halepensis, P. heldreichii, P. pinaster, P. pinea*

b Sekt. *Trifolius*

1 Untersekt. *Contortae*: *P. banksiana, P. contorta, P. virginiana*

2 Untersekt. *Ponderosae*: *P. coulteri, P. jeffreyi, P. ponderosa, P. sabiniana*

3 Untersekt. *Australes*: *P. muricata, P. patula, P. pungens, P. radiata, P. rigida, P. taeda*

1. Nur 1 Nadel je Kurztrieb, im ∅ kreisf., zuw. einzelne Kurztriebe mit 2 Nadeln, dann ∅ halbkreisf. – Nadeln (2–)3–6 cm lang, 1,2–2,5 cm breit, ganzrandig, steif, stechend scharf zugespitzt, grün, blau- od. graugrün, Nadelscheiden vor dem Abfallen rosettig zurückgerollt; Zapfen 4–6 cm lang, geöffnet oft etwas breiter als lang; Samenschuppen wenige, weit spreizend, ihre Schilde verdickt, Nabel flach od. stumpf pyramidal; Bm/Bk, oft mehrstämmig, auch Sg – s. SW-NAm. bis NW-Mex. [*P. cembroides* subsp. *monophylla* (Torr. & Frém.) E. Murray] **Einnadelige Nuss-K., *P. monophylla*** Torr. & Frém. (Ib2)

Zum *P. cembroides*-Komplex (W-, SW-USA u. Mex.) mit variabler Anzahl der Nadeln am Kurztrieb u. essbaren Samen, die nach Ablösen von der Samenschuppe ungeflügelt sind, gehörend; hierzu auch ***P. cembroides*** Zucc., **Mexikanische Nuss-K.**: Nadeln gerade, zu (2–)3(–4) am Kurztrieb; u. ***P. edulis*** Engelm., **Felsengebirgs-Nuss-K.**: Nadeln gebogen, zu (1–)2(–3).

— Kurztriebe mit Nadelbündel aus 2, 3 od. 5 Nadeln, Nadeln im ∅ halbkreisf. od. 3-eckig **2**

2. Kurztriebe mit 2 od. 3 Nadeln, Nadeln im ∅ halbkreisf. od. 3-eckig, Nadelscheiden bleibend, nur ausnahmsweise (*P. bungeana*, Nr. 22) im 1. Jahr abfallend **21**

— Kurztriebe mit 5 Nadeln, Nadeln im ∅ 3-eckig, Nadelscheiden hinfällig, spätestens im 2. Jahr abgefallen **3**

3. Nadeln am Rand sehr fein gesägt, meist mit nach vorn gerichteten Zähnchen (Lupe!), daher beim Streichen mit den Fingern von der Nadelspitze gegen die -basis zu sich etwas rau anfühlend **10**

— Nadelrand ohne od. nur im vorderen Nadelteil mit Zähnchen, daher ganz glatt od. nur im vorderen Teil etwas rau **4**

4. Nadeln auf allen 3 Flächen mit weißl. Stomatalinien (Lupe!), wenn auch deren Anzahl an der Außenfläche meist geringer u. weniger auffällig als an den beiden radialen Innenflächen **8**

— Nadeln nur an den radialen Innenflächen mit weißl. Stomatalinien, an der Außenfläche fehlend **5**

5. Nadeln mit auffälligen weißl. Harzflocken besetzt (an Wollläuse erinnernd), 2–5 cm lang, 0,8–1 mm breit, dicht stehend u. nach vorn, dem Zw. zu gebogen, ihm fast anliegend, Nadel-Lebensdauer bis 15–17 Jahre; Jungtriebe rost- od. orangebraun, kurz behaart; Kn.schuppen lose anliegend od. ihre Spitzen abstehend; Zapfen anfangs eif., grün od. dunkelpurpurn, reif zylindrisch eif., braun, 6–11 cm lang, 4–6 cm ∅, fast ungestielt, Nabel der Schuppenschilde mit 4–11 mm langem grannenf. Dorn; Samen 5–6 mm lang; Bk – z. SW- bis Z-NAm. (Rocky M.). **Grannen-K., *P. aristata*** Engelm. (Ib1)

Ähnl. ***P. longaeva*** D. K. Bailey, **Langlebige K.**: Nadeln (fast) ohne Harzflocken, Lebensdauer bis 30 Jahre; Schuppenschild mit weichem, nur 1–6 mm langem Dorn; erreicht ein Alter von > 4 000 Jahren. Bk – ss. W-USA (White Mountains).

— Nadeloberfläche ohne weißl. Harzflocken **6**

6. Nadeln 1,5–4 cm lang, – wie bei *P. aristata* dem Zw. dicht anliegend u. > 10 Jahre am Zw. bleibend, teils bis 30 Jahre, wodurch benadelte Zw. fuchsschwanzähnl. (Name!); Kn.schuppen dicht anliegend; Zapfen längl. eif. od. ellipsoidisch bis zylindrisch, 6–12(–22) cm lang, 4–6 cm ∅, kurz gestielt, Schuppenschild ohne od. mit < 4 mm langem, weichem Dorn. Bk – ss. SW-NAm. (Kalifornien). **Fuchsschwanz-K., *P. balfouriana*** A. Murray (Ib1)

— Nadeln > 4 cm lang **7**

7. Nadeln 7–10 cm lang; Zapfen reif geöffnet, im 1. Jahr abfallend ***P. peuce***, siehe Nr. **13**

— Nadeln 4–8 cm lang; reife Zapfen geschlossen od. nur teilw. geöffnet, mehrere Jahre am Zw. bleibend .... ***P. pumila***, siehe Nr. **14**

8 (4). Junge Zw. äußerst biegsam, können stark gebogen od. sogar zu losem Knoten gebunden werden, ohne zu brechen, gelb- bis graugrün; Kn. harzig, terminale 0,8–1,5 cm lang – Nadeln (3–)4–7(–9) cm lang, gerade od. etwas gebogen u. schwach gedreht, Außenfläche grün, Innenseiten blaugrün bis weißl., Lebensdauer (3–)5–6 Jahre, Nadelbündel am Zw.ende pinselartig, aber kaum gedrängt, nach vorn gerichtet; Zapfen 8–18 cm lang, 4–6 cm ∅, Schuppenschild vorn abgerundet, Nabel sehr harzig, Samen fast flügellos. Bm – z. W- bis Z-NAm., N-Mex. **Biegsame K., Nevada-Zirbe, *P. flexilis*** E. James (Ia1)

'Firmament' ['Glauca']: Nadeln gleichmäßig blaugrau.

— Junge Zw. zieml. dick, nicht auffällig biegsam, höchstens anfangs grün, dann rotgelb od. orangebraun; Kn. nicht harzig, terminale 0,5–1 cm lang **9**

9. Nadeln 3–6,5 cm lang, steif, gelb- od. dunkelgrün, Lebensdauer 5–8 Jahre; Kn.-schuppen lose anliegend od. ihre Spitzen abstehend; Zapfen (2,5–)5–7(–9) cm lang, 4–7 cm ∅, bei Reife sich nicht öffnend, Zapfen mit den Samen abfallend – Jungtriebe gelbbraun, kahl od. leicht behaart; Kn. zugespitzt, nicht harzig;

Samen nach Ablösen von der Samenschuppe flügellos, essbar; Stammrinde anfangs weißl. (Name!), glatt, später dickschuppige Borke, grau bis gelbl. braun. Bm – ss. Geb. NW-NAm.

Weißstämmige K., Weißstämmige Zirbe, *P. albicaulis* Engelm. (Ia1)

— Nadeln (3,5–)5–11 cm lang, grün bis bläul. grün, Lebensdauer 2–4 Jahre; Kn.schuppen dicht anliegend; Zapfen > 15 cm lang, reif sich öffnend, > 8 cm ∅ .... ***P. lambertiana***, siehe Nr. **18**

10 (3). Jungtriebe behaart **14**

— Jungtriebe kahl **11**

11. Nadeln 6–10(–12), im Mittel < 10 cm, lang, 0,5–0,7 mm breit, abstehend od. nach vorn gerichtet; Kn. 0,5–1 cm lang **13**

— Nadeln 7–18(–20), im Mittel > 10 cm, lang, 0,8–1,5 mm breit, höchstens anfangs abstehend, spätestens im 2. Jahr hängend od. überhängend, oft oberhalb Basis bzw. im unteren Drittel geknickt; Kn. 1–1,5 cm lang **12**

12. Nadeln (6–)12–18(–20) cm lang, 0,8–1 mm breit, schlaff, meist bogig überhängend, oft im unteren Drittel geknickt, dunkelgrün, Innenflächen durch Stomatalinien bläul. weiß, Nadelbündel dicht stehend, Lebensdauer 2–4 Jahre; Jungtriebe grün bis graubraun, bläul. bereift; Kn. eif. bis kegelf., zugespitzt; Zapfen 2–5 cm lang gestielt, (10–)15–30 cm lang, 5–8 cm ∅, zylindrisch, meist etwas gebogen (bananenf.), Samenschuppen holzig, aber zieml. weich, Zapfen sich bald öffnend u. nach Samenfall mit Stiel abfallend, oft stark harzig, Samen geflügelt. Bg – h. Himal. (Afgh. bis Bhutan) bis Tibet u. Yunn. [*P. excelsa* Wall.; *P. griffithii* McClell.] **Tränen-K., *P. wallichiana*** A. B. Jacks. (Iba)

Ähnl. in Wuchs u. Benadelung ***P. × schwerinii*** Fitschen [*P. strobus* × *P. wallichiana*]: Nadeln anfangs abstehend, später hängend, 8–16 cm lang, silberblau; Zapfen 15–25 cm lang, Jungtriebe wie bei *P. strobus* zumindest an der Ansatzstelle der Nadelbündel mit einigen Härchen.

— Nadeln 7–13(–20) cm lang, 1–1,5 mm breit, anfangs abstehend, im 2. Jahr meist hängend, oft oberhalb der Basis etwas geknickt, gelb- bis frischgrün, Innenseiten mit bläul. weißen Stomatalinien, Nadelbündel locker stehend; Jungtriebe grün, graugrün od. graubraun, zuw. bereift; Kn. zylindrisch, stumpf; Zapfen 2–3 cm lang gestielt, (8–)10–18(–25) cm lang, 4–8 cm ∅, fassf. bis längl. kegelf., Samenschuppen holzig u. starr, Zapfen sich langsam u. nur leicht öffnend, Samen ungeflügelt od. mit kurzem Flügelansatz. Bm – s. O-Himal., Yunn., Sich., S-China, Taiw. (hier var. *mastersiana* (Hayata) Hayata), S-Jap. (Kyushu; hier var. *amamiana* (Koidz.) Hatus.).

Chinesische Weiß-K., China-Zirbe, *P. armandii* Franch. (Ia1)

13 (11). Jungtriebe zieml. dick u. fest, stets kahl, grau- bis olivgrün; Nadeln 7–10 cm lang, zieml. steif, pinself. nach vorne gerichtet, Lebensdauer 3–4 Jahre; Zapfen hell- od. gelbbraun, zylindrisch, 8–15 cm lang, 4–6 cm ∅, Stiel bis 1 cm lang, basale Samenschuppen anliegend; Kn. eif. bis kegelf., 5–10 mm lang, zugespitzt, harzig od. nicht harzig. Bm – h. Geb. SO-Eur.

Rumelische Strobe, Mazedonische K., *P. peuce* Griseb. (Ia1)

— Jungtriebe dünn u. biegsam, graugrün od. blass rötl. braun, anfangs schwach behaart, bis auf einige Härchen unter den Ansatzstellen der Nadelbündel verkahlend; Nadeln 6–12 cm lang, dunkel- bis blaugrün, dünn u. biegsam, abstehend, Lebensdauer 2–3 Jahre; Zapfen matt hell- od. graubraun, zylindrisch, oft gebogen, 8–20 cm lang, 4–8 cm ∅, Stiel 1–3 cm lang, basale Samenschuppen oft zurückgebogen; Kn. längl. eif., 5–7 mm lang, spitz, leicht

harzig. Bg – h. O-NAm.
Weymouths K., Ostamerikanische Strobe, *P. strobus* L. (Ia1)

'Fastigiata': Wuchs anfangs strauchig, später Bk mit kegel- bis säulenf. Krone, Nadeln grün, Innenseiten blaugrün; **'Krügers Lilliput'**: Zwergform, halbkugelig bis kegelf., Nadeln 3–6 cm lang, steif, graugrün bis silbrig grau; **'Macopin'**: Wuchs strauchig, kugelig bis kegelf., Nadeln graublau bis -grün, junge Pfl. schon Zapfen tragend; **'Minima'**: kompakte Zwergform, abgeflacht kugelig, Nadeln 2–3 cm lang, sehr dünn, dunkelgrün; **'Radiata'**: Wuchs gedrungen, anfangs halbkugelig bis breit kegelf., später Bk, Zw. dicht gedrängt, Nadeln 4–6 cm lang, aufwärts gerichtet, graugrün bis -weiß.

Ähnl. ***P. ayacahuite*** Schltdl., **Mexikanische Weiß-K.**, aber Zapfen (10–)15–40(–50) cm lang, 7–15 cm ∅, Nadeln (8–)10–15(–18) cm lang – ss. ∧ S-Mex. bis MAm.

14 (10). Wuchs strauchf., krummholzartig od. mit Spalierwuchs, selten mehrstämmig baumf. 1–3(–6) m hoch; Zapfen 3–5(–6) cm lang, 2–3 cm ∅ – Jungtriebe dicht behaart; Kn. harzig; Nadelbündel dicht stehend, Nadeln nach vorn dem Zw. zu gebogen, 4–8 cm lang, 1 mm breit, außen dunkelgrün, Innenseiten blaugrün; Kn. glänzend rotbraun; ♂ Bltn.zapfen vor dem Stäuben auffallend wein- bis purpurrot; Zapfen fast sitzend, eif. bis fassf., lange am Zw. verbleibend, sich nicht od. nur teilw. öffnend, Samen ungeflügelt (Zirbelnüsse), 5–8 mm lang. Sg/Bk – h. NO- bis O-As. (O-Sib., N-Mong., Russ.-Fernost, NO-China, Kor., N-Jap.). **Zwerg-Zirbel-K., Zirbenkrummholz-K., Ostasiatische Zwerg-K., *P. pumila*** (Pall.) Regel (Ia1)

Einige bis etwa 2 m hohe Sorten mit auffälligeren, außen grau- bis blaugrünen, innen grau- bis silbrig weißen Nadeln, z. B. **'Glauca'**: Wuchs unregelmäßig halbkugelig bis breit buschig mit bogig aufsteigenden Ästen, Nadeln 4–5 cm lang; **'Globe'**: Wuchs regelmäßig u. dicht kugelig, Nadeln 4–7 cm lang; **'Nana'**: Wuchs anfangs abgeflacht halbkugelig, kompakt, später unregelmäßig buschig, Nadeln bis 5 cm lang.

P. × hakkodensis Makino, **Honshu-K.**: in den Merkmalen meist zwischen den Eltern *P. pumila* u. *P. parviflora* stehend, meist strauchf., bis 3 m hoch, Nadeln oft etwas gedreht, Zapfen sich öffnend, Samen kurz geflügelt. N-Jap.

— Bäume; Zapfen mindestens 4–8 cm lang u. 3–4 cm ∅, meist deutl. länger u. dicker **15**

15. Jungtriebe spärl. behaart, so dass Zw.rinde erkennbar ist; Samen geflügelt **17**

— Jungtriebe dicht behaart, die gelbl., rostfarbene od. rot- bis gelbbraune filzige Behaarung bedeckt den Zw.; Samen ungeflügelt od. zumindest nach Ablösung von der Samenschuppe flügellos (Zirbelnüsse) **16**

16. Nadeln dunkelgrün, zieml. steif, dem Zw. fast anliegend od. < 45° abstehend (pinselartige Büschel an den Zw.enden), 5–9(–10) cm lang, 1–1,5 mm breit, Lebensdauer 2–5 Jahre; Kn. eif. bis kegelf. mit dicht anliegenden Schuppen, nicht harzig, terminale 0,8–1 cm lang; ♂ Bltn.zapfen vor dem Stäuben rötl.; Samenzapfen (fast) sitzend, eif. bis tonnenf., 5–13 cm lang, 3–8 cm ∅, unreif bläul. bis purpurviolett überlaufen, sich nicht öffnend, nach mehreren Jahren gemeinsam mit Samen abfallend, Samen ungeflügelt, 0,8–1,2 cm lang. Bm/Bg – h. M-Eur. (Hochgeb.), N- bis M-As.
Zirbel-K. i. w. S., **Zirbe, Arve, *P. cembra*** L. s. l. (Ia1)

subsp. *cembra*, Europäische Zirbel-K., Alpen-Zirbe, Arve: Baum 10–25 m hoch, Zapfen 5–8 cm lang, 3–5 cm ∅, Samen 0,8–1 cm lang, ihre Schale 0,5–0,6 mm dick – h. Alp., Karp.

subsp. *sibirica* (Du Tour) Krylov [*P. sibirica* Du Tour], **Sibirische Zirbel-K.**: Baum bis 35 m hoch, Zapfen länger u. mehr tonnenf., (5–)7–10(–13) cm lang, 5–8 cm ∅, Samen 1–1,2 cm lang, ihre Schale 0,6–0,8 mm dick. s. W-u. S-Sib. bis N-Mong., N-China (Nei-Mong.), W-China (Xinjiang) u. Kasach.

Einige Sorten (zu subsp. *cembra*) mit auffällig silbrig blauen Nadeln (**'Glauca'**, Bm), mit gedrungenem Wuchs, dichter kegelf. Krone u. graugrünen (außen) bis. blauweißen (Innenseiten) Nadeln (**'Compacta Glauca'**, Sg/Bk) od. blaugrün benadelte Zwergformen (z. B. **'Nana'**, nicht zu verwechseln mit *P. pumila* u. Sorten, Nr. 14).

— Nadeln heller grün u. nicht so steif, vom Zw. mehr (oft > 45°) abspreizend, 6–14 cm lang, 1 mm breit, Lebensdauer 2–3 Jahre; Kn. eif. bis zylindrisch, obere Schuppen abstehend, harzig, terminale etwa 1 cm lang; ♂ Bltn.zapfen vor dem Stäuben gelb, Samenzapfen 1–1,5 cm lang gestielt, kegelf. bis eif., 9–14(–17) cm lang, 5–8 cm ∅, unreif blaugrün, mehrere Jahre am Baum bleibend, sich allmähl. öffnend, aber Samenschuppen wenig spreizend, Samen nicht freilassend, Samen nach Ablösung von der Schuppe flügellos, 1,2–1,6 cm lang. Bg – z. Russ.-Fernost, NO-China, Kor., Jap. (M-Honshu).
Korea-K., Korea-Zirbe, *P. koraiensis* Siebold & Zucc. (Ia1)

'Silveray' ['Glauca']: Bk, Wuchs schmal kegelf. bis fast säulenf., Nadeln 10–13 cm lang, auffallend graublau, zur Spitze hin meist geknickt.

17 (15). Nadeln 3–6(–8), im Mittel < 7, cm lang; Kn. 5 mm lang; Zapfen gedrängt stehend, in Wirteln zu 3–8, fast sitzend, 4–8 cm lang, geschlossen eif. bis ± kugelig, reif geöffnet mit weit spreizenden Samenschuppen, bis 7 Jahre am Baum bleibend – Nadeln 0,7–1 mm breit, biegsam, meist bogig u. um ihre Achse gedreht, an den Zw.enden pinself. gehäuft, Innenflächen der Nadeln auffällig blauweiß, Lebensdauer 3–5 Jahre; Jungtriebe grau bis gelbl. braun; Zapfen 3–4 cm ∅, Samenschuppen dünn, biegsam, stark bogig od. ± flach. Bm – h. Jap., S-Kor. [*P. pentaphylla* Mayr]
Mädchen-K., *P. parviflora* Siebold & Zucc. (Ia1)

'Adcock's Dwarf': anfangs halbkugelige, später buschige Zwergform, Nadeln nur 1,5–2,5 cm lang, graugrün; **'Brevifolia'**: Pfl. kegelf., bis 3 m hoch; Nadeln 3–4 cm lang, blaugrau, Innenseiten blauweiß; **Glauca-Gruppe**: baumf. Sorten mit auffallend silbrig blaugrauen bis -weißen Nadeln; **'Negishi'**: strauch- bis baumf., breit kegelf.; Nadeln 4,5 cm lang, zieml. stark gedreht, graublau, Innenseiten blauweiß; **'Tempelhof'**: Bk, Äste unregelmäßig gestellt, spärl. verzweigt; Nadeln 5–8 cm lang, dunkel silbrig blau; bereits junge Pfl. reich Zapfen tragend.

— Nadeln (4–)5–12(–14), im Mittel > 7, cm lang; terminale Kn. 5–10 mm lang; Zapfen einzeln, zu 2 od. 3–4 wirtelig, mindestens 1 cm lang gestielt, > 8 cm lang, geschlossen eif. od. kegelf. bis lang zylindrisch, reif sich öffnend u. bald abfallend od. wenn mehrere Jahre am Baum verbleibend, dann Samenschuppen nur wenig spreizend 18

18. Zapfen (15–)25–50(–56) cm lang (längste Zapfen aller Kiefern), 8–15 cm ∅, Stiel 5–12 cm lang; Kn. nicht harzig; Nadeln 1–1,5 mm breit, – 5–11 cm lang, etwas gedreht, dunkelgrün bis bläul. grün, scharf zugespitzt, am Rand nur entfernt fein gezähnt, Lebensdauer 2–4 Jahre; Jungtriebe behaart, später verkahlend, anfangs grün, dann orangebraun, zuletzt Zw. grau; Stammrinde anfangs glatt u. grau, im Alter dicke u. tief gefurchte Borke, zimt- bis grau- od. purpurbraun; Samenschuppen dick u. steif, mit verdicktem Schild, glänzend hellbraun, basale zurückgebogen, Samen 1–2 cm lang, ihr Flügel 2–3 cm lang. Bg (höchste aller Kiefern, bis 81 m) – ss. ∧ SW-NAm. (W-, SW-USA), NW-Mex. **Zucker-K., *P. lambertiana*** Douglas (Ia1)

Ähnl. mit ebenfalls sehr langen (bis 30 cm), jedoch deutl. kürzer (bis 2,5 cm) gestielten Zapfen ist ***P. strobiformis*** Engelm. **Südwestliche Weiß-K.**, SW-USA, Mex.

— Zapfen 8–25 cm lang, 2,5–8 cm ∅, Stiel 1–3 cm lang; Kn. zumindest schwach harzig; Nadeln 0,5–1 mm breit 19

19. Terminale Kn. 6 mm lang; Jungtriebe ± gleichmäßig flaumig behaart, gelbl. grün od. blass rötl. braun bis kupferbraun; Nadeln 4–10 cm lang, abstehend, gerade, leicht gedreht, biegsam, olivgrün od. bläul. grün, Lebensdauer 3–4 Jahre; Zapfen zylindrisch, reif sich öffnend, gelbl. braun, – 10–25 cm lang,

2,5–5 cm ∅, etwas gekrümmt, Samenschuppen dünn, ± biegsam. Bm – s. W-NAm. **Westliche Weymouths K., Westamerikanische Strobe, *P. monticola*** D. Don (Ia1)

'Ammerland': Bm, Krone kegelf., Äste leicht bogenf. ansteigend; Nadeln 10–12 cm lang, silbrig blau; **'Pendula'**: Pfl. niederliegend, bei aufgebundenem Stamm Äste u. Zw. mähnenartig hängend; **'Skyline'** ['Glauca']: Bm, Krone säulenf., Äste unterschiedl. lang, abstehend bis bogig aufsteigend; Nadeln auffallend blaugrau, Innenseiten silbrig blau.

— Terminale Kn. 5–10 mm lang; Jungtriebe anfangs behaart, dann verkahlend od. nur unter den Ansatzstellen der Nadelbündel behaart bleibend, grünl., graugrün od. -braun bis rotbraun; Nadeln 6–14, zumindest ein Teil > 10 cm lang, Lebensdauer 2–3 Jahre; Zapfen zylindrisch, reif sich öffnend, matt hell- od. graubraun, bald abfallend od. eif. bis kegelf., sich nur wenig öffnend, gelb- od. graubraun u. mehrere Jahre am Baum bleibend **20**

20. Nadeln 0,5–0,7 mm breit, weich u. biegsam, dunkelgrün bis bläul. grün, Innenseiten mit je 2–3 Stomatalinien; Zapfen zylindrisch, reif sich öffnend, bald abfallend, Samen geflügelt .... ***P. strobus***, siehe Nr. **13–**

— Nadeln 1 mm breit; zieml. steif, Außenseite dunkelgrün, Innenseite durch je 5 Stomatalinien bläul.-weiß; Zapfen eif. bis kegelf., sich nur allmähl. u. wenig öffnend, Samen nach Ablösung von Schuppe flügellos ***P. koraiensis***, siehe Nr. **16–**

21 (2). Nadelbündel der Kurztriebe mit 2 Nadeln, nur ausnahmsweise einige 3-nadelig **29**

— Nadelbündel ausschließl. od. vorwiegend mit 3 Nadeln, zuw. alle Kurztriebe einer Pfl. od. einzelne Kurztriebe nur mit 2 Nadeln, ausnahmsweise auch 4(–5) Nadeln (siehe Nr. 24–) **22**

22. Nadelscheiden im 1. Jahr abfallend; Stammrinde glatt, an älteren Stämmen buntscheckig, ähnl. wie bei Platane abblätternd u. Flecke unterschiedl. Farbe hinterlassend, im Alter Stamm fast kreideweiß – Nadeln 5–10 cm lang, ± 2 mm breit, steif, gerade, abstehend, hell- bis gelbgrün od. schwach bläul. grün; Nadelbündel locker stehend; Jungtriebe graugrün, kahl; Kn. nicht harzig, eif. bis spindelf., mit freien Schuppenspitzen; Zapfen 5–7 cm lang, 4–5 cm ∅, fast sitzend, Schuppenschild stark verdickt, Nabel mit starrem, gebogenen Dorn. Bg – s. N- bis ZS-China u. Sich. **Bunges K., Tempel-K. *P. bungeana*** Endl. (Ia2)

— Nadelscheiden dauerhaft, zuw. als gespaltene Lappen zurückbleibend; Stamm weder mit vielfarbigem Rindenmuster noch kreideweiß **23**

23. Nadeln vom Zw. abstehend **25**

— Nadeln alle od. überwiegend von den Zw. schlaff herabhängend **24**

24. Nadeln zu 3, graugrün, (15–)20–30(–40) cm lang, ± 1,5 mm breit, Nadelscheiden anfangs 2, später 0,5 cm lang; Jungtriebe blass graubraun, bereift, später Zw. dunkelbraun; Kn. spitz kegelf. bis zylindrisch, harzig; Zapfen 11–25 cm lang, 10–15 cm ∅, eif. bis fast kugelig, 2–7 Jahre am Baum bleibend, beim Abfallen Stiel u. basale Samenschuppen am Zw. hinterlassend, Schuppenschild sehr dick, erhaben pyramidal, Nabel mit starkem, gekrümmtem Dorn. Bg – ss. ∧ SW-NAm. (W-USA: Kalifornien). **Diggers K., Grau-K., *P. sabiniana*** D. Don (IIb2)

Ebenfalls 3-nadelige Nadelbündel u. > 20 cm lange, oft leicht überhängende Nadeln besitzt *P. canariensis* (siehe unter Nr. 25).

— Nadeln zu 3–4(–5), blass- bis dunkelgrün, 15–25(–30) cm lang, 0,7–1 mm breit, Nadelscheiden anfangs 2–3 cm lang, sich verkürzend; Jungtriebe anfangs blaugrün bereift, später gelb- bis rostbraun; Kn. lang zugespitzt, nicht

harzig; Zapfen 5–10 cm lang, eif. od. kegelf., asymmetrisch, etwas gebogen, bis zu 20 Jahre am Baum bleibend, aber sich öffnend, Schuppenschild flach od. leicht gewölbt, Nabel oft vertieft, mit winzigem hinfälligem Dorn – Zw. fast hängend, Triebe oft mehrgliedrig. Bg – ss. ∧∧ M- u. O-Mex.
Jelote-K., Mexikanische Hänge-K., *P. patula* Schltdl. & Cham. (IIb3)

25 (23). Nadeln (5–)6–12(–15), im Mittel < 10 cm lang, – steif, abstehend u. etwas gebogen u. gedreht, am Rand zieml. stark rau, glänzend hellgrün, Nadelscheiden anfangs 1–1,5 cm lang; Jungtriebe erst hellgrün, dann orange- od. rotbraun; Kn. harzig; Zapfen 3–8 cm lang, 3,5–6 cm ∅, sehr lange am Zw. bleibend, Schuppenschild mit kurzem hakigem Dorn; an Stamm u. Ästen aus ruhenden Kn. Lang- u. Kurztriebe austreibend, dadurch am Stamm oft büschelartig Zw. entspringend, zuw. mit Primärnadeln, auch Stockausschlag bildend. Bm – s. O-NAm. **Pech-K., *P. rigida*** Mill. (IIb3)

Ebenfalls 3-nadelige Nadelbündel sowie Zw.büschel aus Adventivkn. am Stamm, Stockausschlag u. Auftreten von Trieben mit Primärnadeln an älteren Pfl. finden sich bei der **Kanaren-K., *P. canariensis*** C. Sm., deren oft leicht überhängende Nadeln aber 20–30 cm lang sind, Zapfen 10–20 cm lang. Bg – ss. ∧∧ Makaron. (Kan.)

— Nadeln 8–20 cm lang u. länger, im Mittel > 10 cm lang **26**

26. Jungtriebe glänzend grün- od. orange- bis rotbraun, nicht weißblau bereift; Nadeln zu 3 od. 2 im Nadelbündel, – steif, 7–25 cm lang, 1,5–2 mm breit, vom Zw. abspreizend, gerade od. gebogen, auch gedreht od. hin u. her gekrümmt; Zapfen breit eif., 5–15 cm lang, 3–5 cm ∅, mit stark bedornten Schuppenschilden; Kn. ± harzig; Stamm schon in der Jugend mit rauer Rinde, später Borke dick, gelborange od. rotbraun, mit dunkel- bis schwarzbraunen Furchen; frisch geschlagenes Holz nach Terpentin riechend. Bg/Bm – h. W-NAm. bis N-Mex. **Gelb-K., *P. ponderosa*** P. Lawson & C. Lawson (IIb2)

subsp. *ponderosa*, Echte Gelb-K.: Nadeln meist zu 3, dunkelgrün, glänzend; Kn. deutl. harzig; Zapfen 8–12 cm lang, Samen 6–8 mm lang, ihr Flügel 1,5–2,5 cm lang. Bg. W-NAm.

subsp. *scopulorum* (Engelm.) E. Murray, **Felsengebirgs-Gelb-K.**: Nadelbündel mit 2 od. 3 Nadeln, grün od. graugrün; Kn. schwach harzig od. fast harzlos; Zapfen 5–10 cm lang, Samen 3–5 mm lang, ihr Flügel nur bis 1,5 cm lang. Bm. Rocky M. bis N-Mex.

— Jungtriebe grünl. braun, orange- od. rot- bis purpurbraun, aber bedeckt von blauweißem Reif; Nadeln meist zu 3, zuw. auch zu 2 .... **27**

27. Kn. nicht harzig, spitz, terminale 1,5–2 cm lang; Lebensdauer der Nadeln (3–)4–5(–6) Jahre; Nadelscheiden nur anfangs 2–2,5 cm lang, sich auf 1–1,5 cm verkürzend – Nadeln hell gelbl. grün, blau- bis graugrün, nicht glänzend, (10–)15–22(–25) cm lang, 1,5–2 mm breit, steif, gerade od. schwach gebogen, zuw. gedreht; Jungtriebe dick, beim Zerschneiden nach Orangen, Ananas od. Vanille duftend, Zw. im 2. Jahr graubraun; Zapfen (8–)15–25(–35) cm lang, 9–16 cm dick, breit eif. bis fast kugelig, kurzer Stiel u. basale Samenschuppen beim Abfall am Zw. verbleibend, hellbraun, Schuppenschild schwach pyramidenf., Nabel mit schlankem, gebogenem Dorn; Stamm anfangs glatt, erst spät borkig, aber weniger als bei *P. ponderosa* (Nr. 26), anfangs dunkelgrau, dann zimtbraun; frisch geschlagenes Holz süßl. od. nach Zitrone riechend. Bg – h. W-NAm. (NW- bis W-USA), NW-Mex. **Jeffreys K., *P. jeffreyi*** Balf. (IIb2)

— Kn. harzig, lang zugespitzt, terminale 1,5–3 cm lang od. wenn spitz, dann nur bis 1,5 cm lang; Lebensdauer der Nadeln 2–4 Jahre, Nadelscheiden 1,5–2,5 cm lang **28**

28. Kn. spitz, terminale 1–1,5 cm lang; Jahrestriebe 1-gliedrig, Zw. zieml. dünn, 0,5–1 cm ∅; Nadeln glänzend hellgrün, 10–23 cm lang, 1,5–2 mm breit, ge-

rade, etwas gedreht; Zapfen 6–12(–15) cm lang, 6–9 cm ∅, eif., symmetrisch, mattbraun, bald abfallend, Samenschuppen dünn, fast flach, Schild etwas aufgewölbt, Nabel mit starkem, gekrümmten Dorn. Bg – ss. ∧ O-NAm.
Weihrauch-K., *P. taeda* L. (IIb3)

— Kn. lang zugespitzt, terminale 1,5–3 cm lang; Jahrestriebe mehrgliedrig, Zw. dicker; Nadeln hell- bis graugrün, 15–25(–30) cm lang, 1,9–2,2 mm breit, sehr steif, gerade od. gebogen, leicht gedreht; Zapfen 20–35 cm lang, 10–20 cm ∅, eif. od. längl. eif., etwas asymmetrisch, blass gelbbraun, kurzer Stiel u. einige basale Samenschuppen am Zw. verbleibend, wenn der Zapfen abfällt, oft erst nach vielen (bis zu 25) Jahren, Schuppenschild sehr dick, Nabel mit 2,5–3,5 cm langem, einwärts gekrümmtem, stechendem Dorn. Bm – ss. ∧ SW-NAm. (Kalifornien) bis NW-Mex. **Coulters K., *P. coulteri*** D. Don (IIb2)

Ebenfalls mehrgliedrige Jahrestriebe u. asymmetrische, lange (bis 35 Jahre) am Baum verbleibende Zapfen besitzt die **Monterey-K., *P. radiata*** D. Don: Zapfen aber kleiner (7–12 cm lang) u. Schuppenschilde besonders im basalen Bereich an der Außenseite stark aufgewölbt, dadurch Zapfen auffällig asymmetrisch, Nabel mit feinem Dorn; Nadeln zu 2 od. 3 (zuw. bis 5), nur 8–15 cm lang u. bis 1,6 mm breit. Bg/Bm – ss. ∧∧ SW-NAm. (Kalifornien) bis NW-Mex.

29 (21). Nadeln 2–8(–12) cm lang, im Mittel höchstens 7 cm **37**

— Nadeln 6–15(–20) cm lang, im Mittel > 7 cm **30**

30. 2–3-j. Zw. auffallend weiß- bis aschgrau, bereift, später Oberfläche durch Furchen in regelmäßig angeordnete rautenf. Felder gegliedert („schlangenhautartig"); Lebensdauer der Nadeln 5–6 Jahre – Nadeln 6–11 cm lang, 1,2–1,5 mm breit, steif, stechend, stark glänzend grün od. dunkelgrün, meist zum Zw. hin gebogen; Kn. nicht harzig, 1–1,5 cm lang, Schuppen braun bis grauweiß, an den Spitzen frei; Zapfen 5–10 cm lang, 3–6 cm ∅, anfangs dunkelgrün od. bläul. purpurn, später stumpfbraun bis grau, Schilde der unteren Schuppen meist pyramidenf. erhöht, Nabel mit kleinem hinfälligen Dorn. Bm – h (v. a. Sorten). SO-Eur. (Balkan), S-Italien. [*P. leucodermis* Antoine]
Schlangenhaut-K., Panzer-K., *P. heldreichii* Christ (IIa2)

'Aureospicata': Wuchs breit kegelf., bis 4 m hoch, Nadelspitzen gelb, besonders auffallend im Winter; **'Compact Gem'**: Wuchs breit kegelf., bis 2 m hoch, Äste aufwärts gebogen; Nadeln 4–6 cm lang, heller grün, dem Zw.± anliegend; **'Malink'**: Wuchs schlank kegelf., bis 2 m hoch; Nadeln dunkelgrün; **'Satellit'**: Wuchs schlank kegelf., bis 5 m hoch; Nadeln 8–12 cm lang, ± abstehend, an Jungtrieben kürzer, dem Zw. zu gebogen od. ihm ± anliegend, sehr dunkel grün; **'Smidtii'** ['Schmidtii']: Zwergform, anfangs dicht kugelig, später bienenkorbf.; Nadeln kürzer, dicht stehend, dunkelgrün.

— Zw. grünl., bräunl. gelbl. bis graubraun od. orange- bis rotbraun, nie weißgrau, nur zuw. (Nr. 32, 35) bereift, ihre Oberfläche zwar durch Schuppen rau, an den 3–6-j. Zw. aber nicht regelmäßig gefeldert; Lebensdauer der Nadeln 2–4(–5) Jahre **31**

31. Nadeln 1–2(–2,2) mm breit, meist steif bis starr od. biegsam, aber nicht brechend **33**

— Nadeln entw. dünner, 0,7–1 mm breit, od. wenn bis 1,2 mm breit, dann spröde u. leicht brechend **32**

32. Nadeln 6–12 cm lang, nur 0,7–1 mm breit, gerade, etwas gedreht, nur zum Triebende hin dichter stehend, tiefgrün bis bläul. grün, Lebensdauer 2–3 Jahre, Nadelscheiden 0,6–1,2(–1,5) cm lang; junge Zw. dünn, bis 5 mm ∅, zuerst gelbl. grün, meist bereift, dann orangegelb bis graubraun; Kn. längl. eif., terminale 1,2 cm lang, etwas harzig, Spitzen der Schuppen oft frei u. zurückgebogen; Zapfen 3–6 cm lang, 2–3 cm breit, mattbraun, Samenschuppen dünn, ihre Schilde (fast) flach, Nabel stumpf od. mit kurzem weichem Dorn,

besonders an oberen Samenschuppen; Rinde im oberen Stammbereich rotbraun, in dünnen Schuppen abblätternd, weiter unten tief gefurchte Schuppenborke, rot- bis graubraun. Bg – h (meist Sorten). Jap., Kor., NO-China.
Japanische Rot-K., ***P. densiflora*** Siebold & Zucc. (IIa1)

Unter den Sorten einige besonders auffällig: **'Alice Verkade'**: Wuchs strauchig, mehrstämmig aufrecht, anfangs ± kugelig bis kegelf. u. kompakt, junge Zw. im Frühjahr reich mit Wirteln kleiner purpurvioletter Zapfen besetzt; Nadeln kürzer, dicht stehend, frischgrün; **'Oculus-draconis'**: Wuchs strauchig, breiter als hoch; Nadeln grasgrün, jede Nadel mit 2 gelben Querbändern; **'Umbraculífera', Tanyosho-K.**: strauchf. od. kleiner Baum, Krone anfangs ± kugelig, später schirmf.; Nadeln 3–10 cm lang, frischgrün; Zapfen sehr zahlreich.

Auch von Hybriden dieser Art wurden Sorten ausgelesen: *P. densiflora* × *P. nigra* **'Pierrick Bregéon'** (im Handel oft unter *P. nigra* u. mit Handelsname BREPO): abgeflachte kugelige Zwergform mit dunkelgrünen Nadeln; *P. densiflora* × *P. thunbergii* = *P.* × *densithunbergii* Uyeki **'Beni-kujaku'**: unregelmäßig u. langsam wachsender Kleinbaum; Nadeln dunkelgrün, jede mit 2 gelben Flecken od. Bändern.

— Nadeln 10–18 cm lang, 1,2 mm breit, spröde u. brechend, wenn um den Finger gewickelt, gerade od. gebogen, etwas um ihre Längsachse gedreht, dicht stehend, dunkelgrün, Lebensdauer 2–4 Jahre, Nadelscheiden zumindest anfangs länger (1,5–2 cm); junge Zw. dick, 5–7–(10) mm ∅, anfangs grün, dann orange- bis rotbraun, nie bereift; Kn. eif. bis zylindrisch, terminale bis 2 cm lang, harzig; Zapfen 3,5–6 cm lang, 3–4 cm breit, hell rotbraun, beim Abfallen einige basale Samenschuppen am Zw. verbleibend, Schilde wenig verdickt, zuw. an Außerseite im basalen Zapfenbereich stärker, Nabel flach od. eingedrückt, zuw. mit winzigem hinfälligem Dorn; Borke alter Stämme rotbraun, flach gefurcht. Bg – ss. NO-NAm.
Amerikanische Rot-K., ***P. resinosa*** Aiton (IIa1)

33 (31). Kn 2–3,5 cm lang, ihre Schuppen an der Spitze frei bis stark zurückgebogen, nicht harzig; Nadeln 10–25 cm lang, Nadelscheiden 2–3 cm lang; Zapfen 10–20(–22) cm lang – Nadeln 1,5–2 mm breit, steif, fast gerade, glänzend dunkel- od. graugrün, Lebensdauer 2–3 Jahre; Kn. zylindrisch bis spindelf., braun, Rand silberweiß gefranst; Zapfen 5–8 cm ∅, glänzend hell- bis rotbraun, jahrelang geschlossen am Baum bleibend, aber vor Abfall sich öffnend, Schuppenschilde pyramidal aufgewölbt, Nabel stark ausgeprägt, gerade od. hakig gebogen; Borke grau- bis braunrot, tief gefurcht. Bk – s. ∧∧ W- bis Z-Medit. [*P. maritima* Lam. non Mill.] **Strand-K.,** ***P. pinaster*** Aiton (IIa2)

Weitere frostempfindl. medit. Arten mit nicht harzigen, aber kürzeren Kn. (terminale bis 1,5 cm lang), kürzeren Nadelscheiden (< 2 cm lang) u. Nadeln (bis 12, selten bis 18 cm lang) u. jahrelang am Baum geschlossen od. sich nur teilw. öffnend verbleibenden Zapfen sind: ***P. pinea*** L., **Pinie**: Krone ausgeprägt kugelig bis domf., dicht; Nadeln 8–12 cm lang, 1,2–1,8 mm breit, an Jungpfl. graugrün, später dunkelgrün; Zapfen 8–15 cm lang, breit eif. bis kugelig, beim Abfall basale Schuppen am Baum verbleibend, Samen meist nur mit sehr kurzem Flügel; ***P. halepensis*** Mill., **Aleppo-K.**: Nadeln 6–12 mm lang, < 1 mm breit, hellgrün bis gelbl. grün; Zapfen 6–12 cm lang, eif. bis kegelf., glänzend orange- bis rotbraun, ± abstehend od. rückwärts gerichtet; Jungtriebe leicht bereift; ***P. brutia*** Ten., **Kalabrische K.,. Türkische K.**: ähnl. voriger, aber Nadeln länger (bis 18 cm) u. breiter (bis 1,5 mm), hell-, gelb- od. dunkelgrün, zuw. zu 3 im Nadelbündel; Zapfen abstehend od. nach vorn gerichtet; nur O-Medit., von hier bis Krim, W- u. S-Kauk.

— Kn. 1–2 cm lang, ihre Schuppen an der Spitze anliegend od. frei, nicht zurückgebogen, ± harzig bis harzfrei; Nadeln (6–)8–16 cm lang, Nadelscheiden 1–1,5 cm lang; Zapfen 4–10(–12) cm lang **34**

34. Nadeln (4–)6–13 cm lang; Zapfen nach Samenausfall stets abfallend **36**

— Nadeln 8–18 cm lang; Zapfen nach Samenausfall mehrere Jahre am Zw. verbleibend od. abfallend **35**

35. Junge Zw. anfangs oft blaugrau bereift, gelb- bis orangebraun, später graubraun; Zapfen auch nach Samenfall mehrere Jahre am Baum bleibend; Nadeln meist zu 2, zuw. auch zu 3 im Nadelbündel, Lebensdauer 2–3 Jahre; Stammborke graubraun, im Kronenbereich dünn u. rotbraun – Nadeln 1–1,5 mm breit, gerade od. gebogen, scharf zugespitzt, oft etwas gedreht, dunkelgrün; Kn. spitz, hellbraun, Schuppen dicht angedrückt, leicht harzig; Zapfen 5–8,5 cm lang, 5–7,5 cm ∅, hell gelbbraun bis dunkelbraun, Schuppenschilde deutl. aufgewölbt, Nabel stumpf, mit kurzem, gebogenem Dorn. Bm – s. O-As.: Kor., NO- u. N- bis ZS-China u. Sich.
Chinesische Rot-K., *P. tabuliformis* Carrière (IIa1)

Die südchinesische Art ***P. massoniana*** Lamb. hat auch zuw. bereifte, aber gelbl. braune Zw;, Kn. rotbraun, nicht harzig, Spitzen der Kn.schuppen zurückgebogen; Zapfen früh abfallend. Bg – ss. ∧ S-China bis Sich. u. Yunn., Taiw.

— Zw. nie bereift, anfangs meist grün bis braun, später grau- od. orangebraun; Zapfen nach Samenausfall abfallend; Nadeln stets zu 2, Lebensdauer 2–5 Jahre; Borke graubraun bis schwarzgrau .... ***P. nigra***, siehe Nr. **36**

36 (34). Kn. bräunl., plötzl. verschmälert in lang ausgezogene Spitze, ihre Schuppen am Rand silbrig gefranst; Zw. anfangs meist grün bis braun, später grau- od. orangebraun; Zapfen 4–10(–12) cm lang, glänzend hell-, gelb- od. graubraun, selten rötl. braun, Schuppenschilde ± gekielt, Nabel dunkelbraun, meist mit kleinem Dorn; Nadeln 4–18 cm lang, (1–)1,2–2(–2,2) mm breit, steif od. biegsam, meist gebogen, zuw. etwas gedreht, hell- od. dunkelgrün, Lebensdauer 2–5 Jahre; Stammborke graubraun bis grauschwarz. Bg – h. Geb. Medit. bis SO-Eur., W-Kauk., Kl.-As.
Europäische Schwarz-K., *P. nigra* J. F. Arnold s. l. (IIa1)

Sehr variable Art, von der mehrere Unterarten unterschieden werden, v. a.:

subsp. *nigra* [var. *austriaca* (Höss) Badoux], **Österreichische Schwarz-K.**: Nadeln 8–13 cm lang, 1,5–2 mm breit, dunkelgrün, steif, dicht stehend, dem Zw. zu gebogen; Zapfen 4–7 cm lang, hell-, grau- od. gelbl. braun; junge Zw. meist grün bis hell- od. orangebraun; Borke dunkelgrau bis schwarzbraun. SO-Eur. bis SO-Alp.

subsp. *pallasiana* (Lamb.) Holmboe [var. *caramanica* (Loudon) Rehder], **Taurische Schwarz-K., Krim-K.**: Nadeln (8–)12–18 cm lang, bis 2,2 mm breit, sehr starr, gerade od. gebogen, hell- od. dunkelgrün; Zapfen 5–12 cm lang, rötl. braun; junge Zw. schmutzig gelb bis orangebraun; Borke hellgrau bis bräunl. Kl.-As., Krim, W-Kauk. Hierzu die in der Türkei natürl. vorkommende **var. *fastigiata*** Businský mit schmal kegelf. bis säulenf. Krone.

subsp. *laricio* (Poir.) Maire [var. *calabrica* (Loud.) C. K. Schneid.], **Kalabrische Schwarz-K., Korsische K.**: Nadeln 8–16 cm lang, 1,2–1,5 mm breit, hellgrün, biegsam, wellig hin u. her gebogen; Zapfen 5–8 cm lang; Zw. anfangs orangebraun, dann hell grau- bis gelbbraun; Borke grau. Z-Medit. (S-Italien, Korsika).

subsp. *salzmannii* (Dunal) Franco [var. *cebennensis* (Godr.) Rehder], **Pyrenäische Schwarz-K.**: Nadeln 6–18 cm lang, dünn, 1–1,3 mm breit, biegsam, nicht wellig gebogen, an der Zw.spitze pinselig gehäuft; Zapfen 4–6 cm lang, gelbl. braun bis braun; junge Zw. orangegelb bis rötl.; Borke hellbraun bis graubraun. W-Medit. (S-Frankreich, Pyren., NW-Afr.).

Unter den Sorten von *P. nigra*, deren Zugehörigkeit zu den Unterarten nicht immer bekannt ist, seien beispielhaft erwähnt:

a) Zwergformen: **'Globosa Viridis'**: Wuchs kugelig bis eif., dicht verzweigt; Nadeln 6–9 cm lang, dunkelgrün, starr u. gedreht, im Spätsommer austreibende Nadeln bedecken Winterkn.; **'Helga'**: Wuchs breit kegelf., meist mit einem Hauptspross, Äste u. Nadeln sehr dicht stehend; Nadeln frischgrün; **'Hornibrookiana'**: Wuchs abgeflacht kugelig, meist mehrstämmig, dicht verzweigt, Nadeln dicht stehend, hellgrün.

b) Gedrungen wachsender Kleinbaum od. kompakt buschig, bis 8 m hoch: **'Jeddeloh'**: gedrungen baumf., dicht- u. kurzzweigig; Nadeln kurz u. stark stechend; **'Nana'**: dichtbuschig; Nadeln 5–8 cm lang, dunkelgrün, dicht u. leicht abstehend.

c) Säulenformen: **'Obelisk'** (Selektion aus var. *fastigiata*, siehe unter subsp. *pallasiana*): Krone säulenf. bis schmal eif.; Nadeln zumindest teilw. > 12 cm lang, dunkelgrün; **'Pyramidalis'** (zu subsp. *nigra*): Krone schmal kegelf.; Nadeln bis 12 cm lang, bläul. grün.

Die zuw. unter *P. nigra* geführte Sorte **'Pierrick Bregéon'** gehört zum Bastard *mit P. densiflora* (siehe unter Nr. 32). Eine auch im natürl. Areal auftretende Hybride ist *P. nigra* (subsp. *nigra*) × *P. sylvestris* = *P.* × *neilreichiana* Reichardt.

— Kn. grau- bis silbrigweiß, spitz, Schuppenrand gefranst; Zw. anfangs gelbl. grün, dann gelborange bis -braun; Zapfen 4–6(–7) cm lang, gelbbraun, Schuppenschilde flach bis leicht erhaben, Nabel unauffällig, ohne Dorn; Nadeln (6–)7–12 cm lang, 1–2 mm breit, sehr steif, abstehend, spitz bis stechend, meist gedreht, dunkelgrün, Lebensdauer 2–3 Jahre; Stammborke graubraun bis -schwarz. Bg – s. Jap., S-Kor.
Japanische Schwarz-K., Thunbergs K., *P. thunbergii* Parl. (IIa1)

37 (29). Nadeln 2–4(–5) cm, im Mittel < 4 cm lang, Nadelscheide 3–6 mm lang; Kn. gerade, auch terminale < 1 cm lang – Nadeln 1–1,5 mm breit, stark hin u. her gekrümmt u. um ihre Achse gedreht, oft auffällig spreizend, meist hellgrün, zuw. gelbl. grün od. dunkelgrün, Nadelbündel locker stehend, Lebensdauer 2–4 Jahre; Jahrestriebe oft mehrgliedrig, junge Zw. orange- od. rotbraun; Kn. rotbraun, stark harzig, Kn.schuppen fest anliegend; Zapfen 3–5,5 cm lang, 2–3 cm ∅, meist gebogen, nach vorn gerichtet, asymmetrisch, Schuppenschilde flach od. erhaben, basale teils stärker aufgewölbt, Nabel ohne od. mit kleinem borstigen Dorn, mehrere Jahre geschlossen od. nach Samenausfall am Baum verbleibend; Rinde junger Stämme rötl., später dunkelgraue Borke. Bk/Bm, oft krummwüchsig, auch strauchig – h. N- bis NO-NAm.
Banks K., *P. banksiana* Lamb. (IIb1)

— Nadeln 2–8(–12) cm lang, im Mittel > 4 cm lang, wenn nur 2–5 cm lang, dann Nadelscheide > 6 mm lang od. wenn auch Nadelscheide nur 3–6 mm lang, dann Kn. gebogen u. vor dem Austrieb um ihre Achse gedreht; Kn. 0,5–1,5 cm lang, zumindest terminale wenigstens z. T. 1 cm lang od. länger **38**

38. Nadeln blau- bis graugrün; Kn. nicht od. wenig harzig – Nadeln 3–7(–12) cm lang, 1–2 mm breit, steif, meist deutl. um ihre Längsachse gedreht, Lebensdauer 2–4 Jahre, Nadelscheiden 0,6–1 cm lang; Zw. anfangs gelbl. bis graugrün, im 2. Jahr hell- bis graubraun; Kn. rötl. braun, eif. bis ellipsoidisch, terminale 0,6–1,5 cm lang; Zapfen (2–)3–8 cm lang, 4–5 cm ∅, matt graubraun, selten gelbl. od. rötl., Schuppenschilde meist flach, selten aufgewölbt (*716/3*), Nabel stumpf, meist mit sehr kurzem, selten dornigem, hinfälligem Höcker; Stammrinde im Kronenbereich fuchsrot bis rötl. gelb, dünn abblätternd, Schuppenborke älterer Stämme dick, grauschwarz bis dunkelbraun. Bg – h. Bor. bis submer. Euras., südl. bis Kl.-As., Kauk., N-Mong., N-China (Nei-Mong.) u. NO-China **Gewöhnliche K., Föhre, Wald-K., *P. sylvestris*** L. (IIb1)

In dem ausgedehnten eurasischen Areal bildeten sich zahlreiche Sippen u. Ökotypen heraus, oft beschrieben als Unterarten u. Varietäten, die aber allein nach morphologischen Merkmalen kaum unterscheidbar sind. Unter den unzähligen Sorten seien beispielhaft genannt:

a) Säulenformen: **'Fastigiata'**: Bk mit säulenf. Krone, Äste u. Zw. straff aufrecht; Nadeln blaugrau.

b) Zwergformen: **'Beuvronensis'**: Wuchs kompakt halbkugelig; Nadeln 3–4 cm lang, blaugrün; **'Hibernia'** ['Hibernica']: Wuchs eif., dicht verzweigt; Nadeln 3–4(–5) cm lang, bläul. graugrün; Winterkn. auffallend rotbraun; **'Watereri'** ['Nana']: Wuchs nur anfangs geschlossen halbkugelig bis kegelf., später unregelmäßiger Sg bis Bk; Nadeln 4–6(–8) cm lang, blaugrau.

c) Kleinbaum mit kompakter, dicht verzweigter Krone, Nadeln kürzer u. stärker als bei der Art, blaugrau: **'Typ Norwegen'**.

d) Abweichungen in Nadelfarbe: **'Aurea'**: Nadeln im Sommer fahlgrün, im Winter schwefel- bis goldgelb; **'Glauca'**: Nadeln auffällig silbrig blau.

Die oft zu *P. sylvestris* gestellte Sorte 'Globosa Viridis' gehört zu *P. nigra* (siehe Nr. 36, Zwergformen).

— Nadeln glänzend grün, dunkel-, hell- od. gelbl. grün; Kn. ± harzig, ihre Schuppen nur teilw. erkennbar **39**

39. Zapfen (4–)6–10 cm lang, asymmetrisch, Schuppenschilde pyramidal erhaben, besonders auf der dem Zw. abgewandten Seite, Nabel mit dickem hakenf., stechendem Dorn, beim Zapfenabfall basale Schuppen am Zw. verbleibend; Nadelbündel meist mit 2, zuw. mit 3, Nadeln, Lebensdauer 3 Jahre; Kn. etwa 1 cm lang – Nadeln 3–8 cm lang, 1–1,5 mm breit, steif, spitz od. kurz zugespitzt, gerade od. ± um die Längsachse gedreht, hell- bis tiefgrün od. dunkel gelbgrün, beim Zerreiben nach Zitrone duftend, Nadelscheide 5–10 mm lang, Zw. anfangs gelbl. grün, dann glänzend orange- bis rotbraun, zuletzt dunkelbraun; Zapfen meist zu 3–6 wirtelig, reif hell gelb- od. rotbraun, viele Jahre geschlossen od. nur teils geöffnet am Baum verbleibend. Bk/Bm – ss. O-NAm.: Appal. **Stech-K., Hickory-K., *P. pungens*** Lamb. (IIb3)

— Zapfen 3–7 cm lang, symmetrisch od. asymmetrisch, Schuppenschilde eben, schwach bis stark aufgewölbt od. hakenf. gekrümmt, Nabel ohne od. mit dünnem, leicht abbrechenden Dorn, wenn Zapfen abfallend, dann gesamter Zapfen; Nadelbündel mit 2 Nadeln, Lebensdauer 3–9 Jahre; Kn. bis 1,6 cm lang **40**

40. Kn. gebogen u. vor dem Austrieb um ihre Achse gedreht, eif., braun, 1–1,5 cm lang, schwach harzig; Jahrestriebe zumindest teilw. mehrgliedrig; Nadel mit 0–2 Harzkanälen (Bl.-∅, Lupe!), mittenst. (im Parenchym), Nadelscheide 3–6(–9) mm lang; Zapfen mehrere Jahre geschlossen od. nach Samenausfall am Baum verbleibend – junge Zw. anfangs grün, dann orange- bis rotbraun, zuletzt dunkelbraun, locker mit Nadelbündeln besetzt; Nadeln 2–8 cm lang, 0,7–2(–3) mm breit, um ihre Längsachse gedreht, hell-, dunkel- od. gelbl. grün; Zapfen orange- bis rotbraun, abstehend od. zurückgebogen, meist asymmetrisch, zumindest an der Basis, Nabel mit einem dünnen, leicht abbrechenden Dorn; Borke hell- od. rotbraun. Bk/Bm – h. W-NAm. **Dreh-K., *P. contorta*** Loud. (IIb1)

Variabel, es werden verschiedene, geografisch differenzierte Sippen als Varietäten od. Unterarten unterschieden:

subsp. *contorta*, Gewöhnliche Dreh-K., Küsten-K.: Nadeln meist nur 2–5 cm lang, 0,7–1,2 (–1,5) mm breit, gelbl. grün od. dunkelgrün; Zapfen einzeln, zu 2 od. wirtelig (bis 5), 1,5–4 cm lang, Schuppenschilde unterer Samenschuppen an der Außenseite des Zapfens aufgewölbt, dadurch Zapfenbasis asymmetrisch, lange am Baum bleibend, sich bald od. erst nach Jahren öffnend. Bk/Sg – s. Küstengebiet NW-NAm.

subsp. *latifolia* (Engelm.) Critchf., **Felsengebirgs-Dreh-K., Lodgepole Pine**: Nadeln (4–)5–8 cm lang, 1–2(–3) mm breit, hellgrün; Zapfen einzeln od. zu 2, (2–)4–6 cm lang, sehr asymmetrisch, besonders Schuppenschilde an der Basis oft stark aufgewölbt, lange am Baum bleibend, sich bald od. erst nach Jahren öffnend. Bg – h. W-NAm.: Rocky M.

subsp. *murrayana* (Balf.) Engelm., **Sierra-Dreh-K., Sierra Lodgepole Pine**: Nadeln 5–8 cm lang, 1–1,8(–2) mm breit, dunkelgrün; Zapfen einzeln od. zu 2, 3–6 cm lang, symmetrisch, Schuppenschilde auch an der Zapfenbasis nicht aufgewölbt, sich zur Reife öffnend u. bald abfallend. Bg – z. W-NAm.: Kalifornien, Sierra Nev.

Zu den Sorten kompakte kugelf. bis kegelf. Zwergformen (z. B. **'Compacta'**, **'Rand'**) od. goldgelb u. grünl. gelb benadelte Farbformen (z. B **'Frisian Gold'**).

Ebenfalls (2–)4–8 cm lange, gelb- bis hell- od. dunkelgrüne Nadeln, aber bläul. weiß bereifte Jungtriebe hat ***P. virginiana*** Mill., **Busch-K., Virginia-K.**: Zapfen 3–8 cm lang, symmetrisch od. etwas schief, sich nach Reife bald öffnend, aber noch mehrere Jahre am Baum bleibend; Bk/Bm – ss. NO-NAm.

— Kn. gerade, eif. bis kegelf. od. längl., rotbraun, 0,5–1,6 cm lang, stark harzig; Jahrestriebe stets 1-gliedrig; Nadel mit 1–7(–13)Harzkanälen (Bl.-∅, Lupe!), meist wandst. (an Epidermis), Nadelscheiden länger, zumindest anfangs 1–1,8 cm lang; Zapfen bei Reife im 2. od. 3. Jahr sich öffnend u. danach abfallend – Zw. anfangs oliv- bis bräunl. grün, dann grauschwarz od. violett- bis schwarzbraun; Nadeln 2–8 (bei Sorten bis 12) cm lang, 0,9–2,1 mm breit, gerade od. ± dem Zw. zu gebogen, nicht od. nur wenig um die Längsachse gedreht, meist glänzend dunkelgrün; Zapfen 1,5–7 cm lang, glänzend dunkelbraun, selten schwarz-, rot- od. gelbbraun, symmetrisch mit flachen od. nur schwach aufgewölbten Schuppenschilden bis stark asymmetrisch mit hakig gekrümmten Schuppenschilden (*730/1–3*); Borke hell- bis schwarzgrau od. -braun. Bm/Bk/Sg – h. Geb. M- bis SO- u. SW-Eur. [*P. montana* Mill. s. l.]
Artengruppe Berg-K., *P. mugo* agg. (IIa1)

Es können 3 Sippen, meist als Arten od. Unterarten eingestuft, unterschieden werden, von denen 2 klar morphologisch (Wuchsform, Zapfen) u. geografisch differenziert sind (*P. mugo* s. str., *P. uncinata*), deren Unterscheidung aber durch das Vorkommen von Pfl. mit intermediären Merkmalen erschwert ist, die einer dritten, vermutl. hybridogenen Sippe (*P. rotundata*), bei der Wuchsform- u. Zapfenmerkmale nicht korrelieren, zugeordnet werden.

P. mugo Turra s. str. [*P. mugo* subsp. *mugo*; *P. mugo* subsp. *pumilio* (Haenke) Franco], **Latschen-K., Krummholz-K., Leg-Föhre**: Pfl. strauchf., krummholzartig, Stämme u. Äste niederliegend u. aufsteigend bis mehrstämmig aufrecht; Zapfen symmetrisch, Basis gleichmäßig gestaltet, Schuppenschilde ± flach (*730/1*). Sg/Bk – Hochgeb. M- bis SO-Eur.: O-Alp. bis Karp. u. Balkan; hierzu die früher als subsp. *pumilio* bezeichnete Sippe, die nur minimal in Zapfenmerkmalen abweicht (= fo. *applanata* (Willk.) K. I. Christ.), nicht zu verwechseln mit den unter diesem Namen kultivierten Sorten (**Pumilio-Gruppe**) mit abgeflacht halbkugeligem bis kissenf. Wuchs, bis 1 m hoch, Äste flach ausgebreitet, Zw. aufwärts gerichtet.

P. uncinata DC. [*P. mugo* subsp. *uncinata* (DC.) Domin; var. *rostrata* (Antoine) Hoopes], **Haken-K., Berg-Spirke**: 1-stämmiger, aufrechter Baum; Zapfen stark asymmetrisch, meist in ganzer Länge schief, Schuppenschilde basaler Samenschuppen deutl. hakenf. gebogen (*730/2*). Bm. Hochgeb. M- bis SW-Eur.: W-Alp. bis Pyren.

P. rotundata Link [*P. mugo* subsp. *rotundata* (Link) Janch. & H. Neumayer; *P. uncinata* subsp. *uliginosa* (Wimm.) Businský; *P. pseudopumilio* (Willk.) Beck], **Moor-K.**: Pfl. mit unterschiedl. Wuchs, entw. strauchf., krummholzartig, Stämme u. Äste niederliegend bis aufsteigend (**Moor-Latsche**) od. mehr- od. 1-stämmiger aufrechter Baum (**Moor-Spirke**); Zapfen meist nur im unteren Drittel asymmetrisch, Schuppenschilde basaler Schuppen selten ± flach, meist buckelf. od. kegelf. aufgewölbt (*730/3*), teils auch schwach hakenf. gekrümmt. Sg/Bk. M-Eur.: Moore Alpen u. Mittelgeb.

Zahlreiche Sorten, die überwiegend zu *P. mugo* s. str. (siehe auch Pumilio-Gruppe unter dieser Art) gehören, jedoch Zugehörigkeit zu einer der 3 Sippen nicht immer geklärt. Beispielhaft seien genannt:

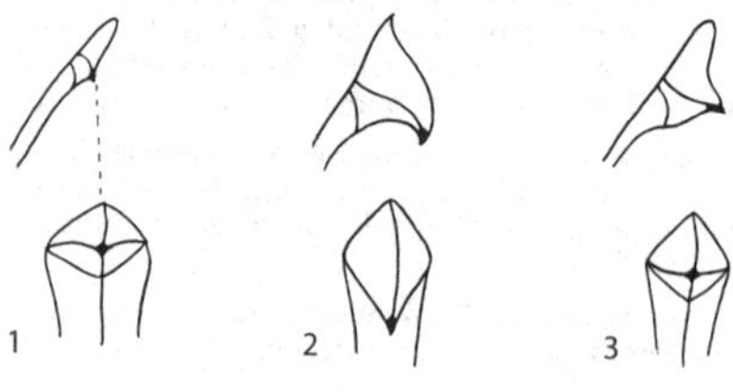

730/1–3 *Pinus*, Schuppenschilde: 1 *P. mugo* s. str., 2 *P. uncinata*, 3 *P. rotundata*

a) Zwergformen mit grünen Nadeln, meist nur bis 0,5 m hoch, wenn höher, dann < 1 m: **'Benjamin'**: Wuchs kompakt halbkugelig; Nadeln im Austrieb graubraun, dann grün bis hellgrün, 2–3 cm lang; **'Erzgebirge'** (zu *P. rotundata*): Wuchs regelmäßig halbkugelig, dicht verzweigt; Nadeln 1,4–1,8(–3) cm lang, dunkelgrün; **'Grüne Welle'** (zu *P. uncinata*): Wuchs abgeflacht halbkugelig, später wellig geformte Kissen bildend; Nadeln frischgrün; **'Humpy'**: Wuchs unregelmäßig flach halbkugelig bis kissenf.; Nadeln 2–3 cm lang, grün bis graugrün; **'Mini Mops'**: ähnl., aber Wuchs regelmäßig u. weniger abgeflacht; **'Varella'**: Wuchs ± kugelig; Nadeln sehr unterschiedl. lang, an Frühjahrstrieben 8–12 cm, an Johannistrieben nur ca. 3 cm.

b) Pfl. bis 2 od. 3 m hoch u. mit grünen Nadeln: **'Columbo'** ['Columnaris', zu *P. uncinata*]: kompakt kegelf., Äste aufrecht; Nadeln 4–5 cm lang, dunkelgrün bis bläul. grün; **'Gnom'**: Wuchs anfangs kugelig, dann breit kegelf.; Nadeln 3–7 cm lang, sehr dunkel grün, radial stehend; **'Laurin'**: Wuchs halbkugelig bis breit strauchig, Äste schräg aufsteigend; Nadeln im Austrieb hellgrau, dann grün bis dunkelgrün, 4–6 cm lang.

c) Alle od. zumindest ein Teil der Nadeln gelb: **'Carsten'**: Zwergform, bis 0,5 m hoch, Wuchs anfangs locker, dann kompakt; Nadeln im Austrieb hellgelb, dann grünl., im Winter auffällig gelb, 3–5 cm lang, um die Endkn. < 1 cm lang; **'Ophir'**: Wuchs abgeflacht halbkugelig, bis 1 m hoch; Nadeln 4–7 cm lang, im Innern der Pfl. grün, zur Spitze hin u. sonnseitig goldgelb; **'Winter Gold'**: locker aufrecht wachsend, bis 1,5 m hoch; Nadeln 3–4 cm lang, im Austrieb gelbl., dann hellgrün, im Winter auffallend hellgelb.

Pittosporum Gaertn., **Klebsame** – *Pittosporaceae* (Bearbeiter: Ulrich Hecker)

Immergrüne Bäume od. Sträucher; Bl. wechselst., v. a. an den Zw.enden u. dann oft scheinbar gegenst. od. wirtelig, meist lederig, ungeteilt, ganzrandig od. gezähnt; Bltnst. end- od. seitenst., Bltn. ⚥, seltener polygam, 5-zählig, Frkn. oberst., Gr. kurz, meist bleibend; Samen klebrig. 110 Arten v. a. in O-, SO-As., S-Afr., Austr., auf den Inseln des Ind. u. Pazifischen Ozeans. Folgende Art bei uns selten in Kultur.

P. tobira (Thunb.) W. T. Aiton, **Chinesischer Klebsame** – Bis 6 m hoher immer- bis halbimmergrüner Strauch; Bl. an den Zw.enden gehäuft, lederig, 2 cm lang gestielt, verkehrt eif. od. verkehrt eif. lanzettl., oberseits dunkelgrün glänzend, 4–9 cm lang, 1,5–4 cm breit, stumpf od. gerundet bis leicht herzf. od. eingeschnitten, ganzrandig, Rand zurückgerollt (*731/1*); Dolden od. Scheindolden, endst., Bltn. (*133/3*) duftend, 1–2 cm lang gestielt, Kbl. lanzettl., 3–4 mm lang, Krbl. frei, ca. 1 cm lang, weiß, sich nach gelb verfärbend, Frkn. dicht behaart; Kapsel kugelf., ca. 1,2 cm ∅ (*731/2*), Fr.wand verholzt, Fr. sich 3-klappig öffnend, Samen zahlreich, rot, ca. 4 mm groß; III–V. Sg – s. ∧∧ China, Taiw., S-Jap., S-Kor. **G!**

Im südl. Eur. häufig, auch als Heckengehölz angepflanzt.

'Variegatum': Bl. weißbunt.

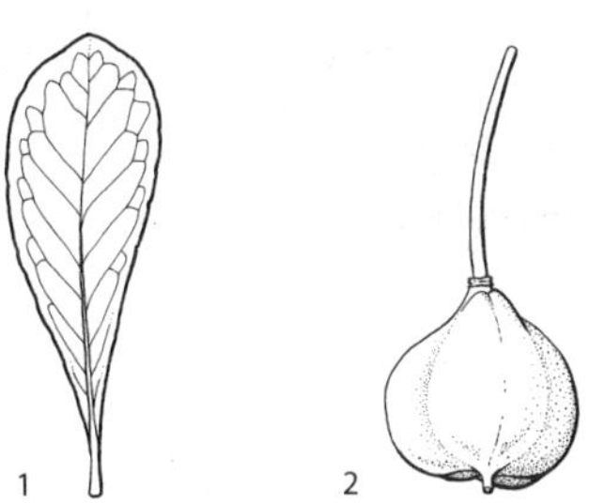

731/1–2 *Pittosporum tobira*: 1 Bl., 2 Fr.

Platanus **L., Platane** – *Platanaceae* (Bearbeiter: Ulrich Hecker)

Sommergrüne Bäume; Borke gelb bis graubraun, sich in ± großen Platten lösend; Kn. nur mit 1 kappenf. Schuppe, anfangs in der Bl.stielbasis verborgen; Bl. wechselst., lang gestielt, 3–7-lappig, lederig, handnervig, Nebenbl. verwachsen, den Zw. kragenartig umschließend; Bltn. unscheinbar, in eingschl. kugelf. Teilbltnst., 1-häusig verteilt, ♂ Bltn. mit kleiner Bltn.hülle u. 3–4 Stbl., ♀ Bltn. mit 5–9 freien, oberst. Frbl., die zu am Grund lang behaarten Nüsschen mit ± bleibendem Gr. (*732/3*) ausreifen; Frst. den Winter über am Baum bleibend. Je eine Art in Kl.-As. u. Indochina, 9 Arten in NAm.

1. Frst.kugeln zu 1–2, selten zu 3 od. mehr **2**

— Frst.kugeln zu 3–6 in lockeren Ständen; Borke sich in größeren Platten ablösend; Bl. 15–30 cm breit, tief 5–7-lappig (*732/1*), Lappen länger als am Grund breit, ganzrandig od. grob buchtig gezähnt, stark verkahlend; Nüsschen ± spitz 3-eckig, Gr. bleibend; V. Bg – s. SO-Eur., Anatolien bis Syr.
Morgenländische P., *P. orientalis* L.

2. Frst.kugeln meist zu 2, gelegentl. auch 3 od. mehr; Borke sich in großen Platten ablösend; Bl. 12–25 cm breit, 3–5-lappig, Lappen ± breit 3-eckig, der mittlere etwa ebenso lang wie breit, Buchten spitz od. gerundet, bis etwa 1/3 der Spreitenlänge erreichend, Lappen ganzrandig od. wenig gezähnt, verkahlend (*732/2*); Nüsschen stumpf rundl., nur ein Gr.rest bleibend; Ursprung unbekannt, wird als Hybride *P. occidentalis* × *P. orientalis* angesehen; V. Bg – h. [*P. hybrida* Brot.; *P.* × *acerifolia* (Ait.)Willd.]
Ahornblättrige P., *P.* × *hispanica* Münchh.

Wird häufig von einer Pilzkrankheit, hervorgerufen durch *Apiognomonia veneta*, befallen. Junge Bl. sterben ab, fallen aber nur z. T. ab.

In Österreich seit 1975, in Deutschland seit 1976 von einer Miniermotte, *Phyllonorycter platani*, befallen.

— Frst.kugeln gewöhnl. einzeln; Borke sich in kleinen Platten lösend; Bl. 10–22 cm breit, 3-, seltener 5-lappig (*732/4*), Lappen breit 3-eckig, breiter als lang, ganzrandig od. spärl. gezähnt, Buchten flach, unterseits auf den Nerven behaart bleibend; Nüsschen mit gestutzter od. stumpfer Spitze mit kurzem Gr.; V. Bg – ss. O-NAm. **Nordamerikanische P., *P. occidentalis*** L.

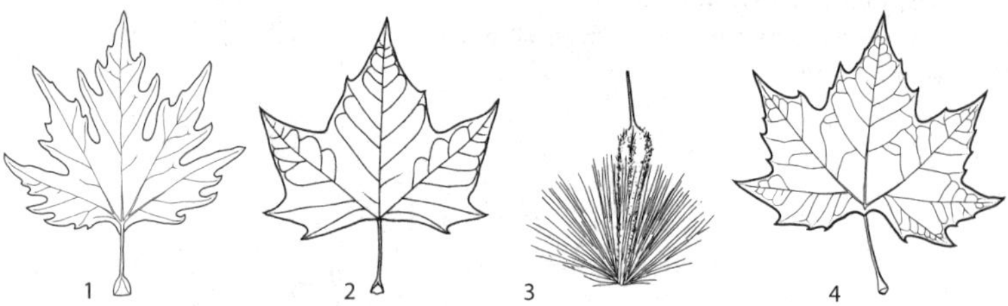

732/1–4 *Platanus*: 1 *P. orientalis*, Bl.; 2 *P.* × *hispanica*, Bl.; 3 *P.* × *hispanica*, Fr.; 4 *P. occidentalis*, Bl.

Platycarya Siebold & Zucc., **Zapfennuss, Breitnuss** –
Juglandaceae (Bearbeiter: Horst Schaarschmidt)
1 Art.

P. strobilacea Siebold & Zucc. [incl. *P. longipes* Wu] – Baum mit meist bodennah oft mehrfach geteiltem Stamm; Blch. (5–) 7–17(–23), schmal oval bis eilanzettl., lang zugespitzt, meist doppelt gesägt (*733/1*), Fr. bis 5(–6) mm lang, abgeplattet, schmal 2-seitig (etwas birkenähnl.) geflügelt, in den Achseln brauner, steif lederartiger, lanzettl. Zapfenschuppen (=Tragbl.) sitzend; Zapfen bis 5(–6) cm lang, Wintersteher; V–VI. Sg/Bm – s. SO-China, N-Vietn., S-Jap., S-Kor., N-Taiw.

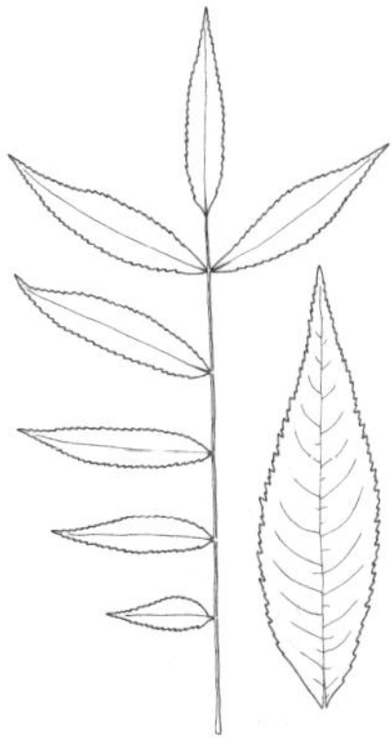

733/1 *Platycarya strobilacea*, Bl. u Blch.

Platycladus Spach, **Orientlebensbaum, Fächer-** od. **Chinalebensbaum** –
Cupressaceae (Bearbeiter: Peter A. Schmidt)
Zur Gatt. nur 1, früher den Lebensbäumen (*Thuja*) zugeordnete Art:

P. orientalis (L.) Franco [*Biota orientalis* (L.) Endl.; *Thuja orientalis* L.] – Zw. vertikal, fächerf. in senkrechten, parallelen Ebenen verzweigt, Triebe mit den Schuppenbl. beiderseits gleichfarbig, blass- bis gelb- od. graugrün, Bl. schuppenf., nur an Jungpfl. (bei einigen Sorten bis ins Alter) nadelf. bis pfrieml., 1,5–2,5 mm lang, 1–1,5 mm breit, stumpf od. zugespitzt, flächenst. Schuppenbl. etwas kleiner als kantenst., von diesen leicht überlappt, Drüsen unauffällig; Zapfen eif. bis fast kugelig, 1–2,5 cm lang, 1–1,8 cm breit, anfangs fleischig, bläul. od. purpurn u. bereift, später holzig u. braun, mit 6–8 Schuppen, auf deren Rücken zurückgekrümmter, hornartiger Fortsatz (*733/2* u. *3*), Samen ungeflügelt (*733/3*). Bk/Sg – h. O-As.: ursprüngl. vermutl. WN- u. ON-China, Kor., aber in ganz China bis M-As. aus jahrhundertealter Kultur verwildert u. etabliert. **G!**

Unter den Sorten v. a. solche mit gelber Belaubung häufiger in Kultur:

Aurea-Gruppe: verschiedene Klone mit goldgelben Bl., meist unter Sortennamen **'Aurea'** in Kultur.

'Aurea Nana': kegel- bis eif. Zwergform, Zw. sehr dicht u. straff aufrecht; Bl. hell gelbgrün, im Winter orangegelb bis bräunl. gelb.

'Elegantissima': Sg/Bk mit breit säulenf. Habitus; Bl. im Frühjahr goldgelb, später grünl. gelb, im Winter grünl. braun.

'Pyramidalis Aurea': Bk mit schmal kegelf. bis säulenf. Habitus; Bl. goldgelb, erst spät grünl. gelb, auch im Winter.

'Semperaurescens': Sk/Sg von eif. bis kugeligem Habitus; Bl. beständig goldgelb, nur im Winter abweichend, bronzefarben.

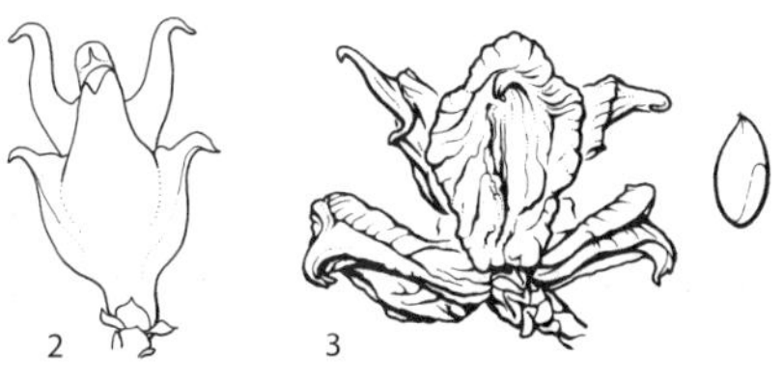

733/2–3 *Platycladus orientalis*: 2 unreifer Zapfen, 3 Zapfen u. Samen

Platycrater arguta SIEBOLD & ZUCC. → ***Hydrangea platyarguta*** Y. DE SMET & C. GRANADOS

Pleioblastus NAKAI, **Sprossbambus** – *Poaceae* (Bearbeiter: Hans-Roland Müller)

Rhizome leptomorph; Halme aufrecht, stielrund, im oberen Teil verzweigt, Seitenhalme pro Knoten 1–7, dünner als der Haupthalm; Halmscheiden spät abfallend od. bleibend; Bltnst. traubig, oft zu einem Ährchen reduziert, Ährchen wenigbltg. bis vielbltg., Stbl. 3, Narben 3, selten 2; Pfl. immergrün. Etwa 40 Arten in China, Jap. u. Vietn.

1. Halme 3–5 m hoch, 1–3 cm ∅, mehrere Seitenhalme je Knoten – Internodien 30–40 cm lang, kahl, im oberen Teil mit 5–10 aufwärts gebogenen Seitenhalmen, unterhalb der Knoten weiß bereift; Halmscheiden grün, kahl; Bl. lanzettl. bis lineal lanzettl., 1-farbig grün, 10–25 cm lang, 1–2,5 cm breit, lang zugespitzt, kahl, unterseits halbseitig dunkler grün als die andere Seite, Bl.scheiden mit einigen geraden weißen Borsten. Sg – ss. ∧ Jap. [*Arundinaria simonii* (CARR.) A. & C. RIV.] **Simon-S., *P. simonii*** (CARR.) NAKAI

var. *variegatus* (HOOK. f.) NAKAI [*Arundinaria simonii* (CARR.) A. & C. RIV. var. *variegata* HOOK. f.]: Bl. grün mit weißen od. gelbl. Streifen, die nicht immer, aber besonders unter Stressbedingungen ausgebildet werden, manchmal auch nur grün. Sg – ss. ∧ Jap.

— Halme höchstens 1–2 m hoch, 2–8 mm ∅, Seitenhalme meist 2–3 je Knoten **2**

2. Bl. 1-farbig grün **5**

— Bl. gelb u. grün gestreift **3**

3. Bl. beidseitig kahl – Halme bis 1 m lang, 2–3 mm ∅, grün, kahl, Seitenhalme 1–3; Halmscheiden nur am Grund behaart, am Rand lang bewimpert; Bl. lanzettl., 15–20 cm lang, 1–2 cm breit, grün, unregelmäßig u. unterschiedl. dicht weiß od. gelb gestreift. Sk – ss. ∧ Jap., nur aus Kultur bekannt. [*Arundinaria argenteostriata* (REG.) VILM.] ***P. argenteostriatus*** (REG.) NAKAI

— Bl. unterseits behaart **4**

4. Halme 0,5–1,5 m lang, 3–4 mm ∅, grün bis rötl. violett, kurz behaart, unter den Knoten weiß bereift, mit 1 Seitenhalm im ersten Jahr, im 2. Jahr noch weitere 1–2 Seitenhalme; Bl. 12–20 cm lang, beidseitig samtig behaart, hellgrün od. gelbl. grün mit dunkelgrünen Streifen, im Laufe des Jahres vergrünend, 1,5–3,5 cm breit. Sk – s. Jap. [*Arundinaria auricoma* MITF.; *P. auricomus* (MITF.) MCCLINTOCK] ***P. viridistriatus*** (MAK.) MAK.

— Halme 40–75(–100) cm lang, 1–2 mm ∅, hellgrün, wie die Knoten kahl, weiß bereift; Seitenzw. 1–2, nahe dem Grund entspringend; Halmscheiden purpurn gestreift, fein flaumig behaart od. kahl, bewimpert; Bl. lanzettl., oberseits wenig, unterseits dicht behaart, dunkelgrün mit weißen od. gelben Streifen unterschiedl. Breite, 10–20 cm lang, 0,7–1,5 cm breit. Sk – s. Jap. (*Arundinaria fortunei* (VAN HOUTTE) NAKAI; *P. variegatus* (MIQ.) MAK). ***P. fortunei*** (VAN HOUTTE) NAKAI.

5 (2). Rhizome sich allseitig stark ausbreitend; Halme 10–30 cm lang, 1–2 mm ∅, kahl, weiß gepudert; Seitenhalme 1–2, schon nahe dem Grund entspringend; Bl. 2–4 cm lang, 2–5 mm breit, blaugrün, Bl.ränder bisw. abgestorben u. dann papierartig, weiß. Sk – ss. Jap. (*Arundinaria pygmaea* (MIQ.) ASCH. & GRAEBN.) **Zweizeilen-S., *P. pygmaeus*** (MIQ.) NAKAI

var. *distichus* (MITF.) NAKAI [*P. distichus* (MITF.) NAKAI; *Arundinaria pygmaea* (MIQ.) ASCH. & GRAEBN. var. *disticha* (MITF.) CHAO & RENV.]: Halme 20–40(–60) cm lang, Halmscheiden bis auf den bewimperten Rand kahl; Bl. 3–7 cm lang, 3-8 mm breit, kahl; Seitenhalme 1–2, recht lang, vielblättrig, die Bl. in 2 einander gegenüberstehenden Zeilen angeordnet. Häufiger als die Normalform angepflanzt. Nur aus Kultur in Jap. bekannt. Sk – s. Jap.

— Halme 1–2 m lang, 2–3(–7) mm ∅, kahl, unterhalb der Knoten weiß bereift, Internodien 10–20 cm lang, grün od. anfangs purpurn; Halmscheiden am Rand deutl. bewimpert, am Grund dicht graugelb behaart, mit kleinen Öhrchen u. einigen Borsten, Halmscheidennarben dicht graugelb behaart; Seitenhalme 1–3; Bl. längl. lanzettl. od. lanzettl., 10–20 cm lang, 1,5–2,5 cm breit, oben zugespitzt, am Grund gerundet, beidseitig kahl, Bl.scheiden mit langen, geraden Borsten. Sk – ss. Jap. [*Arundinaria humilis* MITF.; *Sasa humilis* (MITF.) CAMUS.] ***P. humilis*** (MITF.) NAKAI

Podocarpus PERS., **Steineibe** – *Podocarpaceae* (Bearbeiter: Peter A. Schmidt)

Bäume, aufrechte od. niederliegende Sträucher; Bl. meist schraubig, selten 2-zeilig od. fast gegenst., 0,4–50 cm lang, 0,2–5 cm breit, oft leicht sichelf. gebogen, meist lederig, teils steif, teils biegsam, unterseits mit Bändern aus Spaltöffnungslinien (Stomatabänder); ♂ Bltn.zapfen kätzchenf., ♀ Zapfen mit 2–5 Deck-/Samenschuppen-Komplexen, nur obere 1–2 fertil, die unteren sterilen verschmelzen mit der Zapfenachse zu lederigem od. fleischigem, meist anschwellendem Zapfenboden (Receptaculum), der als verbreiteter Stiel („Fuß“, siehe Name *Podocarpus* = Fußfrucht) bzw. Samenträger für 1(–2) Samen dient (*735/2*), die ihrerseits vom Epimatium umhüllt sind, dieses meist fleischig, dann Samen steinfr.artig. 97–107 Arten, vorwiegend trop. u. subtrop. Zonen bis australe Zone, in O-As. bis mer. Zone.

Die Bl.merkmale gelten für ausgereifte Bl. Angaben zu Größe u. Farbe erfolgen getrennt für den Samen (einschl. Samenhülle = Epimatium) und den Samenträger (Receptaculum) u. gelten für den Reifezustand, also nach Anschwellen u. Ausprägung des fleischigen Zustands.

1. Bl. (2–)3,5–12(–15) cm lang, (2–)4–10(–18) mm breit; ♂ Bltn.zapfen 2–5 cm lang; Samenträger nicht od. nur wenig größer als der Samen – Mittelrippe an Bl.oberseite ± deutl. erhöht, zuw. nur schmal gekielt od. sich zur Bl.spitze hin verlierend **5**

— Bl. 0,3–3(–3,5) cm lang, 1,5–5 mm breit; ♂ Bltn.zapfen (0,4–)1–2 cm lang; Samenträger deutl. größer als der Samen, meist fast kugelig u. wesentl. dicker – Mittelrippe an Bl.oberseite eingesenkt od. ± gekielt **2**

2. Ausgebreitet niederliegender bis aufsteigender od. ± aufrechter Strauch; Bl. 0,3–1,6 cm lang **4**

— 1-stämmiger Baum, aber in Kultur auch mehrstämmig u. strauchf.; Bl. (0,5–) 1–3(–3,5) cm lang, – (1,5–)2–4(–4,5) mm breit, lederig u. steif, meist scharf zugespitzt **3**

3. Kn.schuppen lanzettl., bis 6 mm lang, aufrecht od. etwas abstehend, Bl. 1–3,5 cm lang, lanzettl., oberseits dunkelgrün, Mittelrippe heller, schwach gekielt (aber nicht durchgehend bis zur Bl.spitze), unterseits mit 2 blauweißen

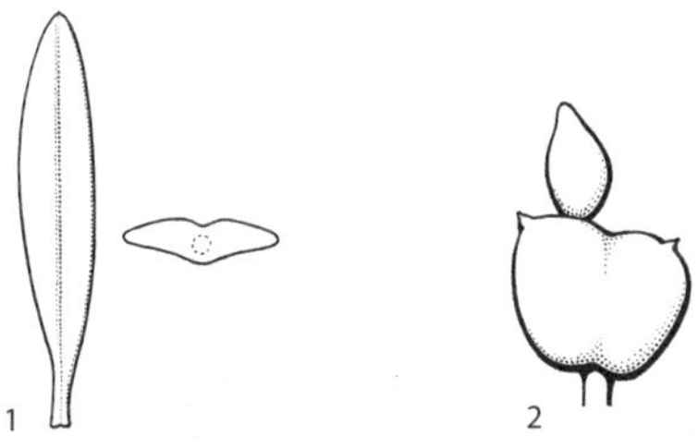

735/1–2 *Podocarpus nivalis*: 1 Nadel u. Nadelquerschnitt, 2 Samen auf angeschwollenem fleischigem „Samenträger“.

Stomatabändern; ♂ Bltn.zapfen zu 2–4; Samen eif., 8–9 mm lang, 6–7 mm ∅, purpurschwarz, Samenträger fast kugelig, 6–8 mm ∅, rot- bis dunkelpurpurn. Bg, in Kultur Bk/Sg – ss. ∧∧ SAm.: Chile, Argent.
Chilenische S., *P. nubigenus* Lindl.

— Kn.schuppen stumpf bis spitz, 2–3 mm lang, dachziegelig anliegend od. einige mit freier Spitze; Bl. (0,5–)1–2,5(–3) cm lang, linealisch lanzettl., oberseits leicht glänzend dunkelgrün, durch eingesenkte Mittelrippe schwach gefurcht, unterseits matt u. heller grün, mit stumpfer Mittelrippe u. 2 unregelmäßigen Stomatabändern; ♂ Bltn.zapfen einzeln od. zuw. zu 2; Samen längl. eif., 3–3,5 mm lang, 2–2,5 mm ∅, glänzend od. bläul. grün, Samenträger fast kugelig, 4,5–6 mm ∅, orange- bis scharlachrot. Bg, in Kultur Bk/Sg – ss. ∧∧ Neuseel. **Totara-S., *P. totara*** D. Don

4 (2). Bl. 4–5 mm breit, linealisch längl., stumpf od. zuw. fein zugespitzt, Mittelrippe auf Bl.oberseite unauffällig gekielt, ♂ Bltn.zapfen 4–7 mm lang; Samen schmal eif., 4,5–5 mm lang, 2,5–3 mm ∅, olivgrün, Samenträger fast kugelig, 5–6 mm ∅, dunkelrot. Sk/Sg/Bk, aufrecht od. niederliegend, 1–4 m ausgebreitet – ss. ∧ SO-Austral., Tasm. [*P. alpinus* Hook. f.]
Tasmanien-S., Tasmanische Alpen-S., *P. lawrencei* Hook. f.

— Bl. 2–2,5(–4) mm breit, linealisch längl. bis eif. od. kahnf., stumpf mit aufgesetzter Spitze, Mittelrippe auf Bl.oberseite eingesenkt (*735/1*); ♂ Bltn.zapfen 1–1,5 cm lang, Samen eif., 3,5–5,5 mm lang, 3 mm ∅, glänzend hellgrün od. bereift, Samenträger 8–10 mm lang, 7–8 mm ∅, scharlachrot. Sk/Sp – ss. ∧ Neuseel. (Geb.) **Schnee-S., Neuseeländische Alpen-S., *P. nivalis*** Hook.

5 (1). Kn. < 3 mm lang, mit dachziegelig anliegenden Schuppen; Bl. schmal linealisch lanzettl., bis 9(–12) cm lang, bis 7 mm breit, zugespitzt od. allmähl. in eine feine Spitze verschmälert, beiderseits hellgrün, oberseits glänzend, Mittelrippe gekielt, oberseits Bl.spitze nicht erreichend, unterseits durchgehend, aber nicht auffällig erhöht; ♂ Bltn.zapfen einzeln od. zu mehreren; Samen schief eif., 7–8 mm lang, 4–5 mm ∅, rötl., Samenträger 5–6 mm lang, 4–5 mm ∅, dunkelrot bis violett. Bm – ss. ∧∧ SAm.: S-Chile. **G!**
Weidenähnliche S., *P. salignus* D. Don

— Kn. 2–5 mm lang, äußere Schuppen > 3 mm lang, geschwänzt mit schmaler zurückgebogener Spitze; Bl. linealisch bis eilanzettl. od. verkehrt eilanzettl., bis 12(–15) cm lang, bis 10(–18) mm breit, Bl.spitze variabel, plötzl. od. lang zugespitzt, spitz od. stumpfl., oberseits glänzend dunkelgrün, unterseits blassgrün, gelbl. bis weißl. grün, Mittelrippe oberseits auffällig, unterseits weniger deutl. erhöht; ♂ Bltn.zapfen zu (2–)3–5; Samen eif. bis ellipsoidisch, 1–1,2 cm lang, 8–9 mm ∅, purpurschwarz, Samenträger 1–1,5 cm lang, 1–1,2 cm ∅, purpurrot. Bm/Sg – ss. ∧ O-As.: S-China bis Sich. u. Yunn., S-Jap. **G!**
Großblättrige S., Tempel-S., *P. macrophyllus* (Thunb.) Sweet

Poliothyrsis Oliv. – *Salicaceae* (früher *Flacourtiacae*) (Bearbeiter: Peter A. Schmidt)
1 Art.

P. sinensis Oliv. – Sommergrüner Baum mit eingschl. Bltn., 1-häusig; junge Zw. grau, anfangs behaart; Bl. wechselst., 2–6 cm lang gestielt, Spreite eif. bis längl. eif., seltener eif. herzf., kurz zugespitzt, 8–18 cm lang, 4–10 cm breit, Basis abgerundet od. herzf., vom Grund aus 3–5-nervig (*737/1*), Rand gezähnt, oberseits glänzend tiefgrün, unter-

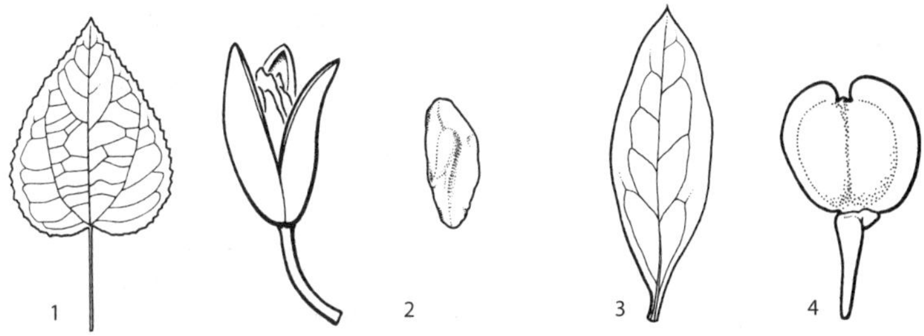

737/1–4: 1–2 *Poliothyrsis sinensis*: 1 Bl., 2 Fr. u. Samen; 3–4 *Polygala chamaebuxus*: 3 Bl., 4 Fr.

seits grünl., anfangs dicht weichhaarig, verkahlend, Mittelrippe u. Seitennerven deutl. hervortretend; Bltn.rispen endst., 10–20 cm lang, 6–8 cm ∅, Kr. fehlend, Kbl. cremeweiß bis grünl. weiß, sich gelb verfärbend, ♂ Bltn. mit zahlreichen, bis 1 mm langen Stbl., ♀ Bltn. mit Staminodien, Gr. 3; Fr.kapsel 2–3 cm lang, sich 3–4-klappig öffnend, Samen abgeflacht, ringsum geflügelt (*737/2*); VI–VII. Bk/Bm – z. ∧ S-China bis Sich. u. Yunn.

Polygala L., **Kreuzblume** – *Polygalaceae* (Bearbeiter: Ulrich Hecker)

Kräuter, Halbsträucher od. Sträucher, selten auch Bäume; Bl. wechsel- od. gegenst., Nebenbl. klein od. fehlend; Bltn. in Trauben; Fr. 2-fächerige Kapsel. Ca. 620 Arten, weltweit verbreitet.

P. chamaebuxus L., **Buchsblättrige K.** – Pfl. unterirdische Ausläufer bildend; Bl. wechselst., lanzettl. bis verkehrt eif., 1–2,5 cm lang, lederig (*737/3*), kahl, Rand eingerollt, kurz stachelspitzig; Bltn. zu 1–2 achselst., 1,2–1,5 cm lang, Flügel cremefarben, Schiffchen an der Spitze gelb bis violett; Kapsel abgeflacht (*737/4*); IV–VI. HS – s. Eur.: Frankreich bis Rumänien.

Populus L., **Pappel, Espe, Aspe** – *Salicaceae* (Bearbeiter: Peter A. Schmidt)

Sommergrüne, 2-häusige Bäume, meist raschwüchsig, oft Wurzelsprosse u. Klone bildend; Kn. von 3–10 oft harzreichen Schuppen umhüllt; Bl. wechselst., einfach, meist lang gestielt, meist 3-eckig, eif. bis deltoid od. rautenf., elliptisch, z. T. gelappt, Nebenbl. hinfällig; Bltnst. hängende Kätzchen, stets vor den Bl. erscheinend, anemogam, Tragbl. der Bltn. (Deckbl.) gezähnt od. zerschlitzt, kahl od. bewimpert, Bltn. ohne Nektarien, aber mit einfachem becherartigem Perianth (Diskus; *737/5*), ♂ Bltn. mit 5–60 Stbl., Frbl. 2–4; Fr. eine 2–4-klappige Kapsel mit 2–40 Samen, diese mit Haarschopf. 35–40 Arten im bor. bis nem. NAm. (südl. bis Mex.) u. Euras. (südl. bis Himal.), außerdem N-Afr. u. isoliertes Vorkommen im trop. O-Afr.

Die meisten Pappeln sind ausgesprochen heterophyll. Die in den Kn. angelegten u. im Frühjahr austreibenden Bl. der Kurztriebe u. des basalen Bereichs der Langtriebe („Frühbl.") unterscheiden sich in Form u. Größe von den im Verlaufe der Vegetationsperiode gebildeten Bl. der Langtriebe („Spätbl."). Abweichend sind ebenfalls die Bl. der Wurzelsprosse u. Stockausschläge. Im Schlüssel werden, wenn Früh- u. Spätbl. auffällig verschieden sind, die Merkmale getrennt angegeben. Längenangaben für die Bl. erfolgen getrennt für Spreite u. Stiel. Die hohe Variabilität der Bl. u. das Auftreten von spontan entstehenden od. durch Kreuzungen erzielten Bastarden zwischen Arten innerhalb der Sektionen (Sekt. *Populus, Leucoides, Aigeiros, Tacamahaca* – siehe Schlüssel) sowie Arten verschiedener Sektionen erschweren die Bestimmung. Die Determination der zahlreichen kultivierten Hybridsorten ist mit vorliegendem Schlüssel nicht mögl., hierzu ist Speziallitertur erforderl. (z. B. Koltzenburg 1999).

737/5 *Populus deltoides*, unreife Fr.

1. Bl. unterseits kahl od. ± behaart, aber nie filzig; junge Zw. u. Kn. kahl od. zuw. ± behaart, aber nie filzig 4

— Bl.unterseite, junge Zw. u. Kn. bleibend od. zumindest anfangs weiß- od. graufilzig – Narben 2, Fr.kapsel 2-klappig 2

2. Bl.stiel stets seitl. zusammengedrückt, abgeflacht; Bl. unterseits nur anfangs graufilzig, dann kahl, Frühbl. eif. bis deltoid, spitz; junge Zw. nur anfangs graufilzig, dann kahl u. glänzend braunrot, ♀ Kätzchen (4–)6–8(–10) cm, zur Fr.zeit bis 15 cm lang .... ***P. grandidentata***, siehe Nr. 7

— Bl.stiel im ∅ rundl. od. im oberen Teil zuw. etwas abgeflacht, Spätbl. unterseits dicht weiß- od. graufilzig, Frühbl. dicht od. locker filzig bis fast kahl, aber zumindest Bereiche zwischen einigen Seitennerven filzig bleibend, eif. bis rundl., Spitze stumpf od. abgerundet; junge Zw. weiß- od. graufilzig, teils verkahlend, aber nie ganz kahl, grau od. grau- bis olivgrün; ♀ Kätzchen 2–6 cm lang, zur Fr.zeit bis 8 cm lang – Bl. 6–12 cm lang, oberseits dunkelgrün, kahl od. mit einigen weißen Flocken (**Sekt. *Populus*** [*Leuce*], **Untersekt. *Albidae*, Weißpappeln**) 3

3. Junge Zw. u. Kn. dicht weißfilzig (*268/3*); Bl.spreite am Stielansatz ohne Drüsen, Spätbl. handf. 3–5-lappig (*738/1a*), Bl.lappen grob gezähnt, unterseits bleibend weißfilzig, Frühbl. eif. rundl. bis elliptisch, Bl.rand unregelmäßig wellig, grob gezähnt (*738/1b*), unterseits weiß- bis graufilzig; Deckbl. mit wenigen kurzen Zähnen, Stbl. 5–10, Narben gelbgrün; Stammrinde weiß bis grau; Pfl. oft reichl. Wurzelsprosse bildend; III–IV. Bg – h. Medit., SW-As. bis M-As. (bis W-China: Xinjiang), nem. u. submer. Eur. bis W-Sib. **Silber-P., *P. alba*** L.

'Nivea': junge Zw., Kn., Bl.stiel u. Bl.unterseite schneeweiß filzig, Spätbl. 5-lappig mit schmalen spitzen Lappen.

Pyramidalis-Gruppe ['Pyramidalis', 'Bolleana', 'Fastigiata'], **Säulen-Silber-P.**: Krone säulenf.; Frühbl. etwas gröber gezähnt, unterseits oft verkahlend.

Ähnl. **Chinesische Silber-P., Peking-P., *P.* × *tomentosa*** Carrière, ein Bastard mit der Chinesischen Espe (*P. adenopoda* Maxim.), Spätbl. größer, nicht gelappt. ss. Auch die Bastarde mit den nordamerikanischen Espen sind ähnl., jedoch sind die Spätbl. ebenfalls ungelappt (*P. alba* × *P. grandidentata* = ***P.* × *rouleauiana*** Boivin) od. nicht tief 5-, sondern nur seicht 3-lappig (*P. alba* × *P. tremuloides* = ***P.* × *heimburgeri*** Boivin).

— Junge Zw. graufilzig, verkahlend, aber nicht ganz kahl werdend; Kn. locker graufilzig; Bl.spreite am Stielansatz mit 0–4 Drüsen, Spätbl. nur schwach gelappt, deltoid od. rautenf. bis eif., unregelmäßig grob gezähnt, unterseits graufilzig behaart, Frühbl. rundl. bis eif., unterseits anfangs graufilzig, verkahlend, aber zwischen einigen Seitennerven meist etwas filzig bleibend,

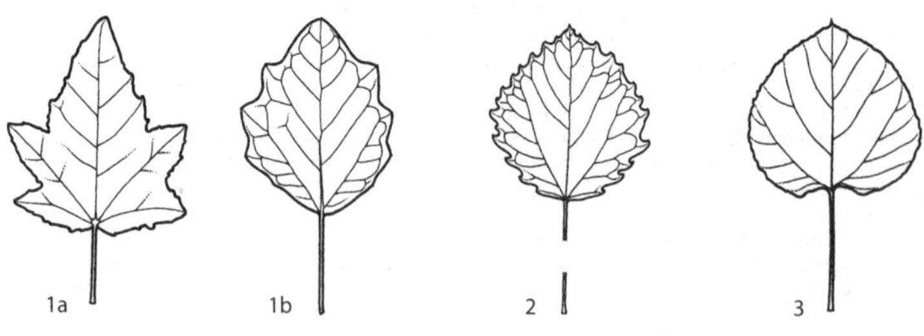

738/1–3 *Populus*, Bl.: 1 *P. alba*, 1a Spätbl., 1b Frühbl.; 2 *P. tremula*; 3 *P. tremuloides*

hellgrün; Deckbl. ± geschlitzt, Stbl. 8–16, Narben rot; Rinde gelbgrau; III–IV. Bg – h. Spontane Hybriden *P. alba* × *P. tremula* im gemeinsamen Areal der Eltern, aber meist gepflanzt. **Grau-P., *P.* × *canescens*** (Aiton) Sm.

4 (1). Bl.rand mit deutl., durchscheinendem Saum (Lupe!), Bl.stiel abgeflacht, da seitl. stark zusammengedrückt; Deckbl. nicht bewimpert (**Sekt. *Aigeiros*, Schwarzpappeln**) 22

— Bl.rand ohne od. zuw. mit einem selbst mit Lupe kaum erkennbarem, sehr schmalem durchscheinendem Saum, Bl.stiel im ∅ rund u. Deckbl. nicht bewimpert od. Bl.stiel abgeflacht u. Deckbl. bewimpert 5

5. Bl.stiel im ∅ ± rund, höchstens ausnahmsweise etwas abgeflacht, oft oberseits rinnig, kürzer als die Spreite; Deckbl. nicht bewimpert, Stbl.10–50, Staubbeutel zugespitzt od. ausgerandet, Narben 2 od. 3–4, Fr.kapsel 2- od. 3–4-klappig 8

— Bl.stiel stets seitl. zusammengedrückt u. etwa so lang wie die Spreite, dadurch bei jedem Luftzug flatternd (siehe Name Zitterpappeln); Deckbl. bewimpert, Stbl. 5–15, Staubbeutel stumpf, Narben 2, Fr.kapsel 2-klappig – Bltn.kätzchen (3–)6–8(–10) cm, Fr.kätzchen bis 15 cm lang; Spreitenbasis am Übergang zum Bl.stiel mit 1–4 Drüsen; Kn. leicht klebrig; Stammrinde hell grünl. od. gelbl. weiß bis grau, glatt, nur an Basis älterer Stämme schwarzgraue bis dunkel graubraune rissige Borke, reichl. Wurzelsprosse bildend (**Sekt. *Populus*, Untersekt. *Trepidae*, Zitterpappeln, Espen** od. **Aspen**) 6

6. Bl.spitze abgerundet, stumpf od. spitz, Spreitenbasis gestutzt od. leicht herzf., Bl.oberseite matt hellgrün; junge Zw. kahl – Frühbl. rundl. bis breit eif. (*738/2*), ungleichmäßig grob u. ausgeschweift od. buchtig gezähnt, 3–5(–7) cm lang, oberseits matt-, unterseits grau- bis blaugrün, nur im Austrieb fein seidenhaarig, bald kahl, Spätbl. an starkwüchsigen Langtrieben deltoid eif. bis deltoid herzf., bis 15 cm lang, an Wurzelsprossen auch behaart; Kn. längl. eif., kahl (*268/2*), glänzend rotbraun; III–IV. Bg – h. Medit. (Geb.) bis SW-As. u. M-As. (bis W-China: Xinjiang), submer. bis bor. Eur., N-As. bis Mong.
Gewöhnliche Zitter-P., Eurasische Espe, *P. tremula* L.

Im Wuchs abweichende Sorten: **'Pendula'**: Zw.enden herabhängend; **'Erecta'**: Äste steil aufrecht, Krone säulenf.

— Bl.spitze stets spitz, kurz u. oft abrupt od. lang zugespitzt, Spreitenbasis gestutzt, breit keilf., abgerundet od. herzf., Bl.oberseite glänzend frisch- od. dunkelgrün; junge Zw. anfangs graufilzig od. kurz behaart, bald kahl 7

7. Kn. basal behaart; junge Zw. anfangs dünn graufilzig, rötl. braun, später rötl. grau; Bl.spreite der Frühbl. 4–10 cm lang, 3–8 cm breit, spitz bis lang zugespitzt, eif. bis fast rundl., unterseits grünl. weiß, anfangs dicht seidig behaart, bald kahl, Basis abgerundet od. breit keilf., selten herzf., buchtig u. grob gezähnt, jederseits mit (1–)5–12(–16) breiten Zähnen, Buchten dazwischen 0,3–4,5(–6) mm tief, Spätbl. größer, bis 28 cm lang u. breit, meist ± deltoid, mit höherer Zahl von Zähnen (bis zu 50, seltener > 100 jederseits) u. Buchten nur bis 1,5(–2,5) mm tief; Bltn.kätzchen (4–)6–10 cm lang, Diskus seicht gezähnt; III–V. Bg – ss. NO-NAm.
Großzähnige Zitter-P., Größzähnige Espe, *P. grandidentata* Michx.

— Kn. kahl; junge Zw. kahl od. anfangs schwach kurz behaart, rötl. braun, später graugelb; Bl.spreite der Frühbl. 3–7 cm lang u. breit, lang od. abrupt kurz zugespitzt, ± rundl. bis eif., unterseits matt blass- bis weißl. grün, kahl, Basis gestutzt, herzf. od. breit keilf. (*738/3*), Spreite fast ganzrandig bis ringsum fein gekerbt-gesägt, jederseits mit (12–)18–30(–42) Zähnen, Buchten 0,1–1 mm tief, Spätbl. größer, bis 12 cm lang u. breit, Zahl der Zähne höher (bis zu 40, selten 50 jederseits) u. Buchten tiefer (bis 1,3 mm); Bltn.kätzchen (3–)4–7 cm lang, Diskus ganzrandig; III–VI. Bg – s. N-, NO-, Z- u. W-NAm.

Amerikanische Zitter-P., Amerikanische Espe, *P. tremuloides* Michx.

'Pendula': Zw. hängend, länger u. zierlicher als bei der Hängeform von *P. tremula*.

In Kultur auch Bastard *P. tremula* × *P. tremuloides*: ***P.* × *wettsteinii*** Hämet-Ahti: ähnl. *P. tremula*, aber Bl. feiner u. seichter gezähnt.

8 (5). Kn. stark klebrig, von intensiv aromatisch duftendem Harz überzogen, meist schlank, schmal kegelf. bis längl. eif. od. spindelf., von unterschiedl. Größe, Endkn. 0,7–1,5 cm, selten bis 2,5 cm, lang, < 1 cm ∅; Frühbl. in Größe u. Spreitenform deutl. von Spätbl. verschieden, Bl.größe variabel, Spreite 5–15 cm lang, 1,5–8(–10) cm breit, Stiel 0,5–5(–6) cm lang, Spätbl. zuw. deutl. größer, Basis der Bl.spreite breit keilf., abgerundet od. herzf.; Bltn.diskus ganzrandig, Staubbeutel ausgerandet (**Sekt. *Tacamahaca*, Balsampappeln**) **10**

— Kn. nur leicht klebrig, nicht od. nur schwach duftend, gedrungen eif. bis kegelf., auffällig groß, Endkn. 2–2,5 cm lang, oft > 1 cm ∅; Bl.heterophyllie wenig ausgeprägt, Früh- u. Spätbl. ähnl., Bl. sehr groß, Spreite (8–)10–30 (–35) cm lang, (7–)10–15(–25) cm breit, Bl.stiel (4–)6–10(–15) cm lang, Basis der Bl.spreite meist herzf., seltener abgerundet; Bltn.diskus gelappt, Staubbeutel zugespitzt – Verzweigung sparrig, Zw. auffällig dick (etwa 1 cm ∅) u. starr (**Sekt. *Leucoides*, Großblattpappeln**) **9**

9. Junge Zw. dicht filzig behaart, oliv- bis ockerbraun, später gelb- bis graubraun, kahl; Bl.spreite 15–30(–35) cm lang, 10–15(–25) cm breit, herzeif., Basis tief herzf., Spitze zugespitzt, oberseits grün, anfangs an der Basis behaart, später kahl, unterseits grünl., behaart, v. a. die roten Nerven, Bl.rand drüsig gekerbt-gesägt, umgebogen, Bl.stiel rot, 5–8(–10) cm lang; Bltn.kätzchen 8–10 cm, Fr.kätzchen 15–24 cm lang; IV–V. Bm – z. O-As.: WS- u. ZS-China, Sich., Yunn. **Chinesische Großblatt-P., *P. lasiocarpa*** Oliv.

Noch größere Dimensionen erreichen die Blätter der Hybride mit folgender Art: ***P.* × *wilsocarpa*** S. Bartkowiak & W. Bugała: Spreite bis 40 cm lang u. 30 cm breit.

— Junge Zw. kahl, anfangs rötl., später grün bis graubraun; Bl.spreite (8–)10–20(–22) cm lang, 7–15(–18 cm) breit, herzf.-eif. bis -rundl., Basis herzf. bis abgerundet od. gestutzt, Spitze stumpf, oberseits matt blaugrün bis grün, kahl od. anfangs Nerven behaart, unterseits hell- bis graugrün, anfangs weißfilzig, bald kahl, Bl.rand drüsig gekerbt-gesägt, wellig, Bl.stiel purpurn, (4–)6–11(–15) cm lang; Bltn.kätzchen 7–8 cm, Fr.kätzchen bis 15 cm lang; IV–V. Bm/Bg – z. O-As. (WN- bis WS- u. ZS-China, Sich., Yunn.) bis Tibet.

Wilsons Großblatt-P., *P. wilsonii* C. K. Schneid.

Wenn sich die Auffassung verschiedener Autoren bestätigt, dass diese Art nicht verschieden von ***P. glauca*** Haines (O-Himal.: NO-Ind., Sikkim) ist, dann ist dies ihr korrekter Name u. *P. wilsonii* ein Synonym.

10 (8). Bl. unterseits hellgrün bis grünl. grau, aber nicht weißl., 0,8–2,5(–3,5) cm breit – Spreite lanzettl. bis eilanzettl., 5–12 cm lang, allmähl. zugespitzt, Bl.rand fein drüsig gesägt, umgerollt, Bl.stiel 1,5 cm lang; ♂ Kätzchen 2–6 cm lang, Stbl. 10–20, ♀ Kätzchen 4–8 cm, zur Fr.zeit bis 10 cm lang, Fr.kapsel 2-klappig; IV–V. Bm/Bg – ss. Z- bis SW-NAm. (Rocky M.), N-Mex.

Schmalblättrige Balsam-P., *P. angustifolia* James

— Bl. unterseits weißl. od. silbrig- bis blaugrau, zuw. rostfarben od. mit rötl. Längsbändern od. Flecken (eingetrocknetes Harz), wenn hell- od. bleichgrün, dann Bl. breiter, Spreite (2–)3–8(–10) cm breit **11**

11. Bl.rand mit sehr schmalem durchscheinenden Saum (Lupe!) – junge Zw. etwas kantig, ± behaart, im 2. Jahr gelbgrau; Bl.spreite elliptisch eif. bis rautenf. eif., 7–12 cm lang, 4–7 cm breit, beiderseits anfangs schwach behaart, bald kahl, unterseits blassgrün bis weißl., lang zugespitzt, Basis abgerundet bis keilf., Rand unregelmäßig klein gekerbt-gesägt, oft wellig; Bltn.kätzchen 4–7 cm lang; Pfl. keine Wurzelsprosse bildend; IV–V. Bg – h. In Kultur (Berlin) entstandene Hybride *P. laurifolia* × *P. nigra*.

Berliner Lorbeer-P., *P.* × *berolinensis* K. Koch

Die auf den ursprüngl. als *P. berolinensis* beschriebenen Baum zurückgehenden Pfl. sind schmalkronig, ± säulenf., da Säulenform der Schwarz-P., *P. nigra* 'Italica', ein Elter. Wenn zutrifft, dass ***P.* × *petrowskyana*** (Regel) C. K. Schneid. u. ***P.* × *rasumowskyana*** C. K. Schneid. ebenfalls Hybriden *P. laurifolia* × *P. nigra* sind, dann sind diese Namen Synonyme von *P.* × *berolinensis* u. können als 'Petrowskyana' (junge Zw. kantiger, behaart, Bl.spreite eif., Basis abgerundet od. schwach herzf.) u. 'Rasumowskyana' (ähnl. aber Zw. kahl) zugeordnet werden.

— Bl.rand ohne jegl. durchscheinenden Saum **12**

12. Junge Zw. im ∅ rundl., nur zur Spitze des Jahrestriebes hin zuw. leicht kantig **18**

— Junge Zw. ± kantig, teils auffällig kantig bis gerippt od. fast geflügelt, teils weniger stark kantig, besonders im basalen Bereich der Jahrestriebe od. dünnere Zw. **13**

13. Bl.spreite in od. oberhalb der Mitte am breitesten, rautenf. elliptisch bis verkehrt eif., Basis keilf. (*742/1*), Bl.stiel 0,5–1,5(–2,5) cm lang – Spreite 4–12 cm lang, 3–8 cm breit, kahl, unterseits hellgrün bis weißl., kurz zugespitzt, Bl.rand gesägt; junge Zw. kahl, rot- od. ocker- bis olivbraun; Kn. 0,7–1,2(–1,5) cm lang; ♂ Kätzchen 2–3 cm, ♀ bis 6 cm, zur Fr.zeit bis 15 cm lang; Baum schmalkronig, Stammrinde graugrün; Austrieb sehr früh; IV. Bm – h. O-As.: Kor., Mong., NO- u. N- bis OS-China, Sich., Yunn.

Simons Balsam-P., Birken-P., *P. simonii* Carrière

'Fastigiata': säulenf. Wuchs; Bl. kleiner, vorn abgerundet, Rand meist wellig.

— Bl.spreite in od. unterhalb der Mitte am breitesten, eif. bis rundl. eif., deltoid bis rautenf. od. elliptisch, Basis keilf. bis gestutzt, abgerundet od. herzf., Bl.stiel > 2 cm lang, wenn zuw. kürzer, dann auch Bl. mit längeren Stielen vorhanden **14**

14. Junge Zw. hell graugelb – kahl od. behaart, besonders im vorderen Teil des Jahrestriebes, dünn, scharfkantig; Bl.spreite an Basis abgerundet, Rand fein drüsig gesägt, oberseits dunkelgrün, kahl, unterseits weißl. grün bis graugrün, leicht behaart, Bl.stiel (1–)2–5(–7) cm lang, behaart, Frühbl. elliptisch bis eif. od. lanzettl., 5–12 cm lang, (2–)4–7 cm breit, spitz od. zugespitzt, Spätbl. länger u. schmaler, lanzettl. bis eif. lanzettl. (*742/2*), bis 16 cm lang u. 5 cm breit, lang zugespitzt; ♂ Kätzchen 3–4 cm, ♀ bis 6 cm, zur Fr.zeit > 10 cm lang; IV–V. Bm – ss. S-Sib. u. N-Mong. bis W-China (Xinjiang) u. N-China (Nei-Mong.).

Lorbeer-P., Lorbeerblättrige Balsam-P., *P. laurifolia* Ledeb.

— Junge Zw. ± braun, grau-, gelb-, ocker-, oliv-, grün-, rot- bis purpur- od. dunkelbraun, zuw. grünl., erst im 3. Jahr auch hell graubraun od. grau **15**

15. Junge Zw. behaart, – anfangs rotbraun, später grün bis olivbraun, im 3. Jahr hellbraun bis grau; Bl.spreite 5–10(–15) cm lang, 2,5–6(–10) cm breit, eif. bis längl. deltoid, größte Breite meist kurz über der Ansatzstelle des Bl.stiels, Basis meist gestutzt bis etwas herzf., seltener abgerundet, Spitze spitz od. zugespitzt, Bl.rand fein kerbig gesägt (*742/3*), an Frühbl. jederseits (20–)35–40(–50) Zähne mit 0,1–0,4 mm tiefen Buchten, an Spätbl. Zahl der Zähne höher (bis 60) u. Buchten tiefer (bis 0,6 mm), Bl.unterseite weiß bis grauweiß od. grünl. weißl., oft mit rötl. Längsbändern od. Flecken, Bl.stiel 1–5(–9) cm lang, an der Spitze oft etwas angeschwollen od. dorsiventral abgeflacht, unauffällig u. kurz, aber oft dicht behaart; Kn. (0,9–)1,2–1,5 cm lang; Bltn.kätzchen 5–10 cm, Fr.kätzchen bis 20 cm lang; Fr.kapsel 3- od. 4-klappig, kugelig, behaart bis kahl; Pfl. kaum Wurzelsprosse bildend; IV–V. Bg – h. W-NAm. [*P. balsamifera* subsp. *trichocarpa* (HOOK.) BRAYSHAW]

Westliche Balsam-P.,. Westamerikanische Balsam-P., *P. trichocarpa* HOOK.

In Kultur mehrere Hybriden, sowohl mit anderen Balsampappeln als auch mit Schwarzpappeln:

a) *P. balsamifera* × *P. trichocarpa*: ***P.* × *hastata*** DODE: im natürl. Areal entstanden u. in Kultur erzielt, Fr. 2–4-klappig, spärl. behaart od. kahl; hierzu ♀ Sorte **'Balsam Spire'**: schmalkronig, Bl. ähnl. *P. balsamifera*, aber Pfl. keine Wurzelsprosse bildend. s.

b) *P. deltoides* × *P. trichocarpa*: ***P.* × *generosa*** A. HENRY [*P.* × *interamericana* VAN BROEKHUIZEN]: ähnl. *P.* × *jackii* (Nr. 19–), aber junge Zw. deutl. kantig u. wie die Bl.stiele kaum od. nicht behaart, keine Wurzelsprosse bildend. s.

c) *P. maximowiczii* × *P. trichocarpa*: ***P.* 'Androscoggin'**: junge Zw. scharfkantig u. fein behaart; Bl.spreite rundl. bis eif. elliptisch od. eif. rautenf., derb lederig, unterseits bläul. grau, Hauptnerven rötl., Rand bewimpert, Spitze kurz zugespitzt u. verdreht. h.

— Junge Zw. kahl **16**

16. Kn. relativ groß, Endkn. 1,2–2,5 cm lang; junge Zw. nur zuw., v. a. spitzenwärts, leicht kantig, sonst meist im ∅ rund; Fr.kapsel 2-klappig – Bl.spreite 12–16 cm lang, breit eif. bis deltoid, kurz zugespitzt, Basis abgerundet bis leicht herzf. (*742/4*) .... ***P. balsamifera*** (var. *subcordata*), siehe Nr. **19**

— Kn. kleiner, Endkn. 1,2–1,8 cm lang; junge Zw. stets ± kantig, wenn auch zuw. nur schwach; Fr.kapsel 3- od. 4-klappig **17**

17. Junge Zw. stets kahl, anfangs grünl. braun bis purpurn, später gelbl. braun, zuletzt grau; Bl.spreite 8–20(–30) cm lang, 5–15 cm breit, Rand anfangs bewimpert; Fr.kapsel eif., kahl – Bl. im Austrieb rötl., unterseits blassgrün bis weißl. od. blaugrau, Nerven behaart, rot, Bl.rand drüsig gezähnt bis gekerbt, Bl.spitze spitz od. kurz zugespitzt, Bl.stiel 2,5–4(–8) cm lang, rot, Spreite der Frühbl. breit eif., eif. rundl. od. eif. lanzettl., bis 18 cm lang u. 15 cm breit, Basis keilf., abgerundet od. seicht herzf.; Spreite der Spätbl. etwas länger (bis 20, zuw. 30 cm) u. schmaler (bis 11, seltener 15 cm breit), elliptisch eif. bis längl.

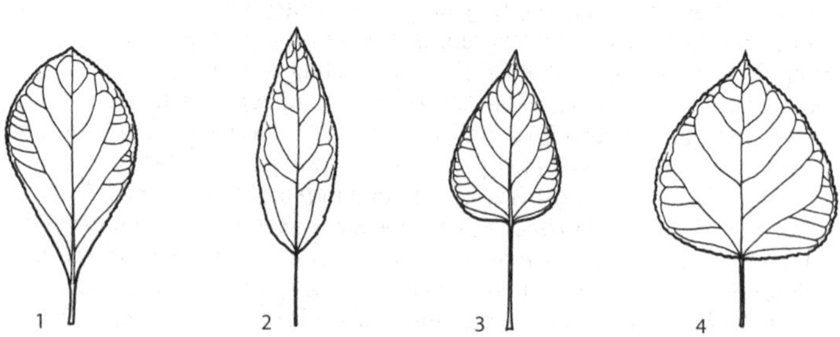

742/1–4 *Populus*, Bl.: 1 *P. simonii*, 2 *P. laurifolia*, 3 *P. trichocarpa*, 4 *P. balsamifera* var. *subcordata*

eif., Basis abgerundet bis fast herzf.; Fr.kätzchen 10–20 cm u. länger; IV–V. Bg – ss. WN-China bis Yunn., Sich. u. Tibet.

Chinesische Balsam-P., *P. szechuanica* C. K. SCHNEID.

— Junge Zw. anfangs behaart, aber bald kahl, zunächst rotbraun, dann grün bis olivbraun, im 3. Jahr hellbraun bis grau; Bl.spreite 5–10(–15) cm lang, 2,5–6(–10) cm breit, Rand nicht bewimpert; Fr.kapsel kugelig, behaart bis kahl .... ***P. trichocarpa***, siehe Nr. **15**

18 (12). Oberseite der derben Bl. durch eingetiefte Nerven ± runzelig, Bl.stiel 0,5–3(–4) cm lang – junge Zw. hell, gelbl. bis grau od. gelb- bis graubraun, dicht behaart bis ± kahl; Kn. grün, oliv od. kastanienbraun, wenn Jungtriebe u. Kn. rötl., dann junge Zw. ± dicht behaart od. Bl.stiel < 3 cm lang; Fr.kapsel stets 3–4-klappig, stets kahl; Stammrinde gelbl. grau od. graugrün, glatt, erst im Alter tief gefurchte graue Borke (***P. suaveolens* agg., Artengruppe Sibirische Balsam-P.**) **20**

— Bl.oberseite nicht runzelig, wenn auch zuw. Nerven etwas eingetieft; Bl.stiel 2–5(–7) cm lang – junge Zw. anfangs rot- bis purpur- od. olivbraun, kahl od. ± behaart; Kn. rötl. od. grünl. braun; Fr.kapsel 2- od. 3–4-klappig, kahl od. behaart **19**

19. Fr.kapsel 2-klappig, eif. bis kugelig, (3–)5–8 mm lang; junge Zw. kahl; Bl.stiel meist kahl, Bl.rand nicht bewimpert, fein u. gleichmäßig gekerbt-gesägt, an Frühbl. fast ganzrandig od. sehr fein gesägt, jederseits (9–)20–35(–45) Zähne mit 0,1–0,4 mm tiefen Buchten zwischen den Zähnen – Bl.spreite schmal eif. bis eif., seltener breit eif., größte Breite (im Gegensatz zu *P. trichocarpa*, Nr. 15) meist deutl. oberhalb der Ansatzstelle des Bl.stiels, Basis abgerundet bis leicht herzf., Spitze stumpf od. spitz, Bl. 5–9(–15) cm lang, 3–5,5(–9) cm breit, Bl. unterseits blaugrau, oft mit rötl. Längsbändern od. Flecken, leicht behaart, Bl.stiel 2–5 cm lang, rund od. zur Spitze zu leicht dorsiventral abgeflacht, aber (im Gegensatz zu *P. trichocarpa*, Nr. 15) nicht angeschwollen; Fr.kätzchen 10–15 cm lang, Kapsel eif., kahl; Wurzelsprosse oft reichl. vorhanden; III–IV. Bg – h. N-, NO- u. NW-NAm. [*P. tacamahaca* MILL.]

Echte Balsam-P., Nordamerikanische Balsam-P., *P. balsamifera* L.

var. *subcordata* HYLANDER mit etwas längerer (12–16 cm) u. meist breit eif., kurz zugespitzter Bl.spreite (*742/4*) u. etwas kantigen, schwach behaarten jungen Zw. wird meist nicht mehr als eigenständige Sippe ausgeschieden od. *P.* × *jackii* zugeordnet. Ohne Fr. kann die Unterscheidung der Art von dieser Hybride u. von *P. trichocarpa*, zu der Übergänge durch Hybridisierung existieren (*P.* × *hastata*, siehe unter Nr. 15), schwierig sein.

— Fr.kapsel 3- od. 4-klappig, eif., (4–)8–11(–16) mm lang; junge Zw. meist ± behaart, Bl.stiel, zumindest im vorderen Teil, dicht behaart; Bl.rand bewimpert; zieml. grob gesägt, Frühbl. jederseits mit 20(–40) Zähnen, Buchten bis 1,5 mm tief, Bl.spreite breit eif. bis deltoid eif., 4,5–11(–17) cm lang, 3,5–8(–15) cm breit, Basis gestutzt bis herzf., Spitze abrupt zugespitzt; Fr.kätzchen 15–20 cm lang; reichl. Wurzelsprosse bildend; III–IV. Bg – z. Im Überlappungsbereich der Areale spontan u. in Kultur entstandener Bastard *P. balsamifera* × *P. deltoides*. [*P.* × *gileadensis* ROULEAU; *P. candicans* auct.]

Ontario-P., "Balm-of-Gilead", *P.* × *jackii* SARG.

'Aurora': Bl.spreite mit creme weißen, oft rosa getönten Flecken, ältere Bl. auch vergrünend.

Ähnl. ist die Balsam-/Schwarzpappel-Hybride *P.* × *generosa*, siehe unter Nr. 15.

20 (18). Junge Zw. kurz, aber dicht behaart, Bl.stiel meist dicht behaart; ♂ Kätzchen 5–10 cm lang, Fr.kätzchen 10–25 cm lang – Bl.spreite 5–10(–14) cm lang, (3–)4,5–6(–10) cm breit, (breit) eif bis (breit) elliptisch od. verkehrt eif. elliptisch, Spitze plötzl. kurz zugespitzt od. spitz, meist verdreht, Basis abgerundet bis schwach herzf., Rand drüsig gesägt u. bewimpert, oberseits stumpf dunkelgrün, unterseits weißl. od. rostfarbig grün, beiderseits Nerven fein behaart; junge Zw. anfangs rötl., später grau; IV–V. Bg – z. O-As.: N- bis NO-China, Kor., Jap., Russ.-Fernost. [*P. suaveolens* subsp. *maximowiczii* (A. Henry) Tatew.] **Japanische Balsam-P., Maximowiczs P., *P. maximowiczii*** A. Henry

Häufig in Kultur eine Sorte der Hybride mit *P. trichocarpa*: *P.* 'Androscoggin', siehe unter Nr. 15.

— Junge Zw. ± kahl od. schwach kurz behaart, oft nur im Bereich der Knoten; Bl.stiel kahl od. schwach behaart, meist nur anfangs od. nur im vorderen Teil des Stiels; ♂ Kätzchen 3,5–5 cm lang, Fr.kätzchen bis 10(–13) cm lang **21**

21. Junge Zw. blassbraun od. gelbl. braun bis rotbraun, anfangs klebrig, ± kahl; Bl. kahl, beim Trocknen oft braun werdend; Kn. grün od. kastanienbraun – Bl.spreite (*744/1*) elliptisch, eif. bis längl. verkehrt eif. od. eif. rundl., 4–12 (Spätbl. bis 15) cm lang, 4–8 (Spätbl. bis 10) cm breit, Spitze stumpf bis zugespitzt, Basis breit keilf. bis abgerundet, Rand drüsig gekerbt-gesägt, oberseits matt dunkelgrün, zuw. rötl. grün, stark runzelig, ± gewölbt, unterseits weißl., zuw. rosa getönt, Mittelrippe oft rötl., Bl.austrieb sehr früh (März); IV–V. Bg – ss. O-As.: N- bis NO-China bis Kor. u. südl. Russ.-Fernost.

Koreanische Balsam-P., *P. koreana* Rehder

— Junge Zw. gelbl. bis grau, gelb- od. graubraun, nicht klebrig, schwach behaart, zumindest an den Knoten; Kn. braun; Bl. meist zumindest an Nerven der Unterseite schwach behaart, beim Trocknen meist schwarz werdend – Bl.spreite (*744/2*) elliptisch bis eif. rundl., längl. elliptisch od. verkehrt eif. elliptisch, 5–12 (Spätbl. bis 18) cm lang, 2,5–6 cm breit, Spitze plötzl. od. kurz zugespitzt, oft verdreht; Basis keilf. od. abgerundet bis schwach herzf., Rand bewimpert, oberseits dunkelgrün, weniger stark runzelig, unterseits grauweiß; V. Bg – ss. N- bis O-As.: M- u. O-Sib. bis N-Mong., Russ.-Fernost, N-China.

Sibirische Balsam-P., *P. suaveolens* Loudon

Wenn, wie verschiedentl. wegen der nur graduellen Unterschiede vorgeschlagen, *P. maximowiczii, P. koreana* u. *P. suaveolens* einer Art zuzuordnen sind, dann ist der Name für diese weit gefasste Art *P. suaveolens*.

22 (4). Bl.spreite am Rand mit äußerst schmalem, nur mit Lupe erkennbarem durchscheinenden Saum, Bl.stiel im ∅ ± rundl., kaum seitl. zusammengedrückt, Spreite unterseits blassgrün bis weißl. ***P. × berolinensis***, siehe Nr. **11**

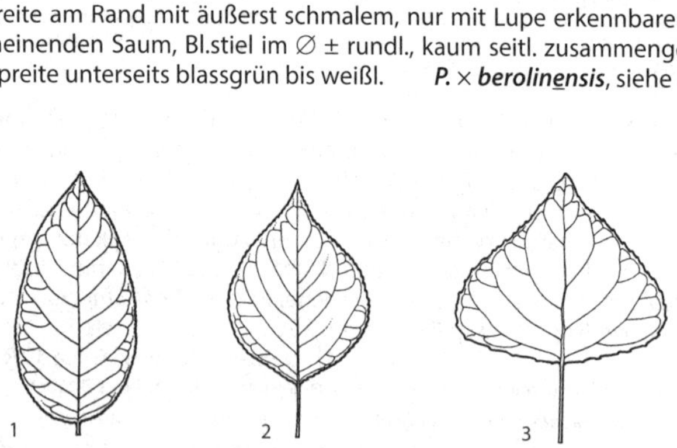

744/1–3 *Populus*, Bl.: 1 *P. koreana*, 2 *P. suaveolens*, 3 *P. nigra*

— Bl.spreite am Rand mit deutl. abgesetztem durchscheinendem Saum (Lupe!); Bl.stiel stark abgeflacht, stets deutl. seitl. zusammengedrückt, Spreite beiderseits grün, unterseits heller, aber nie weißl., – (3–)5–12(–14) cm lang, 3–9(–14) cm breit, Basis gestutzt bis herzf. od. breit keilf., beiderseits kahl, höchstens im Austrieb schwach behaart, Bl.stiel (2–)3–8(–13) cm lang; junge Zw. kahl od. anfangs etwas behaart; Bltn.kätzchen 5–10 cm, Fr.kätzchen bis 20 cm lang **23**

23. Bl.spreite am Rand bewimpert, an der Basis am Übergang zum Bl.stiel mit 2 od. mehr Drüsen; junge Zw. ± kantig **25**

— Bl.spreite am Rand nicht bewimpert, an der Basis am Übergang zum Bl.stiel ohne Drüsen; junge Zw. im ∅ rundl. **24**

24. Bl.spreite am Rand stets ohne Wimpern, an der Basis am Übergang zum Bl.stiel stets ohne Drüsen; junge Zw. nie kantig; Stbl. 12–20(–30), Narben 2, sitzend; Fr.kapsel 2-klappig – Bl.spreite deltoid bis rautenf., eif. bis 3-eckig, im Austrieb grün, Spitze meist lang zugespitzt, Bl.rand fein kerbig gesägt (*744/3*), an Frühbl. Buchten zwischen den Zähnen < 1,2 mm tief; junge Zw. hell orange- bis grau-, gelb- od. rötl. braun; Kn. rot- bis gelb- od. ockerbraun, wenn Schuppen oliv bis grün, dann mit dunklerem, braunem Rand, Kn.spitze auswärts gebogen (*268/1*); Stamm alter Bäume mit tief gefurchter Borke, meist wulstig u. durch Maserknollen beulig; IV. Bg – h. Medit. bis nem. u. submer. Eur., SW- u. M-As. (bis W-China: Xinjiang), südl. W-Sib.

Europäische Schwarz-P., *P. nigra* L.

subsp. *nigra*, Echte Schwarz-P.: junge Zw. kahl, grau bis gelbbraun; Bl. kahl.

subsp. *betulifolia* (Pursh) Buttler & Hand, **Birkenblättrige Schwarz-P.**: junge Zw. anfangs behaart, braunorange; Bl. kleiner, allmähl. zugespitzt, Spreite u. Stiel anfangs behaart.

Säulenf. Sorten: **'Italica'** [var. *pyramidalis* (Rozier) Spach], **Säulen-P., Pyramiden-P.**: Krone schmal säulenf., Äste in spitzem Winkel aufsteigend; Austrieb etwa 3 Wochen vor subsp. *nigra* u. Bl. etwas kleiner. h; **'Plantierensis'** ['Italica' × subsp. *betulifolia*]: Krone breiter als bei 'Italica', junge Zw. u. Bl. anfangs behaart. s; **'Thevestina'**: Stamm mit auffällig weißer u. glatter Rinde, erst im Alter dunkle Borke. ss.

— Bl.spreite am Rand ohne od. nur mit einigen Wimpern od. Wimperresten, an der Basis am Übergang zum Bl.stiel ohne od. mit 1–2 Drüsen; junge Zw. teils leicht kantig; Stbl. (15–)20–30, Narben 2–4, kurz gestielt, Fr.kapsel 2–4-klappig

P. × canadensis, siehe Nr. **25–**

25 (23). Bl.spreite am Rand ± dicht bewimpert, an der Basis am Übergang zum Bl.stiel mit 2 (subsp. *monilifera* (Aiton) Eckenw.) od. 3–6 (subsp. *deltoides*) Drüsen; Stbl. 30–40(–55), Narben 3–4, lang gestielt, Fr.kapsel 3–4-klappig; junge Zw. teils auffällig kantig bis fast geflügelt, teils weniger kantig, dann zumindest starke Langtriebe deutl. kantig, – anfangs grün- bis gelbbraun od. braun, im 3. Jahr grünl. bis grau; Bl.spreite breit 3-eckig bis deltoid od. eif., entw. plötzl. kurz (subsp. *deltoides*) od. lang (subsp. *monilifera*) zugespitzt, Bl.rand mit Ausnahme der Bl.spitze (grob) kerbig gesägt, an Frühbl. jederseits (3–)5–15(–30) Zähne, Buchten dazwischen (0,4–)0,7–5(–7) mm tief, an Spätbl. Zahl der Zähne größer (10–40, zuw. 55) u. Buchten weniger tief (bis 1,5, selten 3 mm); Kn. grünl. od. bräunl., lang u. scharf zugespitzt; IV. Bg – O- bis Z-NAm. u. N-Mex. [incl. *P. angulata* Aiton; *P. monilifera* Aiton]

Nordamerikanische Schwarz-P., Kanadische Schwarz-P., *P. deltoides* Marshall

'Carolin' [*P. angulata* auct.], **Carolina-P.**: ♂ Sorte mit auffällig kantigen bis gerippten Zw. u. großen, herzf. Bl.; ähnl. **'Cordata'**, aber Pfl. ♀.

Da die heute *P. deltoides* als Unterart zugeordnete *P. wislizeni* (S. WATSON) SARG. bei uns nicht in Kultur ist, wurden deren Merkmale (z. B. Fehlen von Drüsen an der Basis der Bl.spreite) im Schlüssel nicht berücksichtigt.

Hybriden mit Balsampappeln siehe Nr. 19– u. unter Nr. 15.

— Bl.spreite am Rand spärl. bewimpert, zumindest anfangs, an Basis am Übergang zum Bl.stiel 0–2 Drüsen; Stbl. (15–)20–30, Narben 2–4, kurz gestielt; Fr.kapsel 2–4-klappig; junge Zw. meist nur leicht kantig, – orangebraun, olivgrün bis braun; Bl.spreite ± 3-eckig od. deltoid, kurz od. lang zugespitzt (*746/1–2*), Rand kerbig gesägt, im Austrieb oft rötl.; Kn. braun; IV. Bg – h. In Kultur entstandene Hybriden *P. deltoides* × *P. nigra*. [*P.* × *euramericana* GUINIER; incl. *P.* × *robusta* C. K. SCHNEID.]

Hybrid-Schwarz-P., Euroamerikanische Schwarz-P., *P.* × *canadensis* MOENCH

Zahlreiche, meist forstl. bedeutsame ♂ od. ♀ Sorten (z. B. 'Brabantica' (*746/2*), 'Eugenii', 'Gelrica', 'Marilandica' (*746/1*), 'Regenerata', 'Robusta', 'Serotina'), deren Bestimmung Spezialliteratur erfordert. Als Ziergehölz sei **'Aurea'** erwähnt: Bl. im Frühjahr u. Frühsommer goldgelb, dann gelbl. grün, im Herbst wieder goldgelb.

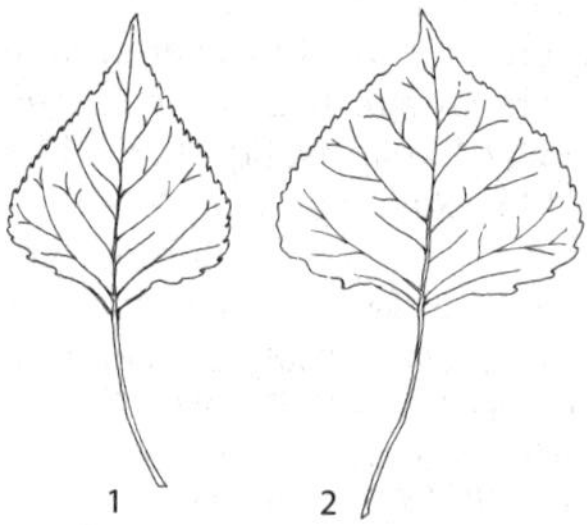

746/1–2 *Populus* × *canadensis*-Sorten, Bl.: 1 'Marilandica', 2 'Brabantica'

Potentilla fruticosa L. → ***Dasiphora fruticosa*** (L.) RYDB.

Pourthiaea DECNE., **Glanzmispel** – *Rosaceae* (Bearbeiter: Bernd Schulz)

Sommergrüne Sträucher bis Bäume; Bl. einfach, bis 20 cm lang;Bltn. weiß, klein, 5-zählig, in (Schirm-) Rispen bis (Schirm-)Trauben, Stbl. 20, Gr. 2–5, im unteren Teil vereinigt, halbunterst.: oberer Teil der Frbl. nicht mit dem Bltn.becher verwachsen; Fr. ein kleiner, meist roter Kernapfel. Nach W. GUO et al. (2011) *Aronia* näher stehend als *Photinia*. Etwa 25 Arten im mer. bis nem. O-As.

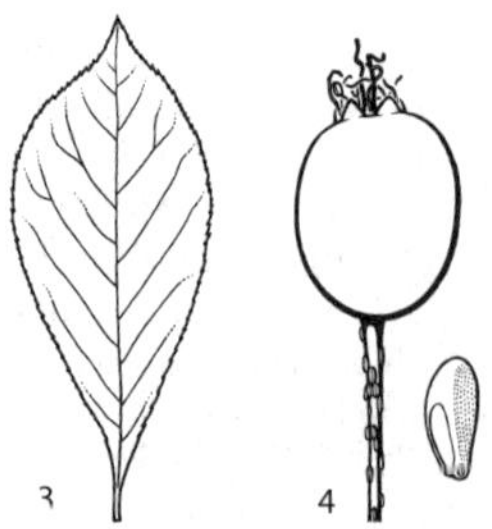

746/3–4 *Pourthiaea villosa*: 3 Bl., 4 Fr. u. Samen

P. villosa (Thunb.) Decne. [*Photinia villosa* (Thunb.) DC.], **Warzen-G.** – Bl. sommergrün, breit bis schmal verkehrt eif., 3–8 cm lang, kurz zugespitzt, Basis keilf., Bl. fein und scharf gesägt (*746/3*), oberseits frischgrün und kahl, unterseits heller blau- bis graugrün, ± behaart; Bltn. 1–1,2 cm breit, zu 5–20 in etwa 3–5 cm langen und ebenso breiten, oft etwas behaarten Trauben, Bltn.stiele auffallend dicht korkwarzig; Fr. (*746/4*) ellipsoidisch, etwa 8 mm lang, leuchtend rot; V–VI. Sg – z. Sich. u. Yunn. bis OS-China, Jap. u. Kor.

var. *villosa*: Bl. bis zur Fr.reife unterseits ± dicht behaart bleibend.

var. *laevis* (Thunb.) B. Schulz comb. nov.: Bl. (oft schon zur Blütezeit) unterseits bald kahl oder nur auf den Nerven behaart; Fr. bis > 1 cm lang. [Basionym *Crataegus laevis* Thunberg. In: Syst. Veg., ed. 14. 465. 1784]

Prinsepia Royle, **Dornkirsche** – *Rosaceae* (Bearbeiter: Bernd Schulz)

Sommergrüne, früh austreibende Sträucher mit achselst. kurzen Sprossdornen (*228/1*); Mark gekammert. Bl. wechselst., oft an Kurztrieben gebüschelt, lanzettl. bis elliptisch, 3–10 cm lang, ganzrandig od. gesägt (*747/1e* u. *2*); Nebenbl. klein, bleibend. Bltn. einzeln od. bis 4 (–6) in Büscheln, radiär, 5-zählig, 10–15 mm ∅; Krbl. hell, kreisf., zum Ansatz leicht keilf., kurz genagelt; Kbl. kurz, abgerundet bis gestutzt od. 3-eckig, bewimpert, Stbl. 10, Frbl. 1, Gr. nahe der Basis des Frkn. stehend (*747/1c–d*); Steinfr. essbar, rot bis violettrot, ± kugelf bis kurz eif., 8–15 mm ∅, Kern eif. (*747/1a–b*). Etwa 4 Arten von NO-China bis zum Himal.

1. Bl. 5–9 cm lang, lang zugespitzt (*747/2*), ganzrandig od. leicht kerbig, Seitennerven maschenläufig, Rand bewimpert, hellgrün; Zw. hell graubraun; Dornen 6–10 mm lang, gekrümmt; Bltn. einzeln, aber 4–6 am Grund des neuen Triebes nahe beieinander stehend, bis > 10 mm lang gestielt, Bltn.becher glockenf., Krbl. gelbl., Kbl. 3-eckig; Fr. rot; III–IV. Sk/Sg – ss. NO-China, Nei-Mong.
Mandschurische D., *P. sinensis* (Oliv.) Bean

— Bl. 3–6 cm lang, stumpf bis spitz (*747/1e*), scharf gesägt od. gezähnt, kahl, oberseits dunkelgrün, unterseits blasser, Seitennerven zum Teil in die Zähne laufend; Zw. hellgrau; Dornen bis 1,2 cm lang, ± gerade; Bltn. 3–5 mm lang gestielt, Bltn.becher breit trichterf. (*747/1c*), Krbl. weiß; Fr. um 10 mm lang gestielt, dunkel violett-weinrot (*747/1a*), Steinkern eif., 1–2-samig (*747/1b*); III–IV. Sk – ss. N-China. **Chinesische D., *P. uniflora*** Batal.

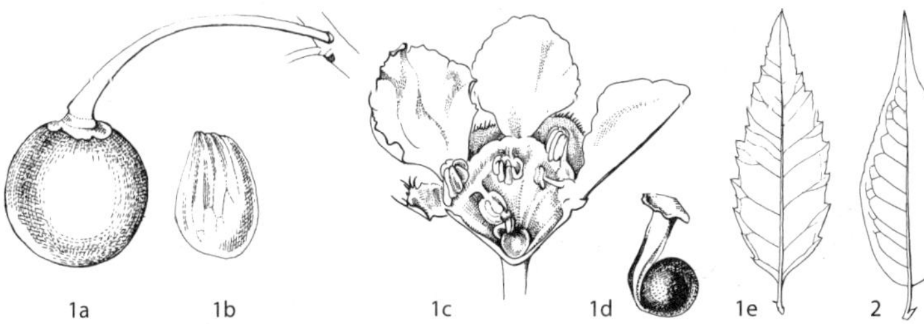

747/1–2 *Prinsepia*: 1 *P. uniflora*, 1a Fr., 1b Steinkern, 1c Blüte längs, 1d Frbl., 1e Bl.; 2 *P. sinensis*, Bl.

Prunus **L., Kirsche, Pflaume** u. a. **„Steinobst"** – *Rosaceae* (Bearbeiter: Bernd Schulz)

Bäume od. Sträucher, meist sommer-, seltener immergrün. Bl. einfach, fiedernervig, Rand kerbig bis scharf gesägt; Nebenbl. hinfällig od. bleibend; zuw. 2 od. mehr Drüsen (extraflorale Nektarien), am oberen Ende des Bl.stiels, am Rand der Spreitenbasis od. selten auf der Spreite selbst: Form flach tellerf. bis (gestielt) becherf. od. kugelf. Bltnst. meist achselst., mit od. ohne Laubbl. am Grund (*748/1–4*), Grundform Traube, oft zu Schirmtrauben abgewandelt od. zu doldigen, wenigbltg. Büscheln reduziert, zuw. auch einbltg. Bei früh blühenden Arten mit wenigbltg. Bltnst. od. Einzelbltn. stehen oft mehrere Bltnst./Bltn. beieinander, diese aus neben den regulären Achselkn. angelegten Bereicherungskn. (*750/3*). Blüte oft sehr reich, Bltn. mit od. vor dem Laubaustrieb, radiär, K. u. Kr. 5-zählig, Krbl. weiß bis dunkelrosa, selten gelbgrün, in gefüllten Bltn. vermehrt; Stbl. 15 bis viele; Frbl.1 (bei gefüllten Bltn. zuw. 2–3), mit endst. Gr., mittelst., am Grund des schüssel- bis glocken- od. röhrenf. Bltn.bechers, der nach dem Verblühen meist abfällt. Fr. eine Steinfr., Fleisch oft essbar, Samen aber zuw. durch Blausäure abspaltendes Amygdalin **G!**

Mehrere Untergatt., die zuw. auch als eigene Gatt. angesehen werden, mit über 200 Arten in der nem., bor. u. mer. Zone. Einige Arten der Untergatt. *Padus* (v. a. *Pygeum*) auch in Trop. (Afr., SAm. u. Neuguinea). Viele Arten wichtige Obst-u. Ziergehölze mit einer großen Zahl schwer zu fassender Kultursorten.

Nach Phylogenien von Bortiri et al. 2006, Wen et al. 2008, Shi et al. 2013 u. a. ist nur eine vorläufige Gliederung in 3 Untergatt. sicher. Innerhalb der großen provisorischen Untergatt. *Prunus* sind die Verwandtschaftsbeziehungen noch nicht sicher geklärt, weshalb hier auf eine weitere Teilung auf Untergatt.-niveau verzichtet wird:

Gliederung:

1. **Untergatt. *Padus*** (Mill.) Peterm., **Traubenkirschen** [incl. *Laurocerasus* Duhamel, Lorbeerkirschen; *Maddenia* Hook. f. & Thomson, Windkirschen; *Pygeum* Gaertn.]
2. **Untergatt. *Cerasus*** (Mill.) A. Gray, **Echte Kirschen** [ohne *Microcerasus*]
3. **Untergatt. *Prunus*** [incl. *Amygdalus* L., Mandeln; *Persica* Mill., Pfirsiche; *Microcerasus* Webb & Berthel., Strauchkirschen; Kirschmandeln; *Armeniaca* Scop., Aprikosen u. *Prunus* s. str. incl. Sekt. *Pseudocerasus* Koehne, Alt- u. Neuweltl. Pflaumen]

1. Bltn. meist zu wenigen im Bltnst., wenn > 12, dann Bltn.becher verlängert u. Stbl. länger als die weißen Krbl. (*751/2a*) u. Stammrinde glänzend braungelb, dünn abrollend – Bltnst. sonst kurze, 2–7-, selten 10-bltg. Trauben, Traubendolden, Dolden od. einzeln (*748/2–4*); Frkn. u. Gr. kahl od. behaart **7**

— Bltn. in langen, mindestens 12-bltg. Trauben (*748/1*), Bltn.becher flach, 2–3 mm hoch u. 3–4,5 mm ∅ (*749/1–3, 751/1*); Stammrinde unscheinbar graubraun, kaum glänzend – Krbl. länger als Stbl. od. Krbl. kbl.artig; Frbl. u. Gr. kahl (**Untergatt. *Padus*, Trauben-, Lorbeer- u. Windkirschen**) **2**

2. Pfl. sommergrün; Trauben am Grund oft mit Laubbl. (*748/1*); Krbl. weiß (rosa bei Sorten der Traubenkirschen), selten kbl.artig **4**

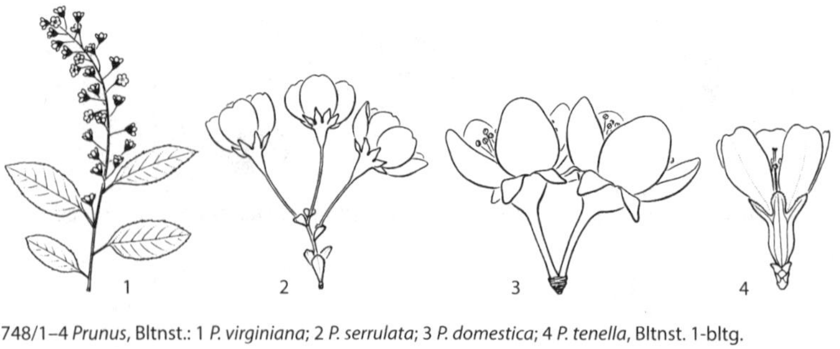

748/1–4 *Prunus*, Bltnst.: 1 *P. virginiana*; 2 *P. serrulata*; 3 *P. domestica*; 4 *P. tenella*, Bltnst. 1-bltg.

— Pfl. immergrün, kahl; Trauben am Grund unbeblättert; Krbl. stets weiß (**Lorbeerkirschen**) **3**

3. Bl.stiel 10–25 mm lang, rot; Bl. weich lederig, längl. eif., 6–12 cm lang, Rand gewellt u. deutl. gesägt (*750/4*); Bltn. relativ spät, Bltnst.kn. zuvor nicht auffallend vergrößert, Traube locker, 15–25 cm lang, oft überhängend, Bltn. 8–12 mm ∅; Fr. oft leicht zugespitzt u. in Seitenansicht fast herzf., 8–10 mm ∅, dunkelpurpurn; VI. Sg/Bk – z. ∧∧ SW-Eur. **Iberische L., *P. lusitanica*** L.

— Bl.stiel 5–10 mm lang, gelbgrün; Bl. derb lederig, längl. bis verkehrt eilängl., 5–15, in Sorten bis 25 cm lang, Spreite unterseits auf der Fläche nahe des Stielansatzes an od. neben der Mittelrippe mit flachen Drüsen, Rand nicht gewellt, oft etwas umgebogen, ganzrandig od. nur schwach gesägt (*750/5*); Bltn. relativ früh (aus im Vorjahr angelegten deutl. größeren Bltnst.kn.) in aufrecht stehenden, dichten, 5–12 cm langen Trauben; Bltn. etwa 8 mm ∅; Fr. kugelf., ∅ meist >10 mm, ± schwarz; V. Sg/Bk – h. ∧ SO-Eur.–Kauk. **G!!** **Pontische L., *P. laurocerasus*** L.

In Kultur zahlreiche, sich in Bl.größe, Wuchsform u. Winterhärte unterscheidende Sorten (Auswahl, alle h):

'Herbergii': dichter, kegelf. Strauch bis 2 m hoch; Bl. schmal, bis 14 cm.

'Rotundifolia': aufrechter, bis 4 m hoher Strauch; Bl. breit elliptisch, bis 16 cm lang.

'Otto Luyken': bis 1 m hoch, breitwüchsig, dicht belaubt; Bl. bis 10 cm lang, zieml. schmal.

'Schipkaensis Macrophylla': bis 3 m hoch, locker; Bl. 8–14 cm lang, am Rand auf ganzer Länge gesägt.

'Van Nes': bis 1,5 m hoch, Zw. abstehend; Bl. bis 10 cm lang.

'Zabeliana': bis 1,5 m hoch, ausgebreiteter Wuchs; Bl. bis 15 cm lang.

4 (2). Bltnst. vor dem Laub, aus vergrößerten Bltnst.kn. (diese oft Bereicherungskn. neben der Seitenkn.), Krbl. unscheinbar, wie Kbl. ca. 2 mm lang, 3-eckig, dunkel violettrot überlaufen (*749/1*), Stbl. um 5 mm lang, Frbl. u. Bltn.becher innen kahl, selten 2 Frbl./Blüte; Fr. violettschwarz, etwa 8 mm ∅; Bl. längl. eif., bis etwa 12 cm lang, zugespitzt, scharf doppelt gesägt, Bl.stiel sehr kurz; IV. Sg/Bk – ss. WN- bis ZS-China [*Maddenia hypoleuca* Koehne] **Windkirsche, *P. hypoleuca*** (Koehne) J. Wen

— Bltnst. nach dem Laub, Seitenkn. einzeln stehend, Krbl. auffällig, weiß od. rosa (*749/2a* u. *3a*), verschieden von den Kbl. (**Traubenkirschen**) **5**

5. Bltn. meist > 10(–17) mm ∅ (*751/1a*), Krbl. längl., ca. 7 mm, Stbl. um 3 mm, Bltn.becher innen dicht behaart (*751/1b*) – nach dem Verblühen abfallend;

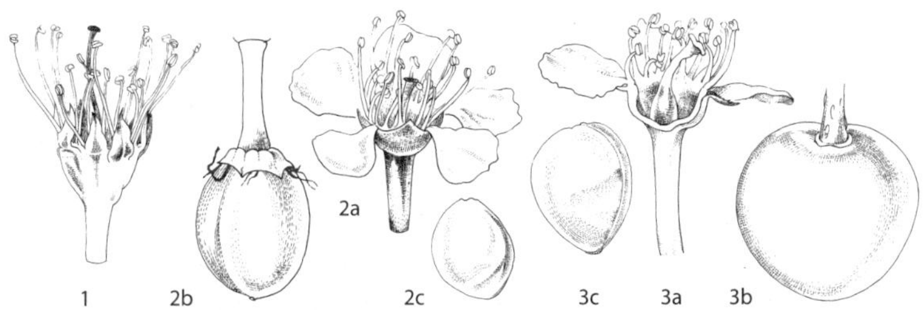

749/1–3 *Prunus*: 1. *P. hypoleuca*, Blüte; 2 *P. serotina*, 2a Blüte, 2b junge Fr., 2c Steinkern; 3 *P. virginiana*, 3a Blüte längs, 3b Fr., 3c Steinkern

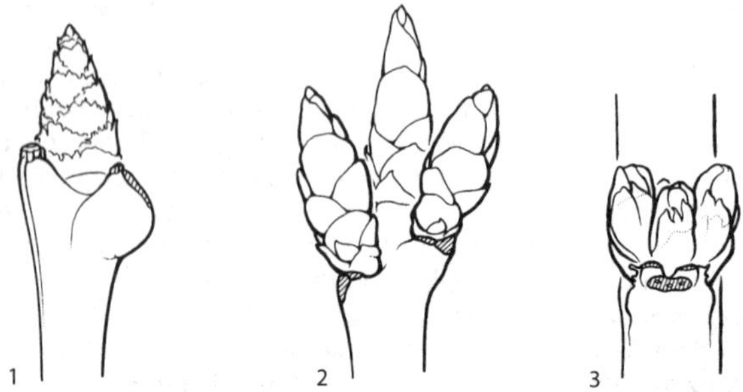

750/1–3 *Prunus*, Kn.: 1 *P. domestica*, Zw. ohne Endkn.; 2 *P. avium*, Zw. mit Endkn.; 3 Seitenkn. mit seitl. Bereicherungskn.

Bltn. duftend, am Grund des Bltnst. stehende länger (≥ 10 mm) gestielt als obere, Bltnst. dadurch kegelf.; Fr. glänzend schwarz, 6–8 mm dick (*751/1c*), Stein grubig gefurcht (*751/1d*); Bl. stumpfgrün, oberseits durch vertiefte Nerven etwas runzelig, fein gesägt (*750/6*), **G!**; junge Zw. u. Kn. verkahlend, aber (Unterschied zu *P. virginiana*) an Kn.schuppen einzelne Haare bleibend; IV–V. Bk/Bm – h. Euras. bis Jap., N-Afr., Kl.-As. [*Padus avium* Mill.]

Auen-T., *P. padus* L.

subsp. *petraea* (Tausch) Domin, **Berg-T.** : junge Zw. u. Bl. unterseits bleibend behaart; Trauben meist aufrecht. Sk/Sg – s. Geb. M-Eur.

'Colorata': Krbl. rosa; Austrieb kupferfarbig bis purpurn überlaufen, Nerven u. Unterseite der erwachsenen Bl. rot. h. Kultur.

— Bltn. um 7–10 mm ∅, Krbl. kreisf., 3–4 mm lang, Stbl. 2,5–3,5 mm; Bltn.becher innen kahl (*749/3a*); Stein ± glatt (*749/2c, 3c*) **6**

6. Bl. oberseits stumpfgrün, feinspitzig gezähnt (*750/7*); Bltn.becher nach dem Verblühen abfallend – Bltn. um 10 mm ∅, kurz (um 5 mm lang) gestielt (*749/3a*), Bltnst. dadurch schmal zylindrisch (Unterschied zu *P. padus*); Zw. u. Kn. vollkommen kahl; Fr. etwa 9 mm ∅ (*749/3b*), rot (in Formen auch gelb od. schwarz), Steinkern ± glatt (*749/3c*); Pfl. sich stark unterirdisch ausbreitend; V. Bk/Bm – s–z. O- bis W-NAm. **Virginische T., *P. virginiana*** L.

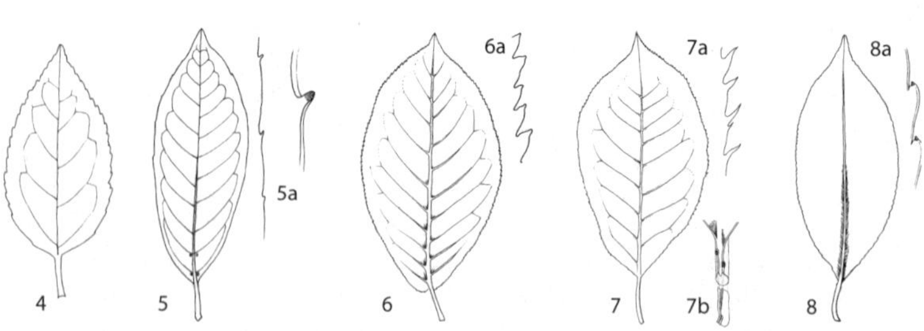

750/4–8 *Prunus*, Bl. von unten u. Bl.rand (a) sowie Bl.stiel/Spreitenansatz (b): 4 *P. lusitanica*, 5 *P. laurocerasus*, 6 *P. padus*, 7 *P. virginiana*, 7b Bl.stiel mit Nektarien, 8 *P. serotina*

— Erwachsene Bl. oberseits glänzend, derb, fast lederig, mit kleinen eingekrümmten, knorpeligen Zähnen (*750/8*), unterseits entlang der Mittelrippe mit (später oft bräunl.) Behaarung, **G!**; Bltn.becher bis zur Fr.zeit bleibend (*749/2b*); Fr. 8–10 mm dick, dunkelrot bis schwarz; in NAm. weit verbreitet u. sehr vielgestaltige Wuchsform; V–VI. Sk/Sg/Bm – h. NW- u. NO- bis S-NAm., in M-Eur. Neophyt (v. a. auf armen Standorten in N-Deutschland).
Späte T., *P. serotina* EHRH.

7 (1). Langtriebe ohne Endkn. (das Zw.ende stirbt ab, es bleibt ein Rudiment od. eine kleine Narbe gegenüber dem Tragbl. der obersten Seitenkn., *750/1*) – Bl. in Kn.lage oft gerollt; Bltn. einzeln (*762/4*) od. in büscheligen Dolden ohne voll ausgebildete Laubbl. (*748/3*), sitzend od. gestielt; Fr. kugelf. od. längl., meist über 1,5 cm lang, oft bereift, Stein oft ± seitl. abgeflacht (**Untergatt. *Prunus*** p. p.: **Pflaumen** u. **Aprikosen**) **36**

— Langtriebe mit Endkn. (*750/2*) – Bl. in Kn.lage stets gefaltet; Bltn. einzeln, in ± sitzenden Dolden od. in kurzen Trauben, oft Schirmtrauben **8**

8. Bltn. oft ± sitzend, meist einzeln (*759/1*), aber durch Bereicherungskn. (*750/3*) bis 3 (zuw. auch mehr) nebeneinander, Bltn.triebe ohne Laubbl.; Frkn. u. Fr. auf ganzer Fläche ± dicht behaart (± kahl die über 4 cm dicke Fr. einer *P. persica*-Sorte, schwach behaart die Frkn. von Zwerg- u. einigen Kirchmandeln) **30**

— Bltn. stets deutl. gestielt (*754/1–756/3, 757/1–2*), zu (1–)2 bis über 20, Frkn. kahl, nur Gr. zuw. behaart; Fr. saftig, kahl, ∅ meist < 2 cm (außer Obstkirschen) . . **9**
Untergatt. *Cerasus*, Kirsche (9–27)

9. Bltnst. kurze (4–8 cm lange), dichte Traube mit > 20 Bltn., am Grund meist ohne Laubbl., ± behaart; Bltn. etwa 10 mm ∅, Bltn.becher längl., um 3 mm lang u. 1,5 mm ∅, innen kahl, Frkn. kahl, Gr. dicht behaart (*751/2a–b*); Fr. schwarz, 5–6 mm dick (*751/2c*), Stein runzelig (*751/2d*); Bl. längl. eif., 3–10(–15) cm lang, meist zugespitzt, scharf gesägt (*752/3*), unterseits drüsig punktiert, Bl.stiel 1–2 cm lang; Rinde auffallend glänzend braungelb, dünn abrollend; V. Bk – z. Russ.-Fernost, NO-China, Jap., Kor. **Amur-K., *P. maackii*** RUPR.

'Amber Beauty': Selektion mit glatter, bernsteinfarbener Rinde. z.

— Bltnst. wenigbltg., bis 10 Bltn. **10**

10. Seitenkn. meist einzeln, zuw. an Kurztrieben gehäuft (*753/1a*); Bltnst. sitzende Büschel od. traubig verlängert, oberhalb der Kn.schuppen oft mit grünen bis rötl. schuppenf. Hochbl., die gelegentl. z. T. die Form verkleinerter (zum Ansatz gestielter od. stielartig verschmälerter) Laubbl. annehmen können; häufig Bäume **18**

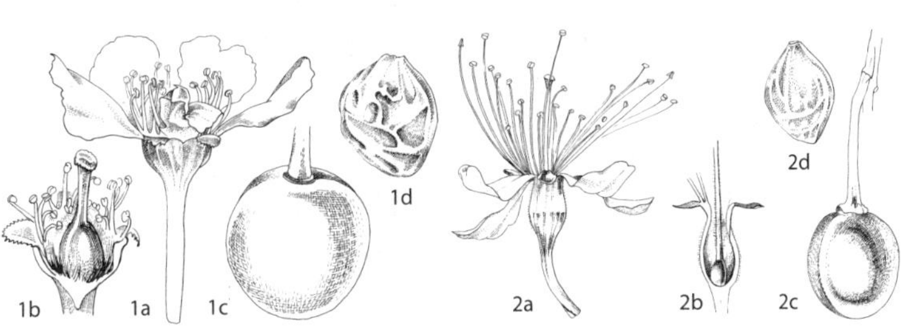

751/1–2 *Prunus*: 1 *P. padus*, 1a Blüte, 1b längs, 1c Fr., 1d Steinkern; 2 *P. maackii*, 2a Blüte, 2b längs, 2c Fr., 2d Steinkern

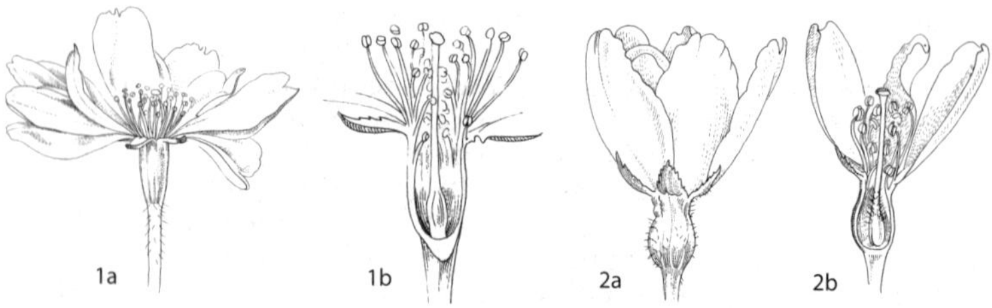

752/1–2 *Prunus*, Bltn. : 1 *P. autumnalis* (nicht *P. subhirtella* 'Autumnalis'!), 1a Blüte, 1b Bltn.becher längs (kahler Gr.); 2 *P. pendula*, 2a Blüte, 2b Blüte längs (Gr. behaart)

— Seitenkn. mit Bereicherungskn. (*753/2b*); Zw. relativ dünn; Bltnst. sitzende, wenigbltg. Büschel (zuw. 1-bltg.), am Grund meist nur mit braunen Kn.schuppen u. zuw. einige grünl. schuppenf. (breit ansitzende) Laubbl. **11**

11. Seitenkn. oft tief in der Achsel des bleibenden Tragbl.grunds (*757/2a*); Bl. elliptisch bis lanzettl., fein gesägt/gekerbt; dünnzweigige Kleinsträucher; Bltn.becher relativ flach, ∅ entspricht fast der Höhe (*757/1–2b*) **28**

— Seitenkn. frei über den Tragbl. (*753/1–2*); Bl. grob einfach bis doppelt gesägt; kleine Sträucher bis große Bäume; Bltn.becher längl., ∅ etwa ½ Länge, zylindrisch trichterf. od. bauchig (*752/1–2*) **12**

Japanische Blütenkirschen (12–21)

Zahlreiche natürliche Hybriden u. hybridogene Sorten führten zu einer grenzenlosen Formenvielfalt u. schließl. zu zahllosen, kaum zuordenbaren Namen. Vorj. Zw. zur Blütezeit gewöhnl. hellgrau, ockerbraun bis rotbraun (wenn bei rosablühenden Pfl. Zw. schwarzbraun siehe Nr. 42 *P. cerasifera* u. Hybriden); Bl.rand oft doppelt gesägt, Zähne zugespitzt (Obst- u. a. Kirschen Nr. 24–27, Bl.rand meist kerbig gesägt: Zähne abgerundet, mit dunkler Knorpelspitze).

12. Gr. über dem Frkn. behaart; Bltn.becher urnenf. bis zylindrisch, wie der Bltn.stiel meist deutl. behaart (*752/2*); Seitenkn. dem Zw. anliegend od. schwach abstehend (*753/2a*) **14**

— Frbl. vollkommen kahl (*752/1*); Bltn.becher trichterf., unter den Kbl. am weitesten, wie der Bltn.stiel kahl od. nur schwach behaart; Seitenkn. meist deutl. vom Zw. abstehend.. **13**

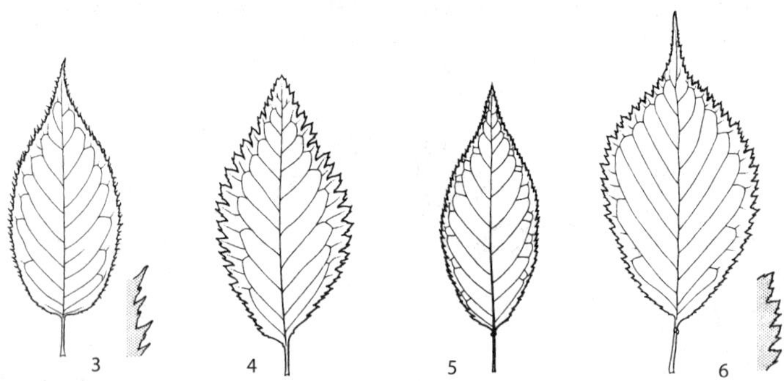

752/3–6 *Prunus*, Bl.: 3 *P. maackii*, 4 *P. incisa*, 5 *P.* × *subhirtella*, 6 *P. sargentii*

13. Bl. (*752/4*) 3–6 cm lang, zieml. derb, dunkelgrün, Bl.stiel bleibend behaart, mit 2 od. mehr auffallenden becherf. Drüsen meist am Rand im untersten Teil der Spreite; Bltn. meist vor den Bl. erscheinend, nach unten gerichtet, 1–2 cm ∅, Krbl. ausgerandet, weiß bis blassrosa, Bltn.becher kahl, röhrig glockig, wie die Kbl. weinrötl.; III–IV. Sg – z. Jap. **März-K., *P. incisa*** Thunb.

'Kojo-no-mai': klein bleibend, max. 2 m hoch; Bl. um 3,5 cm lang; zuw. Topfpfl. z.

'Okame', Hybride mit der frostempfindl. Taiwan-K., *P. campanulata* Maxim.: K. weinrot überlaufen, Krbl. tiefrosa; III–IV. s.

'Hillieri' od. **'Spire'**, Hybride mit *P. sargentii*: Wuchs schmal trichterf., 6–8 m hoch u. bis 3 m ∅; Bl. im Austrieb bronzefarben, Krbl. rosa; IV. Bk – z.

— Bl. 5–10 cm lang, weich, frischgrün, Bl.stiel meist kahl, meist mit 2 becherf. Drüsen etwas unterhalb der Spreitenbasis, doppelt gesägt, Zähne drüsig; Bltn. mit den Bl. erscheinend, 2–3 cm ∅, Krbl. blassrosa, an der Spitze ausgerandet, Kbl. ganzrandig, Bltn.becher kahl, schmal glockig, grün bis weinrot (*754/3*); Fr. 8 mm ∅, schwarz; III–IV. Sg/Bk – s. mont. Jap. **Japanische Alpen-K., *P. nipponica*** Matsum.

var. *kurilensis* (Miyabe) E. H. Wilson: Bl.zähne ohne Drüsen, stärker behaart; Bltn. etwas früher, Kbl. gesägt; schwachwüchsig, bis 3 m. z. NO-As.

'Brillant': aufrecht, kompakt, bis 2,5 m hoch, schon jung reich blühend; Kr. weiß bis zartrosa, Staubfäden purpurfarben. h.

'Ruby': bis 4 m hoher Kleinbaum.; Krbl. u. Staubfäden tief rosa, auch Bltn.becher intensiv weinrot. h.

Ähnl. ist ***P. autumnalis*** Koehne ['Autumnalis' p. p.]: Bltn. halb gefüllt, Krbl. hell rosa, fast weiß, Gr. kahl (!), Bltn. sich oft schon im Herbst öffnend, länger (>20 mm) gestielt als bei der Sorte *P. subhirtella* 'Autumnalis' (*752/1*); Bl. relativ gleichmäßig einfach bis doppelt gesägt, Drüsen am oberen Ende des Bl.stiels.

14 (12, 18). Zw. überhängend **17**

— Zw. aufrecht **15**

15. Bltnst. Büschel – Bl. eif. bis längl. eif., 3–8 cm lang, wie bei *P. incisa* grob doppelt gesägt u. Drüsen meist an der Spreitenbasis (*752/5*) – Bltn.becher nur schwach bauchig, etwa 5 mm lang, meist weinrötl., Bltn.stiele meist < 10 mm lang; Krbl. blassrosa; IV od. X–III. Bk – h. Kultur, Jap. [*P. miqueliana* Maxim.; *P. incisa* × *P. pendula*] **Higan-K., *P.* × *subhirtella*** Miq.

'Plena': Bltn. gefüllt, in Kn. rosa, offen weißl. z.

'Autumnalis': Bltn. im Winterhalbjahr, halb gefüllt, nach dem Laubfall bis in das frühe Frühjahr. h.

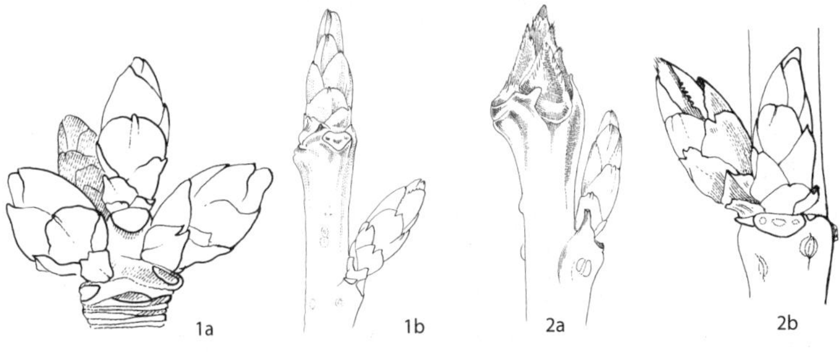

753/1–2 *Prunus*: 1 *P. sargentii*, 1a Kurztrieb mit Bltnst.kn. (Bukett), 1b Langtriebspitze, Seitenkn. abstehend; 2 *P.* × *subhirtella*, 2a Langtriebspitze, Seitenkn. anliegend, 2b Seitenkn. mit Bereicherungskn.

'Fukubana': Bltn. 18 mm ∅, halb gefüllt, Krbl. 12–14, rosa, tief eingeschnitten; Bl. im Austrieb rötl. überlaufen. Sg/Bk – z.

Aufrecht wachsende Hybriden von *P. subhirtella* (od. *P. pendula*)

a) mit *P.* × *yedoensis*:

'Hally Jolivette': Bltn. halb gefüllt, Krbl. weiß, im Innern rötl., mehrere Frbl.; großer, dünnzweigiger Strauch. z.

'Pandorea': Bltn. einfach, Krbl. rosa; kleiner Baum mit kräftigeren Zw. z.

b) mit *P. sargentii*

'Accolade': Bltn. halb gefüllt, Krbl. rosa, Kbl. gezähnt, Stbl. um 50, Gr. 1, länger als Stbl. h.

— Bltnst.achse oft etwas verlängert, zuw. durch bleibende Kn.schuppen verdeckt (*754/2*) – Bltn.becher deutl. bauchig erweitert **16**

16. Blüte mit den Bl., Kbl. ganzrandig, voll erblüht zurückgeschlagen, Krbl. rosa; Bltnst. anfangs lang abstehend behaart; Stammrinde auffallend mahagonibraun glänzend (ähnl. *P. serrula*), durch graue, quer verlaufende Lentizellenbänder unterbrochen; Bl.spreite bis 8 cm lang, elliptisch, Basis abgerundet; V. Bm – ss. Kultur. [*P. avium* × *P. canescens* M. Vilm. & Bois] **P. × *schmittii*** Rehder

— Blüte vor den Bl., Kbl. gezähnt, abspreizend, aber nicht zurückgeschlagen (*752/2a*); Stammrinde unauffällig; III/IV. Bg – z. Jap., Kor. (vgl. typische Form unter 17) ***P. pendula*** fo. ***ascendens*** Ohwi

17 (14). Bltn.becher bauchig, Kbl. gezähnt (*752/2a*), Krbl. rosa, an der Spitze ausgerandet, 11–13 mm lang; Bl. oberseits nur auf Mittelrippe, unterseits Nerven stärker, dazwischen locker behaart, Spreite elliptisch, 13,5 cm × 4 cm, lang zugespitzt, Grund keilf., Rand gleichf. kurz (1–2 mm) einfach bis doppelt gesägt, Stiel um 15 mm, mit relativ flachen Drüsen unterhalb der Spreite, Nebenbl. fädig, um 10 mm lang; Zw. fein behaart; III/IV. Bk – z. Jap., Kor. ***P. pendula*** Maxim. fo. ***pendula***

— Sehr ähnl., Bltn.becher fast zylindrisch, Bltn. etwas größer, 3–3,5 cm ∅, meist einfach, zu 4–6, in kurzen Schirmtrauben mit unscheinbaren, blass grünl. Hochbl., Krbl. weißl. bis blassrosa, um 15 mm lang; Bl. 6–12 cm lang, kahl od. unterseits auf den Nerven schwach behaart; IV–V. Bk/Bm – z. Jap. Kultur. [*P. pendula* × *P. speciosa* (Koidz.) Nakai] **Yoshino-K., *P. yedoensis*** Matsum.

'Shidare Yoshino': Zw. auffällig herabhängend; Krbl. weiß. s.

18 (10). Gr. über dem Frkn. behaart (*752/2b*); Seitenkn. dem Zw. anliegend od. schwach abstehend (*753/2a*) **14**

— Frbl. vollkommen kahl; Seitenkn. meist deutl. vom Zw. abstehend (*753/2b*) **19**

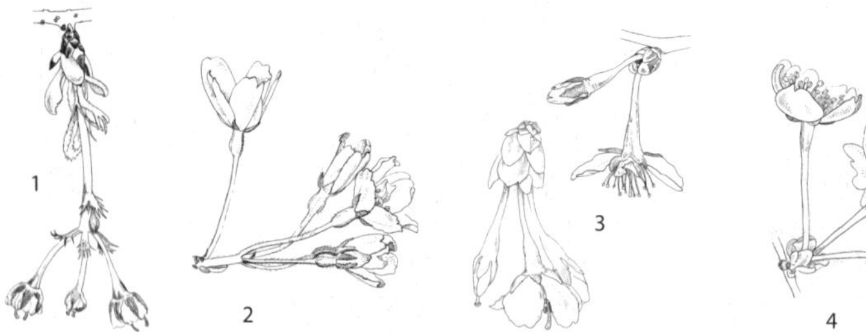

754/1–4 *Prunus* (Zierkirschen), Bltnst.: 1 *P. serrulata*; 2 *P. pendula*; 3 *P. nipponica* (2 ×); 4 *P. sargentii*

19. Kbl. zur Blütezeit zurückgeschlagen (*755/1b*) (wenn z.T. abstehend, dann Krbl. sehr klein, 6 × 3 mm, od. kürzer als Stbl.), Bltn.boden meist leicht bauchig, Krbl. weiß; Zähne des Bl.rands meist abgerundet, mit aufgesetzter kleiner Knorpelspitze **22**

— Kbl. zur Blütezeit aufrecht bis abstehend, Bltn.boden trichterf., Krbl. länger als Stbl., weißl., rosa, rötl., od. gelbl., Bltn. oft gefüllt, Bltnst. Schirmtrauben (*754/1*) bis sitzende Dolden (*754/4*); Bl.rand meist mit lang zugespitzten Zähnen . . . **20**

20. Bltn. vor den Bl. erscheinend; Bltn.becher glockig trichterf., etwa 4 mm lang, Bltn.stiele bis 18 mm lang, Krbl. tief ausgerandet, weiß bis blassrosa; Bl. eif. bis breit eif., 5–10 cm lang, einfach bis doppelt gesägt; IV. Bk – ss. ∧∧ S-China, Yunn., Sich. [*P. conradinae* Koehne] **Berg-K., *P. hirtipes*** Hemsl.

— Bltn. mit den Bl. erscheinend **21**

21. Bltnst. 2–5 bltg., sitzende Dolde mit ± weinroten Hochbl. (*754/4*); Bltn. ungefüllt; – Bl. elliptisch bis eif., zugespitzt, 7–12 cm lang, meist kahl, Nervatur wenig regelmäßig, Rand grob doppelt gesägt (Basis der Zähne 1. Ordnung bis 4 mm breit) mit spitzen, aber kaum begrannten Zähnen (*752/6*); Bltn. 3–4 cm ∅, Krbl. rosarot, Bltn.stiele u. Bltn.becher meist kahl; Bl. im Austrieb bronzefarbig, Herbstfärbung leuchtend orange bis karminrot; IV–V. Bk/Bm – h. Jap., Kor., Sachalin. **Sachalin-K., *P. sargentii*** Rehder

var. *pubescens* (Tatew.) Ohwi: Bl. unterseits, Bltn.stiele u. Bltn.becher behaart. s.

Vgl. auch Hybriden unter *P. incisa* (13) u. *P.* × *subhirtella* (15).

— Bltnst. mit 3–7 in fast sitzenden bis deutl. verlängerten Schirmtrauben mit meist auffälligen, grünen bis rötl. Hochbl. (*754/1*); Bltn. meist gefüllt; – Bl. elliptisch bis eif. u. auffallend zugespitzt, Nervatur oft sehr regelmäßig mit ± parallelen, in gleichen Abständen stehenden Seitennerven, Rand einfach bis doppelt scharf gesägt mit gleichmäßigen, meist grannig zugespitzten, bis 2 mm langen Zähnen; Bltn.becher trichterf., an der Öffnung oft > 5 mm ∅, wie der Bltn.stiel u. Gr. kahl (behaart bei 'Takasago'), Bltn. 3–5 cm ∅, wenn gefüllt zuw. mit mehreren, missgebildeten Frbl., Krbl. rosa, rot, weißl. od. gelbl.; Bl. 6–15 cm lang, meist kahl (*756/4*); IV–V. Bk – h. Kultur. [*P. lannesiana* (Carrière) E. H. Wilson] **Grannen-K., *P. serrulata*** Lindl. agg.

Sammelart, in der zahlreiche japanische Kultursorten zusammengefasst werden; möglicherweise zugehörige Wildformen gibt es in den Gebirgen Jap., Kor. u. Chinas

'Amanogawa': Bltn. halb gefüllt, etwa 3 cm ∅, Krbl. hellrosa; schmal-aufrechte Säulenform. h.

'Kanzan': Bltn. dicht gefüllt, fast kugelf., etwa 5 cm ∅, Krbl. dunkelrosa; dickzweigiger Baum mit sperriger, ausladender Krone. h.

'Kiku-Shidare-Zakura': Bltn. dicht gefüllt, 3–3,5 cm ∅, Krbl. hellrosa; Zw. fast senkrecht herabhängend. h.

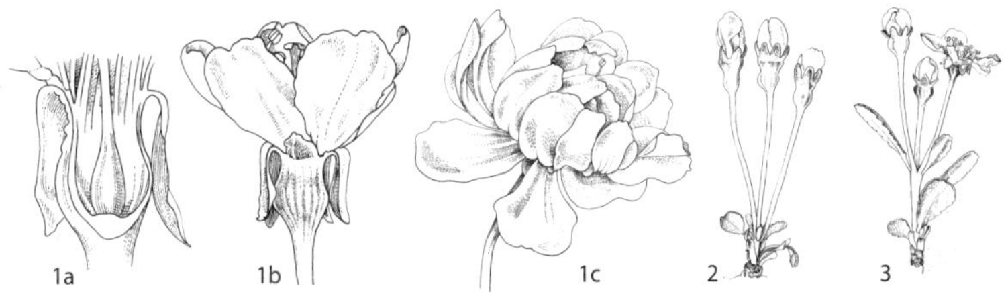

755/1–3 *Prunus:* 1 *P. avium*, 1a Bltn.becher offen, 1b junge Blüte, 1c Blüte 'Plena'; 2 *P. cerasus*, Bltnst.; 3 *P. fruticosa*, Bltnst.

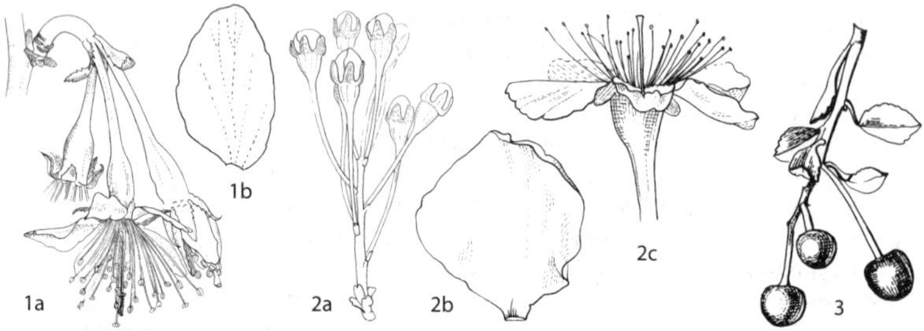

756/1–3 *Prunus*: 1 *P. serrula*, 1a Bltnst., 1b Krbl.; 2 *P. pensylvanica*, 2a Bltnst. (Bltn.kn.), 2b Krbl., 2c Blüte; 3 *P. mahaleb*, Frst.

'Shirofugen': Bltn. gefüllt, Krbl. in der Kn. rosa, offen weiß, Bltnst. hängend, sehr spät blühend; Zw. überhängend. z.

'Takasago' [*P. sieboldii* (CARR.) WITTM.]: Bltn. 3–4 cm ∅, halb gefüllt, Krbl. blassrosa; Bl., Bl.stiele, Bltn.stiele u. Bltn.becher bleibend weich behaart. z.

'Ukon' u. **'Gioiko'**: Bltn. etwa 4 cm ∅, halb gefüllt, Krbl. rein grün bis gelbl., im Verblühen an der Basis/Mittelrippe/Nervatur oft mit rötl. Streifen. s.

22 (19). Krbl. (*756/1b*) wesentl. kürzer als die bis > 1 cm langen Stbl. (*756/1a*), früh abfallend – Bltn. zu 1–3, ihre Stiele 2–3 cm lang, abwärts gerichtet (*756/1a*); Bl. schmal elliptisch, 4–9 cm lang, plötzl. lang zugespitzt, gleichmäßig scharf gesägt (*756/5*); Fr. eif.; 1–1,3 cm lang; Stamm mit spiegelnd glänzender, mahagonibrauner Rinde; IV–V. Bk – Geb. W-China, Yunn., Sich.

Mahagoni-K., *P. serrula* FRANCH.

— Krbl. länger od. nur wenig kürzer als Stbl. **23**

23. Bltn. zu (3–)5–10, Bltnst.achse verlängert, oft länger als die Bltn.stiele; Fr. bis 8(–12) mm ∅; Pflanze Sg/Bk **26**

— Bltn. zu 2–4, in Büscheln od. kurzer Traube, Bltn.stiele meist länger als die Bltnst.achse; Fr. oft > 15 mm ∅ (wenn kleiner, Pflanze Sk) **24**

24. Hochbl. der Bltn.triebe alle ± zungenf., nicht laubbl.artig, zurückgeschlagen; Bltnst. sitzende Dolden mit 2–4 Bltn., diese 2,5–3,5 cm ∅, bis 5 cm lang ge-

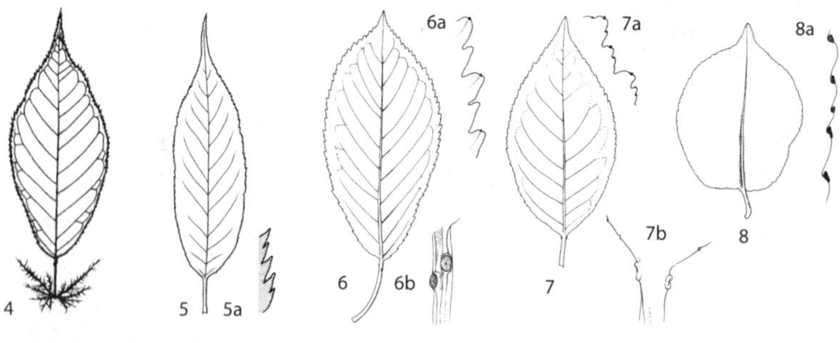

756/4–8 *Prunus*, Bl. und Bl.rand (a) u. Bl.stiel/Spreitenansatz (b): 4 *P. serrulata* 'Kanzan', 5 *P. serrula*, 6 *P. avium*, 7 *P. cerasus*, 8 *P. mahaleb*

stielt; Bl. zieml. dünn, unterseits behaart, 6–15 cm lang, Bl.stiel bis 5 cm lang, am oberen Ende meist mit 2 becherf. Drüsen (*756/6*); Fr. süß, bei der Wildform (subsp. ***avium***) < 1 cm dick, dunkelrot; viele Fr.sorten mit bis 2,5 cm dicken Fr.; auch einige Ziersorten; IV–V. Bm – h. Eur., W-As. **Süß-K., *P. avium*** (L.) L.

subsp. *juliana* (L.) Schübl. & Martens, **Herz-K.**: Fr. meist schwarz, weichfleischig, sehr saftig, Saft dunkelrot.

subsp. *duracina* (L.) Schübl. & Martens, **Knorpel-K.**: Fr. gelb bis rot, fest, knorpelig, Saft farblos.

'Pendula': Zw. bogig herabhängend.

'Plena': Bltn. gefüllt, hängend (*755/1c*). h.

— Hochbl. z. T. als kleine Laubbl. ausgebildet, aufrecht; Bl. ± derb, oberseits glänzend, kahl, Bl.stiel oft ohne Drüsen; Fr. sauer **25**

25. Bl. 6–12 cm lang, meist zugespitzt (*756/7*); Pfl. meist > 2 m hoch; Bltn. zu 2–4 in sitzenden Dolden, etwa 2,5 cm ∅, bis 3,5 cm lang gestielt (*755/2*), Krbl. nicht ausgerandet; Fr. 1,5–2 cm dick; zahlreiche v. a. Fr.sorten; IV–V. Sg/Bk – h. Euras., NAm. kultiviert. **Sauer-K., *P. cerasus*** L.

subsp. *cerasus*, Baum-Weichsel: Baumf. mit aufrechten Zw.; 2 Var.:

var. *cerasus*, Glas-Kirsche: Fr. hellrot, sauer, glasig, mit farblosem Saft, Stein sich nicht vom Stiel lösend.

var. *austera* L., **Süßweichsel, Morelle**: Fr. dunkelrot, süßsauer, mit färbendem Saft, Stein sich leicht vom Stiel lösend.

subsp. *acida* (Dumort.) Aschers. & Graebn., **Strauch-Weichsel, Schattenmorelle**: meist strauchig, mit Wurzelsprossen, Zw. überhängend; Fr. dunkelrot, sauer, mit färbendem Saft.

'Semperflorens', Allerheiligen-K.: Bltnst. leicht traubig; vom Mai bis zum Herbst blühend u. fruchtend.

— Bl. 3–4 cm lang, oft stumpf; Pfl. kaum > 1 m hoch, sich durch Wurzelsprosse ausbreitend; Bltnst. oft etwas schir-traubig, mit 2–4 Bltn. diese etwa 1,5 cm ∅, bis 2,5 cm lang gestielt (*755/3*), Krbl. ausgerandet; Fr. 7–9 mm dick, dunkelrot, mit spitzem Stein; V. Sk – s–z. M-u. SO-Eur, bis M-As. u. W-Sib. **Steppen-K., *P. fruticosa*** Pall.

Im Westen des Verbreitungsgebiets ± starke Hybridisierung mit *P. cerasus* subsp. *acida* = ***P.*** × ***eminens*** Beck 1892, **Mittlere Weichsel**, hierher **'Umbraculifera'** [*P. fruticosa* 'Globosa'], meist hochstämmig auf *P. avium* veredelt. h.

26 (23). Bltn.triebe meist mit einigen, bis zur Fr.reife bleibenden, kleinen laubbl.-ähnl. Hochbl. (*756/3*); Bl. breit eif. bis fast kreisf., – 3–6 cm lang, meist kurz zugespitzt, kerbig gesägt, Stiel 1–2 cm lang (*756/8*); Bltn. etwa 15 mm ∅, duftend; Fr. eif., 6–8 mm lang, schwarz; Wuchs sparrig; V. Bk – h. M-Eur. bis N-Afr., W- u. M-As. **Felsen-K., *P. mahaleb*** L.

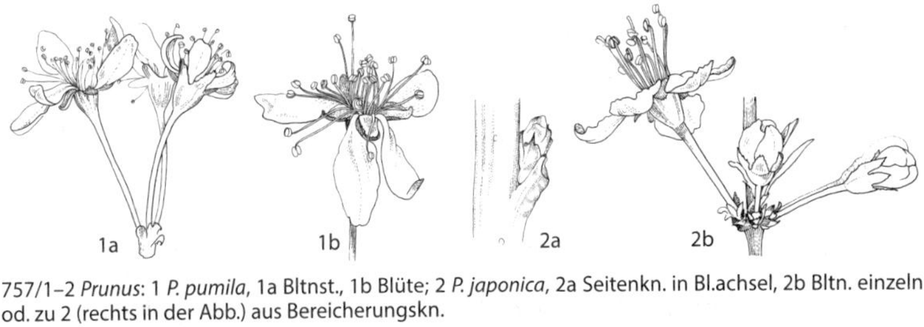

757/1–2 *Prunus*: 1 *P. pumila*, 1a Bltnst., 1b Blüte; 2 *P. japonica*, 2a Seitenkn. in Bl.achsel, 2b Bltn. einzeln od. zu 2 (rechts in der Abb.) aus Bereicherungskn.

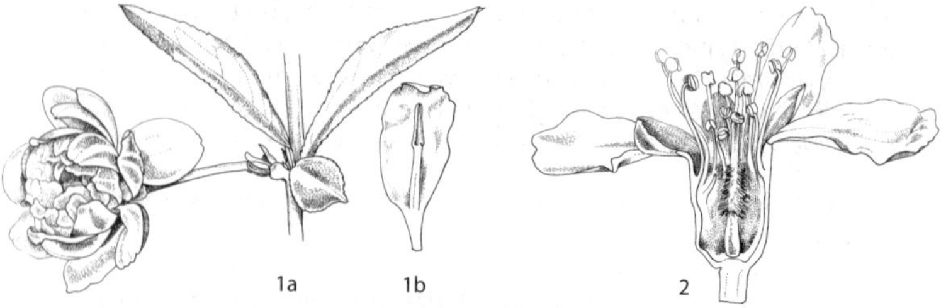

758/1–2 *Prunus*: 1 *P. glandulosa*, 1a Blüte, 1b inneres „Krbl." mit Stbl.rudiment; 2 *P. tenella*, Blüte längs

— Bltn.triebe meist ohne laubbl.ähnl. Hochbl. (*756/2a*); Bl. längl. elliptisch **27**

27. Bltn. um etwa 15 mm ∅, 1–2 cm lang gestielt (*756/2a*); Fr. kugelf., 6 mm ∅, leuchtend rot; – Bltn. zu 3–7(–9) (*756/2a*), Krbl. kreisf. (*756/2b*), ausgebreitet, etwa so lang wie die 4–7 mm langen Stbl. (*756/2c*); Bl. eif. bis längl. eif., 6–11 cm lang, von der Mitte an allmählich zu einer langen Spitze verschmälert, ± gleichmäßig fein kerbig gesägt (*758/3*), Bl.stiele rot, Herbstfärbung gelb bis orangerot; Rinde glänzend, aber nicht so stark, wie bei *P. serrula*; IV–V. Bk – ss. N- bis SO-NAm. **Feuer-K., *P. pensylvanica*** L. f.

— Bltn. etwa 1 cm ∅, 5–12 mm lang gestielt; Fr. kugelf., 8–12 mm dick, dunkelrot bis schwarz, sehr bitter (nie leuchtend rot) – Bl. ± elliptisch, 3–8 cm lang, spitz bis abgerundet, fein kerbig gesägt; Zw. glänzend rotbraun; V. Sg/Bk – ss. W-NAm. **Bitter-K., *P. emarginata*** (Dougl.) Walpers

Untergatt. *Prunus*

28 (11). Wuchs niederliegend aufstrebend; meist 2–4 Bltn. in Büscheln (*757/1a–b*); Bl. unterseits blaugrün, verkehrt eif. bis verkehrt eilanzettl., Basis schmal keilf., 4–10 cm lang, im oberen Teil zieml. dicht angedrückt gesägt, zur Basis hin entfernter gesägt bis ganzrandig (*758/4*); Bltn. zu 2–5, etwa 1 cm ∅, Krbl. längl. weiß (*757/1b*); Fr. purpurschwarz, etwa 10 mm dick, herb; V. Sk – s. (W-), Z- bis O-NAm. **Sandkirsche, *P. pumila*** L.

var. ***depressa*** (Pursh) Bean: Zw. flach niederliegend. Sp.

var. ***besseyi*** (Bailey) Gleas. [*P. besseyi* Bailey]: Bltn. etwa 1,5 cm ∅; Fr. 1,5 cm dick, wohlschmeckend. Sp – ss.

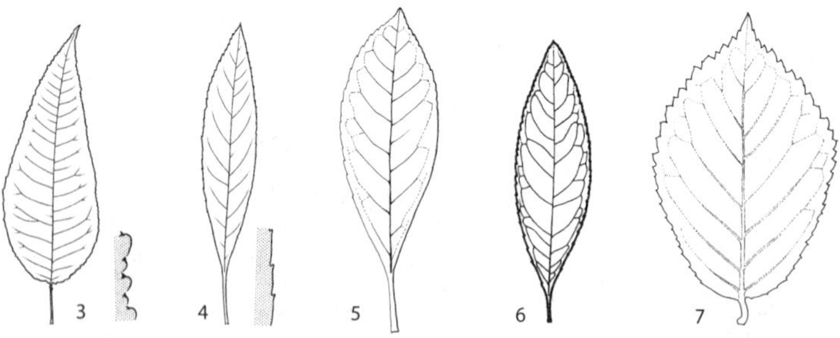

758/3–7 *Prunus*, Bl.: 3 *P. pensylvanica*, 4 *P. pumila*, 5 *P. glandulosa*, 6 *P. tenella*, 7 *P. tomentosa*,

— Wuchs aufrecht; Bltn. einzeln od. zu 2 aus Kn. (*757/2a* u. *758/1a*); Bl. unterseits nicht blaugrün **29**

29. Bltn. einfach, ca. 18 mm ∅, Bltn.becher flach, 3 mm hoch bei 3,5 mm ∅ (*757/2b*), Krbl. in der Kn. rosa, erblüht ± weiß, Rand ungegelmäßig, Spitze nicht ausgerandet, Stbl. um 32, etwa 8 mm lang, Gr. fast kahl, Stbl. nicht überragend; Fr. rot, kugelf. bis kurz ellipsoidisch, um 1 cm ∅; Bl. kurz gestielt, längl. eif., bis 7 cm lang, doppelt gesägt, fast kahl, unterseits auf den Nerven zuw. leicht behaart; Zw. grün bis weinrot, schwach kantig, kahl; Kn. halb unter Bl.narbe verborgen (*757/2a*), fast kahl, mit 1–2 Bereicherungskn.; IV. Sk – s. N- u. NO-China, Jap., Kor. **Japanische Strauchkirsche, *P. japonica*** Thunb.

— Bltn. dicht gefüllt (*758/1a*), ohne Stbl. u. Frbl., bis 2 cm ∅, Krbl. weiß bis rosa, innere Krbl. schmaler mit Stbl.rudimenten (*758/1b*); Fr. dunkelrot, 1–1,2 cm dick; Bl. elliptisch bis längl. lanzettl., 3–8 cm lang, von der Basis an einfach gleichmäßig dicht drüsig gesägt (*758/5*); Kn. besonders tiefer am Zw. mit mehreren Bereicherungskn.; IV–V. Sk – z. S-China, Yunn., Sich. Jap.
Drüsenkirsche, *P. glandulosa* Thunb.

'Alba Plena': Bltn. gefüllt, etwa 2,5 cm ∅, Krbl. weiß. z.

'Rosa Plena' ['Sinensis']: Bltn. gefüllt, Krbl. rosa. z.

30 (8). Bltn.becher weit glockig, etwa so lang wie ∅ (*759/3*) **33**

— Bltn.becher glockig bis röhrig, deutl. länger als ∅, Bltn. ± sitzend (*758/2* u. *759/1*) – Kleinsträucher **31**

31. Bl. kahl, lanzettl. bis schmal verkehrt eif., 3–7 cm lang, Basis schmal keilf., scharf gesägt (*758/6*); Bltn. einzeln (*748/4*), aber oft 2–3 Bltn.kn. nebeneinander, ∅ bei ausgebreiteten Krbl. 2,2–3,5 cm, Bltn.becher um 4 mm ∅ u. 5,5–7 mm lang, Krbl. rosarot, längl., 9–18 mm × 3,5–7 mm, K.zipfel 3–6 mm, eif. bis lanzettl., gezähnt, Stbl. 6–10 mm lang, Frkn. kurz behaart, am Gr.ansatz lang filzig (*758/2*); Fr. eif., seitl. abgeflacht, 2 cm lang, gelbgrau, filzig, fest, ungenießbar; Pfl. sich durch Wurzelsprosse ausbreitend; IV–V. Sk – h. M- u. SO-Eur. bis M-As. [*Amygdalus nana* L.] **Zwergmandel, *P. tenella*** Batsch

'Alba': Bltn. weiß. s.

'Fire Hill': Bltn. relativ groß, Maße an der Obergrenze. z.

— Bl. unterseits bleibend behaart bis filzig, eif. bis fast kreisf., ± kurz zugespitzt, Basis oft abgerundet, grob, meist doppelt bis eingeschnitten gesägt; Fr. nicht > 1 cm dick, rot, saftig, meist nur schwach behaart (**Kirschmandeln**) **32**

32. Bl. 1–3 cm lang, oberseits kahl, unterseits graufilzig bis schwach behaart; Bltn. vor den Bl. erscheinend, rosa, 12–15 mm ∅; Fr. eif., 5 mm dick; Pfl. meist < 1 m

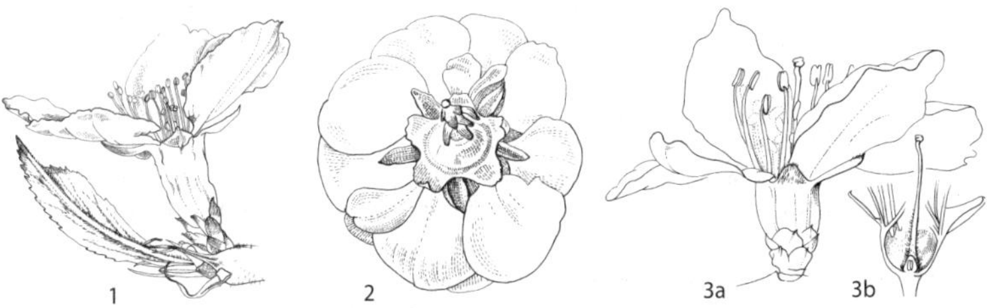

759/1–3 *Prunus*, Bltn. : 1 *P. tomentosa*; 2 *P. triloba*, von unten (Ansatz); 3 *P. persica*, 3a Blüte, 3b Bltn.-becher längs

hoch; IV–V. Sz/Sk – ss. OM-As. (Tibet).
Niederliegende Kirschmandel, *P. prostrata* Labill.

— Bl. (*758/7*) 3–7 cm lang, beiderseits weichhaarig; Bltn. mit den Bl. erscheinend, weiß, in der Mitte oft rosa getönt, 20–25 mm ∅, Bltn.becher 5–6 mm lang bei 4 mm ∅, Krbl. 8–10 mm lang u. 6–7 mm breit, Stbl. bis 30, etwa 5 mm lang (*759/1*), Frkn. in der oberen Hälfte u. Gr.ansatz locker behaart; Fr. kugelf., etwa 1 cm dick, essbar; Pfl. bis > 2 m hoch; IV. Sk – z. Himal. bis N-China, Kor., in Jap. lange in Kultur.
Japanische Kirschmandel, Filzkirsche, *P. tomentosa* Thunb.

33 (30). Kbl. in 2 Kreisen, äußere Kbl.zipfel abgerundet, innere Kbl. schmal, längl. (*759/2*) – Bltn.stiele deutl. sichtbar, 3–10 mm lang; Bl. breit verkehrt eif., 3–6 cm lang, grob doppelt bis eingeschnitten gesägt, vorn oft ± 3-lappig (*761/1*); Bltn. vor od. mit den Bl., 2,5–3 cm ∅, röschenartig gefüllt: 30–40 rosafarbene Krbl., Stbl. ≥ 50, Frkn. dicht abstehend behaart, zuw. mehrere Frbl. in 1 Blüte; Fr. kugelf., 1–1,5 cm dick, rötl., dicht behaart, selten ausgebildet; Kulturform, oft hochstämmig veredelt; IV–V. Sk/Sg – h. N-, NO- u. OS-China, Mong., Russ.-Fernost, Kor. **Mandelbäumchen, *P. triloba*** Lindl.

var. ***simplex*** (Bunge) Rehder: Bltn. einfach, 2–2,5 cm breit; Wildform. ss.

— Kbl. 5, ein Kreis – Bltn.stiele kurz, zwischen den Kn.schuppen verborgen, od. ganz fehlend; Bl. fein gesägt bis ganzrandig; Zw. u. Bl. ± kahl; Bl. lanzettl. bis schmal elliptisch, 6–15 cm lang, zugespitzt, gesägt; Krbl. rosa bis ± weiß ... **34**

34. Kbl. ganz kahl; Bl. im unteren Drittel am breitesten, allmähl. sehr lang u. fein zugespitzt, Bl.stiel 10–15 mm lang; Bltn. einzeln, 2,5 cm ∅; Fr. kugelf., 2–3 cm dick, gelbl. feinfilzig, dünnfleischig; III–IV. Sk/Sg – ss. OM-As., Sich., Yunn., N-, NO-China. **Davids Pfirsich, *P. davidiana*** (Carr.) Franch.

— Kbl. mindestens am Rand behaart **35**

35. Bl.stiel 8–15 mm lang, meist kürzer als die halbe Bl.breite, Bl. meist oberhalb der Mitte am breitesten, bis 15 cm lang; Bltn. meist einzeln, 2,5–3,5 cm ∅ (*759/3a*), Kbl. außen wollig behaart; Fr. kugelf., 5–7 cm dick, filzig, Fleisch weich u. saftig, Stein tief gefurcht; in vielen Fruchtsorten in Kultur; daneben auch Zierformen; III–IV. Sg/Bk – h. Ursprüngl. N-China, weit kultiviert. [*Persica vulgaris* Mill.] **Kultur-Pfirsich, *P. persica*** (L.) Batsch

var. ***nectarina*** (Ait.) Maxim. [var. *nucipersica* Dippel], **Nektarine**: Fr. kahl. z.

'Duplex': Bltn. gefüllt, Krbl. rosa. s.

'Purpurea' ['Atropurpurea']: Bl. rot bis bronzefarbig. z.

P.* × *amygdalo-persica (West.) Rehder [*P. dulcis* × *P. persica*]: Fr. pfirsichähnl., aber relativ trockenfleischig. s.

— Bl.stiel 15–25 mm lang, so lang wie od. länger als die halbe Bl.breite, Bl. unterhalb der Mitte am breitesten (*761/2*); Bltn. meist zu 2, 3–5 cm ∅, Kbl. nur am Rand filzig behaart; Fr. längl. eif., abgeflacht, 3–6 cm lang, filzig, Fleisch trocken lederig, bei der Reife klappig aufspringend u. den wenig gefurchten Stein freigebend; in wärmeren Gebieten in mehreren Fr.sorten angebaut; (II–)III–IV. Bk – s–h (klimaabhängig). ∧∧ O-Medit. bis W-As. [*Amygdalus dulcis* Mill.; *P. amygdalus* Batsch] **Kultur-Mandel, *P. dulcis*** (Mill.) D. A. Webb

var. ***dulcis*, Süße M.**: Samen süß schmeckend.

var. ***amara*** (DC.) Buchh., **Bitter-M.**: Samen bitter schmeckend.

var. ***fragilis*** (Borkh.) Buchh., **Krach-M.**: Schale des Steinkerns dünn, brüchig.

36 (7). Frkn. u. Fr. kahl (Gr.ansatz zuw. locker behaart, *762/3*); Bltn. deutl. gestielt, zu 1–5 (*748/3*) – Krbl. weiß (selten im Verblühen od. bei Kultursorten rosa); Bl. in Kn.lage gerollt od. gefaltet (**Pflaumen**) **39**

— Frkn. u. Fr. behaart; Bltn. ± sitzend, zu 1–2 – Krbl. weiß bis rosa; Fr. kugelf.; Bl. in Kn.lage gerollt; Bl.stiele oft rötl. (**Aprikosen**) **37**

37. Bl.stiel drüsenlos; Bl. eif., 5–8 cm lang, allmähl. lang zugespitzt, Basis gestutzt bis abgerundet; Bltn. etwa 3 cm ∅, Krbl. erst hellrosa, dann weiß; Fr. 2 cm ∅, gelb, an der Sonnenseite rötl., dünnfleischig, kaum essbar; IV. Sg/Bk – ss. Russ.-Fernost, Mong., N- bis NO-China, Kor. **Sibirische Aprikose, *P. sibirica*** L.

— Bl.stiel gewöhnl. mit 2 Drüsen **38**

38. Zw. wenigstens sonnenseits stark gerötet; Bl. fast kreisf. eif., 5–10 cm lang, meist plötzl. zugespitzt, Basis abgerundet bis schwach herzf. (*761/3*); Bltn. etwa 2,5 cm ∅, Krbl. rötl. bis weiß; Fr. etwa 3 cm ∅, weichfleischig, gelb mit roten Flecken; als Obstbaum angebaut; IV. Bk – h. W- u. M-As. bis China. [*Armeniaca vulgaris* Lam.] **Kultur-Aprikose, Marille, *P. armeniaca*** L.

Zahlreiche Obstsorten wie **'Aprikose von Nancy'** u. **'Ungarische Beste'**.

— Zw. grün; Bl. breit eif. bis eif., 4–10 cm lang, zugespitzt, Basis breit keilf.; Bltn. bis 3 cm ∅, duftend, Krbl. schneeweiß (in Sorten auch rosa od. gefüllt); Fr. 2–3 cm ∅, gelbl. bis grünl., roh kaum genießbar (genutzt für „Pflaumenwein" in China u. Jap.); III–IV. Bk – s. ∧ China, Jap., Kor. **Ume, Japanische Aprikose, *P. mume*** Siebold & Zucc.

'Beni-chi-dori': Krbl. tiefrot. s.

P. × blireana André [*P. mume* 'Alphandii' × *P. cerasifera* 'Pissardii']: Frkn. behaart, Bltn. duftend, gefüllt, Krbl. 20–24, pink-rosa; Bl. anfangs dunkelrot, später bronze überlaufen, am Ende dunkelgrün; IV. Sg/Bk – s.

39 (36). Bltn. zu 2–5 aus einer Kn.; Bl. in Kn.lage gefaltet (ss kultivierte Pflaumen aus NAm.) **42**

— Bltn. zu 1–2 (selten 3); Bl. in Kn.lage gerollt (h euras. Pflaumen) **40**

40. Bltn. 1–1,5 cm ∅, meist einzeln in der Kn., vor den Bl. erscheinend (*762/4*), Gr. kahl; Bltn.stiele kaum über 5 mm lang, kahl; Bl. 2–5 × 1–2 cm, kerbig gesägt (*761/4*); Fr. aufrecht, kugelf., 1–1,5 cm dick, schwärzl., blau bereift, herb; Pfl. sparrig verzweigt, meist sehr stark dornig, sich durch Wurzelsprosse stark ausbreitend; IV. Sk/Sg – h. Eur. bis W-As. u. N-Afr. **Schlehe, Schwarzdorn, *P. spinosa*** L.

'Plena': Bltn. gefüllt.

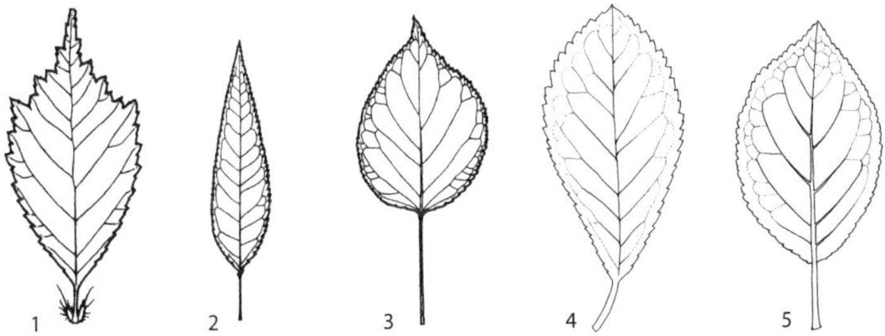

761/1–5 *Prunus*, Bl.: 1 *P. triloba*, 2 *P. dulcis*, 3 *P. armeniaca*, 4 *P. spinosa*, 5 *P. domestica*

— Bltn. 1,5–2,5 cm ∅, Bltn.stiele 5–25 mm lang; Pfl. oft unbewehrt **41**

41. Bltn.stiele kahl, Bltn. meist einzeln, vor od. mit den Bl. erscheinend (*762/1*), Gr. kahl; junge Zw. kahl, glänzend grün; Bl. 4–8 × 2–5 cm, unterseits auf den Nerven ± behaart; Fr. kugelf., 2–3 cm dick, gelb od. rot, süß u. saftig, aber wenig haltbar; oft als Unterlage („Myrobalane") für Kulturpflaumen benutzt; IV–V. Bk – h. SO-Eur., Kl.-As. bis M-As. **Kirsch-P., *P. cerasifera*** Ehrh.

Blut-Pflaumen:

'Woodii' ['Nigra' Hort], **Blut-P.**: Krbl. anfangs rosa, verblassend, K., Bl. u. junge Zw. dunkelrot; Fr. weinrot, in allen Teilen etwas größer als die Normalform. h.

'Pissardii' ['Atropurpurea']: Krbl. fast weiß; Bl. rotbraun, zum Herbst verblassend. s.

P.* × *cistena (Hansen) Koehne, **Rote Sand-Kirsche** [*P. cerasifera* 'Pissardii' × *P. pumila*]: ähnl. voriger, aber junge Bl. leuchtender rot; Bltn. mit weißen Krbl. u. roten Stbl.; im Gegensatz zu *P. cerasifera* strauchiger, ein Teil der Zw. mit Endkn. u. Bltn. meist zu 2 (*762/2*). Sg/Bk – h.

— Bltn.stiele behaart; Bltn. (*748/3*) meist zu 2 (selten 3), zusammen mit den Bl. erscheinend, Gr. am Ansatz locker behaart; junge Zw. kahl bis filzig, nicht glänzend, oft rötl., Bl. (*761/5*) 4–10 × 2–6 cm, unterseits dicht behaart bis fast kahl; Fr. je nach der Sorte sehr verschieden geformt u. gefärbt; Pfl. oft mit Wurzelsprossen; IV–V. Bk – h. Eur. bis W-As. u. N-Afr.

Kultur-P., *P. domestica* L. agg.

Viele Fr.sorten, in mehreren, oft als Unterarten ausgewiesenen Sortengruppen (Auswahl):

subsp. *insititia* (L.) Bonnier & Layens. s. l., **Primitivpflaumen**: Pfl. mit Sprossdornen, Krbl. rein weiß, Fr.fleisch meist am Stein haftend.

Haferpflaume, Krieche: 1- u. 2-j. Zw. ± filzig; Fr. IX, ± kugel- bis tropfenf., 2–3,5 cm lang, blauschwarz, Stein glatt, kaum abgeflacht u. a. ss Sortengruppen.

subsp. *domestica* s. l., **Hauspflaumen**: Pfl. meist unbewehrt, Krbl. weiß od. grünl.weiß, Fr.fleisch sich leicht vom Steinkern lösend, selten haftend. Mehrere Sortengruppen:

Zwetsche, Haus-P. [subsp. *domestica* s. str.]: Bltn. 1,5–2 cm ∅, Krbl. grünl.weiß, junge Zw. ± kahl; Fr. längl., 4–7,5 cm lang, purpurrot bis blauschwarz, Stein abgeflacht, sich leicht vom Fleisch lösend.

Halbzwetsche [subsp. *intermedia* Röder]: Krbl. weiß, Fr. längl., kurz eif. bis birnenf., gelb, rot bis blau, Stein meist am Fleisch haftend.

Reineclaude [subsp. *italica* (Borkh.) Gams]: Fr. kugelf., 3–5 cm ∅, gelb, rot od. blau, Stein kugelf. od. längl., oft am Fr.fleisch haftend.

Mirabelle [subsp. *syriaca* (Borkh.) Mansf.]: Fr. kugelf., 2–3 cm ∅, gelbl., rötl. gepunktet, Stein löst sich gut vom Fr.fleisch.

42 (39). Kbl. u. Bl. drüsig gesägt (Zähne in einer Drüse endend); Bl. ± breit elliptisch, 7–10 cm lang, unterseits ± behaart, Bl.stiele mit Drüsen; Bltn. zu 3–4, weiß, im Verblühen rosa, 2–3 cm ∅, Kbl. oberseits kahl, unterseits meist

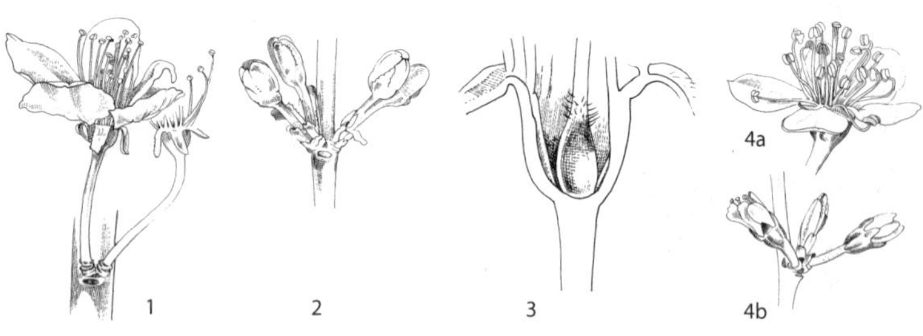

762/1–4 *Prunus*: 1 *P. cerasifera*, Bltn. einzeln; 2 *P.* × *cistena*, Bltn. häufig zu 2; 3 *P. domestica*, Gr.ansatz behaart; 4 *P. spinosa*, 4a Blüte, 4b Bltn. einzeln aus Bereicherungskn.

behaart; Fr. längl., 2–3 cm lang, gelb bis rot; V. Bk – ss. NO-NAm.
Kanada-P., *P. nigra* AIT.

— Kbl. ganzrandig od. gezähnt; Bl. scharf gesägt, aber Zähne ohne Drüsen; Fr. kugelf. **43**

43. Junge Zw., Bltn.stiele sowie Kbl. beiderseits behaart; Bltn. zu 2–3, 1,2–1,5 cm ∅; Bl. eif. bis elliptisch, 4–7 cm lang, spitz, Bl.stiel meist mit Drüsen; Fr. etwa 1,5 cm dick, dunkelrot, bereift; IV–V. Sk – ss. NO-NAm.
Strand-P., *P. maritima* MARSH.

— Kbl. oberseits behaart, unterseits wie junge Zw. u. Bltn.stiele kahl; Bltn. zu 2–5, 2–3 cm ∅, unangenehm duftend; Bl. elliptisch bis längl., 6–10 cm lang, zugespitzt, Bl.stiel ohne Drüsen; Fr. 2–3 cm dick, rot, selten gelb; V. Bk – ss. NAm. **Virginische P., *P. americana*** MARSH.

Pseudolarix GORDON, **Goldlärche** – *Pinaceae* (Bearbeiter: Peter A. Schmidt)

1 Art.

P. amabilis (J. NELSON) REHDER [*P. kaempferi* GORDON; *Chrysolarix amabilis* (NELSON) H. E. MOORE). – Sommergrüner Baum; ± horizontal abstehende Äste, Krone anfangs breit kegelf., im Alter kuppelf. bis schirmf.; Nadeln an den Langtrieben schraubig, an den dicken u. zylindrischen Kurztrieben zu 10–30 in dichten Scheinwirteln, schirmartig ausgebreitet, (2–)3–6(–7,5) cm lang, (1,5–)2–3(–4) mm breit, gerade od. gebogen, spitz, weich, oberseits hellgrün, unterseits bläul. grün, im Herbst erst goldgelb, dann orangebraun; Zapfen aufrecht, (4–)5–7(–8) cm lang, 4–5,5 cm ∅, anfangs grün, dann gelb od. rötl. braun, Samenschuppen lederig, ganzrandig, bei der Reife abfallend, Samen lang geflügelt. Bm/Bg – z. O-As.: OS- u. ZS-China.

Pseudosasa NAKAI, **Scheinzwergbambus** – *Poaceae*
(Bearbeiter: Hans-Roland Müller)

19 Arten in China, Jap., Kor. u. Taiw. Für uns nur die folgende Art von Interesse:

P. japonica (STEUD.) NAKAI [*Sasa japonica* (STEUD.) NAKAI; *Arundinaria japonica* STEUD.], **Japan-S., Pfeilbambus** – Rhizom leptomorph, gestreckt, Ausläufer bildend; Halme 2–5 m hoch, dünnwandig, stielrund, 5–15(–20) mm ∅, kahl, olivgrün, Knoten nicht verdickt; Halmscheiden so lang wie od. länger als die Internodien, ohne Öhrchen u. Borsten, lederig, bleibend, ockerfarben; pro Knoten 1 Seitenhalm in Halmmitte, die Dicke des Haupthalms erreichend; Endverzweigungen mit 4–7 Blättern; Bl. schmal lanzettl, kahl, lang zugespitzt, am Grund spitz, 20--25 cm lang, 2,5–3,5 cm breit, oberseits dunkelgrün, unterseits zu 2/3 blaugrün; Ährchen mehrbltg., Stbl. 3, selten 4, Narben 3; Pfl. immergrün. Sg – s. Jap., S-Kor.

Pseudotsuga CARRIÈRE, **Douglasie** – *Pinaceae* (Bearbeiter: Peter A. Schmidt)

Immergrüne Bäume; Zw. zieml. glatt, nach Nadelabfall mit elliptischen Narben, kahl od. behaart; Kn. eif. bis spindelf., nicht harzig; Nadeln spiralig od. 2-zeilig angeordnet, linealisch, abgeflacht, unterseits mit 2 weißl. Bändern aus Stomatalinien, an der Basis in ein Stielchen verschmälert, dieses in spitzem Winkel vom Zw. abstehend (*764/2*); Bl.kissen klein, elliptisch (*764/1*); Zapfen hängend, im 1. Jahr reifend, als Ganzes abfallend, Samenschuppen fast rund, Deckschuppen länger, aus dem Zapfen weit herausragend, 2-spaltig mit grannig verlängerter Mittelrippe, dadurch 3-spitzig (*764/3*), Samen geflügelt. 6 Arten in nem. bis mer. Zone von W-NAm. (südl. bis Mex.) u. O-As. bis Himal.

Bei uns nur 1 Art mit 3 taxonomisch unterschiedl. bewerteten Sippen (2–3 Var., 2 Subsp., davon 1 mit 2 Var.) in Kultur:

P. menziesii (MIRB.) FRANCO [*P. douglasii* (D. DON) CARRIÈRRE; *P. taxifolia* (POIR.) BRITTON), **Gewöhnliche D., Douglasfichte, Douglastanne** – Kn. ± spindelf., bis 1,2 cm lang, zuspitzt, glänzend rotbraun; Nadeln 2–3,5 cm lang, 1–1,5 mm breit, oberseits grün od. grau- bis blaugrün, unterseits mit 2 schmalen weißl. Bändern, zerrieben aromatisch duftend (meist nach Orangen); Zapfen längl. eif., 4–10 cm lang, 3–4 cm ∅. Bg – h. W-NAm. bis Z-USA u. südl. bis M-Mex.

Im natürl. Areal u. in Kultur mit beträchtl. Variabilität; gewöhnl. werden 3 Var. unterschieden, die einer Unterart der pazifischen Küstengebirge, der **Küsten-D.** (**subsp. *menziesii***, hierzu nur var. *menziesii*), u. einer Unterart mit den im Inland in den Gebirgen (v. a. Rocky M.) vorkommenden Populationen, der **Gebirgs-D.**, deren korrekte Benennung noch ungeklärt ist (**subsp. *caesia*** (SCHWER.) SILBA od. **subsp. *glaucescens*** (CARRIÈRE) P. D. SELL [subsp. *glauca* (BEISSN.) A. E. MURRAY]) zugeordnet werden können. Zu letzterer gehören die Blaue D. (var. *glauca*) u. die Graue D. (var. *caesia*). Nachfolgend werden die 3 Var. kurz charakterisiert:

var. *menziesii* [var. *viridis* (SCHWER.) FRANCO], **Küsten-D., Grüne D.**: hoher, raschwüchsiger Baum, Äste anfangs ± waagerecht abstehend; Nadeln an Seitenzw. meist ± gescheitelt, (2–)2,5–3,5(–4) cm lang, 1,2–1,5 mm breit, rein grün, nur unterseits 2 schmale weiße Stomatabänder; Zapfen (*764/3*) 4–10 cm lang, aus dem Zapfen ragender Teil der Deckschuppen dem Zapfen anliegend; die häufigste u. die forstl. meist angebaute Sippe.

var. *glauca* (BEISSN.) FRANCO, **Blaue D., Colorado-D.**: Wuchs langsamer als vorige, Krone kompakter, Äste etwas aufgerichtet; Nadeln nicht gescheitelt, auch an Seitenzw. stärker aufwärts gerichtet, kürzer, 1,5–2,5(–3,5) cm lang, 1,4–1,7 mm breit, grau- bis blaugrün; Zapfen meist kürzer, 4–7 cm lang, aus dem Zapfen ragender Teil der Deckschuppen unregelmäßig abspreizend, zuletzt zurückgebogen.

var. *caesia* (SCHWER.) FRANCO, **Graue D.**: in den Merkmalen zwischen var. *menziesii* u. var. *glauca* stehend, Nadeln an Seitenzw. leicht gescheitelt, matt graugrün; aus dem Zapfen ragender Teil der Deckschuppe auswärts gebogen.

Unter den diversen Sorten seien beispielhaft genannt:

'Fletcheri': Zwergform mit abgeflacht buschigem od. mehr kugeligem Wuchs, Nadeln nur bis 2 cm lang, am Zw. ringsum stehend, grau- bis blaugrün.

Pendula-Gruppe: Hängeformen der Grünen D., zur Sortengruppe mehrere, unter 'Pendula' kultivierte Klone.

'Glauca Pendula': Hängeform mit blaugrünen Nadeln, Kronenspitze überhängend, Äste u. Zw. hängend.

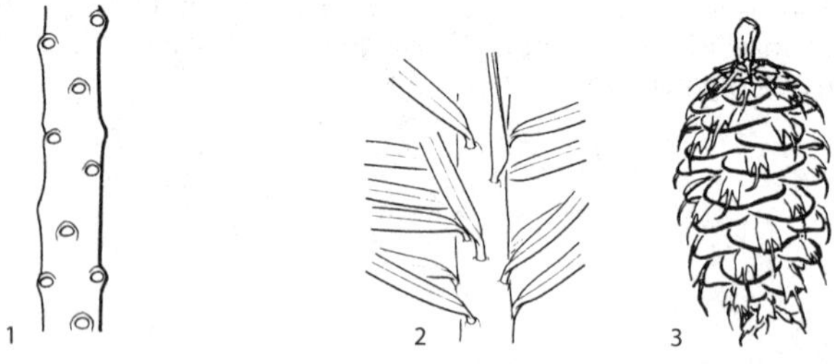

764/1–3 *Pseudotsuga menziesii*: 1 entnadelter Zw., 2 Zw. m. Nadeln, 3 var. *menziesii*, Zapfen

Ptelea L., **Kleeulme** – *Rutaceae* (Bearbeiter: Ulrich Hecker)

Sommergrüne Sträucher od. kleine Bäume; Bl. wechselst., meist 3-zählig, Blch. ± ganzrandig, mit durchscheinenden Punkten; Bltnst. eine endst. Rispe od. Schirmrispe, Bltn. polygam, Bltn.hülle doppelt, wie die Stbl. 4–5-zählig, die beiden Frbl. verwachsen; Fr. stark abgeflachte, breit geflügelte 2-samige Nuss. 5 Arten in NAm. u. Mex. Folgende Art bei uns häufig in Kultur.

P. trifoliata L. var. ***trifoliata*** – Bl. 3-zählig, Blch. ei-elliptisch, 6–12 cm lang, beidendig verschmälert, ganzrandig od. undeutl. gekerbt, oberseits glänzend dunkelgrün, unterseits heller u. meist kahl (*765/1*); Bltn. grünl. weiß bis gelbl. grün, 1–1,5 cm ∅, in 5–8 cm breiten, kurzen Rispen; Fr. (*765/2*) rundl., 2–2,5 cm ∅, nach der Reife an der Pfl. bleibend; VI. Sg – h. NAm.

'Aurea': Bl. intensiv grüngelb bis gelb.
var. *mollis* Torr. & Gray: junge Zw. u. Bl. unterseits dicht behaart.

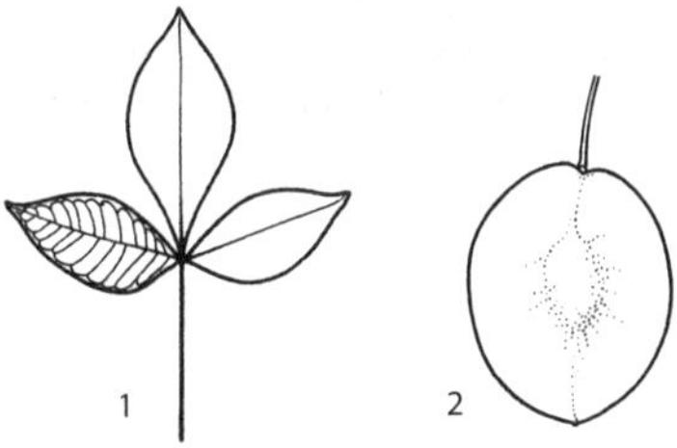

765/1–2 *Ptelea trifoliata*: 1 Bl., 2 Fr.

Pterocarya Kunth, **Flügelnuss** – *Juglandaceae* (Bearbeiter: Horst Schaarschmidt)

Oft hohe u. mehrstämmige Bäume mit od. ohne Wurzelsprosse; Kn. nackt (*28/1b*) od. beschuppt, Zw. oft mit absteigenden Beikn.; Mark der Zw. quergefächert (wie *Juglans*); Blch. 5–27; Bltnst. hängend, ♂ Kätzchen an vorj. bzw. diesj. Zw., ♀ Ähren an diesj. Zw., bis 50(–60) cm lang u. mit bis zu 100 Bltn /Fr.; Vorbl. der ♀ Bltn. entwickeln sich zu seitl. Fr.flügeln. 5 Arten mit 6 Var. in S-Kauk. u. O- u SO-As.

1. Kn. mit 2–3 großen, rot- bis schwarzbraunen, bewimperten Kn.schuppen, die im Spätherbst/Winter abfallen, Basis der diesj. Zw. daher narbig, Endkn. bis 4 cm lang, Beikn. spärl. od. fehlend; Bl.spindel oberseits oft rotbraun, Blch. fein gesägt; Fr.flügel kreisrund oval bis elliptisch rhomboid (Fr. 13–26 × 9–18 mm), abaxiale Schuppe an Fr.basis (= Tragbl.) seidenhaarig weißfilzig; Frst. bis 30(–40) cm lang, behaart; Bl. bis 25(–30) cm lang, Blch. zugespitzt; V. Bm – s. Jap. (S-Hokkaido bis Kyushu). **Japanische F., *P. rhoifolia*** Siebold & Zucc.

'Bokravention': Aufstrebende, später rundl. Krone; schräge Aststellung; keine Wurzelsprosse bildend. 5–7 m hoch (Straßenbaum) – s–z.

Ähnl.: **Großfrüchtige F., *P. macroptera*** Batalin: Kn. schuppen abfallend; Blch.zahl geringer (7–13), Hauptnerven bräunl. flockig behaart u. achselbärtig; Frst. 45–60(–70) cm lang, Fr.flügel rundl. eif. bis elliptisch-rhomboid (Fr. 20–40(–50) mm groß); V. Bg – ss. SO-China.

— Kn. nackt, ± rostfarben, äußere Bl.anlagen abspreizend, bereits Stiel u. Fiederblch. erkennbar, sich später entwickelnd, daher Basis der diesj. Zw. ohne Kn.schuppennarben, Endkn. etwas kleiner, absteigende Beikn. meist 1–4; Bl.spindel kaum rotbraun, Blch. gröber gesägt; Fr.flügel rundl., eif. od. längl., schuppenf. Tragbl. kahl; Frst. bis 50 cm lang, kahl; Bl. 20–60 cm lang, Blch. spitz bis gerundet **2**

2. Bl.spindel geflügelt; ♀ Bltnst. bis 40 cm lang; Fr.flügel länger als breit; Bl. bis 25 cm lang; Wurzelsprosse fehlend od. spärl., selten Säbelwuchs **3**

— Bl.spindel ungeflügelt (*766/1*); ♀ Bltnst. bis 50(–60) cm lang, Fr.flügel rundl. (*766/2*); Bl. bis 50(–65) cm lang; Wurzelsprosse zahlreich, oft Säbelwuchs; V. Bg – h. Kl.-As., S-Kauk. **Kaukasische F., *P. fraxinifolia*** (Poir.) Spach

'Dumosa': kleiner als die Art (bis 10 m); von unten an verästelt; Bl. kleiner, mit weniger Blch. (4–7 cm)

3. Bl.spindel deutl. geflügelt; ♀ Bltnst. bis 30 cm lang, Fr.flügel eilanzettl. bis längl., bis 2,5 cm lang; Wurzelsprosse fehlend; Blch. spitz, stumpf od. gerundet, zuw. etwas ausgerandet, Endblch. oft fehlend; V. Bm – s. O-China (außer NO), Taiw. **Chinesische F., *P. stenoptera*** C. DC.

— Bl.spindel oft nur im oberen Bereich sichtbar geflügelt od. nur flügelkantig; ♀ Bltnst. bis 40 cm lang; Fr.flügel breit eif., bis 1,5 cm lang; Wurzelsprosse oft spärl. vorhanden; Blch. spitz, Endblch. meist vorhanden; V. Bg – z. Oft verkannt u. als *P. stenoptera* vertrieben. [*P. fraxinifolia* × *P. stenoptera*]
Rehders F., Hybrid-F., *P.* × *rehderiana* C. K. Schneid.

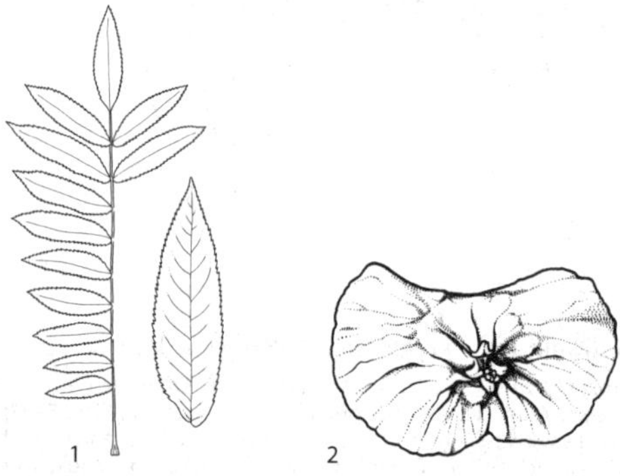

766/1–2 *Pterocarya fraxinifolia*: 1 Bl. u. Blch., 2 Fr.

Pterostyrax Siebold & Zucc., **Flügelstorax** – *Styracaceae* (Bearbeiter: Bernd Schulz)

Sommergrüne Großsträucher od. kleine Bäume; Bl. gestielt, Rand gezähnt (*767/1a*); Zw. mit Endkn., Kn. nackt (*273/4*); Bltn. in großen Rispen an kurzen Seitentrieben, 10 Stbl. aus der Kr. herausragend (*767/1b*) (bei *Halesia* Stbl. in der Kr. eingeschlossen). 4 od. 5 Arten in O-As.

1. Fr. 10-rippig, mit etwa 2 mm langen, steif abstehenden Borsten besetzt, etwa 1 cm lang (*767/1c–d*) – Bl. elliptisch bis längl. eif. od. verkehrt eif., 8–20 cm lang, zugespitzt, runzelig, unterseits graugrün, spärl. sternhaarig (*767/1a*); Bltn. duftend, in bis etwa 25 cm langen sternhaarigen, hängenden Rispen, Krbl. rahmweiß, 8–10 mm lang; VI. Sg/Bk – z. Jap.
Borstiger F., *P. hispidus* Siebold & Zucc.

— Fr. kurz 5-flügelig, mit kurzen Haaren besetzt, etwa 12 mm lang (*767/2a–b*) – Bl. 6–11 cm lang, kurz zugespitzt, Basis keilf.; Schirmrispen, 8–15 cm lang, aber breiter als bei voriger Art, Krbl. 14 mm lang; V. Sg – ss. OS-China, Jap.
Doldiger F., *P. corymbosus* Siebold & Zucc.

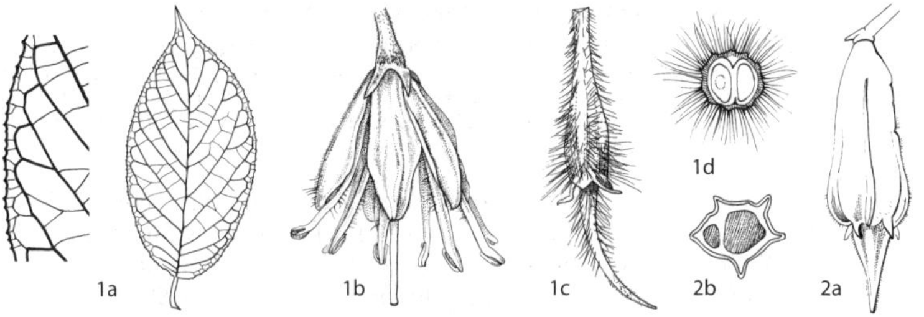

767/1–2 *Pterostyrax*: 1 *P. hispidus*, 1a Bl. u. Bl.rand, 1b Blüte, 1c Fr., 1d Fr.-∅; 2 *P. corymbosus*, 2a Fr., 2b Fr.-∅

Pueraria DC., **Kudzu** – *Fabaceae* (Bearbeiter: Bernd Schulz)

Krautige od. holzige Lianen, Sprosse links herum, gegen den Uhrzeigersinn, windend od. kriechend; Bl. 3-zählig, Blch. granzrandig od. 2–3-lappig; Bltn. in dichten achselst. Trauben, K. mit ungleichen Zähnen, Fahne geöhrt u. genagelt; Hülse abgeflacht, vielsamig. 17 Arten, v. a. im trop. As.; nur folgende Var. selten in Kultur.

P. montana var. ***lobata*** (Willd.) Sanjappa & Pradeep [*P. lobata* (Willd.) Ohwi] – Mittelblch. rhombisch eif., bis 18 cm lang (*767/3*), seitl. Blch. ± eif., etwas kleiner, beidseitig weichhaarig; Krbl. violettpurpurn, 1,5 cm lang, in 10–20 cm langen Trauben; Hülse 5–9 cm lang, 6–8 mm breit; Sprosse linkswindend od. am Boden kriechend; IX–X. L – ss. ∧ O-As., stark invasiv in SO-NAm.

767/3 *Pueraria montana* var. *lobata*, Bl.

Punica L., **Granatapfelbaum** – *Lythraceae* (Bearbeiter: Ulrich Hecker)

Sommergrüne Sträucher od. kleine Bäume; Bl. einfach, ganzrandig, gegen- od. wechselst., an den Kurztrieben rosettig, Nebenbl. rückgebildet; Bltn. ansehnl., blattachselst., ⚥, radiär, Bltn.hülle doppelt, 5–8-zählig, Kbl. 3-eckig, bis zur Fr.reife bleibend, Krbl. frei, Stbl. zahlreich; Frbl. 9, verwachsen, Frkn. gefächert, Fr.wand lederig, Fr. mit zahlreichen, kantigen Samen mit saftreicher Außenschale. 2 Arten, SW-As. u. auf Sokotra. Bei uns nur folgende Art in Kultur.

P. granatum L. – Zw. z.T. dornig endend, 4-kantig bis schwach geflügelt, kahl; Bl. kurz gestielt, 2–8 cm lang, längl. eif. bis lanzettl., zugespitzt (*767/4*), kahl, oberseits glänzend; Bltn fast ungestielt, zu 1–3, Krbl. 2–3 cm lang, geknittert, scharlachrot, etwas heller als der Bltn.becher, dieser 1,5 cm lang; Fr. 6–8 cm ∅ (*767/5*), rötl. gelb bis bräunl.; V–VI. Sg/Bk – s. ∧ SW-As.

'Nana': in allen Teilen kleiner; Bl. lineal lanzettl. bis lanzettl., reicher blühend als die Art; beliebte Kübelpfl. h. ∧∧

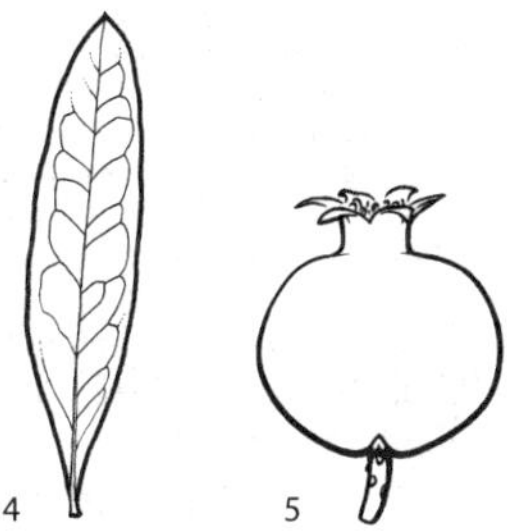

767/4–5: *Punica granatum*: 4 Bl., 5 Fr. 4 5

Pyracantha M. ROEM., **Feuerdorn** – *Rosaceae* (Bearbeiter: Bernd Schulz)

Immergrüne, dornige Sträucher; Bl. einfach, elliptisch bis längl., 2–7 cm lang, gesägt bis ganzrandig; Bltnst. reichbltg. Schirmrispen, 2–5 cm ∅ (vgl. Frst. *768/2a*); Bltn. 7–10 mm ∅, 5-zählig (*768/1a*), Krbl. weiß (*768/1b*), Stbl. 20, Frbl. 5, halbunterst. (*768/1c*); Fr. ein vom K. gekrönter Steinapfel, rundl., 5–8 mm dick, meist auffallend orangerot gefärbt (*768/2b*). Etwa 6 Arten in der merid. Zone von Taiw. bis zum Himal. sowie Medit. Fr. schwach **G!**

1. Bltnst. behaart; Bl. elliptisch bis verkehrt lanzettl., 2–4 cm lang, ± spitz, Basis keilf., Bl. dicht kerbig gesägt (*768/3*), unterseits kahl oder anfangs leicht behaart, Bl.stiel 2–5 mm lang, behaart; Fr. meist 5–7 mm dick, meist orangefarben, in Sorten leuchtend rot bis gelb, lange haftend; V–VI. Sk/Sg – h. ∧ Medit. bis Kl.-As. u. Kauk. Mittelmeer-F., ***P. coccinea*** M. J. ROEM.

'Kasan': starkwüchsig (bis 4 m hoch); Fr. groß, orangerot; Bl. z. T. nur wintergün, wenig glänzend.

'Praecox': breitwüchsig, bis etwa 2 m hoch; Bl. glänzend dunkelgrün, relativ hart gegenüber Abgasen.

'Soleil d'Or': Sp; Bodendecker; Fr. gelb.

— Bltnst. kahl; Bl. ähnl. wie bei voriger, 3–7 cm lang, oft ganzrandig, unterseits blaugrün, anfangs bräunl. behaart, Bl.stiel 3–8 mm lang; Fr. 6–7 mm dick, leuchtend scharlach- bis karminrot; V–VI. Sg – ss. ∧ Sich. bis OS-China. **China-F., *P. atalantioides*** (HANCE) STAPF

P. rogersiana (JACKS.) BEAN [*P. crenulata* (ROXB.) M. ROEM. var. *rogersiana* JACKS.]: kleinere, an der Spitze meist abgerundete Bl.; kaum winterhart. Sg – ss. ∧∧ Himal.

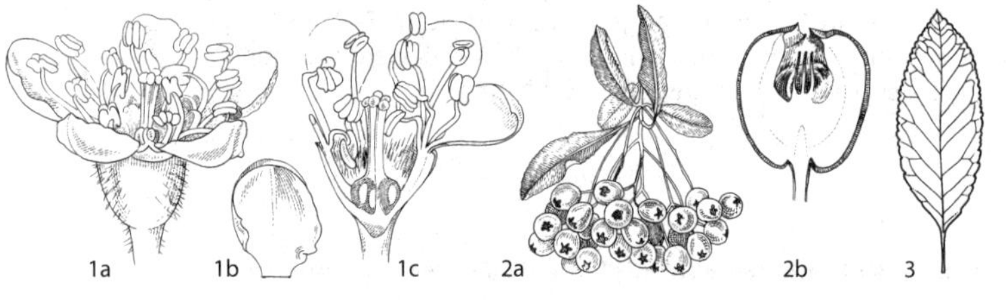

768/1–3 *Pyracantha coccinea*: 1a Blüte, 1b Krbl., 1c Blüte Längschnitt, 2a Frst., 2b Fr. Langsschnitt, 3 Bl.

Pyrus L., **Birne** – *Rosaceae* (Bearbeiter: Bernd Schulz)

Sommergrüne, selten halbimmergrüne Bäume od. Großsträucher, zuw. mit beblätterten Sprossdornen (*769/3*): Bl. einfach, rundl. bis lanzettl., oft gesägt od. gezähnt, zuw. auch fiederschnittig, in der Kn. oft eingerollt; Bltn. oft vor den Bl. erscheinend: Bltnst. mehrbltg. Dolden od. kurze Schirmtrauben, Bltnst.-achse immer kürzer als der Bltn.stiel (*769/1*), Bltn. 2–4 cm ∅, häufig nach Fisch riechend, 5-zählig, Krbl. weiß, Stbl. 20(–30), Staubbeutel meist rot bis violett, Gr. 2(–3) od. (4–)5, voneinander frei u. frei an der Eintrittsstelle in den Bltn.boden (*769/2*); Fr. ein kugelf. bis birnf. Kernapfel, mit od. ohne K. (*769/4–10*), gelb bis braun od. braunrot, stärker gerötet nur großfr. Obstsorten von *P. communis*; Fr.fleisch mit Steinzellen. Etwa 25 Arten in Euras., vorwiegend in den trockneren Teilen der nem. Zone. Außer den Obstbirnen nur wenige Arten als Zierbäume angepflanzt. Birnen bilden leicht Hybriden (besonders die Arten unter Nr. 8–10 aus SO-Eur. bis Kl.-As. u. Kauk.) u. sind in Kultur oft schwer zuzuordnen.

1. Frbl. (Gr. in der Blüte, Fächer in der Fr.) 4–5 (*769/6a*) **3**

— Frbl. 2–3 (*769/8a*) – Fr. dunkel olivgrün bis braun, um 1 cm ∅, ohne K. **2**
Sekt. *Pashia* KOEHNE

2. Bl. rand scharf grob gesägt (Zähne längl. 3-eckig, um 2–4 mm) – Bl. ± eif., 4–7 × 3–6 cm, kurz zugespitzt, Basis abgerundet, oberseits glänzend, unten anfangs

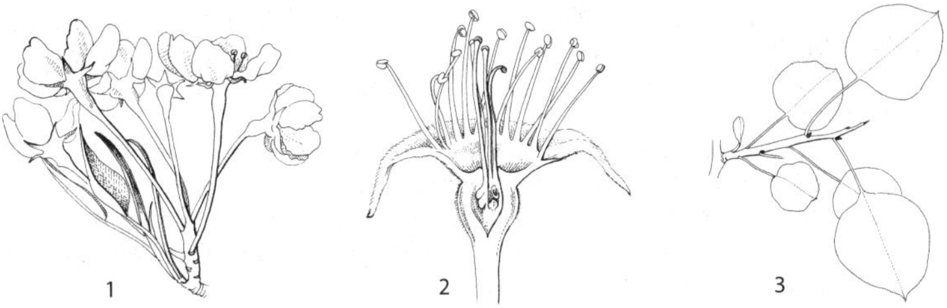

769/1–3 *Pyrus*: 1 *P. calleryana*, Bltnst.; 2. *P. communis*, Bltn.becher längs; 3 *P. pyraster*, verdornter Kurztrieb

etwas behaart, später ± kahl, Stiel bis etwa 5 cm; Bltn. 1,5–2 cm ∅, Bltn.stiele etwa 1,5 cm lang; Fr. sehr klein, kugelig bis eif., um 1 cm ∅ (*769/10*), olivgrün, mit hellen Lentizellen; V. Bm – ss. N-China u. Geb. S-China bis Laos.
Birkenblättrige B., *P. betulifolia* Bunge

— Bl.rand unauffällig fein gekerbt – Bl. breit bis längl. eif., 4–8 cm lang, zugespitzt, am Grund abgerundet bis breit keilf., oft schon zur Blütezeit fast kahl, Stiel bis 4(–6) cm lang (*770/2*); Bltn. 2–2,5 cm ∅, stark nach Fisch riechend; reife Fr. kugelf., nur 1–1,2 cm groß, braun mit hellen Punkten (*769/8*); IV. Bk/Bm – s. S-China inkl. Taiw. bis Vietn. u. Jap. **China-B., *P. calleryana*** Decne.
'Chanticleer': mit schmal kegelf. Krone. Bm – h (Straßenbaum).

3 (1). Bl. rand ganzrandig od. gekerbt; Fr. immer mit K. **5**

— Bl. rand auffallend fein od. scharf lang grannig gesägt; Fr. mit od. ohne K. .. **4**

4. Fr. mit K., ± kugelf., 3–4 cm ∅ (*769/9*), grüngelb, Gr. am Grund behaart – Bl. ± breit eif., 5–10 × 3–6 cm, ± lang zugespitzt, Basis abgerundet bis schwach herzf. (*770/1*), im Austrieb unterseits leicht bis filzig behaart, später ± kahl, Stiel bis > 5 cm lang, Randzähne 2–3 mm, ca. 6–8/cm, sehr schmal, mit spitzen Buchten zwischen den Zähnen; Bltn. 3–3,5 cm ∅, Bltn.stiele bis 3 cm lang, früh verkahlend; IV–V. Bk/Bm – ss. Russ.-Fernost bis Kor. u. N- u. NO-China.
Amur-B., *P. ussuriensis* Maxim.

— Fr. ohne K., kugel- bis birnenf., hell ockergelb, ocker od. olivgrün, hell punktiert, etwa 3 cm ∅ (*769/7*), Fr.sorten deutl. größer, Gr. kahl (?) – Bl. längl. eif., 7–12 × 4–6,5 cm, zugespitzt, Basis abgerundet bis leicht herzf., Randzähne kurz

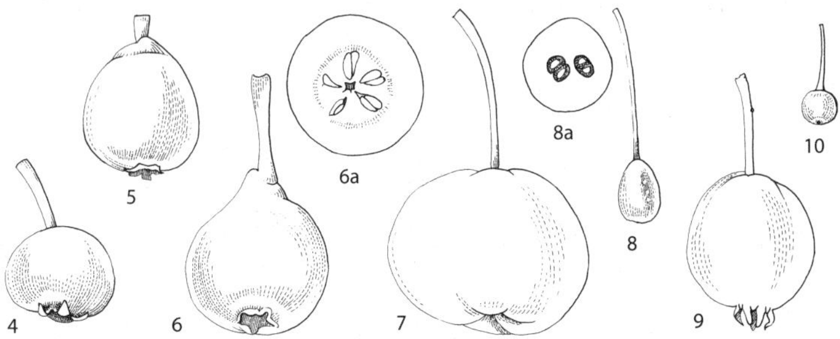

769/4–10 *Pyrus*, Fr. (proportionsgerecht): 4 *P. elaeagrifolia*; 5 *P. salicifolia*; 6 *P. × nivalis*, 6a Querschnitt; 7 *P. pyraster*; 8 *P. calleryana*, 8a Querschnitt (vergrößert); 9 *P. ussuriensis*; 10 *P. betulifolia*

spitz, 1 mm, auf den Rand „aufgesetzt" (ohne Buchten) ca. 4–6/cm; IV–V. Bk – s. S-China, Yunn., Sich. bis Vietn. u. Laos; in O-As. u. NAm. h als Obstbaum.
Nashi-B., *P. pyrifolia* (BURM. f.) NAKAI

Sekt. *Pyrus*

5 (3). Bl. gelappt (*770/3*), zwischen den Lappen tief eingeschnitten – Bl. verkahlend, Rand kerbig gesägt; Zw. anfangs behaart, zuw. dornig; Fr. gelbgrün, mit hellen Punkten, kugelig abgeflacht, um 2,5 cm ∅; IV–V. Bk/Bm – ss. M-As.
Gelapptblättrige B., *P. regelii* REHDER

— Bl. einfach, ungelappt **6**

6. Bl. > 1½-mal so lang wie breit, ganzrandig od. ± schwach gekerbt, jung beiderseits ± weißfilzig **8**

— Bl. meist nicht > 1½-mal so lang wie breit, rundl., eif. bis elliptisch, ± zugespitzt, zumindest im oberen Teil meist deutl. kerbig gesägt **7**

7. Meist unbewehrt, verwilderte Pflanzen u. Stockausschlag (Unterlagen von Obstsorten) zuw. dornig; Fr. birnf., > 3 cm lang u. 2,5 cm ∅, in Fr.sorten deutl. größer, grün, gelb od. bräunl., auch rotbackig; Stiel dick u. kurz (< ½ der Fr.länge); Bl.spreite 3,5–8 cm lang, elliptisch bis eif., Basis herzf. bis breit keilf. (*770/4*), zumindest im oberen Teil meist deutl. fein kerbig gesägt, jung ± behaart, erwachsen ± kahl, oberseits glänzend; Bltn. 2–3 cm ∅, nach Fisch riechend; IV–V. Bk/Bm – h. Kultur. [*P. domestica* MED.] **Kultur B., *P. communis*** L.

— Pfl. meist dornig (*769/3*); Fr. kugelf. bis schwach birnenf., 2–3,5(–4) cm lang u. 2–3,5 cm ∅, Stiel längl. (> ½ der Fr.länge), grün (gelb bis braun), kaum genießbar; Bl.spreite rundl. bis kurz eif., 2,5–5,5 cm lang; Bltn. wie *P. communis*; IV–V. Bm – s. Eur. (ohne N-Eur. u. Brit. Ins.) Kl.-As, Kauk. [*P. achras* GAERTN.]
Wild-B., Holz-B., *P. pyraster* (L.) BURGSD.

8 (6). Bl. schmal lanzettl., 4–7-mal so lang wie breit (*770/5*); Fr. birnf., 2–3 cm lang u. 1,5–2,5 cm ∅, Stiel kurz (< ½ Fr.länge) u. dick (*769/5*) – Bl.spreite bis 9 cm, basal spitz keilf. in den bis 3 cm langen Stiel übergehend, meist ganzrandig, oberseits verkahlend u. glänzend, unterseits bleibend behaart; Bltn. etwa 2 cm ∅, Basis der Gr., K. u. Bltn.stiele weiß wollig; Fr. grün mit hellen Punkten; Pfl. oft dornig; IV–V. Bk – ss. SO-Eur., Kl.-As., Kauk.
Weiden-B., *P. salicifolia* PALL.

— Bl. < 4-mal so lang wie breit; Fr. oft (abgeflacht) kugelf., wenn birnenf. ∅ > 3 cm; Fr.stiel relativ lang (> ½ Fr.länge) **9**

9. Erwachsene Bl. beiderseits ± kahl, eif. bis längl., 2,5–8 × 1,2–3 cm, dickl., ganzrandig od. etwas gekerbt, oberseits glänzend; Bltn. 2–2,5 cm ∅; Fr. rundl.

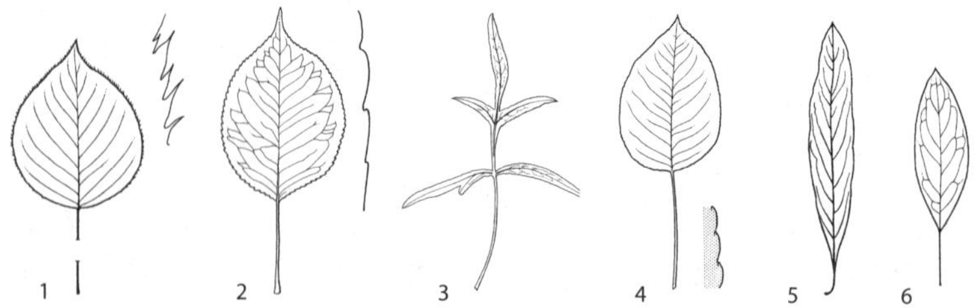

770/1–6 *Pyrus*, Bl.: 1 *P. ussuriensis*; 2 *P. calleryana*; 3 *P. regelii*; 4 *P. communis*; 5 *P. salicifolia*; 6 *P. elaeagrifolia*

bis kurz birnf., 1,5–3 cm dick, gelbbraun, Stiel dickl.; Pfl. oft dornig; IV–V. Sg/Bk – ss. SO-Eur.–Kl.-As. [*P. amygdaliformis* VILL.] **Mandel-B., *P. spinosa*** FORSSK.

— Erwachsene Bl. unterseits ± bleibend weißfilzig; Bltn. 2–3 cm ∅ **10**

10. Bl. lanzettl. bis schmal elliptisch (*770/6*), 3,5–8 × 1,2–2,5 cm, ganzrandig, auch oberseits oft weiß behaart bleibend; Gr. etwa bis zur Mitte behaart; Fr. rundl. bis birnf., 2,5–3 cm lang u. 2 cm dick, grün (*769/4*); Pfl. oft dornig; V. Sg/Bk – ss. Kl.-As. **Ölbaum-B., *P. elaeagrifolia*** PALL.

— Bl. elliptisch bis verkehrt eif., 5–9 × 2–4 cm, ganzrandig od. schwach gekerbt, erwachsen oberseits meist nur schwach behaart od. kahl; Gr. nur am Grund behaart; Fr. rundl. bis birnf., 3–5 cm dick, gelbgrün mit roten Punkten, überreif essbar (*769/6*); Pfl. dornenlos; V. Bk – s. SO-Eur. [vielleicht Hybride *P. communis* × *P. elaeagrifolia*] **Schnee-B., *P.* × *nivalis*** JACQ.

Quercus **L., Eiche** – *Fagaceae* (Bearbeiter: Eike Jablonski)

Sommergrüne, halbimmergrüne od. immergrüne Bäume, seltener Sträucher; Bl. wechselst., einfach, fiederig gelappt, selten ungelappt u. ganzrandig od. gezähnt; Kn. am Ende von Langtrieben gehäuft; Bltn. mit 6–8-teiligem Perigon u. 6–10 Stbl., einzeln in hängenden Ähren, ♀ Bltn. mit 6-zähnigem Perigon u. 3-fächerigem Frkn., einzeln od. zu 1–5 in ährenartigen od. kopfigen ± aufrechten Bltnst.; Fr. eif. od. rundl. Nuss, ± umgeben von becherf. Cupula, Samenreife im 1. (Weiß-Eichen, Sekt. *Quercus,* Subsekt. *Quercus*) od. im 2. Jahr (Rot-Eichen, Sekt. *Lobatae*; sowie Zerr-Eichen, Untersekt. *Cerris*). Etwa 530 Arten in der mer. bis nem. Zone der nördl. Hemisphäre, Hauptverbreitungszentrum ist SW-NAm, Mex. u. MAm. sowie SO-As. Samen mancher Arten schwach **G!**

Schlüssel zu den Untergattungen und den Sektionen der Gattung

Die folgende Gliederung der Gatt. berücksichtigt nur die hier behandelten Arten. Der Schlüssel führt zu 2 Untergatt. (I–II), bei einer Untergatt. zu 2 Sekt. (IIa–IIb), bei einer dieser Sekt. zu 2 Untersekt. (IIb1–IIb2). Anschließend werden diesen Untergatt., Sekt. u. Untersekt. die Arten zugeordnet. Die Klassifikation der Eichen ist in den letzten Jahrzehnten mehrmals modifiziert worden; hier richtet sie sich nach Nixon (1993). Neue molekulargenetische Untersuchungen lassen eine neue Klassifikation erwarten.

1. Baum immergrün, Bl. mit Träufelspitze*; Fr. von seidig behaartem Becher umgeben, Schuppen zu konzentrischen Ringen geordnet **Untergatt. *Cyclobalanopsis* = I**

— Baum immer-, halbimmer- od. sommergrün, Bl. ohne Träufelspitze; Fr.schuppen nicht zu konzentrischen Schuppen geordnet (**Untergatt. *Quercus* = II**) 2

2. Bl.lappen meist mit Grannenspitze, wenn Bl. ungelappt, dann Mittelrippe in Grannenspitze auslaufend; Fr.schuppen angepresst, Eicheln stets im 2. Jahr reifend .... **Sekt. *Lobatae* = IIa**

— Bl.lappen meist ohne Grannenspitze (selten bei Untersekt. *Cerris*); Fr.schuppen ± abstehend (**Sekt. *Quercus* = IIb**) 3

3. Eicheln im 1. Jahr reifend .... **Untersekt. *Quercus* = IIb1**

— Eicheln im 2. Jahr reifend .... **Untersekt. *Cerris* = IIb2**

I Untergatt. *Cyclobalanopsis* (Ringbecher-Eichen): *Q. glauca, Q. myrsinifolia*

II Untergatt. *Quercus*

IIa Sekt. *Lobatae* (Rot-Eichen): *Q. coccinea, Q. falcata, Q. × heterophylla, Q. illicifolia, Q. × leana, Q. marilandica, Q. nigra, Q. palustris, Q. phellos, Q. imbricaria, Q. rubra, Q. × schochiana, Q. velutina*

IIb Sekt. *Quercus*

IIb1 Subsekt. *Quercus* (Weiß-Eichen): *Q. alba, Q. bicolor, Q. canariensis, Q. dentata, Q. frainetto, Q. lyrata, Q. macranthera, Q. macrocarpa, Q. michauxii, Q. mongolica, Q. montana, Q. muehlenbergii, Q. petraea, Q. pontica, Q. pubescens, Q. pyrenaica, Q. robur, Q. stellata*

IIb2 Subsekt. *Cerris* (Zerr-Eichen): *Q. acutissima, Q. castaneifolia, Q. cerris, Q. × hispanica, Q. ilex, Q. libani, Q. trojana, Q. variabilis*

---

* Als Träufelspitze bezeichnet man eine länglich auslaufende Blattspitze, die das Ableiten von Niederschlagsflüssigkeit von der Blattfläche begünstigen soll.

Schlüssel zu den Arten nach vegetativen Merkmalen

Bl.merkmale sind an ausgereiften Bl., am besten im Sommer, festzustellen; Bl. von Jungpfl. u. von Lodentrieben können in Bl.größe, -form u. -behaarung abweichen.

Abb. nach H. Scheller, Mitt. Deutsch. Dendrol. Ges. 70, 65–102 (1978), mit folgenden Ausnahmen: *774/3, 777/1, 778/1–2, 779/3–4, 785/2.*

1. Sommergrüner Baum 7
— Immergrüner od. wenigstens halbimmergrüner Baum 2
2. Bl. unterseits grün od. blaugrün, kahl od. zerstreut behaart 3
— Bl. hart, lederig, unterseits grauweißl., behaart – entw. stachelspitzig gezähnt od. ganzrandig (*773/1*), oval bis lanzettl., mit 6–11 Nervenpaaren, Mittelrippe gerade laufend, 1,5–7(–9) cm lang, 1–3 cm breit, Stiel 0,3–2 cm; Fr. zu 1–3, 2–3,5 cm lang, meist gestielt, bis zu ½ vom Becher umgeben, dieser mit 3-eckigen angedrückten Schuppen. Bk – s–z. ∧ W-Medit. (SW-Eur., N-Afr.) u. Z-Medit. (ZS-Eur.). **Stein-E., *Q. ilex*** L.
3. Bl. unterseits grünl. 4
— Bl. unterseits bläul. – obere Hälfte der Spreite leicht gezähnt, untere Hälfte ganzrandig, lanzettl., mit Träufelspitze (siehe Fußnote S. 773), unterseits bläul., 5–8 cm lang, 2–4 cm breit, Stiel 1–1,5 cm; Fr. 0,9–1,5 cm lang, zylindrisch konisch bis eif., zu ¹/₃ vom Becher umgeben, Schuppen zu 6–7 konzentrischen Ringen geordnet. Bk – ss. ∧ Him., Jap., WS-China. **Japanische Blau-E., *Q. glauca*** Thunb.
4. Bl. gezähnt od. flach gelappt, ohne Träufelspitze 5
— Bl. in der oberen Hälfte leicht gezähnt, untere Hälfte ganzrandig, lanzettl., mit Träufelspitze, – unterseits heller grün, 6–10 cm lang, 1,2–3,5 cm breit, Bl.stiel 1–1,5 cm (*773/2*); Fr. 1,4–2,5 cm lang, schmal eif., zu ¹/₃ von einem innen seidig behaarten Becher umgeben, Schuppen zu 6–7 konzentrischen Ringen geordnet. Bk – ss (BG). ∧ Jap., S-China, SO-As.: Vietn., Laos, Myanm. **Bambusblättrige E., *Q. myrsinifolia*** Blume
5. Bl. unterseits kahl od. nur Mittelrippe od. Bl.nerven behaart 6
— Bl. unterseits grau behaart – oberseits glänzend grün, längl. elliptisch, buchtig gezähnt, meist 4–6 flache Buchtenpaare, häufig unregelmäßig, Zähne mit kurzer Knorpelspitze, 4–12 cm lang, 1–4 cm breit, Stiel 0,8–1,5 cm; Borke tief rissig gefurcht, aber nicht od. kaum auffällig korkig; Fr. 2–4 cm lang, längl. eif., zu ½ von einem halbkugelf. eif., außen filzig behaarten Becher umgeben,

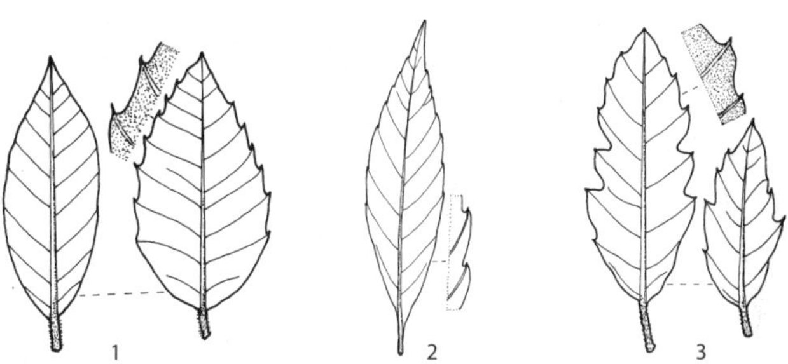

773/1–3 *Quercus*, Bl.: 1 *Q. ilex*, 2 *Q. myrsinifolia*, 3 *Q.* × *hispanica* 'Lucombeana'

Schuppen aufrecht bis zurückgebogen. Bm – z–h (in Sorten). W-Medit. [*Q. cerris* × *Q. suber*] **Spanische E., *Q.* × *hispanica*** Lam.

Unter den Sorten Sg/Bk – Bm, die in Parks u. Gärten gepflanzt werden, z. B.

'Ambrozyana': Krone kegelf., Borke nicht korkig; Bl. längl., 6–10 cm lang, lappenart. Zähne in kurze Spitzen auslaufend. Bk/Sg.

'Fulhamensis': 20-25 m hoch, Krone schlank kegelf., Borke kaum korkig; Bl. eif., 6–9 cm lang, jederseits 5–8 spitze Zähne. Bm.

'Lucombeana': 25–30 m hoch, Krone kegelf., Borke leicht korkig; Bl. längl., 6–12 cm lang, jederseits 4–7(–9) große 3-eckige Zähne (*773/3*). Bg.

'Waasland Select': schmalkronig, aufsteigende Verzweigung, Borke leicht korkig; Bl. längl., 3–5 cm lang, meist nur in der unteren Hälfte mit jederseits 1–3 kurzen Lappen od. nur 2–5 spitzen Zähnen. Bk.

6. Bl. unterseits zumindest auf den Bl.nerven zerstreut behaart – Pfl. wintergrün, Bl. oberseits dunkelgrün, flach gelappt, mit 4–8 Lappenpaaren, die auffällig parallel zum Mittelnerv gerichtet sind, schmal elliptisch bis verkehrt eif., 5–10(–15) cm lang, 2–4,5 cm breit, Stiel 0,3–1 cm, Buchtennerven teilw. vorhanden, Basis der Bl.spreite stark verschmälert (*774/1*); Fr. 1 bis mehrere, 3–8 cm lang gestielt, eif., etwa 2 cm lang, zu ½ vom filzigen Becher umgeben. Bm – h. [*Q. ilex* × *Q. robur*, nur in folgender Sorte in Kultur] **Wintergrüne E., Turners E., *Q.* × *turneri*** Willd. **'Pseudoturneri'**

— Bl. unterseits blaugrün u. kahl (nur Mittelrippe u. Stiel behaart) – Pfl. halbimmergrün od. zumindest Bl. bis Austrieb haftend, Bl. derb lederig, mit 8–14 Lappenpaaren, 6–18(–22) cm lang, 4–8 cm breit, Bl.stiel 1,5–2,5 cm, 8–15 Nervenpaare parallel ohne Buchtennerven, Basis der Bl.spreite abgerundet od. leicht herzf. (*774/2*); Fr. 2,5–4 cm lang, kurz gestielt, zu 1–2 in kleinen Büscheln, zu ⅓ von halbkugelf. Becher umgeben. Bm – ss. ∧ W-Medit. (SW-Eur. u. N-Afr.). **Algerische E., *Q. canariensis*** Willd.

Häufiger als die Art sind Hybriden mit *Q. petraea* od. *Q. robur* in Kultur, Merkmale dann zwischen den Arten stehend.

7 (1). Bl. buchtig gelappt od. gezähnt **10**

— Bl. ganzrandig (selten leicht gelappt) **8**

8. Bl. verkehrt eif. bis rautenf., variabel, – ganzrandig, selten schwach gelappt, Basis der Bl.spreite keilf., Bl. 4–10 cm lang, 1,5–5 cm breit, kahl, beiderseits

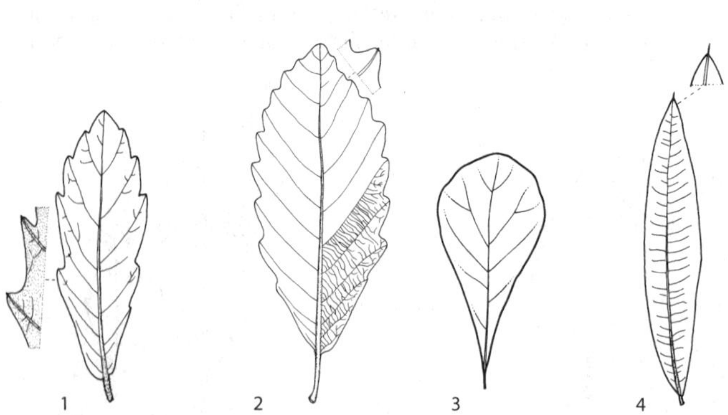

774/1–4 *Quercus*, Bl.: 1 *Q.* × *turneri* 'Pseudoturneri', 2 *Q. canariensis*, 3 *Q. nigra*, 4 *Q. phellos*

blassgrün, unterseits Achselbärte, Bl.stiel 3–6 mm lang (*774/3*); Fr. meist 1, eif., 1–1,5 cm lang, zu 1/3 vom Becher umgeben, Reife im 2. Jahr. Bg – s. SO-NAm. **Wasser-E., *Q. nigra*** L.

— Bl. lanzettl., Mittelrippe in Grannenspitze auslaufend **9**

9. Bl. 1–2,5 cm breit, 5–12 cm lang, – schmal lanzettl. (weidenartig), oberseits glänzend dunkelgrün, unterseits hellgrün, anfangs zerstreut behaart, später verkahlend, Bl.stiel 2–5 mm lang (*774/4*); Fr. ca. 1 cm lang, auf flachem, kurz gestielten Becher sitzend, Schuppen angedrückt, graufilzig, Reife im 2. Jahr. Bg – z–h. O-NAm. **Weiden-E., *Q. phellos*** L.

— Bl. 3–8 cm breit, 10–18 cm lang, – oberseits glänzend dunkelgrün, unterseits blassgrün, wenig weichfilzig behaart, die Mittelrippe in manchmal undeutl. Grannenspitze auslaufend, Bl.rand leicht gewellt, Basis der Bl.spreite verschmälert od. keilf., Bl.stiel 0,5–1,5 cm lang (*775/1*); Fr. 1–1,8 cm lang, fast kugelig, einzelst., kurz gestielt, zu 1/3–1/2 von flachem Becher umgeben, Reife im 2. Jahr. Bg – z–h. O-NAm. **Schindel-E., *Q. imbricaria*** Michx.

10 (7). Bl.rand fiederig gelappt od. sehr unregelmäßig gezähnt **16**

— Bl.rand regelmäßig gezähnt **11**

11. Bl.zähne ohne borstige Grannenspitze, höchstens mit kurzer Knorpelspitze **14**

— Bl.zähne mit kurzer borstiger Grannenspitze **12**

12. Bl. 5–10 cm lang, 1,5–3 cm breit, Bl.stiel 1–1,5 cm lang (im Gegensatz zum nur 3–4 mm langen Bl.stiel von *Q. trojana*), – beiderseits mit 9–15(–18) ± parallelen Seitennerven, die in Bl.zähne münden, mit kurzer Grannenspitze, oberseits dunkelgrün, unterseits heller, wenig behaart, Bl.rand meist wellig, Basis der Bl.spreite abgerundet bis leicht herzf. (*775/2*); Fr. 2,2–3,5 cm lang u. fast ebenso breit, eif. bis zylindrisch, zu 2/3 vom dicht beschuppten, glockigen od. flachen Becher umgeben, Schuppen angedrückt od. nur die oberen abstehend, Reife im 2. Jahr. Bg – z. O-Medit., Kl.-As. **Libanon-E., *Q. libani*** Oliv.

Ähnl. ***Q. × libanerris*** Boom [*Q. cerris × Q. libani*]: Bl. größer, 7–12 cm lang, 2–4 cm breit, Bl.stiel 1–1,8 cm lang, 6–10 fast parallele Seitennerven, die in nach vorne gerichteten Lappen mit kurzer gerade od. gekrümmter Knorpel- od. ganz kurzer Grannenspitze enden, Mittelrippe u. Nervenwinkel behaart (*775/3*); 1-j. Triebe kahl; Terminalkn. mit kurzen, die Seitenkn. meist ohne fädige Nebenbl.; Fr. ähnl. *Q. cerris*, nur etwas breiter. Bm – s–h. Häufiger die Sorte '**Rotterdam**' mit durchgehendem Leittrieb als Straßenbaum gepflanzt.

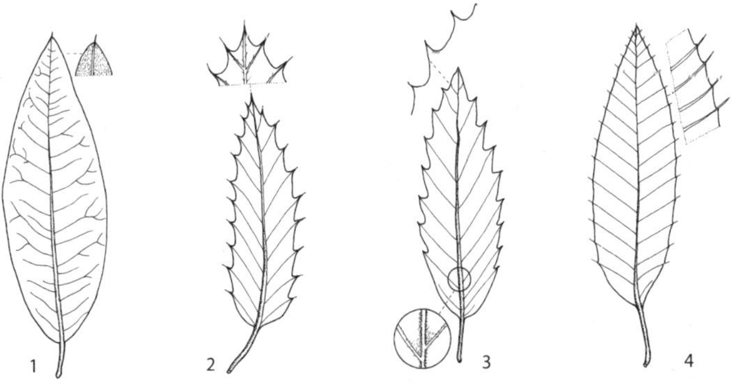

775/1–4 *Quercus*, Bl.: 1 *Q. imbricaria*, 2 *Q. libani*, 3 *Q. × libanerris*, 4 *Q. acutissima*

— Bl. 8–18(–20) cm lang, 2,5–6 cm breit, Bl.stiel 1,5–4,5 cm lang, – Basis der Bl.spreite breit keilig bis abgerundet, beiderseits mit 12–16 ± parallelen Seitennerven, die in Bl.zähne münden, mit bis 5 mm langen Grannenspitzen, oberseits glänzend dunkelgrün **13**

13. Bl. unterseits heller grün u. kahl, höchstens mit kleinen Achselbärten in den Nervenwinkeln (*775/4*) – Fr. eif., 1,5–2,5 cm lang, zu 1, sitzend, zu 2/3 vom halbkugeligen Becher umgeben, Schuppen lang, abstehend, behaart, Reife im 2. Jahr. Bm – s. Him. (Nepal, NO-Indien, Bhutan), SO-As. (Myanm., Laos), OS-China, Jap., Kor. **Seidenraupen-E., *Q. acutissima*** CARRUTH.

— Bl. unterseits fein behaart, bläul. weiß (*776/1*) – Fr. 1,8–2,7 cm lang, eif. bis kugelig, fast ganz vom Becher umgeben, Schuppen lang, gedreht, Reife im 2. Jahr; Borke auffallend korkig. Bg – s. OS-China, Jap., Kor. **Chinesische Kork-E., *Q. variabilis*** BLUME.

14 (11). Bl. 3–7 cm lang, – 1,5–3 cm breit, derb, längl. eif., Bl.spitze kurz zugespitzt, Basis der Bl.spreite abgerundet bis leicht herzf., beiderseits mit 9–12 Seitennerven, die in einen kurzen Zahn mit Knorpelspitze münden (*776/2*), Bl. oberseits glänzend dunkelgrün, unterseits heller, anfangs sternhaarig, Bl.stiel nur 3–4 mm lang (im Gegensatz zum 1–1,5 cm langen Bl.stiel von *Q. libani*); Fr. einzeln, eif., 2,7–5 cm lang, zu > ½ in einem großen, halbkugelf. bis glockenf. Becher sitzend, untere Schuppen angedrückt, obere Schuppen lanzettl., aufrecht od. zurückgeschlagen, Reife im 2. Jahr. Bm – z. Z- u. O-Medit. [*Q. macedonica* A. DC.] **Mazedonische E., *Q. trojana*** WEBB.

— Bl. stets > 7 cm lang **15**

15. Junge Zw. dick, kantig, kahl, Endkn. auffallend groß – Bl. 10–16 cm lang, 4,5–9 cm breit, derb, breit oval bis verkehrt eif., Bl.spitze kurz zugespitzt, Basis der Bl.spreite abgerundet, oft etwas schief, Bl. beiderseits mit 16–17 parallelen Seitennerven, scharf gezähnt (*776/3*), oberseits dunkelgrün mit gelbl. Mittelnerv, unterseits blaugrün, auf Hauptnerven locker behaart, sonst kahl, Bl.stiel 0,5–1,5 cm lang; Bltn.ähren auffallend lang, 10–15 cm; Fr. eif., 2–4 cm lang, fast sitzend, zu ¼–1/3 vom Becher umgeben, Schuppen 3-eckig, angedrückt, behaart. Meist mehrstämmiger Sg od. Bk – z. Kl.-As. (NO-Türkei, Georgien). **Pontische E., *Q. pontica*** K. KOCH

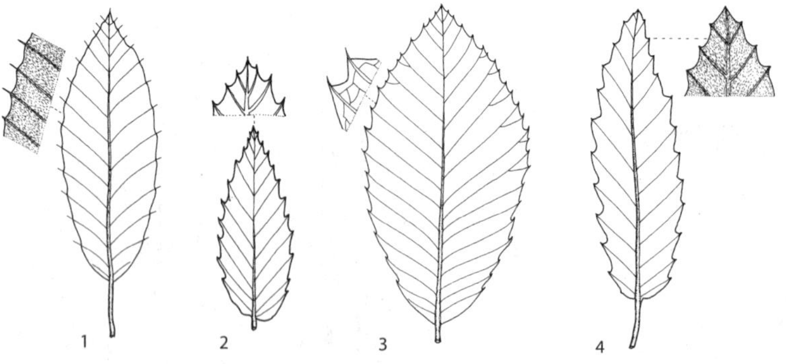

776/1–4 *Quercus*, Bl.: 1 *Q. variabilis*, 2 *Q. trojana*, 3 *Q. pontica*, 4 *Q. castaneifolia*

— Junge Zw. nicht auffällig dick, rund, ± filzig behaart; Endkn. klein, mit bleibenden fadenf. Nebenbl. – Bl. 8–18 cm lang, 3–8 cm breit, Bl. schmal oval bis verkehrt eif., Basis der Bl.spreite keilf. bis abgerundet, Bl. beiderseits mit 8–14 Seitennerven, mit kurzen stachelspitzigen Knorpelzähnen (*776/4*), oberseits dunkelgrün, unterseits heller, ± sternhaarig, Bl.stiel 1–2,5 cm lang, ± wollig behaart; Fr. 1–2(–5), eif., 2–3 cm lang, zu ⅓–½ vom Becher umgeben, Schuppen pfrieml., zurückgeschlagen, Reife im 2. Jahr. Bg – z. S-Kauk, Iran. **Kastanienblättrige E., *Q. castaneifolia*** C. A. Mey.

16 (10). Bl.lappen mit Grannenspitze, Bl.stiel meist > 2 cm lang („Rot-Eichen", **Sekt. *Lobatae***) **33**

— Bl.lappen gerundet od. mit sehr kurzen, höchstens 1 mm langen mit Knorpelspitzen **17**

17. Bl. unterseits kahl od. sehr früh verkahlend od. nur auf Mittelrippe schwach behaart **31**

— Bl. unterseits stets behaart od. wenigstens auf den stärkeren Bl.nerven deutl. behaart (Lupe!) **18**

18. Kn. ohne bleibende od. höchstens mit ganz kurzen fadenf. Nebenbl. **20**

— Kn. mit bleibenden fadenf. Nebenbl. (*777/1*) **19**

19. Bl. 6–12 cm lang, 3–8 cm breit, längl. oval, – sehr variabel, unregelmäßig flach bis tief gelappt, beiderseits mit 4–9 Lappen, die in einer Stachelspitze münden, oberseits dunkelgrün mit Sternhaaren, unterseits mattgrün u. behaart, Bl.stiel 1–2 cm lang (*777/2*); junge Triebe kahl od. nur schwach behaart; Fr. zu 1–4, längl. eif., 2,5–4(–5) cm lang, sitzend od. sehr kurz gestielt, bis zu ½ vom Becher umgeben, Schuppen pfrieml., zurückgeschlagen, Reife im 2. Jahr. Bg – h. SO-Eur., Z- u. O-Medit. **Zerr-E., *Q. cerris*** L.

'Argenteovariegata': Bl. breit u. unregelmäßig rahmweiß gerandet.

'Curley Head': Wuchs schwach, Triebe gestaucht; Bl. derb lederig, stark gewellt, 5–6 cm lang.

Laciniata-Gruppe: Bl. fiederspaltig bis fiederteilig, Lappen oft wiederum fiederspaltig; mehrere Klone in Kultur.

— Bl. 10–18 cm lang, 5–10 cm breit, verkehrt eif., – beiderseits mit 7–11 cm abgerundeten Bl.lappen, oberseits dunkelgrün u. kahl, unterseits graufilzig, Bl.stiel 1,2–1,6 cm lang; Kn. dicht grauweiß behaart; junge Zw. dick, dicht

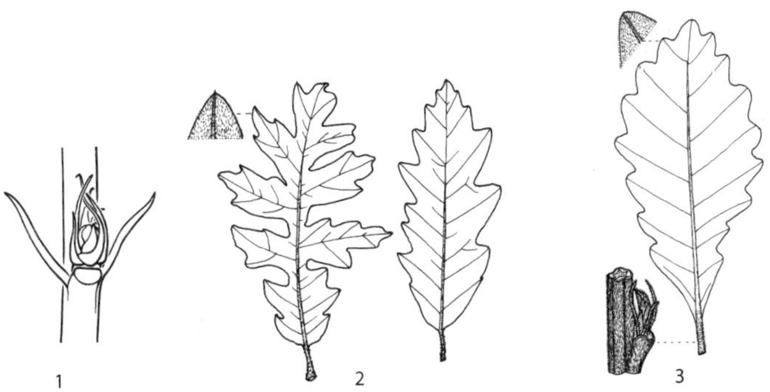

777/1–3 *Quercus*: 1–2 *Q. cerris*, 1 Kn. mit fädigen Nebenbl., 2 Bl.; 3 *Q. macranthera*, Bl.

graufilzig, erst im 2. Jahr verkahlend (*777/3*); Bltn.ähren auffallend zahlreich u. 15–20 cm lang; Fr. 1–4, sitzend, 1,6–2,5 cm lang, zu ½ von halbkugelf. Becher umgeben, Schuppen lanzettl., aufrecht od. abspreizend, behaart. Bg – s. S-Kauk., Iran. **Persische E., *Q. macranthera*** Fisch. & C. A. May.

20 (18). Bl. beiderseits mit 4 od. mehr Lappen **22**

— Bl. beiderseits mit 2–3(–4) Lappen, der mittlere Lappen deutl. größer **21**

21. Bl. 14–20 cm lang, 5–8 cm breit, verkehrt eif., unregelmäßig fiederig gelappt, beiderseits mit 3–5 Lappen, die unteren beiden meist kleiner – Bl.spitze meist 3-lappig, Bl. mit 4–6 Nervenpaaren, oberseits dunkelgrün u. kahl, unterseits weißfilzig bis weißhaarig (*778/1*); Fr. 1,5–2,5 cm lang, sitzend od. kurz gestielt, kugelig bis eif., zu ²/₃ od. mehr von einem halbkugelf., außen grau filzigen Becher umgeben; junge Zw. weich behaart, später verkahlend. Bg – s. SO-NAm. **Leierblättrige E., *Q. lyrata*** Walt.

— Bl. 10–20 cm lang, 8–13 cm breit, verkehrt eif. mit beiderseits mit 2–3 großen, stumpfen Lappen (*778/2*), – oberseits dunkelgrün, rau, unterseits graugrün mit Sternhaaren; Fr. 1–2, 2–2,5 cm lang, sitzend, breit eif., zu ¹/₃ vom Becher umgeben; junge Zw. braunfilzig behaart. Bm – s. SO-NAm. **Pfahl-E., *Q. stellata*** Wangenh.

22 (20). Bl. auffällig tief gelappt, mittl. Bl.lappen ± parallelrandig **29**

— Bl. flach gelappt, Bl.lappen 3-eckig bis rundl. **23**

23. Junge Triebe filzig behaart **28**

— Junge Triebe kahl od. nur anfangs behaart u. später verkahlend **24**

24. Bl. beiderseits mit 10–18 Bl.nerven, unterer Teil der Spreite ± gelappt **25**

— Bl. beiderseits mit 6–13 Bl.nerven, unterer Teil der Bl.spreite nicht gelappt – Bl. verkehrt eif., 8–18 cm lang, 4–10 cm breit, Basis der Spreite spitz zulaufend, beiderseits 6–8 flache, abgerundete Bl.lappen (*778/3*), oberseits glänzend dunkelgrün, unterseits graugrün, samtartig bis weißgrau filzig, Mittelrippe u. Bl.stiel gelbl., Bl.stiel 1–2 cm lang; Fr. zu 1–2, 2–3 cm lang, längl. eif., lang gestielt (5–8 cm), zu ¹/₃ von einem grauen Becher umgeben. Bg – z. O-NAm. **Zweifarbige E., *Q. bicolor*** Willd.

25. Bl. unterseits filzig behaart **27**

— Bl. unterseits kahl od. nur die Nerven behaart **26**

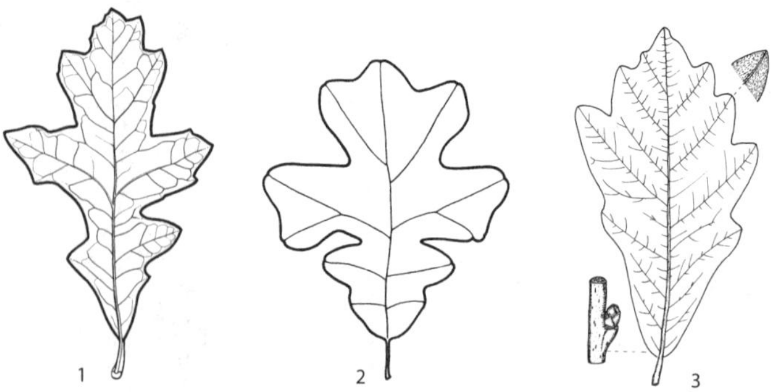

778/1–3 *Quercus*, Bl.: 1 *Q. lyrata*, 2 *Q. stellata*, 3 *Q. bicolor*

26. Basis der Bl.spreite verschmälert u. zuw. geöhrt, Bl. oberseits dunkelgrün, unterseits heller grün – Spreite verkehrt eif., (3–)10–20(–30) cm lang, stumpf, beiderseits 5–18 breite, meist stumpfe, grobe Zähne; Fr. 1,4–2,6 cm lang, eif., sitzend od. kurz gestielt, zu ⅓–½ von einem halbkugelf. Becher umgeben, Schuppen unregelm., die unteren kurz, dick u. verwachsen, die oberen fransenartig zugespitzt. Bg – s. Russ.-Fernost, NO-China, N-Kor., N-u. Z-Jap., Mong. **Mongolische E., *Q. mongolica*** Fisch. subsp. ***mongolica***

subsp. *crispula* (Blume) Menitsky [subsp. *grosseserrata* (Blume) Rehder & E. H. Wilson; *Q. crispula* Blume]: häufiger als die Art, Triebe warzig; Bl. nur 10–12 cm lang, beiderseits 5–18 breite, meist vorwärts gerichtete spitze Zähne (*779/1*); Fr.becher dicht angedrückt beschuppt, nicht fransig. Bm – z. Russ.-Fernost (Sachalin, Kurilen), Kor., N- u. Z-Jap.

— Basis der Bl.spreite keilf. od. rundl. zulaufend, Bl. oberseits glänzend grün, unterseits heller bläul. grün, – anfangs zuw. behaart, später verkahlend (im Gegensatz zur filzigen Bl.unterseite von *Q. michauxii*), Spreite elliptisch verkehrt eif., 8–18(–23) cm lang, 4–9 cm breit, regelmäßig grob kerbig gelappt mit beiderseits 10–16 stumpfen Lappen (*779/2*), Bl.stiel 1,5–3 cm lang u. wie Mittelrippe gelbl.; Fr. zu 1–2, 3–3,5 cm lang, eif., sitzend bis kurz gestielt, zu ⅓–½ von einem warzigen Becher umgeben; Borke dunkel, breit u. tief gefurcht u. nicht ablösend. Bm – s. O-NAm. [*Q. prinus* L.] **Kastanien-E., *Q. montana*** Willd.

27 (25). Bl. beiderseits 7–13 Lappen mit kurzer Knorpelspitze, – oberseits ± gelbgrün, unterseits weißfilzig, schmal elliptisch bis verkehrt eif., 10–16(–20) cm lang, 4–8 cm breit, zugespitzt, Basis keilf. bis abgerundet, Bl.stiel 2–4 cm lang (*779/3*), Fr. einzeln (selten zu 2), 1,5–2,5 cm lang, fast sitzend, etwa zu ½ von einem halbkugeligen Becher umgeben, Schuppen angedrückt, die oberen spitz u. gefranst. Bg – ss. O-NAm. **Gelb-E., *Q. muehlenbergii*** Engelm.

— Bl. grob regelmäßig gezähnt, mit beiderseits 8–14 stumpfl. Zähnen, – oberseits glänzend dunkelgrün, unterseits gräul. filzig samtig (im Gegensatz zur ± kahlen, bläul. Bl.unterseite von *Q. montana*), breit verkehrt eif., 8–16(–25) cm lang, 5–8 cm breit, Basis der Bl.spreite breit keilf. od. rundl. zulaufend (*779/4*), Bl.stiel 1,5–3,5 cm lang; Fr. zu 1–2, 3-4 cm lang, sitzend bis kurz gestielt, zu ⅓ vom Becher umgeben; Borke hell, schuppig ablösend. Bg – ss. SO-NAm. [*Q. prinus* auct.] **Korb-E., *Q. michauxii*** Nutt.

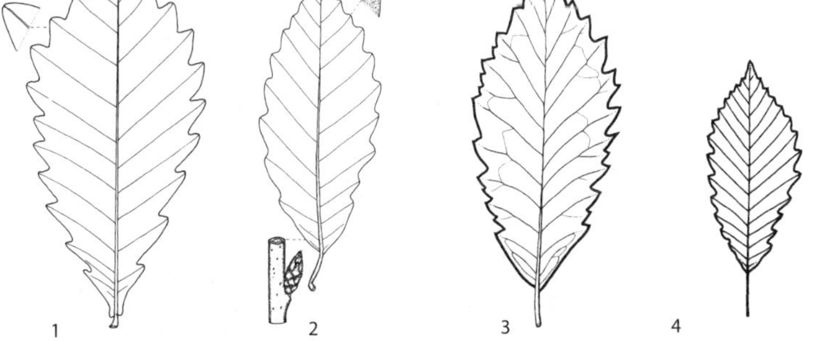

779/1–4 *Quercus*, Bl.: 1 *Q. mongolica* subsp. *crispula*, 2 *Q. montana*, 3 *Q. muehlenbergii*, 4 *Q. michauxii*

28 (23). Bl. meist 5–10 cm lang, 2,5–5 cm breit, – meist verkehrt eif. bis elliptisch, aber sehr variabel, beiderseits 4–8 abgerundete Lappen (*780/1*), oberseits dunkelgrün, anfangs grau behaart, später kahl, unterseits graugrün filzig behaart, Bl.stiel 0,6–1,9 cm lang; Fr. 1–4, 1,5–2,5 cm lang, sitzend od. kurz gestielt, zu ⅓–½ vom Becher umgeben, Schuppen unregelmäßig, die unteren dick u. verwachsen, die oberen länger u. freistehend, stachelspitzig. Bm – h. M-, O- u. S-Eur. [*Q. lanuginosa* Lam.] **Flaum-E., *Q. pubescens*** Willd.

Die Abgrenzung von *Q. pubescens* ist durch das Auftreten von Hybriden, insbesondere mit *Q. petraea* (= ***Q.*** × ***calvescens*** Vuk. [*Q.* × *streimii* Heuff.]) erschwert, deren Merkmale zwischen den Eltern stehen; Bl. ähnl. *Q. petraea*, aber oft mit kürzerem Bl.stiel u. herzf. bis leicht geöhrter Basis sowie teilw. behaarter Bl.unterseite.

— Bl. 10–30(–40) cm lang, 6–10(–15) cm breit, – verkehrt eif., beiderseits 5–11 flache, abgerundete Lappen od. nur wellig buchtig, oberseits dunkelgrün, nur anfangs behaart, unterseits gelbgrün, weichhaarig, Bl.stiel nur 2–5 mm lang (*780/2*); Terminalkn. mit kurzen Nebenschuppen; junge Triebe sehr dick u. graufilzig; Fr. in Büscheln sitzend, eif. bis rundl., 1,2–2,5 cm lang, zu ½ vom Becher umgeben, Fr.becher am oberen Rand mit abstehenden od. zurückgeschlagenen, langen, fransigen Schuppen. Bm/Bg – z. Russ.-Fernost, NO-China, Jap., Kor. [*Q. daimio* hort.] **Japanische Kaiser-E., *Q. dentata*** Thunb.

29 (22). Bl.stiel 2–3 cm lang – Bl. 10–30 cm lang, 8–15 cm breit, verkehrt eif., beiderseits mit 5–7 Lappen, im mittleren Teil meist mit tiefen Buchten, Bl.größe u. -gestalt sehr variabel (*780/3*), oberseits dunkelgrün, unterseits hellgrün, mit Sternhaaren; Terminalkn. oft mit sehr kurzen fadenf. Nebenschuppen; Fr. (1,8–)2,5–4 cm lang, breit eif. od. fast kugelig, zu ½ vom Becher umgeben, Schuppen am oberen Rand lang, kraus u. fransenartig; 3–6-j. Zw. häufig mit korkartigen Wülsten. Bg – z. O u. SO-NAm. **Klettenfrüchtige E., *Q. macrocarpa*** Michx.

— Bl.stiel < 1,5 cm lang **30**

30. Bl.stiel 2–6(–8) mm lang – Bl. verkehrt eif., 8–20(–25) cm lang, 5–15 cm breit, tief gelappt mit beiderseits 6–10(–12) längl. Lappen, jeweils meist wieder 3-lappig u. gezähnt; Basis der Bl.spreite geöhrt (*781/1*), Bl. oberseits dunkelgrün, bald kahl, unterseits graugrün mit Sternhaaren; junge Zw. nur anfangs

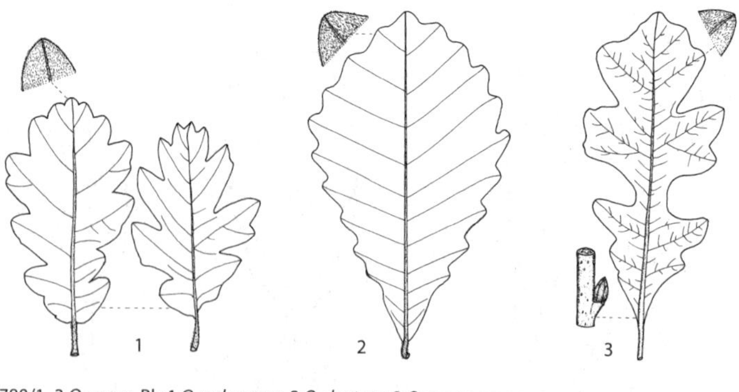

780/1–3 *Quercus*, Bl.: 1 *Q. pubescens*, 2 *Q. dentata*, 3 *Q. macrocarpa*

behaart; Fr. 2–4(–5), 1,2–2,5 cm lang, fast sitzend, zu ½ vom Becher umgeben, Schuppen angedrückt. Bg – h. SO-Eur. [*Q. conferta* Kit.]
Ungarische E., *Q. frainetto* Ten.

— Bl.stiel 0,6–1,5 cm lang – Bl. längl. verkehrt eif., 8–15(–20) cm lang, 4–11 cm breit, sehr variabel, tief gelappt mit beiderseits 4–7 Lappen, Basis der Bl.spreite keilf., rund bis geöhrt (*781/2*), oberseits dunkelgrün bis graugrün, anfangs behaart, unterseits gelbl. bis gräul. filzig behaart; junge Zw. gelbl. filzig; Fr. zu 2–4, 1,5–3 cm lang, eif., 1–3 cm lang gestielt, zu ⅓–½ vom Becher umgeben, Schuppen lanzettl., behaart. Bm – z. W-Eur. (Frankr., Pyr.), W-Medit. [*Q. toza* Bosc]
Pyrenäen-E., *Q. pyrenaica* Willd.

'Pendula': Zw. hängend, Bl. meist schmaler. Bk-Bm – s.

31 (17). Bl. 12–23 cm lang, 6–12 cm breit, – verkehrt eif., beiderseits mit 3–4 tiefen Lappen, Basis der Bl.spreite keilf. verschmälert, in der Form sehr variabel (*781/3*), oberseits dunkelgrün, unterseits blaugrün, kahl (nur anfangs behaart); Fr. 1–2, 2–2,5 cm lang, sitzend od. kurz gestielt, zu ¼ von einem grauen, seidig behaarten Becher umgeben; auf Böden mit pH-Werten > 6,5 oft chlorotisch. Bg – z. O-NAm.
Weiß-E., *Q. alba* L.

'Elongata': Bl. schmaler, Bl.lappen ± löffelf. gewölbt (*781/4*), Herbstfärbung purpurviolett. Bg.

Die häufiger verwendete ***Q.* × *bimundorum*** E. J. Palmer [*Q. alba* × *Q. robur*] mit variablen, längl. od. elliptischen Bl., 10–18 cm lang, jederseits mit 3–7 ganzrandigen od. schwach gezähnten, tief gebuchteten Lappen, oberseits dunkelgrün, unterseits blaugrün, Bl.stiel 0,5–1 cm lang, mit weinroter bis purpurvioletter Herbstfärbung wird v. a. in der säulenf. Sorte **'Crimschmidt'** [CRIMSON SPIRE] gepflanzt; sie verträgt höhere pH-Werte als *Q. alba*.

— Bl. kleiner, nur an Lohdentrieben > 14 cm **32**

32. Bl.stiel 1–3 cm lang u. wie die Mittelrippe gelb – Bl. 8–12(–14) cm lang, 4–7 cm breit, schwach verkehrt eif., meist symmetrisch kurz u. rund gelappt, 5–8 parallele Nervenpaare, (meist) ohne Buchtennerven, Basis der Bl.spreite breit keilf. bis ± gerundet (*782/1*), Bl. oberseits glänzend dunkelgrün, unterseits graugrün, Mittelrippe u. Seitennerven behaart; Fr. zu 1–5, 2–3 cm lang, eif. bis längl. eif., 0–1 cm lang gestielt, zu ¼ vom Becher umgeben, Schuppen dicht stehend u. angedrückt; meist regelmäßiger Kronenaufbau mit bis zum Wipfel durchgehender Stammachse. Bg – h. Eur., SW-As. [*Q. sessiliflora* Salisb.]
Trauben-E., *Q. petraea* (Matt.) Liebl.

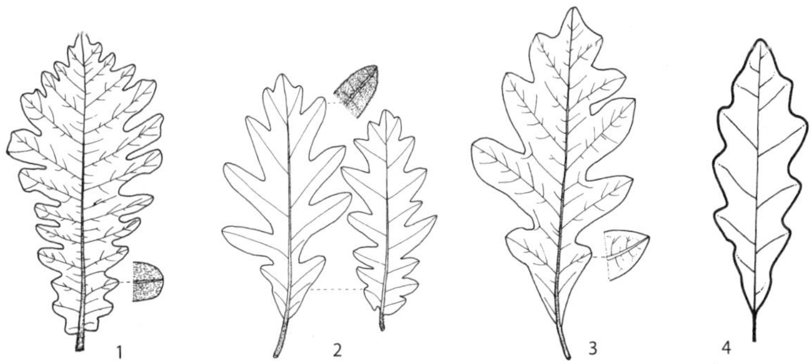

781/1–4 *Quercus*, Bl.: 1 *Q. frainetto*, 2 *Q. pyrenaica*, 3 *Q. alba*, 4 *Q. alba* 'Elongata'

Von den vielen Sorten u. Formen seien hier stellvertretend genannt:

'Columna': wird meist zu *Q.* × *rosacea* gezählt; Bl. schmal, längl. u. unregelmäßig gelappt; Wuchs schmal säulenf.; wenig anfällig für Mehltau.

'Laciniata Crispa': Bl. an Frühjahrstrieben 20–25 cm lang, nur 1–3 cm breit, unregelmäßig eingeschnitten u. gelappt, teilw. fadenf., dunkelgrün, gelegentl. weiß gerandet, Sommertrieb mehr der Normalform ähnelnd.

'Mespilifolia': wüchsiger, dicht belaubter Bg; Bl. an Frühjahrtrieben 8–18 cm lang, schmal lanzettl., am Rand gewellt, ohne Zähnung, Johannistriebe mehr der Normalform ähnelnd.

'Purpurea': Bl. anfang bräunl. purpurn, später rötl. graugrün mit roten Nerven.

— Bl.stiel sehr kurz, nur 2–8 mm lang – Bl. meist 5–10(–14) cm lang, 2–6(–9) cm breit, längl. bis verkehrt eif., Spreite meist asymmetrisch, variabel, unregelmäßig rund gelappt mit beiderseits 3–6 Lappen, die 3–6 Nervenpaare weniger parallel, Buchtennerven fast immer vorhanden, Basis der Bl.spreite geöhrt od. herzf. (*782/2*), oberseits dunkelgrün, unterseits graugrün, kahl; Fr. 1 bis mehrere, 2–3,5 cm lang, an 5–12 cm langem Stiel, zu 1/3 von halbkugelf. Becher umgeben, Schuppen angedrückt, samtig behaart. Bg – h. Eur., SW-As. [*Q. pedunculata* Ehrh.] **Stiel-E., *Q. robur*** L.

Von den vielen Sorten u. Formen seien hier stellvertretend genannt:

'Concordia': Wuchs schwächer als die Art; Bl. goldgelb, nur wenig vergrünend.

'Cucullata': Bl. lang, löffelf. gewölbt, Lappen zieml. flach, Basis keilf.

Fastigiata Gruppe: Unter diesem Begriff werden säulenf. wachsende Klone zusammengefasst, die sich durch unterschiedl. Wuchs od. leicht abweichende Belaubung unterscheiden. Klone mit dauerhaft schlankem, geschlossenem Wuchs sind u. a. die schmal säulenf. **'Kasseler Rakete'**, deren Mutterpfl. in 80 Jahren 27 m hoch u. nur 2 m breit wurde, od. die schmal säulenf. wachsende Sorte **'Koster'** (Syn. 'Fastigiata Koster'). Eine schwach wachsende Säulenform mit nur 6–8 cm Zuwachs im Jahr u. einer Höhe von 1,5 m in 10 Jahren ist **'Menhir'**.

'Filicifolia': Wuchs schwach; Bl. linealisch, tief eingeschnitten, Lappen gerade u. nicht gekräuselt (davon unterschieden **'Pectinata'** mit ähnl. Bl., Lappen zuw. breiter, zuw., v. a. am Rand, stark gekräuselt).

'Fürst Schwarzenberg': Wuchs schwächer; Bl. an Frühjahrstrieben normal grün, Bl. am Johannistrieb zunächst ganz weiß, später grün mit weißen Flecken.

'Salicifolia': Wuchs gedrungen u. langsam; Bl. längl. elliptisch, ganzrandig od. mit 2–6 kurzen Lappen, Bl.stiel bis 2 cm lang.

Nicht selten auftretende Hybriden *Q. petraea* × *Q. robur* = ***Q.* × *rosacea*** Bechst. können die Zuordnung erschweren, Merkmale meist zwischen den Eltern stehend.

33 (16). Bl. stets fiederig gelappt **35**

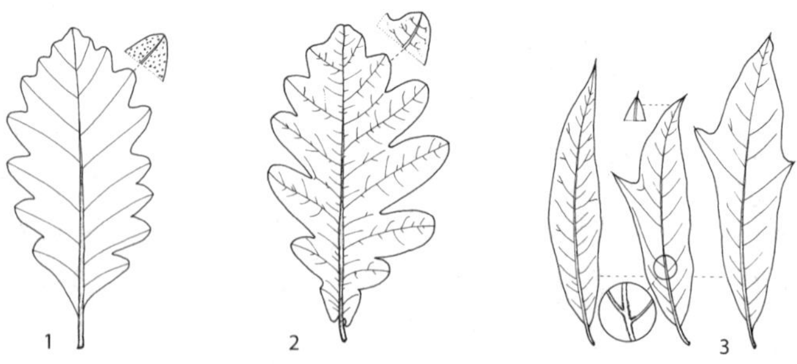

782/1–4 *Quercus*, Bl.: 1 *Q. petraea*, 2 *Q. robur*, 3 *Q.* × *schochiana*

— Bl. sowohl fiederig gelappt als auch völlig ganzrandig (oftmals am gleichen Zw.) **34**

34. Ganzrandige Bl. schmal lanzettl. (weidenartig, vgl. *Q. phellos*), alle übrigen längl. lanzettl., 6–12 cm lang, 3–4 cm breit, – häufig asymmetrisch, beiderseits 1–3(–5) Bl.lappen mit borstenf. Grannen od. Bl.rand wellig (*782/3*), oberseits glänzend grün, kahl, unterseits meist bis auf Achselbärte kahl, Bl.stiel 0,4–1,5 cm lang; Fr. werden kaum ausgebildet. Bg – s. [*Q. palustris* × *Q. phellos*, entstanden im Wörlitzer Park] **Schochs E., *Q.* × *schochiana*** Dieck

Ähnl. ***Q.* × *heterophylla*** F. Michx. [*Q. phellos* × *Q. rubra*], **Verschiedenblättrige E.**: abweichend durch längere Bl. mit mehr Buchten, ganzrandige Bl. selten, 10–20 cm lang u. 3–7 cm breit, Bl.stiel 0,5–2 cm lang (*783/1*), unterseits bis auf Nervenwinkel kahl; Fr. sitzend, ähnl. *Q. rubra*. Bg – s. O-NAm.

— Ganzrandige Bl. schmal oval bis längl. eif. (vgl. *Q. imbricaria*), alle übrigen breit längl., 8–18 cm lang, 3–7 cm breit, – häufig asymmetrisch, Bl.rand wellig od. mit 1–3 Bl.lappen mit kleinen borstenf. Grannen, oberseits glänzend grün, kahl, unterseits locker sternhaarig, Basis der Bl.spreite abgerundet, Bl.stiel 1,5–2 cm lang (*783/2*); Fr. zu 1–2, 2 cm lang, zu ½ von einem Becher umgeben, Reife im 2. Jahr. Bg – s. O-NAm. [*Q. imbricaria* × *Q. velutina*] ***Q.* × *leana*** Nutt.

35 (33). Bl.lappen spitz, in einer Granne auslaufend **38**

— Bl.lappen abgerundet od. stumpf, meist mit Grannen **36**

36. Bl. breit verkehrt eif., im oberen Drittel mit 3–5 abgerundeten Lappen, – diese oft mit kurzer borstiger Granne; Basis der Bl.spreite abgerundet, Bl. 5–18 cm lang, im oberen Drittel ebenso breit (*783/3*), oberseits glänzend dunkelgrün, anfangs mit Sternhaaren, unterseits heller u. braun behaart, Bl.stiel 0,6–1,3 cm lang; Fr. zu 1–2, 1–2 cm lang, auf kurzem, dicken, behaarten Stiel, zu ½–⅓ von einem behaarten Becher umgeben, Schuppen breit, anliegend, Reife im 2. Jahr. Bk – s. O-NAm. ***Q. marilandica*** Muenchh.

Als Hybride gelegentl. anzutreffen ***Q.* × *bushii*** Sarg. [*Q. marilandica* × *Q. velutina*]: Bl. derb, 10–20 cm lang, verkehrt eif., 3-5-lappig, Buchten tief u. rund, Basis der Bl.spreite abgerundet bis keilf., oberseits glänzend tiefgrün, unterseits oliv- bis gelbgrün, bis auf Achselbärte kahl; Fr. eif., 1,2–2 cm lang, zu ½ vom Becher umgeben, Schuppen groß, locker angedrückt, Reife im 2. Jahr. Bm – s. O-NAm.

— Bl. elliptisch bis verkehrt eif., Bl.lappen stumpf bis zugespitzt **37**

37. Bl. 5–10 cm lang, 3–7 cm breit, Bl.stiel 0,6–1,5 cm lang, – beiderseits mit 2–3(–5) stumpfen Lappen mit kurzer Granne, Bl.basis breit keilf. (*784/1*), Bl.

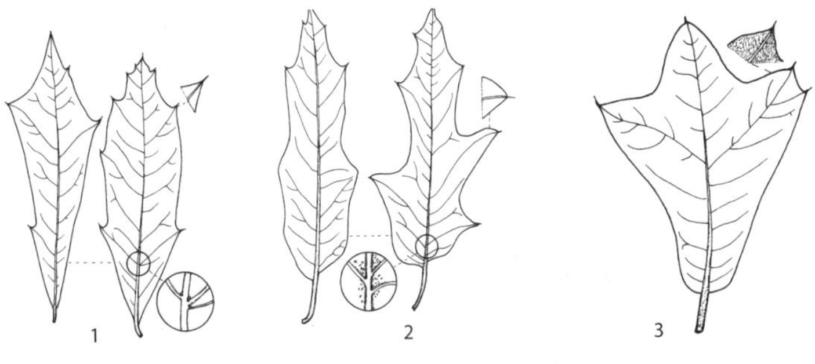

783/1–3 *Quercus*, Bl.: 1 *Q.* × *heterophylla*, 2 *Q.* × *leana*, 3 *Q. marilandica*, oberseits dunkelgrün u. kahl, unterseits dicht weißgrau filzig behaart; Fr. 1(–2), 1 cm lang, kurz gestielt, eif., mit orangefarbenem Hylum, zu ½ vom Becher umgeben, Reife im 2. Jahr. Bk/Sg – s. SO- bis O-NAm.

Busch-E., Bären-E., *Q. ilicifolia* Wangenh.

— Bl. 12–30 cm lang, 8–20 cm breit, Bl.stiel 3–6 cm lang – Bl. beiderseits mit 3–7 stumpfen bis zugespitzten, eif. bis 3-eckigen Bl.lappen, an deren Spitze 1–3 Grannen, meist tiefer gelappt, oberseits glänzend dunkelgrün, unterseits blassgrün, anfangs dicht filzig behaart, später zerstreut behaart, v. a. in den Achselbärten, von lederartiger Struktur, junge Zw. gelbl. bis rostbraun filzig; Terminalkn. weißl. behaart (*784/2*); Bast gelb; Fr. zu 1–2, 1,5–2 cm lang, kurz gestielt, zu ½ vom Becher umgeben, Schuppen locker überlappend, behaart, Reife im 2. Jahr. Bg – z. O-NAm. [*Q. tinctoria* Michx.] **Färber-E., *Q. velutina*** Lam.

38 (35). Bl. beiderseits mit 1–2 schmalen, sichelf. zurückgekrümmten Bl.lappen, Mittellappen meist stark verlängert – Bl. 10–18 cm lang, 9–13 cm breit, oberseits glänzend dunkelgrün, unterseits graufilzig behaart, Bl.stiel 2–4 cm lang (*784/3*), junge Triebe rostbraun behaart; Fr. nahezu kugelig, 1–2 cm lang, sehr kurz gestielt, zu ½ in einem flachen Becher sitzend, Schuppen anliegend, Reife im 2. Jahr. Bg – s. Z- bis SO-NAm. ***Q. falcata*** Michx.

— Bl. fiederig bis doppelt fiederig gelappt **39**

39. Bl. höchstens bis zur Mitte gelappt, – beiderseits 3–5(–6) Bl.lappen, breiter als die Buchten, Bl. 10–23 cm lang, 10–15 cm breit, oberseits dunkelgrün, kahl bis auf rotbraune Achselbärte, unterseits blasser grün, Bl.stiel 2,5–5 cm lang (*785/1*), Herbstfärbung gelb bis orangerot; Kn. 0,5–0,7 cm lang u. 0,3–0,4 cm dick, Kn. schuppen bewimpert, ansonsten kahl; Fr. 1–2, 2–3 cm lang u. breit, kurz gestielt, zu ¼–⅓ vom Becher umgeben, Schuppen kurz, dicht angedrückt, Reife im 2. Jahr; Stammrinde lange glatt bleibend, erst im Alter raue u. gefurchte Borke. Bg – h. O-NAm. [*Q. borealis* Michx.; *Q. borealis* var. *maxima* (Marshall) Sarg.] **Rot-E., *Q. rubra*** L.

'Aurea': Bl. im Austrieb lebhaft gelb, später gelbgrün. Eine verbesserte Selektion stellt die gelblaubige **'Boltes Gold'** dar, die nicht anfällig für Verbrennungen durch Sonnenbrand ist.

— Bl. tiefer gelappt **40**

40. Kn.schuppen kahl od. nur leicht bewimpert – Bl. beiderseits glänzend grün, unterseits heller, verkehrt eif., beiderseits 2–4 fast waagerecht abstehende

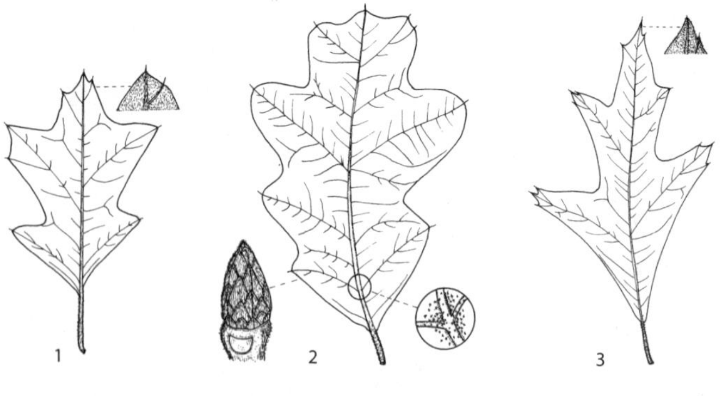

784/1–3 *Quercus*, Bl.: 1 *Q. iliifolia*, 2 *Q. velutina*, 3 *Q. falcata*

Bl.lappen, Bl. 8–10(–15) cm lang, 5–12 cm breit (*785/2*), unterseits kahl bis auf weiße od. rotbraune Achselbärte, Bl.stiel 2–5 cm lang, Herbstfärbung gelb bis orangerot; Kn. 3–4 mm lang u. bis 2 mm dick; Fr. 1–1,5 cm lang, halbkugelf., sitzend bis kurz gestielt, zu $\frac{1}{4}$–$\frac{1}{3}$ vom flachen Becher umgeben, Reife im 2. Jahr; häufig feine, auch abgestorbene Zw. im inneren Kronenbereich (im Gegensatz zu *Q. coccinea*). Bg – h. O-NAm. **Sumpf-E., *Q. palustris*** MUENCHH.

'Green Dwarf': Wuchs schwach, in 15 Jahren 1,4 m hoch; Bl. wie bei der Art, Herbstfärbung weinrot; häufig als Stammveredlung.

'Pringreen' [GREEN PILLAR]: 15–20 m hoher, schlank säulenf. Baum; Herbstfärbung auffallend orangerot.

— Obere Kn.schuppen dicht anliegend behaart, untere verkahlend – Bl. oberseits glänzend dunkelgrün, unterseits heller, verkehrt eif. bis elliptisch, beiderseits 3–4 abstehende Bl.lappen, Bl. 8–15(–18) cm lang, 5–11 cm breit, unterseits kahl bis auf rotbraune Achselbärte, Bl.stiel 2–6 cm lang (*785/3*), Herbstfärbung auffallend scharlachrot; Kn. 3–6 mm lang u. bis 2 mm dick; Fr. 1,3–2,5 cm lang, zu $\frac{1}{3}$–$\frac{1}{2}$ vom Becher umgeben, Schuppen gelbbraun, eif. u. spitz, Reife im 2. Jahr. Bg – h. O-NAm. **Scharlach-E., *Q. coccinea*** MUENCHH.

'Splendens': Belaubung wie Art, Herbstfärbung auffallend purpurviolett. Bm – z.

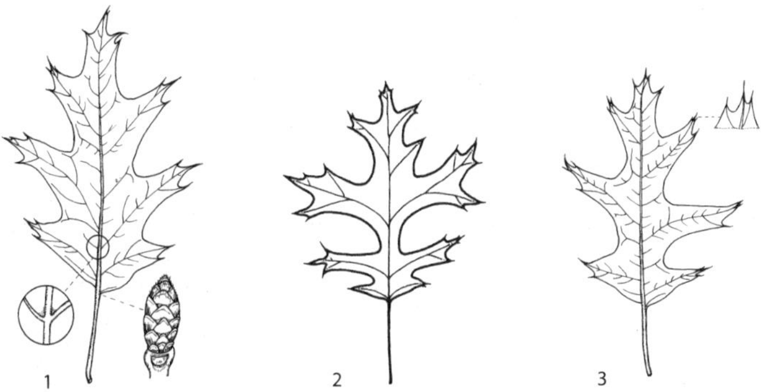

785/1–3 *Quercus*, Bl.: 1 *Q. rubra*, 2 *Q. palustris*, 3 *Q. coccinea*

Rhamnus L., **Kreuzdorn** – *Rhamnaceae* (Bearbeiter: Ulrich Hecker)

Sommer- od. immergrüne, oft dornig bewehrte Gehölze; ähnl. *Frangula* Mill., aber Winterkn. mit Kn.-schuppen; Nebenbl. vorhanden; Bltn. 4-zählig, selten 5-zählig, eingschl., 1-häusig, Gr. 3–4, Narben klein; Steinfr. mit 1–3 1-samigen Steinkernen; Keimung epigäisch. Etwa 110 Arten vorwiegend in den gemäßigten Zonen der N-Hemisphäre. **G!**

Aufgrund der nackten Winterkn., der 5-zähligen Bltn.hülle und der hypogäischen Keimung wurden einige ehemals *Rhamnus* zugeordnete Arten in eine eigene Gatt. → *Frangula* Mill. überführt.

1. Bl. gegenst. od. fast gegenst., zuw. an Kurztrieben rosettig **8**
— Bl. wechselst. **2**
2. Pfl. immergrün, dornenlos; Bl. 1–8 mm lang gestielt, eif. bis lanzettl. od. längl. elliptisch, ganzrandig bis entfernt gesägt (*786/1*), oberseits dunkelgrün glänzend, unterseits heller, 2–6 cm lang; Bltnst. büschelig, in kurzen Trauben, eingschl., 2-häusig verteilt, 4–5 mm gestielt, gelbgrün; Fr. schwarz, 6 mm ∅; III–IV. Sg – ss. Medit. **Immergrüner K., *R. alaternus*** L.
— Pfl. sommergrün, bewehrt od. unbewehrt **3**
3. Bl. 2–6(–10) mm breit, im Mittel > 5-mal so lang wie breit, mit ± deutl. Seitennerven; Pfl. sparrig verzweigt, meist dornig; Bltn. grünl.; Fr. mit 2 Steinkernen; V. Sk – ss. Kl.-As. **Schmalblättriger K., *R. pallasii*** Fisch. & Mey.
— Bl. breiter, Seitennerven sehr deutl.; Pfl. dornenlos **4**
4. Mittelrippe mit > 12 Paar Seitennerven, Bl. gesägt **7**
— Mittelrippe mit höchstens 12 Paar Seitennerven (an besonders großen Bl. bis zu 14) **5**
5. Bl. elliptisch, stumpf od. abgerundet, am Grund abgerundet od. etwas herzf. (*786/2*), meist mit 9–12 Paar Seitennerven; V–VI. Sg – ss. Geb. S-Eur. **Alpen-K., *R. alpina*** L. subsp. ***alpina***
— Bl. zugespitzt, am Grund keilf., mit 5–8 Paar Seitennerven **6**
6. Spreite 1–3 cm lang u. bis 1,5 cm breit, 3–10 mm gestielt, unterseits auf den Nerven behaart; Fr. 6–8 mm ∅, mit 3 Steinkernen; V–VII. Sp – ss. Geb. Eur. von Spanien bis zum W-Balkan; NW-Afr. (Atlas). **Zwerg-K., *R. pumila*** Turra
— Spreite 4–10 cm lang, 5–12 mm gestielt, zugespitzt, am Grund keilf. Bltn. 5-zählig, ohne Krbl.; Fr. fast kugelf., mit 3 Steinkernen; V–VI. Sk – s. NO- u. W-NAm. **Erlenblättriger K., *R. alnifolia*** L'Herit.
7 (4). Bl. längl. elliptisch, 5–12 cm lang, mit 12–20 Paar Seitennerven, unterseits kahl od. nur an den Nerven etwas behaart, ± glänzend gelbgrün; Bltn. zu 3–7; V–VI. Sg – s. M- u. SO-Eur. bis Kl.-As. u. Syr. **Illyrischer K., *R. alpina*** L. subsp. ***fallax*** (Boiss.) Maire & Petitm.

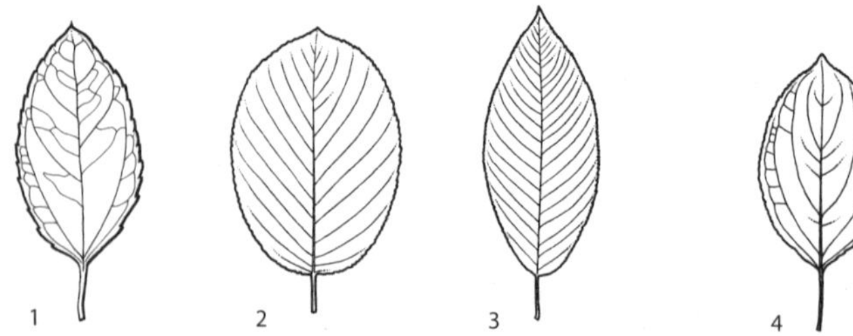

786/1–4 *Rhamnus*, Bl.: 1 *R. alaternus*, 2 *R. alpina* subsp. *alpina*, 3 *R. imeretina*, 4 *R. cathartica*

— Bl. längl. elliptisch bis längl., 10–25 cm lang, mit 15–25 Paar Seitennerven (*786/3*), unterseits behaart, auf den Nerven dichter weichhaarig, deutl. zugespitzt, am Grund gerundet od. fast herzf., 1–2 cm gestielt; VI. Sk(–Sg) – s. Kauk. **Kaukasischer K., *R. imeretina*** Booth, Petz & Kirchn.

8 (1). Bl. nicht > 3 cm groß; Pfl. niederliegend-aufstrebend, dornig bewehrt; Bl. mit 2–4 Paar Seitennerven, spitz od. stumpf, am Grund keilf., kahl od. fast kahl; Fr. mit 3 Steinkernen; V–VI. Sk – ss. Geb. S-Eur. **Felsen-K., *R. saxatilis*** Jacq.

— Bl. > 3 cm groß; aufrechte Sträucher **9**

9. Bl. oberhalb der Mitte am breitesten, am Grund schmal keilf., 5–7 cm lang, ± gelbgrün, 8–25 mm lang gestielt, mit 3–5 Paar Seitennerven; Fr. 6–8 mm ∅; V. Sg – s. Jap. **Japanischer K., *R. japonica*** Maxim.

— Bl. in od. unterhalb der Mitte am breitesten, am Grund nicht schmal keilf. .. **10**

10. Bl. 5–6 cm, an üppigen Sprossen 6–7 cm lang, 1,5–2-mal so lang wie breit, mit 3–4 Paar Seitennerven (*786/4*) – 6–25 mm lang gestielt, Fr. 6–8 mm ∅, mit 2–4 Steinkernen; V–VI. Sg – h. Eur. bis M-As., Kauk. bis Iran, NW-Afr. **Purgier-K., *R. cathartica*** L.

— Bl. 6–14 cm lang, mit 4–8 Paar Seitennerven **11**

11. Bl.stiele 6–25 mm lang, 2–3-mal so lang wie die Nebenbl., Bl. 4–10 cm lang, meist stumpf endend; V–VI. Sg/Bk – s. NO-China, N-Kor., Mong., O-Sib., Fernost. **Dahurischer K., *R. davurica*** Pall.

— Bl.stiele 5–12 mm lang, etwas kürzer od. kaum länger als die Nebenbl., Bl. breit elliptisch bis schmal längl., 6–12 cm lang, zugespitzt, oft fein u. scharf gesägt, hellgrün; Fr. 6–7 mm ∅, mit 2 Steinkernen; VI. Sg – s. Z- u. O-China, Jap. (Kyushu), Kor. **Chinesischer K., *R. utilis*** Decne.

Rhaphiolepis Lindl., **Weißdolde** – *Rosaceae* (Bearbeiter: Bernd Schulz)

Immergrüne Sträucher od. kleine Bäume, Bl. wechselst., einfach, lederig, glänzend dunkelgrün, ganzrandig od. gezähnt; Bltnst. der vorgestellten Taxa endst. (Doppel-)Trauben od. schwach verzweigte Rispen, Tendenz zur Trugdolde; Bltn. bis 2 cm ∅, Krbl. weiß od. rosa, Frbl. unterst., 2(–3); Fr. schwarzblaue Apfelfr., Kbl. hinfällig, auf der Fr. eine runde Narbe hinterlassend, Fr. oft mit nur einem großen, von dünner Fr.wand umgebenen Samen. 9–15 Arten im warm temperaten u. subtrop. O- u. SO-As. von S-Jap., S-Kor., u. S-China bis Thail. u. Vietn. Kälteempfindl., im größten Teil des Gebiets nur Kübelpfl. Nahe verwandt mit → *Eriobotrya* (Wollmispel).

R. indica (L.) Ker, **Indische W.** – Bl.spreite eif. bis längl. eif., zuw. verkehrt eif. od. lanzettl., 4–8 × 1,5–4 cm, oberseits glänzend, kahl, unterseits heller, anfangs behaart, Bl.rand gesägt, Nebenbl. hinfällig; Zw. jung rotbraun u. filzig, älter graubraun u. kahl; Bltn. kurz gestielt, radiär 1–1,3(–1,5) cm ∅, Bltn.boden röhrenf., braunfilzig od. kahl; Kbl. spitz 3-eckig od. linealisch, bis 6 mm lang, beidseitig schwach braunfilzig od. kahl; Krbl. meist rosa, bis 7 mm lang, rel. schmal; Stbl. 15, meist kürzer als Krbl.; Frkn. kahl, 2- od. 3-fächerig, an der Basis verwachsen; Fr. kugelf., 5–8 mm ∅, blauschwarz, kahl, Stiel rel. dick, 5–10 mm lang. IV. Sg – ss. ∧∧ O-As. bis SO-As.

var. *umbellata* (Thunb.) H. Ohashi [*R. umbellata* (Thunb.) Makino], **Japanische W.:** Bl. etwas breiter, elliptisch eif., Rand ganzrandig od. leicht gekerbt, schwach eingebogen; Bltn. 1,5–2 cm ∅, Krbl. weiß, breit verkehrt eif., 1–1,2 cm lang; Fr. um 1 cm ∅. IV–VI; Sk/Sg – ss. ∧∧ OS-China, S-Jap., S-Kor.

var. *indica* × var. *umbellata* [*R.* × *delacourii* André]: zwischen den Varietäten stehend.

Rhododendron L. [incl. *Ledum* L., *Menziesia* Sm., *Therorhodion* (Maxim.) Small], **Rhododendron, Azalee, Porst, Menziesie** – *Ericaceae*

(Bearbeiter: Ulrich Pietzarka und Hartwig Schepker)

Immergrüne od. sommergrüne Sträucher, vereinzelt auch Bäume; Bl. wechselst., meist an den Zw.enden gehäuft, ganzrandig, ungeteilt; Bltn. in aufrechten Schirmtrauben, Dolden od. einzeln, Krbl. 5 od. 6–10, meist verwachsen, selten frei (ehemals *Ledum*), Kr. meist schwach zygomorph, meist trichter- od. glockenf., selten röhrig od. radf., Stbl. 5–20 (meistens doppelt so viele wie Krbl.), Frkn. mit 5–20 Fächern; Fr. in den Scheidewänden von oben her aufspringende (septizide) Kapsel. **G!**

Die Bestimmung ist häufig nur im blühenden Zustand möglich. Wichtige Merkmale liefern neben den Bltn. u. a. das Vorhandensein u. die Form, Farbe u. Menge der v. a. bl.unterseits sitzenden Schuppen (Schülfer- od. Schildhaare), das Vorhandensein u. die Form u. Ausprägung der Behaarung (Indument) sowie die Form u. Größe der Bl. wie auch der Kbl.

Mit etwa 1 000 Arten artenreichste Gehölzgatt., von trop. Regenwäldern bis in die bor. Zone, Hauptverbreitung im Himal., China u. SO-As. sowie Jap., Taiw., Kor., NAm., Kauk., M- u. S-Eur.

Sehr beliebte Ziersträucher, die mit wenigen Ausnahmen saures Substrat benötigen. Bl. u. Pollen vieler Arten sind (schwach) giftig. In Deutschland sind etwa 600 Arten u. über 4 500 Kultur-Formen u. Hybriden in Kultur. Es werden nur regelmäßig kultivierte Arten u. Hybriden sowie wichtige Gruppen von Kultur-Formen aufgeschlüsselt od. erwähnt.

1. Bl. immergrün **22**

— Bl. sommergrün (in milden Wintern u. Klimaten zuw. auch halbimmergrün) **2**

2. Kr. breit glocken- bis trichterf. **5**

— Kr. kugelig glockenf., röhrig bis urnenf. (**Sekt.** ***Sciadorhodion*** [incl. *Menziesia*]) (*788/1a*) **3**

3. Diesj. Zw. kahl; – Bl. 2,5–5 cm lang, verkehrt eif. bis längl. eif., spitz, Basis keilf., Rand bewimpert, oberseits borstig behaart, unterseits auf dem Mittelnerv anliegend behaart (*788/1b*), blass bis mittelgrün; Bltn. zu 3–8 in gestielten Dolden, 4–5-zählig; K. meist ungelappt, Kr. röhrig krugf., 1,3–1,7 cm lang, gelb od. grünl. weiß, purpurn bereift bis purpurn, Stbl. 8–10, behaart (*788/1a*); V–VI. Sk (bis 1 m) – ss. Jap. [*Menziesia ciliicalyx* (Miq.) Maxim.]

Bewimperte Menziesie, *R. benhallii* Craven

Ähnl. ist ***R. multiflorum*** (Maxim.) Craven: K. 4–6 mm lang, Bltn.stiel u. K. lang drüsig-borstig behaart, u. seine **var. *purpureum*** (Makino) Craven: Kr. purpurn (*788/1*).

— Diesj. Zw. behaart **4**

4. Diesj. Zw. auch mit Drüsen; Bl.rand kurz drüsig bewimpert; – Bl. 2–5 cm lang, elliptisch bis verkehrt eif., spitz, oberseits anliegend behaart, Basis keilf.; Bltn. zu 2–5 in Dolden, 4-zählig, Kr. röhrenf., 0,9–1,3 cm lang, mattweiß mit rosa;

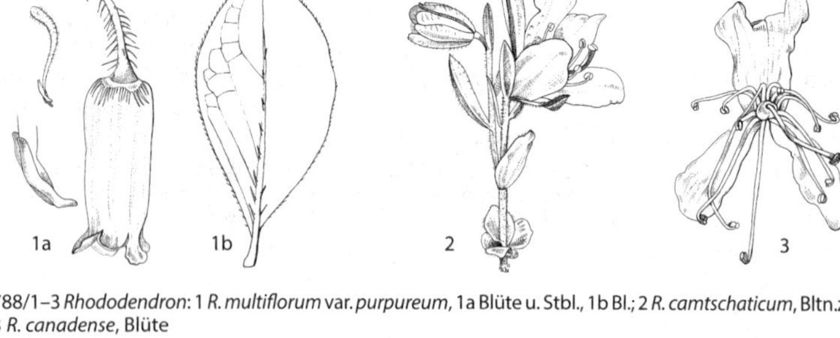

788/1–3 *Rhododendron*: 1 *R. multiflorum* var. *purpureum*, 1a Blüte u. Stbl., 1b Bl.; 2 *R. camtschaticum*, Bltn.zw.; 3 *R. canadense*, Blüte

Stbl. 8, an der Basis behaart. V–VI. Sk (1(–2) m) – ss. NW-NAm. [*Menziesia ferruginea* SM.] **Rostige Menziesie, *R. menziesii*** CRAVEN

— Diesj. Zw. ohne Drüsen. Bl.rand lang bewimpert, – Bl. 1,5–5 cm lang, elliptisch bis verkehrt eif., plötzl. fein zugespitzt, Basis keilf., bewimpert, oberseits leicht anliegend behaart, unterseits bläul.; Bltn. zu wenigen in kleinen Dolden, 4-zählig, Kr. glockig, 6–7 mm lang, gelbl., weiß bis rötl., Stbl. 8, kahl; V–VI. Sk (bis 2 m)– ss. SO-NAm. [*Menziesia pilosa* (MICHX.) PERS.] **Borstige Menziesie, *R. pilosum*** (MICHX.) CRAVEN

5 (2). Bl. u. diesj. Zw. beschuppt (lepidot); sehr früh blühend, (XII–)II–IV **21**

— Bl. unbeschuppt (elepidot) **6**

6. Bltn.stiel mit sehr kleinen Bl., lang borstig behaart (*788/2*) – Pfl. ausläuferbildend; diesj. Zw. hell- bis rotbraun, mit langen borstigen Haaren; Bl. 1,5–5 cm lang, sitzend, Rand bewimpert; Bltn. zu 1–3, Kr. purpurrot, rot, rosa od. weiß, offen trichterf., bis fast zum Grund eingeschnitten, Kbl. 1–1,8 cm lang; V–VI. Sz (bis 30 cm) – h. Russ.-Fernost, N-Jap. [*Therorodion camtschaticum* (PALL.) SMALL] **Kamtschatka-Azalee, *R. camtschaticum*** PALL.

— Bltn.stiel ohne Bl. **7**

7. Bltn. aus Endkn.; beblätterte Triebe aus Seitenkn. **11**

— Bltn. u. beblätterte Triebe aus derselben Endkn. (**Untergatt. *Tsutsusi***) **8**

8. Bl. rhombisch (*789/1*), – 3–7 cm lang, mit eingesenkten Seitennerven; diesj. Zw. dünn, hellbraun, bald kahl; Bltn. lila bis purpurrosa, meist ohne Zeichnung, bis 5 cm breit, trichterf., leicht 2-lippig, vor der Laubentfaltung; IV–V. Sk (1–1,5 m) – s. Jap. **Netzadrige Azalee, *R. reticulatum*** D. DON

— Bl. elliptisch **9**

9. Stbl. 10, K. 5–8 mm lang; – Triebe angedrückt grau behaart; Pfl. halbimmergrün; Bl. 3–8 cm lang, schmal, beiderseits angedrückt behaart, einige Spätbl. dicker, fester; Bltn. duftend, 3,5–4 cm breit, Kr. rosa bis helllila, purpurn gefleckt; V. Sk (1–2 m) – s. Jap., Kor.
Yadogawa-Azalee, *R. yedoense* MAXIM. var. ***poukhanense*** (LÉV.) NAKAI.

var. *yedoense*: Bltn. gefüllt. ss.

— Stbl. 5(–6), K. kürzer **10**

10. Kr. 4,5–6 cm lang; – diesj. Zw. angedrückt behaart; Bl. 2–5 cm lang, ein paar kleine an der Triebspitze halbimmergrün, oberseits spärl., unterseits rostrot behaart; Bltn zu 2–3, Kr. häufig lachsorange, aber auch weiß od. rosa bis purpurn; V. Sk/Sg (1–3 m) – s. Jap. **Kaempfers Azalee, *R. kaempferi*** PLANCH.

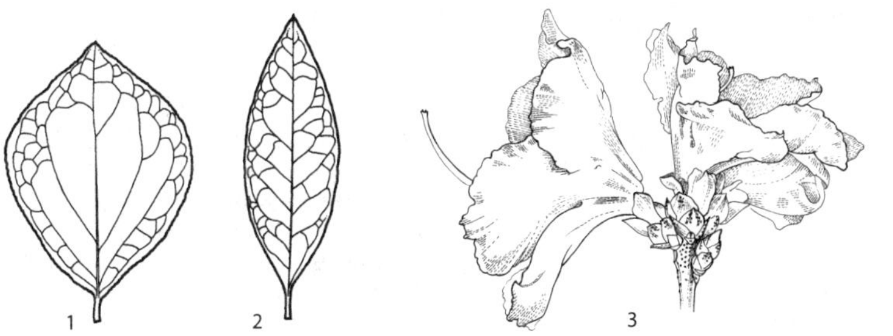

789/1–3 *Rhododendron*: 1 *R. reticulatum*, Bl.; 2 *R. mucronulatum*, Bl.; 3 *R. dauricum*, Bltn.

— Kr. 1,8–2,5 cm lang; – diesj. Zw. angedrückt rotbraun borstig behaart; Bl. 1–3 cm lang, ober- u. unterseits bräunl. behaart; Pfl. in milden Wintern halbimmergrün, sonst sommergrün; Bltn. zu 2–3, Kr. 2–2,5 cm breit, trichterf., häufig rosa-violett, weiß od. purpurn; V. Sk (0,2–1,0 m) – s. Jap.
Kyushu-Azalee, *R. kiusianum* Makino

Von den 3 letztgenannten Arten leitet sich eine sehr große Zahl Hybriden ab, die als **Japanische Azaleen** häufig in Handel u. Kultur zu finden sind (z. B. Gable-, Kurume-, Malvatica- od. Arendsii-Azaleen). Eine sichere Unterscheidung von ihren Ausgangsarten ist nur zur Blüte u. nicht ohne Spezialkenntnisse mögl.

11 (7). Kr. außen behaart od. drüsig **13**
— Kr. außen kahl (**Sekt. *Rhodora***) **12**
12. Stbl. 7(–5); – diesj. Zw. nur anfangs zerstreut behaart; Bl. 6–13 cm lang, Rand gewellt u. bewimpert, beiderseits entlang der Mittelrippe behaart; Bltn.kn. wirken auffällig gestielt, da untere Kn.schuppen abfallen; Kr. zartrosa, bis 5 cm breit, Röhre sehr kurz, obere Zipfel orange gefleckt; IV–V. Sk (bis 2 m) – h. SO-NAm. **Vaseys Azalee, *R. vaseyi*** A. Gray
— Stbl. 10; – Bl. 2–5 cm lang, Rand bewimpert u. etwas umgerollt, oberseits matt bläul. grün; Bltn. 1,5–2 cm lang, Kr. purpurviolett, auffällig 2-lippig (3 kleinere, obere u. 2 längere untere Zipfel), Zipfel der Unterlippe so tief geteilt, dass Kr.röhre fast fehlend (*788/3*); IV–V. Sk (bis 1 m) – s. NO-NAm.
Kanadische Azalee, *R. canadense* (L.) Torr.
13 (11). Stbl. 5 (**Sekt. *Pentanthera***) **15**
— Stbl. 10 (**Sekt. *Sciadorhodion***) **14**
14. Stbl. ungleich lang, 5 lange u. 5 kurze, im unteren Drittel stark u. lang behaart; K. < 2 mm; – diesj. Zw. anfangs drüsig u. kraus behaart; Bl. 4–12 cm lang, meist zu 5 am Ende des diesj. Zw., oberseits spärl. behaart, unterseits grau weichhaarig; Kr. rosarot (mit leichter Punktierung), 5 cm breit; IV–V. Sg (1,5–3 m) – s. Jap. **Albrechts Azalee, *R. albrechtii*** Maxim.
— Stbl. gleich lang, leicht über die ganze Länge behaart; K. > 3 mm; – Triebe kurz drüsig behaart; Bl. meist zu 5 in Scheinquirl, breit eif., abgerundet, 4–11 cm lang, anfangs beiderseits zerstreut behaart, später nur unterseits auf der Mittelrippe; Kr. rosa mit rotbraunen Flecken auf den oberen Zipfeln, 5–8 cm breit; V. Sg (2–3 (5) m) – h. Russ.-Fernost, Kor.
Schlippenbachs Azalee, *R. schlippenbachii* Maxim.
15 (13). Kr. rot-orange od. gelb **18**
— Kr. meist weiß, zuw. rosa überlaufen **16**
16. Kr. mit auffälligem gelbem Schlundfleck; – Triebe weich behaart; Bl. 4–10 cm lang, fast kahl, Rand bewimpert; Bltn. 6 cm breit, stark duftend; V–VI. Sk (1–2 m) – h. W-NAm. **Westliche Azalee, *R. occidentale*** A. Gray
— Kr. ohne auffälligen Schlundfleck **17**
17. Diesj. Zw. kahl, meist bläul. bereift; Staubfäden u. Gr. purpurn; – Bl. 3–8 cm lang, steif u. anliegend bewimpert, beiderseits fast kahl; Bltn.kn. kahl; Bltn. stark duftend, 4–5,5 cm lang, Kr. weiß. V–VIII. Sg (bis 3(–6) m) – s. O-NAm.
Baumartige Azalee, *R. arborescens* (Pursh) Torr.
— Diesj. Zw. behaart; Staubfäden u. Gr. weiß; – Kn.schuppen bewimpert; Bl. 3–5 cm lang, beiderseits auf Mittelrippe behaart; Bltn. sehr stark u. angenehm duftend, Kr. 2,5–3 cm breit, Röhre länger als die Zipfel; V–VII. Sg (2–3 m) – h. O-NAm. **Sumpf-Azalee, *R. viscosum*** (L.) Torr.

18 (15). Stbl. kürzer als od. maximal gleich lang wie die Kr.; – Kr. gelb bis blass orange, lachsfarben **20**

— Stbl. die Kr. deutl. überragend; – Kr. kräftig orange bis orangerot **19**

19. K. ohne Drüsen; – häufig Ausläufer bildend; Triebe borstig; Bl. 3–8 cm lang, fast kahl; Bltn. mit od. nach den Bl., stark duftend, 3–4,5 cm lang, Kr. trichterf. röhrig; VI–VII. Sk (1(–2) m) – s. Geb.: Appal.
Cumberland Azalee, *R. cumberlandense* E. L. Braun

— K. drüsig; – Triebe dicht behaart; Bl. 4–8 cm lang, beiderseits fein behaart; Bltn. vor den Bl., Kr. 3–5 cm lang, außen drüsig u. behaart; V–VI. Sk (1–1,5 m) – s. Geb.: Appal. **Flammen-Azalee, *R. calendulaceum*** (Michx.) Torr.

20. Kr.röhre > 1,5 cm, länger als od. so lang wie die Zipfel, kräftig gelb, intensiv duftend; Kr. u. Bltn.stiel klebrig; – Triebe drüsig zottig behaart; Kn. klebrig; Bl. 6–15 cm lang, beiderseits angedrückt drüsig behaart, Rand fein gezähnt u. bewimpert; V–VI. Sk/Sg (1–4 m) – h. O-Eur., Kauk.
Pontische Azalee, *R. luteum* Sweet

Genter- u. **Rustica-Azaleen**: Kreuzungen zwischen *R. luteum* u. amerikanischen Azaleen-Arten.

Knap Hill- u. **Exbury-Azaleen**: zahlreiche, häufig farbintensive u. gelegentl. auch duftende Hybriden mit *R. luteum*-Einfluss.

— Kr.röhre < 1,2 cm, kürzer als die Zipfel, – Bltn. sehr schwach duftend, Kr. sehr variabel, von blassgelb bis orange u. lachsfarben, 5 – 9 cm breit; Triebe zottig behaart; Bl. 5–15 cm lang, anfangs weich behaart, später nur auf den Nerven; IV–V. Sk (1–2 m) – s. Jap.
Japanische Azalee, *R. molle* (Blume) G. Don subsp. ***japonicum*** (A. Gray) K. Kron

subsp. *molle*, Chinesische Azalee: sehr ähnl., Kr. immer gelb.

Mollis-Azaleen: zahlreiche Sorten beider Unterarten.

21 (5). Bl. an beiden Enden abgerundet, 2–4 cm lang, dick lederig, gerieben aromatisch duftend, Spätbl. häufig halbimmergrün; – diesj. Zw. bräunl. behaart u. beschuppt; Bltn. 2,5–5 cm breit, Kr. purpurn (*789/3*); II–IV. Sg (bis 3 m) – h. O-Sib., Mong., N-China, Jap. **Dahurische Azalee, *R. dauricum*** L.

***R. dauricum*-Hybriden**: die meisten früh (XI–IV) blühenden Garten-Formen.

Einige ± halbimmergrüne Sippen zuw. als eigene Arten (*R. ledebourii* Pojark.; *R. sichotense* Pojark.) od. Varietät (var. *sempervirens* Sims.) angesehen.

'Praecox' [*R. ciliatum* Hook f. × *R. dauricum*]: häufigste Sorte; Bl.ränder auffällig lang bewimpert.

— Bl. an beiden Enden zugespitzt (*789/2*), Rand bewimpert; – Triebe beschuppt u. behaart; Kr. purpurrosa, 2–3,5 cm breit, außen weich behaart; Stbl. auffallend dunkelpurpurn; III–IV. Sk (bis 2 m) – s. O-Sib., Fernost, NO-China, Kor., Jap. **Stachelspitzige Azalee, *R. mucronulatum*** Turcz.

22 (1). Bl. beschuppt (lepidot) zuw. unter Indument (=„Haarkleid": Gesamtheit der Behaarung) verborgen (**Untergatt. *Rhododendron***) **45**

— Bl. unbeschuppt (elepidot) **23**

23. Bl. unterseits kahl, verkahlend od. nur spärl., nicht vollflächig behaart **33**

— Bl. unterseits mit dichtem, bleibendem aber zuw. sehr dünnem, hautartigem Indument **24**

24. Indument wollig, filzig, langhaarig **26**

— Indument sehr dünn, kompakt, hautartig **25**

25. Stbl. 10, die längsten länger als der Gr.; – Triebe dick, filzig, verkahlend; Bl. 7–15 cm lang, Indument rehbraun; Kr. weiß bis hellrosa mit grünl. Zeichnung, bis 5 cm breit; VI–VII. Sg (2–3 m) – h. Jap., Kor.
Kurzfrüchtiger R., *R. brachycarpum* D. Don

— Stbl. 10–14(–15), alle kürzer als der Gr.; – diesj. Zw. dick, filzig, im 2. Jahr verkahlend; Bl. 7–14 cm lang, dick u. steif, Indument rehbraun, glänzend; Kr. 2-farbig: innen zartrosa, nicht od. nur schwach gezeichnet, außen kräftig rot getönt, 3–5 cm breit; V–VI. Sk/Sg (1,5–4 m) – s. Yunn., Sich.
Ausgezeichneter R., *R. insigne* Hemsl. & E. H. Wilson

Hybridsorten von *R. insigne* besitzen sein typisches Bl. (häufig aber ohne jegl. Indument).

26 (24). Kr. 5-zählig (Kr.zipfel), Stbl. 10 .... **28**

— Kr. 6–8-zählig, Stbl. 14–16 .... **27**

27. Kr. 8-zipfelig, fleischig; – Triebe grauweiß filzig; Bl. bis 35 cm lang, verkehrt eif., an der Spitze abgerundet, stumpf, oberseits etwas runzelig; Kr. weiß mit karminrotem Basalfleck, 5–7 cm lang, Stbl. 14–16; IV–V. Sg –B – ss. ∧ Yunn., Sich. ***R. rex*** Lév.

— Kr. 6–7-zipfelig; – bis 3,5 m hoher Strauch; Bl. bis 18 cm lang, längl. elliptisch, ± spitz, nicht am Rand umgerollt, Indument hellbraun bis rötl. braun; Kr. 4,5–5 cm breit, zartrosa, Stbl. 14; IV–V. Sg/Bk (2,5–12 m) – s. S-Jap. [*R. metternichii* Siebold & Zucc.]
R. degronianum Carrière subsp. ***heptamerum*** (Maxim.) H. Hara

28 (26). Bl.oberseite bleibend behaart; – diesj. Zw. dünn, beschuppt; Bl.rand nicht umgerollt, Bl. eif., spitz, z. T. stachelspitzig, 9–11 cm lang, Indument oberseits bleibend, unterseits dick, wollig; Kr. 4 cm lang, weiß bis hellrosa, innen mit gelber od. rötl. Punktierung od. Basalfleck; IV. Sk (bis 1,3 m) – ss. Taiw.
R. pachysanthum Hayata

— Bl.oberseite kahl od. verkahlend **29**

29. Diesj. Zw. kahl; – Bl. 9,5–18 cm lang, abgerundet mit aufgesetzter Spitze, Indument durchgängig u. hell; Bltn. 3–5 cm breit, Kr. weiß bis purpurrosa mit purpurnen Flecken; IV–V. Sk/Sg (1–6 m) – s. Geb.: Himal.
Glockenblütiger R., *R. campanulatum* D. Don

— Diesj. Zw. behaart **30**

30. Bl. lanzettl., – 7–18 cm lang, unterseits hellbraunes Indument; diesj. Zw. bleibend u. dicht behaart; Kn.schuppen bleibend; Bltn. 3–4 cm breit, zartrosa, leicht gepunktet; V–VI. Sk/Sg (bis 2,5 m) – h. Jap. **Makinos R., *R. makinoi*** Tagg

— Bl. elliptisch bis eif. **31**

31. K. lang (5–10 mm); – Triebe dick weißfilzig; Bl. 4,5–12 cm lang, im Austrieb beiderseits rostrot behaart, oberseits verkahlend, unterseits Indument bleibend u. nach rotbraun ändernd; Kr. 2,5–4 cm lang, weiß, zuw. rosa überlaufen, IV–V. Sk/Sg (1–3 m) – ss. Yunn. ***R. bureavii*** Franch.

— K. klein (1–2 mm) **32**

32. Kr. zunächst blassrosa, dann rein weiß, 4–5(–6) cm breit; – diesj. Zw. dick, anfangs silbergrau filzig, später grünl. u. mit Indument behaftet; Bl. elliptisch, 6–15 cm lang, längs u. quer deutl. aufgewölbt, Indument unterseits wollig; V–VI. Sk (0,5–2 m) – h. Jap. [*R. metternichii* subsp. *yakushimanum* (Nakai) Sugimoto; *R. yakushimanum* Nakai]
Yakushima R., *R. degronianum* subsp. ***yakushimanum*** (Nakai) H. Hara

Yakushimanum-Hybriden: sehr häufige Garten-Sorten; Kr. auch rot, rosa, gelb u. hellviolett; wie die Typus-Unterart mit kompaktem Wuchs, reich blühend u. winterhart, die Sonnenverträglichkeit ist häufig besser; nicht alle Sorten besitzen das für die Art typische Indument, v. a. F1-Hybriden können auch kahl sein.

— Kr. purpur-karminrosa, gelbl. grün gezeichnet, bis 5 cm breit; Triebe weißwollig; Bl. 8–17 cm lang, gewölbt, am Rand umgerollt, im Austrieb beiderseits weißwollig, unterseits nach hellbraun verfärbend, oberseits verkahlend; V–VI. Sg (1–3 m) – h. Geb.: Kauk. **Smirnovs R., *R. smirnovii*** TRAUTV.

33 (23). Stbl. > 10 **od.** Kr.zipfel > 5 .... **38**

— Stbl. 10 **u.** Kr.zipfel 5 (vergl. auch *R. williamsianum,* siehe Nr. **39**–) **34**

34. Bl. < 4 cm, rundl., Nerven deutl. vertieft; – Pfl. niederliegend, bis 15 cm hoch; Bltn. meist einzeln, Kr. dunkel karminrot, 3–3,5 cm breit; IV–V. Sp – s. Geb.: Himal. **Forrests R., *R. forrestii*** BALF. f.

Forrestii-Gruppe [Repens-Gruppe]: aus der **var. *repens*** (BALF. f. & FORREST) COWAN & DAVIDIAN mit kompaktem Wuchs u. leuchtend roten Kr. entstandene schwachwüchsige, zumeist rot-, seltener rosabltg. Sorten.

— Bl. deutl. größer **35**

35. Kr. gelb, 3–4 cm lang; – Triebe spärl. drüsig bis kahl; Bl. 6–12 cm lang, kahl, an der Basis herzf.; V. Sk/Sg (1–3 m) – h. ∧ Sich., Yunn. **Wards R., *R. wardii*** W. W. SM.

Wardii-Hybriden: Bl. ähnl. der Art, Kr. gelb bis orangegelb. ∧.

— Kr. rosa bis violett **36**

36. Diesj. Zw. u. Bl. kahl; – Bl. 10–20 cm lang, an beiden Enden spitz, Bl. mehrerer Jahrgänge vorhanden, dadurch Zw. u. Pfl. sehr dicht beblättert!; Bltn. 7–8 cm breit, Kr. rosa mit grünl. gelber Zeichnung; V. Sg (2–5 m) – s. ∧ Geb.: Kauk., Span., Port. **Pontischer R., *R. ponticum*** L.

subsp. *baeticum* (BOISS. & REUT.) HAND.-MAZZ. aus SW-Eur. bildet in NW-Eur. v. a. auf den Brit. Ins. verwildernde Hybriden mit *R. catawbiense* u. *R. maximum* aus NAm.

'Cunningham's White' [*R. ponticum* subsp. *ponticum* × *R. caucasicum*]: Bltn. V/VI, Kr. weiß; häufige Sorte, Unterlage für über 90 % aller veredelten Sorten.

— Triebe u. Bl. unterseits nahe der Basis bleibend behaart **37**

37. Bl.basis keilf. – Triebe filzig u. mit kurzen gestielten Drüsen; Bl. 10–20 cm lang, oberseits kahl, unterseits mit vergängl. Indument; Bltn. 3,5–4 cm breit, Kr. weiß od. rosa mit gelbbrauner Zeichnung; Bltnst.kn. mit lang ausgezogenen, abstehenden Kn.schuppen; VI–VII. Sk/Sg (1–4 m) – s. O-NAm. **Riesen-R., *R. maximum*** L.

— Bl.basis abgerundet; – diesj. Zw. anfangs filzig behaart, bald kahl, ohne Drüsen; Bl. 6–15 cm lang, oberseits etwas gewölbt; Kr. lilapurpurn mit olivgrüner Zeichnung, 5–6 cm breit; V–VI. Sg (2–4 m) – h. O-NAm. **Catawba-R., *R. catawbiense*** MICHX.

Catawbiense-Hybriden: häufigste Garten-Rhododendren; alte Sorten (Primär-Hybriden) ähneln in Bl.- u. Bltnst.form häufig der Ursprungsart.

38 (33). Bl. langl., elliptisch bis lanzettl. **40**

— Bl. rundl. **39**

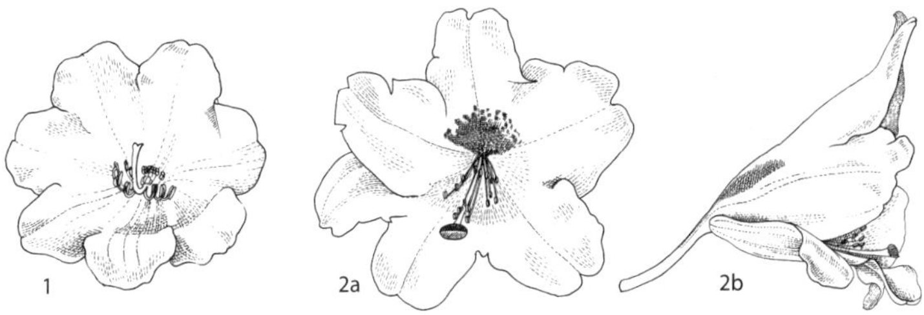

793/1–2 *Rhododendron*: 1 *R. orbiculare*, Blüte; 2 *R. calophytum*, Blüte in 2 Ansichten

39. Triebe kahl, dick, hellgrün, mit bläul. Reif, später braun; – Bl. 7–12 cm lang, tief herzf., geöhrt, Öhrchen sich zuw. überlappend; Kr. karmin- bis purpurrosa, ungefleckt, mit 7 Zipfeln (*793/1*), Stbl. 14; IV–V. Sk/Sg (1–3 m) – h. Sich.
Rundblättriger R., ***R. orbiculare*** Decne.

— Triebe mit drüsigen Borsten; – Bl. herzf., nicht geöhrt, stachelspitzig, im Austrieb intensiv bronzefarben, 2–4,5 cm lang; Kr. rosa mit dunkleren Flecken, 3–4 cm breit, Kr.zipfel 5–6; Stbl. (10–)12; IV–V. Sk (0,5–1,5 m)– h. ∧ Sich.
Williams' R., ***R. williamsianum*** Rehder & E. H. Wilson

Williamsianum-Hybriden: früh blühende Sorten; Bltn. mit typisch glockenf. Kr.; herzf. Bl. u. Neuaustrieb ebenfalls meist bronzefarben.

40 (38). Bl.spreite basal geöhrt. – Triebe dicht drüsenhaarig, klebrig; Bl. 15–30 cm lang; Bltn. duftend, Kr. weiß od. creme bis rosa, 6–10 cm breit, Zipfel 7; VII–VIII. Sg/Bk (bis 11 m) – ss. ZS-China. ***R. auriculatum*** Hemsl.

— Bl.spreite nicht geöhrt **41**

41. K. 6–7-zipfelig **43**

— K. 5-zipfelig; sehr früh (III–IV) blühend **42**

42. Bltn.stiel > 3 cm lang; Kr. mit auffälligem karminrotem Schlundfleck, sonst weiß bis blassrosa, 5–6 cm breit, 5–7-zipfelig, Stbl. 15–20, Narbe 5–8 mm ∅ (*793/2a* u. *b*); – diesj. Zw. sehr dick, anfangs weißfilzig; Bl. 14–30 cm lang; III–IV. Sg (5–9 m) – s. WS-China. **Schöner R.,** ***R. calophytum*** Franch.

— Bltn.stiel < 3 cm lang; Kr. ohne auffälligen Schlundfleck, 5–7,5 cm breit, 5–6-zipfelig, rosa, Stbl. 13–15, Narbe 2–4 mm ∅; – diesj. Zw. dick, anfangs graufilzig; Bl. 10–25 cm lang, unterseits mit flockig behaarter Mittelrippe; III–IV. Sk/Sg (1–5 m) – s. Z-China. **Sichuan-R.,** ***R. sutchuense*** Franch.

43 (41). Bl. bis 9 cm lang, elliptisch, oberseits dunkelgrün; – Triebe dick, anfangs filzig, nur an der Spitze beblättert; Bltn. nicht duftend, Kr. weiß bis rosa, 3,5–5 cm breit, Zipfel 7(–8); Stbl. 12–14; III–IV. Sg (2–3 m) – h. Z-China.
Bergruhm-R., ***R. oreodoxa*** Franch.

— Bl. bis 20 cm lang, lanzettl.; Bltn. duftend **44**

44. Stbl. 14–16, kahl; – diesj. Zw. drüsig, kahl u. hellgrün; Bl. – 20 cm lang, 2,8–4-mal länger als breit, fast kahl; Bltn. rosa od. weiß, duftend, bis 9 cm breit, Kr.zipfel 7; VI–VII. Sg (2–5 m) – h. S-China.
Fortunes R., ***R. fortunei*** subsp. ***discolor*** (Franch.) D. F. Chamb.

subsp. ***fortunei***: bereits im Mai blühende Formen.

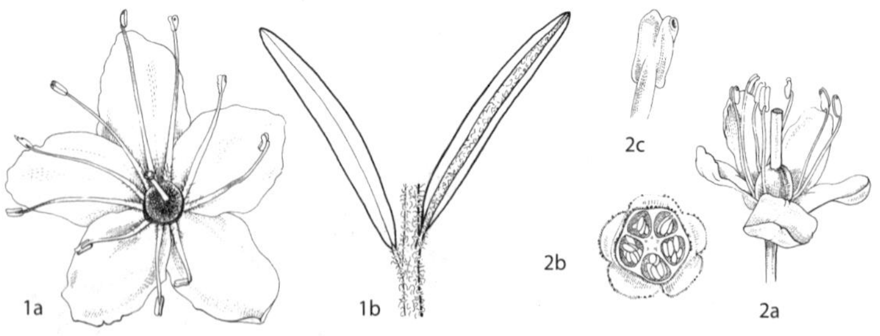

794/1–2 *Rhododendron*: 1 *R. tomentosum*, 1a Blüte, 1b Zw. mit Bl.; 2 *R. groenlandicum*, 2a Blüte, 2b Frkn.-∅, 2c Staubbeutel

— Stbl. 12–20, an der Basis kurz behaart; – diesj. Zw. dick, kahl, bläul. glänzend wenn jung; Bl. bis 20cm lang, oberseits bläul. bereift; Bltn. duftend, Kr. weiß bis hellrosa, 4,5–8 cm lang, Kr.zipfel (6–)7(–8); IV–V. Sk/Sg (1–2(–9) m) – s. Geb.: O-Himal. ***R. decorum*** FRANCH.

45 (22). Krbl. zumindest an der Basis verwachsen **47**

— Krbl. frei; Bl. unterseits mit dichtem Indument (Untersekt. *Ledum*) **46**

46. Bl. linealisch, 2–3,5 cm lang, am Rand auffällig umgerollt, mit dichtem braunen Indument (*794/1b*); – Triebe braunfilzig; Bltn. zahlreich in endst. Schirmtrauben, Krbl. weiß, Stbl. 10 (*794/1a*); V–VI. Sk (1–1,5 m) – h. zirkpol. [*Ledum palustre* L.] **Sumpf-Porst, *R. tomentosum*** HARMAJA

— Bl. elliptisch, 2–5 cm lang, am Rand nur leicht umgebogen, mit dichtem braunen Indument; – Triebe braunfilzig; Bltn. zahlreich in endst. Schirmtrauben, Krbl. weiß, Stbl. 5–8(–10) (*794/2*); V–VI. Sk (bis 1 m) – h. N-NAm. [*Ledum groenlandicum* OEDER] **Labrador-Porst, *R. groenlandicum*** (OEDER) KRON & JUDD

47 (45). Kr. dick, fleischig; wegen Wachsschicht auffällig glänzend (Untersekt. *Cinnabarina*); – Bl. 3–9 cm lang, oberseits häufig bläul. glänzend; Bltn. sehr variabel, Kr. von gelb bis rot, 2,5–4 cm lang, röhrig (*795/1*), Zipfel aufrecht; V–VI. Sg (2– 3(–7) m)– s. ∧ Geb.: O-Himal. ***R. cinnabarinum*** HOOK. f.

— Kr. nicht fleischig **48**

48. Kr. < 1 cm lang, weiß; Bltnst. vielbltg. (>20). (Untersekt. *Micrantha*); – diesj. Zw. dünn, braun, mit abstehenden Haaren; Bl. 3–4,5 cm lang; VI–VII. Sk (1–2,5 m) – s. China, Kor. **Kleinblütiger R., *R. micranthum*** TURCZ.

— Kr. länger; Bltnst. mit < 15 Bltn. **49**

49. Bltn. nur aus Seitenkn. (Untersekt. *Scabrifolia*); – Triebe purpurrot, ältere braun, beschuppt, kahl; Bl. 1,5–5 cm lang, unterseits blaugrün bis silbergrau mit dunkelbraunen Schuppen; Bltn. bis 2 cm breit, Kr. weiß bis rosa; IV–V. Sk (0,3–1 m) – h. Yunn. **Traubiger R., *R. racemosum*** FRANCH.

— Bltn. aus Terminalkn. u. zuw. Seitenkn. **50**

50. Bl. > 4 cm lang **56**

— Bl. < 4 cm lang **51**

51. Bltnst.achse nicht gestreckt **53**

— Bltn. in Trauben mit deutl. erkennbarer, gestreckter, bis 3 cm langer Bltnst.-achse; Bltn. klein, Kr. bis 2 cm lang (**Untersekt. *Rhododendron***) **52**

52. Bl.rand lang bewimpert (*796/1*), schwach gekerbt; – diesj. Zw. dicht beblättert, zerstreut behaart, etwas schuppig; Bl. 1–3 cm lang; Kr. purpurrosa, ca. 1,5 cm breit, außen mit gelbl. Drüsenschuppen; V–VII. Sk (bis 1 m) – h. Geb.: Alp., Karp. **Behaarte Alpenrose, *R. hirsutum*** L.

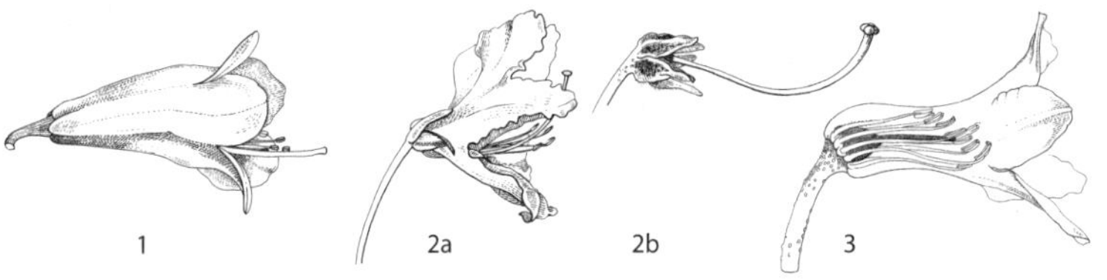

795/1–3 *Rhododendron*: 1 *R. cinnabarinum*, Blüte; 2 *R. calostrotum* subsp. *keleticum*, 2a Blüte, 2b K. u. Gr.; 3 *R. ferrugineum*, Blüte (durchscheinend, die in der Kr.röhre verborgenen Stbl. u. Gr. eingezeichnet)

— Bl.rand kahl; – Triebe rostbraun beschuppt; Bl. 1–4 cm lang, Rand umgerollt, unterseits dicht rostbraun beschuppt, Schuppen sich überlagernd; Kr. purpurrosa, 1–1,5 cm breit, außen mit gelbl. Drüsenschuppen (*795/3*). VI–VII. Sk (bis 1 m) – h. Geb.: Pyr., Alp. **Rostblättrige Alpenrose, *R. ferrugineum*** L.

R.* × *intermedium Tausch [*R. ferrugineum* × *R. hirsutum*]: gelegentl. zwischen den Elternarten in den Alp. auftretend.

53 (51). Bltn.stiel 1–2,5 cm lang, gebogen (Untersekt. *Saluenensia*); – Bl. bis 2 cm lang; Bltn. flach scheibenf., hell bis dunkel purpurrot, K. 5–8 mm lang (*795/2*); V–VI. Sp (bis 0,4 m) – s. Geb.: O-Himal.
Ausgebreiteter R., *R. calostrotum* subsp. ***keleticum*** (Balf. f. & Forrest) Cullen

— Bltn.stiel < 0,5 cm (**Untersekt. *Lapponica***) **54**

54. Helle u. dunkle Schuppen (*796/2c*); – Triebe braun, dicht beschuppt. Kr. dunkelviolett, 1–2 cm breit, im Schlund durch zahlreiche Haare an den Staubfäden weiß (*796/2a* u. *b*), K. bis 6 mm lang; V. Sk (0,3–1,5 m) – h. Yunn., Sich.
Rötl. R., *R. russatum* Balf. f. & Forrest

— Schuppen gleichfarbig **55**

55. Schuppen hell, beiderseits sehr dicht stehend, sich berührend od. sogar überlappend; – Pfl. aromatisch; Bl. 0,8–3,5 cm lang; Kr. lavendelfarben bis tiefpurpurn, 2,5 cm breit, Stbl. ungleich lang, länger als die Kr.röhre, an der Basis behaart, K. bis 2 mm lang; III–V. Sk (bis 1,5 m) – h. Yunn., Sich.
R. hippophaeoides Balf. f. & W. W. Sm.

— Schuppen dunkel, voneinander entfernt, sich nur gelegentl. berührend; – Bl. 0,4–1,5 cm lang; Kr. purpurviolett bis lavendelrosa, ca. 2–2,5 cm breit; K. bis 5 mm lang; IV–V. Sz. (0,3–0,6 m) – h. Yunn., Sich.
Veilchenblauer R., *R. impeditum* Balf. f. & W. W. Sm.

56 (50). Kr. nicht gelb **58**

— Kr. gelb **57**

57. Bl. mit auffällig lang ausgezogener Spitze; – Äste mit grauer Borke; diesj. Zw. dünn, spärl. beschuppt; Bl. 5–9 cm lang, elliptisch, am Rand fein gekerbt, unterseits mit goldenen Schuppen; Kr. 2–4,5 cm breit, außen mit rückwärts gekrümmten Haaren; III–IV. Sg (bis 6 m) – s. WS-China. ***R. lutescens*** Franch.

— Bl. ohne auffällig lang ausgezogene Spitze; – diesj. Zw. dünn, dicht schuppig; Bl. elliptisch, 3–8 cm lang, in Länge u. Breite etwas gewölbt, unterseits mit zuletzt schwärzl. Schuppen, duftend; Kr. gelb 3–5 cm breit, zygomorph; V–VI. Sg (0,5–5 m) – s. WS-China. ***R. ambiguum*** Hemsl.

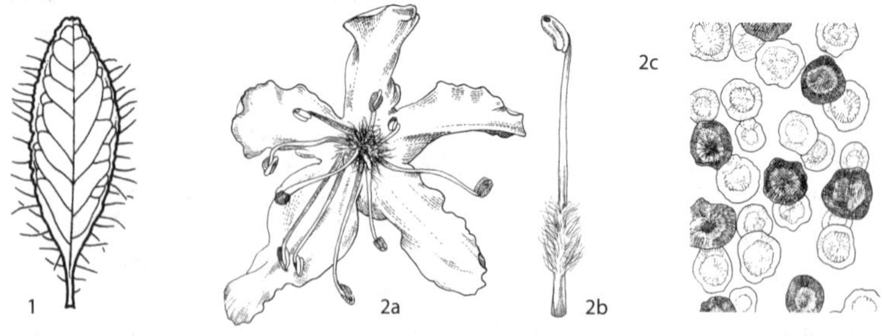

796/1–2 *Rhododendron*: 1 *R. hirsutum*, Bl.; 2 *R. russatum*, 2a Blüte, 2b Stbl., 2c Ausschnitt Bl.unterseite

In dt. Sammlungen kommen Hybriden aus *R. ambiguum* u. R. *concinnum* vor, die durch gelbrosa, schmutzig verwaschene Kr. erkennbar sind.

58 (56). Mittelrippe bl.unterseits dicht, zuw. borstig behaart; – diesj. Zw. weich behaart u. drüsig; Bl. 5–12 cm lang, Basis herzf., Stiel borstig behaart; Kr. lavendelfarben bis blau, 3,5–5 cm breit; IV–V. Sg (2–3 m) – s. ZS-China. ***R. augustinii*** Hemsl.

— Mittelrippe bl.unterseits ohne Haare **59**

59. Bl.oberseite auffällig glänzend, schuppenlos, kahl. – Triebe beschuppt (nach Lage Schuppen rötl. (sonnenseits) od. schwärzl. (schattenseits)); Bl. 6–11 cm lang, unterseits dunkel, da sehr dicht mit ungleich großen rötl. od. schwarzen Schuppen besetzt sowie mit kurzen kleine Härchen Richtung Bl.stiel, Bl. kaum duftend!; Kr. weißl. rosa bis hellviolett, 3–4 cm lang; IV–V. Sk/Sg (1–5(–9) m) – s. Geb.: O-Himal. ***R. rubiginosum*** Franch.

— Bl.oberseite matt **60**

60. Bl. an der Basis keilf. **62**

— Bl. an der Basis abgerundet **61**

61. Bl. oberseits unbeschuppt od. mit sehr wenigen Schuppen; Kr. außen unbeschuppt; – Triebe dünn, spärl. beschuppt, meist weiß bis grau bereift; Bl. breit elliptisch, 2–9 cm lang, jung oberseits auffällig bläul. bereift, unterseits mit hellen, entfernt stehenden Schuppen; Kr. rosa bis hellllila, heller als jene von *R. concinnum*, ca. 5 cm breit; IV–V. Sg (2,5 m) – s. Geb.: O-Himal. ***R. oreotrephes*** W. W. Sm.

— Bl. oberseits mit zahlreichen Schuppen; Kr. außen beschuppt; – diesj. Zw. dunkel u. zahlreich beschuppt; Bl. 3,5–8,5 cm lang, aromatisch duftend, Unterseite dicht beschuppt mit roten bis dunkelbraunen Schuppen; Kr. purpurviolett bis purpurn, dunkler als bei *R. oreotrephes*, 3–5 cm breit; IV–V. Sg (3 m) – ss. ZS-China. **Reizender R., *R. concinnum*** Hemsl.

62 (60). Schuppen bl.unterseits sehr weit auseinander (Abstand > doppelter ∅); – Triebe beschuppt u. gelegentl. borstig behaart, rasch verkahlend; Bl. 4–10 cm lang, am Rand (vereinzelt) borstig behaart; Kr. weiß, rosa od. lavendelfarben mit grünl. Zeichnung, bis 5 cm breit; V. Sk (2 m) – s. Geb.: O-Himal. **Yunnan-R., *R. yunnanense*** Franch.

— Schuppen bl.unterseits sehr dicht stehend, klein, dadurch hell(grünl.) erscheinend; – Triebe grün od. grünl. purpurn, spärl. beschuppt, dadurch heller erscheinend; Bl. 5–12 cm lang, aromatisch duftend; Kr. rosa, 2–4 cm breit; V–VI. Sg (1–3(–5) m) – s. O-NAm. **Kleiner R., *R. minus*** Michx.

Rhodothamnus Rchb., **Zwergalpenrose** – *Ericaceae* (Bearbeiter: Bernd Schulz)

Für uns nur folgende Art von Interesse.

R. chamaecistus (L.) Rchb. [*Rhododendron chamaecistus* L.] – Bl. immergrün, wechselst., kurz gestielt, 8–12 mm lang, am Rand auffällig borstig bewimpert (*797/1*); Bltn. endst. zu 1–3, lang gestielt, Kr. hellrosa, 2–3 cm ∅, Kr.röhre kurz, Kr.zipfel relativ lang; VI–VII. Sz, kalkliebend – s. Alp.

Unsicher ist der Status von ***R. sessilifolius*** P. H. Davis aus N-Kl.-As.

797/1 *Rhodothamnus chamaecistus*, Bl.

Rhodotypos SIEBOLD & ZUCC., **Schneekerrie** – *Rosaceae* (Bearbeiter: Bernd Schulz)
1 Art.

R. scandens (THUNB.) MAKINO [*R. kerrioides* SIEBOLD & ZUCC.] – Sommergrüner Strauch; Zw. braun, ± kahl; Bl. gegenst., eif., 4–10 cm lang, zugespitzt, scharf doppelt gesägt (*798/3*), oberseits dunkelgrün, unterseits heller u. anliegend behaart, Bl.stiel bis 5 mm lang; Nebenbl. klein, zottig behaart (*798/1* Knoten unter Blüte); Bltn. einzeln, endst., 4-zählig, 3–5 cm ∅, Kbl. grün, längl. eif., zugespitzt u. zur Spitze scharf gezähnt, um 12 mm lang u. 7 mm breit, erstes Kbl.paar ausgebreitet, mit deutl. Nebenbl. (4 × 1 mm), zweites Kbl.paar V-f. aufgerichtet, Krbl. rein weiß, kreisf., um 2 cm ∅, kurz genagelt, Frbl. meist 4, Frkn. im Bltn.becher von diskusartiger Bildung bedeckt, Stbl. um 45, Filamente ca. 5 mm lang, Staubbeutel weißl. gelb (*798/1*); Frch. 4 (Steinfrch., da zwischen derber Schale u. Steinkern dünne fleischige Schicht), etwa 7–9 mm lang, anfangs ockerbraun, reif schwarzbraun, glänzend, vom bleibenden K. umgeben (*798/2*), lange haftend; V–VI. Sk – h. ZS-bis NO-China, Jap., Kor. **G!**

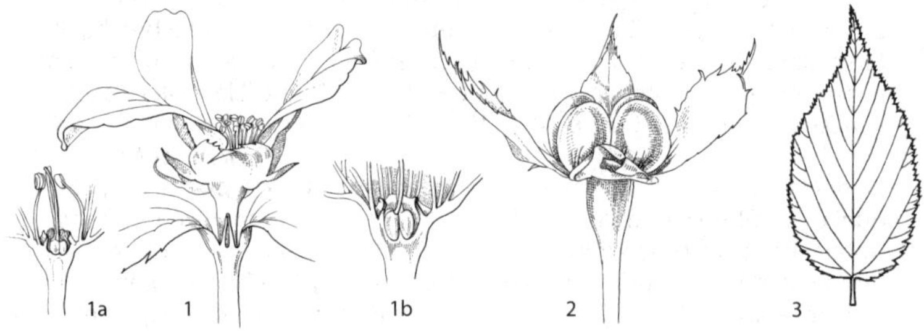

798/1–2 *Rhodotypos scandens*: 1 Blüte von der Seite, 1a Längsschnitt durch den Bltn.becher, 1b Detail Frkn., 2 Fr., 3 Bl.

Rhus L., **Sumach** – *Anacardiaceae* (Bearbeiter: Bernd Schulz)
Meist sommergrüne Sträucher od. Bäume; Bl. wechselst., 3-zählig od. unpaarig gefiedert, teilw. mit intensiver Herbstfärbung; Kn. nackt, Endkn. fehlend; Bltn. klein, unscheinbar, polygam od. eingschl. u. dann meist 2-häusig, in end- u. seitenst. Ähren od. endst. Rispen, Bltn.hülle doppelt, meist 5-zählig, freiblättrig, Stbl. 5, dem Diskus aufsitzend, Frkn. oberst., synkarp, 3-zählig; Fr. rötl., ± dicht behaart, meist nur 1-samig, Steinfr. mit bleibendem K. Ohne afr. Arten (= *Searsia* F. A. BARKLEY), etwa 35 Arten, Untergatt. *Rhus* (10 Arten) in O-As., NAm., S-Eur. u. Hawaii, Untergatt. *Lobadium* (RAF.) A. GRAY (25 Arten) in SW-NAm. bis MAm. Zum *Rhus*-Komplex gehören u. a. die Pistazien (*Pistacia* L.), die Pfefferbäume (*Schinus* L.) u. der Giftsumach (→ *Toxicodendron*). Schwach **G!**

1. Bl. 3-zählig (*799/3; 800/3*); Bltn. vor dem Laub in Ähren aus im Vorjahr angelegten, walzenf. Kn. (*800/1*); selten > 1 m hoch werdende Sträucher mit biegsamen dünnen (1,5–2,5 mm ∅) Zw. (**Untergatt. *Lobadium***) **7**
— Bl. unpaarig gefiedert (*799/4*); Bltn. im Sommer in endst. Rispen am Ende der diesj. Zw.; höhere Sträucher od. Bäume mit dicken (4–10 mm ∅), steifen Zw. (**Untergatt. *Rhus***) **2**
2. Bl.spindel nicht geflügelt **5**
— Bl.spindel wenigstens unter der Endfieder deutl. geflügelt **3**

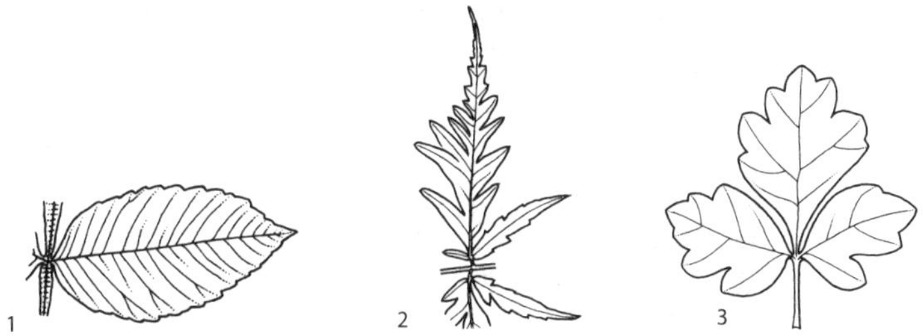

799/1–3 *Rhus*: 1 *R. chinensis*, Bl.spindel mit Bl.chen, 2 *R. typhina* 'Dissecta', Bl.chen, 3 *R. trilobata*, Bl.

3. Blch. ganzrandig – 9–11, bis 7(–10) cm lang, oberseits glänzend dunkelgrün, glänzend, auf den Nerven relativ dicht behaart, unterseits heller, gleichmäßiger behaart; Bltn. in achsel- u. endst. Rispen, Krbl. grünl.; Fr. rot, behaart; VII. Sg – ss. O- bis S-NAm. **Geflügelter S., *R. copallinum*** L.

— Blch. gezähnt **4**

4. Bl.spindel breit geflügelt (*799/1*), Blch. 7–13, eif. bis eilängl., 6–12 cm lang, grob kerbig gesägt, unterseits dicht bräunl. behaart; Bltn. in 15–25 cm langen, breiten endst. Rispen, Krbl. gelbl. weiß; Fr. orangerot, dicht behaart, Zw. gelbl., kahl; VIII–IX. Sg/Bk – ss. O- bis SO-As. **Gallen-S., *R. chinensis*** Mill.

Der Name verweist auf die von der Blattlaus *Schlechtendalia chinensis* Bell verursachten Gallen, die in der chinesischen Medizin genutzt werden.

— Bl.spindel nur zur Spitze schwach geflügelt, deutl. unter der Endfieder, die sich allmähl. zum obersten Fiederpaar verschmälert, Blch. 9–15, bis 7 cm lang, elliptisch, grob, ansatzweise doppelt gesägt, beiderseits behaart; Zw. sehr dicht mit kleinen warzigen Lentizellen besetzt, fein behaart; Bltnst. bis 25 cm lange, endst. Rispen, Bltn. unscheinbar., Krbl. gelbgrün; Fr. weinrot bis rotbraun, rau behaart; VI–VII. Sg – ss. ∧∧ S-Eur., Makaron., O-Medit. **Gewürz-S., Gerber-S., *R. coriaria*** L.

Fr. seit der Antike im Mittelmeerraum als Gewürz (Sumak) genutzt.

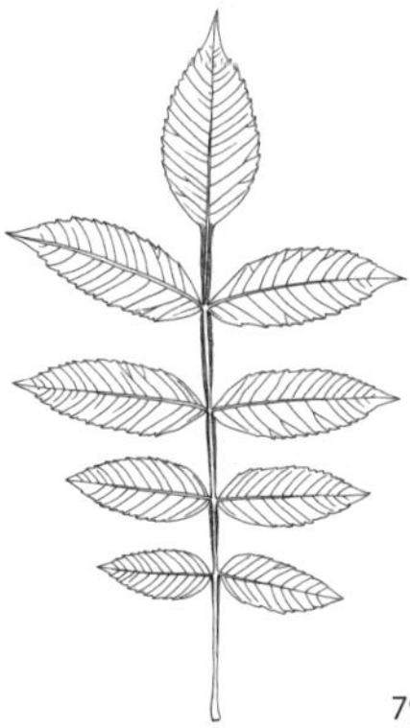

799/4 *Rhus chinensis*

5 (2). Blch. ganzrandig – Blch. 7–11, kurz gestielt; längl. bis 10 × 4 cm, am Grund schief rundl., zugespitzt, fein behaart, verkahlend; Zw. kahl; Bltnst. 10–20 cm lang, fein behaart, K- u. Krbl., fein behaart u. bewimpert., Krbl. erblüht zurückgeschlagen, Diskus auffällig, rot; Fr. 3-4 mm ∅; V–VII. Sg/Bk – ss. China, S-Gansu bis Yunn., Sich. ***R. potaninii*** Maxim.

— Blch. gesägt **6**

6. Junge Zw. kahl, ± blau bereift – Blch. 11–31, 5–12 cm lang, kahl, unterseits blaugrün; Herbstfärbung scharlachrot; Bltn. in 10–25 cm langen, dichten, flaumhaarigen Rispen, Krbl. grünl.; Fr. scharlachrot, klebrig flaumhaarig; VII–VIII. Bk – z. Ganz NAm. **Kahler S., Scharlach-S., *R. glabra*** L.

'Laciniata': Blch. fiederschnittig.

— Junge Zw. dicht samthaarig (*310/3*) – Blch. ähnl. voriger Art, unterseits hell graugrün, anfangs behaart, nicht vollst. verkahlend; Herbstfärbung orange bis scharlachrot; Fr. karminrot, dicht behaart, Rispen dicht; VI–VII. Sich durch Ausläufer ausbreitender Sg/Bk – h. O-NAm. **Hirschkolben-S., *R. typhina*** L.

'Dissecta' ['Laciniata']: Blch. stark fiederschnittig (*799/2*); Bltnst. mit mehreren, tief eingeschnittenen Hochbl. durchsetzt. h.

R. × pulvinata Greene [*R. × hybrida* Rehder, *R. glabra × R. typhina*]: in der Behaarung der Zw. u. Bl. zwischen den Eltern stehend.

7 (1) Bl. anfangs beidseitig behaart, später oberseits verkahlend, Blch. 2,5–7 cm lang, grob kerbig gesägt (*800/3*); Bltn. in 1–2 cm langen Ähren, seitenst. an vorj. Zw.enden, Krbl. gelbl.; Fr. rundl., 6 mm ∅; vor dem Laubaustrieb blühend, Pfl. niederliegend-aufstrebend; IV–V. Sk – ss. O- u. S-NAm.

Duftender S., *R. aromatica* Ait.

— Bl. nur anfangs etwas behaart, bald kahl, Blch. 1,5–2,5 cm lang, verkehrt eif. bis elliptisch, Mittelblch. mit schmal keilf. Grund u. oft ± 3-lappig (*799/3*), grob kerbig; Bltnst. wie bei voriger Art, aber Krbl. mehr grünl.; Pfl. niederliegend-aufstrebend; IV–V. Sk – ss. W- u. S-NAm. **Stink-S., *R. trilobata*** Nutt.

800/1–3 *Rhus aromatica*: 1 Bltnst.kn., 2 Bl.kn. unter Bl.narbe, 2a im Längsschnitt, 2b von außen, 3 Bl.

Ribes L. [incl. *Grossularia* Mill.], **Johannisbeere, Stachelbeere** – *Grossulariaceae*

(Bearbeiter: Peter A. Schmidt)

Sommergrüne, selten immergrüne Sträucher; Zw. oft mit Stacheln, diese entw. gleichmäßig verteilt od. an den Knoten gehäuft, teils nur an den Knoten; Bl. wechselst., gestielt, einfach, aber fast immer handf. 3–5-lappig, Basis meist schwach herzf., mit hinfälligen, selten bleibenden Nebenbl.; Bltnst. Trauben, zuw. doldig gestaucht od. auf 1–2 Bltn. reduziert; Bltn. ⚥ od. eingschl., radiär, meist 5-zählig, ihre Gestalt u. Farbe vorwiegend bestimmt durch K. u. Bltn.becher, einem meist über den unterst., aus 2 Frbl. verwachsenen Frkn. hinaus verlängerten, glockig bis röhrenf. od. napff. bis flach ausgebreiteten Achsenbecher (*801/1–3*), Krbl. frei, meist kürzer als Kbl. u. oft unscheinbar, Stbl. 5, Gr. 2, ± verwachsen; Fr. eine kugelige bis ellipsoidische, vielsamige Beere, meist von Resten des Bltn.bechers gekrönt (*802/1*), meist essbar, oft wohlschmeckend. Etwa 150–200 Arten, in der Holarkt. in der nem. u. bor Zone sowie südlicher in den Geb., in MAm. u. SAm. in den Geb. bis in australe Zone. Viele Arten sind Zwischenwirte eines Blasenrostes (*Cronartium ribicola*), der auch Kiefern aus der Untersekt. *Strobus* befällt, weshalb sie nicht in deren Umgebung gepflanzt werden sollten.

1. Bltnst. vielbltg. Trauben od. sitzende Dolden (selten mit < 5 Bltn.), Bltn.stiele gegliedert, d. h. mit einer Einschnürung (*803/3, 806/1*), an der zur Blütezeit noch 2 kleine Vorbl. sitzen, unterer Teil des Stiels nach Fr.abfall am Zw. verbleibend; Zw. ohne Stacheln od. wenn ausnahmsweise mit Stacheln, dann Bltnst. vielbltg. – Bltn.becher röhrenf. (*801/3*), glockig, napf- bis schalenf. od. tellerf. flach ausgebreitet (*801/1*) (**Johannisbeeren**) **10**

— Bltnst. kurze, wenigbltg. Trauben (< 5 Bltn.) od. Bltn. nur zu 1–2, Bltn.stiele nicht gegliedert (*801/2*), mit der Fr. in Gänze abfallend; Zw. fast stets mit Stacheln, an den Knoten Stacheln oft auch 2–3(–7)-teilig bzw. zu 2–3(–7) (*225/8*) – Bltn.becher glockig bis röhrig (*801/2*) (**Stachelbeeren: Untergatt. _Grossularia_**) **2**

2. Bltn. 4-zählig, Bltn.becher, K. u. Kr. rot, Stbl. 1,2–4 cm lang; Pfl. immergrün – Bltn. einzeln od. in 2–4-bltg. Trauben; Fr. eif., 1–1,2 cm ∅, orangerot, drüsig borstig; Bl. rundl., 1–3,5 cm lang, meist ungelappt, an der Spitze abgerundet; Zw. dicht drüsenborstig, Stacheln an den Knoten zu 3 von 1–2 cm Länge; III–IX. Sk/Sg – ss. ∧ W-USA bis N-Mex. (**Sekt. _Robsonia_**)

Fuchsienblütige S., _R. speciosum_ Pursh

— Bltn. 5-zählig, weiß, grünl., rötl. bräunl. od. orange, Bltn.becher grün; Stbl. 0,4–1(–1,5) cm lang; Pfl. sommergrün (**Sekt. _Grossularia_**) **3**

3. K. u. Kr. orange, zuw. K. auch mehr purpurn, nur Bltn.becher grün – Fr. kugelig, 1–1,5 cm ∅, dunkelpurpurn, borstig; Bl. rundl. bis breit 3-eckig, 1–3 cm lang, 3–5-lappig, Spitze abgerundet; Zw. nur an den Knoten bewehrt, Stacheln zu 1–3 mit 0,5–1,2 cm Länge; III–IX. Sk – ss. Geb. SW-USA.

Arizona S., _R. pinetorum_ Greene

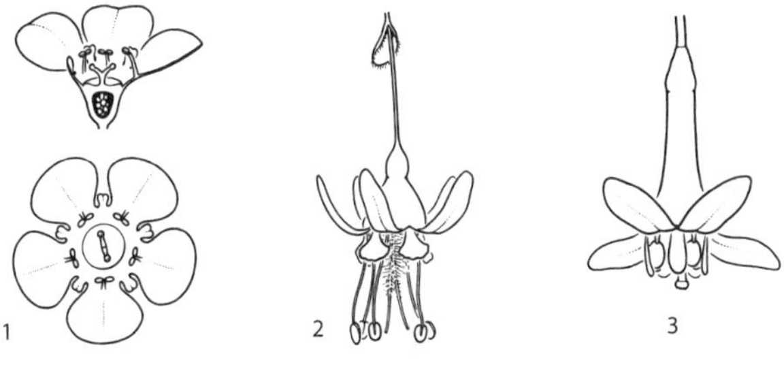

801/1–3 *Ribes*, Bltn.: 1 *R. rubrum*, 2 *R. divaricatum*, 3 *R. aureum*

— Bltn. weiß, grünl. od. rötl. bräunl. **4**

4. Gr. mindestens in der unteren Hälfte deutl. behaart, oft auch die Innenseite des Bltn.bechers **6**

— Gr. u. Innenseite des Bltn.bechers kahl **5**

5. Frkn. u. Fr. kahl od. drüsig behaart, aber weder borstig noch stachelig, Fr. kugelig, 0,5–1 cm ∅, dunkelrot bis schwarz – Bltn. zu 1–2(–4), Bltn.becher u. K. grünl. weiß bis weiß, Krbl. kürzer als Kbl., weißl. bis rosa mit rotem Rand; Bl. rundl., tief 3–5(–7)-teilig, 0,5–2 cm breit, meist kahl; Stacheln an den Knoten zu 1–3 von 0,2–1,9 cm Länge, Internodien oft borstig; V. Sk – ss. Z- u. SW-NAm.
Colorado-S., Zartblütige S., *R. leptanthum* A. Gray

Kahle Gr. weisen auch zahlreiche asiatische Stachelbeeren auf, darunter die **Himalaja-S., *R. alpestre*** Decne.: K. grünl. od. rötl. braun, Kr. weiß; Fr. kugelig bis ellipsoidisch, > 1 cm ∅, purpurn; Stacheln zu 3 (*225/8*). Sg – ss. Himal. bis Yunn., Sich. u. WN-China.

— Frkn. borstig, Fr. dicht borstig u./od. stachelig (*802/1*), kugelig bis ellipsoidisch, 0,7–1,5 cm ∅, grünl. bis blass- od. weinrot .... ***R. cynosbati,*** siehe Nr. **7**

6 (4). Frkn. u. Fr. kahl; Fr. kugelig, grünl. purpurn, purpurn, dunkelviolett bis blauschwarz, höchstens anfangs gelbgrün **8**

— Frkn. behaart, drüsig, borstig od. stachelig, Fr. ebenso od. auch verkahlend, kugelig bis ellipsoidisch, grün, gelb od. rot – Kbl. etwa so lang wie der Bltn.-becher, Krbl. kürzer als Kbl.; Bl. 3–5-lappig, 2–6 cm breit **7**

7. Frkn. stachelborstig, Fr. borstig u./od. stachelig (*802/1*), 0,7–1,5 cm ∅, grünl. bis blass- od. weinrot; Bltn zu 1–2(–4), Bltn.becher grünl. weiß, Kbl. grünl., Krbl. weiß, Stbl. etwa so lang wie Krbl.; Bl. (*802/2*) 3–5-lappig, 3–5 cm breit; Stacheln an den Knoten fehlend od. zu 1–3, schlank, 0,5–1,5 cm lang, Borsten an den Internodien spärl. od. fehlend; V–VI. Sk – ss. O-NAm.
Hunds-S., *R. cynosbati* L.

— Frkn. u. Fr. behaart u./od. drüsenhaarig od. -borstig, aber nicht stachelig, bei Sorten auch kahl, 1–1,5 (bei Sorten bis 2) cm ∅, grün, gelb od. rot bis dunkelpurpurn, wohlschmeckend; Bltn. zu 1–3, Bltn.becher grünl., seltener bräunl. überlaufen, Kbl. unterseits grünl., oberseits rosa, Kr. weißl., Stbl. doppelt so lang wie Krbl.; Stacheln an den Knoten zu (1–)3, steif, 0,5–1 cm lang, od. fehlend, Borsten an Internodien zerstreut; III–V. Sk – h. Nem. Eur., nach Verwilderung aus Kultur in Holarkt. etabliert. [*R. grossularia* L.; *R. reclinatum* L.] **Europäische S., Garten-S., *R. uva-crispa*** L.

Nach Vorkommen bzw. Fehlen von Drüsenborsten u. -haaren an den Fr. u. Stacheln an den Zw. sowie nach der Fr.farbe wurden verschiedene Sippen als Arten, Unterarten od. Varietäten unterschieden, teils wildwachsend, teils nur kultiviert u. verwildert, wobei bis heute keine Einigkeit über die Gliederung besteht.

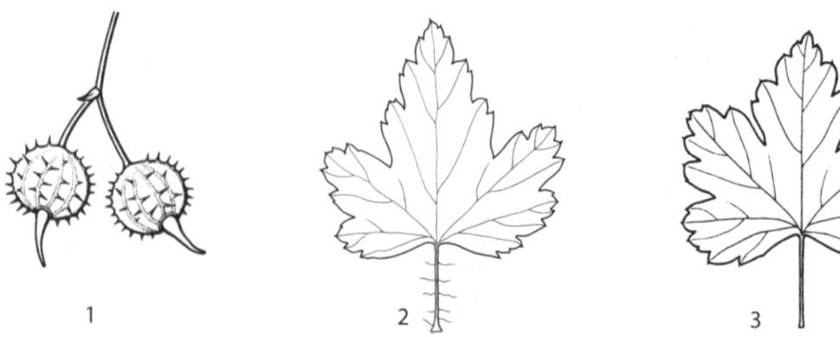

802/1–3 *Ribes*: 1 *R. cynosbati*, Fr.; 2–3 Bl.: 2 *R. cynosbati*, 3 *R. oxyacanthoides*

8 (6). Stbl. etwa so lang wie die Krbl., 1–4 mm lang, Bltn. einzeln od. zu 2–3(–4) in 2–3 cm langen Trauben, Bltn.stiel 1–6 mm lang; Fr. 0,7–1,6 cm ∅ – Bltn. grün od. grünl. weiß bis rosa, zuw. rötl. getönt; Fr. rötl. od. grünl. purpurn bis tief purpurschwarz, essbar, aber sauer; Bl. 3–5(–7)-lappig, 1,5–4 cm breit (*802/3*), unterseits behaart u. drüsig; Stacheln an den Knoten zu 1–3(–7), kräftig, bis 1,3 cm lang, an den Internodien keine od. wenige bis zahlreiche Borsten; V. Sk – ss. N- bis NO- u. Z-NAm. **Manitoba-S., *R. oxyacanthoides*** L.

— Stbl. > 4,5 mm lang, 2–3-mal so lang wie die Krbl., Bltn. einzeln od. zu 2–4(–5) in 2–6 cm langen Trauben, Bltn.stiel länger, 3–15 mm lang; Fr. 0,6–1,2 cm ∅, aromatisch süßsauer schmeckend **9**

9. Bltn. weiß, Bltn.becher auch grünl. weiß od. cremefarben, Kbl. u. Krbl. zuw. leicht rosa getönt; Deckbl. lanzettl., Staubfäden behaart – Fr. anfangs gelbgrün, später purpurrot bis blauschwarz; Bl. 3–5-lappig, 2–4 cm breit, fein behaart, teils nur unterseits zwischen den Nerven; Stacheln an den Knoten zu 1–3(–6), 0,2–2 cm lang, an den Internodien keine od. zuw. zahlreiche Borsten; IV–V. Sk/Sg – ss. NW-NAm.: NW- u. W-USA. **Schnee-S., *R. niveum*** Lindl.

— Bltn. (*801/2*) grünl. od. purpurn, Kbl. auch rot, Krbl. weiß od. rosa bis rot, Deckbl. eif., Staubfäden kahl – Fr. (*803/2*) purpurschwarz, bereift; Bl. 3(–5)-lappig, 2–6 cm breit (*803/1*), fein behaart, oberseits auch fast kahl; an den Knoten keine Stacheln od. diese zu 1–3 u. 0,5–2 cm lang, an den Internodien keine od. wenige Borsten; V. Sk/Sg – z. W-NAm. **Oregon-S., *R. divaricatum*** Dougl.

10 (1). Zw. mit Stacheln an den Knoten, Stacheln zu (1–)3–7, 0,3–1 cm lang, dazu Internodien zerstreut bis dicht mit Stachelborsten besetzt; Bltn. zu 5–15(–25) in überhängenden Trauben, Bltn.becher flach schüsself., cremefarben bis orange, Kbl. u. Krbl. cremefarben od. gelbl. grün bis rötl. od. bräunl.; Fr. (4–)6–8(–14) mm ∅, ellipsoidisch, anfangs rot, dann dunkelviolett bis schwarz, drüsenborstig (*803/3*); Bl. (3–)5(–7)-lappig, (2–)3,5–5(–6) cm lang u. breit, kahl od. spärl. borstig behaart, zuw. drüsig, Lappen grob eingeschnitten gesägt, unangenehm (stinktierähnl.) riechend; V–VI. Sk – s. N- bis NO- u. NW-NAm. (**Untergatt. *Grossularioides*, Stacheljohannisbeeren**) **Stachel-J., Stachelige Schwarze J., Sumpfstachelbeere, *R. lacustre*** (Pers.) Poir.

— Zw. stachellos od. höchstens mit 2 kleinen Stacheln an den Knoten **11**

11. Bltn. stets ⚥ (**Untergatt. *Ribes***) **15**

— Bltn. alle od. überwiegend eingschl., teils mit Rudimenten des anderen Geschlechts, Pfl. 2-häusig od. polygam – Bltnst. oft aufrecht; Fr. meist scharlachrot u. kahl, sehr selten schwarzrot od. behaart (**Untergatt. *Berisia***) **12**

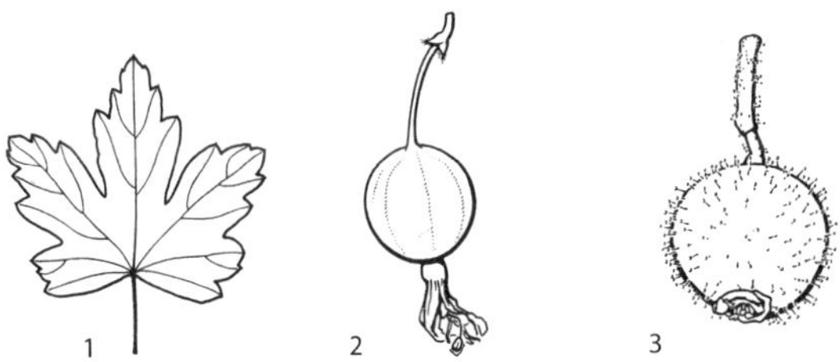

803/1–3 *Ribes*: 1–2 *R. divaricatum*: 1 Bl., 2 Fr.; 3 *R. lacustre*, Fr.

12. Pfl. immergrün; Bl. lederig, eif. bis längl.eif. od. elliptisch, fingernervig, aber nicht gelappt, kahl, nur Stiel behaart, Rand grob scharf gesägt; ♂ Bltnst. 3–6 cm lang, hängend, ♀ Bltnst. 2–3 cm lang, aufrecht, erst zur Fr.zeit nickend, Bltn. grünl. gelb, Fr. längl. bis ellipsoidisch, 1,5–2 cm lang, purpurn bis schwarzrot, behaart od. kahl; IV–V. Sk – ss. ∧ WS-China bis Sich. u. Yunn. (**Sekt.** ***Davidia***) **Lorbeerblatt-J.,** ***R. laurifolium*** JANCZ.

— Pfl. sommergrün; Bl. dünn od. derb, aber nicht lederig, meist gelappt **13**

13. Bltn. in sitzenden Dolden, ♂ zu 2–9, ♀ zu 2–4(–6), gelb od. gelbl. grün, becherf., Deckbl. etwa so lang wie die Bltn.stiele; Fr. 7–10 mm ∅, rot od. rötl. braun, oft bis zum Frühjahr am Strauch; Bl. (*804/1*) 3–5-lappig, 3–5(–10) cm breit, kahl; IV–V. Sk – ss. O-As.: S- bis WN- u. ON-China, Kor., Jap. (**Sekt.** ***Hemibotrya***) **Dolden-J.,** ***R. fasciculatum*** SIEBOLD & ZUCC.

— Bltn. in aufrechten Trauben mit 10 u. mehr Bltn., Bltn. gelbl. grün, radf., Deckbl. länger als die Bltn.stiele; Fr. 5 od. 5–9 mm ∅ – ♂ Bltnst. 2–6 cm lang, ♀ 1–2,5 cm **14**

14. Zw. unbestachelt; Bl. rundl. eif., 3–5 cm breit, deutl. 3(–5)-lappig, Spreitenbasis gestutzt bis schwach herzf., oberseits mattgrün, nur unterseits glänzend, beiderseits zerstreut drüsenhaarig; Fr. etwa 5 mm ∅, scharlachrot, kahl, fade schmeckend; IV–V. Sk – h. Nem. bis bor. Eur., Geb. Medit. bis W-Kauk. (**Sekt.** ***Berisia***) **Alpen-J.,** ***R. alpinum*** L.

'Aureum': Bl. im Austrieb gelb, später grünl. gelb; **'Schmidt'**: Wuchs anfangs straff aufrecht, später halbkugelig, sehr dicht verzweigt; Bl. kleiner.

— Zw. meist mit 2 feinen, 3–5 mm langen Stacheln an den Knoten, zuw. weitere kleinere an den Internodien; Bl. verkehrt eif., 1–3 cm breit, schwach 3-lappig, grob doppelt gesägt (*804/2*), Spreitenbasis keilf., oberseits meist glänzend, beiderseits kahl od. mit einzelnen Drüsen; Fr. 5–9 mm ∅, rot bis rötl. schwarz; IV–V. Sk – ss. WM-As. bis W-China (Xinjiang), S-Sib. u. N-Mong. bis N-Kor. u. NO-China. [*R. saxatile* PALL.] (**Sekt.** ***Diacantha***) **Tienschan-J.,** ***R. diacanthum*** PALL.

15 (11). Bl. unterseits mit deutl. (Lupe!) blass- bis goldgelben (später bräunl.), harzigen Drüsenflecken od. -punkten – Fr. schwarz (**Sekt.** ***Botrycarpium***) ... **22**

— Bl. unterseits ohne gelbe Drüsenflecke od. -punkte, zuw. aber mit klebrigen Drüsenhaaren, sonst kahl od. behaart **16**

16. Bltn. leuchtend gelb, Bltn.becher u. K. goldgelb, Krbl. anfangs gelb, später orange od. rötl., zuw. dunkelrot, werdend – Bltn. 5–18 in aufsteigenden bis zurückgebogenen Trauben, Bltn.becher langröhrig (*801/3*), 1,5–2(–3)-

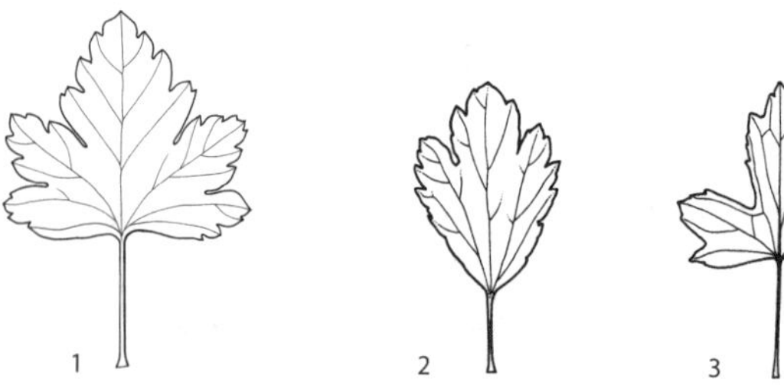

804/1–3 *Ribes*, Bl.: 1 *R. fasciculatum*, 2 *R. diacanthum*, 3 *R. aureum*

mal so lang wie Kbl., Kbl. 5–8 mm lang, aufrecht bis abstehend; Fr. (5–)6–8 (–10) mm ∅, kugelig, orange, rot, braun od. schwarz, essbar; Bl. 3–5 cm breit, deltoid eif. bis verkehrt eif., dickl., glatt, fein behaart od. ± kahl, 3(–5)-lappig (*804/3*), zuw. ungelappt, Lappen spitz od. stumpf, ganzrandig od. mit 2–5 groben Zähnen; Pfl. Wurzelsprosse bildend; IV–V. Sk/Sg – h. W-NAm. (**Sekt. *Symphocalyx***) **Gold-J., *R. aureum*** Pursh

Ähnl. u. oft nur als Varietät (var. *villosum* DC.) od. Synonym von *R. aureum* aufgefasst ist ***R. odoratum*** H. L. Wendl.: Bltn.becher 3-mal so lang wie Kbl., diese 3–6,5 mm lang, meist zurückgerollt; Bl. etwas größer, bis 8 cm breit, 3–5-lappig, meist stärker behaart.

Die Sippen werden als Unterlage für hochstämmige Stachel- u. Johannisbeeren u. als Zierpfl. genutzt, auch Fr.sorten mit schwarzen, gelben u. orange Fr. im Anbau.

Der Bastard ***R. × gordonianum*** Beaton [*R. aureum* od. *R. odoratum* × *R. sanguineum*] hat gelbe, ± rot überlaufene Bltn. in aufrechten Trauben, Kbl. außen rot, innen gelb; Bl. 3–5-lappig; unfruchtbar.

— Bltn. weiß bis rosa od. rot, gelbl. grün od. grünl. bis rötl. bräunl. **17**

17. Frkn., Fr., junge Zw. u. meist auch Bl. mit ± klebrigen Drüsenhaaren; Bltn.becher röhrig od röhrig-glockig – Bltnst. meist hängend; Fr. schwarz u. bereift od. rot bis orange; Pfl. meist mit aromatischem od. würzigem Duft (**Sekt. *Calobotrya***) **21**

— Frkn. u. Fr. kahl od. drüsenborstig; Bltn.becher flach teller- bis radf. (*801/1*) od. kurzglockig – Bltnst. aufrecht, abstehend od. hängend; Fr. rot, bei Sorten auch gelbl. bis weiß; Pfl. nicht auffällig aromatisch, aber Bl. zuw. unangenehm, riechend **18**

18. Frkn. u. Fr. drüsenborstig, Fr. 6 mm ∅; Bltn. weiß bis rosa, zu 8–12(–20) in aufsteigenden bis aufrechten, erst zur Fr.zeit nickenden, Trauben; Bl. 5(–7)-lappig, 3–8 cm breit, dünn, mit auffällig unangenehmem (stinktierähnl.) Geruch; Zw. meist niederliegend u. wurzelnd; IV–V. Sk/Sp – ss. N- bis NO-NAm. (**Sekt. *Heritiera***) **Stinktier-J., *R. glandulosum*** Grauer

Drüsenborstige rote Fr. u. eine ähnl. Wuchsform hat die ostasiatische (Jap., Inseln Russ.-Fernost) **Sachalin-J., *R. sachalinensis*** (Fr. Schmidt) Nakai: Bl. 5-lappig, bis 8 cm breit, dünn; Bltn. gelbl. grün bis purpurn, in hängenden Trauben; Fr. ähnl. wie Rote J. schmeckend, weniger säuerl.

— Frkn. u. Fr. kahl, Fr. 6–8 mm ∅, bei Sorten auch größer; Bltn. gelbl. grün, grünl., rosa od. rötl. grün bis bräunl., zu 6–35(–50) in höchstens anfangs aufrechten, sonst abstehenden bis hängenden Trauben; Bl. 3- od. 3–5-lappig, 6–10(–15) cm breit; aufrechte Sträucher – Fr. säuerl. wohlschmeckend (**Sekt. *Ribes***) **19**

19. Kbl. bewimpert, Bl. meist 3-lappig, Lappen spitz; Endkn. 7–10 mm lang – Bltn. grünl., rosa od. rötl. grün, zu 10–35 in dichten, abstehenden od. hängenden Trauben, Bltn.becher glockig; Fr. rot bis schwarzrot, 6–8 mm ∅; Bl. kahl od. behaart, oft oberseits ± runzelig, zuw. unterseits drüsig; IV–V. Sk/Sg – s. Geb. Medit. bis südl. M-Eur., SO-Eur., Kl.-As. u. Kauk.
Felsen-J., Berg-J., *R. petraeum* Wulf.

— Kbl. nicht od. höchstens ganz spärl. bewimpert; Bl. 3–5-lappig, Lappen stumpf; Endkn. bis 6 mm lang **20**

20. Kbl. zungenf., zurückgeschlagen, Stbl. länger als Kbl. u. Krbl., auffällig sichtbar, Bltn. gelbl. grün, zu 30–50 Bltn. in lang u. schmal herabhängenden Bltnst., Bltn.becher glockig – Bl. rundl., bis 10 cm lang u. breit, seicht u. stumpf 3(–5)-lappig, unterseits bleibend locker grauhaarig; V. Sk/Sg – ss. S- u. SO-Eur.
Troddel-J., *R. multiflorum* Schult.

— Kbl. verkehrt eif. bis spatelf., aufrecht od. ausgebreitet, Stbl. kürzer, nicht auffallend, Bltn. grünl., oft bräunl. od. purpurn überlaufen, zu 6–24 in anfangs aufrechten, später abstehenden bis hängenden Bltnst., Bltn.becher flach, teller- bis radf. (*801/1*) – Bl. bis > 10 cm breit, 3-5-lappig, unterseits ± kahl od. behaart; IV–V. Sk/Sg – h. Submer. bis bor. Euras.
Artengruppe Rote J., *R. rubrum* agg.

R. rubrum L. s. str. [*R. vulgare* Lam.; *R. sylvestre* (Lam.) Mert. & Koch], **Echte Rote J.**: Bltn.becher flach, radf., innen mit 5-eckigem Ringwulst, Staubbeutelhälften durch breites Mittelband getrennt; Bl. bis 8 cm breit, Basis tief herzf., oft mit spitzwinkliger Bucht. Ursprüngl. vermutl. W- bis SW- u. westl. M-Eur.

R. spicatum Robson [*R. schlechtendalii* Lange), **Ährige J.**: Bltn.becher schalenf., ohne Ringwulst, Staubbeutelhälften aneinander stoßend; Bl. bis 12 cm breit, Basis gestutzt bis flach herzf. mit stumpfwinkliger Bucht. M- bis N- u. NO-Eur., N-As.

Die meisten Sorten der Roten u. Weißen (gelbfrüchtigen) Garten-J. (auch als *R. rubrum* **var. *sativum*** Rchb. zusammengefasst) gehen auf diese Artengruppe zurück, manche Sorten aber vermutl. auf Kreuzungen dieser mit *R. multiflorum* u. *R. petraeum*.

21 (17). Bl. unterseits dicht graufilzig u. drüsenhaarig, 3–10 cm breit, (3–)5-lappig, oberseits runzelig, mit starkem Geruch; Bltnst. 5–15 cm lang, hängend od. abstehend bis aufrecht, mit 5–20(–40) Bltn., Bltn.becher röhrig bis glockig, 3–7 mm lang, wie K. u. Kr. weiß od. rosa bis purpurrot, Kbl. 4–5 mm, Krbl. 1–3,5 mm lang; Fr. (*806/1*) eif. bis kugelig, 3–9 mm ∅, blau bis schwarz, stark weiß bereift, stieldrüsig, lange haftend, genießbar, aber fade; IV–V. Sk/Sg – h. NW-NAm. **Blut-J., *R. sanguineum*** Pursh

Unter den Sorten solche mit im Austrieb rotbraunen Bl. u. mit dunkel purpurrosa Bltn. in vielbltg. Trauben oft gepflanzt, z. B. **'Atropurpureum'** od. **'Pulborough Scarlet'**.

— Bl. unterseits kahl od. ± behaart, meist nur schwach drüsenhaarig, 1–4 cm breit, mit 3–5(–7) seichten Lappen; Bltnst. 1–3 cm lang, hängend, mit 2–8 Bltn., Bltn.becher engröhrig, 5–9 mm lang, wie K. weiß bis grünl. weiß mit rosa Tönung, Kr. weiß bis rosa, Kbl. 1–3,2 mm lang, Krbl. 1–2,1 mm lang; Fr. eif., rot od. rotorange, 5–12 mm lang, essbar; IV–V. Sk – ss. W- bis Z-NAm.
Wüsten-J., *R. cereum* Dougl.

22 (15). Bltn. zu 20–50 in 15–30 cm langen, ± aufrechten od. aufsteigenden Trauben, Deckbl. unterer Bltn. auffällig, hochbl.ähnl., eif., 4–5 mm lang u.

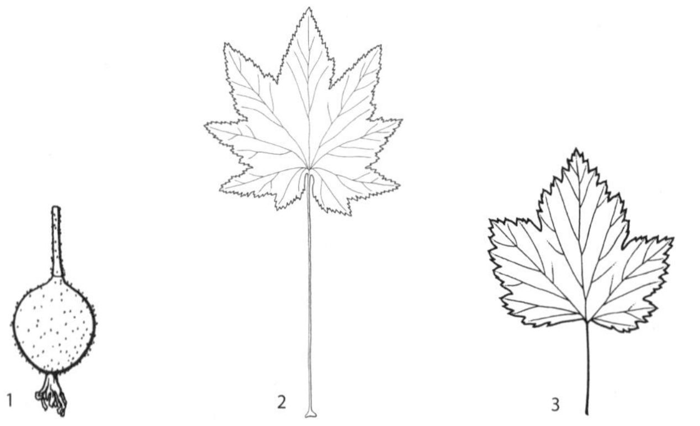

806/1–3 *Ribes*: 1 *R. sanguineum*, Fr.; 2–3 Bl.; 2 *R. bracteosum*, 3 *R. americanum*

gelappt, Bltn.becher flach ausgebreitet, tellerf.; Bl. (5–)7,5–20, zumindest z. T. > 10, cm lang u. breit, tief 5–7-lappig (*806/2*), – an Ahornbl. erinnernd, von süßl. unangenehmem Geruch, Rand unregelmäßig doppelt gesägt, kahl od. leicht behaart, Stiel kürzer bis viel länger als Spreite; Bltn.becher grün, K. weißl. od. grünl., meist bräunl. purpurn getönt, Kr. weiß; Fr. fast kugelig, 0,8–1 cm ∅, weißl. bis bläul. bereift, drüsig, stinkend u. unangenehm schmeckend; IV–V. Sg/Sk – ss. NW-NAm. **Ahorn-J., Stinkende J., *R. bracteosum*** DOUGL.

— Bltn. zu 5–15 in < 10 cm langen, nickenden Trauben, Deckbl. nicht auffällig, entw. eif. u. winzig (0,5–2 mm) od. schmal lanzettl. u. bis 1 cm lang, ungelappt, Bltn.becher becherf. bis kurz glockig od. röhrig glockig; Bl. nicht > 10 cm breit, 3–5-lappig **23**

23. Bl. nur unterseits mit gelben Drüsen; Bltnst. mit 4–10 Bltn., Deckbl. 0,5–2 mm lang, deutl. kürzer als Bltn.stiele (2–10 mm); Frkn. behaart u. drüsig punktiert; Fr. 1–1,5 cm ∅, kugelig, kahl, aber mit einigen Drüsenpunkten, herb-säuerl. schmeckend – Bl. 5–10 cm breit, stark riechend; Bltn.becher grün, K. grünl. od. rosa, purpurn überlaufen, Kr. weiß bis rötl.; IV–V. Sk/Sg – Bor. u. nem. Euras. **Schwarze J., *R. nigrum*** L.

Unter den Fruchtsorten auch grünfrüchtige (z. B. **'Vertti'**), kaum in Kultur in Bl.form od. -farbe abweichende Sorten (z. B. **'Apiifolium'**, Bl. tief 3-lappig, die Lappen fiederschnittig).

Mehrere Kreuzungen der Schwarzen J. mit Stachelbeeren (*R. uva-crispa*, *R. divaricatum*) wurden unter Namen wie ***R.* × *nidigrolaria*** RUD. BAUER & A. BAUER u. ***R.* × *culverwellii*** MACFARL. beschrieben, bekannt als **Josta-** od. **Jochelbeeren**: Bl. ähnl. *R. nigrum*, aber ohne gelbe Drüsenpunkte, Pfl. stachellos, ± geruchlos, Fr. etwas größer (bis 1,8 cm ∅), purpurschwarz, in mehreren Sorten als Obstgehölz im Anbau.

— Bl. (*806/3*) beiderseits mit gelben Drüsenflecken u. -punkten; Bltnst. mit 6–15 Bltn., Deckbl. bis 1 cm lang, deutl. länger als Bltn.stiele (bis 2 mm); Frkn. u. Fr. kahl u. ohne Drüsen; Fr. bis 1 cm ∅, eif., gekocht genießbar – Bl. 3–8 cm breit, unterseits dicht behaart, zumindest entlang der Nerven, schwach riechend; Bltn.becher grün, K. blass gelbl. bis grünl. weiß, Kr. weißl.; IV–V. Sk – s. O-, W- u. Z-NAm. **Kanadische J., *R. americanum*** MILL.

Robinia L., Robinie – *Fabaceae* (Bearbeiter: Bernd Schulz)

Sommergrüne Bäume od. Sträucher, oft Wurzelsprosse bildend; Endkn. fehlend, Seitenkn. unter Bl.grund, nach Laubfall unter den Bl.narben verborgen (*807/1a*); Bl. wechselst., unpaarig gefiedert, Nebenbl. oft als Dornen ausgebildet (*807/1b* u. *c*), deren Ausbildung von der Art u. der Wüchsigkeit der Zw. abhängt: junge Pfl. u. Stockausschläge sind meist stark verdornt, während bei vergreisten Zw. Dornen oft fehlen;

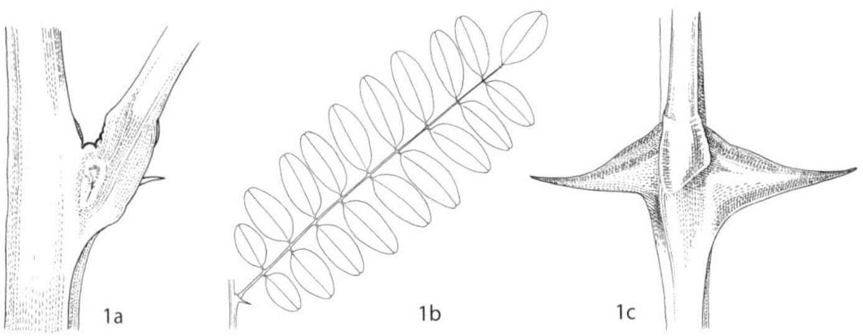

807/1a–c *Robinia pseudoacacia*: 1a Längsschnitt durch Bl.ansatz (verdicktes Bl.gelenk), 1b Fiederbl. mit Nebenbl.dornen, 1c Detail, Bl.ansatz u. Nebenbl.dornen

Bltn. in hängenden Trauben, Krbl. weiß od. rosa bis rot, Fahne in der Mitte der Innenseite mit gelbl. bis gelbgrünem Saftmal (Fleck), K. glockig, schwach 2-lippig, 5-zähnig, 9 der 10 Stbl. zu einer Rinne verwachsen, 10. Stbl. frei, aber Staubfaden basal oberseits eingefügt; Fr. flache, sich 2-klappig öffnende Hülse, mehrsamig, zwischen den Samen leicht eingeschnürt; Rinde u. Samen giftig! Bei weiter Abgrenzung 4 (bei enger > 20) Arten in NAm., südl. bis Mex. Sicher erkennbar ist der weißbltg. Neophyt *R. pseudoacacia*. Rotbltg. Pfl. sind meist Hybriden. Von den reinen Arten wird hier nur *R. hispida* gelegentl. gepflanzt. *R. neomexicana* aus dem westl. u. *R. viscosa* aus dem östl. NAm. sind sehr selten anzutreffen u. nur in den typischen Formen sicher unterscheidbar. **G!**

1. Krbl. weiß, K. einfach behaart, K.zähne bis 1/3 der K.länge (*809/1*); Bltn. bis 20 mm lang – zahlr. in 10–20 cm langen Trauben, stark duftend; Tragbl. 3–4 mm, schmal, hinfällig; Hülse 5–10 cm lang, glatt u. kahl, bauchseits mit 1–2 mm breitem flügeligem Rand; Bäume mit im Alter tief längsrissig gefurchter Borke; Zw. kahl od. anfangs etwas behaart; Bl. mit 7–19 Blch. (*807/1b*), elliptisch od. eif., 2,5–4,5 cm lang, nur anfangs unterseits etwas behaart, Nebenbl. oft zu ± großen, längl. 3-eckigen Dornen (Basis erweitert) ausgebildet, besonders an Schösslingen (*807/1c*); V–VI. Bm/Bg – h. NAm, Neophyt. **G!!** **Gewöhnliche R., *R. pseudoacacia*** L.

'Bessoniana': Krone locker, rundl. eif.; Dornen meist fehlend; wenig blühend. z.

'Erecta' ['Monophylla Fastigiata']: Wuchs säulenf., Bl. mit nur 1 od. wenigen Blch., Endblch. stets vergrößert. s.

'Frisia': Bl. goldgelb, Dornen weinrot. h.

'Microphylla' [var. *angustifolia* Koehne]: Blch. klein u. zierl.; Pfl. fein verzweigt, schwachwüchsig. s.

'Unifoliola' [var. *monophylla* Koehne]: Endblch. stark vergrößert (bis 15 cm), seitl. Blch. nur 2 od. 4, od. ganz fehlend. z.

'Pyramidalis': Wuchs schmal säulenf., Dornen fehlend. s–z.

'Rectissima', „Schiffsmastenakazie": Baum mit langem u. geradem Schaft. s.

'Umbraculifera', Kugel-R.: mit klein bleibender kugelf. Krone, oft auf Hochstamm veredelt; Dornen fehlend, selten blühend. Bk. h.

'Tortuosa': Zw. verdreht. h.

— Kr. rosa bis rot, selten weiß, K. oft drüsig behaart, untere K.zähne > 1/3 der K.länge (*808/1–3* u. *809/2–3*); Bltn. oft länger – Tragbl. hinfällig od. bleibend, oft größer; Hülse borstig od. drüsig behaart, flügeliger Rand bis 0,5 mm; Sträucher od. Bäume mit flach gefurchter od. glatter Rinde **2**

2. Bltn. zu 3–6(–12) in kurzen Trauben, 2,5 cm lang, seitl. K.zähne länger als die K.röhre; Tragbl. klein u. hinfällig; Blch. 7–15, rundl., 2–4 cm lang u. 1,5–3 cm breit, ± kahl – Zw., Traubenachsen u. Bl.stiele borstig; Bltn. ohne Duft, Krbl.

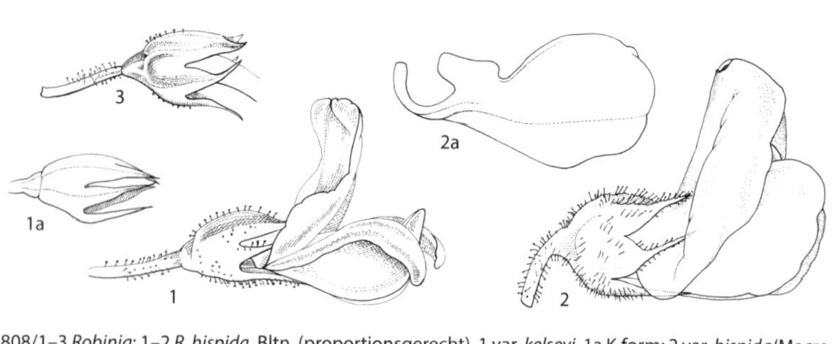

808/1–3 *Robinia*: 1–2 *R. hispida*. Bltn. (proportionsgerecht), 1 var. *kelseyi*, 1a K.form; 2 var. *hispida* 'Macrophylla', 2a Flügel; 3 *R.* × *margaretta*, K.

purpurrosa, K. u. die 5–8 cm lange Hülse dicht drüsig borstig; Pfl. Wurzelsprosse bildend, in Kultur meist auf *R. pseudoacacia* veredelt; V–VI. u. VIII–IX. Sk – s. O-NAm. **Borstige R., *R. hispida*** L.

'Macrophylla': Blch. bis 5 cm lang u. 3,5 cm breit.; Bltnst. 6–15 bltg., Bltn. groß, kompakt (*808/2*), aufgerichtete Fahne um 3 cm breit. h.

var. *kelseyi* (Hutch.) Isely [*R. kelseyi* Hutch.]: Pfl. schwächer behaart u. Blch. etwas länglicher; Bltn. zierlicher (*808/1*). Sg – ss.

R.* × *margaretta Ashe [*R.* × *slavinii* Rehder; *R. pseudoacacia* × *R. hispida*] **'Casque Rouge'** ['Pink Cascade']: baumf.; Blch. bis 19, bis 5 cm lang; K. ähnl. *R. hispida*, aber nur schwach behaart (*808/3*). Bk/Bm – h; **'Hillierii'**: Bltn. duftend; Blch. 15–19. Sg/Bk (bis 10 m) – z.

— Bltn. meist zahlreicher im Bltnst., um 2 cm lang, seitl. K.zähne kürzer als die K.röhre; Tragbl. bis > 10 mm lang u. 5–10 mm breit, bis (fast) zur Blüte bleibend; Blch. ≥ 13, eif., bis 4 cm lang u. 2 cm breit **3**

3. Junge Zw. dunkel rotbraun, wie die Bl.stiele u. Bltnst. achsen dicht mit sitzenden schwärzl. Drüsen, deckend mit glänzendem, klebrigem Drüsensekret bedeckt; Nebenbl.dornen klein u. dünn, oft fehlend, Blch. 13–25, eif., bis 4 cm lang, unterseits behaart; Bltn. in 5–8 cm langen Trauben, bis 2,2 cm lang, Krbl. rosa bis fast weiß, K. gerötet (*809/2*); Hülse spärl. drüsig borstig; VI u. VIII. Bk/Bm – ss. O-NAm. [*R. glutinosa* Sims] **Klebrige R., *R. viscosa*** Vent.

'Bella Rosea': Bltn. größer, Krbl. tiefrosa; Zw. stark klebrig.

var. *hartwigii* (Koehne) Ashe [evtl. Hybride *R. hispida* s. l.? × *R. viscosa*]: Drüsen am Zw. gestielt, nicht sitzend, Zw. kaum klebrig; Blch. schmal: etwa 3 mal so lang wie breit. s–z.

R.* × *ambigua Poir. [*R. pseudoacacia* × *R. viscosa*]: an *R. viscosa* erinnernd, aber Zw. nur schwach klebrig; Bltn. deutl. größer, Krbl. hellrosa. z.

— Zw. trocken, nicht klebrig, meist nur einfach behaart u. selten drüsig, Nebenbl.dornen längl. 3-eckig; Blch. 15–21, elliptisch, 2–3,5 cm lang, unterseits anfangs seidig behaart; Bltn. in dichten, vielbltg. Trauben, etwa 2 cm lang, Krbl. blassrosa (*809/3*); Hülse bis 10 cm lang, drüsenborstig od. kahl; VI–VIII. Sg/Bk – s. O-NAm. **Üppige R., *R. neomexicana*** A. Gray

var. *luxurians* Dieck [*R. luxurians* (Dieck) C. K. Schneid.]: Wuchs baumf.

R.* × *holdtii Beissn. [*R. neomexicana* × *R. pseudoacacia*; *R.* × *coloradensis* Dode]: ähnl. *R. neomexicana*, aber Blch. bis 5 cm lang; Bltn. weniger dicht, in meist längeren Trauben, Krbl. rosa.

'Britzensis': Krbl. fast weiß.

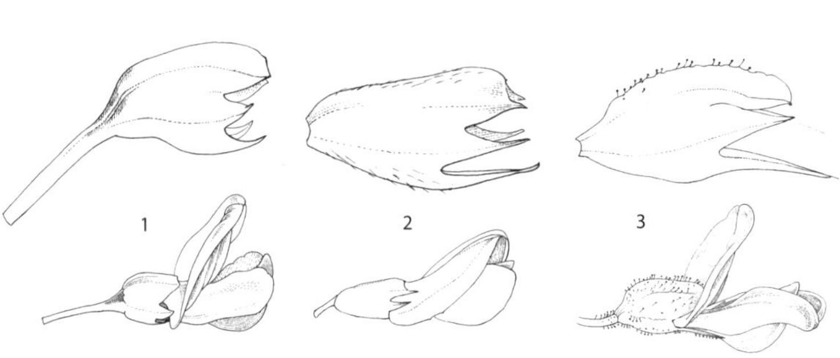

809/1–3 *Robinia*, Bltn. u. K.: 1 *R. pseudoacacia*, 2 *R. viscosa* (Blüte nicht voll geöffnet), 3 *R. neomexicana*

Rosa **L., Rose** – *Rosaceae* (Bearbeiterin: Christiane M. Ritz)

Sommergrüne, selten immergrüne Sträucher, oft mit Wurzelsprossen od. unterirdischen Ausläufern; Zw. aufrecht, oft bogig überhängend, seltener kletternd (Spreizklimmer) od. kriechend, meist mit Stacheln (*224/4–5*), oft außerdem Stachel- u. Drüsenborsten (*223/2–4*); Bl. (außer bei *R. persica*) unpaarig gefiedert, mit Nebenbl., diese meist im unteren Teil flügelartig dem Bl.grund angewachsen; Bltn. in Rispen, Schirmrispen, Schirmtrauben od. einzeln, meist 5-zählig, Stbl. zahlreich, Frbl. zahlreich, mittelst., in einem großen, krugf. Bltn.becher, dessen meist flaschenhalsartige Mündung im Zentrum des Diskus („Gr.kanal") durch die vielen Gr. bzw. Narben verschlossen wird (*810/1c* u. *2b*) (Bltn.becher dadurch als unterst. Frkn. erscheinend); in der Sammelfr. (Hagebutte) bildet der zur Fr.reife meist rote od. schwarze Bltn.becher das Fr.fleisch, das die zahlreichen Nüsschen umschließt. Etwa 200 Arten in der mer., nem. u. bor. Zone, in trop. Geb. südl. bis Abessinien u. Philippinen.

Viele Arten sind durch ihre Fähigkeit zur spontanen Hybridisierung taxonomisch schwierig. Dies gilt im besonderen Maße für die in Eur. dominierende Sekt. *Caninae* (DC.) Ser., die sich durch eine einmalige Form der sexuellen Fortpflanzung auszeichnet u. mehrere sehr vielgestaltige Agg. enthält, aus denen nur einige in M-Eur. häufige Sippen hier erwähnt werden. Näheres hierzu bei Henker (2003 u. 2011).

Die Beschreibungen der Bl. im Schlüssel beziehen sich auf die mittleren Bl. an Langtrieben.

Neben den Wildarten gibt es Hunderte von Kultursorten (Gartenrosen), die meist durch Kreuzungen entstanden sind, deren Ursprung heute oftmals nicht mehr exakt feststellbar ist. Sie müssen hier außer Betracht bleiben, zumal laufend neue Sorten hinzukommen; hierzu sei auf die umfangreiche Spezialliteratur verwiesen.

1. Bl. einfach, ohne Nebenbl., – fast ungestielt, elliptisch bis längl., 2–3 cm lang, gesägt, fein behaart, graugrün; Bltn. einzeln am Ende beblätterter Triebe, etwa 2–3 cm ∅, Krbl. gelb mit purpurnem Nagel; Fr. kugelig, etwa 12 mm ∅, stachelborstig; niedrige, kaum > 50 cm hohe Pfl. mit dünnen, gelbbraunen, bestachelten Zw., sich stark durch Ausläufer ausbreitend; V–VII. Sk – ss. ^^ Submer. bis subtrop. M-As. [*R. berberifolia* Pall.] **Wüsten-R., *R. persica*** Juss.

— Bl. gefiedert, mit deutl. Nebenbl. **2**

2. Bltn. meist 4-zählig – Krbl. weiß .... ***R. sericea***, siehe Nr. **12**

— Bltn. 5-zählig od. zuw. gefüllt **3**

3. Gr. mindestens unterwärts zu einer Säule vereinigt (*810/2b*) – diese mindestens so lang wie die inneren Stbl.; Bltn. meist in mehr- bis vielbltg. (Schirm-) Rispen, selten einzeln **5**

— Gr. frei, nicht zu einer Säule verwachsen (*810/1c*) **4**

4. Bl. oberseits lederig, glänzend dunkelgrün, wintergrün, kahl, Bl.stiel u. -spindel oft rötl., zuw. auch Blch. rot überlaufen, Blch. 3–7, bis 8 cm lang; Bltn. groß, 5–10 cm ∅, meist gefüllt, einzeln, zu wenigen od. in großen (Schirm-)Rispen am Ende von Langtrieben, Krbl. weiß, gelb, rosa od. rot, ± duftend, Kbl. nach dem Verblühen zurückgeschlagen u. abfallend; Zw. oft glänzend, mit

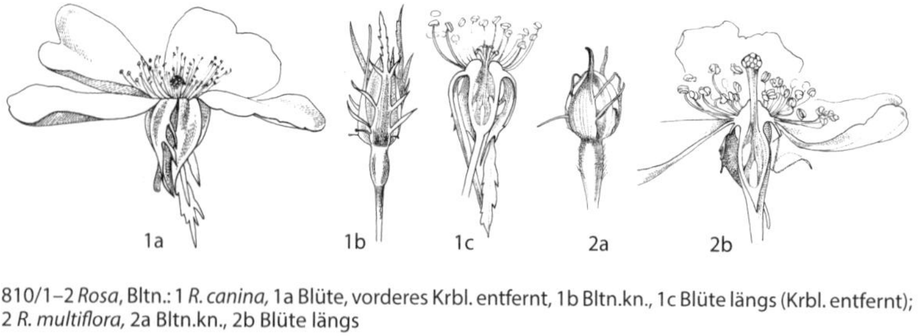

810/1–2 *Rosa*, Bltn.: 1 *R. canina*, 1a Blüte, vorderes Krbl. entfernt, 1b Bltn.kn., 1c Blüte längs (Krbl. entfernt); 2 *R. multiflora*, 2a Bltn.kn., 2b Blüte längs

kräftigen, hakigen Stacheln; VI–X. Sk – s. (h Gartenrosen). Mer. bis subtrop. S-China, Sich. **Edel-R., *R. chinensis*** Jacq. agg.

Aus China u. Indien in einer Reihe von Kultursorten eingeführt, über deren taxonomische Gruppierung kaum Einigkeit besteht; durch oft mehrfache Kreuzungen mit anderen Arten (z. B. *R. multiflora, R. lucieae, R. moschata, R. gallica, R. foetida*) sind hieraus die meisten der modernen Gartenrosen entstanden. Als Kleinarten werden oft herausgehoben:

R. chinensis Jacq., **China-R.**: Zw. ± aufrecht; Blch. 3–5; Bltn. etwa 4–5 cm ∅, Krbl. weiß, rosa od. rot, wenig duftend.

R. × odorata (Andrews) Sweet, **Tee-R.**: Zw. ± übergeneigt, kletternd; Blch. 5–9; Bltn. 5–10 cm ∅, weiß, hellrosa, gelb bis orange, gefüllt, stark duftend.

— Bl. oberseits nicht lederig, sommergrün, Blch. kahl od. behaart **10**

5 (3). Nebenbl. auffallend kammf. fiederschnittig (*811/2*), – Blch. meist 7–9 (*811/1*), 1,5–3 cm lang; Bltn. (*810/2*) zu > 20 in großen Rispen, 1,5–2 cm ∅, Krbl. weiß, selten schwach rosa überlaufen; Fr. kugelig, 6–8 mm ∅, glänzend orange bis rotbraun; Zw. zunächst aufrecht, sich bald überneigend u. kletternd, > 4 m lang; VI–VII. Sk/Sg/L – h. Submer. bis subtrop. O-As. [*R. polyantha* Siebold & Zucc.] **Vielblütige R., *R. multiflora*** Thunb.

'Carnea': Bltn. gefüllt, Krbl. rosa.

'Nana': buschig, bis 1 m hoch; Bltn. klein, auch gefüllt, Krbl. weiß od. rosa.

Von dieser Art stammen mehrere ältere Garten-Kletterrosen ab, die aber kaum noch zu finden sind, heute wird sie oft als Unterlage für Gartenrosen verwendet.

— Nebenbl. ungeteilt, höchstens etwas gezähnt **6**

6. Bl. der Bltn.triebe meist 3-zählig (*811/3*), die der Bl.triebe meist 5-zählig, Blch. 3–8 cm lang, zugespitzt, grob einfach gesägt; Bltn. zu 5–15 in lockeren Schirmrispen, 5–7 cm ∅, Krbl. rosarot, im Verblühen weiß werdend, Narben kahl; Fr. kugelig, 8 mm ∅, mit Drüsenborsten; Zw. ähnl. wie bei voriger, > 4 m lang; VI–VIII. Sg/L – ss. Bor. bis mer. O-NAm. **Prärie-R., *R. setigera*** Michx.

— Bl. auch an Bltn.trieben 5–9-zählig; Krbl. weiß **7**

7. Narben kahl, Bltn. einzeln od. zu 2–3, 2,5–5 cm ∅; Bl. matt, sommergrün, – Blch. 5–7, 1–4 cm lang; Fr. eif. bis kugelig, 8–12 mm ∅, rot; niedriger bis 2 m hoher Strauch mit grünen, kriechenden bis kletternden Zw.; VI–VII. Sk/L – z. Nem. bis submer. Eur. **Kriechende R., *R. arvensis*** Huds.

— Narben meist behaart, Bltn. zu 5 bis vielen; Bl. oberseits glänzend dunkelgrün, (halb-)immergrün **8**

8. Blch. eif. bis rundl., 1–3 cm lang, Bl. 5–7(–9)-zählig (*812/1*), halbimmergrün; – Bltn. 1,5–3 cm ∅, schwach duftend; Fr. kugelig bis eif., 6–18 mm ∅, tiefrot bis

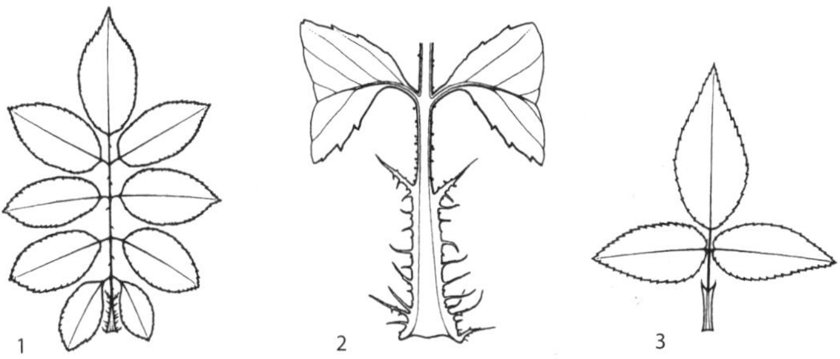

811/1–3 *Rosa*: 1–2 *R. multiflora*: 1 Bl., 2 Nebenbl.; 3 *R. setigera*, Bl. vom Bltn.zw.

braunschwarz; Zw. niederliegend bis kletternd, bis 5 m lang; VII–VIII. Sg/L – ss. ∧ Submer. bis subtrop. OS-, WS-China, Kor., Jap., Taiw. [*R. wichuraiana* Crép.]
Wichura-R., *R. lucieae* Crép.

Stammform mehrerer durch Kreuzung mit anderen Arten entstandener Kletterrosen.

— Blch. eif. bis elliptisch, 2–6 cm lang, Bl. meist 5–7-zählig, immergrün **9**

9. Zw. meist rotbraun überlaufen, zunächst aufrecht, sich dann überneigend u. kletternd; Kbl. schmal lanzettl., allmähl. zugespitzt, oft etwas gefiedert, Hochbl. früh abfallend, Bltn. 3–5 cm ∅, nach Moschus duftend; Blch. zu 5–7(–9), 3–7 cm lang; Fr. eif., 1 cm ∅, orangerot; VIII–X. Sg/L – ss. Mer. bis subtrop. S-As., Himal. [*R. brunonii* Lindl.] **Moschus-R., *R. moschata*** Herrm.

— Zw. grün, kriechend bis kletternd; Kbl. breit lanzettl. mit deutl. abgesetzter, lang ausgezogener Spitze, Hochbl. lanzettl., lang haftend, Bltn. 3–5 cm ∅; Bl. meist 5-zählig, Blch. 1,5–6 cm lang; Fr. eif. bis kugelig, 1 cm ∅, orangerot; V–VI. Sk/L –ss. ∧ Submer. bis mer. Medit. **Mittelmeer-R., *R. sempervirens*** L.

10 (4). Kbl. fiederschnittig bis -teilig (*815/4, 819/3*), wenn Kbl. nur mit fädigen Anhängseln od. ganzrandig, dann Blch. unterseits dicht filzig behaart u. drüsig **31**

— Alle Kbl. ungeteilt, höchstens die 3 äußeren mit kleinen fädigen Anhängseln **11**

11. Krbl. weiß, rosa od. rot, K. bis zur Fr.reife bleibend od. abfallend **15**

— Krbl. gelb od. gelbl.weiß, selten weiß, dann Bltn. meist 4-zählig, K. bis zur Fr.reife haftend, etwa so lang wie die kugelige Fr. **12**

12 (2). Krbl. weiß, Bltn. meist 4-zählig, selten 5-zählig, – einzeln, 2,5–5 cm ∅; Blch. 7–11, eif. bis verkehrt eif., 0,8–2 cm lang (*812/2*), unterseits seidig behaart bis kahl; Zw. mit größeren, stark abgeflachten, unter den Knoten oft gepaarten Stacheln, außerdem meist mit Stachelborsten; Fr. verkehrt eif. bis kugelig, bis 1,5 cm ∅, mit verdicktem Stiel, dunkelrot; Wuchs sparrig; V. Sg – h. Mer. bis subtrop. WS-China, Sich., Yunn. OM-, S-As., Himal.
Omei-R., *R. sericea* Lindl.

subsp. *omeiensis* (Rolfe) A. V. Roberts fo. ***pteracantha*** Fr., **Stacheldraht-R.**: Stacheln im Austrieb blutrot, ihre Basen in Längsrichtung der Zw. flügelartig verbreitert (*812/3*), oft ineinander übergehend; häufig gepflanzt.

— Krbl. gelb od. gelbl. weiß, Bltn. stets 5-zählig **13**

13. Krbl. milchweiß mit gelbem Nagel, blassgelb, selten blassrosa, Bltn. 3–5 cm ∅; Fr. schwarzbraun bis purpurschwarz, kugelig, 0,5–1,5 cm ∅ (*813/1*); Blch.

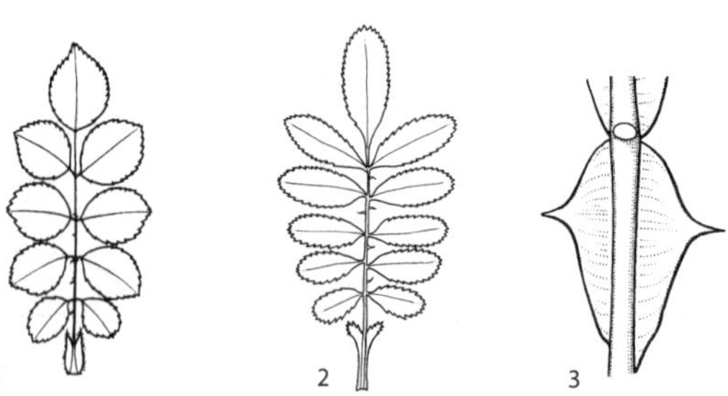

812/1–3 *Rosa*: 1–2 Bl.: 1 *R. lucieae*, 2 *R. sericea*; 3 *R. sericea* subsp. *omeiensis* fo. *pteracantha*, Stacheln

7–9(–11), breit elliptisch bis rundl., 1–2 cm lang, kahl od. mit wenigen Haaren u. Drüsen; Zw. dicht mit Stachelborsten u. derben geraden bis schwach gekrümmten Stacheln besetzt (*223/2*); Pfl. bis etwa 1,5 m hoch, aufrecht, sich stark unterirdisch ausbreitend u. koloniebildend; V–VI. Sk – h. Nem. bis submer. Euras. [*R. pimpinellifolia* L.] **Dünen-R., *R. spinosissima*** L.

var. *altaica* (WILLD.) REHDER: Bltn. gelbl. weiß, 5–7,5 cm ∅; Zw. weniger bestachelt.

Außerdem Kultursorten mit gefüllten, weißen, gelben od. rosa Bltn.

— Krbl. rein gelb; Fr. rot od. rotbraun; Zw. wenig bestachelt, nur der Grund starker Langtriebe zuw. dicht mit Stacheln u. Stachelborsten besetzt; Pfl. breitwüchsig, bis 3 m hoch **14**

14. Blch. (5–)7–13, elliptisch bis rundl., 0,8–2,0 cm lang, regelmäßig einfach gesägt, verkahlend (*813/4*); Bltn. meist einzeln, 5-zählig od. mit halb gefüllter Kr., 3–4 cm ∅, Krbl. hellgelb, Kbl. ganzrandig; Fr. kugelig, 0,8–1,5 cm ∅, rot bis rotbraun, kahl (*813/2*); V–VI. Sg – z. Mer. N-, NO-China. [*R. hugonis* HEMSL.] **Gold-R., *R. xanthina*** LINDL.

R.* × *pteragonis KORDES [*R. xanthina* × *R. sericea* fo. *pteracantha*): in der Bestachelung dem zweiten, sonst eher dem ersten Elter ähnelnd.

— Blch. 5–9, eif. bis verkehrt eif., 1,5–4 cm lang, scharf doppelt gesägt, unterseits meist behaart u. drüsig; Bltn., 5–7,5 cm ∅, ± unangenehm riechend, Krbl. dunkelgelb, äußere Kbl. zuw. mit fädigen Anhängseln; Fr. kugelig, 0,8–1,0 cm ∅, rot, kahl od. mit Drüsenborsten; V–VI. Sg – z. ∧ submer. bis mer. Afgh., Iran, NW-Himal. [*R. lutea* MILL.] **Gelbe R., *R. foetida*** HERRM.

'Bicolor' [*R. punicea* MILL.], **Kapuziner-R.**: Krbl. außen gelb, innen orange- bis ziegelrot; an der Entstehung gelber u. orangefarbener Gartenrosen beteiligt.

15 (11). Bltn. von einem Kranz von 3–5 Hochbl. umgeben, – meist zu 2–3 od. in Schirmrispen, etwa 3–5 cm ∅, Krbl. rosa, unangenehm riechend, Bltn.stiel mit Drüsenborsten; Blch. 7–9, kahl od. unterseits auf den Nerven behaart, 0,8–1,5 cm lang; Stacheln meist an den Knoten gepaart, gerade, bis 1 cm

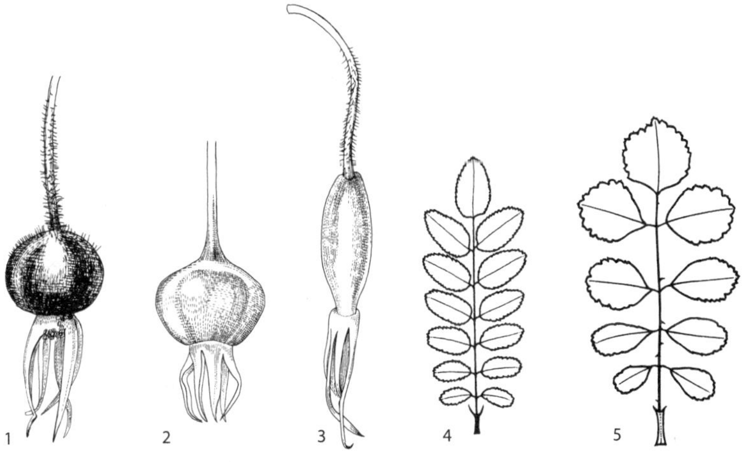

813/1–5 *Rosa*: 1–3 Fr: 1 *R. spinosissima*, 2 *R. xanthina*, 3 *R. pendulina*; 4–5 Bl.: 4 *R. xanthina*, 5 *R. willmottiae*

lang, scharf stechend; Fr. eif., mit Drüsenborsten, orangerot, bis 1 cm ∅, K. zur Fr.reife aufrecht, bleibend; VI. Sg – ss. ∧∧ Mer. bis subtrop. Sich., Yunn.
Kragen-R., *R. multibracteata* Hemsl. & E. H. Wilson

— Bltn. mit 1–2 Hochbl. od. Hochbl. hinfällig **16**

16. Junge Zw. grau, braun od. rötl., nicht auffallend bläul. überlaufen; Bl. behaart od. kahl, nicht blaugrün **18**

— Junge Zw. bläul. überlaufen, später rotbraun; Bl. kahl, blaugrün od. rötl. u. mit bläul. Reif überzogen **17**

17. Blch. 2–3,5 cm lang, elliptisch bis längl. eif., zu 7(–9); Bltn. zu wenigen, 3–3,5 cm ∅, Krbl. rosarot mit weißem Nagel; Kbl. ungeteilt, selten die äußeren mit 1–2 fädigen Abschnitten, drüsig bewimpert, zur Fr.reife aufrecht bleibend od. zuw. abfallend; Wuchs aufrecht; VI–VII. Sg – h. Nem. bis submer. Eur., Geb. [*R. rubrifolia* Vill.] **Rotblättrige R., Hecht-R., *R. glauca*** Pourr.

— Blch. 0,6–1,5 cm lang, breit verkehrt eif. bis rundl., zu 7–9 (*813/5*); Bltn. einzeln, etwa 3 cm ∅, Krbl. rosa; Kbl. ungeteilt, zur Fr.reife abfallend; Pfl. breitwüchsig mit lang überhängenden Zw.; V–VI. Sg – s. ∧∧ Submer. bis mer. WN-China, Sich. Yunn. **Willmott-R., *R. willmottiae*** Hemsl.

18 (16). Kbl. meist zurückgeschlagen, ausgebreitet od. zuw. aufrecht, zur Fr.reife abfallend; Frbl. nur am Grund des Bltn.bechers stehend; Bltn.stiel drüsig; Fr. kugelig u. meist drüsig **28**

— Kbl. aufrecht, zur Fr.reife bleibend; Frbl. am Grund und an den Wänden des Bltn.bechers stehend; entw. Bltn.stiel u. kugelige od. ellipsoidische Fr. meist kahl od. Bltn.stiel u. längl. eif. Fr. drüsig **19**

19. Fr. ellipsoidisch od. kugelig, meist aufrecht, Fr. u. Bltn.stiel meist drüsenlos (außer bei *R. acicularis*), Kbl. meist ganzrandig **23**

— Fr. längl. eif. od. flaschenf., mit deutl. eingeschnürtem Hals, hängend, Fr. u. Bltn.stiel drüsig, Kbl. meist mit Anhängseln (außer *R. pendulina*) **20**

20. Bltn. bis zu 20 in Schirmtrauben, – 3–5 cm ∅, Krbl. rosa bis purpurrot, Hochbl. lanzettl. eif., lang haftend; Blch. elliptisch bis eif., 3–6 cm lang, zu 7–9; Fr. dunkelrot, bis 5 cm lang; VI. Sg – s. ∧ Mer. ZS-China, Sich.
Borsten-R., *R. setipoda* Hemsl. & E. H. Wilson

— Bltn. meist einzeln, selten bis zu 5 .... **21**

21. Bl. 5–9-zählig; Hochbl. lanzettl., zur Blütezeit abfallend; – Blch. elliptisch, 2–6 cm lang; Bltn. 3–4(–6,5) cm ∅, Krbl. rosa bis purpurrot; Fr. rot, bis 3 cm lang (*813/3*); V–VI. Sk/Sg – z. Nem. bis submer. Eur. Geb. [*R. alpina* L.]
Gebirgs-R., *R. pendulina* L.

— Bl. 7–13-zählig; Hochbl. lang haftend **22**

22. Krbl. rosa, Bltn. 3–5 cm ∅; Zw. mit Stachelborsten u. gepaarten Stacheln unterhalb der Knoten; Blch. 7–11, doppelt gesägt, elliptisch bis verkehrt eif., 2–5 cm lang; Fr. längl., 1–2 cm ∅, bis 2,5 cm lang, purpurrot; VI–VII. Sg – z. ∧ Mer. bis subtrop. ZS-, WN-, W-China, Sich., Yunn.
Sweginzow-R., *R. sweginzowii* Koehne

— Krbl. tiefrot, Bltn. 4–6 cm ∅; Zw. meist ohne Stachelborsten, stachellos od. mit gepaarten Stacheln unterhalb der Knoten; Blch. 7–13, einfach gesägt, eif., elliptisch bis verkehrteif., 1–5 cm lang, die oberen oft auffällig größer als die unteren (*815/1*); Fr. flaschenf., bis 2,5 cm ∅ u. 5 cm lang, tief orangerot; VI–VII. Sg – h. ∧ Mer. bis subtrop. WN-China, Sich., Yunn.
Blut-R., *R. moyesii* Hemsl. & E. H. Wilson

23 (19). Zw. oberwärts kaum bestachelt, höchstens mit wenigen geraden od. gekrümmten Stacheln, Stachelborsten an der Spitze der Zw. fehlend, Zw. im Alter rotbraun od. orangerot; Bltn.stiele meist kahl **25**

— Zw. auch oberwärts mit geraden Stacheln u. Stachelborsten, im Alter grau od. schwärzl.; Bltn.stiele meist drüsig **24**

24. Zw. u. Stacheln weichhaarig (*223/3*); Blch. zu (5–)7–9, elliptisch, 2,5–5 cm lang, derb, oberseits runzelig, glänzend dunkelgrün, unterseits graugrün u. behaart; Bltn. einzeln od. zu wenigen, 6–10 cm ∅, Krbl. purpurn, rosa od. weiß; Fr. flachkugelig, 2–2,5 cm ∅, rot, weich u. fleischig, wirtschaftl. verwertbar; Pfl. 1–2 m hoch, sich stark unterirdisch ausbreitend; V–IX. Sk – h. Bor. bis submer. NO-China, Russ.-Fernost, Jap. **Kartoffel-R., *R. rugosa*** Thunb.

Viele, auch weiß u. gefüllt blühende Sorten,, zuw. auch zur Fr.gewinnung.

R.* × *paulii Rehder [*R. rugosa* × *R. arvensis*]: in Wuchsform u. Bltn.farbe dem zweiten, sonst dem ersten Elter ähnelnd.

— Zw. u. Stacheln ± kahl; Blch. zu 5–7, elliptisch bis eif., 1,5–5 cm lang, oberseits blaugrün u. kahl, unterseits graugrün u. behaart; Bltn. meist einzeln, 4–6 cm ∅, Krbl. tiefrosa; Fr. kugelig bis birnf., 1,5–2 cm lang, purpurn; Pfl. etwa 1 m hoch, sich stark unterirdisch ausbreitend; V–VI. Sk – s. Bor. bis submer. WM-, O-As. NAm. **Nadel-R., *R. acicularis*** Lindl.

25 (23). Blch. 2–6 cm lang, elliptisch bis eif.; Bltn. 3–7 cm ∅ **27**

— Blch. 1–4 cm lang, verkehrt eif., eif. od. breit elliptisch; Bltn. 2,5–5 cm ∅ **26**

26. Blch. breit elliptisch bis verkehrt eif., meist über der Mitte am breitesten, Basis keilf., Bl.spindel mit < 0,5 mm langen Haaren; Bltn. einzeln od. bis zu 10, 3–3,5 cm ∅, Krbl. rosa bis dunkelrosa; Zw. mit gepaarten geraden bis hakigen Stacheln an den Knoten, meist mit Stacheln zw. den Knoten u. Stachelborsten am Grund der Langtriebe; VI–VII. Sk – ss. Bor. bis mer. N-, SO-NAm. **Wood-R., *R. woodsii*** Lindl.

— Blch. breit elliptisch bis eif., meist in od. unter der Mitte am breitesten, Basis abgerundet, Bl.spindel mit bis zu 1 mm langen Haaren; Bltn. meist in Schirmrispen zu 3–30, 2,5–5 cm ∅, Krbl. rosa; Zw. mit gepaarten geraden

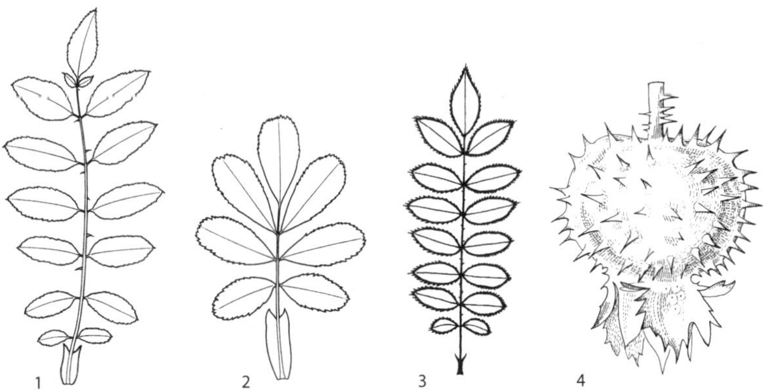

815/1–4 *Rosa*: 1–3 Bl.: 1 *R. moyesii*, 2 *R. blanda*, 3 *R. roxburghii*; 4 *R. roxburghii*, Fr.

od. gekrümmten Stacheln an den Knoten, Stacheln zw. den Knoten u. Stachelborsten meist fehlend; V–VI. Sg – ss. ∧ Mer. bis submer. SW-NAm.
Kalifornische R., *R. californica* CHAM. & SCHLTDL.

27 (25). Zw. ohne Stacheln od. mit wenigen geraden od. schwach gekrümmten Stacheln zwischen den Knoten, Stachelborsten am Grund der Langtriebe meist fehlend; Blch. elliptisch bis eif., unterseits meist kahl (*815/2*); Bltn. zu 1–8, 3–7 cm ∅, Krbl. dunkelrosa bis weißl., Bltn.stiel 1,5–2,5 cm lang, Hochbl. 2–8 mm lang; V–VI. Sk – z. Bor. bis mer. O-NAm. **Labrador-R., *R. blanda*** AITON

— Zw. meist mit gepaarten, geraden od. leicht gekrümmten Stacheln an den Knoten, am Grund der Langtriebe oft mit Stachelborsten; Blch. elliptisch bis eif., unterseits dicht behaart; Bltn. einzeln bis wenige, etwa 5 cm ∅, Krbl. karminrot bis purpurn, Bltn.stiel 1–1,5 cm lang, oft von den >5 mm breiten Hochbl. überragt; V–VI. Sk – z. Bor. bis submer. N-, O-Eur., Alp., W-Sib. [*R. cinnamomea* auct. non L.] **Zimt-R., *R. majalis*** HERRM.

28 (18). Zw. mit geraden Stacheln u. vielen Stachelborsten; Pfl. meist < 1 m hoch; Kbl. 1–2,5 cm lang **30**

— Zw. mit ± gebogenen, oft unter den Knoten gepaarten Stacheln, Stachelborsten meist fehlend; Pfl. meist >1,5 m hoch; Kbl. 1,5–4 cm lang **29**

29. Bl. oberseits glänzend, 5–9-zählig, Nebenbl. 4–9 mm breit, Blch. 1,5–3 cm lang, schmal elliptisch bis eif., grob gesägt (Zähne bis 2 mm lang), Endblch. mit 8–20 Zähnen pro Seite, Nebenbl. ausgebreitet, gewellt; Bltn. 1–8, 4,5–5,5 cm ∅, Kbl. 2–4 cm lang; Fr. kugelig, 1–1,5 cm ∅, rot, Kbl. aufrecht, zur Fr.reife abfallend; VI–VIII. Sg – s. Bor. bis mer. NO-, SO-NAm.
Virginische R., *R. virginiana* MILL.

— Bl. mattgrün, nicht glänzend, 5–7-zählig, Nebenbl. 2,5–4 mm breit, Blch. 2,5–4,5 cm lang, eif. lanzettl., fein gesägt (Zähne meist < 1 mm lang), Endblch. mit 20–30 Zähnen pro Seite, die dem Bl.stiel angewachsenen Teile der Nebenbl. nach oben stehend; Bltn. 1–8, 4–5,5 cm ∅, Kbl. 1,5–3 cm lang; Fr. kugelig, 0,7–1,1 cm ∅, rot, glänzend, Kbl. ausgebreitet, zur Fr.reife abfallend; VI–VIII. Sg – s. Bor. bis mer. NO-, SO-NAm. [*R. carolina* GRAY non L.]
Sumpf-R., *R. palustris* MARSHALL

30 (28). Bl. oberseits stark glänzend, dunkelgrün, im Herbst leuchtend orange bis karminrot, (5–)7–9-zählig, Nebenbl. 4–4,5 mm breit, Blch. elliptisch bis längl. ,1–3 cm lang; Zw. rötl., gewöhnl. dicht mit rötl. Stachelborsten bedeckt, dazwischen längere gerade Stacheln; Bltn. zu 1–3, 4–6 cm ∅, duftend; Fr. flach kugelig, etwa 1 cm ∅, hell- bis dunkelrot, Kbl. aufrecht, ausgebreitet od. zurückgeschlagen, zur Fr.reife abfallend; VI. Sk – h. Bor. bis submer. NO-NAm. **Glanz-R., *R. nitida*** WILLD.

Oft gepflanzt, auch in Sorten mit stark reduzierter Bestachelung u. rötl. Zw. (z. B. **'English Hedge'**).

— Bl. mattgrün, nicht glänzend, (3–)5–7(–9)-zählig, Nebenbl. 2–3 mm breit, Blch. elliptisch bis breit elliptisch, 2–5 cm lang; Zw. mit sehr locker stehenden Stachelborsten u. Stacheln, Stacheln meist unter den Knoten gepaart; Bltn. zu 1–6, etwa 5 cm ∅, äußere Kbl. selten mit einzelnen Fiedern; Fr. flach kugelig, etwa 0,8 cm ∅, rot, Kbl. zurückgeschlagen od. ausgebreitet, zur Fr.reife abfallend; VI–VII. Sk – s. Bor. bis subtrop. NO-, SO-NAm.
Carolina-R., *R. carolina* L.

31 (10). Bl. 9–15-zählig, Blch. 1–3 cm lang, elliptisch bis verkehrt eif., einfach gesägt (*815/3*); Fr. (*815/4*) kugelig, gelbgrün, 3–4 cm ∅, dicht stachelborstig (kastanienartig), stark fruchtig duftend, früh abfallend (Säugetier-Verbreitung!); Bltn. einzeln, 4–6 cm ∅, Krbl. rosa, Kbl. breit eif. mit kurzen breiten Abschnitten, auf der Außenseite stachelborstig; Wuchs sehr sparrig; V–VI. Sg – ss. ∧∧ Mer. bis subtrop. S-, WN-China, Sich., Yunn., Jap.

Igel-R., *R. roxburghii* Tratt.

R.* × *micrugosa H. Henkel [*R. roxburghii* × *R. rugosa*]: aufrechter Strauch mit geraden, sehr stacheligen Zw.; Bltn. rosa, 7–10 cm ∅; Fr. wie bei *R. roxburghii*, aber leuchtend orange gefärbt.

— Bl. 5–7-zählig; Fr. rot, < 2,5 cm ∅, kahl od. mit Drüsenborsten, aber nicht stachelborstig **32**

32. Stacheln meist sehr ungleich, verschieden groß, schwach gekrümmt, aber auch gerade, oft auch viele Stachelborsten u. Stieldrüsen (*223/4*); Bl. (3–)5–(7)-zählig (*819/1*), Blch. ± elliptisch, 2–8 cm lang, unterseits rau mit stark hervorgehobenem Nervennetz, schwach behaart, Rand meist doppelt gesägt u. drüsig; Bltn. meist einzeln od. wenn zu mehreren, dann Tragbl. der Seitenbltn. 1. Ordnung laubbl.artig (mit einer aus mindestens einem voll ausgebildeten Blch. bestehenden Spreite); Bltn. 4–7 cm ∅, Krbl. hell- bis karminrot, duftend, Bltn.stiel, -becher u. Kbl. meist dicht stieldrüsig; Fr. kugelig bis verkehrt birnf., 1–2 cm lang, rot bis braunrot, drüsenborstig; Pfl. aufrecht, niedrig (< 1 m), durch starke Entwicklung von Ausläufern flächige Kolonien bildend; VI–VII. Sk – z. Nem. bis submer. M-, SO-Eur. bis Kauk. **Essig-R., *R. gallica*** L.

Diese Art ist seit dem Altertum in Kultur. Sie ist die Stammform einer Reihe von „alten" Gartenrosen, die schon seit dem Mittelalter durch Auslese, aber auch durch Kreuzung mit anderen Arten entstanden sind u. meist durch dicht gefüllte Bltn. sowie z. T. durch schwächere Ausläuferbildung u. etwas höheren Wuchs abweichen; sie werden den folgenden, heute insgesamt nur noch selten zu findenden Kleinarten zugeordnet.

R. centifolia L., **Hundertblättrige R.**: Bltn. dicht gefüllt, duftend, oft nickend, Krbl. meist rosa, Kbl. mit auffallend großen, dicht stieldrüsigen Fiedern; größere Stacheln sehr kräftig; hierher die meist < 1 m hohe, durch besonders starken Stieldrüsen-Besatz ausgezeichnete fo. ***muscosa*** (Aiton) C. K. Schneid. (**Moos-R.**).

R.* × *damascena Herrm., **Damaszener R.**: Bltn. gefüllt, meist duftend; Bl. nur einfach u. nicht drüsig gesägt; größere Stacheln sehr kräftig, oft rot, Stachel- u. Drüsenborsten relativ wenige; hierzu fo. ***trigintipetala*** (Dieck) R. Keller (**Öl-R.**): Bltn. rosa, 8 cm ∅, sehr stark duftend; in SO-Eur. zur Gewinnung von Rosenöl angebaut.

R. alba L., **Weiße R.**: Bltn. gefüllt, 6–8 cm ∅, Krbl. weiß od. blassrosa überlaufen, Bltn.becher meist kahl; Bl. nicht drüsig gesägt; Stacheln oft sichelf. gekrümmt, Stachel- u. Drüsenborsten oft wenige od. zuw. fehlend.

R.* × *francofurtana Münchh. [*R. turbinata* Aiton], **Frankfurter R.**: Bltn.triebe oft ± unbestachelt, Stacheln sonst z. T. sehr kräftig, Stachelborsten oft fehlend; Blch. oft 7, bis >8 cm lang; Bltn. meist einfach, bis 8 cm ∅, Krbl. rosa bis purpurn, Bltn.becher schwach stieldrüsig bis kahl; Fr. bis > 2 cm lang, vom K. gekrönt.

— Stacheln ± gleichartig, kaum mit Stachel- u. Drüsenborsten gemischt, diese jedoch zuw. an den Bl.- u. Bltn.stielen u. Fr. vorhanden (wenn Stachelborsten auch an den Zw., dann Pfl. keine flächigen Kolonien bildend); Bl. meist 5–7-zählig; Bltn. meist in mehrbltg. Schirmrispen, die Tragbl. der Seitenbltn. oft als spreitenlose Hochbl. ausgebildet (solche können auch bei fehlenden Seitenbltn. unterhalb der Endblüte vorhanden sein); Pfl meist > 1 m hoch **33**

33. Stacheln ± stark hakig gebogen, ihre Basis scheibenf. verbreitert (*224/4, 225/5*); Blch. unterseits drüsig od. drüsenlos **36**

— Stacheln gerade od. nur schwach gekrümmt; Blch. zumindest auf den Nerven drüsig **34**

34. Blch. oberseits kahl, unterseits auffällig netznervig mit einzelnen duftlosen Drüsen auf den Nerven u. ebenfalls kahl od. schwach behaart, – 2,5–4 cm lang, derb, Bl.spindel u. Bltn.stiele meist drüsenborstig; Bltn. 5–7 cm ∅, Krbl. blass- bis dunkelrosa, Kbl. nach der Blüte zurückgeschlagen, vor der Fr.reife abfallend; Fr. kugelig, etwa 1,2 cm ∅, rot; VI–VII. Sk – s. Nem. bis submer. M-, SO-Eur. bis Kauk. [*R. jundzillii* Besser] **Raublatt-R., *R. marginata*** Wallr.

— Blch. meist beiderseits weich behaart, graugrün, unterseits graufilzig, mit zahlreichen harzig duftenden Drüsen **35**

35. Stacheln völlig gerade, schlank; freie Spitzen der Nebenbl. meist sichelf. einwärts gekrümmt; Bltn. 3–5 cm ∅, Krbl. hell- bis dunkelrosa, meist ± drüsig bewimpert, Kbl. meist mit wenigen fädigen Abschnitten od. ganzrandig; Fr. kugelig bis birnf., von den aufgerichteten Kbl. gekrönt, Gr.kanal meist >2 mm ∅; gedrungener aufrechter, bis 2 m hoher Strauch, zahlreiche Ausläufer bildend; VI–VII. Sg/Sk – z. Nem. bis submer. Eur. bis Kauk., Iran.

Apfel-R., *R. villosa* L. agg.

Häufige mitteleuropäische Kleinarten:

R. villosa L. s. str. [*R. pomifera* Herrm.]: Blch. 3–6 cm lang u. bis 3 cm breit; Fr.stiel u. Fr. dicht mit Stachel- u. Drüsenborsten besetzt, Fr. bis 2,5 cm ∅, gelegentl. wirtschaftl. verwendet; Pfl. meist bis 2 m hoch.

R. mollis Sm.: Blch. 1–3,5 cm lang u. bis 2 cm breit; Fr.stiel u. Fr. nur mit wenigen Drüsen- u. Stachelborsten, Fr. 1–1,5 cm ∅; Pfl. meist bis 1 m hoch.

— Stacheln schwach gekrümmt bis sichelf.; freie Spitzen der Nebenbl. meist abstehend; Blch. 2–4 cm lang; Bltn. etwa 4 cm ∅, Krbl. nicht bewimpert, weiß bis rot, Kbl. an der Fr. zurückgeschlagen, abstehend od. schräg aufgerichtet, zumindest die beiden äußeren fiederteilig; Gr.kanal meist < 1,5(–2) mm ∅; Zw. aufrecht od. überhängend; VI–VII. Sg/Sk – z. Nem. bis submer. Eur.

Filz-R., *R. tomentosa* Sm. agg.

Häufige mitteleuropäische Kleinarten:

R. tomentosa Sm. s. str.: Fr.stiel mindestens 2–3-mal so lang wie die Fr., Kbl. an der Fr. zurückgeschlagen, vor der Fr.reife abfallend, Gr.kanal 0,5–1 mm ∅; Krbl. weiß bis hellrosa; Pfl. langästig, locker.

R. sherardii Davies [incl. *R. pseudoscabriuscula* (R. Keller) Henker & Schulze]: Fr.stiel höchstens doppelt so lang wie die Fr. od. kürzer als diese, Kbl. an der Fr. aufrecht u. bleibend od. flatterig abstehend u. spät abfallend, Gr.kanal 1–1,5(–2) mm ∅; Krbl. kräftig hellrosa bis rot; Pfl. gedrungen u. kurzästig od. lockerwüchsig u. langästig.

36 (33). Bl. stark apfelartig duftend, unterseits (zuw. auch oberseits) behaart u. mit zahlreichen, flächig verteilten (aber zuw. unter der Behaarung versteckten) Drüsen, Blch. 1–3(–5) cm lang, elliptisch bis verkehrt eif.; Bltn. meist zu 1–4, 3–5 cm ∅; Fr. kugelig bis eif., 1–1,5 cm ∅, orange bis rot od. bräunl.; VI–VII. Sg/Sk – h. Nem. bis submer. Eur. bis Kauk., Medit.

Wein-R., *R. rubiginosa* L. agg.

Häufige mitteleuropäische Kleinarten:

R. rubiginosa L. s. str. [*R. eglanteria* L. incl. *R. gremlii* Christ]: Basis der Blch. abgerundet; Krbl. lebhaft rosa, Gr. behaart bis wollig, Kbl. nach der Blüte ± aufrecht, bis zur Fr.reife bleibend od. flatterig u. zu Beginn der Fr.reife abfallend; Fr.stiel dicht stieldrüsig, etwa so lang wie die Fr. od. etwas länger, Gr.kanal 1–2,4 mm ∅; Pfl. kurzästig u. gedrungen.

R. micrantha Sm.: Basis der Blch. abgerundet; Krbl. weiß bis blassrosa, Gr. ± kahl, Kbl. nach der Blüte zurückgeschlagen, bald abfallend; Fr.stiel dicht stieldrüsig, meist 2–3-mal so lang wie die Fr., Gr.kanal 0,6–0,8(–1,0) mm ∅; Pfl. gedrungen od. lockerästig.

R. elliptica Tausch [incl. *R. inodora* Fr.]: Basis der Blch. keilf.; Krbl. hell- bis kräftig rosa, Gr. behaart bis wollig, Kbl. aufrecht, die reife Fr. krönend od. flatterig u. zur Fr.reife abfallend, Fr.stiel meist kahl, meist so lang wie die Fr., Gr.kanal 1–2 mm ∅; Pfl. kurzästig, gedrungen od. lockerästig.

R. agrestis Savi: Basis der Blch. keilf.; Krbl. weiß bis blassrosa, Gr. ± kahl, Kbl. zurückgeschlagen, vor der Fr.reife abfallend; Fr.stiel kahl, oft doppelt so lang wie die Fr., Gr.kanal 0,5–0,8 mm ∅; Pfl. lockerwüchsig, überhängend.

— Bl. duftlos, Blch. unterseits ohne Drüsen, höchstens die Nerven od. der Bl.rand mit Drüsen, kahl od. behaaart **37**

37. Hochbl. groß, die Bltn.stiele oft umhüllend; Krbl. rosarot bis blassrosa, Narbenpolster zieml. breit, Gr. weißwollig behaart; Blch. 2–4 cm lang, grau- bis blaugrün, Kbl. nach der Blüte aufgerichtet, ± bis zur Fr.reife bleibend od. flatterig u. spät abfallend, Gr.kanal 0,9–2 mm ∅; VI–VII. Sg/Sk – z. Nem. bis submer. Eur. bis Kauk. **Vogesen-R., *R. dumalis*** Bechst. agg.

Häufige mitteleuropäische Kleinarten:

R. dumalis Bechst. s. str. [*R. vosagiaca* N. H. F. Desp.; *R. glauca* Vill. non Pourr., incl. *R. subcanina* (Christ) Vuk.]: Blch. beiderseits kahl, meist blaugrün; Zw. oft rötl.

R. caesia Sm. [*R. coriifolia* Fr., incl. *R. subcollina* (Christ) Vuk.]: Blch. zumindest unterseits ± dicht angedrückt behaart; Zw. meist grün.

— Hochbl. klein, die Bltn.stiele nicht umhüllend; Krbl. weiß bis hellrosa, Narbenpolster zieml. schmal, Gr. kahl od. schwach behaart; Blch. 1,5–4 cm lang, grün od. blaugrün (*819/2*); Kbl. (*819/3*) nach der Blüte zurückgeschlagen (*810/1c*), vor der Fr.reife abfallend, Gr.kanal 0,5–0,9 mm ∅ (vgl. *810/1c*); VI. Sg/Sk – h. Nem. bis submer. Eur. bis Kauk., Medit. **Hunds-R., *R. canina*** L. agg.

Häufige mitteleuropäische Kleinarten:

R. canina L. s. str.: Bl.spindel u. Blch. kahl, selten mit wenigen Drüsen.

R. corymbifera Borkh. [*R. dumetorum* Thuill.]: Bl.spindel u. Blch. unterseits mindestens auf den Nerven behaart, meist einfach gesägt, meist drüsenlos.

R. balsamica Willd. [*R. obtusifolia* auct. non Desv., *R. tomentella* Léman]: Bl.spindel u. Blch., meist beiderseits, angedrückt weichhaarig, Blch. unterseits mindestens auf den Nerven drüsig, doppelt bis 3-fach drüsig gesägt.

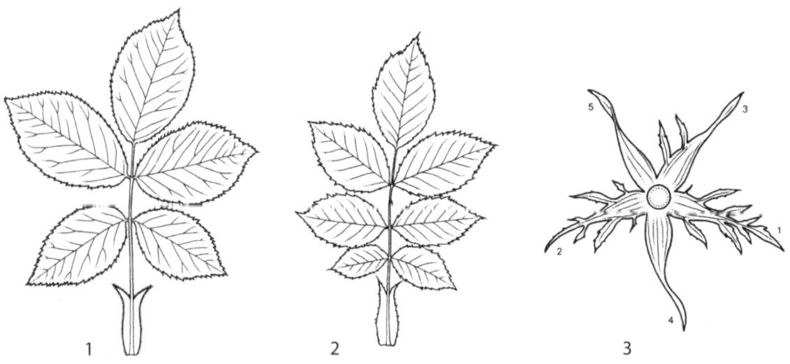

819/1–3 *Rosa*: 1 *R. gallica*, Bl., 2–3 *R. canina*: 2 Bl., 3 K.

Rosmarinus L., **Rosmarin** – *Lamiaceae* (Bearbeiter: Bernd Schulz)

Immergrüne aromatische Sträucher; Bl. gegenst., schmal, mit den Rändern zur Unterseite eingerollt; Bltnst. kurze Traube am Ende seitl. Kurztriebe; Bltn. kurz gestielt, K. schwach 2-lippig, Oberlippe kurz 3-zähnig, Unterlippe deutl. 2-zähnig; Kr.: Oberlippe schmal aufrecht, ausgerandet od. 2-teilig, Unterlippe mit 2 kleinen seitl. abstehenden u. einem großen erweiterten Lappen, Stbl. 2, Staminodien 2. 2–3 Arten, Medit. Bei uns nur folgende Art in Kultur.

R. officinalis L., **Rosmarin** – Bltn. um 1 cm lang, Kr. blau od. violettblau bis fast ganz weiß (mit blauen Elementen), K. violett überlaufen, sternhaarig, besonders an den Rändern, dazwischen mit kleinen weißl. kugelf. Drüsen (*820/2a*); Bl. lanzettl. bis linealisch, 1,5–2,5 cm lang, oberseits glänzend grün, deutl. gefeldert, zur dicht filzig weißen Unterseite eingerollt (*820/1* u. *1a*); Zw. fein behaart. IV–V(–IX). Sk (bis 2 m) – z–h. ∧ Medit. bis Kauk., in S- u. MAm. z. T. eingebürgert. In großen Mengen **G!**

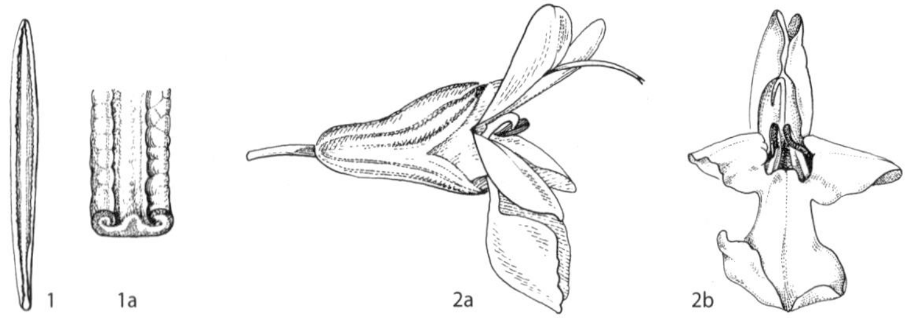

820/1–2 *Rosmarinus officinalis*: 1 Bl., 1a Bl.ausschnitt von unten; 2a Blüte seitl., 2b Blüte von vorn

Rubus L., **Himbeere, Brombeere** – *Rosaceae* (Bearbeiter: Peter A. Schmidt)

Sommer- bis immergrüne Sträucher od. Halbsträucher, teils Sprosse aufrecht od. bogig überhängend, teils niederliegend od. kriechend u. sich bewurzelnd, auch kletternd (Spreizklimmer), Ausläufer od. Wurzelsprosse bildend, seltener Stauden, häufig mit Stacheln; bei vielen Arten Zw. nur 2-j., im 1. Jahr schließen Langtriebe („Schösslinge") ihr Längenwachstum ab, im 2. Jahr werden an seitl. Kurztrieben Bltn. gebildet u. nach der Fr.reife Schösslinge meist absterbend („Scheinsträucher"); Bl. wechselst., gelappt, gefingert od. gefiedert, Nebenbl. frei od. mit dem Grund des Bl.stiels verwachsen; Bltn. ⚥, in Rispen, Schirmrispen, Trauben od. einzeln endst., Kr. weiß bis rosa od. rot, zuw. gelbl. getönt, Frbl. zahlreich, selten nur 3–8, auf dem meist kegelf. Ende der Bltn.achse stehend (*820/3*); Fr. eine Sammelfr. mit vielen Steinfrch. (*820/4*), gemeinsam mit dem Fr.boden abfallend od. sich von ihm lösend, schwarz, rot od. gelb, selten bräunl. od. grünl., meist saftig u. essbar. 300–400 sich sexuell vermehrende Arten, dazu über 1 000 Apomikten, weltweit mit Ausnahme der Antarktis u. ausgesprochener Trockengebiete verbreitet, in trop. u. subtrop. Zonen v. a. in Geb.

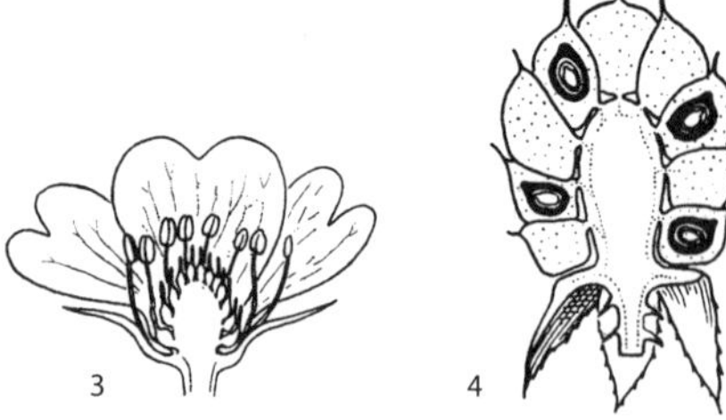

820/3–4 Längsschnitte: 3 Blüte zur Veranschaulichung Bltn.achse mit Frbl.; 4 *Rubus*, Sammelfr. mit Steinfrch.

1. Bl. gefiedert, gefingert od. 3-zählig (*824/1–3, 825/1–3*), wenn 3-zählig, dann Pfl. weder immergrün u. windend noch Blch. schmal lanzettl.; Zw. ± bestachelt **7**
— Bl. nicht zusammengesetzt, sondern einfach u. meist ± tief 3- od. 5-lappig (*821/1* u. *3; 822/1–2*), sehr selten 3-zählig, dann immergrüne windende Pfl. mit schmal lanzettl. Blch. (*821/2*); Zw. ohne od. mit Stacheln **2**
2. Pfl. sommergrün, Sprosse aufrecht, aufsteigend od. übergeneigt; Zw. ohne Stacheln u. ohne Borsten, höchstens anfangs mit Stieldrüsen; Nebenbl. mit Basis des Bl.stiels verwachsen, Bl.spreite weich, unterseits ± behaart, aber nie filzig – Rinde der Zw. sich in Streifen ablösend; Bltn. 4–5 cm ∅; Fr. halbkugelig bis abgeflacht, 1–2 cm ∅, rot od. dunkelpurpurn (**Untergatt. *Anoplobatus*, Blumenhimbeeren**) **5**
— Pfl. immer- od. wintergrün, Sprosse kletternd od. kriechend; Zw. entw. mit Stacheln, wenn auch zuw. spärl., od. Borsten; Nebenbl. frei, nicht mit Basis des Bl.stiels verwachsen; Bl.spreite derb bis lederig, unterseits weiß- od. graufilzig bis gelbl. filzig od. bräunl. filzig **3**
3. Zw. ohne Stacheln, aber ± dicht mit rötl. bis gelbl. braunen Borsten besetzt; Nebenbl. bleibend, eif. lanzettl., 1–2 cm lang, 4–8 mm breit, fiederig eingeschnitten (**Untergatt. *Dalibardastrum*, Himalajahimbeeren**) – Pfl. wintergrün, Sprosse kriechend od. kletternd; Bl. meist eif., 6–12 cm lang, 3–8 cm breit, ungeteilt od. schwach gelappt, an den Nerven borstig, Rand unregelmäßig gesägt, zuw. wellig, Basis abgerundet bis herzf.; Bltn. 2–3 cm ∅, Kr. weiß; Fr. halbkugelig, 1,5–1,7 cm ∅, hellrot, borstig behaart, essbar; VII–VIII. Sp/L – z. China: Sich., Yunn. **Dreifarbige H., *R. tricolor*** Focke
— Zw. nicht borstig, aber mit kleinen gekrümmten Stacheln, diese zuw. nur spärl. vorhanden; Nebenbl. hinfällig, entw. 1–1,8 cm lang u. ganzrandig bis spitzenwärts gezähnt od. kleiner, 0,7–1,2 cm lang, u. tief eingeschnitten – Pfl. immergrün, Bl. lederig; Zw. anfangs dichtfilzig, später verkahlend; Bltnst.-achsen u. Bltn.stiele dichtfilzig, mit einzelnen nadelf. Stacheln (**Untergatt. *Malachobatus*, Immergrüne Himbeeren**) **4**
4. Pfl. bis 6 m hoch windend; Bl.stiel anfangs filzig behaart, später kahl, bis 6 cm lang, deutl. kürzer als Bl.spreite, Spreite 8–15 cm lang u. fast so breit, meist tief 3-lappig, Lappen lanzettl. od. längl. bis schmal eif. lanzettl. (*821/1*),

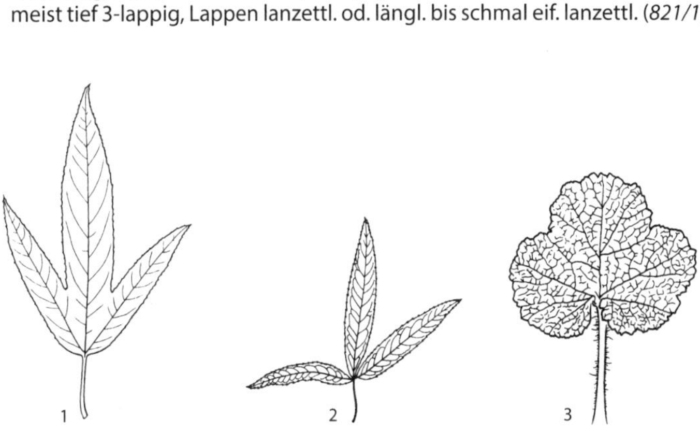

821/1–3 *Rubus*, Bl.: 1 *R. henryi*, 2 *R. bambusarum*, 3 *R. rolfei*

1,5–2,5 cm breit, zugespitzt, seltener Bl. ungelappt od. 5-lappig, Basis breit keilf. bis abgerundet od. herzf., Rand entfernt fein gesägt, oberseits glänzend dunkelgrün, Nebenbl. 1–1,8 cm lang, ganzrandig od. an der Spitze gezähnt; Bltn. zu 9–20 in Trauben, etwa 2 cm breit, Kr. rosa bis rötl.; Fr. halbkugelig, schwarz, 1,3–1,5 cm ∅; VI. L – z. ∧ O-As.: WS- u. ZS-China bis Sich.

Kletter-H., *R. henryi* Hemsl. & Kuntze

Die ähnl., sich durch 3(–5)-zählige Bl. mit schmal lanzettl. Blch. (*821/2*) auszeichnende Art ***R. bambusarum*** Focke kommt im gleichen Gebiet wie *R. henryi* vor u. wird dieser auch als Varietät zugeordnet: var. *bambusarum* (Focke) Rehder.

— Pfl. mit kriechenden, sich bewurzelnden Sprossen, Zw. aufsteigend; Bl.stiel bleibend filzig behaart u. mit einzelnen nadelf. Stacheln, nahezu so lang wie Bl.spreite, Spreite 2–6(–9) cm lang u. ebenso breit, breit eif. bis ± rundl., mit 3(–5) seichten, abgerundeten Lappen, Basis tief herzf., Rand kraus, grob gekerbt (*821/3*), Bl. oberseits dunkelgrün bis grünl. braun, stark runzelig, Nebenbl. 0,7–1,2 cm lang, tief handf. eingeschnitten; Bltn. einzeln od. zu wenigen, 1,5–2 cm breit, Kr. weiß, meist unter den Bl. verborgen; Fr. kugelig, gelb bis orange od. rot, 1–1,4 cm ∅; V–VI. Sp – z. ∧ O-As.: Taiw. [*R. calycinoides* Koidz.; *R. pentalobus* Hayata] **Kriech-H., *R. rolfei*** S. Vidal

5 (2). Bl.stiel bis 3,5 cm lang, Bl. (2,5–)3–5,5(–8) cm breit, rundl. bis nierenf., seicht 3(–5)-lappig, Lappen abgerundet; Bltn. meist einzeln, Gr. behaart; Fr. dunkelpurpurn; Zw. ohne Stieldrüsen – Krbl. weiß; V. Sk – ss. W-NAm.: W-USA (Colorado). **Colorado-H., *R. deliciosus*** Torr.

Aus einer Kreuzung dieser Art mit ***R. trilobus*** Ser. (Mex.) entstand die Sorte ***R.* 'Benenden'** [*R.* Tridel']: Bltn. einzeln stehend, aber an zahlreichen Kurztrieben entlang des 2-j. Schösslings, 5 cm breit, Kr. weiß, aber mit Kranz goldgelber Staubgefäße; Bl. bis 10 cm breit mit mehr spitzen Lappen (*822/1*).

— Bl.stiel > 5 cm lang, Bl. (6–)10–25(–30) cm breit, (3–)5-lappig, Buchten bis ¹/₃ der Spreite tief, Lappen spitz od. zugespitzt; Bltn. zu mehreren in kurzen Schirmtrauben od. -rispen, Gr. kahl; Fr. rot; Zw. ± stieldrüsig **6**

6. Kr. rosarot, selten weiß, Krbl. (1,2–)1,7–2,5(–3) cm lang; Zw., Bl.unterseite u. Bltn.stiele mit dunkelpurpurnen Stieldrüsen – Bltnst. mit 4–7(–22) Bltn.; Bl. (*822/2*) 9–20(–30) cm lang, (10–)15–25(–30) cm breit; Fr. kaum genießbar, recht trocken u. fade; Pfl. reichl. Wurzelsprosse bildend; V–VII. Sk – h. O-NAm.

Zimt-H., *R. odoratus* L.

— Kr. weiß, nur zuw. blassrosa getönt, Krbl. (1–)1,4–2,2(–2,8) cm lang; Zw., Bl.unterseite u. Bltn.stiele mit gelbl. bis rötl. Stieldrüsen – Bltnst. mit (1–)3–7(–15)

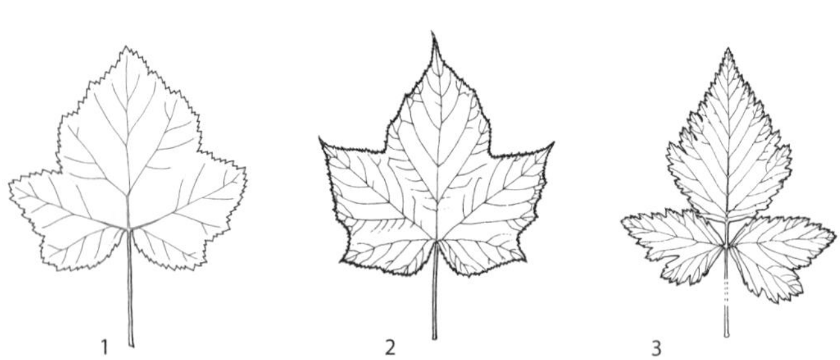

822/1–3 *Rubus*, Bl.: 1 *R.* 'Benenden', 2 *R. odoratus*, 3 *R. spectabilis*

Bltn.; Bl. 5–20 cm lang, 5–25 cm breit; Fr. essbar (aromatisch); VI–VIII. Sk – s. W-NAm. bis N-Mex. **Nutka-H., *R. parviflorus*** Nutt.

Aus einer Kreuzung dieser Art mit *R. odoratus* ging ***R.*** × ***fraseri*** Rehder hervor, eine wüchsige großblättrige u. -bltg. Hybride mit rosa Kr.

7 (1). Bl. 3–5-zählig gefingert, meist zumindest z. T. 5-zählig, wenn alle 3-zählig, dann Bl. unterseits nicht weiß u. Kr. nicht rosa; Fr. bläul. bis schwarz od. schwarzrot, mit > 5 Frch., sich einschließl. des Bltn.bodens ablösend – Pfl. sommer- od. wintergrün, Sprosse aufrecht bis kriechend, meist mit Stacheln, ohne rote Drüsenborsten; Bltnst. meist vielbltg. Rispen; Fr. meist wohlschmeckend (**Untergatt. *Rubus*, Brombeeren**) **17**

— Bl. 3-zählig od. gefiedert, wenn ausnahmsweise 5-zählig gefingert, dann Zw. mit auffälligen roten Drüsenborsten od. weiß bereift; Fr. rot bis schwarz od. gelb, sich unter Zurücklassung des Bltn.bodens ablösend; Pfl. sommergrün, Sprosse meist ± aufrecht, mit od. ohne Stacheln od. roten Drüsenborsten (**Untergatt. *Idaeus*, Echte Himbeeren**) **8**

8. Bl. unterseits weißl., weiß- od. graufilzig od. weiß bereift; Bltnst. mit (3–)6–10 od. mehr Bltn., wenn nur zu 1–3, dann Bltn. < 2,5 cm ∅ od. Krbl. kürzer als Kbl. **10**

— Bl. unterseits grün, kahl od. behaart, aber nicht filzig; Bltn. zu 1–3, groß, 2,5–4,5 cm ∅, Krbl. länger als Kbl. **9**

9. Bl. 3-zählig; Kr. rosa bis rot – Blch. eif., 4–15 cm lang, 3,5–15 cm breit, oft gelappt, Rand grob od. doppelt gesägt (*822/3*), unterseits ± behaart, Mittelrippe ohne od. mit Stacheln; Fr. kugelig bis eif., 1–2 cm ∅, blassgelb bis orangerot, essbar; Zw. kahl od. behaart, ohne od., besonders im unteren Teil der Schösslinge, mit Stacheln, Rinde papierartig dünn, sich später ablösend; Pfl. Ausläufer bildend; IV–VII. Sk – s. W-NAm.

Pracht-H., Lachs-H., *R. spectabilis* Pursh

— Bl. (3–)5–7-zählig gefiedert; Kr. weiß – Blch. lanzettl. bis schmal elliptisch, 3–8 cm lang, 2–3 cm breit, Rand doppelt gesägt, kahl od. schwach anliegend behaart, meist nur unterseits auf den Nerven, Spindel u. Mittelrippe unterseits stachelig; Fr. kugelig bis ellipsoidisch, bis 3 cm ∅, rot, essbar; Pfl. nur an Basis schwach verholzt (Übergang zu Staude), mit unterirdischen Kriechsprossen, aufrechte Triebe grün, kantig, kahl, spärl. bestachelt; VII–IX. HS – s. Jap.

Erdbeer-H., Japanische H., *R. illecebrosus* Focke

10 (8). Zw., Kn., Bl.- u. Blch.stiele, Bltnst.achsen u. K. dicht mit auffallenden roten, bis 5–6 mm langen Drüsenborsten besetzt, zudem an Zw. wenige feine, 6–8 mm lange Stacheln; – Bl. (*824/1*) 3-zählig, zuw. auch 5-zählig gefingert, Blch. eif. bis breit eif. od. rautenf., 4–8(–10) cm lang, 2–5(–7) cm breit, zugespitzt, oberseits dunkelgrün, unterseits grauweiß filzig, Endblch. oft gelappt; Bltnst. wenigbltg., 6–10 cm lange Traube, Kr. 6–10 mm ∅, rosa bis purpurrot; Fr. halbkugelig, 1 cm ∅, glasig orange bis rot, saftig, essbar (angenehm säuerl.); VI–VIII. Sk/Sg – h. O-As.: N- u. S-China bis Sich. u. Qinghai, Kor., Jap.

Wein-H., Japanische Weinbeere, *R. phoenicolasius* Maxim.

— Pfl. mit zahlreichen bis (fast) ohne Stacheln, aber nie auffällig rot drüsenborstig **11**

11. Zw. nicht od. höchstens anfangs schwach bereift, mit winzigen, nur bis 2 mm langen, meist schwarzvioletten, pfrieml. bis kegelf., nicht gekrümmten Stacheln (*223/5*), zuw. auch (fast) stachellos – Bl. 3-zählig od. 5(–7)-zählig gefiedert, Blch. (breit) eif. bis lanzettl., 5–10 cm lang, oberseits grün, kahl,

unterseits weißfilzig; Bltn. 0,7–1,2 cm ∅, Kr. weiß, Krbl. kürzer als Kbl.; Fr. kugelig bis halbkugelig, 1–1,8 cm ∅ (bei Sorten auch größer), rot, selten gelb, wohlschmeckend; Pfl. mit aufrechten bis bogenf. Schösslingen u. unterirdischen Ausläufern; V–VI. Sk/Sg – h. Submer. bis bor. Eur. u. Sib., SW-As. (bei Einbeziehung verwandter Arten in NAm. u. O-As. zirkpol.).
Gewöhnliche H., Wald-H., *R. idaeus* L.

Bastarde dieser Art mit der Kratzbeere (*R. caesius*, siehe Nr. 18) entstehen gelegentl. spontan: ***R.*** × ***pseudidaeus*** (Weihe) Lej., **Bastard-H.**: Pfl. mit bogenf. od. kriechenden Schösslingen, ± bereift, mit rötl. bis violetten, oft > 3 mm langen Stacheln; Bl. 3–5-zählig, Blch. unterseits schwach graufilzig; Krbl. so lang wie od. länger als K.; Fr. entw. fehlgeschlagen od. mit 1–2 schwarzroten Frch.

Auf eine Kreuzung einer Sorte der nordamerikanischen Verwandten, auch als Unterart von *R. idaeus* aufgefassten, *R. strigosus* Michx. [*R. idaeus* subsp. *strigosus* (Michx.) Focke] mit der Brombeere *R. ursinus* Cham. & Schltd. (W-NAm.) soll die **Loganbeere, *R.*** × ***loganobaccus*** L. H. Bailey, zurückgehen: Bl. unterseits dicht behaart, oft weißfilzig; Schösslinge übergeneigt bis rankend, bis 4 m lang, bestachelt; Pfl. ohne Ausläufer; Fr. dunkelrot, längl., bis 5 cm lang, sich mit dem Bltn.boden ablösend; als Obstgehölz angebaut.

— Zw. auffällig weiß od. blauweiß bereift, mit größeren, geraden od. meist gekrümmten, seltener mit borsten- od. nadelf. Stacheln **12**

12. Bl. 3–5-zählig gefingert od. 5–9-zählig gefiedert; Fr. dunkelrot bis purpurn od. schwarz; Bltnst. mit 3–10(–20) Bltn. **14**

— Bl. 3–5-zählig gefiedert; Fr. rot od. goldgelb; Bltn., zumindest wenn seitenst. in Bl.achseln, nur zu 1–3(–5), endst. Bltnst. auch mehrbltg. (bis zu 8), dann Fr. nie dunkel- od. purpurrot bis schwarz **13**

13. Pfl. mit aufrechten, aufsteigenden u. kletternden Sprossen; Zw., zuw. nur spärl., mit kräftigen, gebogenen Stacheln; Bl.stiel 2–4(–5) cm, Stiel des Endblch. 1–2,5 cm lang; Bltn. 1,5–2 cm ∅, Kr. weiß, Krbl. etwa so lang wie od. länger als Kbl., Fr. 1–1,5(–2 cm) ∅, goldgelb, kahl, essbar; Blch. eif. od. elliptisch, 2,5–5 cm lang, 1,5–4(–5) cm breit, unterseits grau- od. gelbl. graufilzig, Endblch. breit eif. bis fast rundl., oft 3-lappig; V–VI. Sk/Sg/L – s. ∧ Himal. bis Tibet, Yunn., Sich. u. WS-China.
Gold-H., *R. biflorus* Sm.

— Pfl. aufrecht; Zw. nur mit od. neben gebogenen Stacheln mit borsten- od. nadelf. Stacheln; Bl.stiel 5–10 cm, Stiel des Endblch. 2–3,5 cm lang; Bltn. 2–3 cm ∅, Kr. rot, Krbl. kürzer als Kbl.; Fr. 1,5–2 cm ∅, rot, behaart, ungenießbar; Blch. (breit) eif. od. elliptisch, 3–10 cm lang, 2,5–9 cm breit, unterseits graufilzig, Endblch. oft größer u. 2- od. 3-lappig; V–VI. Sk/Sg – ss. ZS-China bis Sich. u. Yunn.
Haar-H., *R. lasiostylus* Focke

824/1–3 *Rubus*, Bl.: 1 *R. phoenicolasius*, 2 *R. cockburnianus*, 3 *R. leucodermis*

14 (12). Bl. 3–5-zählig gefingert; Kr. weiß; Fr. 1–2 cm ∅, – abgeflacht kugelig bis kegelf., rot- od. dunkelpurpurn bis schwarz, bereift, essbar **16**

— Bl. (3–)5–9-zählig gefiedert, Kr. rosa bis dunkelrot od. purpurrot; Fr. 0,5–1 cm ∅, – ± kugelig, dunkelrot od. purpurschwarz **15**

15. Bl. (3–)5–7-zählig gefiedert; K. außen grau behaart, Kbl. zur Blüte aufrecht, Kr. 0,7–1 cm ∅, rosa bis dunkelrot; Bltnst. bis 7 cm lang; Fr. 5–8 mm ∅, dunkelrot od. purpurschwarz; Blch. (breit) eif. bis rautenf. eif., (2–)3–8 cm lang, 2–5 cm breit, unterseits behaart od. kurzfilzig, zuw. nur die Nerven, Endblch. zuw. 3-lappig; V–VI. Sk/Sg – ss. O-As.: WN- u. S-China bis Sich. u. Yunn., Kor., Jap.
Korea-H., *R. coreanus* Miq.

— Bl. (5–)7–9-zählig gefiedert (*824/2*); K. außen kahl, Kbl. zur Blüte abspreizend, Kr. etwa 1 cm ∅, rosa, kürzer als der K.; Bltnst. bis > 10 cm lang; Fr. höchstens 1 cm ∅, purpurschwarz, essbar (sehr aromatisch); Blch. längl. lanzettl. od. eif. lanzettl., 5–10 cm lang, 1,5–4(–5) cm breit, unterseits graufilzig, Endblch. zuw. fast rautenf. u. fein gelappt; V–VII. Sk/Sg – s. O-As.: ZS- u. WS-China bis Sich., Yunn. u. Tibet. [*R. giraldianus* Focke]
Tangutische H., Chinesische H., *R. cockburnianus* Hemsl.

16 (14). Blch. an der Spitze zugespitzt, seitl. Blch. deutl. gestielt (*824/3*), bei 5-zähligen Bl. zumindest die beiden größeren Blch.; Stacheln der Bltn.stiele wie auch sonst an den Trieben ± gekrümmt u. seitl. abgeflacht – Endblch. 6–10 cm lang, 3–6 cm breit, zuw. seicht 3-lappig; Krbl. deutl. kürzer als Kbl.; Fr. 1–2 cm ∅; V–VII. Sk/Sg – s. W-NAm. bis N-Mex.
Oregon-H., *R. leucodermis* Torr. & Gray

— Blch.spitze spitz, aber nicht zugespitzt, seitl. Blch. (fast) sitzend, Stacheln der Bltn.stiele gerade u. kaum abgeflacht – Endblch. 5–14 cm lang, 3–11 cm breit, ungelappt, aber Seitenblch. zuw. gelappt; Krbl. kaum kürzer als die Kbl.; Fr. 1–1,5 cm ∅; V–VII. Sk/Sg – s. O- bis Z-NAm. **Schwarze H., *R. occidentalis*** L.

17 (7). Bl. mit tief fiederteiligen („schlitzblättrigen") od. (fast doppelt) gefiederten Blch. (*825/1*); Krbl. an der Spitze tief eingeschnitten, – weiß bis rosa; Fr. kugelig, 1,5 cm ∅, schwarz; Pfl. mit kletternden od. niederliegenden Sprossen; Stacheln gekrümmt (bei Sorten auch fehlend, z. B. 'Thornless Evergreen'); VI–VIII. Sg/L – h. Herkunft unbekannt, ursprüngl. vermutl. W-Eur, als verwilderte Kulturpfl. etabliert in Eur. u. NAm. (zu *R. fruticosus* agg., siehe Nr. **19**–)
Schlitzblatt-B., *R. laciniatus* Willd.

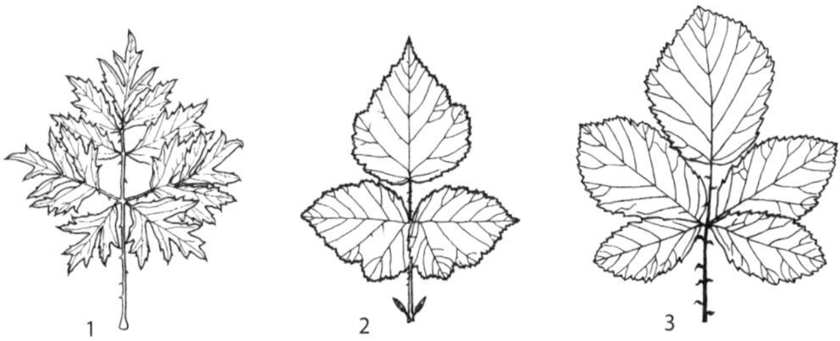

825/1–3 *Rubus*, Bl.: 1 *R. laciniatus*, 2 *R. caesius*, 3 *R. fruticosus*

— Blch. nicht tief eingeschnitten, am Rand gesägt od. doppelt gesägt, auch gelappt, aber nie fiederteilig, nur Endblch. zuw. tiefer gespalten od. 2–3-teilig; Krbl. ganzrandig od. an der Spitze leicht eingekerbt **18**

18. Bl. 3-zählig (*825/2*), selten einzelne 4–5-zählig; Blch. beiderseits hellgrün, meist leicht behaart; Sprossachsen der Schösslinge im ∅ rund, stark bläul. weiß bereift, zieml. dünn (selten > 5 mm ∅), mit kurzen, bis 2(–3) mm langen, dünnen, fast nadelf. Stacheln (*224/3*); Kr. weiß; Fr. schwarz, aber auffallend hellbläul. bereift, mit wenigen, meist < 20, zieml. großen Frch.; Pfl. sommergrün, mit niederliegenden od. kriechenden, sich bewurzelnden od. mit kletternden Sprossen; VI–VIII. Sk/Sp – h. Mer. bis nem. Eur. bis W-Sib. u. SW-As.

Kratzbeere, Acker-B., *R. caesius* L.

R. caesius × *R. idaeus* (*R.* × *pseudidaeus*) siehe unter *R. idaeus*, Nr. 11.

— Bl. alle od. zumindest z. T. 5-zählig gefingert (*825/3*), Blch. oberseits meist dunkelgrün, unterseits hellgrün u. kahl bis dicht weißfilzig; Sprossachsen im ∅ rundl. bis deutl. kantig, ohne od. mit bläul. weißem Reif, meist > 5 mm, zuw. bis 3 cm, ∅, Stacheln (*224/2*) sehr verschieden, dünn od. kräftig, gerade od. gebogen, auch ungleichartig an einer Pfl.; Kr. weiß od. rosa; Fr. glänzend schwarz od. schwarzrot, unbereift, mit vielen, meist > 20, zieml. kleinen Frch.; Pfl. sommer- od. oft wintergrün, mit aufrechten, bogig übergeneigten, niederliegenden od. kletternden Sprossen **19**

19. Bl.stiel oberseits durchgehend rinnig; Blch. sich oft überlappend, d. h. Endblch. die Ränder der darunter befindl. Seitenblch. bedeckend, bei 5-zähligen Bl. die unteren Blch. randl. von den darüber liegenden Blch. überdeckt, untere Blch. 5-zähliger Bl. u. die Seitenblch. 3-zähliger Bl. im Btnst. sitzend od. nur 1(–2) mm lang gestielt; Krbl. meist rundl. u. oft etwas knittrig; VI–VIII. Sk/Sg – h. Mer. bis nem. Eur. (entstanden aus Kreuzungen u. Rückkreuzungen von *R. caesius* u. *R. fruticosus* agg., teils auch *R. idaeus*). [**Sekt. *Corylifolii***]

Artengruppe Haselblatt B., *R. corylifolius* agg.

— Bl.stiel oberseits meist nur an der Basis rinnig; Ränder der Blch. sich nicht überlappend, untere Blch. 5-zähliger Bl. u. die Seitenblch. 3-zähliger Bl. im Btnst. meist ± gestielt, Stiel 1–8(–12) mm lang; Krbl. meist elliptisch, nicht knittrig; VI–VIII. – h. Mer. bis nem. Eur. u. O-NAm. [**Sekt. *Rubus***]

Artengruppe Echte B., *R. fruticosus* agg.

Die beiden Artengruppen, heute auch als Sektionen eingestuft, sind sehr vielgestaltig. Neben einigen sexuellen Arten sind > 1 000 meist stabilisierte Apomikten („Kleinarten") bekannt; diese werden hier nicht verschlüsselt. Hierzu ist Spezialliteratur erforderlich (z. B. Weber 1995, 2016).

Ruscus L., Mäusedorn – *Asparagaceae* (Bearbeiter: Ulrich Hecker)

Pfl. immergrün, zumindest im Erdboden reich verzweigt; Sprosse grün, bl.artige Kurztriebe der Achsel kleiner schuppenf. Bl. entspringend; Bltn. eingschl., 2-häusig verteilt, an der Unterseite der Flachsprosse sitzend, Krbl. frei, 4–5 mm lang, grünl., Stbl. 3, die Staubfäden zu einer violetten Röhre verwachsen; Fr. eine rote Beere mit 1–4 ± runden, weißen Samen. 7 Arten, Madeira, Medit. bis Iran. **G!**

1. Sprosse mit bl.artigen Kurztrieben, unverzweigt; Flachsprosse 8–10 cm lang u. bis 4,5 cm breit, lederig, lang bis geschwänzt zugespitzt, aber nicht stechend; Bltn. gestielt, zu 2–5 in der Achsel eines ± aufgerichteten, 1–2,5 cm langen u. bis 10 mm breiten Phyllokladiums etwas oberhalb der Mitte des Flachsprosses (*827/1*); II–IV. HS – s. ∧∧ S-Eur. bis NW-Kl.-As.

Hadernblatt, *R. hypoglossum* L.

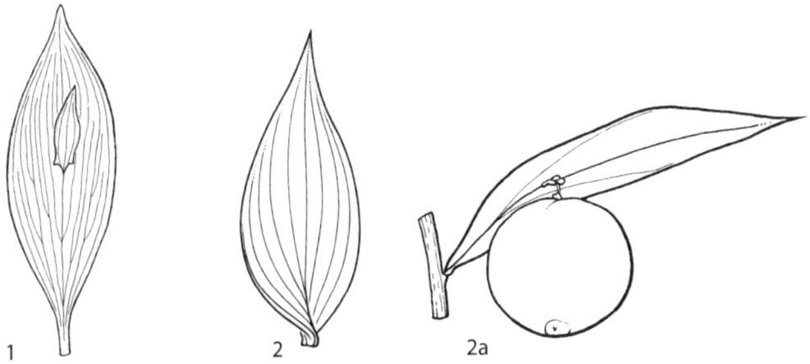

827/1–3 *Ruscus*, Flachsprosse: 1 *R. hypoglossum*, 2 *R. aculeatus*, 2a mit Fr.

— Sprosse mit bl.artigen Kurztrieben, stets verzweigt; Flachsprosse rhombisch, mit starrer, feiner stechender Spitze (*827/2*), bis 3,5 cm lang u. 2,5 cm breit, stumpfgrün, Hälften der nach oben gerichteten Seiten ± löffelartig aufgebogen; Bltn. zu 1–2 in der Mitte der Flachprosse, 7–8 mm ∅; Beere rot, 10–15 mm ∅ (*827/2a*); III–IV. HS – z. ∧ **Stacheliger M., *R. aculeatus*** L.,

a. Bltn. u. Fr. gestielt *R. aculeatus* var. ***angustifolius*** Boiss.

— Bltn. u. Fr. ungestielt **b**

b. Phyllokladien etwa 2,5-mal so lang wie breit; Pfl. 2-häusig ***R. aculeatus*** var. ***aculeatus***

— Phyllokladien > 5-mal so lang wie breit; Pfl. ♀ ***R. aculeatus*** var. ***aculeatus*** 'Lanceolatus'

Ruta L., **Raute** – *Rutaceae* (Bearbeiter: Ulrich Hecker)

Immergrüne Sträucher u. Halbsträucher; Bl. wechselst., 1–3-fach fiederschnittig, die Abschnitte längl. verkehrt eif., durchscheinend punktiert; Bltnst. ein Thyrsus od. eine Rispe, Bltn.hülle doppelt, seitl. Bltn. 4-zählig, Endbltn. 5-zählig, Stbl. 8 od. 10, Krbl. gelbl., ganzrandig, gezähnt od. bewimpert; Fr. (*827/3*) mehrsamige Kapsel; Sprosse gerieben streng duftend. 11 Arten vorwiegend im Mittelmeergebiet. Die folgende Art ist seit altersher häufig in Kultur.

R. graveolens L., **Wein-Raute** – Immergrüner Halbstrauch mit doppelt fiederteiligen, deutl. gestielten Bl., 6–12 cm lang (*827/4*), blaugrün, kahl; Bltn. fast 2 cm ∅, Krbl. kapuzenf. eingekrümmt mit gefranstem Rand; VI–VIII. HS. ∧ S- u. SO-Eur. **G!**

'Variegata'. Bl. panaschiert.

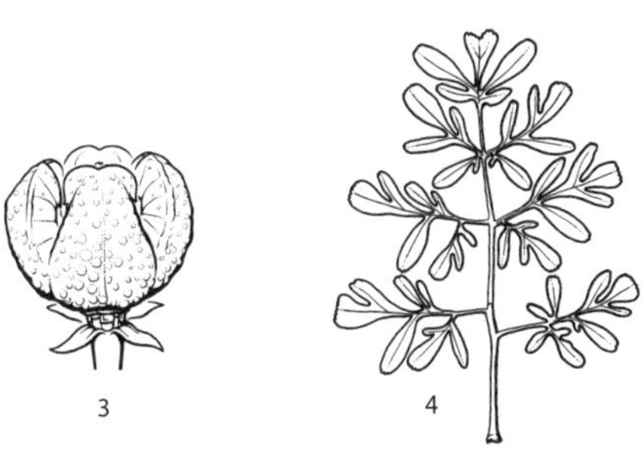

827/3–4 *Ruta graveolens:* 3 Fr., 4 Bl.

Salix L., Weide – *Salicaceae* (Bearbeiter: Gregor Aas)

Sommergrüne Bäume, Sträucher, Zwerg- od. Spaliersträucher; bei manchen Arten auf dem Holz entrindeter 2–4-j. Zw. leistenf. Längsrippen (= Striemen); Kn. kapuzenartig von nur 1 Schuppe umgeben; Bl. wechselst. (selten gegenst.), meist ± kurz gestielt, Bl.stiel mitunter mit Petiolardrüsen nahe dem Spreitenansatz; Spreite ungeteilt, behaart od. kahl, unterseits oft weißl. od. bläul. bereift (glauk), am Rand gesägt (oft drüsig), gekerbt od. ganzrandig; Nebenbl. oft gut entwickelt, v. a. an kräftigen Langtrieben, bei manchen Arten hinfällig od. fehlend.

Bltn. vor, mit od. kurz nach dem Laubaustrieb, eingschl., i. d. R. 2-häusig verteilt, zu mehreren in ± aufrechten bis abstehenden Kätzchen aus seitl. Kn. vorj. (selten älterer) Triebe; Kätzchen eif. kugelig, ellipsoidisch od. zylindrisch, sitzend od. bis wenige cm lang gestielt, der Stiel ohne, mit kleinen od. mit ± normal entwickelten Laubbl.; Einzelblüte klein, in der Achsel eines schuppenf., ganzrandigen, behaarten od. kahlen Tragbl. (Deckbl.), dieses 1-farbig blass- bis gelbgrün, selten rötl. od. 2-farbig, an der Basis hell u. an der Spitze dunkelbraun bis schwarz; Tragbl. zur Fr.reife noch vorhanden od. hinfälllig; Bltn. ohne Bltn.-hülle; ♂ Bltn. meist mit 2, bei einigen Arten mit 3–5(–12) Stbl.; ♀ Bltn. mit einem sitzenden od. gestielten, kahlen od. behaarten Frkn., Gr. fehlend od. wenige mm lang, Narben 2, die beiden Narbenäste oft ± tief gespalten; am Grund der ♂ u. ♀ Bltn. je 1 od. 2 kleine, rundl. bis längl. Nektardrüsen; Fr. eine kleine, sich 2-klappig öffnende Kapsel; Samen sehr klein, am Grund mit einem seidigen Haarschopf.

400–500 Arten in den mer. bis subarkt. Zonen der N-Hemisphäre, einige Arten in den trop. bis subtrop. Zonen von Mex., M-, SAm., Afr. u. As.

Die Bestimmung der Weiden kann aus mehreren Gründen schwierig sein. Eine hohe Variabilität vieler diagnostischer Merkmale erschwert oft die Differenzierung ähnl. Arten. Wichtige taxonomische Merkmale bieten neben beblätterten Zw. die 2-häusig verteilten Bltn., die aber meist nicht zeitgleich mit den Bl. vorhanden sind. Erschwert wird die Artdiagnose dadurch, dass Arthybriden relativ häufig vorkommen können. Zur Bestimmung im vegetativen Zustand sollten stets regulär gebildete Frühjahrssprosse mit gut entwickelten Laubbl. verwendet werden, ungeeignet sind Wasserreiser, Johannistriebe u. Stockausschläge.

Weiterführende Literatur:
HÖRANDL, FLORINET u. HADACEK (2002), JONSELL (2000), LAUTENSCHLAGER u. LAUTENSCHLAGER (1994), NEUMANN (1981), NEWSHOLME (1992), RECHINGER (1981, SKVORTSOV (1999).

Bestimmung vorwiegend nach vegetativen Merkmalen

1. Kleine, bis 1,5(–2) m hohe Sträucher, Zwergsträucher od. Spaliersträucher ... **45**
— Bäume od. > 2 m hohe Sträucher ... **2**
2. Sträucher od. Bäume, Zw. nicht lang herabhängend u. nicht korkenzieherartig gedreht ... **5**
— Bäume mit dünnen, langen, schlaff hängenden Zw. (Trauer-Weiden) od. Zw. korkenzieherartig gedreht (Korkenzieher-Weiden) – Bl.spreite stets längl. od. lanzettl. (*S. caprea* 'Kilmarnoock' mit hängenden Zw., Bl.spreite aber breit elliptisch) ... **3**
3. Zw. korkenzieherartig gedreht; Bl. kahl; IV–V. Bk – h. [*S. matsudana* KOIDZ. 'Tortuosa']
Chinesische W., Babylonische Trauer-W., *S. babylonica* L. 'Tortuosa'
— Zw. nicht korkenzieherartig gedreht ... **4**
4. Zw. gelbl., Bl.spreite unterseits anfangs seidig behaart, bald kahl, am Rand sehr fein gesägt; IV–V. Bm – h. In Kultur entstandene Hybride *S. alba* var. *vitellina* × *S. babylonica*. **Dotter-Trauer-W., Hänge-W., *S.* × *sepulcralis* SIMONK. nothovar. *chrysocoma* (DODE) MEIKLE**
— Zw. braun, selten gelbl.; Bl.spreite unterseits kahl, am Rand ± grob gesägt; IV–V. Bk – ss. In Kultur entstandene Hybride *S. babylonica* × *S. fragilis*.
Wisconsin-Trauer–W., *S.* × *pendulina* WENDER

'Elegantissima': Zw. stark hängend, Frkn. spärl. behaart.

'Blanda': Zw. weniger stark hängend, Frkn. kahl.

5 (2). Zw. nicht weißl. bereift ... **8**

— Zw. stellenweise weißl. bereift (mehrere Äste prüfen!) – Kätzchen meist vor dem Laubaustrieb, sitzend bis kurz gestielt, eif. bis längl., Kätzchenstiel meist ohne Bl.; Frkn. kurz gestielt, meist kahl; Tragbl. an der Basis hell, vorne dunkel, dicht behaart **6**

6. Nebenbl. meist fehlend – junge Zw. kahl; Bl.stiel 4–14 mm lang, Spreite schmal elliptisch bis längl., 5–11 cm lang, oberseits ± glänzend grün u. meist kahl, unterseits grau- od. blaugrün, anfangs zuw. ± behaart, später kahl, Bl.rand fein drüsig gesägt bis fast ganzrandig (*829/1*); Kätzchen 1,5–4,5 cm lang; Stbl. 2, Staubbeutel anfangs rötl., dann gelb; Gr. kurz; III–IV. Sg – ss. Rocky M., SW-NAm., Mex. **Amerikanische Reif-W., *S. irrorata*** ANDERSS.

— Nebenbl. meist deutl., längl. bis spitz eif., mit dem Bl.stiel verwachsen (bleiben beim Entfernen des Bl. oft am Bl.stiel) – Spreite anfangs oft ± behaart, später kahl, oberseits glänzend dunkelgrün, unterseits matt graugrün, Bl.rand drüsig gesägt; Kätzchen 2–5 cm lang; Stbl. 2, Staubfäden kahl; Frkn. seitl. zusammengedrückt, Gr. lang **7**

7. Zw. dick, ± aufrecht, Sprossachse u. Bl. zunächst oft ± behaart, später kahl, Bl.stiel 5–12(–15) mm lang, Spreite 3–5-mal so lang wie breit; Narben meist kürzer als der Gr – Spreite elliptisch bis längl. (*829/2*), 4–12 cm lang, 1,5–4 cm breit; II–IV. Sg/Bm – h. Eur. **Reif-Weide, *S. daphnoides*** VILL.

— Zw. dünn, ± bogenf. überhängend, Sprossachse u. Bl. meist von Anfang an kahl, Bl.stiel 12–20 mm lang; Spreite meist > 5-mal so lang wie breit; Narben so lang wie od. länger als der Gr. – Spreite längl. (*829/3*), 6–15 cm lang, 1–2,5 cm breit; II–IV. Sg/Bk – h. O-Eur., N-As., Geb. M-As. [*S. daphnoides* subsp. *acutifolia* (WILLD.) AHLFV.] **Spitzblättrige W., Kaspische Reif-W., *S. acutifolia*** WILLD.

8 (5). Bl.stiel am Übergang zur Spreite ohne Drüsen **17**

— Bl.stiel am Übergang zur Spreite mit Drüsen **9**

9. Bl.stiel am Übergang zur Spreite mit 1–2 (selten 3–4) ± undeutl. Drüsen; ♂ Bltn. mit 2, 3 od. 4–6 Stbl. **11**

— Bl.stiel am Übergang zur Spreite mit > 2 deutl., höcker- bis stielartigen Drüsen; ♂ Bltn. mit (3–) 5 (–8) Stbl – Bl.spreite oberseits dunkelgrün u. ± stark glänzend, unterseits etwas heller u. ebenfalls oft glänzend, Bl.rand deutl. drüsig gesägt; Bltn. mit od. nach dem Laubaustrieb; Kätzchen längl., 2–5 (–7) cm lang, die ♀ oft ± überhängend, Kätzchenstiel 2–5 cm lang, mit gut

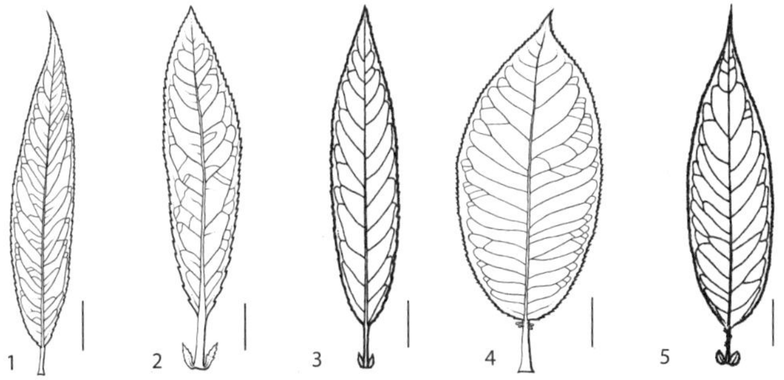

829/1–5 *Salix*, Bl.: 1 *S. irrorata*, 2 *S. dahphnoides*, 3 *S. acutifolia*, 4 *S. pentandra*, 5 *S. lucida*
Hinweis zur Größe der *Salix*-Bl.: der Strich neben der Abb. entspricht jeweils 10 mm

entwickelten Laubbl.; Frkn. kurz gestielt, kahl; Tragbl. 1-farbig gelbgrün, behaart, Staubfäden im unteren Teil behaart **10**

10. Zw. an der Tragachse nicht leicht abbrechend; Nebenbl. längl., meist fehlend od. klein; Spreite elliptisch bis schmal elliptisch, im Mittel 2–2,5-mal so lang wie breit, Spitze meist nicht lang ausgezogen (*829/4*); Bl. u. junge Sprossachse kahl – Bl.stiel 7–15 mm lang, Spreite 5–10 cm lang, 1,5–4 cm breit; Stbl (3–)5(–8), die hängenden Frst. oft bis weit in den Herbst vorhanden; V–VI. Sg/Bk/Bm – h. Eur., Kauk., Kl.-As., W-Sib. **Lorbeer-W., *S. pentandra*** L.

— Zw. an der Tragachse meist leicht abbrechend; Nebenbl. breit eif. bis nierenf., meist deutl., Spreite schmal elliptisch bis längl., > 2,5-mal so lang wie breit, mit lang ausgezogener Spitze (*829/5*), Bl. u. junge Sprossachse anfangs oft behaart – Bl.stiel 5–13 mm lang, Spreite 5–15 cm lang, 1–5 cm breit, behaart od. kahl; Stbl. 3–6, Staubfäden behaart; V–VII. Sg/Bk – ss. NO-NAm. **Glanz-W., *S. lucida*** MUHLENBERG

Zum *S. lucida*-Komplex zählen mehrere schwer unterscheidbare Taxa, u. a. ***S. lasiandra*** BENTH. [*Salix lucida* subsp. *lasiandra* (BENTH.) A. E. MURRAY], die in NW-NAm verbreitet ist.

11 (9). Kn. groß, wie die junge Sprossachse u. die Bl.stiele glänzend purpurn – Spreite elliptisch bis schmal elliptisch, derb, oberseits glänzend dunkelgrün, jederseits mit 12–20 Seitennerven, diese oberseits eingesenkt u. unterseits deutl. hervortretend; Nebenbl. fehlend od. klein; Spreite 8–18 cm lang, 3–8 cm breit, 2–3-mal so lang wie breit, unterseits ± seidig behaart, bis auf die Nerven verkahlend, Bl.rand fein u. regelmäßig drüsig gesägt; Bltn. mit dem Laubaustrieb, Kätzchen längl., 6–8 cm lang (die ♀ zur Fr.reife bis 15 cm), mit Laubbl.; Stbl. 2, kahl; Frkn. kurz gestielt, behaart od. kahl; Tragbl. behaart; IV. Sg/Bk – s. China. **Farges W., *S. fargesii*** BURKILL

Sehr ähnl. ist ***S. moupinensis*** FRANCHET (China): Bl. etwas kleiner, unterseits oft kahl; Tragbl. der Bltn. spärl. behaart bis kahl.

— Nicht so, insbesondere Kn., junge Sprossache u, Bl.stiele nicht glänzend purpurn **12**

12. Voll entwickelte Bl. unterseits auf der Fläche behaart; Zw. an der Tragachse nicht leicht abbrechend (bei *S.* × *rubens*, Nr. 16, auch leicht abbrechend) ... **15**

— Voll entwickelte Bl. kahl, höchstens unterseits auf den Nerven zerstreut behaart; Zw. an der Tragachse leicht abbrechend **13**

13. Sträucher, selten kleine Bäume; Spreite 5–10(–13) cm lang, gleichmäßig zugespitzt, ± in der Mitte am breitesten (*831/1*); Rinde von Stämmen u. stärkeren Ästen flächig abschuppend, darunter zimtbraun; ♂ Bltn. mit 3 Stbl. – Sprossachse kahl od. anfangs etwas behaart; Nebenbl. deutl., breit eif. (*831/1*), Bl.stiel 6–13 mm lang, Spreite schmal elliptisch, längl. od. lanzettl., kahl, nur jung zuw. zertreut behaart, oberseits dunkelgrün, untereits heller grün od. grauweiß, Bl.rand drüsig gesägt; Bltn. kurz vor od. mit dem Laubaustrieb; Kätzchenstiel bis 2 cm lang, mit Laubblättchen, Kätzchen längl., die ♂ bis 8 cm lang; Stbl. meist 3, Staubfäden im unteren Teil etwas behaart; Frkn. gestielt, kahl, Gr. kurz; Tragbl. 1-farbig hellgrün, behaart; IV–V. Sg/Bk – h. Eur., Kl.-As., N- u. O-As., SW- u. M-As. **Mandel-W., *S. triandra*** L.

subsp. *triandra*: Spreite unterseits grün.

subsp. *amygdalina* (L.) SCHÜBL. & MARTENS: Spreite unterseits grauweiß.

— Bäume; Spreite 8–20 cm lang, meist unterhalb der Mitte am breitesten, Spitze lang ausgezogen; Rinde an Stamm u. stärkeren Ästen nicht flächig abschuppend; ♂ Bltn. mit 2 od. 4–6 Stbl. **14**

14. Nebenbl. breit eif., oft fehlend, nur an kräftigen Trieben deutl.; Spreite meist < 6-mal so lang wie breit, 2–4 cm breit, unterseits heller grün od. grauweiß, ♂ Bltn. mit 2 Stbl. – Zw. ± gelbbraun; Sprossachse, Bl.stiele u. Unterseite der Spreite kahl, mitunter im Austrieb zerstreut behaart; Bl.stiel 0,8–2 cm lang, Spreite lanzettl., 8–18 cm lang, oberseits ± glänzend grün, Bl.rand drüsig gesägt (*831/2*); Bltn. mit dem Laubaustrieb; Kätzchenstiele 1,5–3 cm lang, mit Laubblättchen, Kätzchen längl., 3–7 cm lang; Staubbfäden im unteren Teil behaart; Frkn. kurz gestielt, kahl, Gr. kurz; Tragbl. 1-farbig gelbgrün, behaart; IV–V. Sg/Bk/Bm/Bg – h. Eur., Kauk., SW-As., W-Sib. **Bruch-W., Knack-W., *S. fragilis*** L.

Vgl. auch *S.* × *rubens*, Nr. 16.

— Nebenbl. gut entwickelt, groß, ± rundl.; Spreite > (4–)6-mal so lang wie breit, meist < 2 (2,5) cm breit, unterseits heller grün, aber nicht grauweiß; ♂ Bltn. mit 4–6 Stbl. .... ***S. nigra***, siehe Nr. **16**

15 (12). Junge Sprossachse anliegend dicht behaart bis kahl, Spreite anliegend ± dicht silbrig seidig behaart, oberseits verkahlend u. dann dunkelgrün, unterseits bleibend behaart, Bl.stiel 3–10 mm lang; Zw. brechen an der Tragachse nicht leicht ab – Nebenbl. längl., klein, oft fehlend; Bl.stiel am Übergang zur Spreite oft mit 2 ± deutl. Drüsen, Spreite lanzettl., 5–12 cm lang, 1–2 cm breit, größte Breite ± in der Mitte, am Rand fein drüsig gesägt (*831/3*); Bltn. mit dem Laubaustrieb; Kätzchenstiele 0,5–2 cm lang, mit Laubblättchen, Kätzchen längl., 3–7 cm lang; Stbl. 2, Staubbfäden im unteren Teil behaart; Frkn. ± sitzend, ± kahl, Gr. kurz; Tragbl. 1-farbig gelbgrün, meist nur im unteren Teil behaart; IV–V. Bk/Bm/Bg – h. Eur., N-Afr., W-As., SW- u. M-As. **Silber-W., *S. alba*** L.

var. *vitellina* (L.) Stokes ['Vitellina'], **Dotter-Weide, Bunte Weide**: 1-j. Zw. hellgelb, Spreite oberseits oft kahl, unterseits meist nur spärl. behaart.

var. *britzensis* Spaeth, **Mennige-Weide**: 1-j. Zw. v. a. im Winter zinnoberrot.

'Tristis', Hänge-Dotter-Weide: lange, dünne schlaff hängende Zw.

— Junge Sprossachse u. Spreite unterseits zerstreut behaart; junge Zw. brechen an der Tragachse ± leicht ab **16**

16. Nebenbl. breit eif., klein od. fehlend, nur an kräftigen Trieben deutl., Spreite meist < 6-mal so lang wie breit, 2–4 cm breit; ♂ Bltn. mit 2 Stbl.; IV–V. Sg/Bk/Bm/Bg – h. Eur. Variable Hybride *S. alba* × *S. fragilis*, in den Merkmalen ± intermediär zwischen den Eltern. **Hohe W., Fahl-W., Rot-W., *S.* × *rubens*** Schrank

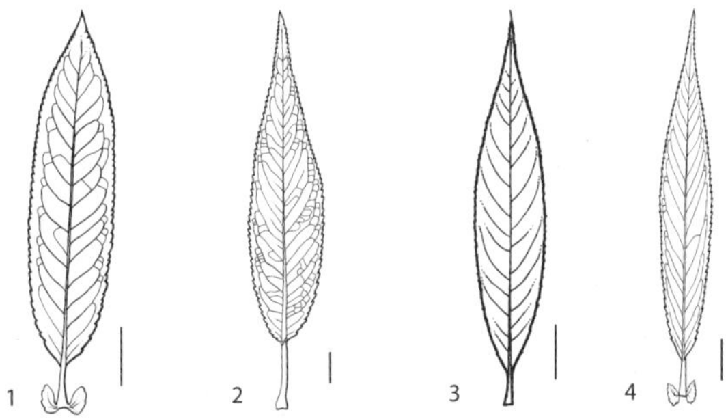

831/1–4 *Salix*, Bl.: 1 *S. triandra*, 2 *S. fragilis*, 3 *S. alba*, 4 *S. nigra*

— Nebenbl. ± rundl., deutl. (*831/4*); Spreite (4–)6–13-mal so lang wie breit, meist < 2(–2,5) cm breit; ♂ Bltn. mit (3–)4–7 Stbl. – Bl.stiel (2–)3–10(–15) mm lang, junge Sprossachse kahl od. behaart, Spreite (5–)7–11(–19) cm lang, 0,6–2 (–2,5) cm breit, mit lang ausgezogener Spitze, unterseits heller grün, aber nicht glauk, behaart od. kahl, Bl.rand gesägt; Bltn. mit dem Laubaustrieb; Kätzchen lang gestielt, mit Laubblättchen, Kätzchen längl., 2,5–8 cm lang; Frkn. gestielt, meist kahl; Tragbl. 1-farbig gelbgrün, behaart; IV–V. Bk/Bm/Bg – ss. O-NAm, W-USA, Mex. **Amerikanische Schwarz-Weide, *S. nigra*** MARSHALL

17 (8). Bl. wechselst. **19**

— Bl. zumindest teilw. gegenst. od. schief gegenst. – Nebenbl. fehlend; Bltn. vor od. mit dem Laubaustrieb; Kätzchen oft gegenst., sitzend od. sehr kurz gestielt, längl., Stbl. 2, Staubfäden kahl, miteinander verwachsen, dadurch scheinbar nur 1 Stbl. pro Blüte (*833/1b*), Staubbeutel vor dem Stäuben rot; Frkn. sitzend, behaart, Gr. kurz, Narben bis zum Aufblühen rot; Tragbl. 2-farbig, an der Basis hell, vorne dunkel, lang behaart **18**

18. Spreite im Mittel > 4-mal so lang wie breit, 3–12 cm lang, 0,5–2 cm breit, oberseits grün, unterseits graugrün bis weißl., Bl.stiel 2–8 mm lang; Kätzchen an der Basis ohne od. mit 1–3 kleinen Laubblättchen – Sprossachse gelbl. braun od. (v. a. sonnseitig) rötl., anfangs ± behaart, rasch kahl; Spreite längl. od. lanzettl., größte Breite meist in der vorderen Hälfte (*833/1a*), kahl od. anfangs flaumig bis zerstreut behaart, am Rand im vorderen Teil fein gesägt, im unteren Teil meist ± ganzrandig; Bl. beim Trocknen ± schwarz od. schwarzfleckig werdend; Kätzchen 1,5–4,5 cm lang; III–V. Sg/Bk – h. M-Eur., Medit., N- u. O-As., SW- u. M-As. **Purpur W., *S. purpurea*** L.

'Nana' ['Gracilis']: ♀ Sorte; Wuchs halbkugelig, gedrungen, dicht verzweigt, bis 2 m hoch; Bl. 5–7 cm lang, sehr schmal.

'Pendula': klein- u. breitwüchsig bis niederliegend, bis 60 cm hoch, oft hochhstämmig kultiviert, dann die sehr dünnen Zweige bogig überhängend.

— Spreite im Mittel 2–3,5(–4)-mal so lang wie breit, 2–5 cm lang, 1–2 cm breit, beidseitig ± blassgrün, Bl.stiel 1–2(–3) mm lang; Kätzchen an der Basis mit Laubblättchen – Sprossachse kahl, gelbl. od. rötl.; Spreite schmal elliptisch, kahl, an der Basis abgerundet bis leicht herzf., am Rand undeutl. gesägt bis ganzrandig (*833/2*); Kätzchen 1–3 cm lang; III–IV. Sg – z. O-As.
Japanische W., *S. integra* THUNB.

'Hakuro Nishiki': Bl. graugrün, mit weißen od. rosafarbenen Flecken; oft hochstämmig veredelt u. mit kugeliger Krone.

19 (17). Spreite < 4-mal so lang wie breit **28**

— Spreite > 4-mal so lang wie breit **20**

20. Bl. unterseits bleibend behaart **24**

— Bl. unterseits kahl, höchstens auf den Nerven zerstreut behaart (im Austrieb mitunter auch auf der Fläche behaart) **21**

21. Basis der Spreite herzf., gestutzt od. breit abgerundet; Zw. an der Tragachse nicht leicht abbrechend – Strauch; Sprossachse anfangs behaart, verkahlend, Nebenbl. groß, rundl. (*833/3*), Bl.stiel 3–18 mm lang, Spreite eif., elliptisch bis längl., 6–14 cm lang, nur anfangs etwas behaart, rasch kahl, obereits glänzend grün, unterseits hellgrün od. graugrün, Bl.rand gesägt (*833/3*); Bltn. kurz vor od. mit dem Laubaustrieb; Kätzchen kurz gestielt, zylindrisch, 2–6 cm lang, an der Basis mit Laubblättchen; Stbl. 2, kahl; Frkn. gestielt, kahl, Gr. lang; Tragbl.

2-farbig, Basis hell, vorne dunkel, behaart; IV–V. Sg – s. O-NAm. [*S. cordata* MUHLENBERG] **Herzblättrige Weide, *S. eriocephala*** MICHX.

— Basis der Spreite keilf. bis abgerundet, nie herzf.; Zw. an der Tragachse ± leicht abbrechend – Sträucher od. Bäume **22**

22. Sträucher, selten kleine Bäume; Spreite 5–10(–13) cm lang, gleichmäßig zugespitzt, ± in der Mitte am breitesten; Rinde von Stämmen u. stärkeren Ästen flächig abschuppend, darunter zimtbraun; ♂ Bltn. mit 3 Stbl. ***S. triandra***, siehe Nr. **13**

— Bäume; Spreite 8–20 cm lang, Spitze lang ausgezogen, meist unterhalb der Mitte am breitesten; Rinde am Stamm u. an stärkeren Ästen nicht flächig abschuppend; ♂ Bltn. mit 2 od. mit 4–6 Stbl. **23**

23. Sprossachse kahl; Bl.stiel nahe der Spreitenbasis mit deutl. Drüsen, Nebenbl. undeutl. od. fehlend, nur an kräftigen Trieben deutl., Spreite unterseits hellgrün od. graugrün; Stbl. 2 .... ***S. fragilis***, siehe Nr. **14**

— Sprossachse behaart od. kahl; Bl.stiel nahe der Spreitenbasis mit undeutl. od. ohne Drüsen, Nebenbl. deutl., Spreite unterseits hellgrün; Stbl. 4–6 ***S. nigra***, siehe Nr. **16**

24 (20). Spreite am Rand regelmäßig gesägt **27**

— Spreite ganzrandig, mitunter am Rand undeutl. od. unregelmäßig gesägt od. gekerbt – Spreite im Mittel > 7-mal so lang wie breit, > 5 cm lang, Blattrand oft ± nach unten umgerollt; Kätzchen sitzend od. kurz gestielt, Bltn. vor od. mit dem Laubaustrieb **25**

25. Spreite unterseits zerstreut behaart (Epidermis sichtbar) – Sprossachse kahl u. glänzend, nur anfangs behaart; Nebenbl. klein od. fehlend, Spreite längl. bis linealisch (*833/4*), lang zugespitzt, 5–15(–20) cm lang, bis 2 cm breit, oberseits kahl u. ± glänzend, unterseits graugrün; Kätzchen zylindrisch, 2–4 cm lang; Stbl. 2, kahl, Frkn. gestielt, behaart; Tragbl. 2-farbig, Basis hell, vorne dunkel, behaart; III–V. Sg/Bk – s. O-Sib., O-As. [*S. sachalinensis* F. SCHMIDT] **Sachalin-W., Amur-W., *S. udensis*** TRAUTV. & C. A. MEY.

Drachen-Weide, 'Sekka': häufig kultivierte, ♂ Sorte mit verbänderten, abgeflachten, bis zu mehreren cm breiten Trieben.

— Spreite unterseits dicht behaart, so dass Epidermis ± verdeckt – Spreite längl. bis linealisch, Nebenbl. längl., nur an kräftigen Langtrieben deutl., sonst klein od. fehlend **26**

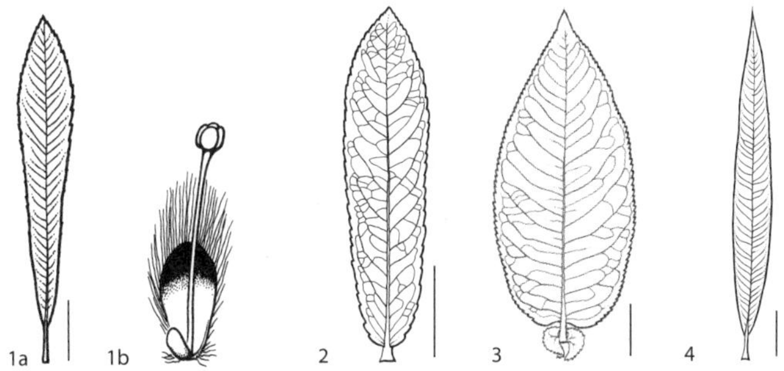

833/1–4 *Salix*: 1 *S. purpurea*, a Bl., b ♂ Blüte; 2–4 Bl.: 2 *S. integra*, 3 *S. eriocephala*, 4. *S. udensis*

26. Spreite unterseits durch dicht anliegende, den Seitennerven ± parallele Haare ± seidig schimmernd, Bl.stiel 5–10 mm lang (*834/1*); Tragbl. der Bltn. 2-farbig, Basis hell, vorne dunkel, lang behaart, Frkn. dicht behaart – Sprossachse anfangs dicht grau behaart, verkahlend; Spreite 5–15(–20) cm lang, bis 2 cm breit, oberseits kahl; Kätzchen ellipsoidisch bis zylindrisch, 1,5–4 cm lang, an der Basis meist ohne Laubblättchen; Stbl. 2, kahl, Frkn. sitzend, Gr. lang, mit 2 langen, abstehenden Narbenästen; III–IV. Sg/Bk – h. Eur., N- u. O-As., SW- u. M-As. **Korb-W., *S. viminalis*** L.

— Spreite unterseits durch verfilzte Haare matt, nicht schimmernd, Bl.stiel 2–6 mm lang (*834/2*); Tragbl. der Bltn. 1-farbig hellgrün od. an der Spitze rötl., nur zerstreut behaart, Frkn. kahl – Zw. gelbl. bis olivgrün od. rötl., Sprossachse anfangs behaart, verkahlend; Spreite 5–12(–15) cm lang, 0,5–1,5(–2) cm breit, oberseits anfangs behaart, verkahlend u. dann dunkelgrün; Kätzchen an der Basis oft mit Laubblättchen, längl., 2–6 cm lang; Stbl. 2, oft bis zur Hälfte verwachsen, an der Basis behaart (*834/3*); Frkn. kurz gestielt, Gr. u. Narbenäste lang; III–V. Sg/Bk/Bm – h. Geb. S- u. M-Eur., Kl.-As. **Lavendel-W., Grau-W., *S. eleagnos*** Scop.

27 (24). Spreite unterseits anliegend ± dicht silbrig seidig behaart; junge Sprossachse dicht behaart bis kahl; Zw. brechen an der Tragachse nicht leicht ab . ***S. alba***, siehe Nr. **15**

— Spreite unterseits u. junge Sprossachse zerstreut behaart bis fast kahl; junge Zw. brechen an der Tragachse leicht ab **16**

28 (19). Spreite unterseits graugrün bis weißl., aber ganz an der Spitze grün, Nebenbl. breit eif., deutl.; Bl. getrocknet schwarz od. schwarzfleckig werdend; Sprossachse behaart od. kahl; Bl.stiel 3–15 mm lang, Spreite in Form (*834/4*) u. Behaarung sehr variabel, elliptisch, verkehrt eif. od. längl., selten rundl., 2–7(–12) cm lang, 1–4(–5) cm breit, oberseits zuw. etwas behaart, meist aber kahl u. oft glänzend, unterseits behaart od. kahl, Bl.rand gekerbt od. gesägt; Bltn. kurz vor od. mit dem Laubaustrieb; Kätzchen kurz gestielt, ellipsoidisch bis zylindrisch, 1–5 cm lang; Stbl. 2, an der Basis behaart; Frkn. gestielt, kahl od. seltener behaart, Gr. deutl.; Tragbl. 2-farbig, Basis hell, vorne dunkel, lang behaart; IV–VI. Sg/Bk – s. N-Eur., M-Eur., Sib., Balkan. [*S. nigricans* Sm.] **Schwarzwerdende W., Schwarz-W., *S. myrsinifolia*** Salisb.

— Bl. unterseits grün od. auf ganzer Fläche (einschließl. Bl.spitze!) graugrün bis weißl., Nebenbl. deutl. od. fehlend **29**

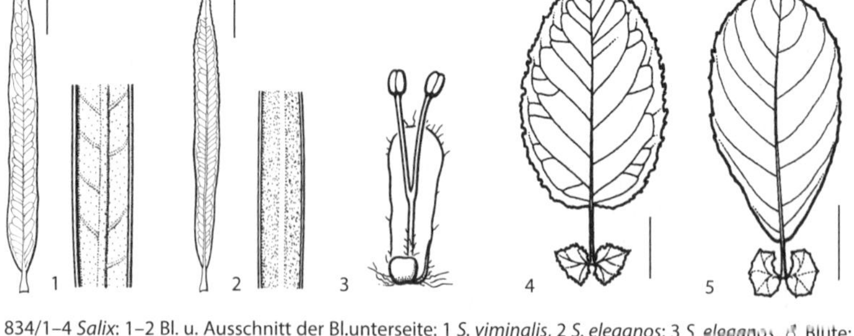

834/1–4 *Salix*: 1–2 Bl. u. Ausschnitt der Bl.unterseite: 1 *S. viminalis*, 2 *S. eleagnos*; 3 *S. eleagnos*, ♂ Blüte; 4–5 Bl.: 4 *S. myrsinifolia*; 5 *S. aurita*

29. Kn. groß, wie die junge Sprossachse u. die Bl.stiele glänzend purpurn; Spreite derb, oberseits stark glänzend dunkelgrün, jederseits mit 12–20 Seitennerven, diese oberseits eingesenkt, unterseits deutl. hervortretend, Nebenbl. fehlend od. klein; Spreite 8–18 cm lang, 3–8 cm breit, 2–3-mal so lang wie breit, unterseits anfangs ± seidig behaart, bis auf die Nerven verkahlend, am Rand fein u. regelmäßig drüsig gesägt .... ***S. fargesii***, siehe Nr. **11**

— Nicht so, insbesondere Kn., junge Sprossache u. Bl.stiele nicht glänzend purpurn **30**

30. Bl.spreite unterseits kahl od. nur mit einzelnen Haaren **40**

— Bl.spreite unterseits behaart – Kätzchen sitzend od. kurz gestielt, vor od. mit dem Laubaustrieb **31**

31. Holz 2–4-j. Triebe ohne Striemen od. mit wenigen undeutl., < 5 mm langen Striemen **34**

— Holz 2–4-j. Triebe mit zahlreichen, deutl., > 5 mm langen Striemen – Frkn. gestielt, behaart; Gr. kurz bis fehlend; Tragbl. der Bltn. 2-farbig, Basis hell, vorne dunkel, lang behaart **32**

32. Sprossachse nur anfangs behaart, rasch verkahlend u. dann rotbraun bis braun; Spreite (*834/5*) verkehrt eif., 2–6(–7) cm lang, 1,5–3,5 cm breit, unterseits anfangs ± dicht behaart, später oft nur zerstreut behaart od. bis auf die Nerven kahl; Kn. kahl bis zerstreut behaart – Nebenbl. deutl., rundl.; Bl.stiel 3–10 mm lang, Spreite 1,5–2(–2,5)-mal so lang wie breit, größte Breite meist über der Mitte, jederseits mit 7–10 Seitennerven oberseits stark runzelig, die Nerven deutl. eingesenkt, Rand wellig buchtig u. unregelmäßig kerbig gesägt (*834/5*); Kätzchen bis 1 cm lang gestielt, ± ellipsoidisch, 1–3 cm lang; Stbl. 2, behaart od. kahl; III–V. Sg – h. Eur., Kauk. **Ohr-W., *S. aurita*** L.

— Sprossachse im 1. Jahr bleibend dicht behaart; Spreite elliptisch od. seltener verkehrt eif., meist 5–15 cm lang, unterseits bleibend dicht behaart; Kn. ± dicht behaart – Stbl. 2, an der Basis behaart **33**

33. Spreite 2–4-mal so lang wie breit, größte Breite in od. über der Mitte (*835/1a*), oberseits ± matt grün; Striemen auf dem entrindeten Holz bis > 10 mm lang; Kn. grau- bis rotbraun – Sprossachse dies- u. meist auch vorj. Triebe samtig grau behaart; Nebenbl. meist deutl., rundl.; Bl.stiel 0,5–1,5 cm lang; Spreite oberseits nicht deutl. runzelig, die Nerven nicht od. wenig eingesenkt, zumindest anfangs grau behaart, unterseits graugrün, bleibend dicht behaart,

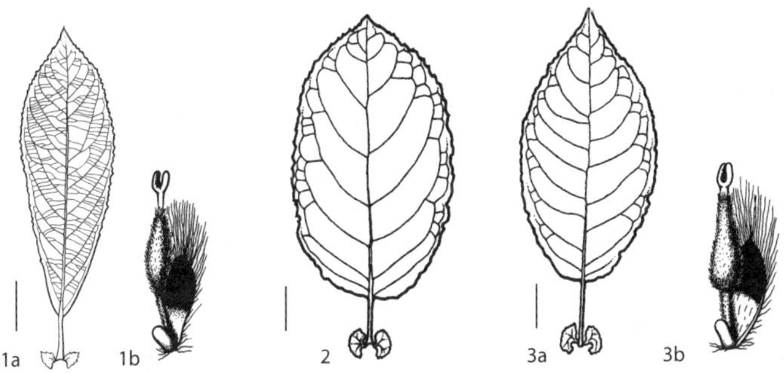

835/1–3 *Salix*: 1 *S. cinerea*, 1a Bl., 1b ♀ Blüte; 2 *S. aegyptiaca*, Bl.; 3 S. *caprea*, 3a Bl., 3b ♀ Blüte

5–10(–12) cm lang, 2–4(–5) cm breit, Rand unregelmäßig kerbig gesägt bis ganzrandig; Kätzchen ellipsoidisch bis längl., 2–5 cm lang; Gr. kurz (*835/1b*); III–IV. Sg – h. Eur., W-Sib., Kl.-As. Kauk., N-Afr. **Grau-W., *S. cinerea*** L.

subsp. *oleifolia* (Sm.) Macreight [*S. atrocinerea* Brot.], **Rostrote Grau-Weide**: im Unterschied zur Typus-Unterart (subsp. *cinerea*) auf der Unterseite der Spreite neben hellen auch rostfarbene Haare. Sg/Bk – s. W- u. SW-Eur.

— Spreite < 2,5-mal so lang wie breit, größte Breite ± in der Mitte, oberseits oft ± glänzend grün; Striemen meist nur bis 10 mm lang; Kn. rötl. – Nebenbl. eif., Bl.stiel 0,7–2 cm lang, oft rötl., Spreite 5–12 cm lang, 3–6 cm breit, Rand oft wellig u. unregelmäßig kerbig gesägt (*835/2*); Kätzchen 3–5(–6) cm lang; III–IV. Sg/Bk – ss. Kl.-As. Kauk., M-As. **Ägyptische W., *S. aegyptiaca*** L.

34 (31.) Spreite < 2,5-mal so lang wie breit – Rinde an Stamm u. stärkeren Ästen mit deutl. rautenf. Korkwarzen; das Holz 2–4-j. Triebe ohne Striemen; Mark der Zw. braun; Sprossache anfangs dicht, später zerstreut behaart, schon im 1. Jahr verkahlend u. dann ± glänzend; Nebenbl. rundl., oft fehlend od. undeutl., an kräftigen Trieben gut entwickelt; Bl.stiel 0,8–1,5 (–2) cm lang; Spreite 5–10(–15) cm lang u. 2,5–4(–7) cm breit, Rand wellig, undeutl. u. unregelmäßig kerbig gesägt bis ganzrandig (*835/3a*), oberseits anfangs oft behaart, später kahl, unterseits grau od. graugrün, dicht bis locker behaart, selten auch ± kahl; Kätzchen ellipsoidisch bis kurz zylindrisch, 1,5–4 cm lang, Stbl. 2, kahl od. mit wenigen Haaren; Frkn. (*835/3b*) gestielt, behaart, Gr. kurz od. fehlend (*835/3b*); Tragbl. der Bltn. 2-farbig, Basis hell, vorne dunkel, lang behaart; III–IV. Sg/Bk – h. Eur., N-As., SW- u. M-As. **Sal-W., *S. caprea*** L.

'Kilmarnoock' ['Pendula']: ♂ Sorte, hochstämmig veredelte Hängeform; Zw. steif, in kurzem Bogen überhängend.

Siehe auch *S. silesiaca*, Nr. 39, u. *S.* × *smithiana*, Nr. 37.

— Spreite > 2,5-mal so lang wie breit **35**

35. Sprossachse nur anfangs behaart, ± rasch verkahlend – Tragbl. der Bltn. 2-farbig, Basis hell, vorne dunkel, lang behaart **37**

— Sprossachse dicht filzig od. wollig behaart – Nebenbl. meist deutl.; Spreite am Rand unregelmäßig kerbig gesägt bis ganzrandig u. meist etwas nach unten umgerollt, unterseits graugrün, oberseits höchstens anfangs behaart, später ± kahl u. glänzend grün, Tragbl. 2-farbig, Basis hell, vorne dunkel, mit langen Haaren **36**

36. Spreite (*837/1*) meist (3–)4–6-mal so lang wie breit, Bl.stiel 1–2(–2,5) cm lang; Vorkommen v. a in Tieflagen, auch kultiviert – Nebenbl. längl. bis spitz eif.; Spreite 8–20(–24) cm lang, 2–4 cm breit, unterseits ± behaart u. oft durch anliegende Haare etwas schimmernd od. bis auf die Nerven kahl; Bltn. vor dem Laubaustrieb, Kätzchen ellipsoidisch bis längl., 2–6 cm lang; Stbl. 2, meist kahl; Frkn. kurz gestielt, behaart, Gr. lang; III–IV. Sg/Bk – h. M-Eur., O-Eur.
Filzast-W., Bandstock-W., *S. dasyclados* Wimm.

Möglicherweise *S. caprea* × *S. cinerea* × *S. viminalis*.

— Spreite meist 2–4-mal so lang wie breit, Bl.stiel 0,5–1 cm lang; nur sehr selten in den Zentralalp., wohl kaum in Kultur – Nebenbl. spitz eif. bis rundl. (*837/2*); Spreite 6–12(–17) cm lang, 2,5–5 cm breit, unterseits anfangs dicht, später zerstreut behaart, auch auf der Fläche nie ganz kahl; junge Zw. ± knotig, braun bis fast schwarz; Kätzchen ellipsoidisch bis kurz zylindrisch, 2–5 cm lang; Stbl. 2, kahl od. an der Basis etwas behaart; Frkn. lang gestielt, behaart, Gr. kurz; V–VI. Sg – ss. Alp. [*S. pubescens* A. Kern.] **Flaum-W., *S. laggeri*** Wimm.

37 (35). Nebenbl. ± eif., undeutl. od. fehlend, Spreite 3–7-mal so lang wie breit (*837/3*), unterseits oft durch anliegende Haare ± seidig schimmernd; entrindetes Holz 2–4-j. Triebe (meist) ohne Striemen – Spreite 6–13 (–15) cm lang; v. a. in Tieflagen, oft kultiviert; III–IV. Sg/Bk – h. Im natürl. Areal verbreitete Hybride *S. caprea* × *S. viminalis*. **Kübler-W., *S.* × *smithiana*** Willd.

— Nebenbl. rundl. bis breit eif., deutl.; Spreite 2,5–4-mal so lang wie breit, unterseits kahl od. behaart, aber nie seidig schimmernd, entrindetes Holz 2–4-j. Triebe ohne od. mit kurzen Striemen – Bltn. kurz vor od. mit dem Laubaustrieb, Kätzchen kurz gestielt, ellipsoidisch bis kurz zylindrisch, 1–3,5 cm lang; Frkn. deutl. gestielt, Gr. so lang wie die Narbenäste; Stbl. 2, im unteren Teil zerstreut behaart **38**

38. Kätzchen vor dem Blühen ± schwarz; Strauch, nur kultiviert – Sprossachse grau behaart od. kahl; Spreite unterseits grau, dicht seidig od. samtig behaart, verkahlend, Seitennerven stark hervortretend, am Rand ± deutl. gesägt, Spreite elliptisch bis schmal elliptisch (*837/4*), 4–12 cm lang, 1,5–3,5 cm breit; Stbl. 2, Frkn. u. Fr. dicht behaart; IV. Sg – s. O-As. [*S. melanostachys* (Makino) Goerz] **Schwarzährige W., *S. gracilistyla*** Miquel var. ***melanostachys*** C. K. Schneid.

— Kätzchen vor dem Blühen nicht schwarz; Sträucher, Vorkommen im Geb. (Alp., Jura, Sudeten), in Kultur selten – Sprossachse anfangs behaart, verkahlend, Spreite unterseits graugrün, anfangs ± dicht behaart, später zerstreut behaart od. bis auf die Nerven verkahlend, am Rand ± unregelmäßig kerbig gesägt bis fast ganzrandig **39**

39. Frkn. u. meist auch Fr. behaart; nur im Geb. (Alp., Jura) – Bl.stiel 0,7–1,5(–2) cm lang, Spreite 5–14(–18) cm lang, 3–5 cm breit (*838/1*); IV–V. Sg/Bk – s. M-Eur.: Alp., Jura. **Großblättrige W., Schlucht-W., *S. appendiculata*** Vill.

— Frkn. u. Fr. kahl; in M-Eur. nur in den Sudeten – Bl. im Austrieb oft auffallend rötl., Bl.stiel 0,5–1(–1,5) cm lang, Spreite (3–)4–10 cm lang, 1,5–4 cm breit (*838/2*); Staubbeutel vor dem Aufblühen rötl.; IV–VI. Sg – ss. Karp., Balkan. **Schlesische W., *S. silesiaca*** Willd.

40 (30). Spreite am Rand gesägt od. gekerbt **43**

— Spreite ganzrandig od. am Rand höchstens undeutl. kerbig gesägt – Nebenbl. fehlend od. sehr klein **41**

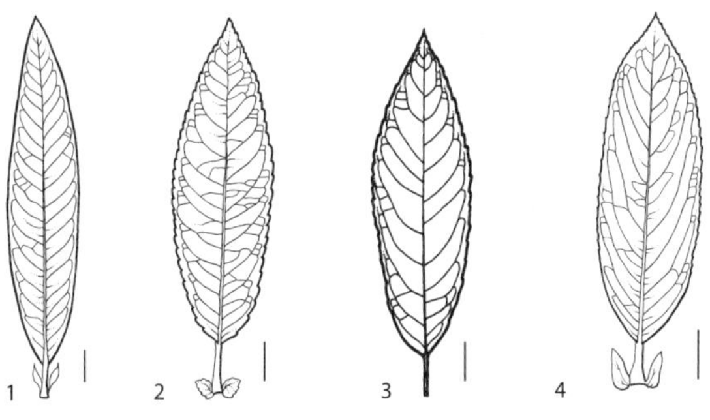

837/1–5 *Salix*, Bl.: 1 *S. dasyclados*, 2 *S. laggeri*, 3 *S.* × *smithiana*, 4 *S. gracilistyla* var. *melanostachys*

41. Spreite (*838/3*) 10–20 cm lang, 5–10 cm breit, oberseits grau- bis blaugrün, Bl.stiel 1–3,5 cm lang, oft rötl. – Kn. u. junge Sprossachse rötl., Spreite lederig (ähnl. *Magnolia*); Bltn. mit dem Laubaustrieb, Kätzchen auffallend groß u. ansehnl., längl., 7–20 cm lang, lang gestielt, Stiel mit großen Bl.; Stbl. 2, Staubbeutel bis zum Aufblühen purpurn; Frkn. kahl; Tragbl. 1-farbig, kahl; V. Sg/Bk – s. China: Sich. **Pracht-W., *S. magnifica*** HEMSL.

— Spreite 3–8 cm lang, 1,5–2,5(–4) cm breit, oberseits ± glänzend grün, Bl.stiel 0,3–1,3 cm lang, grün – Spreite anfangs oft etwas (seidig) behaart, rasch kahl, unterseits matt grau od. blaugrün; Bltn. kurz vor od. mit dem Laubaustrieb, Kätzchen bis 1,5 cm lang gestielt, 1–4 cm lang, Stbl. 2, kahl od. spärl. behaart; Frkn. behaart; Tragbl. der Bltn. 2-farbig, Basis hell, vorne dunkel, lang behaart **42**

42. Bl. anfangs ± seidig behaart; Holz 2–4-j. Triebe mit kurzen Striemen **Zweifarbige W., *S. bicolor*** WILLD., siehe Nr. **59**

— Bl. meist von Beginn an kahl; Holz 2–4-j. Triebe meist ohne Striemen; V–VI. Sg – ss. N-Eur., Sib. **Grün-W., *S. phylicifolia*** L.

Beide Arten nur sehr schwer zu unterscheiden!

Sehr ähnl. ist die **Hochtal-W., *S. hegetschweileri*** HEER: taxonomischer Status unklar, möglicherweise *S. bicolor* × *S. myrsinifolia*, zerstreut in den Schweizer u. Tiroler Alp.

43 (40). Basis der Spreite gestutzt bis abgerundet, zumindest teilw. herzf. ***S. eriocephala***, siehe Nr. **21**

— Basis der Spreite keilf. bis abgerundet, nie herzf. **44**

44. Spreite < 2,5(–3)-mal so lang wie breit, unterseits ± glänzend grün, nur wenig heller als oberseits (*838/4*); Nebenbl. eif., fehlend od. nur an kräftigen Trieben; Bl. beim Trocknen oft schwarz od. schwarzfleckig werdend; Tragbl. der Bltn. 2-farbig, Basis hell, vorne dunkel, behaart; nur in höheren Lagen der Zentral-Alp. – Bl.stiel 0,3–1 cm lang; Spreite 3,5–7(–10) cm lang; Bltn. kurz vor od mit dem Laubaustrieb, Kätzchen kurz gestielt ellipsoidisch bis kurz zylindrisch, 1–5 cm lang; Stbl. 2, an der Basis behaart; Frkn. gestielt, kahl; V–VI. Sg – s. Alp. **Tauern-W., *S. mielichhoferi*** SAUT.

— Spreite > (2,5–)3-mal so lang wie breit, unterseits grau od. grün, Nebenbl. breit eif., deutl., Bl. beim Trocknen nicht schwarz werdend; Tragbl. der Bltn. 1-farbig hellgrün, behaart; v. a. in tieferen Lagen (bis montan) ***S. triandra***, siehe Nr. **13**

Vgl. auch *S. gracilistyla*, siehe Nr. 38.

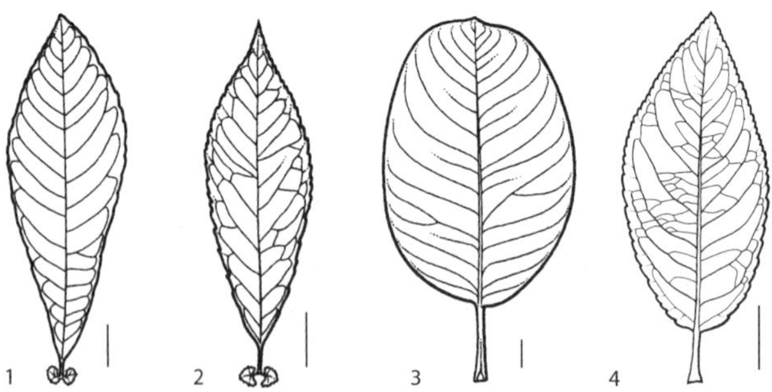

838/1–4 *Salix*, Bl.: 1 *S. appendiculata*, 2 *S. silesiaca*, 3 *S. magnifica*, 4 *S. mielichhoferi*

45 (1). Am Boden kriechende Spaliersträucher **66**
— Aufrechte Zwergsträucher od. kleine Sträucher **46**
46. Spreite unterseits auf der Fläche kahl (junge Bl. mitunter behaart) **55**
— Spreite unterseits auf der Fläche behaart **47**
47. Spreite unterseits behaart, aber Behaarung nicht dicht wollig od. filzig grau bis weiß **50**
— Spreite unterseits dicht wollig od. filzig grau bis weiß behaart, verkahlend – Sprossachse anfangs dicht behaart, wollig od. filzig grau bis weiß, verkahlend u. dann ± glänzend; Spreite oberseits verkahlend u. dann matt graugrün od. glänzend dunkelgrün, am Rand schwach kerbig gesägt bis ganzrandig; Bltn. kurz vor od. mit dem Laubaustrieb, Kätzchen 2–5 cm lang, Gr. lang, Stbl. 2, kahl od. selten spärl. behaart **48**
48. Nebenbl. deutl., spitz eif.; Spreite 1–1,5(–2)-mal so lang wie breit, 3–7(–9) cm lang, 2–6 cm breit, Behaarung junger Bl. oft gelbl. (*839/1*); Frkn. kahl od. sehr spärl. behaart; Tragbl. der Bltn. 2-farbig, Basis hell, vorne dunkel, lang behaart – Kätzchen vor dem Laubaustrieb, sitzend, ellipsoidisch bis kurz zylindrisch, dicht behaart; IV–V. Sk – s. N-Eur., Sib. **Woll-W., *S. lanata*** L.
— Nebenbl. klein od. meist fehlend; Spreite > (1,5–)2-mal so lang wie breit, 3–6(–9) cm lang, 1–3,5 cm breit; Behaarung junger Bl. weißl.; Frkn. dicht behaart, kurz gestielt od. fast sitzend; Tragbl. der Bltn. ganz od. nur im vorderen Teil dunkel, lang behaart (**Artengruppe *S. lapponum* agg.**) **49**
49. Bl. (*839/2*) u. Sprossachse zumindest anfangs dicht zottig weißl. behaart; Kätzchen mit dem Laubaustrieb, kurz gestielt, an der Basis meist mit einigen Blättchen, zylindrisch, zur Fr.reife deutl. verlängert; Frkn. kurz gestielt; V–VII. Sk – s. Alp. [*S. lapponum* var. *helvetica* (Vill.) Anderss.] **Schweizer W., *S. helvetica*** Vill.
— Behaarung der Bl. u. der jungen Sprossachse weniger dicht, ± grau; Kätzchen vor dem Laubaustrieb, ± sitzend, an der Basis meist ohne Blättchen, zylindrisch, zur Fr.reife wenig verlängert; Frkn. sitzend; V–VII. Sk – s. Karp., N-Eur., Sib. **Lappland-W., *S. lapponum*** L.

Von *S. helvetica* schwer zu unterscheiden!

50 (47). Holz 2–4-j. Triebe mit deutl., > 5 mm langen Striemen; Nebenbl. groß u. bleibend, Spreite unterseits locker, ± abstehend behaart ***S. aurita***, siehe Nr. **32**
— Holz 2–4-j. Triebe ohne od. mit undeutl. Striemen; Nebenbl. klein od. fehlend, Spreite unterseits anliegend ± dicht seidig behaart **51**

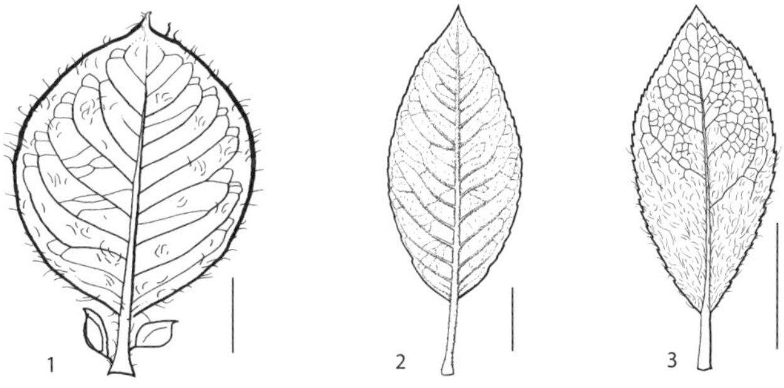

839/1–3 *Salix*, Bl.: 1 *S. lanata*, 2 *S. helvetiva*, 3 *S. breviserrata*

51. Spreite > 5-mal so lang wie breit – Sprossachse anfangs behaart, verkahlend; Bl.stiel 1–4 mm lang, Spreite meist lang zugespitzt; Bltn. kurz vor od. mit dem Laubaustrieb, Kätzchen kurz gestielt, fast kugelig bis kurz zylindrisch, 0,8–3 cm lang, Stbl. 2, kahl od. an der Basis behaart, Frkn. behaart, Gr. kurz, Tragbl. 2-farbig, Basis hell, vorne dunkel, lang behaart; IV–V. Sk – z. M-Eur., O-Eur., Sib. [*S. repens* subsp. *rosmarinifolia* (L.) ČELAK.]
Rosmarin-W., *S. rosmarinifolia* L.

— Spreite < 5-mal so lang wie breit **52**

52. Spreite am Rand deutl. drüsig gesägt, unterseits nicht od. wenig heller als oberseits, anfangs beidseitig wollig („spinnwebig“) od. anliegend seidig behaart (*839/3*), später oft kahl, oberseits aber meist stärker behaart bleibend als unterseits – Bl.stiel 2–4 mm lang; Spreite 1–3(–4) cm lang, 0,5–1,5(–2) cm breit; Tragbl. der Bltn. 2-farbig, Basis hell od. rötl., vorne dunkel; Frkn. sitzend, behaart; VI–VII. Sz., Sp. – z. Alp. [*S. myrsinites* subsp. *serrata* SCHINZ & THELL.]
Matten-W., Kurzzähnige W., *S. breviserrata* FLOD.

— Spreite ganzrandig od. undeutl. gesägt, beidseitig anliegend behaart, oberseits oft ganz verkahlend, unterseits bleibend behaart **53**

53. Bl.stiel > 2 mm lang, Spreite 3–8 cm lang; Vorkommen nur in höheren Lagen der Zentral-Alp. (meist subalp. u. alp.) – Spreite (2–)3–4(–5)-mal so lang wie breit, 1–2,5 cm breit, oberseits mattgrün, anliegend behaart bis kahl, unterseits heller, dicht bis locker anliegend behaart (Haare oft längs ausgerichtet), mitunter etwas seidig schimmernd (*840/1*); Bltn. mit od. nach dem Laubaustrieb; Kätzchen 1–2 cm lang gestielt, mit Laubblättchen, 2–5 cm lang; Frkn. kurz gestielt, dicht weißfilzig behaart; Stbl. 2, an der Basis behaart; Tragbl. der Bltn. 1-farbig hell od. an der Spitze rötl., dicht behaart; VI–VII. Sk – z. Alp., Pyr. **Seidenhaarige W., Seiden-W., *S. glaucosericea*** FLOD.

— Bl.stiel < 3 mm lang, Spreite 1–5 cm lang, Vorkommen v. a. in tieferen Lagen – Sprossachse anfangs seidig bis filzig behaart, später kahl; Spreite zunächst beidseitig hell seidig bis filzig behaart, oberseits oft verkahlend u. dann grün, unterseits ± bleibend anliegend hell behaart, nur selten verkahlend; Kätzchen kurz gestielt, Gr. kurz, Narben undeutl. **54**

54. Spreite (*840/2*) 1–5 cm lang, 0,5–2 cm breit; Frkn. gestielt, behaart bis kahl, Stbl. 2, Staubfäden ± frei, kahl od. etwas behaart; Tragbl. der Bltn. deutl. 2-farbig, Basis hell, vorne dunkel, lang behaart; Bltn. kurz vor od. mit dem Laubaustrieb – Kätzchen ellipsoidisch bis kurz zylindrisch, 0,8–3 cm lang; IV–V. Sk – z. Eur., N-As., Sib. **Kriech-W., *S. repens*** L.

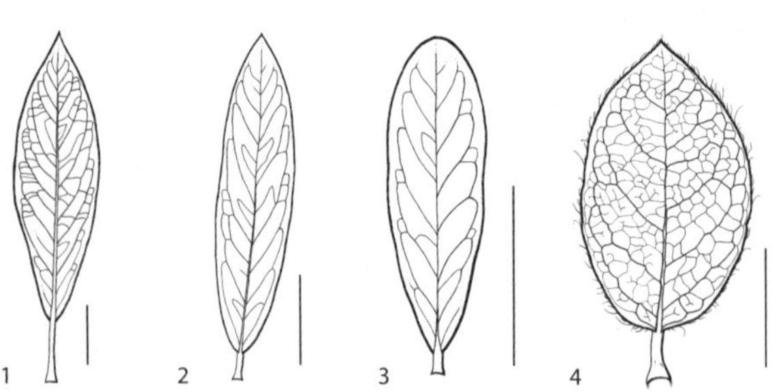

840/1–4 *Salix*, Bl.: 1 *S. glaucosericea*, 2 *S. repens*, 3 *S. variegata*; 4 *S. alpina*

— Spreite (*840/3*) 0,5–1,5(–2) cm lang, 0,3–0,5(–0,8) cm breit, Frkn. sitzend, wie die Fr. dicht behaart, Staubfäden der 2 Stbl. ± verwachsen, kahl; Tragbl. der Bltn. ± 1-farbig, behaart – Bl. auffallend dicht stehend; Kätzchen nach dem Laubaustrieb (oft erst im Spätsommer), 1,5–2,5 cm lang, Stbl. 2, kahl; IV–V od. VII–IX. Sk – s. China [*S. bockii* SEEMEN]
Chinesische Myrten-W., *S. variegata* FRANCHET

55 (46). Spreite ober- u. unterseits verschiedenfarbig **57**

— Spreite auf beiden Seiten ± gleichfarbig – Nebenbl. längl. bis eif., oft fehlend; Nervatur der Spreite zwischen den Seitennerven deutl. netzartig, Spreite v. a. unterseits oft glänzend; Bltn. mit dem Laubaustrieb, Kätzchen an kurzen, beblätterten Trieben, kurz zylindrisch, 1–3 cm lang; Frkn. behaart, zur Fr.reife behaart od. ± kahl, Gr. u. Narben rötl.; die 2 Stbl. kahl, vor dem Aufblühen rötl.; Tragbl. lang behaart **56**

56. Spreite ganzrandig od. am Rand ± undeutl. gesägt, oberseits ± kahl; Frkn. u. Fr. kurz gestielt – Bl.stiel 2–5 mm lang, Spreite 1–3,5 cm lang, 0,6–1,8 cm breit, vorne spitz od. stumpf, anfangs ± seidig behaart, verkahlend (*840/4*); Tragbl. an der Basis rötl. braun, zur Spitze hin schwarz; VI–VII. Sz, Sp – s. O-Alp., Karp. [*S. myrsinites* var. *alpina* KOEHNE] **Alpen-W., Myrten-W., *S. alpina*** SCOP.

— Spreite am Rand deutl. u. regelmäßig drüsig gesägt; Frkn. u. Fr. sitzend
S. breviserrata, siehe Nr. **52**

Sehr ähnl. **Heidelbeerblättrige W., *S. myrsinites*** SALISB.: im Unterschied zu *S. breviserrata* sind i. d. R. neben grünen Bl. verwelkte des Vorjahrs vorhanden. N-Eur., Sib., N-Mong.

Vgl. auch *S. arbuscula*, siehe Nr. 65.

57 (55). Spreite am Rand ± regelmäßig u. deutl. gesägt od. gekerbt **61**

— Spreite ganzrandig od. Rand mit wenigen undeutl., ± entfernten Zähnen .. **58**

58. Nebenbl. deutl. u. ± breit eif. .... ***S. hastata***, siehe Nr. **63**

— Nebenbl. fehlend od. klein **59**

59. Spreite (*842/1*) 3–8 cm lang, oberseits ± glänzend grün, deutl. dunkler als die grau- bis blaugrüne Unterseite – Holz 2–4-j. Triebe mit kurzen, bis 4 mm langen Striemen, Sprossachse meist kahl u. glänzend; Bl.stiel 0,3–1,3 cm lang; Spreite ganzrandig od. am Rand schwach gesägt, anfangs behaart, z. T. seidig, rasch kahl, Bl. beim Trocknen nicht schwarz werdend; Bltn. kurz vor od. mit dem Laubaustrieb, Kätzchen bis 1,5 cm lang gestielt, zylindrisch, 1–4 cm lang; Frkn. gestielt, behaart, die 2 Stbl. kahl od. an der Basis spärl. behaart; Tragbl. der Bltn. 2-farbig, Basis hell, vorne dunkel, behaart; V–VI. Sk – s. Geb.: Pyr., M-Eur. [*S. schraderiana* WILLD.; *S. phylicifolia* L. auct. p.p.]
Zweifarbige W., *S. bicolor* WILLD.

Sehr ähnl. **Grün-W., *S. phylicifolia*** L. (Nr. 42): Bl. jedoch schon anfangs weitgehend kahl; Holz entrindeter 2–4-j. Triebe meist ohne Striemen.

Vgl. auch *S. waldsteiniana*, siehe Nr. 65

— Spreite 1–3,5(–6) cm lang, oberseits matt grau- od. blaugrün, nur wenig dunkler als unterseits – Bltn. kurz vor od. mit dem Laubaustrieb, Kätzchen kurz gestielt, an der Basis mit Laubblättchen **60**

60. 0,3–1(–1,5) m hoher Strauch; Spreite (*842/2*) 1,5–2(–2,5)-mal so lang wie breit; Stiel des Frkn. deutl. kürzer als das Tragbl., Frkn. dicht behaart; Staubfäden der 2 Stbl. meist ± verwachsen; Vorkommen nur in subalp. Stufe der Alp. – Bl.stiel 2–4 mm lang; Spreite 1–3(–6) cm lang, 0,5–2(–3) cm breit, matt grau- od. blaugrün; Kätzchen ellipsoidisch bis kurz zylindrisch, 0,8–2 cm lang; Staubbeutel vor dem Aufblühen rot; Tragbl. der Bltn. meist 1-farbig hell, behaart; V–VI. Sk. – s. Alp. **Blau-W., Blaugrüne W., *S. caesia*** Vill.

— Bis 0,3(–1) m hoher Zwergstrauch; Spreite 1,5–4-mal so lang wie breit; Stiel des Frkn. meist länger als das Tragbl., Frkn. kahl; Staubfäden der 2 Stbl. frei; Vorkommen nur in Mooren tieferer Lagen – Bl.stiel 2–5 mm lang, Spreite (*842/3*) 1,5–3,5 cm lang, 0,7–1,8 cm breit; Kätzchen längl., 1–3 cm lang, Tragbl. der Bltn. 1-farbig gelbl. grün od. an der Spitze purpurn, ± behaart; IV–V. Sz, Sk – s. M-, N- u. O-Eur., N- u. O-As. **Heidelbeer-W, *S. myrtilloides*** L.

61 (57). Spreite (*842/4*) am Rand regelmäßig u. dicht gesägt, meist mit großen, auffallend hellen Drüsen auf den Zähnen – Sprossachse anfangs dicht behaart, rasch verkahlend, Nebenbl. eif., klein, oft fehlend; Bl.stiel 2–5 mm lang, Spreite 1–2,5(–4) cm lang, 0,5–1,5(–2) cm breit, anfangs oft etwas behaart, später kahl, oberseits matt glänzend grün, unterseits hell- bis graugrün; Bltn. mit dem Laubaustrieb, Kätzchen gestielt, zylindrisch, 1–3 cm lang, an der Basis mit Laubblättchen; Frkn. kurz gestielt, behaart, Gr. deutl., wie die kurzen Narbenäste oft rötl.; die 2 Stbl. kahl, Staubbeutel vor dem Aufblühen rot; Tragbl. der Bltn. 2-farbig, Basis hell, vorne braun od. rotbraun, behaart; V–VI. Sk – s. Alp. **Stinkende W., Ruch-W., *S. foetida*** Schleich.

— Spreite am Rand gesägt od. gekerbt, zuw. undeutl., wenn mit Drüsen, dann diese nicht auffallend hell **62**

62. Nebenbl. fehlend od. klein – Kätzchen mit dem Laubaustrieb, deutl. gestielt, Stiel mit Laubblättchen **64**

— Nebenbl. ± breit eif., deutl. – Spreite anfangs behaart, rasch kahl (Nerven mitunter bleibend behaart), oberseits grün, unterseits graugrün bis weißl.; Bltn. kurz vor od. mit dem Laubaustrieb, Kätzchen kurz gestielt, die 2 Stbl. kahl .. **63**

63. Bl.stiel 5–10 mm lang, Spreite (*842/5*) an der Basis abgerundet bis keilf., mitunter auch herzf., 4–8 cm lang, 2–5 cm breit, Frkn. kahl – Spreite am Rand gesägt, oft aber zur Spitze hin ganzrandig, selten auch ± ganzrandig; Kätzchen vor dem Aufblühen dicht wollig hell behaart, zylindrisch, 2,5–5 cm lang; Frkn. gestielt, Gr. deutl.; Tragbl. der Bltn. 2-farbig, Basis hell, vorne dunkel, auffallend lang behaart; V–VII. Sk – z. M-, S-, N- u. O-Eur, Kl.-As., Kauk., N-, M- u. O-As., N-Mong. **Spieß-W., Spießblättrige W., *S. hastata*** L.

— Bl.stiel 3–6 mm lang, Spreite (*843/1*) an der Basis abgerundet bis keilf., 2–6 cm lang, 1–3 cm breit, Frkn. behaart – Spreite ± unregelmäßig gesägt bis fast ganzrandig; Kätzchen eif. bis kurz zylindrisch, 1–3 cm lang, Frkn. lang gestielt,

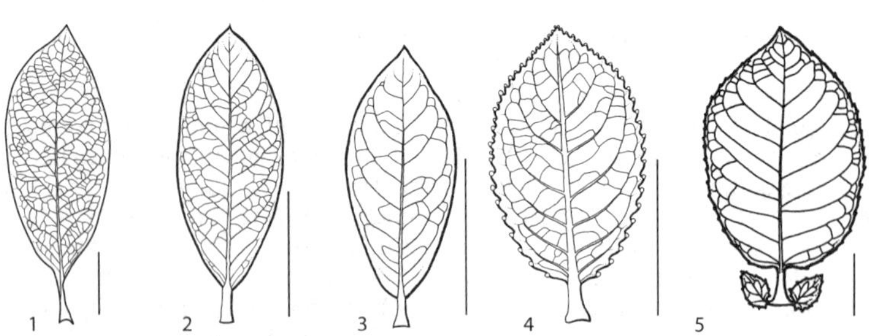

842/1–5 *Salix*, Bl.: 1 *S. bicolor*, 2 *S. caesia*, 3 *S. myrtilloides*, 4 *S. foetida*, 5 *S. hastata*

Tragbl. der Bltn. 1-farbig gelbgrün od. an der Spitze dunkler, behaart; IV–V. Sz, Sk – s. M-, O- u. N-Eur., N-As., N-Mong., Russ.-Fernost.
Bleiche W., *S. starkeana* Willd.

64 (62). Spreite meist von Anfang an kahl, unterseits hellgrau bis weißl., oberseits oft fast lackartig glänzend, beim Trocknen ± schwarz(fleckig) werdend; Stbl. an der Basis locker behaart, Frkn. deutl. gestielt, wie die Fr. kahl – Bl.stiel 0,2–1,5 cm lang, Spreite 2–7(–9) cm lang, 1–3(–3,5) cm breit, am Rand gesägt (*843/2*); Kätzchen zylindrisch, 1,5–7 cm lang; Tragbl. der Bltn. 1-farbig hell od. an der Spitze hell- bis dunkelbraun, ± lang behaart; V–VI. Sk. – z. Alp., Geb. SO-Eur. **Kahle W., Glanz-W., *S. glabra*** Scop.

— Spreite anfangs oft behaart, unterseits graugrün, oberseits matt od. glänzend, beim Trocknen grün bleibend; Stbl. kahl, Frkn. kurz gestielt, wie die Fr. behaart **65**

65. Bl.stiel 2–8(–10) mm lang, Spreite 2–6(–7) cm lang, 0,5–3 cm breit; Tragbl. der Bltn. 2-farbig, Basis hell, vorne braun od. helbraun bis rötl. braun, behaart – Spreite (*843/3*) am Rand gesägt od. gekerbt bis fast ganzrandig; Kätzchen 1–4 cm lang; V–VI. Sk. – z. Alp., Geb. SO-Eur.
Bäumchen-W., *S. waldsteiniana* Willd.

— Bl.stiel 1,5–3,5 mm lang, Spreite (*843/4*) 1,5–3 cm lang, 0,5–1,5 cm breit; Tragbl. der Bltn. 1-farbig blassgelb, an der Spitze mitunter rötl., behaart – Kätzchen 1–2,5 cm lang; V. Sz, Sp – s. N-Eur., Sib. [*S. formosa* Willd.]
Nordische Bäumchen-W., *S. arbuscula* L.

Vgl. auch *S. bicolor*, siehe Nr. 59.

66 (45). Bl.stiel 0,5–2 cm lang, Spreite unterseits graugrün bis weißl., oberseits grün u. ± glänzend, durch tief eingesenkte Nerven deutl. runzelig (*844/1*) – Nebenbl. fehlend, Spreite 1–2-mal so lang wie breit, (1–)2–4(–5) cm lang, 1–3(–4) cm breit, ganzrandig od. selten am Rand entfernt schwach gekerbt, oberseits zerstreut behaart bis kahl, unterseits dicht bis zerstreut behaart, verkahlend; Bltn. mit od. nach dem Laubaustrieb, Kätzchen längl., 1,5–3,5 cm lang, endst., bis 2,5 cm lang gestielt an beblätterten Trieben; Frkn. sitzend od. kurz gestielt, rötl., dicht hell behaart; die 2 Stbl. an der Basis behaart, Staubbeutel vor dem Aufblühen rotbraun; Tragbl. der Bltn. 1-farbig hellbraun bis rötl., dicht behaart; VI–VIII. Sp – z. Holarkt. **Netz-W., *S. reticulata*** L.

— Bl.stiel < 0,6 cm lang, Spreite beidseitig ± gleich grün (bei *S. arbuscula* unterseits auch graugrün), oberseits ± glatt **67**

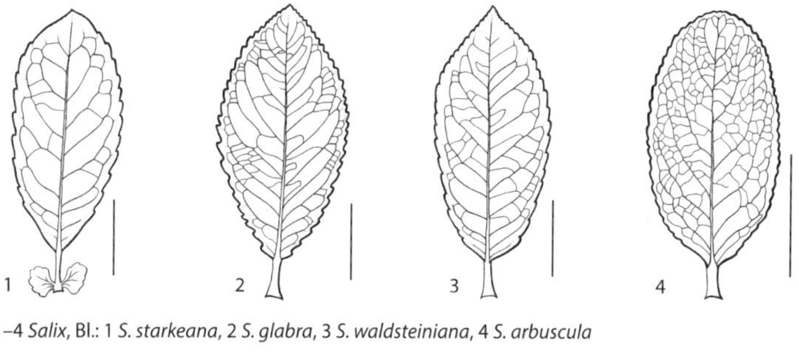

843/1–4 *Salix*, Bl.: 1 *S. starkeana*, 2 *S. glabra*, 3 *S. waldsteiniana*, 4 *S. arbuscula*

67. Spreite rundl.; verholzte Sprosse fast durchweg unterirdisch, meist nur die kurzen diesj. Sprosse oberirdisch – Nebenbl. fehlend od. sehr klein; Bl.stiel 1–6 mm lang; Spreite 0,5–2(–3) cm lang, etwa so breit, kahl, selten unterseits etwas behaart, beidseitig grün, am Rand gekerbt (*844/2*); Bltn. mit od. nach dem Laubaustrieb, Kätzchen kurz gestielt, 0,4–1 cm lang, nur mit etwa 5–10 Bltn.; Frkn. kurz gestielt, kahl, rötl.; die 2(–4) Stbl. kahl, Staubbeutel vor dem Aufblühen rötl. braun; Tragbl. der Bltn. gelbgrün, an der Spitze oft rotbraun, kahl od. am Rand etwas bewimpert; VI–VIII. Sp – z. Eur., N-NAm.
Kraut-W., *S. herbacea* L.

— Spreite ± elliptisch, deutl. länger als breit; verholzte Sprosse oberirdisch ... **68**

68. Spreite ganzrandig od. am Rand ± undeutl. gesägt **70**

— Spreite am Rand regelmäßig u. deutl. gesägt **69**

69. Spreite auf beiden Seiten ± gleichfarbig, anfangs beidseitig wollig („spinnwebig") od. anliegend seidig behaart, ± verkahlend, oberseits meist stärker behaart bleibend als unterseits .... ***S. breviserrata***, siehe Nr. **52**

— Spreite unterseits heller als oberseits, ± graugrün, anfangs ± behaart, rasch kahl, wenn behaart, dann unterseits stärker als oberseits
S. arbuscula, siehe Nr. **65**

70 (68). Spreite vorne spitz od. stumpf, aber nicht ausgerandet, zwischen den schwach bogenf. Seitennerven deutl. netznervig; Frkn. u. Fr. behaart od. selten Fr. kahl; Tragbl. der Bltn. ± 2-farbig, an der Basis oft rötl., vorne schwarz
S. alpina, siehe Nr. **56**

— Spreite vorne abgerundet od. ausgerandet, selten spitz, zwischen den deutl. bogenf. verlaufenden Seitennerven undeutl. netznervig; Frkn. u. Fr. meist kahl, zuw. zerstreut behaart; Tragbl. der Bltn. 1-farbig gelbgrün, mitunter am Rand rötl. – Nebenbl. fehlend, Spreite ganzrandig od. selten am Rand schwach gesägt, behaart od. kahl, oberseits grün u. oft ± glänzend, unterseits etwas heller grün; Bltn. mit od. nach dem Laubaustrieb, Kätzchen an der Basis mit Bl., die 2 Stbl. kahl **71**

71. Spreite 8–30 mm lang, 5–10 mm breit, mit 3–6 Paar Seitennerven (*844/3*); Kätzchen gestielt, 1–2 cm lang, meist mit 10–20 Bltn.; Fr. 3–5 mm lang – Bl.stiel 2–3(–5) mm lang; VI–VIII. Sp – z. Geb.: M- u. SO-Eur.
Stumpfblättrige W., *S. retusa* L.

— Spreite 4–11 mm lang, 2–4 mm breit, mit 2–4 Paar Seitennerven; Kätzchen fast sitzend, < 1 cm lang, mit 3–8 Bltn., Fr. 2–3 mm lang – Bl.stiel 1–2 mm lang; VI–VIII. Sp – z. Alp. **Quendelblättrige W., Quendel-W., *S. serpyllifolia*** Scop.

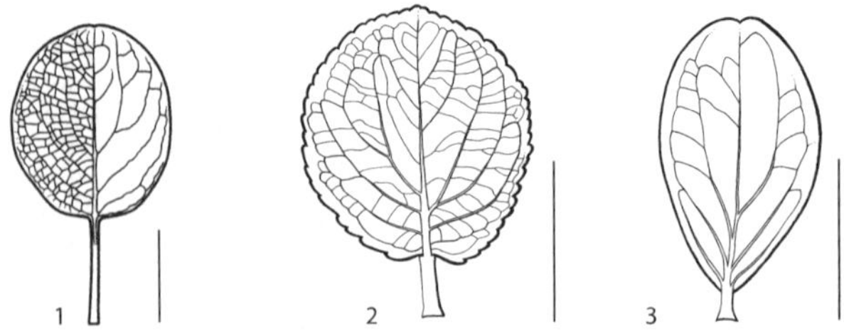

844/1–3 Salix, Bl.: 1 *S. reticulata*, 2 *S. herbacea*, 3 *S. retusa*

Bestimmung von Zweigen mit weiblichen Blüten oder Fruchtständen

Die Nummern in Klammern hinter den Artnamen verweisen auf die Punkte, unter denen diese Arten im Schlüssel zur Bestimmung vorwiegend nach vegetativen Merkmalen (S. 828–844) beschrieben sind.

1. Tragbl. zur Blütezeit meist deutl. 2-farbig, vorne dunkelbraun bis schwärzl., an der Basis gelbgrün od. blassgelb (selten rötl.), Tragbl. i. d. R. auch zur Fr.zeit vorhanden **23**

— Tragbl. zur Blütezeit meist 1-farbig gelbgrün bis blassgelb, mitunter an der Spitze rötl. überlaufen, selten 1-farbig rot, Tragbl. zur Fr.zeit oft hinfällig **2**

2. Bäume od. große Sträucher, > 2 m hoch **13**

— Kleine, bis 1,5 (–2) m hohe Sträucher, Zwerg- od. Spaliersträucher **3**

3. Aufrechte Zwergsträucher od. kleine Sträucher **8**

— Am Boden kriechende Spaliersträucher – Kätzchen mit od. nach dem Laubaustrieb, deutl. gestielt, Kätzchenstiel stets mit Bl. **4**

4. Frkn. kahl od. zuw. zerstreut behaart **6**

— Frkn. stets dicht behaart **5**

5. Kätzchen 1–3 cm lang gestielt, Frkn. sitzend; Bl.stiel 0,5–2 cm lang, Spreite 1–1,5(–2)-mal so lang wie breit, oberseits durch tief eingesenkte Nerven deutl. runzelig, ganzrandig od. am Rand schwach gekerbt **_S. reticulata_** (66)

— Kätzchen 0,5–1,5 cm lang gestielt, Frkn. kurz gestielt; Bl.stiel < 0,5 cm lang, Spreite > 1,5-mal so lang wie breit, oberseits ± glatt, am Rand dicht drüsig gesägt **_S. arbuscula_** (65–)

6 (4). Spreite rundl., ± so lang wie breit, am Rand gekerbt; verholzte Sprosse fast durchweg unterirdisch, nur kurze diesj. Sprosse oberirdisch; Frkn. rötl. **_S. herbacea_** (67)

— Spreite ± elliptisch, deutl. länger als breit, ganzrandig od. am Rand ± undeutl. gesägt; verholzte Sprosse oberirdisch; Frkn. meist grünl. **7**

7. Kätzchen gestielt, 1–2 cm lang, meist mit 10–20 Bltn.; Fr. 3–5 mm lang; Spreite 8–30 mm lang u. 5–10 mm breit, mit 3–6 Paar Seitennerven **_S. retusa_** (71)

— Kätzchen fast sitzend, < 1 cm lang, mit 3–8 Bltn.; Fr. 2–3 mm lang; Spreite 4–11 mm lang u. 2–4 mm breit, mit 2–4 Paar Seitennerven **_S. serpyllifolia_** (71–)

8 (3). Frkn. u. Fr. behaart **10**

— Frkn. u. Fr. kahl – Kätzchen mit dem Laubaustrieb **9**

9. Stiel des Frkn. länger als das Tragbl.; Bl. ganzrandig **_S. myrtilloides_** (60–)

— Stiel des Frkn. kürzer als das Tragbl.; Bl. am Rand gesägt **_S. glabra_** (64)

10 (8). Frkn. deutl. gestielt, Stiel meist > ¼ so lang wie der Frkn. **12**

— Frkn. ± sitzend od. sehr kurz gestielt **11**

11. Kätzchen zur Blüte 1–1,5 cm lang **_S. caesia_** (60)

— Kätzchen zur Blüte 1,5–2,5 cm lang **_S. variegata_** (54–)

Vgl. auch *S. arbuscula*: Bl. im Unterschied zu *S. caesia* u. *S. variegata* am Rand drüsig gesägt.

12 (10) Frkn. nur kurz (< 2 mm lang) gestielt, wollig od. filzig weiß behaart; Blättchen am Stiel der Kätzchen ebenso wie normale Bl. dicht und anliegend seidig behaart; natürl. Vorkommen nur in höheren Lagen der Zentral-Alp. (meist subalp. u. alp.) **_S. glaucosericea_** (53)

— Stiel des Frkn. ≥ 2 mm lang, zur Fr.reife oft ± so lang wie der Frkn., Frkn. angedrückt behaart; Blättchen am Stiel der Kätzchen ebenso wie normale Bl. weitgehend kahl, nur am Rand behaart; natürl. Vorkommen in Mooren u. feuchten Magerwiesen tieferer Lagen **_S. starkeana_** (63–)

13 (2). Sträucher od. Bäume, Zw. nicht lang herabhängend u. nicht korkenzieherartig gedreht **16**
— Bäume mit dünnen, langen, schlaff hängenden Zw. (Trauer-Weiden) od. Zw. korkenzieherartig gedreht (Korkenzieher-Weiden) **14**
14. Zw. korkenzieherartig gedreht, Kätzchen nur mit ♀ od. nur mit ♂ Bltn. ***S. babylonica*** **'Tortuosa'** (3)
— Zw. nicht korkenzieherartig gedreht, Kätzchen teilw. mit ♀ u. ♂ Bltn. **15**
15. Zw. gelb; Bl. unterseits anfangs seidig behaart, bald kahl, am Rand fein gesägt ***S.*** × ***sepulcralis*** nothovar. ***chrysocoma*** (4)
— Zw. braun (selten gelb); Bl. unterseits kahl, am Rand ± grob gesägt ***S.*** × ***pendulina*** (4–)
16 (13). Kätzchen zur Blütezeit < 6 cm lang **18**
— Kätzchen zur Blütezeit 6–20 cm lang, aufrecht, lang gestielt u. stets mit gut entwickelten, elliptischen Bl. an der Basis **17**
17. Tragbl. kahl, Frkn. kahl, Kätzchen 7–20 cm lang; Bl. oberseits blau- bis graugrün ***S. magnifica*** (41)
— Tragbl. behaart, Frkn. behaart od. selten kahl, Kätzchen 6–15 cm lang; Bl. oberseits glänzend dunkelgrün ***S. fargesii*** (11)
18 (16). Kätzchen sitzend od. bis 0,5 cm lang gestielt, Frkn. zur Blütezeit vom Tragbl. ganz verdeckt, nur Gr. u. Narbe sichtbar – Kätzchen an aufrechten Zw.± waagrecht abstehend u. meist bogig nach unten gekrümmt; Spreite längl. bis linealisch, unterseits dicht filzig behaart ***S. eleagnos*** (26–)
— Kätzchen > 0,5 cm lang gestielt, Frkn. zur Blütezeit zumindest teilw. sichtbar **19**
19. Kn. u. vorj. Sprossachse anliegend fein behaart; Bl. (auch die der Kätzchenstiele) ± dicht anliegend silbrig seidig behaart; Frkn. ± sitzend – Tragbl. nur im unteren Teil behaart, im vorderen Teil spärl. behaart bis kahl; Zw. brechen an der Tragachse nicht leicht ab ***S. alba*** (15)
— Kn. u. vorj. Sprossachse kahl; Bl. kahl od. zerstreut seidenhaarig; Frkn. kurz gestielt **20**
20. Kätzchen aufrecht od. abstehend an 1–3 cm langen Stielen, diese mit 3–4(–6) meist ganzrandigen oder undeutl. gesägten Bl., Bl.stiel am Übergang zur Spreite ohne Drüsen od. mit 1–2 (selten 3–4) Drüsen; Bltn. IV–V, kurz vor od. mit dem Laubaustrieb **22**
— Kätzchen (zumindest die ♀) überhängend an 2–5 (–7) cm langen Stielen, diese mit 3–8 gut entwickelten, am Rand drüsig gesägten Bl., Bl.stiel am Übergang zur Spreite mit > 2 deutl., höcker- bis stielartigen Drüsen; Bltn. V–VI, mit od. nach dem Laubaustrieb **21**
21. Zw. an der Tragachse nicht leicht abbrechend; Spreite 2–2,5-mal so lang wie breit, Spitze meist nicht lang ausgezogen, Nebenbl. fehlend od. klein längl.; Bl. u. junge Sprossachse kahl – Frst. oft bis weit in den Winter an der Pflanze ***S. pentandra*** (10)
— Zw. an der Tragachse meist leicht abbrechend; Spreite > 2,5-mal so lang wie breit, mit lang ausgezogener Spitze, Nebenbl. breit eif. bis rundl., meist deutl.; Bl. u. junge Sprossachse anfangs oft behaart ***S. lucida*** (10–)
22 (20). Tragbl. nur im unteren Teil behaart, zur Spitze hin ± kahl od. kurzhaarig, Tragbl. meist bis zur Fr.reife bleibend; Strauch, Rinde von Stämmen u. stärkeren Ästen flächig abschuppend, darunter zimtbraun – 2–3-j. Zweige oft mit 2 Kn. an der Blattnarbe bzw. an der Basis von Seitensprossen ***S. triandra*** (13)

— Tragbl. an der Spitze mit langen Haaren, Tragbl. meist vor der Fr.reife abfallend; Baum od. Strauch, Rinde an Stamm u. stärkeren Ästen nicht flächig abschuppend – Kn., junge Sprossachse u. Spreite der normalen Bl. kahl **S. fragilis** (14)

Sehr ähnl. sind *S.* × *rubens* (Sprossachse, Kn. u. normale Bl. zerstreut behaart) und *S. nigra* mit großen, ± rundl. Nebenbl. (bei *S. fragilis* und *S.* × *rubens* Nebenbl. fehlend od. klein, an kräftigen Langtrieben Nebenbl. eif. u. deutl.).

23 (1). Bäume od. aufrechte Sträucher **25**
— Am Boden kriechende Spaliersträucher, Äste mitunter bis 40 cm hoch aufsteigend – Frkn. behaart, zur Fr.reife mitunter kahl, Narben u. Gr. meist rötl., Kätzchen gestielt, Kätzchenstiel mit Bl. **24**
24. Frkn. u. Fr. kurz gestielt; Spreite ganzrandig od. undeutl. gesägt **S. alpina** (56)
— Frkn. u. Fr. sitzend; Spreite am Rand deutl. drüsig gesägt **S. breviserrata** (52)
25 (23). Frkn. meist dicht u. bleibend behaart **34**
— Frkn. kahl od. anfangs zerstreut behaart **26**
26. Zw. nicht weißl. bereift **28**
— Zw. stellenweise weißl. bereift (glauk, mehrere Äste prüfen!) – Kätzchen meist vor dem Laubaustrieb, sitzend, am Grund ohne od. nur mit einigen kleinen Blättchen, Frkn. gestielt, kahl, Gr. lang; Bäume od. große Sträucher **27**
27. Zw. dick, ± aufrecht, anfangs oft deutl. behaart; Narben meist kürzer als der Gr. **S. daphnoides** (7)
— Zw. dünn, oft ± bogenf. überhängend; Narben so lang wie od. länger als der Gr. **S. acutifolia** (7–)

Ähnl. ist *S. irrorata*, diese aber im Unterschied zu beiden Arten meist ohne Nebenbl.

28 (26). Frkn. u. Fr. ± sitzend, Tragbl. ± bis zur Basis dunkelbraun od. fast schwarz; Sprossachse u. Spreite v. a. unterseits dicht gelb- bis weißfilzig behaart – Bltn. vor dem Laubaustrieb, Kätzchen ± sitzend, ellipsoidisch bis kurz zylindrisch, auffallend dicht gelbl. weiß behaart, an der Basis ohne od. mit 1–3 kleinen Blättchen **S. lanata** (48)
— Frkn. u. Fr. gestielt, Tragbl. an der Basis hell- od. gelbgrün; Sprossachse u. Spreite kahl od. behaart, aber nicht dicht gelb- bis weißfilzig **29**
29. Kätzchen breit ellipsoidisch, zur Blütezeit nur 1–2 cm lang; Zw. dünn; vorj. Sprossachse u. Kn. meist anliegend ± seidig fein behaart – Spreite 1–5 cm lang, bis 1 m hoher Strauch mit unterirdisch kriechenden Sprossen u. bogenf. aufsteigenden Zw. **S. repens** (54)
— Kätzchen zur Blütezeit > (1,5)2 cm lang; Zw. kräftig; vorj. Sprossachse kahl od. behaart, aber nicht anliegend seidig – aufrechte Sträucher, > 1 m hoch **30**
30. Bl. beim Trocknen nicht schwarz werdend **32**
— Bl. beim Trocknen oft schwarz od. schwarzfleckig werdend **31**
31. Frkn. anfangs oft etwas behaart; vorj. Sprossachse behaart od. kahl, Sprossachse im Austrieb meist dicht behaart; Spreite der normalen Bl. unterseits behaart, bis auf die Spitze graugrün (glauk), Nebenbl. meist deutl., ± breit eif. **S. myrsinifolia** (28)
— Frkn. kahl; vorj. Sprossachse kahl, Sprossachse im Austrieb kahl od. zerstreut behaart; Spreite der normalen Bl. unterseits kahl u. ± glänzend grün, Nebenbl. eif., fehlend od. nur an kräftigen Trieben **S. mielichhoferi** (44)
32 (30). Stiel des Frkn. u. der Fr. so lang wie od. länger als das Tragbl.; Frkn., Gr. u. Narben oft rötl.; Spreite an der Basis keilf. od. abgerundet – Vorkommen in M-Eur. von Natur aus nur in den Sudeten, in Kultur ss **S. silesiaca** (39–)

— Stiel des Frkn. u. der Fr. viel kürzer als das Tragbl.; Frkn., Gr. u. Narben grünl. od. blassgelb; Spreite an der Basis oft breit abgerundet, gestutzt od. mitunter auch ± herzf. **33**

33. Frkn. meist < 1 mm lang gestielt; Fr. seitl. deutl. zusammengedrückt; bis 1,5 m hoher Strauch; Spreite normaler Bl. 4–8 cm lang – Kätzchen vor dem Aufblühen auffallend dicht wollig hell behaart, kurz gestielt, Tragbl. mit langen Haaren **_S. hastata_** (63)

— Frkn. meist >1,2 mm lang gestielt; Fr. seitl. nicht deutl. zusammengedrückt; > 1,5 m hoher Strauch; Spreite normaler Bl. 6–18 cm lang **_S. eriocephala_** (21)

34 (25). Frkn. deutl. gestielt, Stiel meist > ¼ so lang wie der Frkn. **43**

— Frkn. ± sitzend, höchstens zur Fr.reife kurz gestielt **35**

35. Kätzchen, Kn. u. Bl. wechselst. **37**

— Kätzchen, Kn. u. Bl. zumindest teilw. schief gegenst. bis gegenst., Kätzchen sitzend od. kurz gestielt **36**

36. Kätzchen an der Basis ohne od. mit sehr kleinen Bl.; Spreite normaler Bl. > 4-mal so lang wie breit, 3–12 cm lang u. 0,5–2 cm breit, oberseits grün, unterseits graugrün (glauk), Bl.stiel 2–8 mm lang **_S. purpurea_** (18)

— Kätzchen an der Basis mit Bl.; Spreite normaler Bl. 2–3,5-mal so lang wie breit, 2–5 cm lang u.1–2 cm breit, beidseitig ± blassgrün od. bei der Sorte 'Hakuro Nishiki' mit weißen bis rosafarbenen Flecken, Bl.stiel 1–2(–3) mm lang – Zierstrauch **_S. integra_** (18–)

37 (35). Tragbl. schwarz, Kätzchen daher vor dem Blühen ± schwarz – Zierstrauch **_S. gracilistyla_** var. **_melanostachys_** (38)

— Kätzchen vor dem Blühen nicht schwarz **38**

38. Kleine od. große Sträucher od. Bäume; Kätzchen sitzend od. kurz gestielt, an der Basis ohne od. nur mit einigen kleinen Bl.; Sprossachse u. Bl. (v. a. unterseits) dicht anliegend behaart od. wollig bis filzig behaart – Frkn. mit langem Gr. und langen Narben **40**

— Kleine, bis 1,5(–2) m hohe Sträucher mit deutl. gestielten Kätzchen, diese schon zur Blütezeit an der Basis mit gut entwickelten Bl.; Sprossachse u. Bl. zerstreut behaart od. kahl **39**

39. Kätzchen zur Blüte 1,5–3 cm lang, ± ellipsoidisch, Narben u. Gr. meist gelbgrün; Spreite der jungen Bl. ganzrandig od. Rand unregelmäßig kerbig gesägt, wenn drüsig gesägt, dann Drüsen nicht auffallend hell, Spreite meist > 2,5 cm lang **_S. waldsteiniana_** (65)

— Kätzchen zur Blüte 1–2 cm lang, ± zylindrisch, Narben u. Gr. oft rötl.; Spreite der jungen Bl. am Rand regelmäßig u. deutl. gesägt mit auffallend hellen Drüsen auf den Zähnen, Spreite < 2,5(–4) cm lang **_S. foetida_** (61)

40 (38). Große, > 2 m hohe Sträucher od. Bäume; Narben meist > 1 mm lang .. **42**

— Kleine, bis 1,5(–2) m hohe Sträucher; Narben meist < 1 mm lang – Frkn. u. Fr. dicht wollig hell behaart; Sprossachse u. Bl. (v. a. unterseits) dicht wollig od. filzig grau bis weiß behaart **41**

41. Kätzchen kurz gestielt, an der Basis meist mit einigen Blättchen, zur Fr.reife deutl. verlängert, Frkn. kurz gestielt **_S. helvetica_** (49)

— Kätzchen ± sitzend, an der Basis meist ohne Blättchen, zur Fr.reife wenig verlängert, Frkn. sitzend **_S. lapponum_** (49–)

Beide Arten schwer zu unterscheiden!

42 (40). Vorj. Sprossachse kahl od. fein behaart; Bl.stiel < 1 cm lang, Spreite < 2 cm breit, > 7-mal so lang wie breit; Nebenbl. nur an kräftigen Trieben deutl. ***S. viminalis*** (26)

— Vorj. Sprossachse filzig behaart; Bl.stiel 1–2 cm lang, Spreite 2–4 cm breit, ≤ 6-mal so lang wie breit; Nebenbl. meist deutl. ***S. dasyclados*** (36)

Vgl. *S.* × *smithiana*: Narben aber nur etwa 1 mm lang.

43 (34) Gr. deutl., > 0,5 mm lang **52**

— Gr. fehlend od. kurz, bis 0,5 mm lang **44**

44. Bäume od. Sträucher, > 1,5 m hoch; Kätzchen meist > 3 cm lang **47**

— Niedrige, < 1,5 m hohe Sträucher; Kätzchen 1–3 cm lang **45**

45. Holz 2–4-j. Triebe mit deutl. Striemen; vorj. Sprossachse u. Kn. ± kahl ***S. aurita*** (32)

— Holz 2–4-j. Triebe ohne Striemen; vorj. Sprossachse u. Kn. meist anliegend ± seidig behaart **46**

46. Kätzchen breit ellipsoidisch, meist > 1,3-mal so lang wie breit, Frkn. u. Fr. mitunter ± kahl, Bl.spreite < 4(–5)-mal so lang wie breit, mit meist ≤ 8 Paar Seitennerven ***S. repens*** (54)

— Kätzchen kegelig, ± so lang wie breit, Frkn. u. Fr. stets behaart; Bl.spreite > (4–)5-mal so lang wie breit, mit meist > 8 Paar Seitennerven ***S. rosmarinifolia*** (51)

47 (44). Holz 2–4-j. Triebe ohne od. nur mit undeutl., meist < 5 mm langen Striemen **50**

— Holz 2–4-j. Triebe mit zahlreichen deutl., > 5 mm langen Striemen **48**

48. Vorj. Sprossachse kahl – Kn. meist kahl u. rötl. ***S. aurita*** (32)

— Vorj. Sprossachse behaart **49**

49. Striemen auf dem Holz z. T. > 10 mm lang; Kn. grau- bis rotbraun; Bl.spreite 2–4-mal so lang wie breit, oberseits ± matt grün u. zumindest anfangs grau behaart; Kätzchen fast sitzend od. bis 2 cm lang gestielt ***S. cinerea*** (33)

— Striemen meist < 10 mm lang; Kn. rötl.; Bl.spreite < 2,5-mal so lang wie breit, oberseits oft ± glänzend grün; Kätzchen ± sitzend ***S. aegyptiaca*** (33–)

50 (47). Narben aufrecht u. nicht spreizend; vorj. Sprossachse kahl, das Mark braun; Nebenbl. an kräftigen Trieben deutl., sonst undeutl. od. fehlend – Rinde an Stämmen und stärkeren Ästen mit deutl. Korkwarzen ***S. caprea*** (34)

— Narben ± spreizend; vorj. Sprossachse behaart od. kahl, das Mark weiß; Nebenbl. meist deutl. **51**

51. Vorj. Sprossachse kahl, Nebenbl. rundl. od. eif. ***S. appendiculata*** (39)

— Vorj. Sprossachse meist behaart; Nebenbl. eif. od. längl., meist wenig deutl.; Bl. beim Trocknen teilw. schwarz werdend – natürl. Vorkommen nur selten in den Zentral-Alp. ***S. laggeri*** (36–)

52 (43). Kätzchen kurz vor od. mit dem Laubaustrieb, gestielt, Kätzchenstiel mit mehreren Blättchen; normale Bl. ± elliptisch, meist < 3-mal so lang wie breit, im Mittel < 6 cm lang, unterseits behaart – kleine od. große Sträucher **55**

— Kätzchen vor dem Laubaustrieb, sitzend oder kurz gestielt, ohne od. nur mit wenigen, kleinen Blättchen; normale Bl. > 3-mal so lang wie breit, zumindest teilw. > (6–)8 cm lang, unterseits kahl od. behaart – große Sträucher od. kleine Bäume **53**

53. Vorj. Sprossachse filzig u. ± abstehend behaart; Nebenbl. meist deutl. – Spreite 8–20(–24) cm lang, 2–4 cm breit, unterseits behaart ***S. dasyclados*** (36)

— Vorj. Sprossachse meist kahl; Nebenbl. meist undeutl. od. fehlend **54**
54. Spreite > 6-mal so lang wie breit – oft kultiviert die ♂ Sorte 'Sekka' mit verbänderten, abgeflachten, bis zu mehreren cm breiten Sprossachsen **S. udensis** (25)
— Spreite < 6-mal so lang wie breit **S. × smithiana** (37)
55 (52). Frkn. u. Fr. dicht ± wollig weiß behaart, Narben meist < 1 mm lang; Sprossachse u. Bl. (v. a. unterseits) dicht wollig od. filzig grau bis weiß behaart – bis 1,5(–2) m hoher Strauch **S. helvetica** (49)
— Frkn. u. Fr. anliegend behaart, wenn wollig, dann nicht weiß; junge Bl. kahl od. behaart, aber nicht dicht wollig od. filzig grau bis weiß................. **56**
56. Bl. am Rand regelmäßig u. deutl. gesägt, meist mit auffallend hellen Drüsen, Bl.spreite < 2,5(–4) cm lang – Kätzchen zur Blüte 1–2 cm lang, ± zylindrisch, Narben u. Gr. oft rötl. – bis 1,5 (–2) m hoher Strauch **S. foetida** (61)
— Bl. ± ganzrandig oder am Rand gesägt, aber eher unregelmäßig u. nicht mit auffallend hellen Drüsen; Spreite meist >2,5 cm lang **57**
57. Frkn. oft ± kahl; Nebenbl. meist deutl., Bl. beim Trocknen schwarz od. schwarzfleckig werdend, Spreite am Rand gesägt **S. myrsinifolia** (28)
— Frkn. stets behaart, Nebenbl. meist undeutl. od. fehlend, Bl. beim Trocknen nicht schwarz werdend, Spreite ganzrandig od. am Rand gesägt **58**
58. Bis 0,5(–1) m hoher Strauch; Holz entrindeter 2–4-j. Triebe ohne Striemen; junge Bl. anfangs flaumig **S. waldsteiniana** (65)
— Bis 2(–4) m hoher Strauch; Holz entrindeter 2–4-j. Triebe mit kurzen Striemen; Spreite meist ± ganzrandig od. am Rand undeutl. gesägt, anfangs oft seidig behaart **S. bicolor** (59)
Sehr ähnl. *S. phylicifolia*: Bl. aber schon anfangs weitgehend kahl; Holz entrindeter 2–4-j. Triebe meist ohne Striemen.

Salvia L., **Salbei** – *Lamiaceae* (Bearbeiter: Bernd Schulz)

Überwiegend Kräuter u. Stauden, wenige Halbsträucher u. Sträucher. Bl. gegenst. Um 900 Arten; N- bis SAm. u. Medit. bis O-As. Nur eine Art als Halbstrauch von Bedeutung.

S. officinalis L., **Garten-S.** – Pfl. aromatisch, um 50 cm hoch, sommer- bis halbimmergrün; Bl. bis 4 cm lang gestielt, Spreite 3–8 cm lang, eilanzettl., Ansatz leicht herzf., unterseits anfangs dicht graufilzig, oberseits zwischen den Nerven aufgewölbt, dadurch netzartig strukturiert (*850/3*); Bltn.: gegenst., 2–5-bltg. Zymen bilden 4–10-

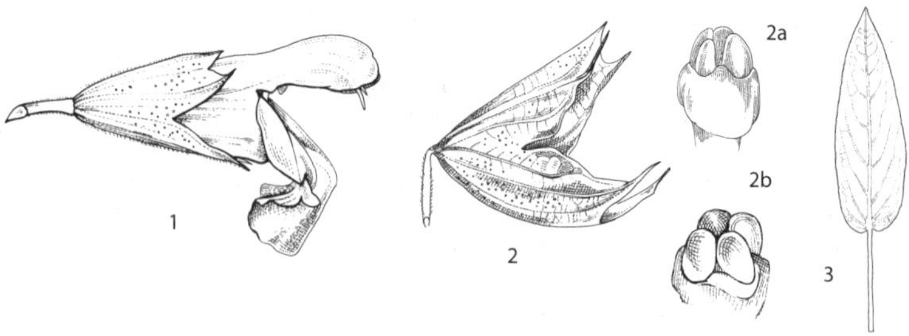

850/1–3 *Salvia officinalis*: 1 Blüte, 2 Fr.-K., 2a junge u. 2b ältere Klause, 3 Bl.

bltg. Scheinwirtel in langen, unterbrochenen Bltnst.; Kr. hellviolett, etwa 1,5 cm lang, Oberlippe leicht eingekerbt, Unterlippe 3-teilig, mittlerer, breitester Lappen am kräftigsten violett, mit heller Zeichnung (Saftmal), Stbl. 2, Staubbeutel auf eine Hälfte reduziert u. Konnektiv zu Hebel verlängert (Mechanismus zum Übertragen des Pollens auf Insekten), K. 2-lippig, lichtseits violettbraun, im Schatten grünl., mit starken Leisten, fein behaart, mit Drüsen (*850/1*); K. zur Fr.reife trocken häutig (*850/2*), braun, Klausen anfangs grünl. violett (*850/2a*), reif schwarzbraun auf schwarzem Bltn. boden (*850/2b*); VI–VII. HS – h. ∧ Medit.

'Aurea': bis 30 cm hoch, Bl. gelbl. h.

'Berggarten': niedrig, relativ breite Bl. h.

'Icterina' ('Variegata'): Bl. gelbgrün. h.

'Purpurascens': Bl. im Austrieb rotviolett, später grauviolett. h.

'Tricolor': Bl. gefleckt. h.

Sambucus L., Holunder – *Adoxaceae* (Bearbeiter Bernd Schulz)

Sommergrüne Sträucher od. kleine Bäume, seltener Stauden; Zw. häufig mit weitem Mark u. großen Lentizellen; Bl. unpaarig gefiedert, Blch. gesägt; Bltn. zahlreich in Rispen od. Schirmrispen, meist 5-zählig, K. sehr klein, 5-lappig, Kr. radiär, tief gelappt, Stbl. am Grund der kurzen Kr.röhre eingefügt; Frkn. 3–5-fächerig; Steinfr. mit 3–5 Steinkernen, diese 1-samig. Ca. 10(–25) Arten, v. a. in der nem. Zone Euras. u. NAm.; einige Arten im trop. Afr., SAm., O-Austr. u. Tasm. Rinde, Bl. u. unreife Fr. **G!**

1. Bltn. in kugeligen bis längl. Rispen; Zw.mark bräunl., selten weißl. – Winterkn. mit anliegenden Kn.schuppen, Bltnst.kn. größer, kugelf. **4**

— Bltn. in breiten lockeren Schirmrispen; Zw.mark weißl. – Winterkn. zuw. nur locker beschuppt, Bltnst.kn. nicht unterschieden **2**

2. Bl. unterseits blaugrün, kahl, Blch. am Grund stark asymmetrisch (*852/1*); Zw. orangeocker; Bltnst. 10–15 cm ∅, 5-strahlige Schirmrispe; Kr. gelbl. weiß; Fr. blauschwarz, stark weißl. bereift u. hellblau erscheinend, VI–VII. Sg – ss. W-NAm. [*S. glauca* Nutt.] **Bereifter H., *S. caerulea*** Raf.

— Bl. unterseits nicht blaugrün; Zw. grau bis grauocker; Fr. schwarz, nicht weißl. bereift **3**

3. Bl. oberseits seidig glänzend, Blch. meist 7; Bltnst. 10–25(–35) cm ∅, 5-strahlige, etwas gewölbte, Schirmrispe; Kr. hell gelbl. weiß; Fr. ca. 4–5 mm ∅, schwarzpurpurn, meist 4-kernig, VI–VIII. Sg – ss. O- u. S-NAm. & MAm. [*S. canadensis* L.] **Kanadischer H., *S. nigra*** subsp. ***canadensis*** (L.) R. Bolli

'Aurea': Bl. anfangs gelbl., später hellgrün. z.

'Maxima': Schirmrispen bis 35 cm breit; Bl. größer als bei der Art. s.

— Bl. glanzlos, Blch. meist 5; Schirmrispen flach, 10–30 cm ∅, Kr. fast weiß (bei Blut-Sorten rosa); Fr. ca. 7 mm ∅, glänzend schwarz, meist mit 3 Steinkernen; VI–VII. Sg/Bk – h. Eur. bis Kl.-As. **Schwarzer H., *S. nigra*** L. subsp. ***nigra***

'Albovariegata': Bl. weiß panaschiert. s.

'Aureomarginata': Bl. gelb panaschiert, Rand gelb. ss.

'Aurea': Bl. goldgelb. s-z.

'Black Beauty' u. **'Guincho Purple'**: Blut-H., Laub dunkel braunrot überlaufen. z.

'Haschberg' häufigste Fr.sorte, Fr. groß u. reichfr. h.

'Laciniata': Blch. regelmäßig tief eingeschnitten. h.

'Sampo': Fr.sorte, Fr. groß, früh & reichfr. z.

var. *viridis* Schwerin: Fr. durchscheinend grünl. ss.

4 (1). Zw. dunkel graubraun, Mark gelbbraun bis zimtbraun, Blch. 5(–7), eif. bis lanzettl., lang zugespitzt, 5–8 cm lang, bis 3,5 cm breit, scharf gesägt; Bltnst. eif. bis längl., 5–10 cm lang u. 6 cm breit; Kr. gelbl. weiß; Fr. scharlachrot, 4–5 mm ∅; IV–V. Sg – h. Eur. (ohne N-) bis W-As.
Roter Trauben-H., *S. racemosa* L.

'Laciniata': Blch. regelmäßig tief eingeschnitten. ss.

'Plumosa': Blch. tief eingeschnitten mit sehr schmalen Abschnitten. ss.

'Plumosa Aurea' u. **'Sutherland Gold'**: Blch. tief eingeschnitten, goldgelb. z–h.

— Zw. rotbraun, Mark anfangs weißl. bis hellbraun, im 2. Jahr dunkler; Blch. 5–7, längl. lanzettl., 8–15 cm lang, geschwänzt zugespitzt, grob gezähnt; Bltnst. breit eif. bis rundl. 3-eckig, 5–7 cm lang u. breit, Kr. gelbl. weiß, Fr. schwarz, 6 mm ∅; VI–VIII. Sg – ss. W-NAm. [*S. melanocarpa* Gray]
Schwarzer Trauben-H., *S. racemosa* L. var. ***melanocarpa*** (Gray) McMinn

Santolina L., **Heiligenblume** – *Asteraceae* (Bearbeiter: Ulrich Hecker)

Aromatisch duftende, reich verzweigte Sträucher od. Halbsträucher; Bl. immergrün, wechselst., gezähnt, fiederschnittig od. kammf. aufgeteilt; Köpfchen lang gestielt, Hüllbl. mehrreihig, sich dachziegelartig deckend; Bltn ⚥, röhrig, ohne vergrößerte Randbltn., gelb od. weiß; Fr. 3–4-kantig, ohne Haarkranz (*852/2*). 20 einander sehr ähnl. u. vielgestaltige Arten im Medit.

1. Bl. grauweiß filzig, 1–4 cm lang, fein fiederschnittig, Abschnitte bis 2 mm lang; Bltn.köpfchen halbkugelig, 1–2 cm ∅, tiefgelb; VII–VIII. HS od. Sk – h. ∧∧ Medit. **Graue H., *S. chamaecyparissus*** L.
— Bl. grün **2**
2. Bltn. hellgelb, Köpfchen 7–12 mm ∅, Abschnitte der Bl. ± kahl, in 2 Reihen stehend, Bl. 4–6 cm lang; VII–VIII. HS od. Sk – h. ∧∧ Medit. [*S. virens* Mill.; *S. viridis* Willd.] **Grüne H., *S. rosmarinifolia*** L
— Bltn. weiß od. gelbl.weiß; Bl. 2,5–3 cm lang, Abschnitte in 2 od. 4 Reihen, 4–5 mm lang; VII–VIII. HS od. Sk – z. ∧∧ Italien. **Gefiederte H., *S. pinnata*** Viv.

Sarcococca Lindl., **Fleischbeere** – *Buxaceae* (Bearbeiter: Ulrich Hecker)

Immergrüne Sträucher; Bl. wechselst., einfach, gestielt, lederig; Bltn. eingschl., sehr klein, ♀ Bltn. im Bltnst. unterhalb der ♂ Bltn., mit 4–6 Kbl. u. 2–3 Gr., ♂ Bltn. mit 4 Kbl. u. 4 Stbl.; Steinfr. eif. bis rundl. 6–20 Arten vom Himal. bis O- u. SO-As. Bl. durch Alkaloide **G!**

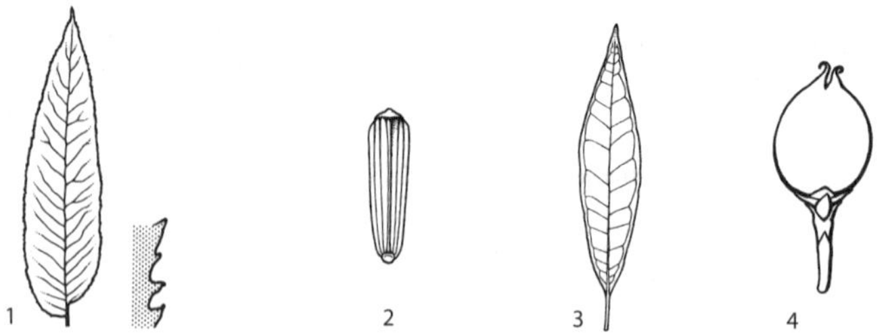

852/1–3: 1 *Sambucus caerulea*, Blch.; 2 *Santolina chamaecyparissus*, Fr.; 3–4 *Sarcococca hookeriana* var. *digyna*: 3 Bl., 4 Fr.

1. Bl. elliptisch eif., 2,5–6 cm lang, 1,2–3 cm breit, lang zugespitzt, am Grund breit keilf. od. abgerundet, Bl.rand leicht wellig, Bl. oberseits glänzend. dunkelgrün, unterseits heller, kahl, Nervatur kaum sichtbar, Bl.stiel 3–6 mm lang; Bltn. milchig weiß, duftend; Fr. kugelf., 6 mm ∅, karmesinfarben, Samen schwarz. II–III, mitunter schon ab XI. Sk – s. ∧∧ M-, SW- u. S-China.
Mäusedornblättrige F., *S. ruscifolia* Stapf

— Bl. schmal elliptisch bis schmal lanzettl., 3–8 cm lang, 1–2 cm breit, lang zugespitzt, am Grund schmal keilf., kahl, Bl.rand nicht gewellt, Bl. oberseits glänzend grün, kahl, Nervatur deutl. hervortretend (*852/3*), Bl.stiel 6–8 mm lang, Bltn. weiß, stark duftend, Fr. kugelf. 6 mm ∅, blauschwarz (*852/4*); II–III, mitunter schon ab XI. Sk – h. ∧ W-China. [*S. humilis* Stapf; *S. hookeriana* Baill. var. *humilis* Rehder & E. H. Wilson]
Niedrige F., *S. hookeriana* Baill. var. ***digyna*** Franch.

Sasa Mak. & Shibata, **Zwergbambus** – *Poaceae* (Bearbeiter: Hans-Roland Müller)

Immergrün. Rhizome leptomorph, reich verzweigt, lang kriechend; Halme stielrund, einfach od. verzweigt, pro Knoten meist 1 Seitenhalm, die Dicke des Haupthalms erreichend, seltener 3 an den oberen Knoten, dann aber stets ein Seitenhalm dominant; Halmscheiden kürzer als die Internodien, bleibend. Bltnst. eine schmale Rispe, Bltn. mit 6 Stbl. u. 3 Narben. Etwa 50–70 Arten in China, Jap., Kor., Fernost.

1. Halmscheiden kahl, ohne Öhrchen u. Borsten; Blätter 15–40 cm lang – Halme 1,5–2(–4) m lang, 6–10 mm ∅, anfangs blaugrün, weiß bemehlt, Internodien 14–20 cm; Halmscheiden kürzer als die Internodien, sehr bald trocken, ockerfarben, Scheidenspreite klein, lanzettl.; Endverzweigungen mit 5–9 Bl., ± rechtwinklig abstehend, schmal längl., 5–9 cm breit, dünn lederig, glänzend frischgrün, beidseitig kahl, mit gelber Mittelrippe u. 9–14 Paar Seitennerven. Sk/Sg – s. ∧ Jap., Sachalin. [*Arundinaria palmata* (Burb.) Bean]
Breitblatt-Z., *S. palmata* (Burb.) Camus

— Halmscheiden anfangs ± behaart, mit Öhrchen u. Borsten; Blätter ≤ 25 cm lang **2**

2. Halme 0,5–1,5 m hoch, 5–7 mm ∅, blaugrün, purpurn gestreift, anfangs weiß bemehlt, Internodien 6–10 cm; Halmscheiden wenig kürzer als die Internodien, anfangs weiß behaart; Endverzweigungen mit 4–7 Bl.; Bl. längl., 10–20 cm lang, 3,5–5,5 cm breit; glänzend sattgrün, unterseits kurz behaart, mit 7–9 Paar Seitennerven u. gelber Mittelrippe, Bl. später mit papierartigem, abgestorbenem weißen Rand u. Spitze. Sk – s. Jap. [*Bambusa veitchii* Carr.]
Veitch-Z., *S. veitchii* (Carr.) Rehder

— Halme 1,5–2 m hoch, 5–10 mm ∅, blassgrün, die Knoten schwach behaart; Internodien 10–15 cm; Halmscheiden etwa ½ so lang wie die Internodien, bis auf die Ränder u. die Basis kahl, oft purpurn getönt, obere Scheiden mit kleinen Öhrchen u. Borsten; Bl. längl. lanzettl., papierartig, 10–25 cm lang, 3–5 cm breit, beidseitig kahl, glänzend grün, Bl.ränder grün bleibend; Bl.scheiden mit kleinen Öhrchen u. kurzen Borsten. Sk – ss. ∧ Jap.
Tsuboi-Z., *S. tsuboiana* Makino

Sassafras Nees & Eberm., **Sassafras** – *Lauraceae* (Bearbeiter: Bernd Schulz)

Sommergrüne Bäume; Bl. ganzrandig, einfache u. 2–3-lappige Bl. an derselben Pfl. (*854/1–3*); Kn. mit Kn.-schuppen; Bltn. 3-zählig, 3-häusig, zuw. polygam, in mehrbltg. Trauben, aus den Achseln der Kn.schuppen der großen Endkn. vor/mit den Bl. erscheinend, Perigonbl. 6, ♂ Bltn. mit 9 Stbl., die des inneren Kreises mit je 2 auffälligen Drüsen seitl. des Staubfadenansatzes (*281/4b*), ♀ Bltn. mit Stempel u. 6 Staminodien, ⚥ Bltn. mit 9 Stbl. u. Stempel, bei allen Bltn. weiterer Kreis Staminodien mögl.; Steinfr. eif., Fr.stiel fleischig verdickt. 3 Arten, je eine in China, Taiw. u. NAm.

S. albidum (Nutt.) Nees [*S. officinale* Nees & Eberm. var. *albidum* Blake] – Junge Zw. grün, kahl u. bereift, Endkn. relativ groß, grünl., um 10 mm lang (*281/1a–b*); Bl. gelappt od. einfach eif. bis elliptisch, 8–12 cm lang, stumpf od. zugespitzt mit keilf. Grund, oberseits frischgrün, unterseits blaugrün, Bl.stiel 1,5–3 cm lang (*854/1–3*), Herbstfärbung orange; Bltn. gelb, 7 mm ∅ (*281/4a*), in 3–5 cm langen Trauben; Steinfr. eif., 1 cm lang, blauschwarz, bereift, Fr.stiel fleischig verdickt, leuchtend rot (*854/4*); IV–V. Sg/Bk, kalkunverträgl. – s. O-NAm. Rinde u. Wurzelholz **G!**

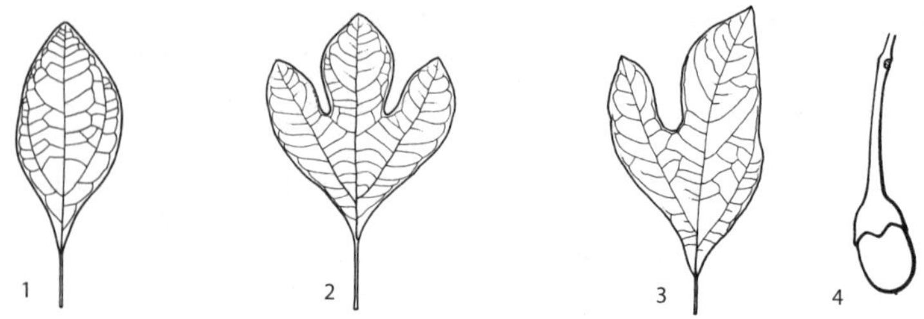

854/1–4 *Sassafras albidum*: 1 ungeteiltes, 2 dreilappiges, 3 einseitig gelapptes Bl., 4 Fr.

Satureja L., **Bohnenkraut** – *Lamiaceae* (Bearbeiter: Bernd Schulz)

Bl. gegenst., vorwiegend schmal u. ganzrandig (*854/8*); Stbl. unter der Oberlippe (*854/6*), K. regelmäßig 5-zähnig (*854/7*). Etwa 38 Arten, Eur., v. a. S-Eur. bis N-Afr., Kl.-As., Kauk. bis W-As.

S. montana L., **Winter-B., Berg-B.** – Bl. lanzettl., scharf zugespitzt, 1–3 cm lang u. bis 5(–6) mm breit, drüsig, Rand bewimpert (*854/8*); Bltn. in kurz gestielten, bis 7-bltg. Teilbltnst., Kr. weiß, verschieden rosa, violettrot od. lila überlaufen, K. röhrig, im Eingang einige lockere, lange Haare, obere Zähne kürzer als die Röhre, Stbl. 4, in 2 Paaren, längeres so lang wie Oberlippe (*854/5–6*) VII–VIII. HS – h. S-Eur. bis Kl.-As.

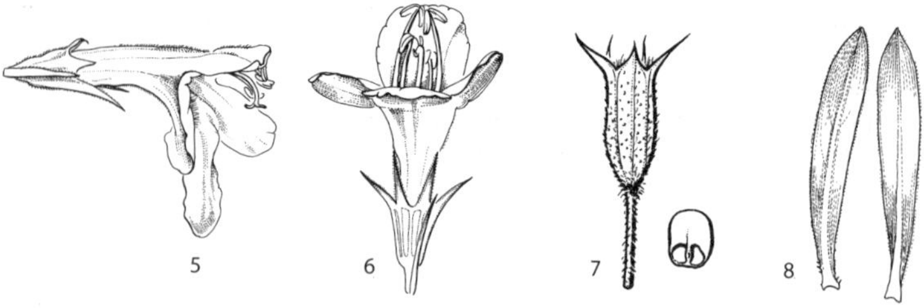

854/5–8 *Satureja montana*, 5 Blüte seitl., 6 von unten, 7 Fr.kelch u. Klause, 8 Bl.

Schisandra MICHX., **Spaltkölbchen** – *Schisandraceae* (Bearbeiter: Bernd Schulz)

2-häusige, immer- od. sommergrüne Lianen; Zw. ohne Endkn. (*220/8*), Seitenkn. mit Bereicherungskn. (*220/7*); Bl. ganzrandig od. gezähnt; Bltn. mit 7–12 Perigonbl. (*855/1a*), ♀ mit zahlr. freien Frbl. (*855/1b*), ♂ mit 5–60 Stbl. (*855/1c*); Fr. ährenähnl. Sammelfr. (keine echte Ähre, da kein Frst.), Frch. Beeren an einer sich verlängernden, überhängenden Fr.achse (*855/1d*). 24 Arten in O- u. S-As., 1 Art im östl. NAm.

1. Bl. unterseits auf den Nerven mit Haaren; Bltn. bis 1,5 cm ∅, Perigonbl. 7–9, weiß, nur leicht rosa überlaufen, bis 11 mm lang u. 5 mm breit (*855/1a*) – Zw. braun; Bl. dickl., breit elliptisch eif., 5–10 cm lang, bis 5 cm breit, kurz zugespitzt, am Grund abgerundet bis keilf., oberseits glänzend, dunkelgrün, unterseits heller, oft bläul., Spreite fast ganzrandig, mit entfernt stehenden, sehr kleinen, rechtwinklig abstehenden Zähnchen (Lupe!), unterseits nur auf den Nerven etwas behaart, sonst kahl, Bl.stiel 1,5–3 cm lang (*855/1e*); Bltn. duftend, Stiel 1–3 cm, Stbl. 5(4–7), Frbl. bis 40 (*855/1b*); Fr. 3–10 cm lang (*855/1d*); Frch. scharlachrot; V–VI. L – s-z. O- u. N- bis NO-China, N-Jap., Kor. u. Russ.-Fernost. **Chinesisches S., Chinabeere, *S. chinensis*** (TURCZ.) BAILL.

Beeren in der traditionellen chinesischen Medizin als **Wu Wei Zi**, Kraut der fünf Geschmäcker, genutzt.

— Bl. unterseits vollkommen kahl, Bltn. bis 2,5 cm ∅, Perigonbl. (5–)7(–8), weinrot, 7–17 mm lang u. 7–13 mm breit – Bl. 1,5–2 cm lang gestielt, Spreite kurz zugespitzt, Rand deutl. kerbig gezähnt, Zähne mit kleiner Knorpelspitze (*855/2*), beidseitig grün u. kahl, unterseits glänzend; Bltn. 1–3 cm lang gestielt, Stbl. ≥ 25; V. L – ss. Yunn., Sich., NO-Indien. [*S. grandiflora* HOOK f. & THOMSON var. *rubriflora* (FRANCH.) C. K. SCHNEID.]
Rotblütiges S., *S. rubriflora* (FRANCH.) REHDER & E. H. WILSON

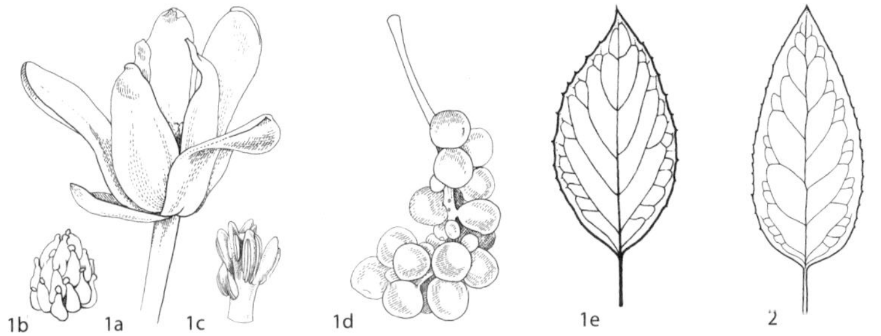

855/1–2 *Schisandra*: 1 *S. chinensis*, 1a Blüte, 1b Frbl., 1c Stbl., 1d Fr., 1e Bl.; 2 *S. rubriflora*, Bl.

Schizophragma hydrangeoides SIEBOLD & ZUCC. → ***Hydrangea hydrangeoides*** (SIEBOLD & ZUCC.) B. SCHULZ

Sciadopitys Siebold & Zucc., **Schirmtanne** – *Sciadopityaceae* (früher zu *Taxodiaceae*)
(Bearbeiter: Peter A. Schmidt)
1 Art.

S. verticillata (Thunb.) Siebold & Zucc. – Immergrüner 1-häusiger Baum; Krone schmal kegelf.; an den Zw. schraubig angeordnete schuppenf. Bl., 2–5 mm lang, gelbbraun, Schuppenbl. an den Enden der Jahrestriebe dicht gedrängt stehend, fast wirtelig, in ihren Achseln (3–)8–10(–15) cm lange u. 2–4 mm breite Nadeln bzw. „Scheinnadeln" (hervorgegangen aus der Verwachsung von 2 Nadeln), je (8–)10–25(–40) dieser Nadeln in den Scheinwirteln, schirmspeichenartig angeordnet (*856/1*), glänzend dunkelgrün, beiderseits gefurcht, unterseits mit 2 weißen Bändern aus Stomatalinien; reife Zapfen längl. eif., (3,5–)6–12 cm lang, Zapfenschuppen dick, holzig, Reife im 2. Jahr, Samen ringsum geflügelt. Bm – h. O-As.: S-Jap.

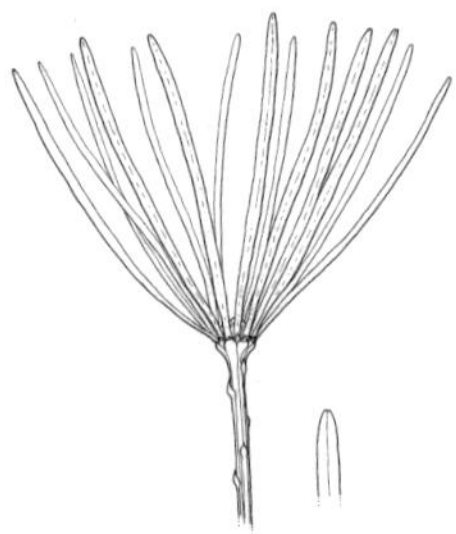

856/1 *Sciadopitys verticillata*, Zw.ende

Securinega suffruticosa (Pall.) Baill. → **Flueggea suffruticosa** (Pall.) Rehder

Semiarundinaria Nakai, **Narihirabambus** – *Poaceae*
(Bearbeiter: Hans-Roland Müller)
10 Arten in O-China u. Jap. Für uns nur die folgende Art von Interesse.

S. fastuosa (Mitf.) Nakai [*Arundinaria fastuosa* (Mitf.) Houz; *Phyllostachys fastuosa* (Mitf.) Mak.], **Säulen-N.** – Immergrün; Rhizome leptomorph; Halme straff aufrecht, am heimatl. Standort 5–8 m hoch, bei uns 3–5 m, bis 3,5 cm ∅, anfangs grün, später rötl. braun; Halme u. Seitenhalme 1-seitig mit einer Furche, Halmscheiden lederig, grün, mit rötl. braunem Anflug, bis auf die Basis kahl mit deutl. Scheidenspreite, abgestorben lange bleibend u. unvollst. abfallend, Öhrchen sehr klein od. fehlend; 3 Seitenhalme pro Knoten, wenn mehr, dann 3 Seitenhalme am Knoten dominant; Bl. schmal lanzettl., dunkelgrün, bis 15(–20) cm lang u. 1,5–3 cm breit, kahl, am Grund spitz od. stumpf; Endverzweigungen mit 4–6 Bl.; Bltnst. 1–3 gebüschelte, 3–4-bltg. Ährchen, Stbl. 3, Narben 3. Sg – ss. Jap.

Sequoia Endl., **Küstenmammutbaum, Redwood** – *Cupressaceae* (früher *Taxodiaceae*)
(Bearbeiter: Peter A. Schmidt)
1 Art.

S. sempervirens (D. Don) Endl. – Immergrüner Baum; Bl. nadel- od. schuppenf., ihre Basis am Zw. herablaufend, in Unterkrone u. an beschatteten Seitenzw. linealisch, deutl. gescheitelt stehend (*857/1*), (0,2–)0,6–2,5 cm lang, bis 3 mm breit, oberseits glänzend grün bis matt grau- od. bläul. grün, unterseits mit 2 weißl. Bändern aus

Stomatareihen, Bl. an stärkeren Triebe u. in Oberkrone schuppenf., nur bis 1 cm lang, allseits mit Stomatalinien; Zapfen (*857/2*) eif. bis ellipsoidisch, 1,5–3,5 cm lang, 1,3–1,8 cm ∅, im 1. Jahr reifend, mit 18–25 Schuppen, deren Schilde breit rautenf., in der Mitte etwas vertieft, anfangs grün, dann purpurbraun, zuletzt rötl. braun, starr, holzig; Samen geflügelt; Borke dick, schwammig weich, rost- bis dunkel- od. graubraun. Bg – h in wintermilden Gebieten, sonst s. ∧ W-NAm: Küstengebiet von SW-Oregon u. NW-Kalifornien.

Sequoiadendron J. T. Buchholz, **Riesenmammutbaum, Bergmammutbaum** – *Cupressaceae* (früher *Taxodiaceae*) (Bearbeiter: Peter A. Schmidt)

1 Art.

S. giganteum (Lindl.) J. T. Buchholz [*Wellingtonia gigantea* Lindl.] – Immergrüner Baum; Nadeln in 3 Reihen schraubig stehend, (1–)3–8 mm, an Haupttrieben 1–1,5 cm lang, pfrieml. bis lanzettl., vorderer Teil mit scharfer Spitze abstehend, sonst dem Zw. anliegend (*857/3*), Bl.basis am Zw. herablaufend, unterseits konvex, oberseits ± flach, beiderseits mit Stomatalinien; Zapfen (*857/4*) eif., 3–8(–9,5) cm lang, 2,5–5(–6,5) cm ∅, im 2. Jahr, zuw. auch später, reifend, mit 25–45 holzigen dicken Schuppen, deren Schilde rautenf., in der Mitte vertieft, anfangs grün, zuletzt dunkel- bis rotbraun; Samen geflügelt; Stamm zur Basis hin stark verbreitert, mit schwammiger, sehr dicker, rotbrauner Borke. Bg – h. W-NAm.: Kalifornien (Sierra Nev.).

'Compactum': Bm, Krone sehr schlank, geschlossen, Äste kurz, abstehend, Bl. an Jungtrieben blaugrün.

'Glaucum': Bm, Krone schmal kegelf., im Alter breiter, Äste z. T. hängend; Nadeln auffällig blaugrau.

'Pendulum': Hängeform, Krone meist schmal säulenf. durch abwärts wachsende, dem Stamm anliegende Äste, Zw. herabhängend; Bl. graugrün.

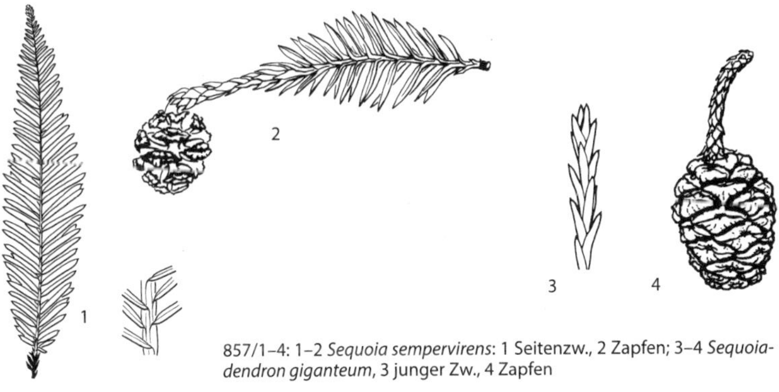

857/1–4: 1–2 *Sequoia sempervirens*: 1 Seitenzw., 2 Zapfen; 3–4 *Sequoiadendron giganteum*, 3 junger Zw., 4 Zapfen

Shepherdia Nutt., **Büffelbeere** – *Elaeagnaceae* (Bearbeiter: Ulrich Hecker)

Sommer- od. immergrüne Sträucher; Bl. gegenst., gestielt; Bltn. eingschl., 2-häusig verteilt, fast sitzend in kurzen achselst. Ähren, ♀ Bltn. oft auch einzeln, ♂ Bltn mit 8 Stbl., K.röhre 4-zipfelig, ♀ Bltn. zu eif., 4–6 mm großen steinfr.ähnl. Fr. reifend (*858/1*). 3 Arten in NAm.

1. Zw. meist dornig, Bl. (*858/2*) beiderseits silberschuppig; Fr. (*858/1*) orangerot; III–IV. Sg – s. N-NAm. [*Lepargyrea argentea* (Pursh) Greene]
Silber-B., *S. argentea* (Pursh) Nutt.

— Zw. dornenlos; Bl. oberseits grün, unterseits silbrig, mit zahlreichen rotbraunen Schüppchen (*858/3*); Zw. dornenlos; Fr. gelbl. rot; III–IV. Sg – s. N-NAm.
Kanadische B., *S. canadensis* (L.) Nutt.

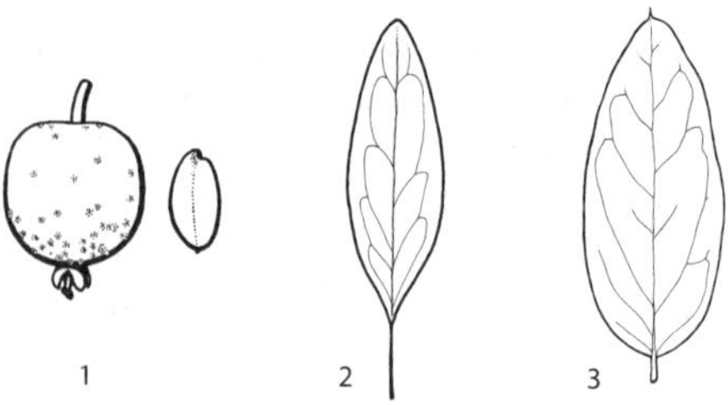

858/1–3 *Shepherdia*: 1–2 *S. argentea*: 1 Fr. u. Samen, 2 Bl.; 3 *S. canadensis*, Bl.

Shibataea Nakai, **Shibatabambus** – *Poaceae* (Bearbeiter: Hans-Roland Müller)

7 Arten in Jap. u. China. Für uns nur die folgende Art von Interesse.

S. kumasaca (Zoll.) Makino [*S. kumasasa* (Zoll.) Makino; *Phyllostachys kumasasa* (Zoll.) Munro], **Mäusedorn-S.** – Immergrün; Rhizom leptomorph; Halme 0,5–1(–2) m lang, 2–5 mm ∅, hin u. her gebogen, 1-seitig abgeflacht, die Knoten deutl. geschwollen; Bl.scheiden der Haupthalme papierartig dünn, kahl, hinfällig, Scheidenspreite sehr klein od. unscheinbar; Seitenäste 3–5 pro Knoten; Endverzweigungen sehr kurz, nur mit 1–2 Internodien u. mit 1, selten 2 Bl.; Bl. 5–10 cm lang u. 1,5–2,5 cm breit, längl. lanzettl. od. eif. lanzettl., am Grund spitz, glänzend dunkelgrün, oberseits kahl, unterseits anfangs locker behaart, verkahlend; Bltnst. gedrungen, an den Seitenästen, Ährchen 2-bltg., Stbl. 3, Narben 3. Sk – s. Jap.

Sibiraea Maxim., **Blauspiere** – *Rosaceae* (Bearbeiter: Bernd Schulz)

Sommergrüne, niedrige Sträucher; von den 2–4 Arten in Euras. nur folgende in Kultur.

S. altaiensis (Laxm.) C. K. Schneid. [*S. laevigata* (L.) Maxim.] – Zw. rund, dickl., rotbraun, aufsteigend bis aufrecht, wenig verzweigt, oberste Rindenschicht abblätternd, mit Endkn. (*259/4*); Bl. längl. verkehrt eif., 5–15 cm lang, zur Basis allmähl. verschmälert, sitzend, ganzrandig (*859/1*), kahl u. auffallend blaugrün, ohne Nebenbl.; Bltnst. endst., aufrechte, 6–12 cm lange Doppeltrauben; Bltn. 6–9 mm ∅, oft eingschl., mit 5 K- u.

5 (grünl.) weißen Krbl. sowie etwa 25 Stbl. u./od. 5 freien Frbl. (*859/2–3*); IV–V. Sk – s. SO-Eur. u. M-As. bis W-Sib.

Zuw. wird die disjunkte Population im kroatischen Küstenland als **var. *croatica*** (Degen) G. Beck abgespalten.

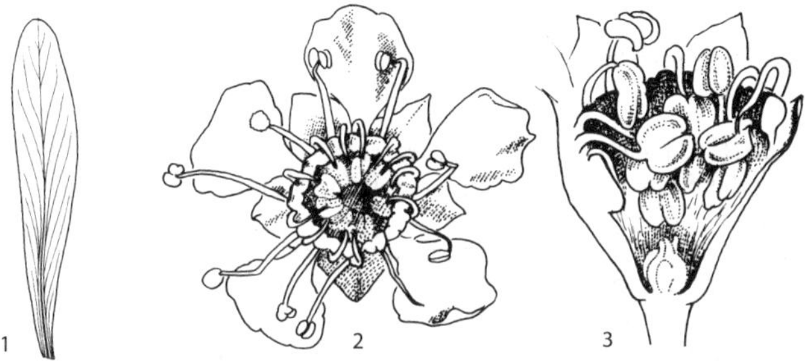

859/1–3 *Sibiraea altaiensis* : 1 Bl.; 2–3 ♂ Blüte: 2 Draufsicht, 3 Längsschnitt

Sinocalycanthus chinensis Cheng & Chang) Cheng & Chang → ***Calycanthus chinensis*** Cheng & Chang

× ***Sinocalycalycanthus raulstonii*** F. T. Lass. & Fantz → ***Calycanthus*** × ***raulstonii*** (F. T. Lass. & Fantz) B. Schulz

Sinofranchetia (Diels) Hemsl. – *Lardizabalaceae* (Bearbeiter: Bernd Schulz)

1 Art.

S. chinensis (Franch.) Hemsl. – Sommergrüne Liane; Bl. 15–20 cm lang, gestielt, kahl, 3-zählig, Blch. zugespitzt, seitl. mit schiefem Grund, kurz gestielt, Endblch. länger gestielt, symmetrisch, 6–10 cm lang, 4–6 cm breit, zugespitzt, eif., unterseits bläul. (*859/4*); nur Kurztriebe mit Endkn. (*219/4*); Bltn. meist eingschl., kurz, 1–3 mm gestielt,

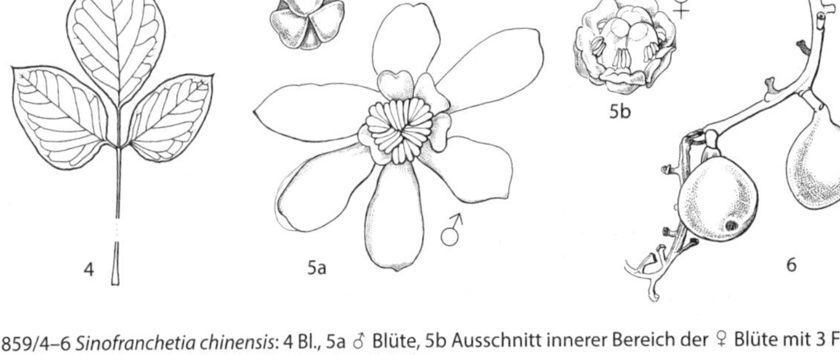

859/4–6 *Sinofranchetia chinensis*: 4 Bl., 5a ♂ Blüte, 5b Ausschnitt innerer Bereich der ♀ Blüte mit 3 Frbl., je 6 Staminodien u. Nektarbl., 6 Frst.ende mit Frch.

in 10–30 cm langen, ± überhängenden, achselst. Trauben, bis 10 mm ∅, Perigonbl. 6, frei, Nektarbl. bis 6, Stbl. 6 (*859/5a*), in den ♀ Bltn. als Staminodien, Frbl. 3 (selten 4), frei (*859/5b*); Beerenfrch. bis 2 cm lang, rundl. eif. (*859/6*), rosaviolett; V. L – ss. Gansu, Sich. bis WS-China.

Sinojackia Hu, **Sinojackie** – *Styracaceae* (Bearbeiter: Bernd Schulz)

Wenige (bis 5) Arten in China.

S. xylocarpa Hu – Bl. elliptisch bis eif., fein gezähnt, 3–9 cm lang, zugespitzt, Basis keilf. bis abgerundet, Bl.stiel bis 2 cm lang; Zw. mit Endkn., Kn. nackt, büschelhaarig; Bltn. 5–8-zählig, Krbl. frei (höchstens am Grund leicht zusammengeheftet), weiß, bis etwa 14 mm lang u. 7 mm breit, K. bis 1 mm lange, 3-eckige Zipfel, Frkn. unterst., Bltn.-becher etwa 4 mm lang u. 2,5 mm ∅, einzelne Büschelhaare (*860/1*); Fr. glatt, ± kahl, eif., aber lang zugespitzt, 2–3 cm lang (*860/2*); V. Sg/Bk – ss. Z- u. OS-China.

S. rehderiana Hu ist ähnl., hat viel schlankere Fr., dünnere Bl. u. wächst immer strauchig.

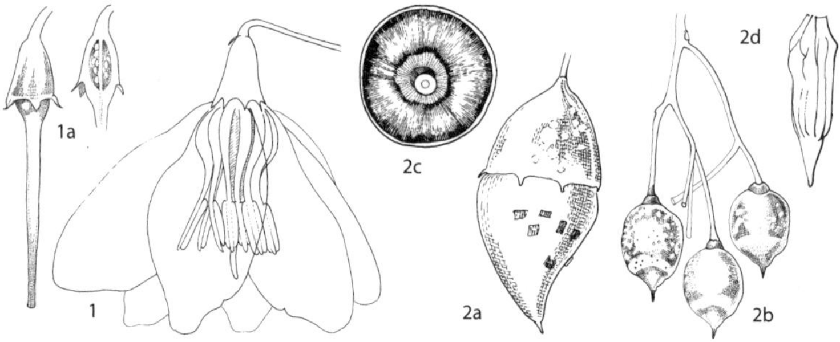

860/1–2 *Sinojackia xylocarpa*: 1 Blüte (durchscheinend dargestellt), 1a Bltn.boden mit Gr.; 2a Fr., 2b Frst., 2c Fr.-∅, 2d Steinkern

Sinowilsonia Hemsl. – *Hamamelidaceae* (Bearbeiter: Bernd Schulz)

1 Art.

S. henryi Hemsl. – Sommergrüner, weit ausladender Strauch mit ± waagerechten Zw., Sprosse sternhaarig; Bl. breit eif. bis elliptisch, kurz zugespitzt, am Grund abgeschnitten, breit keilf. bis schwach herzf., 10–18 cm lang, gleichmäßig fein grannig gezähnt, anfangs beidseitig behaart, oberseits ± verkahlend, Bl.stiel ca. 1 cm lang (*861/1*), Nebenbl. linealisch, bis 2 cm lang u. 3 mm breit, hinfällig; Bltn. andromonözisch (*861/2*), ca. 3 mm ∅, Pfl. 1-häusig, Ähren endst., kätzchenartig, die ♂ an beblätterten od. unbeblätterten seitl. Kurztrieben, 5–6 cm lang, Kbl. 5, Krbl. fehlend, Stbl. 5, ⚥ Bltnst. stets an beblätterten Kurztrieben, 3–5 cm lang, zur Fr.reife bis 15 cm lang (*861/3*), Bltn. mit 5 Staminodien, Gr. frei; Kapsel verholzt, vom bleibenden Kelch umgeben (*861/3a*), 2-samig, sich 2- od. 4-klappig öffnend (*861/3b*), Samen längl. ellipsoidisch, glänzend dunkelbraun (*861/4*); IV–V. Sg – s. ZS-WS-China.

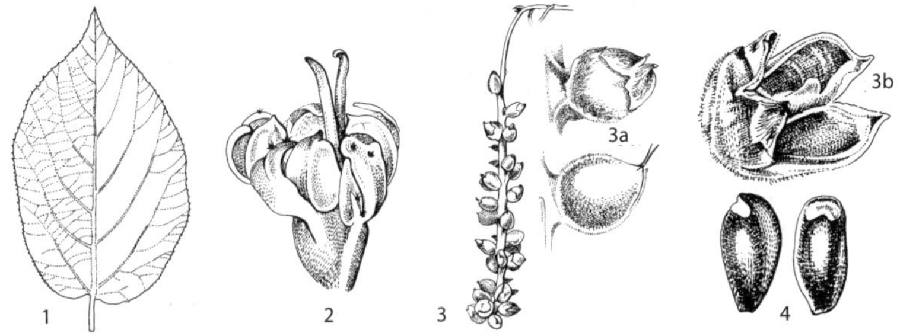

861/1–4 *Sinowilsonia henryi*: 1 Bl., 2 ⚥ Blüte, 3 Frst., 3a unreife Fr., 3b offene Fr., 4 Samen

Skimmia Thunb., **Skimmie** – *Rutaceae* (Bearbeiter: Ulrich Hecker)

Immergrüne, kahle Sträucher; Bl. lederig, wechselst., oft scheinwirtelig genähert, ganzrandig od. etwas gekerbt, kurz gestielt; Bltn. in endst. Rispen, klein, weiß, 4–5-zählig, ⚥, polygam od. eingschl. u. 2-häusig verteilt, Bltn.hülle doppelt, Krbl. 3–4-mal so lang wie die Kbl., Stbl. 4–5, ♀ Bltn. mit Staminodien, Frbl. 2–5, ganz miteinander verwachsen; Fr. Steinfr. mit 2–4 1-samigen Steinkernen. 6 Arten im Himal. u. O-As.

1. Bl. meist längl. verkehrt eif., ± plötzl. stumpf zugespitzt (*861/5*), 7–12 cm lang, 2,5–3,5 cm breit, oberseits dunkel- bis hellgrün od. gelbl. grün, unterseits gelbgrün; Rispen 5–8(–10) cm lang, Bltn. 4–5-zählig, 5–8 mm ∅, Krbl. 4–5 mm lang, schmal, Bltn. eingschl., 2-häusig verteilt, ♀ Bltnst. armbl.; Fr. rundl. bis abgeflacht rundl. (*861/6*), 8–10 mm groß, leuchtend rot; IV–V. Sk – h. Jap. **G!**
Japanische S., *S. japonica* Thunb. subsp. ***japonica***

Häufig angeplanzt in vielen Sorten, darunter

'Rubella': Pfl. stets ♂; Bltnst.achsen, Bltn.stiele u. Bltn.kn. sowie Bl. im Winter gerötet.

'Veitchii' [*S.* × *foremanii* hort.]: Pfl. stets ♀, starkwüchsig; Bl. breit elliptisch, Stiele gerötet; Bltn. meist 4-zählig; Fr. orangerot, rundl. bis eif., ca. 1 cm ∅.

subsp. *reevesiana* (Fort.) N. P. Taylor & Airy Shaw [*S. reevesiana* (Fort.) Fort.], **Reeves S.**: Bl. meist längl. elliptisch verkehrt eif. bis lanzettl., lang zugespitzt, 7–14 cm lang u. 3–4,5 cm breit, oberseits dunkelgrün, unterseits hellgrün; Bltn. ⚥, 5-zählig, Rispen eif., 5–8 cm lang; Fr. verkehrt eif., 8 mm lang, dunkelrot; IV–V. Sk, kalkunverträgl. – h. OS- u. ZS-China, Taiw., Philippinen, Myanm., S-Vietn.

— Bl. eilanzettl. bis schmal elliptisch, spitz od. zugespitzt, 7–15 cm lang, ganzrandig; Rispe pyramidal, reich verzweigt, bis 15 cm lang. ♂ Bltn. 5-zählig, Krbl. nicht ganz ausgebreitet, cremefarben, ♀ Bltn. stark duftend, 4–5-zählig, ausgebreitet, weiß; Fr. meist steril, rot; IV. Sk/Sg (bis 2,5 m). [*S. anquetilia* Tayl. & Airy Shaw × *S. japonica*] **Verkannte S., *S.* × *confusa*** N. P. Taylor

'Isabella': Pfl. stets ♀; Bltn. weiß.

'Kew Green': Pfl. stets ♂, breitbuschiger Strauch; Bltn. cremefarben, 3–5 mm breit, stark duftend.

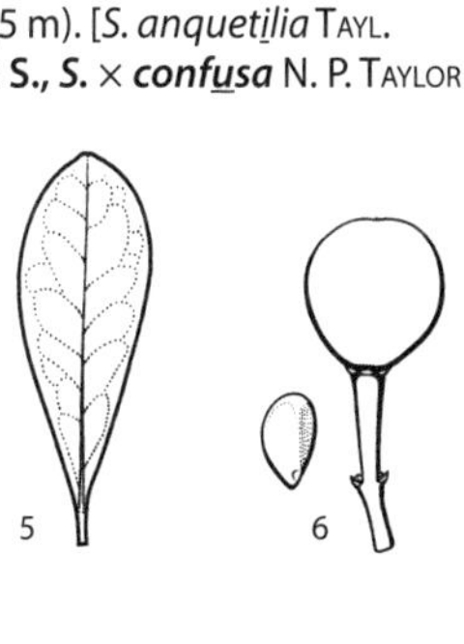

861/5–6 *Skimmia japonica*: 5 Bl., 6 Fr. u. Samen

Smilax **L., Stechwinde** – *Smilacaceae* (Bearbeiter: Ulrich Hecker)

Sommer- od. immergrüne, rankende, oft bewehrte Lianen; Bl. wechselst., einfach, am Grund gerundet bzw. herz- od. herz-pfeilf., zwischen den bogig aufsteigenden Nerven netznervig, Bl.stiel am Grund mit 2 Ranken; Bltn. klein, in Dolden, Perigon 6-zählig, freibl. Ca. 250 Arten in den Trop. u. Subtrop., nur wenige in den gemäßigten Zonen beider Hemisphären. 3 Arten in Eur.

1. Blattrand bestachelt, Spreite oberseits weiß gefleckt od. marmoriert; Pfl. immergrün, deutl. 4-kantig, hin u. her gebogen; ± dicht mit leicht gebogenen Stacheln besetzt; Bl. derb lederig, sehr variabel in Form u. Größe, lanzettl. bis 3-eckig eif., bis 10 cm lang u. 7 cm breit, Spreitengrund breit keilf. bis herz-pfeilf., Stiel 5–20 mm lang, Mittelrippe unterseits oft bestachelt, Bl. beiderseits glänzend grün (*862/1*); Bltn. grünl. weiß, in achsel- od. endst. Dolden; Fr. rot od. schwarzrot, 3–4 mm ∅; IX–XI. L (bis 10 m) – s. ∧∧ Medit.
Raue S., *S. aspera* L.

— Bl.rand glatt, Spreite weder weiß gefleckt noch marmoriert **2**

2. Sprosse deutl. 4-kantig, Pfl. sommergrün od. halbimmergrün, Wurzelstock stark kriechend; Pfl. Ausläufer bildend; Sprosse nur mit vereinzelten, kräftigen Stacheln; Bl. eif. bis rundl., zugespitzt, 3–12 cm lang u. breit, Spreitengrund abgerundet od. herzf.; Frst. 6–12 mm lang gestielt; Fr. blauschwarz; VI. L (bis 10 m) – s. O-NAm. **Gewöhnliche S., *S. rotundifolia*** L.

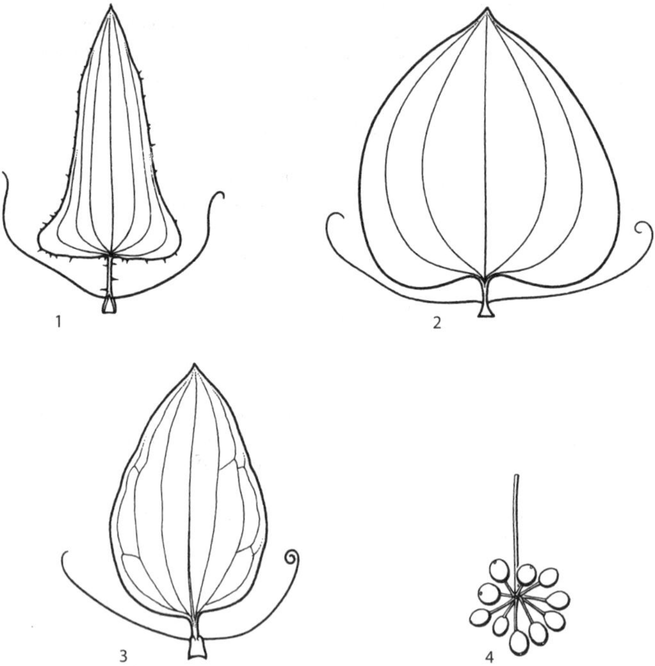

862/1–4 *Smilax*: 1 *S. aspera*, Bl.; 2 *S. excelsa*, Bl.; 3–4 *S. tamnoides*: 3 Bl., 4 Frst

— Sprosse gerundet od. nur schwach 4-kantig, Pflanzen sommergrün **3**

3. Sprosse zumindest im unteren Teil, dicht mit schwärzl., geraden Stacheln besetzt; Wurzelstock kaum kriechend, Pfl. kaum Ausläufer bildend; Bl. länger als breit, eif., zugespitzt, 6–9 nervig (*862/3*); Frst. 2–5 cm lang gestielt; Fr. 6 mm ∅, schwarz (*862/4*); VI. L (bis 15 m) – s. O-NAm. [*S. hispida* MUEHLENB.] **Steifborstige S., *S. tamnoides*** L.

— Sprosse spärl. bis dicht mit geraden, kräftigen, abgeplatteten Stacheln besetzt; Bl. ± so lang wie breit., am Rand rau od. fein gesägt, beidseitig kahl, glänzend, Spreitengrund abgeschnitten od. herzf., 5–7-nervig (*862/2*); Bltn. in 4–12-bltg. Dolden; Frst. ca. 1,5 cm lang, Fr. rot, 1 cm ∅; V. L (bis 20 m) – s. ∧∧ SO-Eur. bis W-As. **Hohe S., *S. excelsa*** L.

Solanum L., **Nachtschatten** – *Solanaceae* (Bearbeiter: Peter A. Schmidt)

Gehölze, Stauden od. 1-j. krautige Pfl., auch Lianen; Bl. einfach, ungeteilt, gelappt bis fiederteilig, od. Bl. zusammengesetzt, meist gefiedert; Bltn. in endst. od. seitenst. zymösen, rispen- od. schirmrispenartigen Bltnst., Kr. radf., Stbl. mit den längl. Antheren um den Gr. kegelf. zusammenneigend (*863/2*); Fr. eine Beere. Etwa 1 700 Arten, vorwiegend in trop. u. subtrop. Zonen, besonders in SAm.

Unter den verholzende Nachtschatten nur 1 Art im Freiland, der wildwachsende Bittersüße N., andere Arten der Gatt., die als Ziergehölze kultiviert werden, sind nicht frosthart (z. B. Jerusalemkirsche od. Korallenstrauch, *S. pseudocapsicum* L.).

S. dulcamara L., **Bittersüßer N., Bittersüß** – Sommergrüner Halbstrauch mit bis etwa 2,5 m hoch kletternden, teils auch niederliegenden Sprossen; Bl. eif. bis breit lanzettl., ungeteilt, aber obere meist geöhrt, spießf. od. mit 1–2 fiederigen Abschnitten u. 3-teilig bis 3-zählig (*863/1*); Bltnst. mit 10–25 Bltn., Kr. violett; Beere eif., scharlachrot (*863/3*); VI–VIII. HS – h. Mer. bis bor. Euras., NW-Afr. **G!**

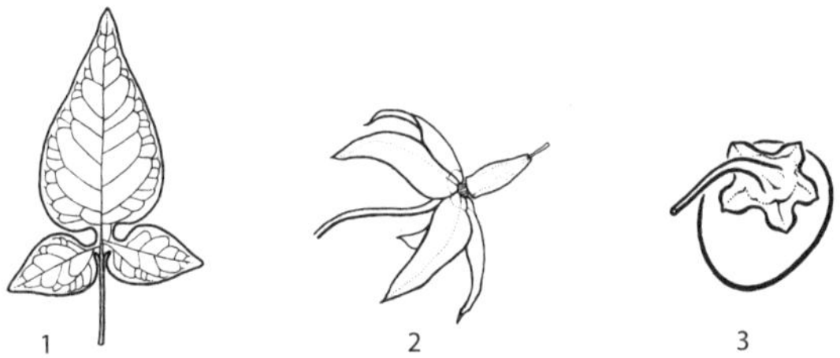

863/1–3 *Solanum dulcamara*: 1 Bl., 2 Blüte, 3 Fr.

Sophora L., **Schnurbaum, Kowhai** – *Fabaceae* (Bearbeiter: Bernd Schulz)

Sommer- od. immergrüne Bäume u. Sträucher, selten Stauden, Bl. wechselst., paarig od. unpaarig gefiedert., Nebenbl. klein, pfrieml.; Bltn. in einfachen Trauben od. Büscheln, endst. an Lang- od. Kurztrieben, K. glockig, mit 5 kleinen Zähnen, Staubfäden frei od. nur am Grund verwachsen; Fr. mehrsamig, zwischen den Samen eingeschnürt, meist geschlossen bleibend. Über 45 Arten, vorwiegend in den Trop. u. Subtrop.; nördl. bis NAm. u. O-As., südl. bis Chile u. Neuseel. *Sophora japonica* → *Styphnolobium japonicum*.

1. Sommergrüner, mit Sprossdornen (*228/2*) bewehrter Strauch; Krbl. weißl., am Grund auch cremegelb, selten schwach bläul., K. meist hell- bis graublau überlaufen, Bltn. (*864/1a*) 1,5–2 cm lang, in endst. Trauben an seitl. Kurztrieben; Bl. 3–6 cm lang, Blch. 13–19, längl. elliptisch, 6–10 mm lang, bis 3 mm breit, ± kurz stachelspitzig, unterseits fein seidig behaart; Fr. im ∅ rund, 3–6 cm lang, seidig behaart, 1-6-samig (*864/1b*); IV. Sg – s–z. Tibet bis ZS-China. [*S. viciifolia* Hance] **G!** **Wickenblättriger S., *S. davidii*** (Franch.) Skeels

— Immergrüner, unbewehrter Strauch; Bltn. mit gelben Krbl., Fr. 4-flügelig, Bl. mit 15–25 Fiederblattpaaren, Fiedern normal grün, bis 5 × 12 mm, locker behaart; V/VI. Sg/Bk.– ss. ∧∧ Neuseel. **Kleinblättriger Kowhai, *S. microphylla*** Aiton

Weitere ss gepflanzte Arten aus Neuseel. sind:

S. prostrata J. Buch., **Niederliegender K.**: kleiner Strauch mit dicht verflochtenen Zw.; Bl. bis 3 cm lang, mit bis zu 5 Fiederpaaren, Fiedern dunkelgrün; Fahne u. Flügel orange (*864/2*).

S. tetraptera J. Miller, **Großblättriger K., Taupo-K.**: Bl. > 3 cm lg., mit bis 11 Fiederpaaren, Fiedern > 18 mm lang, längl.: 3-mal länger als breit, dicht behaart; Krbl. gelb.

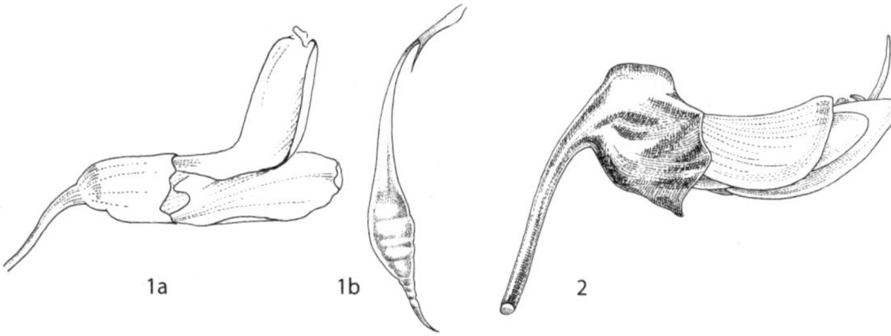

864/1–2 *Sophora*, Bltn.: 1 *S. davidii*, 1a Blüte, 1b Fr.; 2 *S. prostrata*, Blüte

Sorbaria (DC.) A. Br., **Fiederspiere** – *Rosaceae* (Bearbeiter: Bernd Schulz)

Sommergrüne Sträucher, Bl. groß, mit Nebenbl., unpaarig gefiedert mit 9–25 Blch., Rand doppelt gezähnt, Zähne ± scharf, die Zahl u. Breite der Fiederblch. u. ihre Behaarung sind sehr variabel; Bltnst. vielbltg., 10–30 cm lange, endst. Rispen; Bltn. 5–10 mm ∅, 5-zählig, Krbl. weiß, Stbl. 20–35(–40), oft länger als die Krbl.; Frbl. 5. Etwa 4 Arten in O-, M- und NO-As. In Kultur (BG) auch Hybriden zwischen den Arten.

1. Gr.rest unterhalb der Spitze des Frch. stehend, abspreizend (*865/2*) – Rispen locker mit abstehenden Seitenzw., 20–30 × 15–20 cm, oft ± überhängend, Fr. etwa 3,5 mm lang, Stiel wieder zurückgebogen u. Fr. ± aufrecht; Kr. ausgebreitet 6 mm ∅, Stbl. 20(–30), Kr. nur wenig überragend (*865/1*); Blch. 4–10 cm lang, oft mit > 20 Seitennervenpaaren, oft unterseits sternhaarig, zu 13–17; Pfl. sehr breitwüchsig; VII–VIII. Sg (bis 6 m) – s. Tibet u. N-China, Nei-Mong. bis S-China. [*S. arborea* C. K. Schneid.; *S. assurgens* Vilm. & Bois] **Baum-F., *S. kirilowii*** (Regel & Tiling) Maxim.

— Gr.rest endst. am Frch., aber zurückgebogen (*865/3*) **2**

2. Pfl. bis 2 m hoch; Stbl. 25–35(40), fast doppelt so lang wie die Krbl.; Rispen zieml. dicht, mit ± aufrechten Seitenachsen, 10–20 × 10–12 cm – Fr. etwa 5 mm lang, aufrecht; Bl. mit 11–17(–25) Blch., Blch. mit bis etwa 20 Seitennervenpaaren, unterseits meist kahl, eilanzettl., 5–8 cm lang; Pfl. sich durch unterirdische Ausläufer weit ausbreitend, sehr früh austreibend; VI–VII. Sk – h. Sib., Russ.-Fernost, Jap., Kor., NO-China **Sibirische F., *S. sorbifolia*** (L.) A. Braun.

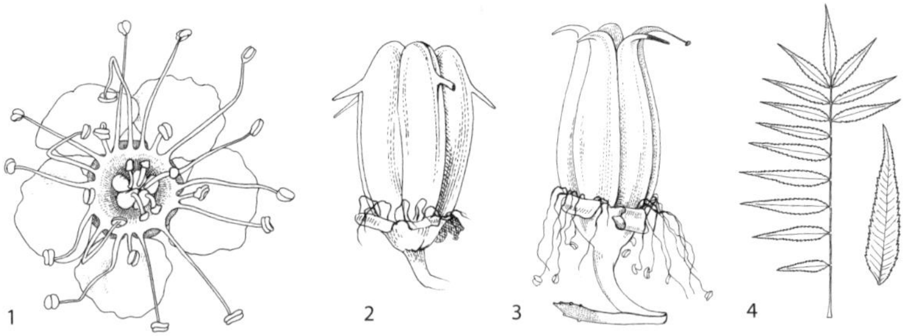

865/1–4 *Sorbaria*: 1 *S. kirilowii*, Blüte, 2 *S. kirilowii* junge Fr.; 3 S. *sorbifolia*, junge Fr.; 4 *S. tomentosa* var. *angustifolia*, Bl. u. Blch.

var. *stellipila* MAXIM.: Bl. unterseits sternhaarig, junge Zw., Bltn.stiel, K. u. Frch. schwach behaart.

Nicht in Kultur ist ***S. grandiflora*** (SWEET) MAXIM: bis 30 cm hoher Zwergstrauch mit größeren Bltn. aus O-Sib.

— Pfl. meist deutl. > 2 m hoch; Stbl. 20, nur wenig länger als die Krbl.; Rispen locker, mit ± abstehenden Seitenachsen, 20–25 × 10–15 cm – Blch. längl., oft sichelf. gebogen, zu 15–21, 4–10 cm lang, oft mit mehr als 20 Seitennervenpaaren, unterseits oft behaart (*865/4*); Bltn. 1 cm ∅, Gr. am Frbl. endst., zurückgebogen; junge Zw. auffallend rotbraun; VII–VIII. Sk/Sg – ss. M-As. (Afgh., N-Indien, Himal.). **Himalaja-F., *S. tomentosa*** (LINDL.) REHDER

var. *angustifolia* (WENZ.) RAHN [*S. aitchisonii* HEMSL.]: Bl. schmaler, bis 15 mm breit (*865/4*). ss. Afgh., Kaschmir.

× ***Sorbaronia*** C. K. SCHNEID. [*Aronia* × *Sorbus*], **Ebereschen-** u. **Mehlbeeraronien** – *Rosaceae* (Bearbeiter: Peter A. Schmidt)

Sträucher od. kleine Bäume mit intermediären Merkmalen zwischen den Eltern der Gattungshybride, Apfelbeeren (*Aronia*-Arten) u. Ebereschen od. Mehlbeeren (*Sorbus*-Arten); Bl. einfach od. (bei Hybriden mit Ebereschen) teilw. Spreite in unterer Hälfte gefiedert (*865/5*), fiederig eingeschnitten od. gelappt, am Rand gesägt od. gekerbt; Kr. weiß od. weißl. rosa, Gr. 3–4; Fr. 8–10 mm ∅, ± kugelig od. birnf., rot, bräunl. rot, dunkelpurpurn od. fast schwarz.

Im gemeinsamen Verbreitungsgebiet von *Aronia*- u. *Sorbus*-Arten kommen natürl. Hybriden zwischen den beiden Gatt. vor, z. B. in NO NAm.:

× ***S. arsenii*** (L. ARSÈNE) G. N. JONES [*Aronia arbutifolia* × *Sorbus decora*], Labrador-Ebereschenaronie, auch Schnee-Vogelbeere genannt.

Die meisten Hybriden entstanden aber in Kultur, z. B.:

die Ebereschenaronien × ***S. fallax*** (C. K. SCHNEID.) C. K. SCHNEID. [*Aronia melanocarpa* × *Sorbus aucuparia*] u. × ***S. sorbifolia*** (POIR.) C. K. SCHNEID. [*Aronia melanocarpa* × *Sorbus americana*] (*865/5*) od. die Mehlbeeraronie × ***S. alpina*** (WILLD.) C. K. SCHNEID. [*Aronia arbutifolia* × *Sorbus aria*].

Durch künstl. Kreuzungen mit Arten der Gatt. *Aronia* u. *Sorbus* u. teils weiterer Gatt. wie *Crataegus* od. *Mespilus* wurden in den ersten Jahrzehnten des 20. Jh. in der ehemaligen Sowjetunion durch I. W. MITSCHURIN zahlreiche Sorten erzielt, darunter solche, die × *Sorbaronia* zuzuordnen sind.

865/5 × *Sorbaronia sorbifolia*, Bl.

Für lange Zeit zu *Aronia melanocarpa*, *A.* × *prunifolia* od. *A. mitschurinii* gestellte Sorten mit größeren, sehr saftigen, kaum glänzenden u. etwas behaarten Fr., die aus Kreuzungen *A. melanocarpa* × *Sorbus aucuparia* hervorgingen (siehe unter *Aronia* × *prunifolia*), wird neuerdings angenommen, dass sie, obwohl kaum von einer Apfelbeere zu unterscheiden, ebenfalls zu × *Sorbaronia* gehören. Dann wären sie eigentl. zu × *S. fallax* zu stellen. Da aber ihre Nachkommen in den Merkmalen konstant sind u. Apomixis wahrscheinl. ist, erhielten sie einen eigenen Namen: × ***S. mitschurinii*** (A. K. Skvorcov & Maitul.) Sennikov. Wenn eine Bestimmung nach morphologischen Merkmalen auch zu *Aronia* führt u. den Pfl., offensichtl. durch diverse Rückkreuzungen mit *Aronia*, nicht anzusehen ist, dass *Sorbus aucuparia* ein Elter darstellt, stützen molekulargenetische Studien diese Auffassung. Apomixis ist sowohl für *Sorbus*-Hybriden (siehe unter *Sorbus*) bekannt u. wird auch für *Aronia* (siehe *A.* × *prunifolia*) angenommen.

Sorbus L. s. l. [excl. *Cormus*], **Mehlbeere, Zwergmehlbeere, Elsbeere, Eberesche, Vogelbeere** [exkl. Speierling] – *Rosaceae* (Bearbeiter: Peter A. Schmidt)

Sommergrüne Bäume od. Sträucher; Zw. oft mit großen, kahlen bis filzig behaarten Endkn.; Bl. unpaarig gefiedert od. einfach, dann zuw. fiederig gelappt, 3 bis > 30 cm lang, unterseits von dicht weißfilzig bis kahl, Nebenbl. klein u. hinfällig bis auffällig groß u. bleibend; Bltn. in meist vielbltg. Schirmrispen, Kr. weiß, selten rosa od. rot, 0,5–2 cm ∅, 5-zählig; Stbl. 15–20; Frbl. 2–5, zuw. ihr oberster Teil frei u. aus dem Bltn.becher, mit dem sie ± verwachsen sind, herausragend, Gr. 2–5, frei od. ± vereinigt; Fr. ein Kernapfel (pergamentartiges Endokarp), 0,4–2 cm ∅, rot, rosa, weiß, gelb od. bräunl., oft mehlig, auch mehr saftig od. hart, teils essbar. Etwa 150 Arten in der bor. Zone von NAm. u. Euras. sowie in der nemor. bis mer. Zone Euras., dazu zahlreiche als Arten beschriebene apomiktische Lokalendemiten (siehe unten).

Derzeit existieren parallel 2 Auffassungen: eine weit gefasste Gatt. *Sorbus* s. l. (z. B. Rich et al. 2010, Meyer 2016) u. eine auf die Ebereschen eingegrenzte Gatt. *Sorbus* s. str. (z. B. McAllister 2005, Grimshaw & Bayton 2009, Sennikov & Kurtto 2017). Letztere Autoren gliedern auf der Basis molekulargenetischer Erkenntnisse *Sorbus* s. l. in mehrere Gatt. So werden die in folgender Übersicht aufgeführten Untergatt. *Aria*, *Chamaemespilus*, *Cormus*, *Torminaria* und *Sorbus* als getrennte Gatt. betrachtet. Dem wird hier mit einer Ausnahme nicht gefolgt. Die Untergatt. *Cormus* (nur 1 Art: *S. domestica*) nimmt eine isolierte Stellung ein, sie unterscheidet sich nicht nur durch molekulargenetisch belegte Unterschiede. Während zwischen Arten der anderen Untergatt. zahlreiche Bastarde, sowohl spontan auftretende Primärbastarde als auch nach Hybridisierung entstandene agamosperme Sippen, bekannt sind, bescheinigt das Fehlen jeglicher Bastarde von *S. domestica* – trotz Überlappung der Areale mit diversen *Sorbus*-Arten – eine fehlende Kreuzungsbereitschaft. Die Eigenständigkeit von *S. domestica* bzw. der Untergatt. *Cormus* ist Anlass, hier der Anerkennung einer eigenen Gatt. *Cormus* zu folgen, damit *S. domestica* = *Cormus domestica*.

Die Gatt. *Sorbus* ist mit mehreren anderen Gatt. durch Hybridisierung vernetzt, so entstanden im natürl. Areal und in Kultur diverse Gattungsbastarde, z. B. mit *Amelanchier* (× *Amelasorbus*), *Aronia* (× *Sorbaronia*), *Cotoneaster* (× *Sorbocotoneaster*), *Malus* (× *Malosorbus*) und *Pyrus* (× *Sorbopyrus* bzw. *Pyraria*).

Übersicht der Untergattungen

Obwohl im Bestimmungsschlüssel an entsprechender Stelle die jeweilige Untergatt. angegeben ist, soll die folgende Übersicht die Orientierung erleichtern. Diese Untergatt. (auch Sekt. *Micromeles*) wie auch die „Hybrid-Untergatt." in der anschließenden Übersicht werden von Sennikov & Kurtto (2017) alle als eigene Gatt. eingestuft, wobei unzählige Neukombinationen von Taxa und neue Namen für die Hybridgatt. zu einer Flut von Namensänderungen führen, was hier nicht übernommen wird.

- Untergatt. *Cormus* = **Gatt. *Cormus*, Speierling**
- **Untergatt. *Aria*, Mehlbeeren**, mit Sekt. ***Aria*, Echte Mehlbeeren**, u. **Sekt. *Micromeles*** (incl Sekt. *Alnifoliae*), **Zwergapfel-Mehlbeeren**
- **Untergatt. *Chamaemespilus*, Zwergmehlbeeren**
- **Untergatt. *Torminaria*** [*Torminalis*], **Elsbeere**
- **Untergatt. *Sorbus*** [*Aucuparia*], **Ebereschen, Vogelbeeren**

Spontan auftretende Primärbastarde (sexuell) u. nach Hybridisierung entstandene, sich asexuell vermehrende u. in ihren Merkmalen deshalb konstante Apomikten („fixierte Zwischenarten", eigentl. Klone, meist als Kleinarten aufgefasst) werden zu Artengruppen (agg.) zusammengefasst, für die in neuerer Zeit mehrere eigene Untergatt. aufgestellt wurden. Aus diesen Artengruppen können nur einige Beispiele aufgenommen werden, hierzu ist Spezialliteratur erforderl. (z. B. Rich et al. 2010, Meyer 2016).

Die im Schlüssel berücksichtigten Artengruppen, denen Primärhybriden u. apomiktische Kleinarten zugeordnet werden, gehen auf Hybridisierungen zwischen Arten folgender Untergatt. zurück (in Klammern Namen der „Hybrid-Untergatt.", alle bei SENNIKOV & KURTTO 2017 als eigene Gatt. mit neuen Namen):

Aria × *Sorbus* (***Soraria***): ***S. hybrida* agg.**, Artengruppe **Bastard-Ebereschen** od. **-Mehlbeeren** (aus *S. aria* agg. × *S. aucuparia* entstanden),

Aria × *Torminaria* (***Tormaria***): ***S. latifolia* agg.**, Artengruppe **Bastard-Elsbeeren** od. **Breitblättrige Mehlbeeren** (aus *S. aria* agg. × *S. torminalis* entstanden),

Aria × *Sorbus* × *Torminaria* (***Triparens***): ***S. intermedia* agg.**, Artengruppe **Schwedische Mehlbeeren** (aus *S. aria* agg. × *S. aucuparia* × *S. torminalis* entstanden),

Aria × *Chamaemespilus* (***Chamaespilaria***): ***S. sudetica* agg.**, Artengruppe **Sudeten-Bastard-Zwergmehlbeeren** (aus *S. aria* agg. × *S. chamaemespilus* entstanden),

Aria × *Chamaemespilus* × *Sorbus* (***Chamsoraria***): ***S. hostii* agg.**, Artengruppe **Hosts Bastard-Zwergmehlbeeren** (aus *S. chamaemespilus* × *S. hybrida* agg. entstanden).

Im Schlüssel gelten die Bl.merkmale, sofern nicht anders angegeben, für mittlere Bl. der Kurztriebe, die Fr.merkmale für reife Fr. Die Zahl der Seitennerven der Bl. bezieht sich auf die deutl. sichtbaren.

1. Bl. einfach, ungeteilt od. gelappt, höchstens im unteren Teil der Spreite gefiedert, dann Endabschnitt viel größer als seitl. Fiedern u. höchstens fiederig gelappt – Narben der Bl.kn. meist 3-spurig (mit 3 Gefäßbündeln) **17**

— Bl. zur Gänze, nicht nur im basalen Teil der Spreite, gefiedert, Endblch. etwa so groß wie die seitl. Blch. – Narben der Bl.kn. 5-spurig **2**

2. Bltn. 1,5–1,8 cm ∅, Gr. 5(–7); Fr. (1,5–)2–3,5(–5) cm lang, 1,8–2,5(–4) cm ∅, apfelf. bis birnf., grünl. gelb bis gelb, rotbackig; Bl.zähne bis zum Frühsommer an der Spitze mit brauner Drüse – Blch. (11–)15–17(–21), längl., 3–8 cm lang, im unteren Viertel meist ganzrandig, darüber gleichmäßig gesägt (*462/4*)
Speierling, *S. domestica* L. = ***Cormus domestica***, siehe Gatt. ***Cormus***, S. 463

— Bltn. bis 1(–1,5, nur bei *S. tianschanica* bis 1,8) cm ∅, Gr. 2–4(–5); Fr. ± kugelig, bis 1(–1,5) cm ∅, rot, rosa, gelb od. weiß; Bl.zähne auch im Frühjahr ohne braune Drüsenspitze – Kr. weiß, selten gelbl. weiß od. grünl. weiß od. rosa; Stamm oft mit bis ins Alter glatter Rinde (**Untergatt. *Sorbus*, Ebereschen**) **3**

3. Zwerg- od. Kleinstrauch bis 1 m Höhe; Blch. 9–15, 1–2,5 cm lang, – eif. bis elliptisch, 0,8–1 cm breit, beiderseits ± kahl, oberseits glänzend, oberhalb des unteren Viertels od. der Mitte Rand gesägt; Bl. 7–10 cm lang, Bl.spindel leicht geflügelt; Bltnst. wenigbltg., Achsen kahl, Bltn. 1–1,2 cm ∅, Kr. weiß; Fr. kugelig, 6–9 mm ∅, anfangs karminrot, dann rosaweiß mit rötl. Flecken, zuletzt ± weiß; V–VI Sz/Sk – z. China: Sich., Yunn. **Zwerg-E.,** ***S. reducta*** DIELS

— Sträucher > 1 m Höhe u. Bäume; Blch. entw. > 15 od. länger, mindestens 2–5 cm lang **4**

4. Blch (17–)19–27(–35), wenn ausnahmsweise teils weniger (15–21), dann Kr. hellrosa (*S. cashmiriana*), Blch. 1,5–4 cm lang **14**

— Blch. 7–17, oft länger, 2–10(–13) cm lang **5**

5. Blch. (9–)11–17 .... **7**

— Blch. 7–11 – Nebenbl, groß, halbkreisf., 1–2 cm breit, bleibend, besonders auffällig an Achsen im Bltnst.; Bltn. 5–8 mm ∅ **6**

6. Bl. bis 13 cm lang, Blch. 2–6 cm lang, dabei Blch. eines Bl. zur Bl.spitze zu deutl. größer werdend, untere 1–2 cm lang, obere 2–6 cm lang, längl. elliptisch, in oberem Viertel gesägt, oberseits nicht auffällig runzelig, unterseits gelbl. bräunl. behaart; Bltnst. wenigbltg.; Fr. rot, ellipsoidisch bis kugelig, 7–10 mm ∅; Zw. dünn, Kn. nicht klebrig; V. Sg/Bk – ss. Jap.
Zierliche E., ***S. gracilis*** (SIEBOLD & ZUCC.) K. KOCH

— Bl 18–28(–35) cm lang, Blch. 7–13 cm lang, basale u. terminale Blch. eines Bl. kleiner als mittlere, schmal lanzettl., mit Ausnahme des unteren Viertels scharf gesägt, oberseits durch vertiefte Nerven runzelig, unterseits anfangs dünn weißfilzig, bis auf Mittelrippe verkahlend; Bltnst. reichbltg.; Fr. orangerot, ± kugelig, 8–9 mm ∅; Zw. dick, Kn. groß (Endkn. 1–2 cm lang), stark klebrig; VI. Bk/Bm – ss. China: Sich., Yunn. **Sargents E., *S. sargentiana*** Koehne

7 (5). Fr. weißl. bis gelbl., zuw. rötl getönt; Bltnst. kegelf., etwa so hoch wie breit, Bltn. 6–8 mm ∅; Kr. grünl. cremeweiß – Bl. 10–20 cm lang; Blch. 3–6 cm lang, 1–1,8 cm breit, kahl, oberseits dunkel-, unterseits blaugrün, oberhalb des unteren Drittels Rand gesägt; Fr. eif., 6–8 mm ∅; Kn. tiefrot, mit rotbraunen Haaren an der Spitze u. den Schuppenrändern; V. Bk – ss. O-AS.: OS-, ZS- u. N-China **Verschiedenfarbige E., *S. discolor*** (Maxim.) Maxim.

Ähnl. chinesische Arten mit weißen od. rosa bis rötl. getönten, kleinen u. harten Fr. wurden früher ***S. hupehensis*** C. K. Schneid. zugeordnet. Dieser Name ist nach McAllister (2005) u. Grimshaw & Bayton (2009) Synonym von *S. discolor*, während *S. hupehensis* hort. 2 Arten zugeordnet wird: ***S. glabriuscula*** McAll. (Fr. weiß, zuw. um den K. rosa getönt) u. ***S. pseudohupehensis*** McAll. (Fr. weiß, aber durch rötl. Tönung mehr rosa, Blch. oberseits bläul. grün), letztere meist als Sorte **'Pink Pagoda'** ['Rufus'] in Kultur, Fr. rosa, Blch. meist 11.

Die Zugehörigkeit einiger gelegentl. gepflanzter Sorten zu einem Bastard *S. discolor* × *S. aucuparia* (unter *S.* × *arnoldiana* Rehder) ist ungeklärt, weshalb ihr Sortenname direkt der Gatt. zugeordnet wird, z. B. ***S.* 'Lombarts Golden Wonder'**: Blch. 13–15, bläul. grün, große Fr.stände mit gelben Fr.

— Fr. orangerot od. rot; Bltnst. abgeflacht od. abgerundet; Bltn. 0,6–1,2(–1,8) cm ∅, Kr. weiß, zuw. rosa getönt – Kn. kahl od. schwach behaart bis filzig **8**

8. Kn. klebrig bis stark klebrig, kahl od. locker rostbraun behaart, zuw. auch weißl. Haare – Bltnst. (3–)6–15 cm ∅, abgeflacht bis abgerundet **11**

— Kn. nicht klebrig, dicht bis locker grau bis weiß behaart (siehe aber unter Nr. 10), zuw. an Kn.spitze u. Schuppenrändern auch einige rostbraune Haare – Bltnst. 7–15 cm ∅ **9**

9. Bltn. 1,5–1,8(–2) cm ∅; Blch. u. Bltnst.achsen kahl; Zw. auffällig stark glänzend, höchstens anfangs schwach behaart – Bl. 13–17 cm lang, Blch. (9–)11–15, 3–5(–7) cm lang, 0,8–1(–2) cm breit, eilanzettl.; Kr. weiß, zuw. rosa getönt; Fr. kugelig, rot, 0,8–1,2 cm ∅; V–VI. Sg/Bk – ss. Hochgeb. M-As. bis W-Himal. **Tienschan-E., *S. tianschanica*** Rupr.

— Bltn. 0,8–1,2 cm ∅; Blch. unterseits u. Bltnst.achsen bleibend od. zumindest anfangs filzig od. ± behaart; Zw. ±, aber nie stark, glänzend, zumindest anfangs grau- bis weißfilzig – Bl. 12–26 cm lang **10**

10. Blch. (9–)11–17(–19), weich, matt, längl. lanzettl., (2–)5–6(–9) cm lang, 1,5–1,8 cm breit, unterseits bläul., anfangs behaart, Rand an der Basis bis unteres Viertel od. Drittel (bei var. *moravica* teils bis über die Hälfte) ganzrandig, darüber gesägt (*869/1*), Nebenbl. klein, oft bald abfallend, an Langtrieben bleibend; Fr. (eif. bis) kugelig, 0,8–1 (bei Sorten auch 1,2–1,5) cm ∅, orange- bis scharlachrot (zuw. orangegelb: 'Xanthocarpa'); Kn. dunkelbraun bis grauschwarz, ganz od. Spitze u. Schuppenränder weiß behaart, zuw. verkahlend; V–VI. Bk/Bm – h. Eur. bis Kl.-As. u. Kauk., N-As. bis N- u. NO-China. [incl. *S. pohuashanensis* (Hance) Hedl.] Rohe Fr. in großen Mengen **G!** **Gewöhnliche E.** i. w. S., **Vogelbeere, *S. aucuparia*** L. s. l.

Sippen im Geb. (subalp.), in N-Eur. u. Sib. mit verkahlenden, zur Blütezeit schon fast kahlen diesj. Zw., Kn. u. Bltnst.achsen (z. B. **subsp. *glabrata*** (Wimm. & Grab.) Cajander), **subsp. *sibirica*** (Hedl.) McAll.).

var. *moravica* (ZENGERL.) GAMS [var. *edulis* DIECK], **Süße E.**: hierzu Fr.sorten (z.B. 'Rossica', 'Rosina') mit größeren (bis 1,5 cm ∅), bitterstoffarmen, essbaren Fr., Blch.rand meist bis oberhalb der Mitte ganzrandig.

Als Ziergehölze gelegentl. Hängeform **'Pendula'** mit herabhängenden Zw. (meist hochstämmig veredelt) u. Säulenformen mit straff aufrechten Ästen, anfangs säulenf., später mehr eif. Krone (**'Fastigiata'**) od. kompakter, anfangs schmal kegelf. u. dann eif. Krone (**'Sherwater Seedling'**). Alle Bk.

— Blch. 11–13, lederig, glänzend, elliptisch, längl. elliptisch bis längl. lanzettl., 5–9 cm lang, 2–3,5 cm breit, unterseits dicht grau- bis weißfilzig, Rand mit Ausnahme der Basis scharf gesägt, Nebenbl. dauerhaft, halbkreisf., 1–2 cm breit, Fr. abgeflacht kugelig, breiter als lang, 7–9 mm ∅, scharlachrot (zuw. zitronengelb: 'Flava'); Kn. rötl., dicht seidig weiß behaart; V–VI. Bk – ss. China: Sich. **Esserteaus E., *S. esserteauana*** KOEHNE

11 (8). Blch. 1,5–3 cm breit, meist nur bis 3-mal so lang wie breit, oberseits bläul. grün bis matt dunkelgrün – Bl. 20–32 cm lang, Blch. 11–17, elliptisch bis längl. od. längl. eif., 3–7(–8) cm lang, stumpf, spitz od. plötzl. kurz zugespitzt, unterseits heller, anfangs behaart, Rand gesägt, zuw. zur Basis hin ganzrandig, Spindel u. Mittelrippen meist rötl.; Bltnst.achsen meist ± behaart bleibend; Bltn. 0,7–1,2 cm ∅; Fr. ± kugelig, 0,6–1,1 cm ∅, leuchtend rot; Kn. dunkel karminrot bis purpurschwarz, glänzend, oft sehr klebrig, dann lockere rostbraune Behaarung kaum erkennbar; V–VI (etwa 1 Woche später als *S. americana*). Bk/Bm – z. Östl. N-NAm. u. O-NAm.
Labrador-E., *S. decora* (SARG.) C. K. SCHNEID.

Elternart einer natürl. auftretenden Gattungshybride *Aronia* × *Sorbus*: × ***Sorbaronia arsenii*** (siehe unter × *Sorbaronia*, S. 865).

— Blch. schmaler, 1–2,5 cm breit, meist > 3-mal, teils bis 5-mal so lang wie breit, oberseits hell- od. dunkelgrün, nie blaugrün, entw. matt od. glänzend – Fr. leuchtend orange bis orange- od. scharlachrot **12**

12. Blch. (11–)15–17, 5–10 cm lang, 3,4- bis 5-mal so lang wie breit, Bltn. 5–7,5 mm ∅; Kn. dunkelrot; Bl. 15–33 cm lang, Bl.stiel oft gedreht – Blch. schmal elliptisch, längl. lanzettl. bis lanzettl., zugespitzt od. lang zugespitzt, oberseits matt gelbl. grün od. dunkelgrün, unterseits heller, kahl od. anfangs schwach behaart, Rand fein u. scharf gesägt, zuw. nur in oberer Hälfte; Bltnst.achsen kahl od. spärl. behaart, Fr. ± kugelig, 4–8 mm ∅; Kn. kahl od. Spitze u. Schuppenränder rostbraun behaart; V–VI. Bk – z. NO-NAm.
Amerikanische E., Kanadische E., *S. americana* MARSHALL

Bastardiert mit *Aronia*-Arten: siehe unter Gattungshybride × *Sorbaronia*, S. 865.

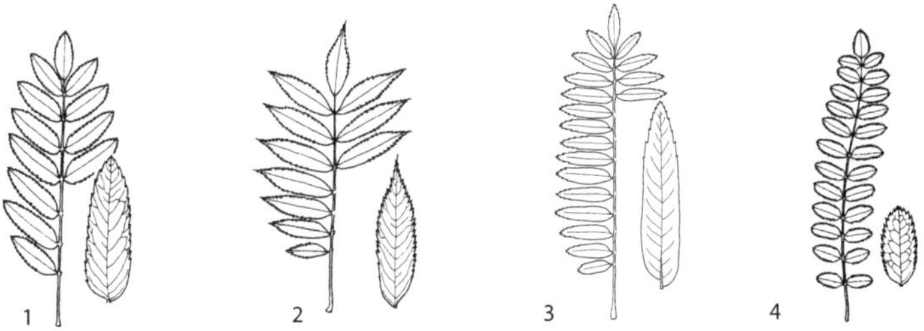

869/1–4 *Sorbus*, Bl. u. Blch.: 1 *S. aucuparia*, 2 *S. commixta*, 3 *S. scalaris*, 4 *S. koehneana*

— Blch. (9–)11–15, 3–7(–8) cm lang, bis etwa 4-mal so lang wie breit; Bltn. 0,8–1,3 cm ∅; Kn. rotbraun u./od. grünl.; Bl. 10–26 cm lang, Bl.stiel nicht gedreht 13

13. Bis 5 m hoher Strauch; Blch. oberseits stark glänzend, hell- bis dunkelgrün; Zw. u. Achsen des Bltnst. stark bis spärl. weißl. behaart, später verkahlend; Bl. 10–23 cm lang, Blch. (3–)4–6,5(–8) cm lang, schmal eif. bis lanzettl. od. verkehrt eif., stumpf, spitz od. zugespitzt, kahl, Rand fein gesägt; Bltn. 1–1,3 cm ∅; Fr. ± kugelig bis ellipsoidisch od. verkehrt eif., 0,8–1,2 cm ∅; Kn. mit weißen Haaren an der Spitze u. den Schuppenrändern; V–VI. Sg – ss. Westl. N-NAm., W-NAm. **Felsengebirgs-E., *S. scopulina*** Greene

Bastardiert im natürl. Areal mit *Amelanchier alnifolia*: × ***Amelasorbus jackii*** Rehder: Bl. teils ähnl. *Amelanchier*, teils mit basalen Fiederblch.

— Bis 8(–15) m hoher Baum, Blch. oberseits matt dunkelgrün (zuw. glänzend: 'Serotina'); Zw. u. Achsen des Bltnst. (fast) kahl; Bl. 21–26 cm lang; Blch. 3–7(–8) cm lang, elliptisch bis längl. lanzettl. od. linealisch lanzettl., lang zugespitzt, unterseits kahl od. rostbraun behaart, Rand gesägt (*869/2*); Bltn. 0,8–1,1 cm ∅; Fr. kugelig bis apfelf., 6–9 mm ∅; Kn. kahl od. mit einigen rostbraunen Haaren an der Spitze; V. Bk/Bm – s. O-As.: Jap., Kor., Inseln von Russ.-Fernost. **Japanische E., *S. commixta*** Hedl.

'Serotina' [*S. serotina* Koehne], **Späte E.**: Blch. nur bis 5 cm lang, eif. bis lanzettl., scharf gesägt, oberseits glänzend; Bltnst. zur Blütezeit meist noch weißl. bis bräunl. behaart; Fr. lange haftend. Sg/Bk – z.

14 (4). Kr. hellrosa, 1–1,5 cm ∅; Fr. 1–1,8 cm ∅, weiß; Blch. 15–21, – 2–3 cm lang, längl. bis elliptisch, im oberen Teil scharf gesägt, oberseits matt dunkelgrün, unterseits hellgrün, Mittelrippe wie Bl.spindel anfangs bräunl. behaart, verkahlend, ± gerötet, Bl. 10–23 cm lang; V. Sg/Bk – s. Himal.: Kaschmir. **Kaschmir-E., *S. cashmiriana*** Hedl.

— Kr. weiß, 0,6–1 cm ∅; Fr. 0,5–1 cm ∅, rot, rötl. bis weiß od. weiß; Blch. (17–) 19–27(–35) – Bl. 10–18 cm lang 15

15. Gr. 3–4; Fr. rot, eif. kugelig, 5–7 mm ∅; Nebenbl. bleibend, eif. bis rundl., 7–14 mm lang u. breit, Blch. längl. bis breit linealisch (*869/3*), – 2–4 cm lang, Rand nur im oberen Drittel gesägt, mit jederseits 2–8 Zähnen, unterseits graufilzig, Bl.spindel purpurn, unterseits weißfilzig, oberseits gefurcht; Bltnst. 6–10 cm hoch, 7–12 cm breit, Achsen anfangs grauweiß filzig, dann verkahlend, Bltn.becher ± kahl; Bltn. etwa 6 mm ∅; Kn. 7–9 mm lang, stumpf, grauweiß behaart; V–VI. Sg/Bk – s. China: Sich., Yunn. **Leiter-E., *S. scalaris*** Koehne

— Gr. 5; Fr. weiß od. blassrosa, ± kugelig, 6–10 mm ∅; Nebenbl. ± häutig, bald abfallend, lanzettl. od. pfrieml., nur bis 7 mm lang od. breit; Blch. längl. bis elliptisch (*869/4*) – Bl.spindel meist leicht geflügelt, Blch. 1,5–3 cm lang 16

16. Blch. erst oberhalb der Mitte gesägt, mit jederseits 5–10 Zähnen, unterseits entlang der Mittelrippe wie Bl. spindel unterseits rostbraun behaart; Bltnst. 5–7 cm hoch, 2–5 cm breit, Achsen u. Bltn.becher rostbraun behaart, Bltn. etwa 6 mm breit; Fr. erst rötl., zuletzt blass rosa bis weiß; Kn. 4–7 mm lang, spitz od. zugespitzt, rostbraun behaart; V. Sg/Bk – h. China: Sich., Yunn., Tibet. **Rosafrüchtige E., *S. vilmorinii*** C. K. Schneid.

Nach McAllister (2005) Apomikt, vermutl. entstanden aus Hybridisierung der sehr ähnl. sexuellen Art *S. pseudovilmorinii* McAll. mit anderen Arten im angegebenen chinesischen Areal.

— Blch. fast von der Basis an gesägt (*869/4*), mit jederseits 10–14 Zähnen, unterseits graugrün, anfangs leicht behaart, verkahlend bis auf Mittelrippe,

Bl.spindel behaart od. fast kahl; Bltnst. 5–9 cm hoch, 4–6(–10) cm breit, Achsen nur spärl. weiß behaart, meist wie Bltn.becher ± kahl, Bltn. etwa 1 cm ∅; Fr. weiß, an rötl. Stielen, lange haftend; Kn. 5–10 mm lang, spitz od. stumpfl., kahl od. nur Schuppenspitzen braun behaart; V–VI. Bk/Sg – h. O-As.: WN- u. ZS-China bis Sich. u. Yunn.; OM-As.: W-China (Qinghai).
Weißfrüchtige E., *S. koehneana* C. K. SCHNEID.

Ähnl. die ebenfalls weißfrüchtige Art ***S. prattii*** KOEHNE, aber Blch. nur im Spitzenbereich fein gesägt, mit jederseits 5–10 Zähnen, Gr. 4–5. Sg – ss. China: Sich., Yunn., Tibet; O-Himal. (Bhutan, Sikkim).

17 (1). Bl. nur im unteren Teil gefiedert, im oberen fiederig gelappt (*871/1*), – 8–10(–12) cm lang, unterseits grün- bis graufilzig; Bltn. 1–1,5 cm ∅, Kr. weiß; Fr. kugelig, rot, 8–12 mm ∅; V–VI. Bk – h. Im gemeinsamen Areal von *S. aria* u. *S. aucuparia*. (**Hybrid-Untergatt. *Soraria***).
Artengruppe Bastard-M., Bastard-Eberesche, *S. hybrida* agg.

Hierzu Primärbastard *S. aria* × *S. aucuparia* = **S. × *pinnatifida*** (SM.) DÜLL [*S.* × *thuringiaca* (ILSE) FRITSCH], **Thüringer Bastard-Eberesche**, sowie aus *S. aria* agg. × *S. aucuparia* entstandene Apomikten wie ***S. hybrida*** L. (N-Eur.; weitere siehe Nr. 23). Von *S.* × *pinnatifida* mehrere Sorten mit unterschiedl, vielen Blch. im basalen gefiederten Teil der Spreite in Kultur, von 1–3 (z. B. '**Quercifolia**') u. mehr Paar Blch., zuw. nur tief fiederteilig, aber nicht gefiedert ('**Thuringiaca**'). Sorten mit dichter, schmalerer Krone werden teils zu dieser Primärhybride ('**Fastigiata**', Äste steil aufrecht, Krone anfangs schmal kegelf., später breit eif., reich fruchtend), teils zu *S. hybrida* ('**Gibbsii**', Krone kompakt, Fr. zieml. groß) gestellt.

— Bl. ungeteilt od. gelappt bis tiefer eingeschnitten, aber nie an der Basis gefiedert **18**

18. Bl. unterseits bleibend weiß-, grau- od. gelbl. filzig **21**

— Bl. unterseits anfangs locker filzig od. schwach behaart, ausgewachsene Bl. ± kahl, wenn noch schwach behaart, dann meist auf den Nerven, höchstens zuw. sehr dünner Filz erhalten **19**

19. Bl. auffällig gelappt, jederseits 3–4 allmähl. zugespitzte, 3-eckige, am Rand fein gesägte Bl.lappen, die unteren ± waagerecht abstehend, Buchten spitzwinklig, die unteren bis zur Mitte der Spreitenhälfte reichend, jederseits der Mittelrippe mit (3–)4–5(–7) Seitennerven (*871/2*) – Spreite 5–12 cm lang, bis 8 cm breit, im Herbst orangerot bis lederbraun, Bl.stiel 2–5 cm lang; Bltn. 1–1,5 cm ∅, Kr. weiß; Fr. kugelig bis eif. od. verkehrt eif., 1,2–1,5 cm ∅, bräunl., hell punktiert, zur Reife weich; V–VI. Bm/Bg – h. Medit. bis W-, M- u. SO-Eur. u. SW-As. [*Torminalis glaberrima* (GAND.) SENNIKOV & KURTTO] (**Untergatt. *Torminaria***)
Elsbeere, *S. torminalis* (L.) CRANTZ

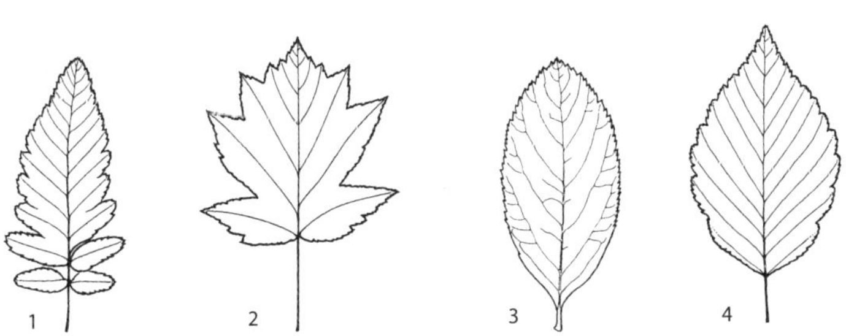

871/1–4 *Sorbus*, Bl.: 1 *S. hybrida*, 2 *S. torminalis*, 3 *S. chamaemespilus*, 4 *S. alnifolia*

— Bl. ungelappt, Rand gesägt bis doppelt gesägt (*871/3* u. *4*), nur zuw. gekerbt bis schwach u. seicht gelappt, jederseits der Mittelrippe 5–10 Seitennerven **20**

20. Kbl. bleibend, Fr. mit K.; Krbl. blassrot od. rosa, ± aufrecht bis zusammenneigend, Bltn. dadurch nur 0,8–1 cm ∅; Sträucher; Bl.stiel < 1 cm lang – Fr. verkehrt eif. bis kugelig, 0,8–1,3 cm ∅, rot bis braunrot, essbar; Bl. elliptisch, eif. bis längl., 3–7 cm lang, spitz od. stumpf, etwas lederig, Rand gleichmäßig dicht u. fein gesägt, Seitennerven zumindest z. T. vor dem Bl.rand sich gabelig verzweigend (*871/3*), oberseits glänzend grün, unterseits ± blaugrün; Endkn. etwa 1 cm lang; VI–VII. Sk/Sg – s. Geb. SW-, S- u. M-Eur. (**Untergatt. *Chamaemespilus***) **Echte Z., Zwergmispelmehlbeere, *S. chamaemespilus*** (L.) Crantz

Aus Hybridisierung dieser Art mit Echten Mehlbeeren u. Bastard-E. entstanden Primärbastarde u. Apomikten mit ebenfalls strauchigem Wuchs, rötl. od. rosa Kr. (zumindest Rand der Krbl. od. Bltnkn. rosa) u. einigen Seitennerven, die sich vor dem Bl.rand gabelig verzweigen. Sie können 2 Artengruppen (bzw. Hybrid-Untergatt.) zugeordnet werden:

S. sudetica agg. (*S. aria* agg. × *S. chamaemespilus*; Hybrid-Untergatt. *Chamaespilaria*), **Artengruppe Sudeten-Z.**: Bl.rand gröber u. zumindest in oberer Hälfte doppelt gesägt, Bl. unterseits dünnfilzig, Bl.stiel 0,6–1 cm lang; hierzu z. B. **Allgäuer Z.**, *S. algoviensis* N. Mey.

S. hostii agg. (*S. chamaemespilus* × *S. hybrida* agg.; Hybrid-Untergatt. *Chamsoraria*), **Artengruppe Host-Z.**: Bl.rand gekerbt bis seicht gelappt, doppelt gesägt, Bl. unterseits dünnfilzig, Bl.stiel 1–1,5 cm lang; hierzu z. B. **Dörr-Z., *S. doerriana*** N. Mey.

— Kbl. hinfällig, Fr. ohne K.; Krbl. weiß, abstehend, Bltn. 1–1,5 cm ∅; Bäume; Bl.stiel 1,5–3 cm lang – Fr. längl. bis eif., zuw. fast kugelig, 0,8–1,4 cm lang, bis 1 cm ∅, rot u. gelbl., ohne od. mit wenigen Lentizellen; Bl. eif., elliptisch eif. bis fast rundl., 5–10 cm lang, 3–7 cm breit, kurz zugespitzt, unregelmäßig scharf u. meist doppelt gesägt, Seitennerven oft auffällig parallel (*871/4*); Endkn. 6–7 mm lang; V–VI. Bk/Bm – z. O-As.: NO-, N- u. S-China bis Taiw. u. Sich., Jap. Kor., Russ.-Fernost. [*S. zahlbruckneri* auct. non C. K. Schneid.; *Micromeles alnifolia* (Siebold & Zucc.) Koehne] (**Untergatt. *Aria*, Sekt. *Micromeles***)
Erlenblättrige M., *S. alnifolia* (Siebold & Zucc.) K. Koch

Ähnl. 2 seltener kultivierte, ebenfalls zur Sekt. *Micromeles* (Fr. ohne K.) gehörende Arten mit kürzerem Bl.stiel (0,3–2 cm) u. braunen Fr. mit auffälligen od. kleinen, aber deutl. Lentizellen:

S. meliosmifolia Rehder, **Meliosmablättrige M.**: Bl.rand doppelt gesägt, jederseits der Mittelrippe 16–24 Seitennerven. Bk. WS-China bis Sich. u. Yunn.

S. caloneura (Stapf) Rehder, **Schönnervige M.**: Bl.rand gekerbt, jederseits der Mittelrippe 10–18 Seitennerven. Bm. WS- u. ZS-China bis Sich. u. Yunn.

21 (18). Bl. ± ringsum deutl., wenn auch teils nur seicht, gelappt (*872/2* u. *3*), unterseits graufilzig bis gelbl. od. weißl. filzig, Filz bleibend od. sich verdünnend

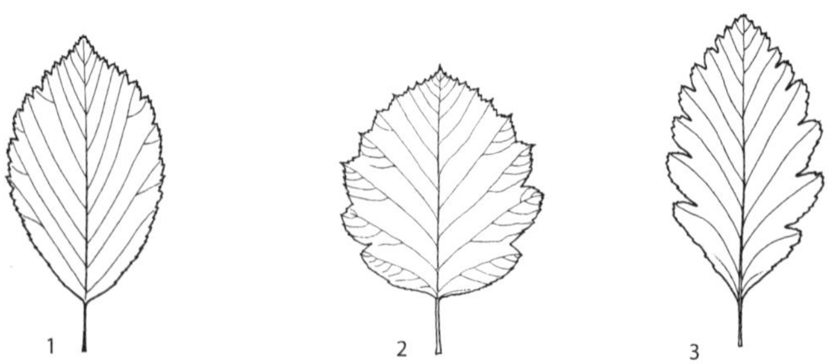

872/1–3 *Sorbus*, Bl.: 1 *S. aria*, 2 *S. latifolia*, 3 *S. intermedia*

u. dann mehr grünl. filzig – Bl. 6–12 cm lang; Bltn. 1–1,5 cm ∅; Fr. 1–1,5 cm lang **23**

— Bl. gesägt bis doppelt gesägt (*872/1*), höchstens in oberer Hälfte angedeutet gelappt, unterseits bleibend dicht weiß- od. grauweiß filzig, Filz nicht gelbl. getönt – Bl. 5–14 cm lang, 3–8 cm breit, jederseits der Mittelrippe 7–15 Seitennerven **22**

22. Kbl. hinfällig, Fr. ohne K.; Bltn. 0,7–1 cm ∅; Bl. eif. od. elliptisch bis längl., Bl.spitze spitz od. kurz zugespitzt, Rand scharf od. stumpf gesägt, Stiel 0,5–1,5(–2) cm lang; Fr. 0,9–1,5 cm lang, 6–9 mm ∅, ellipsoidisch bis längl. verkehrt eif., rot od. gelb, mit einigen unauffälligen Lentizellen; Zw. anfangs grau- bis weißfilzig, verkahlend, dann schwärzl. braun; V–VI. Sg/Bk – s. S-China bis Sich. u. Yunn. [*Micromeles folgneri* C. K. SCHNEID.] (**Untergatt. *Aria*, Sekt. *Micromeles***) **Chinesische M., *S. folgneri*** (C. K. SCHNEID.) REHDER

Eine ähnl. südchinesische Mehlbeere mit unterseits weißfilzigen Bl. ist ***S. hemsleyi*** (C. K. SCHNEID.) REHDER: v. a. durch bleibenden K. an der Fr. abweichend, Fr. fast kugelig, 0,7–1 cm ∅, grün mit rötl. od. gelbl. Tönung.

— Kbl. bleibend, Fr. mit K.; Bltn. 1–1,7 cm ∅; Bl. eif. elliptisch bis verkehrt eif. (*872/1*), auch elliptisch lanzettl., rautenf. od. rundl., an der Spitze stumpf od. kurz zugespitzt, gleichmäßig od. ungleichmäßig gesägt, zuw. angedeutet gelappt, Stiel 1–2,5 cm lang; Fr. 1–1,5 cm lang, länger als breit bis breiter als lang, längl., eif., kugelig od. abgeflacht kugelig, blass- bis tiefrot, orange- bis scharlachrot, mit wenigen großen od. zahlreichen kleinen Lentizellen; Zw. anfangs grau- bis weißfilzig, verkahlend, dann oliv u. rotbraun, später graubraun; V. Sg/Bk/Bm – Medit. bis W-, M- u. SO-Eur., SW-As. (**Untergatt. *Aria*, Sekt. *Aria***) **Artengruppe Echte M., *S. aria*** agg.

Hierzu neben der **Gewöhnlichen** od. **Echten M., *S. aria*** (L.) CRANTZ s. str. [*Aria edulis* (WILLD.) M. ROEM.] (Medit. bis W-, südl. M-Eur. u. SO-Eur.), mehrere (z. T. apomiktische) Arten wie **Griechische M., *S. graeca*** (SPACH) SCHAUER (SO-Eur. bis Kauk.), **Donau-M., *S. danubialis*** (JÁV.) KÁRPÁTI od. **Felsen-M., *S. rupicola*** (SYME) HEDL. (W- u. südl. N-Eur.).

Unter den Sorten aus dieser Artengruppe seien erwähnt (alle Bk/Bm):

'Lutescens': Bl. im Austrieb beiderseits dichtfilzig, oberseits cremeweiß, im Spätsommer graugrün filzig, unterseits bleibend silbrig weiß; **'Magnifica'**: > 10 cm große, derb lederige Bl., oberseits glänzend dunkelgrün, unterseits schneeweiß filzig; **'Majestica'**: Bl. ebenfalls auffallend groß, aber oberseits mattgrün, unterseits anfangs weißfilzig, später grünl. filzig.

Die lang- u. schmalblättrige Sorte **'Salicifolia'** gehört zu *S. rupicola*.

S. aria ist an Kreuzungen mit Arten anderer Gatt. beteiligt, z. B. mit *Aronia* (Mehlbeeraronie, × ***Sorbaronia alpina***, siehe unter × *Sorbaronia*) od. *Pyrus* (Hagebuttenbirne, × ***Sorbopyrus irregularis*** (MÜNCHH.) C. A. WIMMER [× *S. auricularis* (KNOOP) C. K. SCHNEID.]).

23 (21). Bl.zähne ohne braune Drüsenspitze, Spreite unterseits bleibend hellgrau filzig od. weißl. bis grünl. filzig, aber Filz nie mit Gelbstich, 1,3–2-mal so lang wie breit, – elliptisch bis längl. elliptisch, jederseits mit meist > 5 gut ausgebildeten spitzen, stumpfen od. abgerundeten Bl.lappen u. 7–12 Seitennerven, Einschnitte zwischen den Lappen unterschiedl. tief, von < 1/5 bis > ½ der Spreitenhälfte, zuw. bis zur Mittelrippe reichend od. in unterer Bl.hälfte einige Fiedern (siehe Nr. 17); Fr. ± kugelig od. etwas länger als breit, rot; V–VI. Bm/Bk/Sg – h. Im gemeinsamen Areal von *S. aria* agg. u. *S. aucuparia*. (**Hybrid-Untergatt. *Soraria***)
Artengruppe Bastard-M., Bastard-E., *S. hybrida* (siehe auch Nr. 17)

Pfl. des Primärbastards *S. aria* agg. × *S. aucuparia* (**S. × *pinnatifida***, z. B. **'Thuringiaca'**, siehe Nr. 17) sowie aus diesen Arten entstandene Apomikten, deren Bl.spreite an der Basis nicht gefiedert ist, sondern die Bl. nur gelappt sind. Hierzu zahlreiche begrenzt verbreitete Endemiten, die von W-Eur. (z. B. ***S. anglica*** HEDL.) bis Kauk. auftreten, u. a. 2 gelegentl. auch gepflanzte Arten (Geb. südl. M-Eur.).

S. mougeotii SOY.-WILL. & GODR., **Vogesen-M.**: Bl. elliptisch, 1,5–2-mal so lang wie breit, Einschnitte bis ¼ der Spreitenhälfte; Fr. etwas länger als breit, 1–1,3 cm lang, 1 cm ∅, mit wenigen kleinen Lentizellen.

S. austriaca (BECK) HEDL., **Österreichische M.**: Bl. breit elliptisch, 1,3–1,5-mal so lang wie breit, Einschnitte bis ⅓ der Spreitenhälfte; Fr. kugelig, 1–1,3 cm ∅, mit vielen großen Lentizellen.

— Bl.zähne, zumindest einige an jungen Bl., mit brauner Drüsenspitze, Spreite unterseits graufilzig bis gelbl. filzig, weißl. gelbfilzig, gelbgrau bis graugrün filzig, zuw. verkahlend, höchstens um die Hälfte länger als breit **24**

24. Bl. 1–1,5-mal so lang wie breit, seicht gelappt (nur bis ⅛, am Spreitengrund bis ⅕, der Spreitenhälfte eingeschnitten), Lappen ± 3-eckig, spitz od. zugespitzt (*872/2*), Bl.spitze spitz od. stumpf (wenn stumpf, dann Bl.lappen nicht abgerundet), Spreite eif. od. verkehrt eif., breit elliptisch od. ± rundl., jederseits der Mittelrippe 7–12 Seitennerven, dünn od. derb, oberseits matt bis schwach glänzend dunkelgrün, unterseits graufilzig bis gelbl. weißfilzig od. blass gelbgrün filzig, zuw. verkahlend; Fr. verkehrt eif., eif. od. kugelig, grünl. gelb, gelb- od. rotbraun, hell- od. orangerot; V. Bk/Bm – z. Im gemeinsamen Areal von *S. aria* agg. u. *S. torminalis*. (**Hybrid-Untergatt. *Tormaria***)
Artengruppe Bastard-Elsbeeren, Breitblättrige M., *S. latifolia* agg.

Hierzu variabler Primärbastard *S. aria* agg. × *S. torminalis* = ***S. × decipiens*** (BECHST.) PETZ. & KIRCHN. [*S. × tomentella* GAND.; *S. × vagensis* WILMOTT] sowie aus diesen Arten entstandene konstante Apomikten, von denen eine Vielzahl von Lokalendemiten aus SO-, M-Eur. u. W-Eur. beschrieben wurde. Beispiele für gelegentl. gepflanzte Arten sind die eigentliche **Breitblättrige M., *S. latifolia*** (LAM.) PERS. (SW-Eur.), die **Badische M., *S. badensis*** DÜLL (S-Deutschland) od. die **Bakony-M., *S. bakonyensis*** (JÁV.) KÁRPÁTI (Ungarn).

— Bl. 1,5-mal so lang wie breit, deutl. gelappt, Lappen abgerundet (*872/3*), Bl.spitze stumpf, Spreite längl. elliptisch bis eif. od. verkehrt eif., jederseits mit 6–9 Seitennerven, derb, oberseits glänzend dunkelgrün, unterseits grau- bis gelbl. graufilzig; Fr. ellipsoidisch bis eif., ± orangerot, gelbfleischig; V–VI. Bk/Bm – h. Südl. N-Eur., Baltikum; entstanden aus *S. aria* agg. (*S. rupicola*) × *S. aucuparia* × *S. torminalis*. [*S. scandica* (L.) FR.; *S. suecica* (L.) KROK & ALMQ.] (**Hybrid-Untergatt. *Triparens***) **Schwedische M., *S. intermedia*** (EHRH.) PERS.

'Brouwers': Wuchs straff aufrecht, Krone kompakt kegelf.

× ***Sorbopyrus irregularis*** (MÜNCHH.) C. A. WIMM. [*Pyrus communis* × *Sorbus aria*, × *S. auricularis* (KNOOP) C. K. SCHNEID.] – *Rosaceae* (Bearbeiter: Bernd Schulz)

Bl. (*874/1*) breit eif. bis rundl., 6–10:5–7,5 cm, ± unregelmäßig gesägt, oberseits dunkelgrün, unterseits graugrün spinnwebig filzig, Stiel bis 5 cm lang; Bltn. etwa 2 cm breit, zu 5 bis vielen in Schirmtrauben bis -rispen; Fr. birnf., etwa 2,5(–4) cm lang, gelbgrün bis gelbrötl., essbar; V. Bk/Bm – ss.

874/1 × *Sorbopyrus irregularis*, Bl.

Spartium L., **Binsenginster** – *Fabaceae* (Bearbeiter: Bernd Schulz)

1 Art.

S. junceum L. – Rutenstrauch: Zw. stielrund, sehr fein gestreift (ca. 21 Längsstreifen), grün, kahl; Bl. einfach, meist nur kurzlebig, lanzettl., 1–2,5 cm lang, 2–5 mm breit, blaugrün; Bltn. duftend, in lockeren, endst. Trauben, 2–2,5 cm lang, Kr. gelb, Fahne groß, aufrecht, Schiffchen leicht bogenf. verlängert (*875/1a* u. *b*); Hülsen braun, 5–10 cm lang, 7 mm ∅, weißl. behaart (*875/2*); V–IX. Sk – s. ∧∧ S-Eur., Medit., bis Kl.-As. u. Kauk. **G!**

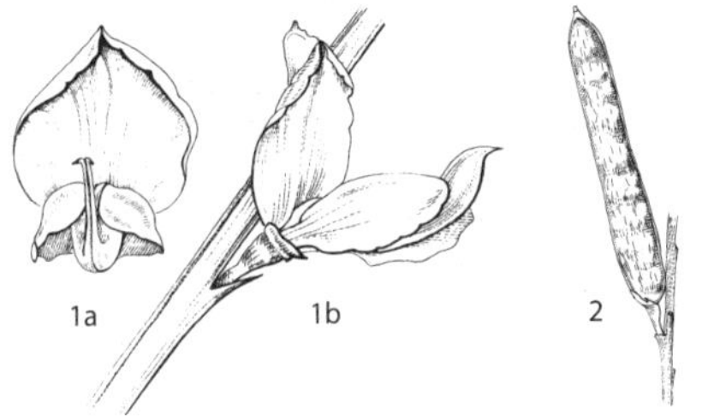

875/1–2 *Spartium junceum*: 1 Blüte, 1a von vorne, 1b von der Seite, 2 Fr.

Spiraea L., **Spierstrauch, Spiere** – *Rosaceae* (Bearbeiter: Peter A. Schmidt)

Sommergrüne, 0,2–2,5(–4) m hohe Sträucher, oft mit unterirdischen Ausläufern; Bl. ohne Nebenbl., einfach, lanzettl. bis elliptisch, eif. bis verkehrt eif. od. rundl., zuw. gelappt, meist fiedernervig, selten mit 3 od. 5 vom Spreitengrund zur -spitze verlaufenden Hauptnerven; Bltn. zu vielen in Rispen, Schirmrispen, Schirmtrauben od. Dolden (*875/3–5*), meist ⚥, selten eingschl., Kr. weiß od. rosa bis rot, 2–15 mm ∅, Kbl. u. Krbl. 5; Stbl. 15–60; Frbl. meist 5, frei; Bltn.becher schüsself. bis kurzglockig, am oberen Rand meist mit einem oft gelb od. rötl. gefärbten, durchgehenden od. unterbrochenen Ring aus Nektardrüsen (Drüsenring, *881/2*).

80–100 Arten, Holarkt., v. a. von der submer. bis bor. Zone von Euras. u. NAm., nach S in den Geb. bis zum Himal. u. bis Mex.; mehrere Arten außerhalb ihres natürl. Areals aus Kultur verwildert u. etabliert.

Viele Arten variieren im natürl. Areal u. lassen teilw. geographisch differenzierte Sippen erkennen, wobei Abgrenzung u. taxonomische Einstufung (Arten, Unterarten od. Varietäten) oft umstritten sind. Erschwert wird die Bestimmung durch die zahlreichen, zumeist in gärtnerischer Kultur entstandenen Hybriden u.

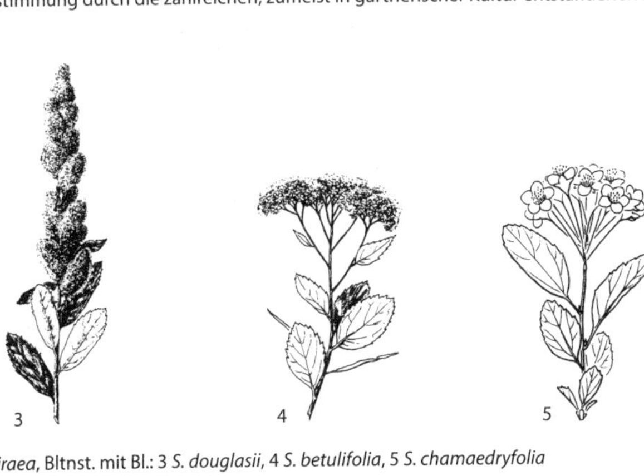

875/3–5 *Spiraea*, Bltnst. mit Bl.: 3 *S. douglasii*, 4 *S. betulifolia*, 5 *S. chamaedryfolia*

Sorten. Bei der kaum überschaubaren Fülle der Sippen u. Sorten sowie der Vernetzung der Merkmale bleibt es nicht aus, dass einzelne Exemplar nach dem Schlüssel nicht eindeutig zuordenbar sind. Eine Analyse der Pollenfertilität kann die Ansprache von Hybriden erleichtern (< 20 % fertil, sonst > 90 %).

Die im Schlüssel eingebaute, allgemein verwendete Gattungsgliederung in Sektionen (siehe Nr. 2, 16 u. 30) basiert auf strukturellen Merkmalen der Bltnst., sie findet durch molekulargenetische Untersuchungen keine Bestätigung.

1. Bltnst. Rispen od. Schirmrispen (*875/3* u. *4*), endst. an Langtrieben od. an seitl. Trieben; Krbl. weiß od. rosa bis rot (Sekt. *Spiraea* u. Sekt. *Calospira*) **16**

— Bltnst. Schirmtrauben (*875/5*) od. Dolden (manchmal an Stelle der untersten Bltn. ebensolche Bltnst. 2. Ordnung), stets endst. an seitl. Kurztrieben; Krbl. stets weiß (Sekt. *Chamaedryon* u. Sekt. *Glomerati*) **2**

2. Bltnst. Schirmtrauben, d. h. die Stiele der meisten Bltn. entspringen an der Bltnst.achse deutl. voneinander entfernt (*875/5*), am Grund mit Bl. (**Sekt.** ***Chamaedryon***) **7**

— Bltnst. Dolden, entw. sitzend od. kurz gestielt, mit od. ohne Bl. am Grund (**Sekt.** ***Glomerati***) **3**

3. Bl. am ganzen Rand od. zumindest im oberen Drittel gesägt od. gezähnt (zuw. Bl. am Grund der Bltnst. ganzrandig); Stbl. $\frac{1}{3}$–$\frac{1}{2}$ so lang wie die Krbl. **5**

— Bl. ganzrandig od. nur an der Spitze mit wenigen Zähnen; Stbl. $\frac{1}{2}$ bis genau so lang wie die Krbl. **4**

4. Bl. kahl od. zuw. schwach behaart, schmal elliptisch bis verkehrt eif., ganzrandig od. an der Spitze fein gekerbt, spitz od. stumpf, oft auffällig mit 3 od. 5 Längsnerven (*876/1*); alle Bltnst. ± sitzend u. ohne Bl. am Grund, Bltn. 6–8 mm ∅ – Bl. 2–3,5 cm lang; Kn. vom Zw. abstehend, kugelig, sehr klein (ca. 1 mm ∅), Zw. mit aufreißender u. abblätternder Rinde, kahl od. nur anfangs behaart, im ∅ fast rund; IV–V. Sk – s. S-Eur. bis Sib. u. M-As.

Hartheu-S., ***S. hypericifolia*** L.

subsp. ***hypericifolia***: Bl. schmal elliptisch bis verkehrt eilanzettl., mindestens 3-mal so lang wie breit; Stbl. etwas kürzer als die Krbl., Bltn. 8 mm ∅. ss. SO-Eur. bis Sib. u. M-As.

subsp. ***obovata*** (Willd.) H. Huber: Bl. verkehrt eif., < 3-mal so lang wie breit (*876/1*); Stbl. so lang wie die Krbl., Bltn. 6 mm ∅. s. SW- bis S-Eur.

— Bl. ± graufilzig, längl., ganzrandig od. an der Spitze mit 1–2 Zähnen; Bltnst. teils sitzend, teils bis 2 cm lang gestielt u. mit einigen kleinen Bl., Bltn. 6,5 mm ∅ – Bl. 2,5–3,5 cm lang; V. Sk – h. [*S. cana* × *S. hypericifolia*]

Aschgrauer S., ***S.*** **×** ***cinerea*** Zabel

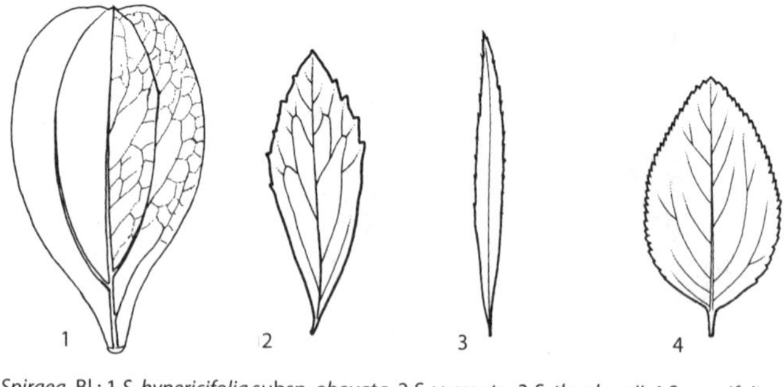

876/1–4 *Spiraea*, Bl.: 1 *S. hypericifolia* subsp. *obovata*, 2 *S.* × *arguta*, 3 *S. thunbergii*, 4 *S. prunifolia*

Hierzu die häufig gepflanzte Sorte **'Grefsheim'** [*S.* × *grefsheimii* Tsvelev]: Zw. zierl. weitbogig übergeneigt, Bl. nur 2,5 cm lang, oberseits mattgrün u. kahl, unterseits bleibend behaart, Bltnst. zahlreich an den überhängenden Zw., sehr kurz gestielt.

Eine weitere Hybride des Hartheu-S. ist ***S.*** × ***multiflora*** Zabel [*S. crenata* × *S. hypericifolia*]: kaum in Kultur, aber Elternsippe des häufig gepflanzten Braut-S., *S.* × *arguta* (siehe Nr. 5).

5 (3). Bltnst. mindestens teilw. gestielt u. mit kleinen Bl. am Grund, 4- bis vielbltg.; Krbl. nahezu so lang wie Stbl.; Bl. (*876/2*) längl. verkehrt eif. bis lanzettl., scharf u. oft doppelt gesägt – frischgrün, 1–4 cm lang (nur an den Bltn.trieben meist < 1 cm), spitz, zuletzt kahl, im Herbst gelbl.; Bltn. 8 mm ∅; dünnzweigiger, sehr reich blühender Strauch; IV–V. Sk. – h. [*S.* × *multiflora* × *S. thunbergii*] **Braut-S., Schnee-Spiere, *S.*** × ***arguta*** Zabel

— Bltnst. alle sitzend, ohne Bl. am Grund, 3–6-bltg.; Krbl. länger als Stbl.; Bl. entw. deutl. schmaler, schmal lanzettl. bis lineal lanzettl., wenn scharf u. fein gesägt (*876/3*), od. breiter, eif. bis elliptisch, u. fein gezähnt (*876/4*) – Kn. vom Zw. abstehend, ± kugelig, klein, 1(–1,5) mm ∅ **6**

6. Zw. mit aufreißender u. abblätternder Rinde; Bl. schmal lanzettl. bis lineal lanzettl. (*876/3*), 4–6 mm breit, scharf u. fein gesägt, wie die Bltn.stiele kahl; Bltn. ca. 8 mm ∅, Kr. stets einfach, ungefüllt – Bl. 2,5–4 cm lang, lebhaft hellgrün, im Herbst orange bis scharlachrot; IV–V. Sk – h. O-As.: NO- bis ON-China, Jap. **Thunbergs S., Frühlings-Spiere, *S. thunbergii*** Blume

— Zw.rinde nicht abblätternd; Bl. eif. bis breit eif. (*876/4*) od. elliptisch bis längl. elliptisch, fein gezähnt, 1,6–1,8 cm breit, unterseits meist wie auch die Bltn.-stiele leicht behaart; Bltn. 8–10 mm ∅, Kr. bei Zierpfl. meist gefüllt (fo. *prunifolia*), bei Wildsippen einfach – Bl. 1,5–5 cm lang, oberseits frischgrün; IV–V. Sk/Sg – h nur fo. *prunifolia*, sonst ss. O-As.: S- bis ON-China, Sich. u. Tibet, Taiw., Jap, Kor. **Pflaumenblättriger S., *S. prunifolia*** Siebold & Zucc.

7 (2). Bl. mit 3 von der Spreitenbasis bis zur Spitze durchlaufenden, gleichstarken Hauptnerven, – verkehrt eif. bis lanzettl. (*877/1*), in oberer Hälfte gekerbt, vorn spitz od. abgerundet, 2–3,5 cm lang, graugrün, anfangs weich behaart; Bltn. 5 mm ∅, Krbl. kürzer als Stbl., Kbl. aufrecht, Gr. am Frbl. meist endst.; V–VI. Sk – ss. OM-, SO- u. O-Eur. bis MAs. **Kerb-S., *S. crenata*** L.

Die Hybride ***S.*** × ***pikoviensis*** Besser [*S. crenata* × *S. media*] hat nur teilw. u. undeutl. 3-nervige, etwas größere (2,5–5 cm lang) Bl. mit an der Spitze jederseits nur 1–3 Zähnen, Gr. meist unterhalb der Spitze des Frkn. stehend. ss.

— Bl. nur mit einem starken Hauptnerv (Mittelrippe) **8**

8. Kbl. zur Fr.zeit zurückgeschlagen od. waagerecht abstehend **14**

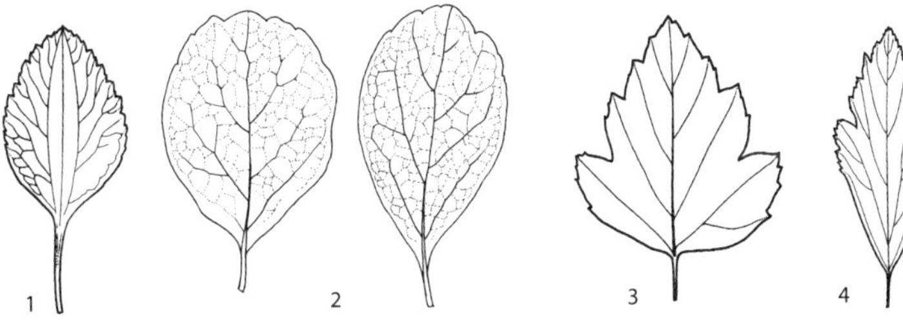

877/1–4 *Spiraea*, Bl.: 1 *S. crenata*, 2 *S. nipponica* (2 ×), 3 *S. chinensis*, 4 *S.* × *blanda*

— Kbl. zur Fr.zeit ± aufrecht 9

9. Bl. mindestens von der Mitte, oft vom Grund, an ± dicht gesägt-gezähnt od. auch leicht gelappt 11

— Bl. ganzrandig od. nur im Spitzenbereich mit einigen wenigen Kerbzähnen – 1,5–3 cm lang, ± kahl; Zw. kantig, kahl od. höchstens die Achsen des Bltnst. behaart; Kn. zieml. lang, 2(–3) mm, kürzer als od. fast so lang wie Bl.stiel, 2 äußere Schuppen lang u. Kn. bedeckend; Bltn. 5–8 mm ∅ 10

10. Bl. (breit) verkehrt eif. od. eif. bis elliptisch (*877/2*), 1–1,5 cm breit, vorn abgerundet, oberseits dunkel-, unterseits blaugrün; Bltnst.achsen kahl; Fr. meist kahl; Pfl. 1,5–3 m hoch, breitwüchsig, Äste steif aufrecht, aber im oberen Teil bogig abstehend bis übergeneigt; V–VI. Sk/Sg – h. O-As.: Jap. **Nippon-S., *S. nipponica*** Maxim.

Mehrere Sorten, dicht verzweigte u. sehr reich blühende Sk: **'Flächenfüller'**: Zw. meist straff aufrecht, Bl. elliptisch bis verkehrt eif., auch noch im Herbst dunkelgrün; **'Halward's Silver'**: Pfl. steif aufrecht, aber Zw.spitzen überhängend; Bltnst. halbkugelig; **'Snowmound'** [var. *tosaensis* auct., non (Yatabe) Makino]: Zw. aufsteigend bis weitbogig abstehend, Bl. längl. bis spatelf., dunkelgrün; Bltnst. 2–3 cm breit.

— Bl. längl. bis lanzettl., längl. eif. od. längl. verkehrt eif., 0,7–1,5 cm breit, plötzl. zugespitzt, oberseits lebhaft grün, unterseits bläul.; Bltnst.achsen behaart; Fr. behaart; Pfl. 1–2 m hoch mit steifen, abstehenden Ästen; V. Sk – s. O-As.: Kor., NO- bis WN-China. **Koreanischer S., *S. trichocarpa*** Nakai

11 (9). Bl. unterseits dicht gelbfilzig; Zw. anfangs gelbfilzig, später verkahlend; Bltn.stiele u. Fr. behaart – Bl. tief u. scharf doppelt od. eingeschnitten gesägt, auch schwach fiederig gelappt (*877/3*), rautenf. eif. bis verkehrt eif., 2,5–6 cm lang, oberseits dunkelgrün, Bltn. 3–10 mm ∅; Gr. am Frbl. endst.; V–VI. Sk – ss. OAs.: N- u. S-China bis Sich. u. Yunn. **Chinesischer S., *S. chinensis*** Maxim.

Ähnl., aber mit schmaler eif., eingeschnitten fiederig gelappten (*877/4*) u. etwas längeren Bl. (bis > 6 cm lang), ist die Hybride mit *S. cantoniensis*: ***S. × blanda*** Zabel: Bl. unterseits anfangs weißfilzig, später grau; Bltn. größer, > 10 mm ∅, Gr. meist unterhalb der Spitze des Frkn. stehend.

— Bl., Zw., Bltn.stiele u. Fr. kahl, wenn zuw. Bl.unterseite, Zw. od. Bltnst. behaart, dann schwach od. spärl. u. nie filzig – Bl. oberseits dunkelgrün, unterseits graugrün od. -blau; Zw. im ∅ rund 12

12. Bl. an der Spitze stumpf bis abgerundet, 1,5–3 cm lang, im Umriss ± rundl. (*878/1*), Spreitenbasis abgerundet bis schwach herzf., 3–5-nervig, – meist

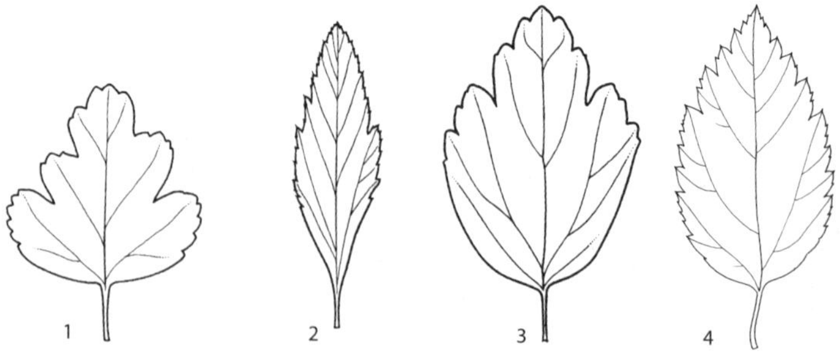

878/1–4 *Spiraea*, Bl.: 1 *S. trilobata*, 2 *S. cantoniensis*, 3 *S. × vanhouttei*, 4 *S. chamaedryfolia*

3–5-lappig, Rand grob kerbig gesägt; bis 1,2 m hoher, kompakter Sk, Zw. oft hin u. her gebogen; V–VI. Sk – h. O-As. (ZS-, OS-, N- bis NO-China, Kor.) bis M-As. u. Geb. S-Sib. **Dreilappiger S., *S. trilobata*** L.

Hierzu od. zu Hybriden dieser Art 2 Sorten mit hellgrünen, denen von *S.* × *vanhouttei* ähnl. Bl.: **'Snowhite'** [*S. trichocarpa* × *S. trilobata*]: Habitus ähnl. *S. trilobata,* aber Zw. überhängend; Bltnst. klein, schirmf., Kr. rahmweiß; **'Summersnow'** [vermutl. *S. trilobata* × *S.* × *vanhouttei*]: Bltnst. halbkugelig, Kr. weiß, reich u. lange blühend.

— Bl. ± spitz, zumindest teilw. > 3 cm lang (bis 4 od. 6,5 cm), länger als breit (mindestens 1,5-mal so lang wie breit), Basis ± keilf., teils auch abgerundet, fiedernervig od. höchstens schwach 3-nervig **13**

13. Bl. schmal eif., rautenf. lanzettl. bis rautenf. längl., 3–6,5 cm lang, etwa 2,5-mal so lang wie breit (*878/2*), oberhalb der Mitte grob bis eingeschnitten gesägt, zuw. unregelmäßig 3-lappig; Bltn. 5–8,5 mm ∅, zuw. gefüllt (**'Flore Pleno'**), Krbl. etwas länger als Stbl., Fr. etwas kürzer als Kbl., Frbl. wie Kbl. aufrecht – Zw. kahl, zuw. behaart (dann auch Bl.unterseite: **var. *jianxiensis*** (Z. X. Yu) L. T. Lu); V–VI. Sk – s. ∧ China (weit verbreitet in Kultur, natürl. vorkommend zumindest in OS-China), Jap. **Kanton-S., *S. cantoniensis*** Lour.

— Bl. eif., rautenf. od. verkehrt eif., 3–4 cm lang, etwa 1,5-mal so lang wie breit (*878/3*); Bltn. 8 mm ∅, stets einfach, Krbl. doppelt so lang wie Stbl.; Fr. etwas länger als Kbl., Frbl. leicht spreizend – Zw. stets kahl, an der Spitze überhängend; Kn. vom Zw. abstehend, längl.-eif., 2–3 mm lang; Bl. im Herbst gelbl.; V–VI. Sk/Sg. – h (oft als Heckenpfl.). [*S. cantoniensis* × *S. trilobata*] **Belgischer S., *S.* × *vanhouttei*** (Briot) Zabel

14 (8). Zw. ± scharfkantig; Bltn.stiele stets kahl – Bl. breit eif., elliptisch eif. bis längl. lanzettl., 1,5–6 cm lang, 1–3 cm breit, spitz, Spreitengrund abgerundet od. breit keilf., ganzrandig, darüber od. erst spitzenwärts (an Bltn.trieben) Rand fein od. doppelt gesägt (*878/4*), an sterilen Langtrieben auch eingeschnitten gesägt, frischgrün, ± kahl; Bltnst. leicht gewölbt (*875/5*), Bltn. 8–12 mm ∅, Krbl. kürzer als Stbl., Fr. kahl; Zw. oft hin u. her gebogen, Kn. vom Zw. abstehend, die äußeren beiden Kn.schuppen groß, die Kn. ± bedeckend; V–VI. Sk/Sg – s. Nem. bis submer. Euras.: M-Eur. (SO-Alp., Karp.), SO- u. O-Eur., N-As. (S-Sib.), N-Mong. bis MAs. (Kasach., Xinjiang) u. O-As. (NO- bis WN- u. ZS-China, Kor., Jap.). [incl. *S. ulmifolia* Scop.; *S. flexuosa* Cambess.] **Gamander-S., Ulmen-S., *S. chamaedryfolia*** L.

Das ausgedehnte Areal ist mit hoher Variabilität verbunden; früher als Arten od. Varietäten unterschiedene Sippen wie die beiden folgenden werden heute meist nicht mehr abgetrennt: **var. *ulmifolia*** (Scop.) Maxim.: Pfl. starkwüchsiger, in allen Teilen größer; Bltnst. halbkugelig; **var. *flexuosa*** (Cambess.) Maxim.: Pfl. meist niedriger, Zw. stärker hin u. her gebogen u. auffälliger kantig bis geflügelt, Bl. kürzer (bis 3 cm lang) u. schmaler (0,6–2 cm breit).

Es entstanden mit mehreren Arten Hybriden, die heute kaum noch in Kultur sind, z. B.

S. × ***schinabeckii*** Zabel [*S. chamaedryfolia* × *S. trilobata*]: Krbl. länger als Stbl.; Kn. klein, wenig auffällig.

S. × ***oxyodon*** Zabel [*S. chamaedryfolia* × *S. media*]: Zw. nicht od. wenig kantig; Bl. im oberen Drittel meist grob gesägt.

S. × ***gieseleriana*** Zabel [*S. cana* × *S. chamaedryfolia*]: Zw. nicht od. wenig kantig; Pfl. grau behaart; Bl. ganzrandig od. etwa von der Mitte an grob gesägt.

— Zw. im ∅ rund od. kaum kantig, zuw. gestreift; Bltn.stiele kahl od. behaart .. **15**

15. Bl. 1–3,5 cm lang, elliptisch bis längl., spitz, graugrün, beiderseits grau behaart, unterseits dicht filzig, ganzrandig od. selten mit 1–3 Zähnen nahe der Spitze; Bltnst.achsen grauhaarig, Bltn. 6 mm ∅, Kr. gelbl. weiß bis mattweiß, Krbl.

so lang wie Stbl., Gr. am Frbl. endst.; Fr. behaart, Zw. behaart; V. Sk – s. S- bis SO-Eur. **Graufilziger S., *S. cana*** WALDST. & KIT.

Neben der Hybride mit *S. chamaedryfolia* (siehe unter Nr. 14) ist auch eine mit *S. crenata* bekannt: ***S.*** × ***inflexa*** ZABEL: Zw. fein gestreift; Bl. 3–4 cm lang, meist behaart, (fast) sitzend; Gr. unterhalb der Spitze des Frbl. stehend.

— Bl. 3–5,5 cm lang, breit elliptisch bis längl. eif., stumpf, kahl od. unterseits etwas behaart (besonders in Nervenwinkeln), aber nie filzig, oberhalb der Mitte jederseits mit 2–4 großen Zähnen (*880/1*), nur an Bltn.trieben auch ganzrandig; Bltnst.achsen kahl; Bltn. 8 mm ∅, Kr. weiß, Krbl. so lang wie od. etwas kürzer als die Stbl., Gr. unterhalb der Spitze des Frkn. stehend; Fr. kahl od. dünn behaart, Zw. nur anfangs behaart; V. Sk – s. Nem. bis bor. Euras.: OM-, SO- u. O-Eur. über Sib. bis Kor., Jap., NO- u. N-China, Mong., M-As. **Karpaten-S., *S. media*** FR. SCHMIDT

16 (1). Bltnst. Rispen, die deutl. höher als breit (*875/3*) od. zumindest so hoch wie breit sind (*886/2*) **30**

— Bltnst. ± abgeflachte Schirmrispen, breiter als hoch (*875/4*), nur zuw. etwa so breit wie hoch (**Sekt. *Calospira***) **17**

17. Bltnst. endst. an diesj., aufrechten (bei *S. decumbens* niederliegend-aufsteigenden) Langtrieben **23**

— Bltnst. an seitl. Kurztrieben entlang der vorj., meist bogig übergeneigten Langtriebe **18**

18. Pfl. meist 2-häusig, Bltn. überwiegend eingschl., entw. ♂ mit langen, die Krbl. überragenden Stbl. u. verkümmerten Frbl., od. ♀ mit kurzen sterilen Stbl. u. aus dem Bltn.becher herausragenden Frbl., Kr. blassrosa bis rosa, selten weiß – Bl. 2–5 cm lang, eif. bis elliptisch, vom unteren Drittel an scharf od. doppelt gesägt (*880/2*), beiderseits od. nur unterseits auf den Nerven behaart; Bltn. 5–5,5 mm breit, Kr. blassrosa bis rosa, selten weiß; Zw. schwach kantig; V–VI. Sk – ss. Himal. **Schöner S., *S. bella*** SIMS

Die ebenfalls im Himal. vorkommende ***S. fastigiata*** C. K. SCHNEID. [*S. amoena* SPAE] mit eingschl. Bltn. hat im ∅ runde Zw., ihre Bl. sind erst oberhalb der Mitte gesägt, oberseits schwach u. unterseits dicht behaart, die Bltn. größer (6–8 mm ∅), Kr. weißl. mit rötl. Anflug.

— Bltn. ⚥, Kr. stets ± weiß **19**

19. Kn. spitz, nur 2 äußere große Kn.schuppen sichtbar; Zw. gerippt bis kantig; Bl. 1–2,5 cm lang, 0,8–1,2 cm breit, eif. od. verkehrt eif. bis verkehrt eilanzettl. od. längl., ganzrandig od. oberhalb der Mitte kerbig gezähnt od. seicht 3-lappig, beiderseits ± grau, oberseits spärl. behaart, unterseits dicht flaumig behaart od. kahl; Bltnst. halbkugelig, 3–5 cm breit, Bltnst.achsen u. Bltn.stiele dicht

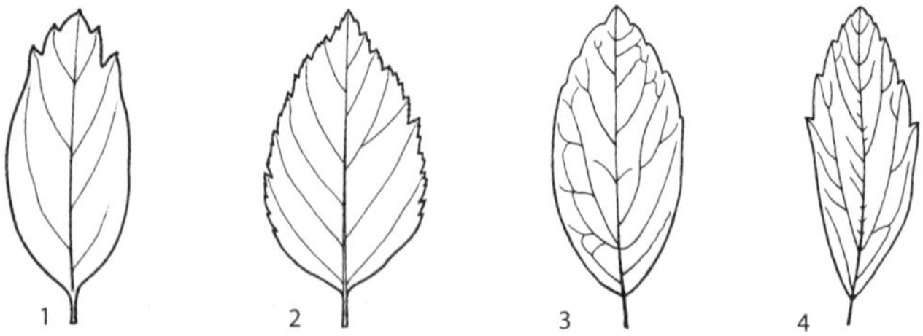

880/1–4 *Spiraea*, Bl.: 1 *S. media*, 2 *S. bella*, 3 *S. sargentiana*, 4 *S. henryi*

behaart, Bltn. 5–6 mm ∅, weiß bis cremeweiß; Fr. meist leicht behaart; VI–VII. Sk – s. Himal. bis Tibet, NW-Yunn. u. W-Sich. **Grauer S., *S. canescens*** D. Don

var. *canescens*: Bl. eif. od. verkehrt eif. bis verkehrt eilanzettl., unterseits behaart, ganzrandig od. oberhalb der Mitte stumpf 3–5-zähnig; Fr. leicht behaart.

var. *glaucophylla* Franchet: Bl. längl. bis verkehrt eif., unterseits bläul. grün, kahl, ganzrandig od. an der Spitze undeutl. 3-lappig; Fr. meist kahl; häufiger gepfl. als vorige, oft unter dem Sortennamen 'Myrtifolia'.

— Kn. ± stumpf, mehrere Kn.schuppen sichtbar; Zw. im ∅ rund, nur zuw. schwach kantig **20**

20. Bl. ganzrandig, nur ausnahmsweise an der Spitze mit einzelnen Zähnen – Bl. 0,5–1 cm breit; Krbl. etwas kürzer als od. etwa so lang wie Stbl., Bltnst.achsen u. Bltn.stiele stets behaart, ... **22**

— Bl. mindestens im oberen Drittel gesägt od. gekerbt, wenn zuw. völlig ganzrandig, dann Bl. 0,8–2,3 cm breit – Krbl. etwa so lang wie Stbl.; Bltnst.achsen u. Bltn.stiele kahl od. behaart **21**

21. Bl. (*880/3*) längl. elliptisch bis längl. verkehrt eif., 1,5–4 cm lang, an nicht blühenden Langtrieben auch länger (bis 7 cm), 0,7–1,2 cm breit, oberseits fein, unterseits zottig behaart; Bltnst. 2,5–5 cm breit, Bltnst.achsen u. Bltn.-stiele behaart, Bltn. 3–6 mm ∅; Fr. ± kahl; Zw. im ∅ rund, zuw. kantig; VI–VII. Sk/Sg – ss. ZS-China, Sich. Yunn. **Sargents S., *S. sargentiana*** Rehder

— Bl. (*880/4*) elliptisch, längl. elliptisch bis längl. verkehrt eif., 2,5–7 cm lang, an nicht blühenden Langtrieben auch länger (bis 9 cm), 0,8–2,3 cm breit, oberseits kahl od. schwach behaart, unterseits locker grauwollig; Bltnst. 5–7 cm breit, Bltnst.achsen u. Bltn.stiele kahl od. behaart, Bltn. 5–6 mm ∅; Fr. behaart; Zw. im ∅ rund; IV–VI. Sg – ss. WN-, WS- u. ZS-China bis Sich., Yunn. **Henrys S., *S. henryi*** Hemsl.

22 (20). Bl. (*881/1*) längl., elliptisch od. verkehrt eif., stumpf, ganzrandig, 2–5 cm lang, 0,7–1 cm breit, oberseits frischgrün, kahl, unterseits graugrün bis bläul. grün, leicht behaart; Bltnst. 3–8 cm breit, Bltn. 4–5 mm ∅, Krbl. etwas kürzer als Stbl.; Fr. kahl; Zw. im ∅ rund, zuw. kantig; V–VII. Sg – s. WN- u. WS-China bis Sich., Yunn. **Veitchs S., *S. veitchii*** Hemsl.

— Bl. längl., längl. elliptisch od. verkehrt eif., spitz, ganzrandig od. einige Zähne an der Spitze, 2–5 cm lang, 0,5–1 cm breit, oberseits matt dunkelgrün, behaart, unterseits graugrün, dichter u. länger behaart; Bltnst. 3–5 cm breit, Bltn. 6–7 mm breit, Krbl. etwa so lang wie Stbl.; Fr. behaart; V–VII. Sg – ss. WN- u. WS-China bis Sich., Yunn. **Wilsons S., *S. wilsonii*** Duthie

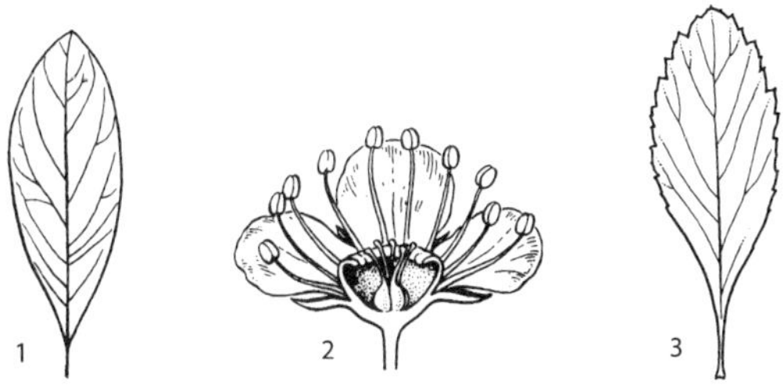

881/1–3 *Spiraea*: 1 *S. veitchii*, Bl.; 2–3 *S. decumbens*: 2 Blüte (Längsschnitt), 3 Bl.

23 (17). Pfl. niederliegend bis aufsteigend; Bltn. (*881/2*) 5–7 mm ∅, Kr. weiß, Stbl. etwa so lang wie die Krbl. – Bl. elliptisch bis längl. od. verkehrt eif., 1–4 cm lang, mit Ausnahme des Spreitengrunds gesägt bis doppelt gesägt (*881/3*); Kn. ± dem Zw. anliegend, ± zugespitzt, mit vielen Kn.schuppen, äußerste zieml. klein; bis 0,5 m hoch, reichl. Ausläufer bildend; V–VI. Sp – h. SO-Alp.
Kärntner S., Niederliegender S., *S. decumbens* W. D. J. Koch

subsp. ***decumbens***: Bl. bis 4 cm lang, kahl; Zw. kahl; Bltnst. 3–5 cm breit. h.

subsp. ***tomentosa*** (Poech) Dostál: Bl. nur bis 2,5 cm lang, unterseits graufilzig; Zw. grau behaart; Bltnst. 3 cm breit. ss.

— Pfl. aufrecht; Bltn.kr. weiß od. rosa bis rot, Stbl. meist wesentl. länger als die Krbl. **24**

24. Achsen des Bltnst. bleibend behaart – Fr. kahl od. behaart; Zw. im ∅ rund od. schwach bis stark kantig, kahl od. behaart; Bl. kahl od. behaart; Bltnst. bis 20 cm breit **26**

— Achsen des Bltnst. kahl od. höchstens schwach behaart – Fr. stets kahl; Zw. im ∅ rund od. zuw. undeutl. kantig, kahl; Bl. meist kahl; Bltnst. höchstens 10 cm breit **25**

25. Bltn. 4–9 mm ∅, Kr. weiß, zuw. rosa überlaufen, Bltnst. flach, 2,5–10 cm breit, Achsen kahl; Bl. elliptisch bis breit eif. od. fast rundl., unregelmäßig gekerbt bis doppelt gesägt (*875/4*), 1,5–7(–10) cm lang, oberseits dunkel-, unterseits graugrün, im Herbst leuchtend braunrot; 0,2–1(–1,5) m hoher, unterirdische Ausläufer bildender Str.; V–VII. Sz/Sk – h (subsp. *betulifolia*). Bor. bis nem. O-As. bis O-Sib. u. NAm. **Birkenblättriger S.** i. w. S., ***S. betulifolia*** Pall. s. l.

Es werden 4 Sippen als Arten (nordamerikanische u. russische Floren) od. Varietäten (The Plant List) unterschieden, 2 in ON- bis O-As. u. 2 in NAm. Sie sind eher in ihren Arealen als in morphologischen Merkmalen getrennt u. durch Übergänge verbunden, weshalb sie als geographische Rassen (Unterarten) einer weit gefassten Art aufgefasst werden können:

subsp. ***betulifolia*** [*S. betulifolia* s. str.]: Pfl. > 0,5 m hoch; Zw. gerade; Bl. 2–7 cm lang, 1–4 cm breit, dünn, elliptisch bis breit eif. od. verkehrt eif., Spreitengrund breit keilf., Bl.stiel deutl. länger als Kn. h. O-Sib. bis Russ.-Fernost, Jap., NO-China. Hierzu Sorte **'Tor'**: bis 1 m hohe, gedrungene Pfl.; Bl. 3–4 cm lang, dunkelgrün, Bltnst. zahlreich, 5–8 cm breit.

subsp. ***aemiliana*** (C. K. Schneid.) H. Hara. [*S. beauverdiana* C. K. Schneid.]: Pfl. < 0,5 m hoch; Zw. hin u. her gebogen, Bl. nur bis 2 cm lang, derb, breit eif. bis rundl., Spreitengrund abgerundet od. seicht herzf., Bl.stiel sehr kurz, nicht länger als Kn. s. Russ.-Fernost, Kor., Jap.

subsp. ***corymbosa*** (Raf.) R. L. Taylor & MacBryde [*S. corymbosa* Raf.]: Pfl. 0,3–1 m hoch; Bl. 2–10 cm lang, 1–2,5 cm breit, lederig, elliptisch bis eif. od. fast rundl., Spreitengrund stumpf, abgerundet bis seicht herzf., Bl.stiel 3–8 mm lang. ss. O-NAm. (O-Kan. bis SO-USA).

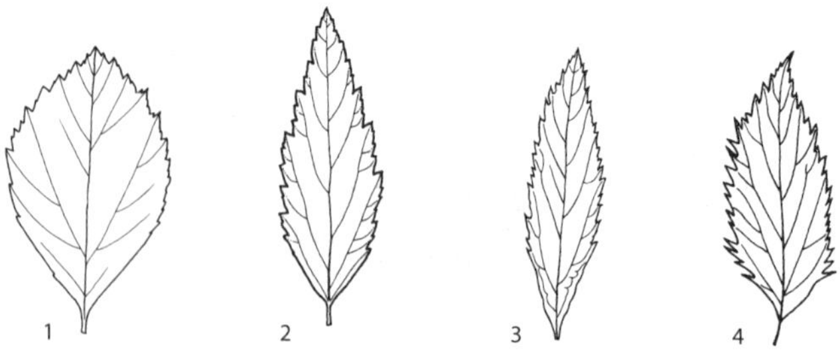

882/1–4 *Spiraea*, Bl.: 1 *S. splendens*, 2 *S. japonica*, 3 *S. japonica* 'Bumalda', 4 *S. japonica* 'Crispa'

subsp. *lucida* (GREENE) R. L. TAYLOR & MACBRYDE [*S. lucida* GREENE]: Pfl. 0,3–1 m hoch; Bl. 2–8 cm lang, 1–3(–5) cm breit, dünn, eif. bis verkehrt eif., Spreitengrund spitz, Sekundärnerven nicht hervortretend, Bl.stiel 4–15 mm lang. ss. NW- bis Z-NAm.

S. fritschiana C. K. SCHNEID. ist *S. betulifolia* ebenfalls ähnl. (Bl.merkmale, weiße, nur zuw. vor dem Aufblühen rosa überlaufene Kr., bis 10 cm breiter Bltnst. mit kahlen Achsen), aber Zw. stark kantig, Bltn. kleiner (bis 6 mm ∅); V–VI. Sk – s. O-As.: Kor., NO-, ON- u. WN-, OS- u. ZS-China bis Sich.

— Bltn. 3–6 mm ∅, Kr. rosa; Bltnst. flach bis konvex, 2–4 cm breit, dicht, Achsen fein behaart od. ± kahl; Bl. elliptisch, oberhalb der Mitte fein gesägt od. gekerbt (*882/1*), 1,5–4 cm lang, oberseits dunkel-, unterseits hellgrün, im Herbst leuchtend rot, orange- od. weinrot; bis 0,5 m hoher, kompakter Str.; V–VI. Sz – s. W-NAm. [*S. densiflora* auct.]
Kaskaden-S., Dichtblütiger S., *S. splendens* K. KOCH

26 (24). Frkn. u. Fr. ± überall behaart; Drüsenring deutl. entwickelt, auf dem ganzen Rand des Bltn.bechers ± durchgehend – Bl. doppelt gesägt bis eingeschnitten doppelt gesägt, unterseits auf den Nerven behaart; Kr. hell- bis dunkelrosa od. fleischfarben; VI–VII u. IX–X. Sk. – ss. [*S.* × *concinna* ZABEL; *S. fastigiata* × *S. japonica*]
Gefälliger S., Wiederergrünender S., *S.* × *virescens* ZABEL

— Frkn. u. Fr. kahl od. Frch. nur oberseits (innen) spärl. behaart; Drüsenring variabel, vorhanden, aber oft unregelmäßig od. nur durch einige Lappen am oberen Rand des Bltn.bechers angedeutet bis fehlend **27**

27. Kr. weiß, selten mit leicht rötl. Anflug **29**

— Kr. hell- bis dunkelrosa od. karminrot **28**

28. Drüsenring oft unregelmäßig od. nur durch einige Lappen am oberen Rand des Bltn.bechers angedeutet bis fehlend; Bltn. 3–7 mm ∅, Kr. hellrosa bis karminrot, selten weiß (var. *albiflora*, Nr. 29); Zw. gerade, oft straff od. steif aufrecht; Bl. oberseits dunkel-, unterseits grau- od. hellgrün – Bltnst. 6–20 cm breit, an reifen Fr. Frbl. auseinanderspreizend; Bl. (*882/2*) 2–8(–10) cm lang, eif. od. elliptisch eif. bis lanzettl. od. längl. lanzettl., stumpf, spitz od. zugespitzt, Spreitengrund schmal keilf. bis abgerundet, scharf doppelt od. selten einfach gesägt bis gekerbt od. eingeschnitten, oberseits dunkel-, unterseits hell- od. graugrün, behaart, wenn auch meist nur auf den Nerven; Zw. im ∅ rund, zuw. kantig, kahl od. anfangs behaart; Kn. ± dem Zw. anliegend, ± zugespitzt, mit vielen Kn.schuppen, äußerste zieml. klein; Pfl. 0,5–1,5 m hoch; VI–VIII. Sk – h (Sorten). O-As.: Jap., Kor., N- u. S-China bis Yunn. u. Sich. [incl. *S. albiflora* (MIQ.) ZABEL; *S. bumalda* BURV.; *S. bullata* MAXIM.] **Japan-S., *S. japonica*** L. f.

Aus dem Formenkreis von *S. japonica* wurden mehrere Arten beschrieben (z. B. *S. albiflora* (MIQ.) ZABEL), die heute als Varietäten, Formen od. lediglich Sorten aufgefasst werden. Mehrere Sorten wurden zu *S. bumalda* gestellt, einer teils bis heute von *S. japonica* abgetrennten Sippe.

Da die weiß blühende Sippe nicht nur in der Farbe der Kr. abweicht (vgl. Nr. 28/29), wird sie hier als Varietät eingestuft: **Weißbühender Japan-S., var. *albiflora*** (MIQ.) Z. WEI & J. B. CHANG, in Kultur als Sorte 'Albiflora' ['Alba'].

Auswahl häufig gepflanzter, rosa bis rot od. purpurn blühender Sorten (bei einer Sorte einzelne Bltn. mit weißer Krone):

a) Sz < 0,5 m hoch, kompakt kugelig bis halbkugelig; Bltnst. fast kugelig, Kr. violett- bis lilarosa, im Verblühen hell- bis schmutzigrosa:

'Bullata': Bl. 0,8–3 cm lang, eif. bis herzf., dickl., oberseits stark runzelig u. etwas blasig aufgetrieben, dunkel blaugrün, unterseits heller; **'Nana'**: Bl. 1–2 cm lang, breit eif., dunkelgrün.

b) Sz/Sk 0,4–0,8 m hoch:

'Bumalda' (*882/3*): Bl. eilanzettl., oft rosa od. cremefarben gefleckt; Kr. tiefrosa; **'Crispa'**: Bl. stark gewellt u. am Rand ± zerschlitzt (*882/4*), im Austrieb bronzerötl., später dunkelgrün; **'Genpei'**

[hierzu SHIROBANA]: Bl. 3–5(–7) cm lang, schmal eif., im Austrieb bronzefarben, später hell- u. dunkelgrün; Bltn. mit weißer, rosa od. rosaroter Kr., verteilt auf verschiedene Bltnst. od. auch in einem Bltnst.; **'Goldflame'**: Bl. 3,5–8 cm lang, lanzettl. bis elliptisch, im Austrieb gelborange bis kupferig, später grün- bis goldgelb, im Sommer grünl, im Herbst kupferig bis orangerot; Kr. anfangs dunkel-, später hell-purpurrosa; **'Gold Mound'**: Bl. elliptisch bis eif., gelb bis zitronengelb, Kr. purpurrosa; **'Lisp'** [hierzu GOLDEN PRINCESS]: Pfl. kompakt; Bl. im Austrieb rötl bronzefarben, später hell- bis grünl. gelb mit Bronzeton, im Herbst rötl. gelb.; Kr. hell purpurrosa; **'Little Princess'**: Pfl. von sehr dichtem, fast polsterf., Wuchs; Bl. im Austrieb hell-, später dunkelgrün, unterseits graugrün; Kr. hellrosa;

c) Sk 0,6–1,2 m hoch:

'Anthony Waterer': Bl. 3,5–8 cm lang, schmal elliptisch, im Austrieb rosa bis braunrot, später hell- od. dunkelgrün, aber einzelne Bl. oft gelbl. od. weißl. rosa gefleckt od. gestreift, im Herbst leuchtend rot; Kr. karmin- bis blaurot, im Verblühen heller; **'Atrosanguinea'**: Bl. 5–10 cm lang, längl. eif., im Austrieb rot; Kr. dunkel purpurrot; **'Dart's Red'**: Bl. 4–6 cm lang, im Austrieb rötl. bis braunrot, später hell- bis mittelgrün; Kr. karmin- bis blaurot, im Verblühen heller; **'Froebelii'**: Bl. 4–7 cm lang, breit lanzettl. bis elliptisch, im Austrieb bronzefarben, später stumpf dunkelgrün; Bltn. anfangs purpurrot, später mattlila; **'Zigeunerblut'**: Bl. 3,5–6 cm lang, im Austrieb dunkel braunrot, später dunkelgrün; Kr. dunkel rosarot mit lila Tönung.

d) Sk > 1,5 m hoch:

'Macrophylla': Bl. bis 14 cm lang u. 7 cm breit, etwas blasig aufgetrieben, im Austrieb braunrot, im Herbst rötl.; Kr. fleischrosa.

— Drüsenring vollst. entwickelt; Bltn. meist größer, 6–8 mm ∅; Zw, oft hin u. her gebogen; Bl. oberseits matt-, unterseits hellgrün **S.** × ***foxii***, siehe Nr. **29**

29 (27). Zw. steif aufrecht u. gerade, die kräftigeren kantig; Kr. weiß, Krbl. etwa ³/₄ so lang wie die Stbl.; Bl. meist einfach gesägt, längl. bis lanzettl., unterseits blaugrün, 3–5(–7) cm lang .... ***S. japonica*** var. ***albiflora***, siehe unter Nr. **28**

— Zw. aufrecht, oft ± schlaff, gerade od. hin u. her gebogen, im ∅ rund, aber oft fein gestreift; Kr. weiß, zuw. leicht rötl. überlaufen, hell- od. dunkelrosa, Krbl. ½ so lang wie die Stbl.; Bl. elliptisch, längl. elliptisch bis eif. elliptisch, meist doppelt gesägt, unterseits hellgrün, 4–8 cm lang; VII–VIII. Sk. – h (Sorten). [*S. betulifolia* s. l. × *S. japonica*] **Fox's S., *S.* × *foxii*** Zabel

In die Kreuzungen gingen mehrere Sippen ein (*S. betulifolia* subsp. *betulifolia* u. subsp. *corymbosa*, *S. japonica* u. deren var. *albiflora*), so dass mehrere Hybriden beschrieben wurden, die als Sorten *S.* × *foxii* zugeordnet werden können, von denen 2 in Kultur sind:

'Margaritae' [*S.* × *margaritae* (Froeb.) Zabel]: Zw. deutl. gestreift; Bl. längl. elliptisch, spitz; Kr. hellrosa.

'Superba' [*S.* × *superba* Zabel]: Zw. nicht gestreift; Bl. schmal elliptisch bis eif. elliptisch, kurz zugespitzt; Kr. dunkelrosa.

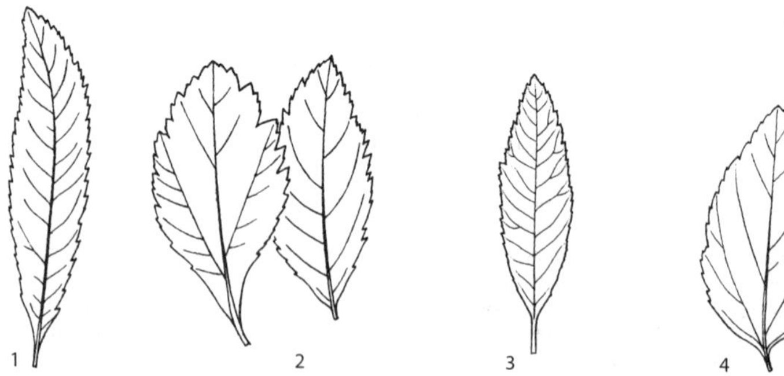

884/1–4 *Spiraea*, Bl.: 1 *S. alba* var. *alba*, 2 *S. alba* var. *latifolia*, 3 *S. salicifolia*, 4 *S. tomentosa*

30 (16). Rispe etwa so hoch wie breit (*886/2*) (Hybriden zwischen Arten der **Sekt.** ***Spiraea*** u. der **Sekt.** ***Calospira***) **37**

— Rispe deutl. höher als breit (*875/3*) (**Sekt.** ***Spiraea*** [*Spiraria*]) **31**

31. Rand des Bltn.bechers ohne od. mit lückenhaftem Drüsenring; Bl. unterseits filzig bis zerstreut behaart, auch an ausgewachsenen Bl. zw. den Nerven behaart bleibend, wenn fast kahl, dann kein Drüsenring **33**

— Rand des Bltn.bechers mit voll entwickeltem Drüsenring; Bl. unterseits kahl od. anfangs etwas behaart, an ausgewachsenen Bl. höchstens Nerven (besonders Mittelrippe) u. Rand schwach behaart (**Artengruppe *S. salicifolia* agg.**) **32**

32. Bltnst. schmal kegelf. bis breit kegelf., meist locker u. sparrig, untere Rispenäste lang abstehend, nach oben allmähl. kürzer werdend; Bl. meist in oberer Hälfte am breitesten, schmal lanzettl. bis breit verkehrt eilanzettl. od. verkehrt eif., fein (*884/1*) od. grob (*884/2*) gesägt, Spitze stumpf od. spitz, Sekundärnerven unregelmäßig in die primären Bl.zähne verlaufend; Kr. weiß, seltener leicht rosa, zuw. bei Entfaltung mit schwach rötl. Tönung od. durch rötl. Drüsenring so erscheinend; Stbl. so lang wie od. etwas länger als die Krbl. – Bltnst.achsen ± dicht weichhaarig bis fast kahl, Bltn.stiele ± kahl, Bltn. 3–8 mm ∅; Bl. 2–9 cm lang, 0,5–3 cm breit; VII–VIII. Sk – h. NO-NAm. [incl. *S. latifolia* (Aiton) Borkh.] **Weißer S.** i. w. S., ***S. alba*** Du Roi s. l.

2 durch Übergänge verbundene Sippen werden als Varietäten od. auch Arten unterschieden:

var. *alba* [*S. alba* s. str.], **Mädesüß-S.**: Bl. meist lanzettl. bis verkehrt eilanzett., 3–4-mal so lang wie breit (*884/1*), spitz, Rand fein gesägt; Bltnst. meist ± kegelf., Achsen meist ± dicht weichhaarig.

var. *latifolia* (Aiton) Dippel [*S. latifolia* (Aiton) Borkh.], **Breitblättiger S.**: Bl. breiter, meist elliptisch bis verkehrt eif., 2–3-mal so lang wie breit (*884/2*), spitz od. stumpf, Rand grob gesägt, teils auch doppelt gesägt; Bltnst. breit kegelf. locker, Achsen weniger dicht behaart bis ± kahl.

— Bltnst. schmal kegelf. bis schmal eif. od. zylindrisch, dicht, seitl. Rispenäste oft alle von ± gleicher Länge; Bl. meist in unterer Hälfte od. in der Mitte am breitesten, längl. elliptisch bis lanzettl. od. schmal rautenf., scharf gesägt (*884/3*), zuw. doppelt bis eingeschnitten doppelt gesägt, Bl.spitze spitz od. zugespitzt, Sekundärnerven regelmäßig in die primären Bl.zähne verlaufend; Kr. rosa, höchstens ausnahmsweise weiß, Stbl. deutl. länger (bis 2-mal) als Krbl. – Bltnst.achsen u. Bltn.stiele meist dünn behaart, Bltn. 5–7(–12) mm ∅; Bl. 4–8 cm lang, 1–2,5 cm breit; Kn. fast am Zw. anliegend, Kn.schuppen bewimpert; VI–VII. Sk – s. SO- u. O-Eur., bor. bis nem. N- u. O-As. (Sib., Russ.-Fernost, Mong., NO- u. N-China, Kor., Jap.). **Weidenblättriger S., *S. salicifolia*** L.

Oft verwechselt mit *S. alba* (Nr. 32) u. *S.* × *billardii* agg. (Nr. 35–). Ähnl. sind Hybriden mit *S. alba* s. l.: ***S.* × *rosalba*** Dippel [*S.* × *rubella* Dippel]: Bltnst. ± kegelf., Achsen spärl. behaart, Kr. blassrosa; Bl. meist schmal eif. bis lanzettl.

33 (31). Zw. u. Bl.unterseite behaart, aber nicht dichtfilzig, Bl. unterseits dünnfilzig, nur wenig heller als oberseits, od. nur schwach behaart, grüne Blattfläche sichtbar, zuw. fast kahl; Drüsenring lückenhaft vorhanden, zuw. fehlend . . . **35**

— Zw. u. Bl.unterseite dichtfilzig, Bl. unterseits deutl. heller als oberseits, grüne Blattfläche durch Filz nicht sichtbar; Drüsenring fehlend **34**

34. Junge Zw. u. Bl.unterseite gelbgrau- bis braunfilzig; Fr. dicht behaart; Bl. 3–7,5 cm lang, schmal elliptisch bis eif., spitz, höchstens im unteren Drittel ganzrandig, darüber grob u. unregelmäßig gesägt (*884/4*), spitz, oberseits ± kahl, runzelig; Bltnst. schmal kegelf., plötzl. in langgezogenen zylindrischen Endabschnitt übergehend, Kr. rosa, selten weiß. VII–VIII. Sk – O-NAm.

Gelbfilziger S., Filziger S., *S. tomentosa* L.

— Junge Zw. u. Bl.unterseite weiß- bis blaugraufilzig (subsp. *douglasii*, wenn schwach behaart bis ± kahl, siehe Nr. 35); Fr. ± kahl; Bl. 3–10 cm lang, längl. bis elliptisch od. verkehrt eif. (*886/1*), stumpf od. mit kurzer Spitze, mindestens untere Bl.hälfte ganzrandig, darüber gesägt, zuw. an Bltn.trieben völlig ganzrandig, oberseits kahl, nicht od. kaum runzelig; Bltnst. dicht, schmal kegelf., sich allmähl. nach oben verjüngend, Kr. hell- bis dunkelrosa – Kn. vom Zw. abstehend, Kn.schuppen zumindest anfangs dicht behaart; VI–VII. Sk – h (subsp. *douglasii*). NW-NAm.: NW- bis W-USA. [incl. *S. menziesii* Hook.]
Douglas' S., Oregon-S., *S. douglasii* Hook.

2 sich im Grad der Behaarung u. der Verbreitung unterscheidende Sippen:

subsp. *douglasii*: junge Zw., Bl.unterseite u. Bltnst.achsen dicht behaart, weiß- bis graufilzig. h. Küstengebiet.

subsp. *menziesii* (Hook.) Calder & R. L. Taylor: junge Zw., Bl.unterseite u. Bltnst.achse schwächer behaart, meist verkahlend. s. Östl. der Küstengeb.

35. Bl. längl. bis schmal elliptisch od. verkehrt eif., mindestens untere Bl.hälfte ganzrandig, darüber 5–8 Bl.zähne jederseits, Bl.spitze stumpf od. mit kurzer Spitze; Drüsenring fehlend .... ***S. douglasii*** subsp. ***menziesii***, siehe Nr. **34–**

— Bl. lanzettl., längl. elliptisch od. elliptisch bis schmal od. breit eif., fast vom Spreitengrund an gesägt od. höchstens unteres Drittel ganzrandig, darüber > 8 Bl.zähne jederseits, Bl.spitze meist ± spitz; Drüsenring meist teilw. entwickelt, lückenhaft (Hybridgruppe ***S. × billardii* agg.** = *S. salicifolia* agg. × *S. douglasii*) **36**

36. Bltnst. schmal kegelf. bis breit kegelf., teils mehr zylindrisch, dicht od. oft locker, Kr. rosa, aber sehr blass, Bl. fein od. grob u. unregelmäßig gesägt, Spitze spitz od. stumpf; VI–VIII. Sk – h. [*S. alba* s. l. × *S. douglasii*; incl. *S. × macrothyrsa* Dippel]
Billard's S., *S. × billardii* Hérincq

nothovar. *billardii* [*S. alba* var. *alba* × *S. douglasii*]: Bl. längl. lanzettl. bis elliptisch eif., 1,8–2,2 cm breit, fein gesägt; Bltnst. schmal kegelf. bis zylindrisch, zieml. dicht.

nothovar. *macrothyrsa* (Dippel) Duvign. [*S. alba* var. *latifolia* × S. *douglasii*]: Bl. breit eif., 2–3,5 cm breit, einfach bis doppelt, oft grob u. unregelmäßig gesägt; Bltnst. meist schmal, aber an der Basis breiter, kegelf., u. nach oben mehr zylindrisch.

— Bltnst. schmal kegelf. bis fast zylindrisch, dicht, Kr. deutl. rosa, Bl. zieml. fein u. regelmäßig gesägt, zugespitzt, – lanzettl. bis schmal elliptisch eif.; VI–VIII. Sk – z. [*S. douglasii* × *S. salicifolia*]
Falscher Weidenblättriger S., *S. × pseudosalicifolia* Silverside

Die Sorte **'Triumphans'** wird dieser od. voriger Hybride zugeordnet: Pfl. bis 2 m hoch, straff aufrecht wachsend; Bl. unterseits leicht behaart; Bltnst. breit kegelf. u. dicht, bis 20 cm hoch, basale Rispenäste verzweigt, Kr. lebhaft purpurrosa.

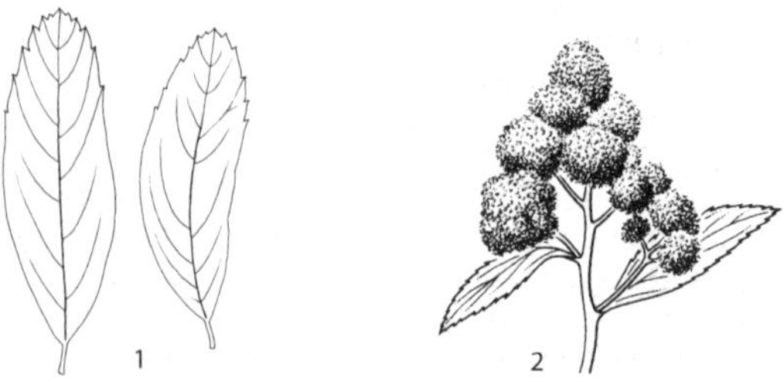

886/1–2 *Spiraea*: 1 *S. douglasii*, Bl.; 2 *S. × sanssouciana*, Bltnst.

37 (30). Bl. 2–5 cm lang, – längl. elliptisch bis eif. **41**
— Bl. 5–10 cm lang, – lanzettl. bis längl. lanzettl., eif. od. verkehrt eif. **38**
38. Bl. unterseits kurz filzig behaart **40**
— Bl. unterseits kahl od. wenn behaart, dann nur auf den stärkeren Nerven . . . **39**
39. Bl. höchstens 2-mal so lang wie breit, eif. od. verkehrt eif., an der Spitze stumpf, Spreitenbasis abgerundet bis breit keilf.; Kr. weiß od. weiß mit rötl. Tönung; Bltnst.achsen spärl. behaart; VII. Sk – ss. [*S. betulifolia* s. l. × *S. alba* s. l.]
Unechter S., *S.* × *notha* Zabel
— Bl. etwa 3–4-mal so lang wie breit, lanzettl. bis längl. lanzettl., vorn spitz, Spreitenbasis keilf.; Kr. rosa od. hellrosa; Bltnst.achsen fein behaart bis kurz filzig – Bl. 5,5–10 cm lang, an der Basis od. im unteren Drittel ganzrandig, sonst scharf doppelt gesägt, unterseits blaugrün; Krbl. ½ so lang wie Stbl.; VI–IX. Sk – s. [*S. japonica* × *S. salicifolia*; incl. *S.* × *syringiflora* Lemoine]
Immerblühender S., *S.* × *semperflorens* Zabel

'Syringiflora': Bl. bis 7,5 cm lang, oft erst oberhalb der Mitte gesägt; Kr. hellrosa.

40 (38). Frch. behaart, stumpfl., Gr. etwas unterhalb der Spitze stehend – Kr. tiefrosa; Bl. 6–9 cm lang; VII–VIII. Sk – ss. [*S. fastigiata* × *S. douglasii*]
Roter S., *S.* × *rubra* Zabel
— Frch. kahl, spitz, Gr. endst. – Kr. rosa; Bl. 6–9 cm lang, längl. bis längl. lanzettl., Spreitenbasis keilf., Spitze meist stumpf, im unteren Drittel ganzrandig, sonst scharf doppelt gesägt; Bltnst. zusammengesetzte Rispe mit dichtbltg. Teilbltnst. (*886/2*), Achsen feinfilzig; Krbl. ½ so lang wie Stbl.; VII–VIII. Sk – ss. [*S. douglasii* × *S. japonica*] **Sanssouci-S., *S.* × *sanssouciana*** K. Koch

S.* × *pachystachys Zabel [*S. betulifolia* × *S. douglasii*] ähnl., aber Spreitenbasis ± abgerundet; Kr. dunkelrosa. ss.

41 (37). Bl. zur Spitze hin mit einigen Zähnen, oberseits matt dunkelgrün, unterseits heller, fein graufilzig; Kr. hell rosarot; Fr.kelch zurückgeschlagen, Frch. behaart; Bltnst. endst. an diesj. Haupttrieben; VI–VII. Sk – ss. [*S. canescens* × *S. douglasii*] **Kurztraubiger S., *S.* × *brachybotrys*** Lange
— Bl. oberhalb der Mitte kerbig gesägt, unterseits hell- bis blaugrün, fast kahl; Kr. weiß od. rosa; Fr.kelch aufrecht od. abstehend, Frch. fast kahl; Bltnst. endst. an vorj. Seitentrieben; VI. Sk – ss. [*S. canescens* × *S. alba* s. l.]
Fontenay-S., *S.* × *fontenaysii* Lebas

Stachyurus Siebold & Zucc., **Perlschweif** – *Stachyuraceae* (Bearbeiter: Ulrich Hecker)

Sommer- od. immergrüne Bäume u. Sträucher; Bl. wechselst., einfach, gezähnt, deutl. gestielt, Nebenbl. lineal lanzettl., hinfällig; Bltn. der sommergrünen Arten vor dem Laubaustrieb entfaltet, bereits im Spätsommer des Vorjahres angelegt u. nackt überwinternd (*232/6*), ⚥ od. polygam, 4-zählig, in achselst., starr abwärts gerichteten Ähren, Kr. glockenf., Stbl. 8, Frbl. verwachsen, Frkn. oberst.; Fr. lederige, vielsamige Beere (*888/3*). 7 Arten, vom Himal. bis Jap.

1. Bl. elliptisch eif., zugespitzt, am Grund gerundet bis schwach herzf., 7–14 cm lang, deutl. gesägt, oberseits kahl, unterseits entlang der Nerven behaart (*888/1*); Bltnst. 5–8 cm lang, Bltn. gelbl., ca. 8 mm lang, Frkn. kahl, Gr. kürzer als die Kr (*888/2*); Fr. kugelf., glatt, ca. 8 mm ∅, grünl. (*888/3*); III–IV. Sg – h. ∧ Jap. **Japan-P., *S. praecox*** Siebold & Zucc.
— Bl. längl. eif. bis eif., allmähl. geschwänzt zugespitzt, kerbig gesägt, am Grund herzf., 6–12 cm lang (*888/4*), oft rötl. getönt, Bl.rand oft aufwärts gebogen; Bltnst. 5–10 cm lang, Bltn. gelbl., Frkn. behaart, Gr. so lang wie od. länger als

die Kr. (*888/5*); Fr. kugelf., 6–7 mm ∅, schwach gerippt, oft rot überlaufen; blüht ca. 2 Wochen später als vorige Art; III–IV. Sg – s. ∧∧ M-China.

Chinesischer P., *S. chinensis* Franch.

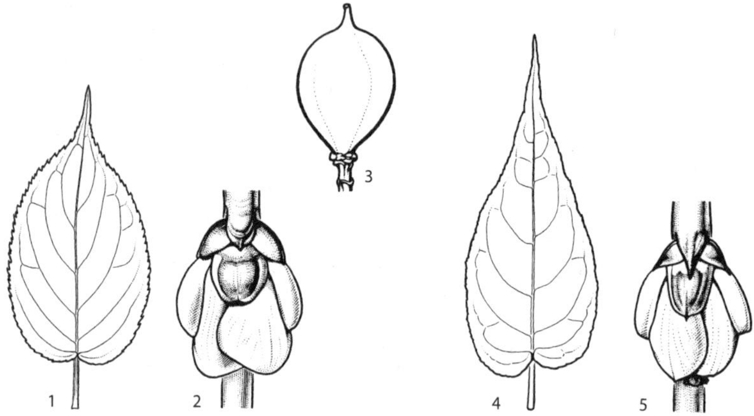

888/1–5 *Stachyurus*: 1–3 *S. praecox*: 1 Bl., 2 Blüte, 3 Fr.; 4–5 *S. chinensis*: 4 Bl., 5 Blüte

Staphylea L., **Pimpernuss** – *Staphyleaceae* (Bearbeiter: Ulrich Hecker)

Sträucher od. Bäume; Bl. mit 3–7 meist fein gesägten Blch.; Bltn. weiß, in endst. Rispen, Kbl. krbl.artig, weiß od. hellrosa, Stbl. 5, Frbl. 2–3; Fr. eine blasige, pergamenthäutige, 2–3-zipfelige Kapsel; Samen glatt, rundl. eif. 11 Arten in Euras. u. NAm.

1. Bl. alle mit 3 Blch. **3**

— Bl. wenigstens z. T. aus 5 Blch. zusammengesetzt **2**

2. Bl. der Bltn.zw. oft sämtl. 3-zählig, die der Laubtriebe 5-zählig, Endblch. der 5-zähligen Bl. häufig fast sitzend; Rispen aufrecht bis nickend, Bltn. weiß, 12–15 mm lang, Kbl. ± spreizend; Fr. meist länger als dick (*889/1*), 4–5,5 cm lang, 2–3-zipfelig, Samen 8 mm lang; V–VI. Sg – h. Kaukas.

Kolchische P., *S. colchica* Stev.

'Coulombieri': in allen Teilen größer; Fr. 8–10 cm lang.

— Bl. 5–7-zählig, Endblch. der 5-zähligen Bl. gestielt; Rispen hängend, Bltn. weiß,10–12 mm lang, Kbl. stark spreizend, oft beidseitig rosa überlaufen; Fr. fast kugelf., 2,5–3 cm ∅, nur kurz 2–3-zipfelig (*889/2*), Samen 1 cm lang, gelbbraun; V–VI. Sg – h. Eur., Anatolien. **Gewöhnliche P., *S. pinnata*** L.

3 (1). Endbl. spitz keilf. in den (oft fehlenden) Stiel verschmälert; Bltnst. aufrecht, Bltn. weiß, ca. 7 mm lang; Fr. stark abgeflacht, kaum 3 cm lang, etwa so lang wie breit, Samen 5 mm lang, gelbl.; VI. Sk – s. ∧ China, Kor., Jap.

Japanische P., *S. bumalda* DC.

— Endblch. stets lang gestielt **4**

4. Bltn. vor den Bl. erscheinend; Blch. elliptisch bis längl. lanzettl, 5–10 cm lang, spitz od. kurz zugespitzt, fast kahl, gesägt, Endblch. breit keilf.; Bltn. ca.

1 cm lang, in 5–10 cm langen, breiten, hängenden Rispen an vorj. Zw., weiß, Fr. ellipsoidisch bis birnenf., 4–5 cm lang, 2,5–3 cm breit, plötzl. zugespitzt, Samen 6 mm lang; IV–V. Sg – s. O- u. Z-China.

Chinesische P., *S. holocarpa* HEMSL. var. ***holocarpa***

var. *rosea* REHDER & E. H. WILSON: Bl. unterseits zunächst dicht weiß behaart, später bis auf die Nerven verkahlend; Bltn. rosa. s. Z- u. O-China (W-Hubei, Sich., SO-Yunn.).

— Bltn. mit den Bl. erscheinend, Blch. 3,5–8 cm lang, unterseits behaart, Endblch. am Grund abgerundet od. breit keilf. (*889/4*); Bltnst. überhängend, Bltn. weiß, etwa 8 mm lang, K. glockenf., grünl. rötl.; Fr. bis 5 cm lang u. 3 cm breit, meist lang 3-zipfelig (*889/3*), Samen 5 mm lang, gelbl.; V–VI. Sg – s. O-NAm.

Amerikanische P., S. trifolia L.

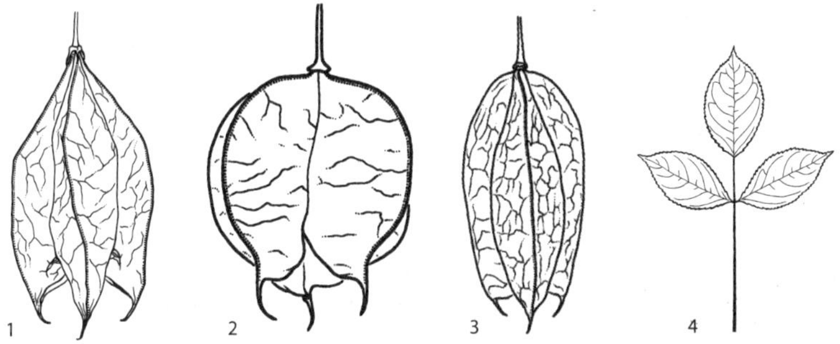

889/1–4 *Staphylea*: 1–3 Fr.: 1 *S. colchica*, 2 *S. pinnata*, 3 *S. trifolia*; 4 *S. trifolia*, Bl.

Stauntonia DC. – *Lardizabalaceae* (Bearbeiter: Bernd Schulz)

Größte Gatt. der Fam.: incl. *Holboellia* ca. 30–40 Arten in As.: von N-Indien über China bis Vietn. u. Jap. Meist immergrüne Lianen mit gefingerten Bl. Einzige, selten kultivierte Art:

S. hexaphylla DECNE. – Immergrüne, kahle Liane; Bl. gefingert, Blch. 5–7, lederig, 6–10 cm lang × 2–4 mm breit, eif., zugespitzt, gestielt; Bltn. eingschl., 1-häusig, in achselst. kurzen, wenigbltg. Trauben, 6 freie, Perigonbl.: um 20–25 mm lang, hell gelbl., v. a. innen rötl. überlaufen, Form längl., die äußeren 3 breiter, die inneren 3 linealisch; ♂ Bltn. mit 6 Stbl., Staubfäden zu einer Röhre verwachsen, ♀ Bltn. mit 3(–4) freien Frbl. u. 6 Staminodien (Bltn. ähnl. *Decaisnea 505/4*); Sammelfr. mit bis 3, bis 5 cm langen, kugelig eif., vielsamigen rötl. Beerenfrch.; IV–V. L – ss. Jap., Kor.

Stephanandra SIEBOLD & ZUCC. → ***Neillia*** (D.) DON

Stewartia L. **Scheinkamelie, Sommerkamelie** – *Theaceae* (Bearbeiter: Ulrich Hecker)

Sommergrüne Sträucher od. Bäume, Borke sich oft in ± großen Platten ablösend; Bl. kurz gestielt, gesägt; Bltn. ⚥, 5-zählig, einzeln, becherf., K. bis zur Fr.reife bleibend, Krbl. weiß, außen seidig behaart, am Grund miteinander verwachsen; Fr. eine Kapsel (*890/2*). 19 Arten in O-As. u. dem östl. NAm. Alle verschlüsselten Arten kalkmeidend.

1. Gr. getrennt; Bl. eif. bis längl. eif., am Grund abgerundet, 6–12 cm lang, zugespitzt, entfernt gezähnt, unterseits spärl. behaart u. graugrün, Bl.stiel 3–15 mm lang; Bltn. 6–7 cm ∅, Staubfäden weiß, Staubbeutel orange; Kapsel 1,5–2 cm lang, scharf 5-kantig, zugespitzt, behaart; VII–VIII. Sg – s. SO-NAm.
Berg-S., *S. ovata* (Cav.) Weatherby var. ***ovata***

var. *grandiflora* Weatherby: Bltn. 8–10 cm ∅, Krbl. bisw. 6–8; Staubfäden purpurn.

— Gr. verwachsen mit 5-köpfiger Narbe **2**

2. Zw. graubraun, kahl; Bl. elliptisch, verkehrt eif. elliptisch od. längl. elliptisch, 3–8 cm lang, lang zugespitzt, am Grund keilf., entfernt kerbig gesägt, frischgrün, unterseits hellgrün, kahl od. mit einzelnen längeren Haaren, Bl.stiel 3–10 mm lang (*890/1*); Bltn. 5–7 cm ∅, 1–3 cm lang gestielt; Kapsel eif., 5-kantig, ca. 2 cm lang; VII–VIII. Sg/Bm (4–18 m) – s. Jap.
Japanische S., *S. pseudocamellia* Maxim.

— Zw. zumindest anfangs deutl. behaart **3**

3. Bltn. ca. 5 cm ∅, Kbl. 1–2 cm lang; Bl. elliptisch verkehrt eif. bis längl. elliptisch, 5–10 cm lang, unterseits schwach behaart od. bis auf die Mittelrippe kahl; Kapsel konisch, 1,5–2 cm lang; VII. Sg/Bm (3–11 m) – ss. SO- u. NZ-China.
Chinesische S., *S. sinensis* Rehder & E. H. Wilson

— Bltn. kleiner **4**

4. Bltn. 2,5–3,5 cm∅, 5–10 mm lang gestielt, Kbl. 4–7 mm lang, Krbl. außen dicht weiß behaart; Bl. elliptisch bis längl. elliptisch, 4–8 cm lang, 2–3 cm breit, unterseits angedrückt behaart; Kapsel weiß behaart; VII–VIII. Sg (in der Heimat bis 25 m) – ss. Jap. **Hohe S., *S. monadelpha*** Siebold & Zucc.

— Bltn. 3,5–4 cm ∅, 2–5 mm lang gestielt, außen weiß behaart, Kbl. 12–17 mm lang; Bl. elliptisch bis verkehrt eif., 4–7 cm lang, unterseits auf der Mittelrippe u. in den Achseln behaart; Kapsel kahl; VII–VIII. Sg (in der Heimat bis 7 m) – ss. Jap. **Gesägtblättrige S., *S. serrata*** Maxim.

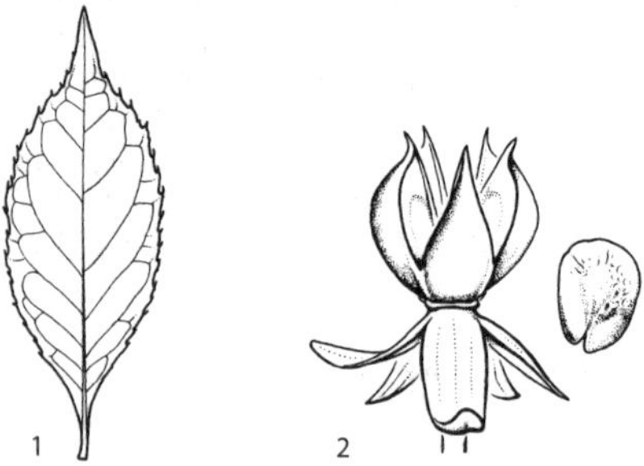

890/1–2 *Stewartia*: 1 *S. pseudocamellia*, Bl.; 2 *S. serrata*, Fr. u. Samen

Styphnolobium Schott., **Perlschnurbaum** – *Fabaceae* (Bearbeiter: Bernd Schulz)

Etwa 8, früher oft zu *Sophora* gestellte (aber näher → *Cladrastis* stehende) Arten aus MAm. u. 1 Art aus O-As. Bl. unpaarig gefiedert; Bltn. in oft mehrfach verzweigten Trauben, endst. an Lang- od. Kurztrieben; Fr. mehrsamig, zwischen den Samen eingeschnürt, geschlossen bleibend. Nur die asiat. Art in Kultur:

S. japonicum (L.) Schott [*Sophora japonica* L.], **Japanischer P.** – Breit- u. rundkroniger, unbewehrter Baum; Blch. 7–17 (*891/1*), eif., 2,5–7 cm lang (*891/1a*), oberseits dunkelgrün, unterseits bläul., dicht angepresst behaart; Zw. dunkelgrün, ohne Rottöne, rund; Kn. nur Seitenkn., nackt, flach, schwärzl. behaart, vom Bl.grund des Tragbl. umgriffen (*891/1b* u. *c*), nach Bl.fall von U-f. Bl.narbe; Bltnst. bis 30 cm lange Mehrfach-Trauben, im Hochsommer endst. am diesj. Zw.: unterste Seitentrauben oft nochmals verzweigt (Dreifachtrauben, eine große Rispe vortäuschend), Bltn. 13–17 mm lang, Kr. gelbl. weiß (*891/2*); Fr. 5–8 cm lang (*891/3*); VIII–IX. Bm/Bg – h. Jap., Kor., in China nur kultiviert. **G!**

'Columnaris': Wuchs aufrecht säulenf. s.

'Pendula': Zw. hin u. her gewunden abwärts wachsend. h.

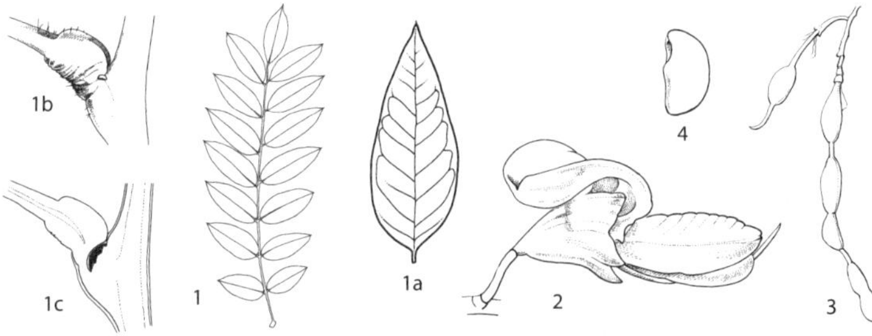

891/1–4 *Styphnolobium japonicum*: 1 Bl., 1a Blch., 1b Bl.ansatz, 1c Längsschnitt von 1b, 2 Blüte, 3 Fr., 4 Samen

Styrax L., **Storaxbaum** – *Styracaceae* (Bearbeiter: Bernd Schulz)

Bl. kurz gestielt; Bltn. in Trauben od. Büscheln, K. glockenf., schwach 5-zähnig, Kr. weiß, seltener rosa, tief 5(–8)-lappig, Stbl. doppelt so viele wie Kr.lappen; ungeflügelte eif. Steinfr. (*892/3*) bzw. (wenn sich öffnend) Kapsel (*892/9*). Etwa 130 Arten. In der deutschen Literatur wird der *Styrax* (analog *Pterostyrax*) in allen 3 Geschlechtern verwendet. Nach Nicolson & Steyskal (Taxon1976) ist das klassische Geschlecht des Namens männl. (so auch in den aktuellen Floren of China u. North America).

1. Seitenkn. vom Bl.grund des Tragbl. eingeschlossen (sichtbar auch nach Laubfall an der Bl.narbe, *892/5*) – Bl. rundl. bis breit eif., 8–16 cm lang u. 5–14 cm breit, plötzl. zugespitzt, oberhalb der Mitte fein grannig gezähnt (*892/4*), lebhaft grün, unterseits dicht sternhaarig, Bl.stiel 5–20 mm lang; Bltnst./Frst. 10–20 cm lange, hängende vielbltg. (>10) Traube (*892/2*); Bltn. 2 cm ∅, duftend (*892/1*); Fr. 2 cm lang (*892/3*); V–VI. Sg/Bk – s. Jap., Kor., NO-China.
Obassia-S., *S. obassia* Siebold & Zucc.

— Seitenkn. frei über der Bl.achsel (*892/7*) – Bl. breit elliptisch bis elliptisch längl., an Langtrieben bis 9 cm lang u. 3,5 cm breit, an Seitentrieben meist viel kleiner, entfernt drüsig gezähnt bis fast ganzrandig (*892/8*), anfangs sternhaarig, bis auf Achselbärte bald kahl, Bl.stiel bis 8 mm lang; Bltn. 2 cm ∅, zu 3–6, hängend an kurzen Seitenzw., 2–3,5 cm lang gestielt (*892/6*); Fr. bis 1,5 cm lang (*892/9–10*); VI–VII. Sg/Bk – s–z. O-As.: Jap., Kor., China, Taiw. bis SO-As.: Philippinen. **Japanischer S., *S. japonicus*** Siebold & Zucc.

'Pink Chimes': Kr. rosarot überlaufen; schwächer wachsend als die Art. ss.

Selten sind weitere Arten in BG zu finden:

S. hemsleyanus Diels, **Chinesischer S.**: Bltn. in längl. Trauben; Bl. zur Spitze deutl. gezähnt; Achselkn. schwarzbraun, sichtbar. Bk/Bm – ss. O-As.: China.

S. officinalis L., **Echter S.**: Bltn. einzeln, an der Triebspitze gehäuft; Bl.spreite rundl., am Grund gestutzt u. nur stumpfe Spitze, ganzrandig; Zw. dicht sternhaarig. Sg/Bk – ss. ∧∧ S- u. SO-Eur. bis Kl.-As.

S. americanus Lam., **Amerikanischer S.**: Bltn. einzeln in den Bl.achseln, zuw. an kurzen Trieben, kurz, 4-10 mm lang gestielt; Bl. fast ganzrandig, Zähne sehr unauffällig. Sg/Bk – ss. O- bis SO-NAm.

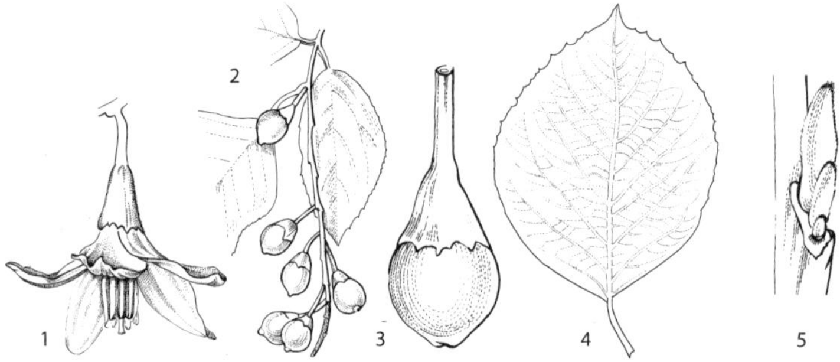

892/1–5 *Styrax obassia*, 1 Blüte, 2 Bltnst., 3 Fr., 4 Bl., 5 Seitenkn. mit absteigender Beikn. umgriffen von Bl.narbe

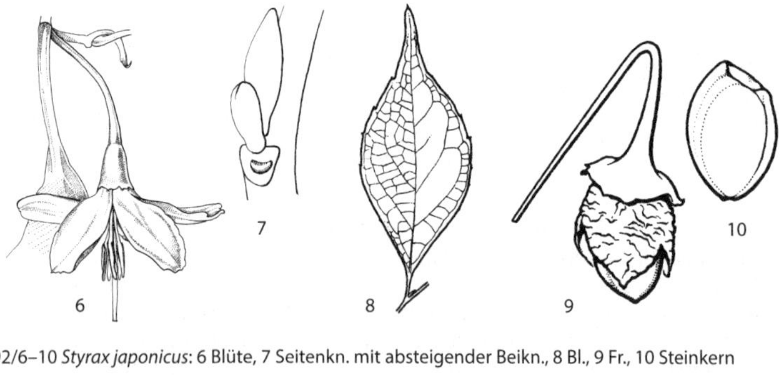

892/6–10 *Styrax japonicus*: 6 Blüte, 7 Seitenkn. mit absteigender Beikn., 8 Bl., 9 Fr., 10 Steinkern

Sycopsis OLIV. – *Hamamelidaceae* (Bearbeiter: Bernd Schulz)

Immergrüne Bäume od. Sträucher; vegetative Kn. nackt (*893/2b*), dicht sternhaarig; Bl. fiedernervig, kurz gestielt mit kleinen, hinfälligen Nebenbl.; Bltn. monözisch od. andromonözisch, in end- u. seitenst. Köpfchen (bei nicht kultivierten Arten auch in kurzen Trauben), umgeben von behaarten Tragbl. (4–5 mm lang), Bltn. mit sehr kleinen, mit Sternhaaren besetzten 2 Vorbl. u. 5–6 (–8) Kbl., ohne Krbl., ♂ Bltn. mit 8–11 Stbl., Ovar rudimentär, ♀ Bltn. mit urnenf. Bltn.becher, den mittelst. Frkn. umgebend; Kapsel 2-fächerig, sich 2-klappig öffnend, am Grund mit sich unregelmäßig spaltendem K., mit 2 braunen, glänzenden Samen. 2–3 Arten von Assam bis Taiw. Nur folgende Art selten in Kultur:

S. sinensis OLIV. – Bl. (*893/2a*) lederig, 5–10 mm lang gestielt, Stiele oberseits flach bis schwach rinnig, Spreite schmal eif. bis lanzettl., zugespitzt, am Grund keilf., 5–10 cm lang, in der oberen Hälfte entfernt gezähnt od. ganzrandig, oberseits kahl, matt glänzend, unterseits hellgrün, meist mit einigen schuppenf. Haaren, Mittelrippe deutl. hervortretend, Seitennerven deutl., bogenf. verbunden, nicht direkt den Rand erreichend; Bltn. zu (6–)7–8(–12) in kurz gestielten Köpfchen (am Ende von Kurztrieben *893/2c* u. *d*), umgeben von dunkelbraunen behaarten Kn. schuppen, diese wie Zw.spitzen u. Bl.stiele dicht mit flachen schuppenf. braunen Sternhaaren besetzt; Stbl. (6–)9–11, mit längl. (3,5–4 mm), gelbl., rot überlaufen Staubbeuteln, Staubfäden anfangs kurz u. nur Staubbeutel sichtbar, später gestreckt > 1 cm lang, äußere Bltn. ♂, innere ♀ od. ⚥; Kapsel eif., verholzt, zu 3–5, mit kurzen schnabelf. Gr.resten, etwa 1 cm lang, hellbraun filzig behaart, dazwischen mit borstigen Haaren; II–III. Sk – ss. ∧∧ S-China.

× ***Sycoparrotia semidecidua*** P. K. ENDRESS [*Parrotia persica* × *Sycopsis sinensis*]: Bl. halbimmergrün, nicht so derb wie bei *Sycopsis*, etwas breiter, die obersten Seitennerven direkt, od. gegabelt u. dann Gabeläste in die Zähne laufend (*893/1*); III. Sk – ss. ∧∧ Kultur.

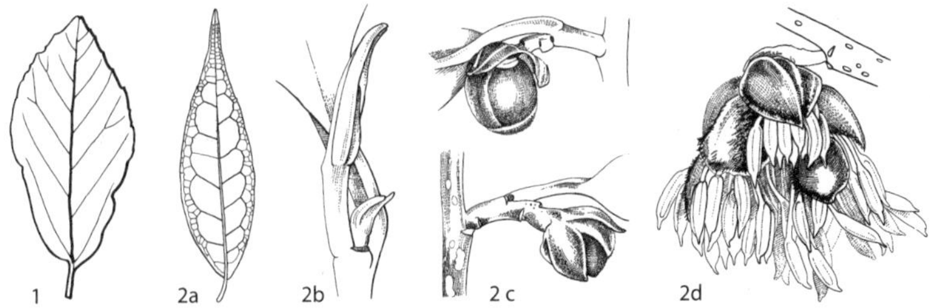

893/1–2: 1 × *Sycoparrotia*, Bl.; 2 *Sycopsis sinensis*: 2a Bl., 2b Zw.spitze, 2c Bltnst.kn., 2d Bltnst.

Symphoricarpos DUHAM., **Schneebeere** – *Caprifolicaceae* (Bearbeiter: Bernd Schulz)

Sommergrüne, meist Ausläufer treibende Sträucher; Bl. kurz gestielt, ganzrandig, zuw. gelappt; Bltn. fast radiär, rosarot bis weiß, 4–5-zählig, in end- od. seitenst., zuw. köpfchenartig verkürzten Ähren, K. mit kurzer, breiter Röhre u. kurzen Zipfeln, Kr. glocken- bis trichterf., wie der K. 4–5-lappig, Stbl. 4–5, im Schlund der Kr.röhre eingefügt, Frkn. 4-fächerig, 2 Fächer steril; Fr. eine 2-kernige Steinfr. 15 Arten, die meisten in NAm., südl. bis Mex., 1 Art in China. Fr. **G!**

1. Fr. weiß; Gr. kahl (*894/1*); Bl. > 4 cm **4**
— Fr. meist wenigstens einseitig gerötet; Gr. behaart (*894/3*); Bl. oft kleiner . . . **2**
2. Bl. eif., bis 2 cm lang, unterseits bläul., fein behaart, auffällig in einer Ebene stehend (*894/4*); Kr.röhre doppelt so lang wie die Zipfel, rosa, Bltn. in Ähren;

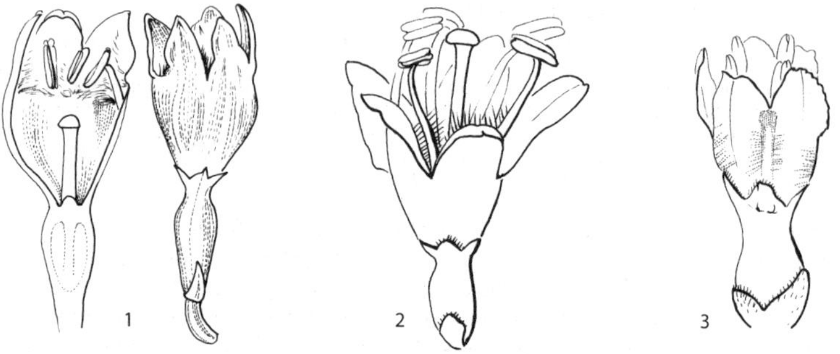

894/1–3: *Symphoricarpos*, Bltn.: 1 *S. albus*; 2 *S. occidentalis*; 3 *S. orbiculatus* (durchscheinend gezeichnet)

Fr. rundl., lichtseitig rot, schattenseitig weißl. mit roten Punkten; VI–VIII. Sk (bis 2 m, mit aufrechten bis bogig überhängenden Zw.) – z. [*S. microphyllus* H. B. K. × *S. orbiculatus*] **Bastard-Korallenbeere, *S.* × *chenaultii*** Rehder

'Hancock': kleiner bleibend (bis 1 m), Bodendecker. h.

— Bl. zumindest teilw. > 2 cm lang **3**

3. Fr. 4–6 mm ∅, rot; Bltn. 4 mm lang, Kr. gelbl. weiß bis rot überlaufen, innen behaart, Gr. kürzer als Kr. (*894/3*); Zw. anfangs behaart; Bl. rundl. eif. bis elliptisch, 1,5–4 cm lang, unterseits graugrün u. behaart; VI–VIII. Sk (aufrecht, bis 2 m hoch, Ausläufer bildend)– z. O-Nam.

Korallenbeere, *S. orbiculatus* Moench

— Fr. kugelf., 10–12 mm ∅, weiß, 1-seitig gerötet, selten ganz weiß; Bltn. glockig, 5–7 mm lang, Kr. weiß, rosa überlaufen; Zw. kurz behaart; Bl. elliptisch bis breit rundl, 2–4 cm lang, oben stumpf, mit kurzer Spitze, am Grund stumpf bis gerundet, oberseits dunkelgrün u. kahl, unterseits heller u. ± behaart; VI–VIII. Sk (bis 2 m) – h (in Sorten). [*S. albus* var. *laevigatus* × *S.* × *chenaultii*]

Doorenbos Korallenbeere, *S.* × *doorenbosii* Krüssm.

'Amethyst': Fr. dicht stehend, lilarosa, lange hängen bleibend. z.

'Hecona': Fr. weiß, lilarosa überhaucht. s.

'Magic Berry': Fr. lichtseitig tief purpurrot überlaufen, eif. bis elliptisch, 5–10 mm ∅, schon ab Juli färbend; bis 1 m hoch. h.

'Mother of Pearl': Fr. anfangs mit rosa Wange, später einheitl. lila, eif. bis kugelf., 0,8–1,3 cm ∅. s.

'White Hedge': Fr. weiß, 1–1,3 cm ∅. Zw. überhängend, sonst sehr ähnl. *S. albus*. h.

894/4–5 *Symphoricarpos*: 4 *S.* × *chenaultii*, Spross; 5 *S. albus*, Bl.

4 (1). Stbl. länger als die Kr. (*894/2*), Kr. naturweiß (kaum rötl.), 6–10 mm lang, Gr. etwa so lang wie die Stbl.; Fr. bis 1 cm ∅, mit relativ festem Fleisch, weiß, sich schnell braun verfärbend; Zw. etwas überhängend, Bl. eif. bis längl. eif., ganzrandig bis wellig gekerbt, zuletzt lederig, an Bltn.sprossen 3,5–8 cm lang (an Langtrieben größer), unterseits bleibend zerstreut behaart; VI–VIII. Sk (bis 1,5 m) – ss. Fast ganz NAm. (fehlt nur im SO u. SW).
Wolfsbeere, Westamerikanische S., *S. occidentalis* Hook.

— Stbl. von der Kr. eingeschlossen, Bltn. rötl., 5–6 mm lang, Gr. viel kürzer als die Stbl. (*894/1*); Fr. weiß, 1–1,5 cm ∅; Bl. rundl. bis eif. elliptisch, 4–6 cm lang, an Langtrieben oft größer u. buchtig gelappt (*894/5*), unterseits kahl od. fast kahl; Zw. kahl; VI–IX. Sk (1–2 m) – h. Fast ganz NAm. (fehlt nur im S), eingebürgerter Neophyt. [*S. racemosus* Michx.]
Gewöhnl. S., *S. albus* (L.) Blake var. ***laevigatus*** (Fern.) Blake

Symplocos Jacq., **Rechenblume** – *Symplocaceae* (Bearbeiter: Bernd Schulz)

Einzige Gatt. der Fam. → *Symplocaceae*. Ca. 250 Arten, in Kultur nur folgende:

S. paniculata (Thunb.) Miq. [*S. crataegoides* Buch-Ham.] – Bl. (*895/1*) elliptisch bis verkehrt eif., 3–7 cm lang, Spreitengrund abgerundet bis keilf., Spitze stumpf bis zugespitzt, Oberseite sattgrün, kahl u. runzelig, Unterseite deutl. geadert u. meist mit einfachen Haaren; Bltn. in 4–8 cm langen Rispen, duftend, 1 cm ∅, Kr. weiß, Stbl. bis 20–30 (*895/3*); Fr. ellipsoidisch, etwa 1 cm lang, leuchtend blau (*895/4*); V–VI. Sk, kalkunverträgl.– ss. ∧ Jap.

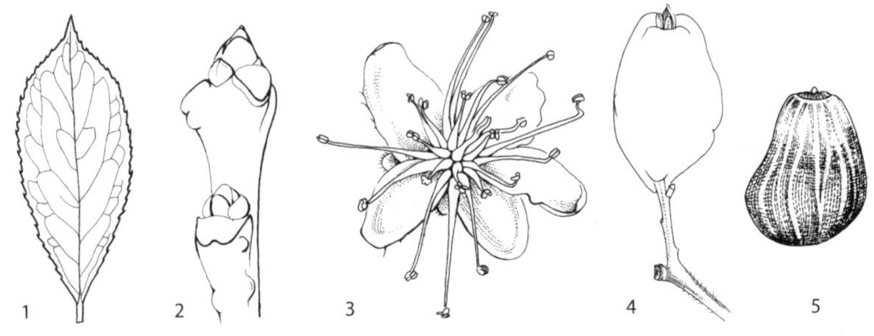

895/1–5 *Symplocos paniculata*: 1 Bl., 2 Zw., 3 Blüte, 4 Fr., 5 Steinkern

Syringa L., **Flieder** – *Oleaceae* (Bearbeiter: Bernd Schulz)

Sommergrüne Sträucher, seltener Bäume; Bl. schief gegenst., gestielt, Spreite ganzrandig, meist ungeteilt, zuw. gefiedert od. gelappt; Bltn. in end- od. seitenst. Rispen, Kr. mit einer meist langen Röhre (die Kr.röhre verlängert sich während der Blütezeit, so dass ihre Länge bei langröhrigen Arten nur eingeschränkt als Merkmal nutzbar ist), 4-zipfelig, 2 Stbl.; Fr. eine 2-fäche, fachspaltige Kapsel. Etwa 20 Arten in O-u. M-As. u. SO-Eur. In Gartenkultur viele Sorten u. Hybriden.

Durch die Gatt. *Ligustrum* paraphyletisch: „*Syringa* s. str. (*Pinatifoliae* [*Ligustrum* (*Ligustrina* [*Pubescentes* + *Villosae*])])". Hier ohne → *Ligustrum*. Jede der traditionell als Serien geführten Gruppen müsste in diesem Fall eine eigene Gatt. bilden. Darauf (wie auf die Angabe von Rangstufen) wurde hier verzichtet.

1. Kr. gelbl. weiß, Röhre deutl. kürzer als die Krbl.zipfel, Staubbeutel auf den Staubfäden weit aus der Kr. ragend (*896/1*) – Bltn. wie Liguster duftend; Stammrinde kirschähnl.: lange glatt bleibend, mit Bändern quer laufender Lentizellen [*Ligustrina reticulata* (BLUME) NAKAI] (***Ligustrina***)

Baum-F., *S. reticulata* (BLUME) HARA

subsp. *reticulata* [*Ligustrina amurensis* var. *japonica* MAXIM.], **Japanischer Baum-F.**: Bl. breit eif., > 7 cm lang u. 3,5–6,5 cm breit, in der Jugend behaart, später fast kahl, Basis meistens abgerundet od. breit keilf., oberseits frischgrün, netzig geadert (*898/1*); Zw. steif aufrecht; Bltn. in 12–25 cm langen, relativ lockeren Rispen; Kapselspitze abgerundet; VI. Bk/Sg – ss. N-Jap.

subsp. *pekinensis* (RUPR.) P. S. GREEN & M. C. CHANG [*S. pekinensis* RUPR.], **Peking-Baum-F.**: Bl. schmal eif., bis 7 cm lang u. 2–3,5 cm breit, kahl, Basis meist keilf., oberseits dunkelgrün, Bl.nerven oberseits nicht eingesenkt; Bltn. in 8–15 cm langen, relativ dichten Rispen; Kapsel zugespitzt; Zw. schlaffer, z. T. leicht überhängend; VI. Sg – s. N-China.

subsp. *amurensis* (RUPR.) P. S. GREEN & M. C. CHANG [*Syringa reticulata* var. *mandshurica* (MAXIM.) NAKAI; *Ligustrina amurensis* RUPR.], **Amur-Baum-F.**: Bl. plötzl. lang zugespitzt, Nerven oberseits leicht eingesenkt; Bltn.rispen 10–15 cm lang; Kapsel stumpf. Bk/Sg – s. N-China, Kor., Jap.

— Kr. weiß od. farbig, Röhre deutl. länger als die Krbl.zipfel, Stbl. nur kurz gestielt, Staubbeutel nur selten etwas aus der Röhre ragend, Staubfäden immer in der Röhre verborgen (*896/2–4*) **2**

2. Endkn. bei den meisten Zw. fehlend; Bl. einfach (bei *S.* × *persica* zuw. ein Teil der Zw. mit Endkn. u. Bl. gelappt) – Bltnst. aus 2 am Triebende stehenden Kn.; Kr. weiß, rosa, weinrot od. blauviolett (lila) **10**

— Endkn. vorhanden; Bl. einfach od. gelappt/gefiedert; Kr. rosa-rot, seltener weiß **3**

3. Bl. einfach, ungegliedert, meist deutl. > 5 cm lang (*898/2*); junge Zw. kräftig, ∅ meist >3 mm; Bltnst. aus Endkn. nach dem Laub (am Grund mit Bl.) (***Villosae***) **5**

— Bl. tief eingeschnitten od. gefiedert, nur selten > 5 cm lang; junge Zw. dünn, ∅ um 2 mm; Bltnst. aus Seitenkn., meist unbeblättert („**Pinatifoliae**") **4**

4. Alle Bl. gleichmäßig gefiedert, Blch. 7–11, eilanzettl., 1–2 (–3) cm lang, asymmetrisch, kurz gestielt bis sitzend, bei den oberen 1–2 Paaren untere Hälfte mit Spindel verwachsen (*897/2*); Zw. kantig, kahl, anfangs rotviolett überlaufen; Bltn. in 2–5 cm langen Rispen, Kr. fast weiß; V. Sk – s–z. N- u. W-China.

Fiederblättriger F., *S. pinnatifolia* HEMSL.

— Neben eingeschnittenen/gefiederten Bl. meist zugleich ungelappte Bl.; bei den tief eingeschnittenen, fiederig gelappten Bl. Bl.lappen/-fiedern lanzettl.,

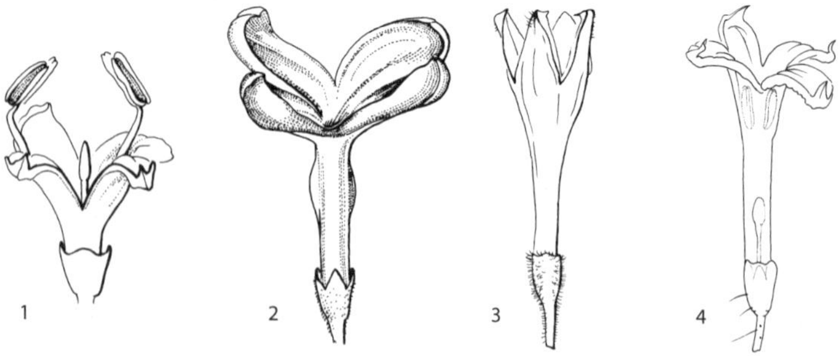

896/1–4 *Syringa*, Bltn.: 1 *S. reticulata*, 2 *S. vulgaris*, 3 *S. reflexa*, 4 *S. tomentella*

auch die unteren Fiedern mit der unteren Hälfte breit an der Spindel ansetzend, 1–2,5 cm lang u. bis 7 mm breit, Endsegment zur Spitze oft etwas breiter, abrupt zugespitzt (*897/1*); Zw. kantig, dunkel oliv bis violettbraun glänzend, zur Spitze fein drüsig; Bltn. in etwa 5–10 cm langen Rispen, Kr. hell violettblau (lila); V. Sk/Sg – z–h. N-China. ***S. protolaciniata*** P. S. GREEN & M. C. CHANG

In Kultur oft falsch als *S.* × *laciniata* MILL. od. *S. afghanica*, vgl. → 11 *S.* × *persica*

5 (3). Bl. unterseits dicht papillös (Lupe!), auffällig glatt u. weißl. od. blaugrau, aber nicht behaart, elliptisch, 8–15 cm lang, Stiel 1–1,5 cm lang; Bltn. wenig angenehm riechend, in dichten, zieml. breiten, 8–15 cm langen Rispen, Kr. weißl., mit zylindrischer Röhre, Staubbeutel sichtbar (ca. ²/₃) aus der Röhre ragend; Fr. zugespitzte Kapsel; VI (als letzte Art der Verwandtschaft *Villosae*). Sg – s. W-Himal. **Himalaja-F., *S. emodi*** G. DON

Ähnl. ist ***S. yunnanensis*** FRANCH.: mit der Sekt. blühend, Bltnst. lockerer, Kr. weiß bis rosa, in der oberen Hälfte trichterf., röhrenf. Teil anfangs sehr kurz, sich während der Blüte streckend, Staubbeutel nur wenig aus der Röhre ragend; Kapsel an der Spitze abgerundet. V. Sg – ss. M-China: Yunn., Sich., SO-Tibet.

— Bl. unterseits nicht papillös, grün bis bläul. grün **6**

6. Kr.röhre schwach trichterf., fast zylindrisch, Zipfel spreizend (*896/4*) **8**

— Kr.röhre trichterf., sich oberhalb der Mitte allmähl. erweiternd, Zipfel ± aufrecht (*896/3*) **7**

7. Bltn.rispen nickend od. überhängend, walzenf., 10–25 cm lang, 4–5 cm ∅ – Kr. in Bltn.kn. karminrot, etwa 1 cm lang, erblüht außen rosa, innen weißl., Kr.zipfel an der Spitze etwas nach innen gebogen (*896/4*); V–VI. Sg – z. WS-China, Sich., Yunn. [*S. komarowii* subsp. *reflexa* (C. K. SCHNEID.) P. S. GREEN & M. C. CHANG] **Hänge-F., *S. reflexa*** SCHNEID.

S.* × *prestoniae MCKELV. [*S. reflexa* × *S. villosa*]: aus NAm. stammende Hybride, zahlreiche Sorten; Bltn.rispe lockerer als bei *S. reflexa*, die Seitenachsen abstehend, Kr.röhre schlank trichterf. s–z.

— Bltn.rispen aufrecht u. etwas lockerer – Bl. breit elliptisch, 6–12 cm lang, derb, fein bewimpert, unterseits bläul. grün; Bltn.rispe zieml. schmal pyramidal, 10–18 cm lang; Kr. lila purpurn, Staubbeutel kurz über der Mitte der Röhre, V–VI. Sg – s. OM-Eur., 2 disjunkte Areale in den Karp.: Rumänien u. W-Ukraine. **Ungarischer F., *S. josikaea*** RCHB.

Sehr ähnl. u. kaum abgrenzbar ist ***S. wolfii*** C. K. SCHNEID. ss. NO-China u. Kor.

8 (6). Rispe kompakt, 15–25 cm lang, behaart, Bltn. kurz gestielt, Kr. rosalila bis weiß, Kr.röhre etwa 12 mm lang; Bl. breit elliptisch, 5–18 cm lang, beiderseits

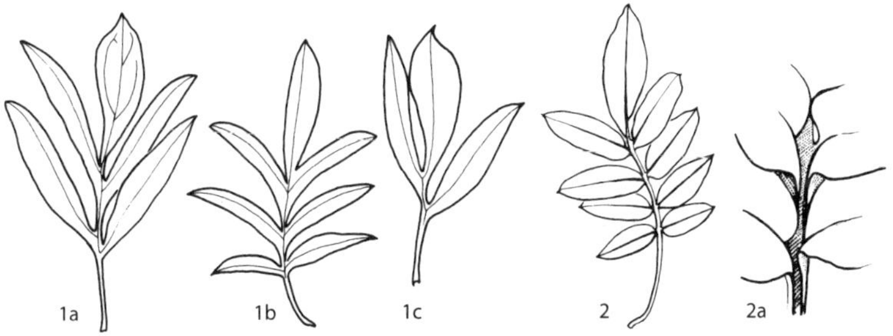

897/1–2 *Syringa*, gelappte u. gefiederte Bl.: 1 *S. protolaciniata*; 2 *S. pinnatifolia*, 2a Ansatz der Fiedern

zugespitzt, unterseits bläul., kahl od. mit wenigen borstenartigen Haaren, V–VI. Sg – s. N-China. **Zottiger F., *S. villosa*** Vahl

— Rispe sehr locker **9**

9. Bl. unterseits nur locker behaart, fast kahl; Zw. (fast) kahl; Staubbeutel in der Kr.röhre verborgen – Bltn. duftend, Kr. hellrosa, Schlund karmin, Röhre 8 mm lang; Bltn.rispe 15–20 cm lang, mit 1 Paar kleinerer Bl. od. ohne, oft mit seitl. Nebenrispen; Bl. längl. eif., 5–10 cm lang, oberseits dunkelgrün, unterseits heller; V. –VI. Sg – s. W-Sich. [*S. tigerstedtii* H. Smith] **Sweginzows F., *S. sweginzowii*** Koehne & Lingelsh.

S. × ***swegiflexa*** Hesse [*S. reflexa* × *S. sweginzowii*]: Bltn.rispen locker, überhängend, ± in der Mitte zwischen den Eltern stehend, Kr. rosa, in der Bltn.kn. karminrot. s–z.

— Bl. unterseits v. a. auf Mittelrippe u. Ansatz der Seitennerven sehr dicht kurz abstehend behaart (grau schimmernd); junge Zw. zerstreut behaart; Staubbeutel erreichen die Öffnung der Kr.röhre od. ragen etwas heraus – Kr. rosa, zu fast weiß verblassend, Röhre etwa 1 cm lang; Bltn.rispen am Grund mit 2 Bl.paaren, Rispe locker, behaart; VI. Sg – ss. W-Sich. **Filziger F., *S. tomentella*** Bur. & Franch.

10. Kr. bis etwa 8 mm ∅, Staubbeutel rötl. bis dunkel violettbraun, selten gelb; Bl. bis 8 cm lang u. 4 cm breit, unterseits wenigstens auf dem Mittelnerv bleibend behaart; Fr. oft warzig von zahlreichen Lentizellen (***Pubescentes***) **13**

— Kr. etwa 10 mm breit od. breiter, Staubbeutel gelb; Bl. zuw. größer, gewöhnl. kahl; Fr. relativ glatt (***Syringa*** s. str. u. **Hybriden**) **11**

11. Bl. eif. lanzettl, 3–6 (–8) cm lang u. bis 3–4 cm breit, zuw. auch z. T. ± 3-lappig od. eingeschnitten, Stiel 3–12 mm lang; Bltn. in lockeren, 5–8 cm langen Rispen, Kr. hell lila (weiß bei 'Alba'), duftend, Röhre etwa 1 cm lang, Zipfel spitz eif.; V. Sk. – h. Kultur. [*S. protolaciniata* × *S. vulgaris*] **Persischer F., *S.*** × ***persica*** L.

'Laciniata' [*S.* × *laciniata* Mill., vermutl. Rückkreuzung der typ. Form mit *S. protolaciniata*]: Bl. z. T. od. alle 3–9-lappig od. fiederschnittig, sehr ähnl. *S. protolaciniata* (Nr. 4). s.

'Chinensis', Chinesischer F. [*S.* × *chinensis* Willd., vermutl. Rückkreuzung der typ. Form mit *S. vulgaris*]: Bl. eif. lanzettl., 4–8 cm lang, zugespitzt, Grund keilf.; Kr. purpurlila, Röhre 7–8 mm lang, Zipfel eif.; Bltn.rispen groß u. zieml. locker, kahl, an den Zw.enden oft dicht gehäuft; Zw. bogig überneigend, V. Sg – h.

'Saugeana', Königs-F.: Auslese aus 'Chinensis', sehr reich blühend; V–VI. Sg – z–h.

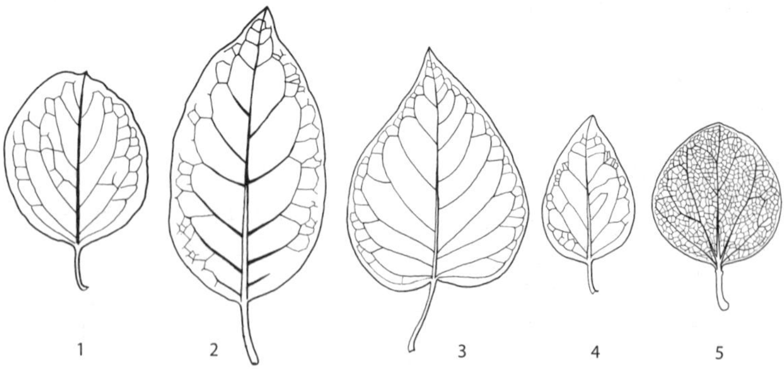

898/1–5 *Syringa*, Bl.: 1 *S. reticulata*, 2 *S. josikaea*, 3 *S. vulgaris*, 4 *S. microphylla*, 5 *S. meyeri*

S. afghanica C. K. Schneid., eine kleinblättrige Verwandte von *S. vulgaris*, befand sich nie in Kultur. Alle Pfl. unter diesem Namen gehören zu *S. protolaciniata* od. zu *S.* × *persica* 'Laciniata'.

— Bl. meist viel breiter, rundl. u./od. am Grund gestutzt, ungeteilt 12

12. Bl. rundl. eif., oft breiter als lang, plötzl. zugespitzt, Grund ± herzf., im Herbst purpurrot verfärbend; Bltn. in dichten [var. *oblata*] bis lockeren [var. *giraldii* (Lemoine) Rehder], 6–15 cm langen Rispen, Kr. purpurviolett, Zipfel spreizend, stumpf, Staubbeutel in der Mitte der Röhre; IV–V. Sg – s. N- bis NO-China, Kor. [*S. giraldii* Lemoine] **Rundblättriger F., *S. oblata*** Lindl.

S.* × *hyacinthiflora (Lemoine) Rehder [*S. oblata* × *S. vulgaris*]: Hierzu gehören die als „Praecox-Hybriden" verbreiteten Züchtungen, die etwa 1 Woche früher als *S. vulgaris* zu blühen beginnen; Rispen meist locker. Sg – z.

— Bl. eif. bis breit eif., am Grund breit keilf., gestutzt od. schwach herzf., glänzend grün (*898/3*); Bltn. stark duftend, Kr. der Wildform lila, Röhre etwa 1 cm lang, Zipfel stumpf, spreizend, Staubbeutel dicht unter dem Schlund; Rispen 10–20 cm lang; V. Sg – h. SO-Eur. (Balkan), eingebürgerter Neophyt. **Gewöhnlicher F., Garten-F., *S. vulgaris*** L.

In den Gärten in zahlreichen Sorten verbreitet, die sich durch die Färbung der Kr. (von weiß bis tief purpurn od. schieferblau) sowie durch einfache od. gefüllte Bltn. unterscheiden.

13 (10). Bl. 3–7 cm lang; Kr.röhre im oberen Drittel trichterf. erweitert – Zw. rund bis 4-kantig, ± kahl bis behaart; Bl. rundl. bis elliptisch eif., bewimpert, oberseits dunkelgrün, kahl, unterseits dicht behaart; Bltn. stark duftend, Kr. lilarosa, heller gesäumt, Röhre 8–15 mm lang, Zipfel schmal, spreizend, Staubbeutel purpurn; Rispen 7–12 cm lang, zieml. dicht, kahl od. behaart; (IV–) V–VI. Sk/Sg – ss. N- u. NO-China, Kor. **Wolliger F., *S. pubescens*** Turcz.

Vielgestaltige Art: Nach der Behaarung u. der Kantigkeit der Sprosse sowie der Lage der Staubbeutel in der Kr.röhre lassen sich 3 Unterarten unterscheiden:

subsp. *pubescens*: Zw. u. Bltnst.achse deutl. 4-kantig, ± kahl; Staubbeutel in der Kr.röhre etwa 1–3 mm unter der Öffnung. Sg – ss. N-China.

subsp. *julianae* (C. K. Schneid.) M. C. Chang & X.Y. Chen [*S. julianae* C. K. Schneid.]: Zw. u. Bltnst.achse rund, dicht kurzhaarig; Staubbeutel in der Kr.röhre etwa 1 mm unter der Öffnung. Sk – ss. ZS-China.

subsp. *patula* (Palib.) M. C. Chang & X. L. Chen: Zw. u. Bltnst.achse leicht 4-kantig, behaart; Staubbeutel in der Kr.röhre etwa 1 mm unter der Öffnung. V–VI. Sk. – s. NO-China, Kor. Hierher der **Koreanische F., 'Miss Kim'**: Bltn. stark duftend, Kr. violettrosa. V–VI. Sk. – z.

— Bl. 1–4 cm lang; Kr.röhre zylindrisch 14

14. Bl. dicht bewimpert, beiderseits behaart, später etwas verkahlend, unterseits graugrün (*898/4*); Bltn. in 3–8 cm langen, 4–5 cm breiten Rispen, Kr. rosalila, Kr.röhre um 9 mm lang, K. helmf.; Fr.kapsel 12 mm lang, warzig, oft gekrümmt; V–VI. Sk – s. WN- u. ZS- bis W-China. [*S. pubescens* subsp. *microphylla* (Diels) M. C. Chang & X. L. Chen] **Kleinblättriger F., *S. microphylla*** Diels

'Superba': blüht V–X. z.

— Bl. nicht od. sehr schwach bewimpert, beiderseits grün, nur unterseits auf den Nerven behaart, von der Bl.basis verläuft auf jeder Seite 1 großer Seitennerv zwischen Bl.rand u. Mittelrippe bis fast zur Spitze (*898/5*); Bltn. in 4–10 cm langen, 6 cm breiten Rispen, Kr. purpurviolett, Kr.röhre 13 (10–17) mm lang; Fr.kapsel 12–20 mm lang, warzig; V–VI. Sk – z. N-China (nur aus Kultur bekannt). [*S. velutina* hort.] **Meyers F., *S. meyeri*** C. K. Schneid.

'Palibin' [var. *spontanea* M. C. Chang]: Pfl. kleiner u. kompakter, Kr. in Bltn.kn. purpurrot; VI. h.

Taiwania Hayata, **Taiwanie, Taiwanzeder** – *Cupressaceae* (früher *Taxodiaceae*)
(Bearbeiter: Peter A. Schmidt)

1 Art, denn weitere früher beschriebene Arten gehören in den Variationsbereich dieser Art.

T. cryptomerioides Hayata – Immergrüner Baum; Zw. meist ± hängend; Bl. an den Zw. kurz herablaufend, wechselst. bis schraubig angeordnet, Form u. Größe in Abhängigkeit vom Alter des Baumes verschieden, bis etwa 30 Jahre od. 15 m Höhe Bl. pfrieml. bis sichelf., (5–)10–25 cm lang, 1,2–2(–3,5) mm breit, stechend zugespitzt, bläul. grün, allseits mit 3–6 Stomatalinien (in Reihen angeordnete Spaltöffnungen), später in der Oberkrone u. an älteren Ästen Bl. lanzettl. bis schuppenf., nur 1,5–8 mm lang, 0,8–2,5 mm breit, stumpf, allseits mit 6–13 Stomatalinien; Zapfen ellipsoidisch bis zylindrisch, 0,9–2,5 cm lang, 0,6–1,1 cm ∅, im 1. Jahr reifend, mit 12–25 dünnen biegsamen Schuppen, reif gelbbraun bis rötl. braun, im vorderen Teil mattbraun, stechend zugespitzt; IV–V. Bg (Endhöhe in Kultur bisher nicht bekannt) – s. O- bis SO-As.: Taiw., WS- u. ZS-China, SO-Sich., W-Yunn., SO-Tibet, N-Myanm. u. N-Vietn.

Tamarix L., **Tamariske** – *Tamaricaceae* (Bearbeiter: Ulrich Hecker)

Sommergrüne Bäume od. Sträucher; kleinere Verzweigungen sehr schlank, rutenf., im Herbst mit den Bl. abfallend; Bl. schuppenf.; Bltn. in dichten Trauben od. Doppeltrauben, klein, kurz gestielt od. fast sitzend; Fr. eine sich 3–5-klappig öffnende Kapsel (*900/1*), Samen mit ungestieltem Haarschopf (*900/2*). 57 Arten vom Medit. bis O-As.

1. Bltn. in Doppeltrauben, endst. an diesj. Zw., Bltn. 5-zählig, Sommerblüher **3**
— Bltn. in kleinen Trauben, seitenst am vorj. Holz, Bltn. unserer Arten 4-zählig, Frühjahrsblüher **2**
2. Zw. dunkelpurpurn; Bl. schuppenf., eif., zugespitzt, halb stängelumfassend, Spitze trockenhäutig; Bltn. in 2–4 cm langen, schmalen Trauben, rosa, Krbl. < 2 mm lang, Gr. 3, Tragbl. kaum länger als die Bltn.stiele; IV–V. Sg/Bk – h. SO-Eur. bis Kl.-As., N-Afr. **Kleinblütige T., *T. parviflora*** DC.
— Zw. fast schwarzrindig; Bl. eilanzettl., zur Basis verschmälert, Rand durchscheinend; Bltn. in 4–5 cm langen ± büscheligen Trauben, rosa, Krbl. > 2 mm lang, Gr. 3 od. 4, Tragbl. deutl. länger als die Bltn.stiele; IV–V. Sg/Bk – h. SO-Eur. bis Kauk. **Viermännige T., *T. tetrandra*** M. Bieb.
3 (1). Krbl. nach dem Verblühen abfallend, Staubfäden dem Rand des Diskus aufsitzend, an der Basis etwas verdickt; Bltn. rosa, in 3–5 cm langen, dichten zylindrischen Trauben, Tragbl. doppelt so lang wie die Bltn.stiele; Bl. dunkelgrün bis bläul. grün; Wuchs ± aufrecht; VII–IX. Bk – s. Medit. **Französische T., *T. gallica*** L.

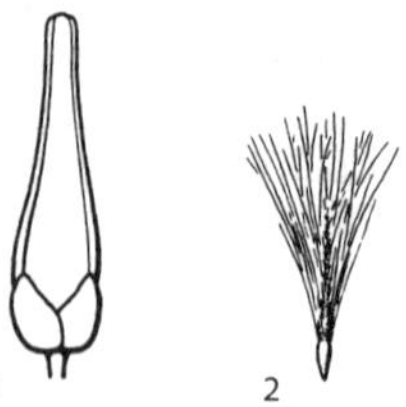

900/1–2 *Tamarix tetrandra*: 1 Fr., 2 Samen

— Krbl. nach dem Verblühen bleibend, Staubfäden dem Diskus aufsitzend, an der Basis nicht verdickt **4**

4. Tragbl. eilanzettl., zugespitzt, etwas länger als die Bltn.stiele; Bltn. dunkelrosa, in Doppeltrauben, aus 3–8 cm langen, lockeren Trauben zusammengesetzt, Diskus 10-lappig; Bl. lanzettl., bläul. od. blassgrün; die roten Zw. überhängend; VII–IX. Sg/Bk –s. O-China. [*T. pentandra* PALL.] **Chinesische T., *T. chinensis*** LOUR.

— Tragbl. pfrieml., länger als die Bltn.stiele; Bltn. hellrosa, in Doppeltrauben, aus 3 cm langen, lockeren Trauben zusammengesetzt, Diskus 5-lappig, Lappen gerundet, Gr. oft 4; Bl. lanzettl. bis pfrieml., graugrün; VII–IX. Sg – h. SO-Russl. bis W- u. M-As. u. NW- u. NZ-China. [*T. odessana* STEV.]
Kaspische T., *T. ramosissima* LEDEB.

Taxodium RICH., **Sumpfzypresse** – *Cupressaceae* (früher *Taxodiaceae*)

(Bearbeiter: Peter A. Schmidt)

Sommer- od. halbimmergrüne Bäume, oft im Wurzelbereich mit über den Boden od. das Wasser ragenden „Wurzelknien" (sogen. Atemwurzeln); Sprosssystem in verholzte Lang- u. kaum verholzende Kurztriebe gegliedert, Kurztriebe (meist) im Herbst als Ganzes mit den Bl. abfallend; Bl. weich, nadelf. od. pfrieml., Basis am Zw. herablaufend, an Langtrieben entfernt u. schraubig stehend, an Kurztrieben wechselst., in 2 od. mehr Reihen angeordnet, hellgrün, im Herbst orange bis rostbraun; Zapfen kurz gestielt, eif. bis fast kugelig, 2–3,5 cm ∅, anfangs grün, reif holzig u. braun, zur Reife im 1. Jahr zerfallend. Früher 3, heute 2 Arten od. auch nur 1 Art mit 3 Varietäten unterschieden, SO-NAm. bis Mex. u. Guatemala.

Nur 1 Art mit 2 in ihren typischen Ausbildungen gut charakterisierten, aber auch durch Übergänge verbundenen Sippen in Kultur, die früher (teils bis heute) als eigene Arten aufgefasst wurden:

T. distichum (L.) RICH. s. l., **Zweizeilige S.** i. w. S. – Beschreibung wie Gatt.; mit 2 Varietäten:

1. Kurztriebe horizontal abstehend bis hängend, nur zuw. aufsteigend bis aufrecht; Bl. wie bei einer Feder in 2 Reihen flach abstehend (gescheitelt), nadelf., lineal lanzettl., 0,5–1,7(–2,2) cm lang (*901/1*), am Grund gedreht, vorn stumpf od. zugespitzt; Wurzelknie auf nassen Standorten meist zahlreich, kegelf. Bg – h. SO- bis Z-NAm. **Echte Zweizeilige S.,** var. ***distichum***

'Pendens': Bm, Krone kegelf., Zw.spitzen od. Kurztriebe nickend od. überhängend.

'Pendulum Novum': Bm, schmalkronig mit lang herabhängenden Ästen.

— Kurztriebe aufsteigend bis vertikal aufrecht; Bl. in 5–8 Reihen, bis auf die Spitze dem Zw. anliegend, pfrieml., nur 0,3–1 cm lang, am Grund nicht gedreht, vorn spitz od. stechend; Wurzelknie selten, oben abgerundet. Bg – z. Küstenebenen von SO-NAm. [*T. ascendens* BRONGN.]
Aufsteigende S., Teichzypresse, var. ***imbricarium*** [NUTT.] CROOM

Schreibweise der Varietät nach IPNI u. Flora of North America, dagegen in The Plant List od. NELSON et al. (2014) var. *imbricatum*.

'Nutans' (nicht var. *nutans* (AITON) REHDER, diese = var. *distichum*): Bm, Krone meist säulenf.; Kurztriebe zuerst aufrecht stehend, später Spitze übergebogen od. nickend; Bl. nur 5 mm lang.

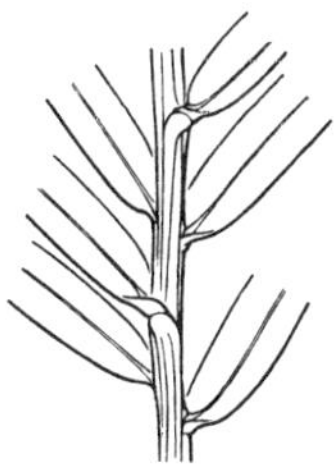

901/1 *Taxodium distichum*, Kurztriebsabschnitt mit wechselst. Nadeln

Taxus **L., Eibe** – *Taxaceae* (Bearbeiter: Peter A. Schmidt)

Nadeln abgeflacht, oberseits zumindest im basalen Teil mit erhabener Mittelrippe, dunkel- od. gelbgrün, unterseits heller, blassgrün od. gelbl. grün, selten graugrün, Spaltöffnungsbänder wenig auffällig; Samen < 1 cm lang, Samenmantel (Arillus) den Samen nicht völlig einhüllend, becherf., oben offen bleibend (*902/1*), reif rot od. orange, zuw. gelb. 10 Arten, nem. bis mer. NAm. bis MAm. (südl. bis Honduras), NW-Afr., nem. bis mer. Eur. bis Kauk. u. Himal., O- u. SO-As. bis Mal. Arch. **G!!** (außer Arillus).

Die Merkmale für Bl. u. Kn. treffen, sofern nicht anders angegeben, auf Bl. von Seitenzw. zu, die für den Arillus für den Zustand zur Zeit der Samenreife.

1. Nadeln plötzl. zugespitzt, entw. abrupt verengt u. scharf zugespitzt od. in einer deutl. Stachelspitze endend (*902/3*); Kn.schuppen locker anliegend u./od. gekielt, lanzettl. od. zugespitzt, wenn eif., dann zumindest die unteren mehr 3-eckig u. gekielt **3**

— Nadeln allmähl. zugespitzt (*902/2*); Kn.schuppen fest anliegend, eif., ihre Spitze stumpf od. abgerundet **2**

2. Kn.schuppen alle fest anliegend, stumpf, nie gekielt; Nadeln alle allmähl. zugespitzt (*902/2*), – 1–4 cm lang, 2–2,5 (bei Sorten bis 4) mm breit, an Seitenzw. deutl. gescheitelt (bei Sorten auch radial stehend) u. oft sichelf. gebogen, oberseits glänzend dunkelgrün, unterseits blass- od. graugrün; Arillus rot (zuw. gelb: 'Lutea'), 0,9–1,2 cm lang, 7–9 mm breit, Samen 6–7 mm lang, breit eif. bis ellipsoidisch, abgeflacht od. 3-kantig; III–IV. Bk/Sg – h. Mer. bis nem. Eur. bis Kauk. u. N-Iran, NW-Afr.

Europäische E., Gewöhnliche E., *T. baccata* L.

Art mit zahlreichen spontanen Abänderungen in Habitus u. Bl.merkmalen, die als Sorten in Kultur genommen wurden od. in Kultur entstanden sind, z. B.:

a) Nadeln im Vergleich zu folgenden Sorten auffällig kurz (0,5–1 cm) u. zugleich breit (2,5–4 mm):

'Adpressa': Sk/Sg, breitwüchsig, mit unregelmäßig schräg aufwärts gerichteten Ästen; Nadeln dicht an kurzen Zw., dunkelgrün; **'Adpressa Aurea'**: ähnl. im Wuchs, aber Triebe gelb; junge Nadeln goldgelb, ältere nur am Rand gelb.

'Amersfoort': Sk, unregelmäßig aufrecht, Äste steif u. wenig verzweigt; Nadeln nur bis 7 mm lang, aber bis 4 mm breit, längl. eif. bis elliptisch, dunkelgrün.

b) Krone durch straff aufrechte Äste schmal bis breit säulenf.; Nadeln radial stehend, bis 3 cm lang u. 3 mm breit (**Säuleneiben**):

'Fastigiata': Äste u. Zw. steif aufrecht, im Alter mehrere aufrechte Wipfeltriebe u. zuw. Habitus ± breit kegelf., bis 4(–7) m hoch; Nadeln 2–3 cm lang, 2,5 mm breit, dunkelgrün; ♀ Sorte, reich Samen tragend. Im Wuchs ähnl. Sorten mit ganz od. teils gelben Nadeln sind **'Fastigiata Aurea'** (Jungtriebe u. Nadeln goldgelb), **'Standishii'** (Nadeln oberseits goldgelb, unterseits gelbl.), **'Fastigiata Aureomarginata'** (Nadeln mit goldgelbem bis weißem Rand, später vergrünend).

'Fastigiata Robusta': beständig bleibende Säulenform, Wuchs schlanker u. kompakter als bei 'Fastigiata'; Nadeln 3 cm lang, 3 mm breit, frischgrün.

'Micro': Zwerg-Säulenform, nur bis 1 m hoch; Nadeln 1 cm lang u. 1,5 mm breit, dunkelgrün.

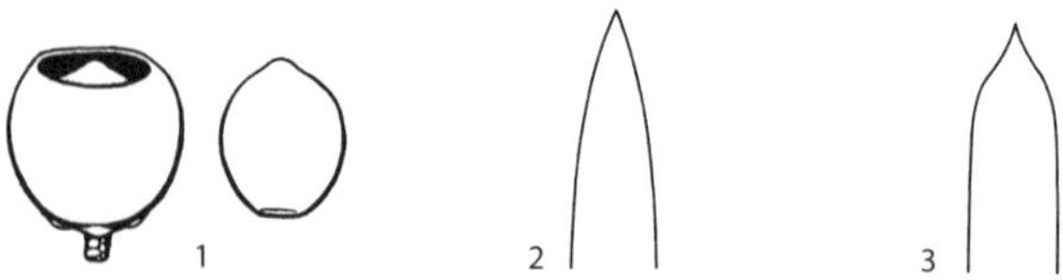

902/1–3 *Taxus*: 1 *T. baccata*, Samen mit u. ohne Samenmantel; 2–3 Nadelspitzen: 2 *T. baccata*, 3 *T. cuspidata*

c) Wuchs ± aufrecht bis breitbuschig, Zw. hängend od. zumindest Zw.spitzen nickend bis überhängend:

'Dovastoniana': baum- od. strauchf., bis 3–5 m hoch, Äste horizontal abstehend bis leicht ansteigend, Spitzen übergeneigt, Zw. hängend; Nadeln 2–3,5 cm lang, bis 3 mm breit, oft sichelf., oberseits sehr dunkel grün; **'Dovastonii Aurea'**: im Wuchs ähnl., aber Nadeln gelbgrün mit goldgelbem Rand.

'Nissens Corona': Pfl. bis 2 m hoch u. mehrfach so breit, Äste flach ausgebreitet, Zw. schräg aufsteigend, ihre Spitzen übergeneigt bis überhängend; Nadeln 2,2 cm lang, 2 mm breit; ähnl. **'Nissens Präsident'**: Pfl. etwas höher, aber weniger breit u. oft trichterf.; Nadeln bis 3 mm breit; **'Washingtonii'**: Zw.spitzen nur leicht übergeneigt; Nadeln grünl. gelb mit schmalem gelbem Rand, im Winter bronzegelb.

c) Wuchs ± aufrecht bis breitbuschig, weder Zw. hängend noch Zw.spitzen übergeneigt:

'Overeynderi': aufrecht, bis 2,5–5 m, Äste regelmäßig gestellt u. dicht verzweigt; Nadeln etwa 2 cm lang u. 2 mm breit, dunkelgrün; ähnl. **'Schwarzgrün'**: nur bis 2 m hoch; Nadeln bis 2,5 cm lang u. 3 mm breit, tiefgrün.

'Hessei': Nadeln lang (bis 3,5 cm) u. zugleich breit (bis 4 mm), oft sichelf., tiefgrün.

'Semperaurea': Nadeln 1–2 cm lang, 2,5 mm breit, oberseits goldgelb, unterseits gelbgrün, teils nur mit gelbem Rand.

d) Wuchs flach ausgebreitet, Äste waagerecht bis leicht ansteigend, untere niederliegend:

'Repandens': Pfl. < 1 m hoch, aber doppelt bis mehrfach so breit; Nadeln 2–3 cm lang, 2,5 mm breit, sichelf. nach vorn u. oben gerichtet, dunkelgrün; in Wuchs u. Nadelgröße ähnl. **'Summergold'**: Pfl. aber etwas höher (bis 1,5 m) u. weniger breit werdend; im Austrieb ganze Nadel, später nur Rand goldgelb, ab Sommer wieder ± ganz gelb, im Winter grünl. gelb.

— Kn.schuppen z. T. weniger fest anliegend od. etwas 3-eckig u. ± spitz od. schwach gekielt; Nadeln oft mit kleiner aufgesetzter Spitze ***T.*** × ***media***, siehe Nr. **5**–

3 (1). Nadeln 2-zeilig, aber nicht gescheitelt in einer Ebene ausgerichtet, sondern schräg aufgerichtet, ein V bildend, teils auch unregelmäßig 2-zeilig od. radial, oberseits die deutl. aufgewölbte Mittelrippe bis zur Spitze verlaufend – Arillus scharlach- od. purpurrot (bei Sorten auch gelb) **5**

— Nadeln 2-zeilig u. gescheitelt, ± in einer Ebene, stehend, Mittelrippe auf Oberseite nur im unteren Teil aufgewölbt, zur Spitze zu nicht mehr erhaben, – 1–2,5 cm lang, oberseits glänzend grün bis gelbl. grün, unterseits blassgrün mit graugrünen Spaltöffnungsbändern; Arillus orange od. rot, selten gelb **4**

4. Nadeln 1–2,4 mm breit; Samen etwas abgeflacht, 4–5 mm lang, Arillus 7–9 mm hoch, 5–7 mm ∅; meist 1-häusiger, bis 2 m hoher Strauch, untere Äste oft niederliegend, Zw. abstehend bis aufrecht – Nadeln im Winter rotbraun bis fuchsrot werdend; III–IV. Sk/Sg – s. O-NAm. **Kanadische E., *T. canadensis*** Marsh.

— Nadeln (1–)1,5–3 mm breit; Samen eif., kantig, 5–6,5 mm lang, Arillus 9–12 mm hoch, 7–9 mm ∅; 2-häusiger, aufrechter Strauch od. Kleinbaum, Zw. horizontal od. hängend; III–IV. Sg/Bk – ss. W-NAm. **Pazifische E., *T. brevifolia*** Nutt.

5 (3). Nadeln an Seitenzw. unregelmäßig 2-zeilig, in Form eines V od. radiär gestellt, an Nadelspitze plötzl. in eine kurze (0,1–0,3 mm), aber deutl. Stachelspitze zusammengezogen; untere Kn.schuppen mehr 3-eckig u. deutl. gekielt – Nadeln (1–)1,5–2,5(–4) cm lang, (1,5–)2,2–3(–3,5) mm breit, am Grund breit keilf., asymmetrisch, in ein gelbl. Stielchen zusammengezogen, oberseits glänzend dunkelgrün, unterseits gelbl. grün; Samen eif., zusammengedrückt, kantig, 5–6 mm lang, Arillus scharlach- od. purpurrot, selten gelb ('Luteobaccata'), 1–1,3 cm hoch, 0,9–1,3 cm ∅; III–IV. Bm/Sg/Sk – z. O-As.: NO-China, Kor., Jap., Russ.-Fernost. **Japanische E., *T. cuspidata*** Siebold & Zucc.

var. *cuspidata*, Echte Japanische E.: Sg od. Bm; Nadeln unregelmäßig 2-zeilig od. in Form eines V gestellt, 1,5–3,5(–4) cm lang, 2–3(–3,5) mm breit. Verbreitung wie Art.

var. *nana* Rehder ['Nana'], **Japanische Zwerg-E.**: Sg/Sk, bis 3 m, in Kultur nur bis 1,5 m, hoher Strauch, gedrungen, breitbuschig (meist breiter als hoch) od. krummholzartig wachsend; Nadeln ± radial gestellt, nach vorn gerichtet, 1–2 cm lang, 1,5–2 mm breit. Geb. Jap. (W-Honshu) u. Russ.-Fernost.

Bastard *T. baccata* × *T. cuspidata* (siehe *T.* × *media*, Nr. 2– u. 5–) verbreitet, dagegen ist ***T.* × *hunnewelliana*** Rehder [*T. canadensis* × *T. cuspidata*] kaum in Kultur, Beblätterung ähnl. *T. cuspidata*, aber im Winter rötl., wenn auch weniger auffällig als bei *T. canadensis*.

— Nadeln an Seitenzw. deutl. 2-zeilig, oft in einer Ebene ausgebreitet (bei säulenf. Sorten auch ± radial); Nadeln spitz od. Übergang in sehr kurze Stachelspitze allmähl.; Kn.schuppen eif. od. untere etwas 3-eckig, nur schwach gekielt; III–IV. Sg/Sk – h. In Kultur entstandener Bastard *T. baccata* × *T. cuspidata*. **Hybrid-E., *T.* × *media*** Rehder

Schwierig abzugrenzen, da in den Merkmalen zwischen den Eltern stehend (siehe auch unter *T. baccata*, Nr. 2), variabel u. in mehreren Sorten gepflanzt, z. B.:

'Hicksii': Äste anfangs straff aufrecht u. Pfl. breit säulenf., später Äste lockerer stehend u. Pfl. breiter, bis 2–3 (im Alter bis 5) m hoch; Nadeln nur schwach 2-zeilig od. radial gestellt, an jüngeren Zw. stark aufwärts gerichtet, 2–3 cm lang, 2–3 mm breit, dunkelgrün; reich Samen tragende ♀ Sorte; **'Hillii'**: ähnl. in Wuchs u. Nadeln, aber auch Zw. straff aufrecht; ♂ Sorte, reich blühend.

'Straight Hedge': Pfl. breit u. dicht säulenf.; Nadeln etwa 2,5 cm lang u. 2,5 mm breit, tiefgrün; ♀ Sorte, schon als junge Pfl. reich Samen tragend; **'Viridis'** ['Stricta']: im Wuchs ähnl.; Nadeln etwas größer, hellgrün, gelbl. gefleckt; ♂ Sorte, reich blühend.

Tetracentron Oliv., **Vierspornbaum** – *Trochodendraceae* (Bearbeiter: Ulrich Hecker)

1 Art.

T. sinense Oliv. – Sommergrüner Baum; Bl. wechselst., 2-zeilig, einfach, eif. bis elliptisch; 7–12 cm lang, zugespitzt, gleichmäßig stumpf gesägt, handnervig, am Grund schwach herzf., lang gestielt (*904/1*), Nebenbl. scheidig mit dem Bl.stiel verwachsen; Bltn. klein, ⚥, gelbl., 4-zählige sitzende Bltn.knäuel zu 8–16 cm langen, dünnen kätzchenartigen Ähren vereinigt; Bltn. 4-zählig, Bltn.hülle einfach, Perigonbl. eif., Stbl. vor den Perigonbl. stehend, Frbl. seitl. miteinander verwachsen; Fr.kapsel 4 mm groß (*904/2*), mehrsamig, sich fachspaltig öffnend; VI–VII. Bk/Bm – ss. Z- u. SO-China.

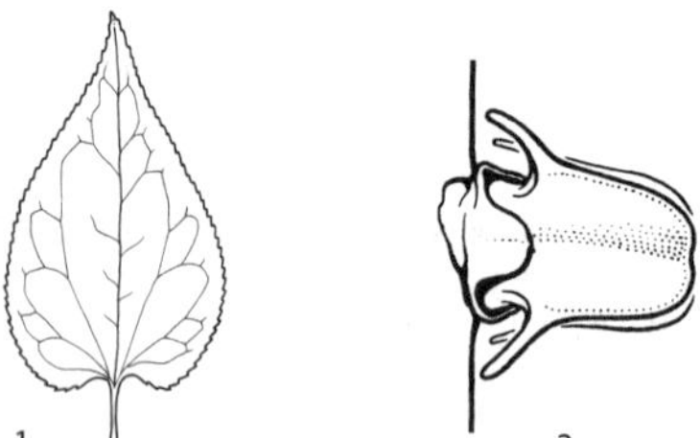

1 2

904/1–2 *Tetracentron sinense*: 1 Bl., 2 Fr.

Tetradium Lour., **Stinkesche** – *Rutaceae* (Bearbeiter: Ulrich Hecker)

Gatt. mit 8 Arten von S- u. O-As. bis W-Malaysia. Für uns kommt nur die folgende Art in Betracht.

T. daniellii (Benn.) Hartley [*Evodia daniellii* (Benn.) Hemsl.; *E. henryi* Dode; *E. hupehensis* Dode], **Samthaarige Stinkesche** – Sommergrüner Baum, Zw. ± samtig behaart; Bl. gegenst., bis 25 cm lang, unpaarig gefiedert (*905/1*), Blch. deutl.gestielt, (5–)7–11, 5–12 cm lang, lang bis geschwänzt zugespitzt, am Grund schief, breit keilf. bis rundl. ± ganzrandig, Bl.rand z. T. fein gekerbt; Schirmrispe 6–18 cm ∅, flach bis breit kegelf., Bltn. klein, eingschl., 1-häusig, 4–5-zählig; Frbl. ± frei, 2-samig, sich zur Reife v. a. bauchseitig öffnend (*905/2*); Samen schwarz, glänzend (*905/2b*); VII–VIII. Bm – h. M- u. W-China. Fr. **G!** (phototoxische Wirkung).

In Bezug auf die Behaarung u. Bltnst.form recht vielgestaltige Art. Früher wurden *Evodia hupehense* u. *E. daniellii* nicht ohne Grund als 2 getrennte Arten aufgeführt, jedoch nun beide in die Gatt. *Tetradium* u. die Art *daniellii* einbezogen.

Zur Blütezeit hörbar sehr reich von Bienen aufgesucht.

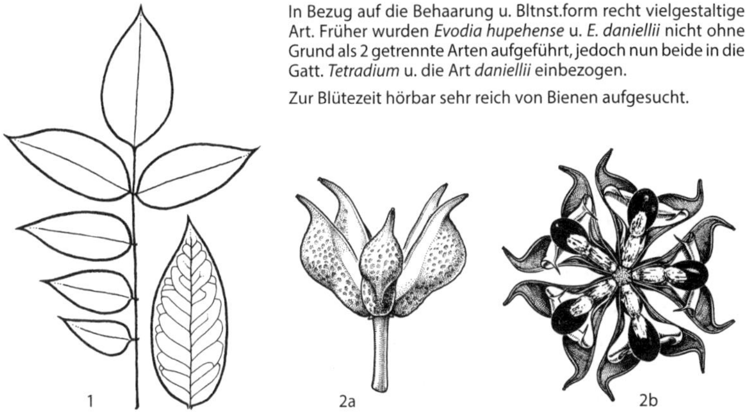

905/1–2 *Tetradium daniellii*: 1 Bl., 2 Fr.: 2a Frch. geschlossen, 2b Frch. geöffnet

Tetrapanax (K. Koch) K. Koch, **Reispapierbaum** – *Araliaceae* (Bearbeiter: Ulrich Hecker)

1 Art.

T. papyrifer (Hook.) K. Koch – Dicht mit rostfarbenen od. hellbraunen Sternhaaren filzig behaarte, bis 9 cm dicke Stämme; Bl. immergrün, bis 50 cm lang gestielt, Spreite längl. eif., 50–75 cm breit, etwas lederig, unterseits durch Sternhaare bräunl. filzig, oberseits grün, kahl, 7–12-fach handf. gelappt, am Grund gerundet od. herzf., am Ende zugespitzt, ganzrandig od. grob gesägt, Nebenbl. pfriemf., 7–8 cm groß; Bltnst. eine endst. Rispe von Dolden 1–2 cm ∅, vielbltg.; Bltn. gelbl. weiß, K. unscheinbar, Krbl. 4–5, 2 mm groß, Stbl. 4–5, Frkn. aus 2 Frbl. gebildet; Fr. eine kugelf., seitl. etwas abgeflachte, 4 mm große, purpurne Steinfr.; X–XII. Sg – s. ∧∧ SO- u SZ-China, N-Taiw.

Aus dem Mark der Stämme wird in China u. Taiw. das Reispapier gewonnen.

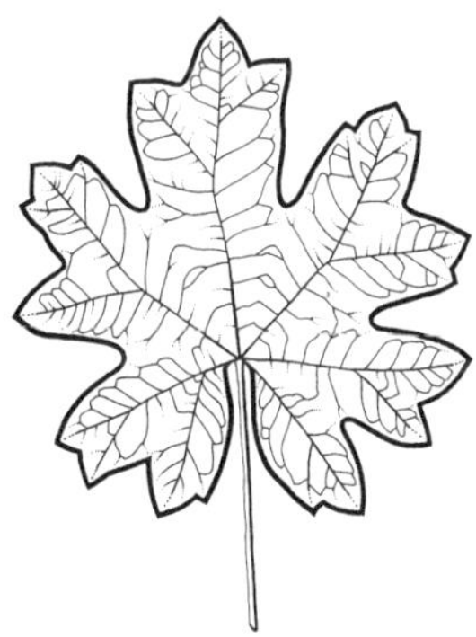

905/3 *Tetrapanax papyrifer*, Bl.

T*e*u*crium* L., **Gamander** – *Lamiaceae* (Bearbeiter: Bernd Schulz)

Kräuter, Stauden, Halbsträucher od. Sträucher; Bltn. scheinwirtelig in Scheinähren od. köpfchenartigen Bltnst., Unterlippe sehr groß, Oberlippe unscheinbar u. tief gespalten, K. 10-nervig, mit 5 fast gleich großen Zähnen; Fr. 4-teilige Klausenfr. (*906/5*). Weltweit etwa 250 Arten, Schwerpunkt Medit.

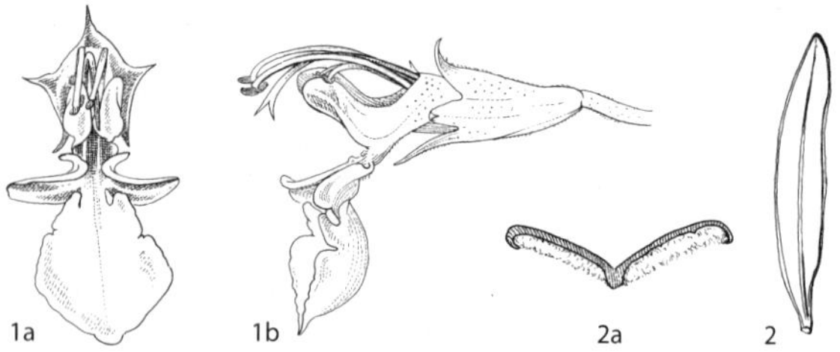

906/1–2 *Teucrium montanum*, 1a–b Blüte, 2 Bl., 2a Bl. quer

1. Bl. ganzrandig, lineal lanzettl., 8–20 mm lang, etwas eingerollt (*906/2*), unterseits weißfilzig (*906/2a*); Bltn. 15 mm lang, in dichten, halbkugeligen köpfchenartigen Bltnst., Kr. gelbl. weiß (*906/1a–b*); VII–VIII. HS (30 cm) – z. M- bis S-Eur. **Berg-G., *T. montanum*** L.

T. fruticans L.: Pfl. immergrün, Bl. lederig, eif., zugespitzt, ganzrandig, bis 55 mm lang, Stiel bis 3 mm, unterseits weißfilzig behaart, oberseits behaart, z. T. verkahlend; Zw. 4-kantig, weißfilzig; Bltn. 20–24 mm lang, Kr. hell bis dunkel violettblau. Sk (0,5–2 m)– ss. ∧∧ W-Medit.

— Bl. gekerbt, längl. eif., 8–25 mm lang, unterseits grün bis graugrün, aber nicht weiß filzig (*906/3*); Bltn. in endst. Scheinähren, in einer Bl.achsel mehrere Bltn. übereinander (*906/4a*), Kr. rosa bis violett (*906/4*); VI–VIII. HS (25 cm) – s. Eur. bis W-As. u. N-Afr. **Edel-G., *T. chamaedrys*** L.

Sehr ähnl. ist der **Bastard-G., *T.* × *lucidrys*** Boom [*T. chamaedrys* × *T. lucidum* L.]: 30–60 cm hoch mit abstehenden behaarten Zw.; Bl. eif., 10–15 mm lang, 7–10 mm breit, obere Hälfte gezähnt; Bltn. in bis zu 20 cm langen Scheinähren, Kr. purpurrosa; VII–IX. HS – h. Kultur.

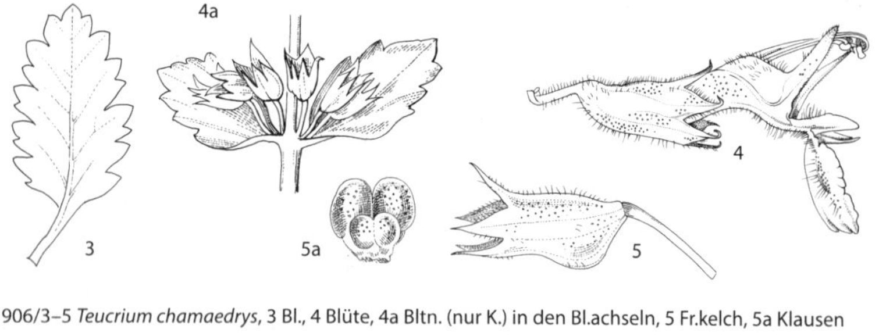

906/3–5 *Teucrium chamaedrys*, 3 Bl., 4 Blüte, 4a Bltn. (nur K.) in den Bl.achseln, 5 Fr.kelch, 5a Klausen

Thuja L., **Lebensbaum** – *Cupressaceae* (Bearbeiter: Peter A. Schmidt)

Immergrüne Bäume, seltener Sträucher; Bl. schuppenf., nur an jungen Sämlingspfl. u. bei einigen Sorten nadelf., Triebe mit den gegenst., dem Zw. angedrückten Schuppenbl. meist stark abgeflacht, Kantenbl. breit sichelf., teilw. die meist rautenf. Flächenbl. überdeckend, zerrieben mit auffälligem, meist aromatischem Geruch; ♂ Bltn.zapfen zahlreich, fast kugelig, gelbl., ♀ Bltn.zapfen rötl., mit 3–6(–7) Schuppenpaaren, nur mittlere fertil, reife Zapfen (*908/1*) längl. eif. bis kugelig eif. od. ellipsoidisch, Schuppen dünn, lederig, nur schwach verholzt, dachziegelartig deckend, zur Reife klaffend, Samen geflügelt. 5 Arten, NAm. u. O-As. von submer. bis bor. Zone.

1. Jungtriebe der Seitenzw. unterseits blasser grün als oberseits, aber stets ohne weißl. Zeichnung od. Flecken der Schuppenbl., oberseits mattgrün; Zapfen 4–6 mm ∅, mit (6–)8(–10) Schuppen – Schuppenbl. an Leittrieben entfernt stehend, 4–7 mm lang, an Seitenzw. dicht stehend, 1–4 mm lang, 1–2 mm breit, Flächenbl. auf dem Rücken meist mit deutl. gelbl. Drüse, Bl. zerrieben nach Apfelmus mit Gewürznelken riechend; Zapfen reif längl. eif., 0,7–1,2 cm lang, 4–6 mm ∅. Bg/Bm – h. NO-NAm. **G!!**

Abendländischer L., *T. occidentalis* L.

Unzählige, v. a. in Wuchsform u. Bl.farbe abweichende Sorten, z. B.

a) bis d) Sorten mit Schuppenbl., e) Sorten ganz od. teilw. mit Nadelbl.

a) Gelbblättrige Sorten:

Aurea-Gruppe: verschiedene, unter 'Aurea' kultivierte Klone mit kegelf. Wuchs u. goldgelben Bl.

'Europe Gold': Bk, Habitus schmal kegelf., dicht u. regelmäßig; Bl. goldgelb, im Winter an Triebspitzen orangegelb.

'Golden Globe': kompakte, halbkugelige Zwergform; Bl. ganzj. goldgelb.

'Sunkist': Sg/Bk, Habitus anfangs schmal, später breit kegelf., dicht verzweigt; Bl. goldgelb, im Winter purpurn getönt.

'Yellow Ribbon': Bk, Habitus säulenf. bis schmal kegelf., locker verzweigt; Bl. ganzj. gelb.

b) Grünblättrige Hängeform:

'Filiformis': Zw. lang u. fadenf., überhängend, wenig verzweigt; Bl. entfernt stehend, lang zugespitzt.

c) Grünblättrige Sorten mit säulenf. od. kegelf. Wuchs:

'Brabant': Bm, Krone kegelf., kompakt u. regelmäßig; Bl. ganzj. lebhaft grün; möglicherweise entstanden aus *T. occidentalis* × *T. plicata* (*T.* × *plicatoides* Seneta, nom. nud.).

'Columna': Bk, schmale, regelmäßige Säulenform mit horizontal abstehenden kurzen Ästen, Zw. mit fächerf. angeordneten Trieben; Bl. ganzj. glänzend dunkelgrün.

'Holmstrup': Bk, Habitus schmal kegelf., regelmäßig, kompakt, Zw. mit fächerf. angeordneten Trieben in senkrechten Ebenen stehend; Bl. ganzj. frischgrün.

'Malonyana': Bm, Habitus schmal säulenf., regelmäßig, Zw. kurz, mit dicht gedrängt stehenden Trieben; Bl. ganzj. glänzend dunkelgrün.

'Smaragd': Bk, Habitus gleichmäßig u. kompakt schmal kegelf., Zw. in senkrechten Ebenen stehend; Bl. ganzj. frischgrün.

'Spiralis': Bm, Habitus säulenf., Äste sehr kurz, Zw. auffällig spiralig stehend u. leicht gedreht, mit fiederf. angeordneten Trieben; Bl. blaugrün.

d) Grünblättrige Zwergformen:

'Danica': < 1 m hoch, kompakt halbkugelig, Zw. senkrecht ausgerichtet; Bl. frischgrün, im Winter bronzegrün.

'Mecki': < 1 m hoch, regelmäßig kugelig; Bl. frischgrün.

'Recurva Nana': bis 2 m hoch, anfangs regelmäßig kugelig, später kegelf., Zw. aufrecht bis ausgebreitet, Triebe etwas gedreht, ihre Spitzen überhängend; Bl. grün, im Winter bräunl.

'Tiny Tim': bis 1 m hoch, halbkugelig, Zw. mit muschelf. angeordneten Trieben leicht gedreht; Bl. frischgrün, im Winter bronzefarben.

e) Pfl. stets od. teilw. mit nadelf. Bl.:

'Teddy': Zwergform, < 1 m hoch, Habitus eif. bis kugelig; Bl. nadelf., weich, dunkelgrün.

'Rheingold': Sg/Bk, Habitus anfangs schmal bis breit eif. od. kegelf., im Alter unregelmäßig buschig; Bl. nadelf., aber mit zunehmendem Alter auch schuppenf., gold- bis orangegelb, im Winter orangegelb bis bronzefarbig.

— Jungtriebe der Seitenzw. unterseits weiß od. zumindest mit weißl. bis weniger auffälligen grauen Flecken od. strichf. Zeichnungen der Schuppenbl., oberseits glänzend dunkelgrün od. gelbl. grün; Zapfen 6–8 mm ∅, mit 8–12(–14) Schuppen **2**

2. Schuppenbl. unterseits schneeweiß, beiderseits mit kleinen, aber deutl. Drüsen, – oberseits anfangs schwach bläul, dann glänzend grün, unterschiedl. groß, 1–10 mm lang, zerrieben nach Obstkuchen mit Mandeln riechend; Zapfen mit 8–12 Schuppen, reif eif. bis kugelig, 0,7–1,1 cm lang. Sg/Bk – ss. O-As.: Kor., NO-China. **Koreanischer L., *T. koraiensis*** NAKAI

— Schuppenbl. unterseits mit strichf. od. 3-eckigen weißl. bis grauen, teils nur wenig auffälligen Flecken, Drüsen meist nur undeutl. od. fehlend – Zapfenschuppen außen direkt unter der Spitze mit 0,5–1 mm langem, 3-eckigen dornartigen Fortsatz (*908/1*) **3**

3. Jungtriebe der Seitenzw. stark abgeflacht, bereits ohne Zerreiben Duft ausströmend, zerrieben stark u. angenehm aromatisch (ananasartig) duftend, Endverzweigungen durch fast parallel angeordnete Triebe regelmäßig; Schuppenbl. oberseits glänzend dunkelgrün, unterseits mit undeutl. grauweißen Flecken; Bl. der Leittriebe in lange, abstehende Spitze ausgezogen, Bl. der Seitenzw. kurz zugespitzt, 1–4 mm lang, 1–2 mm breit; Zapfen (*908/1*) 1–1,4(–1,8) cm lang, mit 8–12(–14) Schuppen. Bg – h. W-NAm. [*T. gigantea* NUTT.] **Riesen-L., *T. plicata*** D. DON

'Atrovirens': durch auffällig glänzend dunkelgrüne Bl. abweichend.

'Aurescens': Bk/Bm, Habitus kegelf., Äste bogig aufwärts gerichtet, Zw. sehr dicht, ihre Spitzen leicht überhängend; Bl. an Triebspitzen anfangs grünl. gelb, teils weißl., später frischgrün.

'Excelsa': Bm, Habitus schmal kegelf., Äste waagerecht abstehend, Zw. sehr locker gestellt, Triebe derb; Bl. glänzend frisch- bis dunkelgrün.

'Zebrina': Bm, Habitus breit kegelf., Triebe über die Krone verteilt teilw. mit flecken- od. bänderartigen Partien cremegelber Bl., dadurch zebraartig gestreift, aber im Ganzen Pfl. gelb wirkend.

— Jungtriebe der Seitenzw. etwas dickl., zusammengedrückt, aber nicht stark abgeflacht, zerrieben weniger angenehm riechend, meist nach Terpentin, aber auch nach Zitronenbonbons; Schuppenbl. oberseits gelbl. grün od.

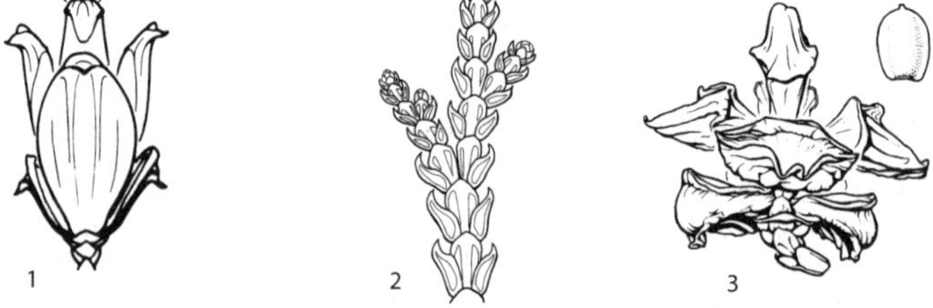

908/1–3: 1 *Thuja plicata*, Zapfen; 2–3 *Thujopsis dolabrata*: 2 Zweigabschnitt, Unterseite, 3 Zapfen u. Samen

dunkelgrün, etwas glänzend, unterseits blaugrün mit wenig auffälligen weißl. Flecken; Bl. an Leittrieben kurz- u. stumpfspitzig, an Seitenzw. spitz bis stumpf, 1,5–5 mm lang, 1–2,5 mm breit; Zapfen 0,7–1,2(–1,4) cm lang, mit 8–10(–12) Schuppen. Bg/Bm – s. O-As.: Jap. **Japanischer L., *T. standishii*** (Gordon) Carrière

Thujopsis Siebold & Zucc. **Hibalebensbaum, Hiba** – *Cupressaceae*

(Bearbeiter: Peter A. Schmidt)

1 Art.

T. dolabrata (L. f.) Siebold & Zucc. – Immergrüner Baum, in Kultur auch Strauch; Triebe mit den Bl. stark abgeflacht, 4–8 mm breit, fächerf. ausgebreitet, oberseits glänzend grün, unterseits auffällig silbrig weiß gefleckt (*908/2*); Schuppenbl. gegenst., an Seitenzw. sich dachziegelig deckend, lederig, (1–)3–8 mm lang, 1–5 mm breit, Kantenbl. kahnf., abstehend, ihre Spitze frei u. einwärts gebogen, Flächenbl. etwas kleiner, verkehrt eif., auf Zw.oberseite mit schmaler Drüsenfurche, auf Unterseite mit 2 silberweißen Flecken, diese an aufrechten Trieben beiderseits; ♀ Bltn.zapfen unscheinbar, grün bis blaugrau, mit 6–10 gegenst. dickl. Schuppen, nur mittl. Paar fertil, im 1. Jahr reifend, reife Zapfen eif. bis fast kugelig, 0,8–1,5 cm ∅, holzig, mattbraun bis grau, Samen zu 3–5 unter den fertilen Schuppen, geflügelt (*908/3*). Bm/Sg – h. O-As.: Jap.

var. *hondae* Makino: Krone dicht geschlossen; Bl. schlanker u. kleiner; Zapfen ± kugelig, größer, 1,5–2 cm ∅. Bg – ss. N-Jap.

'Nana': < 1 m hohe abgeflacht kugelige, dicht verzweigte Zwergform, Zw. zierl.; Bl. nur 1,5 mm lang.

'Variegata': Triebe mit cremeweißen Bl. über die Krone unregelmäßig verteilt.

Thymus L., **Thymian** – *Lamiaceae* (Bearbeiter: Peter A. Schmidt)

Immergrüne Zwerg-, Zwerghalb- u. Spaliersträucher, Sprosse entw. aufrecht, an den Enden aufsteigend od. niederliegend u. nur Bltn.triebe aufrecht; Bl. gegenst., einfach, ganzrandig, meist mit Öldrüsen besetzt u. aromatisch duftend; Kr. weißl., hellrosa bis purpurn, lila od. violett, selten (Sorten) rein weiß, Stbl. die Oberlippe überragend, K. 2-lippig (Oberlippe 3-zähnig, Unterlippe 2-teilig) (*909/1*), 10–13-nervig. Etwa 215 Arten im subarkt. bis mer. Euras. u. in N-Afr.

Durch hohe Kreuzungsbereitschaft treten bei gemeinsamem Vorkommen verschiedener Arten im natürl. Verbreitungsgebiet u. in Kultur oft Bastarde auf, die eine Bestimmung der Pfl. erschweren. Manche Sorten können kaum od. nicht mehr einer bestimmten Art od. einem Bastard zugeordnet werden, weshalb oft nach dem Namen der Gatt. der Name der Sortengruppe od. Sorte genannt werden. Bei *Thymus* führte dies zu einer Flut solcher Namen durch Easter (2009), was nicht zur Klärung der Sortenfrage beiträgt, zumal zu *T. praecox* agg. gehörende Sippen u. Sorten *T. serpyllum* zugeordnet werden.

Zur Bestimmung sind mehrj. Sprosse mit Bltn.trieben erforderlich. Querschnitt u. Behaarung der Bltn.-triebe sind am 2. bis 3. Internodium unterhalb des Bltnst., Merkmale zur Nervatur an trockenen Bl. festzustellen. Es treten ⚥ u. ♀ Pfl. auf (Gynodiözie), die sich in der Größe der Bltn. unterscheiden (Kr. ♀ Bltn. kleiner). Die Unterschiede in Quantität u. Qualität der Inhaltsstoffe ätherischer Öle äußern sich in abweichendem Duft. Nicht jede Pfl., deren Bl. beim Zerreiben nach Zitrone riechen, gehört zum Zitronen-T., *T.* × *citriodorus*, derartige Chemotypen kommen bei verschiedenen Arten (*T. pulegioides, T. herba-barona, T. pannonicus*) vor. Nicht in den Bestimmungsschlüssel aufgenommen wurden *T. doerfleri* Ronniger u. *T. richardii* Pers., da die unter diesen Namen in Kultur befindl. Pfl. weder zu diesen Arten noch Bastarden dieser Arten gehören.

909/1 *Thymus vulgaris*, Fr.

1. Bl. am Rand flach, höchstens im trockenen Zustand leicht umgerollt, unterseits kahl od. mit langen Haaren besetzt, nie filzig **4**

— Bl. am Rand deutl. umgerollt, unterseits dicht kurz bis filzig behaart **2**

2. Niederliegende Pfl. mit verholzten Kriechsprossen, denen 1–10 cm hohe, aufrechte Bltn.triebe entspringen; Bl. bis 1(–1,5) mm breit, sitzend, am Rand mindestens bis zur Mitte bewimpert, – 0,4–1(–1,5) cm lang, linealisch bis schmal lanzettl., dicht fein behaart bis filzig, selten kahl, in Achseln der Stängelbl. dicht gedrängt stehende sehr kleine Bl.; Bltnst. kopfig, Hochbl. breiter als Stängelbl., bis 2,5 mm, zuw. purpurn; Kr. 5–7 mm lang, K. 3,5–4,5 mm lang, obere K.zähne meist bewimpert, purpurn; VI–VIII. Sp – s. SO-Eur., Kl.-As. [*T. alsinoides* Forman.; *T. cilicicus* hort. p. p.; *T. hirsutus* hort. p. p.]

Polster-T., *T. cherlerioides* Vis.

Ähnl., aber Bl. zusätzl. mit langen Haaren besetzt, Hochbl. breiter (2–3,5 mm), K. größer (5–7 mm lang): ***T. neiceffii*** Degen & Urum. [*T. leucotrichus* Halácsy subsp. *neiceffii* (Degen & Urum.) Jalas]

— 10–40 cm hohe Pfl. mit verholzten aufrechten od. aufsteigenden Sprossen; Bl. 0,8–3 mm breit od. breiter, kurz gestielt, am Rand nicht od. nur am Grund spärl. bewimpert **3**

3. Bltn.triebe stumpf 4-kantig bis scheinbar rundl., ringsum gleichmäßig kurz behaart; Bl. linealisch bis elliptisch, unterseits dicht u. kurz graufilzig, Bl.rand stark umgerollt, unbewimpert, Bl. 3,5–12 mm lang, 1–3 mm breit; Kr. weißl. bis hell purpurrosa (zuw. weiß: 'Albus'), obere K.zähne ohne Wimpern; Pfl. zerrieben aromatisch würzig duftend (zuw. nach Orangen: 'Fragrantissimus'); VI–IX. Sz/HS – h. W-Medit. **Echter T., Gewürz-T., *T. vulgaris*** L.

'Compactus': Pfl. aufrecht, kompakt, nur bis 25 cm hoch, kleinblättrig.

— Bltn.triebe 4-kantig, unregelmäßig ringsum behaart, meist Kanten stärker als Seitenflächen; Bl. lanzettl., elliptisch bis eif. od. verkehrt eif., unterseits graufilzig bis kahl, Rand meist ± umgerollt, an der Basis oft mit einzelnen Wimpern, Bl. im Mittel 1,5 cm lang, 2–8 mm breit; Kr. hell bis dunkel purpurrosa, obere K.zähne meist bewimpert; Pfl. zerrieben aromatisch, entw. zitronenartig od. würzig, duftend; VII–VIII. Sz/HS – h. In Kultur entstanden aus *T. pulegioides* (Chemotyp mit Zitronenduft) × *T. vulgaris*.

Zitronen-T., *T.* × *citriodorus* (Pers.) Schweigg.

Culinary Lemon-Gruppe: Sorten mit zitronenartigem Geruch, darunter solche, deren Bl. gelbe (**'Golden King'** ['Variegatus']) od. weiße (**'Silver Queen'**) unregelmäßige Flecken u. Ränder aufweisen.

'Silver Posie': Pfl. mit würzigem Duft ähnl. *T. vulgaris* u. Bl. mit weißen Flecken u. Rändern.

4 (1). Pfl. mit stärker verholzten, aufrechten od. bogig aufsteigenden Sprossen; Bl. zumindest teils am Rand umgerollt, unterseits ± graufilzig bis kahl, Rand nur an der Basis spärl. bewimpert, beim Zerreiben oft mit auffälligem Zitronengeruch .... ***T.* × *citriodorus***, siehe Nr. 3–

— Pfl. mit niederliegenden od. aufsteigenden Sprossen, meist nur basale Bereiche od. Kriechsprosse deutl. verholzt, dem Boden anliegende Achsen meist wurzelnd (*911/2, 912/1*); Bl. flach od. Rand höchstens zuw. im trockenen Zustand etwas umgerollt, am Rand Wimpern, teils nur am Bl.grund, selten fehlend, unterseits kahl od. lang behaart, aber nie graufilzig, Bl. zerrieben meist aromatisch, aber selten (zuw. Nr. 6, 8 u. 8–) nach Zitrone riechend ... **5**

5. Beide seitl. obere K.zähne verkürzt od. so zurückgebildet, dass K.oberlippe ungezähnt erscheint, untere K.lippe ungeteilt, breit 3-eckig – bis 40 cm lange Kriechsprosse mit aufrechten, 2–7 cm hohen Bltn.trieben; Bl. < 2 mm breit, schmal spatelf., nur an der Basis bewimpert, beim Zerreiben nach Harz od. Terpentin riechend; Bltnst. locker, Bltn. zu 2 je Scheinwirtel, Kr. purpurrosa od. weißl.; VI–VII. Sz – SW-Eur. (Portugal, NW-Spanien), Makaron. (Az., Mad.). [*T. azoricus* Lodd.; *T. micans* Lowe]

Schillernder T., Azoren-T., *T. caespititius* Brot.

— K.oberlippe stets mit 3 normal ausgebildeten K.zähnen, untere K.zähne pfriemf. 6

6. Bltn.triebe deutl. 4-kantig, je 2 Seitenflächen schmaler u. eingesenkt, nur an den Kanten kurz behaart (*911/1a*); Bl. kahl, nur an der Basis bewimpert (**subsp. *pulegioides***), selten auch schmalere Seiten etwas behaart, dann Kantenhaare länger u. dichter (zottig) u. zugleich Bl.spreite zottig behaart (**subsp. *carniolicus*** (Borbás) P. A. Schmidt [*T. froelichianus* Opiz], **Krainer T.**) – Zw. aufsteigend od. niederliegend u. dann aufsteigend, spätestens im 2. Jahr mit einem Bltnst. abschließend, Pfl. zur Blütezeit ohne liegende vegetative Triebe (*912/1*); Bl. breit eif., elliptisch bis rautenf., 0,5–2,5(–4) cm lang, beim Zerreiben aromatisch duftend, meist „quendelartig", seltener zitronenartig; K.röhre ringsum od. unterseits zerstreut behaart, K.zähne meist bewimpert; VI–IX. HSz – h. Nem. bis mer. Eur.

Gewöhnlicher T., Arznei-T., Feld-Quendel, *T. pulegioides* L.

Außer genannten Unterarten ss in Kultur **subsp. *montanus*** (Benth.) Ronniger, **Kahler T., Istrischer T.**, mit kahlen, selten an der Basis spärl. bewimperten Bl., kahler K.röhre u. unbewimperten oberen K.zähnen.

Einige in Farbe der Bl. u. Bltn. abweichende Sorten, teils mit Zitronenduft:

'Archer's Gold': Bl. goldgelb, im Sommer gelbgrün; **'Bertram Anderson'**: ebenso, aber Sprossspitzen im Winter u. Frühjahr rot; **'Foxley'**: Bl. unregelmäßig weiß bis cremefarben gefleckt.

'Albiflorus': Kr. weiß; **'Ruby Glow'**: Kr. dunkel purpurrot.

Ähnl. durch deutl. 4-kantige u. 4-zeilig behaarte Bltn.triebe ist ***T. alpestris*** (Čelak.) A. Kern., aber Pfl. mit Kriechsprossen, die mit einem liegenden vegetativen Trieb abschließen (wie *911/2*); Bl. u. obere K.zähne meist ohne Wimpern; Gebirgspfl. (Sudeten, Erzgeb., Schwarzwald, Vogesen), bisher kaum in Kultur.

— Bltn.triebe stumpf 4-kantig bis scheinbar rundl., ohne deutl. schmalere od. eingesenkte Seitenflächen, ringsum gleichmäßig behaart (*911/1b*) od. an 2 Seiten schwächer behaart bis völlig kahl, wenn 2-seitig behaart, dann Kantenhaare weder dichter noch länger 7

7. Pfl. mit Kriechsprossen, die mit liegendem, vegetativ endendem Trieb abschließen, wenn dieser fehlend, dann mindestens 2-j., nicht in einem Bltnst.

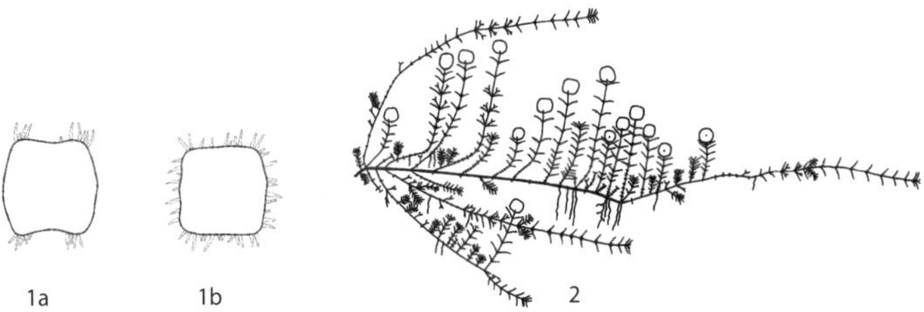

1a 1b 2

911/1–2 *Thymus*: 1 Querschnitte Sprossachse der Bltn.triebe: 1a *T. pulegioides*, 1b *T. serpyllum* u. a.; 2 Sprosssystem mit Kriechtrieben u. aufrechten Bltn.trieben, *T. praecox* u. a.

endende Kriechsprosse vorhanden (*911/2*), Bltn.triebe meist seitenst., ringsum od. 2-seitig behaart – Bltnst. meist kopfig, selten etwas verlängert 9

— Pfl. mit aufsteigenden od. niederliegenden u. dann aufsteigenden Sprossen, die spätestens im 2. Jahr mit einem Bltnst. abschließen, zur Blütezeit ohne liegende vegetative Triebe (*912/1*), Bltn.triebe end- u. seitenst., ringsum behaart 8

8. Obere K.zähne ohne Wimpern, K. 3–5 mm lang; Bl. elliptisch bis rautenf. eif., 4–9 mm lang, 2–4 mm breit, deutl. gestielt, an der Basis bewimpert, sonst kahl od. kurz behaart; Bltnst. fast kopfig, aber locker u. teils mit entfernten unteren Scheinwirteln, Kr. purpurrosa; Pfl. 5–10(–20) cm hoch; V–VIII. HSz – s. Korsika, Sardinien. **Korsischer T., *T. herba-barona*** Loisel.

'Lemon scented': abweichend von dem sonst eher kümmelartigem Geruch mit zitronenartigem Duft.

— Obere K.zähne bewimpert, K. 2,5–3,5(–4) mm lang; Bl. linealisch, längl. bis schmal elliptisch, 1–2(–3) cm lang, 1–7 mm breit, ± sitzend, an der Basis od. am ganzen Rand bewimpert, sonst kahl od. beiderseits zottig behaart; Bltnst. verlängert, walzl., oft unterbrochen, Kr. rosa bis hellpurpurn (zuw. weiß: 'Albiflorus'); Pfl. 5–30 cm hoch; VI–VIII. HSz – z. Südöstl. M-Eur, SO- u. O-Eur. bis Kauk. u. Sib. [*T. marschallianus* auct.; *T. kosteleckyanus* Opiz] **Pannonischer T., Steppen-T., *T. pannonicus*** All.

9 (7). K.röhre mindestens so lang wie obere K.zähne; Bltn.triebe an der Basis ohne dicht gedrängt stehende kleinere vorj. Bl. 11

— K.röhre kürzer als obere K.zähne; Bltn.triebe an der Basis mit kleinen, dicht gedrängt stehenden Bl. 10

10. K. 4–6 mm lang; Bl. elliptisch spatelf., 8–10 mm lang, 3–4 mm breit, lederig, unterseits Nerven deutl. hervortretend; V–VII. HSz/Sp – s. SO-Eur. bis W-Kl.-As. [*T. longidens* (Velen.) Podp.] **Thrakischer T., Langzahn-T., *T. thracicus*** Velen.

— K. 2,5–4 mm lang; Bl. lineal lanzettl. bis elliptisch, 4–10 mm lang, 1–3(–5) mm breit, krautig, unterseits Nerven nicht od. nur wenig hervortretend; V–VI. HSz/Sp – s. S-Alp., submer. S- u. SO-Eur. bis W-Kl.-As. [*T. illyricus* Ronniger; *T. dalmaticus* (Rchb.) Freyn] **Dalmatiner T., Langstängel-T., *T. longicaulis*** C. Presl

11 (9). Bl. linealisch bis schmal elliptisch od. schmal verkehrt eif., 1–3 mm breit, ± sitzend, untere von oberen Bl. des Bltn.triebs in Größe u. Form kaum verschieden, Seitennerven an Bl.unterseite stumpf hervortretend, oberstes Seitennervenpaar zur Bl.spitze verlaufend u. sich meist verlierend, nicht zu Randnerv vereinigend, Bl. am Grund od. auch darüber bewimpert, selten

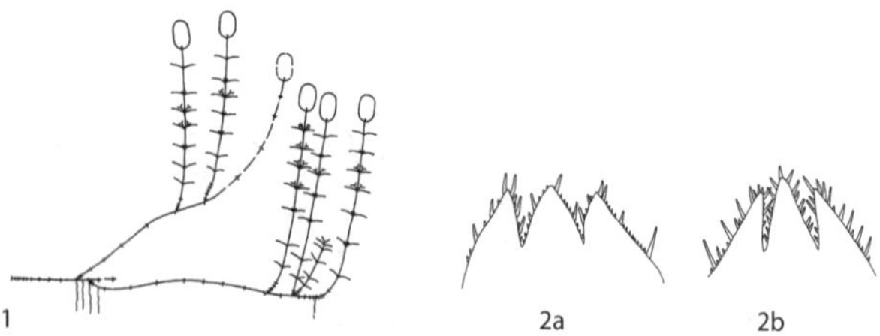

1 2a 2b

912/1–2 *Thymus*: 1 Sprosssystem mit niederliegendem und dann aufsteigenden, mit Bltn.trieb abschließenden Zw., *T. pulegioides* u. a.; 2 Obere K.zähne: 2a *T. serpyllum*, 2b *T. praecox*

oberseits behaart; obere K.zähne breit 3-eckig, etwa so lang wie am Grund breit (*912/2a*); Bltn.trieb stets ringsum behaart; VII–IX. HSz/Sp – h. M- bis N- u. O-Eur. [*T. angustifolius* PERS.] **Sand-T., *T. serpyllum*** L.

— Bl. elliptisch bis spatelf., (verkehrt) eif. bis rundl., 2–8 mm breit, in kurzen od. an unteren Bl. der Bltn.triebe die Hälfte der Bl.länge erreichenden Stiel verschmälert, Seitennerven an Bl.unterseite meist scharf hervortretend, oberstes Paar mit den Enden an der Bl.spitze sich meist vereinigend u. einen kurzen Randnerv bildend, Bl. am Grund od. ringsum bewimpert, Spreite kahl, oberseits od. beiderseits behaart; obere K.zähne schmal 3-eckig, länger als am Grund breit (*912/2b*), wenn breit 3-eckig, dann Bltn.triebe an 2 Seiten kahl; Bltn.triebe ringsum behaart od. an 2 Seiten fast od. völlig kahl (**Artengruppe Frühblühender T., *T. praecox* agg.**) 12

12. Bl. 4–15 mm lang, 3–8 mm breit, an den Bltn.trieben von unten nach oben meist deutl. Größe u. Form verändernd, Bl.stiel oberer Bl. kürzer u. Spreiten größer, untere Bl. oft rundl. spatelf., in einen Stiel verschmälert, der mindestens ½ so lang wie die Spreite ist, Enden des obersten Seitennervenpaars an Bl.unterseite einen deutl. Randnerv bildend; Bltn.triebe ringsum behaart od. an 2 Seiten (fast) kahl; K. 3,5–5 mm lang, obere K.zähne stets länger als breit; V–VII. HSz/Sp – h. Südl. M-Eur., S- bis SO-Eur. **Frühblühender T., Kriech-T., *T. praecox*** OPIZ

subsp. *praecox*, Echter Frühblühender od. **Kriech-T.**: Bltn.triebe ringsum behaart. Südl. M-Eur., S- bis SO-Eur. außer subalp. u. alp. Stufe.

subsp. *polytrichus* (BORBÁS) RONNIGER [*T. alpigenus* (HEINR. BRAUN) RONNIGER], **Alpen-Kriech-T.**: Bltn.-triebe nur an 2 Seiten behaart, andere beiden Seitenflächen fast od. ganz kahl. Hochgeb. M- u. S-Eur., v. a. Alp. u. Vorland.

Unter *T. praecox* geführte Sorten gehören meist zu *T. drucei* (siehe folgende Art), was nur dann korrekt ist, wenn letzterer *T. praecox* als Unterart zugeordnet wird.

— Bl. 3–8 mm lang, 2–4 mm breit, an den Bltn.trieben in Größe u. Form kaum verschieden, kurz gestielt od. mittlere u. untere in einen längeren Stiel verschmälert, der jedoch nicht die Hälfte der Bl.länge erreicht; Enden des obersten Seitennervenpaars an der Blattspitze sich nicht immer zu einem Randnerv vereinigend; Bltn.triebe stets 2-seitig kahl; K. 3–4 mm lang, obere K.zähne kürzer, schmal od. breit 3-eckig; V–VII. HSz/Sp – h. Westl. N-Eur., W- bis SW-Eur. [*T. arcticus* (DURANDE) RONNIGER; *T. praecox* subsp. *britannicus* (RONNIGER) HOLUB; *T. polytrichus* subsp. *britannicus* (RONNIGER) KERGUÉLEN] **Britischer T., *T. drucei*** RONNIGER

Neben dem meist als Nutzpfl. kultivierten *T. vulgaris* der am häufigsten gepflanzte Thymian, allerdings unter verschiedensten Namen, von *T. serpyllum* über *T. lanuginosus* hort. non MILL. bzw. *T. pseudolanuginosus* RONNIGER bis *T. praecox* sowie verschiedenen, keiner Art zugeordneten Sortengruppen (z. B. *Thymus* Coccinea-Gruppe) od. Sorten (z. B. *Thymus* 'Elfin').

Beispiele für im Wuchs od. in der Farbe von Bl. od. Kr. abweichende Sorten: nur wenige cm hohe, sehr dichte, kompakte polsterf. Pfl. wie **'Elfin'** (Bl.rand bewimpert, Bltn. nur selten u. vereinzelt, Kr. purpurrot) od. **'Minor'** (Bl. beiderseits lang behaart: Kr. purpurrosa), Bl. mit silberweißem Rand (**'Hartington Silver'**), Kr. weiß, Bl. nur am Rand bewimpert (**'Thomas White'**: Bl. schmal verkehrt eif.; **'Snowdrift'**: Bl. schmal eif.), Kr. rosa (**'Pink Chintz'**: Bl. beiderseits lang behaart), Kr. dunkel purpurrot (**'Coccineus'**: Bl. am Grund bewimpert).

Tilia L., **Linde** – *Malvaceae* (Bearbeiter: Eike Jablonski)

Sommergrüne Bäume; Zw. ohne Endkn.; Bl. 2-zeilig angeordnet, lang gestielt, Spreite ± herzf., mit asymmetrischem Grund, fein bis grob gesägt, unterseits mit od. ohne Achselbärte; Bltn. ⚥, oft duftend, in hängenden, lang gestielten Zymen, Bltnst.achse ± bis zur Hälfte mit einem flügelartigen, im freien Teil abspreizenden Hochbl. (*914/1*) verwachsen (Vorbl. des Bltn.sprosses), Bltn.hülle 5-zählig, freiblättrig, Stbl. frei od. zu 5 Bündeln vereinigt, Staminodien vorhanden od. fehlend; Fr. eine Nuss mit 1–2(–3) Samen. Ca. 40–45 Arten in NAm. u. Euras.

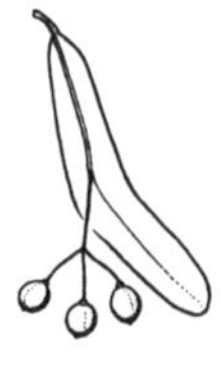

914/1: *Tilia tomentosa*, Frst.

Abb. nach H. Scheller, Mitt. Deutsch. Dendrol. Ges. 65, 7–42 (1972). Ausnahmen: *914/1, 914/4, 916/3, 917/1–3, 918/1.*

Schlüssel zu den Arten nach hauptsächl. vegetativen Merkmalen

Bei der Bestimmung der Linden nach Bl.merkmalen sind die folgenden Punkte zu beachten: Unentbehrl. v. a. zur Feststellung der Achselbehaarung bzw. von Behaarung allgemein ist eine Lupe (10-fache Vergrößerung). Aus einer Anzahl von Bl. typische Bl. auswählen; Johannis- u. Wassertriebe tragen oft eine von den angegebenen Merkmalen abweichende Belaubung (betrifft v. a. die Bl.größe). Das Zählen der Bl.nerven beginnt mit dem 1. deutl. sichtbaren aufsteigenden Bl.nerv, Seitennerven an der Bl.spitze von < 1 cm Länge werden nicht mitgezählt.

Die Nomenklatur der amerikanischen Linden ist nicht abschließend geklärt (siehe dazu Pigott 2012); zum besseren Verständnis wird hier die allgemein in deutschsprachiger dendrologischer Literatur verwendete Nomenklatur beibehalten.

1. Behaarung aus Sternhaaren unterseits zwischen den Bl.nerven deutl. u. flächig, Sternhaare nur selten vereinzelt stehend **9**

— Bl. unterseits kahl, ohne Sternbehaarung zwischen den Bl.nerven, mit der Lupe sind ledigl. einzelne Sternhaare auf den Nerven od. in den Achseln sichtbar, wenn sichtbar behaart, dann Haare stets einfach **2**

2. Bl. unterseits auf den Nerven meist kahl, wenn behaart, dann Haare anliegend od. nach vorn gerichtet, keinesfalls überwiegend senkrecht abstehend; Achselbärte an der Bl.basis fehlend od. wenn vorhanden, dann nicht auffälliger als an den Seitennerven u. nicht senkrecht abstehend **4**

— Bl.nerven deutl. u. überwiegend senkrecht abstehend behaart od. Achselbärte an der Bl.basis auffälliger als an den Seitennerven u. deutl. senkrecht abstehend **3**

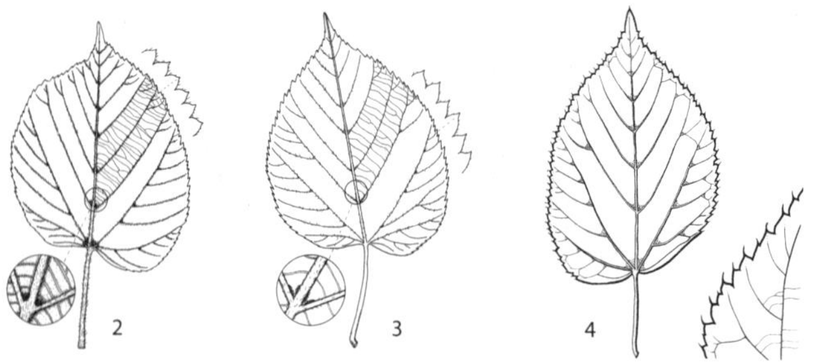

914/2–4 *Tilia*, Bl.: 2–3 Unterseite, vergrößerte Ausschnitte von Blattrand und Nervenwinkeln: 2 *T. platyphyllos*, 3 *T.* × *flaccida*; 4 *T. dasystyla* subsp. *caucasica*, Unterseite und vergrößerter Blattrandausschnitt.

3. Spitze der Bl.zähne deutl. zugespitzt, aber Granne kaum od. nicht vorhanden, bei den meisten Bl.zähnen < 1 mm lang – Bl. plötzl. zugespitzt, oberseits zunächst behaart, später verkahlend, unterseits mit einfachen Haaren u. weißl. Achselbärten (*914/2*), Bl.spreite meist leicht nach unten gewölbt; Bltnst. meist 3-bltg.; Fr. dickwandig verholzt, deutl. 5-kantig; Kn. an der Spitze behaart; Zw. flaumig behaart, im 2. Jahr verkahlend; VI. Bg – h. Eur., Kauk. [*T. grandifolia* EHRH.] **Sommer-L., Großblättrige L., *T. platyphyllos*** SCOP.

Laciniata-Gruppe: Bl. unregelmäßig tief gelappt, oft bis zur Mittelrippe eingeschnitten, Lappen z. T. sehr schmal; reichbltg.; mehrere Klone in Kultur. Bm – s.

'Rubra': Zw. im Winter auffallend orange- bis korallenrot. Bg – z.

Ähnl. ***T. × flaccida*** BAYER: Merkmale zwischen den Eltern *T. americana* u. *T. platyphyllos* stehend; Bl. nur auf den Nerven behaart, in den Winkeln sekundärer Nerven meist deutl. bräunl. Achselbärte (*914/3*); Bl. 10–14 cm lang; Fr. 0,8–1 cm lang, dickschalig, fein filzig behaart, nicht bis schwach gerippt. Bg – z.

— Spitze der Bl.zähne mit deutl., leicht abbrechender Granne, bei vielen Bl.zähnen deutl. > 1 mm lang (*914/4*) – Bl. 8–16 cm lang; Bltnst. 3–7-bltg.; Fr. ± 5-kantig, dickwandig verholzt; junge Zw. kahl, rot; VI. Bm – s. Kl.-As., Kauk. bis N-Iran. **Kaukasische L., *T. dasystyla*** STEVEN

subsp. *caucasica* (V. ENGELM.) LABILL.: Bl. im Mittel > 12 cm lang, rundl., Bl.stiel steif aufrecht stehend, wodurch die Bl. häufig über den Zw. stehen.

subsp. *dasystyla*: Bl. im Mittel < 12 cm lang, eher längl., nicht so auffällig über den Zw. stehend.

4 (2). Bl. 10–20(–25) cm lang, im Kronenbereich meist Bl. von mind. 15 cm Länge vorhanden, – oberseits dunkelgrün, schwach glänzend u. kahl, unterseits kahl bis auf kleine braune Achselbärte in den sekundären Nervenwinkeln (*915/1*), breit eif., am Grund oft kaum schief; Bltnst. 5- bis mehrbltg., Bltn. mit 5 Krbl. u. stets mit 5 krbl.artigen Staminodien, Stbl. deutl. kürzer als Krbl.; Fr. kugelig eif., nicht gerippt, fein graufilzig behaart, dickwandig verholzt; Kn. meist kahl; Zw. olivgrün, kahl; VI–VII. Bg – z (häufiger die Sorten). NO-NAm., SO-NAm. **Amerikanische L., *T. americana*** L.

'Dentata': Bl. bis 25 cm lang, grob u. unregelmäßig gesägt. Bg – s.

'Redmond': Bm, Äste u. Zw. waagerecht abstehend, Zw. im Winter purpurrot. Bm – z.

T. × flaccida [*T. americana* × *T. platyphyllos*]: siehe unter Nr. **3**.

T. × moltkei SPÄTH [wahrscheinl. *T. americana* × *T. tomentosa* 'Petiolaris'], **Moltkes L.**: Bl. 15–20 cm lang, unterseits blaugrün, teils mit, teils ohne Sternbehaarung (*915/2*), Bl.stiel u. 1-j. Zw. kahl; Bltnst. 7–10-bltg.; Kn. an der Spitze behaart; Fr. 5-furchig; VII. Bg – z.

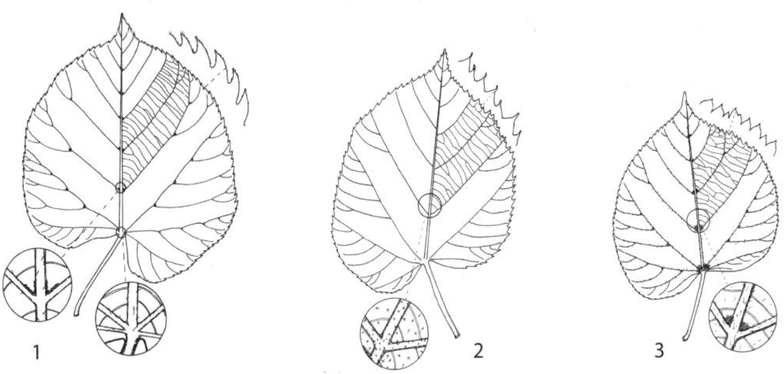

915/1–3 *Tilia*, Bl.: Unterseite, vergrößerte Ausschnitte von Blattrand u. Nervenwinkeln: 1 *T. americana* (zusätzl. Ausschnitt Bl.ansatz), 2 *T. × moltkei*, 3 *T. × europaea*

— Bl.länge 4–12 cm, im Kronenbereich keine Bl. > 15 cm Länge vorhanden ... **5**

5. Bl.spitze zugespitzt bis lang zugespitzt u. deutl. gesägt, ohne Krümmung, Bl.rand gesägt, Zähne nicht (auch nicht z. T.) aufwärts gerichtet **7**

— Bl.spitze lang zugespitzt u. überwiegend ganzrandig, oft gekrümmt, Bl.rand häufig z. T. aufgerichtet u. scharf gesägt od. Bl. rand grob gesägt, mit Einschnitten breiter als hoch od. Bl.rand mit Zähnen, die so groß wie od. größer als Bl.spitze sind **6**

6. Bl.oberseite grün, gering bis nicht glänzend, unterseits graugrün – Bl. 6–10 cm lang, Achselbärte gelbl. od. weißl., Nervatur oberseits nicht deutl. auffallend; Bl.rand gesägt (*915/3*); Bltnst. 3–7-bltg.; Fr. undeutl. kantig, kugelig, Schale zerbrechl., filzig behaart; Kn. an der Spitze behaart; Zw. kahl, nicht deutl. überhängend; VI. Bg – h. Hybride zwischen *T. cordata* u. *T. platyphyllos.* [*T.* × *vulgaris* Hayne; *T.* × *intermedia* DC.; *T.* × *hollandica* K. Koch]

Holländische L., *T.* × *europaea* L.

Unter den Sorten sind folgende 2 häufiger als Straßenbaum angepflanzt:

'Lappen' ['Pallida Typ Lappen']: durchgehender Stamm, kaum Totholz in der Krone; Bl. unterseits blau-grün, gut geeignet als Straßenbaum. Bg – z.

'Pallida', „Kaiser-Linde": Krone kegelf., Bl. unterseits gelbl. grün bis blaugrün. Bg – z.

— Bl.oberseite dunkelgrün, glatt u. deutl. glänzend, unterseits heller u. mit bräunl. Achselbärten – Bl. 6–10 cm lang, Bl.nerven oberseits deutl. heller, Bl.rand regelmäßig scharf gesägt mit aufgesetzten Grannenspitzen (*916/1*); Kn. gelbgrün; Bltnst. 3–7-bltg.; Fr. eif. ellipsoidisch, 0,5–1 cm lang, schwach 5-rippig, dickschalig, dicht filzig behaart; Kn. kahl; Zw. deutl. überhängend, oft schleppenartig; VII. Bm – h. [Vermutl. *T. cordata* × *T. dasystyla*]

Krim-L., *T.* × *euchlora* K. Koch.

7 (5). Bl. meist deutl. 3-lappig od. mit 3 auffälligen groben Zähnen (*916/3*), der 1. Seitennerv verläuft stets in einen Bl.lappen od. groben Zahn oberhalb der Bl.mitte, Bl.nerven sowohl ober- wie unterseits sichtbar; meist < 20 Zähne pro Blatthälfte – Bl. 4–7 cm lang, im Austrieb rötl., oberseits glänzend dunkelgrün, unterseits bläul., Bl.stiel 2–3 cm lang, gerötet; Bltnst. 6–20-bltg., Bltn. mit 5 Staminodien; Fr. kugelig, dickwandig verholzt, aber fragil, 5-kantig, flaumig behaart; Zw. kahl; VII. Bk – s. Nei-Mong., ON–ZS-China, N.-Kor.

Mongolische L., T. mongolica Maxim.

— Der 1. Seitennerv verläuft nicht in einen lappenartigen Zahn oberhalb der Bl.mitte; wenn zuw. Bl.lappen od. einzelne grobe Zähne vorhanden, dann meist > 20 Zähne pro Bl.hälfte **8**

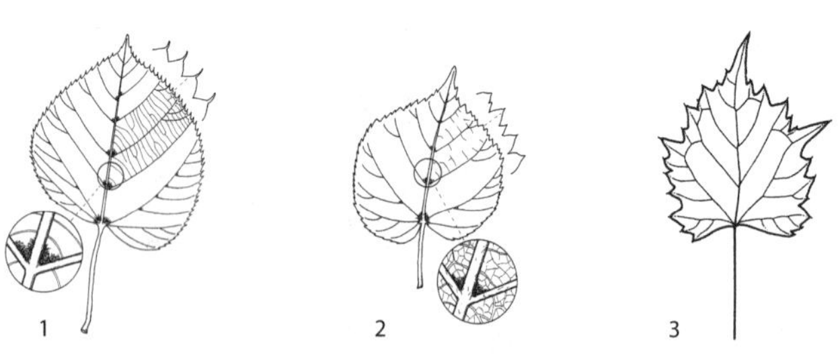

916/1–3 *Tilia*, Bl.: 1–2 Unterseite, vergrößerte Ausschnitte von Blattrand u. Nervenwinkeln: 1 *T.* × *euchlora*, 2 *T. cordata;* 3 *T. mongolica*, Bl.oberseite

8. Achselbärte, falls vorhanden, weißl., ohne Sternhaare – Bl.rand grob gesägt od. gezähnt, mit 1–3 Zähnen zwischen zwei Seitennerven, z. T. sind Zähne dort, wo ein Seitennerv endet, auffallend größer, zuw. lappenartig große Zähne vorhanden, Bl. 5–8 cm lang; Bltnst. 3–20-bltg., gelegentl. Staminodien vorhanden; Fr. eif. kugelig, 5–8 mm dick, dünnschalig, ± 5-rippig; Zw. kahl od. leicht behaart; VI–VII. Bm – s. Russ.-Fernost, NO-China, Kor. **Amur-L., *T. amurensis*** Rupr.

— Achselbärte v. a. an der Basis u. entlang der Mittelrippe vorhanden, häufig rostfarben, mit Sternhaaren – Bl.rand grob gesägt od. gezähnt, mit 1–5 Zähnen zwischen 2 Seitennerven, Zähne ± gleich groß, Bl. oberseits kahl, unterseits kahl u. blaugrün (*916/2*), 3–10 cm lang, Bl.ränder meist nach oben gewölbt; Bltnst. 5–7(–11)-bltg.; Fr. schwach kantig, dünnschalig u. zerbrechl., behaart; Kn. kahl; Zw. olivgrün, z. T. gerötet, anfangs fein behaart, schnell verkahlend; VI–VII. Bg – h. Eur., Kauk., W-Sib. **Winter L., *T. cordata*** Mill.

Unter den Sorten sind folgende 3 häufiger als Straßenbaum angepflanzt:

'Böhlje': zunächst breit säulenf. wachsend, Krone später breit eif. Bm.

'Greenspire': Krone anfangs kompakt u. kegelf., später breit eif., Äste u. Zw. steil aufsteigend. Bm

'Rancho': Krone kompakt, anfangs schmal eif., später kegelf. Bk/Bm.

Ähnl. ***T.*** × ***flavescens*** Döll [*T. americana* × *T. cordata*]: abweichend durch größere Bl., 6–12 cm lang, beiderseits grün; häufiger in der Sorte 'Glenleven'.

9 (1). Bl.rand mit auffallenden, 4–5 mm langen, borstig verlängerten Zähnen (*917/1*) – Bl. 5–12 cm lang, kurz zugespitzt, Mittelrippe u. Seitennerven oberseits behaart, unterseits gräul. sternhaarig mit Achselbärten; Bltnst. 20–50(–100)-bltg.; Flügel 10–15 cm lang, 1,2–2 cm breit; Bltn. cremefarben, mit Staminodien; Fr. kurz ellipsoidisch, 5-rippig; Zw. anfangs sternhaarig, bald verkahlend; VII–IX. Bk/Bm – s. ZS- u. OS-China. **Henrys L., *T. henryana*** Szyszyl.

— Bl.rand deutl. gezähnt, aber Zähne nicht bis 5 mm lang borstig verlängert **10**

10. Bl.unterseits keine Achselbärte sichtbar **12**

— Bl.unterseits mit sichtbaren Achselbärten **11**

11. Bl. 7–10 (–13) cm lang, wenn länger, dann mit lang zugespitzter Spitze – Rand dicht u. scharf gesägt (*917/2*), Bl. oberseits kahl, unterseits dicht sternhaarig, Stiel 3–8 cm lang; Bltnst. 1–3-bltg., 30–45 Stbl., 5 Staminodien; Fr. ellipsoidisch

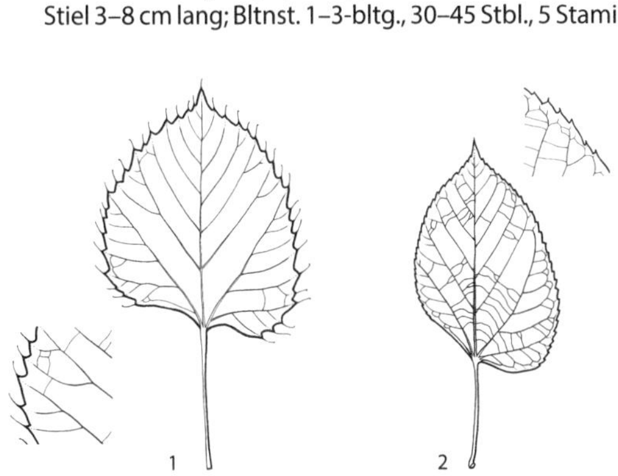

917/1–3 *Tilia*, Bl.: 1–2 Oberseite u. vergrößerter Blattrandausschnitt: 1 *T. henryana*, 2 *T. chinensis*; 3 *T. heterophylla*, Oberseite

bis kugelig, deutl. 5-kantig; Zw. kahl bis schwach sternhaarig; VI. Bm – s. WN-China bis Yunn. **Chinesische L., *T. chinensis*** Maxim.

— Bl. 10–15(–20) cm lang, mit plötzl. zugespitzter Spitze (*917/3*) – Rand fein u. kurz gesägt, Bl. unterseits dicht weißfilzig, Achselbärte rotbraun, Stiel 3–4 cm lang; Bltnst. 6–15(–20)-bltg.; Fr. kugelig bis ellipsoidisch, zugespitzt, rostbraun filzig behaart; Zw. kahl; VI–VII. Bg – s. NO- u. SO-USA. [*T. caroliniana* Mill. subsp. *heterophylla* (Vent.) Pigott] **Verschiedenblättrige L., *T. heterophylla*** Vent.

12 (10). Bl. meist 3-eckig eif., 5–8(–10) cm lang, Stiel 2–4 cm lang – Rand grob gesägt mit breiten spitzen Zähnen, Bl. oberseits dunkelgrün, kahl, unterseits dicht graufilzig behaart, ohne Achselbärte; Bltnst. mit 10–20 Bltn., Hochbl. 7–10 cm lang, Stbl. 60–75; Fr. fast kugelf., an der Basis 5-rippig, 1 cm lang, dicht graubraun behaart; junge Zw. filzig behaart; VI. Bm – s. OS-China. **Miquels L., *T. miqueliana*** Maxim.

— Bl. nicht 3-eckig eif., > 8 cm lang, Stiel meist > 4 cm lang **13**

13. Bl.rand mit 1–2 grannenspitzigen Zähnen pro cm, (selten bis 1 cm auseinander stehend), vereinzelt bei größeren Bl. auch < 30 Zähne pro Bl.hälfte – Bl. 8–15(–20) cm lang, breit eif. bis fast rund, unterseits grauweiß bis rostfarben behaart, Stiel 3–7 cm lang (*918/1*); junge Zw. u. Kn. dicht gelbl. graufilzig; Bltnst. 5–12-bltg., Staminodien kürzer als Krbl., Hochbl. 7–11 cm lang; Fr. kugelig, schwach 5-rippig; VII. Bm – s. Russ.-Fernost, NO-China, N-Kor. **Mandschurische L., *T. mandshurica*** Rupr. & Maxim.

— Bl.rand mit 2–3 Zähnen pro cm, stets > 30 Zähne pro Bl.hälfte, Bl. unterseits stets mit weißer od. grauer Behaarung; Bltnst. mit Staminodien **14**

14. Junge Zw. kahl, rotbraun; Bl.stiel kahl, – (1,5–)3–5 cm lang, Bl.spreite an der Basis am breitesten, 7–11 cm lang, kurz zugespitzt, Rand entfernt fein gesägt, mit Drüsenzähnen; Bltnst. 7–20-bltg.; Fr. kugelf., zugespitzt, 0,7–1 cm lang, warzig, schwach gerippt, dickwandig; Kn. sternhaarig; VI. Bg – s. Sich., ZS- u. OS-China. **Olivers L., *T. oliveri*** Szyszyl.

— Junge Zw. fein grau bis grünl. filzig behaart; Bl.stiel behaart **15**

15. Bl.rand grob u. unregelmäßig scharf gesägt, vereinzelt mit herausragenden Zähnen, Bl.Stiel 2–3,5(–5) cm lang (*918/2*) – Bltnst. 5–10-bltg.; Hochbl. plötzl. zugespitzt, flaumig behaart; Fr. kugelig eif. bis eif., deutl. zugespitzt u. gerippt; Kn. sternhaarig; Äste steif aufstrebend; VII–VIII. Bg – h. SO-Eur., Kl.-As., Syr. [*T. argentea* DC.] **Silber-L., *T. tomentosa*** Moench

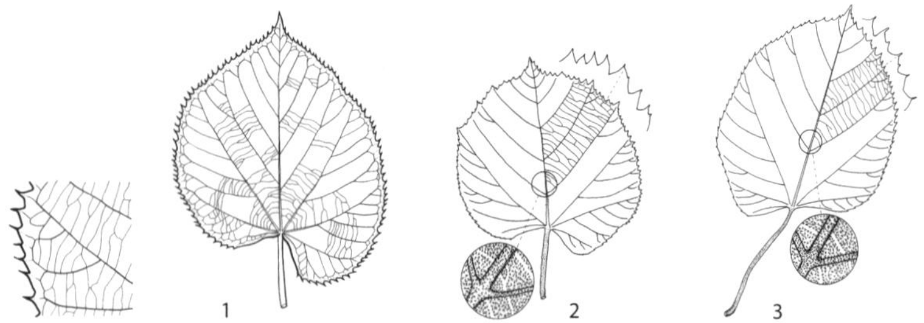

918/1–3 *Tilia*, Bl.: 1 *T. mandshurica*, Unterseite u. vergrößerter Ausschnitt des Blattrands; 2–3 Unterseite, vergrößerte Ausschnitte von Blattrand u. Nervenwinkeln: 2 *T. tomentosa*, 3 *T. tomentosa* 'Petiolaris'

— Bl.rand regelmäßig gesägt, Bl.stiel 3–6,5 cm lang, – Bl. 10–15 cm lang (*918/3*); Bltnst. 5–10-bltg.; Fr. abgeflacht kugelig, 0,7–1 cm ∅, undeutl. gefurcht, warzig filzig; Äste stark überhängend; VII–VIII. Bg – h. Wohl in Kultur entstanden, vor 1840 bekannt. [*T. petiolaris* DC.] **Hänge-Silber-L., *T. tomentosa* 'Petiolaris'**

Toona (Endl.) M. J. Roem., **Surenbaum** – *Meliaceae* (Bearbeiter: Ulrich Hecker)

Sommer- od. immergüne Bäume; Bl. unpaarig gefiedert; Bltn. klein, eingschl. od. ⚥, 5-zählig; Fr. eine sich 5-klappig öffnende Kapsel (*919/2, 3*), Samen geflügelt. 5 Arten, vorwiegend im trop. As. u. Austr. Bei uns nur die folgende Art in Kultur.

T. sinensis (A. Juss.) M. J. Roem. [*Cedrela sinensis* A. Juss.] – Borke längsrissig, sich in langen Streifen lösend, junge Zw. fein behaart; Bl. lang gestielt, 25–50 cm lang, Blch. 10–22, kurz gestielt, längl. eif. bis lanzettl., 8–15 cm lang, zugespitzt, entfernt schwach gezähnt od. fast ganzrandig (*919/1*), oberseits kahl u. hellgrün, unterseits bleichgrün u. entlang der Nerven behaart od. kahl; Bltn. in 30–40 cm langen, überhängenden Rispen, weiß, duftend, 5 mm lang; Kapsel eif., 2–2,5 cm lang, Samen 12–13 mm lang; VI. Bg – s. SO- u. Z-China.

Von dem äußerl. sehr ähnl. *Ailanthus* durch die fehlenden Drüsen am Grund der Blch. u. den nicht vorhandenen unangenehmen Duft leicht zu unterscheiden.

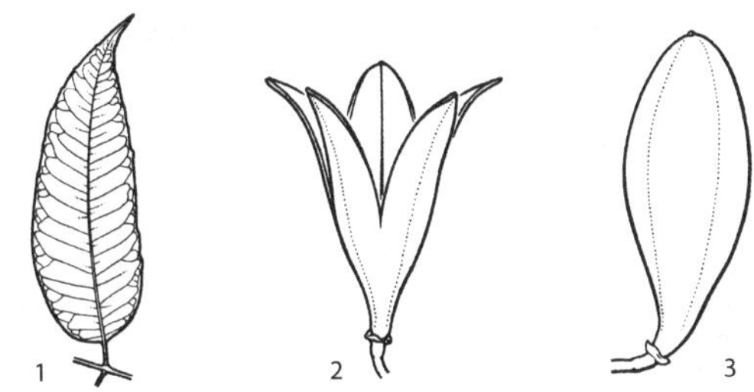

919/1–3 *Toona sinensis*: 1 Blch.; 2–3 Fr.: 2 offen, 3 geschlossen

Torreya Arn., **Nusseibe, Stinkeibe** – *Taxaceae* (Bearbeiter: Peter A. Schmidt)

Immergrüner Baum od. Strauch; Nadeln meist 2-zeilig ausgerichtet, zuw. fast gegenst., lederig, meist zieml. starr u. Spitze ± stechend, oberseits etwas gewölbt, glänzend grün, unterseits mit meist deutl., vertieft liegenden blau- bis grauweißen, gelbl. od. bräunl. Bändern aus Spaltöffnungslinien, diese Stomatabänder schmaler als die grünen Randstreifen; Samen > 1,5 cm lang, von dem nur an der äußersten Spitze eine kleine Öffnung aufweisenden, dünn- od. dickfleischigen Samenmantel (Arillus) völlig umhüllt, Samen mit Arillus verkehrt eif. bis eif. od. ellipsoidisch (*919/4*), Arillus zur Samenreife im 2. Jahr aufplatzend. 9 Arten in O-As. u. NAm. Bl. **G!**

Die Angaben für den Samen betreffen diesen einschließl. des Arillus zur Reifezeit. In Kultur gelegentl. Hybriden auftretend (v. a. *T. californica* × *T. nucifera*), die die Bestimmung erschweren.

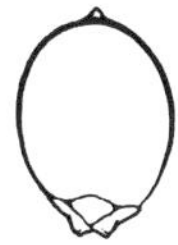

919/4 *Torreya nucifera*, Samen mit Samenmantel

1. Nadeln (3–)4–6(–8) cm lang, 2,5–4,5 mm breit, unterseits mit 2 deutl., sehr schmalen grauweißen Stomatabändern, grüne Mittelrippe breiter als Stomatabänder – Nadeln gerade od. leicht sichelf. gebogen, in lange Grannenspitze auslaufend, beim Zerreiben scharf aromatisch riechend; Samen 2,5–3,5 cm lang, Arillus hell- od. bläul. grün, auch gelbl., meist mit dunkelgrünen bis purpurroten längl. Flecken; IV–V. Bm/Bk/Sg – s. W-NAm.: Kalifornien. **Kalifornische N., *T. californica*** Torr.

— Nadeln 1–3,5 cm lang, 2–3,5 mm breit, unterseits mit wenig deutl. hellbraunen Stomatabändern od. wenn diese deutl., dann Mittelrippe nicht breiter als die weißgrauen bis gelbl. Stomatabänder **2**

2. Nadeln zerrieben unangenehm riechend, (1,5–)2–3(–3,5) cm lang, meist allmähl, selten plötzl. in lange, meist stechende Grannenspitze übergehend, gerade od. meist ± nach unten gebogen, unterseits mit deutl. sichtbaren schmalen weißgrauen bis gelbl. Stomatabändern; Samen (*919/4*) 2–3 cm lang, dunkelgrün mit rotbraunem Anflug od. zumindest unterhalb der Spitze rot- od. purpurbraun gestreift; 2–3-j. Zw. grün bis gelb- od. rotbraun; IV–V. Bm/Bk/Sg – s. O-As.: Jap., S-Kor. **Japanische N., *T. nucifera*** (L.) Siebold & Zucc.

— Nadeln zerrieben ohne strengen od. besonders unangenehmen Geruch, 1–3 cm lang, plötzl. in scharfe, meist stark stechende u. oft etwas unsymmetrische Spitze übergehend, meist gerade, unterseits mit wenig deutl. hellbraunen Stomatabändern; Samen 2–4,5 cm lang, blass purpurbraun u. etwas weißblau bereift; 2–3-j. Zw. gelbl. grün, hell gelbbraun od. rotbraun; IV–V. Bk/Sg – ss. ∧ O-As.: S-China. **Chinesische N., *T. grandis*** Lindl.

Toxicodendron Mill., **Giftsumach** – *Anacardiaceae* (Bearbeiter: Bernd Schulz)

Sommer- od. immergrüne Bäume od. mit Wurzeln ± kletternde Sträucher; Bl. wechselst., 3-zählig od. unpaarig gefiedert, selten einfach; Kn. nackt, Endkn. vorhanden (*310/4*); Bltn. klein, unscheinbar, polygam od. eingeschl. u. dann meist 2-häusig, in seitenst. Rispen, Bltn.hülle doppelt, meist 5-zählig, freiblättrig, Stbl. 5, dem Diskus aufsitzend; Frkn. oberst., mit 3 Gr.; Steinfr. gelbl. bis grünl. (nie rot), meist kahl, 1-samig, am Grund mit bleibendem K. Etwa 24 Arten in O- u. SO-As., NAm. bis N-SAm., in Austr. u. Neuseel. *T. succedaneum* (L.) Kuntze invasiver Neophyt. Enthalten Urushiol (Derivat von Brenzcatechin), ein starkes Kontaktallergen: Vorsicht, das Gift wirkt bereits bei Berührung der Pflanze! **G!**

1. Bl. 3-zählig, selten einfach (*920/1 u. 3*) **4**

— Bl. unpaarig gefiedert (*920/4*) **2**

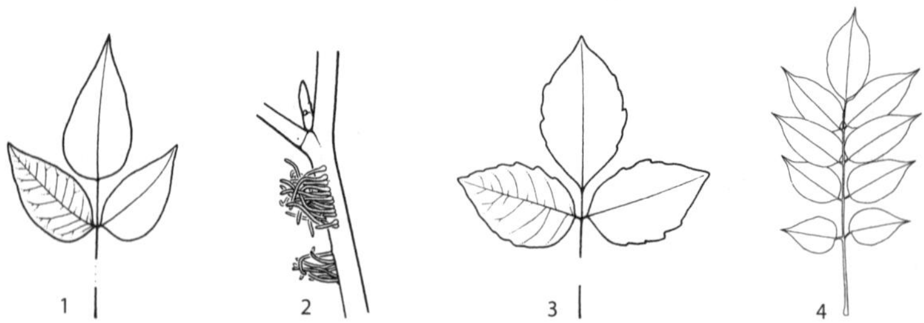

920/1–4 *Toxicodendron:* 1–2 *T. radicans*: 1 Bl., 2 Klettersspross mit Wurzeln; 3 *T. pubescens*, Bl.; 4 *T. vernicifluum*, Bl.

2. Bl. unterseits kahl, bläul. – Blch. 7–13, elliptisch bis längl. elliptisch, 4–10 cm lang, lang zugespitzt, an der Basis keilf., mit 8–12 Paar Seitennerven; Bltn. in 8–20 cm langen, lockeren Rispen; Fr. rundl., abgeflacht, 5–6 mm ∅, hell graugelb; VI–VII. Sg – ss. O- u. S-NAm. [*Rhus vernix* L.]
Kahler G., *T. vernix* (L.) Kuntze

— Bl. unterseits behaart, zumindest auf den Nerven; Zw. wenigstens anfangs behaart **3**

3. Blch. bis 16 cm lang u. 7 cm breit, eilängl., lang zugespitzt, anfangs unterseits behaart, bis auf die Mittelrippe verkahlend, mit 8–16 Paar Seitennerven; Bltn. in lockeren, 15–25 cm langen, überhängenden Rispen, achselst., an den Zw.enden gehäuft (scheinbar endst.), blass- bis grüngelb; Fr. 6–8 mm ∅, breiter als hoch, strohgelb; V–VII. Bk/Bm – ss. Z-, S- u. O-China, Indien, Jap., Kor. [*Rhus vernicifera* DC.; *R. verniciflua* Stokes]
Lacksumach, Lackbaum, *T. vernicifluum* (Stokes) F. A. Barkley

— Blch. bis 12 cm lang u. 4 cm breit, eif. bis eilängl., oberseits locker, unterseits, zumindest auf den Nerven, dichter behaart, mit 18–25 Paar deutl. hervortretenden Seitennerven; Bltn. in lockeren, 8–18 cm langen Rispen mit abstehenden Seitenzw., meist bräunl. behaart; Fr. ca. 1 cm ∅, breiter als hoch, stumpf, gelbbraun; VI. Bk – ss. Z- bis O-China, Jap., Kor. [*Rhus sylvestris* Siebold & Zucc.] **Wald-G., *T. sylvestre*** (Siebold & Zucc.) Kuntze

4 (1). Am Boden kriechender, aufrechter od. mit Luftwurzeln kletternder Strauch (*920/2*); Blch. eif. bis rhombisch, 5–12 cm lang, zugespitzt, am Grund gerundet, ganzrandig od. spärl. buchtig gesägt (stärker gesägt bei var. *rydbergii* Rehder), oberseits kahl u. glänzend, unterseits ± behaart (*920/1*); Bltn. grünl. weiß in 3–6 cm langen Rispen; Fr. kahl, selten kurzhaarig, grauweiß; VI–VII. Sk/L – ss. O- u. S-NAm. [*Rhus radicans* L.] **Kletternder G., *T. radicans*** (L.) Kuntze

— Aufrechter od. etwas kriechender Strauch, sehr ähnl. voriger Art; Blch. breit rhombisch eif., ± spitz u. lappig gesägt, bis 10 cm lang u. 7 cm breit, unterseits behaart (*920/3*); Fr. meist behaart, gelbl. weiß bis grünl. weiß, warzig; VI–VII. Sk – ss. SO-NAm. [*Rhus toxicodendron* L.] **Behaarter G., *T. pubescens*** Mill.

Trachycarpus H. Wendl., **Hanfpalme** – *Arecaceae* (Bearbeiter: Ulrich Hecker)

9 Arten vom W-Himal. bis China u. Jap. Für uns nur die folgende Art von Interesse.

T. fortunei (Hook.) H. Wendl. [*T. excelsus* H. Wendl.], **Chinesische Hanfpalme** – Stamm unverzweigt, mit graubraunen Fasern u. Blattbasen bekleidet; Bl. immergrün, fächerf., radiär eingeschnitten mit faserf. Endabschnitten, am Stammende schopfig angeordnet, Bl.schopf vielblättrig; Bl.stiel ca. 1 m lang, nur schwach bewehrt, seine Basis den Stamm umfassend; Bltnst. bl.achselst, abwärts geneigt, von großen Hochbl. umgeben, Bltn. eingschl., 2-häusig verteilt, klein, gelb, in bis zu 50 cm langen, steifen Rispen; 3-zählig, ♂ Bltn. mit 6 Stbl.; ♀ Bltn. mit 3 getrennten Frbl.; Frst. später aufrecht, Beerenfr. kugelf. bis ellipsoidisch, blauschwarz, bereift, 1 cm ∅; V. Sg/Bk – h im Weinbauklima, sonst s. ∧∧ Myanm., M- u. O-China, S-Jap.

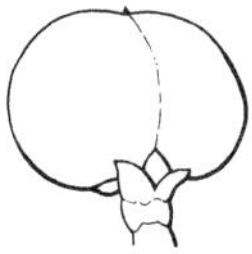

921/1 *Trachycarpus fortunei*, Fr.

Tripterygium Hook. f., **Dreiflügelfrucht** – *Celastraceae* (Bearbeiter: Bernd Schulz)

Sommergrüne, kahle Liane; Bl. groß, wechselst., Nebenbl. pfrieml., hinfällig; Bltn. zahlreich in endst. Rispen, polygam, 5-zählig, Krbl. weißl., Diskus napff., Frkn. oberst.; Fr. eine 3-flügelige, 1-samige Nuss. 1 Art in O-As.

T. wilfordii Hook. f. [*T. regelii* Sprague & Takeda] – Zw. warzig, rotbraun, schwach kantig; Bl. eif., breit eif. bis elliptisch, 5–15 cm lang, 4–10 cm breit, ± plötzl. zugespitzt bis geschwänzt zugespitzt, Spreitengrund gerundet, Bl. kerbig gesägt, hellgrün, Bl.stiel 1–2 cm lang (*922/1*); Bltnst. 10–20 cm lange, 4–6 cm breite, an der Basis beblätterte Rispe; Bltn. 8 mm ∅ (Diskus 2,5–3 mm ∅), Kr. gelbl. weiß, 2,5–3 mm lang (*922/2a–b*), Frkn. 3-kantig (*922/2a*); Fr. 12–15 mm lang (*922/3*); VI–VII. L – s. O-As.

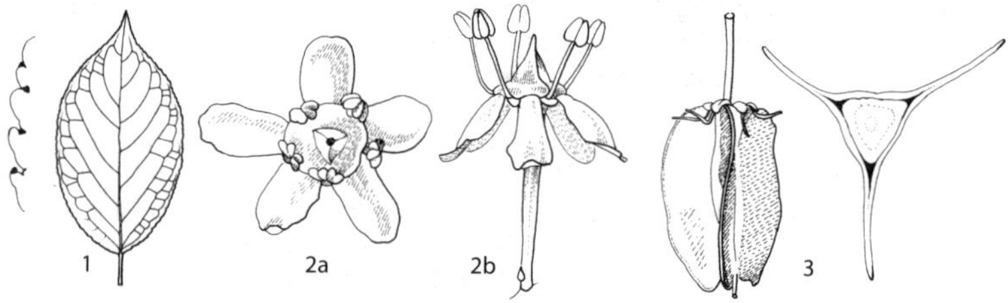

922/1–3 *Tripterygium wilfordii*: 1 Bl., 2 Blüte, 2a Draufsicht, 2b von der Seite, 3 Fr. seitl. u. Querschnitt

Trochodendron Siebold & Zucc., **Radbaum** – *Trochodendraceae* (Bearbeiter: Ulrich Hecker)
1 Art.

T. aralioides Siebold & Zucc. – Immergrüner Baum od. Strauch; Bl. wechselst., einfach, lederig, kahl, an den Zw.enden stehend, verkehrt eif. bis rhombisch eif., 6–12 cm lang, 2–7 cm breit, stumpf od. zugespitzt, am Grund abgerundet bis keilf., 3–7 cm lang gestielt, oberseits dunkelgrün, glänzend, unterseits heller (*922/4*), Nebenbl. fehlend; Bltn. in endst., schwach verzweigten Rispen od. Trauben, ⚥, Bltn.hülle fehlend, Stbl. zahlreich, Frbl. 5–10, seitl miteinander verwachsen; Fr. 7–10 mm ∅, vielsamig (*922/5*); V–VI. Sg/Bk – s. ∧ S-Kor., S-Jap., Taiw.

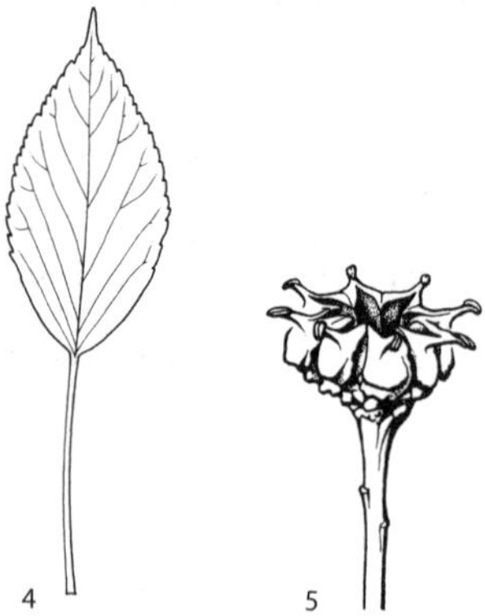

922/4–5 *Trochodendron aralioides*: 4 Bl., 5 Fr.

Tsuga (Endl.) Carrière. [incl. *Hesperopeuce* (Engelm.) Lemmon], **Hemlock, Hemlocktanne, Schierlingstanne** – *Pinaceae* (Bearbeiter: Peter A. Schmidt)

Immergrüne, 1-häusige Bäume, oft Wipfelspross u. Astspitzen überhängend; Nadeln 0,5–3 cm lang, linealisch, zuw. schmal eif. linealisch, außer bei *T. mertensiana* stark abgeflacht u. nur unterseits mit Stomatalinien (in Reihen angeordneten Spaltöffnungen), die als weiße bis graue Bänder sichtbar sind, deutl. gestielt, Stielchen dem Zw. anliegend od. diesem parallel u. auf kleinem, aber deutl. Bl.kissen sitzend (*923/1*), schraubig, aber oft gescheitelt stehend; Zapfen einzeln endst. an vorj. Seitenzw. (*923/2*), bis zur Bestäubung aufrecht, reif hängend od. nickend, Deckschuppen nur etwa ½ so lang wie die Samenschuppen, Samen mit Harzbläschen u. Flügel. Etwa 10 Arten im nem. NAm. u. nem. bis mer. O-As. bis Himal.

2 nach morphologischen Merkmalen deutl. abweichende Arten wurden jeweils einer eigenen Gatt. zugeordnet, so die chinesische Art *T. longibracteata* zu *Nothotsuga* (hier nicht behandelt) u. die nordamerikanische Art *T. mertensiana* zu *Hesperopeuce*. Da letztere, sich in Bl.- u. Zapfenmerkmalen klar unterscheidende Art nach molekulargenetischen Untersuchungen doch in die Gatt. *Tsuga* eingeordnet werden sollte, wird sie hier im Gegensatz zur vorigen Auflage der „Gehölzflora" od. zu Bärtels & Schmidt (2014) nicht unter *Hesperopeuce* geführt, sondern in der Gatt. *Tsuga* belassen.

1. Nadeln ober- od. beiderseits gewölbt, dadurch nicht deutl. abgeflacht, sondern im ∅ ± elliptisch od. schwach kantig, beiderseits matt- bis grau- od. blaugrün, auch oberseits mit Stomatalinien, vom Zw. ± radiär abstehend, vorwärts u. aufwärts gerichtet; Zapfen längl. bis zylindrisch, an Fichtenzapfen erinnernd, 3–8 cm lang, – anfangs purpurblau, reif braun, 1,5–3 cm ∅; Nadeln (0,5–)1–2,5(–3) cm lang, 1–1,5 mm breit; Jungtriebe gelbl. bis rotbraun, behaart, ältere Zw. grau. Bg – z (meist 'Glauca'). NW-NAm. (südl. bis Kalifornien). [*T. pattoniana* (Balf.) Engelm.; *Hesperopeuce mertensiana* (Bong.) Rydb.] (**Untergatt. *Hesperopeuce***) **Berg-H., *T. mertensiana*** (Bong.) Carrière

'Glauca': Nadeln auffallend blaugrün bis -weiß, deutl. langsamer wachsend. Bk.

Unterschiedl. eingeordnet werden Pfl. mit weniger dicht stehenden, mehr abgeflachten u. ± gescheitelt stehenden, oberseits mehr grünen Nadeln, entw. als Varietät, **var. *jeffreyi*** (A. Henry) C. K. Schneid., od. als Hybride mit *Tsuga heterophylla*: *T. × jeffreyi* (A. Henry) A. Henry [× *Hesperotsuga jeffreyi* (A. Henry) C. N. Page].

— Nadeln stark abgeflacht, oberseits glänzend dunkelgrün od. gelbgrün, in der Mitte gefurcht, nur unterseits mit Stomatalinien in 2 weißen od. grauen Bändern, am Zw. meist gescheitelt stehend od. zusätzl. zu seitwärts abstehenden Nadeln auf Zw.oberseite dieser anliegende, vorwärts gerichtete kleinere Nadeln; Zapfen geschlossen schmal eif. od. ellipsoidisch, geöffnet längl. eif. bis kugelig, 1,5–3,5(–4) cm lang (**Untergatt. *Tsuga***) **2**

2. Nadeln ganzrandig **4**

— Nadeln sehr fein gezähnt (Lupe!) **3**

3. Nadeln 0,5–1,8 cm lang, 1,5–2,2 mm breit, nicht parallelrandig, sich allmähl. zur Spitze hin verschmälernd, unterseits 2 grauweiße Bänder mit je

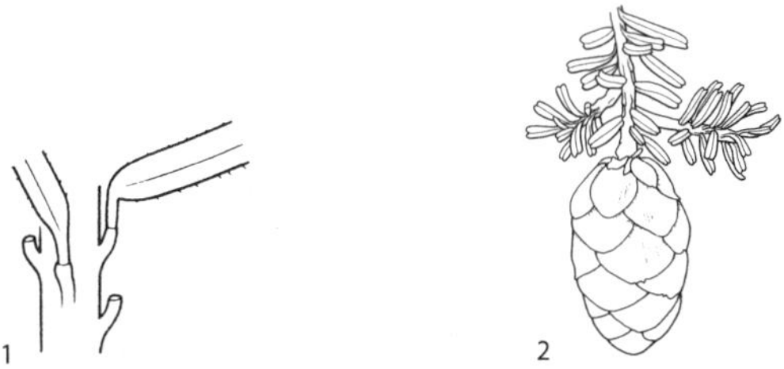

923/1–2 *Tsuga*: 1 *T. heterophylla*; 2 *T. diversifolia*, Zw. mit Zapfen

(2–)3–5(–6) Stomatalinien, deutl. abgesetzt von dem breiten grünen Rand, der Mittelbereich der Bl.unterseite mit den Stomatabändern etwa so breit wie die beiden grünen Randstreifen zusammen; Zapfen geschlossen eif. längl., spitz, geöffnet eif., 1,3–2,5(–3) cm lang, 1–1,8(–2,2) cm ∅; Jungtriebe gelb- bis graubraun, zieml. dicht gelbl. behaart; Kn. rotbraun, kegelf., spitz; obere Seitenäste in Stammnähe schräg ansteigend, Krone breit kegelf., an Altbäumen oft abgeflacht, Stamm in Kultur meist unregelmäßig geformt, oft gekrümmt. Bg – h. O-NAm. (südl. bis N-Georgia, westl. bis Minnesota).
Kanadische H., *T. canadensis* (L.) Carrière

Zahlreiche Sorten, v. a. Zwerg- u. Hängeformen od. mit abweichender Nadelfarbe, z. B.:

'Albospica': Bk; Nadeln an den Spitzen der Jungtriebe cremeweiß.

'Gracilis': unregelmäßige, abgeflacht halbkugelige Zwergform mit ansteigenden u. bogig überhängenden Ästen, oben nestf. vertieft, wenig, aber zierl. verzweigt.

'Jeddeloh': abgeflacht halbkugelige bis kissenf. Zwergform, an der Spitze trichterf. vertieft.

'Nana': flach ausgebreitete Zwergform mit niederliegenden u. aufsteigenden Ästen.

'Pendula': Sg/Bk, Hängeform, Äste bogig abstehend bis stark übergeneigt, Zw. herabhängend.

— Nadeln 0,6–2(–3) cm lang, 1,5–2 mm breit, ± parallelrandig, sich spitzenwärts nicht od. kaum verschmälernd, unterseits 2 weiße Bänder mit je 3–8 Stomatalinien u. schmalem grünen Rand, der Mittelbereich der Bl.unterseite mit den Stomatabändern deutl. breiter als die beiden grünen Randstreifen zusammen; Zapfen geschlossen längl. eif., stumpf, geöffnet fast kugelig, 1,5–2,5(–3) cm lang, 1,5–2,5 cm ∅; Jungtriebe oberseits rötl. braun, unterseits hellgelb, kurz braun behaart mit einigen längeren weißl. Haaren; Kn. eif. bis kegelf., blass- od. rotbraun; obere Seitenäste in Stammnähe horizontal abstehend; Krone kegelf., Stamm gerade u. regelmäßig. Bg – h. W-NAm.
Westamerikanische H., *T. heterophylla* (Raf.) Sarg.

4 (2). Nadeln an der Spitze abgerundet, gestutzt od. höchstens schwach ausgerandet, 1,5–2 mm breit; Zapfen geschlossen eif. ellipsoidisch, geöffnet ± eif., 2–4 cm lang, 1,5–2,5(–3) cm ∅; Samenschuppen längl. eif., zur Reife weit auseinander spreizend, teils zurückgebogen – Nadeln (0,5–)1–2 cm lang, unterseits mit 2 auffälligen weißen Bändern; Jungtriebe glänzend orange bis hell rotbraun, kahl od. spärl. behaart. Bm – s. O-NAm.: Appal.
Carolina-H., *T. caroliniana* Engelm.

— Nadeln an der Spitze gestutzt u./od. deutl. ausgerandet (*923/2*), 2–2,5 mm breit; Zapfen geschlossen eif., geöffnet ± kugelig, (1,5–)2–2,5(–3) cm lang; Samenschuppen rundl. bis verkehrt eif., zur Reife nicht weit auseinander spreizend **5**

5. Junge Zw. kahl, weißl., grau- bis gelbbraun, nur Nadelkissen orangebraun, ältere Zw. grau; Kn. eif. bis kegelf., etwas zugespitzt, rötl. gelb od. orangebraun; Nadeln unregelmäßig stehend, (0,5–)1–2(–2,5) cm lang, Stomatabänder unterseits mattweiß, wenig auffallend. Bm – z. S-Jap.
Südjapanische H., Araragi-H., *T. sieboldii* Carrière

— Jungtriebe kurz behaart (Lupe!), hellorange bis rotbraun, erst ältere Zw. kahl u. graubraun; Kn. verkehrt eif. bis kugelig, dunkelbraun; Nadeln sehr dicht u. regelmäßig stehend, 0,5–1,5(–1,8) cm lang, Stomatabänder unterseits glänzend kreideweiß, Bl.oberseite dunkler grün u. noch stärker glänzend (wie lackiert). Bm – z. Jap. **Nordjapanische H., *T. diversifolia*** (Maxim.) Mast.

Ulex **L., Stechginster** – *Fabaceae* (Bearbeiter: Bernd Schulz)

Reich u. dicht verzweigte, dornig bewehrte Sträucher; Zw. anfangs gefurcht (8 Furchen); alle Zw. u. viele Bl. in scharfe Dornen auslaufend; Bl. wechselst., Spreiten nur bei jungen Keimpfl. 3-zählig, später zu Bl.dornen od. Schuppenbl. reduziert, Nebenbl. fehlend; Bltn. (*925/1*) zu 1–2 achselst. an Lang- u. Kurztrieben, an den Sprossenden in Trauben, unterhalb des K. 2 kleine Vorbl. (Brakteolen), K. 2-lippig, bis zum Grund gespalten, dünnhäutig, gelbl., bis zur Fr.reife bleibend u. die 1–6-samige, kleine Hülse bergend (*925/2*), Staubfäden in der basalen Hälfte verwachsen; Samen mit Nabelwulst. 20 Arten in W-Eur.

U. europaeus L. – Zw. grün, behaart (*925/3*); Bltn. einzeln, 15–18 mm lang, Kr. goldgelb, Flügel etwas länger als der Kiel, K. gelbl., wie die Vorbl. grau bis rotbraun behaart (*925/1*); Fr. 1,5 cm lang, dunkelbraun, dicht rauhaarig (*925/2*); IV–VI(–IX). Sk – z–h. W-Eur. **G!**

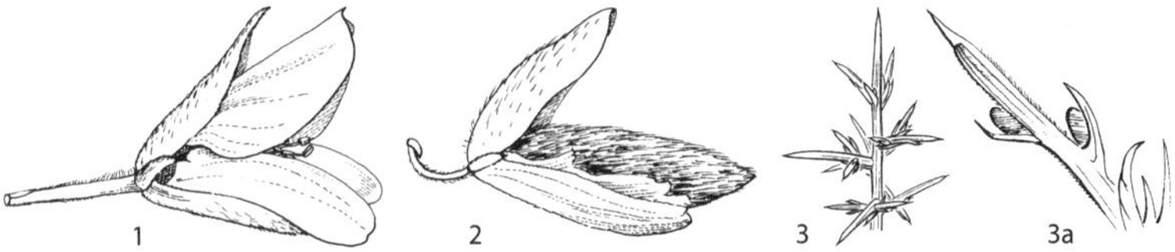

925/1–3 *Ulex europaeus*: 1 Blüte, 2 Fr., 3 Sprosssystem, 3a Ausschnitt von 3, Seitenzw.

Ulmus **L., Ulme** – *Ulmaceae* (Bearbeiter: Peter A. Schmidt)

Sommergrüne, sehr selten immergrüne Bäume, seltener Sträucher; Zw. kahl od. behaart, zuw. mit auffälligen Korkleisten; Kn. etwas schief über der Bl.narbe sitzend (*251/2*); Bl. wechselst., 2-zeilig, einfach, zuw. im vorderen Teil gelappt, fiedernervig, Bl.rand einfach od. doppelt gesägt, Spreitenbasis meist asymmetrisch; Bltn. ⚥, in Doppelwickeln od. Dichasien, meist vor den Bl. erscheinend, Perigon glockig verwachsen, Staubbeutel purpurrot; Fr. 1-samige Nuss, geflügelt, Flügelsaum oben eingeschnitten (*927/3, 928/2*). Etwa 40 Arten in der Holarkt., in As. bis in Geb. trop. Zone.

Für eine sichere Bestimmung sind meist Fr. notwendig, da Bl.merkmale allein nicht immer ausreichen. Kn.merkmale betreffen Bl.kn., denn Bltn.kn. weichen in Größe u. Form ab. Für die Bestimmung sollten keine Proventivtriebe (Wasserreiser, Stockausschläge) verwendet werden.

Mehrere Arten sind besonders anfällig für die durch Pilze (*Ophiostoma ulmi, O. novo-ulmi*) verursachte Holländische Ulmenkrankheit (z. B. *U. americana, U. glabra, U. minor, U. procera*), andere sind weniger anfällig (*U. japonica, U. laevis, U. parvifolia, U. pumila*), wobei die asiatischen Arten als Eltern für die Kreuzung ± resistenter Sorten bedeutungsvoll sind. Teils gibt es auch deutl. Unterschiede bei den Sorten einer Art (z. B. *U. americana*) od. Hybride (z. B. *U.* × *hollandica*). Eine Verschlüsselung heute gepflanzter, weniger anfälliger Sorten ist nicht mögl., zumal diese oft auf Kreuzungen mehrerer Arten u. Hybriden zurückgehen. Nicht aufgenommen wurde *U. wallichiana* Planch. (Himal.), da kaum in Kultur, sie ist jedoch Elternart diverser Hybridsorten.

1. Bltn. u. Fr. vor od. mit dem Laubaustrieb (III–IV) **3**
— Bltn. u. Fr. im Spätsommer bis Herbst (VIII–X) erscheinend **2**
2. Bl.rand nahezu einfach gesägt, Bl.spreite 2–6 cm lang, 1–2,5 cm breit, lanzettl. eif. bis schmal elliptisch, Basis wenig bis deutl. asymmetrisch od. ungleichmäßig abgerundet, Spitze spitz bis stumpfl., Seitennerven jederseits der Mittelrippe 10–15; Bltnst. kurz, mit 3–6 Bltn.; Fr. 1–1,3 cm lang, kahl – Bl. ± lederig, bis in den Winter an den Zw. haftend, oberseits dunkelgrün, glatt u. glänzend, Mittelrippe eingetieft u. behaart, sonst kahl, unterseits anfangs behaart; Stammrinde sich in unregelmäßigen, 2–8 cm breiten Fetzen ablösend, frische Rinde orangebraun, sich später aschgrau verfärbend; Zw. stets ohne Korkleisten. Bg/Bm/Sg – z. O-As. (S- bis WN- u. ON-China, Sich., Taiw.,

Jap., Kor.) bis Vietn. u. N-Indien. (**Sekt.** ***Microptelea***)

Chinesische U., Kleinblatt-U., ***U. parvifolia*** Jacq.

Unter den strauchf. Sorten kleinblättrige mit weißen Bl.rändern (**'Geisha'** ['Nana Variegata']) od. Zwergwuchs u. kaum 5 mm langen Bl. (**'Hokkaido'**).

— Bl.rand doppelt gesägt, Bl.spreite 5–10 cm lang, 3–4,5 cm breit, längl. bis längl. eif., Basis stark asymmetrisch, Spitze plötzl. zugespitzt, Seitennerven jederseits > 15; Bltnst. bis 5 cm lang, mit 8–12 Bltn.; Fr. 1–1,5 cm lang, Flügel am Rand dicht behaart – Bl. oberseits gelbl. grün, kahl, unterseits weich behaart; Zw. zuw. mit Korkleisten. Bm – ss. SO-NAm. (**Sekt.** ***Trichoptelea***)

September-U., ***U. serotina*** Sarg.

3 (1). Bltn. u. Fr. kurz gestielt od. fast sitzend, Stiel 0,5–3(–5) mm lang, in aufrechten dichten köpfchenf. Büscheln; Fr.flügel am Rand nicht bewimpert; Seitennerven oft gegabelt – Zw. mit od. ohne Korkleisten (**Sekt.** ***Ulmus***) ... **5**

— Bltn. u. Fr. lang gestielt, Stiel 6–30 mm lang, in hängenden doldenf. Büscheln; Fr.flügel am Rand zottig bewimpert; höchstens Seitennerven der unteren Bl.hälfte gegabelt; Zw. nie mit Korkleisten – Spreite an der Basis (z. T. stark) asymmetrisch, Rand doppelt gesägt (**Sekt.** ***Blepharocarpus***) **4**

4. Junge Zw. dicht weichhaarig; Kn. 4–6(–7) mm lang, eif. bis kegelf., zugespitzt; Bl. elliptisch bis verkehrt eif., 5–10(–13) cm lang, zugespitzt, oberseits matt glänzend grün, kahl od. verkahlend, glatt, unterseits dicht kraushaarig, jederseits der Mittelrippe 12–19 Seitennerven, Bl.stiel 4–10 mm lang (*927/1*); Fr. 1–1,4 cm lang, rundl. bis breit eif., Samen etwa in der Mitte, den Flügeleinschnitt nicht berührend – Stammbasis oft mit brettwurzelartigen Anläufen, oft Wasserreiser, aber keine Wurzelsprosse bildend. Bg – h. Nem. bis submer. Eur. (außer W- u. SW-Eur.), Kl.-As., Kauk. [*U. effusa* Willd.]

Flatter-U., ***U. laevis*** Pall.

— Junge Zw. anfangs behaart, später kahl; Kn. 3–4(–5) mm lang, eif., ± stumpf; Bl. längl. eif. bis elliptisch, 10–15 cm lang, lang zugespitzt, oberseits dunkelgrün, kahl, rau, unterseits flaumig behaart, jederseits mit etwa 18 Seitennerven, Bl.stiel 5–8 mm lang; Fr. 1 cm lang, elliptisch, Samen oberhalb der Mitte, bis zum Flügeleinschnitt reichend, Wimpern am Flügelrand gelb bis weiß – Borke im ∅ mit unterschiedl. gefärbten Schichten, cremefarben u. braun. Bg – s. O-NAm. **Weiß-U., Amerikanische U.,** ***U. americana*** L.

5 (3). Junge Zweige durch kurze steife Haare rau; Kn. rotbraun behaart; Fr. in der Mitte rostbraun behaart – Bl. längl. eif., elliptisch od. verkehrt eif., Spreite (3–)8–18 cm lang, 4–8 cm breit, plötzl. zugespitzt, Basis abgerundet bis asymmetrisch, Rand doppelt gesägt, oberseits durch aufrechte steife Haare sehr rau, unterseits weicher behaart, Bl.stiel 5–7 mm lang; Fr. breit elliptisch bis rundl., 1–2 cm lang; Borke im ∅ mit gleichfarbigen braunen Schichten. Bm/Bg – ss. O- bis Z-NAm. [*U. fulva* Michx.] **Rot-U.,** ***U. rubra*** Muhl.

— Junge Zw. glatt, kahl od. behaart; Kn. kahl od. hell behaart; Fr. kahl od. höchstens am oberen Einschnitt od. zentralen Nerv des Flügels etwas behaart ... **6**

6. Basis der Bl.spreite ± symmetrisch od. nur wenig schief, Bl.rand nahezu einfach gesägt (*927/2*), Bl. 1–3 cm breit, (1,5–)4–5(–7) cm lang; Kn. 1,5–2 mm lang – Bl. elliptisch bis eif. lanzettl., lederig, jederseits der Mittelrippe 10–12 Seitennerven, Spitze spitz bis zugespitzt, oberseits dunkelgrün, kahl, unterseits matt, schwach behaart, Bl.stiel 2–7 mm lang; K. u. Fr. kahl; Fr. rundl., 1–1,5 cm lang, Samen oberhalb der Mitte; Stammborke tief gefurcht, grau.

Bk/Bm – z. Südl. O-Sib., Mong. u. Russ.-Fernost bis Kor., NO- u. N-China, M-As. [*U. pinnato-ramosa* Koehne] **Sibirische U., *U. pumila*** L.

Bedeutend als Elternart von Hybridsorten, z. B. von *U. japonica* × *U. pumila* (siehe unter Nr. 9–).

— Basis der Bl.spreite stets (z. T. sehr stark) asymmetrisch, Bl.rand doppelt gesägt, Bl. (1,5–)3–8(–10) cm breit, 4–12(–16) cm lang; Kn. mindestens 2–4, teils bis 9 mm lang **7**

7. Junge Zw. kahl od. verkahlend u. nur mit zerstreuten Haarresten, Bl. oberseits meist glatt u. ± kahl, nur zuw. etwas rau, unterseits kahl od. spärl. behaart, meist nur an Mittelrippe u. in Nervenwinkeln (Achselbärte), jederseits der Mittelrippe 8–14 Seitennerven – Samen meist oberhalb der Mitte der Fr., oberes Ende (fast) bis an den Einschnitt im Flügel reichend (*928/2*); junge Pfl.teile ± rotdrüsig; Zw. oft mit Korkleisten **10**

— Junge Zw. meist bleibend behaart, Bl. oberseits durch kurze steife Haare rau, unterseits weich behaart, zuw. nur auf den Nerven od. in Nervenwinkeln, wenn oberseits nicht rau u. unterseits mit Achselbärten, dann jederseits der Mittelrippe 12–22 Seitennerven – Samen in der Fr. mittig liegend (*927/3*) od. oberhalb der Mitte **8**

8. Fr. breit elliptisch, (1,5–)2–3(–3,5) cm lang, Samen in der Mitte (*927/3*); Kn. rostrot bis -braun behaart; Zw. nie mit Korkleisten; Bl. (5–)7–15(–18) cm lang, 4–10 cm breit, plötzl. zugespitzt, bei Schattenbl. oft vorn ± gelappt, 3(–5)-spitzig, Bl.stiel 1–4(–6) mm lang, ± von der öhrchenf. Basis der vergrößerten Spreitenhälfte überdeckt – Spreite elliptisch bis verkehrt eif., oberseits matt dunkelgrün, sehr rau, unterseits heller u. ± behaart, jederseits der Mittelrippe mit 13–20 Seitennerven; Narben rot; Kn. 5–7(–9) mm lang, stumpf eif.; Stammrinde lange glatt bleibend, im Alter längsrissige Borke, kaum Wasserreiser, nie Wurzelsprosse bildend. Bg – h. Mer. bis bor. Eur. [*U. scabra* Mill.; *U. montana* Stokes] **Berg-U., *U. glabra*** Huds.

'Camperdownii', Lauben-U.: Krone halbkugelig, Zw. bogig abwärts wachsend, oft bis zum Boden reichend. Bk (hochstämmige Veredlung).

'Exoniensis', Säulen-U., Exeter-U.: Wuchs anfangs säulenf., später breiter ausladend; Bl. gekräuselt, tief u. unregelmäßig grob gesägt. Bm/Bg.

'Pendula' ['Horizontalis'], **Schirm-U., Hänge-U.**: Krone schirmf., Äste horizontal ausgebreitet, Zw. lang herabhängend. Bm (hochstämmige Veredlung).

'Lutescens': Bl. gelbl. grün.

— Fr. verkehrt eif. bis rundl., 1–2 cm lang, Samen zwischen Mitte u. dem Einschnitt am oberen Flügelende; Kn. kahl od. z. T. (Schuppenränder) behaart,

1 2 3

927/1–3 *Ulmus*: 1 *U. laevis*, Bl., 2 *U. pumila*, Bl., 3 *U. glabra*, Flügelnuss

aber nicht rostrot od. -braun; Zw. oft mit Korkleisten; Bl. 2–9(–12) cm lang, 1–5(–6) cm breit, Bl. zugespitzt, aber nie mehrspitzig, Bl.stiel 4–10(–17) mm lang, nicht von der Basis der vergrößerten Spreitenhälfte verdeckt **9**

9. Bl. jederseits der Mittelrippe mit 10–12 Seitennerven; Fr. rundl. – Bl. 3–9 cm lang, 3–6 cm breit, eif. bis fast rundl., oberseits dunkelgrün u. rau, unterseits gleichmäßig behaart, mit Achselbärten, Bl.stiel 4–8 mm lang, behaart; Wurzelsprosse bildend. Bg – z. S- bis W-Eur. [*U. minor* var. *vulgaris* (AITON) RICHENS]
Englische U., *U. procera* SALISB.

Die Einstufung dieser Sippe als eigene Art od. Varietät von *U. minor* ist bis heute umstritten (vgl. Nr. 10), ebenso die Zuordnung diverser, früher hier zugeordneter Sorten wie **'Argenteo-Variegata'**: Bl. grün mit silbergrauen u. weißen Flecken u. Streifen; **'Aurea'**: Bl. anfangs goldgelb, später gelbl. grün; **'Viminalis'** [*U.* × *viminalis* LOUDON]: Bl. schmal eif. bis lanzettl., eingeschnitten bis tief doppelt gesägt, Seitenzw. hängend.

— Bl. jederseits der Mittelrippe mit 12–22 Seitennerven; Fr. verkehrt eif. – Bl. 2–9(–12) cm lang, 1–4(–6) cm breit, elliptisch bis verkehrt eif., Bl.stiel 5–10 (–17) mm lang, Bl. doppelt gesägt, oberseits anfangs spärl. behaart, unterseits anfangs dicht behaart, meist verkahlend bis auf Achselbärte. Bg/Bm/Sg – s. O-As. (NO-, N-, OS- u. ZS-China, Jap., Kor.) bis Russ.-Fernost, Mong. u. südl. O-Sib. [*U. davidiana* var. *japonica* (REHDER) NAKAI]
Japan-U., *U. japonica* (REHDER) SARG.

Die Art wird heute auch als Varietät eingestuft u. einem ostasiatischen Sippenkomplex (*U. davidiana* agg.) mit *U. davidiana* PLANCH., *U. japonica* u. *U. wilsoniana* C. K. SCHNEID. zugeordnet, der bedeutend für die Züchtung von gegenüber der Holländischen Ulmenkrankheit resistenten Sorten ist (z. B. sind 'New Horizon', 'Rebona' od. 'Sapporo Gold' Hybridsorten *U. japonica* × *U. pumila*).

10 (7). Bl. (2–)4–8(–12) cm lang, 2,5–5 cm breit, meist elliptisch, zuw. mehr eif., oberseits glänzend grün, kurz zugespitzt, nie mehrspitzig, jederseits der Mittelrippe 8–13(–15) Seitennerven, Bl.stiel (3–)5–15 mm lang (*928/1*); Kn. 2–4(–6) mm lang, nicht rostfarbig behaart, Schuppen weißl. bewimpert; Narben weiß; Fr. verkehrt eif. bis verkehrt herzf., 1,2–1,7(–2) cm lang, Samen stets oberhalb der Mitte, bis an den Einschnitt im Flügel reichend (*928/2*); oft Korkleisten an den Zw. (**Kork-U.**), Wasserreiser u. Wurzelsprosse bildend. Bg/Bk – h. Medit. bis nem. Eur., Kl.-As. u. Kauk. [*U. carpinifolia* GLED.; *U. campestris* auct. p. p.] **Feld-U., *U. minor*** MILL.

Variable Art, von der mehrere Sippen unterschieden werden (siehe auch *U. procera*, Nr. 9), die wohl eher als Kulturformen anzusehen sind, so die mehr in Habitus (schmalkronig) u. Struktur der Krone als in Bl.- od. Fr.merkmalen abweichenden Varietäten (teils auch als Unterarten od. Arten aufgefasst).

1 2 3 4

928/1–4 *Ulmus*: 1 *U. minor*, Bl., 2 *U. minor*, Flügelnuss, 3 *U.* × *hollandica* 'Dampieri', 4 *U.* × *hollandica* 'Vegeta'

var. *cornubiensis* (WESTON) REHDER [*U. stricta* (AITON) LINDL.], **Cornwall-U.**: Äste weniger zahlreich, die untersten steil aufrecht, Stamm vor der Kronenspitze endend.

var. *sarniensis* (C. K. SCHNEID.) RICHENS, **Jersey-U.**: Äste zahlreich u. dichter, leicht aufgerichtet, Stamm bis zur Kronenspitze durchgehend.

var. *lockii* (DRUCE) RICHENS [*U. plotii* DRUCE]: Leittrieb überhängend, Ast- u. Zw.enden hängend; Bl.oberseite ± rau, Spreitenbasis kaum asymmetrisch.

Die meisten der früher *U. minor* zugeschriebenen Sorten gehören zu *U.* × *hollandica* (vgl. auch *U. procera*).

— Bl. (6–)8–12(–16) cm lang, 4–8 cm breit, eif. bis elliptisch od. verkehrt eif., oberseits matt bis glänzend dunkelgrün, zuw. mehrspitzig, jederseits mit (10–) 12–15 Seitennerven, Bl.stiel 3–10 mm lang; Kn.schuppen mit rostfarbenen Haaren u./od. weißl. bewimpert; Narben weiß, rosa od. rötl.; Fr. elliptisch bis verkehrt eif., (1,2–)1,5–2(–2,5) cm lang, Samen mittig od. oberhalb der Mitte, nicht bis an den Flügeleinschnitt reichend; Zw. mit od. ohne Korkleisten, Pfl. mit od. ohne Wasserreiser u. Wurzelsprosse. Bg – h. Natur- u. Kulturhybride [*U. glabra* × *U. minor*]. **Holländische U., Bastard-U., *U.* × *hollandica*** MILL.

Der Bastard (einschließl. Rückkreuzungen) ist nicht immer sicher von den Elternarten zu unterscheiden, da die Merkmale zwischen denen der Eltern stehen, intermediär od. dieser od. jener Art näher kommend, zuw. sogar Neukombinationen von Merkmalen mögl.

Beispiele für Sorten sind:

'Belgica', Belgische U.: Bg (bis 40 m hoch) mit breiter, ± kugelf. Krone, an *U. glabra* erinnernd; Bl. lang zugespitzt.

'Commelin': Bm, Krone dicht geschlossen, breit kegelf., später eif., Äste straff aufrecht.

'Dampieri': Bm, Krone anfangs schmal, säulenf. bis kegelf., später breiter; Bl.rand tief u. doppelt gesägt (*928/3*), oft auch wellig, Bl. an Kurztrieben gedrängt stehend.

'Dampieri Aurea' ['Wredei'], **Gold-U.**: Bk, ähnl. 'Dampieri', aber Bl. im Austrieb leuchtend gelb, später gelb bis gelbgrün.

'Jacqueline Hillier': Sg/Bk, schwachwüchsig, bis 4 m hoch u. breit, Äste u. Zw. leicht brechend; Bl. < 4 cm lang.

'Smithii' ['Pendula']: Bm/Bk, Äste aufsteigend, Zw. lang herabhängend.

'Vegeta' [*U.* × *vegeta* (LOUDON) LEY], **Huntingdon-U.**: Bg mit meist kurzem Stamm u. sehr breiter, lockerer Krone; Bl. ähnl. wie bei *U. glabra*, aber oberseits glatt u. kahl (*928/4*).

Umbellularia (NEES) NUTT. – *Lauraceae* (Bearbeiter: Bernd Schulz)

1 Art.

U. californica (HOOK. & ARN.) NUTT., **Kalifornischer Berglorbeer** – Immergrüner Baum, in der Heimat bis 30 m hoch; Bl.stiel 1–2,5 cm lang, Spreite einfach, ganzrandig, lang elliptisch bis lanzettl., bis 12 cm lang, oberseits grün, glänzend, unterseits wenig heller, verkahlend (*281/3*); Winterkn. nackt; Bltnst. gestielte Dolde, 1,5 cm ∅, in der Kn. kugelig u. lang gestielt, von 5–6 Hochbl. eingeschlossen, Bltn. ⚥, gelbgrün, Perigon 6-teilig, hinfällig, Stbl. 9, Staubbeutel 4-klappig (*281/5b*), die inneren Stbl. mit je 2 auffälligen Drüsen seitl. des Staubfadenansatzes (*281/5a*); Fr. eif., 2–2,5 cm lang, grünl. zuw. gerötet; I–V. Bg – ss. ∧∧ SW-NAm. (Oregon, Kalifornien).

Vaccinium L., Heidelbeere, Preiselbeere, Moosbeere – *Ericaceae*

(Bearbeiter: Bernd Schulz)

Sommer- od. immergrüne Sträucher u. Halbsträucher mit wechselst. Bl.; Bltn. einzeln od. in Trauben, Krbl. (fast) frei (*930/1–2*) od. verwachsen u. glockenf. od. krugf. (*930/3* u. *931/1–4*), wie der K. 4- od. 5-teilig, 8–10 Stbl.: Theken röhrenf. verlängert, am Ende mit einer Pore (*930/1–3* u. *931/1a–3a*), zuw. mit einem Fortsatz (*931/3a* u. *4a*). Aus dem unterst. Frkn. geht eine saftige od. mehlige Beere hervor, gekrönt von dem bleibenden K. Die Tribus *Vaccinieae* umfasst über 1 000 Arten mit 3 Verbreitungsschwerpunkten: Holarkt., Neotrop. u. SO-As. bis pazif. Raum. Etwa 450 Arten in der Holarkt., S-Afr. u. Madagaskar. Genaue Angaben zur Artenzahl u. Verbreitung der Gatt. *Vaccinium* sind nicht mögl., da die Abgrenzung zu anderen Gatt. der Tribus nicht sicher ist.

1. Sommergrüne, kleine bis mittelgroße, ± aufrechte Sträucher; Zw. ohne Endkn.; Kr. krugf. od. glockenf., zur Öffnung ± verengt, meist mit 5, relativ kurzen Lappen, Gr. kürzer od. nur wenig länger als die Kr., Theken mit od. ohne Fortsatz (*931/1–4*); Fr. schwarz od. schwarzblau u. hell bereift; Zw. rund od. kantig; Bl. flach **4**

— Immergrüne, bis 30 cm hohe (oft niederliegende) Zwergstr.; Zw. mit Endkn.; Kr. 4-teilig, mit ± zurückgeschlagenen Zipfeln, Gr. die Kr. deutl. überragend (*930/1–3*); Theken ohne Fortsatz; Beere rot; Zw. rund; Bl.rand oft ± eingerollt **2**

2. Kleiner Strauch mit ± steifen, aufrechten Zw.; Bl. bis 25 mm lang, unterseits mit bräunl. Punkten (Lupe!), matt hellgrün, ganzrandig od. schwach gekerbt (*932/3*); Bltn. kurz gestielt (*930/3*), in dichten, hängenden Trauben am Ende der Zw., Kr. weiß od. rötl., zu ²/₃ becherf. verwachsen, Zipfel nur leicht umgeschlagen; V–VIII. HS – z–h. zirkbor. u. nem. Geb. **Preiselbeere, *V. vitis-idaea*** L.

'Koralle': reich fruchtende Sorte.

V. × intermedium Ruthe [*V. myrtillus × V. vitis-idaea*]: spontane Hybride im Verbreitungsgebiet der Eltern, *V. vitis-idaea* näher stehend, aber Zw. leicht kantig; Bltn. selten > 4 in der Traube; Beere blauschwarz.

— Sprosse dünn, am Boden kriechend (übereinander liegende Zw. bilden zuw. dickere Matten); Bl. höchstens 17 mm lang; Bltn. an langen, fadenf. Stielen; Kr. hellrot, Zipfel bis fast zur Basis getrennt u. zurückgeschlagen, Gr. u. Stbl. lang, schnabelartig die zurückgeschlagene Kr. überragend (*930/1–2*); Gr. bis zur Fr.reife bleibend **3**

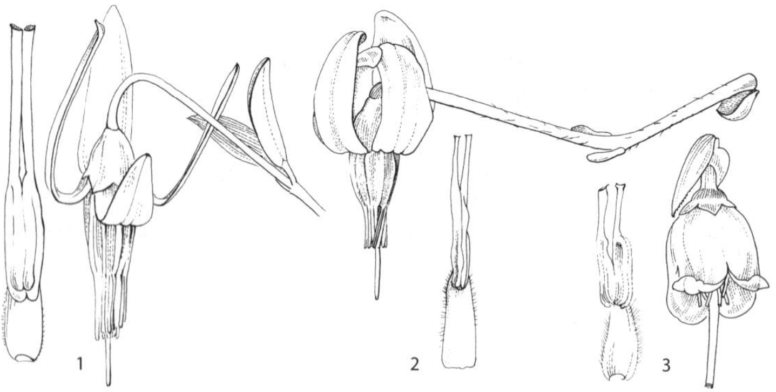

930/1–3: *Vaccinium*, Bltn. u. Stbl.: 1 *V. macrocarpon*, 2 *V. oxycoccos*, 3 *V. vitis-idaea*

3. Bl. 3–8 mm lang, zugespitzt (*932/5*), am Rand stark umgerollt, in der Mitte am breitesten; Bltn. (*930/2*) an den Zw.enden, etwa 8 mm lang (Bltn.ansatz bis Gr.spitze), Stiele behaart, bis > 2 cm lang; Beere kugelig, 7–10(–12) mm; V–VI. HS – s–z. zirkbor., Eur. (ohne Iberische Halbinsel), Geb. NAm. [*Oxycoccus palustris* Pers.] **Kleine Moosbeere, *V. oxycoccos*** L.

subsp. *microcarpum* (Turcz.) A. Blytt: Bl. im unteren Teil am breitesten (3-eckig eif.); Bltn.stiele kahl od. fast kahl; Fr. birnenf. Geb. südl. M-Eur.

— Bl. 6–17 mm lang, stumpf, am Rand wenig umgerollt; Bltn. (*930/1*) weit unterhalb der Zw.enden, ca. 11 mm lang, bis > 3 cm lang gestielt; Beere 1–2 cm ∅; V–VI. HS – z. N-NAm., auch in Eur. als Cranberry in Kultur u. Fr. im Handel. [*Oxycoccus macrocarpus* (Ait.) Pursh] **Großfrüchtige Moosbeere, *V. macrocarpon*** Aiton

4 (1). Bl. bis 3 cm lang, Theken mit Fortsatz (*931/3a* u. *4a*); kleine einheimische Zwergsträucher bis etwa 50 cm Höhe; Fr. schwarzblau, heller bereift, bis 10 mm ∅, ohne od. mit K.zähnen **6**

— Bl. 3–10 cm lang, Theken ohne Fortsatz (*931/1a* u. *2a*); kultivierte, mitunter verwilderte Sträucher > 1 m Höhe; Fr. entw. unbereift od. > 10 mm ∅, mit K.zähnen **5**

5. Bl. fein gesägt (*932/1*); Bltn. 8–12 mm lang (*931/1*), Kr. weißl., rosaviolett überlaufen (Längsstreifen) bis ganz rot; Fr. schwarzblau, glänzend u. unbereift, 6–8 mm ∅; V–VI. Sk/Sg – ss. Kauk. **Kaukasus-Strauchheidelbeere, *V. arctostaphylos*** L.

— Bl. ganzrandig (bis fein gesägt), elliptisch bis schmal elliptisch, oberseits kahl, unterseits auf den Nerven schwach behaart; Bltn. 6–10 mm lang, Kr. weiß od. rosa (*931/2*); Fr. dunkelblau, bereift, Fr.fleisch hell, 7–10 mm ∅ (bei Kultursorten oft größer), essbar; V. Sk/Sg – h. N- u. O-NAm. **Amerikanische Strauchheidelbeere, *V. corymbosum*** L.

V. angustifolium Ait. [*V. pensylvanicum* Mill.)]: Bl. lanzettl., 15–40 mm lang, gesägt, Zähne in kleine Grannen auslaufend. Sz (bis 30 cm hoch) – ss. O-NAm.

V. corymbosum u. ***V. × atlanticum*** E. P. Bicknell [*V. angustifolium* × *V. corymbosum*] mit vielen Sorten als Gartenheidelbeeren in Kultur (z. B. 'Bluecrop', 'Berkely', 'Goldtraube'); *V. × atlanticum* in N-Deutschland etablierter Neophyt.

6 (4). Zw. scharfkantig, bleibend grün; Bl. fein gesägt (*932/2*); Bltn. einzeln, Kr. grünl., rötl. überlaufen, K. welliger Saum, ohne K.zähne (*931/3*); Beere blau-

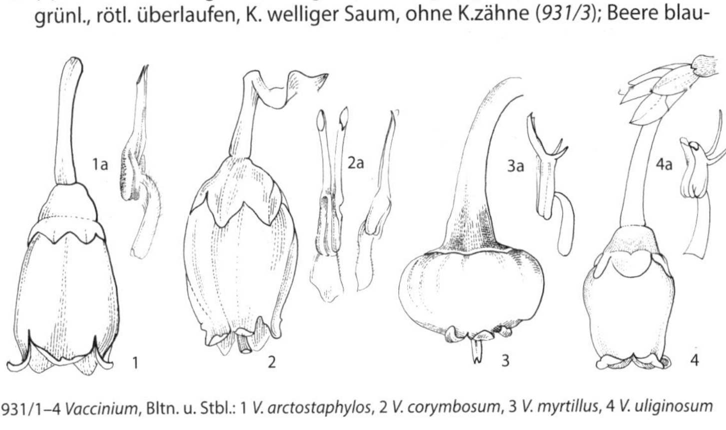

931/1–4 *Vaccinium*, Bltn. u. Stbl.: 1 *V. arctostaphylos*, 2 *V. corymbosum*, 3 *V. myrtillus*, 4 *V. uliginosum*

schwarz, bereift, mit rotem Saft; IV–V. HS – h. Eur., Kl.-As., Kauk., Sib., Mong. **Heidelbeere, Blaubeere, *V. myrtillus*** L.

— Zw. rundl., vorj. braun; Bl. ganzrandig, blaugrün, elliptisch bis verkehrt eif. (*932/4*), unterseits stark netzaderig, bei der subsp. *uliginosum* > 10 mm breit; Bltn. in 1–4-bltg. Trauben, Kr. weiß od. rötl., K.zähne rundl. (*931/4*); Beere blauschwarz, bereift, mit farblosem Saft; V–VI. Sz/Sk (0,2–1 m hoch) – s. zirkpol., Geb. Eur. u. W-NAm. **Rauschbeere, Moorbeere, *V. uliginosum*** L.

subsp. *pubescens* (Hornem.) S. B. Young: 5–15 cm hoch; Bl. bis 10 mm breit. Geb.: Alp.

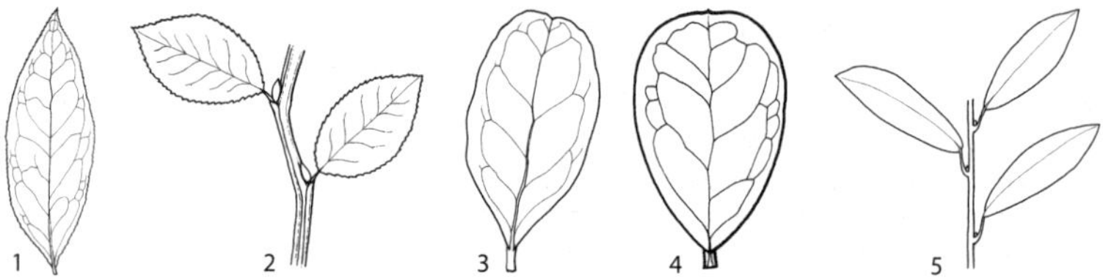

932/1–5 *Vaccinium*, Bl.: 1 *V. arctostaphylos*; 2 *V. myrtillus*; 3 *V. vitis-idea*; 4 *V. uliginosum*; 5 *V. oxycoccos*

Viburnum L., Schneeball – *Adoxaceae* (Bearbeiter: Bernd Schulz)

Sommer- od. immergrüne Sträucher u. kleine Bäume; Winterkn. nackt od. mit Kn.schuppen; Bl. einfach, selten gelappt; Bltn. ⚥, meist klein, in flachen od. kugeligen Dolden od. längl. Rispen, Kr. radf., glockenf., selten röhrenf., 5-lappig, weiß bis rosa, am Rand zuw. mit sterilen Schaubltn. mit vergrößerter, zygomorpher Kr., bei Kulturformen auch alle Bltn. sterile Schaubltn., der Bltnst. dann ± kugelf.; Steinfr. mit einem 1-samigen Steinkern. Mehr als 150 (bis 250) Arten, vorwiegend nem. Euras. u. NAm. bis trop. MAm. u. SO-As. **G!**

Clement et al. 2014 geben allen monophyletischen Gruppen einen informellen Namen ohne Rangstufe (informal clade names). Sie sind hier in Anführungszeichen angegeben, wenn die klassischen Sektionsnamen die natürl. Verwandtschaft nicht korrekt wiedergeben.

1. Bl. einfach, ungelappt **6**

— Bl. gelappt **2**

2. Zw. oft ohne Endkn., Seitenkn. bis 15 mm lang, anfangs von einer einzigen verwachsenen Kn.schuppe umhüllt (*934/2*), zuw. früh angetrieben u. ge-

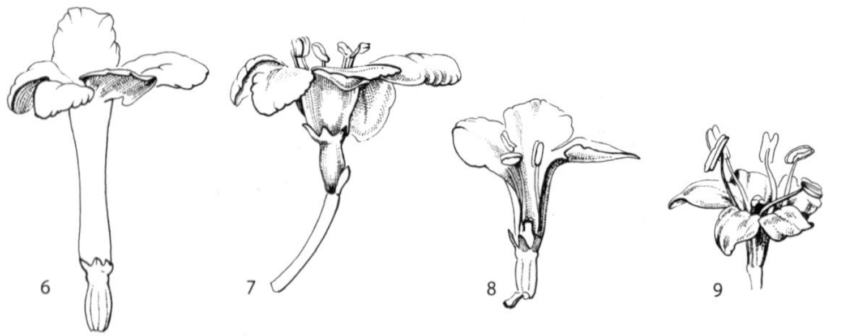

932/6–9 *Viburnum*, Bltn.: 6 *V. carlesii* var. *bitchuense*, 7 *V. × carlcephalum*, 8 *V. × burkwoodii*, 9 *V. utilis*

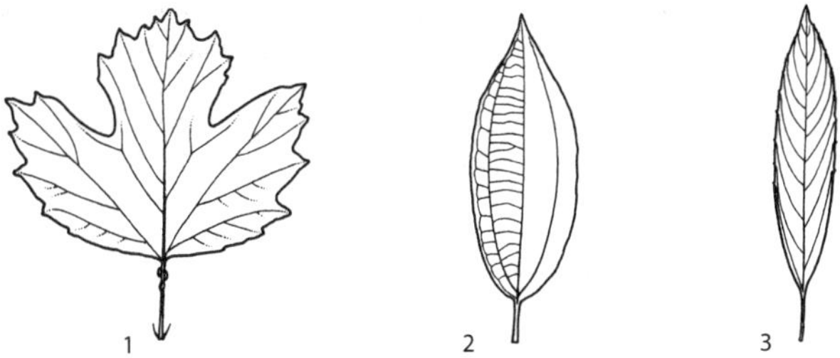

933/1–3 *Viburnum*, Bl.: 1 *V. opulus*, 2 *V. davidii*, 3 *V. henryi*

sprengt; Bl. am Stiel mit einer od. mehreren Drüsen (*933/1*); Bltnst. zuw. ganz od. teilw. mit größeren, sterilen Schaubltn.; Fr. rot (**Sekt. *Opulus***) **4**
— Zw. meist mit Endkn., Kn. mit 2, höchstens basal verwachsenen Kn.schuppenpaaren (*934/1*); Bl.stiel ohne Drüsen (*933/5*); Bltnst. ohne Schaubltn.; reife Fr. schwarz od. rot **3**

3. Fr. rot (**Sekt. *Odontotinus*** s. str.) **19**
— Fr. schwarz – Bl. rundl. eif., 3-lappig, 5–10 cm lang, grob gezähnt (*933/5*), oberseits schwach, unterseits dichter behaart u. schwarz punktiert; Bltn. in lang gestielten, 3–8 cm breiten Schirmrispen, Kr. gelbl. weiß; Fr. ellipsoidisch, 6–8 mm lang, blauschwarz; Herbstfärbung orangerot; V–VI. Sk – ss. O-NAm. (*„Lobata"*) **Ahornblättriger S., *V. acerifolium*** L.

4 (2). Staubbeutel purpurn; Rinde korkig – Bl. 3-lappig (im Bltnst. zuw. auch ungelappt), mittlere Bl. wüchsiger Triebe mit ± stark verlängertem Mittellappen, dieser zugespitzt u. oft ganzrandig, zuw. mit groben Zähnen, die Seitenlappen abspreizend (*933/6*), oberseits gelbl. grün, unterseits hellgrün, Nerven auf beiden Seiten abstehend behaart, Bl.stiel 2–3 cm lang, rau behaart, mit 2(–4) Drüsen; Bltnst. Schirmrispen bis 10 cm ∅, sterile Randbltn. 3 cm ∅; Fr. kugelf., 8–10 mm ∅, hellrot; V–VI. Sk/Sg – ss. O- u. NO-China, Mong., Russ.-Fernost, Jap., Kor. [*V. opulus* subsp. *calvescens* (Rehder) Sugimoto]
Sargents S., *V. sargentii* Koehne

'Onondaga': Bl. im Austrieb rotbraun, später dunkelgrün; Bltnkn. rötl. s–z.

'Flavum': Fr. gelb. ss.

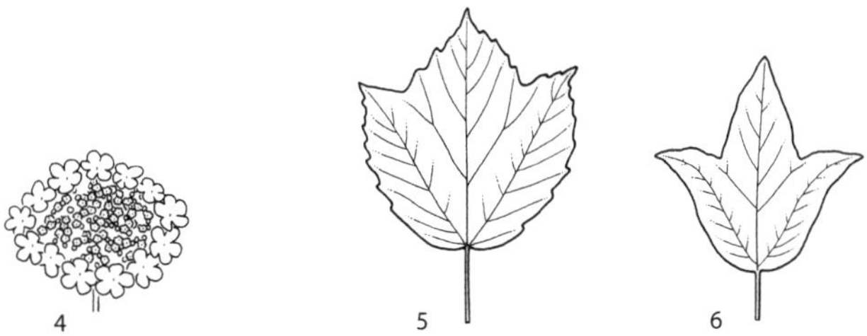

933/4–6 *Viburnum*: 4 *V. opulus*, Bltnst., 5–6 Bl.: 5 *V. acerifolium*, 6 *V. sargentii*

— Staubbeutel gelb; Rinde dünn, nicht korkig – Bl. 3–5-lappig, breit eif., Mittellappen gewöhnl. nicht verlängert u. wie die Seitenlappen immer grob gezähnt **5**

5. Bl. unterseits gewöhnl. ± behaart, Bl.stiel 1–2 cm lang, oberseits mit schmaler Furche u. einigen großen, z. T. gestielten, in der Mitte vertieften Drüsen an der Spreitenbasis (*933/1*); Fr. rot, kugelig, 8 mm ∅; V–VI. Sg – h. Eur. bis M-As., in NAm. Neophyt. **Gewöhnlicher S., *V. opulus*** L. var. ***opulus***

'Roseum' ['Sterile']: Bltn. alle steril, Bltnst. kugelig, 5–7 cm ∅, Kr. im Verblühen leicht rosa getönt. h.

'Compactum': klein bleibend, bis 1 m hoch werdend; reich blühend. z.

'Nanum': reich verzweigte, kleinblättrige Zwergform, nur bis 0,5 m hoch werdend; selten blühend. s.

'Xanthocarpum': Fr. gelb. ss.

In der Ukraine u. Russland auch Fr.sorten (Wildherkünfte i. d. R. ungenießbar).

— Bl. unterseits gewöhnl. kahl, Bl.stiel 1–3 cm lang, oberseits mit flacher Furche u. kleinen, meist gestielten, in der Mitte nicht vertieften Drüsen; Bltnst. 7–10 cm breit, Stbl. etwa doppelt so lang wie die Kr.; Fr. 8–10 mm lang, rundl. bis ellipsoidisch, orangerot; V–VI. Sg – ss. NO-NAm. [*V. trilobum* MARSH.] **Amerikanischer S., *V. opulus*** var. ***americanum*** AITON

Wird wie **var. *edule*** MICHX. [*V. edule* (MICHX.) RAF.] aus dem bor. NAm. als „highbush cranberry" für die Marmeladenherstellung genutzt. Die var. *opulus* gilt hier – auch verarbeitet – als ungenießbar.

6 (1). Bltnst. flache od. kugelige (Mehrfach-)Dolde (zuw. nur trugdoldig, aber wenigstens die untersten 2–3 Paar Seitenachsen entspringen annähernd am selben Punkt); Bltn. nach dem Laub; Steinkern flach od. gefurcht **11**

— Bltnst. verlängert, rispig (Ansätze der gegenst. Seitenachsen deutl. zueinander versetzt); Bltn. vor od. nach dem Laub; Steinkern tief gefurcht (*935/1*) (**Sekt. *Solenotinus***) **7**

7. Bltn. sich erst nach der Bl.entfaltung entwickelnd; Kr. becherf. od. kurz röhrenf. mit bis 4(–5) mm langer Röhre; Pfl. sommer- od. immergrün **9**

— Bltn. sich vor der Bl.entfaltung öffnend; Kr.röhre verlängert (Röhre > 5 mm lang); Pfl. sommergrün **8**

8. Bl. längl. elliptisch, bis 7,5 cm lang u. 4 cm breit, mit 4–6(–7) Nervenpaaren – 3-eckig gezähnt (*940/5*), oberseits grün, Nerven tief eingesenkt, unterseits heller, Bl.stiel 1–2 cm lang, gerötet; Zw. rotbraun, 1-j. um 2 mm ∅; Bltn. stark duftend, kahl, in 3–5 cm langen, eif. bis breit kegelf. Rispen, Kr. in Kn. rosa,

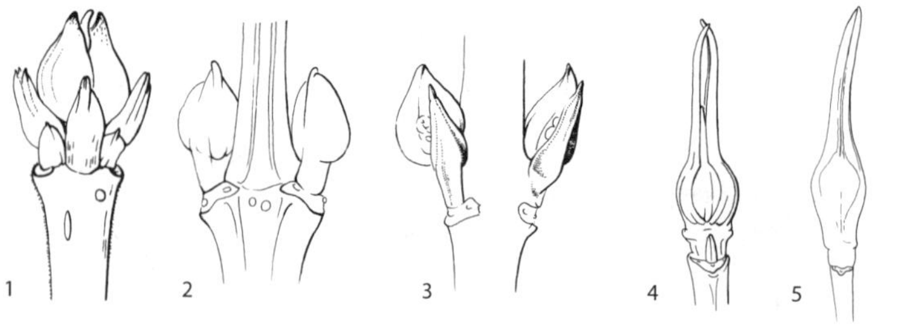

934/1–5 *Viburnum*, Winter-Kn.: 1 *Viburnum acerifolium*, 2 *V. opulus*, 3 *V. plicatum*, 4 *V. cassinoides*, 5 *V. lentago*

offen fast weiß, bis 1 cm ∅, Kr.röhre bis 8 mm lang; (X–)II–IV. Sg – h. N-China. [*V. fragrans* BUNGE] **Duftender S., *V. farreri*** STEARN

— Bl. bis 10 cm lang, mit 6–9 Nervenpaaren – lanzettl.; Zw. kräftiger, 1-j. 2,5–3 mm ∅; Kr. in der Kn. tief rosa bis rosarot, Bltn. etwas größer (X–)II–IV. Sg –h. [*V. farreri* × *V. grandiflorum* WALL.] ***V.* × *bodnantense*** STEARN

9 (7). Pfl. sommergrün; Bl. unangenehm aromatisch – längl. elliptisch, bis 15 cm lang u. 7,5 cm breit, sehr derb, grob kerbig gesägt (*936/3*), oberseits glänzend grün, unterseits frischgrün, auf den Nerven etwas sternhaarig, Spreitengrund lang keilf. bis gerundet, Seitennervenpaare 9–12; Fr. sich von grün über hellrot zu purpurschwarz verfärbend, ellipsoidisch, 1 cm lang; Kr. rahmgelb, in 7–10 cm langen u. breiten, rundl. Rispen; V–VI. Sg – s. Jap. **Stinkender S., *V. sieboldii*** MIQ.

— Pfl. immergrün; Bl. nicht aromatisch **10**

10. Bl. breit elliptisch, bis 20 cm lang, ganzrandig, lederig, Rand wellig, oberseits stark glänzend, mit 4–6 Seitennervenpaaren, Stiel grün; Kr. mit kurzer, bis 2,5 mm langer Röhre; Fr. kugelig, anfangs rot, reif schwarz. III–V. Sg/Bk – ss (in milden Gebieten z). ∧∧ SO-As. **Süßer S., *V. odoratissimum*** KER GAWL.

var. *awabuki* (K. KOCH) ZABEL [*V. awabuki* K. KOCH]: Kr.röhre um 4 mm lang; Bl. mit 5–8 Seitennervenpaaren, Bl.stiel rot; III–V. Sg/Bk – ss. ∧∧ SO-As.

— Bl. längl. elliptisch, bis 12 cm lang u. 4 cm breit, Spreitengrund keilf., beiderseits mit 5–7(–10) kurzen Seitennerven, seicht, aber deutl. gezähnt (*933/3*), deutl. zugespitzt, oberseits dunkelgrün, unterseits graugrün, entlang der Mittelrippe spärl. sternhaarig, Bl.stiel 1–2 cm lang; Bltnst. rispig, breit pyramidal, bis 10 cm lang; Fr. eif., 6 mm lang, anfangs rot, reif schwarz; VI–VII. Sk/Sg – ss. Sich. bis S-China. **Henrys S., *V. henryi*** HEMSL.

V.* × *hillieri STEARN **'Winton'** [*V. erubescens* WALL. × *V. henryi*]: halbimmergrün, Bl. mit feinen Zähnen, Stiel rot; Kr. trichterf. 45 mm lang. ss. ∧∧

11 (6). Zw.spitzen u. Kn. dicht sternhaarig – Bltnst.kn. nackt überwinternd, breit, körbchenf., zuw. aus einzelnen Teilbtnst.kn. zusammengesetzt **21**

— Zw.spitzen u. Kn. höchstens mit wenigen vereinzelten Sternhaaren – Bltnst. unauffällig, in der Kn. verborgen od. relativ schlank, wenn breit körbchenf., dann Pfl. immergrün u. Bl. mit 3 parallelen Hauptnerven **12**

12. Pfl. sommergrün; Fr. rot od. schwarz, mitunter weißl. bereift, Steinkern flach od. gefurcht (*935/2–4*) **14**

— Pfl. immergrün; Fr. dunkelblau, Steinkern im ∅ rund (*935/5*) (**Sekt. *Tinus***) .. **13**

13. Bl. vom Spreitengrund an mit 3 etwa gleich starken Nerven, fast bis zur Bl.spitze durchgehend – elliptisch bis längl. elliptisch, bis 15 cm lang u. 7 cm breit, kurz zugespitzt, am Spreitengrund gerundet, oberseits dunkelgrün,

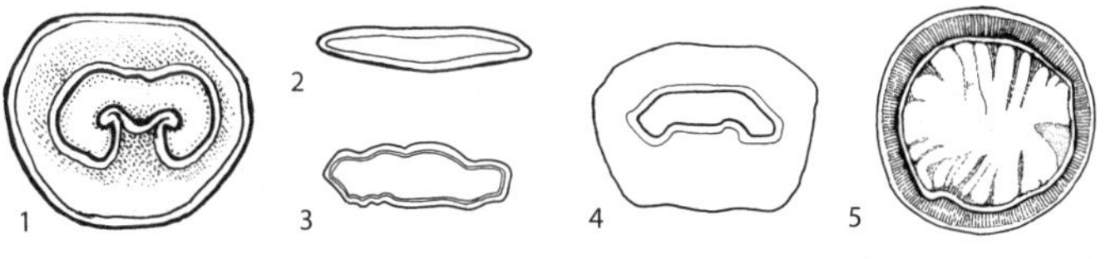

935/1–5 *Viburnum*, Fr.- u. Steinkern-Querschnitte: 1 *V. farreri*, Fr., 2 *V. prunifolium*, Steinkern, 3 *V. lantana*, Steinkern, 4 *V. plicatum*, Fr., 5 *V. tinus*, Fr.

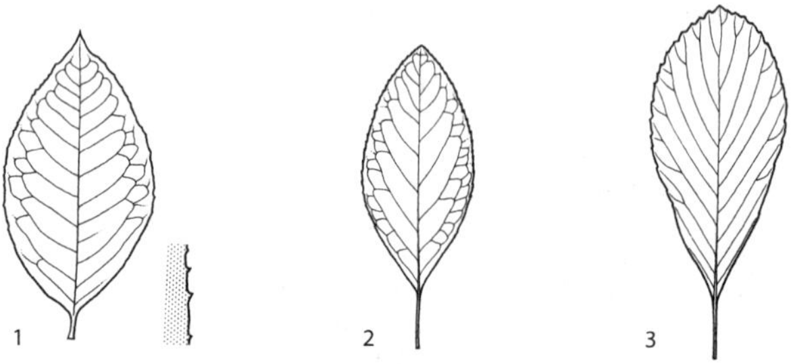

936/1–3 *Viburnum*, Bl.: 1 *V. cassinoides*, 2 *V. prunifolium*, 3 *V. sieboldii*

unterseits gelbgrün, Rand weitläufig schwach gezähnt (*933/2*), Bl.stiel ca. 1,5 cm lang; Schirmrispe 7-strahlig, dichtbltg., 5–10 cm ∅, Bltn. 5 mm ∅, Kr. weiß; Fr. klein, dunkelblau; Zw. warzig; V. Sk – h. W-China.
Davids S., *V. davidii* Franch.

V.* × *globosum A. J. Coombes [*V. davidii* × *V. calvum* Rehder]: Bl. fiedernervig, Rand deutl. gezähnt; Bltnst. lockerer; Fr. wie *V. davidii*. Sk – s. Kultur.

— Bl. fiedernervig – längl. eif. bis elliptisch, 3–10 cm lang, 1,5–7 cm breit, ganzrandig, stumpf od. zugespitzt; Spreitengrund breit keilf. bis gerundet (*941/1*); Bl. oberseits dunkelgrün mit heller Nervatur, meist kahl, unterseits hellgrün, entlang der Nerven ± behaart, vereinzelt mit Sternhaaren, achselbärtig, Bl.stiel 1–1,5 cm, gleich den jungen Zw. deutl. behaart, Bltnst. eine 5-strahlige Schirmrispe, 4–9 cm breit, Kr. in Kn. rosa, erblüht weiß, 4–9 mm ∅; Fr. rundl., 7–8 mm lang, dunkelblau; III–IV. Sk – s (h in wintermilden Gebieten od. als Kübelpfl.). ∧∧ S-Eur. bis N-Afr. **Lorbeer-S., *V. tinus*** L.

14 (12). Seitennerven der Bl. in die Zähne laufend **17**

— Seitennerven vor dem Bl.rand abbiegend u. miteinander verbunden – Steinkern flach (*935/2*) (**Sekt. *Lentago***) **15**

15. Bl.stiel 1,2–2,5 cm lang, mit ± breiten, wellig geflügelten Säumen, v. a. unterseits braun schülferig, ebenso die 1-j. Zw.; Bl. eif., bis 12 cm lang u. 5 cm breit, lang zugespitzt, Rand fein, aber deutl. gezähnelt (*940/3*), unterseits auf der Mittelrippe ± braun schülferig; Schirmrispen ungestielt, (3–)4(–5)-strahlig, endst., bis 10 cm ∅; Fr. ellipsoidisch, 12–15 mm lang, blauschwarz, bereift; Endkn. um 20 mm lang, äußeres Kn.schuppenpaar zusammenstoßend (*934/5*); V–VI. Sg/Bk – ss. Z- bis NO-NAm. **Schafsbeere, Kanadischer S., *V. lentago*** L.

— Bl.stiele nicht so **16**

16. Bl. ganzrandig od. unregelmäßig wellig gezähnelt, elliptisch bis eif., 3–10 cm lang (*936/1*), oberseits dunkelgrün, unterseits braun schülferig; Schirmrispe gestielt, bis 12 cm ∅, Fr. rundl. eif., 8–10 mm lang, erst rot, dann graublau bis schwarzblau; Endkn. um 20 mm lang, äußeres Schuppenpaar an den Spitzen häufig getrennt (*934/4*); VI–VII. Sg – ss. O-NAm.
Birnblättriger S., *V. cassinoides* L.

— Bl. dicht u. fein gesägt, nur am Spreitengrund ganzrandig, breit eif., 3–8 cm lang, 3–3,5 cm breit (*936/2*), oberseits dunkelgrün, unterseits heller, fast kahl od. nur auf den Nerven schülferig; Bl.stiele der Bltn.sprosse ± geflügelt, rötl.;

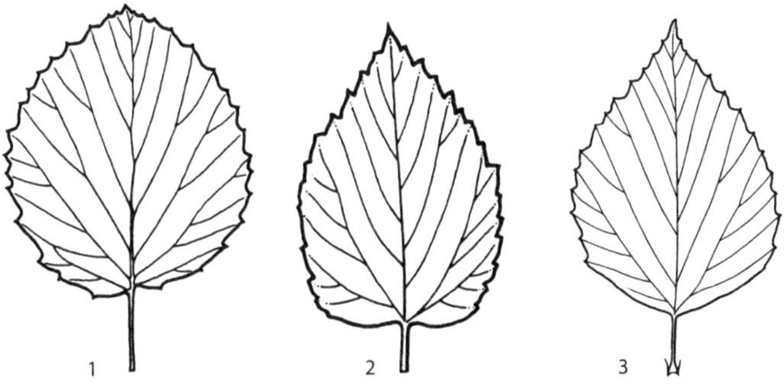

937/1–3 *Viburnum*, Bl.: 1 *V. dentatum*, 2 *V. rafinesquianum*, 3 *V. betulifolium*

Schirmrispe sitzend, 5–10 cm ∅; Kn. bis 15 mm lang; V–VI. Sg – ss. O-NAm.
Kirschblättriger S., *V. prunifolium* L.

17 (14). Fr. rot (**Sekt. *Odontotinus*** s. str. = „*Succototinus*") **19**

— Fr. blauschwarz („***Porphyrotinus***") **18**

18. Fr. kugelig eif., 6 mm lang; junge Zw. ± kahl; Bl. rundl. bis eif., 3–8 cm lang, kurz zugespitzt, grob gezähnt, mit 6–10 Paar Seitennerven (*937/1*), oberseits kahl u. glänzend, unterseits bläul. u. achselbärtig; Schirmrispen 5–8 cm ∅, Staubfäden aus der Kr. herausragend; vielgestaltige Art: Bl. kahl bis behaart; V–VI. Sg – ss. S- bis O-NAm. **Gezähnter S., *V. dentatum*** L.

— Fr. ellipsoidisch, 7–9 mm lang; junge Zw. kahl; Bl. eif. elliptisch, 3–5 cm lang, zugespitzt, grob gezähnt, oberseits fast kahl, unterseits dicht weichhaarig, mit 4–6 Paar Seitennerven, Bl.stiel 2–6 mm lang (*937/2*); Bltnst. 3–6 cm ∅ 1–3 cm lang gestielt, dichtbltg.; V–VI. Sk – ss. Z-O-NAm.
Rafinesques S., *V. rafinesquianum* Schult.

19 (3, 17). Bl.stiel mit nebenbl.ähnl., pfrieml. Anhängseln, – Spreite rhombisch eif. (*937/3*), 3–8 cm lang, grob gezähnt, am Grund ganzrandig, unterseits hellgrün, spärl. behaart u. achselbärtig, mit 4–5 Paar Seitennerven; Schirmrispen locker, 7-strahlig, gestielt, 6–15 cm ∅, Staubfäden Kr. überragend; Fr. rundl.

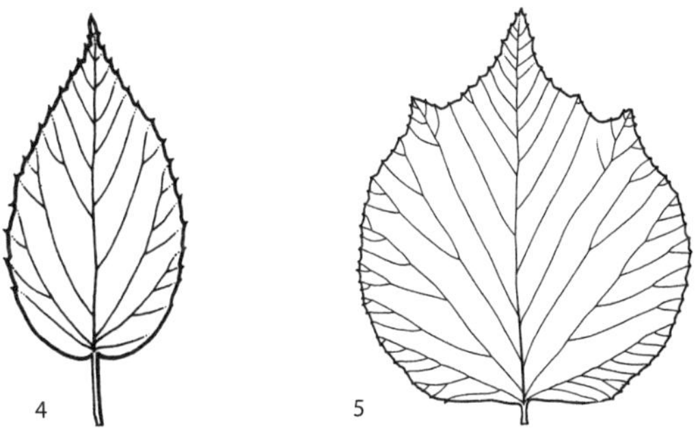

937/4–5 *Viburnum*, Bl.: 4 *V. setigerum*, 5 *V. dilatatum*

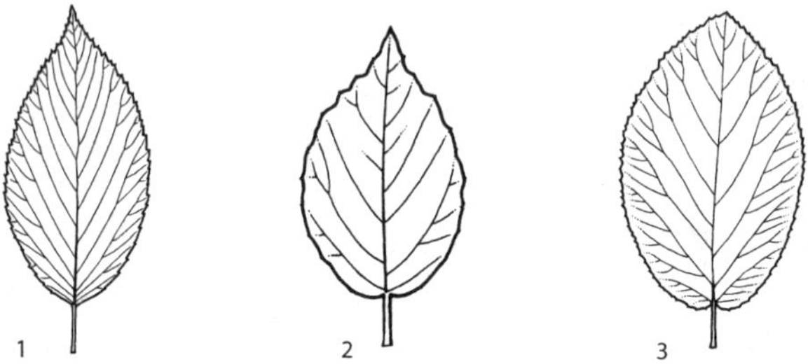

938/1–3 *Viburnum*, Bl.: 1 *V. plicatum*, 2 *V. hupehense*, 3 *V. lantana*

ellipsoidisch, 6 mm lang, meist am Strauch bleibend u. eintrocknend; VI–VII. Sg – Sich., Yunn., S-China u. Taiw. **Birkenblättriger S., *V. betulifolium*** Batal.

— Bl.stiele ohne nebenbl.artige Anhängsel **20**

20. Junge Zw. u. Bltnst. kahl; Bl. eilängl., 7–12 cm lang, zugespitzt, am breitesten unter der Mitte, entfernt gezähnt, Spreitengrund gerundet (*937/4*), Bl. oberseits dunkelgrün, unterseits nur auf den Nerven seidig behaart, mit 6–9 Paar Seitennerven; Schirmrispe 5-strahlig, 3–5 cm ∅, kurz gestielt, Staubfäden kaum aus der Kr. herausragend; Fr. eif., 8 mm lang; V–VI. Sg – ss. Yunn., Sich., S-China. **Borstiger S., *V. setigerum*** Hance

— Junge Zw. u. Bltnst. behaart; Bl. rundl. bis breit eif., plötzl. kurz zugespitzt, gewöhnl. über der Mitte am breitesten (*937/5*), Spreitengrund rundl., grob gezähnt, beiderseits behaart, mit 5–8 Paar Seitennerven; reich blühend, Schirmrispen 1–3 cm lang gestielt, 8–12 cm ∅, Staubfäden aus der Kr. herausragend; Fr. breit eif., 8 mm lang; V–VI. Sg – ss. Jap. **Breitdoldiger S., *V. dilatatum*** Thunb.

21 (11). Winterkn. nackt; Bltnst.kn. terminal, groß (*939/1–4* u. *942/1–4*) (**Sekt. *Viburnum***) **23**

— Winterkn. mit Kn.schuppen; Bltnst.kn. achselst. (Seitenkn. od. Endkn. an kurzen Trieben) od. unauffällig **22**

22. Bltnst.kn. achselst. (*934/3*) od. terminal an kurzen Trieben – Bl. breit bis längl. eif., 4–10 cm lang, 5–7 cm breit, mit 8–12 Paar fast geraden, bis in die Bl.zähne verlaufenden Seitennerven, Rand gleichmäßig kerbzähnig, oberseits dunkelgrün, zieml. kahl, unterseits ± sternhaarig (*938/1*), Herbstfärbung weinrot bis violett; blühende Zw. fast waagerecht stehend; Schirmrispen meist 7-strahlig,

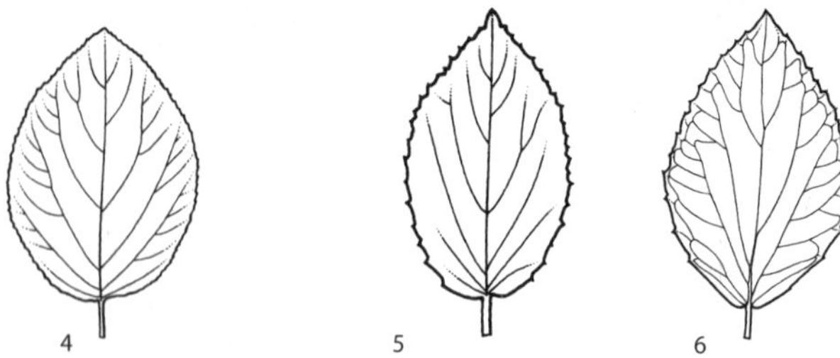

938/4–6 *Viburnum*, Bl.: 4 *V. macrocephalum*, 5 *V. × carlcephalum*, 6 *V. carlesii*

6–8 cm ∅, ± kugelig, nur aus Schaubltn. bestehend, Kr. weiß; V–VI. Sg – h. Jap. („***Lutescentia***") **Japanischer S., *V. plicatum*** Thunb. var. ***plicatum***

var. *tomentosum* (Thunb.) Miq. [*V. tomentosum* Thunb.]: Bltnst. flach, Schaubltn. 3–4 cm breit, steril, innere Bltn. viel kleiner, fertil; Fr. erst rot, dann schwarz. z. Hierher **'Mariesii'** u. **'Watanabe'**: Zw. ± waagerecht ausgebreitet; Bltnst. u. Schaubltn. größer; Wuchs gedrungener, kaum fruchtend. h.

— Bltnst.kn. unauffällig, Bltnst. terminal an Langtrieben, – Bl. breit eif., 5–7 cm lang, zugespitzt, grob gezähnt, Spreitengrund leicht herzf., Bl. oberseits stumpf dunkelgrün, unterseits blaugrün, sternhaarig (*938/2*); Schirmrispen 5-strahlig, 4–5 cm ∅, ohne Schaubltn., Kr. weiß, außen behaart; Fr. eif., rot, Pfl. reich fruchtend; VI. Sk/Sg – ss. ZS-China. („*Succototinus*") **Hupeh-S., *V. hupehense*** Rehder

23 (21). Pfl. immergrün; Bl. ganzrandig – Bltnst.kn. mit gestielten Teilbltnst. (*939/1–3*); Bltn. klein: Kr. ca. 8 (–10) mm ∅, Zipfel 2–3 mm lang, „Röhre" flach, becherf. 1–2 mm hoch **31**

— Pfl. sommergrün od. habimmergrün; Bl. gezähnt – Bltnst.kn. kompakt* u. Teilbltnst. nicht gestielt* (*942/1–4*); Bltn. der halbimmergrünen Arten meist deutl. größer* **24**

* außer bei *V.* × *rhytidophylloides* unter **27**

24. Bltnst. ausschließl. mit tellerf. Schaubltn. (ohne Stbl.): 3 cm ∅, Kr. rein weiß – Pfl. sommer- bis halbimmergrün; Bl. eif. bis elliptisch, 5–8 cm lang, Spreitengrund gerundet, Rand gezähnelt, Seitennerven nicht bis zum Bl.rand reichend, oberseits dunkelgrün, fast kahl, unterseits sternhaarig, Stiel bis 1 cm lang (*938/4*); Bltnst.kn. kompakt (*942/2*), Bltnst. kugelf., 8–15 cm ∅; V–VI. Sg – s. ∧∧ Gartenform aus China. **Chinesischer S., *V. macrocephalum*** Fort.

var. *keteleeri* (Carrière) G. Nicholson: Wildform mit fertilen Bltn. u. sterilen Schaubltn. am Rand des Bltnst. ss.

— Bltn. ausschließl. fertil (mit Stbl.) **25**

25. Kr. mit deutl. Röhre, diese längl. dünn (8–10 mm × 2–3 mm ∅) (*932/6*) od. breit trichterf. (4–5 mm × 3–4 mm ∅) (*932/7* u. *8*); ausgebreitete Kr. oft ≥ 10 mm ∅; Bltnst.kn. aus einzelnen kugeligen sitzenden Teilbltnst.kn. zusammengesetzt (*942/3* u. *4*); Bl. unterseits grün, ± glänzend **28**

— Bltn. klein, ca. 6–8 mm ∅, Kr. flach, schalenf., 1–3 mm hoch (wie *932/9*); Bl. unterseits durch Sternhaare dicht grau filzig **26**

26. Pfl. sommergrün – Bl. oberseits nicht runzelig; Bltnst.kn. kompakt: Teilbltnst. nicht erkennbar (*942/1*) – Bl. eif. bis längl. eif., 5–12 cm lang, Spreitengrund herzf., Rand fein u. dicht gezähnt, Seitennerven verzweigt, bis in die Bl.zähne laufend (*938/3*), oberseits dunkelgrün, unterseits wollig sternhaarig und

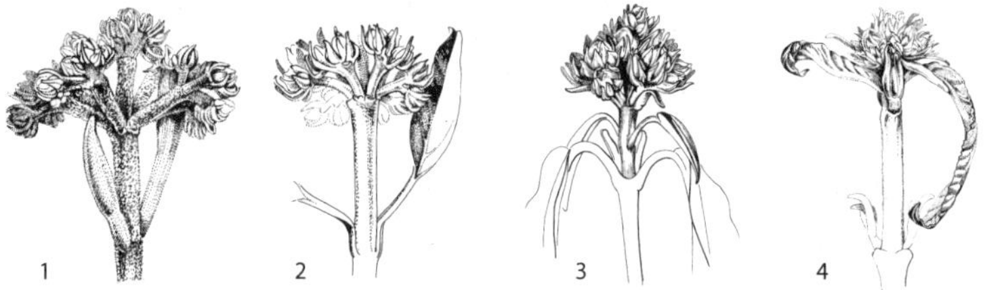

939/1–4 *Viburnum*, Bltnst.kn.: 1 *V. rhytidophyllum*, 2 *V. pragense*, 3 *V. utile*, 4 *V. buddleifolium*

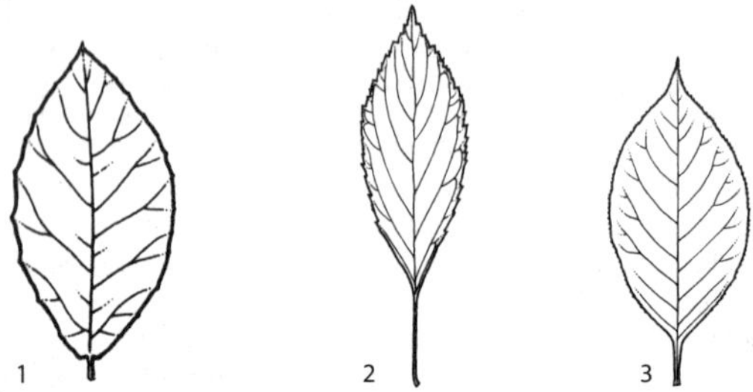

940/1–3 *Viburnum*, Bl.: 1 *V. carlesii* nothovar. *juddii*, 2 *V. farreri*, 3 *V. lentago*

dadurch ± graugrün, Stiel 2 cm lang; Schirmrispen 7-strahlig, 6–10 cm ∅, Bltn. unangenehm duftend, Kr. kurz, schalenf., mit ausgebreiteten Zipfeln 6–8 mm ∅; Fr. 8 mm lang, ellipsoidisch, erst rot, dann schwarz, glänzend; V. Sg – h. Eur. bis Kl.-As. u. NAfr. **Wolliger S., *V. lantana*** L.

— Pfl. halbimmergrün **27**

27. Bltnst.kn. kompakt, von vielen pfrieml. Trag- u. Vorbl. durchsetzt (*939/4*); Bl. 10–14 cm lang, bis 4 cm breit, längl. eif. bis eilanzettl., zugespitzt, oberseits mattgrün bis graugrün, nicht runzelig, unterseits durch Sternhaare dicht graufilzig, Spreitengrund gerundet bis herzf. (*941/3*); Bltnst. bis 8 cm ∅, Kr. in Kn. rötl., offen weiß; Fr. erst rot, reif schwarz; IV–V. Sk/Sg – ss. ∧ ZS-China. **Buddlejablättriger S., *V. buddleifolium*** C. H. Wright

— Bltnst.kn. aus gestielten Teilbltnst.kn. zusammengesetzt (ähnl. *939/1*); Bl. länger u. breiter, oberseits runzelig; zuw. bei Zusammentreffen der beiden häufig gepflanzten Eltern entstehende Hybride; V–VI. Sg [*V. lantana* × *V. rhytidophyllum*] ***V.* × *rhytidophylloides*** Suringar

28 (25). Kr.röhre zylindrisch (8–10 mm × 2–3 mm ∅), so lang wie od. länger als die Kr.zipfel (*932/6*) – Bltn. sehr stark duftend, Stbl. die Kr.röhre nicht überragend, Staubfäden so lang wie od. wenig länger als die Staubbeutel, Kr.röhre ca. 8 mm lang, gleichmäßig röhrenf., Kr.zipfel rundl., oft stark zurückgeschlagen, weiß, in der Kn. rosarot überlaufen, Bltnst. 5-strahlig, sehr dicht, ± halbkugelig, Stiele der Strahlen ca. 5 mm lang; Bl. breit eif. bis elliptisch, bis 8 cm lang u. 5 cm breit, unregelmäßig gezähnt, unterseits auf den Nerven braun sternhaarig, Stiel bis 5 (–7) mm lang (*938/6*); Fr. ellipsoidisch, blauschwarz, 10 mm lang; IV–V. Sk – h. Kor. **Koreanischer S., *V. carlesii*** Hemsl. var. ***carlesii***

'Aurora': Kr. anfangs intensiver gerötet, Röhre 9 mm lang, 3 mm ∅, Krbl. mit ausgebreiteten Zipfeln 15 mm ∅; Bl. im Austrieb rötl. überlaufen. h.

nothovar. *juddii* (Rehder) B. Schulz comb. & stat. nov. [Basionym: *Viburnum juddii* Rehder, in Jour. Arnold Arb. 16: 360. 1935], **Judds S.** [var. *bitchiuense* × var. *carlesii*]: Kr.röhre ca. 10–12 mm lang, Bltnst. locker, 6–9 cm ∅, Stiele der Strahlen 1–1,5 cm lang; Bl.stiel 6–8 mm lang (*940/1*); IV–V. Sk – z.

var. *bitchiuense* (Makino) Nakai: Kr.röhre schlank, 12 mm lang u. Kr. ausgebreitet 1 cm ∅, Staubfäden mindestens doppelt so lang wie die Staubbeutel; Bltnst. locker; IV–V. Sk – ss. OS-China, Jap., Kor.

— Kr.röhre trichterf. (4–5 mm × 3–4 mm ∅), kürzer als die ausgebreiteten Kr.zipfel (*932/7–8*) **29**

29. Bl. oberseits schwach glänzend, Spreitenansatz oft leicht herzf. – Stbl. die Kr. überragend, Bltnst. halbkugelig, bis 15 cm ∅; Bl. rundl. eif., bis 7,5 cm lang u. 5,5 cm breit, zugespitzt, grob gezähnt, Behaarung z. T. aus einfachen Haaren bestehend, Bl.stiel 8–10 mm lang (*938/5*); V–VI. Sk. – h. [*V. carlesii* × *V. macrocephalum*] ***V.*** × ***carlcephalum*** Burkw.

— Ähnl. obiger Hybride, aber Bl. längl. eif., oberseits stark glänzend **30**

30. Blüte April–Mai, Bltn.-∅ um 15 mm; Bl.: Spreitengrund oft keilf., sonst relativ ähnl. folgender Hybride; IV–V. Sk – h. [*V.* × *carlcephalum* × *V. utile*] ***V.*** **'Eskimo'**

— Blüte März–April, Bltn.-∅ ca. 12 mm; immergrün; Bl.: Spreitengrund gerundet bis herzf., eif. bis eielliptisch, 3–7 cm lang, 1,5–4,5 cm breit, z. T. ganzrandig, z. T. schwach gezähnelt, oberseits glänzend grün, zerstreut sternhaarig, unterseits graugrün, sternfilzig; Bltn. in kugelf. Dolden, trichterf. (*932/8*), wie bei *V. carlesii* stark duftend; locker sparrig wachsend; III–IV. Sk/Sg – h. [*V. carlesii* × *V. utile*] **Oster-S.,** ***V.*** × ***burkwoodii*** Burkw. & Skipw.

'Anne Russell': Kr. in der Kn. stärker gerötet. Sk/Sg – z.

'Mohawk': ähnl., ein Teil der Bl. verfärbt sich im Herbst orangerot. s.

'Chenault': Bl. stärker gezähnt, weniger glänzend; 14 Tage früher blühend; im Wuchs weniger sparrig. ss.

31 (23). Bl. oberseits dunkelgrün, stark runzelig, sehr groß: bis ca. 20 cm lang u. 8 cm breit – längl. eif. bis eilanzettl., Spreitengrund rundl., oben stumpf, ganzrandig od. undeutl. gezähnt (*941/2*), unterseits dicht grau- od. gelbl. filzig, Nervatur stark hervortretend, Bl.stiel 1–3 cm lang; Bltnst. nackt überwinternd (Teilbtnst. lang gestielt), sternhaarig filzig (*939/1*), zur Blütezeit 10–20 cm breit, 7–11-strahlig, Kr. weiß bis gelbl. weiß, 6–8 mm ∅; Fr. eif., 8 mm lang, erst rot, dann schwarz; V–VI. Sg – h. ZS-China.
Runzelblättriger S., ***V. rhytidophyllum*** Hemsl.

Wenn halbimmergrün u. Bl. breiter, heller grün u. leicht gezähnt siehe ***V.*** × ***rhytidophylloides*** unter **27**.

— Bl. oberseits dunkel blaugrün, stark glänzend, bis 12 cm lang u. 3 cm breit **32**

32. Bl. lederig, elliptisch bis eilängl., 2–6 cm lang, 1,2–2 cm breit, Spreitengrund gerundet, ganzrandig (*941/4*), Bl. oberseits kahl, unterseits dicht sternhaarig

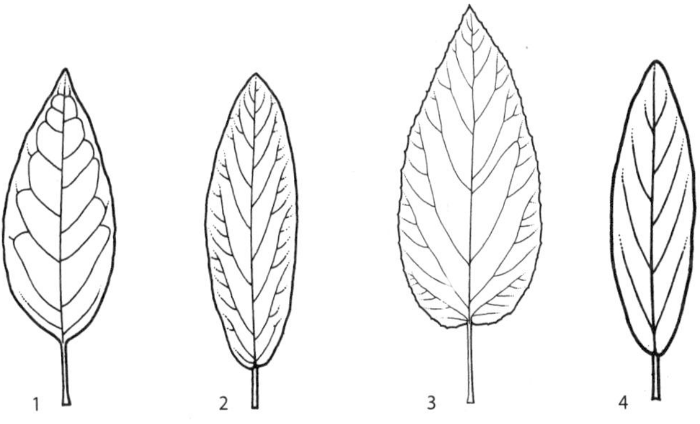

941/1–4 *Viburnum*, Bl.: 1 *V. tinus*, 2 *V. rhytidophyllum*, 3 *V. buddleifolium*, 4 *V. utile*

weißfilzig, Bl.stiel 4–6 mm lang; Bltnst.kn. kegelig, Teilbltnst. kurz gestielt (*939/3*); Bltnst. eine 5-strahlige, flachrunde Dolde, 5–8 cm ∅, Kr. weiß, außen schwach rosa überlaufen, 10 mm ∅; Fr. blauschwarz, breit ellipsoidisch, 6–8 mm lang; IV–V. Sk – z. ∧ Sich. bis ZS-China. **Nützlicher S., *V. utile*** Hemsl.

— Bl. länger, bis 12 cm u. 3 cm breit, oberseits gleichmäßig mit Sternhaaren, unterseits weißfilzig; Zw. kräftiger, unter der Spitze > 2 mm ∅; Bltnst.kn. relativ breit, alle Teilbltnst. deutl. gestielt (*939/2*); Bltnst. bis 15 cm breit, Kr. in der Kn. rosa, erblüht weiß; V. Sk/Sg – h. [*V. rhytidophyllum* × *V. utile*] **Prager Schneeball, *V.* × *pragense*** Vik.

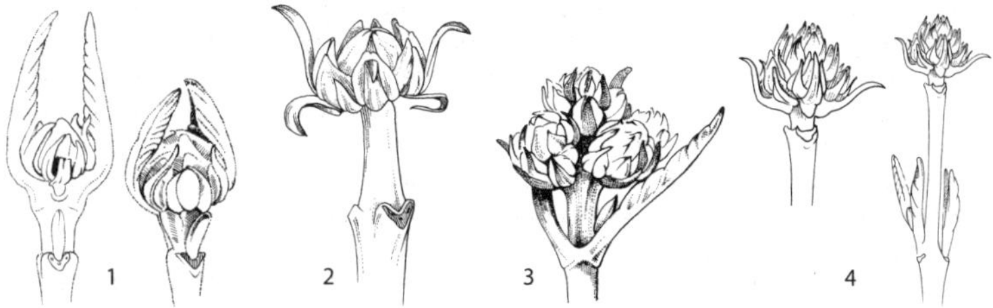

942/1–4 *Viburnum*, Bltnst.kn.: 1 *V. lantana* (2 ×), 2 *V. macrocephalum*, 3 *V.* × *carlcephalum*, 4 *V. carlesii* (2 ×)

***Vinca*, Immergrün** – *Apocynaceae* (Bearbeiter: Peter A. Schmidt)

Meist immergrüne Halb- od. Staudensträucher mit flach bogenf. bis niederliegenden, sich bewurzelnden Sprossen u. aufrechten Bltn.trieben, selten sommergrün od. Staude; Bl. gegenst., einfach, ganzrandig, lederig, glänzend; Bltn. einzeln in Bl.achseln, K. mit 5 K.zähnen, Kr. mit sich allmähl. erweiternder Röhre u. 5 Kr.lappen, meist blau od. blauviolett, Stbl. 5, in der Kr.mitte eingefügt; Balgfr. mit 2 am Grund verbundenen, 1,5–5 cm langen zylindrischen Teilfr., Samen 6–9 mm lang, walzenf., ohne Haarschopf. 5 Arten, Medit., submer. Eur. u. SW-As. **G!**

1. Bl.rand kahl; K.zähne 3–4(–5) mm lang, schmal eif. bis 3-eckig, kahl – Bl.spreite lanzettl. bis elliptisch, seltener eif., 1,5–4,5 cm lang, 0,5–2,5 cm breit, Basis meist keilf., seltener abgerundet, Stiel 2–5 mm lang, im ∅ rund; Bltn.triebe 10–20 cm; Kr. 2,5–3 cm ∅, blauviolett (bei Sorten auch weiß, blau, purpurrot); IV–VI(–IX). HS – h. Medit. bis submer. Eur. u. SW-As. **Kleines I., *V. minor*** L.

Neben in der Kr.farbe abweichenden Sorten (z. B. **'Gertrude Jekyll'**, weiß; **'Atropurpurea'**, weinrot bis purpurn) solche mit gefüllten Bltn. (z. B. **'Silver Service'**), weiß od. gelb gerandeten u./od. gefleckten Bl. (z. B. **'Argenteovariegata'**, **'Aureovariegata'**).

— Bl.rand bewimpert (Lupe!); K.zähne (4–)6–17 mm lang, sehr schmal 3-eckig bis fast lineal od. pfrieml., bewimpert – Bl.spreite meist eif. bis breit eif., Basis abgerundet od. schwach herzf., (1,5–)2,5–7 cm lang, (0,5–)2–6 cm breit, Stiel 8–12 mm lang, oberseits rinnig; Bltn.triebe (10–)20–30 cm, Kr. (2,5–)3–5 cm ∅, lebhaft blau (bei Sorten auch weiß, hell- od. dunkelblau); V–IX. HS – h. Z- u. O-Medit. bis SO-Eur., Kauk., Syr. **Großes I., *V. major*** L.

Meist als Unterarten dieser Art zugeordnet werden das **Balkan-I., *V. balcanica*** Pénzes: Bl. nur bis 3,5 cm lang u. 2 cm breit; Kr. nur bis 3,5 cm ∅, Bltn.triebe bis 12 cm; SO-Eur.; u. das **Behaarte I., *V. pubescens*** d'Urv. [*V. major* subsp. *hirsuta* (Boiss.) Stearn]: Bl. lanzettl., stärker u. länger behaarte Bl.stiele u. K.zähne. Kl.-As., W-Kauk.

Neben in der Kr.farbe abweichenden Sorten (z. B. **'Alba'**, weiß) solche mit weiß gerandeten u. gefleckten Bl. (z. B. **'Variegata'**), grünl. gelbem Fleck in der Spreitenmitte (**'Maculata'**) od. gelber Nervatur (**'Reticulata'**).

Viscum L., **Mistel** – *Santalaceae* [incl. *Viscaceae*] (Bearbeiter: Peter A. Schmidt)

Immergrüne, 1- od. 2-häusige, halbparasitische Kleinsträucher, die wie die vegetativ ähnl., aber sommergrüne Riemenblume (*Loranthus*, Fam. *Loranthaceae*) epiphytisch auf Sprossachsen von Gehölzen wachsen; Bl. gegenst., zuw. wirtelig, einfach, lederig, ± parallelnervig (*943/1*), zuw. schuppenf., ohne Nebenbl.; Bltn. stets eingschl., in zymösen Bltnst., einzeln od. in Gruppen in den Achseln von Hochbl., Bltn. klein, radiär, meist 4-lappig, grünl., gelbl. od. weißl.; Beerenfr. kugelig, eif. od. ellipsoidisch, rot, orange, gelb od. weiß, mit dicker, klebriger Schleimschicht. Etwa 70 Arten, v. a. in trop. bis subtrop. Zonen von Afr. u. As., in As. u. Eur. auch in mer. bis nem. Zone, außerdem N-Austr. **G!** (außer Fr.).

Hierzu mehrere morphologisch schwierig zu unterscheidende, aber an ein bestimmtes Wirtsbaumspektrum gebundene Sippen, die entw. als Arten od. Unterarten einer Art aufgefasst werden. Sie werden hier zu einem Artaggregat zusammengefasst, wobei die Kiefern-M. (*V. laxum*) nach molekulargenetischen Studien sich von den beiden anderen Sippen, Laubholz- u. Tannen-M. (*V. album*), stärker abhebt:

V. album agg., **Artengruppe Weißbeerige M.** – Äste gabelig verzweigt, Zw. gelbl. grün, kahl, Bl. verkehrt eif. bis eilängl., stumpf, 2–8 cm lang, gelb- od. dunkelgrün, lederig derb; Bltn. unscheinbar, zu 3–5 sitzend in der Achsel kleiner Hochbl.; Beeren kugelig bis birnf., 6–10 mm ∅, weiß bis gelbl. od. grünl. weiß; bis 1 m hoher Halbparasit auf Laubgehölzen u. Nadelbäumen; IV–V, Fr. X–XII. Sk – h. Mer. bis nem. Eur., N-Afr., Kl.-As., Kauk. bis Himal., China (Tibet, Yunn.) u. N-Vietn.

1. Fr. ellipsoidisch, gelbl. weiß bis gelbl.; Bl. 2–4(–6) cm lang, 3–6-mal so lang wie breit; auf Kiefern (*Pinus*) wachsend, selten auf *Picea*, *Larix* u. *Cedrus*. Mer. bis nem. Eur. bis N-Afr. u. Kl.-As. [*V. album* subsp. *austriacum* (Wiesb.) Vollm.]
Kiefern-M., *V. laxum* Boiss. & Reut.

— Fr. ± kugelig bis birnf., weiß bis grünl. weiß; Bl. 3–8 cm lang, 2–4-mal so lang wie breit; auf Tannen (*Abies*) od. Laubgehölzen wachsend (***V. album*** L. s. l.) **2**

2. Fr. meist kugelig, weiß; Bl. 3–7 cm lang, 2–4-mal so lang wie breit, gelbl. grün; auf Laubbäumen (seltener auf *Alnus*, *Carpinus*, *Quercus*, *Ulmus*, *Fraxinus*) u. auf Großsträuchern wachsend, nie auf *Fagus* u. Nadelbäumen. Mer. bis nem. Eur., Kl.-As. bis Kauk. u. N-Iran. [*V. album* s. str.]
Laubholz-M., *V. album* subsp. ***album***

— Fr. ± kugelig bis birnf., weißl. bis grünl. weiß; Bl. 4–8 cm lang, 2–3-mal so lang wie breit, dunkelgrün; nur auf Tannen (*Abies*) wachsend. Geb. mer. bis nem. Eur. bis Kl.-As. u. Kauk. [*V. abietis* (Wiesb.) Fritsch]
Tannen-M., *V. album* subsp. ***abietis*** (Wiesb.) K. Malý

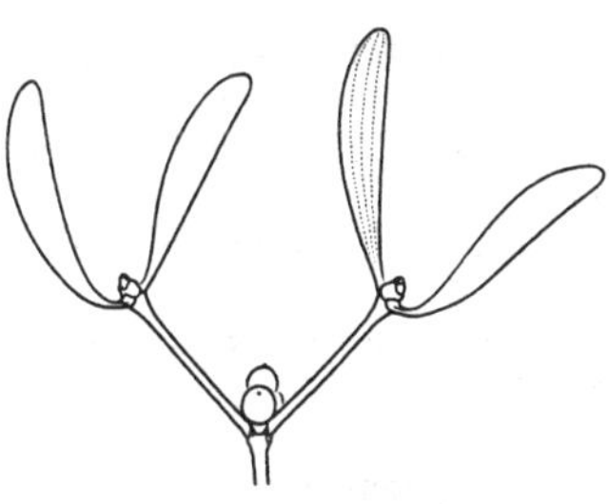

943/1 *Viscum album*, Sprossspitze m. Fr.

Vitex L., **Keuschbaum** – *Lamiaceae* (Bearbeiter: Bernd Schulz)

Bäume u. Sträucher; Bl. gegenst., 3–7-zählig gefingert. Etwa 250 Arten weltweit, Schwerpunkt in den Trop. u. Subtrop.

V. agnus-castus L., **Mönchspfeffer** – Zw. 4-kantig, gerieben aromatisch duftend; Bl. gegenst., handf. geteilt mit 5–7 lanzettl. bis schmal lanzettl., 5–10 cm langen Blch., ± ganzrandig, unterseits grau behaart (*944/2*); Bltnst. aus Scheinwirteln zusammengesetzte, 8–18 cm lange Scheinähren; Bltn. duftend, 8–10 mm lang, Kr. hellviolett; Fr. kugelig (*944/3*), ca. 4 mm ∅, reifend den K. sprengend; VIII–IX. Sk – s. ∧∧ Medit. bis W-As. In großen Mengen **G!**

V. negundo L. **'Heterophylla'**: Blch. meist 5, selten nur 3, gesägt (!); Bltn. in lockeren 12–20 cm langen Scheinähren; VII–VIII. Sk – ss. ∧∧ W-Afr. bis SO-As.

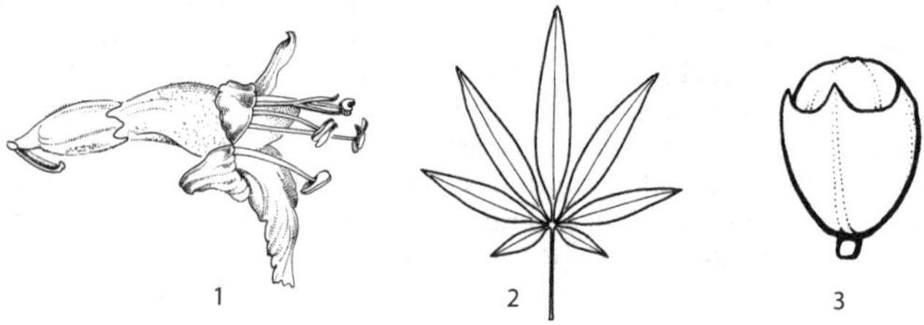

944/1–3 *Vitex agnus-castus*: 1 Blüte, 2 Bl., 3 Fr.

Vitis L., **Weinrebe** – *Vitaceae* (Bearbeiter: Ulrich Hecker)

Meist sommergrüne Rankenpfl.; Triebe ohne Lentizellen, mehrj. Zw. mit braunem Mark, in den Knoten durch Scheidewand (Längsschnitt) unterbrochen; Bl. einfach, tief gelappt, seltener handf.; Bltn. ⚥, polygam od. eingschl., zuw. 2-häusig verteilt, Krbl. an der Spitze verwachsen, beim Aufblühen als Mütze abfallend; Beere mit 2–4 birnenf. Samen (*946/1*). 79 Arten in Euras. u. NAm.

1. Triebe u. Bl.stiele mit kurzen warzenartigen Stacheln versehen, sich daher rau anfühlend; Bl. breit eif., 10–20 cm lang, oben spitz od. zugespitzt, mit 2 seitl. Spitzen, am Grund herzf., ohne deutl. Stielbucht, oberseits dunkelgrün, glänzend, unterseits grau- bis blaugrün, bis auf Drüsenborsten auf den Nerven kahl, Bl.rand deutl. geschweift gezähnt; Bltnst. meist länger als die Bl.; Beeren schwarz, ca. 1,5 cm ∅; VI–VII. L (bis 15 m) – s. M- u. SO-China. [*V. armata* DIELS & GILG] **Davids W., *V. davidii*** (ROMAN.) FOËX

— Triebe u. Bl.stiele ohne stachelartige Bildungen **2**

2. Bl. beiderseits grün u. glänzend, unterseits kahl od. spärl. behaart, nicht flockig spinnwebig **6**

— Bl. unterseits bleibend braun- od. weißflockig filzig, nicht beiderseits deutl. grün (nur bei *V. thunbergii* zuletzt oft verkahlend) **3**

3. Junge Zw. 5-kantig; Bl. meist tief eingeschitten, im Mittel 6–10 cm breit, Bl.stiele zuletzt rauhaarig; Bltn. in ausgebreiteten, reichbltg. Ständen; Beere 8–10 mm ∅, schwarz, purpurn bereift; VI–VII. L (bis 10 m) – s. Kor., Taiw., Jap. **Thunbergs W., *V. thunbergii*** SIEBOLD & ZUCC.

— Junge Zw. nicht 5-kantig (aber nicht immer ganz stielrund) **4**

4. Ranken (od. dafür Bltnst.) fortlaufend an mehreren Knoten aufeinander folgend; Bl. ungeteilt od. ± gelappt (*945/1*), unterseits grau- bis weißfilzig;

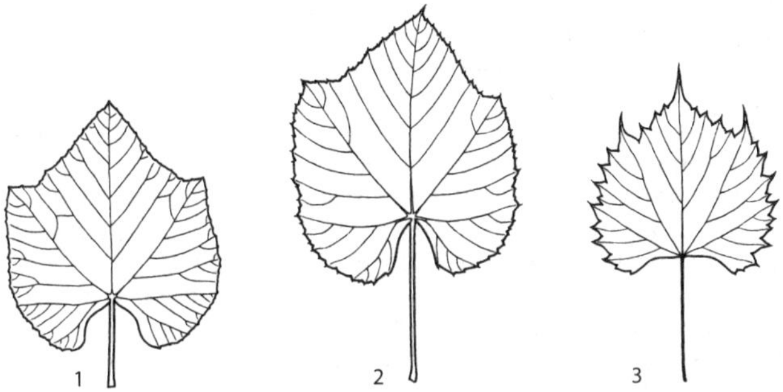

945/1–3 *Vitis*, Bl.: 1 *V. labrusca*, 2 *V. coignetiae*, 3 *V. aestivalis*

Bltnst. fast traubenartig, 5–7 cm lang; Beere 1,5–2 cm ∅, dunkelviolett, in Kultur auch grün, rot od. weiß, nach Muskat schmeckend; VI. L (bis 15 m) – s. O-NAm. **Fuchs-W., *V. labrusca*** L.

— Ranken an jedem 3. Sprossknoten fehlend **5**

5. Bl. unterseits (besonders auf den Nerven) bleibend rostrot spinnwebig filzig, im Umriss rundl., ± deutl. 3–5-lappig (*945/2*), am Rand mit kurzen stachelspitzigen Zähnen, im Mittel 20–30 cm breit; Bltnst. schmal, 6–12 cm lang, rostrot filzig; Beere 1 cm ∅, schwarz purpurn, bereift; VI–VII. L (bis 25 m) – h. O-As. (außer China). **Rostrote W., *V. coignetiae*** Pulliat

— Bl. unterseits mehr graufilzig, nur längs der Nerven mit rostfarbigen Filzflocken, ungeteilt bis tief 3–5-lappig (*945/3*), 10–30 cm beit; Bltnst. walzenf., 10–25 cm lang; Beere 8–10 mm ∅, dunkelblau, etwas bereift; VI. L (bis 20 m) – s. O-NAm. **Sommer-W., *V. aestivalis*** Michx.

6 (2). Ranken zart, leicht abfallend, oft an mehreren Knoten fehlend; Bl. klein 4–10 cm breit, breiter als lang (*945/4*), mit weit offener Stielbucht, oberseits bläul. grün, glänzend, meist kahl; Zw. ± violett, mit dünnen Scheidewänden an den Knoten; Bltnst. 2–10 cm lang, locker; Beeren 7–14 mm ∅, schwarz purpurn; VI. Sg – L (bis 2 m) – s. NO- u. Z-NAm. **Sand-W., *V. rupestris*** Scheele

— Ranken kräftig, an jedem 3. Knoten fehlend **7**

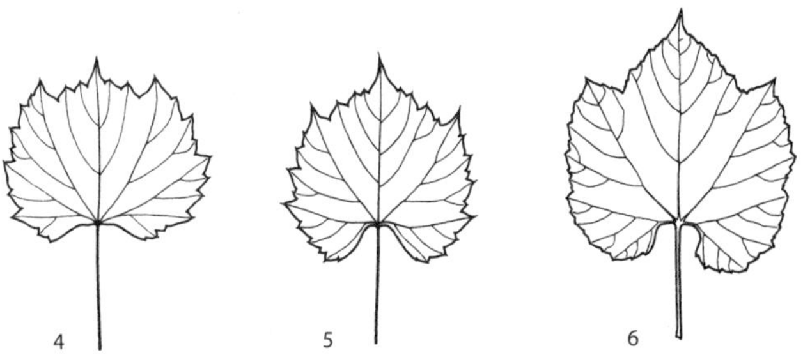

945/4–6 *Vitis*, Bl.: 4 *V. rupestris*, 5 *V. riparia*, 6 *V. amurensis*

7. Markscheidewände (Längsschnitt) in den letzten Sprossknoten dünn; Bl. in der Jugend einige Zeit zusammengefaltet od. oberseits vertieft, mit spitzen, grob eingeschnittenen Lappen u. weiter Stielbucht (*945/5*), glänzend; Fr. schwarz purpurn, bereift, 8 mm ∅; VI. L (bis 20 m) – s. O-NAm. [*V. vulpina* auct. non L.]
Ufer-W., *V. riparia* Michx.

— Markscheidewände dick; junge Bl. sich rasch entfaltend **8**

8. Bl.mit weit offener Stielbucht (*945/6*), ungelappt bis 3-, selten 5-lappig, mit kurzen breiten stachelspitzigen Zähnen, 12–25 cm breit; Bltnst. etwa 5 cm lang; Beere 7–8 mm ∅ (*946/1*), schwarz; VI–VII. L (bis 20 m) – h. O-China.
Amur-W., *V. amurensis* Rupr.

— Bl. mit enger, spitzwinkliger Stielbucht **9**

9. Bl. ± eif., ungelappt od. kurz 3-lappig (*946/2*), grob gesägt, unterseits zuletzt auf den Nerven rauhaarig, 7–11 cm breit; Bltnst. 10–20 cm lang; Beeren 8–10 mm ∅, schwarz, leicht bereift; VI. L (bis 20 m) – s. O- u. Z-NAm.
Duft-W., Winter-Rebe, *V. vulpina* L.

— Bl. ± kreisrund, meist deutl. 3–5-lappig **10**

10. Bltn. eingschl., 2-häusig verteilt; Bl. unterschiedl. tief gelappt, am Grund herzf., unterseits kurzhaarig od. zerstreut filzig, Stielbucht oft weit, Bl. im Umriss rundl., 5–15 cm groß (*946/3*); Beeren blauviolett bis schwarzblau, 5–7 mm ∅, saftarm; VI. L (bis 10–20 m) – s. S- u. M-Eur. bis M-As. [*V. sylvestris* C. C. Gmel.]
Wild-W., *V. vinifera* subsp. ***sylvestris*** (C. C. Gmel.) Hegi

— Bltn. meist ⚥; Bl. unterschiedl. tief gelappt, unterseits kahl od. behaart; Beeren 12–20 mm ∅, verschiedenfarbig, saftreich; VI. L.
Kultur-W., *V. vinifera* L. subsp. ***vinifera***

Seit altersher in vielen Sorten in Kultur, eine der ältesten Kulturpfl.

'Apiifolia', Petersilienwein: Bl. tief u. fein eingeschnitten.

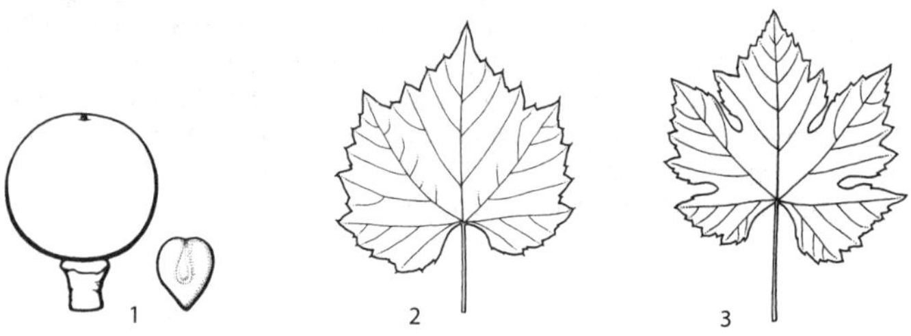

946/1–3 *Vitis*: 1 *V. amurensis*, Fr. u. Samen; 2–3 Bl.: 2 *V. vulpina*, 3 *V. vinifera* subsp. *sylvestris*

W*e*igela Thunb., **Weigelie** – *Caprifoliaceae* (Bearbeiter: Bernd Schulz)

Sommergrüne Sträucher; Bl. gestielt, einfach, gesägt; Bltnst. 1–3-bltg., Zymen an vorj. Zw. bilden endst. Thyrsen, Bltn. schwach zygomorph, Kr. weiß bis rot (gelbe Kr. → *Macrodiervilla middendorffiana*), K. 2-lippig od. bis fast zu Grund 5-zipfelig, z. T. bleibend, Kr. röhrenf. glockig bis trichterf., Röhre deutl. länger als die 5 Zipfel, Stbl. am Ende der Kr.röhre eingefügt, kürzer als die Kr., Gr. die Kr. oft überragend, Frkn. 2- (selten 3)-fächerig; Kapsel sich 2-klappig öffnend, Samen zahlreich, geflügelt od. ungeflügelt (*947/1*). 10 Arten im nem. O-As. Außer *W. florida* schwer bestimmbar, da aus der Sekt. *Weigela* meist Hybriden in Kultur.

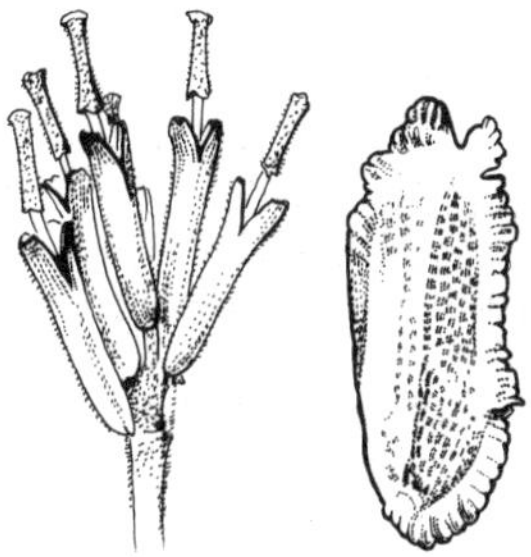

947/1 *Weigela floribunda*, Frst.ausschnitt u. Samen

1. K. am Grund verwachsen, K.zipfel längl. 3-eckig (*947/2*), Narbe 2-lappig; Zw. mit von Kn.schuppen umhüllten Endkn.; Samen nicht geflügelt (**Sekt. *Calysphyrum, W. florida***) **4**

— K.zipfel schmal linealisch, bis zum Grund getrennt (*947/3*), Narbe kopfig; Zw. spitze absterbend od. Endkn. ohne Kn.schuppen; Samen schmal ringsherum geflügelt (*947/1*) (**Sekt. *Weigela***) **2**

2. Junge Zw., Außenseite der Kr. u. Frkn. kahl; – Bl. breit elliptisch bis elliptisch, 8–12 cm lang, unterseits nur auf den Nerven behaart; Kr. weißl., innen später dunkel karminrosa, aus engröhrigem Grund plötzl. stark erweitert, bis 3 cm lang, Gr. nicht hervorragend; V–VI. Sg – ss. Jap.
Korea-W., *W. coraeensis* Thunb.

— Junge Zw., Außenseite der Kr. u. Frkn. behaart 3

3. Kr. sich vom Grund an allmähl. erweiternd (*947/3*), 2,4–4 cm lang, dunkelrot bis fast schwärzl., Gr. die Kr. deutl. überragend, Bltn. einzeln in den Bl.achseln; V–VI. Sg – s. Jap. **Reichblütige W., *W. floribunda*** (Siebold & Zucc.) K. Koch

— Kr. sich allmähl. [var. ***japonica***] od. in der Mitte plötzl. stark erweiternd [var. ***sinica*** (Rehder) L. H. Bailey] (*947/4*), 2,5–3,5 cm lang, zuerst weißl., dann außen

947/2–4 *Weigela*: 2 *W. florida*, K.; 3 *W. floribunda*, Blüte; 4 *W. japonica*, Blüte

karminrot, Gr. nicht od. nur wenig aus der Kr. ragend; Bl. elliptisch bis längl. eif., 5–12 cm lang, beidseitig behaart; V–VI. Sg – ss. O- u. S-China, Kor., Jap. **Japanische W., *W. japonica*** Thunb.

4 (1). Kr. 3–3,5 cm lang, rosa, trichterf.; Bl. elliptisch bis längl. eif., 4–6 cm lang, lang od. geschwänzt zugespitzt, oberseits spärl., unterseits ± dicht behaart; V–VI. Sk – h. **Liebliche W., *W. florida*** (Bunge) A. DC.

'Alba': Kr. weiß. s–z.

'Folius Purpureus' ['Purpurea']: Kr. dunkelrosa; Bl. braunrot; Wuchs kompakt. h.

'Variegata': Kr. tiefrosa; Bl. grün, gelbl.weiß gesäumt. h.

'Victoria': < 1 m groß bleibend; Bltn. außen purpurrot, innen etwas heller; Bl. purpurbraun. z.

— Bltn. nickend, Kr. 2,5–3 cm lang, purpurrosa, innen gelb, unter der Mitte plötzl. zusammengezogen (*334/1*); Bl. elliptisch bis eif. elliptisch, 5–8 cm lang, ± lang zugespitzt, oberseits schwach behaart, unterseits dichter weich behaart; V. Sk – z. Kor. [*W. praecox* (Lemoine) Bailey] **Frühe W., *W. florida*** var. ***praecox*** (Lemoine) Y. C. Chu

Wisteria Nutt., **Blauregen** – *Fabaceae* (Bearbeiter: Bernd Schulz)

Sommergrüne, windende Lianen; Bl. wechselst., unpaarig gefiedert, Blch. ganzrandig, Nebenbl. linealisch, hinfällig, neben den Bl.ansätzen oft mit 2 rückwärts gerichteten Fortsätzen; Bltn. in, oft überhängenden, reichbltg. Trauben, seitl. an alten Kurztrieben od. am Ende neuer Langtriebe, K. glockenf., mit 5 ungleichen Zähnen, Fahne groß, erblüht aufgerichtet, am Grund mit 2 Schwielen, 9 der 10 Stbl. miteinander verwachsen; Hülse groß, mehrsamig, zwischen den Samen etwas verengt, nach dem Öffnen Hälften sich leicht verdrehend. 4(–6) Arten im östl. NAm. u. in O-As. In Kultur v. a. die asiatischen Arten *W. sinensis, W. floribunda* u. ihre Hybride *W.* × *formosa*. Letztere (besonders wenn linkswindend) oft unerkannt, da meist allein die Winderrichtung zur Unterscheidung genutzt wird. (Vgl. Schulz 2015 in MDDG 100, S. 177–188.) **G!**

1. Frkn. u. Fr. kahl; Bltn.stiele nicht länger als der K., Flügel lang geöhrt (*948/1a*), Fahne in der Hälfte ihrer Länge nach oben gebogen (*948/1*) – Blch. 9(–15), längl. elliptisch, 3–7 cm lang, anfangs behaart; Bltn. in bis 15(–35) cm langen, zieml. dichten Trauben, Krbl. purpurviolett; Fr. 7–12 cm lang; Pfl. links herum, gegen den Uhrzeigersinn, windend, Ende V–VII. L – z. SO-NAm. [incl. *W. macrostachya* (Torr. & Gray) Nutt.] **Amerikanischer B., *W. frutescens*** (L.) Poir.

'Amethyst Falls': häufigste Sorte.

— Frkn. u. Fr. samtig behaart; Bltn.stiele länger als der Kelch, Flügel kurz bzw. kaum geöhrt (*948/2a–4a*), Fahne an der Basis nach oben gebogen **2**

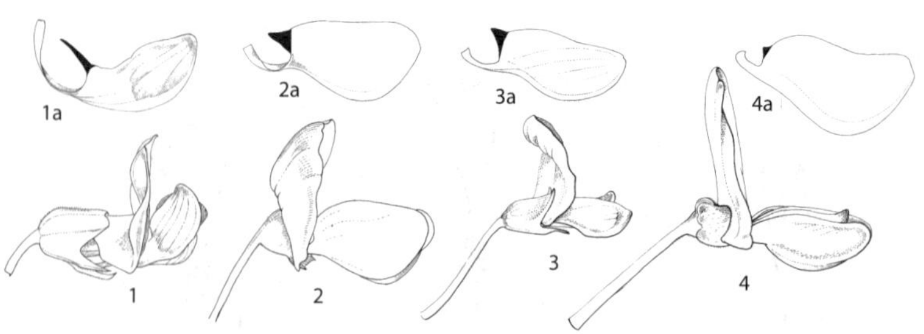

948/1–4 *Wisteria*, Bltn. u. Flügel (jeweils a, Öhrchen schwarz markiert): 1 *W. frutescens*, 2 *W. brachybotrys*, 3 *W. floribunda*, 4 *W. sinensis*

2. Pfl. rechts herum, im Uhrzeigersinn, windende Liane; Blch. 11–19 – elliptisch bis eilängl., 4–8 cm lang, zugespitzt, anfangs angedrückt behaart, verkahlend; geschlossene Bltnst.kn. um 7 mm lang u. 3–4 mm ∅; Bltn. etwa 2 cm lang (*948/3*), in lockeren, bis 50 cm langen Trauben, Krbl. violett od. violettblau, unterster K.zahn mind. doppelt so lang wie breit, Flügel ca. 6 × 15 mm, Öhrchen ca. 3 mm hoch (*948/3a*), Bltn. sich langsam vom Grund der Traube zur Spitze hin entfaltend; Anfang V–VI. L – h. Jap.
Japanischer B., *W. floribunda* (WILLD.) DC.

'Multijuga' ['Macrobotrys']: Blch. bis 10 cm lang; Trauben > 1 m lang hängend.

'Murasaki-kapitan' [*W. brachybotrys* × *W. floribunda*]: Bltn. größer u. Trauben kürzer (bis 25 cm); Bltnst.kn. um 8 mm lang u. 5–7 mm ∅.

W. × ***formosa*** REHDER p. p. [*W. floribunda* × *W. sinensis*]: Bltn. größer als bei *W. floribunda*; Bltnst.kn. bis 8 mm lang u. 4 mm ∅.

— Pfl. linkswindende Liane; Bl. mit bis 13 Blch. **3**

3. Bltn. (*948/4*) mit den ersten Bl. erscheinend, 25–95 in 15–30 cm langen Trauben, Bltn.stiel um 18 mm lang, Flügel kaum geöhrt (*948/4a*); Blch. unterseits verkahlend; Bltnst.kn. bis 6 mm lang u. 4 mm ∅ – Blch. 7–13, eilängl. bis eilanzettl., 5–10 cm lang, plötzl. zugespitzt, bewimpert, anfangs angepresst seidenhaarig, verkahlend; Bltn. ca. 2,5 cm lang, leicht duftend, Kr. blauviolett, Flügel ca. 8 × 20 mm, Öhrchen 1,5–2 mm hoch; Bltn. einer Traube relativ schnell nacheinander erblühend; Anfang V–VI. L – h. O-As.: China, Jap.
Chinesischer B., *W. sinensis* (SIMS) SWEET

'Alba': Krbl. weiß.

W. × ***formosa*** REHDER p. p.: [*W. floribunda* × *W. sinensis*]: mit längeren Bltn.trauben u. kleineren Bltn. als *W. sinensis*.

— Bltn. (*948/2*) nach dem Laub, bis 35 in bis 15(–20) cm langen, dichten Trauben, Bltn.stiel um 10 mm lang, Flügel deutl. geöhrt (*948/2a*); Blch. unterseits bleibend behaart; Bltnst.kn. um 15 mm lang u. 7 mm ∅ – Bl. meist mit 11 Fiedern, diese unterseits relativ dicht bleibend behaart; Bltn. etwa 2 cm lang, Flügel ca. 7,5 × 18 mm, Öhrchen 3 mm hoch u. lang; Ende V–VI. L– s. ∧ Jap.
W. brachybotrys SIEBOLD & ZUCC.

Wollemia W. G. JONES et al., **Wollemie** – *Araucariaceae* (Bearbeiter: Peter A. Schmidt)

1-häusige immergrüne Bäume; Bl. schraubig od. fast gegenst. angeordnet, 2- od. 4-zeilig, meist linealisch; Pollen- u. Samenzapfen endst. an Seitensprossen 1. Ordnung, Samen ringsum schmal geflügelt.

Zu der erst 1994 entdeckten u. nach dem Fundort (Wollemi Nationalpark) benannten Gatt. nur 1 Art:

W. nobilis W. G. JONES et al. – Bl. an den Trieben herablaufend, an aufrechten Sprossen schraubig stehend, schmal 3-eckig, 3–10 cm lang, an der Basis 2–4 mm breit, an waagerechten Zw. 2- od. 4-zeilig, mit Ausnahme der am Jahrestrieb zuerst gebildeten, bis 3 mm langen Schuppenbl. linealisch bis schmal 3-eckig, 1–8 cm lang, 2–8 mm breit, lederig, oberseits dunkelgrün, unterseits bläul. grün; Zapfen kugelig bis breit ellipsoidisch, anfangs grün, reif braun, bis 12,5 cm lang u. 10 cm ∅, Schuppen mit auffällig umgebogener Spitze, Samen 7–11 mm lang; VI–VII. Bg (Höhe in Kultur?) – ss. ∧∧ SO-Austr.

Xanthoceras Bunge, **Gelbhorn** – *Sapindaceae* (Bearbeiter: Bernd Schulz)

1 Art.

X. sorbifolium Bunge – Sommergrüner Strauch bis Kleinbaum; Bl. wechselst., 15–25 cm lang, unpaarig gefiedert, Blch. 9–17, sitzend, schmal elliptisch bis lanzettl., 3–5 cm lang, scharf gesägt, dunkelgrün; Bltn. polygam, in 10–25 cm langen aufrechten Trauben, etwa 2–3 cm ∅, Krbl. zart, faltig, weiß, am Grund mit einem sich von grünl. gelb nach rot verfärbenden Fleck, Stbl. 8, Frbl. mit bis 8 Samenanlagen; Fr. eine 4–6 cm große, dickwandige, sich fachspaltig öffnende Kapsel, Same kugelf., 1 cm ∅, dunkelbraun (*311/1*); V–VI. Sg/Bk – ss. N- u. NO-China.

Xanthocyparis Farjon & Hiep, **Goldzypresse** → siehe *Cupressus*

(Bearbeiter: Peter A. Schmidt)

Nach Entdeckung eines neuen Zypressengewächses in Vietn. u. Aufstellung einer neuen Gatt. *Xanthocyparis* wurde die bisherige *Chamaecyparis*-Art *C. nootkatenis* dieser Gatt. zugeordnet (vgl. Farjon 2010, Bärtels & Schmidt 2014). *Xanthocyparis* wurde jedoch inzwischen im Ergebnis molekulargenetischer Untersuchungen zu *Cupressus* s. l. (z. B. Terry & Adams 2015) als nahe Verwandte der neuweltl. Zypressen dieser Gatt. zugeordnet (*Cupressus nootkatensis*) bzw. bei der Trennung altweltl. (*Cupressus* s. str.) u. neuweltl. (*Callitropsis*, *Hesperocyparis*) Zypressen hat sich herausgestellt, dass sie mit letzteren in eine Gatt. zu stellen sei (siehe unter *Cupressus*). Einigkeit besteht darin, dass es sich bei der Nutkazypresse nicht um eine *Chamaecyparis*-Art handelt. Obwohl eine endgültige Klärung der Taxonomie aussteht, wird die Art hier in Übereinstimmung mit The Plant List (2016) od. Spellerberg et al. (2014) unter *Cupressus* behandelt.

Xanthorhiza Marsh., **Gelbwurz** – *Ranunculaceae* (Bearbeiter: Ulrich Hecker)

1 Art.

X. simplicissima Marsh. [*X. apiifolia* L'Herit.] – Sommergrüner, Ausläufer bildender, kaum verzweigter Strauch; Rinde u. Wurzeln gelb; Bl. lang gestielt, an den Zw.enden stehend, gefiedert mit (3–)5(–7) Blch., bis 30 cm lang, Blch. längl. eif., 3–9 cm lang, bis 4,5 cm breit, eingeschnitten gesägt bis 3-teilig (*950/1*); Bltn. in 5–10 cm langen Trauben, polygam, rotbraun, 4 mm ∅, Kbl. 5, Nektarbl. 5, Stbl. 5–10, Frbl. 10; Bälge ca. 3 mm lang (*950/2*); IV–V. Sk – s. O-NAm.

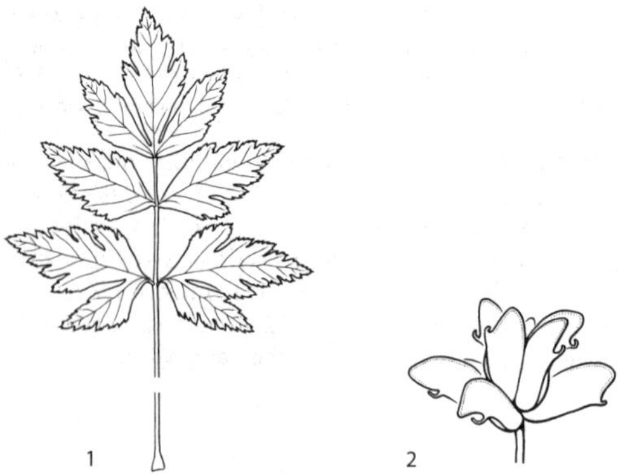

950/1–2: *Xanthoriza simplicissima*, 1 Bl., 2 Fr.

Yucca L., **Palmlilie** – *Asparagaceae* (Bearbeiter: Ulrich Hecker)

Stammlose od. kurzstämmige, mitunter auch größere u. verzweigte Holzgewächse; Bl. rosettig, fest u. derb, lang linealisch od. pfrieml., ± graugrün; Bltn. 3–8 cm lang, ± breit glockig, nickend, weiß bis gelbl., in bis > 1,5 m hohen Rispen; Fr. eine Kapsel. In M-Eur. nicht fruchtend, weil der Bestäuber, die Motte *Pronuba*, fehlt. 49 Arten im südl. NAm., Mex. u. W-Indien.

1. Pfl. stammbildend, einfach od. verzweigt; Bl. 0,6–0,9 m lang, 3–6 cm breit, äußere (ältere) stark zurückgebogen, immergrün; Bltnst. 0,8–1,5 m lang, verzweigt, schmal, Bltn. cremefarben, 6–8 cm lang; VII–XI. Sk - z–h. ∧∧ SO-USA. **Gekrümmtblättrige P., *Y. recurvifolia*** Salisb.

— Pfl. ± stammlos; Bl. steif aufrecht, schopfig ausgebreitet od. nur an der Spitze ± übergeneigt **2**

2. Bl. biegsam, allmähl. zur Spitze hin verschmälert, Spitze ± übergeneigt, bis 70 cm lang u. 3 cm breit, immergrün, Bl.rand mit feinen u. ± geraden Fäden; Bltnst. gewöhnl. behaart, Bltn. 5–6 cm lang; VII–VIII. HS. ∧ SO-NAm. **Schlaffe P., *Y. flaccida*** Haw.

'Major': Bl. etwas breiter, blaugrün, in Kultur häufiger als die Art. h.

— Bl. steif aufrecht od. schopfig ausgebreitet **3**

3. Bl. lineal lanzettl., bis 75 cm lang u. 4–5 cm breit, an den Rändern mit zahlreichen, stark gekräuselten Fäden, immergrün; Bltnst. 1–1,8 m hoch, breit, Bltn. gelbl. weiß, 5–7 cm lang; VII–VIII. HS – h. ∧ SO-NAm. **Fädige P., *Y. filamentosa*** L.

— Bl. schmal linealisch, bis 75 cm lang, 6–20 mm breit, grau bis blaugrün, mit schmalem weißem Rand u. nur wenigen Fäden, immergrün; Bltnst. schmal, kaum verzweigt, 1–1,8 m hoch, Bltn. 6–7 cm lang, grünl. weiß; VII–VIII. HS – s. ∧ M-NAm. **Blaugrüne P., *Y. glauca*** Nutt.

Y. × karlsruhensis Graebener [*Y. filamentosa* × *Y. glauca*] steht zwischen den Eltern: Bl. ca. 2 cm breit; Bltnst. über der Mitte verzweigt; VII–VIII. s.

Zabelia (Rehder) Makino – *Caprifoliaceae* (Bearbeiter: Bernd Schulz)

Sommergrüne Sträucher; Bl. einfach, ganzrandig od. gesägt, kurz gestielt (*952/2*), Bl.stielbasis erweitert, die achselst. Kn. einschließend (*952/3*), aber oft früh angetrieben; Bltn. in Thyrsen am Zw.ende, zusammengesetzt aus wenigbltg. Zymen, Frkn. unterst., 3-fächerig, nur 1 Fach fertil, K. 4–5 vergrößerte Zipfel, Kr. röhrig, nur schwach trichterf. erweitert, ± radiär, 4–5-lappig, Stbl. 4, ± in Kr.röhre verborgen (*952/1*); Fr. eine 1-samige, lederige Schließfr., vom bleibenden K. gekrönt. 6 Arten in M- bis O-As.

Z. monsanensis (Nakai) Hisauti & H. Hara [*Abelia mosanensis* Nakai], **Koreanische Abelie** – Bltn. stark duftend, Kbl. 5, Kr. mit 10–12 mm langer, enger, karminroter Kr.röhre u. tellerf. ausgebreiteten, innen weißen Kr.zipfeln, ∅ 15 mm (*952/1*); Bl. sehr kurz gestielt, schmal elliptisch bis elliptisch, 3–7(–10) cm lang, lang zugespitzt, am Grund keilf., ganzrandig, oberseits glänzend dunkelgrün, unterseits heller (*953/2*); Herbstfärbung orangerot; V–VI. Sk – z. Kor.

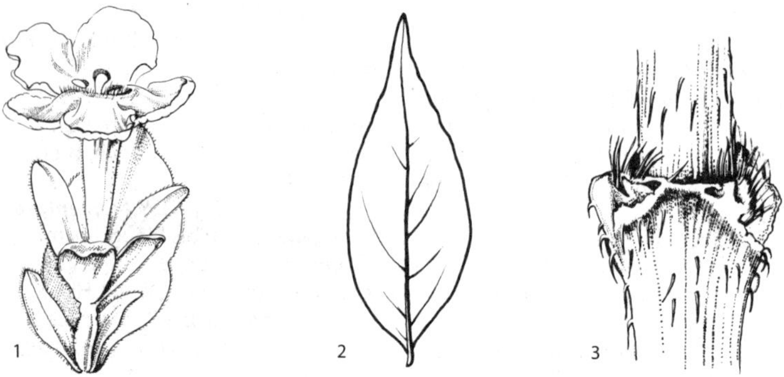

952/1–3 *Zabelia mosanensis*: 1 Blüte, 2 Bl., 3 Sprossknoten im Winterzustand (Kn. unter den Bl.narben)

Zanthoxylum L., **Stachelesche** – *Rutaceae* (Bearbeiter: Ulrich Hecker)

Sommer- od. immergrüne Bäume u. Sträucher; Bl. wechselst., unpaarig gefiedert, selten 3-zählig, Blch. sehr kurz gestielt od. fast sitzend, seitl. einander gegenüberstehend, ganzrandig, gesägt od. gekerbt; Bltn. klein, in Rispen od. in achselst. Büscheln, polygam od. eingschl. u. 2-häusig verteilt, Bltn.hülle einfach od. doppelt, Krbl. klein, gelbl. od. grünl., ♂ Bltn. mit Frbl.rudimenten, ♀ Bltn. mit 5–1 freien, meist deutl. gestielten Frbl.; Frch. zur Reife sich 2-klappig öffnend, Samen schwarz, kugelf., glänzend (*953/3*). Rund 175 Arten, v. a. in den Trop u. Subtrop. In großen Mengen **G!**

1. Bltn. vor dem Bl.austrieb an vorj. Zw. in achselst. Büscheln, gelbgrün; Bltn.hülle krbl.artig, hinfällig, Frbl. gestielt, Gr. zusammenneigend; junge Zw. behaart, Stacheln ca. 1 cm lang (*953/1*); Bl. oberseits mattgrün, Bl.spindel ungeflügelt; Blch. 5–11, 3–6 cm lang, zugespitzt, ganzrandig od. gesägt, unterseits behaart; Fr. schwärzl.; IV–V. Sg/Bk – s. O-NAm. **Amerikanische S., *Z. americanum*** Mill.

— Bltn. an jungen Sprossen nach dem Bl.austrieb erscheinend; Zw. kahl od. schwach behaart **2**

2. Zw. kahl, Stacheln am Grund breit abgeflacht, bis 2 cm lang; Bl.spindel breit geflügelt (*953/2*), Blch. 3–5, eif. lanzettl., 3–12 cm lang, Endblch. am größten, kahl, fein gezähnelt; Bltn. gelbl. in 3–5 cm langen Rispen; Fr. rot, warzig; VI. Sg – s. S-SO- u. O-As. [*Z. planispinum* Siebold & Zucc.; *Z. alatum* Roxb. var. *pla-*

nispinum (SIEBOLD & ZUCC.) REHDER & E. H. WILSON]

Flügelstachelige S., *Z. armatum* DC.

— Zw. kahl, seltener schwach behaart, Stacheln kräftig, 6–20 mm lang, Basis sehr breit; Bl. oberseits dunkelgrün, glänzend, Bl.spindel schmal geflügelt, gleich der Blch.mittelrippe stachelig, Blch. eif., 7–11, 1,5–5 cm lang, kerbig gesägt; Bltn. gelbl., in 4–5 cm breiten Rispen od. Schirmrispen, Bltn.hülle kbl.artig, persistierend, Frbl. sitzend, Gr. nach außen gerichtet; Fr. rot (*953/3*); V–VI. Sg/Bk (bis 7 m) – h. Z- u. O-China. **Täuschende S., *Z. simulans*** HANCE.

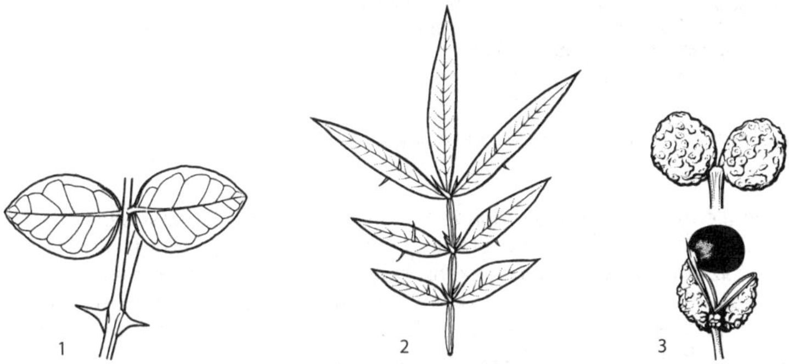

953/1–3 *Zanthoxylum*: 1 *Z. americanum*, Sprossabschnitt mit Stachelpaar, 2 *Z. armatum*, Bl., 3 *Z. simulans*, Fr.

Zelkova SPACH, **Zelkove** – *Ulmaceae* (Bearbeiter: Peter A. Schmidt)

Sommergrüne Bäume od. Sträucher; Stammrinde lange glatt bleibend, später schuppig od. plattig abblätternde Borke; Bl. wechselst., kurz gestielt, einfach, Spreite (fast) symmetrisch, fiedernervig, Rand gesägt od. gekerbt; Pfl. polygam, Bltn. ⚥ od. eingeschl., achselst. in kleinen Büscheln, Perigon 4–6-teilig, Stbl. 2–5; Fr. sehr kurz gestielte, asymmetrische, gekielte, grüne Steinfr. (*953/4*). 5–6 Arten: Medit. (Sizilien, Kreta), Kauk. (W- u. O-Südkauk.) bis Iran, O-As.

1. Bl.stiel 2–3 mm lang, Bl.rand gekerbt bis grob gesägt; Fr. 5–8 mm ∅; junge Zw. ± dicht behaart – Bl. 2–8(–15) cm lang, 2–4 cm breit, jederseits der Mittelrippe mit 7–11 Seitennerven, Spreite längl. bis elliptisch, spitz, Basis abgerundet bis leicht herzf., oberseits zerstreut behaart, etwas rau, unterseits Nerven behaart, im Herbst hell- bis orangebraun; Stammrinde anfangs ähnl. wie bei Buche, grau u. glatt, sich später in Platten ablösend; V. Bg – h. W- u. O-Südkauk., N-Iran. [*Z. crenata* SPACH]

Kaukasische Z., *Z. carpinifolia* (PALL.) K. KOCH

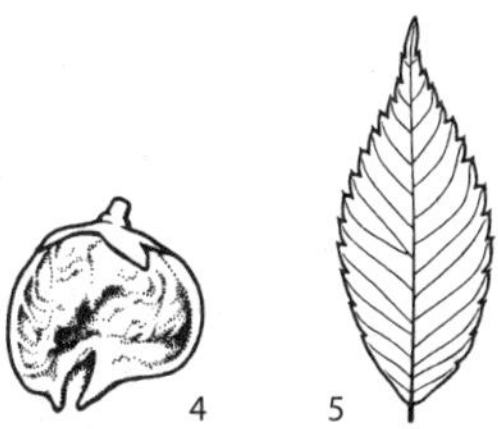

953/4–5 *Zelkova*: 4 *Z. carpinifolia*, Fr., 5 *Z. serrata*, Bl.

— Bl.stiel 3–6 mm lang, Bl.rand scharf gesägt bis gekerbt; Fr. 2,5–4 mm ∅; junge Zw. kahl od. spärl. behaart – Bl. 3–10(–12) cm lang, 1,5–5 cm breit, jederseits mit 6–13 Seitennerven, Spreite elliptisch bis längl. eif., zugespitzt, Basis abgerundet bis leicht herzf. (*953/5*), zuw. etwas schief, oberseits ± rau, unterseits heller grün, glänzend, kahl od. Nerven behaart, im Herbst gelb bis orange-, ziegel- od. weinrot; meist mehrstämmig; V. Bg – z. O-As.: S-, WN- u. ON-China, Sich., Taiw., Jap., Kor., Russ.-Fernost (Kurilen). [*Z. keaki* (Siebold) Maxim.)
Japanische Z., *Z. serrata* (Thunb.) Makino

In Kultur entstandener Bastard beider Arten: ***Z.* × *verschaffeltii*** (Dippel) G. Nicholson.

Sorten von *Z. serrata* können im Wuchs (z. B. **'Goblin'**: kugelige Zwergform, bis 1 m hoch) od. in der Bl.färbung (z. B. **'Goshiki'**: Bl.rand rosa, weiß bis hellgelb; **'Variegata'**: Bl. graugrün, weiß gefleckt, teils deformiert) abweichen.

Zenobia D. Don, **Zenobie** – *Ericaceae* (Bearbeiter: Bernd Schulz)

1 Art.

Z. pulverulenta (Bartr.) Pollard [*Andromeda pulverulenta* Bartr.], **Bestäubte Z.** – Zw. bogig abstehend, weißbläul. bereift; Bl. sommergrün od. wintergrün, eif. bis längl. elliptisch, 2–7 cm lang, schwach gekerbt bis ganzrandig (*954/3*), unterseits od. beiderseits weißl. bereift; Bltn. nickend an dünnen Stielen, in achselst. Büscheln an den obersten 10–20 cm vorj. Zw. (die blühenden Zw.enden erwecken den Eindruck einer Traube), Kr. glockig bis breit schalenf., weiß, 6–8 mm lang (*954/1*), beide Theken mit je einem Fortsatz neben der Pore (*954/1*); Fr.kapsel rundl., 5-fächerig (*954/2* u. *2a*); V–VI. Sk, kalkunverträgl. – z. SO-NAm.

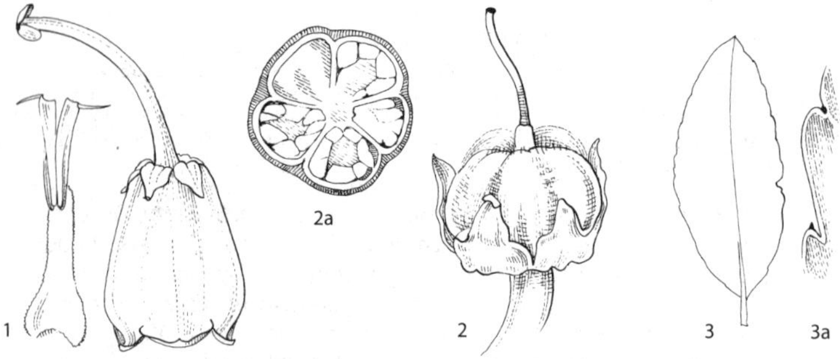

954/1–3 *Zenobia pulverulenta*: 1 Blüte u. Stbl; 2 Kapsel, 2a Querschnitt; 3 Bl., 3a Bl.rand

Z*i*ziphus MILL., **Judendorn** – *Rhamnaceae* (Bearbeiter: Ulrich Hecker)

Sommer- od. immergrüne, dornig bewehrte Gehölze; Bl. wechselst. mit 2 meist ungleich großen Nebenbl.-dornen; Bltn. klein, 5-zählig, in Zymen; Steinfr. rundl. bis längl. (*955/2*). 53 Arten vorwiegend in den Trop. u. Subtrop. beider Hemisphären.

Die folgende Art wird als Chinesische Dattel mit saftigem, süßsaurem Fr.fleisch in Sorten in S- u. SO-Eur., W-As., Afr. u. Am. kultiviert.

Z. jujuba MILL., **Gewöhnlicher J.** [*Z. vulgaris* LAM; *Z. sativa* GAERTN.] – Dornen am Knoten sehr ungleich, der eine schlank, bis 3 cm lang, der andere kürzer u. gekrümmt; Bl. eilanzettl., kerbig gesägt, 2–6 cm lang, 1–5 mm lang gestielt (*955/1*); Bltn. gelb, zu 2–3 achselst., kurz gestielt; Steinfr. eilängl. (*955/2*), bis 2,5 cm lang, erst dunkelrot, reif schwärzl., genießbar; IV–V. Sg. ∧ China.

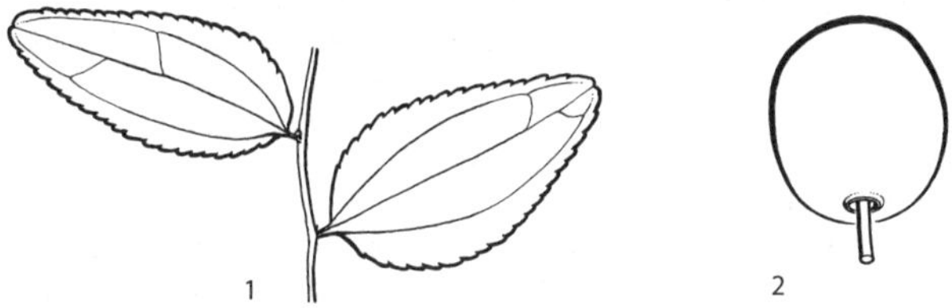

1 2

955/1–2 *Ziziphus jujuba*: 1 Bl., 2 Fr.

Literaturverzeichnis

Allgemeine Werke (Floren, Handbücher, Bestimmungsbücher, Systematik, Nomenklatur etc.)

Armitage, J. (ed.) (2014): The Hillier Manual of Trees & Shrubs. 8th ed. – London.
Bärtels, A.; Schmidt, P. A. (Hrsg.) (2014): Enzyklopädie der Gartengehölze. 2. Aufl. – Stuttgart.
Bartels, H. (1993): Gehölzkunde. Einführung in die Dendrologie. – Stuttgart.
Bean, W. J.: Trees and Shrubs hardy in the British Isles. – Online edition: http://www.beanstreesandshrubs.org/
Boom, B. K. et al. (2000): Nederlandse Dendrologie. 13. Aufl. – Ede.
Bugała, W. (1979): Drzewa i krzewy dla terenów zieleni. – Warszawa.
Davis, P. H. (1965–1988): Flora of Turkey and the East Aegaean Islands. I–X. – Edinburgh.
Erhardt, W. et al. (2014): Zander – Handwörterbuch der Pflanzennamen. 19. Aufl. – Stuttgart.
Fischer, M. A.; Adler, W.; Oswald, K. (2005): Exkursionsflora für Österreich, Liechtenstein und Südtirol. 2. Auf. – Linz.
Flora of North America Editorial Committee (eds.) (1993+): Flora of North America North of Mexico. 20+ vols. New York, Oxford. – Online unter: http://floranorthamerica.org/
Gelderen, D. M. van; Hoey Smith, J. R. P. van (1996): Koniferen-Atlas. I. II. – Stuttgart
Grimshaw, J.; Bayton, R. (2009): New Trees. Recent Introductions to Cultivation. – Kew.
Gleason H. A.; Cronquist, A. (1991) Manual of vascular plants of the northeastern United States and Adjacent Canada. 2nd ed. – New York, USA.
Hecker, U. (2006): Bäume und Sträucher. 4. Aufl. – München/Wien/Zürich
Holmgren, N. (1998) The Illustrated Companion to Gleason and Cronquist's manual. New York Botanic Garden Press. New York.
Jäger, E. J. et al. (Hrsg.) (2008): Rothmaler – Exkursionsflora von Deutschland. Bd. 5: Krautige Zier- und Nutzpflanzen. – Berlin, Heidelberg.
Jäger, E. J. (Hrsg.) (2017): Rothmaler – Exkursionsflora von Deutschland. Gefäßpflanzen: Grundband. 21. Aufl. – Berlin, Heidelberg.
Kadereit, J. W. et al. (2014): Strasburger – Lehrbuch der Pflanzenwissenschaften. 37. Aufl. – Berlin, Heidelberg.
Kiehn, M. et al. (2007): Grundsätze im Umgang mit invasiven und potenziell invasiven Pflanzenarten in botanischen Gärten. – Gärtn. Bot. Brief 169: 39–41.
Komarov, V. L. et al. (1934–1960): Flora SSSR (Flora Unionis Rerumpublicarum Sovieticarum Socialisticarum). I–XXX. – Moskau/Leningrad.
Koropachinskiy, I. Yu. (2015): North Asian Woody Plants. 2 vols. Novosibirsk.
Krüssmann, G. (1976/78): Handbuch der Laubgehölze. 2. Aufl. I–III. – Berlin/Hamburg.
Krüssmann, G. (1983). Handbuch der Nadelgehölze. 2. Aufl. unter Mitwirkung von H.-D. Warda. – Berlin/Hamburg.
Kurata, S. (1964–1976): Illustrated Important Forest Trees of Japan. Vols. 1–5. – Tokyo.
Mabberley, D. J. (2008): The Plant Book. 3rd ed. – Cambridge.
Meusel, H.; Jäger, E. et al. (1965–1992): Vergleichende Chorologie der zentraleuropäischen Flora. I–III. – Jena (Fischer). – Online unter http://www2.biologie.uni-halle.de/bot/ag_chorologie/choro/
Moss, E. H. (1959) Flora of Alberta. – Toronto.

Müller, F. et al. (Hrsg.): Rothmaler – Exkursionsflora von Deutschland. Gefäßpflanzen: Kritischer Ergänzungsband. 11. Aufl. –Berlin, Heidelberg

Nelson, G.; Earle, C. J.; Spellenberg, R. (2014): Trees of Eastern North America. – Princeton, Oxford.

Ohwi, J. (1965): Flora of Japan in English. – Washington. – Online unter: https://archive.org/details/floraofjapaninen00oiji

Rehder, A. (1940): Manual of Cultivated Trees and Shrubs Hardy in North America. 2. Aufl. – New York.

Roloff, A.; Bärtels, A. (2014): Flora der Gehölze. 4. Aufl. – Stuttgart.

Schmidt, P. A. (2010): Einheimisch/nichteinheimisch, gebietsheimisch/gebietsfremd – Gehölzartenwahl nach spezifischen Anforderungen und auf fachlicher Grundlage. – In: Dujesiefken, D. (Hrsg.): Jahrbuch der Baumpflege 2010: 72–84.

Schmidt, P. A.; Hecker, U. (2009): Taschenlexikon der Gehölze. – Wiebelsheim.

Schneider, C. K. (1904/12): Illustriertes Handbuch der Laubholzkunde. I. II. – Jena. (Scan online verfügbar unter http://www.biodiversitylibrary.org/)

Schroeder, F.-G. (1998): Lehrbuch der Pflanzengeographie. – Wiesbaden.

Schulz, B. (2014): Gehölzbestimmung im Winter. 2. Aufl. – Stuttgart.

Schütt, P. et al. (Hrsg.), seit 1997 Roloff, A. et al. (1994–2017): Enzyklopädie der Holzgewächse. Handbuch und Atlas der Dendrologie. Lfg. 1–68 – Landsberg am Lech, seit 2000 Weinheim.

Spellenberg, R.; Earle, C. J.; Nelson, G. (2014): Trees of Western North America. – Princeton, Oxford.

Stace, C. (2011): New Flora of the British Isles. Ed. 3. – Cambridge.

Tutin, T. G. et al. (eds.) (1964–1980): Flora Europaea. Vol. 1–5 (Vol. 1 2. Aufl. 1993). – Cambridge.

Voroshilov, V. N. (1982): Opredelitel' rastenij sovetskogo Dal'nego Vostoka. [Bestimmungsbuch für die Pflanzen des sowjetischen Fernen Ostens]. – Moskva.

Wagenitz, G. (2003): Wörterbuch der Botanik. Die Termini in ihrem historischen Zusammenhang. – Berlin, Heidelberg.

Warda, H. D. (2016): Das große Buch der Garten- und Landschaftsgehölze. 3. Aufl. – Bad Zwischenahn.

Wu, Z. Y.; Raven, P. H. (eds.) (1999–2011): Flora of China. Vols. 1–19. Bejing, St. Louis (siehe auch http://www.efloras.org/flora_page.aspx?flora_id=2).

Literatur zu bestimmten Pflanzengruppen

Aus der Fülle der Einzelpublikationen kann hier nur eine Auswahl aufgeführt werden. Neben den zitierten Arbeiten wurden nur die wichtigsten Publikationen, die als Grundlage der Bearbeitung der Schlüssel dienten, aufgenommen.

Argent, G. et al. (1997): The Rhododendron handbook 1998. – London.

Ashburner, K.; McAllister, H. A. (2013): The Genus *Betula*. A Taxonomic Revision of Birches. – Kew.

Auders, A. G.; Spicer, D. P. (2012): Encyclopedia of conifers. 2 vols. – Nicosia.

Beales, P. (2002) Klassische Rosen – Blütenträume für jeden Garten. – Köln.

Bortiri, E. et al. (2006): Phylogenetic analysis of morphology in *Prunus* reveals extensive homoplasy. – Pl. Syst. Evol. 259: 53–71.

Chamberlain, D. et al. (1996): The Genus *Rhododendron*. Its classification & synonymy. – Edinburgh.

CHRISTENSEN, K. I. (1992): Revision of *Crataegus* Sect. *Crataegus* and Nothosect. *Crataeguineae* (Rosaceae–Maloideae) in the Old World. – Systematic Botany Monographs 35.
CINOVSKIS, R. (1971): Crataegi Baltici. – Riga.
CLEMENT, W. L. et al. (2014): A Chloroplast tree for *Viburnum* (Adoxaceae) and its implications for phylogenetic classification and character evolution. – Am. J. Bot. 101 (6): 1029–1049.
CUIZHI, G.; ROBERSTON, K. R. (2003): *Rosa*. –I n: ZHENGYI, W.; RAVEN, P. H.; DEYUAN, H.: Flora of China. Band 9 Pittosporaceae through Connaraceae. – Bejing, St. Louis.
CULLEN, J., 2005: Hardy Rhododendron Species: a guide to identification. – Portland.
DAVIDIAN, H. H., 1982–1995: The Rhododendron Species. Vol I–IV. – Portland.
DE JONG, P. C.; H. J. OTERDOOM, D. M. VAN GELDEREN (2010): Maples of the World. – Portland.
DE SMET et al. (2015): Molecular phylogenetics and new (infra)generic classification to alleviate polyphyly in tribe Hydrangeeae (Cornales: Hydrangeaceae). – Taxon 64 (4): 741–753.
DEBRECZY, Z.; RÁCZ, I. (2011): Conifers around the world. 2 Bde. DendroPress Ltd., Budapest.
DICKORÉ, W. B.; KASPEREK, G. (2010): Species of *Cotoneaster* (Rosaceae, Maloideae) indigenous to, naturalising oder commonly cultivated in Central Europe. – Willdenowia 40: 13–45.
DICKORÉ, W. B.; KASPEREK, G. (2011): *Cotoneaster* – Zwergmispel in Mitteleuropa – https://offene-naturfuehrer.de/web/Cotoneaster_%E2%80%93_Zwergmispel_in_Mitteleuropa_(W._Bernhard_Dickor%C3%A9_%26_Gerwin_Kasperek)
DIRR, R. (1998): Hamamelis und andere Zaubernußgewächse. – Stuttgart.
DIRR; M.A. (2007): Viburnums: Flowering Shrubs for Every Season. – Portland.
DÖNIG, G. (2010): Rotbuchen – *Fagus*. Arten, Formen, Sorten, Kultivare mit Sammlungen aus dem Arboretum Altdorf. – Hemmingen.
EASTER, M. (2009): The Thyme Handbook. – Guildford.
ENGELMANN, M S. (2016): Genus *Torreya* ARN., 1838 (Taxaceae). – Beiträge zur Gehölzkunde 2015: 75–171.
FARJON, A. (2010): A handbook of the world's conifers. 2 Bde. – Leiden, Boston.
FENG, C. M. et al. (2009): Phylogeny and biogeography of Alangiaceae (Cornales) inferred from DNA sequences, morphology, and fossils. – Molecular Phylogenetics and Evolution 51: 201–214.
GALLE, F. C. (1997): Hollies. The Genus *Ilex*. – Portland.
GILLESPIE, E. L.; KRON, K. A. (2013): Molecular phylogenetic relationships and morphological evolution within the Tribe Phyllodoceae (Ericoideae, Ericaceae). – Syst. Bot. 38(3): 752–763.
GÖKIRMAK et al. (2009): Characterization of European hazelnut (*Corylus avellana*) cultivars using SSR markers. – Genet. Resour. Crop. Evol. 56: 147–172
GÖSCHKE, F. (1887): Die Haselnuss, ihre Arten und ihre Kultur. –Berlin. (Scan verfügbar unter www.e-rara.ch)
GRAEBNER, P. (1901): Die Gattung *Linnaea* (einschließlich *Abelia*). – Bot. Jahrb. 29: 120–145. (Scan verfügbar unter http://www.biodiversitylibrary.org/)
GREEN, P. S. (1963): *Leucothoe fontanesiana* [im Vergleich mit *L. axillaris*]. –Arnoldia 23: 93–99. (Scan verfügbar unter http://www.biodiversitylibrary.org/)
GREEN, P. S. (1966): Identification of the species and hybrids in the *Lonicera tatarica* Complex. – J. Arnold Arb. 47: 75–88. (Scan verfügbar unter http://www.biodiversitylibrary.org/)

Guo, W. (2011): A phylogeny of *Photinia* sensu lato (Rosaceae) and related genera based on nrITS and cpDNA analysis. – Pl. Syst. Evol. 291: 91–102.
Heenan, P. B. et al. (2004): The relationship of *Sophora* sect. Edwardsia (Fabaceae) to *Sophora tomentosa*, the type species of the genus *Sophora*, observed from DNA sequence data and morphological characters. – Bot. J. Linn. Soc. 146: 439–446.
Henker, H. (2003:) *Rosa* L. – In: Conert, H. J. et al. (Hrsg.): Gustav Hegi – Illustrierte Flora von Mitteleuropa. Band 4, Teil 2C. 2. Aufl. – Berlin.
Henker, H. (2011): *Rosa* L. – S. 444–453 in: Jäger, E. J. (Hrsg.) (2011): Rothmaler – Exkursionsflora von Deutschland. Gefäßpflanzen: Grundband. 20. Aufl. – Berlin, Heidelberg.
Hörandl, E.; Florinet, F.; Hadacek, F. (2002): Weiden in Österreich und angrenzenden Gebieten. – Wien.
Ickert-Bond, S. M.; Wen, J. (2006): Phylogeny and biogeography of Altingiaceae: Evidence from combined analysis of Wve non-coding chloroplast regions. – Molecular Phylogenetics and Evolution 39: 512–528.
Ickert-Bond, S. M.; Wen, J. (2013): A taxonomic synopsis of Altingiaceae with nine new combinations. – PhytoKeys 31: 21–61.
Jablonski,. E. (2001): Kultivierte Linden (*Tilia* L., Malvaceae Juss.) in Mitteleuropa. – Mitt. Deutsch. Dendrol. Ges. 98: 89–110.
Jonsell, B. (ed.) (2000): Flora Nordica. Vol. 1. – Stockholm.
Kalkman, C. (1973): The malesian species of the subfamily Maloideae (Rosaceae). – Blumea 21: 413– 442.
Kiermeier, P. (2014): Zuordnung der Gehölze nach Lebensbereichen. – S. 26–36 in: Bärtels, A.; Schmidt, P. A. (Hrsg.) (2014): Enzyklopädie der Gartengehölze. 2. Aufl. – Stuttgart.
Koltzenburg, M. (1999): Bestimmungsschlüssel für in Mitteleuropa heimische und kultivierte Pappelarten und -sorten (*Populus* spec.). – Flor. Rundbr. Beih. 6.
Landrein, S. et al. (2012): *Abelia* and relatives: phylogenetics of Linnaeeae (Dipsacales–Caprifoliaceae s.l.) and a new interpretation of their inflorescence morphology. – Bot. J. Linn. Soc. 169: 692–713.
Lautenschlager, D. u. E. (1994): Die Weiden von Mittel- und Nordeuropa. Bestimmungsschlüssel und Artbeschreibungen für die Gattung *Salix*. – Basel.
Lewis, W. H.; Ertter, B.; Bruneau, A. (2014): *Rosa* L. – In: Flora of North America editorial commitee: Flora of North America north of Mexico. Volume 9: Magnoliophyta: Picramniaceae to Rosaceae. – New York.
LPWG (2017): A new subfamily classification of the Leguminosae based on a taxonomically comprehensive phylogeny. – Taxon (1): 44–47.
Lu, A. M.; Stone, D. E.; Grauke, L. J. (1999): Juglandaceae. – In: Wu, Z.-Y.; Raven, P. H.: Flora of China. Vol. 4., 277–285. – Beijing, St. Louis.
Mathews, V. A. (2011): *Rosa* Linnaeus– In: Cullen, J.; Knees, S. G.; Cubey, H. S.: The European Garden Flora. Flowering Plants. Vol. 3. 2nd ed. – Cambridge.
McAllister, H. (2005): The Genus *Sorbus*. Mountain Ash and other Rowans. – Kew.
Meyer, N. (2016): *Sorbus*. – S. 113–130 in: Müller, F. et al. (Hrsg.): Rothmaler – Exkursionsflora von Deutschland. Gefäßpflanzen: Kritischer Ergänzungsband. 11. Aufl. – Berlin, Heidelberg.
Neumann, A. (1981): Die mitteleuropäischen *Salix*-Arten. – Mitt. der Forstl. Bundes-Versuchsanstalt Wien.
Newsholme, C. (1992): Willows. The genus *Salix*. – London.

NICOLSON, D. H.; STEYSKAL, G. C. (1976): The Masculine Gender of the Generic Name *Styrax* Linnaeus (Styracaceae) – Taxon 25(5/6): 581. ·

NIE, Z. L. (2009): Phylogenetic analysis of *Toxicodendron* (Anacardiaceae) and its biogeographic implications on the evolution of north temperate and tropical intercontinental disjunctions. – Journal of Systematics and Evolution 47 (5): 416–430.

NIXON, K. C. (1993): Infrageneric classification of *Quercus* (Fagaceae) and typification of sectional names. – Ann Sci For 50, Supp 1, 25s–34s.

OH, S. (2006): *Neillia* includes *Stephanandra* (Rosaceae). – Novon 16: 91–95.

OH, S.; POTTER, D. (2005): Molecular phylogenetic systematics and biogeography of tribe Neillieae (Rosaceae) using DNA sequences of cpDNA, rDNA, and LEAFY. – Amer. J. Bot. 92: 179–192.

PIGOTT, D. (2012): Lime-trees and Basswoods. A Biological Monograph of the Genus *Tilia*. – Cambridge.

POTTER, D. et al. (2007): Phylogeny and classification of Rosaceae. – Pl. Syst. Evol. 266: 5–43.

RECHINGER, K.-H. (1981): *Salix*. Weide. – S. 44–135 in: GUSTAV HEGI – Illustrierte Flora von Mittel-Europa. Bd. III, Teil 1. – München.

REHDER, A. (1903): Synopsis of the genus *Lonicera*. – Rept. Mo. Bot. Gard. 14: 27–237. (Scan verfügbar unter http://www.biodiversitylibrary.org/)

RICH, T. C. G. et al. (2010): Whitebeams, Rowans and Service Trees of Britain and Ireland. A monograph of British and Irish *Sorbus*. B.S.B.I. Handbook 14. – London.

SAMAIN, M.-S. et al. (2010): Unraveling Extensive Paraphyly in the Genus *Hydrangea* s. l. with Implications for the Systematics of Tribe Hydrangeeae. – Syst. Bot. 35(3): 593–600.

SCHAARSCHMIDT, H. (1999): Die Walnussgewächse, Juglandaceae. Die Neue Brehm-Bücherei, Bd. 591. 2. Aufl. – Hohenwarsleben

SCHELLER, H. (1972): Die Linden in den Gärten und Parks des unteren Maingebietes. – Mitt. Deutsch. Dendrol. Ges. 69: 49–162.

SCHELLER, H. (1977): Kritische Studien über die kultivierten *Fraxinus*-Arten. – Mitt. Deutsch. Dendrol. Ges. 69: 49–162.

SCHELLER, H, (1978): Bestimmungsschlüssel für die in Deutschland kultivierten Eichen-Arten. – Mitt. Deutsch. Dendrol. Ges. 70: 65–102.

SCHENK, M. F. et al. (2008): Phylogenetic relationships in *Betula* (Betulaceae) based on AFLP markers. – Tree Genetics & Genoms 4: 911–924.

SCHMIDT, P. A. (1991): Beitrag zur Kenntnis der in Deutschland anbaufähigen Fichten (Gattung *Picea* A. DIETR.). – Mitt. Deutsch. Dendrol. Ges. 80: 7–72.

SCHMIDT, P. A. (1998): *Picea* A. DIETR. – Fichte. – S. 1–14 in: SCHÜTT, P. et al. (Hrsg.) (1998): Enzyklopädie der Holzgewächse. Handbuch und Atlas der Dendrologie. 14. Erg. Lfg. 12/98. Landsberg.

SCHMIDT, P. A. (2003): Die Wacholder (Gattung *Juniperus*) Eurasiens. – Beiträge zur Gehölzkunde 2003: 7–25.

SCHMIDT, P. A. (2008): *Thymus* L. – S. 498–501 in: JÄGER, E. J. et al. (Hrsg.) (2008): ROTHMALER – Exkursionsflora von Deutschland. Bd. 5: Krautige Zier- und Nutzpflanzen. – Berlin, Heidelberg)

SCHMIDT, P. A. (2014): Nadelgehölze, *Crataegus, Spiraea, Thymus*. – In: BÄRTELS, A.; SCHMIDT, P. A. (Hrsg.) (2014): Enzyklopädie der Gartengehölze. 2. Aufl. – Stuttgart.

SCHROEDER, F.-G. (2004): Zur natürlichen Verbreitung und Kulturgeschichte des Pfeifenstrauches (*Philadelphus coronarius* L.) – Mitt. Deutsch. Dendrol. Ges. 89 : 7–36.

SCHULZ, B. (2006): Studien zu den Samen und Früchten ausgewählter *Euonymus*-Arten. – Mitt. Deutsch. Dendrol. Ges. 91: 127–145.

Schulz, B. (2009): Die kultivierten Arten der Gattung *Alangium* Lam. (Cornaceae). – Mitt. Deutsch. Dendrol. Ges. 94: 23–36.

Schulz, B. (2010): Probleme mit dem Namen *Deutzia scabra* Thunberg 1781. – Mitt. Deutsch. Dendrol. Ges. 95: 147–152.

Schulz, B. (2011): Die Gattung *Cornus* (Cornaceae), Hartriegel und Kornelkirsche. Teile 1 und 2. Teil 1: Übersicht über die Gattung. Teil 2: Die Wechselständigen Hartriegel *Cornus alternifolia* L.f. 1782 und *Cornus controversa* Hemsley 1909. – Mitt. Deutsch. Dendrol. Ges. 96: 67–83.

Schulz, B. (2011): Die Immergrüne Heckenkirsche *Lonicera pileata* Oliver 1887 (Caprifoliaceae) und ihre Varietäten (var. *pileata* und var. *yunnanensis* stat. nov.). – Mitt. Deutsch. Dendrol. Ges. 96: 93–98.

Schulz, B. (2012): Die Gattung *Cornus* (Cornaceae), Hartriegel und Kornelkirsche. Teil 3: Die Kleinfrüchtigen Hartriegel (Untergattung Kraniopsis). – Mitt. Deutsch. Dendrol. Ges. 97: 91–132.

Schulz, B. (2015): Die Gattung *Wisteria* Nutt. nom. cons. (Fabaceae). – Mitt. Deutsch. Dendrol. Ges. 100: 177–188.

Sennikov, A. N.; Kurtto, A. (2017): A phylogenetic checklist of *Sorbus* s.l. (Rosaceae) in Europe. – Memoranda Soc. Fauna Flora Fennica 93: 1–78.

Shi, S. et al. (2013): Phylogeny and Classification of *Prunus sensu lato* (Rosaceae). – J Integr Plant Biol. 55 (11): 1069–79.

Skvortsov, A. K. (1999): Willows of Russia and adjacent countries. Univ. of Joensuu, Report Series No. 39.

Stone, D. E. (1997): Juglandaceae, Walnut Family. – Flora of North America Editorial Committee: Flora of North America north of Mexico, 3: 416–428.

Terry, R. G.; Adams, R. P. (2015): A molecular re-examination of phylogenetic relationships among *Juniperus, Cupressus*, and the *Hesperocyparis-Callitropsis-Xanthocyparis* clades of Cupressaceae. – Phytologia 97, 1: 67–75.

Weber, H. E. (1995): *Rubus* L. – S. 284–595 in: Gustav Hegi – Illustrierte Flora von Mitteleuropa. IV/2A. 3. Aufl. –Berlin.

Weber, H. E. (2016): *Rubus*. – S. 59–112 in: Müller, F. et al. (Hrsg.): Rothmaler – Exkursionsflora von Deutschland. Gefäßpflanzen: Kritischer Ergänzungsband. 11. Aufl. – Berlin, Heidelberg

Wen, J. et al. (2008): Phylogenetic inferences in *Prunus* (Rosaceae) using chloroplast *ndh*F and nuclear ribosomal ITS sequences. – Journal of Systematics and Evolution 46 (3): 322–332.

Whittaker, P. (2008): Hardy Bamboos, Taming the Dragon. 3. Aufl. – Portland.

Yi, T. et al. (2007): Phylogeny of *Rhus* (Anacardiaceae) Based on Sequences of Nuclear Nia-i3 intron and Chloroplast TrnC-trnD. – Syst. Bot. 32(2): 379–391.

Internet-Quellen

Die aufgeführten Quellen wurden von den Bearbeitern in den Jahren 2014 bis 2017 genutzt.

Bean, W. J.: Trees and Shrubs Hardy in the British Isles. – Online edition: http://www.beanstreesandshrubs.org/

Botanischer Garten und Botanisches Museum Berlin – Online-Informationssysteme und Datenbanken: https://www.bgbm.org/de/datenbanken-und-datenzugriff

Earle, C. J.: The Gymnosperm Database. – http://www.conifers.org/

eFloras. Published on the Internet: http://www.efloras.org (Floren von Chile, China, Nordamerika, Missouri, u. a.) – Missouri Botanical Garden, St. Louis, MO & Harvard University Herbaria, Cambridge, MA.

EURO+MED: Euro+Med PlantBase – the information resource for Euro-Mediterranean plant diversity: http://www.bgbm.org/EuroPlusMed/

Flora iberica: http://www.floraiberica.es/– Real Jardín Botánico. Madrid.

FLORA OF NORTH AMERICA EDITORIAL COMMITTEE (eds.) (1993+): Flora of North America North of Mexico. 20+ vols. New York, Oxford. –http://floranorthamerica.org/

GRIN: Germplasm Resources Information Network – www.ars-grin.gov/cgi-bin/npgs/html.

Kew Science: Plants of the World – http://www.plantsoftheworldonline.org/

LANGHE, J. DE (2008–2012): Identification keys. Ghent Univ. Bot. Garden. – http://www.arboretumwespelaar.be/EN/Identification_keys_and_illustrations/

MEUSEL, H.; JÄGER, E. et al. (1965–1992): Vergleichende Chorologie der Zentraleuropäischen Flora. Bd. I, II & III: http://www2.biologie.uni-halle.de/bot/ag_chorologie/choro/

Missouri Botanical Garden – Datenbanken: http://www.mobot.org/MOBOT/Research/alldb.shtml

OHWI, J. (1965): Flora of Japan. Washington. – https://archive.org/details/floraofjapaninen00oiji

Royal Botanic Gardens Kew: http://www.kew.org/science/data-and-resources

STEVENS, P. F. (2001 onwards). Angiosperm Phylogeny Website. Version 12, July 2012 [and more or less continuously updated since]. – http://www.mobot.org/MOBOT/research/APweb/.

The International Plant Names Index: http://www.ipni.org

The Jepson Herbarium: http://ucjeps.berkeley.edu/eflora/ (mit eFlora von Kalifornien)

The Plant List – A working list of all plant species, Version 1.1, 2013: http://www.theplantlist.org

Trees and Shrubs Online – A modern reference to temperate woody plants: http://treesandshrubsonline.org/

Tropicos.org: http://www.tropicos.org – Missouri Botanical Garden

USDA, NRCS: The PLANTS Database –http://plants.usda.gov – National Plant Data Team, Greensboro, USA.

WU, Z.Y.; RAVEN, P. H. (eds.) (1999–2011): Flora of China. Vols. 1–19. Bejing, St. Louis. – http://www.efloras.org/flora_page.aspx?flora_id=2).

Buchsuche

Historische botanische und naturwissenschaftliche Werke sind unter anderem kostenfrei bei folgenden Anbietern zu finden:

Botanicus Digital Library: botanicus.org
Biodiversity Heritage Library: http://www.biodiversitylibrary.org/
Plattform für digitalisierte Drucke aus Schweizer Bibliotheken: www.e-rara.ch

Sachregister

Register der wissenschaftlichen und deutschen Pflanzennamen

Mit in das Register aufgenommen wurden Namen aus den einleitenden Kapiteln (S. 1–72), den übergreifenden Schlüsseln (S. 73–273), den Schlüsseln zur Bestimmung der Gattungen (S. 274–334) und dem lexikalischen Teil (ab S. 335). Wissenschaftliche Gattungs- und Artnamen sind kursiv gedruckt, gültige wissenschaftliche Familiennamen fett. Ungültige Namen (Synonyme) stehen in eckigen Klammern. In der Regel verweist die letztgenannte Seitenzahl auf die Beschreibung des Taxons. Kultivare, die nach den entsprechenden Arten aufgeführt werden, sind nicht erfasst oder nur ausnahmsweise aufgenommen, wenn sie im Schlüssel direkt bestimmt werden können. Deutsche Namen bzw. Trivialnamen: Familien- und Gattungsnamen, Artnamen nur, wenn der Name keine Zugehörigkeit zu einer bestimmten Gattung erkennen lässt. Giftige Gehölze sind durch G! bzw. G!! hinter dem wissenschaftlichen Namen gekennzeichnet (vgl. Kapitel „Giftige Gehölze", S. 64–68).

Verbreitungs- bzw. Herkunftsangaben (siehe auch Tab. 1, S. 52–55)

1. Übergreifende Angaben

alp.	alpine Stufe
arkt.	arktische = kalte Zone der Nordhalbkugel (Tundrenzone)
austral	australe = (warm)gemäßigte Zone der Südhalbkugel
bor.	boreale = kaltgemäßigte Zone der Nordhalbkugel (Taigazone)
Euras.	Eurasien
Geb.	Gebirge
Holarkt.	Holarktis
mer.	meridionale = warme Zone der Nordhalbkugel
montan	montane Stufe
nem.	nemorale = (typisch) gemäßigte Zone der Nordhalbkugel
subalp	subalpine Stufe
submer.	submeridionale = warmgemäßigte Zone der Nordhalbkugel
subtrop.	subtropische Zonen der Nord- und Südhalbkugel
zirkarkt.	zirkumarktisch
zirkbor.	zirkumboreal
zirkpol.	zirkumpolar (1 Zone oder mehrere Zonen)

2. Regionale Angaben

(in Klammern Zuordnung zu übergeordneten Verbreitungseinheiten in Tab. 1, S. 52–55)

Afgh.	Afghanistan (SW- und M-As. / M-As.)
Afr.	Afrika: mer. N- und australes S-Afr.
Alp.	Alpen (Eur. und Medit. / M-Eur.)
Appal.	Appalachen (NAm. / O-NAm.)
Argent.	Südliches Argentinien (Mex., M-, SAm. / SAm.)
Austr.	Australes Australien (Austr.: Australien und Neuseeland)
Az.	Azoren (Eur. und Medit. /Medit. / Makaron.)
Balkan	Gebirge der Balkan-Halbinsel (Eur. und Medit. / SO-Eur.)
Elburs	Elbursgebirge (SW- und M-As. / Iran)
Eur.	Europa (Eur. und Medit.)
Geb. M.-As.	Mittelasiatische Gebirge (SW- und M-As. / M-As.)
Geb. S-Sib.	Gebirge Südsibiriens (N- und O-As. / N-As. / Sib.)
Himal.	Himalaja (S- und SO-As. / S-As.)
Indon.	Indonesien (S- und SO-As. / SO-As.)
Isr.	Israel (SW- und M-As. / Lev.)
Jap.	Japan (N- und O-As. / O-As.)
Jord.	Jordanien (SW- und M-As. / Lev.)
Kanar.	Kanarische Inseln (Eur. und Medit. /Medit. / Makaron.)
Karp.	Karpaten (Eur. und Medit. / M-Eur.)
Kasach.	Kasachstan (SW- und M-As. / M-As. / WM-As.)
Kauk.	Kaukasien oder Kaukasus-Region (SW- und M-As.)
Kirgis.	Kirgistan (SW- und M-As. / M-As. / WM-As.)
Kl.-As.	Kleinasien (SW- und M-As.; siehe auch Eur. und Medit. / Medit. / O-Medit.)
Kor.	Korea (N- und O-As. / O-As.)
Kordill.	Kordilleren (NAm. / W-NAm.)
Lev.	Levante (SW- und M-As.)
Liban.	Libanon (SW- und M-As. / Lev.)
Mad.	Madeira (Eur. und Medit. /Medit. / Makaron.)
Makaron.	Makaronesien (Eur. und Medit. / Medit.)
Mal. Arch.	Malaiischer Archipel (S- und SO-As. / SO-As.)
MAm.	Mittelamerika (Mex., M-, SAm.)
M-As.	Mittelasien (SW- und M-As.)
Medit.	Mittelmeergebiet und Makaronesien (Eur. und Medit.)
M-Eur.	Mitteleuropa (Eur. und Medit.)
Mex.	Mexiko (Mex., M-, SAm.)
Mong.	Mongolei (SW- und M-As. / M-As. / WM-As.), siehe auch Nei-Mong., N-Mong.
Myanm.	Myanmar (S- und SO-As. / SO-As.)
N-Afr.	Nordafrika (Afr., siehe auch Eur. und Medit. / Medit. /W-Medit.)